实用建筑五金材料速查手册

王　嵘　王邦杰　编著

本书是以建筑五金材料为主线，依据现行国家标准、专业技术标准和工艺规范编写的一部建筑五金材料工具用书。全书共15章，内容包括常用资料及数据、建筑用钢铁材料、建筑用有色金属材料、建筑专用工程材料、建筑门窗及五金配件、建筑常用小五金材料、建筑用机械五金材料、建筑常用管材及管件、建筑电气五金、建筑用五金工具、建筑装饰材料、建筑消防设备、采暖器材与空调设备、家用厨房用品及卫生洁具设备等。本书所选材料和产品均严格从国家公布的现行规范标准中查阅，并经精心编选而成，查阅方便，实用性强，具有权威性和速查性，可以说是供建筑及材料行业工作者案头常备的一本实用工具书。可以供从事建筑五金材料的科研、设计、管理、施工、维修、营销人员参考使用，也可以作为相关专业高等院校及大、中专院校工科专业师生的参考用书。

图书在版编目（CIP）数据

实用建筑五金材料速查手册/王嵘，王邦杰编著．—北京：机械工业出版社，2022.5

ISBN 978-7-111-70682-3

Ⅰ.①实…　Ⅱ.①王…　②王…　Ⅲ.①建筑五金－技术手册
Ⅳ.①TU513-62

中国版本图书馆CIP数据核字（2022）第076253号

机械工业出版社（北京市百万庄大街22号　邮政编码100037）
策划编辑：薛俊高　责任编辑：薛俊高
责任校对：刘时光　封面设计：张　静
责任印制：李　昂
北京联兴盛业印刷股份有限公司印刷
2022年9月第1版第1次印刷
184mm×260mm · 69.5印张 · 2插页 · 1770千字
标准书号：ISBN 978-7-111-70682-3
定价：198.00元

电话服务　　　　　　　网络服务
客服电话：010-88361066　机　工　官　网：www.cmpbook.com
　　　　　010-88379833　机　工　官　博：weibo.com/cmp1952
　　　　　010-68326294　金　　书　　网：www.golden-book.com
封底无防伪标均为盗版　机工教育服务网：www.cmpedu.com

前　言

建筑五金材料是现代建筑工业的物质基础之一，随着建筑工业的发展，建筑五金材料的新产品、新材料、新工艺不断涌现，材料的性能高级化、多样化和个性化，其用途也极为广泛；在市场的感应下，国外高合金、高质优化、低级材料强化的五金产品进入中国市场，成为建筑材料的重要补充。国家也加大了市场的有序化管理。为适应建筑五金材料工业日益发展的需要，本书按照现行国家标准、专业技术标准和工艺规范，遵循实用的原则编写而成，以方便读者在材料设计制造及建筑工程选材作业中参考使用。

本书以建筑五金材料为主线，从建筑工程的主体结构材料到装饰材料，从金属材料到能替代金属的非金属材料，从专用材料到产品（或半成品）材料，均收录其中。全面系统地介绍了常用的建筑五金产品的品种、牌号、规格、性能、用途与通用性及使用条件等，并结合实际，较系统地介绍了建筑五金材料的使用性能与应用场合、选材原则与方法；重点介绍了金属材料的冷、热加工工艺，热处理工艺，强韧化处理及表面强化等技术规范。根据同一种建筑五金材料应用量大的特点，对材料的取样验收，产品的公称尺寸与偏差，成品的外形与包装规格及允许偏差的严格规定，逐一进行整理、诠释。技术参数大都来源于科研部门的试验论证结果和权威部门出版的专著中的数据，或选用国家标准中的数据，数据准确齐全，并有不同方案的比较数据。在内容上全面、求新、求准，尽量做到资料翔实、内容新颖、表述简明、取舍恰当；在形式上多以图表、数据为主，图文并茂，尽可能做到查阅方便。本书内容涉及面广、信息量大、但分类明晰、表述简便、方便速查，可读性与实用性强，是一本权威的实用工具书。可供从事建筑工业的科研、设计、管理、施工、维修工程技术人员以及供销、采购、营销人员参考用书。也可以作为高等院校及大、中专院校工科专业师生的参考用书。

在成书过程中，得到了岳阳技术职业学院、湖南涉外经济学院的多位学者的热情协助，并得到中南大学图书馆的大力支持；在资金困难的情况下，岳阳市科技局立项给予鼓励和支持，又得到岳阳市财政局的资助；机械工业出版社为本书的审稿、编辑出版付出了艰辛的劳动，在此向各级领导和为本书做出贡献的专家、同仁表示诚挚的敬意与衷心的感谢。书中借鉴了大量的同类手册、专著的现有资料，引用了一些科研单位的科研、试验数据，由于使用面广，信息量大，并未及时通报与一一道谢，在此向原书作者、出版单位和科技部门，表示衷心的感谢。鉴于手册体例，或有雷同之处，敬请见谅。同时，由于编者水平所限，书中错误在所难免，敬请广大读者不吝赐教，批评指正。

编　者

2022 年 5 月 8 日

目　录

第1章　常用资料及数据

1.1　常用物理量与计量单位

1.1.1　常用物理量

1. 常用物理基本常数（表1-1）

表1-1　常用物理基本常数

名称	符号	计算值	名称	符号	计算值
引力常量	G_0	$6.67\times10^{-11}\text{N}\cdot\text{m}^2/\text{kg}^2$	质子静止质量	mp	$1.673\times10^{-27}\text{kg}$
普通气体常量	R	$8.31\text{J}/(\text{mol}\cdot\text{K})$	中子静止质量	mn	$1.675\times10^{-27}\text{kg}$
基本电荷（元电荷）	e	$1.602\times10^{-19}\text{C}$	法拉第常数	F	9.65C/mol
原子质量单位	u	$1.66\times10^{-27}\text{kg}$	真空电容率	ε_0	$8.85\times10^{-12}\text{F/m}$
电子静止质量	me	$9.11\times10^{-31}\text{kg}$	真空磁导率	μ_0	$4\pi\times10^{-7}\text{H/m}$

2. 常用材料的比重（表1-2）

表1-2　常用材料的比重　　（单位：g/cm^3）

材料名称	比重γ	材料名称	比重γ
工业纯铁	7.87	工业纯镁	1.74
灰铸铁	7.00	变形镁	1.76～1.79
白口铸铁	7.55	铸镁	1.80
可锻铸铁	7.30	工业纯钛	4.50
铸钢	7.80	钛合金	4.45～4.55
碳钢	7.80～7.85	镍	8.90
易切钢	7.85	轧锌	7.10
合金钢	7.90	铸锌	6.86
锰钢	7.81	铅	11.37
镍铬钢	7.85	锡	7.29
铬镍钨钢	7.80	银	10.50
铬钼铝钢	7.65	硅钢片	7.55～7.80
高速工具钢	8.30～8.70	锡基轴承合金	7.34～7.75
高强度合金钢	7.82	铅基轴承合金	9.33～10.67
轴承钢	7.81	胶木板、纤维板	1.30～1.40
不锈钢	7.90	玻璃	2.40～2.60
纯铜	8.90	有机玻璃	1.18～1.19

（续）

材料名称	比重 γ	材料名称	比重 γ
黄铜	8.40～8.85	电木	1.20
铅黄铜	8.70	赛璐珞	1.40
铝黄铜	8.50～8.60	酚醛层压板	1.30～1.45
锡青铜	8.70～8.90	尼龙6	1.13～1.14
无锡青铜	7.50～8.20	尼龙66	1.14～1.15
碾压磷青铜	8.80	尼龙1010	1.04～1.06
冷拉青铜	8.80	橡胶夹布传动带	0.80～1.20
工业用铝	2.70	纵、横纤维木材	0.70～0.90
可铸铝合金	2.70	石灰石、花岗石	2.40～2.60
铝镍合金	2.70	砌砖	1.90～2.30
锻铝	2.77	混凝土100kg/cm^2	1.80～2.45
超硬铝	2.85	混凝土200kg/cm^2	1.80～2.45

3. 金属材料的熔点、热导率及比热容（表1-3）

表1-3　金属材料的熔点、热导率及比热容

名称	熔点/℃	热导率 kcal/(m·h·℃)	比热容 cal/(g·℃)
灰铸铁	1200	40～80	0.130
铸钢	1425	—	0.117
软钢	1400～1500	40	0.120
黄铜	950	80	0.094
青铜	995	55	0.092
纯铜	1083	338	0.090
铝	658	175	0.216
铅	327	30	0.031
锡	232	54	0.056
锌	419	95	0.094
镍	1452	51	0.108

注：表中的热导率值指0～100℃的范围内。

4. 材料的摩擦系数（表1-4）

表1-4　材料的摩擦系数

材料名称	摩擦系数			
	静摩擦		动摩擦	
	无润滑剂	有润滑剂	无润滑剂	有润滑剂
钢-钢	0.15	0.10～0.12	0.15	0.05～0.10
钢-软钢	—	—	0.20	0.10～0.20
钢-铸铁	0.30	—	0.18	0.05～0.15
钢-青铜	0.15	0.10～0.15	0.15	0.10～0.15

（续）

材料名称	摩擦系数			
	静摩擦		动摩擦	
	无润滑剂	有润滑剂	无润滑剂	有润滑剂
软钢-铸铁	0.20	—	0.18	0.05～0.15
软钢-青铜	0.20	—	0.18	0.07～0.15
铸铁-铸铁	—	0.18	0.15	0.07～0.12
铸铁-青铜	—	—	0.15～0.20	0.07～0.15
青铜-青铜	—	0.10	0.20	0.07～0.10
软钢-槲木	0.60	0.12	0.40～0.60	0.10
软钢-榆木	—	—	0.25	—
铸铁-槲木	0.65	—	0.30～0.50	0.20
铸铁-榆、杨木	—	—	0.40	0.10
青铜-槲木	0.60	—	0.30	—
皮革-铸铁	0.30～0.50	0.15	0.60	0.15
橡皮-铸铁	—	—	0.80	0.50

5. 滚动摩擦系数（表1-5）

表1-5　滚动摩擦系数（大约值）

摩擦材料	滚动摩擦系数 k/cm	摩擦材料	滚动摩擦系数 k/cm
软钢与软钢	0.005	木材与木材	0.05～0.08
淬火钢与淬火钢	0.001	表面淬火车轮与钢轨	
铸铁与铸铁	0.005	圆锥形车轮	0.08～0.10
钢与木材	0.03～0.04	圆柱形车轮	0.05～0.07

6. 物体的摩擦系数（表1-6）

表1-6　物体的摩擦系数

名称			摩擦系数/f
滚动轴承	单列向心球轴承	径向载荷	0.002
		轴向载荷	0.004
	单列向心推力球轴承	径向载荷	0.003
		轴向载荷	0.005
	单列圆锥滚柱轴承	径向载荷	0.008
		轴向载荷	0.020
	双列向心球面球轴承		0.0015
	长圆柱或螺旋滚子轴承		0.006
加热炉内	金属在管子或金属条上		0.40～0.60
	金属在炉底砖上		0.60～1.00
滑动轴承	液体摩擦		0.001～0.008
	半液体摩擦		0.008～0.080
	半干摩擦		0.10～0.50

（续）

名称		摩擦系数/f
轧辊轴承	特殊密封的液体摩擦轴承	0.003～0.005
	特殊密封半液体摩擦轴承	0.005～0.010
制动器	普通石棉制动带（无润滑）p=0.2～0.6MPa	0.35～0.46
离合器	黄铜丝压制石棉带 p=0.2～1.2MPa	0.43～0.40

7. 材料弹性模量及泊松比（表 1-7）

表 1-7　材料弹性模量及泊松比

名称	弹性模量 $E\times10^6$kg/cm²	剪切模量 $G\times10^5$kg/cm²	泊松比 μ
灰铸铁、白口铸铁	1.15～1.60	4.50	0.23～0.27
可锻铸铁	1.55	—	—
碳钢	2.00～2.20	8.10	0.24～0.28
镍铬钢、合金钢	2.10	8.10	0.25～0.30
铸钢	1.75	—	—
轧制铝	0.69	2.60～2.70	0.32～0.36
拔制铝线	0.70	—	—
铸铝青铜	1.05	4.20	—
硬铝合金	0.71	2.70	—
轧制锌	0.84	3.20	0.27
轧制纯铜	1.10	4.00	0.31～0.34
冷拔纯铜	1.30	4.90	—
轧制磷青铜	1.15	4.20	0.32～0.35
冷拔黄铜	0.91～0.99	3.50～3.70	0.32～0.42
轧制锰青铜	1.10	4.00	0.35
铅	0.17	0.70	0.42
玻璃	0.56	2.20	0.25
混凝土 100kg/cm²	0.196～0.146	—	—
混凝土 200kg/cm²	0.232～0.182	—	—

8. 材料线膨胀系数（表 1-8）

表 1-8　材料线膨胀系数（$\times10^{-6}$）

材料名称	温度范围/℃							
	20～100	20～200	20～300	20～400	20～600	20～700	20～900	20～1000
工程用铜	16.6～17.1	17.1～17.2	17.6	18～18.1	18.6	—	—	—
黄铜	17.8	18.8	20.9	—	—	—	—	—
锡青铜	17.6	17.9	18.2	—	—	—	—	—
铝青铜	17.6	17.9	19.2	—	—	—	—	—

（续）

材料名称	温度范围/℃							
	20～100	20～200	20～300	20～400	20～600	20～700	20～900	20～1000
碳钢	10.6～12.2	11.3～13.0	12.1～13.5	12.9～13.9	13.5～14.3	14.7～15	—	—
铬钢	11.2	11.8	12.4	13.0	13.6	—	—	—
40CrSi	11.2	—	—	—	—	—	—	—
30CrMnSiA	11.0	—	—	—	—	—	—	—
3Cr13	10.2	11.1	11.6	11.9	12.3	12.8	—	—
1Cr18Ni9Ti	16.6	17.0	17.2	17.5	17.9	18.6	19.3	—
铸铁	8.7～11.1	8.5～11.0	10.1～12.1	11.5～12.7	12.9～13.2	—	—	—
镍铬合金	14.5	—	—	—	—	—	—	17.6
砖	9.5	—	—	—	—	—	—	—
水泥、混凝土	10～14	—	—	—	—	—	—	—
胶木、硬橡胶	64～77	—	—	—	—	—	—	—
玻璃	4.0～11.5	—	—	—	—	—	—	—
赛璐珞	100	—	—	—	—	—	—	—
有机玻璃	130	—	—	—	—	—	—	—

1.1.2　常用计量单位及换算关系

1. 国家法定计量单位

（1）国际单位制的基本单位（表 1-9）

表 1-9　国际单位制的基本单位

量的名称	单位名称	单位符号
长度	米	m
质量	千克（公斤）	kg
时间	秒	s
电流	安［培］	A
热力学温度	开［尔文］	K
物质的量	摩［尔］	mol
发光强度	坎［德拉］	cd

注：1.［］内的字，在不致引起混淆、误解的情况下，可以省略，下同。
　　2.（）内的名称为前面名称的同义词，下同。

（2）国际单位辅助单位（表 1-10）

表 1-10　国际单位辅助单位

量的名称	单位名称	单位符号
［平面］角	弧度	rad
立体角	球面度	sr

（3）国际单位制中具有专门名称的导出单位（表 1-11）

表 1-11　国际单位制中具有专门名称的导出单位

量的名称	单位名称	单位符号	其他表示实例
频率	赫［兹］	Hz	s^{-1}
力	牛［顿］	N	$kg \cdot m/S^2$
压力，压强，应力	帕［斯卡］	Pa	N/m^2
能［量］，功，热量	焦［耳］	J	$N \cdot m$
功率，辐［射能］通量	瓦［特］	W	J/s
电荷［量］	库［仑］	C	$A \cdot s$
电位，电压、电动势、(电势)	伏［特］	V	W/A
电容	法［拉］	F	C/V
电阻	欧［姆］	Ω	V/A
电导	西［门子］	S	Ω^{-1}
磁通［量］	韦［伯］	Wb	$V \cdot s$
磁通［量］密度，磁感应强度	特［斯拉］	T	Wb/m^2
电感	亨［利］	H	Wb/A
摄氏温度	摄氏度	℃	
光通量	流［明］	lm	$cd \cdot sr$
［光］照度	勒［克斯］	lx	lm/m^2
［放射性］活度	贝可［勒尔］	Bq	s^{-1}
吸收剂量	戈［瑞］	Gy	J/kg
剂量当量	希［沃特］	Sv	J/kg

（4）国家选定的非国际单位制单位（表 1-12）

表 1-12　国家选定的非国际单位制单位

量的名称	单位名称	单位符号	换算关系和说明
时间	分 ［小］时 天，(日)	min h d	1min = 60s 1h = 60min = 3600s 1d = 24h = 86400s
［平面］角	［角］秒 ［角］分 度	″ ′ °	$1'' = (1/60)' = (\pi/648000)$ rad $1' = (1/60)° = (\pi/10800)$ rad $1° = (\pi/180)$ rad
旋转速度	转每分	r/min	$1 r/min = (1/60) s^{-1}$
长度	海里	n mile	1n mile = 1852m（只用于航行）
速度	节	kn	1kn = 1n mile/h = (1852/3600) m/s（只用于航行）
质量	吨 原子质量单位	t u	1t = 1000kg $1u \approx 1.660540 \times 10^{-27}$ kg
体积	升	L（l）	$1L = 1dm^3 = 10^{-3} m^3$
能量	电子伏	eV	$1eV \approx 1.602177 \times 10^{-19}$ J
级差	分贝	dB	—
线密度	特［克斯］	tex	$1tex = 10^{-6}$ kg/m

（5）国际单位制中用于构成的十进倍数和分数单位的词头（SI 词头）　国际单位制的词头（SI 词头）表示单位的倍数和分数。大多数是千的倍数或分数。根据《中华人民共和国法定计量单位》规定，我国使用的词头见表 1-13。

表 1-13　国际单位制中用于构成的十进倍数和分数单位的词头（SI 词头）

所表示因数	词头中文名称	词头符号	词头英文名称
10^{18}	艾［可萨］	E	exa
10^{15}	拍［它］	P	peta
10^{12}	太［拉］	T	tera
10^{9}	吉［咖］	G	giga
10^{6}	兆	M	mega
10^{3}	千	k	kilo
10^{2}	百	h	hecto
10^{1}	十	da	deca
10^{-1}	分	d	deci
10^{-2}	厘	c	centi
10^{-3}	毫	m	milli
10^{-6}	微	μ	micro
10^{-9}	纳［诺］	n	nano
10^{-12}	皮［可］	p	pico
10^{-15}	飞［母托］	f	femto
10^{-18}	阿［托］	a	atto

2. 常用计量单位及换算关系（表 1-14）

表 1-14　常用计量单位及换算关系

类别	单位名称和符号	与 SI 单位的换算关系
长度	埃（Å）	$1\text{Å}=10^{-10}\text{m}$
	秒差距（PC）	$1\text{PC}=3.0857\times10^{16}\text{m}$
	天文单位距离（A，AU，UA）	$1\text{A}=1.496\times10^{11}\text{m}$
	海里（n mile，nm）	$1\text{n mile}=1852\text{m}$
	英寸（in）	$1\text{in}=2.54\times10^{-2}\text{m}$
	英尺（ft）	$1\text{ft}=3.048\times10^{-1}\text{m}$
	码（yd）	$1\text{yd}=9.144\times10^{-1}\text{m}$
	英里（mile）	$1\text{mile}=1.60934\times10^{3}\text{m}$
面积	公亩（a）	$1\text{a}=10^{2}\text{m}^2$
	公顷（ha）	$1\text{ha}=10^{4}\text{m}^2$
	靶恩（b）	$1\text{b}=10^{-28}\text{m}^2$
	平方英寸（in^2）	$1\text{in}^2=6.4516\times10^{-4}\text{m}^2$
	平方英尺（ft^2）	$1\text{ft}^2=9.29030\times10^{-2}\text{m}^2$
	平方码（yd^2）	$1\text{yd}^2=8.36127\times10^{-1}\text{m}^2$
	平方英里（mile^2）	$1\text{mile}^2=2.58999\times10^{6}\text{m}^2$
	英亩（acre）	$1\text{acre}=4.04686\times10^{3}\text{m}^2$

（续）

类别	单位名称和符号	与 SI 单位的换算关系
体积	升（l，L）	$1L = 10^{-3}m^3$
	立方英寸（in^3）	$1in^3 = 1.63871 \times 10^{-5}m^3$
	立方英尺（ft^3）	$1ft^3 = 2.83168 \times 10^{-2}m^3$
	立方码（yd^3）	$1yd^3 = 7.64555 \times 10^{-1}m^3$
	英加仑［gal（UK）］	1gal（UK）$= 4.54609dm^3$
	英盎司［floz（UK）］	1floz（UK）$= 28.4131cm^3$
	美加仑［gal（US）］	1gal（US）$= 3.78541dm^3$
	美盎司［floz（US）］	1floz（US）$= 29.5735cm^3$
	美桶	1 美桶 $= 158.987dm^3$
平面角	度（°）	$1° = 1.745329 \times 10^{-2}rad$
	分（′）	$1' = 2.908882 \times 10^{-4}rad$
	秒（″）	$1'' = 0.484814 \times 10^{-5}rad$
	百分度（gon，g）	$1g = 1.570796 \times 10^{-2}rad$
	直角（L）	$1L = 1.570796rad$
时间	分（min）	$1min = 60s$
	小时（h）	$1h = 3.6 \times 10^3s$
	天（d）	$1d = 8.64 \times 10^4s$
	年（a）	$1a = 3.1536 \times 10^7s$
速度	米/分（m/min）	$1m/min = 1.666667 \times 10^{-2}m/s$
	千米/小时（km/h）	$1km/h = 2.777778 \times 10^{-1}m/s$
	英里/小时（mile）	$1mile/h = 4.4704 \times 10^{-1}m/s$
角速度	转/秒（r/s）	$1r/s = 6.28319rad/s$
	转/分（r/min）	$1r/min = 1.047198 \times 10^{-1}rad/s$
加速度	米/平方分（m/min^2）	$1m/min^2 = 2.77778 \times 10^{-4}m/s^2$
	伽（Gal）	$1Gal = 10^{-2}m/s^2$
角加速度	弧度/平方秒（r/s^2）	$1r/s^2 = 0.628319 \times 10rad/s^2$
	弧度/平方分（r/min^2）	$1r/min^2 = 1.745329 \times 10^{-3}rad/s^2$
质量	吨（t）	$1t = 10^3kg$
	克拉（ct，car，kr）	$1ct = 2 \times 10^{-4}kg$
	磅（lb）	$1lb = 4.53592 \times 10^{-1}kg$
	格令（gr）	$1gr = 6.47989 \times 10^{-5}kg$
	盎司（oz）	$1oz = 2.83495 \times 10^{-2}kg$
	英吨（ton）	$1ton = 1.01605 \times 10^3kg$
	短吨（sh. ton）	$1sh.tn = 9.07185 \times 10^{-2}kg$
密度	千克/立方分米（kg/dm^3）	$1kg/dm^3 = 10^3kg/m^3$
	克/立方厘米（g/cm^3）	$1g/cm^3 = 10^3kg/m^3$
	克/毫升（g/mL）	$1g/mL = 10^3kg/m^3$
	磅/立方英尺（lb/ft^3）	$1lb/ft^3 = 1.60185 \times 10kg/m^3$

（续）

类别	单位名称和符号	与SI单位的换算关系
力	千克力（kgf）	1kgf = 9.80665N
	吨力（tf）	$1tf = 9.80665\times10^{3}N$
	达因（dyn）	$1dyn = 10^{-5}N$
	磅力（lbf）	1lbf = 4.44822N
力矩	达因厘米（dyn · cm）	$1dyn\cdot cm = 10^{-7}N\cdot m$
	千克力米（kgf · m）	$1kgf\cdot m = 9.80665N\cdot m$
	磅力英尺（lbf · ft）	$1lbf\cdot ft = 1.35582N\cdot m$
压力	达因/平方厘米（dyn/cm^2）	$1dyn/cm^2 = 10^{-1}Pa$
	工程大气压（at）	$1at = 0.980665\times10^{5}Pa$
	标准大气压（atm）	$1atm = 1.013250\times10^{5}Pa$
	毫米水柱（mmH_2O）	$1mmH_2O = 0.980665\times10Pa$
	毫米汞柱（mmHg）	$1mmHg = 1.333224\times10^{2}Pa$
	磅力/英寸^2（lbf/in^2）	$1lbf/in^2 = 6.89476\times10^{3}Pa$
功、热、能	千克力米（kgf · m）	$1kgf\cdot m = 9.80665J$
	千瓦小时（kw · h）	$1kw\cdot h = 0.36\times10^{7}J$
	电子伏（eV）	$1eV = 1.602177\times10^{-19}J$
	升大气压（l · atm）	$1l\cdot atm = 1.01325\times10^{2}J$
	热化学卡（cal_{th}）	$1cal_{th} = 4.184J$
	磅力英尺（lbf · ft）	$1lbf\cdot ft = 1.35582J$
	卡（cal）	1cal = 4.1868J
	英热单位（Btu）	$1Btu = 1.05506\times10^{3}J$
质量流量	千克每分（kg/min）	$1kg/min = 1.666667\times10^{-2}kg/s$
	千克每小时（kg/h）	$1kg/h = 2.777778\times10^{-4}kg/s$
	吨每小时（t/h）	$1t/h = 2.777778\times10^{-1}kg/s$
	吨每分（t/min）	$1t/min = 1.666667\times10kg/s$
体积流量	立方米每分（m^3/min）	$1m^3/min = 1.666667\times10^{-2}m^3/s$
	立方米每小时（m^3/h）	$1m^3/h = 2.777778\times10^{-4}m^3/s$
	升每小时（L/h）	$1L/h = 2.777778\times10^{-7}m^3/s$
	升每分（L/min）	$1L/min = 1.666667\times10^{-5}m^3/s$
功率	千克力米每秒（kgf · m/s）	$1kgf\cdot m/s = 9.80665W$
	尔格每秒（erg/s）	$1erg/s = 10^{-7}W$
	马力（PS）	$1PS = 7.35499\times10^{2}W$
	英制马力（HP. hp）	$1HP = 7.45700\times10^{2}W$
	磅力英尺每秒（lbf · h/s）	$1lbf\cdot h/s = 1.35582W$
	英热单位每小时（Btu/h）	$1Btu/h = 2.93071\times10^{-1}N$

（续）

类别	单位名称和符号	与 SI 单位的换算关系
温度	华氏度（F） 摄氏度（℃）	1℉ =0.555556K 1℃ =1K
电磁	毕奥（Bi） 国际安培（Aint） 安倍小时（A·h） 奥斯特（Oe） 吉伯（Gb） 麦克斯韦（Mx） 高斯（Gs）	1Bi =10A 1Aint =0.99985A $1A\cdot h=0.36\times10^4C$ $1Oe=0.795775\times10^{-2}A/m$ $1Gb=0.795775\times10^{-2}A$ $1Mx=10^{-8}Wb$ $1Gs=10^{-4}T$
光	亚熙提（asb） 熙提（sb） 朗伯（L） 幅透（Ph）	$1asb=0.318310cd/m^2$ $1sb=10^4cd/m^2$ $1L=0.318310\times10^4cd/m^2$ $1Ph=10^4lx$
粘度	泊（P） 厘泊（cP） 斯［托克斯］（St） 厘斯［托克斯］（cSt）	$1P=10^{-1}Pa\cdot s$ $1cP=10^{-3}Pa\cdot s$ $1St=10^{-4}m^2/s$ $1cSt=10^{-6}m^2/s$
放射性	居里（Ci） 拉德（rad，rd） 伦琴（R） 雷姆（rem） 电子伏每平方厘米秒［$V/(cm^2\cdot s)$］ 分贝（dB） 奈培（NP）	$1Ci=3.7\times10^{10}Bq$ $1rad=10^{-2}Gy$ $1R=2.58\times10^{-4}C/kg$ $1rem=10^{-2}Sv$ $1V/(cm^2\cdot s)=1.602189\times10^{-15}W/m^2$ 1dB =0.115129NP $1NP=0.868589\times10dB$

1.1.3 金属硬度及强度换算

1. 黑色金属硬度及强度换算（表 1-15、表 1-16）

表 1-15 黑色金属硬度及强度换算（一）

硬度								抗拉强度/MPa
洛氏		表面洛氏			维氏	布氏		
HRC	HRA	HR15N	HR30N	HR45N	HV	$HB30D^2$	d_{10}、$2d_5$、$4d_{2.5}$/mm	
70.0	86.6	—	—	—	1037	—	—	—
69.0	86.1	—	—	—	997	—	—	—
68.0	85.5	—	—	—	959	—	—	—
67.0	85.0	—	—	—	923	—	—	—

（续）

硬度								抗拉强度/MPa
洛氏		表面洛氏			维氏	布氏		
HRC	HRA	HR15N	HR30N	HR45N	HV	HB30D^2	d_{10}、$2d_5$、$4d_{2.5}$/mm	
66.0	84.4	—	—	—	889	—	—	—
65.0	83.9	92.2	81.3	71.7	856	—	—	—
64.0	83.3	91.9	80.6	70.6	825	—	—	—
63.0	82.8	91.7	79.8	69.5	795	—	—	—
62.0	82.2	91.4	79.0	68.4	766	—	—	—
61.0	81.7	91.0	78.1	67.3	739	—	—	—
60.0	81.2	90.6	77.3	66.2	713	—	—	2607
59.0	80.6	9.2	76.5	65.1	688	—	—	2496
58.0	80.1	89.8	75.6	63.9	664	—	—	2391
57.0	79.5	89.4	74.8	62.8	642	—	—	2293
56.0	79.0	88.9	73.9	61.7	620	—	—	2201
55.0	78.5	88.4	73.1	60.5	599	—	—	2115
54.0	77.9	87.9	72.2	59.4	579	—	—	2034
53.0	77.4	87.4	71.3	58.2	561	—	—	1957
52.0	76.9	86.8	70.4	57.1	543	—	—	1885
51.0	76.3	86.3	69.5	55.9	525	501	2.73	1817
50.0	75.8	85.7	68.6	54.7	509	488	2.77	1753
49.0	75.3	85.2	67.7	53.6	493	474	2.81	1692
48.0	74.7	84.6	66.8	52.4	478	401	2.85	1635
47.0	74.2	84.0	65.9	51.2	462	449	2.89	1581
46.0	73.7	83.5	65.0	50.1	449	436	2.93	1529
45.0	73.2	82.9	64.1	48.9	436	424	2.97	1480
44.0	72.6	82.3	63.2	47.7	423	413	3.01	1434
43.0	72.1	81.7	62.3	46.5	411	401	3.05	1389
42.0	71.6	81.1	61.3	45.4	399	391	3.09	1347
41.0	71.1	80.5	60.4	44.2	388	380	3.13	1307
40.0	70.5	79.9	59.5	43.0	377	370	3.17	1268
39.0	70.0	79.3	58.6	41.8	367	360	3.21	1232
38.0	—	78.7	57.6	40.6	357	350	3.26	1197
37.0	—	78.1	56.7	39.4	347	341	3.30	1163
36.0	—	77.5	55.8	38.2	338	332	3.34	1131
35.0	—	77.0	51.8	37.0	329	323	3.39	1100
34.0	—	76.4	53.9	25.9	320	314	3.43	1070
33.0	—	75.8	53.0	34.7	312	306	3.48	1042
32.0	—	75.2	52.0	33.5	304	298	3.52	1015

（续）

硬度								抗拉强度/MPa
洛氏		表面洛氏			维氏	布氏		
HRC	HRA	HR15N	HR30N	HR45N	HV	$HB30D^2$	d_{10}、$2d_5$、$4d_{2.5}$/mm	
31.0	—	74.7	51.1	32.3	296	291	3.56	989
30.0	—	74.1	50.2	31.1	289	283	3.61	904
29.0	—	73.5	49.2	29.9	281	276	3.65	940
28.0	—	73.0	48.3	28.7	274	269	3.70	917
27.0	—	72.4	47.3	27.5	268	263	3.74	895
26.0	—	71.9	46.4	26.3	261	257	3.78	874
25.0	—	71.4	45.5	25.1	255	251	3.83	854
24.0	—	70.8	44.5	23.9	249	245	3.87	835
23.0	—	70.3	43.6	22.7	243	240	3.91	816
22.0	—	69.8	42.6	21.5	237	234	3.95	799
21.0	—	69.3	41.7	20.4	231	229	4.00	782
20.0	—	68.8	40.7	19.2	226	225	4.03	767
19.0	—	68.3	39.8	18.0	221	220	4.07	752
18.0	—	67.8	38.9	16.8	216	216	4.11	737
17.0	—	67.3	37.9	15.6	211	211	4.15	724

表 1-16　黑色金属硬度及强度换算（二）

硬度							抗拉强度/MPa
洛氏	表面洛氏			维氏	布氏		
HRB	HR15T	HR30T	HR45T	HV	$HBS10D^2$	d_{10}、$2d_5$、$4d_{2.5}$/mm	
100.0	91.5	81.7	71.7	233	—	—	803
99.0	91.2	81.0	70.7	227	—	—	783
98.0	90.9	80.4	69.6	222	—	—	763
97.0	90.6	79.8	68.6	216	—	—	744
96.0	90.4	79.1	67.6	211	—	—	726
95.0	90.1	78.5	66.5	206	—	—	708
94.0	89.8	77.8	65.5	201	—	—	691
93.0	89.5	77.2	64.5	196	—	—	675
92.0	89.3	76.6	63.4	191	—	—	659
91.0	89.0	75.9	62.4	187	—	—	644
90.0	88.7	75.3	61.4	183	—	—	629
89.0	88.4	74.6	60.3	178	—	—	614
88.0	88.1	74.0	59.3	174	—	—	601
87.0	87.9	73.4	58.3	170	—	—	587
86.0	87.6	72.7	57.2	166	—	—	575
85.0	87.3	72.1	56.2	163	—	—	562

（续）

硬度							抗拉强度/MPa
洛氏	表面洛氏			维氏	布氏		
HRB	HR15T	HR30T	HR45T	HV	HBS10D[2]	d_{10}、$2d_5$、$4d_{2.5}$/mm	
84.0	87.0	71.4	55.2	159	—	—	550
83.0	86.8	70.8	54.1	156	—	—	539
82.0	86.5	70.2	53.1	152	138	3.00	528
81.0	86.2	69.5	52.1	149	136	3.02	518
80.0	85.9	68.9	51.0	146	133	3.06	508
79.0	85.7	68.2	50.0	143	130	3.09	498
78.0	85.4	67.6	49.0	140	128	3.11	489
77.0	85.1	67.0	47.9	138	126	3.14	480
76.0	84.8	66.3	46.9	135	124	3.16	472
75.0	84.5	65.7	45.9	132	122	3.19	464
74.0	84.3	65.1	44.8	130	120	3.21	456
73.0	84.0	64.1	43.8	128	118	3.24	449
72.0	83.7	63.8	42.8	125	116	3.27	442
71.0	83.4	63.1	41.7	123	115	3.29	435
70.0	83.2	62.5	40.7	121	113	3.31	429
69.0	82.9	61.9	39.7	119	112	3.33	423
68.0	82.6	61.2	38.6	117	110	3.35	418
67.0	82.3	60.6	37.6	115	109	3.37	412
66.0	82.1	59.9	36.6	114	108	3.39	407
65.0	81.8	59.3	35.5	112	107	3.40	403
64.0	81.5	58.7	34.5	110	106	3.42	398
63.0	81.2	58.0	33.5	109	105	3.43	394
62.0	80.9	57.4	32.4	108	104	3.45	390
61.0	8.7	56.7	31.7	106	103	3.46	386
60.0	80.4	56.1	30.4	105	102	3.48	383

2. 碳钢与合金钢硬度及强度换算值（表1-17）

表1-17　碳钢及合金钢硬度及强度换算值

硬度				抗拉强度/MPa								
洛氏	布氏（$F/D^2=30$）		维氏	碳钢	铬钢	铬钒钢	铬镍钢	铬钼钢	铬镍钼钢	铬锰硅钢	超高强钢	不锈钢
HRC	HBS	HBW	HV									
20.0	225	—	226	774	742	736	782	747	—	781	—	740
20.5	227	—	228	784	751	744	787	753	—	788	—	749
21.0	229	—	230	793	760	753	792	760	—	794	—	758
21.5	232	—	233	803	769	761	797	767	—	801	—	767

（续）

硬度				抗拉强度/MPa								
洛氏	布氏（$F/D^2=30$）		维氏	碳钢	铬钢	铬钒钢	铬镍钢	铬钼钢	铬镍钼钢	铬锰硅钢	超高强钢	不锈钢
HRC	HBS	HBW	HV									
22.0	234	—	235	813	779	770	803	774	—	809	—	777
22.5	237	—	238	823	788	779	809	781	—	816	—	786
23.0	240	—	241	833	798	788	815	789	—	824	—	796
23.5	242	—	244	843	808	797	822	797	—	832	—	806
24.0	245	—	247	854	818	807	829	805	—	840	—	816
24.5	248	—	250	864	828	816	836	813	—	848	—	826
25.0	251	—	253	875	838	826	843	822	—	856	—	837
25.5	254	—	256	886	848	837	851	831	850	865	—	847
26.0	257	—	259	897	859	847	859	840	859	874	—	858
26.5	260	—	262	908	870	858	867	850	869	883	—	868
27.0	263	—	266	919	880	869	876	860	879	893	—	879
27.5	266	—	269	930	891	880	885	870	890	902	—	890
28.0	269	—	273	942	902	892	894	880	901	912	—	901
28.5	273	—	276	954	914	903	904	891	912	922	—	913
29.0	276	—	280	965	925	915	914	902	923	933	—	924
29.5	280	—	284	977	937	928	924	913	935	943	—	936
30.0	283	—	288	989	948	940	935	924	947	954	—	947
30.5	287	—	292	1002	960	953	946	936	959	965	—	959
31.0	291	—	296	1014	972	966	957	948	972	977	—	971
31.5	294	—	300	1027	984	980	969	961	985	989	—	983
32.0	298	—	304	1039	996	993	981	974	999	1001	—	996
32.5	302	—	308	1052	1009	1007	994	987	1012	1013	—	1008
33.0	306	—	313	1065	1022	1022	1007	1001	1027	1026	—	1021
33.5	310	—	317	1078	1034	1036	1020	1015	1041	1039	—	1034
34.0	314	—	321	1092	1048	1051	1034	1029	1056	1052	—	1047
34.5	318	—	326	1105	1061	1067	1048	1043	1071	1066	—	1060
35.0	323	—	331	1119	1074	1082	1063	1058	1087	1079	—	1074
35.5	327	—	335	1113	1088	1098	1078	1074	1103	1094	—	1087
36.0	332	—	340	1147	1102	1114	1093	1090	1119	1108	—	1101
36.5	336	—	345	1162	1116	1131	1109	1106	1136	1123	—	1116
37.0	341	—	50	1177	1131	1148	1125	1122	1153	1139	—	1130
37.5	345	—	355	1192	1146	1165	1142	1139	1171	1155	—	1145
38.0	350	—	360	1207	1161	1183	1159	1157	1189	1171	—	1161
38.5	355	—	365	1222	1176	1201	1177	1174	1207	1187	1170	1176
39.0	360	—	371	1238	1192	1219	1195	1192	1226	1204	1195	1193

（续）

硬度				抗拉强度/MPa								
洛氏	布氏（$F/D^2=30$）		维氏	碳钢	铬钢	铬钒钢	铬镍钢	铬钼钢	铬镍钼钢	铬锰硅钢	超高强钢	不锈钢
HRC	HBS	HBW	HV									
39.5	365	—	376	1254	1208	1238	1214	1211	1245	1222	1219	1209
40.0	370	370	381	1271	1225	1257	1233	1230	1265	1240	1243	1226
40.5	375	375	387	1288	1242	1276	1252	1249	1285	1258	1267	1244
41.0	380	381	393	1305	1260	1296	1273	1269	1306	1277	1290	1262
41.5	385	386	398	1322	1278	1317	1293	1289	1327	1296	1313	1280
42.0	391	392	404	1340	1296	1337	1314	1310	1348	1316	1336	1299
42.5	396	397	410	1359	1315	1358	1336	1331	1370	1336	1359	1319
43.0	401	403	416	1378	1335	1380	1358	1353	1392	1357	1381	1339
43.5	407	409	422	1397	1355	1401	1380	1375	1415	1378	1404	1361
44.0	413	415	428	1417	1376	1424	1404	1397	1439	1400	1427	1383
44.5	418	422	435	1438	1398	1446	1427	1420	1462	1422	1450	1405
45.0	424	428	441	1459	1420	1469	1451	1444	1487	1445	1473	1429
45.5	430	435	448	1481	1444	1493	1476	1468	1512	1469	1496	1453
46.0	436	441	454	1503	1468	1517	1502	1492	1537	1493	1520	1479
46.5	442	448	461	1526	1493	1541	1527	1517	1563	1517	1544	1505
47.0	449	455	468	1550	1519	1566	1554	1542	1589	1543	1569	1533
47.5	—	463	475	1575	1546	1591	1581	1568	1616	1569	1594	1562
48.0	—	470	482	1600	1574	1617	1608	1595	1643	1595	1620	1592
48.5	—	478	489	1626	1603	1643	1636	1622	1671	1623	1646	1623
49.0	—	486	497	1653	1633	1670	1665	1649	1699	1651	1674	1655
49.5	—	494	504	1681	1665	1697	1695	1677	1728	1679	1702	1689
50.0	—	502	512	1710	1698	1724	1724	1706	1758	1709	1731	1725
50.5	—	510	520	—	1732	1752	1755	1735	1788	1739	1761	—
51.0	—	518	527	—	1768	1780	1786	1764	1819	1770	1792	—
51.5	—	527	535	—	1806	1809	1818	1794	1850	1801	1824	—
52.0	—	535	544	—	1845	1839	1850	1825	1881	1834	1857	—
52.5	—	544	552	—	—	1869	1893	1856	1914	1867	1892	—
53.0	—	552	561	—	—	1899	1917	1888	1947	1901	1929	—
53.5	—	561	569	—	—	1930	1951	—	—	1936	1966	—
54.0	—	569	578	—	—	1961	1986	—	—	1971	2006	—
54.5	—	577	587	—	—	1993	2022	—	—	2008	2047	—
55.0	—	585	596	—	—	2026	2058	—	—	2045	2090	—
55.5	—	593	606	—	—	—	—	—	—	—	2135	—
56.0	—	601	615	—	—	—	—	—	—	—	2181	—
56.5	—	608	625	—	—	—	—	—	—	—	2230	—

（续）

硬度				抗拉强度/MPa								
洛氏	布氏（$F/D^2=30$）		维氏	碳钢	铬钢	铬钒钢	铬镍钢	铬钼钢	铬镍钼钢	铬锰硅钢	超高强钢	不锈钢
HRC	HBS	HBW	HV									
57.0	—	616	635	—	—	—	—	—	—	—	2281	—
57.5	—	622	645	—	—	—	—	—	—	—	2334	—
58.0	—	628	655	—	—	—	—	—	—	—	2390	—
58.5	—	634	666	—	—	—	—	—	—	—	2448	—
59.0	—	639	676	—	—	—	—	—	—	—	2509	—
59.5	—	643	687	—	—	—	—	—	—	—	2572	—
60.0	—	647	698	—	—	—	—	—	—	—	2639	—
60.5	—	650	710	—	—	—	—	—	—	—	—	—
61.0	—	—	721	—	—	—	—	—	—	—	—	—
61.5	—	—	733	—	—	—	—	—	—	—	—	—
62.0	—	—	745	—	—	—	—	—	—	—	—	—
62.5	—	—	757	—	—	—	—	—	—	—	—	—
63.0	—	—	770	—	—	—	—	—	—	—	—	—
63.5	—	—	782	—	—	—	—	—	—	—	—	—
64.0	—	—	795	—	—	—	—	—	—	—	—	—
64.5	—	—	809	—	—	—	—	—	—	—	—	—
65.0	—	—	822	—	—	—	—	—	—	—	—	—
65.5	—	—	836	—	—	—	—	—	—	—	—	—
66.0	—	—	850	—	—	—	—	—	—	—	—	—
66.5	—	—	865	—	—	—	—	—	—	—	—	—
67.0	—	—	879	—	—	—	—	—	—	—	—	—
67.5	—	—	898	—	—	—	—	—	—	—	—	—
68.0	—	—	909	—	—	—	—	—	—	—	—	—

1.2 建筑工程常用代号

1.2.1 金属热处理工艺分类及代号

1. 金属热处理工艺分类及代号（GB/T 12603—2005）

热处理工艺分类由基础分类和附加分类组成。

（1）热处理工艺基础分类　根据工艺总称、工艺类型和工艺名称将热处理工艺按三个层次进行分类，即整体热处理、表面热处理和化学热处理（表 1-18）。

表 1-18　热处理工艺分类及代号

工艺总称	代号	工艺类型	代号	工艺名称	代号
热处理	5	整体热处理	1	退火	1
				正火	2
				淬火	3
				淬火和回火	4
				调质	5
				稳定化处理	6
				固溶处理，水韧处理	7
				固溶处理和时效	8
		表面热处理	2	表面淬火和回火	1
				物理气相沉积	2
				化学气相沉积	3
				等离子体增强化学气相沉积	4
		化学热处理	3	渗碳	1
				碳氮共渗	2
				渗氮	3
				氮碳共渗	4
				渗其他非金属	5
				渗金属	6
				多元共渗	7
				熔渗	8

（2）热处理工艺附加分类　对基础分类中某些工艺的具体条件的进一步分类。包括退火、正火、淬火、化学热处理工艺。其工艺过程中的内容由加热介质及代号、退火工艺及代号、淬火冷却介质和冷却方法及代号、渗碳和碳氮共渗的后续冷却工艺等组成。化学热处理中非金属、渗金属、多元共渗、熔渗四种工艺按渗入元素分类。

1）加热方式及代号（表 1-19）。

表 1-19　加热方式及代号

加热方式	可控气氛（气体）	真空	盐浴（液体）	感应	火焰	激光	电子束	等离子体	固体装箱	流态床	电接触
代号	01	02	03	04	05	06	07	08	09	10	11

2）退火工艺及代号（表 1-20）。

表 1-20　退火工艺及代号

退火工艺	去应力退火	均匀化退火	再结晶退火	石墨化退火	脱氢处理	球化退火	等温退火	完全退火	不完全退火
代号	St	H	R	G	D	Sp	I	F	P

3）淬火冷却介质和冷却方法及代号（表 1-21）。

表 1-21　淬火冷却介质和冷却方法及代号

冷却介质和方法	空气	油	水	盐水	有机聚合物水溶液	盐浴	加压淬火	双介质淬火	分级淬火	等温淬火	形变淬火	气冷淬火	冷处理
代号	A	O	W	B	Po	S	Pr	I	M	At	Af	G	C

2. 金属热处理工艺代号标记

（1）热处理工艺代号标记规定如下：

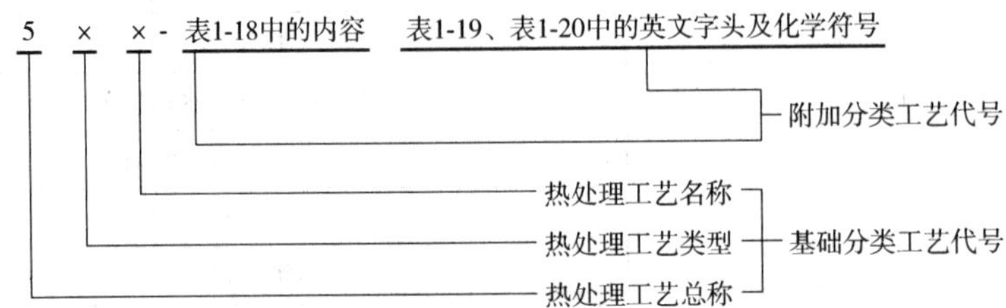

（2）基础分类工艺代号　基础分类工艺代号采用了 3 位数字系统。附加分类代号与基础分类工艺代号之间用半字线连接，采用两位数和英文字头做后缀的方法。

（3）附加工艺代号　用英文字母表示，接在基础分类工艺代号后面。

（4）常用热处理工艺代号（表 1-22）

表 1-22　常用热处理工艺代号

工艺	代号	工艺	代号	工艺	代号
热处理	500	形变淬火	513-Af	离子渗碳	531-08
整体热处理	510	气冷淬火	513-G	碳氮共渗	532
可控气氛热处理	500-01	淬火及冷处理	513-C	渗氮	533
真空热处理	500-02	可控气氛加热淬火	513-01	气体渗氮	533-01
盐浴热处理	500-03	真空加热淬火	513-02	液体渗氮	533-03
感应热处理	500-04	盐浴加热淬火	513-03	离子渗氮	533-08
火焰热处理	500-05	感应加热淬火	513-04	流态床渗氮	533-10
激光热处理	500-06	流态床加热淬火	513-10	氮碳共渗	534
电子束热处理	500-07	盐浴加热分级淬火	513-10M	渗其他非金属	535
离子轰击热处理	500-08	盐浴加热盐浴分级淬火	513-10H + M	渗硼	535(B)
流态床热处理	500-10	淬火和回火	514	气体渗硼	535-01(B)
退火	511	调质	515	液体渗硼	535-03(B)
去应力退火	511-St	稳定化处理	516	离子渗硼	535-08(B)
均匀化退火	511-H	固溶处理，水韧化处理	517	固体渗硼	535-09 (B)
再结晶退火	511-R	固溶处理 + 时效	518	渗硅	535(Si)
石墨化退火	511-G	表面热处理	520	渗硫	535(S)
脱氢处理	511-D	表面淬火和回火	521	渗金属	536
球化退火	511-Sp	感应淬火和回火	521-04	渗铝	536(Al)
等温退火	511-I	火焰淬火和回火	521-05	渗铬	536(Cr)
完全退火	511-F	激光淬火和回火	521-06	渗锌	536(Zn)

（续）

工艺	代号	工艺	代号	工艺	代号
不完全退火	511-P	电子束淬火和回火	521-07	渗钒	536（V）
正火	512	电接触淬火和回火	521-11	多元共渗	537
淬火	513	物理气相沉积	522	硫氮共渗	537(S-N)
空冷淬火	513-A	化学气相沉积	523	氧氮共渗	537(O-N)
油冷淬火	513-O	等离子体增强化学气相沉积	524	铬硼共渗	537(Cr-B)
水冷淬火	513-W	离子注入	525	钒硼共渗	537(V-B)
盐水淬火	513-B	化学热处理	530	铬硅共渗	537(Cr-Si)
有机水溶液淬火	513-Po	渗碳	531	铬铝共渗	537(Cr-Al)
盐浴淬火	513-H	可控气氛渗碳	531-01	硫氮碳共渗	537(S-N-C)
加压淬火	513-Pr	真空渗碳	531-02	氧氮碳共渗	537(O-N-C)
双介质淬火	513-I	盐浴渗碳	531-03	铬铝硅共渗	537(Cr-Al-Si)
分级淬火	513-M	固体渗碳	531-09		
等温淬火	513-At	流态床渗碳	531-10		

1.2.2　非铁金属状态代号

1. 非铁产品代号（表1-23）

表1-23　非铁产品代号

产品状态	代号	产品状态	代号	产品状态		代号
热加工（热轧、热挤）	R	淬火（人工时效）	CS	优质表面淬火，自然时效		CZO
退火（焖火）	M	硬	Y	优质表面淬火，人工时效		CSO
淬火	C	3/4 硬	Y_1	淬火后冷轧，人工时效		CYS
优质表面	O	1/2 硬	Y_2	硬质合金	表面涂层	U
涂漆表面	Q	1/3 硬	Y_3		添加碳化钽	A
加厚（包铝）	J	1/4 硬	Y_4		添加碳化铌	N
不包铝（热轧）	BR	特硬	T		细颗粒	X
不包铝（退火）	BM	不包铝	B		粗颗粒	C
不包铝（淬火、冷却硬化）	BCY	不包铝（淬火，优质表面）	BCO		超细颗粒	H
淬火后冷轧（冷作硬化）	CY	不包铝（淬火，冷作硬化优质表面）	BCYO	淬火、自然时效，冷硬化、优质表面		CZYO
淬火（自然时效）	CZ	优质表面（退火）	MO	热加工，人工时效		RS

2. 非铁金属铸造方法及热处理状态代号（表1-24）

表1-24　非铁金属铸造方法及热处理状态代号

名称	金属型铸造	砂型铸造	压铸	变质处理	人工时效	退火	固溶处理加自然时效	固溶处理加不完全人工时效	固溶处理加完全人工时效	固溶处理加软化处理
	J	S	Y	B	T_1	T_2	T_4	T_5	T_6	T_7

3. 变形铝及铝合金状态代号（表1-25）

表1-25 变形铝及铝合金状态代号

代号	名称	应用
基础状态代号		
F	自由加工状态	在成型过程中，对于加工硬化和热处理条件无特殊要求的工件，其力学性能不作规定
O	退火状态	适用于经完全退火后获得最低强度的产品状态
H	加工硬化状态	产品在加工硬化后，可经过（或不经过）使强度有所提高的附加热处理 H代号后面必须有两位或三位阿拉伯数字
W	固溶热处理状态	一种不稳定状态，仅适用于经固溶热处理后，在室温下自然时效的合金
T	热处理状态下（不同于F、O、H状态）	固溶热处理后，经过（或不经过）加工硬化达到稳定状态的产品 T代号后面必须有一位或多位阿拉伯数字
TX细分状态代号		
T1	高温成型+自然时效 适用于高温成型后冷却、自然时效，不再进行冷加工（或影响力学性能极限的矫平、矫直）的产品	
T2	高温成型+冷加工+自然时效 适用于高温成型后冷却，进行冷加工（或影响力学性能极限的矫平、矫直）以提高强度，然后自然时效的产品	
T3	固溶热处理+冷加工+自然时效 适用于固溶热处理后，进行冷加工（或影响力学性能极限的矫平、矫直）以提高强度，然后自然时效的产品	
T4	固溶热处理+自然时效 适用于固溶热处理后，不再进行冷加工（或影响力学性能极限的矫直、矫平），然后自然时效的产品	
T5	高温成型+人工时效 适用高温成型后冷却，不经冷加工（或影响力学性能极限的矫直、矫平），然后进行人工时效的产品	
T6	固溶热处理+人工时效 适用于固溶热处理后，不再进行冷加工（或影响力学性能极限的矫直、矫平），然后人工时效的产品	
T7	固溶热处理+过时效 适用于固溶热处理后，进行过时效至稳定化状态。为获取除力学性能外的其他某些重要特性，在人工时效时，强度在时效曲线上越过了最高峰点的产品	
T8	固溶热处理+冷加工+人工时效 适用于固溶热处理后，经冷加工（或影响力学性能极限的矫直、矫平）以提高强度，然后人工时效的产品	
T9	固溶热处理+人工时效+冷加工 适用于固溶热处理后，人工时效，然后进行冷加工（或影响力学性能极限的矫直、矫平）以提高强度的产品	
T10	高温成型+冷加工+人工时效 适用于高温成型后冷却，经冷加工（或影响力学性能极限的矫直、矫平）以提高强度，然后进行人工时效的产品	

1.2.3　建筑工程常用代号

1. 常用建筑构件代号（表1-26）

表1-26　常用建筑构件代号

名称	代号	名称	代号	名称	代号
板	B	天窗架	CJ	连系梁	LL
屋面板	WB	刚架	GJ	桩	ZH
空心板	KB	构造柱	GZ	柱间支撑	ZC
槽形板	CB	框架	kJ	垂直支撑	CC
折板	ZB	支架	ZJ	水平支撑	SC
密肋板	MB	柱	Z	梯	T
楼梯板	TB	基础	J	雨篷	YP
盖板或沟盖板	GB	设备基础	SJ	阳台	YT
挡雨板或檐口板	YB	墙板	QB	梁垫	LD
吊车安全走道板	DB	天沟板	TGB	暗柱	AZ
基础梁	JL	梁	L	预埋件	M
楼梯梁	TL	屋面梁	WL	天窗端壁	TD
檩条	LT	吊车梁	DL	钢筋网	W
屋架	WJ	圈梁	QL	钢筋骨架	G
托架	TJ	过梁	GL		

注：1. 本表适用于钢筋混凝土预制、现浇构件和钢木构件。

2. 预应力钢筋混凝土构件代号，应在构件代号前加注“Y”，如Y-DL表示预应力钢筋混凝土吊车梁。

2. 建筑钢筋代号（表1-27）

表1-27　建筑钢筋代号

<table>
<tr><th colspan="2">种类</th><th>符号</th><th colspan="3">种类</th><th>符号</th></tr>
<tr><td rowspan="4">热轧钢筋</td><td>HPB235（Q235）</td><td>Φ</td><td rowspan="5">预应力钢筋</td><td rowspan="3">消除压力钢筋</td><td>光面</td><td>Φ^{PM}</td></tr>
<tr><td>HRB335（20MnSi）</td><td>Φ</td><td>螺旋肋</td><td>Φ^{HM}</td></tr>
<tr><td>HRB400
（20MnSiV、20MnSiNb、20MnTi）</td><td>Φ</td><td>刻痕</td><td>Φ^{L}</td></tr>
<tr><td>HRB400（K20MnSi）</td><td>Φ</td><td rowspan="2">热处理钢筋</td><td rowspan="2">40Si2Mn
48Si2Mn
45Si2Cr</td><td rowspan="2">Φ^{HT}</td></tr>
<tr><td>预应力钢筋</td><td>钢绞线</td><td>Φ^{S}</td></tr>
</table>

3. 建筑物体剖面符号（表1-28）

表1-28　建筑物体剖面符号

类型	剖面符号	类型	剖面符号
金属材料		木质胶合板	

（续）

类型		剖面符号	类型	剖面符号
非金属材料			基础周围泥土	
型砂、填砂、粉末冶金、沙砾、陶瓷、硬质合金			混凝土	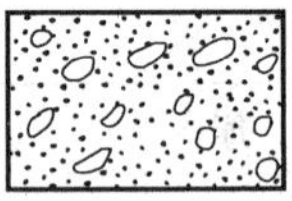
木材	纵剖面		钢筋混凝土	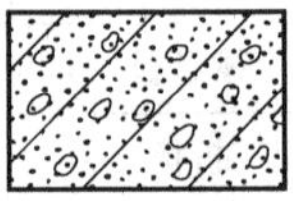
			砖	
	横剖面		液体	
玻璃及其他透明材料			网格	

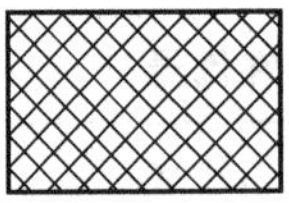

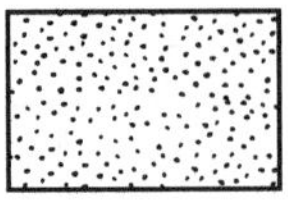

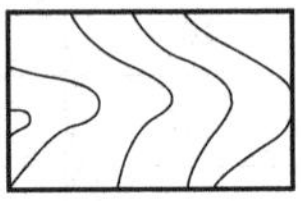

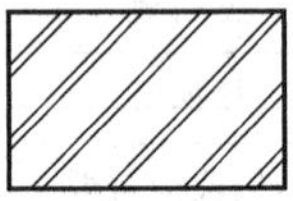

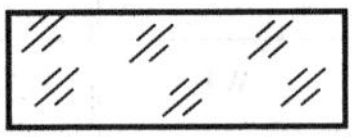

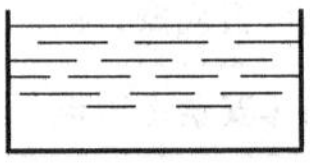

1.3 常用计算公式

1.3.1 常用速算计算公式

1. 常用表面积及体积计算公式（表1-29）

表1-29 常用表面积及体积计算公式

名称	图形	计算公式	
		表面积 S 及侧表面积 M	体积 V
正立方体	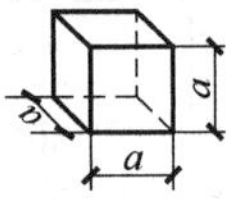	$S=6a^2$	$V=a^3$
长立方体	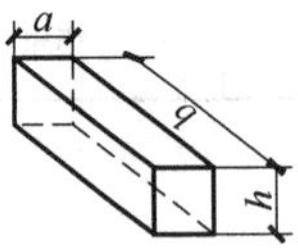	$S=2(ah+bh+ab)$	$V=abh$
圆柱	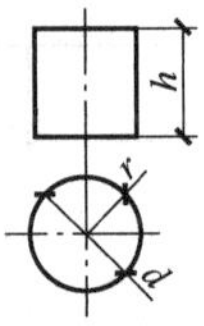	$M=2\pi rh=\pi dh$	$V=\pi r^2h=\frac{\pi d^2h}{4}$

（续）

名称	图形	计算公式	
		表面积 S 及侧表面积 M	体积 V
空心圆柱（管）	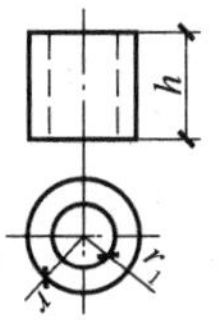	M = 内侧表面积 + 外侧表面积 $=2\pi h(r+r_1)$	$V=\pi h(r^2-r_1^2)$
斜底截圆柱	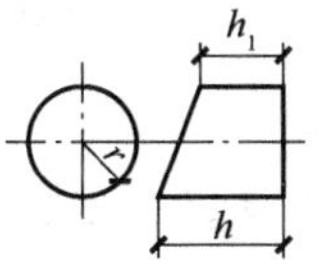	$M=\pi r(h+h_1)$	$V=\dfrac{\pi r^2(h+h_1)}{2}$
正六角柱	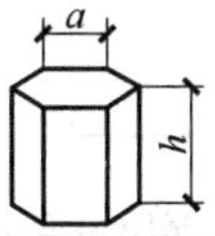	$S=5.1962a^2+6ah$	$V=2.5981a^2h$
正方角锥台	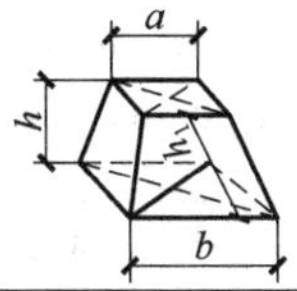	$S=a^2+b^2+2(a+b)h_1$	$V=\dfrac{(a^2+b^2+ab)h}{3}$
球	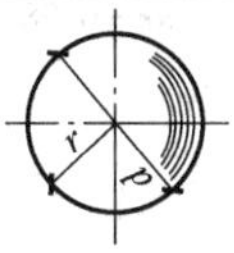	$S=4\pi r^2=\pi d^2$	$V=\dfrac{4\pi r^3}{3}=\dfrac{\pi d^3}{6}$
圆锥	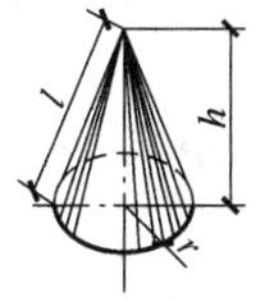	$M=\pi rl=\pi r\sqrt{r^2+h^2}$	$V=\dfrac{\pi r^2h}{3}$
截头圆锥	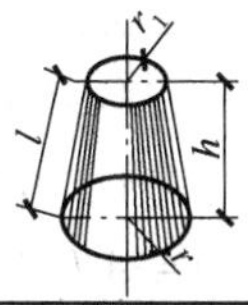	$M=\pi l(r+r_1)$	$V=\dfrac{\pi h(r^2+r_1^2+r_1r)}{3}$

2. 常用截面面积计算公式（表1-30）

表1-30　常用截面面积计算公式

名称	截面图形	计算公式
正方形	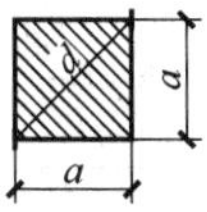	$A=a^2$；$a=0.7071d=\sqrt{A}$ $d=1.4142a=1.414\sqrt{A}$
长方形	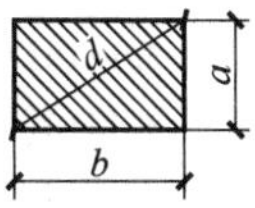	$A=ab=a\sqrt{d^2-a^2}=b\sqrt{d^2-b^2}$ $d=\sqrt{a^2+b^2}$；$a=\sqrt{d^2-b^2}=\dfrac{A}{b}$ $b=\sqrt{d^2-a^2}=\dfrac{A}{a}$

（续）

名称	截面图形	计算公式
三角形	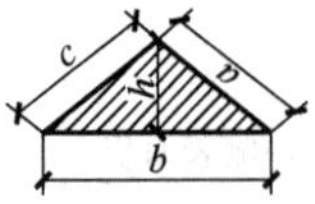	$A=\frac{bh}{2}=\frac{b}{2}\sqrt{a^2-\left(\frac{a^2+b^2-c^2}{2b}\right)^2}$ $P=\frac{1}{2}(a+b+c)$ $A=\sqrt{P(P-a)(P-b)(P-c)}$
平行四边形	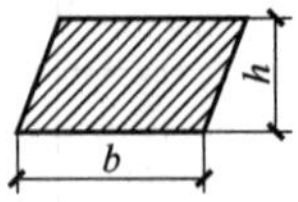	$A=bh$
梯形	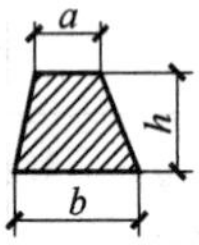	$A=\frac{(a+b)h}{2}$；$h=\frac{2A}{a+b}$ $a=\frac{2A}{h}-b$；$b=\frac{2A}{h}-a$
正六边形	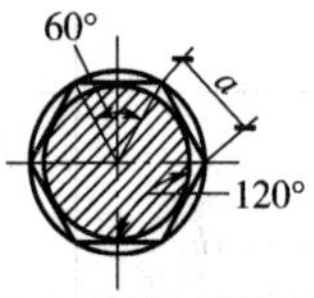	$A=2.5981a^2=2.5981R^2=3.4641r^2$ $R=a=1.1547r$ $r=0.86603a=0.86603R$
圆	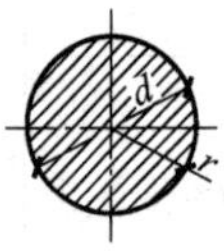	$A=\pi r^2=3.1416r^2=0.7854d^2$ $L=2\pi r=6.2832r=3.1416d$ $r=L/2\pi=0.15915L=0.56419\sqrt{A}$ $d=L/\pi=0.31831L=1.1284\sqrt{A}$
椭圆	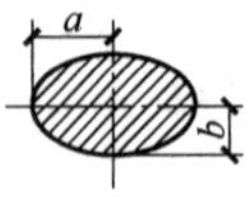	$A=\pi ab=3.1416ab$ 周长的近似值： $2P=\pi\sqrt{2(a^2+b^2)}$ 比较精确的值： $2P=\pi[1.5(a+b)-\sqrt{ab}]$
扇形	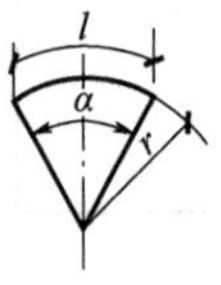	$A=\frac{1}{2}rl=0.0087266\alpha r^2$ $l=2A/r=0.017453\alpha r$ $r=2A/l=57.296l/\alpha$ $\alpha=\frac{180l}{\pi r}=\frac{57.296l}{r}$
弓形	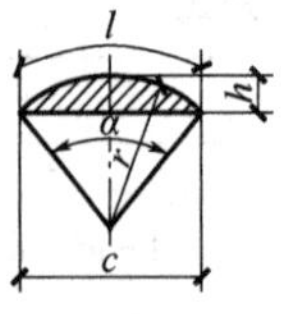	$A=\frac{1}{2}[rl-c(r-h)]$；$r=\frac{c^2+4h^2}{8h}$ $l=0.017453\alpha r$；$c=2\sqrt{h(2r-h)}$ $h=r-\frac{\sqrt{4r^2-c^2}}{2}$；$\alpha=\frac{57.296l}{r}$
圆环	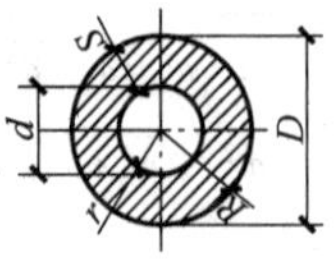	$A=\pi(R^2-r^2)=3.1416(R^2-r^2)$ $=0.7854(D^2-d^2)$ $=3.1416(D-S)S$ $=3.1416(d+S)S$ $S=R-r=(D-d)/2$

（续）

名称	截面图形	计算公式
部分圆环（环式扇形）	R α D r d	$A=\frac{\alpha\pi}{360}(R^2-r^2)$ $=0.008727\alpha(R^2-r^2)$ $=\frac{\alpha\pi}{4\times360}(D^2-d^2)$ $=0.002182\alpha(D^2-d^2)$

1.3.2　常用材料的理论质量计算公式

1. 钢铁材料的理论质量计算公式（表1-31）

表1-31　钢铁材料的理论质量计算公式

钢材类别	理论质量 W/(kg/m)	备注
圆钢、线材、钢丝	W=0.00617×(直径)²	1. 角钢、工字钢和槽钢的准确计算公式很烦琐，表列简式用于计算近似值 2. f值：一般型号及带有a的为3.34，带有b的为2.65，带有e的为2.26 3. e值：一般型号及带有a的为3.26，带有b的为2.44，带有e的为2.24 4. 腰高相同的工字钢，如有几种不同的腿宽和腰厚，需在型号右边加a、b、c相区别；腰高相同的槽钢，如有几种不同的腿宽和腰厚，也需在型号右边加a、b、c以示区别
方钢	W=0.00785×(边长)²	
六角钢	W=0.0068×(对边距离)²	
八角钢	W=0.0065×(对边距离)²	
等边角钢	W=0.00785×边厚×(2×边宽-边厚)	
不等边角钢	W=0.00785×边厚×(长边宽+短边宽-边厚)	
工字钢	W=0.00785×腰厚×[高+f(腿宽-腰厚)]	
槽钢	W=0.00785×腰厚×[高+e(腿宽-腰厚)]	
扁钢、钢板、钢带	W=0.00785×宽×厚	
钢管	W=0.02466×壁厚×(外经-壁厚)	

2. 有色金属材料的理论质量计算公式（表1-32）

表1-32　有色金属材料的理论质量计算公式

名称	理论质量 W/(kg/m)		计算举例
纯铜棒	$W=0.00698d^2$	d—直径（mm）	长1m直径100mm的纯铜棒 $W=0.00698\times100^2$kg=69.8kg
六角纯铜棒	$W=0.0077d^2$	d—对边距离（mm）	长1m对边距离为10mm的六角纯铜棒 $W=0.0077\times10^2$kg=0.77kg
纯铜板	$W=0.0089t$	t—厚度（mm）	面积1m² 厚度为5mm的纯铜板 W=0.0089×5kg=44.45kg
纯铜管	$W=0.02794t(D-t)$	D—外径（mm） t—壁厚（mm）	长1m外径为60mm、壁厚为4mm的纯铜管 W=0.02794×4×(60-4)kg=6.26kg
黄铜棒	$W=0.00668d^2$	d—直径（mm）	长1m直径100mm的黄铜棒 $W=0.00668\times100^2$kg=66.8kg
六角黄铜棒	$W=0.00736d^2$	d—对边距离（mm）	长1m对边距离为10mm的六角纯铜棒 $W=0.00736\times10^2$kg=0.736kg
黄铜板	$W=0.0085t$	t—厚度（mm）	面积1m² 厚度为5mm的纯铜板 W=0.0085×5kg=42.5kg

（续）

名称	理论质量 $W/(\mathrm{kg/m})$		计算举例
黄铜管	$W=0.0267t\ (D-t)$	D—外径（mm） t—壁厚（mm）	长1m外径为60mm、壁厚为4mm的黄铜管 $W=0.0267\times4\times(60-4)\mathrm{kg}=5.98\mathrm{kg}$
铝棒	$W=0.0022d^2$	d—直径（mm）	长1m直径10mm的铝棒 $W=0.0022\times10^2\mathrm{kg}=0.22\mathrm{kg}$
铝板	$W=0.00271t$	t—厚度（mm）	面积$1\mathrm{m}^2$厚度为30mm的铝板 $W=0.00271\times10\mathrm{kg}=27.1\mathrm{kg}$
铝管	$W=0.00879t\ (D-t)$	D—外径（mm） t—壁厚（mm）	长1m外径为30mm、壁厚为5mm的铝管 $W=0.00879\times5\times(30-5)\mathrm{kg}=1.09875\mathrm{kg}$

注：板类材料的理论质量 W 的单位为 $\mathrm{kg/m^2}$。

1.4 标准

1.4.1 标准和标准化的概念

1. 标准的基本知识

标准（standard）是指在一定的范围内为了获得最佳秩序，经有关方面协商一致，对重复性事物和概念通过科学的简化、优选后做出的统一性规定，并将其制成规范性文件，通过主管机构批准发布，作为共同遵守的准则和依据。

（1）标准的表示形式

1）标准一般以文字、图表的形式出现。例如建筑工程中的“制图标准”“公差标准”等。

2）标准可以用实物的形式出现，通常称其为“实物标准”。例如，各种计量标准中的“标准质量（砝码）”“标准长度（标准米尺）”“标准电阻”等。

（2）标准的种类　根据标准管理的需要，标准种类一般按行业、性质、功能分类。

1）按行业分类。目前我国按行业分类的标准已正式批准实施的有57大类。其制定过程是：由国务院各有关行政主管部门提出其所管理的行业标准范围的申请报告，经国务院标准化行政主管部门（国家标准化管理委员会）审查确定，并公布该行业的标准代号。

2）按标准性质分类。通常按标准的专业性质，将标准划分为技术标准、管理标准和工作标准三大类。

①技术标准是指在标准化领域中，对需要统一的技术事项所制定的标准。

②管理标准是指在标准化领域中，对需要协调统一的管理事项所制定的标准。

③工作标准是指为实现工作（活动）过程的协调，提高工作质量和工作效率，对每种职业和岗位的工作制定的标准。

3）按标准功能分类。基于社会对标准的需要，通常将重点管理的标准分为基础标准、产品标准、方法标准、安全标准、卫生标准、环保标准和管理标准等。

①基础标准是对一些共性问题所做出的一些统一规定。如“工程制图标准”“尺寸的极限与配合标准”等都是工程领域的基础标准。

②产品标准是针对某种具体产品的质量指标和规格所做出的统一规定。其中包括产品系

列标准、产品质量标准和包装、储存、运输、验收标准等。

③方法标准包括两类：一是以试验、分析、抽样、统计、计算、测定等方法为对象制定的标准，如试验分析法、检查测定法、设计规范法、工艺规程、生产指导书等；另一类是合理生产优质产品，在生产、作业、试验、业务处理等方面为提高效率而制定的标准。

④安全标准是指为保护人和物品的安全性而制定的标准。一般有两种形式：一种是专门特定的安全标准；另一种是在产品标准或工艺标准中列出有关安全的要求和指标。安全标准是强制性标准。

⑤卫生标准是指根据健康要求，对生产，生活环境中化学、物理及生物的有害因素的卫生学容许限量值，即最高容许浓度。卫生标准为强制性标准。

⑥环保标准是指环境的组成要素（水、空气、土地和生物）对污染物质的承受量或负荷量。环保标准为强制性标准。

（3）标准的等级　根据《中华人民共和国标准化法》，将我国标准分为国家标准、行业标准、地方标准、企业标准四级。其中行业、地方、企业标准是指没有国家标准而又需要在全国的行业、企业或地区范围内进行规范的技术要求。这些标准应用广泛，而且数量较多。

（4）标准的性质　依照《中华人民共和国标准化法》的规定，我国国家标准和行业标准分为强制性标准和推荐性标准两类。

1）强制性标准是指涉及人身、财产安全、人体健康等方面的标准。例如，电器产品、医药、食品卫生、生物产品等标准。

我国国家质量监督检验检疫总局于2001年12月3日颁布了《强制性产品认证管理规定》，规定凡列入强制性认证的产品，必须经国家指定的认证机构认证合格，取得了认证标准后方可进入市场。认证标志即为“中国强制认证”的英文缩写“CCC”（China Compulsory Certification），简称“3C”标准。

2）推荐性标准又称非强制性标准或自愿性标准。是指生产、交换、使用等方面，通过经济手段或市场调节而自愿采用的一类标准。

①推荐性标准，不具有强制性，违反这类标准，不构成经济或法律方面的责任。

②推荐性标准一旦采用，并经各方商定同意纳入经济合同中，就成为各方必须共同遵守的技术依据，具有法律约束性。

随着社会的发展，国家需要重新制定或修改标准来满足人们生产、生活的需要，因此标准是一种动态信息。

2. 标准化的概念

标准化是指为了在一定的范围内获得最佳秩序，对实际的或潜在的问题制定共同使用和重复使用的规则的活动。其内容主要包括编制、发布和实施标准的过程；其作用在于为了预期的目的改进产品、过程或服务的适应性，防止技术壁垒，并促进技术合作。

（1）标准化的原理　标准化的基本原理通常是指统一原理、简化原理、协调原理和最优化原理。

1）统一原理是标准化的基本形式。统一的目的是确立一致性，把同类对象归类。

2）简化原理是使总体功能最佳。简化原理是合理简化，减少复杂性，保持其构成的精炼、合理，使总体功能达到最佳效果。

3）协调原理是标准化活动的重要方法。协调使各要素之间建立起合理的标准化秩序或相对平衡关系。

4）最优化原理是标准化的最终目的。标准化活动能否取得最佳效果，取决于一系列的工作质量。

（2）标准化的特点

1）系统性：标准化以系统的观点处理和分析标准化工作中的问题，形成一个标准化体系，这个体系要同生产产品（或工程）经营相协调，并与国际经济系统相协调。

2）国际性：国际经济秩序的建立，使现代标准化具有国际性，与国际接轨成为各国标准化工作的重要方针和政策。

3）动态性：社会的不断进步与发展，产品频繁地更新换代，使标准化工作处于动态发展之中。

4）经济性：标准化可提高经济效益，可减少产品重复设计，实现批量生产，降低设备投入和生产成本。

（3）标准化的作用

1）标准化为科学管理奠定了基础，促进经济发展，提高经济效益。

2）标准化是科研、生产、使用三者之间的桥梁，为组织现代生产创造了前提条件。

3）合理发展产品品种，保证产品质量，在社会生产与消费之间进行协调，确立共同遵循的准则。

4）消除贸易障碍，促进国际技术交流和贸易发展，提高产品在国际市场竞争力。

1.4.2 国家标准

国家标准是指由国家标准化主管机构批准发布，对全国经济、技术发展有重大意义，且在全国范围内统一的标准。国家标准是在全国范围内统一的技术要求，由国务院标准化行政主管部门编制计划，协调项目分工，组织制定（含修订），统一审批、编号、发布。法律对国家标准的制定另有规定的，依照法律的规定执行。国家标准的年限一般为5年，过了年限后，国家标准就要被修订或重新制定。此外，随着社会的发展，国家需要制定新的标准来满足人们生产、生活的需要。国家标准的规范是《中华人民共和国标准化法》。

1. 国家标准代号（表1-33）

表1-33　国家标准代号

代号	名称	管理部门
GB	中华人民共和国强制性国家标准	国家标准化管理委员会
GB/T	中华人民共和国推荐性国家标准	国家标准化管理委员会
GB/Z	中华人民共和国国家标准化指导性技术文件	国家标准化管理委员会

2. 中国行业标准代号及主管部门（表1-34）

表1-34　中国行业标准代号及主管部门

代号	名称	主管部门	代号	名称	主管部门
BB	包装	中国包装工业总公司	MZ	民政	中国民航管理局
CB	船舶	国防科工委	NY	农业	农业部
CH	测绘	国家测绘局	QB	轻工	国家轻工业局
CJ	城镇建设	国家建设部	QC	汽车	国家机械工业局

（续）

代号	名称	主管部门	代号	名称	主管部门
CY	新闻出版	国家新闻出版总署	QJ	航天	国防科工委
DA	档案	国家档案局	QX	气象	国家气象局
DB	地震	国家地震局	SB	商业	中国商业联合会
DL	电力	国家经贸委	SC	水产	农业部
DZ	地质矿产	国土资源部	SH	石油化工	中国石油化工协会
EJ	核工业	国防科工委	SJ	电子	信息产业部
FZ	纺织	国家轻工业局	SL	水利	水利部
GA	公共安全	公安部	SN	商检	国家质量管理检验检疫局
GY	广播电视	国家广播电影电视总局	SY	石油天然气	中国石油化工协会
HB	航空	国防科工委	SY	海洋石油天然气	中国海洋石油总公司
HG	化工	国家石油和化学工业局	TB	铁路运输	铁路总公司
HJ	环境保护	国家环境保护总局	TD	土地管理	国土资源部
HS	海关	国家海关总署	TY	体育	体育总局
HY	海洋	国家海洋局	WB	物资管理	中国物质管理流通协会
JB	机械	国家机械工业局	WH	文化	文化部
JC	建材	建设部	WJ	兵工民品	国防科工委
JG	建筑工业	建设部	WM	外经贸	对外贸易部
JR	金融	中国人民银行	WS	卫生	卫生部
JT	交通	交通部	XB	稀土	国家计委稀土办
JY	教育	教育部	YB	黑色冶金	中国钢铁工业协会
LB	旅游	国家旅游局	YC	烟草	国家烟草专卖局
LD	劳动安全	劳动和保障部	YD	通信	信息产业部
LY	林业	国家林业局	YS	有色金属	中国有色金属工业协会
MH	民用航空	中国民航管理局	YY	医药	国家食品药品监督管理局
MT	煤炭	中国煤炭工业协会	YZ	邮政	国家邮政局

注：行业标准分为强制性和推荐性标准。表中给出的是强制性标准代号。推荐性行业标准是在强制性行业标准代号后面加“/T”。例如，中国钢铁工业协会的推荐性行业标准代号是 YB/T。

3. 地方标准代号（表 1-35）

表 1-35　地方标准代号

代号	名称	主管部门
DB + *	中华人民共和国强制性地方标准	省级质量技术监督局
DB + */T	中华人民共和国推荐性地方标准	省级质量技术监督局

注：1. DB + * 为强制性地方标准，推荐性地方标准要在 DB + * 后加“/T”。

2. * 表示省级行政区代码的前二位数字。例如，湖南省地方标准代号为 DB43。

4. 企业标准代号（表 1-36）

表 1-36　企业标准代号

代号	名称	主管部门
Q + *	中华人民共和国企业产品标准	企业

注：* 表示企业代号。例如，湖南省 XX 电厂企业标准：Q/DL103-221. 02-2002。

5. 各省、市、自治区行政区划代码（表1-37）

表1-37　各省、市、自治区行政区划代码

省、市、自治区名称	行政区划代码	省、市、自治区名称	行政区划代码
北京市	110000	湖南省	430000
天津市	120000	广东省	440000
河北省	130000	广西壮族自治区	450000
山西省	140000	海南省	460000
内蒙古自治区	150000	重庆市	500000
辽宁省	210000	四川省	510000
吉林省	220000	贵州省	520000
黑龙江省	230000	云南省	530000
上海市	310000	西藏自治区	540000
江苏省	320000	陕西省	610000
浙江省	330000	甘肃省	620000
安徽省	340000	青海省	630000
福建省	350000	宁夏回族自治区	640000
江西省	360000	新疆维吾尔自治区	650000
山东省	370000	台湾省	710000
河南省	410000	香港特别行政区	810000
湖北省	420000	澳门特别行政区	820000

1.4.3　国际标准和国际标准化组织

1. 国际标准的概念

国际标准是指国际标准化组织制定的标准。目前被公认的国际标准化机构有国际标准化组织（ISO）、国际电工委员会（IEC）、国际电信联盟（ITU）和世界卫生组织（WHO）等机构以及国际标准化组织确认并公布的行业组织。这些机构制定的标准或行业组织制定的经认可的标准，称为国际标准。国际标准在世界范围内统一使用。

2. 国际标准化组织

国际标准化组织（International Organization for Standardization）简称ISO，成立于1947年，为世界上最大的非政府性标准化组织，是国际标准化领域中一个十分重要的组织。ISO的任务是促进全球范围内的标准化及其有关活动，利于国际间产品与服务的交流，以及在知识、科学、技术和经济活动中发展国际间的相互合作。它显示了强大的生命力，吸引了越来越多的国家参与其活动，其成员包括165个国家和地区，设有2800多个技术组织。中国是ISO的成员国，并且是ISO的发起国之一。目前，国际标准化组织及被国际标准化组织确认并公布的其他国际组织见表1-38。

表1-38　国际标准化组织

代号	名称	代号	名称
ISO	国际标准化组织	IEC	国际电工委员会

（续）

代号	名称	代号	名称
IGU	国际煤气联盟	ISTA	国际种子检验协会
ITU	国际电信联盟	IUPAC	国际理论与应用化学联合会
BIPM	国际计量局	IWTO	国际毛纺组织
BISFA	国际人造纤维标准化局	OIE	国际兽疾局
CEE	国际电气设备合格认证委员会	OIML	国际法制计量组织
CCITT	国际电报电话咨询委员会	OIV	国际葡萄与葡萄酒局
CAC	食品法典委员会	UIC	国际铁路联盟
CCC	关税合作理事会	IAEA	国际原子能机构
CIE	国际照明委员会	IATA	国际航空运输协会
CISPR	国际无线电干扰特别委员会	ICAO	国际民航组织
CCSDS	时空系统咨询委员会	ICC	国际谷类加工食品科学技术协会
CIB	国际建筑研究试验与文献委员会	ICID	国际排灌研究委员会
CIMAC	国际内燃机委员会	ICRP	国际辐射防护委员会
FDI	世界牙科联盟会	ICRU	国际辐射单位和测量委员会
FID	国际信息与文献联合会	IDF	国际乳制品联合会
IEIF	因特网工程特别工作组	RILEM	材料与结构研究实验所国际联合会
IFLA	国际签书馆协会与学会联合会	UN/CEFACT	经营交易与运输程序和实施促进中心
IIR	国际制冷学会	UNESCO	联合国教科文组织
ILO	国际劳工组织	WCO	世界海关组织
IMO	国际海事组织	WHO	国际卫生组织
IOOC	国际橄榄油理事会	WIPO	世界知识产权组织
IFOAM	国际有机农业运动联盟	WMO	世界气象组织

3. 国际标准代号（表1-39）

表1-39　国际标准代号

序号	代号	名称	负责机构
1	BISFA	国际人造纤维标准化局标准	国际人造纤维标准化局
2	CAC	食品法典委员会标准	食品法典委员会
3	CCC	关税合作理事会标准	关税合作理事会
4	CIE	国际照明委员会标准	国际照明委员会
5	CISPR	国际无线电干扰特别委员会标准	国际无线电干扰特别委员会
6	IAEA	国际原子能机构标准	国际原子能机构
7	IATA	国际航空运输协会标准	国际航空运输协会
8	ICAO	国际民航组织标准	国际民航组织
9	ICRP	国际辐射防护委员会标准	国际辐射防护委员会

（续）

序号	代号	名称	负责机构
10	ICRU	国际辐射单位和测量委员会标准	国际辐射单位和测量委员会
11	IDF	国际乳制品联合会标准	国际乳制品联合会
12	IEC	国际电工委员会标准	国际电工委员会
13	IFLA	国际签书馆协会和学会联合会标准	国际签书馆协会和学会联合会
14	IIR	国际制冷学会标准	国际制冷学会
15	ILO	国际劳工组织标准	国际劳工组织
16	IMO	国际海事组织标准	国际海事组织
17	IOOC	国际橄榄油理事会标准	国际橄榄油理事会
18	ISO	国际标准化组织标准	国际标准化组织
19	ITU	国际电信联盟标准	国际电信联盟
20	OIE	国际兽疫局标准	国际兽疫局
21	OIML	国际法制计量组织标准	国际法制计量组织
22	OIV	国际葡萄与葡萄酒局标准	国际葡萄与葡萄酒局
23	UIC	国际铁路联盟标准	国际铁路联盟
24	UNESCO	联合国教科文组织标准	联合国教科文组织
25	WHO	世界卫生组织标准	世界卫生组织
26	WIPO	世界知识产权组织标准	世界知识产权组织

4. 国际标准产品编号

国际标准产品编号与国际标准编号相类似。由国际标准代号 + 顺序号 + 制定年号组成。如 ISO 4957—1980，表示 1980 年国际标准化组织制定的、顺序号为 4957 的碳素工具钢丝国际标准。查看 ISO 通报（ISO Bulletin）和作废清单（Withdraws），就可以知道国际标准是否作废或者为现行标准。

1.4.4 国外标准

1. 国外标准的概念

国外标准是指未经 ISO 确认并公布的其他国家组织的标准，包括发达国家的国家标准、区域性组织的标准、国际上有权威的团体标准和企业（公司）标准。

2. 国外先进国家标准机构（表 1-40）

表 1-40 国外先进国家标准机构

代号	名称	代号	名称
ANSI	美国国家标准学会	AFNOR	法国标准化协会
CSA	加拿大标准协会	GOSTR	俄罗斯联邦国家标准化与计量委员会
JISC	日本工业标准委员会	SIS	瑞典标准化委员会
BSI	英国标准协会	UNI	意大利标准化协会
DIN	德国标准化协会		

3. 区域权威性标准化组织（表1-41）

表1-41 区域权威性标准化组织

代号	名称	代号	名称
CEN	欧洲标准化委员会	AOW	亚洲大洋洋开放系统互联研究会
CENELEC	欧洲电工标准化委员会	ASEB	亚洲电子数据交换理事会
EBU	欧洲广播联盟	COPANT	泛美技术标准委员会
ETSI	欧洲电信标准学会	ARSO	非洲地区标准化组织
PASC	太平洋地区标准大会	ASMO	阿拉伯标准化与计量组织

4. 国际上公认的行业性团体标准组织（表1-42）

表1-42 国际上公认的行业性团体标准组织

代号	名称	代号	名称
ASTM	美国试验与材料协会	NFPA	美国全国消防协会
API	美国石油协会	FDA	美国食品药品监督管理局
ASME	美国机械工程师协会	SMPTE	美国电影电视工程师协会
NEMA	美国电气制造商协会	LR	英国劳氏船级社
EIA	美国电子工业协会	IP	英国石油学会
IPC	美国印刷电路板协会	VDE	德国电气工程师协会
UL	美国保险商实验室	JSA	日本规格协会

5. 国外标准代号（表1-43）

表1-43 国外标准代号

序号	代号	名称	负责机构
1	ANSI	美国国家标准	美国国家标准学会
2	API	美国石油学会标准	美国石油学会
3	ASME	美国机械工程师协会标准	美国机械工程师协会
4	ASTM	美国试验与材料协会标准	美国材料与试验协会
5	BS	英国国家标准	英国标准学会
6	DIN	德国国家标准	德国标准化学会
7	JIS	日本工业标准	日本工业标准调查会
8	JPI	日本石油学会标准	日本石油学会
9	NF	法国国家标准	法国标准化协会

6. 国外区域标准代号（表1-44）

表1-44 国外区域标准代号

序号	代号	名称	负责机构
1	ARS	非洲地区标准	非洲地区标准化组织（ARSO）
2	ASMO	阿拉伯标准	阿拉伯标准化与计量组织（ASMO）
3	EN	欧盟标准	欧洲标准化委员会（CEN）
4	ETS	欧洲电信标准	欧洲电信标准学会（ETSI）
5	PAS	泛美标准	泛美技术标准委员会（COPANT）

7. 常见外国标准代号（表1-45）

表1-45　常见外国标准代号

代号	名称	代号	名称
ANSI	美国国家标准	NF	法国标准
AISI	美国钢铁协会标准	NI	印度尼西亚标准
ASME	美国机械工程师协会标准	NP	葡萄牙标准
ASTM	美国试验与材料协会标准	NS	挪威标准
AS	澳大利亚标准	NSO	尼日利亚标准
BS	英国标准	NOM	墨西哥官方标准
CAN	加拿大标准协会标准	NZS	新西兰标准
DIN	德国标准	PN	波兰标准
ELOT	希腊标准	PS	菲律宾标准
DS	丹麦标准	SABS	南非标准
IRAM	阿根廷标准	SFS	芬兰标准
ES	埃及标准	SI	以色列标准
IRS	爱尔兰标准	SIS	瑞典标准
IS	印度标准	SLS	斯里兰卡标准
ISIRI	伊朗标准	SNS	叙利亚标准
JIS	日本工业标准	SNV	瑞士标准
KS	韩国标准	STAS	罗马尼亚标准
MS	马来西亚标准	TCVN	越南标准
MSZ	匈牙利标准	TNAI	泰国标准
NB	巴西标准	TS	土耳其标准
NBN	比利时标准	UNE	西班牙标准
NCH	智利标准	UNI	意大利标准
NEN	荷兰标准	ONORM	奥地利标准

1.4.5　主要国家标准产品编号

标准产品是指对产品结构、规格、质量和检验方法所做的技术规定。标准产品按其适用范围，分别由国家、部门和企业制定；它是一定时期和一定范围内具有约束力的产品技术准则，是产品生产、质量检验、选购验收、使用维护和洽谈贸易的技术依据。

对于一些门类中类别较多的产品，标准产品还要进行分层，如基础规范、总规范、分规范、空白详细规范和详细规范。

1）总规范（通用规范）是适用于一个产品门类的标准。通常包括该类产品的术语、符号、分类与命名、要求、试验方法和质量评定程序、标志、包装、运输、储存等内容。

2）规范根据需要，在一个产品门类通用的标准（即总规范）下加进适合于某一个分门类产品（或称某一类型）的标准。对于一个特定的分门类产品，当有较多特有内容需要统一规定时，可制定分规范。

3）空白详细规范不是独立的规范层次，它是用来指导编写详细规范的一种格式。在空白详细规范中填入具体产品的特定要求时，即成为详细规范。

4）详细规范是一种完整地规定某一种产品或某一个系列产品的标准。它可以通过引用其他规范（或标准）来达到其完整性。

世界各国产品标准表示不尽相同。

1. 中国标准产品的编号

1）《中华人民共和国标准化法》第22条规定："产品未经认证或者认证不合格而擅自使用认证标志出厂销售的，由标准化行政主管部门责令停止销售，并处罚款。"《中华人民共和国产品质量法》第12条规定："产品质量应当检验合格，不得以不合格产品冒充合格产品。"所谓合格，是指产品的质量状况符合标准中规定的具体指标。

2）我国现行的标准分为国家标准、行业标准、地方标准和经备案的企业标准。凡有强制性国家标准、行业标准的，必须符合该标准；没有强制性国家标准、行业标准的，允许适用其他标准，但必须符合保障人体健康及人身、财产安全的要求。同时，国家鼓励企业赶超国际先进水平。对不符合强制性国家标准、行业标准的产品，以及不符合保障人体健康和人身、财产安全标准和要求的产品，禁止生产和销售。

3）按照《国家标准管理办法》的规定，标准产品的编号是指产品的国家标准或行业标准、地方标准、企业标准的代号与文件编号等组成。即产品标准的标准代号+标准发布的顺序号+标准发布的年号。例如，GB 1412—2005是2005年制定的发布顺序号为1412的球墨铸铁用生铁强制性（GB）国家标准。例如，GB/T 699—1999是指1999年制定的顺序号为699的优质碳素结构钢的推荐性（GB/T）国家标准。例如YB/T 5216—1993是中国钢铁工业协会1993年制定的顺序号为5216的铌锰铁合金黑色冶金行业推荐性标准。地方标准、企业标准号可如此相类似标注。

2. 外国产品标准的编号

（1）美国标准编号　美国国家标准学会（American National Standards Institute简称ANSI）是由美国多个协会组成的民间标准化团体，是美国国家标准化的中心，各种标准化活动都围绕着标准学会进行。

美国的标准产品有好几种表示方法。

1）由标准代号+顺序号+制定年号组成。示例：ANSI 10602—1995是表示1995年由ANSI制定的、顺序号为10602的成像材料并经处理过的银胶型黑白胶卷稳定性国家标准。

2）由标准代号+字母标示的分类号+顺序号+制定年号组成。示例：ANSI C63.19—2007是表示2007年由ANSI制定的、顺序号为63.19的无线通信装置和助听器间兼容性的测量方法标准。其中字母C表示该标准属于电器类。

3）ASTM（美国试验与材料协会）成立于1898年，是ANSI的主要成员。因此，它制定的许多ASTM标准经ANSI冠名之后，成为美国的国家标准。特别是在金属材料方面的许多国家标准都是由ASTM制定的。

ASTM标准编号由标准代号+字母标示的分类号+顺序号+制定年号组成。其中，字母分类代号：A—黑色金属；B—有色金属；C—水泥、陶瓷、混凝土、砖石材料；D—其他材料（如石油产品、燃料、低强塑料等）；E—杂类（如金属化学分析、耐火试验、无损检测、统计方法等）；F—特殊用途材料（如电子材料、防震材料、外科用材料等）；G—材料腐蚀、变质与降级等。

示例1：ASTM A1—00（2005）表示在2000年制定的、A类、顺序号为1的碳素钢T型钢轨规格 ASTM。(2005) 表示该标准经 2005 年复审。

示例 2：ANSI/ASTM B685—2001，表示 2001 年制定的、B 类、顺序号为 685 钯铜电接触材料规范美国国家标准。

4）原 ASTM 标准中的单位为英制，影响了美国商品在国际上的竞争力。为此，美国制定了推行国际单位制的规划，强调使用国际标准。此后，便出现了英制单位与 SI 单位的两种单位标准。

示例：ASTM A227/A227M—99（2005）冷拔机械弹簧钢丝 ASTM 标准。该产品标示是同时使用英制和 SI 单位值。但二者之间的数值均自身独立，无互换性。因此，在订货时，如果不注明“M”字样，那么提供的只是英制产品。

5）ANSI 标准或 ASTM 在内容上有修改或补充，其表示方法是在原标准号的年份后加一英文小写字母。a—表示第一次修改或补充；b—表示第二次修改或补充。例如，ASTM A788—05 钢锻件的一般要求这个标准的编号，是在 2005 年 4 月核定的，2005 年 6 月再次核定后，标号为 ASTM A788—05a；同年 9 月又一次修改补充后就表示为 ASTM A788—05b。

（2）英国标准标号　英国标准协会（BSI）始于 1901 年，为世界上最早的标准化组织。在 1901 年 3 月制定了世界上第一份国家标准。英国产品的标准编号：英国标准代号（BS）+标准序列号 + 制定年份组成。例如，BS 1429：1980，表示 1980 年制定的、序列号为 1429 的一般工程用退火圆钢丝的英国国家标准。在识别中有下列几种情况：

1）如果编号是 BS + EN + 序列号 + 年份表示，其中 EN 表示欧盟，即将欧盟标准作为英国标准（英国已脱离欧盟，注意标准变化）。

2）在序列号后面加有 1，2，3 等表示这一标准的第 1 部分、第 2 部分、第 3 部分等，每一部分都有其独立的标准说明书文件。例如，2004 年采用的欧盟标准号为 10025 号的热轧结构钢制品标准，一共有 6 个部分。分别是：BS EN 10025-1-2004　第 1 部分，一般交货条件；BS EN 10025-2-2004　第 2 部分，非合金结构钢的技术供货条件；BS EN 10025-3-2004　第 3 部分，正火/正火轧制可焊接细晶粒结构钢的交货技术条件；BS EN 10025-4-2004　第 4 部分，热机械轧制可焊接细晶粒结构钢的交货技术条件；BS EN 10025-5-2004　第 5 部分，改进型耐大气环境腐蚀结构钢的交货技术条件；BS EN 10025-6-2004　第 6 部分，经淬火和回火处理的具有高屈服强度的结构钢板材制品的交货技术条件。

3）如果是 BS + ISO + 序列号 + 年份，则表示采用国际标准作为英国标准。例如，BS ISO 17058：2004，就是英国采用 2004 年制定的用光谱光度计测定钢铁中 As 含量的国际标准作为英国国家标准。

（3）德国标准标号　德国标准化协会（Deutsches Institut fur Normung，简称 DIN）制定德国国家标准。该组织成立于 1917 年，中间几度更名。德国标准编号由标准代号 + 序列号 + 制定年号组成。例如，DIN 17440：2001—03，表示在 2001 年 3 月制定的、序列号为 17440 的不锈钢冷拔钢丝的交货技术条件标准。打开该文件，可以看到它以前的 DIN 17440：1967-01、DIN 17440：1972-12、DIN 17440：1985-07、DIN 17440：1996-09 四个版本文件。

（4）法国标准标号　法国国家标准采用字母和阿拉伯数字相结合的混合分类法。由标准代号 + 大类符号（字母） + 小类号（数字） + 顺序号 + 制定年号组成。大类字母表示某一类产品，如，A 代表冶金和金属材料产品，C 代表电器产品；小类数字表示不同标准。

示例：NF A37-605-2005 是表示 2005 年制定的金属材料 37 类、序列号为 605 的钢丝和钢丝制品—轮胎钢丝标准。

（5）日本标准标号　日本国家标准称为日本工业标准（JIS），其编号由标准代号＋字母＋分类号＋大分类号＋小类序列号＋制定年份号组成。例如，JIS G3125：2004 表示 2004 年制定的钢铁类（字母 G 表示）、普通钢材（用 31 表示）、序列号为 25 的耐高大气腐蚀轧制钢材标准。

第 2 章　建筑用钢铁材料

钢铁材料具有一定的力学性能，又有良好的工艺性能，且价格低廉，在国民经济发展中获得了广泛的应用。在建筑工程中，钢是一种非常重要的建筑工程材料。钢材的使用不仅可以强化建筑的结构，而且可以使建筑空间的构成元素呈现出点状、线状、面状、形体、质感和光影等要素，对现代建筑的质量保证和空间设计与表达艺术产生重要的影响。

2.1　钢铁材料基本知识

2.1.1　钢材的分类

1. 钢材的分类方法

钢材品种繁多，国家标准《钢及合金术语》（GB/T 20566—2006）钢及合金术语定义了钢及特殊合金的国家、行业标准常用术语，并对钢进行了分类，其分类方法见表 2-1。

表 2-1　钢材的分类方法

术语	定义
钢	以铁为主要元素，含碳量一般不大于 2%，并含有其他元素的材料。在铬钢中含碳量可能大于 2%，但 2% 通常是钢和铸铁的界限
按化学成分分类①	
非合金钢	非合金钢是引用国际标准 ISO 4948. 1—1982《钢分类第 1 部分：根据化学成分对非合金钢和合金钢的分类》和 ISO 4948. 2—1982《钢分类第 2 部分：按主要质量等级和主要性能或使用特性的分类》的通用术语。根据国家标准（GB/T 13304. 1—2008）规定，非合金钢 Si、Mn 和其他元素的含量都在界定以内。包括碳素钢和规定电磁等特殊性能的非合金钢
碳素钢	含碳量为 0. 02% ~0. 20% 的铁碳合金，含有少量的 Si、Mn、P、S 及其他微量残余元素。一般称为非合金钢，但碳素钢的内涵没有非合金钢广泛，不包括具有特殊性能的非合金钢
低碳钢	含碳量 <0. 25% 的碳素钢
中碳钢	含碳量为 0. 25% ~0. 60% 的碳素钢
高碳钢	含碳量 >0. 60% 的碳素钢
微合金化钢	指微合金化低合金高强度钢，是在低碳钢或低合金高强度钢中加入一种或多种能形成碳化物、氮化物或碳氮化合物的微合金元素的钢。常用的微合金元素有 Nb、V 和 Ti，加一种或多种，如加入多种，其总含量一般不大于 0. 22%
低合金钢	至少应有一种合金元素的含量在 GB/T 13304. 1—2008 相应规定界限范围内，合金元素总量大于 5% 的钢。低合金钢种包括可焊接的低合金高强度结构钢、低合金耐候钢、钢筋用低合金钢、铁道用低合金钢、矿用低合金钢及其他低合金钢等
合金钢①	至少应有一种合金元素的含量在 GB/T 13304. 1—2008 相应规定界限范围内的钢。该钢种通常包括合金结构钢、合金弹簧钢、合金工具钢、轴承钢等

（续）

术语	定义
高合金钢	合金元素含量大于10%的合金钢。高合金钢通常包括不锈钢、耐热钢、铬不锈轴承钢、高速工具钢及部分合金工具钢、无磁钢等
按质量等级分类	
普通质量钢	在生产过程中不需要特别控制质量的供一般用途的钢。这类钢大都为低碳钢，规定P、S、N含量上限和力学性能指标下限，对其他质量要求一般不作规定。普通质量钢包括普通质量非合金钢和普通质量低合金钢
优质钢	除普通质量钢和特殊质量钢以外的钢，在生产过程中需要特别控制质量和性能，但没有特殊质量钢那么严格。优质钢包括优质非合金钢、优质低合金钢和优质合金钢
特殊质量钢	在生产过程中需要特别严格控制质量和性能的钢，特别需要严格控制S、P等杂质含量和钢的纯洁度。特殊质量钢包括特殊质量非合金钢、特殊质量低合金钢和特殊质量合金钢
按用途及使用特性分类	
碳素结构钢	碳含量0.05%～0.70%，个别可高达0.90%。可分为普通碳素结构钢和优质碳素结构钢两类。用途很多，用量很大，主要用于各类建筑、船舶、桥梁工程，制造承受静载荷的各种金属构件及不重要不需要热处理的机械零件和一般焊接件
低合金高强度结构钢	碳含量通常小于0.20%，有较高的屈服强度和屈强比，较好的冷热加工成型性，良好的焊接性，较低的冷脆倾向、缺口和时效敏感性，以及有较好的抗大气、海水等腐蚀性能。其合金元素含量较低，一般在2.5%以下，在热轧状态或经简单的热处理（非调质状态）后使用。主要用于建筑、桥梁、船舶、车辆、压力容器及其他结构。各发达工业国家的低合金高强度钢产量约占钢产量的10%
耐大气腐蚀钢	加入Cu、P、Cr、Ni等元素提高耐大气腐蚀性能的钢。分为高耐候钢和焊接结构用耐候钢
建筑结构用钢	具有严格的技术标准，材料的物理性能、力学性能、焊接性能、冷热加工性能、组织结构机理等有严格的要求，特别是韧性指标必须达到国际先进水平。一定的屈强比，必要时还要求厚度方向性能。是制造高层、超高层、大跨度、轻钢板等大型建筑的常用材料
桥梁用钢	用于建造较大跨度的铁路和公路桥梁的钢。要求具有较高的强度和足够的韧性、低的缺口敏感性、良好的低温韧性、抗时效敏感性、抗疲劳性能和焊接性能。主要用钢种为Q345q、Q370q、Q420q等低合金高强度钢
船体用钢	适于制造船舶和舰艇壳体用钢。要求具有一定的强度、低温韧性、耐海水腐蚀性和良好地焊接性。舰艇用钢要求具有更高的强度、更好的韧性、抗爆性和抗深水压溃性
压力容器用钢	用于制造石油化工、气体分离和气体储运等设备的压力容器壳体、封头等部件用的钢。主要为优质碳素钢、优质低合金高强度钢。这类钢对化学成分和质量控制要求严格，要求具有足够的强度和韧性以及良好的焊接性能和冷热加工性能
低温用钢	主要用于制造在-20℃以下使用的压力设备和结构。要求具有良好的低温韧性和焊接性能。根据使用温度的不同，主要用钢有低合金高强度钢、镍钢和奥氏体不锈钢
锅炉用钢	用于制造过热器、主蒸汽管、水冷壁管和锅炉汽包的钢。要求具有高的持久强度和持久断裂塑性，高的抗氧化腐蚀性能，并有良好的组织稳定性，优良的加工性能，包括焊接性能、弯曲加工性能。主要用钢有珠光体耐热钢（铬-钼钢）、奥氏体耐热钢（铬-镍钢）、优质碳素钢（20号钢）和低合金高强度钢
管线用钢	石油天然气长距离输送管线用钢。要求具有较高的耐压强度，较高的低温韧性、抗腐蚀性和优良的加工及焊接性能的低合金高强度钢

（续）

术语	定义
Z 向性能钢	保证厚度方向性能，不易沿厚度方向产生裂纹，故又称抗层状撕裂钢。按厚度方向断面收缩率，分为 Z15、Z25、Z35 等三个级别
CF 钢	在焊接前不用预热，焊接后不热处理的条件下，不出现焊接裂纹的钢。这类钢的合金元素含量少，含碳量和碳当量、焊接裂纹敏感指数都很低，纯洁度很高
锚链用钢	用于制造船舶锚链的圆钢。要求具有较高的强度和韧性，主要用钢为含 Mn 的低碳钢或中碳钢
混凝土钢筋用钢	用于混凝土构件钢筋的钢。要求具有一定的强度和焊接性能、冷弯性能，常采用低合金钢和碳素钢，分热轧钢筋、冷轧钢筋，外形有带肋和光圆两种
矿用钢	以煤炭强化开采为主的矿用钢。包括巷道支护、液压支架管、槽帮钢、圆环链、刮板钢等。主要采用耐磨低合金钢
汽车用钢	用于车身、车架、车轮及横向稳定杆的钢。要求具有良好的成型性能、焊接性能、耐蚀性能及涂装性能
车辆用钢	用于制造铁道货车和客车车厢的钢。要求具有足够的强度、韧性和良好的耐蚀性。主要使用含 P、Cu、Cr、Ni 的高耐候低合金钢
车轮钢	用于制造铁道机车车轮的钢。要求具有足够的强度、韧性、抗疲劳性、耐磨性和抗热裂性。主要采用低合金钢和碳素钢
车轴钢	用于制造铁道机车车轴的钢。要求具有良好的冲击韧性和很高的抗拉强度。通常采用含 Mn 量较高的中碳钢
钢轨钢	用于制造重轨、轻轨、起重机轨和其他专用轨的钢。要求具有足够的强度、硬度、耐磨性和冲击韧性。主要采用含 Mn 量较高的高碳钢
焊接用钢	用于对钢材进行焊接的钢（包括焊条、焊丝、焊带）。对化学成分要求比较严格，要控制 C 含量、限制 S、P 等有害元素。按化学成分，焊接用钢可以分为非合金钢、低合金钢和合金钢三类
易切削钢	在钢中加入 S、P、Pb、Se、Sb、Ca 等元素（加入一种或一种以上），明显地改善切削性能，以利于机械加工自动化的钢
深冲用钢	具有优良冲压成型性能的钢。通常为 Al 镇静的低碳钢。一般通过降低 C、Si、Mn、S、P 含量，控制 Al 含量范围和加工工艺，以获得最佳深冲性能。按冲压级别分为深冲钢和超深冲钢
1F 钢	在含碳量不大于 0.01% 的低碳钢中加入适量的 Ti、Nb，使其吸收钢中间隙原子 C、N，形成碳化物、氮化物粒子，深冲性能极佳的钢
双相钢	为低合金高强度可成型的钢。显微组织由软铁素体晶粒基体和硬的弥散马氏体颗粒组成，具有较高的强度和塑性以及优良的成型性能
非调质钢	在中碳钢中加入 V、Nb、Ti 等微量元素，通过控制轧制（或锻制）温度和冷却工艺，产生强化相，使塑性变形与固态相变相结合，获得与调质钢相当的良好的综合性能的钢
调质钢	中碳或低碳结构钢先经过淬火后再经过高温回火处理，获得较高的强度和冲击韧性等更好的综合力学性能的钢
超高强度钢	屈服强度和抗拉强度分别超过 1200MPa 和 1400MPa 的钢。具有很高的强度，足够的韧性，能承受很大应力，比强度高，可使结构尽可能地减轻自重
优质碳素结构钢	与普通碳素结构钢比较，S、P 及非金属杂物含量较低的钢。按 C 含量和用途分为低碳钢、中碳钢和高碳钢三类。主要用于制造间隙零部件和弹簧等

（续）

术语	定义
合金结构钢	在碳素结构钢的基础上加入适量的合金元素，主要用于制造截面尺寸较大的机械零件的钢。具有合适的淬透性，经相应热处理后，有较高的强度、韧性和疲劳强度，较低的脆性转变温度。这类钢包括调质钢、表面硬化钢和冷塑性成型钢
压力加工用钢	供压力加工（如轧、锻、拉拔等）经过塑性变形制成零件或产品的钢。按加工前钢是否先经加热，分为热压力加工用钢和冷压力加工用钢
冷机械加工用钢	供切削机床（如车、铣、刨、磨等）在常温下切削加工成零件的钢
冷镦钢与铆螺钢	用于在常温下进行镦粗，制造铆钉、螺栓和螺母的钢。在钢牌号前加字母“ML”表示。除了化学成分和力学性能外，还要求表面脱碳层和冷顶锻性能等。主要为优质碳素结构钢和合金结构钢
保证淬透性钢	按相关标准规定的端淬法进行端部淬火，保证距离淬火端一定距离内硬度的上下限在一定范围内的钢。这类钢的牌号用“H”（表示保证淬透性的符号）表示
装甲钢	制造坦克、装甲车等防御各种穿甲弹、破甲弹的用钢。要求具有较高的硬度和足够的韧性，特别是低温韧性。通常为中碳合金钢
轻武器用钢	制造各种手枪、步枪、机关枪的枪管和射击机构等部件用钢
火炮用钢	制造不同类型火炮的炮身、炮尾和炮闩等主要结构件用钢。要求具有高强度、高韧性和耐蚀性能。通常使用中碳 Cr-Ni-Mo 钢
炮弹用钢	制造炮弹弹体用钢。要求强度、硬度高，在爆炸载荷作用下，破片率高。一般用中碳钢或中碳合金钢
渗碳钢	用于表面渗碳的钢，包括碳钢和合金钢。一般含 C 量为 0.10% ~0.25%。表面渗碳后经过淬火和低温回火，提高表面硬度，而心部具有足够的韧性
氮化钢	含有 Cr、Al、Mo、Ti 等元素，经渗氮处理后，使表面硬化的钢
弹簧钢	制造各种弹簧和弹性元件的钢。要求具有优异的力学性能（特别是弹性极限、强度极限和屈强比）、疲劳性能、淬透性、物理化学性能（耐热、耐低温、耐腐蚀）、加工成型性能。按化学成分可分为碳素弹簧钢、合金弹簧钢和特殊弹簧钢
碳素工具钢	不添加合金元素，用于制造各种一般的小型工具的钢。含碳量在 0.65% ~1.35%之间，属于共析钢或过共析钢
合金工具钢	含有较高的 C 和 Cr、W、Mn、V、Ni 等合金元素的工具钢。按用途和性能可分为量具刃具钢、耐冲击工具钢、冷作模具钢、热作模具钢、塑料模具钢和无磁模具钢
高速工具钢	主要用于机床高速切削工具的高碳高合金钢。按合金基本组成系列分为 W 系钢、Mo 系钢、WMo 系钢和 CoMo 系钢等。按用途分为通用型高速钢和超硬型高速钢
轴承钢	滚动轴承的滚珠、滚柱、内圈、外圈所用的合金钢。要求具有高疲劳强度和耐磨性、纯洁度和组织均匀性。按其化学成分和用途可分为高碳铬轴承钢、渗碳轴承钢、不锈轴承钢和高温轴承钢四类
不锈钢	Cr 含量不少于 10.5% 的不锈钢和耐酸钢的总称。不锈钢是指在大气、蒸汽和水等弱腐蚀性介质中不生锈的钢；耐酸钢是指在酸、碱、盐等侵蚀性较强的介质中能抵抗腐蚀作用的钢
耐热钢	在高温下具有较高的强度和良好的化学稳定性的合金钢。包括抗氧化钢（耐热不起皮钢）和热强钢两类。抗氧化钢一般要求较好的化学稳定性，但承受的载荷较低；热强钢则要求较高的高温强度和相当的抗氧化性
无磁钢	以 C、Mn、Cr、Ni、N 等为主要合金成分，具有稳定的奥氏体组织，没有磁性或磁性极低的合金钢

（续）

术语	定义
阀门钢	以 Cr 及 Si、Ni、Mo 为主要合金元素的合金钢。主要为内燃机进、排气阀用的耐热钢
叶片钢	以 Cr 及 Mo、Ni、W、V 为主要合金元素，制造汽轮机叶片用的钢。根据工作温度不同，要求常温力学性能及高温瞬时力学性能和持久强度及塑性、蠕变强度等
电工用硅钢	主要用于各种变压器、电动机和发电机铁芯，含碳量极低，Si 含量一般为 0.5% ~4.5% 的 Fe-Si 软磁材料。分为晶粒取向 Si 钢和晶粒无取向 Si 钢两类
晶粒取向硅钢	通过变形和再结晶退火使晶粒发生择优取向，晶粒取向沿着轧制方向排列，轧制方向的磁性明显优于垂直轧制方向。一般 Si 含量约 3.2%
晶粒无取向硅钢	沿轧制方向垂直轧制方向具有大致相同的磁性的硅钢
电工用纯铁	用于制造电磁元件，C 和其他杂质元素含量都很低，具有磁感强度和磁导率高、矫顽力低等特性的非合金化的铁基软磁材料
按钢的冶炼方法和脱氧程度分类	
转炉钢	用转炉冶炼的钢。按炉衬耐火材料性质分为碱性转炉钢和酸性转炉钢；按气体（氧气）吹入炉内的方式分为顶吹转炉、底吹转炉、侧吹转炉和顶底复合吹转炉钢
电炉钢	利用电加热的方法在电炉中冶炼的钢。按加热方式和炉型的不同，分为电弧炉钢、真空电弧炉钢（真空自耗钢）、感应炉钢、真空感应炉钢、电渣钢和电子束炉钢
电弧炉钢	在电弧炉中利用电极电弧高温冶炼的钢
真空自耗钢	用真空自耗工艺冶炼的钢。在真空下，利用电弧供热，将预制的成分符合要求的自耗电极重熔精炼。这种钢纯净度高，成分均匀，偏析小
感应炉钢	利用感应电热效应在感应炉中冶炼的钢。在非真空感应炉中冶炼的钢称为非真空感应炉钢，在真空感应炉中冶炼的钢称为真空感应炉钢
电渣重熔钢	把转炉、电炉或感应炉冶炼的钢铸造或锻压成电极，通过电渣炉中的熔渣电阻热进行二次重熔的精炼工艺炼出的钢
炉外精炼钢	将转炉或电炉初炼过的钢液放到钢包或其他专用容器中，进行脱气、脱氧、脱硫、脱碳、去除夹杂物和进行成分微调等精炼工艺冶炼的钢
镇静钢	浇注前钢液进行充分脱氧，在浇注和凝固过程中钢液平静无沸腾现象的钢。镇静钢组织致密，偏析小，成分均匀
半镇静钢	脱氧程度介于镇静钢与沸腾钢之间的半脱氧的钢。在浇注和凝固过程中钢液有微沸腾现象，钢的收缩率比镇静钢高，偏析较沸腾钢小
沸腾钢	未经脱氧或进行轻度脱氧的钢。钢液浇注时和没有凝固前，在锭模中发生碳氧反应，排出一氧化碳，产生强烈的沸腾现象。这类钢没有集中缩孔，钢的收缩率高，成分偏析大，质量不均匀
按金相组织分类	
奥氏体型钢	固溶退火在常温下其组织为奥氏体组织的钢。奥氏体型钢一般属于耐蚀钢，有较好的力学性能，便于进行机械加工、冲压和焊接。在氧化性环境中具有优良的耐蚀性和良好的耐热性。但对溶液中含有氯离子（Cl^-）的介质特别敏感，易于发生应力腐蚀
奥氏体-铁素体型钢	固溶退火后在常温下其组织为奥氏体 + 铁素体双相组织的钢
铁素体型钢	在所有温度下均为铁素体组织的钢

（续）

术语	定义
马氏体型钢	在高温奥氏体化后冷却到常温能形成马氏体组织的钢
沉淀硬化型钢	通过添加少量的Al、Ti、Cu等元素，经热处理后这些元素的化合物在钢的基体上沉淀析出而使基体硬化的钢
珠光体型钢	高温奥氏体（经退火）缓慢冷却到A1（共析转变线）以下得到的珠光体组织的钢
贝氏体钢	高温奥氏体以一定的冷却速度过冷到Ms点（奥氏体开始转变为马氏体的温度）以上一定温度，然后等温一定时间得到的贝氏体组织的钢
莱氏体型钢	具有莱氏体组织的钢。高温下莱氏体是奥氏体和渗碳体的共晶体，常温下莱氏体是珠光体和渗碳体的混合物
共析钢	含碳量为共析成分（一般含碳量为0.8%）的珠光体组织的钢
亚共析钢	含碳量低于共析成分（一般含碳量为0.02%～0.8%）的铁素体+珠光体组织的钢
过共析钢	含碳量高于共析成分（一般含碳量为0.8%～2.0%）的珠光体+渗碳体组织的钢

①根据钢中所含主要合金元素种类不同，也可分为锰钢、铬钢、铬镍钢、铬锰钛钢等。

2. 钢材产品的分类

国家标准《钢产品分类》（GB/T 15574—2016）钢产品分类，对钢产品规定了按照生产工序、外形、尺寸和表面状态进行分类的基本准则，并规定了钢的工业产品、钢的其他产品的分类基本内容。钢产品的分类见表2-2。

表2-2　钢产品的分类

术语	定义
钢产品的总分类	
总分类	钢产品分为钢的工业产品和钢的其他产品两大类。按产生工序分为：液态钢、钢锭和半成品、轧制成品和最终产品和其他产品四类；钢的其他产品分为：粉末冶金产品、铸件、锻压产品、光亮产品、冷成型产品、焊接型钢、钢丝和钢丝绳八类
液态钢	初产品是指液态钢和钢锭。液态钢是通过冶炼获得待浇注的液体状态钢，用于铸锭或连续浇注或铸造铸钢件；铸锭是将液态钢浇注到具有一定形状的锭模中得到的产品，钢锭模的形状（钢锭的形状）应与经轧制或锻制加工成材的形状相近似
钢锭半成品	由轧制或锻造钢锭获得的，或者由连铸获得的半成品。半成品通常供进一步轧制或锻造加工成成品用。其横截面可以有各种形状，尺寸沿长度方向通常是不变的，尺寸公差大于成品公差，棱角更圆钝一些
轧制成品	
轧制条钢	通常是在箱型、孔型或万能轧制机上轧制。当横截面为矩形时，一般规定尺寸极限应与宽扁钢相区别；轧制条钢大多可直条交货，或按折叠或捆交货，但不能成盘交货，以与盘条相区别
棒材	棒材包括扁钢、圆钢、方钢、六角钢和八角钢。扁钢横截面为矩形，四面受轧，厚度一般不小于5mm，宽度不大于150mm的棒材；圆钢横截面为圆形，直径不小于8mm的棒材。方钢横截面为方形，边长不小于8mm的棒材；六角钢横截面为六角形，对边距离不小于8mm的棒材；八角钢横截面为八角形，对边距离不小于14mm的棒材
盘条	热轧后卷成盘状交货的成品。横截面通常为圆形、椭圆形、方形、矩形、六角形、八角形、半圆形或其他形状。盘条的公称直径不小于5mm，表面应光滑，可用于进一步加工变形

（续）

术语	定义
轧制成品	
钢筋混凝土用钢	钢筋混凝土用和预应力钢筋混凝土用轧制成品，横截面通常为圆形，或带有圆角的方形，其直径或边长不小于5mm。一般供货形式：表面光滑的直条；表面呈齿状、螺纹状或带肋的直条；表面光滑的盘条；表面呈齿状、螺纹状或带肋的盘条。按直条供货的产品可经可控冷变形或热处理，可沿纵轴拉伸和扭转
铁道用钢	用于铁道建设中全部热轧产品的总称。包括钢轨、轨枕、鱼尾板、底板或垫板、轨距挡板等。铁道用钢分为轻轨、重轨两类。轻轨单位长度的重量不大于30kg/m；重轨单位长度的重量大于30kg/m
钢板桩	通过热轧或冷成型（拉拔或挤压）而获得的产品。根据桩板的横截面形状或用途分为U型和Z型钢板桩、扁形钢板桩、组合型钢板桩、轻型钢板桩、内锁H型钢板桩、箱型钢板桩、管状型钢板桩和组合支承桩、管状支承桩等
扁平成品	扁平成品的横截面基本上是矩形的，其宽度大于厚度，分为热轧和冷轧两类。热轧扁平成品分为宽扁钢、热轧薄板和厚板、热轧钢带；冷轧扁平成品分为冷轧薄板和厚板、冷轧钢带等
钢管和中空型材及中空棒材	钢管的横截面是圆形或其他形状，沿长度方向上是条状、空心、无封闭端的产品，按其加工方法分为无缝钢管、焊管。无缝钢管由钢锭、钢坯或钢槽穿孔制成的钢管，用铸造方法制成的钢管称为铸钢管，焊管是用热轧或冷轧钢板或钢带卷焊制成的钢管，可用纵向直缝焊接或螺旋焊接。中空型钢又称结构中空型钢，用于结构或类似用途的钢管。中空棒材使用机械加工制成的无缝钢管，具有较高的精确度
最终产品	
复合产品	在薄钢板、厚钢板、钢带或钢管上复合镀一层耐磨或耐化学腐蚀的钢或合金。通常用轧制方法或用爆炸、焊接的方法进行复合
表面处理的扁平产品	表面处理的扁平产品是在扁平产品上形成永久性单面镀层或双面镀层。按镀层材料及表面处理类型，可分为镀Sn钢板和钢带、镀$CuCr_2O_2$薄钢板和钢带、镀Pb钢板及钢带、镀Zn薄板和厚板及钢带、镀Al或AlSi合金镀层薄钢板和厚钢板及钢带、混合金属镀层钢板及钢带
晶粒取向与晶粒无取向产品	允许铁损和磁感应及叠装系数的薄板，其厚度≤3mm，宽度≤2000mm，晶粒取向沿轧制方向排列，可增加电磁感应性能，板在两面都有绝缘层。晶粒无取向产品，两面不涂层，也可以在单面或双面涂绝缘层
其他产品	
粉末冶金产品	包括钢粉末和粉末钢制品。钢粉末通常是许多尺寸小于1mm的钢颗粒集合；粉末钢制品，是将金属粉末通过压制、烧结钢粉末制造出的零部件（有时还需再压制）。这些零部件常常有严格的尺寸公差以便使用
铸件	成品的形状和最终尺寸是直接将钢水浇注到型模（砂型、耐火材料模或石墨铸型）中，凝固而得到的未经任何机械加工的产品
锻压成品	钢件在开口模或闭口模中加压成型的成品。开口模是将工件在适当的温度下加压成型而得到近似于模子形状的不需进一步热变形的成品；模锻件是使钢在适宜的温度下在闭口模中加压成型而成型成品。锻压成品一般是预锻，有配合要求的要再进行机械加工
光亮产品	包括冷拉拔成品和车削成品及磨光产品。冷拉拔产品指在拉拔机上（不损耗金属）拉拔得到的各种横截面形状的产品。具有一定的形状、尺寸精度和表面质量，但会产生加工硬化，可以经热处理消除。成根产品按直条交货，小横截面产品可以成盘交货。车削（剥皮）产品是将圆形棒材通过车削剥皮，其形状、尺寸精度和表面质量与冷拉拔产品要求相似。磨光产品是指已拉拔或车削后的圆棒，再进行磨光后抛光，具有更好的表面质量和尺寸精度

（续）

术语	定义
其他产品	
冷成型产品	包括冷成型钢、冷成型薄板。冷成型钢，将扁平产品逐张（根）冷加工成各种开口或闭口（不焊接）横截面形状的钢；成型薄板，横截面上宽度明显大于高度，并且通常沿总长度有几个横截面不变的平行波纹
焊接型钢	为开口横截面的条钢。以热轧条钢、热轧扁平成品和冷轧扁平成品为原料，焊接制成代替由热轧直接轧制的产品
钢丝	具有贯穿全长的不变的横截面，并以截面尺寸与长度相比很小。盘条通过减径机或在轧辊之间施加压力反复拉拔，然后将拉拔后的钢丝再转成盘。产品横截面通常为圆形，也有方形、六角形、八角形、半圆形、梯形、鼓形或其他形状
钢丝绳	由一定数量、一层或多层钢丝股捻成螺旋状而形成的产品。在一些情况下，单股也可成为绳

3. 特殊合金的分类

国家标准《钢及合金术语》（GB/T 20566—2006）对特殊合金进行了分类（表2-3）。

表2-3 特殊合金的分类

术语	定义
特殊合金	具有特殊物理化学性能和特殊功能的合金。一般包括高温合金、精密合金、耐蚀合金、高电阻电热合金及其他特殊功能材料等
高温合金	一般在600～1200℃高温下能承受一定应力并具有抗氧化性或耐蚀性的合金。按基体组成元素可分为Fe基（FeNi）高温合金、Ni基高温合金和Co基高温合金三类；按合金的主要强化特征，可分为固溶强化型高温合金和时效强化型高温合金；按合金的基本成型方式，可分为变形高温合金、铸造高温合金、粉末高温合金等
软磁合金	在外磁场作用下容易磁化，去除外磁场后磁感应强度又基本消失，矫顽力一般低于0.8kA/m的磁性合金。按照基体组成元素可分为Fe基合金、FeNiCo基合金、Ni基合金、Co基合金等。各类软磁合金除了具有很低的矫顽力外，还分别具有不同的磁特性
精密合金	具有特殊物理性能和特殊功能的合金。包括软磁合金、永磁（硬磁）合金、弹性合金、膨胀合金、热双金属、电阻合金等。按合金组成元素可分为Fe基合金、Ni基合金、Co基合金、Cu基合金等
永磁合金或硬磁合金	具有较强的抗退磁性能，磁化后能保持磁化状态，并在周围产生足够而稳定的磁场的合金。主要包括变形永磁合金、AlNiCo系永磁合金、稀土Co系永磁合金、稀土Fe基永磁合金、单畴伸长微粒磁体等。要求具有较高的剩余磁感应强度，较高的矫顽力，较高的最大磁能积和较高的居里温度
变形永磁合金	在热状态下或冷状态下可塑性变形的永磁合金。按基体组成元素可分为Fe基合金、FeCoV基合金、FeCrMo基合金、FeCrCo基合金等。各类变形永磁合金除了具有很高的矫顽力值外，还分别具有不同的磁特性
弹性合金	具有良好弹性性能的合金。一般分为高弹性合金和恒弹性合金两类
膨胀合金	具有特定线膨胀系数的合金。按基体组成元素可分为Fe基合金、FeNi基合金、FeNiCo基合金、Ni基合金等
热双合金	由两层或多层具有不同线膨胀系数的金属构成的复合材料。组元层由高膨胀层、低膨胀层及中间层组成
电阻合金	以电阻特性为主要技术特征的合金。主要包括精密电阻合金、应变电阻合金、热敏电阻合金和电热合金等

（续）

术语	定义
精密电阻合金	电阻温度系数绝对值和铜热电动势绝对值均较小且稳定的电阻合金
高电阻 电热合金	一般具有电阻率大、耐热疲劳、抗腐蚀和高温形状稳定性好等特性的合金。按基体组成元素分为FeCrAl系合金、FeCrNi系合金和FeCr系合金三类
耐蚀合金	耐特殊酸、碱、盐及气体腐蚀的合金。按合金的基体组成元素分为FeNi基合金、Ni基合金；按合金的基本成型方式分为变形耐蚀合金和铸造耐蚀合金
快淬合金	由液态金属通过快淬而获得的非晶态或微晶材料。按基体成分分为快淬Fe基合金、快淬Co基合金、快淬Ni基合金、快淬FeCo基合金、快淬FeNi基合金、快淬CoNi基合金、快淬Cu基合金等

2.1.2 钢产品代号

1. 钢产品的名称代号

国家标准《钢铁产品牌号表示方法》（GB/T 221—2008）规定了钢产品的名称、牌号、性能及用途。钢产品的名称见表2-4。

表2-4 钢产品的名称

产品名称	采用的汉字及汉语拼音或英文单词			采用字母	位置
	汉字	汉语拼音	英文单词		
热轧光圆钢筋	热轧光圆钢筋	—	Hot Rolled Plain Bars	HPB	牌号头
热轧带肋钢筋	热轧带肋钢筋	—	Hot Rolled Ribbed Bars	HRB	牌号头
细晶粒热轧带肋钢筋	热轧带肋钢筋+细	—	Hot Rolled Ribbed Bars + Fine	HRBF	牌号头
冷轧带肋钢筋	冷轧带肋钢筋	—	Cold Rolled Ribbed Bars	CRB	牌号头
预应力混凝土用螺纹钢筋	预应力、螺纹、钢筋	—	Prestressing、Screw、Bars	PSB	牌号头
焊接气瓶用钢	焊瓶	HAN PING	—	HP	牌号头
管线用钢	管线	—	Line	L	牌号头
船用锚链钢	船锚	CHUAN MAO	—	CM	牌号头
煤机用钢	煤	MEI	—	M	牌号头
锅炉和压力容器用钢	容	RONG	—	R	牌号尾
锅炉用钢（管）	锅	GUO	—	G	牌号尾
低温压力容器用钢	低容	DI RONG	—	DR	牌号尾
桥梁用钢	桥	QIAO	—	Q	牌号尾
耐候钢	耐候	NAI HOU	—	NH	牌号尾
高耐候钢	高耐候	GAO NAI HOU	—	GNH	牌号尾
汽车大梁用钢	梁	LIANG	—	L	牌号尾
高性能建筑结构用钢	高建	GAO JIAN	—	GJ	牌号尾
低焊接裂纹敏感性钢	低焊接裂纹敏感性	—	Crack Free	CF	牌号尾
保证淬透性钢	淬透性	—	Hardenability	H	牌号尾
矿用钢	矿	KUANG	—	K	牌号尾
船用钢	采用国际符号				

2. 钢材的涂色标记（表 2-5）

表 2-5　钢材的涂色标记

名称	牌号或组别	涂色标记	名称	牌号或组别	涂色标记
碳素结构钢	0 号钢	红色 + 绿色	耐热钢	CrSiMo 钢	红色 + 蓝色
	1 号钢	白色 + 黑色		CrSiAl 钢	红色 + 黑色
	2 号钢	黄色		CrSiTi 钢	红色 + 黄色
	3 号钢	红色		CrAl 钢	红色 + 铝色
	4 号钢	黑色		CrSiMoTi 钢	红色 + 紫色
	5 号钢	绿色		CrSiMoV 钢	红色 + 紫色
	6 号钢	蓝色		CrNiWMoTi 钢	红色 + 棕色
	7 号钢	红色 + 棕色		CrNiWTi 钢	铝色 + 白色 + 红色（前为宽色条，后为窄色条）
	特号钢	除上述标记外，加涂铝白色一条			
优质碳素结构钢	05 ~ 15 号钢	白色	不锈钢	Cr	铝色 + 黑色
	20 ~ 25 号钢	棕色 + 绿色		CrTi 钢	铝色 + 黄色
	30 ~ 40 号钢	白色 + 蓝色		CrMn 钢	铝色 + 绿色
	45 ~ 85 号钢	白色 + 棕色		CrMo 钢	铝色 + 白色
	15Mn ~ 40Mn 钢	白色两条		CrNi 钢	铝色 + 红色
	45Mn ~ 70Mn 钢	绿色三条		CrMnNi 钢	铝色 + 棕色
合金结构钢	Mn 钢	黄色 + 蓝色		CrNiTi 钢	铝色 + 蓝色
	SiMn 钢	红色 + 黑色		CrMoV 钢	铝色 + 紫色
	MnV 钢	蓝色 + 绿色		CrNiNb 钢	铝色 + 蓝色
	Cr 钢	绿色 + 黄色		CrMoVCo 钢	铝色 + 紫色
	CrSi 钢	蓝色 + 红色		CrMoTi 钢	铝色 + 白色 + 黄色
	CrMn 钢	蓝色 + 黑色		CrNiMoTi 钢	铝色 + 紫色
	CrMnSi 钢	红色 + 紫色		CrNiCuTi 钢	铝色 + 蓝色 + 白色
	CrV 钢	绿色 + 黑色		CrNiMoCuTi 钢	铝色 + 黄色 + 绿色
	CrMnTi 钢	黄色 + 黑色		CrNiMoCuNb 钢	铝色 + 黄色 + 绿色
	CrWV 钢	棕色 + 黑色	高速工具钢	W12Cr4V4Mo 钢	棕色 + 黄色各一条
	Mo 钢	紫色		W18Cr4V 钢	棕色 + 黄色各一条
	CrMo 钢	绿色 + 紫色		W9Cr4V2 钢	棕色两条
	CrMnMo 钢	绿色 + 白色		W9Cr4V 钢	棕色一条
	CrSiMoV 钢	紫色 + 棕色	轴承钢	GCr6 钢	绿色、白色各一条
	CrAl 钢	铝白色		GCr9 钢	白色、黄色各一条
	CrMoAl 钢	黄色 + 紫色		GCr9SiMn 钢	绿色两条
耐热钢	CrSi 钢	红色 + 白色		GCr15 钢	蓝色一条
	CrMo 钢	红色 + 绿色		GCr15SiMn 钢	绿色、蓝色各一条

3. 钢产品标记代号

国家标准《钢产品标记代号》（GB/T 15575—2008）规定了钢产品标记代号方法及常用标记代号，适用于条钢、扁平材、盘条、钢管等产品的标记代号。

钢产品标记代号采用与类别名称相应的英文名称首位字母（大写）和（或）阿拉伯数字组合表示，也可以采用国际通用标记代号表示，钢产品标记代号见表2-6。

表2-6 钢产品标记代号

项目	标记内容	产品标记代号
加工方法（W）	热加工（含热轧、热扩、热挤、热锻）	WH
	冷加工［含冷轧、冷拉（拔）、冷挤压］	WC
	焊接	WW
尺寸精度（P）	普通精度	PA
	较高精度	PB
	高级精度	PC
	厚度较高精度	PT
	宽度较高精度	PW
	厚度宽度较高精度	PTW
边缘状态（E）	切边	EC
	不切边	EM
	磨边	ER
表面质量（F）	普通级	FA
	较高级	FB
	高级	FC
热处理（T）	退火	TA
	球化退火	TG
	光亮退火	TL
	正火	TN
	回火	TT
	淬火+回火	TQT
	正火+回火	TNT
	固溶强化	TS
表面种类（S）	酸洗	SA
	剥皮	SF
	磨光	SP
	抛光	SB
	发蓝	SBL
	镀层	S
	涂层	SC
表面处理（ST）	钝化（铬酸）	STC
	磷化	STP
	涂油	STO

（续）

项目	标记内容	产品标记代号
软化程度（S）	半软	S1/2
	软	S
	特软	S2
硬化程度（H）	低冷硬	H1/4
	半冷硬	H1/2
	冷硬	H
	特硬	H2
冲压性能（Q）	普通冲级	CQ
	深冲级	DDQ
	超深冲级	SDDQ
使用加工方法（U）	压力加工用	UP
	切削加工用	UC
	顶锻用	UF
	热加工用	UHP
	冷加工用	UCP

注：其他用途可以指某种专门用途，在“U”后加专用代号。

2.1.3　钢铁材料的性能

钢的质量水平一般从使用性能、工艺性能和冶金质量三个方面来考量。使用性能包括力学性能、物理性能和化学性能。钢材的技术性能主要包括力学性能和工艺性能两个方面。

1. 钢铁材料的力学性能

力学性能是钢材最重要的使用性能。在建筑结构中，对承受静荷载作用的钢材，要求具有一定的力学强度，并要求所产生的变形不致影响到结构的正常工作和安全使用。对承受动荷载作用的钢材，还要求具有较高的韧性而不致发生断裂。

（1）强度　在外力作用下，材料抵抗变形和断裂的能力称为强度。测定钢材强度的方法是拉伸试验（图 2-1）。钢材受拉后在产生应力的同时，相应产生应变，应力—应变的关系反映出钢材的主要力学特征。因此，抗拉性能是钢材最重要的技术性质。

1）拉伸试验

①力—伸长曲线：拉伸试验是评价钢铁力学性能最主要的一种试验方法（图 2-1）。测定材料在一定试验力的作用下所反映出材料的弹性、塑性、强度、韧性等综合性能。测试时，将试样装在拉伸试验机上，对试样缓慢增加拉伸力，使之不断产生变形，直至试样被拉断。试验机自动记录拉伸过程中的拉伸力与伸长量，得到拉伸力和伸长量的关系曲线，称为力—伸长曲线（拉伸曲线），如图 2-1 所示。

②拉伸试样：根据国家标准，拉伸试验将金属材料制成规定形状和尺寸的标准试样为拉伸试样，常用的圆形拉伸试样（图 2-2）。图中 d_0 为试样原始直径（mm），l_0 为试样原始标距长度（mm）。拉伸试样有长试样（$l_0=10d_0$）和短试样（$l_0=5d_0$）两种。

2）钢铁材料强度规范（表 2-7）。

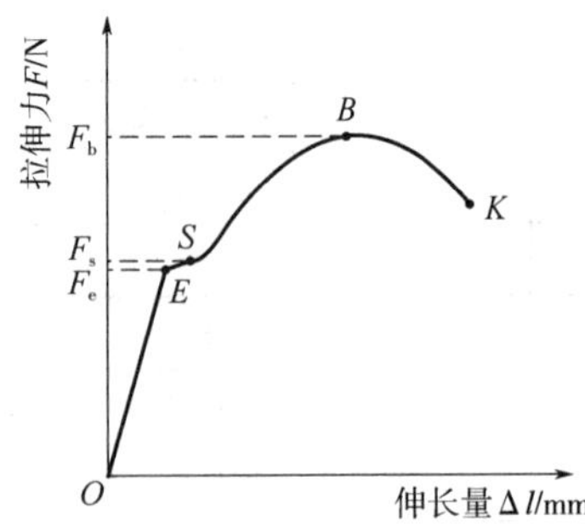

图 2-1　低碳钢的力—拉伸曲线

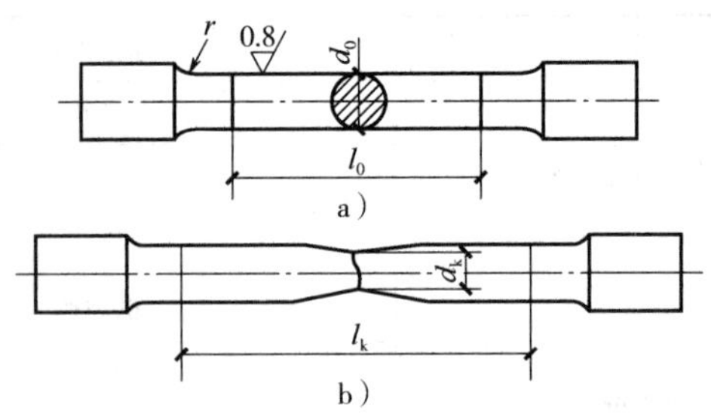

图 2-2　圆形拉伸试样

a）拉伸前　b）拉伸后

表 2-7　钢铁材料强度规范

术语	符号	公式	拉伸曲线
应力	σ		材料受外力作用后，导致其内部之间的相互作用力称为内力，其大小和外力相等，方向相反。单位面积上的内力称为应力，用符号“σ”表示
弹性模量和比例极限	—	$E=\sigma/\varepsilon$	钢材受力初期，应力与应变成正比例增长，应力与应变之比是常数，称为弹性模量。这个阶段的最大应力（P 点的对应值）称为比例极限“σ_{Pe}”。该值越大，抵抗弹性变形的能力越大；在一定荷载作用下，E 值越大，材料发生的弹性变形量越小。一些对变形要求严格的构件，为了把弹性变形控制在一定限度内，应选用刚度大的钢材
弹性极限	σ_e	$\sigma_e=\frac{F_e}{A_0}$MPa	弹性极限是指试样产生完全弹性变形时所能承受的最大拉应力。从拉伸曲线来看，应力超过比例极限后，应力-应变曲线略有弯曲，应力与应变不再成正比例关系，但卸去外力时，试件变形会立即消失，此阶段产生的变形是弹性变形。不产生残留塑性变形的最大应力（e 点为对应值）称为弹性极限，用符号“σ_e”表示。事实上，σ_P 和 σ_e 相当接近。式中　F_e—试样产生完全弹性变形时所能承受的最大拉伸力（N），A_0—试样原始横截面面积（mm^2）
屈服点	σ_S	$\sigma_s=\frac{F_s}{A_0}$MPa	屈服点是指试样在试验过程中力不增加（保持恒定）仍能继续伸长（变形）时的应力，用符号“σ_S”表示。式中，F_s—产生屈服现象时的拉伸力（N）。有些金属材料（如铸铁、高碳钢等）拉伸时没有明显的屈服现象。按 GB/T 10623—2008 规定，用试样卸除拉伸力后，其标距部分残余伸长量达到 0.2% l_0 时的应力作为规定残余伸长应力，用符号“$R_{P0.2}$”表示
抗拉强度	σ_b	$R_m=\frac{F_b}{A_0}$MPa	抗拉强度是指试样拉断前所能承受的最大拉应力，用符号“R_m”表示。式中，Fb—试样拉断前的最大拉伸力（N）。建筑材料，除要求有较高的 R_m，还希望有一定的屈强比（σ_s/R_m）。屈强比越小，构件可靠性越高，使用中若超载不会立即断裂。但屈强比太小，则材料强度的有效利用率降低
疲劳强度	S	—	材料在承受载荷时，承受着机械冲击的交变载荷。构件在循环应力作用下，常在远小于该材料的 R_m 甚至小于 σ_s 的情况下发生断裂。这是由于在循环应力作用下，在一处或几处产生局部永久积累损伤，经一定循环次数后产生裂纹或突然发生完全断裂的过程，称为金属疲劳。金属疲劳的判据是疲劳强度，用“S”表示。由于疲劳断裂前无明显的塑性变形，断裂是突然发生的，危险性很大。试验证明，材料能承受的交变应力“σ”与断裂应力循环次数 N 之间的 σ-N 关系曲线称为疲劳曲线。在工程上，疲劳强度的应力循环次数：钢铁材料的应力循环次数取 10^7，有色金属取 10^8。疲劳强度是在专门的疲劳试验机上测定

（续）

术语	符号	公式	拉伸曲线
抗压强度	—	—	金属试样受到压力时，所能承受的最大极限强度。是金属材料在压缩变形时能承受的最大压力。单位为 MPa 或 N/mm^2
抗弯强度	—	—	材料所受外力与材料轴线垂直，作用后使材料弯曲，这时的极限强度即为抗弯强度。单位为 MPa 或 N/mm^2
抗扭强度	—	—	材料所受外力为扭转力的强度极限。单位为 MPa
抗剪强度	—	—	试样在剪断前，所能承受的最大负荷下的受剪截面具有的平均应力。单位为 MPa

（2）硬度　硬度是衡量材料软硬程度的性能指标。是表征着材料的弹性、塑性、形变强化率、强度和韧性等一系列不同物理量组合的一种综合性能指标。另一方面，因为要直接测得材料实际的各种力学性能指标较困难，所以一般是利用硬度和强度之间存在的一定关系，来间接地表征材料的强度、塑性、韧性、疲劳抗力和耐磨性等性能。最常用的硬度试验法是布氏硬度试验法、洛式硬度试验法和维氏硬度试验法。

1）布氏硬度试验法。布氏硬度试验原理如图 2-3 所示。用直径 D 的淬火钢球或硬质合金球作为压头，以相应的试验力 F 压入试件表面，经规定的保持时间后，卸除试验力，得到一条直径为 d 的压痕。用试验力除以压痕表面积，所得值即为布氏硬度值，符号用“HBS”（用淬火钢球压头）或“HBW”（用硬质合金压头）表示。

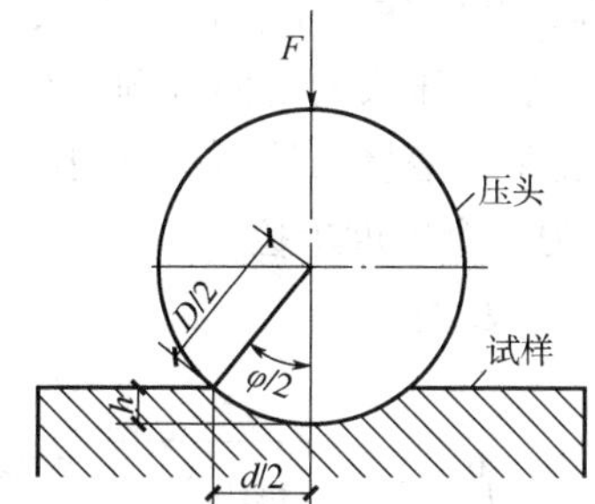

图 2-3　布氏硬度试验原理示意图

$$\text{HBS（HBW）}=\frac{F}{A_{压}}=\frac{2F}{\pi D(D-\sqrt{D^2-d^2})}\text{kgf/mm}^2\ （试验力\ F\ 单位用\ \text{kgf}）$$

$$\text{HBS（HBW）}=0.102\frac{2F}{\pi D(D-\sqrt{D^2-d^2})}N/\text{mm}^2\ （试验力\ F\ 单位用\ \text{N}）$$

式中　$A_{压}$——压痕球形表面积（mm^2）；

D——压头直径（mm）；

d——压痕平均直径（mm）。

试验时只要测试出 d 值，通过计算或查布氏硬度数值表即可求得布氏硬度值。

按 GB/T 231.1—2009 规定，压头球直径 D 分为 5 种：10mm、5mm、2.5mm、2mm、1mm。

布氏硬度数据准确、稳定，但测试较麻烦；因压痕大，不宜测试薄件或成品件；因球形压头会产生变形或损坏，不宜测试硬度高的材料。HBS 用于测量硬度值小于 450 的材料，HBW 用于测量硬度值在 450 ~ 650 范围内的材料。布氏硬度主要用来测定铸铁、有色金属以及经退火、正火调质处理的钢材等的硬度（表2-8）。

表2-8　布氏硬度试验规范

材料种类	使用范围	球直径 D/mm	$0.102F/D^2$	试验力 F/N	试验力保持时间/S
钢、铸件	≥140	10	30	29420	10
		5		7355	
		2.5		1839	
	<140	10	10	9807	10～15
		5		2452	
非铁金属材料	≥130	10	30	29420	30
		5		7355	
		2.5		1839	
	35～130	10	10	9807	30
		5		2452	
	<35	10	2.5	2452	60

注：压痕中心距试样边缘距离不应小于压痕平均直径的25倍；两相邻压痕中心距离不应小于压痕平均直径的4倍；试样厚度至少应为压痕深度的10倍；试验后，试样支撑面应无可见变形痕迹。

2）洛氏硬度试验法。洛氏硬度试验原理如图2-4所示。采用顶角为120°的金刚石圆锥或直径为1.588mm的淬火钢球作为压头，1为在初始试验力作用下，压头从试件表面a压入到b处；2为在初试验力和主试验力共同作用下，压头压入到c处，保持规定的时间；3为卸除主试验力（仍保持初试验力）后，压头向上回升到d处。深度bd就是用在主试验力作用下压头压入试件表面的残余压痕深度增量来计算材料硬度。通过用一常数K减去bd作为硬度值（每0.002mm的压痕深度为一个硬度单位），可由硬度计表盘上直接读数。材料越硬硬度值越大。洛氏硬度符号“HR”表示：

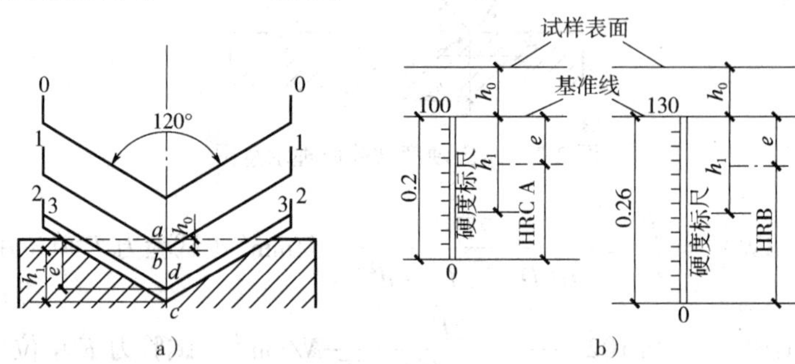

图2-4　洛氏硬度试验法原理示意图

a）原理　b）标尺与e的关系

$$HR = K - \frac{bd}{0.002}$$

当压头为金刚石圆锥时，K为100；压头为淬火钢球时，K为130。

为测试不同硬度范围的试件，洛氏硬度可采用不同的压头和试验力，具有不同的标尺。按GB/T 230.1—2009规定有九种标尺，常用的有HRA、HRB和HRC三种，其中HRC应用最广。洛氏硬度无单位，须标明硬度标尺符号，在符号前面写出硬度值，如60HRC、80HRA。洛氏硬度各标尺间没有对应关系。常用洛氏硬度试验方法见表2-9。

表 2-9 常用洛氏硬度试验方法

硬度符号	压头类型	初始试力/N	总试验力 $F_{总}/kgf$（N）	测量范围	应用举例
HRA	120°金刚石圆锥	98.07	60（588.4）	20～88	渗碳钢、硬质合金，表面淬火
HRB	Φ1.5875mm 钢球	98.07	100（980.7）	20～100	有色金属，退火、正火钢等
HRC	120°金刚石圆锥	98.07	150（1471.1）	20～70	淬火钢，调质钢等

注：总试验力 = 初试验力 + 主试验力；初试验力为 10*kgf*（98.07N）。

洛氏硬度试验操作简便、迅速、压痕小、可测试成品表面及较硬、较薄的工件。因压痕小，对于组织和硬度不均匀的材料，硬度值波动较大，准确性不如布氏硬度试验法高。洛氏硬度试验法常用于测定钢铁、有色金属、硬质合金等材料的硬度。

3）维氏硬度试验法。维氏硬度试验法与布氏硬度试验法相似，也是根据压痕单位面积上的试验力来计量硬度值。不同的是，维氏硬度试验法压头采用相对两面间夹角为 136°的正四棱锥金刚石。试验时，在规定的试验力 F 作用下，压头压入试件表面，保持一定时间后卸除试验力，测出压痕对角线的平均长度 d，根据 d 值查找 GB/T 4340.1—2009 中的维氏硬度数据表即可得出硬度值，用符号“HV”表示。维氏硬度值一般不标单位，在符号 HV 前写出硬度值。维氏硬度试验因试验力小（常用 49.03N），压痕浅、轮廓清晰，数值准确、试验力选择范围大（49.03～980.7N），所以可测量各种材料的硬度，其硬度值能直接进行比较。维氏硬度试验法常用来测试薄片材料、金属镀层及零件表面硬化层的硬度。但维氏硬度测试法较麻烦，不宜用于成批生产的常规检验。

各种硬度试验法测得的硬度值不能进行直接比较，必须通过硬度换算表换算成同一种硬度值后，方能比较硬度高低。

（3）塑性　塑性是指断裂前材料发生不可逆永久变形的能力。塑性判据通常采用断后伸长率和断面收缩率两个指标表示，其评价指标见表 2-10，材料的 δ 与 ψ 的数值越大，表示材料塑性越好，可用锻压等压力加工方法成形；若构件使用中稍有超载，也会因其塑性变形而不致突然断裂，增加了材料使用中的安全可靠性。

表 2-10 塑性变形的评价指标

术语	符号	公式	定义
断后伸长率	δ	$\delta=\frac{l_k-l_0}{l_0}\times100\%$	断后伸长率是指试样拉断后标距长度的伸长量与原始标距长度的百分比，用符号“δ”表示。式中，l_0——试样原始标距长度（mm）；l_k——试样拉断后的标距长度（mm）。断后伸长率大小与试样尺寸有关。长试样的断后伸长率用 δ_{10} 或 δ 表示，短试样的断后伸长率用 δ_5 表示，同一材料的 $\delta_5>\delta_{10}$
断面收缩率	ψ	$\psi=\frac{A_0-A_k}{A_0}\times100\%$	断面收缩率是指试样拉断后，缩颈处横截面面积的最大缩减量与原始横截面面积的百分比，用符号“ψ”表示。式中 A_0——试样原始横截面面积（mm^2）；A_k——试样拉断后缩颈处最小横截面面积（mm^2）

（4）韧性　韧性是指金属在断裂前吸收变形能量的能力。反映了材料的脆断抗力。韧性的判据通过冲击试验来测定。

1）摆锤式一次冲击试验：试验时，按 GB/T 229—2020 的规定，将材料制成（U 型或 V

型）标准冲击试样。

试验时，将试样缺口背向摆锤冲击方向放在冲击试验机支座上，如图 2-5 所示。将摆锤举至 h_1 高度，具有势能 mgh_1，然后摆锤自由落下冲断试样，并反向摆至高度 h_2，此时摆锤的势能为 mgh_2。摆锤冲断试样所消耗的能量，即试样在冲击试验力一次作用下折断时所吸收的功，称为冲击吸收能量，用“A_K”表示（选 V 型缺口试样用“A_{KV}”表示，选 U 型缺口试样用“A_{KU}”表示）。

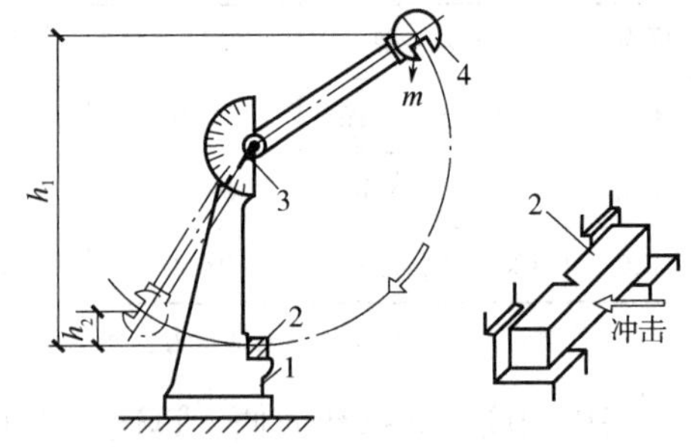

图 2-5 摆锤式一次冲击试验示意图

1—支座 2—试样 3—指针 4—摆锤

$$A_K = mgh_1 - mgh_2 = mg(h_1 - h_2)\ \text{J}$$

A_K 值可从试验机刻度盘上直接读出。冲击试样缺口底部单位横截面面积上的冲击吸收能量，称为冲击韧度，用符号“α_k”表示：

$$\alpha_k = A_k / A \quad \text{J/cm}^2$$

式中 A——试样缺口底部横截面面积，cm^2。

国家标准现已规定采用 A_K 作为韧性判据。A_K 越大，材料韧性越好。

冲击吸收能量 A_K 与温度有关，如图 2-6 所示。A_K 随温度降低而减小，在某一温度区域，A_k 急剧变化，此温度区域称为韧脆转变温度。韧脆转变温度越低，材料的低温抗冲击性能越好。

2）小能量多次冲击试验：材料在实际使用中，很少受一次大能量冲击而破坏，一般是受多次小能量重复冲击后才破坏的。金属材料抵抗小能量多次冲击的能力叫作多冲抗力。多冲抗力可用在一定冲击能量下的冲断周次 N 表示。试验证明，材料的多冲抗力取决于材料强度与韧性的综合力学性能，冲击能量高时，主要决定于材料的韧性；冲击能量低时，主要决定于强度。

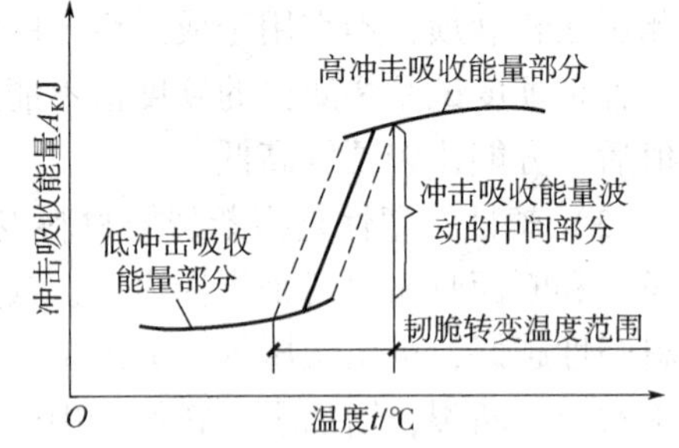

图 2-6 温度对冲击吸收能量的影响

材料的脆断抗力，常用冲击韧度 α_k 来评定。对于受强烈冲击载荷的构件，材料的韧性是十分重要的考虑因素，也是钢的一个重要性能指标。材料的韧性越高，脆断危险性越小，热疲劳强度也越高。

2. 钢铁材料的物理性能（表 2-11）

表 2-11 钢铁材料的物理性能

名称	量的符号	单位符号	定义
密度	ρ	g/cm^3	物质单位体积的质量称为该物质的密度。密度大于 $5\times10^3 kg/m^3$ 的金属称为重金属；密度小于 $5\times10^3 kg/m^3$ 的金属称为轻金属
熔点	—	℃	金属材料从固态向液态转变时的熔化温度称为熔点。熔点高的金属称为难熔金属，熔点低的金属称为易熔金属
比热容	c	J/(kg·K)	单位质量的物质，在温度升高 1℃时吸收的热量或温度降低 1℃时所放出的热量称为比热容。碳钢的比热容为 0.46J/(kg·K)，不锈钢的比热容为 0.51J/(kg·K)

（续）

名称	量的符号	单位符号	定义
热导率	λ	W/(m·K)	在单位时间内，当沿着热流方向的单位长度上温度降低 1℃时，单位面积容许导过的热量称为热导率。热导率高，在快速切削和焊接时，容易变形或开裂，因此，为了获得高质量的焊接接头，应当尽量采用能量集中、功率大的能源，有时也可采用预热等工艺措施。钢的强度越大，热导率越低，但容易承受绝热剪切变形，所以，在进行材料设计时充分考虑强韧性外，还要考虑材料的化学成分与热导率的组织关系
热膨胀系数	α_l	10^{-6}/K	金属温度每升高 1℃所增加的长度与原来长度的比值为热膨胀系数。热膨胀系数并非常数，而是随温度的变化稍有变化，随温度升高而增大。钢材的热膨胀系数范围为（10～20）$\times10^{-6}$/K，热膨胀系数越大的材料，它在受热后的变形则越大，反之则越小
电阻温度系数	α_p	1/℃	当温度每升降 1℃，材料电阻的改变量与原电阻率之比，称为电阻温度系数。常用钢材电阻温度系数通常为 5.77×10^{-3}（0～100℃）
电导率	k	S/m	电阻率的倒数叫作电导率。在数值上它等于导体维持单位电位梯度时，流过单位面积的电流
磁感应强度	B	T	在磁介质中的磁化过程，可以看作在原先的磁场强度（H）上再加上一个由磁化强度（M）所决定的，数量等于 $4\pi M$ 的新磁场，因而在磁介质中的磁场 $B=H+4\pi M$ 的新磁场，叫作磁感应强度
磁导率	μ	H/m	衡量磁性材料磁化难易程度的性能指标。等于材料导磁感应强度与磁场强度的比值
磁场强度	H	A/m	导体中通过电流，其周围就产生磁场，磁场对原磁矩或电流产生作用力的大小，称为磁场强度
矫顽力	H_c	A/m 或 Oe	样品磁化到饱和后，由于有磁滞现象，欲使磁感应强度减为零，必须施加一定的负磁场才行，这一负磁场强度称为矫顽力
磁致伸缩系数	λ	PPm	铁磁性材料在磁化过程中，材料形状在被测方向上的相对变化率称为磁致伸缩系数
铁损	P	W/kg	铁磁性材料在动态磁化的条件下由于磁滞和涡流效应而消耗的能量称为铁损
居里点	—	℃	当温度升高到一定程度时，铁磁材料因磁畴被破坏而变为顺磁性物质，此转变温度即为居里点
叠装系数	—	—	磁性合金所占的横截面面积与叠片堆积的或磁芯组件的横截面面积之比。以此评价有效的磁性体积

3. 钢铁材料的化学性能（表 2-12）

表 2-12　钢铁材料的化学性能

术语	单位符号	定义
耐蚀性	—	金属材料在工作时受到环境介质（如有害气体、酸、碱、盐等）或相结构材料的腐蚀作用，会加剧材料表面的腐蚀，所以这些金属材料应具有相应的耐蚀性。在进行材料选择时应根据使用的环境与条件，充分考虑金属材料的化学成分、加工性质、热处理条件、组织状态及介质和温度、合金化或表面处理（如渗氮、电镀等）是提高结构件耐蚀性的主要方法

（续）

术语	单位符号	定义
化学腐蚀	—	金属材料与周围介质直接起化学作用的结果。包括气体腐蚀和金属材料在非电解质中的腐蚀两种形式。其特点是腐蚀过程不产生电流，且腐蚀产物沉淀在金属表面上
电化学腐蚀	—	金属材料与酸、碱、盐等电解质溶液接触时发生作用而引起的腐蚀。其特点是在腐蚀过程中有电流产生，其腐蚀产物（铁锈）不覆盖在作为阳极金属的表面上，而是在距离阳极金属的一定距离处
晶间腐蚀	—	在金属材料内部沿晶粒边缘进行腐蚀，通常不引起金属外形的任何变化，往往使设备或构件突然破坏
点腐蚀	—	在金属材料表面不大的区域内，并迅速向深处发展，最后穿透金属，是一种危害较大的腐蚀破坏
应力腐蚀	—	在静应力（金属内外应力）作用下，金属材料在腐蚀介质中所受到的破坏。这种腐蚀一般是穿过晶粒，即所谓穿晶腐蚀
疲劳腐蚀	—	在交变应力的作用下，金属材料在腐蚀介质中受到的破坏。也是一种穿晶腐蚀
抗氧化性	g/(cm^2·h) 或 mm/h	金属材料在室温或高温下抵抗氧化的能力。可以直接用一定时间内，金属材料减重的速度表示。对于重要构件和装饰性构件，常用材料的表面合金化（如渗铬、渗硅、渗钒、渗锌等）可提高其抗氧化性
化学稳定性	—	金属材料的耐蚀性和抗氧化性的总称。金属材料在高温下的化学稳定性称为热稳定性。经时效处理的金属材料可提高其热稳定性

4. 钢铁材料的工艺性能

钢铁材料的工艺性能是指表征材料适应冷、热加工方法的能力。其工艺性能见表 2-13。

表 2-13 钢铁材料的工艺性能

术语	定义
铸造性	金属材料能用铸造方法获得合格铸件的能力称为铸造性。铸造性包括熔液流动性、铸件的收缩性和偏析倾向等。流动性是指熔融金属的流动能力；收缩性是指铸件凝固时体积收缩的程度；偏析是指化学成分和组织的不均匀现象，偏析愈严重，铸件各部位的性能愈不均匀，铸件的可靠性愈小
切削加工性	金属材料的切削加工性系指金属经过加工而成为合乎要求的工件的难易程度。通常用切削后工件表面的粗糙程度、切削速度和刀具磨损程度来评价金属的切削加工性
焊接性	金属材料在特定结构和工艺条件下通过常用焊接方法获得预期质量要求的焊接接头的性能。焊接性一般根据焊接时产生的裂纹敏感性和焊缝区域力学性能的变化来衡量
可锻性	金属材料在承受锤锻、轧制、拉拔、挤压等加工工艺时会改变形状而不产生裂纹的性能，是金属塑性好坏的一种表现。金属材料塑性越高，变形抗力越小，则可锻性越好。可锻性与金属的化学成分、显微组织、变形温度、变形速度及应力状态等因素有关
冲压性	冲压性能是指金属经过冲压变形而不发生裂纹等缺陷的性能。许多金属产品的制造都要经过冲压工艺，如汽车壳体、搪瓷制品坯料及锅、盆、盂、壶等日用品。为保证制品的质量和工艺的顺利进行，用于冲压的金属板、带等必须具有合格的冲压性能
冷弯与拉伸性	金属材料在室温下能承受弯曲而不破裂的性能，称为冷弯性。出现裂纹前能承受的弯曲程度愈大，则材料的冷弯性能愈好。钢材的冷弯性能指标是以试件弯曲的角度 α 和弯心直径对试件厚度（或直径）的比值（d/a）表示。钢材的冷弯到规定的弯曲角（180°或 90°）时，试件的弯曲处不发生裂缝、裂断或起层，即认为冷弯性能合格

（续）

术语	定义
热处理工艺性	热处理是指金属或合金在固态范围内，通过一定的加热、保温和冷却方法，以改变金属或合金的内部组织，而得到所需性能的一种工艺操作。热处理工艺就是指金属经过热处理后其组织和性能改变的能力，包括淬硬性、淬透性、回火脆性等

2.2 常用钢铁材料

2.2.1 非合金钢

1. 碳素结构钢（GB/T 700—2006）

碳素结构钢含碳量为0.06%～0.22%，属于低碳钢。对含碳量及磷、硫和其他残余元素含量的限制较宽，强度、硬度低，塑性、韧性好，冷加工性好，时效敏感性比较弱，不宜切削加工；退火后导磁性好，因含碳量低，其焊接性好；宜用冷轧、冷冲、冷镦、冷弯、热轧、热挤压、热镦等工艺成型，通常用于焊接、铆接、栓接要求受力不大，韧性高的建筑工程结构件。这类钢主要体现力学性能，牌号用“Q”＋数字（屈服点值）表示。

（1）碳素结构钢的牌号和化学成分（表2-14）

表2-14 碳素结构钢的牌号和化学成分

<table>
<tr><th rowspan="2">牌号</th><th rowspan="2">统一数字代号①</th><th rowspan="2">等级</th><th rowspan="2">厚度（或直径）/mm</th><th rowspan="2">脱氧方法</th><th colspan="5">化学成分（质量分数）,%，不大于</th></tr>
<tr><th>C</th><th>Si</th><th>Mn</th><th>P</th><th>S</th></tr>
<tr><td>Q195</td><td>U11952</td><td>—</td><td>—</td><td>F、Z</td><td>0.12</td><td>0.30</td><td>0.50</td><td>0.035</td><td>0.040</td></tr>
<tr><td rowspan="2">Q215</td><td>U12152</td><td>A</td><td rowspan="2">—</td><td rowspan="2">F、Z</td><td rowspan="2">0.15</td><td rowspan="2">0.35</td><td rowspan="2">1.20</td><td rowspan="2">0.045</td><td>0.050</td></tr>
<tr><td>U12155</td><td>B</td><td>0.045</td></tr>
<tr><td rowspan="4">Q235</td><td>U12352</td><td>A</td><td rowspan="4">—</td><td rowspan="2">F、Z</td><td>0.22</td><td rowspan="4">0.35</td><td rowspan="4">1.40</td><td rowspan="2">0.045</td><td>0.050</td></tr>
<tr><td>U12355</td><td>B</td><td>0.20②</td><td>0.045</td></tr>
<tr><td>U12358</td><td>C</td><td>Z</td><td rowspan="2">0.17</td><td>0.040</td><td>0.040</td></tr>
<tr><td>U12359</td><td>D</td><td>TZ</td><td>0.035</td><td>0.035</td></tr>
<tr><td rowspan="5">Q275</td><td>U12752</td><td>A</td><td>—</td><td>F、Z</td><td>0.24</td><td rowspan="5">0.35</td><td rowspan="5">1.50</td><td>0.045</td><td>0.050</td></tr>
<tr><td rowspan="2">U12755</td><td rowspan="2">B</td><td>≤40</td><td rowspan="2">Z</td><td>0.21</td><td rowspan="2">0.045</td><td rowspan="2">0.045</td></tr>
<tr><td>>40</td><td>0.22</td></tr>
<tr><td>U12758</td><td>C</td><td rowspan="2">—</td><td>Z</td><td rowspan="2">0.20</td><td>0.040</td><td>0.040</td></tr>
<tr><td>U12759</td><td>D</td><td>TZ</td><td>0.035</td><td>0.035</td></tr>
</table>

①表中为镇静钢、特殊镇静钢牌号的统一数字，沸腾钢牌号的统一数字代号如下：

Q195F——U19950；Q215AF——U12150，Q215BF——U12153；Q235AF——U12350，Q235BF——U12353；Q275AF——U12750。

②经需方同意，Q235B的碳含量可不大于0.22%。

（2）碳素结构钢的力学性能

1）碳素结构钢的拉伸和冲击试验结果（表2-15）。

表 2-15　碳素结构钢拉伸和冲击试验结果

牌号	等级	屈服强度①R_{eH}/(N/mm^2)，不小于						抗拉强度② R_m/(N/mm^2)	断后伸长率 A（%），不小于					冲击试验（V 形缺口）	
		厚度（或直径）/mm							厚度（或直径）/mm					温度/℃	冲击吸收能量（纵向）/J 不小于
		≤16	>16~40	>40~60	>60~100	>100~150	>150~200		≤40	>40~60	>60~100	>100~150	>150~200		
Q195	—	195	185	—	—	—	—	315~430	33	—	—	—	—	—	—
Q215	A	215	205	195	185	175	165	335~450	31	30	29	27	26	—	—
	B													+20	27
Q235	A	235	225	215	215	195	185	370~500	26	25	24	22	21	—	—
	B													+20	27③
	C													0	
	D													-20	
Q275	A	275	265	255	245	225	215	410~540	22	21	20	18	17	—	—
	B													+20	27
	C													0	
	D													-20	

①Q195 的屈服强度值仅供参考，不作交货条件。

②厚度大于 100mm 的钢材，抗拉强度下限允许降低 $20N/mm^2$。宽带钢（包括剪切钢板）抗拉强度上限不作交货条件。

③厚度小于 25mm 的 Q235B 级钢材，如供方能保证冲击吸收能量值合格，经需方同意，可不做检验。

2）碳素结构钢的冷弯性能（表 2-16）。

表 2-16　碳素结构钢的冷弯性能

牌号	试样方向	冷弯试验 180° $B=2a$①	
		钢材厚度（或直径）②/mm	
		≤60	>60~100
		弯心直径 d	
Q195	纵	0	—
	横	$0.5a$	
Q215	纵	$0.5a$	$1.5a$
	横	a	$2a$
Q235	纵	a	$2a$
	横	$1.5a$	$2.5a$
Q275	纵	$1.5a$	$2.5a$
	横	$2a$	$3a$

①B 为试样宽度，a 为试样厚度（或直径）。

②钢材厚度（或直径）大于 100mm 时，弯曲试验由双方协商确定。

（3）碳素结构钢的应用　碳素结构钢应用范围非常广泛。主要用作焊接、铆接或栓接的钢结构件，或用于制造各种结构零部件。根据一些工业用钢的特殊性能要求，对碳素结构钢的成分稍加调整而形成一系列专业用钢，如铆螺钢、桥梁钢、压力容器钢、船体钢、锅炉钢等。专业用钢除严格控制化学成分、保证常规性能外，还规定某些特殊检验项目，如低温冲击韧性，时效敏感性，钢中气体、夹杂和断口等检验指标。普通碳素结构钢的应用见表2-17。

表2-17 普通碳素结构钢的应用

术语	交货状况	材料特性	应用场合
Q195	材料常为盘条和冷、热轧薄钢板及以其为原板制成的镀锌、镀锡及塑料复合薄钢板直接使用	钢的强度低，屈服强度为195MPa，与美国ASTM的Gr. B185相类似，塑性、韧性好，具有良好的冷、热加工性能和良好的焊接性	主要用于建筑结构件，如用于制造地脚螺栓、拉杆、吊钩、支架和焊接结构件；大量用于屋面板、装饰板、除尘管道、防护罩及火车车厢等；制造垫铁、薄板、开口销、铆钉、焊管、包装容器、铁桶、仪表壳、镀锌低碳钢丝，钢丝网、烟筒、焊管等
Q215	常轧制成盘条、圆钢、方钢、扁钢、角钢、工字钢、槽钢、窗框钢、钢管和中厚钢板及异型材供货	钢强度低，具有高的塑性、韧性，良好的冷、热压力加工性能和焊接性。此类钢一般不经热处理直接使用	主要用以建造厂房房架、高压输电铁塔、桥梁、船舶等结构件和一般输送流体用管道；大量用于制造地脚螺栓、屋面板、铆钉、低碳钢丝、烟筒、焊管、套圈、垫圈、拉杆、吊钩、支架、焊接结构等建筑及工程结构
Q235	常轧制成盘条或圆钢、方钢、扁钢、角钢、工字钢、槽钢、窗框钢和中厚钢板使用	由于含碳量适中，具有中等强度，并具有良好的塑性和韧性，而且易于成型和焊接，综合力学性能较好，强度、塑性和焊接等性能得到较好的配合	大量用于建筑及工程结构，用以制造钢筋、厂房房架；制造拉杆、连杆、吊钩、螺栓、螺母、套筒、轴以及接件；亦用于制造高压输电铁塔、桥梁、车辆、锅炉、容器、船舶等及机械零件；C、D级钢可作为某些专业用钢使用，多用于制造重要的焊接结构件
Q275	材料常为方钢、圆钢、钢带、钢丝或冷、热轧薄钢板	强度较高、较好的塑性和切削加工性能，一定的焊接性。小型零件可以淬火强化	用于制造齿轮、轴、螺栓等机械零件和吊钩及接件等工程构件

2. 优质碳素结构钢（GB/T 699—2015）

优质碳素结构钢为含碳量<0.8%的碳素钢，钢中所含S、P元素一般控制在0.035%以下，非金属杂质物少，力学性能优良，该类钢必须同时保证化学成分和力学性能。其S、P杂质元素含量控制在0.030%以下时称为高级优质钢，牌号后面加“A”表示；若P控制在0.025%以下、S控制在0.020%以下时，称为特级优质钢，其牌号后加“E”表示。一般多轧（锻）制成圆钢、方钢、扁钢等型材、板材和无缝钢管。主要用于制造建筑结构件和输送流体用管道及机械零件等。

（1）优质碳素结构钢的化学成分（表2-18）

表2-18 优质碳素结构钢的化学成分

序号	统一数字代号	牌号	化学成分（质量分数）(%)							
			C	Si	Mn	P	S	Cr	Ni	Cu[①]
						≤				
1	U20082	08[②]	0.05～0.11	0.17～0.37	0.35～0.65	0.035	0.035	0.10	0.30	0.25
2	U20102	10	0.07～0.13	0.17～0.37	0.35～0.65	0.035	0.035	0.15	0.30	0.25
3	U20152	15	0.12～0.18	0.17～0.37	0.35～0.65	0.035	0.035	0.25	0.30	0.25
4	U20202	20	0.17～0.23	0.17～0.37	0.35～0.65	0.035	0.035	0.25	0.30	0.25
5	U20252	25	0.22～0.29	0.17～0.37	0.50～0.80	0.035	0.035	0.25	0.30	0.25

（续）

序号	统一数字代号	牌号	化学成分（质量分数）（%）							
			C	Si	Mn	P	S	Cr	Ni	Cu①
						≤				
6	U20302	30	0.27~0.34	0.17~0.37	0.50~0.80	0.035	0.035	0.25	0.30	0.25
7	U20352	35	0.32~0.39	0.17~0.37	0.50~0.80	0.035	0.035	0.25	0.30	0.25
8	U20402	40	0.37~0.44	0.17~0.37	0.50~0.80	0.035	0.035	0.25	0.30	0.25
9	U20452	45	0.42~0.50	0.17~0.37	0.50~0.80	0.035	0.035	0.25	0.30	0.25
10	U20502	50	0.47~0.55	0.17~0.37	0.50~0.80	0.035	0.035	0.25	0.30	0.25
11	U20552	55	0.52~0.60	0.17~0.37	0.50~0.80	0.035	0.035	0.2S	0.30	0.25
12	U20602	60	0.57~0.65	0.17~0.37	0.50~0.80	0.035	0.035	0.25	0.30	0.25
13	U20652	65	0.62~0.70	0.17~0.37	0.50~0.80	0.035	0.035	0.25	0.30	0.25
14	U20702	70	0.67~0.75	0.17~0.37	0.50~0.80	0.035	0.035	0.25	0.30	0.25
15	U20702	75	0.72~0.80	0.17~0.37	0.50~0.80	0.035	0.035	0.25	0.30	0.25
16	U20802	80	0.77~0.85	0.17~0.37	0.50~0.80	0.035	0.035	0.25	0.30	0.25
17	U20852	85	0.82~0.90	0.17~0.37	0.50~0.80	0.035	0.035	0.25	0.30	0.25
18	U21152	15 Mn	0.12~0.18	0.17~0.37	0.70~1.00	0.035	0.035	0.25	0.30	0.25
19	U21202	20 Mn	0.17~0.23	0.17~0.37	0.70~1.00	0.035	0.035	0.25	0.30	0.25
20	U21252	25 Mn	0.22~0.29	0.17~0.37	0.70~1.00	0.035	0.035	0.25	0.30	0.25
21	U21302	30 Mn	0.27~0.34	0.17~0.37	0.70~1.00	0.035	0.035	0.25	0.30	0.25
22	U21352	35 Mn	0.32~0.39	0.17~0.37	0.70~1.00	0.035	0.035	0.25	0.30	0.25
23	U21402	40 Mn	0.37~0.44	0.17~0.37	0.70~1.00	0.035	0.035	0.25	0.30	0.25
24	U21452	45 Mn	0.42~0.50	0.17~0.37	0.70~1.00	0.035	0.035	0.25	0.30	0.25
25	U21502	50 Mn	0.48~0.56	0.17~0.37	0.70~1.00	0.035	0.035	0.25	0.30	0.25
26	U21602	60 Mn	0.57~0.65	0.17~0.37	0.70~1.00	0.035	0.035	0.25	0.30	0.25
27	U21652	65 Mn	0.62~0.70	0.17~0.37	0.90~1.20	0.035	0.035	0.25	0.30	0.25
28	U21702	70 Mn	0.67~0.75	0.17~0.37	0.90~1.20	0.035	0.035	0.25	0.30	0.25

注：未经用户同意不得有意加入本表中未规定的元素，应采取措施防止从废钢或其他原料中带入影响钢性能的元素。

①热压力加工用钢铜含量应不大于0.20%。

②用铝脱氧的镇静钢，碳、锰含量下限不限，锰含量上限为0.45%，硅含量不大于0.03%，全铝含量为0.020%~0.070%，此时牌号为08Al。

（2）优质碳素结构钢的力学性能（表2-19）

表2-19 优质碳素结构钢的力学性能

序号	牌号	试样毛坯尺寸①/mm	推荐的热处理制度③			力学性能					交货硬度HBW	
			正火	淬火	回火	抗拉强度 R_m/MPa	下屈服强度 R_{eL}④/MPa	断后伸长率 A（%）	断面收缩率 Z（%）	冲击吸收能量 KU_2/J	未热处理钢	退火钢
			加热温度/℃			≥					≤	
1	08	25	930	—	—	325	195	33	60	—	131	—

（续）

序号	牌号	试样毛坯尺寸①/mm	推荐的热处理制度③			力学性能					交货硬度 HBW	
			正火	淬火	回火	抗拉强度 R_m/MPa	下屈服强度 R_{eL}④/MPa	断后伸长率 A（%）	断面收缩率 Z（%）	冲击吸收能量 KU_2/J	未热处理钢	退火钢
			加热温度/℃			≥					≤	
2	10	25	930	—	—	335	205	31	55	—	137	—
3	15	25	920	—	—	375	225	27	55	—	143	—
4	20	25	910	—	—	410	245	25	55	—	156	—
5	25	25	900	870	600	450	275	23	50	71	170	—
6	30	25	880	860	600	490	295	21	50	63	179	—
7	35	25	870	850	600	530	315	20	45	55	197	—
8	40	25	860	840	600	570	335	19	45	47	217	187
9	45	25	850	840	600	600	355	16	40	39	229	197
10	50	25	830	830	600	630	375	14	40	31	241	207
11	55	25	820	—	—	645	380	13	35	—	255	217
12	60	25	810	—	—	675	400	12	35	—	255	229
13	65	25	810	—	—	695	410	10	30		255	229
14	70	25	790	—	—	715	420	9	30	—	269	229
15	75	试样②	—	820	480	1080	880	7	30	—	285	241
16	80	试样②	—	820	480	1080	930	6	30	—	285	241
17	85	试样②	—	820	480	1130	980	6	30	—	302	255
18	15Mn	25	920	—	—	410	245	26	55	—	163	—
19	20Mn	25	910	—	—	450	275	24	50	—	197	—
20	25Mn	25	900	870	600	490	295	22	50	71	207	—
21	30Mn	25	880	860	600	540	315	20	45	63	217	187
22	35Mn	25	870	850	600	560	335	18	45	55	229	197
23	40Mn	25	860	840	600	590	355	17	45	47	229	207
24	45Mn	25	850	840	600	620	375	15	40	39	241	217
25	50Mn	25	830	830	600	645	390	13	40	31	255	217
26	60Mn	25	810	—	—	690	410	11	35	—	269	229
27	65Mn	25	830	—	—	735	430	9	30	—	285	229
28	70Mn	25	790	—	—	785	450	8	30	—	285	229

注：1. 表中的力学性能适用于公称直径或厚度不大于 80mm 的钢棒。

2. 公称直径或厚度大于 80～250mm 的钢棒，允许其断后伸长率、断面收缩率比本表的规定分别降低 2%（绝对值）和 5%（绝对值）。

3. 公称直径或厚度大于 120～250mm 的钢棒允许改锻（轧）成 70～80mm 的试料取样检验，其结果应符合本表的规定。

①钢棒尺寸小于试样毛坯尺寸时，用原尺寸钢棒进行热处理。

②留有加工余量的试样，其性能为淬火＋回火状态下的性能。

③热处理温度允许调整范围：正火 ±30℃，淬火 ±20℃，回火 ±50℃；推荐保温时间：正火不少于 30 min，空冷；淬火不少于 30 min，75、80 和 85 钢油冷，其他钢棒水冷；600℃回火不少于 1h。

④当屈服现象不明显时，可用规定塑性延伸强度 $R_{p0.2}$ 代替。

（3）优质碳素结构钢的材料性能及用途（表 2-20）

表 2-20　优质碳素结构钢的材料性能及用途

术语	交货状态	材料性能	用途
08F 08	以不热处理或热处理（退火、正火或高温回火）状态交货。要求热处理状态交货的应在合同中注明，未注明者按不热处理交货	强度、硬度很低，塑性、韧性高，有良好的冷变形性和焊接性，正火后切削加工性好，退火后磁导率高，剩磁少，淬透性、淬硬性极低	生产高精度薄板，用来制造深冲压和深拉延制品，也可制造管子、垫片及心部强度要求不高的渗碳或碳氢共渗零件、冷冲压件。锰在钢中起增加弹性强度的作用
10		钢塑性、韧性好，易冷热加工成形，正火或冷加工后切削加工性好，焊接性优良，无回火脆性，淬透性和淬硬性均差	一般用作拉杆、卡头、钢管垫片、垫圈、铆钉用冷拔钢、冷轧钢带、钢丝、钢板和型材等
15			用于制造机械上的渗碳零件、紧固件、冲模锻件及不需热处理的低载荷零件，如螺栓、螺钉、法兰及化工用储存器、蒸汽锅炉等
20			用于不经受很大应力而要求韧性的各种建筑构件和零部件，如链轮、拉杆、轴套、螺钉、起重钩等；也可用于制造在 60MPa、450℃以下非腐蚀介质中使用的管子、导管等
25		钢强度、硬度低，塑性、韧性好，焊接性好，适于制造焊接件、渗碳件、压力加工件等	用于制造压力加工件、焊接件、渗碳件等。常用作热锻和热冲压的机械零件或渗碳零部件，如连接器、垫圈、螺栓、螺母等
30	—	属于中碳钢，具有良好的综合力学性能，适合制造受力复杂的工件	用于制造压力加工件、焊接件、渗碳件等，例如垫片、容器、齿轮和用作热锻和热冲压的机械零件、冷拉丝、拉杆、套环等及机械用铸件
35	—		用于制造热锻和热冲压的机械零件，冷拉和冷顶锻钢材，无缝钢管、机械制造中用的零件，如轴销、杠杆、连杆、横梁、星轮、套筒、轮圈、钩环、垫圈、螺钉、螺母
40	—	强度较高的中碳优质钢，因淬透性差，一般以正火状态使用，当力学性能要求较高时，采用调质处理。冷变形塑性中等，退火和正火后的可加工性比调质的好	用于制造强度要求较高的运动件，如齿轮、辊子、轴、曲柄销、传动轴、活塞杆等。还可用于冷拉丝、钢板、钢带、无缝管等
45	—	经过调质处理强度较高，综合性能好	用于制造蒸汽透平机、压缩机、泵的运动零件；还可以用来代替渗碳钢制造齿轮、轴、活塞销等零件，但零件需经高频或火焰表面淬火
50	—	强度高，耐磨，冲击韧性不好，焊接性差	用于制造耐磨性要求高、动载荷及冲击作用不大的件，如铸造齿轮、拉杆、轧辊、轴摩擦盘、次要的弹簧、农机上的掘土犁铧、重负荷的心轴与轴等，并可制造铸件
55	—	有较好的表面硬度和强度，一般在正火 + 回火后使用	用于制造齿轮、连杆、轮圈、轮缘、扁弹簧及轧辊等，也可作铸件

（续）

术语	交货状态	材料性能	用途
60	以不热处理或热处理（退火、正火或高温回火）状态交货。要求热处理状态交货的应在合同中注明	属于高碳钢，强度、硬度高，弹性好，冷变形时塑性较低，可加工性较差，焊接性和淬透性差，水淬有产生裂纹倾向，大型制件多采用正火	适合制造对弹性有要求的工件以及对强度、硬度要求较高的轧辊、轴、偏心轴、弹簧圈、弹簧、各种垫圈、离合器、凸轮、钢丝绳等
65	—	—	主要用于制造轴、弹簧圈、轮轴、各种垫圈、凸轮、钢丝绳等受力较大、在摩擦条件下工作，要求较高强度、耐磨性和一定弹性的零件
15Mn 20Mn	—	含锰量较高的低碳渗碳钢，其强度、塑性、可切削性和淬透性较好，渗碳与淬火时表面形成软点较少，宜进行渗碳、碳氮共渗处理，得到表面耐磨而心部韧性好的综合性能。热轧或正火处理后韧性好	用于制造对零件心部的力学性能的机械零件和要求较高的渗碳件。如齿轮、曲柄销、支架、铰链、螺钉、螺母、铆焊结构件、板材等
30Mn	—	强度与淬透性比30钢高，焊接性、冷变形、塑性中等，可加工性好，一般在正火状态下使用	用于制造螺栓、螺母、螺钉、杠杆、制动踏板，还可用冷拉钢制造在高应力下工作的细小零件，如钩、环、链等
40Mn	—	可在正火或淬火和回火状态下使用。切削加工性能好，冷变形时塑性中等，焊接性不良	用于制造承受疲劳载荷的零件，如轴辊、曲轴、连杆等；也可用作高应力下工作的螺钉、螺母等
50Mn	—	强度、弹性和硬度较高，多在淬火与回火后使用，淬透性较高，热处理后强度、硬度、弹性均稍高于50钢，焊接性差，有过热敏感性和回火脆性倾向	用于制造耐磨性要求很高、在高载荷作用下热处理的零件，如齿轮、齿轮轴、摩擦盘、滚子及弹簧和截面直径在80mm以下的心轴等

3. 碳素工具钢（GB/T 1298—2008）

碳素工具钢含碳量在0.7%～1.3%范围内，价格便宜，加工性能良好，淬火温度低，热处理后具有较高的表面硬度和较好的耐磨性，是传统经典优质钢的代表。常用于制造机加工刀具、建筑五金工具、刃具、模具及小五金件。碳素工具钢可分为碳素工具钢和高级优质碳素工具钢两类。碳素工具钢的牌号用“T”＋数字表示，数字表示平均含碳量的千分数，例如，T8，表示含碳量为0.8%；若为高级优质碳素工具钢，则在数字后面＋“A”，例如，T8A；若钢中含少量Mn，在牌号后标注“Mn”，例如T10Mn。

（1）碳素工具钢的牌号及化学成分（表2-21）

表 2-21 碳素工具钢的牌号及化学成分

序号	牌号	化学成分（质量分数,%）				
		C	Mn	Si	P	S
1	T7	0.65～0.74	≤0.40	≤0.35	≤0.035	≤0.030
2	T8	0.75～0.84				
3	T8Mn	0.80～0.90	0.40～0.60			
4	T9	0.85～0.94	≤0.40			
5	T10	0.95～1.04				
6	T11	1.05～1.14				
7	T12	1.15～1.24				
8	T13	1.25～1.35				

注：高级优质钢在牌号后加“A”。

（2）碳素工具钢的力学性能（表 2-22）

表 2-22 碳素工具钢的力学性能

牌号	交货状态		试样淬火	
	退火	退火后冷拉	淬火温度和冷却剂	洛氏硬度 HRC，不小于
	布氏硬度 HBW，不大于			
T7	187	241	800～820℃，水	62
T8			780～800℃，水	
T8Mn			760～780℃，水	
T9	192			
T10	197			
T11	207			
T12				
T13	217			

（3）碳素工具钢的牌号、材料性能及用途（表 2-23）

表 2-23 碳素工具钢的牌号、材料性能及用途

牌号	材料性能	用途
T7	属于亚共析钢，其强度随含碳量的增加而增加，有较好的强度和塑性配合，可加工性能较差	多用于制造有较大韧性和一定硬度但对切削加工性能要求不很高的工具，如冲头等小尺寸风动工具及木工用的锯、锻模、压模、钳工工具、锤子、铆钉冲模等，也可用于形状简单、承受载荷轻的冷作模具及热固性塑料压模
T8	属于亚共析钢，淬火易过热，变形也大，强度塑性较低，不宜制作受大冲击的工具。但经热处理后有较高的硬度及耐磨性	多用来制造切削刃口在工作时不变热的工具，如加工木材的铣刀、埋头钻、平头锪钻、斧、錾子、纵向手用锯、圆锯片、滚子、铅锡合金压铸板和型芯，以及钳工装配工具、铆钉冲模、中心孔冲子、冲模，也可用于冷镦模、拉深模、压印模、纸品下料模和热固性塑料压模等
T8Mn	有较高的淬透性，能获得较深的淬硬层	除了能用于制造 T8 所能制造的工具，还可制造横纹锉刀、手锯条，采煤及修石錾子等工具

（续）

牌号	材料性能	用途
T9	性能近似T8	制造要求较高硬度且有一定韧性的工具，如刻印工具、铆钉冲模、压床模、冲头、木工工具、凿岩工具和铸型的分流钉等
T10	属于过共析钢，在700~800℃加热时仍能保持细晶粒，不致过热。淬火后钢中有未熔的过剩硬化物，增加钢的耐磨性	制造切削刃口在工作时不变热的工具，如加工木材工具、手用横锯、手用细木工锯、机用细木工具、低精度且形状简单的卡板、钳工刮刀、锉刀等，也可用于冲模、拉丝模、冷镦模、拉深模、压印模、小尺寸断面均匀的冷切边模、铝合金用冷挤压凹模、纸品下料模和塑料成型模等
T11	具有T10、T10A的特点外，还具有最好的综合力学性能，如硬度、耐磨性和韧性等	制造在工作时切削刃口不变热的工具，如丝锥、锉刀、刮刀、尺寸不大的和截面无急剧变化的冷冲模、冷镦模、软材料用切边模以及木工刀具等
T12	含碳量高，淬火后有较多的过剩碳化物，因而耐磨性及硬度高，但韧性低	制造不受冲击负荷、切削速度不高、切削刃口不变热的工具，如制造车床、刨床用的车刀、刨刀；可制铰刀、扩孔钻、丝锥、板牙、刮刀、量规、切烟草刀、锉刀，以及断面尺寸小的冷切边模、冲孔模等
T13	含碳量高，硬度极高，碳化物增加而分布不均，力学性能较低，不能承受冲击	只能制造要求切削高硬度的刀具，如制造剃刀、切削刀具、车刀、刮刀、拉丝工具、钻头、硬石加工用工具和雕刻用工具

4. 低合金高强度结构钢（GB/T 1591—2018）

低合金高强度结构钢是为了满足工程上各种结构件承载大、自重轻的要求，在碳素结构钢的基础上加入少量（质量分数<3%）合金元素，成为我国自行发展的具有本国特色材料。具有强度大、自重轻、成型性好、焊接性好等特点，主要用于桥梁、工程构件等。低合金高强度结构钢牌号用“Q”+数字（屈服点）与质量等级符号（A、B、C、D、E）表示。

（1）低合金高强度结构钢的牌号及化学成分（表2-24）

表2-24　低合金高强度结构钢的牌号及化学成分

牌号		化学成分（质量分数）（%）														
钢级	质量等级	C	Si	Mn	P①	S①	Nb	V	Ti②	Cr	Ni	Cu	Mo	N	B	Als③
		不大于														不小于
Q345M	B	0.14④	0.50	1.60	0.035	0.035	0.01~0.05	0.01~0.10	0.006~0.05	0.30	0.50	0.40	0.10	0.015	—	0.015
	C				0.030	0.030										
	D				0.030	0.025										
	E				0.025	0.020										
	F				0.020	0.010										
Q390M	B	0.15④	0.50	1.70	0.035	0.035	0.02~0.05	0.01~0.12	0.006~0.05	0.30	0.50	0.40	0.10	0.015	—	0.015
	C				0.030	0.030										
	D				0.030	0.025										
	E				0.025	0.020										

（续）

牌号		化学成分（质量分数）（%）														
钢级	质量等级	C	Si	Mn	P①	S①	Nb	V	Ti②	Cr	Ni	Cu	Mo	N	B	Als③
		不大于														不小于
Q420M	B	0.16④	0.50	1.70	0.035	0.035	0.01～0.05	0.01～0.12	0.006～0.05	0.30	0.80	0.40	0.20	0.015	—	0.015
	C				0.030	0.030										
	D				0.030	0.025								0.025		
	E				0.025	0.020										
Q460M	C	0.16④	0.60	1.70	0.030	0.030	0.01～0.05	0.01～0.12	0.006～0.05	0.30	0.80	0.40	0.20	0.015	—	0.015
	D				0.030	0.025								0.025		
	E				0.025	0.020										
Q500M	C	0.18	0.60	1.80	0.030	0.030	0.01～0.11	0.01～0.12	0.006～0.05	0.60	0.80	0.55	0.20	0.015	0.004	0.013
	D				0.030	0.025								0.025		
	E				0.025	0.020										
Q550M	C	0.18	0.60	2.00	0.030	0.030	0.01～0.11	0.01～0.12	0.006～0.05	0.80	0.80	0.80	0.30	0.015	0.004	0.015
	D				0.030	0.025								0.025		
	E				0.025	0.020										
Q620M	C	0.18	0.60	2.60	0.030	0.030	0.01～0.11	0.01～0.12	0.006～0.05	1.00	0.80	0.80	0.30	0.015	0.004	0.015
	D				0.030	0.025								0.025		
	E				0.025	0.020										
Q690M	C	0.18	0.60	2.00	0.030	0.030	0.01～0.11	0.01～0.12	0.006～0.05	1.00	0.80	0.80	0.30	0.015	0.004	0.015
	D				0.030	0.025								0.025		
	E				0.025	0.020										

注：钢中应至少含有铝、铌、钒、钛等细化晶粒元素中一种，单独或组合加入时，应保证其中至少一种合金元素含量不小于表中规定含量的下限。

①对于型钢和棒材，磷和硫含量可以提高0.005%。

②最高可到0.20%。

③可用全铝Alt替代，此时全铝最小含量为0.020%。当钢中添加了铌、钒、钛等细化晶粒元素且含量不小于表中规定含量的下限时，铝含量下限值不限。

④对于型钢和棒材，Q355M、Q390M、Q420M和Q460M的最大碳含量可提高0.02%。

（2）低合高强度结构金钢的力学性能（表2-25）

表2-25　低合金高强度结构钢的力学性能

牌号		上屈服强度 R_{eH}①/MPa 不小于						抗拉强度 R_m/MPa					断后伸长率 A（%）不小于
		公称厚度或直径/mm											
钢级	质量等级	≤16	>16～40	>40～63	>63～80	>80～100	>100～120②	≤40	>40～63	>63～80	>80～100	>100～120②	
Q355M	B、C、D、E、F	355	345	335	325	325	320	470～630	450～610	440～600	440～600	430～590	22

（续）

牌号		上屈服强度 R_{eH}①/MPa 不小于						抗拉强度 R_m/MPa					断后伸长率 A（%）不小于
		公称厚度或直径/mm											
钢级	质量等级	≤16	>16～40	>40～63	>63～80	>80～100	>100～120②	≤40	>40～63	>63～80	>80～100	>100～120②	
Q390M	B、C、D、E	390	380	360	340	340	335	490～650	480～640	470～630	460～620	450～610	20
Q420M	B、C、D、E	420	400	390	380	370	365	520～680	500～660	480～640	470～630	460～620	19
Q460M	C、D、E	460	440	430	410	400	385	540～720	530～710	510～690	500～680	490～660	17
Q500M	C、D、E	500	490	480	460	450	—	610～770	600～760	590～750	540～730	—	17
Q550M	C、D、E	350	540	530	510	500	—	670～830	620～810	600～790	590～780	—	16
Q620M	C、D、E	620	610	600	580	—	—	710～880	690～880	670～860	—	—	15
Q690M	C、D、E	690	680	670	650	—	—	770～940	750～920	730～900	—	—	14

注：热机械轧制（TMCP）状态包含热机械轧制（TMCP）加回火状态。

①当屈服不明显时，可用规定塑性延伸强度 $R_{p0.2}$ 代替上屈服强度 R_{eH}。

②对于型钢和棒材，厚度或直径不大于150mm。

（3）低合金高强度结构钢的牌号及用途（表2-26）

表2-26　低合金高强度结构钢的牌号及用途

牌号 新	牌号 旧	材料特性	用途
Q345	12MnV、14MnNb、16Mn、16MnRE、18Nb	具有良好的综合力学性能，塑性、焊接性、冲击韧性较好，C、D、E级钢，具有良好的低温韧性。一般在热轧或正火状态下使用	适于制造桥梁、船舶、车辆、管道、锅炉、各种容器、油罐；电站、厂房结构、低温压力容器等结构件；适于制造锅炉汽包、中高压石油化工容器、起重机、较高负荷的焊接件、连接构件等
Q390	15MnV、15MnTi、16MnNb		
Q420	15MnVN、14MnVTiRE	具有良好的综合力学性能，优良的低温韧性，焊接性好，冷热加工性良好，一般在热轧或正火状态下使用	适于制造高压容器、重型机械、桥梁、船舶、机车车辆、锅炉及其他大型焊接结构件
Q460	—	强度高，在正火和正火加回火状态有很高的综合力学性能。用Al补充脱氧，质量等级为C、D、E的钢，保证有良好的韧性	该钢种为备用钢种，用于各种大型工程结构件及要求强度高，载荷大的轻型结构。通常经淬火、回火后用于大型挖掘机、起重运输机械、钻井平台等

2.2.2 合金钢

1. 合金结构钢（GB/T 3077—2015）

合金结构钢是在碳素钢结构钢的基础上加入一种或数种的Cr、Ni、Mo、Ti、W、V、Si、Mn等合金元素冶炼而成的钢。合金元素的加入提高了过冷奥氏体的稳定性和钢的淬透性，降低了淬火冷却速度，减少了淬火热应力和组织应力，减弱了淬火变形及开裂倾向。经淬火、低温回火后，具有较高的韧性、耐磨性和综合力学性能。被广泛用来制造形状复杂、截面较大、承受高负荷、变形较小的中（小）型机械零件和各种工程构件。

（1）合金结构钢的化学成分（表2-27）

表2-27 合金结构钢的化学成分

钢组	序号	统一数字代号	牌号	化学成分（质量分数）（%）										
				C	Si	Mn	Cr	Mo	Ni	W	B	Al	Ti	V
Mn	1	A00202	20Mn2	0.17～0.24	0.17～0.37	1.40～1.80	—	—	—	—	—	—	—	—
	2	A00302	30Mn2	0.27～0.34	0.17～0.37	1.40～1.80	—	—	—	—	—	—	—	—
	3	A00352	35Mn2	0.32～0.39	0.17～0.37	1.40～1.80	—	—	—	—	—	—	—	—
	4	A00402	40Mn2	0.37～0.44	0.17～0.37	1.40～1.80	—	—	—	—	—	—	—	—
	5	A00452	45Mn2	0.42～0.49	0.17～0.37	1.40～1.80	—	—	—	—	—	—	—	—
	6	A00502	50Mn2	0.47～0.55	0.17～0.37	1.40～1.80	—	—	—	—	—	—	—	—
MnV	7	A01202	20MnV	0.17～0.24	0.17～0.37	1.30～1.60	—	—	—	—	—	—	—	0.07～0.12
SiMn	8	A10272	27SiMn	0.24～0.32	1.10～1.40	1.10～1.40	—	—	—	—	—	—	—	—
	9	A10352	35SiMn	0.32～0.40	1.10～1.40	1.10～1.40	—	—	—	—	—	—	—	—
	10	A10422	42SiMn	0.39～0.45	1.10～1.40	1.10～1.40	—	—	—	—	—	—	—	—
SiMnMoV	11	A14202	20SiMn2MoV	0.17～0.23	0.90～1.20	2.20～2.60	—	0.30～0.40	—	—	—	—	—	0.05～0.12
	12	A14262	25SiMn2MoV	0.22～0.28	0.90～1.20	2.20～2.60	—	0.30～0.40	—	—	—	—	—	0.05～0.12
	13	A14372	37SiMn2MoV	0.33～0.39	0.60～0.90	1.60～1.90	—	0.40～0.50	—	—	—	—	—	0.05～0.12

（续）

钢组	序号	统一数字代号	牌号	化学成分（质量分数）(%)										
				C	Si	Mn	Cr	Mo	Ni	W	B	Al	Ti	V
B	14	A70402	40B	0.37~0.44	0.17~0.37	0.60~0.90	—	—	—	—	0.0008~0.0035	—	—	—
	15	A70452	45B	0.42~0.49	0.17~0.37	0.60~0.90	—	—	—	—	0.0008~0.0035	—	—	—
	16	A70502	50B	0.47~0.55	0.17~0.37	0.60~0.90	—	—	—	—	0.0008~0.0035	—	—	—
MnB	17	A712502	25MnB	0.23~0.28	0.17~0.37	1.00~1.40	—	—	—	—	0.0008~0.0035	—	—	—
	18	A713502	35MnB	0.32~0.38	0.17~0.37	1.10~1.40	—	—	—	—	0.0008~0.0035	—	—	—
	19	A71402	40MnB	0.37~0.44	0.17~0.37	1.10~1.40	—	—	—	—	0.0008~0.0035	—	—	—
	20	A71452	45MnB	0.42~0.49	0.17~0.37	1.10~1.40	—	—	—	—	0.0008~0.0035	—	—	—
MnMoB	21	A72202	20MnMoB	0.16~0.22	0.17~0.37	0.90~1.20	—	0.20~0.30	—	—	0.0008~0.0035	—	—	—
MnVB	22	A73152	15MnVB	0.12~0.18	0.17~0.37	1.20~1.60	—	—	—	—	0.0008~0.0035	—	—	0.07~0.12
	23	A73202	20MnVB	0.17~0.23	0.17~0.37	1.20~1.60	—	—	—	—	0.0008~0.00305	—	—	0.07~0.12
	24	A73402	40MnVB	0.37~0.44	0.17~0.37	1.10~1.40	—	—	—	—	0.0008~0.0035	—	—	0.05~0.10
MnTiB	25	A74202	20MnTiB	0.17~0.24	0.17~0.37	1.30~1.60	—	—	—	—	0.0008~0.0035	—	0.04~0.10	—
	26	A74252	25MnTiBRE①	0.22~0.28	0.20~0.45	1.30~1.60	—	—	—	—	0.0008~0.0035	—	0.04~0.10	—
Cr	27	A20152	15Cr	0.12~0.17	0.17~0.37	0.40~0.70	0.70~1.00	—	—	—	—	—	—	—
	28	A20202	20Cr	0.18~0.24	0.17~0.37	0.50~0.80	0.70~1.00	—	—	—	—	—	—	—
	29	A20302	30Cr	0.27~0.34	0.17~0.37	0.50~0.80	0.80~1.10	—	—	—	—	—	—	—
	30	A20352	35Cr	0.32~0.39	0.17~0.37	0.50~0.80	0.80~1.10	—	—	—	—	—	—	—
	31	A20402	40Cr	0.37~0.44	0.17~0.37	0.50~0.80	0.80~1.10	—	—	—	—	—	—	—
	32	A20452	45Cr	0.42~0.49	0.17~0.37	0.50~0.80	0.80~1.10	—	—	—	—	—	—	—
	33	A20502	50Cr	0.47~0.54	0.17~0.37	0.50~0.80	0.80~1.10	—	—	—	—	—	—	—
CrSi	34	A21382	38CrSi	0.35~0.43	1.00~1.30	0.30~0.60	1.30~1.60	—	—	—	—	—	—	—

（续）

钢组	序号	统一数字代号	牌号	化学成分（质量分数）（%）										
				C	Si	Mn	Cr	Mo	Ni	W	B	Al	Ti	V
CrMo	35	A30122	12CrMo	0.08～0.15	0.17～0.37	0.40～0.70	0.40～0.70	0.40～0.55	—	—	—	—	—	—
	36	A30152	15CrMo	0.12～0.18	0.17～0.37	0.40～0.70	0.80～1.10	0.40～0.55	—	—	—	—	—	—
	37	A30202	20CrMo	0.17～0.24	0.17～0.37	0.40～0.70	0.80～1.10	0.15～0.25	—	—	—	—	—	—
	38	A30252	25CrMo	0.22～0.29	0.17～0.37	0.60～0.90	0.90～1.20	0.15～0.30	—	—	—	—	—	—
	39	A30302	30CrMo	0.25～0.33	0.17～0.37	0.40～0.70	0.80～1.10	0.15～0.25	—	—	—	—	—	—
	40	A30352	35CrMo	0.32～0.40	0.17～0.37	0.40～0.70	0.80～1.10	0.15～0.25	—	—	—	—	—	—
	41	A30422	42CrMo	0.38～0.45	0.17～0.37	0.50～0.80	0.90～1.20	0.15～0.25	—	—	—	—	—	—
	42	A30502	50CrMo	0.46～0.54	0.17～0.37	0.50～0.80	0.90～1.20	0.15～0.30	—	—	—	—	—	—
CrMoV	43	A31122	12CrMoV	0.08～0.15	0.17～0.37	0.40～0.70	0.30～0.60	0.25～0.35	—	—	—	—	—	0.15～0.30
	44	A31352	35CrMoV	0.30～0.38	0.17～0.37	0.40～0.70	1.00～1.30	0.20～0.30	—	—	—	—	—	0.10～0.20
	45	A31132	12Cr1MoV	0.08～0.15	0.17～0.37	0.40～0.70	0.90～1.20	0.25～0.35	—	—	—	—	—	0.15～0.30
	46	A31252	25Cr2MoV	0.22～0.29	0.17～0.37	0.40～0.70	1.50～1.80	0.25～0.35	—	—	—	—	—	0.15～0.30
	47	A31262	25Cr2Mo1V	0.22～0.29	0.17～0.37	0.50～0.80	2.10～2.50	0.90～1.10	—	—	—	—	—	0.30～0.50
CrMoAl	48	A33382	38CrMoAl	0.35～0.42	0.20～0.45	0.30～0.60	1.35～1.65	0.15～0.25	—	—	—	0.70～1.10	—	—
CrV	49	A23402	40CrV	0.37～0.44	0.17～0.37	0.50～0.80	0.80～1.10	—	—	—	—	—	—	0.10～0.20
	50	A23502	50CrV	0.47～0.54	0.17～0.37	0.50～0.80	0.80～1.10	—	—	—	—	—	—	0.10～0.20
CrMn	51	A22152	15CrMn	0.12～0.18	0.17～0.37	1.10～1.40	0.40～0.70	—	—	—	—	—	—	—
	52	A22202	20CrMn	0.17～0.23	0.17～0.37	0.90～1.20	0.90～1.20	—	—	—	—	—	—	—
	53	A22402	40CrMn	0.37～0.45	0.17～0.37	0.90～1.20	0.90～1.20	—	—	—	—	—	—	—

（续）

钢组	序号	统一数字代号	牌号	化学成分（质量分数）（%）										
				C	Si	Mn	Cr	Mo	Ni	W	B	Al	Ti	V
CrMnSi	54	A24202	20CrMnSi	0.17～0.23	0.90～1.20	0.80～1.10	0.80～1.10	—	—	—	—	—	—	—
	55	A24252	25CrMnSi	0.22～0.28	0.90～1.20	0.80～1.10	0.80～1.10	—	—	—	—	—	—	—
	56	A24302	30CrMnSi	0.28～0.34	0.90～1.20	0.80～1.10	0.80～1.10	—	—	—	—	—	—	—
	57	A24352	35CrMnSi	0.32～0.39	1.10～1.40	0.80～1.10	1.10～1.40	—	—	—	—	—	—	—
CrMnMo	58	A34202	20CrMnMo	0.17～0.23	0.17～0.37	0.90～1.20	1.10～1.40	0.20～0.30	—	—	—	—	—	—
	59	A34402	40CrMnMo	0.37～0.45	0.17～0.37	0.90～1.20	0.90～1.20	0.20～0.30	—	—	—	—	—	—
CrMnTi	60	A26202	20CrMnTi	0.17～0.23	0.17～0.37	0.80～1.10	1.00～1.30	—	—	—	—	—	0.04～0.10	—
	61	A26302	30CrMnTi	0.24～0.32	0.17～0.37	0.80～1.10	1.00～1.30	—	—	—	—	—	0.04～0.10	—
CrNi	62	A40202	20CrNi	0.17～0.23	0.17～0.37	0.40～0.70	0.45～0.75	—	1.00～1.40	—	—	—	—	—
	63	A40402	40CrNi	0.37～0.44	0.17～0.37	0.50～0.80	0.45～0.75	—	1.00～1.40	—	—	—	—	—
	64	A40452	45CrNi	0.42～0.49	0.17～0.37	0.50～0.80	0.45～0.75	—	1.00～1.40	—	—	—	—	—
	65	A40502	50CrNi	0.47～0.54	0.17～0.37	0.50～0.80	0.45～0.75	—	1.00～1.40	—	—	—	—	—
	66	A41122	12CrNi2	0.10～0.17	0.17～0.37	0.30～0.60	0.60～0.90	—	1.50～1.90	—	—	—	—	—
	67	A41342	34CrNi2	0.30～0.37	0.17～0.37	0.60～0.90	0.80～1.10	—	1.20～1.60	—	—	—	—	—
	68	A42122	12CrNi3	0.10～0.17	0.17～0.37	0.30～0.60	0.60～0.90	—	2.75～3.15	—	—	—	—	—
	69	A42202	20CrNi3	0.17～0.24	0.17～0.37	0.30～0.60	0.60～0.90	—	2.75～3.15	—	—	—	—	—
	70	A42302	30CrNi3	0.27～0.33	0.17～0.37	0.30～0.60	0.60～0.90	—	2.75～3.15	—	—	—	—	—
	71	A42372	37CrNi3	0.34～0.41	0.17～0.37	0.30～0.60	1.20～1.60	—	3.00～3.50	—	—	—	—	—
	72	A43122	12Cr2Ni4	0.10～0.16	0.17～0.37	0.30～0.60	1.25～1.65	—	3.25～3.65	—	—	—	—	—
	73	A43202	20Cr2Ni4	0.17～0.23	0.17～0.37	0.30～0.60	1.25～1.65	—	3.25～3.65	—	—	—	—	—

（续）

钢组	序号	统一数字代号	牌号	化学成分（质量分数）（%）										
				C	Si	Mn	Cr	Mo	Ni	W	B	Al	Ti	V
CrNiMo	74	A50152	15CrNiMo	0.13～0.18	0.17～0.37	0.70～0.90	0.45～0.65	0.45～0.60	0.70～1.00	—	—	—	—	—
	75	A50202	20CrNiMo	0.17～0.23	0.17～0.37	0.60～0.95	0.40～0.70	0.20～0.30	0.35～0.75	—	—	—	—	—
	76	A50302	30CrNiMo	0.28～0.33	0.17～0.37	0.70～0.90	0.70～1.00	0.25～0.45	0.60～0.80	—	—	—	—	—
	77	A50300	30Cr2Ni2Mo	0.26～0.34	0.17～0.37	0.50～0.80	1.80～2.20	0.30～0.50	1.80～2.20	—	—	—	—	—
	78	A50300	30Cr2Ni4Mo	0.26～0.33	0.17～0.37	0.50～0.80	1.20～1.50	0.30～0.60	3.30～4.30	—	—	—	—	—
	79	A50342	34Cr2Ni2Mo	0.30～0.38	0.17～0.37	0.50～0.80	1.30～1.70	0.15～0.30	1.30～1.70	—	—	—	—	—
	80	A50352	35Cr2Ni4Mo	0.32～0.39	0.17～0.37	0.50～0.80	1.60～2.00	0.25～0.45	3.60～4.10	—	—	—	—	—
	81	A50402	40CrNiMo	0.37～0.44	0.17～0.37	0.50～0.80	0.60～0.90	0.15～0.25	1.25～1.65	—	—	—	—	—
	82	A50400	40CrNi2Mo	0.38～0.43	0.17～0.37	0.60～0.80	0.70～0.90	0.20～0.30	1.65～2.00	—	—	—	—	—
CrMnNiMo	83	A50182	18CrMnNiMo	0.15～0.21	0.17～0.37	1.10～1.40	1.00～1.30	0.20～0.30	1.00～1.30	—	—	—	—	—
CrNiMoV	84	A51452	45CrNiMoV	0.42～0.49	0.17～0.37	0.50～0.80	0.80～1.10	0.20～0.30	1.30～1.80	—	—	—	—	0.10～0.20
CrNiW	85	A52182	18Cr2Ni4W	0.13～0.19	0.17～0.37	0.30～0.60	1.35～1.65	—	4.00～4.50	0.80～1.20	—	—	—	—
	86	A52252	25Cr2Ni4W	0.21～0.28	0.17～0.37	0.30～0.60	1.35～1.65	—	4.00～4.50	0.80～1.20	—	—	—	—

注：未经用户同意不得有意加入本表中未规定的元素，应采取措施防止从废钢或其他原料中带入影响钢性能的元素。

表中各牌号可按高级优质钢或特级优质钢订货，但也在牌号后加字母“A”或“E”。

本标准牌号与国外标准相似牌号的对照参见表 A.1。

①稀土按 0.05% 计算量加入，成品分析结果供参考。

（2）合金结构钢的力学性能（表 2-28）

表 2-28　合金结构钢的力学性能

钢组	序号	牌号	试样毛坯尺寸①/mm	推荐的热处理制度					力学性能					供货状态为退火或高温回火钢棒布氏硬度 HBW
				淬火			回火		抗拉强度 R_m/MPa	下屈服强度 R_{eL}②/MPa	断后伸长率 A(%)	断面收缩率 Z(%)	冲击吸收能量 $KU_1$③/J	
				加热温度/℃ 第1次淬火	加热温度/℃ 第2次淬火	冷却剂	加热温度/℃	冷却剂	不小于					不大于
Mn	1	20Mn2	15	850	—	水、油	200	水、空气	785	590	10	40	47	187
				880	—	水、油	440	水、空气						

（续）

钢组	序号	牌号	试样毛坯尺寸①/mm	推荐的热处理制度					力学性能					供货状态为退火或高温回火钢棒布氏硬度HBW
				淬火			回火		抗拉强度 R_m/MPa	下屈服强度 R_{eL}②/MPa	断后伸长率 A(%)	断面收缩率 Z(%)	冲击吸收能量 $KU_1$③/J	
				加热温度/℃		冷却剂	加热温度/℃	冷却剂						
				第1次淬火	第2次淬火				不小于					不大于
Mn	2	30Mn2	25	840	—	水	500	水	785	635	12	45	63	207
	3	35Mn2	25	840	—	水	500	水	835	685	12	45	55	207
	4	40Mn2	25	840	—	水、油	540	水	885	735	12	45	55	217
	5	45Mn2	25	840	—	油	550	水、油	885	735	10	45	47	217
	6	50Mn2	25	820	—	油	550	水、油	930	785	9	40	39	229
MnV	7	20MnV	15	880	—	水、油	200	水、空气	785	590	10	40	55	187
SiMn	8	27SiMn	25	920	—	水	450	水、油	980	835	12	40	39	217
	9	35SiMn	25	900	—	水	570	水、油	885	735	15	45	47	229
	10	42SiMn	25	880		水	590	水	885	735	15	40	47	229
SiMnMoV	11	20SiMn2MoV	试样	900	—	油	200	水、空气	1380	—	10	45	55	269
	12	25SiMn2MoV	试样	900	—	油	200	水、空气	1470	—	10	40	47	269
	13	37SiMn2MoV	25	870	—	水、油	650	水、空气	980	835	12	50	63	269
B	14	40B	25	840	—	水	550	水	785	635	12	45	55	207
	15	45B	25	840	—	水	550	水	835	685	12	45	47	217
	16	50B	20	840	—	油	600	空气	785	540	10	45	39	207
MnB	17	25MnB	25	850	—	油	500	水、油	835	635	10	45	47	207
	18	35MnB	25	850	—	油	500	水、油	930	735	10	45	47	207
	19	40MnB	25	850	—	油	500	水、油	980	785	10	45	47	207
	20	45MnB	25	840	—	油	500	水、油	1030	835	9	40	39	217
MnMoB	21	20MnMoB	15	880	—	油	200	油、空气	1080	885	10	50	55	207
MnVB	22	15MnVB	15	860	—	油	200	水、空气	885	635	10	45	55	207
	23	20MnVB	15	860	—	油	200	水、空气	1080	885	10	45	55	207
	24	40MnVB	25	850	—	油	520	水、油	980	785	10	45	47	207
MnTiB	25	20MnTiB	15	860	—	油	200	水、空气	1130	930	10	45	55	187
	26	25MnTiBRE	试样	860	—	油	200	水、空气	1380	—	10	40	47	229
	27	15Cr	15	880	770~820	水、油	180	油、空气	685	490	12	45	55	179
	28	20Cr	15	880	780~820	水、油	200	水、空气	835	540	10	40	47	179
	29	30Cr	25	860	—	油	500	水、油	885	685	11	45	47	187
	30	35Cr	25	860	—	油	500	水、油	930	735	11	45	47	207
	31	40Cr	25	850	—	油	520	水、油	980	785	9	45	47	207
	32	45Cr	25	840	—	油	520	水、油	1030	835	9	40	39	217
	33	50Cr	25	830	—	油	520	水、油	1080	930	9	40	39	229

（续）

钢组	序号	牌号	试样毛坯尺寸①/mm	推荐的热处理制度					力学性能					供货状态为退火或高温回火钢棒布氏硬度 HBW
				淬火			回火		抗拉强度 R_m/MPa	下屈服强度 R_{eL}②/MPa	断后伸长率 A(%)	断面收缩率 Z(%)	冲击吸收能量 $KU_1$③/J	
				加热温度/℃		冷却剂	加热温度/℃	冷却剂						
				第1次淬火	第2次淬火				不小于					不大于
CrSi	34	38CrSi	25	900	—	油	600	水、油	980	835	12	50	55	255
CrMo	35	12CrMo	30	900	—	空气	650	空气	410	265	24	60	110	179
	36	15CrMo	30	900	—	空气	650	空气	440	295	22	60	94	179
	37	20CrMo	15	880	—	水、油	500	水、油	885	685	12	50	78	197
	38	25CrMo	25	870	—	水、油	600	水、油	900	600	14	55	68	229
	39	30CrMo	15	880	—	油	540	水、油	930	735	12	50	71	229
	40	35CrMo	25	850	—	油	550	水、油	980	835	12	45	63	229
	41	42CrMo	25	850	—	油	560	水、油	1080	930	12	45	63	229
	42	50CrMo	25	840	—	油	560	水、油	1130	930	11	45	48	248
CrMoV	43	12CrMoV	30	970	—	空气	750	空气	440	225	22	50	78	241
	44	35CrMoV	25	900	—	油	630	水、油	1080	930	10	50	71	241
	45	12Cr1MoV	30	970	—	空气	750	空气	490	245	22	50	71	179
	46	25Cr2MoV	25	900	—	油	640	空气	930	785	14	55	63	241
	47	25Cr2Mo1V	25	1040	—	空气	700	空气	735	590	16	50	47	241
CrMoAl	48	38CrMoAl	30	940	—	水、油	640	水、油	980	835	14	50	71	229
CrV	49	40CrV	25	880	—	油	650	水、油	885	735	10	50	71	241
	50	50CrV	25	850	—	油	500	水、油	1280	1130	10	40	—	255
CrMn	51	15CrMn	15	880	—	油	200	水、空气	785	590	12	50	47	179
	52	20CrMn	15	850	—	油	200	水、空气	930	735	10	45	47	187
	53	40CrMn	25	840	—	油	550	水、油	980	835	9	45	47	229
CrMnSi	54	20CrMnSi	25	880	—	油	480	水、油	785	635	12	45	55	207
	55	25CrMnSi	25	880	—	油	480	水、油	1080	885	10	40	39	217
	56	30CrMnSi	25	880	—	油	540	水、油	1080	835	10	45	39	229
	57	35CrMnSi	试样	加热到880℃，于280~310℃等温淬火					1620	1280	9	40	31	241
			试样	950	890	油	230	空气、油						
CrMnMo	58	20CrMnMo	15	850	—	油	200	水、空气	1180	885	10	45	55	217
	59	40CrMnMo	25	850	—	油	600	水、油	980	785	10	45	63	217
CrMnTi	60	20CrMnTi	15	880	870	油	200	水、空气	1080	850	10	45	55	217
	61	30CrMnTi	试样	880	850	油	200	水、空气	1470	—	9	40	47	229
CrNi	62	20CrNi	25	850	—	水、油	460	水、油	785	590	10	50	63	197
	63	40CrNi	25	820	—	油	500	木、油	980	785	10	45	55	241

（续）

钢组	序号	牌号	试样毛坯尺寸①/mm	推荐的热处理制度					力学性能					供货状态为退火或高温回火钢棒布氏硬度HBW
				淬火			回火		抗拉强度 R_m/MPa	下屈服强度 R_{eL}②/MPa	断后伸长率 A(%)	断面收缩率 Z(%)	冲击吸收能量 $KU_1$③/J	
				加热温度/℃		冷却剂	加热温度/℃	冷却剂	不小于					不大于
				第1次淬火	第2次淬火									
CrNi	64	45CrNi	25	820	—	油	530	水、油	980	785	10	45	55	255
	65	50CrNi	25	820	—	油	500	水、油	1080	835	8	40	39	255
	66	12CrNi2	15	860	780	水、油	200	水、空气	785	590	12	50	63	207
	67	34CrNi2	25	840	—	水、油	530	水、油	930	735	11	45	71	241
	68	12CrNi3	15	860	780	油	200	水、空气	930	685	11	50	71	217
	69	20CrNi3	25	830	—	水、油	480	水、油	930	735	11	55	78	241
	70	30CrNi3	25	820	—	油	500	水、油	980	785	9	45	63	241
	71	37CrNi3	25	820	—	油	500	水、油法	1130	980	10	50	47	269
	72	12Cr2Ni4	15	860	780	油	200	水、空气	1080	835	10	50	71	269
	73	20Cr2Ni4	15	880	780	油	200	水、空气	1180	1080	10	45	63	269
CrNiMo	74	15CrNiMo	15	850	—	油	200	空气	930	750	10	40	46	197
	75	20CrNiMo	15	850	—	油	200	空气	980	785	9	40	47	197
	76	33CrNiMo	25	850	—	油	500	水、油	980	785	10	50	63	269
	77	40CrNiMo	25	850	—	油	600	水、油	980	835	12	55	78	269
	78	40CrNi2Mo	25	正火890	850	油	560~580	空气	1050	980	12	45	48	269
			试样	正火890	850	油	220两次回火	空气	1790	1500	6	25	—	
	79	30Cr2Ni2Mo	25	850	—	油	520	水、油	980	835	10	50	71	269
	80	34Cr2Ni2Mo	25	850	—	油	540	水、油	1080	930	10	50	71	269
	81	30Cr2Ni4Mo	25	850	—	油	560	水、油	1080	930	10	50	71	269
	82	35Cr2Ni4Mo	25	850	—	油	560	水、油	1130	980	10	50	71	269
CrMnNiMo	83	18CrMnNiMo	15	830	—	油	200	空气	1180	885	10	45	71	269
CrNiMoV	84	45CrNiMoV	试样	860	—	油	460	油	1470	1330	7	35	31	269
CrNiW	85	18Cr2Ni4W	15	950	850	空气	200	水、空气	1180	835	10	45	78	269
	86	25Cr2Ni4W	25	850	—	油	550	水、油	1080	930	11	45	71	269

注：1. 表中所列热处理温度允许调整范围：淬火±15℃，低温回火±20℃，高温回火±50℃。

2. 硼钢在淬火前可先经正火，正火温度应不高于其淬火温度，铬锰钛钢第一次淬火可用正火代替。

①钢棒尺寸小于试样毛坯尺寸时，用原尺寸钢棒进行热处理。

②当屈服现象不明显时，可用规定塑性延伸强度 $R_{p0.2}$ 代替。

③直径小于16mm的圆钢和厚度小于12mm的方钢、扁钢，不做冲击试验。

（3）常用合金结构钢的牌号、材料性能及用途（表2-29）

表 2-29　常用合金结构钢的牌号、材料性能及用途

牌号	材料特性	用途
20Mn2	正火后有较高的强度，良好的塑性、韧性和良好的焊接性	用于制造直径不大于 50mm 的渗碳零件，如渗碳的小齿轮、力学性能要求不高的十字头销、正火状态下用于制造螺栓、螺钉、螺母等
30Mn2	含碳量较高，强度和耐磨性较好，有较高的强度、韧性和耐磨性，焊接性一般	用于制造汽车、拖拉机中的车架、纵横梁、变速箱齿轮、轴、冷镦螺栓、较大截面的调质件也可制造心部强度较高的渗碳件，如起重机的后车轴等
35Mn2	含碳量较高，通常经调质处理后使用，有较高的强度、韧性和耐磨性，焊接性不太好	制造直径小于 20mm 的较小零件时，可代替 40Cr 钢，用于制造直径小于 15mm 的各种冷镦螺栓、力学性能要求较高的小轴、轴套、小连杆、操纵杆、曲轴、风机配件、农机中的锄铲柄、锄铲
40Mn2	强度、韧性和耐磨性较好，但焊接性低。需要预热到 100～425℃后才能焊接	用于制造重载工作的机械零件，如曲轴、半轴、杠杆、操纵杆、蜗杆、活塞杆、承载的螺栓、螺钉、加固环、弹簧，其静强度及疲劳性能与 40Cr 钢相近，因而可代替 40Cr 钢制造小直径的重要零件
45Mn2	强度、韧性和耐磨性较好，焊接性低，需要预热到 100～425℃后才能焊接	用于制造承受高压力和耐磨损的零件，可代替 40Cr 钢使用，常用于制造汽车、拖拉机车轴、万向节头、蜗杆、齿轮轴、齿轮、连杆盖、摩擦盘、车厢轴、机架，冷拉状态中的螺栓和螺母等
50Mn2	强度、耐磨性和淬透性好，调质后有良好的综合性能，切削加工性良好，但冷脆性低，焊接性不好，易变形	用于制造高应力，高磨损的大型零件，如齿轮轴、曲轴、连杆、蜗杆、万向接头轴、齿轮、汽车的传动轴、花键轴，承受强烈冲击负荷的心轴，重型机械中的滚动轴承支撑的主轴、大型齿轮以及手卷弹簧、板弹簧等，当制造直径≤80mm 的零件，可代替 45Cr 钢使用
20MnV	具有高强度、高韧性、高淬透性，脱碳倾向低，裂纹倾向小，锻造工艺性良好，焊接性好	常作为渗碳钢用。用于制造高韧性、高耐磨的热冲压件，用于制造锅炉、高压容器、大型高压油管及用于制造冷轧、冷拉、冷冲压加工机件或构件
27SiMn	强度、塑性和韧性比 20Mn2 钢好，常作为渗碳钢用。焊接性好，热处理时在 300～350℃有回火脆性	用于制造高韧性和耐磨的热冲压件及不需要热处理或正火状态下使用的零件，如拖拉机履带销等
35SiMn	韧性、塑性、耐磨性和耐疲劳性良好，强度高，淬透性和切削加工性好，冷变形塑性中等，焊接性差，可代替 40Cr 钢使用	在调质状态下用于制造中速、中负荷的零件，在淬火回火状态下用于制造高负荷、小冲击的零件以及制造截面面积较大、表面淬火的零件，如轮毂、叶轮及重要紧固件；通用机械中的传动轴、主轴、连杆、齿轮、蜗杆；发电机轴及各种锻件；薄壁无缝钢管
42SiMn	韧性、塑性、耐磨性和耐疲劳性良好，强度高，淬透性和切削性良好，焊接性差。可代替 40CrNi 钢使用	在高频淬火及中温回火状态下、用于制造中速、中负荷的传动齿轮；在调质后高频淬火、低温回火状态下，用于制造较大截面的表面高硬度、较高耐磨的零件
20MnV	渗碳钢，强度较高，塑性、韧性好，焊接性好，经 300～350℃热处理后有回火脆性	用于制造高压容器、锅炉、大型高压管道等焊接构件（工作温度不超过 450～475℃）；制造冷轧、冷拉、冷冲压加工的零件，如齿轮、链条、活塞销等

（续）

牌号	材料特性	用途
20SiMn2MoV	为高强度、高韧性、高淬透性的新型结构钢。脱碳倾向低，裂纹倾向小，锻造工艺性良好，焊接性好	在低温回火状态、调质状态下使用，用于制造较重载荷、应力状况复杂或低温下长期工作的零件，如石油钻机中的吊卡、吊环、射孔器以及其他较大截面的连接件
25SiMn2MoV	用 SiMn 替代 NiCr 的新型结构钢。强度高、韧性好、淬透性好、脱碳倾向低，焊接性好，裂纹倾向小	用途和 20SiMn2MoV 钢基本相同，用该钢制成的石油钻机吊环等零件，使用性良好，较 40CrNiMo 钢制造的同类零件更安全可靠，且质量小，节省材料
37SiMn2MoV	属于调质钢，有良好的综合力学性能。热处理工艺性良好，淬透性好，淬裂敏感性小，回火稳定性高，回火脆性倾向小，高温强度、低温韧性好	调质处理后，用于制造重载、大截面的重要零件，如重型机器中的齿轮、轴、连杆、转子、高压无缝钢管等。石油化工用的高压容器及大螺栓，制造高温条件下的螺栓紧固件，淬火低温回火后可作为超高强度钢使用，可代替 35CrMo 钢、20CrMo 钢、40CrNiMo 钢使用
20MnTiB	钢中含 Ti，晶粒较细，具有良好的工艺性能和力学性能，淬透性欠佳	可代替 20CrMnTi 钢使用，较多地用于制造尺寸较小、中载的各种齿轮及渗碳零件
25MnTiBRE	钢中加入了稀土元素，有较高的弯曲强度、接触疲劳强度及切削性	常用以替代 20CrMnTi 钢、20CrMo 钢使用，用于制造要求较高拖拉机、推土机变速器齿轮和轴等渗碳、氰化零件
15MnVB	属低碳马氏体淬火钢。含 V 晶粒较细，具有较高的强度和耐磨性	采用淬火低温回火，用以制造高强度的重要螺栓零件，如气缸盖螺栓、曲轴螺栓。连杆螺栓、也可用于制造中负载的渗碳零件
20MnVB		可替代 20CrMnTi 钢使用。常用于制造较大载荷的中小渗碳零件，如重型机床主轴、大模数齿轮、汽车后桥的主、从动齿轮
40B	硬度、韧性和淬透性好，经调质处理后，具有良好的综合力学性能	用于制造截面大、性能要求高的零件，如轴、拉杆、齿轮、凸轮等，制造小截面尺寸零件，可代替 40Cr 钢使用
45B	硬度、强度和耐磨性好，经调质处理后具有良好的综合力学性能	用于制造截面较大、强度要求较高的零件，如发动机的连杆、曲轴及其他零件，可代替 40Cr 钢使用
50B	综合力学性能和淬透性好，但抗回火性差，调质时应降低回火温度	用于代替 40Cr 钢、50Mn2 钢制造强度较高、淬透性较高、截面尺寸不大的各种零件，如凸轮、轴、齿轮、转向拉杆等
40MnB	强度和硬度高，塑性和韧性好，高温回火后，低温冲击韧性好，350℃以下时晶粒组织细	用于制造拖拉机、汽车及其他通用机器设备中的中小重要调质零件，如汽车半轴、转向轴、花键轴、蜗杆、机床主轴、齿轮轴等，可代替 40Cr 钢制造较大截面的零件，如卷扬机中轴
45MnB	强度和硬度高，塑性和韧性好，高温回火后，低温冲击韧性好，350℃以下时晶粒组织细	用于代替 40Cr 钢、45Cr 钢和 45Mn2 钢，制造中、小截面的耐磨的调质件及高频淬火件，如钻床主轴。拖拉机曲轴、机床齿轮、凸轮、花键轴、曲轴、惰轮、左右分离拨叉、轴套等
40MnVB	含 V、B 淬透性元素，强度、塑性和过热敏感性好	用于代替 40Cr 钢、45Cr 钢及 38CrSi 钢，制造低温回火、中温回火及高温回火状态的零件，还可代替 42CrMo 钢、40CrNi 钢制造重要调质件

（续）

牌号	材料特性	用途
38CrSi	强度高，韧性中等，淬透性好，低温冲击性能较高，回火稳定性好，焊接性差	用于制造直径30~40mm，强度和耐磨性要求较高的零件，如汽车中的小模数齿轮、拨叉轮、拖拉机履带轴、进气阀、铆钉机压头等
20CrMo	珠光体耐热钢，因含碳量高而强度高，韧性一般的渗碳钢	用于制造化工设备中非腐蚀介质及工作温度250℃以下的氮氢介质的高压管和各种紧固件，汽轮机、锅炉中的叶片、隔板、锻件、轧制型材，一般机器中的齿轮、轴等重要渗碳零件
20CrMnSi	强度和韧性较高，塑性和冲击韧性良好，易于冷轧、冷拔，可焊接	用于制造强度较高的焊接件、韧性较好的受拉力的零件以及厚度小于16mm的薄板冲压件、冷拉零件、冷冲零件
30CrMnSi	焊接性好，淬透性高，冷变形塑性中等，切削加工性好，焊接性较高，有回火脆性倾向，纵向冲击性差	多用于制造高负载、高速的各种重要零件，如齿轮、轴、离合器、链轮、砂轮轴、轴套、螺栓、螺母等，也用于制造耐磨、工作温度不高的零件、变载荷的焊接构件及非腐蚀性管道用管
35CrMnSi	强度、韧性等综合力学性能高，属于超高强度钢	用于制造中速、重载、高强度的零件及构件，如飞机起落架、高压鼓风机叶片；在制造小截面零件时，可替代铬镍钼合金钢使用
40CrV	属于调质钢，强度和屈服点高，淬透性较小，渗氮后表面硬度大，耐蚀性好，综合力学性能好	用于制造变载、高负荷重要零件，如机车连杆、曲轴、螺旋杆、横梁、轴套支架、双头螺柱、螺钉、不渗碳齿轮、经渗氮处理的各种齿轮销子、高压锅炉水泵轴（直径小于30mm）、高压气缸等
20CrMnTi	渗碳钢和调质钢。热处理变形小，表面耐磨，心部韧性高，综合力学性能好	应用量很大的一种合金结构钢，用于制直径小于30mm的中载或重载、冲击耐磨且高速的各种重要零件，还可以代替20MnVB钢、20MnTiB钢使用
30CrMnTi	因含碳量较高，故强度、淬透性较高，但冲击韧性较差	用于制造心部强度特高的渗碳零件，也可做调质零件，如汽车、拖拉机上较大截面的主动齿轮等
12CrMo	耐热强度高，无热脆性，冷变形塑性和切削加工性良好，焊接性一般	正火回火后制造510℃的锅炉主汽管，管壁温度不超过540℃的导管过热管器，淬火回火后可制造高温弹性件
15CrMo	珠光体耐热钢，因含碳量高而强度大，韧性一般，在500~550℃持久强度较高	正火及高温回火后用于制造蒸汽温度至510℃的锅炉过热器、中高压蒸汽导管和联箱，蒸汽温度至510℃的主汽管，淬火回火后可用于制造常温工作的各种重要零件
20CrMo	珠光体耐热钢，因含碳量高而强度高，韧性一般的渗碳钢	用于制造化工设备中非腐蚀介质及工作温度250℃以下、氮、氢介质的高压管和各种紧固件
30CrMo	强度和韧性高，并有一定的高温强度，切削加工性好，冷弯塑性中等，焊接性良好	用于制造300大气压、工作温度400℃以下的导管，工作温度低于450℃的紧固件，工作温度低于500℃、高压用的螺母及法兰，氮、氢介质中工作的高压导管以及焊接件
35CrMo	强度、韧性和淬透性高，淬火变形小，工作温度可达500℃	用于制造承受冲击、弯扭、高载荷机器中的重要零件，如轧钢机人字齿轮、曲轴、锤杆、连杆、紧固件；汽轮发动机主轴、传动零件；大型电动机轴，石油机械中的穿孔器，工作温度低于400℃的锅炉用螺栓，低于510℃的螺母

（续）

牌号	材料特性	用途
42CrMo	强度与淬透性好，调质后有较高疲劳强度和抗多次冲击能力，低温冲击韧性好，无明显的回火脆性，可替代含 Ni 较高的调质钢	一般用于制造强度要求更高、断面尺寸较大的重要零件，如轴、齿轮、连杆、变速器齿轮、增压器齿轮、发动机气缸、弹簧、弹簧夹、1200～2000mm 石油钻杆接头，打捞工具以及代替含镍较高的调质钢使用
20CrMnMo	属于高级渗碳钢。强度高，韧性好，焊接性好，无回火脆性，可替代含 Ni 较高的调质钢	常用于制造高硬度、高强度、高韧性的较大的重要渗碳件，如曲轴、凸轮轴、连杆、销轴；可代替 12Cr2Ni4 钢使用
40CrMnMo	强度和淬透性高，淬火变形小，回火稳定性好	用于制造重载、截面较大的齿轮轴、齿轮、大型货车的后桥半轴、偏心轴、连杆零件；可代替 40CrNiMo 钢使用
12CrMoV	属耐热钢。热强度高，冷变形塑性好，无回火脆性倾向，切削加工性较好，焊接性一般	用于制造汽轮机温度 540℃的主汽管道、转向导叶环、汽轮机隔板以及温度≤570℃的过热器管、导管和耐热锻件
12Cr1MoV	抗氧化性和热强度高，其工艺性及焊接性好，持久强度较高	用于制造工作温度不超过 570～585℃的高压设备中的过热管、导管、散热器管及有关锻件
25Cr2MoVA	中碳耐热钢。强度和韧性高，耐高温性好，无热脆倾向性，淬透性较好，冷变形塑性中等，切削加工性一般，焊接性差	制造高温条件下的螺母（≤550℃）、螺栓、螺柱（<530℃），长期工作温度在 510℃左右的紧固件，汽轮机整体转子、套筒、主汽阀、调节阀，还可作为渗碳钢，用以制造阀杆等
38CrMoA1	属于高级渗碳钢。耐热性和耐蚀性好，淬透性差，经渗碳处理后，具有高的表面硬度、疲劳强度，无回火脆性，切削加工性一般，焊接性差	具有高疲劳强度、高耐磨性，热处理后用于制造尺寸精确、强度较高的各种尺寸不大的渗碳零件、塑料挤压机上的一些耐磨零件
15Cr	为很好的渗碳钢，渗碳后表面硬度和耐磨性好，心部强韧性高，具有良好的综合力学性能	用于制造表面耐磨、心部强度和韧性较高、较高工作速度但直径在 30mm 以下的工作渗碳零件；可以用作淬火钢，制造要求一定强度和韧性，但变形要求较宽的小型零件
20Cr	淬透性好，强度较好，硬度较高，具有良好的综合力学性能	用于制造小直径（<30mm）、形状简单、转速较高、载荷较小、表面耐磨、心部强度较高的渗碳或碳氮共渗零件
30Cr	属于调质钢。淬透性好，强度较高，硬度较高，具有良好的综合力学性能	用于制造耐磨或受冲击的零件，如杠杆、摇杆、螺杆、螺母等；可用作高频淬火用钢，制造耐磨、表面高硬度零件
35Cr	抗拉强度和屈服点值高，淬透性好，在油冷后，具有较高的疲劳强度	用于制造耐磨或受冲击的零件，如齿轮、滚子、轴类、连杆、螺杆、螺母等调质件；可用作高频淬火用钢，制造耐磨、表面高硬度零件
40Cr	抗拉强度和屈服点值高，淬透性好，为很好的调质钢。在油冷后，有较高的疲劳强度；水冷时复杂工件易产生裂纹。冷弯塑性中等，在正火调质后，切削加工性好，焊接时注意不要产生裂纹	使用广泛钢种之一。调质处理后用于制造中速、中载的零件；调质+表面高频淬火用于制造高的表面硬度及耐磨的零件，如齿轮、轴类、进气阀等；经淬火+中温回火后用于制造重载、中速冲击零件；经淬火+低温回火，用于制造重载低冲击零件；氢化处理后制造尺寸较大，低温韧性较高的传动零件

（续）

牌号	材料特性	用途
45Cr	强度、耐磨性比40Cr钢高，但韧性较低	与40Cr钢用途相似，主要制造要求表面高频淬火的轴、齿轮、套筒、销子等
50Cr	淬火+回火后，具有高的强度与硬度，切削加工性好。水冷易产生裂纹，冷弯塑性低，焊接时易产生裂纹	用于制造重载大型耐磨零件，如直径600mm以下的热轧辊、传动轴、花键轴、曲柄销、齿轮、止推环等；也可用于制造表面高频淬火的零件及中等弹性的弹簧等
20CrNi	由于Cr、Ni两种元素配合，强度和韧性高，淬透性好	用于制造重载大型重要的渗碳零件，如花键轴、曲柄销、齿轮、活塞销，也可用于制造高冲击韧性的调质零件
12CrNi2	高级渗碳钢。经调质或淬火低温回火后，具有高强度和良好韧性，具有良好的综合力学性能	适于制造心部韧性较高，强度要求不高的受力复杂的中、小渗碳或氰化零件，如活塞销、轴套、推杆、小轴、小齿轮、齿套等
12CrNi3		用于制造表面硬度高、心部力学性能良好、重负荷、冲击、磨损等要求的各种渗碳或氰化零件，如传动轴、主轴、凸轮轴、滑轮、气阀托盘、油泵转子、万向联轴器十字头、重要螺杆、调节螺钉
30CrNi3	淬透性极佳，为综合性能很好的调质钢	用于制造大型、载荷较高的重要零件或热锻、热冲压的负荷高的零件，如轴、蜗杆、连杆、键、螺栓、螺母等
37CrNi3		用于制造重载、冲击、截面较大的零件或低温受冲击的零件或热锻、热冲压的零件，如叶轮、重要的紧固件等
12Cr2Ni4	属于合金渗碳钢，综合性能良好，但有白点敏感性和回火脆性，焊接性差	用于制造高载荷的大型渗碳件，如蜗轮、蜗杆、万向节叉等，也可经淬火+低温回火后使用，制造高强度、高韧性的机械零件及构件
20Cr2Ni4		制造具有高韧性、高强度性能要求的大型渗碳件，如大型齿轮、大型轴类件；可制造强度、韧性均高的调质件
20CrNiMo	属于高级渗碳钢。强度高，韧性好，焊接性好，无回火脆性，可替代含Ni较高的调质钢	常用于制造高硬度、高强度、高韧性的较大的重要渗碳件，如齿轮轴、齿轮、销轴；可代替12Cr2Ni4钢使用

2. 合金工具钢（GB/T 1299—2014）

合金工具钢，是在碳素工具钢基础上加入铬、钼、钨、钒等合金元素以提高材料淬透性、韧性、耐磨性和耐热性的一类钢种。主要用于制造量具、刃具、耐冲击工具和冷、热模具及一些特殊用途的工具。

（1）合金工具钢的化学成分（表2-30a～d）

表2-30a　刃具模具用非合金钢的牌号及化学成分

序号	统一数字代号	牌号	化学成分（质量分数）（%）		
			C	Si	Mn
1-1	T00070	T7	0.65～0.74	≤0.35	≤0.40
1-2	T00080	T8	0.75～0.84	≤0.35	≤0.40
1-3	T01080	T8Mn	0.80～0.90	≤0.35	0.40～0.60

（续）

序号	统一数字代号	牌号	化学成分（质量分数）(%)		
			C	Si	Mn
1-4	T00090	T9	0.85 ~ 0.94	≤0.35	≤0.40
1-5	T00100	T10	0.95 ~ 1.04	≤0.35	≤0.40
1-6	T00110	T11	1.05 ~ 1.14	≤0.35	≤0.40
1-7	T00120	T12	1.15 ~ 1.24	≤0.35	≤0.40
1-8	T00130	T13	1.25 ~ 1.35	≤0.35	≤0.40

表 2-30b　量具刃具用钢的牌号及化学成分

序号	统一数字代号	牌号	化学成分（质量分数）(%)				
			C	Si	Mn	Cr	W
2-1	T31219	9SiCr	0.85 ~ 0.95	1.20 ~ 1.60	0.30 ~ 0.60	0.95 ~ 1.25	—
2-2	T30108	8MnSi	0.75 ~ 0.85	0.30 ~ 0.60	0.80 ~ 1.10	—	—
2-3	T30200	Cr06	1.30 ~ 1.45	≤0.40	≤0.40	0.50 ~ 0.70	—
2-4	T31200	Cr2	0.95 ~ 1.10	≤0.40	≤0.40	1.30 ~ 1.65	—
2-5	T31209	9Cr2	0.80 ~ 0.95	≤0.40	≤0.40	1.30 ~ 1.70	—
2-6	T30800	W	1.05 ~ 1.25	≤0.40	≤0.40	0.10 ~ 0.30	0.80 ~ 1.20

表 2-30c　耐冲击工具用钢的牌号及化学成分

序号	统一数字代号	牌号	化学成分（质量分数）(%)						
			C	Si	Mn	Cr	W	Mo	V
3-1	T40294	4CrW2Si	0.35 ~ 0.45	0.80 ~ 1.10	≤0.40	1.00 ~ 1.30	2.00 ~ 2.50	—	—
3-2	T40295	5CrW2Si	0.45 ~ 0.55	0.50 ~ 0.80	≤0.40	1.00 ~ 1.30	2.00 ~ 2.50	—	—
3-3	T40296	6CrW2Si	0.55 ~ 0.65	0.50 ~ 0.80	≤0.40	1.10 ~ 1.30	2.20 ~ 2.70	—	—
3-4	T40356	6CrMnSi2Mo1V	0.50 ~ 0.65	1.75 ~ 2.25	0.60 ~ 1.00	0.10 ~ 0.50	—	0.20 ~ 1.35	0.15 ~ 0.35
3-5	T40355	5Cr3MnSiMo1	0.45 ~ 0.55	0.20 ~ 1.00	0.20 ~ 0.90	3.00 ~ 3.50	—	1.30 ~ 1.80	≤0.35
3-6	T40376	6CrW2SiV	0.55 ~ 0.65	0.70 ~ 1.00	0.15 ~ 0.45	0.90 ~ 1.20	1.70 ~ 2.20	—	0.10 ~ 0.20

表 2-30d　轧辊用钢的牌号及化学成分

序号	统一数字代号	牌号	化学成分（质量分数）(%)									
			C	Si	Mn	P	S	Cr	W	Mo	Ni	V
4-1	T42239	9Cr2V	0.85 ~ 0.95	0.20 ~ 0.40	0.20 ~ 0.45	—	—	1.40 ~ 1.70	—	—	—	0.10 ~ 0.25
4-2	T42309	9Cr2Mo	0.85 ~ 0.95	0.25 ~ 0.45	0.20 ~ 0.35	—	—	1.70 ~ 2.10	—	0.20 ~ 0.40	—	—
4-3	T42319	9Cr2MoV	0.80 ~ 0.90	0.15 ~ 0.40	0.25 ~ 0.55	—	—	1.80 ~ 2.40	—	0.20 ~ 0.40	—	0.05 ~ 0.15

（续）

序号	统一数字代号	牌号	化学成分（质量分数）（%）									
			C	Si	Mn	P	S	Cr	W	Mo	Ni	V
4-4	T42518	8Cr3NiMoV	0.82～0.90	0.30～0.50	0.20～0.45	≤0.020	≤0.015	2.80～3.20	—	0.20～0.40	0.60～0.80	0.05～0.15
4-5	T42519	9Cr5NiMoV	0.82～0.90	0.50～0.80	0.20～0.50	≤0.020	≤0.015	4.80～5.20	—	0.20～0.40	0.30～0.50	0.10～0.20

（2）合金工具钢的交货状态硬度值和试样淬火硬度值（表2-31a～d）

表2-31a　刃具模具用非合金钢交货状态的硬度值和试样的淬火硬度值

序号	统一数字代号	牌号	退火交货状态的钢材硬度HBW，不大于	试样淬火硬度		
				淬火温度/℃	冷却剂	洛氏硬度HRC不小于
1-1	T00070	T7	187	800～820	水	62
1-2	T00080	T8	187	780～800	水	62
1-3	T01080	T8Mn	187	780～800	水	62
1-4	T00090	T9	192	760～780	水	62
1-5	T00100	T10	197	760～780	水	62
1-6	T00110	T11	207	760～780	水	62
1-7	T00120	T12	207	760～780	水	62
1-8	T00130	T13	217	760～780	水	62

表2-31b　量具刃具用钢交货状态的硬度值和试样的淬火硬度值

序号	统一数字代号	牌号	退火交货状态的钢材硬度HBW	试样淬火硬度		
				淬火温度/℃	冷却剂	洛氏硬度HRC不小于
2-1	T31219	9SiCr	197～241	820～860	油	62
2-2	T30108	8MnSi	≤229	800～820	油	60
2-3	T30200	Cr06	187～241	780～810	水	64
2-4	T31200	Cr2	179～229	830～860	油	62
2-5	T31209	9Cr2	179～217	820～830	油	62
2-6	T30800	W	187～229	800～830	水	62

表2-31c　耐冲击工具用钢交货状态的硬度值和试样的淬火硬度值

序号	统一数字代号	牌号	退火交货状态的钢材硬度HBW	试样淬火硬度		
				淬火温度/℃	冷却剂	洛氏硬度HRC不小于
3-1	T40294	4CrW2Si	179～217	860～900	油	53

（续）

序号	统一数字代号	牌号	退火交货状态的钢材硬度 HBW	试样淬火硬度		
				淬火温度 /℃	冷却剂	洛氏硬度 HRC 不小于
3-2	T40295	5CrW2Si	207～255	860～900	油	55
3-3	T40296	6CrW2Si	229～285	860～900	油	57
3-4	T40356	6CrMnSi2MolV	≤229	667℃ ±15℃预热，885℃（盐浴）或900℃（炉控气氛）±6℃加热，保温5min～15min油冷，58℃～204℃回火		58
3-5	T40355	5Cr3MnSiMolV	≤235	667℃ ±15℃预热，941℃（盐浴）或955℃（炉控气氛）±6℃加热，保温5min～15min油冷，56℃～204℃回火		56
3-6	T40376	6CrW2SiV	≤225	870～910	油	58

表2-31d　轧辊用钢交货状态的硬度值和试样的淬火硬度值

序号	统一数字代号	牌号	退火交货状态的钢材硬度 HBW	试样淬火硬度		
				淬火温度 /℃	冷却剂	洛氏硬度 HRC 不小于
4-1	T42239	9Cr2V	≤229	830～900	空气	64
4-2	T42309	9Cr2Mo	≤229	830～900	空气	64
4-3	T42319	9Cr2MoV	≤229	880～900	空气	64
4-4	T42518	8Cr3NiMoV	≤269	900～920	空气	64
4-5	T42519	9Cr5NiMoV	≤269	930～950	空气	64

（3）合金工具钢常用牌号、材料性能及用途（表2-32）

表2-32　合金工具钢常用牌号、材料性能及用途

牌号	材料性能	用途
9SiCr	较高的淬硬性和回火稳定性，热处理变形程度小，加工性能差，脱碳倾向较大	用于制造形状复杂，变形小，耐磨性高的低速切削刃具，如钻头、螺纹工具、铰刀、搓丝板和滚丝轮及低压力工作条件下的冷镦模
8MnSi	强度、韧性和耐磨性好，淬透性高	制造木工工具，如锉刀、锯条、盘锯锯片和镶片刀体及冷冲模、切边模、冷镦模、冷挤压凹模等
Cr06	淬火后的硬度和耐磨性高，淬火变形小，但高温性差	用于低负荷操作又要求刃部锋利的刀具，如手术刀、雕刻刀、锉刀、羊毛剪刀等手动或电动刀具
Cr2	淬火后的硬度和耐磨性高，淬火变形小，但高温塑性差	制造量具如样板、卡板、量规、量块、螺纹规及低压力下的冷镦模、冷挤压凹模和拉丝模等
9Cr2		制造冲孔模及冲头、钢印等冷冲模、切边模、低压力下的冷镦模、冷挤压凹模等

（续）

牌号	材料性能	用途
W	淬火后的硬度和耐磨性高，淬火变形小，水淬不易开裂	用于工作温度不高，切削速度不大的刀具，如小麻花钻、丝锥、板牙、锯条和辊式刀具
4CrW2Si	具有较高的高温强度和硬度，且韧性较好	适于制造剪切机刀片、冲击振动较大的风动工具和中应力热锻模、压铸型
5CrW2Si	具有较高的高温强度和硬度，且韧性较好，热处理脱碳敏感性低，变形、开裂倾向小	制造空气锤工具、铆工工具和冷冲模、切边模、剪切模、热镦模、压痕模等
6CrW2Si	较高的高温强度和硬度，韧性好，在650℃时硬度可达43HRC	制造重负荷工作下冲模、压模和铸造精整工具及风动凿子，并可作为热加工用材生产热铆冲头和热锻模等
6CrMnSi2MolV 5Cr3MnSiMolV	属于中合金工具钢，其综合力学性能优良	主要用于制造冲击工具，如冲模、压模、铸造精整工具和风动工具等
Crl2	淬透性好，淬火变形小，但较脆，导热性差，承受不了较大的冲击载荷	制造冲击负荷具有高耐磨性的冷冲模、冲头、下料模、冷挤压模和凹模、粉末冶金用冷压模、拉丝模
Crl2MoV Crl2MolVl	淬透性好，淬火回火后硬度、强度高，耐磨性、韧性、塑性好，变形小，高温塑性差。Crl2MolVl钢为引进美国的D2钢	制造形状复杂、截面较大、工作条件繁重的冷冲模，如冲孔凹模、下料模、滚边模，以及冷镦模、冷挤压模、拉丝模、拉深模、粉末冶金用冷压模以及陶土模、塑料成型模具
Cr5MolV	引进美国的钢种，具有良好的空淬性能，变形小，碳化物均匀细小，耐磨性好	制造重载荷、高精度的冷作模具，如冷冲模、冷镦模、拉深模、粉末冶金用冷压模等
9Mn2V	淬透性好，淬火变形小，耐磨性高	制造小型冷作模具和塑料成型模具；制造耐磨性高的精密丝杆，磨床主轴；各种样板、量具
CrWMn	淬透性好，硬度大，耐磨性高，淬火变形小，且韧性较好，易形成网状碳化物	制造形状复杂、高精度的冷冲模，以及切边模、冷镦模、冷挤压凹模、拉丝模、拉深模、塑料成型模
9CrWMn	淬透性好，耐磨性好，淬火变形小，且韧性好	性能、用途和CrWMn钢相近
Cr4W2MoV	共晶化合物颗粒细小，分布均匀，且淬透性和淬硬性好，耐磨性和尺寸稳定性高	可代替Crl2钢、Crl2MoV钢用作硅钢片冲裁模，可以冲裁1.5～6.0mm的弹簧钢板；常用于制造冷锻模、拉拔模、冷挤压模、搓丝模等
6Cr4W3Mo2VNb	强度和硬度高，且韧性好，并具有较高的疲劳强度	冷挤压模冲头和凹模、粉末冶金用冷压模冲头，也用于冷镦模、冷冲模、切边模、热挤压模
6W6Mo5Cr4V	强度、硬度高，耐磨性和抗回火稳定性好，综合力学性能好	用于冷作模具和冲头，常用于制造热挤压模、冷挤压凹模及上、下冲头
5CrMnMo	良好的韧性、强度和耐磨性，对回火脆性不敏感，淬透性好	用于制造形状较简单、厚度≤250mm的小型锤锻模，也用于热切边模
5CrNiMo	具有良好的韧性、强度和高耐磨性，对回火脆性不敏感，淬透性好。特别是在高温工作状态韧性及疲劳强度高	用来制造形状较简单、厚度为250～350mm的中、大型锤锻模、热切边模

（续）

牌号	材料性能	用途
3Cr2W8V	含有较多的易形成碳化物的元素 Cr 和 W，淬透性好，在高温下具有较高的强度和硬度，但韧性和塑性较差，耐冷热疲劳性好	适于制造高温、高应力的工作场合的模具、刀具，工作温度较高（≥550℃），并承受静载荷较高，而冲击载荷较低的锻造压力机模（镶块），也用于铜合金热挤压模、压铸型
5Cr4Mo3SiMnVAl	较高强韧性，良好的耐热性和冷热疲劳性、淬透性与淬硬性	制造较高工作温度、高磨损条件下的模具、刀具，如冷镦模等
3Cr3Mo3W2V	冷热加工性、热强性和抗疲劳性好，冲击耐力，耐磨性好	用于制造热锻模具，如铜合金、轻金属的热挤压模、压铸型
5Cr4W5Mo2V	高热硬性、耐磨性和高温强度，冲击韧性，抗回火稳定性好	用于热作模具，如热挤压模具、精锻模、热冲模等
8Cr3	较好的淬透性，碳化物细小且均匀，室温和高温强度好，耐磨性较好	制造承受冲击载荷不大、工作温度≤500℃的热作模具，如热切边模、螺栓与螺钉热顶锻模、热弯与热剪切用成形冲模等
4CrMnSiMoV	具有较高的高温力学性能，耐热疲劳性能好	用于制造锤锻模、压力机锻模、校正模、平锻模和弯曲模
4Cr3Mo3SiV	引进美国的 H10 钢，具有高淬透性，高温强度，优良的韧性	制造热滚锻模、压塑模、热锻模及热挤压模型棒、挤压缸内套及垫块等
4Cr5MoSiV	高的淬透性，中温以下工作综合性能好，耐热疲劳性好，热处理变形小	用于制造型腔复杂、承受冲击载荷较大的锤锻模，锻造压力机整体模具或镶块，以及热挤压模、压铸型，与高耐磨塑料模具
4Cr5MoSiVl	引进美国的 H13 钢，空淬硬化钢，具有高淬透性，高温强度，良好的韧性	用途与 4Cr5MoSiV 钢相近，常用于制造锻模、热挤压模、精锻机用模具镶块及 Al 或 Cu 压铸型
4Cr5W2VSi	在中温以下有较高的硬度和热强性，韧性与冷热疲劳性较好，耐磨性良好	制造高速锤锻模与冲头、热挤压模与芯棒、非铁金属压铸型等
3Cr2Mo	引进美国的 P20 钢，具有良好的切削性和镜面研磨性能，尺寸稳定性好	常用于制造预硬型塑料模具，如模具尺寸较大或形状复杂、对尺寸精度与表面粗糙度要求较高的塑料模具以及中、小型热塑性塑料注射模等
3Cr2MnNiMo	淬透性极佳，良好的电火花加工性和抛光性。若加以预硬，则材料大截面硬度分布均匀	用于制造生产批量较大，尺寸较大，尺寸精度和表面抛光性要求较高的高质量塑料成型模具

3. 高速工具钢（GB/T 9943—2008）

高速工具钢以钨、钼、铬、钒及钴为主要合金元素的高碳高合金莱氏体钢，通常用作高速切削工具，简称高速钢，俗称锋钢。淬火温度高，接近熔点，其目的是使合金碳化物更多的溶入基体中，使钢具有更好的二次硬化能力。但淬火温度越高，则回火后的韧性越低。具有高的硬度、耐磨性、红硬性等，并具有一定的热塑性、可磨削性等工艺性。主要用于制造切削刀具和性能要求高的模具、轧辊、高温轴承和高温弹簧等。

（1）高速工具钢的化学成分（表 2-33）

表 2-33 高速工具钢的化学成分

序号	统一数字代号	牌号[①]	化学成分（质量分数）(%)									
			C	Mn	Si[②]	S[③]	P	Cr	V	W	Mo	Co
1	T63342	W3Mo3Cr4V2	0.95～1.03	≤0.40	≤0.45	≤0.030	≤0.030	3.80～4.50	2.20～2.50	2.70～3.00	2.50～2.90	—
2	T64340	W4Mo3Cr4VSi	0.83～0.93	0.20～0.40	0.70～1.00	≤0.030	≤0.030	3.80～4.40	1.20～1.80	3.50～4.50	2.50～3.50	—
3	T51841	W18Cr4V	0.73～0.83	0.10～0.40	0.20～0.40	≤0.030	≤0.030	3.80～4.50	1.00～1.20	17.20～18.70	—	—
4	T62841	W2Mo8Cr4V	0.77～0.87	≤0.40	≤0.70	≤0.030	≤0.030	3.50～4.50	1.00～1.40	1.40～2.00	8.00～9.00	—
5	T62942	W2Mo9Cr4V2	0.95～1.05	0.15～0.40	≤0.70	≤0.030	≤0.030	3.50～4.50	1.75～2.20	1.50～2.10	8.20～9.20	—
6	T66541	W6Mo5Cr4V2	0.80～0.90	0.15～0.40	0.20～0.45	≤0.030	≤0.030	3.80～4.40	1.75～2.20	5.50～6.75	4.50～5.50	—
7	T66542	CW6Mo5Cr4V2	0.86～0.94	0.15～0.40	0.20～0.45	≤0.030	≤0.030	3.80～4.50	1.75～2.10	5.90～6.70	4.70～5.20	—
8	T66642	W6Mo6Cr4V2	1.00～1.10	≤0.40	≤0.45	≤0.030	≤0.030	3.80～4.50	2.30～2.60	5.90～6.70	5.50～6.50	—
9	T69341	W9Mo3Cr4V	0.77～0.87	0.20～0.40	0.20～0.40	≤0.030	≤0.030	3.80～4.40	1.30～1.70	8.50～9.50	2.70～3.30	—
10	T66543	W6Mo5Cr4V3	1.15～1.25	0.15～0.40	0.20～0.45	≤0.030	≤0.030	3.80～4.50	2.70～3.20	5.90～6.70	4.70～5.20	—
11	T66545	CW6Mo5Cr4V3	1.25～1.32	0.15～0.40	≤0.70	≤0.030	≤0.030	3.75～4.50	2.70～3.20	5.90～6.70	4.70～5.20	—
12	T66544	W6Mo5Cr4V4	1.25～1.40	≤0.40	≤0.45	≤0.030	≤0.030	3.80～4.50	3.70～4.20	5.20～6.00	4.20～5.00	—
13	T66546	W6Mo5Cr4V2Al	1.05～1.15	0.15～0.40	0.20～0.60	≤0.030	≤0.030	3.80～4.40	1.75～2.20	5.50～6.75	4.50～5.50	Al：0.80～1.20
14	T71245	W12Cr4V5Co5	1.50～1.60	0.15～0.40	0.15～0.40	≤0.030	≤0.030	3.75～5.00	4.50～5.25	11.75～13.00	—	4.75～5.25
15	T76545	W6Mo5Cr4V2Co5	0.87～0.95	0.15～0.40	0.20～0.45	≤0.030	≤0.030	3.80～4.50	1.70～2.10	5.90～6.70	4.70～5.20	4.50～5.00
16	T76438	W6Mo5Cr4C3Co8	1.23～1.33	≤0.40	≤0.70	≤0.030	≤0.030	3.80～4.50	2.70～3.20	5.90～6.70	4.70～5.30	8.00～8.80
17	T77445	W7Mo4Cr4V2Co5	1.05～1.15	0.20～0.60	0.15～0.50	≤0.030	≤0.030	3.75～4.50	1.75～2.25	6.25～7.00	3.25～4.25	4.75～5.75
18	T72948	W2Mo9Cr4VCo8	1.05～1.15	0.15～0.40	0.15～0.65	≤0.030	≤0.030	3.50～4.25	0.95～1.35	1.15～1.85	9.00～10.00	7.75～8.75

（续）

序号	统一数字代号	牌号①	化学成分（质量分数）（%）									
			C	Mn	Si②	S③	P	Cr	V	W	Mo	Co
19	T71010	W10Mo4Cr4V3Co10	1.20～1.35	≤0.40	≤0.45	≤0.030	≤0.030	3.80～4.50	3.00～3.50	9.00～10.00	3.20～3.90	9.50～10.50

①表1中牌号W18Cr4V、W12Cr4V5Co5为钨系高速工具钢，其他牌号为钨钼系高速工具钢。

②电渣钢的硅含量下限不限。

③根据需方要求，为改善钢的切削加工性能，其硫含量可规定为0.06%～0.15%。

（2）高速工具钢的热处理制度和硬度（表2-34）

表2-34 高速工具钢的热处理制度和硬度

序号	牌号	交货硬度①（退火态）/HBW 不大于	试样热处理制度及淬回火硬度					
			预热温度/℃	淬火温度/℃		淬火介质	回火温度②/℃	硬度③/HRC 不小于
				盐浴炉	箱式炉			
1	W3Mo3Cr4V2	255	800～900	1180～1120	1180～1200	油或盐浴	540～560	63
2	W4Mo3Cr4VSi	255		1170～1190	1170～1190		540～560	63
3	W18Cr4V	255		1250～1270	1260～1280		550～570	63
4	W2Mo8Cr4V	255		1180～1120	1180～1120		550～570	63
5	W2Mo9Cr4V2	255		1190～1210	1200～1220		540～560	64
6	W6Mo5Cr4V2	255		1200～1220	1210～1230		540～560	64
7	CW6Mo5Cr4V2	255		1190～1210	1200～1220		540～560	64
8	W6Mo6Cr4V2	262		1190～1210	1190～1210		550～570	64
9	W9Mo3Cr4V	255		1200～1220	1220～1240		540～560	64
10	W6Mo5Cr4V3	262		1160～1210	1200～1220		540～560	64
11	CW6Mo5Cr4V3	262		1180～1200	1190～1210		540～560	64
12	W6Mo5Cr4V4	269		1200～1220	1200～1220		550～570	64
13	W6Mo5Cr4V2Al	269		1200～1220	1230～1240		550～570	65
14	W12Cr4V5Co5	277		1220～1240	1230～1250		540～560	65
15	W6Mo5Cr4V2Co5	269		1190～1210	1200～1220		540～560	64
16	W6Mo5Cr4V3Co8	285		1170～1190	1170～1190		550～570	65
17	W7Mo4Cr4V2Co5	269		1180～1200	1190～1210		540～560	66
18	W2Mo9Cr4VCo8	269		1170～1190	1180～1200		540～560	66
19	W10Mo4Cr4V3Co10	285		1220～1240	1220～1240		550～570	66

①退火+冷拉态的硬度，允许比退火态指标增加50HBW。

②回火温度为550～570℃时，回火2次，每次1h；回火温度为540～560℃时，回火2次，每次2h。

③试样淬回火硬度供方若能保证可不检验。

（3）高速工具钢的性能与应用（表2-35）

表2-35　高速工具钢的性能与应用

类型	性能	用途
通用型高速钢	具有红硬性高、耐磨性好、强度高的特性，高速工具钢经热处理后的使用硬度可达63HRC以上，在600℃左右的工作温度下仍能保持高的硬度，而且其韧性、耐磨性和耐热性均较好	用于制造金属被切削材料HBW≤300普通高速切削刀具，（如钻头、丝锥、锯条）和精密刀具及制造性能要求高的高温轴承和高温弹簧等
特种用途高速钢	分为高钒高速钢，含钴高速钢和超硬型（68～70HRC）高速钢。加入钨、钼、铬、钒，钴、铝等元素，对钢的淬透性、抗氧化性和耐磨性起重要作用。可形成高碳高合金莱氏体钢，组织中含有共晶碳化物，经热压加工后破碎成颗粒状分布在钢中，称为一次碳化物；经多次淬火＋回火后从奥氏体和马氏体基体中析出二次碳化物，产生二次硬化。具有高硬度、高耐磨性、高红硬性和足够的韧性	主要用于高速切削刀具，如车刀、铣刀、铰刀、齿轮滚刀、拉刀、麻花钻、成形车刀及模具、轧辊等

4. 不锈钢（GB/T 20878—2007）

不锈钢为不锈耐酸钢的简称，耐空气、蒸汽、水等弱腐蚀介质或具有不锈性的钢种称为不锈钢；而将耐化学腐蚀介质（酸、碱、盐等化学浸蚀）腐蚀的钢种称为耐酸钢。由于两者在化学成分上的差异而使他们的耐蚀性不同，普通不锈钢一般不耐化学介质腐蚀，而耐酸钢则一般均具有不锈性。为现代建筑中重要的结构材料和装饰性材料。根据国家标准《不锈钢和耐热钢　牌号及化学成分》（GB/T 20878—2007）规定，按组织状态分为：奥氏体型不锈钢（序号1～66）、奥氏体-铁素体型不锈钢（序号67～77）、铁素体不锈钢（序号78～95）、马氏体不锈钢（序号96～133）和沉淀硬化型不锈钢等（序号134～143）。也可按成分分为：铬不锈钢、铬镍不锈钢和铬锰氮不锈钢等。

（1）不锈钢的化学成分

1）奥氏体型不锈钢的牌号及化学成分见表2-36。

表2-36　奥氏体型不锈钢的牌号及化学成分（GB/T 20878—2007）

序号	统一数字代号	新牌号	旧牌号	化学成分（质量分数）（%）										
				C	Si	Mn	P	S	Ni	Cr	Mo	Cu	N	其他元素
1	S35350	12Cr17Mn6Ni5N	1Cr17Mn6Ni5N	0.15	1.00	5.50～7.50	0.050	0.030	3.50～5.50	16.00～18.00	—	—	0.05～0.25	—
2	S35950	10Cr17Mn9Ni4N	—	0.12	0.80	8.00～10.50	0.035	0.025	3.50～4.50	16.00～18.00	—	—	0.15～0.25	—
3	S35450	12Cr18Mn9Ni5N	1Cr18Mn8Ni5N	0.15	1.00	7.50～10.00	0.050	0.030	4.00～6.00	17.00～19.00	—	—	0.05～0.25	—
4	S35020	20Cr13Mn9Ni4	2Cr13Mn9Ni4	0.15～0.25	0.80	8.00～10.00	0.035	0.025	3.70～5.00	12.00～14.00	—	—	—	—
5	S35550	20Cr15Mn15Ni2N	2Cr15Mn15Ni2N	0.15～0.25	1.00	14.00～16.00	0.050	0.030	1.50～3.00	14.00～16.00	—	—	0.15～0.30	—

（续）

序号	统一数字代号	新牌号	旧牌号	化学成分（质量分数）(%)										
				C	Si	Mn	P	S	Ni	Cr	Mo	Cu	N	其他元素
6	S35650	53Cr21Mn9Ni4N①	5Cr21Mn9Ni4N①	0.48~0.58	0.35	8.00~10.00	0.040	0.030	3.25~4.50	20.00~22.00	—	—	0.35~0.50	—
7	S35750	26Cr18Mn12Si2N①	3Cr18Mn12Si2N①	0.22~0.30	1.40~2.20	10.50~12.50	0.050	0.030	—	17.00~19.00	—	—	0.22~0.33	—
8	S35850	22Cr20Mn10Ni2Si2N①	2Cr20Mn9Ni2Si2N①	0.17~0.26	1.80~2.70	8.50~11.00	0.050	0.030	2.00~3.00	18.00~21.00	—	—	0.20~0.30	—
9	S30110	12Cr17Ni7	1Cr17Ni7	0.15	1.00	2.00	0.045	0.030	6.00~8.00	16.00~18.00	—	—	0.10	—
10	S30103	022Cr17Ni7	—	0.030	1.00	2.00	0.045	0.030	5.00~8.00	16.00~18.00	—	—	0.20	—
11	S30153	022Cr17Ni7N	—	0.030	1.00	2.00	0.045	0.030	5.00~8.00	16.00~18.00	—	—	0.07~0.20	—
12	S30220	17Cr18Ni9	2Cr18Ni9	0.13~0.21	1.00	2.00	0.035	0.025	8.00~10.50	17.00~19.00	—	—	—	—
13	S30210	12Cr18Ni9①	1Cr18Ni9①	0.15	1.00	2.00	0.045	0.030	8.00~10.00	17.00~19.00	—	—	0.10	—
14	S30240	12Cr18Ni9Si3①	1Cr18Ni9Si3①	0.15	2.00~3.00	2.00	0.045	0.030	8.00~10.00	17.00~19.00	—	—	0.10	—
15	S30317	Y12Cr18Ni9	Y1Cr18Ni9	0.15	1.00	2.00	0.20	≥0.15	8.00~10.00	17.00~19.00	(0.60)	—	—	—
16	S30327	Y12Cr18Ni9Se	Y1Cr18Ni9Se	0.15	1.00	2.00	0.20	0.060	8.00~10.00	17.00~19.00	—	—	—	Se≥0.15
17	S30408	06Cr19Ni10①	0Cr18Ni9①	0.08	1.00	2.00	0.045	0.030	8.00~11.00	18.00~20.00	—	—	—	—
18	S30403	022Cr19Ni10	00Cr19Ni10	0.030	1.00	2.00	0.045	0.030	8.00~12.00	18.00~20.00	—	—	—	—
19	S30409	07Cr19Ni10	—	0.04~0.10	1.00	2.00	0.045	0.030	8.00~11.00	18.00~20.00	—	—	—	—
20	S30450	05Cr19Ni10Si2CeN	—	0.04~0.06	1.00~2.00	0.80	0.045	0.030	9.00~10.00	18.00~19.00	—	—	0.12~0.18	Ce 0.03~0.08
21	S30480	06Cr18Ni9Cu2	0Cr18Ni9Cu2	0.08	1.00	2.00	0.045	0.030	8.00~10.50	17.00~19.00	—	1.00~3.00	—	—
22	S30388	06Cr18Ni9Cu3	0Cr18Ni9Cu3	0.08	1.00	2.00	0.045	0.030	8.50~10.50	17.00~19.00	—	3.00~4.00	—	—
23	S30458	06Cr19Ni10N	0Cr19Ni9N	0.08	1.00	2.00	0.045	0.030	8.00~11.00	18.00~20.00	—	—	0.10~0.16	—

（续）

序号	统一数字代号	新牌号	旧牌号	化学成分（质量分数）(%)										
				C	Si	Mn	P	S	Ni	Cr	Mo	Cu	N	其他元素
24	S30478	06Cr19Ni9NbN	0Cr19Ni10NbN	0.08	1.00	2.50	0.045	0.030	7.50～10.50	18.00～20.00	—	—	0.15～0.30	Nb 0.15
25	S30453	022Cr19Ni10N	00Cr18Ni10N	0.030	1.00	2.00	0.045	0.030	8.00～11.00	18.00～20.00	—	—	0.10～0.16	—
26	S30510	10Cr18Ni12	1Cr18Ni12	0.12	1.00	2.00	0.045	0.030	10.50～13.00	17.00～19.00	—	—	—	—
27	S30508	06Cr18Ni12	0Cr18Ni12	0.08	1.00	2.00	0.045	0.030	11.00～13.50	16.50～19.00	—	—	—	—
28	S30608	06Cr16Ni18	0Cr16Ni18	0.08	1.00	2.00	0.045	0.030	17.00～19.00	15.00～17.00	—	—	—	—
29	S30808	06Cr20Ni11	—	0.08	1.00	2.00	0.045	0.030	10.00～12.00	19.00～21.00	—	—	—	—
30	S30850	22Cr21Ni12N①	2Cr21Ni12N①	0.15～0.28	0.75～1.25	1.00～1.60	0.040	0.030	10.50～12.50	20.00～22.00	—	—	0.15～0.30	—
31	S30920	16Cr23Ni13①	2Cr23Ni13①	0.20	1.00	2.00	0.040	0.030	12.00～15.00	22.00～24.00	—	—	—	—
32	S30908	06Cr23Ni13①	0Cr23Ni13①	0.08	1.00	2.00	0.045	0.030	12.00～15.00	22.00～24.00	—	—	—	—
33	S31010	14Cr23Ni18	1Cr23Ni18	0.18	1.00	2.00	0.035	0.025	17.00～20.00	22.00～25.00	—	—	—	—
34	S31020	20Cr25Ni20①	2Cr25Ni20①	0.25	1.50	2.00	0.040	0.030	19.00～22.00	24.00～26.00	—	—	—	—
35	S31008	06Cr25Ni20①	0Cr25Ni20①	0.08	1.50	2.00	0.045	0.030	19.00～22.00	24.00～26.00	—	—	—	—
36	S31053	022Cr25Ni22Mo2N	—	0.030	0.40	2.00	0.030	0.015	21.00～23.00	24.00～26.00	2.00～3.00	—	0.10～0.16	—
37	S31252	015Cr20Ni18Mo6CuN	—	0.020	0.80	1.00	0.030	0.010	17.50～18.50	19.50～20.50	6.00～6.50	0.50～1.00	0.18～0.22	—
38	S31608	06Cr17Ni12Mo2①	0Cr17Ni12Mo2①	0.08	1.00	2.00	0.045	0.030	10.00～14.00	16.00～18.00	2.00～3.00	—	—	—
39	S31603	022Cr17Ni12Mo2	00Cr17Ni14Mo2	0.030	1.00	2.00	0.045	0.030	10.00～14.00	16.00～18.00	2.00～3.00	—	—	—
40	S31609	07Cr17Ni12Mo2①	1Cr17Ni12Mo2①	0.04～0.10	1.00	2.00	0.045	0.030	10.00～14.00	16.00～18.00	2.00～3.00	—	—	—
41	S31668	06Cr17Ni12Mo2Ti①	0Cr18Ni12Mo3Ti①	0.08	1.00	2.00	0.045	0.030	10.00～14.00	16.00～18.00	2.00～3.00	—	—	Ti≥5C

（续）

序号	统一数字代号	新牌号	旧牌号	化学成分（质量分数）（%）										
				C	Si	Mn	P	S	Ni	Cr	Mo	Cu	N	其他元素
42	S31678	06Cr17Ni12Mo2Nb	—	0.08	1.00	2.00	0.045	0.030	10.00～14.00	16.00～18.00	2.00～3.00	—	0.10	Nb10C～1.10
43	S31658	06Cr17Ni12Mo2N	0Cr17Ni12Mo2N	0.08	1.00	2.00	0.045	0.030	10.00～13.00	16.00～18.00	2.00～3.00	—	0.10～0.16	—
44	S31653	022Cr17Ni12Mo2N	00Cr17Ni13Mo2N	0.030	1.00	2.00	0.045	0.030	10.00～13.00	16.00～18.00	2.00～3.00	—	0.10～0.16	—
45	S31688	06Cr18Ni12Mo2Cu2	0Cr18Ni12Mo2Cu2	0.08	1.00	2.00	0.045	0.030	10.00～14.00	17.00～19.00	1.20～2.75	1.00～2.50	—	—
46	S31683	022Cr18Ni14Mo2Cu2	00Cr18Ni14Mo2-Cu2	0.030	1.00	2.00	0.045	0.030	12.00～16.00	17.00～19.00	1.20～2.75	1.00～2.50	—	—
47	S31693	022Cr18Ni15Mo3N	00Cr18Ni15Mo3N	0.030	1.00	2.00	0.025	0.010	14.00～16.00	17.00～19.00	2.35～4.20	0.50	0.10～0.20	—
48	S31782	015Cr21Ni26Mo5Cu2	—	0.020	1.00	2.00	0.045	0.035	23.00～28.00	19.00～23.00	4.00～5.00	1.00～2.00	0.10	—
49	S31708	06Cr1Ni13Mo3	0Cr19Ni13Mo3	0.08	1.00	2.00	0.045	0.030	11.00～15.00	18.00～20.00	3.00～4.00	—	—	—
50	S31703	022Cr19Ni13Mo3①	00Cr19Ni13Mo3①	0.030	1.00	2.00	0.045	0.030	11.00～15.00	18.00～20.00	3.00～4.00	—	—	—
51	S31793	022Cr18Ni14Mo3	00Cr18Ni14Mo3	0.030	1.00	2.00	0.025	0.010	13.00～15.00	17.00～19.00	2.25～3.50	0.50	0.10	—
52	S31794	03Cr18Ni16Mo5	0Cr18Ni16Mo5	0.04	1.00	2.50	0.045	0.030	15.00～17.00	16.00～19.00	4.00～6.00	—	—	—
53	S31723	022Cr19Ni16Mo5N	—	0.030	1.00	2.00	0.045	0.030	13.50～17.50	17.00～20.00	4.00～5.00	—	0.10～0.20	—
54	S31753	022Cr19Ni13Mo4N	—	0.030	1.00	2.00	0.045	0.030	11.00～15.00	18.00～20.00	3.00～4.00	—	0.10～0.22	—
55	S32168	06Cr18Ni11Ti①	0Cr18Ni10Ti①	0.08	1.00	2.00	0.045	0.030	9.00～12.00	17.00～19.00	—	—	—	Ti5C～0.70
56	S32169	07Cr19Ni11Ti	1Cr18Ni11Ti	0.04～0.10	0.75	2.00	0.030	0.030	9.00～13.00	17.00～20.00	—	—	—	Ti4C～0.60
57	S32590	45Cr14Ni14W2Mo①	4Cr14Ni14W2Mo①	0.40～0.50	0.80	0.70	0.040	0.030	13.00～15.00	13.00～15.00	0.25～0.40	—	—	W2.00～2.75
58	S32652	015Cr24Ni22Mo8Mn3CuN	—	0.020	0.50	2.00～4.00	0.030	0.005	21.00～23.00	24.00～25.00	7.00～8.00	0.30～0.60	0.45～0.55	—
59	S32720	24Cr18Ni8W2①	2Cr18Ni8W2①	0.21～0.28	0.30～0.80	0.70	0.030	0.025	7.50～8.50	17.00～19.00	—	—	—	W2.00～2.50

（续）

序号	统一数字代号	新牌号	旧牌号	化学成分（质量分数）（%）										
				C	Si	Mn	P	S	Ni	Cr	Mo	Cu	N	其他元素
60	S33010	12Cr16Ni35[①]	1Cr16Ni35[①]	0.15	1.50	2.00	0.040	0.030	33.00～37.00	14.00～17.00	—	—	—	—
61	S34553	022Cr24Ni17Mo5Mn6NbN	—	0.030	1.00	5.00～7.00	0.030	0.010	16.00～18.00	23.00～25.00	4.00～5.00	—	0.40～0.60	Nb0.10
62	S34778	06Cr18Ni11Nb[①]	0Cr18Ni11Nb[①]	0.08	1.00	2.00	0.045	0.030	9.00～12.00	17.00～19.00	—	—	—	Nb 10C～1.10
63	S34779	07Cr18Ni11Nb[①]	1Cr19Ni11Nb[①]	0.04～0.10	1.00	2.00	0.045	0.030	9.00～12.00	17.00～19.00	—	—	—	Nb 8C～1.10
64	S38148	06Cr18Ni13Si4[①,②]	0Cr18Ni13Si4[①,②]	0.08	3.00～5.00	2.00	0.045	0.030	11.50～15.00	15.00～20.00	—	—	—	—
65	S38240	16Cr20Ni14Si2[①]	1Cr20Ni14Si2[①]	0.20	1.50～2.50	1.50	0.040	0.030	12.00～15.00	19.00～22.00	—	—	—	—
66	S38340	16Cr25Ni20Si2[①]	1Cr25Ni20Si2[①]	0.20	1.50～2.50	1.50	0.040	0.030	18.00～21.00	24.00～27.00	—	—	—	—

注：表中所列成分除标明范围或最小值外，其余均为最大值。括号内值为允许添加的最大值。

①耐热钢或可作耐热钢使用。

②必要时，可添加上表以外的合金元素。

2）奥氏体-铁素体型不锈钢的牌号及化学成分见表2-37。

表2-37　奥氏体-铁素体型不锈钢的牌号及化学成分（GB/T 20878—2007）

序号	统一数字代号	新牌号	旧牌号	化学成分（质量分数）（%）										
				C	Si	Mn	P	S	Ni	Cr	Mo	Cu	N	其他元素
67	S21860	14Cr18Ni11Si4AlTi	1Cr18Ni11Si4AlTi	0.10～0.18	3.40～4.00	0.80	0.035	0.030	10.00～12.00	17.50～19.50	—	—	—	Ti 0.40～0.70 Al 0.10～0.30
68	S21953	022Cr19Ni5Mo3Si2N	00Cr18Ni5Mo3Si2	0.030	1.30～2.00	1.00～2.00	0.035	0.030	4.50～5.50	18.00～19.50	2.50～3.00	—	0.05～0.12	—
69	S22160	12Cr21Ni5Ti	1Cr21Ni5Ti	0.09～0.14	0.80	0.80	0.035	0.030	4.80～5.80	20.00～22.00	—	—	—	Ti5（C－0.02）～0.80
70	S22253	022Cr22Ni5Mo3N	—	0.030	1.00	2.00	0.030	0.020	4.50～6.50	21.00～23.00	2.50～3.50	—	0.08～0.20	—
71	S22053	022Cr23Ni5Mo3N	—	0.030	1.00	2.00	0.030	0.020	4.50～6.50	22.00～23.00	3.00～3.50	—	0.14～0.20	—

（续）

序号	统一数字代号	新牌号	旧牌号	化学成分（质量分数）(%)										
				C	Si	Mn	P	S	Ni	Cr	Mo	Cu	N	其他元素
72	S23043	022Cr23Ni4MoCuN	—	0.030	1.00	2.50	0.035	0.030	3.00 ~ 5.50	21.50 ~ 24.50	0.05 ~ 0.60	0.05 ~ 0.60	0.05 ~ 0.20	—
73	S22553	022Cr25Ni6Mo2N	—	0.030	1.00	2.00	0.030	0.030	5.50 ~ 6.50	24.00 ~ 26.00	1.20 ~ 2.50	—	0.10 ~ 0.20	—
74	S22583	022Cr25Ni7Mo3WCuN	—	0.030	1.00	0.75	0.030	0.030	5.50 ~ 7.50	24.00 ~ 26.00	2.50 ~ 3.50	0.20 ~ 0.80	0.10 ~ 0.30	W0.10 ~ 0.50
75	S25554	03Cr25Ni6Mo3Cu2N	—	0.04	1.00	1.50	0.035	0.030	4.50 ~ 6.50	24.00 ~ 27.00	2.90 ~ 3.90	1.50 ~ 2.50	0.10 ~ 0.25	—

注：表中所列成分除标明范围或最小值外，其余均为最大值。

3）铁素体型不锈钢的牌号及化学成分见表 2-38。

表 2-38 铁素体型不锈钢的牌号及化学成分（GB/T 20878—2007）

序号	统一数字代号	新牌号	旧牌号	化学成分（质量分数）(%)										
				C	Si	Mn	P	S	Ni	Cr	Mo	Cu	N	其他元素
78	S11348	06Cr13Al①	0Cr13Al①	0.08	1.00	1.00	0.040	0.030	(0.60)	11.50 ~ 14.50	—	—	—	Al 0.10 ~ 0.30
79	S11168	06Cr11Ti	0Cr11Ti	0.08	1.00	1.00	0.045	0.030	(0.60)	10.50 ~ 11.70	—	—	—	Ti 6C ~ 0.75
80	S11163	022Cr11Ti①	—	0.030	1.00	1.00	0.040	0.020	(0.60)	10.50 ~ 11.70	—	—	0.030	Ti≥8（C + N）Ti 0.15 ~ 0.50 Nb 0.10
81	S11173	022Cr11NbTi①	—	0.030	1.00	1.00	0.040	0.020	(0.60)	10.50 ~ 11.70	—	—	0.030	Ti + Nb 8（C + N）+ 0.08 ~ 0.75Ti≥0.05
82	S11213	022Cr12Ni①	—	0.030	1.00	1.50	0.040	0.015	0.30 ~ 1.00	10.50 ~ 12.50	—	—	0.030	—
83	S11203	022Cr12①	00Cr12①	0.030	1.00	1.00	0.040	0.030	(0.60)	11.00 ~ 13.50	—	—	—	—
84	S11510	10Cr15	1Cr15	0.12	1.00	1.00	0.040	0.030	(0.60)	14.00 ~ 16.00	—	—	—	—
85	S11710	10Cr17①	1Cr17①	0.12	1.00	1.00	0.040	0.030	(0.60)	16.00 ~ 18.00	—	—	—	—
86	S11717	Y10Cr17	Y1Cr17	0.12	1.00	1.25	0.060	≥0.15	(0.60)	16.00 ~ 18.00	(0.60)	—	—	—
87	S11863	022Cr18Ti	00Cr17	0.030	0.75	1.00	0.040	0.030	(0.60)	16.00 ~ 19.00	—	—	—	Ti 或 Nb 0.10 ~ 1.00
88	S11790	10Cr17Mo	1Cr17Mo	0.12	1.00	1.00	0.040	0.030	(0.60)	16.00 ~ 18.00	0.75 ~ 1.25	—	—	—

（续）

序号	统一数字代号	新牌号	旧牌号	化学成分（质量分数）（%）										
				C	Si	Mn	P	S	Ni	Cr	Mo	Cu	N	其他元素
89	S11770	10Cr17MoNb	—	0.12	1.00	1.00	0.040	0.030	—	16.00～18.00	0.75～1.25	—	—	Nb 5C～0.80
90	S11862	019Cr18MoTi	—	0.025	1.00	1.00	0.040	0.030	(0.60)	16.00～19.00	0.75～1.50	—	0.025	Ti. Nb. Zr 或其组合 8（C+N）～0.80
91	S11873	022Cr18NbTi	—	0.030	1.00	1.00	0.040	0.015	(0.60)	17.50～18.50	—	—	—	Ti 0.10～0.60 Nb≥0.30+3C
92	S11972	019Cr19Mo2NbTi	00Cr18Mo2	0.025	1.00	1.00	0.040	0.030	1.00	17.50～19.50	1.75～2.50	—	0.035	(Ti+Nb) [0.20+4（C+N）]～0.80
93	S12550	16Cr25N①	2Cr25N①	0.20	1.00	1.50	0.040	0.030	(0.60)	23.00～27.00	—	(0.30)	0.25	—
94	S12791	008Cr27Mo②	00Cr27Mo②	0.010	0.40	0.40	0.030	0.020	—	25.00～27.50	0.75～1.50	—	0.015	—
95	S13091	008Cr30Mo2②	00Cr30Mo2②	0.010	0.40	0.40	0.030	0.020	—	28.50～32.00	1.50～2.50	—	0.015	—

注：表中所列成分除标明范围或最小值外，其余均为最大值，括号内值为允许添加的最大值。

①耐热钢或可作耐热钢使用。

②允许含有小于或等于 0.50% Ni，小于或等于 0.20% Cu，但 Ni + Cu 的含量应小于或等于 0.50%；根据需要，可添加上表以外的合金元素。

4）马氏体型不锈钢的牌号及化学成分见表 2-39。

表 2-39　马氏体型不锈钢的牌号及化学成分（GB/T 20878—2007）

序号	统一数字代号	新牌号	旧牌号	化学成分（质量分数）（%）										
				C	Si	Mn	P	S	Ni	Cr	Mo	Cu	N	其他元素
96	S40310	12Cr12①	1Cr12①	0.15	0.50	1.00	0.040	0.030	(0.60)	11.50～13.00	—	—	—	—
97	S41008	06Cr13	0Cr13	0.08	1.00	1.00	0.040	0.030	(0.60)	11.50～13.50	—	—	—	—
98	S41010	12Cr13①	1Cr13①	0.15	1.00	1.00	0.040	0.030	(0.60)	11.50～13.50	—	—	—	—
99	S41595	04Cr13Ni5Mo	—	0.05	0.60	0.50～1.00	0.030	0.030	3.50～5.50	11.50～14.00	0.50～1.00	—	—	—
100	S41617	Y12Cr13	Y1Cr13	0.15	1.00	1.25	0.060	≥0.15	(0.60)	12.00～14.00	(0.60)	—	—	—
101	S42020	20Cr13①	2Cr13①	0.16～0.25	1.00	1.00	0.040	0.030	(0.60)	12.00～14.00	—	—	—	—
102	S42030	30Cr13	3Cr13	0.26～0.35	1.00	1.00	0.040	0.030	(0.60)	12.00～14.00	—	—	—	—

（续）

序号	统一数字代号	新牌号	旧牌号	化学成分（质量分数）（%）										
				C	Si	Mn	P	S	Ni	Cr	Mo	Cu	N	其他元素
103	S42037	Y30Cr13	Y3Cr13	0.26～0.35	1.00	1.25	0.060	≥0.15	(0.60)	12.00～14.00	(0.60)	—	—	—
104	S4204C	40Cr13	4Cr13	0.36～0.45	0.60	0.80	0.040	0.030	(0.60)	12.00～14.00	—	—	—	—
105	S41427	Y25Cr13Ni2	Y2Cr13Ni2	0.20～0.30	0.50	0.80～1.20	0.08～0.12	0.15～0.25	1.50～2.00	12.00～14.00	(0.60)	—	—	—
106	S43110	14Cr17Ni2①	1Cr17Ni2①	0.11～0.17	0.80	0.80	0.040	0.030	1.50～2.50	16.00～18.00	—	—	—	—
107	S43120	17Cr16Ni2①	—	0.12～0.22	1.00	1.50	0.040	0.030	1.50～2.50	15.00～17.00	—	—	—	—
108	S41070	68Cr17	7Cr17	0.60～0.75	1.00	1.00	0.040	0.030	(0.60)	16.00～18.00	(0.75)	—	—	—
109	S44080	85Cr17	8Cr17	0.75～0.95	1.00	1.00	0.040	0.030	(0.60)	16.00～18.00	(0.75)	—	—	—
110	S44096	108Cr17	11Cr17	0.95～1.20	1.00	1.00	0.040	0.030	(0.60)	16.00～18.00	(0.75)	—	—	—
111	S44097	Y108Cr17	Y11Cr17	0.95～1.20	1.00	1.25	0.060	≥0.15	(0.60)	16.00～18.00	(0.75)	—	—	—
112	S44090	95Cr18	9Cr18	0.90～1.00	0.80	0.80	0.040	0.030	(0.60)	17.00～19.00	—	—	—	—
113	S45110	12Cr5MO①	1Cr5MO①	0.15	0.50	0.60	0.040	0.030	(0.60)	4.00～6.00	0.40～0.60	—	—	—
114	S45610	12Cr12Mo①	1Cr12Mo①	0.10～0.15	0.50	0.30～0.50	0.040	0.030	0.30～0.60	11.50～13.00	0.30～0.60	(0.30)	—	—
115	S45710	13Cr13Mo①	1Cr13Mo①	0.08～0.18	0.60	1.00	0.040	0.030	(0.60)	11.50～14.00	0.30～0.60	(0.30)	—	—
116	S45830	32Cr13Mo	3Cr13Mo	0.28～0.35	0.80	1.00	0.040	0.030	(0.60)	12.00～14.00	0.50～1.00	—	—	—
117	S45990	102Cr17Mo	9Cr18Mo	0.95～1.10	0.80	0.80	0.040	0.030	(0.60)	16.00～18.00	0.40～0.70	—	—	—
118	S46990	90Cr18MoV	9Cr18MoV	0.85～0.95	0.80	0.80	0.040	0.030	(0.60)	17.00～19.00	1.00～1.30	—	—	V 0.07～0.12

注：表中所列成分除标明范围或最小值外，其余均为最大值。括号内值为允许添加的最大值。

①耐热钢或可作耐热钢使用。

5）沉淀硬化不锈钢的牌号及化学成分见表2-40。

表2-40　沉淀硬化不锈钢的牌号及化学成分（GB/T 20878—2007）

序号	统一数字代号	新牌号	旧牌号	化学成分（质量分数）（%）										
				C	Si	Mn	P	S	Ni	Cr	Mo	Cu	N	其他元素
136	S51550	05Cr15Ni5Cu4Nb	—	0.07	1.00	1.00	0.040	0.030	3.50~5.50	14.00 15.50	—	2.50~4.50	—	Nb 0.15~0.45
137	S51740	05Cr17Ni4Cu4Nb①	0Cr17Ni4Cu4Nb①	0.07	1.00	1.00	0.040	0.030	3.00~5.00	15.00~17.50	—	3.00~5.00	—	Nb 0.15~0.45
138	S51770	07Cr17Ni7Al①	0Cr17Ni7Al①	0.09	1.00	1.00	0.040	0.030	6.50~7.75	16.00~18.00	—	—	—	Al 0.75~1.50
139	S51570	07Cr15Ni7Mo2Al①	0Cr15Ni7Mo2Al①	0.09	1.00	1.00	0.040	0.030	6.50~7.75	14.00~16.00	2.00~3.00	—	—	Al 0.75~1.50

注：表中所列成分除标明范围或最小值外，其余均为最大值。

①可作耐热钢使用。

（2）不锈钢的力学性能

经固溶处理的不锈钢的力学性能见表2-41。

表2-41　经固溶处理的不锈钢的力学性能①

GB/T 20878中序号	统一数字代号	新牌号	旧牌号	密度/(kg/dm^3) 20℃	熔点/℃	比热容/[kJ/(kg·K)]0~100℃	热导率/[W/(m·K)]		线膨胀系数/(10^{-4}/K)		电阻率/($\Omega \cdot mm^2$/m)20℃	纵向弹性模量/(kN/mm^2) 20℃	磁性
							100℃	500℃	0~100℃	0~500℃			
奥氏体型													
1	S35350	12Cr17Mn6Ni5N	1Cr17Mn6Ni5N	7.93	1398~1453	0.50	16.3	—	15.7	—	0.69	197	无①
3	S35450	12Cr18Mn9Ni5N	1Cr18Mn8Ni5N	7.93	—	0.50	16.3	19.0	14.8	18.7	0.69	197	
4	S35020	20Cr13Mn9Ni4	2Cr13Mn9Ni4	7.85	—	0.49	—	—	—	—	0.90	202	
9	S30110	12Cr17Ni7	1Cr17Ni7	7.93	1398~1420	0.50	16.3	21.5	16.9	18.7	0.73	193	
10	S30103	022Cr17Ni7	—	7.93	—	0.50	16.3	21.5	16.9	18.7	0.73	193	
11	S30153	022Cr17Ni7N	—	7.93	—	0.50	16.3	—	16.0	18.0	0.73	200	
12	S30220	17Cr18Ni9	2Cr18Ni9	7.85	1398~1453	0.50	18.8	23.5	16.0	18.0	0.73	196	
13	S30210	12Cr18Ni9	1Cr18Ni9	7.93	1398~1420	0.50	16.3	21.5	17.3	18.7	0.73	193	
14	S30240	12Cr18Ni9Si3	1Cr18Ni9Si3	7.93	1370~1398	0.50	15.9	21.6	16.2	20.2	0.73	193	
15	S30317	Y12Cr18Ni9	Y1Cr18Ni9	7.98	1398~1420	0.50	16.3	21.5	17.3	18.4	0.73	193	
16	S30317	Y12Cr18Ni9Se	Y1Cr18Ni9Se	7.93	1398~1420	0.50	16.3	21.5	17.3	18.7	0.73	193	
17	S30408	06Cr19Ni10	0Cr18Ni9	7.93	1398~1454	0.50	16.3	21.5	17.2	18.4	0.73	193	
18	S30403	022Cr19Ni10	00Cr19Ni10	7.90	—	0.50	16.3	21.5	16.8	18.3	—	—	
19	S30409	07Cr19Ni10	—	7.90	—	0.50	16.3	21.5	16.8	18.3	0.73	—	
21	S30480	06Cr18Ni9Cu2	0Cr18Ni9Cu2	8.00	—	0.50	16.3	21.5	17.3	18.7	0.72	200	
23	S30458	06Cr19Ni10N	0Cr19Ni9N	7.93	1398~1454	0.50	16.3	21.5	16.5	18.5	0.72	196	
25	S30453	022Cr19Ni10N	00Cr18Ni10N	7.93	—	0.50	16.3	21.5	16.5	18.5	0.73	200	
26	S30510	10Cr18Ni12	1Cr18Ni12	7.93	1398~1453	0.50	16.3	21.5	17.3	18.7	0.72	193	

（续）

GB/T 20878中序号	统一数字代号	新牌号	旧牌号	密度/(kg/dm³) 20℃	熔点/℃	比热容/[kJ/(kg·K)]0~100℃	热导率/[W/(m·K)]		线膨胀系数/(10^{-6}/K)		电阻率/(Ω·mm²/m)20℃	纵向弹性模量/(kN/mm²) 20℃	磁性
							100℃	500℃	0~100℃	0~500℃			
28	S38408	06Cr16Ni18	0Cr16Ni18	8.03	1430	0.50	16.2	—	17.3	—	0.75	193	无①
29	S30808	06Cr20Ni11	—	8.00	1398~1453	0.50	15.5	21.6	17.3	18.7	0.72	193	
30	S30850	22Cr21Ni12N	2Cr21Ni12N	7.73	—	—	20.9(24℃)	—	—	16.5	—	—	
31	S30920	16Cr23Ni13	2Cr23Ni13	7.98	1398~1453	0.50	13.8	18.7	14.9	18.0	0.78	200	
32	S30908	06Cr23Ni13	0Cr23Ni13	7.98	1397~1453	0.50	15.5	18.6	14.9	18.0	0.78	193	
33	S31010	14Cr23Ni18	1Cr23Ni18	7.90	1400~1454	0.50	15.9	18.8	15.4	19.2	1.0	196	
34	S31020	20Cr25Ni20	2Cr25Ni20	7.98	1398~1453	0.50	14.2	18.6	15.8	17.5	0.78	200	
35	S31008	06Cr25Ni20	0Cr25Ni20	7.98	1397~1453	0.50	16.3	21.5	14.4	17.5	0.78	200	
36	S31053	022Cr25Ni22Mo2N	—	8.02	—	0.45	12.0	—	15.8	—	1.0	200	
37	S31252	015Cr20Ni18Mo6CuN	—	8.00	1325~1400	0.50	13.5(20℃)	—	16.5	—	0.85	200	
38	S31608	06Cr17Ni12Mo2	0Cr17Ni12Mo2	8.00	1370~1397	0.50	16.3	21.5	16.0	18.5	0.74	193	
39	S31603	022Cr17Ni12Mo2	00Cr17Ni14Mo2	8.00	—	0.50	16.3	21.5	16.0	18.5	0.74	193	
41	S31668	06Cr17Ni12Mo2Ti	0Cr18Ni12Mo3Ti	7.90	—	0.50	16.0	24.0	15.7	17.6	0.75	199	
43	S31658	06Cr17Ni12Mo2N	0Cr17Ni12Mo2N	8.00	—	0.50	16.3	21.5	16.5	18.0	0.73	200	
44	S31653	022Cr17Ni12Mo2N	00Cr17Ni13Mo2N	8.04	—	0.47	16.5	—	15.0	—	—	200	
45	S31688	06Cr18Ni12Mo2Cu2	0Cr18Ni12Mo2Cu2	7.96	—	0.50	16.1	21.7	16.6	—	0.74	186	
46	S31683	022Cr18Ni14Mo2Cu2	00Cr18Ni14Mo2Cu2	7.96	—	0.50	16.1	21.7	16.0	18.6	0.74	191	
48	S31782	015Cr21Ni26Mo5Cu2	—	8.00	—	0.50	13.7	—	15.0	—	—	188	
49	S31708	06Cr19Ni13Mo3	00Cr19Ni13Mo3	8.00	1370~1397	0.50	16.3	21.5	16.0	18.5	0.74	193	
50	S31703	022Cr19Ni13Mo3	00Cr19Ni13Mo3	7.98	1375~1400	0.50	14.4	21.5	16.5	—	0.79	200	
53	S31723	022Cr19Ni16Mo5N	—	8.00	—	0.50	12.8	—	15.2	—	—	—	
55	S32168	06Cr18Ni11Ti	0Cr18Ni10Ti	8.03	1398~1427	0.50	16.3	22.2	16.6	18.6	0.72	193	
57	S32590	45Cr14Ni14W2Mo	4Cr14Ni14W2Mo	8.00	—	0.51	15.9	22.2	16.6	18.0	0.81	177	
59	S32720	24Cr18Ni8W2	2Cr18Ni8W2	7.98	—	0.50	15.9	23.0	19.5	25.1	—	—	
60	S33010	12Cr16Ni35	1Cr16Ni35	8.00	1318~1427	0.46	12.6	19.7	16.6	—	1.02	196	
62	S34778	06Cr18Ni11Nb	0Cr18Ni11Nb	8.03	1398~1427	0.50	16.3	22.2	16.6	18.6	0.73	193	
64	S38148	06Cr18Ni13Si4	0Cr18Ni13Si4	7.75	1400~1430	0.50	16.3	—	13.8	—	—	—	
65	S38240	16Cr20Ni14Si2	1Cr20Ni14Si2	7.90	—	0.50	15.0	—	16.5	—	0.85	—	

（续）

GB/T 20878中序号	统一数字代号	新牌号	旧牌号	密度/(kg/dm^3) 20℃	熔点/℃	比热容/[kJ/(kg·K)]0~100℃	热导率/[W/(m·K)]		线膨胀系数/(10^{-4}/K)		电阻率/(Ω·mm^2/m)20℃	纵向弹性模量/(kN/mm^2) 20℃	磁性
							100℃	500℃	0~100℃	0~500℃			
奥氏体·铁素体型													
67	S21860	14Cr18Ni11Si4AlTi	1Cr18Ni11Si4AlTi	7.51	—	0.48	13.0	19.0	16.3	19.7	1.04	180	有
68	S21953	022Cr19Ni5Mo3Si2N	00Cr18Ni5Mo3Si2	7.70	—	0.46	20.0	24.0(300℃)	12.2	13.5(300℃)	—	196	
69	S22160	12Cr21Ni5Ti	1Cr21Ni5Ti	7.80	—	—	17.6	23.0	10.0	17.4	0.79	187	
70	S22253	022Cr22Ni5Mo3N	—	7.80	1420~1462	0.46	19.0	23.0(300℃)	13.7	14.7(300℃)	0.88	186	
72	S23043	022Cr23Ni4MoCuN	—	7.80	—	0.50	16.0	—	13.0	—	—	200	
73	S22553	022Cr25Ni6Mo2N	—	7.80	—	0.50	21.0	25.0	13.4(200℃)	24.0(300℃)	—	196	
74	S22583	022Cr25Ni7Mo3-WCuN	—	7.80	—	0.50	—	25.0	11.5(200℃)	12.7(400℃)	0.75	228	
75	S25554	03Cr25Ni6Mo3Cu2N	—	7.80	—	0.46	13.5	—	12.3	—	—	210	
76	S25073	022Cr25Ni7Mo4N	—	7.80	—	—	14	—	12.0	—	—	185(200℃)	
铁素体型													
78	S11348	06Cr13Al	0Cr13Al	7.75	1480~1530	0.46	24.2	—	10.8	—	0.60	200	有
79	S11168	06Cr11Ti	0Cr11Ti	7.75	—	0.46	25.0	—	10.6	12.0	0.60	—	
80	S11163	022Cr11Ti	—	7.75	—	0.46	24.9	28.5	10.6	12.0	0.57	201	
83	S11203	022Cr12	00Cr12	7.75	—	0.46	24.9	28.5	10.6	12.0	0.57	201	
84	S11510	10Cr15	1Cr15	7.70	—	0.46	26.0	—	10.3	11.9	0.59	200	
85	S11710	10Cr17	1Cr17	7.70	1480~1508	0.46	26.0	—	10.5	11.9	0.60	200	
86	S11717	Y10Cr17	Y1Cr17	7.78	1427~1510	0.46	26.0	—	10.4	11.4	0.60	200	
沉淀硬化型													
134	S51380	04Cr13Ni8Mo2Al	—	7.76	—	—	14.0		10.4	—	1.00	195	有
135	S51290	022Cr12Ni9Cu2NbTi	—	7.7	1400~1440	0.46	17.2	—	10.6	—	0.90	199	
136	S51550	05Cr15Ni5Cu4Nb	—	7.78	1397~1435	0.46	17.9	23.0	10.8	12.0	0.98	195	
137	S51740	05Cr17Ni4Cu4Nb	0Cr17Ni4Cu4Nb	7.78	1397~1435	0.46	17.2	23.0	10.8	12.0	0.98	196	
138	S51770	07Cr17Ni7Al	0Cr17Ni7Al	7.93	1390~1430	0.50	16.3	20.9	15.3	17.1	0.80	200	

①冷变形后稍有磁性。

(3) 不锈钢的特性及用途（表2-42）

表2-42 不锈钢的特性及用途

GB/T 20878 中序号	统一数字代号	牌号	特性与用途
奥氏体型不锈钢			
1	S35350	12Cr17Mn6Ni5N	冷加工后可得到高强度钢，用于制造铁路车辆、带式输送机、螺栓和螺母、弹簧等
3	S35450	12Cr18Mn9Ni5N	耐蚀性能力、加工性极优，经热处理后可达58HRC的硬度。用于制造弱腐蚀介质零件、医疗工具弹簧、滚动轴承、手术刀具、外科器械
9	S30110	12Cr17Ni7	经冷加工有高的强度，用于制造各种传送带螺栓螺母，或铁道车辆用钢
13	S30210	12Cr18Ni9	经冷加工有高的强度，但伸长率一般，常用于建筑装饰材料
15	S30317	Y12Cr18Ni9	易切削奥氏体型不锈钢，又称改进切削性钢。用于快速切削（如自动车床）制造辊、轴、螺栓、螺母等
16	S30327	Y12Cr18Ni9Se	加入Se，提高切削性，耐烧蚀性。最适用于小切削量，用于热加工或冷顶锻，制造铆钉、螺钉等
17	S30408	06Cr19Ni10	在固溶态塑性、韧性、冷加工性良好，耐酸性较好，但在焊接时有晶间腐蚀倾斜。用于制造深冲成型部件和输酸管道、容器
18	S30403	022Cr19Ni10	耐晶间腐蚀性优越，焊接后可不进行热处理。用于制造耐酸性部件
22	S30488	06Cr18Ni9Cu3	通用性不锈钢，用于制造要求良好综合性能（耐蚀性和成型性）的设备和机件，如食品生产设备、普通化工设备、核能设备等
23	S30458	06Cr19Ni10N	强度高，具有加工硬化且塑性不降低，可耐点腐蚀和晶间腐蚀。常用于制造有耐腐蚀要求并要求较高强度结构件
24	S30478	06Cr19Ni9NbN	耐点蚀、晶间腐蚀性好，用于制造结构用强度好、重负荷、耐腐蚀部件
25	S30453	022Cr19Ni10N	晶间腐蚀性较好，常用于制造焊接设备构件
26	S30510	10Cr18Ni12	加工硬化性能低，常用于施压加工、特殊拉拔、冷镦等
32	S30908	06Cr23Ni13	耐蚀性好，常作为耐热钢使用
35	S31008	06Cr25Ni20	抗氧化性好，多作为耐热钢使用
38	S31608	06Cr17Ni12Mo2	在海水和其他介质中，耐蚀性好，主要用作耐点蚀材料
39	S31603	022Cr17Ni12Mo2	节镍钢种，一般作为耐酸性材料使用
41	S31668	06Cr17Ni12Mo2Ti	具有良好的耐晶间腐蚀性，用于制造抵抗硫酸磷酸、甲酸、乙酸的设备
43	S31658	06Cr17Ni12Mo2N	具有高强度、高塑性，用于制造有强度要求的具有耐蚀性的部件
44	S31653	022Cr17Ni12Mo2N	具有高强度、高塑性，晶间腐蚀性能好，用于制造有强度要求的耐蚀性部件

（续）

GB/T 20878 中序号	统一数字代号	牌号	特性与用途
45	S31688	06Cr18Ni12Mo2Cu2	耐蚀性、耐点蚀性好，常用于制造耐硫酸设备材料
46	S31683	022Cr18Ni14Mo2Cu2	主要以C、Cr、Ni三元素为主导，通过添加其他微量元素来达到不同的效果。强度、韧性、耐热性、耐蚀性、抗酸性、导磁性良好，用于制造圆钢、棒材、带材、管材、阀座、球体、法兰和锻件
49	S31708	06Cr19Ni13Mo3	耐点蚀性好，常用于制造染色设备材料
50	S31703	022Cr19Ni13Mo3	超低碳钢，耐晶间腐蚀性好，用于制造装饰材料
52	S31794	03Cr18Ni16Mo5	耐孔蚀性能好，常用于制造耐硫酸、甲酸、醋酸介质部件
55	S32168	06Cr18Ni11Ti	添加Ti，提高耐晶间腐蚀性，用于制造耐蚀性介质装饰部件
62	S34778	06Cr18Ni11Nb	含Nb，提高耐晶间腐蚀性，用于制造耐蚀性介质装饰部件
64	S38148	06Cr18Ni13Si4	折弯、抗扭强度好，主要广泛用于制造石油、化工、医疗、食品、轻工、机械仪表等工业输送管道以及机械结构部件等
奥氏体-铁素体型不锈钢			
67	S21860	14Cr18Ni11Si4AlTi	具有较高强度、高塑性，耐酸性好，用于制造有强度要求的抗高温浓硝酸性介质的部件和设备
68	S21953	022Cr19Ni5Mo3Si2N	耐应力腐蚀破裂性好，耐点蚀性强，具有较高强度，适用于含氯离子的环境，用于制造冷凝器和热交换器
70	S22253	022Cr22Ni5Mo3N	对含硫化氢、二氧化碳、氯化物的环境具有阻抗性，用于油井管、化工储罐用材，制造各种化学设备
71	S22053	022Cr23Ni5Mo3N	延展性好，焊接性好，抗磨性和疲劳强度优良，可作为高强度的材料在核工业、航空和航天工业中应用
73	S22553	022Cr25Ni6Mo2N	具有双相组织，耐酸性和耐应力腐蚀断裂性能好，焊接性好，适宜制造储罐和容器
75	S25554	03Cr25Ni6Mo3Cu2N	耐磨性好，具有良好的力学性能和耐局部腐蚀性，为海水环境中的理想材料。适于制造船用螺旋桨推进器和化工、石油及天然气设备
铁素体型不锈钢			
78	S11348	06Cr13Al	高温下冷却不产生显著硬化，用于制造汽轮机材料、淬火用部件
83	S11203	022Cr12	弯曲性、加工性、焊接性、耐高温氧化性好。用于制造汽车排气处理装置、锅炉燃烧室、喷嘴等
85	S11710	10Cr17	耐酸性良好，用于制造建筑内装饰和重油燃烧器部件、家具及家用电器。韧脆性转变均在室温以上，对缺口敏感，不适合用于室温以下的承载设备件
86	S11717	Y10Cr17	热力学稳定性好，晶间腐蚀敏感性强，具有更好的不锈性和耐氧化性。主要用于圆钢、棒材、带材、管材、阀座、球体、法兰和锻件生产

（续）

GB/T 20878 中序号	统一数字代号	牌号	特性与用途
88	S11790	10Cr17Mo	对氧化性酸、大部分有机酸以及有机盐类的水溶液有良好的耐蚀性，加工性良好。一般适用于制造硝酸，醋酸的生产和轻工纺织等工业中的既要要求强韧性又耐腐蚀的轴，活塞杆，泵等零件
94	S12791	008Cr27Mo	耐酸性好，耐点腐蚀性良好用于制造醋酸、乳酸等有机酸设备或制造苛性碱设备
95	S13091	008Cr30Mo2	
马氏体型不锈钢			
96	S40310	12Cr12	强度高，强韧性与耐蚀性好，常用于制造汽轮机叶片及高应力部件
97	S41008	06Cr13	具有良好的耐蚀性，机加工性好，一般用于制造刃具类
98	S41010	12Cr13	具有良好的耐蚀性，机加工性好，一般用于制造刃具类
100	S41617	Y12Cr13	用于制造航天航空、电力、石油化学、船舶、机械、电子部件
101	S42020	20Cr13	淬火状态下硬度高，耐蚀性良好，常用于制造汽轮机叶片
102	S42030	30Cr13	淬火状态下硬度高，耐蚀性良好，常用于制造刃具、喷油嘴、阀门及阀座等
103	S42037	Y30Cr13	较高的强度和良好韧性，切削性能较好，常用于制造刃具、喷油嘴、阀门等
104	S42040	40Cr13	淬火后硬度高，耐蚀性良好，常用于制造刃具、餐具、喷油嘴、阀门及阀座等
106	S43110	14Cr17Ni2	常用于制造化工、石油、轻纺、医疗、食品、机械部件
107	S43120	17Cr16Ni2	耐蚀性良好，具有较高程度的耐硝酸、耐有机酸性，常用于制作耐酸性零件、容器和设备
108	S44070	68Cr17	硬化状态下硬度高，韧性高，用于制造刃具、量具及轴承
109	S44080	85Cr17	硬化状态下硬度高，韧性高。用于制造刃具、阀门等
110	S44096	108Cr17	具有高温强度及耐氧化性，用于五金厨具、机械、造船、石化、航天医药、食品、电力、能源及建筑装潢
111	S44097	Y108Cr17	延展性好、切削性好和焊接性好，易于成型。抗磨性和疲劳强度优良，用于制造耐蚀容器、餐具、家具、栏杆、建筑装潢及医疗器材
112	S44090	95Cr18	延伸率较高（≥53%），硬度较低（≤170%），内部晶粒等级在7.0~8.0之间，深冲性能极佳。用于制造不锈钢钢丝绳及装饰材料
115	S45710	13Cr13Mo	耐空气、蒸汽、水等弱腐蚀介质和高温抗氧化性，良好的热加工性，强度低、塑性韧性差、焊接裂纹倾向大，用于制造模块、阀体、锥体、棱台、轴类等异型锻件
116	S45830	32Cr13Mo	延展性好，机械加工使其迅速硬化，焊接性好，抗磨性和疲劳强度较好，用于制造耐蚀容器、餐具、家具、栏杆、医疗器材
117	S45990	102Cr17Mo	强度、硬度较高，高温尺寸稳定性好，但焊接性差，通常用于制造外科医疗工具和在腐蚀无润滑强氧化中的轴承零件

（续）

GB/T 20878 中序号	统一数字代号	牌号	特性与用途
118	S46990	90Cr18MoV	强度、韧性、耐热性、耐蚀性、抗酸性好，用于制造不锈切片、机械刃具及剪切工具、手术刀片、高耐磨设备零件等
沉淀硬化型不锈钢			
136	S51550	05Cr15Ni5Cu4Nb	含碳量低，耐蚀性和可焊性均比一般的马氏体型不锈钢类似，热处理工艺简单，切削性好，但难满足深、冷加工。用于制造耐蚀性高、强度高的零部件，如轴承类、汽轮机零件
137	S51740	05Cr17Ni4Cu4Nb	添加 Cu 和 Nb 马氏体沉淀硬化钢，用于制造燃气透平压缩机叶片及燃气透平压缩机周围材料
138	S51770	07Cr17Ni7Al	添加 Al 的半奥氏体沉淀硬化钢，用于制造高温弹簧、膜片、固定器波纹管等
139	S51570	07Cr15Ni7Mo2Al	强度高，抗磨性和疲劳强度较好，延展性、焊接性好。用于制造一定耐酸性要求的高强度容器、零件及结构件

5. 耐热钢（GB/T 1221—2007）

耐热钢是在高温下具有较高的强度和良好的化学稳定性的合金钢，包括抗氧化钢和热强钢两类。抗氧化钢一般要求较好的化学稳定性，但承受的载荷较低。热强钢则要求较高的高温强度和相应的抗氧化性。常用于制造动力机械、工业炉和航空、石油化工等工业部门中在高温下工作的零部件。具有一定的组织稳定性、高温强度、抗高温氧化腐蚀和足够的韧性，良好的可加工性和焊接性。

（1）耐热钢的牌号及化学成分（表 2-43）

表 2-43　耐热钢的牌号及化学成分（质量分数）

GB/T 20878 中序号	统一数字代号	新牌号	旧牌号	C	Si	Mn	P	S	Ni	Cr	Mo	Cu	N	其他元素
奥氏体型耐热钢														
6	S35650	53Cr21Mn9Ni4N①	5Cr21Mn9Ni4N①	0.48～0.58	0.35	8.00～10.00	0.040	0.030	3.25～4.50	20.00～22.00	—	—	0.35～0.50	—
7	S35750	26Cr18Mn12Si2N①	3Cr18Mn12Si2N①	0.22～0.30	1.40～2.20	10.50～12.50	0.050	0.030	—	17.00～19.00	—	—	0.22～0.33	—
8	S35850	22Cr20Mn10Ni2Si2N①	2Cr20Mn9Ni2Si2N①	0.17～0.26	1.80～2.70	8.50～11.00	0.050	0.030	2.00～3.00	18.00～21.00	—	—	0.20～0.30	—
17	S30408	06Cr19Ni10①	0Cr18Ni9①	0.08	1.00	2.00	0.045	0.030	8.00～11.00	18.00～20.00	—	—	—	—
30	S30850	22Cr21Ni12N①	2Cr21Ni12N①	0.15～0.28	0.75～1.25	1.00～1.60	0.040	0.030	10.50～12.50	20.00～22.00	—	—	1.15～0.30	—

（续）

GB/T 20878 中序号	统一数字代号	新牌号	旧牌号	C	Si	Mn	P	S	Ni	Cr	Mo	Cu	N	其他元素
31	S30920	16Cr23Ni13①	2Cr23Ni13①	0.20	1.00	2.00	0.040	0.030	12.00～15.00	22.00～24.00	—	—	—	—
32	S30908	06Cr23Ni13①	0Cr23Ni13①	0.08	1.00	2.00	0.045	0.030	12.00～15.00	22.00～24.00	—	—	—	—
34	S31020	20Cr25Ni20①	2Cr25Ni20①	0.25	1.50	2.00	0.040	0.030	19.00～22.00	24.00～26.00	—	—	—	—
35	S31008	06Cr25Ni20①	0Cr25Ni20①	0.08	1.50	2.00	0.045	0.030	19.00～22.00	24.00～26.00	—	—	—	—
38	S31608	06Cr17Ni12Mo2①	0Cr17Ni12Mo2①	0.08	1.00	2.00	0.045	0.030	10.00～14.00	16.00～18.00	2.00～3.00	—	—	—
49	S31708	06Cr19Ni13Mo3	0Cr19Ni13Mo3	0.08	1.00	2.00	0.045	0.030	11.00～15.00	18.00～20.00	3.00～4.00	—	—	—
55	S32168	06Cr18Ni11Ti①	0Cr18Ni10Ti①	0.08	1.00	2.00	0.045	0.030	9.00～12.00	17.00～19.00	—	—	—	Ti 5C～0.70
57	S32590	45Cr14Ni14W2Mo①	4Cr14Ni14W2Mo①	0.40～0.50	0.80	0.70	0.040	0.030	13.00～15.00	13.00～15.00	0.25～0.40	—	—	W 2.00～2.75
60	S33010	12Cr16Ni35①	1Cr16Ni35①	0.15	1.50	2.00	0.040	0.030	33.00～37.00	14.00～17.00	—	—	—	—
62	S34778	06Cr18Ni11Nb①	0Cr18Ni11Nb①	0.08	1.00	2.00	0.045	0.030	9.00～12.00	17.00～19.00	—	—	—	Nb 10C～1.10
64	S38148	06Cr18Ni13Si4①,②	0Cr18Ni13Si4①,②	0.08	3.00～5.00	2.00	0.045	0.030	11.50～15.00	15.00～20.00	—	—	—	—
65	S38240	16Cr20Ni14Si2①	1Cr20Ni14Si2①	0.20	1.50～2.50	1.50	0.040	0.030	12.00～15.00	19.00～22.00	—	—	—	—
66	S38340	16Cr25Ni20Si2①	1Cr25Ni20Si2①	0.20	1.50～2.50	1.50	0.040	0.030	18.00～21.00	24.00～27.00	—	—	—	—
铁素体型耐热钢														
78	S11348	06Cr13Al①	0Cr13Al①	0.08	1.00	1.00	0.040	0.030	(0.60)	11.50～14.50	—	—	—	Al 0.10～0.30
83	S11203	022Cr12①	00Cr12①	0.030	1.00	1.00	0.040	0.030	(0.60)	11.00～13.50	—	—	—	—
85	S11710	1Cr17①	1Cr17①	0.12	1.00	1.00	0.040	0.030	(0.60)	16.00～18.00	—	—	—	—
93	S12550	16Cr25N①	2Cr25N①	0.20	1.00	1.50	0.040	0.030	(0.60)	23.00～27.00	—	(0.30)	0.25	—

（续）

GB/T 20878 中序号	统一数字代号	新牌号	旧牌号	C	Si	Mn	P	S	Ni	Cr	Mo	Cu	N	其他元素
马氏体型耐热钢														
98	S41010	12Cr13①	1Cr13N①	0.15	1.00	1.00	0.040	0.030	(0.60)	11.50～13.50	—	—	—	—
101	S42020	20Cr13①	2Cr13①	0.16～0.25	1.00	1.00	0.040	0.030	(0.60)	12.00～14.00	—	—	—	—
106	S43110	14Cr17Ni2①	1Cr17Ni2①	0.11～0.17	0.80	0.80	0.040	0.030	1.50～2.50	16.00～18.00	—	—	—	—
107	S43120	17Cr16Ni2①		0.12～0.22	1.00	1.50	0.040	0.030	1.50～2.50	15.00～17.00	—	—	—	—
113	S45110	12Cr5Mo①	1Cr5Mo①	0.15	0.50	0.60	0.040	0.030	(0.60)	4.00～6.00	0.40～0.60	—	—	—
114	S45610	12Cr12Mo①	1Cr12Mo①	0.10～0.15	0.50	0.30～0.50	0.040	0.030	0.30～0.60	11.50～13.00	0.30～0.60	(0.30)	—	—
115	S45710	13Cr13Mo①	1Cr13Mo①	0.08～0.18	0.60	1.00	0.040	0.030	(0.60)	11.50～14.00	0.30～0.60	(0.30)	—	—
119	S46010	14Cr11MoV①	1Cr11MoV①	0.11～0.18	0.50	0.60	0.035	0.030	0.60	10.00～11.50	0.50～0.70	—	—	V 0.25～0.40
122	S46250	18Cr12MoVNbN①	2Cr12MoVNbN①	0.15～0.20	0.50	0.50～1.00	0.035	0.030	(0.60)	10.00～13.00	0.30～0.90	—	0.05～0.10	V 0.10～0.40 Nb 0.20～0.60
123	S47010	15Cr12WMoV①	1Cr12WMoV①	0.12～0.18	0.50	0.50～0.90	0.035	0.030	0.40～0.80	11.00～13.00	0.50～0.70	—	—	W 0.70～1.10 V 0.15～0.30
124	S47220	22Cr12NiWMoV①	2Cr12NiMoWV①	0.20～0.25	0.50	0.50～1.00	0.040	0.030	0.50～1.00	11.00～13.00	0.75～1.25	—	—	W 0.75～1.25 V 0.20～0.40
125	S47310	13Cr11Ni2W2MoV①	1Cr11Ni2W2MoV①	0.10～0.16	0.60	0.60	0.035	0.030	1.40～1.80	10.50～12.00	0.35～0.50	—	—	W 1.50～2.00 V 0.18～0.30
128	S47450	18Cr11NiMoNbVN①	2Cr11NiMoNbVN①	0.15～0.20	0.50	0.50～0.80	0.020	0.015	0.30～0.60	10.00～12.00	0.60～0.90	0.10	0.04～0.09	V 0.20～0.30 Al 0.30 Nb 0.20～0.60

（续）

GB/T 20878 中序号	统一数字代号	新牌号	旧牌号	C	Si	Mn	P	S	Ni	Cr	Mo	Cu	N	其他元素
130	S48040	42Cr9Si2	4Cr9Si2	0.35～0.50	2.00～3.00	0.70	0.035	0.030	0.60	8.00～10.00	—	—	—	—
131	S48045	45Cr9Si3		0.40～0.50	3.00～3.50	0.60	0.030	0.030	0.60	7.50～9.50	—	—	—	—
132	S48140	40Cr10Si2Mo①	4Cr10Si2Mo①	0.35～0.45	1.90～2.60	0.70	0.035	0.030	0.60	9.00～10.50	0.70～0.90	—	—	—
133	S48380	80Cr20Si2Ni①	8Cr20Si2Ni①	0.75～0.85	1.75～2.25	0.20～0.60	0.030	0.030	1.15～1.65	19.00～20.50	—	—	—	—
沉淀硬化型耐热钢														
137	S51740	05Cr17Ni4Cu4Nb①	0Cr17Ni4Cu4Nb①	0.07	1.00	1.00	0.040	0.030	3.00～5.00	15.00～17.50	—	3.00～5.00	—	Nb 0.15～0.45
138	S51770	07Cr17Ni7Al①	0Cr17Ni7Al①	0.09	1.00	1.00	0.040	0.030	6.50～7.75	16.00～18.00	—	—	—	Al 0.75～1.50
143	S51525	06Cr15Ni25Ti2MoAlVB①	0Cr15Ni25Ti2MoAlVB①	0.08	1.00	2.00	0.040	0.030	24.00～27.00	13.50～16.00	1.00～1.50	—	—	Al 0.35 Ti 1.90～2.35 B 0.001～0.010 V 0.10～0.50

（2）耐热钢的力学性能（表2-44）

表2-44 耐热钢的力学性能

GB/T 20878 中序号	统一数字代号	牌号	热处理/℃	规定非比例延伸强度/MPa	抗拉强度/MPa	伸长率(%)	收缩率(%)	硬度HBW
				≥				≤
奥氏体型耐热钢								
6	S35650	53Cr21Mn9Ni4N①	固溶＋时效	560	885	8	—	≥302
7	S35750	26Cr18Mn12Si2N①	固溶处理	390	685	35	45	248
8	S35850	22Cr20Mn10Ni2Si2N	固溶处理	390	635	35	45	248
17	S30408	06Cr19Ni10	固溶处理	205	520	40	60	187
30	S30850	22Cr21Ni12N①	固溶＋时效	430	820	26	20	269

（续）

GB/T 20878 中序号	统一数字代号	牌号	热处理/℃	规定非比例延伸强度/MPa	抗拉强度/MPa	伸长率（%）	收缩率（%）	硬度 HBW
				≥				≤
31	S30920	16Cr23Ni13	固溶处理	205	560	45	50	201
32	S30908	06Cr23Ni13		205	520	40	60	187
34	S31020	20Cr25Ni20		205	590	40	50	201
35	S31008	06Cr25Ni20		205	520	40	50	187
38	S31608	06Cr17Ni12Mo2		205	520	40	50	187
49	S31708	06Cr19Ni13Mo3		205	520	40	60	187
55	S32168	06Cr18Ni11Ti①		205	520	40	50	187
57	S32590	45Cr14Ni14W2Mo①	退火	315	705	20	35	248
60	S33010	12Cr16Ni35①		205	560	40	50	201
62	S34778	06Cr18Ni11Nb		205	520	40	50	187
64	S38148	06Cr18Ni13Si4		205	520	40	60	207
65	S34240	16Cr20Ni14Si2①	固溶处理	295	590	35	50	187
66	S38340	16Cr25Ni20Si2①		295	590	35	50	187
铁素体型耐热钢								
78	S11348	06Cr13Al	退火	175	410	20	60	183
83	S11203	022Cr12		195	360	22	60	183
85	S11710	10Cr17		205	450	22	50	183
93	S12550	16Cr25N③		275	510	20	40	201
马氏体型耐热钢								
98	S41010	12Cr13	淬火＋回火	345	540	22	55	200
101	S42020	20Cr13		440	640	20	50	223
106	S43110	14Cr17Ni2		—	1080	—	10	—
107	S43120	17Cr16Ni2		600～700	900～1050	12	45	295
113	S45110	12Cr5Mo①		390	590	18	—	200
114	S45610	12Cr12Mo①		550	685	18	60	255
115	S45710	13Cr13Mo		490	690	20	60	200

（续）

GB/T 20878中序号	统一数字代号	牌号	热处理/℃	规定非比例延伸强度/MPa	抗拉强度/MPa	伸长率（%）	收缩率（%）	硬度HBW
				≥				≤
119	S46010	14Cr11MoV①	淬火＋回火	490	685	16	55	200
122	S46250	18Cr12MoVNbN①		685	835	15	30	260
123	S47010	15Cr12WMoV①		585	735	15	45	—
124	S47220	22Cr12NiWMoV①		735	885	10	25	260
125	S47310	13Cr11Ni2W2MoV①		735～885	885～1080	15	55	269
128	S47450	18Cr11NiMoNbVN①		760	930	12	32	255
130	S48040	42Cr9Si2		590	885	19	50	269
131	S48045	45Cr9Si3		685	930	15	35	—
132	S48140	40Cr10Si2Mo①		685	885	10	35	269
133	S48380	80Cr20Si2Ni①		685	885	10	15	321
沉淀硬化型耐热钢								
137	S51740	05Cr17Ni4Cu4Nb	固溶处理 0	—	—	—	—	≤363
			沉淀硬化 480℃时效 1	1180	1310	10	40	≥375
			沉淀硬化 550℃时效 2	1000	1070	12	45	≥331
			沉淀硬化 580℃时效 3	865	1000	13	45	≥302
			沉淀硬化 620℃时效 4	725	930	16	50	≥277
138	S51770	07Cr17Ni7Al	固溶处理 0	≤380	≤1030	20	—	≤229
			沉淀硬化 510℃时效 1	1030	1230	4	10	≥388
			沉淀硬化 565℃时效 2	960	1140	5	25	≥363
143	S51525	06Cr15Ni25Ti2MoAlVB	固溶＋时效	590	900	15	18	248

①适用于直径、边长、及对边距离或厚度小于或等于75mm的钢棒。

（3）耐热钢的特性及用途　耐热钢的特性及用途是根据国家标准《不锈钢冷轧钢板和钢带》（GB/T 3280—2015）进行整理，常用耐热钢的特性及用途见表2-45。

表2-45　常用耐热钢的特性及用途

GB/T 20878中序号	统一数字代号	牌号	特性与用途
奥氏体型耐热钢			
17	S30408	06Cr19Ni10	耐高温氧化性好，具有一定的强度，使用广泛，常用于制造食品设备、一般化工设备、原子能设备

（续）

GB/T 20878 中序号	统一数字代号	牌号	特性与用途
31	S30920	16Cr23Ni13	承受980℃以下的反复加热的抗氧化钢。用于制造加热炉部件、重油燃烧器
32	S30908	06Cr23Ni13	耐高温氧化性好，具有一定的高温强度，可制造承受980℃以下反复加热的锅炉材料
34	S31020	20Cr25Ni20	承受1035℃以下的反复加热的抗氧化钢。主要用于制造炉用部件、喷嘴、燃烧室
35	S31008	06Cr25Ni20	抗氧化钢，可以制造承受1035℃以下的反复加热的抗氧化部件。主要用于制造炉用部件、汽车排气阀等
38	S31608	06Cr17Ni12Mo2	具有优良的高温蠕变强度，用于制造热交换用部件、高温耐蚀螺栓
49	S31708	06Cr19Ni13Mo3	具有优良的高温蠕变强度，用于制造热交换用部件、高温耐蚀螺栓
55	S32168	06Cr18Ni11Ti	在400~900℃腐蚀条件下使用的部件，高温用焊接结构件
60	S33010	12Cr16Ni35	抗渗碳，易渗氮，用于制造1035℃以下反复加热的炉用钢料，石油裂解装置
62	S34778	06Cr18Ni11Nb	在400~500℃腐蚀条件下使用的部件，高温用焊接结构部件
66	S38340	16Cr25Ni20Si2	具有较高的高温强度及抗氧化性，对含硫气氛较敏感，在600~800℃有析出相脆化倾向
铁素体型耐热钢			
78	S11348	06Cr13Al	冷加工硬化少，主要用于制造燃气透平压缩机叶片、退火箱、淬火台架等
81	S11173	022Cr11NiTi	焊接性好，用于制造汽车排气阀等排气净化装置
85	S11710	10Cr17	用于制造900℃以下耐氧化用部件、散热器、炉用部件喷油嘴等
93	S12550	16Cr25N	耐高温腐蚀性能强，1082℃以下不产生易剥落氧化皮，常用于抗硫气氛，如燃烧室退火箱、玻璃模具、气阀、搅拌杆等
马氏体型耐热钢			
96	S40310	12Cr12	作为汽轮机叶片和高应力部件制造材料
98	S41010	12Cr13	作为800℃以下耐氧化部件制造材料
沉淀硬化型耐热钢			
137	S51740	05Cr17Ni4Cu4Nb	添加Cu和Nb的马氏体沉淀硬化型钢，用于制造燃气压缩机叶片、燃气透平发动机的周围材料
138	S51770	07Cr17Ni7Al	添加Al的半奥氏体沉淀硬化型钢，制造高温弹簧、膜片、固定器、波纹管等
139	S51570	07Cr15Ni7Mo2Al	用于制造有一定耐蚀性要求的高强度容器、零件及结构件
142	S51778	06Cr17Ni7AlTi	
143	S51525	06Cr15N25Ti2MoAlVB	用于制造耐700℃高温的汽轮机转子，螺栓、叶片及轴等

2.3　钢材的规格

2.3.1　型钢

型钢是一种有一定截面形状和尺寸的条形钢材，是钢材的四大品种（板、管、型、丝）之一。根据断面形状，型钢分为简单断面型钢和复杂断面型钢（异型钢）。前者指方钢、圆钢、扁钢、角钢、六角钢等；后者指工字钢、槽钢、钢轨、窗框钢、弯曲型钢等。

1. 热轧圆钢和方钢

国家标准《热轧钢棒尺寸、外形、重量及允许偏差》（GB/T 702—2017）适用于直径为 5.5～380mm 的热轧圆钢和边长为 5.5～300mm 的热轧方钢；厚度为 3～60mm，宽度为 10～200mm 一般用途热轧扁钢；厚度为 4～100mm，宽度为 10～310mm 热轧工具钢扁钢（一般用途热轧扁钢和热轧工具钢扁钢以下统称热轧扁钢）；对边距离为 8～70mm 的热轧六角钢和对边距离为 16～40mm 的热轧八角钢。

（1）热轧圆钢和方钢的尺寸规格及理论重量（表 2-46）

表 2-46　热轧圆钢和方钢的尺寸规格及理论重量

圆钢公称直径 d/mm 方钢公称边长 a/mm	理论重量/(kg/m)		圆钢公称直径 d/mm 方钢公称边长 a/mm	理论重量/(kg/m)	
	圆钢	方钢		圆钢	方钢
5.5	0.187	0.237	24	3.55	4.52
6	0.222	0.283	25	3.85	4.91
6.5	0.260	0.332	26	4.17	5.31
7	0.302	0.385	27	4.49	5.72
8	0.395	0.502	28	4.83	6.15
9	0.499	0.636	29	5.19	6.60
10	0.617	0.785	30	5.55	7.07
11	0.746	0.950	31	5.92	7.54
12	0.888	1.13	32	6.31	8.04
13	1.04	1.33	33	6.71	8.55
14	1.21	1.54	34	7.13	9.07
15	1.39	1.77	35	7.55	9.62
16	1.58	2.01	36	7.99	10.2
17	1.78	2.27	38	8.90	11.3
18	2.00	2.54	40	9.86	12.6
19	2.23	2.83	42	10.9	13.8
20	2.47	3.14	45	12.5	15.9
21	2.72	3.46	48	14.2	18.1
22	2.98	3.80	50	15.4	19.6
23	3.26	4.15	53	17.3	22.1

（续）

圆钢公称直径 d/mm 方钢公称边长 a/mm	理论重量/(kg/m)		圆钢公称直径 d/mm 方钢公称边长 a/mm	理论重量/(kg/m)	
	圆钢	方钢		圆钢	方钢
55	18.7	23.7	160	158	201
56	19.3	24.6	165	168	214
58	20.7	26.4	170	178	227
60	22.2	28.3	180	200	254
63	24.5	31.2	190	223	283
65	26.0	33.2	200	247	314
68	28.5	36.3	210	272	323
70	30.2	38.5	220	298	344
75	34.7	44.2	230	326	364
80	39.5	50.2	240	355	385
85	44.5	56.7	250	385	406
90	49.9	63.6	260	417	426
95	55.6	70.8	270	449	447
100	61.7	78.5	280	483	468
105	68.0	86.5	290	519	488
110	74.6	95.0	300	555	509
115	81.5	104	310	592	
120	88.8	113	320	631	
125	96.3	123	330	671	
130	104	133	340	713	
135	112	143	350	755	
140	121	154	360	799	
145	130	165	370	844	
150	139	177	380	890	
155	148	189			

注：表中钢的理论重量是按密度为 7.85g/cm^3 计算。

（2）热轧圆钢和方钢的尺寸及允许偏差（表 2-47）

表 2-47　热轧圆钢和方钢的尺寸及允许偏差　（单位：mm）

截面公称尺寸 （圆钢直径或方钢边长）	尺寸允许偏差		
	1 组	2 组	3 组
>5.5~20	±0.25	±0.35	±0.40
>20~30	±0.30	±0.40	±0.50
>30~50	±0.40	±0.50	±0.60
>50~80	±0.60	±0.70	±0.80

（续）

截面公称尺寸（圆钢直径或方钢边长）	尺寸允许偏差		
	1组	2组	3组
>80~110	±0.90	±1.00	±1.10
>110~150	±1.20	±1.30	±1.40
>150~200	±1.60	±1.80	±2.00
>200~280	±2.00	±2.50	±3.00
>280~310	±2.50	±3.00	±4.00
>310~380	±3.00	±4.00	±5.00

（3）热轧圆钢和方钢的长度及允许偏差（表2-48a~d）

表2-48a　热轧圆钢和方钢通常长度及短尺长度　（单位：mm）

通常长度			短尺长度
截面公称尺寸		钢棒长度	
全部规格		2000~12000	≥1500
碳素和合金工具钢	≤75	2000~12000	≥1000
	>75	1000~8000	≥500①

①包括高速工具钢全部规格。

表2-48b　一般用途热轧扁钢长度　（单位：mm）

通常长度	定尺或倍尺长度允许偏差		短尺长度
2000~12000	≤4000	+30	≥1500
	>4000~6000	+50	
	>6000	+70	

表2-48c　热轧工具钢扁钢通常长度及短尺长度　（单位：mm）

公称宽度	通常长度	短尺长度
≤50	≥2000	≥1500
>50~70	≥2000	≥750
>70	≥1000	—

表2-48d　热轧六角钢和热轧八角钢通常长度及短尺长度　（单位：mm）

通常长度	短尺长度
2000~6000	≥1500

（4）热轧圆钢和方钢的外形（表2-49a、b）

表2-49a　热轧圆钢圆度及方钢对角线长度　（单位：mm）

圆钢公称直径（d）	圆度 不大于	方钢公称边长（a）	对角线长度 不小于
≤50	公称直径公差的50%	<50	公称边长的1.33倍
>50~80	公称直径公差的65%	≥50	公称边长的1.29倍

（续）

圆钢公称直径（d）	圆度 不大于	方钢公称边长（a）	对角线长度 不小于
>80	公称直径公差的 70%	工具钢全部规格	公称边长的 1.29 倍

表 2-49b　热轧圆钢和方钢弯曲度　（单位：mm）

组别	弯曲度 不大于	
	每米弯曲度	总弯曲度
1 组	2.5	钢棒长度的 0.25%
2 组	4.0	钢棒长度的 0.40%

2. 热轧六角钢和热轧八角钢（GB/T 705—1989）

热轧六角钢和热轧八角钢型钢是截面为正多边形的钢材。一般热轧六角钢对边距离为 8～70mm，热轧八角钢对边距离为 16～40mm。可按结构的不同需要组成各种不同的受力构件或作构件之间的连接件。广泛地用于各种建筑结构和工程结构，如房梁、桥梁、输电塔、起重运输机械、船舶、工业炉、反应塔、容器架等。

（1）热轧六角钢和热轧八角钢的尺寸允许偏差（表 2-50）

表 2-50　热轧六角钢和热轧八角钢的尺寸允许偏差

对边距离/mm	允许偏差/mm		
	1 组	2 组	3 组
≥8～17	±0.25	±0.35	±0.40
>21～30	±0.30	±0.40	±0.50
>30～50	±0.40	±0.50	±0.60
>50～70	±0.60	±0.70	±0.80

注：钢的长度，普通钢为 3～8m，优质钢为 2～6m。

（2）热轧六角钢和热轧八角钢的尺寸及理论重量（表 2-51）

表 2-51　热轧六角钢和热轧八角钢的尺寸及理论重量

对边距离 s/mm	截面面积 A/cm^2		理论重量/(kg/m)	
	六角钢	八角钢	六角钢	八角钢
8	0.5543	—	0.435	—
9	0.7015	—	0.551	—
10	0.866	—	0.680	—
11	1.048	—	0.823	—
12	1.247	—	0.979	—
13	1.464	—	1.05	—
14	1.697	—	1.33	—
15	1.949	—	1.53	—
16	2.217	2.120	1.74	1.66
17	2.503	—	1.96	—

（续）

对边距离 s/mm	截面面积 A/cm^2		理论重量/(kg/m)	
	六角钢	八角钢	六角钢	八角钢
18	2.806	2.683	2.20	2.16
19	3.126	—	2.45	—
20	3.464	3.312	2.72	2.60
21	3.819	—	3.00	—
22	4.192	4.008	3.29	3.15
23	4.581	—	3.60	—
24	4.988	—	3.92	—
25	5.413	5.175	4.25	4.06
26	5.854	—	4.60	—
27	6.314	—	4.96	—
28	6.790	6.492	5.33	5.10
30	7.794	7.452	6.12	5.85
32	8.868	8.479	6.96	6.66
34	10.011	9.572	7.86	7.51
36	11.223	10.731	8.81	8.42
38	12.505	11.956	9.82	9.39
40	13.86	13.250	10.88	10.40
42	15.28	—	11.99	—
45	17.54	—	13.77	—
48	19.95	—	15.66	—
50	21.65	—	17.00	—
53	24.33	—	19.10	—
56	27.16	—	21.32	—
58	29.13	—	22.87	—
60	31.18	—	24.50	—
63	34.37	—	26.98	—
65	36.59	—	28.72	—
68	40.04	—	31.43	—
70	42.43	—	33.30	—

注：表中的理论重量按密度7.85g/m^3 计算。表中截面面积（A）计算公式：

$$A = \frac{1}{4}nS^2\tan\frac{\varphi}{2}\times\frac{1}{100}$$

六角形：
$$A = \frac{3}{2}s^2\tan30°\times\frac{1}{100}\approx 0.866s^2\times\frac{1}{100}$$

八角形：
$$A = 2s^2\tan22°30'\times\frac{1}{100}\approx 0.828s^2\times\frac{1}{100}$$

式中 n——正 n 边形边数；

φ——正 n 边形圆内角；$\varphi = 360/n$。

（3）热轧六角钢和热轧八角钢的边缘圆角半径和弯曲度（表2-52）

表2-52 热轧六角钢和热轧八角钢的边缘圆角半径和弯曲度

<table>
<tr><td colspan="3">边缘圆角半径 r</td></tr>
<tr><td>对边距离/mm</td><td colspan="2">边缘圆角半径 r/mm</td></tr>
<tr><td>8～14</td><td colspan="2">1.0</td></tr>
<tr><td>15～25</td><td colspan="2">1.5</td></tr>
<tr><td>26～50</td><td colspan="2">2.0</td></tr>
<tr><td>>50</td><td colspan="2">3.0</td></tr>
<tr><td colspan="3">弯曲度</td></tr>
<tr><td rowspan="2">组别</td><td colspan="2">弯曲度≤</td></tr>
<tr><td>每米弯曲度/mm</td><td>总弯曲度</td></tr>
<tr><td>1</td><td>2.5</td><td>钢材长度的0.25%</td></tr>
<tr><td>2</td><td>4</td><td>钢材长度的0.40%</td></tr>
<tr><td>3</td><td>6</td><td>钢材长度的0.60%</td></tr>
</table>

注：1. 热轧六角钢和热轧八角钢在同一截面上任何两个对边距离之差，不得超过公差的70%。
2. 热轧六角钢和热轧八角钢边缘圆角半径 r，可由供方参照表中所列数值在生产中用轧辊孔形控制，不作交货检验依据。
3. 热轧六角钢和热轧八角钢不得有显著扭曲。

3. 冷拉圆钢、方钢、六角钢（GB/T 905—1994）

（1）冷拉圆钢、方钢、六角钢的尺寸规格（表2-53）

表2-53 冷拉圆钢、方钢、六角钢的尺寸规格

<table>
<tr><td rowspan="2">尺寸/mm</td><td colspan="2">圆钢</td><td colspan="2">方钢</td><td colspan="2">六角钢</td></tr>
<tr><td>截面面积/mm²</td><td>理论重量/(kg/m)</td><td>截面面积/mm²</td><td>理论重量/(kg/m)</td><td>截面面积/mm²</td><td>理论重量/(kg/m)</td></tr>
<tr><td>3.0</td><td>7.069</td><td>0.0555</td><td>9.000</td><td>0.0706</td><td>7.794</td><td>0.0612</td></tr>
<tr><td>3.2</td><td>8.042</td><td>0.0631</td><td>10.24</td><td>0.0804</td><td>8.868</td><td>0.0696</td></tr>
<tr><td>3.5</td><td>9.621</td><td>0.0755</td><td>12.25</td><td>0.0962</td><td>10.61</td><td>0.0833</td></tr>
<tr><td>4.0</td><td>12.57</td><td>0.0986</td><td>16.00</td><td>0.126</td><td>13.86</td><td>0.109</td></tr>
<tr><td>4.5</td><td>15.90</td><td>0.125</td><td>20.25</td><td>0.159</td><td>17.54</td><td>0.138</td></tr>
<tr><td>5.0</td><td>19.63</td><td>0.154</td><td>25.00</td><td>0.196</td><td>21.65</td><td>0.170</td></tr>
<tr><td>5.5</td><td>23.76</td><td>0.187</td><td>30.25</td><td>0.237</td><td>26.20</td><td>0.206</td></tr>
<tr><td>6.0</td><td>28.27</td><td>0.222</td><td>36.00</td><td>0.283</td><td>31.18</td><td>0.245</td></tr>
<tr><td>6.3</td><td>31.17</td><td>0.245</td><td>39.69</td><td>0.312</td><td>34.37</td><td>0.270</td></tr>
<tr><td>7.0</td><td>38.48</td><td>0.302</td><td>49.00</td><td>0.385</td><td>42.44</td><td>0.333</td></tr>
<tr><td>7.5</td><td>44.18</td><td>0.347</td><td>56.25</td><td>0.442</td><td>—</td><td>—</td></tr>
<tr><td>8.0</td><td>50.27</td><td>0.395</td><td>64.00</td><td>0.502</td><td>55.43</td><td>0.435</td></tr>
<tr><td>8.5</td><td>56.75</td><td>0.445</td><td>72.25</td><td>0.567</td><td>—</td><td>—</td></tr>
<tr><td>9.0</td><td>63.62</td><td>0.499</td><td>81.00</td><td>0.636</td><td>70.15</td><td>0.551</td></tr>
<tr><td>9.5</td><td>70.88</td><td>0.556</td><td>90.25</td><td>0.708</td><td>—</td><td>—</td></tr>
</table>

（续）

尺寸/mm	圆钢		方钢		六角钢	
	截面面积/mm^2	理论重量/(kg/m)	截面面积/mm^2	理论重量/(kg/m)	截面面积/mm^2	理论重量/(kg/m)
10.0	78.54	0.617	100.0	0.785	86.60	0.680
10.5	86.59	0.680	110.2	0.865	—	—
11.0	95.03	0.746	121.0	0.950	104.8	0.823
11.5	103.9	0.815	132.2	1.04	—	—
12.0	113.1	0.888	144.0	1.13	124.7	0.979
13.0	132.7	1.04	169.0	1.33	146.4	1.15
14.0	153.9	1.21	196.0	1.54	169.7	1.33
15.0	176.7	1.39	225.0	1.77	194.9	1.53
16.0	201.1	1.58	256.0	2.01	221.7	1.74
17.0	227.0	1.78	289.0	2.27	250.3	1.96
18.0	254.5	2.00	324.0	2.54	280.6	2.20
19.0	283.5	2.23	361.0	2.83	312.6	2.45
20.0	314.2	2.47	400.0	3.14	346.4	2.72
21.0	346.4	2.72	441.0	3.46	381.9	3.00
22.0	380.1	2.98	484.0	3.80	419.2	3.29
24.0	452.4	3.55	576.0	4.52	498.8	3.92
25.0	490.9	3.85	625.0	4.91	541.3	4.25
26.0	530.9	4.17	676.0	5.31	585.4	4.60
28.0	615.8	4.83	784.0	6.15	679.0	5.33
30.0	706.9	5.55	900.0	7.06	779.4	6.12
32.0	804.2	6.31	1024	8.04	886.8	6.96
34.0	907.9	7.13	1156	9.07	1001	7.86
35.0	962.1	7.55	1225	9.62	—	—
36.0	—	—	—	—	1122	8.81
38.0	1134	8.90	1444	11.3	1251	9.82
40.0	1257	9.86	1600	12.6	1386	10.9
42.0	1385	10.9	1764	13.8	1528	12.0
45.0	1590	12.5	2025	15.9	1754	13.8
48.0	1810	14.2	2304	18.1	1995	15.7
50.0	1968	15.4	2500	19.6	2165	17.0
52.0	2206	17.3	2809	22.0	2433	19.1
55.0	—	—	—	—	2620	20.5
56.0	2463	19.3	3136	24.6	—	—
60.0	2827	22.2	3600	28.3	3118	24.5
63.0	3117	24.5	3969	31.2	—	—

（续）

尺寸/mm	圆钢		方钢		六角钢	
	截面面积/ mm^2	理论重量/（kg/m）	截面面积/ mm^2	理论重量/（kg/m）	截面面积/ mm^2	理论重量/（kg/m）
65.0	—	—	—	—	3654	28.7
67.0	3526	27.7	4489	35.2	—	—
70.0	3848	30.2	4900	38.5	4244	33.3
75.0	4418	34.7	5625	44.2	4871	38.2
80.0	5027	39.5	6400	50.2	5543	43.5

注：1. 表内尺寸一栏，对圆钢表示直径，对方钢表示边长，对六角钢表示对边距离。以下各表相同。

2. 表中理论重量按密度为7.85kg/dm^3 计算。对高合金钢计算理论重量时应采用相应牌号的密度。

（2）冷拉圆钢、方钢、六角钢的尺寸允许偏差（表2-54）

表2-54 冷拉圆钢、方钢、六角钢的尺寸允许偏差 （单位：mm）

尺寸	允许偏差级别					
	8 h8	9 h9	10 h10	11 h11	12 h12	13 h13
	允许偏差					
>3	0 -0.014	0 -0.025	0 -0.040	0 -0.060	0 -0.15	0 -0.14
>3~6	0 -0.018	0 -0.030	0 -0.048	0 -0.075	0 -0.12	0 -0.18
>6~10	0 -0.022	0 -0.036	0 -0.058	0 -0.090	0 -0.15	0 -0.22
>10~18	0 -0.027	0 -0.043	0 -0.070	0 -0.110	0 -0.18	0 -0.27
>18~30	0 -0.033	0 -0.052	0 -0.084	0 -0.130	0 -0.21	0 -0.33
>30~50	0 -0.039	0 -0.062	0 -0.100	0 -0.160	0 -0.25	0 -0.39
>50~80	0 -0.046	0 -0.074	0 -0.120	0 -0.190	0 -0.30	0 -0.46

4. 扁钢

（1）热轧扁钢　热轧扁钢是截面为矩形的一般用途热轧长条钢材，其规格以厚度×宽度表示，热轧扁钢可以是成品钢材，用于构件、扶梯、桥梁及栅栏等。材质：Q215，Q235，厚度为3~60mm，宽度为10~200mm。交货状态：热轧扁钢以直条交货。计量方式：定尺长度和倍尺长度的热轧扁钢按理论重量交货。

1）热轧扁钢的尺寸及理论重量见表2-55。

表2-55 热轧扁钢的尺寸及理论重量

公称宽度/mm	厚度/mm																							
	3	4	5	6	7	8	9	10	11	12	14	16	18	20	22	25	28	30	32	36	40	45	50	56	60
	理论重量/(kg/m)																							
10	0.24	0.31	0.39	0.47	0.55	0.63																			
12	0.28	0.38	0.47	0.57	0.66	0.75																			
14	0.33	0.44	0.55	0.66	0.77	0.88																			
16	0.38	0.50	0.63	0.75	0.88	1.00	1.15	1.26																	
18	0.42	0.57	0.71	0.85	0.99	1.13	1.27	1.41																	
20	0.47	0.63	0.78	0.94	1.10	1.26	1.41	1.57	1.73	1.88															
22	0.52	0.69	0.86	1.04	1.21	1.38	1.55	1.73	1.90	2.07															
25	0.59	0.78	0.98	1.18	1.37	1.57	1.77	1.96	2.16	2.36	2.75	3.14													
28	0.66	0.88	1.10	1.32	1.54	1.76	1.98	2.20	2.42	2.64	3.08	3.53													
30	0.71	0.94	1.18	1.41	1.65	1.88	2.12	2.36	2.59	2.83	3.30	3.77	4.24	4.71											
32	0.75	1.00	1.26	1.51	1.76	2.01	2.26	2.55	2.76	3.01	3.52	4.02	4.52	5.02											
35	0.82	1.10	1.37	1.65	1.92	2.20	2.47	2.75	3.02	3.30	3.85	4.40	4.95	5.50	6.04	6.87	7.69								
40	0.94	1.26	1.57	1.88	2.20	2.51	2.83	3.14	3.45	3.77	4.40	5.02	5.65	6.28	6.91	7.85	8.79								
45	1.06	1.41	1.77	2.12	2.47	2.83	3.18	3.53	3.89	4.24	4.95	5.65	6.36	7.07	7.77	8.83	9.89	10.60	11.30	12.72					
50	1.18	1.57	1.96	2.36	2.75	3.14	3.53	3.93	4.32	4.71	5.50	6.28	7.06	7.85	8.64	9.81	10.99	11.78	12.56	14.13					
55		1.73	2.16	2.59	3.02	3.45	3.89	4.32	4.75	5.18	6.04	6.91	7.77	8.64	9.50	10.79	12.09	12.95	13.82	15.54					
60		1.88	2.36	2.83	3.30	3.77	4.24	4.71	5.18	5.65	6.59	7.54	8.48	9.42	10.36	11.78	13.19	14.13	15.07	16.96	18.84	21.20			
65		2.04	2.55	3.06	3.57	4.08	4.59	5.10	5.61	6.12	7.14	8.16	9.18	10.20	11.23	12.76	14.29	15.31	16.33	18.37	20.41	22.96			
70		2.20	2.75	3.30	3.85	4.40	4.95	5.50	6.04	6.59	7.69	8.79	9.89	10.99	12.09	13.74	15.39	16.49	17.58	19.78	21.98	24.73			
75		2.36	2.94	3.53	4.12	4.71	5.30	5.89	6.48	7.07	8.24	9.42	10.60	11.78	12.95	14.72	16.48	17.66	18.84	21.20	23.55	26.49			
80		2.51	3.14	3.77	4.40	5.02	5.65	6.28	6.91	7.54	8.79	10.05	11.30	12.56	13.82	15.70	17.58	18.84	20.10	22.61	25.12	28.26	31.40	35.17	
85			3.34	4.00	4.67	5.34	6.01	6.67	7.34	8.01	9.34	10.68	12.01	13.34	14.68	16.68	18.68	20.02	21.35	24.02	26.69	30.03	33.36	37.37	40.04
90			3.53	4.24	4.95	5.65	6.36	7.07	7.77	8.48	9.89	11.30	12.72	14.13	15.54	17.66	19.78	21.20	22.61	25.43	28.26	31.79	35.32	39.56	42.39
95			3.73	4.47	5.22	5.97	6.71	7.46	8.20	8.95	10.44	11.93	13.42	14.92	16.41	18.64	20.88	22.37	23.86	26.85	29.83	33.56	37.29	41.76	44.74
100			3.92	4.71	5.50	6.28	7.06	7.85	8.64	9.42	10.99	12.56	14.13	15.70	17.27	19.62	21.98	23.55	25.12	28.26	31.40	35.32	39.25	43.95	47.10
105			4.12	4.95	5.77	6.59	7.42	8.24	9.07	9.89	11.54	13.19	14.84	16.48	18.13	20.61	23.08	24.73	26.38	29.67	32.97	37.09	41.21	46.16	49.46
110			4.32	5.18	6.04	6.91	7.77	8.64	9.50	10.36	12.09	13.82	15.54	17.27	19.00	21.59	24.18	25.90	27.63	31.09	34.54	38.86	43.18	48.36	51.81
120			4.71	5.65	6.59	7.54	8.48	9.42	10.36	11.30	13.19	15.07	16.96	18.84	20.72	23.55	26.38	28.26	30.14	33.91	37.68	42.39	47.10	52.75	56.52
125				5.89	6.87	7.85	8.83	9.81	10.79	11.78	13.74	15.70	17.66	19.62	21.58	24.53	27.48	29.44	31.40	35.32	39.25	44.16	49.06	54.95	58.88
130				6.12	7.14	8.16	9.18	10.20	11.23	12.25	14.29	16.33	18.37	20.41	22.45	25.51	28.57	30.62	32.66	36.74	40.82	45.92	51.02	57.15	61.23
140					7.69	8.79	9.89	10.99	12.09	13.19	15.39	17.58	19.78	21.98	24.18	27.48	30.77	32.97	35.17	39.56	43.96	49.46	54.95	61.54	65.94
150					8.24	9.42	10.60	11.78	12.95	14.13	16.48	18.84	21.20	23.55	25.90	29.44	32.97	35.32	37.68	42.39	47.10	52.99	58.88	65.94	70.65
160					8.79	10.05	11.30	12.56	13.82	15.07	17.58	20.10	22.61	25.12	27.63	31.40	35.17	37.68	40.19	45.22	50.24	56.52	62.80	70.34	75.36
180					9.89	11.30	12.72	14.13	15.54	16.96	19.78	22.61	25.43	28.26	31.09	35.32	39.56	42.39	45.22	50.87	56.52	63.58	70.65	79.13	84.78
200					10.99	12.56	14.13	15.70	17.27	18.84	21.98	25.12	28.26	31.40	34.54	39.25	43.96	47.10	50.24	56.52	62.80	70.65	78.50	87.92	94.20

注：1. 表中的理论重量按密度 7.85×10^3kg/m^3 计算。

2. 经供需双方协商并在合同中注明，也可提供除表以外的尺寸及理论重量。

2）热轧扁钢截面形状与尺寸允许偏差（表2-56）。

表2-56　热轧扁钢截面形状与尺寸允许偏差

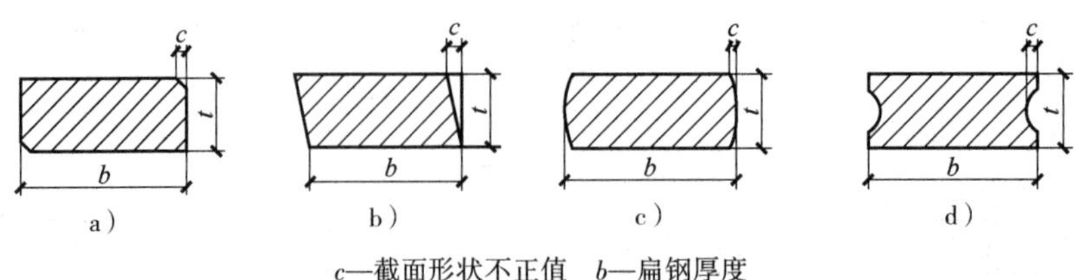

c—截面形状不正值　*b*—扁钢厚度

<table>
<tr><td colspan="6">热轧扁钢宽度、厚度、长度及允许偏差</td></tr>
<tr><td colspan="3">宽度/mm</td><td colspan="3">厚度/mm</td></tr>
<tr><td rowspan="2">尺寸</td><td colspan="2">允许偏差/mm</td><td rowspan="2">尺寸</td><td colspan="2">允许偏差/mm</td></tr>
<tr><td>普通级</td><td>较高级</td><td>普通级</td><td>较高级</td></tr>
<tr><td>10～50</td><td>+0.5
-1.0</td><td>+0.3
-0.9</td><td rowspan="2">3～16</td><td rowspan="2">+0.3
-0.5</td><td rowspan="2">+0.2
-0.4</td></tr>
<tr><td>>50～75</td><td>+0.6
-1.3</td><td>+0.4
-1.2</td></tr>
<tr><td>>75～100</td><td>+0.9
-1.8</td><td>+0.7
-1.7</td><td rowspan="2">>16～60</td><td rowspan="2">+1.5%
-3.0%</td><td rowspan="2">+1.0%
-2.5%</td></tr>
<tr><td>>100～150</td><td>+1.0%
-2.0%</td><td>+0.8%
-1.8%</td></tr>
<tr><td colspan="6">允许的截面形状不正</td></tr>
<tr><td colspan="3">热轧扁钢厚度</td><td colspan="3">最大允许偏差（c值）</td></tr>
<tr><td colspan="3">≤5</td><td colspan="3">1</td></tr>
<tr><td colspan="3">>5～10</td><td colspan="3">厚度的20%</td></tr>
<tr><td colspan="3">>10</td><td colspan="3">厚度的15%，最大值为3.5</td></tr>
</table>

注：在同一截面任意两点测量的厚度差≤厚度公差的50%。

3）热轧扁钢的弯曲度、扭转和切斜（表2-57）。

表2-57　热轧扁钢的弯曲度、扭转和切斜

<table>
<tr><td colspan="3">弯曲度</td></tr>
<tr><td rowspan="2">精度级别</td><td colspan="2">弯曲度≤</td></tr>
<tr><td>每米弯曲度</td><td>总弯曲度</td></tr>
<tr><td>普通级</td><td>4</td><td>钢材长度的0.40%</td></tr>
<tr><td>较高级</td><td>2.5</td><td>钢材长度的0.25%</td></tr>
<tr><td colspan="3">扭转</td></tr>
<tr><td colspan="3">热轧扁钢不得有明显的扭转</td></tr>
<tr><td colspan="3">切斜</td></tr>
<tr><td>热轧扁钢宽度/mm</td><td colspan="2">切斜/mm</td></tr>
<tr><td>≤100
>100</td><td colspan="2">≤6
≤8</td></tr>
</table>

（2）优质结构钢冷拉扁钢

1）优质结构钢冷拉扁钢的尺寸规格见表2-58。

表2-58　优质结构钢冷拉扁钢的尺寸规格

冷拉扁钢宽度/mm	在下列厚度时扁钢的理论质量/(kg/m)														
	5	6	7	8	9	10	11	12	14	15	16	18	20	25	30
8	0.31	0.38	0.44	—	—	—	—	—	—	—	—	—	—	—	—
10	0.39	0.47	0.55	0.63	0.71	—	—	—	—	—	—	—	—	—	—
12	0.47	0.55	0.66	0.75	0.85	0.94	1.04	—	—	—	—	—	—	—	—
13	0.51	0.61	0.71	0.82	0.92	1.02	1.12	—	—	—	—	—	—	—	—
14	0.55	0.66	0.77	0.88	0.99	1.10	1.21	1.32	—	—	—	—	—	—	—
15	0.59	0.71	0.82	0.94	1.06	1.18	1.29	1.41	—	—	—	—	—	—	—
16	0.63	0.75	0.88	1.00	1.13	1.26	1.38	1.51	1.76	—	—	—	—	—	—
18	0.71	0.85	0.99	1.13	1.27	1.41	1.55	1.70	1.96	2.12	2.26	—	—	—	—
20	0.78	0.94	1.10	1.26	1.41	1.57	1.73	1.88	2.28	2.36	2.51	2.63	—	—	—
22	0.86	1.04	1.21	1.38	1.55	1.73	1.90	2.07	2.42	2.60	2.76	3.11	3.45	—	—
24	0.94	1.13	1.32	1.51	1.69	1.88	2.07	2.26	2.64	2.63	3.01	3.39	3.77	—	—
25	0.98	1.18	1.37	1.57	1.77	1.96	2.16	2.36	2.75	2.94	3.14	3.53	3.92	—	—
28	1.10	1.32	1.54	1.76	1.98	2.20	2.42	2.64	3.08	3.28	3.52	3.96	4.40	5.49	—
30	1.18	1.41	1.65	1.88	2.12	2.36	2.59	2.83	3.30	3.53	3.77	4.24	4.71	5.89	—
32	—	1.51	1.76	2.01	2.26	2.51	2.76	3.01	3.52	3.77	4.02	4.52	5.02	6.28	7.54
35	—	1.65	1.92	2.19	2.47	2.75	3.02	3.29	3.85	4.12	4.39	4.95	5.49	6.87	8.244
36	—	1.70	1.98	2.26	2.54	2.83	3.11	3.39	3.96	4.24	4.52	5.09	5.65	7.06	8.48
38	—	—	2.09	2.39	2.68	2.98	3.28	3.58	4.18	4.47	4.77	5.37	5.97	7.46	8.95
40	—	—	2.20	2.51	2.83	3.14	3.45	3.77	4.40	4.71	5.02	5.65	6.20	7.85	9.42
45	—	—	—	2.83	3.18	3.53	3.89	4.24	4.95	5.29	5.65	6.36	7.06	8.83	10.60
50	—	—	—	—	3.53	3.92	4.32	4.71	5.50	5.89	6.28	7.06	7.85	9.81	11.28

注：表中的理论质量是按相对密度为7.85×10^3kg/m^{3}计算。

2）优质结构钢冷拉扁钢的尺寸规格见表2-59。

表2-59　优质结构钢冷拉扁钢的尺寸规格　　（单位：mm）

扁钢厚度及宽度	允许偏差级别		
	10（h10）	11（h11）	12（h12）
	允许偏差		
≤6	0 -0.048	0 -0.075	0 -0.12

（续）

扁钢厚度及宽度	允许偏差级别		
	10（h10）	11（h11）	12（h12）
	允许偏差		
>6～10	0 -0.058	0 -0.090	0 -0.15
>10～18	0 -0.070	0 -0.110	0 -0.18
>18～30	0 -0.084	0 -0.130	0 -0.21
>30～50	0 -0.100	0 -0.160	0 -0.25
>50～80	0 -0.120	0 -0.190	0 -0.30

5. 热轧等边与不等边角钢（GB/T 706—2016）

热轧等边与不等边角钢为两边互相垂直成角形的长条钢材，有等边角钢和不等边角钢之分。等边角钢的两个边宽相等。其规格以边宽×边宽×边厚表示。也可用型号表示，型号是边宽的厘米数，如∠3#。型号不表示同一型号中不同边厚的尺寸，因而应在合同上将角钢的边宽、边厚尺寸填写齐全，避免单独用型号表示。热轧等边角钢的规格为2#～20#。

（1）热轧等边角钢

1）热轧等边角钢的外形、尺寸规格和理论重量见表2-60。

表2-60 热轧等边角钢的外形、尺寸规格及理论重量

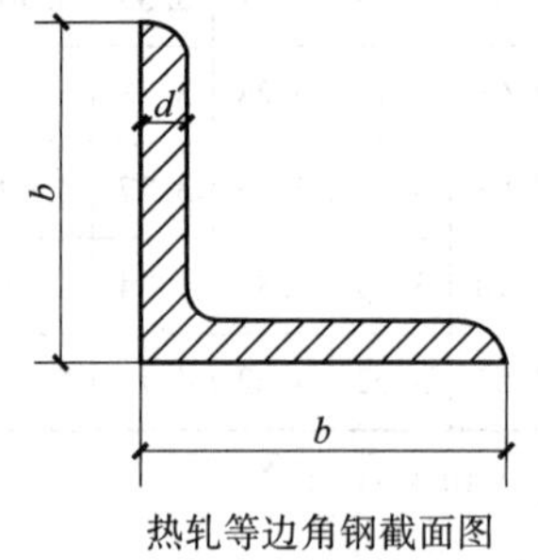

热轧等边角钢截面图

b—边宽　d—边厚

型号	截面尺寸/mm			截面面积/cm²	理论重量/(kg/m)
	b	d	r		
2	20	3	3.5	1.132	0.89
		4		1.459	1.15
2.5	25	3		1.432	1.12
		4		1.859	1.46

（续）

型号	截面尺寸/mm			截面面积/cm^2	理论重量/(kg/m)
	b	d	r		
3.0	30	3	4.5	1.749	1.37
		4		2.276	1.79
3.6	36	3		2.109	1.66
		4		2.756	2.16
		5		3.382	2.65
4	40	3	5	2.359	1.85
		4		3.086	2.42
		5		3.792	2.98
4.5	45	3		2.659	2.09
		4		3.486	2.74
		5		4.292	3.37
		6		5.077	3.99
5	50	3	5.5	2.971	2.33
		4		3.897	3.06
		5		4.803	3.77
		6		5.688	4.46
5.6	56	3	6	3.343	2.62
		4		4.39	3.45
		5		5.415	4.25
		6		6.42	5.04
		7		7.404	5.81
		8		8.367	6.57
6	60	5	6.5	5.829	4.58
		6		6.914	5.43
		7		7.977	6.26
		8		9.02	7.08
6.3	63	4	7	4.978	3.91
		5		6.143	4.82
		6		7.288	5.72
		7		8.412	6.60
		8		9.515	7.47
		10		11.66	9.15
7	70	4	8	5.570	4.37
		5		6.876	5.40
		6		8.160	6.41
		7		9.424	7.40
		8		10.67	8.37

（续）

型号	截面尺寸/mm			截面面积/cm²	理论重量/(kg/m)
	b	d	r		
7.5	75	5	9	7.412	5.82
		6		8.797	6.91
		7		10.16	7.98
		8		11.50	9.03
		9		12.83	10.1
		10		14.13	11.1
8	80	5		7.912	6.21
		6		9.397	7.38
		7		10.86	8.53
		8		12.30	9.66
		9		13.73	10.8
		10		15.13	11.9
9	90	6	10	10.64	8.35
		7		12.30	9.66
		8		13.94	10.9
		9		15.57	12.2
		10		17.17	13.5
		12		20.31	15.9
10	100	6	12	11.93	9.37
		7		13.80	10.8
		8		15.64	12.3
		9		17.46	13.7
		10		19.26	15.1
		12		22.80	17.9
		14		26.26	20.6
		16		29.63	23.3
11	110	7		15.20	11.9
		8		17.24	13.5
		10		21.26	16.7
		12		25.20	19.8
		14		29.06	22.8
12.5	125	8	14	19.75	15.5
		10		24.37	19.1
		12		28.91	22.7
		14		33.37	26.2
		16		37.74	29.6

（续）

型号	截面尺寸/mm			截面面积/cm^2	理论重量/(kg/m)
	b	d	r		
14	140	10	14	27.37	21.5
		12		32.51	25.5
		14		37.57	29.5
		16		42.54	33.4
15	150	8		23.75	18.6
		10		29.37	23.1
		12		34.91	27.4
		14		40.37	31.7
		15		43.06	33.8
		16		45.74	35.9
16	160	10	16	31.50	24.7
		12		37.44	29.4
		14		43.30	34.0
		16		49.07	38.5
18	180	12		42.24	33.2
		14		48.90	38.4
		16		55.47	43.5
		18		61.96	48.6
20	200	14	18	54.64	42.9
		16		62.01	48.7
		18		69.30	54.4
		20		76.51	60.1
		24		90.66	71.2
22	220	16	21	68.67	53.9
		18		76.75	60.3
		20		84.76	66.5
		22		92.68	72.8
		24		100.5	78.9
		26		108.3	85.0
25	250	18	24	87.84	69.0
		20		97.05	76.2
		22		106.2	83.3
		24		115.2	90.4
		26		124.2	97.5
		28		133.0	104
		30		141.8	111
		32		150.5	118
		35		163.4	128

2）热轧等边角钢的允许偏差见表 2-61。

表 2-61　热轧等边角钢的允许偏差、长度和外形

角钢型号	边宽 $A \cdot a$ /mm	边厚 /mm	长度 /mm	角钢型号	边宽 $A \cdot a$ /mm	边厚 /mm	长度 /mm
2～5.6	±0.8	±0.4	4～12	10～14	±1.8	±0.7	4～19
6.3～9	±1.2	±0.6		16～20	±2.5	±1.0	6～19
弯曲度和扭转							
等边角钢每米弯曲度不大于4mm，5号以上型号的总弯曲度不大于总长度的0.4%，经双方协议，可供应总弯曲度不大于总长度0.2%的等边角钢，等边角钢不得有明显的扭曲							

注：等边角钢按定尺或倍尺长度交货时，应在合同中注明。其长度允许偏差为0～50mm。

（2）热轧不等边角钢

1）热轧不等边角钢的外形、尺寸规格和理论重量见表2-62。

表 2-62　热轧不等边角钢的外形、尺寸规格及理论重量

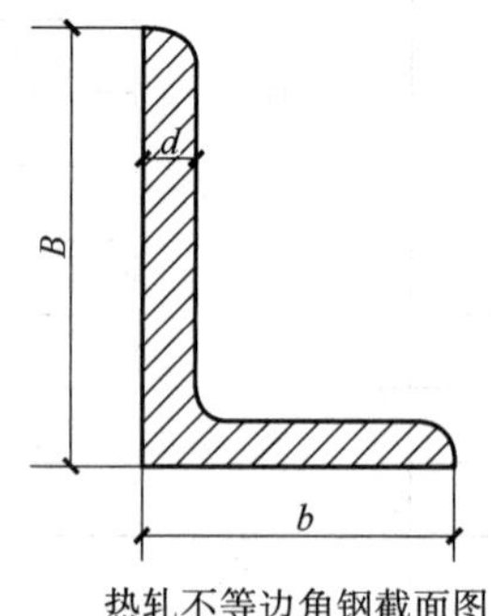

B—边宽　b—边宽　d—边厚

热轧不等边角钢截面图

型号	截面尺寸/mm				截面面积/cm^2	理论重量/(kg/m)
	B	b	d	r		
2.5/1.6	25	16	3	3.5	1.162	0.91
			4		1.499	1.18
3.2/2	32	20	3		1.492	1.17
			4		1.939	1.52
4/2.5	40	25	3	4	1.890	1.48
			4		2.467	1.94
4.5/2.8	45	28	3	5	2.149	1.69
			4		2.806	2.20
5/3.2	50	32	3	5.5	2.431	1.91
			4		3.177	2.49
5.6/3.6	56	36	3	6	2.743	2.15
			4		3.590	2.82
			5		4.415	3.47

（续）

型号	截面尺寸/mm				截面面积/cm^2	理论重量/(kg/m)
	B	*b*	*d*	*r*		
6. 3/4	63	40	4	7	4. 058	3. 19
			5		4. 993	3. 92
			6		5. 908	4. 64
			7		6. 802	5. 34
7/4. 5	70	45	4	7. 5	4. 553	3. 57
			5		5. 609	4. 40
			6		6. 644	5. 22
			7		7. 658	6. 01
7. 5/5	75	50	5	8	6. 126	4. 81
			6		7. 260	5. 70
			8		9. 467	7. 43
			10		11. 59	9. 10
8/5	80	50	5		6. 376	5. 00
			6		7. 560	5. 93
			7		8. 724	6. 85
			8		9. 867	7. 75
9/5. 6	90	56	5	9	7. 212	5. 66
			6		8. 557	6. 72
			7		9. 881	7. 76
			8		11. 18	8. 78
10/6. 3	100	63	6	10	9. 618	7. 55
			7		11. 11	8. 72
			8		12. 58	9. 88
			10		15. 47	12. 1
10/8	100	80	6	10	10. 64	8. 35
			7		12. 30	9. 66
			8		13. 94	10. 9
			10		17. 17	13. 5
11/7	110	70	6	10	10. 64	8. 35
			7		12. 30	9. 66
			8		13. 94	10. 9
			10		17. 17	13. 5
12. 5/8	125	80	7	11	14. 10	11. 1
			8		15. 99	12. 6
			10		19. 71	15. 5
			12		23. 35	18. 3

（续）

型号	截面尺寸/mm				截面面积/cm^2	理论重量/(kg/m)
	B	*b*	*d*	*r*		
14/9	140	90	8	12	18.04	14.2
			10		22.26	17.5
			12		26.40	20.7
			14		30.46	23.9
15/9	150	90	8		18.84	14.8
			10		23.26	18.3
			12		27.60	21.7
			14		31.86	25.0
			15		33.95	26.7
			16		36.03	28.3
16/10	160	100	10	13	25.32	19.9
			12		30.05	23.6
			14		34.71	27.2
			16		39.28	30.8
18/11	180	110	10	14	28.37	22.3
			12		33.71	26.5
			14		38.97	30.6
			16		44.14	34.6
20/12.5	200	125	12		37.91	29.8
			14		43.87	34.4
			16		49.74	39.0
			18		55.53	43.6

2）热轧不等边角钢的允许偏差见表2-63。

表2-63　热轧不等边角钢的允许偏差

角钢型号	边宽*A*（*a*）/mm	边厚/mm	长度/mm	角钢型号	边宽*A*（*a*）/mm	边厚/mm	长度/mm
2.5/1.6～5.6/3.6	±0.8	±0.4	4～12	10/6.3～14/9	±2.0	±0.7	4～19
6.3/4～9/5.6	±1.5	±0.6		16/10～20/12.5	±2.5	±1.0	6～19
弯曲度和扭转							
热轧不等边角钢每米弯曲度不大于4mm，6.3/4号以上型号的总弯曲度不大于总长度的0.4%，经双方协议，可供应总弯曲度不大于总长度0.2%的不等边角钢，不等边角钢不得有明显的扭曲							

注：热轧不等边角钢按定尺或倍尺长度交货时，应在合同中注明。其长度允许偏差为0～50mm。

6. 热轧工字钢（GB/T 706—2016）

热轧工字钢也称作钢梁，是截面为工字形的长条钢材。分为普通工字钢和轻型工字钢，H型钢三种。普通工字钢和轻型工字钢的翼缘由根部向边缘逐渐变薄，有一定的角度，其型号是用其腰高（cm），腹板厚度和翼缘宽度不同，形成各种规格。广泛用于各种建筑结构、桥梁、车辆、支架、机械等。

（1）热轧工字钢的规格及理论重量（表 2-64）

表 2-64　热轧工字钢的规格及理论重量

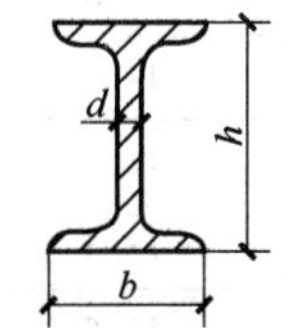

热轧工字钢截面图

h—高度　*d*—腰厚　*b*—腿宽

型号	截面尺寸/mm			截面面积/cm^2	理论重量/(kg/m)
	h	*b*	*d*		
10	100	68	4.5	14.33	11.3
12	120	74	5.0	17.80	14.0
12.6	126	74	5.0	18.10	14.2
14	140	80	5.5	21.50	16.9
16	160	88	6.0	26.11	20.5
18	180	94	6.5	30.74	24.1
20a	200	100	7.0	35.55	27.9
20b		102	9.0	39.55	31.1
22a	220	110	7.5	42.10	33.1
22b		112	9.5	46.50	36.5
24a	240	116	8.0	47.71	37.5
24b		118	10.0	52.51	41.2
25a	250	116	8.0	48.51	38.1
25b		118	10.0	53.51	42.0
27a	270	122	8.5	54.52	42.8
27b		124	10.5	59.92	47.0
28a	280	122	8.5	55.37	43.5
28b		124	10.5	60.97	47.9
30a	300	126	9.0	61.22	48.1
30b		128	11.0	67.22	52.8
30c		130	13.0	73.22	57.5
32a	320	130	9.5	67.12	52.7
32b		132	11.5	73.52	57.7
32c		134	13.5	79.92	62.7
36a	360	136	10.0	76.44	60.0
36b		138	12.0	83.64	65.7
36c		140	14.0	90.84	71.3

（续）

型号	截面尺寸/mm			截面面积/cm²	理论重量/(kg/m)
	h	*b*	*d*		
40a	400	142	10.5	86.07	67.6
40b		144	12.5	94.07	73.8
40c		146	14.5	102.1	80.1
45a	450	150	11.5	102.4	80.4
45b		152	13.5	111.4	87.4
45c		154	15.5	120.4	94.5
50a	500	158	12.0	119.2	93.6
50b		160	14.0	129.2	101
50c		162	16.0	139.2	109
55a	550	166	12.5	134.1	105
55b		168	14.5	145.1	114
55c		170	16.5	156.1	123
56a	560	166	12.5	135.4	106
56b		168	14.5	146.6	115
56c		170	16.5	157.8	124
63a	630	176	13.0	154.6	121
63b		178	15.0	167.2	131
63c		180	17.0	179.8	141

（2）热轧工字钢的允许偏差和长度定尺（表2-65）

表2-65 热轧工字钢的允许偏差和长度定尺

型号	高度 *h*/mm	腿宽 *b*/mm	腰厚 *d*/mm	弯腰挠度	长度定尺/m
8，10，12，12.6，14	±2.0	±2.0 ±2.5 ±3.0	±0.5 ±0.5 ±0.7	不应超过0.15*d*	5～19
16，18					
20，22，24，25，27，28，30	±3.0	—	—	—	6～19
32，36		±3.5	±0.8		
40					
45，50，55，56，63	±4.0	±4.0	±0.9		

7. 热轧槽钢（GB/T 707—2016）

热轧槽钢就是通过加热后轧制出来的形状如槽的型钢，故名。型钢的加工工艺分为冷轧、热轧。冷轧是在再结晶温度以下进行的轧制，而热轧就是在再结晶温度以上进行的轧制。槽钢按形状又可分为4种：冷弯等边槽钢、冷弯不等边槽钢、冷弯内卷边槽钢、冷弯外卷边槽钢。

（1）热轧槽钢的尺寸、外形、重量及允许偏差（表2-66）

表2-66　热轧槽钢的尺寸、外形、重量及允许偏差

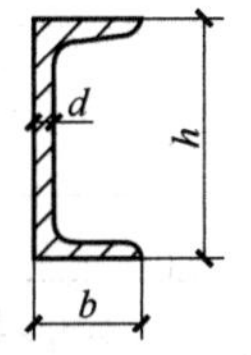

h—高度　d—腰厚　b—腿宽

热轧槽钢截面图

型号	截面尺寸/mm			截面面积/cm^2	理论重量/(kg/m)
	h	b	d		
5	50	37	4.5	6.925	5.44
6.3	63	40	4.8	8.446	6.63
6.5	65	40	4.3	8.292	6.51
8	80	43	5.0	10.24	8.04
10	100	48	5.3	12.74	10.0
12	120	53	5.5	15.36	12.1
12.6	126	53	5.5	15.69	12.3
14a	140	58	6.0	18.51	14.5
14b		60	8.0	21.31	16.7
16a	160	63	6.5	21.95	17.2
16b		65	8.5	25.15	19.8
18a	180	68	7.0	25.69	20.2
18b		70	9.0	29.29	23.0
20a	200	73	7.0	28.83	22.6
20b		75	9.0	32.83	25.8
22a	220	77	7.0	31.83	25.0
22b		79	9.0	36.23	28.5
24a	240	78	7.0	34.21	26.9
24b		80	9.0	39.01	30.6
24c		82	11.0	43.81	34.4
25a	250	78	7.0	34.91	27.4
25b		80	9.0	39.91	31.3
25c		82	11.0	44.91	35.3
27a	270	82	7.5	39.27	30.8
27b		84	9.5	44.67	35.1
27c		86	11.5	50.07	39.3
28a	280	82	7.5	40.02	31.4
28b		84	9.5	45.62	35.8
28c		86	11.5	51.22	40.2

（续）

型号	截面尺寸/mm			截面面积/cm^2	理论重量/(kg/m)
	h	b	d		
30a	300	85	7.5	43.89	34.5
30b		87	9.5	49.89	39.2
30c		89	11.5	55.89	43.9
32a	320	88	8.0	48.50	38.1
32b		90	10.0	54.90	43.1
32c		92	12.0	61.30	48.1
36a	360	96	9.0	60.89	47.8
36b		98	11.0	68.09	53.5
36c		100	13.0	75.29	59.1
40a	400	100	10.5	75.04	58.9
40b		102	12.5	83.04	65.2
40c		104	14.5	91.04	71.5

（2）热轧槽钢的尺寸允许偏差和长度（表2-67）

表2-67 热轧槽钢的尺寸允许偏差和长度

型号	高度 h/mm	腿宽 b/mm	腰厚 d/mm	弯腰挠度	长度定尺/m
5，6.3，6.5，8	±1.5	±1.5	±0.4	不应超过0.15d	5～12
10，12，12.6，14	±2.0	±2.0	±0.5		5～19
16，18		±2.5	±0.6		
20，22，24，25，27，28，30	±3.0	±3.0	±0.7		6～19
32，36，40	±4.0	±4.0	±0.9		

8. 热轧H型钢和部分T型钢（GB/T 11263—2017）

热轧H型钢和部分T型钢是一种新型经济建筑用钢，力学性能好，截面上各点延伸较均匀、内应力小，具有截面模数大、重量轻的特性，可使建筑结构减轻30%～40%；其腿内外侧平行，腿端是直角，拼装组合成构件，可节约焊接、铆接工作量达25%。常用于制造要求承载大，截面稳定性好的大型建筑（如厂房、高层建筑等）的构件以及桥梁、设备基础、支架、基础桩等。

（1）热轧H型钢的外形及截面尺寸、截面面积和理论重量（表2-68）

表2-68 热轧H型钢的外形及截面尺寸、截面面积和理论重量

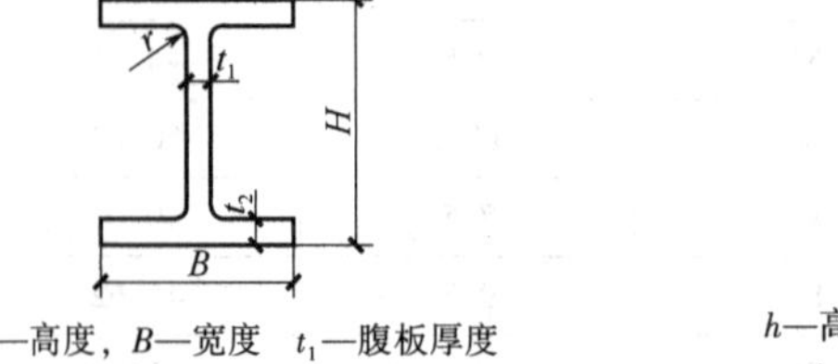

H—高度，B—宽度 t_1—腹板厚度
t_2—翼缘厚度 r—圆角半径

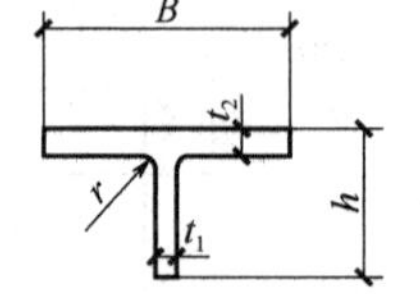

h—高度 B—宽度 t_1—腹板厚度
t_2—翼缘厚度 r—圆角半径

热轧H型钢和部分T型钢截面图

（续）

类别	型号（高度×宽度）mm×mm	截面尺寸/mm					截面面积/cm^2	理论重量/(kg/m)
		H	B	t_1	t_2	r		
HW	100×100	100	100	6	8	8	21.58	16.9
	125×125	125	125	6.5	9	8	30.00	23.6
	150×150	150	150	7	10	8	39.64	31.1
	175×175	175	175	7.5	11	13	51.42	40.4
	200×200	200	200	8	12	13	63.53	49.9
		*200	204	12	12	13	71.53	56.2
	250×250	*244	252	11	11	13	81.31	63.8
		250	250	9	14	13	91.43	71.8
		*250	255	14	14	13	103.9	81.6
	300×300	*294	302	12	12	13	106.3	83.5
		300	300	10	15	13	118.5	93.0
		*300	305	15	15	13	133.5	105
	350×350	*338	351	13	13	13	133.3	105
		*344	348	10	16	13	144.0	113
		*344	354	16	16	13	164.7	129
		350	350	12	19	13	171.9	135
		*350	357	19	19	13	196.4	154
	400×400	*388	402	15	15	22	178.5	140
		*394	398	11	18	22	186.8	147
		*394	405	18	18	22	214.4	168
		400	400	13	21	22	218.7	172
		*400	408	21	21	22	250.7	197
		*414	405	18	28	22	295.4	232
		*428	407	20	35	22	360.7	283
		*458	417	30	50	22	528.6	415
		*498	432	45	70	22	770.1	604
	500×500	*492	465	15	20	22	258.0	202
		*502	465	15	25	22	304.5	239
		*502	470	20	25	22	329.6	259
HM	150×100	148	100	6	9	8	26.34	20.7
	200×150	194	150	6	9	8	38.10	29.9
	250×175	244	175	7	11	13	55.49	43.6
	300×200	294	200	8	12	13	71.05	55.8
		*298	201	9	14	13	82.03	64.4
	350×250	340	250	9	14	13	99.53	78.1
	400×300	390	300	10	16	13	133.3	105

（续）

类别	型号（高度×宽度）mm×mm	截面尺寸/mm					截面面积/cm^2	理论重量/（kg/m）
		H	B	t_1	t_2	r		
HM	450×300	440	300	11	18	13	153.9	121
	500×300	*482	300	11	15	13	141.2	111
		488	300	11	18	13	159.2	125
	550×300	*544	300	11	15	13	148.0	116
		*550	300	11	18	13	166.0	130
	600×300	*582	300	12	17	13	169.2	133
		588	300	12	20	13	187.2	147
		*594	302	14	23	13	217.1	170
HN	*100×50	100	50	5	7	8	11.84	9.30
	*125×60	125	60	6	8	8	16.68	13.1
	150×75	150	75	5	7	8	17.84	14.0
	175×90	175	90	5	8	8	22.89	18.0
	200×100	*198	99	4.5	7	8	22.68	17.8
		200	100	5.5	8	8	26.66	20.9
	250×125	*248	124	5	8	8	31.98	25.1
		250	125	6	9	8	36.96	29.0
	300×150	*298	149	5.5	8	13	40.80	32.0
		300	150	6.5	9	13	46.78	36.7
	350×175	*346	174	6	9	13	52.45	41.2
		350	175	7	11	13	62.91	49.4
	400×150	400	150	8	13	13	70.37	55.2
	400×200	*396	199	7	11	13	71.41	56.1
		400	200	8	13	13	83.37	65.4
	450×150	*446	150	7	12	13	66.99	52.6
		450	151	8	14	13	77.49	60.8
	450×200	*446	199	8	12	13	82.97	65.1
		450	200	9	14	13	95.43	74.9
	475×150	*470	150	7	13	13	71.53	56.2
		*475	151.5	8.5	15.5	13	86.15	67.6
		482	153.5	10.5	19	13	106.4	83.5
	500×150	*492	150	7	12	13	70.21	55.1
		*500	152	9	16	13	92.21	72.4
		504	153	10	18	13	103.3	81.1
	500×200	*496	199	9	14	13	99.29	77.9
		500	200	10	16	13	112.3	88.1
		*506	201	11	19	13	129.3	102

（续）

类别	型号（高度×宽度）mm×mm	截面尺寸/mm					截面面积/cm^2	理论重量/(kg/m)
		H	B	t_1	t_2	r		
HN	550×200	*546	199	9	14	13	103.8	81.5
		550	200	10	16	13	117.3	92.0
	600×200	*596	199	10	15	13	117.8	92.4
		600	200	11	17	13	131.7	103
		*606	201	12	20	13	149.8	118
	625×200	*625	198.5	13.5	17.5	13	150.6	118
		630	200	15	20	13	170.0	133
		*638	202	17	24	13	198.7	156
	650×300	*646	299	12	18	18	183.6	144
		*650	300	13	20	18	202.1	159
		*654	301	14	22	18	220.6	173
	700×300	*692	300	13	20	18	207.5	163
		700	300	13	24	18	231.5	182
	750×300	*734	299	12	16	18	182.7	143
		*742	300	13	20	18	214.0	168
		*750	300	13	24	18	238.0	187
		*758	303	16	28	18	284.8	224
	800×300	*792	300	14	22	18	239.5	188
		800	300	14	26	18	263.5	207
	850×300	*834	298	14	19	18	227.5	179
		*842	299	15	23	18	259.7	204
		*850	300	16	27	18	292.1	229
		*858	301	17	31	18	324.7	255
	900×300	*890	299	15	23	18	266.9	210
		900	300	16	28	18	305.8	240
		*912	302	18	34	18	360.1	283
	1000×300	*970	297	16	21	18	276.0	217
		*980	298	17	26	18	315.5	248
		*990	298	17	31	18	345.3	271
		*1000	300	19	36	18	395.1	310
		*1008	302	21	40	18	439.3	345
HT	100×50	95	48	3.2	4.5	8	7.620	5.98
		97	49	4	5.5	8	9.370	7.36
	100×100	96	99	4.5	6	8	16.20	12.7
	125×60	118	58	3.2	4.5	8	9.250	7.26
		120	59	4	5.5	8	11.39	8.94
	125×125	119	123	4.5	6	8	20.12	15.8
	150×75	145	73	3.2	4.5	8	11.47	9.00
		147	74	4	5.5	8	14.12	11.1
	150×100	139	97	3.2	4.5	8	13.43	10.6
		142	99	4.5	6	8	18.27	14.3

（续）

类别	型号（高度×宽度）mm×mm	截面尺寸/mm					截面面积/cm²	理论重量/(kg/m)
		H	B	t_1	t_2	r		
HT	150×150	144	148	5	7	8	27.76	21.8
		147	149	6	8.5	8	33.67	26.4
	175×90	168	88	3.2	4.5	8	13.55	10.6
		171	89	4	6	8	17.58	13.8
	175×175	167	173	5	7	13	33.32	26.2
		172	175	6.5	9.5	13	44.64	35.0
	200×100	193	98	3.2	4.5	8	15.25	12.0
		196	99	4	6	8	19.78	15.5
	200×150	188	149	4.5	6	8	26.34	20.7
	200×200	192	198	6	8	13	43.69	34.3
	250×125	244	124	4.5	6	8	25.86	20.3
	250×175	238	173	4.5	8	13	39.12	30.7
	300×150	294	148	4.5	6	13	31.90	25.0
	300×200	286	198	6	8	13	49.33	38.7
	350×175	340	173	4.5	6	13	36.97	29.0
	400×150	390	148	6	8	13	47.57	37.3
	400×200	390	198	6	8	13	55.57	43.6

注：1. 表中同一型号的产品，其内侧尺寸高度一致。

2. 表中截面面积计算公式为：$t_1(H-2t_2)+2Bt_2+0.858r^2$。

3. 表中“*”表示的规格为市场非常用规格。

（2）热轧 H 型钢的尺寸、外形及允许偏差（表 2-69）

表 2-69　热轧 H 型钢的尺寸、外形及允许偏差　（单位：mm）

项目			允许偏差	图示
高度 H（按型号）		<400	±2.0	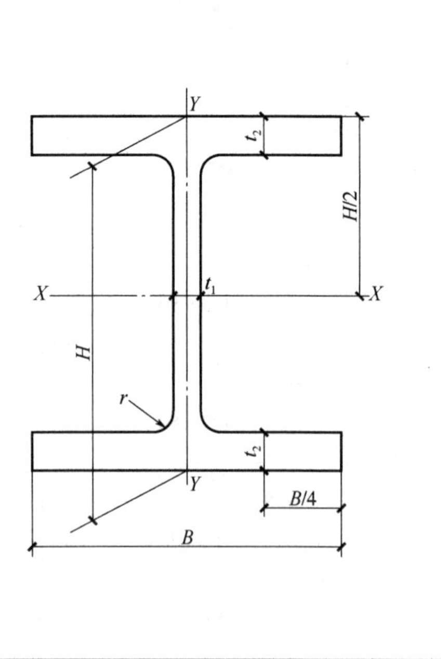
		≥400 ~ <600	±3.0	
		≥600	±4.0	
宽度 B（按型号）		<100	±2.0	
		≥100 ~ <200	±2.5	
		≥200	±3.0	
厚度	t_1	<5	±0.5	
		≥5 ~ <16	±0.7	
		≥16 ~ <25	±1.0	
		≥25 ~ <40	±1.5	
		≥40	±2.0	
	t_2	<5	±0.7	
		≥5 ~ <16	±1.0	
		≥16 ~ <25	±1.5	
		≥25 ~ <40	±1.7	
		≥40	±2.0	
长度		≤7m	+60 0	
		>7m	长度每增加 1m 或不足 1m 时，正偏差在上述基础上加 5mm	

（续）

项目		允许偏差		图示
翼缘斜度 T 或 T'	高度（型号）≤300	B≤150	≤1.5	
		B>150	<1.0%B	
	高度（型号）>300	B≤125	≤1.5	
		B>125	≤1.2%B	
弯曲度（适用于上下、左右大弯曲）	高度（型号）≤300	≤长度的 0.15%		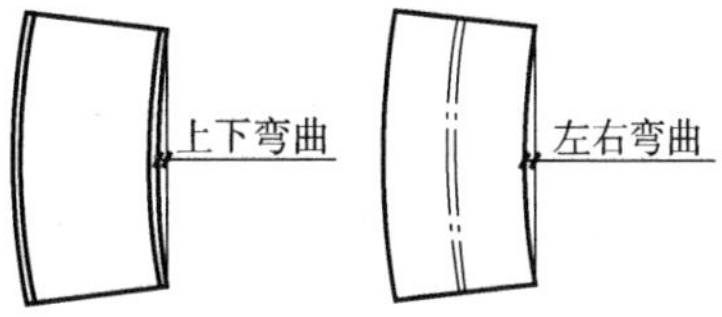 上下弯曲 左右弯曲
	高度（型号）>300	≤长度的 0.10%		
中心偏差 S	高度（型号）≤300 且宽度（型号）≤200	±2.5		$S=\frac{b_1-b_2}{2}$ 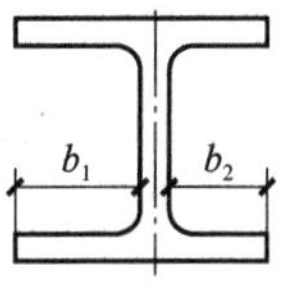
	高度（型号）>300 或宽度（型号）>200	±3.5		
腹板弯曲 W	高度（型号）<400	≤2.0		
	≥400～<600	≤2.5		
	≥600	≤3.0		
翼缘弯曲 F	宽度 B≤400	≤1.5%b。但是，允许偏差值的最大值为 1.5mm		
端面斜度 E		B≤200	≤3.0	
		B>200	≤1.6%B	
翼缘腿端外缘钝化		不得使直径等于 $0.18t_2$ 的圆棒通过		

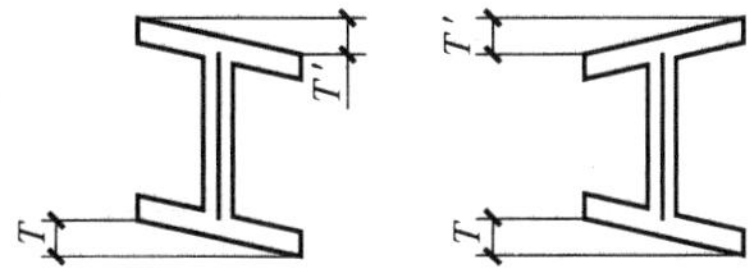

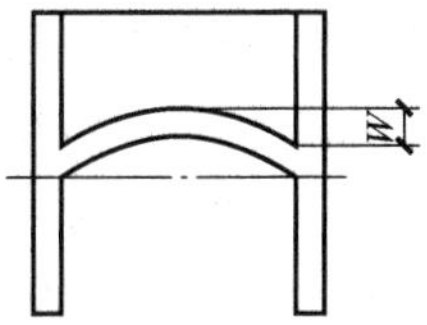

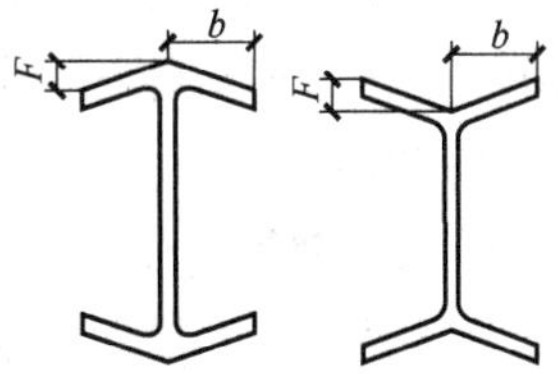

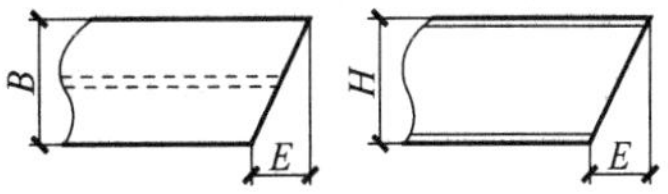

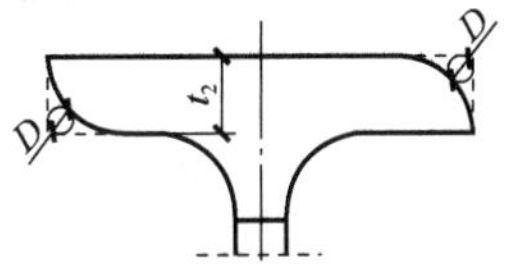

注：1. 尺寸和形状的测量部位见图示。

2. 弯曲度沿翼缘端部测量。

（3）部分 T 型钢的部分尺寸、外形及允许偏差（表 2-70）

表 2-70　部分 T 型钢的尺寸、外形及允许偏差　　（单位：mm）

项目		允许偏差	图示
高度 h（按型号）	<200	+4.0 −6.0	
	≥200 ~ <300	+5.0 −7.0	
	≥300	+6.0 −8.0	
翼缘弯曲 F'	连接部位	$F'\leqslant B/200$ 且 $F'\leqslant 1.5$	
	一般部位　$B\leqslant150$ $B>150$	$F'\leqslant 2.0$ $F'\leqslant \frac{B}{150}$	

注：其他部位的允许偏差，按对应 H 型钢规格的部位允许偏差。

2.3.2　钢管

钢管是一种具有中空截面、周边没有接缝的长条钢材，用于输送流体和粉状固体、交换热能、制造机械零件和容器；用钢管制造建筑结构网架、支柱和机械支架，可以减轻重量，节省金属 20% ~40%，而且可实现工厂化机械化施工。用钢管制造公路桥梁不但可节省钢材、简化施工，而且可大大减少涂保护层的面积，节约投资和维护费用。并在建筑施工中用的钢脚手架等用钢管制造的环形零件，可提高材料利用率。钢管可分为无缝钢管和有缝钢管两大类。有缝钢管简称为直缝钢管。有缝钢管分为《低压流体输送用焊接钢管》（GB/T 3091—2015）、《普通流体输送管道埋弧焊钢管》（SYT 5037—2018）、普通管系用镀锌钢管（JIS G3442—2004）。

1. 普通无缝钢管（GB/T 17395—2008）

普通无缝钢管是大量用作输送流体的管道，如输送石油、天然气、煤气、水及某些固体物料的管道等。为建筑工程中的重要材料。无缝钢管分为普通无缝钢管、精密无缝钢管和不锈无缝钢管三类；钢管的外径又分为三个系列，系列 1 为标准化钢管，系列 2 为非标准化为主的钢管，系列 3 是特殊用途钢管。

（1）普通无缝钢管的外径和壁厚及单位长度理论重量（表 2-71）

表 2-71　普通无缝钢管的外径和壁厚及单位长度理论重量

外径/mm			壁厚/mm															
系列1	系列2	系列3	0.25	0.30	0.40	0.50	0.60	0.80	1.0	1.2	1.4	1.5	1.6	1.8	2.0	2.2 (2.3)	2.5 (2.6)	2.8
			单位长度理论重量[①]/(kg/m)															
—	6	—	0.035	0.042	0.055	0.068	0.080	0.103	0.123	0.142	0.159	0.166	0.174	0.186	0.197	—	—	—

（续）

外径/mm			壁厚/mm															
系列1	系列2	系列3	0.25	0.30	0.40	0.50	0.60	0.80	1.0	1.2	1.4	1.5	1.6	1.8	2.0	2.2 (2.3)	2.5 (2.6)	2.8
			单位长度理论重量①/(kg/m)															
—	7	—	0.042	0.050	0.065	0.080	0.095	0.122	0.148	0.172	0.193	0.203	0.213	0.231	0.247	0.260	0.277	—
—	8	—	0.048	0.057	0.075	0.092	0.109	0.142	0.173	0.201	0.228	0.240	0.253	0.275	0.296	0.315	0.339	—
—	9	—	0.054	0.064	0.085	0.105	0.124	0.162	0.197	0.231	0.262	0.277	0.292	0.320	0.345	0.369	0.401	0.428
10 (10.2)	—	—	0.060	0.072	0.095	0.117	0.139	0.182	0.222	0.260	0.297	0.314	0.331	0.364	0.395	0.423	0.462	0.497
—	11	—	0.066	0.079	0.105	0.129	0.154	0.201	0.247	0.290	0.331	0.351	0.371	0.408	0.444	0.477	0.524	0.566
—	12	—	0.072	0.087	0.114	0.142	0.169	0.221	0.271	0.320	0.366	0.388	0.410	0.453	0.493	0.532	0.586	0.635
—	13 (12.7)	—	0.079	0.094	0.124	0.154	0.183	0.241	0.296	0.349	0.401	0.425	0.450	0.497	0.543	0.586	0.647	0.704
13.5	—	—	0.082	0.098	0.129	0.160	0.191	0.251	0.308	0.364	0.418	0.444	0.470	0.519	0.567	0.613	0.678	0.739
—	—	14	0.085	0.101	0.134	0.166	0.198	0.260	0.321	0.379	0.435	0.462	0.489	0.542	0.592	0.640	0.709	0.773
—	16	—	0.097	0.116	0.154	0.191	0.228	0.300	0.370	0.438	0.504	0.536	0.568	0.630	0.691	0.749	0.832	0.911
17 (17.2)	—	—	0.103	0.124	0.164	0.203	0.243	0.320	0.395	0.468	0.539	0.573	0.608	0.675	0.740	0.803	0.894	0.981
—	—	18	0.109	0.131	0.174	0.216	0.257	0.339	0.419	0.497	0.573	0.610	0.647	0.719	0.789	0.857	0.956	1.05
—	19	—	0.116	0.138	0.183	0.228	0.272	0.359	0.444	0.527	0.608	0.647	0.687	0.764	0.838	0.911	1.02	1.12
—	20	—	0.122	0.146	0.193	0.240	0.287	0.379	0.469	0.556	0.642	0.684	0.726	0.808	0.888	0.966	1.08	1.19
21 (21.3)	—	—	—	—	0.203	0.253	0.302	0.399	0.493	0.586	0.677	0.721	0.765	0.852	0.937	1.02	1.14	1.26
—	—	22	—	—	0.213	0.265	0.317	0.418	0.518	0.616	0.711	0.758	0.805	0.897	0.986	1.07	1.20	1.33
—	25	—	—	—	0.243	0.302	0.361	0.477	0.592	0.704	0.815	0.869	0.923	1.03	1.13	1.24	1.39	1.53
—	—	25.4	—	—	0.247	0.307	0.367	0.485	0.602	0.716	0.829	0.884	0.939	1.05	1.15	1.26	1.41	1.56
27 (26.9)	—	—	—	—	0.262	0.327	0.391	0.517	0.641	0.764	0.884	0.943	1.00	1.12	1.23	1.35	1.51	1.67
—	28	—	—	—	0.272	0.339	0.405	0.537	0.666	0.793	0.918	0.980	1.04	1.16	1.28	1.40	1.57	1.74

外径/mm			壁厚/mm															
系列1	系列2	系列3	(2.9) 3.0	3.2	3.5 (3.6)	4.0	4.5	5.0	(5.4) 5.5	6.0	(6.3) 6.5	7.0 (7.1)	7.5	8.0	8.5	(8.8) 9.0	9.5	10
			单位长度理论重量①/(kg/m)															
10 (10.2)	—	—	0.518	0.537	0.561	—	—	—	—	—	—	—	—	—	—	—	—	—
—	11	—	0.592	0.616	0.647	—	—	—	—	—	—	—	—	—	—	—	—	—
—	12	—	0.666	0.694	0.734	0.789	—	—	—	—	—	—	—	—	—	—	—	—
—	13 (12.7)	—	0.740	0.773	0.820	0.888	—	—	—	—	—	—	—	—	—	—	—	—

（续）

外径/mm			壁厚/mm															
系列1	系列2	系列3	(2.9) 3.0	3.2	3.5 (3.6)	4.0	4.5	5.0	(5.4) 5.5	6.0	(6.3) 6.5	7.0 (7.1)	7.5	8.0	8.5	(8.8) 9.0	9.5	10
			单位长度理论重量①/(kg/m)															
13.5	—	—	0.777	0.813	0.863	0.937	—	—	—	—	—	—	—	—	—	—	—	—
—	—	14	0.814	0.852	0.906	0.986	—	—	—	—	—	—	—	—	—	—	—	—
—	16	—	0.962	1.01	1.08	1.18	1.28	1.36	—	—	—	—	—	—	—	—	—	—
17 (17.2)	—	—	1.04	1.09	1.17	1.28	1.39	1.48	—	—	—	—	—	—	—	—	—	—
—	—	18	1.11	1.17	1.25	1.38	1.50	1.60	—	—	—	—	—	—	—	—	—	—
—	19	—	1.18	1.25	1.34	1.48	1.61	1.73	1.83	1.92	—	—	—	—	—	—	—	—
—	20	—	1.26	1.33	1.42	1.58	1.72	1.85	1.97	2.07	—	—	—	—	—	—	—	—
21 (21.3)	—	—	1.33	1.40	1.51	1.68	1.83	1.97	2.10	2.22	—	—	—	—	—	—	—	—
—	—	22	1.41	1.48	1.60	1.78	1.94	2.10	2.24	2.37	—	—	—	—	—	—	—	—
—	25	—	1.63	1.72	1.86	2.07	2.28	2.47	2.64	2.81	2.97	3.11	—	—	—	—	—	—
—	—	25.4	1.66	1.75	1.89	2.11	2.32	2.52	2.70	2.87	3.03	3.18	—	—	—	—	—	—
27 (26.9)	—	—	1.78	1.88	2.03	2.27	2.50	2.71	2.92	3.11	3.29	3.45	—	—	—	—	—	—
—	28	—	1.85	1.96	2.11	2.37	2.61	2.84	3.05	3.26	3.45	3.63	—	—	—	—	—	—

注：括号内尺寸为相应的 ISO 4200 的规格。

①理论重量按公式（1）计算，钢的密度为 7.85kg/dm^3。

（2）精密无缝钢管的外径和壁厚及单位长度理论重量（表 2-72）

表 2-72　精密钢管的外径和壁厚及单位长度理论重量　　（单位：mm）

外径/mm		壁厚/mm																				
系列2	系列3	0.5	(0.8)	1.0	(1.2)	1.5	(1.8)	2.0	(2.2)	2.5	(2.8)	3.0	(3.5)	4	(4.5)	5	(5.5)	6	(7)	8	(9)	10
		单位长度理论重量①/(kg/m)																				
4	—	0.043	0.063	0.074	0.083	—	—	—	—	—	—	—	—	—	—	—	—	—	—	—	—	—
5	—	0.055	0.083	0.099	0.112	—	—	—	—	—	—	—	—	—	—	—	—	—	—	—	—	—
6	—	0.068	0.103	0.123	0.142	0.166	0.186	0.197	—	—	—	—	—	—	—	—	—	—	—	—	—	—
B	—	0.092	0.142	0.173	0.201	0.240	0.275	0.296	0.315	0.339	—	—	—	—	—	—	—	—	—	—	—	—
10	—	0.117	0.182	0.222	0.260	0.314	0.364	0.395	0.423	0.462	—	—	—	—	—	—	—	—	—	—	—	—
12	—	0.142	0.221	0.271	0.320	0.388	0.453	0.493	0.532	0.586	0.635	0.666	—	—	—	—	—	—	—	—	—	—
12.7	—	0.150	0.235	0.289	0.340	0.414	0.484	0.528	0.570	0.629	0.684	0.718	—	—	—	—	—	—	—	—	—	—

（续）

外径/mm		壁厚/mm																				
系列2	系列3	0.5	(0.8)	1.0	(1.2)	1.5	(1.8)	2.0	(2.2)	2.5	(2.8)	3.0	(3.5)	4	(4.5)	5	(5.5)	6	(7)	8	(9)	10
		单位长度理论重量①/(kg/m)																				
—	14	0.166	0.260	0.321	0.379	0.462	0.542	0.592	0.640	0.709	0.773	0.814	0.906	—	—	—	—	—	—	—	—	—
16	—	0.191	0.300	0.370	0.438	0.536	0.630	0.691	0.749	0.832	0.511	0.962	1.08	1.18	—	—	—	—	—	—	—	—
—	18	0.216	0.339	0.419	0.497	0.610	0.719	0.789	0.857	0.956	1.05	1.11	1.25	1.38	1.50	—	—	—	—	—	—	—
20	—	0.240	0.379	0.469	0.556	0.684	0.808	0.888	0.966	1.08	1.19	1.26	1.42	1.58	1.72	1.85	—	—	—	—	—	—
—	22	0.265	0.418	0.518	0.616	0.758	0.897	0.986	1.07	1.20	1.33	1.41	1.60	1.78	1.94	2.10	—	—	—	—	—	—
25	—	0.302	0.477	0.592	0.704	0.869	1.03	1.13	1.24	1.39	1.53	1.63	1.86	2.07	2.28	2.47	2.64	2.81	—	—	—	—
—	28	0.339	0.537	0.666	0.793	0.980	1.16	1.28	1.40	1.57	1.74	1.85	2.11	2.37	2.61	2.84	3.05	3.26	3.63	3.95	—	—
—	30	0.364	0.576	0.715	0.852	1.05	1.25	1.38	1.51	1.70	1.88	2.00	2.29	2.56	2.83	3.08	3.32	3.55	3.97	4.34	—	—
32	—	0.388	0.616	0.765	0.911	1.13	1.34	1.48	1.62	1.82	2.02	2.15	2.46	2.76	3.05	3.33	3.59	3.85	4.32	4.74	—	—
—	35	0.425	0.675	0.838	1.00	1.24	1.47	1.63	1.78	2.00	2.22	2.37	2.72	3.06	3.38	3.70	4.00	4.29	4.83	5.33	—	—
38	—	0.462	0.734	0.912	1.09	1.35	1.61	1.78	1.94	2.19	2.43	2.59	2.98	3.35	3.72	4.07	4.41	4.74	5.35	5.92	6.44	6.91
40	—	0.487	0.773	0.962	1.15	1.42	1.70	1.87	2.05	2.31	2.57	2.74	3.15	3.55	3.94	4.32	4.68	5.03	5.70	6.31	6.88	7.40
42	—	—	0.813	1.01	1.21	1.50	1.78	1.97	2.16	2.44	2.71	2.89	3.32	3.75	4.16	4.56	4.95	5.33	6.04	6.71	7.32	7.89

外径/mm		壁厚/mm																	
系列2	系列3	(0.8)	1.0	(1.2)	1.5	(1.8)	2.0	(2.2)	2.5	(2.8)	3.0	(3.5)	4	(4.5)	5	(5.5)	6	(7)	8
		单位长度理论重量①/(kg/m)																	
—	45	0.872	1.09	1.30	1.61	1.92	2.12	2.32	2.62	2.91	3.11	3.58	4.04	4.49	4.93	5.36	5.77	6.56	7.30
48	—	0.931	1.16	1.38	1.72	2.05	2.27	2.48	2.81	3.12	3.33	3.84	4.34	4.83	5.30	5.76	6.21	7.08	7.89
50	—	0.971	1.21	1.44	1.79	2.14	2.37	2.59	2.93	3.26	3.43	4.01	4.54	5.05	5.55	6.04	6.51	7.42	8.29
—	55	1.07	1.33	1.59	1.98	2.36	2.61	2.86	3.24	3.60	3.85	4.45	5.03	5.60	6.17	6.71	7.25	8.29	9.27
60	—	1.17	1.46	1.74	2.16	2.58	2.86	3.14	3.55	3.95	4.22	4.88	5.52	6.16	6.78	7.39	7.99	9.15	10.26
63	—	1.23	1.53	1.83	2.28	2.72	3.01	3.30	3.73	4.16	4.44	5.14	5.82	6.49	7.15	7.80	8.43	9.67	10.85
70	—	1.37	1.70	2.04	2.53	3.03	3.35	3.68	4.16	4.64	4.96	5.74	6.51	7.27	8.02	8.75	9.47	10.88	12.23
76	—	1.48	1.85	2.21	2.76	3.29	3.65	4.00	4.53	5.05	5.40	6.26	7.10	7.93	8.75	9.56	10.35	11.91	13.42
80	—	1.56	1.95	2.33	2.90	3.47	3.85	4.22	4.78	5.33	5.70	6.60	7.50	8.38	9.25	10.11	10.95	12.60	14.21
—	90	—	—	2.63	3.27	3.92	4.34	4.76	5.39	6.02	6.44	7.47	8.48	9.49	10.48	11.46	12.43	14.33	16.18
100	—	—	—	2.92	3.64	4.36	4.83	5.31	6.01	6.71	7.18	8.33	9.47	10.60	11.71	12.82	13.91	16.05	18.15
—	110	—	—	3.22	4.01	4.80	5.33	5.85	6.63	7.40	7.92	9.19	10.46	11.71	12.95	14.17	15.39	17.78	20.12
120	—	—	—	—	—	5.25	5.82	6.39	7.24	8.09	8.66	10.06	11.44	12.82	14.18	15.53	16.87	19.51	22.10
130	—	—	—	—	—	5.69	6.31	6.93	7.86	8.78	9.40	10.92	12.43	13.93	15.41	16.89	18.35	21.23	24.07

（续）

外径/mm		壁厚/mm																	
系列2	系列3	(0.8)	1.0	(1.2)	1.5	(1.8)	2.0	(2.2)	2.5	(2.8)	3.0	(3.5)	4	(4.5)	5	(5.5)	6	(7)	8
		单位长度理论重量①/(kg/m)																	
—	140	—	—	—	—	6.13	6.81	7.48	8.48	9.47	10.14	11.78	13.42	15.04	16.65	18.24	19.83	22.96	26.04
150	—	—	—	—	—	6.58	7.30	8.02	9.09	10.16	10.88	12.65	14.40	16.15	17.88	19.60	21.31	24.69	28.02
160	—	—	—	—	—	7.02	7.79	8.56	9.71	10.86	11.62	13.51	15.39	17.26	19.11	20.96	22.79	26.41	29.99
170	—	—	—	—	—	—	—	—	—	—	—	14.37	16.38	18.37	20.35	22.31	24.27	28.14	31.96
—	180	—	—	—	—	—	—	—	—	—	—	—	—	—	21.58	23.67	25.75	29.87	33.93
190	—	—	—	—	—	—	—	—	—	—	—	—	—	—	—	25.03	27.23	31.59	35.91
200	—	—	—	—	—	—	—	—	—	—	—	—	—	—	—	—	28.71	33.32	37.88
—	220	—	—	—	—	—	—	—	—	—	—	—	—	—	—	—	—	36.77	41.83

外径/mm		壁厚/mm														
系列2	系列3	(9)	10	(11)	12.5	(14)	16	(18)	20	(22)	25	—	—	—	—	—
		单位长度理论重量①/(kg/m)														
—	45	7.99	8.63	9.22	10.02	—	—	—	—	—	—	—	—	—	—	—
48	—	8.66	9.37	10.04	10.94	—	—	—	—	—	—	—	—	—	—	—
50	—	9.10	9.86	10.58	11.56	—	—	—	—	—	—	—	—	—	—	—
—	55	10.21	11.10	11.94	13.10	14.16	—	—	—	—	—	—	—	—	—	—
60	—	11.32	12.33	13.29	14.64	15.88	17.36	—	—	—	—	—	—	—	—	—
63	—	11.99	13.07	14.11	15.57	16.92	18.55	—	—	—	—	—	—	—	—	—
70	—	13.54	14.80	16.01	17.73	19.33	21.31	—	—	—	—	—	—	—	—	—
76	—	14.87	16.28	17.63	19.58	21.41	23.68	—	—	—	—	—	—	—	—	—
80	—	15.76	17.26	18.72	20.81	22.79	25.25	27.52	—	—	—	—	—	—	—	—
—	90	17.98	19.73	21.43	23.89	26.24	29.20	31.96	34.53	36.89	—	—	—	—	—	—
100	—	20.20	22.20	24.14	26.97	29.69	33.15	36.40	39.46	42.32	46.24	—	—	—	—	—
—	110	22.42	24.66	26.86	30.06	33.15	37.09	40.84	44.39	47.74	52.41	—	—	—	—	—
120	—	24.64	27.13	29.57	33.14	36.60	41.04	45.28	49.32	53.17	58.57	—	—	—	—	—
130	—	26.86	29.59	32.28	36.22	40.05	44.98	49.72	54.26	58.60	64.74	—	—	—	—	—
—	140	29.08	32.06	34.99	39.30	43.50	48.93	54.16	59.19	64.02	70.90	—	—	—	—	—
150	—	31.30	34.53	37.71	42.39	46.96	52.87	58.60	64.12	69.45	77.07					
160	—	33.52	36.99	40.42	45.47	50.41	56.82	63.03	69.05	74.87	83.23	—	—	—	—	—
170	—	35.73	39.46	43.13	48.55	53.86	60.77	67.47	73.98	80.30	89.40	—	—	—	—	—
—	180	37.95	41.92	45.85	51.64	57.31	64.71	71.91	78.92	85.72	95.56	—	—	—	—	—
190	—	40.17	44.39	48.56	54.72	60.77	68.66	76.35	83.85	91.15	101.73	—	—	—	—	—
200	—	42.39	46.86	51.27	57.80	64.22	72.50	80.79	88.78	96.57	107.89	—	—	—	—	—
—	220	46.83	51.79	56.70	63.97	71.12	80.50	89.67	98.65	107.43	120.23	—	—	—	—	—

注：括号内尺寸不推荐使用。

①理论重量按公式（1）计算，钢的密度为$7.85\times10^3kg/m^3$。

（3）不锈钢无缝钢管的壁厚允许偏差及全长允许偏差（表2-73a、b）

表2-73a　不锈钢无缝钢管的壁厚允许偏差　　（单位：mm）

偏差等级		壁厚允许偏差			
		S/D>0.1	0.05<S/D≤0.1	0.025<S/D≤0.05	S/D≤0.025
S1		±15.0%S 或 ±0.60，取其中的较大值			
S2	A	±12.5%S 或 ±0.40，取其中的较大值			
	B	-12.5%S			
S3	A	±10.0%S 或 ±0.20，取其中的较大值			
	B	±10%S 或 ±0.40，取其中的较大值	±12.5%S 或 ±0.40，取其中的较大值	±15.0%S 或 ±0.40，取其中的较大值	
	C	-10%S			
S4	A	±7.5%S 或 ±0.15，取其中的较大值			
	B	±7.5%S 或 ±0.20，取其中的较大值	±10.0%S 或 ±0.20，取其中的较大值	±12.5%S 或 ±0.20，取其中的较大值	±15.0%S 或 ±0.20，取其中的较大值
S5		±5.0%S 或 ±0.10，取其中的较大值			

注：S为钢管的公称壁厚，D为钢管的公称外径。

表2-73b　全长允许偏差　　（单位：mm）

偏差等级	全长允许偏差
L1	+20 0
L2	+15 0
L3	+10 0
L4	+5 0

（4）无缝钢管的允许偏差

1）标准化及非标准化外径允许偏差见表2-74。

表2-74　标准化及非标准化外径允许偏差　　（单位：mm）

偏差等级	标准化外径允许偏差	偏差等级	非标准化外径允许偏差
D1	±1.5%D 或 ±0.75，取其中的较大值	ND1	+1.25%D -1.5%D
D2	±1.0%D 或 ±0.50，取其中的较大值	ND2	±1.25%D
D3	±0.75%D 或 ±0.30，取其中的较大值	ND3	+1.25%D -1%D
D4	±0.5%D 或 ±0.10，取其中的较大值	ND4	±0.8%D

2）标准化及非标准化壁厚允许偏差见表2-75a、b。

表2-75a　标准化壁厚允许偏差　　（单位：mm）

<table>
<tr><th colspan="2" rowspan="2">偏差等级</th><th colspan="4">壁厚允许偏差</th></tr>
<tr><th>S/D >0.1</th><th>0.05 < S/D≤0.1</th><th>0.025 < S/D≤0.05</th><th>S/D≤0.025</th></tr>
<tr><td colspan="2">S1</td><td colspan="4">±15.0%S 或 ±0.60，取其中的较大值</td></tr>
<tr><td rowspan="2">S2</td><td>A</td><td colspan="4">±12.5%S 或 ±0.40，取其中的较大值</td></tr>
<tr><td>B</td><td colspan="4">-12.5%S</td></tr>
<tr><td rowspan="3">S3</td><td>A</td><td colspan="4">±10.0%S 或 ±0.20，取其中的较大值</td></tr>
<tr><td>B</td><td>±10%S 或 ±0.40，取其中的较大值</td><td>±12.5%S 或 ±0.40，取其中的较大值</td><td colspan="2">±15.0%S 或 ±0.40，取其中的较大值</td></tr>
<tr><td>C</td><td colspan="4">-10%S</td></tr>
<tr><td rowspan="2">S4</td><td>A</td><td colspan="4">±7.5%S 或 ±0.15，取其中的较大值</td></tr>
<tr><td>B</td><td>±7.5%S 或 ±0.20，取其中的较大值</td><td>±10.0%S 或 ±0.20，取其中的较大值</td><td>±12.5%S 或 ±0.20，取其中的较大值</td><td>±15.0%S 或 ±0.20，取其中的较大值</td></tr>
<tr><td colspan="2">S5</td><td colspan="4">±5.0%S 或 ±0.10，取其中的较大值</td></tr>
</table>

表2-75b　非标准化壁厚允许偏差　　（单位：mm）

偏差等级	非标准化壁厚允许偏差
NS1	+15.0%S -12.5%S
NS2	+15.0%S -10.0%S
NS3	+12.5%S -10.0%S
NS4	+12.5%S -7.5%S

3）无缝钢管的圆度和重量允许偏差见表2-76。

表2-76　无缝钢管的圆度和重量允许偏差

圆度允许偏差（%）		重量允许偏差（%）	
圆度等级	不大于外径允许偏差	偏差等级	单根钢管重量允许偏差
NR1	80	W1	±10
NR2	70	W2	±7.5
NR3	60	W3	+10 -5

（续）

圆度允许偏差（%）		重量允许偏差（%）	
圆度等级	不大于外径允许偏差	偏差等级	单根钢管重量允许偏差
NR4	50	W4	+10 -3.5
		W5	+6.5 -3.5

注：按理论重量交货的钢管，每批不小于10t钢管的理论重量和实际重量允许偏差为±7.5%或±5%。

4）无缝钢管的长度允许偏差见表2-77。

表2-77 无缝钢管的长度允许偏差

全长允许偏差/mm		全长弯曲度（%）		每米弯曲度/(mm/m)	
偏差等级	允许偏差	弯曲度等级	允许偏差	弯曲度等级	允许偏差
L1 L2 L3	0~20 0~10 0~5	E1	≤0.20	F1	≤3.0
		E2	≤0.15	F2	≤2.0
		E3	≤0.10	F3	≤1.5
		E4	≤0.08	F4	≤1.0
		E5	≤0.06	F5	≤0.5

注：1. 钢管一般以通过长度交货，通常长度为：热轧（扩）管3~12m，热轧（扩）管2~10.5m，热轧短尺寸管的长度>2m，冷轧短尺寸管的长度≥1m。

2. 特殊用途钢管，如不锈耐酸钢极薄壁钢管，小直径钢管等的长度要求可另行规定。

3. 定尺长度和倍尺长度应在通常长度范围内，全长允许偏差分为3级，每个倍尺长度按下述规定留出切口余量，外径≤159mm：5~10mm；外径≥159mm：10~15mm。

2. 结构用无缝钢管（GB/T 8162—2018）

结构用无缝钢管是用于一般结构和机械结构的无缝钢管。材质主要为碳素钢和低合金钢及合金钢，如20、45、Q345、20Cr、40Cr、20CrMo、35CrMo、42CrMo等，用于制造大厅结构、海栈桥、机场结构、船坞、安全门框、车库门、加强衬钢门窗、室内隔断墙、电缆桥架结构和高速公路安全警卫、栏杆、装修、住宅、装饰用的管道。

（1）结构用无缝钢管的尺寸规格（表2-78）

表2-78 结构用无缝钢管的尺寸规格

名称	参数
外径和壁厚	应符合GB/T 17395—2008“无缝钢管”的规定
长度	热轧钢管为3~12m；冷拔钢管为2~10m
弯曲度	厚度≤15mm时，≤1.5mm/m
	厚度>15~30mm时，≤2.0mm/m
	厚度>30mm或外径≥351mm时，≤3.0mm/m

（2）结构用无缝钢管的外径和壁厚允许偏差（表2-79）

表 2-79　结构用无缝钢管的外径和壁厚允许偏差

种类	钢管尺寸/mm		允许偏差/mm	
			普通级	高级
热轧（挤压，扩）钢管	外径 D	<50	±0.50	±0.40
		≥50	±1%	±0.75%
	壁厚 S	<4	12.5% 最小值为±0.4	±10% 最小值为±0.3
		≥4~20	+15%，-12.5%	±10%
		>20	±12.5%	±10%
冷拔（轧）钢管	壁厚 S	≤3	$^{+15\%S}_{-10\%S}$ 或±0.15，取其中较大者	
		>3~10	+12.5%S -10%S	
		>10	±10%S	

注：对外径不小于35mm的热轧管，壁厚允许偏差为±18%。

（3）结构用无缝钢管中合金钢钢管的力学性能（表2-80）

表 2-80　结构用无缝钢管中合金钢钢管的力学性能

序号	牌号	推荐的热处理制度[①]					拉伸性能[②]			钢管退火或高温回火交货状态布氏硬度HBW
		淬火（正火）			回火		抗拉强度 R_m /MPa	下屈服强度[⑦] R_{eL} /MPa	断后伸长率 A（%）	
		温度/℃ 第一次	温度/℃ 第二次	冷却剂	温度/℃	冷却剂	不小于			不大于
1	40Mn2	840	—	水、油	540	水、油	885	735	12	217
2	45Mn2	840	—	水、油	550	水、油	885	735	10	217
3	27SiMn	920	—	水	450	水、油	980	835	12	217
4	40MnB[③]	850	—	油	500	水、油	980	785	10	207
5	45MnB[③]	840	—	油	500	水、油	1030	835	9	217
6	20Mn2B[③、⑥]	880	—	油	200	水、空	980	785	10	187
7	20Cr[④、⑥]	880	800	水、油	200	水、空	835	540	10	179
							785	490	10	179
8	30Cr	860	—	油	500	水、油	885	685	11	187
9	35Cr	860	—	油	500	水、油	930	735	11	207
10	40Cr	850	—	油	520	水、油	980	785	9	207
11	45Cr	840	—	油	520	水、油	1030	835	9	217
12	50Cr	830	—	油	520	水、油	1080	930	9	229
13	38CrSi	900	—	油	600	水、油	980	835	12	255
14	20CrMo[③、⑥]	880	—	水、油	500	水、油	885	685	11	197
							845	635	12	197

（续）

序号	牌号	推荐的热处理制度①					拉伸性能②			钢管退火或高温回火交货状态布氏硬度 HBW
		淬火（正火）			回火		抗拉强度 R_m /MPa	下屈服强度⑦ R_{eL} /MPa	断后伸长率 A （%）	
		温度/℃		冷却剂	温度/℃	冷却剂				
		第一次	第二次				不小于			不大于
15	35CrMo	850	—	油	550	水、油	980	835	12	229
16	42CrMo	850	—	油	560	水、油	1080	930	12	217
17	38CrMoAl④	940	—	水、油	640	水、油	980	835	12	229
							930	785	14	229
18	50CrVA	860	—	油	500	水、油	1275	1130	10	255
19	20CrMn	850	—	油	200	水、空	930	735	10	187
20	20CrMnSi⑥	880	—	油	480	水、油	785	635	12	207
21	30CrMnSi⑥	880	—	油	520	水、油	1080	885	8	220
							980	835	10	229
22	35CrMnSiA⑥	880	—	油	230	水、空	1620	—	9	229
23	20CrMnTi④、⑥	880	870	油	200	水、空	1080	835	10	217
24	30CrMnTi④、⑥	880	850	油	200	水、空	1470	—	9	229
25	12CrNi2	860	780	水、油	200	水、空	785	590	12	207
26	12CrNi3	860	780	油	200	水、空	930	685	11	217
27	12Cr2Ni4	860	780	油	200	水、空	1080	835	10	269
28	40CrNiMoA	850	—	油	600	水、油	980	835	12	269
29	45CrNiMoVA	860	—	油	460	油	1470	1325	7	269

①表中所列热处理温度允许调整范围：淬火±15℃，低温回火±20℃，高温回火±50℃。

②拉伸试验时，可截取横向或纵向试样，有异议时，以纵向试样为仲裁依据。

③含硼钢在淬火前可先正火，正火温度应不高于其淬火温度。

④按需方指定的一组数据交货，当需方未指定时，可按其中任一组数据交货。

⑤含铬锰钛钢第一次淬火可用正火代替。

⑥于280～320℃等温淬火。

⑦拉伸试验时，如不能测定 R_{eL}，可测定 $R_{p0.2}$ 代替 R_{eL}。

3. 结构用不锈钢无缝钢管（GB/T 14975—2012）

结构用不锈钢无缝钢管是采用热轧（挤、扩）和冷拔（轧）制成的无缝钢管。广泛用于制造建筑、化工、石油、轻纺、医疗、食品、机械等工业的耐腐蚀管道和结构件及零部件。

（1）结构用不锈钢无缝钢管的公称外径和公称壁厚允许偏差（表2-81）

表 2-81　结构用不锈钢无缝钢管的公称外径和公称壁厚允许偏差　（单位：mm）

热轧（挤、扩）钢管			
尺寸		允许偏差	
		普通级 PA	高级 PC
公称外径 *D*	<76.1	±1.25%*D*	±0.60
	76.1～<139.7		±0.80
	139.7～<273.1	±1.5%*D*	±1.20
	273.1～<323.9		±1.60
	≥323.9		±0.6%*D*
公称壁厚 *S*	所有壁厚	+15%*S* −12.5%*S*	±12.5%*S*

冷拔（轧）钢管			
尺寸		允许偏差	
		普通级 PA	高级 PC
公称外径 *D*	<12.7	±0.30	±0.10
	12.7～<38.1	±0.30	±0.15
	38.1～<88.9	±0.40	±0.30
	88.9～<139.7	±0.9%*D*	±0.40
	139.7～<203.2		±0.80
	203.2～<219.1		±1.10
	219.1～<323.9		±1.60
	≥323.9		±0.5%*D*
公称壁厚 *S*	所有壁厚	+12.5%*S* −10%*S*	±10%*S*

（2）结构用不锈钢无缝钢管的全长允许偏差（表 2-82）

表 2-82　结构用不锈钢无缝钢管的全长允许偏差

全长允许偏差等级	全长允许偏差/mm
L1	0～20
L2	0～10
L3	0～5

注：特殊用途的钢管，如公称外径与公称壁厚之比大于或等于 10 的不锈耐酸钢极薄壁钢管、直径≤30mm 的小直径钢管的长度偏差，可由供需双方协议规定，其范围长度应在通常长度范围内。

4. 输送流体用无缝钢管（GB/T 8163—2018）

输送流体用无缝钢管是一种没有焊缝具有中空截面的流体输送钢管。其重量较轻，是一种经济截面钢材，大量用作输送石油、天然气、煤气、自来水及某些固体物料的管道。广泛用于制造结构件和机械零件以及建筑施工中用的钢脚手架等。

（1）输送流体用无缝钢管的尺寸规格（表 2-83）

表 2-83　输送流体用无缝钢管的尺寸规格

名称	数值
外径和壁厚	应符合现行国家标准 GB/T 17395 的规定
长度	通常长度为 3～12m
弯曲度	厚度≤15mm 时，≤1.5mm/m 厚度>15～30mm 时，≤2.0mm/m 厚度>30mm 或外径≥351mm 时，≤3.0mm/m
定尺和倍尺长度	钢管的定尺长度在通常长度范围内，长度允许偏差规定为： 长度≤6000mm 时，其允许偏差为 +30mm 长度>6000mm 时，其允许偏差为 +50mm 钢管的倍尺总长度应在通常长度范围内，全长允许偏差为 +20mm，每个倍尺长度应按下列规定留出切口余量： 外径≤159mm 时，切口余量为 5～10mm 外径>159mm 时，切口余量为 10～15mm

（2）输送流体用无缝钢管的外径和壁厚允许偏差（表2-84）

表2-84 输送流体用无缝钢管的外径和壁厚允许偏差 （单位：mm）

钢管种类	钢管公称外径 D	S/D	壁厚允许偏差
热轧钢管	≤102	—	±12.5%S 或 ±0.4，取其中较大者
	>102	≤0.05	±15%S 或 ±0.4，取其中较大者
		>0.05~0.10	±12.5%S 或 ±0.4，取其中较大者
		>0.10	+12.5%S −10%S
热扩钢管	—		+17.5%S −12.5%S

钢管种类	钢管公称壁厚 S	允许偏差
冷拔（轧）	≤3	+15%S −10%S 或 ±0.15，取其中较大者
	>3~10	+12.5%S −10%S
	>10	±10%S

（3）输送流体用无缝钢管的力学性能（表2-85）

表2-85 输送流体用无缝钢管的力学性能

牌号	质量等级	拉伸性能			冲击试验	
		抗拉强度 R_m /MPa	下屈服强度① R_{eL}/MPa 不小于	断后伸长率 A（%）不小于	试验温度 /℃	吸收能量 KV_2/J 不小于
10	—	335~475	205	24	—	—
20	—	410~530	245	20	—	—
Q345	A	470~630	345	20	—	—
	B				+20	34
	C			21	0	
	D				−20	
	E				−40	27
Q390	A	490~650	390	18	—	—
	B				+20	34
	C			19	0	
	D				−20	
	E				−40	27
Q420	A	520~680	420	18	—	—
	B				+20	34
	C			19	0	
	D				−20	
	E				−40	27

（续）

<table>
<tr><th rowspan="2">牌号</th><th rowspan="2">质量
等级</th><th colspan="3">拉伸性能</th><th colspan="2">冲击试验</th></tr>
<tr><th>抗拉强度 R_m
/MPa</th><th>下屈服强度①
R_{eL}/MPa
不小于</th><th>断后伸长率 A
(%)
不小于</th><th>试验温度
/℃</th><th>吸收能量
KV_2/J
不小于</th></tr>
<tr><td rowspan="3">Q460</td><td>C</td><td rowspan="3">550～720</td><td rowspan="3">460</td><td rowspan="3">17</td><td>0</td><td rowspan="2">34</td></tr>
<tr><td>D</td><td>-20</td></tr>
<tr><td>E</td><td>-40</td><td>27</td></tr>
</table>

①拉伸试验时，如不能测定 R_{eL}，可测定 $R_{p0.2}$代替 R_{eL}。

5. 输送流体用不锈钢无缝钢管（GB/T 14976—2012）

输送流体用不锈钢无缝钢管是用不锈钢热轧（挤、扩）和冷拔而形成的钢管。对钢中磷含量的规定严于国外标准；力学性能中的 σ_b、$\sigma_{P0.2}$ 严于国外标准，是用于输送水、油、气等流体的一般无缝钢管。

（1）输送流体用不锈钢无缝钢管的尺寸规格（表 2-86）

表 2-86 输送流体用不锈钢无缝钢管的尺寸规格

名称	参数
外径和壁厚	应符合现行国家标准 GB/T 17395 的规定
长度	热轧（挤、扩）钢管为 2～12m；冷拔（轧）钢管为 1～12m
定尺和倍尺长度	钢管的定尺长度在通常长度范围内，长度允许偏差规定为三级。每个倍尺长度应按下列规定留出切口余量： 外径≤159mm 时，其切口余量为 5～10mm 外径＞159mm 时，其切口余量为 10～15mm
弯曲度	钢管全长弯曲度应不大于钢管总长的 0.15%，钢管的每米弯曲度不大于： 壁厚≤15mm 时，1.5mm/m；壁厚＞15mm 时，2.0mm/m；热扩钢管，3.0mm/m

（2）输送流体用不锈钢无缝钢管的全长允许偏差（表 2-87）

表 2-87 输送流体用不锈钢无缝钢管的全长允许偏差

全长允许偏差等级	全长允许偏差/mm
L1	0～20
L2	0～10
L3	0～5

注：1. 特殊用途的钢管，如公称外径与公称壁厚之比大于或等于 10 的不锈耐酸钢极薄壁钢管、直径≤30mm 的小直径钢管的长度偏差，可由供需双方协议规定，其范围长度应在通常长度范围内。

2. 钢管的圆度和壁厚不均应分别不超过公称外径和公称壁厚公差的 80%。

（3）输送流体用不锈钢无缝钢管的尺寸允许偏差（表 2-88）

表2-88　输送流体用不锈钢无缝钢管的尺寸允许偏差　（单位：mm）

<table>
<tr><th colspan="4">热轧（挤、扩）钢管</th><th colspan="4">冷拔（轧）钢管</th></tr>
<tr><th colspan="2" rowspan="2">尺寸</th><th colspan="2">允许偏差</th><th colspan="2" rowspan="2">尺寸</th><th colspan="2">允许偏差</th></tr>
<tr><th>普通级 PA</th><th>高级 PC</th><th>普通级 PA</th><th>高级 PC</th></tr>
<tr><td rowspan="5">公称外径
D</td><td rowspan="4">68～159</td><td rowspan="4">±1.25%D</td><td rowspan="5">±1%D</td><td rowspan="5">公称外径
D</td><td>6～10</td><td>±0.20</td><td>±0.15</td></tr>
<tr><td>>10～30</td><td>±0.30</td><td>±0.20</td></tr>
<tr><td>>30～50</td><td>±0.40</td><td>±0.30</td></tr>
<tr><td>>50～219</td><td>±0.85%D</td><td>±0.75%D</td></tr>
<tr><td>>159</td><td>±1.5%D</td><td>>219</td><td>±0.9%D</td><td>±0.8%D</td></tr>
<tr><td rowspan="2">公称壁厚
S</td><td><15</td><td>+15%S
-12.5%S</td><td rowspan="2">±12.5%S</td><td rowspan="2">公称壁厚
S</td><td>≤3</td><td>±12%S</td><td>±10%S</td></tr>
<tr><td>≥15</td><td>+20%S
-15%S</td><td>>3</td><td>+12.5%S
-10%S</td><td>±10%S</td></tr>
</table>

（4）不锈钢小直径无缝钢管的外径和壁厚（表2-89）

表2-89　不锈钢小直径无缝钢管的外径和壁厚　（单位：mm）

外径	壁厚	外径	壁厚	外径	壁厚	外径	壁厚
0.30	0.10	0.80	0.10～0.25	2.80	0.10～1.00	4.50	0.10～1.00
0.35	0.10	0.90	0.10～0.30	3.00	0.10～1.00	4.80	0.10～1.00
0.40	0.10，0.15	1.00	0.10～0.35	3.20	0.10～1.00	5.00	0.10～1.00
0.45	0.10，0.15	1.20	0.10～0.45	3.40	0.10～1.00	5.50	0.15～1.00
0.50	0.10，0.15	1.60	0.10～0.55	3.60	0.10～1.00	6.00	0.15～0.45
0.55	0.10，0.15	2.00	0.10～0.70	3.80	0.10～1.00		
0.60	0.10～0.20	2.20	0.10～0.80	4.00	0.10～1.00		
0.70	0.10～0.25	2.50	0.10～1.00	4.20	0.10～1.00		

注：1. 壁厚系列：0.10，0.15，0.20，0.25，0.30，0.35，0.40，0.45，0.50，0.55，0.60，0.70，0.80，0.90，1.00mm。
2. 钢管的通常长度为500～4000mm。
3. 钢管以硬态交货。如需方要求软态或半冷硬状态交货须在合同中注明。

6. 低压流体输送用焊接钢管（GB/T 3091—2015）

低压流体输送用焊接钢管也称作一般焊管，俗称黑管。是用于输送水、煤气、空气、油和取暖蒸汽等一般较低压力流体和其他用途的焊接钢管。钢管接壁厚分为普通钢管和加厚钢管；接管端形式分为不带螺纹钢管（光管）和带螺纹钢管。钢管的规格用公称口径（mm）表示，公称口径是内径的近似值。主要用于输送流体，还大量用作低压流体输送用镀锌焊接钢管的原管。

（1）低压流体输送用焊接钢管和镀锌焊接钢管的分类（表2-90）

表2-90　低压流体输送用焊接钢管和镀锌焊接钢管的分类

<table>
<tr><th rowspan="2">名称</th><th colspan="2">分类方法</th><th rowspan="2">名称</th><th colspan="2">分类方法</th></tr>
<tr><th>按壁厚分类</th><th>按管端形式分类</th><th>按壁厚分类</th><th>按管端形式分类</th></tr>
<tr><td rowspan="2">低压流体输送用焊接钢管①②</td><td>普通钢管</td><td>不带螺纹钢管</td><td rowspan="2">低压流体输送用焊接镀锌钢管</td><td>普通镀锌钢管</td><td>不带螺纹镀锌钢管</td></tr>
<tr><td>加厚钢管</td><td>带螺纹钢管</td><td>加厚镀锌钢管</td><td>带螺纹镀锌钢管</td></tr>
</table>

（续）

①低压流体输送管道用螺旋缝埋弧焊钢管是以带钢卷板为原材料，经常温挤压成型，以自动双丝双面埋弧焊工艺焊接而成的螺旋缝钢管。一般应用于焊接成管道进行流体输送、金属结构、桩基等。产品广泛应用于自来水工程、石化工业、化学工业、电力工业、农业灌溉、城市建设。作液体输送用：给水、排水；作气体输送用：煤气、蒸汽、液化石油气；作结构用：作打桩管、作桥梁；码头、道路、建筑结构用钢管等

②普通管系用镀锌钢管俗称白管。用较窄的坯料生产管径不同的焊管。生产成本较低，工艺简单，经过防腐处理的螺旋缝埋弧焊钢管，易生产大口径管，以适用不同的需要。主要用于输送水、煤气、空气、油和取暖蒸汽等一般较低压力液体或作其他用

（2）低压流体输送用焊接钢管和镀锌焊接钢管的尺寸规格（表2-91）

表2-91　低压流体输送用焊接钢管和镀锌焊接钢管的尺寸规格

公称口径（DN）	外径（*D*）			最小公称壁厚 *t*	圆度不大于
	系列1	系列2	系列3		
6	10.2	10.0	—	2.0	0.20
8	13.5	12.7	—	2.0	0.20
10	17.2	16.0	—	2.2	0.20
15	21.3	20.8	—	2.2	0.30
20	26.9	26.0	—	2.2	0.35
25	33.7	33.0	32.5	2.5	0.40
32	42.4	42.0	41.5	2.5	0.40
40	48.3	48.0	47.5	2.75	0.50
50	60.3	59.5	59.0	3.0	0.60
65	76.1	75.5	75.0	3.0	0.60
80	88.9	88.5	88.0	3.25	0.70
100	114.3	114.0	—	3.25	0.80
125	139.7	141.3	140.0	3.5	1.00
150	165.1	168.3	159.0	3.5	1.20
200	219.1	219.0	—	4.0	1.60

注：1. 表中的公称口径系近似内径的名义尺寸，不表示外径减去两倍壁厚所得的内径。

2. 系列1是通用系列，属推荐选用系列；系列2是非通用系列；系列3是少数特殊、专用系列。

（3）低压流体输送用镀锌焊接钢管的外径和壁厚允许偏差（表2-92）

表2-92　低压流体输送用镀锌焊接钢管的外径和壁厚允许偏差　（单位：mm）

公称外径（*D*）	管体外径允许偏差	管端外径（距管端100mm范围内）	壁厚（*t*）允许偏差
$D \leqslant 48.3$	±0.50	—	±10.0%
$48.3 < D \leqslant 273.1$	±1.0%*D*	—	
$273.1 < D \leqslant 508$	±0.75%*D*	+2.4，-0.8	
$D > 508$	±1.0%*D*或±10.0，两者取较小值	+3.2，-0.8	

（4）镀锌焊接钢管比焊接钢管增加的质量系数（表2-93）

表 **2-93** 镀锌焊接钢管比焊接钢管增加的质量系数 （单位：mm）

公称口径	外径	镀锌钢管比焊接钢管增加的重量系数 C		公称口径	外径	镀锌钢管比焊接钢管增加的重量系数 C	
		普通钢管	加厚钢管			普通钢管	加厚钢管
6	10	1.064	1.059	40	48	1.036	1.030
8	13.5	1.056	1.046	50	60	1.036	1.028
10	17.0	1.056	1.046	65	75.5	1.034	1.028
15	21.3	1.047	1.039	80	88.5	1.032	1.027
20	26.8	1.046	1.039	100	114.0	1.032	1.026
25	33.5	1.039	1.032	125	140.0	1.028	1.023
32	42.3	1.039	1.032	150	165	1.028	1.023

2.3.3 钢丝和钢丝绳

1. 冷拔圆钢丝、方钢丝及六角钢丝（GB/T 342—2017）

（1）冷拔圆钢丝的公称尺寸、截面面积及理论重量（表2-94）

表 2-94 冷拔圆钢丝的公称尺寸、截面面积及理论重量

公称尺寸①/mm	圆形		方形		六角形	
	截面面积/mm²	理论重量②（kg/1000m）	截面面积/mm²	理论重量②（kg/1000m）	截面面积/mm²	理论重量②（kg/1000m）
0.050	0.0020	0.016	—	—	—	—
0.053	0.0024	0.019	—	—	—	—
0.063	0.0031	0.024	—	—	—	—
0.070	0.0038	0.030	—	—	—	—
0.080	0.0050	0.039	—	—	—	—
0.090	0.0064	0.050	—	—	—	—
0.10	0.0079	0.062	—	—	—	—
0.11	0.0095	0.075	—	—	—	—
0.12	0.0113	0.089	—	—	—	—
0.14	0.0154	0.121	—	—	—	—
0.16	0.0201	0.158	—	—	—	—
0.18	0.0254	0.199	—	—	—	—
0.20	0.0314	0.246	—	—	—	—
0.22	0.0380	0.298	—	—	—	—
0.25	0.0491	0.385	—	—	—	—
0.28	0.0616	0.484	—	—	—	—
0.32	0.0804	0.631	—	—	—	—
0.35	0.096	0.754	—	—	—	—
0.40	0.126	0.989	—	—	—	—

（续）

公称尺寸[①]/mm	圆形		方形		六角形	
	截面面积/mm^2	理论重量[②]（kg/1000m）	截面面积/mm^2	理论重量[②]（kg/1000m）	截面面积/mm^2	理论重量[②]（kg/1000m）
0.45	0.159	1.248	—	—	—	—
0.50	0.196	1.539	0.250	1.962	—	—
0.55	0.238	1.868	0.302	2.371	—	—
0.63	0.312	2.447	0.397	3.116	—	—
0.70	0.385	3.021	0.490	3.846	—	—
0.80	0.503	3.948	0.640	5.024	—	—
0.90	0.636	4.993	0.810	6.358	—	—
1.00	0.785	6.162	1.000	7.850	—	—
1.12	0.985	7.733	1.254	9.847	—	—
1.25	1.227	9.633	1.563	12.27	—	—
1.40	1.539	12.08	1.960	15.39	—	—
1.60	2.011	15.79	2.560	20.10	2.217	17.40
1.80	2.545	19.98	3.240	25.43	2.806	22.03
2.00	3.142	24.66	4.000	31.40	3.464	27.20
2.24	3.941	30.94	5.018	39.39	4.345	34.11
2.50	4.909	38.54	6.250	49.06	5.413	42.49
2.80	6.158	48.34	7.840	61.54	6.790	53.30
3.15	7.793	61.18	9.923	77.89	8.593	67.46
3.55	9.898	77.70	12.60	98.93	10.91	85.68
4.00	12.57	98.67	16.00	125.6	13.86	108.8
4.50	15.90	124.8	20.25	159.0	17.54	137.7
5.00	19.64	154.2	25.60	196.2	21.65	170.0
5.60	24.63	193.3	31.36	246.2	27.16	213.2
6.30	31.17	244.7	39.69	311.6	34.38	269.9
7.10	39.59	310.8	50.41	395.7	43.66	342.7
8.00	50.27	394.6	64.00	502.4	55.43	435.1
9.00	63.62	499.4	81.00	635.8	70.15	550.7
10.0	78.54	616.5	100.00	785.0	86.61	679.9
11.0	95.03	746.0	—	—	—	—
12.0	113.1	887.8	—	—	—	—
14.0	153.9	1208.1	—	—	—	—
16.0	201.1	1578.6	—	—	—	—
18.0	254.5	1997.8	—	—	—	—
20.0	314.2	2466.5	—	—	—	—

注：表内公称尺寸一栏，对于圆钢丝表示直径，对于方钢丝表示边长，对于六角钢丝表示对边距离，以下各表相同。

①表中的钢丝公称尺寸系列采用 GB/T 321—2005 标准中的 R20 优先数系；

②表中的理论重量是按密度为 7.85g/cm^3 计算，圆周率 π 取标准值，对特殊合金钢丝，在计算理论重量时应采用相应牌号的密度。

（2）冷拔圆钢丝、方钢丝和六角钢丝的长度允许偏差

冷拔圆钢丝、方钢丝和六角钢丝的长度允许偏差在交货时有严格的要求，合同双方应共同遵守（表 2-95）。

表 2-95　冷拔圆钢丝、方钢丝和六角钢丝的长度允许偏差

直条钢丝长度 L/mm	长度允许偏差		
	Ⅰ级	Ⅱ级	Ⅲ级
$L\leqslant300$	±0.50	±0.50%L	±1.00%L
$300<L\leqslant1000$	±1.00		
$L>1000$	±0.10%L		

（3）冷拔圆钢丝、方钢丝和六角钢丝的公称尺寸允许偏差（表 2-96）

表 2-96　冷拔圆钢丝、方钢丝和六角钢丝的公称尺寸允许偏差

公称尺寸 D/mm	允许偏差级别				
	8	9	10	11	12
	允许偏差/mm				
$0.05\leqslant D<0.10$	±0.002	±0.005	±0.006	±0.010	±0.015
$0.10\leqslant D<0.30$	±0.003	±0.006	±0.009	±0.010	±0.022
$0.30\leqslant D<0.60$	±0.004	±0.009	±0.013	±0.018	±0.030
$0.60\leqslant D<1.00$	±0.005	±0.011	±0.018	±0.023	±0.035
$1.00\leqslant D<3.00$	±0.007	±0.012	±0.020	±0.030	±0.050
$3.00\leqslant D<6.00$	±0.009	±0.015	±0.024	±0.037	±0.060
$6.00\leqslant D<10.0$	±0.011	±0.018	±0.029	±0.045	±0.075
$10.0\leqslant D<16.0$	±0.013	±0.021	±0.035	±0.055	±0.090
$16.0\leqslant D\leqslant20.0$	±0.016	±0.026	±0.042	±0.065	±0.105

注：表中的允许偏差级别参见 GB/T 1800.1—2009 中表 1。

2. 银亮钢丝（GB/T 3207—2008）

（1）银亮钢丝的公称直径、截面面积及理论重量（表 2-97）

表 2-97　银亮钢丝的公称直径、截面面积及理论重量

公称直径 d/mm	参考截面面积/mm^2	参考重量/(kg/1000m)	公称直径 d/mm	参考截面面积/mm^2	参考重量/(kg/1000m)	公称直径 d/mm	参考截面面积/mm^2	参考重量/(kg/1000m)
1.00	0.7854	6.17	2.50	4.909	38.5	6.00	28.27	222
1.10	0.9503	7.46	2.80	6.158	48.4	6.30	31.17	244
1.20	1.131	8.88	3.00	7.069	55.5	7.0	38.48	302
1.40	1.539	12.1	3.20	8.042	63.1	7.5	44.18	347
1.50	1.767	13.9	3.50	9.621	75.5	8.0	50.27	395
1.60	2.001	15.8	4.00	12.57	98.6	8.5	56.75	445
1.80	2.545	19.9	4.50	15.90	125	9.0	63.62	499
2.00	3.142	24.7	5.00	19.63	154	9.5	70.88	556
2.20	3.801	29.8	5.50	23.76	187	10.0	78.54	617

（续）

公称直径 d/mm	参考截面面积/mm^2	参考重量/(kg/1000m)	公称直径 d/mm	参考截面面积/mm^2	参考重量/(kg/1000m)	公称直径 d/mm	参考截面面积/mm^2	参考重量/(kg/1000m)
10.5	86.59	680	34.0	907.9	7.13	90.0	6362	49.9
11.0	95.03	746	35.0	962.1	7.55	95.0	7088	55.6
11.5	103.9	815	36.0	1018	7.99	100.0	7854	61.7
12.0	113.1	888	38.0	1134	8.90	105.0	8659	68.0
13.0	132.7	1.04	40.0	1257	9.90	110.0	9503	74.6
14.0	153.9	1.21	42.0	1385	10.9	115.0	10390	81.5
15.0	176.7	1.39	45.0	1590	12.5	120.0	11310	88.8
16.0	201.1	1.58	48.0	1810	14.2	125.0	12270	96.3
17.0	227.0	1.78	50.0	1963	15.4	130.0	13270	104
18.0	254.5	2.00	53.0	2206	17.3	135.0	14310	112
19.0	283.5	2.23	55.0	2376	18.6	140.0	15390	121
20.0	314.2	2.47	56.0	2463	19.3	145.0	16510	130
21.0	346.4	2.72	58.0	2642	20.7	150.0	17670	139
22.0	380.1	2.98	60.0	2827	22.2	155.0	18870	148
24.0	452.4	3.55	63.0	3117	24.5	160.0	20110	158
25.0	490.9	3.85	65.0	3318	26.0	165.0	21380	168
26.0	530.9	4.17	68.0	3632	28.5	170.0	22700	178
28.0	615.8	4.83	70.0	3848	30.2	175.0	24050	189
30.0	706.9	5.55	75.0	4418	34.7	180.0	25450	200
32.0	804.2	6.31	80.0	5027	39.5			
33.0	855.3	6.71	85.0	5675	44.5			

注：表中的参考重量是按密度为7.85g/cm^3 计算的。

（2）银亮钢丝的长度允许偏差（表2-98）

表2-98　银亮钢丝的长度允许偏差

直径/mm	通常长度/m
≤30.0	2～6
>30.0	2～7

（3）银亮钢丝的直径允许偏差（表2-99）

表2-99　银亮钢丝的直径允许偏差　（单位：mm）

公称直径	允许偏差							
	6（h6）	7（h7）	8（h8）	9（h9）	10（h10）	11（h11）	12（h12）	13（h13）
1.0～3.0	0 -0.006	0 -0.010	0 -0.014	0 -0.025	0 -0.040	0 -0.060	0 -0.10	0 -0.14
>3.0～6.0	0 -0.008	0 -0.012	0 -0.018	0 -0.030	0 -0.048	0 —0.075	0 -0.12	0 -0.18

（续）

公称直径	允许偏差							
	6（h6）	7（h7）	8（h8）	9（h9）	10（h10）	11（h11）	12（h12）	13（h13）
>6.0～10.0	0 -0.009	0 -0.015	0 -0.022	0 -0.036	0 -0.058	0 -0.090	0 -0.150	0 -0.22
>10.0～18.0	0 -0.011	0 -0.018	0 -0.027	0 -0.043	0 -0.070	0 -0.11	0 -0.18	0 -0.27
>18.0～30.0	0 -0.013	0 -0.021	0 -0.033	0 -0.052	0 -0.084	0 -0.13	0 -0.21	0 -0.33
>30.0～50.0	0 -0.016	0 -0.025	0 -0.039	0 -0.062	0 -0.100	0 -0.16	0 -0.25	0 -0.39
>50.0～80.0	0 -0.019	0 -0.030	0 -0.046	0 -0.074	0 -0.12	0 -0.19	0 -0.30	0 -0.46
>80.0～120.0	0 -0.022	0 -0.035	0 -0.054	0 -0.087	0 -0.14	0 -0.22	0 -0.35	0 -0.54
>120.0～180.0	0 -0.025	0 -0.040	0 -0.063	0 -0.100	0 -0.16	0 -0.25	0 -0.40	0 -0.63

（4）银亮钢丝的外形和平直度（表 2-100）

表 2-100　银亮钢丝的外形和平直度

外形	
钢丝通常以直条供货，直径≤10mm 的钢丝允许以盘卷供应 银亮钢丝的椭圆度≤直径允许公差的 1/2	
平直度	
状态	每米平直度≤
剥皮材，SF	1mm
磨光材，SP	2mm
抛光材，SB	1mm

注：钢丝端部应剪切平直，不得有飞刺；也可根据用户要求，端部可倒角交货。

3. 一般用途低碳钢丝（YB/T 5294—2009）

（1）一般用途钢丝的分类及代号（表 2-101）

表 2-101　一般用途钢丝的分类及代号

分类方法	类别	分类代号
按用途分类	普通用钢丝	—
	制钉用钢丝	
	建筑用钢丝	
按交货状态分类	冷拉钢丝	WCD
	退火钢丝	TA
	镀锌钢丝	SZ

（2）一般用途低碳钢丝的捆重及最低重量（表2-102）

表2-102　一般用途低碳钢丝的捆重及最低重量

<table>
<tr><th rowspan="2">钢丝公称直径/mm</th><th colspan="3">标准捆</th><th rowspan="2">非标准捆最低重量/kg</th></tr>
<tr><th>捆重/kg</th><th>每捆焊接头数量不多于</th><th>单根最低重量/kg</th></tr>
<tr><td>≤0.30</td><td>5</td><td>6</td><td>0.5</td><td>0.5</td></tr>
<tr><td>>0.30～0.50</td><td>10</td><td>5</td><td>1</td><td>1</td></tr>
<tr><td>>0.50～1.00</td><td>25</td><td>4</td><td>2</td><td>2</td></tr>
<tr><td>>1.00～1.20</td><td>25</td><td>3</td><td>3</td><td>3</td></tr>
<tr><td>>1.20～3.00</td><td>50</td><td>3</td><td>4</td><td>4</td></tr>
<tr><td>>3.00～4.50</td><td>50</td><td>2</td><td>6</td><td>10</td></tr>
<tr><td>>4.50～6.00</td><td>50</td><td>2</td><td>6</td><td>12</td></tr>
</table>

（3）一般用途低碳钢丝的直径及允许偏差（表2-103）

表2-103　一般用途低碳钢丝的直径及允许偏差　　（单位：mm）

钢丝公称直径	允许偏差	钢丝公称直径	允许偏差
≤0.30	±0.01	>1.60～3.00	±0.04
>0.30～1.00	±0.02	>3.00～6.00	±0.05
>1.00～1.60	±0.03	>6.00	±0.06

（4）一般用途低碳钢丝的力学性能

冷拉普通用钢丝、制钉用钢丝、建筑用钢丝、退火钢丝、镀锌钢丝的力学性能应符合（表2-104）的规定。

表2-104　一般用途低碳钢丝的力学性能

<table>
<tr><th rowspan="2">公称直径/mm</th><th colspan="5">抗拉强度/MPa</th><th colspan="2">180°弯曲试验/次</th><th colspan="2">伸长率（%）（标距100mm）</th></tr>
<tr><th>冷拉普通钢丝</th><th>制钉用钢丝</th><th>建筑用钢丝</th><th>退火钢丝</th><th>镀锌钢丝</th><th>冷拉普通钢丝</th><th>建筑用钢丝</th><th>建筑用钢丝</th><th>镀锌钢丝</th></tr>
<tr><td>≤0.30</td><td>≤980</td><td>—</td><td>—</td><td rowspan="9">295～540</td><td rowspan="9">295～540</td><td rowspan="2">见注</td><td>—</td><td>—</td><td rowspan="2">≥10</td></tr>
<tr><td>>0.30～0.80</td><td>≤980</td><td>—</td><td>—</td><td>—</td><td>—</td></tr>
<tr><td>>0.80～1.20</td><td>≤980</td><td>880～1320</td><td>—</td><td rowspan="3">≥6</td><td>—</td><td>—</td><td rowspan="7">≥12</td></tr>
<tr><td>>1.20～1.80</td><td>≤1060</td><td>785～1220</td><td>—</td><td>—</td><td>—</td></tr>
<tr><td>>1.80～2.50</td><td>≤1010</td><td>735～1170</td><td>—</td><td>—</td><td>—</td></tr>
<tr><td>>2.50～3.50</td><td>≤960</td><td>685～1120</td><td>≥550</td><td rowspan="3">≥4</td><td rowspan="3">≥4</td><td rowspan="3">≥2</td></tr>
<tr><td>>3.50～5.00</td><td>≤890</td><td>590～1030</td><td>≥550</td></tr>
<tr><td>>5.00～6.00</td><td>≤790</td><td>540～930</td><td>≥550</td></tr>
<tr><td>>6.00</td><td>≤690</td><td>—</td><td>—</td><td>—</td><td>—</td><td>—</td></tr>
</table>

注：对于直径小于或等于0.80mm的冷拉普通用钢丝用打结拉伸试验代替弯曲试验。打结钢丝进行拉伸试验时所能承受的拉力不低于不打结破断拉力的50%。

（5）一般用途低碳钢丝的表面质量与包装（表2-105）

表 2-105 一般用途低碳钢丝的表面质量与包装

表面质量
钢丝表面不应有裂纹、斑疤、折叠、竹节及明显的纵向拉痕且钢丝出厂时表面不得有锈蚀 退火钢丝表面允许有氧化膜 镀锌钢丝表面不应有未镀锌的地方，表面应呈基本一致的金属光泽
包装
镀锌钢丝的外包装应内衬防潮纸或塑料膜，外用塑料编织物包装，不允许有外露钢丝 直径≥1.60mm 的钢丝，应采用直径为 1.6～2.00mm 的镀锌软钢丝捆扎 直径<1.60mm 的钢丝，应采用直径为 1.2～1.60mm 的镀锌软钢丝捆扎 非镀锌钢丝可用光面软质钢丝捆扎 冷拉普通钢丝可以涂防锈油或防锈剂出厂 直径<0.50mm 的钢丝，可根据双方协议可将钢丝绕在线轴交货

4. 碳素工具钢丝（YB/T 5322—2010）

（1）碳素工具钢丝的分类及代号（表 2-106）

表 2-106 碳素工具钢丝的分类及代号

分类方法	类别	分类代号
按钢丝交货状态分类	冷拉钢丝 磨光钢丝 退火钢丝	WCD SP A
按交货形状分类	盘状 直条	—

注：钢丝交货状态及形状应在合同中注明，未注明时，按盘状交货。

（2）碳素工具钢丝直条钢丝的长度及允许偏差（表 2-107）

表 2-107 碳素工具钢丝直条钢丝的长度及允许偏差

公称直径/mm	通常长度/m	短尺	
		长度/m	数量
1.00～3.00	1.00～2.00	0.80	不超过每批重量的 15%
3.00～6.00	2.00～3.50	1.20	
>6.00～16.00	2.00～4.00	1.50	

（3）碳素工具钢丝的表面质量与盘重允许偏差（表 2-108）

表 2-108 碳素工具钢丝的表面质量与盘重允许偏差

表面质量
钢丝的不圆度不得超过其公称直径公差的 1/2 直条钢丝的每米平直度不得大于 4mm 直条钢丝的端部不得有飞刺 钢丝盘应规整，钢丝不得有紊乱丝圈或“∞”字形

（续）

盘重及允许偏差	
钢丝公称直径/mm	每盘重量（不小于）/kg
1.00～1.50	1.50
>1.50～3.00	5.00
>3.00～4.50	8.00
>4.50	10.00

5. 不锈钢丝（GB/T 4240—2019）

（1）不锈钢丝的尺寸规格（表2-109）

表2-109　不锈钢丝的尺寸规格

成品状态	尺寸范围/mm
软态 轻拉 冷拉	0.05～16.0 0.30～16.0 0.10～12.0

注：1. 直条钢丝的长度及允许偏差应符合GB/T 342—2017中表6的Ⅱ级规定。
2. 圆钢丝的不圆度不得大于直径公差的1/2。
3. 钢丝盘应规整，钢丝不得有紊乱丝圈或“∞”字形。

（2）不锈钢丝盘的规格（表2-110）

表2-110　不锈钢丝盘的规格　（单位：mm）

钢丝公称尺寸	钢丝盘卷内径 不小于
0.05～0.50 >0.50～1.50 >1.50～3.00 >3.00～6.00 >6.00～12.0 >12.0～16.0	线轴或150 200 250 400 600 800

6. 冷镦钢丝（GB/T 5953.1—2009）

（1）冷镦钢丝的尺寸规格（表2-111）

表2-111　冷镦钢丝的尺寸规格

项目	参数
尺寸规格	钢丝的直径为1.00～45.0mm 钢丝的直径及其允许偏差应符合GB/T 342—2017表2中10级的规定 钢丝直径在合同中注明，未注明者按Ⅱ级精度交货 退火供应，磨光以及直条状供应，其长度及允许偏差应符合现行国家标准GB/T 3207的规定
外形	钢丝以盘状交货。直径小于8.00mm的钢丝，经需方要求，并在合同中注明可以直条交货，其长度应为2～6m，直条钢丝的每米平直度不得大于2mm/m

（2）冷镦钢丝的盘重（表2-112）

表 2-112　冷镦钢丝的盘重

公称直径 d/mm	最小盘重/kg	公称直径 d/mm	最小盘重/kg
1.00 ~ 2.00	10.00	>4.00 ~ 9.00	30.00
>2.00 ~ 4.00	15.00	>9.00	50.00

7. 钢丝绳（GB/T 20118—2017）

钢丝绳是将几何尺寸与力学性能符合要求的钢丝按照一定的规则捻制在一起的螺旋状钢丝束，由钢丝、绳芯及润滑脂组成。在物料搬运机械中，作提升、牵引、拉紧和承载之用。钢丝绳的强度高、自重轻、工作平稳、不易骤然整根折断。

（1）一般用途钢丝绳

1）一般用途钢丝绳的分类见表 2-113。

表 2-113　一般用途钢丝绳的分类

类别（不含绳芯）	钢丝绳			外层股			
	股数	外层股数	股层数	钢丝数	外层钢丝数	钢丝层数	股捻制类型
4×19	4	4	1	15 ~ 26	7 ~ 12	2 ~ 3	平行捻
4×36	4	4	1	29 ~ 57	12 ~ 18	3 ~ 4	平行捻
6×7	6	6	1	5 ~ 9	4 ~ 8	1	单捻
6×12	6	6	1	12	12	1	单捻
6×15	6	6	1	15	15	1	单捻
6×19	6	6	1	15 ~ 26	7 ~ 12	2 ~ 3	平行捻
6×24	6	6	1	24	12 ~ 16	2 ~ 3	平行捻
6×36	6	6	1	29 ~ 57	12 ~ 18	3 ~ 4	平行捻
6×19M	6	6	1	12 ~ 19	9 ~ 12	2	多工序点接触
6×24M	6	6	1	24	12 ~ 16	2	多工序点接触
6×37M	6	6	1	27 ~ 37	16 ~ 18	3	多工序点接触
6×61M	6	6	1	45 ~ 61	18 ~ 24	4	多工序点接触
8×19M	8	8	1	12 ~ 19	9 ~ 12	2	多工序点接触
8×37M	8	8	1	27 ~ 37	16 ~ 18	3	多工序点接触
8×7	8	8	1	5 ~ 9	4 ~ 8	1	单捻
8×19	8	8	1	15 ~ 26	7 ~ 12	2 ~ 3	平行捻
8×36	8	8	1	29 ~ 57	12 ~ 18	3 ~ 4	平行捻
异形股钢丝绳							
6×V7	6	6	1	7 ~ 9	7 ~ 9	1	单捻
6×V19	6	6	1	21 ~ 24	10 ~ 14	2	多工序点接触/平行捻
6×V37	6	6	1	27 ~ 33	15 ~ 18	2	多工序点接触/平行捻
6×V8	6	6	1	8 ~ 9	8 ~ 9	1	单捻
6×V25	6	6	1	15 ~ 31	9 ~ 18	2	平行捻
4×V39	4	4	1	39 ~ 48	15 ~ 18	3	多工序复合捻

注：1. 对于 6×V8 和 6×V25 三角股钢丝绳，其股芯是独立三角形股芯，所有股芯钢丝记为一股，当用 1×7-3、3×2-3 或 6/等股芯时，其股芯钢丝根数计算到钢丝绳股结构中。

2. 6×29F 结构钢丝绳归为 6×36 类。

2）一般用途钢丝绳的绳、股的捻距和捻制质量见表2-114。

表2-114 一般用途钢丝绳的绳、股的捻距和捻制质量

钢丝绳、股的捻距			
类别	捻距倍数≤		捻股质量检测
	点接触	线接触	
钢丝绳 单股钢丝绳 四股钢丝绳	8 10.5 —	7.25 — 9	钢丝绳应捻制均匀、紧密；钢芯和股芯的尺寸应具有足够的支持强度以使外层包捻的钢丝能均匀捻制，股相邻钢丝之间允许有较均匀的间隙。钢丝绳的钢丝接头应少，直径大于0.40mm的钢丝应用对焊连接，小于或等于0.40mm的钢丝用对焊连接或插接，各连接点在股内的最小距离不得少于钢丝绳直径的18倍

3）一般用途钢丝绳的尺寸规格见表2-115。

表2-115 一般用途钢丝绳的尺寸规格

钢丝绳类型	钢丝绳公称直径 D/mm	允许偏差（%）		圆度 不大于（%）D	
		钢芯或纤维芯的钢丝绳	股含纤维芯的钢丝绳	钢芯或纤维芯的钢丝绳	股含纤维芯的钢丝绳
圆股钢丝绳	0.6≤D<4	+8 0	—	7	—
	4≤D<6	+7 0	+9 0	6	8
	6≤D<8	+6 0	+8 0	5	7
	D≥8	+5 0	+7 0	4	6
异形股钢丝绳	D≥18	+6 0	+6 0	4	4
单股钢丝绳	D≥0.6	+4 0	—	3	—

（2）重要用途钢丝绳（GB/T 8918—2006）

1）重要用途钢丝绳的分类见表2-116。

表2-116 重要用途钢丝绳的分类

组别	类别		分类原则	典型结构		直径范围
				钢丝绳	股绳	mm
1	圆股钢丝绳	6×7	6个圆股，每股外层丝可到7根，中心丝（或无）外捻制1~2层钢丝，钢丝等捻距	6×7 6×9W	(1+6) (3+3/3)	8~36 14~36
2		6×19	6个圆股，每股外层丝8~12根，中心丝外捻制2~3层钢丝，钢丝等捻距	6×19S 6×19W 6×25Fi 6×26WS 6×31WS	(1+9+9) (1+6+6/6) (1+6+6F+12) (1+5+5/5+10) (1+6+6/6+12)	12~36 12~40 12~44 20~40 22~46

（续）

组别	类别		分类原则	典型结构		直径范围
				钢丝绳	股绳	mm
3	圆股钢丝绳	6×37	6个圆股，每股外层丝14～18根，中心丝外捻制3～4层钢丝，钢丝等捻距	6×29Fi 6×36WS 6×37S（点线接触） 6×41WS 6×49SWS 6×55SWS	(1+7+7F+14) (1+7+7/7+14) (1+6+15+15) (1+8+8/8+16) (1+8+8+8/8+16) (1+9+9+9/9+18)	14～44 18～60 20～60 32～56 36～60 36～64
4		8×19	8个圆股，每股外层丝8～12根，中心丝外捻制2～3层钢丝，钢丝等捻距	8×19S 8×19W 8×25Fi 8×26WS 8×31WS	(1+9+9) (1+6+6/6) (1+6+6F+12) (1+5+5/5+10) (1+6+6/6+12)	20～44 18～48 16～52 24～48 26～56
5		8×37	8个圆股，每股外层丝14～18根，中心丝外捻的3～4层钢丝，钢丝等捻距	8×36WS 8×41WS 8×49SWS 8×55SWS	(1+7+7/7+14) (1+8+8/8+16) (1+8+8+8/8+16) (1+9+9+9/9+18)	22～60 40～56 44～64 44～64
6		18×7	钢丝绳中有17或18个圆股，每股外层丝4～7根，在纤维芯或钢芯外捻制2层股	17×7 18×7	(1+6) (1+6)	12～60 12～60
7		18×19	钢丝绳中有17或18个圆股，每股外层丝8～12根，钢丝等捻距钢丝等捻距，在纤堆芯或钢芯外捻制2层股	18×19W 18×19S	(1+6+6/6) (1+9+9)	24～60 28～60
8		34×7	钢丝绳中有34～36个圆股，每股外层丝可到7根，在纤维芯或钢芯外捻制3层股	34×7 36×7	(1+6) (1+6)	16～60 20～60
9		35W×7	钢丝绳中有24～40个圆股，每股外层丝4～8根，在纤维芯或钢芯（钢丝）外捻制3层股	35W×7 24W×7	(1+6)	16～60
10	异形股钢丝绳	6V×7	6个三角形股，每股外层丝7～9根，三角形股芯外捻制1层钢丝	6V×18 6V×19	(/3×2+3/+9) (/1×7+3/+9)	20～36 20～36
11		6V×19	6个三角形股，每股外层丝10～14根，三角形股芯或纤维芯外捻制2层钢丝	6V×21 6V×24 6V×30 6V×34	(FC+9+12) (FC+12+12) (6+12+12) (/1×7+3/+12+12)	18～36 18～36 20～38 28～44
12		6V×37	6个三角形股，每股外层丝15～18根，三角形股芯外捻制2层钢丝	6V×37 6V×37S 6V×43	(/1×7+3/+12+15) (/1×7+3/+12+15) (/1×7+3/+15+18)	32～52 32～52 38～58

（续）

组别	类别		分类原则	典型结构		直径范围
				钢丝绳	股绳	mm
13	异形股钢丝绳	4V×39	4个扇形股，每股外层丝15～18根，纤维股芯外捻制3层钢丝	4V×39S 4V×48S	(FC+9+15+15) (FC+12+18+18)	16～36 20～40
14		6Q×19+6V×21	钢丝绳中有12～14个股，在6个三角形股外，捻制6～8个椭圆股	6Q×19+6V×21 6Q×33+6V×21	外股（5+14） 内股（FC+9+12） 外股（5+13+15） 内股（FC+9+12）	40～52 40～60

注：1. 13组及11组中异形股钢丝绳中6V×21、6V×24结构仅为纤维绳芯，其余组别的钢丝绳，可由需方指定纤维芯或钢芯。

2. 三角形股芯的结构可以相互代替，或改用其他结构的三角形股芯，但应在订货合同中注明。

2）重要用途钢丝绳的尺寸规格见表2-117。

表2-117　重要用途钢丝绳的尺寸规格

钢丝绳实测直径范围及允许偏差		
钢丝绳公称直径 *D*/mm	允许偏差（%）*D*	圆度＜（%）*D*
	股全部为钢丝的钢丝绳	带纤维股芯的钢丝绳
圆股钢丝绳 8≤*D*＜64 异型股钢丝绳 18≤*D*＜	+5.0 +6.0	4

长度偏差		
公称尺寸/m	允许偏差	说明
≤400 ＞400～1000 ＞1000	0～5% 0～20mm 0～2%	钢丝绳应按订货长度供货，其长度偏差应在国家标准允许的偏差范围内

注：钢丝绳的公称长度应由供需双方在订货合同中注明，所有试样都应包括在订货长度内。

2.3.4　钢板与钢带

钢板是一种宽度与长度之比较大的扁平钢材，工业中应用十分广泛，钢板按厚度分为中厚钢板、薄钢板。其规格用厚度×宽度×长度（或成卷）表示。钢带是宽度较窄、长度很长的薄板，大多成卷供应。

1. 热轧钢板和钢带（GB/T 709—2019）

用连铸板坯或初轧板坯作为原料，经步进式加热炉加热，高压水除鳞后进行粗轧、精轧、终轧后，经过层流冷却和卷取机卷取、成为直发卷。将卷经切头、切尾、切边及多道次的矫直、平整等精整线处理后，再切板或重卷，即成为热轧钢板、平整热轧钢卷、纵切带等产品。热轧精整卷如经酸洗去除氧化皮并涂油后即成热轧酸洗板卷。该产品有局部替代冷轧板的趋向，价格适中，应用广泛。

（1）热轧钢板和钢带的尺寸（表2-118）

表2-118　热轧钢板和钢带的尺寸　（单位：mm）

产品名称	公称厚度	公称宽度	公称长度
单轧钢板	3.00～450	600～5300	2000～25000
宽钢带	≤25.40	600～2200	—
连轧钢板	≤25.40	600～2200	2000～25000
纵切钢带	≤25.40	120～900	—

（2）热轧钢板和钢带的厚度允许偏差

1）单轧钢板的厚度允许偏差（N类、A类、B类、C类）见表2-119。

表2-119　单轧钢板的厚度允许偏差（N类、A类、B类、C类）　（单位：mm）

公称厚度	下列公称宽度的厚度允许偏差															
	≤1500				>1500～2500				>2500～4000				>4000～5300			
	N类	A类	B类	C类	N类	A类	B类	C类	N类	A类	B类	C类	N类	A类	B类	C类
3.00～5.00	±0.45	+0.55 -0.35	+0.60	+0.90	±0.55	+0.70 -0.40	+0.80	+1.10	±0.65	+0.85 -0.45	+1.00	+1.30	—	—	—	—
>5.00～8.00	±0.50	+0.65 -0.35	+0.70	+1.00	±0.60	+0.75 -0.45	+0.90	+1.20	±0.75	+0.95 -0.55	+1.20	+1.50	—	—	—	—
>8.00～15.0	±0.55	+0.70 -0.40	+0.80	+1.10	±0.65	+0.85 -0.45	+1.00	+1.30	±0.80	+1.05 -0.55	+1.30	+1.60	±0.90	+1.20 -0.60	+1.50	+1.80
>15.0～25.0	±0.65	+0.85 -0.45	+1.00	+1.30	±0.75	+1.00 -0.50	+1.20	+1.50	±0.90	+1.15 -0.65	+1.50	+1.80	±1.10	+1.50 -0.70	+1.90	+2.20
>25.0～40.0	±0.70	+0.90 -0.50	+1.10	+1.40	±0.80	+1.05 -0.55	+1.30	+1.60	±1.00	+1.30 -0.70	+1.70	+2.00	±1.20	+1.60 -0.80	+2.10	+2.40
>40.0～60.0	±0.80	+1.05 -0.55	+1.30	+1.60	±0.90	+1.20 -0.60	+1.50	+1.80	±1.10	+1.45 -0.75	+1.90	+2.20	±1.30	+1.70 -0.90	+2.30	+2.60
>60.0～100	±0.90	+1.20 -0.60	+1.50	+1.80	±1.10	+1.50 -0.70	+1.90	+2.20	±1.30	+1.75 -0.85	+2.30	+2.60	±1.50	+2.00 -1.00	+2.70	+3.00
>100～150	±1.20	+1.60 -0.80	+2.10	+2.40	±1.40	+1.90 -0.90	+2.50	+2.80	±1.60	+2.15 -1.05	+2.90	+3.20	±1.80	+2.40 -1.20	+3.30	+3.60
>150～200	±1.40	+1.90 -0.90	+2.50	+2.80	±1.60	+2.20 -1.00	+2.90	+3.20	±1.80	+2.45 -1.15	+3.30	+3.60	±1.90	+2.50 -1.30	+3.50	+3.80
>200～250	±1.60	+2.20 -1.00	+2.90	+3.20	±1.80	+2.40 -1.20	+3.30	+3.60	±2.00	+2.70 -1.30	+3.70	+4.00	±2.20	+3.00 +1.40	+4.10	+4.40
>250～300	±1.80	+2.40 -1.20	+3.30	+3.60	±2.00	+2.70 -1.30	+3.70	+4.00	±2.20	+2.95 -1.45	+4.10	+4.40	±2.40	+3.20 -1.60	+4.50	+4.80
>300～400	±2.00	+2.70 -1.30	+3.70	+4.00	±2.20	+3.00 -1.40	+4.10	+4.40	±2.40	+3.25 -1.55	+4.50	+4.80	±2.60	+3.50 -1.70	+4.90	+5.20
>400～450	协议															

注：B类厚度允许下偏差统一为-0.30mm。

C类厚度允许下偏差统一为0.00mm。

2）钢带（包括连轧钢板）的厚度允许偏差见表 2-120。

表 2-120　钢带（包括连轧钢板）的厚度允许偏差　（单位：mm）

公称厚度	钢带厚度允许偏差							
	普通精度 PT. A				较高精度 PT. B			
	公称宽度				公称宽度			
	600 ~ 1200	>1200 ~ 1500	>1500 ~ 1800	>1800	600 ~ 1200	>1200 ~ 1500	>1500 ~ 1800	>1800
≤1. 50	±0. 17	±0. 19	—	—	±0. 11	±0. 13	—	—
>1. 50 ~ 2. 00	±0. 19	±0. 21	±0. 23	—	±0. 14	±0. 15	±0. 15	—
>2. 00 ~ 2. 50	±0. 20	±0. 23	±0. 25	±0. 28	±0. 15	±0. 17	±0. 19	±0. 22
>2. 50 ~ 3. 00	±0. 22	±0. 24	±0. 26	±0. 29	±0. 17	±0. 19	±0. 21	±0. 23
>3. 00 ~ 4. 00	±0. 24	±0. 26	±0. 29	±0. 30	±0. 19	±0. 20	±0. 23	±0. 24
>4. 00 ~ 5. 00	±0. 26	±0. 29	±0. 31	±0. 32	±0. 21	±0. 23	±0. 24	±0. 25
>5. 00 ~ 6. 00	±0. 29	±0. 31	±0. 32	±0. 34	±0. 23	±0. 24	±0. 25	±0. 28
>6. 00 ~ 8. 00	±0. 32	±0. 33	±0. 34	±0. 39	±0. 25	±0. 26	±0. 28	±0. 31
>8. 00 ~ 10. 00	±0. 35	±0. 36	±0. 37	±0. 44	±0. 29	±0. 29	±0. 30	±0. 35
>10. 00 ~ 12. 50	±0. 39	±0. 40	±0. 41	±0. 47	±0. 31	±0. 32	±0. 33	±0. 40
>12. 50 ~ 15. 00	±0. 41	±0. 42	±0. 44	±0. 51	±0. 33	±0. 34	±0. 36	±0. 43
>15. 00 ~ 25. 40	±0. 44	±0. 46	±0. 50	±0. 55	±0. 35	±0. 37	±0. 41	±0. 46

（3）热轧钢板和钢带的宽度允许偏差（表 2-121a ~ c）

表 2-121a　切边单轧钢板和钢带宽度允许偏差　（单位：mm）

公称厚度	公称宽度	允许偏差
3 ~ 16	≤1500	+10 0
	>1500	+15 0
>16 ~ 400	≤2000	+20 0
	>2000 ~ 3000	+25 0
	>3000	+30 0

表 2-121b　宽钢带（包括连轧钢板）的宽度允许偏差　（单位：mm）

公称宽度	允许偏差
≤1200	+3. 0
>1200 ~ 1500	+5. 0
>1500	+6. 0

表 2-121c　纵切钢带的宽度允许偏差　（单位：mm）

公称宽度	公称厚度		
	≤4.0	>4.0～8.0	>8.0
120～160	+1 0	+2 0	+2.5 0
>160～250	+1 0	+2 0	+2.5 0
>250～600	+2 0	+2.5 0	+3 0
>600～900	+2 0	+2.5 0	+3 0

（4）切边和不切边钢带（包括连轧钢板）的厚度允许偏差（表 2-122a、b）

表 2-122a　切边钢带（包括连轧钢板）的厚度允许偏差　（单位：mm）

公称宽度	允许偏差
<1200	+3 0
>1200～1500	+5 0
>1500	+6 0

表 2-122b　不切边钢带（包括连轧钢板）的厚度允许偏差　（单位：mm）

公称宽度	允许偏差
<1500	+20 0
>1500	+25 0

（5）纵切钢带的宽度允许偏差（表 2-123）

表 2-123　纵切钢带的宽度允许偏差　（单位：mm）

公称宽度	公称厚度		
	≤4.0	>4.0～8.0	>8.0
120～160	+1 0	+2 0	+2.5 0
>160～250	+1 0	+2 0	+2.5 0
>250～600	+2 0	+2.5 0	+3 0
>600～900	+2 0	+2.5 0	+3 0

（6）热轧钢板的长度允许偏差（表2-124a、b）

表2-124a 单轧钢板长度允许偏差 （单位：mm）

公称长度	允许偏差
2000～4000	+20 0
>4000～6000	+30 0
>6000～8000	+40 0
>8000～10000	+50 0
>10000～15000	+75 0
>15000～20000	+100 0
>20000	+0.005×公称长度 0

表2-124b 连轧钢板的长度允许偏差 （单位：mm）

公称长度	允许偏差
>2000～8000	+0.005×公称长度 0
>8000	+40 0

（7）热轧钢板的不平度

1）单轧钢板的不平度见表2-125。

表2-125 单轧钢板的不平度 （单位：mm）

公称厚度	不平度							
	钢类L				钢类H			
	测量长度							
	1000		2000		1000		2000	
	PF. A	PF. B	PF. A	PF. B	PF. A	PF. B	PF. A	PF. B
3.00～5.00	9	5	14	10	12	7	17	14
>5.00～8.00	8	5	12	10	11	7	15	13
>8.00～15.0	7	3	11	6	10	7	14	12
>15.0～25.0	7	3	10	6	10	7	13	11
>25.0～40.0	6	3	9	6	9	7	12	11
>40.0～250	5	3	8	6	8	6	12	10
>250～450	协议							

2）连轧钢板的不平度见表2-126。

表 2-126　连轧钢板的不平度　（单位：mm）

公称厚度	公称宽度	不平度/mm 不大于				
		规定的最小屈服强度 R_e/MPa				
		≤300		>300		
		PF. A	PF. B	>300～360	>360～420	>420
≤2.00	≤1200	18	9	18	23	协议
	>1200～1500	20	10	23	30	
	>1500	25	13	28	38	
>2.00～25.4	≤1200	15	8	18	23	按协议
	>1200～1500	18	9	23	30	
	>1500	23	12	28	38	

（8）热轧钢板和钢带的塔形和脱方度及镰刀弯

1）热轧钢板和钢带的塔形和脱方度见表 2-127。

表 2-127　热轧钢板和钢带的塔形和脱方度　（单位：mm）

公称宽度	切边	不切边
≤1000	20	50
>1000	30	60

注：钢板的脱方度应不大于实际宽度的 1%。

2）热轧钢板和钢带（包括纵切钢带）和连轧钢板的镰刀弯见表 2-128。

表 2-128　热轧钢板和钢带（包括纵切钢带）和连轧钢板的镰刀弯　（单位：mm）

产品类型	公称长度	公称宽度	镰刀弯，不大于		测量长度
			切边	不切边	
连轧钢板	<5000	≥6000	实际长度×0.3%	实际长度×0.4%	实际长度
	≥5000	≥6000	15	20	任意 5000mm 长度
钢带	—	≥6000	15	20	任意 5000mm 长度
	—	<6000	15	—	

2. 碳素结构钢和低合金结构钢热轧钢板和钢带（GB/T 3274—2017）

碳素结构钢和低合金结构钢热轧钢板和钢带的尺寸、种类和外形偏差见表 2-129。

表 2-129　碳素结构钢和低合金结构钢热轧钢板和钢带的尺寸、种类及外形偏差

项目	内容
尺寸、外形、重量及允许偏差	钢板和钢带的尺寸、外形、重量及允许偏差应符合现行国家标准《热轧钢板和钢带的尺寸、外形、重量及允许偏差》GB/T 709 的规定
成品状态	钢板和钢带以热轧、控轧或热处理状态交货
表面质量	钢板和钢带表面不应有结疤、裂纹、折叠、夹杂、气泡和氧化铁皮压入等对使用有害的缺陷，凹凸度不得超过钢板和钢带厚度公差的 1/2，且应保证钢板和钢带允许的最小厚度。钢板表面缺陷允许清理，但清理应保证材料的允许最小厚度。对于钢带可以带缺陷交货，但有缺陷部分不应超过每卷钢带总长度的 6%

（续）

项目	内容
焊接修补	钢板表面存在缺陷以后，经双方协议，可以进行焊接修补，并应满足以下要求： 1）采用适当的焊接方法去除缺陷，钢板焊接部位的边缘不得有咬边或重叠，堆高应高出轧制面 1.5mm 以上，然后用铲平或磨平等方法去除堆高 2）用焊接前铲平或磨平的方法除去钢板上的缺陷，去除部分的深度在钢板公称厚度的 20% 以内，单面修磨面积合计应在钢板面积的 2% 以内 3）热处理钢板焊接修补后应再次进行热处理
检验规则	检验时，应在同一批中最厚钢板上取样。同一批量最小钢板厚度大于 10mm 时，其厚度差应不大于 5mm，同一批量最小钢板厚度不大于 10mm 时，其厚度差应不大于 2mm

3. 碳素结构钢和低合金钢热轧钢板

碳素结构钢和低合金结构钢热轧钢带的尺寸偏差见表 2-130a ~ c。

表 2-130a 钢带厚度允许偏差 （单位：mm）

钢带宽度	公差宽度							
	≤1.5	>1.5 ~ 2.0	>2.0 ~ 4.0	>4.0 ~ 5.0	>4.0 ~ 5.0	>4.0 ~ 5.0	>4.0 ~ 5.0	>4.0 ~ 5.0
<50 ~ 100	0.13	0.15	0.17	0.18	0.19	0.20	0.21	—
≥100 ~ 600	0.15	0.18	0.19	0.20	0.21	0.22	0.24	0.30

表 2-130b 钢带宽度允许偏差 （单位：mm）

钢带宽度	不切边	切边	
		厚度	
		≤3	>3
<200	+2.00 −1.00	±0.5	±0.6
>200 ~ 300	+2.50 −1.00	±0.7	±0.8
>300 ~ 350	+3.00 −2.00		
>350 ~ 450	±4.00		
>450 ~ 600	±5.00	±0.9	±1.1

表 2-130c 钢带三点差 （单位：mm）

钢带宽度	三点差≤
<100	0.10
100 ~ 150	0.12
>150 ~ 200	0.14
>200 ~ 350	0.15
>350 ~ 600	0.17

注：1. 钢带长度不小于 50m，允许交付长度 30 ~ 50m 的钢带其重量不得大于该批交货总量的 3%。

2. 钢带的镰刀弯每米不大于 4mm。

3. 钢带按实际重量交货。

4. 在同一横截面的中间部分和两边部分测量三点厚度，其最大差值应在规定范围内。

4. 优质碳素结构钢热轧钢带（GB/T 8749—2008）

（1）优质碳素结构钢热轧钢带的分类和代号（表 2-131）

表 2-131　优质碳素结构钢热轧钢带的分类和代号

分类方法	状态	分类代号
按边缘状态分类	切边钢带 不切边钢带	EC EM
按厚度精度分类	普通厚度精度 较高厚度精度	PT. A PT. B

（2）优质碳素结构钢热轧钢带的厚度允许偏差（表 2-132）

表 2-132　优质碳素结构钢热轧钢带的厚度允许偏差　　（单位：mm）

公称厚度	钢板厚度允许偏差			
	普通厚度精度 PT. A		较高厚度精度 PT. B	
	公称宽度		公称宽度	
	≤350	>350	≤350	>350
≤1.5	±0.13	±0.15	±0.10	±0.11
>1.5~2.0	±0.15	±0.17	±0.12	±0.13
>2.0~2.5	±0.18	±0.18	±0.14	±0.14
>2.5~3.0	±0.18	±0.20	±0.14	±0.15
>3.0~4.0	±0.19	±0.22	±0.16	±0.17
>4.0~5.0	±0.20	±0.24	±0.17	±0.19
>5.0~6.0	±0.21	±0.26	±0.18	±0.21
>6.0~8.0	±0.22	±0.29	±0.19	±0.23
>8.0~10.0	±0.24	±0.32	±0.20	±0.26
>10.0~12.0	±0.30	±0.35	±0.25	±0.28

注：1. 根据需方要求可在规定的公差范围内适当调整钢板的正负偏差。

2. 经双方协议可以供应规定以外的尺寸钢带。

（3）优质碳素结构钢热轧钢带的宽度及允许偏差（表 2-133a~c）

表 2-133a　钢带宽度允许偏差　　（单位：mm）

钢带宽度	不切边	切边
≤200	+2.50 -1.00	±1.0
>200~300	+3.00 -1.00	
>300~350	+4.00 -1.00	
>350~450	0~+10.00	±1.5
>450	0~+15.00	

表 2-133b　三点差　（单位：mm）

钢带厚度	三点差≤
<150	0.12
>150~200	0.14
>200~350	0.15
>350~450	0.17
>450	0.18

表 2-133c　钢带同条差　（单位：mm）

钢带厚度规格	≤4.00	>4.00
同条差	≤0.17	≤0.20

注：1. 根据需方要求可在规定的公差范围内适当调整钢带宽度偏差。
2. 钢带的厚度应均匀，在同一截面的中间和两边测量三点厚度（三点差）和在同一直线上测定三点厚度（同条差），其最大差值应符合规定。

5. 合金结构钢热轧钢板（GB/T 11251—2020）

（1）合金结构钢热轧钢板的表面质量允许偏差（表 2-134）

表 2-134　合金结构钢热轧钢板的表面质量允许偏差

热轧钢板厚度/mm			>4~30
表面质量要求			钢板不得有分层，表面无裂纹、气泡、结疤与明显的划痕。若有缺陷，允许清理，但清理的深度不得使钢板小于最小厚度
允许缺陷	允许表面缺陷		允许表面有轻微的麻点、划伤、压痕和薄层氧化铁皮，经酸洗交货的钢板允许有不显著的粗糙面和由于酸洗造成的浅黄色薄膜
	允许缺陷深度	Ⅰ组	不大于钢板厚度公差的 1/2，且应保证钢板的最小厚度
		Ⅱ组	不大于钢板厚度公差的 1/2

（2）合金结构钢热轧钢板的力学性能（表 2-135）

表 2-135　合金结构钢热轧钢板的力学性能

序号	牌号	力学性能	
		抗拉强度 R_m/MPa	断后伸长率 A（%）不小于
1	45Mn2	600~850	13
2	27SiMn	550~800	18
3	40B	500~700	20
4	45B	550~750	18
5	50B	550~750	16
6	15Cr	400~600	21
7	20Cr	400~650	20
8	30Cr	500~700	19
9	35Cr	550~750	18

（续）

序号	牌号	力学性能	
		抗拉强度 R_m/MPa	断后伸长率 A/% 不小于
10	40Cr	550～800	16
11	20CrMnSi	450～700	21
12	25CrMnSi	500～700	20
13	30CrMnSi	550～750	19
14	35CrMnSi	600～800	16

6. 合金工具钢和锻制扁钢（GB/T 702—2017）

（1）合金工具钢和锻制扁钢的截面尺寸（表2-136）

表2-136　合金工具钢和锻制扁钢的截面尺寸

公称宽度/mm	扁钢公称厚度/mm																					
	4	6	8	10	13	16	18	20	23	25	28	32	36	40	45	50	56	63	71	80	90	100
	理论重量/(kg/m)																					
10	0.31	0.47	0.63																			
13	0.41	0.61	0.82	1.02																		
16	0.50	0.75	1.00	1.26	1.63																	
20	0.63	0.94	1.26	1.57	2.04	2.51	2.83															
25	0.79	1.18	1.57	1.96	2.55	3.14	3.53	3.93	4.51													
32	1.00	1.51	2.01	2.51	3.27	4.02	4.52	5.02	5.78	6.28	7.03											
40	1.26	1.88	2.51	3.14	4.08	5.02	5.65	6.28	7.22	7.85	8.79	10.05	11.30									
50	1.57	2.36	3.14	3.93	5.10	6.28	7.07	7.85	9.03	9.81	10.99	12.56	14.13	15.70	17.66							
63	1.98	2.97	3.96	4.95	6.43	7.91	8.90	9.89	11.37	12.36	13.85	15.83	17.80	19.78	22.25	24.73	27.69					
71	2.23	3.34	4.46	5.57	7.25	8.92	10.03	11.15	12.82	13.93	15.61	17.84	20.06	22.29	25.08	27.87	31.21	35.11				
80	2.51	3.77	5.02	6.28	8.16	10.05	11.30	12.56	14.44	15.70	17.58	20.10	22.61	25.12	28.26	31.40	35.17	39.56	44.59			
90	2.83	4.24	5.65	7.07	9.18	11.30	12.72	14.13	16.25	17.66	19.78	22.61	25.43	28.26	31.79	35.33	39.56	44.51	50.16	56.52		
100	3.14	4.71	6.28	7.85	10.21	12.56	14.13	15.70	18.06	19.63	21.98	25.12	28.26	31.40	35.33	39.25	43.96	49.46	55.74	62.80	70.65	
112	3.52	5.28	7.03	8.79	11.43	14.07	15.83	17.58	20.22	21.98	24.62	28.13	31.65	35.17	39.56	43.96	49.24	55.39	62.42	70.34	79.13	87.92
125	3.93	5.89	7.85	9.81	12.76	15.70	17.66	19.63	22.57	24.53	27.48	31.40	35.33	39.25	44.16	49.06	54.95	61.82	69.67	78.50	88.31	98.13
140	4.40	6.59	8.79	10.99	14.29	17.58	19.78	21.98	25.28	27.48	30.77	35.17	39.56	43.96	49.46	54.95	61.54	69.24	78.03	87.92	98.91	109.90
160	5.02	7.54	10.05	12.56	16.33	20.10	22.61	25.12	28.89	31.40	35.17	40.19	45.22	50.24	56.52	62.80	70.34	79.13	89.18	100.48	113.04	125.60
180	5.65	8.48	11.30	14.13	18.37	22.61	25.43	28.26	32.50	35.33	39.56	45.22	50.87	56.52	63.59	70.65	79.13	89.02	100.32	113.04	127.17	141.30
200	6.28	9.42	12.56	15.70	20.41	25.12	28.26	31.40	36.11	39.25	43.96	50.24	56.52	62.80	70.65	78.50	87.92	98.91	111.47	125.60	141.30	157.00
224	7.03	10.55	14.07	17.58	22.86	28.13	31.65	35.17	40.44	43.96	49.24	56.27	63.30	70.34	79.13	87.92	98.47	110.78	124.85	140.67	158.26	175.84
250	7.85	11.78	15.70	19.63	25.51	31.40	35.33	39.25	45.14	49.06	54.95	62.80	70.65	78.50	88.31	98.13	109.90	123.64	139.34	157.00	176.63	196.25
280	8.79	13.19	17.58	21.98	28.57	35.17	39.56	43.96	50.55	54.95	61.54	70.34	79.13	87.92	98.91	109.90	123.09	138.47	156.06	175.84	197.82	219.80
310	9.73	14.60	19.47	24.34	31.64	38.94	43.80	48.67	55.97	60.84	68.14	77.87	87.61	97.34	109.51	121.68	136.28	153.31	172.78	194.68	219.02	243.35

注：表中的理论重量按密度 7.85×10^3 kg/m^3 计算，对于高合金钢计算理论重量时，应采用相应牌号的密度进行计算。

（2）合金工具钢和锻制扁钢的宽度及允许偏差（表2-137）

表2-137　合金工具钢和锻制扁钢的宽度及允许偏差　　（单位：mm）

公称宽度	允许偏差
10	0～+0.70
>10～18	0～+0.80
>18～30	0～+1.20
>30～50	0～+1.60
>50～80	0～+2.30
>80～160	0～+2.50
>160～200	0～+2.80
>200～250	0～+3.00
>250～310	0～+3.20

（3）合金工具钢和锻制扁钢的厚度及允许偏差（表2-138）

表2-138　合金工具钢和锻制扁钢的厚度及允许偏差　　（单位：mm）

公称厚度	允许偏差
≥4～6	0～+0.40
>6～10	0～+0.50
>10～14	0～+0.60
>14～25	0～+0.80
>25～30	0～+1.20
>30～60	0～+1.40
>60～100	0～+1.60

（4）合金工具钢和锻制扁钢的长度及允许偏差（表2-139a、b）

表2-139a　交货长度

公称宽度/mm	通常长度/m	允许交货重量10%的短尺长度/m
≤50	≥2.0	≥1.5
>50～70	≥2.0	≥0.75
>70	≥1.0	—

表2-139b　截面形状不正（C值）　　（单位：mm）

公称厚度	最大允许尺寸（C值）
≤5	1.0
>5～10	厚度的20%
>10	厚度的15%，最大值为3.5

注：按齐尺长度交货，其长度允许偏差为±250mm。

7. 不锈钢热轧钢板和钢带（GB/T 4237—2015）

（1）不锈钢热轧钢板和钢带分类与代号（表2-140）

表2-140　不锈钢热轧钢板和钢带分类与代号

分类方法	类型	代号
按边缘状态分类	切边 不切边	EC EM
按尺寸、外形精度等级分类	厚度较高精度 厚度普通精度 不平度普通级 不平度较高级	PT. B PT. A PF. A PF. B

(2) 不锈钢热轧钢板和钢带的公称尺寸范围（表2-141）

表2-141　不锈钢热轧钢板和钢带的公称尺寸范围　（单位：mm）

产品名称	公称厚度	公称宽度
厚钢板	3.0～200	600～4800
宽钢带、卷切钢板、纵剪宽钢带	2.0～25.4	600～2500
窄钢带、卷切钢带	2.0～13.0	<600

(3) 不锈钢热轧钢带、卷切钢板和卷切钢带的厚度允许偏差（表2-142）

表2-142　不锈钢热轧钢带、卷切钢板和卷切钢带的厚度允许偏差　（单位：mm）

公称厚度	公称宽度							
	≤1200		>1200～1500		>1500～1800		>1800～2500	
	PT. A	PT. B	PT. A	PT. B	PT. A	PT. B	PT. A	PT. B
2.0～2.5	±0.22	±0.20	±0.25	±0.23	±0.29	±0.27	—	—
>2.5～3.0	±0.25	±0.23	±0.28	±0.26	±0.31	±0.28	±0.33	±0.31
>3.0～4.0	±0.28	±0.26	±0.31	±0.28	±0.33	±0.31	±0.35	±0.32
>4.0～5.0	±0.31	±0.28	±0.33	±0.30	±0.36	±0.33	±0.38	±0.35
>5.0～6.0	±0.33	±0.31	±0.36	±0.33	±0.38	±0.35	±0.40	±0.37
>6.0～8.0	±0.38	±0.35	±0.39	±0.36	±0.40	±0.37	±0.46	±0.43
>8.0～10.0	±0.42	±0.39	±0.43	±0.40	±0.45	±0.41	±0.53	±0.49
>10.0～25.4	±0.45	±0.42	±0.47	±0.44	±0.49	±0.45	±0.57	±0.53
对于带头尾交货的宽钢带及其纵剪宽钢带，厚度偏差不适用于头尾不正常部分，其长度按下列公式计算：长度（m）＝90/公称厚度（mm），但每卷总长度应不超过20m								

注：钢带包括窄钢带、宽钢带及纵剪宽钢带。

(4) 不锈钢热轧厚钢板和钢带的厚度允许偏差（表2-143）

表2-143　不锈钢热轧厚钢板和钢带的厚度允许偏差　（单位：mm）

公称厚度	公称宽度								
	≤1000		>1000～1500		>1500～2000		>2000～2500		>2500～4800
	PT. A	PT. B	PT. A	PT. B	PT. A	PT. B	PT. A	PT. B	
3.0～4.0	±0.28	±0.25	±0.31	±0.28	±0.33	±0.31	±0.36	±0.32	±0.65
>4.0～5.0	±0.31	±0.28	±0.33	±0.30	±0.36	±0.34	±0.41	±0.36	±0.65

（续）

公称厚度	公称宽度								
	≤1000		>1000～1500		>1500～2000		>2000～2500		>2500～4800
	PT. A	PT. B	PT. A	PT. B	PT. A	PT. B	PT. A	PT. B	
>5.0～6.0	±0.34	±0.31	±0.36	±0.33	±0.40	±0.37	±0.45	±0.40	±0.75
>6.0～8.0	±0.38	±0.35	±0.40	±0.36	±0.44	±0.40	±0.50	±0.45	±0.75
>8.0～10.0	±0.42	±0.39	±0.44	±0.40	±0.48	±0.43	±0.55	±0.50	±0.90
>10.0～13.0	±0.45	±0.42	±0.48	±0.44	±0.52	±0.47	±0.60	±0.55	±0.90
>13.0～25.0	±0.50	±0.45	±0.53	±0.48	±0.57	±0.52	±0.65	±0.60	±1.10
>25.0～30.0	±0.53	±0.48	±0.56	±0.51	±0.60	±0.55	±0.70	±0.65	±1.20
>30.0～34.0	±0.55	±0.50	±0.60	±0.55	±0.65	±0.60	±0.75	±0.70	±1.20
>34.0～40.0	±0.65	±0.60	±0.70	±0.65	±0.70	±0.65	±0.85	±0.80	±1.20
>40.0～50.0	±0.75	±0.70	±0.80	±0.75	±0.85	±0.80	±1.00	±0.95	±1.30
>50.0～60.0	±0.90	±0.85	±0.95	±0.90	±1.00	±0.95	±1.10	±1.05	±1.30
>60.0～80.0	±0.90	±0.85	±0.95	±0.90	±1.30	±1.25	±1.40	±1.35	±1.50
>80.0～100.0	±1.00	±0.95	±1.00	±0.95	±1.50	±1.45	±1.60	±1.55	±1.60
>100.0～150.0	±1.10	±1.05	±1.10	±1.05	±1.70	±1.65	±1.80	±1.75	±1.80
>150.0～200.0	±1.20	±1.15	±1.20	±1.15	±2.00	±1.95	±2.10	±2.05	±2.10

（5）不锈钢热轧窄钢带和卷切钢带的厚度允许偏差（表2-144）

表2-144　不锈钢热轧窄钢带和卷切钢带的厚度允许偏差　（单位：mm）

公称厚度	厚度允许偏差
2.0～4.0	±0.17
>4.0～5.0	±0.18
>5.0～6.0	±0.20
>6.0～8.0	±0.21
>8.0～10.0	±0.23
>10.0～13.0	±0.25

注：表中所列厚度允许偏差仅适用于同一牌号、同一尺寸规格且数量大于2个钢卷的情况，其他情况由供需双方协商确定。

（6）不锈钢厚钢板的宽度允许偏差（表2-145）

表2-145　不锈钢厚钢板的宽度允许偏差　（单位：mm）

公称厚度	公称宽度	宽度允许偏差
3.0～16.0	≤1500	+10 0
	>1500	+15 0
>16.0	≤2000	+20 0
	>2000～3000	+25 0
	>3000	+30 0

（续）

宽钢带、卷切钢板、纵剪宽钢带的宽度允许偏差		
公称宽度	不切边（EM）	切边（EC）
600～2500	+30 0	+5 0

（7）不锈钢窄钢带及卷切钢带的宽度允许偏差（表2-146）

表2-146　不锈钢窄钢带及卷切钢带的宽度允许偏差　（单位：mm）

边缘状态	公称宽度	公称厚度				
		≤3.0	>3.0～5.0	>5.0～7.0	>7.0～8.0	>8.0～13.0
切边（EC）	<250	+0.5 0	+0.7 0	+0.8 0	+0.12 0	+1.8 0
	250～<660	+0.6 0	+0.8 0	+1.0 0	+1.4 0	+2.0 0
不切边（EM）	按供需双方协议					

（8）不锈钢厚钢板、卷切钢板及卷切钢带的长度允许偏差（表2-147）

表2-147　不锈钢厚钢板、卷切钢板及卷切钢带的长度允许偏差　（单位：mm）

公称长度	长度允许偏差
<2000	+10 0
2000～<20000	+0.5%×公称长度 0

（9）不锈钢厚钢板、宽钢带及卷切钢板的镰刀弯（表2-148）

表2-148　不锈钢厚钢板、宽钢带及卷切钢板的镰刀弯　（单位：mm）

形态	公称长度	边缘状态	测量长度	镰刀弯
宽钢带、纵剪宽钢带	—	切边（纵剪）	任意5000	≤15
		不切边	任意5000	≤20
厚钢板、卷切钢板	<5000	切边或不切边	实际长度 L	≤长度×0.4%
	≥5000	切边（纵剪）	任意5000	≤15
	≥5000	不切边	任意5000	≤20

（10）不锈钢窄钢带及卷切钢带的镰刀弯（表2-149）

表2-149　不锈钢窄钢带及卷切钢带的镰刀弯　（单位：mm）

	公称厚度	公称宽度	任意2000mm长度上的镰刀弯
卷切钢带	≥2	<40	≤10
		40～600	≤8
	<2	按供需双方协议	
窄钢带	按供需双方协议		

注：长度不足2000mm的卷切钢带的镰刀弯按2000mm执行。

（11）不锈钢厚钢板的不平度（表 2-150）

表 2-150　不锈钢厚钢板的不平度　　（单位：mm）

厚度	每米不平度
≤25	≤15
>25	按供需双方协议

（12）不锈钢卷切钢板的不平度（表 2-151）

表 2-151　不锈钢卷切钢板的不平度　　（单位：mm）

公称厚度	公称宽度	不平度	
		PF. A	PF. B
≤25.4	600～1200	26	23
	>1200～1500	33	30
	>1500	42	38

8. 冷轧钢板和钢带（GB/T 708—2019）

冷轧是以热轧板卷为原料，在再结晶温度以下将钢板进一步轧薄至目标厚度，经过冷轧工序生产的钢板，简称冷板。冷轧板的厚度一般是 0.1～8.0mm，生产的冷轧钢板厚度大都是 4.5mm 以下，其厚度、宽度是根据设备能力和市场需求而决定。冷轧钢板和热轧钢板比较，冷轧钢板厚度更精确，且表面光滑、美观。

（1）冷轧钢板和钢带产品形态、边缘形态所对应的尺寸精度（表 2-152）

表 2-152　冷轧钢板和钢带产品形态、边缘形态所对应的尺寸精度

产品形态	分类及代号								
	边缘状态	厚度精度		宽度精度		长度精度		不平度精度	
		普通	较高	普通	较高	普通	较高	普通	较高
宽钢带	不切边 EM	PT. A	PT. B	—	—	—	—	—	—
	切边 EC	PT. A	PT. B	PW. A	PW. B	—	—	—	—
钢板	不切边 EM	PT. A	PT. B	—	—	PL. A	PL. B	PF. A	PF. B
	切边 EC	PT. A	PT. B	PW. A	PW. B	PL. A	PL. B	PF. A	PF. B
纵切钢带	切边 EC	PT. A	PT. B	PW. A	PW. B	—	—	—	—

（2）冷轧钢板和钢带的尺寸

1）冷轧钢板和钢带的厚度允许偏差见表 2-153。

表 2-153　冷轧钢板和钢带的厚度允许偏差　　（单位：mm）

公称厚度	厚度允许偏差					
	普通精度 PT. A			较高精度 PT. B		
	公称宽度			公称宽度		
	≤1200	>1200～1500	>1500	≤1200	>1200～1500	>1500
≤0.40	±0.03	±0.04	±0.05	±0.020	±0.025	±0.030
>0.40～0.60	±0.03	±0.04	±0.05	±0.025	±0.030	±0.035
>0.60～0.80	±0.04	±0.05	±0.06	±0.030	±0.035	±0.040

（续）

公称厚度	厚度允许偏差					
	普通精度 PT. A			较高精度 PT. B		
	公称宽度			公称宽度		
	≤1200	>1200～1500	>1500	≤1200	>1200～1500	>1500
>0.80～1.00	±0.05	±0.06	±0.07	±0.035	±0.040	±0.050
>1.00～1.20	±0.06	±0.07	±0.08	±0.040	±0.050	±0.060
>1.20～1.60	±0.08	±0.09	±0.10	±0.050	±0.060	±0.070
>1.60～2.00	±0.10	±0.11	±0.12	±0.060	±0.070	±0.080
>2.00～2.50	±0.12	±0.13	±0.14	±0.080	±0.090	±0.100
>2.50～3.00	±0.15	±0.15	±0.16	±0.100	±0.110	±0.120
>3.00～4.00	±0.16	±0.17	±0.19	±0.120	±0.130	±0.140

2）冷轧钢板和钢带的宽度允许偏差见表 2-154。

表 2-154　冷轧钢板和钢带的宽度允许偏差　（单位：mm）

公称宽度	普通精度 PW. A	较高精度 PW. B
≤1200	+4 0	+2 0
>1200～1500	+5 0	+2 0
>1500	+6 0	+3 0

公称宽度	公称厚度							
	<0.60	0.60～<1.00	1.00～<2.00	2.00～4.00	<0.60	0.60～<1.00	1.00～<2.00	2.00～4.00
<125	+0.4 0	+0.5 0	+0.6 0	+0.7 0	+0.2 0	+0.2 0	+0.3 0	+0.4 0
125～<250	+0.5 0	+0.6 0	+0.8 0	+1.0 0	+0.2 0	+0.3 0	+0.4 0	+0.5 0
250～<400	+0.7 0	+0.9 0	+1.1 0	+1.3 0	+0.3 0	+0.4 0	+0.5 0	+0.6 0
400～<600	+1.0 0	+1.2 0	+1.4 0	+1.6 0	+0.5 0	+0.6 0	+0.7 0	+0.8 0

3）冷轧钢板的长度允许偏差见表 2-155。

表 2-155　冷轧钢板的长度允许偏差　（单位：mm）

公称长度	长度允许偏差	
	普通精度 PL. A	较高精度 PL. B
≤2000	+6 0	+3 0
>2000	+0.3%×公称长度 0	+0.15%×公称长度 0

（3）冷轧钢板和钢带的不平度、镰刀弯、脱方度和塔形（表2-156）

表2-156　冷轧钢板和钢带的不平度、镰刀弯、脱方度和塔形　（单位：mm）

不平度							
规定的最小屈服强度 R_e/MPa	公称宽度/mm	不平度，不大于					
		普通精度 PF. A			较高精度 PF. B		
		公称厚度					
		<0.70	0.70 ~ <1.20	≥1.20	<0.70	0.70 ~ <1.20	≥1.20
<260	<600	7	6	5	4	3	2
	600 ~ <1200	10	8	7	5	4	3
	1200 ~ <1500	12	10	8	6	5	4
	≥1500	17	15	13	8	7	6
260 ~ <340	<600	协议					
	600 ~ <1200	13	10	8	8	6	5
	1200 ~ <1500	15	13	11	9	8	6
	≥1500	20	19	17	12	10	9

镰刀弯		
钢板和钢带的镰刀弯在任意2000mm长度上应不大于5mm，钢板的长度不大于2000mm时，其镰刀弯应不大于钢板实际长度的0.25%。纵切钢带的镰刀弯在任意2000mm长度上应不大于2mm		
脱方度		
钢板应切成直角，脱方度采用投影法测量时应不大于钢板实际宽度的1%		
塔形		
钢带应牢固成卷，钢带卷的也一侧塔形高度不得超过以下规定：		
公称厚度	公称宽度	塔形高度不大于
≤2.5	≤1000	40
	>1000	60
>2.5	≤1000	30
	>1000	50

注：1. 最小屈服强度≥340MPa钢板的不平度供需双方协议确定。

2. 屈服强度<260MPa的钢板，按较高不平度精度供货时，在仲裁的情况下，另需要检测边浪：波浪长度不小于200mm时，对于公称宽度小于1500mm的钢板，波浪高度应小于波浪长度的1.0%；当波浪长度小于200mm时，波浪高度应小于2mm。

3. 当用户对钢带的不平度有要求时，在用户对钢带进行充分平整矫直后，表2-156中规定也适用于用户从钢带切成的钢板。

（4）冷轧钢板和钢带的重量　冷轧钢板按理论或实际重量交货，理论计重采用公称尺寸，碳钢密度采用7.85/mm^3，其他钢种按相应标准规定。冷轧钢板和钢带的重量计算方法见表2-157。

表2-157　冷轧钢板和钢带的重量计算方法

计算顺序	计算方法	结果的修约
基本重量/[kg/(mm · m^2)]	7.85（厚度1mm，面积1m^{2}的重量）	—

（续）

计算顺序	计算方法	结果的修约
单位重量/kg/m^2	基本重量［$kg/(mm\cdot m^2)$］×厚度（mm）	修约到有效数字4位
钢板的面积/m^2	宽度（m）×长度（m）	修约到有效数字4位
一张钢板的重量/kg	单位重量（kg/m^2）×面积（m^2）	修约到有效数字3位
总重量/kg	各张钢板重量之和	kg的整数值

注：数值修约方法按现行国家标准《数值修约规则与极限数值的表示和判定》GB/T 8170的规定执行。

9. 优质碳素结构钢冷轧薄钢板和宽钢带

（1）优质碳素结构钢冷轧钢板和宽钢带的分类及代号（表2-158）

表2-158　优质碳素结构钢冷轧钢板和宽钢带的分类及代号

分类方法	级别	代号
按表面质量分	高级精整表面	Ⅰ
	较高级精整表面	Ⅱ
	普通级精整表面	Ⅲ
按拉延级别分	最深拉延级	Z
	深拉延级	S
	普通拉延级	P

（2）优质碳素结构钢冷轧钢板和钢带的外形质量允许偏差（表2-159）

表2-159　优质碳素结构钢冷轧钢板和钢带的外形质量允许偏差

级别	表面质量
高级精整表面Ⅰ	正面不得有麻点、划痕等缺陷；反面允许有在厚度公差的1/4范围内有轻微麻点、轻微划痕
较高级精整表面Ⅱ	正面允许有在厚度公差的1/2范围内有轻微麻点、轻微划痕等缺陷，允许有局部的蓝色氧化色和经酸洗后（厚度2mm以上者）有浅黄色薄膜；反面允许有在厚度公差的1/2范围内有小气泡、小拉裂及轧辊压痕
普通级精整表面Ⅲ	正面允许有在厚度公差的1/2范围内有轻微麻点及局部深麻点、小气泡、小拉裂、划伤、轻微划痕及轧辊压痕等缺陷；反面允许有在厚度公差的范围内有小气泡、小拉裂、划伤、轻微划痕及轧辊压痕。两面允许有局部的蓝色氧化色和经酸洗后的浅黄色薄膜

（3）优质碳素结构钢冷轧钢板和钢带的力学性能（表2-160）

表2-160　优质碳素结构钢冷轧钢板和钢带的力学性能

牌号	抗拉强度 R_m/MPa	断后伸长率 A（%）	牌号	抗拉强度 R_m/MPa	断后伸长率 A（%）
	不小于			不小于	
08	325	33	25	450	24
08Al	325	33	30	490	22
10	335	32	35	530	20
15	370	30	40	570	19
20	410	28	45	600	17

（续）

牌号	抗拉强度 R_m/MPa	断后伸长率 A（%）	牌号	抗拉强度 R_m/MPa	断后伸长率 A（%）
	不小于			不小于	
50	625	16	35Mn	560	18
55①	645	13	40Mn	590	17
60①	675	12	45Mn	620	15
65①	695	10	50Mn	650	13
70①	715	9	55Mn	675	12
20Mn	450	24	60Mn①	695	11
25Mn	490	22	65Mn①	735	9
30Mn	540	20	70Mn①	785	8

注：热处理指正火、退火或高温回火。

①经供需双方协议，单张轧制钢板也可以热轧状态交货，以热处理样坯测定力学性能。

10. 冷轧低碳钢板及钢带（GB/T 5213—2019）

（1）冷轧低碳钢板及钢带的分类及代号（表2-161）

表2-161　冷轧低碳钢板及钢带的分类及代号

分类方法	级别	代号
按边缘状态分类	切边	EC
	不切边	EM
按尺寸精度分类	普通厚度精度	PT. A
	较高厚度精度	PT. B
	普通宽度精度	PW. A
	较高厚度精度	PW. B
按表面质量分类	超高级表面	FD
	较高级表面	FB
	高级表面	FC
按表面结构分类	麻面	D
	光亮表面	B
按用途分类	一般用	DC01
	冲压用	DC03
	深冲用	DC04
	特深冲用	DC05
	超深冲用	DC06
	特超深冲用	DC07

（2）冷轧低碳钢板及钢带的表面质量（表2-162）

表2-162　冷轧低碳钢板及钢带的表面质量

级别	代号	特征
较高级表面	FB	表面允许有少量不影响成形性及涂、镀附着力的缺陷，如轻微的划伤、压痕、麻点、辊印及氧化色等

（续）

级别	代号	特征
高级表面	FC	钢板及钢带两面中较好的一面无目视可见的明显缺陷，另一面应至少达到FB的要求
超高级表面	FD	钢板及钢带两面中较好的一面不应有影响涂漆后的外观质量或电镀后的外观质量的缺陷，另一面应至少达到FB的要求

（3）冷轧低碳钢板及钢带的化学成分与力学性能（表2-163a、b）

表2-163a 冷轧低碳钢板及钢带的化学成分（熔炼分析） （单位：mm）

牌号	化学成分（%）					
	C	Mn	P	S	Al①	Ti②
DC01	≤0.12	≤0.60	≤0.030	≤0.030	≥0.020	—
DC03	≤0.10	≤0.45	≤0.025	≤0.025	≥0.020	—
DC04	≤0.08	≤0.40	≤0.025	≤0.025	≥0.020	—
DC05	≤0.06	≤0.35	≤0.020	≤0.020	≥0.015	—
DC06	≤0.02	≤0.30	≤0.020	≤0.020	≤0.015	≤0.20③
DC07	≤0.01	≤0.25	≤0.020	≤0.020	≥0.015	≤0.20③

①对于牌号DC01、DC03和DC04，当C≤0.01%时Al_t≥0.015%。

②DC01、DC03、DC04和DC05也可以添加Nb、Ti或其他的合金元素。

③可以用Nb代替部分Ti，此时Nb和Ti的总含量应不大于0.20%。

表2-163b 冷轧低碳钢板及钢带的力学性能 （单位：mm）

牌号	屈服强度① R_{eL}或$R_{P0.2}$ MPa 不大于	抗拉强度 R_m/MPa	断后伸长率④ A_{80mm}（%），不小于 公称厚度/mm			r_{90}② 不小于	n_{90}② 不小于
			0.30～0.50	>0.50～0.70	>0.70		
DC01	280③	270～410	24	26	28	—	—
DC03	240	270～370	30	32	34	1.3	—
DC04	210	270～350	34	36	38	1.6	0.18
DC05	180	270～330	35	38	40	1.9	0.20
DC06	170	260～330	37	39	41	2.1	0.22
DC07	150	250～310	40	42	44	2.5	0.23
试样为GB/T228.1—2010中的P6试样（L_0=80mm，b_0=20mm），试样方向为横向。							

①屈服现象不明显时，采用规定塑性延伸强度$R_{P0.2}$。当厚度大于0.50mm且不大于0.70mm时，屈服强度上限值可以增加20MPa；当厚度不大于0.50mm时，屈服强度上限值可以增加40MPa。

②r_{90}值和n_{90}值的要求仅适用于厚度不小于0.50mm的产品。当厚度大于2.0mm时，r_{90}值可以降低0.2。

③DC01的屈服强度上限值的有效期仅为从制造完成之日起8天内。

④公称厚度小于0.3mm的钢板及钢带的断后伸长率由供需双方协商确定。

11. 冷轧电镀锡钢板及钢带（GB/T 2520—2017）

（1）冷轧电镀锡钢板及钢带的分类及代号（表2-164a）

表2-164a 分类及代号

分类方式	类别	代号
原板钢种	—	MR，L，D
调质度	一次冷轧钢板及钢带	T-1，T-1.5，T-2，T-2.5，T，3，T-3.5，T-4，T-5

（续）

分类方式	类别	代号
调质度	二次冷轧钢板及钢带	DR-7M，DR-8，DR-8M，DR-9，DR-9M，DR-10
退火方式	连续退火	CA
	罩式退火	BA
差厚镀锡标识	薄面标识方法	D
	厚面标识方法	A
表面状态	光亮表面	B
	粗糙表面	R
	银色表面	S
	无光表面	M
钝化方式	化学钝化	CP
	电化学钝化	CE
	低铬钝化	LCr
边部形状	直边	SL
	花边	WL

（2）冷轧电镀锡钢板及钢带的镀锡代号、公称镀锡量及最小平均镀锡量（表2-164b）

表2-164b　镀锡代号、公称镀锡量及最小平均镀锡量

区分	镀锡代号	公称镀锡量/(g/m^2)	最小平均镀锡量/(g/m^2)
等厚镀锡	1.1/1.1	1.1/1.1	0.90/0.90
	2.2/2.2	2.2/2.2	1.80/1.80
	2.8/2.8	2.8/2.8	2.45/2.45
	5.6/5.6	5.6/5.6	5.05/5.05
	8.4/8.4	8.4/8.4	7.55/7.55
	11.2/11.2	11.2/11.2	10.1/10.1
差厚镀锡	2.8/1.1	2.8/1.1	2.45/0.90
	1.1/2.8	1.1/2.8	0.90/2.45
	2.8/2.2	2.8/2.2	2.45/1.80
	2.2/2.8	2.2/2.8	1.80/2.45
	5.6/1.1	5.6/1.1	5.05/0.90
	1.1/5.6	1.1/5.6	0.90/5.05
	5.6/2.8	5.6/2.8	5.05/2.45
	2.8/5.6	2.8/5.6	2.45/5.05
	8.4/2.8	8.4/2.8	7.55/2.45
	2.8/8.4	2.8/8.4	2.45/7.55
	8.4/5.6	8.4/5.6	7.55/5.05
	5.6/8.4	5.6/8.4	5.05/7.55
	11.2/2.8	11.2/2.8	10.1/2.45
	2.8/11.2	2.8/11.2	2.45/10.1

（续）

区分	镀锡代号	公称镀锡量/(g/m²)	最小平均镀锡量/(g/m²)
差厚镀锡	11.2/5.6	11.2/5.6	10.1/5.05
	5.6/11.2	5.6/11.2	5.05/10.1
	11.2/8.4	11.2/8.4	10.1/7.55
	8.4/11.2	8.4/11.2	7.55/10.1
	15.1/2.8	15.1/2.8	13.6/2.45
	2.8/15.1	2.8/15.1	2.45/13.6
	15.1/5.6	15.1/5.6	13.6/5.05
	5.6/15.1	5.6/15.1	5.05/13.6

注：镀锡量代号中斜线上面的数字表示钢板上表面或钢带外表面的镀锡量，斜线下面的数字表示钢板下表面或钢带内表面的镀锡量。

（3）冷轧电镀锡钢板及钢带的镀锡量允许偏差（表2-164c）

表2-164c 镀锡量的允许偏差

单面镀锡量（m）的范围/(g/m²)	最小平均镀锡量相对于公称镀锡量的百分比（%）
1.0≤m<2.8	80
2.8≤m<5.6	87
5.6≤m	90

（4）冷轧电镀锡钢板及钢带的调质度代号（表2-164d）

表2-164d GB/T 2520—2017的调质度代号与相关标准调质代号（或钢级代号）的对照

标准号		GB/T 2520—2017	JIS G3303：2008	ASTM A623M：2011	DIN EN 10202：2001	ISO 11949：2016
调质度代号	一次冷轧钢板及钢带	T-1	T-1	T-1（T49）	TS230	T49（T-1）
		T-1.5	—	—	—	—
		T-2	T-2	T-2（T53）	TS245	T53（T-2）
		T-2.5	T-2.5	—	TS260	T55（T-2.5）
		T-3	T-3	T-3（T57）	TS275	T57（T-3）
		T-3.5	—	—	TS290	T59（T-3.5）
		T-4	T-4	T-4（T61）	TH415	T61（T-4）
		T-5	T-5	T-5（T65）	TH435	T65（T-5）
	二次冷轧钢板及钢带	DR-7M	—	DR-7.5	TH520	T71（DR-7.5）
		DR-8	DR-8	DR-8	TH550	T72（DR-8）
		DR-8M	—	DR-8.5	TH580	T73（DR-8.5）
		DR-9	DR-9	DR-9	TH620	T75（DR-9）
		DR-9M	DR-9M	DR-9.5	—	T76（DR-9M）
		DR-10	DR-10	—	—	—

12. 不锈钢冷轧钢板和钢带（GB/T 3280—2015）

（1）不锈钢冷轧钢板和钢带的公称尺寸范围（表2-165）

表2-165 不锈钢冷轧钢板和钢带的公称尺寸范围 （单位：mm）

形态	公称厚度	公称宽度
宽钢带、卷切钢板	0.10~8.00	600~2100

（续）

形态	公称厚度	公称宽度
纵剪宽钢带、卷切钢带Ⅰ	0.10～8.00	<600
窄钢板、卷切钢带Ⅱ	0.01～3.00	<600

（2）不锈钢冷轧宽钢带及卷切钢板、纵剪宽钢带及卷切钢带Ⅰ的厚度差允许偏差（表2-166）

表2-166　不锈钢冷轧宽钢带及卷切钢板、纵剪宽钢带及卷切钢带Ⅰ的厚度差允许偏差

（单位：mm）

公称厚度	PT. A		PT. B		
	公称宽度		公称宽度		
	<1250	1250～2100	600～<1000	1000～<1250	1250～2100
0.10～<0.25	±0.03	—	—	—	—
0.25～<0.30	±0.04	—	±0.038	±0.038	—
0.30～<0.60	±0.05	±0.08	±0.040	±0.040	±0.05
0.60～<0.80	±0.07	±0.09	±0.05	±0.05	±0.06
0.80～<1.00	±0.09	±0.10	±0.05	±0.06	±0.07
1.00～<1.25	±0.10	±0.12	±0.06	±0.07	±0.08
1.25～<1.60	±0.12	±0.15	±0.07	±0.08	±0.10
1.60～<2.00	±0.15	±0.17	±0.09	±0.10	±0.12
2.00～<2.50	±0.17	±0.20	±0.10	±0.11	±0.13
2.50～<3.15	±0.22	±0.25	±0.11	±0.12	±0.14
3.15～<4.00	±0.25	±0.30	±0.12	±0.13	±0.16
4.00～<5.00	±0.35	±0.40	—	—	—
5.00～<6.50	±0.40	±0.45	—	—	—
6.50～8.00	±0.50	±0.50	—	—	—

（3）不锈钢冷轧窄钢带及卷切钢带Ⅱ的厚度允许偏差（表2-167）

表2-167　不锈钢冷轧窄钢带及卷切钢带Ⅱ的厚度允许偏差　（单位：mm）

公称厚度	PT. A			PT. B		
	公称宽度			公称宽度		
	<125	125～<250	250～<600	<125	125～<250	250～<600
0.05～<0.10	±0.10t	±0.12t	±0.15t	±0.06t	±0.10t	±0.10t
0.10～<0.20	±0.010	±0.015	±0.020	±0.008	±0.012	±0.015
0.20～<0.30	±0.015	±0.020	±0.025	±0.012	±0.015	±0.020
0.30～<0.40	±0.020	±0.025	±0.030	±0.015	±0.020	±0.025
0.40～<0.60	±0.025	±0.030	±0.035	±0.020	±0.025	±0.030
0.60～<1.00	±0.030	±0.035	±0.040	±0.025	±0.030	±0.035
1.00～<1.50	±0.035	±0.040	±0.045	±0.030	±0.035	±0.040
1.50～<2.00	±0.040	±0.050	±0.060	±0.035	±0.040	±0.050
2.00～<2.50	±0.050	±0.060	±0.070	±0.040	±0.050	±0.060

（续）

公称厚度	PT. A			PT. B		
	公称宽度			公称宽度		
	<125	125～<250	250～<600	<125	125～<250	250～<600
2.50～3.00	±0.060	±0.070	±0.080	±0.050	±0.060	±0.070

注：1. 供需双方协商确定，偏差值可全为正偏差、负偏差或正负偏差不对称分布，但公差值应在表列范围之内

2. 厚度小于0.05mm时，由供需双方协商确定

3. 钢带边部毛刺高度应小于或等于产品公称厚度×10%

4. t为公称厚度

（4）不锈钢冷轧切边宽钢带及卷切钢板、纵剪宽钢带及卷切钢带Ⅰ的宽度允许偏差（表2-168）

表2-168 不锈钢冷轧切边宽钢带及卷切钢板、纵剪宽钢带及卷切钢带Ⅰ的宽度允许偏差

（单位：mm）

公称厚度	公称宽度							
	≤125		>125～250		>250～600		>600～1000	>1000
	PW. A	PW. B	PW. A	PW. B	PW. A	PW. B	PW. A	PW. A
<1.00	+0.5 0	+0.3 0	+0.5 0	+0.3 0	+0.7 0	+0.6 0	+1.5 0	+2.0 0
1.00～<1.50	+0.7 0	+0.4 0	+0.7 0	+0.5 0	+1.0 0	+0.7 0	+1.5 0	+2.0 0
1.50～<2.50	+1.0 0	+0.6 0	+1.0 0	+0.7 0	+1.2 0	+0.9 0	+2.0 0	+2.5 0
2.50～<3.50	+1.2 0	+0.8 0	+1.2 0	+0.9 0	+1.5 0	+1.0 0	+3.0 0	+3.0 0
3.50～8.00	+2.0 0	—	+2.0 0	—	+2.0 0	—	+4.0 0	+4.0 0

经需方同意，产品可小于公称宽度交货，但不应超出表列公差范围。

经需方同意，对于需二次修边的纵剪产品，其宽度偏差可增加到5mm。

（5）不锈钢冷轧钢板和钢带宽度允许偏差（表2-169a、b）

表2-169a 不切边宽钢带及卷切钢板宽度允许偏差 （单位：mm）

边缘状态	公称宽度	
	600～<1000	1000～2100
不切边EM	+25 0	+30 0

表2-169b 切边窄钢带及卷切钢带Ⅱ宽度允许偏差 （单位：mm）

公称厚度	公称宽度							
	≤40		>40～125		>125～250		>250～600	
	PW. A	PW. B	PW. A	PW. B	PW. A	PW. B	PW. A	PW. B
0.05～<0.25	+0.17 0	+0.13 0	+0.20 0	+0.15 0	+0.25 0	+0.20 0	+0.50 0	+0.50 0

（续）

公称厚度	公称宽度							
	≤40		>40~125		>125~250		>250~600	
	PW. A	PW. B	PW. A	PW. B	PW. A	PW. B	PW. A	PW. B
0.25~<0.50	+0.20 0	+0.15 0	+0.25 0	+0.20 0	+0.30 0	+0.22 0	+0.60 0	+0.50 0
0.50~<1.00	+0.25 0	+0.20 0	+0.30 0	+0.22 0	+0.40 0	+0.25 0	+0.70 0	+0.60 0
1.00~<1.50	+0.30 0	+0.22 0	+0.35 0	+0.25 0	+0.50 0	+0.30 0	+0.90 0	+0.70 0
1.50~<2.50	+0.35 0	+0.25 0	+0.40 0	+0.30 0	+0.60 0	+0.40 0	+1.0 0	+0.80 0
2.50~<3.00	+0.40 0	+0.30 0	+0.50 0	+0.40 0	+0.65 0	+0.50 0	+1.2 0	+1.0 0

注：经供需双方协商确定，宽度偏差可全为正偏差或负偏差，但公差值应不超出表列范围。

（6）不锈钢冷轧钢板和钢带的长度允许偏差（表2-170a、b）

表2-170a　卷切钢板及卷切钢带Ⅰ的长度允许偏差　（单位：mm）

公称长度	PL. A	PL. B
≤2000	+5 0	+3 0
>2000	+0.25%×公称长度 0	+0.15%×公称长度 0

表2-170b　卷切钢带Ⅱ的长度允许偏差　（单位：mm）

公称长度	PL. A	PL. B
≤2000	+3 0	+1.5 0
>2000~4000	+5 0	+2 0
>4000	按供需双方协议规定	

（7）不锈钢冷轧钢板和钢带的不平度（表2-171a、b）

表2-171a　卷切钢板及卷切钢带Ⅰ的不平度　（单位：mm）

公称长度	PF. A	PF. B
≤3000	≤10	≤7
>3000	≤12	≤8

表2-171b　卷切钢带Ⅱ的不平度　（单位：mm）

公称长度	PF. A	PF. B
任意长度	≤6	≤4

表 2-171c　不同冷作硬化状态下卷切钢板的不平度　（单位：mm）

公称宽度	厚度	H1/4	H1/2	H3/4、H、H2
600 ~ <900	0.10 ~ 0.40	≤19	≤23	按供需双方协议规定
	>0.40 ~ 0.80	≤16	≤23	
	>0.80	≤13	≤19	
900 ~ <2100	≤0.40	≤26	≤29	按供需双方协议规定
	>0.40 ~ 0.80	≤19	≤29	
	>0.80	≤16	≤26	

注：本表不适用于冷作硬化钢板及 2D 产品。

（8）不锈钢冷轧钢板和钢带的镰刀弯（表 2-172a、b）

表 2-172a　宽钢带及卷切钢板、纵剪宽钢带及卷切钢带 I 的镰刀弯　（单位：mm）

公称宽度	任意 1000mm 长度上的镰刀弯
10 ~ <40	≤2.5
40 ~ <125	≤2.0
125 ~ <600	≤1.5
600 ~ <2100	≤1.0

表 2-172b　窄钢带及卷切钢带 II 的镰刀弯　（单位：mm）

公称宽度	任意 1000mm 长度上的镰刀弯	
	PC. A	PC. B
10 ~ <25	≤4.0	≤1.5
25 ~ <40	≤3.0	≤1.25
40 ~ <125	≤2.0	≤1.0
125 ~ <600	≤1.5	≤0.75

（9）不锈钢不同冷作硬化状态钢板和钢带的力学性能

1）不锈钢低冷作硬化状态钢材的力学性能见表 2-173。

表 2-173　不锈钢低冷作硬化状态钢材的力学性能

统一数字代号	牌号	规定塑性延伸强度 $R_{p0.2}$/MPa	抗拉强度 R_m/MPa	断后伸长率* A（%）		
				厚度 <0.4mm	厚度 0.4 ~ 0.8mm	厚度 ≥0.8mm
		不小于				
S30103	022Cr17Ni7	515	825	25	25	25
S30110	12Cr17Ni7	515	860	25	25	25
S30153	022Cr17Ni7N	515	825	25	25	25
S30210	12Cr18Ni9	515	860	10	10	12
S30403	022Cr19Ni10	515	860	8	8	10
S30408	06Cr19Ni10	515	860	10	10	12
S30453	022Cr19Ni10N	515	860	10	10	12

（续）

统一数字代号	牌号	规定塑性延伸强度 $R_{p0.2}$/MPa	抗拉强度 R_m/MPa	断后伸长率* A（%）		
				厚度<0.4mm	厚度 0.4~0.8mm	厚度≥0.8mm
		不小于				
S30458	06Cr19Ni10N	515	860	12	12	12
S31603	022Cr17Ni12Mo2	515	860	8	8	8
S31608	06Cr17Ni12Mo2	515	860	10	10	10
S31658	06Cr17Ni12Mo2N	515	860	12	12	12

注：*厚度不大于3mm 时使用 A_{50mm} 试样。

2）不锈钢冷作硬化状态钢材的力学性能见表2-174。

表2-174　不锈钢冷作硬化状态的钢材力学性能

牌号	规定塑性延伸强度 $R_{p0.2}$/MPa	抗拉强度 R_m/MPa	断后伸长率 A（%）		
			厚度<0.4mm	厚度 0.4~0.8mm	厚度≥0.8mm
	不小于		不小于		
12Cr17Ni7	930	1205	10	12	12
12Cr18Ni9	930	1205	5	6	6

3）不锈钢特别冷作硬化状态钢材的力学性能见表2-175。

表2-175　不锈钢特别冷作硬化状态钢材的力学性能

牌号	规定塑性延伸强度 $R_{p0.2}$/MPa	抗拉强度 R_m/MPa	断后伸长率 A（%）		
			厚度<0.4mm	厚度 0.4~0.8mm	厚度≥0.8mm
	不小于		不小于		
12Cr17Ni7	965	1275	8	9	9
12Cr18Ni9	965	1275	3	4	4

4）不锈钢半冷作硬化状态钢材的力学性能见表2-176。

表2-176　不锈钢半冷作硬化状态钢材的力学性能

牌号	规定塑性延伸强度 $R_{p0.2}$/MPa	抗拉强度 R_m/MPa	断后伸长率 A（%）		
			厚度<0.4mm	厚度 0.4~0.8mm	厚度≥0.8mm
	不小于		不小于		
12Cr17Ni7	760	1035	15	18	18
022Cr17Ni7	690	930	20	20	20
022Cr17Ni7N	690	930	20	20	20

（续）

牌号	规定塑性延伸强度 $R_{p0.2}$/MPa	抗拉强度 R_m/MPa	断后伸长率 A（%）		
			厚度＜0.4mm	厚度 0.4～0.8mm	厚度≥0.8mm
	不小于		不小于		
12Cr18Ni9	760	1035	9	10	10
06Cr19Ni10	760	1035	6	7	7
022Cr19Ni10	760	1035	5	6	6
06Cr19Ni10N	760	1035	6	8	8
022Cr19Ni10N	760	1035	6	7	7
06Cr17Ni12Mo2	760	1035	6	7	7
022Cr17Ni12Mo2	760	1035	5	6	6
06Cr17Ni12Mo2N	760	1035	6	8	8

第3章　建筑用有色金属材料

钢铁被称为黑色金属，除此之外的金属如铜、铝、镁、钛、锡、铅、锌等及其合金统称为有色金属。其材料具有比密度小、比强度高、耐蚀性好的特性，具有一定的装饰性，因此在建筑工程中广泛应用。

3.1　有色金属的分类

1. 有色金属材料的分类（表3-1）

表3-1　有色金属材料的分类

分类方法	种类	定义
按密度、储量分类	轻有色金属	指密度小于4.5g/cm^{3}的有色金属，有铝、镁、钙等纯金属及其合金
	重有色金属	指密度大于4.5g/cm^{3}的有色金属，有铜、镍、铅、锌、锡、锑、钴、铋等纯金属及其合金
	贵金属	指矿源少，开采和提取困难、价格比一般金属贵的金属，如金、银和铂族金属及其合金
	半金属	指物理性质和化学性质介于金属与非金属之间的硅、硒、碲、砷、硼等金属
	稀有金属	指自然界中含量很少或难以提取的金属。可分为钛、铍、锂、铯等稀有轻金属；钛、钼、铌、钽、锆、钒等稀有高熔点金属；镓、铟、铊、锗等稀有分散金属；钪、钇和镧系金属等稀土金属；镭、锕系金属等放射性稀有金属
按化学成分分类	铜及铜合金	包括纯铜、铜锌合金（黄铜）、铜锡合金（青铜）、无锡青铜（铝青铜）、铜镍合金（白铜）
	轻金属及轻合金	包括铝及铝合金、镁及镁合金、钛及钛合金
	其他有色金属及其合金	包括铅及其合金、锡及其合金、锌镉及其合金、镍钴及其合金、贵金属及其合金、稀有金属及其合金等
按生产方法及用途分类	有色冶炼合金	包括纯金属或合金。纯金属可分为工业纯度和高纯度产品；合金冶炼产品是按成分配比而铸造的原始铸锭
	铸造有色合金	直接以铸造方式生产的各种形状的有色金属材料或工件
	有色加工产品	用变形工艺生产的管、棒、型、板、箔、条、带等，包括纯金属产品和合金产品
	硬质合金材料	指难熔硬质合金化合物为基体，以铁、钴、镍为黏结剂，采用粉末冶金法制造而成的硬质工具材料
	中间合金	在冶炼过程中，为使合金元素能充分结合加入中间元素而制成的一种过渡性合金
	轴承合金	制造滑动轴承轴瓦的有色金属材料
	印刷合金	指印刷工业用的铅字合金，属于铅、锑、锡系合金

2. 工业上常用的有色金属合金（表3-2）

表3-2 工业上常用的有色金属合金

类别	名称	常用合金
铜合金	黄铜	普通黄铜（铜锌合金）
		特殊黄铜（含有其他合金元素）：铝黄铜、铅黄铜、锡黄铜、硅黄铜、锰黄铜、铁黄铜、镍黄铜等
	青铜	锡青铜（铜锡合金，一般还含有磷或锌、铅等元素）
		特殊青铜：铝青铜、硅青铜、锰青铜、铍青铜、锆青铜、铬青铜、镉青铜、镁青铜
	白铜	普通白铜（铜镍合金）
		特殊白铜：锰白铜、铁白铜、锌白铜、铝白铜等
铝合金	变形铝合金	不可热处理强化的铝合金：防锈铝
		可热处理强化的铝合金：硬铝、锻铝、超硬铝等
	铸造铝合金	铝硅合金、铝铜合金、铝镁合金、铝锌合金等
其他合金	镍合金	镍硅合金、镍锰合金、镍铬合金、镍铜合金、镍钨合金等
	锌合金	锌铜合金、锌铜合金、锌铝合金
	铅合金	铅锑合金
	锡合金	锡铅合金
	镁合金	镁铝合金、镁锰合金、镁锌合金
	钛合金	钛镁钼合金
	轴承合金	铅基轴承合金、锡基轴承合金、铜基轴承合金、铝基轴承合金

3.2 铜及铜合金

铜是一种过渡元素，原子序数29。纯铜是柔软的金属，表面刚切开时为红橙色带金属光泽，单质呈紫红色。延展性好，导热性和导电性高，因此在电缆和电气、电子元件的制造中是最常用的材料，也是名贵的建筑主体材料和装饰材料。可以组成多种合金。铜合金力学性能优异，电阻率很低，其中在建筑材料中的应用以青铜和黄铜居多。此外，铜也是耐用的金属，可以多次回收而无损其力学性能。

3.2.1 加工铜及铜合金

1. 加工铜及铜合金常用牌号（GB/T 5231—2012）（表3-3）

表3-3 加工铜及铜合金常用牌号

品种	组别	代号	产品形状
加工铜	纯铜	T1	板、带、箔、管
		T2	板、带、箔、管、棒、线、型
		T3	板、带、箔、管、棒、线
	无氧铜	TU0、TU1	板、带、箔、管、棒、线
		TU2	板、带、管、棒、线

（续）

品种	组别	代号	产品形状
加工铜	磷脱氧铜	TP1	板、带、管
		TP2	板、带、管
	银铜	TAg0.1	板、管、线
加工黄铜	普通黄铜	H95	板、带、管、棒、线
		H90	板、带、箔、管、棒、线
		H85	管
		H80	板、带、管、棒、线
		H70	板、带、管、棒、线
		H68	板、带、箔、管、棒、线
		H65	板、带、箔、管、线
		H63	板、带、管、棒、线
		H62	板、带、箔、管、棒、线、型
		H59	板、带、管、线
	铁黄铜	HFe59-1-1	板、棒、管
		HFe58-1-1	棒
	铅黄铜	HPb89-2	棒
		HPb66-0.5	管
		HPb63-3	板、带、棒、线
		HPb63-0.1	管、棒
		HPb62-0.8	线
		HPb62-3	棒
		HPb62-2	板、带、棒
		HPb61-1	板、带、棒、线
		HPb60-2	板、带
		HPb59-3	板、带、管、棒、线
		HPb59-1	板、带、管、棒、线
	镍黄铜	HNi65-5	板、棒
		HNi56-3	棒
	铝黄铜	HAl77-2	管
		HAl67-2.5	板、棒
		HAl66-6-3-2	板、棒
		HAl61-4-3-1	管
		HAl60-1-1	板、棒
		HAl59-3-2	板、管、棒
	锰黄铜	HMn62-3-3-0.7	管
		HMn58-2	板、带、管、棒、线
		HMn57-3-1	板、棒
		HMn55-3-1	板、带

（续）

品种	组别	代号	产品形状
加工黄铜	锡黄铜	HSn90-1	板、带
		HSn70-1	管
		HSn62-1	板、带、管、棒、线
		HSn60-1	线、管
	硅黄铜	HSi80-3	棒
加工青铜	锡青铜	QSn1.5-0.2	管
		QSn4-0.3	管
		QSn4-3	板、带、箔、棒、线
		QSn4-4-2.5	板、带
		QSn4-4-4	板、带
		QSn6.5-0.1	板、带、箔、管、棒、线
		QSn6.5-0.4	板、带、箔、管、棒、线
		QSn7-0.2	板、带、箔、棒、线
		QSn8-0.3	板、带
	铝青铜	QAl5	板、带
		QAl7	板、带
		QAl9-2	板、带、箔、棒、线
		QAl9-4	管、棒
		QAl9-5-1-1	棒
		QAl10-3-1.5	管、棒
		QAl10-4-4	管、棒
		QAl10-5-5	棒
		QAl11-6-6	棒
	硅青铜	QSi3-1	板、带、箔、管、棒、线
		QSi1-3	棒
		QSi3.5-3-1.5	管
	锰青铜	QMn5	板、带
		QMn1.5	板、带
		QMn2	板、带
加工白铜	普通白铜	B0.6	线
		B5	管、棒
		B19	板、带
		B25	板
		B30	板、管、线
	铁白铜	BFe30-1-1	板、管
		BFe10-1-1	板、管
		BFe5-1.5-0.5	管

（续）

品种	组别	代号	产品形状
加工白铜	锰白铜	BMn3-12	板、带、线
		BMn40-1.5	板、带、箔、管、棒、线
		BMn43-0.5	线
	锌白铜	BZn18-18	板、带
		BZn18-26	板、带
		BZn15-20	板、带、箔、管、棒、线
		BZn15-21-1.8	棒
		BZn15-24-1.5	棒
	铝白铜	BAl13-3	棒
		BAl6-1.5	板

2. 加工铜及铜合金的化学成分

（1）加工铜化学成分（表3-4）

表3-4　加工铜化学成分

分类	代号	牌号	化学成分质量分数（%）												
			Cu+Ag（最小值）	P	Ag	Bi①	Sb①	As①	Fe	Ni	Pb	Sn	S	Zn	O
无氧铜	C10100	TU00	99.99②	0.0003	0.0025	0.0001	0.0004	0.0005	0.0010	0.0010	0.0005	0.0002	0.0015	0.0001	0.0005
			Te≤0.0002，Se≤0.0003，Mn≤0.00005，Cd≤0.0001												
	T10130	TU0	99.97	0.002	—	0.001	0.002	0.002	0.004	0.002	0.003	0.002	0.004	0.003	0.001
	T10150	TU1	99.97	0.002	—	0.001	0.002	0.002	0.004	0.002	0.003	0.002	0.004	0.003	0.002
	T10180	TU2③	99.95	0.002	—	0.001	0.002	0.002	0.004	0.002	0.004	0.002	0.004	0.003	0.003
	C10200	TU3	99.95	—	—	—	—	—	—	—	—	—	—	—	0.0010
银无氧铜	T10350	TU00Ag0.06	99.99	0.002	0.05～0.08	0.0003	0.0005	0.0004	0.0025	0.0006	0.0006	0.0007	—	0.0005	0.0005
	C10500	TUAg0.03	99.95	—	≥0.034	—	—	—	—	—	—	—	—	—	0.0010
	T10510	TUAg0.05	99.96	0.002	0.02～0.06	0.001	0.002	0.002	0.004	0.002	0.004	0.002	0.004	0.003	0.003
	T10530	TUAg0.1	99.96	0.002	0.06～0.12	0.001	0.002	0.002	0.004	0.002	0.004	0.002	0.004	0.003	0.003
	T10540	TUAg0.2	99.96	0.002	0.15～0.25	0.001	0.002	0.002	0.004	0.002	0.004	0.002	0.004	0.003	0.003
	T10550	TUAg0.3	99.96	0.002	0.25～0.35	0.001	0.002	0.002	0.004	0.002	0.004	0.002	0.004	0.003	0.003
锆无氧铜	T10600	TUZr0.15	99.97④	0.002	Zr：0.11～0.21	0.001	0.002	0.002	0.004	0.002	0.003	0.002	0.004	0.003	0.002
纯铜	T10900	T1	99.95	0.001	—	0.001	0.002	0.002	0.005	0.002	0.003	0.002	0.005	0.005	0.02
	T11050	T2⑤,⑥	99.90	—	—	0.001	0.002	0.002	0.005	—	0.005	—	0.005		—
	T11090	T3	99.70	—	—	0.002	—	—	—	—	0.01	—	—	—	—
银铜	T11200	TAg0.1～0.01	99.9⑦	0.004～0.012	0.08～0.12	—	—	—	—	0.05	—	—	—	—	0.05
	T11210	TAg0.1	99.5⑧	—	0.06～0.12	0.002	0.005	0.01	0.05	0.2	0.01	0.05	0.01	—	0.1
	T11220	TAg0.15	99.5	—	0.10～0.20	0.002	0.005	0.01	0.05	0.2	0.01	0.05	0.01	—	0.1
磷脱氧铜	C12000	TP1	99.90	0.004～0.012	—	—	—	—	—	—	—	—	—	—	—
	C12200	TP2	99.9	0.015～0.040	—	—	—	—	—	—	—	—	—	—	—
	T12210	TP3	99.9	0.01～0.025	—	—	—	—	—	—	—	—	—	—	0.01
	T12400	TP4	99.90	0.040～0.065	—	—	—	—	—	—	—	—	—	—	0.002

（续）

分类	代号	牌号	化学成分质量分数（%）													
			Cu+Ag（最小值）	P	Ag	Bi①	Sb①	As①	Fe	Ni	Pb	Sn	S	Zn	O	Cd
碲铜	T14440	TTe0.3	99.9⑨	0.001	Te:0.20-0.35	0.001	0.0015	0.002	0.008	0.002	0.01	0.001	0.0025	0.005	—	0.01
	T14450	TTe0.5~0.008	99.8⑩	0.004~0.012	Te:0.4~0.6	0.001	0.003	0.002	0.008	0.005	0.01	0.01	0.003	0.008	—	0.01
	C14500	TTe0.5	99.90⑩	0.004~0.012	Te:0.40~0.7	—	—	—	—	—	—	—	—	—	—	—
	C14510	TTe0.5~0.02	99.85⑩	0.010~0.030	Te:0.30~0.7	—	—	—	—	—	0.05	—	—	—	—	—
硫铜	C14700	TS0.4	99.90⑪	0.002~0.005	—	—	—	—	—	—	—	—	0.20~0.50	—	—	—
锆铜	C15000	TZr0.15⑫	99.80	—	Zr:0.10~0.20	—	—	—	—	—	—	—	—	—	—	—
	T15200	TZr0.2	99.5④	—	Zr:0.15~0.30	0.002	0.005	—	0.05	0.2	0.01	0.05	0.01	—	—	—
	T15400	TZr0.4	99.5④	—	Zr:0.30~0.50	0.002	0.005	—	0.05	0.2	0.01	0.05	0.01	—	—	—
弥散无气铜	T15700	TUAl0.12	余量	0.002	Al_2O_3:0.16~0.26	0.001	0.002	0.002	0.004	0.002	0.003	0.002	0.004	0.003	—	—

①砷、铋、锑可不分析，但供方必须保证不大于极限值。

②此值为铜量，铜含量（质量分数）不小于99.99%时，其值应由差减法求得。

③电工用无氧铜TU2氧含量不大于0.002%。

④此值为Cu+Ag+Zr。

⑤经双方协商，可供应P不大于0.001%的导电T2铜。

⑥电力机车接触材料用纯铜线坯：Bi≤0.0005%、Pb≤0.0050%、O≤0.035%、P≤0.001%，其他杂质总和≤0.03%。

⑦此值为Cu+Ag+P。

⑧此值为铜量。

⑨此值为Cu+Ag+Te。

⑩此值为Cu+Ag+Te+P。

⑪此值为Cu+Ag+S+P。

⑫此牌号Cu+Ag+Zr不小于99.9%。

（2）加工黄铜化学成分（表3-5）

表3-5　加工黄铜化学成分

分类		代号	牌号	化学成分质量分数（%）								
				Cu	Fe①	Pb	Si	Ni	B	As	Zn	杂质总和
铜锌合金	普通黄铜	C21000	H95	94.0~96.0	0.05	0.05	—	—	—	—	余量	0.3
		C22000	H90	89.0~91.0	0.05	0.05	—	—	—	—	余量	0.3
		C23000	H85	84.0~86.0	0.05	0.05	—	—		—	余量	0.3
		C24000	H80②	78.5~81.5	0.05	0.05	—	—		—	余量	0.3
		T26100	H70②	68.5~71.5	0.10	0.03	—	—	—	—	余量	0.3
		T26300	H68	67.0~70.0	0.10	0.03	—	—	—	—	余量	0.3
		C26800	H66	64.0~68.5	0.05	0.09	—	—	—	—	余量	0.45
		C27000	H65	63.0~68.5	0.07	0.09	—	—	—	—	余量	0.45

（续）

分类		代号	牌号	化学成分质量分数（%）								
				Cu	Fe①	Pb	Si	Ni	B	As	Zn	杂质总和
铜锌合金	普通黄铜	T27300	H63	62.0~65.0	0.15	0.08	—	—	—	—	余量	0.5
		T27600	H62	60.5~63.5	0.15	0.08	—	—	—	—	余量	0.5
		T28200	H59	57.0~60.0	0.3	0.5	—	—	—	—	余量	1.0
	硼砷黄铜	T22130	H B 90-0.1	89.0~91.0	0.02	0.02	0.5	—	0.05~0.3	—	余量	0.5③
		T23030	H As 85-0.05	84.0~86.0	0.10	0.03	—	—	—	0.02~0.08	余量	0.3
		C26130	H As 70-0.05	68.5~71.5	0.05	0.05	—	—	—	0.02~0.08	余量	0.4
		T26330	H As 68-0.04	67.0~70.0	0.10	0.03	—	—	—	0.03~0.06	余量	0.3

分类		代号	牌号	化学成分质量分数（%）								
				Cu	Fe①	Pb	Al	Mn	Sn	As	Zn	杂质总和
铜锌铅合金	铅黄铜	C31400	HPb89-2	87.5~90.5	0.10	1.3~2.5	—	Ni:0.7	—	—	余量	1.2
		C33000	HPb66-0.5	65.0~68.0	0.07	0.25~0.7	—	—	—	—	余量	0.5
		T34700	HPb63-3	62.0~65.0	0.10	2.4~3.0	—	—	—	—	余量	0.75
		T34900	HPb63-0.1	61.5-~63.5	0.15	0.05~0.3	—	—	—	—	余量	0.5
		T35100	HPb62-0.8	60.0~63.0	0.2	0.5~1.2	—	—	—	—	余量	0.75
		C35300	HPb62-2	60.0~63.0	0.15	1.5~2.5	—	—	—	—	余量	0.65
		C36000	HPb62-3	60.0~63.0	0.35	2.5~3.7	—	—	—	—	余量	0.85
		T36210	HPb62-2-0.1	61.0~63.0	0.1	1.7~2.8	0.05	0.1	0.1	0.02~0.15	余量	0.55
		T36220	HPb61-2-1	59.0~62.0	—	1.0~2.5	—	—	0.30~1.5	0.02~0.25	余量	0.4
		T36230	HPb61-2-0.1	59.2~62.3	0.2	1.7~2.8	—	—	0.2	0.08~0.15	余量	0.5
		C37100	HPb61-1	58.0~62.0	0.15	0.6~1.2	—	—	—	—	余量	0.55
		C37700	HPb60-2	58.0~61.0	0.30	1.5~2.5	—	—	—	—	余量	0.8
		T37900	HPb60-3	58.0~61.0	0.3	2.5~3.5	—	—	0.3	—	余量	0.8③
		T38100	HPb59-1	57.0~60.0	0.5	0.8~1.9	—	—	—	—	余量	1.0
		T38200	HPb59-2	57.0~60.0	0.5	1.5~2.5	—	—	0.5	—	余量	1.0③
		T38210	HPb58-2	57.0~59.0	0.5	1.5~2.5	—	—	0.5	—	余量	1.0③
		T38300	HPb59-3	57.5~59.5	0.50	2.0~3.0	—	—	—	—	余量	1.2
		T38310	HPb58-3	57.0~59.0	0.5	2.5~3.5	—	—	0.5	—	余量	1.0③
		T38400	HPb57-4	56.0~58.0	0.5	3.5~4.5	—	—	0.5	—	余量	1.2③

分类		代号	牌号	化学成分质量分数（%）														
				Cu	Te	B	Si	As	Bi	Cd	Sn	P	Ni	Mn	Fe①	Pb	Zn	杂质总和
铜锌锡合金、复杂黄铜	锡黄铜	T41900	HSn90-1	88.0~91.0	—	—	—	—	—	—	0.25~0.75	—	—	—	0.10	0.03	余量	0.2
		C44300	HSn72-1	70.0~73.0	—	—	—	0.02~0.06	—	—	0.8~1.2④	—	—	—	0.06	0.07	余量	0.4
		T45000	HSn70-1	69.0~71.0	—	—	—	0.03~0.06	—	—	0.8~1.3	—	—	—	0.10	0.05	余量	0.3

（续）

分类		代号	牌号	化学成分质量分数（%）														
				Cu	Te	B	Si	As	Bi	Cd	Sn	P	Ni	Mn	Fe[1]	Pb	Zn	杂质总和
铜锌锡合金、复杂黄铜	锡黄铜	T45010	HSn70-1-0.01	69.0～71.0	—	0.0015～0.02	—	0.03～0.06	—	—	0.8～1.3	—	—	—	0.10	0.05	余量	0.3
		T45020	HSn70-1-0.01-0.04	69.0～71.0	—	0.0015～0.02	—	0.03～0.06	—	—	0.8～1.3	—	0.05～1.00	0.02～2.00	0.10	0.05	余量	0.3
		T46100	HSn65-0.03	63.5～68.0	—	—	—	—	—	—	0.01～0.2	0.01～0.07	—	—	0.05	0.03	余量	0.3
		T46300	HSn62-1	61.0～63.0	—	—	—	—	—	—	0.7～1.1	—	—	—	0.10	0.10	余量	0.3
		T46410	HSn60-1	59.0～61.0	—	—	—	—	—	—	1.0～1.5	—	—	—	0.10	0.30	余量	1.0
	铋黄铜	T49230	HBi60-2	59.0～62.0	—	—	—	—	2.0～3.5	0.01	0.3	—	—	—	0.2	0.1	余量	0.5[3]
		T49240	HBi60-1.3	58.0～62.0	—	—	—	—	0.3～2.3	0.01	0.05～1.2[5]	—	—	—	0.1	0.2	余量	0.3[3]
		C49260	HBi60-1.0-0.05	58.0～63.0	—	—	0.10	—	0.50～1.8	0.001	0.50	0.05～0.15	—	—	0.50	0.09	余量	1.5

分类		代号	牌号	化学成分质量分数（%）														
				Cu	Te	Al	Si	As	Bi	Cd	Sn	P	Ni	Mn	Fe[1]	Pb	Zn	杂质总和
复杂黄铜	铋黄铜	T49310	HBi60-0.5-0.01	58.5～61.5	0.010～0.015	—	—	0.01	0.45～0.65	0.01	—	—	—	—	—	0.1	余量	0.5[3]
		T49320	HBi60-0.8-0.01	58.5～61.5	0.010～0.015	—	—	0.01	0.70～0.95	0.01	—	—	—	—	—	0.1	余量	0.5[3]
		T49330	HBi60-1.1-0.01	58.5～61.5	0.010～0.015	—	—	0.01	1.00～1.25	0.01	—	—	—	—	—	0.1	余量	0.5[3]
		T49360	HBi59-1	58.0～60.0	—	—	—	—	0.8～2.0	0.01	0.2	—	—	—	0.2	0.1	余量	0.5[3]
		C49350	HBi62-1	61.0～63.0	Sb：0.02～0.10	—	0.30	—	0.50～2.5	—	1.5～3.0	0.04～0.15	—	—	—	0.09	余量	0.9
	锰黄铜	T67100	HMn64-8-5-1.5	63.0～66.0	—	4.5～6.0	1.0～2.0	—	—	—	0.5		0.5	7.0～8.0	0.5～1.5	0.3～0.8	余量	1.0
		T67200	HMn62-3-3-0.7	60.0～63.0	—	2.4～3.4	0.5～1.5	—	—	—	0.1	—	—	2.7～3.7	0.1	0.05	余量	1.2
		T67300	HMn62-3-3-1	59.0～65.0	—	1.7～3.7	0.5～1.3	Cr：0.07～0.27		—	—	—	0.2～0.6	2.2～3.8	0.6	0.18	余量	0.8
		T67310	HMn62-13[6]	59.0～65.0	—	0.5～2.5[7]	0.05	—	—	—	—	—	0.05～0.5[8]	10～15	0.05	0.03	余量	0.15[3]
		T67320	HMn55-3-1[9]	53.0～58.0										3.0～4.0	0.5～1.5	0.5	余量	1.5

（续）

分类		代号	牌号	化学成分质量分数（%）												
				Cu	Fe①	Pb	Al	Mn	P	Sb	Ni	Si	Cd	Sn	Zn	杂质总和
复杂黄铜	锰黄铜	T67330	HMn59-2-1.5-0.5	58.0～59.0	0.35～0.65	0.3～0.6	1.4～1.7	1.8～2.2	—	—	—	0.6～0.9	—	—	余量	0.3
		T67400	HMn58-2⑨	57.0～60.0	1.0	0.1	—	1.0～2.0	—	—	—	—	—	—	余量	1.2
		T67410	HMn57-3-1⑨	55.0～58.5	1.0	0.2	0.5～1.5	2.5～3.5	—	—	—	—	—	—	余量	1.3
		T67420	HMn57-2-2-0.5	56.5～58.5	0.3～0.8	0.3～0.8	1.3～2.1	1.5～2.3	—	—	0.5	0.5～0.7	—	0.5	余量	1.0
	铁黄铜	T67600	HFe59-1-1	57.0～60.0	0.6～1.2	0.20	0.1～0.5	0.5～0.8	—	—	—	—	—	0.3～0.7	余量	0.3
		T67610	HFe58-1-1	56.0～58.0	0.7～1.3	0.7～1.3	—	—	—	—	—	—	—	—	余量	0.5
	锑黄铜	T68200	HSb61-0.8-0.5	59.0～63.0	0.2	0.2	—	—	—	0.4～1.2	0.05～1.2⑩	0.3～1.0	0.01	—	余量	0.5③
		T68210	HSb60-0.9	58.0～62.0	—	0.2	—	—	—	0.3～1.5	0.05～0.9⑪	—	0.01	—	余量	0.3③
	硅黄铜	T68310	HSi80-3	79.0～81.0	0.6	0.1	—	—	—	—	—	2.5～4.0	—	—	余量	1.5
		T68320	HSi75-3	73.0～77.0	0.1	0.1	—	0.1	0.04～0.15	—	0.1	2.7～3.4	0.01	0.2	余量	0.6③
		C68350	HSi62-0.6	59.0～64.0	0.15	0.09	0.30	—	0.05～0.40	—	0.20	0.3～1.0	—	0.6	余量	2.0
		T68360	HSi61-0.6	59.0～63.0	0.15	0.2	—	—	0.03～0.12	—	0.05～1.0⑤	0.4～1.0	0.01	—	余量	0.3
	铝黄铜	C68700	HAl77-2	76.0～79.0	0.06	0.07	1.8～2.5	As：0.02～0.06	—	—	—	—	—	—	余量	0.6
		T68900	HAl67-2.5	66.0～68.0	0.6	0.5	2.0～3.0	—	—	—	—	—	—	—	余量	1.5
		T69200	HAl66-6-3-2	64.0～68.0	2.0～4.0	0.5	6.0～7.0	1.5～2.5	—	—	—	—	—	—	余量	1.5
		T69210	HAl64-5-4-2	63.0～66.0	1.8～3.0	0.2～1.0	4.0～6.0	3.0～5.0	—	—	—	0.5		0.3	余量	1.3

分类		代号	牌号	化学成分质量分数（%）														
				Cu	Fe①	Pb	Al	As	Bi	Mg	Cd	Mn	Ni	Si	Co	Sn	Zn	杂质总和
复杂黄铜	铝黄铜	T69220	HAl61-4-3-1.5	59.0～62.0	0.5～1.3	—	3.5～4.5	—	—	—	—	—	2.5～4.0	0.5～1.5	1.0～2.0	0.2～1.0	余量	1.3
		T69230	HAl61-4-3-1	59.0～62.0	0.3～1.3	—	3.5～4.5	—	—	—	—	—	2.5～4.0	0.5～1.5	0.5～1.0	—	余量	0.7

（续）

分类		代号	牌号	化学成分质量分数（%）														
				Cu	Fe[①]	Pb	Al	As	Bi	Mg	Cd	Mn	Ni	Si	Co	Sn	Zn	杂质总和
复杂黄铜	铝黄铜	T69240	HAl60-1-1	58.0~61.0	0.70~1.50	0.40	0.70~1.50	—	—	—	—	0.1~0.6	—	—	—	—	余量	0.7
		T69250	HAl59-3-2	57.0~60.0	0.50	0.10	2.5~3.5	—	—	—	—	—	2.0~3.0	—	—	—	余量	0.9
	镁黄铜	T69800	HMg60-1	59.0~61.0	0.2	0.1	—	—	0.3~0.8	0.5~2.0	0.01	—	—	—	—	0.3	余量	0.5[③]
	镍黄铜	T69900	HNi65-5	64.0~67.0	0.15	0.03	—	—	—	—	—	—	5.0~6.5	—	—	—	余量	0.3
		T69910	HNi56-3	54.0~58.0	0.15~0.5	0.2	0.3~0.5	—	—	—	—	—	2.0~3.0	—	—	—	余量	0.6

①抗磁用黄铜的铁的质量分数不大于0.030%。

②特殊用途的H70、H80的杂质最大值为：Fe0.07%、Sb0.002%、P0.005%、As0.005%，S0.002%，杂质总和为0.20%。

③此值为表中所列杂质元素实测值总和。

④此牌号为管材产品时，Sn含量最小值为0.9%。

⑤此值为Sb + B + Ni + Sn。

⑥此牌号P≤0.005%、B≤0.01%、Bi≤0.005%、Sb≤0.005%。

⑦此值为Ti + Al。

⑧此值为Ni + Co。

⑨供异型铸造和热锻用的HMn57-3-1、HMn58-2的磷的质量分数不大于0.03%。供特殊使用的HMn55-3-1的铝的质量分数不大于0.1%。

⑩此值为Ni + Sn + B。

⑪此值为Ni + Fe + B。

（3）加工青铜化学成分（表3-6）

表3-6　加工青铜化学成分

分类		代号	牌号	化学成分质量分数（%）												
				Cu	Sn	P	Fe	Pb	Al	B	Ti	Mn	Si	Ni	Zn	杂质总和
铜锡、铜锡磷、铜锡铅合金	锡青铜[②]	T50110	QSn0.4	余量	0.15~0.55	0.001	—	—	—	—	—	—	—	O≤0.035	—	0.1
		T50120	QSn0.6	余量	0.4~0.8	0.01	0.020	—	—	—	—	—	—	—	—	0.1
		T50130	QSn0.9	余量	0.85~1.05	0.03	0.05	—	—	—	—	—	—	—	—	0.1
		T50300	QSn0.5-0.025	余量	0.25~0.6	0.015~0.035	0.010	—	—	—	—	—	—	—	—	0.1
		T50400	QSn1-0.5-0.5	余量	0.9~1.2	0.09	—	0.01	0.01	S≤0.005	—	0.3~0.6	0.3~0.6	—	—	0.1
		C50500	QSn1.5-0.2	余量	1.0~1.7	0.03~0.35	0.10	0.05	—	—	—	—	—	—	0.30	0.95
		C50700	QSn1.8	余量	1.5~2.0	0.30	0.10	0.05	—	—	—	—		—	—	0.95
		T50800	QSn4-3	余量	3.5~4.5	0.03	0.05	0.02	0.002	—	—	—	—	—	2.7~3.3	0.2

（续）

分类		代号	牌号	化学成分质量分数（%）												
				Cu	Sn	P	Fe	Pb	Al	B	Ti	Mn	Si	Ni	Zn	杂质总和
铜锡、铜锡磷、铜锡铅合金	锡青铜②	C51000	QSn5-0.2	余量	4.2~5.8	0.03~0.35	0.10	0.05	—	—	—	—	—	—	0.30	0.95
		T51010	QSn5-0.3	余量	4.5~5.5	0.01~0.40	0.1	0.02	—	—	—	—	—	0.2	0.2	0.75
		C51100	QSn4-0.3	余量	3.5~4.9	0.03~0.35	0.10	0.05	—	—	—	—	—	—	0.30	0.95
		T51500	QSn6-0.05	余量	6.0~7.0	0.05	0.10	—	—	Ag：0.05~0.12	—	—	—	—	0.05	0.2
		T51510	QSn6.5-0.1	余量	6.0~7.0	0.10~0.25	0.05	0.02	0.002	—	—	—	—	—	0.3	0.4
		T51520	QSn6.5-0.4	余量	6.0~7.0	0.26~0.40	0.02	0.02	0.002	—	—	—	—	—	0.3	0.4
		T51530	QSn7-0.2	余量	6.0~8.0	0.10~0.25	0.05	0.02	0.01	—	—	—	—	—	0.3	0.45
		C52100	QSn8-0.3	余量	7.0~9.0	0.03~0.35	0.10	0.05	—	—	—	—	—	—	0.20	0.85
		T52500	QSn15-1-1	余量	12~18	0.5	0.1~1.0	—	—	0.002~1.2	0.002	0.6	—	—	0.5~2.0	1.0⑤
		T53300	QSn4-4-2.5	余量	3.0~5.0	0.03	0.05	1.5~3.5	0.002	—	—	—	—	—	3.0~5.0	0.2
		T53500	QSn4-4-4	余量	3.0~5.0	0.03	0.05	3.5~4.5	0.002						3.0~5.0	0.2

分类		代号	牌号	化学成分质量分数（%）															
				Cu	Al	Fe	Ni	Mn	P	Zn	Sn	Si	Pb	As①	Mg	Sb①	Bi①	S	杂质总和
铜铬、铜锌、铜铝合金	铬青铜	T55600	QCr4.5-2.5-0.6	余量	Cr：3.5~5.5	0.05	0.2~1.0	0.5~2.0	0.005	0.05	—	—		Ti：1.5~3.5	—	—	—	—	0.1⑤
	锰青铜	T56100	QMn1.5	余量	0.07	0.1	0.1	1.20~1.80	—	—	0.05	0.1	0.01	Cr≤0.1	—	0.005	0.002	0.01	0.3
		T56200	QMn2	余量	0.07	0.1	—	1.5~2.5	—	—	0.05	0.1	0.01	0.01	—	0.05	0.002	—	0.5
		T56300	QMn5	余量	—	0.35	—	4.5~5.5	0.01	0.4	0.1	0.1	0.03	—	—	0.002	—	—	0.9
	铝青铜	T60700	QAl5	余量	4.0~6.0	0.5	—	0.5	0.01	0.5	0.1	0.1	0.03	—	—	—	—	—	1.6
		C60800	QAl6	余量	5.0~6.5	0.10	—	—	—	—	—	—	0.10	0.02~0.35	—	—	—	—	0.7
		C61000	QAl7	余量	6.0~8.5	0.50	—	—	—	0.20	—	0.10	0.02	—	—	—	—	—	1.3
		T61700	QAl9-2	余量	8.0~10.0	0.5	—	1.5~2.5	0.01	1.0	0.1	0.1	0.03	—	—	—	—	—	1.7
		T61720	QAl9-4	余量	8.0~10.0	2.0~4.0	—	0.5	0.01	1.0	0.1	0.1	0.01	—	—	—	—	—	1.7
		T61740	QAl9-5-1-1	余量	8.0~10.0	0.5~1.5	4.0~6.0	0.5~1.5	0.01	0.3	0.1	0.1	0.01	0.01	—	—	—	—	0.6
		T61760	QAl10-3-1.5③	余量	8.5~10.0	2.0~4.0	—	1.0~2.0	0.01	0.5	0.1	0.1	0.03	—	—	—	—	—	0.75
		T61780	QAl10-4-4④	余量	9.5~11.0	3.5~5.5	3.5~5.5	0.3	0.01	0.5	0.1	0.1	0.02	—	—	—	—	—	1.0
		T61790	QAl10-4-4-1	余量	8.5~11.0	3.0~5.0	3.0~5.0	0.5~2.0	—	—	—	—	—	—	—	—	—	—	0.8
		T62100	QAl10-5-5	余量	8.0~11.0	4.0~6.0	4.0~6.0	0.5~2.5	—	0.5	0.2	0.25	0.05	—	0.10	—	—	—	1.2
		T62200	QAl11-6-6	余量	10.0~11.5	5.0~6.5	5.0~6.5	0.5	0.1	0.6	0.2	0.2	0.05	—	—	—	—	—	1.5

（续）

分类		代号	牌号	化学成分质量分数（%）												
				Cu	Si	Fe	Ni	Zn	Pb	Mn	Sn	P	As①	Sb①	Al	杂质总和
铜硅合金	硅青铜	C64700	QSi0.6-2	余量	0.40～0.8	0.10	1.6～2.2⑥	0.50	0.09	—	—	—	—	—	—	1.2
		T64720	QSi1-3	余量	0.6～1.1	0.1	2.4～3.4	0.2	0.15	0.1～0.4	0.1	—	—	—	0.02	0.5
		T64730	QSi3-1②	余量	2.7～3.5	0.3	0.2	0.5	0.03	1.0～1.5	0.25	—	—	—	—	1.1
		T64740	QSi3.5-3-1.5	余量	3.0～4.0	1.2～1.8	0.2	2.5～3.5	0.03	0.5～0.9	0.25	0.03	0.002	0.002	—	1.1

①砷、锑和铋可不分析，但供方必须保证不大于界限值。

②抗磁用锡青钢铁的质量分数不大于0.020%，QSi3-1铁的质量分数不大于0.030%。

③非耐磨材料用QAL10-3-1.5，其锌的质量分数可达1%，但杂质总和应不大于1.25%。

④经双方协商，焊接或特殊要求的QAl10-4-4，其锌的质量分数不大于0.2%。

⑤此值为表中所列杂质元素实测值总和。

⑥此值为Ni＋Co。

（4）加工白铜化学成分（表3-7）

表3-7 加工白铜化学成分

分类		代号	牌号	化学成分质量分数（%）													
				Cu	Ni＋Co	Al	Fe	Mn	Pb	P	S	C	Mg	Si	Zn	Sn	杂质总和
铜镍合金	普通白铜	T70110	B0.6	余量	0.57～0.63	—	0.005	—	0.005	0.002	0.005	0.002	—	0.002	—	—	0.1
		T70380	B5	余量	4.4～5.0	—	0.20	—	0.01	0.01	0.01	0.03	—	—	—	—	0.5
		T71050	B19②	余量	18.0～20.0	—	0.5	0.5	0.005	0.01	0.01	0.05	0.05	0.15	0.3	—	1.8
		C71100	B23	余量	22.0～24.0	—	0.10	0.15	0.05	—	—	—	—	—	0.20	—	1.0
		T71200	B25	余量	24.0～26.0	—	0.5	0.5	0.005	0.01	0.01	0.05	0.05	0.15	0.3	0.03	1.8
		T71400	B30	余量	29.0～33.0	—	0.9	1.2	0.05	0.006	0.01	0.05	—	0.15	—	—	2.3
	铁白铜	C70400	BFe5-1.5-0.5	余量	4.8～6.2	—	1.3～1.7	0.30～0.8	0.05	—	—	—	—	—	1.0	—	1.55
		T70510	BFe7-0.4-0.4	余量	6.0～7.0	—	0.1～0.7	0.1～0.7	0.01	0.01	0.01	0.03	—	0.02	0.05	—	0.7
		T70590	BFe10-1-1	余量	9.0～11.0	—	1.0～1.5	0.5～1.0	0.02	0.006	0.01	0.05	—	0.15	0.3	0.03	0.7
		C70610	BFe10-1.5-1	余量	10.0～11.0	—	1.0～2.0	0.50～1.0	0.01	—	0.05	0.05	—	—	—	—	0.6
		T70620	BFe10-1.6-1	余量	9.0～11.0	—	1.5～1.8	0.5～1.0	0.03	0.02	0.01	0.05	—	—	0.20	—	0.4
		T70900	BFe16-1-1-0.5	余量	15.0～18.0	Ti≤0.03	0.50～1.00	0.2～1.0	0.05		Cr：0.30～0.70		—	0.03	1.0	—	1.1
		C71500	BFe30-0.7	余量	29.0～33.0	—	0.40～1.0	1.0	0.05	—	—	—	—	—	1.0	—	2.5
		T71510	BFe30-1-1	余量	29.0～32.0	—	0.5～1.0	0.5～1.2	0.02	0.006	0.01	0.05	—	0.15	0.3	0.03	0.7
		T71520	BFe30-2-2	余量	29.0～32.0	—	1.7～2.3	1.5～2.5	0.01	—	0.03	0.06	—	—	—	—	0.6
	锰白铜	T71620	BMn3-12③	余量	2.0～3.5	0.2	0.20～0.50	11.5～13.5	0.020	0.005	0.020	0.05	0.03	0.1～0.3	—	—	0.5
		T71660	BMn40-1.5③	余量	39.0～41.0	—	0.50	1.0～2.0	0.005	0.005	0.02	0.10	0.05	0.10	—	—	0.9
		T71670	BMn43-0.5③	余量	42.0～44.0	—	0.15	0.10～1.0	0.002	0.002	0.01	0.10	0.05	0.10	—	—	0.6
	铝白铜	T72400	BAl6-1.5	余量	5.5～6.5	1.2～1.8	0.50	0.20	0.003				—				1.1
		T72600	BAl13-3	余量	12.0～15.0	2.3～3.0	1.0	0.50	0.003	0.01							1.9

（续）

分类		代号	牌号	化学成分质量分数（%）															
				Cu	Ni+Co	Fe	Mn	Pb	Al	Si	P	S	C	Sn	Bi①	Ti	Sb①	Zn	杂质总和
铜镍锌合金	锌白铜	C73500	BZn18-10	70.5~73.5	16.5~19.5	0.25	0.50	0.09	—	—	—	—	—	—	—	—	—	余量	1.35
		T74600	BZn15-20	62.0~65.0	13.5~16.5	0.5	0.3	0.02	Mg≤0.05	0.15	0.005	0.01	0.03	—	0.002	As①≤0.010	0.002	余量	0.9
		C75200	BZn18-18	63.0~66.5	16.5~19.5	0.25	0.50	0.05	—	—	—	—	—	—	—	—	—	余量	1.3
		T75210	BZn18-17	62.0~66.0	16.5~19.5	0.25	0.50	0.03										余量	0.9
		T76100	BZn9-29	60.0~63.0	7.2~10.4	0.3	0.5	0.03	0.005	0.15	0.005	0.005	0.03	0.08	0.002	0.005	0.002	余量	0.8④
		T76200	BZn12-24	63.0~66.0	11.0~13.0	0.3	0.5	0.03	—	—	—	—	—	0.03	—	—	—	余量	0.8④
		T76210	BZn12-26	60.0~63.0	10.5~13.0	0.3	0.5	0.03	0.005	0.15	0.005	0.005	0.03	0.08	0.002	0.005	0.002	余量	0.8④
		T76220	BZn12-29	57.0~60.0	11.0~13.5	0.3	0.5	0.03	—	—	—	—	—	0.03	—	—	—	余量	0.8④
		T76300	BZn18-20	60.0~63.0	16.5~19.5	0.3	0.5	0.03	0.005	0.15	0.005	0.005	0.03	0.08	0.002	0.005	0.002	余量	0.8④
		T76400	BZn22-16	60.0~63.0	20.5~23.5	0.3	0.5	0.03	0.005	0.15	0.005	0.005	0.03	0.08	0.002	0.005	0.002	余量	0.8④
		T76500	BZn25-18	56.0~59.0	23.5~26.5	0.3	0.5	0.03	0.005	0.15	0.005	0.005	0.03	0.08	0.002	0.005	0.002	余量	0.8④
		C77000	BZn18-26	53.5~56.5	16.5~19.5	0.25	0.50	0.05	—	—	—	—	—	—	—	—	—	余量	0.8
		T77500	BZn40-20	38.0~42.0	38.0~41.5	0.3	0.5	0.03	0.005	0.15	0.005	0.005	0.10	0.08	0.002	0.005	0.002	余量	0.8④
		T78300	BZn15-21-1.8	60.0~63.0	14.0~16.0	0.3	0.5	1.5~2.0	—	0.15	—	—	—	—	—	—	—	余量	0.9
		T79500	BZn15-24-1.5	58.0~60.0	12.5~15.5	0.25	0.05~0.5	1.4~1.7	—	—	0.02	0.005	—	—	—	—	—	余量	0.75
		C79800	BZn10-41-2	45.5~48.5	9.0~11.0	0.25	1.5~2.5	1.5~2.5	—	—	—	—	—	—	—	—	—	余量	0.75
		C79860	BZn12-37-1.5	42.3~43.7	11.8~12.7	0.20	5.6~6.4	1.3~1.8	—	0.06	0.005	—	—	0.10	—	—	—	余量	0.56

①铋、锑和砷可不分析，但供方必须保证不大于界限值。

②特殊用途的 B19 白铜带，可供应硅的质量分数不大于 0.05% 的材料。

③为保证电气性能，对 BMn3-12 合金、作热电偶用的 BMn40-1.5 和 BMn43-0.5 合金，其规定有最大值和最小值的成分，允许略微超出表中的规定。

④此值为表中所列杂质元素实测值总和。

3.2.2 铜及铜合金管材

1. 铜及铜合金无缝管材（GB/T 16866—2006）

（1）铜及铜合金圆形管的规格

1）挤制铜及铜合金圆形管的规格见表 3-8。

表 3-8 挤制铜及铜合金圆形管的规格 （单位：mm）

公称外径	公称壁厚																										
	1.5	2.0	2.5	3.0	3.5	4.0	4.5	5.0	6.0	7.5	9.0	10.0	12.5	15.0	17.5	20.0	22.5	25.0	27.5	30.0	32.5	35.0	37.5	40.0	42.5	45.0	50.0
20,21,22	○	○	○	○		○																					
23,24,25,26	○	○	○	○	○	○																					

（续）

公称外径	公称壁厚																										
	1.5	2.0	2.5	3.0	3.5	4.0	4.5	5.0	6.0	7.5	9.0	10.0	12.5	15.0	17.5	20.0	22.5	25.0	27.5	30.0	32.5	35.0	37.5	40.0	42.5	45.0	50.0
27,28,29			○	○	○	○	○	○	○																		
30,32			○	○	○	○	○	○	○																		
34,35,36			○	○	○	○	○	○	○																		
38,40,42,44			○	○	○	○	○	○	○	○	○	○															
45,46,48			○	○	○	○	○	○	○	○	○	○															
50,52,54,55			○	○	○	○	○	○	○	○	○	○	○	○	○												
56,58,60						○	○	○	○	○	○	○	○	○	○												
62,64,65,68,70						○	○	○	○	○	○	○	○	○	○	○											
72,74,75,78,80						○	○	○	○	○	○	○	○	○	○	○	○	○									
85,90										○		○	○	○	○	○	○	○	○	○							
95,100										○		○	○	○	○	○	○	○	○	○							
105,110												○	○	○	○	○	○	○	○	○							
115,120												○	○	○	○	○	○	○	○	○	○	○	○				
125,130												○	○	○	○	○	○	○	○	○	○	○					
135,140												○	○	○	○	○	○	○	○	○	○	○	○				
145,150												○	○	○	○	○	○	○	○	○	○	○					
155,160												○	○	○	○	○	○	○	○	○	○	○	○	○	○		
165,170												○	○	○	○	○	○	○	○	○	○	○	○	○	○		
175,180												○	○	○	○	○	○	○	○	○	○	○	○	○	○		
185,190,195,200												○	○	○	○	○	○	○	○	○	○	○	○	○	○	○	
210,220												○	○	○	○	○	○	○	○	○	○	○	○	○	○	○	
230,240,250												○	○	○		○		○	○	○	○	○	○	○	○	○	○
260.280												○	○	○		○		○		○							
290,300																○		○		○							

注：“○”表示推荐规格，需要其他规格的产品应由供需双方商定。

2）拉制铜及铜合金圆形管的规格见表3-9。

表3-9 拉制铜及铜合金圆形管的规格 （单位：mm）

公称外径	公称壁厚																									
	0.2	0.3	0.4	0.5	0.6	0.75	1.0	1.25	1.5	2.0	2.5	3.0	3.5	4.0	4.5	5.0	6.0	7.0	8.0	9.0	10.0	11.0	12.0	13.0	14.0	15.0
3,4	○	○	○	○	○	○	○	○																		
5,6,7	○	○	○	○	○	○	○	○	○																	
8,9,10,11,12,13,14,15	○	○	○	○	○	○	○	○	○	○	○	○														
16,17,18,19,20		○	○	○	○	○	○	○	○	○	○	○	○	○	○											
21,22,23,24,25,26,27,28,29,30			○	○	○	○	○	○	○	○	○	○	○	○	○	○										

（续）

公称外径	公称壁厚																									
	0.2	0.3	0.4	0.5	0.6	0.75	1.0	1.25	1.5	2.0	2.5	3.0	3.5	4.0	4.5	5.0	6.0	7.0	8.0	9.0	10.0	11.0	12.0	13.0	14.0	15.0
31,32,33,34,35,36,37,38,39,40			○	○	○	○	○	○	○	○	○	○	○	○	○	○										
42,44,45,46,48,49,50						○	○	○	○	○	○	○	○	○	○	○	○									
52,54,55,56,58,60						○	○	○	○	○	○	○	○	○	○	○	○	○	○							
62,64,65,66,68,70							○	○	○	○	○	○	○	○	○	○	○	○	○	○	○	○				
72,74,75,76,78,80										○	○	○	○	○	○	○	○	○	○	○	○	○	○	○		
82,84,85,86,88,90,92,94,96,100										○	○	○	○	○	○	○	○	○	○	○	○	○	○	○	○	○
105,110,115,120,125,130,135,140,145,150										○	○	○	○	○	○	○	○	○	○	○	○	○	○	○	○	○
155,160,165,170,175,180,185,190,195,200												○	○	○	○	○	○	○	○	○	○	○	○	○	○	○
210,220,230,240,250												○	○	○	○	○	○	○	○	○	○	○	○	○	○	○
260,270,280,290,300,310,320,330,340,350,360														○	○	○										

注：“○”表示推荐规格，需要其他规格的产品应由供需双方商定。

（2）铜及铜合金圆管外形尺寸及允许偏差

1）挤制圆形管材的外径允许偏差见表3-10。

表3-10 挤制圆形管材的外径允许偏差（单位：mm）

公称外径	外径允许偏差（±）		公称外径	外径允许偏差（±）	
	纯铜管、青铜管	黄铜管		纯铜管、青铜管	黄铜管
20～22	0.22	0.25	101～120	1.20	1.30
23～26	0.25	0.25	121～130	1.30	1.50
27～29	0.25	0.25	131～140	1.40	1.60
30～33	0.30	0.30	141～150	1.50	1.70
34～37	0.30	0.35	151～160	1.60	1.90
38～44	0.35	0.40	161～170	1.70	2.00
45～49	0.35	0.45	171～180	1.80	2.10
50～55	0.45	0.50	181～190	1.90	2.20
56～60	0.60	0.60	191～200	2.00	2.20
61～70	0.70	0.70	201～220	2.20	2.30
71～80	0.80	0.82	221～250	2.50	2.50
81～90	0.90	0.92	251～280	2.80	2.80
91～100	1.00	1.10	281～300	3.00	—

注：1. 当要求外径偏差全为正（+）或全为负（-）时，其允许偏差为表中对应数值的2倍。

2. 当外径和壁厚之比不小于10时，挤制黄铜管的短轴尺寸不应小于公称外径的95%。此时，外径允许偏差应为平均外径允许偏差。

3. 当外径和壁厚之比不小于15时，挤制纯铜管和青铜管的短轴尺寸不应小于公称外径的95%。此时，外径允许偏差应为平均外径允许偏差。

2）拉制圆形管材的平均外径允许偏差见表3-11。

表3-11　拉制圆形管材的平均外径允许偏差　（单位：mm）

公称外径	平均外径允许偏差（±），不大于		公称外径	平均外径允许偏差（±），不大于	
	普通级	高精级		普通级	高精级
3～15	0.06	0.05	>100～125	0.28	0.15
>15～25	0.08	0.06	>125～150	0.35	0.18
>25～50	0.12	0.08	>150～200	0.50	—
>50～75	0.15	0.10	>200～250	0.65	—
>75～100	0.20	0.13	>250～360	0.40	—

注：当要求外径偏差全为正（+）或全为负（-）时，其允许偏差为表中对应数值的2倍。

3）拉制矩（方）形管材的两平行外表面间距允许偏差见表3-12。

表3-12　拉制矩（方）形管材的两平行外表面间距允许偏差　（单位：mm）

尺寸 a 和 b	允许偏差（±），不大于		示意图
	普通级	高精级	
≤3.0	0.12	0.08	
>3.0～16	0.15	0.10	
>16～25	0.18	0.12	
>25～50	0.25	0.15	
>50～100	0.35	0.20	

注：1. 当两平行外表面间距的允许偏差要求全为正或全为负时，其允许偏差为表中对应数值的2倍。

2. 公称尺寸 a 对应的公差也适用 a'，公称尺寸 b 对应的公差也适用 b'。

（3）圆形管材的壁厚及允许偏差

1）挤制圆形管材的壁厚及允许偏差见表3-13。

表3-13　挤制圆形管材的壁厚及允许偏差　（单位：mm）

材料名称	公称外径	公称壁厚，不大于												
		1.5	2.0	2.5	3.0	3.5	4.0	4.5	5.0	6.0	7.5	9.0	10.0	12.5
		壁厚允许偏差（±）												
纯铜管	20～300	—	—	—	—	—	—	—	0.5	0.6	0.75	0.9	1.0	1.2
黄、青铜管	20～280	0.25	0.30	0.40	0.45	0.5	0.5	0.6	0.6	0.7	0.75	0.9	1.0	1.3
材料名称	公称外径	公称壁厚，不大于												
		15.0	17.5	20.0	22.5	25.0	27.5	30.0	32.5	35.0	37.5	40，0	42.5	45	50
		壁厚允许偏差（±）												
纯铜管	20～300	1.4	1.6	1.8	1.8	2.0	2.2	2.4	—	—	—	—	—	—	—
黄、青铜管	20～280	1.5	1.8	2.0	2.3	2.5	2.8	3.0	3.3	3.5	3.8	4.0	4.3	4.4	4.5

注：当要求壁厚偏差全为正（+）或全为负（-）时，其允许偏差为表中对应数值的2倍。

2）拉制圆形管材的壁厚及允许偏差见表3-14。

表3-14　拉制圆形管材的壁厚及允许偏差　（单位：mm）

公称外径	公称壁厚									
	0.20～0.40		>0.40～0.60		>0.60～0.90		>0.90～1.5		>1.5～2.0	
	壁厚允许偏差（±）（%）									
	普通级	高精级	普通级	高精级	普通级	高精级	普通级	高精级	普通级	高精级
3～15	12	10	12	10	12	9	12	7	10	5
>15～25	—	—	12	10	12	9	12	7	10	6
>25～50	—	—	12	10	12	10	12	8	10	6

（续）

公称外径	公称壁厚									
	0.20～0.40		>0.40～0.60		>0.60～0.90		>0.90～1.5		>1.5～2.0	
	壁厚允许偏差（±）（%）									
	普通级	高精级	普通级	高精级	普通级	高精级	普通级	高精级	普通级	高精级
>50～100	—	—	—	—	12	10	12	9	10	8
>100～175	—	—	—	—	—	—	—	—	11	10
>175～250	—	—	—	—	—	—	—	—	—	—
>250～360	供需双方协商									

公称外径	公称壁厚											
	>2.0～3.0		>3.0～4.0		>4.0～5.5		>5.5～7.0		>7.0～10.0		>10.0	
	壁厚允许误差（±）（%）											
	普通级	高精级	普通级	高精级	普通级	高精级	普通级	高精级	普通级	高精级	普通级	高精级
3～15	10	5	—	—	—	—	—	—	—	—	—	—
>15～25	10	5	10	5	10	5	—	—	—	—	—	—
>25～50	10	6	10	5	10	5	10	5	—	—	—	—
>50～100	10	8	10	6	10	5	10	5	10	5	10	5
>100～175	11	9	10	7	10	7	10	6	10	6	10	5
>175～250	12	10	11	9	10	8	10	7	10	6	10	6
>250～360	供需双方协商											

注：当要求壁厚偏差全为正（+）或全为负（-）时，其允许偏差为表中对应数值的2倍。

3）矩（方）形管材的壁厚及允许误差见表3-15。

表3-15　矩（方）形管材的壁厚及允许误差　　（单位：mm）

壁厚	两平行外表面间的距离									
	0.80～3.0		>3.0～16		>16～25		>25～50		>50～100	
	壁厚允许偏差（±）									
	普通级	高精级	普通级	高精级	普通级	高精级	普通级	高精级	普通级	高精级
≤0.4	0.06	0.05	0.08	0.05	0.11	0.06	0.12	0.08	—	—
>0.4～0.6	0.10	0.08	0.10	0.06	0.12	0.08	0.15	0.09	—	—
>0.6～0.9	0.11	0.09	0.13	0.09	0.15	0.09	0.18	0.10	0.20	0.15
>0.9～1.5	0.12	0.10	0.15	0.10	0.18	0.12	0.25	0.12	0.28	0.20
>1.5～2.0	—	—	0.18	0.12	0.23	0.15	0.28	0.20	0.30	0.20
>2.0～3.0	—	—	0.25	0.20	0.30	0.20	0.35	0.25	0.40	0.25
>3.0～4.0	—	—	0.30	0.25	0.35	0.25	0.40	0.28	0.45	0.30
>4.0～5.5	—	—	0.50	0.28	0.55	0.30	0.60	0.33	0.65	0.38
>5.5～7.0	—	—	—	—	0.65	0.38	0.75	0.40	0.85	0.45

注：1. 当壁厚偏差要求全为正或全为负时，应将此值加倍。
2. 对于矩形管，由较大尺寸来确定壁厚允许偏差，适用于所有管壁。

（4）圆形管材的长度及允许偏差

1）定尺或倍尺长度的拉制直管的长度及允许偏差。外径不大于30mm、壁厚不大于3mm的拉制铜管，其长度及允许偏差见表3-16。

表3-16　拉制直管的长度及允许偏差　（单位：mm）

长度	长度允许偏差，不大于		
	外径≤25	外径＞25～100	外径＞100
≤600	2	3	4
＞600～2000	4	4	6
＞2000～4000	6	6	6
＞4000	12	12	12

注：1. 表中偏差为正偏差，如果要求负偏差，可采用相同的值，如果要求正和负偏差，则应为所列值的一半。
2. 倍尺长度应加入锯切分段时的锯切量，每一锯切量为5mm。

2）盘管的长度及允许偏差。外径不大于30mm、壁厚不大于3mm，供应长度不短于6000mm的盘管，其长度及允许偏差见表3-17。

表3-17　盘管的长度及允许偏差　（单位：mm）

长度	长度允许偏差，不大于
≤12000	300
＞12000～30000	600
＞30000	长度的3%

注：表中偏差为正偏差。如果要求负偏差，可采用相同的值；如果要求正和负偏差，则应为所列值的一半。

3）矩（方）形管材的长度及允许偏差见表3-18。

表3-18　矩（方）形管材的长度及允许偏差　（单位：mm）

长度	最大对边距	
	≤25	＞25～100
	长度允许偏差，不大于	
≤150	0.8	1.5
＞150～600	1.5	2.5
＞600～2000	2.5	3.0
＞2000～4000	6.0	6.0
＞4000～12000	12	12
＞12000	盘状供货，+0.2%	

注：1. 表中的偏差全为正；如果要求偏差全为负，可采用相同的值；如果偏差采用正和负，则应为表中值的一半。
2. 长度在12000mm以下的管材，一般采用直条状供货。
3. 倍尺长度应加入锯切分段时的锯切量，每一锯切量为5mm。

4）未退火拉制直管的圆度见表3-19。

表3-19　未退火的拉制直管的圆度　（单位：mm）

公称壁厚和公称外径之比	圆度/mm，不大于	
	普通级	高精级
0.01～0.03	≤外径的3%	≤外径的1.5%
＞0.03～0.05	≤外径的2%	≤外径的1.0%
＞0.05～0.10	≤外径的1.5%或0.10（取较大者）	≤外径的0.8%或0.05（取较大者）
＞0.10	≤外径的1.5%或0.10（取较大者）	≤外径的0.7%或0.05（取较大者）

（5）铜及铜合金硬状态和半硬状态的拉制直管的直度

1）硬状态和半硬状态的拉制直管的直度见表3-20。

表3-20　硬状态和半硬状态的拉制直管的直度　（单位：mm）

公称外径	每米直度，不大于	
	高精级	普通级
≤80	3	4
>80～150	5	6
>150	7	10

注：未退火的拉制直管的直度应符合全长直度不应超过每米直度与总长度（m）的乘积。

2）挤制管材的直度见表3-21。

表3-21　挤制管材的直度　（单位：mm）

公称外径	每米直度（不大于）
≤40	4
>40～80	7
>80～150	10
>150	15

（6）铜及铜合金管材的切斜度

1）圆形管材的切斜度见表3-22。

表3-22　圆形管材的切斜度　（单位：mm）

外径	切斜度，不大于
≤16	0.40
>16	外径的2.5%

2）矩（方）形管材的切斜度见表3-23。

表3-23　矩（方）形管材的切斜度　（单位：mm）

两最大平行外表面间距	切斜度，不大于
≤6.0	0.40
>6.0	两最大平行外表面间距的2.5%

（7）矩形和方形管材方角的允许圆角半径（表3-24）

表3-24　矩形和方形管材方角的允许圆角半径　（单位：mm）

壁厚	允许圆角半径，不大于			
	普通级		高精级	
	外角	内角	外角	内角
≤1.5	2.0	1.5	1.2	0.80
>1.5～3.0	3.0	2.5	1.6	1.00
>3.0～5.0	4.0	3.0	2.4	1.20
>5.0～7.0	5.0	4.0	3.0	1.50

2. 无缝铜水管和铜气管

（1）管材的牌号与状态及规格（表3-25）

表3-25　管材的牌号与状态及规格

牌号	代号	状态	种类	规格		
				外径	壁厚	长度
TP1 TP2 TU1 TU2 TU3	C12000 C12200 T10150 T10180 C10200	拉拔（硬）（H80） 拉拔（H58）	直管	6～325	0.6～8	≤6000
		轻拉（H55）		6～159		
		软化退火（O60） 轻退火（O50）		6～108		
		软化退火（O60）	盘管	≤28		—

（2）管材的尺寸及允许偏差

1）管材的外形尺寸系列见表3-26。

表3-26　管材的外形尺寸系列

公称通径DN /mm	公称外径 /mm	平均外径允许偏差 /mm		任意外径允许偏差 /mm		壁厚及其允许偏差 /mm						理论重量 /(kg/m)①			最大工作压力 p/MPa②								
						A型		B型		C型		A型	B型	C型	H80			H55 H58			O60 O50		
		普通级	高精级	H80	H55 H58	壁厚	允差	壁厚	允差	壁厚	允差				A型	B型	C型	A型	B型	C型	A型	B型	C型
4	6	±0.04	±0.03	±0.04	±0.09	1.0	±0.10	0.8	±0.08	0.6	±0.06	1.140	0.117	0.091	24.00	18.8	13.70	19.23	14.9	10.9	15.8	12.3	8.95
6	8	±0.04	±0.03	±0.04	±0.09	1.0	±0.10	0.8	±0.08	0.6	±0.06	0.197	0.162	0.125	17.50	13.70	10.00	13.89	10.9	7.98	11.4	8.95	6.57
8	10	±0.04	±0.03	±0.04	±0.09	1.0	±0.10	0.8	±0.08	0.6	±0.06	0.253	0.207	0.158	13.70	10.70	2.94	10.87	8.55	6.30	8.95	7.04	5.19
10	12	±0.04	±0.03	±0.04	±0.09	1.2	±0.12	0.8	±0.08	0.6	±0.06	0.364	0.252	0.192	13.67	8.87	6.65	10.87	7.04	5.21	8.96	5.80	4.29
15	15	±0.04	±0.03	±0.04	±0.09	1.2	±0.12	1.0	±0.10	0.7	±0.07	0.465	0.393	0.281	10.79	8.87	6.11	8.55	7.04	4.85	7.04	5.80	3.99
	18	±0.04	±0.03	±0.04	±0.09	1.2	±0.12	1.0	±0.10	0.8	±0.08	0.566	0.477	0.386	8.87	7.31	5.81	7.04	5.81	4.61	5.80	4.79	3.80
20	22	±0.05	±0.04	±0.06	±0.10	1.5	±0.15	1.2	±0.12	0.9	±0.09	0.864	0.701	0.535	9.08	7.19	5.32	7.21	5.70	4.32	6.18	4.70	3.48
25	28	±0.05	±0.04	±0.06	±0.10	1.5	±0.15	1.2	±0.12	0.9	±0.09	1.116	0.903	0.685	7.05	5.59	4.62	5.60	4.44	3.30	4.61	3.65	2.72
32	35	±0.06	±0.05	±0.07	±0.11	2.0	±0.20	1.5	±0.15	1.2	±0.12	1.854	1.411	1.140	7.64	5.54	4.44	5.98	4.44	3.52	4.93	3.65	2.90
40	42	±0.06	±0.05	±0.07	±0.11	2.0	±0.20	1.5	±0.15	1.2	±0.12	2.247	1.706	1.375	6.23	4.63	3.68	4.95	3.68	2.92	4.08	3.03	2.41
50	54	±0.06	±0.05	±0.07	±0.11	2.5	±0.25	2.0	±0.20	1.2	±0.12	3.616	2.921	1.780	6.06	4.81	2.85	4.81	3.77	2.26	3.96	3.14	1.85
65	67	±0.07	±0.06	±0.10	±0.15	2.5	±0.25	2.0	±0.20	1.5	±0.15	4.529	3.652	2.759	4.85	3.85	2.87	3.85	3.06	2.27	3.17	3.05	1.88
80	76	±0.07	±0.06	±0.10	±0.15	2.5	±0.25	2.0	±0.20	1.5	±0.15	5.161	4.157	3.140	4.26	3.38	2.52	3.38	2.69	2.00	2.80	2.68	1.65
	89	±0.07	±0.06	±0.15	±0.30	2.5	±0.25	2.0	±0.20	1.5	±0.15	6.074	4.887	3.696	3.62	2.88	2.15	2.87	2.29	1.71	2.35	2.28	1.41
100	108	±0.07	±0.06	±0.20	±0.30	3.5	±0.35	2.5	±0.25	1.5	±0.15	10.274	7.408	4.487	4.19	2.97	1.77	3.33	2.36	1.40	2.74	1.94	1.16
125	133	±0.20	±0.10	±0.50	±0.40	3.5	±0.35	2.5	±0.25	1.5	±0.15	12.731	9.164	5.54	3.38	2.40	1.43	2.68	1.91	1.14	—	—	—
150	159	±0.20	±0.18	±0.50	±0.40	4.0	±0.48	3.5	±0.35	2.0	±0.20	17.415	15.287	8.820	3.23	2.82	1.60	—	—	—	—	—	—
200	219	±0.40	±0.25	±1.0	—	6.0	±0.72	5.0	±0.60	4.0	±0.48	35.898	30.055	24.156	3.53	2.93	2.33	—	—	—	—	—	—
250	267	±0.60	±0.25	±1.0	—	7.0	±0.84	5.5	±0.66	4.5	±0.54	51.122	40.399	33.180	3.37	2.64	2.15	—	—	—	—	—	—
	273	±0.60	±0.25	±1.0	—	7.5	±0.90	5.8	±0.70	5.0	±0.60	35.932	43.531	37.640	3.54	2.16	1.53	—	—	—	—	—	—

（续）

公称通径DN/mm	公称外径/mm	平均外径允许偏差/mm		任意外径允许偏差/mm		壁厚及其允许偏差/mm						理论重量/(kg/m)[①]			最大工作压力 p/MPa[②]								
						A型		B型		C型		A型	B型	C型	H80			H55 H58			O60 O50		
		普通级	高精级	H80	H55 H58	壁厚	允差	壁厚	允差	壁厚	允差				A型	B型	C型	A型	B型	C型	A型	B型	C型
300	325	±0.60	±0.25	±1.0	—	8.0	±0.96	6.5	±0.78	5.5	±0.66	71.234	58.151	49.359	3.16	2.56	2.16	—	—	—	—	—	—

①加工铜的密度值取8.94g/cm³，作为计算每米铜管重量的依据。

②计算最大工作压力 p，是指工作条件为65℃时，拉拔（硬）（H80）允许应力为63 MPa；轻拉（H55）、拉拔（H58）允许应力为50MPa；软化退火（O60）、轻退火（O50）允许应力为41.2MPa。

2）管材圆度见表3-27。

表3-27　管材圆度

（壁厚/公称外径）比值	圆度/mm
0.01～0.03	公称外径的1.5%
>0.03～0.05	公称外径的1.0%
>0.05～0.1	公称外径的0.8%
>0.1	公称外径的0.7%

3）外径不大于直径108mm的硬态和半硬态直管材的直度见表3-28。

表3-28　外径不大于直径108mm的硬态和半硬态直管材的直度

长度/mm	直度/mm
≤6000	任意3000mm不超过12

4）管材端部的斜切度见表3-29。

表3-29　管材端部的斜切度　（单位：mm）

公称外径	斜切度
≤16	0.40
>16	外径的2.5%

5）管材的力学性能见表3-30。

表3-30　管材的力学性能

牌号	状态	公称外径/mm	抗拉强度/MPa	断后伸长率 A（%）	维氏硬度HV5
			不小于	不小于	
TP1 TP2 TU1 TU2 TU3	H80	≤100	315	3	>100
		>100～200	295		
		>200	255		>80
	H58	—	250	—	>75
	H55	≤67	250	30	75～100
		>67～159	250	20	
	O60 O50	≤108	205	40	40～75

注：维氏硬度仅供选择性试验。

6）弯曲试验的弯曲半径见表3-31。

表3-31 弯曲试验的弯曲半径 （单位：mm）

公称外径	弯心半径	中心轴半径	公称外径	弯心半径	中心轴半径
6	27	30	15	48	55
8	31	35	18	61	70
10	35	40	22	79	90
12	39	45	28	106	120

3. 铜及铜合金散热扁管（GB/T 8891—2013）

（1）铜及铜合金散热扁管的牌号、状态、规格（表3-32）

表3-32 铜及铜合金散热扁管的牌号、状态、规格 （单位：mm）

牌号	代号	状态	规格/mm			
			圆管 直径 $D\times$壁厚 S	扁管 宽度 $A\times$高度 $B\times$壁厚 S	矩形管 长边 $A\times$短边 $B\times$壁厚 S	长度
TU0	T10130	拉拔硬（H80）、轻拉（H55）	(4～25)×(0.20～2.00)	—	—	250～4000
T2 H95	T11050 T21000	拉拔硬（H80）	(10～50)×(0.20～0.80)	(5～25)×(1.9～6.0)×(0.20～0.80)	(15～25)×(5～12)×(0.20～0.80)	
H90 H85 H80	T22000 T23000 T24000	轻拉（H55）				
H68 HAs68-0.04 H65 H63	T26300 T26330 T27000 T27300	轻软退火（050）				
HSn70-1	T45000	软化退火（060）				

注：经供需双方协商可供应其他牌号或规格的管材。

（2）管材的外形尺寸及允许偏差（表3-33a～c）

表3-33a 管材的外形尺寸及允许偏差 （单位：mm）

外径 D	允许偏差		壁厚	允许偏差	
	普通级	高精级		普通级	高精级
4～15	±0.06	±0.05	0.20～0.30	±0.03	±0.02
			>0.30～0.50	±0.04	±0.02
			>0.50～0.70	±0.05	±0.03
			>0.70～0.90	±0.06	±0.04
			>0.90～1.50	±0.07	±0.05
			>1.50～2.00	±0.08	±0.06

（续）

外径 D	允许偏差		壁厚	允许偏差	
	普通级	高精级		普通级	高精级
>15～25	±0.08	±0.06	0.20～0.30	±0.05	±0.03
			>0.30～0.50	±0.06	±0.04
			>0.50～0.70	±0.08	±0.06
			>0.70～0.90	±0.09	±0.07
			>0.90～1.50	±0.10	±0.08
			>1.50～2.00	±0.12	±0.10
>25～50	±0.12	±0.08	0.20～0.30	±0.06	±0.04
			>0.30～0.50	±0.08	±0.06
			>0.50～0.70	±0.09	±0.07
			>0.70～0.80	±0.10	±0.08

注：1. 按高精级订货时应在合同中注明，未注明时按普通级供货。

2. 外径允许偏差包括圆度允许偏差。

表 3-33b　扁管的尺寸允许偏差

宽度 A	允许偏差		高度 B	允许偏差		壁厚 S	允许偏差	
	普通级	高精级		普通级	高精级		普通级	高精级
15～25	±0.12	±0.08	1.9～6.0	±0.12	±0.08	0.20～0.30	±0.03	±0.02
						>0.30～0.50	±0.04	±0.02
						>0.50～0.70	±0.05	±0.03
						>0.70～0.80	±0.06	±0.04

注：按高精级订货时应在合同中注明，未注明时按普通级供货。

表 3-33c　矩形管的尺寸允许偏差

长边 A	允许偏差		短边 B	允许偏差		壁厚 S	允许偏差	
	普通级	高精级		普通级	高精级		普通级	高精级
15～25	±0.12	±0.08	5～12	±0.12	±0.08	0.20～0.30	±0.03	±0.02
						>0.30～0.50	±0.04	±0.02
						>0.50～0.70	±0.05	±0.03
						>0.70～0.80	±0.06	±0.04

注：按高精级订货时应在合同中注明，未注明时按普通级供货。

（3）管材长度尺寸允许偏差（表 3-34）

表 3-34　管材长度尺寸允许偏差　　（单位：mm）

长度	允许偏差，不大于
≤400～1000	+2
>1000～2000	+3
>2000～4000	+5

（4）管材的力学性能（表 3-35）

表 3-35　管材的力学性能

牌号	状态	抗拉强度 R_m，不小于/MPa	断后伸长率 A，不小于（%）
T2	拉拔硬（H80）	295	—
TU0	轻拉（H55）	250	20
	拉拔硬（H80）	295	—
H95	拉拔硬（H80）	320	—
H90	轻拉（H55）	300	18
H85	轻拉（H55）	310	18
H80	轻拉（H55）	320	25
H68、HAs68-0.01、H65、H63	轻软退火（O50）	350	25
HSn70-1	软化退火（O60）	295	40

4. 建筑给水铜管管道工程（CECS 171：2004）

（1）建筑给水铜管材规格（表 3-36）

表 3-36　建筑给水铜管材规格　（单位：mm）

公称直径 DN	外径 D_e	工作压力 1.0MPa		工作压力 1.6MPa		工作压力 2.5MPa	
		壁厚 δ	计算内径 d_j	壁厚 δ	计算内径 d_j	壁厚 δ	计算内径 d_j
6	8	0.6	6.8	0.6	6.8	—	—
8	10	0.6	8.8	0.6	8.8		
10	12	0.6	10.8	0.6	10.8		
15	15	0.7	13.6	0.7	13.6		
20	22	0.9	20.2	0.9	20.2		
25	28	0.9	26.2	0.9	26.2		
32	35	1.2	32.6	1.2	32.6		
40	42	1.2	39.6	1.2	39.6		
50	54	1.2	51.6	1.2	51.6		
65	67	1.2	64.6	1.5	64.0		
80	85	1.5	82	1.5	82		
100	108	1.5	105	2.5	103	3.5	101
125	133	1.5	130	3.0	127	3.5	126
150	159	2.0	155	3.0	153	4.0	151
200	219	4.0	211	4.0	211	5.0	209
250	267	4.0	259	5.0	257	6.0	255
300	325	5.0	315	6.0	313	8.0	309

（2）建筑给水铜管的化学成分和力学性能（表 3-37a、b）

表 3-37a　建筑给水铜管的化学成分

牌号	化学成分（质量分数）（%）											
	主要成分		杂质成分									
	Cu + Ag	P	O	S	Fe	Ni	Pb	Zn	Sb	As	Sn	Bi
TP2	≥99.90	0.015～0.040	0.01	≤0.005					≤0.002			≤0.001

表 3-37b　建筑给水铜管的力学性能

牌号	状态	公称直径	抗拉强度/MPa	伸长率（%）　≥	
				δ_5	δ_{10}
TP2	硬（Y）	≤100	≥315	—	—
		>100	≥295		
	半硬（Y_2）	≤50	≥250	30	25
	软（M）	≤32	≥205	40	35

注：建筑给水铜管宜采用硬态铜管。当管径不大于 DN25 时，可采用半硬态铜管。

（3）沟槽连接铜管的最小壁厚（表 3-38）

表 3-38　沟槽连接时铜管的最小壁厚　（单位：mm）

公称直径	外径	最小壁厚
50	54	2.0
65	67	2.0
80	85	2.5
100	108	3.5
125	133	3.5
150	159	4.0
200	219	6.0
250	267	6.0
300	325	6.0

注：1. 采用沟槽连接的铜管应选用硬态铜管，其壁厚不应小于规定数值。
2. 管材、管件接口的尺寸应相匹配，弯头宜采用曲率半径 R 等于公称直径（R 不包括承口深度）的大曲率半径弯头。

（4）钎焊铜管承插口与卡套连接和卡套连接以及铜管法兰连接尺寸

1）钎焊铜管承口与插口规格尺寸见表 3-39。

表 3-39　钎焊铜管承口与插口规格尺寸　（单位：mm）

公称直径 DN	铜管外径 D_e	插口外径	承口内径	承口长度	插口长度	最小管壁		
						1.0MPa	1.6MPa	2.5MPa
6	8	8 ±0.03	$8^{+0.05}$	7	9	0.75		
8	10	10 ±0.03	$10^{+0.0.5}$					
10	12	12 ±0.03	$12^{+0.05}$	9	11			
15	15	15 ±0.03	$15^{+0.05}$	11	13			
20	22	22 ±0.04	$22^{+0.06}$	15	17			

（续）

公称直径 DN	铜管外径 D_e	插口外径	承口内径	承口长度	插口长度	最小管壁		
						1.0MPa	1.6MPa	2.5MPa
25	28	28 ±0.04	$28^{+0.08}$	17	19	1.0	1.0	—
32	35	35 ±0.05	$35^{+0.08}$	20	22			
40	42	42 ±0.05	$35^{+0.12}$	22	24		1.5	—
50	54	54 ±0.05	$54^{+0.15}$	25	27			
65	67	67 ±0.06	$67^{+0.15}$	28	30		2.0	—
80	85	85 ±0.06	$85^{+0.23}$	32	34	1.5	2.5	—
100	108	108 ±0.06	$108^{+0.25}$	36	38	2.0	3.0	3.5
125	133	133 +0.10	$133^{+0.28}$	38	41	2.5	3.5	4.0
150	159	159 ±0.18	$159^{+0.28}$	42	45	3.0	4.0	4.5
200	219	219 ±0.25	$219^{+0.30}$	45	48	4.0	5.0	6.0
250	267	273 ±0.25	$273^{+0.30}$	48	51	4.0	5.0	6.0
300	325	324 ±0.25	$324^{+0.30}$	50	53	5.0	5.0	8.0

2）承压1.0MPa时卡套连接铜管的规格尺寸见表3-40。

表3-40 承压1.0MPa时卡套连接铜管的规格尺寸 （单位：mm）

公称直径	铜管外径	承口内径		铜管壁厚	螺纹最小长度
		最大	最小		
15	15	15.30	15.10	1.2	8.0
20	22	22.30	22.10	1.5	9.0
25	28	28.30	28.10	1.6	12.0
32	35	35.30	35.10	1.8	12.0
40	42	42.30	42.10	2.0	12.0
50	54	54.30	54.10	2.3	15.0

3）承压1.0MPa时卡压连接的规格尺寸见表3-41。

表3-41 承压1.0MPa时卡压连接的规格尺寸 （单位：mm）

公称直径	铜管外径	承口内径		铜管壁厚
		最大	最小	
15	15	15.20	15.35	0.7
20	22	22.20	22.35	0.9
25	28	28.25	28.40	0.9
32	35	35.30	35.50	1.2
40	42	42.30	42.50	1.2
50	54	54.30	54.50	1.2

4）铜管法兰连接的连接尺寸见表3-42。

表3-42 铜管法兰连接的连接尺寸 (单位：mm)

公称直径	铜管外径	法兰外径	螺栓孔中心圆直径	螺栓孔
工作压力为1.0MPa、1.6MPa的法兰连接尺寸				
50	54	165	125	4×ϕ18
65	67	185	145	4×ϕ18
80	85	200	160	8×ϕ18
100	108	220	180	8×ϕ18
125	133	250	210	8×ϕ18
150	159	285	240	8×ϕ22
200	219	340	295	8×ϕ22
250	267	405	355	12×ϕ26
300	325	485	432	12×ϕ26
工作压力为2.5MPa的法兰连接尺寸				
50	54	165	125	4×ϕ18
65	67	185	145	8×ϕ18
80	85	200	160	8×ϕ18
100	108	235	190	8×ϕ22
125	133	270	220	8×ϕ26
150	159	300	250	8×ϕ26
200	219	360	310	12×ϕ26
250	267	425	370	12×ϕ26
300	325	520	451	16×ϕ32.5

5）铜管沟槽连接的槽口尺寸见表3-43。

表3-43 铜管沟槽连接的槽口尺寸 (单位：mm)

公称直径	铜管外径	管口至沟槽边（前边）	槽宽	槽深
50	54	14.5	9.5	2.2
65	67			
80	85			
100	108	16.0	9.5	2.2
125	133			
150	159			
200	219	19.0	13.0	2.5
250	267			
300	325			3.3

3.2.3 加工铜及铜合金板材

1. 加工铜及铜合金板带材（GB/T 17793—2010）

（1）一般用途加工铜及铜合金板材的牌号及规格（表3-44）

表3-44　一般用途加工铜及铜合金板材的牌号及规格　（单位：mm）

品名	牌号	状态	规格		
			厚度	宽度	长度
纯铜板	T2、T3、TP1、TP2、TU1、TU2、H96、H90、H85、H80、H70、H68、H65、H63、H62、H59、HPb59-1、HPb60-2、HSn62-1、HMn58-2	热轧	4.0～60.0	≤3000	≤6000
		冷轧	0.20～12.00		
黄铜板	HMn55-3-1、HMn57-3-1 HAl60-1-1、HAl67-2.5 HAl66-6-3-2、HNi65-5	热轧	4.0～40.0	≤1000	≤2000
青铜板	QSn6.5-0.1、QSn6.5-0.4、QSn4-3、QSn4-0.3、QSn7-0.2、QSn8-0.3	热轧	9.0～50.0	≤600	≤2000
		冷轧	0.20～12.00		
	QAl5、QAl7、QAl9-2、QAl9-4	冷轧	0.40～12.00	≤1000	≤2000
	QCd1	冷轧	0.50～10.00	200～300	800～1500
	QCr0.5、QCr0.5-0.2-0.1	冷轧	0.50～15.00	100～600	≥300
	QMn1.5、QMn5	冷轧	0.50～5.00	100～600	≤1500
	QSi3-1	冷轧	0.50～10.00	100～1000	≥500
	QSn4-4-2.5、QSn4-4-4	冷轧	0.80～5.00	200～600	800～2000
白铜板	B5、B19、BFe10-1-1、BFe30-1-1、BZn15-20、BZn18-17	热轧	7.0～60.0	≤2000	≤4000
		冷轧	0.50～10.00	≤600	≤1500
	BAl6-1.5、BAl13-3	冷轧	0.50～12.00	≤600	≤1500
	BMn3-12、BMn40-1.5	冷轧	0.50～10.00	100～600	800～1500

（2）加工铜及铜合金带材的牌号及规格（表3-45）

表3-45　加工铜及铜合金带材的牌号及规格　（单位：mm）

品名	牌号	厚度	宽度
纯铜板	T2、T3、TU1、TU2、TP1、TP2、H96、H90、H85、H80、H70、H68、H65、H63、H62、H59	>0.15～0.5	≤600
		0.5～3	≤1200
黄铜板	HPb59-1、HSn62-1、HMn58-2	>0.15～0.2	≤300
		>0.2～2	≤550
青铜板	QAl5、QAl7、QAl9-2、QAl9-4	>0.15～1.2	≤300
	QSn7-0.2、QSn6.5-0.4、QSn6.5-0.1、QSn4-3、QSn4-0.3	>0.15～2	≤610
	QSn8-0.3	>0.15～2.6	≤610
	QSn4-4-4、QSn4-4-2.5	0.8～1.2	≤200
	QCd1、QMn1.5、QMn5、QSi3-1	>0.15～1.2	≤300
白铜板	BZn18-17	>0.15～1.2	≤610
	B5、B19、BZn15-20、BFe10-1-1、BFe30-1-1、BMn40-1.5、BMn3-12、BAl13-3、BAl6-1.5	>0.15～1.2	≤400

（3）厚度及允许偏差

1）热轧板的厚度及允许偏差见表3-46。

表3-46　热轧板的厚度及允许偏差　　（单位：mm）

厚度	宽度					
	≤500	>500～1000	>1000～1500	>1500～2000	>2000～2500	>2500～3000
	厚度允许偏差，±					
4.0～6.0	—	0.22	0.28	0.40	—	—
>6.0～8.0	—	0.25	0.35	0.45	—	—
>8.0～12.0	—	0.35	0.45	0.60	1.00	1.30
>12.0～16.0	0.35	0.45	0.55	0.70	1.10	1.40
>16.0～20.0	0.40	0.50	0.70	0.80	1.20	1.50
>20.0～25.0	0.45	0.55	0.80	1.00	1.30	1.80
>25.0～30.0	0.55	0.65	1.00	1.10	1.60	2.00
>30.0～40.0	0.70	0.85	1.25	1.30	2.00	2.70
>40.0～50.0	0.90	1.10	1.50	1.60	2.50	3.50
>50.0～60.0	—	1.30	2.00	2.20	3.00	4.30

注：当要求单向允许偏差时，其值为表中数值的2倍。

2）纯铜、黄铜冷轧板的厚度及允许偏差见表3-47。

表3-47　纯铜、黄铜冷轧板的厚度允许偏差　　（单位：mm）

厚度	宽度																	
	≤400		>400～700		>700～1000		>1000～1250		>1250～1500		≥1500～1750		>1750～2000		>2000～2500		>2500～3000	
	厚度允许偏差，±																	
	普通级	高级	普通级	高级	普通级	高级	普通级	高级	普通级	高级	普通级	高级	普通级	高级	普通级	高级	普通级	高级
0.20～0.35	0.025	0.020	0.030	0.025	0.060	0.050	—	—	—	—	—	—	—	—	—	—	—	—
>0.35～0.50	0.030	0.025	0.040	0.030	0.070	0.060	0.080	0.070	—	—	—	—	—	—	—	—	—	—
>0.50～0.80	0.040	0.030	0.055	0.040	0.080	0.070	0.100	0.080	0.150	0.130	—	—	—	—	—	—	—	—
>0.80～120	0.050	0.040	0.070	0.055	0.100	0.080	0.120	0.100	0.160	0.150	—	—	—	—	—	—	—	—
>1.20～2.00	0.060	0.050	0.100	0.075	0.120	0.100	0.150	0.120	0.180	0.160	0.280	0.250	0.350	0.300	—	—	—	—
>2.00～3.20	0.080	0.060	0.120	0.100	0.150	0.120	0.180	0.150	0.220	0.200	0.330	0.300	0.400	0.350	0.500	0.400	—	—
>3.20～5.00	0.100	0.080	0.150	0.120	0.180	0.150	0.220	0.200	0.280	0.250	0.400	0.350	0.450	0.400	0.600	0.500	0.700	0.600
>5.00～8.00	0.130	0.100	0.180	0.150	0.230	0.180	0.260	0.230	0.340	0.300	0.450	0.400	0.550	0.450	0.800	0.700	1.000	0.800
>8.00～12.00	0.180	0.140	0.230	0.180	0.250	0.230	0.300	0.250	0.400	0.350	0.600	0.500	0.700	0.600	1.000	0.800	1.300	1.000

注：当要求单向允许偏差时，其值为表中数值的2倍。

3）青铜、白铜冷轧板的厚度及允许偏差见表3-48。

表3-48　青铜、白铜冷轧板的厚度允许偏差　（单位：mm）

厚度	宽度								
	≤400			>400～700			>700～1000		
	厚度允许偏差，±								
	普通级	较高级	高级	普通级	较高级	高级	普通级	较高级	高级
0.20～0.30	0.030	0.025	0.010	—	—	—	—	—	—
>0.30～0.40	0.035	0.030	0.020	—	—	—	—	—	—
>0.40～0.50	0.040	0.035	0.025	0.060	0.050	0.045	—	—	—
>0.50～0.80	0.050	0.040	0.030	0.070	0.060	0.050	—	—	—
>0.80～1.20	0.060	0.050	0.040	0.080	0.070	0.060	0.150	0.120	0.080
>1.20～2.00	0.090	0.070	0.050	0.110	0.090	0.080	0.200	0.150	0.100
>2.00～3.20	0.110	0.090	0.060	0.140	0.120	0.100	0.250	0.200	0.150
>3.20～5.00	0.130	0.110	0.080	0.180	0.150	0.120	0.300	0.250	0.200
>5.00～8.00	0.150	0.130	0.100	0.200	0.180	0.150	0.350	0.300	0.250
>8.00～12.00	0.180	0.150	0.110	0.230	0.220	0.180	0.450	0.400	0.300
>12.00～15.00	0.200	0.180	0.150	0.250	0.230	0.200	—	—	—

注：当要求单向允许偏差时，其值为表中数值的2倍。

4）纯铜、黄铜带材的厚度及允许偏差见表3-49。

表3-49　纯铜、黄铜带材的厚度允许偏差　（单位：mm）

厚度	宽度									
	≤200		>200～300		>300～400		>400～700		>700～1200	
	厚度允许偏差，±									
	普通级	高级	普通级	高级	普通级	高级	普通级	高级	普通级	高级
>0.15～0.25	0.015	0.010	0.020	0.015	0.020	0.015	0.030	0.025	—	—
>0.25～0.35	0.020	0.015	0.025	0.020	0.030	0.025	0.040	0.030	—	—
>0.35～0.50	0.025	0.020	0.030	0.025	0.035	0.030	0.050	0.040	0.060	0.050
>0.50～0.80	0.030	0.025	0.040	0.030	0.040	0.035	0.060	0.050	0.070	0.060
>0.80～1.20	0.040	0.030	0.050	0.040	0.050	0.040	0.070	0.060	0.080	0.070
>1.20～2.00	0.050	0.040	0.060	0.050	0.060	0.050	0.080	0.070	0.100	0.080
>2.00～3.00	0.060	0.050	0.070	0.060	0.080	0.070	0.100	0.080	0.120	0.100

注：当要求单向允许偏差时，其值为表中数值的2倍。

5）青铜、白铜带材的厚度及允许偏差见表3-50。

表3-50　青铜、白铜带材的厚度允许偏差　（单位：mm）

厚度	宽度			
	≤400		>400～610	
	厚度允许偏差，±			
	普通级	高级	普通级	高级
>0.15～0.25	0.020	0.013	0.030	0.020

（续）

厚度	宽度			
	≤400		>400～610	
	厚度允许偏差，±			
	普通级	高级	普通级	高级
>0.25～0.40	0.025	0.018	0.040	0.030
>0.40～0.55	0.030	0.020	0.050	0.045
>0.55～0.70	0.035	0.025	0.060	0.050
>0.70～0.90	0.045	0.030	0.070	0.060
>0.90～1.20	0.050	0.035	0.080	0.070
>1.20～1.50	0.065	0.045	0.090	0.080
>1.50～2.00	0.080	0.050	0.100	0.090
>2.00～2.60	0.090	0.060	0.120	0.100

注：当要求单向允许偏差时，其值为表中数值的2倍。

（4）外形尺寸及允许偏差

1）板材宽度及允许偏差见表3-51。

表3-51　板材宽度及允许偏差　（单位：mm）

厚度	宽度							
	≤300	>300～700	≤1000	>1000～2000	>2000～3000	≤1000	>1000～2000	>2000～3000
	卷纵剪允许偏差		剪切允许偏差			锯切允许偏差		
0.20～0.35	±0.3	±0.6	+3 0	—	—	—	—	—
>0.35～0.80	±0.4	±0.7	+3 0	+5 0				
>0.80～3.00	±0.5	±0.8	+5 0	+10 0				
>3.00～8.00	—	—	+10 0	+15 0				
>8.00～15.00			+10 0	+15 0	+1.2%厚度 0	±2	±3	±5
>15.00～25.00			+10 0	+15 0	+1.2%厚度 0			
>25.00～60.00			—	—	—			

注：1. 当要求单向允许偏差时，其值为表中数值的2倍。

2. 厚度>15mm的热轧板，可不切边交货。

2）带材宽度及允许偏差见表3-52。

表3-52　带材宽度尺寸允许偏差　（单位：mm）

厚度	宽度			
	≤200	>200～300	>300～600	>600～1200
	宽度允许偏差			
>0.15～0.50	0.2	0.3	0.5	0.8

（续）

厚度	宽度			
	≤200	>200～300	>300～600	>600～1200
	宽度允许偏差			
>0.5～2.0	0.3	0.4	0.6	0.8
>2.0～3.0	0.5	0.5	0.6	0.8

（5）板材长度及允许偏差（表 3-53）

表 3-53　板材长度尺寸允许偏差　（单位：mm）

厚度	长度（冷轧板）				长度（热轧板）
	≥2000	>2000～3500	>3500～5000	>5000～7000	
≤0.8	+10 0	+10 0	—	—	—
>0.8～3.0	+10 0	+15 0	—	—	— 0
>3.0～12.0	+15 0	+15 0	+20 0	+25 0	+25 0
>12.0～60.0	—	—	—		+30 0

（6）板材的平整度（表 3-54）

表 3-54　板材的平整度　（单位：mm）

宽度	平整度/（mm/m），≤
≤1.5	15
>1.5～5.0	10
>5.0	8

（7）带材的侧边弯曲度（表 3-55）

表 3-55　带材的侧边弯曲度　（单位：mm）

宽度	侧边弯曲度/(mm/m)，不大于		
	普通级		高级
	厚度>0.15～0.60	厚度>0.60～3.0	所有厚度
6～9	9	12	5
>9～13	6	10	4
>13～25	4	7	3
>25～50	3	5	3
>50～100	2.5	4	2
>100～1200	2	3	1.5

2. 铜及铜合金板材（GB/T 2040—2017）

（1）铜及铜合金板材的牌号、状态及规格（表 3-56）

表 3-56　铜及铜合金板材的牌号、状态及规格　（单位：mm）

分类	牌号	代号	状态	规格		
				厚度	宽度	长度
无氧铜 纯铜 磷脱氧铜	TU1、TU2 T2、T3 TP1、TP2	T10150、T10180 T11050、T11090 C12000、C12200	热轧（M20）	4~80	≤3000	≤6000
			软化退火（O60）、1/4 硬（H01） 1/2 硬（H02）、硬（H04）、 特硬（H06）	0.2~12	≤3000	≤6000
铁铜	TFe0.1	C19210	软化退火（O60）、1/4 硬（H01）、 1/2 硬（H02）、硬（H04）	0.2~5	≤610	≤2000
	TFe2.5	C19400	软化退火（O60）、1/2 硬（H02）、 硬（H04）、特硬（H06）	0.2~5	≤610	≤2000
镉铜	TCd1	C16200	硬（H04）	0.5~10	200~300	800~1500
铬铜	TCr0.5	T18140	硬（H04）	0.5~15	≤1000	≤2000
	TCr0.5-0.2-0.1	T18142	硬（H04）	0.5~15	100~600	≥300
普通黄铜	H95	C21000	软化退火（O60）、硬（H04）	0.2~10	≤3000	≤6000
	H80	C24000	软化退火（O60）、硬（H04）			
	H90、H85	C22000、C23000	软化退火（O60）、1/2 硬 （H02）、硬（H04）			
	H70、H68	T26100、T26300	热轧（M20）	4~60	≤3000	≤6000
			软化退火（O60）、1/4 硬（H01）、 1/2 硬（H02）、硬（H04）、 特硬（H06）、弹性（H08）	0.2~10		
	H66、H65	C26800、C27000	软化退火（O60）、1/4 硬（H01）、 1/2 硬（H02）、硬（H04）、 特硬（H06）、弹性（H08）	0.2~10	≤3000	≤6000
	H63、H62	T27300、T27600	热轧（M20）	4~60	≤3000	≤6000
			软化退火（O60）、1/2 硬（H02）、 硬（H04）、特硬（H06）	0.2~10		
	H59	T28200	热轧（M20）	4~60		
			软化退火（O60）、硬（H04）	0.2~10		
铅黄铜	HPb59-1	T38100	热轧（M20）	4~60		
			软化退火（O60）、1/2 硬 （H02）、硬（H04）	0.2~10		
	HPb60-2	C37700	硬（H04）、特硬（H06）	0.5~10		
锰黄铜	HMn58-2	T67400	软化退火（O60）、1/2 硬 （H02）、硬（H04）	0.2~10		
锡黄铜	HSn62-1	T46300	热轧（M20）	4~60		
	HSn62-1	T46300	软化退火（O60）、1/2 硬 （H02）、硬（H04）	0.2~10	≤3000	≤6000
	HSn88-1	C42200	1/2 硬（H02）	0.4~2	≤610	≤2000

（续）

分类	牌号	代号	状态	规格		
				厚度	宽度	长度
锰黄铜	HMn55-3-1 HMn57-3-1	T67320 T67410	热轧（M20）	4～40	≤1000	≤2000
铝黄铜	HAl60-1-1 HAl67-2.5 HAl66-6-3-2	T69240 T68900 T69200				
镍黄铜	HNi65-5	T69900				
锡青铜	QSn6.5-0.1	T51510	热轧（M20）	9～50	≤610	≤2000
			软化退火（O60）、1/4硬（H01）、1/2硬（H02）、硬（H04）、特硬（H06）、弹性（H08）	0.2～12		
	QSn6.5-0.4、Sn4-3、Sn4-0.3、QSn7-0.2	T51520、T50800、C51100、T51530	软化退火（O60）、硬（H04）、特硬（H06）	0.2～12	≤600	≤2000
	QSn8-0.3	C52100	软化退火（O60）、1/4硬（H01）、1/2硬（H02）、硬（H04）、特硬（H06）	0.2～5	≤600	≤2000
	QSn4-4-2.5、QSn4-4-4	T53300、T53500	软化退火（O60）、1/2硬（H02）、1/4硬（H01）、硬（H04）	0.8～5	200～600	800～2000
锰青铜	QMn1.5	T56100	软化退火（O60）	0.5～5	100～600	≤1500
	QMn5	T56300	软化退火（O60）、硬（H04）			
铝青铜	QAl5	T60700	软化退火（O60）、硬（H04）	0.4～12	≤1000	≤2000
	QAl7	C61000	1/2硬（H02）、硬（H04）			
	QAl9-2	T61700	软化退火（O60）、硬（H04）			
	QAl9-4	T61720	硬（H04）			
硅青铜	QSi3-1	T64730	软化退火（O60）、硬（H04）、特硬（H06）	0.5～10	100～1000	≥500
普通白铜 铁白铜	B5、B19 BFc10-1-1、 BFe30-1-1	T70380、T71050、 T70590、T71510	热轧（M20）	7～60	≤2000	≤4000
			软化退火（O60）、硬（H04）	0.5～10	≤600	≤1500
锰白铜	BMn3-12	T71620	软化退火（O60）	0.5～10	100～600	800～1500
	BMn40-1.5	T71660	软化退火（O60）、硬（H04）			
铝白铜	BAl6-1.5	T72400	硬（H04）	0.5～12	≤600	≤1500
	BAl13-3	T72600	固溶热处理+冷加工（硬）+沉淀热处理（TH04）			
锌白铜	BZn15-20	T74600	软化退火（O60）、1/2硬（H02）、硬（H04）、特硬（H06）	0.5～10	≤600	≤1500
	BZnl8-17	T75210	软化退火（O60）、1/2硬（H02）、硬（H04）	0.5～5	≤600	≤1500
	BZn18-26	C77000	1/2硬（H02）、硬（H04）	0.25～2.5	≤610	≤1500

注：经供需双方协商，可以供应其他规格的板材。

（2）铜合金板材的力学性能（表3-57）

表 3-57 铜合金板材的力学性能

<table>
<tr><th rowspan="3">牌号</th><th rowspan="3">状态</th><th colspan="3">拉伸试验</th><th colspan="2">硬度试验</th></tr>
<tr><th rowspan="2">厚度/mm</th><th rowspan="2">抗拉强度 R_m/MPa</th><th rowspan="2">断后伸长率 $A_{11.3}$（%）</th><th rowspan="2">厚度/mm</th><th rowspan="2">维氏硬度 HV</th></tr>
<tr></tr>
<tr><td rowspan="6">T2、T3
TP1、TP2
TU1、TU2</td><td>M20</td><td>4～14</td><td>≥195</td><td>≥30</td><td>—</td><td>—</td></tr>
<tr><td>O60</td><td rowspan="5">0.3～10</td><td>≥205</td><td>≥30</td><td rowspan="5">≥0.3</td><td>≤70</td></tr>
<tr><td>H01</td><td>215～295</td><td>≥25</td><td>60～95</td></tr>
<tr><td>H02</td><td>245～345</td><td>≥8</td><td>80～110</td></tr>
<tr><td>H04</td><td>295～395</td><td>—</td><td>90～120</td></tr>
<tr><td>H06</td><td>≥350</td><td>—</td><td>≥110</td></tr>
<tr><td rowspan="2">H95</td><td>O60</td><td rowspan="2">0.3～10</td><td>≥215</td><td>≥30</td><td rowspan="2">—</td><td rowspan="2">—</td></tr>
<tr><td>H04</td><td>≥320</td><td>≥3</td></tr>
<tr><td rowspan="3">H90</td><td>O60</td><td rowspan="3">0.3～10</td><td>≥245</td><td>≥35</td><td rowspan="3">—</td><td rowspan="3">—</td></tr>
<tr><td>H02</td><td>330～440</td><td>≥5</td></tr>
<tr><td>H04</td><td>≥390</td><td>≥3</td></tr>
<tr><td rowspan="3">H85</td><td>O60</td><td rowspan="3">0.3～10</td><td>≥260</td><td>≥35</td><td rowspan="3">≥0.3</td><td>≤85</td></tr>
<tr><td>H02</td><td>305～380</td><td>≥15</td><td>80～115</td></tr>
<tr><td>H04</td><td>≥350</td><td>≥3</td><td>≥105</td></tr>
<tr><td rowspan="2">H80</td><td>O60</td><td rowspan="2">0.3～10</td><td>≥265</td><td>≥50</td><td rowspan="2">—</td><td rowspan="2">—</td></tr>
<tr><td>H04</td><td>≥390</td><td>≥3</td></tr>
<tr><td>H70、H68</td><td>M20</td><td>4～14</td><td>≥290</td><td>≥40</td><td>—</td><td>—</td></tr>
<tr><td rowspan="5">H63
H62</td><td>M20</td><td>4～14</td><td>≥290</td><td>≥30</td><td>—</td><td>—</td></tr>
<tr><td>O60</td><td rowspan="4">0.3～10</td><td>≥290</td><td>≥35</td><td rowspan="4">≥0.3</td><td>≤95</td></tr>
<tr><td>H02</td><td>350～470</td><td>≥20</td><td>90～130</td></tr>
<tr><td>H04</td><td>410～630</td><td>≥10</td><td>125～165</td></tr>
<tr><td>H06</td><td>≥585</td><td>≥2.5</td><td>≥155</td></tr>
<tr><td rowspan="3">H59</td><td>M20</td><td>4～14</td><td>≥290</td><td>≥25</td><td>—</td><td>—</td></tr>
<tr><td>O60</td><td rowspan="2">0.3～10</td><td>≥290</td><td>≥10</td><td rowspan="2">≥0.3</td><td>—</td></tr>
<tr><td>H04</td><td>≥410</td><td>≥5</td><td>≥130</td></tr>
<tr><td rowspan="4">HPb59-1</td><td>M20</td><td>4～14</td><td>≥370</td><td>≥18</td><td>—</td><td>—</td></tr>
<tr><td>O60</td><td rowspan="3">0.3～10</td><td>≥340</td><td>≥25</td><td rowspan="3">—</td><td rowspan="3">—</td></tr>
<tr><td>H02</td><td>390～490</td><td>≥12</td></tr>
<tr><td>H04</td><td>≥440</td><td>≥5</td></tr>
<tr><td rowspan="3">HPb60-2</td><td rowspan="2">H04</td><td rowspan="2">—</td><td rowspan="2">—</td><td rowspan="2">—</td><td>0.5～2.5</td><td>165～190</td></tr>
<tr><td>2.6～10</td><td>—</td></tr>
<tr><td>H06</td><td>—</td><td>—</td><td>—</td><td>0.5～1.0</td><td>≥180</td></tr>
<tr><td rowspan="3">HMn58-2</td><td>O60</td><td rowspan="3">0.3～10</td><td>≥380</td><td>≥30</td><td rowspan="3">—</td><td rowspan="3">—</td></tr>
<tr><td>H02</td><td>440～610</td><td>≥25</td></tr>
<tr><td>H04</td><td>≥585</td><td>≥3</td></tr>
<tr><td rowspan="4">HSn62-1</td><td>M20</td><td>4～14</td><td>≥340</td><td>≥20</td><td>—</td><td>—</td></tr>
<tr><td>O60</td><td rowspan="3">0.3～10</td><td>≥295</td><td>≥35</td><td rowspan="3">—</td><td rowspan="3">—</td></tr>
<tr><td>H02</td><td>350～400</td><td>≥15</td></tr>
<tr><td>H04</td><td>≥390</td><td>≥5</td></tr>
</table>

（续）

牌号	状态	拉伸试验			硬度试验	
		厚度/mm	抗拉强度 R_m/MPa	断后伸长率 $A_{11.3}$（%）	厚度/mm	维氏硬度HV
HSn88-1	H02	0.4～2	370～450	≥14	0.4～2	110～150
HMn55-3-1	M20	4～15	≥490	≥15	—	—
HMn57-3-1	M20	4～8	≥440	≥10	—	—
HAl60-1-1	M20	4～15	≥440	≥15	—	—
HAl67-2.5	M20	4～15	≥390	≥15	—	—
HAl66-6-3-2	M20	4～8	≥685	≥3	—	—
HNi65-5	M20	4～15	≥290	≥35	—	—
QSn6.5-0.4 QSn7-0.2	O60 H04 H06	0.2～12	≥295 540～690 ≥665	≥40 ≥8 ≥2	—	—
QSn4-3 QSn4-0.3	O60 H04 H06	0.2～12	≥290 540～690 ≥635	≥40 ≥3 ≥2	—	—
B5	M20	7～14	≥215	≥20	—	—
	O60 H04	0.5～10	≥215 ≥370	≥30 ≥10	—	—
B19	M20	7～14	≥295	≥20	—	—
	O60 H04	0.5～10	≥290 ≥390	≥25 ≥3	—	—
BFe10-1-1	M20	7～14	≥275	≥20	—	—
	O60 H04	0.5～10	≥275 ≥370	≥25 ≥3	—	—
BFc30-1-1	M20	7～14	≥345	≥15	—	—
	O60 H04	0.5～10	≥370 ≥530	≥20 ≥3	—	—
BMn3-12	O60	0.5～10	≥350	≥25	—	—
BMn40-1.5	O60 H04	0.5～10	390～590 ≥590	— —	—	—
BAl6-1.5	H04	0.5～12	≥535	≥3	—	—
BAl13-3	TH04	0.5～12	≥635	≥5	—	—

注：1. 超出表中规定厚度范围的板材，其性能指标由供需双方协商。

2. 表中的"—"，表示没有统计数据，如果需方要求该性能，其性能指标由供需双方协商。

3. 维氏硬度试验力由供需双方协商。

（3）铜合金板材的弯曲度试验（表3-58）

表3-58　铜合金板材的弯曲度试验

牌号	状态	厚度/mm	弯曲角度	内侧半径
T2、T3、TP1 TP2、TU1、TU2	O60	≤2.0	180°	0倍板厚
		>2.0	180°	0.5倍板厚

（续）

牌号	状态	厚度/mm	弯曲角度	内侧半径
H95、H90、H85、H80、H70 H68、H66、H65、H62、H63	O60	1.0～10	180°	1倍板厚
	H02		90°	1倍板厚
QSn6.5-0.4、QSn6.5-0.1、QSn4-3、 QSn4-0.3、QSn8-0.3	H04	≥1.0	90°	1倍板厚
	H06		90°	2倍板厚
QSi3-1	H04	≥1.0	90°	1倍板厚
	H06		90°	2倍板厚
BMn40-1.5	O60	≥1.0	180°	1倍板厚
	H04		90°	1倍板厚

（4）软化退火状态（O60）板材的晶粒度（表3-59）

表3-59　软化退火状态（O60）板材的晶粒度

牌号	状态		晶粒度		
			晶粒名义平均直径/mm	最小直径/mm	最大直径/mm
T2、T3、TP1、TP2、TU1、TU2	O60		—	①	0.050
H80、H70 H68、H66、H65	O60	OS015	0.015	①	0.025
		OS025	0.025	0.015	0.035
		OS035	0.035	0.025	0.050
		OS050	0.050	0.035	0.070

①是指完全再结晶后的最小晶粒。

3. 导电用铜板和条材（GB/T 2529—2012）

（1）导电用铜板和条材的牌号、规格（表3-60a、b）

表3-60a　板材的牌号、状态、规格

牌号	状态	规格/mm		
		厚度	宽度	长度
T2、TU2、TU3	热轧（M20） 热轧+再轧（M25）	4～100	50～650	≤12000
	软（O60）	4～20		
	1/2硬（H02）			
	硬（H04）			

注：经供需双方协商，可供应其他牌号、状态和规格的板材。

表3-60b　条材的牌号、状态、规格

牌号	状态	规格/mm		
		厚度	宽度	长度
T2、TU2、TU3	热轧（M20） 热轧+再扎（M25）	10～60	10～400	≤12000
	软（O60）	3～30		
	1/2硬（H02）			
	硬（H04）			

注：经供需双方协商，可供应其他牌号、状态和规格的条材。

(2) 导电用板材的厚度及允许偏差（表3-61a、b）

表3-61a　热轧板的厚度及允许偏差

厚度/mm	宽度/mm			
	≤100	>100~400	>400~500	>500~650
	厚度允许偏差（±）			
4.0~6.0	0.18	0.20	0.20	0.22
>6.0~8.0	0.20	0.23	0.25	0.30
>8.0~12.0	0.25	0.30	0.35	0.40
>12.0~16.0	0.30	0.35	0.40	0.45
>16.0~20.0	0.35	0.40	0.45	0.50
>20.0~25.0	0.40	0.45	0.50	0.55
>25.0~30.0	0.50	0.55	0.60	0.65
>30.0~40.0	0.65	0.70	0.75	0.85
>40.0~50.0	0.85	0.85	0.90	1.10
>50.0~60.0	1.00	1.05	1.10	1.30
>60.0~80.0	1.20	1.25	1.30	1.50
>80.0~100.0	1.40	1.45	1.50	1.70

表3-61b　冷轧板的厚度及允许偏差

厚度/mm	宽度/mm							
	≤100		>100~200		>200~400		>400~650	
	厚度允许偏差（±）							
	普通级	较高级	普通级	较高级	普通级	较高级	普通级	较高级
4.0~5.0	0.08	—	0.10	0.08	—	—	—	—
>5.0~8.0	0.10	0.08	0.12	0.10	0.13	0.10	—	—
>8.0~12.0	0.15	0.12	0.18	0.15	0.18	0.15	0.25	0.20
>12.0~16.0	0.22	0.28	0.25	0.20	0.30	0.25	0.40	0.30
>16.0~20.0	0.28	0.25	0.35	0.30	0.45	0.35	0.55	0.45

注：需方只要求单向偏差时，其值为表中数值的2倍。

(3) 导电用条材的厚度及允许偏差（表3-62）

表3-62　导电用条材的厚度及允许偏差　　（单位：mm）

厚度	宽度				
	≤50	>50~100	>100~200	>200~300	>300~400
	厚度允许偏差（±）				
3.0~6.0	0.06	0.08	0.09	0.13	0.20
>6.0~10.0	0.08	0.10	0.11	0.13	0.30
>10.0~13.0	0.09	0.11	0.13	0.15	0.40
>13.0~19.0	0.14	0.14	0.14	0.18	0.45
>19.0~25.0	0.18	0.18	0.18	0.23	0.55
>25.0~38.0	0.38	0.50	0.55	0.60	0.75
>38.0~50.0	0.50	0.60	0.65	0.75	0.95
>50.0~60.0	0.65	0.75	0.80	1.00	1.20

注：需方只要求单向偏差时，其值为表中数值的2倍。

(4) 导电用板、条材的宽度及允许偏差

1) 导电用板材的宽度及允许偏差见表3-63。

表3-63 导电用板材的宽度及允许偏差 (单位：mm)

厚度	宽度允许偏差（±）	
	剪切	锯切
≤20.0	5	2.0
>20.0	—	2.5

2) 导电用条材的宽度及允许偏差见表3-64。

表3-64 导电用条材的宽度及允许偏差 (单位：mm)

厚度	宽度			
	≤100	>100~200	>200~300	>300~400
	厚度允许偏差（±）			
≤13.0	0.20	0.30	0.40	0.50
>13.0	0.50	1.00	1.50	2.00

(5) 导电用板、条材的长度及允许偏差

1) 导电用板材的长度及允许偏差见表3-65。

表3-65 导电用板材的长度及允许偏差 (单位：mm)

厚度	冷轧板长度					热轧板
	≤3500	>3500~5000	>5000~6000	>6000~8000	>8000~12000	
	长度允许偏差（+）					
4.0~20.0	12	15	20	25	30	25
>20.0	15	20	25	30	35	30

2) 导电用条材的长度及允许偏差见表3-66。

表3-66 导电用条材的长度及允许偏差 (单位：mm)

长度	长度允许偏差（+）
≤2000	3
>2000~4500	6
>4500~8000	13
>8000~12000	25

(6) 导电用板、条材的力学性能（表3-67）

表3-67 导电用板、条材的力学性能

牌号	供应状态	拉伸试验		硬度试验	
		抗拉强度 R_m/MPa	断后伸长率 A（%）	维氏硬度 HV	洛氏硬度 HRF
T2、TU2、TU3	热轧（M20） 热轧+再轧（M25）	≥195	≥38	—	—
	软（O60）	≥195	≥42	—	—
	1/2硬（H02）	245~335	≥14	75~120	≥80
	硬（H04）	≥295	≥6	≥80	≥65

注：厚度超出规定范围的板、条材，其主要性能由供需双方商定。

（7）导电用板、条材的弯曲性能（表3-68）

表3-68　导电用板、条材的弯曲性能

<table>
<tr><th rowspan="2">牌号</th><th rowspan="2">状态</th><th rowspan="2">厚度/mm</th><th colspan="3">弯曲试验</th></tr>
<tr><th>弯曲角度</th><th>弯芯半径</th><th>弯曲结果</th></tr>
<tr><td rowspan="2">T2、TU2、TU3</td><td>热轧（M20）
热轧+再轧（M25）、软（O60）</td><td>≤5</td><td>180°</td><td>0.5倍板厚</td><td rowspan="2">弯曲上侧不应有肉眼可见的裂纹</td></tr>
<tr><td>1/2硬（H02）</td><td>≤10</td><td>90°</td><td>1.0倍板厚</td></tr>
</table>

注：状态为硬（H04）的板、条材的弯曲性能，由供需双方商定。

4. 无氧铜板和带材（GB/T 14594—2014）

（1）无氧铜板和带材的牌号、状态及规格（表3-69）

表3-69　无氧铜板和带材的牌号、状态及规格　（单位：mm）

<table>
<tr><th rowspan="2">牌号</th><th rowspan="2">代号</th><th rowspan="2">供应状态</th><th rowspan="2">形状</th><th colspan="3">规格</th></tr>
<tr><th>厚度</th><th>宽度</th><th>长度</th></tr>
<tr><td>TU00</td><td>C10100</td><td rowspan="2">软化退火（O60）、
1/2硬（H02）、硬（H04）</td><td rowspan="2">板</td><td rowspan="2">0.4～10.0</td><td rowspan="2">200～1000</td><td rowspan="2">1000～3000</td></tr>
<tr><td>TU0</td><td>T10130</td></tr>
<tr><td>TU1</td><td>T10150</td><td>软化退火（O60）、1/4硬（H01）、
1/2硬（H02）、硬（H04）</td><td>带</td><td>0.05～6.0</td><td>≤1000</td><td>—</td></tr>
</table>

注：经供需双方协商，也可供应其他状态、规格的产品。

（2）无氧铜板和带材的尺寸及允许偏差

1）无氧铜板和带材的厚度及允许偏差见表3-70。

表3-70　无氧铜板和带材的厚度及允许偏差　（单位：mm）

<table>
<tr><th rowspan="4">厚度</th><th colspan="8">宽度</th></tr>
<tr><th colspan="2">≤200</th><th colspan="2">>200～300</th><th colspan="2">>300～600</th><th colspan="2">>600～1000</th></tr>
<tr><th colspan="8">厚度允许偏差[①]</th></tr>
<tr><th>普通级</th><th>高精级</th><th>普通级</th><th>高精级</th><th>普通级</th><th>高精级</th><th>普通级</th><th>高精级</th></tr>
<tr><td>0.05～0.10</td><td>±0.006</td><td>±0.005</td><td>±0.010</td><td>±0.007</td><td>±0.013</td><td>±0.010</td><td>—</td><td>—</td></tr>
<tr><td>>0.10～0.20</td><td>±0.010</td><td>±0.008</td><td>±0.012</td><td>±0.010</td><td>±0.017</td><td>±0.012</td><td>±0.025</td><td>±0.020</td></tr>
<tr><td>>0.20～0.30</td><td>±0.012</td><td>±0.010</td><td>±0.015</td><td>±0.012</td><td>±0.020</td><td>±0.015</td><td>±0.030</td><td>±0.025</td></tr>
<tr><td>>0.30～0.50</td><td>±0.015</td><td>±0.012</td><td>±0.020</td><td>±0.015</td><td>±0.025</td><td>±0.020</td><td>±0.040</td><td>±0.030</td></tr>
<tr><td>>0.50～0.80</td><td>±0.025</td><td>±0.020</td><td>±0.030</td><td>±0.025</td><td>±0.040</td><td>±0.030</td><td>±0.050</td><td>±0.040</td></tr>
<tr><td>>0.80～1.20</td><td>±0.035</td><td>±0.025</td><td>±0.040</td><td>±0.035</td><td>±0.045</td><td>±0.035</td><td>±0.055</td><td>±0.045</td></tr>
<tr><td>>1.2～1.50</td><td>±0.040</td><td>±0.035</td><td>±0.045</td><td>±0.040</td><td>±0.050</td><td>±0.040</td><td>±0.060</td><td>±0.050</td></tr>
<tr><td>>1.50～2.00</td><td>±0.045</td><td>±0.040</td><td>±0.050</td><td>±0.045</td><td>±0.055</td><td>±0.045</td><td>±0.070</td><td>±0.060</td></tr>
<tr><td>>2.00～3.00</td><td>±0.055</td><td>±0.045</td><td>±0.060</td><td>±0.055</td><td>±0.070</td><td>±0.050</td><td>±0.090</td><td>±0.080</td></tr>
<tr><td>>3.00～5.00</td><td>±0.070</td><td>±0.055</td><td>±0.075</td><td>±0.065</td><td>±0.090</td><td>±0.070</td><td>±0.110</td><td>±0.100</td></tr>
<tr><td>>5.00～8.00</td><td>±0.100</td><td>±0.090</td><td>±0.110</td><td>±0.100</td><td>±0.120</td><td>±0.100</td><td>±0.200</td><td>±0.180</td></tr>
<tr><td>>8.00～10.00</td><td>±0.110</td><td>±0.100</td><td>±0.120</td><td>±0.110</td><td>±0.150</td><td>±0.130</td><td>±0.250</td><td>±0.230</td></tr>
</table>

①需方要求厚度允许偏差为（+）或（-）单向偏差时，其值为表中数值的2倍。

2）无氧铜带材的宽度及允许偏差见表 3-71。

表 3-71　无氧铜带材的宽度及允许偏差　（单位：mm）

厚度②	宽度					
	≤300		>300~600		>600~1000	
	宽度允许偏差①					
	普通级	高精级	普通级	高精级	普通级	高精级
≤0.5	±0.15	±0.10	±0.20	±0.15	±0.30	±0.25
>0.5~1.0	±0.20	±0.15	±0.23	±0.20	±0.40	±0.30
>1.0~1.5	±0.25	±0.20	±0.30	±0.25	±0.50	±0.40
>1.5~2.5	±0.30	±0.25	±0.40	±0.30	±0.60	±0.50
>2.5~3.0	±0.50	±0.40	±0.50	±0.40	±0.60	±0.50

①需方要求宽度允许偏差为（+）或（-）单向偏差时，其值为表中数值的 2 倍。
②厚度大于 3.0mm 的带材可不切边。

3）无氧铜板材的宽度及允许偏差见表 3-72。

表 3-72　无氧铜板材的宽度及允许偏差　（单位：mm）

厚度	宽度		
	≤300	>300~600	>600~1000
	厚度允许偏差（±）		
≤0.8	0.80	1.00	1.50
>0.8~3.0	1.00	1.50	2.50
>3.0~10.0	2.50	3.00	4.00

（3）无氧铜板和带材的力学性能（表 3-73）

表 3-73　无氧铜板和带材的力学性能

牌号	状态	拉伸试验结果		维氏硬度 HV
		抗拉强度，R_m/MPa	伸长率，$A_{11.3}$（%）	
TU00、TU0、TU1 TU2	O60	195~260	≥40	45~65
	H01	215~275	≥30	50~70
	H02	245~315	≥15	85~110
	H04	≥275	—	≥100

5. 铜及铜合金带材（GB/T 2059—2017）

（1）铜及铜合金带材的牌号及规格（表 3-74）

表 3-74　铜及铜合金带材的牌号及规格　（单位：mm）

分类	牌号	代号	状态	厚度	宽度
无氧铜 纯铜 磷脱氧铜	TU1、TU2 T2、T3 TP1、TP2	T10150、T10180、 T11050、T11090 C12000、C12200	软化退火态（O60）、1/4 硬（H01）、1/2 硬（H02）、硬（H04）、特硬（H06）	>0.15~<0.50	≤610
				0.50~5.0	≤1200
镉铜	TCd1	C16200	硬（H04）	>0.15~1.2	≤300

（续）

分类	牌号	代号	状态	厚度	宽度
普通黄铜	H95、H80、H59	C21000、C24000、T28200	软化退火态（O60）、硬（H04）	>0.15～<0.50	≤610
				0.5～3.0	≤1200
	H85、H90	C23000、C22000	软化退火态（O60）、1/2硬（H02）、硬（H04）	>0.15～<0.50	≤610
				0.5～3.0	≤1200
	H70、H68 H66、H65	T26100、T26300 C26800、C27000	软化退火态（O60）、1/4硬（H01）、1/2硬（H02）、硬（H04）、特硬（H06）、弹硬（H08）	>0.15～<0.50	≤610
				0.50～3.5	≤1200
	H63、H62	T27300、T27600	软化退火态（O60）、1/2硬（H02）、硬（H04）、特硬（H06）	>0.15～<0.50	≤610
				0.50～3.0	≤1200
锰黄铜	HMn58-2	T67400	软化退火态（O60）、1/2硬（H02）、硬（H04）	>0.15～0.20	≤300
铅黄铜	HPb59-1	T38100		>0.20～2.0	≤550
	HPb59-1	T38100	特硬（H06）	0.32～1.5	≤200
锡黄铜	HSn62-1	T46300	硬（H04）	>0.15～0.20	≤300
				>0.20～2.0	≤550
铝青铜	QAl5	T60700	软化退火态（O60）、硬（H04）	>0.15～1.2	≤300
	QAl7	C61000	1/2硬（H02）、硬（H04）		
	QAl9-2	T61700	软化退火态（O60）、硬（H04）、特硬（H06）		
	QAl9-4	T61720	硬（H04）		
锡青铜	QSn6.5-0.1	T51510	软化退火态（O60）、1/4硬（H01）、1/2硬（H02）、硬（H04）、特硬（H06）、弹硬（H08）	>0.15～2.0	≤610
	QSn7-0.2、Sn6.5-0.4、QSn4-3、QSn4-0.3	T51530 T51520 T50800 C51100	软化退火态（O60）、硬（H04）、特硬（H06）	>0.15～2.0	≤610
	QSn8-0.3	C52100	软化退火态（O60）、1/4硬（H01）、1/2硬（H02）、硬（H04）、特硬（H06）、弹硬（H08）	>0.15～2.6	≤610
	QSn4-4-2.5 QSn4-4-4	T53300 T53500	软化退火（O60）、1/4硬（H01）、1/2硬（H02）、硬（H04）	0.80～1.2	≤200
锰青铜	QMn1.5	T56100	软化退火（O60）	>0.15～1.2	≤300
	QMn5	T56300	软化退火（O60）、硬（H04）		
硅青铜	QSi3-1	T64730	软化退火态（O60）、硬（H04）、特硬（H06）	>0.15～1.2	≤300
普通白铜 铁白铜 锰白铜	B5、B19 BFe10-1-1 BFe30-1-1 BMn40-1.5	T70380、T71050 T70590 T71510 T71660	软化退火态（O60）、硬（H04）	>0.15～1.2	≤400

（续）

分类	牌号	代号	状态	厚度	宽度
锰白铜	BMn3-12	T71620	软化退火态（060）	>0.15～1.2	≤400
铝白铜	BAl6-1.5	T72400	硬（H04）	>0.15～1.2	≤300
	BAl13-3	T72600	固溶热处理+冷加工（硬）+沉淀热处理（TH04）		
锌白铜	BZn15-20	T74600	软化退火态（060）、1/2硬（H02）、硬（H04）、特硬（H06）	>0.15～1.2	≤610
	BZn18-18	C75200	软化退火态（060）1/4硬（H01）、1/2硬（H02）、硬（H04）	>0.15～1.0	≤400
	BZn18-17	T75210	软化退火态（060）、1/2硬（H02）、硬（H04）	>0.15～1.2	≤610
	BZn18-26	C77000	1/4硬（H01）、1/2硬（H02）、硬（H04）	>0.15～2.0	≤610

注：经供需双方协商，也可供应其他规格的带材。

（2）铜及铜合金带材的力学性能（表3-75）

表3-75 铜及铜合金带材的力学性能

牌号	状态	拉伸试验			硬度试验
		厚度/mm	抗拉强度 R_m/MPa	断后伸长率 $A_{11.3}$（%）	维氏硬度 HV
TU1、TU2 T2、T3 TP1、TP2	O60	>0.15	≥195	≥30	≤70
	H01		215～295	≥25	60～95
	H02		245～345	≥8	80～110
	H04		295～395	≥3	90～120
	H06		≥350	—	≥110
TCd1	H04	≥0.2	≥390	—	—
H70、H68 H66、H65	060	≥0.2	≥290	≥40	≤90
	H01		325～410	≥35	85～115
	H02		355～460	≥25	100～130
	H04		410～540	≥13	120～160
	H06		520～620	≥4	150～190
	H08		≥570	—	≥180
H63、H62	060	≥0.2	≥290	≥35	≤95
	H02		350～470	≥20	90～130
	H04		410～630	≥10	125～165
	H06		≥585	≥2.5	≥155
QAl5	060	≥0.2	≥275	≥33	—
	H04		≥585	≥2.5	
QAl7	H02	≥0.2	585～740	≥10	—
	H04		≥635	≥5	
QAl9-2	060	≥0.2	≥440	≥18	—
	H04		≥585	≥5	
	H06		≥880	—	

（续）

牌号	状态	拉伸试验			硬度试验
		厚度/mm	抗拉强度 R_m/MPa	断后伸长率 $A_{11.3}$（%）	维氏硬度 HV
QAl9-4	H04	≥0.2	≥635	—	—
QSn4-3 QSn4-0.3	O60	>0.15	≥290	≥40	—
	H04		540～690	≥3	
	H06		≥635	≥2	
QSn6.5-0.1	O60	>0.15	≥315	≥40	≤120
	H01		390～510	≥35	110～155
	H02		490～610	≥10	150～190
	H04		590～690	≥8	180～230
	H06		635～720	≥5	200～240
	H08		≥690	—	≥210
BZn15-20	O60	>0.15	≥340	≥35	—
	H02		440～570	≥5	
	H04		540～690	≥1.5	
	H06		≥640	≥1	

注：1. 超出表中规定厚度范围的带材，其性能指标由供需双方协商。
2. 表中的“—”，表示没有统计数据，如果需方要求该性能，其性能指标由供需双方协商。
3. 维氏硬度的试验力由供需双方协商。

3.2.4 铜及铜合金箔材（GB/T 5187—2021）

（1）铜合金箔材的牌号与规格（表3-76）

表3-76 铜合金箔材的牌号与规格

牌号	代号	状态	规格/mm	
			厚度	宽度
TU1、TU2 TU3、T1 T2、T3	T10150、T10180 C10200、T10900、 T11050、T11090	软化退火（O60）、1/4硬（H01） 1/2硬（H02）、硬（H04）	0.009～0.150	≤650
TP2	C12200	软化退火（O60）、1/2硬（H02）	0.100～0.150	≤650
TCr1-0.15	C18150	1/2硬（H02）、硬（H04）、特硬（H06）	0.070～0.150	≤600
TSn1.5-0.8-0.06	C19040	特硬（H06）	0.100～0.150	≤300
TFe0.1	C19210	1/2硬（H02）、硬（H04）	0.100～0.150	≤620
TFe2.5	C19400	1/4硬（H01）、1/2硬（H02）、硬（H04） 特硬（H06）、弹性（H08）、高弹性（H10）	0.100～0.150	≤620
H68、H66 H65、H62	T26300、C26800 C27000、T27600	软化退火（O60） 1/4硬（H01）、1/2硬（H02） 硬（H04）、特硬（H06）、弹硬（H08）	0.012～<0.025	≤300
			0.025～0.150	≤620
QSn6.5-0.1 QSn7-0.2	T51510 T51530	硬（H04）、特硬（H06）	0.012～<0.025	≤300
			0.025～0.150	≤600
QSn8-0.3	C52100	特硬（H06）、弹性（H08）	0.012～<0.025	≤300
			0.025～0.150	≤600

（续）

牌号	代号	状态	规格/mm	
			厚度	宽度
QSi3-1	T64730	硬（H04）	0.012～<0.025	≤300
			0.025～0.150	≤600
BSi3.2-0.7	C70250	加工余热淬火+冷加工（1/8硬）（TM00） 加工余热淬火+冷加工（1/2硬）（TM02） 加工余热淬火+冷加工（3/4硬）（TM03） 加工余热淬火+冷加工（硬）（TM04）	0.070～0.150	≤580
BMn40-1.5	T71660	软化退火（060） 硬（H04）	0.012～<0.025	≤300
			0.025～0.150	≤600
BZn15-20	T74600	软化退火（O60） 1/2硬（H02）、硬（H04）	0.012～<0.025	≤300
			0.025～0.150	≤600
BZn18-18 BZn18-26	C75200 C77000	1/2硬（H02）、硬（H04）、特硬（H06）	0.012～<0.025	≤300
			0.025～0.150	≤600

（2）铜合金箔材的尺寸及允许偏差（表3-77）

表3-77　铜合金箔材的尺寸及允许偏差　（单位：mm）

厚度	厚度允许偏差①		宽度	宽度允许偏差
	普通级	高精级		
0.009～<0.010	±0.0015	±0.0010	40，50，60，80，100，120	±0.5
0.010～<0.030	±0.003	±0.002		
0.030～<0.050	±0.005	±0.004	40，50，60，80，100，120，150	
0.050～0.150	±0.007	±0.005		

注：如需方要求高精级时，在订货单中注明，未注明时按普通级进行。

①当要求厚度允许偏差全为（+）或全为（-）单向偏差时，其值为标准数值的2倍。

（3）铜合金箔材的力学性能（表3-78）

表3-78　铜合金箔材的力学性能

牌号	状态	厚度/mm	拉伸试验			硬度试验
			抗拉强度 R_m/MPa	断后伸长率 $A_{11.3}$（%）	断后伸长率 A_{50mm}（%）	维氏硬度 HV
TU1、TU2、TU3 T1、T2、T3	O60	0.009～0.018	≥140	—	≥3.5	≤70
		>0.018～0.035	≥160	—	≥7	
		>0.035～0.050	≥165	—	≥10	
		>0.050～0.070	≥170	—	≥15	
		>0.070～<0.100	≥175	—	≥16	
		0.100～<0.120	≥200	≥25	—	
		0.120～0.150	≥205	≥30	—	
	H01	0.009～0.150	215～275	≥25	—	60～90
	H02	0.009～0.150	245～345	≥8	—	80～110
	H04	0.009～0.150	≥295	—	—	≥90
TP2	O60	0.100～0.150	≥205	≥20	—	≤70
	H02		245～345	≥6	—	80～123

（续）

牌号	状态	厚度/mm	拉伸试验			硬度试验
			抗拉强度 R_m/MPa	断后伸长率 $A_{11.3}$（%）	断后伸长率 A_{50mm}（%）	维氏硬度 HV
TCr1-0. 15	H02	0. 070 ~ 0. 150	480 ~ 560	—	≥4	140 ~ 170
	H04		520 ~ 620	—	≥3	150 ~ 180
	H06		540 ~ 650	—	≥2	160 ~ 200
TSn1. 5-0. 8-0. 06	H06	0. 100 ~ 0. 150	540 ~ 630	≥1	—	160 ~ 195
TFe0. 1	H02	0. 100 ~ 0. 150	320 ~ 410	≥6	—	100 ~ 125
	H04		380 ~ 470	≥4	—	110 ~ 135
TFe2. 5	H01	0. 100 ~ 0. 150	320 ~ 400	≥8	—	100 ~ 120
	H02		365 ~ 430	≥4	—	115 ~ 135
	H04		410 ~ 490	≥3	—	125 ~ 145
	H06		450 ~ 500	≥2	—	135 ~ 150
	H08		480 ~ 530	≥1	—	140 ~ 155
	H10		≥500	—	—	≥145
H68、H66 H65、H62	060	0. 012 ~ 0. 150	≥290	≥40	—	≤90
	H01		325 ~ 410	≥35	—	85 ~ 115
	H02		340 ~ 460	≥25	—	100 ~ 130
	H04		400 ~ 530	≥13	—	120 ~ 160
	H06		450 ~ 600	—	—	150 ~ 190
	H08		≥500	—	—	≥180
QSn6. 5-0. 1 QSn7-0. 2	H04	0. 012 ~ 0. 150	540 ~ 690	≥6	—	170 ~ 200
	H06		≥650	—	—	≥190
QSn8-0. 3	H06	0. 012 ~ 0. 150	700 ~ 780	≥11	—	210 ~ 240
	H08		735 ~ 835	—	—	230 ~ 270
QSi3-1	H04	0. 012 ~ 0. 150	≥635	≥5	—	实测值
BSi3. 2-0. 7	TM00	0. 070 ~ 0. 150	580 ~ 760	≥5	—	170 ~ 220
	TM02		650 ~ 780	≥4	—	190 ~ 240
	TM03		690 ~ 800	≥3	—	200 ~ 250
	TM04		≥750	≥1	—	≥220
BMn40-1. 5	O60	0. 012 ~ 0. 150	390 ~ 590	—	—	实测值
	H04		≥635	—	—	
BZn15-20	O60	0. 012 ~ 0. 150	≥340	≥35	—	实测值
	H02		440 ~ 570	≥5	—	
	H04		≥540	≥1. 5	—	
BZn18-18 BZn18-26	H02	0. 012 ~ 0. 150	≥525	≥8	—	180 ~ 210
	H04		610 ~ 720	≥4	—	190 ~ 220
	H06		≥700	—	—	210 ~ 240

注：厚度不大于 0. 05mm 的箔材的力学性能仅供参考。

3.2.5 铜及铜合金棒材

1. 铜及铜合金拉制棒（GB/T 4423—2020）

（1）铜棒材的牌号与状态及规格（表 3-79）

表 3-79 铜棒材的牌号与状态及规格

分类		牌号	代号	状态	外径（或对边距）/mm		长度/mm
					圆形棒、方形棒、正六角形棒	矩形棒	
铜	无氧铜	TU1 TU2	T10150 T10180	软化退火（060） 硬（H04）	3～80	3～80	500～6000
	纯铜	T2 T3	T11050 T11090	软化退火（060） 硬（H04） 半硬（H02）	3～80	3～80	
	磷脱氧铜	TP2	C12200	软化退火（060） 硬（H04）	3～80	3～80	
	锆铜	TZr0.2 TZr0.4	T15200 T15400	硬（H04）	4～40	—	
	镉铜	TCd1	C16200	软化退火（060） 硬（H04）	4～60	—	
	铬铜	TCr0.5	T18140	软化退火（060） 硬（H04）	4～40	—	
黄铜	普通黄铜	H96	T20800	软化退火（060） 硬（H04）	3～80	3～80	
		H95	C21000	软化退火（060） 硬（H04）	3～80	3～80	
		H90	C22000	硬（H04）	3～40		
		H80	C24000	软化退火（060） 硬（H04）	3～40	—	
		H70	T26100	半硬（H02）	3～40		
		H68	T26300	半硬（H02） 软化退火（060）	3～80	—	
		H65	C27000	软化退火（060） 硬（H04） 半硬（H02）	3～80	—	
		H63	T27300	半硬（H02）	3～50	—	
		H62	T27600	半硬（H02）	3～80	3～80	
		H59	T28200	半硬（H02）	3～50	—	
	铅黄铜	HPb63-3	T34700	软化退火（060） 1/4 硬（H01） 半硬（H02） 硬（H04）	3～80	3～80	
		HPb63-0.1	T34900	半硬（H02）	3～50	—	
		HPb61-1	C37100	半硬（H02）	3～50	—	

（续）

分类		牌号	代号	状态	外径（或对边距）/mm		长度/mm
					圆形棒、方形棒、正六角形棒	矩形棒	
黄铜	铅黄铜	HPb59-1	T38100	半硬（H02） 硬（H04）	2～80	3～80	
	锡黄铜	HSn70-1	T45000	半硬（H02）	3～80	—	
		HSn62-1	T46300	硬（H04）	4～70	—	
	锰黄铜	HMn58-2	T67400	硬（H04）	4～60	—	500～6000
	铁黄铜	HFe59-1-1 HFe58-1-1	T67600 T67610	硬（H04）	4～60	—	
	铝黄铜	HAl61-4-3-1	T69230	硬（H04）	4～40	—	
青铜	锡青铜	QSn4-3 QSn4-0.3 QSn6.5-0.1、 QSn6.5-0.4	T50800 C51100 T51510 T51520	硬（H04）	4～40	—	
		QSn7-0.2	T51530	硬（H04） 特硬（H06）	4～40	—	
	铝青铜	QAl9-2 QAl9-4 QAl10-3-1.5	T61700 T61720 T61760	硬（H04）	4～40	—	
	硅青铜	QSi3-1	T64730	硬（H04）	4～40	—	500～6000
白铜	铁白铜	BFe30-1-1	T71510	软化退火（060） 硬（H04）	16～50	—	
	锰白铜	BMn40-1.5	T71660	硬（H04）	7～40	—	
	锌白铜	BZn15-20	T74600	软化退火（060） 硬（H04）	4～40	—	
		BZn15-24-1.5	T79500	软化退火（060） 硬（H04） 特硬（H06）	3～18	—	

注：经双方协商，可供应其他牌号和规格的棒材，具体要求宜在合同中注明。

（2）矩形铜棒材的宽高比（表3-80）

表3-80　矩形铜棒材的宽高比

宽度/mm	宽度/高度
≤10	≤2.0
>10～20	≤3.0
>20	≤3.5

（3）铜及铜合金拉制棒的允许偏差

1）圆形铜棒、方形铜棒和六角铜棒材料的尺寸及其允许偏差见表3-81。

表 3-81 圆形铜棒、方形铜棒和六角铜棒材料单额尺寸及其允许偏差 （单位：mm）

直径（或对边距）	圆形棒允许偏差①		方形、矩形、正六角形棒允许偏差①	
	普通级	高精级	普通级	高精级
2～6	±0.04	±0.02	±0.07	±0.04
>6～10	±0.05	±0.03	±0.08	±0.04
>10～18	±0.06	±0.03	±0.10	±0.05
>18～30	±0.07	±0.04	±0.10	±0.06
>30～50	±0.10	±0.08	±0.13	±0.12
>50～80	±0.12	±0.10	±0.24	±0.15

①当要求直径（或对边距）允许偏差全为（+）或全为（-）单向偏差时，其值为表中相应数值的2倍。

2）青、白铜类棒材的尺寸及其允许偏差见表3-82。

表 3-82 青、白铜类棒材的尺寸及其允许偏差 （单位：mm）

直径（或对边距）	圆形棒允许偏差①		方形、正六角形棒允许偏差①		矩形棒允许偏差①	
	普通级	高精级	普通级	高精级	普通级	高精级
3～6	±0.06	±0.03	±0.10	±0.06	±0.15	±0.12
>6～10	±0.06	±0.04	±0.11	±0.08	±0.15	±0.12
>10～18	±0.08	±0.05	±0.13	±0.10	±0.18	±0.15
>18～30	±0.10	±0.06	±0.15	±0.10	±0.24	±0.20
>30～50	±0.10	±0.09	±0.16	±0.13	±0.38	±0.30
>50～80	±0.15	±0.12	±0.30	±0.24	±0.50	±0.40

①当要求直径（或对边距）允许偏差全为（+）或全为（-）单向偏差时，其值为表中相应数值的2倍。

3）方形、矩形铜棒和正六角形铜棒的圆角半径。多边形棒材的横截面的棱角处允许有圆角，其最大圆角半径 R 不应超过表3-83的规定。

表 3-83 方形铜棒、矩形铜棒和正六角形铜棒的圆角半径 （单位：mm）

对边距①	2～6	>6～10	>10～18	>18～30	>30～50	>50～80
圆角半径	≤0.5	≤0.8	≤1.2	≤1.8	≤2.8	≤4.0

①矩形棒取短对边距。

4）铜棒材的直度见表3-84。

表 3-84 铜棒材的直度 （单位：mm）

长度	圆形棒				方形棒、六角形棒、矩形棒	
	≥3～20		>20～80			
	全长直度	每米直度	全长直度	每米直度	全长直度	每米直度
<1000	≤2	—	≤1.5	—	≤5	—
≥1000～2000	≤3	—	≤2	—	≤8	—
≥2000～3000	≤6	≤3	≤4	≤3	≤12	≤5
≥3000	≤12	≤3	≤8	≤3	≤15	≤5

5）圆形棒材、方形棒材和正六角形棒材的力学性能见表3-85。

表3-85 圆形棒材、方形棒材和正六角形棒材的力学性能

牌号	状态	直径（或对边距）/mm	抗拉强度 R_m/MPa	规定塑性延伸强度[②] $R_{P0.2}$/MPa	断后伸长率 A（%）	硬度	
			不小于			HBW	HRB
T2 T3	H04	3～10	300	200	5	—	20～55
		>10～60	260	168	6	—	
		>60～80	230	—	16	—	
	H02	3～10	300	—	9	—	30～50
		>10～45	228	217	10	80～95	—
	O60	3～80	200	100	40	—	30～50
TCd1	H04	4～60	370	—	5	≥100	—
	O60	4～60	215	—	36	≤75	—
H96 H95	H04	3～40	275	—	8	—	—
		>40～60	245	—	10	—	—
		>60～80	205	—	14	—	—
	O60	3～80	200	—	40	—	—
H90	H04	3～40	330	—	—	—	—
H80	H04	3～40	390	—	—	—	—
	O60	3～40	275	—	50	—	—
H70	H02	10～25	350	200	23	105～140	—
H68	H02	3～40	300	118	17	88～168（HV）	35～80
		>40～80	295	—	34	—	—
	O60	≥13～35	295	—	50	—	—
H65	H04	≤10	360	210	10	—	30～80
		>10～45		125			
	H02	3～60	285	125	15		28～75
	O60	3～40	295	—	44	—	
H63	H02	3～50	320	160	15		30～75
H62	H02	3～40	370	270	12	—	30～90
		>40～80	335	105	24	—	
H59	H02	3～10	390	—	12	—	50～85
		>10～45	350	180	16	—	
HPb63-0.1	H02	3～40	340	160	15	—	40～70
HPb61-1	H02	3～10	405	160	9	—	50～100
		>10～50	365	115	10	—	
HPb59-1	H04	2～15	500	300	8	150～180（HV）	40～90
	H02	2～20	420	225	9	100～150（HV）	
		>20～40	390	165	14	100～130（HV）	
		>40～80	370	105	18	—	

（续）

牌号	状态	直径（或对边距）/mm	抗拉强度 R_m/MPa	规定塑性延伸强度② $R_{P0.2}$/MPa	断后伸长率 A（%）	硬度	
						HBW	HRB
			不小于				
HPb63-3	H04	3～15	490	—	4	—	—
		>15～20	450	—	9	—	—
		>20～30	410	—	12	—	—
	H02	3～20	390	285	10		30～90
		>20～30	340	240	15		
		>30～70	310	195	20		
	H01	3～15	320	150	20	65～150	—
		>15～80	290	115	25		—
	O60	3～10	390	205	10	95	35～90
		>10～20	370	160	15		
		>20～80	350	120	19		
HSn62-1	H04	4～70	400	—	22	—	—
HSn70-1	H02	10～30	450	200	22	—	50～80
		>30～75	350	155	25		
HMn58-2	H04	≥4～12	440	—	24	—	—
		>12～40	410	—	24	—	—
		>40～60	390	—	29	—	—
HFe59-1-1	H04	4～12	490	—	17	—	—
		>12～40	440	—	19	—	—
		>40～60	410	—	22	—	—
HFe58-1-1	H04	4～40	440	—	11	—	—
		>40～60	390	—	13	—	—
HAl61-4-3-1	H04	4～40	550	250	15	≥150	—
QSn4-3	H04	4～12	430	—	14	—	—
		>12～25	370	—	21	—	—
		>25～35	335	—	23	—	—
		>35～40	315	—	23	—	—
QSn4-0.3	H04	4～12	410	—	10	—	—
		>12～25	390	—	13	—	—
		>25～40	355	—	15	—	—
BMn40-1.5	H04	7～20	540	—	6	—	—
		>20～30	490	—	8	—	—
		>30～40	440	—	11	—	—

①表中“—”提供实测值。

②此值仅供参考。

2. 铍青铜棒（YS/T 334—2009）

（1）铍青铜棒的牌号、状态及规格（表3-85）

表3-86 铍青铜棒的牌号、状态及规格

牌号	制作方法	状态	规格	
			直径/mm	长度/mm
QBe2 QBe1.9 QBe1.9-0.1 QBe1.7 QBe0.6-2.5（C17500） QBe0.4-1.8（C17510） QBe0.3-1.5 C17000 C17200 C17300	拉制	半硬态（Y_2） 硬态（Y） 硬时效态（TH04）	5～10	1000～5000
			>10～20	1000～4000
			>20～40	500～3000
		软态或固溶退火态（M） 软时效态（TF00）	5～120	500～5000
	挤制	热加工态（R）	20～30	500-5000
			>30～50	500～3000
			>50～120	500～2500

注：1. 牌号QBe0.6-2.5、QBe0.4-1.8和QBe0.3-1.5没有半硬态（Y_2）。
2. 定尺或倍尺长度应在订货合同中注明，否则按不定尺长度供货。
3. 其他规格的产品，可由双方协商确定。

（2）铍青铜棒的尺寸允许偏差（表3-87a、b）

表3-87a 冷拉棒材的直径及其允许偏差 （单位：mm）

直径	5～12	>12～25	>25～40
直径允许偏差	±0.05	±0.08	±0.10

表3-87b 挤制及热锻棒材的直径及其允许偏差 （单位：mm）

直径	20～25	>25～50	>50～75	>75～90	>90～120
直径允许偏差	±0.50	±0.75	±1.3	±1.8	±3

注：当规定偏差全部为正或全部为负时，应为表中所列的数值的两倍。对于要求其他尺寸偏差范围的棒材，可由供需双方协商确定。

（3）铍青铜棒的力学性能（表3-88a、b）

表3-88a 产品时效热处理前的室温力学性能

牌号	状态	直径/mm	抗拉强度 R_m /(N/mm^2)	规定非比例延伸强度 $R_{p0.2}$/(N/mm^2)	断后伸长率 A(%)，不小于	硬度 HRB
QBe2 QBe1.9 QBe1.9-0.1 QBe1.7 C17000 C17200 C17300	R	20～120	450～700	≥140	10	≥45
	M	5～120	400～600	≥140	30	45～85
	Y_2	5～40	550～700	≥450	10	≥78
	Y	5～10	660～900	≥520	5	≥88
		>10～25	620～860	≥520	5	
		>25	590～830	≥510	5	
QBe0.6-2.5 QBe0.4-1.8 QBe0.3-1.5	M	5～120	≥240	—	20	20～50
	R	20～120				
	Y	5～40	≥440	—	5	60～80

表 3-88b　产品时效热处理后的力学性能

牌号	状态	直径/mm	抗拉强度 R_m N/mm²	规定非比例延伸强度 $R_{p0.2}$ N/mm²	断后伸长率 A（%）不小于	洛氏硬度	
						HRC	HRB
QBe1.7 C17000	TF00	5～120	1000～1310	≥860	—	32～39	—
	TH04	5～10	1170～1450	≥990	—	35～41	—
		>10～25	1130～1410	≥960	—	34～41	—
		>25	1100～1380	≥930	—	33～40	—
QBe2 QBe1.9 QBe1.9-0.1 C17200 C17300	TF00	5～120	1100～1380	≥890	2	35～42	—
	TH04	5～10	1200～1550	≥1100	1	37～45	—
		>10～25	1150～1520	≥1050	1	36～44	—
		>25	1120～1480	≥1000	1	35～44	—
QBe0.6-2.5 QBe0.4-1.8 QBe0.3-1.5	TF00	5～120	690～895	—	6	—	92～100
	TH04	5～40	760～965	—	3	—	95～102

注：1. 抗拉强度上限值仅作为参考，不作为材料最终检验结果判定依据。

2. 用于特殊用途的产品可采用其他热处理工艺，其性能要求应由供需双方协商确定。

3.2.6　铜及铜合金线材

1. 铜合金线材

（1）铜合金线材的牌号及规格（表 3-89）

表 3-89　铜合金线材的牌号及规格

分类	牌号	代号	状态	直径（对边距）/mm
无氧铜	TU0	T10130	软（O60），硬（H04）	0.05～8.0
	TU1	T10150		
	TU2	T10180		
纯铜	T2	T11050	软（O60），1/2 硬（H02），硬（H04）	0.05～8.0
	T3	T11090		
镉铜	TCd1	C16200	软（O60），硬（H04）	0.1～6.0
镁铜	TMg0.2	T18658	硬（H04）	1.5～3.0
	TMg0.5	T18664	硬（H04）	1.5～7.0
普通黄铜	H95	C21000	软（O60），1/2 硬（H02），硬（H04）	0.05～12.0
	H90	C22000		
	H85	C23000		
	H80	C24000		
	H70	T26100	软（O60），1/8 硬（H00），1/4 硬（H01），1/2 硬（H02），3/4 硬（H03），硬（H04），特硬（H06）	0.05～8.5 特硬规格 0.1～6.0 软态规格 0.05～18.0
	H68	T26300		
	H66	C26800		
	H65	C27000		
	H63	T27300		0.05～13 特硬规格 0.05～4.0
	H62	T27600		

（续）

分类	牌号	代号	状态	直径（对边距）/mm
铅黄铜	HPb63-3	T34700	软（O60），1/2硬（H02），硬（H04）	0.5~6.0
	HPb62-0.8	T35100	1/2硬（H02），硬（H04）	0.5~6.0
	HPb61-1	C37100	1/2硬（H02），硬（H04）	0.5~8.5
	HPb59-1	T38100	软（O60），1/2硬（H02），硬（H04）	0.5~6.0
	HPb59-3	T38300	1/2硬（H02），硬（H04）	1.0~10.0
硼黄铜	HB90-0.1	T22130	硬（H04）	1.0~12.0
锡黄铜	HSn62-1	T46300	软（O60），硬（H04）	0.5~6.0
	HSn60-1	T46410		
锰黄铜	HMn62-13	T67310	软（O60），1/4硬（H01），1/2硬（H02），3/4硬（H03），硬（H04）	0.5~6.0
锡青铜	QSn4-3	T50800	软（O60），1/4硬（H01），1/2硬（H02），3/4硬（H03）	0.1~8.5
			硬（H04）	0.1~6.0
	QSn5-0.2	C51000	软（O60），1/4硬（H01），1/2硬（H02），3/4硬（H03），硬（H04）	0.1~8.5
	QSn4-0.3	C51100		
	QSn6.5-0.1	T51510		
	QSn6.5-0.4	T51520		
	QSn7-0.2	T51530		
	QSn8-0.3	C52100		
	QSn15-1-1	T52500	软（O60），1/4硬（H01），1/2硬（H02），3/4硬（H03），硬（H04）	0.5~6.0
	QSn4-4-4	T53500	1/2硬（H02），硬（H04）	0.1~8.5
铬青铜	QCr4.5-2.5-0.6	T55600	软（O60），固溶热处理+沉淀热处理（TF00）固溶热处理+冷加工（硬）+沉淀热处理（TH04）	0.5~6.0
铝青铜	QAl7	C61000	1/2硬（H02），硬（H04）	1.0~6.0
	QAl9-2	T61700	硬（H04）	0.6~6.0
硅青铜	QSi3-1	T64730	1/2硬（H02），3/4硬（H03），硬（H04）	0.1~8.5
			软（O60），1/41硬（H01）	0.1~18.0
普通白铜	B19	T71050	软（O60），硬（H04）	0.1~6.0
铁白铜	BFe10-1-1	T70590	软（O60），硬（H04）	0.1~6.0
	BFc30-1-1	T71510		
锰白铜	BMn3-12	T71620	软（O60），硬（H04）	0.05~6.0
	BMn40-1.5	T71660		
锌白铜	BZn9-29	T76100	软（O60），1/8硬（H00），1/4硬（H01），1/2硬（H02），3/4硬（H03），硬（H04），特硬（H06）	0.1~8.0 特硬规格0.5~4.0
	BZn12-24	T76200		
	BZn12-26	T76210		

（续）

分类	牌号	代号	状态	直径（对边距）/mm
锌白铜	BZn15-20	T74600	软（O60），1/8 硬（H00）、1/4 硬（H01），1/2 硬（H02），3/4 硬（H03），硬（H04），特硬（H06）	0.1～8.0 特硬规格 0.5～4.0 软态规格 0.1～18.0
	BZn18-20	T76300		
	BZn22-16	T76400	软（O60），1/8 硬（H00），1/4 硬（H01），1/2 硬（H02），3/4 硬（H03），硬（H04），特硬（H06）	0.1～8.0 特硬规格 0.1～4.0
	BZn25-18	T76500		
	BZn40-20	T77500	软（O60），1/4 硬（H01），1/2 硬（H02），3/4 硬（H03），硬（H04）	1.0～6.0
	BZn12-37-1.5	C79860	1/2 硬（H02），硬（H04）	0.5～9.0

注：经供需双方协商，可供应其他牌号、规格、状态的线材。

（2）铜合金线材直径（或对边距）及允许偏差（表 3-90）

表 3-90　铜合金线材的直径（或对边距）及允许偏差　　（单位：mm）

直径（或对边距）	圆形①		正方形、正六角形①	
	普通级	高精级	普通级	高精级
0.05～0.1	±0.004	±0.003	—	—
>0.1～0.2	±0.005	±0.004	—	—
>0.2～0.5	±0.008	±0.006	±0.010	±0.008
>0.5～1.0	±0.010	±0.008	±0.020	±0.015
>1.0～3.0	±0.020	±0.015	±0.030	±0.020
>3.0～6.0	±0.030	±0.020	±0.040	±0.030
>6.0～13.0	±0.040	±0.030	±0.050	±0.040
>13.0～18.0	±0.050	±0.040	±0.060	±0.050

①当需方要求允许偏差为（+）或（-）单向偏差时，其值为表中数值的 2 倍。

（3）铜合金线材线卷（轴）的重量（表 3-91）

表 3-91　铜合金线材线卷（轴）的重量

直径（或对边距）/mm	每卷重量①/kg	
	标准卷	较轻卷
0.05～0.5	5±1	2±1
>0.5～1.0	12±1	8±1
>1.0～2.0	25±2	15±2
>2.0～4.0	30±5	20±5
>4.0～6.0	35±5	25±5
>6.0～13.0	200±20	150±20
>13.0～18.0	500±50	350±50

①不包括轴的重量。

2. 电工圆铜线（GB/T 3953—2009）

（1）电工圆铜线的型号、规格（表 3-92）

表3-92　电工圆铜线的型号、规格

型号	名称	规格（直径）/mm
TR	软圆铜线	0.020～14.00
TY	硬圆铜线	0.020～14.00
TYT	特硬圆铜线	1.50～5.00

（2）电工圆铜线的标称直径允许偏差（表3-93）

表3-93　电工圆铜线的标称直径允许偏差

标称直径 d	偏差
0.020～0.025	±0.002
0.026～0.125	±0.003
0.126～0.400	±0.004
0.401～14.00①	±1% d①

①计算时标称直径0.401mm～1.000mm者保留三位小数；大于1.000mm者保留两位小数，均按GB/T 8170—1987的有关规定修约。

（3）电工圆铜线的力学性能（表3-94）

表3-94　电工圆铜线的力学性能

标称直径/mm	TR	TY		TYT	
	伸长率（%）	抗拉强度/（N/mm²）	伸长率（%）	抗拉强度/（N/mm²）	伸长率（%）
	不小于				
0.020	10	421	—	—	—
0.100	10	421	—	—	—
0.200	15	420	—	—	—
0.290	15	419	—	—	—
0.300	15	419	—	—	—
0.380	20	418	—	—	—
0.480	20	417	—	—	—
0.570	20	416	—	—	—
0.660	25	415	—	—	—
0.750	25	414	—	—	—
0.850	25	413	—	—	—
0.940	25	412	0.5	—	—
1.03	25	411	0.5	—	—
1.12	25	410	0.5	—	—
1.22	25	409	0.5	—	—
1.31	25	408	0.6	—	—
1.41	25	407	0.6	—	—
1.50	25	406	0.6	446	0.6
1.56	25	405	0.6	445	0.6

（续）

标称直径/mm	TR	TY		TYT	
	伸长率（%）	抗拉强度/（N/mm²）	伸长率（%）	抗拉强度/（N/mm²）	伸长率（%）
	不小于				
1.60	25	404	0.6	445	0.6
1.70	25	403	0.6	444	0.6
1.76	25	403	0.7	443	0.7
1.83	25	402	0.7	442	0.7
1.90	25	401	0.7	441	0.7
2.00	25	400	0.7	440	0.7
2.12	25	399	0.7	439	0.7
2.24	25	398	0.8	438	0.8
2.36	25	396	0.8	436	0.8
2.50	25	395	0.8	435	0.8
2.62	25	393	0.9	434	0.9
2.65	25	393	0.9	433	0.9
2.73	25	392	0.9	432	0.9
2.80	25	391	0.9	432	0.9
2.85	25	391	0.9	431	0.9
3.00	25	389	1.0	430	1.0
3.15	30	388	1.0	428	1.0
3.35	30	386	1.0	426	1.0
3.55	30	383	1.1	423	1.1
3.75	30	381	1.1	421	1.1
4.00	30	379	1.2	419	1.2
4.25	30	376	1.3	416	1.3
4.50	30	373	1.3	413	1.3
4.75	30	370	1.4	411	1.4
5.00	30	368	1.4	408	1.4
5.30	30	365	1.5	—	—
5.60	30	361	1.6	—	—
6.00	30	357	1.7	—	—
6.30	30	354	1.8	—	—
6.70	30	349	1.8	—	—
7.10	30	345	1.9	—	—
7.50	30	341	2.0	—	—
8.00	30	335	2.2	—	—
8.50	35	330	2.3	—	—

（续）

标称直径/mm	TR	TY		TYT	
	伸长率（%）	抗拉强度/（N/mm^2）	伸长率（%）	抗拉强度/（N/mm^2）	伸长率（%）
	不小于				
9.00	35	325	2.4	—	—
9.50	35	319	2.5	—	—
10.00	35	314	2.6	—	—
10.60	35	307	2.8	—	—
11.20	35	301	2.9	—	—
11.80	35	294	3.1	—	—
12.50	35	287	3.2	—	—
13.20	35	279	3.4	—	—
14.00	35	271	3.6	—	—

3. 镀锡圆铜线（GB/T 4910—2009）

（1）镀锡圆铜线的型号、规格（表3-95）

表3-95　镀锡圆铜线的型号、规格

型号	名称	规格（直径）/mm
TXR	镀锡软圆铜线	0.05～4.00
TXRH	可焊镀锡软圆铜线	0.20～1.20

（2）镀锡圆铜线的标称直径及偏差（表3-96）

表3-96　镀锡圆铜线的标称直径及偏差

标称直径 d/mm	偏差/mm	标称直径 d/mm	偏差/mm
$0.050 < d \leqslant 0.125$	+0.006 −0.003	$0.400 < d \leqslant 4.00$	+2%d −1%d
$0.125 < d \leqslant 0.400$	+0.010 −0.004		

（3）镀锡圆铜线的伸长率与电阻率（表3-97）

表3-97　镀锡圆铜线的伸长率与电阻率

标称直径 d/mm	伸长率（最小值）（%）
$0.05 < d \leqslant 0.09$	6
$0.09 < d \leqslant 0.25$	12
$0.25 < d \leqslant 0.50$	15
$0.50 < d \leqslant 2.00$	20
$2.00 < d \leqslant 4.00$	25

标称直径 d/mm	电阻率 ρ_{20}（最大值）/（$\Omega \cdot mm^2/m$）	
	TXR	TXRH
$0.05 < d \leqslant 0.09$	0.01851	0.01851

（续）

标称直径 d/mm	电阻率 ρ_{20}（最大值）/（$\Omega\cdot mm^2/m$）	
	TXR	TXRH
0.09 < d≤0.25	0.01802	0.01831
0.25 < d≤0.50	0.01770	0.01793
0.50 < d≤4.00	0.01760	0.01775

4. 镀镍圆铜线（GB/T 11019—2021）

（1）镀镍圆铜线型号、规格、镍含量　镀镍圆铜线型号为 TRN，其不同规格、不同等级对应的镀层厚度见表 3-98。

表 3-98　不同规格、不同等级对应的镀层厚度

标称直径/mm	镀层厚度最小值/μm				
	2 级	4 级	7 级	10 级	27 级
0.050	—	—	—	1.3	3.4
0.070	—	—	—	1.8	4.8
0.080	—	—	1.4	2.0	5.5
0.100	—	—	1.8	2.5	6.8
0.120	—	—	2.0	3.0	8.2
0.140	—	1.4	2.5	3.6	9.5
0.150	—	1.5	2.6	3.8	10.2
0.160	—	1.6	2.8	4.1	11.7
0.180	—	1.8	3.3	4.6	13.2
0.200	—	2.1	3.6	5.1	14.7
0.230	—	2.3	4.1	5.8	16.5
0.260	1.3	2.5	4.6	6.6	18.5
0.280	1.4	2.8	5.1	7.4	20.8
0.320	1.6	3.3	5.6	8.1	23.4
0.350	1.7	3.5	6.2	8.8	23.9
0.370	1.9	3.7	6.5	9.3	25.2
0.390	2.0	3.9	6.9	9.8	26.6
0.410	2.1	4.1	7.2	10.4	28.0
0.450	2.3	4.6	8.1	11.7	33.0
0.500	2.5	5.1	8.8	12.6	34.1
0.530	2.7	5.4	9.4	13.4	36.1
0.560	2.8	5.7	9.9	14.1	38.2
0.600	3.0	6.1	10.6	15.2	40.9
0.630	3.2	6.4	11.1	15.9	43.0
0.670	3.4	6.8	11.8	16.9	45.7
0.710	3.6	7.2	12.6	17.9	48.4
0.750	3.8	7.6	13.3	18.9	51.1

（续）

标称直径/mm	镀层厚度最小值/μm				
	2 级	4 级	7 级	10 级	27 级
0.800	4.0	8.1	14.1	20.2	54.5
0.850	4.3	8.6	15.0	21.5	58.0
0.900	4.5	9.1	15.9	22.7	61.4
1.000	5.1	10.1	17.7	25.3	68.2
1.050	5.3	10.6	18.6	26.5	71.6
1.100	5.6	11.1	19.4	27.7	75.0
1.150	5.8	11.6	20.3	29.0	78.4
1.200	6.1	12.1	21.2	30.3	81.8
1.300	6.6	13.1	23.0	32.8	88.6
1.400	7.1	14.1	24.7	35.4	95.5
1.500	7.6	15.2	26.5	37.9	102.3
1.600	8.1	16.2	28.3	40.4	109.1
1.700	8.6	17.2	30.1	42.9	115.9
1.800	9.1	18.2	31.8	45.4	122.7
1.900	9.6	19.2	33.6	48.0	129.5
2.000	10.1	20.2	35.4	55.0	136.4
2.300	11.7	23.4	41.1	59.2	167.9
2.600	12.9	26.4	46.2	66.5	188.5
2.900	14.5	29.5	51.8	74.7	211.6
3.260	16.5	33.0	58.2	83.8	237.5

注：附录 A 给出了国外常用的镀镍圆铜线的规格及不同等级对应的镀层厚度。

（2）镀镍圆铜线的标称直径及偏差（表 3-99）

表 3-99　镀镍圆铜线的标称直径及偏差　（单位：mm）

标称直径 d	偏差
$0.050 \leqslant d < 0.250$	+0.008 −0.003
$0.250 \leqslant d < 1.300$	+3% d −1% d
$1.300 \leqslant d \leqslant 3.260$	+0.038 −0.013

（3）镀镍圆铜线的伸长率（表 3-100）

表 3-100　镀镍圆铜线的伸长率

标称直径 d/mm	伸长率（%）	
	2 级、4 级、7 级、10 级	27 级
$0.050 \leqslant d \leqslant 0.100$	≥15	≥8

（续）

标称直径 d/mm	伸长率（%）	
	2 级、4 级、7 级、10 级	27 级
$0.100 < d \leqslant 0.230$	≥18	≥10
$0.230 < d \leqslant 0.500$	≥20	≥15
$0.500 < d \leqslant 3.260$	≥25	≥20

3.3 铝及铝合金

工业纯铝强度低，合金化及加工硬化是唯一的强化途径。热加工和冷加工性能好，热导率及电导率高，抗蚀性能优良，焊接性好，通过冲压、弯曲、轧、挤压等工艺使其组织、形状发生变化，主要在航空、建筑、汽车、造船、化工、机械等工业部门广泛应用。

3.3.1 铝及铝合金产品

1. 铝及铝合金的分类（GB/T 3880.1—2012）

铝及铝合金划分为 A、B 两类，见表 3-101。

表 3-101 铝及铝合金的分类

牌号系列	铝或铝合金类别	
	A	B
1×××	所有	—
2×××	—	所有
3×××	Mn 的最大含量不大于 1.8%，Mg 的最大含量不大于 1.8%，Mg 的最大含量与 Mn 的最大含量之和不大于 2.3%	A 类外的其他合金
4×××	Si 的最大含量不大于 2%	A 类外的其他合金
5×××	Mg 的最大含量不大于 1.8%，Mn 的最大含量不大于 1.8%，Mg 的最大含量与 Mn 的最大含量之和不大于 2.3%	A 类外的其他合金
6×××	—	所有
7×××	—	所有
8×××	不可热处理强化的合金	可热处理强化的合金

2. 铝及铝合金加工产品常用牌号（表 3-102）

表 3-102 铝及铝合金加工产品常用牌号

品种	牌号	产品形状
工业用高纯铝	1A85、1A90、1A93、1A97、1A99	板、带、箔、管
工业用纯铝	1060、1050A、1035、8A06	板、箔、管、线、棒
	1A30	板、带、箔
	1100	板、带
包覆铝	7A01 1A50	包覆板

（续）

品种	牌号	产品形状
防锈铝	5A02	板、箔、管、棒、型、线、锻件
	5A03	板、棒、型、管
	5A05	板、棒、管
	5B05	线材
	5A06	板、棒、管、型、锻件、模锻
	5A12	厚板、型、棒
	5B06、5A13、5A33	线、棒
	5A43	板
	3A21	板、带、箔
	5083、5056	板、带、管
硬铝	2A01	线材
	2A02	棒、带、冲压叶片
	2A04	线材
	2B11 2B12	线材
	2A10	线材
	2A11	板、棒、管、型、锻件
	2A12	板、棒、管、型、箔、线
	2A06	板材
	2A16	板、棒、型、锻件
	2A17	板、棒、锻件
锻铝	6A02	板、棒、管、型、锻件
	6B02	板、带
	6070	板、型材
	2A50	棒、锻件
	2B50	锻件
	2A70	板、棒、锻件、模锻件
	2A80	棒、锻件、模锻件
	2A90	棒、锻件、模锻件
	2A14	棒、锻件、模锻件
	4A11	棒、锻件
	6061 6063	型、板、带、管
超硬铝	7A03	线材
	7A04	板、棒、管、型、锻件
	7A09	板、棒、管、型
	7A10	板、管、锻件
	7003	型材
特殊铝	4A01	线材
	4A13 4A17	板、带、箔、焊线
	5A41	板
	5A66	板带

3. 变形铝及铝合金的化学成分（GB/T 3190—2020）（表 3-103）

表 3-103　变形铝及铝合金的化学成分（摘取部分）

序号	牌号	化学成分（质量分数）（%）																					
		Si	Fe	Cu	Mn	Mg	Cr	Ni	Zn	Ti	Ag	B	Bi	Ga	Li	Pb	Sn	V	Zr		其他		Al
																					单个	合计	
1	1035	0.35	0.6	0.10	0.05	0.05	—	—	0.10	0.03	—	—	—	—	—	—	—	0.05	—	—	0.03	—	99.35
6	1070	0.20	0.25	0.04	0.03	0.03	—	—	0.04	0.03	—	—	—	—	—	—	—	0.05	—	—①	0.03	—	99.70
12	1100	—⑦	—⑦	0.05~0.20	0.05	—	—	—	0.10	—	—	—	—	—	—	—	—	—	—	Si+Fe: 0.95①	0.05	0.15	99.00
17	1230②	—⑦	—⑦	0.10	0.05	0.05	—	—	0.10	0.03	—	—	—	—	—	—	—	0.05	—	Si+Fe: 0.70	0.03	—	99.30
22	1350	0.10	0.40	0.05	0.01	—	0.01	—	0.05	—⑦	—	0.05	—	0.03	—	—	—	—⑦	—	V+Ti: 0.02	0.03	0.10	99.50
28	1385	0.05	0.12	0.02	0.01	0.02	0.01	—	0.03	—⑦	—	0.02	—	0.03	—	—	—	—⑦	—	V+Ti: 0.03	0.01	—	99.85

注：1. 表中元素含量为单个数值时，“Al”元素含量为最低限，其他元素含量为最高限。

2. 元素栏中“—”表示该位置不规定极限数值，对应元素为非常规分析元素，“其他”栏中“—”表示无极限数值要求。

3. “其他”表示表中未规定极限数值的元素和未列出的金属元素。

4. “合计”表示不小于 0.010% 的“其他”金属元素之和。

①焊接电极及填料焊丝的 w（Be）≤0.0003%。

②主要用作包覆材料。

③经供需双方协商并同意，挤压产品与锻件的 w（Zr + Ti）最大可达 0.20%。

④焊接电极及填料焊丝的 w（Be）≤0.0005%。

⑤硅质量分数为镁质量分数的 45%～65%。

⑥经供需双方协商并同意，挤压产品与锻件的 w（Zr + Ti）最大可达 0.25%。

⑦见相应空白栏中要求。

5. 所有牌号的变形铝及铝合金化学成分可扫码查看（见右边）。

表 3-103　变形铝及铝合金的化学成分二维码

3.3.2　铝及铝合金管材

1. 铝及铝合金管材外形尺寸（GB/T 4436—2012）

（1）铝及铝合金挤压无缝圆管

1）铝及铝合金挤压无缝圆管的尺寸规格见表 3-104。

表 3-104　铝及铝合金挤压无缝圆管的尺寸规格

外径	壁厚/mm																						
	5.00	6.00	7.00	7.50	8.00	9.00	10.00	12.50	15.00	17.50	20.00	22.50	25.00	27.50	30.00	32.50	35.00	37.50	40.00	42.50	45.00	47.50	50.00
25.00		—	—	—	—	—	—	—	—	—	—	—	—	—	—	—	—	—	—	—	—	—	—
28.00			—	—	—	—	—	—	—	—	—	—	—	—	—	—	—	—	—	—	—	—	—
30.00						—	—	—	—	—	—	—	—	—	—	—	—	—	—	—	—	—	—
32.00						—	—	—	—	—	—	—	—	—	—	—	—	—	—	—	—	—	—
34.00								—	—	—	—	—	—	—	—	—	—	—	—	—	—	—	—
36.00								—	—	—	—	—	—	—	—	—	—	—	—	—	—	—	—
38.00								—	—	—	—	—	—	—	—	—	—	—	—	—	—	—	—

（续）

外径	壁厚/mm																						
	5.00	6.00	7.00	7.50	8.00	9.00	10.00	12.50	15.00	17.50	20.00	22.50	25.00	27.50	30.00	32.50	35.00	37.50	40.00	42.50	45.00	47.50	50.00
40.00									—	—	—	—	—	—	—	—	—	—	—	—	—	—	—
42.00									—	—	—	—	—	—	—	—	—	—	—	—	—	—	—
45.00										—	—	—	—	—	—	—	—	—	—	—	—	—	—
48.00										—	—	—	—	—	—	—	—	—	—	—	—	—	—
50.00										—	—	—	—	—	—	—	—	—	—	—	—	—	—
52.00										—	—	—	—	—	—	—	—	—	—	—	—	—	—
55.00										—	—	—	—	—	—	—	—	—	—	—	—	—	—
58.00										—	—	—	—	—	—	—	—	—	—	—	—	—	—
60.00											—	—	—	—	—	—	—	—	—	—	—	—	—
62.00											—	—	—	—	—	—	—	—	—	—	—	—	—
65.00												—	—	—	—	—	—	—	—	—	—	—	—
70.00												—	—	—	—	—	—	—	—	—	—	—	—
75.00													—	—	—	—	—	—	—	—	—	—	—
80.00													—	—	—	—	—	—	—	—	—	—	—
85.00														—	—	—	—	—	—	—	—	—	—
90.00														—	—	—	—	—	—	—	—	—	—
95.00															—	—	—	—	—	—	—	—	—
100.00																—	—	—	—	—	—	—	—
105.00																	—	—	—	—	—	—	—
110.00																	—	—	—	—	—	—	—
115.00																	—	—	—	—	—	—	—
120.00	—	—	—														—	—	—	—	—	—	—
125.00	—	—	—														—	—	—	—	—	—	—
130.00	—	—	—														—	—	—	—	—	—	—
135.00	—	—	—	—	—	—											—	—	—	—	—	—	—
140.00	—	—	—	—	—	—											—	—	—	—	—	—	—
145.00	—	—	—	—	—	—											—	—	—	—	—	—	—
150.00	—	—	—	—	—	—												—	—	—	—	—	—
155.00	—	—	—	—	—	—												—	—	—	—	—	—
160.00	—	—	—	—	—	—														—	—	—	—
165.00	—	—	—	—	—	—														—	—	—	—
170.00	—	—	—	—	—	—														—	—	—	—
175.00	—	—	—	—	—	—														—	—	—	—
180.00	—	—	—	—	—	—														—	—	—	—
185.00	—	—	—	—	—	—														—	—	—	—
190.00	—	—	—	—	—	—														—	—	—	—

（续）

外径	壁厚/mm																						
	5.00	6.00	7.00	7.50	8.00	9.00	10.00	12.50	15.00	17.50	20.00	22.50	25.00	27.50	30.00	32.50	35.00	37.50	40.00	42.50	45.00	47.50	50.00
195.00	—	—	—	—	—	—														—	—	—	—
200.00	—	—	—	—	—	—														—	—	—	—
205.00	—	—	—	—	—	—	—	—															
210.00	—	—	—	—	—	—	—	—															
215.00	—	—	—	—	—	—	—	—															
220.00	—	—	—	—	—	—	—	—															
225.00	—	—	—	—	—	—	—	—															
230.00	—	—	—	—	—	—	—	—															
235.00	—	—	—	—	—	—	—	—															
240.00	—	—	—	—	—	—	—	—															
245.00	—	—	—	—	—	—	—	—															
250.00	—	—	—	—	—	—	—	—															
260.00	—	—	—	—	—	—	—	—															
270.00																							
280.00																							
290.00																							
300.00																							
310.00																							
320.00																							
330.00																							
340.00																							
350.00																							
360.00																							
370.00																							
380.00																							
390.00																							
400.00																							
450.00																							

注：空白处表示可供规格。

2）铝及铝合金挤压无缝圆管的外径尺寸允许偏差见表3-105。

表3-105 铝及铝合金挤压无缝圆管的外径尺寸允许偏差（单位：mm）

公称外径[④]	外径允许偏差[①]								
	平均外径与公称外径的允许偏差[②] （AA + BB）/2 与公称外径的偏差			任一外径与公称外径的允许偏差[⑤] AA 或 BB 与公称外径的偏差					
	普通级	高精级		普通级		高精级			
		高镁[③]合金	其他合金	高镁[③]合金	其他合金	除退火、淬火[⑥]、H111 状态外的其他状态		除 TX510 外的淬火[⑥]状态	O、H111、TX510 状态
						高镁[③]合金	其他合金		
8.00～12.50	—	±0.38	±0.24	±0.98	±0.66	±0.76	±0.40	±0.60	±1.50
>12.50～18.00	—	±0.38	±0.24	±0.98	±0.66	±0.76	±0.40	±0.60	±1.50
>18.00～25.00	—	±0.38	±0.24	±0.98	±0.66	±0.76	±0.50	±0.70	±1.80
>25.00～30.00	—	±0.46	±0.30	±1.30	±0.82	±0.96	±0.50	±0.70	±1.80
>30.00～50.00	—	±0.46	±0.30	±1.30	±0.82	±0.96	±0.60	±0.90	±2.20
>50.00～80.00	—	±0.58	±0.38	±1.50	±0.98	±1.14	±0.70	±1.10	±2.60
>80.00～100.00	—	±0.58	±0.38	±1.50	±0.98	±1.14	±0.76	±1.40	±3.60
>100.00～120.00	—	±0.96	±0.60	±2.50	±1.70	±1.90	±0.90	±1.40	±3.60
>120.00～150.00	—	±0.96	±0.61	±2.50	±1.70	±1.90	±1.24	±2.00	±5.00
>150.00～200.00	—	±1.34	±0.88	±3.70	±2.50	±2.84	±1.40	±2.00	±5.00
>200.00～250.00	—	±1.74	±1.14	±5.00	±3.30	±3.80	±1.90	±3.00	±7.60
>250.00～300.00	—	±2.10	±1.40	±6.20	±4.10	±4.78	±1.90	±3.00	±7.60
>300.00～350.00	—	±2.49	±1.40	±7.40	±5.00	±5.70	±1.90	±3.00	±7.60
>350.00～400.00	—	±2.84	±1.90	±8.70	±5.80	±6.68	±2.80	±4.00	±10.00
>400.00～450.00	—	±3.24	±1.90	—	—	±7.60	±2.80	±4.00	±10.00

①需要非对称偏差时，其允许偏差上、下限数值的绝对值之和应与表中对应一致。

②不适用于TX510、TX511状态管材。

③高镁合金为平均镁含量大于或等于4.0%的铝镁合金。

④当外径、内径和壁厚均有规定时，表中偏差只适用于这些尺寸中的任意两个，当规定了内径和壁厚时，应根据该管材的公称外径取表中对应的偏差作为内径的允许偏差。

⑤壁厚小于或等于管材外径的2.5%时，表中偏差不适用，其允许偏差符合下述规定：

——壁厚与外径比>0.5%～1.0%时，允许偏差为表中对应数值的4.0倍。

——壁厚与外径比>1.0%～1.5%时，允许偏差为表中对应数值的3.0倍。

——壁厚与外径比>1.5%～2.0%时，允许偏差为表中对应数值的2.0倍。

——壁厚与外径比>2.0%～2.5%时，允许偏差为表中对应数值的1.5倍。

⑥淬火状态是指产品或试样经过固溶热处理的状态。

3）铝及铝合金挤压无缝圆管的壁厚允许偏差见表3-106。

表3-106　铝及铝合金挤压无缝圆管的壁厚允许偏差　（单位：mm）

级别	公称壁厚	壁厚允许偏差①、②								
		平均壁厚与公称壁厚的允许偏差 （AA + BB）/2 与公称壁厚的偏差								任一点处壁厚与平均壁厚的允许偏差（壁厚不均度） AA 与平均壁厚的偏差
		公称外径								
		≤30.00		>30.00～80.00		>80.00～130.00		>130.00		
		高镁③合金	其他合金	高镁③合金	其他合金	高镁③合金	其他合金	高镁③合金	其他合金	
普通级	5.00～6.00	±0.54	±0.35	±0.54	±0.35	±0.77	±0.50	±1.10	±0.77	平均壁厚的±15% 最大值：±2.30
	>6.00～10.00	±0.65	±0.42	±0.65	±0.42	±0.92	±0.62	±1.50	±0.96	
	>10.00～12.00	—	—	±0.87	±0.57	±1.20	±0.80	±2.00	±1.30	
	>12.00～20.00	—	—	±1.10	±0.77	±1.60	±1.10	±2.60	±1.70	
	>20.00～25.00	—	—	—	—	±2.00	±1.30	±3.20	±2.10	
	>25.00～38.00		—	—	—	±2.60	±1.70	±3.70	±2.50	
	>38.00～50.00	—	—	—	—	—	—	±4.30	±2.90	
	>50.00～60.00	—	—	—	—	—	—	±4.88	±3.22	
	>60.00～80.00	—	—	—	—	—	—	±5.48	±3.60	±4.50
	>80.00～90.00	—	—	—	—	—	—	±6.00	±3.98	
	>90.00～100.00	—	—	—	—	—	—	±6.60	±4.36	
高精级	5.00～6.00	±0.36	±0.23	±0.36	±0.23	±0.50	±0.33	±0.76	±0.50	平均壁厚的±8% 最大值：±1.50
	>6.00～10.00	±0.43	±0.28	±0.43	±0.28	±0.60	±0.41	±0.96	±0.64	
	>10.00～12.00	—	—	±0.58	±0.38	±0.80	±0.53	±1.35	±0.88	
	>12.00～20.00	—	—	±0.76	±0.51	±1.05	±0.71	±1.73	±1.14	
	>20.00～25.00	—	—	—	—	±1.35	±0.88	±2.10	±1.40	平均壁厚的±10% 最大值：±1.50
	>25.00～38.00	—	—	—	—	±1.73	±1.14	±2.49	±1.65	
	>38.00～50.00	—	—	—		—	—	±2.85	±1.90	
	>50.00～60.00	—	—	—	—	—	—	±3.25	±2.15	
	>60.00～80.00	—	—	—	—	—	—	±3.65	±2.40	±3.00
	>80.00～90.00	—	—	—	—	—	—	±4.00	±2.65	
	>90.00～100.00	—	—	—	—	—	—	±4.40	±2.90	

①当外径、内径和壁厚均有规定时，表中偏差只适用于这些尺寸中的任意两个，当规定了外径和内径时，其壁厚偏差不适用。

②需要非对称偏差时，其允许偏差上、下限数值的绝对值之和应与表中对应一致。

③高镁合金为平均镁含量大于或等于4.0%的铝镁合金。

4）铝及铝合金挤压无缝圆管的弯曲度见表3-107。

表3-107　铝及铝合金挤压无缝圆管的弯曲度　（单位：mm）

外径②	弯曲度①				
	普通级	高精级		超高精级	
	平均每米长度	任意300mm长度	平均每米长度	任意300mm长度	平均每米长度
8.00～150.00	≤3.0	≤0.8	≤1.5	≤0.3	≤1.0
>150.00～250.00	≤4.0	≤1.3	≤2.5	≤0.7	≤2.0

①不适用于退火状态的管材。

②不适用于外径大于250.00mm的管材。

（2）铝合金冷拉、冷轧圆管

1）铝合金冷拉、冷轧圆管的尺寸规格见表3-108。

表3-108　铝合金冷拉、冷轧圆管的尺寸规格　（单位：mm）

外径	壁厚										
	0.50	0.75	1.00	1.50	2.00	2.50	3.00	3.50	4.00	4.50	5.00
6.00				—	—	—	—	—	—	—	—
8.00						—	—	—	—	—	—
10.00							—	—	—	—	—
12.00								—	—	—	—
14.00								—	—	—	—
15.00								—	—	—	—
16.00									—	—	—
18.00									—	—	—
20.00										—	—
22.00											
24.00											
25.00											
26.00	—										
28.00	—										
30.00	—										
32.00	—										
34.00	—										
35.00	—										
36.00	—										
38.00	—										
40.00	—										
42.00	—										
45.00	—										
48.00	—										
50.00	—										

（续）

外径	壁厚										
	0.50	0.75	1.00	1.50	2.00	2.50	3.00	3.50	4.00	4.50	5.00
52.00	—										
55.00	—										
58.00	—										
60.00	—										
65.00	—	—	—								
70.00	—	—	—								
75.00	—	—	—								
80.00	—	—	—	—							
85.00	—	—	—	—							
90.00	—	—	—	—							
95.00	—	—	—	—							
100.00	—	—	—	—	—						
105.00	—	—	—	—	—						
110.00	—	—	—	—	—						
115.00	—	—	—	—	—	—					
120.00	—	—	—	—	—	—	—				

注：空白处表示可供规格。

2）铝合金冷拉、冷轧圆管材外径允许偏差见表3-109。

表3-109　铝合金冷拉、冷轧圆管的外径允许偏差　（单位：mm）

公称外径④	外径允许偏差①									
	平均外径与公称外径的允许偏差② (AA+BB)/2与公称外径的偏差		任一外径与公称外径的允许偏差⑤ AA或BB与公称外径的偏差							
			除退火、淬火⑥、H111状态外的其他状态				除TX510外的淬火⑥状态		O、H111、TX510状态	
			高镁合金③		非高镁合金					
	普通级	高精级	普通级	高精级	普通级	高精级	普通级	高精级	普通级	高精级
6.00～8.00	±0.12	±0.04	±0.20	±0.08	±0.12	±0.08	±0.23	±0.12	±0.72	±0.25
>8.00～12.00	±0.12	±0.05	±0.20	±0.08	±0.12	±0.08	±0.23	±0.15	±0.72	±0.30
>12.00～18.00	±0.15	±0.05	±0.20	±0.09	±0.15	±0.09	±0.30	±0.15	±0.90	±0.30
>18.00～25.00	±0.15	±0.06	±0.20	±0.10	±0.15	±0.10	±0.30	±0.20	±0.90	±0.40
>25.00～30.00	±0.20	±0.06	±0.30	±0.10	±0.20	±0.10	±0.38	±0.20	±1.20	±0.40
>30.00～50.00	±0.20	±0.07	±0.30	±0.12	±0.20	±0.12	±0.38	±0.25	±1.20	±0.50

（续）

公称外径④	外径允许偏差①									
	平均外径与公称外径的允许偏差② (AA+BB)/2与公称外径的偏差		任一外径与公称外径的允许偏差⑤ AA或BB与公称外径的偏差							
			除退火、淬火⑥、H111状态外的其他状态				除TX510外的淬火⑥状态		O、H111、TX510状态	
			高镁合金③		非高镁合金					
	普通级	高精级	普通级	高精级	普通级	高精级	普通级	高精级	普通级	高精级
>50.00~80.00	±0.23	±0.09	±0.35	±0.15	±0.23	±0.15	±0.45	±0.30	±1.38	±0.70
>80.00~120.00	±0.30	±0.14	±0.50	±0.20	±0.30	±0.20	±0.62	±0.41	±1.80	±1.20

①需要非对称偏差时，其允许偏差上、下限数值的绝对值之和应与表中对应一致。

②不适用于TX510、TX511状态管材。

③高镁合金为平均镁含量大于或等于4.0%的铝镁合金。

④当外径、内径和壁厚均有规定时，表中偏差只适用于这些尺寸中的任意两个，当规定了内径和壁厚时，应根据该管材的公称外径取表中对应的偏差作为内径的允许偏差。

⑤壁厚小于或等于管材外径的2.5%时，表中偏差不适用，其允许偏差符合下述规定：

——壁厚与外径比>0.5%~1.0%时，允许偏差为表中对应数值的4.0倍。

——壁厚与外径比>1.0%~1.5%时，允许偏差为表中对应数值的3.0倍。

——壁厚与外径比>1.5%~2.0%时，允许偏差为表中对应数值的2.0倍。

——壁厚与外径比>2.0%~2.5%时，允许偏差为表中对应数值的1.5倍。

⑥淬火状态是指产品或试样经过固溶热处理的状态。

3）铝合金冷拉、冷轧圆管材的壁厚允许偏差见表3-110。

表3-110 铝合金冷拉、冷轧圆管的壁厚允许偏差 （单位：mm）

级别	公称壁厚③	平均壁厚与公称壁厚的允许偏差① (AA+BB)/2与公称壁厚的偏差	任一点处壁厚与公称壁厚的允许偏差① AA与公称壁厚的偏差		
			高镁合金②	非高镁合金	
				非淬火④管	猝火④管
普通级	≤0.80	±0.10	—	±0.14	不超过公称壁厚的±15% 最小值：±0.12
	>0.80~1.20	±0.12	±0.20	±0.19	
	>1.20~2.00	±0.20	±0.20	±0.22	
	>2.00~3.00	±0.23	±0.30	±0.27	
	>3.00~4.00	±0.30	±0.40	±0.40	
	>4.00~5.00	±0.40	±0.50	±0.50	

（续）

级别	公称壁厚[③]	平均壁厚与公称壁厚的允许偏差[①] （AA + BB）/2 与公称壁厚的偏差	任一点处壁厚与公称壁厚的允许偏差[①] AA 与公称壁厚的偏差		
			高镁合金[②]	非高镁合金	
				非淬火[④]管	猝火[④]管
高精级	≤0.80	±0.05	±0.05	±0.05	不超过公称壁厚的 ±10% 最小值：±0.08
	>0.80～1.20	±0.08	±0.08	±0.08	
	>1.20～2.00	±0.10	±0.10	±0.10	
	>2.00～3.00	±0.13	±0.15	±0.15	
	>3.00～4.00	±0.15	±0.20	±0.20	不超过公称壁厚的 ±9%
	>4.00～5.00	±0.15	±0.20	±0.20	

①需要非对称偏差时，其允许偏差上、下限数值的绝对值之和应与表中对应一致。

②高镁合金为平均镁含量大于或等于4.0%的铝镁合金。

③当外径、内径和壁厚均有规定时，表中偏差只适用于这些尺寸中的任意两个，当规定了外径和内径时，其壁厚偏差不适用。

④淬火状态是指产品或试样经过固溶热处理的状态。

4）铝合金冷拉、冷轧圆管的弯曲度见表3-111。

表3-111 铝合金冷拉、冷轧圆管的弯曲度 （单位：mm）

外径	弯曲度[①]，不大于		
	普通级	高精级	
	平均每米长度	任意300mm长度	平均每米长度
8.00～10.00	42	0.5	1.0
>10.00～100.00	2	0.5	1.0
>100.00～120.00	2	0.8	1.5

①不适用于O状态管材、TX510状态管材和壁厚小于外径的1.5%的管材。

（3）冷拉正方形管材和矩形管材

1）冷拉正方形管材的尺寸规格见表3-112。

表3-112 冷拉正方形管材的尺寸规格 （单位：mm）

边长	壁厚						
	1.00	1.50	2.00	2.50	3.00	4.50	5.00
10.00			—	—	—	—	—
12.00			—	—	—	—	—
14.00				—	—	—	—
16.00				—	—	—	—
18.00					—	—	—
20.00					—	—	—

（续）

边长	壁厚						
	1.00	1.50	2.00	2.50	3.00	4.50	5.00
22.00	—					—	—
25.00	—					—	—
28.00	—						—
32.00	—						—
36.00	—						—
40.00	—						—
42.00	—						
45.00	—						
50.00	—						
55.00	—	—					
60.00	—	—					
65.00	—	—					
70.00	—	—					

注：空白处表示可供规格。

2）冷拉矩形管材的尺寸规格见表3-113。

表3-113　冷拉矩形管材的尺寸规格　（单位：mm）

边长（宽×高）	壁厚						
	1.00	1.50	2.00	2.50	3.00	4.00	5.00
14.00×10.00				—	—	—	—
16.00×12.00				—	—	—	—
18.00×10.00				—	—	—	—
18.00×14.00					—	—	—
20.00×12.00					—	—	—
22.00×14.00					—	—	—
25.00×15.00						—	—
28.00×16.00						—	—
28.00×22.00							—
32.00×18.00							—
32.00×25.00							
36.00×20.00							
36.00×28.00							
40.00×25.00	—						
40.00×30.00	—						
45.00×30.00	—						
50.00×30.00	—						
55.00×40.00	—						
60.00×40.00	—	—					
70.00×50.00	—	—					

注：空白处表示可供规格。

3）冷拉正方形管材、矩形管材的宽度或高度允许偏差见表3-114。

表3-114　冷拉正方形管材、矩形管材的宽度或高度允许偏差　　（单位：mm）

宽度或高度	转角处宽度或高度（AA尺寸）的允许偏差①、②						非转角处宽度或高度（AA尺寸）的允许偏差①、②					
	普通级			高精级			普通级			高精级		
	退火状态	淬火状态③	除退火和淬火状态外的管	退火状态	淬火状态③	除退火和淬火状态外的管	退火状态	淬火状态③	除退火和淬火状态外的管	退火状态	淬火状态③	除退火和淬火状态外的管
10.00～18.00	—	±0.80	±0.50	±0.30	±0.15	±0.10	—	±1.60	±1.00	±0.60	±0.30	±0.20
>18.00～30.00	—	±0.80	±0.50	±0.40	±0.20	±0.15	—	±1.60	±1.00	±0.80	±0.40	±0.25
>30.00～50.00	—	±0.80	±0.50	±0.50	±0.25	±0.20	—	±1.60	±1.00	±1.00	±0.50	±0.35
>50.00～60.00	—	±1.00	±0.55	±0.70	±0.35	±0.25	—	±2.00	±1.10	±1.40	±0.70	±0.50
>60.00～80.00	—	±1.00	±0.65	±0.80	±0.40	±0.30	—	±2.00	±1.30	±1.40	±0.70	±0.50
>80.00～120.00	—	±1.40	±1.00	±1.00	±0.50	±0.35	—	±2.80	±2.00	±2.00	±1.00	±0.70

①需要非对称偏差时，其允许偏差上、下限数值的绝对值之和应与表中对应一致。

②壁厚不大于管材宽度的2.5%时，表中偏差不适用，其允许偏差符合下述规定：

——壁厚与管材宽度比>0.5%～1.0%时，允许偏差为表中对应数值的4.0倍。

——壁厚与管材宽度比>1.0%～1.5%时，允许偏差为表中对应数值的3.0倍。

——壁厚与管材宽度比>1.5%～2.0%时，允许偏差为表中对应数值的2.0倍。

——壁厚与管材宽度比>2.0%～2.5%时，允许偏差为表中对应数值的1.5倍。

③淬火状态是指产品或试样经过固溶热处理的状态。

4）冷拉正方形管材、矩形管材的厚度允许偏差见表3-115。

表3-115　冷拉正方形管材、矩形管材的厚度允许偏差　　（单位：mm）

公称壁厚	平均壁厚与公称壁厚的允许偏差① （AA+BB）/2与公称壁厚的偏差		任一点处壁厚与公称壁厚的允许偏差① AA与公称壁厚的偏差	
	普通级	高精级	普通级	高精级
1.00～1.20	±0.12	±0.08	不超过公称壁厚的±15%	不超过公称壁厚的±10%
>1.20～2.00	±0.20	±0.10		
>2.00～3.00	±0.23	±0.13		
>3.00～4.00	±0.30	±0.15		
>4.00～5.00	±0.40	±0.15		

①需要非对称偏差时，其允许偏差上、下限数值的绝对值之和应与表中对应一致。

5）冷拉正方形管材、矩形管材的弯曲度见表3-116。

表3-116 冷拉正方形管材、矩形管材的弯曲度 （单位：mm）

外接圆直径	弯曲度①		
	普通级	高精级	
	平均每米长度	任意300mm长度	平均每米长度
8.00~10.00	—	≤0.5	≤1.0
>10.00~100.00	≤2	≤0.5	≤1.0
>100.00~120.00	≤2	≤0.8	≤1.5

①不适用于O状态管材、TX510状态管材和壁厚小于外接圆直径的1.5%的管材。

（4）冷拉椭圆形管材

1）冷拉椭圆形管材的尺寸规格见表3-117。

表3-117 冷拉椭圆形管材的尺寸规格 （单位：mm）

长轴	短轴	壁厚	长轴	短轴	壁厚
27.00	11.50	1.00	67.50	28.50	2.00
33.50	14.50	1.00	74.00	31.50	1.50
40.50	17.00	1.00	74.00	31.50	2.00
40.50	17.00	1.50	81.00	34.00	2.00
47.00	20.00	1.00	81.00	34.00	2.50
47.00	20.00	1.50	87.50	37.00	2.00
54.00	23.00	1.50	87.50	40.00	2.50
54.00	23.00	2.00	94.50	40.00	2.50
60.50	25.50	1.50	101.00	43.00	2.50
60.50	25.50	2.00	108.00	45.50	2.50
67.50	28.50	1.50	114.50	48.50	2.50

2）冷拉椭圆形管材的长轴、短轴的允许偏差见表3-118。

表3-118 冷拉椭圆形管材的长轴、短轴的允许偏差 （单位：mm）

级别	长轴	长轴允许偏差	短轴	短轴允许偏差
普通级	27.00~40.50	±1.00	11.50~17.00	±0.50
	>40.50~60.50	±1.50	>17.00~25.50	±0.80
	>60.50~81.00 >81.00~114.50	±2.00 ±2.50	>25.50~48.50	±1.00
高精级	27.00~40.50	+1.00 -0.64	11.50~17.00	+0.64 -0.38
	>40.50~60.50		>17.00~25.50	
	>60.50~81.00	+1.25 -0.90	>25.50~48.50	+0.90 -0.64
	>81.00~114.50			

3）冷拉椭圆形管材的壁厚允许偏差见表3-119。

表 3-119　冷拉椭圆形管材的壁厚允许偏差　　（单位：mm）

公称壁厚	平均壁厚与公称壁厚的允许偏差 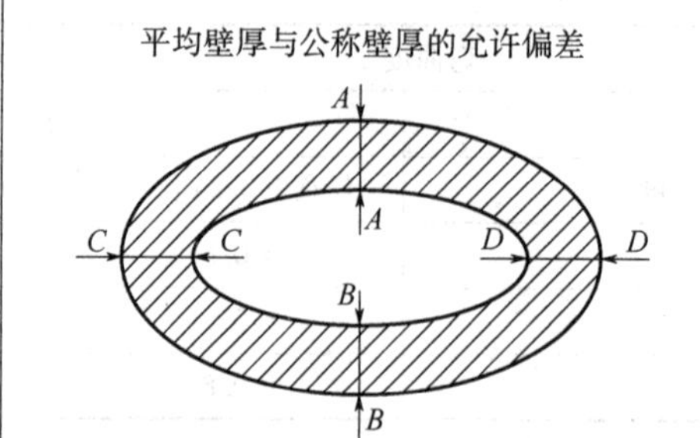 （$AA+BB$）/2 或（$CC+DD$）/2 与公称壁厚的偏差		任一点处壁厚与公称壁厚的允许偏差 AA、BB、CC 或 DD 与公称壁厚的偏差	
	普通级	高精级	普通级	高精级
≤1.00	±0.12	±0.05	不超过公称壁厚的 ±15% 最小值：±0.12	不超过公称壁厚的 ±10% 最小值：±0.08
>1.00～1.50	±0.18	±0.08		
>1.50～2.00	±0.22	±0.10		
>2.00～2.50	±0.25	±0.13		

4）冷拉椭圆形管材的弯曲度见表 3-120。

表 3-120　冷拉椭圆形管材的弯曲度　　（单位：mm）

宽度	普通级①		高精级①	
	任意 1000mm 长度	全长 （以米为单位的全长的数值 L）	任意 1000mm 长度	全长 （以米为单位的全长的数值 L）
≤10.00	≤60	≤60×L	≤42	≤42×L
>10.00～115.00	≤2	≤2×L	≤1	≤1×L

①不适用于 O 状态的管材。

2. 铝及铝合金热挤压无缝管材（GB/T 4437.1—2015）

（1）铝及铝合金热挤压无缝圆管的牌号（表 3-121）

表 3-121　铝及铝合金热挤压无缝圆管的牌号

牌号	供应状态
1100、1200	O、H112、F
1035	O
1050A	O、H111、H112、F
1060、1070A	O、H112
2014	O、T1、T4、T4510、T4511、T6、T6510、T6511
2017、2A12	O、T1、T4
2024	O、T1、T3、T3510、T3511、T4、T81、T8510、T8511
2219	O、T1、T3、T3510、T3511、T81、T8510、T8511
2A11	O、T1
2A14、2A50	T6

（续）

牌号	供应状态
3003、包铝 3003	O、H112、F
3A21	H112
5051A、5083、5086	O、H111、H112、F
5052	O、H112、F
5154、5A06	O、H112
5454、5456	O、H111、H112
5A02、5A03、5A05	H112
6005、6105	T1、T5
6005A	T1、T5、T61①
6041	T5、T6511
6042	T5、T5511
6061	O、T1、T4、T4510、T4511、T51、T6、T6510、T6511、F
6351、6082	O、H111、T4、T6
6162	T5、T5510、T5511、T6、T6510、T6511
6262、6064	T6、T6511
6063	O、T1、T4、T5、T52、T6、T66②、F
6066	O、T1、T4、T4510、T4511、T6、T6510、T6511
6A02	O、T1、T4、T6
7050	T6510、T73511、T74511
7075	O、H111、T1、T6、T6510、T6511、T73、T73510、T73511
7178	O、T1、T6、T6510、T6511
7A04、7A09、7A15	T1、T6
7B05	O、T4、T6
8A06	H112

①固溶热处理后进行欠时效以提高变形性能的状态。

②固溶热处理后人工时效，通过工艺控制使力学性能达到本部分要求的特殊状态。

（2）铝及铝合金热挤压无缝圆管的室温纵向力学性能（表 3-122）

表 3-122　铝及铝合金热挤压无缝圆管的室温纵向力学性能

牌号	供应状态	试样状态	壁厚/mm	室温拉伸试验结果			
				抗拉强度 R_m/MPa	规定非比例延伸强度 $R_{p0.2}$/MPa	断后伸长率（%） A_{50mm}	断后伸长率（%） A
				不小于			
1050A	O、H111	O、H111	所有	60～100	20	25	23
	H112	H112	所有	60	20	25	23
	F	—	所有	—	—	—	—

（续）

牌号	供应状态	试样状态	壁厚/mm	室温拉伸试验结果			
				抗拉强度 R_m/MPa	规定非比例延伸强度 $R_{p0.2}$/MPa	断后伸长率（%）	
						A_{50mm}	A
				不小于			
1060	O	O	所有	60～95	15	25	22
	H112	H112	所有	60	—	25	22
1070A	O	O	所有	60～95	—	25	22
	H112	H112	所有	60	20	25	22
2A11	O	O	所有	≤245	—	—	10
	T1	T1	所有	350	195	—	10
2A12	O	O	所有	≤245	—	—	10
	T1	T42	所有	390	255	—	10
	T4	T4	所有	390	255	—	10
2A14	T6	T6	所有	430	350	6	—
2A50	T6	T6	所有	380	250	—	10
3003	O	O	所有	95～130	35	25	22
	H112	H112	≤1.60	95	35	—	—
			>1.60	95	35	25	22
	F	F	所有	—	—	—	—
包铝3003	O	O	所有	90～125	30	25	22
	H112	H112	所有	90	30	25	22
	F	F	所有	—	—	—	—
3A21	H112	H112	所有	≤165	—	—	—
5051A	O、H111	O、H111	所有	150～200	60	16	18
	H112	H112	所有	150	60	14	16
	F	—	所有	—	—	—	—
5052	O	O	所有	170～240	70	15	17
	H112	H112	所有	170	70	13	15
	F	—	所有	—	—	—	—
5083	O	O	所有	270～350	110	14	12
	H111	H111	所有	275	165	12	10
	H112	H112	所有	270	110	12	10
	F	—	所有	—	—	—	—
5154	O	O	所有	205～285	75	—	—
	H112	H112	所有	205	75	—	—
5454	O	O	所有	215～285	85	14	12
	H111	H111	所有	230	130	12	10
	H112	H112	所有	215	85	12	10

（续）

牌号	供应状态	试样状态	壁厚/mm	室温拉伸试验结果			
				抗拉强度 R_m/MPa	规定非比例延伸强度 $R_{p0.2}$/MPa	断后伸长率（%）	
						A_{50mm}	A
				不小于			
5456	O	O	所有	285~365	130	14	12
	H111	H111	所有	290	180	12	10
	H112	H112	所有	285	130	12	10
5086	O	O	所有	240~315	95	14	12
	H111	H111	所有	250	145	12	10
	H112	H112	所有	240	95	12	10
	F	—	所有	—	—	—	—
6005	T1	T1	≤12.50	170	105	16	14
	T5	T5	≤3.20	260	240	8	—
			3.20~25.00	260	240	10	9
6005A	T1	T1	≤6.30	170	100	15	—
	T5	T5	≤6.30	260	215	7	—
			6.30~25.00	260	215	9	8
	T61	T61	≤6.30	260	240	8	—
			6.30~25.00	260	240	10	9
6105	T1	T1	≤12.50	170	105	16	14
	T5	T5	≤12.50	260	240	8	7
6041	T5、T6511	T5、T6511	10.00~50.00	310	275	10	9
6042	T5、T5511	T5、T5511	10.00~12.50	260	240	10	—
			12.50~50.00	290	240	—	9
6061	T4、T4510、T4511	T4、T4510、T4511	所有	180	110	16	14
	T51	T51	≤16.00	240	205	8	7
	T6、T6510、T6511	T6、T6510、T6511	≤6.30	260	240	8	—
			>6.30	260	240	10	9
	F	—	所有	—	—	—	—
6063	O	O	所有	≤130	—	18	16
	T1③	T1	≤12.50	115	60	12	10
			>12.50~25.00	110	55	—	10
		T42	≤12.50	130	70	14	12
			>12.50~25.00	125	60	—	12
	T4	T4	≤12.50	130	70	14	12
			>12.50~25.00	125	60	—	12
	T5	T5	≤25.00	175	130	6	8
	T52	T52	≤25.00	150~205	110~170	8	7
	T6	T6	所有	205	170	10	9
	T66	T66	≤25.00	245	200	8	10
	F	—	所有	—	—	—	—

（续）

牌号	供应状态	试样状态	壁厚/mm	室温拉伸试验结果			
				抗拉强度 R_m/MPa	规定非比例延伸强度 $R_{p0.2}$/MPa	断后伸长率（%）	
						A_{50mm}	A
				不小于			
7A04	T1	T62	≤80	530	400	—	5
7A09	T6	T6	≤80	530	400	—	5
7A15	T1	T62	≤80	470	420	—	6
	T6	T6	≤80	470	420	—	6
8A06	H112	H112	所有	≤120	—	—	20

①T1 状态供货的管材，由供需双方商定提供 T42 或 T62 试样状态的性能，并在订货单（或合同）中注明，未注明时提供 T42 试样状态的性能。

②T1 状态供货的管材，由供需双方商定提供 T1 或 T42、T62 试样状态的性能，并在订货单（或合同）中注明，未注明时提供 T1 试样状态的性能。

③T1 状态供货的管材，由供需双方商定提供 T1 或 T42 试样状态的性能，并在订货单（或合同）中注明，未注明时提供 T1 试样状态的性能。

3. 铝及铝合金热挤压有缝管（GB/T 4437.2—2017）

（1）铝及铝合金热挤压有缝管的牌号（表 3-123）

表 3-123　铝及铝合金热挤压有缝管的牌号

牌号	供应状态	牌号	供应状态
1050A、1060、1070A、1035、1100、1200	O、H112	6005	T5、T6
2017、2A11、2A12、2024	O、T1、T4	6005A	T1、T5、T6
3003	O、H112	6105	T6
5A02	H112	6351	T6
5052	O、H112	6060	T5、T6、T66
5A03、5A05	H112	6061	T4、T5、T6
5A06、5083、5454、5086	O、H112	6063	T1、T4、T5、T6
6A02	O、T1、T4、T6	6063A	T5、T6
6101	T6	6082	T4、T6
6101B	T6、T7	7003	T6

（2）铝及铝合金热挤压有缝管的尺寸允许偏差

铝及铝合金热挤压有缝管的尺寸偏差应符合 GB/T 4436—2012 的普精级规定，即本书表 3-105 ~ 表 3-107、表 3-114 ~ 表 3-116、表 3-118 ~ 表 3-120。需要高精级时，由供需双方协商确定，并在订货单（或合同）中具体注明。

4. 铝及铝合金拉（轧）制无缝管（GB/T 6893—2010）

（1）铝及铝合金拉制无缝管的牌号和状态（表 3-124）

表 3-124　铝及铝合金拉制无缝管的牌号和状态

牌号	状态
1035、1050、1050A、1060、1070、1070A、1100、1200、8A06	O、H14
2017、2024、2A11、2A12	O、T4
2A14	T4
3003	O、H14

（续）

牌号	状态
3A21	O、H14、H18、H24
5052、5A02	O、H14
5A03	O、H34
5A05、5056、5083	O、H32
5A06、5754	O
6061、6A02	O、T4、T6
6063	O、T6
7A04	O
7020	T6

（2）铝及铝合金拉制无缝圆管的力学性能（表3-125）

表3-125 铝及铝合金拉制无缝圆管的力学性能

<table>
<tr><th rowspan="4">牌号</th><th rowspan="4">状态</th><th rowspan="4" colspan="2">壁厚/mm</th><th colspan="5">室温纵向拉伸力学性能</th></tr>
<tr><th rowspan="2">抗拉强度 R_m /(N/mm²)</th><th rowspan="2">规定非比例伸长应力 $R_{p0.2}$ /(N/mm²)</th><th colspan="3">断后伸长率（%）</th></tr>
<tr><th>全截面试样 A_{50mm}</th><th colspan="2">其他试样</th></tr>
<tr><th></th><th></th><th>A_{50mm}</th><th>A[①]</th></tr>
<tr><th></th><th></th><th></th><th></th><th colspan="5">不小于</th></tr>
<tr><td rowspan="2">1035
1050A
1050</td><td>O</td><td colspan="2">所有</td><td>60~95</td><td>—</td><td>—</td><td>22</td><td>25</td></tr>
<tr><td>H14</td><td colspan="2">所有</td><td>100~135</td><td>70</td><td>—</td><td>5</td><td>6</td></tr>
<tr><td rowspan="7">2A11</td><td>O</td><td colspan="2">所有</td><td>≤245</td><td>—</td><td colspan="3">10</td></tr>
<tr><td rowspan="6">T4</td><td rowspan="3">外径≤22</td><td>≤1.5</td><td rowspan="3">375</td><td rowspan="3">195</td><td colspan="3">13</td></tr>
<tr><td>>1.5~2.0</td><td colspan="3">14</td></tr>
<tr><td>>2.0~5.0</td><td colspan="3">—</td></tr>
<tr><td rowspan="2">外径>22~50</td><td>≤1.5</td><td rowspan="2">390</td><td rowspan="2">225</td><td colspan="3">12</td></tr>
<tr><td>>1.5~5.0</td><td colspan="3">13</td></tr>
<tr><td>>50</td><td>所有</td><td>390</td><td>225</td><td colspan="3">11</td></tr>
<tr><td rowspan="2">2017</td><td>O</td><td colspan="2">所有</td><td>≤245</td><td>≤125</td><td>17</td><td>16</td><td>16</td></tr>
<tr><td>T4</td><td colspan="2">所有</td><td>375</td><td>215</td><td>13</td><td>12</td><td>12</td></tr>
<tr><td rowspan="5">2A12</td><td>O</td><td colspan="2">所有</td><td>≤245</td><td>—</td><td colspan="3">10</td></tr>
<tr><td rowspan="4">T4</td><td rowspan="2">外径≤22</td><td>≤2.0</td><td rowspan="2">410</td><td rowspan="2">225</td><td colspan="3">13</td></tr>
<tr><td>>2.0~5.0</td><td colspan="3">—</td></tr>
<tr><td>外径>22~50</td><td>所有</td><td>420</td><td>275</td><td colspan="3">12</td></tr>
<tr><td>>50</td><td>所有</td><td>420</td><td>275</td><td colspan="3">10</td></tr>
<tr><td rowspan="2">3003</td><td>O</td><td colspan="2">所有</td><td>95~130</td><td>35</td><td>—</td><td>20</td><td>25</td></tr>
<tr><td>H14</td><td colspan="2">所有</td><td>130~165</td><td>110</td><td>—</td><td>4</td><td>6</td></tr>
<tr><td rowspan="4">3A21</td><td>O</td><td colspan="2">所有</td><td>≤135</td><td>—</td><td colspan="3">—</td></tr>
<tr><td>H14</td><td colspan="2">所有</td><td>135</td><td>—</td><td colspan="3">—</td></tr>
<tr><td rowspan="2">H18</td><td colspan="2">外径<60，壁厚0.5~5.0</td><td>185</td><td>—</td><td colspan="3">—</td></tr>
<tr><td colspan="2">外径≥60，壁厚2.0~5.0</td><td>175</td><td>—</td><td colspan="3">—</td></tr>
</table>

（续）

牌号	状态	壁厚 /mm	室温纵向拉伸力学性能				
			抗拉强度 R_m /(N/mm²)	规定非比例伸长应力 $R_{p0.2}$ /(N/mm²)	断后伸长率（%）		
					全截面试样	其他试样	
					A_{50mm}	A_{50mm}	A①
			不小于				
3A21	H24	外径＜60，壁厚0.5～5.0	145	—	8		
		外径≥60，壁厚2.0～5.0	135	—	8		
5A02	O	所有	≤225	—	—		
	H14	外径≤55，壁厚≤2.5	225	—	—		
		其他所有	195	—	—		
5A03	O	所有	175	80	15		
	H34	所有	215	125	8		
5A05	O	所有	215	90	15		
	H32	所有	245	145	8		
5A06	O	所有	315	145	15		
5052	O	所有	170～230	65	—	17	20
	H14	所有	230～270	180	—	4	5
5056	O	所有	≤315	100	16		
	H32	所有	305	—	—		
5083	O	所有	270～350	110	—	14	16
	H32	所有	280	200	—	4	6
5754	O	所有	180～250	80	—	14	16
6A02	O	所有	≤155	—	14		
	T4	所有	205	—	14		
	T6	所有	305	—	8		
6061	O	所有	≤150	≤110	—	14	16
	T4	所有	205	110	—	14	16
	T6	所有	290	240	—	8	10
6063	O	所有	≤130	—	—	15	20
	T6	所有	220	190	—	8	10
7A04	O	所有	≤265	—	8		
7020	T6	所有	350	280	—	8	10
8A06	O	所有	≤120	—	20		
	H14	所有	100	—	8		

①A 表示原始标距（L_0）为 $5.65\sqrt{S_0}$ 的断后伸长率。

3.3.3 铝及铝合金挤压棒材

1. 铝及铝合金挤压棒材（GB/T 3191—2019）

（1）铝及铝合金挤压棒材的牌号及规格（表3-126）

表3-126 铝及铝合金挤压棒材的牌号及规格

牌号		供应状态③	尺寸规格/mm		
Ⅰ类①	Ⅱ类②		圆棒的直径	方棒或六角棒的厚度	长度
1035、1060、1050A	—	O、H112	5～350	5～200	1000～6000
1070A、1200、1350	—	H112			
—	2A02、2A06、2A50、2A70、2A80、2A90	T1、T6			
—	2A11、2A12、2A13	T1、T4			
—	2A14、2A16	T1、T6、T6511			
—	2017A	T4、T4510、T4511			
	2017	T4			
—	2014、2014A	O、T4、T4510、T4511、T6、T6510、T6511			
—	2024	O、T3、T3510、T3511、T8、T8510、T8511			
—	2219	O、T3、T3510、T1、T6			
—	2618	T1、T6、T6511、T8、T8511			
3A21、3003、3103	—	O、H112			
3102	—	H112			
4A11、4032	—	T1			
5A02、5052、5005、5005A、5251、5154A、5454、5754	5019、5083、5086	O、H112			
5A03、5049	5A05、5A06、5A12	H112			
6A02	—	T1、T6			
6101A、6101B、6082	—	T6			
6005、6005A、6110A	—	T5、T6			
6351	—	T4、T6			
6060、6463、6063A	—	T4、T5、T6			
6061	—	T4、T4510、T4511、T6、T6510、T6511			
6063	—	O、T4、T5、T6			
—	7A04、7A09、7A15	T1、T6			
—	7003	T5、T6			
—	7005、7020、7021、7022	T6			
—	7049A	T6、T6510、T6511			
—	7075	O、T1、T6、T6510、T6511、T73、T73510、T73511			
8A06	—	O、H112			

①Ⅰ类为1×××系、3×××系、4×××系、6×××、8×××系合金及镁含量平均值小于4%的5×××系合金棒。

②Ⅱ类为2×××系、7×××系合金及镁含量平均值大于或等于4%的5×××系合金棒材。

③可热处理强化合金的挤压状态，按GB/T 16475—2008的规定由原H112状态修改为T1状态。

（2）铝及铝合金挤压棒材的直径及允许偏差（表3-127）

表3-127 铝及铝合金挤压棒材的直径及允许偏差 （单位：mm）

直径	A级	B级	C级	D级	E级	
					Ⅰ类	Ⅱ类
5～6	-0.30	-0.48	—	—	—	—
>6～10	-0.36	-0.58	—	—	±0.20	±0.25
>10～18	-0.43	-0.70	-1.10	-1.30	±0.22	±0.30
>18～25	-0.50	-0.80	-1.20	-1.45	±0.25	±0.35
>25～28	-0.52	-0.84	-1.30	-1.50	±0.28	±0.38
>28～40	-0.60	-0.95	-1.50	-1.80	±0.30	±0.40
>40～50	-0.62	-1.00	-1.60	-2.00	±0.35	±0.45
>50～65	-0.70	-1.15	-1.80	-2.40	±0.40	±0.50
>65～80	-0.74	-1.20	-1.90	-2.50	±0.45	±0.70
>80～100	-0.95	-1.35	-2.10	-3.10	±0.55	±0.90
>100～120	-1.00	-1.40	-2.20	-3.20	±0.65	±1.00
>120～150	-1.25	-1.55	-2.40	-3.70	±0.80	±1.20
>150～180	-1.30	-1.60	-2.50	-3.80	±1.00	±1.40
>180～220	—	-1.85	-2.80	-4.40	±1.15	±1.70
>220～250	—	-1.90	-2.90	-4.50	±1.25	±1.95
>250～270	—	-2.15	-3.20	-5.40	±1.3	±2.0
>270～300	—	-2.20	-3.30	-5.50	±1.5	±2.4
>300～320	—	—	-4.00	-7.00	±1.6	±2.5
>320～350	—	—	-4.20	-7.20	—	—
>400～500	—	—	—	-8.00	—	—
>500～600	—	—	—	-9.00	—	—

（3）铝及铝合金挤压棒材力学性能

1）铝及铝合金挤压棒材室温拉伸力学性能见表3-128。

表3-128 铝及铝合金挤压棒材室温拉伸力学性能

牌号	供应状态[②,③]	试样状态	圆棒直径/mm	方棒或六角棒厚度/mm	室温拉伸试验结果				布氏硬度参考值[③] HBW
					抗拉强度 R_m	规定非比例延伸强度 $R_{p0.2}$	断后伸长率[①]		
							A	A_{50mm}	
					MPa		%		
1035	O	O	≤150.00	≤150.00	60～120	—	≥25	—	—
	H112	H112	≤150.00	≤150.00	≥60	—	≥25	—	—
1060	O	O	≤150.00	≤150.00	60～95	≥15	≥22	—	—
	H112	H112	≤150.00	≤150.00	≥60	≥15	≥22	—	—

（续）

牌号	供应状态[②,③]	试样状态	圆棒直径/mm	方棒或六角棒厚度/mm	室温拉伸试验结果				布氏硬度参考值[③] HBW
					抗拉强度 R_m	规定非比例延伸强度 $R_{p0.2}$	断后伸长率[①]		
							A	A_{50mm}	
					MPa		%		
1050A	O	O	≤150.00	≤150.00	60～95	≥20	≥25	≥23	20
	H112	H112	≤150.00	≤150.00	≥60	≥20	≥25	≥23	20
1070A	H112	H112	≤150.00	≤150.00	≥60	≥23	≥25	≥23	18
1200	H112	H112	≤150.00	≤150.00	≥75	≥25	≥20	≥18	23
1350	H112	H112	≤150.00	≤150.00	≥60	—	≥25	≥23	20
2A02	T1、T6	T62、T6	≤150.00	≤150.00	≥430	≥275	≥10	—	—
2A06	T1、T6	T62、T6	≤22.00	≤22.00	≥430	≥285	≥10	—	—
			>22.00～100.00	>22.00～100.00	≥440	≥295	≥9	—	—
			>100.00～150.00	>100.00～150.00	≥430	≥285	≥10	—	—
2A11	T1、T4	T42、T4	≤150.00	≤150.00	≥370	≥215	≥12	—	—
2A12	T1、T4	T42、T4	≤22.00	≤22.00	≥390	≥255	≥12	—	—
			>22.00～150.00	>22.00～150.00	≥420	≥275	≥10	—	—
	T1	T42	>150.00～250.00	>150.00～200.00	≥380	≥260	≥6	—	—
2A13	T1、T4	T42、T4	≤22.00	≤22.00	≥315	—	≥4	—	—
			>22.00～150.00	>22.00～150.00	≥345	—	≥4	—	—
2A14	T1、T6、T6511	T62、T6、T6511	≤22.00	≤22.00	≥440	—	≥10		—
			>22.00～150.00	>22.00～150.00	≥450	—	≥10	—	—
2017A	T4、T4510、T4511	T4、T4510、T4511	≤25.00	≤25.00	≥380	≥260	≥12	≥10	105
			>25.00～75.00	>25.00～75.00	≥400	≥270	≥10	—	105
			>75.00～150.00	>75.00～150.00	≥390	≥260	≥9	—	105
			>150.00～200.00	>150.00～200.00	≥370	≥240	≥8	—	105
			>200.00～250.00	—	≥360	≥220	≥7	—	105
3A21	O	O	≤150.00	≤150.00	≤165	—	≥20	≥20	—
	H112	H112	≤150.00	≤150.00	≥90	—	≥20	—	—
4A11、4032	T1	T62	≤100.00	≤100.00	≥350	≥290	≥6.0	—	—
			>100.00～200.00	>100.00～200.00	≥340	≥280	≥2.5	—	—
5A02	O	O	≤150.00	≤150.00	≤225	—	≥10	—	—
	H112	H112	≤150.00	≤150.00	≥170	≥70	—	—	—
5A03	H112、O	H112、O	≤150.00	≤150.00	≥175	≥80	≥13	≥13	—
5A05			≤150.00	≤150.00	≥265	≥120	≥15	≥15	—
5A06			≤150.00	≤150.00	≥315	≥155	≥15	≥15	—
5A12			≤150.00	≤150.00	≥370	≥185	≥15	≥15	—

（续）

牌号	供应状态②、③	试样状态	圆棒直径/mm	方棒或六角棒厚度/mm	室温拉伸试验结果				布氏硬度参考值③ HBW
					抗拉强度 R_m	规定非比例延伸强度 $R_{p0.2}$	断后伸长率①		
							A	A_{50mm}	
					MPa		%		
5052	O	O	≤250.00	<200.00	170~230	≥70	≥17	≥15	45
	H112	H112	≤250.00	≤200.00	≥170	≥70	≥15	≥13	47
6A02	T1、T6	T62、T6	≤150.00	≤150.00	≥295	—	≥12	≥12	—
6110A	T5	T5	≤120.00	≤120.00	≥380	≥360	≥10	≥8	115
	T6	T6	≤120.00	≤120.00	≥410	≥380	≥10	≥8	120
6061	T6、T6510、T6511	T6、T6510、T6511	≤150.00	≤150.00	≥260	≥240	≥8	≥6	95
	T4、T4510、T4511	T4、T4510、T4511	≤150.00	≤150.00	≥180	≥110	≥15	≥13	65
6063	O	O	≤150.00	≤150.00	≤130	—	≥18	≥16	25
	T4	T4	≤150.00	≤150.00	≥130	≥65	≥14	≥12	50
			>150.00~200.00	>150.00~200.00	≥120	≥65	≥12	—	50
	T5	T5	≤200.00	≤200.00	≥175	≥130	≥8	≥6	65
	T6	T6	≤150.00	≤150.00	≥215	≥170	≥10	≥8	75
			>150.00~200.00	>150.00~200.00	≥195	≥160	≥10	—	75
6063A	T4	T4	≤150.00	≤150.00	≥150	≥90	≥12	≥10	50
			>150.00~200.00	>150.00~200.00	≥140	≥90	≥10	—	50
	T5	T5	≤200.00	≤200.00	≥200	≥160	≥7	≥5	75
	T6	T6	≤150.00	≤150.00	≥230	≥190	≥7	≥5	80
			>150.00~200.00	>150.00~200.00	≥220	≥160	≥7	—	80
7A04、7A09	T1、T6	T62、T6	≤22.00	≤22.00	≥490	≥370	≥7	—	—
			>22.00~150.00	>22.00~150.00	≥530	≥400	≥6	—	—
8A06	O	O	≤150.00	≤150.00	60~120	—	≥25	—	—
	H112	H112	≤150.00	≤150.00	≥60	—	≥25	—	—

①2A11、2A12、2A13 合金 T1 状态供货的棒材，取 T4 状态的试样检测力学性能，合格者交货。共他合金 T1 状态供货的棒材，取 T6 状态的试样检测力学性能，合格者交货。

②5A03、5A05、5A06、5A12 合金 O 状态供货的棒材，当取 H112 状态的性能合格时，可按 O 状态力学性能合格的棒材交货。

③表中硬度值仅供参考（不适用于 T1 状态），实测值可能与表中数据差别较大。

2）铝及铝合金挤压棒材高温持久纵向拉伸力学性能见表 3-129。

表 3-129　铝及铝合金挤压棒材高温持久纵向拉伸力学性能

牌号	温度/℃	试验应力/MPa	试验时间/h
2A02	270	64	100
		78	50
2A16	300	69	100

3）铝及铝合金挤压棒材的弯曲度见表3-130。

表3-130　铝及铝合金挤压棒材的弯曲度　（单位：mm）

圆棒的直径、方棒或六角棒的厚度①	普通级		高精级		超高精级	
	每米长度上	全长 L 米上	每米长度上	全长 L 米上	每米长度上	全长 L 米上
>10.00～80.00	≤3.0	≤3.0×L	≤2.5	≤2.5×L	≤2.0	≤2.0×L
>80.00～120.00	≤6.0	≤6.0×L	≤3.0	≤3.0×L	≤2.0	≤2.0×L
>120.00～150.00	≤10.0	≤10.0×L	≤3.5	≤3.5×L	≤3.0	≤3.0×L
>150.00～200.00	≤14.0	≤14.0×L	≤4.0	≤4.0×L	≤3.0	≤3.0×L
>200.00～350.00	≤20.0	≤20.0×L	≤15.0	≤15.0×L	≤6.0	≤6.0×L

①当圆棒的直径、方棒或六角棒的厚度不大于10mm时，棒材允许有用手轻压即可消除的纵向弯曲。

4）铝及铝合金挤压方棒的扭拧度见表3-131。

表3-131　铝及铝合金挤压方棒的扭拧度　（单位：mm）

方棒的厚度	普通级		高精级		超高精级	
	每米长度上	全长 L 米上	每米长度上	全长 L 米上	每米长度上	全长 L 米上
≤30.00	≤4.0	≤4.0×L	≤2.0	≤6.0	≤1.0	≤3.0
>30.00～50.00	≤6.0	≤6.0×L	≤3.0	≤8.0	≤1.5	≤4.0
>50.00～120.00	≤10.0	≤10.0×L	≤4.0	≤10.0	≤2.0	≤5.0
>120.00～150.00	≤13.0	≤13.0×L	≤6.0	≤12.0	≤3.0	≤6.0
>150.00～200.00	≤15.0	≤15.0×L	≤7.0	≤14.0	≤3.0	≤6.0

5）铝及铝合金挤压方棒、六角棒材的最大圆角半径见表3-132。

表3-132　铝及铝合金挤压方棒、六角棒材的最大圆角半径　（单位：mm）

方棒或六角棒的厚度	普通级	高精级
<25.00	≤2.0	≤1.0
≥25.00～50.00	≤3.0	≤1.5
>50.00～200.00	≤5.0	≤2.0

2. 铝及铝合金挤压扁棒（YS/T 439—2012）

（1）铝及铝合金挤压扁棒的牌号（表3-133）

表3-133　铝及铝合金挤压扁棒的牌号　（单位：mm）

牌号	状态	厚度
1070A	H112	2.00～240.00
1070	H112	2.00～240.00
1060	H112	2.00～240.00
1050A	H112、O/H111①	2.00～240.00
1050	H112	2.00～240.00
1350	H112	2.00～240.00
1035	H112	2.00～240.00
1100	O、H112	2.00～240.00
1200	H112	2.00～240.00
2024	O/H111①	2.00～200.00
	T3、T3510、T3511、T4	2.00～240.00
	T8、T8510、T8511	2.00～150.00

（续）

牌号	状态	厚度
2A11	H112、T4	2.00～120.00
2A12	H112、T4	2.00～120.00
2A14	H112、T6	2.00～120.00
2A50	H112、T6	2.00～120.00
2A70、2A80、2A90	H112、T6	2.00～120.00
3003、3103	H112、O/H111①	2.00～240.00
3A21	H112	2.00～120.00
5052	H112、O/H111①	2.00～240.00
5A02	H112	2.00～120.00
5A03	H112	2.00～120.00
5A05	H112	2.00～120.00
5A06	H112	2.00～120.00
5A12	H112	2.00～120.00
6101	T6	≤12.00
6061	O/H111①、T4、T6、T8511	2.00～200.00
6063	O/H111①、T4、T5、T6	2.00～200.00
6A02	H112、T6	2.00～120.00
7075	O/H111①、T6、T8510、T8511	2.00～200.00
7A04、7A09	H112、T6	2.00～120.00
8A06	H112	2.00～150.00

①H111 状态为退火后可进行少量变形的拉伸矫直或辊矫矫直，但应满足 O 状态的性能要求。

（2）铝及铝合金挤压扁棒的尺寸允许偏差（表 3-134a、b）

表 3-134a　I 类（软合金挤压扁棒及板）的尺寸允许偏差　（单位：mm）

级别	宽度及允许偏差		厚度允许偏差								
	宽度	宽度允许偏差	2.00～6.00	>6.00～10.00	>10.00～18.00	>18.00～30.00	>30.00～50.00	>50.00～80.00	>80.00～120.00	>120.00～180.00	>180.00～240.00
普通级	10.00～18.00	±0.35	±0.25	±0.30	±0.35	—	—	—	—	—	—
	>18.00～30.00	±0.40	±0.25	±0.30	±0.40	±0.40	—	—	—	—	—
	>30.00～50.00	±0.50	±0.25	±0.30	±0.40	±0.50	±0.50	—	—	—	—
	>50.00～80.00	±0.70	±0.30	±0.35	±0.45	±0.60	±0.70	±0.70	—	—	—
	>80.00～120.00	±1.00	±0.35	±0.40	±0.50	±0.60	±0.70	±0.80	±1.00	—	—
	>120.00～180.00	±1.30	±0.40	±0.45	±0.55	±0.70	±0.80	±1.00	±1.10	±1.30	—
	>180.00～240.00	±1.60	—	±0.50	±0.60	±0.70	±0.90	±1.10	±1.30	±1.50	—
	>240.00～300.00	±2.00	—	±0.50	±0.65	±0.80	±0.90	±1.20	±1.40	±1.60	—
	>300.00～350.00	±2.50	—	—	±0.70	±0.90	±1.00	±1.20	±1.60	±1.80	—
	>350.00～400.00	±2.50	—	—	±0.70	±0.90	±1.00	±1.20	±1.60	±1.80	—
	>400.00～450.00	±3.00	—	—	—	—	±1.10	±1.30	±1.80	±2.00	—
	>450.00～500.00	±3.00	—	—	—	—	±1.10	±1.30	±1.80	±2.00	—
	>500.00～600.00	±3.50	—	—	—	—	±1.20	±1.40	±1.80	—	—

（续）

级别	宽度及允许偏差		厚度允许偏差								
	宽度	宽度允许偏差	2.00～6.00	>6.00～10.00	>10.00～18.00	>18.00～30.00	>30.00～50.00	>50.00～80.00	>80.00～120.00	>120.00～180.00	>180.00～240.00
高精级	10.00～18.00	±0.25	±0.20	±0.25	±0.25	—	—	—	—	—	—
	>18.00～30.00	±0.30	±0.20	±0.25	±0.30	±0.30	—	—	—	—	—
	>30.00～50.00	±0.40	±0.20	±0.25	±0.30	±0.35	±0.40	—	—	—	—
	>50.00～80.00	±0.60	±0.25	±0.30	±0.35	±0.40	±0.50	±0.60	—	—	—
	>80.00～120.00	±0.80	±0.30	±0.35	±0.40	±0.45	±0.60	±0.70	±0.80	—	—
	>120.00～180.00	±1.00	±0.35	±0.40	±0.50	±0.55	±0.60	±0.70	±0.90	±1.00	—
	>180.00～240.00	±1.40	—	±0.45	±0.45	±0.65	±0.70	±0.80	±1.00	±1.20	±1.40
	>240.00～300.00	±1.80	—	±0.45	±0.50	±0.75	±0.80	±0.90	±1.10	±1.30	±1.50
	>300.00～350.00	±1.80	—	±0.65	±0.60	±0.75	±0.80	±0.90	±1.10	±1.30	±1.50
	>350.00～400.00	±2.20	—	—	±0.60	±0.85	±0.90	±1.00	±1.20	±1.40	±1.60
	>400.00～450.00	±2.20	—	—	±0.80	±0.85	±0.90	±1.00	±1.20	±1.40	±1.60
	>450.00～500.00	±2.50	—	—	—	—	±0.90	±1.00	±1.40	±1.70	—
	>500.00～600.00	±3.00	—	—	—	—	±0.90	±1.00	±1.40	—	—

表3-134b Ⅱ类（硬合金挤压扁棒及板）的尺寸允许偏差 （单位：mm）

级别	宽度及允许偏差		厚度允许偏差								
	宽度	宽度允许偏差	2.00～6.00	>6.00～10.00	>10.00～18.00	>18.00～30.00	>30.00～50.00	>50.00～80.00	>80.00～120.00	>120.00～180.00	>180.00～240.00
普通级	10.00～18.00	±0.35	±0.25	±0.30	±0.35	—	—	—	—	—	—
	>18.00～30.00	±0.40	±0.25	±0.30	±0.40	±0.40	—	—	—	—	—
	>30.00～50.00	±0.50	±0.25	±0.30	±0.40	±0.50	±0.50	—	—	—	—
	>50.00～80.00	±0.70	±0.30	±0.35	±0.45	±0.60	±0.70	±0.70	—	—	—
	>80.00～120.00	±1.00	±0.35	±0.40	±0.50	±0.60	±0.70	±0.80	±1.00	—	—
	>120.00～180.00	±1.30	±0.40	±0.45	±0.55	±0.70	±0.80	±1.00	±1.10	±1.30	—
	>180.00～240.00	±1.60	—	±0.50	±0.60	±0.70	±0.90	±1.10	±1.30	±1.50	—
	>240.00～300.00	±2.00	—	±0.50	±0.65	±0.80	±0.90	±1.20	±1.40	±1.60	—
	>300.00～350.00	±2.50	—	—	±0.70	±0.90	±1.00	±1.20	±1.60	±1.80	—
	>350.00～400.00	±2.50	—	—	±0.70	±0.90	±1.00	±1.20	±1.60	±1.80	—
	>400.00～450.00	±3.00	—	—	—	—	±1.10	±1.30	±1.80	±2.00	—
	>450.00～500.00	±3.00	—	—	—	—	±1.10	±1.30	±1.80	±2.00	—
	>500.00～600.00	±3.50	—	—	—	—	±1.20	±1.40	±1.80	—	—
高精级	10.00～18.00	±0.30	±0.23	±0.28	±0.30	—	—	—	—	—	—
	>18.00～30.00	±0.35	±0.23	±0.28	±0.35	±0.35	—	—	—	—	—
	>30.00～50.00	±0.45	±0.23	±0.28	±0.35	±0.40	±0.45	—	—	—	—
	>50.00～80.00	±0.65	±0.28	±0.32	±0.40	±0.50	±0.60	±0.65	—	—	—
	>80.00～120.00	±0.95	±0.28	±0.38	±0.45	±0.55	±0.65	±0.75	±0.95	—	—
	>120.00～180.00	±1.20	±0.38	±0.42	±0.50	±0.65	±0.70	±0.85	±1.00	±1.20	—
	>180.00～240.00	±1.50	—	±0.48	±0.55	±0.68	±0.85	±0.95	±1.20	±1.40	±1.80

（续）

级别	宽度及允许偏差		厚度允许偏差								
	宽度	宽度允许偏差	2.00～6.00	>6.00～10.00	>10.00～18.00	>18.00～30.00	>30.00～50.00	>50.00～80.00	>80.00～120.00	>120.00～180.00	>180.00～240.00
高精级	>240.00～300.00	±1.90	—	±0.48	±0.60	±0.78	±0.85	±1.10	±1.30	±1.50	±1.90
	>300.00～350.00	±2.20	—	±0.70	±0.65	±0.80	±0.90	±1.10	±1.30	±1.60	±1.90
	>350.00～400.00	±2.40	—	—	±0.65	±0.88	±0.95	±1.10	±1.40	±1.70	±2.30
	>400.00～450.00	±2.60	—	—	±0.90	±1.00	±1.00	±1.20	±1.50	±1.80	±2.30
	>450.00～500.00	±2.80	—	—	—	—	±1.00	±1.25	±1.65	±1.80	—
	>500.00～600.00	±3.30	—	—	—	—	±1.10	±1.30	±1.70	—	—

注：镁含量平均值不小于4.0%的高镁合金，其偏差为上表对应数值的1.5倍。

（3）铝及铝合金挤压扁棒纵向拉伸力学性能（表3-135）

表3-135 铝及铝合金挤压扁棒纵向拉伸力学性能

牌号	供应状态	试样状态	厚度/mm	室温拉伸试验结果			
				抗拉强度 R_m /MPa	规定非比例延伸强度 $R_{p0.2}$ /MPa	断后伸长率（%）	
						A	A_{50mm}
				不小于			
1070A	H112	H112	≤150.00	60	15	25	23
1070	H112	H112	≤150.00	60	15	—	—
1060	H112	H112	≤150.00	60	15	25	23
1050A	H112	H112	≤150.00	60	20	25	23
	O/H111	O/H111	≤150.00	60～95	20	25	23
1050	H112	H112	≤150.00	60	20	—	—
1350	H112	H112	≤150.00	60	—	25	23
1035	H112	H112	≤150.00	70	20	—	—
1100	O	O	≤150.00	75～105	20	25	23
	H112	H112	≤150.00	75	20	25	23
1200	H112	H112	≤150.00	75	25	20	18
2017	O	O	≤150.00	≤245	≤125	16	16
2017A	O/H111	O/H111	≤150.00	≤250	≤135	12	10
	T4 T3510 T3511	T4 T3510 T3511	≤25.00	380	260	12	10
			>25.00～75.00	400	270	10	—
			>75.00～150.00	390	260	9	—
2014 2014A	O/H111	O/H111	≤150.00	≤250	≤135	12	10
	T4 T3510 T3511	T4 T3510 T3511	≤25.00	370	230	13	11
			>25.00～75.00	410	270	12	—
			>75.00～150.00	390	250	10	—

（续）

牌号	供应状态	试样状态	厚度/mm	室温拉伸试验结果			
				抗拉强度 R_m /MPa	规定非比例延伸强度 $R_{p0.2}$ /MPa	断后伸长率（%）	
						A	A_{50mm}
				不小于			
2024	O/H111	O/H111	≤150.00	≤250	≤150	12	10
	T3 T3510 T3511	T3 T3510 T3511	≤50.00	450	310	8	6
			>50.00～100.00	440	300	8	—
			>100.00～150.00	420	280	8	—
	T4	T4	≤6.00	390	295	—	12
			>6.00～19.00	410	305	12	12
			>9.00～38.00	450	315	10	—
	T8 T8510 T8511	T8 T8510 T8511	≤150.00	455	380	5	4
2A11	H112、T4	T4	≤120.00	370	215	12	12
2A12	H112、T4	T4	≤120.00	390	255	12	12
2A14	H112、T6	T6	≤120.00	430	—	8	8
2A50	H112、T6	T6	≤120.00	355	—	12	12
2A70 2A80 2A90	H112、T6	T6	≤120.00	355	—	8	8
3102	H112	H112	≤150.00	80	30	25	23
3003 3103	H112	H112	≤150.00	95	35	25	20
	O/H111	O/H111	≤150.00	95～135	35	25	20
3A21	H112	H112	≤120.00	≤165	—	20	20
5A02	H112	H112	≤150.00	≤225	—	10	10
5A03	H112	H112	≤150.00	175	80	13	13
5A05	H112	H112	≤120.00	265	120	15	15
5A06	H112	H112	≤120.00	315	155	15	15
5A12	H112	H112	≤120.00	370	185	15	15
6101	T6	T6	≤12.00	200	172	—	—
6101A	T6	T6	≤150.00	200	170	10	8
6A02	H112、T6	T6	≤120.00	295	—	12	12
7A04 7A09	H112、T6	T6	≤22.00	490	370	7	7
			>22.00～120.00	530	400	6	—
8A06	H112	H112	≤150.00	70	—	10	10

3.3.4 铝及铝合金线

1. 铝及铝合金拉制圆线材（GB/T 3195—2016）（表3-136）

（1）导体用线材的牌号、状态及直径（表3-136）

表3-136 导体用线材的牌号、状态及直径

牌号	供应状态	直径/mm
1350	O	9.50～25.00
	H12、H22	
	H14、H24	
	H16、H26	
	H19	1.20～6.50
1A50	O、H19	0.80～20.00
8017、8030、8076、8130、8176、8177	O、H19	0.20～17.00
8C05、8C12	O	0.30～2.50
	H14、H18	0.30～2.50

（2）导电用线材的直径及允许偏差（表3-137）

表3-137 导电用线材的直径及允许偏差 （单位：mm）

直径	直径允许偏差					
	铆钉用线材		焊接用线材		其他线材	
	普通级	高精级	空心卷交货	盘装交货	普通级	高精级
≤1.00	—	—	±0.03	+0.01 -0.04	±0.03	±0.02
>1.00～3.00	0 -0.05	0 -0.04	±0.04		±0.04	±0.03
>3.00～6.00	0 -0.08	0 -0.05	±0.05		±0.05	±0.04
>6.00～10.00	0 -0.12	0 -0.06	±0.07	—	±0.07	±0.05
>10.00～15.00	0 -0.16	0 -0.08	±0.09	—	±0.09	±0.07
>15.00～20.00	0 -0.20	0 -0.12	±0.13	—	±0.13	±0.11
>20.00～25.00	0 -0.24	0 -0.16	±0.17	—	±0.17	±0.15

（3）导电用线材的温室拉伸力学性能（表3-138）

表3-138　导电用线材的温室拉伸力学性能

牌号	试样状态	直径/mm	力学性能			
			抗拉强度 R_m /(N/mm²)	规定非比例延伸强度 $R_{p0.2}$ /(N/mm²)	断后伸长率（%） $A_{200\,mm}$	A
1350	O	9.50～12.70	60～100	—	—	—
	H12、H22		80～120	—	—	—
	H14、H24		100～140	—	—	—
	H16、H26		115～155	—	—	—
	H19	1.20～2.00	≥160	—	≥1.2	—
		>2.00～2.50	≥175	—	≥1.5	—
		>2.50～3.50	≥160	—		—
		>3.50～5.30	≥160	—	≥1.8	—
		>5.30～6.50	≥155	—	≥2.2	—
1100	O	1.60～25.00	≤110	—	—	—
	H14		110～145	—	—	—
1A50	O	0.80～1.00	≥75	—	≥10.0	—
		>1.00～2.00		—	≥12.0	—
		>2.00～3.00		—	≥15.0	—
		>3.00～5.00		—	≥18.0	—
	H19	0.80～1.00	≥160	—	≥1.0	—
		>1.00～1.50	≥155	—	≥1.2	—
		>1.50～3.00		—	≥1.5	—
		>3.00～4.00	≥135	—		—
		>4.00～5.00		—	≥2.0	—
2017	O	1.60～25.00	≤240	—	—	—
	H13		205～275	—	—	—
	T4		≥380	≥220	—	≥10
2219	O	1.60～25.00	≤220	—	—	—
	H13		190～260	—	—	—
	T4		≥380	≥240	—	≥5
3003	O		≤130	—	—	—
	H14		140～180	—	—	—
5052	O		≤220	—	—	—
5056	O		≤320	—	—	—
6061	O	1.60～25.00	≤155	—	—	—
	H13		150～210	—	—	—
	T6		≥290	≥240	—	≥9
7050	O		≤275	—	—	—
	H13		235～305	—	—	—
	T7		≥485	≥400	—	≥9

（续）

牌号	试样状态	直径/mm	力学性能			
			抗拉强度 R_m /（N/mm²）	规定非比例延伸强度 $R_{p0.2}$ /（N/mm²）	断后伸长率（%）	
					$A_{200\,mm}$	A
8C05	O	0.30~2.50	170~190	—	≥3.0	—
	H14		191~219	—		—
	H18		220~249	—		—
8C12	O	0.30~2.50	250~259	—		—
	H14		260~269	—		—
	H18		270~289	—		—

（4）导电用铝线材的抗弯曲性能（表3-139）

表3-139 导电用铝线的抗弯曲性能

状态	直径/mm	弯曲次数
H19	1.50~4.00	≥7
	>4.00~500	≥6

（5）导电用线材的电阻率（表3-140）

表3-140 导电用线材的电阻率

牌号	试样状态	20℃时的电阻率 p，不大于 Ω·mm²/m
1350	O	0.027899
	H12、H22	0.028035
	H14、H24	0.028080
	H16、H26	0.028126
1350	H19	0.028265
1A50	H19	0.028200
5154、5154A、5154C	O	0.052000
	H38	0.052000
8017、8030、8076 8130、8176、8177	O	0.028264
	H19	0.028976
8C05	O、H14、H18	0.028500
8C12	O、H14、H18	0.030500

（6）导电用线材的线材重量（表3-141）

表3-141 导电用线材的线材重量

直径/mm	（Cu+Mg）的质量分数	卷（盘）重/kg	单根质量/kg	
			规定值	最小值
≤4.00	—	3~40	≥1.5	1.0
>4.00~10.00	>4%	10~40	≥1.5	1.0
	≤4.0%	15~40	≥3.0	1.5

（续）

直径/mm	（Cu + Mg）的质量分数	卷（盘）重/kg	单根质量/kg	
			规定值	最小值
>10.00 ~ 25.00	>4%	20 ~ 40	≥1.5	1.0
	≤4.0%	25 ~ 40	≥3.0	1.5

2. 电工圆铝线（GB/T 3955—2009）

（1）电工圆铝线材的型号及规格（表3-142）

表3-142　电工圆铝线材的型号及规格

型号	名称	状态	直径范围/mm
LR	软圆铝线	O	0.30 ~ 10.00
LY4	H4状态硬圆铝线	H4	0.30 ~ 6.00
LY6	H6状态硬圆铝线	H6	0.30 ~ 10.00
LY8	H8状态硬圆铝线	H8	0.30 ~ 5.00
LY9	H9状态硬圆铝线	H9	1.25 ~ 5.00

（2）电工圆铝线材的直径允许偏差（表3-143）

表3-143　电工圆铝线材的直径允许偏差

标称直径 d/mm	允许偏差	标称直径 d/mm	允许偏差
0.300 ~ 0.900	±0.013	>2.50	±1%d
0.910 ~ 2.490	±0.025		

（3）电工圆铝线材的力学性能（表3-144）

表3-144　电工圆铝线材的力学性能

型号	直径/mm	抗拉强度/（N/mm²）		断裂伸长率（最小值）（%）	卷绕
		最小	最大		
LR	0.30 ~ 1.00	—	98	15	—
	1.01 ~ 10.00	—	98	20	—
LY4	0.30 ~ 6.00	95	125	—	第12章
LY6	0.30 ~ 6.00	125	165	—	第12章
	6.01 ~ 10.00	125	165	3	—
LY8	0.30 ~ 5.00	160	205	—	第12章
LY9	1.25及以下	200	—	—	第12章
	1.26 ~ 1.50	195			
	1.51 ~ 1.75	190			
	1.76 ~ 2.00	185			
	2.01 ~ 2.25	180			
	2.26 ~ 2.50	175			
	2.51 ~ 3.00	170			
	3.01 ~ 3.50	165			
	3.51 ~ 5.00	160			

（4）电工圆铝线材的电性能（表3-145）

表3-145 电工圆铝线材的电性能

型号	20℃时直流电阻率（最大值）$\Omega\cdot mm^2/m$
LR	0.02759
LY4 LY6 LY8 LY9	0.028264

（5）电工圆铝线材的线盘的净重（表3-146）

表3-146 电工圆铝线材的线盘的净重

标称直径/mm	每根圆铝线质量（最小值）/kg	短段	
		质量	交货数量
0.30～0.50	≥1	不小于每根圆铝线质量最小值的50%	不大于交货总质量的15%
0.51～1.00	≥3		
1.01～2.00	≥8		
2.01～4.00	≥15		
4.01～6.00	≥20		
6.01～10.00	≥25		

3.3.5 铝及铝合金轧制板材

1. 一般工业用铝合金板、带材（GB/T 3880.1—2012）

（1）一般工业用铝合金板、带材的尺寸偏差等级划分（表3-147）

表3-147 板、带材的尺寸偏差等级划分

尺寸项目	尺寸偏差等级	
	板材	带材
厚度	冷轧板材：高精级、普通级 热轧板材：不分级	冷轧带材：高精级、普通级 热轧带材：不分级
宽度	冷轧板材：高精级、普通级 热轧板材：不分级	冷轧带材：高精级、普通级 热轧带材：不分级
长度	冷轧板材：高精级、普通级 热轧板材：不分级	—
不平度	高精级、普通级	—
侧边弯曲度	冷轧板材：高精级、普通级 热轧板材：高精级、普通级	冷轧带材：高精级、普通级 热轧带材：不分级
对角线	高精级、普通级	—

（2）一般工业用铝合金板、带材的牌号、类别及厚度规格（表3-148）

表 3-148　板、带材的牌号、类别及厚度规格

牌号	铝或铝合金类别	状态	板材厚度/mm	带材厚度/mm
1A97、1A93、1A90 1A85	A	F	>4.50~150.00	—
		H112	>4.50~80.00	—
1070	A	O	>0.20~50.00	>0.20~6.00
		H12、H22、H14、H24	>0.20~6.00	>0.20~6.00
		H16、H26	>0.20~4.00	>0.20~4.00
		H18	>0.20~3.00	>0.20~3.00
		H112	>4.50~75.00	—
		F	>4.50~150.00	>2.50~8.00
1060	A	O	>0.20~80.00	>0.20~6.00
		H12、H22	>0.50~6.00	>0.50~6.00
		H14、H24	>0.20~6.00	>0.20~6.00
		H16、H26	>0.20~4.00	>0.20~4.00
		H18	>0.20~3.00	>0.20~3.00
		H112	>4.50~80.00	—
		F	>4.50~150.00	>2.50~8.00
1050	A	O	>0.20~50.00	>0.20~6.00
		H12、H22、H14、H24	>0.20~6.00	>0.20~6.00
		H16、H26	>0.20~4.00	>0.20~4.00
		H18	>0.20~3.00	>0.20~3.00
		H112	>4.50~75.00	—
		F	>4.50~150.00	>2.50~8.00
1145	A	O	>0.20~10.00	>0.20~6.00
		H12、H22、H14、H24、H16、H26、H18	>0.20~4.50	>0.20~4.50
		H112	>4.50~25.00	—
		F	>4.50~150.00	>2.50~8.00
1100	A	O	>0.20~80.00	>0.20~6.00
		H12、H22、H14、H24	>0.20~6.00	>0.20~6.00
		H16、H26	>0.20~4.00	>0.20~4.00
		H18、H28	>0.20~3.20	>0.20~3.20
		H112	>6.00~80.00	—
		F	>4.50~150.00	>2.50~8.00
1200	A	O	>0.20~80.00	>0.20~6.00
		H111	>0.20~80.00	—
		H12、H22、H14、H24	>0.20~6.00	>0.20~6.00
		H16、H26	>0.20~4.00	>0.20~4.00
		H18、H19	>0.20~3.00	>0.20~3.00
		H112	>6.00~80.00	—
		F	>4.50~150.00	>2.50~8.00

（续）

牌号	铝或铝合金类别	状态	板材厚度/mm	带材厚度/mm
2A11、包铝2A11	B	O	>0.50~10.00	>0.50~6.00
		T1	>4.50~80.00	—
		T3、T4	>0.50~10.00	—
		F	>4.50~150.00	—
2014	B	O	>0.40~25.00	—
		T3	>0.40~6.00	—
		T4	>0.40~100.00	—
		T6	>0.40~160.00	—
		F	>4.50~150.00	—
2024	B	O	>0.40~25.00	>0.50~6.00
		T3	>0.40~150.00	—
		T4	>0.40~6.00	—
		T8	>0.40~40.00	—
		F	>4.50~80.00	—
2017、包铝2017	B	O	>0.40~25.00	>0.50~6.00
		T3、T4	>0.40~6.00	—
		F	>4.50~150.00	—
3102	A	H18	>0.20~3.00	>0.20~3.00
3003	A	O	>0.20~50.00	>0.20~6.00
		H111	>0.20~50.00	—
		H12、H22、H14、H24	>0.20~6.00	>0.20~6.00
		H16、H26	>0.20~4.00	>0.20~4.00
		H18、H28、H19	>0.20~3.00	>0.20~3.00
		H112	>4.50~80.00	—
		F	>4.50~150.00	>2.50~8.00
3004	B	O	>0.20~50.00	>0.20~6.00
		H111	>0.20~50.00	—
		H12、H22、H32、H14	>0.20~6.00	>0.20~6.00
		H24、H34、H26、H36、H18	>0.20~3.00	>0.20~3.00
		H16	>0.20~4.00	>0.20~4.00
		H28、H38、H19	>0.20~1.50	>0.20~1.50
		H112	>4.50~80.00	—
		F	>6.00~80.00	>2.50~8.00
3104	B	O	>0.20~3.00	>0.20~3.00
		H111	>0.20~3.00	—
		H12、H22、H32	>0.50~3.00	>0.50~3.00
		H14、H24、H34、H16、H26、H36	>0.20~3.00	>0.20~3.00
		H18、H28、H38、H19、H29、H39	>0.20~0.50	>0.20~0.50
		F	>6.00~80.00	>2.50~8.00

（续）

牌号	铝或铝合金类别	状态	板材厚度/mm	带材厚度/mm
3005	A	O	>0.20~6.00	>0.20~6.00
		H111	>0.20~6.00	—
		H12、H22、H14	>0.20~6.00	>0.20~6.00
		H24	>0.20~3.00	>0.20~3.00
		H16	>0.20~4.00	>0.20~4.00
		H26、H18、H28	>0.20~3.00	>0.20~3.00
		H19	>0.20~1.50	>0.20~1.50
		F	>6.00~80.00	>2.50~8.00
3105	A	O、H12、H22、H14、H24、H16、H26、H18	>0.20~3.00	>0.20~3.00
		H111	>0.20~3.00	—
		H28、H19	>0.20~1.50	>0.20~1.50
		F	>6.00~80.00	>2.50~8.00
5A03	B	O、H14、H24、H34	>0.50~4.50	>0.50~4.50
		H112	>4.50~50.00	—
		F	>4.50~150.00	—
5A05	B	O	>0.50~4.50	>0.50~4.50
		H112	>4.50~50.00	—
		F	>4.50~150.00	—
5A06	B	O	0.50~4.50	>0.50~4.50
		H112	>4.50~50.00	—
		F	>4.50~150.00	—
5005、5005A	A	O	>0.20~50.00	>0.20~6.00
		H111	>0.20~50.00	—
		H12、H22、H32、H14、H24、H34	>0.20~6.00	>0.20~6.00
		H16、H26、H36	>0.20~4.00	>0.20~4.00
		H18、H28、H38、H19	>0.20~3.00	>0.20~3.00
		H112	>6.00~80.00	—
		F	4.50~150.00	>2.50~8.00
5052	B	O	>0.20~80.00	>0.20~6.00
		H111	>0.20~80.00	—
		H12、H22、H32、H14、H24、H34、H16、H26、H36	>0.20~6.00	>0.20~6.00
		H18、H28、H38	>0.20~3.00	>0.20~3.00
		H112	>6.00~80.00	—
		F	>2.50~150.00	>2.50~8.00

（续）

牌号	铝或铝合金类别	状态	板材厚度/mm	带材厚度/mm
5082	B	H18、H38、H19、H39	>0.20~0.50	>0.20~0.50
		F	>4.50~150.00	—
5182	B	O	>0.20~3.00	>0.20~3.00
		H111	>0.20~3.00	—
		H19	>0.20~1.50	>0.20~1.50
5083	B	O	>0.20~200.00	>0.20~4.00
		H111	>0.20~200.00	—
		H12、H22、H32、H14、H24、H34	>0.20~6.00	>0.20~6.00
		H16、H26、H36	>0.20~4.00	—
		H116、H321	>1.50~80.00	—
		H112	>6.00~120.00	—
		F	>4.50~150.00	—
5086	B	O、H111	>0.20~150.00	—
		H12、H22、H32、H14、H24、H34	>0.20~6.00	—
		H16、H26、H36	>0.20~4.00	—
		H18	>0.20~3.00	—
		H116、H321	>1.50~50.00	—
		H112	>6.00~80.00	—
		F	>4.50~150.00	—
6061	B	O	0.40~25.00	0.40~6.00
		T4	0.40~80.00	—
		T6	0.40~100.00	—
		F	>4.50~150.00	>2.50~8.00
6063	B	O	0.50~20.00	—
		T4、T6	0.50~10.00	—
6082	B	O	0.40~25.00	—
		T4	0.40~80.00	—
		T6	0.40~12.50	—
		F	>4.50~150.00	—
7075	B	O	>0.40~75.00	—
		T6	>0.40~60.00	—
		T76	>1.50~12.50	—
		T73	>1.50~100.00	—
		F	>6.00~50.00	—
8A06	A	O	>0.20~10.00	—
		H14、H24、H18	>0.20~4.50	—
		H112	>4.50~80.00	—
		F	>4.50~150.00	>2.50~8.00

（续）

牌号	铝或铝合金类别	状态	板材厚度/mm	带材厚度/mm
8011A	A	O	>0.20~12.50	>0.20~6.00
		H111	>0.20~12.50	—
		H22	>0.20~3.00	>0.20~3.00
		H14、H24	>0.20~6.00	>0.20~6.00
		H16、H26	>0.20~4.00	>0.20~4.00
		H18	>0.20~3.00	>0.20~3.00

（3）一般工业用铝合金板、带材与厚度对应的宽度和长度（表3-149）

表3-149 一般工业用铝合金板、带材与厚度对应的宽度和长度 （单位：mm）

板、带材厚度	板材的宽度和长度		带材的宽度和内径	
	板材的宽度	板材的长度	带材的宽度	带材的内径
>0.20~0.50	500.0~1660.0	500~4000	≤1800.0	75、150、200、300、405、505、605、650、750
>0.50~0.80	500.0~2000.0	500~10000	≤2400.0	
>0.80~1.20	500.0~2400.0①	1000~10000	≤2400.0	
>1.20~3.00	500.0~2400.0	1000~10000	≤2400.0	
>3.00~8.00	500.0~2400.0	1000~15000	≤2400.0	
>8.00~15.00	500.0~2500.0	1000~15000	—	—
>15.00~250.00	500.0~3500.0	1000~20000	—	—

注：带材是否带套筒及套筒材质，由供需双方商定后在订货单（或合同）中注明。

①A类合金最大宽度为2000.0mm。

（4）4006、4007、4015、5040、5449合金的化学成分（表3-150）

表3-150 4006、4007、4015、5040、5449合金的化学成分

牌号	质量分数（%）												
	Si	Fe	Cu	Mn	Mg	Cr	Ni	Zn	—	Ti	其他杂质①		Al②
											单个	合计	
4006	0.80~1.20	0.50~0.80	≤0.10	≤0.05	≤0.01	≤0.20	—	≤0.05	—	—	≤0.05	≤0.15	余量
4007	1.00~1.70	0.40~1.00	≤0.20	0.80~1.50	≤0.20	0.05~0.25	0.15~0.70	≤0.10	0.05Co	≤0.10	≤0.05	≤0.15	余量
4015	1.40~2.20	≤0.70	≤0.20	0.60~1.20	0.10~0.50	—	—	≤0.20	—	—	≤0.05	≤0.15	余量
5040	≤0.30	≤0.70	≤0.25	0.90~1.40	1.00~1.50	0.10~0.30	—	≤0.25	—	—	≤0.05	≤0.15	余量
5449	≤0.40	≤0.70	≤0.30	0.60~1.10	1.60~2.60	≤0.30	—	≤0.30	—	≤0.10	≤0.05	≤0.15	余量

①其他杂质指表中未列出或未规定数值的金属元素。

②铝的质量分数为100%与等于或大于0.010%的所有元素含量总和的差值，求和前各元素含量要表示到0.0*X*%。

（5）一般工业用铝合金板、带材的室温力学性能（GB/T 3880.2—2012）（表3-151）

表 3-151　一般工业用铝合金板、带材的室温力学性能（摘取部分）

牌号	包铝分类	供应状态	试样状态	厚度/mm	室温拉伸试验结果				弯曲半径[②]	
					抗拉强度 R_m/MPa	规定非比例延伸强度 $R_{p0.2}$/MPa	断后伸长率[①]（%）			
							A_{50mm}	A	90°	180°
					不小于					
1A97 1A93	—	H112	H112	>4.50~80.00	附实测值				—	—
		F	—	>4.50~150.00	—				—	—
1A90 1A85	—	H112	H112	>4.50~12.50	60	—	21	—	—	—
				>12.50~20.00			—	19	—	—
				>20.00~80.00	附实测值				—	—
		F	—	>4.50~150.00	—				—	—
1070	—	O	O	>0.20~0.30	55~95	—	15	—	0t	—
				>0.30~0.50			20	—	0t	—
				>0.50~0.80			25	—	0t	—
				>0.80~1.50		15	30	—	0t	—
				>1.50~6.00			35	—	0t	—
				>6.00~12.50			35	—	—	—
				>12.50~50.00			—	30	—	—
		H12 (H22)	H12 (H22)	>0.20~0.30	70~100 (70)	—	2	—	0t	—
				>0.30~0.50			3	—	0t	—
				>0.50~0.80			4	—	0t	—
				>0.80~1.50		55	6	—	0t	—
				>1.50~3.00			8	—	0t	—
				>3.00~6.00			9	—	0t	—

①当 A_{50mm} 和 A 两栏均有数值时，A_{50mm} 适用于厚度不大于 12.5mm 的板材，A 适用于厚度大于 12.5mm 的板材。

②弯曲半径中的 t 表示板材的厚度，对表中既有 90°弯曲也有 180°弯曲的产品，当需方未指定采用 90°弯曲或 180°弯曲时，弯曲半径由供方任选一种。

③对于 2A11、2A12、2017 合金的 O 状态板材，需要 T42 状态的性能值时，应在订货单（或合同）中注明，未注明时，不检测该性能。

④厚度为 >12.5mm~25.00mm 的 2014、2024、2219 合金 O 状态的板材，其拉伸试样由芯材机加工得到，不得有包铝层。

⑤对于 6A02、6063、7A04、7A09 和 7075 合金的 O 状态板材，需要 T62 状态的性能值时，应在订货单（或合同）中注明，未注明时，不检测该性能。

⑥对于 6A02 合金 T1 状态的板材，当需方未注明需要 T62 或 T42 状态的性能时，由供方任选一种。

⑦应尽量避免订购 7020 合金 T4 状态的产品、T4 状态产品的性能是在室温下自然时效 3 个月后才能达到规定的稳定的力学性能，将淬火后的试样在 60℃~65℃的条件下持续 60h 后也可以得到近似的自然时效性能值。

⑧T761 状态专用于 7475 合金薄板和带材，与 T76 状态的定义相同，是在固溶热处理后进行人工过时效以获得良好的抗剥落腐蚀性能的状态。

注：扫描右侧二维码可查所有牌号的铝合金板、带材的力学性能。

表 3-151　一般工业用铝合金板、带材的室温力学性能二维码

2. 铝合金波纹板（GB/T 4438—2006）

（1）铝及铝合金波纹板的牌号、状态及规格（表 3-152）

表3-152 铝及铝合金波纹板的牌号、状态及规格 （单位：mm）

牌号	状态	型号	规格				
			坯料厚度	长度	宽度	波高	波距
1050A、1050、1060、1070A、1100、1200、3003	H18	波20-106	0.6～1.0	2000～10000	1115	20	106
		波33-131			1008	33	131

（2）铝及铝合金波纹板的宽度及波型偏差（表3-153）

表3-153 铝及铝合金波纹板的宽度及波型偏差 （单位：mm）

波型代号	宽度及允许偏差		波高及允许偏差		波距及允许偏差	
	宽度	允许偏差	波高	允许偏差	波距	允许偏差
波20-106	1115	+25 -10	20	±2	106	±2
波33-131	1008		25	±2.5	131	±3

3. 铝及铝合金彩色涂层板、带（YS/T 431—2009）

（1）铝及铝合金彩色涂层板、带的牌号及规格（表3-154）

表3-154 铝及铝合金彩色涂层板、带的牌号及规格

牌号①	合金类别②	涂层板、带状态	基材状态①	基材厚度① t/mm	板材规格①/mm		带材规格①/mm	
					宽度	长度	宽度	套筒内径
1050、1100、3003、3004、3005、3104、3105、5005、5050	A类	H42、H44、H46、H48	H12、H22、H14、H24、H16、H26、H18	0.20≤t≤1.80	500～1600	500～6000	50～1600	200、300、350、405、505
5052	B类							

①需要其他牌号、规格或状态的材料，可双方协商。

②A、B类合金的分类应符合GB/T 3880.3的规定。

（2）铝及铝合金彩色涂层板和带的基材厚度允许偏差（表3-155）

表3-155 铝及铝合金彩色涂层板和带的基材厚度允许偏差 （单位：mm）

基材厚度	基材厚度允许偏差（±）					
	宽度≤1000		宽度>1000～1500		宽度>1500	
	A类	B类	A类	B类	A类	B类
>0.20～0.30	0.02	0.03	0.03	0.04	0.04	0.05
>0.30～0.40	0.02	0.03	0.03	0.04	0.04	0.05
>0.40～0.50	0.03	0.03	0.04	0.05	0.04	0.05
>0.50～0.60	0.03	0.04	0.04	0.05	0.04	0.05
>0.60～0.80	0.03	0.04	0.06	0.06	0.07	0.08
>0.80～1.00	0.04	0.05	0.06	0.08	0.08	0.09
>1.00～1.20	0.04	0.05	0.07	0.08	0.09	0.10
>1.20～1.50	0.05	0.07	0.08	0.09	0.11	0.13
>1.50～1.80	0.06	0.08	0.09	0.10	0.12	0.14

（3）铝及铝合金彩色涂层板和带的长度、宽度允许偏差（表3-156）

表 3-156　铝及铝合金彩色涂层板和带的长度、宽度允许偏差　（单位：mm）

牌号	板材长度允许偏差		板材、带材宽度允许偏差	
	长度≤2000	长度＞2000	宽度≤1000	宽度＞1000
1050、1100、3003、3004、3005、3104、3105、5005、5050、5052	+3 0	+5 0	+1.5 0	+2.0 0

（4）铝及铝合金彩色涂层板、带的力学性能（表 3-157）

表 3-157　铝及铝合金彩色涂层板、带的力学性能

牌号	状态	厚度 t/mm	室温拉伸试验结果			弯曲性能	
			抗拉强度 R_m/MPa	规定非比例延伸强度 $R_{p0.2}$/MPa	断后伸长率 A_{50mm}（%）	弯曲半径	
						180°	90°
			不小于				
1050	H18	>0.2～0.5	130	—	1	—	—
		>0.5～0.8	130	—	2	—	—
		>0.8～1.5	130	—	3	—	—
		>1.5～1.8	130	—	4	—	—
1100	H16（H26）	>0.2～0.3	130～165	115	1	—	2t
		>0.3～0.5	130～165	115	2（3）	—	2t
		>0.5～1.5	130～165	115	3	—	2t
		>1.5～1.8	130～165	115	4	—	2t
3003	H14（H24）	>0.2～0.5	145～185	125（115）	2（4）	2.0t	0.5t
		>0.5～1.5	145～185	125（115）	2（4）	2.0t	1.0t
		>1.5～1.8	145～185	125（115）	3（5）	2.0t	1.0t
3004	H18	>0.2～0.5	260	230	1	—	1.5t
		>0.5～1.5	260	230	1	—	2.5t
		>1.5～1.8	260	230	2	—	—
5050	H12	>0.2～0.5	155～195	130	2	—	0t
		>0.5～1.5	155～195	130	2	—	0.5t
		>1.5～1.8	155～195	130	4	—	1.0t
	H26	>0.2～0.5	195～235	160	2	—	1.0t
		>0.5～1.5	195～235	160	3	—	1.5t
		>1.5～1.8	195～235	160	4	—	2.5t
5052	H22	>0.2～0.5	210～260	130	5	1.5t	0.5t
		>0.5～1.5	210～260	130	6	1.5t	1.0t
		>1.5～1.8	210～260	130	7	1.5t	1.5t
	H16	>0.2～0.5	250～300	210	2	—	—
		>0.5～1.5	250～300	210	3	—	—
		>1.5～1.8	250～300	210	3	—	—

4. 铝及铝合金压花板、带材（YS/T 490—2005）

（1）铝及铝合金压花板、带材的牌号及规格（表 3-158）

表3-158　铝及铝合压花板、带材的牌号及规格

牌号	供应状态	基材规格/mm				花纹图案	
		厚度	宽度	长度		1#花纹	2#花纹
1070A、1070、1060、1050、1050A、1145、1100、1200、3003	H14 H24	>0.20~1.50	500~1500	板材	1000~4000	单面压花	双面压花
5052	H22			带材	—		

（2）铝及铝合金压花板、带材的厚度偏差（表3-159）

表3-159　铝及铝合金压花板、带材的厚度偏差

厚度/mm	厚度允许偏差/mm	厚度/mm	厚度允许偏差/mm
>0.20~0.30	±0.03	>0.50~0.80	±0.06
>0.30~0.50	±0.04	>0.80~1.50	±0.08

（3）铝及铝合金压花板、带材的宽度偏差（表3-160）

表3-160　铝及铝合金压花板、带（基材）的宽度偏差

宽度/mm	宽度允许偏差/mm	宽度/mm	宽度允许偏差/mm
500~800	±2.0	>800~1500	±3.0

（4）压花板材的不平度（表3-161）

表3-161　压花板材的不平度

不平度（mm/m）	
长度方向及中部	宽度方向
≤4	≤5

（5）压花板、带材的花纹高度（表3-162）

表3-162　压花板、带材的花纹高度

花纹图案	花纹高度/mm	花纹图案	花纹高度/mm
1#花纹	0.05~0.12	2#花纹	（0.05~0.08）/单面

（6）压花板材的氧化膜厚度（表3-163）

表3-163　压花板材的氧化膜厚度

花纹图案	基材厚度/mm	宽度/mm	长度/mm	氧化膜局部厚度/mm
1#花纹	0.40~1.20	800	1400	5~20
2#花纹	0.30~1.50	1220	2440	5~20

5. 铝白铜带（GB/T 2059—2017）

（1）铝白铜带的牌号、状态和规格（表3-164）

表3-164　铝白铜带的牌号、状态和规格

分类	牌号	代号	状态	厚度/mm	宽度/mm
铝白铜	BAl6-1.5	T72400	硬（H04）	>0.15~1.2	≤300
	BAl13-3	T72600	固溶热处理+冷加工（硬）+沉淀热处理（TH04）		

注：经供需双方协商，也可供应其他规格的带材。

（2）铝白铜带材的尺寸及允许偏差（表3-165a）

表3-165a 铝白铜带材的尺寸及允许偏差

厚度/mm	厚度允许偏差/mm		宽度/mm		长度/mm ≥	理论重量/（kg/m²）	
	普通精度	较高精度	30~150	150~300		BAi6-1.5	BAi13-3
			宽度允许偏差				
0.05 0.07 0.09	-0.01	—	-0.06	-1.0	3000	0.43 0.61 0.78	0.42 0.60 0.77
0.10 0.12	-0.02	-0.015	-0.008	-1.0	3000	0.87 1.04	0.85 1.02
0.18 0.22 0.30	-0.03	-0.02	-0.06	-0.10	3000	1.58 1.91 2.61	1.53 1.87 2.55
0.50 0.55	-0.05	-0.04	-0.06	-1.0	300	4.35 4.79	5.23 4.58
0.60 0.80	-0.06	-0.05	-0.06	-1.0	2000	5.22 6.96	5.10 6.80
0.90 0.95	-0.07	-0.06	-0.06	-1.0	2000	7.83 8.72	7.65 8.08
1.00 1.10 1.20	-0.08	-0.07	-1.0	-1.5	2000	8.70 9.57 10.44	8.50 9.35 10.20

（3）铝白铜带材的力学性能（表3-165b）

表3-165b 铝白铜带材的力学性能

牌号	抗拉强度 R_m/MPa	伸长率 $A_{11.3}$（%）
BAi6-1.5	≥600	≥5
BAi13-3	实测值	

6. 铝塑复合板用铝带（YS/T 432—2020）

（1）铝塑复合板用铝带的牌号、状态与规格（表3-166）

表3-166 铝塑复合板用铝带的牌号、状态与规格

牌号	状态	规格/mm		
		厚度	宽度	套筒内径
1100	H18	0.20~1.0	1000~1580	400 500
3003	H16、H14、H26、H24			

（2）铝塑复合板用铝带的厚度及允许偏差（表3-167）

表3-167 铝塑复合板用铝带的厚度及允许偏差

厚度/mm	允许偏差/mm	厚度/mm	允许偏差/mm	厚度/mm	允许偏差/mm
0.20~0.30	±0.015	>0.30~0.50	±0.020	>0.50~1.0	±0.025

(3) 铝塑复合板用铝带的力学性能(表3-168)

表3-168 铝塑复合板用铝带的力学性能

牌号	状态	厚度/mm	抗拉强度 R_m/MPa	非比例伸长应力 $\sigma_{p0.2}$/MPa	伸长率 A_{10}(%)
1100	H18	0.20~0.30	≥155	—	1
		>0.30~0.50			2
		>0.50~1.00			3
3003	H14 H24	0.20~0.30	140~180	≥120	1
		>0.30~0.50			2
		>0.50~1.00			3
	H16 H26	0.20~0.30	165~205	≥145	1
		>0.30~0.50			2
		>0.50~1.00			3

3.3.6 铝及铝合金型材

1. 铝及铝合金挤压型材(GB/T 14846—2014)

(1) 铝及铝合金挤压型材的分类(表3-169)

表3-169 铝及铝合金挤压型材的分类

牌号系列	型材类别		型材典型牌号	
	Ⅰ类	Ⅱ类	Ⅰ类型材典型牌号	Ⅱ类型材典型牌号
1×××	所有	—	1050A、1060、1100、1200、1350	—
2×××	—	所有	—	2A11、2A12、2017、2017A、2014、2014A、2024
3×××	所有	—	3A21、3003、3102、3103	—
4×××	所有	—	—	—
5×××	Mg含量的平均值小于4.0%	Mg含量的平均值不小于4.0%	5A02、5A03、5005、5005A、5051A、5049、5251、5052、5154A、5454、5754	5A05、5A06、5019、5083、5086
6×××	所有	—	6A02、6101A、6101B、6005、6005A、6106、6008、6110A、6014、6351、6060、6360、6061、6261、6262、6262A、6063、6063A、6463、6463A、6065、6081、6082	—
7×××	—	所有	—	7A04、7003、7005、7108、7108A、7020、7021、7022、7049A、7075、7178

（2）铝及铝合金挤压型材的尺寸偏差分级（表 3-170）

表 3-170　铝及铝合金挤压型材的尺寸偏差分级

偏差项目		偏差等级
横截面①、②	壁厚尺寸偏差	普通级、高精级、超高精级
	非壁厚尺寸偏差	普通级、高精级、超高精级
	角度偏差①	普通级、高精级、超高精级
	倒角半径及圆角半径偏差①	不分级
曲面间隙		不分级
平面间隙①		普通级、高精级、超高精级
弯曲度①	纵向弯曲度	普通级、高精级、超高精级
	纵向波浪度（或硬弯）	普通级、高精级、超高精级
	纵向侧弯度	不分级
扭拧度①		普通级、高精级、超高精级
切斜度①		普通级、高精级、超高精级
长度偏差①		不分级

①当产品标准或图样上对尺寸偏差另有规定时，型材的尺寸偏差按产品标准或图样上的规定执行；若产品标准或图样上未规定尺寸偏差，型材的尺寸偏差按本标准执行。

②图样上未标注偏差且不能直接测量的横截面尺寸偏差不检测。

（3）铝及铝合金挤压型材的壁厚尺寸偏差

1）铝及铝合金挤压型材的壁厚尺寸允许偏差见表 3-171。

表 3-171　铝及铝合金挤压型材的壁厚尺寸允许偏差

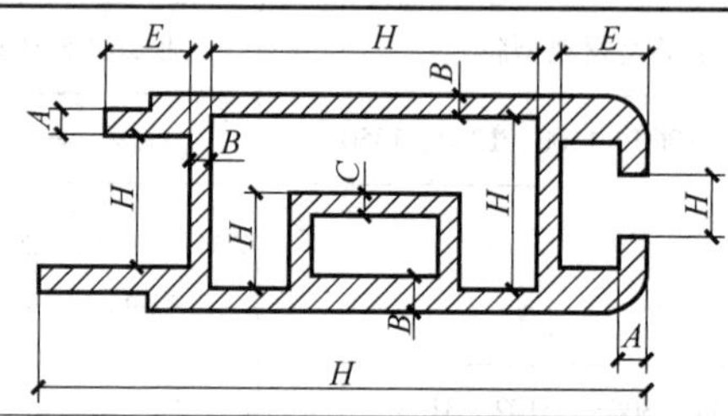

说明：

A——翅壁壁厚。

B——封闭空腔周壁壁厚。

C——两个封闭空腔间的隔断壁厚。

H——非壁厚尺寸。

E——对开口部位的 *H* 尺寸偏差有重要影响的基准尺寸。

Ⅰ类型材

级别	公称壁厚/mm	对应于下列外接圆直径的型材壁厚尺寸允许偏差①、②、③、④、⑤、⑥、⑦/mm											
		≤100.0			>100.0～300.0			>300.0～500.0			>500.0～1000.0		
		A组	B组	C组	A组	B组	C组	A组	B组	C组	A组	B组	C组
普通级	≤1.5	±0.23	±0.30	±0.38	±0.30	±0.45	±0.53	±0.38	—	—	—	—	—
	>1.5～3.0	±0.23	±0.38	±0.45	±0.38	±0.60	±0.75	±0.53	±0.90	±1.13	±0.60	±1.20	±1.50
	>3.0～6.0	±0.30	±0.60	±0.75	±0.45	±0.90	±1.13	±0.60	±1.20	±1.50	±0.75	±1.50	±1.80
	>6.0～10.0	±0.38	±0.90	±1.13	±0.53	±1.20	±1.50	±0.68	±1.50	±1.80	±0.83	±1.80	±2.25
	>10.0～15.0	±0.45	±1.20	±1.50	±0.60	±1.50	±1.82	±0.75	±1.80	±2.25	±0.90	±2.25	±2.85
	>15.0～20.0	±0.53	±1.80	±2.25	±0.68	±2.25	±2.85	±0.83	±2.55	±3.00	±0.98	±3.00	±3.75
	>20.0～30.0	±0.60	±2.25	±2.85	±0.75	±2.70	±3.30	±0.90	±3.00	±3.75	±1.05	±3.75	±4.50
	>30.0～40.0	±0.68	—	—	±0.90	±3.00	±3.75	±1.05	±3.30	±4.05	±1.20	±4.05	±4.95
	>40.0～50.0	—	—	—	±1.05	—	—	±1.20	—	—	±1.35	—	—

（续）

Ⅰ类型材													
级别	公称壁厚/mm	对应于下列外接圆直径的型材壁厚尺寸允许偏差①、②、③、④、⑤、⑥、⑦/mm											
		≤100.0			>100.0～300.0			>300.0～500.0			>500.0～1000.0		
		A组	B组	C组	A组	B组	C组	A组	B组	C组	A组	B组	C组
高精级	≤1.5	±0.15	±0.20	±0.25	±0.20	±0.30	±0.35	±0.25	—	—	—	—	—
	>1.5～3.0	±0.15	±0.25	±0.30	±0.25	±0.40	±0.50	±0.35	±0.60	±0.75	±0.40	±0.80	±1.00
	>3.0～6.0	±0.20	±0.40	±0.50	±0.30	±0.60	±0.75	±0.40	±0.80	±1.00	±0.50	±1.00	±1.20
	>6.0～10.0	±0.25	±0.60	±0.75	±0.35	±0.80	±1.00	±0.45	±1.00	±1.20	±0.55	±1.20	±1.50
	>10.0～15.0	±0.30	±0.80	±1.00	±0.40	±1.00	±1.20	±0.50	±1.20	±1.50	±0.60	±1.50	±1.90
	>15.0～20.0	±0.35	±1.20	±1.50	±0.45	±1.50	±1.90	±0.55	±1.70	±2.00	±0.65	±2.00	±2.50
	>20.0～30.0	±0.40	±1.50	±1.90	±0.50	±1.80	±2.20	±0.60	±2.00	±2.50	±0.70	±2.50	±3.00
	>30.0～40.0	±0.45	—	—	±0.60	±2.00	±2.50	±0.70	±2.20	±2.70	±0.80	±2.70	±3.30
	>40.0～50.0	—	—	—	±0.70	—	—	±0.80	—	—	±0.90	—	—
超高精级	≤1.5	±0.10	±0.13	±0.17	±0.13	±0.20	±0.23	±0.17	—	—	—	—	—
	>1.5～3.0	±0.10	±0.17	±0.20	±0.15	±0.25	±0.28	±0.23	±0.38	±0.40	±0.27	±0.40	±0.45
	>3.0～6.0	±0.13	±0.27	±0.33	±0.18	±0.40	±0.50	±0.27	±0.53	±0.67	±0.33	±0.67	±0.80
	>6.0～10.0	±0.17	±0.40	±0.50	±0.20	±0.53	±0.67	±0.30	±0.67	±0.80	±0.37	±0.80	±1.00
	>10.0～15.0	±0.19	±0.53	±0.67	±0.20	±0.67	±0.80	±0.33	±0.80	±1.00	±0.40	±1.00	±1.27
	>15.0～20.0	±0.21	±0.80	±1.00	±0.23	±1.00	±1.27	±0.37	±1.13	±1.33	±0.43	±1.33	±1.67
	>20.0～30.0	±0.23	±1.00	±1.27	±0.25	±1.20	±1.47	±0.40	±1.33	±1.67	±0.46	±1.67	±2.00
	>30.0～40.0	±0.25	—	—	±0.30	±1.33	±1.67	±0.47	±1.47	±1.80	±0.48	±1.80	±2.20
	>40.0～50.0	—	—	—	±0.36	—	—	±0.53	—	—	±0.60	—	—
普通级	≤1.5	±0.30	±0.45	±0.53	±0.38	±0.60	±0.75	±0.53	—	—	—	—	—
	>1.5～3.0	±0.38	±0.53	±0.68	±0.45	±0.75	±0.98	±0.68	±1.05	±1.35	±0.75	±1.35	±1.80
	>3.0～6.0	±0.45	±0.82	±0.90	±0.53	±1.05	±1.35	±0.90	±1.35	±1.80	±0.90	±1.50	±1.95
	>6.0～10.0	±0.53	±1.13	±1.50	±0.68	±1.50	±1.95	±0.98	±1.80	±2.25	±1.05	±2.25	±2.85
	>10.0～15.0	±0.60	±1.50	±1.95	±0.75	±1.95	±2.55	±1.05	±2.25	±2.85	±1.20	±2.70	±3.45
	>15.0～20.0	±0.68	±2.25	±2.85	±0.83	±2.70	±3.30	±1.12	±3.00	±3.75	±1.28	±3.75	±4.65
	>20.0～30.0	±0.75	±2.70	±3.30	±0.90	±3.30	±4.05	±1.20	±2.75	±4.65	±1.35	±4.50	±5.55
	>30.0～40.0	±0.90	—	—	±1.05	±3.75	—	±1.35	±4.50	—	±1.50	±4.80	—
	>40.0～50.0	—	—	—	±1.20	—	—	±1.50	—	—	±1.65	—	—
高精级	≤1.5	±0.20	±0.30	±0.35	±0.25	±0.40	±0.50	±0.35	—	—	—	—	—
	>1.5～3.0	±0.25	±0.35	±0.45	±0.30	±0.50	±0.65	±0.45	±0.70	±0.90	±0.50	±0.90	±1.20
	>3.0～6.0	±0.30	±0.55	±0.60	±0.35	±0.70	±0.90	±0.60	±0.90	±1.20	±0.60	±1.00	±1.30
	>6.0～10.0	±0.35	±0.75	±1.00	±0.45	±1.00	±1.30	±0.65	±1.20	±1.50	±0.70	±1.50	±1.90
	>10.0～15.0	±0.40	±1.00	±1.30	±0.50	±1.30	±1.70	±0.70	±1.50	±1.90	±0.80	±1.80	±2.30
	>15.0～20.0	±0.45	±1.50	±1.90	±0.55	±1.80	±2.20	±0.75	±2.00	±2.30	±0.85	±2.50	±3.10
	>20.0～30.0	±0.50	±1.80	±2.20	±0.60	±2.20	±2.70	±0.80	±2.50	±3.10	±0.90	±3.00	±3.70
	>30.0～40.0	±0.60	—	—	±0.70	±2.50	—	±0.90	±3.00	—	±1.00	±3.20	—
	>40.0～50.0	—	—	—	±0.80	—	—	±1.00	—	—	±1.10	—	—

（续）

Ⅰ类型材													
级别	公称壁厚/mm	对应于下列外接圆直径的型材壁厚尺寸允许偏差①、②、③、④、⑤、⑥、⑦/mm											
		≤100.0			>100.0～300.0			>300.0～500.0			>500.0～1000.0		
		A组	B组	C组	A组	B组	C组	A组	B组	C组	A组	B组	C组
超高精级	≤1.5	±0.13	±0.20	±0.23	±0.15	±0.23	±0.25	±0.30	—	—	—	—	—
	>1.5～3.0	±0.13	±0.23	±0.28	±0.15	±0.28	±0.30	±0.30	±0.38	±0.40	±0.35	±0.40	±0.45
	>3.0～6.0	±0.15	±0.37	±0.40	±0.18	+0.47	±0.60	±0.35	±0.60	±0.80	±0.38	±0.67	±0.87
	>6.0～10.0	±0.17	±0.50	±0.67	±0.20	±0.67	±0.87	±0.38	±0.80	±1.00	±0.41	±1.00	±1.27
	>10.0～15.0	±0.19	±0.67	±0.87	±0.20	±0.87	±1.13	±0.40	±1.00	±1.27	±0.41	±1.20	±1.53
	>15.0～20.0	±0.21	±1.00	±1.27	±0.23	±1.20	±1.47	±0.41	±1.33	±1.67	±0.43	±1.67	±2.07
	>20.0～30.0	±0.23	±1.20	±1.47	±0.25	±1.47	±1.50	±0.43	±1.67	±2.07	±0.46	±2.00	±2.30
	>30.0～40.0	±0.25	—	—	±0.30	±1.50	—	±0.45	±2.00	—	±0.48	±2.13	—
	>40.0～50.0	—	—	—	±0.36	—	—	±0.50	—	—	±0.60	—	—

①当偏差不采用对称的“±”偏差时，则正、负偏差的绝对值之和应为表中对应数值的两倍。

②表中无数值处表示偏差不要求。

③含封闭空腔的空心型材，若空腔两对边壁厚不相等，且厚边壁厚大于或等于其对边壁厚的3倍，其壁厚允许偏差由供需双方商定。

④含封闭空腔的空心型材，所包围的空腔截面积小于70mm²时，若空腔两对边壁厚相等，其空腔壁厚的允许偏差采用A组；若空腔两对边壁厚不相等，且厚边壁厚小于其对边壁厚的3倍，其任一边壁厚的允许偏差采用两对边平均壁厚对应的A组。

⑤含封闭空腔的空心型材，所包围的空腔截面积不小于70mm²时，若空腔两对边壁厚相等，其空腔壁厚的允许偏差采用B组；若空腔两对边壁厚不相等，且厚边壁厚小于其对边壁厚的3倍，其任一边壁厚的允许偏差采用两对边平均壁厚对应的B组。

⑥含不完全封闭空腔的半空心型材，当所包围空腔截面积小于豁口尺寸（H_1）平方的2倍（即$2H_1^2$）时，其空腔周壁壁厚的允许偏差采用A组；当所包围空腔截面积不小于豁口尺寸（H_1）平方的2倍（即$2H_1^2$）时，采用含封闭空腔的空心型材的壁厚偏差。

⑦通过芯棒生产的型材，B组应采用C组壁厚允许偏差值。

2）铝及铝合金挤压型材的横截面角度偏差见表3-172。

表3-172　铝及铝合金挤压型材的横截面角度偏差

型材类别	角度允许偏差①		
	普通级	高精级	超高精级
Ⅰ类	±2.0°	±1.0°	±0.5°
Ⅱ类	±2.5°	±1.5°	±1.0°

①当偏差不采用对称的“±”偏差时，则正、负偏差的绝对值之和应为表中对应数值的两倍。

3）铝及铝合金挤压型材的横截面圆角半径允许偏差见表3-173。

表3-173　铝及铝合金挤压型材的横截面圆角半径允许偏差　（单位：mm）

圆角半径 R	圆角半径的允许偏差①
≤5.0	±0.5
>5.0	±10%R

①当偏差不采用对称的“±”偏差时，则正、负偏差的绝对值之和应为表中对应数值的两倍。

(4) 铝及铝合金挤压型材的弯曲度（表3-174）

表3-174　铝及铝合金挤压型材的弯曲度　　（单位：mm）

外接圆直径	型材最小公称壁厚	纵向弯曲度					
		普通级		高精级		超高精级	
		每米长度上	全长（L米）上	每米长度上	全长（L米）上	每米长度上	全长（L米）上
≤40.0	≤2.5	不检验	不检验	≤4.0	≤4.0×L	≤2.0	≤2.0×L
	>2.5	≤2.0	≤2.0×L	≤1.0	≤1.0×L	≤0.6	≤0.6×L
>40.0～300.0	—	≤2.0	≤2.0×L	≤1.0	≤1.0×L	≤0.6	≤0.6×L
>300.0～1000.0	—	≤2.5	≤2.5×L	≤1.5	≤1.5×L	—	—

(5) 铝及铝合金挤压型材的波浪度（表3-175）

表3-175　铝及铝合金挤压型材的波浪度

外接圆直径/mm	型材最小公称壁厚/mm	300mm长度上的波浪高度 h_s/mm	普通级	高精级	超高精级
≤40.0	≤2.5	≤1.0	不检验	允许	允许
		>1.0～1.3	不检验	允许	不允许
		>1.3	不检验	不允许	不允许
	>2.5	≤0.3	允许	允许	允许
		>0.3～0.5	允许	允许	每2米最多1处
		>0.5	不允许	不允许	不允许
>40.0～1000.0	—	≤0.3	允许	允许	允许
		>0.3～0.5	允许	允许	每2米最多1处
		>0.5～1.0	允许	每米最多1处	不允许
		>1.0～2.0	每米最多1处	不允许	不允许
		>2.0	不允许	不允许	不允许

(6) 铝及铝合金挤压型材的平面间隙（表3-176）

表3-176　铝及铝合金挤压型材的平面间隙　　（单位：mm）

型材公称宽度 W	平面间隙 不大于				
	普通级	高精级			超高精级
		含封闭空腔的空心型材（见图3～图5），或含不完全封闭空腔的且所包围空腔截面积不小于豁口尺寸 H_1 平方的2倍（即 $2H_1^2$）的空心型材（见图6～图7）		其他型材	
		壁厚≤5.0	壁厚>5.0		
≤30.0	0.5	0.3	0.2	0.2	0.2
>30.0～60.0	0.8	0.4	0.3	0.3	0.3
>60.0～100.0	1.2	0.6	0.4	0.4	0.4
>100.0～150.0	1.5	0.9	0.6	0.6	0.5

（续）

<table>
<tr><td rowspan="4">型材公称宽度 W</td><td colspan="5">平面间隙
不大于</td></tr>
<tr><td rowspan="3">普通级</td><td colspan="3">高精级</td><td rowspan="3">超高精级</td></tr>
<tr><td colspan="2">含封闭空腔的空心型材（见图3～图5），或含不完全封闭空腔的且所包围空腔截面积不小于豁口尺寸 H_1 平方的2倍（即 $2H_1^2$）的空心型材（见图6～图7）</td><td rowspan="2">其他型材</td></tr>
<tr><td>壁厚≤5.0</td><td>壁厚＞5.0</td></tr>
<tr><td>＞150.0～200.0</td><td>2.3</td><td>1.2</td><td>0.8</td><td>0.8</td><td>0.7</td></tr>
<tr><td>＞200.0～250.0</td><td>3.0</td><td>1.6</td><td>1.0</td><td>1.0</td><td>0.85</td></tr>
<tr><td>＞250.0～300.0</td><td>3.8</td><td>1.8</td><td>1.2</td><td>1.2</td><td>1.0</td></tr>
<tr><td>＞300.0～400.0</td><td>4.5</td><td>2.4</td><td>1.6</td><td>1.6</td><td>1.3</td></tr>
<tr><td>＞400.0～500.0</td><td>6.0</td><td>3.0</td><td>2.0</td><td>2.0</td><td>1.7</td></tr>
<tr><td>＞500.0～600.0</td><td>7.0</td><td>3.6</td><td>2.4</td><td>2.4</td><td>2.0</td></tr>
<tr><td>＞600.0～1000.0</td><td>8.0</td><td>4.0</td><td>3.0</td><td>3.0</td><td>2.5</td></tr>
<tr><td>宽度 W 大于100.0mm时，在任意100.0mm宽度上</td><td>1.5</td><td>0.7</td><td>0.6</td><td>0.6</td><td>0.5</td></tr>
</table>

（7）铝及铝合金挤压型材的扭拧度（表3-177）

表3-177　铝及铝合金挤压型材的扭拧度　（单位：mm）

<table>
<tr><td rowspan="3">公称宽度 W</td><td colspan="9">下列长度（L米）上的扭拧度
不大于</td></tr>
<tr><td>＜1m</td><td>1～6m</td><td>＞6m</td><td>＜1m</td><td>1～6m</td><td>＞6m</td><td>＜1m</td><td>1～6m</td><td>＞6m</td></tr>
<tr><td colspan="3">普通级</td><td colspan="3">高精级</td><td colspan="3">超高精级</td></tr>
<tr><td>≤30.0</td><td>2.0</td><td>5.0</td><td>5.5</td><td>1.2</td><td>2.5</td><td>3.0</td><td>1.0</td><td>2.0</td><td>2.5</td></tr>
<tr><td>＞30.0～50.0</td><td>2.5</td><td>5.0</td><td>6.5</td><td>1.5</td><td>3.0</td><td>4.0</td><td>1.0</td><td>2.0</td><td>3.5</td></tr>
<tr><td>＞50.0～100.0</td><td>4.0</td><td>6.5</td><td>13.0</td><td>2.0</td><td>3.5</td><td>5.0</td><td>1.0</td><td>2.5</td><td>4.2</td></tr>
<tr><td>＞100.0～200.0</td><td>4.5</td><td>12.0</td><td>15.0</td><td>2.5</td><td>5.0</td><td>7.0</td><td>1.2</td><td>3.5</td><td>5.8</td></tr>
<tr><td>＞200.0～300.0</td><td>6.0</td><td>14.0</td><td>21.0</td><td>2.5</td><td>6.0</td><td>8.0</td><td>1.8</td><td>4.5</td><td>6.7</td></tr>
<tr><td>＞300.0～450.0</td><td>8.0</td><td>21.0</td><td>31.0</td><td>3.0</td><td>8.0</td><td rowspan="3">1.5×L</td><td>2.5</td><td>6.5</td><td rowspan="3">1.2×L</td></tr>
<tr><td>＞450.0～600.0</td><td>12.0</td><td>31.0</td><td>40.0</td><td>3.5</td><td>9.0</td><td>3.0</td><td>7.5</td></tr>
<tr><td>＞600.0～1000.0</td><td>16.0</td><td>40.0</td><td>50.0</td><td>4.0</td><td>10.0</td><td>3.5</td><td>8.3</td></tr>
</table>

（8）铝及铝合金挤压型材的切斜度（表3-178）

表3-178　铝及铝合金挤压型材的切斜度

项目	普通级	高精级	超高精级
端部切斜度	≤5°	≤3°	≤1°

(9) 铝及铝合金挤压型材的曲面间隙（表3-179）

表3-179　铝及铝合金挤压型材的曲面间隙　（单位：mm）

曲面弦长	型材的曲面间隙值
≤30.0	≤0.3
>30.0～60.0	≤0.5
>60.0～90.0	≤0.7
>90.0～120.0	≤1.0
>120.0～150.0	≤1.2
>150.0～200.0	≤1.5
>200.0～250.0	≤2.0
>250.0～300.0	≤2.5
>300.0～400.0	≤3.0
>400.0～500.0	≤3.5
>500.0～1000.0	≤4.0

2. 一般工业用铝及铝合金挤压型材（GB/T 6892—2015）

(1) 一般工业用铝及铝合金挤压型材分类（按成分分类）（表3-180）

表3-180　一般工业用铝及铝合金挤压型材分类（按成分分类）

按成分分类	定义	典型牌号
Ⅰ类	1×××系、3×××系、5×××系、6×××系及镁限量平均值小于4%的5×××系合金型材	1060、1350、1050A、1100、1200、3A21、3003、3103、5A02、5A03、5005、5005A、5051A、5251、5052、5154A、5454、5754、6A02、6101A、6101B、6005、6005A、6106、6008、6351、6060、6360、6061、6261、6063、6063A、6463、6463A、6081、6082
Ⅱ类	2×××系、7×××系及镁限量平均值不小于4%的5×××系合金型材	2A11、2A12、2014、2014A、2024、2017、2017A、5A05、5A06、5019、5083、5086、7A04、7003、7005、7020、7021、7022、7049A、7075、7178

(2) 一般工业用铝及铝合金挤压型材的化学成分（表3-181）

表3-181　一般工业用铝及铝合金挤压型材的化学成分

牌号	化学成分（质量分数）(%)											
	Si	Fe	Cu	Mn	Mg	Cr	Zn	V	Ti	其他杂质[①] 单个	其他杂质[①] 合计	Al[②]
5051A	≤0.30	≤0.45	≤0.05	≤0.25	1.4～2.1	≤0.30	≤0.20	—	≤0.10	≤0.05	≤0.15	余量
6008	0.50～0.9	≤0.35	≤0.30	≤0.30	0.40～0.7	≤0.30	≤0.20	0.05～0.20	≤0.10	≤0.05	≤0.15	
6360	0.35～0.8	0.10～0.30	≤0.15	0.02～0.15	0.25～0.45	≤0.05	≤0.10	—	≤0.10	≤0.05	≤0.15	
6261	0.40～0.7	≤0.40	0.15～0.40	0.20～0.35	0.7～1.0	≤0.10	≤0.20	—	≤0.10	≤0.05	≤0.15	

（续）

牌号	化学成分（质量分数）（%）											
	Si	Fe	Cu	Mn	Mg	Cr	Zn	V	Ti	其他杂质[①] 单个	其他杂质[①] 合计	Al[②]
6081	0.7～1.1	≤0.50	≤0.10	0.10～0.45	0.6～1.0	≤0.10	≤0.20	—	≤0.15	≤0.05	≤0.15	余量
7178	≤0.40	≤0.50	1.6～2.4	≤0.30	2.4～3.1	0.18～0.28	6.3～7.3	—	≤0.20	≤0.05	≤0.15	余量

①其他杂质指表中未列出或未规定数值的元素。

②铝的质量分数为100.00%与所有质量分数不小于0.010%的元素质量分数总和的差值，求和前各元素数值要表示到0.0X%。

（3）一般工业用铝及铝合金挤压型材的表面处理的型材牌号、表面处理类别、膜层代号（表3-182a）

表3-182a　一般工业用铝及铝合金挤压型材的表面处理的型材牌号、表面处理类别、膜层代号

牌号	表面处理类别			膜层代号	备注
6005、6063、6063A、6060、6061、6463、6463A	阳极氧化			AA5、AA10、AA15、AA20、AA25	膜层代号中： “AA”代表阳极氧化类别； “AA”后的数字标示阳极氧化膜最小平均膜厚限定值
	阳极氧化＋电泳涂漆	阳极氧化＋有光透明漆 阳极氧化＋亚光透明漆		EA21、EA16、EA13	膜层代号中： “EA”代表阳极氧化＋有光或亚光透明漆类别 “EA”后的数字标示阳极氧化与电泳涂漆复合膜最小局部膜厚限定值
		阳极氧化＋有光有色漆 阳极氧化＋亚光有色漆		ES21	膜层代号中： “ES”代表阳极氧化＋有光或亚光有色漆类别 “ES”后的数字标示阳极氧化与电泳涂漆复合膜最小局部膜厚限定值
	粉末喷涂			GA40	膜层代号中： “GA”代表粉末喷涂类别； “GA”后的数字标示最小局部膜厚限定值
	液体喷涂	丙烯酸漆喷涂		LB20	膜层代号中： “LB”代表丙烯酸漆喷涂类别； “LB”后的数字标示最小平均膜厚限定值
		氟碳漆喷涂	二涂（底漆加面漆）	LF2-30	膜层代号中： “LF2”代表氟碳漆喷涂一二涂类别； “LF2”后的数字标示最小平均膜厚限定值
			三涂（底漆、面漆加清漆）	LF3-40	膜层代号中： “LF3”代表氟碳漆喷涂一三涂类别； “LF3”后的数字标示最小平均膜厚限定值
			四涂（底漆、阻挡漆、面漆加清漆）	LF4-65	膜层代号中： “LF4”代表氟碳漆喷涂一四涂类别； “LF4”后的数字标示最小平均膜厚限定值

(4) 一般工业用铝及铝合金挤压型材的力学性能（表 3-182b）

表 3-182b　一般工业用铝及铝合金挤压型材的力学性能

牌号	状态	厚度/mm	抗拉强度 R_m/MPa	规定非比例伸长应力 $R_{p0.2}$/MPa	断后伸长率（%）	
					$A_{5.65}$	$A_{5.0}$
			不小于			
1050A	H112	—	60	20	25	23
1060	O	—	60 ~ 95	15	22	20
	H112	—	60	15	22	20
1100	O	—	75 ~ 105	20	22	20
	H112	—	75	20	22	20
1200	H112	—	75	25	20	18
1350	H112	—	60	—	25	23
2A11	O	—	≤245	—	12	10
	T4	≤10	335	190	—	10
		>10 ~ 20	335	200	10	8
		>20	365	210	10	—
2017	O	≤3.2	≤220	≤140	—	1
		>3.2 ~ 12	≤225	≤145	—	13
	T4	—	390	245	12	10
2017A	T4 T4510 T4511	≤30	380	260	10	8
20014 2014A	O	—	≤250	≤135	12	10
	T4 T4510 T4511	≤25	370	230	11	10
		>25 ~ 75	410	270	10	—
	T6 T6510 T6511	≤25	415	370	7	5
		>25 ~ 75	460	415	7	—
2024	O	—	≤250	≤150	12	10
	T3 T3510 T3511	≤15	395	290	8	6
		>15 ~ 50	455	290	8	—
	T8 T8510 T8511	≤50	455	380	5	4
3A21	O、H112	—	≤185	—	16	14
5A02	O、H112	—	≤245	—	12	10

（续）

牌号	状态		厚度/mm	抗拉强度 R_m/MPa	规定非比例伸长应力 $R_{p0.2}$/MPa	断后伸长率（%） $A_{5.65}$	断后伸长率（%） $A_{5.0}$
				不小于			
6005 6005A	T6	实心型材	≤5	270	225	—	6
			>5~10	260	215	—	6
			>15~25	250	200	8	6
		空心型材	≤5	255	215	—	6
			>5~15	250	200	8	6
6060	T4		≤25	120	60	16	14
	T5		≤5	160	120	—	6
			>5~25	140	100	8	6
	T6		≤3	190	150	—	6
			>3~25	170	140	6	6
6061	T4		≤25	180	110	15	13
	T5		≤16	240	205	9	7
	T6		≤5	260	240	—	7
			>5~25	260	240	10	8
6063	T4		≤25	130	65	14	12
	T5		≤3	175	30	—	6
			>3~25	160	110	7	5
	T6		≤10	215	170	—	5
			>10~25	195	160	8	6
6063A	T4		≤25	150	90	12	10
	T5		≤10	200	160	—	5
			>10~25	190	150	6	4
	T6		≤10	230	190	—	5
			>10~25	220	180	5	4
6463	T4		≤50	125	75	14	10
	T5		≤50	150	110	8	6
6463A	T6		≤3	205	170	—	6
			>3~12	205	170	—	8

3.4 其他有色金属材料

3.4.1 镁及镁合金

1. 镁及镁合金板、带材（GB/T 5154—2010）

镁及镁合金板、带材的牌号、状态与规格见表3-183。

表3-183 镁及镁合金板、带材的牌号、状态与规格

牌号	状态	规格/mm		
		厚度	宽度	长度
Mg99.00	H18	0.20	3.0~6.0	≥100
M2M AZ40M	O	0.80~10.00	400~1200	1000~3500
	H112、F	>8.00~70.00	400~1200	1000~3500
AZ41M	H18、O	0.40~2.00	≤1000	≤2000
	O	>2.00~10.00	400~1200	1000~3500
	H112、F	>8.00~70.00	400~1200	1000~2000
AZ31B	H24	>0.40~2.00	≤600	≤2000
		>2.00~4.00	≤1000	≤2000
		>8.00~32.00	400~1200	1000~3500
		>32.00~70.00	400~1200	1000~2000
	H26	6.30~50.00	400~1200	1000~2000
	O	>0.40~1.00	≤600	≤2000
		>1.00~8.00	≤1000	≤2000
		>8.00~70.00	400~1200	1000~2000
	H112、F	>8.00~70.00	400~1200	1000~2000
ME20M	H18、O	0.40~0.80	≤1000	≤2000
	H24、O	>0.80~10.00	400~1200	1000~3500
	H112、F	>8.00~32.00	400~1200	1000~3500
		>32.00~70.00	400~1200	1000~2000

2. 镁合金热挤压棒材（GB/T 5155—2013）

（1）镁合金热挤压棒材的牌号及状态（表3-184）

表3-184 镁合金热挤压棒材的牌号及状态

合金牌号	状态
AZ31B、AZ40M、AZ41M、AZ61A、AZ61M、ME20M	H112
AZ80A	H112、T5
ZK61M、ZK61S	T5

（2）镁合金热挤压棒材的直径及允许偏差（表3-185）

表3-185 镁合金热挤压棒材的直径及允许偏差

棒材直径（方棒、六角棒为内切圆直径）/mm	直径允许偏差/mm		
	A级	B级	C级
5~6	-0.30	-0.48	—
>6~10	-0.36	-0.58	—
>10~18	-0.43	-0.70	-1.10
>18~30	-0.52	-0.84	-1.30
>30~50	-0.62	-1.00	-1.60

（续）

棒材直径（方棒、六角棒为内切圆直径）/mm	直径允许偏差/mm		
	A 级	B 级	C 级
>50 ~ 80	-0.74	-1.20	-1.90
>80 ~ 120	—	-1.40	-2.20
>120 ~ 180	—	—	-2.50
>180 ~ 250	—	—	-2.90
>250 ~ 300	—	—	-3.30

注：外径要求（±）偏差时，其偏差为本表对应数值绝对值的一半。

3. 镁合金热挤压型材（GB/T 5156—2013）

（1）镁合金热挤压型材的牌号及状态（表 3-186）

表 3-186　镁合金热挤压型材的牌号及状态

牌号	状态
AZ31B、AZ40M、AZ41M、AZ61A、AZ61M、ME20M	H112
AZ80A	H112、T5
ZK61M、ZK61S	T5

（2）镁合金挤压型材的尺寸允许偏差（表 3-187）

表 3-187　镁合金挤压型材的尺寸允许偏差

名义尺寸/mm	允许偏差/mm　±
≤3.00	0.35
>3.00 ~ 6.00	0.45
>6.00 ~ 12.00	0.55
>12.00 ~ 25.00	0.65
>25.00 ~ 50.00	0.75
>50.00 ~ 75.00	0.90
>75.00 ~ 100.00	1.40
>100.00 ~ 150.00	2.00
>150.00	2.50

注：空心型材具有不均匀截面和截面壁厚变化比大于 3:1 的型材截面尺寸，偏差由供需双方商定并在协议图纸中注明。

4. 镁合金热挤压管材（YS/T 495—2005）

（1）镁合金热挤压管材的牌号及状态（表 3-188）

表 3-188　镁合金热挤压管材的牌号及状态

牌号	状态	牌号	状态
AZ31B	HI12	M2S	HI12
AZ61A	HI12	ZK61S	HI12、T5

（2）镁合金热挤压管材的直径及允许偏差（表 3-189）

表 3-189　镁合金热挤压管材的直径及允许偏差　　（单位：mm）

直径（外径或内径）	直径允许偏差	
	平均直径与公称直径间的偏差	任一点直径与公称直径间的偏差
	1/2（AA + BB）与公称直径之差	AA 与公称直径之差
≤12. 50	±0. 20	±0. 40
>12. 50 ~ 25. 00	±0. 25	±0. 50
>25. 00 ~ 50. 00	±0. 30	±0. 64
>50. 00 ~ 100. 00	±0. 38	±0. 76
>100. 00 ~ 150. 00	±0. 64	±1. 25
>150. 00 ~ 200. 00	±0. 88	±1. 90

注：1. 当要求非对称偏差时，其非对称偏差的绝对值的平均值不大于表中标定偏差数值。
2. 仅要求内径、外径与壁厚三项中的任意二项的偏差。
3. 平均直径为在两个互为垂直方向测得的直径的平均值。
4. 表中偏差数值不适用于壁厚小于 2. 5% × 外径的管材。

3. 4. 2　镍及镍合金

1. 镍及镍合金板（GB/T 2054—2013）

镍及镍合金板的尺寸及其允许偏差见表 3-190。

表 3-190　镍及镍合金板的尺寸及其允许偏差　　（单位：mm）

厚度	规定宽度范围的厚度允许偏差		宽度允许偏差		长度允许偏差	
	50 ~ 1000	>1000 ~ 3000	50 ~ 1000	>1000 ~ 3000	≤3000	>3000 ~ 4500
4. 1 ~ 6. 0	±0. 35	±0. 40	±4	+7 −5	±5	−10 −5
>6. 0 ~ 8. 0	±0. 40	±0. 50				
>8. 0 ~ 10. 0	±0. 50	±0. 60	±6	−10 −5	−10 −5	−15 −5
>10. 0 ~ 15. 0	±0. 60	±0. 70				
>15. 0 ~ 20. 0	±0. 70	±0. 90				
>20. 0 ~ 30. 0	±0. 90	±1. 10	±8	−13 −5	−15 −5	−20 −5
>30. 0 ~ 40. 0	±1. 10	±1. 30				
>40. 0 ~ 50. 0	±1. 20	±1. 50				
>50. 0 ~ 80. 0	±1. 40	±1. 70				
>80. 0 ~ 100. 0	±1. 60	±1. 90				

2. 镍及镍合金带（GB/T 2072—2020）

镍及镍合金带的牌号、状态及规格见表 3-191。

表 3-191 镍及镍合金带的牌号、状态及规格

牌号	品种	状态	规格/mm		
			厚度	宽度	长度
N2、N4、N5、N6、N7、N8	箔材	硬态（Y）	0.01～0.02	20～200	—
		硬态（Y）、软态（M）	>0.02～0.25	20～300	—
N4、N5、N6、N7、NMg0.1、DN、NSi0.19、NCu40-2-1、NCu28-2.5-1.5、NW4-0.15、NW4-0.1、NW4-0.07、NCu30	带材	硬态（Y） 半硬态（Y_2） 软态（M）	>0.25～0.30	20～300	≥3000
			>0.30～0.80	20～1100	≥5000
			>0.80～5.00	20～1350	≥5000

3. 镍及镍合金管（GB/T 2882—2013）

镍及镍合金管的牌号、状态及规格见表 3-192。

表 3-192 镍及镍合金管的牌号、状态及规格

牌号	状态	规格/mm		
		外径	壁厚	长度
N2、N4、DN	软态（M） 硬态（Y）	0.35～18	0.05～0.90	100～15000
N6	软态（M） 半硬态（Y_2） 硬态（Y） 消除应力状态（Y_0）	0.35～110	0.05～8.00	
N5（N02201）、N7（N02200）、N8	软态（M） 消除应力状态（Y_0）	5～110	1.00～8.00	
NCr15-8（N06600）	软态（M）	12～80	1.00～3.00	
NCu30（N04400）	软态（M） 消除应力状态（Y_0）	10～110	1.00～8.00	
NCu28-2.5-1.5	软态（M） 硬态（Y）	0.35～110	0.05～5.00	
	半硬态（Y_2）	0.35～18	0.05～0.90	
NCu40-2-1	软态（M） 硬态（Y）	0.35～110	0.05～6.00	
	半硬态（Y_2）	0.35～18	0.05～0.90	
NSi0.19 NMg0.1	软态（M） 硬态（Y） 半硬态（Y_2）	0.35～18	0.05～0.90	

3.4.3 钛及钛合金

1. 钛及钛合金板（GB/T 3621—2007）

钛及钛合金板的产品牌号、制造方法、供应状态及规格分类见表 3-193。

表3-193 钛及钛合金板的产品牌号、制造方法、供应状态及规格分类

牌号	制造方法	供应状态	规格		
			厚度/mm	宽度/mm	长度/mm
TA1、TA2、TA3、TA4、TA5、TA6、TA7、TA8、TA8-1、TA9、TA9-1、TA10、TA11、TA15、TA17、TA18、TC1、TC2、TC3、TC4、TC4EL1	热轧	热加工状态（R） 退火状态（M）	>4.75~60.0	400~3000	1000~4000
	冷轧	冷加工状态（Y） 退火状态（M） 固溶状态（ST）	0.30~6	400~1000	1000~3000
TB2	热轧	固溶状态（ST）	>4.0~10.0	400~3000	1000~4000
	冷轧	固溶状态（ST）	1.0~4.0	400~1000	1000~3000
TB5、TB6、TB8	冷轧	固溶状态（ST）	0.30~4.75	400~1000	1000~3000

注：1. 工业纯钛板材供货的最小厚度为0.3mm，其他牌号的最小厚度见表5，如对供货厚度和尺寸规格有特殊要求，可由供需双方协商。

2. 当需方在合同中注明时，可供应消应力状态（m）的板材。

2. 钛及钛合金带与箔（GB/T 3622—2012）

钛及钛合金带的牌号、状态及规格见表3-194。

表3-194 钛及钛合金带的牌号、状态及规格

牌号	品种	加工方式	供货状态	规格(厚度×宽度×长度)/mm	供货方式
TA1、TA2 TA3、TA4 TA8、TA8-1 TA9、TA9-1 TA10	箔材	冷轧	冷加工态(Y)	(0.01~<0.03)×(30~100)×(≥500) (0.03~<0.10)×(50~300)×(≥500)	产品可以片式或卷式供货 卷式供货可分为切边和不切边两种
			退火态(M)		
	带材	冷轧	冷加工态(Y)	(0.10~<0.30)×(50~300)×(≥500) (0.30<3.00)×(<500)×C	
			退火态(M)		
		热轧	热加工态(R)	(3.00~4.75)×(<600)×C	
			退火态(M)		

注：TA4仅供带材，其最小厚度为0.30mm。

3. 钛及钛合金棒材（GB/T 2965—2007）

钛及钛合金棒材的牌号、状态和规格见表3-195。

表3-195 钛及钛合金棒材的牌号、状态及规格

牌号	供应状态①	直径或截面厚度②/mm	长度②/mm
TA1、TA2、TA3、TA4、TA5、TA6、TA7、TA9、TA10、TA13、TA15、TA19、TB2、TC1、TC2、TC3、TC4、TC4、ELI、TC6、TC9、TC10、TC11、TC12	热加工态（R）	>7~230	300~6000
	冷加工态（Y）		300~6000
	退火状态（M）		300~3000

①TC9、TA19和TC11钛合金棒材的供应状态为热加工态（R）和冷加工态（Y），TC6钛合金棒材的退火态（M）为普通退火态。

②经供需双方协商，可供应超出表中规格的棒材。

3.4.4 钨及钨合金

1. 钨板（GB/T 3875—2017）

钨板的牌号、状态及规格见表3-196。

表 3-196　钨板的牌号、状态及规格

牌号	制造方法	状态	规格/mm		
			厚度	宽度	长度
W1	烤轧-消除应力	轧制态（m）	0.10～0.20	30～300	50～1000
			>0.20～1.0	50～500	50～1000
	热轧-消除应力		>1.0～4.0	50～610	50～1000
			>4.0～6.0	50～610	50～800
			>6.0～20.0	50～610	50～800
	热轧-消除应力-机加工	机加工态（J）	>1.5～20	10～300	10～610

注：经供需双方办商，可供应其他规格的钨板。

2. 钨丝（GB/T 4181—2017）

（1）钨丝的牌号及类型（表 3-197）

表 3-197　钨丝的牌号及类型

牌号	类型	状态		
		拉拔丝	电解抛光丝	矫直丝
WK80	G、T、L、W	D	E	S
WK60	T、L、W	D	E	S
WK40	—	D	E	S
W1	—	D	E	S

注：本标准牌号和类型与 GB/T 4181—1997《钨丝》标准牌号和类型高温性能的关系见附录 A。

（2）钨丝的最大及最小直径（表 3-198）

表 3-198　钨丝的最大及最小直径

牌号	WK80、WK60		WK40、W1
	黑丝	白丝	
最小直径/μm	12	8	400
最大直径/μm	2000	2000	2000

第4章　建筑专用工程材料

4.1　建筑专用钢材

我国建筑用钢多数采用平炉和氧气顶吹转炉冶炼的低碳钢（含碳量小于0.25%）、中碳钢（含碳量0.25%~0.60%）及低合金钢。建筑用钢通常可分为钢结构用钢和钢筋混凝土结构用钢两大类。

4.1.1　钢结构用钢

1. 钢结构建筑工程

钢结构建筑工程是根据使用要求和设计要求，以钢材为主的建筑结构。主要采用普通碳素结构钢和低合金结构钢的型钢、钢管、钢板和钢筋等材料制成的钢梁、钢柱、钢桁架等构件，采用焊缝、螺栓或铆钉连接等方式建造桥梁、场馆、房屋等钢结构建筑。钢结构建筑工程广泛应用于超高层、大跨度和超重型建筑领域，将逐渐成为主流的建筑工艺，进而被世界各国广泛采用。

（1）钢结构建筑的特点　钢结构建筑，因其自重较轻，结构性好，且施工简便，其特点见表4-1。

表4-1　钢结构建筑的特点

特点	内容与要求
自重较轻、强度高	钢结构建筑是以钢材为主要材料的建筑结构，具有强度高、自重轻、塑性及韧性好、抗震性能好、结构可靠性较高、地基占用面积小、外形美观等特点，适于跨度大，高度高，承载重的结构
制造工业化程度高	钢结构建筑一般是用H型钢、工字钢、槽钢、角钢等热轧型钢和钢板组成的以及用冷弯薄壁型钢制成的承重构件或承重结构，便于在工厂制造、工地拼装，工厂机械化制造结构件，成品精度高、生产效率高、施工速度快、工期短、工业化程度高
打破行业界限	钢结构建筑一种新型的建筑体系，可打破房地产业、建筑业、冶金业、机械制造业之间的行业界线，使其集合成为一个新的产业体系，这就是业内人士普遍看好的钢结构建筑体系
耐蚀性差	铁是比较活泼的金属，与氧等元素具有亲和性，其化学性质是不耐腐蚀的，在潮湿和腐蚀性介质的环境中，容易锈蚀。因此，钢结构工程结构钢常选用优质结构钢或低合金高强度结构钢，表面做防腐蚀处理，一般钢结构要做除锈、镀锌或涂料处理，且要定期维护。对处于海水中的海洋平台结构，需采用“锌块阳极保护”等特殊措施防腐蚀
钢结构耐热不耐火	金属都是传热的优良导体，钢的强度会随着温度的升高而下降，所以钢的耐火性差，当周围存在辐射热，温度在150℃以上时，就应采取遮挡措施。如果一旦发生火灾，结构温度达到500℃以上时，就可能全部瞬时崩溃

（2）钢结构建筑工程的技术类型　钢结构建筑工程涉及面广，技术难度大，在推广应

用中必须遵循国家及行业标准规范，推广技术成熟的钢结构 CAD 技术，把握钢结构的设计、制造与施工安装技术的总体水平。其钢结构建筑工程技术类型见表 4-2。

表 4-2　钢结构建筑工程的技术类型

结构类型	技术内容与要求
高层钢结构技术	根据建筑高度和设计要求分别采用框架、框架支撑、筒体和巨型框架结构，其构件可采用钢、劲性钢筋混凝土或钢管混凝土结构。钢构件质轻延性好，可采用焊接型钢或轧制型钢，适用于超高层建筑；劲性钢筋混凝土构件刚度大，防火性能好，适用于中高层建筑或底部结构；钢管混凝土施工简便，通常仅用于柱结构
空间钢结构技术	空间钢结构自重轻、刚度大、造型美观，施工速度快。可以用钢管为杆件的球节点平板网架、多层变截面网架及网壳等，为空间钢结构用量最大的结构形式。具有空间刚度大，用钢量低的优点，在设计、施工和检验规程可提供完备的 CAD 技术。除网架结构外，空间结构尚有大跨悬索结构、索膜结构等
轻钢结构技术	伴随着轻型彩色钢板制成墙体和屋面围护结构组成的新结构形式。由厚 5mm 以上钢板焊接或轧制的大断面薄壁 H 型钢墙梁和屋面檩条，圆钢制成柔性支持系统和高强度螺栓连接构成的轻钢结构体系，柱距可从 6m 到 9m，跨度可达 30m 或更大，高度可达十几米，用钢量 20 ~ 30kg/m^2。现已有标准化的设计程序和专业化生产企业，产品质量好、安装速度快、重量轻、投资少、施工不受季节限制，适用于各种轻型工业厂房
钢混凝土组合结构技术	以型钢或钢管与混凝土构件组成的梁、柱承重结构的钢混组合结构。组合结构兼有钢与混凝土两者的优点，整体强度大、刚性好、抗震性能良好，当采用外包混凝土构造时，更具有良好的耐火和耐蚀性。组合结构件一般可降低用钢量的 15% ~20%。组合楼盖及钢管混凝土构件，还具有少支模或不支模、施工方便快速的优点，推广潜力较大。适用于随较大荷载的多层或高层建筑的框架梁、柱及楼盖，工业建筑柱和楼盖等
高强度螺栓连接与焊接技术	高强度螺栓是通过摩擦力来传递应力，由螺栓、螺母和垫圈三部分组成。高强度螺栓连接施工简便、拆除灵活、承载力高、抗疲劳性能和自锁性好、安全性高等优点，工程中已取代了铆接和部分焊接，成为钢结构制造及安装中的主要连接手段。在车间内制造的钢构件，厚板应采用自动多丝埋弧焊，箱形柱隔板应采用熔嘴电渣焊等技术。现场安装施工中，应采用半自动焊技术和气体保护焊、药芯焊丝及自保护药芯焊丝技术
钢结构防护技术	钢结构防护包括防火、防腐蚀、防锈，一般是采用在防火涂料处理后无须再作防锈处理，但在有腐蚀气体的建筑中尚需作防腐蚀处理。国内防火涂料种类较多，如 TN 系列、MC-10 等，其中 MC-10 防火涂料有醇酸磁漆、氯化橡胶漆、氟橡胶涂料及氯磺化涂料等。在施工中应根据钢结构形式、耐火等级要求及环境要求选用合适的涂料及涂层厚度

2. 钢结构建筑用钢的选材原则

（1）技术要求

1）钢结构建筑用钢必须选用材料匀质性和各向同性好，属理想弹性体的钢材；符合一般工程力学的基本假定，材料塑性、韧性好，可有一定的变形，能很好地承受应力和动应力，保证结构的承载能力和防止脆性破坏。

2）根据结构的重要性、荷载特征、结构形式、应力状态、连接方法、钢材厚度和工作环境等因素综合考虑其使用性能。

（2）选材原则

钢结构工程在设计阶段的选材不仅关系到结构的安全和使用年限，而且也关系钢结构工程的总体造价，钢结构建筑用钢的选材原则见表 4-3。

表 4-3　钢结构建筑用钢的选材原则

选材原则	说　明
根据结构的类型及重要性选材	在钢结构工程中由于使用条件、结构所处部位等方面的不同，结构可以分为重要、一般和次要三类。例如民用大跨度屋架、重级工作制吊车梁等就是重要的；普通厂房的屋架和柱等属于一般的；梯子、栏杆、平台等则是次要的。应根据不同情况，有区别地选用钢材的牌号
按所承受荷载的性质选材	结构可分为承受静力荷载和承受动力荷载两种。在承受动力荷载的结构或构件中，又有经常满载和不经常满载的区别。因此，荷载性质不同，就应选用不同牌号的钢材。例如对重级工作制吊车梁，就要选用冲击韧性和疲劳性能好的钢材，如 Q345C 或 Q235C；而对于一般承受静力荷载的结构或构件，如普通焊接屋架及柱等（在常温条件下），可选用 Q235B、Q235BF
按照采用的连接方法选材	连接方法不同，对钢材质量要求也不同：例如焊接的钢材，由于在焊接过程中不可避免地会产生焊接应力、焊接变形和焊接缺陷，在受力性质改变和温度变化的情况下，容易引起缺口敏感，导致构件产生裂纹，甚至发生脆性断裂，所以焊接钢结构对钢材的化学成分、力学性能和焊接性都有较高的要求。如钢材中的碳、硫、磷的含量要低，塑性和韧性指标要高，焊接性要好等。但对非焊接结构（如用高强度螺栓连接的结构），这些要求就可放宽
根据结构所处的环境和工作条件进行选材	结构所处的环境和工作条件，例如室内、室外、温度变化、腐蚀作用情况等对钢材的影响很大。钢材有随着温度下降而发生脆断（低温脆断）的特性；钢材的塑性、冲击韧性都随着温度的下降而降低，当下降到冷脆温度时，钢材处于脆性状态，随时都可能突然发生脆性断裂。国内外都有这样的工程事故的实例。经常在低温下工作的焊接结构，选材时必须慎重考虑
根据结构的受力性质选材	构件的受力有受拉或受弯和受压等状态，由于构造原因使结构构件截面上产生应力集中现象，在应力集中处往往产生三向（或双向）同号应力场，易引起构件发生脆断，而脆断主要发生在受拉区，危险性较大。因此，对受拉或受弯构件的材性要求高一些。其次，结构的低温脆断事故，绝大部分是发生在构件内部有局部缺陷（如缺口、裂纹、夹渣等）的部位。但同样的缺陷对拉应力比压应力影响更大。因此，经常承受拉力的构件，应选用质量较好的钢材
按照结构形式选材	构件钢材厚度较大采用格构式构件的结构形式，由于缀件与肢件连接处可能产生应力集中现象，而且该处需进行焊接，因此对材料的性质要求比实腹式构件高一些。对重要的受拉和受弯焊接构件，由于有焊接残余拉应力存在，往往出现多向拉应力场，当构件的钢材厚度较大时，轧制次数少，钢材中的气孔和夹渣比薄板多，存在较多缺陷，因此对钢材厚度较大的受拉和受弯构件，对材料的性质要求应高一些

注：钢结构建筑用钢的选材的原则同样适应于钢筋混凝土结构用钢的选材。

3. 建筑结构用钢板（GB/T 19879—2015）

建筑结构用钢板适用于制造高层建筑结构、大跨度结构及重要建筑结构用厚度为 6 ~ 100mm 的钢板。《建筑结构用钢板》（GB/T 19879—2015）与日本工业标准 JIS G 3136：2012《建筑结构用轧制钢材》的一致性程度为非等效。该标准为国家首次发布。

1）建筑结构用钢板的牌号及化学成分见表 4-4。

表 4-4 建筑结构用钢板的牌号及化学成分

牌号	质量等级	化学成分（质量分数）（%）												
		C	Si	Mn	P	S	V②	Nb②	Ti②	Ais①	Cr	Cu	Ni	Mo
		≤			≤					≥	≤			
Q235GJ	B、C	0.20	0.35	0.60～1.50	0.025	0.015	—	—	—	0.015	0.30	0.30	0.30	0.08
	D、E	0.18			0.020	0.010								
Q345GJ	B、C	0.20	0.55	≤1.60	0.025	0.015	0.150	0.070	0.035	0.015	0.30	0.30	0.30	0.20
	D、E	0.18			0.020	0.010								
Q390GJ	B、C	0.20	0.55	≤1.70	0.025	0.015	0.200	0.070	0.030	0.015	0.30	0.30	0.70	0.50
	D、E	0.18			0.020	0.010								
Q420GJ	B、C	0.20	0.55	<1.70	0.025	0.015	0.200	0.070	0.030	0.015	0.80	0.30	1.00	0.50
	D、E	0.18			0.020	0.010								
Q460GJ	B、C	0.20	0.55	≤1.70	0.025	0.015	0.200	0.110	0.030	0.015	1.20	0.50	1.20	0.50
	D、E	0.18			0.020	0.010								
Q500GJ	C	0.18	0.60	≤1.80	0.025	0.015	0.120	0.110	0.030	0.015	1.20	0.50	1.20	0.60
	D、E				0.020	0.010								
Q550GJ③	C	0.18	0.60	≤2.00	0.025	0.015	0.120	0.110	0.030	0.015	1.20	0.50	2.00	0.60
	D、E				0.020	0.010								
Q620GJ③	C	0.18	0.60	≤2.00	0.025	0.015	0.120	0.110	0.030	0.015	1.20	0.50	2.00	0.60
	D、E				0.020	0.010								
Q690GJ③	C	0.18	0.60	≤2.20	0.025	0.015	0.120	0.110	0.030	0.015	1.20	0.50	2.00	0.60
	D、E				0.020	0.010								

①允许用全铝含量（Alt）来代替酸溶铝含量（Als）的要求，此时全铝含量 Alt 应不小于 0.020%，如果钢中添加 V、Nb 或 Ti 任一种元素，且其含量不低于 0.015% 时，最小铝含量不适用。

②当 V、Nb、Ti 组合加入时，对于 Q235GJ、Q345GJ，（V + Nb + Ti）≤0.15%，对于 Q39OGJ、Q42OGJ、Q46OGJ，（V + Nb + Ti）≤0.22%。

③当添加硼时，Q550GJ、Q620GJ、Q690GJ 及淬火加回火状态钢中的 B≤0.003%。

2）建筑结构用钢板的碳当量（CEV）或焊接裂纹敏感性指数（Pcm）见表 4-5。

表 4-5 建筑结构用钢板的碳当量（CEV）或焊接裂纹敏感性指数（Pcm）

牌号	交货状态①	规定厚度（mm）的碳当量 CEV（%）				规定厚度（mm）的焊接裂纹敏感性指数 Pcm（%）			
		≤50②	>50～100	>100～150	>150～200	≤50②	>50～100	>100～150	>150～200
		≤				≤			
Q235GJ	WAR、WCR、N	0.34	0.36	0.38	—	0.24	0.26	0.27	—
Q345GJ	WAR、WCR、N	0.42	0.44	0.46	0.47	0.26	0.29	0.30	0.30
	TMCP	0.38	0.40	—	—	0.24	0.26	—	—
Q39OGJ	WCR、N、NT	0.45	0.47	0.49	—	0.28	0.30	0.31	—
	TMCP、TMCP + T	0.40	0.43	—	—	0.26	0.27	—	—

（续）

牌号	交货状态①	规定厚度（mm）的碳当量 CEV（%）				规定厚度（mm）的焊接裂纹敏感性指数 Pcm（%）			
		≤50②	>50～100	>100～150	>150～200	≤50②	>50～100	>100～150	>150～200
		≤				≤			
Q420GJ	WCR、N、NT	0.48	0.50	0.52	—	0.30	0.33	0.34	—
	QT	0.44	0.47	0.49	—	0.28	0.30	0.31	—
	TMCP、TMCP+T	0.40	双方协商	—		0.26	双方协商	—	—
Q460GJ	WCR、N、NT	0.52	0.54	0.56	—	0.32	0.34	0.35	—
	QT	0.45	0.48	0.50	—	0.28	0.30	0.31	—
	TMCP、TMCP+T	0.42	双方协商	—		0.27	双方协商	—	
Q500GJ	QT	0.52	—			双方协商	—		
	TMCP、TMCP+T	0.47	—			0.28③	—		
Q550GJ	QT	0.54	—			双方协商	—		
	TMCP、TMCP+T	0.47	—			0.29③	—		
Q620GJ	QT	0.58	—			双方协商	—		
	TMCP、TMCP+T	0.48	—			0.30③	—		
Q690GJ	QT	0.60	—			双方协商	—		
	TMCP、TMCP+T	0.50	—			0.30③			

①WAR：热轧；WCR：控轧；N：正火；NT：正火+回火；TMCP：热机械控制轧制；TMCP+T：热机械控制轧制+回火；QT：淬火（包括在线直接淬火）+回火。

②Q500GJ、Q550GJ、Q620GJ、Q690GJ 最大厚度为 40mm。

③仅供参考。

3）建筑结构用钢板的质量要求见表 4-6。

表 4-6　建筑结构用钢板的质量要求

钢结构用钢板的牌号表示方法
钢结构用钢板的牌号由屈服强度代号 Q+屈服强度数值+质量等级符号（B、C、D、E）组成，代表高性能建筑结构用钢板另加字母（GJ）。例如 Q345GJC；对于厚度方向性能钢板，在质量等级后面加上厚度方向性能级别（Z15、Z25 或 Z35），例如 Q345GJCZ25
钢结构钢板的外形、尺寸、重量及允许偏差
钢结构钢板的外形、尺寸、重量及允许偏差应符合热轧钢板和钢带（GB/T 709—2019）的规范，厚度负偏差限定在 -0.3mm。经双方协议，可以供应其他尺寸、外形及允许偏差的钢板
钢结构用钢板的表面质量
钢板不允许存在裂纹、气泡、结疤、折叠、夹杂和压入的氧化铁皮，钢板不得有分层；钢板表面允许不妨碍检查表面缺陷的薄层氧化铁皮、铁锈、由压入氧化铁皮脱落所引起的不显著的表面粗糙、划伤、压痕及其他局部缺陷，但其深度不得大于厚度公差的 1/2，并应保证钢板最小厚度；钢板表面缺陷允许修磨清理，但应保证钢板的最小厚度，修磨清理处应保证钢板平滑无棱角

4）建筑结构用钢板的力学性能见表 4-7。

表 4-7　建筑结构用钢板的力学性能

牌号	质量等级	拉伸试验											纵向冲击试验		弯曲试验[①]	
		钢板厚度/mm										断后伸长率 A（%）≥	温度/℃	冲击吸收能量 kV_2/J	180° 弯曲压头直径 D	
		下屈服强度 R_{eL}/MPa					抗拉强度 R_m/MPa			屈强比 R_{eL}/R_m					钢板厚度/mm	
		6～16	>16～50	>50～100	>100～150	>150～200	<100	>100～150	>150～200	6～150	>150～200			≥	≤16	>16
Q235GJ	B	≥235	235～345	225～335	215～325	—	400～510	380～510	—	≤0.80	—	23	20	47	$D=2a$	$D=3a$
	C												0			
	D												-20			
	E												-40			
Q345GJ	B	≥345	345～455	335～445	325～435	305～415	490～610	470～610	470～610	≤0.80	≤0.80	22	20	47	$D=2a$	$D=3a$
	C												0			
	D												-20			
	E												-40			
Q390GJ	B	≥390	390～510	380～500	370～490	—	510～660	490～640	—	≤0.83	—	20	20	47	$D=2a$	$D=3a$
	C												0			
	D												-20			
	E												-40			
Q420GJ	B	≥420	420～550	410～540	400～530	—	530～680	510～660	—	≤0.83	—	20	20	47	$D=2a$	$D=3a$
	C												0			
	D												-20			
	E												-40			
Q460GJ	B	≥460	460～600	450～590	440～580	—	570～720	550～720	—	≤0.83	—	18	20	47	$D=2a$	$D=3a$
	C												0			
	D												-20			
	E												-40			
Q500GJ	C	>500	—	—	500～610	—	610～770	—	—	0.8		17	0	47	$D=2a$	$D=3a$
	D												-20			
	E												-40			
Q550GJ	C	>550	—	—	550～690	—	670～830	—	—	0.83		17	0	47	$D=2a$	$D=3a$
	D												-20			
	E												-40			
Q620GJ	C	>620	—	—	620～770	—	730～900	—	—	0.85		11	0	47	$D=2a$	$D=3a$
	D												-20			
	E												-40			
Q690GJ	C	>690	—	—	690～860	—	770～910	—	—	0.85		11	0	47	$D=2a$	$D=3a$
	D												-20			
	E												-40			

（续）

当厚度≥15mm 的钢板要求厚度方向性能时，其厚度方向性能级别的断面收缩率		
厚度方向性能级别	断面收缩率	
	三个试样平均值≥	单个试样值≥
Z15	15	10
Z25	25	15
Z35	35	25

①a 为试样厚度。

4. 建筑用压型钢板

建筑用压型钢板是通过工厂化生产将薄钢板经辊压冷弯，使其截面呈 V 形、U 形、梯形或与其相类似的波纹形建筑元件，在建筑上用作屋面板、楼板、墙板及装饰板等。建筑用压型钢板的型号与截面基本尺寸见表 4-8。

表 4-8　建筑用压型钢板的型号与截面基本尺寸　（单位：mm）

型号	截面基本尺寸（示意图）	展开宽度
YX173-300-300	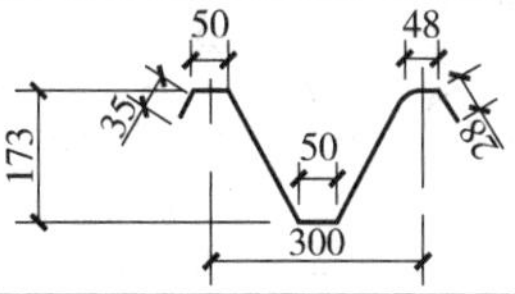 50；48；35；28；173；50；300	610
YX130-300-600	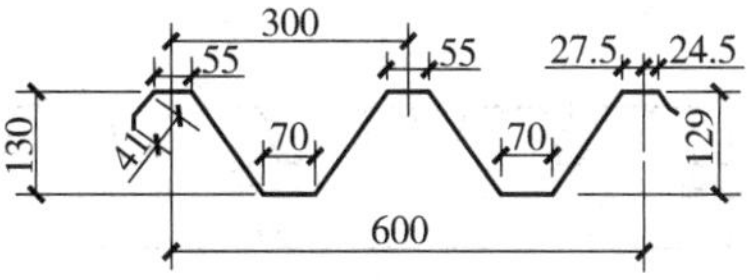 300；55；55；27.5；24.5；130；41；70；70；129；600	1000
YX130-275-550*	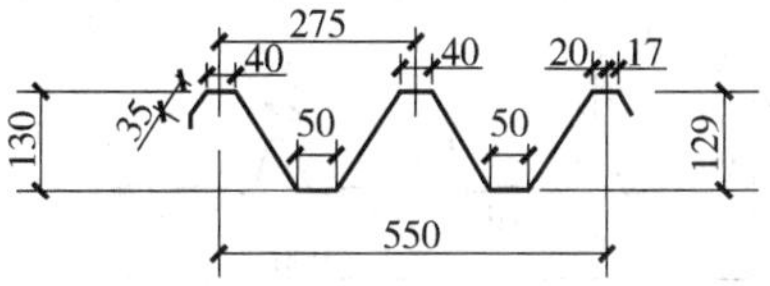 275；40；40；20；17；130；35；50；50；129；550	914
YX75-230-690（Ⅰ）*	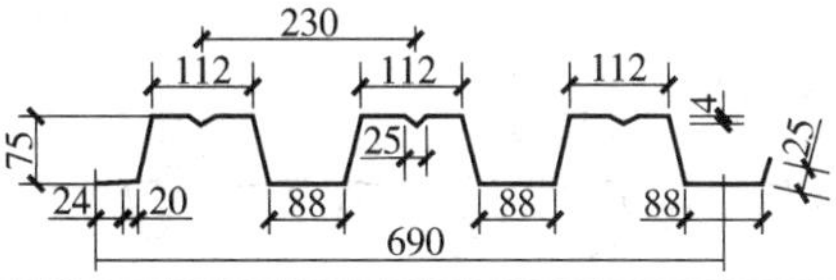 230；112；112；112；14；75；25；25；24；20；88；88；88；690	1100
YX75-230-690（Ⅱ）*	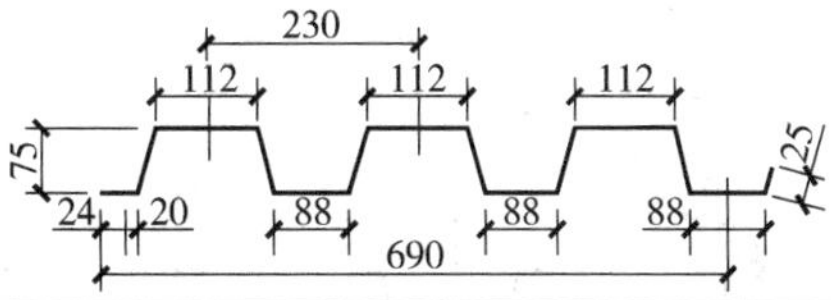 230；112；112；112；75；25；24；20；88；88；88；690	1100
YX75-210-840*	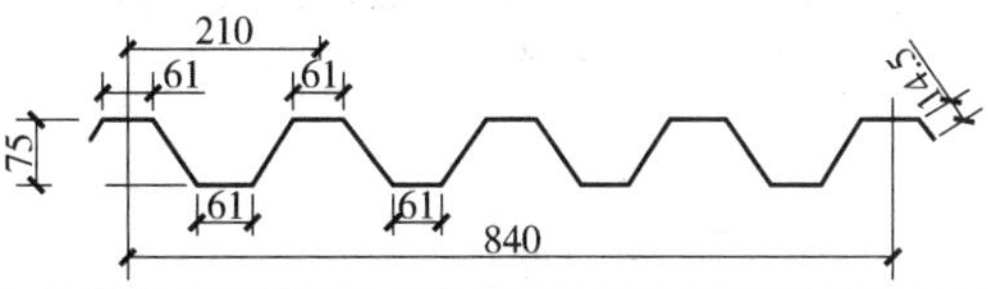 210；61；61；14.5；75；61；61；840	1250
YX75-200-600	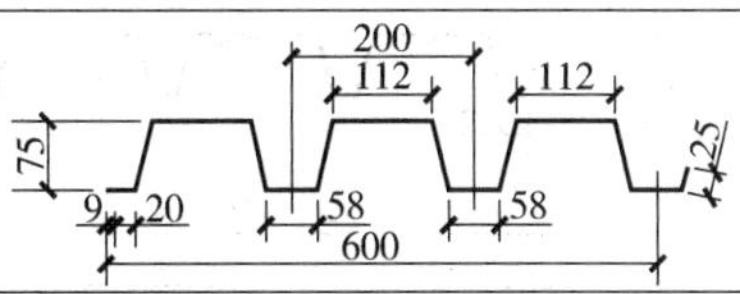 200；112；112；75；25；9；20；58；58；600	1000

（续）

型号	截面基本尺寸（示意图）	展开宽度
YX70-200-600	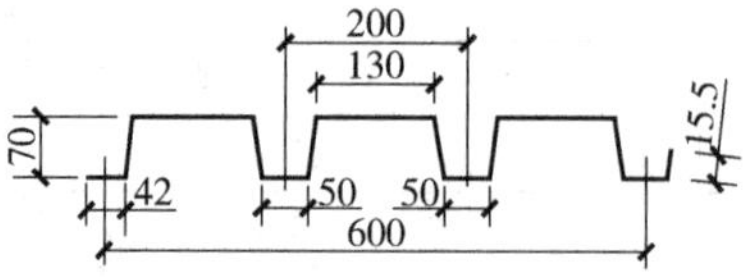 200; 130; 70; 15.5; 42; 50; 50; 600	1000
YX28-200-600（Ⅰ）	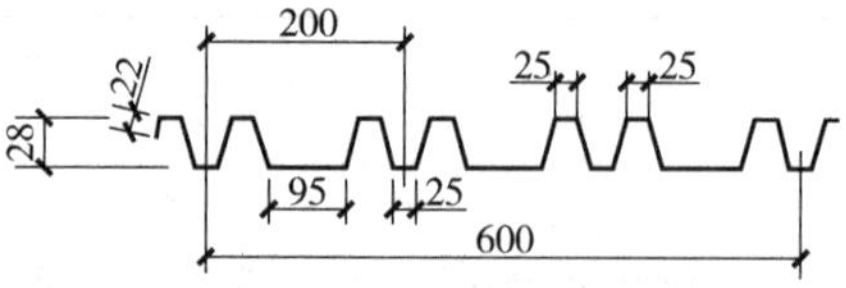 200; 22; 28; 25; 25; 95; 25; 600	1000
YX28-200-600（Ⅱ）	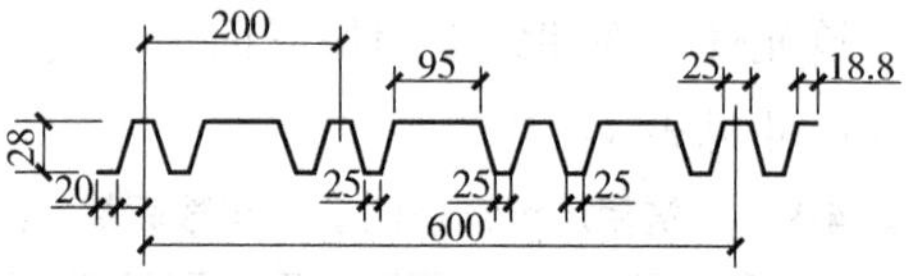 200; 95; 25; 18.8; 28; 20; 25; 25; 25; 600	1000
YX28-150-900（Ⅰ）	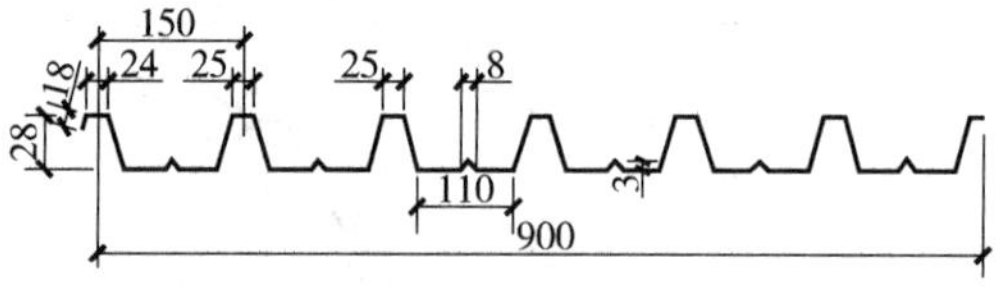 150; 18; 24; 25; 25; 8; 28; 3; 110; 900	1200
YX28-150-900（Ⅱ）	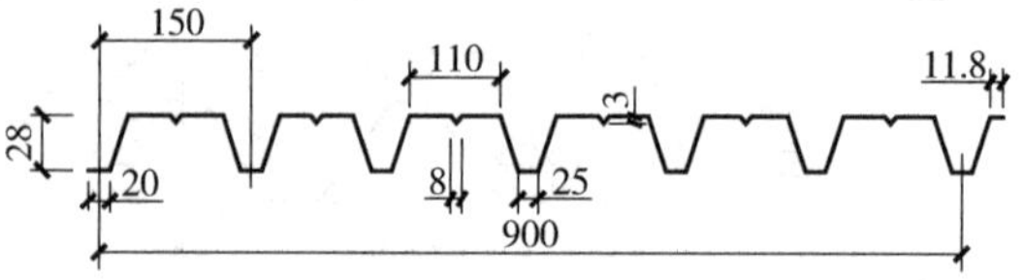 150; 110; 11.8; 13; 28; 20; 8; 25; 900	1200
YX28-150-900（Ⅲ）	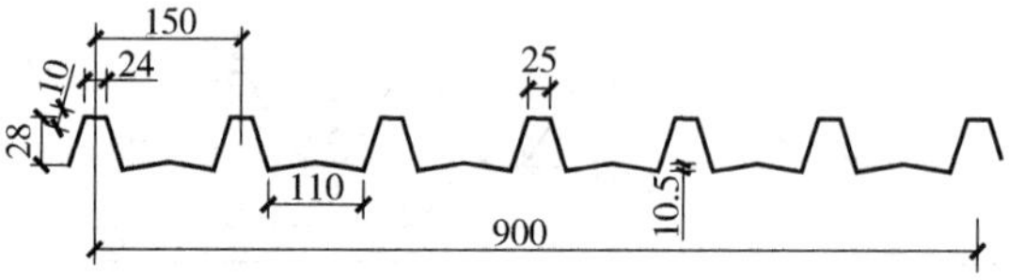 150; 10; 24; 25; 28; 110; 10.5; 900	1200
YX28-150-900（Ⅳ）	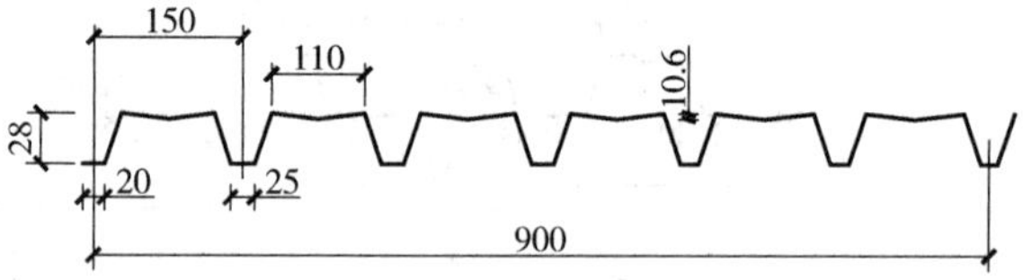 150; 110; 10.6; 28; 20; 25; 900	1200
YX28-150-750（Ⅰ）	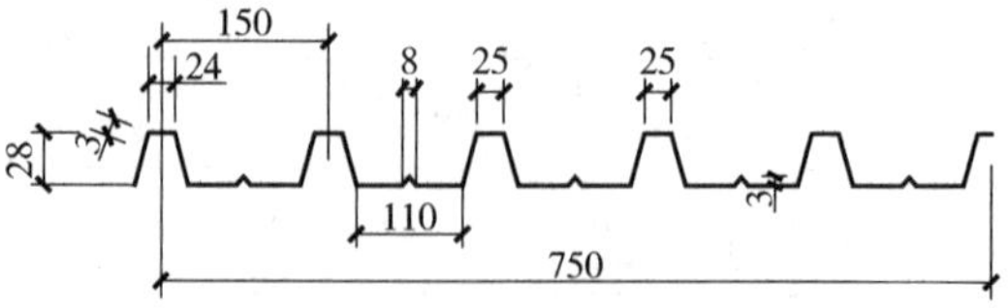 150; 24; 8; 25; 25; 3; 28; 3; 110; 750	1000
YX28-150-750（Ⅱ）	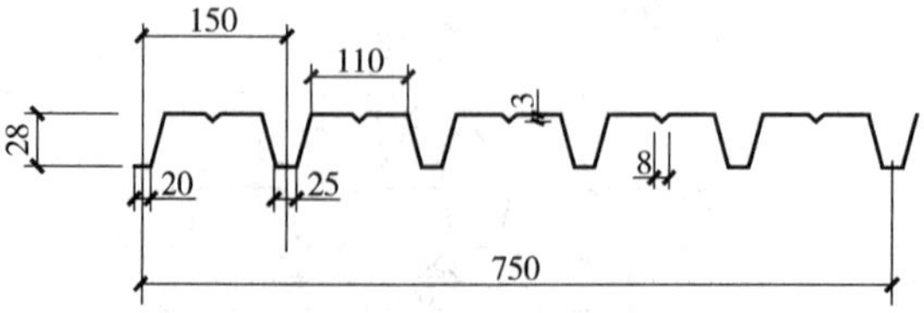 150; 110; 3; 28; 20; 25; 8; 750	1000

（续）

型号	截面基本尺寸（示意图）	展开宽度
YX51-250-750	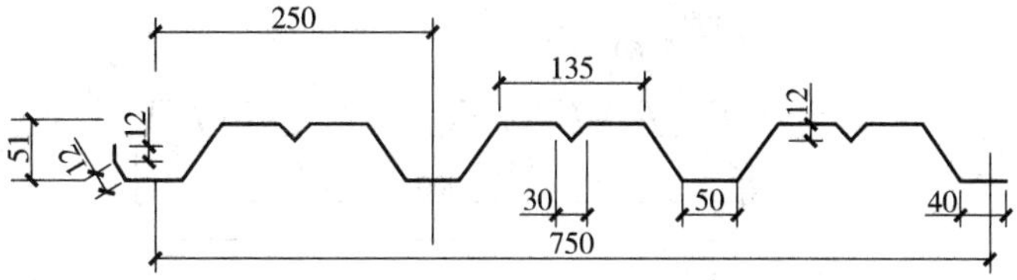 250；135；51；12；12；12；30；50；40；750	1000
YX38-175-700☆	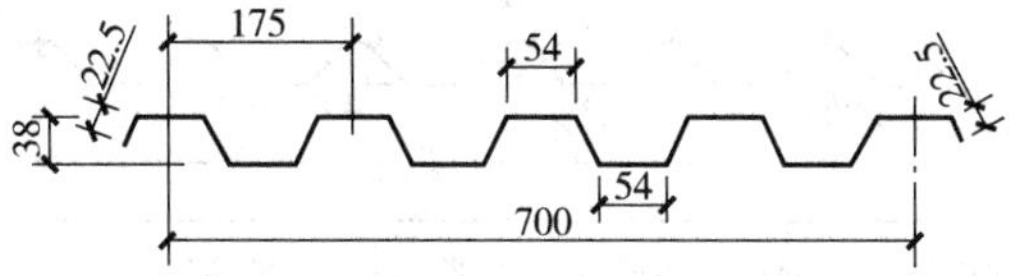 175；54；22.5；22.5；38；54；700	950
YX35-125-750	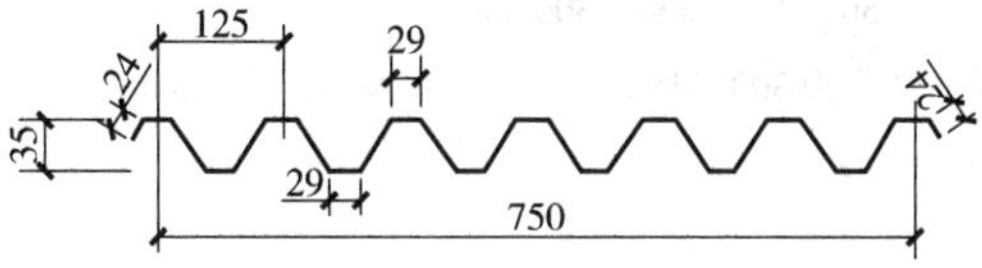 125；29；24；24；35；29；750	1000
YX35-187.5-750	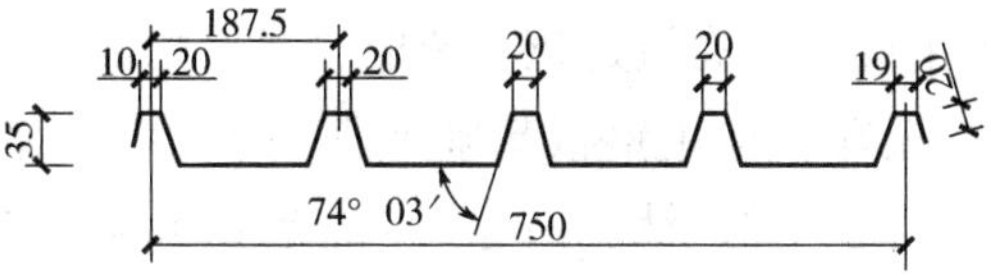 187.5；10；20；20；20；20；19；20；35；74° 03′；750	1000
YX35-115-690	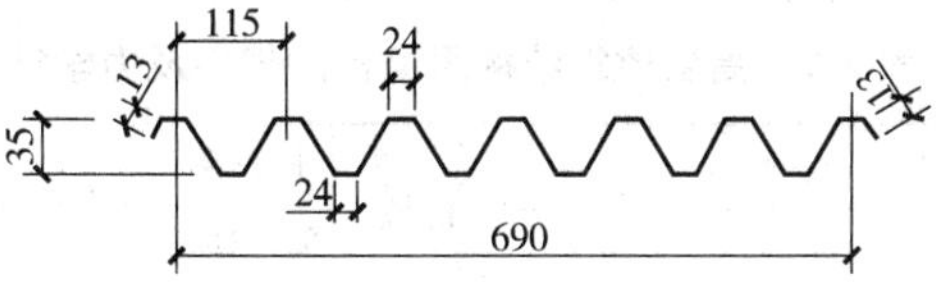 115；24；13；13；35；24；690	914
YX35-115-677	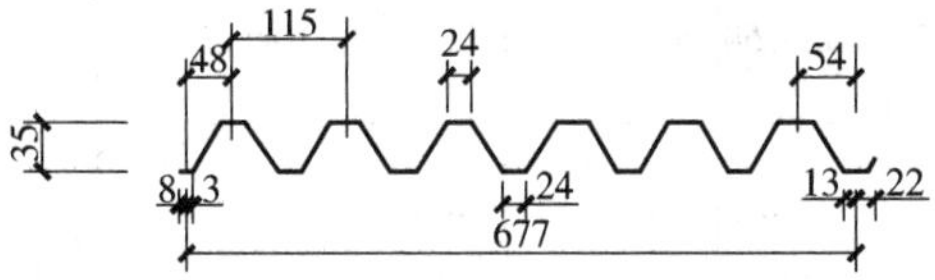 115；48；24；54；35；8；3；24；13；22；677	914
YX28-300-900（Ⅰ）	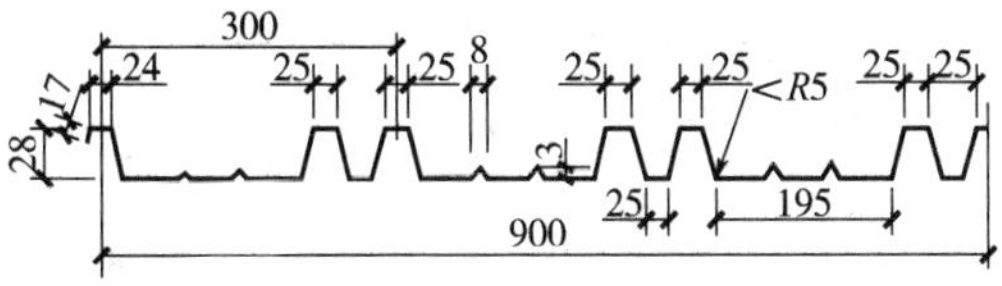 300；17；24；25；25；8；25；25；R5；25；25；28；3；25；195；900	1200
YX28-300-900（Ⅱ）	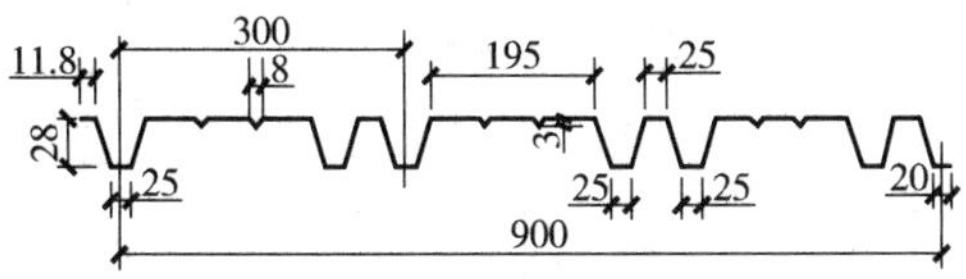 300；11.8；8；195；25；28；3；25；25；25；20；900	1200
YX28-100-800（Ⅰ）	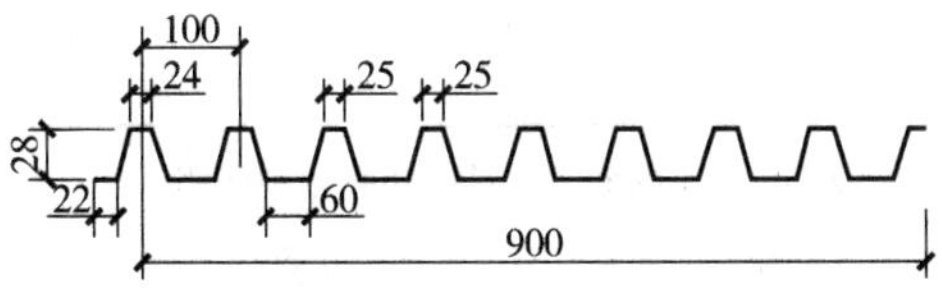 100；24；25；25；28；22；60；900	1200

（续）

型号	截面基本尺寸（示意图）	展开宽度
YX28-100-800（Ⅱ）	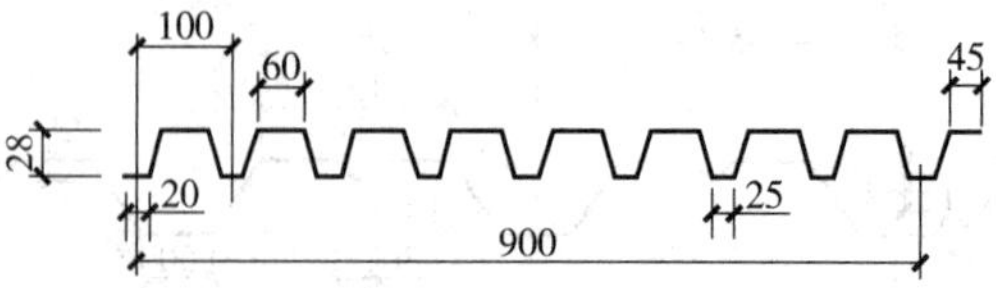 100　60　45　28　20　25　900	1200
YX21-180-900	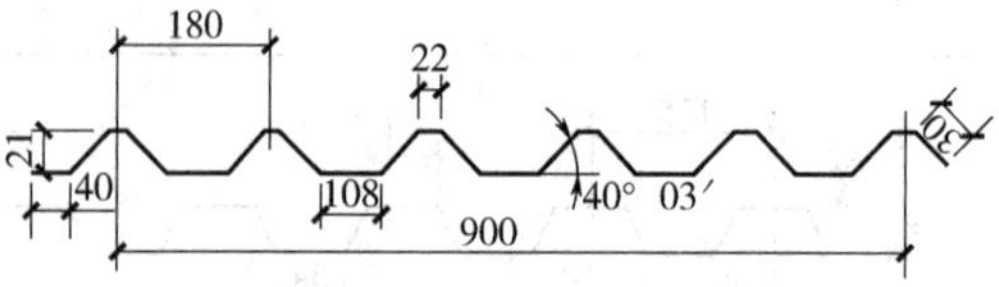 180　22　21　40　108　40°　03′　30　900	1100

注：1. 压型钢板的截面尺寸应符合下列任意条件（表中带 * 号的型号除外）：

a. 波距的模数为 50、100、150、200、250、300mm。

b. 有效覆盖的宽度的尺寸系列为 300、450、600、750、900、1000mm。

2. 压型钢板长度范围为 1.5～12m。

5. 高层建筑结构用钢板（YB 4104—2000）

高层建筑结构用钢板主要用于高层建筑、造船、海上采油平台等重要焊接结构，厚度为 6～100mm。高层建筑用钢板在结构用钢板基础上进一步降低了硫（S）、磷（P）及其他杂质含量，钢质纯净，并含有钒、铌、钛、铝等细化晶粒的元素，在保证钢板强度的同时，保持高的韧性和焊接性能，提高建筑物的安全性、抗震性能。其规格及力学性能见表 4-9。

表 4-9　高层建筑结构用钢板的规格及力学性能

牌号	质量等级	屈服点 σ_s/MPa 钢板厚度/mm				抗拉强度 σ_b/MPa	伸长率 δ_5（%）	冲击功 A_{kV} 纵向		180°弯曲试验 钢板厚度/mm		屈强比 σ_a/σ_b
		6～16	＞16～35	＞35～50	＞50～100		不小于	温度/℃	J 不小于	≤16	＞16～100	不大于
Q235GJ	C	≥235	235～345	225～335	215～325	400～510	23	0	34	2a	3a	0.80
	D							-20				
	E							-40				
Q345GJ	C	≥345	345～455	335～445	325～435	490～610	22	0	34	2a	3a	0.80
	D							-20				
	E							-40				
Q235GJZ	C	—	235～345	225～335	215～325	400～510	23	0	34	2a	3a	0.80
	D							-20				
	E							-40				
Q345GJZ	C	—	345～455	335～445	325～435	490～610	22	0	34	2a	3a	0.80
	D							-20				
	E							-40				

注：Z 为厚度方向性能级别 Z15，Z25，Z35 的缩写，具体在牌号中注明。

a—弯心直径，a—试样厚度，各牌号的屈强比 σ_s/σ_b 均≯0.80。

6. 建筑用花纹钢板（GB/T 33974—2017）

建筑用花纹钢板为表面具有菱形或突棱的钢板，也称为网纹钢板。分为菱形钢板、扁豆形钢板和圆豆形钢板三种类型。也可以由两种或两种以上花纹适当地组合成为组合型花纹钢板、表面带有凸起（或凹陷）花纹的钢板。主要用于扶梯、防滑地板、车辆步板及地沟盖板等，起防滑和装饰作用。

（1）建筑用花纹钢板的外形及基本尺寸（表 4-10）

表 4-10　建筑用花纹钢板的外形及基本尺寸

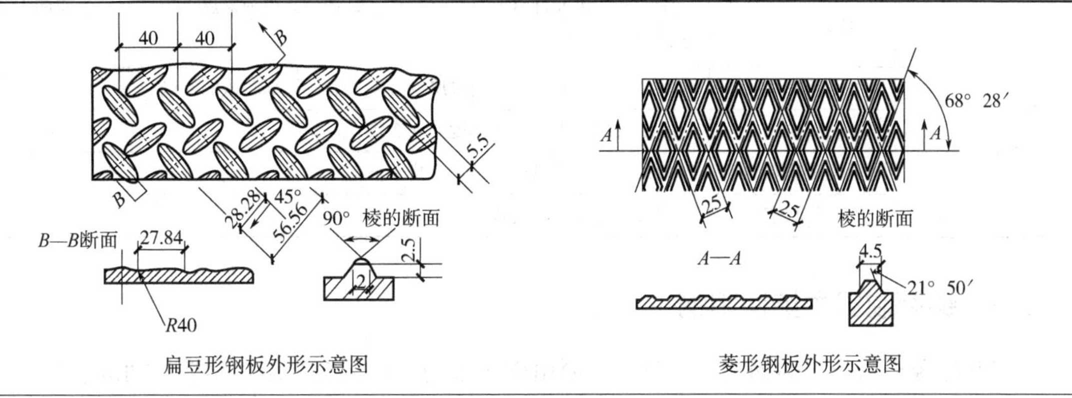

扁豆形钢板外形示意图　　菱形钢板外形示意图

基本尺寸/mm	
厚度	2.5、3.0、3.5、4.0、4.5、5.0、5.5、6.0、7.0、8.0
宽度	600～1800mm，按 50mm 进级
长度	2000～12000mm，按 100mm 进级

注：各种花纹不作为成品钢板交货的检查依据，供需双方可以协商其他花纹钢板或花纹钢带。

（2）建筑用花纹钢板的基本尺寸与允许偏差及理论重量（表 4-11）

表 4-11　建筑用花纹钢板的基本尺寸与允许偏差及理论重量　　（单位：mm）

基本厚度/mm	允许偏差/mm	理论重量/（kg/m^2）		
		菱形	扁豆形	圆豆形
2.5	±0.3	21.6	21.3	21.1
3.0	±0.3	25.6	24.4	24.3
3.5	±0.3	29.5	28.4	28.3
4.0	±0.4	33.4	32.4	32.3
4.5	±0.4	37.3	36.4	36.2
5.0	+0.4 −0.5	42.3	40.5	40.2
5.5	+0.4 −0.5	46.2	44.3	44.1
6.0	+0.5 −0.6	50.1	48.4	48.1
7.0	+0.6 −0.7	59.0	52.6	52.4
8.0	+0.6 −0.8	66.8	56.4	56.2

（3）建筑用花纹钢板的技术要求（表4-12）

表4-12 建筑用花纹钢板的技术要求

项目		技术要求
表面质量	一般要求	花纹钢板表面不得有气泡、结疤、拉裂、折叠和夹杂，钢板不允许有分层
	普通精度板	钢板表面可允许有薄层氧化铁皮、铁锈和由于氧化铁皮脱落所形成的表面粗糙；花纹上允许有不明显的毛刺和高度不超过花纹高度的个别痕迹；单个缺陷的最大面积不超过花纹长度的平方
	较高精度板	钢板表面可允许有薄层氧化铁皮、铁锈和高度或深度不超过厚度公差的1/2的局部其他缺陷
交货状态	花纹完整	花纹上允许有高度不超过厚度公差1/2的局部轻微的毛刺
	花纹纹高	花纹纹高不小于基板厚度的0.2倍
	交货质量	可按实际重量或理论重量交货
	交货状态	钢板以热轧状态交货

4.1.2 钢筋混凝土结构用钢

钢筋混凝土结构用的钢筋和钢丝，主要由碳素结构钢或低合金结构钢轧制而成。主要品种有热轧钢筋、冷加工钢筋、热处理钢筋、预应力混凝土用钢丝和钢绞线。按建筑钢材产品种类分为带肋钢筋、螺纹钢、线材、盘螺和圆钢。一般按直条或盘条（也称为盘圆）形式供货。

1. 预应力混凝土用钢棒（GB/T 5223.3—2017）

预应力混凝土用钢棒一般直径较粗，强度在800MPa左右，延伸率约20%，具有应力松弛率低、施工方便等特点，是一种高档次预应力建筑钢材新产品。

（1）预应力混凝土用钢棒的分类、牌号与代号（表4-13）

表4-13 预应力混凝土用钢棒的分类、牌号与代号

分类方法	牌号	代号
	预应力混凝土用钢棒	PCB
按钢棒表面形状分为光圆钢棒、螺旋槽钢棒、螺旋肋钢棒、带肋钢棒四种	光圆钢棒	P
	螺旋槽钢棒	HG
	螺旋肋钢棒	HR
	带肋钢棒	R
	低松弛	L
标记	标记示例预应力钢棒、公称直径、公称抗拉强度、代号、延性级别（延性35或延性25）、低松弛（L）、标准号等内容	
	标记示例例如，公称直径为9mm，公称直径抗拉强度为1420MPa，35级延性预应力混凝土用螺旋槽钢棒，其标记为： PCB 9.0-1420-35-L-HG-GB/T 5223.3	

（2）预应力混凝土用光圆钢棒的公称直径和横截面面积及重量（表4-14）

表 4-14　预应力混凝土用光圆钢棒的公称直径和横截面面积及重量

公称直径 D_n/mm	直径允许偏差/mm	公称横截面面积 S_n/mm^2	每米理论重量/（g/m）
6	±0.10	28.3	222
7		38.5	302
8		50.3	395
9	±0.12	63.6	499
10		78.5	616
11		95.0	746
12		113	887
13		133	1044
14		154	1209
15		177	1389
16		201	1578

注：每米理论重量 = 公称横截面积 × 钢的密度计算，钢棒每米理论重量时钢的密度为 7.85g/cm^3。

（3）预应力混凝土用钢棒螺旋槽钢棒的尺寸、重量及偏差（表 4-15）

表 4-15　预应力混凝土用钢棒螺旋槽钢棒的尺寸、重量及偏差

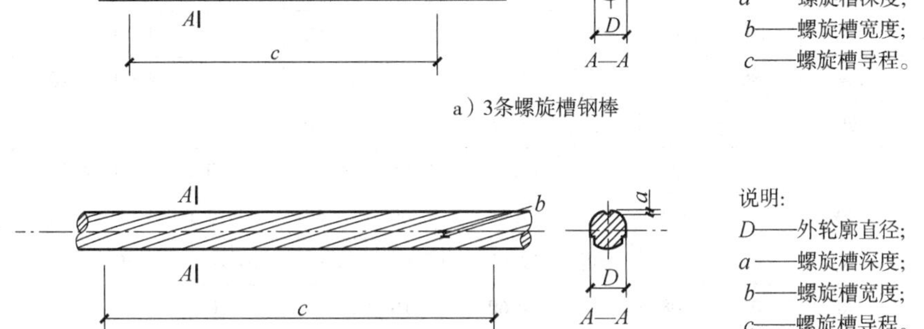

a）3条螺旋槽钢棒

b）6条螺旋槽钢棒

注：7.1mm螺旋槽钢棒为3条螺旋槽。9.0~14.0mm螺旋槽钢棒为6条螺旋槽。

公称直径 D_n/mm	公称横截面积 S_n/mm	每米理论重量/(g/m)	每米长度重量/(g/m)		螺旋槽数量/条	外轮廓直径及偏差		螺旋槽尺寸				导程及偏差	
			最大	最小		直径 D/mm	偏差/mm	深度 a/mm	偏差/mm	宽度 b/mm	偏差/mm	导程 c/mm	偏差/mm
7.1	10	314	327	306	3	7.25	±0.15	0.20	±0.10	1.70	±0.10	公称直径的10倍	±10
9.0	64	502	522	490	6	9.25	±0.20	0.30		1.50			
10.7	90	707	735	689	6	11.10		0.30		2.00			
12.6	125	981	1021	957	6	13.10		0.45	±0.15	2.20			
14.0	154	1209	1257	1179	6	14.30	±0.25	0.45		2.30			

（4）预应力混凝土用钢棒螺旋肋钢棒的尺寸、重量及偏差（表4-16）

表4-16　预应力混凝土用钢棒螺旋肋钢棒的尺寸、重量及偏差

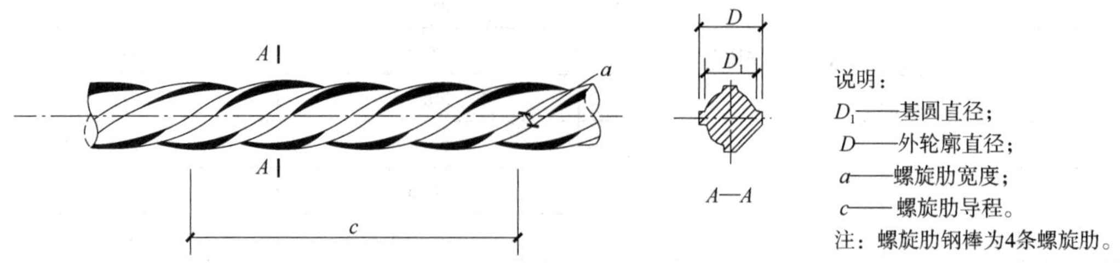

公称直径 D_n /mm	公称横截面积 S_n /mm	每米理论重量 /(g/m)	每米长度重量 /(g/m)		螺旋肋数量 /条	基圆尺寸		外轮廓尺寸		单肋尺寸	螺旋肋导程 c /mm
			最大	最小		基圆直径 D_1 /mm	偏差 /mm	外轮廓直径 D /mm	偏差 /mm	宽度 a /mm	
6	28.3	222	231	217	4	5.80	±0.10	6.30	±0.15	2.20～2.60	40～50
7	38.5	302	314	295		6.73		7.46		2.60～3.00	50～60
8	50.3	395	411	385		7.75		8.45		3.00～3.40	60～70
9	63.6	499	519	487		8.75	±0.15	9.45	±0.20	3.40～3.80	65～75
10	78.5	616	641	601		9.75		10.45		3.60～4.20	70～85
11	95.0	746	776	727		10.75		11.45		4.00～4.60	75～90
12	113	887	923	865		11.70		12.50		4.20～5.00	85～100
13	133	1044	1086	1018		12.75		13.45		4.60～5.40	95～110
14	154	1209	1257	1179		13.75		14.40		5.00～5.80	100～115
16	201	1578	1641	1538		15.75	±0.05	16.70	±0.10	3.50～4.50	65～75
18	254	1994	2074	1944		17.68	±0.06	18.68	±0.12	4.00～5.00	80～90
20	314	2465	2563	2403		19.62	±0.08	20.82	±0.16	4.50～5.50	90～100
22	380	2983	3102	2908		21.60	±0.10	23.20	±0.20	5.50～6.50	100～110

注：16～22mm预应力螺旋肋钢棒主要用于矿山支护用钢桥。

（5）预应力混凝土用钢棒有纵肋带肋钢棒的尺寸、重量及偏差（表4-17）

表4-17　预应力混凝土用钢棒有纵肋带肋钢棒的尺寸、重量及偏差

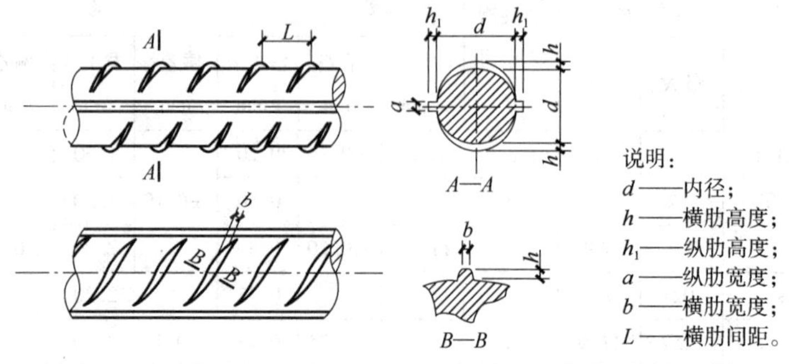

（续）

公称直径 D_n /mm	公称横截面积 S_n /mm	每米理论重量 /(g/m)	每米长度重量 /(g/m)		内径 d		横肋高 h		纵肋高 h_1		横肋宽 b /mm	纵肋宽 a /mm	间距 L		横肋末端最大间隙（公称周长的10%弦长） /mm
			最大	最小	公称尺寸 /mm	偏差 /mm	公称尺寸 /mm	偏差 /mm	公称尺寸 /mm	偏差 /mm			公称尺寸 /mm	偏差 /mm	
6	28.3	222	231	217	5.8	±0.1	0.5	±0.3	0.6	±0.3	0.4	1.0	4.0	±0.5	1.8
8	50.3	395	411	385	7.7	±0.5	0.7	+0.4 −0.3	0.8	±0.5	0.6	1.2	5.5		2.5
10	78.5	616	641	601	9.6		1.0	±0.4	1.0	±0.6	1.0	1.5	7.0		3.1
12	113	887	923	865	11.5		1.2	+0.4 −0.5	1.2	±0.8	1.2	1.5	8.0		3.7
14	154	1209	1257	1179	13.4		1.4		1.4		1.2	1.8	9.0		4.3
16	201	1578	1641	1538	15.1		1.5		1.5		1.2	1.8	10.0		5.0

注：1. 纵肋斜角 θ 为0°～30°。

2. 尺寸 a、b 为参考数据。

（6）预应力混凝土用钢棒无纵肋带肋钢棒的尺寸、重量及偏差（表4-18）

表4-18 预应力混凝土用钢棒无纵肋带肋钢棒的尺寸、重量及偏差

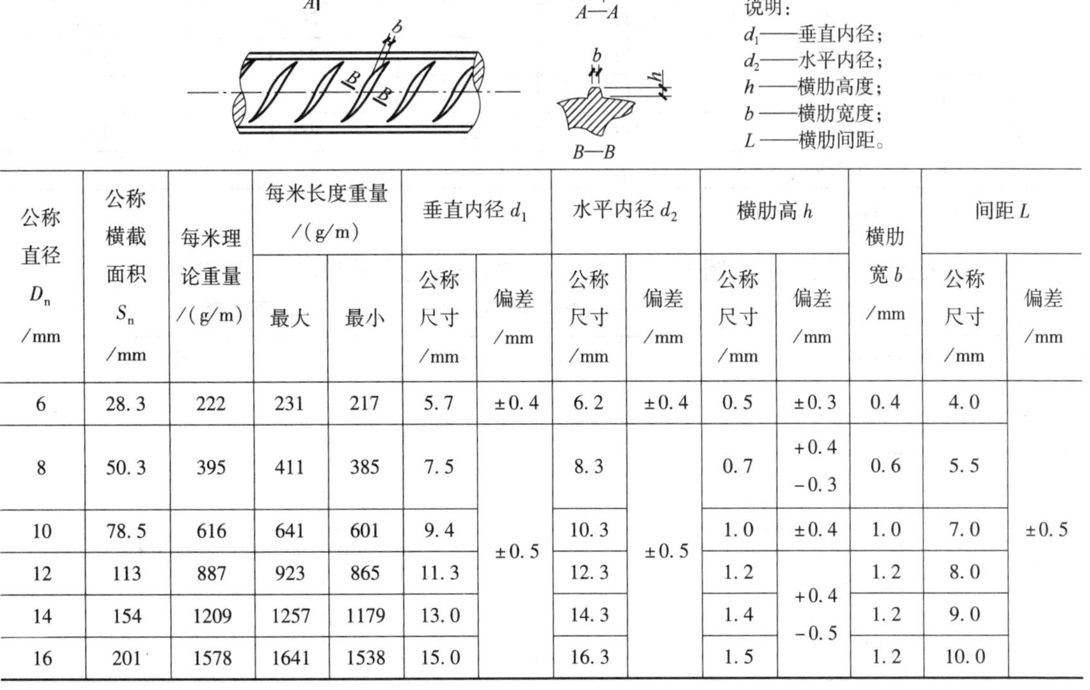

公称直径 D_n /mm	公称横截面积 S_n /mm	每米理论重量 /(g/m)	每米长度重量 /(g/m)		垂直内径 d_1		水平内径 d_2		横肋高 h		横肋宽 b /mm	间距 L	
			最大	最小	公称尺寸 /mm	偏差 /mm	公称尺寸 /mm	偏差 /mm	公称尺寸 /mm	偏差 /mm		公称尺寸 /mm	偏差 /mm
6	28.3	222	231	217	5.7	±0.4	6.2	±0.4	0.5	±0.3	0.4	4.0	±0.5
8	50.3	395	411	385	7.5	±0.5	8.3	±0.5	0.7	+0.4 −0.3	0.6	5.5	
10	78.5	616	641	601	9.4		10.3		1.0	±0.4	1.0	7.0	
12	113	887	923	865	11.3		12.3		1.2	+0.4 −0.5	1.2	8.0	
14	154	1209	1257	1179	13.0		14.3		1.4		1.2	9.0	
16	201	1578	1641	1538	15.0		16.3		1.5		1.2	10.0	

注：尺寸 b 为参考数据。

（7）预应力混凝土用钢棒的盘径、表面质量及伸直性（表4-19）

表4-19　预应力混凝土用钢棒的盘径、表面质量及伸直性

质量指标	质量参数
盘径	内圈盘径一般应不小于2000mm，直条长度及允许偏差按供需双方协议要求确定；盘钢棒由一根组成，其盘重不小于700kg，每批允许有10%的盘数不足700kg，但不得小于200kg
钢棒表面质量	产品可以以盘卷或直条交货，直条长度及允许偏差接供需双方协议要求

2. 钢筋混凝土用热轧光圆钢筋（GB/T 1499.1—2017）

（1）钢筋混凝土用热轧光圆钢筋的牌号　钢筋混凝土用钢热轧光圆钢筋是经热轧成表面光滑的热轧直条、盘卷钢筋，不允许由成品钢材再次轧制成的再生钢筋，其牌号见表4-20。

表4-20　钢筋混凝土用热轧光圆钢筋的牌号

牌号		牌号构成	英文字母含义
热轧光圆钢筋	HPB300	由HPB＋屈服强度特征值构成	HRB—热轧光圆钢筋的英文（Hot rolled Plain Bars）缩写

（2）钢筋混凝土用热轧光圆钢筋的化学成分（表4-21）

表4-21　钢筋混凝土用热轧光圆钢筋的化学成分

牌号	化学成分（质量分数）（%）不大于				
	C	Si	Mn	P	S
HPB300	0.25	0.55	1.50	0.045	0.045

（3）钢筋混凝土用热轧光圆钢筋的尺寸规格和理论重量（表4-22）

表4-22　钢筋混凝土用热轧光圆钢筋的尺寸规格和理论重量

公称直径/mm	公称横截面面积/mm^2	理论重量/(kg/m)	公称直径/mm	公称横截面面积/mm^2	理论重量/(kg/m)
6	28.27	0.222	16	201.1	1.58
8	50.27	0.395	18	254.5	2.00
10	78.54	0.617	20	314.2	2.47
12	113.1	0.888	22	380.1	2.98
14	153.9	1.21			

注：理论重量按密度7.85/cm^3计算。

（4）钢筋混凝土用热轧光圆钢筋的直径允许偏差和允许不圆度（表4-23）

表4-23　钢筋混凝土用热轧光圆钢筋的直径允许偏差和允许不圆度

公称直径/mm	允许偏差/mm	圆度/mm
6	±0.3	≤0.4
8		
10		
12		
14	±0.4	
16		
18		
20		
22		

（5）钢筋混凝土用热轧光圆钢筋的力学和工艺性能　钢筋混凝土用热轧光圆钢筋使用前必须对材料进行实验室测试，在进行拉伸、冷弯（包括反向冷弯）试验时，不允许对试样进行切削加工，其力学和工艺性能见表 4-24。

表 4-24　钢筋混凝土用热轧光圆钢筋的力学和工艺性能

牌号	下屈服强度 R_{eL} /MPa	抗拉强度 R_m /MPa	断后伸长率 A（%）	最大力总延伸率 A_{gt}（%）	冷弯试验 180°
	不小于				
HPB300	300	420	25	10．0	$d=a$

注：d——弯芯直径；a——钢筋公称直径。

（6）钢筋混凝土用热轧光圆钢筋的长度允许偏差和重量允许偏差（表 4-25）

表 4-25　钢筋混凝土用热轧光圆钢筋的长度允许偏差和重量允许偏差

长度允许偏差	
钢筋可按直条或盘卷交货；直条钢筋定尺长度应在合同中注明；按定尺长度交货的直条钢筋其长度允许偏差范围为 0 ~ +50mm；直条钢筋的弯曲度应不影响正常使用，总弯曲度不大于钢筋总长度的 0.4%	
重量允许偏差	
公称直径/mm	实际重量与理论重量的偏差（%）
6 ~ 12	±6
14 ~ 22	±5

3. 预应力混凝土用热处理钢筋

预应力混凝土用热处理钢筋是用热轧中碳低合金钢钢筋经淬火、回火调质处理工艺生产的回火索氏体钢筋。热处理钢筋主要用于预应力混凝土轨枕，具有与混凝土的粘结性能好、应力松弛率低、施工方便等特点。

（1）预应力混凝土用热处理钢筋的外形及尺寸规格（表 4-26）

表 4-26　预应力混凝土用热处理钢筋的外形及尺寸规格

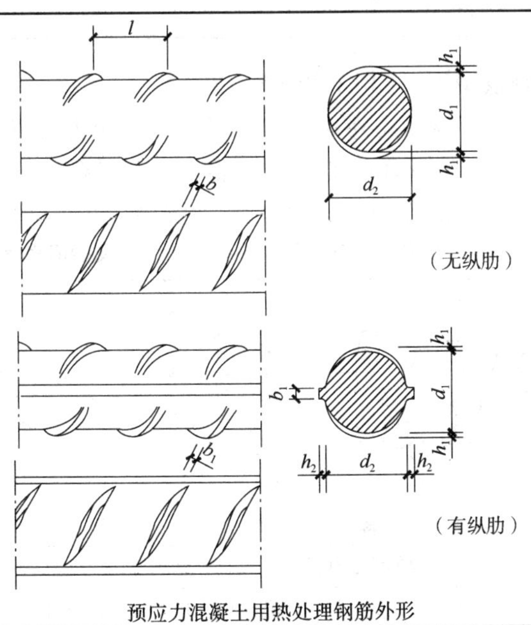

预应力混凝土用热处理钢筋外形

（续）

公称直径/mm	尺寸及允许偏差/mm							横截面面积/mm²	理论重量/(kg/m)
	垂直内径 d_1	水平内径 d_2	肋距 l	横肋高 h_1	横肋宽 b_1	纵肋高 h_1	纵肋宽 b_1		
8.2	8.0 +0.6 −0.2	8.3 +0.6 −0.2	7.5 −0.5	0.7 +0.5 −0.2	0.7 +0.5 −0.2	0.7 +0.5 −0.2	1.2 ±0.5	52.61	0.432
10	9.6 +0.6 −0.2	9.6 +0.6	7.0 ±0.5	1.0 ±0.4	1.0 +0.7 −0.3	1.0 +0.5 −0.8	1.5 ±0.5	76.54	0.617
6	5.8 +0.6 −0.2	6.3 +0.6 −0.2	7.5 ±0.5	0.4 +0.3 −0.2	0.7 +0.5 −0.2			28.27	0.230
8.2	7.9 +0.6 −0.2	8.5 +0.6 −0.2	7.5 ±0.5	0.7 +0.5 −0.2	0.7 +0.5 −0.2			52.73	0.424

（2）预应力混凝土用热处理钢筋的牌号及化学成分（表4-27）

表4-27 预应力混凝土用热处理钢筋的牌号及化学成分

牌号	化学成分（重量分数）（%）					
	C	Si	Mn	Cr	P	S
40Si2Mn	0.36～0.45	1.40～1.50	0.80～1.20	—	≤0.045	≤0.045
48Si2Mn	0.44～0.53	1.40～1.50	0.80～1.20	—	≤0.045	≤0.045
45Si2Cr	0.41～0.51	1.55～1.95	0.40～0.70	0.3～0.60	≤0.045	≤0.045

（3）预应力混凝土用热处理钢筋的力学性能（表4-28）

表4-28 预应力混凝土用热处理钢筋的力学性能

公称直径/mm	牌号	屈服强度/MPa	抗拉强度/MPa	伸长率（%）
6	40Si2Mn	≥1325	≥1470	≥6
6.2	48Si2Mn			
10	45Si2Cr			

4. 预应力混凝土用螺纹钢筋（GB/T 20065—2016）

（1）预应力混凝土用螺纹钢筋的外形及截面形状　预应力混凝土用螺纹钢筋是热轧后余热处理或热处理等工艺生产的带有不连续的外螺纹的直条钢筋。钢筋在任意截面处，均可用带有匹配形状的内螺纹的连接器或锚具进行连接或锚固，其外形及截面形状见表4-29。

表4-29 预应力混凝土用螺纹钢筋的外形及截面形状

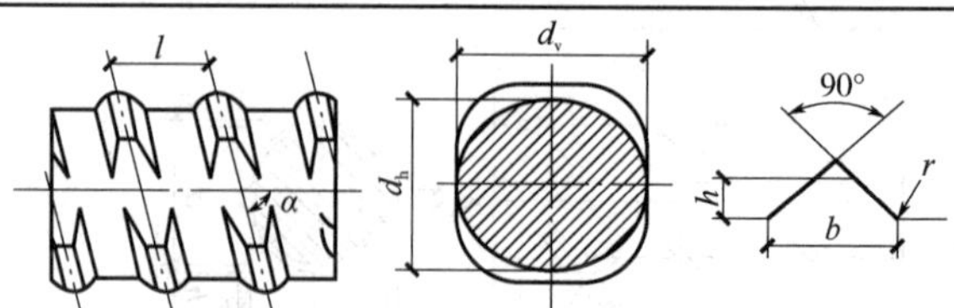

带预应力混凝土用螺纹钢筋表面及截面形状

d_h—基圆直径　d_v—基直径　h—螺纹高　b—螺纹底宽　l—螺距　r—螺纹根弧　α—导角

公称截面面积	不含螺纹的钢筋截面面积
有效截面系数	钢筋公称截面面积与理论截面面积（含螺纹的截面面积）的比值

（2）预应力混凝土用螺纹钢筋的公称截面面积及理论重量（表4-30）

表4-30 预应力混凝土用螺纹钢筋的公称截面面积及理论重量

公称直径/mm	公称截面面积/mm^2	有效截面系数	理论截面面积/mm^2	理论重量/(kg/m)
15	177	0.97	183.2	1.40
18	255	0.95	268.4	2.11
25	491	0.94	522.3	4.10
32	804	0.95	846.3	6.65
36	1018	0.95	1071.6	8.41
40	1257	0.95	1323.2	10.34
50	1963	0.95	2066.3	16.28
60	2827	0.95	2976	23.36
63.5	3167	0.94	3369.1	26.50
65	3318	0.95	3493	27.40
70	3848	0.95	4051	31.80
75	4418	0.94	4700	36.90

（3）预应力混凝土用螺纹钢筋的外形尺寸及允许偏差（表4-31）

表4-31 预应力混凝土用螺纹钢筋的外形尺寸及允许偏差

<table>
<tr><th rowspan="3">公称直径/mm</th><th colspan="4">基圆直径/mm</th><th colspan="2">螺纹高/mm</th><th colspan="2">螺纹底宽/mm</th><th colspan="2">螺距/mm</th><th rowspan="3">螺纹根弧 r/mm</th><th rowspan="3">导角 α</th></tr>
<tr><th colspan="2">dh</th><th colspan="2">dv</th><th colspan="2">h</th><th colspan="2">b</th><th colspan="2">l</th></tr>
<tr><th>公称尺寸</th><th>允许偏差</th><th>公称尺寸</th><th>允许偏差</th><th>公称尺寸</th><th>允许偏差</th><th>公称尺寸</th><th>允许偏差</th><th>公称尺寸</th><th>允许偏差</th></tr>
<tr><td>15</td><td>14.7</td><td>±0.2</td><td>14.4</td><td>±0.5</td><td>1.0</td><td>±0.2</td><td>4.2</td><td>±0.3</td><td>10.0</td><td rowspan="4">±0.2</td><td>0.5</td><td>78.5°</td></tr>
<tr><td>18</td><td>18.0</td><td rowspan="2">±0.4</td><td>18.0</td><td>+0.4
−0.8</td><td>1.2</td><td rowspan="2">±0.3</td><td>4.5</td><td rowspan="11">±0.5</td><td>10.0</td><td>0.5</td><td>80.5°</td></tr>
<tr><td>25</td><td>25.0</td><td>25.0</td><td>+0.4
−0.8</td><td>1.6</td><td>6.0</td><td>12.0</td><td>1.5</td><td>81°</td></tr>
<tr><td>32</td><td>32.0</td><td rowspan="9">±0.5</td><td>32.0</td><td>+0.4
−1.2</td><td>2.0</td><td rowspan="2">±0.4</td><td>7.0</td><td>16.0</td><td>2.0</td><td>81.5°</td></tr>
<tr><td>36</td><td>36.0</td><td>36.0</td><td>+0.4
−1.2</td><td>2.2</td><td>8.0</td><td>18.0</td><td rowspan="3">±0.3</td><td>2.5</td><td>81.5°</td></tr>
<tr><td>40</td><td>40.0</td><td>40.0</td><td>+0.4
−1.2</td><td>2.5</td><td rowspan="2">±0.5</td><td>8.0</td><td>20.0</td><td>2.5</td><td>81.5°</td></tr>
<tr><td>50</td><td>50.0</td><td>50.0</td><td>+0.4
−1.2</td><td>3.0</td><td>9.0</td><td>24.0</td><td>2.5</td><td>81.8°</td></tr>
<tr><td>60</td><td>60.0</td><td>60.0</td><td>+0.4
−1.2</td><td>3.0</td><td rowspan="5">±0.6</td><td>10.0</td><td>22.0</td><td rowspan="5">±0.4</td><td>2.5</td><td>83.7°</td></tr>
<tr><td>63.5</td><td>63.5</td><td>63.5</td><td>+0.4
−1.2</td><td>3.0</td><td>12.0</td><td>22.0</td><td>2.5</td><td>84°</td></tr>
<tr><td>65</td><td>65.0</td><td>65.0</td><td>+0.4
−1.2</td><td>3.0</td><td>12.0</td><td>22.0</td><td>2.5</td><td>84.1°</td></tr>
<tr><td>70</td><td>70.0</td><td>70.0</td><td>+0.4
−1.2</td><td>3.0</td><td>12.0</td><td>22.0</td><td>2.5</td><td>84.5°</td></tr>
<tr><td>75</td><td>75.0</td><td>75.0</td><td>+0.4
−1.2</td><td>3.0</td><td>12.0</td><td>20.0</td><td>2.5</td><td>85°</td></tr>
</table>

注：螺纹底宽允许偏差属于轧辊设计参数。

(4) 预应力混凝土用螺纹钢筋的质量允许偏差(表4-32)

表4-32 预应力混凝土用螺纹钢筋的质量允许偏差

项目	质量允许偏差
强度等级[①]	预应力混凝土用螺纹钢筋以屈服强度划分强度级别，其代号为PSB+最小屈服强度表示
公称直径	钢筋通常的公称尺寸范围15~75mm，推荐的钢筋公称直径有25mm和32mm，可根据用户要求提供所需的其他规格的钢筋
长度及允许偏差	钢筋通常按定尺长度交货，具体交货长度应在合同中注明，可按需方要求长度进行锯切再加工。钢筋按定尺或倍值长度交货时，长度允许偏差为0~+20mm
重量及允许偏差	钢筋按实际重量或理论重量交货。钢筋实际重量与理论重量的允许偏差应不大于理论重量的±4%
弯曲度和端部	钢筋的弯曲度不得影响正常的使用，钢筋每米弯曲度不应大于4mm，总弯曲度不大于钢筋总长度的0.4%。钢筋的端部应平齐，不得影响连接器通过

注：①举例说明：例如，PSB830，P、S、B分别为(Prestressing、Screw、Bar)的缩写，830表示最小屈服强度为830MPa的钢筋强度等级。

5. 钢筋混凝土用热轧带肋钢筋(GB/T 1499.2—2018)

(1) 钢筋混凝土用带肋钢筋的形状及分类　钢筋混凝土用带肋钢筋分为普通热轧钢筋和细晶热轧钢筋。一般按成材工艺分为钢筋混凝土用热轧带肋钢筋和冷轧带肋钢筋。

1) 钢筋混凝土用带肋钢筋牌号的构成及含义见表4-33。

表4-33 钢筋混凝土用带肋钢筋牌号的构成及含义

类别	牌号	牌号构成	英文字母含义
普通热轧钢筋	HRB400	由HRB+屈服强度特征值构成	HRB——热轧带肋钢筋的英文(Hot rolled Ribbed Bars)缩写 E——“地震”的英文(Earthquake)首位字母
	HRB500		
	HRB600		
	HRB400E	由HRB+屈服强度特征值+E构成	
	HRB500E		
细晶粒热轧钢筋	HRBF400	由HRBF+屈服强度特征值构成	HRBF——在热轧带肋钢筋的英文缩写后加“细”的英文(Fine)首位字母 E——“地震”的英文(Earthquake)首位字母
	HRBF500		
	HRBF400E	由HRBF+屈服强度特征值+E构成	
	HRBF500E		

2) 钢筋混凝土用带肋钢筋的常用术语释义见表4-34。

表4-34 钢筋混凝土用带肋钢筋的常用术语释义

术语	释义
公称直径	与钢筋的公称横截面积相等的圆的直径
纵肋	平行于钢筋轴线的均匀连续肋
横肋	与钢筋轴线不平形的其他肋
月牙肋钢筋	横肋的纵截面呈月牙形，且与纵肋不相交的钢筋
相对肋面积	横肋在与钢筋轴线垂直平面上的投影面积与钢筋公称周长和横肋间距的乘积之比
肋高	测量从肋的最高点到芯部表面垂直于钢筋轴线的距离

（续）

术语	释义
肋间距	平行钢筋轴线测量的两相邻横肋中心间的距离
普通热轧钢筋	按热轧状态交货的钢筋。其金相组织是铁素体 + 珠光体，不得有影响使用性能的其他组织存在
细晶热轧钢筋	在热轧过程中，通过控轧和控冷工艺形成的细晶粒钢筋，其金相组织主要是铁素体 + 珠光体，不得有影响使用性能的其他组织存在，晶粒度不粗于 9 级

（2）钢筋混凝土用热轧带肋钢筋的形状、类别及牌号　钢筋混凝土用热轧带肋钢筋分为 HRB335、HRB400、HRB500 三个牌号，其形状、类别及牌号见表 4-35。

表 4-35　钢筋混凝土用热轧带肋钢筋的形状、类别及牌号

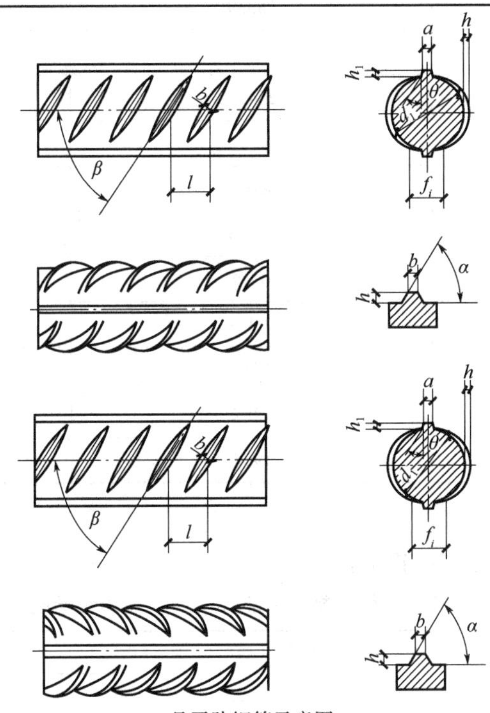

月牙肋钢筋示意图

d—钢筋内径　a—横肋斜角　h—横肋高度　β—横肋与轴线夹角　h—纵肋高度

a—纵肋斜角　o—纵肋顶宽　l—横肋间距　b—横肋顶宽　f_i—横肋末端间隙

类别	牌号	牌号构成	英文字母含义
普通热轧钢筋	HRB400	由 HRB + 屈服强度特征值构成	HRB——热轧带肋钢筋的英文（Hot rolled Ribbed Bars）缩写 E——“地震”的英文（Earthquake）首位字母
	HRB500		
	HRB600		
	HRB400E	由 HRB + 屈服强度特征值 + E 构成	
	HRB500E		
细晶粒热轧钢筋	HRBF400	由 HRBF + 屈服强度特征值构成	HRBF——在热轧带肋钢筋的英文缩写后加“细”的英文（Fine）首位字母 E——“地震”的英文（Earthquake）首位字母
	HRBF500		
	HRBF400E	由 HRBF + 屈服强度特征值 + E 构成	
	HRBF500E		

（3）钢筋混凝土用热轧带肋钢筋的尺寸规格及允许偏差　钢筋混凝土用带肋钢筋（月牙肋）的实际重量与理论重量相符时，钢筋内径偏差可以不作为交货条件，其尺寸规格及理论重量见表 4-36。

表 4-36　钢筋混凝土用热轧带肋钢筋的尺寸规格及理论重量

公称直径/mm	公称横截面面积/mm^2	理论承量①/(kg/m)
6	28.27	0.222
8	50.27	0.395
10	78.54	0.617
12	113.1	0.888
14	153.9	1.21
16	201.1	1.58
18	254.5	2.00
20	314.2	2.47
22	380.1	2.98
25	490.9	3.85
28	615.8	4.83
32	804.2	6.31
36	1018	7.99
40	1257	9.87
50	1964	15.42

①理论重量按密度为 7.85g/cm^3 计算。

（4）钢筋混凝土用热轧带肋钢筋的化学成分（表 4-37）

表 4-37　钢筋混凝土用热轧带肋钢筋的化学成分

<table>
<tr><th rowspan="3">牌号</th><th colspan="5">化学成分（质量分数）（%）</th><th rowspan="2">碳当量
Ceq（%）</th></tr>
<tr><th>C</th><th>Si</th><th>Mn</th><th>P</th><th>S</th></tr>
<tr><th colspan="6">不大于</th></tr>
<tr><td>HRB400
HRBF400
HRB400E
HRBF400E</td><td rowspan="2">0.25</td><td rowspan="3">0.80</td><td rowspan="3">1.60</td><td rowspan="3">0.045</td><td rowspan="3">0.045</td><td>0.54</td></tr>
<tr><td>HRB500
HRBF500
HRB500E
HRBF500E</td><td>0.55</td></tr>
<tr><td>HRB600</td><td>0.28</td><td>0.58</td></tr>
</table>

（5）钢筋混凝土用热轧带肋钢筋的尺寸及允许偏差（表 4-38）

表 4-38　钢筋混凝土用热轧带肋钢筋的尺寸及允许偏差　　（单位：mm）

<table>
<tr><th rowspan="2">公称直径 d</th><th colspan="2">内径 d_1</th><th colspan="2">横肋高 h</th><th rowspan="2">纵肋高 h_1（不大于）</th><th rowspan="2">横肋宽 b</th><th rowspan="2">纵肋宽 a</th><th colspan="2">间距 l</th><th rowspan="2">横肋末端最大间隙（公称周长的 10% 弦长）</th></tr>
<tr><th>公称尺寸</th><th>允许偏差</th><th>公称尺寸</th><th>允许偏差</th><th>公称尺寸</th><th>允许偏差</th></tr>
<tr><td>6</td><td>5.8</td><td>±0.3</td><td>0.6</td><td>±0.3</td><td>0.8</td><td>0.4</td><td>1.0</td><td>4.0</td><td rowspan="7">±0.5</td><td>1.8</td></tr>
<tr><td>8</td><td>7.7</td><td rowspan="6">±0.4</td><td>0.8</td><td>+0.4
−0.3</td><td>1.1</td><td>0.5</td><td>1.5</td><td>5.5</td><td>2.5</td></tr>
<tr><td>10</td><td>9.6</td><td>1.0</td><td>±0.4</td><td>1.3</td><td>0.6</td><td>1.5</td><td>7.0</td><td>3.1</td></tr>
<tr><td>12</td><td>11.5</td><td>1.2</td><td rowspan="3">+0.4
−0.5</td><td>1.6</td><td>0.7</td><td>1.5</td><td>8.0</td><td>3.7</td></tr>
<tr><td>14</td><td>13.4</td><td>1.4</td><td>1.8</td><td>0.8</td><td>1.8</td><td>9.0</td><td>4.3</td></tr>
<tr><td>16</td><td>15.4</td><td>1.5</td><td>1.9</td><td>0.9</td><td>1.8</td><td>10.0</td><td>5.0</td></tr>
<tr><td>18</td><td>17.3</td><td>1.6</td><td rowspan="2">±0.5</td><td>2.0</td><td>1.0</td><td>2.0</td><td>10.0</td><td>5.6</td></tr>
<tr><td>20</td><td>19.3</td><td rowspan="3">±0.5</td><td>1.7</td><td>2.1</td><td>1.2</td><td>2.0</td><td>10.0</td><td rowspan="3">±0.8</td><td>6.2</td></tr>
<tr><td>22</td><td>21.3</td><td>1.9</td><td rowspan="3">±0.6</td><td>2.4</td><td>1.3</td><td>2.5</td><td>10.5</td><td>6.8</td></tr>
<tr><td>25</td><td>24.2</td><td>2.1</td><td>2.6</td><td>1.5</td><td>2.5</td><td>12.5</td><td>7.7</td></tr>
<tr><td>28</td><td>27.2</td><td rowspan="3">±0.6</td><td>2.2</td><td>2.7</td><td>1.7</td><td>3.0</td><td>12.5</td><td rowspan="5">±1.0</td><td>8.6</td></tr>
<tr><td>32</td><td>31.0</td><td>2.4</td><td>+0.8
−0.7</td><td>3.0</td><td>1.9</td><td>3.0</td><td>14.0</td><td>9.9</td></tr>
<tr><td>36</td><td>35.0</td><td>2.6</td><td>+1.0
−0.8</td><td>3.2</td><td>2.1</td><td>3.5</td><td>15.0</td><td>11.1</td></tr>
<tr><td>40</td><td>38.7</td><td>±0.7</td><td>2.9</td><td>±1.1</td><td>3.5</td><td>2.2</td><td>3.5</td><td>15.0</td><td>12.4</td></tr>
<tr><td>50</td><td>48.5</td><td>±0.8</td><td>3.2</td><td>±1.2</td><td>3.8</td><td>2.5</td><td>4.0</td><td>16.0</td><td>15.5</td></tr>
</table>

注：纵肋斜角 θ 为 0°～30°。尺寸 a、b 为参考数据。

（6）钢筋混凝土用热轧带肋钢筋的力学性能　钢筋混凝土用带肋钢筋使用前必须对材料进行实验室测试，在进行拉伸、冷弯（包括反向冷弯）试验时，不允许对试样进行切削加工，其力学性能见表 4-39。

表 4-39　钢筋混凝土用热轧带肋钢筋的力学性能

<table>
<tr><th rowspan="2">牌号</th><th>下屈服强度 R_{eL}/MPa</th><th>抗拉强度 R_m/MPa</th><th>断后伸长率 A（%）</th><th>最大力总延伸率 A_{gt}（%）</th><th>$R^{\circ}_{m}/R^{\circ}_{eL}$</th><th>$R^{\circ}_{eL}/R_{eL}$</th></tr>
<tr><th colspan="5">不小于</th><th>不大于</th></tr>
<tr><td>HRB400
HRBF400</td><td rowspan="2">400</td><td rowspan="2">540</td><td>16</td><td>7.5</td><td>—</td><td>—</td></tr>
<tr><td>HRB400E
HRBF400E</td><td>—</td><td>9.0</td><td>1.25</td><td>1.30</td></tr>
<tr><td>HRB500
HRBF500</td><td rowspan="2">500</td><td rowspan="2">630</td><td>15</td><td>7.5</td><td>—</td><td>—</td></tr>
<tr><td>HRB500E
HRBF500E</td><td>—</td><td>9.0</td><td>1.25</td><td>1.30</td></tr>
<tr><td>HRB600</td><td>600</td><td>730</td><td>14</td><td>7.5</td><td>—</td><td>—</td></tr>
</table>

注：R°_{m} 为钢筋实测抗拉强度；R°_{eL} 为钢筋实测下屈服强度。

(7) 钢筋混凝土用热轧带肋钢筋的长度和重量允许偏差　钢筋混凝土用热轧带肋钢筋应按定尺长度交货，在按盘卷供货时，允许有少量偏差，其偏差值见表4-40。

表4-40　钢筋混凝土用热轧带肋钢筋的长度和重量允许偏差

长度允许偏差	重量允许偏差	
	公称直径/mm	实际重量与理论重量的偏差(%)
钢筋按定尺交货时的长度允许偏差为±25mm；当要求最小长度时，其偏差为+50mm；当要求最大长度时，其偏差为-50mm	6~12	±6
	14~20	±5
	22~50	±4

6. 钢筋混凝土用冷轧带肋钢筋（GB/T 13788—2017）

钢筋混凝土用冷轧带肋钢筋热轧圆盘条经冷轧后，在其表面带有沿长度方向均匀分布的具有三面肋或二面肋的钢筋。按抗拉强度分为CRB550、CRB650、CRB800、CRB600H、CRB680H、CRB800H六个等级。其中CRB550、CRB600H为普通钢筋混凝土用钢筋，CRB650、CRB800、CRB800H为预应力混凝土用钢筋。CRB680H既可作为普通钢筋混凝土用钢筋，也可作为预应力混凝土用钢筋使用。

(1) 钢筋混凝土用冷轧带肋钢筋外形的基本要求（表4-41）

表4-41　钢筋混凝土用冷轧带肋钢筋外形的基本要求

项目	基本要求
钢筋表面横肋	横肋呈月牙形沿钢筋横截面周围上均匀分布，其中三面肋钢筋有一面的倾角必须与另两面反向；二面肋钢筋一面肋的倾角必须与另一面反向；横肋中心线与钢筋纵轴线夹角β为40°~<60°；横肋两侧与钢筋表面斜角a不得小于45°，与钢筋表面呈弧形相交；横肋间隙的总和应不大于公称周长的20%
相对肋面积的确定	相对肋面积f，由此式确定： $$f_r=\frac{K\times F_R\times\sin\beta}{\pi\times d\times l}$$ 式中　K=2、3或4（二面肋、三面肋或四面肋）； F_R——一个肋的纵向截面积，单位为平方毫米(mm^2)； β——横肋与钢筋轴线的夹角，单位为度(°)； d——钢筋公称直径，单位为毫米(mm)； l——横肋间距，单位为毫米(mm)。 已知钢筋的几何参数，相对肋面积也可用下面的近似式(2)计算： $$f_r=\frac{(d\times\pi-\sum f_i)\times(h+4h_{1/4})}{6\times\pi\times d\times l}$$ 式中　$\sum f_i$——钢筋周圈上各排横肋间隙之和，单位为毫米(mm)； h——横肋中点高，单位为毫米(mm)； $h_{1/4}$——横肋长度四分之一处高，单位为毫米(mm)。

(2) 冷轧三面肋、二面肋钢筋混凝土用带肋钢筋的外形、分类与牌号　冷轧三面肋、二面肋钢筋混凝土用带肋钢筋的牌号由CRB和钢筋的最小抗拉强度值构成，其外形、分类和牌号见表4-42。

表 4-42　钢筋混凝土用冷轧带肋钢筋的外形、分类和牌号

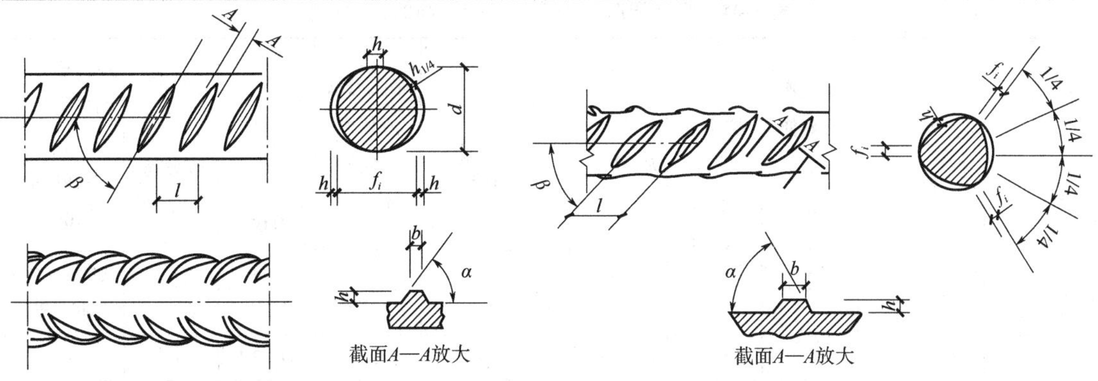

二肋钢筋图示意图

α—横肋斜角　β—横肋与曲线夹角　h—横肋高度

b—横肋顶宽　l—横肋间距　f_i—横肋间隙

三肋钢筋图示意图

α—横肋斜角　β—横肋与曲线夹角　h—横肋高度

b—横肋顶宽　l—横肋间距　f_i—横肋间隙

分类		牌号
冷轧带肋钢筋	CRB	钢筋分为 CRB550、CRB650、CRB800、CRB600H、CRB680H、CRB800H 六个牌号。CRB550、CRB600H 为普通钢筋混凝土用钢筋，CRB650、CRB800、CRB800H 为预应力混凝土用钢筋，CRB680H 既可作为普通钢筋混凝土用钢筋，也可作为预应力混凝土用钢筋使用
高延性冷轧带肋钢筋	CRB + 抗拉强度特征值 + H	

（3）冷轧三面肋和二面肋钢筋的尺寸、重量及允许偏差（表 4-43）

表 4-43　冷轧三面肋和二面肋钢筋的尺寸、重量及允许偏差

公称直径 d/mm	公称横截面积/mm^2	重量		横肋中点高		横肋 l/4 处高 $h_{1/4}$ /mm	横肋顶宽 b/mm	横肋间距		相对肋面积 f_r 不小于
		理论重量/（kg/m）	允许偏差（%）	h/mm	允许偏差 /mm			l/mm	允许偏差（%）	
4	12.6	0.099		0.30		0.24		4.0		0.036
4.5	15.9	0.125		0.32		0.26		4.0		0.039
5	19.6	0.154		0.32		0.26		4.0		0.039
5.5	23.7	0.186		0.40	+0.10 −0.05	0.32		5.0		0.039
6	28.3	0.222		0.40		0.32		5.0		0.039
6.5	33.2	0.261		0.46		0.37		5.0		0.045
7	38.5	0.302		0.46		0.37		5.0		0.045
7.5	44.2	0.347		0.55		0.44		6.0		0.045
8	50.3	0.395	±4	0.55		0.44	0.2d	6.0	±15	0.045
8.5	56.7	0.445		0.55		0.44		7.0		0.045
9	63.6	0.499		0.75		0.60		7.0		0.052
9.5	70.8	0.556		0.75		0.60		7.0		0.052
10	78.5	0.617		0.75	±0.10	0.60		7.0		0.052
10.5	86.5	0.679		0.75		0.60		7.4		0.052
11	95.0	0.746		0.85		0.68		7.4		0.056
11.5	103.8	0.815		0.95		0.76		8.4		0.056
12	113.1	0.888		0.95		0.76		8.4		0.056

注：1. 横肋 l/4 处高、横肋顶宽供孔型设计用。

2. 二面肋钢筋允许有高度不大于 0.5h 的纵肋。

（4）钢筋混凝土用冷轧带肋钢筋的力学性能（表4-44）

表4-44　钢筋混凝土用冷轧带肋钢筋的力学性能

分类	牌号	规定塑性延伸强度 $R_{p0.2}$ /MPa 不小于	抗拉强度 R_m /MPa 不小于	$R_m/R_{p0.2}$ 不小于	断后伸长率（%）不小于		最大力总延伸率（%）不小于	弯曲试验[①] 180°	反复弯曲次数	应力松弛初始应力应相当于公称抗拉强度的70%
					A	A_{100mm}	A_{gt}			1000h（%）不大于
普通钢筋混凝土用	CRB550	500	550	1.05	11.0	—	2.5	$D=3d$	—	—
	CRB600H	540	600	1.05	14.0	—	5.0	$D=3d$	—	—
	CRB680H[②]	600	680	1.05	14.0	—	5.0	$D=3d$	4	5
预应力混凝土用	CRB650	585	650	1.05	—	4.0	2.5	—	3	8
	CRB800	720	800	1.05	—	4.0	2.5	—	3	8
	CRB800H	720	800	1.05	—	7.0	4.0	—	4	5

①D为弯心直径，d为钢筋公称直径。

②当该牌号钢筋作为普通钢筋混凝土用钢筋使用时，对反复弯曲和应力松弛不做要求；当该牌号钢筋作为预应力混凝土用钢筋使用时应进行反复弯曲试验代替180°弯曲试验，并检测松弛率。

（5）钢筋混凝土用冷轧带肋钢筋的交货状态允许偏差（表4-45）

表4-45　钢筋混凝土用冷轧带肋钢筋的交货状态允许偏差

项目	规格
公称直径范围	CRB550、CRB600H、CRB680H钢筋的公称直径范围为4～12mm；CRB650、CRB800、CRB800H的公称直径为4mm，5mm，6mm
长度	钢筋通常按盘卷交货，经供需双方协商也可按定尺长度交货。钢筋按定尺交货时，其长度及允许偏差按供需双方协商确定
弯曲度	直条钢筋的每米弯曲度不大于4mm，总弯曲度不大于钢筋全长的0.4%
重量	盘卷钢筋的重量不小于100kg。每盘应由一根钢筋组成，CRB650、CRB680H、CRB800、CRB800H作为预应力混凝土用钢筋使用时，不得有焊接接头 直条钢筋按同一牌号、同一规格、同一长度成捆交货，捆重由供需双方协商确定
交货	钢筋按冷加工状态交货。允许冷轧后进行低温回火处理

注：钢筋一般为盘圆交货，其长度可按供需双方约定。

7. 冷轧扭钢筋

冷轧扭钢筋是以热轧Ⅰ级盘圆为原料，经专用生产线，先冷轧扁，再冷扭转，从而形成系列螺旋状直条钢筋。为我国独创的实用、新型、高效的冷加工钢筋。

（1）冷轧扭钢筋的形状及工艺特点（表4-46）

表 4-46 冷轧扭钢筋的形状及工艺特点

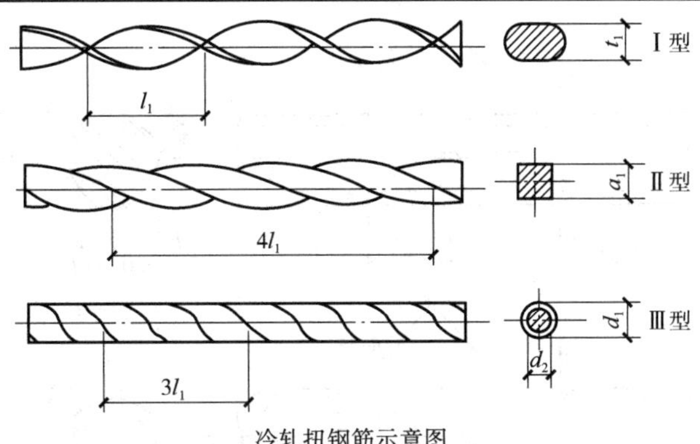

冷轧扭钢筋示意图

型号		力学性能	工艺特点
Ⅰ	CTB550	塑性 $\delta_{10} \geqslant 4.5\%$；抗拉强度，$\sigma_b \geqslant 580\text{MPa}$	螺旋状外形大大提高了与混凝土的握裹力，改善了构件受力性能，使砼构件具有承载力高、刚度好、破坏前有明显预兆等特点 冷轧扭钢筋可按工程需要定尺供料，使用中不需再做弯钩；钢筋的刚性好，绑扎后不易变形和移位，有利于保证工程质量 冷轧扭钢筋的生产与加工合二为一，产品商品化、系列化，与用Ⅰ级钢筋相比，可节约钢材30%～40%，节省工程资金15%～20%
Ⅱ	CTB550		
Ⅲ	CTB650		

(2) 冷轧扭钢筋的规格及理论重量（表 4-47）

表 4-47 冷轧扭钢筋的规格及工理论重量

强度级别	型号	公称直径/mm	公称截面面积/mm^2	理论重量/(kg/m)
CTB550	Ⅰ	6.5	29.50	0.232
		8	45.30	0.356
		10	68.3	0.536
		12	96.14	0.755
	Ⅱ	6.5	29.20	0.229
		8	42.30	0.332
		10	66.10	0.519
		12	92.74	0.728
	Ⅲ	6.5	29.86	0.234
		8	45.24	0.355
		10	70.69	0.555
CTB650	Ⅲ	6.5	28.20	0.221
		8	42.73	0.335
		10	66.76	0.524

8. 预应力混凝土用钢丝（GB/T 5223—2014）

预应力混凝土用钢丝主要指冷拉或消除应力的光圆、螺旋肋和刻痕钢丝；消除应力钢丝包括低松弛钢丝和普通松弛钢丝。

(1) 预应力混凝土用三面刻痕钢丝的外形及分类（表 4-48）

表 4-48 预应力混凝土用三面刻痕钢丝的外形及分类

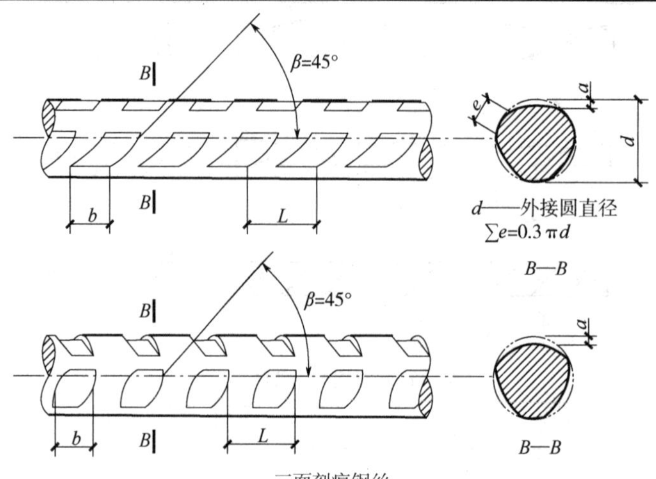

三面刻痕钢丝

按加工状态分类	代号	按外形分类	代号
冷拉钢丝	WCD	光圆钢丝	P
		螺旋肋钢丝	H
低松弛钢丝	WLR	刻痕钢丝	L

（2）预应力混凝土用光圆钢丝的尺寸规格（表 4-49）

表 4-49 预应力混凝土用光圆钢丝的尺寸规格

公称直径 d_n/mm	直径允许偏差/mm	公称横截面面积 S_n/mm²	每米理论重量/(g/m)
4.00	±0.04	12.57	98.6
4.80		18.10	142
5.00	±0.05	19.63	154
6.00		28.27	222
6.25		30.68	241
7.00		38.48	302
7.50		44.18	347
8.00	±0.06	50.26	394
9.00		63.62	499
9.50		70.88	556
10.00		78.54	616
11.00		95.03	746
12.00		113.1	888

（3）预应力混凝土用三面刻痕钢丝的尺寸及允许偏差（表 4-50）

表 4-50 预应力混凝土用三面刻痕钢丝的尺寸及允许偏差

公称直径 d_n/mm	刻痕深度		刻痕长度		节距	
	公称深度 a/mm	允许偏差/mm	公称长度 b/mm	允许偏差/mm	公称节距 L/mm	允许偏差/mm
≤5.00	0.12	±0.05	3.5	±0.5	5.5	±0.5
>5.00	0.15		5.0		8.0	

注：公称直径指横截面积等同于光圆钢丝横截面积时所对应的直径。

（4）预应力混凝土用螺旋肋钢丝的尺寸及允许偏差（表4-51）

表4-51　预应力混凝土用螺旋肋钢丝的尺寸及允许偏差

公称直径 d_n /mm	螺旋肋数量 /条	基圆尺寸		外轮廓尺寸		单肋尺寸	螺旋肋导程 C /mm
		基圆直径 D_1 /mm	允许偏差 /mm	外轮廓直径 D /mm	允许偏差 /mm	宽度 a /mm	
4.00	4	3.85		4.25		0.90～1.30	24～30
4.80	4	4.60		5.10		1.30～1.70	28～36
5.00	4	4.80		5.30	±0.05		
6.00	4	5.80		6.30		1.60～2.00	30～38
6.25	4	6.00		6.70			30～40
7.00	4	6.73		7.46		1.80～2.20	35～45
7.50	4	7.26	±0.05	7.96		1.90～2.30	36～46
8.00	4	7.75		8.45	±0.10	2.00～2.40	40～50
9.00	4	8.75		9.45		2.10～2.70	42～52
9.50	4	9.30		10.10		2.20～2.80	44～53
10.00	4	9.75		10.45		2.50～3.00	45～58
11.00	4	10.76		11.47		2.60～3.10	50～64
12.00	4	11.78		12.50		2.70～3.20	55～70

（5）预应力混凝土用消除应力光圆及螺旋肋钢丝的力学性能（表4-52）

表4-52　预应力混凝土用消除应力光圆及螺旋肋钢丝的力学性能

公称直径 d_n/mm	公称抗拉强度 R_m/MPa	最大力的特征值 F_m/kN	最大力的最大值 $F_{m,max}$/kN	0.2%屈服力 $F_{p0.2}$/kN ≥	最大力总伸长率（L_0＝200mm）A_{gt}（%）≥	反复弯曲性能		应力松弛性能	
						弯曲次数/（次/180°）≥	弯曲半径 R/mm	初始力相当于实际最大力的百分数（%）	1000h应力松弛率 r（%）≤
4.00		18.48	20.99	16.22		3	10		
4.80		26.61	30.23	23.35		4	15		
5.00		28.86	32.78	25.32		4	15		
6.00		41.56	47.21	36.47		4	15		
6.25		45.10	51.24	39.58		4	20		
7.00		56.57	64.26	49.64		4	20		
7.50	1470	64.94	73.78	56.99		4	20		
8.00		73.88	83.93	64.84		4	20		2.5
9.00		93.52	106.25	82.07		4	25	70	
9.50		104.19	118.37	91.44	3.5	4	25		
10.00		115.45	131.16	101.32		4	25		4.5
11.00		139.69	158.70	122.59		—	—	80	
12.00		166.26	188.88	145.90		—	—		
4.00		19.73	22.24	17.37		3	10		
4.80		28.41	32.03	25.00		4	15		
5.00		30.82	34.75	27.12		4	15		
6.00		44.38	50.03	39.06		4	15		
6.25	1570	48.17	54.31	42.39		4	20		
7.00		60.41	68.11	53.16		4	20		
7.50		69.36	78.20	61.04		4	20		
8.00		78.91	88.96	69.44		4	20		
9.00		99.88	112.60	87.89		4	25		

（续）

公称直径 d_n/mm	公称抗拉强度 R_m/MPa	最大力的特征值 F_m/kN	最大力的最大值 $F_{m,max}$/kN	0.2%屈服力 $F_{p0.2}$/kN ≥	最大力总伸长率（L_0=200mm）A_{gt}（%）≥	反复弯曲性能		应力松弛性能	
						弯曲次数/（次/180°）≥	弯曲半径 R/mm	初始力相当于实际最大力的百分数（%）	1000h应力松弛率 r（%）≤
9.50		111.28	125.46	97.93		4	25		
10.00	1570	123.31	139.02	108.51		4	25		
11.00		149.20	168.21	131.30		—	—		
12.00		177.57	200.19	156.26		—	—		
4.00		20.99	23.50	18.47		3	10		
5.00		32.78	36.71	28.85		4	15		
6.00		47.21	52.86	41.54		4	15		
6.25	1670	51.24	57.38	45.09		4	20	70	2.5
7.00		64.26	71.96	56.55		4	20		
7.50		73.78	82.62	64.93	3.5	4	20		
8.00		83.93	93.98	73.86		4	20	80	4.5
9.00		106.25	118.97	93.50		4	25		
4.00		22.25	24.76	19.58		3	10		
5.00		34.75	38.68	30.58		4	15		
6.00	1770	50.04	55.69	44.03		4	15		
7.00		68.11	75.81	59.94		4	20		
7.50		78.20	87.04	68.81		4	20		
4.00		23.38	25.89	20.57		3	10		
5.00	1860	36.51	40.44	32.13		4	15		
6.00		52.58	58.23	46.27		4	15		
7.00		71.57	79.27	62.98		4	20		

（6）预应力混凝土用螺旋肋钢丝的表面质量（表4-53）

表4-53 预应力混凝土用螺旋肋钢丝的表面质量

钢丝表面质量	
表面不得有裂纹和油污，不允许有影响使用的拉痕、机械损伤等；除非供需双方有协议，否则钢丝表面只要没有目视框架的锈蚀凹坑，表面浮锈不得作为拒收的理由；消除应力的钢丝表面允许存在回火颜色	
圆度、盘重和盘内径	
圆度	光圆及螺旋肋钢丝的圆度不得超出其直径公差的1/2
盘重	每盘钢丝由一根组成，其盘重不小于1000kg，不小于10盘时允许有10%的盘数小于1000kg，但不得小于300kg
盘内径	冷拉钢丝的盘内径应不小于钢丝公称直径的100倍；消除应力钢丝的盘内径不小于1700mm
消除应力钢丝的伸直性	
取弦长为1m的钢丝，放在一平面上其弦与弧内侧最大自然矢高：刻痕钢丝不大于25mm；光圆钢丝不大于20mm	

9. 预应力混凝土用低合金钢丝

（1）预应力混凝土用低合金钢丝的外形及分类（表4-54）

表 4-54　预应力混凝土用低合金钢丝的外形及分类

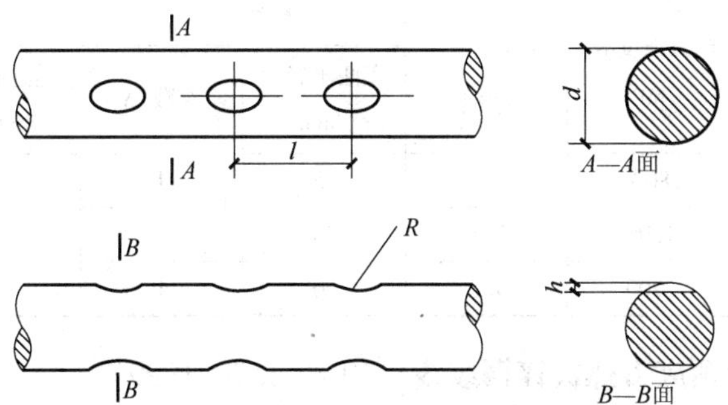

预应力混凝土用低合金钢丝外形示意图

分类方法	牌号	特征
按强度级别分类	YD800	抗拉强度 800MPa 的预应力混凝土用光面低合金钢丝
	YD1000	抗拉强度 1000MPa 的预应力混凝土用光面低合金钢丝
	YD1200	抗拉强度 1200MPa 的预应力混凝土用光面低合金钢丝
按表面形状分类	光面钢丝	YD800、YD1000、YD1200
	轧痕钢丝	YZD1000 轧痕低合金钢丝
按松弛性能分类	Ⅰ级松弛	—
	Ⅱ级松弛	—
按交货状态分类	冷拉钢丝 HCD	—
	消除应力钢丝 S	—

注：Y、D、Z 分别表示：Y—预应力的“预”字的字头；D—表示低合金的“低”字的字头；Z—表示轧痕的“轧”字的字头。

（2）预应力混凝土用光面钢丝的尺寸规格（表 4-55）

表 4-55　预应力混凝土用光面钢丝的尺寸规格

公称直径/mm	允许偏差/mm	公称横截面面积/mm^2	每米理论重量/g
5.0	+0.08 -0.04	19.63	154.1
7.0	+0.10 -0.10	38.48	302.1

（3）预应力混凝土用两面轧痕钢丝的尺寸规格（表 4-56）

表 4-56　预应力混凝土用两面轧痕钢丝的尺寸规格

尺寸/mm	直径 d	轧痕深度 h	轧痕圆柱半径 R	轧痕间距 l	每米理论重量/g
	7.0	0.30	8	7.0	302.1
允许偏差/mm	±0.10	±0.05	±0.5	+0.5 -1.0	+8.7 -8.6

（4）预应力混凝土用低合金钢丝的力学性能（表 4-57）

表 4-57 预应力混凝土用低合金钢丝的力学性能

公称直径/mm	级别	抗拉强度 σ_b/MPa	伸长率 δ_{100}（%）	反复弯曲		应力松弛	
				弯曲半径 R/mm	次数/N	张拉应力与公称强度比	应力松弛率最大值
5.0	YD800	800	4	15	4	0.70	8% 1000h 或 5% 10h
7.0	YD1000	1000	3.5	20	4		
7.0	YD1200	1200	3.5	20	4		

10. 高强度低松弛预应力热镀锌钢绞线（YB/T 152—1999）

高强度低松弛预应力热镀锌钢绞线是由 7 根以上的热镀锌钢丝组成的低松弛预应力钢绞线，直径为 12.5～15.7mm，强度等级为 1770～1800MPa。适用于桥梁拉索、提升、固定拉力构件的建筑物及不直接与混凝土砂浆接触的预应力构件。

（1）高强度低松弛预应力热镀锌钢绞线的形状、尺寸及允许偏差　高强度低松弛预应力热镀锌钢绞线形状、尺寸及允许偏差见表 4-58。

表 4-58 高强度低松弛预应力热镀锌钢绞线的形状、尺寸及允许偏差

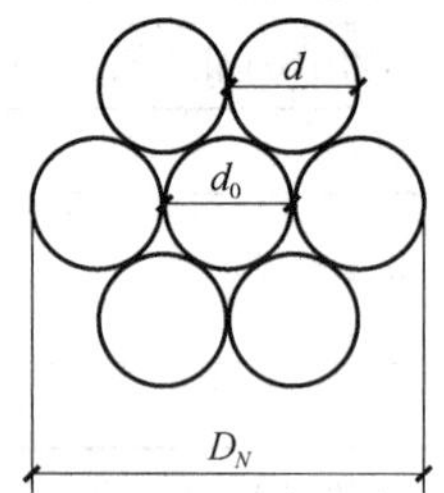

高强度低松弛预应力热镀锌钢绞线示意图

D_N—钢绞线直径　d_0—中心钢丝直径　d—外层钢丝直径

公称直径/mm	直径允许偏差/mm	公称截面面积/mm²	理论重量/(kg/m)	中心钢丝直径加大范围（%）>
12.5	+0.30 −0.10	93	730	2.0
12.9		100	785	
15.2	+0.40 −0.20	139	1091	
15.7		150	1178	

（2）高强度低松弛预应力热镀锌钢绞线的技术要求（表 4-59）

表 4-59 高强度低松弛预应力热镀锌钢绞线的技术要求

项目	主要技术参数
原材料要求	组成钢绞线的钢丝在捻制前进行热镀锌，钢绞线应进行连续的稳定化处理
生产过程要求	生产镀锌钢绞线用钢丝时，只允许盘条接头，钢绞线捻制和稳定化处理过程中的焊接或插接头，应在成品中去除
技术过程要求	钢丝的捻向一般为左（S）捻，右（Z）捻必须在合同中注明，捻制后，钢绞线应进行连续的稳定化处理；钢绞线的捻距为钢绞线公称尺寸的 12～16 倍
成品检验要求	成品钢绞线应用砂轮锯切割，切断后不应松散，如果钢丝离开原来位置，应可用手工复原到原位，否则为不合格产品，成品钢绞线只允许保留冷拔前的焊接点；钢绞线自由放置在平面上，测量其弯曲度每米矢高不得大于 25m

11. 预应力混凝土用钢绞线（GB/T 5224—2014）

（1）预应力混凝土用钢绞线的外形及分类（表4-60）

表4-60　预应力混凝土用钢绞线的外形及分类

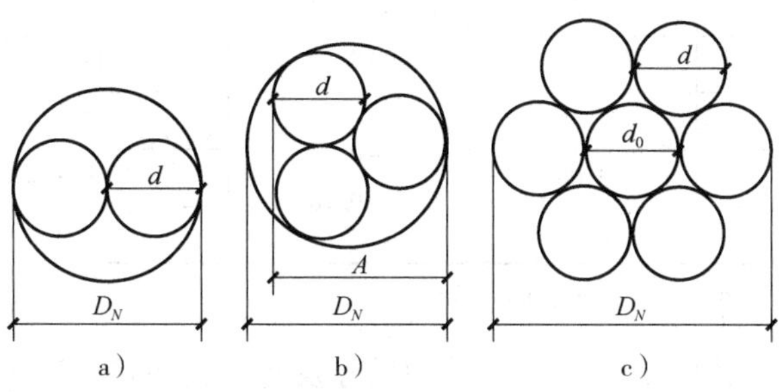

a）1×2结构钢绞线　b）1×3结构钢绞线　c）1×7结构钢绞丝线

D_N—钢绞线直径　d_0—中心钢丝直径　d—外层钢丝直径　A—1×3结构钢绞线测量尺寸

预应力混凝土用钢绞线的外形示意图

预应力混凝土用钢绞线分类	
分类	定义
标准型钢绞线	标准型钢绞线（standard strand）是由冷拉光圆钢丝捻制成的钢绞线
刻痕钢绞线	刻痕钢绞线（indented strand）是由刻痕钢丝捻制成的钢绞线
模拔型钢绞线	模拔型钢绞线（compact strand）是捻制后再经冷拔成的钢绞线
钢绞线公称直径	钢绞线公称直径（nominal diameter）是钢绞线外接圆直径的名义尺寸
稳定化处理	稳定化处理（stabilizing treatment）是为减少应用时的应力松弛，钢绞线在一定张力下进行的短时的热处理

分类代号

钢绞线按结构分为以下8类，结构代号为：

用两根钢丝捻制的钢绞线	1×2
用三根钢丝捻制的钢绞线	1×3
用三根刻痕钢丝捻制的钢绞线	1×31
用七根钢丝捻制的标准型钢绞线	1×7
用六根刻痕钢丝和一根光圆中心钢丝捻制的钢绞线	1×71
用七根钢丝捻制又经模拔的钢绞线	（1×7）C
用十九根钢丝捻制的1+9+9西鲁式钢绞线	1×19S
用十九根钢丝捻制的1+6+6/6瓦林吞式钢绞线	1×19W

标记示例

【示例1】公称直径为15.20mm，抗拉强度为1860MPa的七根钢丝捻制的标准型钢绞线标记为：

预应力钢绞线1×7-15.20-1860-GB/T 5224—2014

【示例2】公称直径为8.70mm，抗拉强度为1720MPa的三根刻痕钢丝捻制的钢绞线标记为：

预应力钢绞线1×3I-8.70-1720-GB/T 5224—2014

【示例3】公称直径为12.70mm，抗拉强度为1860MPa的七根钢丝捻制又经模拔的钢绞线标记为：

预应力钢绞线（1×7）C-12.70-1860-GB/T 5224—2014

【示例4】公称直径为21.8mm，抗拉强度为1860MPa的十九根钢丝捻制的西鲁式钢绞线标记为：

预应力钢绞线1×19S-21.80-1860-GB/T 5224—2014

（2）预应力混凝土用1×2结构钢绞线的尺寸及允许偏差和理论重量（表4-61）

表 4-61　预应力混凝土用 1×2 结构钢绞线的尺寸及允许偏差和理论重量

钢绞线结构	公称直径/mm		钢绞线直径允许偏差/mm	钢绞线公称截面面积/mm²	每米理论重量/(g/m)
	绞线	钢丝			
1×2	5.00	2.50	+0.15 -0.15	9.82	77.1
	5.80	2.90		13.2	104
	8.00	4.00	+0.25 -0.10	25.1	197
	10.00	5.00		39.3	309
	12.00	6.00		56.5	444

注：理论重量仅供参考，钢的计算密度为 7.85g/cm³。

(3) 预应力混凝土用 1×3 结构钢绞线的尺寸及允许偏差和理论重量（表 4-62）

表 4-62　预应力混凝土用 1×3 结构钢绞线的尺寸及允许偏差和理论重量

钢绞线结构	公称直径/mm		钢绞线测量尺寸/mm	测量尺寸允许偏差/mm	钢绞线公称截面面积/mm²	每米理论重量/(g/m)
	绞线	钢丝				
1×3	6.20	2.90	5.41	+0.15 -0.05	19.8	155
	6.50	3.00	5.60		21.2	166
	8.60	4.00	7.46	+0.20 -0.10	37.7	296
	8.74	4.05	7.56		38.6	303
	10.80	5.00	9.33		58.9	462
	12.90	6.00	11.20		84.8	666
1×3I	8.70	4.04	7.54		38.5	302

(4) 预应力混凝土用 1×7 结构及 1×19 结构钢绞线的尺寸及允许偏差和理论重量（表 4-63a、b）

表 4-63a　预应力混凝土用 1×7 结构钢绞线的尺寸及允许偏差和理论重量

钢绞线结构	公称直径 D_n/mm	直径允许偏差/mm	钢绞线公称横截面积 S_n/mm²	每米理论重量/(g/m)	中心钢丝直径 d_0 加大范围 (%) ≥
1×7	9.50 (9.53)	+0.30 -0.15	54.8	430	2.5
	11.10 (11.11)		74.2	582	
	12.70	+0.40 -0.15	98.7	775	
	15.20 (15.24)		140	1101	
	15.70		150	1178	
	17.80 (17.78)		191 (189.7)	1500	
	18.90		220	1727	
	21.60		285	2237	

（续）

钢绞线结构	公称直径 D_n /mm	直径允许偏差 /mm	钢绞线公称横截面积 S_n/mm^2	每米理论重量 /(g/m)	中心钢丝直径 d_0加大范围（%）≥
1×7I	12.70	+0.40 -0.15	98.7	775	2.5
	15.20 (15.24)		110	1101	
(1×7) C	12.70	+0.40 -0.15	112	890	
	15.20 (15.24)		165	1295	
	18.00		223	1750	

注：可按括号内规格供货。

表 4-63b　1×19 结构钢绞线的尺寸及允许偏差、公称横截面积、每米理论重量

钢绞线结构	公称直径 D_n /mm	直径允许偏差 /mm	钢绞线公称横截面积 S_N /mm^2	每米理论重量 /（g/m）
1×19S (1 + 9 + 9)	17.8	+0.40 -0.15	208	1652
	19.3		244	1931
	20.3		271	2149
	21.8		313	2482
	28.6		532	4229
1×19W (1+6+6/6)	28.6		532	4229

注：1×19 钢绞线的公称直径为钢绞线的外接圆的直径。

（5）预应力混凝土用钢绞线的力学性能

1）预应力混凝土用 1×2 结构钢绞线的力学性能见表 4-64。

表 4-64　预应力混凝土用 1×2 结构钢绞线的力学性能

钢绞线结构	钢绞线公称直径 D_n/mm	公称抗拉强度 R_m/MPa	整根钢绞线最大力 F_m/kN ≥	整根钢绞线最大力的最大值 $F_{m,max}$/kN ≤	0.2%屈服力 $F_{p0.2}$/kN ≥	最大力总伸长率（L_0≥400mm）A_{gt}(%) ≥	应力松弛性能	
							初始负荷相当于实际最大力的百分数(%)	1000h 应力松弛率 r(%) ≤
1×2	8.00	1470	36.9	41.9	32.5	对所有规格 3.5	对所有规格 70 80	对所有规格 2.5 4.5
	10.00		57.8	65.6	50.9			
	12.00		83.1	94.4	73.1			
	5.00	1570	15.4	17.4	13.6			
	5.80		20.7	23.4	18.2			
	8.00		39.4	44.4	34.7			
	10.00		61.7	69.6	54.3			
	12.00		88.7	100	78.1			

（续）

钢绞线结构	钢绞线公称直径 D_n/mm	公称抗拉强度 R_m/MPa	整根钢绞线最大力 F_m/kN ≥	整根钢绞线最大力的最大值 $F_{m,max}$/kN ≤	0.2%屈服力 $F_{p0.2}$/kN ≥	最大力总伸长率（L_0≥400mm）A_{gt}(%) ≥	应力松弛性能	
							初始负荷相当于实际最大力的百分数(%)	1000h 应力松弛率 r(%) ≤
						对所有规格	对所有规格	对所有规格
1×2	5.00	1720	16.9	18.9	14.9	3.5	70	2.5
	5.80		22.7	25.3	20.0			
	8.00		43.2	48.2	38.0			
	10.00		67.6	75.5	59.5			
	12.00		97.2	108	85.5			
	5.00	1860	18.3	20.2	16.1			
	5.80		24.6	27.2	21.6			
	8.00		46.7	51.7	41.1		80	4.5
	10.00		73.1	81.0	64.3			
	12.00		105	116	92.5			
	5.00	1960	19.2	21.2	16.9			
	5.80		25.9	28.5	22.8			
	8.00		49.2	54.2	43.3			
	10.00		77.0	84.9	67.8			

2）预应力混凝土用1×3结构钢绞线的力学性能见表4-65。

表4-65　预应力混凝土用1×3结构钢绞线的力学性能

钢绞线结构	钢绞线公称直径 D_n/mm	公称抗拉强度 R_m/MPa	整根钢绞线最大力 F_m/kN ≥	整根钢绞线最大力的最大值 $F_{m,max}$/kN ≤	0.2%屈服力 $F_{p0.2}$/kN ≥	最大力总伸长率（L_0≥400mm）A_{gt}(%) ≥	应力松弛性能	
							初始负荷相当于实际最大力的百分数(%)	1000h 应力松弛率 r(%) ≤
						对所有规格	对所有规格	对所有规格
1×3	8.60	1470	55.4	63.0	48.8	3.5	70	2.5
	10.80		86.6	98.4	76.2			
	12.90		125	142	110			
	6.20	1570	31.1	35.0	27.4			
	6.50		33.3	37.5	29.3			
	8.60		59.2	66.7	52.1			
	8.74		60.6	68.3	53.3			
	10.80		92.5	104	81.4			
	12.90		133	150	117			
	8.74	1670	64.5	72.2	56.8		80	4.5
	6.20	1720	34.1	38.0	30.0			
	6.50		36.5	40.7	32.1			
	8.60		64.8	72.4	57.0			

（续）

钢绞线结构	钢绞线公称直径 D_n/mm	公称抗拉强度 R_m/MPa	整根钢绞线最大力 F_m/kN ≥	整根钢绞线最大力的最大值 $F_{m,max}$/kN ≤	0.2%屈服力 $F_{p0.2}$/kN ≥	最大力总伸长率（L_0≥400mm）A_{gt}(%) ≥	应力松弛性能	
							初始负荷相当于实际最大力的百分数(%)	1000h 应力松弛率 r(%) ≤
1×3	10.80	1720	101	113	88.9	对所有规格	对所有规格	对所有规格
	12.90		146	163	128			
	6.20	1860	36.8	40.8	32.4			
	6.50		39.4	43.7	34.7			
	8.60		70.1	77.7	61.7			
	8.74		71.8	79.5	63.2			
	10.80		110	121	96.8		70	2.5
	12.90		158	175	139	3.5		
	6.20	1960	38.8	42.8	34.1			
	6.50		41.6	45.8	36.6			
	8.60		73.9	81.4	65.0		80	4.5
	10.80		115	127	101			
	12.90		166	183	146			
1×3I	8.70	1570	60.4	68.1	53.2			
		1720	66.2	73.9	58.3			
		1860	71.6	79.3	63.0			

3）预应力混凝土用 1×7 结构钢绞线的力学性能见表 4-66。

表 4-66　预应力混凝土用 1×7 结构钢绞线的力学性能

钢绞线结构	钢绞线公称直径 D_n/mm	公称抗拉强度 R_m/MPa	整根钢绞线最大力 F_m/kN ≥	整根钢绞线最大力的最大值 $F_{m,max}$/kN ≤	0.2%屈服力 $F_{p0.2}$/kN ≥	最大力总伸长率（L_0≥500mm）A_{gt}(%) ≥	应力松弛性能	
							初始负荷相当于实际最大力的百分数(%)	1000h 应力松弛率 r(%) ≤
1×7	15.20（15.24）	1470	206	234	181	对所有规格	对所有规格	对所有规格
		1570	220	248	194			
		1670	234	262	206			
	9.50（9.53）	1720	94.3	105	83.0		70	2.5
	11.10（11.11）		128	142	113	3.5		
	12.70		170	190	150			
	15.20（15.24）		241	269	212			
	17.80（17.78）		327	365	288		80	4.5
	18.90	1820	400	444	352			

（续）

钢绞线结构	钢绞线公称直径 D_n /mm	公称抗拉强度 R_m /MPa	整根钢绞线最大力 F_m/kN ≥	整根钢绞线最大力的最大值 $F_{m,max}$/kN ≤	0.2%屈服力 $F_{p0.2}$/kN ≥	最大力总伸长率（L_0≥500mm）A_{gt}(%) ≥	应力松弛性能 初始负荷相当于实际最大力的百分数(%)	应力松弛性能 1000h应力松弛率 r(%) ≤
1×7	15.70	1770	266	296	234	对所有规格	对所有规格	对所有规格
	21.60		504	561	444	3.5	70	2.5
	9.50 (9.53)	1860	102	113	89.8			
	11.10 (11.11)		138	153	121			
	12.70		184	203	162			
	15.20 (15.24)		260	288	229			
	15.70		279	309	246			
	17.80 (17.78)		355	391	311			
	18.90		409	453	360			
	21.60		530	587	466			
	9.50 (9.53)	1960	107	118	94.2		80	4.5
	11.10 (11.11)		145	160	128			
	12.70		193	213	170			
	15.20 (15.24)		274	302	241			
1×7I	12.70	1860	184	203	162			
	15.20 (15.24)		260	288	229			
(1×7) C	12.70	1860	208	231	183			
	15.20 (15.24)	1820	300	333	264			
	18.00	1720	384	428	338			

4）预应力混凝土用1×19结构钢绞线的力学性能见表4-67。

表4-67　1×19结构钢绞线的力学性能

钢绞线结构	钢绞线公称直径 D_n /mm	公称抗拉强度 R_m /MPa	整根钢绞线最大力 F_m/kN ≥	整根钢绞线最大力的最大值 $F_{m,max}$/kN ≤	0.2%屈服力 $F_{p0.2}$/kN ≥	最大力总伸长率（L_0≥500mm）A_{gt}(%) ≥	应力松弛性能 初始负荷相当于实际最大力的百分数(%)	应力松弛性能 1000h应力松弛率 r(%) ≤
1×19S (1+9+9)	28.6	1720	915	1021	805	对所有规格	对所有规格	对所有规格
	17.8	1770	368	410	334	3.5	70	2.5
	19.3		431	481	379			
	20.3		480	534	422		80	4.5

（续）

钢绞线结构	钢绞线公称直径 D_n /mm	公称抗拉强度 R_m /MPa	整根钢绞线最大力 F_m/kN ≥	整根钢绞线最大力的最大值 $F_{m,max}$/kN ≤	0.2%屈服力 $F_{p0.2}$/kN ≥	最大力总伸长率（L_0≥500mm）A_{gt}(%) ≥	应力松弛性能	
							初始负荷相当于实际最大力的百分数(%)	1000h应力松弛率 r(%) ≤
1×19S (1+9+9)	21.8	1770	554	617	488	对所有规格	对所有规格	对所有规格
	28.6		942	1048	829			
	20.3	1810	491	545	432			
	21.8		567	629	499			
	17.8	1860	387	428	341		70	2.5
	19.3		454	503	400	3.5		
	20.3		504	558	444			
	21.8		583	645	513		80	4.5
1×19W (1+6+6/6)	28.6	1720	915	1021	805			
		1770	942	1048	829			
		1860	990	1096	854			

（6）预应力混凝土用钢绞线的技术要求（表4-68）

表4-68 预应力混凝土用钢绞线的技术要求

项目	主要技术参数
原材料要求	钢绞线应以热轧盘条为原料，经冷拔后捻制成钢绞线。捻制后，钢绞线应进行连续的稳定化处理。捻制刻痕钢绞线的钢丝应符合GB/T 5223中相应条款的规定，钢绞线公称直径≤12mm时，其刻痕深度为0.06mm±0.03mm；钢绞线公称直径>12mm时，其刻痕深度为0.07mm±0.03mm
生产过程要求	1×2、1×3、1×7结构钢绞线的捻距应为钢绞线公称直径的12倍~16倍，模拔钢绞线的捻距应为钢绞线公称直轻的14倍~18倍。1×19结构钢绞线其捻距为钢绞线公称直径的12~18倍
技术过程要求	钢绞线的捻向一般为左（S）捻，右（Z）捻应在合同中注明
成品检验要求	成品钢绞线应用砂轮锯切割，切断后应不松散，如离开原来位置，应可以用手复原到原位。1×2、1×3、1×3I成品钢绞线不允许有任何焊接点，其余成品钢绞线只允许保留拉拔前的焊接点，且在每45m内只允许有1个拉拔前的焊接点

12. 混凝土结构用成型钢筋

（1）混凝土结构用成型钢筋的形状及代码（表4-69）

表4-69 混凝土结构用成型钢筋的形状及代码

形状代码	形状示意图	形状代码	形状示意图
0000	A	1011	A (B)
1000	A B (C)	1022	B A (C)

（续）

形状代码	形状示意图	形状代码	形状示意图
1033	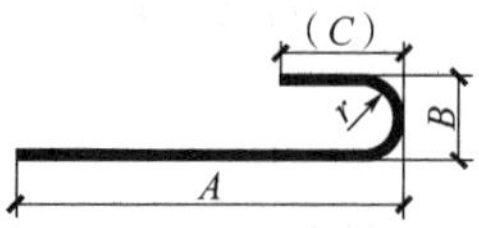	2060	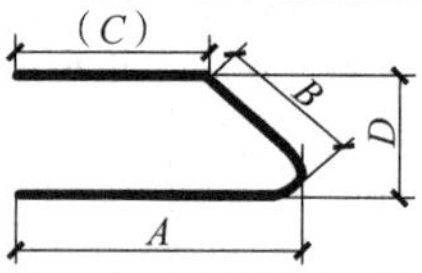
2010	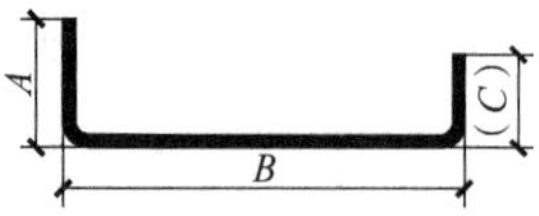	2061	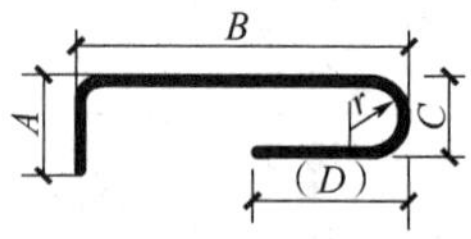
2011	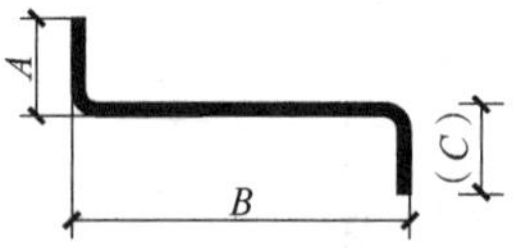	3010	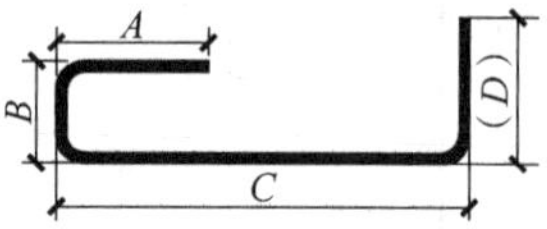
2020	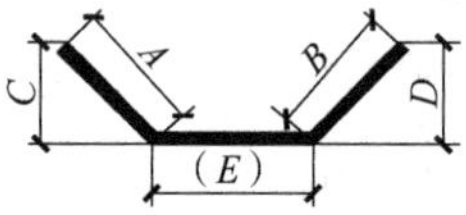	3011	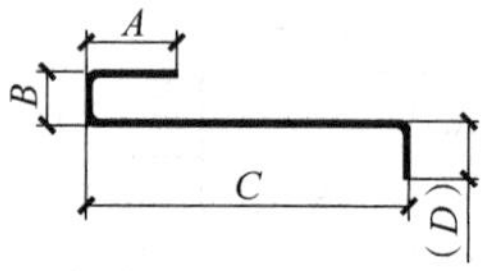
2021	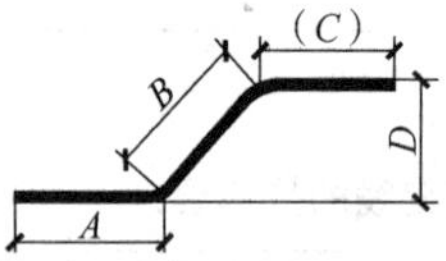	3012	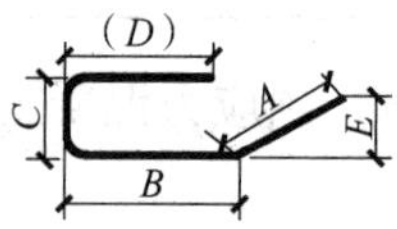
2030	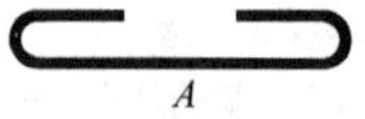	3013	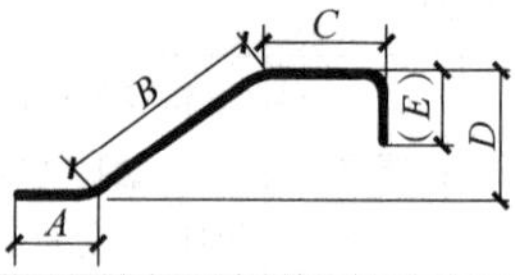
2031	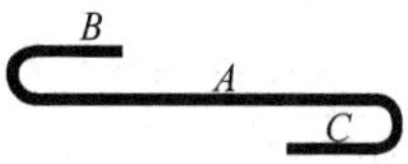	3020	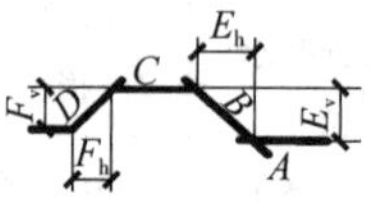
2040		3021	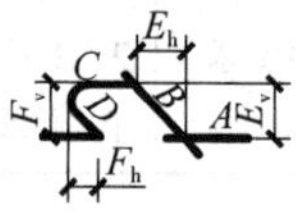
2041	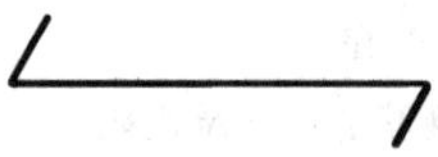	3022	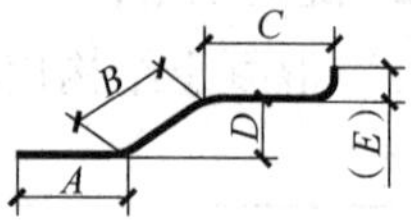
2050	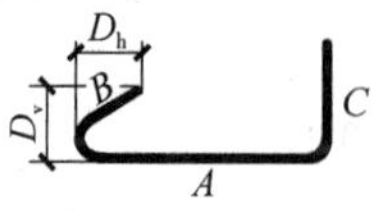	4070	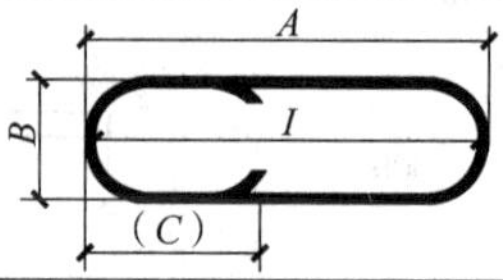
2051	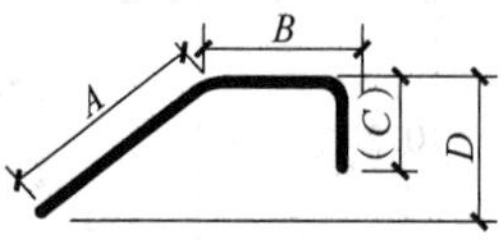	3071	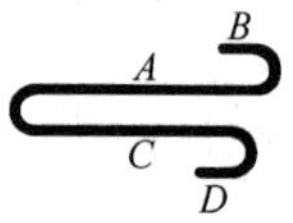

（续）

形状代码	形状示意图	形状代码	形状示意图
4010	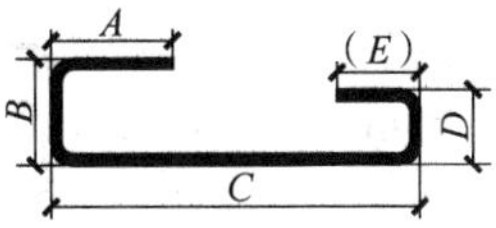	5013	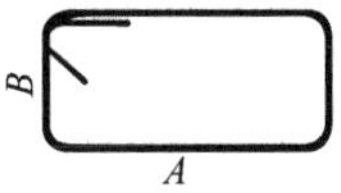
4011	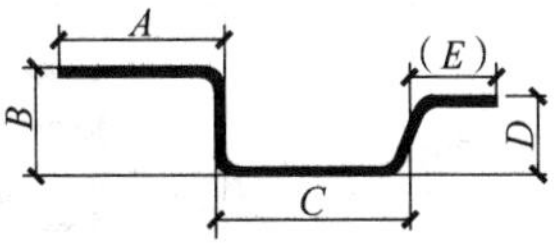	5020	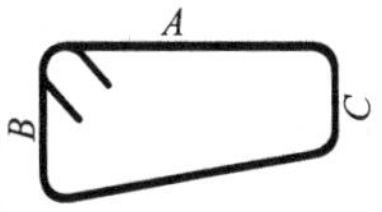
4012	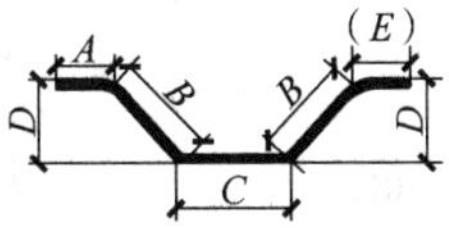	5021	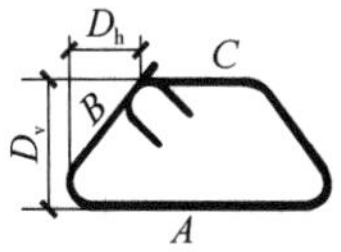
4013	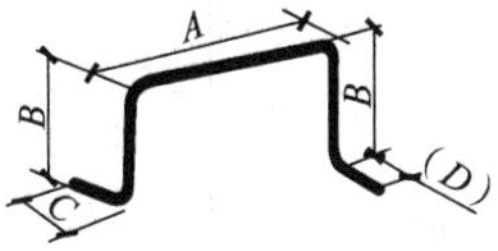	5022	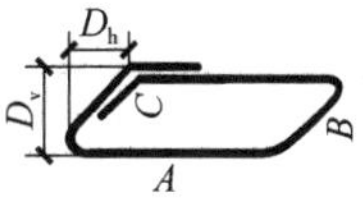
4020	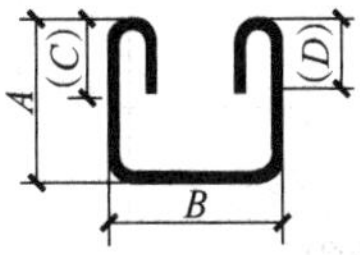	5023	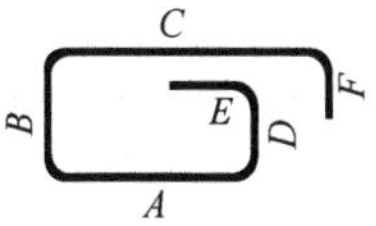
4021	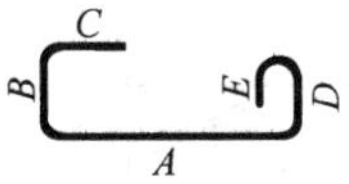	5024	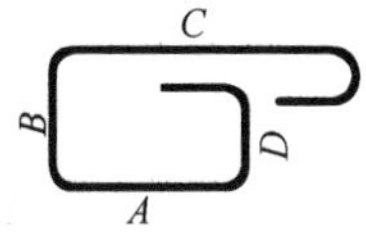
4030	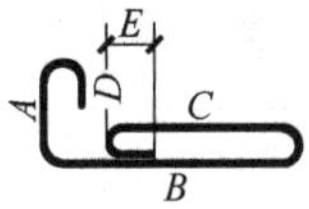	5025	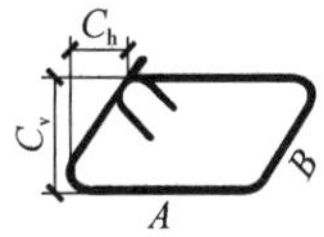
4031	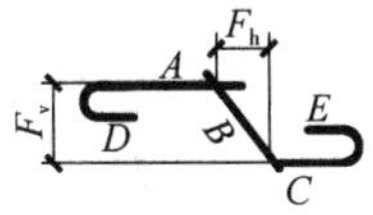	5026	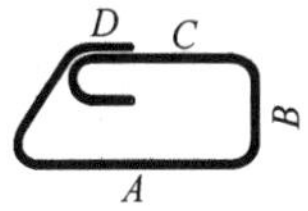
5010	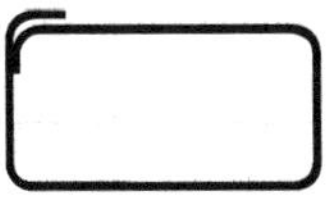	5070	
5011	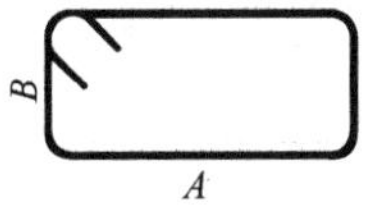	5071	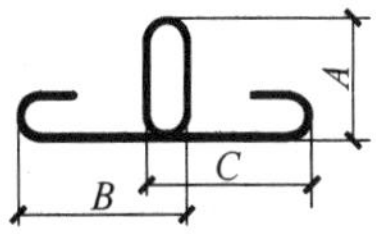
5012	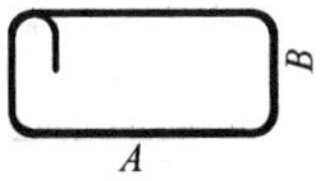	5072	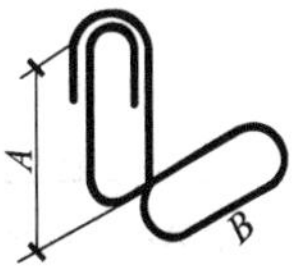

（续）

形状代码	形状示意图	形状代码	形状示意图
5073	A B C	7010	C B D A
6010	A B	7011	E C F D B A
6011	A B D C (F) E	7012	C B A
6012	C F B D G E A	7020	
6013	C B A	7021	
6020	C D B A	8010	
6021	D B E C A	8020	
6022	C B A D	8021	
6023	A D B C	8030	A B
		8031	B A

注：代码中第一位数字 0 ~7 代表成型钢筋的弯折次数。

（2）混凝土结构用成型钢筋的截面面积及理论重量（表4-70）

表4-70 混凝土结构用成型钢筋的截面面积及理论重量

公称直径/mm	公称截面面积/mm²	理论重量/(kg/m)	公称直径/mm	公称截面面积/mm²	理论重量/(kg/m)
6（6.5）	28.27（33.18）	0.22（0.260）	22	380.1	2.98
8	50.27	0.395	25	490.9	3.85
10	78.54	0.617	28	615.8	4.83
12	113.1	0.888	32	804.2	6.31
14	153.9	1.21	36	1018	7.99
16	201.1	1.58	40	1257	9.87
18	254.5	2.00	50	1964	15.42
20	314.2	2.47			

4.1.3 建筑用型钢

1. 窗框用热轧型钢

窗框用热轧型钢其截面形状与其门窗所需形状相类似，通过工厂化生产将型钢经剪切、辊压冷弯、焊接或铆接，形或门窗建筑元件，为一种实用性很强的新型建筑材料。

（1）窗框用热轧型钢的类型、型号和主要截面形状　窗框用热轧型钢的型号用4位数字表示：前两位表示高度尺寸（mm），称为系列；后两位表示截面形状，称为类型；尾数后的字母（a、b）表示宽度尺寸的不同顺序号（表4-71）。

表4-71 各种型号窗框钢的类型、型号和主要截面形状

类型	型号	主要截面形状（示意图）	用途
09	2209	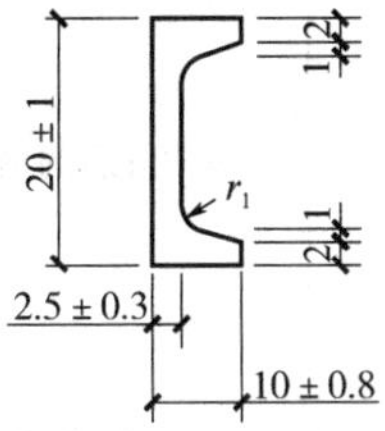 20±1；1；2；r_1；2；1；2.5±0.3；10±0.8	固定及密闭纱窗框，天窗和百叶窗框
07	2207	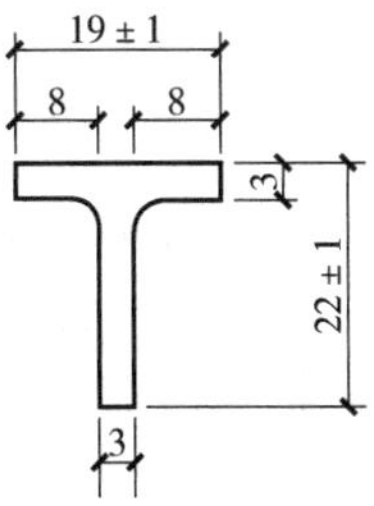 19±1；8；8；3；22±1；3	组合窗的横、竖拼窗门窗玻璃分铬窗芯
01	2501	单位：mm；16.5±0.8；2.5；3；25±0.4；3；3；9.5±0.8；19±0.8 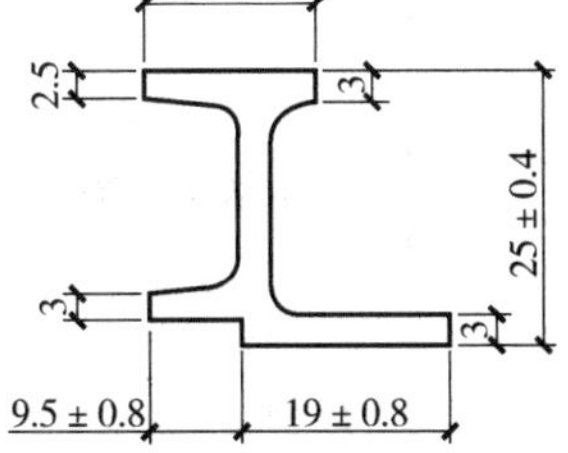	门窗外框

（续）

类型	型号	主要截面形状（示意图）	用途
02	2502	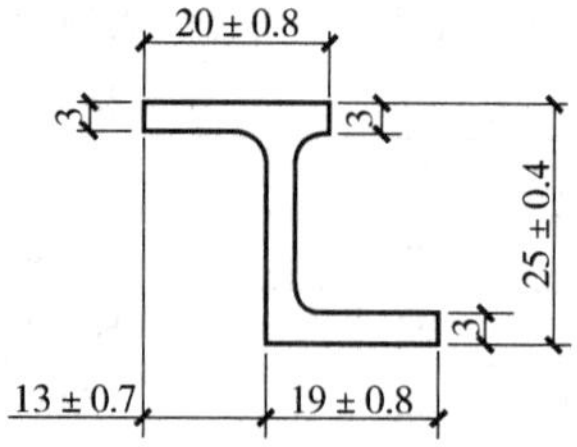	门窗开启扇
03	2503	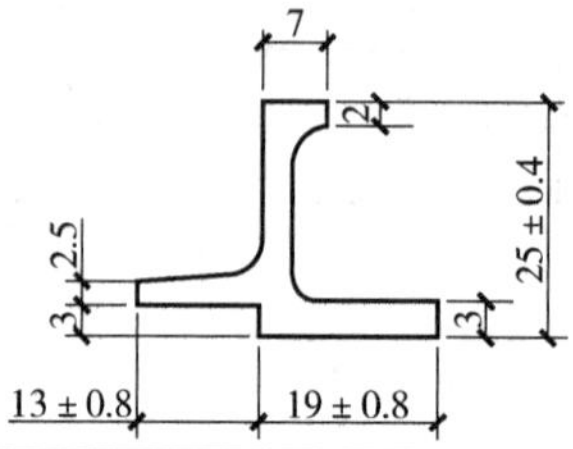	门窗开启扇
04	2504a	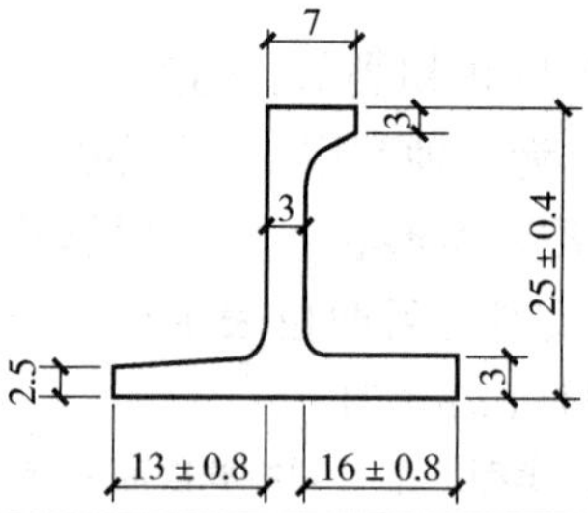	单面开启的横、竖中梃
04	2504b	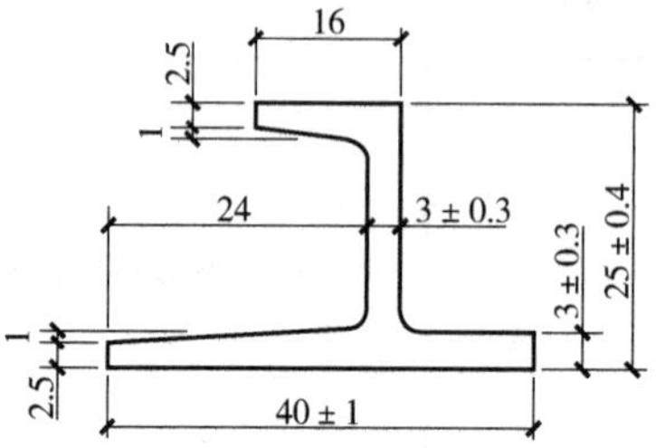	单面开启的横、竖中梃
05	2505	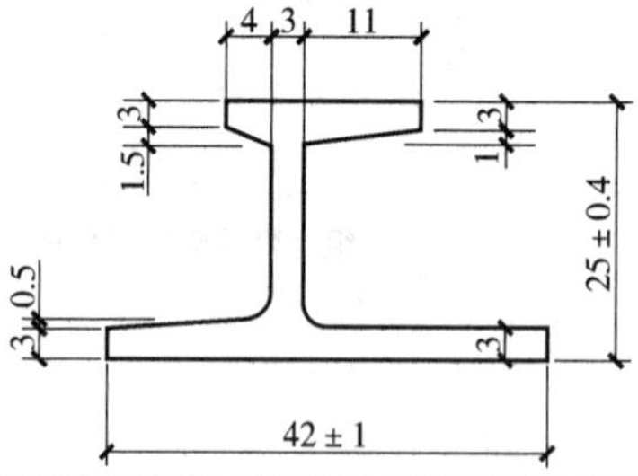	双面开启的横、竖中梃
06	2506	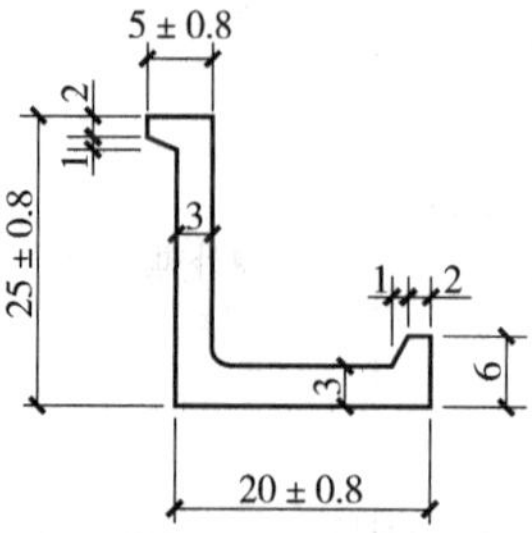	内开活动纱窗框

（续）

类型	型号	主要截面形状（示意图）	用途
07	2507a	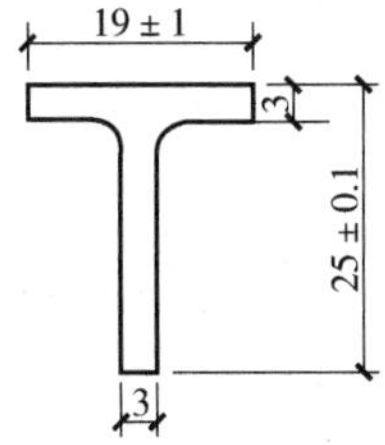	组合窗的横、竖拼窗门窗玻璃分铬窗芯
07	2507b	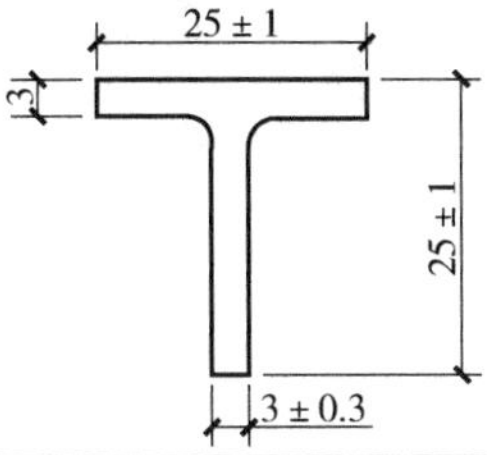	组合窗的横、竖拼窗门窗玻璃分铬窗芯
01	3201	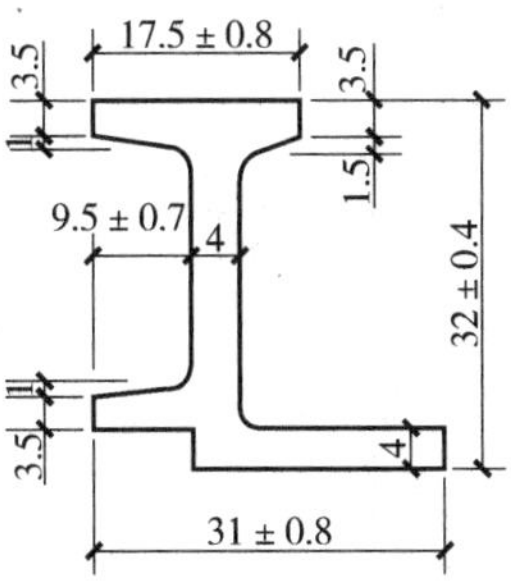	门窗外框
02	3202	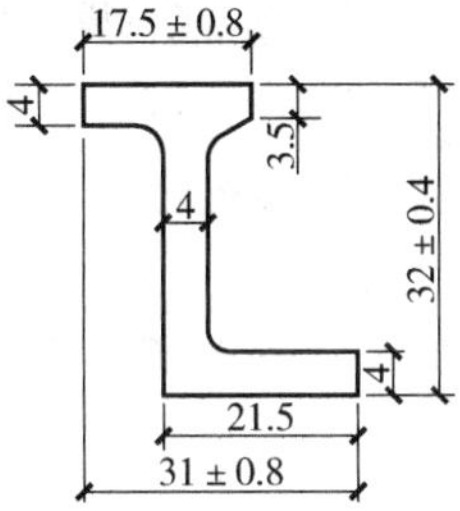	门窗开启扇
03	3203	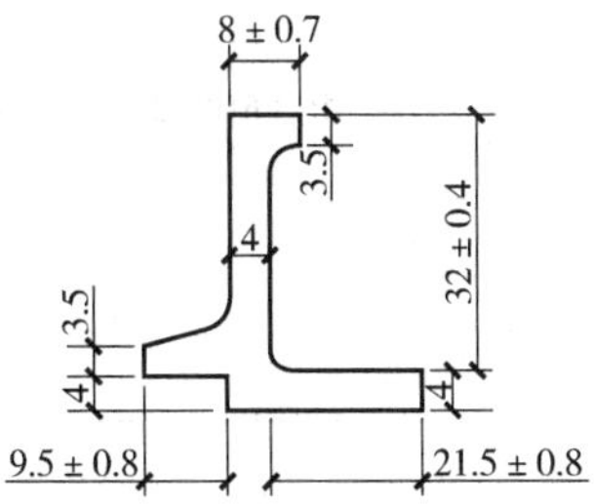	门窗开启扇
04	3204	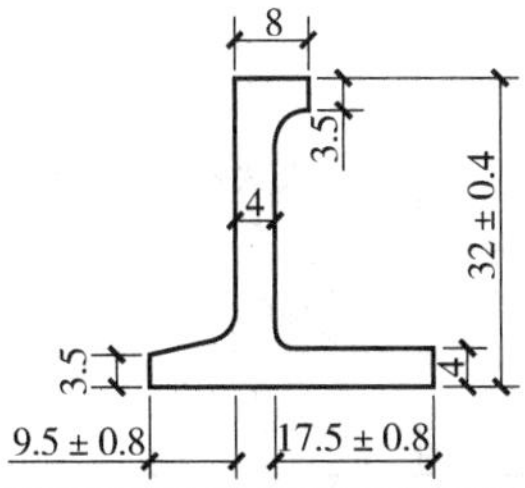	单面开启的横、竖中梃

（续）

类型	型号	主要截面形状（示意图）	用途
05	3205	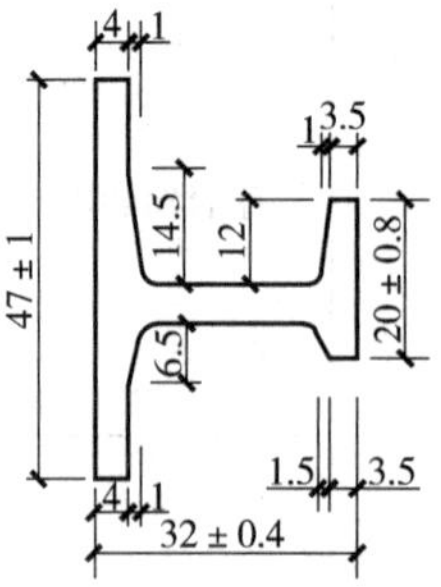 4 1 47 ± 1 14.5 12 1 3.5 20 ± 0.8 6.5 1.5 3.5 4 1 32 ± 0.4	双面开启的横、竖中梃
08	3208	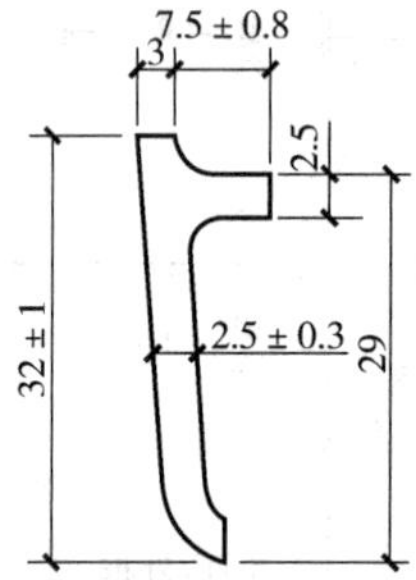 7.5 ± 0.8 3 2.5 32 ± 1 2.5 ± 0.3 29	拨水
07	3507a	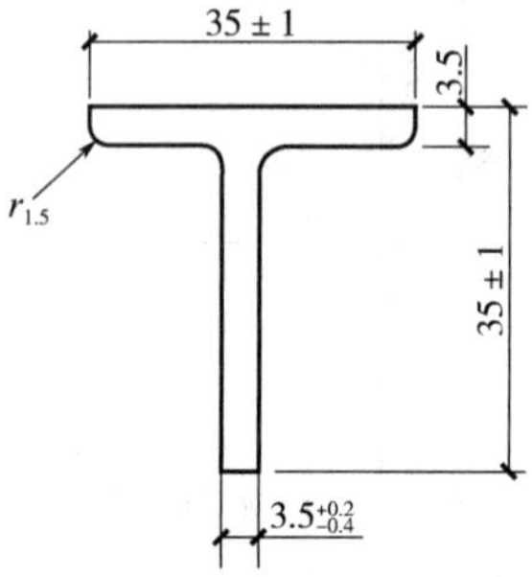 35 ± 1 3.5 $r_{1.5}$ 35 ± 1 $3.5^{+0.2}_{-0.4}$	组合窗的横、竖拼窗、门窗玻璃分格窗芯
07	3507b	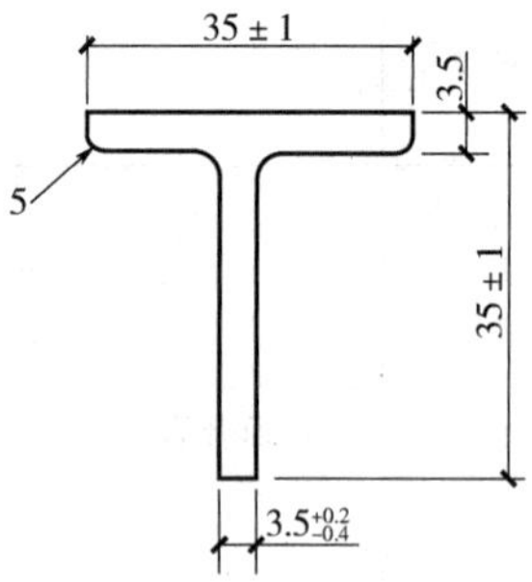 35 ± 1 3.5 5 35 ± 1 $3.5^{+0.2}_{-0.4}$	组合窗的横、竖拼窗、门窗玻璃分格窗芯
01	4001a	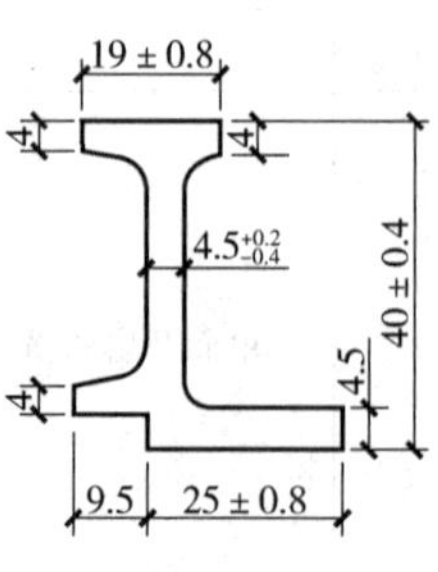 19 ± 0.8 4 4 $4.5^{+0.2}_{-0.4}$ 40 ± 0.4 4 4.5 9.5 25 ± 0.8	门窗外框

（续）

类型	型号	主要截面形状（示意图）	用途
01	4001b	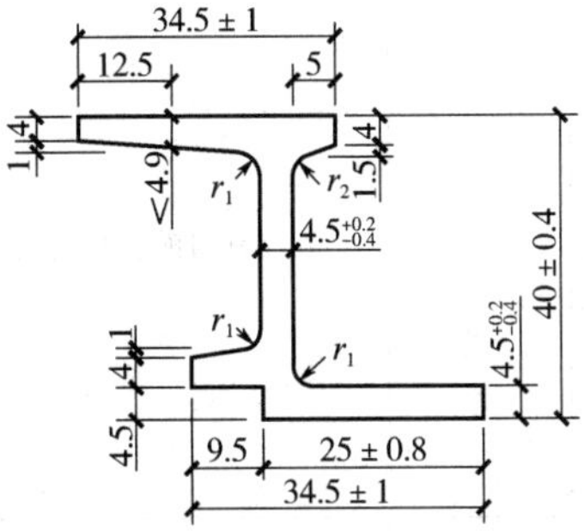 34.5 ± 1；12.5；5；1.4；1；<4.9；r_1；r_2；1.5；4；4.5$^{+0.2}_{-0.4}$；40 ± 0.4；r_1；r_1；1；4；4.5$^{+0.2}_{-0.4}$；4.5；9.5；25 ± 0.8；34.5 ± 1	门窗外框
02	4002	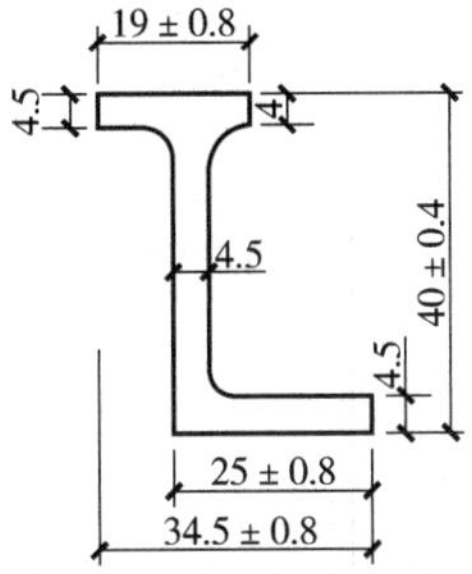 19 ± 0.8；4.5；4；4.5；40 ± 0.4；4.5；25 ± 0.8；34.5 ± 0.8	门窗开启扇
03	4003	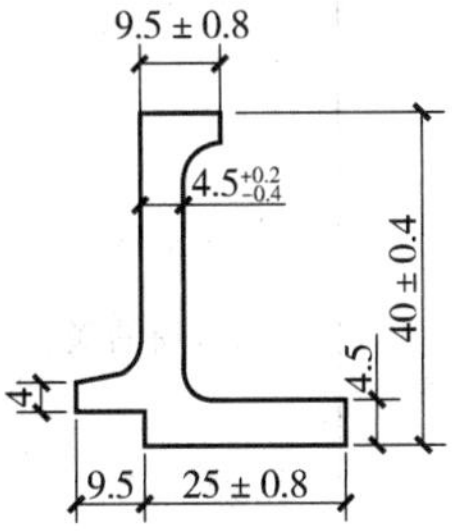 9.5 ± 0.8；4.5$^{+0.2}_{-0.4}$；40 ± 0.4；4；4.5；9.5；25 ± 0.8	门窗开启扇
04	4004	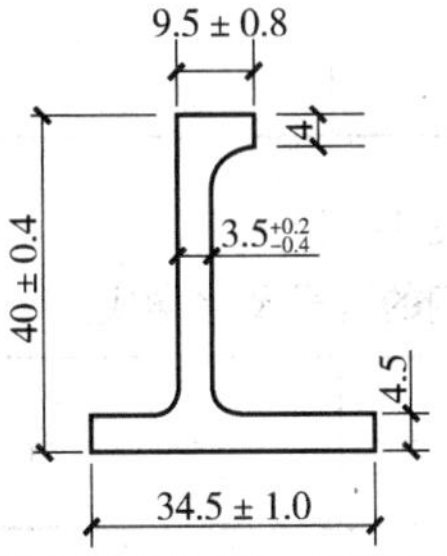 9.5 ± 0.8；4；3.5$^{+0.2}_{-0.4}$；40 ± 0.4；4.5；34.5 ± 1.0	单面开启的横、竖中梃
05	4005	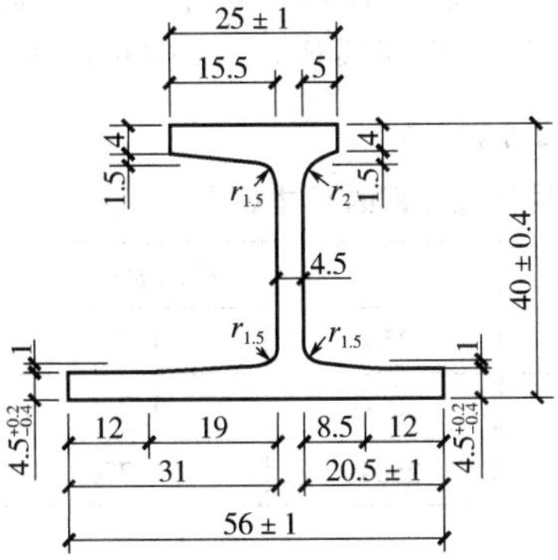 25 ± 1；15.5；5；4；1.5；$r_{1.5}$；r_2；1.5；4；4.5；40 ± 0.4；$r_{1.5}$；$r_{1.5}$；1；1；4.5$^{+0.2}_{-0.4}$；12；19；8.5；12；4.5$^{+0.2}_{-0.4}$；31；20.5 ± 1；56 ± 1	双面开启的横、竖中梃

（续）

类型	型号	主要截面形状（示意图）	用途
05	5007	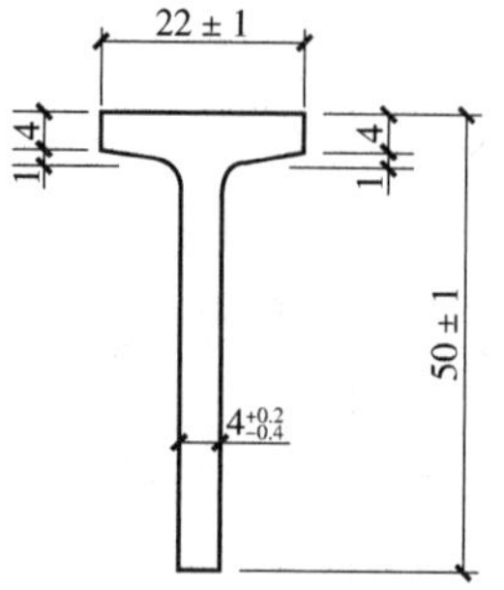 22 ± 1；4；1；4；1；50 ± 1；$4^{+0.2}_{-0.4}$	组合窗的横、竖拼窗、门窗玻璃分格窗芯
09	5509	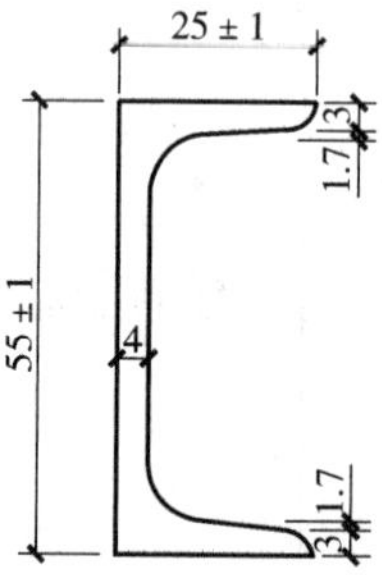 25 ± 1；3；1.7；55 ± 1；4；1.7；3	固定及密闭纱窗框，天窗和百叶窗框
10	6810	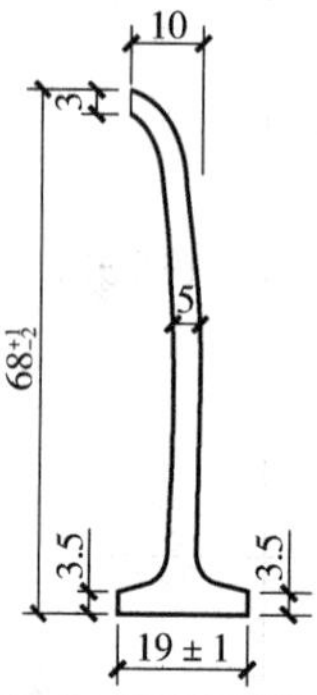 10；3；5；68^{+1}_{-2}；3.5；3.5；19 ± 1	组合窗的横、竖拼窗

（2）窗框用热轧型钢的牌号及化学成分（表4-72）

表4-72　窗框用热轧型钢的牌号及化学成分　　　　化学成分（%）

牌号	C	Mn	Si	S	P	脱氧方法
CK335	0.22	0.65	0.30	0.050	0.045	F、b、Z

注：沸腾钢（F）Si不大于0.07%；半镇静钢（b）Si不大于0.17%；镇静钢（Z）Si含量下限为0.12%。钢中残余元素Cu、Cr、Ni含量各不大于0.3%。经供需双方协议，供需双方并可协议残余杂质含量。

（3）窗框用热轧型钢的尺寸规格（表4-73）

表4-73　窗框用热轧型钢的尺寸规格

型号	截面面积/cm^2	理论质量/(kg/m)	型号	截面面积/cm^2	理论质量/(kg/m)
2009	0.879	0.690	2502	1.776	1.394
2207	1.144	0.898	2503	1.776	1.394
2501	1.959	1.538	2504a	1.776	1.394

（续）

型号	截面面积/cm²	理论质量/(kg/m)	型号	截面面积/cm²	理论质量/(kg/m)
2504b	2.256	1.771	3507a	1.564	1.228
2505	2.583	2.082	3507b	2.322	1.823
2506	1.391	1.092	4001	3.830	3.007
2507a	1.234	0.969	4001b	4.523	3.550
2507b	1.414	1.110	4002	3.400	2.669
3201	2.952	2.296	4003	3.400	2.669
3202	2.543	1.996	4004	3.400	2.669
3203	2.543	1.996	4005	5.366	4.212
3204	2.543	1.996	5007	2.814	2.209
3205	3.773	2.962	5509	3.886	3.051
3208	1.018	0.799	6810	3529	2.770

注：1. 窗框钢型号用四位阿拉伯数字表示，前两位数表示高度尺寸（mm），称为系列；后两位数表示截面形状，称为类型。尾数后字母（a、b）表示宽度尺寸的不同顺序号。
2. 热轧窗框钢的通常长度为 3～8m。定尺长度和倍尺长度需在合同中注明，一般偏差不大于 +60mm。

（4）窗框钢的力学性能和工艺性能（表 4-74）

表 4-74　窗框钢的力学性能和工艺性能

牌号	力学性能		180°弯曲试验 d = 弯心直径 a = 试样厚度
	抗拉强度 σ_b/MPa	伸长率 δ_s（%）	
	不小于		
CK335	335	26	$d=0.5a$

2. 卷帘门及钢窗用冷弯型钢

（1）卷帘门及钢窗用冷弯型钢的型号和牌号（表 4-75）

表 4-75　卷帘门及钢窗用冷弯型钢的型号和牌号

名称	代号	应用
卷帘门钢窗板	LB50、LB70、LB92	适用于卷帘门及钢窗用冷弯型钢
天窗用型钢	TX7522、TX9065、TX5525、TX6820	
连接用异型轻型空心型钢	YX5019、YX5025、YX6035、	
固定式纱窗用型钢	SX2010	

（2）卷帘门及钢窗用冷弯型钢的截面面积和理论重量（表 4-76）

表 4-76　卷帘门及钢窗用冷弯型钢的截面面积和理论重量

代号	截面面积/cm²	理论重量/(kg/m)	代号	截面面积/cm²	理论重量/(kg/m)
LB50	0.80	0.63	TX6820	2.15	1.68
LB70	0.95	1.52	YX5019	4.25	3.32
LB92	2.70	2.12	YX5025	3.63	2.74
TX5522	2.63	2.06	YX6035	4.88	3.80
TX9065	5.76	4.52	SX2010	0.85	0.67
TX5525	3.68	2.89			

（3）卷帘门及钢窗用冷弯型钢的截面形状和尺寸规格及允许偏差（表4-77）

表4-77　卷帘门及钢窗用冷弯型钢的截面形状和尺寸规格及允许偏差

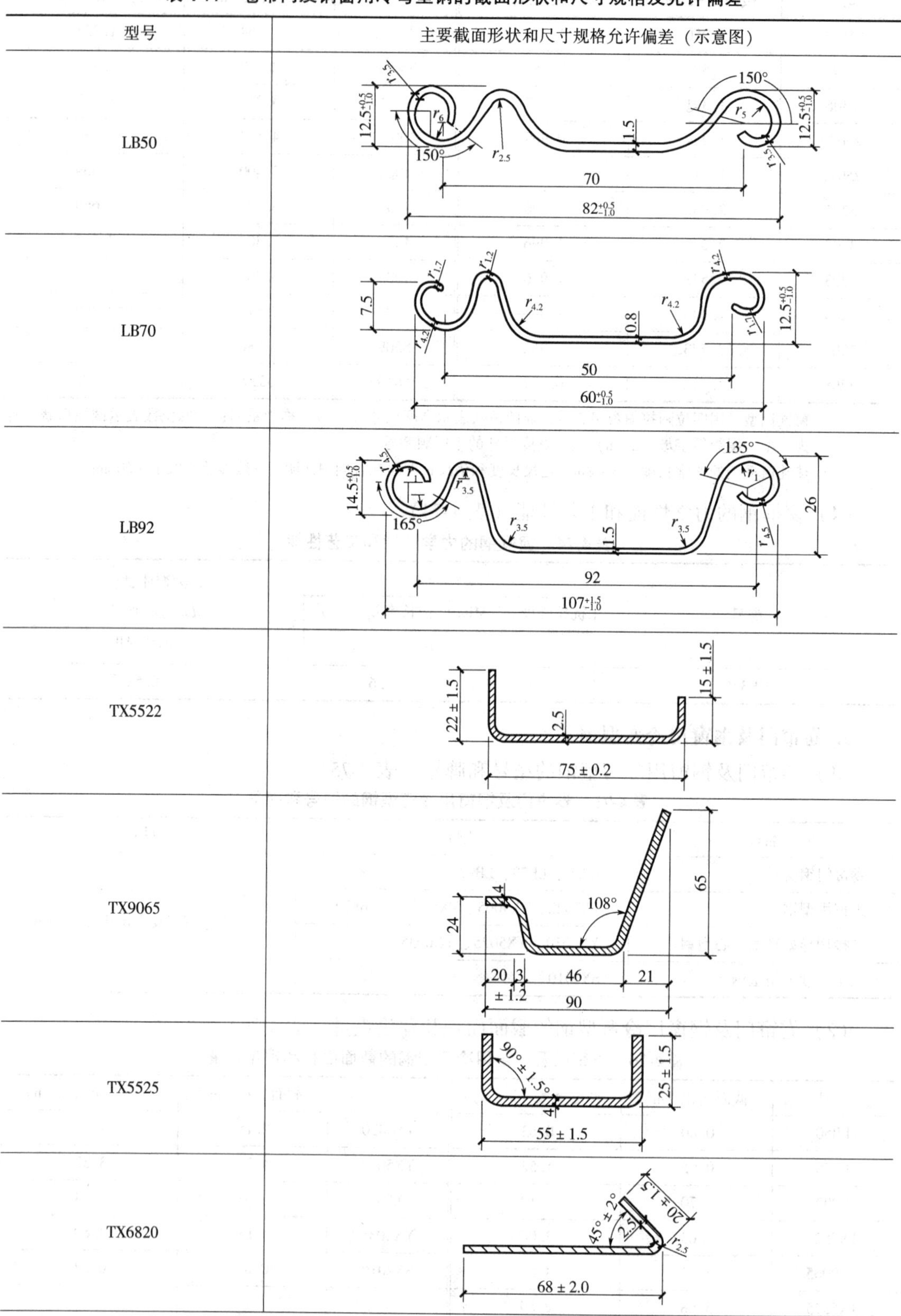

型号	主要截面形状和尺寸规格允许偏差（示意图）
LB50	$r_{3.5}$，r_6，150°，$r_{2.5}$，$12.5^{+0.5}_{-1.0}$，1.5，150°，r_5，$r_{3.5}$，70，$82^{+0.5}_{-1.0}$
LB70	$r_{1.7}$，$r_{1.2}$，$r_{4.2}$，7.5，$r_{4.2}$，0.8，$r_{4.2}$，$r_{4.2}$，$r_{1.7}$，$12.5^{+0.5}_{-1.0}$，50，$60^{+0.5}_{-1.0}$
LB92	$r_{4.5}$，$14.5^{+0.5}_{-1.0}$，$r_{3.5}$，165°，$r_{3.5}$，1.5，$r_{3.5}$，135°，r_1，$r_{4.5}$，26，92，$107^{+1.5}_{-1.0}$
TX5522	22 ± 1.5，2.5，15 ± 1.5，75 ± 0.2
TX9065	4，24，108°，65，20，3，46，21，± 1.2，90
TX5525	90° ± 1.5°，4，25 ± 1.5，55 ± 1.5
TX6820	45° ± 2°，2.5，20 ± 1.5，$r_{2.5}$，68 ± 2.0

（续）

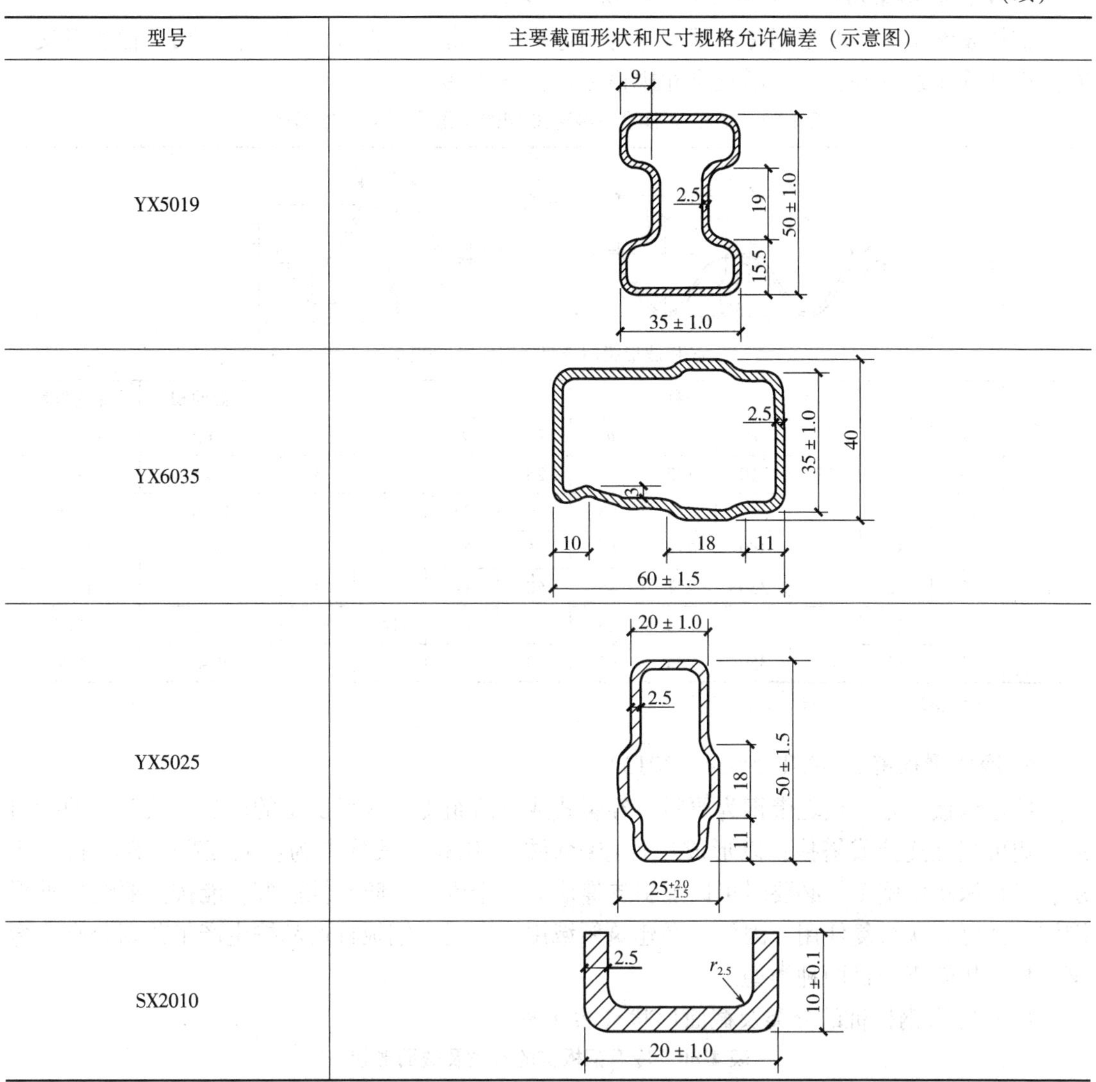

型号	主要截面形状和尺寸规格允许偏差（示意图）
YX5019	9；2.5；19；15.5；50±1.0；35±1.0
YX6035	2.5；3；35±1.0；40；10；18；11；60±1.5
YX5025	20±1.0；2.5；18；11；50±1.5；$25^{+2.0}_{-1.5}$
SX2010	2.5；$r_{2.5}$；10±0.1；20±1.0

（4）卷帘门及钢窗用冷弯型钢的长度和弯曲度的允许偏差（表4-78）

表4-78　卷帘门及钢窗用冷弯型钢的长度和弯曲度的允许偏差

定尺或倍尺长度允许偏差①		
定尺精度类别	长度/mm	允许偏差/mm
普通定尺	4000～9000	空心型钢 +100 0
		开口型钢 +60 0
精确定尺	4000～6000	+5 0
	>6000～9000	+10 0
弯曲度允许偏差		
型钢弯曲度应<2.5% mm/m，总弯曲度不大于总长度的0.25%		

注：型钢尺寸测量应在端部≥150mm处。天窗、纱窗用型钢内圆弧半径应≤1.4倍壁厚。

①型钢通常长度为4～9m，型钢按定尺或倍尺供货时，应在合同中注明。

3. 护栏波形梁用冷弯型钢（YB/T 4081—2007）

护栏波形梁用冷弯型钢是以钢带冷弯制造成型，常应用于月牙围挡、隔离护栏或者交通安全设施等建筑构件，其外形及尺寸规格参数见表4-79。

表4-79　护栏波形梁用冷弯型钢的外形及尺寸规格参数

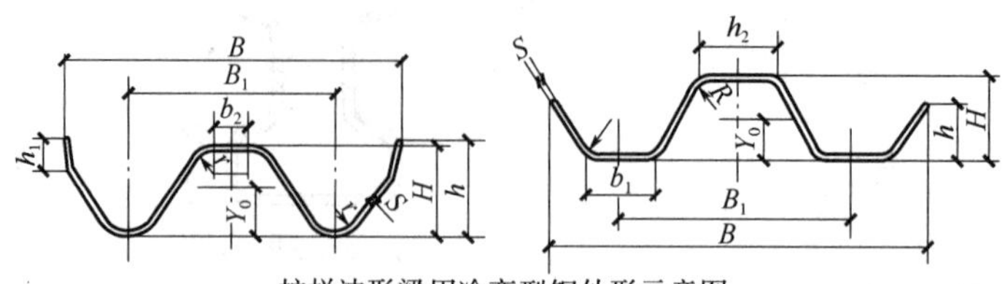

护栏波形梁用冷弯型钢外形示意图

类型	公称尺寸/mm										截面面积/cm^2	理论重量/(kg/m)
	H	h	h_i	B	B_1	b_1	b_2	R	r	S		
A	83	85	27	310	192	—	28	24	10	3	14.5	11.4
B	75	55	—	350	214	63	69	25	25	4	18.6	14.6
	75	53	—	350	218	68	75	25	20	4	18.7	14.7
	79	42	—	350	227	45	60	14	14	4	17.8	14.0
	53	34	—	350	223	63	63	14	14	3.2	13.2	10.4
	52	33	—	350	224	63	63	14	14	2.3	9.4	7.4

注：理论重量按密度为7.85kg/cm^3。

4. 冷弯钢板桩（GB/T 29654—2013）

冷弯钢板桩是以热轧带钢为原料，经辊式成形机组冷弯成形加工的产品，其两侧的锁口或弯边可相互连接或搭接，以形成一种连续板桩墙结构。其优点为：强度高，容易打入土层；可在深水中施工，必要时可以加斜支撑成为一个围笼。防水性能好，能按需要组成外形围堰，并可多次重复使用，因此，在建筑领域用途广泛。钢板桩产品按生产工艺划分有冷弯钢板桩和热轧钢板桩两种类型。

（1）冷弯钢板桩的分类及截面形状（表4-80）

表4-80　冷弯钢板桩的分类及截面形状

分类	截面形状
U形冷弯钢板桩（CRP-U）	t H B
Z形冷弯钢板桩（CRP-Z）	t H B
帽形冷弯钢板桩（CRP-M）	t H B

（续）

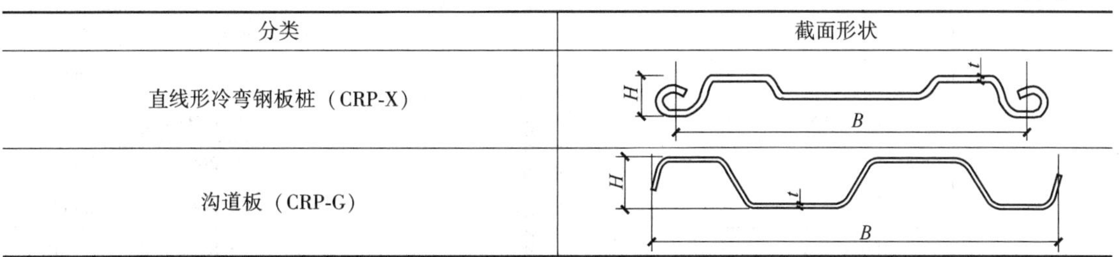

分类	截面形状
直线形冷弯钢板桩（CRP-X）	H t B
沟道板（CRP-G）	H t B

（2）冷弯钢板桩的特性参数（表4-81）

表4-81 冷弯钢板桩的特性参数（摘取）

型号	公称宽度 B /mm	高度 H /mm	厚度 t /mm	截面面积 S_a /(cm²/m)	重量 W/kg		惯性矩 I_x /(cm⁴/m)	弹性截面模数 Z_x /(cm³/m)
				每延米	单根 kg/m	每延米 kg/m²		
CRP-U-296	350	140.0	8.0	136.1	37.4	106.9	2073	296
CRP-U-323	350	145.0	9.0	147.8	40.6	116.0	2263	323
CRP-U-351	350	150.0	10.0	166.0	45.6	130.3	2460	351
CRP-U-529	400	170.0	8.0	113.0	35.5	89.0	4500	529
CRP-U-880	400	240.0	9.2	137.0	43.2	108.0	10600	880
CRP-U-626	450	240.0	8.0	136.2	48.1	106.9	7516	626
CRP-U-698	450	240.0	10.0	166.7	58.9	130.9	8379	698
CRP-U-785	450	240.0	12.0	201.0	71.0	157.8	9420	785
CRP-U-1015	450	360.0	8.0	148.9	52.6	116.9	18267	1015
CRP-U-1132	450	360.0	9.0	166.1	58.7	130.4	20383	1132
CRP-U-1247	450	360.0	10.0	183.9	64.9	144.3	22443	1247
CRP-U-600	500	240.0	6.5	100.6	39.5	79.0	7200	600
CRP-U-714	500	240.0	8.0	121.0	47.5	95.0	8570	714
CRP-U-772	500	240.0	8.0	127.6	50.1	100.2	9266	772
CRP-U-804	500	240.0	9.0	136.2	53.5	107.0	9640	804

注：如查所有型号，请扫右边码查看。

表4-81 冷弯钢板桩的特性参数二维码

5. 通用冷弯开口型钢（GB/T 6723—2017）

通用冷弯开口型钢的规格及截面形状（表4-82）

表4-82 通用冷弯开口型钢的规格及截面形状

名称	尺寸/mm	截面形状	理论质量 /(kg/m)	截面面积 /cm²
冷弯等边角钢	20×20×2	b t b	0.566	0.721
	30×30×3		1.274	1.623
	50×50×4		2.894	3.686
	100×100×5		7.465	9.510
	200×200×10		29.583	37.927
	300×300×16		70.312	90.144

（续）

名称	尺寸/mm	截面形状	理论质量 /(kg/m)	截面面积 /cm^2
冷弯不等边角钢	30 × 20 × 3	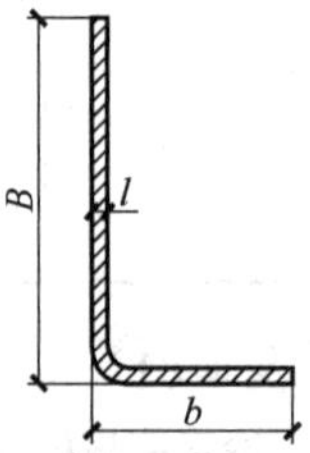	1. 039	1. 323
	50 × 30 × 4		2. 266	2. 886
	70 × 40 × 4		3. 208	4. 086
	100 × 60 × 5		5. 895	7. 510
	200 × 120 × 10		31. 368	40. 215
	300 × 260 × 16		65. 320	83. 744
冷弯等边槽钢	100 × 50 × 4	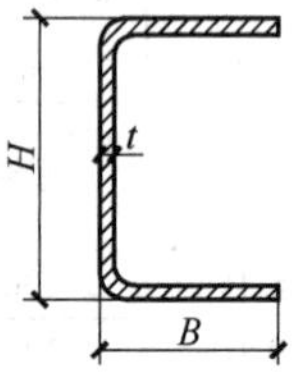	5. 788	7. 373
	200 × 80 × 4		15. 849	20. 190
	300 × 150 × 10		43. 566	55. 854
	400 × 200 × 14		80. 366	103. 033
	500 × 250 × × 14		102. 206	131. 033
	600 × 300 × × 16		140. 625	180. 287
冷弯不等边槽钢	50 × 32 × 20 × 3	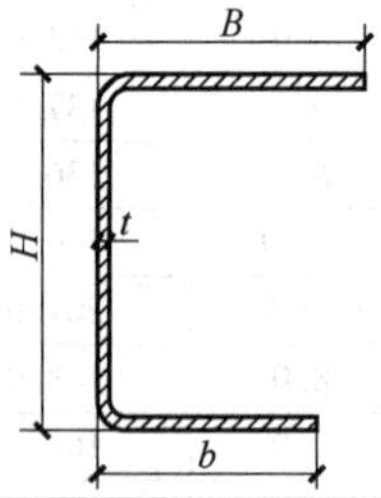	2. 169	2. 746
	100 × 60 × 30 × 3		4. 242	5. 404
	200 × 70 × 60 × 5		12. 061	15. 463
	300 × 90 × 80 × 8		27. 259	34. 947
	400 × 150 × 100 × 8		38. 491	49. 347
	500 × 250 × 200 × 14		96，746	124. 033
冷弯内卷边槽钢	60 × 30 × 10 × 2. 5	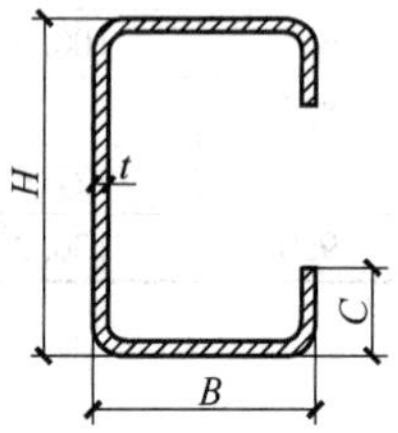	2. 363	3. 010
	100 × 50 × 20 × 3		5. 098	6. 495
	200 × 70 × 20 × 3		8. 395	10. 695
	400 × 50 × 15 × 3		11. 928	15. 195
	500 × 100 × 40 × 10		54. 371	69. 708
	600 × 150 × 60 × 16		109. 025	139. 775
冷弯外卷边槽钢	30 × 30 × 16 × 2. 5	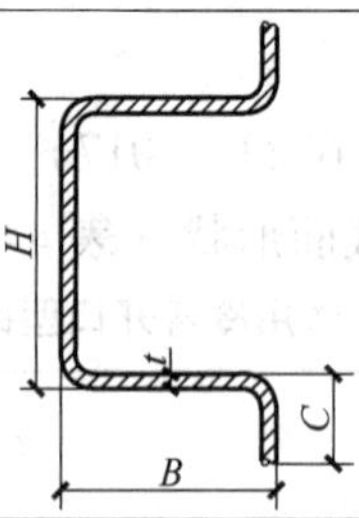	2. 009	2. 560
	100 × 30 × 15 × 3		3. 921	4. 995
	200 × 50 × 30 × 4		10. 305	13. 211
	300 × 70 × 50 × 8		56. 712	72. 708
	400 × 90 × 70 × 10		69. 972	89. 708
	500 × 150 × 90 × 12		82. 414	105. 659
冷弯 Z 型钢	80 × 40 × 2. 5	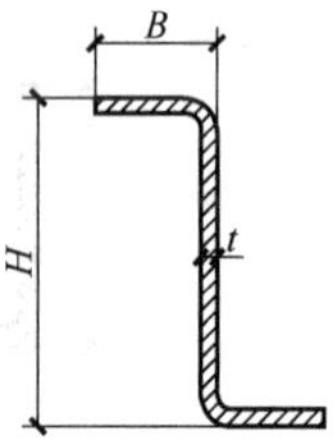	2. 947	3. 755
	100 × 50 × 3. 0		3. 732	4. 755
	140 × 70 × 4		8. 272	10. 605
	200 × 100 × 4		12. 016	15. 405
	300 × 120 × 5		20. 251	25. 963
	400 × 150 × 8		41. 611	53. 347

（续）

名称	尺寸/mm	截面形状	理论质量 /(kg/m)	截面面积 /cm^2
冷拉卷边 Z 型钢	100×40×20×2	C、t、H、B	3.208	4.086
	140×50×20×3		6.040	7.695
	180×70×20×3		7.924	10.095
	250×75×25×4		13.146	16.746
	300×100×30×6		23.880	30.615
	400×120×40×10		49.692	63.708

6. 结构用冷弯空心型钢（GB/T 6728—2017）

结构用冷弯空心型钢在建筑构件中，通常为网架、网壳和桁架，具有较好的抗弯、抗扭刚度和防腐蚀、防火等性能，是一种高效经济的型材（表 4-83）。

表 4-83 结构用冷弯空心型钢的种类、截面形状与理论质量

种类	外径（D/mm）或边长（B/mm）	壁厚 t /mm	截面形状（示意图）	截面面积 /cm^2	理论质量 /(kg/m)
圆形冷弯空心型钢	21.3	3.0	D—外径 t—壁厚	1.72	1.35
	48	4.0		5.53	4.34
	60	5.0		8.64	6.78
	75.5	5.0		11.07	8.69
	114	6.0		20.36	15.98
	273	8.0		66.6	52.3
	325	8.0		79.7	62.5
	406.4	10.0		125	97.8
	508	12.0		187	146.8
	610	16.0		299	234.4
方形冷弯空心型钢	20	2.0	B—边长 t—壁厚 R—外圆弧半径	1.340	1.050
	30	3.0		3.008	2.361
	50	4.0		6.943	5.454
	80	5.0		14.356	11.269
	100	6.0		21.632	16.981
	150	8.0		43.242	33.945
	200	10.0		72.60	57.00
	300	12.0		132	104
	400	14.0		208	163
	500	16.0		299	235

（续）

种类	外径（D/mm）或边长（B/mm）		壁厚 t /mm	截面形状（示意图）	截面面积 /cm²	理论质量 /(kg/m)
矩形冷弯空心型钢	H	B	t	H—长边 B—短边 t—壁厚 R—外圆弧半径		
	30	20	2.5		2.09	1.64
	40	25	3.0		3.31	2.60
	50	40	4.0		6.148	4.826
	80	60	5.0		12.356	9.699
	100	50	5.0		13.356	10.484
	200	150	8.0		51.2	40.2
	300	200	10		92.6	72.7
	400	200	12		132	104
	500	300	12		180	141
	600	400	16		299	235

7. 公路桥涵用波形钢板

公路桥涵用波形钢板适用于公路通道的涵洞、市政工程、公园小桥梁及涵洞等建筑工程。

（1）公路桥涵用波形钢板的外形及规格（表4-84）

表4-84　公路桥涵用波形钢板的外形及规格

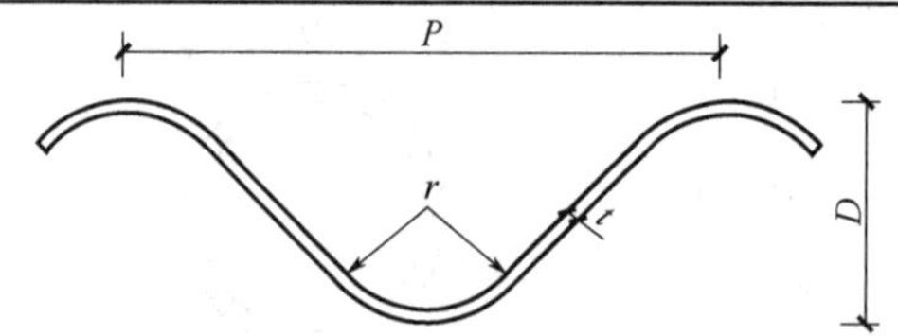

类型	产品型号规格			
A	CSPA290	CSPA380	CSPA400	CSPA490
B	CSPB290	CSPB380	CSPB400	CSPB490
C	CSPC290	CSPC380	CSPC400	CSPC490
D	CSPD290	CSPD380	CSPD400	CSPD490
E	CSPE290	CSPE380	CSPE400	CSPE490
F	CSPF290	CSPF380	CSPF400	CSPF490

（2）公路桥涵用波形钢板的波形尺寸（表4-85）

表4-85　公路桥涵用波形钢板的波形尺寸　（单位：mm）

类型	厚度 t	波距 p	波深 D	半径 r
A 波形	2.5～5.0	125	25	40
B 波形	3.0～12.0	150	50	28
C 波形	3.0～7.0	200	55	53
D 波形	3.0～7.0	300	110	70
E 波形	3.0～12.0	380	140	76
F 波形	3.0～7.0	400	180	90

注：钢板的厚度以表面附着防腐材料前的厚度为基准。

8. 钢格栅板（YB/T 4001.1—2019）

钢格栅板为一种由承载扁钢与横杆按照一定的间距正交组合，通过焊接或压锁加以固定的开敞式钢构件。根据制造方法不同，可分为压焊格板和压锁钢格板。主要用于市政等行业的装置框架、平台、地板、走道、楼梯踏板、沟盖、围栏、吊顶等。钢格栅板分类及外形示意图见表4-86。

表4-86　钢格栅板分类及外形示意图

分类	外形示意图	说明
压焊钢格板	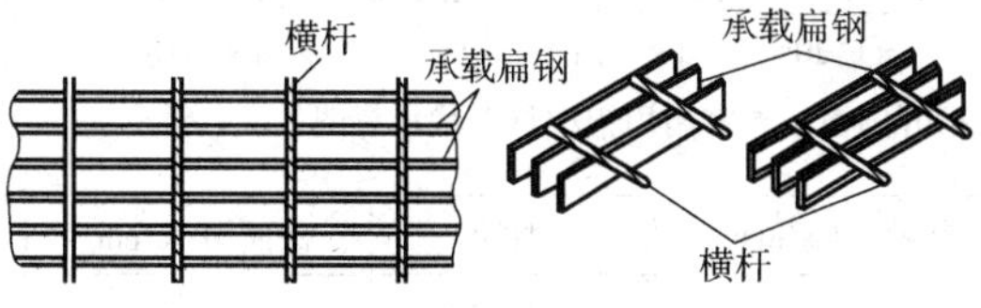 横杆　承载扁钢　承载扁钢　横杆 压焊钢格板	通过压力电阻焊固定的钢格板，钢格板的横杆通常采用扭绞方钢制造
压锁钢格板	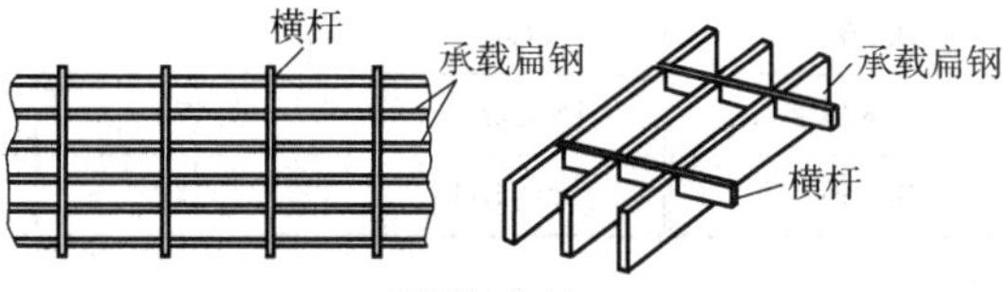 横杆　承载扁钢　承载扁钢　横杆 压锁钢格板	通过压力将横杆压入预先开好槽的承载扁钢中将其固定的钢格板。钢格板的横杆通常采用扁钢制造

4.2　建筑专用铝材

4.2.1　建筑门窗用铝型材

1. 推拉门和推拉窗用铝型材

推拉门和推拉窗用铝型材的形状规格及主要技术参数见表4-87。

表4-87　推拉门和推拉窗用铝型材的形状规格及主要技术参数

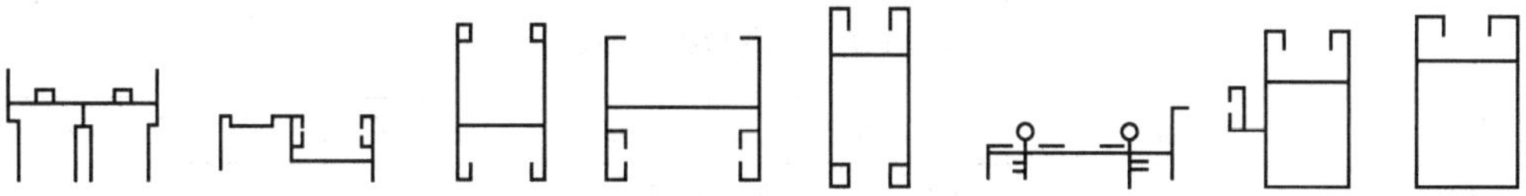

J×C-01　J×C-02　J×C-03　J×C-04　J×C-05　J×C-06　J×C-07　J×C-08

型号	截面面积/cm^2	重量/(kg/m)	型号	截面面积/cm^2	重量/(kg/m)
J×C-01	4.9	1.32	J×C-05	4.01	1.084
J×C-02	3.3	0.89	J×C-06	3.9	1.02
J×C-03	3.11	0.84	J×C-07	3.9	1.05
J×C-04	3.02	0.81	J×C-08	3.8	1.007

2. 平开门、窗和卷帘门用铝型材

平开门、窗和卷帘门用铝型材的形状规格及主要技术参数见表4-88。

表 4-88 平开门、窗用铝型材的形状规格及主要技术参数

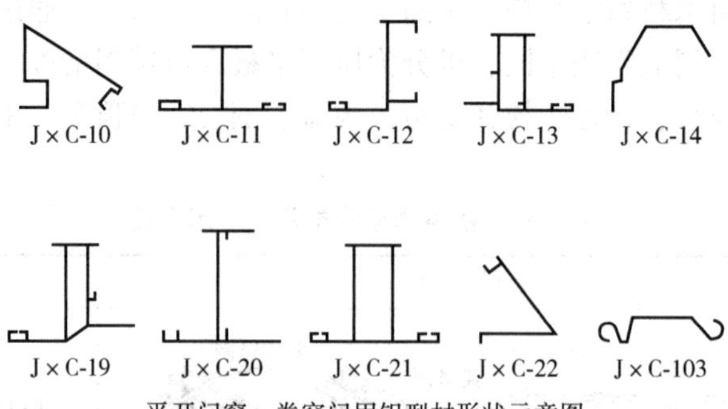

平开门窗、卷帘门用铝型材形状示意图

型号	截面面积/cm²	重量/(kg/m)	型号	截面面积/cm²	重量/(kg/m)
J×C-10	0.72	0.194	J×C-19	1.96	0.53
J×C-11	2.695	0.727	J×C-20	1.526	0.41
J×C-12	2.1	0.567	J×C-21	2.26	0.608
J×C-13	3.05	0.824	J×C-22	0.47	0.126
J×C-14	1.33	0.359	J×C-103	2.34	0.655

3. 自动门用铝型材

自动门用铝型材的形状规格及主要技术参数见表 4-89。

表 4-89 自动门用铝型材的形状规格及主要技术参数

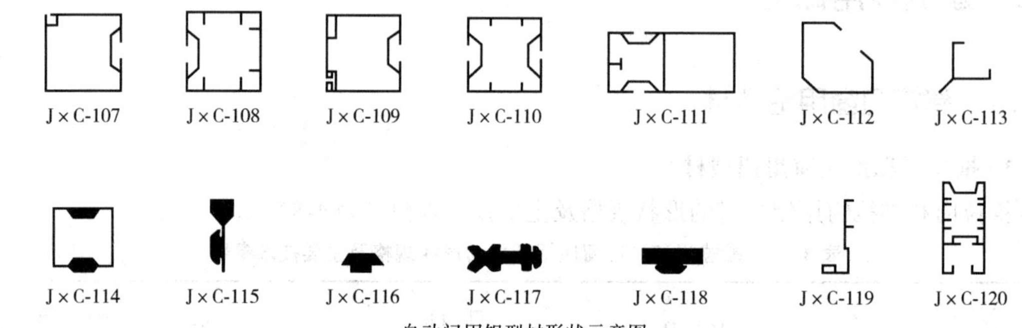

自动门用铝型材形状示意图

型号	截面面积/cm²	重量/(kg/m)	型号	截面面积/cm²	重量/(kg/m)
J×C-107	4.488	1.21	J×C-114	3.3	0.918
J×C-108	4.96	1.34	J×C-115	4.77	1.33
J×C-109	5.68	1.53	J×C-116	0.58	0.16
J×C-110	4.475	1.208	J×C-117	0.08	2.45
J×C-111	1.98	2.16	J×C-118	4.73	1.28
J×C-112	3.4	2.35	J×C-119	1.21	0.33
J×C-113	2.7	0.729	J×C-120	4.8	1.35

4. 橱窗用铝型材

橱窗用铝型材的形状规格及主要技术参数见表 4-90。

表 4-90　橱窗用铝型材的形状规格及主要技术参数

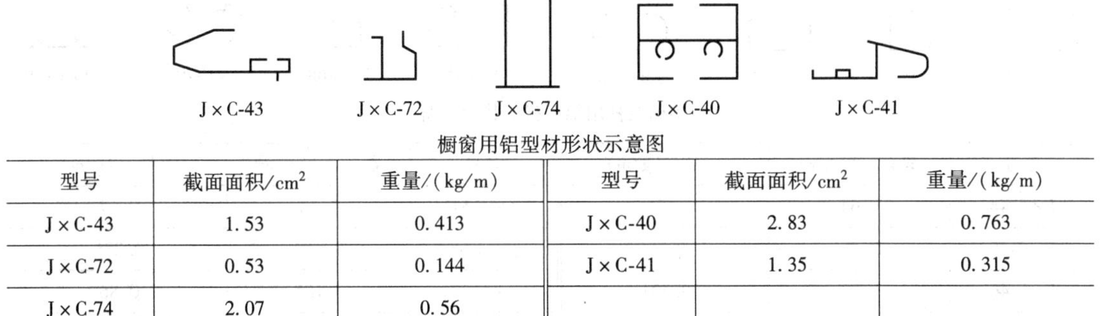

橱窗用铝型材形状示意图

型号	截面面积/cm^2	重量/(kg/m)	型号	截面面积/cm^2	重量/(kg/m)
J×C-43	1.53	0.413	J×C-40	2.83	0.763
J×C-72	0.53	0.144	J×C-41	1.35	0.315
J×C-74	2.07	0.56			

5. 其他门窗用铝型材

其他门窗用铝型材的形状规格及主要技术参数见表 4-91。

表 4-91　其他门窗用铝型材的形状规格及主要技术参数

J×C-69　J×C-48　J×C-49　J×C-33　J×C-34　J×C-35

J×C-37　J×C-38　J×C-39　J×C-73　J×C-83　J×C-84

J×C-86　J×C-87　J×C-88　J×C-89　J×C-90　J×C-91

J×C-92　J×C-93　J×C-23　J×C-24　J×C-99　J×C-85

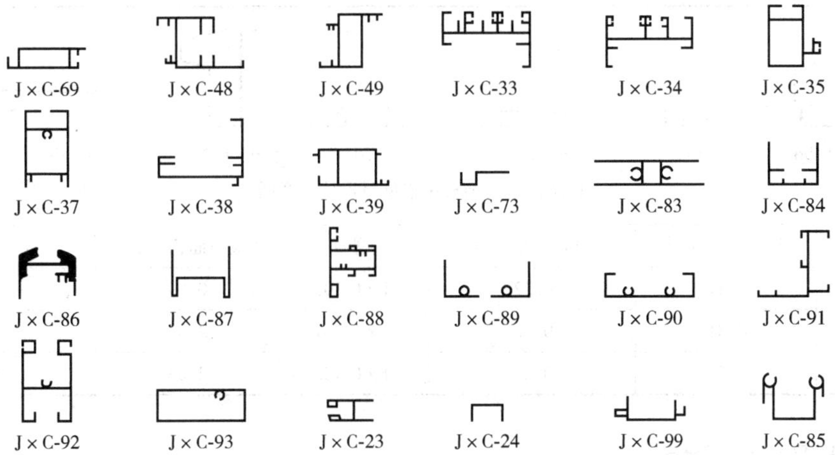

其他门窗用铝型材形状示意图

型号	截面面积/cm^2	重量/(kg/m)	型号	截面面积/cm^2	重量/(kg/m)
J×C-69	1.7	0.459	J×C-85	2.48	0.669
J×C-48	3.766	1.02	J×C-86	1.37	1.99
J×C-49	2.659	0.718	J×C-87	5.73	1.55
J×C-33	5.77	1.56	J×C-88	3.97	1.31
J×C-34	3.34	1.04	J×C-89	4.2	1.19
J×C-35	3.125	0.84	J×C-90	3.8	1.07
J×C-37	2.52	0.68	J×C-91	2.2	0.57
J×C-38	3.47	0.94	J×C-92	3.2	0.86
J×C-39	3.46	0.933	J×C-93	6.2	1.76
J×C-73	0.652	1.76	J×C-23	0.83	0.22
J×C-83	2.73	0.738	J×C-24	0.73	0.2
J×C-84	4.99	1.347	J×C-99	3.24	0.875

6. 楼梯栏杆用铝型材

楼梯栏杆用铝型材的形状规格及主要技术参数见表 4-92。

表 4-92　楼梯栏杆用铝型材的形状规格及主要技术参数

J×C-44　J×C-45　J×C-46　J×C-50　J×C-51　J×C-68　J×C-70　J×C-71

楼梯栏杆用铝型材形状示意图

型号	截面面积/cm^2	重量/(kg/m)	型号	截面面积/cm^2	重量/(kg/m)
J×C-44	4.64	1.25	J×C-51	2.48	0.67
J×C-45	2.46	0.66	J×C-68	0.869	0.235
J×C-46	1.82	0.491	J×C-70	3.185	0.86
J×C-50	1.8	0.486	J×C-71	1.019	0.275

7. 护墙板与装饰板用铝型材

护墙板与装饰板用铝型材的形状规格及主要技术参数见表 4-93。

表 4-93　护墙板与装饰板用铝型材的形状规格及主要技术参数

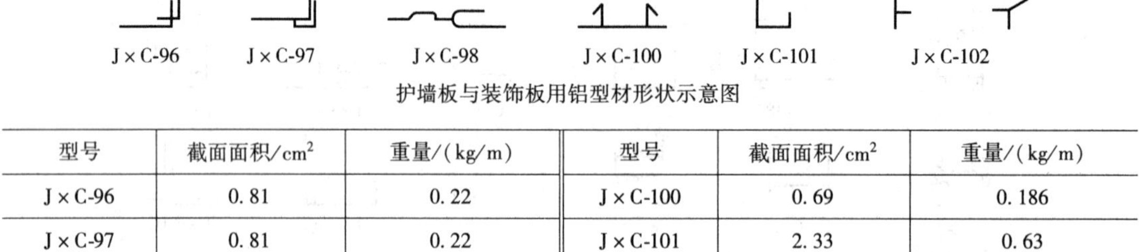

护墙板与装饰板用铝型材形状示意图

型号	截面面积/cm^2	重量/(kg/m)	型号	截面面积/cm^2	重量/(kg/m)
J×C-96	0.81	0.22	J×C-100	0.69	0.186
J×C-97	0.81	0.22	J×C-101	2.33	0.63
J×C-60	0.60	0.63	J×C-102	2.03	0.55

4.2.2　铝及铝合金板

1. 铝及铝合金波纹板（GB/T 4438—2006）

铝及铝合金波纹板是主要用于墙面装饰或用于屋面维护的结构材料，其形状规格及主要技术参数见表 4-94。

表 4-94　铝及铝合金波纹板的形状规格及主要技术参数

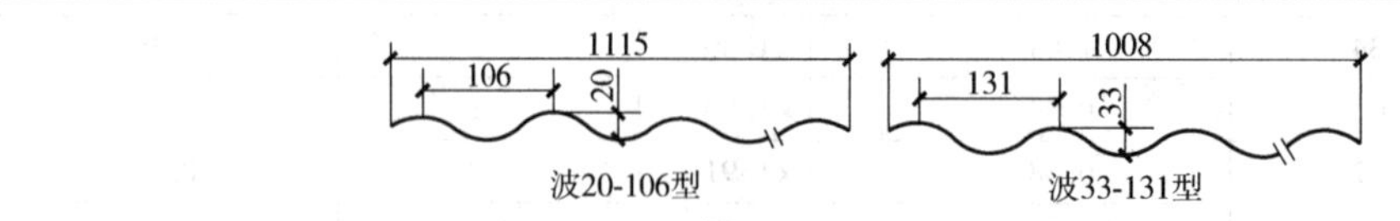

波20-106型　　波33-131型

波型代号	宽度及允许偏差		波高及允许偏差		波距及允许偏差	
	宽度/mm	允许偏差/mm	波高/mm	允许偏差/mm	波距/mm	允许偏差/mm
波 20-106	1115	+25 -10	20	±2	106	±2
波 33-131	1008	+25 -10	25	±2.5	131	±3

注：波高和波距偏差为 5 个波的平均尺寸与其公称尺寸的差。

2. 铝及铝合金压型板（GB/T 6891—2018）

铝及铝合金压型板主要用于屋面和墙面，用作维护结构材料，其形状规格及主要技术参数见表4-95。

表4-95 铝及铝合金压型板的形状规格及主要技术参数

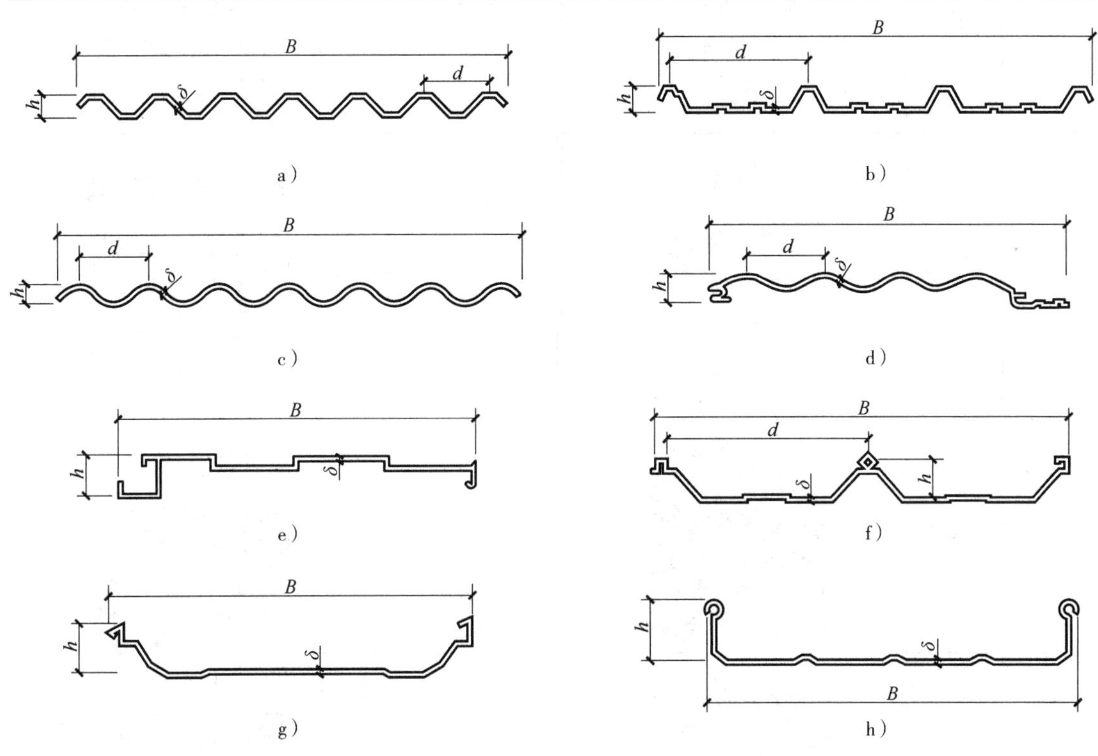

a）搭接式普通型 b）搭接式带防水腔型 c）搭接式波浪型
d）扣合式波浪型 e）扣合式平板型 f）咬合式（180°咬合）
g）咬合式（360°咬合） h）扣合式

类别	牌号	状态	膜层代号②	尺寸规格/mm		
				厚度①	宽度	长度
无涂层产品	1050、1050A、1060、1070A、1100 、1200、3003、3004、3005、3105、5005、5052	H14、H16、H18、H24、H26	—	0.5～3.0	250～1 300	≥1200
涂层产品		H44、H46、H48	LRA15、LRF2-25、LRF3-34、LF2-25、LF3-34、LF4-55			

①涂层板的厚度不包括表面涂层的厚度。

②膜层代号中“LRA”代表聚酯漆辊涂膜层，“LRA”后的数字标示最小局部膜厚限定值；“LRF2”和“LRF3”分别代表PVDF氟碳漆辊涂的二涂膜层和三涂膜层，“-”后的数字标示最小局部膜厚限定值；LF2、LF3和LF4分别代表PVDF氟碳漆喷涂的二涂膜层、三涂膜层和四涂膜层，“-”后的数字标示最小局部膜厚限定值。

3. 铝及铝合金花纹板（GB/T 3618—2006）

（1）铝及铝合金花纹板的花纹代号及外形（表4-96）

表 4-96　铝及铝合金花纹板的花纹代号及外形

花纹代号	花纹类型	花纹板示意图	花纹代号	花纹类型	花纹板示意图
1	方格型	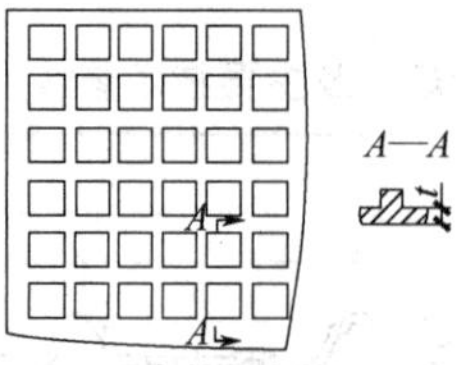 A—A	6	菱型	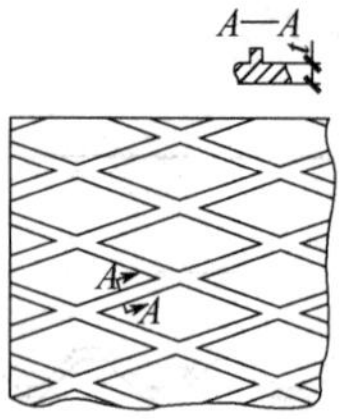 A—A
2	扁豆型	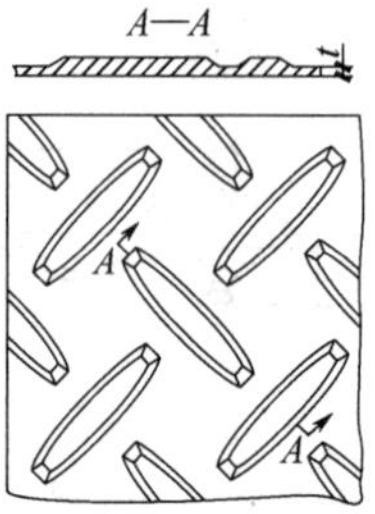 A—A	7	四条型	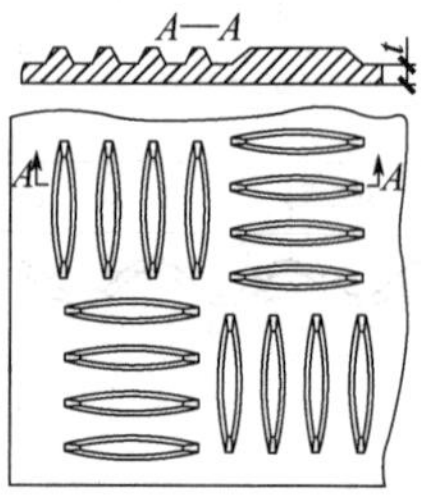 A—A
3	五条型	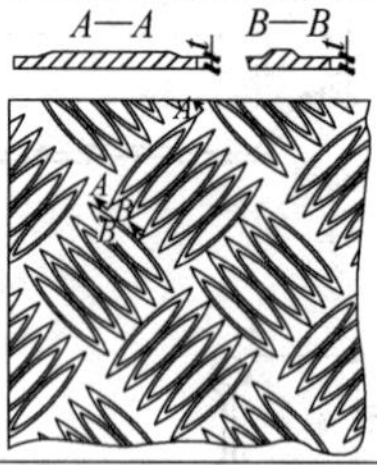 A—A　B—B	8	斜三条型	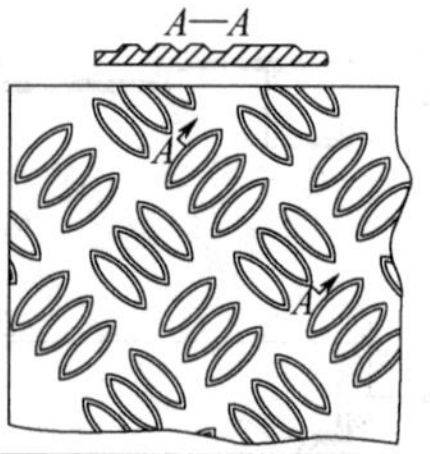 A—A
4	正三条型	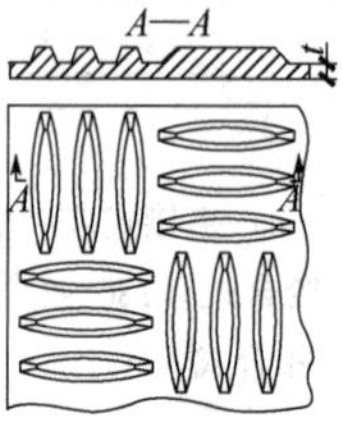 A—A	9	星月型	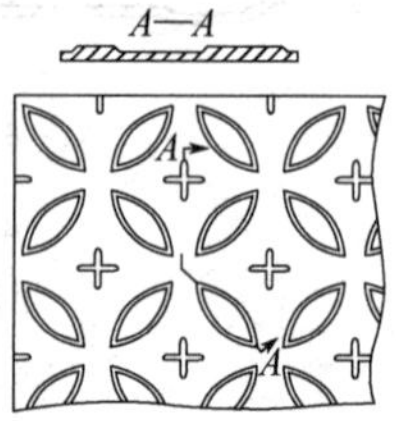 A—A
5	指针型	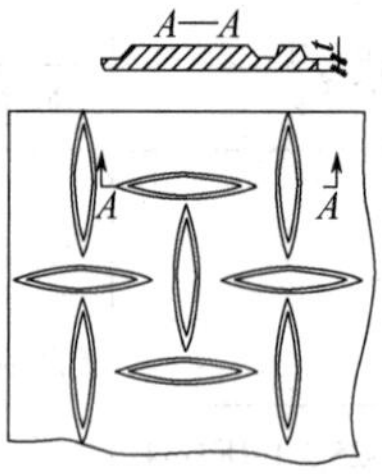 A—A			

（2）铝及铝合金花纹板的状态代号及状态（表 4-97）

表 4-97　铝及铝合金花纹板的状态代号及状态

状态代号	花纹板的状态
T4	花纹板淬火自然时效
O	花纹板成品完全退火
H114	用完全退火（O）状态的平板，经过一个道次的冷轧得到的花纹板材
H234	用不完全退火（H22）状态的平板，经过一个道次的冷轧得到的花纹板材
H194	用硬状态（H18）状态的平板，经过一个道次的冷轧得到的花纹板材

（3）铝及铝合金花纹板的代号、牌号、状态及规格（表 4-98）

表 4-98　铝及铝合金花纹板的代号、牌号、状态及规格　（单位：mm）

<table>
<tr><th>花纹代号</th><th>牌号</th><th>状态</th><th>底板厚度</th><th>筋高</th><th>宽度</th><th>长度</th></tr>
<tr><td>1 号</td><td>2A12</td><td>T4</td><td>1.0～3.0</td><td>1.0</td><td rowspan="15">1000～1600</td><td rowspan="15">2000～10000</td></tr>
<tr><td rowspan="2">2 号</td><td>2A11、5A02、5052</td><td>H234</td><td rowspan="2">2.0～4.0</td><td rowspan="2">1.0</td></tr>
<tr><td>3105、3003</td><td>H194</td></tr>
<tr><td rowspan="2">3 号</td><td>1×××、3003</td><td>H194</td><td rowspan="2">1.3～4.5</td><td rowspan="2">1.0</td></tr>
<tr><td>5A02、5052、3105、5A43、3003</td><td>O、H114</td></tr>
<tr><td rowspan="2">4 号</td><td>1×××、3003</td><td>H194</td><td rowspan="2">1.5～4.5</td><td rowspan="2">1.0</td></tr>
<tr><td>2A11、5A02、5052</td><td>H234</td></tr>
<tr><td rowspan="2">5 号</td><td>1×××</td><td>H194</td><td rowspan="2">1.5～4.5</td><td rowspan="2">1.0</td></tr>
<tr><td>5A02、5052、5A43</td><td>O、H114</td></tr>
<tr><td>6 号</td><td>2A11</td><td>H234</td><td>3.0～8.0</td><td>0.9</td></tr>
<tr><td rowspan="2">7 号</td><td>6061</td><td>O</td><td rowspan="2">2.0～4.0</td><td rowspan="2">1.0</td></tr>
<tr><td>5A02、5052</td><td>O、H234</td></tr>
<tr><td rowspan="3">8 号</td><td>1×××</td><td>H114、H234、H194</td><td rowspan="3">1.0～4.5</td><td rowspan="3">0.3</td></tr>
<tr><td>3003</td><td>H114、H194</td></tr>
<tr><td>5A02、5052</td><td>O、H114、H194</td></tr>
<tr><td rowspan="5">9 号</td><td>1×××</td><td>H114、H234、H194</td><td rowspan="2">1.0～4.0</td><td rowspan="5">0.7</td><td rowspan="5"></td><td rowspan="5"></td></tr>
<tr><td>2A11</td><td>H194</td></tr>
<tr><td>2A12</td><td>T4</td><td>1.0～3.0</td></tr>
<tr><td>3003</td><td>H114、H234、H194</td><td rowspan="2">1.0～4.0</td></tr>
<tr><td>5A02、5052</td><td>H114、H234、H194</td></tr>
</table>

注：1. 要求其他合金、状态及规格时，应由供需双方协商并在合同中注明。

2. 2A11、2A12 合金花纹板双面可带有 1A50 合金包覆层，其每面包覆层平均厚度应不小于底板公称厚度的 4%。

4.2.3　铝合金门窗料

铝合金门窗料分 50 系列、70 系列、90 系列，分别代表框厚度构造尺寸。铝合金推拉窗有 55 系列、60 系列、70 系列、90 系列四种。系列选用应根据窗洞大小及当地风压值而定。用作封闭阳台的铝合金推拉窗应不小于 70 系列。数值越大说明相应的铝厚度也越大，成本也相应较高。铝合金门窗分窗扇和窗框两部分：窗框为固定部分与墙体连接；窗扇是窗框的一部分，被推或打开以连接到窗框。按照 GB/T 8478—2020《铝合金门窗》的规范，铝合金门窗的产品系列是按照铝合金门窗的边框厚度命名的。

1. 铝合金 70 系列推拉门料的规格及理论重量（表 4-99）

铝合金推拉门有 70 系列、90 系列两个系列，系列数表示门框构造尺寸的厚度。住宅内部的铝合金推拉门用 70 系列，70 系列中的 76 料表示门框厚度构造尺寸为 76mm。

表 4-99 铝合金 70 系列推拉门料的规格及理论重量

编号	截面形状	理论重量/(kg/m)	编号	截面形状	理论重量/(kg/m)
L07601	1.5; 30; 70	0.731	L07607	1.5; 105; 25	1.320
L07602	1.5; 70; 25	0.563	L07608	1.5; 60; 28	0.942
L07603	1.5; 70; 17.3	0.546	L07609	2.5; 33.5; 60	1.008
L07604	1.5; 15; 70	0.632	L07610	1.5; 60; 60	1.382
L07605	1.5; 60; 25	0.932	L07611	85; 70; 1.5	1.649
L07606	1.5; 100; 25	1.435	L07612	2; 48; 40	1.019

（续）

编号	截面形状	理论重量（kg/m）	编号	截面形状	理论重量（kg/m）
L07613	1.5 30 70	0.875	L07619	36.7 70 1.5	1.060
L07614	100 70 1.5	0.845	L07620	1.5 13 42	0.318
L07615	17 1.5 19.8	0.254	L07621	36 15 1.5	0.317
L07616	44 77.2 3	1.405	L07622	1.2 20 33	0.245
L07617	85 70 1.5	1.576	L070F64	2.5 36.75 34.5	0.590
L07618	60 1.5 28 60 42	1.270	L070F61	1.2 19.5 21.7	1.436

2. 铝合金50系列平开门料的规格及理论重量（表4-100）

表4-100　铝合金50系列平开门料的规格及理论重量

编号	截面形状	理论重量/（kg/m）	编号	截面形状	理论重量/（kg/m）
L050001	50；40；3	0.926	L050008	50；2；72	1.055
L050002	50；40；3	0.830	L050009	49；2；120	1.823
L050003	50；65；2；65	1.279	L050F01	31；1；16	0.245
L050004	65；2；50	1.182	L050F02	17.5；1；16	0.176
L050005	56；2；50	1.050	L050F56	2；59；59	1.108
L050007	2；57；72	0.987	L050F03	1.3；4.4；98	0.435

3. 铝合金55系列平开门料的规格及理论重量（表4-101）

表4-101　铝合金55系列平开门料的规格及理论重量

编号	截面形状	理论重量/（kg/m）	编号	截面形状	理论重量/（kg/m）
L055001	46; 55; 2; 46	1.273	L055008	2; 56; 6; 52	1.663
L055002	26; 55; 2; 46	1.148	L055009	1.8; 60.5; 44	0.968
L055003	40; 55; 2; 80	1.611	L055010	2; 30; 99	0.963
L055004	80; 55; 2; 120	2.042	L055011	5; 30; 72.5	1.542
L055005	41; 55; 2; 61	1.166	L055012	5; 30; 124	2.570
L055006	55; 2; 98	2.015	L055F01	27; 1.4; 21.5	0.335

（续）

编号	截面形状	理论重量/(kg/m)	编号	截面形状	理论重量/(kg/m)
L055F02	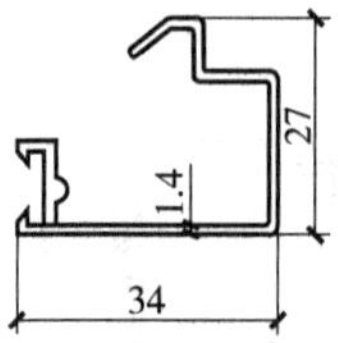 27 1.4 34	0.382	L055F03	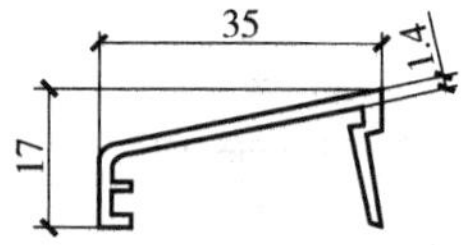 35 1.4 17	0.257

4. 铝合70系列平开门料的规格及理论重量（表4-102）

表4-102　铝合金70系列平开门料的规格及理论重量

编号	截面形状	理论重量/(kg/m)	编号	截面形状	理论重量/(kg/m)
L070001	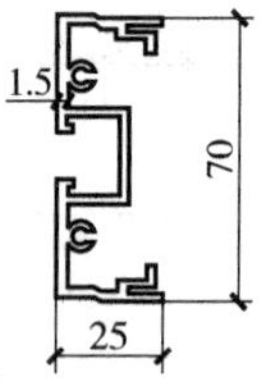 1.5 70 25	0.878	L070013	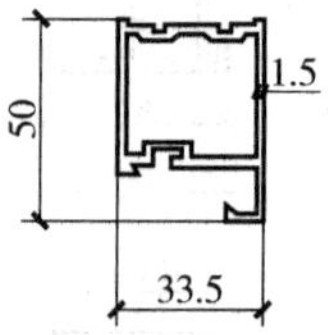 50 1.5 33.5	0.871
L070002	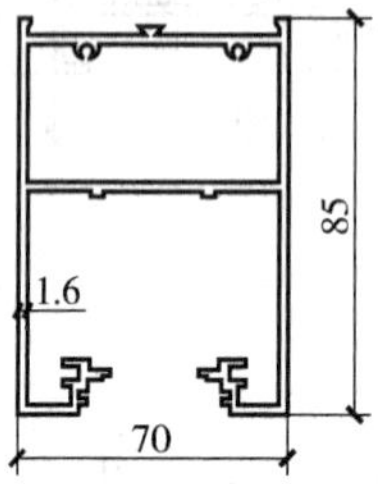 85 1.6 70	1.817	L070014	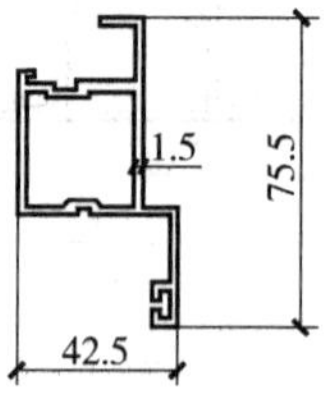 1.5 75.5 42.5	0.901
L070503	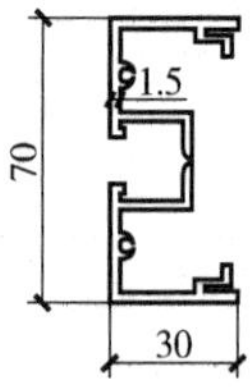 1.5 70 30	0.889	L070015	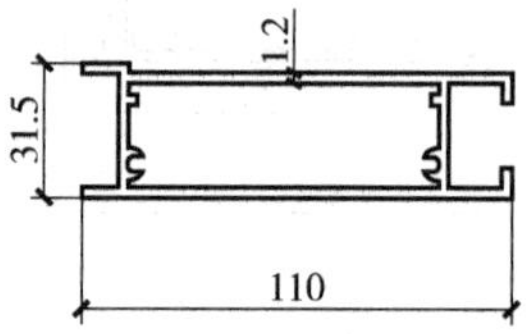 1.2 31.5 110	1.029
L070011	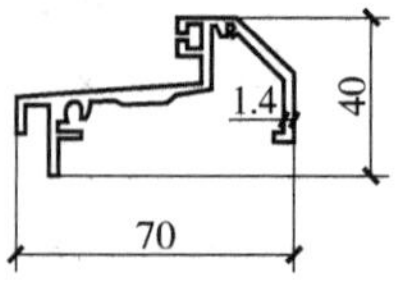 1.4 40 70	0.689	L070016	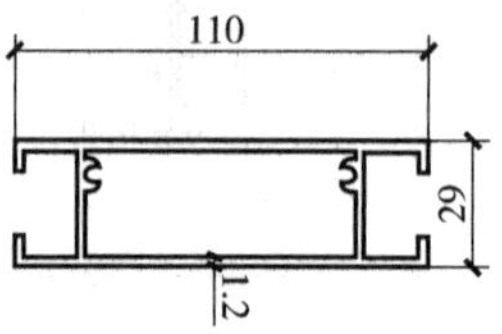 110 29 1.2	1.061
L070012	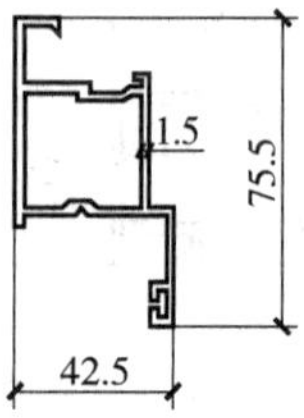 1.5 75.5 42.5	0.901	L070539	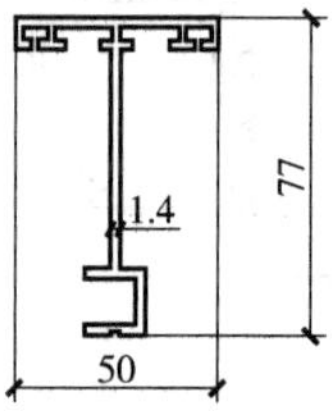 77 1.4 50	0.894

（续）

编号	截面形状	理论重量/(kg/m)	编号	截面形状	理论重量/(kg/m)
L070540	17.2 1.0 60	0.385	L070F07	1 20 33.9	0.216
L070F01	1.4 22 47	0.351	L070F10	12.5 8.7 1	0.129
L070F05	15.6 1.4 35	0.285			

5. 铝合55系列推拉门料的规格及理论重量（表4-103）

表4-103　铝合金55系列平开门料的规格及理论重量

编号	截面形状	理论重量/(kg/m)	编号	截面形状	理论重量/(kg/m)
L055502	35 1.5 55	0.819	L055506	1.5 33 58	0.597
L055504	1.5 48 55	0.775	L055508	55 1.5 30	0.609
L055505	1.5 58 55	1.120	L055509	1.5 23.5 55	0.672

（续）

编号	截面形状	理论重量/（kg/m）	编号	截面形状	理论重量/（kg/m）
L055510	1.5; 29.5; 55	0. 684	L055517	30; 40; 1.5	0. 602
L055511	19; 1.5; 40	0. 470	L055518	55; 1.5; 40	0. 929
L055512	19; 1.5; 50	0. 576	L055F51	10; 1; 13	0. 125
L055513	38; 20; 1.5	0. 500	L055F52	26.5; 1	0. 086
L055515	40; 1.5; 25	0. 551	L055F53	23.5; 16.5; 1.2	0. 245
L055516	55; 1.8; 35	0. 736	L055F54	23.5; 16.5; 1.2	0. 336

（续）

编号	截面形状	理论重量/(kg/m)	编号	截面形状	理论重量/(kg/m)
LD55F56	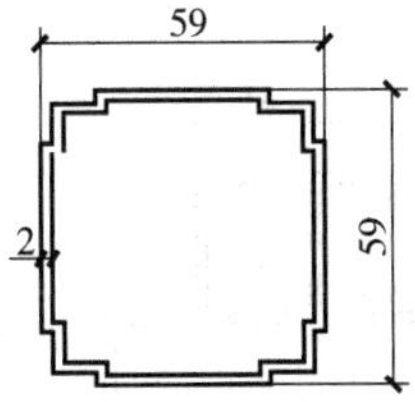 59, 59, 2	1.108	LD50012	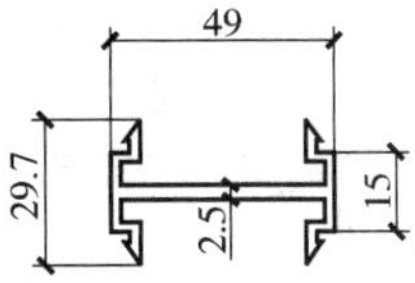 49, 29.7, 2.5, 15	0.568

6. 铝合金60系列推拉窗料的规格及理论重量（表4-104）

表4-104 铝合金60系列推拉窗料的规格及理论重量

编号	截面形状	理论重量/(kg/m)	编号	截面形状	理论重量/(kg/m)
LD60501	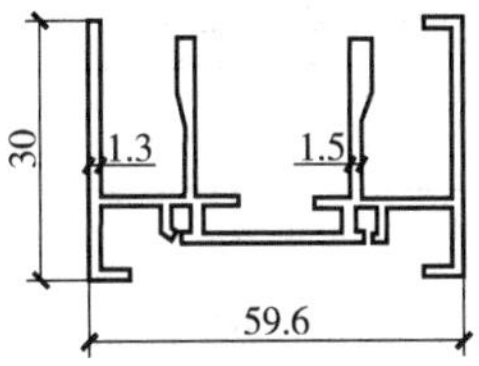 30, 1.3, 1.5, 59.6	0.831	LD60506	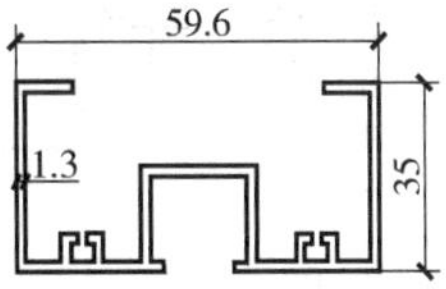 59.6, 1.3, 35	0.676
LD60502	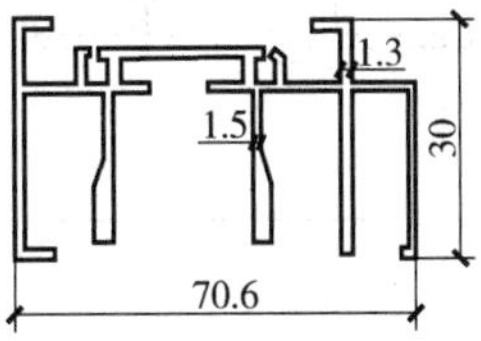 1.3, 1.5, 30, 70.6	0.937	LD60507	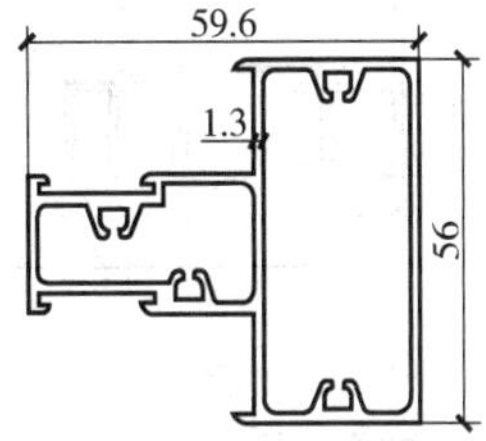 59.6, 1.3, 56	1.133
LD60503	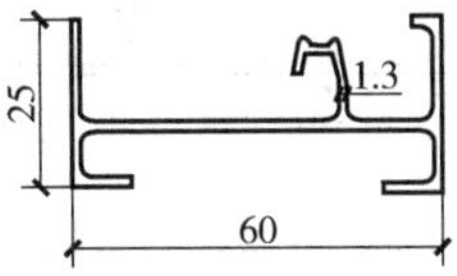 25, 1.3, 60	0.511	LD60508	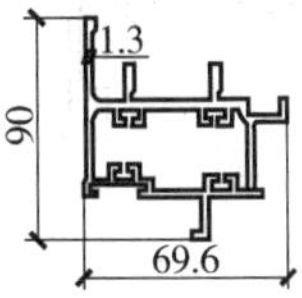 1.3, 90, 69.6	1.317
LD60504	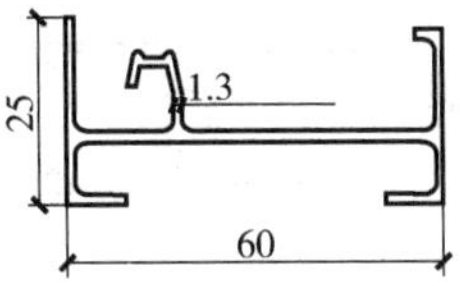 25, 1.3, 60	0.511	LD60509	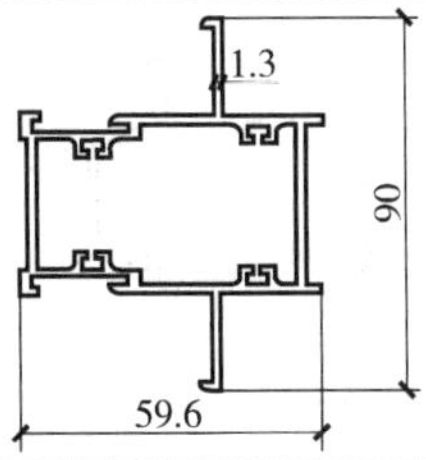 1.3, 90, 59.6	1.141
LD60505	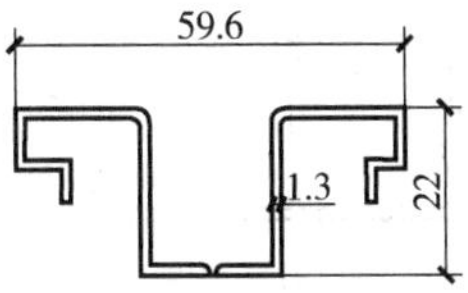 59.6, 1.3, 22	0.446	LD60510	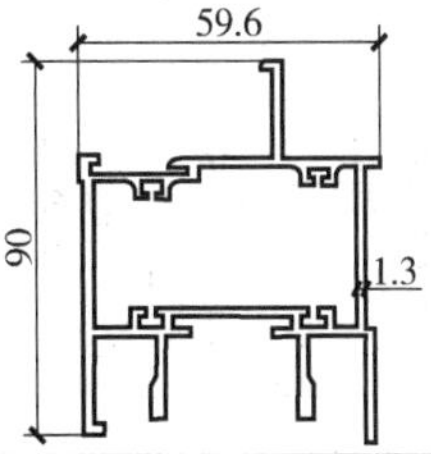 59.6, 90, 1.3	1.427

（续）

编号	截面形状	理论重量/（kg/m）	编号	截面形状	理论重量/（kg/m）
LD60511	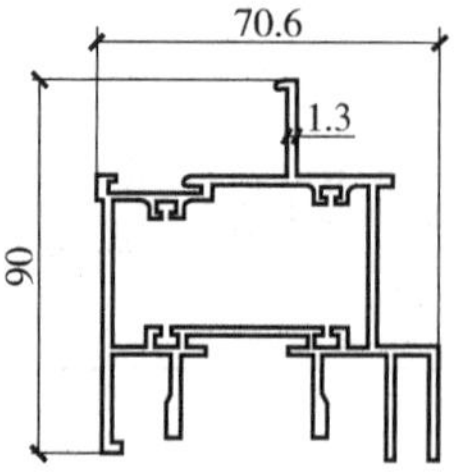	1.547	LD60517	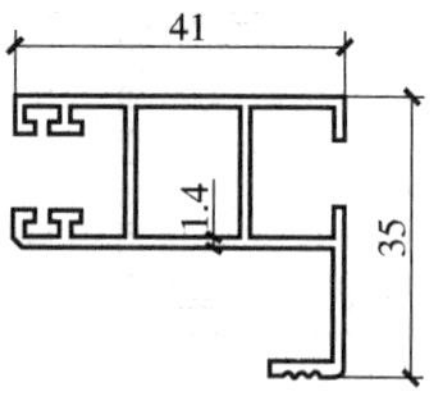	0.611
LD60512	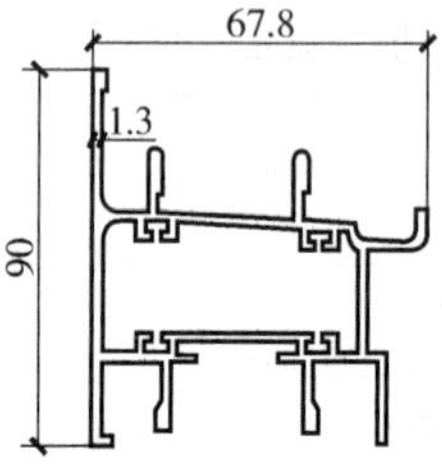	1.588	LD60518	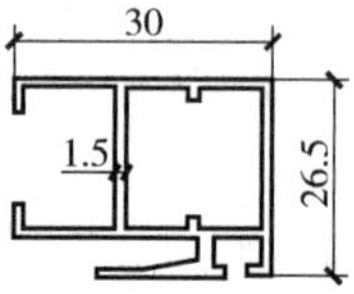	0.489
LD60513	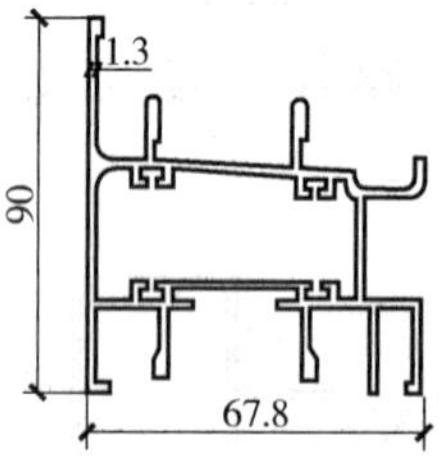	1.720	LD60519	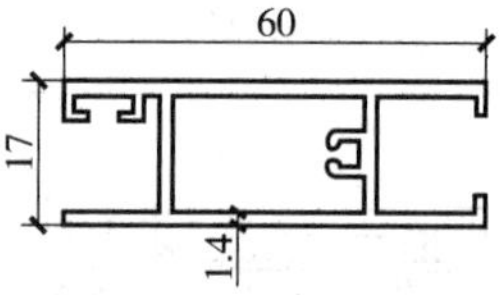	0.646
LD60514	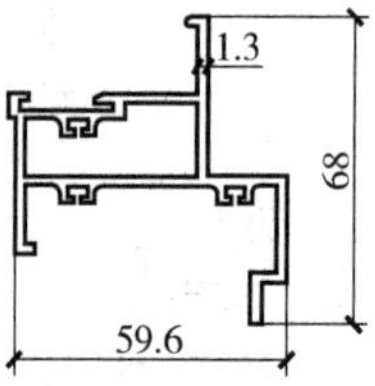	0.896	LD60520	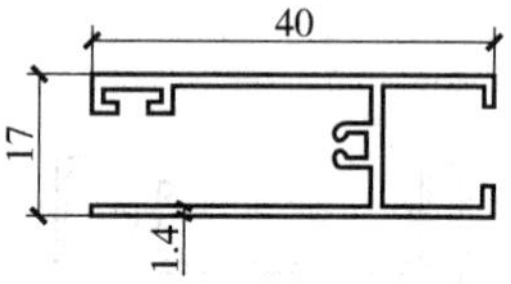	0.464
LD60515	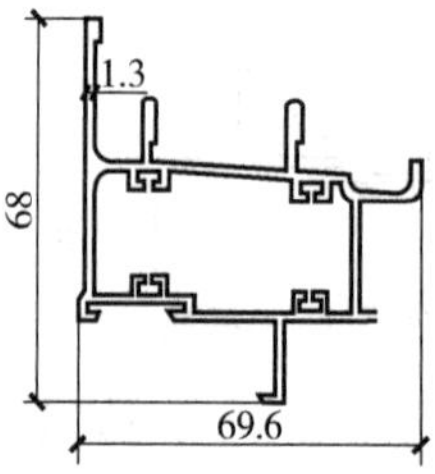	0.907	LD60521	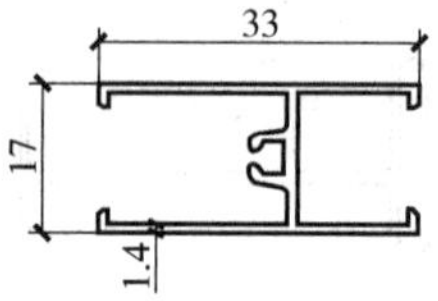	0.368
LD60516	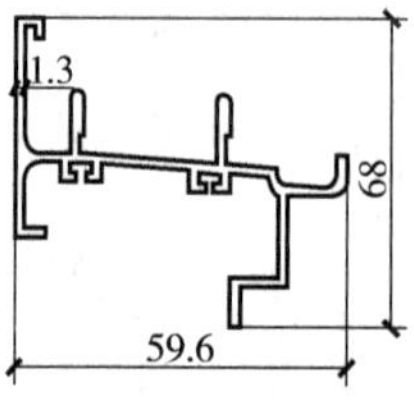	0.852	LD60522	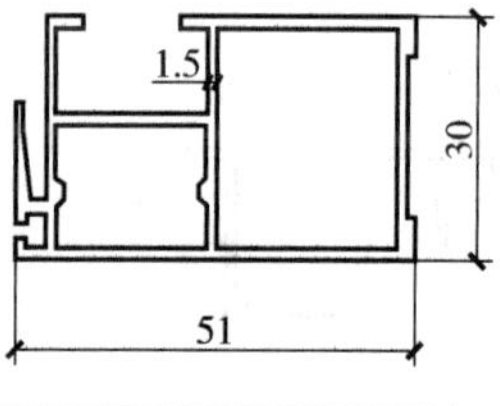	0.774

（续）

编号	截面形状	理论重量/(kg/m)	编号	截面形状	理论重量/(kg/m)
LD60523	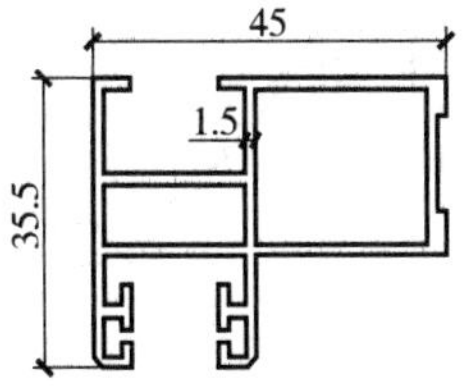 45; 1.5; 35.5	0.685	LD60529	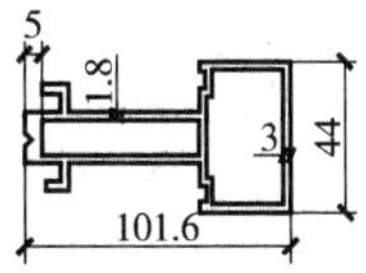 5; 1.8; 3; 44; 101.6	1.905
LD60524	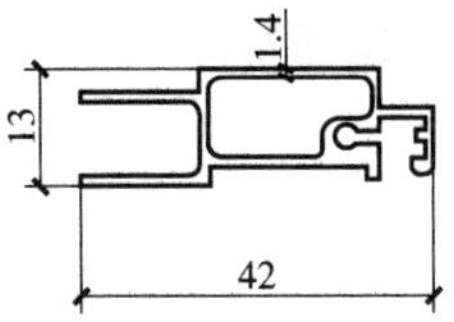 1.4; 13; 42	0.429	LD60530	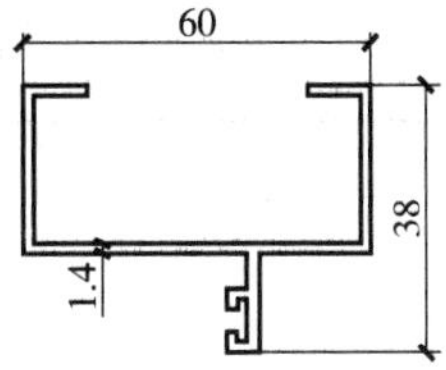 60; 1.4; 38	0.490
LD60525	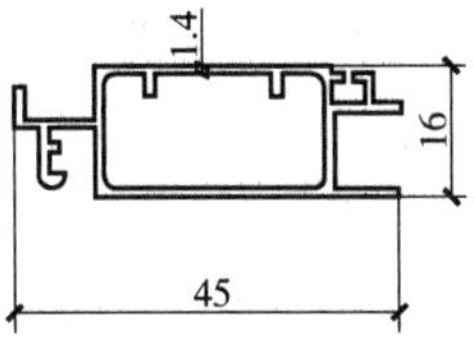 1.4; 16; 45	0.476	LD60531	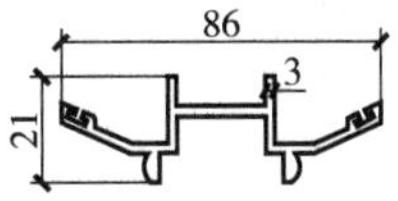 86; 3; 21	1.041
LD60526	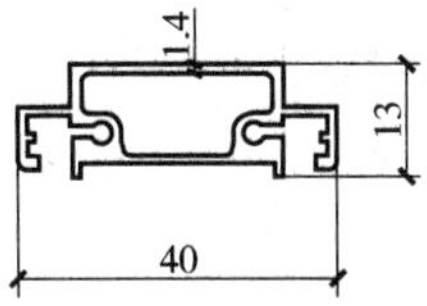 1.4; 13; 40	0.452	LD60F51	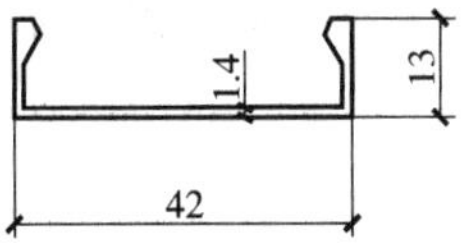 1.4; 13; 42	0.287
LD60527	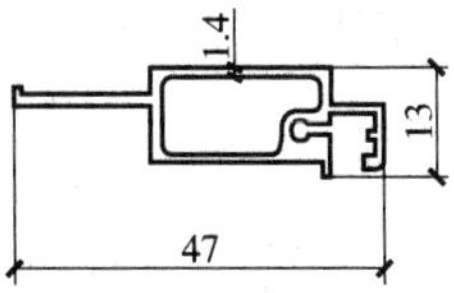 1.4; 13; 47	0.379	LD60F52	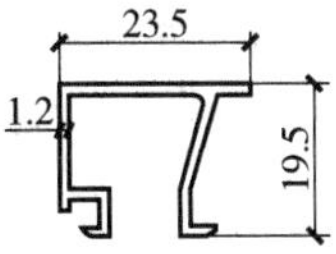 23.5; 1.2; 19.5	0.231
LD60528	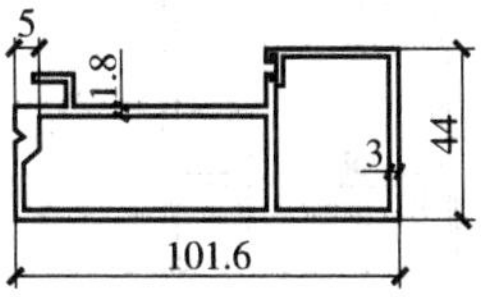 5; 1.8; 3; 44; 101.6	1.852	LD60F53	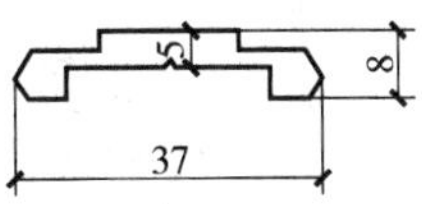 5; 8; 37	0.461

（续）

编号	截面形状	理论重量/(kg/m)	编号	截面形状	理论重量/(kg/m)
LD60F54	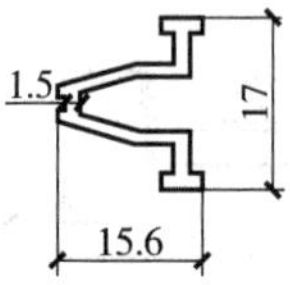	0.197	LD60F55	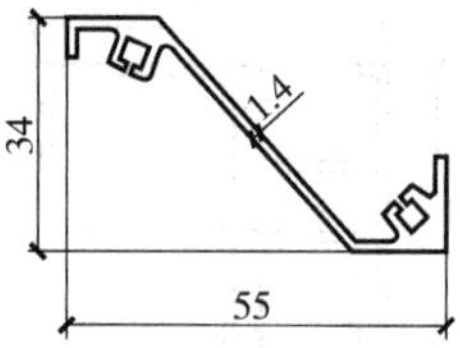	0.415

7. 铝合金70系列推拉窗料的规格及理论重量（表4-105）

表4-105　铝合金70系列推拉窗料的规格及理论重量

编号	截面形状	理论重量/(kg/m)	编号	截面形状	理论重量/(kg/m)
L070501	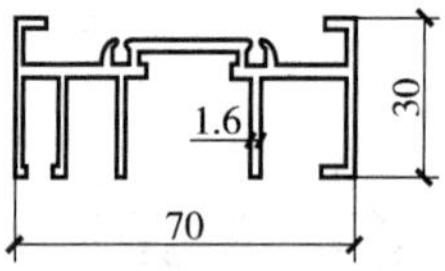	0.823	L070505	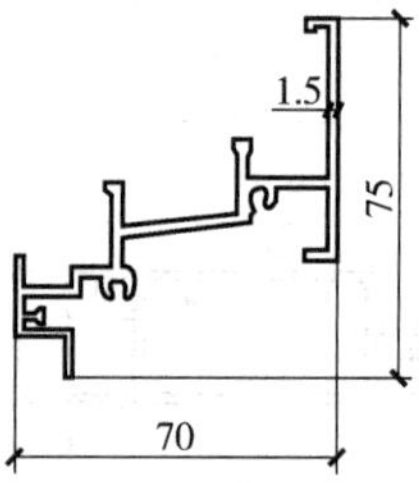	0.965
L070502	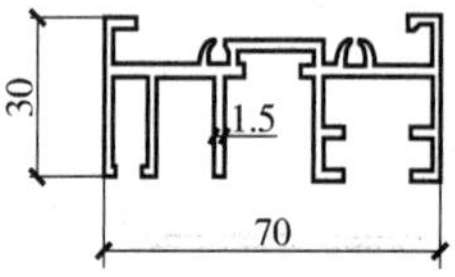	0.869	L070506	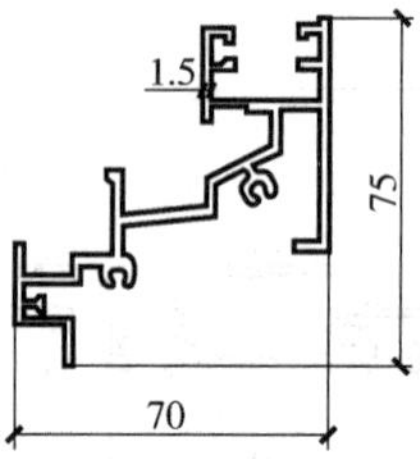	1.192
L070503	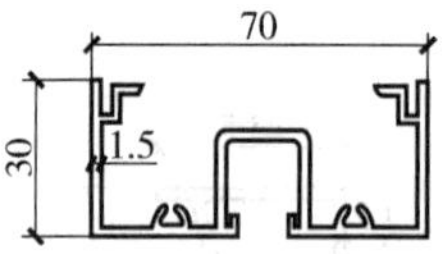	0.889	L070507	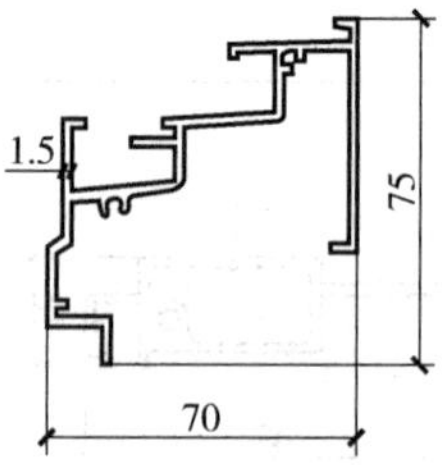	1.100
L070504	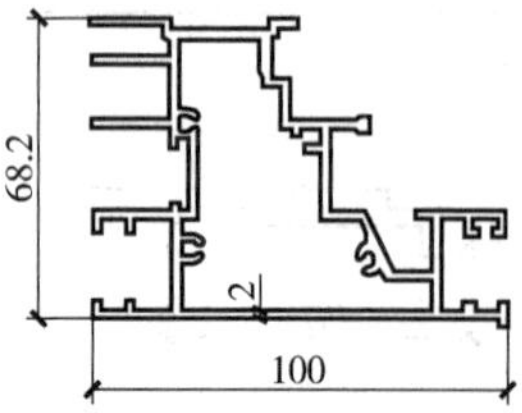	2.290	L070508	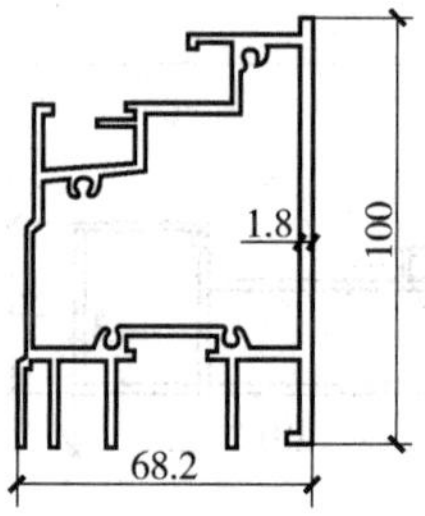	2.032

（续）

编号	截面形状	理论重量/（kg/m）	编号	截面形状	理论重量/（kg/m）
L070509	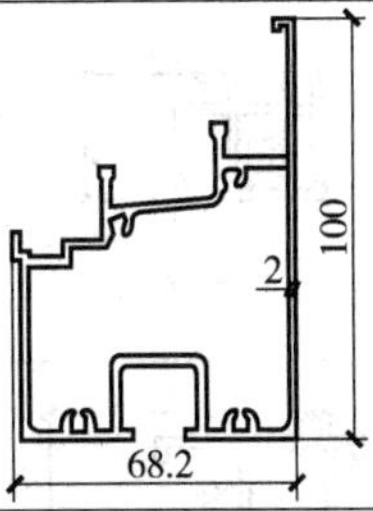	1.950	L070515	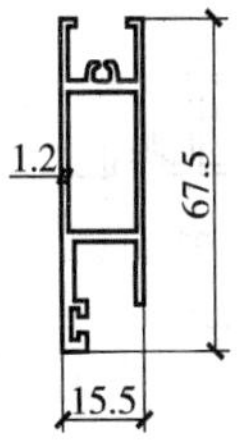	0.585
L070510	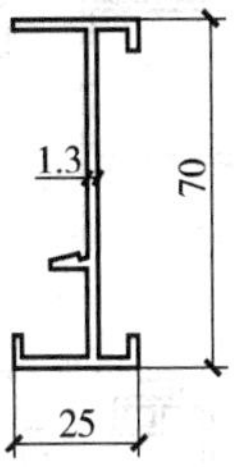	0.477	L070516	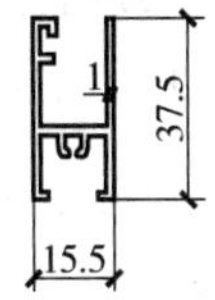	0.333
L070511	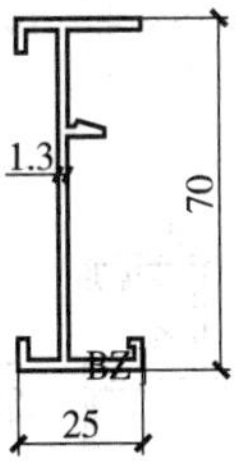	0.477	L070517	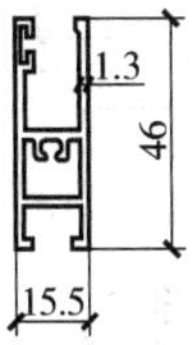	0.486
L070512	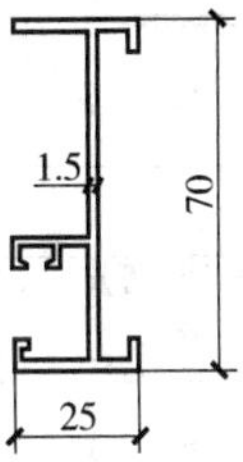	0.529	L070518	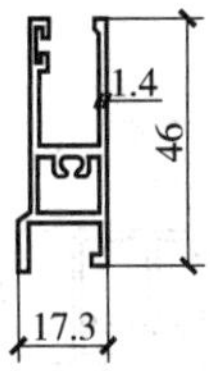	0.515
L070513	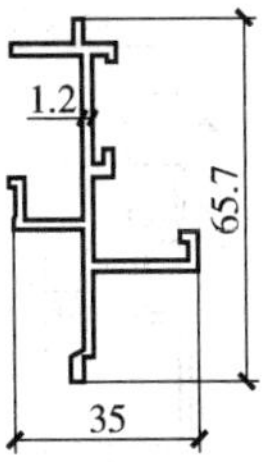	0.491	L070519	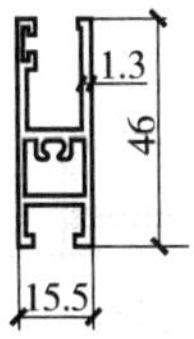	0.486
L070514	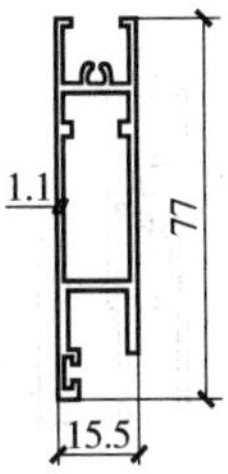	0.659	L070520	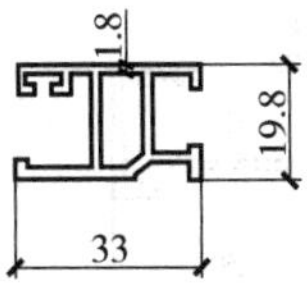	0.430

（续）

编号	截面形状	理论重量/(kg/m)	编号	截面形状	理论重量/(kg/m)
L070521	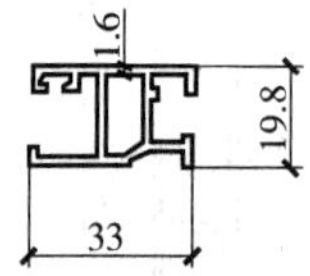 1.6 19.8 33	0.440	L070528	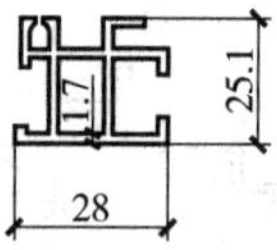 1.7 25.1 28	0.460
L070522	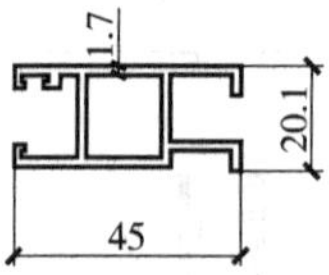 1.7 20.1 45	0.550	L070529	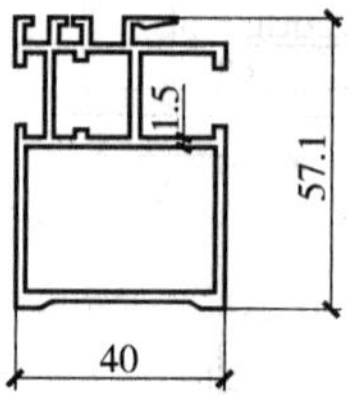 1.5 57.1 40	1.163
L070523	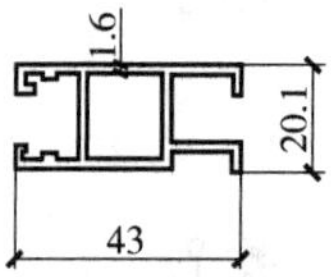 1.6 20.1 43	0.546	L070530	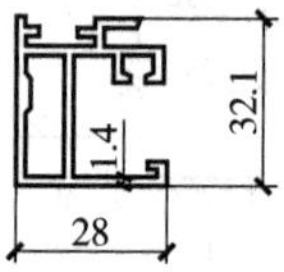 1.4 32.1 28	0.562
L070524	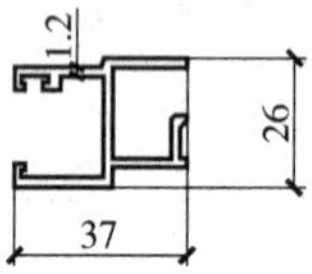 1.2 26 37	0.491	L070531	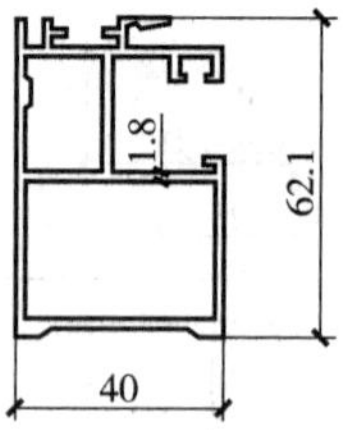 1.8 62.1 40	1.106
L070525	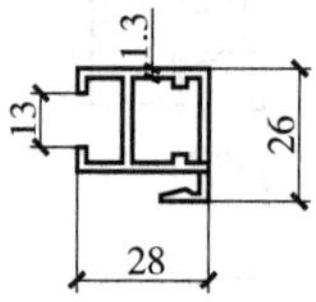 1.3 13 26 28	0.461	L070532	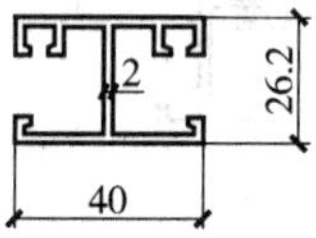 2 26.2 40	0.610
L070526	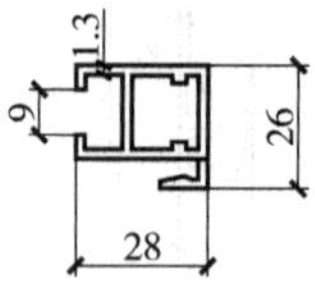 1.3 9 26 28	0.478	L070533	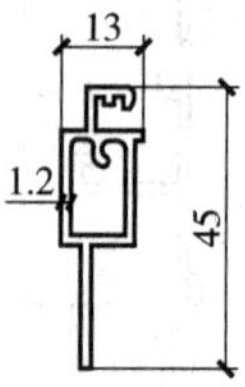 13 1.2 45	0.294
L070527	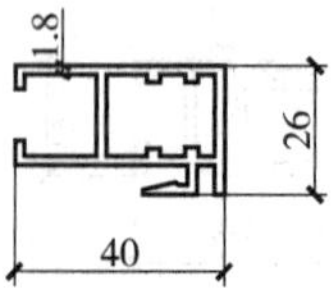 1.8 26 40	0.617	L070534	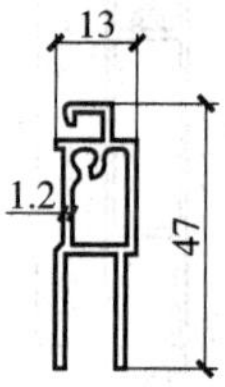 13 1.2 47	0.361

（续）

编号	截面形状	理论重量/（kg/m）	编号	截面形状	理论重量/（kg/m）
L070535	45; 16; 1.2	0. 352	L070F51	1.5; 14; 40	0. 386
L070536	90.5; 2; 74.8	1. 086	L070F52	1; 5.7; 13.8	0. 070
L070537	116; 1.5; 74.8	1. 245	L070F53	1.3; 22.7; 20	0. 182
L070538	138.5; 2; 74.8	1. 336	L070F54	19.5; 1.4; 40	0. 263
L070539	50; 1.6; 77	0. 886	L070F55	1.2; 16.6; 23.5	0. 176
L070540	1.2; 17.2; 60	0. 385	L070F56	1; 19.8; 21.7	0. 189

8. 铝合金 90 系列推拉窗料的规格及理论重量（表 4-106）

表 4-106　铝合金 90 系列推拉窗料的规格及理论重量

编号	截面形状	理论重量/(kg/m)	编号	截面形状	理论重量/(kg/m)
L090501	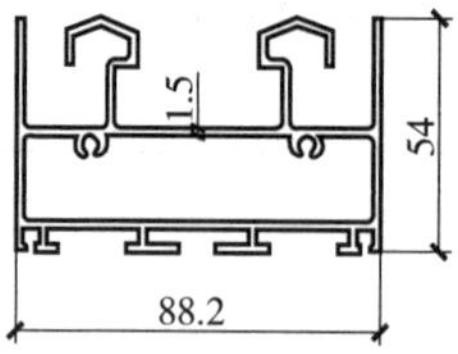	1. 824	L090507	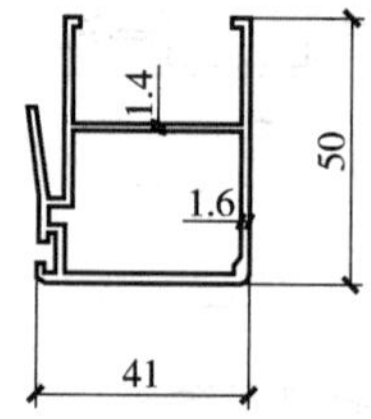	0. 825
L090502	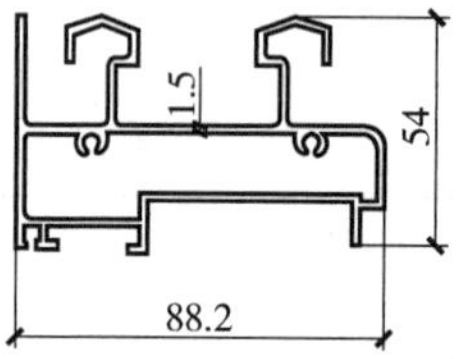	1. 636	L090508	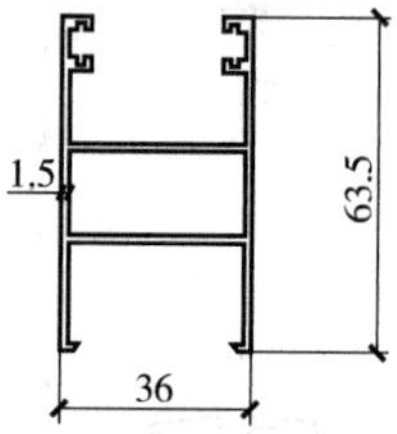	0. 868
L090503	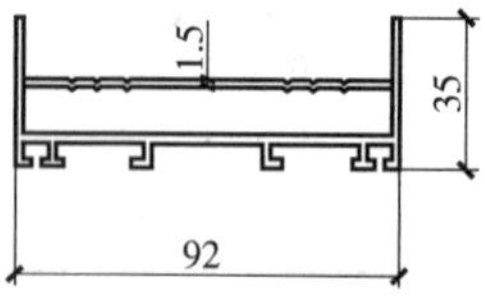	1. 155	L090F51	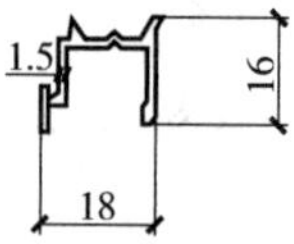	0. 186
L090504	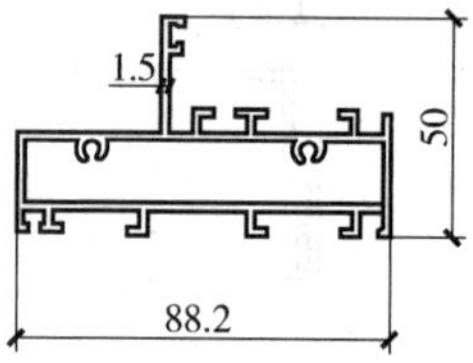	1. 365	L090F52	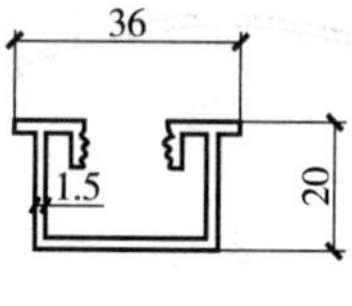	0. 411
L090505	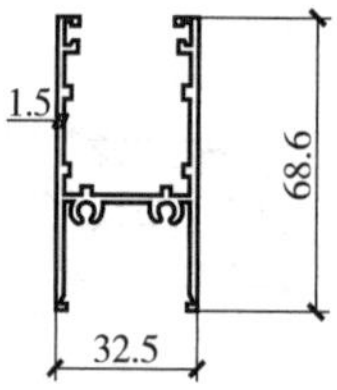	0. 821	L090F53	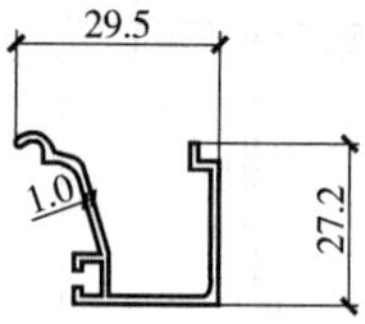	0. 287
L090506	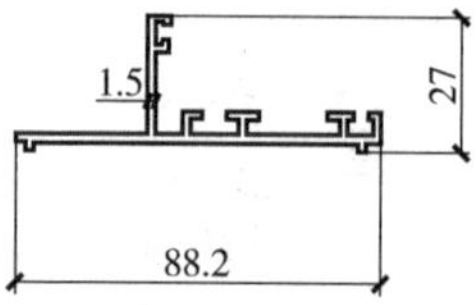	0. 682	L090F54	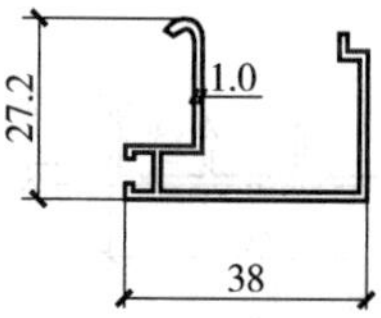	0. 351

9. 铝合金 50 系列平开窗料的规格及理论重量（表 4-107）

表 4-107　铝合金 50 系列平开窗料的规格及理论重量

编号	截面形状	理论重量/（kg/m）	编号	截面形状	理论重量/（kg/m）
L050001	40; 50; 3	0.926	L050011	30; 135°; 2; 50	0.956
L050002	40; 50; 3	0.830	L050012	20; 2.5; 49	0.568
L050003	65; 65; 2	1.279	L050013	8.5; 2; 49	0.323
L050004	65; 50; 2	1.182	L050F01	31; 1.2; 18	0.245
L050005	56; 50; 2	1.050	L050F02	17.5; 1.2; 18	0.176
L050006	70; 25; 1.5	1.254	L050F04	70; 70; 12	3.983
L050010	50; 50; 2	1.110	L050F05	2.4; 38; 36	0.431
			L050F06	20; 5; 54	0.915

10. 铝合金70系列平开窗料的规格及理论重量（表4-108）

表4-108　铝合金70系列平开窗料的规格及理论重量

编号	截面形状	理论重量/(kg/m)
L070101	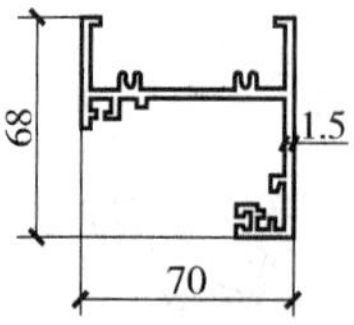	1.070
L070102	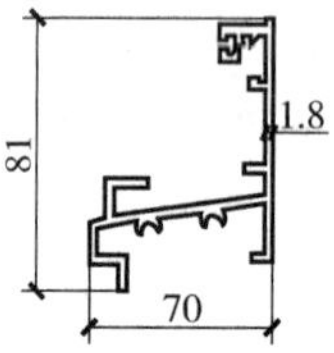	1.176
L070103	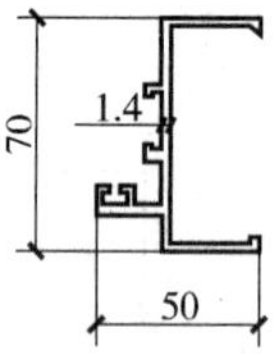	0.681
L070104	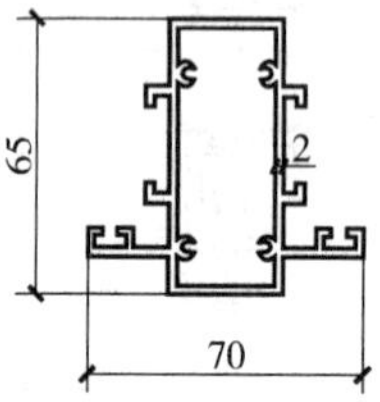	1.318
L070105	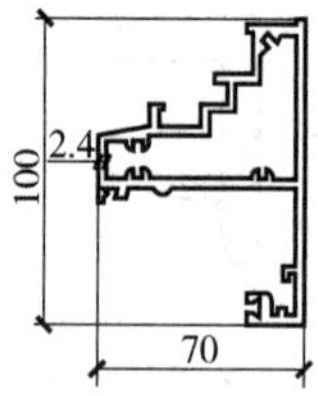	2.369
L070106	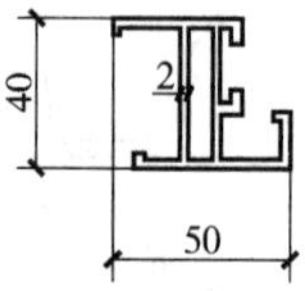	0.945
L070107	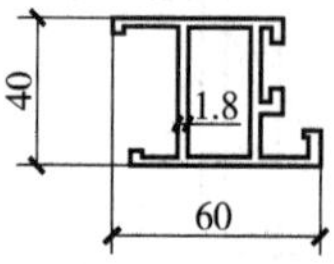	1.020
L070108	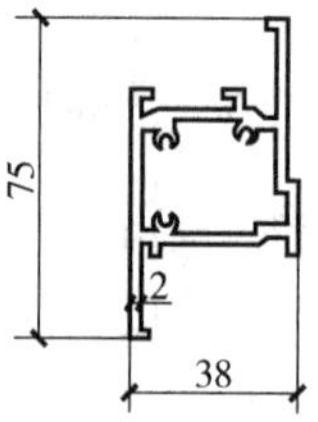	1.225
L070540	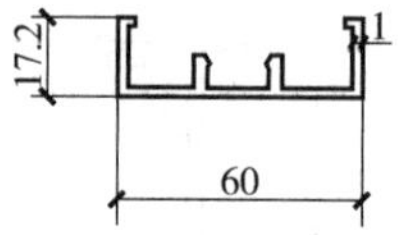	0.385
L070109	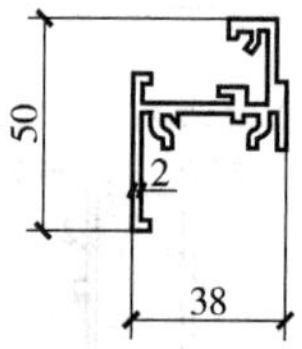	0.883
L070110	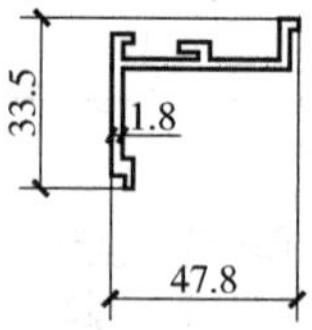	0.459
L070F11	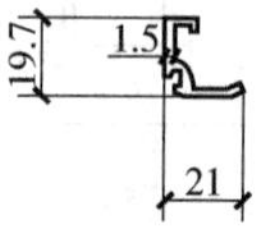	0.199
L070F12	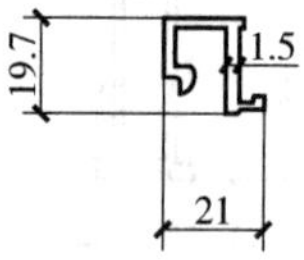	0.270
L070F13	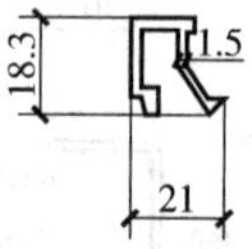	0.269
L070539	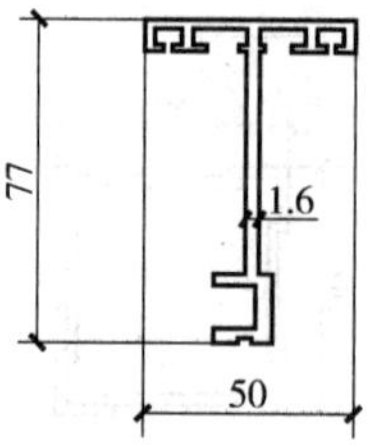	0.886

4.3　建筑用塑料门窗型材

门、窗用未增塑聚氯乙烯（PVC-U）型材（GB/T 8814—2017），已成为以塑料代替钢材的重要建筑结构材料和装饰材料。主要用于推拉门、窗用型材和平开门、窗用型材。

4.3.1　PVC-U 塑料门、窗型材

1. PVC-U 塑料门、窗型材的分类（表 4-109）

表 4-109　PVC-U 塑料门、窗型材的分类

项目		M 级（内门、窗用）	S 级（外门、窗用）
按老化时间分类	老化试验时间/h	4000	6000
级别	Ⅰ级	Ⅱ级	Ⅲ级
落锤质量/g	1000		
落锤高度/mm	1000	1500	
温度/℃	-10		-20
按主型材壁厚分类	类别	A 类	B 类
	可视面（mm）	≥2.8	≥2.5
	非可视面（mm）	≥2.5	≥2.2

2. PVC-U 塑料门、窗型材的外形尺寸偏差（表 4-110）

表 4-110　PVC-U 塑料门、窗型材的外形尺寸偏差

尺寸		偏差
外形尺寸	厚度 D	±0.3
	宽度 W	±0.5

3. PVC-U 塑料门、窗型材的力学性能（表 4-111）

表 4-111　PVC-U 塑料门、窗型材的力学性能

项目	性能
硬度 HRR	≥85
拉伸屈服强度/MPa	≥37
断裂伸长率（%）	≥100
弯曲弹性模量/MPa	≥2200
低温冲击冲破个数	≥1
维卡软化温度/℃	≥78
加热后状态	无气泡、裂痕、麻点
加热后尺寸软化率（%）	≤2.0
氧指数（%）	38
高低温反复尺寸变化率（%）	≤3.0

4.3.2 未增塑聚氯乙烯（PVC-U）塑料门、窗用型材

1. PVC 塑料推拉门、窗用型材（表 4-112）。

表 4-112 PVC 塑料推拉门、窗用型材

规格	型材截面尺寸/mm（示意图）
85 系列	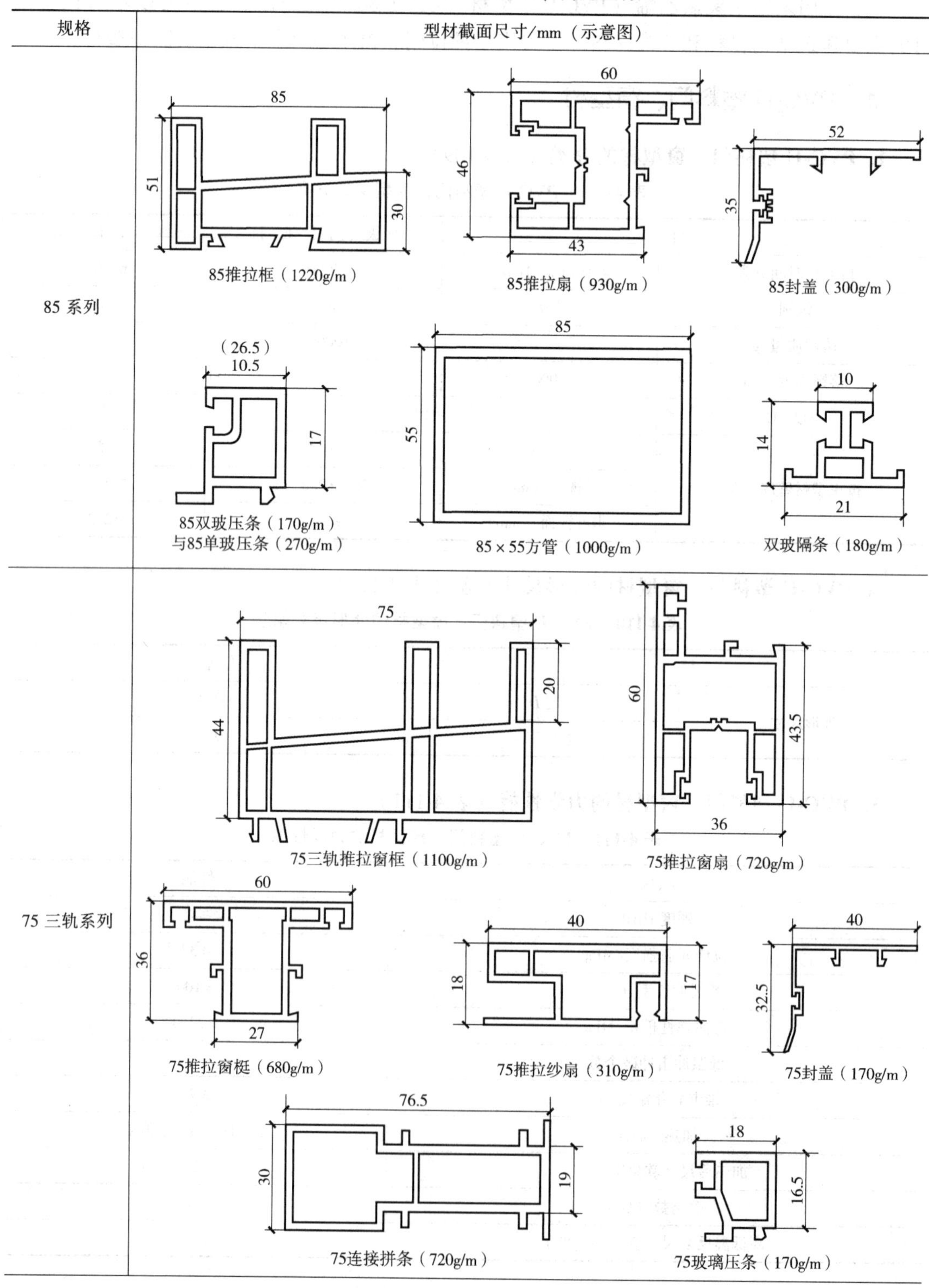
75 三轨系列	

（续）

规格	型材截面尺寸/mm（示意图）
85 三轨系列	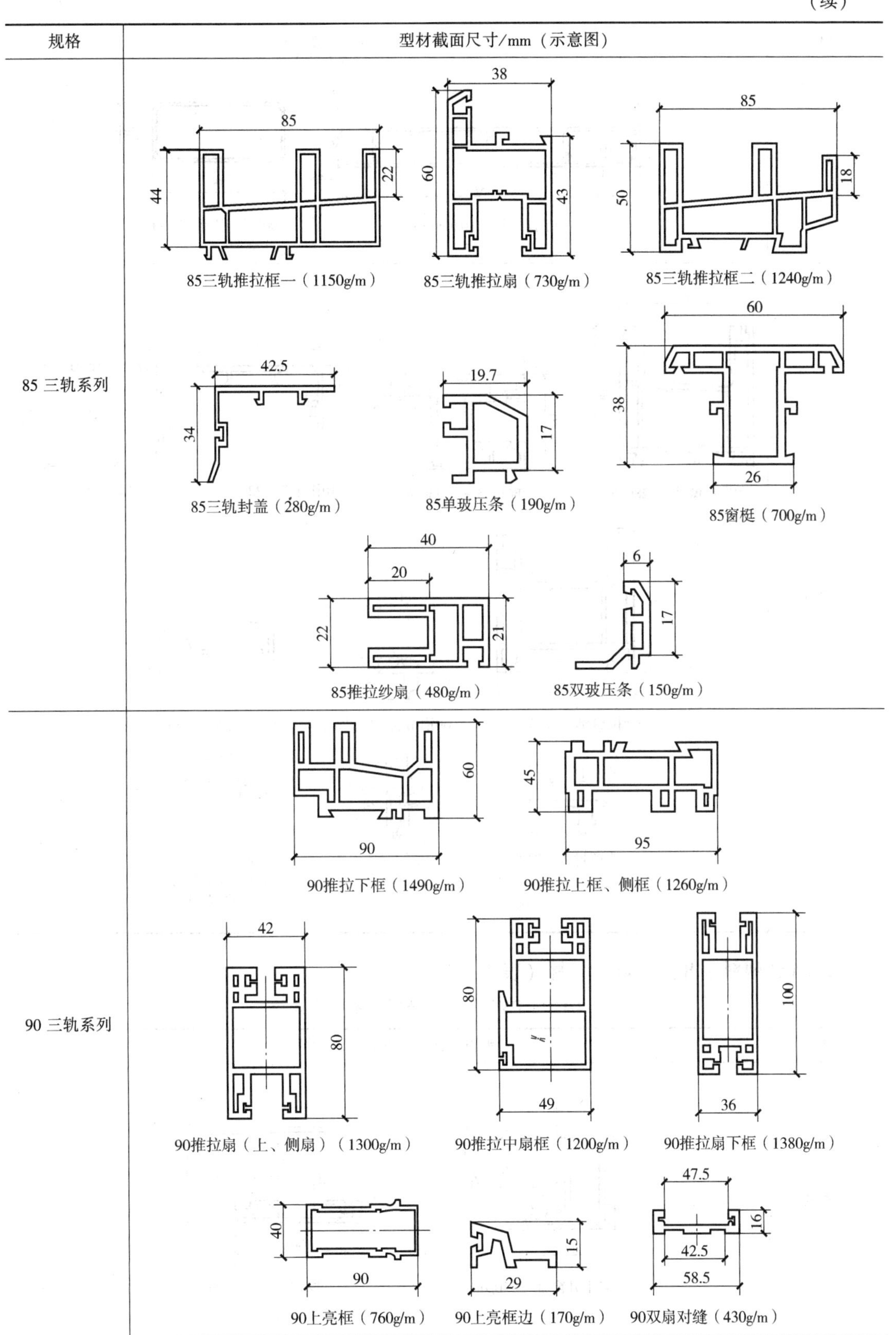
90 三轨系列	

（续）

规格	型材截面尺寸/mm（示意图）
90 三轨系列	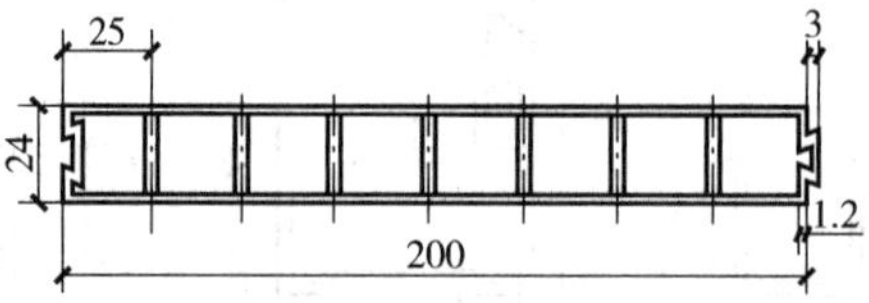 90推拉门板（1020g/m） 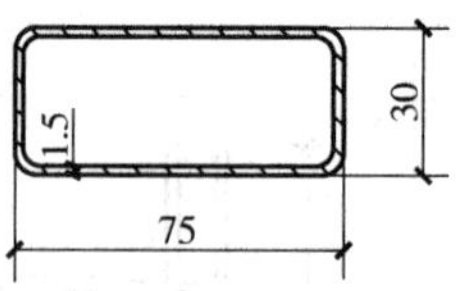 90矩形钢管（2100g/m）
60 系列	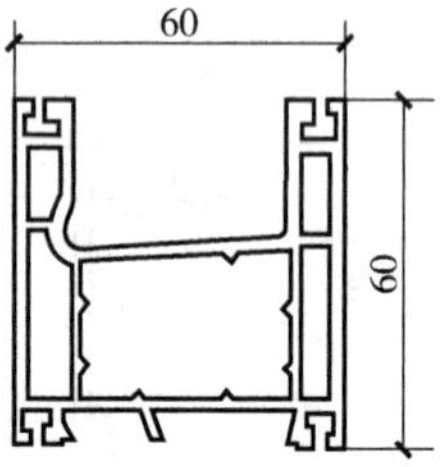 60推拉窗框（1280g/m） 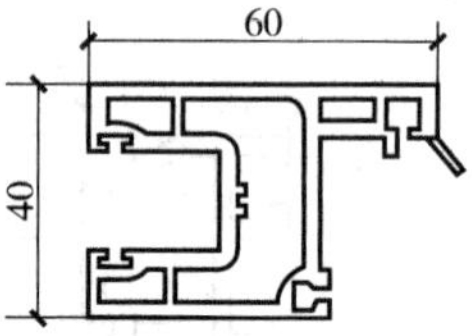 60推拉窗扇（930g/m） 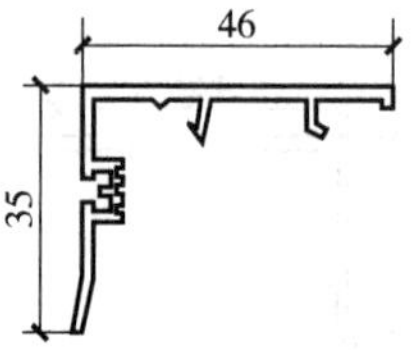 60扇封盖（220g/m） 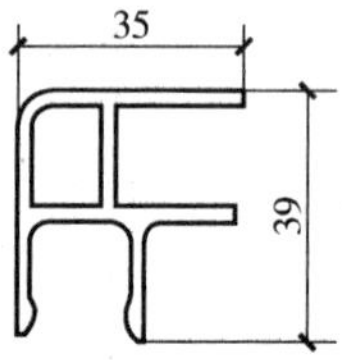 60纱扇滑道（370g/m） 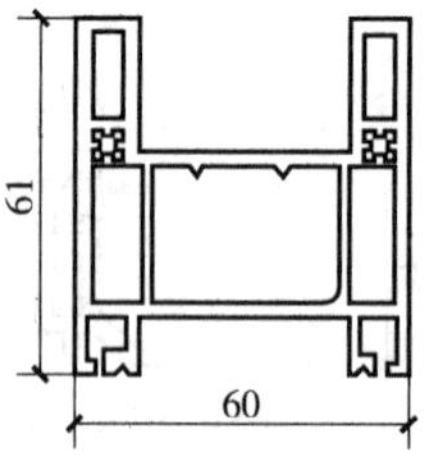 60推拉窗梃（1193g/m） 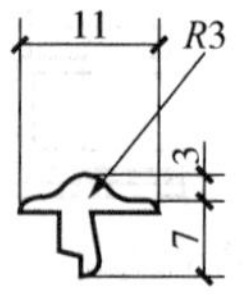 60铝滑轨（82g/m） 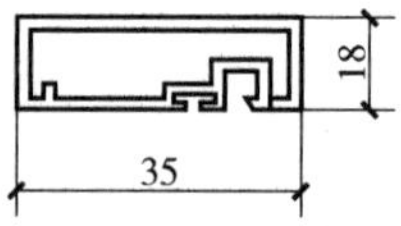 60推拉纱扇（342g/m） 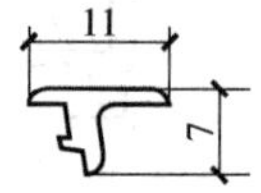 60轨道封边（34.5g/m） 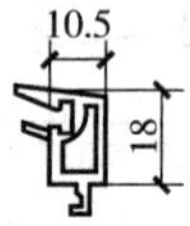 60推拉双玻压条（160g/m） 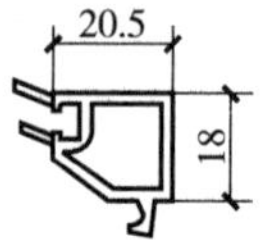 60推拉单玻压条（60平开双玻压条）（200g/m）

2. PVC 塑料平开门、窗用型材（表 4-113）

表 4-113　PVC 塑料平开门、窗用型材

规格	型材截面尺寸/mm（示意图）
45 系列	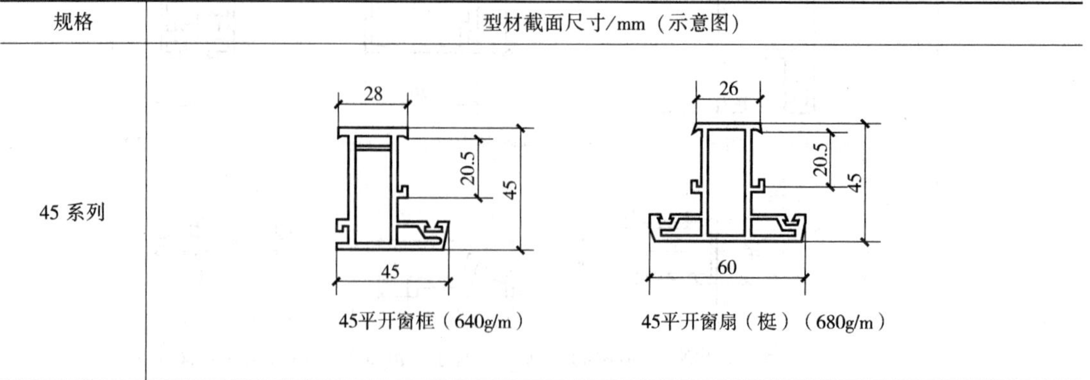 45平开窗框（640g/m） 45平开窗扇（梃）（680g/m）

（续）

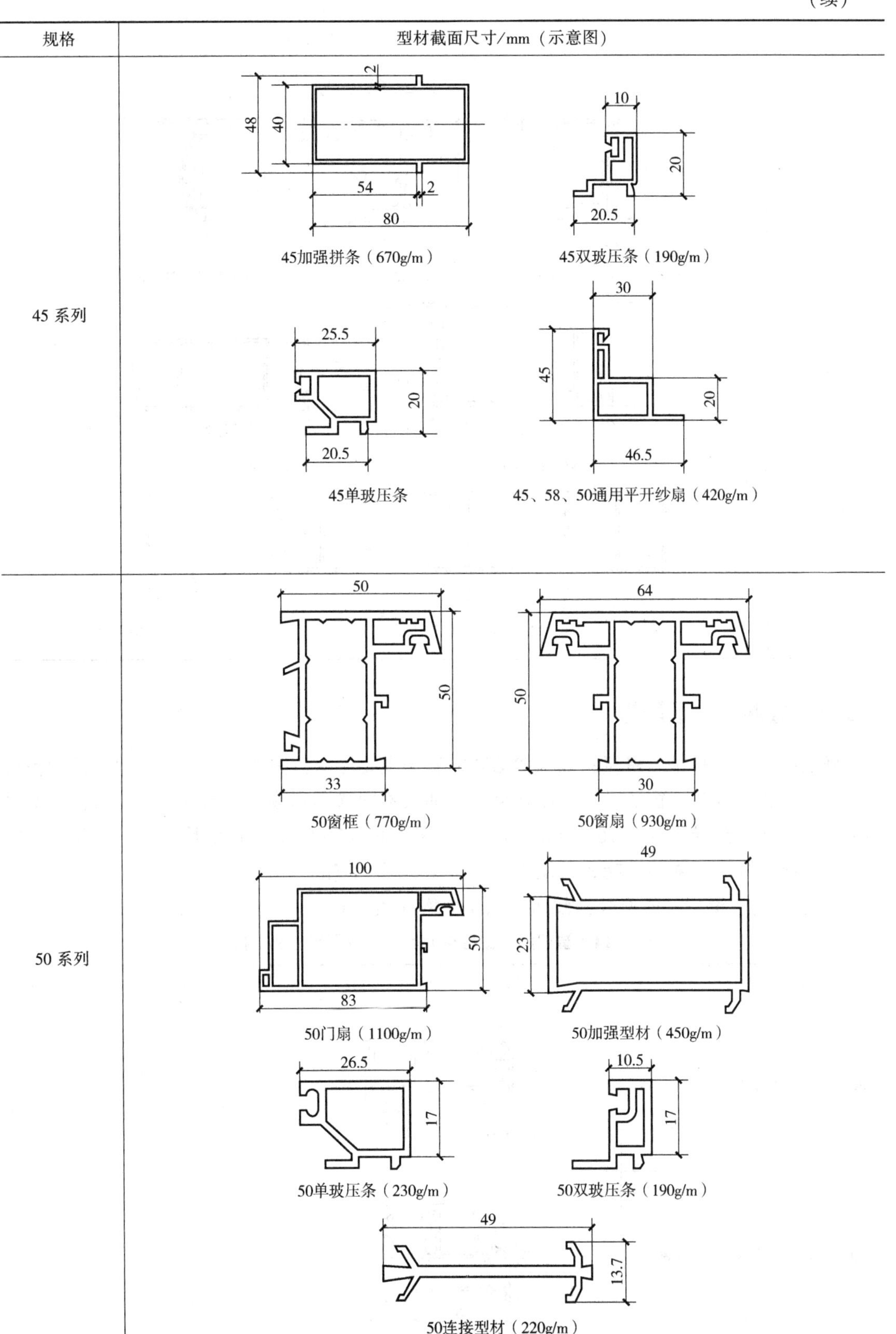

规格	型材截面尺寸/mm（示意图）
45 系列	45加强拼条（670g/m） 45双玻压条（190g/m） 45单玻压条 45、58、50通用平开纱扇（420g/m）
50 系列	50窗框（770g/m） 50窗扇（930g/m） 50门扇（1100g/m） 50加强型材（450g/m） 50单玻压条（230g/m） 50双玻压条（190g/m） 50连接型材（220g/m）

（续）

规格	型材截面尺寸/mm（示意图）
58 系列	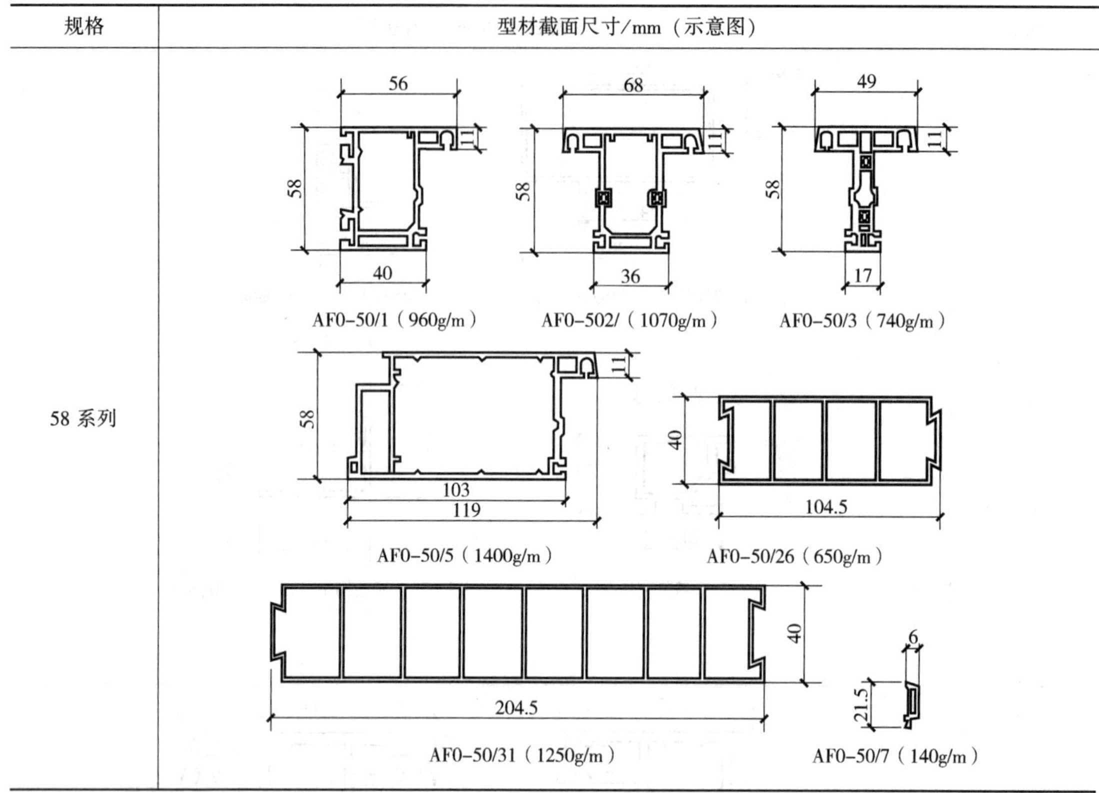

4.3.3 塑钢门、窗型材

塑钢门、窗型材是以聚氯乙烯（PVC）树脂为主要原料，添加一定的改性剂，经设备挤压成型材，为增强门、窗的刚性，需在型腔内加入不同壁厚和截面的钢衬。塑钢门、窗型材多为多腔结构，热导率为 0.16W/(m · K)，可在 -40 ~ 70℃ 气候条件下使用，具有良好的抗风压性能及隔声、隔热性能，其使用寿命可达 50 年左右。

1. 塑钢门、窗型材的型号、截面形状及规格（表 4-114）

表 4-114 塑钢门、窗型材的型号、截面尺寸及规格

名称	型号	型材截面尺寸/mm	每米质量/kg	钢衬尺寸/mm
80 推拉窗框普通型	TC80K	80 52.00 24.00 14 60	1.12	28 × 16
80 推拉窗框豪华型	TC80K	80 55 26 60	1.35	35 × 17

（续）

名称	型号	型材截面尺寸/mm	每米质量/kg	钢衬尺寸/mm
80 推拉窗扇普通型	TC80SI	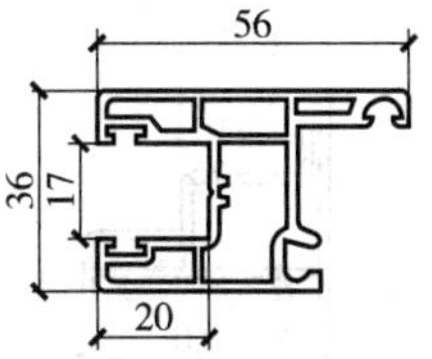 56; 36; 17; 20	0.66	23×8
80 推拉窗扇豪华型	TC80S	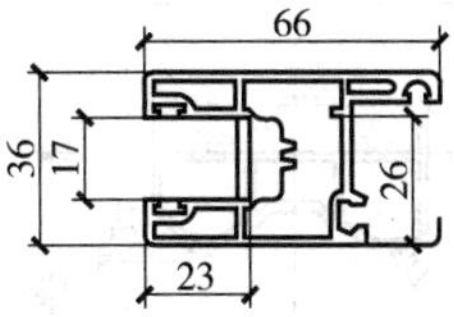 66; 36; 17; 26; 23	0.87	28×15
80 扇中梃	TC80ST	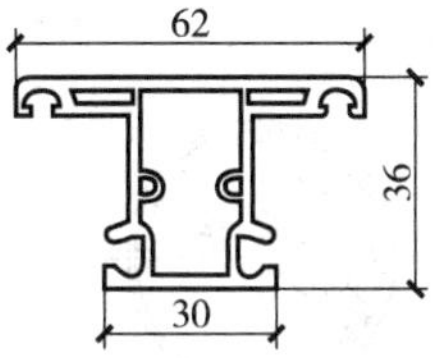 62; 36; 30	0.76	28×12
固定框	TC80GDK	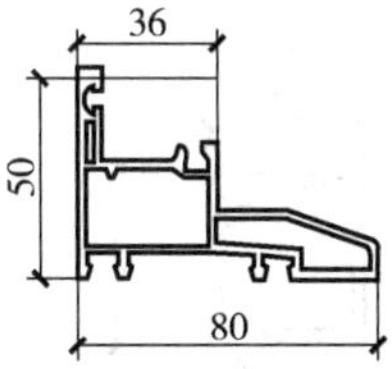 36; 50; 80	0.85	26×14
80 纱窗	TC80SS	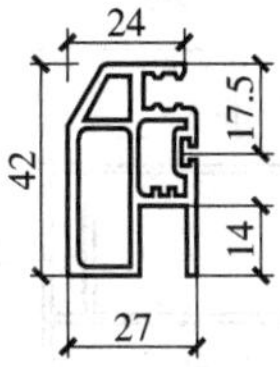 24; 42; 17.5; 14; 27	0.42	26×10
双玻压条	TC80SY	 9.5; 21.8; 8.9	0.12	—
80 单玻压条	TC80DY	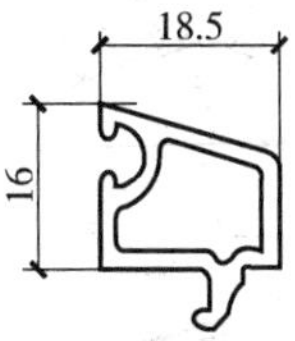 18.5; 16	0.17	—
80 拼条	TC80PT	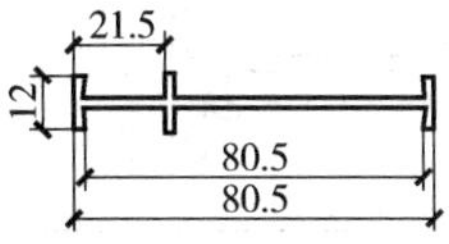 21.5; 12; 80.5; 80.5	0.33	—

（续）

名称	型号	型材截面尺寸/mm	每米质量/kg	钢衬尺寸/mm
60 上亮框	TC60SLK	36.0 28.0 50.0 60.0	0.67	26×14
60 圈转角	PC60YZJ	62.5 30.1 24.2 45.3	0.67	—
圆管	PC60YG	φ52.0 φ56.0 φ60.0	0.59	—
60 双玻压条	PC60SY	20 20 4	0.19	—
60 拼管	PC60PG	46.5 43.6 60.5 61.5 65.5	0.71	45×24
135°转角	lY60-09	41.5 5.0 2.0 60.5 65.0	0.68	16×55
60 单玻压条	PC60DY	35 20 4	0.28	—

（续）

名称	型号	型材截面尺寸/mm	每米质量/kg	钢衬尺寸/mm
封盖	J260-07	28.6 25.0 20.2 24.0	0.15	—
拼条	PC60PT	18 R02 13	0.1	—
60°转角	TC60ZJ	68.0 68.0 20 60.0	0.78	55×55
平开门扇	PM60S	108 60 30 20	1.51	15×53
平开外开扇	PC60WKS	78 3.9 16.2 60 21 38	1.08	13×33
中挺扇	PC60ST	76 60 20　36	1.10	33×16
平开框	PG60K	50 4 50 40	1.00	28×21
门板	PM60B	8　150 7 25 8.5	0.87	—

（续）

名称	型号	型材截面尺寸/mm	每米质量/kg	钢衬尺寸/mm
盖帽	TC80GM	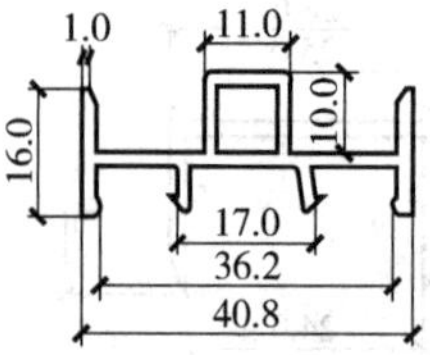 1.0 11.0 10.0 16.0 17.0 36.2 40.8	0.27	—
80 防风条	TC60FG	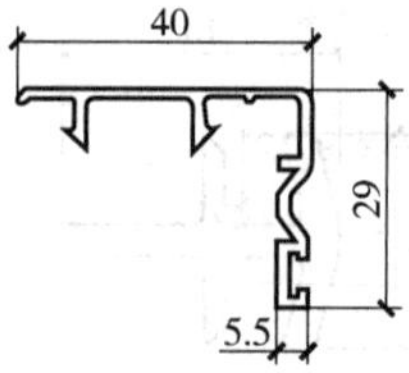 40 29 5.5	0.21	—
80 转角	TC80DZJ	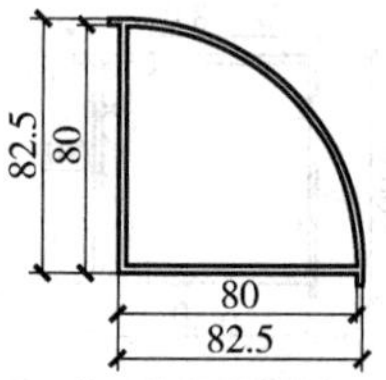 82.5 80 80 82.5	0.85	75×75
装饰条	J2-06	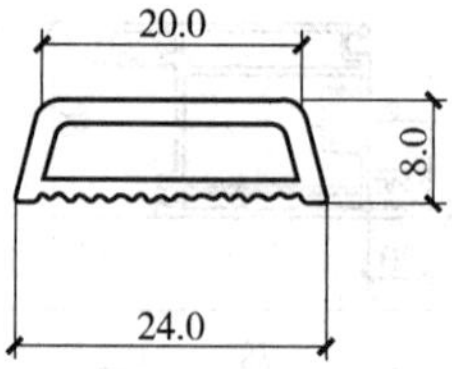 20.0 8.0 24.0	0.12	—
百叶条	J2-07	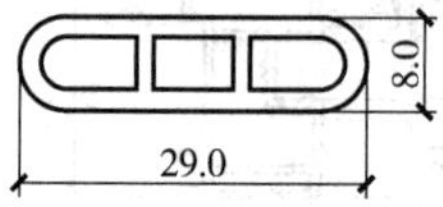 8.0 29.0	0.17	—
55 推拉框	TC55K	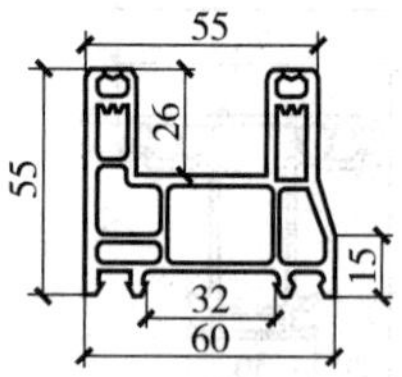 55 26 55 15 32 60	1.00	26×16
扇封	J260-06	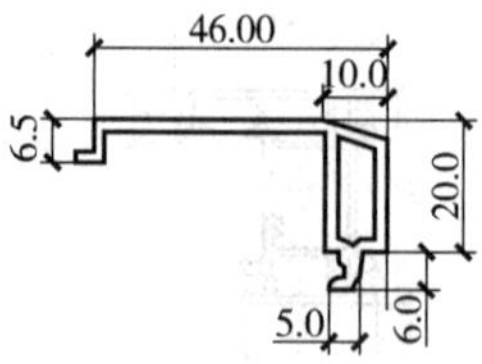 46.00 10.0 6.5 20.0 5.0 6.0	0.26	—

2. 塑钢门、窗型材钢衬的形状及规格

塑钢门、窗型材钢衬专门用于制造各种规格的 PVC 型材的内衬，品种形式多样，表面处理分镀锌和涂防锈漆两种，其形状及规格见表 4-115。

表 4-115　塑钢门、窗型材钢衬的形状及规格

名称	简图	名称	简图
方管		异形乙	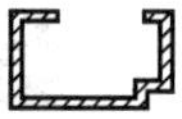
U 形		异形丙	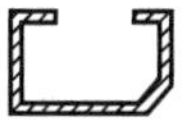
C 形	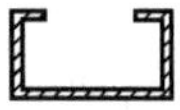	L 形	
U 形不等边		C 形	
C 形不等边	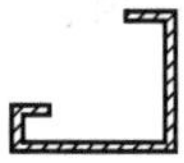	大角	
单边 C 形	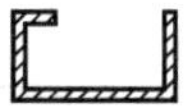	加强角	
L 形		不等角	
异形甲	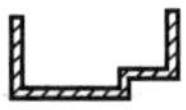	加强不等角	

第 5 章　建筑门窗及五金配件

5.1　铝合金门窗及五金配件

5.1.1　铝合金门窗（GB/T 8478—2020）

铝合金门窗具有质轻、性能好、色调美观、耐蚀性高、使用维修方便、便于工业化生产等特点，适于有密闭、保温、隔声要求的宾馆、会堂、体育馆、影剧院、图书馆、科研楼及计算机房等现代化高级建筑门窗工程。

1. 铝合金门窗的品种及代号（表 5-1a、b）

表 5-1a　门的品种及代号

门品种类别	平开旋转类		推拉平移类			折叠类	
开启形式	平开（合页）	平开（地弹簧）	推拉	提升推拉	推拉下悬	折叠平开	折叠推拉
代号	P	DHP	T	ST	TX	ZP	ZT

表 5-1b　窗的品种及代号

窗品种类别	平开旋转类								推拉平移类					折叠类
开启形式	平开（合页）	滑轴平开	上悬	下悬	中悬	滑轴上悬	内平开下悬	立转	推拉	提升推拉	平开推拉	推拉下悬	提拉	折叠推拉
代号	P	HZP	SX	XX	ZX	HSX	PX	LZ	T	ST	PT	TX	TL	ZT

2. 铝合金门窗的主要性能（表 5-2）

表 5-2　铝合金门窗的主要性能类型及代号

类型		普通型		隔声型		保温型		隔热型	保温隔热型	耐火型
代号		PT		GS		BW		GR	BWGR	NH
用途		外门窗	内门窗	外门窗	内门窗	外门窗	内门窗	外门窗	外门窗	外门窗
主要性能	抗风压性能	◎	—	◎	—	◎	—	◎	◎	◎
	水密性能	◎	—	◎	—	◎	—	◎	◎	◎
	气密性能	◎	○	◎	◎	◎	◎	◎	◎	◎
	空气声隔声性能	—	—	◎	◎	○	○	○	○	○
	保温性能	—	—	○	○	◎	◎	—	◎	○
	隔热性能	—	—	○	—	—	—	◎	◎	○
	耐火完整性	—	—	—	—	—	—	—	—	◎

注：“◎”为必选性能；“○”为可选性能；“—”为不要求。

3. 自动门（JG/T 177—2005）

自动门可分为推拉自动门、平开自动门、折叠自动门和旋转自动门，外观新颖、结构精巧、运动噪声小，适用于高级建筑设施场合。

（1）自动门的分类（表 5-3）

表 5-3　自动门的分类

分类	品种			说明
	名称		代号	
按启闭形式分类	推拉门		T(H)DM	可细分为单开、双开、重叠单开、重叠双开；T(H)DM 表示弧形门，门扇沿弧形轨道平滑移动，可分为半弧单向、半弧双向、全弧双层双向
	平开门		PDM	可分为单扇单向、双扇单向、单扇双向、双扇双向
	折叠门		ZDM	可分为二扇折叠、四扇折叠
	旋转门		XDM	可分为中心轴式、圆导轨悬挂式、中心展示区式等
按门体材料分类	安全玻璃门		B1	玻璃
	不锈钢饰面门		B	不锈钢
	铝合金门		L	铝合金型材
	彩色涂层钢门		G	彩色涂层钢材
	木门		M	木材
按感应装置分类	动体感应型	红外线感应式	D1	对速度大于 50mm/s 的物体产生感知
		微波感应式	D2	
	静体感应型	柔垫式	J1	对速度小于 50mm/s 的物体产生感知，柔垫式为接触型感应
		光电感应式	J2	
		超声波式	J3	
	接触型	橡胶开关	C1	均为非接触型感应装置
		脚踏开关	C2	
		按钮开关	C3	
		磁卡开关	C4	
	其他		Q	
按运行装置形式分类	电动式		D	运行装置安装位置：推拉门内置（N），外挂（W）；其他门（内藏）上驱动（S），下驱动（X）
	气动式		K	
	液动式		Y	
	组合式		Z(X-X)	
按门扇数量分类	一扇		1	一般三扇门以上为折叠式
	二扇		2	
	三扇		3	
	四扇		4	

（2）自动门的允许尺寸偏差（表5-4）

表5-4 自动门的允许尺寸偏差

项目	推拉自动门	平开自动门	折叠自动门	旋转自动门
上框、平梁水平度	≤1/1000	≤1/1000	≤1/1000	—
上框、平梁弯曲度/mm	≤2	≤2	≤2	—
立框垂直度	≤1/1000	≤1/1000	≤1/1000	≤1/1000
导轨和平梁平行度/mm	≤2	—	≤2	≤2
门框固定扇内侧尺寸（对角线）/mm	≤2	≤2	≤2	≤2
动扇与框、横梁、固定扇、动扇间隙差	≤1/1000	≤1/1000	≤1/1000	≤1/1000
板材对接缝平面度/mm	≤0.3	≤0.3	≤0.3	≤0.3

（3）自动门的性能要求

1）推拉自动门的启闭力及启闭速度见表5-5。

表5-5 推拉自动门的启闭力及启闭速度

启闭扇数	门扇重/kg	启闭力/N	开启速度/(mm/s)	关闭速度/(mm/s)	标准扇(宽×高)/mm
单扇	70～120	≤190	≤500	≤350	1200×2400
	≤70	≤130	≤500	≤350	900×2100
双扇	(70～120)×2	≤250	≤400	≤300	1200×2400
	≤70×2	≤160	≤400	≤300	900×2100

2）单扇平开自动门的启闭力及启闭角速度见表5-6。

表5-6 单扇平开自动门的启闭力及启闭角速度

启闭扇数	门扇重/kg	启闭力/N	开启角速度/(°/s)	关闭速度/(°/s)	标准扇(宽×高)/mm
单扇	70～120	≤180	≤50	≤35	1200×2400
	≤70	≤150	≤50	≤35	900×2100

3）折叠自动门的启闭力及启闭速度见表5-7。

表5-7 折叠自动门的启闭力及启闭速度

启闭扇数	门洞宽度/mm	启闭力/N	开启速度/(mm/s)	关闭速度/(mm/s)	标准扇(宽×高)/mm
单折双扇	750～900	≤130	≤300	≤250	800×2200
双折四扇	950～1500	≤150	≤300	≤250	1400×2200
	1500～2400	≤180	≤350	≤350	1800×2200

4）旋转自动门的旋转启闭力及启闭速度见表 5-8。

表 5-8　旋转自动门的旋转启闭力及启闭速度

适用直径/mm	旋转启动力/N	最大开启速度/(mm/s)		标准扇高/mm
		正常行人	残障人	
2100≤Φ≤5600	≤250	≤750	≤350	2200

注：旋转自动门扇的运行方向，一般采用逆时针旋转，旋转门内径宜大于 2100mm，小于 5600mm。

4. 铝合金自动门

铝合金自动门是我国近年来发展的一种新型金属自动门，该类自动门整个系统构件是由铝合金型材、钢化玻璃组成的门体结构和智能化的控制系统共同组成的。而正是由于其完美的系统配置构件，使得铝合金自动门以外观新颖、结构精巧、运行噪声小、启闭灵活、节能可靠等优点广泛使用于高级建筑及室内装饰中。

（1）铝合金推拉自动门和平开自动门的代号及规格

1）铝合金推拉自动门的代号及规格（表 5-9）。

表 5-9　铝合金推拉自动门的代号及规格

代号	洞口尺寸（宽×高）/mm	代号	洞口尺寸（宽×高）/mm
1521	1500×2100	3027	3000×2700
1524	1500×2400	3030	3000×3000
1527	1500×2700	3033	3000×3300
1530	1500×3000	3036	3000×3600
1821	1800×2100	3324	3300×2400
1824	1800×2400	3327	3300×2700
1827	1800×2700	3330	3300×3000
1830	1800×3000	3333	3300×3300
2121	2100×2100	3336	3300×3600
2124	2100×2400	3624	3600×2400
2127	2100×2700	3627	3600×2700
2130	2100×3000	3630	3600×3000
2421	2400×2100	3633	3600×3300
2424	2400×2400	3636	3600×3600
2427	2400×2700	4230	4200×3000
2430	2400×3000	4233	4200×3300
3024	3000×2400	4236	4200×3600

2）铝合金平开自动门的代号及规格。铝合金推拉自动门的结构精巧、灵活、可靠，适用于高级宾馆、饭店、医院等高级建筑设施，其代号及规格见表 5-10。

表 5-10 铝合金平开自动门的代号及规格

代号	洞口尺寸（宽×高）/mm	代号	洞口尺寸（宽×高）/mm
0921	900×2100	1530	1500×3000
0924	900×2400	1821	1800×2100
0927	900×2700	1824	1800×2400
1521	1500×2100	1827	1800×2700
1524	1500×2400	1830	1800×3000
1527	1500×2700		

（2）铝合金推拉自动门和平开自动门的品种与性能指标

铝合金推拉自动门和平开自动门的品种与性能指标见表 5-11。

表 5-11 铝合金推拉自动门和平开自动门的品种与性能指标

品种	性能指标	品种	性能指标
FHM 防火式 自动门	传感控制区域：4m×4m 传感控制机构：烟雾 运行噪声：<70dB 开门运行时间：5s 电动机功率：500~1340W 电压：AC220V 手动推力：<300N 使用环境温度：60℃	圆柱形 自动移门	门重：不锈钢门框 80kg 电源：AC100V10A50~60Hz 电动机功率：35W
		单扇 平推门 （一）	门重：50kg 规格尺寸：1000mm×2000mm 电源：AC100V10A50~60Hz 电动机功率：50W
FDM 防盗 自动门	传感控制区域：3m×3m 传感控制机构：烟雾 运行噪声：<55dB 开门运行时间：2.5s 关门运行时间：4s 电动机功率：≤180W 电压：AC220V 手动推力：<400N 使用环境温度：20~45℃	双扇 平推门 （一）	门重：50kg×2 规格尺寸：1000mm×2000mm 电源：AC100V10A50~60Hz 电动机功率：50W
		单扇 平推门 （二）	门重：75kg 规格尺寸：914mm×2134mm 电源：AC100V10A50~60Hz 电动机功率：75W
ZM_E2 型 微波自动门	电源：AC220V50Hz 功耗：150W 门速调节范围：1~350mm/s 微波感应范围：门前 1.5~4m 报警延迟时间：10~15s 使用环境温度：-20~40℃ 断电时手推力：<10N	双扇 平推门 （二）	门重：75kg×2 规格尺寸：914mm×2134mm 电源：AC100V10A50~60Hz 电动机功率：75W
		单扇重型 移门	门重：450kg 规格尺寸：4000mm×4500mm 电源：AC100V50~60Hz 电动机功率：200W
PKZM 平开拆门	电源 220V 电动机功率：<180W 手动开门力：25N 探测范围：2m×2m	双扇重型 移门	门重：300kg×2 规格尺寸：2500mm×4500mm 电源：AC100V50~60Hz 电动机功率：200W

（续）

品种	性能指标	品种	性能指标
XZM 旋转门	电源：220V 电动机功率：＜180W 手动开门力：70N 探测范围：2.5m×2.5m	PDLM100 系列平开 自动门	手动开门力：20N 电源：AC220V50Hz 功耗：130W 探测距离：1～3m（可调） 探测范围：1.5m×1.5m
PYM 平开式 自动门	电源：AC220V 电动机功耗：≤180W 手动开门力：40N 探测范围：2m×2m 门洞口宽度：1500～6000mm 单门宽度：800～1200mm 开门运行速度：0.25～0.4m/s 闭门运行速度：0.20～0.35m/s	京光86Ⅱ 型自动门	总能耗：＜100W 电源电压：AC220V 作用距离：≥5m（可调节） 开闭速度：≥1m/s 动作时间：0.08～5.2s（连续可调） 环境要求：－20～50℃ 工作方式：24h连续
双扇 双层移门	门重：75kg×4 规格尺寸：914mm×2134mm 电源：AC100V3A50～60Hz 电动机功率：35W	单扇 双层移门	门重：75kg×2 规格尺寸：914mm×2134mm 电源：AC100V3A50～60Hz 电动机功率：35W
DN001 滑动式 自动门	电源：AC220V50Hz±10% 功耗：150W 探测范围：≥1.2m×1.2m 连续工作时间：8h 运行速度：35cm/s 绝缘电阻：≥20MΩ 运行噪声：≥70dB	PKM 平开式 自动门	电源：AC220V 电动机功耗：≤180W 手动开门力：35N 探测范围：≥3m×2m 门洞口宽度：1500mm、1800mm 单门宽度：675～825mm 开门运行时间：3～5s 闭门运行时间：4～6s
YDLM100 系列圆弧 自动门	手动开门力：35N 电源：AC220V50Hz 功耗：130W 探测距离：1～3m（可调） 探测范围：1.5m×1.5m	微波 自动门	门宽：1200～2000mm 门洞：门宽×4（两固定，两平开） 功耗：150W 手动开门力：＜100N 感应距离：1.5～4m 保持时间：10～15s
TDM100 系列推拉 自动门	手动开门力：35N 电源：AC220V50Hz 电动机功率：130W 探测距离：1～3m（可调） 探测范围：1.5m×1.5m 保持时间：0～60s	摇控伸缩 式自动门	豪华型（高2m） 片数7～12片/组 适用通道：2～16m 收合宽度：0.65～3.35m 雅致型（高1.7m） 片数：15～42片组 适用通道：4.94～15.2m 收合宽度：0.9～2.4m
折叠门	门重：20kg×4 规格尺寸：500mm×4扇 电源：AC100V10A50～60Hz 电动机功率：50W		

5.1.2　铝合金门窗配套五金件

1. 推拉铝合金门窗用滑轮（QB/T 3892—1999）

推拉铝合金门窗用滑轮用于推拉铝合金门窗，其外形与规格见表5-12。

表 5-12　推拉铝合金门窗用滑轮的外形与规格　(单位：mm)

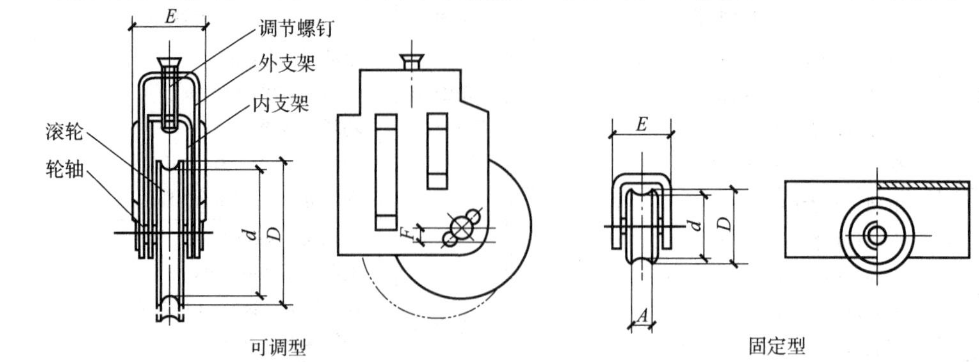

<table>
<tr><th rowspan="2">规格 D</th><th rowspan="2">底径 d</th><th colspan="2">滚轮槽宽度 A</th><th colspan="2">外桩脚宽度 E</th><th rowspan="2">调节高度 F</th></tr>
<tr><th>一系列</th><th>二系列</th><th>一系列</th><th>二系列</th></tr>
<tr><td>20</td><td>16</td><td>8</td><td>—</td><td>16</td><td>6~16</td><td>—</td></tr>
<tr><td>24</td><td>20</td><td>6.5</td><td rowspan="3">3~9</td><td>—</td><td>12~16</td><td>—</td></tr>
<tr><td>30</td><td>26</td><td>4</td><td>13</td><td>12~20</td><td>—</td></tr>
<tr><td>36</td><td>31</td><td>7</td><td>17</td><td>—</td><td rowspan="3">≥5</td></tr>
<tr><td>42</td><td>36</td><td rowspan="2">6</td><td rowspan="2">6~13</td><td rowspan="2">24</td><td>—</td></tr>
<tr><td>45</td><td>38</td><td>—</td></tr>
</table>

2. 平开铝合金窗执手（QB/T 3886—1999）

平开铝合金窗执手用于铝合金平开窗，其外形与规格见表 5-13。

表 5-13　平开铝合金窗执手的外形与规格　(单位：mm)

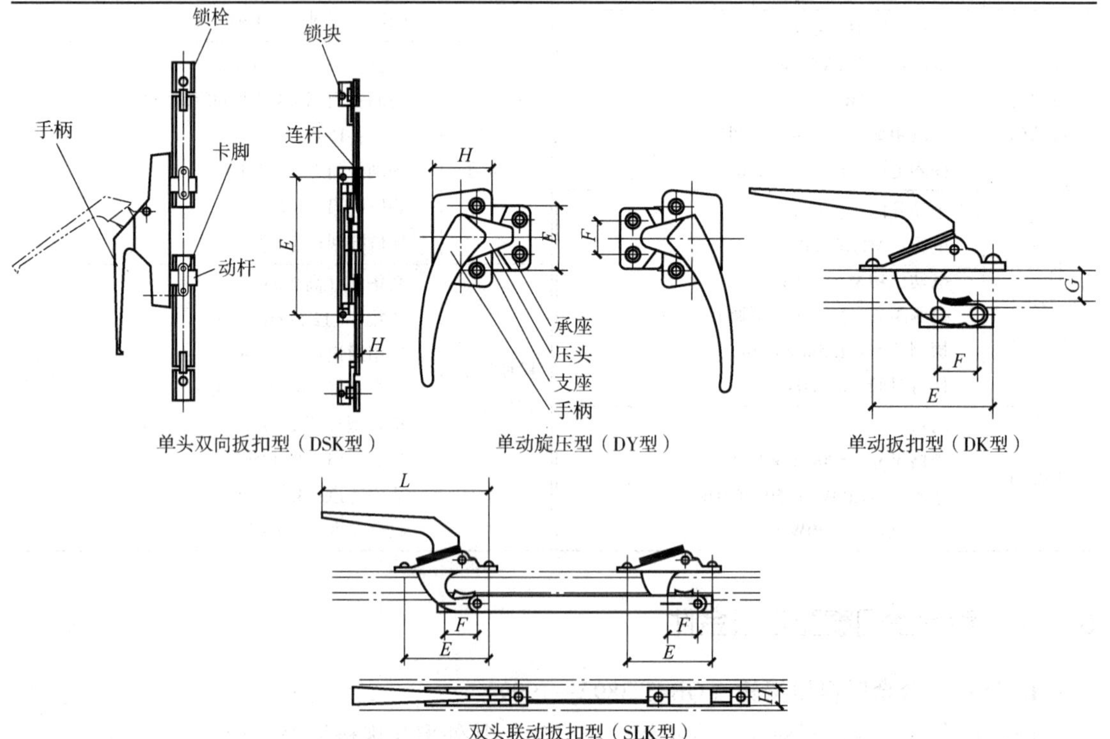

（续）

型号	执手安装孔距 E	执手支座宽度 H	承座安装孔距 F	执手座底面至缩紧面距离 G	执手柄长度 L
DY 型	35	29	16	—	≥70
		24	19		
DK 型	60	12	23	12	
	70	13	25		
DSK 型	128	22	—	—	
SLK 型	60	12	23	12	
	70	13	25		

3. 铝合金门窗拉手（QB/T 3889—1999）

铝合金门窗拉手用于各种铝合金门窗，其外形与规格见表 5-14。

表 5-14　铝合金门窗拉手的外形与规格　（单位：mm）

名称	外形长度					
门用拉手	200	250	300	350	400	450
	500	550	600	650	700	750
	800	850	900	950	1000	—
窗用拉手	50	60	70	80		
	90	100	120	150		

4. 铝合金窗不锈钢滑撑（QB/T 3888—1999）

铝合金窗不锈钢滑撑用于铝合金上悬窗、平开窗上的支撑，其外形与规格见表 5-15。

表 5-15　铝合金不锈钢滑撑的外形与规格　（单位：mm）

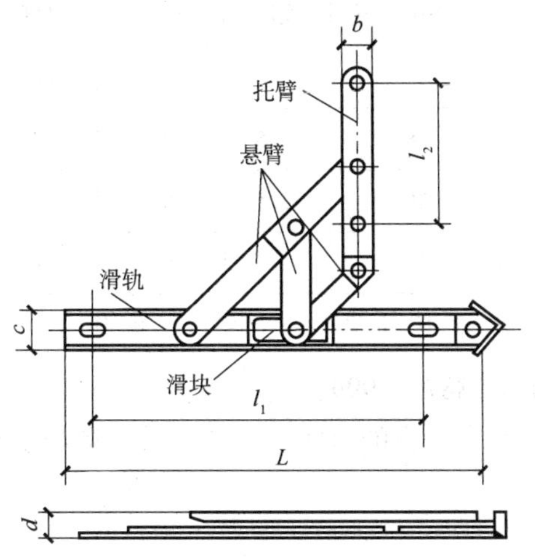

（续）

<table>
<tr><th>规格</th><th>长度
L</th><th>滑轨安装
孔距 l_1</th><th>托臂安装
孔距 l_2</th><th>滑轨宽度
C</th><th>托臂悬臂材料
厚度 d</th><th>开启角度</th></tr>
<tr><td>200</td><td>200</td><td>170</td><td>113</td><td rowspan="6">18 ~ 22</td><td rowspan="2">≥2</td><td>60° ±2°</td></tr>
<tr><td>250</td><td>250</td><td>215</td><td>147</td><td rowspan="5">85° ±3°</td></tr>
<tr><td>300</td><td>300</td><td>260</td><td>156</td><td rowspan="2">≥2. 5</td></tr>
<tr><td>350</td><td>350</td><td>300</td><td>195</td></tr>
<tr><td>400</td><td>400</td><td>360</td><td>205</td><td rowspan="2">≥3</td></tr>
<tr><td>450</td><td>450</td><td>410</td><td>205</td></tr>
</table>

5. 铝合金门锁

铝合金门锁安装于铝合金门上用于锁门。双锁头、方呆舌、无执手，室内外均可用钥匙开启、关闭。平开门选用平口锁，圆口门选用圆口锁，其外形与规格见表 5-16。

表 5-16　铝合金门锁的外形与规格　（单位：mm）

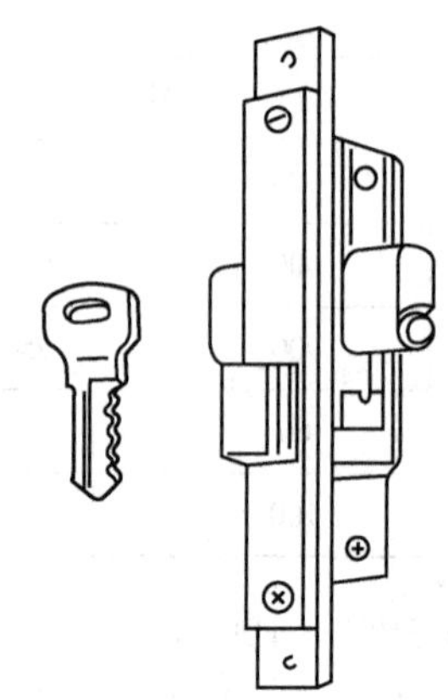

型号	锁头形状	锁面板形状	锁体尺寸					适用门厚
			锁头中心距	宽度	高度	厚度	锁舌伸出长度	
LMS83	椭圆形	圆口式	20. 5	38	115	17	13	44 ~ 48
LMS84	椭圆形	平口式	28	43. 5	90	17	15	48 ~ 54
LMS85A	圆形	圆口式	26	43. 5	83	17	14	40 ~ 40
LMS85B	圆形	圆口式	26	43. 5	83	17	14	55

注：制造材料：锁体为低碳钢，锁面板为铝合金，锁头、锁舌、钥匙为铜合金。

6. 铝合金窗撑挡（QB/T 3887—1999）

铝合金窗撑挡用于平开铝合金窗的启闭、定位，其外形与规格见表 5-17。

表 5-17　铝合金窗撑挡的外形与规格　　（单位：mm）

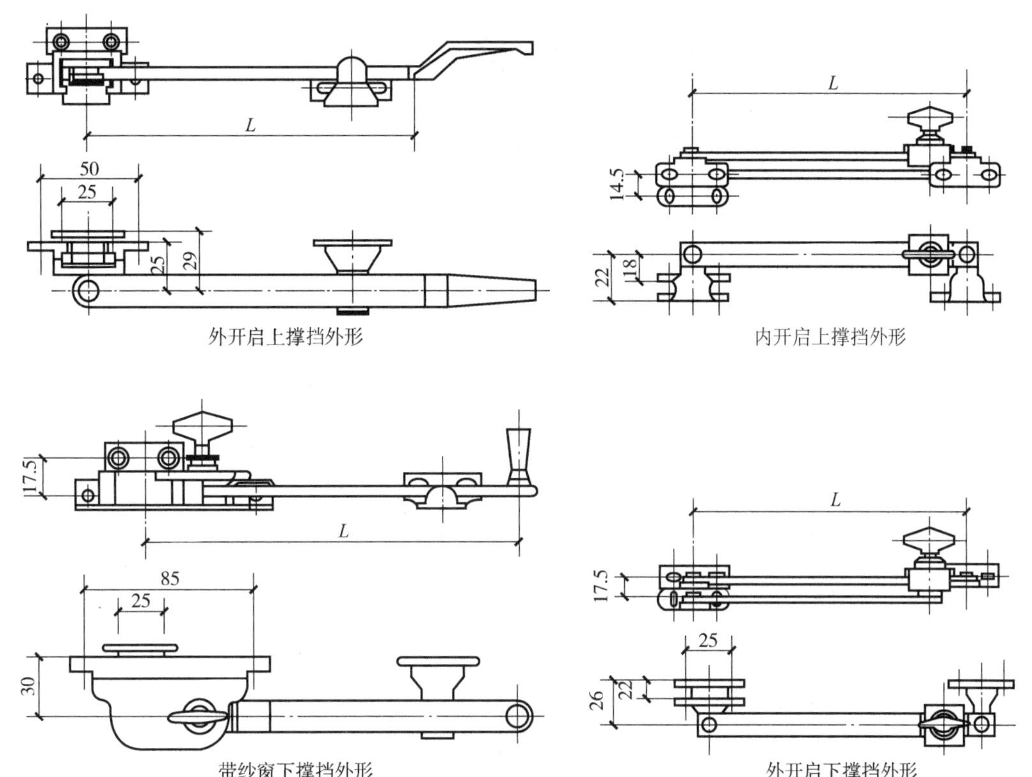

外开启上撑挡外形　　内开启上撑挡外形

带纱窗下撑挡外形　　外开启下撑挡外形

品种		基本尺寸 L						安装孔距	
								壳体	拉搁脚
平开窗	上撑挡	—	200	—	300	—	—	50	25
	下撑挡	240	260	280	—	310	—	—	
带纱窗	上撑挡	—	260	—	300	—	320	50	
	下撑挡	240	—	280	—	—	320	85	

7. 铝合金门插销（QB/T 3885—1999）

铝合金门插销安装于铝合金平开门、弹簧门上，门关闭后固定。该插销分为台阶式与平板式两种类型，其外形与规格见表 5-18。

表 5-18　铝合金门插销的外形与规格　　（单位：mm）

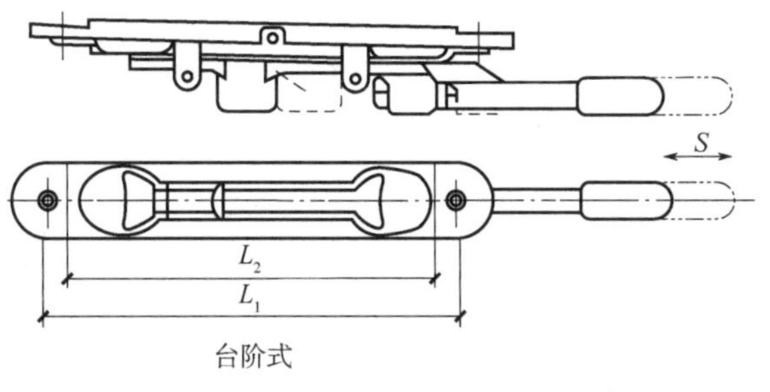

台阶式

（续）

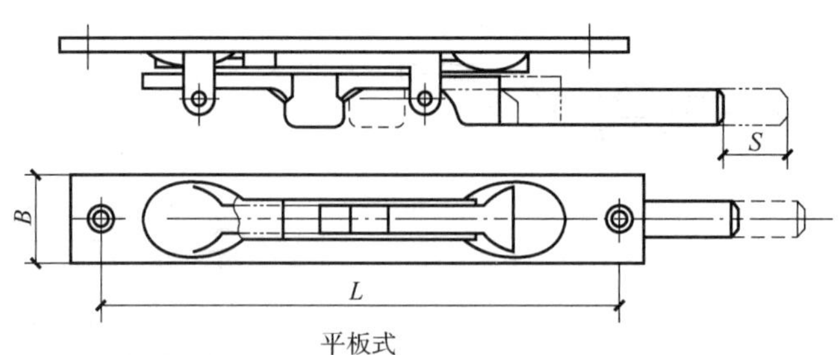

平板式

行程 S	宽度 B	孔距 L_1	台阶 L_2	制造材料
>16	22	130	110	铝合金、铜合金
>16	25	155	110	

8. 铝合金窗锁

铝合金窗锁用于铝合金推拉窗，其外形与规格见表5-19。

表5-19　铝合金窗锁的外形与规格　（单位：mm）

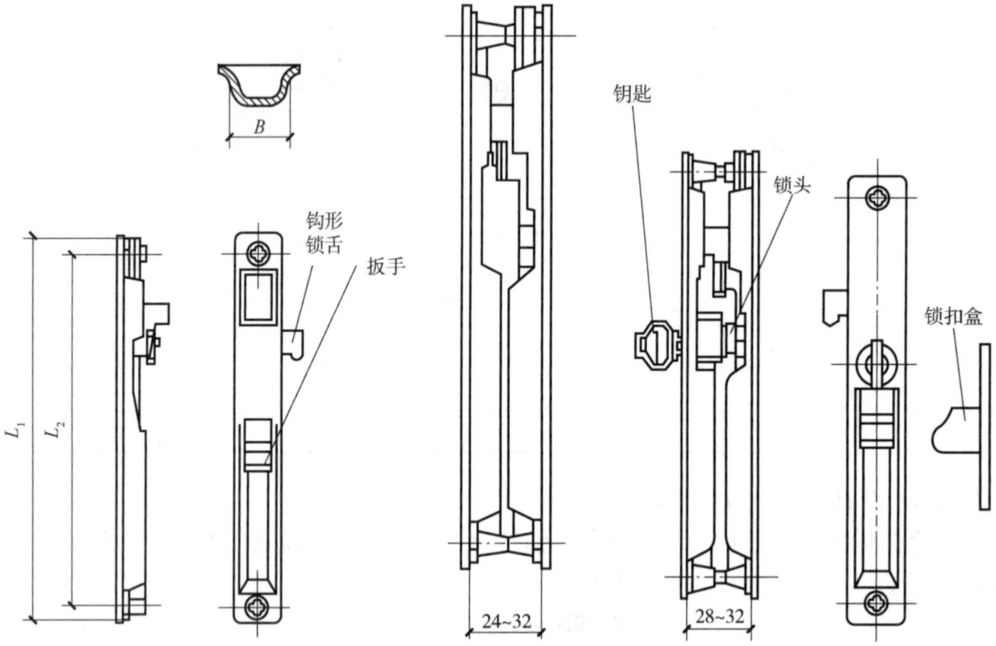

B　钩形锁舌　扳手　L_1　L_2　24~32　钥匙　锁头　锁扣盒　28~32

无锁头单面窗锁（WD型）　无锁头双面窗锁（WS型）　有锁头窗锁（Y型）

规格尺寸	B	12	15	17	19
安装尺寸	L_1	87	77	125	180
	L_2	80	87	112	168

9. 铝合金百叶窗

铝合金百叶窗外观新颖，结构精巧，运行噪声小，启闭灵活可靠、节能，适用于高级宾馆、饭店、机场、车站计算机房等建筑设施，也是室内装饰中的一种软装装饰物，其尺寸规格见表5-20。

表5-20　铝合金百叶窗的尺寸规格

品种名称	规格/mm	颜色
高级铝镁合金窗式百叶窗	1500×1500、1200×1500、900×1500	浅蓝、天蓝、苹果绿等
LBY铝合金窗式百叶窗帘	宽度1180、1580、1860（供需可协商规格）	淡果绿、乳白色等
铝合金百叶窗帘	窗帘宽度：850～2500 窗帘高度：650～2500（供需可协商规格）	颜色供需双方协商
铝合金垂直百叶窗帘	窗帘宽度：800～5000 窗帘高度：1000～4000（供需可协商规格）	颜色供需双方协商

5.2　塑料门窗及五金配件

塑料门窗以聚氯乙烯（PVC）树脂为主要原料，将挤出成型的各种硬聚氯乙烯（PVC）中空异型材，经过切割、焊接或机械连接，组装制成的门窗。具有节能、隔热、保温、耐蚀的性能，且造型美观，装饰效果好、性能稳定。适用于公共建筑、宾馆及民用住宅等建筑。

5.2.1　PVC塑料窗

1. PVC塑料窗的分类

PVC塑料窗的分类一般是按开启形式分为固定窗、平开窗、推拉窗和悬转窗等。其中，平开窗又可分为内开窗、外开窗、滑轴平开窗；推拉窗可分为左右推拉窗、上下推拉窗等。按结构形式又可分为带纱扇的平开塑料窗、推拉塑料窗、带纱扇的推拉塑料窗（表5-21）。

表5-21　聚氯乙烯（PVC）塑料窗的分类与代号

分类（开启形式）	平开	推拉	上下推拉	平开下悬	上悬	中悬	下悬	固定
代号	P	T	ST	PX	S	C	X	G

注：固定部分与各类门组合时，均归入该门类；纱扇代号为A。

2. PVC塑料窗窗框厚度基本尺寸系列

PVC塑料窗窗框壁厚分为A类、B类、C类，可视面与非可视面，其基本尺寸系列见表5-22。

表5-22　PVC塑料窗窗框厚度基本尺寸系列　（单位：mm）

类别	窗框厚度基本尺寸								
平开窗	45	50	55	60	—	—	—	—	—
推拉窗	—	—	—	60	75	80	85	90	100

注：表中未列出的窗框厚度尺寸，凡与基本尺寸系列相差在2mm之内的，均靠用基本尺寸系列。

3. PVC塑料窗的品种代号与规格

（1）塑料平开窗的代号与规格（表5-23）

表5-23 塑料平开窗的品种代号与规格

代号	洞口尺寸（宽×高）/mm	代号	洞口尺寸（宽×高）/mm
0606	600×600	1215	1200×1500
0609	600×900	1216	1200×1600
0612	600×1200	1218	1200×1800
0614	600×1400	1221	1200×2100
0615	600×1500	1506	1500×600
0616	600×1600	1509	1500×900
0618	600×1800	1512	1500×1200
0621	600×2100	1514	1500×1400
0906	900×600	1515	1500×1500
0909	900×900	1516	1500×1600
0912	900×1200	1518	1500×1800
0914	900×1400	1521	1500×2100
0915	900×1500	1806	1800×600
0916	900×1600	1809	1800×900
0918	900×1800	1812	1800×1200
0921	900×2100	1814	1800×1400
1206	1200×600	1815	1800×1500
1209	1200×900	1816	1800×1600
1212	1200×1200	1818	1800×1800
1214	1200×1400	1821	1800×2100
2106	2100×600	2406	2400×600
2109	2100×900	2409	2400×900
2112	2100×1200	2412	2400×1200
2114	2100×1400	2414	2400×1400
2115	2100×1500	2415	2400×1500
2116	2100×1600	2416	2400×1600
2118	2100×1800	2418	2400×1800
2121	2100×2100	2421	2400×2100

（2）塑料推拉窗的代号与规格（表5-24）

表5-24 塑料推拉窗的代号与规格

代号	洞口尺寸（宽×高）/mm	代号	洞口尺寸（宽×高）/mm
1206	1200×600	1816	1800×1600
1209	1200×900	1818	1800×1800
1212	1200×1200	1821	1800×2100
1214	1200×1400	2106	2100×600

（续）

代号	洞口尺寸（宽×高）/mm	代号	洞口尺寸（宽×高）/mm
1215	1200×1500	2109	2100×900
1216	1200×1600	2112	2100×1200
1506	1500×600	2114	2100×1400
1509	1500×900	2115	2100×1500
1512	1500×1200	2116	2100×1600
1514	1500×1400	2118	2100×1800
1515	1500×1500	2121	2100×2100
1516	1500×1600	2406	2400×600
1518	1500×1800	2409	2400×900
1806	1800×600	2412	2400×1200
1809	1800×900	2414	2400×1400
1812	1800×1200	2415	2400×1500
1814	1800×1400	2416	2400×1600
1815	1800×1500	2418	2400×1800
2421	2400×2100	2721	2700×2100
2709	2700×900	3012	3000×1200
2712	2700×1200	3014	3000×1400
2714	2700×1400	3015	3000×1500
2715	2700×1500	3016	3000×1600
2716	2700×1600	3018	3000×1800
2718	2700×1800	3021	3000×2100

（3）塑料旋转窗的代号与规格（表5-25）

表5-25　塑料旋转窗的代号与规格

代号	洞口尺寸（宽×高）/mm	代号	洞口尺寸（宽×高）/mm
0606	600×600	1515	1500×1500
0609	600×900	1516	1500×1600
0612	600×1200	1518	1500×1800
0614	600×1400	1521	1500×2100
0615	600×1500	1806	1800×600
0616	600×1600	1809	1800×900
0618	600×1800	1812	1800×1200
0621	600×2100	1814	1800×1400
0906	900×600	1815	1800×1500
0909	900×900	1816	1800×1600
0912	900×1200	1818	1800×1800
0914	900×1400	1821	1800×2100
0915	900×1500	2106	2100×600

（续）

代号	洞口尺寸（宽×高)/mm	代号	洞口尺寸（宽×高)/mm
0916	900×1600	2109	2100×900
0918	900×1800	2112	2100×1200
0921	900×2100	2114	2100×1400
1206	1200×600	2115	2100×1500
1209	1200×900	2116	2100×1600
1212	1200×1200	2118	2100×1800
1214	1200×1400	2121	2100×2100
1215	1200×1500	2406	2400×600
1216	1200×1600	2409	2400×900
1218	1200×1800	2412	2400×1200
1221	1200×2100	2414	2400×1400
1506	1500×600	2415	2400×1500
1509	1500×900	2416	2400×1600
1512	1500×1200	2418	2400×1800
1514	1500×1400	2421	2400×2100

4. PVC 塑料窗的洞口尺寸

（1）PVC 推拉塑料窗的洞口尺寸（表 5-26）

表 5-26 推拉塑料窗的洞口尺寸 （单位：mm）

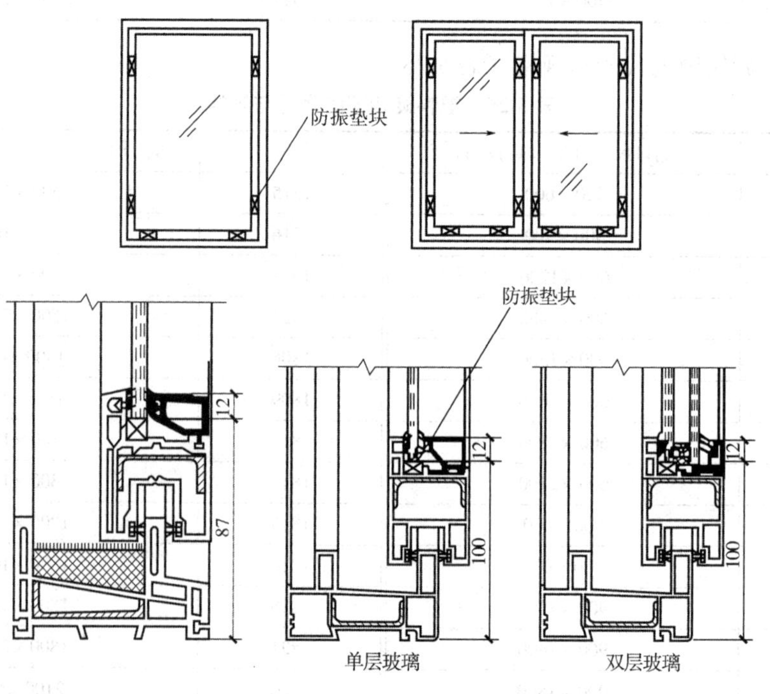

（续）

洞口高	洞口宽						
	1200	1500	1800	2100	2400	2700	3000
	洞口规格代号						
600	1206	1506	1806	2106	2406	—	—
900	1209	1509	1809	2109	2409	2709	—
1200	1212	1512	1812	2112	2412	2712	3012
1400	1214	1514	1814	2114	2414	2714	3014
1500	1215	1515	1815	2115	2415	2715	3015
1600	1216	1516	1816	2116	2416	2716	3016
1800	—	1518	1818	2118	2418	2718	3018
2100	—	—	1821	2121	2421	2721	3021

注：当采用组合窗时，组合后的洞口尺寸应符合现行国家标准 GB/T 5824 的规定。

（2）PVC 平开塑料窗的洞口尺寸（表 5-27）

表 5-27　平开塑料窗的洞口尺寸　（单位：mm）

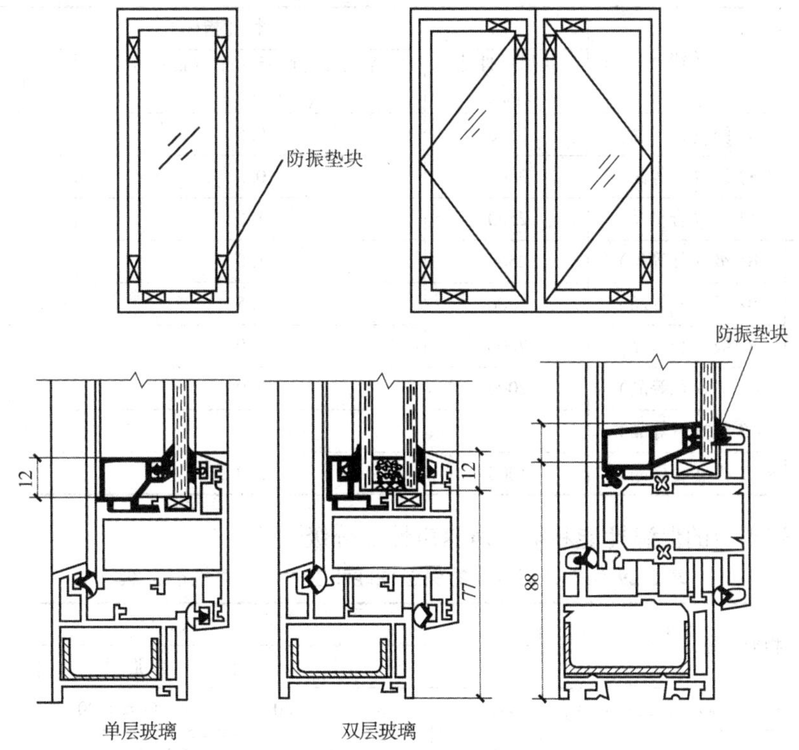

洞口高	洞口宽						
	600	900	1200	1500	1800	2100	2400
	洞口规格代号						
600	0606	0906	1206	1506	1806	2106	2406
900	0609	0909	1209	1509	1809	2109	2409

（续）

洞口高	洞口宽						
	600	900	1200	1500	1800	2100	2400
	洞口规格代号						
1200	0612	0912	1212	1512	1812	2112	2412
1400	0614	0914	1214	1514	1814	2114	2414
1500	0615	0915	1215	1515	1815	2115	2415
1600	0616	0916	1216	1516	1816	2116	2416
1800	0618	0918	1218	1518	1818	2118	2418
2100	0621	0621	1221	1521	1821	2121	2421

注：窗的宽度、高度尺寸，主要根据窗框厚度、窗的力学性能和建筑物性能要求以及洞口安装要求确定。

5. PVC 塑料窗的使用性能

（1）PVC 塑料窗的物理性能

1）PVC 塑料窗的三项性能指标根据不同建筑物的使用性能要求，按抗风压、空气渗透、雨水渗透三项性能指标，将产品分为 A、B、C 三类表 5-28。

表 5-28　PVC 塑料窗的物理性能分级

类别	等级	性能指标		
		抗风压性能/Pa≥	空气渗透性能/[m^3/(m·h)]（10Pa 以下）≤	雨水渗漏性能/Pa≥
A 类（高性能窗）	A1 级（优等品）	3500	0.5	400
	A2 级（一等品）	3000	0.5	350
	A3 级（合格品）	2500	1.0	350
B 类（中性能窗）	B1 级（优等品）	2500	1.0	300
	B2 级（一等品）	2000	1.5	300
	B3 级（合格品）	2000	2.0	250
C 类（低性能窗）	C1 级（优等品）	2000	2.0	200
	C2 级（一等品）	1500	2.5	150
	C3 级（合格品）	1000	3.0	150

2）PVC 塑料窗的保温性能和空气声隔声性能分级（表 5-29）。

表 5-29　PVC 塑料窗的保温性能和空气声隔声性能分级

物理性能		等级			
		Ⅰ	Ⅱ	Ⅲ	Ⅳ
保温性能	传热系数 K/[W/(m^2·k)]	≤2.00	≥2.00≤3.00	≥3.00≤4.00	>4.00≤3.00
	热阻 R/[(m^2·k)/W]	≥0.5	<0.5≥0.33	<0.33≥0.25	<0.25≥0.20
空气声隔声性能	空气声计权隔声量/dB	≥35（优等品）	≥30（一等品）	≥25（合格品）	—

（2）PVC 塑料窗的力学性能

1）PVC 塑料窗力学性能的试验项目。PVC 塑料窗力学性能应满足使用性能要求，其试验项目应按技术要求规定进行检测（表 5-30）。

表 5-30 PVC 塑料窗力学性能的试验项目

检测项目	平开窗			悬转窗				推拉窗	
	垂直轴		滑轴平开窗	上悬窗	下悬窗	中悬窗	立转窗	左右推拉窗	上下推拉窗
	内开	外开							
锁紧器（执手）开关力	√	√	√	√	√	√	√	—	—
窗的开关力	√	√	√	√	√	√	√	√	√
悬端吊重	√	√	√	—	—	—	√	—	—
翘曲或弯曲变形	√	√	√	√	√	√	√	√	√
扭曲	—	—	—	—	—	—	—	√	√
对角线变形	—	—	—	—	—	—	—	√	—
撑挡	—	√	—	√	√	√	√	—	√
开启限位器	—	√	—	√	√	√	√	—	√
反复启闭性能	√	√	√	√	√	√	√	√	—
大力关闭	√	√	√	√	√	√	√	—	—
焊接角破坏力	√	√	√	√	√	√	√	√	√

注：表中符号“√”表示需要检测的项目，符号“—”表示不需检测的项目。

2）PVC 塑料窗力学性能的要求（表 5-31）。

表 5-31 PVC 塑料窗力学性能的要求

项目	技术参数	
平开塑料窗		
窗开关过程中移动窗扇的力	≤100N（力矩>10N·m）	
开关力	平铰链：<80N	滑撑铰链：>30N，<80N
悬端吊重	在 500N 力作用下，残余变形≤2mm，试件并不受损坏，力释放后，恢复原状	
翘曲或弯曲	在 300N 力作用下，允许有不影响使用的残余变形，试件不允许破裂，保持使用功能	
扭曲或对角线变形	在 200N 力作用下，试件不允许损坏，不允许有不影响使用的残余变形	
开关疲劳	开关速度为 10~20 次每分钟，经不少于 1 万次的连续开关，试件及五金件不应有损坏；其固定处及玻璃压条不应松脱	
大力关门	经模拟 7 级风连续开关 10 次，试件不损坏，并保持原有开关功能	
撑窗试验	能支持 200N 力，不允许移位，连接处型材不应破裂	
开启限位器	10N，10 次，试件不应损坏	
角强度	平均值≥3000N，最小值≥平均值的 70%	
推拉塑料窗		
项目	技术参数	
窗开关过程中移动窗扇的力	≤100N	

（续）

推拉塑料窗	
项目	技术参数
翘曲或弯曲	在300N力作用下，允许有不影响使用的残余变形，试件不允许破裂，仍然保持使用功能
扭曲或对角线变形	在200N力作用下，试件不允许损坏，不允许有不影响使用的残余变形
开关疲劳	开关速度为15m每分钟，经不少于1万次的连续开关，试件及五金件不应有损坏
角强度	平均值≥3000N，最小值≥平均值的70%

（3）PVC塑料窗的技术要求

1）PVC塑料窗的技术要求见表5-32。

表5-32　PVC塑料窗的技术要求

项目	技术参数				
材料要求	窗用型材应符合现行国家标准GB/T 8814的要求；窗用密封条应符合现行国家标准GB 12002的要求；窗用增强型钢及其紧固件的表面应经防锈处理；增强型钢的厚度不应小于1.2mm				
窗框外形尺寸	窗框的外形尺寸根据洞口尺寸和墙面饰面层的厚度决定，一般窗框的高度、宽度应比洞口尺寸小20～50mm；平开窗的窗扇尺寸装配平铰链的窗扇，最大宽度宜为600mm，最大高度宜为1500mm（装配滑撑铰链宜为1200mm），推拉窗最大宽度为900mm，最大高度为1800mm				
窗框窗扇尺寸公差/mm	窗的高度和宽度的尺寸范围	300～900	901～1500	1501～2000	>2000
	窗的尺寸允许偏差	≤±2.0	≤±2.5	≤±3.0	≤±3.5
	窗框窗扇对角线尺寸	窗扇对角线尺寸之差应不大于3.0mm			

2）窗用模塑料的型号与技术指标（表5-33）。

表5-33　窗用模塑料的型号与技术指标

材料型号	技术参数		
	维卡软化温度/℃	简支梁缺口冲击强度/(kg/m²)	弹性模量/MPa（23℃）
PVC-UED072-15-23	71～73	10～20（23℃）	2000～2500
PVC-UEG072-15-23		5（0℃）	

5.2.2　PVC塑料门

PVC塑料门是以未增塑聚氯乙烯（PVC-U）型材制造的建筑用门，具有节能、隔热、保温、耐蚀的性能，且造型美观，装饰效果好、性能稳定。适用于公共建筑、宾馆及民用住宅等建筑。

1. PVC塑料门的分类

PVC塑料门的分类一般按开启形式分类，其开启形式与代号见表5-34。

表5-34　PVC塑料门的分类与代号

开启形式	内平开	外平开	内平开下悬	推拉下悬	折叠	推拉	提升推拉	地弹簧
代号	NP	WP	PX	TX	Z	T	TT	DH

注：1. 固定部分与上述各类门组合时，均归入该类门。

2. 纱扇代号为A。

2. PVC 塑料门框、扇形尺寸允许偏差（表5-35）

表5-35　PVC 塑料门框、扇形尺寸允许偏差　（单位：mm）

项目	宽度或高度	
尺寸范围	≤2000	>2000
允许偏差值	±2.0	±3.0

3. PVC 塑料门的品种代号与规格

（1）塑料推拉门的代号与规格（表5-36）

表5-36　塑料推拉门的代号与规格　（单位：mm）

代号	洞口尺寸（宽×高）	代号	洞口尺寸（宽×高）
1520	1500×2000	2124	2100×2400
1521	1500×2100	2120	2400×2000
1524	1500×2400	2421	2400×2100
1820	1800×2000	2424	2400×2400
1821	1800×2100	3020	3000×2000
1824	1800×2400	3021	3000×2100
2120	2100×2000	3024	3000×2400
2121	2100×2100		

（2）PVC 塑料平开门的代号与规格（表5-37）

表5-37　塑料平开门的代号与规格　（单位：mm）

代号	洞口尺寸（宽×高）	代号	洞口尺寸（宽×高）
0721	700×2100	1030	1000×3000
0724	700×2400	1221	1200×2100
0725	700×2500	1224	1200×2400
0821	800×2100	1225	1200×2500
0824	800×2400	1227	1200×2700
0825	800×2500	1230	1200×3000
0827	800×2700	1521	1500×2100
0921	900×2100	1524	1500×2400
0924	900×2400	1525	1500×2500
0925	900×2500	1527	1500×2700
0927	900×2700	1530	1500×3000
0930	900×3000	1821	1800×2100
1021	1000×2100	1824	1800×2400
1024	1000×2400	1825	1800×2500
1025	1000×2500	1827	1800×2700
1027	1000×2700	1830	1800×3000

（3）硬聚氯乙烯内门的代号与规格（表5-38）

表 5-38　硬聚氯乙烯内门的代号与规格　　（单位：mm）

代号	洞口尺寸（宽×高）	代号	洞口尺寸（宽×高）
0715	700×1500	1227	1200×2700
0718	700×1800	1230	1200×3000
0720	700×2000	1520	1500×2000
0721	700×2100	1521	1500×2100
0724	700×2400	1524	1500×2400
0725	700×2500	1527	1500×2700
0815	800×1500	1530	1500×3000
0818	800×1800	1820	1800×2000
0820	820×2000	1821	1800×2100
0821	800×2100	1824	1800×2400
0824	800×2400	1827	1800×2700
0825	800×2500	1830	1800×3000
0827	800×2700	2121	2100×2100
0920	900×2000	2124	2100×2400
0921	900×2100	2127	2100×2700
0924	900×2400	2130	2100×3000
0925	900×2500	2421	2400×2100
0927	900×2400	2424	2400×2400
0930	900×3000	2427	2400×2700
1020	1000×2000	2430	2400×3000
1021	1900×2100	2721	2700×2100
1024	1000×2400	2724	2700×2400
1025	1000×2500	2727	2700×2700
1027	1000×2700	2730	2700×3000
1030	1000×3000	3024	3000×2400
1220	1200×2000	3027	3000×2700
1221	1200×2100	3030	3000×3000
1224	1200×2400	3033	3000×3300
1225	1200×2500	3036	3000×3600

（4）塑料地弹簧门的代号与规格（表 5-39）

表 5-39　塑料弹簧门的代号与规格　　（单位：mm）

代号	洞口尺寸（宽×高）	代号	洞口尺寸（宽×高）
0921	900×2100	1030	1000×3000
0924	900×2400	1121	1100×2100
0925	900×2500	1124	1100×2400
0927	900×2700	1125	1100×2500
0930	900×3000	1127	1100×2700
1021	1000×2100	1130	1100×3000
1024	1000×2400	1221	1200×2100
1025	1000×2500	1224	1200×2400
1027	1000×2700	1225	1200×2500

（续）

代号	洞口尺寸（宽×高）	代号	洞口尺寸（宽×高）
1227	1200×2700	1530	1500×3000
1230	1200×3000	1821	1800×2100
1421	1400×2100	1824	1800×2400
1424	1400×2400	1825	1800×2500
1425	1400×2500	1827	1800×2700
1427	1400×2700	1830	1800×3000
1430	1400×3000	2121	2100×2100
1521	1500×2100	2124	2100×2400
1524	1500×2400	2125	2100×2500
1525	1500×2500	2127	2100×2700
1527	1800×2700	2130	2100×3000

4. PVC塑料门的洞口尺寸

(1) 平开塑料门的洞口尺寸（表5-40）

表5-40 平开塑料门的洞口尺寸 （单位：mm）

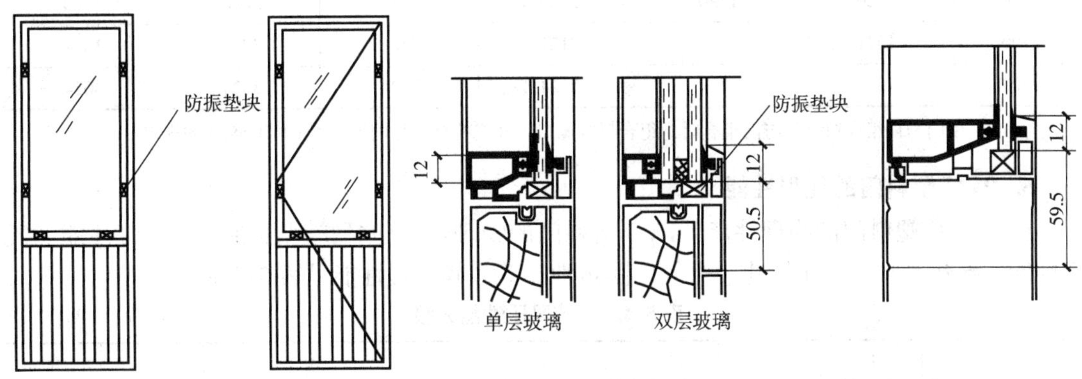

洞口高	洞口宽						
	700	800	900	1000	1200	1500	1800
	洞口规格代号						
2100	0721	0821	0921	1021	1221	1521	1821
2400	0724	0824	0924	1024	1224	1524	1824
2500	0725	0825	0925	1025	1225	1525	1825
2700	—	0827	0927	1027	1227	1527	1827
3000	—	—	0930	1030	1230	1530	1830

注：窗的宽度、高度尺寸，主要根据窗框厚度、窗的力学性能和建筑物性能要求以及洞口安装要求确定。

（2）推拉塑料门的洞口尺寸（表5-41）

表5-41　推拉塑料门的洞口尺寸　（单位：mm）

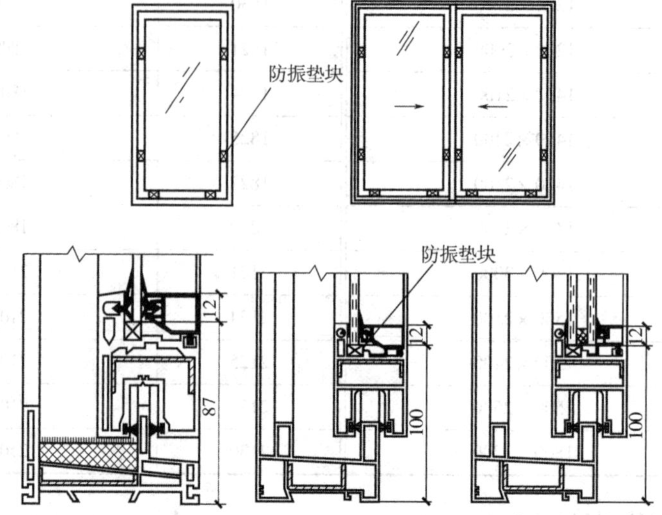

洞口高	洞口宽					
	1500	1500	1800	2100	2400	3000
	洞口规格代号					
2000	1520	1820	2120	2420	3020	3020
2100	1521	1821	2121	2421	3021	3021
2400	1524	1824	2124	2424	3024	3024

注：当采用门与窗组合窗、门与门组合时，组合后的洞口尺寸应符合现行国家标准GB/T 5824的规定。

5. PVC塑料门的使用性能

（1）PVC塑料门的物理性能　PVC塑料门的物理性能包括抗风压性能、水密性能、气密性能、导热系数、遮阳性能、空气声隔声性能等，其物理性能见表5-42a～f。

表5-42a　抗风压性能分级　（单位：kPa）

分级	1	2	3	4	5	6	7	8	9
分级指标值 P_3	$1.0 \leqslant P_3 < 1.5$	$1.5 \leqslant P_3 < 2.0$	$2.0 \leqslant P_3 < 2.5$	$2.5 \leqslant P_3 < 3.0$	$3.0 \leqslant P_3 < 3.5$	$3.5 \leqslant P_3 < 4.0$	$4.0 \leqslant P_3 < 4.5$	$4.5 \leqslant P_3 < 5.0$	$P_3 \geqslant 5.0$

注：第9级应在分级后同时注明具体检测压力差值。

表5-42b　水密性能分级　（单位：Pa）

分级	1	2	3	4	5	6
分级指标值 Δp	$100 \leqslant \Delta p < 150$	$150 \leqslant \Delta p < 250$	$250 \leqslant \Delta p < 350$	$350 \leqslant \Delta p < 500$	$500 \leqslant \Delta p < 700$	$\Delta p \geqslant 700$

注：第6级应在分级后同时注明具体检测压力差值。

表5-42c　气密性能分级

分级	1	2	3	4	5	6	7	8
单位缝长分级指标值/[m^3/(m·h)]	$4.0 < q_1 \leqslant 3.5$	$3.0 < q_1 \leqslant 3.5$	$2.5 < q_1 \leqslant 3.0$	$2.0 < q_1 \leqslant 2.5$	$1.5 < q_1 \leqslant 2.0$	$1.0 < q_1 \leqslant 1.5$	$0.5 < q_1 \leqslant 1.0$	$q_1 \leqslant 0.5$

（续）

分级	1	2	3	4	5	6	7	8
单位面积分级指标值/[$m^3/(m^2 \cdot h)$]	$10.5 < q_2 \leqslant 12$	$9.0 < q_2 \leqslant 10.5$	$7.5 < q_2 \leqslant 9.0$	$6.0 < q_2 \leqslant 7.5$	$4.5 < q_2 \leqslant 6.0$	$3.0 < q_2 \leqslant 4.5$	$1.5 < q_2 \leqslant 3.0$	$q_2 \leqslant 1.5$

表 5-42d　传热系统分级　　（单位：$W/m^2 \cdot K$）

分级	4	5	6	7	8	9	10
分级指标值	$3.0 \leqslant K < 3.5$	$2.5 \leqslant K < 3.0$	$2.0 \leqslant K < 2.5$	$1.6 \leqslant K < 2.0$	$1.3 \leqslant K < 1.6$	$1.1 \leqslant K < 1.3$	$K < 1.1$

表 5-42e　遮阳性能分级

分级	1	2	3	4	5	6	7
分级指标值 SC	0.7 < SC ≤ 0.8	0.6 < SC ≤ 0.7	0.5 < SC ≤ 0.6	0.4 < SC ≤ 0.5	0.3 < SC ≤ 0.4	0.2 < SC ≤ 0.3	SC ≤ 0.2

表 5-42f　空气声隔声性能分级　　（单位：dB）

分级	外门的分级指标值	内门的分级指标值
1	$20 \leqslant R_W + C_{tr} < 25$	$20 \leqslant R_W + C < 25$
2	$25 \leqslant R_W + C_{tr} < 30$	$25 \leqslant R_W + C < 30$
3	$30 \leqslant R_W + C_{tr} < 35$	$30 \leqslant R_W + C < 35$
4	$35 \leqslant R_W + C_{tr} < 40$	$35 \leqslant R_W + C < 40$
5	$40 \leqslant R_W + C_{tr} < 45$	$40 \leqslant R_W + C < 45$
6	$R_W + C_{tr} \geqslant 45$	$R_W + C \geqslant 45$

注：用于对建筑内机器、设备噪声源隔声的建筑内门，对中低频噪声宜用外门的指标值进行分级；对中高频噪声仍可采用内门的指标值进行分级。

（2）PVC 塑料门的力学性能

1）平开塑料门的力学性能（表 5-43）。

表 5-43　平开塑料门的力学性能

项目	技术要求
门的开关力	不大于 80N
悬端吊重	在 500N 力作用下，残余变形不大于 2mm，试件不应损坏，仍保持使用功能
翘曲	在 300N 力作用下，允许有不影响使用的残余变形，试件不损坏，仍保持使用功能
大力关闭	经模拟 7 级风连续开关 10 次，试件不损坏，仍保持开关功能
反复启闭性能①	经不少于 100000 次的开关试验，试件及五金配件不损坏，其固定处及玻璃 压条不松脱，仍保持使用功能
焊接角破坏力	门框焊接角最小破坏力的计算值不应小于 3000N，门扇焊接角最小破坏力的计算值不应小于 6000N，且实测值均应大于计算值
垂直荷载②	对门扇施加 30kg 荷载，门扇卸荷后的下垂量不应大于 2mm，开关功能正常
软重物体撞击③	用 30kg 砂袋撞击锁闭状态下的门扇把手处一次，无破损，开关功能正常

①推拉下悬门、折叠门、地弹簧门反复启闭次数由供需双方协商确定。

②垂直荷载适用于外平开门、内平开门、内平开下悬门、折叠门。

③全玻门不检测软重物体撞击。

2）推拉门、提升推拉门的力学性能（表5-44）。

表5-44　推拉门、提升推拉门的力学性能

项目	技术要求
移动门扇的力	不大于100N
弯曲	在300N力作用下，允许有不影响使用的残余变形，试件不损坏，仍保持使用功能
扭曲①	在200N力作用下，试件不损坏，允许有不影响使用的残余变形
反复启闭性能②	经不少于100000次的开关试验，试件及五金件不损坏，其固定处及玻璃压条不松脱
焊接角破坏力	门框焊接角最小破坏力的计算值不应小于3000N，门扇焊接角最小破坏力的计算值不应小于4000N，且实测值均应大于计算值
软重物体撞击③	用30kg砂袋撞击锁闭状态下的门扇把手处一次，无破损，开关功能正常

①无凸出把手的推拉门不做扭曲试验。
②提升推拉门反复启闭次数由供需双方协商确定。
③全玻门不检测软重物体撞击。

（3）PVC塑料门的技术要求（表5-45）

表5-45　PVC塑料门的技术要求

项目	技术要求		
材料要求	门用型材应符合现行国家标准GB/T 8814的要求；门用密封条应符合现行国家标准GB/T 12002的要求；门用增强型钢及其紧固件的表面应经防锈处理；增强型钢的厚度不应小于1.2mm		
门框外形尺寸	门框的外形尺寸根据洞口尺寸和墙面饰面层的厚度决定，一般门框的高度、宽度应比洞口尺寸小30～50mm；平开门的门扇的最大宽度宜为1000mm，最大高度宜为2400mm；推拉门扇的最大宽度为1000mm，最大高度为2400mm		
门框门扇尺寸公差	门高度和宽度的尺寸范围/mm	≤2000	>2000
	门尺寸允许偏差/mm	≤±2.0	≤±3.5
	门框、门扇对角线尺寸	门框、门扇对角线尺寸之差应不大于3.0mm	

6. 硬聚氯乙烯（PVC）内门（QB/T 3809—1999）

硬聚氯乙烯内门规格型号分别为0924或1024，分为拼装式和整体式。门洞宽度为900mm或1000mm；门洞高度为2400mm。硬聚氯乙烯内门的性能要求见表5-46a～c。

表5-46a　硬聚氯乙烯内门的技术要求

内门表面应光滑，色泽基本均匀一致，无破裂，焊缝平整，铰链安装在同一直线上；门框、门扇四周搭接宽度应均匀，允许偏差±1mm；门用附件安装牢固，启闭灵活，无噪声，安装位置符合图纸要求

表5-46b　硬聚氯乙烯内门的尺寸极限偏差　（单位：mm）

项目		优等品	一等品	合格品
尺寸极限偏差（门扇门框）	高度	±2.0	±3.0	±4.0
	宽度	±1.0	±2.0	±3.0
	厚度	±0.3	±0.5	±1.0
门板拼装缝隙≤		0.3	0.5	1.0
门扇与门框闭合缝隙≤		3.0	3.5	4.0
门扇直角度		±0.5	±1.0	±2.0

表 5-46c　硬聚氯乙烯内门的物理性能

项目	技术指标
整樘门——软重物体撞击试验	无破损
门扇——硬重物件撞击试验	无破损
整樘门——垂直荷载试验	变形量≤2mm
整樘门——抗疲劳性能	门及金属件无破损
整樘门——大力关门性能	门开关机构及金属件无破损
焊角抗压断裂负荷	≥2000N

5.2.3　塑钢门窗系列

塑钢门窗是以聚氯乙烯（PVC）树脂为主要原料，加上一定比例的稳定剂、着色剂、填充剂、紫外线吸收剂等，经挤出成为型材，然后通过切割、焊接或螺接的方式制成门窗框扇。配装上密封胶条、毛条、五金件等，同时为增强型材的刚性，超过一定长度的型材空腔内需要填加钢衬（加强筋），这样制成的门窗，称为塑钢门窗。

1. PVC 塑钢门窗的分类（表 5-47）

表 5-47　PVC 塑钢门窗的分类

分类方法	种类
按开启方式分类	固定窗、上悬窗、中悬窗、下悬窗、立转窗、平开门窗、滑轮平开窗、滑轮窗、平开下悬门窗、推拉门窗、推拉平开窗、折叠门、地弹簧门、提升推拉门、推拉折叠门、内倒侧滑门
按性能分类	普通型门窗、隔声型门窗、保温型门窗
按应用分类	内门窗、外门窗
按品牌分类	德国鑫麟塑钢门窗、斯卡特门窗、实德门窗、海螺门窗、武志涛门窗、好佳喜门窗

2. 塑钢门窗的性能（表 5-48）

表 5-48　塑钢门窗的性能

性能	特点
保温节能	塑钢门窗为多腔结构，具有良好的隔热性能，其传热性能比较小，仅为钢材的 1/357，铝材的 1/250，隔热、保温效果显著，尤其对具有暖气空调设备的现代建筑物更加适用。比使用木门窗的房间冬季室内温度高 4～5℃；北方地区使用双层玻璃效果更佳
物理性能	PVC 塑钢门窗的空气渗透性（气密性）、雨水渗漏性（水密性）、抗风压性能及保温和隔声性能。由于塑钢门窗型材具有独特的多腔结构，并经熔接工艺而成门窗，在塑钢门窗安装时所有的缝隙均装有门窗密封胶条和毛条，因此具有良好的物理性能
耐蚀性	塑钢独特的配方具有良好的耐蚀性，塑钢窗耐蚀性取决于五金件的使用，具有腐蚀性环境的行业及地区，如食品、医药、卫生、化工行业及沿海等阴雨潮湿地区，选用耐腐蚀的五金件（或工程塑料），其使用寿命可以提高
耐候性	塑钢门窗原料中添加紫外线吸收剂、及耐低温冲击剂，从而提高了塑钢门窗的耐候性。长期使用于温度气候的环境中，在 -30～70℃之间，烈日、暴雨、干燥、潮湿的环境中，无变色、变质、老化、脆化等现象
防火性	塑钢门窗不自燃、不助燃、离火自熄、安全可靠，符合防火要求
绝缘性能	塑钢门窗使用异型材优良的电绝缘体，不导电，安全系数高
气密性	塑钢门窗质细密平滑，质量内外一致，无须进行表面特殊处理、易加工、经切割、熔接加工后，门窗成品的长、宽及对角线均能在正负 2mm 以内，加工精度高，角强度可达 3000N 以上

（续）

性能	特点
隔声性能	主要在于占面积80%左右的玻璃的隔声效果，市面上有些隔声塑钢门窗产品根据声波的共振透射原理，采用不同的玻璃组合结构，比如中空玻璃塑钢窗，普通双层玻璃，增强门窗隔声效果。在门窗结构方面，采用优质胶条、塑料封口配件，使得塑钢门窗密封性能效果显著

3. PVC塑钢门窗系列产品

（1）海螺PVC塑钢门窗系列　海螺PVC塑钢门窗系列执行标准（GB/T 8814—2017），使用型材厚度推拉窗2.2mm，平开窗2.3mm，主要用于工业厂房等公共建筑及民用建筑（表5-49）。

表5-49　海螺PVC塑钢门窗的系列、规格及主要技术要求

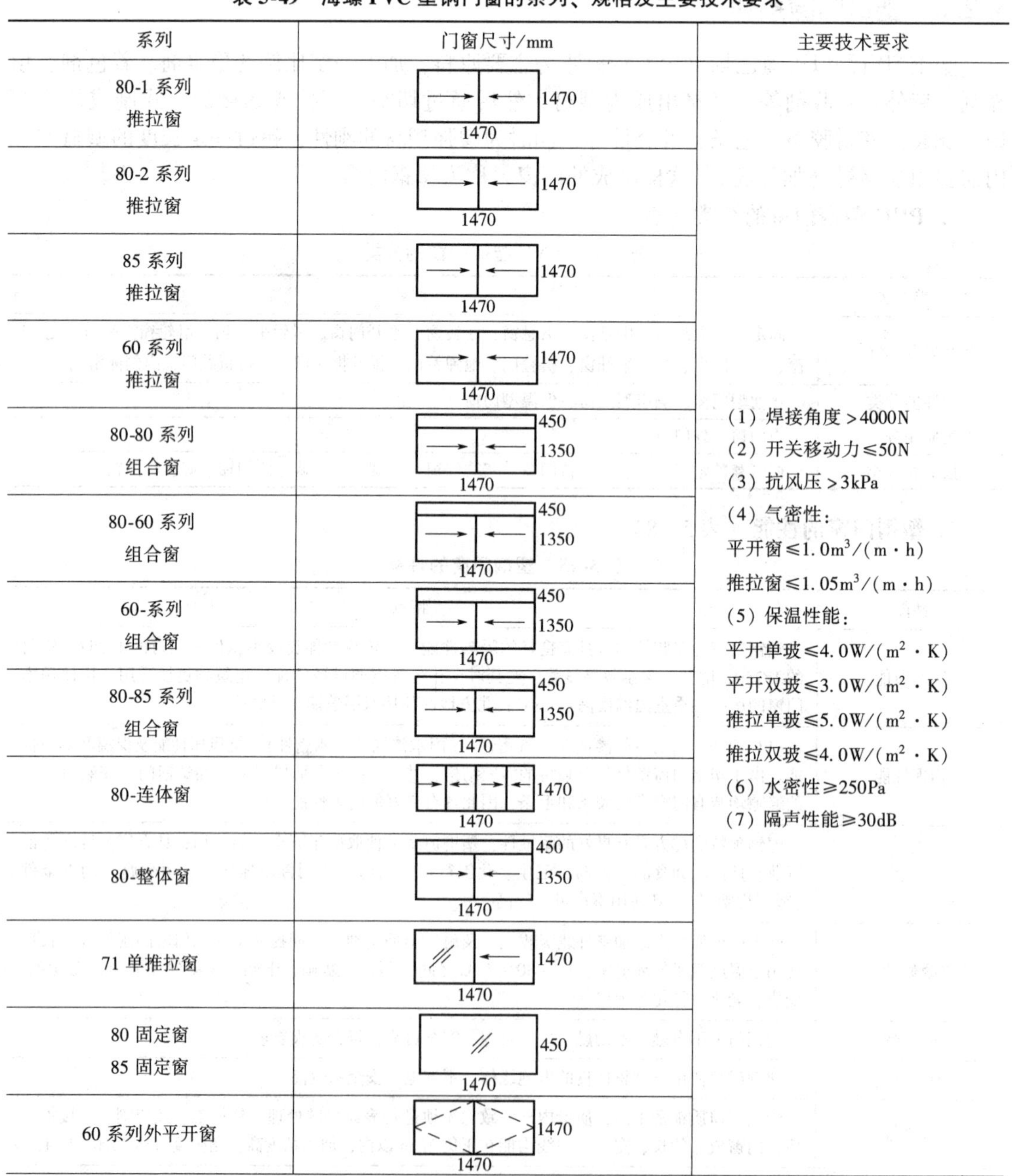

系列	门窗尺寸/mm	主要技术要求
80-1系列 推拉窗	1470×1470	（1）焊接角度＞4000N （2）开关移动力≤50N （3）抗风压＞3kPa （4）气密性： 平开窗≤1.0m³/（m·h） 推拉窗≤1.05m³/（m·h） （5）保温性能： 平开单玻≤4.0W/（m²·K） 平开双玻≤3.0W/（m²·K） 推拉单玻≤5.0W/（m²·K） 推拉双玻≤4.0W/（m²·K） （6）水密性≥250Pa （7）隔声性能≥30dB
80-2系列 推拉窗	1470×1470	
85系列 推拉窗	1470×1470	
60系列 推拉窗	1470×1470	
80-80系列 组合窗	1470；450，1350	
80-60系列 组合窗	1470；450，1350	
60-系列 组合窗	1470；450，1350	
80-85系列 组合窗	1470；450，1350	
80-连体窗	1470×1470	
80-整体窗	1470；450，1350	
71单推拉窗	1470×1470	
80固定窗 85固定窗	1470×450	
60系列外平开窗	1470×1470	

（续）

系列	门窗尺寸/mm	主要技术要求
60 固定窗	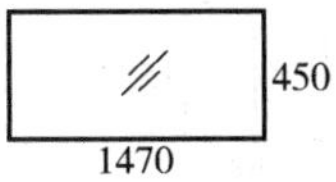 450 1470	（1）焊接角度 >4000N （2）开关移动力≤50N （3）抗风压 >3kPa （4）气密性： 平开窗≤1.0m^3/(m·h) 推拉窗≤1.05m^3/(m·h) （5）保温性能： 平开单玻≤4.0W/(m^2·K) 平开双玻≤3.0W/(m^2·K) 推拉单玻≤5.0W/(m^2·K) 推拉双玻≤4.0W/(m^2·K) （6）水密性≥250Pa （7）隔声性能≥30dB
60 系列内平开窗	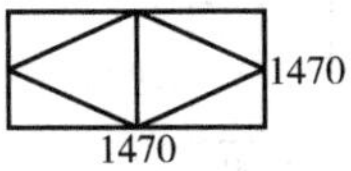 1470 1470	
60 系列外平开窗	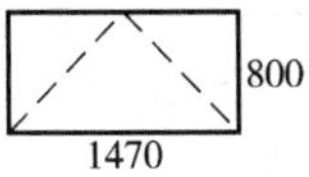 800 1470	
60 系列内平开门	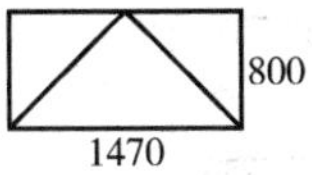 800 1470	
60 系列外平开门	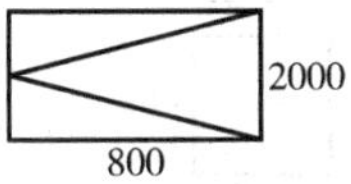 2000 800	

注：使用型材厚度：推拉窗为 2.20mm；平开窗为 2.3mm。

（2）实德 PVC 塑料钢门窗系列　实德 PVC 塑钢门窗系列执行国家标准（GB/T 1040.1—2018，GB/T 1043.1—2008，GB/T 1633—2000，GB/T 3681—2011，GB/T 7141—2008 等）。主要用于宾馆、饭店、医院、学校、写字楼等高层建筑（表 5-50）。

表 5-50　实德 PVC 塑钢门窗的系列、规格及主要技术要求

系列	门窗尺寸/mm	主要技术要求
60 系列带传动器外平开窗（不带纱，双层玻璃）	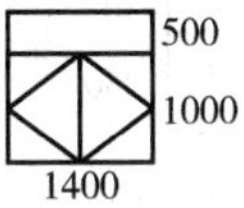 500 1000 1400	（1）抗风压≥3.5kPa （2）气密性≤0.5m^2/(m·h) （3）水密性≥250Pa （4）焊角强度 >4000N （5）防火性能：氧指数为 47%
60 系列不带传动器外平开窗（不带纱，双层玻璃）	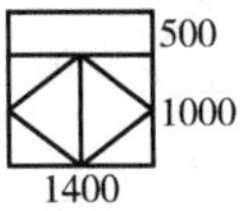 500 1000 1400	
60 系列带传动器内平开窗（不带纱，双层玻璃）	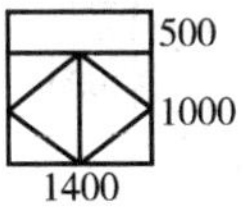 500 1000 1400	
高档四腔结构 66 系列平开窗（双层玻璃）	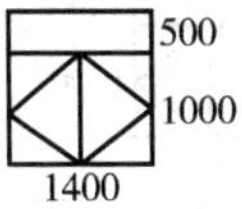 500 1000 1400	
95 系列最高档推拉窗（不带纱，双层玻璃）	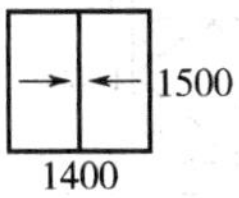 1500 1400	
88 系列高档配置推拉窗（不带纱，双层玻璃）	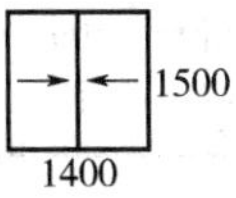 1500 1400	

（续）

系列	门窗尺寸/mm	主要技术要求
88 系列中档配置推拉窗 （不带纱，双层玻璃）	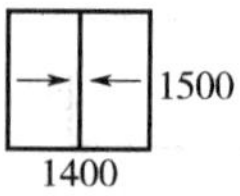 1500 1400	（1）抗风压≥3.5kPa （2）气密性≤0.5m^2/（m·h） （3）水密性≥250Pa （4）焊角强度＞4000N （5）防火性能：氧指数为47%
88 系列低档配置推拉窗 （不带纱，双层玻璃）	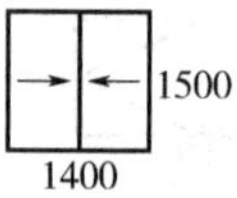 1500 1400	
80 系列推拉窗 （不带纱，双层玻璃）	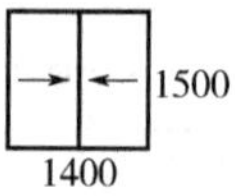 1500 1400	
73 系列推拉窗 （不带纱，双层玻璃）	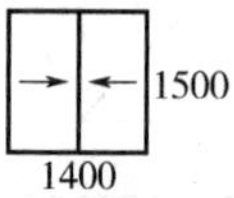 1500 1400	
85 系列推拉窗 （不带纱，双层玻璃）	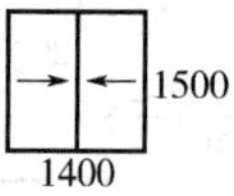 1500 1400	
77 系列推拉门 （不带纱，单层玻璃）	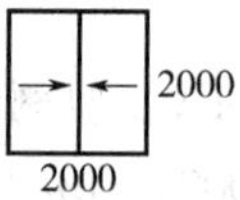 2000 2000	
62 系列推拉门 （不带纱，单层玻璃）	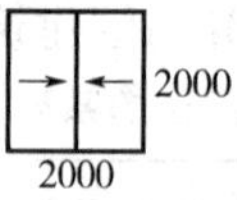 2000 2000	
106 系列外平开门 （不带纱，单层玻璃）	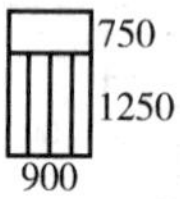 750 1250 900	
60 系列地弹门 （全玻、单层玻璃）	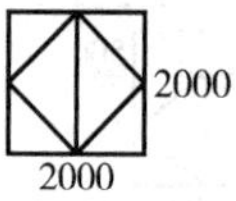 2000 2000	
65 系列带传动器内平开窗 （不带纱，单层玻璃）	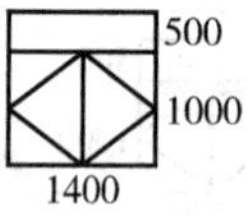 500 1000 1400	
70 系列带传动器内平开窗 （不带纱，单层玻璃）	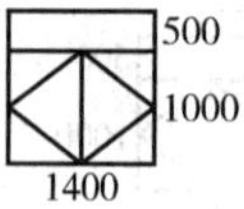 500 1000 1400	
70 系列带传动器外平开窗 （不带纱，双层玻璃）	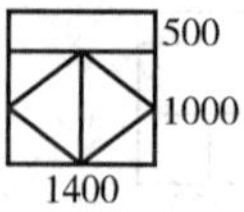 500 1000 1400	
日式推拉系列带传动器推拉窗 （双层玻璃）	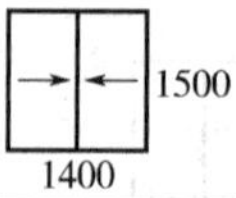 1500 1400	

注：使用型材厚度为2.0～3.0mm。

5.2.4　塑料门窗配套五金件

PVC 塑料门窗成品是由框与扇两部分通过五金配件装配成整体的。五金配件是 PVC 塑料门窗结构的关键性配件。所有的平开窗（门）、推拉窗（门）、旋转窗（门）和升降窗（门）等的一切开、关功能都要靠不同结构形式的五金配件来保证并通过五金配件来完成。五金配件的结构、性能和质量好坏直接与门窗的使用性能相关。

1. 塑料窗用五金配件的类别、性能及用途（表 5-51）

表 5-51　塑料窗五金配件的类别、性能及用途

<table>
<tr><th colspan="2">类别</th><th>配置名称</th><th>性能</th><th>用途</th></tr>
<tr><td>高档窗</td><td>平开下悬窗</td><td>平开下悬五金件</td><td>可完成平开、下悬两种通风和换气功能，使用寿命 5 万次以上，表面耐蚀性达到 96h，8 级</td><td>适用于对密封性能、采光面积要求较高的户外窗</td></tr>
<tr><td rowspan="6">中档窗</td><td>平开下悬窗</td><td>平开下悬五金件</td><td>可完成平开、下悬两种通风和换气功能，使用寿命 3 万次以上，五金件表面耐蚀性达到 96h，8 级</td><td>适用于对密封性能、采光面积要求较高的户外窗</td></tr>
<tr><td rowspan="2">平开窗</td><td>铰链、执手、撑挡、传动锁闭器</td><td>只能完成一种平开通风、换气功能，具有窗扇多点锁闭特点，滑撑轴距窗扇一侧有一定距离，限制窗扇开启角度。外开窗采用此种配置时，人在室内一侧可以擦窗，窗扇质量受到滑撑承载能力的限制。使用寿命在 3 万次以上，表面耐蚀性达到 96h，8 级</td><td>可实现多点锁闭，适用于多层建筑或低风压地区用窗</td></tr>
<tr><td>滑撑、执手、传动锁闭器</td><td>只能完成一种平开通风和换气功能。此配置具有窗扇多点锁闭特点，滑撑轴距窗扇一侧有一定距离，限制窗扇打孔角度，外开窗采用此种配置时，人在室内一侧可以擦窗，窗扇重量受到滑撑承载能力的限制。使用寿命在 3 万次以上，表面耐蚀性达到 96h，8 级。要点：五金件与增强型钢连接</td><td>可实现多点锁闭，适用于多层建筑或低风压地区用窗</td></tr>
<tr><td rowspan="3">推拉窗</td><td>半圆锁（插锁）、滑轮</td><td rowspan="3">只能完成左右推拉通风和换气功能。滑轮可分为平滑轮和凹滑轮、金属滑轮和非金属滑轮。金属滑轮承载能力大，金属滑轮（除不锈钢外）不宜长期在潮湿环境下使用，窗扇在推动过程中有噪声；非金属滑轮耐腐蚀、承载能力有限，窗扇推动过程中噪声小。五金件使用寿命在 3 万次以上，表面耐蚀性达到 96h，8 级</td><td rowspan="2">适用于单点锁紧，为目前普遍采用的推拉窗五金配置形式。纱扇安装在室内一侧</td></tr>
<tr><td>碰锁（边锁）、滑轮</td></tr>
<tr><td>执手、传动锁闭器、滑轮、手拨单点锁</td><td>适用于多点锁紧，纱扇安装在室外一侧，轴套式滑轮不宜在风沙地区使用</td></tr>
<tr><td>普通窗</td><td>平开窗</td><td>铰链、执手、撑挡、传动锁闭器</td><td>只能完成平开通风和换气功能。具有窗扇多点锁闭特点，铰链轴在窗扇一侧。铰链的承载能力较大。五金件使用寿命在 1.5 万次以上，表面耐蚀性达到 96h，8 级</td><td>适用于单点锁紧，为目前普遍采用的密封性能较高的窗</td></tr>
</table>

（续）

类别		配置名称	性能	用途
普通窗	平开窗	滑撑、传动锁闭器、执手	只能完成一种平开通风和换气功能。具有窗扇多点锁闭特点，滑撑轴距离窗扇一侧，有一定距离，限制窗扇开启角度。外开窗采用此种配置时，人在室内一侧可以擦窗。窗扇重量受到滑撑承载能力的限制。五金件使用寿命在 1.5 万次以上，表面耐蚀性达到96h，8 级。要点：五金件与增强型钢连接	适用于单点锁紧，为目前普遍采用的推拉窗五金件配置形式。纱扇安装在室内一侧
	推拉窗	半圆锁（插锁）、滑轮	只能完成左右推拉通风和换气功能。滑轮可分为平滑轮和凹滑轮、金属滑轮和非金属滑轮。金属滑轮承载能力大，金属滑轮（除不锈钢外）不宜长期在潮湿环境下使用，窗扇在推动过程中有噪声；非金属滑轮耐腐蚀、承载能力有限，窗扇推动过程中噪声小。五金件使用寿命在 1.5 万次以上，表面耐蚀性达到96h，8 级	适用于多点锁紧，纱扇安装在室外一侧，轴套式滑轮不宜在风沙地区使用
		碰锁（边锁）、滑轮		
		执手、传动锁闭器、滑轮、手拨单点锁		

2. 塑料门用五金配件的类别、性能及用途（表 5-52）

表 5-52 塑料门五金配件的类别、性能及用途

类别		配置名称	性能	用途
高档门	推拉提升门	由传动系统、滑轮组件及操作、锁座系统组成	通过操作系统、传动系统来带动下部滑轮的上下移动，实现门扇的移动，锁闭承载能力较大，密封效果较好。五金件使用寿命达到 10 万次以上	适用于对密封效果要求较高的阳台落地推拉门、洞口较大的室内隔断门
	提升、推拉下悬门	由滑轮组件、下悬部件、传动系统、导轨、锁座、操作系统等部件组成	开启面积较大，操作简单，密封效果较好。五金件使用寿命达到10 万次以上	适用于对密封效果要求较高的户内、外用门，如阳台落地推拉门、洞口较大的室内隔断门
	折叠门	由合页、滑轮、滑轨、传动、限位装置操作、平开下悬等系统组成	密封效果较好，开启窗不占据室内空间，通风和采光效果好。五金件使用寿命达到 10 万次以上	适用于对密封效果、采光要求较高的房间。如阳台落地推拉门和洞口较大的室内隔断门
中低档门	平开门	铰链、门锁、插销	单点锁紧，实现门扇开关。五金件（铰链、门锁）中档门使用寿命达到 3 万次以上；普通门使用寿命达到1.5 万次以上	适用于家庭阳台门、厨房门、厕所门
		铰链、执手、传动锁闭器、插销	通过执手实现多点锁紧，实现门锁开关。中档门五金件（铰链、门锁传动锁闭器）使用寿命达到3 万次以上；普通门（铰链、门锁）使用寿命达到1.5 万次以上	密封性好，造价高，是应用于中档门中的常用配置。适用于家庭阳台门、厨房门、厕所门

（续）

类别		配置名称	性能	用途
中低档门	推拉门	半圆锁（插销）、滑轮	只能完成一种左右推拉通风和换气功能。滑轮可分为平滑轮凹滑轮、金属滑轮和非金属滑轮。金属滑轮承载能力大，但金属滑轮（除不锈钢外）不宜在潮湿环境下使用，窗扇在推动过程中有噪声。非金属滑轮耐腐蚀，承载能力有限，窗扇在推动过程中噪声小。中档门用五金件使用寿命可达到 5 万次以上；普通门五金件使用寿命达到 1.5 万次。表面耐蚀性达到 96h，8 级	适用于单点锁紧，为目前普遍采用的推拉门五金配置
		碰锁（边锁）、滑轮		
		执手、传动锁闭器、滑轮、手拨单点锁		适用于多点锁紧，纱窗安装于室外一侧，轴套式滑轮不宜在风沙地区使用

3. 塑料门窗用五金配件

（1）聚氯乙烯（PVC）塑料门窗执手的品种及技术要求（表 5-53）

表 5-53　聚氯乙烯（PVC）塑料门窗执手的品种及技术要求

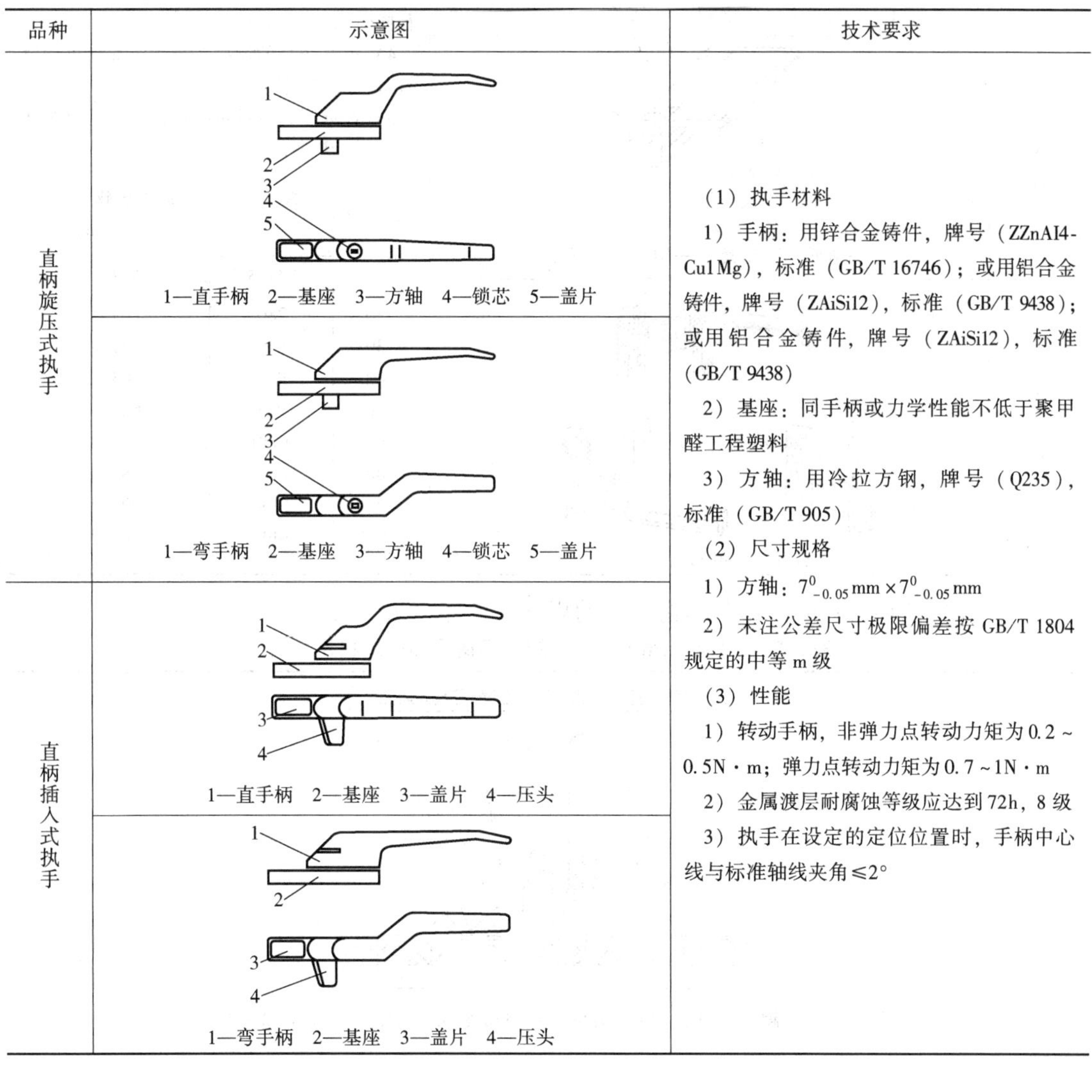

品种	示意图	技术要求
直柄旋压式执手	1—直手柄　2—基座　3—方轴　4—锁芯　5—盖片	（1）执手材料 1）手柄：用锌合金铸件，牌号（ZZnAI4-Cu1Mg），标准（GB/T 16746）；或用铝合金铸件，牌号（ZAiSi12），标准（GB/T 9438）；或用铝合金铸件，牌号（ZAiSi12），标准（GB/T 9438） 2）基座：同手柄或力学性能不低于聚甲醛工程塑料 3）方轴：用冷拉方钢，牌号（Q235），标准（GB/T 905） （2）尺寸规格 1）方轴：$7^{0}_{-0.05}$mm × $7^{0}_{-0.05}$mm 2）未注公差尺寸极限偏差按 GB/T 1804 规定的中等 m 级 （3）性能 1）转动手柄，非弹力点转动力矩为 0.2 ~ 0.5N · m；弹力点转动力矩为 0.7 ~ 1N · m 2）金属渡层耐腐蚀等级应达到 72h，8 级 3）执手在设定的定位位置时，手柄中心线与标准轴线夹角≤2°
	1—弯手柄　2—基座　3—方轴　4—锁芯　5—盖片	
直柄插入式执手	1—直手柄　2—基座　3—盖片　4—压头	
	1—弯手柄　2—基座　3—盖片　4—压头	

（2）聚氯乙烯（PVC）塑料门窗合页的示意图及技术要求（表 5-54）

表 5-54　聚氯乙烯（PVC）塑料门窗合页的示意图及技术要求

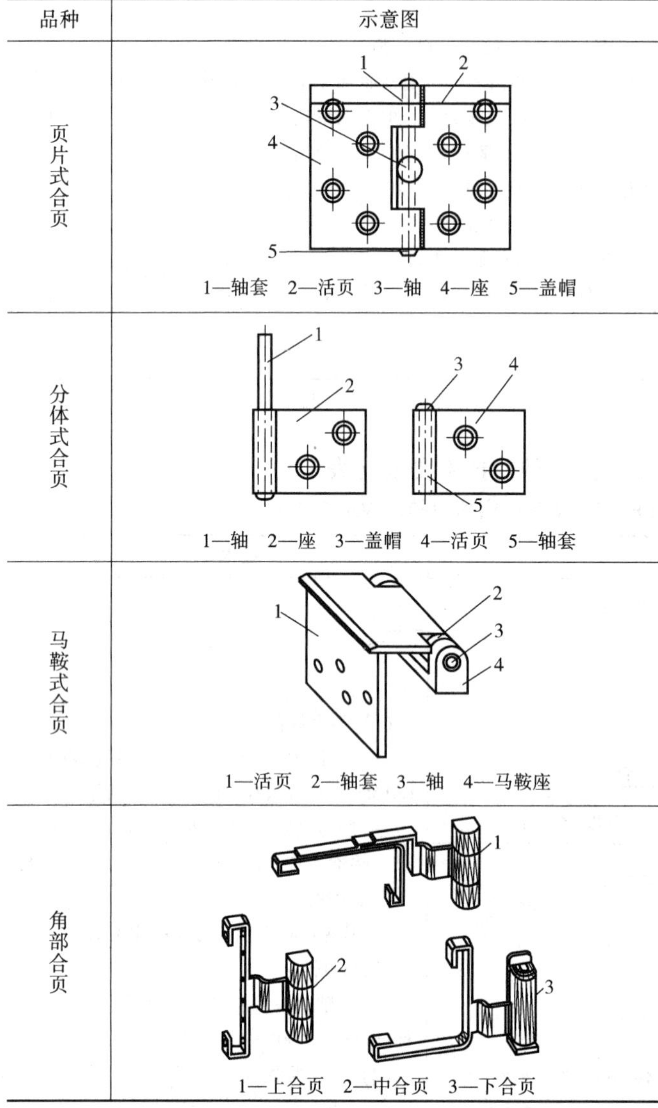

品种	示意图	技术要求
页片式合页	1—轴套　2—活页　3—轴　4—座　5—盖帽	（1）合页材料 1）座和合页：可用碳素结构钢，牌号（Q235），标准（GB/T 700）；用锌合金铸件，牌号（ZZnAi4Cu1Mg），标准（GB/T 16746）；或用铝合金铸件，牌号（ZAiSi12），标准（GB/T 9438）；铝合金建筑型材，牌号（6063T5），标准（GB/T 905） 2）轴：用冷拉方钢，牌号（Q235），标准（GB/T 905） 3）轴套、盖帽：尼龙 1010 （2）性能 1）金属渡层耐腐蚀等级应达到 96h，8 级 2）表面阳极氧化膜厚度≤15μm 3）叶片式、分体式、马鞍式合页轴与轴套径向间隙≤0.10mm，角部合页轴与轴套径向间隙≤0.05mm 4）角部合页的铆接要牢固可靠，可调铆钉可调整扭力范围为 3～10N·m 5）合页按如下承重级试验后，无永久变形，不应开裂
分体式合页	1—轴　2—座　3—盖帽　4—活页　5—轴套	
马鞍式合页	1—活页　2—轴套　3—轴　4—马鞍座	
角部合页	1—上合页　2—中合页　3—下合页	

承重级	最大承质量/N	最大承载力矩/(N·m)
15	747.5	523.3
20	780	546
30	845	591.5
40	910	637
50	975	682.5
60	1040	728
80	1170	819
100	1300	910
130	1495	1046.5

（3）聚氯乙烯（PVC）塑料门窗滑撑的规格及性能（表 5-55）

表 5-55　聚氯乙烯（PVC）塑料门窗滑撑的规格及性能

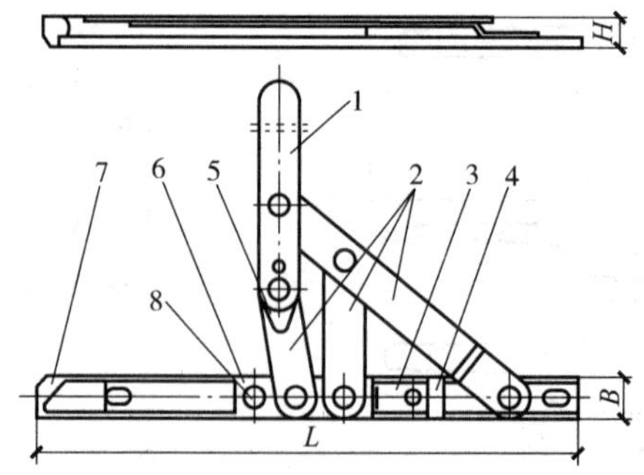

1—托臂　2—悬臂　3—滑轨　4—助升块　5—滑动块　6—剑头　7—包角　8—紧定轮

（续）

滑轨长度 L/mm	滑轨宽度 B/mm	外形高度 H/mm	最大窗扇宽度/mm		最大窗扇高度/mm		最大窗扇重量/kg		最大开启角度
			平开窗	上下悬窗	平开窗	上下悬窗	平开窗	上下悬窗	
200	18 20 22	$13.5_{0}^{0.5}$ $15.5_{0}^{0.5}$	—	1200	—	350	—	24	≥60^{0}
250			—	1200	—	400	—	32	
300			600	1200	1200	550	26	40	
350			600	—	1200	—	28	—	
400			600	1200	1200	750	30	42	
500			—	1200	—	1000		48	

注：1. 材料：滑轨、托臂、悬臂：0Cr18Ni9、1Cr18Ni9、1Cr18Ni9Ti（GB/T 3280）；铆钉：1Cr18Ni9Ti、0Cr17Ni2Mo2（GB/T 4232）；滑动块、助升块、剑头、包角：H62（GB/T 2041）；紧定件：HPb59-1（GB/T 4423）ZnAl4Cu1Mg（GB/T 16746）。

2. 滑撑开启角度与额定开启角度之差≤3°，滑撑启闭力在不调紧定件时为30~50N，调整时≤80N。

（4）聚氯乙烯（PVC）塑料门窗撑挡的示意图及技术要求（表5-56）

表5-56　聚氯乙烯（PVC）塑料门窗撑挡的示意图及技术要求

品种	示意图	技术要求
锁定式撑门	1—槽杆支架　2—手柄　3—滑块 4—槽杆　5—摆杆　6—摆杆支架	（1）撑挡材料 1）主体材料：用不锈钢冷轧钢板，牌号（0Cr18Ni9、0Cr17Ni12Mo2、1Cr18Ni9Ti），标准（GB/T 3280），或用铝合金建筑型材，牌号（6063T5），标准（GB/T 5237） 2）滑块：聚甲醛 3）手柄：用铝合金建筑型材，牌号（6063T5），标准（GB/T 5237） （2）性能 1）槽杆、摆杆的直线度≤1mm/m 2）锁定式撑挡的锁紧力＞500N；失效锁紧力为320N；摩擦式撑挡的摩擦力≥80N，失效摩擦力为40N 3）锁定式撑挡手柄的开启力矩为1N·m 4）摩擦式撑挡滑块的摩擦力≤10N 5）锁定式撑挡和摩擦式撑挡的摆杆承受1500N拉力后，铆接部位不松脱 6）滑块变形量≤1.5mm，铆接部位不应松脱
摩擦式撑门	1—调整螺钉　2—滑块　3—摆杆 4—固定件　5—槽杆	

（5）聚氯乙烯（PVC）塑料门窗滑轮的示意图及技术要求（表5-57）

表5-57　聚氯乙烯（PVC）塑料门窗滑轮的示意图及技术要求

示意图	技术要求
1—轮架　2—轮体 3—轮轴	（1）滑轮材料 1）滑动轴承、球轴承轮轴：用不锈钢棒，牌号（1Cr18Ni9Ti），标准（GB/T 1220） 2）滚动轴承轮轴：用轴承钢 牌号（GCr15），标准（GB/T 18254—2002） 3）轮体：用铜合金拉制棒。牌号（HPb59-1）标准（GB/T 4423） 4）轮架：锌合金铸件。牌号（ZZnAl4-1，标准（GB/T 16746）；或用不锈钢冷轧钢板，牌号（0Cr18Ni9、0Cr17Ni12Mo2、1Cr18Ni9Ti），标准（GB/T 3280） （2）性能 1）滑动轴承轮轴与轴套配合间隙量应为 $a_{+0.02}^{+0.05}$mm 2）装配后，轮体表面径向跳动量≤0.3mm；轮体轴向窜动量≤0.4mm 3）以20N外力压滑轮轴，轴与轮架不应有位移 4）耐蚀性达72h，8级 5）轮体表面压痕深度≤0.15mm 6）l轮轴与金属轮体外表面粗糙度 Ra≤1.6μm

(6) 聚氯乙烯(PVC)塑料门窗半圆锁的示意图及技术要求(表5-58)

表5-58 聚氯乙烯(PVC)塑料门窗半圆锁的示意图及技术要求

品种	示意图	技术要求
	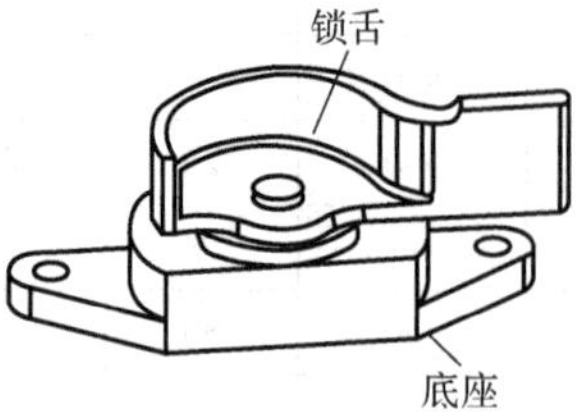 锁舌 底座 锁体	(1) 半圆锁材料 1) 锁舌、底座:用锌合金铸造,牌号(ZZnAi4Cu1Mg),标准(GB/T 16746) 2) 锁钩:用锌合金或不锈钢冷轧钢板,牌号(0Cr18Ni9、0Cr17Ni12Mo2、1Cr18Ni9Ti),标准(GB/T 3280) (2) 尺寸规格 1) 锁舌锁紧部位圆弧半径的变化量为1~2mm 2) 锁钩板材料厚度≥1.2mm (3) 性能 1) 锁舌旋转应灵活,开关定位准确可靠,不应有卡滞现象,转动力矩为0.2~0.4N·m 2) 锁体沿轴向在400N静力作用下(拉或压),持续30s后不应损坏;锁钩在400N静力作用下,持续30s后仍能正常使用 3) 镀层耐蚀性应达72h,8级
	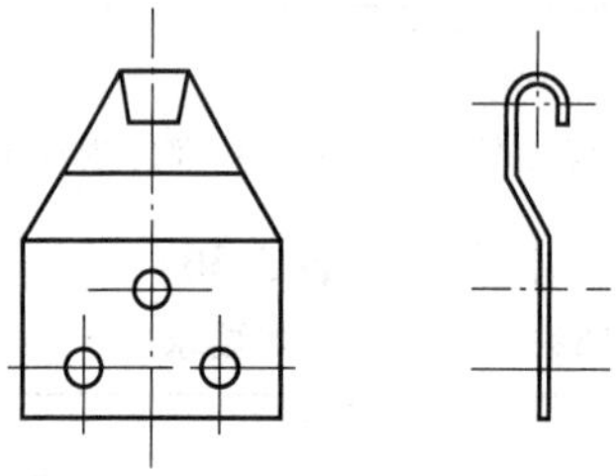 锁钩	

(7) 聚氯乙烯(PVC)塑料门窗锁闭器的示意图及技术要求(JB/T 127—2017)(表5-59)

表5-59 聚氯乙烯(PVC)塑料门窗锁闭器的示意图及技术要求

品种	示意图	技术要求
推拉传动锁闭器,平开传动锁闭器	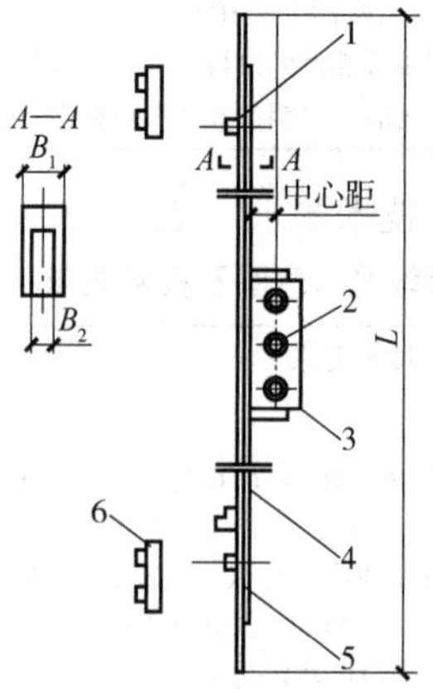 A—A B_1 B_2 A A 中心距 L 1 2 3 4 5 6 1—锁柱 2—齿轮 3—支架 4—动杆 5—定杆 6—锁块	(1) 锁闭器材料 1) 动杆、定杆:用低合金机构钢,牌号(Q235),标准(GB/T 11253) 2) 锁块、支架:用锌合金铸件,牌号(ZZnAi4Cu1Mg),标准(GB/T 16746) 3) 锁柱:用冷拉方钢,牌号(Q235),标准(GB/T 905) 4) 齿轮:用热轧圆钢,牌号(08F),标准(GB/T 702) 5) 方轴:用冷拉方钢,牌号(Q235),标准(GB/T 905) (2) 尺寸偏差: 1) 齿轮方孔:$7^{0.2}_{-0.05}$mm×$7^{0.2}_{-0.05}$mm 2) 定杆、动杆:$B^{0}_{-0.1}$mm (3) 性能 1) 锁柱为偏心可调式,初调时调整力矩≤0.5N·m;再调时调整力矩≤0.3N·m。偏心调整量为±1.0mm 2) 齿轮与齿条配合紧奏,转动手柄,间隙量≤±3°,空载时,转动力矩≤0.2N·m 3) 耐腐蚀等级应达到72h,8级 4) 传动锁闭器处于锁闭位置时,在执手处向锁闭方向施加26N·m力矩,各零部件无任何损坏,无明显变形

5.3 钢门窗及配套五金件

5.3.1 钢门窗的品种规格

钢门窗按材料可分为普通碳素钢门窗、彩板门窗、不锈钢门窗、高档断热钢门窗等。按工艺又可分为实腹钢门窗、空腹钢门窗、镀锌彩板门窗等。

1. 实腹钢门窗品种与规格

实腹钢门窗是采用低碳钢热轧成各种异型材，再经断料、冲孔、焊接并与附件组装等工艺制成的。其金属表面外露，易于涂涂料（油漆），所以耐蚀性较好，但是用钢量大、质量轻、不经济。通常适用于一般的工业建筑厂房、生产辅助建筑和民用住宅建筑。实腹钢门窗的品种与规格见表5-60。

表5-60 实腹钢门窗的品种与规格

品种	规格/mm	开启方法
实腹钢窗	宽600~1800，高900~1800	平开、固定、中悬
实腹纱窗	配合钢窗洞口	—
实腹钢门	单门：宽900~1800，高2100~3000	平开
实腹钢门带窗	宽1500~2400，高2400~2700	平开
实腹纱门	配合钢门洞口	平开
天窗（1）		上悬
天窗（2）		下悬
实腹钢窗	宽600~2100，高600~2100	平开、固定中悬、局部上悬
实腹钢门	宽900~1800，高2100~2400	平开
实腹纱窗	配合钢窗洞口	—
实腹纱门	配合钢窗洞口	—
实腹钢窗 实腹钢门	配合钢窗洞口	平开、固定、中悬、上悬、天窗、纱窗、平开
钢窗（1）	宽900~2100，高600~1800	中悬
钢窗（2）	宽600~2100，高600~2100	平开
钢门	宽900~1800，高2100~2400	平开
纱窗架	配合钢窗门洞	—
纱门	配合钢窗门洞	—

2. 空腹钢门窗的品种与规格

空腹钢门窗系采用冷轧带钢经高频焊管机组合轧制焊接成各种型材，然后经切割、铣削、焊接、钻孔、组装等工艺制成。空腹钢门窗的材料为空芯材料，芯部空间的表面不便于涂涂料（油漆），耐蚀性不如实腹钢门窗好，但是用钢量少、质量轻、刚度大。空腹钢门窗的品种与规格见表5-61。

表 5-61　空腹钢门窗的品种与规格

品种	规格/mm	开启方法
空腹钢窗	宽 600 ~ 12100，高 900 ~ 2100	平开窗
空腹纱窗	配合钢窗洞口	—
空腹钢门	单门：宽 900 ~ 1800，高 2100 ~ 2700 门带窗：宽 1500 ~ 2400，高 2100 ~ 2700	平开门
空腹纱门	配合钢门洞口	平开

3. 镀锌彩板门窗的品种与规格

镀锌彩板门窗具有质量小、强度高、采光面积大、防尘、隔声、保温、密封性能好、色泽鲜艳、造型美观、耐腐蚀等特点。适用于商店、超市、实验室、教学楼、高级宾馆、剧院及高级民用住宅建筑的门窗工程，其品种与规格见（表 5-62）。

表 5-62　镀锌彩板门窗的品种与规格

品种	规格/mm	开启方法
镀锌彩板门窗	门洞宽：900、1000、1200、1500、1800、2100、2700、3000、3300、3600、3900、4000 门洞高：2100、2400、2700、3000 窗洞宽：600、900、1200、1500、1800、2100、2400 窗洞高：600、900、1200、1500、1800、2100、2400	（1）PC 系列 门：平开门、弹簧门 窗：固定窗、平开窗、中悬窗、上悬窗、下悬窗、立转窗、附纱平开窗 （2）TC 系列 门：推拉门、附纱推拉门 窗：推拉窗、附纱推拉窗、幕墙中空玻璃门窗及特殊规格门窗
涂色镀锌钢板门窗	可根据需要制定产品规格	品种有固定式、平开式、附纱平开式、中悬式立转式、推拉门窗和单扇、双扇双面弹簧门、带遮阳防护卷帘门窗及中空玻璃保温门窗、组合门窗、折线窗、带形窗、栏杆窗等 颜色分为茶色、海蓝、乳白、红色等
彩板组角钢门窗	可根据需要制定产品规格	（1）SP 系列门窗：固定窗、平开窗、中悬窗、立转窗、平开门、弹簧门 （2）GS 系列窗：附纱推拉窗、附纱推拉门、中空玻璃门窗、组合门窗、折线窗带形窗、栏杆窗等 其颜色分为茶色、海蓝、乳白、红色等

4. 钢板复合门的品种与规格

钢板复合门分为钢板复合门和组合式钢板复合门两种。适用于宾馆、医院、图书馆、办公楼及一般民用建筑。特别适用于单元住宅楼的防火、防盗门，其品种与规格见表 5-63。

表 5-63　钢板复合门的品种与规格

品种	规格/mm	性能
钢板复合门	洞口宽：900、1000、1200、1500、1800 洞口高：1960、2100、2400、2700 可根据用户需要：单向左开门、单向右开门和双开门	1）门和门框均采用优质冷轧薄板，冷加工后组装成型。产品结构合理、整体性好、强度高、变形小、施工安全方便 2）式样美观，表面平整光滑，开启灵活，具有保温、隔声、防盗及一定的防火性能 3）装有球形蛋子门锁及 120°窥视镜 4）门框加工成单止口或双止口等不同形式，门扇可安装玻璃和百叶窗等

（续）

品种	规格/mm	性能
组合式钢板复合门	洞口宽：800、900、1000、1200、1500、1800 洞口高：1960、2100、2400、2700	1）门整体均采用优质冷轧薄板冷加工制造成型，产品结构合理、整体性好、强度高、变形小，施工安装方便 2）式样美观，坚固耐用，开启灵活，门体内部充填轻质防火材料，具有保温、隔声、防盗、防火等特点 3）根据需要安装各种门锁及 120°窥视镜

5. 钢天窗的品种与规格

钢天窗分为钢天窗与上悬钢天窗。钢天窗不同的窗口高度可分为 900、1200、1500 三种规格；代号分别为 STC9、STC12、STC15。挡雨窗按钢天窗不同高度，可分为 TYC9、TYC12、TYC15 三种规格。

（1）统长开启扇基本窗的规格代号（表 5-64）

表 5-64　统长开启扇基本窗的规格代号　（单位：mm）

窗型代号 / 窗型 / 宽度 / 高度	右边窗	中间窗	左边窗	固定窗		玻璃分格
	5100	6000	5100	1740	860	
835	TC9-1	TC9-2	TC9-3	TC9-4	TC9-5	大玻璃
1110	TC12-1	TC12-2	TC12-3	TC12-4	TC12-5	
1410	TC15-1	TC15-2	TC15-3	TC15-4	TC15-5	
1110	TC12-11	TC12-12	TC12-13	TC12-14	TC12-15	小玻璃
1410	TC15-11	TC15-12	TC15-13	TC15-14	TC15-15	

（2）分断开启扇基本窗的规格代号（表 5-65）

表 5-65　分断开启扇基本窗的规格代号　（单位：mm）

窗型代号 / 窗型 / 宽度 / 高度	开启扇窗		固定窗			玻璃分格
	5964	5368	1156	570	280	
835	TC9-6	TC9-7	TC9-8	TC9-9	TC9-10	大玻璃
1110	TC12-6	TC12-7	TC12-8	TC12-9	TC12-10	
1410	TC15-6	TC15-7	TC15-8	TC15-9	TC15-10	
1110	TC12-16	TC12-17	TC12-18	TC12-19	TC12-20	小玻璃
1410	TC15-16	TC15-17	TC15-18	TC15-19	TC15-20	

（3）钢天窗的技术要求（表 5-66）

表 5-66　钢天窗的技术要求　（单位：mm）

项目	技术要求
材料	型材断面几何尺寸应符号 YB/T 166—2012《汽车用低碳加磷高强度冷轧钢板和钢带》、YB/T 167—2000《连续热镀铝硅合金钢板和钢带》、GB/T 6723—2017《通用冷弯开口型钢》的规定

（续）

<table>
<tr><td colspan="2">项目</td><td colspan="5">技术要求</td></tr>
<tr><td rowspan="8">外形尺寸要求</td><td rowspan="7">尺寸允许偏差</td><td colspan="2" rowspan="2">项目</td><td rowspan="2">基本尺寸</td><td colspan="2">允许偏差</td></tr>
<tr><td>一等品</td><td>合格品</td></tr>
<tr><td rowspan="3">宽度高度尺寸</td><td rowspan="2">宽度</td><td>≤1800</td><td>+3</td><td>+4</td></tr>
<tr><td>>2100</td><td>+3
-4</td><td>+4
-5</td></tr>
<tr><td>高度</td><td>—</td><td>±3</td><td>±4</td></tr>
<tr><td rowspan="2">对角线尺寸</td><td>—</td><td>≤3000</td><td>≤4</td><td>≤5</td></tr>
<tr><td>—</td><td>>3000</td><td>≤5</td><td>≤7</td></tr>
<tr><td>尺寸要求</td><td colspan="5">1）钢天窗上框架构件与下框架构件的垂直偏移量≤3mm；上框、下框与窗芯构件连接处的平面高低差≤1.5mm；钢天窗的窗芯分格尺寸相差≤3mm
2）各构件相交焊接应牢固，各附件的孔距、孔位尺寸偏差≤1mm；各构件的直线度≤0.1%
3）检修小窗应启闭灵活，无阻滞、回弹、倒翘等现象，并应附设披水板</td></tr>
<tr><td rowspan="2">外观要求</td><td>装配</td><td colspan="5">成品天窗表面应平整，无明显锤痕，装配孔毛刺应≤0.5mm</td></tr>
<tr><td>油漆</td><td colspan="5">漆膜应厚薄均匀，不应有明显的堆漆、漏漆等缺陷</td></tr>
</table>

6. 推拉钢窗

推拉钢窗适用于工业与民用建筑推拉窗，也用于带纱扇推拉钢窗。

（1）推拉钢窗的分类（表 5-67）

表 5-67　推拉钢窗的分类

<table>
<tr><td colspan="2">分类</td><td colspan="6">性能</td></tr>
<tr><td rowspan="10">按物理性能指标分类</td><td rowspan="4">高性能窗（A）</td><td>优等品</td><td>风压强度/Pa</td><td colspan="2">空气渗透性能（10Pa 以下）/[m³/(m·h)]</td><td colspan="2">雨水渗漏性能/Pa</td></tr>
<tr><td>优等品</td><td>≥3500</td><td colspan="2">≤1.0</td><td colspan="2">≥350</td></tr>
<tr><td>一等品</td><td>≥3500</td><td colspan="2">≤1.5</td><td colspan="2">≥350</td></tr>
<tr><td>合格品</td><td>≥3000</td><td colspan="2">≤1.5</td><td colspan="2">≥300</td></tr>
<tr><td rowspan="3">中性能窗（B）</td><td>优等品</td><td>≥3000</td><td colspan="2">≤2.0</td><td colspan="2">≥300</td></tr>
<tr><td>一等品</td><td>≥2500</td><td colspan="2">≤2.0</td><td colspan="2">≥250</td></tr>
<tr><td>合格品</td><td>≥2500</td><td colspan="2">≤2.5</td><td colspan="2">≥200</td></tr>
<tr><td rowspan="3">低效能窗（C）</td><td>优等品</td><td>≥2500</td><td colspan="2">≤2.5</td><td colspan="2">≥200</td></tr>
<tr><td>一等品</td><td>≥2000</td><td colspan="2">≤3.0</td><td colspan="2">≥150</td></tr>
<tr><td>合格品</td><td>≥1500</td><td colspan="2">≤3.5</td><td colspan="2">≥100</td></tr>
<tr><td rowspan="2">按空气隔声性能分类</td><td>级别</td><td colspan="2">Ⅰ</td><td>Ⅱ</td><td>Ⅲ</td><td colspan="2">Ⅳ</td></tr>
<tr><td>空气声计权隔声量/dB</td><td colspan="2">40</td><td>35</td><td>30</td><td colspan="2">25</td></tr>
<tr><td rowspan="2">按保温性能分类</td><td>级别</td><td colspan="2">Ⅰ</td><td colspan="2">Ⅱ</td><td colspan="2">Ⅲ</td></tr>
<tr><td>传热阻值/[(m²·K)/W]</td><td colspan="2">0.50</td><td colspan="2">0.33</td><td colspan="2">0.25</td></tr>
<tr><td rowspan="2">按采光性能分类</td><td>等级</td><td>Ⅰ</td><td>Ⅱ</td><td>Ⅲ</td><td>Ⅳ</td><td>Ⅴ</td><td>Ⅵ</td></tr>
<tr><td>透光折减系数 Tr</td><td>Tr≥0.70</td><td>0.7≥Tr≥0.60</td><td>0.6≥Tr≥0.50</td><td>0.6≥Tr≥0.40</td><td>0.6≥Tr≥0.30</td><td>0.6≥Tr≥0.20</td></tr>
</table>

（2）推拉钢窗的尺寸系列 推拉钢窗的厚度基本尺寸系列，相对于基本尺寸系列在±4mm之内，可尽量靠近基本尺寸系列；基本窗洞口尺寸可以允许窗与窗之间任意组合《建筑门窗洞口尺寸系列》的规定，见表5-68。

表5-68 推拉钢窗的基本尺寸系列 （单位：mm）

<table>
<tr><td colspan="8">推拉钢窗的厚度基本尺寸系列</td></tr>
<tr><td>厚度基本尺寸系列/mm</td><td>40</td><td>50</td><td>60</td><td>70</td><td>80</td><td>90</td><td></td></tr>
<tr><td colspan="8">基本窗的洞口规格、型号</td></tr>
<tr><td rowspan="3">洞高</td><td colspan="7">洞宽</td></tr>
<tr><td>1200</td><td>1500</td><td>1800</td><td>2100</td><td>2400</td><td>2700</td><td>3000</td></tr>
<tr><td colspan="7">洞口型号</td></tr>
<tr><td>600</td><td>1206</td><td>1506</td><td>1806</td><td>2106</td><td>2406</td><td>2706</td><td>3006</td></tr>
<tr><td>800</td><td>1209</td><td>1509</td><td>1809</td><td>2109</td><td>2409</td><td>2709</td><td>3009</td></tr>
<tr><td>1200</td><td>1212</td><td>1512</td><td>1812</td><td>2112</td><td>2412</td><td>2712</td><td>3012</td></tr>
<tr><td>1500</td><td>1215</td><td>1515</td><td>1815</td><td>2115</td><td>2415</td><td>2715</td><td>3015</td></tr>
<tr><td>1800</td><td>1218</td><td>1518</td><td>1818</td><td>2118</td><td>2418</td><td>2718</td><td>3018</td></tr>
<tr><td>2100</td><td>1221</td><td>1521</td><td>1821</td><td>2121</td><td>2421</td><td>2721</td><td>3021</td></tr>
</table>

（3）推拉钢窗的技术要求（表5-69）

表5-69 推拉钢窗的技术要求 （单位：mm）

<table>
<tr><td>项目</td><td colspan="6">技术要求</td></tr>
<tr><td>材料要求</td><td colspan="6">型材断面几何尺寸应符号GB/T 2597—1994《窗框用热轧型钢》、YB/T 041—1993《钢门窗用电焊异型钢管》、GB/T 716—1991《碳素结构钢冷轧钢带》的规定</td></tr>
<tr><td rowspan="9">外形尺寸要求</td><td rowspan="8">尺寸偏差</td><td rowspan="2">项目</td><td rowspan="2">基本尺寸</td><td colspan="3">允许偏差</td></tr>
<tr><td>优等品</td><td>一等品</td><td>合格品</td></tr>
<tr><td rowspan="2">窗框、扇槽口宽度、高度允许偏差</td><td>≤1500</td><td>±1.5</td><td>±2.0</td><td>±2.5</td></tr>
<tr><td>>1500</td><td>±2.0</td><td>±2.0</td><td>±3.5</td></tr>
<tr><td rowspan="2">窗框、扇槽口对边尺寸之差</td><td>≤1500</td><td>≤3.0</td><td>≤4.0</td><td>≤5.0</td></tr>
<tr><td>>1500</td><td>≤4.0</td><td>≤5.0</td><td>≤6.0</td></tr>
<tr><td rowspan="2">窗框、扇槽口对角线尺寸之差</td><td>≤2000</td><td>≤2.0</td><td>≤3.0</td><td>≤4.0</td></tr>
<tr><td>>2000</td><td>≤3.0</td><td>≤4.0</td><td>≤5.0</td></tr>
<tr><td>安装要求</td><td colspan="5">1）推拉窗框、扇应配合严密，间隙均匀，其框与扇的搭接宽度不小于4mm，在启闭方向的搭接宽度允许偏差不大于2mm
2）推拉窗的启闭力应≤50N，必须设有安全定位装置
3）推拉窗各杆件的直线度应<1/1000
4）推拉窗五金件应齐全，安装位置准确、牢固，并有足够强度，且启闭灵活</td></tr>
<tr><td rowspan="4">装配间隙及平面度</td><td rowspan="2" colspan="2">项目</td><td colspan="4">允许偏差</td></tr>
<tr><td>优等品</td><td colspan="2">一等品</td><td>合格品</td></tr>
<tr><td colspan="2">装配间隙</td><td>≤0.4</td><td colspan="2">≤0.5</td><td>≤0.6</td></tr>
<tr><td colspan="2">同平面度</td><td>≤0.4</td><td colspan="2">≤0.5</td><td>≤0.6</td></tr>
<tr><td rowspan="2">外观要求</td><td>装配</td><td colspan="5">成品窗表面应平整，无明显锤痕，装配孔毛刺应≤0.5mm</td></tr>
<tr><td>油漆</td><td colspan="5">漆膜应厚薄均匀，不应有明显的堆漆、漏漆等缺陷</td></tr>
</table>

5.3.2 钢门窗五金配件

钢门窗五金配件执行《实腹钢门、窗五金配件基本尺寸》（GB/T 8376—1987）和《空腹门窗五金配件》（QB/T 1661—1992）及《实腹钢门、窗五金配件通用技术条件》（GB/T 8377—1987）等标准。

1. 钢门窗五金配件的使用性能

（1）钢门窗五金配件的力学性能要求　钢门窗五金配件的力学性能应符合表5-70的要求。

表5-70　钢门窗五金配件的力学性能要求

项目	力学性能要求
执手	执手锁紧处在承受315N（气窗执手为105N）拉力时，变形量应≤1mm 执手柄在承受250N压力时，尾部变形量应≤5mm 执手非锁紧时的转动力应在5～15N之间
撑挡	撑挡整体在承受1500N拉力时，其变形量应≤1mm 撑挡杠杆中点在承受600N压力时，其变形量应≤长度的1% 撑挡锁紧后，在承受400N外力时，撑杆不应滑动
合页	平合页、长合页在承受5000N拉力时，其卷管接口间隙变形量应≤0.5mm，角形合页在承受3000N拉力时，其卷管接口间隙变形量应≤0.5mm 弹簧合页的弹簧不得有裂缝，工作极限负载3N·m，工作极限扭转角≥240°
插锁	插锁非工作时的滑动力应在5～15N之间
其他	门风钩整体在承受1500N拉力时，其变形量应≤2mm 纱窗拉手在承受500N拉力时，其变形量应≤2mm

注：凡未规定力学性能指标的五金配件应满足使用性能要求。

（2）钢门窗五金配件的金属镀层和化学处理层的厚度　钢门窗五金配件的金属镀层和化学处理层的厚度要求见表5-71。

表5-71　钢门窗五金配件的金属镀层和化学处理层的厚度要求

基体	覆盖层类别	最小厚度/mm	基体	覆盖层类别	最小厚度/mm
锌合金	铜+镍+铬	9+7+0.3	铝合金	阳极氧化	10
碳钢	锌	9			

注：同一基体的金属镀层和化学处理层类别可不受表中规定，但覆盖层耐蚀性应符合耐蚀性要求。

（3）钢门窗五金配件的耐蚀性　钢门窗五金配件的金属镀层和化学处理层的耐蚀性要求见表5-72。

表5-72　钢门窗五金配件的金属镀层和化学处理层的耐蚀性要求

覆盖层类别	试验时间/h	评定耐蚀级别
铜+镍+铬	24	10
锌		
阳极氧化	48	

2. 钢门窗用五金配件

（1）钢门窗用合页（GB/T 8377—1987）　钢门窗用合页执行《实腹门、窗五金配件通用技术条件》（GB/T 8377—1987）的规定。其品种分为平合页、角形合页、圆芯合页、纱门窗合页、气窗合页和滑撑合页。

1）平合页的技术要求见表 5-73。

表 5-73 平合页的技术要求

代号	规格	示意图（尺寸/mm）	适用窗料	用途
111	65	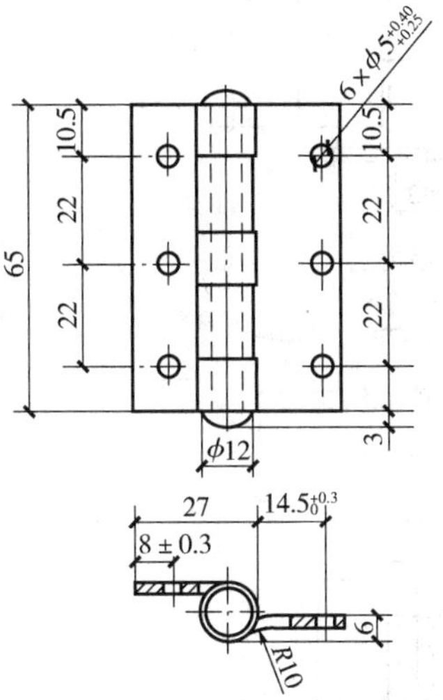 10.5, 22, 22, 65, 3, $6\times\phi5^{+0.40}_{+0.25}$, $\phi12$, 27, $14.5^{+0.3}_{0}$, 8 ± 0.3, 6, R10	25	实腹平开窗、上悬窗
112	65	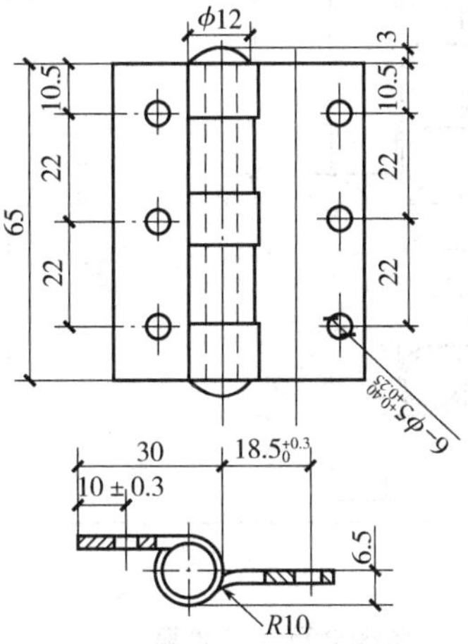 $\phi12$, 3, 10.5, 22, 22, 65, $6-\phi5^{+0.40}_{+0.25}$, 30, $18.5^{+0.3}_{0}$, 10 ± 0.3, 6.5, R10	32	实腹平开门窗、上悬窗
113	80	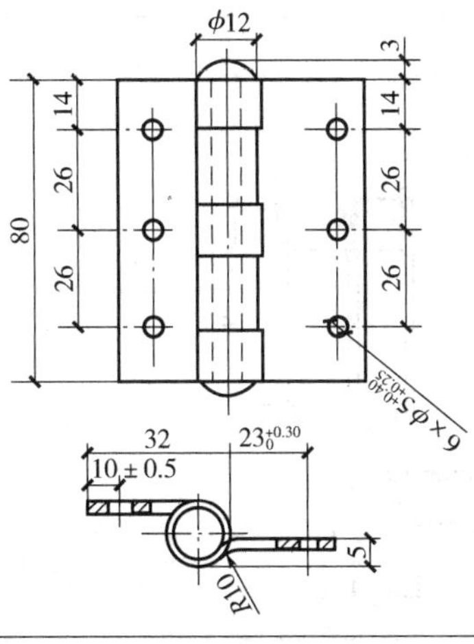 $\phi12$, 3, 14, 26, 26, 80, $6\times\phi5^{+0.40}_{+0.25}$, 32, $23^{+0.30}_{0}$, 10 ± 0.5, 5, R10	40	实腹平开门窗

（续）

代号	规格	示意图（尺寸/mm）	适用窗料	用途
114	56	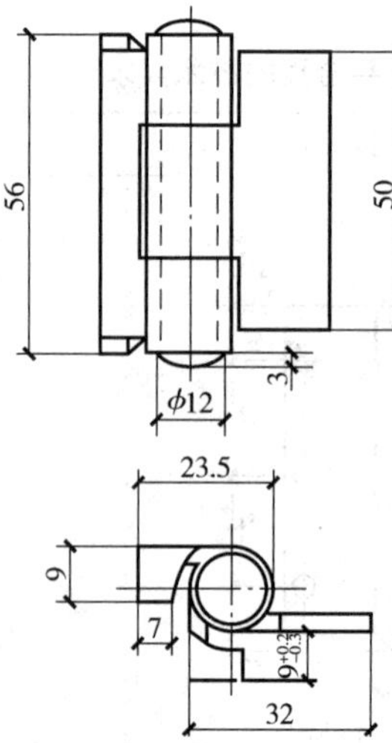 56　50　3　ϕ12　23.5　9　7　$9^{+0.2}_{-0.3}$　32	25A 型	空腹平开门窗、上悬窗
115	82	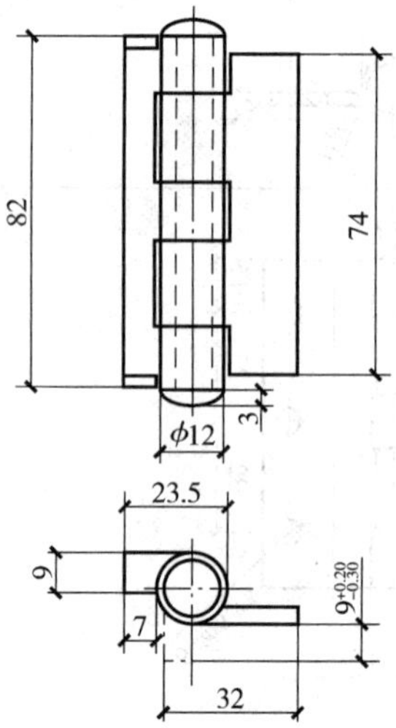 82　74　3　ϕ12　23.5　9　7　$9^{+0.20}_{-0.30}$　32	25A 型	空腹平开门窗、上悬窗

2）角形合页的技术要求见表 5-74。

表 5-74　角形合页的技术要求

代号	规格	示意图（尺寸/mm）	适用窗料	用途
121	60	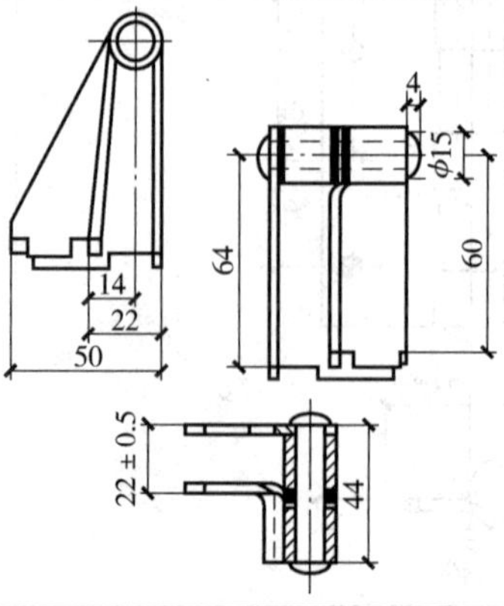 14　22　50　4　ϕ15　64　60　22±0.5　44	25 32 35	实腹平开窗

（续）

代号	规格	示意图（尺寸/mm）	适用窗料	用途
122	60	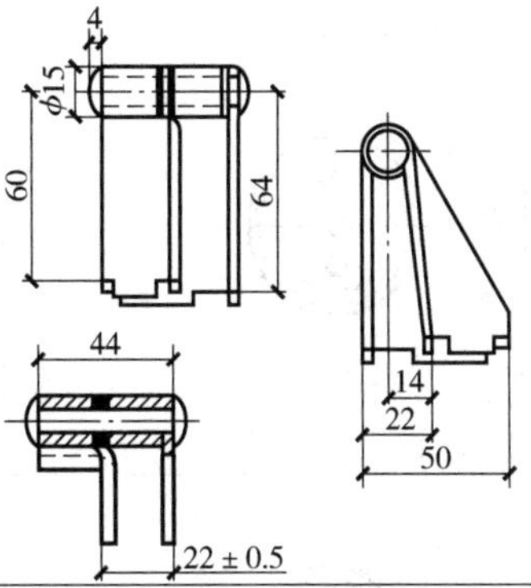	25 32 40	实腹平开门窗
123	65	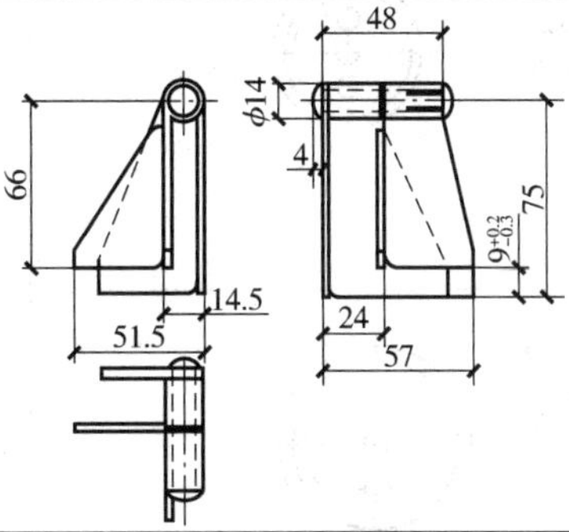	25A 型	空腹平开门窗
124	65	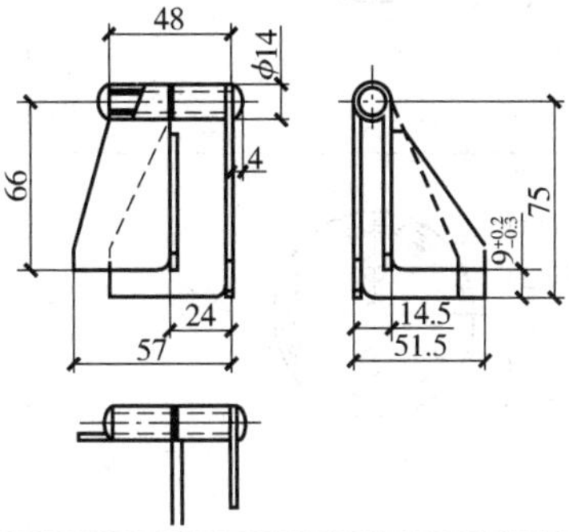	25A 型	空腹平开门窗
125	24	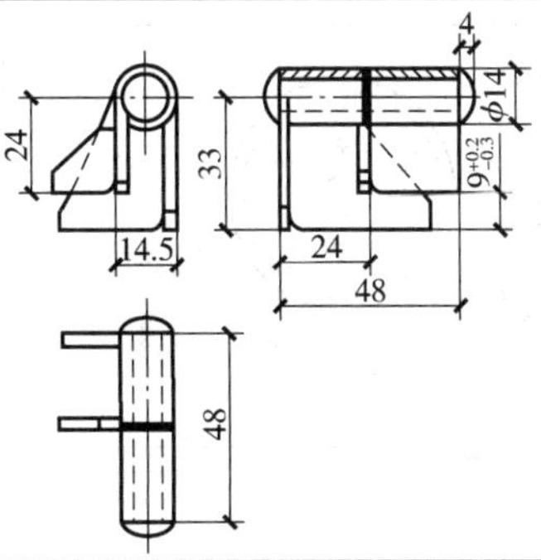	25A 型	空腹平开门窗
126	24	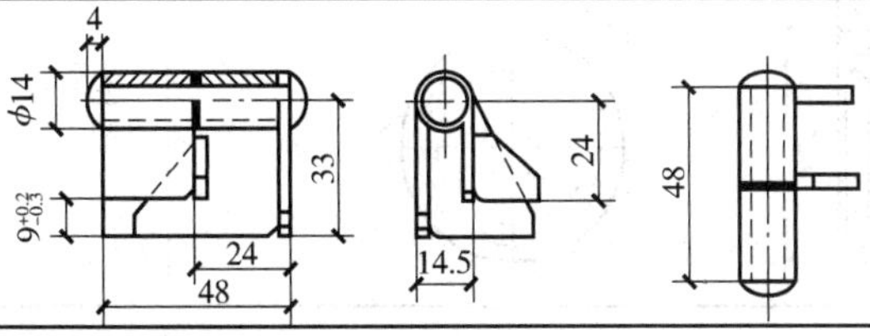	25A 型	空腹平开门窗

3）圆芯合页的技术要求见表5-75。

表5-75　圆芯合页的技术要求

代号	规格	示意图（尺寸/mm）	适用	用途
131	ϕ40	φ40　18±0.25　φ14　13.5　15	25	实腹中悬窗
132	ϕ43	φ37　18±0.25　φ43　13.5　15	25	实腹中悬窗
134	ϕ52	φ45　25±0.25　φ52　14　15.5	32	实腹中悬窗
135	ϕ56	φ56　25±0.25　φ50　16　17.5	40	实腹中悬窗
136	ϕ64	φ56　30±0.25　φ64　16　18	40	实腹中悬窗
137	ϕ42	$14^{+0.5}_{0}$　11　φ42	25A型	空腹中悬窗

4）纱门窗合页见表 5-76。

表 5-76　纱门窗合页的技术要求

代号	规格	示意图（尺寸/mm）	适用窗料	用途
141	64	41 34 10 22 22 64 25 38 2 2	25	实腹内开纱窗
142	64	10 22 22 64 25 38 38 45 2.5 2.5	32	实腹内开纱窗
143		14 25±0.3 R3 4 25±0.3 14 R3 4 48 48 26±0.3 10 10	25A 型	空腹内开纱窗
144		48 R3 4 25±0.3 14 48 14 R3 25±0.3 4 10 26±0.3 10	25A 型	空腹内开纱窗

（续）

代号	规格	示意图（尺寸/mm）	适用窗料	用途
145		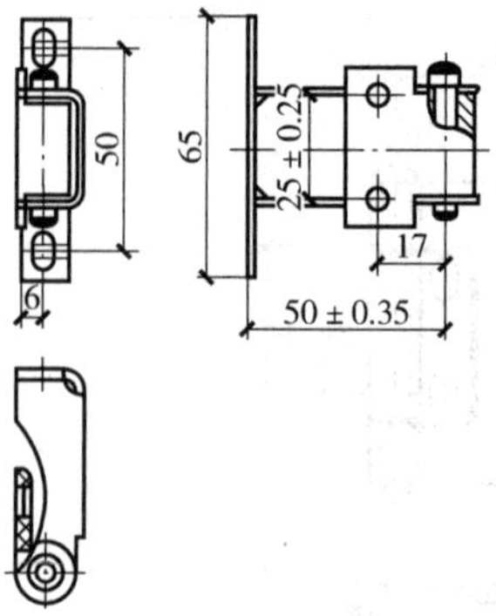 50　65　25±0.25　17　6　50±0.35	32 40	空腹平开纱窗
146		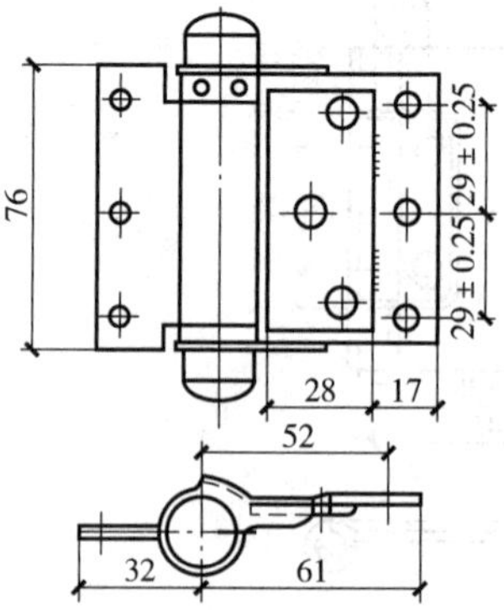 76　29±0.25　29±0.25　28　17　52　32　61	32 40	实腹平开纱窗

5）气窗合页的技术要求见表5-77。

表5-77　气窗合页的技术要求

代号	规格	示意图（尺寸/mm）	适用	用途
151	—	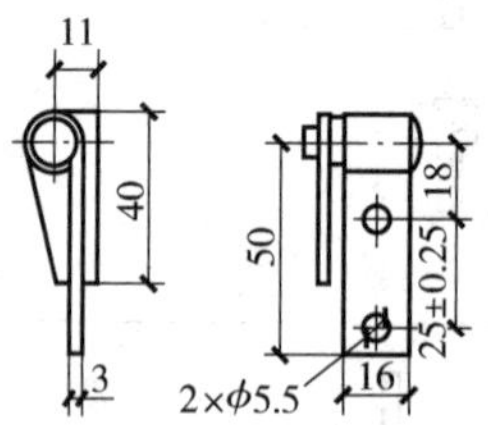 11　40　3　50　18　25±0.25　16　2×ϕ5.5	25	实腹平开气窗
152	—	18　25±0.25　16　2×ϕ5.5　50　10　40　3	25	实腹平开气窗

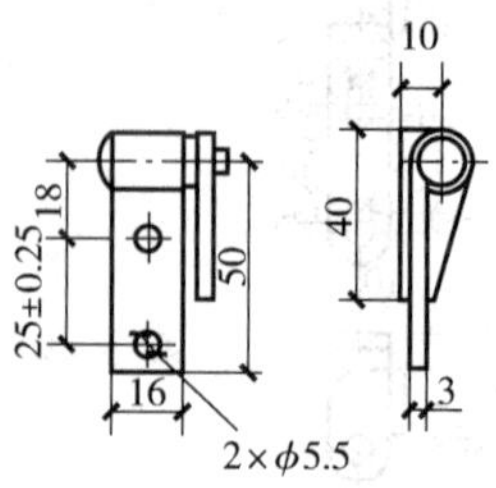

（续）

代号	规格	示意图（尺寸/mm）	适用	用途
153	—	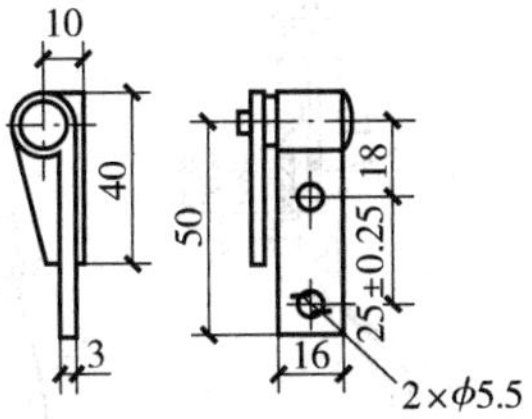	32	实腹平开气窗
154	—	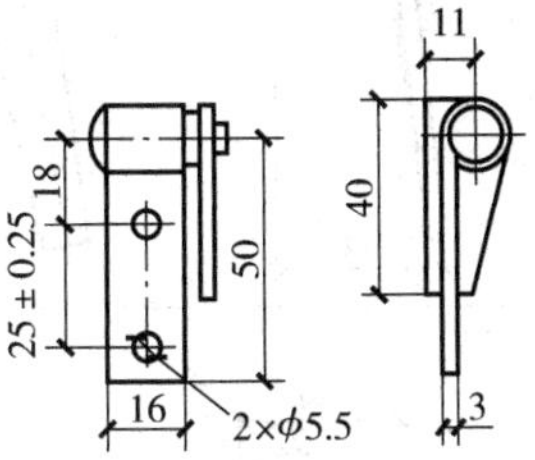	32	实腹平开气窗
155	40	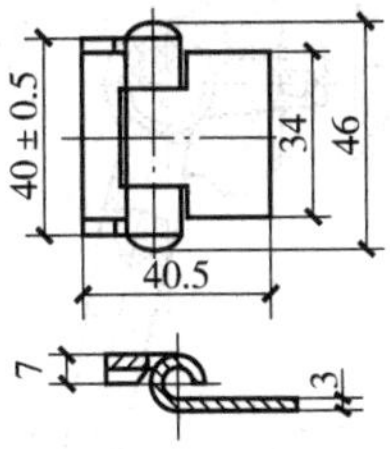	25A 型	空腹平开气窗

6）滑撑合页的技术要求见表 5-78。

表 5-78　滑撑合页的技术要求

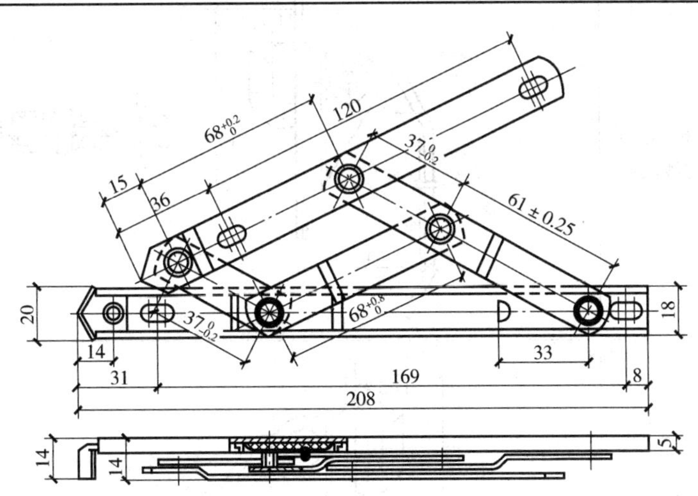

代号	适用窗料	用途
161	32	实腹上悬滑撑窗

（2）钢门窗用执手　执手用于控制钢门、钢窗、纱门、纱窗的开启与关闭，同时起锁闭内外框间的相对位置的作用。执手分为左执手、右执手，品牌很多，其品种与规格见表 5-79。

表 5-79　钢门窗用执手的品种与规格

品种		规格/mm
钢门用执手	211 左执手	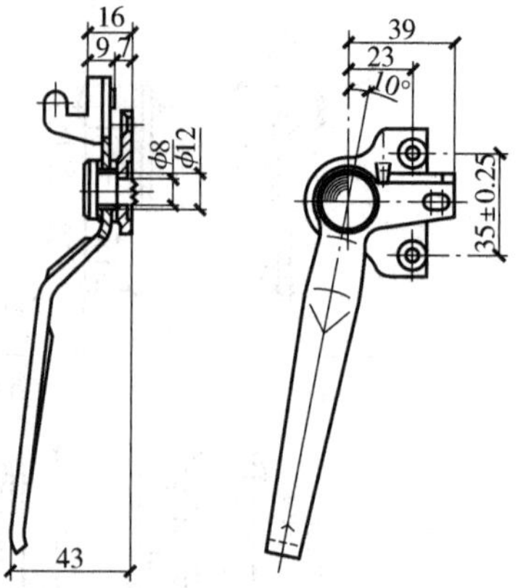 16、9、7、φ8、φ12、43、39、23、10°、35±0.25
	212 右执手	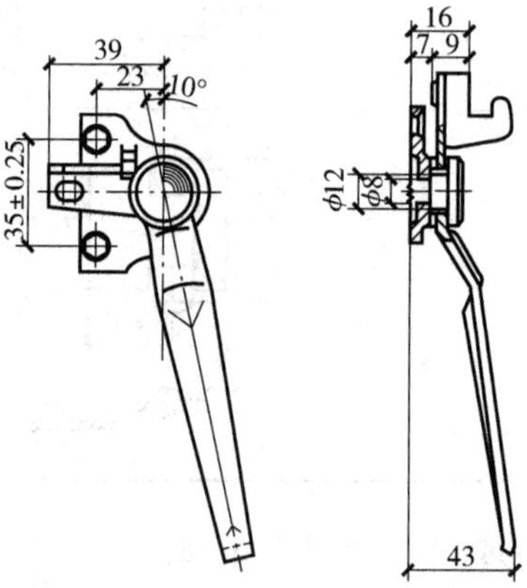 39、23、10°、35±0.25、16、7、9、φ12、φ8、43
钢窗用执手	261 左 固定纱执手	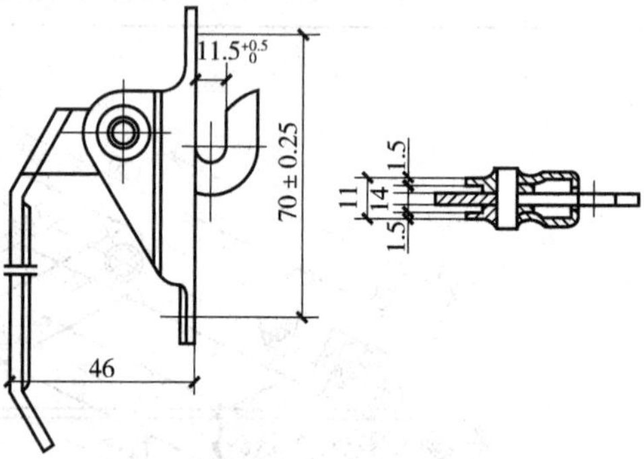 $11.5^{+0.5}_{0}$、70±0.25、46、1.5、11、14、1.5
	262 右 固定纱执手	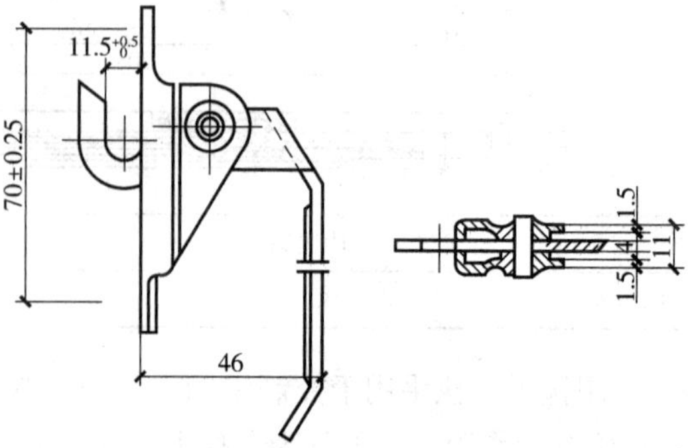 $11.5^{+0.5}_{0}$、70±0.25、46、1.5、4、11、1.5

（续）

品种		规格/mm
纱窗执手	251 纱窗左 执手	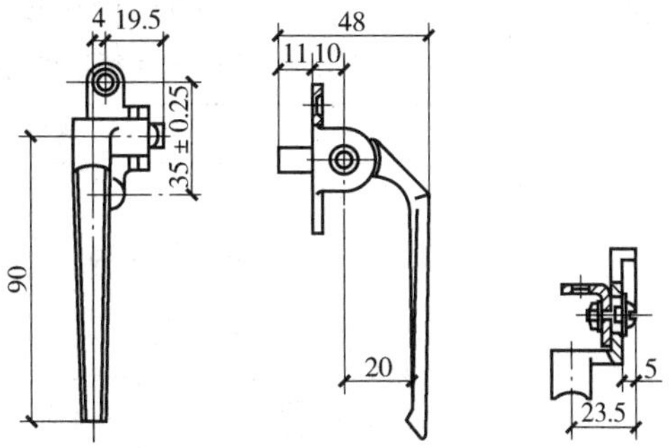
	252 纱窗右 执手	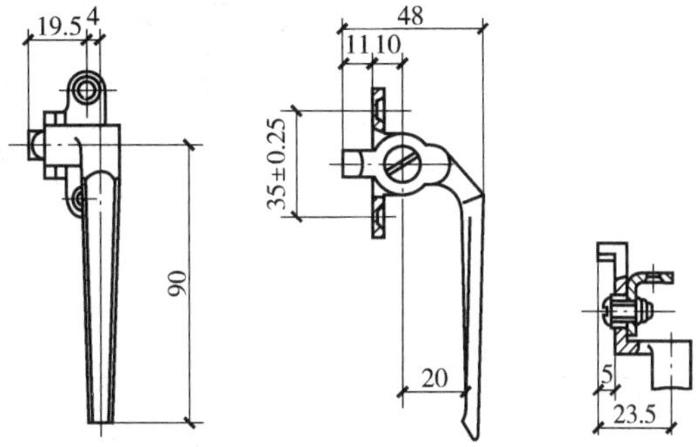
气窗执手	273 气窗左 执手	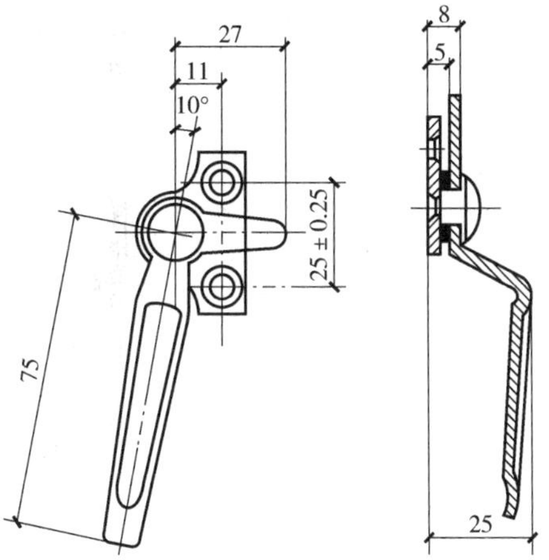
	274 气窗右 执手	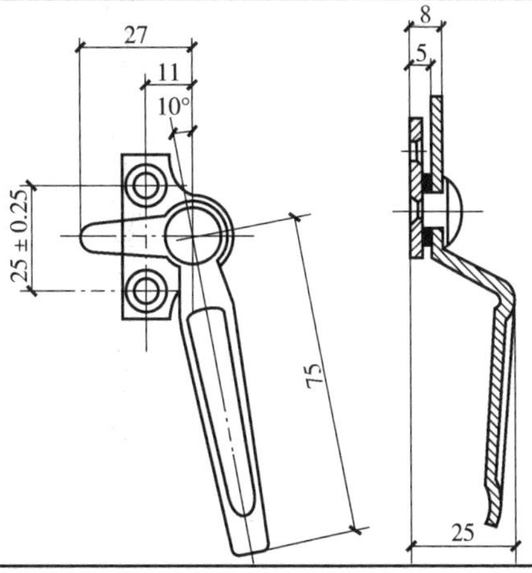

（3）钢门窗用插销　钢门窗用插销表面不允许有裂纹、裂边、缺角及明显毛刺，插杆头部应为正圆，端部成弧形。表面镀锌，厚度不小于9μm。插座插节两面应该涂漆，色泽均匀、光亮，漆膜应牢固。钢门窗用插销的品种与规格见表5-80。

表5-80　钢门窗用插销的品种与规格

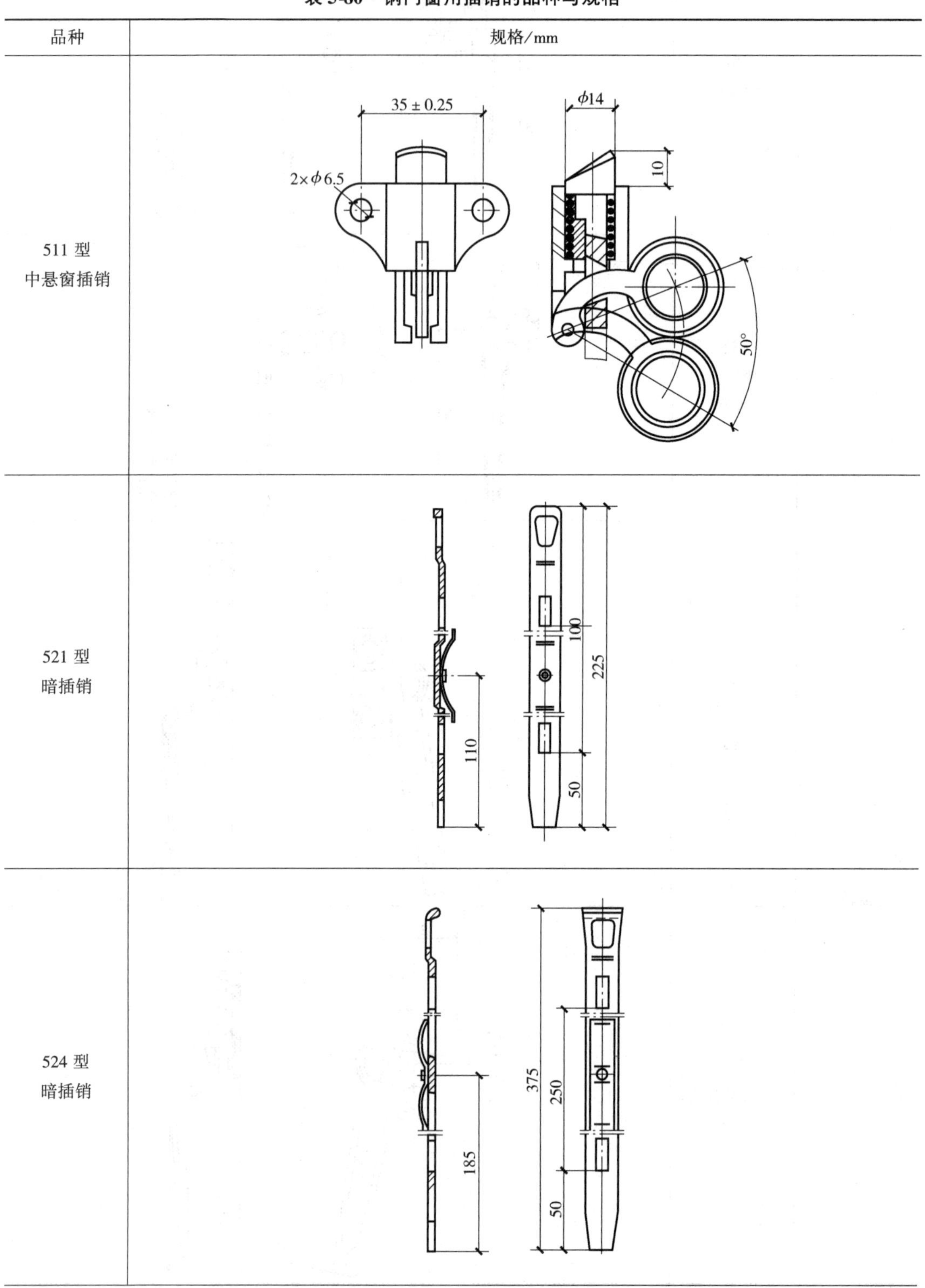

品种	规格/mm
511型 中悬窗插销	
521型 暗插销	
524型 暗插销	

（续）

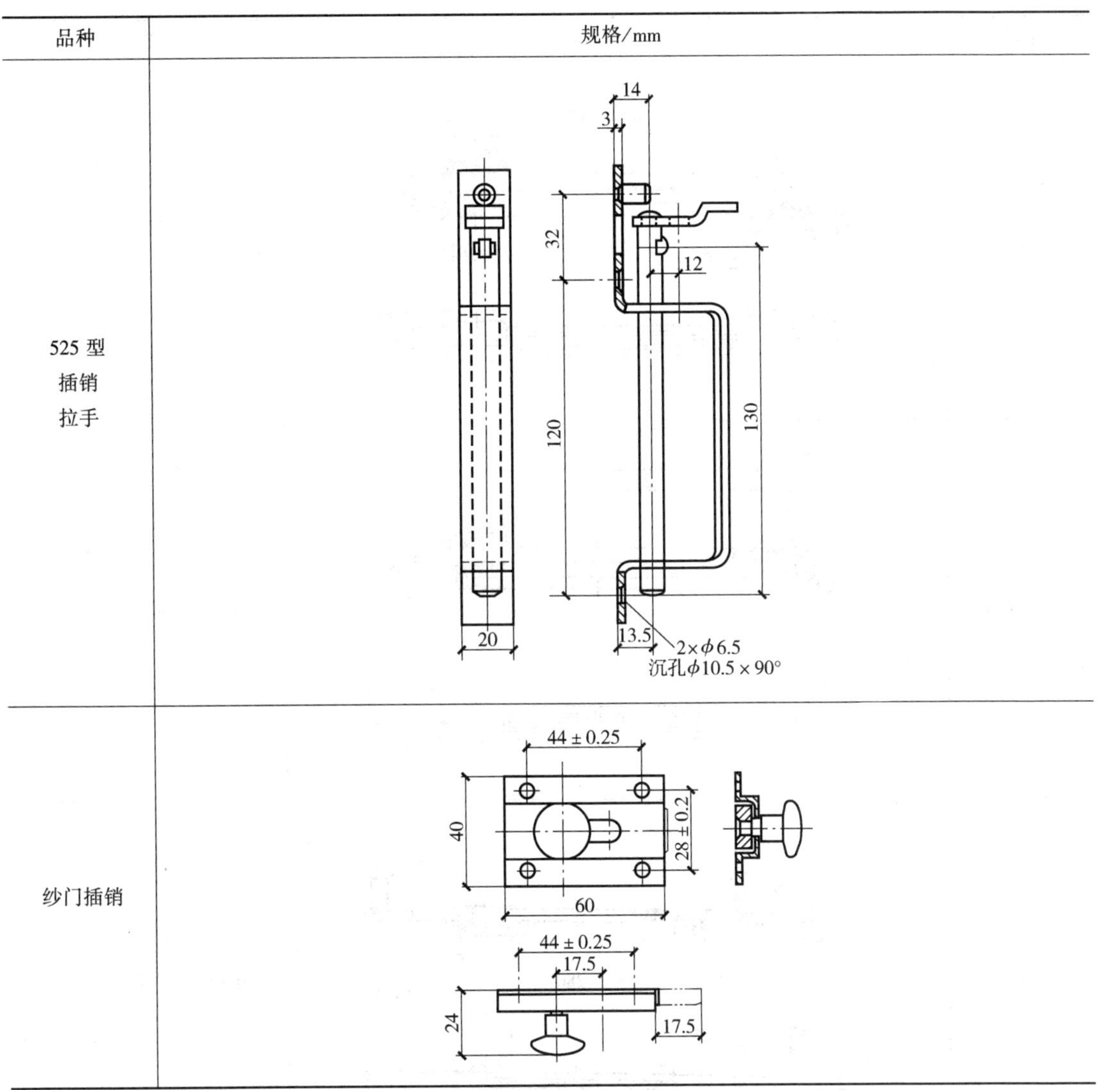

品种	规格/mm
525型 插销 拉手	
纱门插销	

（4）钢门窗用撑挡　钢门窗用撑挡表面不允许有裂纹、裂边、缺角及明显毛刺，表面镀锌。钢门窗用撑挡的品种与规格见表5-81。

表5-81　钢门窗用撑挡的品种与规格

品种	规格/mm	用途
套眼撑	25 318 26 235 255	用于上悬窗及平合页的外开平开窗

（续）

品种	规格/mm	用途
双臂外撑	240、280；15；25±0.25；25±0.25；15；11	平合页或角形合页的外开平开窗
双臂内撑	240；210；17.5；25；25；20；16	用于平合页的内开平开窗
纱窗上支撑	25；19；50；25；280；34；30；38	用于带纱的上悬窗
纱窗左撑杆	240、280、320；17.5；85；25；30	用于平合页或40系列用于角形合页带固定纱窗的外开平开窗

（续）

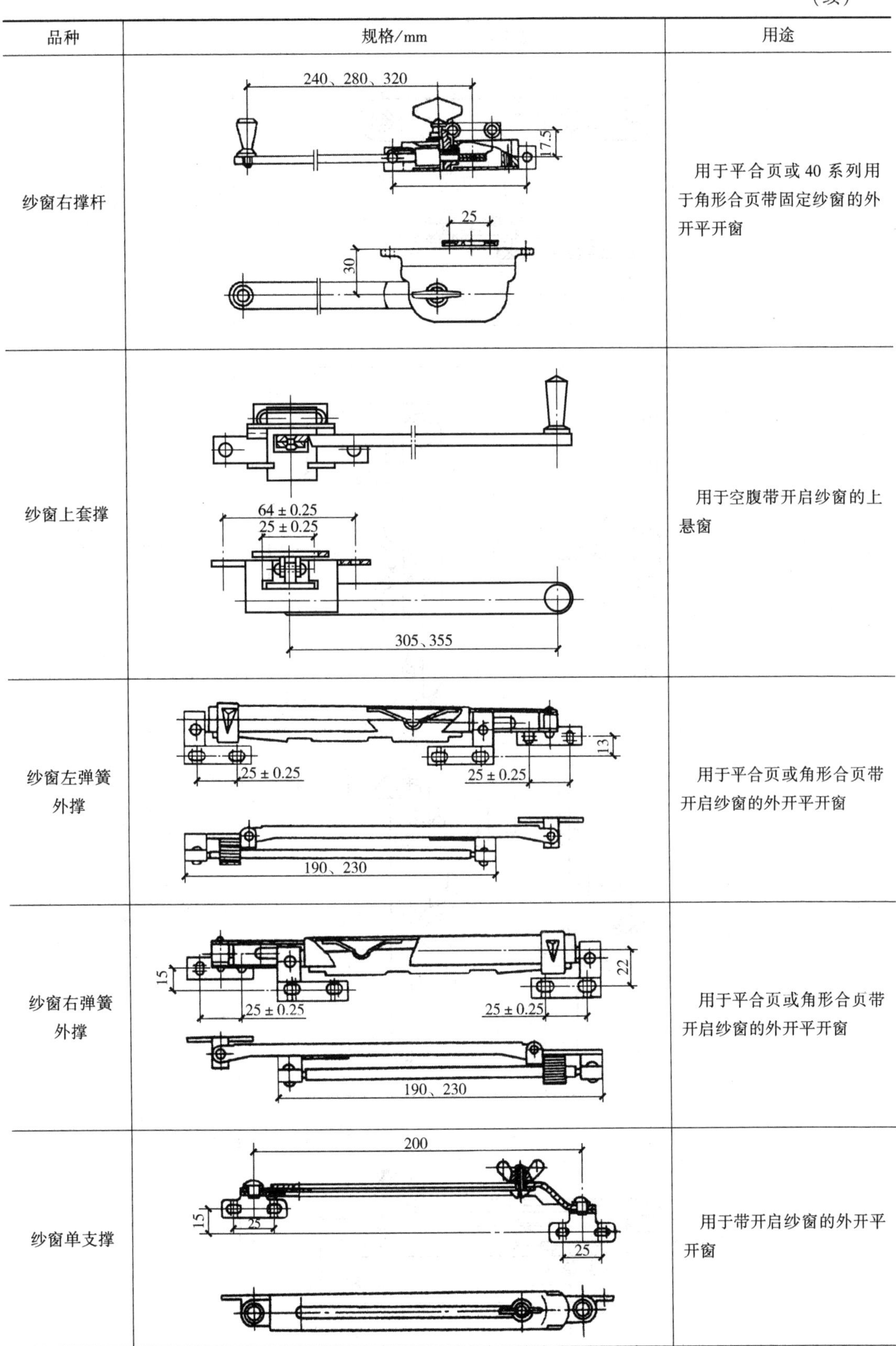

品种	规格/mm	用途
纱窗右撑杆	240、280、320；17.5；25；30	用于平合页或40系列用于角形合页带固定纱窗的外开平开窗
纱窗上套撑	64 ± 0.25；25 ± 0.25；305、355	用于空腹带开启纱窗的上悬窗
纱窗左弹簧外撑	25 ± 0.25；25 ± 0.25；13；190、230	用于平合页或角形合页带开启纱窗的外开平开窗
纱窗右弹簧外撑	15；25 ± 0.25；25 ± 0.25；22；190、230	用于平合页或角形合页带开启纱窗的外开平开窗
纱窗单支撑	200；15；25；25	用于带开启纱窗的外开平开窗

（续）

品种	规格/mm	用途
滑槽拉杆	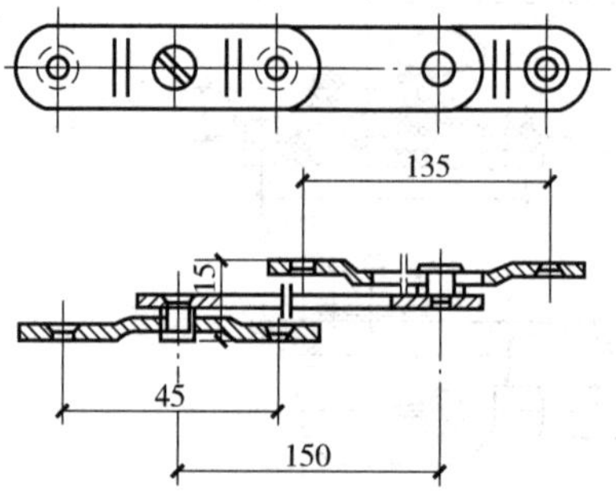 135 15 45 150	用于下悬内倒窗
碰销左撑挡	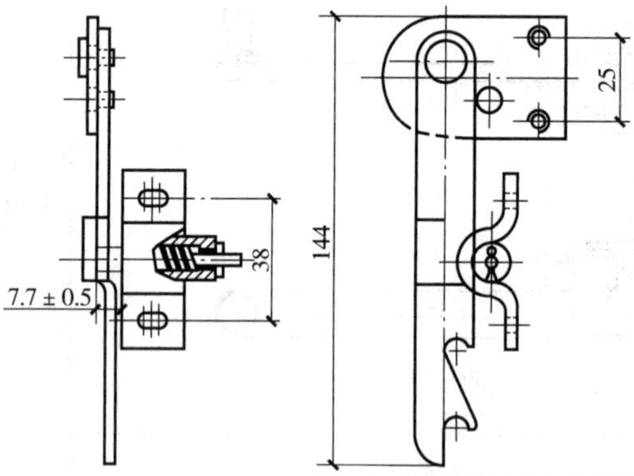 25 38 144 7.7±0.5	用于空腹上悬内开窗
碰销右撑挡	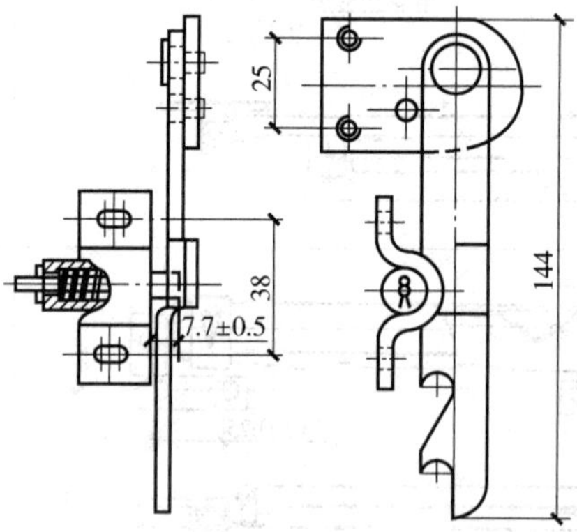 25 38 144 7.7±0.5	用于空腹上悬内开窗
气窗滑槽支撑	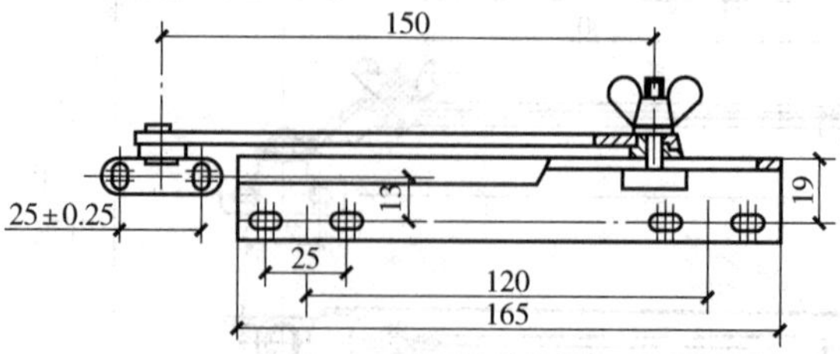 150 13 19 25±0.25 25 120 165	用于外开平开气窗

（续）

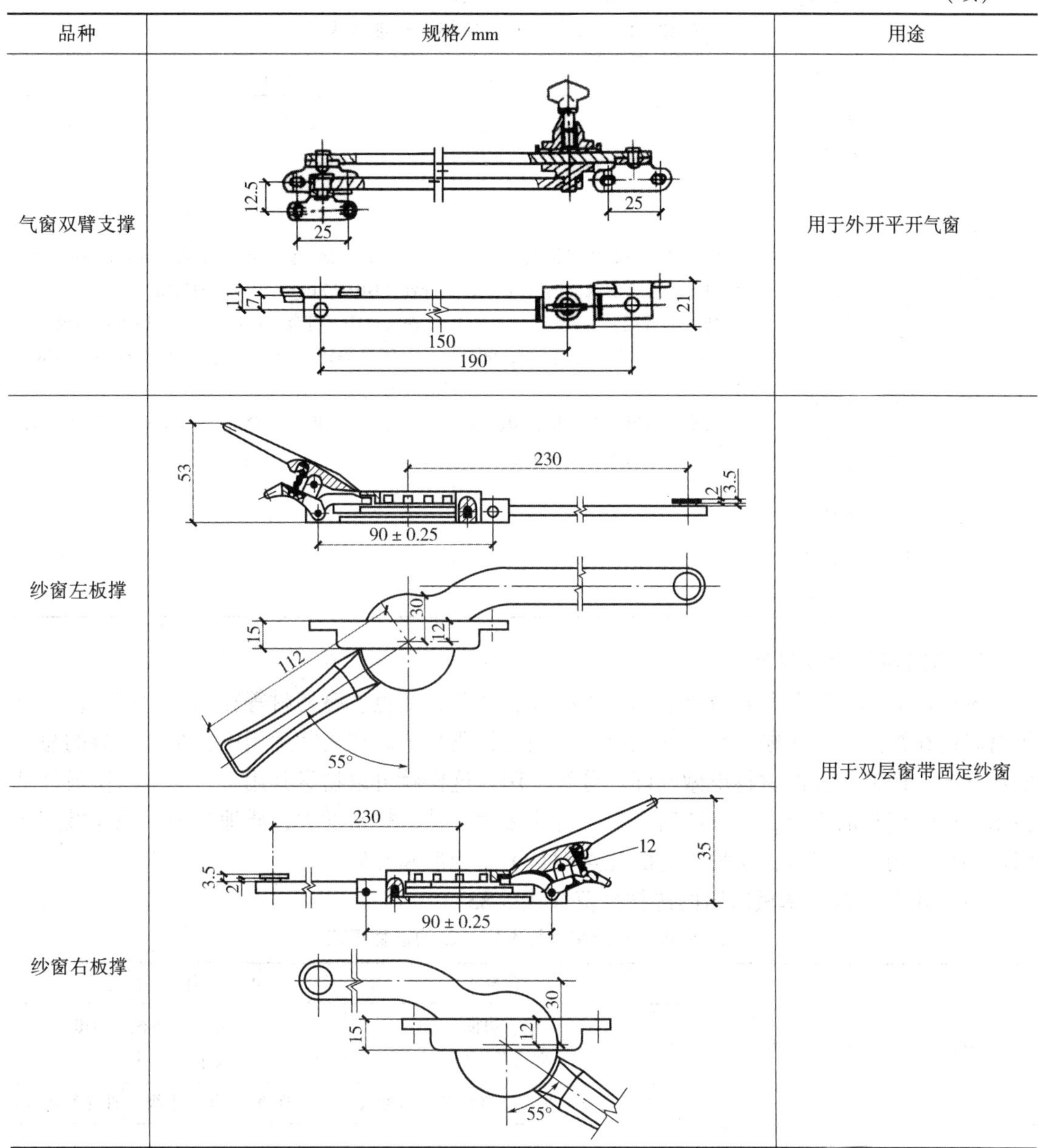

品种	规格/mm	用途
气窗双臂支撑	12.5、25、25、11、7、21、150、190	用于外开平开气窗
纱窗左板撑	53、230、2、3.5、90 ± 0.25、30、15、12、112、55°	用于双层窗带固定纱窗
纱窗右板撑	230、3.5、2、90 ± 0.25、12、35、30、15、12、55°	

5.4 木门窗及配套五金件

木门窗具有质轻、隔热、保温、隔声、环保、造型美观、施工简便、装饰效果好等特点，一般适用于民用住宅及宾馆、学校、医院等公共建筑门窗。木门窗属于我国的传统产品，有着悠久的历史和精雕细刻的工艺。

5.4.1 木门窗的技术要求

1. 木门窗的品种、规格及性能要求

木门窗已实现工厂化生产，建筑行业已制定了严格的技术标准，生产方与使用方均需按行业标准检验其成品，其品种、规格及性能要求见表5-82。

表5-82 木门窗的品种、规格及性能要求

代号	品种	规格/mm	性能要求
PM	平开门	门窗洞口尺寸应符合GB/T 5824—2008《建筑门窗洞口尺寸系列》的规定 门框、窗框厚度：70、90、105、125 门扇、窗扇厚度：35、40、50 门窗应根据洞口尺寸定做	抗风压性能、空气渗透性能、雨水渗漏性能：符合（GB/T 7106—2019）的规定 保温性能：符合（GB/T 8484—2020）的规定 空气声隔声性能：符合（GB/T 8485—2008）的规定 外窗采光性能：符合（GB/T 11976—2015）的规定
HM	弹簧门		
TM	推拉门		
ZM	折叠门		
XM	转门		
GM	固定门		
PC	平开窗		
TC	推拉窗		
SC	上悬窗		
CC	中悬窗		
XC	下悬窗		
LC	立转窗		
GC	固定窗		

2. 木门窗的选材规范

木门窗的选材只要避开材质缺陷，如死节、枯节、变色、腐朽材等在见光面使用，将优等材料用在视点集中光顾的地方，就可以做到扬长避短了。在实际运用中，结合材料的总体质量状况，即便是差的材料也做到好坏分级使用，这样就可以物尽其用了。实木门窗最好选择木质比较优良的木材，以俄罗斯进口木材为最优，其木材密度大，质地坚硬。现在做实木门窗都是选用的集成材，这种工艺的优点就是不易变形和开裂。

（1）木门窗框与木板门扇的选材规范（表5-83）

表5-83 木门窗框与木板门扇的选材规范

缺陷名称		允许限度	门窗框			木板门扇（纱窗门）		
			上框、边框（立边及坎）			上梃、中梃、下梃、边梃（立边、冒头）		
			Ⅰ（高级）	Ⅱ（中级）	Ⅲ（普通级）	Ⅰ（高级）	Ⅱ（中级）	Ⅲ（普通级）
节子	活节	不计算的节子尺寸不超过材料宽度的	1/4	1/3	2/5	1/5	1/4	1/3
		计算的节子尺寸不超过材料宽度的	2/5	1/2	1/2	1/3	1/3	1/2
		计算的节子的最大直径不超过/mm	40	—	—	35	—	—
		小面贯通的条状节在大面的直径不超过	1/4	1/3	2/5	不允许	1/5	1/4
	死节	不计算的节子尺寸不超过材料宽度的	1/4	1/4	1/3	1/5	1/4	1/3

（续）

<table>
<tr><td colspan="2" rowspan="3">缺陷名称</td><td rowspan="3">允许限度</td><td colspan="3">门窗框</td><td colspan="3">木板门扇（纱窗门）</td></tr>
<tr><td colspan="3">上框、边框
（立边及坎）</td><td colspan="3">上梃、中梃、下梃、边梃
（立边、冒头）</td></tr>
<tr><td>Ⅰ（高级）</td><td>Ⅱ（中级）</td><td>Ⅲ（普通级）</td><td>Ⅰ（高级）</td><td>Ⅱ（中级）</td><td>Ⅲ（普通级）</td></tr>
<tr><td rowspan="5">节子</td><td rowspan="3">死节</td><td>计算的节子尺寸不超过材料宽度的</td><td>1/3（2/5）</td><td>2/5（2/5）</td><td>2/5（1/2）</td><td>1/4（1/4）</td><td>1/3（2/5）</td><td>2/5（1/2）</td></tr>
<tr><td>计算的节子的最大直径不超过/mm</td><td>30（40）</td><td>—</td><td>—</td><td>30（35）</td><td>—</td><td>—</td></tr>
<tr><td>小面贯通的条状节在大面的直径不超过</td><td>1/5</td><td>1/4</td><td>1/3</td><td>不允许</td><td>1/5</td><td>1/4</td></tr>
<tr><td rowspan="2">贯通节</td><td>小面贯通至小面不超过小面的或不超过</td><td>1/3</td><td>2/5</td><td>2/5</td><td>1/4</td><td>1/3</td><td>2/5</td></tr>
<tr><td>每米长允许个数（门芯板每平方米个数）</td><td>6</td><td>7</td><td>8</td><td>4</td><td>6</td><td>7</td></tr>
<tr><td colspan="2" rowspan="3">裂纹</td><td>贯通裂纹长度不超过/mm</td><td>60</td><td>80</td><td>100</td><td>不允许</td><td>不允许</td><td>不允许</td></tr>
<tr><td>未贯通裂纹长度不超过材料长度的</td><td>1/5</td><td>1/3</td><td>1/2</td><td>1/6</td><td>1/5</td><td>1/4</td></tr>
<tr><td>未贯通裂纹深度不超过材料厚度的</td><td>1/4</td><td>1/3</td><td>1/2</td><td>1/4</td><td>1/3</td><td>2/5</td></tr>
<tr><td colspan="2">斜纹</td><td>不超过材料的（%）</td><td>20</td><td>20</td><td>25</td><td>15</td><td>20</td><td>20</td></tr>
<tr><td colspan="2">变色</td><td>不超过材料的（%）</td><td>25</td><td colspan="2">不限</td><td>25</td><td colspan="2">不限</td></tr>
<tr><td colspan="2" rowspan="2">夹皮</td><td>长度不超过/mm</td><td>50</td><td colspan="2">不限</td><td>50</td><td colspan="2">不限</td></tr>
<tr><td>每米长的条数不超过</td><td>1</td><td colspan="2">不限</td><td>1</td><td colspan="2">不限</td></tr>
<tr><td colspan="2">腐朽</td><td>正面不许有，背面允许有面积不大于20%，深度不超过材厚的</td><td>1/10</td><td>1/5</td><td>1/4</td><td colspan="3">允许有</td></tr>
<tr><td colspan="2">树脂囊（油眼）</td><td></td><td colspan="3">参数同死节</td><td colspan="3">参数同死节</td></tr>
<tr><td colspan="2">髓心</td><td></td><td colspan="3">不露出表面的允许</td><td colspan="3">不露出表面的允许</td></tr>
<tr><td colspan="2">虫眼</td><td colspan="7">直径 3mm 以下的其深度不超过 5mm 的不计；直径 3.1 ~ 8mm 的（包括长度在 35mm 以下的），每 100cm² 内的允许数：Ⅰ级 3 个，Ⅱ级 4 个，Ⅲ级 5 个；直径 8.1mm 以上（包括长度在 35mm 以上的）参数同死节</td></tr>
</table>

（2）木板门、窗扇和亮窗扇的选材规范（表5-84）

表5-84　木板门、窗扇和亮窗扇的选材规范

缺陷名称		允许限度	木板门（纱窗门）			窗扇（纱窗门）亮窗扇		
			门心板			上梃、中梃、下梃、边梃		
			Ⅰ（高级）	Ⅱ（中级）	Ⅲ（普通级）	Ⅰ（高级）	Ⅱ（中级）	Ⅲ（普通级）
节子	活节	不计算的节子尺寸不超过材料宽度的	10mm	15mm	30mm	1/4	1/4	1/3
		计算的节子尺寸不超过材料宽度的	—	—	—	1/3	1/3	1/2
		计算的节子的最大直径不超过/mm	25	30	45	—	—	—
		小面贯通的条状节在大面的直径不超过	不允许	不允许	不允许	不允许	1/4	1/4
	死节	不计算的节子尺寸不超过材料宽度的	5mm	15mm	30	1/5	1/4	1/3
		计算的节子尺寸不超过材料宽度的	—	—	—	1/4（1/4）	1/3（2/5）	2/5（1/2）
		计算的节子的最大直径不超过/mm	20（25）	25（30）	40（45）	—	—	—
		小面贯通的条状节在大面的直径不超过	不允许	不允许	不允许	不允许	1/5	1/5
	贯通节	小面贯通至小面不超过小面或不超过	不允许	不允许	不允许	不允许	1/4	1/3
		每米长的个数（门芯板为每平方米个数）	5	6	7	4	6	7
裂纹		贯通裂纹长度不超过/mm	不允许	不允许	不允许	不允许	不允许	不允许
		未贯通裂纹长度不超过材料长度的	不允许	不允许	不允许	1/7	1/5	1/5
		未贯通裂纹长度不超过材料厚度的	不允许	不允许	不允许	1/4	1/3	2/5
斜纹		不超过材料的（%）	20	25	25	15	15	20
变色		不超过材料的（%）	20	不限	25	不限		
夹皮		长度不超过/mm	不允许	同死节		30	不限	
		每米长的条数不超过	不允许	同死节		1	不限	
腐朽		正面不许有，背面允许有面积不大于20%，深度不超过材厚的	不允许			不允许		

（续）

缺陷名称	允许限度	木板门（纱窗门）			窗扇（纱窗门）亮窗扇		
		门心板			上梃、中梃、下梃、边梃		
		Ⅰ（高级）	Ⅱ（中级）	Ⅲ（普通级）	Ⅰ（高级）	Ⅱ（中级）	Ⅲ（普通级）
树脂囊		参数同死节			参数同死节		
髓心		不露出表面的允许			不露出表面的允许		
虫眼	直径3mm以下的其深度不超过5mm的不计；直径3.1～8mm的（包括长度在35mm以下的），每$100cm^2$内的允许数：Ⅰ级3个，Ⅱ级4个，Ⅲ级5个；直径8.1mm以上（包括长度在35mm以上的）参数同死节						

（3）夹板门及模压门内部零件的选材规范（表5-85）

表5-85　夹板门及模压门内部零件的选材规范

缺陷名称		允许限度	夹板门及模压门内部零件			横芯、竖芯、斜撑等小零件		
			Ⅰ（高级）	Ⅱ（中级）	Ⅲ（普通级）	Ⅰ（高级）	Ⅱ（中级）	Ⅲ（普通级）
节子	活节	不计算的节子尺寸不超过材料宽度的	—	—	—	1/4	1/4	1/3
		计算的节子尺寸不超过材料宽度的	1/2	1/2	不限	1/3	1/3	2/5
		计算的节子的最大直径不超过/mm	—	—	—	—	—	—
		小面贯通的条状节在大面的直径不超过	1/3	1/3	1/3	不允许	不允许	不允许
	死节	不计算的节子尺寸不超过材料宽度的	—	—	—	1/5	1/4	1/4
		计算的节子尺寸不超过材料宽度的	1/3（1/3）	1/3（1/2）	1/2（1/2）	1/4	1/3	1/3
		计算的节子的最大直径不超过/mm	—	—	—	—	—	—
		小面贯通的条状节在大面的直径不超过	1/4	1/4	1/4	不允许	不允许	不允许
	贯通节	小面贯通至小面不超过小面或不超过	1/3	1/3	1/3	不允许	5mm	7mm
	允许个数	每米长的个数（门芯板为每平方米个数）	不影响强度的不限			4	5	6
裂纹		贯通裂纹长度不超过/mm	不允许	不允许	不允许	不允许	不允许	不允许
		未贯通裂纹长度不超过材料长度的	1/3	1/3	不限	1/8	1/6	1/4
		未贯通裂纹深度不超过材料厚度的	1/2	1/2	不限	1/4	1/3	1/3

（续）

缺陷名称	允许限度	夹板门及模压门内部零件			横芯、竖芯、斜撑等小零件		
		Ⅰ（高级）	Ⅱ（中级）	Ⅲ（普通级）	Ⅰ（高级）	Ⅱ（中级）	Ⅲ（普通级）
斜纹	不超过材料的（%）	20	20	20	10	15	15
变色	不超过材料的（%）	不限			25	不限	
夹皮	长度不超过/mm	不限			同死节		
	每米长的条数不超过	不限			同死节		
腐朽	正面不许有，背面允许有面积不大于20%，深度不超过材厚的	不允许			不允许		
树脂囊（油眼）		胶接面不允许有，其余不限			参数同死节		
髓心		允许			不允许		
虫眼	直径3mm以下的其深度不超过5mm的不计；直径3.1～8mm的（包括长度在35mm以下的），每$100cm^2$内的允许数：Ⅰ级3个，Ⅱ级4个，Ⅲ级5个；直径8.1mm以上（包括长度在35mm以上的）参数同死节						

注：1. 表内列入的全部允许缺陷均按外露面计算，未列入的缺陷不限。
2. 在开榫、打眼和安装五金件部位不允许有节子和虫眼缺陷。
3. 计算的节子间距不得小于50mm。
4. 门窗框的上框及边框，如果不裁灰口，其小面允许有不超过10mm的钝棱。
5. 表中括号里的数字为修补后补块尺寸的允许值。

5.4.2 木门窗用五金配件

1. 木门窗用五金配件的特点

（1）木门窗用五金配件的类型　五金配件是负责将门窗的框与扇紧密连接的部件，没有它的存在，门窗只会变成短板，也就失去了门窗的意义。木门窗五金件可按用途分为建筑门锁、执手、撑挡、合页、铰链、闭门器、拉手、插销、窗钩、防盗链、感应启闭门装置等。

（2）木门窗用五金配件的特点　木门窗五金配件表面一般经镀覆或涂覆处理，具有坚固、耐用、灵活、经济、美观等特点。五金件在门窗制造和造型中起到了增加装饰效果的作用，提高了门窗的艺术档次，为门窗的不可缺的重要组成部分，其主要特点见表5-86。

表5-86　木门窗用五金配件的主要特点

特点	释义
互换性强	木门窗五金件档次可高可低，按使用成本随意选择，如果市场缺货或使用中损坏，可以使用另外型号代替，互换性强
采购方便	门锁、执手、撑挡、合页、铰链、闭门器、拉手、插销、窗钩、防盗链、感应启闭门装置等大都已经成为市场经营商品，应有尽有、采购方便
价格便宜	一般由低碳钢、铜合金、铝合金等材料制造，采用镀覆、涂覆等常规工艺美化、强化，制造成本低，价格低廉
外表美观	表面平滑、美观、靓丽，与门、扇的木质颜色协调配合，增加装饰效果

（续）

特点	释义
创新随意	可以根据五金件的操作部件、锁闭部件、连接承重部件的表面形状、安装位置、颜色及客户意见选定门窗五金件配置方案，创造新的艺术效果

2. 木门窗用五金配件

（1）木门窗用合页

木门窗用合页分为普通型合页、轻型合页、抽芯型合页、H 型合页、T 型合页、双袖型合页和弹簧合页等。

1）木门窗用普通型合页（QB/T 4595.1—2013）　普通型合页主要用于木质门窗或者家具，作为启闭的铰链，其规格尺寸见表 5-87。

表 5-87　木门窗用普通型合页的规格尺寸　（单位：mm）

系列编号	合页长度 *L*/mm		合页厚度 *T*/mm	每片页片最少螺孔数/个
	Ⅰ组	Ⅱ组		
A35	88.90	90.00	2.50	3
A40	101.60	100.00	3.00	4
A45	114.30	110.00	3.00	4
A50	127.00	125.00	3.00	4
A60	152.40	150.00	3.00	5
B45	114.30	110.00	3.50	4
B50	127.00	125.00	3.50	4
B60	152.40	150.00	4.00	5
B80	203.20	200.00	4.50	7

注：1. 系列编号中 A 为中型合页，B 为重型合页，后跟两个数字表示合页长度，35=3 1/2 in.（88.90mm），40=4 in.（101.60mm），依次类推。

2. Ⅰ组为英制系列，Ⅱ组为公制系列。

2）木门窗用轻型合页（QB/T 4595.2—2013）　轻型合页与普通型合页相类似，但页片窄而薄，主要用于轻便木质门窗或者家具，作为启闭的铰链，其规格尺寸见表 5-88。

表 5-88　木门窗用轻型合页的规格尺寸　（单位：mm）

系列编号	合页长度/mm		合页厚度/mm		每片页片的最少螺孔数/个
	Ⅰ组	Ⅱ组	基本尺寸	极限偏差	
C10	25.40		0.70	0 -0.10	2
C15	38.10		0.80		2
C20	50.80	50.00	1.00		3
C25	63.50	65.00	1.10		3
C30	76.20	75.00	1.10		4
C35	88.90	90.00	1.20		4
C40	101.60	100.00	1.30		4

注：1. C 为轻型合页，后面两个数字表示合页长度，35=3 1/2 in.（88.90mm），40 =4 in.（101.60mm），依次类推。

2. Ⅰ组为英制系列，Ⅱ组为公制系列。

3）木门窗用抽芯型合页（QB/T 4595.3—2013） 抽芯型合页主要用于门窗的转动开合，适用于需要经常拆卸的门窗，其规格尺寸见表5-89。

表5-89 木门窗用抽芯型合页的规格尺寸 （单位：mm）

<table>
<tr><th rowspan="2">系列编号</th><th colspan="2">合页长度/mm</th><th colspan="2">合页厚度/mm</th><th rowspan="2">每片页片的螺孔数/个</th></tr>
<tr><th>Ⅰ组</th><th>Ⅱ组</th><th>基本尺寸</th><th>极限偏差</th></tr>
<tr><td>D15</td><td colspan="2">38.10</td><td>1.20</td><td rowspan="6">±0.10</td><td>2</td></tr>
<tr><td>D20</td><td>50.80</td><td>50.00</td><td>1.30</td><td>3</td></tr>
<tr><td>D25</td><td>63.50</td><td>65.00</td><td>1.40</td><td>3</td></tr>
<tr><td>D30</td><td>76.20</td><td>75.00</td><td>1.60</td><td>4</td></tr>
<tr><td>D35</td><td>88.90</td><td>90.00</td><td>1.60</td><td>4</td></tr>
<tr><td>D40</td><td>101.60</td><td>100.00</td><td>1.80</td><td>4</td></tr>
</table>

注：D为抽芯型合页，后面两个数字表示合页长度，35 = 3 1/2 in.（88.90mm），40 = 4 in.（101.60mm），依次类推。Ⅰ组为英制系列，Ⅱ组为公制系列。

4）木门窗用H型合页（QB/T 4595.4—2013） H型合页主要用于厚度较小且经常拆卸的门窗，其规格尺寸见表5-90。

表5-90 木门窗用H型合页的规格尺寸 （单位：mm）

<table>
<tr><th rowspan="2">系列编号</th><th rowspan="2">合页长度/mm</th><th colspan="2">合页厚度/mm</th><th rowspan="2">每片页片的最少螺孔数/个</th></tr>
<tr><th>基本尺寸</th><th>极限偏差</th></tr>
<tr><td>H30</td><td>80.00</td><td>2.00</td><td rowspan="4">0
-0.10</td><td>3</td></tr>
<tr><td>H40</td><td>95.00</td><td>2.00</td><td>3</td></tr>
<tr><td>H45</td><td>110.00</td><td>2.00</td><td>3</td></tr>
<tr><td>H55</td><td>140.00</td><td>2.50</td><td>4</td></tr>
</table>

注：H为H型合页，后面两个数字表示合页长度，30表示约为3 in.，45表示约为4 1/2 in.，依次类推。

5）木门窗用T型合页（GB/T 4595.5—2013） T型合页主要用于要求转动灵活且臂长较大的门窗，其规格尺寸见表5-91。

表5-91 木门窗用T型合页的规格尺寸 （单位：mm）

<table>
<tr><th rowspan="2">系列编号</th><th colspan="2">合页长度/mm</th><th colspan="2">合页厚度/mm</th><th rowspan="2">每片页片的最少螺孔数/个</th></tr>
<tr><th>Ⅰ组</th><th>Ⅱ组</th><th>基本尺寸</th><th>极限偏差</th></tr>
<tr><td>T30</td><td>76.20</td><td>75.00</td><td>1.40</td><td rowspan="5">±0.10</td><td>3</td></tr>
<tr><td>T40</td><td>101.60</td><td>100.00</td><td>1.40</td><td>3</td></tr>
<tr><td>T50</td><td>127.00</td><td>125.00</td><td>1.50</td><td>4</td></tr>
<tr><td>T60</td><td>152.40</td><td>150.00</td><td>1.50</td><td>4</td></tr>
<tr><td>T80</td><td>203.20</td><td>200.00</td><td>1.80</td><td>4</td></tr>
</table>

注：1. T表示T型合页，后面两个数字表示合页长度，30 = 3 in.（76.20mm），40 = 4 in.（101.60mm），依次类推。
2. Ⅰ组为英制系列，Ⅱ组为公制系列。

6）木门窗用双袖型合页（QB/T 4595.6—2013） 双袖型合页主要用于门窗的转动开合。适用于需要经常拆卸的门窗，其规格尺寸见表5-92。

表 5-92　木门窗用双袖型合页的规格尺寸　　（单位：mm）

系列编号	合页长度/mm	合页厚度/mm		每片页片的螺孔数/个
		基本尺寸	极限偏差	
G30	75.00	1.50	±0.10	3
G40	100.00	1.50		3
G50	125.00	1.80		4
G60	150.00	2.00		4

注：G 表示双袖型合页，后面两个数字表示合页长度，30 = 3 in.（75.00mm），40 = 4 in.（100mm），依次类推。

7）木门窗用弹簧合页（QB/T 1738—1993）　木门窗用弹簧合页分为单弹簧合页和双弹簧合页。单弹簧合页朝一个方向启闭（90°～160°）门扇；双弹簧合页朝两个方向启闭（180°～320°）门扇。制造材料：采用65Mn 钢，配套零件采用碳钢，其外形规格尺寸见表 5-93。

表 5-93　木门窗用弹簧合页的规格尺寸　　（单位：mm）

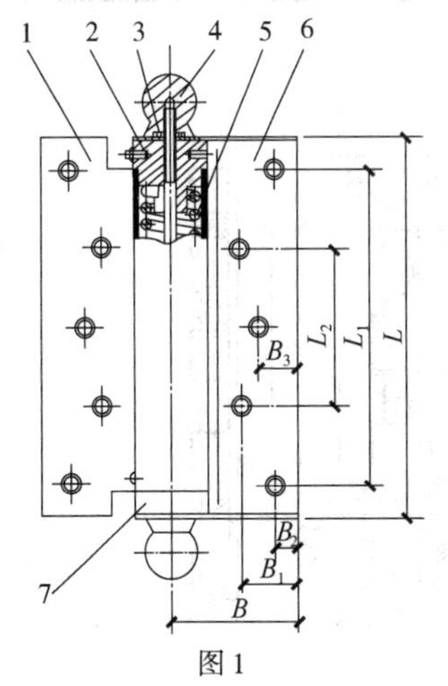

图 1

1—筒管　2—调节器　3—弹簧垫圈　4—圆头　5—弹簧　6—页片　7—底座

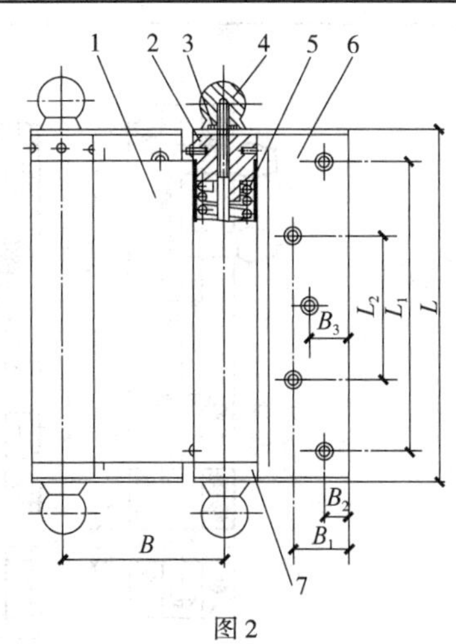

图 2

1—筒管　2—调节器　3—弹簧垫圈　4—圆头　5—弹簧　6—页片　7—底座

规格			75	100	125	150	200	250
L	Ⅱ型	基本尺寸	75	100	125	150	200	250
		极限偏差	±0.95	±1.10	±1.25		±1.45	
	Ⅰ型	基本尺寸	76	102	127	152	203	254
		极限偏差	± 0. 95	±1.10	±1.25		±1.45	±1.60
B	图 1	基本尺寸	36	39	45	50	71	—
		极限偏差	±1.95				±2.3	—
	图 2	基本尺寸	48	56	64		95	
		极限偏差	±1.95	±2.3			±2.7	
L_1		基本尺寸	58	76	90	120	164	—
		极限偏差	±0.95		±1.10		±1.25	—
L_2		基本尺寸	34	43	44	70	82	—
		极限偏差	±0.80			±0.95	±1.10	

（续）

<table>
<tr><th colspan="2">规格</th><th>75</th><th>100</th><th>125</th><th>150</th><th>200</th><th>250</th></tr>
<tr><td rowspan="2">B_1</td><td>基本尺寸</td><td>13</td><td>16</td><td>19</td><td>20</td><td colspan="2">32</td></tr>
<tr><td>极限偏差</td><td colspan="2">30. 55</td><td colspan="2">±0. 65</td><td colspan="2">±0. 80</td></tr>
<tr><td rowspan="2">B_2</td><td>基本尺寸</td><td colspan="2">8</td><td>9</td><td>10</td><td colspan="2">14</td></tr>
<tr><td>极限偏差</td><td colspan="4">±0. 45</td><td colspan="2">±0. 55</td></tr>
<tr><td rowspan="2">B_3</td><td>基本尺寸</td><td>—</td><td>—</td><td>—</td><td>15</td><td colspan="2">23</td></tr>
<tr><td>极限偏差</td><td>—</td><td>—</td><td>—</td><td>±0. 55</td><td colspan="2">±0. 65</td></tr>
</table>

（2）木门窗用钢插销　木门窗用插销分为钢插销（封闭Ⅰ、Ⅱ、Ⅲ型）、管型钢插销、普通型钢插销、蝴蝶型钢插销、暗插销等。

1）木门窗用钢插销（封闭Ⅰ型）用于固定关闭后的门窗，其规格尺寸见表5-94。

表5-94　木门窗用钢插销（封闭Ⅰ型）的规格尺寸　（单位：mm）

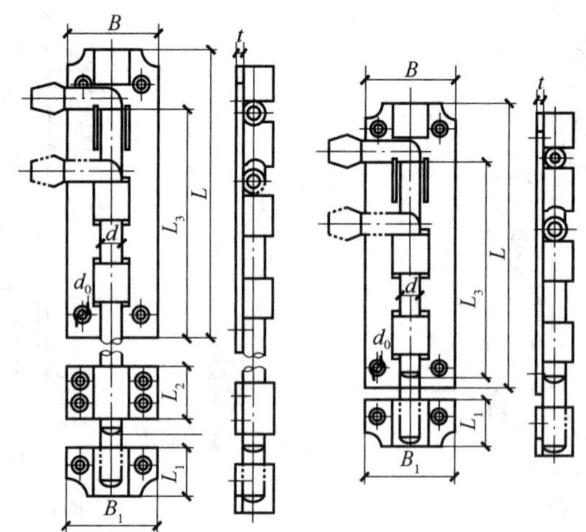

<table>
<tr><th rowspan="2">规格</th><th colspan="5">插板</th><th colspan="2">插座</th><th colspan="2">插节</th><th colspan="2">插杆</th></tr>
<tr><th>L</th><th>B</th><th>d_0</th><th>t</th><th>孔数</th><th>L_1</th><th>B_1</th><th>L_2</th><th>B</th><th>d</th><th>L_3</th></tr>
<tr><td>40</td><td>40</td><td rowspan="3">25</td><td rowspan="3">3. 5</td><td rowspan="6">1</td><td rowspan="6">4</td><td rowspan="3">10</td><td rowspan="3">26</td><td rowspan="8">—</td><td rowspan="8">—</td><td rowspan="3">5. 5</td><td>28</td></tr>
<tr><td>50</td><td>50</td><td>38</td></tr>
<tr><td>65</td><td>65</td><td>52</td></tr>
<tr><td>75</td><td>75</td><td rowspan="4">28. 5</td><td rowspan="4">4</td><td rowspan="4">15</td><td rowspan="4">32</td><td rowspan="4">7</td><td>53</td></tr>
<tr><td>100</td><td>100</td><td>78</td></tr>
<tr><td>125</td><td>125</td><td>98</td></tr>
<tr><td>150</td><td>150</td><td rowspan="10">1. 2</td><td rowspan="10">6</td><td>123</td></tr>
<tr><td>200</td><td>200</td><td rowspan="9">37</td><td rowspan="9">4. 5</td><td rowspan="9">28</td><td rowspan="9">37</td><td rowspan="9">9</td><td>170</td></tr>
<tr><td>250</td><td rowspan="2">150</td><td rowspan="8">50</td><td rowspan="8">37</td><td>220</td></tr>
<tr><td>300</td><td>270</td></tr>
<tr><td>350</td><td rowspan="6">200</td><td>320</td></tr>
<tr><td>400</td><td>370</td></tr>
<tr><td>450</td><td>420</td></tr>
<tr><td>500</td><td>470</td></tr>
<tr><td>550</td><td>520</td></tr>
<tr><td>600</td><td>570</td></tr>
</table>

2）木门窗用钢钢插销（封闭Ⅱ型、Ⅲ型）用于固定关闭后的门窗，其规格尺寸见表5-95。

表5-95　木门窗用钢插销（封闭Ⅱ型、Ⅲ型）的规格尺寸　（单位：mm）

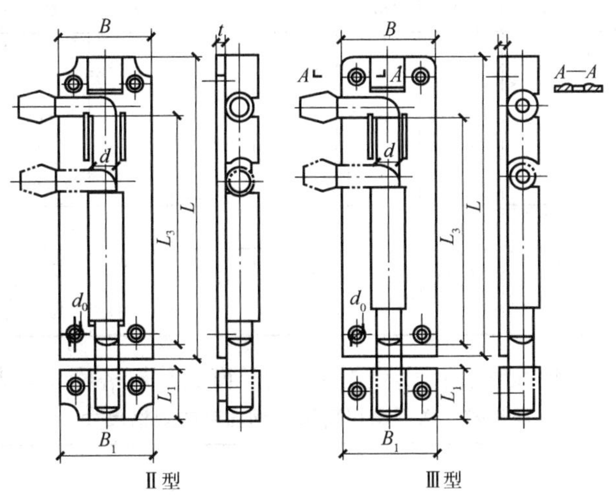

<table>
<tr><th rowspan="2">类型</th><th rowspan="2">规格</th><th colspan="5">插板</th><th colspan="2">插座</th><th colspan="2">插杆</th></tr>
<tr><th>L</th><th>B</th><th>d_0</th><th>t</th><th>孔数</th><th>L_1</th><th>B_1</th><th>d</th><th>L_3</th></tr>
<tr><td rowspan="8">Ⅱ型</td><td>40</td><td>40</td><td rowspan="3">25</td><td rowspan="3">3.5</td><td rowspan="5">1</td><td rowspan="5">4</td><td rowspan="3">10</td><td rowspan="3">25</td><td rowspan="3">5.5</td><td>28</td></tr>
<tr><td>50</td><td>50</td><td>38</td></tr>
<tr><td>65</td><td>65</td><td>52</td></tr>
<tr><td>75</td><td>75</td><td rowspan="4">29</td><td rowspan="4">4</td><td rowspan="4">15</td><td rowspan="4">29</td><td rowspan="4">7</td><td>53</td></tr>
<tr><td>100</td><td>100</td><td>78</td></tr>
<tr><td>125</td><td>125</td><td rowspan="3">1.2</td><td rowspan="3">6</td><td>98</td></tr>
<tr><td>150</td><td>150</td><td>123</td></tr>
<tr><td>200</td><td>200</td><td>36</td><td>4.5</td><td>15</td><td>36</td><td>9</td><td>170</td></tr>
<tr><td rowspan="5">Ⅲ型</td><td>75</td><td>75</td><td rowspan="2">33</td><td rowspan="5">4</td><td rowspan="2">1</td><td rowspan="2">4</td><td rowspan="4">14</td><td rowspan="4">37</td><td rowspan="2">7</td><td>54</td></tr>
<tr><td>100</td><td>100</td><td>74</td></tr>
<tr><td>125</td><td>125</td><td rowspan="2">35</td><td rowspan="3">1.2</td><td rowspan="3">6</td><td rowspan="2">8</td><td>94</td></tr>
<tr><td>150</td><td>150</td><td>114</td></tr>
<tr><td>200</td><td>200</td><td>40</td><td>16</td><td>45</td><td>9</td><td>162</td></tr>
</table>

3）管型钢插销用于固定关闭后的门窗，其规格尺寸见表5-96。

表5-96　木门窗用管型钢插销的规格尺寸　（单位：mm）

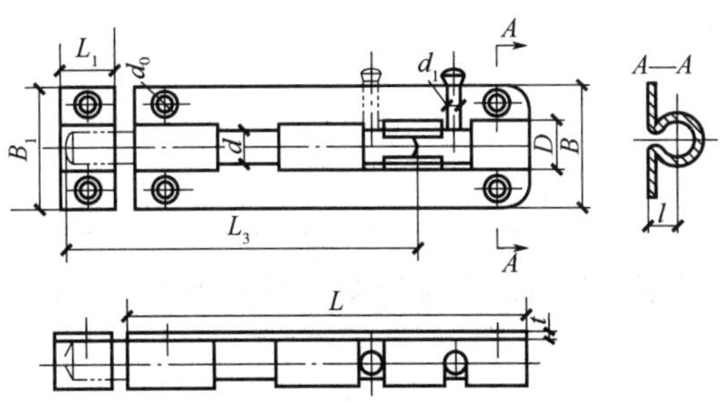

（续）

<table>
<tr><th rowspan="2">规格</th><th colspan="7">插板</th><th colspan="2">插座</th><th colspan="3">插杆</th></tr>
<tr><th>L</th><th>B</th><th>l</th><th>D</th><th>d_0</th><th>t</th><th>孔数</th><th>L_1</th><th>B_1</th><th>d</th><th>d_1</th><th>L_3</th></tr>
<tr><td>40</td><td>40</td><td rowspan="4">2</td><td rowspan="4">6.8</td><td rowspan="4">6.5</td><td rowspan="4">3.5</td><td rowspan="5">1</td><td rowspan="5">4</td><td rowspan="4">11</td><td rowspan="4">23</td><td rowspan="4">6</td><td rowspan="4">4</td><td>40</td></tr>
<tr><td>50</td><td>50</td><td>50</td></tr>
<tr><td>65</td><td>65</td><td>65</td></tr>
<tr><td>75</td><td>75</td><td>75</td></tr>
<tr><td>100</td><td>100</td><td rowspan="3">26</td><td rowspan="3">7.4</td><td rowspan="3">7.8</td><td rowspan="3">4</td><td rowspan="3">14</td><td rowspan="3">26</td><td rowspan="3">7</td><td rowspan="3">5</td><td>100</td></tr>
<tr><td>125</td><td>125</td><td rowspan="2">1.2</td><td rowspan="2">6</td><td>125</td></tr>
<tr><td>150</td><td>150</td><td>150</td></tr>
</table>

4）木门窗用普通型钢插销用于固定关闭后的门窗，其规格尺寸见表5-97。

表5-97 木门窗用普通型钢插销的规格尺寸 （单位：mm）

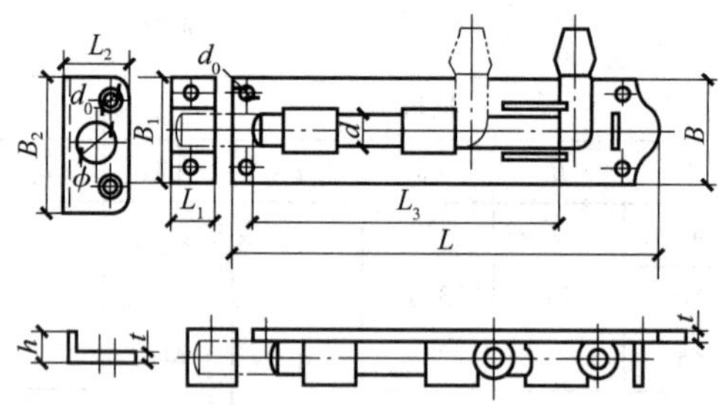

<table>
<tr><th rowspan="2">规格</th><th colspan="5">插板</th><th colspan="2">插座</th><th colspan="2">插片</th><th colspan="2">插杆</th></tr>
<tr><th>L</th><th>B</th><th>d</th><th>孔数</th><th>套圈个数</th><th>L_1</th><th>B_1</th><th>代号</th><th>数据</th><th>d</th><th>L_3</th></tr>
<tr><td>65</td><td>65</td><td rowspan="2">25</td><td rowspan="3">1</td><td rowspan="3">4</td><td rowspan="6">2</td><td rowspan="8">11</td><td rowspan="8">33</td><td rowspan="3">L_2</td><td rowspan="3">35</td><td rowspan="8">7</td><td>42</td></tr>
<tr><td>75</td><td>75</td><td>52</td></tr>
<tr><td>100</td><td>100</td><td rowspan="6">28</td><td>70</td></tr>
<tr><td>125</td><td>125</td><td rowspan="11">1.2</td><td rowspan="5">6</td><td rowspan="3">B_2</td><td rowspan="3">15</td><td>95</td></tr>
<tr><td>150</td><td>150</td><td>119</td></tr>
<tr><td>200</td><td>200</td><td>170</td></tr>
<tr><td>250</td><td>250</td><td rowspan="5">3</td><td rowspan="2">h</td><td rowspan="2">5</td><td>220</td></tr>
<tr><td>300</td><td>300</td><td>270</td></tr>
<tr><td>350</td><td>350</td><td rowspan="6">32</td><td rowspan="6">8</td><td rowspan="6">12</td><td rowspan="6">35</td><td rowspan="3">ϕ</td><td rowspan="3">9</td><td rowspan="6">8</td><td>315</td></tr>
<tr><td>400</td><td>400</td><td>365</td></tr>
<tr><td>450</td><td>450</td><td>415</td></tr>
<tr><td>500</td><td>500</td><td rowspan="3">4</td><td rowspan="3">d_0</td><td rowspan="3">2</td><td>465</td></tr>
<tr><td>550</td><td>550</td><td>515</td></tr>
<tr><td>600</td><td>600</td><td>565</td></tr>
</table>

5）蝴蝶型钢插销用于固定关闭后的门窗，最适宜作横向闩门之用，其规格尺寸见表5-98。

表 5-98　木门窗用蝴蝶型钢插销的规格尺寸　（单位：mm）

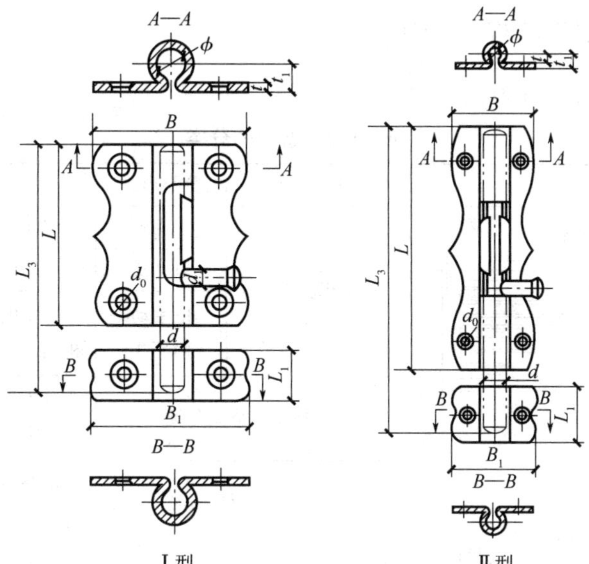

Ⅰ型　　Ⅱ型

类型	规格	插板							插座		插杆		
		L	B	d_0	t_1	ϕ	t	孔数	L_1	B_1	d	L_1	L_3
Ⅰ型	40	40	35	4	7	7.5	1	4	15	35	7	55	4
	50	50	44		7.5	8.5			20	44	8	75	5
Ⅱ型	40	40	29	3.5	6.3	6.5	1	4	15	31	6	56.5	4
	50	50										67	
	65	65										81.5	
	75	75										91.5	

6）木门窗用暗插销装在双扇门上，用来固定关闭后的门窗，最适宜作横向闩门之用，常嵌装在门窗的侧面，其规格尺寸见表 5-99。

表 5-99　木门窗用暗插销的规格尺寸　（单位：mm）

规格	主要尺寸			木螺钉	
	长度 L	宽度 B	深度 C	长度×直径	个数
150	152	25	30	18×3.5	6
200	203	27	31	18×3.5	6
250	254	27	36	25×4	8
300	305	27	36	25×4	8

5.5　卷帘门

卷帘门又称卷闸门，用于商业门面、车库、商场、医院、厂矿企业等公共场所或住宅。

尤其是门洞较大，不便安装地面门体的地方，卷帘门可以起到方便、快捷开启门体的作用。

5.5.1　卷门（QB/T 1137—2016）

1. 卷门的分类（表 5-100）

表 5-100　卷门的分类

图示	分类方法	分类形式	说明
主轴 手电动两用式卷门机 导轨 帘片 挡片 底梁 底梁角铁 电手动两用式卷帘门	按启闭形式分类	手动式	启闭手动控制
		电动式	启闭电动控制
		电手动两用式	启闭电动控制，并备有手动控制机构
	按帘片形式分类		分为板状、片状、网状、管状等多种帘片
	按帘片材质分类		可分为普通碳素钢（P）、铝及铝合金（L）、不锈耐酸钢（C）等
	按安装形式分类		分为外装式（W）、内装式（N）、中装式（Z）

2. 卷门的安装技术要求（表 5-101）

表 5-101　卷门的安装技术要求

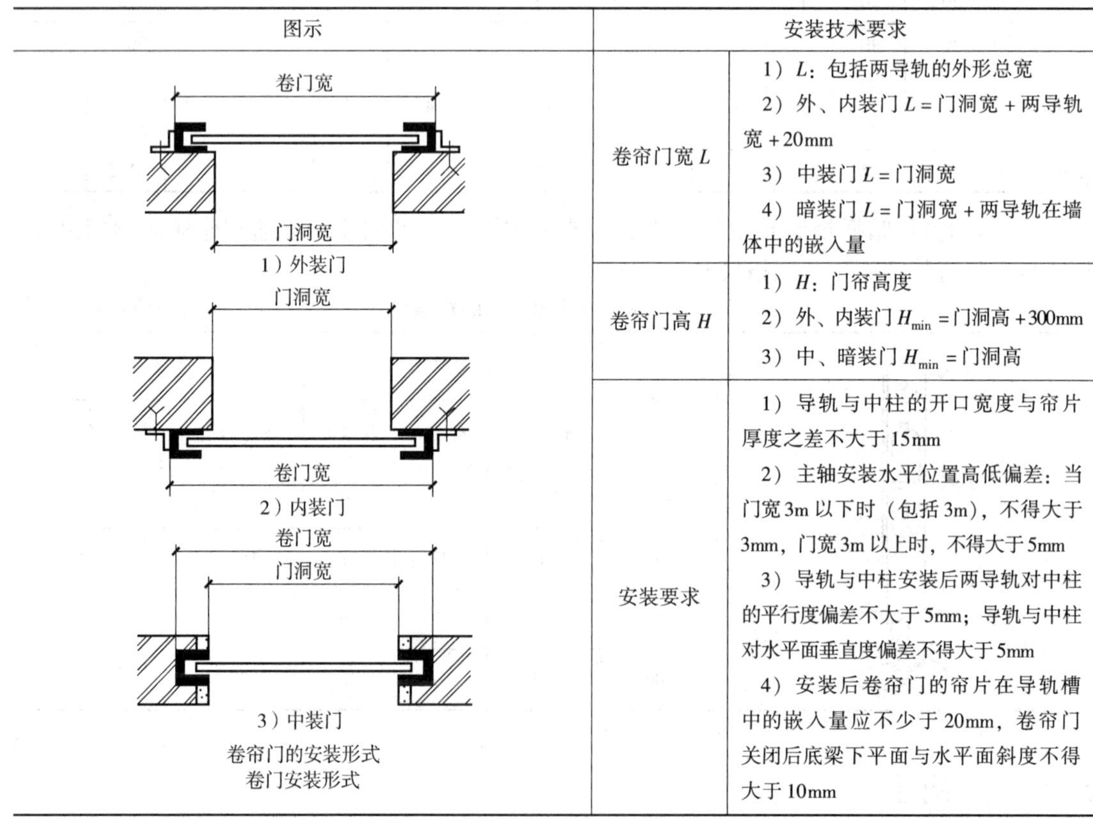

图示	安装技术要求	
卷帘门的安装形式 卷门安装形式	卷帘门宽 L	1）L：包括两导轨的外形总宽 2）外、内装门 L = 门洞宽 + 两导轨宽 + 20mm 3）中装门 L = 门洞宽 4）暗装门 L = 门洞宽 + 两导轨在墙体中的嵌入量
	卷帘门高 H	1）H：门帘高度 2）外、内装门 H_{min} = 门洞高 + 300mm 3）中、暗装门 H_{min} = 门洞高
	安装要求	1）导轨与中柱的开口宽度与帘片厚度之差不大于 15mm 2）主轴安装水平位置高低偏差：当门宽 3m 以下时（包括 3m），不得大于 3mm，门宽 3m 以上时，不得大于 5mm 3）导轨与中柱安装后两导轨对中柱的平行度偏差不大于 5mm；导轨与中柱对水平面垂直度偏差不得大于 5mm 4）安装后卷帘门的帘片在导轨槽中的嵌入量应不少于 20mm，卷帘门关闭后底梁下平面与水平面斜度不得大于 10mm

注：1. 洞口尺寸按（GB/T 5824—2008）建筑门窗洞口尺寸系列。

2. 如有特殊门窗规格根据需要协商生产。

5.5.2　轻型金属卷门窗（JG/T 3039—1997）

轻型金属卷门窗分为手动卷门窗、电动卷门窗两种形式，常用于商业门面、车库、商场、医院、厂矿企业等公共场所或住宅。

1. 轻型金属卷门窗的启闭方式（表 5-102）

表 5-102　轻型金属卷门窗的启闭方式

图示	卷门窗			结构形式	启闭方式
	代号	名称	形式		
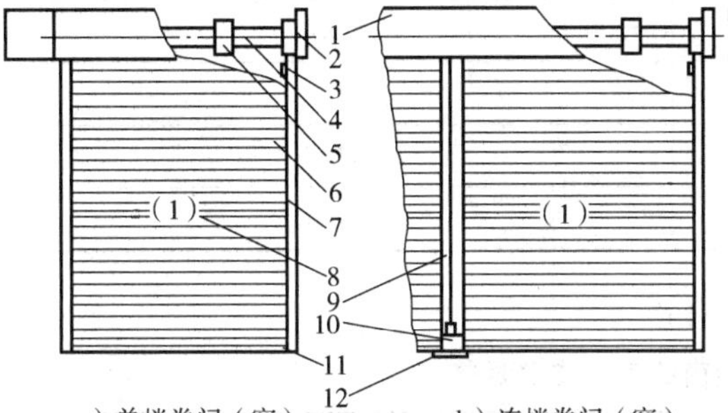 a）单樘卷门（窗）　b）连樘卷门（窗） 手动卷门（窗） 1—上罩　2—轴承　3—限位块　4—卷轴　5—弹簧　6—页片　7—导轨　8—锁　9—中柱　10—插销　11—座板　12—插座	S	单樘卷门窗 连樘卷门窗	手动式	由上罩、轴承、限位块、卷轴、弹簧、页片、导轨、锁、中柱、插销、座板、插座等组成	在转轴上装有弹簧用以平衡页片质量，启闭时用手操作
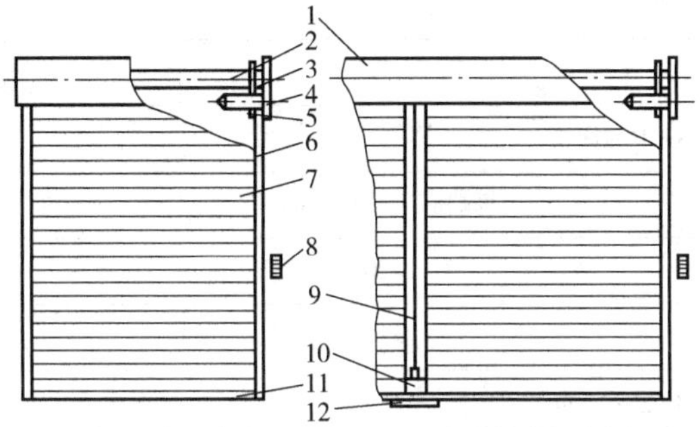 a）单樘卷门（窗）　b）连樘卷门（窗） 电动卷门（窗） 1—上罩　2—卷轴　3—轴承　4—卷门机　5—限位块　6—导轨　7—页片　8—开关　9—中柱　10—插销　11—座板　12—插座	D	单樘卷门窗 连樘卷门窗	电动式	由上罩、卷轴、轴承、卷门机、限位块、页片、导轨、开关、中柱、插销、座板、插座等组成	在卷门窗上装有电动卷门机，启闭时，用手操作电气开关，并配有手动启闭转子

2. 轻型金属卷门窗的使用性能（表 5-103）

表 5-103　轻型金属卷门窗的使用性能

耐风压强度分级及代号	
分级代号	耐风压/Pa
50	490
65	637
80	785

（续）

页片材料及代号			
代号	页片材料	代号	页片材料
Zn	镀锌钢板和钢带	B	不锈钢钢带
T	彩色涂层钢板及钢带	L	铝合金型材或带材
V	喷塑钢带		

绝缘电阻/V		
电路类别	电路电压	绝缘电阻
电动机主电路	>300	≥0.4
	<300	≥0.2
控制电路	150~300	≥0.2
	<150	≥0.1

3. 轻型金属卷门窗的安装技术要求（表 5-104）

表 5-104 轻型金属卷门窗的安装技术要求

安装形式及代号	
代号	安装形式
W	外装：卷门窗安装在洞口外侧
N	内装：卷门窗安装在洞口内侧
Z	中装：卷门窗安装在洞口中侧
页片嵌入导轨或中柱中的深度	
卷门窗内宽度/mm	每端嵌入深度/mm
≤1800	≥20
>1800~3000	≥30
安装尺寸偏差与形位公差/mm	
卷帘门内宽极限偏差	±3
卷帘门内高极限偏差	±10
导轨、中柱与水平面垂直度	≤15
卷轴与水平面平行度	≤3
座板与水平面平行度	≤10

5.6 特种门窗

特种门窗主要是指防盗、防毒、防火及对隔声、防潮、耐腐蚀或对色彩结构有特殊要求的门窗。由于这类门窗对于性能与质量具有特殊要求，因此国家颁布了特种门窗强制性产品标准，确保其产品质量。同时使用单位也有了识别与验收的依据。

5.6.1 防盗安全门

1. 防盗安全门的技术条件

(1) 适用标准:《防盗安全门通用技术条件》(GB 17565—2007),规定了防盗安全门的通用技术要求、试验方法和检验规则,是设计、制造、验收防盗安全门的技术依据。本标准适用于居民住宅及其他民用建筑使用的防盗安全门。

(2) 引用标准

《建筑门窗洞口尺寸系列》(GB/T 5824—2008)

《入侵探测器 第1部分:通用要求》(GB 10408.1—2000)

《机械防盗锁》(GA/T 73—2015)

(3) 术语定义

1) 防盗安全门:配有防盗锁,在一定时间内可以抵抗一定条件下非正常开启,具有一定安全防护性能并符合相应防盗安全级别的门。

2) 防盗安全级别:按产品的防破坏时间的长短、板材厚度及其他指标对防盗安全门划分的防盗安全级别。

3) 普通机械手工工具:普通机械手工工具包括各种式样的錾子、锉子、楔子、钳子、螺丝刀、扳手、钢锯、长度不大于600mm的大铁剪、1.2kg的手锤、便携式手摇钻、长度不大于600mm且直径不大于50mm的各种撬棍和撬扒工具。

4) $615cm^2$开口:最小边长尺寸为152mm的矩形开口或直径为281mm的圆形开口或斜边为497mm长的等腰直角三角形。

2. 防盗安全门的产品分类及标记

防盗安全门产品根据其安全级别、结构形式、门扇关闭方向进行分类,并给出相应标记、代号。

(1) 门扇关闭方向标记、代号

1) 防盗安全门产品的标记为FAM。

2) 防盗安全门产品的安全级分别为A、B、C三级。

(2) 防盗安全门产品按其结构形式(门型)分类如下:

1) 全封闭平开门,用P表示。

2) 栅栏式平开门,用S表示。

3) 栅栏式折叠门,用Z表示。

(3) 防盗安全门产品按其门扇关闭的方向分别使用如下代号:

1) 5.0:表示门扇顺时针方向由内向外关。

2) 5.1:表示门扇顺时针方向由外向内关。

3) 6.0:表示门扇逆时针方向由内向外关。

4) 6.1:表示门扇逆时针方向由外向内关。

3. 防盗安全门的技术要求

(1) 一般技术要求

1) 所有金属和木质构件表面化均应进行防腐蚀处理,漆层应有防锈底漆,漆层表面应无气泡和漆渣,电镀层色泽均匀,镀层无脱落。

2) 门扇、门框的外形尺寸应符合GB/T 5824的有关规定和图示尺寸的要求,门扇断面结构应符合图纸的规定。

3）栅栏式折叠门的铆接应采用高强度铆钉，铆接质量应保证铆钉中心线没有明显偏移现象。

4）在锁具安装部位以锁孔为中心，在半径下不小于100mm的范围内应有加强防钻钢板，以阻止穿透门扇从孔洞拆卸锁具、打开门扇的破坏。

（2）安全级别　各种结构形式的防盗安全门在规定的破坏工具作用下，按其薄弱环节能够抵抗非正常开启的净工作时间的长短分级如下：

平开全封闭式防盗安全门	平开栅栏式与折叠栅栏式防盗安全门
A级：15min	A级：10min
B级：30min	B级：20min
C级：45min	C级：30min

（3）门框、门扇尺寸

1）钢门框的制造钢板，其厚度不应小于2mm。

2）钢门框上有锁孔时，其与锁舌（栓）的最大配合间隙不应大于3mm。

3）门扇与门框的搭接宽度不应小于8mm，门扇与门框配合活动间隙不应大于4mm。

4）门扇与门框铰链边贴合面间隙不应大于2mm，门的开启边在关门状态与门框贴合面间隙不应大于3mm。

5）门扇与地平面铰链边贴合面间隙不应大于2mm，门的开启边在关门状态与门框贴合面间隙不应大于3mm。

6）门框、门扇对角线尺寸、门扇的外形尺寸公差符合表5-105的规定。

表5-105　门框、门扇对角线尺寸、门扇的外形尺寸公差　　（单位：mm）

门框门扇宽度与高度尺寸公差	宽度、高度	<1500	>1500	
	允许偏差	±3	±4	
门框门扇对角线长度差	对角线实测长度	<2000	2000～3500	>2500
	允许长度差	≤3	≤4	≤5

7）门框与门扇之间或其他部位可以安装防闯装置，装置本身及连接强度应可抵抗30kg沙袋的9次冲击而不产生断裂或脱落。

8）门扇在30kg沙袋软冲击载荷作用9次后，不应产生大于5mm的凹变形。

9）栅栏式防盗安全门水平或垂直方向的栅栏间隔不应大于60mm，单个栅栏最大面积不应超过250mm×60mm。

10）栅栏式防盗安全门安装锁具的钢制面板厚度不应小于4mm，其沿门扇高度方向的最小尺寸不应小于300mm，沿门扇宽度方向的尺寸应可保证与门扇框架整体连接。

（4）门铰链

1）门铰链应能支撑住门体重量，门在开启90°过程中，门体不应产生倾斜、门铰轴线不应产生大于2mm位移。

2）门铰链应转达动灵活，在49N拉力作用下门体可灵活转动90°。折叠门扇（或根）的铰链在49N力作用下，应可收缩开启，其整体动作就应一致。门扇折叠后，其相邻两扇面的高低差值不应大于2mm。

3）门铰链在强度上应可承受使用普通机械手工工具对铰链实施冲击、錾切破坏时传给铰链的冲击力和撬扒力矩，在规定的时间内，门铰链应无断裂现象。采用焊接进，焊接不得高于铰链表面。

4）门铰与门扇的连接处，在6000N压力作用下，力的作用方向为门的开启方向，门框与门扇之间不应产生大于8mm的位移，门扇面不应产生大于5mm的凹变形。

（5）门锁

1）机械防盗锁防盗：安全门上安装的门锁最低应符合现行标准GA/T 73中A级别机械防盗锁的技术要求。图纸上应标明选用的机械防盗锁的产品型号和制造厂名称。

2）电子密码锁：

①电子密码锁输入开启密码前，可以设有开启程序，该程序应简短、可靠、易记，并可定期或非定期更改。门被关闭后，电子密码锁即应进入锁闭状态。

②电子密码在感应不大于100N撞击力时，不产生错误动作和损坏现象。

③电子密码锁设有时间密码时，在24h的工作期间内，其开启时间的准确度不应超过±2min。

④如果是采用改变接线位置来更换电子密码锁的密码时，其接插件的插件耐久性应达到使用6000次不出故障。焊接引出线或接插件引出线在49N拉力作用下持续1min，不能产生断线、脱焊和接触等不良现象。如果用密码改变密码，其密码盘在6000次按键动作中不应出现故障。

⑤连续三次输入错误密码时，电子密码锁应能触发报警。在报警状态，电子密码锁处于不解码状态。电子密码锁失效、断电时，应有紧急开启手段。

（6）防破坏　防盗安全门在普通机械手工工具、便携式电动工具等相互配合作用下，在A级、B级、C级规定的净工作时间内，应该不能打开门或切割出一个穿透门体的615cm^2的开口。

（7）报警装置

1）防盗安全门可以安装报警装置，其安装位置应不易遭受外部破坏，且不影响门的开启。

2）报盗信号显示可为两种形式，即本地声音报警或接入报警传输网络。

3）门扇及门框遭受下列方式之一的入侵攻击时，报警装置应在30s内发出报警信号。每次报警时间不应少于1min。

①门体遭受300N以上的冲击力。

②金属敲击门扇、门框的声级大于100dB（A）。

4）C级防盗安全门的报警装置还应对下列方式之一的入侵攻击产生报警信号。

①火焰切割门扇金属。

②用钥匙连续开启锁具时间超过100s。

（8）电源

1）报警装置或电子密码锁用一次或二次电池供电，当工作电压下降到额定值的80%或产品规定值时，应有欠压报警指示。

2）电源电压在额定值的85%～110%范围内变化时，报警装置应能正常工作。

（9）电气安全要求

1）防盗安全门上使用交流电源时，其电源引入端子与外壳或金属门体之间的绝缘电阻在正常环境条件下不小于200MΩ，湿热条件下不小于5MΩ。

2）防盗安全门上使用交流电源时，其电源引入端与外壳或金属门体之间应能承受5Hz、2KV交流电压的抗电试验，历时1min应无击空和飞弧现象。

5.6.2 防火门（GB 12955—2008）

防火门用钢质材料制造门框、门扇骨架和门扇面板，门扇内若填充材料，则应填充对人体无毒无害的防火隔热材料，并配以防火五金配件所组成的具有一定耐火性能的门。

1. 防火门分类

（1）分类方法

1）按门扇数量分类：钢制单扇防火门和钢质双扇防火门。

2）按门扇结构分类：钢质镶玻璃防火门和钢质不镶玻璃防火门、钢质带亮窗防火门和钢质不带亮窗防火门。

3）按耐火极限分类：甲级防火门，耐火极限1.5h；乙级防火门，耐火极限1.0h；丙级防火门，耐火极限0.5h。

（2）钢质防火门的代号

1）代号：钢质防火门的名称代号为GFM，防火门耐火极限代号为甲、乙、丙。

2）防火门代号示例

【示例1】 GFM-0921-bsk5 乙-1—表示钢质乙级单扇防火门，洞口标志宽度（09）表示门宽为900mm，高度（21）表示门宽为2100mm，门扇上设具有防火性能的玻璃，门框为双槽口结构（s），有下框（k），门的开设方向为右开门（5）。

【示例2】 GFM-1021-d16 丙-2—表示钢质丙级双扇防火门，洞口标志宽度（10）表示门宽为1000mm，高度（21）表示门高为2100mm，门扇上不设具有防火性能的玻璃，门框为单槽口结构（d），没有下框，有亮窗（1），门的开设方向为左开门（6）。

【示例3】 GFM-1822-bd5A1.50 甲-2—表示钢质隔热甲级A类防火门，洞口标志宽度（18）表示门宽为1800mm，高度（22）表示门高为2200mm，门扇上设具有防火性能的玻璃（b），门框为单槽口结构（d），门的开设方向为右开门（5），耐火隔热时间为1.5h（1.50）。

2. 防火门的技术要求

（1）防火门的材质要求

1）门框、门扇所用钢板要求采用电解板，且为一次辊压成型。门框内设焊接加强角钢，门框铰链补强铁外焊接镀锌挡泥盒，门扇内设加强隔板。门扇表面钢板应与内部骨架应采取可靠连接。

2）钢质材料厚度：门框钢板厚度≥1.2mm，门扇面板厚度≥0.8mm，不带螺孔的加固件≥1.2mm，带螺孔的加固件≥3.0mm。

3）填充材料：防火门门框内填1:2.5水泥珍珠岩砂浆或1:3水泥砂浆。钢质门框设密封槽，槽内镶嵌由不燃材料制成的密封条、四侧镶嵌隐蔽的防火膨胀条。门扇内填充珍珠岩或水泥泡沫板或其他符合要求的防火填料。

4）其他材料、黏结剂：应对人体无毒无害，应经国家认可授权检测机构检验达到GB 8624—2012规定燃烧性能A1级要求和GB/T 20285—2006规定产烟毒性危险分级ZA2级要求。

（2）防火门的配件要求

1）防火锁：防火门安装的应是防火锁，防火锁的牢固度、灵活度和外观质量应符合现行行业标准 QB/T 2474 的规定，在门扇的有锁芯机构处，防火锁应有执手或推杆机构。

2）防火门用合页（铰链）：明铰链板厚不应少于3mm，不得使用双向弹簧。

3）防火闭门器：防火门应安装防火闭门器，或设置让常开防火门在火灾发生时能自动关闭门扇的闭门装置（特殊部位使用外，如管道井门等），防火闭门器应经国家认可授权检测机构检验合格，其性能应符合现行行业标准 GA-1993 规定。自动关闭门扇的闭门装置，应经国家认可授权检测机构检验合格。

4）防火顺序器：双扇、多扇防火门设置盖缝板或止口的应安装顺序器（特殊使用部位外）。

5）防火插销：采用钢质防火插销，应安装在双扇防火门或多扇防火门的相对固定一侧的门扇上。

6）盖缝板：平口或止口的双扇防火门宜设盖缝板，盖缝板与门扇应连接牢固，盖缝板不应防止门的正常开启。

7）防火密封件：门框与门扇、门扇与门扇的缝隙处嵌经国家认可授权机构检验合格的防火密封件，其性能符合现行国家标准 GB 16807 的规定。

8）防火玻璃：A 类防火门若嵌防火玻璃，其耐火性能应符合 A 类防火门条件。B 类防火门若嵌防火玻璃，其耐火性能应符合 B 类防火门条件。C 类防火门若嵌防火玻璃，其耐火性能应符合 C 类防火门条件。防火玻璃应国家认可授权检测机构检验合格，其性能符合现行国家标准 GB 15763.1 的规定。防火玻璃尺寸为 200mm×600mm，采用防火灌浆玻璃，防火玻璃安装完毕后其下边线应高于门锁。防火玻璃的压条采用整体式玻璃压条。

9）防火门外观质量：外观应平整、光洁、无明显凹痕或机械损伤；涂层、镀层均匀、平整、光滑，不应有堆漆、麻点、气泡、漏涂以及流淌等现象；焊接应牢固、焊点分布均匀，不允许有假焊、烧穿、漏焊、夹渣或疏松等现象；外表面焊接应打磨平整。门扇的重量不应小于设计质量。

（3）防火门的尺寸公差与形位公差　防火门的规格用洞口尺寸表示，洞口尺寸应符合现行国家标准 GB/T 5824 的相关规定。尺寸极限偏差、形位公差、配合公差、耐火性能应满足现行国家标准 GB 12955—2008 的要求。

1）防火门的尺寸极限偏差见表 5-106。

表 5-106　防火门的尺寸极限偏差　（单位：mm）

名称	项目	极限偏差
门扇	高度 H	±2
	宽度 W	±2
	厚度 T	+2 −1
门框	内裁口高度 H'	±3
	内裁口宽度 W'	±2
	侧壁宽度 T'	±2

2）防火门的形位公差见表 5-107。

表 5-107　防火门的形位公差

名称	项目	公差
门扇	两对角线长度差 $\lvert L_1 - L_2 \rvert$	≤3mm
	扭曲度 D	≤5mm
	宽度方向弯曲度 B_1	<2‰
	高度方向弯曲度 B_1	<2‰
门框	内裁口两对角线长度差 $\lvert L_1' - L_2' \rvert$	≤3mm

（4）防火门的产品出厂要求

1）防火门应启闭灵活、无卡阻现象，防火门门扇开启力不应大于 80N（在特殊场合使用的防火门除外）。

2）防火门都应在明显位置有永久性标牌，标牌应包括下内容：产品名称、型号规格及商标；制造厂名称或制造厂标记和厂址；出厂日期及产品生产批号；执行标准。产品标牌的制作应符合现行国家标准 GB/T 13306 规定。

3）防火门应依据（GB 12955—2008）《防火门》制造，经国家防火建筑材料质量监督检测中心检验合格。

5.6.3　平开户门（JG/T 453—2014）

平开户门具有防盗、防火、保温、隔声、通风等三种以上组合的使用功能，是住宅各户所用的外门。该门应实际需要，共有十种不同的组合功能。

1. 平开户门的规格

产品规格应符合现行国家标准 GB/T 5824—《建筑门窗洞口尺寸系列》的规定，基本规格及代号见表 5-108。

表 5-108　平开户门的基本规格及代号　（单位：mm）

洞口高	规格代号				
	洞口宽 900	洞口宽 1000	洞口宽 1200	洞口宽 1500	洞口宽 1800
2000	880×1990	980×1990	1180×1990	1480×1990	1780×1990
2100	880×2090	980×2090	1180×2090	1480×2090	1780×2090
2200	880×2190	980×2190	1180×2190	1480×2190	1780×2190
2300	880×2290	980×2290	1180×2290	1480×2290	1780×2290
2400	880×2390	980×2390	1180×2390	1480×2390	1780×2390
2500	880×2490	980×2490	1180×2490	1480×2490	1780×2490

2. 平开户门的技术要求

（1）结构质量要求

1）主要构件材质：门的主要构件的材质及合页、插销、门锁等五金附件，应符合有关标准的规定，并与该门使用功能协调一致。

2）连接：各构件的连接（焊接、铆接、螺纹连接）应牢固可靠，不允许有未熔合、开裂、松动等缺陷。

3）五金附件安装：门锁、合页、插销、执手等五金件与门框、门扇的连接位置，应有加强措施，安装牢固、使用可靠。

4）密封条的安装：密封条的种类和质量应与门的使用功能相协调，安装牢固、接口密封。

5）钢质表面涂层质量：涂层附着力不得低于 3 级；涂层耐冲击不得低于 50cm。

6）外观质量：门框、门扇构件表面应平整光洁，无明显机械损伤；涂色均匀，色泽一致；铭牌标志应端正、牢固、清晰、美观。

（2）尺寸允许偏差和扇平面度

1）尺寸允许偏差和扇平面度（表 5-109）

表 5-109　尺寸允许偏差和扇平面度

项目	宽、高	对角线差	扇弯曲平面度	扇扭曲平面度
允许偏差	±2.0mm	≤3.0mm	≤3.0mm/扇	≤4.0mm/扇

2）装配间隙和扇框配合（表 5-110）

表 5-110　装配间隙和扇框配合　（单位：mm）

项目	相邻构件装配间隙	相邻构件高低差	框扇搭接量 b	可视的配合间隙 K	贴合间隙 c
指标	≤1.0mm	≤1.0mm	≥8.0	≤4.0	≤3.0

注：贴合间隙 c 项仅适用于无密闭胶条的门。

3. 平开户门的使用性能

（1）平开户门的使用性能要求（表 5-111）

表 5-111　平开户门的使用性能要求

功能项目		技术要求
防盗性能/min		≥15
防火性能/h		≥0.6（丙级）
保温性能/[W/m² · K]	2.0 ~ 0℃	≤2.7
	−0.1 ~ 5.0℃	≤2.0
	−5.1 ~ 6.0℃	≤1.5
隔声性能/dB		≥20
通风性能		按设计要求

注：保温性能根据室外平均温度不同而有区别。

（2）平开户门的基本物理性能（表 5-112a ~ c）

表 5-112a　气密性能分级

分级	3	4	5	6	7	8
单位缝长指标值 q_1/[m³/(m · h)]	$3.0 \geq q_1 > 2.5$	$2.5 \geq q_1 > 2.0$	$2.0 \geq q_1 > 1.5$	$1.5 \geq q_1 > 1.0$	$1.0 \geq q_1 > 0.5$	$q_1 \leq 0.5$
单位面积指标值 q_2/[m³/(m² · h)]	$9.0 \geq q_2 > 7.5$	$7.5 \geq q_2 > 6.0$	$6.0 \geq q_2 > 4.5$	$4.5 \geq q_2 > 3.0$	$3.0 \geq q_2 > 1.5$	$q_2 \leq 1.5$

表 5-112b　水密性能分级　（单位：Pa）

分级	1	2	3	4	5	6
水密性能指标值	$100 \leq \Delta P < 150$	$150 \leq \Delta P < 250$	$250 \leq \Delta P < 350$	$350 \leq \Delta P < 500$	$500 \leq \Delta P < 700$	$\Delta P \geq 700$

注：第 6 级应在分级后同时注明具体检测压力差值。

表 5-112c 抗风压性能分级 （单位：kPa）

分级	4	5	6	7	8	9
抗风压性能指标值 P_3	$2.5 \leq P_3 < 3.0$	$3.0 \leq P_3 < 3.5$	$3.5 \leq P_3 < 4.0$	$4.0 \leq P_3 < 4.5$	$4.5 \leq P_3 < 5.0$	$P_3 \geq 5.0$

注：第 9 级应在分级后同时注明具体检测压力值。

（3）平开户门的力学性能与耐水性能技术要求（表 5-113）

表 5-113 平开户门的力学性能与耐水性能技术要求

项目	技术要求
软物冲击	试验后无损坏，启闭功能正常
悬端吊重	在 500N 力作用下，残余变形不大于 2mm，试件不损坏，启闭正常
关闭力	≤50N
胶合强度	≥0.8MPa
耐水性能	≥24h

注：胶合强度、耐蚀性能仅适用于木、塑贴面。

5.6.4 平开、推拉彩色涂层钢板门窗（JG/T 3041—1997）

平开、推拉彩色涂层钢板门窗采用彩色涂层钢板门窗型材，采用表面经聚酯或氟碳烘烤涂层的彩色涂层钢板作基板，经连续冷弯咬口工艺滚压而成，基材不受热变形，表面无损伤，门窗有红、白、绿、蓝、灰等多种颜色可选，具有较好的装饰性及美观性。

1. 平开、推拉彩色涂层钢板门窗的规格和型号

（1）分类 按使用形式分类有平开窗、平开门、推拉窗、推拉门、固定窗等。

（2）规格 门窗洞口尺寸应符合现行国家标准 GB/T 5824《建筑门窗洞口尺寸系列》中的规定。

1）平开基本窗的洞口尺寸规格见表 5-114。

表 5-114 平开基本窗的洞口尺寸规格 （单位：mm）

洞高	洞宽						
	600	900	1200	1500	1800	2100	2400
	洞口代号						
600	0606	0906	1206	1506	1806	2106	2406
900	0609	0909	1209	1509	1809	2109	2409
1200	0612	0912	1212	1512	1812	2112	2412
1500	0615	0915	1215	1515	1815	2115	2415
1800	0618	0918	1218	1518	1818	2118	2418

2）平开基本门的洞口尺寸规格见表 5-115。

表 5-115 平开基本窗的洞口尺寸规格 （单位：mm）

洞高	洞宽			
	900	1200	1500	1800
	洞口代号			
2100	0921	1221	1521	1821

（续）

洞高	洞宽			
	900	1200	1500	1800
	洞口代号			
2400	0924	1224	1524	1824
2700	0927	1227	1527	1827

3）推拉基本窗的洞口规格代号见表5-116。

表5-116　推拉基本窗的洞口尺寸规格　（单位：mm）

洞高	洞宽						
	900	1200	1500	1800	2100	2400	2700
	洞口代号						
600	0906	1206	1506	1806	2106	2406	2706
900	0909	1209	1509	1809	2109	2409	2709
1200	0912	1212	1512	1812	2112	2412	2712
1500	0915	1215	1515	1815	2115	2415	2715
1800	0918	1218	1518	1818	2118	2418	2718

4）推拉基本门的洞口尺寸规格见表5-117。

表5-117　推拉基本门的洞口尺寸规格　（单位：mm）

洞高	洞宽	
	1500	1800
	洞口代号	
1800	1518	1818
2100	1521	1821
2400	1524	1824

注：组合后的洞口尺寸应符合现行国家标准GB/T 5824的规定。

2. 平开、推拉彩色涂层钢板门窗的技术要求

（1）材料

1）型材原材料应为建筑门窗外用彩色涂层钢板，涂料种类为外用聚酯，基材类型为镀锌平整钢带，其技术要求应符合现行国家标准GB/T 12754《彩色涂层钢板及钢带》中的有关规定。

2）门窗常用辅助材料及配件必须符合现行国家标准、行业标准的有关规定。

（2）外形尺寸

1）门窗的宽度、高度尺寸允许偏差见表5-118。

表5-118　门窗的宽度、高度尺寸允许偏差　（单位：mm）

宽度，高度			≤1500	>1500
等级	Ⅰ	允许偏差	+2.0 -1.0	+3.0 -1.0
	Ⅱ		+2.5 -1.0	+3.5 -1.0

2）门窗两对角线长度允许偏差见表5-119。

表5-119　门窗两对角线长度的允许偏差　（单位：mm）

对角线长度			≤2000	>2000
等级	Ⅰ	允许偏差	≤4	≤5
	Ⅱ		≤5	≤6

（3）搭接量

1）平开窗框与扇、梃与扇的搭接量见表5-120。

表5-120　平开窗框与扇、梃与扇的搭接量　（单位：mm）

搭接量	≥8		≥6且<8	
等级	Ⅰ	Ⅱ	Ⅰ	Ⅱ
允许偏差	±2	±3	±1.5	±2.5

2）推拉窗安装时，调整滑块或滚轮使之达到设计及使用要求。

（4）连接

1）门窗框扇四角处缝隙不应大于0.5mm，平开门窗缝隙处用密封膏密封严密，不应出现透光。

2）门窗框扇四角处交角同一平面高低差，不应大于0.3mm。

3）门窗框扇四角组装牢固，不应有松动、锤痕、破裂及加工变形等缺陷。

4）门窗各种零部件位置应准确，安装牢固；门窗启闭灵活，不得有阻滞、回弹等缺陷，并应满足使用功能。

5）平开窗分格尺寸允许偏差为±2mm。

（5）外观

1）门窗装饰表面涂层不应有明显脱漆、裂纹，门窗装饰表面的局部擦伤、划伤应符合表5-121的规定。

表5-121　门窗装饰表面的局部擦伤、划伤的规定

项目	等级	
	Ⅰ	Ⅱ
擦伤、划伤深度	不大于面漆厚度	不大于底漆厚度
擦伤总面积/mm^2	≤500	≤1000
每处擦伤面积/mm^2	≤100	≤150
划伤总长度/mm	≤100	≤150

2）门窗相邻构件漆膜不应有明显色差。

3）门窗橡胶密封条安装后接头严密，表面平整，玻璃封条无咬边。

3. 平开、推拉彩色涂层钢板门窗的性能

（1）彩板窗的性能

1）彩板窗的性能见表5-122。

表5-122　彩板窗的性能

类别	等级	抗风压性能/Pa	空气渗透性能/[m^3/(h·m)]	雨水渗漏性能/Pa
平开窗	Ⅰ	≥3000	≤0.5	≥350
	Ⅱ	≥2000	≤1.5	≥250

（续）

类别	等级	抗风压性能/Pa	空气渗透性能/[$m^3/(h \cdot m)$]	雨水渗漏性能/Pa
推拉窗	Ⅰ	≥2000	≤1.5	≥250
	Ⅱ	≥1500	≤2.5	≥150

2）保温窗的分级见表5-123。

表5-123　保温窗的分级　（单位：$m^2 \cdot K/W$）

等级	Ⅰ	Ⅱ	Ⅲ
传热阻 R_0≥	0.5	0.333	0.25

3）隔声窗外窗的分级（下限值）见表5-124。

表5-124　隔声窗外窗的分级（下限值）　（单位：dB）

等级	Ⅱ	Ⅲ	Ⅳ	Ⅴ
计权隔声量 R_w≥	40	35	30	25

（2）彩板门的性能

1）建筑外门抗风压性能分级（下限值）见表5-125。

表5-125　建筑外门抗风压性能分级（下限值）　（单位：Pa）

等级	Ⅰ	Ⅱ	Ⅲ	Ⅳ	Ⅴ	Ⅵ
≥	3500	3000	2500	2000	1500	1000

2）建筑外门空气渗透性能分级（下限值）见表5-126。

表5-126　建筑外门空气渗透性能分级（下限值）　[单位：$m^3/(h \cdot m)$]

等级	Ⅰ	Ⅱ	Ⅲ	Ⅳ	Ⅴ
≤	0.5	1.5	2.5	4.0	6.0

3）建筑外门雨水渗漏性能分级（下限值）见表5-127。

表5-127　建筑外门雨水渗漏性能分级（下限值）　（单位：Pa）

等级	Ⅰ	Ⅱ	Ⅲ	Ⅳ	Ⅴ	Ⅵ
≥	500	350	250	150	100	50

4）建筑用门空气隔声性能分级见表5-128。

表5-128　建筑用门空气隔声性能分级　（单位：dB）

等级	计权隔声量 R_w>值范围	等级	计权隔声量 R_w>值范围
Ⅰ	$R_w>45$	Ⅳ	$35>R_w\geq30$
Ⅱ	$45>R_w\geq40$	Ⅴ	$30>R_w\geq25$
Ⅲ	$40>R_w\geq35$	Ⅵ	$25>R_w\geq20$

5）建筑用门保温性能分级见表5-129。

表5-129　建筑用门保温性能分级

等级	传热系数 $K/[W/(m^2 \cdot K)]$	等级	传热系数 $K/[W/(m^2 \cdot K)]$
Ⅰ	≤1.50	Ⅴ	>3.60 且≤4.80
Ⅱ	>1.50 且≤2.50	Ⅵ	>4.80 且≤6.20
Ⅲ	>2.50 且≤3.60		

5.6.5 门禁

门禁指能够满足通行功能的各种通道的门，包括人通行的门、车辆通行的门等。以门为载体，把数字网络技术、遥感技术、红外线监控技术等现代科学技术与门融为一体，形成门禁管理系统，从而提高了门的档次，使其成为管理中的一种手段技术。

1. 伸缩门

伸缩门设置多重保护，加装电锁，电动、手动转换自如。伸缩门关闭后，机头自动上锁，外力不能强行打开。门体无明线，电源线不会被人为破坏或因日晒雨淋而老化。采用优质槽钢与角钢按框架结构焊接成结实的复式导轨，并可加装遥控器红外监控、不间断电源闪光报警器等设备。伸缩门有左（右）方向、单开或双开之分，现已广泛为大型机关、厂矿企业、重点仓库等单位使用，其型号及主要技术参数见表5-130。

表5-130 伸缩门的型号及主要技术参数

型号	门体高度/m	伸缩比	订货长度/m	门洞宽度/m	收缩后长度/m	支数（包括机头）
YH501	1.2, 1.4, 1.6, 1.8, 2.0, 2.2, 2.5	1:4	3.6	2.8	0.87	11
			4.0	3.0	0.94	12
YH502		1:5	4.4	34	1.00	13
			4.8	3.8	1.06	14
YH503		1:5	5.2	4.0	1.13	15
			5.6	4.4	1.19	16
YH504		1:3.5	6.0	4.8	1.26	17
		1:4	6.4	5.0	1.32	18
YH505			6.8	5.4	1.38	19
		1:5	7.2	5.8	1.45	20
YH506			7.6	6.0	1.51	21
		1:5	8.0	6.4	1.58	22
YH507			8.4	6.8	1.64	23
		1:5	8.8	70	1.70	24
YH508			9.2	7.4	1.77	25

2. 电动道闸

电动道闸采用豪华不锈钢机箱或喷塑机箱，贴饰反光膜，产品美观实用。闸杆运行模式为渐慢-快-渐慢-停，可在随机位置实现升-降-停等动作，准确迅速，灵敏流畅。机构设置防人为抬杆、防砸车装置，闸杆升降过程中具有双重保护。常规下用按钮或遥控器操作；失电状态下，手动摇柄可操作闸杆的升降。并可安装红外防砸车器、遥控器、地感线圈以及与电脑管理系统相连的标准接口，确保电动道闸的运作质量，其型号及主要参数见表5-131。

表5-131 电动道闸型号及主要参数 （单位：m）

型号	标准型		豪华型	
	2～4	4～6	2～4	4～6
直杆	601-4	601-6	601H-4	601H-6
曲杆	602-4	602-6	602H-4	602H-6
折叠杆	603-4	603-6	603H-4	603H-6
平摆杆	804-4	604-6	804H-4	604H-6

第 6 章 建筑常用小五金材料

6.1 建筑门窗五金

建筑门窗五金是指安装在建筑物门窗上或家用器具上的各种金属和非金属配件的统称，常定义为小五金件。包括合页、拉手、执手、门锁、门定位器、闭门器、撑挡、窗钩、羊眼、插销、导轨、窗帘轨、推拉门滑轨、滑轮、玻璃夹、吊轮、门镜、提拉器、密封条和感应启闭门装置等门窗配件、柜箱器具配件。经镀覆或涂覆处理，具有坚固、耐用、灵活、经济、美观等特点，应用范围十分广泛。

6.1.1 建筑门窗五金配件

1. 合页

合页正式名称为铰链。常组成两折式，是连接物体两个部分并能使之活动的部件。普通合页适用于家具、门、窗等的启闭和支承。合页的种类很多，对于不同材质、不同开启方法、不同尺寸等会有相对应的合页。合页选择的正确与否决定了门扇能否正常地使用，合页的大小、宽窄与使用数量的多少与门扇的重量、材质、宽窄程度有着密切的关系。

（1）合页的分类及使用场合（表 6-1）

表 6-1 合页的分类及使用场合

分类	使用场合
普通型合页 （QB/T 4595—2013）	一般用于木门、窗、家具门扇（或箱盖）等。为目前应用最多的一种合页。其外形及技术参数可参阅本书第 5.4 节木门窗及配套五金件
轻型合页 （QB/T 4595.2—2013）	与普通合页相似，多用于轻便门窗和家具上。其外形及技术参数可参阅本书第 5.4 节木门窗及配套五金件
抽芯型合页 （QB/T 4595.3—2013）	与普通合页相似，一般用于需要经常拆卸的木制门窗或家具使用，方便清洗、拆卸。其外形及技术参数可参阅本书第 5.4 节木门窗及配套五金件
双袖型合页 （QB/T 4595.6—2013）	主要用于需要经常脱卸的门窗上。合页分为Ⅰ型、Ⅱ型、Ⅲ型三种规格。每种形式又分为左合页、右合页。其外形及技术参数可参阅本书第 5.4 节木门窗及配套五金件
T 型合页 （QB/T 4595.5—2013）	用于较大门扇、较重箱盖、遮阳帐篷架等与门框、箱体等之间的连接件，使门扇、箱盖等能围绕合页心轴转动和启合。其外形及技术参数可参阅本书第 5.4 节木门窗及配套五金件
H 型合页 （QB/T 4595.4—2013）	属于抽芯合页的一种，与双袖型合页相似，常用于需要经常脱卸而较轻的门窗上。其外形及技术参数可参阅本书第 5.4 节木门窗及配套五金件
弹簧合页 （QB/T 1738—1993）	单弹簧合页用于朝一个方向启闭的门扇上，双弹簧合页用于朝两个方向启闭的门扇上，因其具有自动回弹功能，常用于公共建筑的大门上或橱柜和衣柜上。其外形及技术参数可参阅本书第 5.4 节木门窗及配套五金件

（续）

分类	使用场合
脱卸合页	合页的两个页片可以脱开，主要用于较轻的木门或厕所的半截门上
尼龙垫圈合页	又称无声合页，属于环保一类的合页产品。多用于高档建筑物的房门上
蝴蝶合页	与弹簧合页相似，适用于纱窗及公共场所、医院病房的半截门上
翻窗合页	主要用于工厂、仓库、住宅和公共场所中悬式气窗与窗框之间的连接，使气窗能围绕合页芯轴旋转实现开启和闭合的持续性
单旗合页	采用低碳钢制造表面镀锌，价格低廉；采用不锈钢材质，合页不容易生锈，耐磨损，拆卸方便，一般用于双层窗上
轴承合页	合页两管脚之间衬以滚动轴承，使门窗转动时轻便，用于高速旋转及要求低噪声、低振动的重型门窗上
门头合页	用于柜门上，门关合时合页不外露
扇形合页	合页的两个页片尺寸不同，而且页片较厚，用于木质、钢质或水泥门上
台合页	用于能折叠的台板上，如可折叠的圆台面、沙发、活动课桌的桌面
纱门合页	用于钢结构实腹、空腹内开或平开纱门上，其外形及技术参数可参阅本书第 5.3 节钢门窗及配套五金件
自弹杯状暗合页	用于板式家具橱门与橱壁的连接件，利用弹簧力，开启时，橱门立即旋转到 90°位置；关闭时，橱门不会自行开启，合页也不外露。由带底座的合页和基座两部分组成
平合页	用于钢结构实腹、空腹平开门窗、上悬窗上，其外形及技术参数可参阅第 5.3 节钢门窗及配套五金件
角型合页	结构轻巧、安装方便，已被广泛应用于家居门类中，适用于钢结构实腹、空腹平开窗上。其外形及技术参数可参阅本书第 5.3 节钢门窗及配套五金件
角部合页	由上合页、中合页、下合页三部分组成，最大承载力可达 1000N，用于塑料门，其外形及技术参数可参阅本书第 5.2 节塑料门窗及配套五金件
气窗合页	用于钢结构实腹、空腹平开气窗上。其外形及技术参数可参阅本书第 5.3 节钢门窗及配套五金件
圆芯合页	用于钢结构实腹、空腹中悬窗上，其外形及技术参数可参阅本书第 5.3 节钢门窗及配套五金件
方合页	合页片宽而厚，用于尺度较大、较重的门、窗和家具上
自关合页	利用合页的螺旋面与门的自重自动关闭，用于需要经常关闭的门扇

（2）合页的品种与规格

1）脱卸合页。脱卸合页的两个页片可以脱开，主要用于较轻的木门或厕所的半截门上，其外形及尺寸规格见表 6-2。

表 6-2　脱卸合页的外形及尺寸规格　（单位：mm）

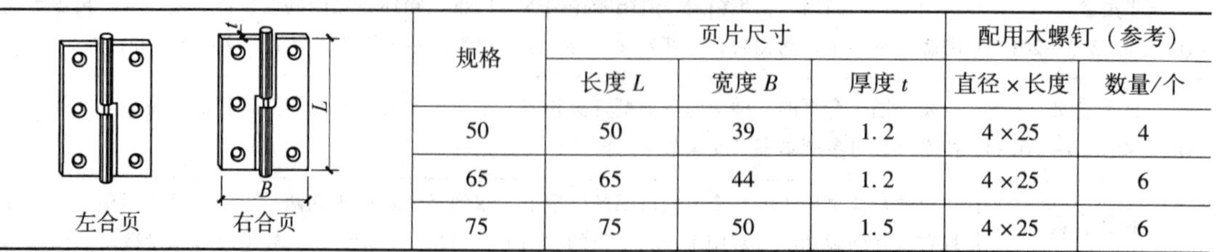

规格	页片尺寸			配用木螺钉（参考）	
	长度 L	宽度 B	厚度 t	直径×长度	数量/个
50	50	39	1.2	4×25	4
65	65	44	1.2	4×25	6
75	75	50	1.5	4×25	6

注：材料多为低碳钢制造，表面镀锌或黄铜。

2）扇形合页。扇形合页的两页片尺寸不同，且页片较厚，主要用于木质门扇与钢制（或水泥）门框的连接，其外形及尺寸规格见表6-3。

表6-3　扇形合页的外形及尺寸规格　（单位：mm）

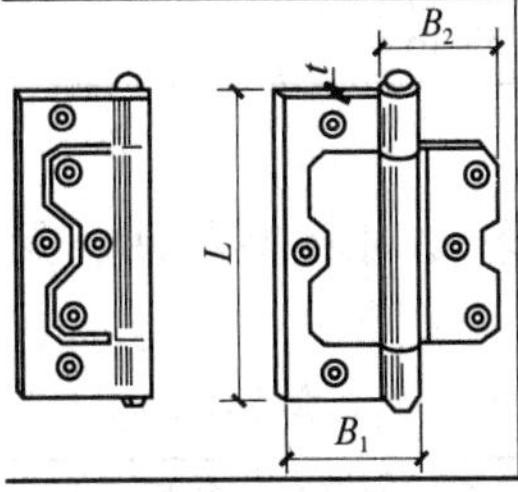

规格	页片尺寸				配用木螺钉（参考）	
	长度 L	宽度 B_1	宽度 B_2	厚度 t	直径×长度	数量/个
75	75	48.0	40.0	2.0	4.5×25/M5×10	3/3
100	100	48.5	40.5	2.5	4.5×25/M5×10	3/3

注：合页材料多为低碳钢制造，表面滚光。

3）单旗合页。单旗合页采用低碳钢制造表面镀锌，价格低廉，采用不锈钢材质，合页不容易生锈、耐磨损、拆卸方便，一般用于双层窗上，其外形及尺寸规格见表6-4。

表6-4　单旗合页的外形及尺寸规格　（单位：mm）

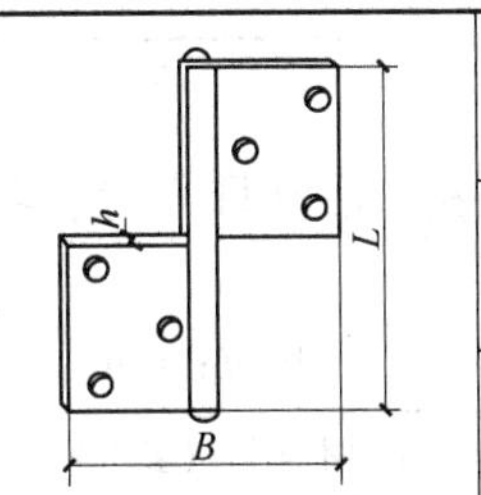

分类	页片尺寸			配用木螺钉（参考）	
	长度 L	宽度 B	厚度 h	直径×长度	数量/个
普通	120	67	1.8	4×30	70
	120	87	1.8	4×30	
不锈钢	127	45	3	4×25	
	127	50	3	4×25	

注：普通型材料多为低碳钢制造，表面镀锌或黄铜。

4）蝴蝶合页。蝴蝶合页与单弹簧合页相似，安装于门扇启闭频繁的公共场所。如公共厕所、医院等，其外形及尺寸规格见表6-5。

表6-5　蝴蝶合页的外形及尺寸规格　（单位：mm）

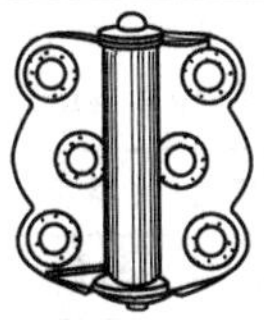

规格	页片尺寸			配用木螺钉（参考）	
	长度	宽度	厚度	直径×长度	数量/个
70	70	72	1.2	4×30	4

注：制造材料：普通碳素钢制代号（P），不锈钢制（B），合金钢制代号（T）。

5）翻窗合页。翻窗合页用子工厂、仓库和公共场所中悬式气窗与窗框之间的连接，使气窗围绕合页芯轴旋转启闭，用于启闭不便的高窗上，其外形及尺寸规格见表6-6。

表6-6　翻窗合页的外形及尺寸规格　（单位：mm）

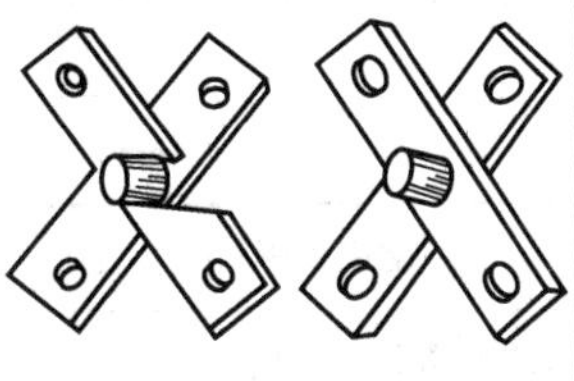

页板尺寸			芯轴		配用木螺钉（参考）	
长度	宽度	厚度	直径	长度	直径×长度	数量/个
50	19	2.7	9	12	3.5×18	8
65，75	19	2.7	9	12	3.5×18	8
90，100	19	3.0	9	12	4×25	8

注：合页材料用低碳钢制，表面涂漆。

6）门头合页。门头合页多用于橱门上，门闭合时合页不外露，其外形及尺寸规格见表6-7。

表 6-7　门头合页的外形及尺寸规格　（单位：mm）

	页片尺寸			配用木螺钉（参考）	
	长度	宽度	厚度	直径×长度	数量/个
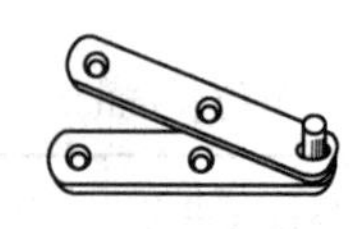	70	15	3	3×16	4

注：材料用低碳钢制，表面镀锌。

7）轴承合页。轴承合页在合页两管脚间衬以滚动轴承，使门扇转动时轻便灵活、无声，多用于重型门扇上，其外形及尺寸规格见表 6-8。

表 6-8　轴承合页的外形及尺寸规格　（单位：mm）

	规格	页片尺寸			配用木螺钉（参考）	
		长度 L	宽度 B	厚度 t	直径×长度	数量/个
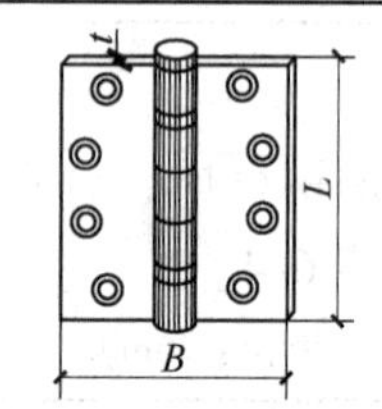	114×98	114	98	3.5	6×30	8
	114×114	114	114	3.5	6×30	8
	200×140	200	140	4.0	6×30	8

注：材料一般用低碳钢制，表面镀铜，用不锈钢制，表面滚光。

8）台合页。台合页安装于能折叠的台板上，如折叠的圆台面、沙发、活动课桌等，其外形及尺寸规格见表 6-9。

表 6-9　台合页的外形及尺寸规格　（单位：mm）

	规格	页片尺寸			配用木螺钉（参考）	
		长度 L	宽度 B	厚度 t	直径×长度	数量/个
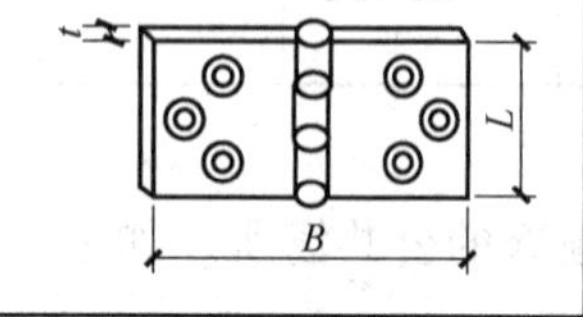	34	34	80	2.0	3×16	6
	38	38	136	2.5	3.5×25	6

9）方合页。合页片宽而厚，用于尺度较大、较重的门、窗和家具上，其外形及尺寸规格见表 6-10。

表 6-10　方合页的外形及尺寸规格　（单位：mm）

	规格	页片尺寸			配用木螺钉（参考）	
		长度 L	宽度 B	厚度 t	直径×长度	数量/个
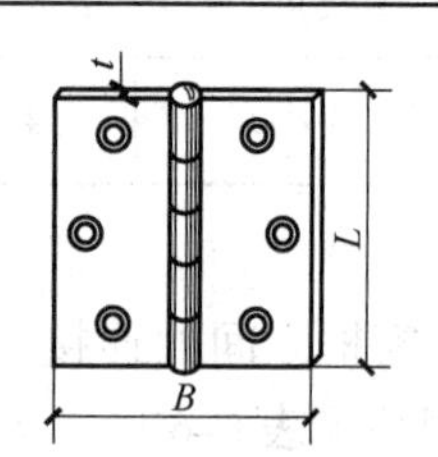	50	51	51	1.6	4×22	4
	65	63.5	63.5	1.8	4×25	6
	75	76	76	2.0	4.5×30	6
	90	89	89	2.1	5×35	6
	100	101.5	101.5	2.2	5×40	8

10）自关合页。自关合页利用合页的螺旋面与门的自重自动关闭，用于需要经常关闭的门扇上，其外形及尺寸规格见表 6-11。

表 6-11　自关合页的外形及尺寸规格　（单位：mm）

	规格	页片尺寸				配用木螺钉（参考）	
		长度 L	宽度 B	厚度 t	升高 a	直径×长度	数量/个
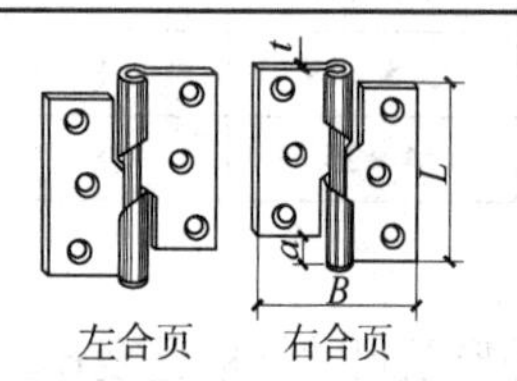	75	75	70	2.7	12	4.5×30	6
	100	100	80	3.0	12	4.5×40	8

11）尼龙垫圈合页。尼龙垫圈合页，又称无声合页。由于合页片管脚之间衬以尼龙垫圈，使门扇转动轻便、灵活而且无摩擦噪声，外观美观，多用于高档建筑物房门上，其外形及尺寸规格见表6-12。

表6-12　尼龙垫圈合页的外形及尺寸规格　　（单位：mm）

规格	页片尺寸			配用木螺钉（参考）	
	长度 L	宽度 B	厚度	直径×长度	数量/个
75×75	75	75	2.0	5×20	6
89×89	89	89	2.5	5×25	8
102×75	102	75	2.0	5×20	8
102×102	102	102	3.0	5×25	8
114×102	114	102	3.0	5×30	8

12）自弹杯状暗合页。自弹杯状暗合页是用于板式家具的橱柜门与橱壁之间的连接件，其外形及尺寸规格见表6-13。

表6-13　自弹杯状暗合页的外形及尺寸规格　　（单位：mm）

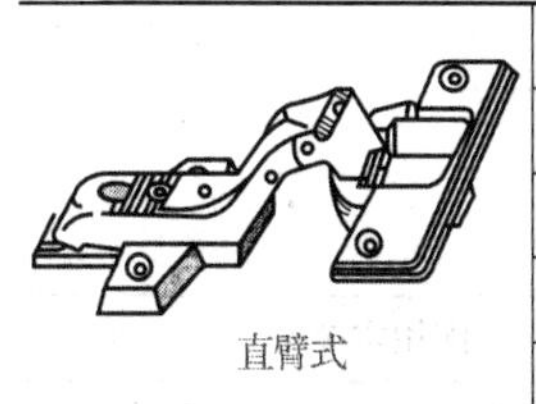
直臂式

带底座的合页			
形式	底座直径	合页总长	合页总宽
直臂式	35	95	66
曲臂式	35	90	66
大曲臂式	35	93	66

基座				
形式	中心距	底板厚	基座总长	基座总宽
V形	28	4	42	45
K形	28	4	42	45

注：材料为低碳钢制，表面镀铬，底座及基座材料有尼龙和低碳钢制两种。

2. 拉手

拉手是用于安装在门体（或箱体）上方便开关门（箱）的部件。主要在门窗及浴室柜、橱柜、衣柜等家具中起拉合作用。拉手品种多样，外形各异，颜色多样，具有一定的装饰效果，在家具橱柜中运用最为广泛。

（1）拉手的分类　拉手是嵌入流行元素的门窗及橱柜配件，可以采用全新的电镀等工艺制作成仿古、时尚颜色。代表色为古铜、白古、咖古、古银、烤黑、镀金、镀铬、珍珠银等居家色彩。铝合金拉手氧化的颜色有亚光、亮光、香槟色、喷沙银等，加上电泳、喷涂等工艺，使其颜色更富有多样性。拉手的分类方法见表6-14。

表6-14　拉手的分类方法

分类方法	主要品种
按材料分类	铝合金拉手，锌合金拉手，铜合金拉手，铁拉手、不锈钢拉手，胶木拉手，原木拉手，陶瓷拉手，塑胶拉手，水晶拉手，亚克力拉手，大理石拉手等
按外形分类	管形、条形、球形及各种几何形状等
按式样分类	单条式、双头式、外露式、封闭式和前卫式、休闲式、怀古式（如绳索或吊珠式）
按用途分类	家装用拉手、工业用拉手，箱包柜拉手等

（2）拉手的品种与规格

1）小拉手。小拉手一般用于木质房门或抽屉上，其中香蕉式多用于工具箱或仪表箱，其外形及尺寸规格见表6-15。

表 6-15　小拉手的外形及尺寸规格　（单位：mm）

普通式

香蕉式

规格	长度（钉孔中心距）			配用沉头木螺钉	
	普通式	蝴蝶式	香蕉式	直径×长度	数量/个
75	75	75	90	3×16	4
100	100	100	110	3.5×20	4
125	125	125	130	3.5×20	4
150	150	150		4×25	4

注：材料为低碳钢，表面镀铬或喷漆；蝴蝶式拉手常用锌合金制造，表面镀铬。

2）蟹壳拉手。蟹壳拉手主要用于抽屉和箱式家具上，其外形及尺寸规格见表 6-16。

表 6-16　蟹壳拉手的外形及尺寸规格　（单位：mm）

普通　方形

型号	长度	配用木螺钉		型号	配用木螺钉	
		直径×长度	数量/个		直径×长度	数量/个
65 普通式	65	3×16	3	90 方形	3.5×20	3
80 普通式	80	3.5×20	3			

注：材料为低碳钢，表面镀锌、镀铜或镀铬；或采用黄铜制造。

3）底板拉手。底板拉手一般用于中、大型门扇上，其外形及尺寸规格见表 6-17。

表 6-17　底板拉手的外形及尺寸规格　（单位：mm）

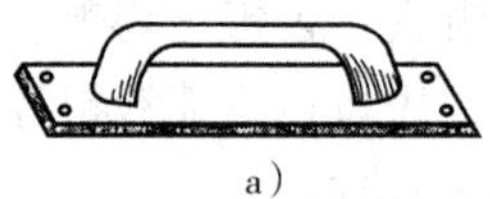
a）

b）

规格	底板长度	普通式		方柄式		镀锌木螺钉	
		底板宽	底板厚	底板宽	底板厚	直径×长度	数量/个
150	150	40	1.0	30	2.5	3.5×25	8
200	200	48	1.2	35	2.5	3.5×25	8
250	250	58	1.2	50	3.0	4×25	8
300	300	66	1.6	55	3.0	4×25	8

注：拉手材料：手柄、底板为低碳钢（方柄式或为锌合金），表面镀铬；托柄为塑料。

4）管子拉手。管子拉手用于进出频繁的大门或车船门上，为推拉门扇所用。如横向安装在玻璃门上，可以起到保护玻璃门和装饰作用，其外形及尺寸规格见表 6-18。

表6-18　管子拉手的外形及尺寸规格　（单位：mm）

管子尺寸			木螺钉	
长度	外径	厚度	直径×长度	数量/个
250、300、400、450	25	1.5	4×25	12
500、550、600、650、700、750、800、850、900、950、1000	32	2		

注：拉手材料：管子为低碳钢，桩头为铸铁，表面均镀铬；或全为黄铜，表面镀铬。

5）推板拉手。推板拉手安装于房门或大门上，表面为银白色、古铜色或金黄色，其外形及尺寸规格见表6-19。

表6-19　推板拉手的外形及尺寸规格　（单位：mm）

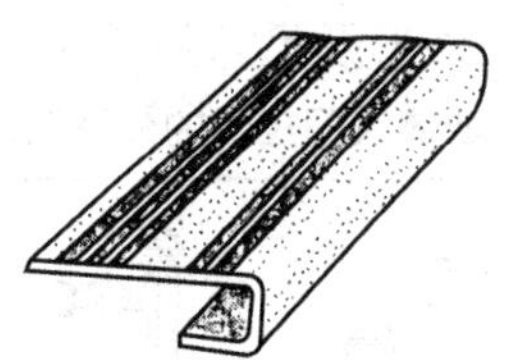

型号	主要尺寸				拉手附件（镀锌）		
	长（规格）	宽	高	螺栓孔数及中心距	双头螺栓	螺母	铜垫圈
X-3	200	100	40	两孔：140	M6×65，3只	M6，4只	ϕ6，4只
	250	100	40	两孔：170	M6×65，2只	M6，4只	ϕ6，4只
	300	100	40	三孔：110	M6×65，3只	M6，6只	ϕ6，6只
228	300	100	40	两孔：270	M6×85，2只	M6，4只	ϕ6，4只

注：拉手材料为铝合金。

6）梭子拉手。梭子拉手安装于房门或大门上，其外形及尺寸规格见表6-20。

表6-20　梭子拉手的外形及尺寸规格　（单位：mm）

规格	总长	管子尺寸		桩脚底座直径	木螺钉	
		外径	高度		直径×长度	数量/个
200	200	19	65	51	3.5×18	12
350	350	25	69	51	3.5×18	12
450	450	25	69	51	3.5×18	12

注：拉手材料：手柄、底板为低碳钢（方柄式或为锌合金），表面镀铬；托柄为塑料。

7）圆柱拉手。圆柱拉手主要用于橱门或家具抽屉上，拉起橱门或抽屉，其外形及尺寸规格见表 6-21。

表 6-21 圆柱拉手的外形及尺寸规格 （单位：mm）

圆柱拉手

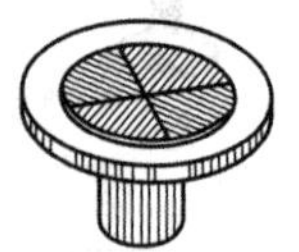
塑料圆柱拉手

品名	规格	主要尺寸		半圆头螺钉
		直径	高度	
圆柱拉手	35	35	22.5	M5×25
塑料圆柱拉手	40	40	20	M5×30

8）方形大门拉手。方形大门拉手用于进出频繁的大门上。拉手材料：手柄、底板、桩脚为低碳钢，表面镀铬；或为黄铜，表面抛光；托柄为塑料。其外形及技术参数可参阅第 5.1 节铝合金门窗及五金配件。

9）玻璃大门拉手。玻璃大门拉手主要安装于商场、酒楼、大厦等玻璃门上。其特点是品种繁多、用料考究、造型美观，其外形及尺寸规格见表 6-22。

表 6-22 玻璃大门拉手的外形及尺寸规格 （单位：mm）

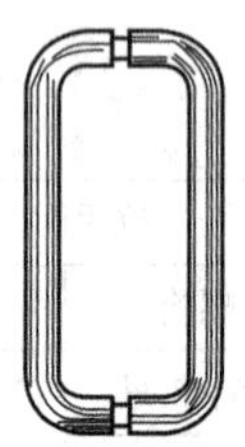
弯管拉手

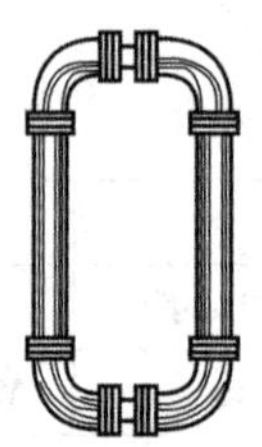
花（弯）管拉手

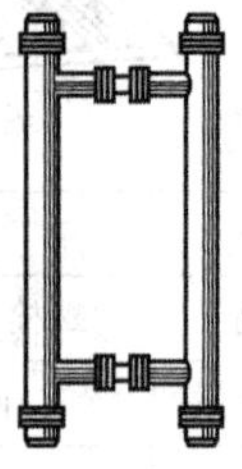
直管拉手

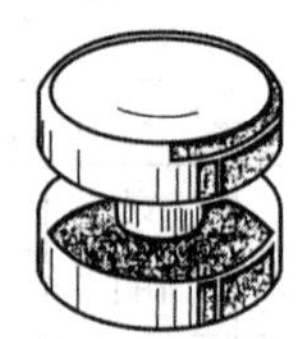
圆盘拉手

品种	代号	规格		品种	代号	规格	
		管子全长	外径			管子全长	外径
弯管拉手	MA113	300	32	直管拉手	MA112	457	42
		457	32			600	42
		457	38			600	54
		600	51			800	64
花（弯）管拉手	—	350	32		MA104	300	32
		457	32			457	32
		457	38			457	38
		600	32			600	51
		600	51	圆盘拉手	—	圆盘直径：160、180、200、220	
		800	51				

注：拉手材料为不锈钢、圆盘拉手用黄铜（表面抛光）、铝合金（表面喷塑白色或红色）和有机玻璃制造。

3. 执手

执手主要用于门窗，配合传动器实现门窗的锁闭和开启，属于兼有开启和关闭后紧固作用的装置。大部分执手采用铝合金、铜、不锈钢、有机玻璃、塑料等材料制成。可以制作出不同的形状和大小。除了具备必要的手握感以及满足相应的物理性能外，又具有点缀性的装饰效果，因此用材和造型可以根据建筑设计要求选用成品或另行设计。

(1) 执手的分类（表6-23） 执手通过驱动传动锁闭器或多点锁闭器，实现门窗扇启闭的操纵装置。一般从功能上来说，通常把门窗执手分为三大类：多点锁执手、旋压执手（七字执手）、外平开窗联动执手等。多点锁执手是最为常见且使用范围最广的一个类别；外平开窗联动执手局限于外平开窗，日常使用的概率比较小。

表6-23 执手的分类

分类		工作原理	用途
多点锁执手	拔叉执手	拔叉执手底部有一个呈现“U形”的叉（拔叉），U形叉卡住传动杆或传动器，通过执手的旋转来控制U形叉的上下平移从而带动传动结构的运作	家居、办公楼、商务楼上所有内外平开窗、室内推拉门上，及幕墙的悬窗上
	方轴执手	执手带方轴旋动，与相匹配传动锁闭器来完成锁闭开启的工作	
	双面执手	在原有的基础上增加了双面开启、关闭功能，双面执手一般是带锁的	
旋压执手（七字执手）		执手从侧面看，像阿拉伯数字“7”，又称七字执手。通过转动手柄，实现门窗启闭、锁定功能。结构简单，转动手柄就能轻松实现窗的启闭和锁定	对角线不超过700mm的平开窗与上悬窗
外平开窗联动执手		通过转动手柄，实现门窗启闭、锁定功能	局限于外平开窗，日常使用的概率也比较小

(2) 执手的品种与规格 执手有带锁执手和不带锁执手两种形式，各种执手的使用功能有所区别。根据执手的品种、型号、材料及使用特点分为常用执手与特殊配套执手。

1) 常用执手的品种、型号及使用特点见表6-24。

表6-24 常用执手的品种、型号及使用特点

执手名称	型号	使用特点
插销执手	S8	单头执手
单头执手	J8	适用外形尺寸：配中型弹子执手插锁；锌合金压铸，表面镀铬，尖角弯扶手、圆角复板，单头，双拉手
双头执手	J8	适用外形尺寸：配中型弹子执手插锁、9442-4等型锁；锌合金压铸，表面镀铬，尖角弯扶手、圆角复板，单头，双拉手，双扇门副拉手
大叶片执手	W4	适用外形尺寸：配中型叶片执手插锁、9552等型锁；锌合金压铸，复板冲压，喷透明漆，弯板弯执手，圆角复板
防风执手	W4	适用外形尺寸：配中型叶片执手插锁、9405等型锁；锌合金压铸，复板冲压，喷透明漆，弯板弯执手，圆角复板

（续）

执手名称	型号	使用特点
有保险执手	S6	适用外形尺寸：配狭形弹子执手插锁、9141 等型锁；铝合金压铸，表面镀铬，弯板弯执手，圆角复板
通长执手	A2	适用外形尺寸：配中型执手插锁、中型弹子执手插锁、9411、9445 等型锁；钢板冲制，凹圆形执手，凹圆形复圈，表面镀铬
拉环执手	A2	适用外形尺寸：配中型执手插锁、中型弹子执手插锁、9411、9445 等型锁；钢板冲制，凹圆形执手，凹圆形复圈，表面镀铬
木门旋钮	A2	适用外形尺寸：配中型弹子插锁、9411 及 9417 等型锁；钢板冲制，凹圆形执手，凹圆形复圈，表面镀铬
钢门旋钮	A2	适用外形尺寸：配中型弹子插锁、9417 等型锁；钢板冲制，凹圆形执手，凹圆形复圈，表面镀铬
双节拉手	A2	适用外形尺寸：配中型弹子插锁、9421 等型锁；钢板冲制，凹圆形执手，凹圆形复圈，表面镀铬
弹子大门锁执手	A2	适用外形尺寸：配中型弹子插锁；双节镀铬执手（小球）

2）平开铝合金窗执手（QB/T 3886—1999）。平开铝合金窗执手分为单头双向板扣型（DSK）和双头联动板扣型（SLK）、单动旋压型（DY）、单动板扣型（DK）。其外形及技术参数参阅本书第 5.1 节铝合金门窗及五金配件。

3）钢门窗执手系列。钢门窗执手系列用于控制钢门、钢窗、纱门、纱窗的开启与关闭，或在关闭的同时起锁闭内、外间的相对位置的作用。品种达三十余种，繁简不一。执手锁紧处可承受 315N（气窗执手≤105N）时，变形量≤1mm；执手非锁紧时的转动力应在 5～15N 之间。其外形可参阅本书第 5.3 节钢门窗及配套五金件。

4. 门锁

（1）门锁与家具用锁的分类　门锁与家具用锁的分类方法很多，按锁的用途分为进户门锁、房间内门锁、浴室门锁、厨房门和通道门锁；按锁的结构可分为弹子门锁、单保险门锁、双保险门锁、三保险门锁和多保险门锁、插芯门锁、球形门锁、玻璃门锁、连插锁按钮锁、电器箱开关锁和链条锁、转舌锁、执手锁等。门锁的一般分类见表 6-25。

表 6-25　门锁的一般分类

分类方法	类别	品种	特点
按锁体安装位置分类	复锁	单舌单保险锁、单舌双保险锁、单舌三保险锁、外装双舌三保险锁、双舌双头三保险锁	又称外装门锁，锁体装在门扇边梃表面，安装、拆卸都比较方便，品种有单舌门锁、双舌门锁、多舌门锁和移门锁。外装单舌门锁又称弹子门锁，分单舌单保险锁、单舌双保险锁、单舌三保险锁等；外装双舌三保险锁、双舌双头三保险锁
	插锁	叶片执手插锁、执手插锁、弹子执手插锁、弹子拉手插锁、弹子拉环插锁	又称插芯门锁。锁体装在门扇边梃内（将边梃按锁体尺寸开洞后，把锁体镶入），锁体不外露，坚固美观，不易损坏，但拆卸、安装不如复锁方便

（续）

分类方法	类别	品种	特点
按锁的执手形式不同分类	球形门锁	一般球形门锁、高级球形门锁、球形钢门锁	执手为球形，造型美观。球形门锁锁体为插锁形；高级球形门锁和球形钢门锁的锁体为球形，锁孔在球形执手上
	执手门锁	执手门锁	执手为一般角形执手，造型美观
	拉环门锁	拉环门锁	执手为拉环，使用方便，多用于钢门上
	拉手门锁	拉手门锁	执手为拉手式，分纳子拉手、通长拉手、单头拉手、双头拉手门锁等
按锁的功能分类	专用锁	浴室门锁、厕所门锁、恒温室门锁、更衣室门锁、密闭门锁、壁橱门锁、防风门锁	专用锁在功能上有特殊性要求
	特种锁	组合门锁、磁卡锁	具有特种构造的特殊功能及特殊启闭方式
按锁的舌数分类	单舌锁	单舌锁	锁体只有一个锁舌
	双舌锁	双舌锁	锁体具有两个锁舌，即活舌和静舌
按锁的锁体分类	狭形锁体	狭形锁体锁	锁体宽度为50～65mm，适用于边梃较窄或较薄的门扇
	中型锁体	中型锁体锁	锁体宽度为78mm左右，适用于一般门扇
	重型锁体	重型锁体锁	锁体宽度大于78mm，适用于边梃较宽或较厚的门扇
按锁的面板形式不同分类	平口式	平口式面板锁	锁面板在插锁锁体的一侧，当插锁锁体镶入门扇边梃后，锁面板可把边梃上的洞口盖住，并把锁体固定在门扇上。适用于一般平开门
	圆口式	圆口式锁面板锁	锁面板在插锁锁体的一侧，当插锁锁体镶入门扇边梃后，锁面板可把边梃上的洞口盖住，并把锁体固定在门扇上。适用于弹簧门及圆口门
	企口式	左企口式锁面板锁 右企口式锁面板锁	锁面板在插锁锁体的一侧，当插锁锁体镶入门扇边梃后，锁面板可把边梃上的洞口盖住，并把锁体固定在门扇上。适用于企口门（双扇门）

（2）门锁的规格及主要技术参数

1）铝合金门窗锁（QB/T 5338—2018）。铝合金门锁为双锁头、方呆舌、无执手，室内外均可用钥匙开启、关闭。主要用于平开和推拉（含推拉折叠）的铝型材门和窗以及塑料（含塑钢）门和窗上。平开门选用平口锁，圆口门选用圆口锁。铝合金窗锁有无锁头单面窗锁（WD）、有锁头窗锁（Y）、无锁头双面窗锁（WS），主要用于铝合金推拉窗上。

2）外装双舌门锁。外装双舌门锁即门室内外均用钥匙开启，钥匙不同牙花角组不少于6000种，具有互开率小，锁结构具有室内、室外保险机构和多种安全性能，适用于木门上，其外形与技术参数见表6-26。

表 6-26 双舌门锁的外形与技术参数

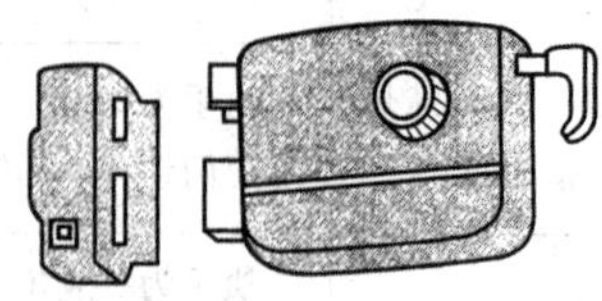

<table>
<tr><td rowspan="3">互开率（%）</td><td colspan="3">单排弹子</td><td colspan="3">多排弹子</td></tr>
<tr><td>A[①]</td><td colspan="2">B</td><td>A</td><td colspan="2">B</td></tr>
<tr><td>≤0.082</td><td colspan="2">≤0.204</td><td>≤0.030</td><td colspan="2">≤0.050</td></tr>
<tr><td rowspan="5">尺寸/mm</td><td colspan="3">基本尺寸 A</td><td colspan="3">60 ±0.95</td></tr>
<tr><td colspan="2" rowspan="2">锁舌伸出长度</td><td>方舌</td><td colspan="3">≥18</td></tr>
<tr><td>斜舌</td><td colspan="3">≥18</td></tr>
<tr><td colspan="3">锁头直径</td><td colspan="3">28 ±0.5</td></tr>
<tr><td colspan="3">适应门厚度</td><td colspan="3">35 ~55</td></tr>
<tr><td rowspan="6">锁舌载荷/N</td><td colspan="2" rowspan="3">锁舌侧向静载荷</td><td>级别</td><td>斜舌</td><td colspan="2">呆舌</td></tr>
<tr><td>A[①]</td><td>1500</td><td colspan="2">3000</td></tr>
<tr><td>B</td><td>1000</td><td colspan="2">1500</td></tr>
<tr><td colspan="2" rowspan="2">锁舌端向静载荷</td><td>A</td><td>500</td><td colspan="2">1000</td></tr>
<tr><td>B</td><td>—</td><td colspan="2">500</td></tr>
<tr><td colspan="3">锁舌轴向静载荷</td><td colspan="3">3 ~12</td></tr>
<tr><td>技术要求</td><td colspan="6">锁头螺孔在承受 1470N 静拉力后，无损害现象，弹子孔的封片在承受 117N 静拉力后，不允许被弹子的顶力顶出；拉手在承受 294N 静拉力后无损坏现象，拉手保险可靠，执手在承受 392N 静拉力时不会脱落；钥匙旋转锁芯灵活，无卡滞感觉，方舌用钥匙或执手在以自然速度开启时无超越现象；斜舌用钥匙或拉手开启灵活；闭合静压力不超过 49N；斜舌能正反安装，保险使用灵活可靠，在重力关门时不会自动脱落或位移</td></tr>
</table>

①A 为 A 级安全型；B 为 B 级普通型。

3）外装单舌门锁。外装单舌门锁是指锁体安装在门梃表面上的锁。门外用钥匙开启，门内用执手（或旋钮）开启外装门锁。钥匙牙花角组不少于 6000 种，具有门外保密性强，门内操作方便（不需钥匙），适用于防火等紧急状态场合使用。通常是使用于楼房外的大门、外门或者是厅门，其外形与技术参数见表 6-27。

表 6-27 外装单舌门锁的外形与技术参数

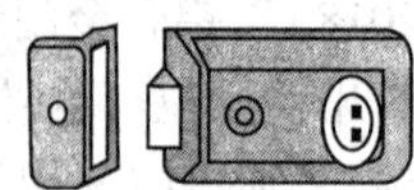

<table>
<tr><td>互开率（%）</td><td colspan="2">≤0.204</td></tr>
<tr><td rowspan="4">尺寸/mm</td><td>基本尺寸</td><td>60 ±0.95</td></tr>
<tr><td>锁舌伸出长度</td><td>≥12</td></tr>
<tr><td>锁头直径</td><td>28 ±0.5</td></tr>
<tr><td>适应门厚度</td><td>35 ~55</td></tr>
</table>

（续）

互开率（%）	≤0.204	
锁舌载荷/N	多保险锁舌静压力	6～13
	锁舌轴向静压力	6～14
	锁舌斜坡面闭合静压力	6～10
技术要求	锁头螺孔在承受150N静拉力后，无损害现象，弹子的螺钉承受150N静拉力后，不允许被弹子的顶力顶出；保险钮在承受250N静拉力后，不允许脱出。锁舌铁脚不得松动；钥匙对准锁芯窗插入自然，旋转锁芯灵活，无卡滞感觉，拔出钥匙后，锁头应无弹子响声；锁舌能正反安装，用执手开启弹出灵活；保险使用灵活可靠，在重力关门时不能自动脱落或位移	

4）内装式插芯门锁。内装式插芯门锁分为单舌锁和双舌锁。在锁体的方舌已收缩的状态下，在室外只需轻推或按动拉手，即可开门；在室内只需拉动拉手就可收缩方舌与斜舌，从而把门打开。锁体方舌的控制：在室外，转动钥匙可以控制锁体方舌的锁定与收缩；在室内，旋动旋钮可以控制锁体方舌的锁定或收缩，拉动拉手即可收缩方舌与斜舌，方便快捷。分为移门插芯门锁、单方舌插芯门锁、单斜舌插芯门锁、单斜舌按钮插芯门锁、双舌插芯门锁、双舌揿压插芯门锁等，适用于安装在木门、钢门上，其外形与技术参数见表6-28。

表6-28 内装式插芯门锁的外形与技术参数

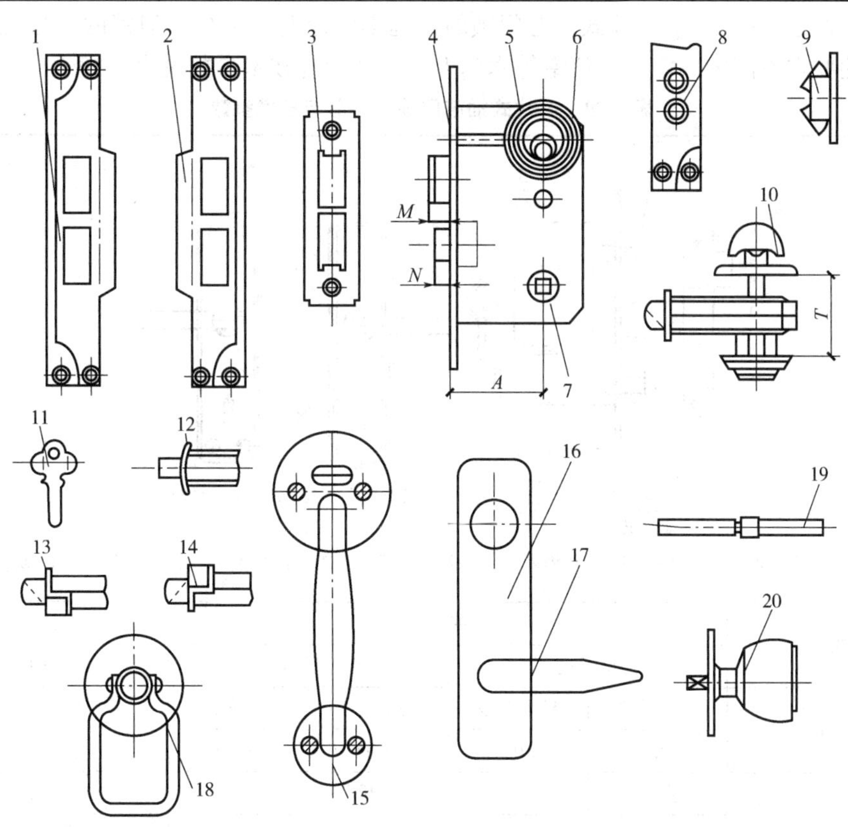

1—乙种企口锁扣板 2—甲种企口锁扣板 3—平口锁扣板 4—面板 5—锁头 6—锁头圈 7—锁体 8—按钮 9—钩子锁舌 10—旋钮 11—钥匙 12—圆口面板 13—乙种企口面板 14—甲种企口面板 15—揿压拉手 16—复板 17—执手 18—拉环 19—双节方连杆 20—圆执手

（续）

互开率（%）	单排弹子		多排弹子	
	A[①]	B	A	B
	≤0.082	≤0.204	≤0.030	≤0.050
锁舌伸出长度/mm	单头门锁		双头门锁	
	斜舌	静舌	斜舌	静舌
	≥12	≥12.5	≥12	≥12.5
尺寸/mm	基本尺寸		极限偏差	
	40，45，50		±0.8	
	55，70		±0.95	
适应门厚度/mm	35～50			
技术要求	钥匙拔出静拉力不大于6.4N，斜舌轴向静拉力为2.9～9.8N，闭合静压力不大于49N。平口锁的斜舌均能正、反装；用钥匙或旋扭开启锁舌应灵活；单锁头在旋进锁体正、反面应能正常开启；按钮揿动应灵活；拨轮孔的大小拨轮应无明显偏移，与方连杆（或双节方连杆）配合开启无卡滞；执手、拉环执手装入锁体后，应转动灵活、复位有力；带弹簧的执手转动后，应复位无明显偏移歪斜			

①A为A级普通型；B为B级安全型。

5）叶片式插芯门锁。叶片式插芯门锁的钥匙不同牙花数很少，但锁的外形美观，多用于对安全性要求不高的教室、会议室等木门上，其外形与技术参数见表6-29。

表6-29　叶片式插芯门锁的外形与技术参数

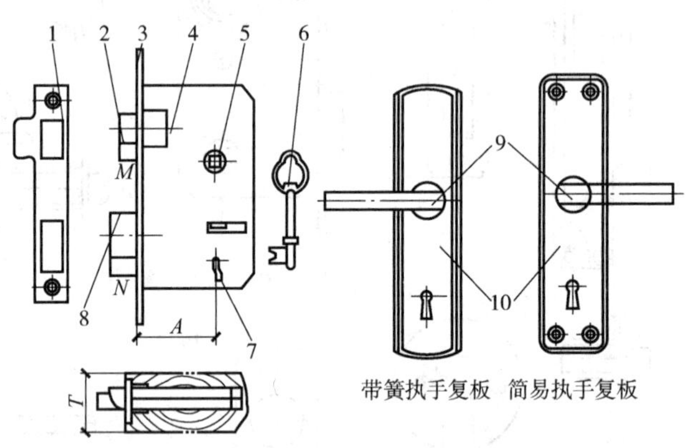

1—锁扣板　2—斜舌　3—面板　4—锁体　5—拨轮　6—钥匙　7—叶片　8—方舌　9—执手　10—复板

形式	狭形				中形
	单开式		双开式		双开式
尺寸/mm	基本尺寸	极限偏差	基本尺寸	极限偏差	
	45	±0.8	40/45	±0.8	
锁舌伸出长度/mm	类型	一档开启			二档开启
	方舌	≥12			第一档≥8
					第一档≥16
	斜舌	≥10			≥12

（续）

适用门厚度/mm	35～50
技术要求	每组锁的钥匙牙花数不少于 72 种（含不同槽形），互开率≤0.056%；斜舌能正反装，开启灵活，轴向静应力为 2.9～9.8N，闭合静应力不大于 48N，用钥匙开启方舌应灵活；双开式在正常开启时无超越现象；带弹簧的复板执手转动灵活，复位有力，方连杆能顺利插入相关配件内

6）弹子门锁。弹子门锁的外形及尺寸规格见表 6-30。

表 6-30　弹子门锁的外形及尺寸规格　（单位：mm）

	型号	锁体尺寸			适用门厚度
		宽度	高度	厚度	
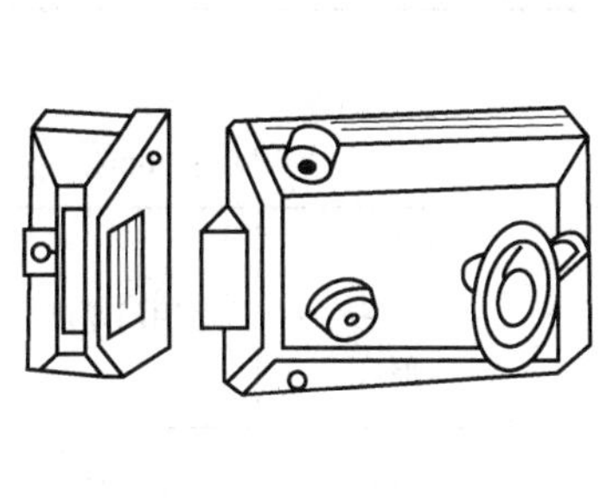	6140	82.5	62	24.5	38～57
	6141	91	65	27	40～58
	6144	82.5	62	24.5	38～57
	6149	87	60	27	40～58
	6150	88	63	28.5	38～57
	6162	92.5	65	28	40～58

7）球形门锁。球形门锁品种较多，可以满足不同用途的门的需要。造型美观，用材考究，多用于较高档的建筑物的门上，其外形与技术参数见表 6-31。

表 6-31　球形门锁的外形与技术参数

互开率（%）	类型		弹子球锁		叶片球锁	
			单排弹子	多排弹子	单排弹子	多排弹子
	级别	A	≤0.082	≤0.010	—	≤0.082
		B	≤0.204	≤0.020	≤0.326	≤0.204
锁舌伸出长度/mm	类型		球形锁	固定锁	拉手套锁	
					方舌	斜舌
	级别	A	≥12	≥25	≥25	≥11
		B	≥11			
执手扭矩/(N·m)	类型		锁闭状态		不锁闭状态	
			球形执手	L 形执手	球形执手	L 形执手
	级别	A	≥17	≥20	≥14	≥17
		B	≥12	≥14	≥10	≥14

（续）

<table>
<tr><td rowspan="3">钥匙牙花数/种</td><td rowspan="2">锁头结构</td><td colspan="2">弹子球锁</td><td colspan="2">叶片球锁</td></tr>
<tr><td>单排弹子</td><td>多排弹子</td><td>无级差</td><td>有级差</td></tr>
<tr><td>数值</td><td>≥6000</td><td>≥100000</td><td>≥500</td><td>≥6000</td></tr>
<tr><td>适用门厚度/mm</td><td colspan="5">35～50</td></tr>
<tr><td>技术要求</td><td colspan="5">钥匙拔出静拉力≤6.4N，封闭中心线的钥匙槽≤7.8N；带保险柱锁舌，轴向静压力5.9～14.7N；不带保险柱锁舌，轴向静压力2.9～9.8N；锁舌闭合静压力≤4.9N。锁舌用执手或经保险后用钥匙开启转动灵活，复位有力；旋钮经保险作用后，用钥匙开启灵活，转动标示牌无阻轧现象，锁舌能正反装在锁体上</td></tr>
</table>

8）碰珠锁。碰珠锁的外形及尺寸规格见表6-32。

表6-32　碰珠锁的外形及尺寸规格　（单位：mm）

型号	锁体尺寸			适用门厚度
	宽度	高度	厚度	
901	60	60	16	30～35

9）厕所门锁。厕所门锁的外形及尺寸规格见表6-33。

表6-33　厕所门锁的外形及尺寸规格　（单位：mm）

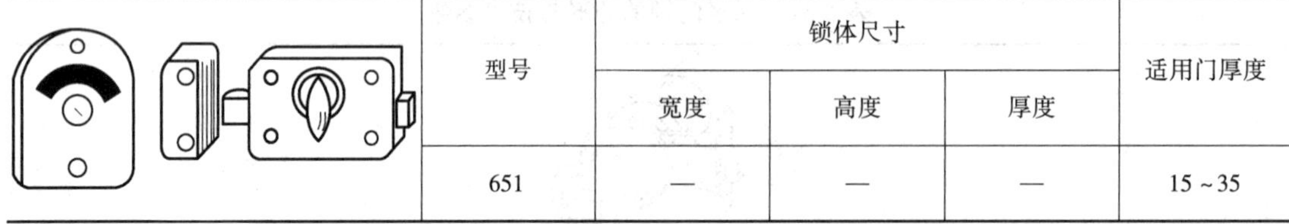

型号	锁体尺寸			适用门厚度
	宽度	高度	厚度	
651	—	—	—	15～35

10）密闭门执手锁。密闭门执手锁的外形及尺寸规格见表6-34。

表6-34　密闭门执手锁的外形及尺寸规格　（单位：mm）

型号		锁体尺寸			适用门厚度
		宽度	高度	厚度	
左内开门用	专400	115	112	20	100～120
右内开门用	专401	115	112	20	100～120

11）执手插销门锁。执手插销门锁的外形及尺寸规格见表6-35。

表6-35　执手插销门锁的外形及尺寸规格　（单位：mm）

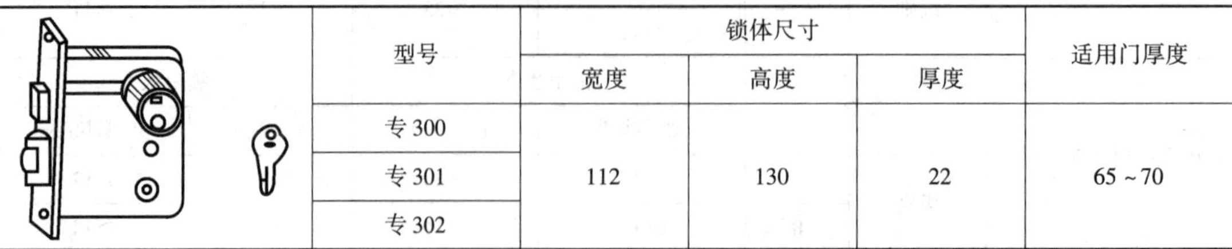

型号	锁体尺寸			适用门厚度
	宽度	高度	厚度	
专300	112	130	22	65～70
专301				
专302				

12）圆筒式球形执手门锁。圆筒式球形执手门锁的外形及尺寸规格见表6-36。

表 6-36　圆筒式球形执手门锁的外形及尺寸规格　　　　（单位：mm）

型号	锁体尺寸			适用门厚度
	宽度	高度	厚度	
9401	72	53	16.5	35～50
9405	72	53	16.5	35～50

13）弹子家具锁。弹子家具锁的外形及尺寸规格见表 6-37。

表 6-37　弹子家具锁的外形及尺寸规格　　　　（单位：mm）

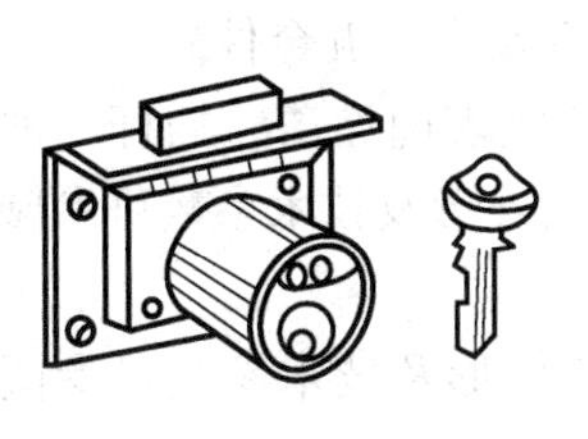

型号	主要尺寸	
	锁头直径	安装中心距
方舌 斜舌 蟹钳舌	16 18	20 20.5
	20 22 22.5	20 23

14）橱柜门锁。橱柜门锁的外形及尺寸规格见表 6-38。

表 6-38　橱柜门锁的外形及尺寸规格　　　　（单位：mm）

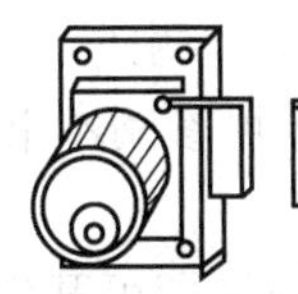
左橱门锁

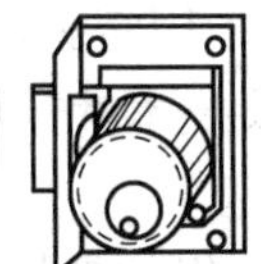
右橱门锁

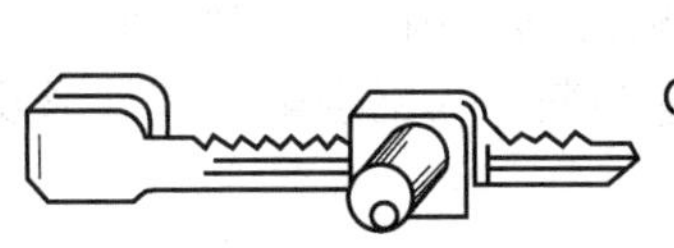
玻璃橱门锁

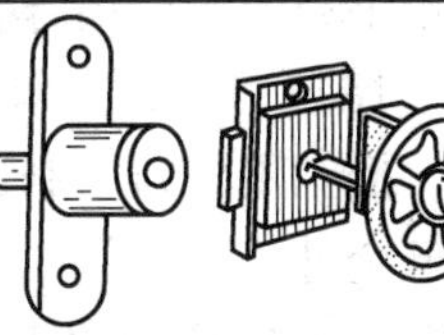
橱柜移门锁　　拉手橱门锁

品种	锁头直径	锁头高度	齿条长度
玻璃橱门锁	18，22 椭圆形（17×21）	16.0 16.7	110
左右弹子橱门锁	22.5	20	—
拉手橱门锁	14.5 18	20 16.7 20	—
橱柜移门锁	19，22	26，30	—

15）塑料门窗半圆锁（JG/T 130—2000）。塑料门窗半圆锁锁钩板厚度≥1.2mm，锁舌、锁板用锌合金铸造，锁舌锁紧部位圆弧半径变化量为 1～2mm，耐蚀性达到 72h，8 级，主要用于塑料门窗上。其外形及技术参数参阅第 5.2 节塑料门窗及五金配件。

16）防风插芯门锁。防风插芯门锁用于防风门上，只要推或拉，门可立即开启，主要适用于风力较为丰富的地区使用，其外形及尺寸规格见表 6-39。

表 6-39　防风插芯门锁的外形及尺寸规格

型号	锁体尺寸（宽×高×厚）	适用范围
901	60mm×60mm×16mm	35～50mm 厚承受较大风力的各种木门
9405		35～50mm 厚的平口防风门

5. 插销（JG/T 214—2017）

插销为门窗或箱体结构家具的重要组成部件。古代的门窗插销为木质结构（闩）。现代插销一般是金属结构，由两部分构成，一是固定在门面上可左右横向活动的插杆，另一个是固定于门套上的插环，俗称“鼻儿”。两者处于同一水平位置，彼此对应，使门窗或箱体执行开闩操作。常见的插销分为明插销和暗插销，一般由不锈钢、铝合金、锌合金等金属制成，具有非常不错的耐蚀性与使用性能。

（1）钢插销（QB/T 2032—2013） 钢插销分为普通型、封闭型、管型和蝴蝶型等，由面板、插杆、插节、手柄组成。安装时，面板与插杆先拼装，再将手柄拼装在杆座上，用于门窗关闭后的固定。其外形及技术参数可参阅本书第5.4节木门窗及配套五金件。

（2）蝴蝶型钢插销 蝴蝶型钢插销材料为低碳钢，插板、插座表面涂漆，插杆一般镀镍，主要用于木质门窗关闭后的固定，为比较适用的横向门闩。其外形及技术参数可参阅第5.4节木门窗及配套五金件。

（3）管型钢插销 管型钢插销适用于框架较狭的门窗上。其外形及技术参数可参阅第5.4节木门窗及配套五金件。

（4）铝合金门窗插销（QB/T 3885—1999） 铝合金门窗插销分为台阶式和平板式两种，材料为铝合金或铜合金，装置在铝合金平开门、弹簧门上，门关闭后起固定作用。其外形及技术参数可参阅本书第5.1节铝合金门窗及五金配件。

（5）暗插销 暗插销嵌装在双扇门的一扇门上的侧面，用于固定关闭该扇门。其特点是双扇门关闭后，插销不外露。制造材料多为铝合金。其外形及技术参数可参阅本书第5.4节木门窗及配套五金件。

（6）翻窗插销 翻窗插销用于不便启闭的高窗上，在下面用绳拉动插销即可开启窗扇。适用于住宅、办公室、教室、厂房的中悬式或下悬式气窗关闭闩住。制造材料多为低碳钢，本体表面喷漆，滑板、销舌表面镀锌，其外形及尺寸规格见表6-40。

表6-40 翻窗插销的外形及尺寸规格（单位：mm）

长度 L（规格）	本体宽度 B	滑板		销舌伸出长度	木螺钉（参考）	
		长度	宽度		直径×长度	数量/个
50	30	50	43	9	3.5×18	6
60	35	60	46	11	3.5×20	6
70	45	70	48	12	3.5×22	6

（7）扁插销 扁插销厚度较一般插销薄，可安装在较狭窄处，使用较方便，多用于纱窗或橱柜，其外形及尺寸规格见表6-41。

表6-41 扁插销的外形及尺寸规格（单位：mm）

规格	主要尺寸		木螺钉（参考）	
	长度	宽度	直径×长度	数量/个
50	50	20	3.5×18	5
65	65	20	3.5×18	5
75	75	22	4×25	5
100	100	25	4×25	6
125	125	25	4×25	6
150	150	25	4×25	6

6. 门定位器

（1）脚踏式门扇制动器　用于固定开启的门扇，使门扇停留在任意位置，使用方便，其外形及尺寸规格见表6-42。

表6-42　脚踏式门扇制动器的外形及尺寸规格　（单位：mm）

	品种	主要尺寸				配用木螺钉（参考）	
		底板长度	底板宽度	总长度	伸长≤	直径×长度	数量/个
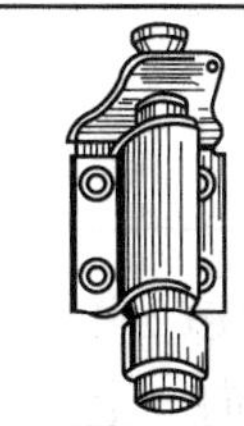	薄钢板制	60	45	110	20	3.5×18	4
	铸钢合金制	128	63	162	30	3.5×22	3

（2）脚踏门钩式定位器　用于钩住开启的门扇，橡胶头用来缓冲门扇与门钩底座之间的碰撞。横式底座安装在墙壁上或踏脚板上，立式底座安装在靠近墙壁地板上，其外形及尺寸规格见表6-43。

表6-43　脚踏门钩式定位器的外形及尺寸规格　（单位：mm）

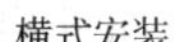
横式安装

立式安装

型号	品种	底座主要尺寸			钩座主要尺寸			配用木螺钉（参考）	
		底板直径	长度	高度	长度	高度	钩座宽度	直径×长度	数量/个
903	横式	47	80	—	32	40	20	3.5×18	5
904	立式	47	65	90	32	40	20		

（3）门轧头定位器　用于固定开启的门窗。横式的底座安装在墙壁上或踢脚板上；立式的底座安装在靠近墙壁的地板上，其外形及尺寸规格见表6-44。

表6-44　门轧头定位器的外形及尺寸规格　（单位：mm）

	形式（型号）		横式（901型）	立式（902型）
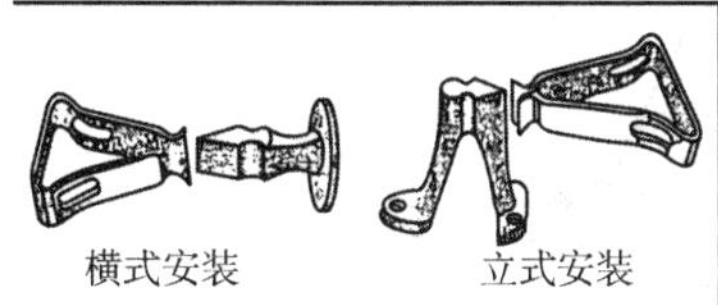 横式安装　立式安装	外形尺寸/mm	弹性夹头	53×56×18	53×56×18
		楔形头底座	58×75×30	48×48×40

（4）磁性吸门器　安装在门扇上，利用磁性原理吸住开启的门扇。横式的底座安装在墙壁上或踏脚板上；立式的底座安装在靠近墙壁的地板上，其外形及尺寸规格见表6-45。

表6-45　磁性吸门器的外形及尺寸规格　（单位：mm）

	尺寸规格		配用木螺钉（参考）	
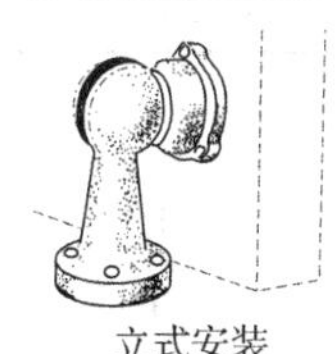 立式安装 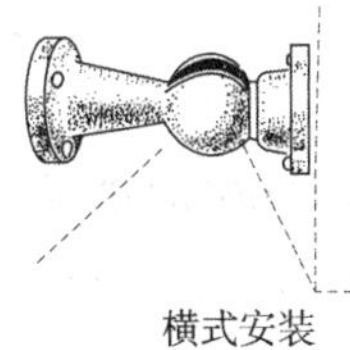 横式安装	磁头座架直径	55	直径×长度	数量/个
	磁头直径	36	3.5×18	7
	吸盘座架直径	52		
	总长	90		

(5) 磁性门夹　用于安装在柜门上，利用磁性原理吸住关闭的柜门，使其不至于自行开启。其外形及尺寸规格见表6-46。

表6-46　磁性门夹的外形及尺寸规格　　(单位：mm)

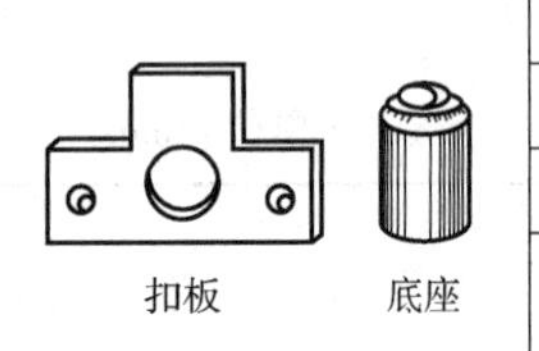	型号	A型	B型	C型
	底板长度×宽度	32×17.5	56×17.5	62×17.5
	配用木螺钉（参考）	直径×长度：3×16		

(6) 门弹弓定位器　门弹弓定位器与门弹弓珠相似，安装在门扇的中部，使门扇在开启后能自动关闭。如门扇不需要自动关闭时，可将臂杆垂直放下，适用于装置在向一个方向开扇的轻便门扇上，其外形及尺寸规格见表6-47。

表6-47　门弹弓定位器的外形及尺寸规格　　(单位：mm)

扣板　底座	公称规格		200	250	300		400	450
	臂杆长度		202	254	304		406	456
	合页页片长度		88				152	
	配用木螺钉（参考）	直径×长度	3.5×25				4×30	
		数量/个	6					

(7) 闭门器　安装在门扇上，使门扇开启后能自动关闭。内有液压缓冲油泵装置，关闭速度可以调节，没有碰撞声，适合安装在朝一个方向开启的门扇上，并与合页配合使用，其外形及尺寸规格见表6-48。

表6-48　闭门器的外形及尺寸规格　　(单位：mm)

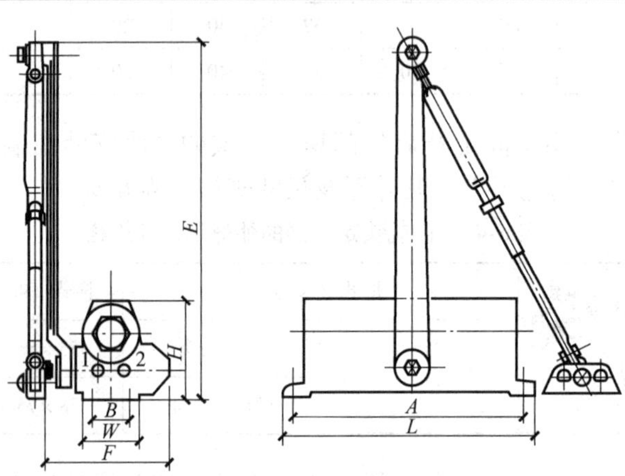

型号	门高度	门宽度	门厚度	门质量/kg
2	190～220	70～90	3～5	25～40
140	200～250	60～80	4～5	15～30

注：2号门顶弹簧开启到90°位置时，可固定不动。

(8) 地弹簧　埋于门扇下面的自动闭门器，当门扇开启不到90°时能使门扇自动关闭，当门扇转到90°位置时立即可固定不动。关门速度可以调节，不需与合页配合。朝一个方向或两个方向开启的门扇都可以使用，其外形及尺寸规格见表6-49。

表 6-49　地弹簧的外形及尺寸规格　　　　（单位：mm）

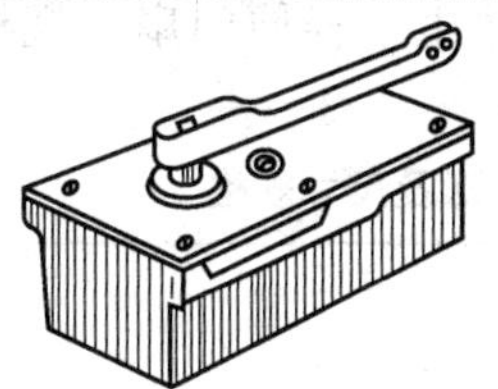

型号	主要尺寸			适用门的范围			
	面板长度	面板宽度	底座高度	门高度	门宽度	门厚度	门质量/kg
785①	318	93	55	1800～2500	700～1000	45～55	35～70
845	224	114	40	1800～2100	600～850	40～50	25～65
639	275	135	50	1800～2100	750～900	40～50	60～80
800	295	170	55	1800～2100	750～900	50	80～100
739	265	140	90	2100～2400	800～1000	40～50	100～150

① 785 无油泵机构。

（9）门顶弹簧　门顶弹簧装于门扇顶上，使门扇开启能自动关门，其结构特点为内装有缓冲油泵，关门速度较慢（可以调整），需要与铰链配合安装使用，适用于朝一个方向开启的门上，其外形及尺寸规格见表 6-50。

表 6-50　门顶弹簧的外形及尺寸规格　　　　（单位：mm）

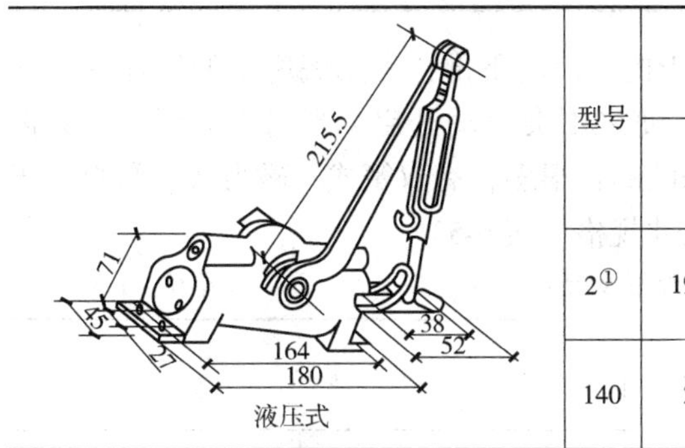

液压式

型号	适用门的范围			
	门高度	门宽度	门厚度	门质量/kg
2①	1900～2200	700～800	30～50	250～400
140	200～289	600～900	40～50	150～300

① 2 号门顶弹簧门开启到 90°时，可固定不动。

（10）门底弹簧　门底弹簧又称自动门弓，分为横式和直式两种。构造：门底弹簧闭门器由上下两部分组成。上部分为顶轴和顶轴套板，下部分为底轴和弹簧主体，其外形及结构形式见表 6-51。

表 6-51　门底弹簧的外形及结构形式

横式（204型）

型号	结构形式	用途
204	横式	相当于双簧合页，可使门扇开启后自动关闭。当不需要门扇自动关闭时，把门扇开启到 90°即可。该门底弹簧可用于弹簧木门或里外双向开启的门上

（11）鼠尾弹簧　鼠尾弹簧适用于安装在向一个方向开启的门扇上，使门开启后能自动关闭。其规格分两类，规格为200、250、300的适用于轻便门扇；规格为400、450的适用于一般门扇使用，其外形及尺寸规格见表6-52。

表6-52　鼠尾弹簧的外形及尺寸规格　　（单位：mm）

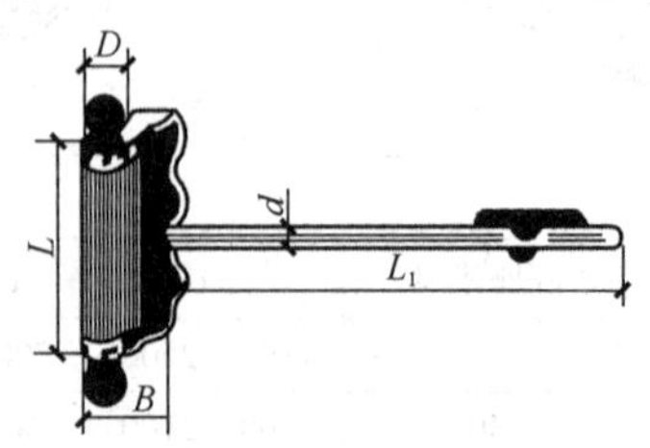

规格	页板长度 L	基本尺寸		臂梗		弹簧钢丝直径	木螺钉	木螺钉数量/个
		宽度 B	直径 D	长度 L_1	直径 d		直径×长度	
200 250 300	89	43	20	203 254 305	7.14	2.8	3.5×25	6
400 450	150	56	24	400 450	9	3.6	4.0×30 3.5×25	4 9

（12）门弹弓珠　门弹弓珠又称碰珠，安装于橱柜门的下部，利用底座中的钢球（下面有弹簧顶住）嵌在关闭的橱柜门下部的扣板中，使之不会自动开启。当门扇关闭时，只需向关闭方向一推，门扇立即可以轧住。门弹弓珠的品种很多，有双簧式、磁力式、塑料弹子式及铜碰珠、功力碰珠、双碰珠等，其外形及尺寸规格见表6-53。

表6-53　门弹弓珠的外形及尺寸规格　　（单位：mm）

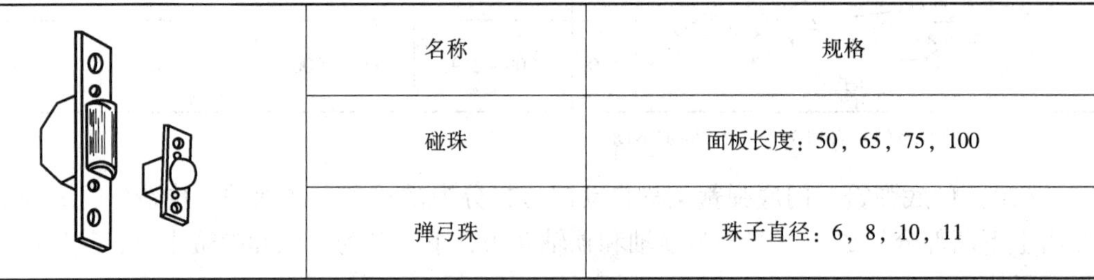

名称	规格
碰珠	面板长度：50，65，75，100
弹弓珠	珠子直径：6，8，10，11

6.1.2　门窗用其他配件

（1）羊眼　羊眼用于吊挂物件及橱柜、抽屉等挂锁的支持，其外形及尺寸规格见表6-54。

表6-54　羊眼的外形及尺寸规格　　（单位：mm）

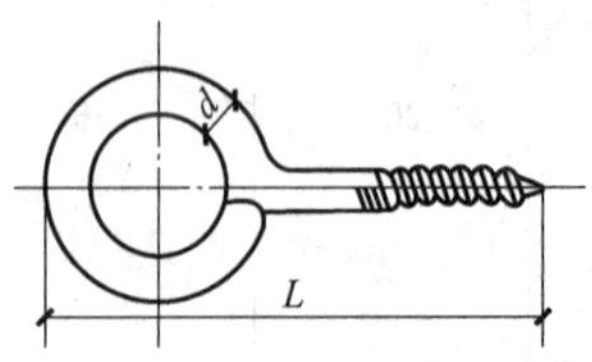

（续）

序号	主要尺寸			序号	主要尺寸		
	直径	圈外径	全长		直径	圈外径	全长
1	1.6	9	20	10	4.2	19	41
2	1.8	10	22	11	4.5	20	43
3	2.2	11	24	12	5.0	21	46
4	2.5	12	26	13	5.2	22.5	49
5	2.8	13	28	14	5.5	24	52
6	3.2	14	31	16	6.0	26	58
7	3.5	15.5	34	18	6.5	28	64
8	3.8	17	37	20	7.2	31	70
9	4.0	18	39				

注：材料为低碳钢，表面喷漆或镀锌。

（2）窗钩（QB/T 1106—1991） 窗钩一般装于窗户上，扣住开启的窗扇，防止被风吹动；或做搁板支架，其外形及尺寸规格见表6-55。

表6-55 窗钩的外形及尺寸规格 （单位：mm）

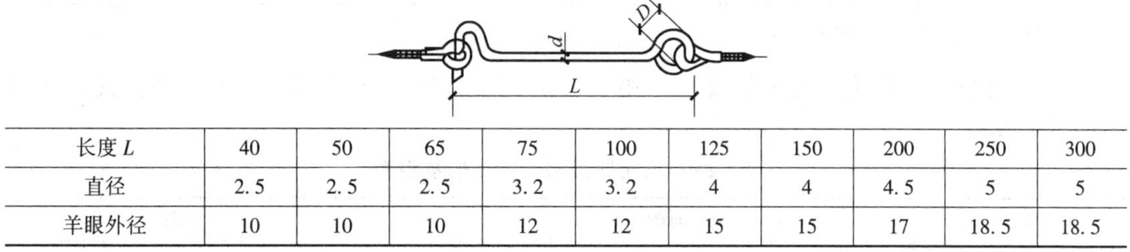

长度L	40	50	65	75	100	125	150	200	250	300
直径	2.5	2.5	2.5	3.2	3.2	4	4	4.5	5	5
羊眼外径	10	10	10	12	12	15	15	17	18.5	18.5

注：材料为低碳钢，表面喷漆或镀锌。

（3）灯钩 灯钩用于吊挂各种装饰灯具或其他质量较轻的物件，其外形及尺寸规格见表6-56。

表6-56 灯钩的外形及尺寸规格 （单位：mm）

规格	号码	基本尺寸			
		长度L	钩外径D	直径d	螺距C
35	3	35	13	2.5	1.15
40	4	40	14.5	2.8	1.25
45	5	45	16	3.1	1.4
50	6	50	17.5	3.4	1.6
55	7	55	19	3.7	1.7
60	8	60	20.5	4	1.8
65	9	65	22	4.3	1.95
70	10	70	24.5	4.6	2.1
80	12	80	30	5.2	2.3
90	14	90	35	5.8	2.5
105	16	105	41	6.4	2.8
115	18	115	46	8.4	3.175

注：材料为低碳钢，表面喷漆或镀锌。

（4）锁扣　锁扣用于门窗或橱柜安装明锁，其外形及尺寸规格见表6-57。

表6-57　锁扣的外形及尺寸规格　（单位：mm）

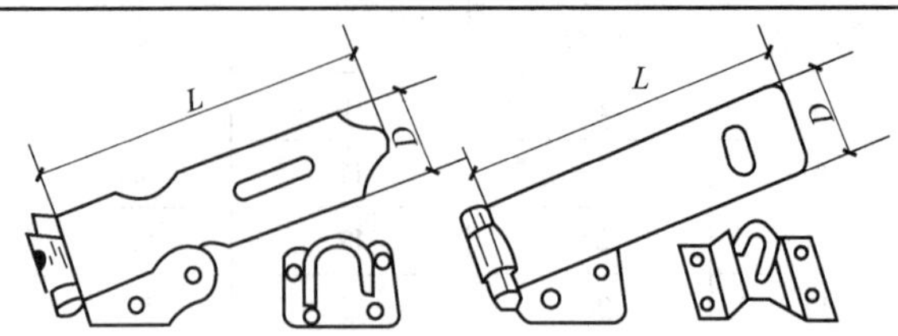

规格	面板尺寸						沉头木螺钉		
	长度 L		宽度 D		厚度 h		直径×长度		数量/个
	普通	宽型	普通	宽型	普通	宽型	普通	宽型	
40	38.5	38	17	20	1	1.2	2.5×10	2.5×10	7
50	55	52	20	27	1	1.2	2.5×10	3×12	7
65	67	65	23	32	1	1.2	2.5×10	3×14	7
75	75	78	25	32	1.2	1.2	3×14	3×16	7
90	—	88	—	36	—	1.4	—	3.5×18	7
100	—	101	—	36	—	1.4	—	3.5×20	7
125	—	127	—	36	—	1.4	—	3.5×20	7

注：材料为低碳钢，表面喷漆或镀锌。

（5）窗帘紧线滑轮　窗帘紧线滑轮用于固定窗帘拉线，并可调节其松紧度，其外形及用途见表6-58。

表6-58　窗帘紧线滑轮的外形及用途

名称	简图	用途
铝质窗帘紧线滑轮		用于固定窗帘拉线，拉线的松紧可根据需要调节
铜质窗帘紧线滑轮		

（6）窗帘轨　窗帘轨按轨道截面形状分为方形（U形）窗帘轨和圆形（C形）窗帘轨，装于窗门扇上部吊挂窗帘，其外形及尺寸规格见表6-59。

表6-59　窗帘轨的外形及尺寸规格　（单位：mm）

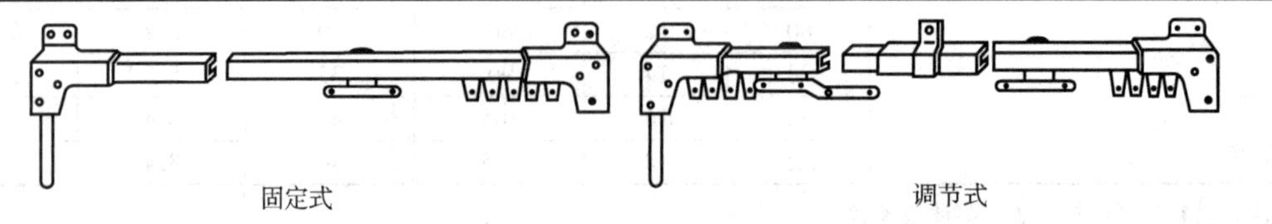

（续）

名称	规格	轨道长度	安装距离
固定式窗帘轨	1.2	1.25	—
	1.6	1.65	—
	1.8	1.85	—
	2.1	2.15	—
	2.4	2.45	—
	2.8	2.85	—
	3.2	3.25	—
	3.5	3.55	—
	3.8	3.85	—
	4.2	4.25	—
	4.5	4.5	—
调节式窗帘轨	1.5	—	1.0～1.8
	1.8	—	1.2～2.2
	2.4	—	1.9～2.6

注：材料为铝合金。

（7）空心窗帘棍　空心窗帘棍用于安装窗帘布，其外形及尺寸规格见表 6-60。

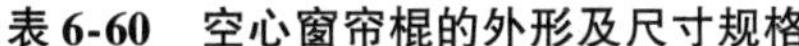

表 6-60　空心窗帘棍的外形及尺寸规格　（单位：mm）

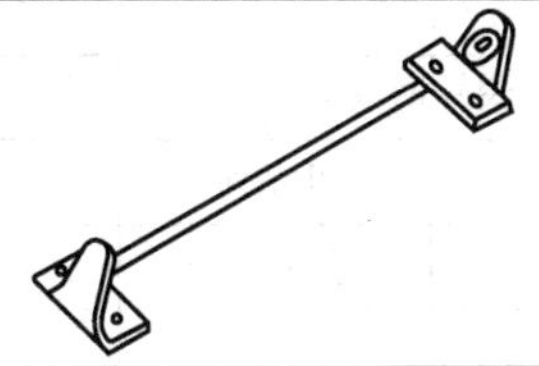

名称	规格	
	铁角	直径
空心窗帘棍	大号 小号	10 13 15

（8）铁三角　铁三角的外形及尺寸规格见表 6-61。

表 6-61　铁三角的外形及尺寸规格　（单位：mm）

名称	简图	规格
铁三角		边长：50、60、75、90、100、150
T 形铁角		边长：50、60、75

（9）推拉门窗滑轨　推拉门窗滑轨的外形及尺寸规格见表6-62。

表6-62　推拉门窗滑轨的外形及尺寸规格　（单位：mm）

名称	示意图	规格
橱门滑条		900、1100、1200、1500
⊥形拉门铁轨		—

（10）推拉铝合金门窗用滑轮　推拉铝合金门窗用滑轮（QB/T 3892—1999）装于门窗下端两侧，使门窗在滑轨上运动灵活轻便，其外形及尺寸规格见表6-63。

表6-63　推拉铝合金门窗用滑轮的外形及尺寸规格　（单位：mm）

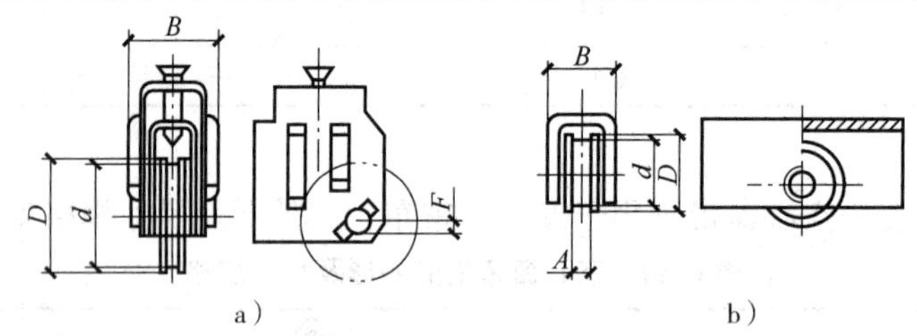

a）　b）

<table>
<tr><th rowspan="2">规格</th><th rowspan="2">底径 d</th><th colspan="2">滚轮槽宽</th><th colspan="2">外支架宽度</th><th>调节高度</th></tr>
<tr><th>Ⅰ系列</th><th>Ⅱ系列</th><th>Ⅰ系列</th><th>Ⅱ系列</th><th>—</th></tr>
<tr><td>20</td><td>16</td><td>8</td><td>—</td><td>16</td><td>6～16</td><td>—</td></tr>
<tr><td>24</td><td>20</td><td>6.5</td><td rowspan="2">3～9</td><td>—</td><td>12～16</td><td>—</td></tr>
<tr><td>30</td><td>26</td><td>4</td><td>13</td><td>12～20</td><td rowspan="4">25</td></tr>
<tr><td>36</td><td>31</td><td>7</td><td rowspan="3">6～13</td><td>17</td><td>—</td></tr>
<tr><td>42</td><td>36</td><td rowspan="2">6</td><td rowspan="2">24</td><td>—</td></tr>
<tr><td>45</td><td>38</td><td>—</td></tr>
</table>

（11）门锁执手与拉手和拉环与按钮　门锁执手与拉手用来控制门窗的开启与关闭，或在关闭的同时起锁闭内外框的相对位置的作用。

1）门锁执手与拉手代号、名称与简图（表6-64）。

表6-64　门锁执手与拉手代号、名称与简图

代号	执手或拉手名称	简图	
		执手	拉手
J	尖角弯执手、圆角覆板（压铸暗螺钉） 单头、双头拉手 双扇门副拉手		

（续）

代号	执手或拉手名称	简图	
		执手	拉手
W	弯角弯执手、圆角 覆板（压铸暗螺钉）		
S	双角覆板、弯角弯执手（压铸暗螺钉）		
A	凹圆形执手、凹圆形覆圈 无纳拉手 纳子拉手（室内外明螺钉）		

2）门锁拉环与按钮的名称与规格（表6-65）。

表6-65　门锁拉环和按钮的名称与规格

名称	规格	简图
拉环	A型 B型	A型　B型
按钮	A型 B型 J型	A型　B型　J型

6.2　窗纱与板网

6.2.1　窗纱

窗纱是以化纤、棉纱或金属丝等为原料制成的网状物。广泛用于门窗来防止小昆虫等自然界生物进入居室或工作场所。常见的色彩为白色、绿色和蓝色，常与窗帘布配套选择使用。窗纱一般分为纺织类窗纱和金属网窗纱两大类，其基本外形结构与尺寸规格见表6-66。

表6-66　窗纱基本外形结构与尺寸规格

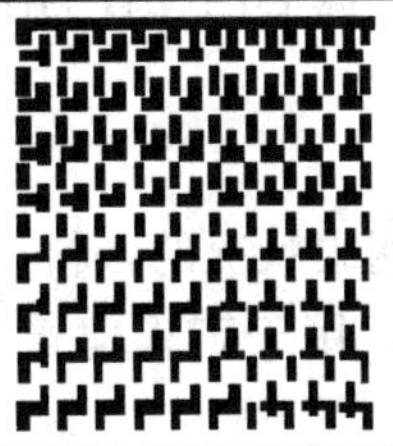

（续）

品种		每25.4mm数目		孔距/mm		每匹质量/kg		
		经向	纬向	经向	纬向	1×25000	1×30000	0.914×30480
						宽度mm×长度mm		
普通（涂漆、涂塑、镀锌）纱窗		14	14	1.8	1.8	10.5	12.5	11.5
		16	16	1.6	1.6	12	14	13
		18	18	1.4	1.4	13	15	14.5
		14	16	1.8	1.8	11	13	12
玻璃纤维纱窗	5112	14	14	1.8	1.8	3.9~4.1		
	5116	16	16	1.6	1.6	4.3~4.5		
塑料纱窗		16	16	1.6	1.6	3.9		

1. 纺织类窗纱

纺织类窗纱按面料的不同可分为：涤纶、仿真丝、麻或混纺织物等；根据其工艺可分为：印花、绣花、提花、色织、染色等；以材质来分主要有涤纶、纱、麻、仿真丝、纯棉、布艺、纤维等；以原料来分主要有尼龙窗纱、金属窗纱、玻璃纤维窗纱等。纺织类窗纱材质比较轻盈，可良好地与窗帘布相搭配，让人看上去似有似无，非常的朦胧和浪漫。纺织类窗纱按制造工艺可分为染色和提花等种类。

2. 不锈钢窗纱

不锈钢窗纱主要采用302、304、304L、316、316L等不锈钢材质，采用平织工艺织造，其规格宽为0.6~1.5m，18~30目，具有良好的透气、透光等性能，产品档次高、用途广，是目前高档写字楼、住宅等各种建筑及畜牧场、果园等门窗首选的防护产品，其特点见表6-67。

表6-67　不锈钢窗纱的特点

功能	特点
防鼠、防蚊蝇	产品强度高、韧性强，可避免由于老鼠进屋引起的一系列卫生问题；可有效防止蚊蝇和昆虫入室内
防火、耐高温、阻燃	现在的建筑都有防火设施，但一般的尼龙窗纱不能防火，不锈钢材质的窗纱则能达到防火、耐高温、阻燃等基本防火需求
透气、透光	产品表面色泽光亮美观与普通尼龙窗纱相比可更好地增加空气流通率和阳光的光线照射，达到透气、透光的良好效果

6.2.2　金属板网

金属板网又名金属筛网。按材质分为低碳钢薄板网、铝板网、不锈钢板网、铝镁合金板网等；按孔型分为菱形网、铁板网、金属扩张网、重型钢板网、脚踏网、冲孔板网、铝板网、不锈钢钢板网、粮仓网、天线网、滤芯网、音响网等。广泛用于建筑及水利、公路、铁路等建设和机械、电器防护等。

1. 钢板网（QB/T 2959—2008）

钢板网板材经过加工制造，成为网眼状况的张料物体。网孔均匀，网面平整，摩擦系数高，形成0.5~8mm钢板网系列产品。用于工程建筑，机械设备的防护，高档工艺品网罩等，其外形及尺寸规格见表6-68。

表 6-68　钢板网的外形及尺寸规格　　（单位：mm）

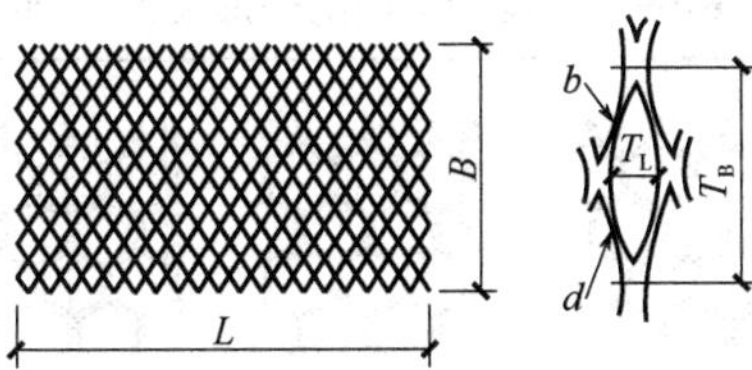

d	网格尺寸			网面尺寸		钢板网理论重量/(kg/m²)
	T_L	T_B	b	B	L	
0.3	2	3	0.3	100 ~ 500	—	0.71
	3	4.5	0.4	500		0.63
0.4	2	3	0.4			1.26
	3	4.5	0.5			1.05
0.5	2.5	4.5	0.5	500		1.57
	5	12.5	1.11	1000		1.74
	10	25	0.96	2000	600 ~ 4000	0.75
0.8	8	16	0.8	1000	600 ~ 5000	1.26
	10	20	1.0			1.26
	10	25	0.96			1.21
1.0	10	25	1.10	2000	600 ~ 5000	1.73
	15	40	1.68		4000 ~ 5000	1.76
1.2	10	25	1.13			2.13
	15	30	1.35			1.7
	15	40	1.68			2.11
1.5	15	40	1.69			2.65
	18	50	2.03			2.66
	24	60	2.47			2.42
2.0	12	25	2			5.23
	18	50	2.03			3.54
	24	60	2.47			3.23
3.0	24	60	3.0		4800 ~ 5000	5.89
	40	100	4.05		3000 ~ 3500	4.77
	46	120	4.95		5600 ~ 6000	5.07
	55	150	4.99		3300 ~ 3500	4.27
4.0	24	60	4.5		3200 ~ 3500	11.77
	32	80	5.0		3850 ~ 4000	9.81
	40	100	6.0		4000 - 4500	9.42
5.0	24	60	6.0		2400 ~ 3000	19.62
	32	80	6.0		3200 ~ 3500	14.72
	40	100	6.0		4000 ~ 4500	11.78
	56	150	6.0		5600 ~ 6000	8.41
6.0	24	60	6.0		2900 ~ 3500	23.55
	32	80	7.0		3300 ~ 3500	20.60
	40	100			4150 ~ 4500	16.49
	56	150			5800 ~ 6000	11.77
8.0	40	100	8.0		3650 - 4000	25.12
			9.0		3250 - 3500	28.26
	60	150			4850 - 5000	18.84
10.0	45	100	10.0	1000	4000	34.89

注：0.3 ~ 0.5 一般长度为卷网，钢板网长度根据市场可供钢板作调整。

2. 钢丝六角网（QB/T 1925.2—1993）

钢丝六角网分单向搓捻式、双向搓捻式和双向搓捻式有加钢筋，主要用于建筑保温、防护及围栏等，其外形及尺寸规格见表6-69。

表6-69　钢丝六角网的外形及尺寸规格

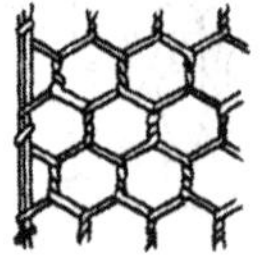
单向搓捻式

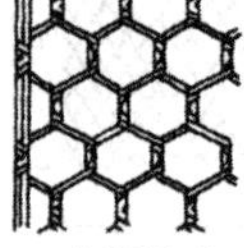
双向搓捻式

双向搓捻式有加强筋

分类		按镀锌方式			按编制形式					
		先编网后镀锌	先镀锌后织网	先热镀锌后织网	单向搓捻式		双向搓捻式		双向搓捻式有加钢筋	
代号		B	D	R	Q		S		J	
网孔尺寸 U/mm		10	13	16	20	25	30	40	50	75
钢丝直径/mm	自	0.40	0.40	0.40	0.40	0.40	0.45	0.50	0.50	0.50
	至	0.60	0.90	0.90	1.00	1.30	1.30	1.30	1.30	1.30

注：1. 钢丝直径系列（d/mm）：0.40，0.45，0.50，0.55，0.60，0.70，0.80，0.90，1.00，1.10，1.20，1.30。
2. 网的宽度（m）：0.5，1，1.5，2；网的长度（m）：25，30。

3. 钢丝波纹方孔网（QB/T 1925.3—1993）

钢丝波纹方孔网主要用于建筑、矿山、冶金及农业等行业。在建筑上用做液体和泥浆过滤以及用作加强物或防护网等，其外形及尺寸规格见表6-70。

表6-70　钢丝波纹方孔网的外形及尺寸规格　（单位：mm）

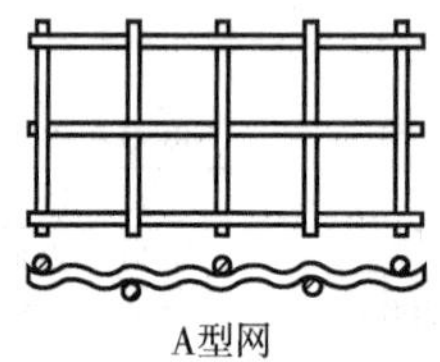
A型网

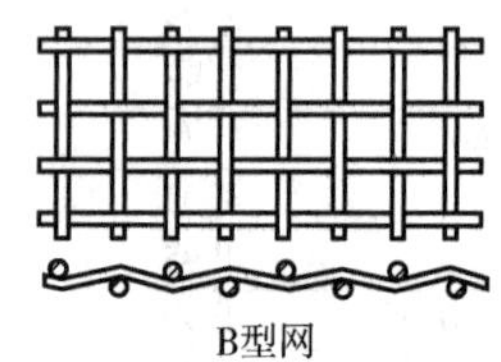
B型网

类别			规格					
钢丝直径			0.70	0.90	1.2	1.60	2.2	2.8
网孔尺寸	A	Ⅰ系	—	—	6	8	12	15
						10		20
		Ⅱ系	—	—	8	12	15	25
							20	
网孔尺寸	B	Ⅰ系	1.5	2.5	—	3	4	6
			2.0					
		Ⅱ系	—	—	—	5	6	10
								12
网宽度				片网	0.9		1	
网长度					<1		1~5	

（续）

<table>
<tr><td colspan="3">类别</td><td colspan="6">规格</td></tr>
<tr><td colspan="3">钢丝直径</td><td>3.5</td><td>4.0</td><td>5.0</td><td>6.0</td><td>8.0</td><td>10.0</td></tr>
<tr><td rowspan="12">网孔尺寸</td><td rowspan="12">A</td><td rowspan="6">Ⅰ系</td><td rowspan="3">20</td><td rowspan="3">20</td><td rowspan="3">25</td><td rowspan="2">30</td><td rowspan="6">—</td><td rowspan="6">—</td></tr>
<tr></tr>
<tr><td rowspan="2">40</td></tr>
<tr><td rowspan="3">25</td><td rowspan="3">30</td><td rowspan="3">40</td></tr>
<tr><td rowspan="2">50</td></tr>
<tr></tr>
<tr><td rowspan="6">Ⅱ系</td><td rowspan="6">30</td><td rowspan="6">30</td><td rowspan="3">28</td><td rowspan="2">28</td><td rowspan="6">—</td><td rowspan="6">—</td></tr>
<tr></tr>
<tr><td rowspan="2">35</td></tr>
<tr><td rowspan="3">36</td></tr>
<tr><td rowspan="2">45</td></tr>
<tr></tr>
<tr><td rowspan="8">网孔尺寸</td><td rowspan="8">B</td><td rowspan="2">Ⅰ系</td><td rowspan="2">6</td><td>6</td><td rowspan="2">20</td><td>20</td><td rowspan="2">—</td><td rowspan="2">—</td></tr>
<tr><td>8</td><td>25</td></tr>
<tr><td rowspan="6">Ⅱ系</td><td rowspan="2">8</td><td rowspan="3">12</td><td rowspan="6">22</td><td rowspan="3">18</td><td rowspan="6">—</td><td rowspan="6">—</td></tr>
<tr></tr>
<tr><td rowspan="2">10</td></tr>
<tr><td rowspan="3">16</td><td rowspan="3">22</td></tr>
<tr><td rowspan="2">15</td></tr>
<tr></tr>
<tr><td colspan="2">网宽度</td><td colspan="2">1.5</td><td rowspan="2">片网</td><td colspan="4">2</td></tr>
<tr><td colspan="2">网长度</td><td colspan="2">>5～10</td><td colspan="4">10～20</td></tr>
</table>

注：网孔尺寸系列：Ⅰ系为优选规格；Ⅱ系为一般规格。

4. 镀锌电焊网

镀锌电焊网主要用于建筑、种植、围栏等，其外形及尺寸规格见表6-71。

表6-71　镀锌电焊网的外形及尺寸规格

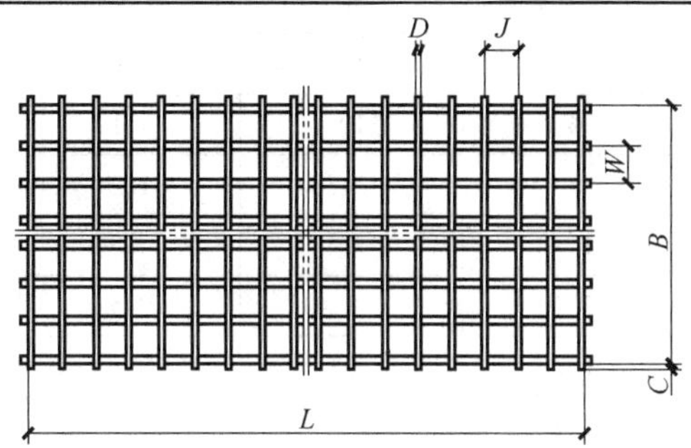

<table>
<tr><td>网号</td><td>网孔尺寸（J×W）/mm</td><td>网丝直径 d/mm</td><td>网遍露头长度 C/mm</td><td>网宽度 B/m</td><td>网长度 L/m</td></tr>
<tr><td>20×20</td><td>50.80×50.80</td><td rowspan="4">1.80～2.50</td><td rowspan="4">≤2.5</td><td rowspan="4">0.914</td><td rowspan="4">30</td></tr>
<tr><td>10×20</td><td>25.40×50.80</td></tr>
<tr><td>10×10</td><td>25.40×25.40</td></tr>
<tr><td>04×06</td><td>12.70×25.40</td></tr>
<tr><td>06×06</td><td>19.05×19.05</td><td>1.00～1.80</td><td>≤2</td><td rowspan="4">0.914</td><td rowspan="4">30
40</td></tr>
<tr><td>04×04</td><td>12.70×12.79</td><td rowspan="3">0.50～0.90</td><td rowspan="3">≤1.5</td></tr>
<tr><td>03×03</td><td>9.53×9.53</td></tr>
<tr><td>02×02</td><td>6.35×6.35</td></tr>
</table>

注：$J \times W$ = 经×纬。

5. 铝板网

铝板网又称拉伸网。是以原张板料经切割扩张而制成，其网身轻便而且承载力强。最常见的铝板网类型是菱形孔、六角形孔、圆孔、三角形孔、鱼鳞孔等。广泛应用于建筑、家庭、农业、仪表、医药、过滤、防护、防虫、工艺品制造等，其外形及尺寸规格见表6-72。

表6-72　铝板网的外形及尺寸规格　　（单位：mm）

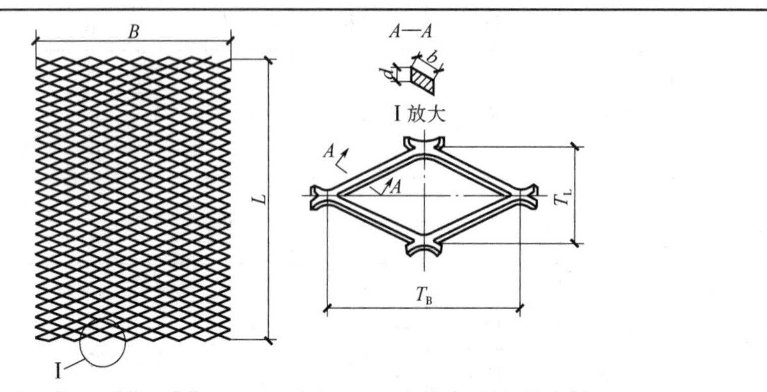

<table>
<tr><th>种类</th><th>板厚 O</th><th>短节距 S_0</th><th>长节距 S</th><th>丝梗宽 b_0</th><th>宽度 b</th><th>长度 L</th></tr>
<tr><td rowspan="9">铝板网</td><td rowspan="3">0.3</td><td>1.1</td><td>3</td><td>0.4</td><td rowspan="5">≤500</td><td rowspan="16">500～2000</td></tr>
<tr><td>1.5</td><td>4</td><td>0.5</td></tr>
<tr><td>3</td><td>6</td><td>0.3</td></tr>
<tr><td rowspan="2">0.4</td><td>1.5</td><td>4</td><td>0.5</td></tr>
<tr><td>2.3</td><td>6</td><td>0.6</td></tr>
<tr><td rowspan="2">0.5</td><td>3</td><td>8</td><td>0.7</td><td rowspan="4">≥400</td></tr>
<tr><td>5</td><td>10</td><td>0.8</td></tr>
<tr><td rowspan="2">1.0</td><td>4</td><td>10</td><td>1.1</td></tr>
<tr><td>5</td><td>12.5</td><td>1.2</td></tr>
<tr><td rowspan="7">人字形
铝板网</td><td rowspan="2">0.4</td><td>1.7</td><td>6</td><td>0.5</td><td rowspan="2">≤400</td></tr>
<tr><td>2.2</td><td>8</td><td>0.5</td></tr>
<tr><td rowspan="3">0.5</td><td>1.7</td><td>6</td><td>0.6</td><td rowspan="3">≤500</td></tr>
<tr><td>2.8</td><td>10</td><td>0.7</td></tr>
<tr><td>3.5</td><td>12.5</td><td>0.8</td></tr>
<tr><td rowspan="2">1.0</td><td>2.8</td><td>10</td><td>2.5</td><td>1000</td></tr>
<tr><td>3.5</td><td>12.5</td><td>3.1</td><td>2000</td></tr>
</table>

6.3　钉类

钉类的品名一般按形状、用途或钉固方法而定（如射钉），也按表面有无镀层来区分（如镀锌钉、光面钉等）。具有加工简单、使用方便、钉固迅速等特点，常用于轴向分离力较小、径向剪切力不大的物体的固定，在工业、农业、建筑、民用等方面应用广泛。主要品种有圆钉、扁头钉、平头钉、方钉、三角钉、骑马钉、麻花钉、射钉、水泥钉、拼合钉、油毡钉、瓦楞钉等。

6.3.1　一般用途钉

1. 圆钢钉

圆钢钉的主要用途是钉固木制品件间的相互位置，其外形及尺寸规格见表 6-73。

表 6-73　圆钢钉的外形及尺寸规格

钉长/mm	顶杆直径/mm			每千个钉重量/kg		
	重型	标准型	轻型	重型	标准型	轻型
10	1.100	1.000	0.900	0.079	0.062	0.045
13	1.200	1.100	1.000	0.120	0.097	0.080
16	1.400	1.200	1.100	0.207	0.142	0.119
20	1.600	1.400	1.200	0.324	0.242	0.177
25	1.800	1.600	1.400	0.511	0.359	0.302
30	2.000	1.800	1.600	0.758	0.600	0.473
35	2.200	2.000	1.800	1.060	0.860	0.700
40	2.500	2.200	2.000	1.560	1.190	0.990
45	2.800	2.500	2.200	2.220	1.730	1.340
50	3.100	2.800	2.500	3.020	2.420	1.920
60	3.400	3.100	2.800	4.350	3.560	2.900
70	3.700	3.400	3.100	5.936	5.000	4.150
80	4.100	3.700	3.400	8.298	6.750	5.710
90	4.500	4.100	3.700	11.300	9.350	7.630
100	5.000	4.500	4.100	15.500	12.500	10.400
110	5.500	5.000	4.500	20.870	17.000	13.700
130	6.000	5.500	5.000	29.070	24.300	20.000
150	6.500	6.000	5.500	39.420	33.300	28.000
175	—	6.500	6.000	—	45.700	38.900
200	—	—	6.500	—	—	52.100

2. 扁头圆钢钉

扁头圆钢钉用于固定木模、模板及家具时，可以将钉帽埋入木材里，其外形及尺寸规格见表 6-74。

表 6-74　扁头圆钢钉的外形及尺寸规格

钉长/mm	35	40	50	60	80	90	100
顶杆直径/mm	2	2.2	2.5	2.8	3.2	3.4	3.8
每千个钉重量/kg	0.95	1.18	1.75	2.90	4.70	6.40	8.50

3. 拼合用圆钢钉

拼合用圆钢钉主要在门窗、木箱、家具、农具等木板拼合时用作销钉，其外形及尺寸规格见表6-75。

表6-75　拼合用圆钢钉的外形及尺寸规格

钉长/mm	25	30	35	40	45	50	60
顶杆直径/mm	1.6	1.8	2	2.2	2.5	2.8	2.8
每千个钉重量/kg	0.36	0.55	0.79	1.08	1.52	2.00	2.40

6.3.2　专门用途钉

1. 骑马钉

骑马钉主要用于钉固金属网，其外形及尺寸规格见表6-76。

表6-76　骑马钉的外形及尺寸规格

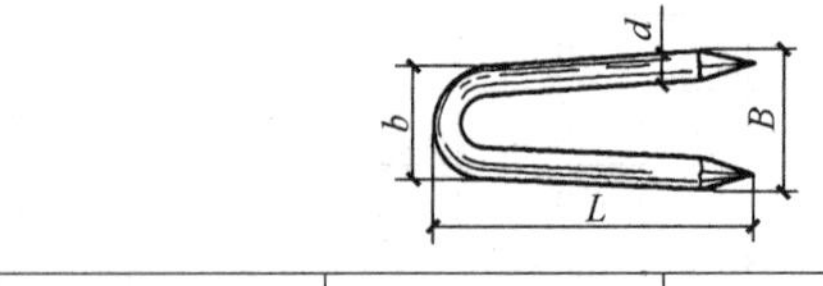

钉长 L/mm	10	15	20	25	30
顶杆直径 d/mm	1.6	1.8	2	2.2	2.5
大端宽度 B/mm	8.5	10.0	10.5	11.0	13.5
小端宽度 b/mm	7	8	8.5	8.8	10.5
每千个钉重量/kg	0.37	0.56	0.89	1.36	2.19

2. 油毡钉

油毡钉又称“油毡卷钉”，多用于屋面防水油毡的固定。油毡钉的线径为3.05mm、长度为22～45mm、钉入油毡的角度为16°，外形光滑，表面处理常用电镀白锌或彩锌，其外形及尺寸规格见表6-77。

表6-77　油毡钉的外形及尺寸规格

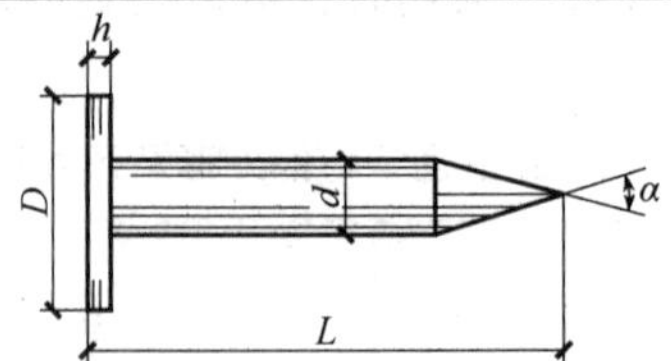

规格/mm	钉杆尺寸/mm		每千个钉重量/kg
	长 L	直径 d	
15	15	2.5	0.58
20	20	2.8	1.00
25	25	3.2	1.50
30	30	3.4	2.00

（续）

规格/mm	钉杆尺寸/mm		每千个钉重量/kg
	长 L	直径 d	
19.05	19.05	3.06	1.10
22.23	22.23		1.28
25.40	25.40		1.47
28.58	28.58		1.65
31.75	31.75		1.83
38.10	38.10		2.20
44.45	44.45		2.57
50.80	50.80		2.93
19	19	2.8	—
25	25	3.2	

3. 瓦楞螺钉

瓦楞螺钉用于木构件、石棉瓦、塑料瓦的固定，其外形及尺寸规格见表 6-78。

表 6-78　瓦楞螺钉的外形及尺寸规格

	直径×长度/mm	钉杆主要尺寸/mm						
		钉杆长 L	螺纹长 L_1	螺纹直径 d	钉头直径 d_1	钉头直径 D	钉头厚度 H	螺距 S
	6×50	50	35	6	5	9	3	4
	6×60	60	42					
	6×65	65	46					
	6×75	75	52					
	6×85	85	60					
	6×100	100	60					
	7×50	50	35	7	6	11	3.2	5
	7×60	60	42					
	7×65	65	46					
	7×75	75	52					
	7×85	85	60					
	7×90	90	60					
	7×100	100	70					

4. 镀锌瓦楞钉

镀锌瓦楞钉常用于木构件及塑料瓦和石棉瓦的固定，适合在比较潮湿的环境中使用，其外形及尺寸规格见表 6-79。

表 6-79　镀锌瓦楞钉的外形及尺寸规格

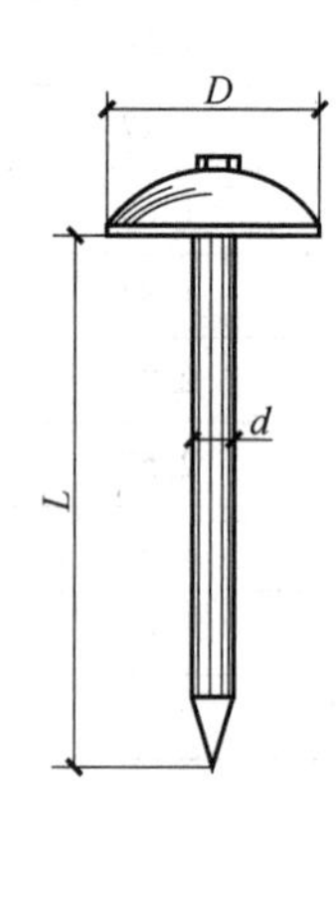

钉杆直径 d		钉帽直径 D /mm	杆长/mm			
线规号 BWG	相当 /mm		38.1	44.5	50.8	63.5
			每千个钉重量/kg			
9	3.76	20	6.30	6.75	7.35	8.35
10	3.40	20	5.58	6.01	6.44	7.30
11	3.05	18	4.53	4.90	5.25	—
12	2.77	18	3.74	4.03	4.32	—
13	2.41	14	2.30	2.38	2.46	—
钉杆直径 d		钉帽直径 D /mm	杆长/mm			
线规号 BWG	相当 /mm		38.1	44.5	50.8	63.5
			每千个钉大约个数			
9	3.76	20	159	148	136	120
10	3.40	20	179	166	155	137
11	3.05	18	221	204	190	—
12	2.77	18	267	243	231	—
13	2.41	14	435	420	407	—

5. 瓦楞钉

瓦楞钉用于木构件以及石棉瓦、塑料瓦的固定，其外形及尺寸规格见表 6-80a、b。

表 6-80a　瓦楞钉

钉身直径/mm	顶帽直径/mm	长度（除钉帽）/mm			
		38	44.5	50.8	63.5
		每千个钉重量/kg			
3.73	20	6.30	6.75	7.35	8.35
3.37	20	5.58	6.01	6.44	7.30
3.02	18	4.53	4.90	5.25	6.17
2.74	18	3.74	4.03	4.32	4.90
2.38	14	2.30	2.38	2.46	—

表 6-80b　瓦楞垫圈

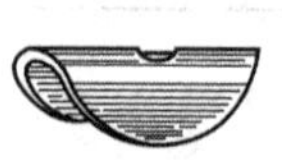

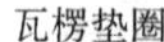
瓦楞垫圈

羊毛毡垫圈

品名	公称直径/mm	内径/mm	外径/mm	厚度/mm
瓦楞垫圈	7	7	32	1.5
羊毛毡垫圈	6	6	30	3.2，4.8，6.4

6. 镀锌瓦楞钩

镀锌瓦楞钩又称瓦钩螺钉或称石棉瓦瓦钩螺钉，属于建筑装修用紧固件。镀锌瓦楞钩头型分直钩、圆钩、方钩，螺纹规格为 6 ×0. 75mm，其外形及尺寸规格见表 6-81。

表 6-81　镀锌瓦楞钩的外形及尺寸规格

钩钉长度/mm	钩钉直径/mm	螺纹长度/mm	每千个钉数量
80	6	55	50
100	6	55	42
120	6	55	36
140	6	55	32
160	6	55	30
180	6	55	28

7. 家具钉

家具钉广泛适用于木业制造，家具，龙骨组合，建筑行业，室内装修，低压电器、电子、通信、机械及相关行业配套使用，其外形及尺寸规格见表 6-82。

表 6-82　家具钉的外形及尺寸规格

代号	顶杆尺寸/mm		每千个钉重量/kg
	长度 L	直径 d	
2D	25. 40	1. 48	0. 34
3D	31. 75	1. 71	0. 57
4D	38. 10	1. 83	0. 79
5D	44. 45	1. 83	0. 92
6D	50. 80	2. 32	1. 68
7D	57. 15	2. 32	1. 90
8D	63. 50	2. 50	2. 45
9D	69. 85	2. 50	2. 69
10D	76. 20	2. 87	3. 87
12D	82. 55	2. 87	4. 19
16D	88. 90	3. 06	5. 13
20D	101. 60	3. 43	7. 37
30D	114. 30	3. 77	10. 02
40D	127	4. 11	13. 23

8. 麻花钉

麻花钉用于木制品的连接和紧固。小头径的型号通常用于要求头部完全埋入安装件表面，最典型的用途是企口地板与地板龙骨的连接。标准头型的型号常用于托盘的生产及配合木榫固定地板龙骨，其外形及尺寸规格见表 6-83。

表 6-83 麻花钉的外形及尺寸规格

规格/mm	顶杆尺寸/mm		每千个钉重量/kg
	长度 L	直径 d	
50	50.8	2.77	2.40
50	50.8	3.05	2.91
55	57.2	3.05	3.28
65	63.5	3.05	3.64
75	76.2	3.40	5.43
75	76.2	3.76	6.64
85	88.9	4.19	9.62

9. 水泥钉

水泥钉俗称钢钉，采用碳素钢生产，经过拔丝、退火、制钉、淬火等工艺加工而成。其硬度很大、粗而短、穿凿能力很强。主要使用在一些比较硬的物体上，属于专用钉子。钉的钉杆有滑竿、直纹、斜纹、螺旋、竹节等多种，一般常见的是直纹或滑竿，其外形及尺寸规格见表 6-84。

表 6-84 水泥钉的外形及尺寸规格

代号	钉杆尺寸/mm		每千个钉重量/kg
	长度 L	直径 d	
7	101.6	4.57	13.38
7	76.2	4.57	10.11
8	76.2	4.19	8.55
8	63.5	4.19	7.17
9	50.8	3.76	4.73
9	38.1	3.76	3.62
9	25.4	3.76	2.51
10	50.8	3.40	3.92
10	38.1	3.30	3.01
10	25.4	3.40	2.11
11	38.1	3.05	2.49
11	25.4	3.05	1.76
12	38.1	2.77	2.10
12	25.4	2.77	1.40

10. 射钉

射钉是利用发射空包弹产生的火药燃气作为动力，打入建筑体的钉子。通常由一颗钉子加齿圈或塑料定位卡圈构成。齿圈和塑料定位卡圈的作用是把钉身固定在射钉枪枪管中，以免击发时侧偏。将射钉打入混凝土或钢板等基体，起紧固连接作用。射钉的材质一般用 60 钢，经热处理，成品的芯部硬度为 52～57HRC，能射穿 0.8～1.2mm 厚的 Q235 钢板，其外形及尺寸规格见表 6-85。

表 6-85　射钉的外形及尺寸规格

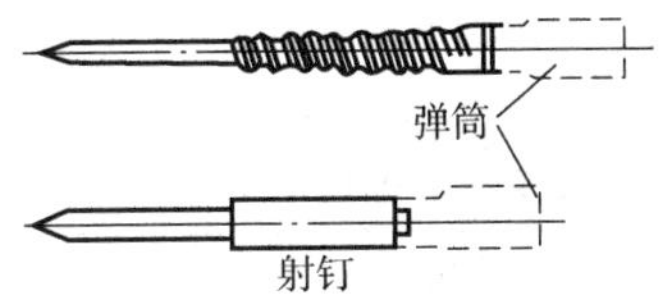

规格	M8	M10	M12
直径/mm	8	10	12

注：射钉弹和射钉枪配套使用，是一种装修用工具，属于危险工具，限制使用（未成年人勿碰）。

11. 金属膨胀螺钉

金属膨胀螺钉由螺杆和膨胀管等部件组成，螺杆尾部为圆锥状，圆锥的大径大于膨胀管内径，当螺母拧紧的时候，螺杆向外移动，通过螺纹的轴向移动使圆锥部分移动，进而在膨胀管的外周面形成很大的正压力，加之圆锥的角度很小，从而使墙体、膨胀管及圆锥间形成摩擦自锁，是利用楔形斜度来促使膨胀产生摩擦握裹力，进而达到固定作用。一般用于防护栏、雨篷、空调等在水泥、砖等材料上的紧固。但固定并不十分可靠，如果载荷有较大振动，可能发生松脱，因此不推荐用于安装吊扇等，其外形及尺寸规格见表 6-86。

表 6-86　金属膨胀螺钉的外形及尺寸规格　　（单位：mm）

直径 d	螺栓长度 L	胀管		被连接件厚度 H	钻孔	
		外径 D	长度 L_1		直径	深度
M6	65，75，85	10	35	L-55	10.5	35
M8	80，90，100	12	45	L-65	12.5	45
M10	95，110，125，130	14	55	L-75	14.5	55
M12	110，130，150，200	18	65	L-95	19	65
M16	150，175，200，220，250，300	22	90	L-120	23	90

12. 塑料胀管螺栓

塑料胀管螺栓具有高精度螺纹、自锁、防松、抗震性能，其外形及尺寸规格见表 6-87。

表 6-87　塑料胀管螺栓的外形及尺寸规格　　（单位：mm）

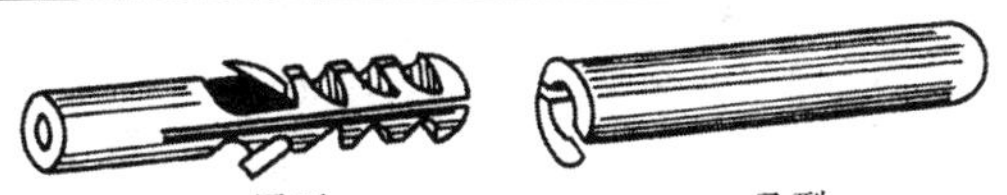

形式	甲型				乙型			
直径	6	8	10	12	6	8	10	12
长度	31	48	59	60	36	42	46	64
适用木螺钉直径	3.5 4	4 4.5	5.5 6	5.5 6	3.5 4	4 4.5	4.5	5.5 6
木螺钉长	胀管长度 +10 + 被连接件厚度				胀管长度 +3 + 被连接件厚度			

（续）

形式	甲型	乙型
钻孔直径	混凝土：等于或小于胀管直径0.3 加气混凝土：小于胀管直径0.5~1.0；硅酸盐砌块：小于胀管直径0.3~0.5	
钻孔长度	大于胀管长度10~12	大于胀管长度3~5

13. 木螺钉

木螺钉与机器螺钉相似，但螺杆上的螺纹为专用的木螺钉用螺纹，可以直接旋入木质构件（或零件）中，用于把一个带通孔的金属（或非金属）零件与一个木质构件紧固连接在一起，属于可以拆卸连接，其外形及尺寸规格见表6-88。

表6-88 木螺钉的外形及尺寸规格 （单位：mm）

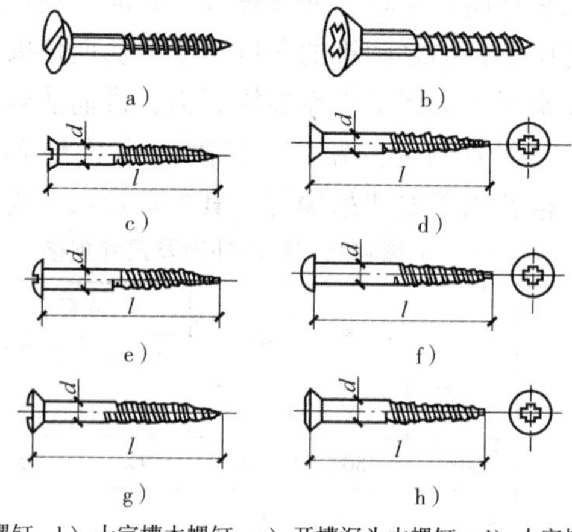

a）开槽木螺钉 b）十字槽木螺钉 c）开槽沉头木螺钉 d）十字槽沉头木螺钉
e）开槽圆头木螺钉 f）十字槽圆头木螺钉 g）开槽半沉头木螺钉 h）十字槽半沉头木螺钉

直径 d	开槽木螺钉钉长度 L			十字木螺钉	
	沉头	圆头	半圆头	十字槽号	钉长 L
1.6	6~12	6~12	6~12	—	—
2	6~16	6~14	6~16	1	6~16
2.5	6~25	6~22	6~25	1	6~25
3	6~30	8~25	8~40	2	8~30
3.5	8~40	8~38	8~40	2	8~40
4	12~70	12~65	12~70	2	12~70
(4.5)	16~85	14~80	16~85	2	16~85
5	18~100	16~90	18~100	2	18~100
(5.5)	25~100	22~90	30~100	3	25~100
6	25~120	22~120	30~120	3	25~120
(7)	40~120	38~120	40~120	3	40~120
8	40~120	38~120	40~120	4	40~120
10	75~120	65~120	70~120	4	70~120

注：1. 钉长系列（mm）：6，8，10，12，14，16，18，20，（22），25，30，（32），35，（38），40，45，50，（55），60，（65），70，（75），80，（85），90，100，120。

2. 括号内的直径和长度尽可能不用。

3. 材料一般为低碳钢制造，表面滚光或镀锌钝化、镀铬，或用黄铜制造。

第7章　建筑用机械五金材料

建筑用机械五金材料是以材料形式纳入建筑工程中的建筑结构件、配套件、连接件、紧固件、焊接设备、装饰件等工业产品、装置或设备等在建筑施工中作为建筑五金材料使用消耗的材料。

7.1　螺纹连接

利用螺纹零件将两个或两个以上的零件相对固定起来的连接方式称为螺纹连接。属于可拆卸的固定连接。具有结构简单、形式多样、连接可靠、便于调整、装拆方便等优点，广泛应用于机械工程、建筑工程等连接结构领域。螺纹连接按连接件的不同分为螺栓连接、螺柱连接及螺钉连接，其类型及特点见表7-1。

表7-1　螺栓连接、螺柱连接及螺钉连接的类型及特点

连接类型	连接特点
螺栓连接	螺栓是指配用螺母的圆柱形带螺纹的紧固件。由头部和螺杆（带外螺纹）两部分组成，需与螺母配合使用，常用于紧固连接两个带有通孔的零件。可把螺母从螺栓上旋下，以使这两个零件分开，故螺栓连接是属于可拆卸连接。螺栓连接分为普通螺栓连接和高强度螺栓连接两大类。普通螺栓有A、B、C等级之分。A级与B级为精制螺栓，C级为粗制螺栓
螺柱连接	螺柱是没有头部，仅有两端均外带螺纹的一类紧固件。连接时，一端必须旋入带有内螺纹孔的零件中，另一端穿过带有通孔的零件中，然后旋上螺母，使这两个零件紧固连接成一个整体。这种连接形式称为螺柱连接，属于可拆卸连接。主要用于被连接零件厚度较大、要求结构紧凑，或因拆卸频繁，不宜采用螺栓连接的场合
螺钉连接	螺钉直接拧入被连接件的螺纹孔中，不用螺母。结构比螺栓简单、紧凑。用于两个被连接件中一个较厚，但不需经常拆卸，以免螺纹孔损坏的场合

7.1.1　螺栓连接和螺柱连接

螺栓连接和螺柱连接在机械工程、建筑工程等连接结构领域应用最为广泛，其类型及规格见表7-2。

表7-2　螺栓连接和螺柱连接的类型及规格

类型	名称	规格范围	
		d/mm	l/mm
六角头	六角头螺栓，C级	M5 ~ M64	25 ~ 500
	六角头螺栓，全螺纹，C级		10 ~ 500
	六角头螺栓	M1.6 ~ M64	12 ~ 500
	六角头螺栓，全螺纹	M1.6 ~ M64	2 ~ 200

（续）

类型	名称	规格范围	
		d/mm	l/mm
六角头	六角头螺栓，细牙	M8×1～M64×4	35～500
	六角头螺栓，细牙，全螺纹		10～500
	六角头螺栓，细杆，B级	M3～M20	20～150
六角法兰面	六角法兰面螺栓，加大系列，B级	M5～M20	10～200
	六角法兰面螺栓，加大系列，细杆，B级		30～200
六角头头部带孔、带槽	六角头头部带孔螺栓，细杆，B级	M6～M20	25～150
	六角头头部带孔螺栓，A和B级	M6～M48	30～400
	六角头头部带孔螺栓，细牙，A和B级	M8×1～M48×3	35～400
	六角头头部带槽螺栓，A和B级	M3～M12	6～100
六角头螺杆带孔	六角头螺杆带孔螺栓，A级和B级	M6～M48	30～300
	六角头螺杆带孔螺栓，细牙，A级和B级	M8×1～M48×3	35～300
	六角头螺杆带孔螺栓，细杆，B级	M6～M20	25～150
十字槽凹穴六角头	十字槽凹穴六角头螺栓	M4～M48	8～60
六角头铰制孔	六角头铰制孔用螺栓，A和B级	M6～M48	25～300
	六角头螺杆带孔铰制孔用螺栓，A和B级		
方头	方头螺栓-C级	M10～M48	20～300
	小方头螺栓-B级	M5～M48	20～300
沉头	沉头方颈螺栓	M6～M20	25～200
	沉头带榫螺栓	M6～M24	25～200
	沉头双榫螺栓	M6～M12	25～80
半圆头	半圆头带榫螺栓	M6～M24	20～200
	半圆头方颈螺栓	M6～M20	16～200
	大半圆头方颈螺栓，C级	M6～M20	20～200
	大半圆头带榫螺栓	M6～M24	20～200
T形槽	T形槽用螺栓	M5～M48	25～300
地脚用	地脚螺栓	M6～M48	80～1500
铰链用	活节螺栓	M4～M36	20～300
结构钢用	结构钢用扭剪型高强度螺栓连接副	M6～M30	40～220
双头螺柱	等长双头螺柱-B级	M2～M56	10～500
	等长双头螺柱-C级	M8～M48	100～2500
	双头螺柱：$b_m=1d$ $b_m=1.25d$ $b_m=1.5d$ $b_m=2d$	M5～M48 M5～M48 M2～M48 M2～M48	16～300 16～300 12～300 12～300
	螺杆	M4～M42 M8×1～M42×3	1000～4000

1. 六角头螺栓 A、B 级（GB/T 5782—2016）

六角头螺栓为精制螺栓，主要适用于对成孔质量精度要求高的场合。螺栓螺纹一般为粗牙普通螺纹，但细牙普通螺纹螺栓自锁性较好，适用于薄壁件和微调机构调整或承受交变载荷场合，其技术参数见表 7-3。

表 7-3　六角头螺栓 A、B 级的技术参数　　（单位：mm）

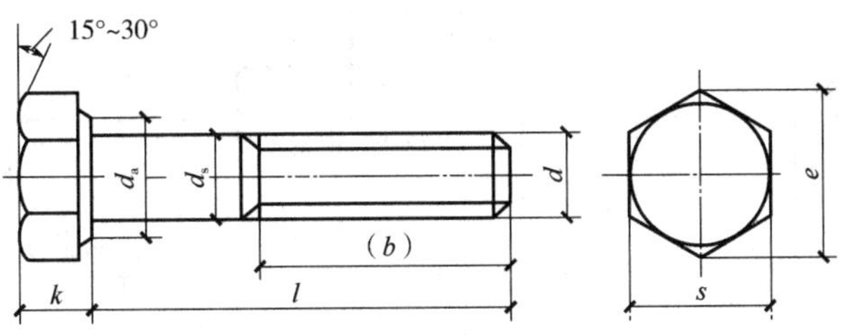

粗牙（GB/T 5782—2016）

细牙（GB/T 5785—2016）

螺纹规格 d				M1.6	M2	M2.5	M3	M4	M5	M6	M8	M10
P①				0.35	0.4	0.45	0.5	0.7	0.8	1	1.25	1.5
b 参考	②			9	10	11	12	14	16	18	22	26
	③			15	16	17	18	20	22	24	28	32
	④			28	29	30	31	33	35	37	41	45
c	max			0.25	0.25	0.25	0.40	0.40	0.50	0.50	0.60	0.60
	min			0.10	0.10	0.10	0.15	0.15	0.15	0.15	0.15	0.15
d_a	max			2	2.6	3.1	3.6	4.7	5.7	6.8	9.2	11.2
d_s	公称 = max			1.60	2.00	2.50	3.00	4.00	5.00	6.00	8.00	10.00
	产品等级	A	min	1.46	1.86	2.36	2.86	3.82	4.82	5.82	7.78	9.78
		B		1.35	1.75	2.25	2.75	3.70	4.70	5.70	7.64	9.64
d_w	产品等级	A	min	2.27	3.07	4.07	4.57	5.88	6.88	8.88	11.63	14.63
		B		2.30	2.95	3.95	4.45	5.74	6.74	8.74	11.47	14.47
e	产品等级	A	min	3.41	4.32	5.45	6.01	7.66	8.79	11.05	14.38	17.77
		B		3.28	4.18	5.31	5.88	7.50	8.63	10.89	14.20	17.59
l_f	max			0.6	0.8	1	1	1.2	1.2	1.4	2	2
k	公称			1.1	1.4	1.7	2	2.8	3.5	4	5.3	6.4
	产品等级	A	max	1.225	1.525	1.825	2.125	2.925	3.65	4.15	5.45	6.58
			min	0.975	1.275	1.575	1.875	2.675	3.35	3.85	5.15	6.22
		B	max	1.3	1.6	1.9	2.2	3.0	3.74	4.24	5.54	6.69
			min	0.9	1.2	1.5	1.8	2.6	3.26	3.76	5.06	6.11
k_w⑤	产品等级	A	min	0.68	0.89	1.10	1.31	1.87	2.35	2.70	3.61	4.35
		B		0.63	0.84	1.05	1.26	1.82	2.28	2.63	3.54	4.28
r	min			0.1	0.1	0.1	0.1	0.2	0.2	0.25	0.4	0.4
s	公称 = max			3.20	4.00	5.00	5.50	7.00	8.00	10.00	13.00	16.00
	产品等级	A	min	3.02	3.82	4.82	5.32	6.78	7.78	9.78	12.73	15.73
		B		2.90	3.70	4.70	5.20	6.64	7.64	9.64	12.57	15.57

（续）

螺纹规格 d					M1.6		M2		M2.5		M3		M4		M5		M6		M8		M10	
l					l_s 和 l_g[6]																	
公称	产品等级																					
	A		B		l_s	l_g	l_s	l_g	l_s	l_g	l_s	l_g	l_s	l_g	l_s	l_g	l_s	l_g	l_s	l_g	l_s	l_g
	min	max	min	max	min	max	min	max	min	max	min	max	min	max	min	max	min	max	min	max	min	max
12	11.65	12.35	—	—	1.2	3																
16	15.65	16.35	—	—	5.2	7	4	6	2.75	5												
20	19.58	20.42	18.95	21.05			8	10	6.75	9	5.5	8										
25	24.58	25.42	23.95	26.05					11.75	14	10.5	13	7.5	11	5	9						
30	29.58	30.42	28.95	31.05							15.5	18	12.5	16	10	14	7	12				
35	34.5	35.5	33.75	36.25									17.5	21	15	19	12	17				
40	39.5	40.5	38.75	41.25									22.5	26	20	24	17	22	11.75	18		
45	44.5	45.5	43.75	46.25											25	29	22	27	16.75	23	11.5	19
50	49.5	50.5	48.75	51.25											30	34	27	32	21.75	28	16.5	24
55	54.4	55.6	53.5	56.5													32	37	26.75	33	21.5	29
60	59.4	60.6	58.5	61.5													37	42	31.75	38	26.5	34
65	64.4	65.6	63.5	66.5															36.75	43	31.5	39
70	69.4	70.6	68.5	71.5															41.75	48	36.5	44
80	79.4	80.6	78.5	81.5															51.75	58	46.5	54
90	89.3	90.7	88.25	91.75																	56.5	64
100	99.3	100.7	98.25	101.75																	66.5	74
110	109.3	100.7	108.25	111.75																		
120	119.3	120.7	118.25	121.75																		

折线以上的规格推荐采用 GB/T 5783

螺纹规格 d				M12	M16	M20	M24	M30	M36	M42	M48	M56	M64
P[1]				1.75	2	2.5	3	3.5	4	4.5	5	5.5	6
b 参考	[2]			30	38	46	54	66	—	—	—	—	—
	[3]			36	44	52	60	72	84	96	108	—	—
	[4]			49	57	65	73	85	97	109	121	137	153
c	max			0.60	0.8	0.8	0.8	0.8	0.8	1.0	1.0	1.0	1.0
	min			0.15	0.2	0.2	0.2	0.2	0.2	0.3	0.3	0.3	0.3
d_s	max			13.7	17.7	22.4	26.4	33.4	39.4	45.6	52.6	63	71
d_s	公称 = max			12.00	16.00	20.00	24.00	30.00	36.00	42.00	48.00	56.00	64.00
	产品等级	A	min	11.73	15.73	19.67	23.67	—	—	—	—	—	—
		B		11.57	15.57	19.48	23.48	29.48	35.38	41.38	47.38	55.26	63.26
d_w	产品等级	A	min	16.63	22.49	28.19	33.61	—	—	—	—	—	—
		B		16.47	22	27.7	33.25	42.75	51.11	59.95	69.45	78.66	88.16
e	产品等级	A	min	20.03	26.75	33.53	39.98	—	—	—	—	—	—
		B		19.85	26.17	32.95	39.55	50.85	60.79	71.3	82.6	93.56	104.86
l_t	max			3	3	4	4	6	6	8	10	12	13
k	公称			7.5	10	12.5	15	18.7	22.5	26	30	35	40
	产品等级	A	max	7.68	10.18	12.715	15.215	—	—	—	—	—	—
			min	7.32	9.82	12.285	14.785	—	—	—	—	—	—
		B	max	7.79	10.29	12.85	15.35	19.12	22.92	26.42	30.42	35.5	40.5
			min	7.21	9.71	12.15	14.65	18.28	22.08	25.58	29.58	34.5	39.5

（续）

螺纹规格 d					M12		M16		M20		M24		M30		M36		M42		M48		M56		M64	
k_w[5]	产品等级	A	min		5.12		6.87		8.6		10.35		—		—		—		—		—		—	
		B			5.05		6.8		8.51		10.26		12.8		15.46		17.91		20.71		24.15		27.65	
r			min		0.6		0.6		0.8		0.8		1		1		1.2		1.6		2		2	
s	公称 = max				18.00		24.00		30.00		36.00		46		55.0		65.0		75.0		85.0		95.0	
	产品等级	A	min		17.73		23.67		29.67		35.38		—		—		—		—		—		—	
		B			17.57		23.16		29.16		35.00		45		53.8		63.1		73.1		82.8		92.8	
l					l_s 和 l_g[6]																			
公称	产品等级																							
	A		B		l_s	l_g	l_s	l_g	l_s	l_g	l_s	l_g	l_s	l_g	l_s	l_g	l_s	l_g	l_s	l_g	l_s	l_g	l_s	l_g
	min	max	min	max	min	max	min	max	min	max	min	max	min	max	min	max	min	max	min	max	min	max	min	max
50	49.5	50.5	—	—	11.25	20																		
55	54.4	55.6	53.5	56.5	16.25	25																		
60	59.4	60.6	58.5	61.5	21.25	30																		
65	64.4	65.6	63.56	66.5	26.25	35	17	27																
70	69.4	70.6	68.5	71.5	31.25	40	22	32																
80	79.4	80.6	78.5	81.5	41.25	50	32	42	21.5	34														
90	89.3	90.7	88.25	91.75	51.25	60	42	52	31.5	44	21	36												
100	99.3	100.7	98.25	101.75	61.25	70	52	62	41.5	54	31	46												
110	109.3	110.77	108.25	111.75	71.25	80	62	72	51.5	64	41	56	26.5	44										
120	119.3	120.7	118.25	121.75	81.25	90	72	82	61.5	74	51	66	36.5	54										
130	129.2	130.8	128	132			76	86	65.5	78	55	70	40.5	58										
140	139.2	140.8	138	142			86	96	75.5	88	65	80	50.5	68	36	56								
150	149.2	150.8	148	152			96	106	85.5	98	75	90	60.5	78	46	66								
160	—	—	158	162			106	116	95.5	108	85	100	70.5	88	56	76	41.5	64						
180	—	—	178	182					115.5	128	105	120	90.5	108	76	96	61.5	84	47	72				
200	—	—	197.7	202.3					135.5	148	125	140	110.5	128	96	116	81.5	104	67	92				
220	—	—	217.7	222.3							132	147	117.5	135	103	123	88.5	111	74	99	55.5	83		
240	—	—	237.7	242.3							152	167	137.5	155	123	143	108.5	131	94	119	75.5	103		
260	—	—	257.4	262.6									157.5	175	143	163	128.5	151	114	139	95.5	123	77	107

注：优选长度由 l_s,min 和 l_g,max 确定。——阶梯虚线以上为 A 级；——阶梯虚线以下为 B 级。

① P——螺距。

② $l_{公称} \leqslant 125$mm。

③ 125mm $< l_{公称} \leqslant 200$mm。

④ $l_{公称} > 200$mm。

⑤ $k_{wmin} = 0.7k$min。

⑥ $l_{gmax} = l_{公称} - b$；$l_{smin} = l_{gmax} - 5P$。

2. 六角头螺栓 C 级（GB/T 5780—2016）

六角头螺栓 C 级为粗制螺栓。一般用于沿螺栓杆轴受拉的连接中，以及次要结构的抗剪连接或安装时的临时固定。主要用于表面比较粗糙、对精度要求不高的钢铁设备上，其技术参数见表 7-4。

表 7-4　六角头螺栓 C 级的技术参数　（单位：mm）

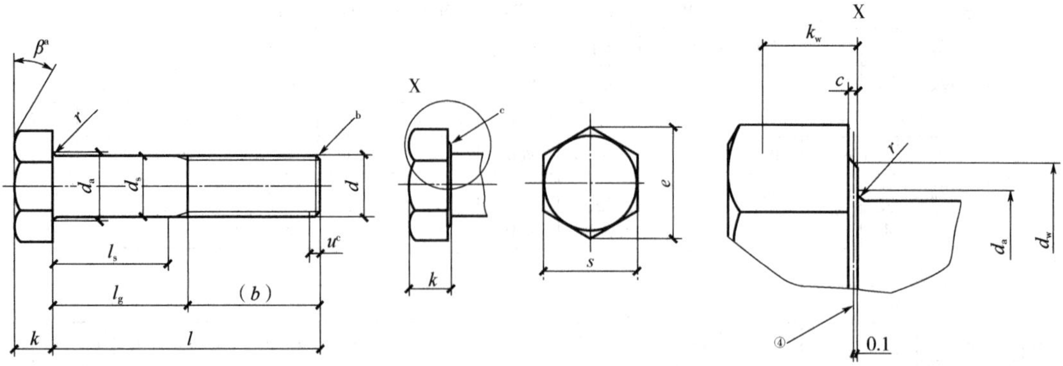

螺纹规格 d		M5	M6	M8	M10	M12	M16	M20
P①		0.8	1	1.25	1.5	1.75	2	2.5
$b_{参考}$	②	16	18	22	26	30	38	46
	③	22	24	28	32	36	44	52
	④	35	37	41	45	49	57	65
c	max	0.5	0.5	0.6	0.6	0.6	0.8	0.8
d_a	max	6	7.2	10.2	12.2	14.7	18.7	24.4
d_s	max	5.48	6.48	8.58	10.58	12.7	16.7	20.84
	min	4.52	5.52	7.42	9.42	11.3	15.3	19.16
d_w	min	6.74	8.74	11.47	14.47	16.47	22	27.7
e	min	8.63	10.89	14.2	17.59	19.85	26.17	32.95
k	公称	3.5	4	5.3	6.4	7.5	10	12.5
	max	3.875	4.375	5.675	6.85	7.95	10.75	13.4
	min	3.125	3.625	4.925	5.95	7.05	9.25	11.6
k_w⑤	min	2.19	2.54	3.45	4.17	4.94	6.48	8.12
r	min	0.2	0.25	0.4	0.4	0.6	0.6	0.8
s	公称 = max	8.00	10.00	13.00	16.00	18.00	24.00	30.00
	min	7.64	9.64	12.57	15.57	17.57	23.16	29.16

l			l_s 和 l_g⑥													
公称	min	max	l_s min	l_g max	l_s min	l_g max	l_s min	l_g max	l_s min	l_g max	l_s min	l_g max	l_s min	l_g max	l_s min	l_g max
25	23.95	26.05	5	9												
30	28.95	31.05	10	14	7	12	折线以上的规格推荐采用 GB/T 5781									
35	33.75	36.25	15	19	12	17										
40	38.75	41.25	20	24	17	22	11.75	18								
45	43.75	46.25	25	29	22	27	16.75	23	11.5	19						
50	48.75	51.25	30	34	27	32	21.75	28	16.5	24						
55	53.5	56.5			32	37	26.75	33	21.5	29	16.25	25				
60	58.5	61.5			37	42	31.75	38	26.5	34	21.25	30				
65	63.5	66.5					36.75	43	31.5	39	26.25	35	17	27		

（续）

公称	min	max	l_s min	l_g max	l_s min	l_g max	l_s min	l_g max	l_s min	l_g max	l_s min	l_g max	l_s min	l_g max	l_s min	l_g max
70	68.5	71.5					41.75	48	36.5	44	31.25	40	22	32		
80	78.5	81.5					51.75	58	46.5	54	41.25	50	32	42	21.5	34
90	88.25	91.75							56.5	64	51.25	60	42	52	31.5	44
100	98.25	101.75							66.5	74	61.25	70	52	62	41.5	54
110	108.25	111.75									71.25	80	62	72	51.5	64
120	118.25	121.75									81.25	90	72	82	61.5	74
130	128	132											76	86	65.5	78
140	138	142											86	96	75.5	88
150	148	152											96	106	85.5	98
160	156	164											106	116	95.5	108
180	176	184													115.5	128
200	195.4	204.6													135.5	148
220	215.4	224.6														
240	235.4	244.6														
260	254.8	265.2														

注：优选长度由 $l_{s\ min}$ 和 $l_{g\ max}$ 确定。

① P——螺距。

② $l_{公称} \leq 125$mm。

③ 125mm $< l_{公称} \leq 200$mm。

④ $l_{公称} > 200$mm。

⑤ $k_{w\ min} = 0.7k_{min}$。

⑥ $l_{g\ max} = l_{公称} - b$；$l_{s\ min} = l_{g\ max} - 5P$。

3. 六角法兰面螺栓 B 级

六角法兰面螺栓 B 级头部顶面应为平面或凹穴，由制造者选择。顶面应倒角或倒圆。倒角或倒圆起始的最小直径应为对边宽度减去其 15% 的数值。如头部顶面制成凹穴的，其边缘应当倒圆，其技术参数见表 7-5。

表 7-5　六角法兰面螺栓 B 级的技术参数　（单位：mm）

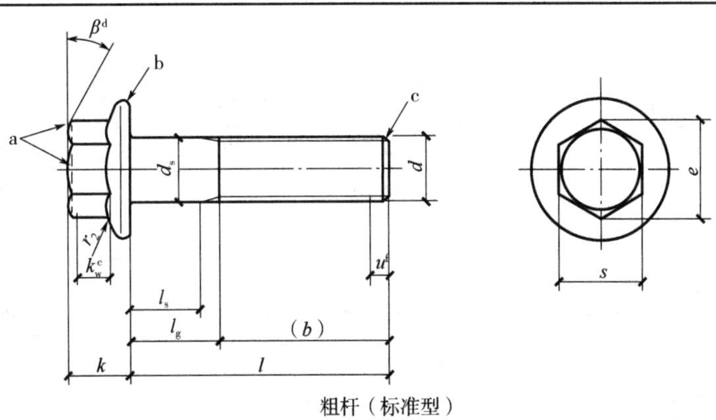

粗杆（标准型）

（续）

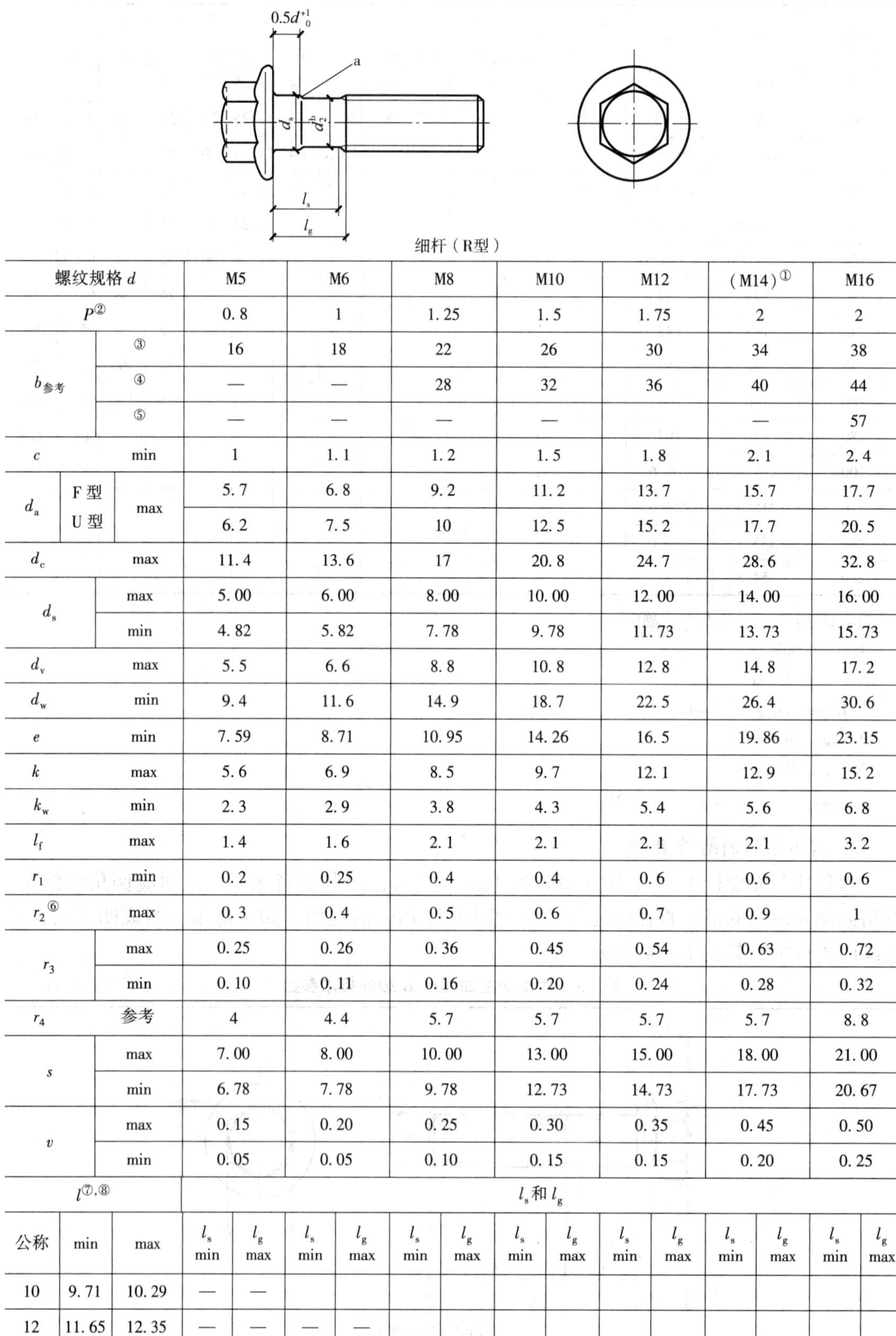

细杆（R型）

螺纹规格 d			M5	M6	M8	M10	M12	（M14）[①]	M16
P[②]			0.8	1	1.25	1.5	1.75	2	2
$b_{参考}$	③		16	18	22	26	30	34	38
	④		—	—	28	32	36	40	44
	⑤		—	—	—	—		—	57
c		min	1	1.1	1.2	1.5	1.8	2.1	2.4
d_a	F 型	max	5.7	6.8	9.2	11.2	13.7	15.7	17.7
	U 型		6.2	7.5	10	12.5	15.2	17.7	20.5
d_c		max	11.4	13.6	17	20.8	24.7	28.6	32.8
d_s		max	5.00	6.00	8.00	10.00	12.00	14.00	16.00
		min	4.82	5.82	7.78	9.78	11.73	13.73	15.73
d_v		max	5.5	6.6	8.8	10.8	12.8	14.8	17.2
d_w		min	9.4	11.6	14.9	18.7	22.5	26.4	30.6
e		min	7.59	8.71	10.95	14.26	16.5	19.86	23.15
k		max	5.6	6.9	8.5	9.7	12.1	12.9	15.2
k_w		min	2.3	2.9	3.8	4.3	5.4	5.6	6.8
l_f		max	1.4	1.6	2.1	2.1	2.1	2.1	3.2
r_1		min	0.2	0.25	0.4	0.4	0.6	0.6	0.6
r_2[⑥]		max	0.3	0.4	0.5	0.6	0.7	0.9	1
r_3		max	0.25	0.26	0.36	0.45	0.54	0.63	0.72
		min	0.10	0.11	0.16	0.20	0.24	0.28	0.32
r_4		参考	4	4.4	5.7	5.7	5.7	5.7	8.8
s		max	7.00	8.00	10.00	13.00	15.00	18.00	21.00
		min	6.78	7.78	9.78	12.73	14.73	17.73	20.67
v		max	0.15	0.20	0.25	0.30	0.35	0.45	0.50
		min	0.05	0.05	0.10	0.15	0.15	0.20	0.25

l[⑦,⑧]			l_s 和 l_g													
公称	min	max	l_s min	l_g max	l_s min	l_g max	l_s min	l_g max	l_s min	l_g max	l_s min	l_g max	l_s min	l_g max	l_s min	l_g max
10	9.71	10.29	—	—												
12	11.65	12.35	—	—	—	—										

（续）

l⑦,⑧			l_s和l_g													
公称	min	max	l_s min	l_g max	l_s min	l_g max	l_s min	l_g max	l_s min	l_g max	l_s min	l_g max	l_s min	l_g max	l_s min	l_g max
16	15.65	16.35	—	—	—	—	—	—								
20	19.58	20.42	—	—	—	—	—	—	—	—						
25	24.58	25.42	5	9	—	—	—	—	—	—	—	—				
30	29.58	30.42	10	14	7	12	—	—	—	—	—	—	—	—		
35	34.5	35.5	15	19	12	17	6.75	13	—	—	—	—	—	—	—	—
40	39.5	40.5	20	24	17	22	11.75	18	6.5	14	—	—	—	—	—	—
45	44.5	45.5	25	29	22	27	16.75	23	11.5	19	6.25	15	—	—	—	—
50	49.5	50.5	30	34	27	32	21.75	28	16.5	24	11.25	20	6	16	—	—
55	54.4	55.6			32	37	26.75	33	21.5	29	16.25	25	11	21	7	17
60	59.4	60.6			37	42	31.75	38	26.5	34	21.25	30	16	26	12	22
65	64.4	65.6					36.75	43	31.5	39	26.25	35	21	31	17	27
70	69.4	70.6					41.75	48	36.5	44	31.25	40	26	36	22	32
80	79.4	80.6					51.75	58	46.5	54	41.25	50	36	46	32	42
90	89.3	90.7							56.5	64	51.25	60	46	56	42	52
100	99.3	100.7							66.5	74	61.25	70	56	66	52	62
110	109.3	110.7									71.25	80	66	76	62	72
120	119.3	120.7									81.25	90	76	86	72	82
130	129.2	130.8											80	90	76	86
140	139.2	140.8											90	100	86	96
150	149.2	150.8													96	106
160	159.2	160.8													106	116

注：如果产品通过了附录 A 的检验，则应视为满足了尺寸 c、e 和 k_w 的要求。

①尽可能不采用括号内的规格。

②P——螺距。

③$l_{公称} \leqslant 125$mm。

④125mm < $l_{公称} \leqslant 200$mm。

⑤$l_{公称} > 200$mm。

⑥r_2 适用于棱角和六角面。

⑦阶梯虚线以上“—”，即未规定 l_s 和 l_g 尺寸的螺栓应制出全螺纹。

⑧细杆型（R 型）仅适用于虚线以下的规格。

4. 方头螺栓-C 级（GB 8—2021）

方头螺栓-C 级是由头部与螺杆相互连接的紧固件，需要配合螺母使用的方头螺栓。按高强等级分为 4.8 级螺栓，8.8 级螺栓，10.9 级螺栓，12.9 级螺栓；按材质分为铁螺栓和不锈钢螺栓。主要用于电子电器、电气产品、机械设备、建筑工程、船、车辆、桥、钢结构等，其技术参数见表 7-6。

表 7-6　方头螺栓-C 级的技术参数　　（单位：mm）

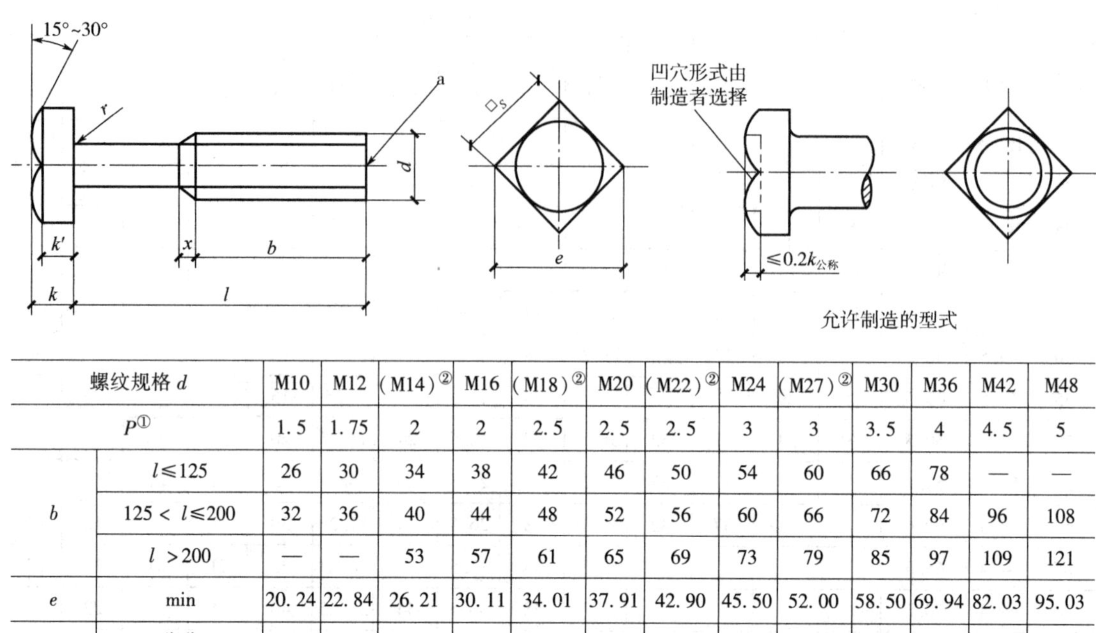

允许制造的型式

螺纹规格 d		M10	M12	(M14)②	M16	(M18)②	M20	(M22)②	M24	(M27)②	M30	M36	M42	M48
P①		1.5	1.75	2	2	2.5	2.5	2.5	3	3	3.5	4	4.5	5
b	l≤125	26	30	34	38	42	46	50	54	60	66	78	—	—
	125 < l≤200	32	36	40	44	48	52	56	60	66	72	84	96	108
	l > 200	—	—	53	57	61	65	69	73	79	85	97	109	121
e	min	20.24	22.84	26.21	30.11	34.01	37.91	42.90	45.50	52.00	58.50	69.94	82.03	95.03
k	公称	7	8	9	10	12	13	14	15	17	19	23	26	30
	min	6.55	7.55	8.55	9.25	11.10	12.10	13.10	14.10	16.10	17.95	21.95	24.95	28.95
	max	7.45	8.45	9.45	10.75	12.90	13.90	14.90	15.90	17.90	20.05	24.05	27.05	31.05
k'	min	5.21	5.91	6.61	6.47	7.77	8.47	9.17	9.87	11.27	12.56	15.36	17.46	20.26
r	min	0.4	0.6	0.6	0.6	0.8	0.8	0.8	0.8	1.0	1.0	1.0	1.2	1.6
s	max	16	18	21	24	27	30	34	36	41	46	55	65	75
	min	15.57	17.57	20.16	23.16	26.16	29.16	33.00	35.00	40.00	45.00	53.80	63.10	73.10
x	max	3.8	4.3	5.0	5.0	6.3	6.3	6.3	7.5	7.5	8.8	10.0	11.3	12.5

l 公称	l min	l max	M10	M12	(M14)②	M16	(M18)②	M20	(M22)②	M24	(M27)②	M30	M36	M42	M48
20	18.95	21.05													
25	23.95	26.05													
30	28.95	31.05													
35	33.75	36.25													
40	38.75	41.25													
45	43.75	46.25													
50	48.75	51.25													
(55)②	53.50	56.50													
60	58.50	61.50													
(65)②	63.50	66.50													
70	68.50	71.50													
80	78.50	81.50													

（续）

螺纹规格 d			M10	M12	(M14)②	M16	(M18)②	M20	(M22)②	M24	(M27)②	M30	M36	M42	M48
l															
公称	min	max													
90	88.25	91.75													
100	98.25	101.75													
110	108.25	111.75													
120	118.25	121.75													
130	128.00	132.00													
140	138.00	142.00													
150	148.00	152.00													
160	156.00	164.00													
180	176.00	184.00													
200	195.40	204.60													
220	215.40	224.60													
240	235.40	244.60													
260	254.80	265.20													
280	274.80	285.20													
300	294.80	305.20													

注：1. 阶梯实线间为优选长度范围。

2. 当 $l < b + x + d$ 时，制成全螺纹。

①P——螺距。

②尽可能不使用括号内的规格。

5. 沉头方颈螺栓（GB/T 10—2013）

沉头方颈螺栓主要使用在铁木结构的连接平面上。如像平台固定使用沉头螺栓对物体就不会有妨碍，方颈是为了在紧固螺栓时不发生轴转。常为汽车、空调、机械、安装的配套产品，其技术参数见表7-7。

表7-7 沉头方颈螺栓的技术参数 （单位：mm）

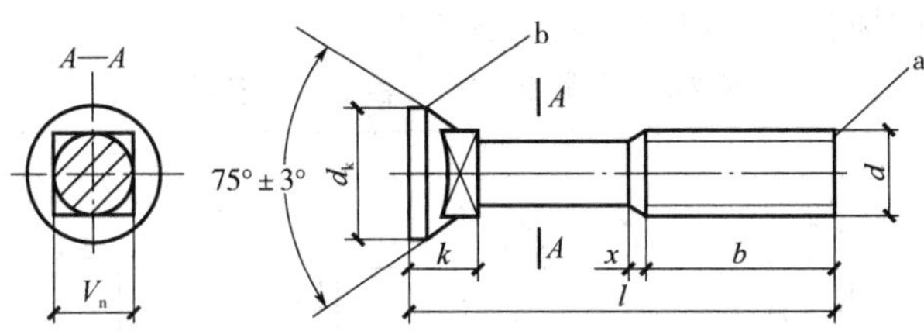

螺纹规格 d		M6	M8	M10	M12	M16	M20
P①		1	1.25	1.5	1.75	2	2.5
b	l≤125	18	22	26	30	38	46
	125 < l≤200	—	28	32	36	44	52

（续）

螺纹规格 d			M6	M8	M10	M12	M16	M20
d_k	max		11.05	14.55	17.55	21.65	28.65	36.80
	min		9.95	13.45	16.45	20.35	27.35	35.2
k	max		6.1	7.25	8.45	11.05	13.05	15.05
	min		5.3	6.35	7.55	9.95	11.95	13.95
V_n	max		6.36	8.36	10.36	12.43	16.43	20.52
	min		5.84	7.8	9.8	11.76	15.76	19.72
x	max		2.5	3.2	3.8	4.3	5	6.3
l								
公称	min	max						
25	23.95	26.05						
30	28.95	31.05						
35	33.75	36.25						
40	38.75	41.25	通用					
45	43.75	46.25						
50	48.75	51.25						
(55)②	53.5	56.5		长度				
60	58.5	61.5						
(65)②	63.5	66.5						
70	68.5	71.5			规格			
80	78.5	81.5						
90	88.25	91.75						
100	98.25	101.75				范围		

①P——螺距。

②尽可能不采用括号内的规格。

6. 半圆头方颈螺栓（GB/T 12—2013）

半圆头方颈螺栓将头部的方形颈部嵌入被连接件的槽中，减小突出表面的高度，从反面将螺钉拧紧。多用于铁木结构的连接平面上结构受限制、不便用其他头型的螺栓或被连接零件要求螺栓头部光滑的场合，其技术参数见表 7-8。

表 7-8 半圆头方颈螺栓的技术参数 （单位：mm）

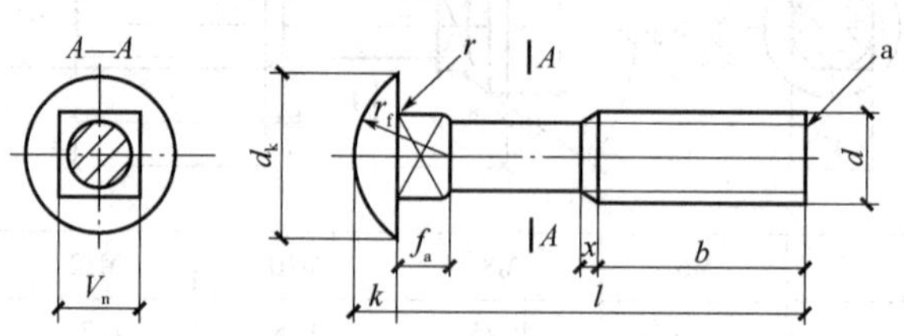

螺纹规格 d	M6	M8	M10	M12	(M14)②	M16	M20
P①	1	1.25	1.5	1.75	2	2	2.5

（续）

螺纹规格 d		M6	M8	M10	M12	（M14）②	M16	M20
b	$l \leqslant 125$	18	22	26	30	34	38	46
	$125 < l \leqslant 200$	—	28	32	36	40	44	52
d_k	max	13.1	17.1	21.3	25.3	29.3	33.6	41.6
	min	11.3	15.3	19.16	23.16	27.16	31	39
f_n	max	4.4	5.4	6.4	8.45	9.45	10.45	12.55
	min	3.6	4.6	5.6	7.55	8.55	9.55	11.45
k	max	4.08	5.28	6.48	8.9	9.9	10.9	13.1
	min	3.2	4.4	5.6	7.55	8.55	9.55	11.45
V_n	max	6.3	8.36	10.36	12.43	14.43	16.43	20.82
	min	5.84	7.8	9.8	11.76	13.76	15.76	19.22
r	min	0.5	0.5	0.5	0.8	0.8	1	1
r_f	≈	7	9	11	13	15	18	22
x	max	2.5	3.2	3.8	4.3	5	5	6.3

l			M6	M8	M10	M12	（M14）②	M16	M20
公称	min	max							
16	15.1	16.9							
20	18.95	21.05							
25	23.95	26.05							
30	28.95	31.05							
35	33.75	36.25							
40	38.75	41.25							
45	43.75	46.25	通						
50	48.75	51.25							
（55）②	53.5	56.5		用					
60	58.5	61.5							
（65）②	63.5	66.5		长					
70	68.5	71.5			度				
80	78.5	81.5				规			
90	88.25	91.75					格		
100	98.25	101.75							
110	108.25	111.75						范	
120	118.25	121.75							围

①P——螺距。

②尽可能不采用括号内的规格。

7. T形槽用螺栓（GB 37—1988）

T形槽用螺栓欧标称为锤型螺栓，材料为碳钢及不锈钢。一般镀锌、镀镍或者进行发黑表面处理。在安装过程中，能自动定位锁紧，常与法兰螺母配合使用，是安装角件时的标准配套连接件，使用时可根据型材槽宽和不同系列的型材来选择使用。主要用于需要固定底部的大型机械T形槽内使用，其技术参数见表7-9。

表 7-9　T 形槽用螺栓的技术参数　（单位：mm）

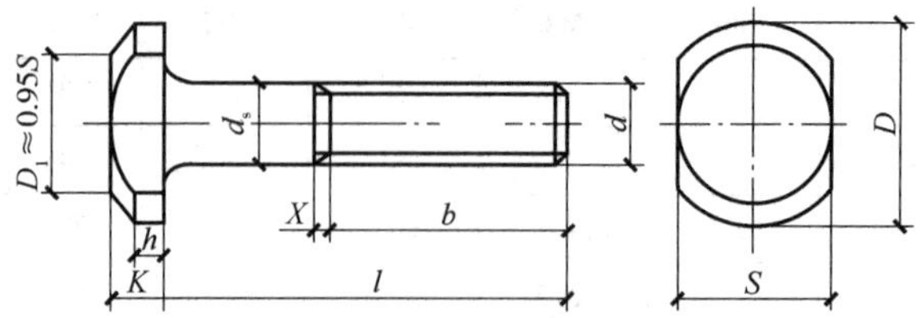

螺纹规格 d		M5	M6	M8	M10	M12	M16	M20	M24	M30	M36	M42	M48
b	$l \leqslant 125$	16	18	22	26	30	38	46	54	66	78	—	—
	$125 < l \leqslant 200$	—	—	28	32	36	44	52	60	72	84	96	108
	$l > 200$	—	—	—	—	—	57	86	73	85	97	109	121
d_a	max	5.7	6.8	9.2	11.2	13.7	17.7	22.4	26.4	33.4	39.4	45.6	52.6
d_s	max	6	6	8	10	12	16	20	24	30	36	42	48
	min	4.70	5.70	7.54	9.64	11.57	16.57	19.48	23.48	29.48	36.38	41.38	47.38
D		12	16	20	26	30	38	46	58	25	85	95	105
l_t	max	1.2	1.4	2	2	3	3	4	4	6	6	8	10
K	max	4.24	5.24	6.24	7.29	9.29	12.35	14.35	16.35	20.42	24.42	28.42	32.50
	min	3.76	5.76	5.76	6.71	8.71	11.65	13.65	16.85	19.58	23.58	27.58	31.50
r	min	0.20	0.25	0.40	0.40	0.60	0.60	0.80	0.80	1.00	1.00	1.20	1.60
h		2.8	3.4	4.1	4.8	6.5	9	10.4	11.8	14.5	18.5	22.0	26.0
S	公称	9	12	14	19	22	28	34	44	57	67	76	86
	min	8.64	11.57	13.57	17.57	21.46	27.16	33.00	43.00	55.80	65.10	74.10	83.80
	max	9.00	12.00	14.00	18.00	22.00	28.00	34.00	44.00	57.00	67.00	76.00	86.00
X	max	2.0	2.5	3.2	3.8	4.2	5	6.3	7.5	8.8	10	11.3	12.5

l 公称	min	max	M5	M6	M8	M10	M12	M16	M20	M24	M30	M36	M42	M48
25	23.95	26.05												
30	28.95	21.05												
35	33.75	36.25												
40	38.75	41.25												
45	43.75	46.25												
50	48.75	61.25												
(55)	53.5	56.5												
60	58.5	61.5				通								
(65)	63.5	66.5					用							
70	68.5	71.5												
80	78.5	81.6												
90	89.85	91.75						规						
100	98.25	101.75							格					
110	108.25	111.75												
120	118.25	121.75												
130	128	132								范				
140	138	142									围			

注：尽可能不采用括号内的规格。

8. 地脚螺栓（GB/T 799—2020）

地脚螺栓螺柱非螺纹部分按照一定的要求弯曲，制造呈 J 形、L 形的一端并将其埋入混凝土中使用。一般用 Q235 钢或 Q345 钢制造，埋深为其直径的 25 倍。主要用于混土地基中固定机械设备底座，其技术参数见表 7-10。

表 7-10a　A 型尺寸　（单位：mm）

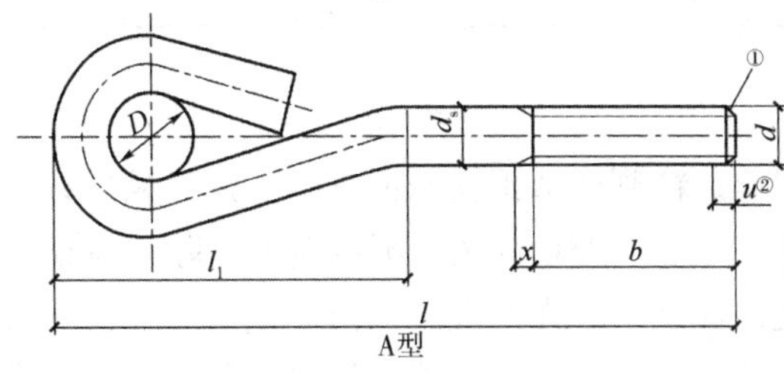

注：无螺纹部分杆径d_s约等于螺纹中径或螺纹大径。
①末端按GB/T2规定应倒角或倒圆，由制造者选择。
②不完整螺纹的长度$u \leqslant 2P$。

螺纹规格 d	M8	M10	M12	M16	M20	M24	M30	M36	M42	M48	M56	M64	M72
b_0^{+2P}	31	36	40	50	58	68	80	94	106	120	140	160	180
l_1	46	65	82	93	127	139	192	244	261	302	343	385	430
D	10	15	20	20	30	30	45	60	60	70	80	90	100
x　max	3.2	3.8	4.3	5	6.3	7.5	9	10	11	12.5	14	15	15

表 7-10b　B 型尺寸　（单位：mm）

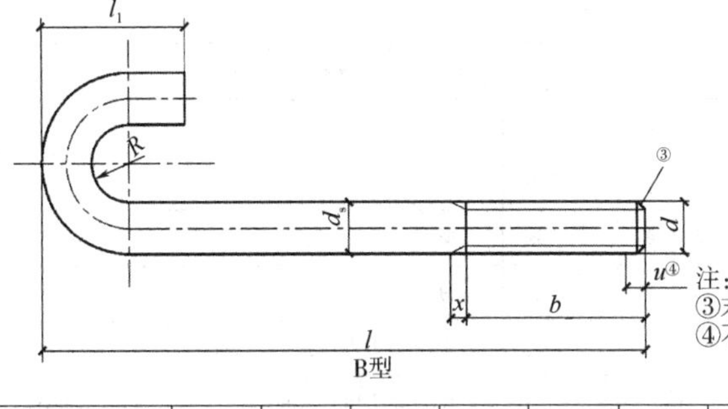

注：无螺纹部分杆径d_s约等于螺纹中径或螺纹大径。
③末端按GB/T2规定应倒角或倒圆，由制造者选择。
④不完整螺纹的长度$u \leqslant 2P$。

螺纹规格 d	M8	M10	M12	M16	M20	M24	M30	M36	M42	M48	M56	M64	M72
b_0^{+2P}	31	36	40	50	58	68	80	94	106	120	140	160	180
l_1	48	60	72	96	120	144	180	216	252	288	336	384	432
R	16	20	24	32	40	48	60	72	84	96	112	128	144
x　max	3.2	3.8	4.3	5	6.3	7.5	9	10	11	12.5	14	15	15

表 7-10c　C 型尺寸　（单位：mm）

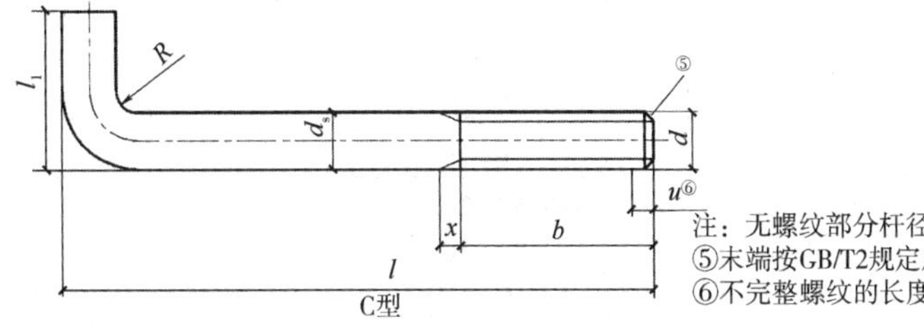

注：无螺纹部分杆径d_s约等于螺纹中径或螺纹大径。
⑤末端按GB/T2规定应倒角或倒圆，由制造者选择。
⑥不完整螺纹的长度$u \leqslant 2P$。

（续）

螺纹规格 d	M8	M10	M12	M16	M20	M24	M30	M36	M42	M48	M56	M64	M72
b_0^{+2P}	31	36	40	50	58	68	80	94	106	120	140	160	180
l_1	32	40	48	64	80	96	120	144	168	192	224	256	288
R	16	20	24	32	40	48	60	72	84	96	112	128	144
x max	3.2	3.8	4.3	5	6.3	7.5	9	10	11	12.5	14	15	15

9. 活节螺栓（GB/T 798—2021）

活节螺栓又称孔眼螺栓，国外称鱼眼螺栓。精制活节螺栓球面光洁、螺纹精度较高，螺纹规格为 M6 ~ M64。材质为 Q235 钢、45 钢、40Cr、35CrMoA、不锈钢等。除不锈钢外的材质一般进行热镀锌、渗镀、镀白、镀彩等表面处理，高强度螺栓的出厂色为黑蓝色。常用于过滤式自救器、瓦斯检测仪器、防尘口罩、矿用雨衣、矿发爆器、低温高压阀门、压力管道等经常在拆开连接的场合或工装设备，其技术参数见表 7-11。

表 7-11　活节螺栓的技术参数　（单位：mm）

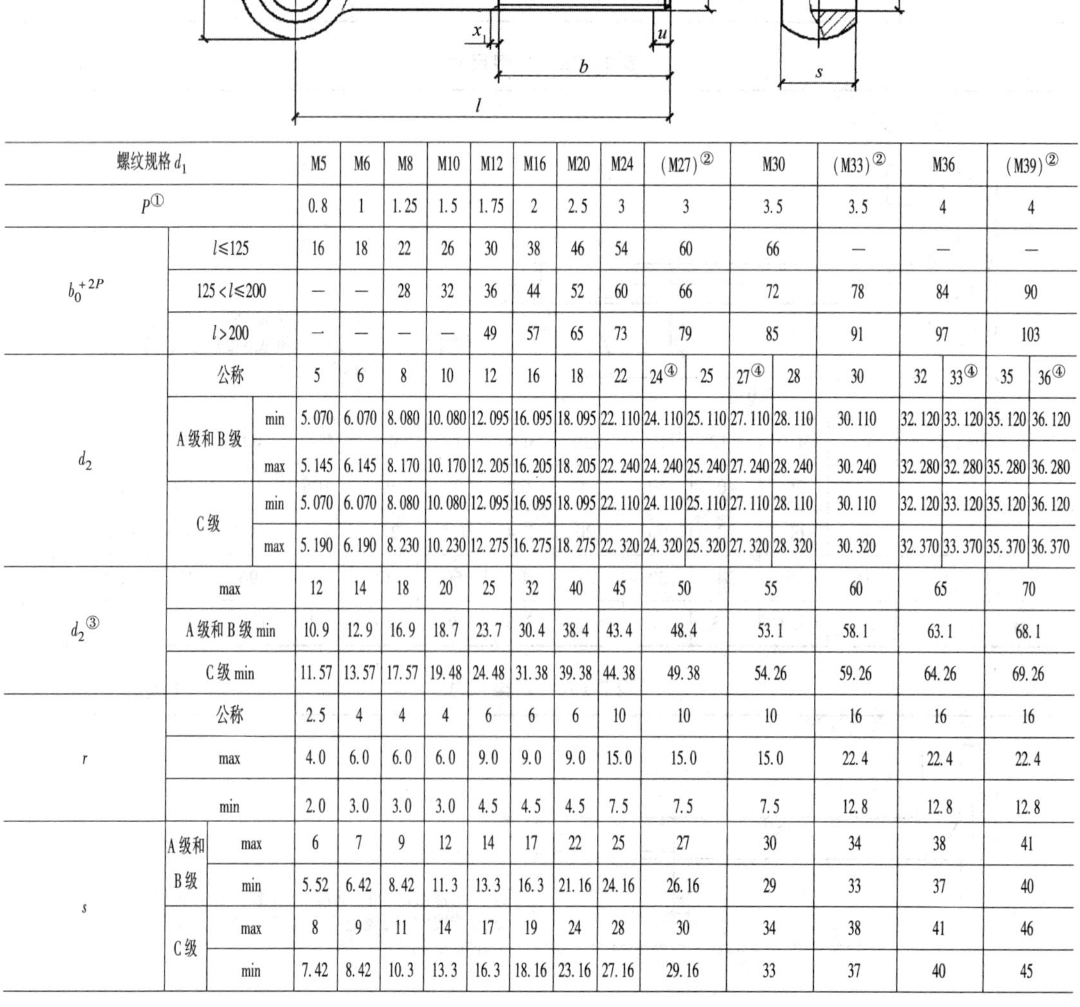

螺纹规格 d_1			M5	M6	M8	M10	M12	M16	M20	M24	(M27)②		M30		(M33)②	M36		(M39)②	
P①			0.8	1	1.25	1.5	1.75	2	2.5	3	3		3.5		3.5	4		4	
b_0^{+2P}	l≤125		16	18	22	26	30	38	46	54	60		66		—	—		—	
	125<l≤200		—	—	28	32	36	44	52	60	66		72		78	84		90	
	l>200		—	—	—	—	49	57	65	73	79		85		91	97		103	
d_2	公称		5	6	8	10	12	16	18	22	24④	25	27④	28	30	32	33④	35	36④
	A级和B级	min	5.070	6.070	8.080	10.080	12.095	16.095	18.095	22.110	24.110	25.110	27.110	28.110	30.110	32.120	33.120	35.120	36.120
		max	5.145	6.145	8.170	10.170	12.205	16.205	18.205	22.240	24.240	25.240	27.240	28.240	30.240	32.280	33.280	35.280	36.280
	C级	min	5.070	6.070	8.080	10.080	12.095	16.095	18.095	22.110	24.110	25.110	27.110	28.110	30.110	32.120	33.120	35.120	36.120
		max	5.190	6.190	8.230	10.230	12.275	16.275	18.275	22.320	24.320	25.320	27.320	28.320	30.320	32.370	33.370	35.370	36.370
$d_2$③	max		12	14	18	20	25	32	40	45	50		55		60	65		70	
	A级和B级 min		10.9	12.9	16.9	18.7	23.7	30.4	38.4	43.4	48.4		53.1		58.1	63.1		68.1	
	C级 min		11.57	13.57	17.57	19.48	24.48	31.38	39.38	44.38	49.38		54.26		59.26	64.26		69.26	
r	公称		2.5	4	4	4	6	6	6	10	10		10		16	16		16	
	max		4.0	6.0	6.0	6.0	9.0	9.0	9.0	15.0	15.0		15.0		22.4	22.4		22.4	
	min		2.0	3.0	3.0	3.0	4.5	4.5	4.5	7.5	7.5		7.5		12.8	12.8		12.8	
s	A级和B级	max	6	7	9	12	14	17	22	25	27		30		34	38		41	
		min	5.52	6.42	8.42	11.3	13.3	16.3	21.16	24.16	26.16		29		33	37		40	
	C级	max	8	9	11	14	17	19	24	28	30		34		38	41		46	
		min	7.42	8.42	10.3	13.3	16.3	18.16	23.16	27.16	29.16		33		37	40		45	

（续）

螺纹规格 d_1							M5	M6	M8	M10	M12	M16	M20	M24	(M27)②	M30	(M33)②	M36	(M39)②
l							每 1000 件钢螺栓的质量（ρ=7.85kg/dm³）≈kg												
公称	A 级		B 级		C 级														
	min	max	min	max	min	max													
20	19.60	20.40	19.35	20.65	18.95	21.05	6.24	8.99	16.34										
25	24.60	25.40	24.35	25.65	23.95	26.05	7.08	10.19	18.51										
30	29.60	30.40	29.35	30.65	28.95	31.05	7.93												
35	34.50	35.50	34.20	35.80	33.75	36.25	8.70	12.6											
40	39.50	40.50	39.20	40.80	38.75	41.25	9.47	13.7	25.0										
45	44.50	45.50	44.20	45.80	43.75	46.25	10.3	14.8	26.9	36.0									
50	49.50	50.50	49.20	50.80	48.75	51.25	11.0	15.9	28.9	39.1	62.6								
55	54.40	55.60	54.05	55.95	53.50	56.50	11.8	17.0	30.9	42.2	67.0								
60	59.40	60.60	59.05	60.95	58.50	61.50	12.6	18.1	32.8	45.3	71.4								
65	64.40	65.60	64.05	65.95	63.50	66.50	13.3	19.2	34.8	48.4	75.8	141							
70	69.40	70.60	69.05	70.95	68.50	71.50	14.1	20.3	36.8	51.5	80.3	149	255						
75	74.40	75.60	74.05	75.95	73.50	76.50	14.9	21.5	38.8	54.6	84.8	157	269						
80	79.40	80.60	79.05	80.95	78.50	81.50	15.7	22.6	40.7	57.6	89.2	164	282	378					
90	89.30	90.70	88.90	91.10	88.25	91.75		23.7	44.7	63.8	98.1	180	308	417					
100	99.30	100.70	98.90	101.10	98.25	101.75			48.6	70.0	106	196	334	454	528				
110	109.30	110.70	108.90	111.10	108.25	111.75			52.6	76.1	115	212	359	489	573	754			
120	119.30	120.70	118.90	121.10	118.25	121.75			56.5	82.3	124	228	383	524	618	816	1030		
130	129.20	130.80	128.75	131.25	128.00	132.00			60.5	88.4	133	244	408	560	663	878	1100		
140	139.20	140.80	138.75	141.25	138.00	142.00			64.4	94.5	142	259	433	596	708	940	1170	1250	
150	149.20	150.80	148.75	151.25	148.00	152.00				101.0	151	275	457	631	753	997	1240	1410	1690
160	159.20	160.80	158.75	161.25	156.00	161.00					160	291	482	667	798	1050	1310	1570	1880
180	179.20	180.80	178.75	181.25	176.00	184.00					178	322	531	738	888	1160	1440	1730	2070
200	199.10	200.90	198.55	201.45	195.40	204.60					195	354	581	809	978	1270	1570	1890	2250
220	219.10	220.90	218.55	221.45	215.40	224.60					211	383	624	868	1060	1370	1690	2050	2420
240	239.10	240.90	238.55	241.45	235.40	244.60					229	114	674	939	1140	1480	1820	2200	2610
260	258.90	261.00	258.40	261.60	254.80	265.20					247	446	723	1010	1230	1590	1960	2350	2790
280	278.90	281.00	278.40	281.60	274.80	285.20							772		1320	1700	2100	2500	2970
300	298.90	301.00	298.40	301.60	294.80	305.20							823		1400	1810	2240	2650	3100

注：公称长度在 300mm 以上，应采用按 20mm 递增的尺寸。

优选长度范围给出的质量为参考值。

阶梯实线以上的长度，螺纹制到头部，l_g 按表 2，表 1 中尺寸 b 不适用。

①P——螺距。

②尽可能不使用括号内的规格。

③如果是采用模锻方法制造的，模锻后毛刺和飞边应按 GB/T 12362 的普通级，加工后的应按表中规定。对于产品等级 A 级和 B 级的杆部粗糙度允许 $Rz_{max}=100\mu m$，销孔处的粗糙度均为 $Rz_{max}=25\mu m$。

④根据销轴标准 GB/T 880 和 GB/T 882，增加了销孔直径 24mm、27mm、33mm、36mm。如果活节螺栓按照这些直径供货，应标识销孔直径。

10. 双头螺栓（GB/T 900—1988）

双头螺栓也称双头螺钉或双头螺柱。螺栓两头有螺纹，中间光杆的粗细根据规格成型，等长双头螺柱两端均配螺母。一般用于带螺纹孔的被连接件不能或不便安装带头螺栓的场合，如矿山机械、桥梁、汽车、锅炉钢结构、吊塔、大跨度钢结构和大型建筑等，其技术参数见表 7-12。

表 7-12　双头螺栓的技术参数　（单位：mm）

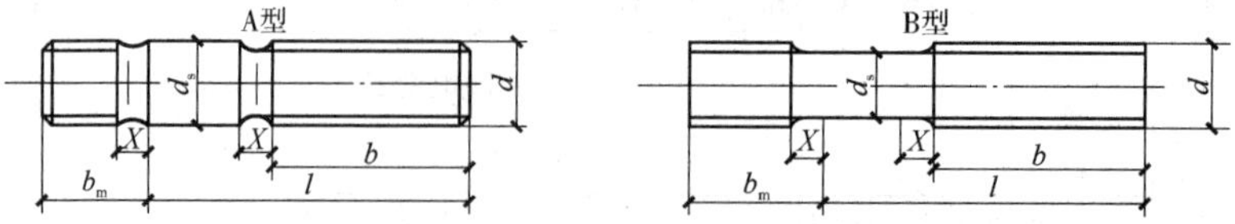

<table>
<tr><td colspan="3">螺纹规格 d</td><td>M2</td><td>M2.5</td><td>M3</td><td>M4</td><td>M5</td><td>M6</td><td>M8</td><td>M10</td><td>M12</td><td>(M14)</td><td>M16</td></tr>
<tr><td rowspan="3">b_m</td><td colspan="2">公称</td><td>4</td><td>5</td><td>6</td><td>8</td><td>10</td><td>12</td><td>16</td><td>20</td><td>24</td><td>28</td><td>32</td></tr>
<tr><td colspan="2">min</td><td>3.40</td><td>4.40</td><td>5.40</td><td>7.25</td><td>9.25</td><td>11.10</td><td>15.10</td><td>18.95</td><td>22.95</td><td>26.95</td><td>31.75</td></tr>
<tr><td colspan="2">max</td><td>4.60</td><td>5.60</td><td>6.60</td><td>8.75</td><td>10.75</td><td>12.90</td><td>16.90</td><td>21.05</td><td>25.06</td><td>29.05</td><td>33.25</td></tr>
<tr><td rowspan="2">d_s</td><td colspan="2">max</td><td>2</td><td>2.5</td><td>3</td><td>4</td><td>5</td><td>6</td><td>8</td><td>10</td><td>12</td><td>14</td><td>16</td></tr>
<tr><td colspan="2">min</td><td>1.75</td><td>2.25</td><td>2.75</td><td>3.7</td><td>4.7</td><td>5.7</td><td>7.64</td><td>9.64</td><td>11.57</td><td>13.57</td><td>15.57</td></tr>
<tr><td>X</td><td colspan="2">max</td><td colspan="11">1.5P</td></tr>
<tr><td colspan="3">l</td><td colspan="11" rowspan="2">b</td></tr>
<tr><td>公称</td><td>min</td><td>max</td></tr>
<tr><td>12</td><td>11.10</td><td>12.90</td><td rowspan="3">6</td><td rowspan="1"></td><td rowspan="2"></td><td rowspan="2"></td><td rowspan="2"></td><td rowspan="3"></td><td rowspan="3"></td><td rowspan="5"></td><td rowspan="5"></td><td rowspan="7"></td><td rowspan="7"></td></tr>
<tr><td>(14)</td><td>13.10</td><td>14.90</td><td rowspan="3">8</td></tr>
<tr><td>16</td><td>15.10</td><td>16.90</td><td rowspan="3">6</td><td rowspan="4">8</td><td rowspan="4">10</td></tr>
<tr><td>(18)</td><td>17.10</td><td>18.90</td><td rowspan="4">10</td><td rowspan="3">10</td><td rowspan="3">12</td></tr>
<tr><td>20</td><td>18.95</td><td>21.05</td><td rowspan="5">11</td></tr>
<tr><td>(22)</td><td>20.95</td><td>23.05</td><td rowspan="7">12</td><td rowspan="2">14</td><td rowspan="2">16</td></tr>
<tr><td>25</td><td>23.95</td><td>26.05</td><td rowspan="6">14</td><td rowspan="8">16</td><td>14</td><td>16</td></tr>
<tr><td>(28)</td><td>26.95</td><td>29.05</td><td rowspan="28"></td><td rowspan="13">18</td><td rowspan="17">22</td><td rowspan="2">16</td><td rowspan="4">20</td><td rowspan="2">18</td><td rowspan="2">20</td></tr>
<tr><td>30</td><td>28.95</td><td>31.05</td></tr>
<tr><td>(32)</td><td>30.75</td><td>33.25</td><td rowspan="26"></td><td rowspan="17">26</td><td rowspan="3">25</td><td rowspan="5">30</td></tr>
<tr><td>35</td><td>33.75</td><td>36.25</td></tr>
<tr><td>(38)</td><td>36.75</td><td>39.25</td><td rowspan="15">30</td></tr>
<tr><td>40</td><td>38.75</td><td>41.25</td><td rowspan="23"></td><td rowspan="23"></td><td rowspan="14">34</td></tr>
<tr><td>45</td><td>43.75</td><td>46.25</td></tr>
<tr><td>50</td><td>48.75</td><td>51.25</td><td rowspan="21"></td><td rowspan="12">38</td></tr>
<tr><td>(55)</td><td>53.5</td><td>56.5</td></tr>
<tr><td>60</td><td>58.5</td><td>61.5</td></tr>
<tr><td>(65)</td><td>63.5</td><td>66.5</td></tr>
<tr><td>70</td><td>68.5</td><td>71.5</td></tr>
<tr><td>(75)</td><td>73.5</td><td>76.5</td></tr>
<tr><td>80</td><td>78.5</td><td>81.5</td><td rowspan="15"></td></tr>
<tr><td>(85)</td><td>83.25</td><td>86.75</td></tr>
<tr><td>90</td><td>88.25</td><td>91.75</td></tr>
<tr><td>(95)</td><td>93.25</td><td>96.75</td></tr>
<tr><td>100</td><td>98.25</td><td>101.75</td><td rowspan="11"></td></tr>
<tr><td>110</td><td>108.25</td><td>111.75</td></tr>
<tr><td>120</td><td>118.25</td><td>121.75</td><td>32</td><td rowspan="6">36</td><td rowspan="6">40</td><td rowspan="9">44</td></tr>
<tr><td>130</td><td>128</td><td>132</td><td rowspan="8"></td></tr>
<tr><td>140</td><td>138</td><td>142</td></tr>
<tr><td>150</td><td>148</td><td>152</td></tr>
<tr><td>160</td><td>158</td><td>162</td></tr>
<tr><td>170</td><td>168</td><td>172</td></tr>
<tr><td>180</td><td>178</td><td>182</td><td rowspan="3"></td><td rowspan="3"></td></tr>
<tr><td>190</td><td>187.7</td><td>192.3</td></tr>
<tr><td>200</td><td>197.7</td><td>202.3</td></tr>
</table>

（续）

<table>
<tr><td colspan="3">螺纹规格 d</td><td>(M18)</td><td>M20</td><td>(M22)</td><td>M24</td><td>(M27)</td><td>M30</td><td>M33</td><td>M38</td><td>(M39)</td><td>M42</td><td>M48</td></tr>
<tr><td rowspan="3">b_m</td><td colspan="2">公称</td><td>36</td><td>40</td><td>44</td><td>48</td><td>54</td><td>60</td><td>66</td><td>72</td><td>78</td><td>84</td><td>96</td></tr>
<tr><td colspan="2">min</td><td>34.75</td><td>38.75</td><td>42.75</td><td>46.75</td><td>52.5</td><td>58.5</td><td>64.5</td><td>70.5</td><td>76.5</td><td>82.25</td><td>94.25</td></tr>
<tr><td colspan="2">max</td><td>37.25</td><td>41.25</td><td>45.25</td><td>49.25</td><td>55.5</td><td>61.5</td><td>67.5</td><td>73.5</td><td>79.5</td><td>85.75</td><td>97.75</td></tr>
<tr><td rowspan="2">d_s</td><td colspan="2">max</td><td>18</td><td>20</td><td>22</td><td>24</td><td>27</td><td>30</td><td>33</td><td>36</td><td>39</td><td>42</td><td>48</td></tr>
<tr><td colspan="2">min</td><td>17.57</td><td>19.48</td><td>21.48</td><td>23.48</td><td>26.48</td><td>29.48</td><td>32.38</td><td>35.38</td><td>38.38</td><td>41.38</td><td>47.38</td></tr>
<tr><td>X</td><td colspan="2">max</td><td colspan="11">$1.5P$</td></tr>
<tr><td colspan="3">l</td><td colspan="11" rowspan="2">b</td></tr>
<tr><td>公称</td><td>min</td><td>max</td></tr>
<tr><td>35</td><td>33.75</td><td>36.25</td><td rowspan="3">22</td><td rowspan="3">25</td><td rowspan="2"></td><td rowspan="3"></td><td rowspan="4"></td><td rowspan="5"></td><td rowspan="6"></td><td rowspan="6"></td><td rowspan="7"></td><td rowspan="7"></td><td rowspan="9"></td></tr>
<tr><td>(38)</td><td>35.75</td><td>39.25</td></tr>
<tr><td>40</td><td>38.75</td><td>41.25</td><td rowspan="2">30</td></tr>
<tr><td>45</td><td>43.75</td><td>46.25</td><td rowspan="4">35</td><td rowspan="5">35</td><td rowspan="2">30</td></tr>
<tr><td>50</td><td>48.75</td><td>51.25</td><td rowspan="4">40</td><td rowspan="2">35</td></tr>
<tr><td>(55)</td><td>53.5</td><td>56.5</td><td rowspan="5">45</td><td rowspan="2">40</td></tr>
<tr><td>60</td><td>58.5</td><td>61.5</td><td rowspan="4">50</td><td rowspan="2">45</td><td rowspan="2">45</td></tr>
<tr><td>(65)</td><td>63.5</td><td>66.5</td><td rowspan="10">42</td><td rowspan="4">50</td><td rowspan="3">50</td><td rowspan="3">50</td></tr>
<tr><td>70</td><td>68.5</td><td>71.5</td><td rowspan="9">46</td><td rowspan="9">50</td><td rowspan="5">60</td><td rowspan="8">60</td></tr>
<tr><td>(75)</td><td>73.5</td><td>76.5</td><td rowspan="4">60</td></tr>
<tr><td>80</td><td>78.5</td><td>81.5</td><td rowspan="7">54</td><td rowspan="7">60</td><td rowspan="6">65</td><td rowspan="6">70</td></tr>
<tr><td>(85)</td><td>83.25</td><td>86.75</td><td rowspan="6">66</td></tr>
<tr><td>90</td><td>88.25</td><td>91.75</td></tr>
<tr><td>(95)</td><td>93.25</td><td>96.75</td><td rowspan="4">72</td><td rowspan="3">80</td></tr>
<tr><td>100</td><td>98.25</td><td>101.75</td></tr>
<tr><td>110</td><td>108.25</td><td>111.75</td></tr>
<tr><td>120</td><td>118.25</td><td>121.75</td><td>78</td><td>84</td><td>90</td><td>102</td></tr>
<tr><td>130</td><td>128</td><td>132</td><td rowspan="7">48</td><td rowspan="7">52</td><td rowspan="7">56</td><td rowspan="7">60</td><td rowspan="7">66</td><td rowspan="7">72</td><td rowspan="7">78</td><td rowspan="7">84</td><td rowspan="7">90</td><td rowspan="7">96</td><td rowspan="7">108</td></tr>
<tr><td>140</td><td>138</td><td>142</td></tr>
<tr><td>150</td><td>148</td><td>152</td></tr>
<tr><td>160</td><td>158</td><td>162</td></tr>
<tr><td>170</td><td>168</td><td>172</td></tr>
<tr><td>180</td><td>178</td><td>182</td></tr>
<tr><td>190</td><td>187.7</td><td>192.3</td></tr>
<tr><td>200</td><td>197.7</td><td>202.3</td></tr>
</table>

注：1. 尽可能不采用括号内的规格。

2. P——粗牙螺距。

3. 折线之间为通用规格范围。

4. 当 $b-b_m \leqslant 5$mm 时，螺旋母一端应制成倒圆端。

5. 允许采用细牙螺纹和过滤配合螺纹。

11. 等长双头螺栓—B 级（GB 901—1988）

等长双头螺栓（B 级）两头均配螺母，长度可根据用户需要定制。一般制造材质为 Q235 钢、45 钢、40Cr、35CrMoA、Q345D；高强度双头螺栓材质为 35 钢、45 钢、35CrMoA、25Cr2MoV；特殊用途可用不锈钢制造。主要用于带螺纹孔的被连接件不能或不便于安装带头螺栓的场合。如电力、化工、炼油、阀门、铁路、桥梁、钢结构等领域；主体为大型设备需要安装的附件；混凝土屋架、屋面梁悬挂单轨梁的悬挂件等，其技术参数见表 7-13。

表 7-13　等长双头螺栓—B 级的技术参数　　（单位：mm）

螺纹规格 d（6g）	M2	M2.5	M3	M4	M5	M6	M8	M10	M12	（M14）	M16	（M18）
b	10	11	12	14	16	18	28	32	36	40	44	48
X　max	1.5P											
l[①]长度范围	10 ~ 60	10 ~ 80	12 ~ 250	16 ~ 300	20 ~ 300	25 ~ 300	32 ~ 300	40 ~ 300	50 ~ 300	60 ~ 300	60 ~ 300	60 ~ 300

螺纹规格 d（6g）	M20	（M22）	M24	（M27）	M30	（M33）	M36	（M39）	M42	M48	M56
b	52	56	60	66	72	78	84	89	96	108	124
X　max	1.5P										
l[①]长度范围	70 ~ 300	80 ~ 300	90 ~ 300	100 ~ 300	120 ~ 400	140 ~ 400	140 ~ 500	140 ~ 500	140 ~ 500	150 ~ 500	190 ~ 500

注：尽可能不采用括号内的规格。

①公称长度系列为 10、12、（14）、16、（18）、20、（22）、25、（28）、30、（32）、35、（38）、40、45、50、（55）、60、（65）、70、（75）、80、（85）、90、（95）、100 ~ 260（10 进位）、280、300、320、350、380、400、420、450、480、500。

12. 等长双头螺柱—C 级（GB 953—1988）

等长双头螺栓（C 级）两头均配螺母，长度可根据用户的需要定制。一般制造材质为 Q235 钢、Q345D、45 钢、40Cr、35CrMoA；高强度双头螺栓材质为 35 钢、45 钢、35CrMoA、25Cr2MoV；特殊用途可用不锈钢制造。主要用于被连接件的一端不能用带头螺栓、螺钉并要经常拆卸的铁、木结构的连接，其技术参数见表 7-14。

表 7-14　等长双头螺栓—C 级的技术参数　　（单位：mm）

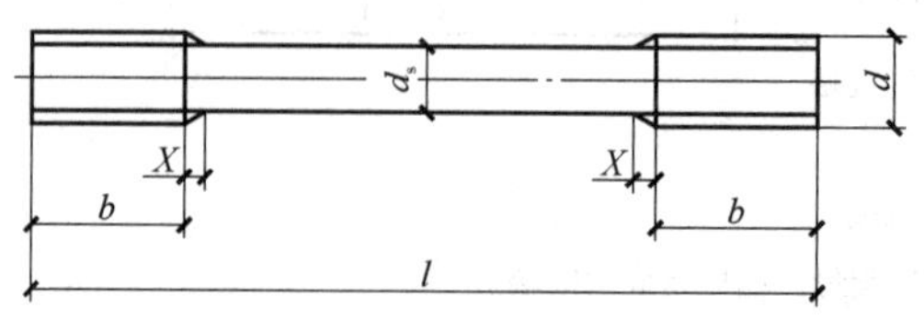

（续）

螺纹规格 d（8g）		M8	M10	M12	（M14）	M16	（M18）	M20	（M22）
b	标准	22	26	30	34	38	42	46	50
	加长	41	45	49	53	57	61	65	69
X max		1.5P							
l[①]长度范围		100~600	100~800	150~1200	150~1200	200~1500	200~1500	260~1500	260~1800
螺纹规格 d（8g）		M24	（M27）	M30	（M33）	M36	（M39）	M42	M48
b	标准	54	60	66	72	78	84	90	102
	加长	73	79	85	91	97	103	109	121
X max		1.5P							
l[①]长度范围		300~1800	300~2000	350~2500	350~2500	350~2500	350~2500	500~2500	500~2500

①公称长度系列为100~200（10进位）、220~320（20进位）、350、380、400、420、450、480、500~1000（50进位）、1100~2500（100进位）。

注：1. 尽可能不采用括号内的规格。

2. P——螺距。

7.1.2 螺钉连接

1. 开槽圆柱头螺钉（GB/T 65—2016）

开槽圆柱头螺钉的螺纹为M1.6~M10、性能等级为4.8、5.8、A2-50、A2-70、CU2、CU3和AL4、产品等级为A级，其技术参数见表7-15。

表7-15 开槽圆柱头螺钉的技术参数 （单位：mm）

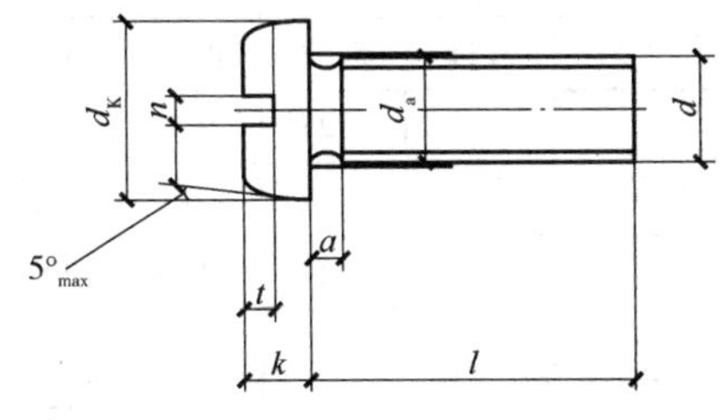

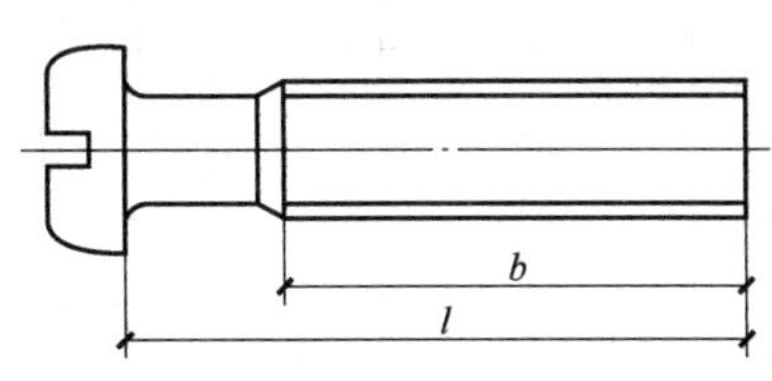

螺纹规格 d			M1.6	M2	M2.5	M3	(M3.5)[①]	M4	M5	M6	M8	M10
P[②]			0.35	0.4	0.45	0.5	0.6	0.7	0.8	1	1.25	1.5
a		max	0.7	0.8	0.9	1.0	1.2	1.4	1.6	2.0	2.5	3.0
b		min	25	25	25	25	38	38	38	38	38	38
d_a		max	2.0	2.6	3.1	3.6	4.1	4.7	5.7	6.8	9.2	11.2
d_k	公称=	max	3.00	3.80	4.50	5.50	6.00	7.00	8.50	10.00	13.00	16.00
		min	2.86	3.62	4.32	5.32	5.82	6.78	8.28	9.78	12.73	15.73

（续）

螺纹规格 d			M1.6	M2	M2.5	M3	(M3.5)①	M4	M5	M6	M8	M10
k	公称 =	max	1.10	1.40	1.80	2.00	2.40	2.60	3.30	3.9	5.0	6.0
		min	0.96	1.26	1.66	1.86	2.26	2.46	3.12	3.6	4.7	5.7
n		nom	0.4	0.5	0.6	0.8	1	1.2	1.2	1.6	2	2.5
		max	0.60	0.70	0.80	1.00	1.20	1.51	1.51	1.91	2.31	2.81
		min	0.46	0.56	0.66	0.86	1.06	1.26	1.26	1.66	2.06	2.56
r		min	0.10	0.10	0.10	0.10	0.10	0.20	0.20	0.25	0.40	0.40
t		min	0.45	0.60	0.70	0.85	1.00	1.10	1.30	1.60	2.00	2.40
w		min	0.40	0.50	0.70	0.75	1.00	1.10	1.30	1.60	2.00	2.40
x		max	0.90	1.00	1.10	1.25	1.50	1.75	2.00	2.50	3.20	3.80
l③			每 1000 件钢螺钉的质量（$\rho=7.85\text{kg/dm}^3$）≈ kg									
公称①	min	max										
2	1.80	2.20	0.07									
3	2.80	3.20	0.082	0.16	0.272							
4	3.76	4.24	0.094	0.179	0.302	0.515						
5	4.76	5.24	0.105	0.198	0.332	0.56	0.786	1.09				
6	5.76	6.24	0.117	0.217	0.362	0.604	0.845	1.17	2.06			
8	7.71	8.29	0.14	0.254	0.422	0.692	0.966	1.33	2.3	3.56		
10	9.71	10.29	0.163	0.291	0.482	0.78	1.08	1.47	2.55	3.92	7.85	
12	11.65	12.35	0.186	0.329	0.542	0.868	1.2	1.63	2.8	4.27	8.49	14.6
(14)	13.65	14.35	0.209	0.365	0.602	0.956	1.32	1.79	3.05	4.62	9.13	15.6
16	15.65	16.35	0.232	0.402	0.662	1.04	1.44	1.95	3.3	4.98	9.77	16.6
20	19.58	20.42		0.478	0.782	1.22	1.68	2.25	3.78	5.69	11	18.6
25	24.58	25.42			0.932	1.44	1.98	2.64	4.4	6.56	12.6	21.1
30	29.58	30.42				1.66	2.28	3.02	5.02	7.45	14.2	23.6
35	34.50	35.50					2.57	3.11	5.62	8.25	15.8	26.1
40	39.50	40.50						3.8	6.25	9.2	17.4	28.6
45	44.50	45.50							6.88	10	18.9	31.1
50	49.50	50.50							7.5	10.9	20.6	33.6
(55)	54.05	55.95								11.8	22.1	36.1
60	59.05	60.95								12.7	23.7	38.6
(65)	64.05	65.95									25.2	41.1
70	69.05	70.95									26.8	43.6
(75)	74.05	75.95									28.3	46.1
80	79.05	80.95									29.8	48.6

注：在阶梯实线间为优选长度。

①尽可能不采用括号内的规格。

②P——螺距。

③公称长度在阶梯虚线以上的螺钉，制出全螺纹（$b=l-a$）。

2. 开槽盘头螺钉（GB/T 67—2016）

开槽盘头螺钉利用螺纹连接方法，使两个零件连接成一体，旋下螺钉，立即可使两个零件分开，为应用最广泛的一种螺钉，其技术参数见表7-16。

表7-16　开槽圆柱头螺钉的技术参数　　（单位：mm）

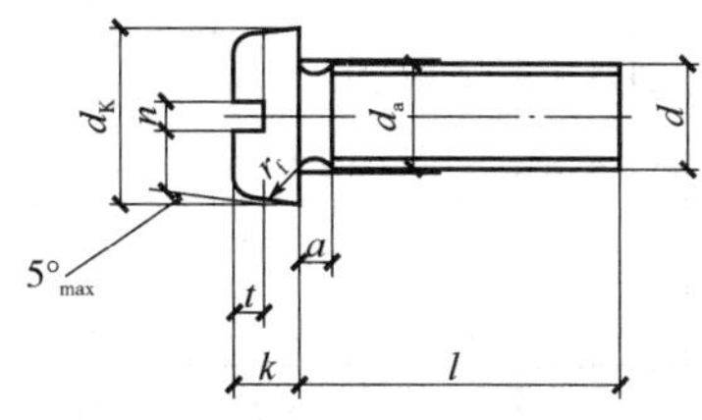

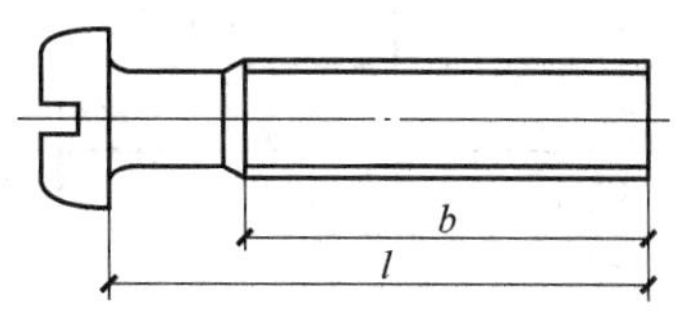

螺纹规格 d		M1.6	M2	M2.5	M3	(M3.5)①	M4	M5	M6	M8	M10
P②		0.35	0.4	0.45	0.5	0.6	0.7	0.8	1	1.25	1.5
a	max	0.7	0.8	0.9	1	1.2	1.4	1.6	2	2.5	3
b	min	25	25	25	25	38	38	38	38	38	38
d_K	公称 = max	3.2	4.0	5.0	5.6	7.00	8.00	9.50	12.00	16.00	20.00
	min	2.9	3.7	4.7	5.3	6.64	7.64	9.14	11.57	15.57	19.48
d_a	max	2	2.6	3.1	3.6	4.1	4.7	5.7	6.8	9.2	11.2
k	公称 = max	1.00	1.30	1.50	1.80	2.10	2.40	3.00	3.6	4.8	6.0
	min	0.86	1.16	1.36	1.66	1.96	2.26	2.88	3.3	4.5	5.7
n	公称	0.4	0.5	0.6	0.8	1	1.2	1.2	1.6	2	2.5
	max	0.60	0.70	0.80	1.00	1.20	1.51	1.51	1.91	2.31	2.81
	min	0.46	0.56	0.66	0.86	1.06	1.26	1.26	1.66	2.06	2.56
r	min	0.1	0.1	0.1	0.1	0.1	0.2	0.2	0.25	0.4	0.4
r_f	参考	0.5	0.6	0.8	0.9	1	1.2	1.5	1.8	2.4	3
t	min	0.35	0.5	0.6	0.7	0.8	1	1.2	1.4	1.9	2.4
w	min	0.3	0.4	0.5	0.7	0.8	1	1.2	1.4	1.9	2.4
x	max	0.9	1	1.1	1.25	1.5	1.75	2	2.5	3.2	3.8

l①,③			每1000件钢螺钉的质量（$\rho=7.85\text{kg/dm}^3$）≈kg									
公称	min	max										
2	1.8	2.2	0.075									
2.5	2.3	2.7	0.081	0.152								
3	2.8	3.2	0.087	0.161	0.281							
4	3.76	4.24	0.099	0.18	0.311	0.463						
5	4.76	5.24	0.11	0.198	0.341	0.507	0.825	1.16				
6	5.76	6.24	0.122	0.217	0.371	0.551	0.885	1.24	2.12			
8	7.71	8.29	0.145	0.254	0.431	0.639	1	1.39	2.37	4.02		
10	9.71	10.29	0.168	0.292	0.491	0.727	1.12	1.55	2.61	4.37	9.38	
12	11.65	12.35	0.192	0.329	0.551	0.816	1.24	1.7	2.86	4.72	10	18.2
(14)	13.65	14.35	0.215	0.366	0.611	0.904	1.36	1.86	3.11	5.1	10.6	19.2

（续）

螺纹规格 d			M1.6	M2	M2.5	M3	(M3.5)①	M4	M5	M6	M8	M10
l①,③			每1000件钢螺钉的质量（$\rho=7.85\text{kg/dm}^3$）≈ kg									
公称	min	max										
16	15.65	16.35	0.238	0.404	0.671	0.992	1.48	2.01	3.36	5.45	11.2	20.2
20	19.58	20.42		0.478	0.792	1.17	1.72	2.32	3.85	6.14	12.6	22.2
25	24.58	25.42			0.942	1.39	2.02	2.71	4.47	7.01	14.1	24.7
30	29.58	30.42				1.61	2.32	3.1	5.09	7.9	15.7	27.2
35	34.5	35.5					2.62	3.48	5.71	8.78	17.3	29.7
40	39.5	40.5						3.87	6.32	9.66	18.9	32.2
45	44.5	45.5							6.94	10.5	20.5	34.7
50	49.5	50.5							7.56	11.4	22.1	37.2
(55)	54.05	55.95								12.3	23.7	39.7
60	59.05	60.95								13.2	25.3	42.2
(65)	64.05	65.95									26.9	44.7
70	69.05	70.95									28.5	47.2
(75)	74.05	75.95									30.1	49.7
80	79.05	80.95									31.7	52.2

注：在阶梯实线间为优选长度。

①尽可能不采用括号内的规格。

②P——螺距。

③公称长度在阶梯虚线以上的螺钉，制出全螺纹（$b=l-a$）。

3. 开槽沉头螺钉和开槽半沉头螺钉（GB/T 68—2016、GB/T 69—2000）

开槽沉头螺钉和开槽半沉头螺钉主要用于不允许钉头露出的场合。开槽半沉头螺钉与开槽沉头螺钉相似，但头部弧形顶端略露出外面，比较美观和光滑，多用于仪器或精密机件上，其技术参数见表7-17。

表7-17　开槽沉头螺钉和开槽半沉头螺钉的技术参数　（单位：mm）

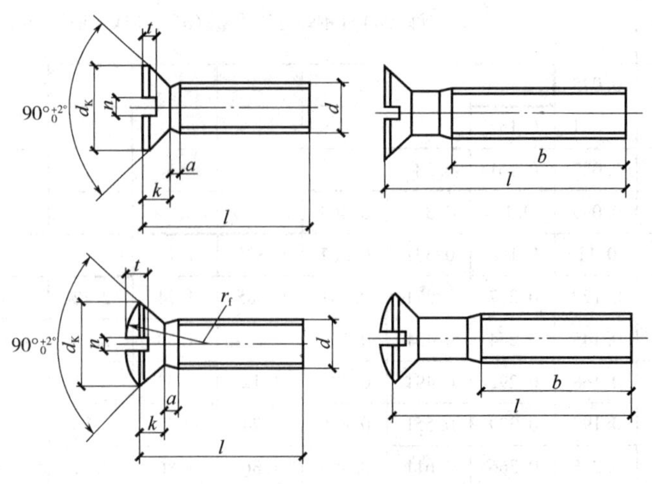

（续）

螺纹规格 d			M1.6	M2	M2.5	M3	(M3.5)[1]	M4	M5	M6	M8	M10
P[2]			0.35	0.4	0.45	0.5	0.6	0.7	0.8	1	1.25	1.5
a		max	0.7	0.8	0.9	1	1.2	1.4	1.6	2	2.5	3
b		min	25	25	25	25	38	38	38	38	38	38
d_k[3]	理论值	max	3.6	4.4	5.5	6.3	8.2	9.4	10.4	12.6	17.3	20
	实际值	公称 = max	3.0	3.8	4.7	5.5	7.30	8.40	9.30	11.30	15.80	18.30
		min	2.7	3.5	4.4	5.2	6.94	8.04	8.94	10.87	15.37	17.78
k[3]		公称 = max	1	1.2	1.5	1.65	2.35	2.7	2.7	3.3	4.65	5
n		nom	0.4	0.5	0.6	0.8	1	1.2	1.2	1.6	2	2.5
		max	0.60	0.70	0.80	1.00	1.20	1.51	1.51	1.91	2.31	2.81
		min	0.46	0.56	0.66	0.86	1.06	1.26	1.26	1.66	2.06	2.56
r		max	0.4	0.5	0.6	0.8	0.9	1	1.3	1.5	2	2.5
t		max	0.50	0.6	0.75	0.85	1.2	1.3	1.4	1.6	2.3	2.6
		min	0.32	0.4	0.50	0.60	0.9	1.0	1.1	1.2	1.8	2.0
x		max	0.9	1	1.1	1.25	1.5	1.75	2	2.5	3.2	3.8
l[1,4]			每1000件钢螺钉的质量（ρ = 7.85kg/dm^3）≈ kg									
公称	min	max										
2.5	2.3	2.7	0.053									
3	2.8	3.2	0.058	0.101								
4	3.76	4.24	0.069	0.119	0.206							
5	4.76	5.24	0.081	0.137	0.236	0.335						
6	5.76	6.24	0.093	0.152	0.266	0.379	0.633	0.903				
8	7.71	8.29	0.116	0.193	0.326	0.467	0.753	1.06	1.48	2.38		
10	9.71	10.29	0.139	0.231	0.386	0.555	0.873	1.22	1.72	2.73	5.68	
12	11.65	12.35	0.162	0.268	0.446	0.643	0.933	1.37	1.96	3.08	6.32	9.54
(14)	13.65	14.35	0.185	0.306	0.507	0.731	1.11	1.53	2.2	3.43	6.96	10.6
16	15.65	16.35	0.208	0.343	0.567	0.82	1.23	1.68	2.44	3.78	7.6	11.6
20	19.58	20.42		0.417	0.687	0.996	1.47	2	2.92	4.48	8.88	13.6
25	24.58	25.42			0.838	1.22	1.77	2.39	3.52	5.36	10.5	16.1
30	29.58	30.42				1.44	2.07	2.78	4.12	6.23	12.1	18.7
35	34.5	35.5					2.37	3.17	4.72	7.11	13.7	21.2
40	39.5	40.5						3.56	5.32	7.98	15.3	23.7
45	44.5	45.5							5.92	8.86	16.9	26.2
50	49.5	50.5							6.52	9.73	18.5	28.8
(55)	54.05	55.95								10.6	20.1	31.3
60	59.05	60.95								11.5	21.7	33.8
(65)	64.05	65.95									23.3	36.3
70	69.05	70.95									24.9	38.9

注：在阶梯实线间为优选长度。

①尽可能不采用括号内的规格。

②P——螺距。

③见 GB/T 5279。

④公称长度在阶梯虚线以上的螺钉，制出全螺纹[$b = l-(k+a)$]。

4. 十字槽沉头螺钉（GB/T 819.1—2016）与十字槽半沉头螺钉（GB/T 820—2015）

十字槽沉头螺钉与十字槽半沉头螺钉也称为沉头螺钉或半沉头螺钉。金属丝线材镦打成型后搓牙，头部为平头，一个环绕螺钉侧面的倾斜面，让螺钉可紧锁螺母或其他物件。螺钉的顶部直径较大，可呈圆形或等边六边形，让工具如螺钉旋具或扳手可转动螺钉。螺钉使用于产品物料上，头部能完全沉下去，螺钉头部不会起阻碍作用。较突出的顶部也令螺钉不会钻得太深入而穿过物料，提高螺钉对物料的压力。通常可随意移除或重新嵌紧而不损其效率，可重复使用。一般常用于电力设备、电子机械设备、家用电器、数码产品、水利工程、装修建设等，其技术参数见表 7-18。

表 7-18　十字槽沉头螺钉的技术参数　（单位：mm）

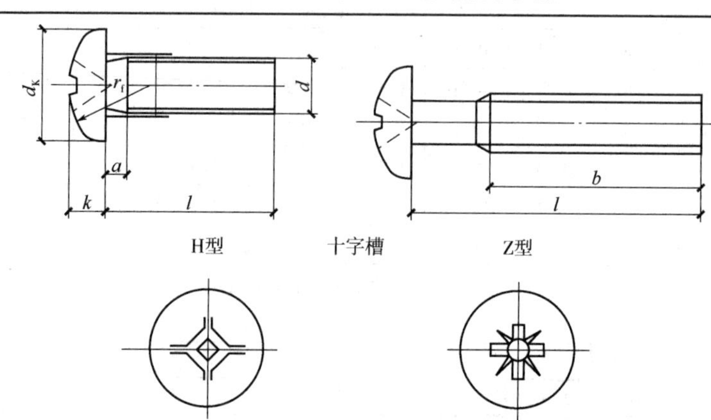

螺纹规格 d			M1.6	M2	M2.5	M3	(M3.5)①	M4	M5	M6	M8	M10
P②			0.35	0.4	0.45	0.5	0.6	0.7	0.8	1	1.25	1.5
a		max	0.7	0.8	0.9	1	1.2	1.4	1.6	2	2.5	3
b		min	25	25	25	25	38	38	38	38	38	38
d_k③	理论值	max	3.6	4.4	5.5	6.3	8.2	9.4	10.4	12.6	17.3	20
	实际值	公称 = max	3.0	3.8	4.7	5.5	7.30	8.40	9.30	11.30	15.80	18.30
		min	2.7	3.5	4.4	5.2	6.94	8.04	8.94	10.87	15.37	17.78
f		≈	0.4	0.5	0.6	0.7	0.8	1	1.2	1.4	2	2.3
k③		公称 = max	1	1.2	1.5	1.65	2.35	2.7	2.7	3.3	4.65	5
r		max	0.4	0.5	0.6	0.8	0.9	1	1.3	1.5	2	2.5
r_f		≈	3	4	5	6	8.5	9.5	9.5	12	16.5	19.5
x		max	0.9	1	1.1	1.25	1.5	1.75	2	2.5	3.2	3.8
十字槽	槽号	no.	0		1		2			3	4	
	H 型	m 参考	1.9	2	3	3.4	4.8	5.2	5.4	7.3	9.6	10.4
		插入深度 max	1.2	1.5	1.85	2.2	2.75	3.2	3.4	4.0	5.25	6.0
		插入深度 min	0.9	1.2	1.50	1.8	2.25	2.7	2.9	3.5	4.75	5.5
	Z 型	m 参考	1.9	2.2	2.8	3.1	4.6	5	5.3	7.1	9.5	10.3
		插入深度 max	1.20	1.40	1.75	2.08	2.70	3.10	3.35	3.85	5.20	6.05
		插入深度 min	0.95	1.15	1.50	1.83	2.25	2.65	2.90	3.40	4.75	5.60

（续）

螺纹规格 d			M1.6	M2	M2.5	M3	(M3.5)①	M4	M5	M6	M8	M10
l①,④			每1000件钢螺钉的质量（$\rho=7.85\text{kg/dm}^3$）≈ kg（仅供参考）									
公称	min	max										
3	2.8	3.2	0.067	0.119	0.212							
4	3.76	4.24	0.078	0.138	0.242	0.351						
5	4.76	5.24	0.09	0.156	0.272	0.395	0.669	0.99				
6	5.76	6.24	0.102	0.175	0.302	0.439	0.729	1.07	1.49			
8	7.71	8.29	0.125	0.212	0.362	0.527	0.849	1.23	1.73	2.79		
10	9.71	10.29	0.145	0.249	0.422	0.615	0.969	1.39	1.97	3.14	6.89	
12	11.65	12.35	0.165	0.287	0.482	0.703	1.09	1.54	2.21	3.49	7.53	11.4
(14)	13.65	14.35	0.185	0.325	0.543	0.791	1.21	1.7	2.45	3.84	8.17	12.5
16	15.65	16.35	0.205	0.362	0.603	0.879	1.33	1.85	2.69	4.19	8.81	13.5
20	19.58	20.42		0.436	0.723	1.06	1.57	2.17	3.17	4.89	10.1	15.5
25	24.58	25.42			0.874	1.28	1.87	2.56	3.77	5.77	11.7	18
30	29.58	30.42				1.5	2.17	2.95	4.37	6.64	13.3	20.6
35	34.5	35.5					2.47	3.34	4.97	7.52	14.9	23.1
40	39.5	40.5						3.73	5.57	8.39	16.5	25.6
45	44.5	45.5							6.16	9.27	18.1	28.1
50	49.5	50.5							6.76	10.1	19.7	30.7
(55)	54.05	55.95								11	21.3	33.2
60	59.05	60.95								11.9	22.9	35.7

注：在阶梯实线间为优选长度。

①尽可能不采用括号内的规格。

②P——螺矩。

③见 GB/T 5279。

④公称长度在阶梯虚线以上的螺钉，制出全螺纹 $b=l-(k+a)$。

5. 十字槽盘头螺钉（GB/T 818—2016）

十字槽盘头螺钉头部制成十字槽，槽形强度高，便于使用十字形旋具实现自动化拆装螺钉。主要用于零件之间的连接，用途广泛，其技术参数见表7-19。

表7-19　十字槽盘头螺钉的技术参数　（单位：mm）

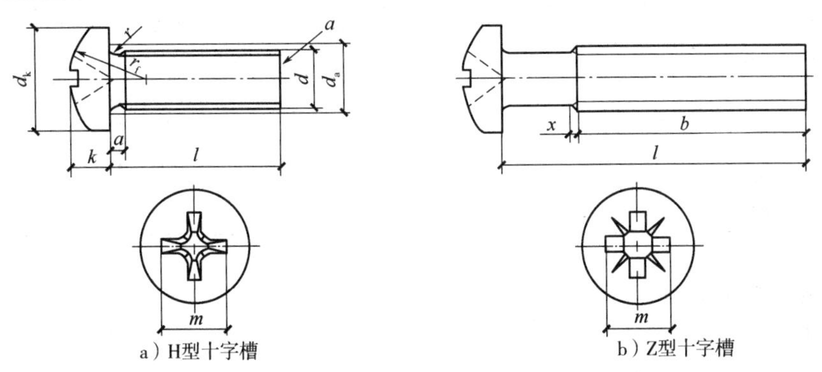

a）H型十字槽　　b）Z型十字槽

（续）

螺纹规格 d			M1.6	M2	M2.5	M3	(M3.5)①	M4	M5	M6	M8	M10
P②			0.35	0.4	0.45	0.5	0.6	0.7	0.8	1	1.25	1.5
a		max	0.7	0.8	0.9	1	1.2	1.4	1.6	2	2.5	3
b		min	25	25	25	25	38	38	38	38	38	38
d_a		max	2	2.6	3.1	3.6	4.1	4.7	5.7	6.8	9.2	11.2
d_k		公称 = max	3.2	4.0	5.0	5.6	7.00	8.00	9.50	12.00	16.00	20.00
		min	2.9	3.7	4.7	5.3	6.64	7.64	9.14	11.57	15.57	19.48
k		公称 = max	1.30	1.60	2.10	2.40	2.60	3.10	3.70	4.6	6.0	7.50
		min	1.16	1.46	1.96	2.26	2.46	2.92	3.52	4.3	5.7	7.14
r		min	0.1	0.1	0.1	0.1	0.1	0.2	0.2	0.25	0.4	0.4
r_f		≈	2.5	3.2	4	5	6	6.5	8	10	13	16
x		max	0.9	1	1.1	1.25	1.5	1.75	2	2.5	3.2	3.8
十字槽	槽号	No	0		1		2			3	4	
	H型	m 参考	1.7	1.9	2.7	3	3.9	4.4	4.9	6.9	9	10.1
		插入深度 max	0.95	1.2	1.55	1.8	1.9	2.4	2.9	3.6	4.6	5.8
		插入深度 min	0.70	0.9	1.15	1.4	1.4	1.9	2.4	3.1	4.0	5.2
	Z型	m 参考	1.6	2.1	2.6	2.8	3.9	4.3	4.7	6.7	8.8	9.9
		插入深度 max	0.90	1.42	1.50	1.75	1.93	2.34	2.74	3.46	4.50	5.69
		插入深度 min	0.65	1.17	1.25	1.50	1.48	1.89	2.29	3.03	4.05	5.24
l①,③			每1000件钢螺钉的质量（$\rho=7.85kg/dm^3$）≈ kg									
公称	min	max										
3	2.8	3.2	0.099	0.178	0.336							
4	3.76	4.24	0.111	0.196	0.366	0.544						
5	4.76	5.24	0.123	0.215	0.396	0.588	0.891	1.3				
6	5.76	6.24	0.134	0.223	0.462	0.632	0.951	1.38	2.32			
8	7.71	8.29	0.157	0.27	0.486	0.72	1.07	1.53	2.57	4.37		
10	9.71	10.29	0.18	0.307	0.546	0.808	1.19	1.69	2.81	4.72	9.96	
12	11.65	12.35	0.203	0.344	0.606	0.896	1.31	1.84	3.06	5.07	10.6	19.8
(14)	13.65	14.35	0.226	0.381	0.666	0.984	1.43	2	3.31	5.42	11.2	20.8
16	15.65	16.35	0.245	0.418	0.726	1.07	1.55	2.15	3.56	5.78	11.9	21.8
20	19.58	20.42		0.492	0.846	1.25	1.79	2.46	4.05	6.48	13.2	23.8
25	24.58	25.42			0.996	1.47	2.09	2.85	4.67	7.36	14.8	26.3
30	29.58	30.42				1.69	2.39	3.23	5.29	8.24	16.4	28.8
35	34.5	35.5					2.68	3.62	5.91	9.12	18	31.3
40	39.5	40.5						4.01	6.52	10	19.6	33.9
45	44.5	45.5							7.14	10.9	21.2	36.4
50	49.5	50.5								11.8	22.8	38.9
(55)	54.05	55.95								12.6	24.4	41.4
60	59.05	60.95								13.5	26	43.9

注：在阶梯实线间为优选长度。

①尽可能不采用括号内的规格。

② P——螺距。

③公称长度在阶梯虚线以上的螺钉，制出全螺纹（$b=l-a$）。

6. 十字槽圆柱头螺钉（GB/T 822—2016）

十字槽圆柱头螺钉在十字槽拧进时对中性好，易实现自动装配，生产率高，槽强度高，不打滑，其技术参数见表 7-20。

表 7-20　十字槽圆柱头螺钉的技术参数　　（单位：mm）

螺纹规格 d			M2.5	M3	(M3.5)①	M4	M5	M6	M8
P②			0.45	0.5	0.6	0.7	0.8	1	1.25
a		max	0.9	1	1.2	1.4	1.6	2	2.5
b		min	25	25	38	38	38	38	38
d_k		max	4.50	5.50	6.00	7.00	8.50	10.00	13.00
		min	4.32	5.32	5.82	6.78	8.28	9.78	12.73
d_a		max	3.1	3.6	4.1	4.7	5.7	6.8	9.2
k		max	1.80	2.00	2.40	2.60	3.30	3.9	5.0
		min	1.66	1.86	2.26	2.46	3.12	3.6	4.7
r		min	0.1	0.1	0.1	0.2	0.2	0.25	0.4
x		max	1.1	1.25	1.5	1.75	2	2.5	3.2
十字槽	槽号	No	1	2	2	2	2	3	3
	H 型　m	参考	2.7	3.5	3.8	4.1	4.8	6.2	7.7
	H 型　插入深度	min	1.20	0.86	1.15	1.45	2.14	2.25	3.73
		max	1.62	1.43	1.73	2.03	2.73	2.86	4.36
	Z 型　m	参考	2.4	3.5	3.7	4.0	4.6	6.1	7.5
	Z 型　插入深度	min	1.10	1.22	1.34	1.60	2.26	2.46	3.88
		max	1.35	1.47	1.80	2.06	2.72	2.92	4.34
l③			每 1000 件钢螺钉的质量（$\rho=7.85kg/dm^3$）≈ kg						
公称	min	max							
2	1.8	2.2							
3	2.8	3.2	0.272						
4	3.76	4.24	0.302	0.515					
5	4.76	5.24	0.332	0.560	0.786	1.09			
6	5.76	6.24	0.362	0.604	0.845	1.17	2.06		
8	7.71	8.29	0.422	0.692	0.966	1.33	2.20	3.56	
10	9.71	10.29	0.482	0.780	1.08	1.47	2.55	3.92	7.85
12	11.65	12.35	0.542	0.868	1.20	1.63	2.80	4.27	8.49
16	15.65	16.35	0.662	1.04	1.44	1.95	3.30	4.98	9.77
20	19.58	20.42	0.782	1.22	1.68	2.25	3.78	5.69	11.0

（续）

螺纹规格 d			M2.5	M3	(M3.5)①	M4	M5	M6	M8
l③			每1000件钢螺钉的质量（$\rho=7.85\text{kg/dm}^3$）≈ kg						
公称	min	max							
25	24.58	25.42	0.932	1.44	1.98	2.64	4.40	6.56	12.6
30	29.58	30.42		1.68	2.28	3.02	5.02	7.45	14.2
35	34.5	35.5			2.57	3.41	5.62	8.25	15.8
40	39.5	40.5				3.80	6.25	9.20	17.4
45	44.5	45.5					6.88	10.0	18.9
50	49.5	50.5					7.50	10.9	20.6
60	59.05	60.95						12.7	23.7
70	69.05	70.95							26.8
80	79.05	80.95							29.8

注：在阶梯实线间为优选长度。

①尽可能不采用括号内的规格。

②P——螺距。

③公称长度在阶梯虚线以上的螺钉，制出全螺纹 $b=l-a$。

7. 内六角圆柱头螺钉（JB/T 70.1—2008）

内六角圆柱头螺钉钉头可埋入机件中，连接强度高，但必须用相应规格的内六角扳手拆装螺钉，一般多用于各种机床及附件安装，其技术参数见表7-21。

表7-21 内六角圆柱头螺钉的技术参数 （单位：mm）

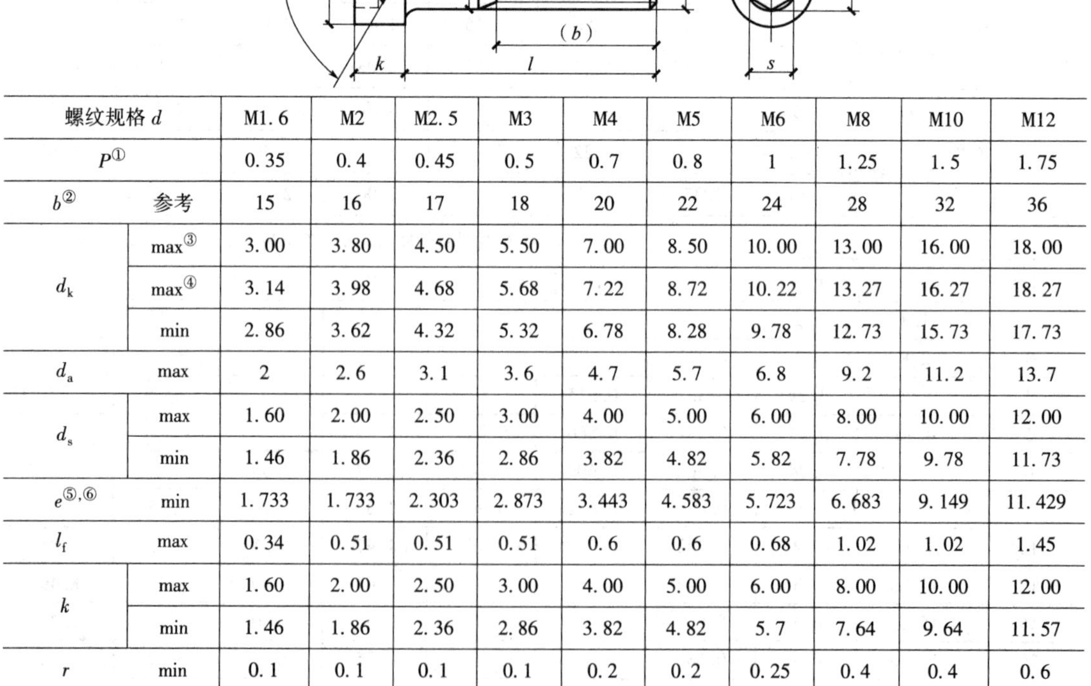

螺纹规格 d		M1.6	M2	M2.5	M3	M4	M5	M6	M8	M10	M12
P①		0.35	0.4	0.45	0.5	0.7	0.8	1	1.25	1.5	1.75
b②	参考	15	16	17	18	20	22	24	28	32	36
d_k	max③	3.00	3.80	4.50	5.50	7.00	8.50	10.00	13.00	16.00	18.00
	max④	3.14	3.98	4.68	5.68	7.22	8.72	10.22	13.27	16.27	18.27
	min	2.86	3.62	4.32	5.32	6.78	8.28	9.78	12.73	15.73	17.73
d_a	max	2	2.6	3.1	3.6	4.7	5.7	6.8	9.2	11.2	13.7
d_s	max	1.60	2.00	2.50	3.00	4.00	5.00	6.00	8.00	10.00	12.00
	min	1.46	1.86	2.36	2.86	3.82	4.82	5.82	7.78	9.78	11.73
e⑤,⑥	min	1.733	1.733	2.303	2.873	3.443	4.583	5.723	6.683	9.149	11.429
l_f	max	0.34	0.51	0.51	0.51	0.6	0.6	0.68	1.02	1.02	1.45
k	max	1.60	2.00	2.50	3.00	4.00	5.00	6.00	8.00	10.00	12.00
	min	1.46	1.86	2.36	2.86	3.82	4.82	5.7	7.64	9.64	11.57
r	min	0.1	0.1	0.1	0.1	0.2	0.2	0.25	0.4	0.4	0.6

（续）

螺纹规格 d			M1.6		M2		M2.5		M3		M4		M5		M6		M8		M10		M12	
s[⑥]		公称	1.5		1.5		2		2.5		3		4		5		6		8		10	
		max	1.58		1.58		2.08		2.58		3.08		4.095		5.14		6.14		8.175		10.175	
		min	1.52		1.52		2.02		2.52		3.02		4.020		5.02		6.02		8.025		10.025	
t		min	0.7		1		1.1		1.3		2		2.5		3		4		5		6	
v		max	0.16		0.2		0.25		0.3		0.4		0.5		0.6		0.8		1		1.2	
d_w		min	2.72		3.48		4.18		5.07		6.53		8.03		9.38		12.33		15.33		17.23	
w		min	0.55		0.55		0.85		1.15		1.4		1.9		2.3		3.3		4		4.8	
l[⑦]			l_s和l_g																			
公称	min	max	l_s min	l_g max	l_s min	l_g max	l_s min	l_g max	l_s min	l_g max	l_s min	l_g max	l_s min	l_g max	l_s min	l_g max	l_s min	l_g max	l_s min	l_g max	l_s min	l_g max
2.5	2.3	2.7																				
3	2.8	3.2																				
4	3.76	4.24																				
5	4.76	5.24																				
6	5.76	6.24																				
8	7.71	8.29																				
10	9.71	10.29																				
12	11.65	12.35																				
16	15.65	16.35																				
20	19.58	20.42			2	4																
25	24.58	25.42					5.75	8	4.5	7												
30	29.58	30.42							9.5	12	6.5	10	4	8								
35	34.5	35.5									11.5	15	9	13	6	11						
40	39.5	40.5									16.5	20	14	18	11	16	5.75	12				
45	44.5	45.5											19	23	16	21	10.75	17	5.5	13		
50	49.5	50.5											24	28	21	26	15.75	22	10.5	18		
55	54.4	55.6													26	31	20.75	27	15.5	23	10.25	19
60	59.4	60.6													31	36	25.75	32	20.5	28	15.25	24
65	64.4	65.6															30.75	37	25.5	33	20.25	29
70	69.4	70.6															35.75	42	30.5	38	25.25	34
80	79.4	80.6															45.75	52	40.5	48	35.25	44
90	89.3	90.7																	50.5	58	45.25	54
100	99.3	100.7																	60.5	68	55.25	64
110	109.3	110.7																			65.25	74
120	119.3	120.7																			75.25	84
130	129.2	130.8																				
140	139.2	140.8																				
150	149.2	150.8																				
160	159.2	160.8																				
180	179.2	180.8																				
200	199.075	200.925																				
220	219.075	220.925																				
240	239.075	240.925																				
260	258.95	261.05																				
280	278.95	281.05																				
300	298.95	301.05																				

（续）

螺纹规格 d		(M14)⑧	M16	M20	M24	M30	M36	M42	M48	M56	M64
P①		2	2	2.5	3	3.5	4	4.5	5	5.5	6
b②	参考	40	44	52	60	72	84	96	108	124	140
d_k	max③	21.00	24.00	30.00	36.00	45.00	54.00	63.00	72.00	84.00	96.00
	max④	21.33	24.33	30.33	36.39	45.39	54.46	63.46	72.46	84.54	96.54
	min	20.67	23.67	29.67	35.61	44.61	53.54	62.54	71.54	83.46	95.46
d_a	max	15.7	17.7	22.4	26.4	33.4	39.4	45.6	52.6	63	71
d_s	max	14.00	16.00	20.00	24.00	30.00	36.00	42.00	48.00	56.00	64.00
	min	13.73	15.73	19.67	23.67	29.67	35.61	41.61	47.61	55.54	63.54
e⑤,⑥	min	13.716	15.996	19.437	21.734	25.154	30.854	36.571	41.131	46.831	52.531
l_f	max	1.45	1.45	2.04	2.04	2.89	2.89	3.06	3.91	5.95	5.95
k	max	14.00	16.00	20.00	24.00	30.00	36.00	42.00	48.00	56.00	64.00
	min	13.57	15.57	19.48	23.48	29.48	35.38	41.38	47.38	55.26	63.26
r	min	0.6	0.6	0.8	0.8	1	1	1.2	1.6	2	2
s⑥	公称	12	14	17	19	22	27	32	36	41	46
	max	12.212	14.212	17.23	19.275	22.275	27.275	32.33	36.33	41.33	46.33
	min	12.032	14.032	17.05	19.065	22.065	27.065	32.08	36.08	41.08	46.08
t	min	7	8	10	12	15.5	19	24	28	34	38
v	max	1.4	1.6	2	2.4	3	3.6	4.2	4.8	5.6	6.4
d_w	min	20.17	23.17	28.87	34.81	43.61	52.54	61.34	70.34	82.26	94.26
w	min	5.8	6.8	8.6	10.4	13.1	15.3	16.3	17.5	19	22

l⑦			l_s和l_g																			
公称	min	max	l_s min	l_g max	l_s min	l_g max	l_s min	l_g max	l_s min	l_g max	l_s min	l_g max	l_s min	l_g max	l_s min	l_g max	l_s min	l_g max	l_s min	l_g max	l_s min	l_g max
2.5	2.3	2.7																				
3	2.8	3.2																				
4	3.76	4.24																				
5	4.76	5.24																				
6	5.76	6.24																				
8	7.71	8.29																				
10	9.71	10.29																				
12	11.65	12.35																				
16	15.65	16.35																				
20	19.58	20.42																				
25	24.58	25.42																				
30	29.58	30.42																				
35	34.5	35.5																				
40	39.5	40.5																				
45	44.5	45.5																				
50	49.5	50.5																				

（续）

螺纹规格 d			(M14)[8]		M16		M20		M24		M30		M36		M42		M48		M56		M64	
l[7]			l_s和l_g																			
公称	min	max	l_s min	l_g max	l_s min	l_g max	l_s min	l_g max	l_s min	l_g max	l_s min	l_g max	l_s min	l_g max	l_s min	l_g max	l_s min	l_g max	l_s min	l_g max	l_s min	l_g max
55	54.4	55.6																				
60	59.4	60.6	10	20																		
65	64.4	65.6	15	25	11	21																
70	69.4	70.6	20	30	16	26																
80	79.4	80.6	30	40	26	36	15.5	28														
90	89.3	90.7	40	50	36	46	25.5	38	15	30												
100	99.3	100.7	50	60	46	56	35.5	48	25	40												
110	109.3	110.7	60	70	56	66	45.5	58	35	50	20.5	38										
120	119.3	120.7	70	80	66	76	55.5	68	45	60	30.5	48	16	36								
130	129.2	130.8	80	90	76	86	65.5	78	55	70	40.5	58	26	46								
140	139.2	140.8	90	100	86	96	75.5	88	65	80	50.5	68	36	56	21.5	44						
150	149.2	150.8			96	106	85.5	98	75	90	60.5	78	46	66	31.5	54						
160	159.2	160.8			106	116	95.5	108	85	100	70.5	88	56	76	41.5	64	27	52				
180	179.2	180.8					115.5	128	105	120	90.5	108	76	96	61.5	84	47	72	28.5	56		
200	199.075	200.925					135.5	148	125	140	110.5	128	96	116	81.5	104	67	92	48.5	76	30	60
220	219.075	220.925													101.5	124	87	112	68.5	96	50	80
240	239.075	240.925													121.5	155	107	132	88.5	116	70	100
260	258.95	261.05													141.5	164	127	152	108.5	136	90	120
280	278.95	281.05													161.5	184	147	172	128.5	156	110	140
300	298.95	301.05													181.5	204	167	192	148.5	176	130	160

①P——螺距。

②用于在粗阶梯线之间的长度。

③对光滑头部。

④对滚花头部。

⑤$e_{min}=1.14s_{min}$。

⑥内六角组合量规尺寸见GB/T 70.5。

⑦粗阶梯线间为商品长度规格。阴影部分长度，螺纹制到距头部3P以内；阴影以下的长度，l_s和l_g值按下式计算：

$l_{g\,max}=l_{公称}-b$；

$l_{s\,min}=l_{gmax}-5P$。

⑧尽可能不采用括号内的规格。

8. 内六角平圆头螺钉（GB/T 70.2—2015）

内六角平圆头螺钉头部可埋入零件沉孔中，外形平滑，结构紧凑。内六角可承受较大的拧紧力矩，连接强度高，可替代六角头螺栓，其技术参数见表7-22。

表 7-22　内六角平圆头螺钉的技术参数　　（单位：mm）

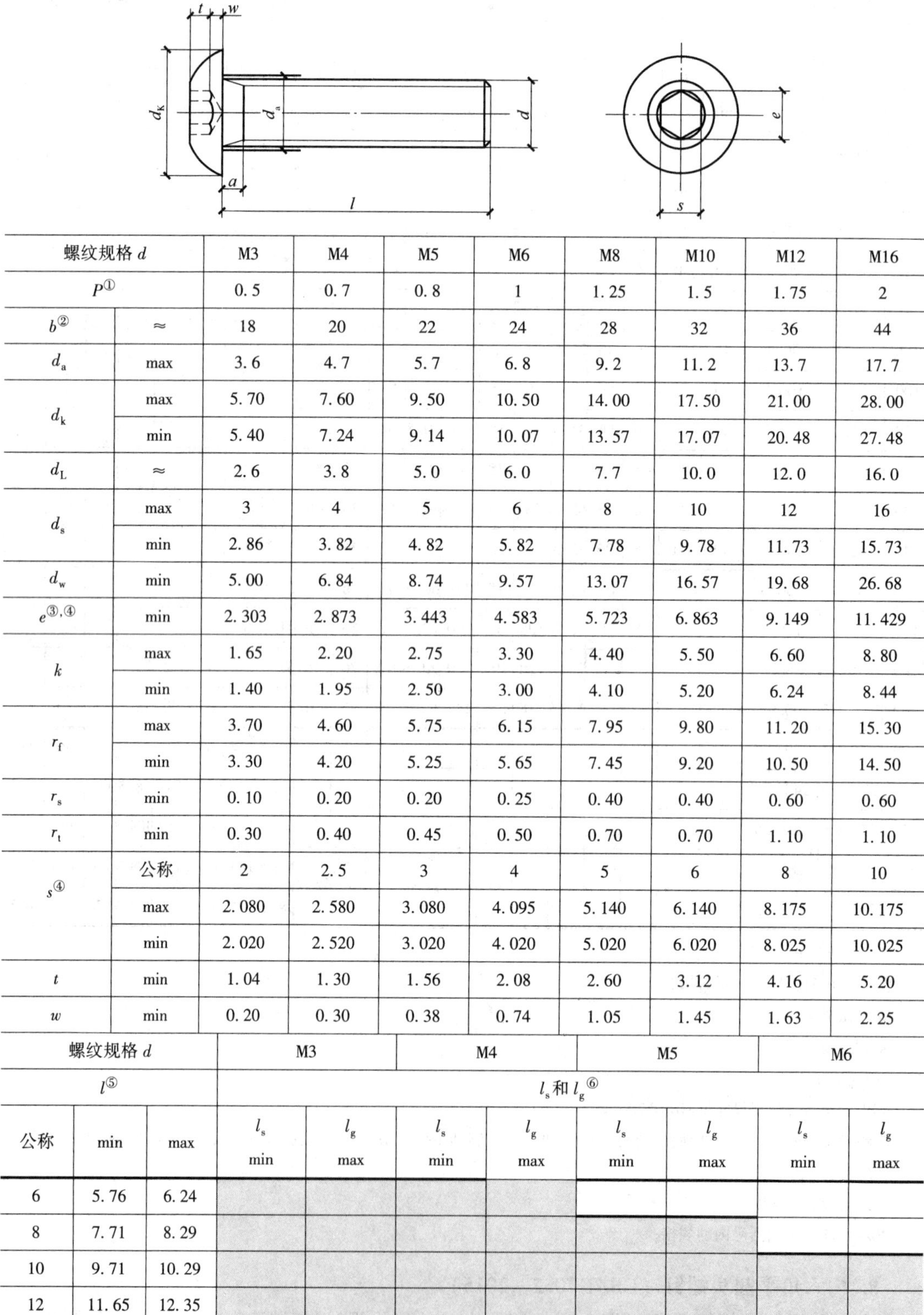

螺纹规格 d		M3	M4	M5	M6	M8	M10	M12	M16
P①		0.5	0.7	0.8	1	1.25	1.5	1.75	2
b②	≈	18	20	22	24	28	32	36	44
d_a	max	3.6	4.7	5.7	6.8	9.2	11.2	13.7	17.7
d_k	max	5.70	7.60	9.50	10.50	14.00	17.50	21.00	28.00
	min	5.40	7.24	9.14	10.07	13.57	17.07	20.48	27.48
d_L	≈	2.6	3.8	5.0	6.0	7.7	10.0	12.0	16.0
d_s	max	3	4	5	6	8	10	12	16
	min	2.86	3.82	4.82	5.82	7.78	9.78	11.73	15.73
d_w	min	5.00	6.84	8.74	9.57	13.07	16.57	19.68	26.68
e③,④	min	2.303	2.873	3.443	4.583	5.723	6.863	9.149	11.429
k	max	1.65	2.20	2.75	3.30	4.40	5.50	6.60	8.80
	min	1.40	1.95	2.50	3.00	4.10	5.20	6.24	8.44
r_f	max	3.70	4.60	5.75	6.15	7.95	9.80	11.20	15.30
	min	3.30	4.20	5.25	5.65	7.45	9.20	10.50	14.50
r_s	min	0.10	0.20	0.20	0.25	0.40	0.40	0.60	0.60
r_t	min	0.30	0.40	0.45	0.50	0.70	0.70	1.10	1.10
s④	公称	2	2.5	3	4	5	6	8	10
	max	2.080	2.580	3.080	4.095	5.140	6.140	8.175	10.175
	min	2.020	2.520	3.020	4.020	5.020	6.020	8.025	10.025
t	min	1.04	1.30	1.56	2.08	2.60	3.12	4.16	5.20
w	min	0.20	0.30	0.38	0.74	1.05	1.45	1.63	2.25

螺纹规格 d			M3		M4		M5		M6	
l⑤			l_s 和 l_g⑥							
公称	min	max	l_s min	l_g max	l_s min	l_g max	l_s min	l_g max	l_s min	l_g max
6	5.76	6.24								
8	7.71	8.29								
10	9.71	10.29								
12	11.65	12.35								
16	15.65	16.35								

（续）

螺纹规格 d			M3		M4		M5		M6	
l⑤			l_s和l_g⑥							
公称	min	max	l_s min	l_g max	l_s min	l_g max	l_s min	l_g max	l_s min	l_g max
20	19.58	20.42								
25	24.58	25.42	4.5	7						
30	29.58	30.42	9.5	12	6.5	10	4	8		
35	34.5	35.5			11.5	15	9	13	6	11
40	39.5	40.5			16.5	20	14	18	11	16
45	44.5	45.5					19	23	16	21
50	49.5	50.5					24	28	21	26
55	54.4	55.6							26	31
60	59.4	60.6							31	36
螺纹规格 d			M8		M10		M12		M16	
l⑤			l_s和l_g⑥							
公称	min	max	l_s min	l_g max	l_s min	l_g max	l_s min	l_g max	l_s min	l_g max
12	11.65	12.35								
16	15.65	16.35								
20	19.58	20.42								
25	24.58	25.42								
30	29.58	30.42								
35	34.5	35.5								
40	39.5	40.5	5.75	12						
45	44.5	45.5	10.5	17	5.5	13				
50	49.5	50.5	15.75	22	10.5	18				
55	54.4	55.6	20.75	27	15.5	23	10.25	19		
60	59.4	60.6	25.75	32	20.5	28	15.25	24		
65	64.4	65.6	30.75	37	25.5	33	20.25	29	11	21
70	69.4	70.6	35.75	42	30.5	38	25.25	34	16	26
80	79.4	80.6	45.75	52	40.5	48	35.25	44	26	36
90	89.4	90.6			50.5	58	45.25	54	36	46

①P——螺距。

②用于粗阶梯实线与无阴影区之间的长度。

③$e_{min}=1.14s_{min}$。

④e 和 s 内六角尺寸综合测量，见 GB/T 70.5。

⑤粗阶梯实线间为优选长度范围。

⑥阴影区内长度的螺钉制成全螺纹（距头部 $3P$ 以内）。长度在阴影区以下的 l_g 和 l_s 尺寸按下式计算：

$l_{g,max}=l_{公称}-b$；

$l_{s,min}=l_{g,max}-5P$。

9. 内六角沉头螺钉（GB/T 70.3—2008）

内六角沉头螺钉的钉头埋入机件中，连接强度高，但必须用相应规格的内六角扳手拆装螺钉，一般多用于各种机床及附件安装。标准规定了螺纹规格为 M3 ~ M20，性能等级为 8.8、10.9 和 12.9 级，产品等级为 A 级的内六角沉头螺钉，其技术参数见表 7-23。

表 7-23　内六角沉头螺钉的技术参数　　（单位：mm）

螺纹规格 d		M3	M4	M5	M6	M8	M10	M12	(M14)⑦	M16	M20
P①		0.5	0.7	0.8	1	1.25	1.5	1.75	2	2	2.5
b②	参考	18	20	22	24	28	32	36	40	44	52
d_a	max	3.3	4.4	5.5	6.6	8.54	10.62	13.5	15.5	17.5	22
d_k	理论值 max③	6.72	8.96	11.20	13.44	17.92	22.40	26.88	30.8	33.60	40.32
	实际值 max④	5.54	7.53	9.43	11.34	15.24	19.22	23.12	26.52	29.01	36.05
d_s	max	3.00	4.00	5.00	6.00	8.00	10.00	12.00	14.00	16.00	20.00
	min	2.86	3.82	4.82	5.82	7.78	9.78	11.73	13.73	15.73	19.67
e③,④	min	2.303	2.873	3.443	4.583	5.723	6.863	9.149	11.429	11.429	13.716
k	max	1.86	2.48	3.1	3.72	4.96	6.2	7.44	8.4	8.8	10.16
F⑤	max	0.25	0.25	0.3	0.35	0.4	0.4	0.45	0.5	0.6	0.75
r	min	0.1	0.2	0.2	0.25	0.4	0.4	0.6	0.6	0.6	0.8
s④	公称	2	2.5	3	4	5	6	8	10	10	12
	max	2.08	2.58	3.08	4.095	5.14	6.140	8.175	10.175	10.175	12.212
	min	2.02	2.52	3.02	4.020	5.02	6.020	8.025	10.025	10.025	12.032
t	min	1.1	1.5	1.9	2.2	3	3.6	4.3	4.5	4.8	5.6
w	min	0.25	0.45	0.66	0.7	1.16	1.62	1.8	1.62	2.2	2.2

l⑥			l_s和l_g																			
公称	min	max	l_s min	l_g max	l_s min	l_g max	l_s min	l_g max	l_s min	l_g max	l_s min	l_g max	l_s min	l_g max	l_s min	l_g max	l_s min	l_g max	l_s min	l_g max	l_s min	l_g max
8	7.71	8.29																				
10	9.71	10.29																				
12	11.65	12.35																				
16	15.65	16.35																				
20	19.58	20.42																				
25	24.58	25.42																				

（续）

螺纹规格 d			M3		M4		M5		M6		M8		M10		M12		(M14)⑦		M16		M20	
l⑥			l_s和l_g																			
公称	min	max	l_s min	l_g max	l_s min	l_g max	l_s min	l_g max	l_s min	l_g max	l_s min	l_g max	l_s min	l_g max	l_s min	l_g max	l_s min	l_g max	l_s min	l_g max	l_s min	l_g max
30	29.58	30.42	9.5	12	6.5	10																
35	34.5	35.5			11.5	15	9	13														
40	39.5	40.5			16.5	20	14	18	11	16												
45	44.5	45.5					19	23	16	21												
50	49.5	50.5					24	28	21	26	15.75	22										
55	54.4	55.6							26	31	20.75	27	15.5	23								
60	59.4	60.6							31	36	25.75	32	20.5	28								
65	64.4	65.6									30.75	37	25.5	33	20.25	29						
70	69.4	70.6									35.75	42	30.5	38	25.25	34	20	30				
80	79.4	80.6									45.75	52	40.5	48	35.25	44	30	40	26	36		
90	89.3	90.7											50.5	58	45.25	54	40	50	36	46		
100	99.3	100.7											60.5	68	55.25	64	50	60	46	56	35.5	48

①P——螺距。

②用于在粗阶梯线之间的长度。

③$e_{min}=1.14s_{min}$。

④内六角组合量规尺寸见GB/T 70.5。

⑤F是头部的沉头公差。量规的F尺寸公差为：$^{0}_{-0.01}$。

⑥粗阶梯线间为商品长度规格。阴影部分，螺纹长度制到距头部3P以内，阴影以下的长度，l_s和l_g值按下式计算：

$l_{g,max}=l_{公称}-b$；

$l_{s,min}=l_{g,max}-5P$。

⑦尽可能不采用括号内的规格。

10. 内六角平端紧定螺钉（GB/T 77—2007）

内六角平端紧定螺钉也称机米螺钉、紧定螺钉，是指内六角的头部尾端是平端的螺钉。对切制内六角，当尺寸达到最大极限时，由钻孔造成的过切不应超过内六角任何一面长度（$e/2$）的1/3；公称长度l在（表7-24）中的阴影部分的短螺钉应制成120°，螺纹小径以内的末端可为45°；不完整螺纹的长度$u \leq 2P$；内六角口部稍许倒圆或沉孔，其技术参数见表7-24。

表7-24 内六角平端紧定螺钉的技术参数 （单位：mm）

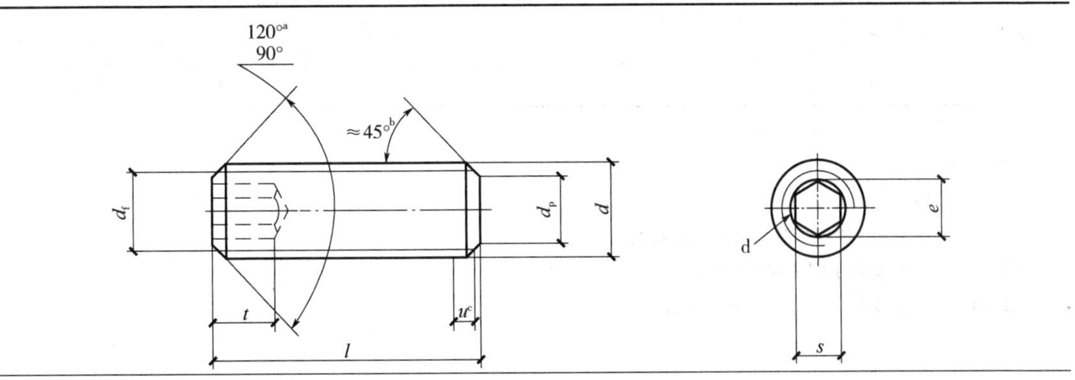

（续）

螺纹规格 d			M1.6	M2	M2.5	M3	M4	M5	M6	M8	M10	M12	M16	M20	M24
P①			0.35	0.4	0.45	0.5	0.7	0.8	1	1.25	1.5	1.75	2	2.5	3
d_p		max	0.80	1.00	1.50	2.00	2.50	3.50	4.00	5.50	7.00	8.50	12.0	15.0	18.0
		min	0.55	0.75	1.25	1.75	2.25	3.20	3.70	5.20	6.64	8.14	11.57	14.57	17.57
d_f	min		≈螺纹小径												
e②,③	min		0.809	1.011	1.454	1.733	2.303	2.873	3.443	4.583	5.723	6.863	9.149	11.429	13.716
s③		公称	0.7	0.9	1.3	1.5	2	2.5	3	4	5	6	8	10	12
		max	0.724	0.918	1.300	1.58	2.08	2.58	3.08	4.095	5.14	6.14	8.175	10.175	12.212
		min	0.710	0.887	1.275	1.52	2.02	2.52	3.02	4.02	5.02	6.02	8.025	10.025	12.032
t		min④	0.7	0.8	1.2	1.2	1.5	2	2	3	4	4.8	6.4	8	10
		min⑤	1.5	1.7	2	2	2.5	3	3.5	5	6	8	10	12	15
l			每1000件钢螺钉的质量（ρ=7.85kg/dm^3）≈kg												
公称	min	max													
2	1.8	2.2	0.021	0.029											
2.5	2.3	2.7	0.025	0.037	0.063										
3	2.8	3.2	0.029	0.044	0.075	0.1									
4	3.76	4.24	0.037	0.059	0.1	0.14	0.22								
5	4.76	5.24	0.046	0.074	0.125	0.18	0.3	0.44							
6	5.76	6.24	0.054	0.089	0.15	0.22	0.38	0.56	0.76						
8	7.71	8.29	0.07	0.119	0.199	0.3	0.54	0.8	1.11	1.89					
10	9.71	10.29		0.148	0.249	0.38	0.7	1.04	1.46	2.52	3.78				
12	11.65	12.35			0.299	0.46	0.86	1.28	1.81	3.15	4.78	6.8			
16	15.65	16.35				0.62	1.18	1.76	2.51	4.41	6.78	9.6	16.3		
20	19.58	20.42					1.49	2.24	3.21	5.67	8.76	12.4	21.5	32.3	
25	24.58	25.42						2.84	4.09	7.25	11.2	15.9	28	42.6	57
30	29.58	30.42							4.97	8.82	13.7	19.4	34.6	52.9	72
35	34.5	35.5								10.4	16.2	22.9	41.1	63.2	87
40	39.5	40.5								12	18.7	26.4	47.7	73.5	102
45	44.5	45.5									21.2	29.9	54.2	83.8	117
50	49.5	50.5									23.7	33.4	60.7	94.1	132
55	54.4	55.6										36.8	67.3	104	147
60	59.4	60.6										40.3	73.7	115	162

注：阶梯实线间为商品长度规格。

①P——螺距。

②e_{min} = 1.14s_{min}。

③内六角尺寸 e 和 s 的综合测量见 ISO 23429：2004。

④适用于公称长度处于阴影部分的螺钉。

⑤适用于公称长度在阴影部分以下的螺钉。

11. 内六锥端紧定螺钉（GB/T 78—2007）

内六锥端紧定螺钉又称内六角尖端机米螺钉，属于连接件产品。无头内六角槽，需用与之尺寸相符的六角扳手安装使用，无头的设计使被连接件更美观高档。对切制内六角，当尺寸达到最大极限时，由钻孔造成的过切不应超过内六角任何一面长度（$e/2$）的1/3；公称长度 l 在表7-25中的阴影部分的短螺钉应制成120°；图中 r 角仅适用于螺径以内的末端部分：即$r=120°$时适用于表中阴影部分的公称长度，而 $r=90°$用于其余长度；不完整螺纹的长度 $u \leqslant 2P$；内六角口部可稍许倒圆或沉孔。内六锥端紧定螺钉的技术参数见表7-25。

表7-25　内六角锥端紧定螺钉的技术参数　（单位：mm）

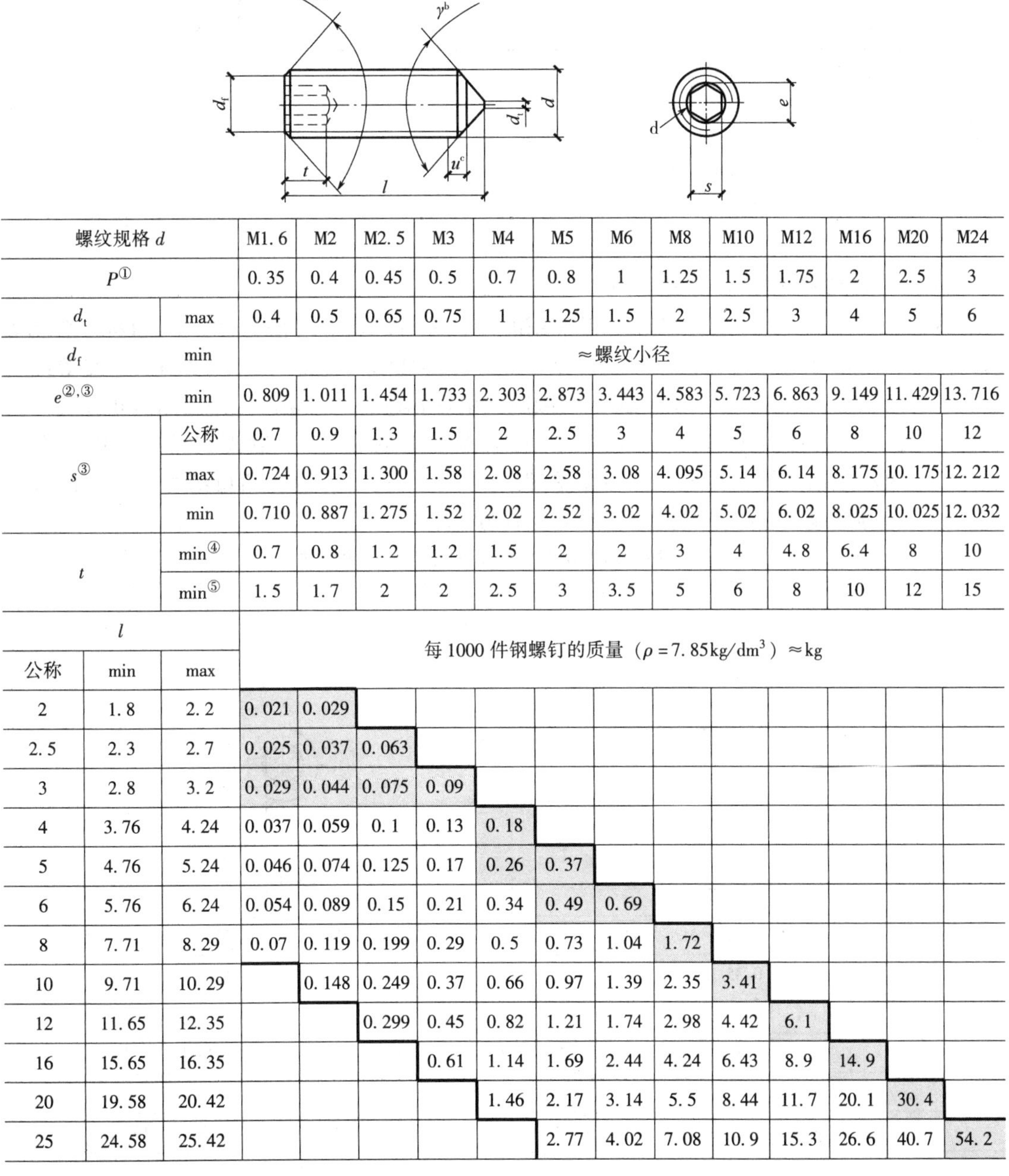

螺纹规格 d			M1.6	M2	M2.5	M3	M4	M5	M6	M8	M10	M12	M16	M20	M24
P①			0.35	0.4	0.45	0.5	0.7	0.8	1	1.25	1.5	1.75	2	2.5	3
d_t		max	0.4	0.5	0.65	0.75	1	1.25	1.5	2	2.5	3	4	5	6
d_f		min	≈螺纹小径												
e②,③		min	0.809	1.011	1.454	1.733	2.303	2.873	3.443	4.583	5.723	6.863	9.149	11.429	13.716
s③		公称	0.7	0.9	1.3	1.5	2	2.5	3	4	5	6	8	10	12
		max	0.724	0.913	1.300	1.58	2.08	2.58	3.08	4.095	5.14	6.14	8.175	10.175	12.212
		min	0.710	0.887	1.275	1.52	2.02	2.52	3.02	4.02	5.02	6.02	8.025	10.025	12.032
t		min④	0.7	0.8	1.2	1.2	1.5	2	2	3	4	4.8	6.4	8	10
		min⑤	1.5	1.7	2	2	2.5	3	3.5	5	6	8	10	12	15
l			每1000件钢螺钉的质量（$\rho=7.85\text{kg/dm}^3$）≈kg												
公称	min	max													
2	1.8	2.2	0.021	0.029											
2.5	2.3	2.7	0.025	0.037	0.063										
3	2.8	3.2	0.029	0.044	0.075	0.09									
4	3.76	4.24	0.037	0.059	0.1	0.13	0.18								
5	4.76	5.24	0.046	0.074	0.125	0.17	0.26	0.37							
6	5.76	6.24	0.054	0.089	0.15	0.21	0.34	0.49	0.69						
8	7.71	8.29	0.07	0.119	0.199	0.29	0.5	0.73	1.04	1.72					
10	9.71	10.29		0.148	0.249	0.37	0.66	0.97	1.39	2.35	3.41				
12	11.65	12.35			0.299	0.45	0.82	1.21	1.74	2.98	4.42	6.1			
16	15.65	16.35				0.61	1.14	1.69	2.44	4.24	6.43	8.9	14.9		
20	19.58	20.42					1.46	2.17	3.14	5.5	8.44	11.7	20.1	30.4	
25	24.58	25.42						2.77	4.02	7.08	10.9	15.3	26.6	40.7	54.2

（续）

螺纹规格 d			M1.6	M2	M2.5	M3	M4	M5	M6	M8	M10	M12	M16	M20	M24
l			每1000件钢螺钉的质量（$\rho=7.85\text{kg/dm}^3$）≈kg												
公称	min	max													
30	29.58	30.42							4.89	8.65	13.5	18.8	33.1	51	68.7
35	34.5	35.5								10.2	16	22.3	39.6	61.3	83.2
40	39.5	40.5								11.8	18.5	25.8	46.1	71.6	97.7
45	44.5	45.5									21	29.3	52.6	81.9	112
50	49.5	50.5									23.5	32.8	59.1	92.2	127
55	54.4	55.6										36.3	65.6	103	141
60	59.4	60.6										39.8	72.2	113	156

注：阶梯实线间为商品长度规格。

①P——螺距。

②$e_{min}=1.14s_{min}$。

③内六角尺寸 e 和 s 的综合测量见 ISO 23429：2004。

④适用于公称长度处于阴影部分的螺钉。

⑤适用于公称长度在阴影部分以下的螺钉。

12. 内六角圆柱端紧定螺钉（GB/T 79—2007）

内六角圆柱端紧定螺钉是各项工程常用的一种配件。螺纹规格为 M1.6～M24，性能等级为 45H、A1-12H、A2-21H、A3-21H、A4-21H、A5-21H、CU2、CU3 和 AL4，产品等级为 A 级。对切制内六角，当尺寸达到最大极限时，由钻孔造成的过切不应超过内六角任何一面长度（$e/2$）的 1/3；公称长度 l 在表 7-26 中的阴影部分的短螺钉应制成 120°；图中 45°角仅适用于螺纹小径以内的末端部分；不完整螺纹的长度 $u \leqslant 2P$；内六角口部可稍许倒圆或沉孔。内六角圆柱端紧定螺钉的技术参数见表 7-26。

表 7-26　内六角圆柱端紧定螺钉的技术参数　（单位：mm）

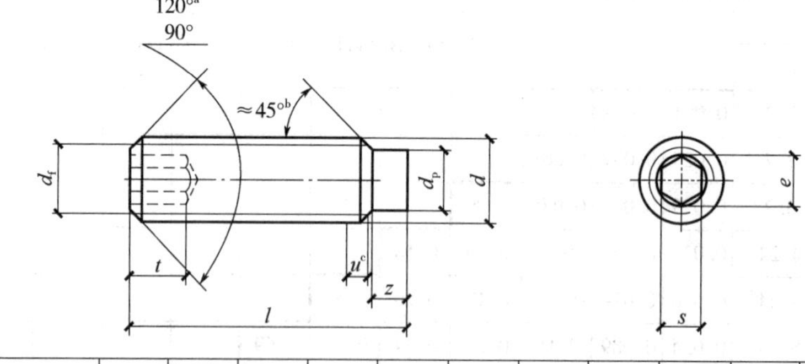

螺纹规格 d		M1.6	M2	M2.5	M3	M4	M5	M6	M8	M10	M12	M16	M20	M24
P①		0.35	0.4	0.45	0.5	0.7	0.8	1	1.25	1.5	1.75	2	2.5	3
d_p	max	0.80	1.00	1.50	2.00	2.50	3.5	4.0	5.5	7.0	8.5	12.0	15.0	18.0
	min	0.55	0.75	1.25	1.75	2.25	3.2	3.7	5.2	6.64	8.14	11.57	14.57	17.57
d_f	min	≈螺纹小径												
e②,③	min	0.809	1.011	1.454	1.733	2.303	2.873	3.443	4.583	5.723	6.863	9.149	11.429	13.716

（续）

螺纹规格 d			M1.6	M2	M2.5	M3	M4	M5	M6	M8	M10	M12	M16	M20	M24
s③	公称		0.7	0.9	1.3	1.5	2	2.5	3	4	5	6	8	10	12
	max		0.724	0.913	1.300	1.58	2.08	2.58	3.08	4.095	5.14	6.14	8.175	10.175	12.212
	min		0.710	0.887	1.275	1.52	2.02	2.52	3.02	4.02	5.02	6.02	8.025	10.025	12.032
t	min④		0.7	0.8	1.2	1.2	1.5	2	2	3	4	4.8	6.4	8	10
	min⑤		1.5	1.7	2	2	2.5	3	3.5	5	6	8	10	12	15
z	短圆柱端④	max	0.65	0.75	0.88	1.00	1.25	1.50	1.75	2.25	2.75	3.25	4.3	5.3	6.3
		min	0.40	0.50	0.63	0.75	1.00	1.25	1.50	2.00	2.50	3.0	4.0	5.0	6.0
	长圆柱端⑤	max	1.05	1.25	1.50	1.75	2.25	2.75	3.25	4.3	5.3	6.3	8.36	10.36	12.43
		min	0.80	1.00	1.25	1.50	2.00	2.50	3.0	4.0	5.0	6.0	8.0	10.0	12.0
l			每1000件钢螺钉的质量（$\rho=7.85\text{kg/dm}^3$）≈kg												
公称	min	max													
2	1.8	2.2	0.024												
2.5	2.3	2.7	0.028	0.046											
3	2.8	3.2	0.029	0.053	0.085										
4	3.76	4.24	0.037	0.059	0.11	0.12									
5	4.76	5.24	0.046	0.074	0.125	0.161	0.239								
6	5.76	6.24	0.054	0.089	0.15	0.186	0.319	0.528							
8	7.71	8.29	0.07	0.119	0.199	0.266	0.442	0.708	1.07	1.68					
10	9.71	10.29		0.148	0.249	0.346	0.602	0.948	1.29	2.31	3.6				
12	11.65	12.35			0.299	0.427	0.763	1.19	1.63	2.68	4.78	6.06			
16	15.65	16.35				0.586	1.08	1.67	2.31	3.94	6.05	8.94	15		
20	19.58	20.42					1.4	2.15	2.99	5.2	8.02	11	20.3	28.3	
25	24.58	25.42						2.75	3.84	6.78	10.5	14.6	25.1	38.6	55.4
30	29.58	30.42							4.69	8.35	13	18.2	31.7	45.5	69.9
35	34.5	35.5								9.93	15.5	21.8	38.3	55.8	78.4
40	39.5	40.5								11.5	18	25.4	44.9	66.1	92.9
45	44.5	45.5									20.5	29	51.5	76.4	107
50	49.5	50.5									23	32.6	58.1	86.7	122
55	54.4	55.6										36.2	64.7	97	136
60	59.4	60.6										39.8	71.3	107	151

注：阶梯实线间为商品长度规格。

①P——螺距。

②$e_{min}=1.14s_{min}$。

③内六角尺寸 e 和 s 的综合测量见 ISO 23429：2004。

④适用于公称长度处于阴影部分的螺钉。

⑤适用于公称长度在阴影部分以下的螺钉。

13. 内六角凹端紧定螺钉（GB/T 80—2007）

内六角凹端紧定螺钉常用于紧固两个零件的相对位置。使用时，先把螺钉旋入待固定零件的内螺纹孔中，再把螺钉的末端紧压在另一个零件的表面上，使这两个零件的相对位置固定下来。内六角凹端螺钉适用于硬度较大或经常需要调节紧固位置的零件。对切制内六角，当尺寸达到最大极限时，由钻孔造成的过切不应超过内六角任何一面长度（$e/2$）的 1/3；公称长度 l 在表 7-27 中的阴影部分的短螺钉应制成 120°；图中 45°角仅适用于螺纹小径以内的末端部分；不完整螺纹的长度 $u \leqslant 2P$；内六角口部可稍许倒圆或沉孔。内六角凹端紧定螺钉的技术参数见表 7-27。

表 7-27　内六角凹端紧定螺钉的技术参数　（单位：mm）

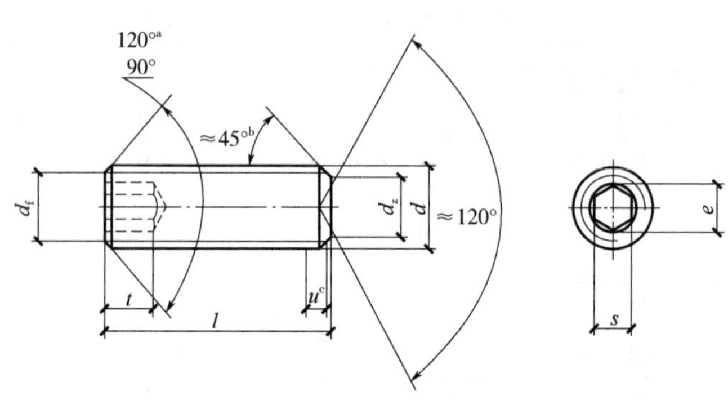

螺纹规格 d			M1.6	M2	M2.5	M3	M4	M5	M6	M8	M10	M12	M16	M20	M24
P①			0.35	0.4	0.45	0.5	0.7	0.8	1	1.25	1.5	1.75	2	2.5	3
d_s		max	0.80	1.00	1.20	1.40	2.00	2.50	3.0	5.0	6.0	8.0	10.0	14.0	16.0
		min	0.55	0.75	0.95	1.15	1.75	2.25	2.75	4.7	5.7	7.64	9.64	13.57	15.57
d_f		min	≈螺纹小径												
e②,③		min	0.809	1.011	1.454	1.733	2.303	2.873	3.443	4.583	5.723	6.863	9.149	11.429	13.716
s③		公称	0.7	0.9	1.3	1.5	2	2.5	3	4	5	6	8	10	12
		max	0.724	0.913	1.300	1.58	2.08	2.58	3.08	4.095	5.14	6.14	8.175	10.175	12.212
		min	0.710	0.887	1.275	1.52	2.02	2.52	3.02	4.02	5.02	6.02	8.025	10.025	12.032
t		min④	0.7	0.8	1.2	1.2	1.5	2	2	3	4	4.8	6.4	8	10
		min⑤	1.5	1.7	2	2	2.5	3	3.5	5	6	8	10	12	15
l			每 1000 件钢螺钉的质量（ρ = 7.85kg/dm³）≈kg												
公称	min	max													
2	1.8	2.2	0.019	0.029											
2.5	2.3	2.7	0.025	0.037	0.063										
3	2.8	3.2	0.029	0.044	0.075	0.1									
4	3.76	4.24	0.037	0.059	0.1	0.14	0.23								
5	4.76	5.24	0.046	0.074	0.125	0.18	0.305	0.42							
6	5.76	6.24	0.054	0.089	0.15	0.22	0.38	0.54	0.74						
8	7.71	8.29	0.07	0.119	0.199	0.3	0.53	0.78	1.09	1.88					
10	9.71	10.29		0.148	0.249	0.38	0.68	1.02	1.44	2.51	3.72				
12	11.65	12.35			0.299	0.46	0.83	1.26	1.79	3.14	4.73	6.7			
16	15.65	16.35				0.62	1.13	1.74	2.49	4.4	6.73	9.5	15.7		

（续）

螺纹规格 d			M1.6	M2	M2.5	M3	M4	M5	M6	M8	M10	M12	M16	M20	M24
l			每1000件钢螺钉的质量（ρ=7.85kg/dm³）≈kg												
公称	min	max													
20	19.58	20.42					1.4	2.22	3.19	5.66	8.72	12.3	20.9	31.1	
25	24.58	25.42						2.82	4.07	7.24	11.2	15.8	27.4	41.4	55.4
30	29.58	30.42							4.94	8.81	13.7	19.3	33.9	51.7	70.3
35	34.5	35.5								10.4	16.2	22.7	40.4	62	85.3
40	39.5	40.5								12	18.7	26.2	46.9	72.3	100
45	44.5	45.5									21.2	29.7	53.3	82.6	115
50	49.5	50.5									23.6	33.2	59.8	92.6	130
55	54.4	55.6										36.6	66.3	103	145
60	59.4	60.6										40.1	72.8	114	160

注：阶梯实线间为商品长度规格。

①P——螺距。

②$e_{min}=1.14s_{min}$。

③内六角尺寸 e 和 s 的综合测量见 ISO 23429：2004。

④适用于公称长度处于阴影部分的螺钉。

⑤适用于公称长度在阴影部分以下的螺钉。

14. 十字槽盘头自钻自攻螺钉（GB/T 15856.1—2002）

十字槽盘头自钻自攻螺钉由钻头和螺杆两部分组成，装配时，先自钻出螺纹底孔，然后攻出内螺纹，将钻孔和攻螺纹两道工序合并一次完成。先用螺钉前面的钻头进行钻孔，接着用螺钉进行攻螺纹（包括紧固连接），节约施工时间，提高施工效率，其技术参数见表7-28。

表7-28　十字槽盘头自钻自攻螺钉的技术参数　（单位：mm）

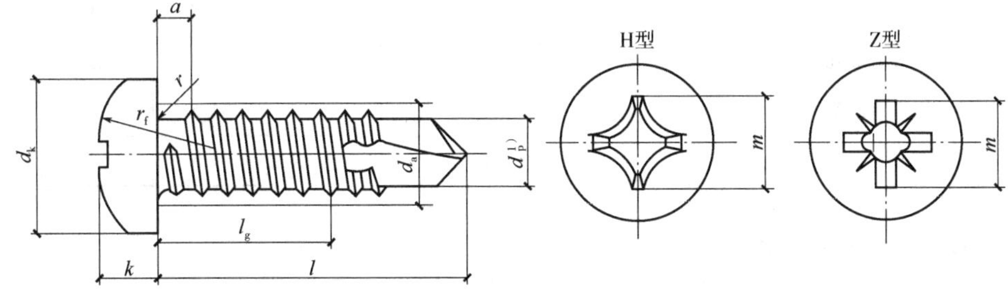

螺纹规格		ST2.9	ST3.5	ST4.2	ST4.8	ST5.5	ST6.3
P①		1.1	1.3	1.4	1.6	1.8	1.8
a②	max	1.1	1.3	1.4	1.6	1.8	1.8
d_a	max	3.5	4.1	4.9	5.6	6.3	7.3
d_k	max	5.6	7.00	8.00	9.50	11.00	12.00
	min	5.3	6.64	7.64	9.14	10.57	11.57

（续）

螺纹规格				ST2.9	ST3.5	ST4.2	ST4.8	ST5.5	ST6.3
k			max	2.40	2.60	3.1	3.7	4.0	4.6
k			min	2.15	2.35	2.8	3.4	3.7	4.3
r			min	0.1	0.1	0.2	0.2	0.25	0.25
r_f			≈	5	6	6.5	8	9	10
十字槽	槽号 No.			1	2			3	
十字槽	H 型	*m* 参考		3	3.9	4.4	4.9	6.4	6.9
十字槽	H 型	插入深度	max	1.8	1.9	2.4	2.9	3.1	3.6
十字槽	H 型	插入深度	min	1.4	1.4	1.9	2.4	2.6	3.1
十字槽	Z 型	*m* 参考		3	4	4.4	4.8	6.2	6.8
十字槽	Z 型	插入深度	max	1.75	1.9	2.35	2.75	3.00	3.50
十字槽	Z 型	插入深度	min	1.45	1.5	1.95	2.3	2.55	3.05
钻削范围（板厚）③			≥	0.7	0.7	1.75	1.75	1.75	2
钻削范围（板厚）③			≤	1.9	2.25	3	4.4	5.25	6
l				l_g④ min					
公称	min	max							
9.5	8.75	10.25		3.25	2.85				
13	12.1	13.9		6.6	6.2	4.3	3.7		
16	15.1	16.9		9.6	9.2	7.3	5.8	6	
19	18	20		12.5	12.1	10.3	8.7	8	7
22	21	23			15.1	13.3	11.7	11	10
25	24	26			18.1	16.3	14.7	14	13
32	30.75	33.25				23	21.5	21	20
38	36.76	39.25				29	27.5	27	26
45	43.75	46.25					34.5	34	33
50	48.75	51.25					39.5	39	38

①P——螺距。

②a——最末一扣完整螺纹至支承面的距离。

③为确定公称长度 L，需对每个板的厚度加上间隙或夹层厚度。

④l_g——第一扣完整螺纹至支承面的距离。

15. 十字槽沉头自攻螺钉（GB/T 846—2017）

十字槽沉头自攻螺钉也称为沉头螺钉，顶部直径较大，可呈圆形或等边六边形，头部能完全沉下去，较突出的顶部也令螺钉不会钻得太深入而穿过物料，提高螺钉对物料的压力，螺钉头部不会起阻碍作用。可重复使用，一般常用于电力设备、电子机械、机械设备、家用电器、数码产品、水利工程、装修建设等，其技术参数见表 7-29。

表 7-29　十字槽沉头自钻自攻螺钉的技术参数　　（单位：mm）

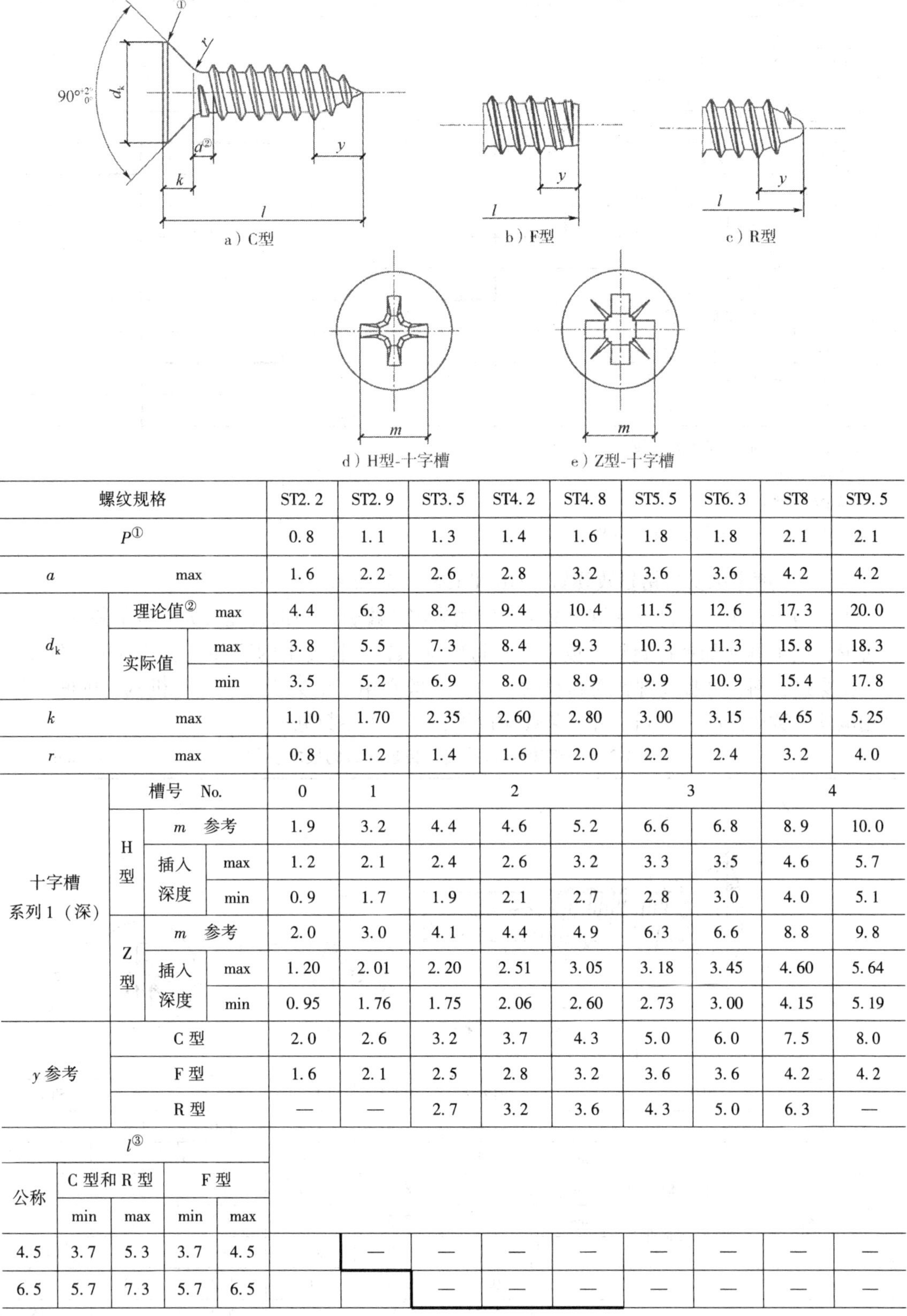

a）C型　b）F型　c）R型

d）H型-十字槽　e）Z型-十字槽

螺纹规格	ST2.2	ST2.9	ST3.5	ST4.2	ST4.8	ST5.5	ST6.3	ST8	ST9.5
P[①]	0.8	1.1	1.3	1.4	1.6	1.8	1.8	2.1	2.1
a max	1.6	2.2	2.6	2.8	3.2	3.6	3.6	4.2	4.2
d_k 理论值[②] max	4.4	6.3	8.2	9.4	10.4	11.5	12.6	17.3	20.0
d_k 实际值 max	3.8	5.5	7.3	8.4	9.3	10.3	11.3	15.8	18.3
d_k 实际值 min	3.5	5.2	6.9	8.0	8.9	9.9	10.9	15.4	17.8
k max	1.10	1.70	2.35	2.60	2.80	3.00	3.15	4.65	5.25
r max	0.8	1.2	1.4	1.6	2.0	2.2	2.4	3.2	4.0
十字槽系列 1（深） 槽号 No.	0	1	2			3		4	
H 型 m 参考	1.9	3.2	4.4	4.6	5.2	6.6	6.8	8.9	10.0
H 型 插入深度 max	1.2	2.1	2.4	2.6	3.2	3.3	3.5	4.6	5.7
H 型 插入深度 min	0.9	1.7	1.9	2.1	2.7	2.8	3.0	4.0	5.1
Z 型 m 参考	2.0	3.0	4.1	4.4	4.9	6.3	6.6	8.8	9.8
Z 型 插入深度 max	1.20	2.01	2.20	2.51	3.05	3.18	3.45	4.60	5.64
Z 型 插入深度 min	0.95	1.76	1.75	2.06	2.60	2.73	3.00	4.15	5.19
y 参考 C 型	2.0	2.6	3.2	3.7	4.3	5.0	6.0	7.5	8.0
y 参考 F 型	1.6	2.1	2.5	2.8	3.2	3.6	3.6	4.2	4.2
y 参考 R 型	—	—	2.7	3.2	3.6	4.3	5.0	6.3	—

l[③] 公称	C 型和 R 型 min	C 型和 R 型 max	F 型 min	F 型 max	ST2.2	ST2.9	ST3.5	ST4.2	ST4.8	ST5.5	ST6.3	ST8	ST9.5
4.5	3.7	5.3	3.7	4.5		—	—	—	—	—	—	—	—
6.5	5.7	7.3	5.7	6.5			—	—	—	—	—	—	—

（续）

螺纹规格					ST2.2	ST2.9	ST3.5	ST4.2	ST4.8	ST5.5	ST6.3	ST8	ST9.5
l[3]													
公称	C型和R型		F型										
	min	max	min	max									
9.5	8.7	10.3	8.7	9.5						—	—	—	—
13	12.2	13.8	12.2	13.0								—	—
16	15.2	16.8	15.2	16.0									
19	18.2	19.8	18.2	19.0									
22	21.2	22.8	20.7	22.0									
25	24.2	25.8	23.7	25.0									
32	30.7	33.3	30.7	32.0									
38	36.7	39.3	36.7	38.0									
45	43.7	46.3	43.5	45.0									
50	48.7	51.3	48.5	50.0									

注：阶梯实线间为优选长度范围。

①P——螺距。

②按 GB/T5279。

③不能制造带“—”标记的长度规格。

16. 十字槽半沉头自钻自攻螺钉（GB/T 15856.3—2002）

十字槽半沉头自钻自攻螺钉，又称十字槽半沉头螺钉。顶部直径较大，可呈圆形或等边六边形，让工具（如螺钉旋具、扳手等）可转动螺钉。较突出的顶部可使螺钉不会钻得太深入而穿过物料，并提高螺钉对物料的压力。一般常用于电力设备、电子机械、机械设备、家用电器、数码产品、水利工程、装修建设等，其技术参数见表7-30。

表7-30　十字槽半沉头自钻自攻螺钉的技术参数　（单位：mm）

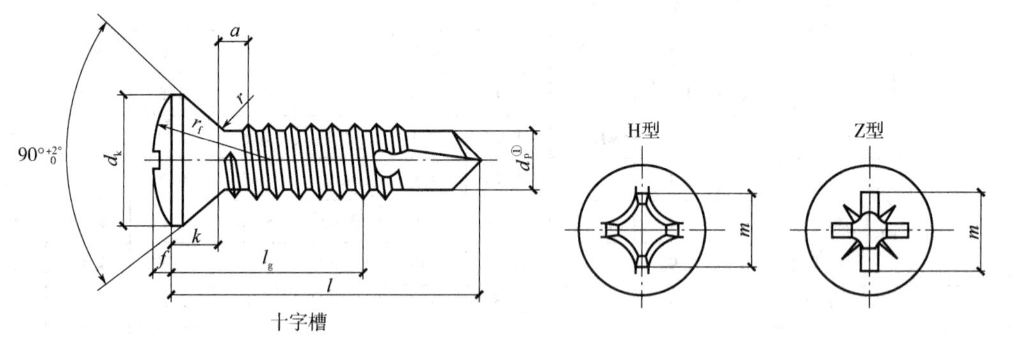

螺纹规格			ST2.9	ST3.5	ST4.2	ST4.8	ST5.5	ST6.3
P[1]			1.1	1.3	1.4	1.6	1.8	1.8
a[2]		max	1.1	1.3	1.4	1.6	1.8	1.8
d_k	理论值[3]	max	6.3	8.2	9.4	10.4	11.5	12.6
	实际值	max	5.5	7.3	8.4	9.3	10.3	11.3
		min	5.2	6.9	8.0	8.9	9.9	10.9
f		≈	0.7	0.8	1	1.2	1.3	1.4
k		max	1.7	2.35	2.6	2.8	3	3.15

（续）

螺纹规格				ST2.9	ST3.5	ST4.2	ST4.8	ST5.5	ST6.3
r			max	1.2	1.4	1.6	2	2.2	2.4
r_f			≈	6	8.5	9.5	9.5	11	12
十字槽	槽号 No.			1	2			3	
	H 型	m 参考		3.4	4.8	5.2	5.4	6.7	7.3
		插入深度	max	2.2	2.75	3.2	3.4	3.45	4.0
			min	1.8	2.25	2.7	2.9	2.95	3.5
	Z 型	m 参考		3.3	4.8	5.2	5.6	6.6	7.2
		插入深度	max	2.1	2.70	3.10	3.35	3.40	3.85
			min	1.8	2.25	2.65	2.90	2.95	3.40
钻削范围（板厚）④			≥	0.7	0.7	1.75	1.75	1.75	2
			≤	1.9	2.25	3	4.4	5.25	6
l				l_g⑤ min					
公称	min	max							
13	12.1	13.9		6.6	6.2	4.3	3.7		
16	15.1	16.9		9.6	9.2	7.3	5.8	5	
19	18	20		12.5	12.1	10.3	8.7	8	7
22	21	23			15.1	13.3	11.7	11	10
25	24	26			18.1	16.3	14.7	14	13
32	30.75	33.25				23	21.5	21	20
38	36.75	39.25				29	27.5	27	26
45	43.75	46.25					34.5	34	33
50	48.75	51.25					39.5	39	38

①P——螺距。

②a——最末一扣完整螺纹至支承面的距离。

③见 GB/T5279。

④为确定公称长度 l，需对每个板的厚度加上间隙或夹层厚度。

⑤l_g——第一扣完整螺纹至支承面的距离。

17. 六角法兰面自钻自攻螺钉（GB/T 15856.4—2002）

六角法兰面自钻自攻螺钉头部为六角头带法兰面，尾部为尖端自攻型的自攻螺钉。自攻螺钉由钻头和螺杆两部分组成。装配时，先自钻出螺纹底孔，然后攻出内螺纹，其技术参数见表 7-31。

表 7-31　六角法兰面自钻自攻螺钉的技术参数　　（单位：mm）

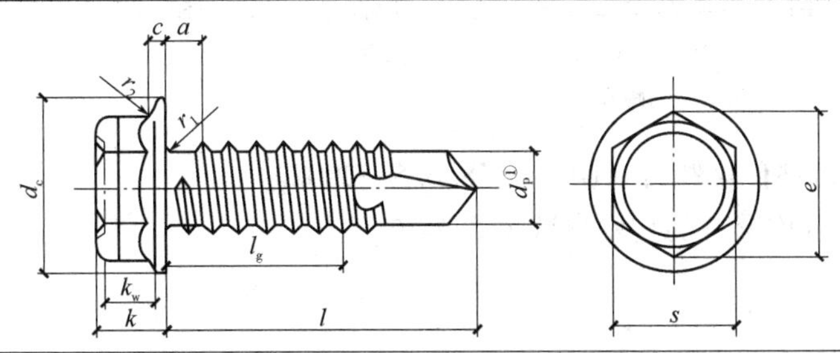

（续）

螺纹规格			ST2.9	ST3.5	ST4.2	ST4.8	ST5.5	ST6.3
P[1]			1.1	1.3	1.4	1.6	1.8	1.8
a[2]		max	1.1	1.3	1.4	1.6	1.8	1.8
d_c		max	6.3	8.3	8.8	10.5	11	13.5
		min	5.8	7.6	8.1	9.8	10	12.2
c		min	0.4	0.6	0.8	0.9	1	1
s		公称 = max	4.00	5.50	7.00	8.00	8.00	10.00
		min	3.82	5.32	6.78	7.78	7.78	9.78
e		min	4.28	5.96	7.59	8.71	8.71	10.95
k		公称 = max	2.8	3.4	4.1	4.3	5.4	5.9
		min	2.5	3.0	3.6	3.8	4.8	5.3
k_w[3]		min	1.3	1.5	1.8	2.2	2.7	3.1
r_1		max	0.4	0.5	0.6	0.7	0.8	0.9
r_2		max	0.2	0.25	0.3	0.3	0.4	0.5
钻削范围（板厚）[4]		≥	0.7	0.7	1.75	1.75	1.75	2
		≤	1.9	2.25	3	4.4	5.25	6
l[5]			l_g[6] min					
公称	min	max						
9.5	8.75	10.25	3.25	2.85				
13	12.1	13.9	6.6	6.2	4.3	3.7		
16	15.1	16.9	9.6	9.2	7.3	5.8	5	
19	18	20	12.5	12.1	10.3	8.7	8	7
22	21	23		15.1	13.3	11.7	11	10
25	24	26		18.1	16.3	14.7	14	13
32	30.75	33.25			23	21.5	21	20
38	36.75	39.25			29	27.5	27	26
45	43.75	46.25				34.5	34	33
50	48.75	51.25				39.5	39	38

①P——螺距。

②a——最末一扣完整螺纹至支承面的距离。

③k_w——扳拧高度。

④为确定公称长度 l，需对每个板的厚度加上间隙或夹层厚度。

⑤$l>50$mm 的长度规格，由供需双方协议。但其长度规格应符合 l（mm）=55、60、65、70、75、80、85、90、95、100、110、120、130、140、150、160、170、180、190、200。

⑥l_g——第一扣完整螺纹至支承面的距离。

18. 六角凸缘自钻自攻螺钉（GB/T 15856.5—2002）

六角凸缘自钻自攻螺钉的技术参数见表 7-32。

表 7-32　六角凸缘自钻自攻螺钉的技术参数　　（单位：mm）

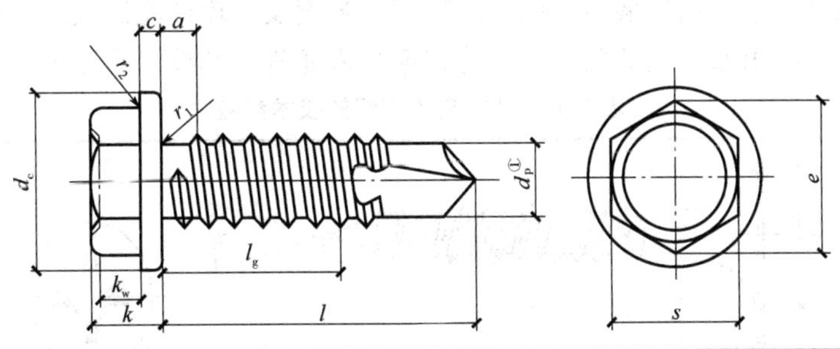

螺纹规格		ST2.9	ST3.5	ST4.2	ST4.8	ST5.5	ST6.3
P①		1.1	1.3	1.4	1.6	1.8	1.8
a②	max	1.1	1.3	1.4	1.6	1.8	1.8
d_c	max	6.3	8.3	8.8	10.5	11	13.5
	min	5.8	7.6	8.1	9.8	10	12.2
c	min	0.4	0.6	0.8	0.9	1	1
s	公称 = max	4.00③	5.50	7.00	8.00	8.00	10.00
	min	3.82	5.32	6.78	7.78	7.78	9.78
e	min	4.28	5.96	7.59	8.71	8.71	10.95
k	公称 = max	2.8	3.4	4.1	4.3	5.4	5.9
	min	2.5	3.0	3.6	3.8	4.8	5.3
k_w④	min	1.3	1.5	1.8	2.2	2.7	3.1
r_1	max	0.4	0.5	0.6	0.7	0.8	0.9
r_2	max	0.2	0.25	0.3	0.3	0.4	0.5
钻削范围（板厚）⑤	≥	0.7	0.7	1.75	1.75	1.75	2
	≤	1.9	2.25	3	4.4	5.25	6

l			l_g⑥					
公称	min	max	min					
9.5	8.75	10.25	3.25	2.85				
13	12.1	13.9	6.6	6.2	4.3	3.7		
16	15.1	16.9	9.6	9.2	7.3	5.8	5	
19	18	20	12.5	12.1	10.3	8.7	8	7
22	21	23		15.1	13.3	11.7	11	10
25	24	26		18.1	16.3	14.7	14	13
32	30.75	33.25			23	21.5	21	20
38	36.75	39.25			29	27.5	27	26
45	43.75	46.25				34.5	34	33
50	48.75	51.25				39.5	39	38

①P——螺距。

②a——最末一扣完整螺纹至支承面的距离。

③该尺寸与 GB/T 5285 对六角头自攻螺钉规定的 s = 5mm 不一致。GB/T 16824.1 对六角凸缘自攻螺钉规定的 s = 4mm 在世界范围内业已采用，因此也适用于本标准。

④k_w——扳拧高度。

⑤为确定公称长度 l，需对每个板的厚度加上间隙或夹层厚度。

⑥l_g——第一扣完整螺纹至支承面的距离。

19. 墙板自攻螺钉（GB/T 14210—1993）

墙板自攻螺钉是指使用在墙板上的自攻螺钉。强度及自攻性能比较高，适用于坚固的石膏墙板等，并在不制出预制孔的条件下，能快速拧入龙骨，其技术参数见表 7-33。

表 7-33 墙板自攻螺钉的技术参数 （单位：mm）

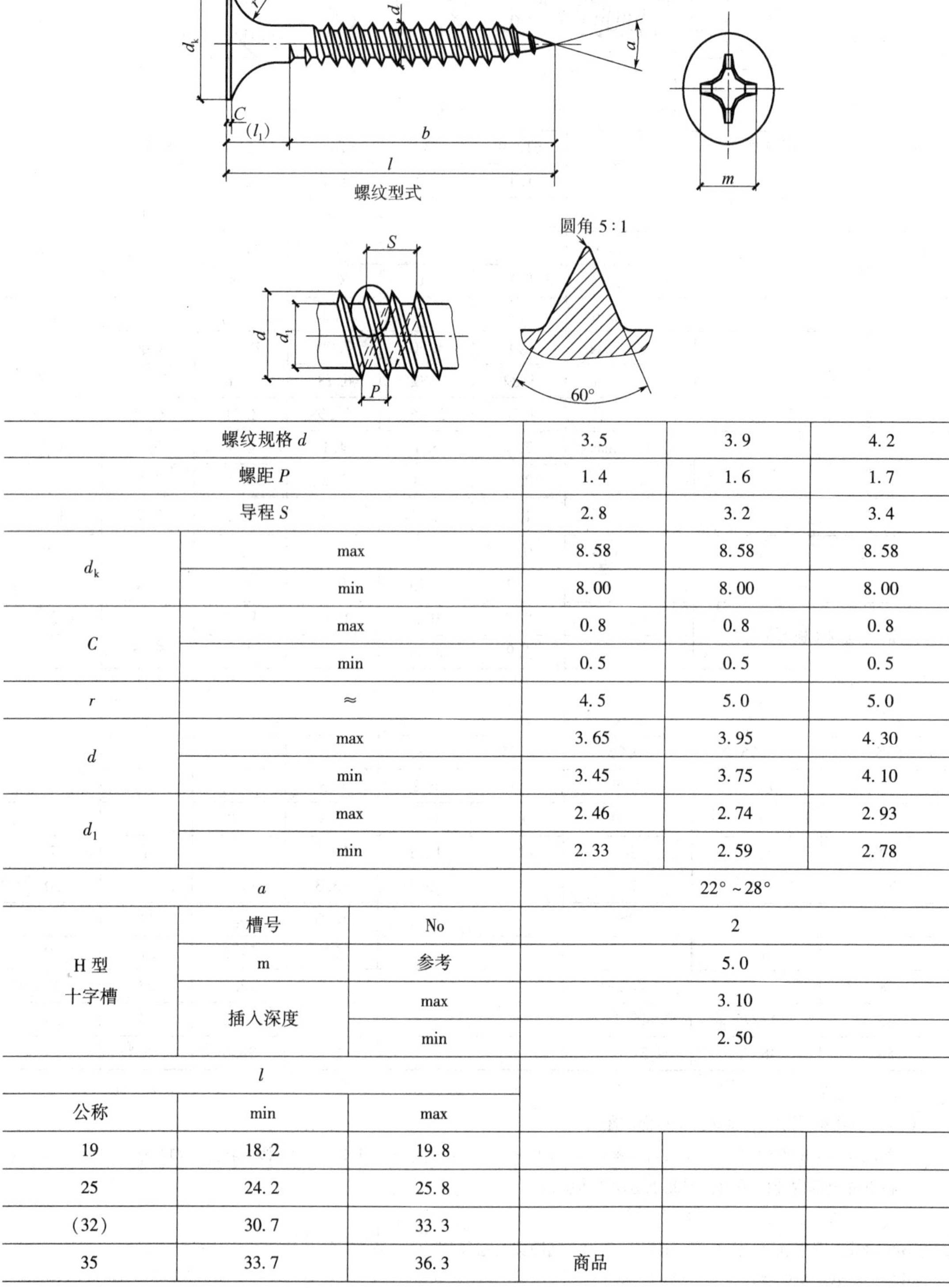

螺纹规格 d			3.5	3.9	4.2
螺距 P			1.4	1.6	1.7
导程 S			2.8	3.2	3.4
d_k	max		8.58	8.58	8.58
	min		8.00	8.00	8.00
C	max		0.8	0.8	0.8
	min		0.5	0.5	0.5
r	≈		4.5	5.0	5.0
d	max		3.65	3.95	4.30
	min		3.45	3.75	4.10
d_1	max		2.46	2.74	2.93
	min		2.33	2.59	2.78
a			22°～28°		
H 型十字槽	槽号	No	2		
	m	参考	5.0		
	插入深度	max	3.10		
		min	2.50		
l					
公称	min	max			
19	18.2	19.8			
25	24.2	25.8			
(32)	30.7	33.3			
35	33.7	36.3	商品		

（续）

l					
公称	min	max			
（38）	36.7	39.3			
40	38.7	41.3		规格	
45	43.7	46.3			
50	48.7	51.3			范围
55	53.7	56.3			
60	58.7	61.3			
70	68.7	71.3			

注：①尽量不采用括号内规格。

②$l<50$mm 的螺钉制成全螺纹，$l_1\approx 6$mm；$l>50$mm 的螺钉、$b\geqslant 45$mm。

20. 吊环螺钉（GB 825—1988）

吊环螺钉采用 20 钢或 25 钢整体锻造。锻件应进行正火处理，并清除氧化皮；成品的晶粒度不应低于 5 级，无过烧、裂纹缺陷。根据使用要求，可进行镀铬或镀锌，电镀锌后应立即进行去氢处理。对吊环螺钉的结构型形式和尺寸、起吊质量及使用条件等均有详细规定。选型使用吊环螺钉的原则是：首先保证作业安全，然后考虑连接尺寸等因素。其用途是起吊载荷，在机电产品和建筑工程中应用非常广泛，其技术参数见表 7-34。

表 7-34　吊环螺钉的技术参数　　（单位：mm）

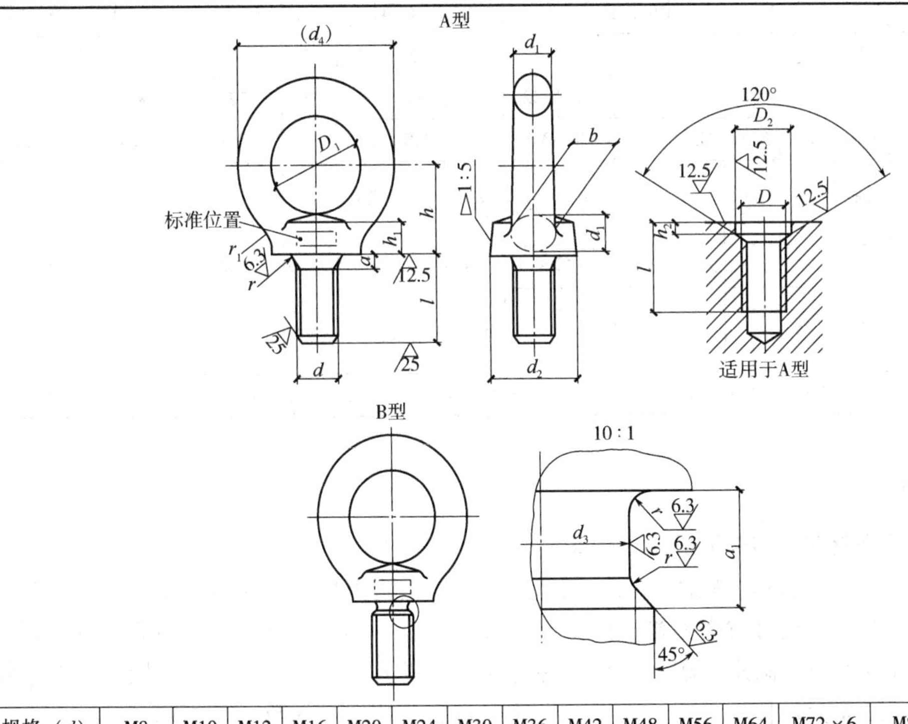

规格（d）		M8	M10	M12	M16	M20	M24	M30	M36	M42	M48	M56	M64	M72×6	M80×6	M100×6
d_1	max	9.1	11.1	13.1	15.2	17.4	21.4	25.7	30	34.4	40.7	44.7	51.4	63.8	71.8	79.2
	min	7.6	9.6	11.6	13.6	15.6	19.6	23.5	27.5	31.2	37.1	41.1	46.9	58.8	66.8	73.6

（续）

规格（d）		M8	M10	M12	M16	M20	M24	M30	M36	M42	M48	M56	M64	M72×6	M80×6	M100×6
D_1	公称	20	24	28	34	40	48	56	67	80	95	112	125	140	160	200
	min	19	23	27	32.9	38.8	46.8	54.6	65.5	78.1	92.9	109.9	122.3	137	157	196.7
	max	20.4	24.4	28.4	34.5	40.6	48.6	56.6	67.7	80.9	96.1	113.1	126.3	141.5	161.5	201.7
d_1	max	21.1	25.1	29.1	35.2	41.4	49.4	57.7	69	82.4	97.7	114.7	128.4	143.8	163.8	204.2
	min	19.6	23.6	27.6	33.6	39.6	47.6	55.5	66.5	79.2	94.1	111.1	123.9	138.8	158.8	198.6
h_1	max	7	9	11	13	15.1	19.1	23.2	27.4	31.7	36.9	39.9	44.1	52.4	57.4	62.4
	min	5.6	7.6	9.6	11.6	13.5	17.5	21.4	25.4	29.2	34.1	37.1	40.9	48.8	53.8	58.8
l	公称	16	20	22	28	35	40	45	55	65	70	80	90	100	115	140
	min	15.1	18.95	20.95	26.95	33.75	38.75	43.75	53.5	63.5	68.5	78.5	88.25	98.25	113.25	138
	max	16.9	21.05	23.05	29.05	36.25	41.25	46.25	56.5	66.5	71.5	81.5	91.75	101.75	116.75	142
d_4	参考	36	44	52	62	72	88	104	123	144	171	196	221	260	296	350
h		18	22	26	31	36	44	53	63	74	87	100	115	130	150	175
r_1		4	4	6	6	8	12	15	18	20	22	25	25	35	35	40
r	min	1	1	1	1	1	2	2	3	3	3	4	4	4	4	5
a_1	max	3.75	4.5	5.25	6	7.5	9	10.5	12	13.5	15	16.5	18	18	18	18
d_3	公称（max）	6	7.7	9.4	13	16.4	19.6	25	30.8	35.6	41	48.3	55.7	63.7	71.7	91.7
	min	5.82	7.48	9.18	12.73	16.13	19.27	24.67	29.91	35.21	40.61	47.91	55.24	63.24	71.24	91.16
a	max	2.5	3	3.5	4	5	6	7	8	9	10	11	12	12	12	12
b		10	12	14	16	19	24	28	32	38	46	50	58	72	80	88
D		M8	M10	M12	M16	M20	M24	M30	M36	M42	M48	M56	M64	M72×6	M80×6	M100×6
D_1	公称（min）	13	15	17	22	28	32	38	45	52	60	68	75	85	95	115
	max	13.43	15.43	17.52	22.52	28.52	32.62	38.62	45.62	52.74	60.74	68.74	75.74	85.87	95.87	115.87
h_2	公称（min）	2.5	3	3.5	4.5	5	7	8	9.5	10.5	11.5	12.5	13.5	14	14	14
	max	2.9	3.4	3.98	4.98	5.48	7.58	8.58	10.08	11.2	12.2	13.2	14.2	14.7	14.7	14.7

7.1.3 螺母

1. 六角法兰面螺母（GB/T 6177.1—2016）

六角法兰面螺母与螺栓、螺柱、螺钉配合使用，连接紧固构件。在螺母体的一端固定有法兰面，防松性能好，且可省去弹簧垫圈；在螺母体的另一端固定有盖帽，因而具有较好的密封性，可以有效地阻止雨水、潮气、粉尘等有害物质浸入到螺母体中，防止螺母体发生锈蚀现象，从而可以大大延长六角法兰面螺母的使用寿命，其技术参数见表7-35。

表7-35 六角法兰面螺母的技术参数 （单位：mm）

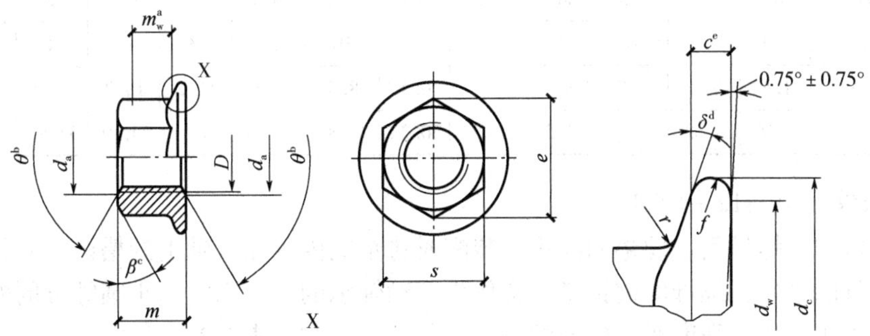

螺纹规格 D		M5	M6	M8	M10	M12	(M14)①	M16	M20
P②		0.8	1	1.25	1.5	1.75	2	2	2.5
C	min	1.0	1.1	1.2	1.5	1.8	2.1	2.4	3.0
d_a	max	5.75	6.75	8.75	10.80	13.00	15.10	17.30	21.60
	min	5.00	6.00	8.00	10.00	12.00	14.00	16.00	20.00
d_e	max	11.8	14.2	17.9	21.8	26.0	29.9	34.5	42.8
d_w	min	9.8	12.2	15.8	19.6	23.8	27.6	31.9	39.9
e	min	8.79	11.05	14.38	16.64	20.03	23.36	26.75	32.95
m	max	5.00	6.00	8.00	10.00	12.00	14.00	16.00	20.00
	min	4.70	5.70	7.64	9.64	11.57	13.30	15.30	18.70
m_w	min	2.5	3.1	4.6	5.6	6.8	7.7	8.9	10.7
s	max	8.00	10.00	13.00	15.00	18.00	21.00	24.00	30.00
	min	7.78	9.78	12.73	14.73	17.73	20.67	23.67	29.16
r③	max	0.3	0.4	0.5	0.6	0.7	0.9	1.0	1.2

①尽可能不采用括号内的规格。

②P——螺距。

③r 适用于棱角和六角面。

2. 方螺母　C级（GB 39—1988）

方螺母　C级是一种执行国际标准分类号（ICS）的紧固件。国家标准《方螺母　C级》（GB/T 39—1988）规定了螺纹规格形式。螺母与螺栓、螺钉配合使用，起连接紧固机件的作用。常用于表面比较粗糙、对精度要求不高的机器设备或建筑构件，其技术参数见表7-36。

表7-36 方螺母-C级的技术参数 （单位：mm）

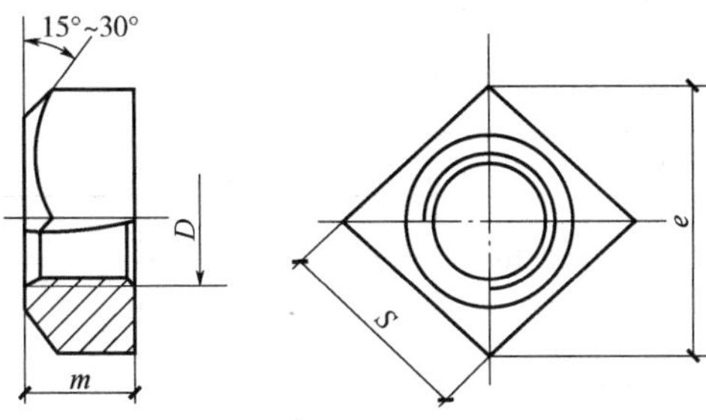

螺纹规格 D		M3	M4	M5	M6	M8	M10	M12	(M14)	M16	(M18)	M20	(M22)	M24
S	max	5.5	7	8	10	13	16	18	21	24	27	30	34	38
	min	5.2	6.64	7.64	9.64	12.57	15.57	17.57	20.16	23.16	26.16	29.16	33	35

（续）

螺纹规格 D		M3	M4	M5	M6	M8	M10	M12	(M14)	M16	(M18)	M20	(M22)	M24
m	max	2.4	3.2	4	5	6.5	8	10	11	13	15	16	18	19
	min	1.4	2.0	2.8	3.8	5	6.5	8.5	9.2	11.2	13.2	14.2	16.2	16.9
e	min	6.76	8.63	9.93	12.53	16.34	20.24	22.84	26.21	30.11	34.01	37.91	42.9	45.5

3. 圆螺母（GB 812—1988）

圆螺母常与圆螺母用止动垫圈配用，装配时将垫圈内舌插入轴上的槽内，并将垫圈的外舌嵌入圆螺母的槽内，螺母即被锁紧。常作为滚动轴承的轴向固定。小圆螺母的外径和厚度比普通圆螺母小，用于强度要求较低的场合，其技术参数见表 7-37。

表 7-37　圆螺母的技术参数　（单位：mm）

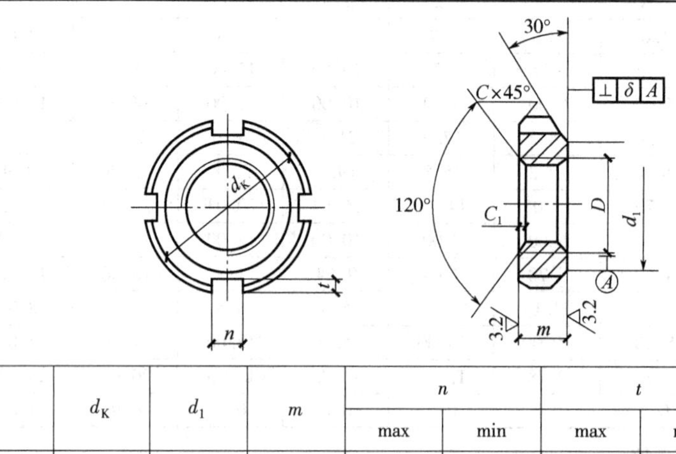

<table>
<tr><th rowspan="2">螺纹规格
$D \times P$</th><th rowspan="2">d_K</th><th rowspan="2">d_1</th><th rowspan="2">m</th><th colspan="2">n</th><th colspan="2">t</th><th rowspan="2">C</th><th rowspan="2">C_1</th></tr>
<tr><th>max</th><th>min</th><th>max</th><th>min</th></tr>
<tr><td>M10×1</td><td>22</td><td>16</td><td rowspan="6">8</td><td rowspan="3">4.3</td><td rowspan="3">4</td><td rowspan="3">2.6</td><td rowspan="3">2</td><td rowspan="7">0.5</td><td rowspan="18">0.5</td></tr>
<tr><td>M12×1.25</td><td>25</td><td>19</td></tr>
<tr><td>M14×1.5</td><td>28</td><td>20</td></tr>
<tr><td>M16×1.5</td><td>30</td><td>22</td><td rowspan="8">5.3</td><td rowspan="8">5</td><td rowspan="8">3.1</td><td rowspan="8">2.5</td></tr>
<tr><td>M18×1.5</td><td>32</td><td>24</td></tr>
<tr><td>M20×1.5</td><td>35</td><td>27</td></tr>
<tr><td>M22×1.5</td><td>38</td><td>30</td><td rowspan="12">10</td></tr>
<tr><td>M24×1.5</td><td rowspan="2">42</td><td rowspan="2">34</td><td rowspan="7">1</td></tr>
<tr><td>M25×1.5①</td></tr>
<tr><td>M27×1.5</td><td>45</td><td>37</td></tr>
<tr><td>M30×1.5</td><td>48</td><td>40</td></tr>
<tr><td>M33×1.5</td><td rowspan="2">52</td><td rowspan="2">43</td><td rowspan="7">6.3</td><td rowspan="7">6</td><td rowspan="7">3.6</td><td rowspan="7">3</td></tr>
<tr><td>M35×1.5①</td></tr>
<tr><td>M36×1.5</td><td>55</td><td>46</td></tr>
<tr><td>M39×1.5</td><td rowspan="2">58</td><td rowspan="2">49</td><td rowspan="4">1.5</td></tr>
<tr><td>M40×1.5①</td></tr>
<tr><td>M42×1.5</td><td>62</td><td>53</td></tr>
<tr><td>M45×1.5</td><td>68</td><td>59</td></tr>
</table>

（续）

螺纹规格 $D \times P$	d_K	d_1	m	n max	n min	t max	t min	C	C_1
M48×1.5	72	61	12	8.36	8	4.25	3.5	1.5	0.5
M50×1.5①	72	61	12	8.36	8	4.25	3.5	1.5	0.5
M52×1.5	78	67	12	8.36	8	4.25	3.5	1.5	0.5
M55×2	78	67	12	8.36	8	4.25	3.5	1.5	0.5
M56×2	85	74	12	8.36	8	4.25	3.5	1.5	1
M60×2	90	79	12	8.36	8	4.25	3.5	1.5	1
M64×2	95	84	12	8.36	8	4.25	3.5	1.5	1
M65×2①	95	84	12	8.36	8	4.25	3.5	1.5	1
M68×2	100	88	12	10.36	10	4.75	4	1.5	1
M72×2	105	93	15	10.36	10	4.75	4	1.5	1
M75×2①	105	93	15	10.36	10	4.75	4	1.5	1
M76×2	110	98	15	10.36	10	4.75	4	1.5	1
M80×2	115	103	15	10.36	10	4.75	4	1.5	1
M85×2	120	108	15	10.36	10	4.75	4	1.5	1
M90×2	125	112	18	12.43	12	5.75	5	1.5	1
M95×2	130	117	18	12.43	12	5.75	5	1.5	1
M100×2	135	122	18	12.43	12	5.75	5	1.5	1
M105×2	140	127	18	12.43	12	5.75	5	1.5	1
M110×2	150	135	18	14.43	14	6.75	6	1.5	1
M115×2	155	140	22	14.43	14	6.75	6	1.5	1
M120×2	160	145	22	14.43	14	6.75	6	1.5	1
M125×2	165	150	22	14.43	14	6.75	6	1.5	1
M130×2	170	155	22	14.43	14	6.75	6	1.5	1
M140×2	180	165	26	14.43	14	6.75	6	1.5	1
M150×2	200	180	26	16.43	16	7.9	7	1.5	1
M160×3	210	190	26	16.43	16	7.9	7	2	1.5
M170×3	220	200	26	16.43	16	7.9	7	2	1.5
M180×3	230	210	30	16.43	16	7.9	7	2	1.5
M190×3	240	220	30	16.43	16	7.9	7	2	1.5
M200×3	250	230	30	16.43	16	7.9	7	2	1.5

注：①仅用于滚动轴承锁紧装置。

4. 圆翼蝶形螺母（GB/T 62.1—2004）

圆翼蝶形螺母按工艺可分为冷镦圆翼蝶形螺母、铸造圆翼蝶形螺母和冲压式圆翼蝶形螺母。其技术参数见表 7-38。

表 7-38 圆翼蝶形螺母的技术参数（单位：mm）

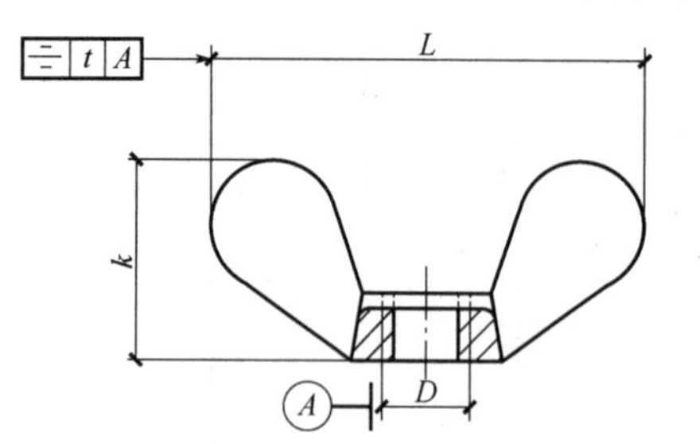

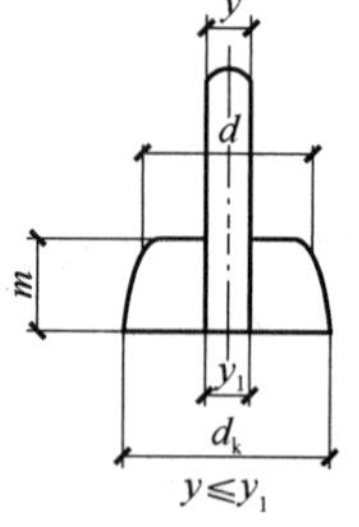

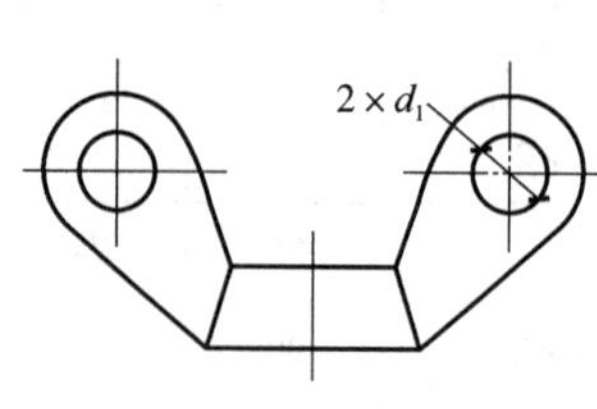

<table>
<tr><th>螺纹规格
D</th><th>d_k
min</th><th>d
≈</th><th colspan="2">L</th><th colspan="2">k</th><th>m
min</th><th>y
max</th><th>y_1
max</th><th>d_1
max</th><th>t
max</th></tr>
<tr><td>M2</td><td>4</td><td>3</td><td>12</td><td rowspan="5">±1.5</td><td>6</td><td rowspan="9">±1.5</td><td>2</td><td>2.5</td><td>3</td><td>2</td><td>0.3</td></tr>
<tr><td>M2.5</td><td>5</td><td>4</td><td>16</td><td>8</td><td>3</td><td>2.5</td><td>3</td><td>2.5</td><td>0.3</td></tr>
<tr><td>M3</td><td>5</td><td>4</td><td>16</td><td>8</td><td>3</td><td>2.5</td><td>3</td><td>3</td><td>0.4</td></tr>
<tr><td>M4</td><td>7</td><td>6</td><td>20</td><td>10</td><td>4</td><td>3</td><td>4</td><td>4</td><td>0.4</td></tr>
<tr><td>M5</td><td>8.5</td><td>7</td><td>25</td><td>12</td><td>5</td><td>3.5</td><td>4.5</td><td>4</td><td>0.5</td></tr>
<tr><td>M6</td><td>10.5</td><td>9</td><td>32</td><td rowspan="7">±2</td><td>16</td><td>6</td><td>4</td><td>5</td><td>5</td><td>0.5</td></tr>
<tr><td>M8</td><td>14</td><td>12</td><td>40</td><td>20</td><td>8</td><td>4.5</td><td>5.5</td><td>6</td><td>0.6</td></tr>
<tr><td>M10</td><td>18</td><td>15</td><td>50</td><td>25</td><td>10</td><td>5.5</td><td>6.5</td><td>7</td><td>0.7</td></tr>
<tr><td>M12</td><td>22</td><td>18</td><td>60</td><td>30</td><td>12</td><td>7</td><td>8</td><td>8</td><td>1</td></tr>
<tr><td>(M14)</td><td>26</td><td>22</td><td>70</td><td>35</td><td rowspan="6">±2</td><td>14</td><td>8</td><td>9</td><td>9</td><td>1.1</td></tr>
<tr><td>M16</td><td>26</td><td>22</td><td>70</td><td>35</td><td>14</td><td>8</td><td>9</td><td>10</td><td>1.2</td></tr>
<tr><td>(M18)</td><td>30</td><td>25</td><td>80</td><td>40</td><td>16</td><td>8</td><td>10</td><td>10</td><td>1.4</td></tr>
<tr><td>M20</td><td>34</td><td>28</td><td>90</td><td rowspan="3">±2.5</td><td>45</td><td>18</td><td>9</td><td>11</td><td>11</td><td>1.5</td></tr>
<tr><td>(M22)</td><td>38</td><td>32</td><td>100</td><td>50</td><td>20</td><td>10</td><td>12</td><td>11</td><td>1.6</td></tr>
<tr><td>M24</td><td>43</td><td>36</td><td>112</td><td>56</td><td>22</td><td>11</td><td>13</td><td>12</td><td>1.8</td></tr>
</table>

注：尽可能不采用括号内的规格。

5. 方翼蝶形螺母（GB/T 62.2—2004）

方翼蝶形螺母指按工艺可分为冷镦方翼蝶形螺母、铸造方翼蝶形螺母和冲压式方翼蝶形螺母，其技术参数见表 7-39。

表 7-39 方翼蝶形螺母的技术参数（单位：mm）

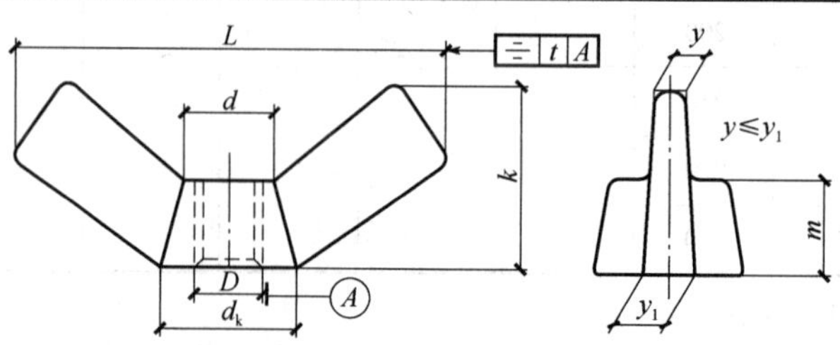

（续）

螺纹规格 D	d_k min	d ≈	L		k		m min	y max	y_1 max	t max
M3	6.5	4	17	±1.5	9	±1.5	3	3	4	0.4
M4	6.5	4	17		9		3	3	4	0.4
M5	8	6	21		11		4	3.5	4.5	0.5
M6	10	7	27		13		4.5	4	5	0.5
M8	13	10	31	±2	16		6	4.5	5.5	0.6
M10	16	12	36		18		7.5	5.5	6.5	0.7
M12	20	16	48		23		9	7	8	1
（M14）	20	16	48		23		9	7	8	1.1
M16	27	22	68		35	±2	12	8	9	1.2
（M18）	27	22	68		35		12	8	9	1.4
M20	27	22	68		35		12	8	9	1.5

注：尽可能不采用括号内的规格。

6. 冲压蝶形螺母（GB/T 62.3—2004）

冲压蝶形螺母指按冲压工艺成型的蝶形螺母，其技术参数见表 7-40。

表 7-40　冲压蝶形螺母的技术参数　（单位：mm）

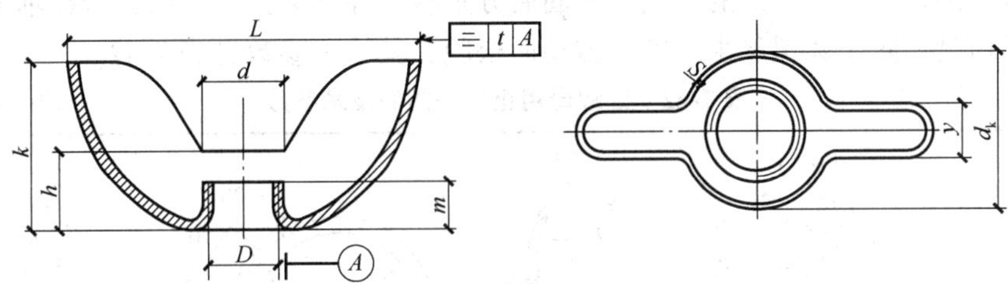

螺纹规格 D	d_k max	d ≈	L		k		h ≈	y max	A 型（高型）			B 型（低型）			t max
									m		S	m		S	
M3	10	5	16	±1	6.5	±1	2	4	3.5	±0.5	1	1.4	±0.3	0.8	0.4
M4	12	6	19		8.5		2.5	5	4			1.6			0.4
M5	13	7	22		9		3	5.5	4.5			1.8			0.5
M6	15	9	25		9.5		3.5	6	5	±0.8		2.4	±0.4	1	0.5
M8	17	10	28		11		5	7	6		1.2	3.1	±0.5	1.2	0.6
M10	20	12	35	±1.5	12		6	8	7			3.8			0.7

7. 压铸蝶形螺母（GB/T 62.4—2004）

压铸蝶形螺母指按成型工艺为压铸成型的蝶形螺母，两蝶有无凹穴及其形式与尺寸由制造者确定，其技术参数见表 7-41。

表 7-41 压铸蝶形螺母的技术参数 （单位：mm）

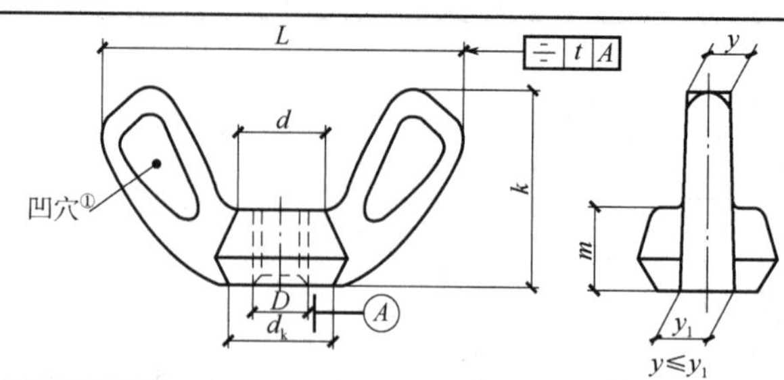

螺纹规格 D	d_k max	d ≈	L		k		m min	y max	y_1 max	t max
M3	5	4	16	±1.5	8.5	±1.5	2.4	2.5	3	0.4
M4	7	6	21		11		3.2	3	4	0.4
M5	8.5	7	21		11		4	3.5	4.5	0.5
M6	10.5	9	23		14		5	4	5	0.5
M8	13	10	30		16		6.5	4.5	5.5	0.6
M10	16	12	37	±2	19		8	5.5	6.5	0.7

注：①有无凹穴及其形式与尺寸由制造者决定。

7.1.4 垫圈与挡圈

1. 圆螺母用止动垫圈（GB/T 858—1988）

圆螺母用止动垫圈又称止退垫圈，是一种防止圆螺母松动的垫圈。垫圈和圆螺母配套使用，使用时垫圈装在螺母开槽的一侧，紧固后分别将内外耳朵扳成轴向，卡在轴上的键槽和圆螺母的开口处，防止圆螺母由于轴的转动而松脱，其技术参数见表 7-42。

表 7-42 圆螺母用止动垫圈的技术参数 （单位：mm）

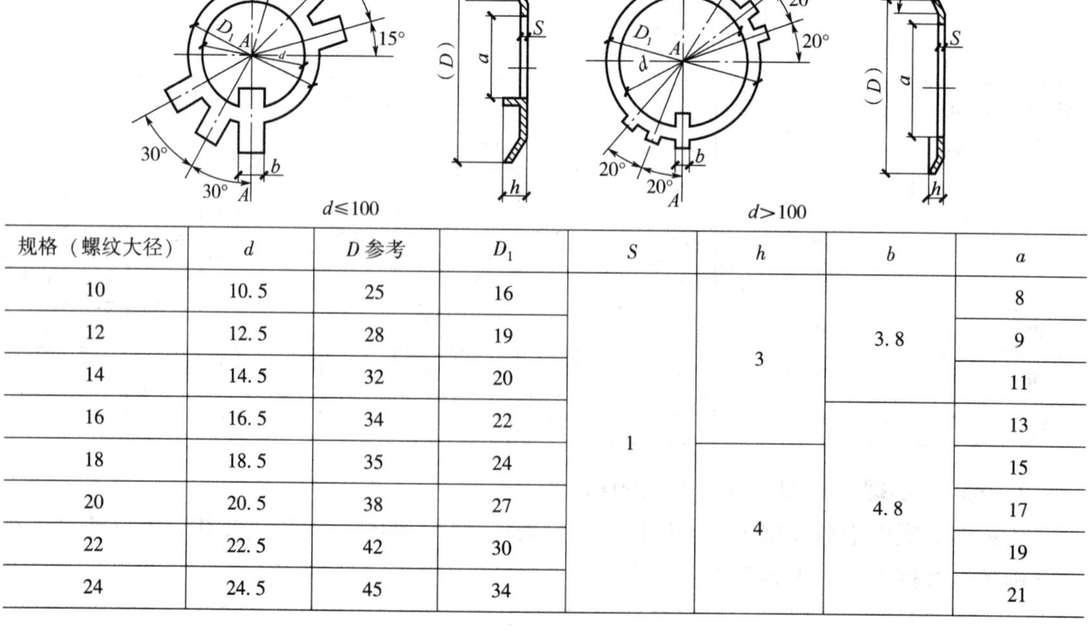

规格（螺纹大径）	d	D 参考	D_1	S	h	b	a
10	10.5	25	16	1	3	3.8	8
12	12.5	28	19				9
14	14.5	32	20				11
16	16.5	34	22			4.8	13
18	18.5	35	24		4		15
20	20.5	38	27				17
22	22.5	42	30				19
24	24.5	45	34				21

（续）

规格（螺纹大径）	d	D参考	D_1	S	h	b	a
25[①]	25.5	45	34	1	4	4.8	22
27	27.5	48	37		5		24
30	30.5	52	40				27
33	33.5	56	43	1.5		5.7	30
35[①]	35.5						32
36	36.5	60	46				33
39	39.5	62	49				36
40[①]	40.5						37
42	42.5	66	53				39
45	45.5	72	59				42
48	48.5	76	61			7.7	45
50[①]	50.5						47
52	52.5	82	67		6		49
55[①]	56						52
56	57	90	74				53
60	61	94	79				57
64	65	100	84				61
65[①]	66						62
68	69	105	88			9.6	65
72	73	110	93		7		69
75[①]	76						71
76	77	115	98				72
80	81	120	103				76
85	86	125	108				81
90	91	130	112	2		11.6	86
95	96	135	117				91
100	101	140	122				96
105	106	145	127				101
110	111	156	135			13.5	106
115	116	160	140				111
120	121	166	145				116
125	126	170	150				121
130	131	176	155				126
140	141	186	165				136
150	151	206	180	2.5		15.5	146
160	161	216	190		8		156
170	171	226	200				166
180	181	236	210				176
190	191	246	220				186
200	201	256	230				196

①仅用于滚动轴承锁紧装置。

2. 孔用弹性挡圈（GB/T 893—2017）

孔用弹性挡圈分为A型、B型两类，安装于圆孔内，用于固定零部件的轴向运动，这类挡圈的外径比装配圆孔直径稍大。安装时须用卡簧钳，将钳嘴插入挡圈的钳孔中，夹紧挡圈，才能放入预先加工好的圆孔内槽，其技术参数见表7-43。

表7-43　孔用弹性挡圈的技术参数　（单位：mm）

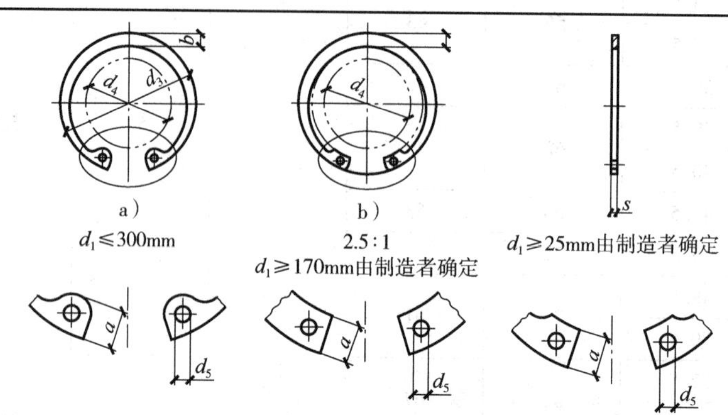

a）$d_1 \leqslant 300$mm　b）2.5∶1 $d_1 \geqslant 170$mm由制造者确定　$d_1 \geqslant 25$mm由制造者确定

标准型（A型）

公称规格 d_1	挡圈 s 基本尺寸	挡圈 s 极限偏差	挡圈 d_3 基本尺寸	挡圈 d_3 极限偏差	挡圈 a max	挡圈 b[①] ≈	挡圈 d_5 min	挡圈 千件质量 ≈ kg	沟槽 d_2 基本尺寸	沟槽 d_2 极限偏差	沟槽 m H13	沟槽 t	沟槽 N min	其他 d_4	其他 F_n kN	其他 F_R[②] kN	其他 g	其他 F_{Rg}[②] kN	其他 安装工具规格[③]
8	0.80	0 -0.05	8.7	+0.36 -0.10	2.4	1.1	1.0	0.14	8.4	+0.09 0	0.9	0.20	0.6	3.0	0.86	2.00	0.5	1.50	1.0
9	0.80		9.8		2.5	1.3	1.0	0.15	9.4		0.9	0.20	0.6	3.7	0.96	2.00	0.5	1.50	
10	1.00	0 -0.06	10.8		3.2	1.4	1.2	0.18	10.4	+0.11 0	1.1	0.20	0.6	3.3	1.08	4.00	0.5	2.20	1.5
11	1.00		11.8		3.3	1.5	1.2	0.31	11.4		1.1	0.20	0.6	4.1	1.17	4.00	0.5	2.30	
12	1.00		13		3.4	1.7	1.5	0.37	12.5		1.1	0.25	0.8	4.9	1.60	4.00	0.5	2.30	
13	1.00		14.1		3.6	1.8	1.5	0.42	13.6		1.1	0.30	0.9	5.4	2.10	4.20	0.5	2.30	
14	1.00		15.1		3.7	1.9	1.7	0.52	14.6		1.1	0.30	0.9	6.2	2.25	4.50	0.5	2.30	2.0
15	1.00		16.2		3.7	2.0	1.7	0.56	15.7		1.1	0.35	1.1	7.2	2.80	5.00	0.5	2.30	
16	1.00		17.3		3.8	2.0	1.7	0.60	16.8		1.1	0.40	1.2	8.0	3.40	5.50	1.0	2.60	
17	1.00		18.3	+0.42 -0.13	3.9	2.1	1.7	0.65	17.8		1.1	0.40	1.2	8.8	3.60	6.00	1.0	2.50	
18	1.00		19.5		4.1	2.2	2.0	0.74	19	+0.13 0	1.1	0.50	1.5	9.4	4.80	6.50	1.0	2.60	
19	1.00		20.5		4.1	2.2	2.0	0.83	20		1.1	0.50	1.5	10.4	5.10	6.80	1.0	2.50	
20	1.00		21.5		4.2	2.3	2.0	0.90	21		1.1	0.50	1.5	11.2	5.40	7.20	1.0	2.50	
21	1.00		22.5		4.2	2.4	2.0	1.00	22		1.1	0.50	1.5	12.2	5.70	7.60	1.0	2.60	
22	1.00		23.5		4.2	2.5	2.0	1.10	23		1.1	0.50	1.5	13.2	5.90	8.00	1.0	2.70	
24	1.20		25.9	+0.42 -0.21	4.4	2.6	2.0	1.42	25.2	+0.21 0	1.3	0.60	1.8	14.8	7.70	13.90	1.0	4.60	
25	1.20		26.9		4.5	2.7	2.0	1.50	26.2		1.3	0.60	1.8	15.5	8.00	14.60	1.0	4.70	
26	1.20		27.9		4.7	2.8	2.0	1.60	27.2		1.3	0.60	1.8	16.1	8.40	13.85	1.0	4.60	
28	1.20		30.1	+0.50 -0.25	4.8	2.9	2.0	1.80	29.4		1.3	0.70	2.1	17.9	10.50	13.30	1.0	4.50	
30	1.20		32.1		4.8	3.0	2.0	2.06	31.4	+0.25 0	1.3	0.70	2.1	19.9	11.30	13.70	1.0	4.60	

（续）

重型（B型）																			
公称规格 d_1	挡圈								沟槽					其他					
	s		d_3		a max	b① ≈	d_5 min	千件质量 ≈ kg	d_2		m H13	t	N min	d_4	F_n kN	F_R② kN	g	F_{Rg}② kN	安装工具规格③
	基本尺寸	极限偏差	基本尺寸	极限偏差					基本尺寸	极限偏差									
20	1.50	0 −0.06	21.5	+0.42 −0.21	4.5	2.4	2.0	1.41	21.0	+0.13 0	1.60	0.50	1.5	10.5	5.40	16.0	1.0	5.60	2.0
22	1.50		23.5		4.7	2.8	2.0	1.85	23.0		1.60	0.50	1.5	12.1	5.90	18.0	1.0	6.10	
24	1.50		25.9		4.9	3.0	2.0	1.98	25.2		1.60	0.60	1.8	13.7	7.70	21.7	1.0	7.20	
25	1.50		26.9		5.0	3.1	2.0	2.16	26.2	+0.21 0	1.60	0.60	1.8	14.5	8.00	22.8	1.0	7.30	
26	1.50		27.9		5.1	3.1	2.0	2.25	27.2		1.60	0.60	1.8	15.3	8.40	21.6	1.0	7.20	
28	1.50		30.1	+0.50 −0.25	5.3	3.2	2.0	2.48	29.4		1.60	0.70	2.1	16.9	10.50	20.8	1.0	7.00	
30	1.50		32.1		5.5	3.3	2.0	2.84	31.4	+0.25 0	1.60	0.70	2.1	18.4	11.30	21.4	1.0	7.20	
32	1.50		34.4		5.7	3.4	2.0	2.94	33.7		1.60	0.85	2.6	20.0	14.60	21.4	1.0	7.30	2.5
34	1.75		36.5		5.9	3.7	2.5	4.20	35.7		1.85	0.85	2.6	21.6	15.40	35.6	1.5	8.60	
35	1.75		37.8		6.0	3.8	2.5	4.62	37.0		1.85	1.00	3.0	22.4	18.80	36.6	1.5	8.70	
37	1.75		39.8		6.2	3.9	2.5	4.73	39.0		1.85	1.00	3.0	24.0	19.80	36.8	1.5	8.80	
38	2.00		40.8		6.3	3.9	2.5	4.80	40.0		1.85	1.00	3.0	24.7	22.50	38.3	1.5	9.10	
40	2.00	0 −0.07	43.5	+0.90 −0.39	6.5	3.9	2.5	5.38	42.5		2.15	1.25	3.8	26.3	27.00	58.4	2.0	10.90	
42	2.00		45.5		6.7	4.1	2.5	6.18	44.5		2.15	1.25	3.8	27.9	28.40	58.5	2.0	11.00	3.0
45	2.00		48.5		7.0	4.3	2.5	6.86	47.5		2.15	1.25	3.8	30.3	30.20	56.5	2.0	10.70	
47	2.00		50.5	+1.10 −0.46	7.2	4.4	2.5	7.00	49.5		2.15	1.25	3.8	31.9	31.40	57.0	2.0	10.80	
50	2.50		54.2		7.5	4.6	2.5	9.15	53.0	+0.30 0	2.65	1.50	4.5	34.2	40.50	95.50	2.0	19.00	
52	2.50		56.2		7.7	4.7	2.5	10.20	55.0		2.65	1.50	4.5	35.8	42.00	94.60	2.0	18.80	
55	2.50		59.2		8.0	5.0	2.5	10.40	58.0		2.65	1.50	4.5	38.2	44.40	94.70	2.0	19.60	
60	3.00	0 −0.08	64.2		8.5	5.4	2.5	16.60	63.0		3.15	1.50	4.5	42.1	48.30	137.00	2.0	29.20	
62	3.00		66.2		8.6	5.5	2.5	16.80	65.0		3.15	1.50	4.5	43.9	49.80	137.00	2.0	29.20	
65	3.00		69.2		8.7	5.8	3.0	17.20	68.0		3.15	1.50	4.5	46.7	51.80	174.00	2.5	30.00	
68	3.00		72.5		8.8	6.1	3.0	19.20	71.0		3.15	1.50	4.5	49.5	54.50	174.50	2.5	30.60	
70	3.00		74.5		9.0	6.2	3.0	19.80	73.0		3.15	1.50	4.5	51.1	56.20	171.00	2.5	30.30	
72	3.00		76.5		9.2	6.4	3.0	21.70	75.0		3.15	1.50	4.5	52.7	58.00	172.00	2.5	30.30	
75	3.00		79.5		9.3	6.6	3.0	22.60	78.0		3.15	1.50	4.5	55.5	60.00	170.00	2.5	30.30	
80	4.00	0 −0.10	85.5	+1.30 −0.54	9.5	7.0	3.0	35.20	83.5	+0.35 0	4.15	1.75	5.3	60.0	74.60	308.00	2.5	55.00	
85	4.00		90.5		9.7	7.2	3.5	38.80	88.5		4.15	1.75	5.3	64.6	79.50	358.00	3.0	55.00	
90	4.00		95.5		10.0	7.6	3.5	41.50	93.5		4.15	1.75	5.3	69.0	84.00	354.00	3.0	56.00	
95	4.00		100.5		10.3	8.1	3.5	46.70	98.5		4.15	1.75	5.3	73.4	88.60	347.00	3.0	56.00	
100	4.00		105.5		10.5	8.4	3.5	50.70	103.5		4.15	1.75	5.3	78.0	93.10	335.00	3.0	55.00	

①尺寸 b 不能超过 a_{max}。

②适用于 C67S，C75S 制造的挡圈。

③挡圈安装工具按 JB/T 3411.48 规定。

④挡圈安装工具可以专门设计。

3. 轴用弹性挡圈（GB/T 894—2017）

轴用弹性挡圈分为 A 型、B 型两类，是一种安装于槽轴上，用于固定零部件的轴向运动，这类挡圈的内径比装配轴径稍小。安装时需用卡簧钳，将钳嘴插入挡圈的钳孔中，扩张挡圈，才能放入预先加工好的轴槽上，其技术参数见表 7-44。

表 7-44　轴用弹性挡圈的技术参数　　（单位：mm）

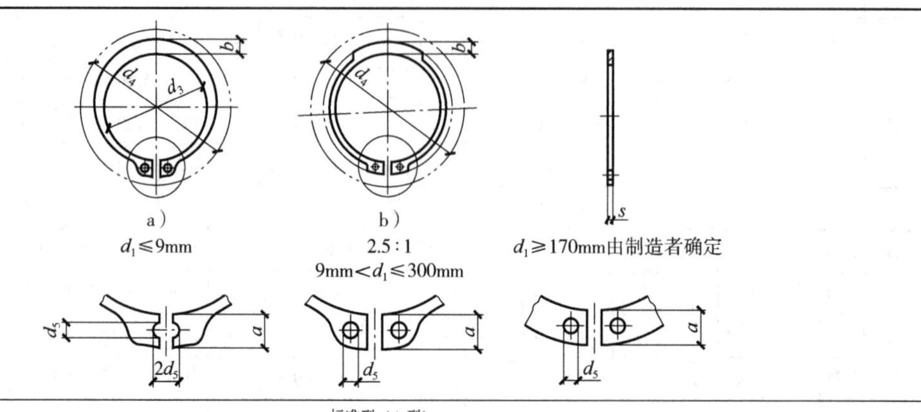

标准型（A 型）

公称规格 d_1	挡圈 s 基本尺寸	挡圈 s 极限偏差	挡圈 d_3 基本尺寸	挡圈 d_3 极限偏差	挡圈 a max	挡圈 b[①] ≈	挡圈 d_5 min	挡圈 千件质量 ≈ kg	沟槽 d_2 基本尺寸	沟槽 d_2 极限偏差	沟槽 m H13	沟槽 t	沟槽 n min	其他 d_4	其他 F_N kN	其他 F_R[②] kN	其他 g	其他 F_{Rg}[②] kN	其他 n_{abl}[②] r/min	其他 安装工具规格[③]
3	0.40	0 -0.05	2.7	+0.04 -0.15	1.9	0.8	1.0	0.017	2.8	0 -0.04	0.5	0.10	0.3	7.0	0.15	0.47	0.5	0.27	360000	1.0
4	0.40		3.7		2.2	0.9	1.0	0.022	3.8	0 -0.05	0.5	0.10	0.3	8.6	0.20	0.50	0.5	0.30	211000	
5	0.60		4.7		2.5	1.1	1.0	0.066	4.8		0.7	0.10	0.3	10.3	0.26	1.00	0.5	0.80	154000	
6	0.70		5.6		2.7	1.3	1.2	0.084	5.7		0.8	0.15	0.5	11.7	0.46	1.45	0.5	0.90	114000	
7	0.80		6.5	+0.06 -0.18	3.1	1.4	1.2	0.121	6.7	0 -0.06	0.9	0.15	0.5	13.5	0.54	2.60	0.5	1.40	121000	
8	0.80		7.4		3.2	1.5	1.2	0.158	7.6		0.9	0.20	0.6	14.7	0.81	3.00	0.5	2.00	96000	
9	1.00	0 -0.06	8.4		3.3	1.7	1.2	0.300	8.6	0 -0.11	1.1	0.20	0.6	16.0	0.92	3.50	0.5	2.40	85000	
10	1.00		9.3	+0.10 -0.36	3.3	1.8	1.5	0.340	9.6		1.1	0.20	0.6	17.0	1.01	4.00	1.0	2.40	84000	1.5
11	1.00		10.2		3.3	1.8	1.5	0.410	10.5		1.1	0.25	0.8	18.0	1.40	4.50	1.0	2.40	70000	
12	1.00		11.0		3.3	1.8	1.7	0.500	11.5		1.1	0.25	0.8	19.0	1.53	5.00	1.0	2.40	75000	
13	1.00		11.9		3.4	2.0	1.7	0.530	12.4		1.1	0.30	0.9	20.2	2.00	5.80	1.0	2.40	66000	
14	1.00		12.9		3.5	2.1	1.7	0.640	13.4		1.1	0.30	0.9	21.4	2.15	6.35	1.0	2.40	58000	
15	1.00		13.8		3.6	2.2	1.7	0.670	14.3		1.1	0.35	1.1	22.6	2.66	6.90	1.0	2.40	50000	
16	1.00		14.7		3.7	2.2	1.7	0.700	15.2		1.1	0.40	1.2	23.8	3.26	7.40	1.0	2.40	45000	
17	1.00		15.7		3.8	2.3	1.7	0.820	16.2		1.1	0.40	1.2	25.0	3.46	8.00	1.0	2.40	41000	
18	1.20		16.5		3.9	2.4	2.0	1.11	17.0		1.30	0.50	1.5	26.2	4.58	17.0	1.5	3.75	39000	
19	1.20		17.5		3.9	2.5	2.0	1.22	18.0		1.30	0.50	1.5	27.2	4.48	17.0	1.5	3.80	35000	2.0
20	1.20		18.5	+0.13 -0.42	4.0	2.6	2.0	1.30	19.0	0 -0.13	1.30	0.50	1.5	28.4	5.06	17.1	1.5	3.85	32000	
21	1.20		19.5		4.1	2.7	2.0	1.42	20.0		1.30	0.50	1.5	29.6	5.36	16.8	1.5	3.75	29000	
22	1.20		20.5		4.2	2.8	2.0	1.50	21.0		1.30	0.50	1.5	30.8	5.65	16.9	1.5	3.80	27000	

（续）

重型（B型）																				
公称规格 d_1	挡圈								沟槽					其他						
	s		d_3		a max	b① ≈	d_5 min	千件质量 ≈ kg	d_2		m H13	t	n min	d_4	F_N kN	F_R② kN	g	F_{Rg}② kN	n_{abl}② r/min	安装工具规格③
	基本尺寸	极限偏差	基本尺寸	极限偏差					基本尺寸	极限偏差										
15	1.50	0 −0.06	13.8	+0.10 −0.36	4.8	2.4	2.0	1.10	14.3	0 −0.11	1.60	0.35	1.1	25.1	2.66	15.5	1.0	6.40	57000	2.0
16	1.50		14.7		5.0	2.5	2.0	1.19	15.2		1.60	0.40*	1.2	26.5	3.26	16.6	1.0	6.35	44000	
17	1.50		15.7		5.0	2.6	2.0	1.39	16.2		1.60	0.40	1.2	27.5	3.46	18.0	1.0	6.70	46000	
18	1.50		16.5		5.1	2.7	2.0	1.56	17.0		1.60	0.50	1.5	28.7	4.58	26.6	1.5	5.85	42750	
20	1.75		18.5	+0.13 −0.42	5.5	3.0	2.0	2.19	19.0	0 −0.13	1.85	0.50	1.5	31.6	5.06	36.3	1.5	8.20	36000	
22	1.75		20.5		6.0	3.1	2.0	2.42	21.0		1.85	0.50	1.5	34.6	5.65	36.0	1.5	8.10	29000	
24	1.75		22.2	+0.21 −0.42	6.3	3.2	2.0	2.76	22.9	0 −0.21	1.85	0.55	1.7	37.3	6.75	34.2	1.5	7.60	29000	
25	2.00	0 −0.07	23.2		6.4	3.4	2.0	3.59	23.9		2.15	0.55	1.7	38.5	7.05	45.0	1.5	10.30	25000	
28	2.00		25.9		6.5	3.5	2.0	4.25	26.6		2.15	0.70	2.1	41.7	10.00	57.0	1.5	13.40	22200	
30	2.00		27.9		6.5	4.1	2.0	5.35	28.6		2.15	0.70	2.1	43.7	10.70	57.0	1.5	13.60	21100	
32	2.00		29.6		6.5	4.1	2.5	5.85	30.3	0 −0.25	2.15	0.85	2.6	45.7	13.80	55.5	2.0	10.00	18400	2.5
34	2.50		31.5	+0.25 −0.50	6.6	4.2	2.5	7.05	32.3		2.65	0.85	2.6	47.9	14.70	87.0	2.0	15.60	17800	
35	2.50		32.2		6.7	4.2	2.5	7.20	33.0		2.65	1.00	3.0	49.1	17.80	86.0	2.0	15.40	16500	
38	2.50		35.2		6.8	4.3	2.5	8.30	36.0		2.65	1.00	3.0	52.3	19.30	101.0	2.0	18.60	14500	
40	2.50		36.5	+0.39 −0.90	7.0	4.4	2.5	8.60	37.5		2.65	1.25	3.8	54.7	25.30	104.0	2.0	19.30	14300	
42	2.50		38.5		7.2	4.5	2.5	9.30	39.5		2.65	1.25	3.8	57.2	26.70	102.0	2.0	19.20	13000	
45	2.50		41.5		7.5	4.7	2.5	10.7	42.5		2.65	1.25	3.8	60.8	28.6	100.0	2.0	19.1	11400	
48	2.50		44.5		7.8	5.0	2.5	11.3	45.5		2.65	1.25	3.8	64.4	30.7	101.0	2.0	19.5	10300	
50	3.00	0 −0.08	45.8		8.0	5.1	2.5	15.3	47.0		3.15	1.50	4.5	66.8	38.0	165.0	2.0	32.4	10500	
52	3.00		47.8		8.2	5.2	2.5	16.6	49.0		3.15	1.50	4.5	69.3	39.7	165.0	2.5	26.0	9850	
55	3.00		50.8	+0.46 −1.10	8.5	5.4	2.5	17.1	52.0	0 −0.30	3.15	1.50	4.5	72.9	42.0	161.0	2.5	25.6	8960	
58	3.00		53.8		8.8	5.6	2.5	18.9	55.0		3.15	1.50	4.5	76.5	44.3	160.0	2.5	26.0	8200	
60	3.00		55.8		9.0	5.8	2.5	19.4	57.0		3.15	1.50	4.5	78.9	46.0	156.0	2.5	25.4	7620	
65	4.00	0 −0.10	60.8		9.3	6.3	3.0	29.1	62.0		4.15	1.50	4.5	84.6	49.8	346.0	2.5	58.0	6640	3.0
70	4.00		65.5		9.5	6.0	3.0	35.3	67.0		4.15	1.50	4.5	90.0	53.8	343.0	2.5	59.0	6530	
75	4.00		70.5		9.7	7.0	3.0	39.3	72.0		4.15	1.50	4.5	95.4	57.6	333.0	2.5	58.0	5740	
80	4.00		74.5		9.8	7.4	3.0	43.7	76.5		4.15	1.75	5.3	100.6	71.6	328.0	3.0	50.0	6100	
85	4.00		79.5		10.0	7.8	3.5	48.5	81.5	0 −0.35	4.15	1.75	5.3	106.0	76.2	383.0	3.0	59.4	5710	3.5
90	4.00		84.5	+0.54 −1.30	10.2	8.2	3.5	59.4	86.5		4.15	1.75	5.3	111.5	80.8	386.0	3.0	61.0	4980	
100	4.0		94.5		10.5	9.0	3.5	71.6	96.5		4.15	1.75	5.3	122.1	90.0	368.0	3.0	51.6	4180	

①尺寸 b 不能超过 a_{max}。

②适用于 C67S，C75S 制造的挡圈。

③挡圈安装工具按 JB/T 3411.47 规定。

④挡圈工具可以专门设计。

7.2 铆钉与销

7.2.1 铆钉

1. 半圆头铆钉

半圆头铆钉又称为圆头铆钉，是应用最广的一种铆接用紧固件。用于锅炉、桥梁、容器和桁架等钢结构上。铆接的特点是不可拆卸，若要把两个被铆接件分开，必须把铆钉破坏。精制铆钉表面粗糙度值较小，尺寸精度较高，用于对尺寸精度和表面状况要求较高的场所。执行标准根据规格有两种：《半圆头铆钉》（GB 867—1986）及《半圆头铆钉（粗制）》（GB 863.1—1986），其技术参数见表 7-45。

表 7-45 半圆头铆钉的技术参数 （单位：mm）

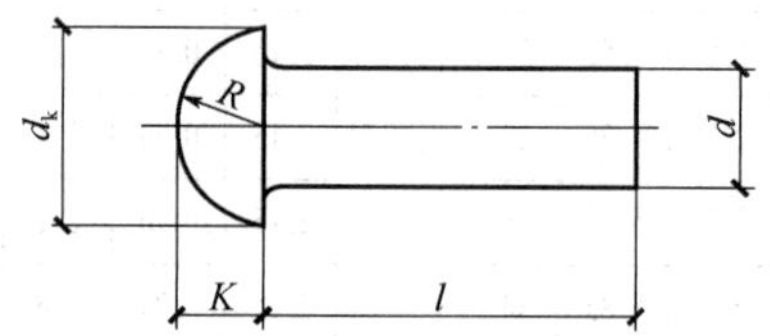

半圆头铆钉（粗制）

d	公称	12	(14)	16	(18)	20	(22)	24	(27)	30	36
	max	12.3	14.3	16.3	18.3	20.35	22.35	24.35	27.35	30.35	36.4
	min	11.7	13.7	15.7	17.7	19.65	21.65	23.65	26.65	29.65	35.6
d_k	max	22	25	30	33.4	36.4	40.4	44.4	49.4	54.8	63.8
	min	20	23	28	30.6	33.6	37.6	41.6	46.6	51.2	60.2
K	max	8.5	9.5	10.5	13.3	14.8	16.3	17.8	20.2	22.2	26.2
	min	7.5	8.5	9.5	11.7	13.2	14.7	16.2	17.8	19.8	23.8
$R≈$		11	12.5	15.5	16.5	18	20	22	26	27	32
l 商品规格范围		20~90	22~100	26~110	32~150		38~180	52~180	55~180		58~200

半圆头铆钉

d	公称	0.6	0.8	1	(1.2)	1.4	(1.6)	2	2.5	3
	max	0.64	0.84	1.06	1.26	1.46	1.66	2.06	2.56	3.06
	min	0.56	0.76	0.94	1.14	1.34	1.54	1.94	2.44	2.94
d_k	max	1.3	1.6	2	2.3	2.7	3.2	3.74	4.84	5.54
	min	0.9	1.2	1.6	1.9	2.3	2.8	3.26	4.36	5.06
K	max	0.5	0.6	0.7	0.8	0.9	1.2	1.4	1.8	2
	min	0.3	0.4	0.5	0.6	0.7	0.8	1	1.4	1.6
$R≈$		0.58	0.74	1	1.2	1.4	1.6	1.9	2.5	2.9
l	通用规格范围	1~6	1.5~8	2~8	2.5~8	3~12	3~12	—	—	—
	商品规格范围	—	—	—	—	—	—	3~16	5~20	5~26

（续）

半圆头铆钉										
d	公称	(3.5)	4	5	6	8	10	12	(14)	16
	max	3.58	4.08	5.08	6.08	8.1	10.1	12.12	14.12	16.12
	min	3.42	3.92	4.92	5.92	7.9	9.9	11.88	13.88	15.88
d_k	max	6.59	7.39	9.09	11.35	14.15	17.35	21.42	24.42	29.42
	min	6.01	6.81	8.51	10.65	13.65	16.65	20.58	23.58	28.58
K	max	2.3	2.6	3.2	3.84	5.04	6.24	8.29	9.59	10.29
	min	1.9	2.2	2.8	3.36	4.56	5.76	7.71	8.71	9.71
$R\approx$		3.1	3.8	4.7	6	8	9	11	12.5	15.5
l	通用规格范围	—	—	—	—	—	—	20~90	22~100	26~110
	商品规格范围	7~26	7~50	7~55	8~60	16~65	16~85	—	—	—

注：尽可能不采用括号内的规格。

2. 沉头铆钉

沉头铆钉是利用自身形变或过盈连接被铆接件的零件。用于强度要求不高，螺纹直径小于10mm，螺钉头全部或局部沉入被连接件，多用于外表平整光滑的场合。如汽车、车辆、机电产品、仪器表面、建筑装修以及家用电器等。沉头铆钉表面不允许有影响使用的裂缝、金属小凸起、圆钝、飞边、碰伤、条痕、浮锈以及杆部末端的压扁等，对铆钉杆部同轴度公差要求较高。对于重要安装应进行可铆性及剪切强度试验，包括：剪切、抗力、钉头保持能力、钉芯拆卸力及钉芯断裂等，执行标准根据规格有两种：《沉头铆钉》（GB 869—1986）及《沉头铆钉（粗制）》（GB 865—1986）。其技术参数见表7-46。

表7-46 沉头铆钉的技术参数 （单位：mm）

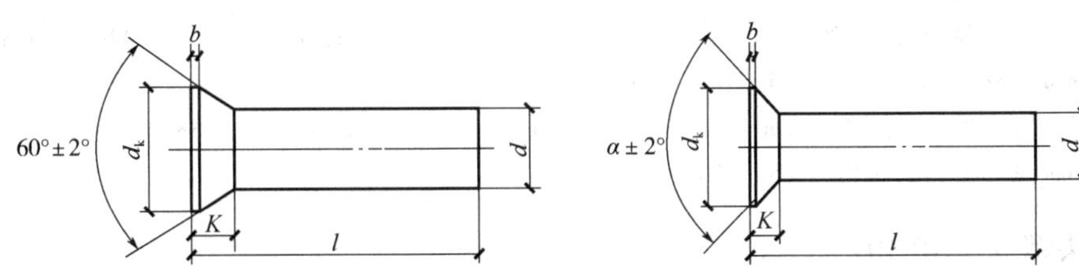

沉头铆钉（粗制）											
d	公称	12	(14)	16	(18)	20	(22)	24	(27)	30	36
	max	12.3	14.3	16.3	18.3	20.35	22.35	24.35	27.35	30.35	36.4
	min	11.7	13.7	15.7	17.7	19.65	21.65	23.65	26.65	29.65	35.6
d_k	max	19.6	22.5	25.7	29	33.4	37.4	40.4	44.4	51.4	59.8
	min	17.6	20.6	23.7	27	30.6	34.6	37.6	41.6	48.6	56.2
b	max	0.6	0.6	0.6	0.8	0.8	0.8	0.8	0.8	0.8	0.8
K	≈	6	7	8	9	11	12	13	14	17	19
l 商品规格范围		20~75	22~100	24~100	28~150	30~150	38~180	50~180	55~180	60~200	65~200

（续）

沉头铆钉									
d	公称	1	(1.2)	1.4	(1.6)	2	2.5	3	(3.5)
	max	1.06	1.26	1.46	1.66	2.06	2.56	3.06	3.58
	min	0.94	1.14	1.34	1.54	1.94	2.44	2.94	3.42
d_k	max	2.03	2.23	2.83	3.03	4.05	4.75	5.35	6.28
	min	1.77	1.97	2.57	2.77	3.75	4.45	5.05	5.92
a		90°							
b	max	0.2	0.2	0.2	0.2	0.2	0.2	0.2	0.4
K	≈	0.5	0.5	0.7	0.7	1	1.1	1.2	1.4
l	通用规格范围	—	—	—	—	3.5~16	5~18	5~22	6~24
	商品规格范围	2~8	2.5~8	3~12	—	—	—	—	—
d	公称	4	5	6	8	10	12	(14)	16
	max	4.08	5.08	6.08	8.1	10.1	12.12	14.12	16.12
	min	3.94	4.97	5.92	7.9	9.9	11.88	13.88	15.88
d_k	max	7.18	8.98	10.62	14.22	17.82	18.86	21.76	24.96
	min	6.82	8.62	10.18	13.78	17.38	18.34	21.24	24.44
a		90°							
b	max	0.4	0.4	0.4	0.4	0.4	0.5	0.5	0.5
K	≈	1.6	2	2.4	3.2	4	6	7	8
l	通用规格范围	6~30	6~50		12~60	16~75	—	—	—
	商品规格范围	—	—	—	—	—	18~75	20~100	24~100

注：尽可能不采用括号内的规格。

①公称尺寸长度系列为：20~32mm（2进位）；35mm、38mm、40mm、42mm、45mm、48mm、50mm、52mm、55mm、58mm、60~100mm（5进位）、100~200mm（10进位）。

②公称尺寸长度系列为：2~4mm（0.5进位）、5~20mm（1进位）、22~52mm、55mm、58~62mm（2进位）、65mm、68mm、70~100mm（5进位）。

3. 平头铆钉（GB 109—1986）

平头铆钉主要用于打包钢带、木桶及木盘的箍圈等肩薄件的铆接，其技术参数见表7-47。

表7-47 平头铆钉的技术参数 （单位：mm）

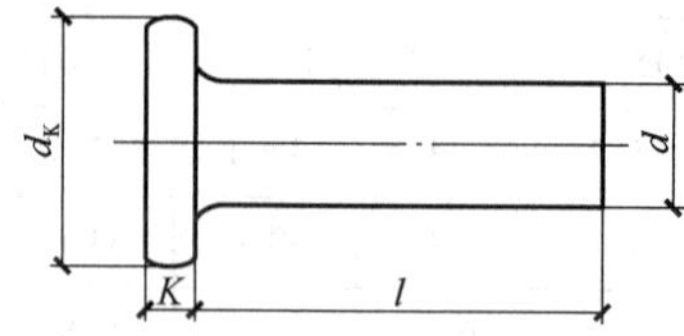

d	公称	2	2.5	3	(3.5)	4	5	6	8	10
	max	2.06	2.56	3.06	3.58	4.08	5.08	6.08	8.1	10.1
	min	1.94	2.44	2.94	3.42	3.92	4.92	5.92	7.9	9.9

（续）

d_k	max	4.24	5.24	6.24	7.29	8.29	10.29	12.35	16.35	20.42
	min	3.76	4.76	5.76	6.71	7.71	9.71	11.65	15.65	19.58
K	max	1.2	1.4	1.6	1.8	2	2.2	2.6	3	3.44
	min	0.8	1	1.2	1.4	1.6	1.8	2.2	2.6	2.96
l①商品规格范围		4～8	5～10	6～14	6～18	6～22	10～26	12～30	16～30	20～30

注：尽可能不采用括号内的规格。

①公称尺寸长度系列为：4～20mm（1进位）；22～30mm（2进位）。

4. 开口型沉头抽芯铆钉　51级（GB/T 12617.4—2006）

开口型沉头抽芯铆钉　51级的技术参数见表7-48。

表7-48　开口型沉头抽芯铆钉　51级的技术参数　（单位：mm）

钉体	d	公称	3	3.2	4	4.8	5
		max	3.08	3.28	4.08	4.88	5.08
		min	2.85	3.05	3.85	4.65	4.85
	d_k	max	6.3	6.7	8.4	10.1	10.5
		min	5.4	5.8	6.9	8.3	8.7
	k	max	1.3	1.3	1.7	2	2.1
钉芯	d_m	max	2.05	2.15	2.75	3.2	3.25
	p	min	25			27	
盲区长度	b	max	$l_{max}+4$	$l_{max}+4$	$l_{max}+4.5$	$l_{max}+5$	$l_{max}+5$
铆钉长度 l			推荐的铆接范围①				
公称=min	max						
6	7		1.5～3.0		1.0～2.5	—	
8	9		3.0～5.0		2.5～4.5	2.5～4.0	
10	11		5.0～6.5		4.5～6.5	4.0～6.0	
12	13		6.5～8.5		6.5～8.5	6.0～8.0	
14	15		8.5～10.5		8.5～10.0	—	
16	17		10.5～12.5		10.0～12.0	8.0～11.0	
18	19		—		—	11.0～13.0	

注：铆钉体的尺寸按附录A给出的计算公式求出。

①符合本表尺寸和《开口型沉头抽芯铆钉51级》GB/T 12617.4—2006规定的材料组合与性能等级的铆钉铆接范围，用最小和最大铆接长度表示。最小铆接长度仅为推荐值。某些使用场合可能使用更小的长度。

5. 开口型平圆头抽芯铆钉　10、11 级（GB/T 12618.1—2006）

《开口型平圆头抽芯铆钉　10、11 级》规定了铆钉钉体直径为 2.4～6.4mm、钉体材料为铝合金、钉芯材料为钢、性能等级为 10 级和 11 级。开口型平圆头抽芯铆钉的技术参数见表 7-49。

表 7-49　开口型平圆头抽芯铆钉　10、11 级的技术参数　　（单位：mm）

钉体	d	公称	2.4	3	3.2	4	4.8	5	6	6.4
		max	2.48	3.08	3.28	4.08	4.88	5.08	6.08	6.48
		min	2.25	2.85	3.05	3.85	4.65	4.85	5.85	6.25
	d_k	max	5.0	6.3	6.7	8.4	10.1	10.5	12.6	13.4
		min	4.2	5.4	5.8	6.9	8.3	8.7	10.8	11.6
	k	max	1	1.3	1.3	1.7	2	2.1	2.5	2.7
钉芯	d_m	max	1.55	2	2	2.45	2.95	2.95	3.4	3.9
	p	min	25			27				
盲区长度	b	max	$l_{max}+3.5$	$l_{max}+3.5$	$l_{max}+4$	$l_{max}+4$	$l_{max}+4.5$	$l_{max}+4.5$	$l_{max}+5$	$l_{max}+5.5$
铆钉长度 l[①]			推荐的铆接范围[②]							
公称＝min	max									
4	5		0.5～2.0	0.5～1.5		—	—		—	—
6	7		2.0～4.0	1.5～3.5		1.0～3.0	1.5～2.5		—	—
8	9		4.0～6.0	3.5～5.0		3.0～5.0	2.5～4.0		2.0～3.0	—
10	11		6.0～8.0	5.0～7.0		5.0～6.5	4.0～6.0		3.0～5.0	—
12	13		8.0～9.5	7.0～9.0		6.5～8.5	6.0～8.0		5.0～7.0	3.0～6.0
16	17		—	9.0～13.0		8.5～12.5	8.0～12.0		7.0～11.0	6.0～10.0
20	21		—	13.0～17.0		12.5～16.5	12.0～15.0		11.0～15.0	10.0～14.0
25	26		—	17.0～22.0		16.5～21.0	15.0～20.0		15.0～20.0	14.0～18.0
30	31		—	—		—	20.0～25.0		20.0～25.0	18.0～23.0

注：铆钉体的尺寸按附录 A 给出的计算公式求出。

①公称长度大于 30mm 时，应按 5mm 递增。为确认其可行性以及铆接范围可向制造者咨询。

②符合本表尺寸和《开口型平圆头抽芯铆钉 10.11 级》GB/T 12618.1—2006 规定的材料组合与性能等级的铆钉铆接范围。用最小和最大铆接长度表示。最小铆接长度仅为推荐值。某些使用场合可能使用更小的长度。

6. 开口型平圆头抽芯铆钉　30 级（GB/T 12618.2—2006）

《开口型平圆头抽芯铆钉　30 级》规定了铆钉钉体直径为 2.4～6.4mm、钉体材料及钉芯材料为碳素钢、性能等级为 30 级的开口型平圆头抽芯铆钉 30 级的技术参数见表 7-50。

表7-50　开口型平圆头抽芯铆钉　30级的技术参数　（单位：mm）

钉体	d	公称	2.4	3	3.2	4	4.8	5	6	6.4
		max	2.48	3.08	3.28	4.08	4.88	5.08	6.08	6.48
		min	2.25	2.85	3.05	3.85	4.65	4.85	5.85	6.25
	d_k	max	5.0	6.3	6.7	8.4	10.1	10.5	12.6	13.4
		min	4.2	5.4	5.8	6.9	8.3	8.7	10.8	11.6
	k	max	1	1.3	1.3	1.7	2	2.1	2.5	2.7
钉芯	d_m	max	1.5	2.15	2.15	2.8	3.5	3.5	3.4	4
	p	min	25			27				
盲区长度	b	max	$l_{max}+3.5$	$l_{max}+3.5$	$l_{max}+4$	$l_{max}+4$	$l_{max}+4.5$	$l_{max}+4.5$	$l_{max}+5$	$l_{max}+5.5$
铆钉长度 l①			推荐的铆接范围②							
公称 = min		max								
6		7	0.5~3.5	0.5~3.0		1.0~3.0	—		—	—
8		9	3.5~5.5	3.0~5.0		3.0~5.0	2.5~4.0		—	—
10		11	—	5.0~6.5		5.0~6.5	4.0~6.0		3.0~4.0	3.0~4.0
12		13	5.5~9.5	6.5~8.0		6.6~9.0	6.0~8.0		4.0~6.0	4.0~6.0
16		17	—	8.0~12.0		9.0~12.0	8.0~11.0		6.0~10.0	6.0~9.0
20		21	—	12.0~16.0		12.0~16.0	11.0~15.0		10.0~14.0	9.0~13.0
25		26	—	—		—	15.0~19.5		14.0~19.0	13.0~19.0
30		31	—	—		16.0~25.0	19.5~25.0		19.0~24.0	19.0~24.0

注：铆钉体的尺寸按附录A给出的计算公式求出。

①公称长度大于30mm时，应按5mm递增。为确认其可行性以及铆接范围可向制造者咨询。

②符合本表尺寸和《开口型平圆头抽芯铆钉 30级》GB/T 12618.2—2006规定的材料组合与性能等级的铆钉铆接范围。用最小和最大铆接长度表示。最小铆接长度仅为推荐值。某些使用场合可能使用更小的长度。

7. 开口型平圆头抽芯铆钉　12级（GB/T 12618.3—2006）

《开口型平圆头抽芯铆钉　12级》规定了铆钉钉体直径为2.4~6.4mm、钉体材料、钉芯材料为铝合金、性能等级为12级的开口型平圆头抽芯铆钉的技术参数见表7-51。

表7-51　开口型平圆头抽芯铆钉　12级的技术参数　（单位：mm）

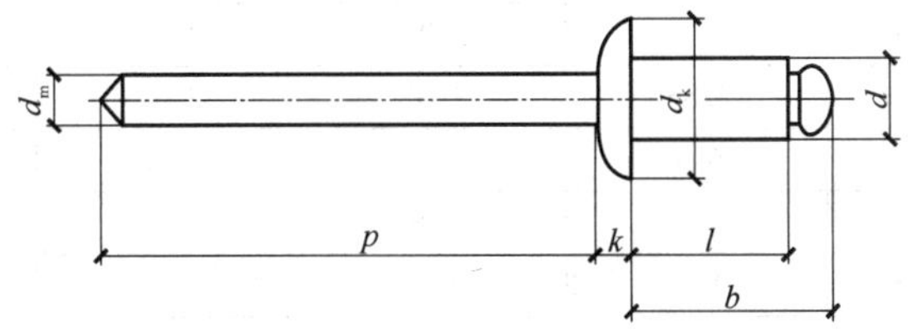

（续）

钉体	d	公称	2.4	3.2	4	4.8	6.4
		max	2.48	3.28	4.08	4.88	6.48
		min	2.25	3.05	3.85	4.65	6.25
	d_k	max	5.0	6.7	8.4	10.1	13.4
		min	4.2	5.8	6.9	8.3	11.6
	k	max	1	1.3	1.7	2	2.7
钉芯	d_m	max	1.6	2.1	2.55	3.05	4
	p	min	25			27	
盲区长度	b	max	$l_{max}+3$	$l_{max}+3$	$l_{max}+3.5$	$l_{max}+4$	$l_{max}+5.5$
铆钉长度 l			推荐的铆接范围①				
公称 = min	max						
5	6		—	0.5 ~ 1.5	—	—	—
6	7		0.5 ~ 3.0	1.5 ~ 3.5	1.0 ~ 3.0	1.5 ~ 2.5	—
8	9		—	3.5 ~ 5.0	3.0 ~ 5.0	2.5 ~ 4.0	—
9	10		3.0 ~ 6.0	—	—	—	—
10	11		—	5.0 ~ 7.0	5.0 ~ 6.5	4.0 ~ 6.0	—
12	13		6.0 ~ 9.0	7.0 ~ 9.0	6.5 ~ 8.5	6.0 ~ 8.0	3.0 ~ 6.0
16	17		—	9.0 ~ 13.0	8.5 ~ 12.5	8.0 ~ 12.0	6.0 ~ 10.0
20	21		—	13.0 ~ 17.0	12.5 ~ 16.5	12.0 ~ 15.0	10.0 ~ 14.0
25	26		—	17.0 ~ 22.0	16.5 ~ 21.5	15.0 ~ 20.0	14.0 ~ 18.0
30	31		—	—	—	20.0 ~ 25.0	18.0 ~ 23.0

注：铆钉体的尺寸按附录 A 给出的计算公式求出。

①符合本表尺寸和《开口型平头抽芯铆钉 12 级》GB/T 12618.3—2006 规定的材料组合与性能等级的铆钉铆接范围，用最小和最大铆接长度表示，最小铆接长度仅为推荐值。某些使用场合可能使用更小的长度。

8. 开口型平圆头抽芯铆钉　51 级（GB/T 12618.4—2006）

《开口型平圆头抽芯铆钉　51 级》规定了铆钉钉体直径为 $d=3\sim5$mm、钉体材料及钉芯材料为奥氏体不锈钢（A2）、性能等级为 51 级。开口型平圆头抽芯铆钉 51 级的技术参数见表 7-52。

表 7-52　开口型平圆头抽芯铆钉　51 级的技术参数　（单位：mm）

钉体	d	公称	3	3.2	4	4.8	5
		max	3.08	3.28	4.08	4.88	5.08
		min	2.85	3.05	3.85	4.65	4.85
	d_k	max	6.3	6.7	8.4	10.1	10.5
		min	5.4	5.8	6.9	8.3	8.7
	k	max	1.3	1.3	1.7	2	2.1

（续）

钉芯	d_m	max	2.05	2.15	2.75	3.2	3.25
	p	min	25			27	
盲区长度	b	max	$l_{max}+4$	$l_{max}+4$	$l_{max}+4.5$	$l_{max}+5$	$l_{max}+5$
铆钉长度 l①			推荐的铆接范围②				
公称 = min	max						
6	7		0.5 ~ 3.0		1.0 ~ 2.5	1.5 ~ 2.0	
8	9		3.0 ~ 5.0		2.5 ~ 4.5	2.0 ~ 4.0	
10	11		5.0 ~ 6.5		4.5 ~ 6.5	4.0 ~ 6.0	
12	13		6.5 ~ 8.5		6.5 ~ 8.5	6.0 ~ 8.0	
14	15		8.5 ~ 10.5		8.5 ~ 10.0	—	
16	17		10.5 ~ 12.5		10.0 ~ 12.0	8.0 ~ 11.0	
18	19		—		12.0 ~ 14.0	11.0 ~ 13.0	
20	21		—		14.0 ~ 16.0	13.0 ~ 16.0	
25	26		—		16.0 ~ 21.0	16.0 ~ 19.0	

注：铆钉体的尺寸按附录 A 给出的计算公式求出。

①公称长度大于 25mm 时，应按 5mm 递增。为确认其可行性以及铆接范围可向制造者咨询。

②符合本表尺寸和《开口型平圆头抽芯铆钉 51 级》GB/T 12618.4—2006 规定的材料组合与性能等级的铆钉铆接范围，用最小和最大铆接长度表示。最小铆接长度仅为推荐值。某些使用场合可能使用更小的长度。

9. 开口型平圆头抽芯铆钉　20、21、22 级（GB/T 12618.5—2006）

《开口型平圆头抽芯铆钉　20、21、22 级》规定了铆钉钉体直径为 3 ~ 4.8mm、钉体材料为铜、钉芯材料为钢（青铜或不锈钢）、性能等级为 20、21、22 级。开口型圆头抽芯铆钉的技术参数见表 7-53。

表 7-53　开口型平圆头抽芯铆钉　20、21、22 级的技术参数　（单位：mm）

钉体	d	公称	3	3.2	4	4.8
		max	3.08	3.28	4.08	4.88
		min	2.85	3.05	3.85	4.65
	d_k	max	6.3	6.7	8.4	10.1
		min	5.4	5.8	6.9	8.3
	k	max	1.3	1.3	1.7	2
钉芯	d_m	max	2	2	2.45	2.95
	p	min	25			27
盲区长度	b	max	$l_{max}+3.5$	$l_{max}+4$	$l_{max}+4$	$l_{max}+4.5$
铆钉长度 l			推荐的铆接范围①			
公称 = min	max					
5	6		0.5 ~ 2.0		1.0 ~ 2.5	—
6	7		2.0 ~ 3.0		2.5 ~ 3.5	—

（续）

铆钉长度 l		推荐的铆接范围①		
公称 = min	max			
8	9	3.0～5.0	3.5～5.0	2.5～4.0
10	11	5.0～7.0	5.0～7.0	4.0～6.0
12	13	7.0～9.0	7.0～8.5	6.0～8.0
14	15	9.0～11.0	8.5～10.0	8.0～10.0
16	17	—	10.0～12.5	10.0～12.0
18	19	—	—	12.0～14.0
20	21	—	—	14.0～16.0

注：铆钉体的尺寸按附录 A 给出的计算公式求出。

①符合本表尺寸和《开口型平头铆钉 20、21、22 级》GB/T 12618.5—2006 规定的材料组合与性能等级的铆钉铆接范围，用最小和最大铆接长度表示。最小铆钉长度仅为推荐值，某些使用场合可能使用更小的长度。

10. 开口型平圆头抽芯铆钉　40、41 级（GB/T 12618.6—2006）

《开口型平圆头抽芯铆钉　40、41 级》规定了铆钉钉钵直径为 3.2～6.4mm、钉体材料为镍铜合金、钉芯材料为钢或不锈钢、性能等级为 40、41 级。开口型平圆头抽芯铆钉　40、41 级的技术参数见表 7-54。

表 7-54　开口型平圆头抽芯铆钉　40、41 级的技术参数　　（单位：mm）

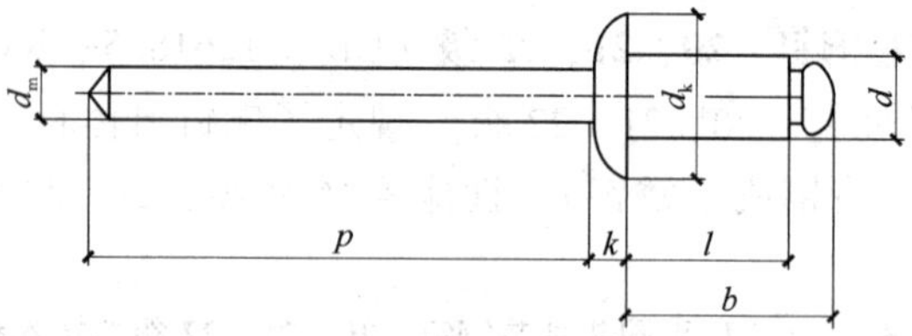

钉体	d	公称	3.2	4	4.8	6.4
		max	3.28	4.08	4.88	6.48
		min	3.05	3.85	4.65	6.25
	d_k	max	6.7	8.4	10.1	13.4
		min	5.8	6.9	8.3	11.6
	k	max	1.3	1.7	2	2.7
钉芯	d_m	max	2.15	2.75	3.2	3.9
	p	min	25	27		
盲区长度	b	max	$l_{max}+4$	$l_{max}+4$	$l_{max}+4.5$	$l_{max}+5.5$

铆钉长度 l		推荐的铆接范围①			
公称 = min	max				
5	6	1.0～3.0	1.0～3.0	—	—
6	7	—	—	2.0～4.0	—
8	9	3.0～5.0	3.0～5.0	—	—
10	11	5.0～7.0	5.0～7.0	4.0～6.0	—
12	13	7.0～9.0	7.0～9.0	6.0～8.0	3.0～6.0
14	15	—	9.0～10.5	8.0～10.0	—

（续）

淬硬钢和马氏体不锈钢内螺纹圆柱销											
d	m6①	6	8	10	12	16	20	25	30	40	50
a	≈	0.8	1	1.2	1.6	2	2.5	3	4	5	6.3
c		2.1	2.6	3	3.8	4.6	6	6	7	8	10
d_1		M4	M5	M6	M6	M8	M10	M16	M20	M20	M24
P②		0.7	0.8	1	1	1.25	1.5	2	2.5	2.5	3
d_2		4.3	5.3	6.4	6.4	8.4	10.5	17	21	21	25
t_1		6	8	10	12	16	18	24	30	30	36
t_2	min	10	12	16	20	25	28	35	40	40	50
t_3		1	1.2	1.2	1.2	1.5	1.5	2	2	2.5	2.5

注：①其他公差由供需双方协议。

②公称长度大于 200mm，按 20mm 递增。

3. 弹性圆柱销（GB/T 879.1～.5—2018）

弹性圆柱销又称弹簧销，是一种无头中空的柱形体，轴向开槽，两头端部有倒角，需具备良好的弹性及抗剪切力。用于零件之间的定位、连接、固定等。装入后不易松脱，对槽孔精度要求不高，可多次使用。适用于具有冲击、振动的场合，但不适用于高精度定位及不穿透的销孔。销的外径比装配孔径稍大一点，其技术参数见表 7-58。

表 7-58　弹性圆柱销的技术参数　（单位：mm）

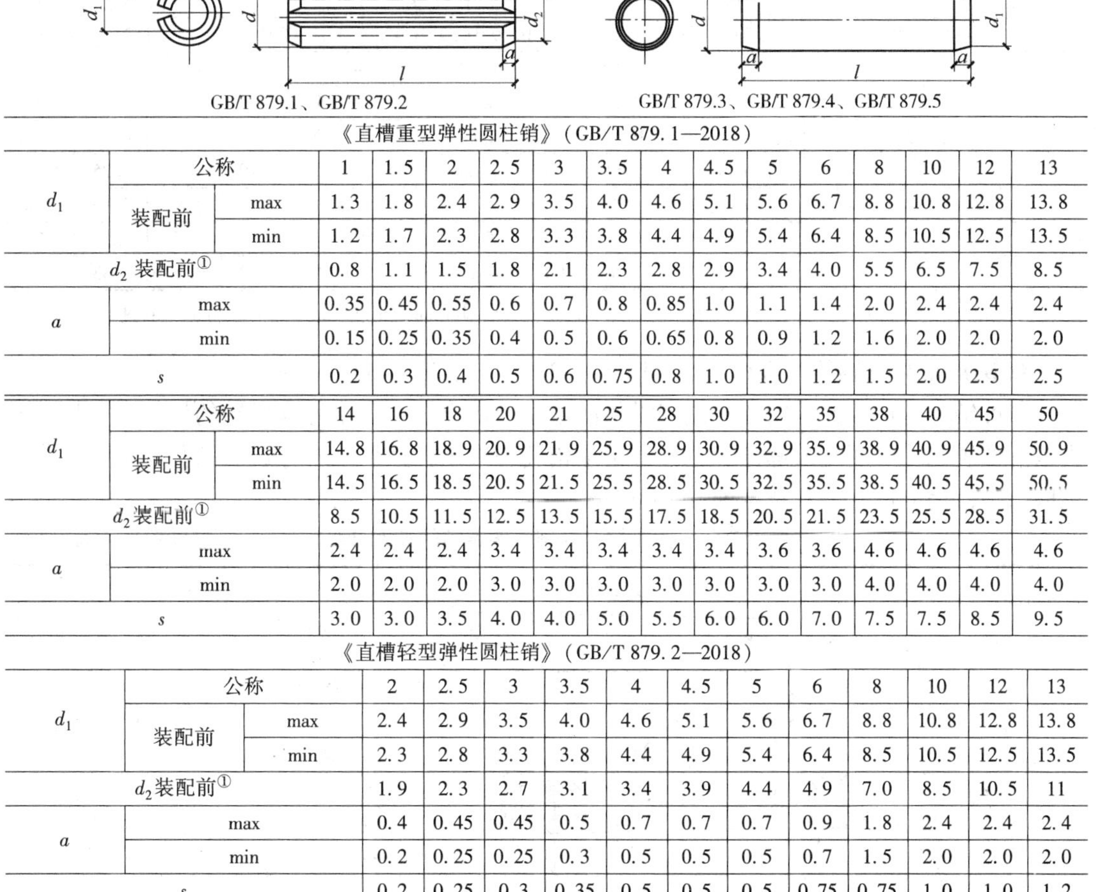

《直槽重型弹性圆柱销》（GB/T 879.1—2018）

d_1	公称		1	1.5	2	2.5	3	3.5	4	4.5	5	6	8	10	12	13
	装配前	max	1.3	1.8	2.4	2.9	3.5	4.0	4.6	5.1	5.6	6.7	8.8	10.8	12.8	13.8
		min	1.2	1.7	2.3	2.8	3.3	3.8	4.4	4.9	5.4	6.4	8.5	10.5	12.5	13.5
d_2 装配前①			0.8	1.1	1.5	1.8	2.1	2.3	2.8	2.9	3.4	4.0	5.5	6.5	7.5	8.5
a	max		0.35	0.45	0.55	0.6	0.7	0.8	0.85	1.0	1.1	1.4	2.0	2.4	2.4	2.4
	min		0.15	0.25	0.35	0.4	0.5	0.6	0.65	0.8	0.9	1.2	1.6	2.0	2.0	2.0
s			0.2	0.3	0.4	0.5	0.6	0.75	0.8	1.0	1.0	1.2	1.5	2.0	2.5	2.5
d_1	公称		14	16	18	20	21	25	28	30	32	35	38	40	45	50
	装配前	max	14.8	16.8	18.9	20.9	21.9	25.9	28.9	30.9	32.9	35.9	38.9	40.9	45.9	50.9
		min	14.5	16.5	18.5	20.5	21.5	25.5	28.5	30.5	32.5	35.5	38.5	40.5	45.5	50.5
d_2 装配前①			8.5	10.5	11.5	12.5	13.5	15.5	17.5	18.5	20.5	21.5	23.5	25.5	28.5	31.5
a	max		2.4	2.4	2.4	3.4	3.4	3.4	3.4	3.4	3.6	3.6	4.6	4.6	4.6	4.6
	min		2.0	2.0	2.0	3.0	3.0	3.0	3.0	3.0	3.0	3.0	4.0	4.0	4.0	4.0
s			3.0	3.0	3.5	4.0	4.0	5.0	5.5	6.0	6.0	7.0	7.5	7.5	8.5	9.5

《直槽轻型弹性圆柱销》（GB/T 879.2—2018）

d_1	公称		2	2.5	3	3.5	4	4.5	5	6	8	10	12	13
	装配前	max	2.4	2.9	3.5	4.0	4.6	5.1	5.6	6.7	8.8	10.8	12.8	13.8
		min	2.3	2.8	3.3	3.8	4.4	4.9	5.4	6.4	8.5	10.5	12.5	13.5
d_2 装配前①			1.9	2.3	2.7	3.1	3.4	3.9	4.4	4.9	7.0	8.5	10.5	11
a	max		0.4	0.45	0.45	0.5	0.7	0.7	0.7	0.9	1.8	2.4	2.4	2.4
	min		0.2	0.25	0.25	0.3	0.5	0.5	0.5	0.7	1.5	2.0	2.0	2.0
s			0.2	0.25	0.3	0.35	0.5	0.5	0.5	0.75	0.75	1.0	1.0	1.2

（续）

《直槽轻型弹性圆柱销》（GB/T 879.2—2018）

d_1	公称		14	16	18	20	21	25	28	30	35	10	15	50
	装配前	max	14.8	16.8	18.9	20.9	21.9	25.9	28.9	30.9	35.9	40.9	45.9	50.9
		min	14.5	16.5	18.5	20.5	21.5	25.5	28.5	30.5	35.5	40.5	45.5	50.5
d_2装配前①			11.5	13.5	15.0	16.5	17.5	21.5	23.5	25.5	28.5	32.5	37.5	40.5
a		max	2.4	2.4	2.4	2.4	2.4	3.4	3.4	3.4	3.6	4.6	4.6	4.6
		min	2.0	2.0	2.0	2.0	2.0	3.0	3.0	3.0	3.0	4.0	4.0	4.0
s			1.5	1.5	1.7	2.0	2.0	2.0	2.5	2.5	3.5	4.0	4.0	5.0

《卷制重型弹性圆柱销》（GB/T 879.3—2018）

d_1	公称		1.5	2	2.5	3	3.5	4	5	6	8	10	12	14	16	20
	装配前	max	1.71	2.21	2.73	3.25	3.79	4.30	5.35	6.40	8.55	10.65	12.75	14.85	16.9	21.0
		min	1.61	2.11	2.62	3.12	3.64	4.15	5.15	6.18	8.25	10.30	12.35	14.40	16.4	20.4
d_2	装配前	max	1.4	1.9	2.4	2.9	3.4	3.9	4.85	5.85	7.8	9.75	11.7	13.6	15.6	19.6
a		≈	0.5	0.7	0.7	0.9	1	1.1	1.3	1.5	2	2.5	3	3.5	4	4.5
s			0.17	0.22	0.28	0.33	0.39	0.45	0.56	0.67	0.9	1.1	1.3	1.6	1.8	2.2

《卷制标准型弹性圆柱销》（GB/T 879.4—2018）

d_1	公称		0.8	1	1.2	1.5	2	2.5	3	3.5	4	5	6	8	10	12	14	16	20
	装配前	max	0.91	1.15	1.35	1.73	2.25	2.78	3.30	3.84	4.4	5.50	6.50	8.63	10.80	12.85	14.95	17.00	21.10
		min	0.85	1.05	1.25	1.62	2.13	2.65	3.15	3.67	4.2	5.25	6.25	8.30	10.35	12.40	14.45	16.45	20.40
d_2	装配前	max	0.75	0.95	1.15	1.4	1.9	2.4	2.9	3.4	3.9	4.85	5.85	7.8	9.75	11.7	13.6	15.6	19.6
a		≈	0.3	0.3	0.4	0.5	0.7	0.7	0.9	1	1.1	1.3	1.5	2	2.5	3	3.5	4	4.5
s			0.07	0.08	0.1	0.13	0.17	0.21	0.25	0.29	0.33	0.42	0.5	0.67	0.84	1	1.2	1.3	1.7

《卷制轻型弹性圆柱销》（GB/T 879.5—2018）

d_1	公称		1.5	2	2.5	3	3.5	4	5	6	8
	装配前	max	1.75	2.28	2.82	3.35	3.87	4.45	5.5	6.35	8.65
		min	1.62	2.13	2.65	3.15	3.67	4.20	5.2	6.25	8.30
d_2	装配前	max	1.4	1.9	2.4	2.9	3.4	3.9	4.85	5.85	7.8
a		≈	0.5	0.7	0.7	0.9	1	1.1	1.3	1.5	2
s			0.08	0.11	0.14	0.17	0.19	0.22	0.28	0.33	0.45

①公称尺寸长度系列为：4mm、5mm、6～32mm（2进位）；35～100mm（5进位）；120～200mm（10进位）。

4. 圆锥销与内螺纹圆锥销（GB/T 117—2000）、（GB/T 118—2000）

圆锥销与内螺纹圆锥销主要用于零件的定位及固定，多用于经常拆卸的场合。内螺纹圆锥销有螺纹孔，以便旋入螺栓，把圆锥销从销孔中取出，适用于不穿透的销孔或从销孔中很难取出圆锥销的场合，其技术参数见表7-59。

表7-59 圆锥销与内螺纹圆锥销的技术参数（单位：mm）

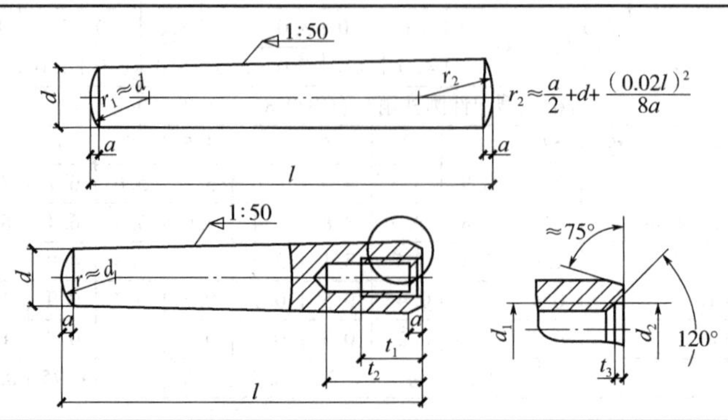

（续）

《圆锥销》（GB/T 117—2000）										
d 公称	0.6	0.8	1	1.2	1.5	2	2.5	3	4	5
a max	0.08	0.1	0.12	0.16	0.2	0.25	0.3	0.4	0.5	0.63
l①商品规格范围	4~8	5~12	6~16	6~20	8~24	10~35	10~35	12~45	14~55	18~60
d 公称	6	8	10	12	16	20	25	30	40	50
a max	0.8	1	1.2	1.6	2	2.5	3	4	5	6.3
l①商品规格范围	22~90	22~120	26~160	32~180	40~200	45~200	50~200	55~200	60~200	65~200
《内螺纹圆锥销》（GB/T 118—2000）										
d（h10）	6	8	10	12	16	20	25	30	40	50
a ≈	0.8	1	1.2	1.6	2	2.5	3	4	5	6.3
d_1	M4	M5	M6	M8	M10	M12	M16	M20	M20	M24
d_2	4.3	5.3	6.4	8.4	10.5	13	17	21	21	25
t_1	6	8	10	12	16	18	24	30	30	36
t_2 min	10	12	16	20	25	28	35	40	40	50
t_3	1	1.2	1.2	1.2	1.5	1.5	2	2	2.5	2.5
l①商品规格范围	16~60	18~80	22~100	26~120	32~160	40~200	50~200	60~200	80~200	100~200

①公称长度大于200mm，按20mm递增。

5. 螺尾锥销（GB/T 881—2000）

螺尾锥销为一种螺纹紧固件。主要用于定位和固定零件、传递动力，多用于拆卸困难的场合，其技术参数见表7-60。

表7-60　螺尾锥销的技术参数　（单位：mm）

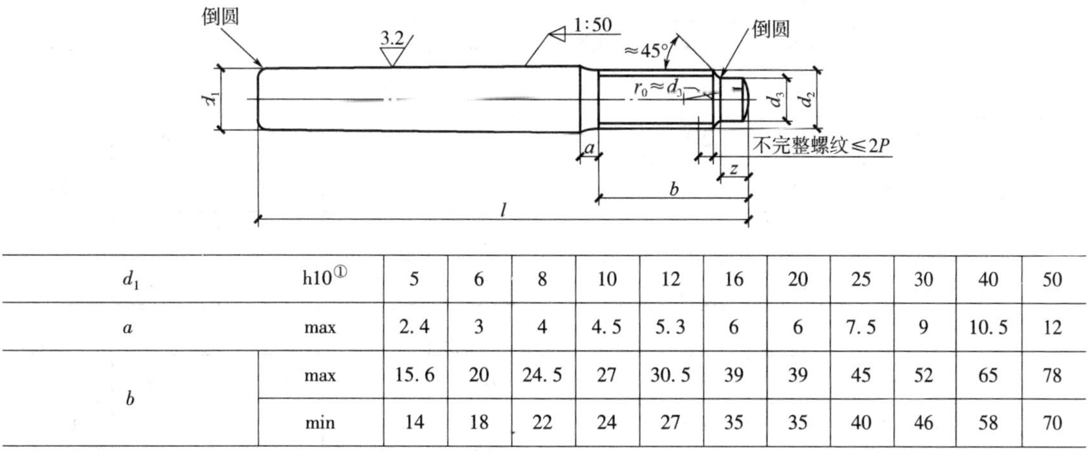

d_1	h10①	5	6	8	10	12	16	20	25	30	40	50
a	max	2.4	3	4	4.5	5.3	6	6	7.5	9	10.5	12
b	max	15.6	20	24.5	27	30.5	39	39	45	52	65	78
	min	14	18	22	24	27	35	35	40	46	58	70

（续）

d_2		M5	M6	M8	M10	M12	M16	M16	M20	M24	M30	M36
P[2]		0.8	1	1.25	1.5	1.75	2	2	2.5	3	3.5	4
d_3	max	3.5	4	5.5	7	8.5	12	12	15	18	23	28
	min	3.25	3.7	5.2	6.6	8.1	11.5	11.5	14.5	17.5	22.5	27.5
z	max	1.5	1.75	2.25	2.75	3.25	4.3	4.3	5.3	6.3	7.5	9.4
	min	1.25	1.5	2	2.5	3	4	4	5	6	7	9
商品规格范围 l	mm	40 ~ 50	45 ~ 60	55 ~ 75	65 ~ 100	85 ~ 120	100 ~ 160	120 ~ 190	140 ~ 250	160 ~ 280	190 ~ 320	220 ~ 400

①其他公差由供需双方协议。

②P——螺距。

③公称长度大于400mm，按40mm递增。

6. 开口销（GB/T 91—2000）

开口销俗称弹簧销、安全销。常用弹性好的优质钢材料制造而成。用于螺纹连接防松。螺母拧紧后，把开口销插入螺母槽与螺栓尾部孔内，并将开口销尾部扳开，防止螺母与螺栓的相对转动，其技术参数见表7-61。

表7-61　开口销的技术参数　（单位：mm）

允许制造的型式

公称规格[1]			0.6	0.8	1	2	1.6	2	2.5	3.2
d		max	0.5	0.7	0.9	1.0	1.4	1.8	2.3	2.9
		min	0.4	0.6	0.8	0.9	1.3	1.7	2.1	2.7
a		max	1.6	1.6	1.6	2.50	2.50	2.50	2.50	3.2
		min	0.8	0.8	0.8	1.25	1.25	1.25	1.25	1.6
b		≈	2	2.4	3	3	3.2	4	5	6.4
c		max	1.0	1.4	1.8	2.0	2.8	3.6	4.6	5.8
		min	0.9	1.2	1.6	1.7	2.4	3.2	4.0	5.1
适用的直径[2,3]	螺栓	>	—	2.5	3.5	4.5	5.5	7	9	11
		≤	2.5	3.5	4.5	5.5	7	9	11	14
	U形销	>	—	2	3	4	5	6	8	9
		≤	2	3	4	5	6	8	9	12
公称规格[1]			4	5	6.3	8	10	13	16	20
d		max	3.7	4.6	5.9	7.5	9.5	12.4	15.4	19.3
		min	3.5	4.4	5.7	7.3	9.3	12.1	15.1	19.0

（续）

公称规格[①]			4	5	6.3	8	10	13	16	20
a		max	4	4	4	4	6.30	6.30	6.30	6.30
		min	2	2	2	2	3.15	3.15	3.15	3.15
b		≈	8	10	12.6	16	20	26	32	40
c		max	7.4	9.2	11.8	15.0	19.0	24.8	30.8	38.5
		min	6.5	8.0	10.3	13.1	16.6	21.7	27.0	33.8
适用的直径[②③]	螺栓	>	14	20	27	39	56	80	120	170
		≤	20	27	39	56	80	120	170	—
	U形销	>	12	17	23	29	44	69	110	160
		≤	17	23	29	44	69	110	160	—

①公称规格等于开口销孔的直径。对销孔直径推荐的公差为：

公称规格≤1.2：H13；

公称规格>1.2：H14

根据供需双方协议，允许采用公称规格为3、6和12mm的开口销。

②用于铁道和在U形销中开口销承受交变横向力的场合。推荐使用的开口销规格应较本表规定的加大一档。

③公称长度系列为4、5、6~22（2进位），25、28、32、36、40、45、50、56、63、71、80、90、100、112、128、140、180、200、224、250、280。

7.3　焊接材料

7.3.1　焊接设备

1. 焊接设备的构成

焊接设备的整体构成要素包括焊接能源设备、焊接机头和焊接控制系统等，其功用及特点见表7-62。

表7-62　焊接设备的功用及特点

焊接设备	功用	特点
焊接能源设备	提供焊接所需的能量	常用的是各种弧焊电源，也称电焊机。其空载电压为60~100V，工作电压为25~45V，输出电流为50~1000A。焊条电弧焊时，弧长常发生变化，引起焊接电压变化。为使焊接电流稳定，所用弧焊电源的外特性应是陡降的，即随着输出电压的变化，输出电流的变化应很小。熔化极气体保护电弧焊和埋弧焊可采用平特性电源，其输出电压在电流变化时变化很小。弧焊电源一般有弧焊变压器、直流弧焊发电机和弧焊整流器。弧焊变压器提供的是交流电，应用较广。直流弧焊发电机提供直流电，制造较复杂、消耗材料较多且效率较低，有渐被弧焊整流器取代的趋势。弧焊整流器为直流弧焊电源，采用硅二极管或可控硅作整流器。20世纪60年代出现的用大功率晶体管组成的晶体管式弧焊电源，能获得较高的控制精度和优良的性能，但成本较高。电阻焊的焊接能源设备中较简单的是电阻焊变压器，空载电压范围为1~36V，电流从几千A到几万A。配用这种焊接能源设备的焊机称为交流电阻焊机。其他还有低频电阻焊机、直流脉冲电阻焊机、电容储能电阻焊机和次级整流电阻焊机

（续）

焊接设备	功用	特点
焊接机头	将焊接能源设备输出的能量转换成焊接热，并不断送进焊接材料，同时机头自身向前移动，实现焊接	焊条电弧焊用的电焊钳，随焊条的熔化，需不断手动向下送进焊条，并向前移动形成焊缝。自动焊机有自动送进焊丝机构，并有机头行走机构使机头向前移动。常用的有小车式和悬挂式机头两种。电阻点焊和凸焊的焊接机头是电极及其加压机构，用以对工件施加压力和通电。缝焊另有传动机构，以带动工件移动。对焊时需要有静、动夹具和夹具夹紧机构，以及移动夹具和顶锻机构
焊接控制系统	控制整个焊接过程，包括控制焊接程序和焊接规范参数	一般的交流弧焊机没有控制系统。高效或精密焊机用电子电路、数字电路和微处理机控制。工艺装备完成焊接操作的辅助设备，包括保证焊件尺寸、防止焊接变形的焊接夹具；焊接小型工件用的焊接工作台；将工件回转或倾斜，使焊件接头处于水平或船形位置的焊接变位机；将工件绕水平轴翻转的焊接翻转机；将焊件绕垂直轴作水平回转的焊接回转台；带动圆筒形或锥形工件旋转的焊接滚轮架以及焊接大型工件时，带动操作者升降的焊工升降台
焊接设备辅助器具	电弧焊接操作保护器具	包括防止操作人员被焊接电弧或其他焊接能源产生的紫外线、红外线或其他射线伤害眼睛的气焊眼镜，电弧焊时保护焊工眼睛、面部和颈部的面罩，白色工作服、焊工手套和护脚等

2. 常用焊接工艺设备

常用焊接工艺分类一般根据热源的性质、形成接头的状态及是否采用加压来划分。主要分为熔化焊（熔化焊是将焊件接头加热至熔化状态，不加压力完成焊接的方法，包括气焊、电弧焊、电渣焊、激光焊、电子束焊、等离子弧焊、堆焊和铝热焊等）、压焊［压焊是通过对焊件施加压力（加热或不加热）来完成焊接的方法，包括爆炸焊、冷压焊、摩擦焊、扩散焊、超声波焊、高频焊和电阻焊等］和钎焊（钎焊是采用比母材熔点低的金属材料作为钎料，在加热温度高于钎料低于母材熔点的情况下，利用液态钎料润湿母材，填充接头间隙，并与母材相互扩散实现连接焊件的方法。包括硬钎焊、软钎焊等）。在建筑工程施工中常用的焊接工艺设备见表7-63。

表7-63　常用的焊接工艺设备

设备名称	工艺特点
手弧焊设备	手弧焊使用的设备简单、方法简便灵活、适应性强，但对焊工操作要求高。手弧焊适用于碳钢、低合金钢、不锈钢、铜及铜合金等金属材料的焊接
埋弧焊设备	埋弧焊（含埋弧堆焊及电渣堆焊）是一种电弧在焊剂层下燃烧进行焊接的方法。其固有的焊接质量稳定、焊接生产率高、无弧光及烟尘少等优点，使其成为压力容器、管段制造、箱型梁柱等重要钢结构制作中的主要焊接方法。埋弧焊（SAW）设备由焊接电源、埋弧焊机和辅助设备构成。其电源可以用交流、直流或交直流并用。埋弧焊机分为自动焊机和半自动焊机两大类
CO_2 气体保护焊设备	CO_2 气体保护焊设备主要由焊接电源、供气系统、送丝机构和焊枪等组成。焊枪是执行焊接操作的部分，它使用灵活、方便快捷、工艺简单
MIG 惰性气体保护焊设备	MIG 惰性气体保护焊设备包括焊枪、焊接电源与控制装置、供气系统和供水系统四大部分

（续）

设备名称	工艺特点
等离子弧焊设备	等离子弧焊（PAW，Plasma Arc Welding）设备主要包括焊接电源、控制系统、焊枪、气路系统和水路系统。是利用等离子弧作为热源的焊接方法。气体由电弧加热产生离解，在高速通过水冷喷嘴时受到压缩，增大能量密度和离解度，形成等离子弧。其稳定性、发热量和温度都高于一般电弧，因而具有较大的熔透力和焊接速度。形成等离子弧的气体和它周围的保护气体一般用氩。根据各种工件的材料性质，也可使用氦、氮、氩或其中两者混合的混合气体
超声波焊接设备	超声波焊接（Ultrasonic welding）设备主要包括超声波塑料焊接机和超声波金属焊接机。超声波塑料焊接机对各种热塑性胶件均可使用超声波焊接处理，在焊接塑料制品时，不添加任何粘接剂、填料或溶剂，不消耗大量热源，具有操作简便、焊接速度快、焊接强度高、生产效率高等优点

3. 电焊设备

（1）BX3交流弧焊机　BX3交流弧焊机为单人施焊交流弧焊设备，适用于焊接各种规格的中碳钢、低合金钢工件，其外形、规格及技术参数见表7-64。

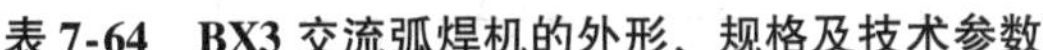

表7-64　BX3交流弧焊机的外形、规格及技术参数

型号		BX3-300-2	BX3-500-2
一次电压/V		380	380
电流调节范围/A	接法Ⅰ	36～115	60～190
	接法Ⅱ	120～330	185～530
空载电压/V	接法Ⅰ	78	70
	接法Ⅱ	70	75
额定工作电压/V		32	40
额定负荷持续率（%）		35	35
效率（%）		83	87
功率因数（cos）		0.49	0.57
频率/Hz		50	50
一次电流/A		41.8	59
二次电流/A		189.7	316
外形尺寸/mm		593×425×810	670×465×830
质量/kg		150	210

（2）BX6 系列交流弧焊机　BX6 系列交流弧焊机为单人施焊交流弧焊设备，适用于焊接各种结构工件和钢板结构工件，也可进行结构填补工作，其外形、规格及技术参数见表 7-65。

表 7-65　BX6 系列交流弧焊机的外形、规格及技术参数

型号	BX6-125	BX6-160	BX6-200	BX3-300
一次电压/V	220/380	220/380	220/380	380
频率/Hz	50	50	50	50
电流调节范围/A	50～125	60～165	60～210	90～300
空载电压/V	54	54	54	54
额定工作电压/V	125	160	200	300
额定负荷持续率（%）	20	20	20	20
额定焊接电流/A	125	160	200	300
额定一次电流/A	21	28	33	48
效率（%）	70	70	70	70
额定工作电压/V	25	26.4	28	32
调节档数	6	6	6	6
相数	1	1	1	1
外形尺寸（$L\times B\times H$）/mm	530×265×460	555×290×470	565×310×480	610×380×596
质量/kg	35	44	48	88

（3）硅整流弧焊机　硅整流弧焊机，采用可控硅元件，在电源变压器的次级回路中，既起整流作用又利用触发相位角来改变输出直流电压大小，弧焊机从直流输出端的分流器上，取出电流信号，作为电流负反馈信号，随着直流输出电流的增加，负反馈也增加，可控硅的导通角减小，输出直流电压下降，从而获得了下降的外特性。对低碳钢、中碳钢、低合金钢、不锈钢可作全位置焊接，其外形、规格及技术参数见表 7-66。

表 7-66　硅整流弧焊机的外形、规格及技术参数

型号	ZXGl-160	ZXGl-250	ZXGl-400
一次电压/V	380	380	380

（续）

型号	ZXGl-160	ZXGl-250	ZXGl-400
相数	3	3	3
频率/Hz	50	50	50
输入电流/A	16. 8	26. 3	42
额定输入容量/kVA	11	17. 3	27. 8
空载电压/V	71. 5	71. 5	71. 5
工作电压/V	22 ~ 28	22 ~ 32	24 ~ 39
电流调节范围/A	422 ~ 28	62 ~ 300	100 ~ 480
额定焊接电流/A	160	250	400
额定负载持续率（%）	60	60	60
外形尺寸/mm	595 × 480 × 970	635 × 530 × 1030	686 × 570 × 1075
质量/kg	138	182	283

7. 3. 2　焊接材料

1. 焊条

（1）不锈钢焊条和耐热钢焊条　不锈钢焊条和热强钢焊条其技术参数见表 7-67。

表 7-67　不锈钢焊条和热强钢焊条的技术参数

焊条牌号	相当于国家标准型号①	药皮类型	焊接电源②
不锈钢焊条			
G202	EA10-16	钛钙型	AC/DC
G207	EA10-15	低氢型	DC
G217	—	低氢型	DC
G302	EA30-16	钛钙型	AC/DC
G307	EA30-15	低氢型	DC
A001G15	E308L-26	氧化钛型	AC/DC
A002	E308L-16	钛钙型	AC/DC
A002A	E308L-16	氧化钛型	AC/DC
A012Si	—	钛钙型	AC/DC
A022	E3161-16	钛钙型	AC/DC
A022Si	E3061-16	钛钙型	AC/DC
A032	M317Mo-CuL-16	钛钙型	AC/DC
A042	E309MoL-16	钛钙型	AC/DC
A042Si	—	—	AC/DC
A052	—	钛钙型	AC/DC
A062	E309L-16	钛钙型	AC/DC
A072	—	钛钙型	AC/DC
A101	E308-17	钛钙型	AC/DC
A102	E308-16	钛钙型	AC/DC

（续）

焊条牌号	相当于国家标准型号[①]	药皮类型	焊接电源[②]
不锈钢焊条			
A102A	E308-17	钛酸型	AC/DC
A102T	E308-26	钛钙型	AC/DC
A107	E308-15	低氢型	DC
A112	—	钛钙型	AC/DC
A117	—	低氢型	DC
A122	—	钛钙型	AC/DC
A132	E347-16	钛钙型	AC/DC
A132A	E347-17	钛酸型	AC/DC
A137	E347-15	低氢型	DC
A172	E307-16	钛钙型	AC/DC
A201	E316-17	钛钙型	AC/DC
A202	E316-16	钛钙型	AC/DC
A207	E316-15	低氢型	DC
A212	E318-16	钛钙型	AC/DC
A222	E317Mo-Cu-16	钛钙型	AC/DC
A232	E318V-16	钛钙型	AC/DC
A237	E318V-15	低氢型	DC
A242	E317-16	钛钙型	AC/DC
A302	E309-16	钛钙型	AC/DC
A307	E309-15	低氢型	DC
A312	E309Mo-16	钛钙型	AC/DC
A402	E310-16	钛钙型	AC/DC
A317	E309Mo-15	低氢钠型	DC
A407	E310-15	低氢型	DC
A412	E310Mo-16	钛钙型	AC/DC
A422	—	钛钙型	AC/DC
A427	—	低氢型	DC
A432	E310H-16	钛钙型	AC/DC
A447	—	低氢型	DC
A502	—	钛钙型	AC/DC
A507	E16-25MoN-15	低氢型	DC
A512	E16-8-2-16	钛钙型	AC/DC
A607	E330MoMn-WNb-15	低氢型	DC
A707	—	低氢型	DC
A717	—	低氢型	DC
A802	—	钛钙型	AC/DC
A902	E320-16	钛钙型	AC/DC

（续）

焊条牌号	相当于国家标准型号①	药皮类型	焊接电源②
热强钢焊条			
R102	E5003-AI	钛钙型	AC/DC
R106Fe	E5018-AI	低氢钛粉型	AC/DC
R107	E5015-AI	低氢型	DC
R200	E5500-BI	氧化钛、氧化铁型	AC/DC
R202	E5503-BI	钛钙型	AC/DC
R207	E5515-BI	低钙型	AC/DC
R302	E5503-B2	钛钙型	AC/DC
R307	E5515-B2	低氢型	DC
R310	E5500-B2-V	氧化钛、氧化铁型	AC/DC
R312	E5503-B2-V	钛钙型	AC/DC
R316Fe	E5518-B2-V	铁粉低氢钾型	AC/DC
R317	E5515-B2-V	低氢型	DC
R327	E5515-B2-VW	低氢型	DC
R337	E5515-B3-VNb	低氢型	DC
R340	E5500-B3-VWB	特殊性	AC/DC
R340	E5500-B3-VWB	氧化钛、氧化铁型	AC/DC
R347	E5500-B3-VWB	低氢型	DC
R400	E6000-B3	氧化钛、氧化铁型	AC/DC
R402	E6003-B3	钛钙型	AC/DC
R406Fe	E6018-B3	钛粉低氢钾型	AC/DC
R407	E6015-B3	低氢型	DC
R417	E6015-B3-VNb	低氢型	DC
R507	E1-5Mo-V-15	低氢型	DC
R707	E1-9Mo-15	低氢型	DC
R802	E1-11MoV-Ni-16	钛钙型	AC/DC
R807	E1-11MoV-Ni-15	低氢型	DC
R817	E2-11MoV-NiW-15	低氢型	DC
R827	E1-11MoV-Ni-15	低氢型	DC

①与焊条牌号相当的国家标准型号，不锈钢焊条参考 GB/T 983—2012，热强钢焊条参考 GB/T 5118—2012。

②DC—直流电；AC—交流电。

（2）堆焊焊条　堆焊焊条的规格及其技术参数见表 7-68。

表 7-68　堆焊焊条的技术参数

焊条牌号	相当于国家标准型号①	药皮类型	焊接电源②
D007	EDTV-15	低氢钠型	—
D017	—	低氢钠型	—
D027	—	低氢钠型	—

（续）

焊条牌号	相当于国家标准型号[①]	药皮类型	焊接电源[②]
D036	—	低氢钾型	—
D102	EDPMn2-03	钛钙型	AC/DC
D106	EDPMn2-16	低氢钾型	DC
D107	EDPMn2-15	低氢钠型	DC
D112	EDPCrMo-A1-03	钛钙型	AC/DC
D126	EDPMn3-16	低氢钾型	AC/DC
D127	EDPMn3-15	低氢钠型	AC/DC
D132	EDPCrMo-A2-03	钛钙型	AC/DC
D146	EDPMn4-16	低氢钾型	AC/DC
D156	—	低氢钾型	AC/DC
D167	EDPMn6-15	低氢钠型	DC
D172	EDPCrMo-A4-03	钛钙型	AC/DC
D177SL	—	低氢型	DC
D207	EDPCrMnSi-15	低氢钠型	DC
D212	EDPCrMo-A4-03	钛钙型	AC/DC
D217A	—	低氢钠型	DC
D227	EDPCrMoV-A2-15	低氢钠型	DC
D237	EDPCrMoV-A1-15	低氢钠型	DC
D256	EDMn-A-16	低氢钾型	AC/DC
D266	EDMn-B-16	低氢钾型	AC/DC
D276	EDCrMn-B-16	低氢钾型	DC（AC/DC）
D277	EDCrMn-B-15	低氢钠型	DC
D307	EDD-D-15	低氢钠型	DC
D317	EDRCrMo-WA-A3-15	低氢钠型	DC
D322	EDRCrMoWA-A1-03	钛钙型	AC/DC
D327	EDRCrMoWA-A1-15	低氢钠型	DC
D327A	EDRCrMoWA-A2-15	低氢钠型	DC
D337	EDRCrW-15	低氢钠型	DC
D397	EDRCrMnMo-15	低氢钠型	DC
D407	EDD-B-15	低氢钠型	DC
D502	EDCr-Al-03	钛钙型	AC/DC
D507	EDCr-Al-15	低氢钠型	DC
D507Mo	EDCr-A2-15	低氢钠型	DC
D507MoNb	—	低氢钠型	DC
D512	EDCr-B-03	钛钙型	AC/DC
D516F	EDCrMn-A-16	低氢型	AC/DC
D516M	EDCrMn-A-16	低氢钾型	AC/DC

（续）

焊条牌号	相当于国家标准型号①	药皮类型	焊接电源②
D516A	EDCrMn-A-16	低氢钾型	AC/DC
D517	EDCr-B-15	低氢钠型	DC
D547	EDCrNi-A-15	低氢钠型	DC
D547Mo	—	低氢钠型	DC
D557	EDCrNi-C-15	低氢钠型	DC
D567	EDCrMn-D-15	低氢钠型	DC
D577	—	低氢钠型	DC
D582	EDCrNi-A-03	钛酸型	AC/DC
D608	EDZ-Al-08	石墨型	AC/DC
D618	—	石墨型	—
D628	—	石墨型	AC/DC
D632	—	钛钙型	AC/DC
D638	—	石墨型	AC/DC
D642	EDZCr-B-03	钛钙型	AC/DC
D646	EDZCr-B-16	低氢钾型	AC/DC
D656	EDZ-A2-16	低氢型	AC/DC
D667	EDZCr-C-15	低氢钠型	DC
D678	EDZ-B1-08	石墨型	AC/DC
D687	EDZCr-D-15	低氢钠型	DC
D698	EDZ-B2-08	石墨型	AC/DC
D707	EDW-A-15	低氢钠型	DC
D717	EDW-B-15	低氢钠型	DC
D802	EDCoCr-A-03	钛酸型	DC
D812	EDCoCr-B-03	钛酸型	DC
D822	EDCoCr-C-03	钛酸型	DC
D842	EDCoCr-D-03	钛酸型	DC

焊条主要尺寸/mm	焊芯直径	3.2	4.5	6、7、8
	焊芯长度	300、400	350、400、450	400、450

①与焊条牌号相当的国家标准型号，主要参考 GB/T 984—2001。

②DC 为直流电；AC/DC 为交流电或直流电。

（3）铸铁焊条及焊丝　铸铁焊条及焊丝（GB/T 10044—2006）是一款用于铸铁使用的焊条，特点是强度高、塑性好。适用于灰口铸铁及球墨铸铁，可机械加工，其技术参数见表 7-69a ~ j。

表 7-69a　铸铁焊条的类别

类别	型号	名称
铁基焊条	EZC	灰口铸铁焊条
	EZCQ	球墨铸铁焊条

（续）

类别	型号	名称
镍基焊条	EZNi	纯镍铸铁焊条
	EZNiFe	镍铁铸铁焊条
	EZNiCu	镍铜铸铁焊条
	EZNiFeCu	镍铁铜铸铁焊条
其他焊条	EZFe	纯铁及碳钢焊条
	EZV	高钒焊条
铁基填充焊丝	RZC	灰口铸铁填充焊丝
	RZCH	合金铸铁填充焊丝
	RZCQ	球墨铸铁填充焊丝
镍基气体保护焊焊丝	ERZNi	纯镍铸铁气体保护焊丝
	ERZNiFeMn	镍铁锰铸铁气体保护焊丝
镍基药芯焊丝	ET3ZNiFe	镍铁铸铁自保护药芯焊丝

表 7-69b　焊条和药芯焊丝熔敷金属化学成分（%）

<table>
<tr><th colspan="13">焊条</th></tr>
<tr><th>型号</th><th>C</th><th>Si</th><th>Mn</th><th>S</th><th>P</th><th>Fe</th><th>Ni</th><th>Cu</th><th>Al</th><th>V</th><th>球化剂</th><th>其他元素总量</th></tr>
<tr><td>EZC</td><td>2.0 ~ 4.0</td><td>2.5 ~ 6.5</td><td>≤0.75</td><td rowspan="2">≤0.10</td><td rowspan="2">≤0.15</td><td rowspan="2">余量</td><td rowspan="2">—</td><td rowspan="2">—</td><td rowspan="2">—</td><td rowspan="2">—</td><td>—</td><td>—</td></tr>
<tr><td>EZCQ</td><td>3.2 ~ 4.2</td><td>3.2 ~ 4.0</td><td>≤0.80</td><td>0.04 ~ 0.15</td><td rowspan="10">≤1.0</td></tr>
<tr><td>EZNi-1</td><td rowspan="6">≤2.0</td><td>≤2.5</td><td>≤1.0</td><td rowspan="6">≤0.03</td><td rowspan="9">—</td><td rowspan="3">≤0.80</td><td>≥90</td><td>—</td><td>—</td><td rowspan="6">—</td><td rowspan="10">—</td></tr>
<tr><td>EZNi-2</td><td rowspan="4">≤4.0</td><td rowspan="4">≤2.5</td><td rowspan="2">≥85</td><td rowspan="5">≤2.5</td><td>≤1.0</td></tr>
<tr><td>EZNi-3</td><td>1.0 ~ 3.0</td></tr>
<tr><td>EZniFe-1</td><td rowspan="3">余量</td><td rowspan="2">45 ~ 60</td><td>≤1.0</td></tr>
<tr><td>EZNiFe-2</td><td>1.0 ~ 3.0</td></tr>
<tr><td>EZNiFeMn</td><td>≤1.0</td><td>10 ~ 14</td><td>35 ~ 45</td><td>≤1.0</td></tr>
<tr><td>EZNiCu-1</td><td rowspan="2">0.35 ~ 0.55</td><td rowspan="2">≤0.75</td><td rowspan="2">≤2.3</td><td rowspan="2">≤0.025</td><td rowspan="2">3.2 ~ 6.0</td><td>60 ~ 70</td><td>25 ~ 35</td><td rowspan="4">—</td><td rowspan="3">—</td></tr>
<tr><td>EZNiCu-2</td><td>50 ~ 60</td><td>35 ~ 45</td></tr>
<tr><td>EZNiFeCu</td><td>≤2.0</td><td>≤2.0</td><td>≤1.5</td><td>≤0.03</td><td rowspan="2">余量</td><td>45 ~ 60</td><td>4 ~ 10</td></tr>
<tr><td>EZV</td><td>≤0.25</td><td>≤0.70</td><td>≤1.50</td><td>≤0.04</td><td>≤0.04</td><td>—</td><td>—</td><td>8 ~ 13</td><td>—</td></tr>
<tr><th colspan="13">药芯焊丝</th></tr>
<tr><td>ET3ZNiFe</td><td>≤2.0</td><td>≤1.0</td><td>3.0 ~ 5.0</td><td>≤0.03</td><td>—</td><td>余量</td><td>45 ~ 60</td><td>≤2.5</td><td>≤1.0</td><td>—</td><td>—</td><td>≤1.0</td></tr>
</table>

表 7-69c　纯铁及碳钢焊条焊芯化学成分（%）

<table>
<tr><th>型号</th><th>C</th><th>Si</th><th>Mn</th><th>S</th><th>P</th><th>Fe</th></tr>
<tr><td>EZFe-1</td><td>≤0.04</td><td>≤0.10</td><td rowspan="2">≤0.60</td><td>≤0.010</td><td>≤0.015</td><td rowspan="2">余量</td></tr>
<tr><td>EZFe-2</td><td>≤0.10</td><td>≤0.03</td><td>≤0.030</td><td>≤0.030</td></tr>
</table>

表7-69d　填充焊丝化学成分（%）

型号	C	Si	Mn	S	P	Fe	Ni	Ce	Mo	球化剂
RZC-1	3.2～3.5	2.7～3.0	0.60～0.75		0.50～0.75		—		—	
RZC-2	3.2～4.5	3.0～3.8	0.30～0.80	≤0.10	≤0.50			—	0.25～0.45	—
RZC-H	3.2～3.5	2.0～2.5	0.50～0.70		0.20～0.40	余量	1.2～1.6		—	
RZCQ-1	3.2～4.0	3.2～3.8	0.10～0.40	≤0.015	≤0.05		≤0.04	≤0.20	—	0.04～0.10
RZCQ-2	3.5～4.2	3.5～4.2	0.50～0.80	≤0.03	≤0.10		—	—	—	

表7-69e　气体保护焊焊丝化学成分（%）

型号	C	Si	Mn	S	P	Fe	Ni	Cu	Mo	球化剂
ERZNI	≤1.0	≤0.75	≤2.5	≤0.03	—	≤4.0	≥90	≤4.0	—	≤1.0
ERZNiFeMn	≤0.50	≤1.0	10～14	≤0.03		余量	35～45	≤2.5	≤1.0	

表7-69f　焊条的直径和长度　（单位：mm）

焊芯类别	焊条直径		焊条长度	
	基本尺寸	极限偏差	基本尺寸	极限偏差
铸造焊芯	4.0	±0.3	350～400	±4.0
	5.0，6.0，8.0，10.0		350～500	
冷拔焊芯	2.5	±0.05	200～300	±2.0
	3.2，4.0，5.0		300～450	
	6.0		400～500	

表7-69g　焊条夹持端尺寸　（单位：mm）

焊条直径	夹持端长度		
	基本尺寸	极限偏差	
		冷拔焊芯	铸造焊芯
2.5	15	±5	±8
3.2～6.0	20		
>6.0	25		

表7-69h　填充焊丝的尺寸　（单位：mm）

焊丝类别	焊丝横截面尺寸		焊丝长度	
	基本尺寸	极限偏差	基本尺寸	极限偏差
铁基填充焊丝	3.2	±0.8	400～500	±5
	4.0，5.0，6.0，8.0，10.0		450～550	
	12.0		550～650	

表7-69i　气体保护焊焊丝和药芯焊丝的直径　（单位：mm）

基本尺寸	极限偏差
1.0，1.2，1.4，1.6	±0.05

（续）

基本尺寸	极限偏差
2.0，2.4，2.8，3.0	±0.08
3.2，4.0	±0.10

表 7-69j　焊条偏心度

焊芯类别	焊条直径/mm	偏心度（%）
冷拔焊芯	2.5	≤7
	3.2，4.0	≤5
	≥5.0	≤4
铸造焊芯	≤4.0	≤15
	5.0，6.0	≤10
	≥8.0	≤7

（4）镍及镍合金焊条　镍及镍合金焊条（GB/T 13814—2008）主要根据被焊母材的合金牌号、化学成分和使用环境等条件选用。焊条的熔敷金属的主要化学成分应与母材的主要成分相接近，以保证焊接接头的各项性能与母材相当。但考虑到焊条在电弧中的合金损失，在焊条中还应含有一些其他元素，以改善焊缝性能或焊接工艺性能。若采用相同成分的焊条达不到设计要求或者没有合适的类似合金成分的焊条时，则选用性能高一级别的焊条，保证焊缝的性能不低于母材，其技术参数见表 7-70。

表 7-70　镍及镍合金焊条的技术参数

型号	相当于国家标准型号①	焊条名称	焊芯材质	主要用途
Ni112	ENi2061A	纯镍焊条	纯镍	焊接镍基合金和双合金
Ni307	—	镍铬耐热耐蚀合金焊条	镍铬合金	焊接镍基合金或异种钢、难焊合金
Ni307B	ENi6182	镍铬耐热耐蚀合金焊条	镍铬合金	焊接镍基合金或异种钢
Ni337	—	镍铬耐热耐蚀焊条	镍铬合金	焊接镍基合金或异种钢复合钢
Ni347	—	镍铬耐热耐蚀焊条	镍铬合金	焊接镍基合金或异种钢、复合钢
焊条主要尺寸/mm		焊芯直径		2.5，3.2，4
		长度		345～355

①与焊条牌号相当的国家标准型号，主要参考 GB/T 13814—2008。

（5）铜及铜合金焊条　铜及铜合金焊条（GB/T 3670—2021）适用于直径 2.5～6.0mm 的焊条电弧焊用铜及铜合金药皮焊条。焊条施焊易产生金属氧化、金属元素蒸发、气孔、裂纹以及变形等缺陷。所以装配间隙要宽，坡口角度要大，并采用多点暂时定位点焊。为了获得优良的焊缝，焊前应将被焊边缘的氧化物、油脂及其他污物清除干净。由于铜和铜合金等材料的导热性特别高，需预热并用较大的电流焊接。焊接操作应在空气流通的地方进行，或者采用人工通风，以防止出现铜中毒现象。铜及铜合金结晶后晶粒粗大，施焊后为了保证焊接质量应用平头锤对焊缝进行敲击，其技术参数见表 7-71。

表 7-71　铜及铜合金焊条的技术参数

型号	相当于国家标准型号①	药皮类型	焊接电源②	焊芯质量	主要用途
T107	ECu	低氢型	DC	纯铜	用于焊接铜零件，也可以堆焊耐海水腐蚀钢零件
T207	ECuSi-B	低氢型	DC	硅青铜	用于焊接铜硅青铜和焊黄铜零件，或堆焊化工机械、管道内衬
T227	ECuSn-B	低氢型	DC	锡磷青铜	用于焊接铜、黄铜、青铜、铸铁及钢零件，用于堆焊锡磷青铜轴衬和船舶推进器叶片
T237	ECuAl-B	低氢型	DC	铝锰青铜	用于铝青铜及其他铜合金焊接，也适用于铜合金与钢的焊接
T307	ECuNi-B	低氢型	DC	铜镍合金	用于焊接导电铜排、铜热交换器，或堆焊耐海水腐蚀钢零件，以及焊接有耐蚀性要求的镍基合金
焊条主要尺寸/mm		焊芯直径		3.2，4.5	
		长度		345～355	

①与焊条牌号相当的国家标准型号，主要参考 GB/T 3670—1995。

②DC—直流电。

（6）铝及铝合金焊条　铝及铝合金焊条（GB/T 3669—2001）的规格为 3.2～5.0mm，盐基型药皮，焊芯为纯铝及铝硅合金。抗裂性能良好、焊缝强度高，采用直流电源，短弧，快速施焊，用于铝硅铸件及锻铝、硬铝等施焊，不宜焊接铝镁合金，其技术参数见表 7-72。

表 7-72　铝及铝合金焊条的技术参数

型号	相当于国家标准型号①	药皮类型	焊接电源②	焊芯质量	主要用途
L109	E1100	盐基型	DC	纯铝	焊接纯铝板，纯铝容器
L209	E4043	盐基型	DC	铝硅合金	焊接铝板，铝硅铸件，一般铝合金、锻铝、硬铝（铝镁合金除外）
L309	E3003	盐基型	DC	铝锰合金	焊接铝锰合金、纯铝和其他铝合金
焊条主要尺寸/mm		焊芯直径		3.2，4.5	
		长度		345～355	

①与焊条牌号相当的国家标准型号，主要参考 GB/T 3670—1995。

②DC—直流电。

2. 焊丝

（1）熔化焊用钢丝　熔化焊用钢丝的技术参数见表 7-73。

表 7-73　熔化焊用钢丝的技术参数

牌号	钢丝直径/mm	力学性能			主要用途
		抗拉强度 *R*m/MPa	屈服强度 *R*e/MPa	伸长率(%)	
H08A	0.4, 0.6, 0.8, 1.0, 1.2, 1.6, 2.0, 2.5, 3.0, 3.2, 4.0, 5.0, 6.0, 6.5, 7.0, 8.0, 9.0	410 ~ 550	330	22	适用于碳素钢和普通低碳钢的自动焊接
H08MnA		410 ~ 550	300	22	适用于要求较高的工件的焊接，如锅炉、压力容器
H15Mn		450 ~ 550	300	22	适用于高强度工件的焊接，如16Mn、14MnNb的结构焊接
H15A		410 ~ 550	330	22	适用于中等强度工件的焊接

（2）焊接用不锈钢丝　焊接用不锈钢丝（YB/T 5092—2016）适用于制作焊条焊芯、气体保护焊、埋弧焊、电渣焊等焊接用不锈钢丝，其牌号及化学成分见表 7-74。

表 7-74a　奥氏体不锈钢的牌号及化学成分

序号	牌号	化学成分（质量分数）(%)										
		C	Si	Mn	P	S	Cr	Ni	Mo	Cu	N	其他
1	H04Cr22Ni11Mn6Mo3VN	≤0.05	≤0.90	4.0 ~ 7.0	≤0.03	≤0.03	20.5 ~ 24.0	9.5 ~ 12.0	1.5 ~ 3.0	≤0.75	0.10 ~ 0.30	V 0.10 ~ 0.30
2	H08Cr17Ni8Mn8Si4N	≤0.10	3.5 ~ 4.5	7.0 ~ 9.0	≤0.03	≤0.03	16.0 ~ 18.0	8.0 ~ 9.0	≤0.75	≤0.75	0.08 ~ 0.18	—
3	H04Cr20Ni6Mn9N	≤0.05	≤1.00	8.0 ~ 10.0	≤0.03	≤0.03	19.0 ~ 21.5	5.5 ~ 7.0	≤0.75	≤0.75	0.10 ~ 0.30	—
4	H04Cr18Ni5Mn12N	≤0.05	≤1.00	10.5 ~ 13.5	≤0.03	≤0.03	17.0 ~ 19.0	4.0 ~ 6.0	≤0.75	≤0.75	0.10 ~ 0.30	—
5	H08Cr21Ni10Mn6	≤0.10	0.20 ~ 0.60	5.0 ~ 7.0	≤0.03	≤0.02	20.0 ~ 22.0	9.0 ~ 11.0	≤0.75	≤0.75	—	—
6	H09Cr21Ni9Mn4Mo	0.04 ~ 0.14	≤0.65	3.3 ~ 4.8	≤0.03	≤0.03	19.5 ~ 22.0	8.0 ~ 10.7	0.5 ~ 1.5	≤0.75	—	—
7	H09Cr21Ni9Mn7Si	0.04 ~ 0.14	0.65 ~ 1.00	6.5 ~ 8.0	≤0.03	≤0.03	18.5 ~ 22.0	8.0 ~ 10.7	≤0.75	≤0.75	—	—
8	H16Cr19Ni9Mn7	≤0.20	≤1.2	5.0 ~ 8.0	≤0.03	≤0.03	17.0 ~ 20.0	7.0 ~ 10.0	≤0.5	≤0.5	—	—
9	H06Cr21Ni10	≤0.08	≤0.65	1.0 ~ 2.5	≤0.03	≤0.03	19.5 ~ 22.0	9.0 ~ 11.0	≤0.75	≤0.75	—	—
10	H06Cr21Ni10Si	≤0.08	0.65 ~ 1.00	1.0 ~ 2.5	≤0.03	≤0.03	19.5 ~ 22.0	9.0 ~ 11.0	≤0.75	≤0.75	—	—
11	H07Cr21Ni10	0.04 ~ 0.08	≤0.65	1.0 ~ 2.5	≤0.03	≤0.03	19.5 ~ 22.0	9.0 ~ 11.0	≤0.50	≤0.75	—	—

（续）

序号	牌号	化学成分（质量分数）(%)									
		C	Si	Mn	P	S	Cr	Ni	Mo	Cu	N	其他
12	H022Cr21Ni10	≤0.03	≤0.65	1.0~2.5	≤0.03	≤0.03	19.5~22.0	9.0~11.0	≤0.75	≤0.75	—	—
13	H022Cr21Ni10Si	≤0.03	0.65~1.00	1.0~2.5	≤0.03	≤0.03	19.5~22.0	9.0~11.0	≤0.75	≤0.75	—	—
14	H06Cr20Ni11Mo2	≤0.08	≤0.65	1.0~2.5	≤0.03	≤0.03	18.0~21.0	9.0~12.0	2.0~3.0	≤0.75	—	—
15	H022Cr20Ni11Mo2	≤0.03	≤0.65	1.0~2.5	≤0.03	≤0.03	18.0~21.0	9.0~12.0	2.0~3.0	≤0.75	—	—
16	H10Cr24Ni13	≤0.12	≤0.65	1.0~2.5	≤0.03	≤0.03	23.0~25.0	12.0~14.0	≤0.75	≤0.75	—	—
17	H10Cr24Ni13Si	≤0.12	0.65~1.00	1.0~2.5	≤0.03	≤0.03	23.0~25.0	12.0~14.0	≤0.75	≤0.75	—	—
18	H022Cr24Ni13	≤0.03	≤0.65	1.0~2.5	≤0.03	≤0.03	23.0~25.0	12.0~14.0	≤0.75	≤0.75	—	—
19	H022Cr22Ni11	≤0.03	≤0.65	1.0~2.5	≤0.03	≤0.03	21.0~24.0	10.0~12.0	≤0.75	≤0.75	—	—
20	H022Cr24Ni13Si	≤0.03	0.65~1.00	1.0~2.5	≤0.03	≤0.03	23.0~25.0	12.0~14.0	≤0.75	≤0.75	—	—
21	H022Cr24Ni13Nb	≤0.03	≤0.65	1.0~2.5	≤0.03	≤0.03	23.0~25.0	12.0~14.0	≤0.75	≤0.75	—	Nb 10×C~1.0
22	H022Cr21Ni12Nb	≤0.03	≤0.65	1.0~2.5	≤0.03	≤0.03	20.0~23.0	11.0~13.0	≤0.75	≤0.75	—	Nb 10×C~1.2
23	H10Cr24Ni13Mo2	≤0.12	≤0.65	1.0~2.5	≤0.03	≤0.03	23.0~25.0	12.0~14.0	2.0~3.0	≤0.75	—	—
24	H022Cr24Ni13Mo2	≤0.03	≤0.65	1.0~2.5	≤0.03	≤0.03	23.0~25.0	12.0~14.0	2.0~3.0	≤0.75	—	—
25	H022Cr21Ni13Mo3	≤0.03	≤0.65	1.0~2.5	≤0.03	≤0.03	19.0~22.0	12.0~14.0	2.3~3.3	≤0.75	—	—
26	H11Cr26Ni21	0.08~0.15	≤0.65	1.0~2.5	≤0.03	≤0.03	25.0~28.0	20.0~22.5	≤0.75	≤0.75	—	—
27	H06Cr26Ni21	≤0.08	≤0.65	1.0~2.5	≤0.03	≤0.03	25.0~28.0	20.0~22.5	≤0.75	≤0.75	—	—
28	H022Cr26Ni21	≤0.03	≤0.65	1.0~2.5	≤0.03	≤0.03	25.0~28.0	20.0~22.5	≤0.75	≤0.75	—	—
29	H12Cr30Ni9	≤0.15	≤0.65	1.0~2.5	≤0.03	≤0.03	28.0~32.0	8.0~10.5	≤0.75	≤0.75	—	—

（续）

序号	牌号	化学成分（质量分数）（%）										
		C	Si	Mn	P	S	Cr	Ni	Mo	Cu	N	其他
30	H06Cr19Ni12Mo2	≤0.08	≤0.65	1.0～2.5	≤0.03	≤0.03	18.0～20.0	11.0～14.0	2.0～3.0	≤0.75	—	—
31	H06Cr19Ni12Mo2Si	≤0.08	0.65～1.00	1.0～2.5	≤0.03	≤0.03	18.0～20.0	11.0～14.0	2.0～3.0	≤0.75	—	—
32	H07Cr9Ni12Mo2	0.04～0.08	≤0.65	1.0～2.5	≤0.03	≤0.03	18.0～20.0	11.0～14.0	2.0～3.0	≤0.75	—	—
33	H022Cr19Ni12Mo2	≤0.03	≤0.65	1.0～2.5	≤0.03	≤0.03	18.0～20.0	11.0～14.0	2.0～3.0	≤0.75	—	—
34	H022Cr19Ni12Mo2Si	≤0.03	0.65～1.00	1.0～2.5	≤0.03	≤0.03	18.0～20.0	11.0～14.0	2.0～3.0	≤0.75	—	—
35	H022Cr19Ni12Mo2Cu2	≤0.03	≤0.65	1.0～2.5	≤0.03	≤0.03	18.0～20.0	11.0～14.0	2.0～3.0	1.0～2.5	—	—
36	H022Cr20Ni16Mn7Mo3N	≤0.03	≤1.00	5.0～9.0	≤0.03	≤0.02	19.0～22.0	15.0～18.0	2.5～4.5	≤0.5	0.10～0.20	—
37	H06Cr19Ni14Mo3	≤0.08	≤0.65	1.0～2.5	≤0.03	≤0.03	18.5～20.5	13.0～15.0	3.0～4.0	≤0.75	—	—
38	H022Cr19Ni14Mo3	≤0.03	≤0.65	1.0～2.5	≤0.03	≤0.03	18.5～20.5	13.0～15.0	3.0～4.0	≤0.75	—	—
39	H06Cr19Ni12Mo2Nb	≤0.08	≤0.65	1.0～2.5	≤0.03	≤0.03	18.0～20.0	11.0～14.0	2.0～3.0	≤0.75	—	Nb 8×C～1.0
40	H022Cr19Ni12Mo2Nb	≤0.03	≤0.65	1.0～2.5	≤0.03	≤0.03	18.0～20.0	11.0～14.0	2.0～3.0	≤0.75	—	Nb 8×C～1.0
41	H05Cr20Ni34Mo2Cu3Nb	≤0.07	≤0.60	≤2.5	≤0.03	≤0.03	19.0～21.0	32.0～36.0	2.0～3.0	3.0～4.0	—	Nb 8×C～1.0
42	H019Cr20Ni34Mo2Cu3Nb	≤0.025	≤0.15	1.5～2.0	≤0.015	≤0.02	19.0～21.0	32.0～36.0	2.0～3.0	3.0～4.0	—	Nb 8×C～0.40
43	H06Cr19Ni10Ti	≤0.08	≤0.65	1.0～2.5	≤0.03	≤0.03	18.5～20.5	9.0～10.5	≤0.75	≤0.75	—	Ti 9×C～1.00
44	H21Cr16Ni35	0.18～0.25	≤0.65	1.0～2.5	≤0.03	≤0.03	15.0～17.0	34.0～37.0	≤0.75	≤0.75	—	—
45	H06Cr20Ni10Nb	≤0.08	≤0.65	1.0～2.5	≤0.03	≤0.03	19.0～21.5	9.0～11.0	≤0.75	≤0.75	—	Nb 10×C～1.0
46	H06Cr20Ni10NbSi	≤0.08	0.65～1.00	1.0～2.5	≤0.03	≤0.03	19.0～21.5	9.0～11.0	≤0.75	≤0.75	—	Nb 10×C～1.0
47	H022Cr20Ni10Nb	≤0.03	≤0.65	1.0～2.5	≤0.03	≤0.03	19.0～21.5	9.0～11.0	≤0.75	≤0.75	—	Nb 10×C～1.0

（续）

序号	牌号	化学成分（质量分数）（%）										
		C	Si	Mn	P	S	Cr	Ni	Mo	Cu	N	其他
48	H019Cr27Ni32Mo3Cu	≤0.025	≤0.50	1.0～2.5	≤0.02	≤0.03	26.5～28.5	30.0～33.0	3.2～4.2	0.7～1.5	—	—
49	H019Cr20Ni25Mo4Cu	≤0.025	≤0.50	1.0～2.5	≤0.02	≤0.03	19.5～21.5	24.0～26.0	4.2～5.2	1.2～2.0	—	—
50	H08Cr16Ni8Mo2	≤0.10	≤0.65	1.0～2.5	≤0.03	≤0.03	14.5～16.5	7.5～9.5	1.0～2.0	≤0.75	—	—
51	H06Cr19Ni10	0.04～0.08	≤0.65	1.0～2.0	≤0.03	≤0.03	18.5～20.0	9.0～11.0	≤0.25	≤0.75	—	Ti≤0.05，Nb≤0.05
52	H011Cr33Ni31MoCuN	≤0.015	≤0.50	≤2.00	≤0.02	≤0.01	31.0～35.0	30.0～33.0	0.5～2.0	0.3～1.2	0.35～0.60	—
53	H10Cr22Ni21Co18Mo3W3TaAlZrLaN	0.05～0.15	0.20～0.80	0.50～2.00	≤0.04	≤0.015	21.0～23.0	19.0～22.5	2.5～4.0	—	0.10～0.30	①

表7-74b 奥氏体-铁素体型不锈钢的牌号及化学成分

序号	牌号	化学成分（质量分数）（%）										
		C	Si	Mn	P	S	Cr	Ni	Mo	Cu	N	其他
54	H022Cr22Ni9Mo3N	≤0.03	≤0.90	0.5～2.0	≤0.03	≤0.03	21.5～23.5	7.5～9.5	2.5～3.5	≤0.75	0.08～0.20	—
55	H03Cr25Ni5Mo3Cu2N	≤0.04	≤1.0	≤1.5	≤0.04	≤0.03	24.0～27.0	4.5～6.5	2.9～3.9	1.5～2.5	0.10～0.25	—
56	H022Cr25Ni9Mo4N	≤0.03	≤1.0	≤2.5	≤0.03	≤0.02	24.0～27.0	8.0～10.5	2.5～4.5	≤1.5	0.20～0.30	W≤1.0

表7-74c 铁素体型不锈钢的牌号及化学成分

序号	牌号	化学成分（质量分数）（%）										
		C	Si	Mn	P	S	Cr	Ni	Mo	Cu	N	其他
57	H06Cr12Ti	≤0.08	≤0.8	≤0.8	≤0.03	≤0.03	10.5～13.5	≤0.6	≤0.50	≤0.75	—	Ti 10×C～1.5
58	H10Cr12Nb	≤0.12	≤0.5	≤0.6	≤0.03	≤0.03	10.5～13.5	≤0.6	≤0.75	≤0.75	—	Nb 8×C～1.0
59	H08Cr17	≤0.10	≤0.5	≤0.6	≤0.03	≤0.03	15.5～17.0	≤0.6	≤0.75	≤0.75	—	—
60	H08Cr17Nb	≤0.10	≤0.5	≤0.6	≤0.03	≤0.03	15.5～17.0	≤0.6	≤0.75	≤0.75	—	Nb 8×C～1.2

（续）

序号	牌号	化学成分（质量分数）（%）										
		C	Si	Mn	P	S	Cr	Ni	Mo	Cu	N	其他
61	H022Cr17Nb	≤0.03	≤0.5	≤0.6	≤0.03	≤0.03	15.5 ~ 17.0	≤0.6	≤0.75	≤0.75	—	Nb 8 × C ~ 1.2
62	H03Cr18Ti	≤0.04	≤0.8	≤0.8	≤0.03	≤0.03	17.0 ~ 19.0	≤0.6	≤0.5	≤0.75	—	Ti 10 × C ~ 1.1
63	H011Cr26Mo	≤0.015	≤0.4	≤0.4	≤0.02	≤0.02	25.0 ~ 27.5	Ni + Cu≤ 0.5	0.75 ~ 1.50	Ni + Cu≤ 0.5	≤0.015	—

表 7-74d　马氏体型不锈钢的牌号及化学成分

序号	牌号	化学成分（质量分数）（%）										
		C	Si	Mn	P	S	Cr	Ni	Mo	Cu	N	其他
64	H10Cr13	≤0.12	≤0.5	≤0.6	≤0.03	≤0.03	11.5 ~ 13.5	≤0.6	≤0.75	≤0.75	—	—
65	H05Cr12Ni4Mo	≤0.06	≤0.5	≤0.6	≤0.03	≤0.03	11.0 ~ 12.5	4.0 ~ 5.0	0.4 ~ 0.7	≤0.75	—	—
66	022Cr13Ni4Mo	≤0.03	0.30 ~ 0.90	0.6 ~ 1.0	≤0.025	≤0.015	11.5 ~ 13.5	4.0 ~ 5.0	0.4 ~ 0.7	≤0.3	≤0.05	—
67	H32Cr13	0.25 ~ 0.40	≤0.5	≤0.6	≤0.03	≤0.03	12.0 ~ 14.0	≤0.75	≤0.75	≤0.75	—	—

表 7-74e　沉淀硬化型不锈钢的牌号及化学成分

序号	牌号	化学成分（质量分数）（%）										
		C	Si	Mn	P	S	Cr	Ni	Mo	Cu	N	其他
68	H04Cr17Ni4Cu4Nb	≤0.05	≤0.75	0.25 ~ 0.75	≤0.03	≤0.03	16.00 ~ 16.75	4.5 ~ 5.0	≤0.75	3.25 ~ 4.00	—	Nb 0.15 ~ 0.30

①Nb≤0.30，Co 16.0 ~ 21.0，W 2.0 ~ 3.5，Ta 0.30 ~ 1.25，Al 0.10 ~ 0.50，Zr 0.001 ~ 0.100，La 0.005 ~ 0.100，B≤0.02。

（3）气体保护电弧焊用碳钢、低合金钢焊丝　气体保护电弧焊用碳钢、低合金钢焊丝（GB/T 8110—2008）根据制造方法的不同，分为实芯焊丝和药芯焊丝，主要采用实芯焊丝；根据焊接方法和保护气体的不同，可分为 TIG 焊丝、MIG 焊丝和 MAG 焊丝。TIG 焊丝是配合纯 Ar 作为保护气体，焊丝成分与焊缝成分相接近。MIG 焊丝配合 Ar + 2% O_2 或 Ar + 5% CO_2 保护气体，主要用于焊接不锈钢等高合金钢。MAG 焊丝可配合 Ar + 5% 以上的 CO_2 或 Ar + 2% 以上的 O_2 保护气体，也可采用 100% CO_2 作为保护气体。100% CO_2 作为保护气体成本低，广泛用于焊接碳钢、低合金钢及不锈钢等，也可用于堆焊。随着保护气体中 CO_2 或 O_2 含量的增加，电弧气氛的氧化性增强，要求焊丝中应含有足够量的脱氧剂，如硅、锰等。气体保护电弧焊用碳钢、低合金钢焊丝的技术参数见表 7-75。

表 7-75　气体保护电弧焊用碳钢、低合金钢焊丝的技术参数

牌号	焊丝直径/mm	力学性能			工艺性能	主要用途
		抗拉强度 R_m/MPa	屈服强度 R_e/MPa	伸长率（%）		
ER50-4	0.8，0.9，1.0，1.2，1.4，1.6，2.0，2.4，2.5，2.8，3.0，3.2	500	420	22	具有优良的焊接工艺性能，焊接时电弧稳定，飞溅较小，在小电流规范下，电弧仍很稳定并可进行立向下焊，采用混合气体保护熔敷金属强度提高	适用于碳钢的焊接和薄板、管子的高速焊接
MC50-4①						
ER50-6		500	420	22	具有优良的焊接工艺性能，焊丝熔化速度快，熔敷效率高，焊接飞溅极小，焊接成形美观，并且抗氧化锈蚀能力强，熔敷材料气孔敏感性小，全方位施焊工艺性好	用于碳钢及500MPa级强度钢的车辆、造船、桥梁等结构的焊接，也可用于薄板、管子的高速焊接
MC50-6①						

①相当于国家标准型号主要参考 GB/T 8110—2008。

（4）铜及铜合金焊丝　铜及铜合金焊丝焊接工艺性能优良，焊丝熔化快，熔敷效率高，电弧稳定，焊接飞溅小，全方位施焊工艺性能好，其技术参数见表 7-76。

表 7-76　铜及铜合金焊丝的技术参数

牌号	相当于国家标准①型号	熔点/℃	焊前预热温度/℃	焊丝材质	工艺性能	主要用途
纯铜焊丝 HS201	SCu1898	1050	205～540	CuSn1	成型性能和抗裂性能良好	适用氩焊及氧-乙炔气焊时做填充材料
低磷铜焊丝 HS202	—	1060	—	—	流动性较高	适用于氧-乙炔气焊时做填充材料
锡黄铜焊丝 HS221	SCu4700	890	400～500	CuZn40Sn	力学性能较高，流动性能好	适用于氧-乙炔气焊时黄铜及钎焊铜、铜镍合金、钢和灰铸铁，或用于镶嵌硬质合金刀具
铁黄铜焊丝 HS222	SCu6800	860	400～500	CuZn40Ni	力学性能较高，流动性能好，焊接时烟雾少，焊缝表面呈现黑斑	用途与221相同
硅黄铜焊丝 HS224	SCu6810A	905	400～500	CuZn40SnSi	气焊时能有效控制锌的蒸发，消除气孔，可得到较好的力学性能	用途与221相同

焊丝主要尺寸/mm	
包装形式②	焊丝直径
直条	1.6，1.8，2.0，2.4，2.5，2.8，3.0，3.2，4.0，4.8，5.0，6.0，6.4
焊丝卷	

（续）

焊丝主要尺寸/mm	
包装形式②	焊丝直径
直径 100mm 和 200mm 焊丝盘	0.8、0.9、1.0、1.2、1.4、1.6
直径 270mm 和 300mm 焊丝盘	0.5、0.8、0.9、1.0、1.2、1.4、1.6、2.0、2.4、2.5、2.8、3.0、3.2

①与焊丝牌号相当的国家标准型号参考 GB/T 9640—2008。

②焊丝包装：圈状：焊丝直径为 1.2mm；焊丝长度按每卷 10.20kg。条状：焊丝直径为 3mm、4mm、5mm、6mm；焊丝长度为 1000mm。

（5）铝及铝合金焊丝　铝及铝合金焊丝的技术参数见表 7-77。

表 7-77　铝及铝合金焊丝的技术参数

牌号	相当于国家标准①型号	熔点温度/℃	焊丝材质	工艺性能	主要用途
纯铝焊丝 HS301	SAl450	660	Al99.5Ti	具有良好的塑性与韧性，良好的焊接性及耐蚀性，但强度较低	适用于对焊接接头性能要求不高的铝合金及纯铝的焊接
铝硅合金焊丝 HS311	SAl4043	580～610	AlSiS	通用性较好的铝基焊丝，焊缝抗热裂性能优良，具有一定的力学性能	多用于焊接除铝镁焊接以外的铝合金
铝锰合金焊丝 HS321	SAl3103	643～654	AlMn1	具有较好的塑性与焊接性良好的耐酸性	适用于铝锰合金和其他铝合金的焊接
铝镁合金焊丝 HS331	SAl5556	638～660	AlMg5 Mn1Ti	耐蚀性、抗热裂性好强度高	多用于焊接除铝镁合金和其他铝合金铸件补焊
焊丝主要尺寸/mm					
包装形式②	焊丝直径				
直条	1.6，1.8，2.0，2.4，2.5，2.8，3.0，3.2，4.0，4.8，5.0，6.0，6.4				
焊丝卷					

①与焊丝牌号相当的国家标准型号参考 GB/T 9640—2008。

②焊丝包装：圈状：焊丝直径为 1.2mm；焊丝长度按每卷 10.20kg。条状：焊丝直径为 3mm、4mm、5mm、6mm；焊丝长度为 1000mm。

（6）硬质合金堆焊焊丝　硬质合金堆焊焊丝主要用于轧辊、热锻模、矿物磨辊、管模等耐磨、耐热硬面的堆焊与恢复尺寸。在进行埋弧堆焊时，均采用直流反接（焊丝接正极）。根据具体产品情况，配以相应焊剂。硬面药芯焊丝属于粗丝，规格通常在 ϕ2.6～4.0mm。焊丝规格为 ϕ3.2mm 时，推荐使用 260～400A 电流，28～36V 弧压，450～550mm/min 焊速，约 20～50mm 干伸长度等焊接参数实施堆焊。施焊母材［C］≥0.30%时，首层层间温度应提高 50～100℃；施焊母材［C］≥0.60%时，宜选用合适的过渡层焊丝进行过渡（搭接量 50%～60%）；当母材［C］≥0.70%时，预热温度应再提高 50～100℃；当［C］≥0.90%时，一般不推荐采用堆焊方式获得高硬层。按通常要求，所有焊材、焊剂与母材应防潮、去锈、除油与油漆。可选用 HJ107、HJ260、101、105 等焊剂，但初次匹配使用务必进行堆焊评定。升降温速度控制在 20 ~ 50℃/h。相应硬度值为经过回火后堆焊第三层的硬度，其技术参数见表 7-78。

表 7-78 硬质合金堆焊焊丝的技术参数

牌号	堆焊层硬度		焊丝尺寸/mm		主要性能基用途
	HRC（常温）	HV/温度℃	直径	长度	
高铬铸铁堆焊焊丝 HS101	48 ~ 54	483/300 473/400 460/500 289/600	3.2、4.5、6.0	250 ~ 350	堆焊层具有优良的抗氧化性和耐气蚀性，硬度较高，耐磨性好，但工作温度不宜超过 500℃，加工时必须用硬质合金刀具，且加工困难；适用于要求耐磨损、抗氧化或耐气蚀的机件的堆焊
高铬铸铁堆焊焊丝 HS103	58 ~ 64	857/300 848/400 798/500 520/600			堆焊层具有优良的抗氧化性，硬度高、耐磨性好，但抗冲击性差，用硬质合金刀具也难以加工，只能研磨；适用于要求高度耐磨损的机件的堆焊，如牙轮钻头小轴、破碎机辊
钴基堆焊焊丝 HS111	40 ~ 45	365/500 310/600 274/700 250/800			一种铸造低碳钴铬钨合金，堆焊层能承受冷热条件下的冲击，不易产生裂纹，具有优良的耐蚀、耐热、耐磨性能，并在 650℃左右高温中也能保持这些性能，采用硬质合金刀具进行切削加工。适用于高温高压阀门、热剪切刀具、热锻模等机件的堆焊
钴基堆焊焊丝 HS112	40 ~ 45	410/500 390/600 360/700 295/800			一种中碳钴铬钨合金，耐磨性好，塑性较差，堆焊层具有优良的耐蚀、耐热、耐磨性能，并在 650℃左右高温中也能保持这些性能，采用硬质合金刀具进行切削加工。适用于高温高压阀门、内燃机气阀、化纤剪刀刃口、高压泵的轴套筒等机件的堆焊
钴基堆焊焊丝 HS113	55 ~ 60	623/500 550/600 485/700 320/800			一种低碳钴铬钨合金，堆焊层硬度高，耐磨性好，冲击性较差，易产生裂缝，具有优良的耐蚀、耐热、耐磨性能，并在 600℃左右的高温中也能保持这些性能。适用于粉碎机刀口、牙轮钻头小轴承、螺旋送料机等磨损机件的堆焊
钴基堆焊焊丝 HS114	≥50	623/500 530/600 485/700 300/800			一种低碳钴铬钼钒合金，堆焊层硬度高，耐磨性好，冲击性较差，在 600℃左右高温中具有优良的耐蚀、耐热、耐磨性能，用硬质合金刀具要不易进行切削加工。适用于牙轮钻头小轴承、锅炉的旋转叶片、粉碎机刀口等磨损机件

（7）铸铁焊丝 铸铁焊丝的技术参数见表 7-79。

表 7-79 铸铁焊丝的技术参数

牌号		相当于国家标准[①]型号	主要用途
灰铸铁焊丝	RZC-1	HS401	补焊灰铸铁件缺陷
	RZC-2		
合金铸铁焊丝	RZCH		补焊合金铸铁件缺陷

（续）

牌号		相当于国家标准①型号	主要用途
球墨铸铁焊丝	RZCQ-1	HS402	补焊球墨铸铁件缺陷
	RZCQ-2		

焊丝规格尺寸/mm	焊丝直径	3.2	4.5、5、6、8、10	12
	焊丝长度	400～500	450～550	550～650

①与焊丝牌号相当的国家标准型号参考 GB/T 10044—2006。

3. 焊接溶剂和钎料

（1）气体焊接溶剂　气体焊接溶剂的牌号及用途见表 7-80。

表 7-80　气体焊接溶剂的牌号及用途

牌号	性能	用途
CJ101	熔点 900℃，有良好的润湿性，可防止熔化金属被氧化，除渣容易	气焊不锈钢及耐热钢的助溶剂
CJ201	熔点 650℃，易潮解，能有效地驱除气焊过程所产生的硅酸盐和氧化物，并加速金属熔化	气焊铸铁件的助溶剂
CJ301	熔点 650℃，呈酸性反应，能有效地溶解氧化铜和氧化亚铜，能防止金属氧化	气焊铜和铜合金件的助溶剂
CJ401	熔点 560℃，呈碱性反应，能有效地破坏氧化铝膜，有潮解性，可防止在空气中引起铝的腐蚀，焊接后需清理接头	气焊铝、铝合金及铝青铜件的助溶剂

（2）钎焊溶剂　钎焊溶剂的牌号及用途见表 7-81。

表 7-81　钎焊溶剂的牌号及用途

牌号	性能	用途
银钎焊溶剂 QJ101	熔点 500℃，吸潮性强，能有效地清除各种金属的氧化物，助长焊料的漫流	在 500～850℃范围内，配合银焊料钎焊铜、铜合金、钢及不锈钢
银钎焊溶剂 QJ102	熔点 550℃，极易吸潮，能有效地清除各种金属的氧化物，助长焊料的漫流，活性极强	在 600～850℃范围内，配合银焊料钎焊铜、铜合金、钢及不锈钢
特制银钎焊溶剂 QJ103	熔点约 550℃，易吸潮，能有效地清除各种金属的氧化物，助长焊料的漫流	在 550～750℃范围内，配合银焊料钎焊铜、铜合金、钢及不锈钢
银钎焊溶剂 QJ104	熔点 600℃，吸潮性极强，能有效地清除各种金属的氧化物，助长焊料的漫流	在 650～850℃范围内，配合银焊料炉中钎焊或盐浴钎焊铜、铜合金、钢及不锈钢
低温银钎焊溶剂 QJ105	熔点约 350℃，吸潮性极强，能有效地清除氧化铜及氧化亚铜，助长焊料在铜合金的漫流	在 450～600℃范围内，钎焊铜、铜合金
铝钎焊溶剂 QJ202	熔点 350℃，吸潮性极强，活性强，能有效地清除氧化铝膜，助长焊料在铝合金上的漫流	在 420～620℃范围内火焰钎焊铝及铝合金
铝电缆钎焊溶剂 QJ203	熔点约 160℃，易吸潮，270℃时能有效地清除氧化铝膜和借助于重金属锡和锌的沉淀作用，助长焊料在铝合金上的漫流	在 270～380℃范围内，钎焊铝及铝合金，也可用于铜及铜合金、钢等。常用于铝芯电缆接头的软钎焊
铝钎焊有机溶剂 QJ204	对铝及铝合金的腐蚀性很小，能在 180～275℃下破坏氧化铝膜，但活性较差	在 180～275℃范围内，钎焊铝及铝合金，也可用于铝青铜、铝黄铜
铝黄铜钎焊溶剂 QJ205	通用性软钎焊溶剂。熔点 230℃，易吸潮，能有效地清除各种金属的氧化物，助长焊料的漫流	在 300～400℃范围内，钎焊铝及铝合金、铜、铝黄铜、铝青铜与钢等

（3）铜基钎料　铜基钎料的牌号及用途见表 7-82。

表7-82　铜基钎料的牌号及用途

牌号	名称	熔化温度/℃	用途
HL101	36%铜锌焊料	800～823	性质脆，钎焊接头强度低，用于钎焊铜、黄铜及铜合金
HL102	48%铜锌焊料	860～870	性质脆，用于钎焊不承受冲击和弯曲的工件
HL103	54%铜锌焊料	885～888	强度、塑性较好，用于钎焊铜、青铜等不承受冲击或弯曲载荷的工件
HL201	1号铜磷钎料	710～800	工艺性能好，但焊缝塑性差，多用于机电制造业和仪表工业
HL202	2号铜磷钎料	710～890	较HL201塑性有所提高，多用于机电制造业和仪表工业

（4）铝基钎料　铝基钎料的牌号及用途见表7-83。

表7-83　铝基钎料的牌号及用途

牌号	熔化温度/℃	用途
HL400	577～582	用于纯铝及铝合金的炉中钎焊、火焰钎焊
HL401	525～535	用于各种铝及铝合金的火焰钎焊
HL402	520～580	用于LD2锻铝的炉中钎焊及盐浴钎焊、L3纯铝及LF21、LF2防锈铝的火焰钎焊
HL403	516～560	用于LD2锻铝和ZL103、ZL105、铸铝合金的炉中钎焊、盐浴钎焊，以及L3纯和LF1、LF21、LF2铝及铝合金的钎焊

（5）锌基钎料　锌基钎料的牌号及用途见表7-84。

表7-84　锌基钎料的牌号及用途

牌号	熔化温度/℃	规格/mm
锌锡钎焊HL501	200～350	5×20×350
锌铝钎焊HL505	430～500	4×20×350

（6）锡基钎料　锡基钎料的牌号及用途见表7-85。

表7-85　锡基钎料的牌号及用途

牌号	名称	熔化温度/℃	规格/mm
HL600	60%锡铅钎料	183～185	丝状直径：3、4、5
HL602	30%锡铅钎料	183～256	
HL603	40%锡铅钎料	183～285	
HL604	90%锡铅钎料	183～222	

（7）埋弧焊用焊接溶剂　埋弧焊用焊接溶剂的牌号及应用见表7-86。

表7-86　埋弧焊用焊接溶剂的牌号及应用

牌号	焊剂类型	配用焊丝/母材	焊接电流	用途
HJ130	无锰高硅低氟	H10Mn2、Q345（16Mn）	交流、直流	焊接工艺性能和抗热裂纹性能好，脱渣容易，常用于焊接低碳钢或低合金钢
		H10Mn2、低碳钢		
HJ330	中锰高硅低氟	H08MnA、H08Mn2SiA、H10MnSi	交流、直流	直流焊接时焊丝接正极，焊接工艺性能良好，易脱渣，可焊接低碳钢和某些低合金钢结构，如锅炉、压力容器等

（续）

牌号	焊剂类型	配用焊丝/母材	焊接电流	用途
HJ350	中锰中硅中氟	H10Mn2MoA、15MnV H10Mn2	交流、直流	直流焊接时焊丝接正极，焊接工艺性能良好，可焊接低合金钢重要结构，如船舶、锅炉、高压容器等。较细粒度焊剂可用于细丝埋弧焊焊接薄板结构
HJ360	中锰高硅中氟	H10MnSi、H10Mn2、H08Mn2MoVA 等焊丝	交流、直流	直流焊接时焊丝接正极，主要用于电渣焊，可保证电焊过程稳定，并有一定的脱硫能力，可焊接低碳钢、低合金钢大型结构件，如轧钢机架、大型立柱
HJ430	高锰高硅低氟	H08A、16Mn H08A、15MnTi H08MnMoA、14MnVTiRe、H08A、低碳钢、H10MnASi	交流、直流	直流焊接时焊丝接正极，焊接工艺性能良好，抗锈蚀能力强，可焊接低碳钢和低合金钢结构件，如船舶、锅炉、高压容器等。细粒度焊剂可用于细焊丝埋弧焊，焊接薄板结构
HJ431	高锰高硅低氟	H08A、H08MnA、16Mn、H10MnSi	交流、直流	直流焊接时焊丝接正极，焊接工艺性能良好，用途与 HJ430 相同，也可用于电渣焊及铜焊接
HJ433	高锰高硅低氟	H08A、H10MnSi	交流、直流	直流焊接时焊丝接正极，由于熔化温度高和粒度粗，适合于快速焊接，如管道、输油管、容器等
HJ331	中锰高硅低氟	H08A、H10Mn2G	交流、直流	适宜大电流较快速焊接，常用于船舶、桥梁管道等低碳钢、低合金钢结构件

7.3.3 焊割工具

1. 电焊钳

电焊钳的外形与规格见表 7-87。

表 7-87 电焊钳的外形与规格

规格/A	额定焊接电流/A	工作电压/V	适用焊条直径/mm	能接电缆截面面积/mm²
160（150）	160（150）	26	2.4～4.0	≥25
250	250	30	2.5～5.0	≥35
315（300）	315（300）	32	3.2～5.0	≥35
400	400	36	3.2～6.0	≥50
500	500	40	4.0～（8.0）	≥70

注：括号中的数值为非推荐数值。

2. 射吸式焊炬

射吸式焊炬的外形、规格及用途见表 7-88。

表 7-88　射吸式焊炬的外形、规格及用途

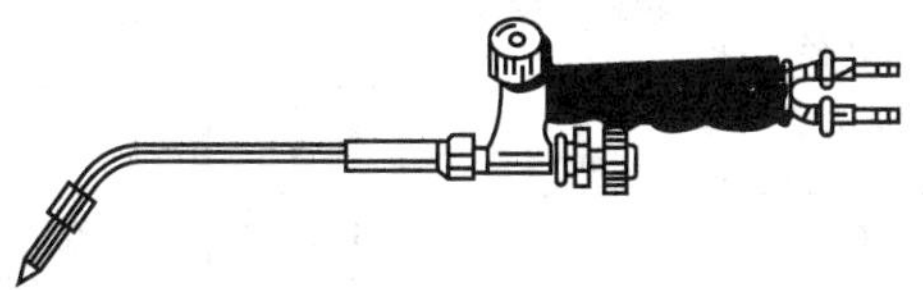

型号	焊接低碳钢厚度/mm	氧气工作压力/MPa	乙炔使用压力/MPa	可换焊嘴个数	焊嘴孔径/mm	焊炬总长度/mm	用途
H01-2	0.5~2	0.1、0.125、0.15、0.2	0.001~0.1	5	0.5、0.6、0.7、0.8、0.9	300	利用氧气和低压（或中压）乙炔做热源，进行焊接或预热被焊金属
H01-6	2~6	0.2、0.25、0.3、0.35、0.4			0.9、1.0、1.1、1.2、1.3	400	
H01-12	6~12	0.4、0.45、0.5、0.6、0.7			1.4、1.6、1.8、2.0、2.2	500	
H01-20	12~20	0.3、0.65、0.7、0.75、0.8			2.4、2.6、2.8、3.0、3.2	600	

3. 射吸式割炬

射吸式割炬的外形、规格及用途见表 7-89。

表 7-89　射吸式割炬的外形、规格及用途

型号	切割低碳钢厚度/mm	氧气工作压力/MPa	乙炔使用压力/MPa	可换焊嘴个数	焊嘴孔径/mm	焊炬总长度/mm	用途
G01-30	3~30	0.2、0.25、0.3	0.001~0.1	3	0.7、0.9、1.1	500	利用氧气低压（或中压）乙炔作热源，以高压氧气做切割气流对低碳钢进行切割
G01-100	10~100	0.3、0.4、0.5			1.0、1.3、1.6	550	
G01-300	100~300	0.5、0.65、0.8、1.0		4	1.8、2.2、2.6、3.0	650	

4. 等压式焊炬

等压式焊炬的外形、规格及用途见表 7-90。

表 7-90　等压式焊炬的外形、规格及用途

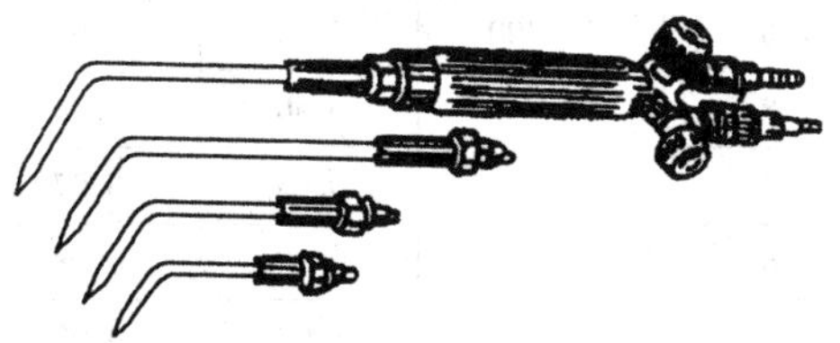

（续）

型号	焊嘴号	焊嘴孔径/mm	焊嘴厚度（低碳钢）/mm	气体压力/MPa		焊炬总长度/mm	用途
				氧气	乙炔		
H02-12	1	0.6	0.5～12	0.20	0.02	500	利用氧气和中压乙炔做热源，进行焊接或预热被焊金属
	2	1.0		0.25	0.03		
	3	1.4		0.30	0.04		
	4	1.8		0.35	0.05		
	5	2.2		0.40	0.06		
H02-20	1	0.6	0.5～20	0.20	0.02	600	
	2	1.0		0.25	0.03		
	3	1.4		0.30	0.04		
	4	1.8		0.35	0.05		
	5	2.2		0.40	0.06		
	6	2.6		0.50	0.07		
	7	3.0		0.60	0.08		

5. 等压式割炬

等压式割炬的外形、规格及用途见表7-91。

表7-91 等压式割炬的外形、规格及用途

型号	焊嘴号	焊嘴孔径/mm	焊嘴厚度（低碳钢）/mm	气体压力/MPa		焊炬总长度/mm	用途
				氧气	乙炔		
H02-100	1	0.7	3～100	0.20	0.04	550	利用氧气和中压乙炔作热源，以高压氧气做切割气流进行切割低碳钢
	2	0.9		0.25	0.04		
	3	1.1		0.30	0.05		
	4	1.3		0.40	0.05		
	5	1.6		0.50	0.06		
H02-300	1	0.7	3～300	0.20	0.04	650	
	2	0.9		0.25	0.04		
	3	1.1		0.30	0.05		
	4	1.3		0.40	0.05		
	5	1.6		0.50	0.06		
	6	1.8		0.50	0.06		
	7	2.2		0.65	0.07		
	8	2.6		0.80	0.08		
	9	3.0		1.00	0.09		

6. 等压式焊割两用炬

等压式焊割两用炬的外形、规格及用途见表7-92。

表7-92　等压式焊割两用炬的外形、规格及用途

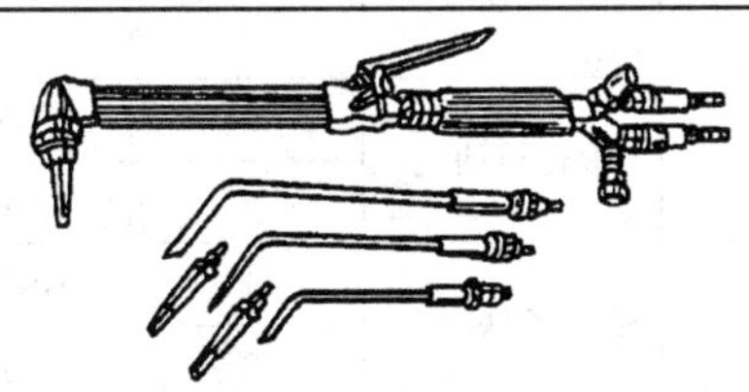

型号	应用方式	焊割嘴号	焊割嘴孔径/mm	适用低碳钢厚度/mm	气体压力/MPa		焊炬总长度/mm	用途
					氧气	乙炔		
HG02-12/100	焊接	1	0.6	0.5～12	0.2	0.02	550	利用氧气和中压乙炔作热源，进行焊接，预热或切割低碳钢
		3	1.4		0.3	0.04		
		5	2.2		0.4	0.06		
	切割	1	0.7	3～100	0.2	0.04		
		3	1.1		0.3	0.05		
		5	1.6		0.5	0.06		
HG02-12/200	焊接	1	0.6	0.5～20	0.2	0.02	600	
		3	1.4		0.3	0.04		
		5	2.2		0.4	0.06		
		7	3.0		0.6	0.08		
	切割	1	0.7	3～200	0.2	0.04		
		3	1.1		0.3	0.05		
		5	1.6		0.5	0.06		
		6	1.8		0.5	0.06		
		7	2.2		0.65	0.07		

7. 等压式快速割嘴

等压式快速割嘴的外形、规格及用途见表7-93。

表7-93　等压式快速割嘴的外形、规格及用途

加工方法	切割氧压力/MPa	燃气	品种代号	型号	用途
电铸法	0.7	乙炔	1	GK1-1-7	用于火焰切割机械及普通手工割炬，可与JB/T 7947、JB/T 7950规定的割炬配套使用
			2	GK2-1-7	
		液化石油气	3	GK3-1-7	
			4	GK4-1-7	
	0.5	乙炔	1	GK1-1-7A	
			2	GK2-1-7A	
		液化石油气	3	GK3-1-7A	
			4	GK4-1-7A	

（续）

加工方法	切割氧压力/MPa	燃气	品种代号	型号	用途
机械加工法	0.7	乙炔	1	GKJ1-7	用于火焰切割机械及普通手工割炬，可与JB/T 7947、JB/T 7950规定的割炬配套使用
			2	GKJ2-1-7	
		液化石油气	3	GKJ3-1-7	
			4	GKJ4-1-7	
	0.5	乙炔	1	GKJ1-1A-7A	
			2	GKJ2-1A-7A	
		液化石油气	3	GKJ3-1A-7A	
			4	GKJ4-1A-7A	

割嘴规格	割嘴直径/mm	切割厚度/mm	切割速度mm/min	气体压力/MPa			切口宽/mm
				氧气	乙炔	液化石油气	
1	0.6	5～10	750～600	0.7	0.025	0.03	≤1
2	0.8	10～20	600～450				≤1.5
3	1.0	20～40	450～380				≤2
4	1.25	40～60	380～320		0.03	0.035	≤2.3
5	1.5	60～100	320～250				≤3.4
6	1.75	100～150	250～160		0.035	0.04	≤4
7	2.0	150～180	160～130				≤4.5
1A	0.6	5～10	560～450	0.5	0.025	0.03	≤1
2A	0.8	10～20	450～340				≤1.5
3A	1.0	20～40	340～250				≤2
4A	1.25	40～60	250～210		0.03	0.035	≤2.3
5A	1.5	60～100	210～180				≤3.4

8. 便携式微型焊炬

便携式微型焊炬的外形、规格及用途见表7-94。

表7-94　便携式微型焊炬的外形、规格及用途

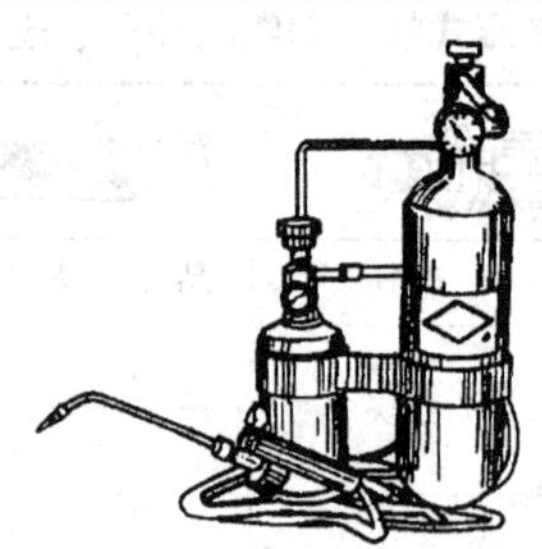

型号	焊嘴号	焊接厚度/mm	工作压力/MPa		一次充气连续工作时间/h	总重量/kg	用途
			氧气	丁烷			
H03-BC-3	1、2、3①	0.5～0.3	0.1～0.3	0.02～0.35	4	3.90	便于携带进行现场焊接之用

①焊嘴为双头式，需用户另购。

9. 液化石油气钢瓶

液化石油气钢瓶的型号、规格及用途见表7-95。

表7-95　液化石油气钢瓶的型号、规格及用途

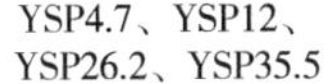
YSP4.7、YSP12、YSP26.2、YSP35.5

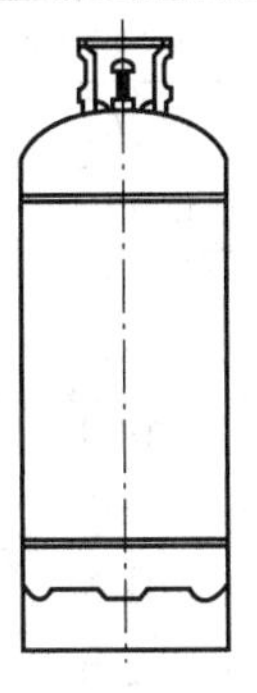
YSP118

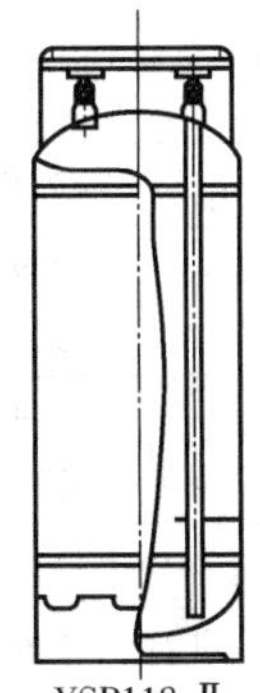
YSP118-Ⅱ

型号	钢瓶内径/mm	公称容积/L	最大充气量/kg	封头形状系数	产品技术要求	用途
YSP4.7	200	4.7	1.9	K1.0	钢瓶的护罩结构和底座的结构尺寸均应符合产品图样的要求	气化装置的液化石油气存储
YSP12	244	12.0	5.0	K1.0		
YSP26.2	294	26.2	11.0	K1.0		
YSP35.5	314	35.5	14.9	K0.8		
YSP118	400	118	49.5	K1.0		
YSP118-Ⅱ	400	118	49.5	K1.0		

10. 乙炔发生器

乙炔发生器的外形、规格及用途见表7-96。

表7-96　乙炔发生器的外形、规格及用途

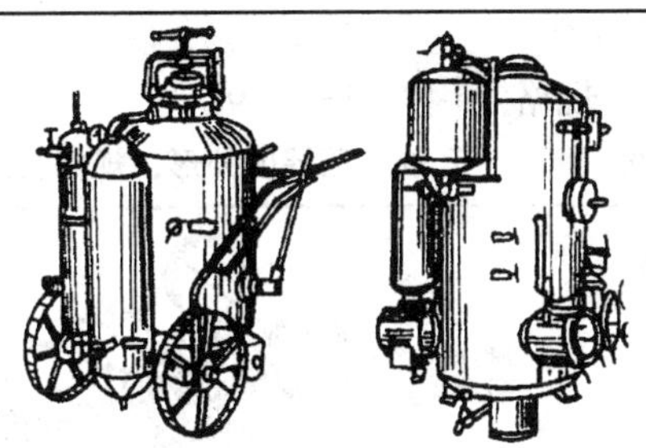
排水式　　联合式

型号	结构形式	工作压力/MPa	生产率/(m^3/h)	净重/kg	用途
YJP0.1-0.5	移动排水式	0.045～0.1	0.5	30	将电石（碳化钙）和水装入发生器内，产生乙炔气体，作为焊、割用热源
YJP0.1-1	移动排水式		1	50	
YJP0.1-2.5	固定排水式		2.5	260	
YJP0.1-1.6	固定联合式		6	750	
YJP0.1-10	固定联合式		10	980	

11. 氧气瓶

氧气瓶的外形、规格及用途见表7-97。

表 7-97　氧气瓶的外形、规格及用途

材质	公称容积/L	主要尺寸/mm			公称重量①/kg	用途
		D	*L*	*S*		
公称工作压力 15MPa						存储压缩氧气，作为气焊和气割热源
锰钢	40	219	1360	5.8	58	
		232	1235	6.1	58	
	45	219	1515	5.8	63	
		232	1370	6.1	64	
	50	232	1505	6.1	69	
铬钼钢	40	229	1250	5.4	54	
		232	1215	5.4	52	
	45	229	1390	5.4	59	
	45	232	1350	5.4	57	
	50	232	1480	5.4	62	
公称工作压力 20MPa						
铬钼钢	40	229	1275	6.4	62	
		232	1240	6.4	60	
	45	232	1375	6.4	66	
	50	232	1510	6.4	72	

注：1. 瓶外表漆为天蓝色，并标注有黑色“氧”字。

2. *D*—公称外径（mm）；*L*—公称长度（mm）；*S*—最小壁厚。

①公称重量不包括阀门和瓶帽。

12. 氧气、乙炔减压器

氧气、乙炔减压器的外形、规格及用途见表 7-98。

表 7-98　氧气、乙炔减压器的外形、规格及用途

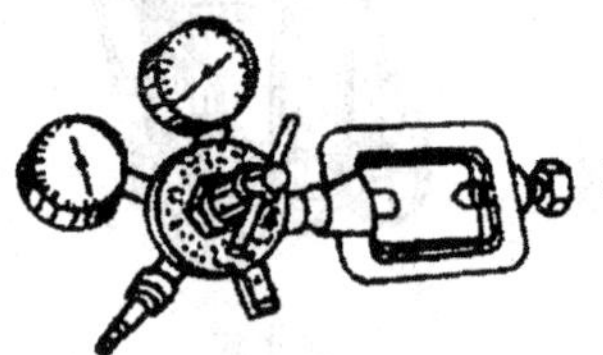

型号	工作压力/MPa		压力表规格/MPa		公称流量/m^3/h	重量/kg	用途
	输入≤	输出压力调节范围	高压表（输入）	低压表（输出）			
氧气减压器（气瓶用）							
YQY-1	15	0.1～2.5	0～25	0～4	250	3.2	接在氧气瓶出口，将瓶内高压氧调节到所需的低压氧气
YQY-12		0.1～1.6		0～2.5	160	2.0	
YQY-6		0.02～0.25		0～0.4	10	1.9	
YQY-352		0.1～1		0～1.6	30	2.0	

（续）

型号	工作压力/MPa		压力表规格/MPa		公称流量/m^3/h	重量/kg	用途
	输入≤	输出压力调节范围	高压表（输入）	低压表（输出）			
乙炔减压器（气瓶用）							
YQE-222	3	0.01～0.15	0～4	0～0.025	6	2.6	接在乙炔发生器出口，将乙炔压力调节到所需的低压

13. 焊接面罩

焊接面罩的外形、规格及用途见表7-99。

表7-99　焊接面罩的外形、规格及用途

手持式

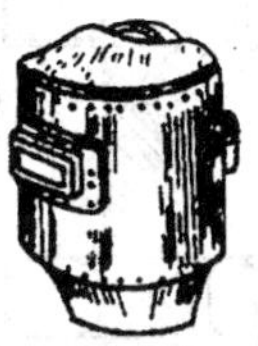
手戴式

焊接面罩的规格

品种	型号	外形尺寸/mm			观察窗尺寸/mm	重量/kg	用途	
		长度	宽度	深度				
手持式 头戴式	HM-1 HM-2A	310	210	120	90×40	500	防止紫外线及熔渣飞溅	
焊接滤光片的规格								
滤光片 遮光号	1.2、1.4、 1.7、2	3 4	5 6	7 8	9、10、 11	12、 13	14	15 16
外形尺寸	108mm×50mm×3.8mm							

注：通常不带焊接滤光片供货，故质量不含滤光片。

14. 气焊眼镜与电焊手套、脚套

气焊眼镜与电焊手套、脚套的外形、规格及用途见表7-100。

表7-100　气焊眼镜与电焊手套、脚套的外形、规格及用途

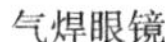
气焊眼镜

电焊手套

电焊脚套

保护用品名称	规格	用途
气焊眼镜	镜片为深绿色和浅绿色	防止眼睛受强光照射和避免熔渣溅入眼内
电焊手套、脚套	猪皮、牛皮、帆布	防止手、脚被熔渣灼伤

7.4 场地起重及拽引作业工具

7.4.1 索具

1. 绳架

绳架的外形与尺寸见表 7-101。

表 7-101 绳架的外形与尺寸

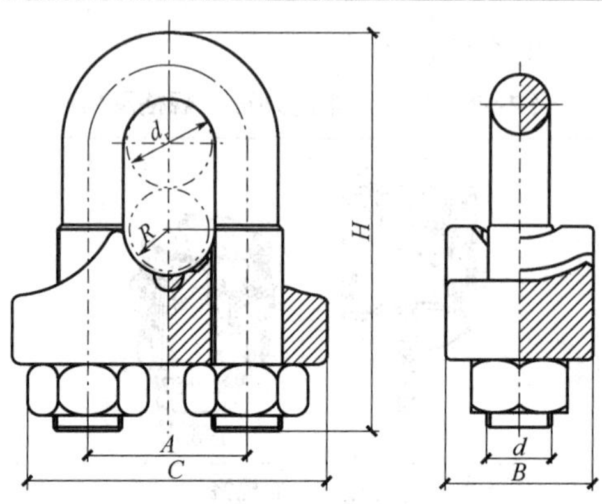

绳架规格（钢丝公称直径）d_r/mm	尺寸/mm						螺母 GB/T 41—2000/d	单组质量/kg
	适用钢丝绳公称直径 d_r	A	B	C	R	H		
6	6	13.0	14	27	3.5	31	M6	0.034
8	>6~8	17.0	19	36	4.5	41	M8	0.073
10	>8~10	21.0	23	44	5.5	51	M10	0.140
12	>10~12	25.0	28	53	6.5	62	M12	0.243
14	>12~14	29.0	32	61	7.5	72	M14	0.372
16	>14~16	31.0	32	63	8.5	77	M14	0.402
18	>16~18	35.0	37	72	9.5	87	M16	0.601
20	>18~20	37.0	37	74	10.5	92	M16	0.624
22	>20~22	43.0	46	89	12.0	108	M20	1.122
24	>22~24	45.5	46	91	13.0	113	M20	1.205
26	>24~26	47.5	46	93	14.0	117	M20	1.244
28	>26~28	51.5	51	102	15.0	127	M22	1.605
32	>28~32	55.5	51	106	17.0	136	M22	1.727
36	>32~36	61.5	55	116	19.5	151	M24	2.286
40	>36~40	69.5	62	131	21.5	168	M27	3.133
44	>40~44	73.0	62	135	23.5	178	M27	3.470
48	>44~48	80.0	69	149	25.5	196	M30	4.701
52	>48~52	84.5	69	153	28.0	205	M30	4.897
56	>52~56	88.5	69	157	30.0	214	M30	5.075
60	>56~60	98.5	83	181	32.0	237	M36	7.921

2. 普通套环

普通套环的外形与尺寸见表7-102。

表7-102　普通套环的外形与尺寸

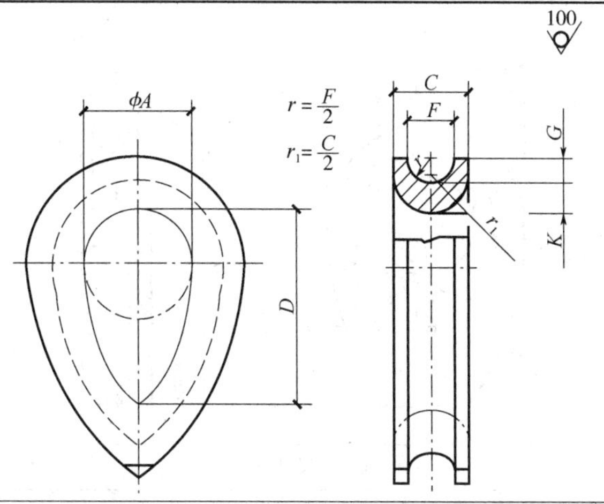

套环规格（钢丝公称直径）d_r/mm	尺寸/mm										单件质量/kg
	F	C		A		D		G min	K		
		基本尺寸	极限偏差	基本尺寸	极限偏差	基本尺寸	极限偏差		基本尺寸	极限偏差	
6	6.7±0.2	10.5	0 −1.0	15	+1.5 0	27	+2.7 0	3.3	4.2	0 −0.1	0.032
8	8.9±0.3	14.0	0 −1.4	20	+2.0 0	36	+3.6 0	4.4	5.6	0 −0.2	0.075
10	11.2±0.3	17.5		25		45		5.5	7.0		0.150
12	13.4±0.4	21.0		30		54		6.6	8.4		0.250
14	15.6±0.5	24.5		35		63		7.7	9.8		0.393
16	17.8±0.6	28.0	0 −2.8	40	+4.0 0	72	+7.2 0	8.8	11.2	0 −0.4	0.605
18	20.1±0.6	31.5		45		81		9.9	12.6		0.867
20	22.3±0.7	35.0		50		90		11.0	14.0		1.205
22	24.5±0.8	38.5		55		99		12.1	15.4		1.563
24	26.7±0.9	42.0	0 −3.4	60	+4.8 0	10	+8.6 0	13.2	16.8	0 −0.6	2.045
26	29.0±0.9	45.5		65		117		14.3	18.2		2.620
28	31.2±1.0	49.0		70		126		15.4	19.6		3.290
32	35.6±1.2	56.0		80		144		17.6	22.4		4.854
36	40.1±1.3	63.0	0 −4.4	90	+6.0 0	162	+11.3 0	19.8	25.2	0 −0.8	6.972
40	44.5±1.5	70.0		100		180		22.0	28.0		9.624
44	49.0±1.6	77.0		110		198		24.2	30.8		12.808
48	53.4±1.8	84.0		120		216		26.4	33.6		16.595
52	57.9±1.9	91.0	0 −5.5	130	+7.8 0	234	+14.0 0	28.6	36.4	0 −1.1	20.945
56	62.3±2.1	98.0		140		252		30.8	39.2		26.310
60	66.8±2.2	105.0		150		270		33.0	42.0		31.396

3. 重型套环

重型套环的外形与尺寸见表 7-103。

表 7-103 重型套环的外形与尺寸

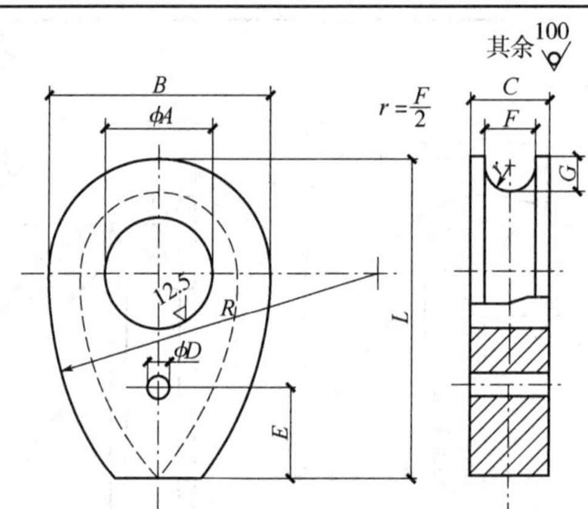

套环规格（钢丝绳公称直径）d_r/mm	尺寸/mm												单件质量/kg
	F	C		A		B		L		R		G min	
		基本尺寸	极限偏差	基本尺寸	极限偏差	基本尺寸	极限偏差	基本尺寸	极限偏差	基本尺寸	极限偏差		
8	8.9 ±0.3	14.0	0 −1.4	20	+0.149 +0.065	40	±2	56	±3	59	±3	4.4	0.08
10	11.2 ±0.3	17.5		25		50		70		74		5.5	0.17
12	13.4 ±0.4	21.0		30		60		84		89		6.6	0.32
14	15.6 ±0.5	24.5		35		70		98		104		7.7	0.50
16	17.8 ±0.6	28.0	0 −2.8	40	+0.180 +0.080	80	±4	112	±6	118	±5	8.8	0.78
18	20.1 ±0.6	31.5		45		90		126		133		9.9	1.14
20	22.3 ±0.7	35.0		50		100		140		148		11.0	1.41
22	24.5 ±0.8	38.5		55		110		154		163		12.1	1.96
24	26.7 ±0.9	42.0	0 −3.4	60	+0.220 +0.100	120	±6	168	±9	178	±9	13.2	2.41
26	29.0 ±0.9	45.5		65		130		182		193		14.3	3.46
28	31.2 ±1.0	49.0		70		140		196		207		15.4	4.30
32	35.6 ±1.2	56.0		80		160		224		237		17.6	6.46
36	40.1 ±1.3	63.0	0 −4.4	90	+0.260 +0.120	180	±9	252	±13	267	±13	19.8	9.77
40	44.5 ±1.5	70.0		100		200		280		296		22.0	12.94
44	49.0 ±1.6	77.0		110		220		308		326		24.2	17.02
48	53.4 ±1.8	84.0		120		240		336		356		26.4	22.75
52	57.9 ±1.9	91.0	0 −5.5	130	+0.305 +0.145	260	±13	364	±18	385	±19	28.6	28.41
56	62.3 ±2.1	98.0		140		280		392		415		30.8	35.56
60	66.8 ±2.2	105.0		150		300		420		445		33.0	48.35

4. 一般起重用锻造卸扣

一般起重用锻造卸扣主要用于连接钢丝绳或链条等，装卸方便，适用于冲击性不大的场合；弓形卸扣开裆较大，适用于连接麻绳、棕绳等，其外形与尺寸见表 7-104。

表 7-104　一般起重用锻造卸扣的外形与尺寸

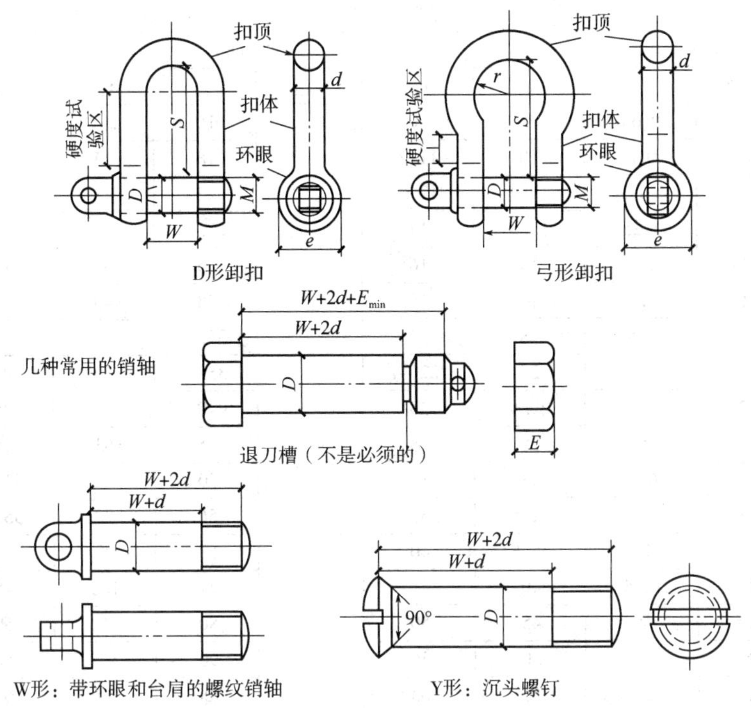

D 形卸扣的尺寸								
额定起重量/t			尺寸/mm					推荐销轴螺纹
M（4）	S（6）	T（8）	d_{max}	D_{max}	e_{max}	S_{min}	W_{min}	
—	—	0.63	8	9	2.2D_{max}	18	9	M9
—	0.63	0.8	9	10		20	10	M10
—	0.8	1	10	11.2		22.4	11.2	M11.2
0.63	1	1.25	11.2	12.5		25	12.5	M12.5
0.8	1.25	1.6	12.5	14		28	14	M14
1	1.6	2	14	16		31.5	16	M16
1.25	2	2.5	16	18		35.5	18	M18
1.6	2.5	3.2	18	20		40	20	M20
2	3.2	4	20	22.4		45	22.4	M22
2.5	4	5	22.4	25		50	25	M25
3.2	5	6.3	25	28		56	28	M28
4	6.3	8	28	31.5		63	31.5	M30
5	8	10	31.5	35.5		71	35.5	M35
6.3	10	12.5	35.5	40		80	40	M40
8	12.5	16	40	45		90	45	M45
10	16	20	45	50		100	50	M50
12.5	20	25	50	56		112	56	M56
16	25	32	56	63		125	63	M62
20	32	40	63	71		140	71	M70
25	40	50	71	80		160	80	M80
32	50	63	80	90		180	90	M90
40	63	—	90	100		200	100	M100
50	80	—	100	112		224	112	M110
63	100	—	112	125		250	125	M125
80	—	—	125	140		280	140	M140
100	—	—	140	160		315	160	M160

（续）

弓形卸扣的尺寸									
额定起重量/t			尺寸/mm						推荐销轴螺纹
M（4）	S（6）	T（8）	d_{max}	D_{max}	e_{max}	r_{min}	S_{min}	W_{min}	
—	—	0.63	9	10	$2.2D_{max}$	16	22.4	10	M10
—	0.63	0.8	10	11.2		18	25	11.2	M11
—	0.8	1	11.2	12.5		20	28	12.5	M112
0.63	1	1.25	12.5	14		22.4	31.5	14	M14
0.8	1.25	1.6	14	16		25	35.5	16	M16
1	1.6	2	16	18		28	40	18	M18
1.25	2	2.5	18	20		31.5	45	20	M20
1.6	2.5	3.2	20	22.4		35.5	50	22.4	M22
2	3.2	4	22.4	25		40	56	25	M25
2.5	4	5	25	28		45	63	28	M28
3.2	5	6.3	28	31.5		50	71	31.5	M30
4	6.3	8	31.5	35.5		56	80	35.5	M35
5	8	10	35.5	40		63	90	40	M40
6.3	10	12.5	40	45		71	100	45	M45
8	12.5	16	45	50		80	112	50	M50
10	16	20	50	56		90	125	56	M56
12.5	20	25	56	63		100	140	63	M62
16	25	32	63	71		112	160	71	M70
20	32	40	71	80		125	180	80	M80
25	40	50	80	90		140	200	90	M90
32	50	63	90	100		160	224	100	M100
40	63	—	100	112		180	250	112	M110
50	80	—	112	125		200	280	125	M125
63	100	—	125	140		224	315	140	M140
80	—	—	140	160		250	355	160	M160
100	—	—	160	180		280	400	180	M160

注：材料：M（4）级别：20；S（6）级别：20Mn2；T（8）级别：35CrMo。

7.4.2 滑车

1. 通用起重滑车

通用起重滑车的外形与尺寸见表7-105。

表7-105 通用起重滑车的外形与尺寸

开口吊钩型

闭口吊环型

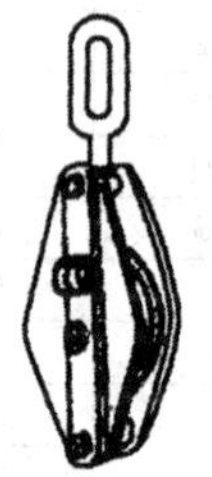
开口链环型

（续）

结构形式				型号	额定起重量/t
单轮	开口	滚针轴承	吊钩型	HQGZK1	0.32、0.5、1.2、3.2、5、8、10
			链环型	HQLZK1	
		滚动轴承	吊钩型	HQGK1	0.32、0.5、1.2、3.2、5、8、10、16、20
			链环型	HQLK1	
	闭口	滚针轴承	吊钩型	HQGZ1	0.32、0.5、1.2、3.2、5、8、10
			链环型	HQLZ1	
		滚动轴承	吊钩型	HQG1	0.32、0.5、1.2、3.2、5、8、10、16、20
			链环型	HQL1	
			吊环型	HQD1	1、2、3.2、5、8、10
双轮	双开口	滑动轴承	吊钩型	HQGK2	1、2、3.2、5、8、10
			链环型	HQLK2	
	闭口		吊钩型	HQG2	1.2、3.2、5、8、10、16、20
			链环型	HQL2	
			吊环型	HQD2	1.2、3.2、5、8、10、16、20、3.2
三轮	闭口	滑动轴承	吊钩型	HQG3	3.2、5、8、10、16、20
			链环型	HQL3	
			吊环型	HQD3	3.2、5、8、10、16、20、32、50
四轮	闭口	滑动轴承	吊环型	HQD4	8、10、16、20、32、50
五轮				HQD5	20、32、50、80
六轮				HQD6	32、50、80、100
八轮				HQD8	80、100、160、200
十轮				HQD10	200、250、320

滑轮直径/mm	额定起重量/t																		钢丝绳直径范围/mm
	0.32	0.5	1	2	3.2	5	8	10	16	20	32	50	80	100	160	200	250	320	
63	1	—	—	—	—	—	—	—	—	—	—	—	—	—	—	—	—	—	6.2
71	—	1	2	—	—	—	—	—	—	—	—	—	—	—	—	—	—	—	6.2～7.7
85	—	1	2	3	—	—	—	—	—	—	—	—	—	—	—	—	—	—	7.7～11
112	—	—	—	1	2	3	4	—	—	—	—	—	—	—	—	—	—	—	11～14
132	—	—			1	2	3	4	—	—	—	—	—	—	—	—	—	—	12.5～15.5
160	—	—	—	—	—	1	2	3	4	5	—	—	—	—	—	—	—	—	15.5～18.5
180	—	—	—	—	—	—	—	—	3	4	6	—	—	—	—	—	—	—	17～20
210	—	—	—	—	—	—	1	2	—	3	5	—	—	—	—	—	—	—	20～23
240	—	—	—	—	—	—	—	—	2	—	4	6	—	—	—	—	—	—	23～24.5
280	—	—	—	—	—	—	—	1	—	2	3	5	8	—	—	—	—	—	26～28
315	—	—	—	—	—	—	—	—	1	—	—	4	6	8	—	—	—	—	28～31
355	—	—	—	—	—	—	—	—	—	1	2	3	5	6	8	10	—	—	31～35
400	—	—	—	—	—	—	—	—	—	—	—	—	—	—	—	8	10		34～38
450	—	—	—	—	—	—	—	—	—	—	—	—	—	—	—	—	—	10	40～43

2. 起重吊滑车

起重滑车（JB/T 9007—2018）分为单轮起重滑车、双轮起重滑车、多轮起重滑车，额定起重量为0.32～1000t的手动和电动的钢丝绳起重滑车（以下简称滑车），其工作级别为现行国家标准GB/T 3811中规定的M1～M3级，其外形与尺寸见表7-106。

表7-106 起重吊滑车的外形与尺寸

型号	滑轮直径/mm
3901	19、25、38、50、63、75

7.4.3 起重葫芦

1. 手拉葫芦

手拉葫芦（JB/T 7334—2016）按其使用的情况分为Z级（重载型），适用于较高频率的场合；Q级（轻载型），适用于频率较低的场合，其外形与尺寸见表7-107。

表7-107 手拉葫芦的外形与尺寸

额定起重量 G_n/t	标准起升高度 H/m	两钩间最小距离 H_{min}/mm	标准手拉链条长度/m
0.25	2.5	≤240	2.5
0.5		≤330	
1		≤360	
1.6		≤430	
2		≤500	
2.5		≤530	
3.2	3	≤580	3
5		≤700	
8		≤850	
10		≤950	
16	3	≤1200	3
20		≤1350	
32		≤1600	
40		≤2000	
50		≤2200	

2. 环链手扳葫芦

环链手扳葫芦（JB/T 7335—2016）是由人力通过手柄驱动链条，以带动取物装置运动的起重工具。其结构紧凑、携带方便、容易操作，而且提升和拽引距离不受限制，适用于偏远地区和野外的起重、拽引作业，其外形与尺寸见表7-108。

表 7-108　环链手扳葫芦的外形与尺寸

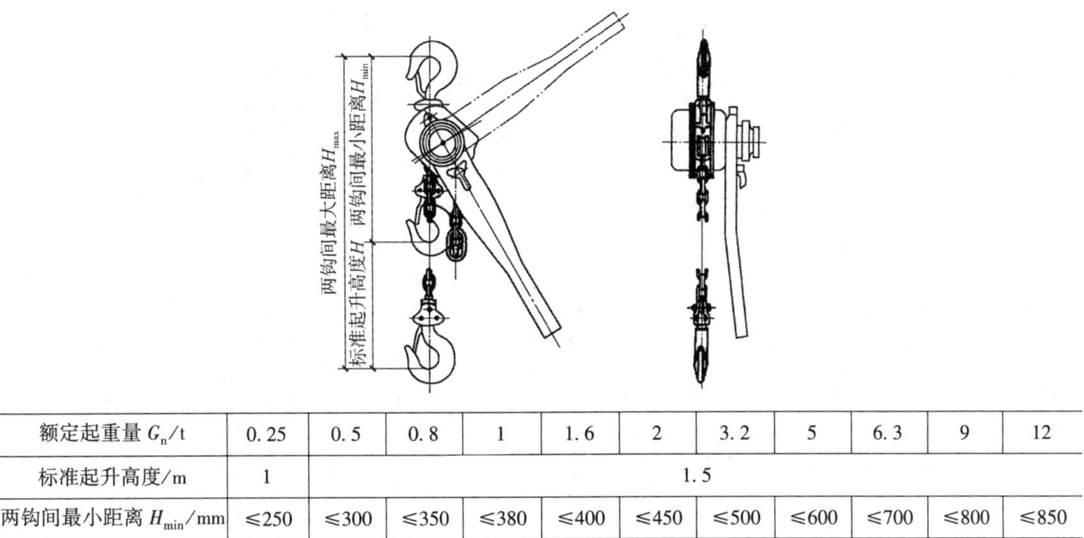

额定起重量 G_n/t	0.25	0.5	0.8	1	1.6	2	3.2	5	6.3	9	12
标准起升高度/m	1	1.5									
两钩间最小距离 H_{min}/mm	≤250	≤300	≤350	≤380	≤400	≤450	≤500	≤600	≤700	≤800	≤850

7.4.4　缓冲器

1. HT1 型弹簧缓冲器（JB/T 12987—2016）

HT1 型弹簧缓冲器的构造比较简单，对工作温度没有特殊要求，吸收能量较大，约 100 ~ 250J/kg（弹簧）。主要用于桥式、门式起重机，也可用于其他起重机。其缺点是反弹现象严重，不宜用于运行速度大于 2m/s 的场合。用于减轻起重机行走机构相碰时的动载荷，其外形与尺寸见表 7-109。

表 7-109　HT1 型弹簧缓冲器的外形与尺寸

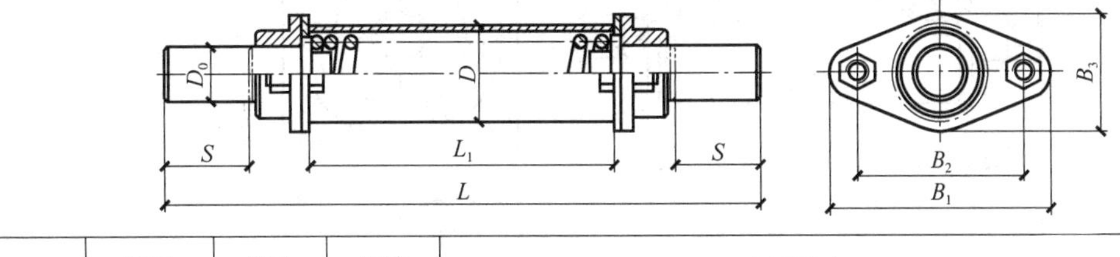

型号	缓冲容量 U/(kN·m)	缓冲行程 S/mm	缓冲力 F/kN	主要尺寸/mm							参考质量/Kg
				L	L_1	B_1	B_2	B_3	D_0	D	
HT1-16	0.15	60	5	435	220	160	120	85	40	70	12.6
HT1-40	0.38	95	8	720	370	170	130	90	45	76	17.0
HT1-63	0.63	115	11	850	420	190	145	100	45	89	26.0
HT1-100	1.00	115	18	880	450	220	170	125	55	114	34.0

2. HT2 型弹簧缓冲器

HT2 型弹簧缓冲器的缓冲容量为 1.00KJ，缓冲行程为 135mm，缓冲力为 15KN，其外形与尺寸见表 7-110。

表 7-110　HT2 型弹簧式缓冲器的外形与尺寸

型号	缓冲容量 U/（kN·m）	缓冲行程 S/mm	缓冲力 F/kN	主要尺寸/mm										参考质量/kg
				L	L_1	B_1	B_2	B_3	B_4	D_0	D	D_1	H_1	
HT2-100	1.00	135	15	630	400	165	265	215	200	70	146	100	90	31.5
HT2-160	1.45	145	20	750	520	160	265	215	200	70	140	100	90	41.3
HT2-250	2.30	125	37	800	575	165	265	215	200	80	146	110	90	53.1
HT2-315	3.40	150	45	820	575	215	320	265	230	80	194	110	115	78.6
HT2-400	3.85	135	57	710	475	265	375	320	280	100	245	130	140	92.2
HT2-500	4.80	145	66	860	610	245	345	290	255	100	219	130	135	97.7
HT2-630	6.30	150	88	870	610	270	375	320	280	100	245	130	140	122.7

3. HT3 型弹簧缓冲器

HT3 型弹簧缓冲器主要用于缓冲容量不大、行走速度不快的起重机，以减轻行走机构相碰时的动载荷，其外形与尺寸见表 7-111。

表 7-111　HT3 型弹簧缓冲器的外形与尺寸

型号	缓冲容量 U/（kN·m）	缓冲行程 S/mm	缓冲力 F/kN	主要尺寸/mm											参考质量/kg
				L	L_1	L_2	B_1	B_2	B_3	B_4	d	D_0	D	D_1	
HT3-630	6.3	150	88	885	810	615	420	350	375	305	35	90	245	105	145.8
HT3-800	8.0	143	108	900	820	620	520	450	380	310	35	110	273	135	176.9
HT3-1000	9.0	135	131	830	750	560	520	450	450	390	35	120	325	135	204.6
HT3-1250	11.0	135	165	830	750	560	520	450	450	390	42	120	325	135	231.3
HT3-1600	16.0	120	273	980	900	730	780	700	480	400	42	120	325	135	338.0
HT3-2000	21.5	150	293	1140	1050	820	780	700	480	400	42	120	325	135	393.8

注：1. HT3-1250 为内外弹簧组合。

2. HT3-1600 和 HT3-2000 为内外弹簧两段串联组合。

4. HT4 型弹簧缓冲器

HT4 型弹簧缓冲器主要用于缓冲容量不大，行走速度不快的起重机，以减轻行走机构相碰时的动载荷，其外形与尺寸见表 7-112。

表 7-112　HT4 型弹簧缓冲器的外形与尺寸

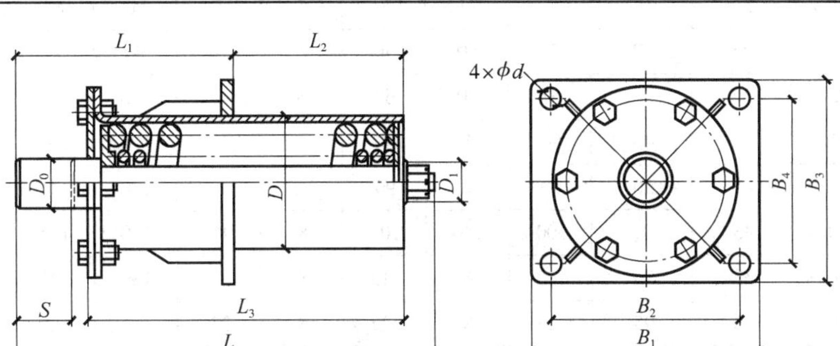

型号	缓冲容量 U/（kN · m）	缓冲行程 S/mm	缓冲力 F/kN	主要尺寸/mm												参考质量/kg
				L	L_1	L_2	L_3	B_1	B_2	B_3	B_4	d	D_0	D	D_1	
HT4-800	8.00	143	108	910	400	430	640	520	450	380	310	35	110	273	135	180.9
HT4-1000	9.0	135	131	840	400	360	580	520	450	450	390	35	120	325	135	208.6
HT4-1250	11.0	135	165	840	400	360	580	520	450	450	390	42	120	325	135	235.3
HT4-1600	16.0	120	273	1010	400	530	750	780	700	480	400	42	120	325	135	342.0
HT4-2000	21.5	150	293	1140	450	600	840	780	700	480	400	42	120	325	135	397.8

注：1. HT4-1250 为内外弹簧组合。

2. HT4-1600 和 HT4-2000 为内外弹簧两段串联组合。

5. 橡胶缓冲器（JB/T 12988—2016）

橡胶缓冲器由座板、首部橡胶堆、中部橡胶堆、尾部橡胶堆、底板构成。具有较高的容量和良好的稳定性、应用的可靠性、耐久性，确保了缓冲器的刚度，加之橡胶堆设计的几何形状尽可能地克服了橡胶不可压缩性和具有较大线膨胀系数的缺陷；结构简单、制造容易、维修方便、重量轻、低成本。在桥式起重机和门式起重机的行走机构相碰时缓冲动载荷的作用；适用于牵引吨位小（3000T 以下）、总重量小的铁路货车，尤其是米轨铁路车辆，其外形与尺寸见表 7-113。

表 7-113　橡胶缓冲器的外形与尺寸

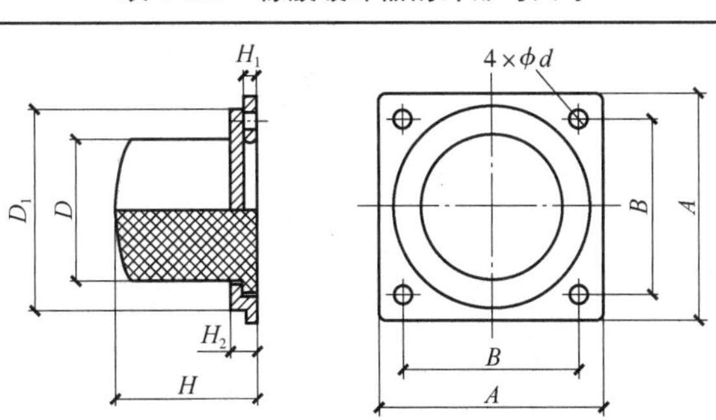

（续）

橡胶缓冲器型号	缓冲容量 U/（kN·m）	缓冲行程 S/mm	缓冲力 F/kN	主要尺寸/mm								参考质量/kg
				D	D_1	H	H_1	H_2	A	B	d	
HX-10	0.10	22	16	50	71	50	5	8	80	63	7	0.36
HX-16	0.16	25	19	56	80	56	5	10	90	71	7	0.48
HX-25	0.25	28	28	67	90	67	6	12	100	80	7	0.70
HX-40	0.40	32	40	80	112	80	6	14	125	100	12	1.34
HX-63	0.63	40	50	90	125	90	6	16	140	112	12	2.13
HX-80	0.80	45	63	100	140	100	8	18	160	125	14	2.70
HX-100	1.00	50	75	112	160	112	8	20	180	140	14	3.68
HX-160	1.60	56	95	125	180	125	8	22	200	160	18	5.00
HX-250	2.50	63	118	140	200	140	8	25	224	180	18	6.50
HX-315	3.15	71	160	160	224	160	10	28	250	200	18	9.18
HX-400	4.00	80	200	180	250	180	10	32	280	224	18	12.00
HX-630	6.30	90	250	200	280	200	10	36	315	250	24	16.18
HX-1000	10.0	100	300	224	315	224	12	40	355	280	24	25.00
HX-1600	16.0	112	425	250	355	250	12	45	400	315	24	34.00
HX-2000	20.0	125	500	280	400	280	12	50	450	355	24	48.20
HX-2500	25.0	140	630	315	450	315	12	56	500	400	24	64.80

第 8 章　建筑常用管材及管件

8.1　建筑常用管材

建筑常用管材有钢管、铜管、积水铸铁管、薄壁不锈钢管、塑料管、复合管等。钢管强度高、承受流体压力大、抗震性好、容易加工和安装，但耐蚀性差；铜管强度高、可塑性高，同时经久耐用、安全卫生、水利条件好、热胀冷缩系数小、抗高温环境、适合输送热水；积水铸铁管耐腐蚀、使用寿命长，但管壁厚、重量大；薄壁不锈钢管安全卫生、强度高、耐蚀性好、坚固耐用、寿命长、免维护、美观等，适合用于建筑给水和直饮水管；塑料管化学性能稳定、耐腐蚀、管壁光滑不易结垢、水头损失小、重量轻、加工安装方便；复合管具有聚乙烯塑料管耐蚀性好和金属管耐压性能强的复合特性，目前在建筑管材中应用普遍。

8.1.1　建筑给水用管材

1. 低压流体输送用焊接钢管（GB/T 3091—2015）

低压流体输送用焊接钢管俗称黑管。是用于输送水和空气、油、采暖蒸汽、燃气等压力较低的流体的焊接钢管，其尺寸规格见表 8-1。

表 8-1　低压流体输送用焊接钢管的尺寸规格　（单位：mm）

公称口径 DN	外径 D			最小公称壁厚 t	圆度不大于
	系列 1	系列 2	系列 3		
6	10.2	10.0	—	2.0	0.20
8	13.5	12.7		2.0	0.20
10	17.2	16.0	—	2.2	0.20
15	21.3	20.8	—	2.2	0.30
20	26.9	26.0	—	2.2	0.35
25	33.7	33.0	32.5	2.5	0.40
32	42.4	42.0	41.5	2.5	0.40
40	48.3	48.0	47.5	2.75	0.50
50	60.3	59.5	59.0	3.0	0.60
65	76.1	75.5	75.0	3.0	0.60
80	88.9	88.5	88.0	3.25	0.70
100	114.3	114.0	—	3.25	0.80
125	139.7	141.3	140.0	3.5	1.00
150	165.1	168.3	159.0	3.5	1.20
200	219.1	219.0	—	4.0	1.60

注：1. 表中的公称口径系近似内径的名义尺寸，不表示外径减去两倍壁厚所得的内径。

2. 系列 1 是通用系列，属推荐选用系列；系列 2 是非通用系列；系列 3 是少数特殊、专用系列。

2. 输送流体用无缝钢管（GB/T 8163—2018）

输送流体用无缝钢管为一种没有焊缝、具有中空截面，用作输送流体水、天然气、煤气、石油及某些固体物料的管道。与圆钢等实心钢材相比，在抗弯抗扭强度相同时，重量较轻，是一种经济截面钢材。输送流体用无缝钢管的外径应符合无缝钢管国家标准（GB/T 8163—2018）的规定，长度为3000~12500mm，其尺寸规格见表8-2。

表8-2a 热轧（扩）钢管壁厚允许偏差 （单位：mm）

钢管种类	钢管公称外径 D	S/D	壁厚允许偏差
热轧钢管	≤102	—	±12.5%S 或±0.4，取其中较大者
	>102	≤0.05	±15%S 或±0.4，取其中较大者
		>0.05~0.10	±12.5%S 或±0.4，取其中较大者
		>0.10	+12.5%S -10%S
热扩钢管	—		+17.5%S -12.5%S

表8-2b 冷拔（轧）钢管壁厚允许偏差 （单位：mm）

钢管种类	钢管公称壁厚 S	允许偏差
冷拔（轧）	≤3	$^{+15\%S}_{-10\%S}$或±0.15，取其中较大者
	>3~10	+12.5%S -10%S
	>10	±10%S

3. 薄壁不锈钢管（CJ/T 151—2016）

薄壁不锈钢管规定了不锈钢管的壁厚标准，其尺寸规格见表8-3。

表8-3 薄壁不锈钢管的尺寸规格 （单位：mm）

公称尺寸 DN	Ⅰ系列		Ⅱ系列		Ⅲ系列	
	外径 D	壁厚 S	外径 D	壁厚 S	外径 D	壁厚 S
12	15.0±0.10	0.8±0.08	—	—	12.7±0.10	0.6±0.06
15	18.0±0.10	1.0±0.10	15.9±0.10	0.8±0.08	16.0±0.10	0.8±0.08
20	22.0±0.11	1.2±0.12	22.2±0.11	1.0±0.10	20.0±0.11	1.0±0.10
25	28.0±0.14		28.6±0.14		25.4±0.14	
32	35.0±0.17	1.5±0.15	34.0±0.17	1.2±0.12	32.0±0.17	1.2±0.12
40	42.0±0.21		42.7±0.21		40.0±0.21	
50	54.0±0.26		48.6±0.26		50.8±0.26	
60	60.3±0.32	1.5±0.15	—	—	—	—
	63.5±0.32		—	—	—	—
65	76.1±0.38	2.0±0.20	—	—	—	—
80	88.9±0.44		—	—	—	—
100	101.6±0.51		—	—	—	—
	108.0±0.54		—	—	—	—

（续）

公称尺寸 DN	Ⅰ系列		Ⅱ系列		Ⅲ系列	
	外径 D	壁厚 S	外径 D	壁厚 S	外径 D	壁厚 S
125	133.0±0.99	2.5±0.30	—	—	—	—
150	159.0±1.19		—	—	—	—
200	219.0±1.64	3.0±0.30	—	—	—	—
250	273.0±2.05	4.0±0.30	—	—	—	—
300	325.0±2.44		—	—	—	—

4. 铝塑复合压力管（CJ/T 108—2015）

铝塑复合压力管的中间层为铝管，内外层为聚乙烯或交联聚乙烯，层间为热熔胶黏合而成的多层管，具有聚乙烯塑料管耐蚀性和金属管耐高压的优点，为最早替代铸铁管的供水管。主要用于生活冷热水、液体食品、气体、化学液体的输送，以及供热系统、医药卫生等领域，其产品的尺寸规格见表 8-4。

表 8-4　铝塑复合压力管的尺寸规格

公称外径 d_n	外径公差	内径	圆度		管壁厚 e_m		内层塑料最小壁厚 e_n	外层塑料最小壁厚 e_w	铝管层最小壁厚 e_a	
			盘管	直管	最小值	公差			最小值	公差
12	+0.3	9	—	≤0.4	1.60	+0.4	0.7	0.4	0.18	+0.09
14		10	—	≤0.4	1.60		0.8			
16		12	—	≤0.5	1.65		0.9			
18		14	—	≤0.5	1.80		0.9			
20		16	—	≤0.6	1.90		1.0		0.23	+0.09
25		20	—	≤0.8	2.25	+0.5	1.1			
32		26	—	≤1.0	2.90		1.2		0.28	+0.09
40	+0.4	32	—	≤1.2	4.00	+0.6	1.8	0.7	0.35	—
50	+0.5	41	—	≤1.5	4.50	+0.7	2.0	0.8	0.45	—
63	+0.6	51	—	≤1.9	6.00	+0.8	3.0	1.0	0.55	—
75	+0.7	60	—	≤2.3	7.50	+1.0	3.0	1.0	0.65	—

5. 给水用三型聚丙烯（PP-R）管材（GB/T 18742.2—2017）

给水用三型聚丙烯（PP-R）管材是以 98% 的聚丙烯树脂和 2% 的色母为主要原料，经热熔压制成型的给水管材，管材与管件采用热熔接技术，防止管材与管件连接处渗漏，主要用于生活饮用水的输配，广泛用于工作压力为 2.5MPa、输送温度不高于 80℃ 的给水工程，其产品的尺寸规格见表 8-5。

表 8-5　给水用三型聚丙烯（PP-R）管材的尺寸规格　　（单位：mm）

公称外径 DN	平均外径		公称壁厚 e_n					
			管系列					
	$d_{nm,min}$	$d_{nm,min}$	S6.3①	S5	S4	S3.2	S2.5	S2
16	16.0	16.3	—	—	2.0	2.2	2.7	3.3
20	20.0	20.3	—	2.0	2.3	2.8	3.4	4.1
25	25.0	25.3	2.0	2.3	2.8	3.5	4.2	5.1

（续）

公称外径 DN	平均外径		公称壁厚 e_n					
	$d_{nm,min}$	$d_{nm,min}$	管系列					
			S6.3[①]	S5	S4	S3.2	S2.5	S2
32	32.0	32.3	2.4	2.9	3.6	4.4	5.4	6.5
40	40.0	40.4	3.0	3.7	4.5	5.5	6.7	8.1
50	50.0	50.5	3.7	4.6	5.6	6.9	8.3	10.1
63	63.0	63.6	4.7	5.8	7.1	8.6	10.5	12.7
75	75.0	75.7	5.6	6.8	8.4	10.3	12.5	15.1
90	90.0	90.9	6.7	8.2	10.1	12.3	15.0	18.1
110	110.0	111.0	8.1	10.0	12.3	15.1	18.3	22.1
125	125.0	126.2	9.2	11.4	14.0	17.1	20.8	25.1
140	140.0	141.3	10.3	12.7	15.7	19.2	23.3	28.1
160	160.0	161.5	11.8	14.6	17.9	21.9	26.6	32.1
180	180.0	181.7	13.3	16.4	20.1	24.6	29.0	36.1
200	200.0	201.8	14.7	18.2	22.4	27.4	33.2	40.1

①仅适用于β晶型 PP-RCT 管材

6. 无规共聚聚丙烯（PP-R）冷热给水管管材

无规共聚聚丙烯（PP-R）冷热给水管管材为色泽基本均匀一致、厚度均匀；内（外）壁光滑、平整；无气泡、凹陷、杂质等影响表面性能缺陷的给水管管材，其产品的尺寸规格见表8-6。

表8-6　无规共聚聚丙烯（PP-R）冷热给水管管材的尺寸规格　（单位：mm）

公称外径	壁厚			长度（m/根）
	1.25MPa	1.6MPa	2.0MPa	
16	—	2.0	2.2	6
20	2.0	2.3	2.8	
25	2.3	2.8	3.5	
32	2.9	3.6	4.4	
40	3.7	4.5	5.5	
50	4.6	5.6	6.9	
63	5.8	7.1	8.6	
75	6.8	8.4	10.3	
90	8.2	10.1	12.3	
100	10.0	12.3	15.1	
160	14.6	17.9	21.9	

7. 给水用聚氯乙烯（PE）管材（GB/T 13663.2—2018）

给水用聚氯乙烯（PE）管材为一种结晶度高、非极性的热塑性树脂。原态HDPE的外表呈乳白色，在微薄截面呈一定程度的半透明状。具有优良的耐生活用品和工业用化学品的特性。广泛应用于城市给水管，建筑排水管，埋地排水管，建筑采暖、输气管、电工与电讯保护套管、工业用管及农田灌溉管等等。也用于市政供水主管道及地源热泵采暖管等，使用温度不宜超过40℃，其产品的尺寸规格见表8-7。

表 8-7　给水用聚氯乙烯（PE）管材的尺寸规格　　（单位：mm）

公称外径 DN	公称壁厚 e_n							
	标准尺寸比							
	SDR9	SDR11	SDR13.6	SDR17	SDR21	SDR26	SDR33	SDR41
	管系列							
	S4	S5	S6.3	S8	S10	S12.5	S16	S20
	PE80 级公称压力/MPa							
	1.6	1.25	1.0	0.8	0.6	0.5	0.4	0.32
	PE100 级公称压力/MPa							
	2.0	1.6	1.25	1.0	0.8	0.6	0.5	0.4
16	2.3	—	—	—	—	—	—	—
20	2.3	2.3	—	—	—	—	—	—
25	3.0	2.3	2.3	—	—	—	—	—
32	3.6	3.0	2.4	2.3	—	—	—	—
40	4.5	3.7	3.0	2.4	2.3	—	—	—
50	5.6	4.6	3.7	3.0	2.4	2.3	—	—
63	7.1	5.8	4.7	3.8	3.0	2.5	—	—
75	8.4	6.8	5.6	4.5	3.6	2.9	—	—
90	10.1	8.2	6.7	5.4	4.3	3.5	—	—
110	12.3	10.0	8.1	6.6	5.3	4.2	—	—
125	14.0	11.4	9.2	7.4	6.0	4.8	—	—
140	15.7	12.7	10.3	8.3	6.7	5.4	—	—
160	17.9	14.6	11.8	9.5	7.7	6.2	—	—
180	20.1	16.4	13.3	10.7	8.6	6.9	—	—
200	22.4	18.2	14.7	11.9	9.6	7.7	—	—
225	25.2	20.5	16.6	13.4	10.8	8.6	—	—
250	27.9	22.7	18.4	14.8	11.9	9.6	—	—
280	31.3	25.4	20.6	16.6	13.4	10.7	—	—
315	35.2	28.6	23.2	18.7	15.0	12.1	9.7	7.7
355	39.7	32.2	26.1	21.1	16.9	13.6	10.9	8.7
400	44.7	36.3	29.4	23.7	19.1	15.3	12.3	9.8
450	50.3	40.9	33.1	26.7	21.5	17.2	13.8	11.0
500	55.8	45.4	36.8	29.7	23.9	19.1	15.3	12.3
560	62.5	50.8	41.2	33.2	26.7	21.4	17.2	13.7
630	70.3	57.2	46.3	37.4	30.0	24.1	19.3	15.4
710	79.3	64.5	52.2	42.1	33.9	27.2	21.8	17.4
800	89.3	72.6	58.8	47.4	38.1	30.6	24.5	19.6
900	—	81.7	66.2	53.3	42.9	34.4	27.6	22.0
1000	—	90.2	72.5	59.3	47.7	38.2	30.6	24.5
1200	—	—	88.2	67.9	57.2	45.9	36.7	29.4
1400	—	—	102.9	82.4	66.7	53.5	42.9	34.3
1600	—	—	117.6	94.1	76.2	61.2	49.0	39.2
1800	—	—	—	105.9	85.7	69.1	54.5	43.8

（续）

公称外径DN	公称壁厚 e_n/mm							
	标准尺寸比							
	SDR9	SDR11	SDR13.6	SDR17	SDR21	SDR26	SDR33	SDR41
	管系列							
	S4	S5	S6.3	S8	S10	S12.5	S16	S20
	PE80 级公称压力/MPa							
	1.6	1.25	1.0	0.8	0.6	0.5	0.4	0.32
	PE100 级公称压力/MPa							
	2.0	1.6	1.25	1.0	0.8	0.6	0.5	0.4
2000	—	—	—	117.6	95.2	76.9	60.6	48.3
2250	—	—	—	—	107.2	86.0	70.0	55.0
2500	—	—	—	—	119.1	95.6	77.7	61.2

注：公称压力按照 $C=1.25$ 计算

8. 给水用硬聚氯乙烯（PVC-U）管材（GB/T 10002.1—2006）

给水用硬聚氯乙烯（PVC-U）管材以聚氯乙烯树脂为主要原料，经挤出成型的给水用硬聚氯乙烯管材，管件耐蚀性、抗冲击强度高、流体阻力小，并达到建筑材料难燃性能的要求。适用于建筑物内外（架空或埋地）给水用管材。

给水用硬聚氯乙烯（PVC-U）管材的技术要求。

1）给水用硬聚氯乙烯（PVC-U）管材温度对压力的折减系数见表 8-8。

表 8-8 给水用硬聚氯乙烯（PVC-U）管材温度对压力的折减系数

温度/℃	折减系数 f_t
$0<t\leqslant25$	1
$25<t\leqslant35$	0.8
$35<t\leqslant45$	0.63

2）给水用硬聚氯乙烯（PVC-U）管材的公称压力等级和规格尺寸见表 8-9。

表 8-9 给水用硬聚氯乙烯（PVC-U）管材的公称压力等级和规格尺寸（单位：mm）

公称外径DN	管材 S 系统 SDR 系列和公称压力						
	S16 SDR33 PN0.63	S12.5 SDR26 PN0.8	S10 SDR21 PN1.0	S8 SDR17 PN1.25	S6.3 SDR13.6 PN1.6	S5 SDR11 PN2.0	S4 SDR9 PN2.5
	公称壁厚 e_n[①]						
20	—	—	—	—	—	2.0	2.3
25	—	—	—	—	2.0	2.3	2.8
32	—	—	—	2.0	2.4	2.9	3.6
40	—	—	2.0	2.4	3.0	3.7	4.5
50	—	2.0	2.4	3.0	3.7	4.6	5.6
63	2.0	2.5	3.0	3.8	4.7	5.8	7.1
75	2.3	2.9	3.6	4.5	5.6	6.9	8.4
90	2.8	3.5	4.3	5.4	6.7	8.2	10.1

（续）

公称外径 DN	管材S系统SDR系列和公称压力						
	S20 SDR41 PN0.63	S16 SDR33 PN0.8	S12.5 SDR26 PN1.0	S10 SDR21 PN1.25	S8 SDR17 PN1.6	S6.3 SDR13.6 PN2.0	S5 SDR11 PN2.5
	公称壁厚 e_n②						
110	2.7	3.4	4.2	5.3	6.6	8.1	10.0
125	3.1	3.9	4.8	6.0	7.4	9.2	11.4
140	3.5	4.3	5.4	6.7	8.3	10.3	12.7
160	4.0	4.9	6.2	7.7	9.5	11.8	14.6
180	4.4	5.5	6.9	8.6	10.7	13.3	16.4
200	4.9	6.2	7.7	9.6	11.9	14.7	18.2
225	5.5	6.9	8.6	10.8	13.4	16.6	—
250	6.2	7.7	9.6	11.9	14.8	18.4	—
280	6.9	8.6	10.7	13.4	16.6	20.6	—
315	7.7	9.7	12.1	15.0	18.7	23.2	—
355	8.7	10.9	13.6	16.9	21.1	26.1	—
400	9.8	12.3	15.3	19.1	23.7	29.4	—
450	11.0	13.8	17.2	21.5	26.7	33.1	—
500	12.3	15.3	19.1	23.9	29.7	36.8	—
560	13.7	17.2	21.4	26.7	—	—	—
630	15.4	19.3	24.1	30.0	—	—	—
710	17.4	21.8	27.2	—	—	—	—
800	19.6	24.5	30.6	—	—	—	—
900	22.0	27.6	—	—	—	—	—
1000	24.5	30.6	—	—	—	—	—

①公称壁厚（e_n）根据设计应力（σ_s）10MPa确定，最小壁厚不小于2.0mm。

②公称壁厚（e_n）根据设计应力（σ_s）12.5MPa确定。

3）给水用硬聚氯乙烯（PVC-U）管材的任意点壁厚及允许偏差见表8-10。

表8-10　给水用硬聚氯乙烯（PVC-U）管材的任意点壁厚及允许偏差（单位：mm）

壁厚（e_y）	允许偏差	壁厚（e_y）	允许偏差
≤2.0	+0.4 0	5.3＜e≤6.0	+0.9 0
2.0＜e≤3.0	+0.5 0	6.0＜e≤6.6	+1.0 0
3.0＜e≤4.0	+0.6 0	6.6＜e≤7.3	+1.1 0
4.0＜e≤4.6	+0.7 0	7.3＜e≤8.0	+1.2 0
4.6＜e≤5.3	+0.8 0	8.0＜e≤8.6	+1.3 0

（续）

壁厚（e_y）	允许偏差	壁厚（e_y）	允许偏差
8.6 < e ≤ 9.3	+1.4 0	22.0 < e ≤ 22.6	+4.4 0
9.3 < e ≤ 10.0	+1.5 0	22.6 < e ≤ 23.3	+3.5 0
10.0 < e ≤ 10.6	+1.6 0	23.3 < e ≤ 24.0	+3.6 0
10.6 < e ≤ 11.3	+1.7 0	24.0 < e ≤ 24.6	+3.7 0
11.3 < e ≤ 12.0	+1.8 0	24.6 < e ≤ 25.3	+3.8 0
12.0 < e ≤ 12.6	+1.9 0	25.3 < e ≤ 26.0	+3.9 0
12.6 < e ≤ 13.3	+2.0 0	26.0 < e ≤ 26.6	+4.0 0
13.3 < e ≤ 14.0	+2.1 0	26.6 < e ≤ 27.3	+4.1 0
14.0 < e ≤ 14.6	+2.2 0	27.3 < e ≤ 28.0	+4.2 0
14.6 < e ≤ 15.3	+2.3 0	28.0 < e ≤ 28.6	+4.3 0
15.3 < e ≤ 16.0	+2.4 0	28.6 < e ≤ 29.3	+4.4 0
16.0 < e ≤ 16.6	+2.5 0	29.3 < e ≤ 30.0	+4.5 0
16.6 < e ≤ 17.3	+2.6 0	30.0 < e ≤ 30.6	+4.6 0
17.3 < e ≤ 18.0	+2.7 0	30.6 < e ≤ 31.3	+4.7 0
18.0 < e ≤ 18.6	+2.8 0	31.3 < e ≤ 32.0	+4.8 0
18.6 < e ≤ 19.3	+2.9 0	32.0 < e ≤ 32.6	+4.9 0
19.3 < e ≤ 20.0	+3.0 0	32.6 < e ≤ 33.3	+5.0 0
20.0 < e ≤ 20.6	+3.1 0	33.3 < e ≤ 34.0	+5.1 0
20.0 < e ≤ 21.3	+3.2 0	34.0 < e ≤ 34.6	+5.2 0
21.3 < e ≤ 22.0	+3.3 0	34.6 < e ≤ 35.3	+5.3 0

（续）

壁厚（e_y）	允许偏差	壁厚（e_y）	允许偏差
35.3<e≤36.0	+5.4 0	37.3<e≤38.0	+5.7 0
36.0<e≤36.6	+5.5 0	38.0<e≤38.6	+5.8 0
36.6<e≤37.3	+5.6 0	—	—

4）给水用硬聚氯乙烯（PVC-U）管材弹性密封圈式承口与溶剂粘接式承口的最小深度。弹性密封圈式承口的密封环槽处的壁厚应不小于相连管壁公称壁厚的0.8倍；溶剂粘接式承口的壁厚应不小于相连管壁公称壁厚的0.75倍，其承口外形及尺寸见表8-11。

表8-11　给水用硬聚氯乙烯（PVC-U）管材的承口外形及尺寸　（单位：mm）

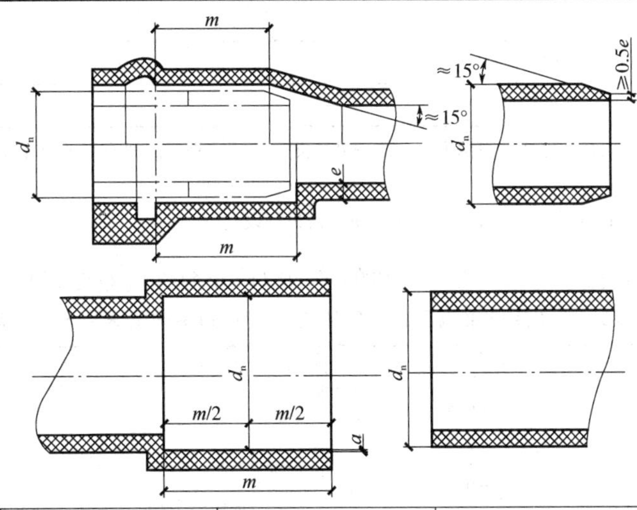

公称外径DN	弹性密封圈承口最小配合深度 m_{min}	溶剂粘接承口最小配合深度 m_{min}	溶剂粘接承口中部平均内径 d_{sm}	
			$d_{sm/max}$	$d_{sm/max}$
20	—	16.0	20.1	20.3
25	—	18.5	25.1	25.3
32	—	22.0	32.1	32.3
40	—	26.0	40.1	40.3
50	—	31.0	50.1	50.3
63	64	37.5	63.1	63.3
75	67	43.5	75.1	75.3
90	70	51.0	90.1	90.3
110	75	61.0	110.1	110.4
125	78	68.5	125.1	125.4
140	81	76	140.2	140.5
160	86	86.0	160.2	160.5
180	90	96.0	180.3	180.6
200	94	106.0	200.3	200.6
225	100	118.5	225.3	225.6

（续）

公称外径 DN	弹性密封圈承口最小配合深度 m_{min}	溶剂粘接承口最小配合深度 m_{min}	溶剂粘接承口中部平均内径 d_{sm}	
			$d_{sm/max}$	$d_{sm/max}$
250	105	—	—	—
280	112	—	—	—
315	118	—	—	—
355	124	—	—	—
400	130	—	—	—
450	138	—	—	—
500	145	—	—	—
560	154	—	—	—
630	165	—	—	—
710	177	—	—	—
800	190	—	—	—
1000	220	—	—	—

注：1. 承口中部的平均内径是指在承口深度二分之一处所测定的相互垂直的两直径的算术平均值；承口的最大锥度（α）不超过0°30′。

2. 当管材长度大于12m时，密封圈式承口深度 m_{min} 需另行设计。

5）给水用硬聚氯乙烯（PVC-U）管材的平均壁厚及允许偏差见表8-12。

表8-12 给水用硬聚氯乙烯（PVC-U）管材的平均壁厚及允许偏差 （单位：mm）

壁厚（e_m）	允许偏差	壁厚（e_m）	允许偏差
≤2.0	+0.4 0	11.0<e≤12.0	+1.4 0
2.0<e≤3.0	+0.5 0	12.0<e≤13.0	+1.5 0
3.0<e≤4.0	+0.6 0	13.0<e≤14.0	+1.6 0
4.0<e≤5.0	+0.7 0	14.0<e≤15.0	+1.7 0
5.0<e≤6.0	+0.8 0	15.0<e≤16.0	+1.8 0
6.0<e≤7.0	+0.9 0	16.0<e≤17.0	+1.9 0
7.0<e≤8.0	+1.0 0	17.0<e≤18.0	+2.0 0
8.0<e≤9.0	+1.1 0	18.0<e≤19.0	+2.1 0
9.0<e≤10.0	+1.2 0	19.0<e≤20.0	+2.2 0
10.0<e≤11.0	+1.3 0	20.0<e≤21.0	+2.3 0

（续）

壁厚（e_m）	允许偏差	壁厚（e_m）	允许偏差
21.0 < e≤22.0	+2.4 0	30.0 < e≤31.0	+3.3 0
22.0 < e≤23.0	+2.5 0	31.0 < e≤32.0	+3.4 0
23.0 < e≤24.0	+2.6 0	32.0 < e≤33.0	+3.5 0
24.0 < e≤25.0	+2.7 0	33.0 < e≤34.0	+3.6 0
25.0 < e≤26.0	+2.8 0	34.0 < e≤35.0	+3.7 0
26.0 < e≤27.0	+2.9 0	35.0 < e≤36.0	+3.8 0
27.0 < e≤28.0	+3.0 0	36.0 < e≤37.0	+3.9 0
28.0 < e≤29.0	+3.1 0	37.0 < e≤38.0	+4.0 0
29 < e≤30.0	+3.2 0	38.0 < e≤39.0	+4.1 0

6）给水用硬聚氯乙烯（PVC-U）管材的平均外径偏差和不圆度见表8-13。

表8-13 给水用硬聚氯乙烯（PVC-U）管材的平均外径偏差和不圆度（单位：mm）

平均外径偏差		不圆度	平均外径偏差		不圆度
公称外径 DN	允许偏差		公称外径 DN	允许偏差	
20	+0.3 0	1.2	90	+0.3 0	1.8
25	+0.3 0	1.2	110	+0.4 0	2.2
32	+0.3 0	1.3	125	+0.4 0	2.5
40	+0.3 0	1.4	140	+0.5 0	2.8
50	+0.3 0	1.4	160	+0.5 0	3.2
63	+0.3 0	1.5	180	+0.6 0	3.6
75	+0.3 0	1.6	200	+0.6 0	4.0

（续）

平均外径偏差		不圆度	平均外径偏差		不圆度
公称外径 DN	允许偏差		公称外径 DN	允许偏差	
225	+0.7 0	4.5	500	+1.5 0	12.0
250	+0.8 0	5.0	560	+1.7 0	13.5
280	+0.9 0	6.8	630	+1.9 0	15.2
315	+1.0 0	7.6	710	+2.0 0	17.1
355	+1.1 0	8.6	800	+2.0 0	19.2
400	+1.2 0	9.6	900	+2.0 0	21.6
450	+1.4 0	10.8	1000	+2.0 0	24.0

7）给水用硬聚氯乙烯（PVC-U）管材的弯曲度见表 8-14。

表 8-14　给水用硬聚氯乙烯（PVC-U）管材的弯曲度

公称外径 d_n/mm	≤32	40～200	≥225
弯曲度（%）	不规定	≤1.0	≤0.5

8）给水用硬聚氯乙烯（PVC-U）管材的物理性能与力学性能见表 8-15。

表 8-15　给水用硬聚氯乙烯（PVC-U）管材的物理性能与力学性能

物理性能		力学性能	
项目	技术指标	项目	技术指标
密度/(kg/m³) 维卡软化温度℃ 纵向回缩率（%） 二氯甲烷浸渍试验（15℃，15min）	1350～1460 ≥80 ≤5 表面变化不劣于 4N	落锤冲击试验（0℃）TIR（%） 液压试验	≤5 无破裂，无渗漏

8.1.2　建筑排水用管材

1. 排水用柔性接口铸铁管（GB/T 12772—2016）

排水用柔性接口管按其接口形式分为机械式柔性接口（A 型）和卡箍式柔性接口（W 型）两种。柔性接口铸铁管采用高速离心铸造技术，具有组织致密、管壁薄厚均匀、内外壁光滑、无沙眼和夹渣、抗拉与抗压强度高的特点，并且具有化学成分稳定、耐蚀性高、防火无毒、符合消防安全环保要求、无噪声、不变形、使用寿命长等优点。主要用于建筑排水管道系统，特别适用于高层、超高层建筑及永久性和重点建筑工程中的建筑排水管道系统。其尺寸规格见表 8-16。

表 8-16a　A 型直管、管件壁厚及直管长度、重量

公称直径 DN	壁厚 T/mm		承口凸部重量/kg	直部每米重量/kg		有效长度 L/mm 500 总重量/kg		1000		1500		2000		3000	
	A 级	B 级		A 级	B 级	A 级	B 级	A 级	B 级	A 级	B 级	A 级	B 级	A 级	B 级
50	4.5	5.5	0.90	5.75	6.90	3.78	4.35	6.65	7.80	9.53	11.25	12.40	14.70	18.15	21.60
75	5.0	5.5	1.00	9.16	10.02	5.58	6.01	10.16	11.02	14.74	16.03	19.32	21.04	28.48	31.06
100	5.0	5.5	1.40	11.99	13.13	7.39	7.99	13.39	14.53	19.38	21.09	25.38	27.66	37.37	40.79
125	5.5	6.0	2.30	16.36	17.78	10.48	11.19	18.66	20.08	26.84	28.97	35.02	37.86	51.38	55.64
150	5.5	6.0	3.00	19.47	21.17	12.74	13.59	22.47	24.17	32.21	34.76	41.94	45.34	61.41	66.51
200	6.0	7.0	4.00	28.23	32.78	18.12	20.39	32.23	36.78	46.36	53.17	60.46	69.56	88.69	102.34
250	7.0		5.10	41.32		25.76		46.42		67.35		87.74		129.06	
300	7.0		7.30	49.24		31.92		56.54		81.16		105.78		155.02	

表 8-16b　W 型直管规格、外径、壁厚及重量

公称直径 DN	D_e/mm	壁厚 T/mm	重量/kg L = 1500mm	L = 3000mm
50	61	4.3	8.3	16.5
75	86	4.4	12.2	24.4
100	111	4.8	17.3	34.6
125	137	4.8	21.6	43.1
150	162	4.8	25.6	51.2
200	214	5.8	41.0	81.9
250	268	6.4	56.8	113.6
300	318	7.0	74.0	148.0

表 8-16c　W1 型规格、外径、壁厚及直管重量

公称直径 DN	D_e/mm	壁厚 T/mm 直管		管件		重量/kg
		标准	最小	标准	最小	L = 3000mm
50	58	3.5	3.0	4.2	3.0	12.9
75	83	3.5	3.0	4.2	3.0	18.9
100	110	3.5	3.0	4.2	3.0	25.3
125	136	4.0	3.5	4.7	3.5	35.8
150	161	4.0	3.5	5.3	3.5	42.6
200	213	5.0	4.0	6.0	4.0	70.6
250	268	5.5	4.5	7.0	4.5	98.0
300	318	6.0	5.0	8.0	5.0	127.0

注：W1 型直管管件的重量均按标准壁厚计。

2. 建筑排水用硬聚氯乙烯（PVC-U）管材

建筑排水用硬聚氯乙烯（PVC-U）管材以 PVC 树脂为主要原料，加入专用助剂，在制管机内经挤出或注射成型。管件耐蚀性高、抗冲击强度高、流体阻力小、不结垢、内壁光滑、不易堵塞，并达到建筑材料难燃性能的要求，耐老化、使用寿命长。适用于建筑物内外排水管道与工业排水管道，其产品的尺寸规格见表 8-17。

表 8-17 建筑排水用硬聚氯乙烯（PVC-U）管材的尺寸规格 （单位：mm）

公称外径 d_n	平均外径		壁厚		不圆度
	最小平均外径 $d_{em,min}$	最大平均外径 $d_{em,max}$	公称壁厚 e_n	允许偏差	
32	32.0	32.2	2.0	+0.4 0	≤0.8
40	40.0	40.2	2.0	+0.4 0	≤1.0
50	50.0	50.2	2.0	+0.4 0	≤1.2
75	75.0	75.3	2.3	+0.4 0	≤1.8
90	90.0	90.3	3.0	+0.5 0	≤2.2
110	110.0	110.3	3.2	+0.6 0	≤2.6
125	125.0	125.3	3.2	+0.6 0	≤3.0
160	160.0	160.4	4.0	+0.6 0	≤3.8
200	200.0	200.5	4.9	+0.7 0	≤4.8
250	250.0	250.5	6.2	+0.8 0	≤6.0
315	315.0	315.6	7.7	+1.0 0	≤7.6

3. 排水用（PVC-U）管材的承口尺寸

（1）胶黏剂粘接型管材承口尺寸（表 8-18）

表 8-18 胶黏剂粘接型管材承口尺寸 （单位：mm）

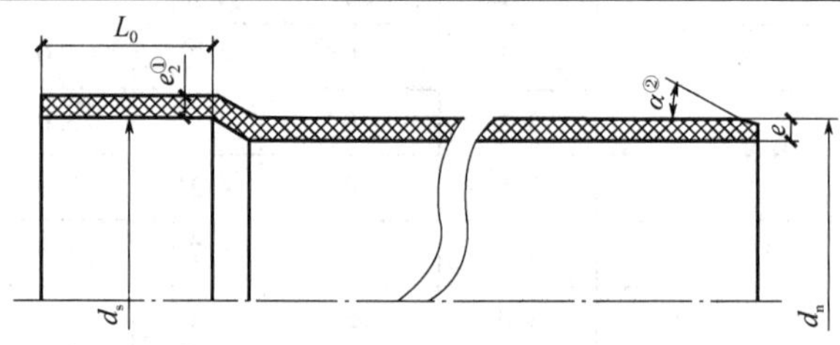

说明：

L_0—承口深度；d_n—公称外径；d_s—承口平均内径；e—管材壁厚；e_2—承口壁厚；α—倒角。

①管材承口壁厚 e_2 应不小于同规格管材公称壁厚的 75%。

②当管材需要进行倒角时，倒角 a 宜在 15°～45°之间。倒角后管端保留的壁厚应不小于公称壁厚 e_n 的 1/3。

胶粘剂连接型管材承口示意图

（续）

公称外径 d_n	承口中部平均内径		承口深度 $L_{0,min}$
	$d_{sm,min}$	$d_{sm,max}$	
32	32. 1	32. 4	22
40	40. 1	40. 4	25
50	50. 1	50. 4	25
75	75. 2	75. 5	40
90	90. 2	90. 5	46
110	110. 2	110. 6	48
125	125. 2	125. 7	51
160	160. 3	160. 8	58
200	200. 4	200. 9	60
250	250. 4	250. 9	60
315	315. 5	316. 0	60

（2）弹性密封圈连接型管材承口尺寸（表 8-19）

表 8-19　弹性密封圈连接型管材承口尺寸　（单位：mm）

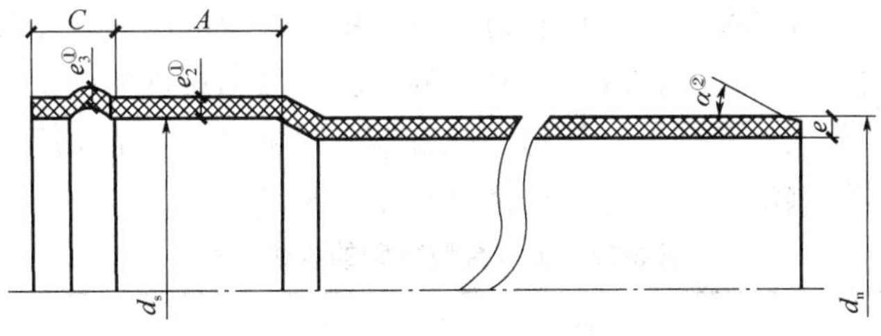

说明：

A—接合长度；C—密封区长度；d_n—公称外径；d_s—承口平均内径；e—管材厚度；e_2—承口壁厚；e_3—密封圈环槽壁厚；α—倒角。

①管材承口壁厚 e_2 应不小于同规格管材公称壁厚的 90%，密封圈环壁厚 e_3 应不小于同规格管材公称壁厚 75%。

②注释同表 8-18 图注。

公称外径 d_n	最小承口平均内径 $d_{sm,min}$	最小接合长度 A_{min}
32	32. 3	16
40	40. 3	18
50	50. 3	20
75	75. 4	25
90	90. 4	28
110	110. 4	32
125	125. 4	35
160	160. 5	42
200	200. 6	50
250	250. 8	55
315	316. 0	62

4. 排水用（PVC-U）管材的物理性能（表8-20）

表8-20 管材的物理性能

项目	性能要求	项目	性能要求
密度/(kg/m³)	1350～1460	二氯甲烷浸渍试验（15℃，15min）	表面变化不劣于4N
维卡软化温度/℃	≥80	液压试验	无破裂，无渗漏
纵向回缩率(%)	≤5	落锤冲击试验（0℃）TIR/(%)	≤5

5. 聚丙烯静音排水管材的规格尺寸（表8-21）

表8-21 聚丙烯静音排水管材的规格尺寸　（单位：mm）

公称外径	壁厚	长度	管材的系统适应性
50	3.2	6000	水密性试验和气密性试验无渗漏
75	3.8	6000	
110	4.5	6000	
160	5.0	6000	

6. 波纹金属软管

波纹金属软管是一种高品质的柔性管道。主要由波纹管、网套和接头组成。内管是具有螺旋形或环形波形的薄壁不锈钢波纹管，外层的网套是由不锈钢丝或钢带按一定的参数编织而成，软管两端的接头或法兰与客户管道的接头或法兰相配。广泛用于航空、石油、化工、冶金、建筑排水、排污领域，其产品的规格尺寸见表8-22。

表8-22 波纹金属软管的规格尺寸

品种	通径/mm	压力/MPa	用途
高层建筑用金属软管	ϕ32～ϕ400	0.6、1.0、2.5	高层建筑
高层建筑泵连接用金属软管	ϕ50～ϕ400	0.6、1.0、2.5	高层建筑
不锈钢波纹水管	ϕ15～ϕ25	1.2～1.8	排水排污管道
空调用金属软管	ϕ15～ϕ25	1.2、5.0	中央空调
不锈钢消防软管	ϕ20	1.4	建筑消防系统
燃气用波纹连接管	ϕ8～ϕ20	0.6～2.5	燃气灶具

注：金属软管工作温度为-196～420℃。

8.2 建筑常用管件

建筑常用管件按用途可分为用于管子互相连接的管件：法兰、活接、管箍、卡套、喉箍等；改变管子方向的管件：弯头、弯管；改变管子管径的有：变径（异径管）、异径弯头、支管台和补强管；增加管路分支的管件有：三通、四通；用于管路密封的有：垫片、生料带、线麻、法兰盲板、管堵、盲板、封头、焊接堵头；用于管路固定的管件：卡环、拖钩、吊环、支架、托架、管卡等。按连接方式可分为螺纹管件、卡套管件、卡箍管件、承插管件、粘接管件、热熔管件、胶圈连接式管件等。按材料可分为分锻钢管件、铸钢管件、铸铁管件、焊接弯头、合金管件、不锈钢管件、塑料管件、PVC 管件、PPR 管件、PE 管件、ABS 管件、橡胶管件、石墨管件等。

8.2.1　可锻铸铁管路连接件

可锻铸铁管路连接件（GB/T 3287—2011）适用于公称尺寸为 6～150mm 输送水、油、空气、煤气、蒸汽用的一般管路上连接的管件。在使用时应指定与符合 GB/T 7306.1 或 GB/T 7306.2 规定的螺纹相连接；在超出规定的压力和温度范围使用时，应同制造方协商。

1. 外接头和通丝外接头

外接头和通丝外接头是用来连接两根公称通径相同的管子。通丝外接头常与锁紧螺母和短管子配合，用于时常需要装拆的管路上，其技术参数见表 8-23。

表 8-23　外接头和通丝外接头的技术参数

公称直径 DN/mm	6	8	10	15	20	25	32	40
管螺纹尺寸/in	1/8	1/4	3/8	1/2	3/4	1	1¼	1½
L/mm	22	26	29	34	38	44	50	54
公称直径 DN/mm	(50)	(65)	(80)	(90)	(100)	(125)	(150)	
管螺纹尺寸/in	(2)	(2½)	(3)	(3½)	(4)	(5)	(6)	
L/mm	60	70	75	80	85	95	105	

注：括号的参数尽量不采纳使用。

2. 异径外接头

异径外接头又名异径管子箍、异径内螺纹或大小头。主要用来连接两根公称通径不同的管子，使管路通径缩小，其技术参数见表 8-24。

表 8-24　异径外接头的技术参数

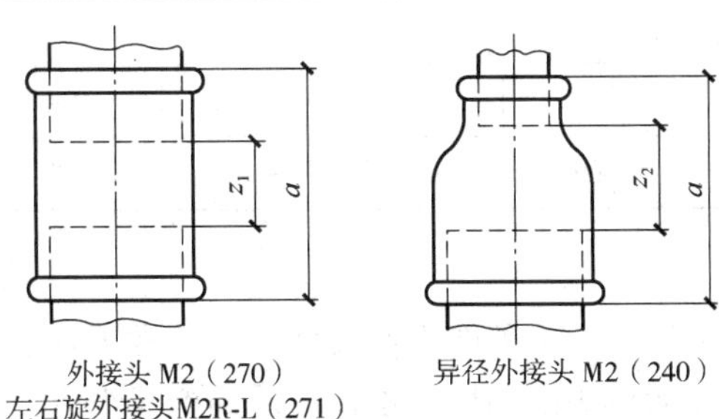

外接头 M2（270）
左右旋外接头M2R-L（271）
异径外接头 M2（240）

公称尺寸 DN			管件规格			尺寸	安装长度/mm	
M2	M2R-L	异径 M2	M2	M2R-L	异径 M2	a/mm	z_1	z_2
6	—	—	1/8	—	—	25	11	—

（续）

公称尺寸 DN			管件规格			尺寸 a/mm	安装长度/mm	
M2	M2R-L	异径 M2	M2	M2R-L	异径 M2		z_1	z_2
8		8×6	1/4	—	1/4×1/8	27	7	10
		(10×6)			(3/8×1/8)			13
10	10	10×8	3/8	3/8	3/8×1/4	30	10	10
		15×8			1/2×1/4			13
15	15	15×10	1/2	1/2	1/2×3/8	36	10	13
		(20×8)			(3/4×1/4)			14
20	20	20×10	3/4	3/4	3/4×3/8	39	9	14
		20×15			3/4×1/2			11
		25×10			1×3/8			18
25	25	25×15	1	1	1×1/2	45	11	15
		25×20			1×3/4			13
		32×15			1¼×1/2			18
32	32	32×20	1¼	1¼	1¼×3/4	50	12	16
		32×25			1¼×1			14
		(40×15)			(1½×1/2)			23
40	40	40×20	1½	1½	1½×3/4	55	17	21
		40×25			1½×1			19
		40×32			1½×1¼			17
		(50×15)			(2×1/2)			28
		(50×20)			(2×3/4)			26
(50)	(50)	50×25	(2)	(2)	2×1	65	17	24
		50×32			2×1¼			22
		50×40			2×1½			22
		(65×32)			(2½×1¼)			28
(65)	—	(65×40)	(2½)	—	(2½×1½)	74	20	28
		(65×50)			(2½×2)			23
		(80×40)			(3×1½)			31
(80)	—	(80×50)	(3)	—	(3×2)	80	20	26
		(80×65)			(3×2½)			23
		(100×50)			(4×2)			34
(100)	—	(100×65)	(4)	—	(4×2½)	94	22	31
		(100×80)			(4×3)			28
(125)	—	—	(5)	—	—	109	29	—
(150)	—	—	(6)	—	—	120	40	—

3. 活接头

活接头又叫作由壬或由任，是一种能方便安装拆卸的常用管道连接件。主要由螺母，云头，平接三部分组成。承插活接头由插口、承口、承插槽等组成，其特征是在插口上有承插槽，插口、承口分别位于两端；与现有技术相比，设计合理、操作简单、实用性强，提高了操作质量与便捷性。承插活接头广泛应用于不同口径的管道，也可用于水表、阀门，其技术参数见表 8-25。

表 8-25　活接头的技术参数

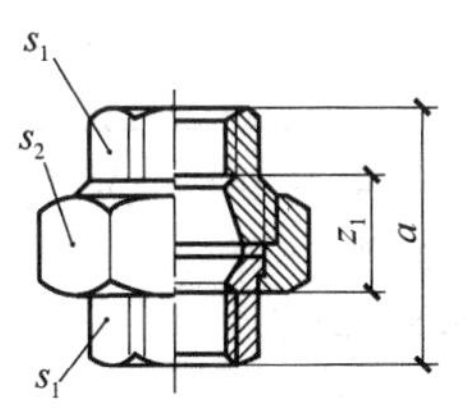

平座活接头 U1（330）

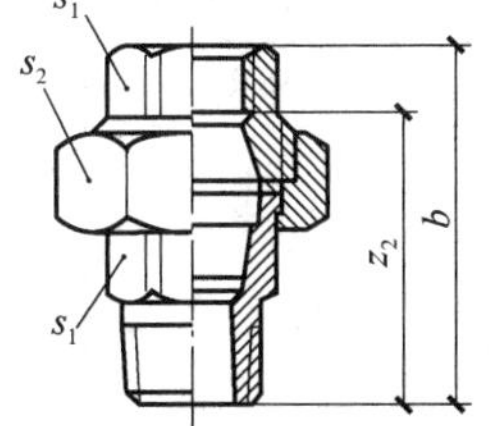

内外丝平座活接头 U2（331）

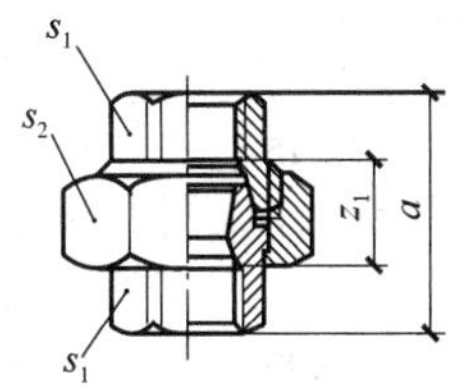

锥座活接头 U11（340）

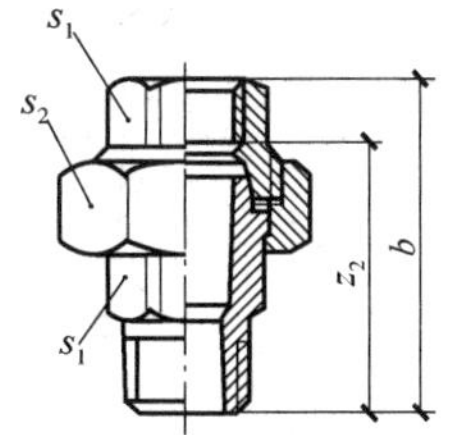

内外丝锥座活接头 U12（341）

公称尺寸 DN				管件规格				尺寸/mm		安装长度/mm	
U1	U2	U11	U12	U1	U2	U11	U12	a	b	z_1	z_2
—	—	(6)	—	—	—	(1/8)	—	38	—	24	—
8	8	8	8	1/4	1/4	1/4	1/4	42	55	22	45
10	10	10	10	3/8	3/8	3/8	3/8	45	58	25	48
15	15	15	15	1/2	1/2	1/2	1/2	48	66	22	53
20	20	20	20	3/4	3/4	3/4	3/4	52	72	22	57
25	25	25	25	1	1	1	1	58	80	24	63
32	32	32	32	1¼	1¼	1¼	1¼	65	90	27	71
40	40	40	40	1½	1½	1½	1½	70	95	32	76
50	50	50	50	2	2	2	2	78	106	30	82
65	—	65	65	2½	—	2½	2½	85	118	31	91
80	—	80	80	3	—	3	3	95	130	35	100
—	—	100	—	—	—	4	—	100	—	38	—

4. 内接头

内接头是用来连接两个不同公称通径的内螺纹管件或阀门，其技术参数见表 8-26。

表 8-26　内接头外形的技术参数

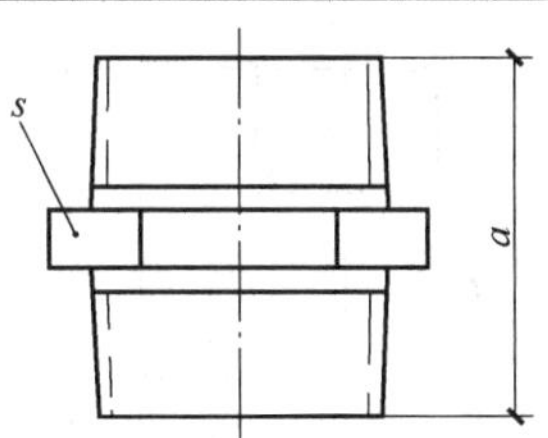

内接头 N8（280）
左右旋内接头N8R-L（281）

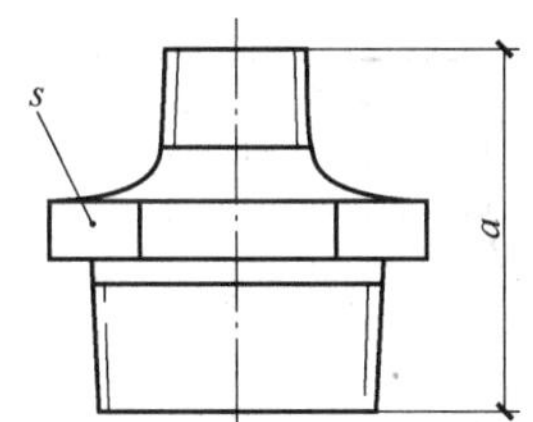

异径内接头 N8（245）

公式尺寸 DN			管件规格			尺寸 a/mm
N8	N8R-L	异径 N8	N8	N8R-L	异径 N8	
6	—	—	1/8	—	—	29
8	—	—	1/4	—	—	36
10	—	10×8	3×8		3/8×1/4	38
15	15	15×8 15×10	1/2	1/2	1/2×1/4 1/2×3/8	44
20	20	20×10 20×15	3/4	3/4	3/4×3/8 3/4×1/2	47

（续）

公式尺寸 DN			管件规格			尺寸 a/mm
N8	N8R-L	异径 N8	N8	N8R-L	异径 N8	
25	(25)	25×15	1	(1)	1×1/2	53
		25×20			1×3/4	
		(32×15)			(1¼×1/2)	
	—	32×20	1¼	—	1¼×3/4	57
		32×25			1¼×1	
		(40×20)		—	(1½××3/4)	
40	—	40×25	1½	—	1½×1	
		40×32			1½×1¼	59
		(50×25)			(2×1)	
	—	50×32	2	—	2×1¼	68
50	—	50×40		—	2×1½	
65	—	(65×50)	2½	—	(2½×2)	75
80		(80×50)	3	—	(3×2)	83
		(80×65)			(3×2½)	
100	—	—	4	—	—	95

5. 内外螺纹接头

内外螺纹接头是指一端是内螺纹，另一端是外螺纹的接头。外螺纹一端配合外接头与大通径管子或内螺纹管子连接；内螺纹一端直接与小通径管子连接，使小通径缩小，其技术参数见表 8-27。

表 8-27 内外螺纹接头的技术参数

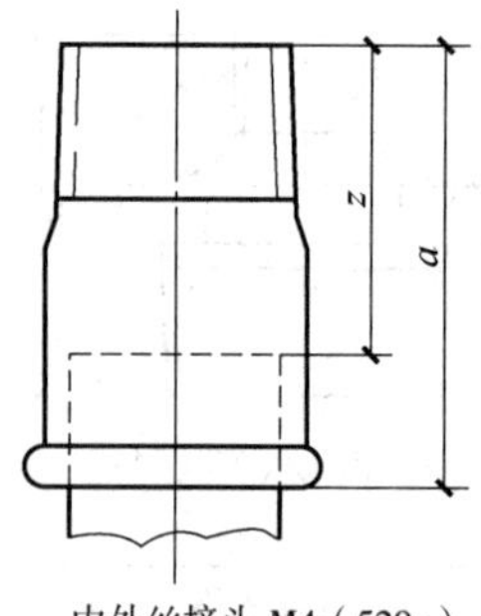

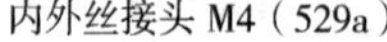
内外丝接头 M4（529a）

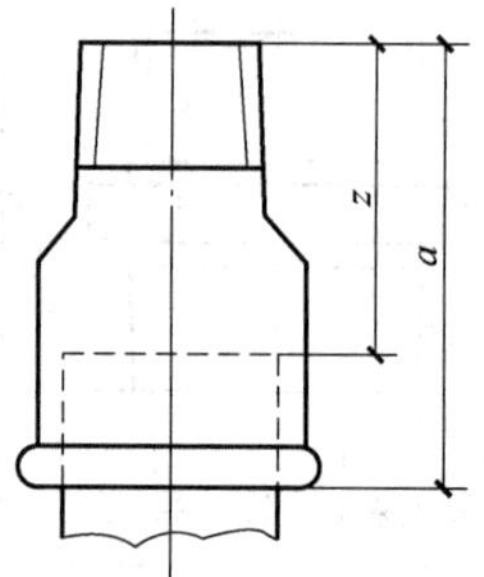

异径内外丝接头 M4（246）

公称尺寸 DN		管件规格		尺寸 a/mm	安装长度 z/mm
M4	异径 M4	M4	异径 M4		
10	10×8	3/8	3/8×1/4	35	25
15	15×8	1/2	1/2×1/4	43	30
	15×10		1/2×3/8		
20	(20×10)	3/4	(3/4×3/8)	48	33
	20×15		3/4×1/2		

（续）

公称尺寸 DN		管件规格		尺寸 a/mm	安装长度 z/mm
M4	异径 M4	M4	异径 M4		
25	25×15 25×20	1	1×1/2 1×3/4	55	38
32	32×20 32×25	1¼	1¼×3/4 1¼×1	60	41
—	40×25 40×32	—	1½×1 1½×1¼	63	44
—	(50×32) (50×40)	—	(2×1¼) (2×1½)	70	46

6. 锁紧螺母

锁紧螺母用于装在管路上的通丝外接头或其他管件上起锁紧作用，其技术参数见表 8-28。

表 8-28　锁紧螺母的技术参数

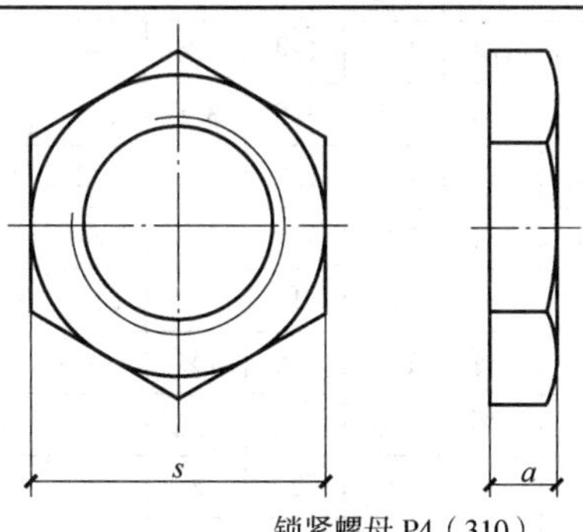

锁紧螺母 P4（310）

公称尺寸 DN	管件规格	尺寸 a_{min}/mm
8	1/4	6
10	3/8	7
15	1/2	8
20	3/4	9
25	1	10
32	1¼	11
40	1½	12
50	2	13
65	2½	16
80	3	19

7. 弯头、三通、四通

弯头是用于连接两根管子，使管路作特定角度（一般为 90°）的连接件。三通、四通是指将相同或不同管径的三方向或四方向管子连接在一起的连接件。

（1）常用弯头、三通、四通　常用弯头、三通、四通的技术参数见表 8-29。

表 8-29　弯头、三通、四通的技术参数

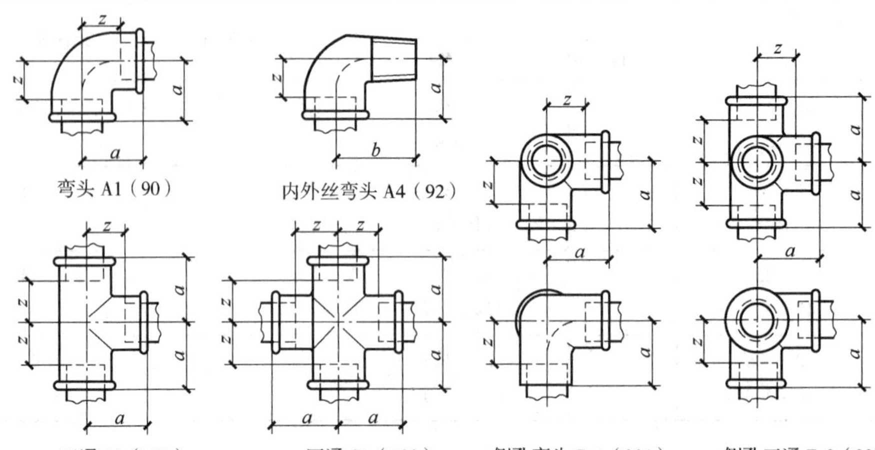
弯头 A1（90）　内外丝弯头 A4（92）　三通 B1（130）　四通 C1（180）　侧孔弯头 Za1（221）　侧孔三通 Za2（223）

公称尺寸 DN						管件规格						尺寸/mm		安装长度 z/mm
A1	A4	B1	C1	Za1	Za2	A1	A4	B1	C1	Za1	Za2	a	b	
6	6	6	—	—	—	1/8	1/8	1/8	—	—	—	19	25	12
8	8	8	(8)	—	—	1/4	1/4	1/4	(1/4)	—	—	21	28	11
10	10	10	10	(10)	(10)	3/8	3/8	3/8	3/8	(3/8)	(3/8)	25	32	15
15	15	15	15	15	(15)	1/2	1/2	1/2	1/2	1/2	(1/2)	28	37	15
20	20	20	20	20	(20)	3/4	3/4	3/4	3/4	3/4	(3/4)	33	43	18
25	25	25	25	(25)	(25)	1	1	1	1	(1)	(1)	38	52	21
32	32	32	32	—	—	1¼	1¼	1¼	1¼	—	—	45	60	26
40	40	40	40	—	—	1½	1½	1½	1½	—	—	50	65	31
50	50	50	50	—	—	2	2	2	2	—	—	58	74	34
65	65	65	(65)	—	—	2½	2½	2½	(2½)	—	—	69	88	42
80	80	80	(80)	—	—	3	3	3	(3)	—	—	78	98	48
100	100	100	(100)	—	—	4	4	4	(4)	—	—	96	118	60
(125)	—	(125)	—	—	—	(5)	—	(5)	—	—	—	115	—	75
(150)	—	(150)	—	—	—	(6)	—	(6)	—	—	—	131	—	91

（2）45°弯头　45°弯头是连接两根公称通径相同的管子，使管路作 45°转弯，其技术参数见表 8-30。

表 8-30　45°弯头的技术参数

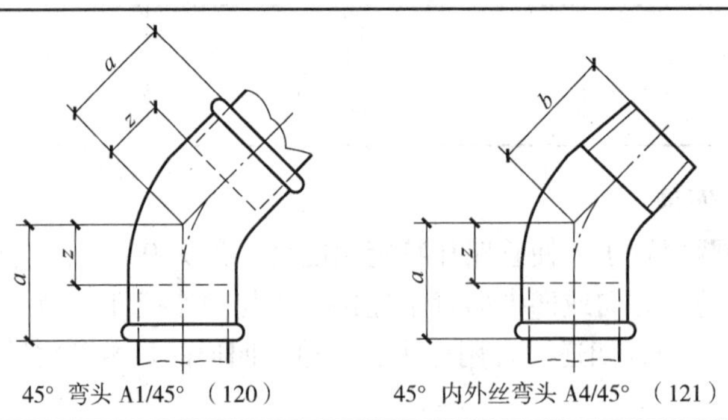
45°　弯头 A1/45°　（120）　45°　内外丝弯头 A4/45°　（121）

（续）

公称尺寸 DN		管件规格		尺寸/mm		安装长度 z/mm
A1/45°	A4/45°	A1/45°	A4/45°	a	b	
10	10	3/8	3/8	20	25	10
15	15	1/2	1/2	22	28	9
20	20	3/4	3/4	25	32	10
25	25	1	1	28	37	11
32	32	1¼	1¼	33	43	14
40	40	1½	1½	36	46	17
50	50	2	2	43	55	19

（3）异径弯头　异径弯头用于连接公称直径不同的管子，使管路作90°转弯和缩小通径，其技术参数见表8-31。

表8-31　异径弯头的技术参数

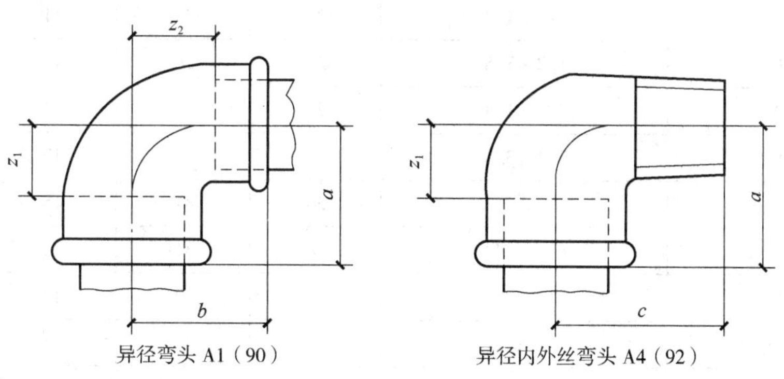

异径弯头 A1（90）　　异径内外丝弯头 A4（92）

公称尺寸 DN		管件规格		尺寸/mm			安装长度/mm	
A1	A4	A1	A4	a	b	c	z_1	z_2
(10×8)	—	(3/8×1/4)	—	23	23	—	13	13
15×10	15×10	1/2×3/8	1/2×3/8	26	26	33	13	16
(20×10)	—	(3/4×3/8)	—	28	28	—	13	18
20×15	20×15	3/4×1/2	3/4×1/2	30	31	40	15	18
25×15	—	1×1/2	—	32	34	—	15	21
25×20	25×20	1×3/4	1×3/4	35	36	46	18	21
32×20	—	1¼×3/4	—	36	41	—	17	26
32×25	32×25	1¼×1	1¼×1	40	42	56	21	25
(40×25)	—	(1½×1)	—	42	46	—	23	29
40×32	—	1½×1¼	—	46	48	—	27	29
50×40	—	2×1½	—	52	56	—	28	36
(65×50)	—	(2½×2)	—	61	66	—	34	42

（4）中小异径三通　中小异径三通由直管中接出支管，从中间接出的管子连接的公称通径小于从两端接出的管子的公称通径，其技术参数见表8-32。

表 8-32　中小异径三通的技术参数

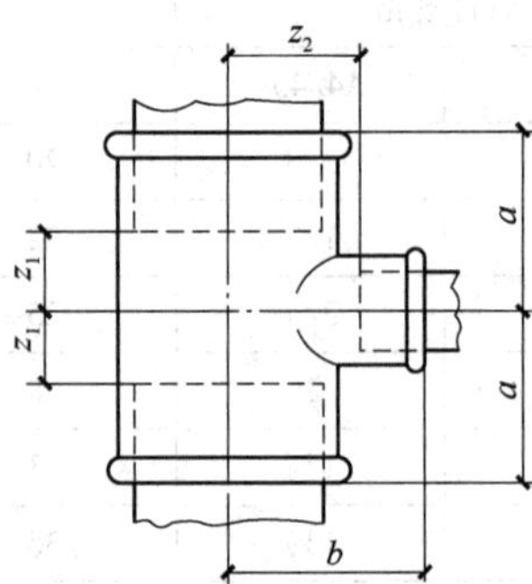

中小异径三通 B1（130）

公称尺寸 DN	管件规格	尺寸/mm		安装长度/mm	
		a	b	z_1	z_2
10×8	3/8×1/4	23	23	13	13
15×8	1/2×1/4	24	24	11	14
15×10	1/2×3/8	26	26	13	16
(20×8)	(3/4×1/4)	26	27	11	17
20×10	3/4×3/8	28	28	13	18
20×15	3/4×1/2	30	31	15	18
(25×8)	(1×1/4)	28	31	11	21
25×10	1×3/8	30	32	13	22
25×15	1×1/2	32	34	15	21
25×20	1×3/4	35	36	18	21
(32×10)	(1¼×3/8)	32	36	13	26
32×15	1¼×1/2	34	38	15	25
32×20	1¼×3/4	36	41	17	26
32×25	1¼×1	40	42	21	25
40×15	1½×1/2	36	42	17	29
40×20	1½×3/4	38	44	19	29
40×25	1½×1	42	46	23	29
40×32	1½×1¼	46	48	27	29
50×15	2×1/2	38	48	14	35
50×20	2×3/4	40	50	16	35
50×25	2×1	44	52	20	35
50×32	2×1¼	48	54	24	35
50×40	2×1½	52	55	28	36
65×25	2½×1	47	60	20	43
65×32	2½×1¼	52	62	25	43

（续）

公称尺寸 DN	管件规格	尺寸/mm		安装长度/mm	
		a	*b*	z_1	z_2
65×40	2½×1½	55	63	28	44
65×50	2½×2	61	66	34	42
80×25	3×1	51	67	21	50
(80×32)	(3×1¼)	55	70	25	51
80×40	3×1½	58	71	28	52
80×50	3×2	64	73	34	49
80×65	3×1½	72	76	42	49
100×50	4×2	70	86	34	62
100×80	4×3	84	92	48	62

（5）中大异径三通　中大异径三通由直管中接出支管，从中间接出的管子连接的公称通径大于从两端接出的管子的公称通径，其技术参数见表8-33。

表8-33　中大异径三通的技术参数

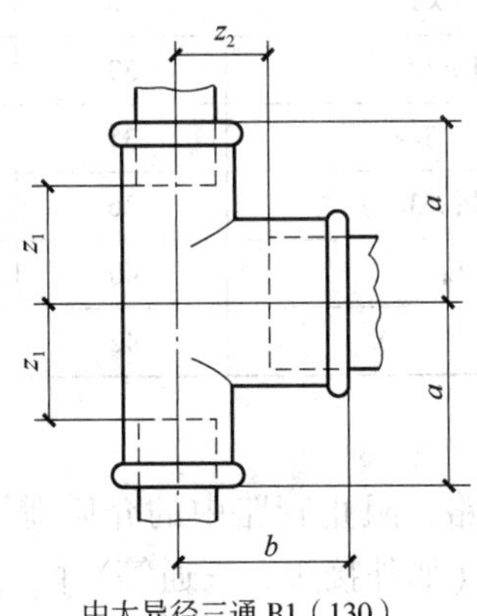

中大异径三通 B1（130）

公称尺寸 DN	管件规格	尺寸/mm		安装长度/mm	
		a	*b*	z_1	z_2
10×15	3/8×1/2	26	26	16	13
15×20	1/2×3/4	31	30	18	15
(15×25)	(1/2×1)	34	32	21	15
20×25	3/4×1	36	35	21	18
(20×32)	(3/4×1¼)	41	36	26	17
25×32	1×1¼	42	40	25	21
(25×40)	(1×1½)	46	42	29	23
32×40	1¼×1½	48	46	29	27
(32×50)	(1¼×2)	54	48	35	24
40×50	1½×2	55	52	36	28

(6) 异径四通　异径四通是用来连接4根垂直相交的管子，相对的两根管子公称通径相同，但其中一对管子的公称通径小于另一对管子的公称通径，其技术参数见表8-34。

表8-34　异径四通的技术参数

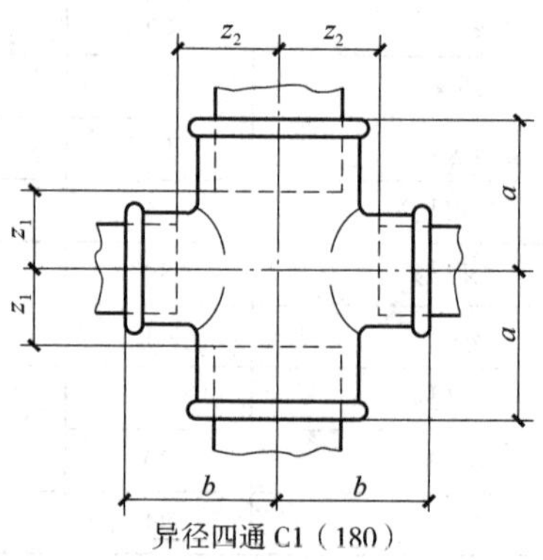

异径四通 C1 (180)

公称尺寸 DN	管件规格	尺寸/mm		安装长度/mm	
		a	b	z_1	z_2
(15×10)	(1/2×3/8)	26	26	13	16
20×15	3/4×1/2	30	31	15	18
25×15	1×1/2	32	34	15	21
25×20	1×3/4	35	36	18	21
(32×20)	(1¼×3/4)	36	41	17	26
32×25	1¼×1	40	42	21	25
(40×25)	(1½×1)	42	46	23	29

8. 管帽和管堵

管帽和管堵主要用于堵塞管路，阻止管路中的介质泄漏，并可以阻止杂质进入大管路中。通常需要与带内螺纹的管件（如外接头、三通等）配合使用，其技术参数见表8-35。

表8-35　管帽和管堵的技术参数

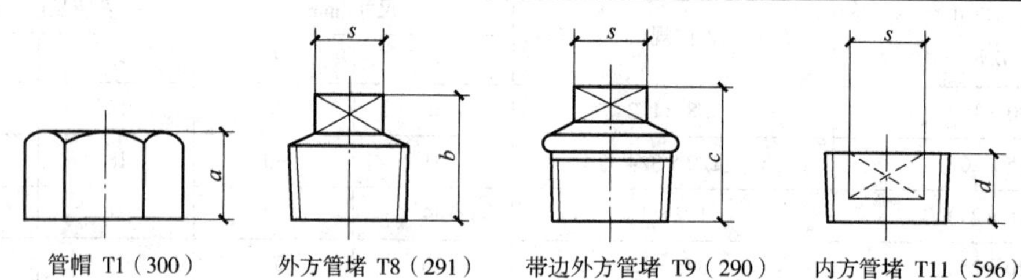

管帽 T1 (300)　外方管堵 T8 (291)　带边外方管堵 T9 (290)　内方管堵 T11 (596)

公称尺寸 DN				管件规格				尺寸/mm			
T1	T8	T9	T11	T1	T8	T9	T11	a_{min}	b_{min}	c_{min}	d_{min}
(6)	6	6	—	(1/8)	1/8	1/8	—	13	11	20	—
8	8	8	—	1/4	1/4	1/4	—	15	14	22	—
10	10	10	(10)	3/8	3/8	3/8	(3/8)	17	15	24	11
15	15	15	(15)	1/2	1/2	1/2	(1/2)	19	18	26	15

（续）

公称尺寸 DN				管件规格				尺寸/mm			
T1	T8	T9	T11	T1	T8	T9	T11	a_{min}	b_{min}	c_{min}	d_{min}
20	20	20	(20)	3/4	3/4	3/4	(3/4)	22	20	32	16
25	25	25	(25)	1	1	1	(1)	24	23	36	19
32	32	32	—	1¼	1¼	1¼	—	27	29	39	—
40	40	40	—	1½	1½	1½	—	27	30	41	—
50	50	50	—	2	2	2	—	32	36	48	—
65	65	65	—	2½	2½	2½	—	35	39	54	—
80	80	80	—	3	3	3	—	38	44	60	—
100	100	100	—	4	4	4	—	45	58	70	—

8.2.2　不锈钢、铜管路连接件

不锈钢、铜管路连接件（QB 1109—1991）是适用于公积压力（PN）不大于 3.4MPa，工作温度不大于 200℃、公称通径（DN）不大于 200mm 的管路连接件。主要用于化工、食品、医用等行业的不锈钢管件及用于建筑行业的管件。

1. 弯头、45°弯头、侧孔弯头、三通、四通

弯头、45°弯头、侧孔弯头、三通、四通等管件根据建筑性质需要及用户要求通常采用不锈钢和黄铜制造，其外形及尺寸规格见表 8-36。

表 8-36　弯头、45°弯头、侧孔弯头、三通、四通的外形及尺寸规格（单位：mm）

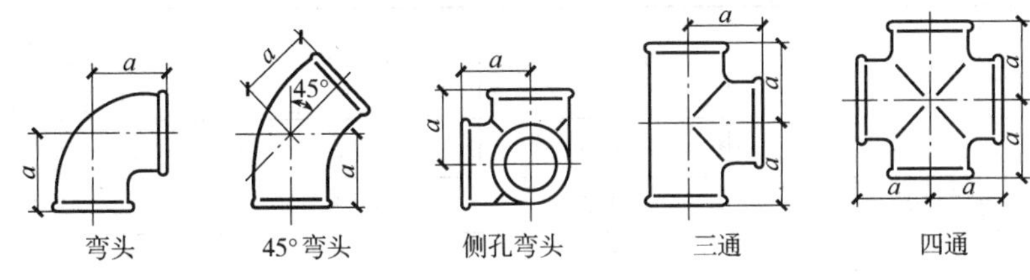

螺纹尺寸代号	公称通径 DN	D 最小		a 最小	
		Ⅰ	Ⅱ	Ⅰ	Ⅱ
1/8	6	14.5	—	19	—
1/4	8	17.5	17.0	21	20
3/8	10	21.5	20.5	25	23
1/2	15	27.0	25.5	28	26
3/4	20	32.5	31.0	33	31
1	25	39.5	38.0	38	35
1¼	32	49.0	47.0	45	42
1½	40	56.0	54.0	50	48
2	50	68.0	66.0	58	55
2½	65	84.0	82.0	70	65

（续）

螺纹尺寸代号	公称通径 DN	D 最小		a 最小	
		Ⅰ	Ⅱ	Ⅰ	Ⅱ
3	80	98.0	96.0	80	74
4	100	—	120.0	—	90
5	125	—	147.0	—	110
6	150	—	173.0	—	125

2. 异径外接头和内外接头

异径外接头和内外接头用于连接两根公称通径不同的管子，使管路通径缩小，内外接头内螺纹一端，配合外接头与大通径管子或内螺纹管件连接，内螺纹一端与小通径管子连接，使管路通径缩小，其技术参数见表 8-37、表 8-38。

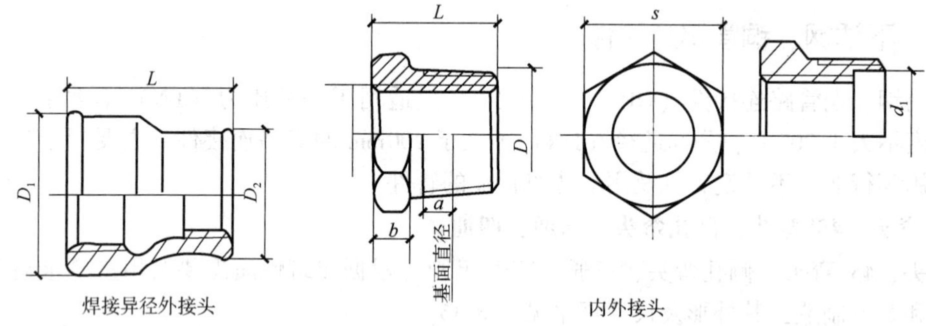

焊接异径外接头　　内外接头

表 8-37　异径外接头结构尺寸　（单位：mm）

螺纹尺寸代号		公称通径		D_1 最小	D_2 最小	L 最小	
D_1	D_2	DN_1	DN_2			Ⅰ	Ⅱ
1/4	1/8	8	6	18.5	14.5	27	—
3/8	1/4	10	8	21.5	18.5	30	29
1/2	3/8	15	10	27.0	21.5	36	36
3/4	3/8	20	10	32.5	21.5	39	39
	1/2		15	32.5	27.0	39	39
1	1/2	25	15	39.5	27.0	45	43
	3/4		20	39.5	32.5	45	43
1¼	3/4	32	20	49.0	32.5	50	49
	1		25	49.0	39.5	50	49
1½	1	40	25	56.0	39.0	55	53
	1¼		32	56.0	49.0	55	53
2	1¼	50	32	68.0	49.0	65	59
	1½		40	68.0	56.0	65	59
2½	1½	65	40	84.0	56.0	74	65
	2		50	85.0	68.0	74	65

（续）

螺纹尺寸代号		公称通径		D_1 最小	D_2 最小	L 最小	
D_1	D_2	DN_1	DN_2			Ⅰ	Ⅱ
3	2	80	50	98.0	68.0	80	72
	2½		65	98.0	84.0	80	72
4	2½	100	65	120.0	82.0	—	85
	3		80	120.0	96.0	—	85

表 8-38　内外接头结构尺寸　（单位：mm）

螺纹尺寸代号		公称通径		L 最小		h 最小	d 最小	a 最小	s	
d	D	DN_1	DN_2	Ⅰ	Ⅱ					
1/4	1/8	8	6	17.0	—	4.0	8.9	3.7	14	六角
3/8	1/4	10	8	17.5	—	5.0	12.4	3.7	17	
1/2	3/8	15	10	21.0	—	5.0	16.1	5.0	22	
3/4	3/8	20	10	24.5	—	5.5	21.6	5.0	27	
	1/2		15	24.5	—	5.5	21.6	5.0	27	
1	1/2	25	15	27.5	—	6.0	27.1	6.4	36	
	3/4		20	27.5	—	6.0	27.1	6.4	36	
1¼	3/4	32	20	32.5	—	6.5	35.8	6.4	46	六角或八角
	1		25	32.5	—	6.5	35.8	6.4	46	
1½	1	40	25	32.5	—	6.5	41.7	6.4	50	
	1¼		25	32.5	—	6.5	41.7	6.4	50	
2	1	50	25	40.0	39	7.0	52.9	7.5	65	
	1½		40	40.0	39	7.0	52.9	7.5	65	
2½	1½	65	40	48.5	44	7.0	68.7	9.2	80	
	2		50	46.5	44	7.0	68.7	9.2	80	
8	2	80	50	51.5	48	7.5	81.0	9.2	90	
	2½		65	51.5	48	7.5	81.0	9.2	90	
4	2½	100	65	—	56	7.5	—	10.4	117	八角或十角
	3		80	—	56	7.5	—	10.4	117	

8.2.3　建筑用承插式金属管管件（CJ/T 117—2018）

建筑用承插式金属管管件采用 T2、T3 材料制造，具有清洁光亮的外观，其外表允许有轻微的模痕，但不得有裂纹、明显的凹凸不平和超过壁厚负偏差的划痕，纵向划痕深度不应大于壁厚的 10%，且不超过 0.3mm，管件的端面应平整，其外形长度尺寸允许偏差应在规定范围内，未注公差尺寸的极限偏差应符合现行国家标准 GB/T 1804 的规定。

1. 管件分类、型式及代号（表 8-39）

表 8-39 管件分类、型式及代号

分类	型式	代号
等径三通	—	ST
异径三通	—	RT
45°弯头	A 型	A45E
	B 型	B45E
90°弯头	A 型	A90E
	B 型	B90E
等径接头	—	SC
异径接头	—	RC
过桥接头	—	GC
管帽	—	CAP
内螺纹转换接头	—	FTC
外螺纹转换接头	—	ETC

注：A 型管件接口两端均为承口；B 型管件接口一端为承口，另一端为插口。

2. 等径三通 ST、等径接头 SC、管帽 CAP 承插式氩弧焊不锈钢管件

等径三通 ST、等径接头 SC、管帽 CAP 承插式氩弧焊不锈钢管件是用于输送冷水、热水、制冷、供热、燃气等介质的连接件。其技术参数见表 8-40。

表 8-40 等径三通 ST、等径接头 SC、管帽 CAP 承插式氩弧焊不锈钢管件的技术参数

（单位：mm）

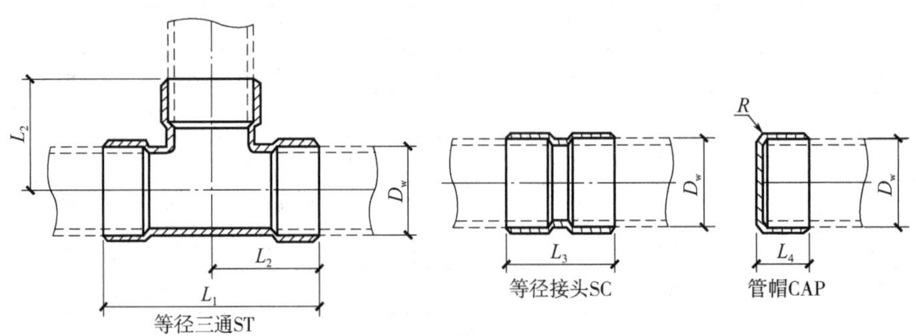

等径三通ST、等径接头SC、管帽CAP承插式氩弧焊不锈钢管件

公称尺寸 DN	不锈钢管外径 D_w	结构尺寸				
		L_1	L_2	L_3	L_4	R
10	12	36	18	24	12	2
15	14	42	21	25	13	2
	16	44	22	25	13	2
20	20	50	25	26	13	2
25	25.4	60	30	30	15	2
	26	60	30	30	15	2

（续）

公称尺寸 DN	不锈钢管外径 D_w	结构尺寸				
		L_1	L_2	L_3	L_4	R
32	32	76	38	36	18	3
	35	76	38	36	18	3
40	40	86	43	40	20	3
50	50	100	50	45	22	3
	50.8	100	50	45	22	3
65	63.5	122	61	52	26	4
	67	122	61	52	26	4
80	76.1	136	68	60	28	4
100	101.6	170	85	68	31	4
125	133	226	113	84	38	5
150	159	264	132	100	44	6
200	219	360	180	120	50	6
250	273	434	217	145	57	8
300	325	500	250	155	63	8

（1）承插式钎焊铜管管件承、插口的基本尺寸（表 8-41）

表 8-41　承插式钎焊铜管管件承、插口的基本尺寸　（单位：mm）

公称尺寸 DN	铜管外径 D_w	承口内径 D	插口外径 D_1	承口长度 $L_1 \geqslant$	插口长度 $L_2 \geqslant$	壁厚 $T \geqslant$
6	8	$8^{+0.15}_{+0.06}$	$8^{+0.04}_{-0.05}$	7	9	0.6
8	10	$10^{+0.15}_{+0.06}$	$10^{+0.04}_{-0.05}$	7	9	0.6
10	12	$12^{+0.15}_{+0.06}$	$12^{+0.04}_{-0.05}$	9	11	0.6
15	15	$15^{+0.15}_{+0.06}$	$15^{+0.04}_{-0.05}$	11	13	0.7
20	22	$22^{+0.18}_{+0.07}$	$22^{+0.05}_{-0.06}$	15	17	0.9
25	28	$28^{+0.18}_{+0.07}$	$28^{+0.05}_{-0.06}$	18	20	1.0
32	35	$35^{+0.23}_{+0.09}$	$35^{+0.06}_{-0.07}$	20	22	1.2
40	42	$42^{+0.23}_{+0.09}$	$42^{+0.06}_{-0.07}$	22	24	1.3
50	54	$54^{+0.23}_{+0.09}$	$54^{+0.06}_{-0.07}$	25	27	1.5
65	67	$67^{+0.33}_{+0.10}$	$67^{+0.07}_{-0.08}$	28	30	1.7
80	76	$76^{+0.33}_{+0.10}$	$76^{+0.07}_{-0.08}$	30	32	1.9
100	108	$108^{+0.33}_{+0.10}$	$108^{+0.07}_{-0.08}$	36	38	2.4
125	133	$133^{+0.80}_{+0.30}$	$133^{+0.20}_{-0.20}$	38	41	2.5
150	159	$159^{+0.80}_{+0.30}$	$159^{+0.20}_{-0.20}$	42	45	3.0
200	219	$219^{+1.40}_{+0.60}$	$219^{+0.40}_{-0.40}$	45	48	4.0
250	273	$273^{+2.10}_{+0.90}$	$273^{+0.60}_{-0.60}$	48	51	5.8
300	325	$325^{+2.10}_{+0.90}$	$325^{+0.60}_{-0.60}$	52	55	6.0

注：1. D_1——插口平均外径允许偏差。

2. D——承口平均内径允许偏差。

(2) 等径接头承插式钎焊铜管件的基本尺寸(表8-42)

表8-42　等径接头承插式钎焊铜管件的基本尺寸

公称尺寸 DN	铜管外径 D_w/mm	结构尺寸 L/mm	重量/kg
6	8	16	0.01
8	10	16	0.01
10	12	20	0.01
15	15	24	0.01
20	22	33	0.02
25	28	40	0.04
32	35	45	0.06
40	42	49	0.09
50	54	56	0.14
65	67	63	0.22
80	76	68	0.30
100	108	87	0.67
125	133	96	0.91
150	159	109	1.50
200	219	125	3.15
250	273	141	6.40
300	325	149	8.30

(3) 45°弯头承插式氩弧焊不锈钢管件的基本尺寸(表8-43)

表8-43　45°弯头承插式氩弧焊不锈钢管件的基本尺寸

公称尺寸 DN	铜管外径 D_w/mm	结构尺寸			重量/kg
		L/mm	L_1/mm	R/mm	
6	8	10	12	8	0.01
8	10	11	13	10	0.01
10	12	14	16	12	0.01
15	15	17	19	15	0.01
20	22	23	25	22	0.03
25	28	27	29	28	0.05
32	35	32	34	35	0.08
40	42	36	38	42	0.12
50	54	43	45	54	0.21
65	67	50	52	67	0.34
80	76	55	57	76	0.46
100	108	72	74	108	1.07
125	133	79	82	106	1.43
150	159	91	94	127	2.40
200	219	113	116	175	5.40
250	273	133	136	218	11.40
300	325	153	156	260	16.15

(4) 90°弯头承插式钎焊铜管件的基本尺寸（表8-44）

表8-44 90°弯头承插式钎焊铜管件的基本尺寸

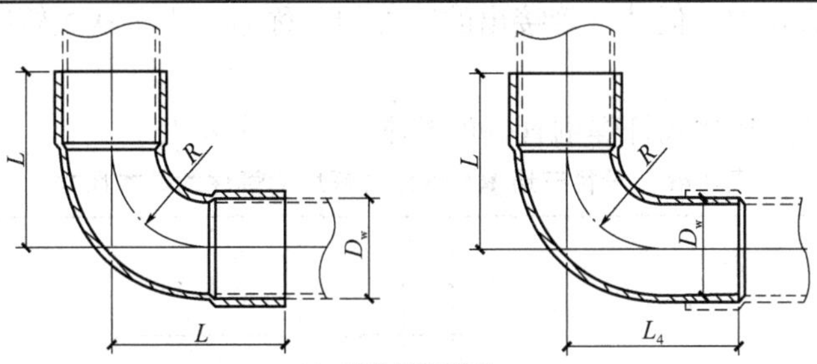

90° 弯头钎焊管件

公称尺寸 DN	铜管外径 D_w/mm	结构尺寸			重量/kg
		L/mm	L_1/mm	R/mm	
6	8	15	17	8	0.01
8	10	17	19	10	0.01
10	12	21	23	12	0.01
15	15	26	28	15	0.02
20	22	37	39	22	0.04
25	28	46	48	28	0.07
32	35	55	57	35	0.12
40	42	64	66	42	0.18
50	54	79	81	54	0.33
65	67	95	97	67	0.54
80	76	106	108	76	0.76
100	108	144	146	108	1.83
125	133	144	147	106	2.27
150	159	169	172	127	3.79
200	219	220	223	175	8.94
250	273	266	269	218	19.40
300	325	312	315	260	27.91

(5) 管帽承插式钎焊铜管件的基本尺寸（表8-45）

表8-45 管帽承插式钎焊铜管件的基本尺寸

公称尺寸 DN	铜管外径 D_w/mm	结构尺寸 L/mm	重量/kg
6	8	9	0.01
8	10	9	0.01
10	12	11	0.01
15	15	14	0.01
20	22	18	0.02
25	28	22	0.03
32	35	24	0.04
40	42	26	0.06
50	54	29	0.10

3. 异径三通 RT 承插式钎焊铜管件

异径三通 RT 承插式钎焊铜管件用于连接两根公称通径不同的管件，并使管路的通径缩小，用途与三通接头相似，但从支管接出的管件的公称通径小于从主管路接出的管件的公称通径。

（1）异径三通 RT 承插式钎焊铜管件的基本尺寸（表 8-46）

表 8-46　异径三通 RT 承插式钎焊铜管件的基本尺寸

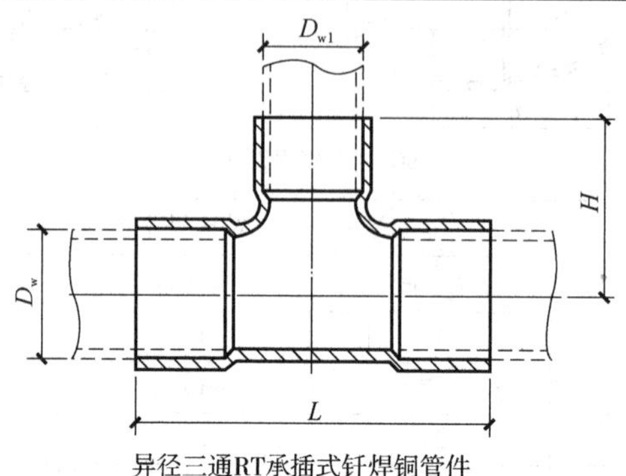

异径三通RT承插式钎焊铜管件

公称尺寸 DN×DN	铜管外径 $D_w \times D_{w1}$/mm	结构尺寸		重量/kg
		L/mm	H/mm	
8×6	10×8	30	16	0.01
10×8	12×10	37	18	0.01
15×8	15×10	41	19	0.02
15×10	15×12	43	21	0.02
20×10	22×12	54	26	0.04
20×15	22×15	57	28	0.04
25×10	28×12	62	30	0.06
25×15	28×15	65	32	0.06
25×20	28×22	72	36	0.08
32×15	35×15	69	36	0.10
32×20	35×22	76	40	0.11
32×25	35×28	82	43	0.13
40×15	42×15	74	40	0.13
40×20	42×22	81	44	0.15
40×25	42×28	87	47	0.17
40×32	42×35	94	49	0.19
50×15	54×15	81	46	0.21
50×20	54×22	88	50	0.24
50×25	54×28	94	53	0.26
50×32	54×35	101	55	0.28
50×40	54×42	108	57	0.31

（续）

公称尺寸 DN × DN	铜管外径 $D_w \times D_{w1}$/mm	结构尺寸		重量/kg
		L/mm	*H*/mm	
65 × 20	67 × 22	98	59	0.36
65 × 25	67 × 28	104	62	0.39
65 × 32	67 × 35	111	64	0.42
65 × 40	67 × 42	118	66	0.46
65 × 50	67 × 54	130	69	0.52
80 × 32	76 × 35	115	68	0.55
80 × 40	76 × 42	122	70	0.59
80 × 50	76 × 54	134	73	0.66
80 × 65	76 × 67	152	77	0.83
100 × 50	108 × 54	152	92	1.27
100 × 65	108 × 67	165	95	1.40
100 × 80	108 × 76	174	97	1.49
125 × 65	133 × 67	170	108	1.74
125 × 80	133 × 76	179	110	1.84
125 × 100	133 × 108	211	116	2.23
150 × 80	159 × 76	190	125	2.85
150 × 100	159 × 108	221	130	3.28
150 × 125	159 × 133	246	132	3.68
200 × 100	219 × 108	230	162	6.11
200 × 125	219 × 133	255	164	6.79
200 × 150	219 × 159	281	168	7.54
250 × 150	273 × 159	289	196	13.85
250 × 200	273 × 219	349	199	16.69
300 × 200	325 × 219	360	226	20.90
300 × 250	325 × 273	414	229	24.01

（2）异径接头承插式钎焊铜管件的基本尺寸（表 8-47）

表 8-47　异径接头承插式钎焊铜管件的基本尺寸

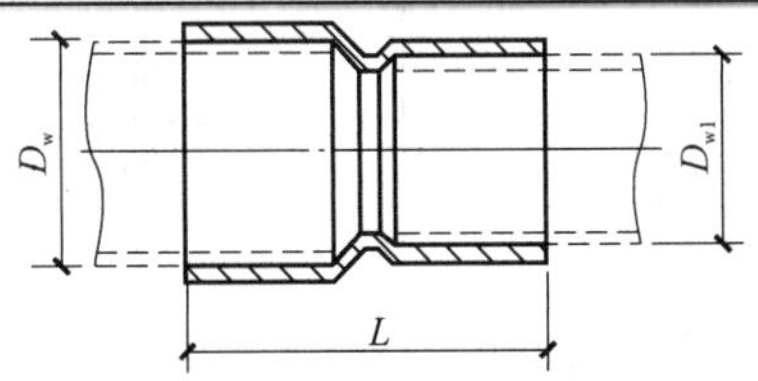

异径接头钎焊管件

公称尺寸 DN × DN_1	铜管外径 $D_w \times D_{w1}$/mm	结构尺寸 *L*/mm	重量/kg
8 × 6	10 × 8	19	0.01
10 × 8	12 × 10	21	0.01

（续）

公称尺寸 $DN \times DN_1$	铜管外径 $D_w \times D_{w1}$/mm	结构尺寸 L/mm	重量/kg
15×8	15×10	24	0.01
15×10	15×12	25	0.01
20×10	22×12	34	0.02
20×15	22×15	35	0.02
25×10	28×12	40	0.03
25×15	28×15	41	0.03
25×20	28×22	41	0.03
32×15	35×15	46	0.05
32×20	35×22	47	0.05
32×25	35×28	47	0.06
40×15	42×15	52	0.07
40×20	42×22	53	0.08
40×25	42×28	53	0.08
40×32	42×35	51	0.08
50×15	54×15	62	0.12
50×20	54×22	63	0.13
50×25	54×28	63	0.13
50×32	54×35	61	0.14
50×40	54×42	60	0.14
65×20	67×22	73	0.20
65×25	67×28	73	0.21
65×32	67×35	72	0.22
65×40	67×42	71	0.22
65×50	67×54	70	0.22
80×32	76×35	79	0.29
80×40	76×42	77	0.22
80×50	76×54	76	0.30
80×65	76×67	79	0.32
100×50	108×54	100	0.65
100×65	108×67	96	0.65
100×80	108×76	93	0.65
125×65	133×67	110	0.90
125×80	133×76	109	0.90
125×100	133×108	100	0.90
150×80	159×76	125	1.45
150×100	159×108	118	1.45
150×125	159×133	107	1.41

（续）

公称尺寸 DN×DN_1	铜管外径 $D_w \times D_{w1}$/mm	结构尺寸 L/mm	重量/kg
200×100	219×108	155	3.30
200×125	219×133	145	3.21
200×150	219×159	135	3.13
250×150	273×159	166	6.76
250×200	273×219	140	6.20
300×200	325×219	172	9.00
300×250	325×273	150	8.20

4. 管件的技术要求

（1）管件外形长度尺寸偏差（表8-48）

表8-48 管件外形长度尺寸偏差 （单位：mm）

公称尺寸 DN	承插式氩弧焊不锈钢管件	承插式钎焊铜管件
6~20	+1.2	+1.0
25~50	+1.7	+1.2
65~80	+2.0	+1.5
100~125	+2.5	+2.0
150	+3.0	+3.0
200	+4.0	+4.0
250~300	+5.0	+5.0

（2）管件的垂直度偏差（表8-49）

表8-49 管件的垂直度偏差 （单位：mm）

公称尺寸 DN	垂直度偏差
≤20	≤2.0
25~50	≤3.0
65~100	≤4.0
125~150	≤5.0
200	≤6.0
250~300	≤8.0

8.2.4 给水排水铸铁管件

1. 给水排水铸铁管件

给水排水铸铁管件根据用途、形状、尺寸和性能要求不同，已形成给水铸铁系列产品。通常由灰铸铁或球墨铸铁浇筑而成，内面涂有防锈沥青或搪有水泥层，按接口形式可分为承插式和法兰式，承压能力为0.45~1MPa，高压管用于室外给水管道，中低压管常用于室外燃气、用水等管道。

（1）给水铸铁弯管的外形及尺寸（表8-50a~f）

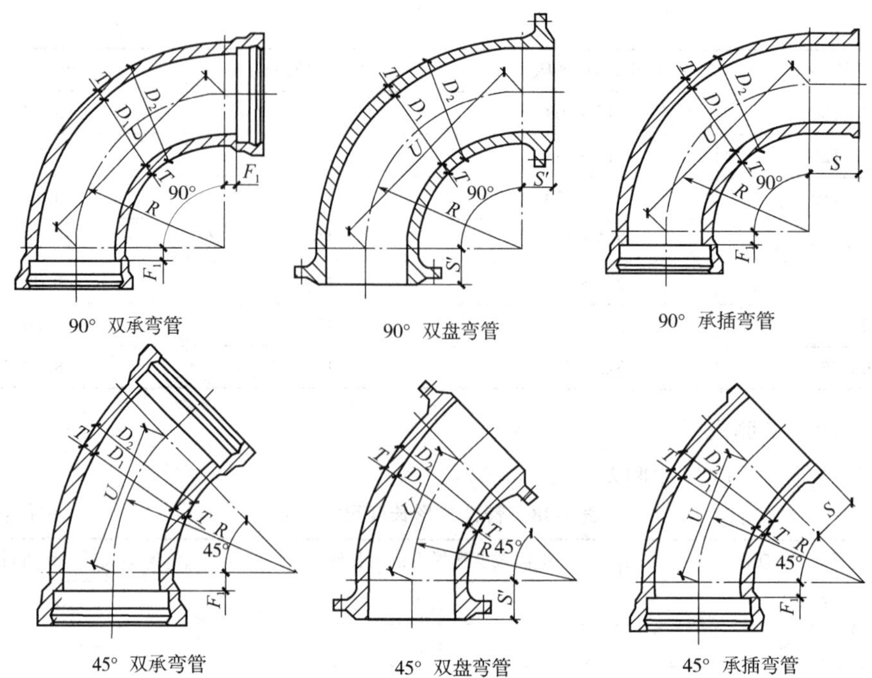

表 8-50a　90°双承弯管尺寸

公称直径	内径	外径	管厚	各部尺寸		重量
mm						kg
DN	D_1	D_2	T	R	U	
75	73	93	10	137	193.7	19.26
100	98	118	10	155	219.2	24.97
(125)	122	143	10.5	177.5	251	31.09
150	147	169	11	200	282.8	39.01
200	196	220	12	245	346.5	58.41
250	245.6	271.6	13	290	410.1	85.84
300	294.8	322.8	14	335	473.8	115.00
(350)	344	374	15	380	537.4	153.51
400	393.6	425.6	16	425	601	196.22
(450)	442.8	476.8	17	470	664.7	247.49
500	492	528	18	515	728.3	306.96
600	590.8	630.8	20	605	855.6	452.78
700	689	733	22	695	982.9	637.64
800	788	836	24	785	1110.1	868.21
900	887	939	26	875	1237.4	1146.80
1000	985	1041	28	965	1364.7	1484.72
1200	1182	1246	32	1145	1619.3	2330.63
1500	1478	1554	38	1415	2001.1	4118.09

表 8-50b 90°双盘弯管尺寸

公称直径	内径	外径	管厚	各部尺寸			重量
mm							kg
DN	D_1	D_2	T	R	S'	U	
75	73	93	10	137	48	193.7	13.22
100	98	118	10	155	48.5	219.2	16.59
(125)	122	143	10.5	177.5	48.5	251	21.91
150	147	169	11	200	49.5	282.8	29.43
200	196	220	12	245	50.5	346.5	44.97
250	245.6	271.6	13	290	51.5	410.1	65.08
300	294.8	322.8	14	335	57.5	473.8	89.95
(350)	344	374	15	380	59	537.4	122.27
400	393.6	425.6	16	425	60	601	160.26
(450)	442.8	476.8	17	470	61	664.7	201.39
500	492	528	18	515	62	728.3	251.22
600	590.8	630.8	20	605	63	855.6	370.42
700	689	733	22	695	64	982.9	526.56
800	788	836	24	785	71	1110.1	733.33
900	887	939	26	875	73	1237.4	963.30
1000	985	1041	28	965	75	1364.7	1249.24

表 8-50c 90°承插弯管尺寸

公称直径	内径	外径	管厚	各部尺寸			重量
mm							kg
DN	D_1	D_2	T	R	S	U	
75	73	93	10	250	150	353.5	17.97
100	98	118	10	250	150	353.5	22.97
(125)	122	143	10.5	300	200	424.2	32.54
150	147	169	11	300	200	424.2	40.00
200	196	220	12	400	200	565.6	65.47
250	245.6	271.6	13	400	250	565.6	93.01
300	294.8	322.8	14	550	250	777.8	141.42
(350)	344	374	15	550	250	777.8	176.92
400	393.6	425.6	16	600	250	848.5	226.84
(450)	442.8	476.8	17	600	250	848.5	270.94
500	492	528	18	700	250	989.9	351.50
600	590.8	630.8	20	800	300	1131.3	527.34
700	689	733	22	900	300	1271.7	734.47

表 8-50d　45°双承弯管尺寸

公称直径	内径	外径	管厚	各部尺寸		重量
mm						kg
DN	D_1	D_2	T	R	U	
75	73	93	10	280	214.3	19.35
100	98	118	10	300	229.6	24.97
(125)	122	143	10.5	325	248.8	30.35
150	147	169	11	350	267.9	37.47
200	196	220	12	400	306.2	54.12
250	245.6	271.6	13	450	344.4	78.08
300	294.8	322.8	14	500	382.7	101.94
(350)	344	374	15	550	421	133.42
400	393.6	425.6	16	600	459.2	167.12
(450)	442.8	476.8	17	650	497.5	207.22
500	492	528	18	700	535.8	253.14
600	590.8	630.8	20	800	612.3	363.80
700	689	733	22	900	688.9	501.48
800	788	836	24	1000	765.4	670.87
900	887	939	26	1100	841.9	872.68
1000	985	1041	28	1200	918.5	1116.87
1200	1182	1246	32	1400	1071.6	1716.40
1500	1478	1554	38	1700	1301.2	2961.62

表 8-50e　45°双盘弯管尺寸

公称直径	内径	外径	管厚	各部尺寸			重量
mm							kg
DN	D_1	D_2	T	R	S'	U	
75	73	93	10	331	48	253.3	14.06
100	98	118	10	374	48.5	286.3	17.82
(125)	122	143	10.5	429	48.5	328.4	23.74
150	147	169	11	483	49.5	369.7	31.99
200	196	220	12	591	50.5	452.4	49.63
250	245.6	271.6	13	700	51.5	535.8	72.25
300	294.8	322.8	14	809	57.5	619.2	100.63
(350)	344	374	15	550	59	386.5	102.18
400	393.6	425.6	16	600	60	459.2	131.16
(450)	442.8	476.8	17	650	61	497.5	161.12
500	492	528	18	700	62	535.8	197.40
600	590.8	630.8	20	800	63	612.3	281.44

（续）

公称直径	内径	外径	管厚	各部尺寸			重量
mm							kg
DN	D_1	D_2	T	R	S'	U	
700	689	733	22	900	64	688.9	390.4
800	788	836	24	1000	71	765.4	535.99
900	887	939	26	1100	73	841.9	689.18
1000	985	1041	28	1200	75	918.5	881.39

表8-50f 45°承插弯管尺寸

公称直径	内径	外径	管厚	各部尺寸			重量
mm							kg
DN	D_1	D_2	T	R	S	U	
75	73	93	10	400	200	306.1	17.44
100	98	118	10	400	200	306.1	22.27
(125)	122	143	10.5	500	200	382.6	30.07
150	147	169	11	500	200	382.6	36.91
200	196	220	12	600	200	459.2	55.66
250	245.6	271.6	13	600	200	459.2	77.26
300	294.8	322.8	14	700	200	535.8	105.21
(350)	344	374	15	800	200	612.3	142.13
400	393.6	425.6	16	900	200	688.8	184.51
(450)	442.8	476.8	17	1000	200	765.4	234.32
500	492	528	18	1100	200	841.9	292.19
600	590.8	630.8	20	1300	200	995.0	434.62
700	689	733	22	1500	200	1148.1	615.75

（2）给水铸铁渐缩管的外形及尺寸（表8-51）

表8-51 给水铸铁渐缩管的外形及尺寸

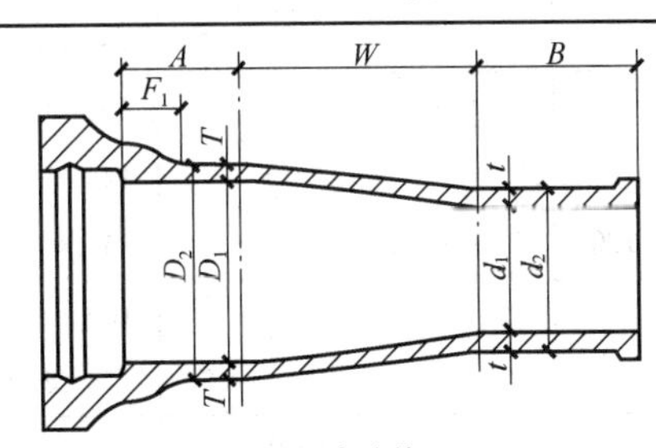

承插渐缩管

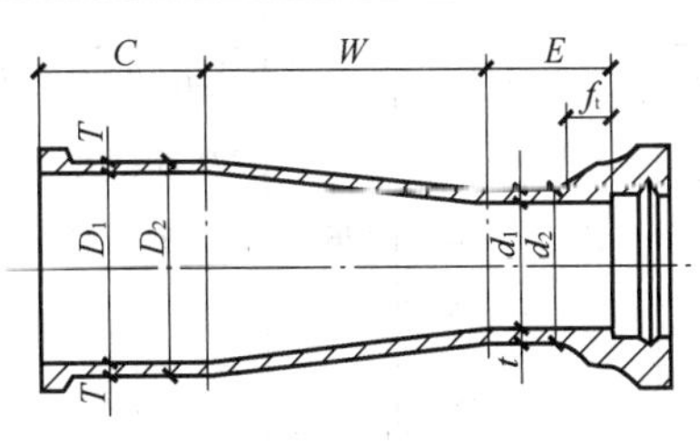

插承渐缩管

公称直径		管厚		外径		内径		各部尺寸					重量	
mm													kg	
DN	DN	T	r	D_2	d_2	D_1	d_1	A	B	C	E	W	承插	插承
100	75	10	10	118	93	98	73	50	200	200	50	300	20.57	19.35

（续）

公称直径		管厚		外径		内径		各部尺寸					重量	
mm													kg	
DN	DN	T	r	D_2	d_2	D_1	d_1	A	B	C	E	W	承插	插承
（125）	75	10.5	10	143	93	122	73	50	200	200	50	300	22.87	21.83
	100		10		118		98						24.89	25.08
150	100	11	10	169	118	147	98	55	200	200	50	300	28.44	27.80
	（125）		10.5		143		122						31.01	30.17
200	100	12	10	220	118	196	98	60	200	200	50	300	36.29	33.73
	（125）		10.5		143		122				55		38.89	36.15
	150		11		169		147						41.73	39.83
250	100	13	10	271.6	118	245.6	98	70	200	200	50	400	51.79	45.40
	（125）		10.5		143		122				55		54.86	48.29
	150		11		169		147				60		58.19	52.46
	200		12		220		196						62.42	58.58
300	100	14	10	322.8	118	294.8	98	80	200	200	50	400	63.07	53.67
	（125）		10.5		143		122				55		66.21	56.64
	150		11		169		147				60		69.62	60.88
	200		12		220		196				70		76.95	70.11
	250		13		271.6		245.6						85.26	82.27
（350）	150	15	11	374	169	344	147	80	200	200	55	400	82.96	70.07
	200		12		220		196				60		90.44	79.45
	250		13		271.6		245.6				70		98.91	91.77
	300		14		322.8		294.8				80		107.93	103.80
400	150	16	11	425.6	169	393.6	147	90	200	220	50	500	106.67	92.44
	200		12		220		196				60		115.32	102.99
	250		13		271.6		245.6				70		125.06	116.58
	300		14		322.8		294.8				80		135.42	129.95
	（350）		15		374		344						146.63	145.29
（450）	200	17	12	476.8	220	442.8	196	100	200	230	60	500	133.96	117.50
	250		13		271.6		245.6				70		143.89	131.28
	300		14		322.8		294.8				80		154.44	144.84
	（350）		15		374		344				90		165.83	160.36
	400		16		425.6		393.6						178.63	177.46
500	250	18	13	528	271.6	492	245.6	110	200	230	70	500	164.29	145.34
	300		14		322.8		294.8				80		175.03	159.14
	（350）		15		374		344		220		90		189.06	174.86
	400		16		425.6		393.6				100		202.56	192.14
	（450）		17		476.8		442.8		230				218.21	211.92

（3）给水铸铁乙字管的外形及尺寸（表 8-52）

表 8-52　给水铸铁乙字管的外形及尺寸

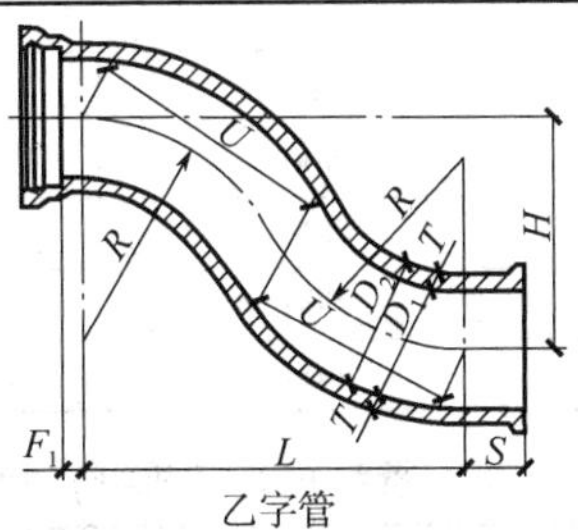

乙字管

公称直径	内径	外径	管厚	各部尺寸					重量
mm									kg
DN	D_1	D_2	T	R	S	U	H	L	
75	73	93	10	200	150	200	200	346.4	18.46
100	98	118	10	200	150	200	200	346.4	24.06
(125)	122	143	10.5	225	150	225	225	389.7	30.97
150	147	169	11	250	200	250	250	433	42.05
200	196	220	12	300	250	300	300	519.6	68.29
250	245.6	271.6	13	300	250	300	300	519.6	93.01
300	294.8	322.8	14	300	250	300	300	519.6	118.38
(350)	344	374	15	350	250	350	350	606.2	160.98
400	393.6	425.6	16	400	250	400	400	692.8	211.33
(450)	442.8	476.8	17	450	250	450	450	779.4	270.94
500	492	528	18	500	250	500	500	866	340.63

（4）套管与短管的外形及尺寸（表 8-53a、b）

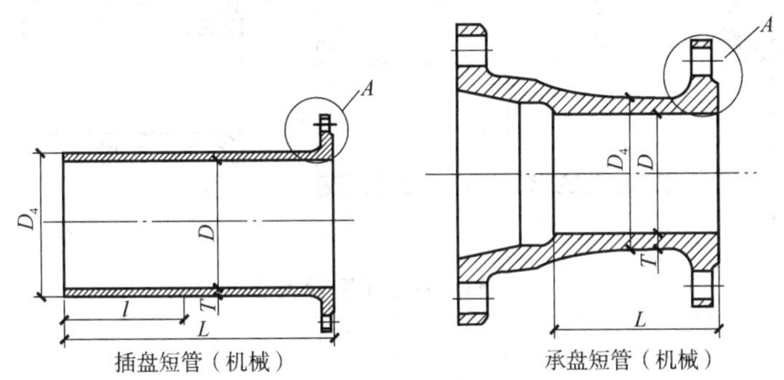

插盘短管（机械）　　承盘短管（机械）

表 8-53a　插盘短管（机械）尺寸

公称直径	外径	管长	壁厚	重量
mm				kg
DN	D_4	L	T	
100	118	400	10	15.1
150	169	400	11	24.3
200	220	500	12	39.9
250	271.6	500	13	53.2
300	322.8	500	14	88.1
350	374	500	15	85.7

（续）

公称直径	外径	管长	壁厚	重量
mm				kg
DN	D_4	L	T	
400	425.6	500	16	104.7
450	476.8	500	17	123.8
500	528	500	18	145.7
600	630.8	600	20	220.1

表 8-53b　承盘短管（机械）尺寸

公称直径	外径	管长	壁厚	重量
mm				kg
DN	D_4	L	T	
100	118	120	10	18.8
150	169	120	11	26.5
200	220	120	12	35.9
250	271.6	170	13	52.8
300	322.8	170	14	65.7
350	374	170	15	80.1
400	425.6	170	16	88.0
450	476.8	170	17	115.2
500	528	170	18	136.2
600	630.8	250	20	204.0

（5）丁字管的外形及尺寸（表 8-54）

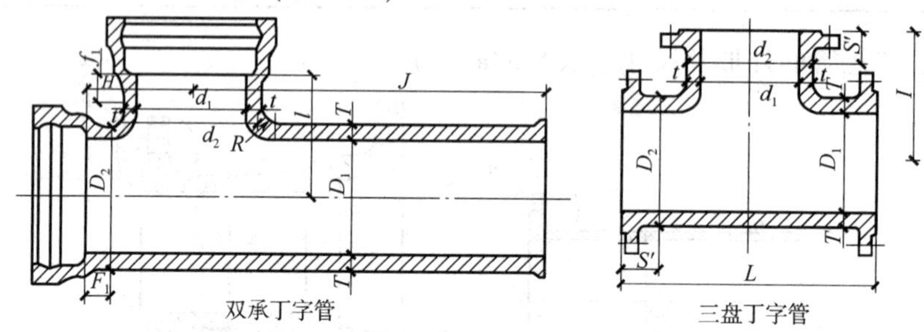

双承丁字管　　三盘丁字管

表 8-54　双承丁字管尺寸

公称直径		管厚		外径		内径		各部尺寸				重量
mm												kg
DN	DN	T	t	D_2	d_2	D_1	d_1	H	I	J	R	
75	75	10	10	93	93	73	73	160	140	450	50	26.92
100	75	10	10	118	93	98	73	180	160	500	50	34.32
	100				118		98				50	36.94
125	75	10.5	10	143	93	122	73	190	180	510	50	41.42
	100				118		98				50	44.02
	125		10.5		143		122				50	45.64
150	75	11	10	169	93	147	73	190	190	570	50	50.45
	100				118		98				50	53.00
	125		10.5		143		122				50	54.52
	150		11		169		147				50	57.12

（续）

公称直径		管厚		外径		内径		各部尺寸				重量
mm												kg
DN	DN	T	t	D_2	d_2	D_1	d_1	H	I	J	R	
200	75	12	10	220	93	196	73	225	230	510	50	66.57
	100				118		98				50	69.16
	125		10.5		143		122				50	70.71
	150		11		169		147		250	590	60	78.59
	200		12		220		196				60	84.89
250	75	13	10	271.6	93	245.6	73	225	280	570	50	92.26
	100				118		98				50	94.95
	125		10.5		143		122				60	96.61
	150		11		169		147				60	99.26
	200		12		220		196		300	600	60	108.77
	250		13		271.6		245.6				60	117.73
300	75	14	10	322.8	93	294.8	73	240	280	570	50	115.58
	100				118		98				50	118.08
	125		10.5		143		122				60	119.50
	150		11		169		147				60	121.88
	200		12		220		196		300	600	60	131.39
	250		13		271.6		245.6	300			70	145.35
	300		14		322.8		294.8				70	152.91
350	200	15	12	374	220	344	196	270	310	610	60	162.54
	250		13		271.6		245.6	360	340	720	70	196.75
	300		14		322.8		294.8				70	204.05
	350		15		374		344				70	214.37
400	200	16	12	425.6	220	393.6	196	290	350	650	70	206.79
	250		13		271.6		245.6	410	390	780	70	249.93
	300		14		322.8		294.8				80	257.55
	350		15		374		344				80	268.13
	400		16		425.6		393.6				90	278.71

（6）三承十字管的外形及尺寸（表8-55）

表8-55　三承十字管的外形及尺寸

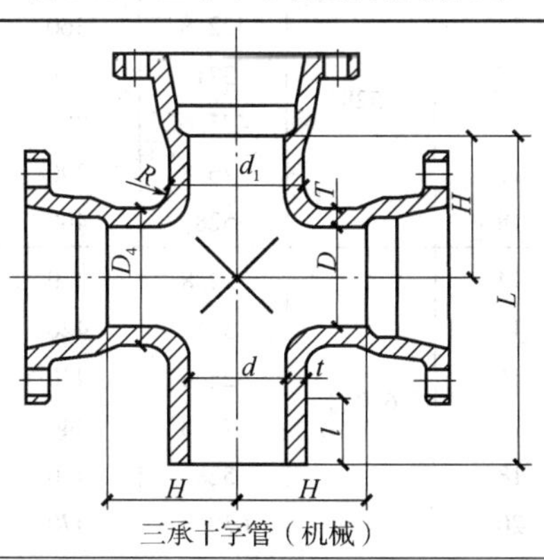

三承十字管（机械）

（续）

公称直径		壁厚		外径		各部尺寸			重量
mm									kg
DN	DN	T	t	D_4	d_4	H	L	R	
100	100	10	10	118	118	120	620	20	51.8
150	100	11	10	169	118	145	715	20	66.9
	150		11		169	155	725		70.0
200	100	12	10	220	118	170	680	20	83.9
	150		11		169	180	770		97.6
	200		12		220	190	780		112.2
250	100	13	10	271.6	118	195	765	25	114.0
	150		11		169	205	775		125.0
	200		12		220	215	815		140.5
	250		13		271.6	225	825		159.7
300	100	14	10	322.8	118	220	790	30	143.7
	150		11		169	230	800		154.3
	200		12		220	240	840		169.1
	250		13		271.6	250	850		187.5
	300		14		322.8	260	860		206.6
350	200	15	12	374	220	265	875	35	201.6
	250		13		271.6	275	995		228.0
	300		14		322.8	285	1005		248.6
	350		15		374	295	1015		270.6
400	200	16	12	425.6	220	290	940	35	246.4
	250		13		271.6	300	1080		274.2
	300		11		322.8	310	1090		295.1
	350		15		374	320	1100		318.0
	400		16		425.6	330	1110		345.5
450	250	17	13	476.8	271.6	325	1005	40	314.2
	300		14		322.8	335	1155		345.9
	350		15		374	345	1165		368.4
	400		16		425.6	355	1175		396.1
	450		17		476.8	365	1185		426.0
500	250	18	13	528	271.6	350	1030	40	372.2
	300		14		322.8	360	1210		406.1
	350		15		371	370	1220		428.3
	400		16		425.6	380	1230		455.0
	450		17		476.8	390	1240		484.6
	500		18		528	400	1250		520.8
600	300	20	14	630.8	322.8	410	1170	45	536.6
	350		15		374	420	1340		574.4
	400		16		425.6	430	1350		601.4
	450		17		476.8	440	1360		629.9
	500		18		528	450	1370		665.9
	600		20		630.8	470	1390		746.0

2. 排水铸铁管件

排水铸铁管件的材质应与管材相同，管径规格配套，且具有流动阻力小，弯曲半径大的形状。常用的管件有三通、四通、弯头、管箍（套袖）、立管检查口、存水弯等。

（1）二通弯头的外形及尺寸（表 8-56）

表 8-56 二通弯头的外形及尺寸 （单位：mm）

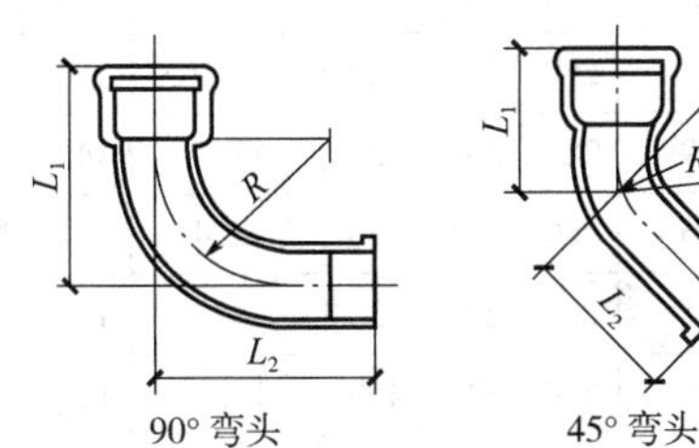

90° 弯头

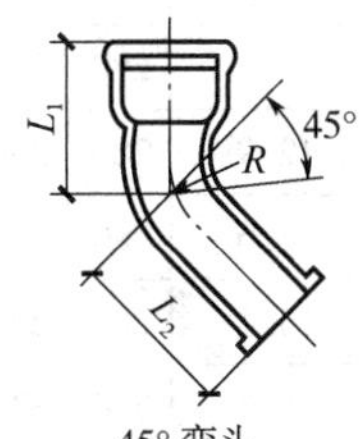

45° 弯头

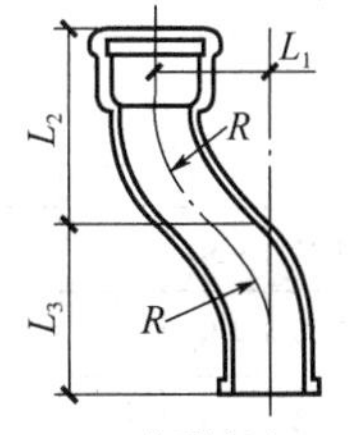

乙字形弯头

公称通径	90°弯头				45°弯头				乙字形弯头				
DN	L_1	L_2	R	重量/kg	L_1	L_2	R	重量/kg	L_1	L_2	L_3	R	重量/kg
50	165	175	105	2.2	110	110	80	2.0	—	—	—	—	—
75	182	187	117	3.6	121	120	90	2.9	140	205	205	140	4.5
100	200	210	130	5.1	130	130	100	4.0	140	210	210	140	6.1
125	217	222	142	8.5	138	130	110	6.0	150	225	225	150	9.6
150	230	235	155	9.9	140	155	125	7.7	150	225	225	150	11.3
200	260	270	180	16.8	160	195	140	13.5	160	240	240	160	17.3

（2）三通弯头的外形及尺寸（表 8-57）

表 8-57 三通弯头的外形及尺寸 （单位：mm）

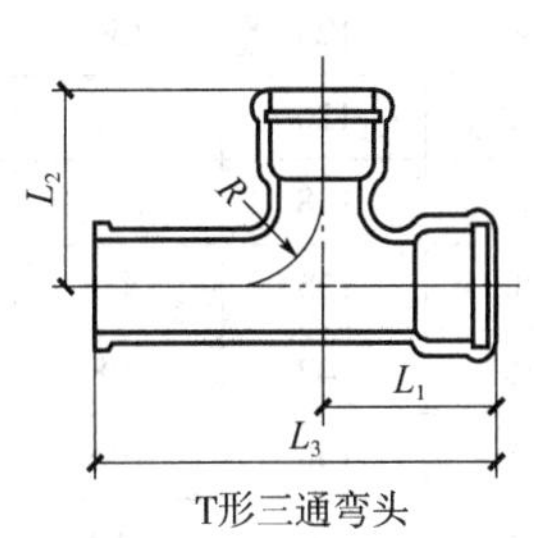

T形三通弯头

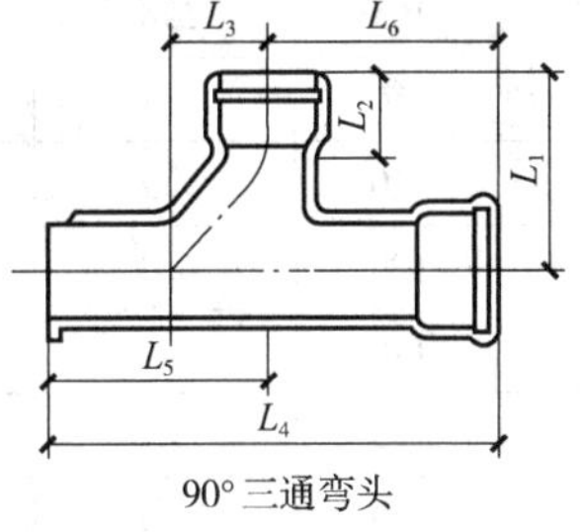

90° 三通弯头

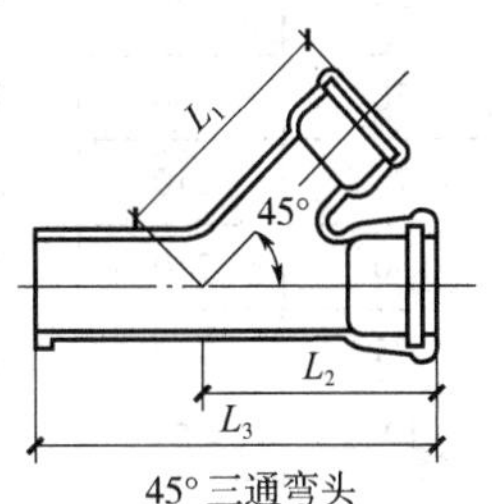

45° 三通弯头

公称通径		90°弯头							45°弯头				T 形弯头				
DN	dN	L_1	L_2	L_3	L_4	L_5	L_6	重量/kg	L_1	L_2	L_3	重量/kg	L_1	L_2	L_3	R	重量/kg
50	50	170	85	85	260	175	85	3.8	190	190	280	3.9	123	138	290	78	3.6
75	50	170	85	85	285	—	—	4.7	200	210	320	5.1	123	140	300	80	4.6
	75	235	115	115	340	220	120	6.4	210	210	338	5.7	142	154	302	89	5.1
100	50	235	85	150	340	—	—	6.9	210	240	340	6.3	125	170	325	110	6.0
	75	273	115	158	340	—	—	7.9	220	240	380	7.3	147	175	325	100	6.5
	100	273	127	147	390	261	126	9.3	250	250	388	8.3	160	180	355	110	7.3

（续）

公称通径		90°弯头							45°弯头				T形弯头				
DN	dN	L_1	L_2	L_3	L_4	L_5	L_6	重量/kg	L_1	L_2	L_3	重量/kg	L_1	L_2	L_3	R	重量/kg
125	50	273	85	188	390	—	—	10.3	250	260	380	9.5	140	175	350	110	8.7
	75	274	115	159	350	—	—	10.3	250	265	390	10.2	152	175	355	110	9.2
	100	274	127	147	390	—	—	11.7	250	265	390	10.7	165	180	380	110	10.2
	125	306	133	173	430	297	133	14.8	280	280	420	12.9	180	185	380	110	11.0
150	50	306	85	221	430	—	—	12.9	280	290	420	11.9	140	185	380	125	10.7
	75	306	115	191	430	—	—	13.6	280	285	420	12.4	152	190	380	125	11.1
	100	306	127	179	430	—	—	14.4	280	295	430	13.2	165	195	380	125	11.6
	125	306	133	173	430	—	—	16.5	280	300	450	14.8	177	200	380	125	12.3
	150	338	138	200	473	335	138	18.8	317	317	470	17.2	198	200	408	125	13.5
200	200	373	145	215	510	352	158	29.4	385	385	520	27.5	220	230	500	150	23.2

（3）Y形四通和正四通的外形及尺寸（表8-58）

表8-58　Y形四通和正四通的外形及尺寸　（单位：mm）

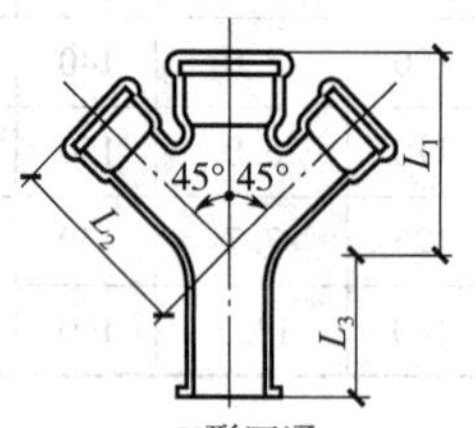

Y形四通

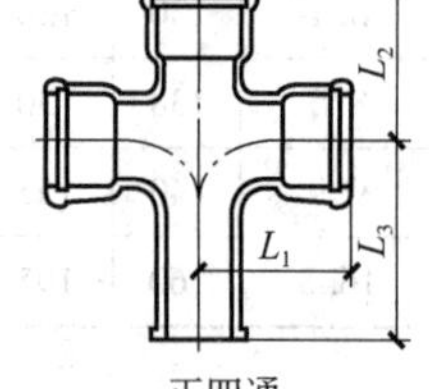

正四通

公称通径		Y形四通				正四通			
DN	dN	L_1	L_2	L_3	重量/kg	L_1	L_2	L_3	重量/kg
50	50	190	185	105	5.4	140	125	150	5.1
75	50	200	210	110	6.1	140	120	177	5.7
	75	210	210	110	7.7	162	138	177	7.7
100	50	210	240	100	6.3	170	125	200	7.3
	75	220	240	140	7.3	175	147	198	8.1
	100	254	254	125	11.0	175	156	190	10.7
125	50	250	260	120	9.5	175	140	210	9.9
	75	250	265	125	10.2	175	152	203	10.7
	100	250	265	125	10.7	180	165	215	12.4
	125	286	285	140	17.1	197	172	202	16.6
150	50	280	290	130	11.9	185	140	240	11.8
	75	280	285	135	12.4	190	152	228	12.6
	100	280	295	135	13.2	195	165	215	13.6
	125	280	300	150	14.8	200	177	203	15.4
	150	317	315	150	21.8	207	182	212	20.2
200	200	385	385	160	36.0	240	215	240	34.3

（4）扫除器三通管的外形及尺寸（表 8-59）

表 8-59　扫除器三通管的外形及尺寸　（单位：mm）

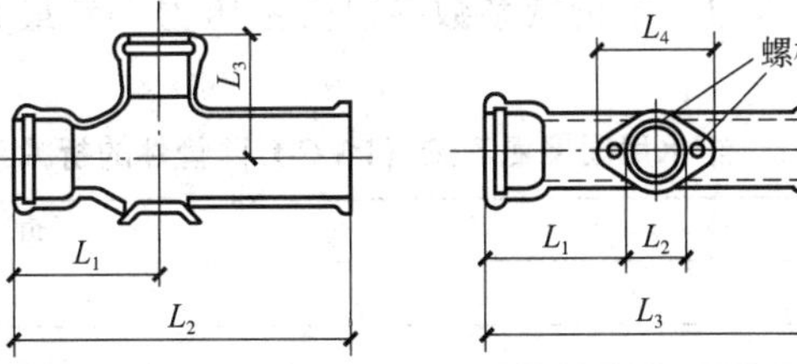

公称通径 DN	L_1	L_2	L_3	L_4	C/in	重量/kg
50	120	35	260	95	3/8	2.6
75	125	60	340	120	3/8	4.4
100	130	85	390	155	1/2	6.4
125	140	110	430	180	1/2	10.3
150	140	130	470	200	1/2	13.0

（5）管箍的外形及尺寸（表 8-60）

表 8-60　管箍的外形及尺寸　（单位：mm）

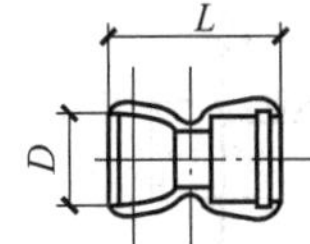

公称通径		承口直径 D	管长 L	重量/kg
DN	dn			
50	50	80	150	2.1
75	50	105×80	155	2.5
	75	105	165	2.9
100	50	130×80	175	3.2
	75	130×105	175	3.4
	100	130	180	3.7
125	50	157×80	185	4.3
	75	157×105	185	4.6
	100	157×130	185	4.9
	125	157	190	5.7
150	100	182×130	185	5.8
	125	182×157	185	6.3
	150	182	190	6.7
200	150	234×18	195	9.0
	200	234	200	10.0

8.2.5　给水排水硬聚氯乙烯管件

1. 给水用硬聚氯乙烯（PVC-U）管件

给水用聚氯乙烯（PVC-U）管件与给水用硬聚氯乙烯管材配套使用，适用于输送水温不超过 45℃的给水管道。广泛用于城镇供水工程和住宅的给水管网。

（1）给水用硬聚氯乙烯（PVC-U）管件的折减系数　给水用聚氯乙烯（PVC-U）管件的公称压力（PN）为输送20℃水的最大工作压力。当输水温度不同时，应根据不同的温度的折减系数（f_t）修正工作压力，用折减系数乘以公称压力得到最大允许工作压力，其折减系数见表8-61。

表8-61　给水用硬聚氯乙烯（PVC-U）管件的折减系数

温度/℃	折减系数 f_t
$0<t\leqslant25$	1.00
$25<t\leqslant35$	0.80
$35<t\leqslant45$	0.63

（2）给水用硬聚氯乙烯（PVC-U）承口管件

1）连接型承插口的外形及规格尺寸见表8-62。

表8-62　连接型承插口的外形及规格尺寸　（单位：mm）

<table>
<tr><th rowspan="2">品种</th><th rowspan="2">示意图</th><th colspan="2">规格尺寸/in</th><th rowspan="2">用途</th></tr>
<tr><th>d_e</th><th>L</th></tr>
<tr><td rowspan="13">弹性密封圈连接型承插口</td><td rowspan="7">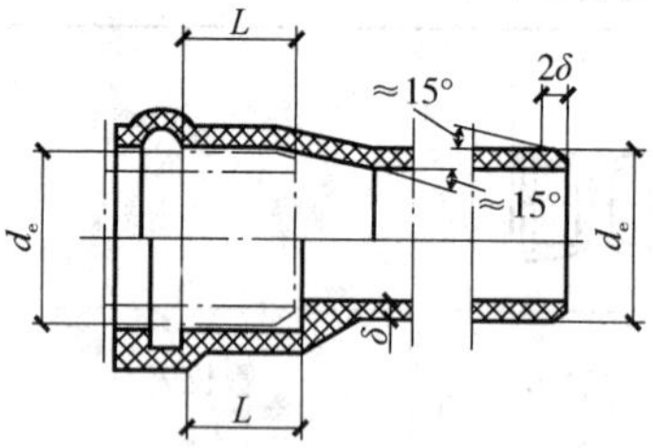</td><td>63</td><td>64</td><td rowspan="7">与给水用硬聚氯乙烯（PVC-U）管材配套使用</td></tr>
<tr><td>75</td><td>67</td></tr>
<tr><td>90</td><td>70</td></tr>
<tr><td>110</td><td>75</td></tr>
<tr><td>125</td><td>78</td></tr>
<tr><td>140</td><td>81</td></tr>
<tr><td>160</td><td>86</td></tr>
<tr><td rowspan="6">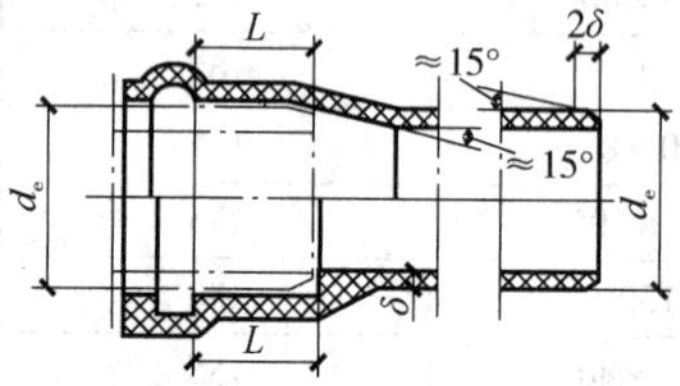</td><td>180</td><td>90</td><td rowspan="6">适用于输送水温不超过45℃的供水系统</td></tr>
<tr><td>200</td><td>94</td></tr>
<tr><td>225</td><td>100</td></tr>
<tr><td>250</td><td>105</td></tr>
<tr><td>280</td><td>112</td></tr>
<tr><td>315</td><td>118</td></tr>
<tr><td rowspan="12">溶剂粘结型承插口</td><td rowspan="12">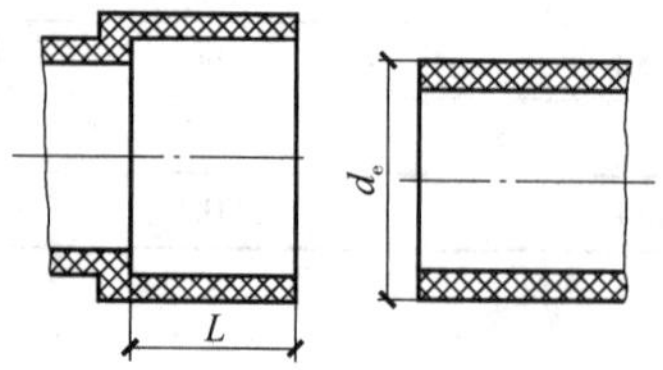</td><td>20</td><td>16.0</td><td rowspan="12">适用于水温不超过45℃的供水系统</td></tr>
<tr><td>25</td><td>18.5</td></tr>
<tr><td>32</td><td>22.0</td></tr>
<tr><td>40</td><td>26.0</td></tr>
<tr><td>50</td><td>31.0</td></tr>
<tr><td>63</td><td>37.5</td></tr>
<tr><td>75</td><td>43.5</td></tr>
<tr><td>90</td><td>51.0</td></tr>
<tr><td>110</td><td>61.0</td></tr>
<tr><td>125</td><td>68.5</td></tr>
<tr><td>140</td><td>76.0</td></tr>
<tr><td>160</td><td>86.0</td></tr>
</table>

2）粘接式承接口的配合尺寸要求见表8-63。

表8-63　粘接式承接口的配合尺寸要求　　（单位：mm）

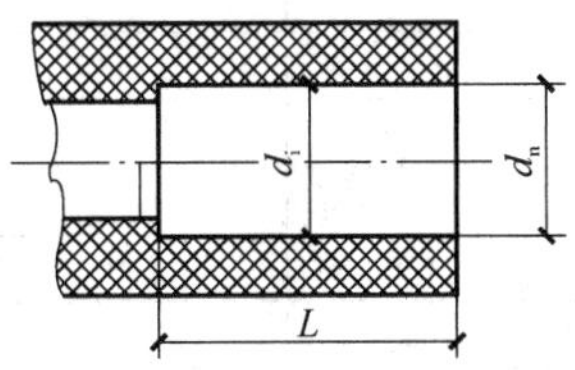

公称外径 d_n	最小长度 L	承口中部平均内径 d_i	
		min	max
20	16.0	20.1	20.3
25	18.5	25.1	25.3
32	22.0	32.1	32.3
40	26.0	40.1	40.3
50	31.0	50.1	50.3
63	37.5	63.1	63.3
75	43.5	75.1	75.3
90	51.0	90.1	90.3
110	61.0	110.1	110.4
125	68.5	125.1	125.4
140	76.0	140.2	140.5
160	86.0	160.2	160.5
180	96.0	180.2	180.6
200	106.0	200.3	200.6
225	118.5	225.3	225.7
250	131.0	250.3	250.8
280	146.0	280.3	280.9
315	163.5	315.4	316.0
355	183.5	355.5	356.2
400	205.0	400.5	401.5

注：管件中部承口平均内径定义为承口中部（承口全部深度的一半处）互相垂直的两直径测量值的算术平均值。

3）弹性密封式承口深度与最大锥度要求见表8-64。

表8-64　弹性密封式承口深度与最大锥度要求　　（单位：mm）

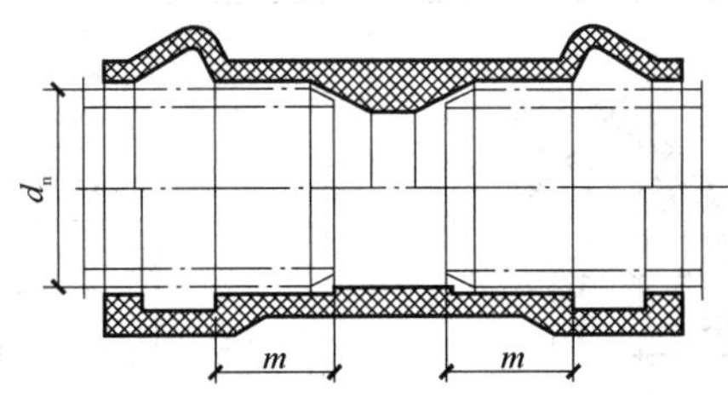

（续）

承口深度	
公称外径 d_n	最小深度
63	40
75	42
90	44
110	47
125	49
140	51
160	54
180	57
200	60
225	64
250	68
280	72
315	78
355	84
400	90
450	98
500	105
560	114
630	125
承口的锥度	
公称外径/mm	最大承口锥度 a
$dn \leqslant 63$	0°40′
$75 \leqslant dn \leqslant 35$	0°30′
$355 \leqslant dn \leqslant 400$	0°15′

（3）给水用硬聚氯乙烯（PVC-U）90°弯头和45°弯头的外形及尺寸（表8-65）

表8-65　给水用硬聚氯乙烯（PVC-U）90°弯头和45°弯头的外形及尺寸

品种	示意图	弯头规格尺寸/mm			用途
		d_e	Z		
			90°	45°	
90°弯头	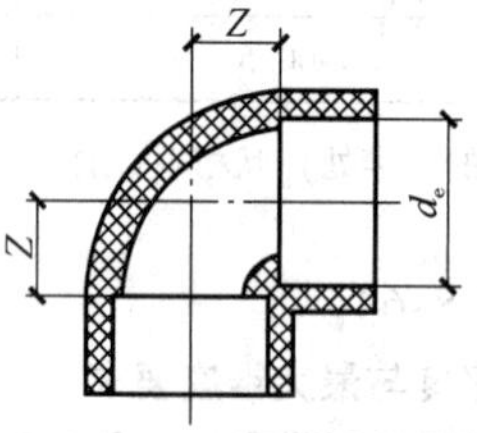	20	11	5	与给水硬聚氯乙烯管材配套使用，用于建筑工程、自来水供水工程、水处理工程等
		25	13.5	6	
		32	17	7.5	
		40	21	9.5	
		50	26	11.5	
		63	32.5	14	
45°弯头	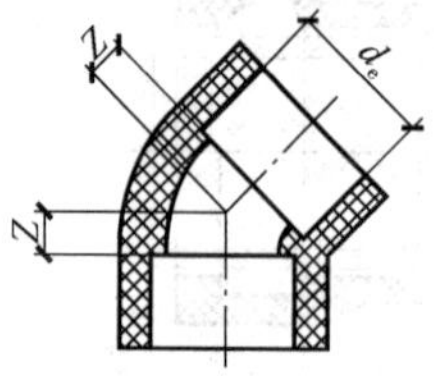	75	38.5	16.5	
		90	46	19.5	
		110	56	23.5	
		125	63.5	27	
		140	71	30	
		160	81	34	

（4）给水用硬聚氯乙烯（PVC-U）90°等径三通和45°等径三通的外形及尺寸（表 8-66）

表 8-66　给水用硬聚氯乙烯（PVC-U）90°等径三通和 45°等径三通的外形及尺寸

品种	示意图	等径三通规格尺寸/mm				用途
		d_e	90°，Z	45°		
				Z_1	Z_2	
90°等径三通		20	11	6	27	适用于自来水供水工程，可在压力下输送温度不超过45℃的一般用途水和饮用水
		25	13.5	7	33	
		32	17	8	42	
		40	21	10	51	
		50	26	12	63	
		63	32.5	14	79	
		75	38.5	17	94	
		90	48	20	112	
45°等径三通		110	56	24	137	
		125	63.5	27	157	
		140	71	30	175	
		160	81	35	200	

（5）给水用硬聚氯乙烯（PVC-U）异径管的外形及尺寸（表 8-67）

表 8-67　给水用硬聚氯乙烯（PVC-U）异径管的外形及尺寸

品种	示意图	异径管规格尺寸/mm				用途
		D_1	D_2	Z		
				长型	短型	
异径管	长型 短型	25	20	25	2.5	适用于自来水供水工程，可在压力下输送温度不超过45℃的一般用途水和饮用水的给水管道
		32	20	30	6	
		32	25	30	3.5	
		40	20	36	10	
		40	25	36	7.5	
		40	32	36	4	
		50	20	44	15	
		50	25	44	12.5	
		50	32	44	9	
		50	40	44	5	
		63	25	54	19	
		63	32	54	15.5	
		63	40	54	11.5	

（续）

品种	示意图	异径管规格尺寸/mm				用途
		D_1	D_2	Z		
				长型	短型	
异径管	长型 短型	63	50	54	6.5	适用于自来水供水工程，可在压力下输送温度不超过45℃的一般用途水和饮用水的给水管道
		75	32	62	21.5	
		75	40	62	17.5	
		75	50	62	12.5	
		75	63	62	6	
		90	40	74	25	
		90	50	74	20	
		90	63	74	13.5	
		90	75	74	7.5	
		110	50	88	30	
		110	63	88	23.5	
		110	75	88	17.5	
		110	90	88	10	
		125	63	100	31	
		125	75	100	25	
		125	90	100	17.5	
		125	110	100	7.5	
		140	75	111	32.5	
		140	90	111	25	
		140	110	111	15	
		140	125	111	7.5	
		160	90	126	35	
		160	110	126	25	
		160	125	126	17.5	
		160	140	126	10	

（6）给水用硬聚氯乙烯（PVC-U）套管的外形及尺寸（表8-68）

表8-68 给水用硬聚氯乙烯（PVC-U）套管的外形及尺寸 （单位：mm）

品种	示意图	套管规格尺寸		用途
		d_e	Z	
套管		20	3	与给水用硬聚氯乙烯（PVC-U）管材配套使用，适用于输送温度不超过45℃的给水管道
		25	3	
		32	3	
		40	3	
		50	3	
		63	3	
		75	4	
		90	5	
		110	6	
		125	6	
		140	6	
		160	6	

（7）给水用硬聚氯乙烯（PVC-U）活接头的外形及尺寸（表 8-69）

表 8-69　给水用硬聚氯乙烯（PVC-U）活接头的外形及尺寸　　（单位：mm）

品种	示意图	承口端			螺母	用途
		D	Z_1	Z_2	Z_2	
活接头	1—承口端　2—PVC螺母　3—平密封垫圈	20	8	3	1	适用于自来水供水工程，可在压力下输送温度不超过45℃的一般用途水和饮用水
		25	8	3	1¼	
		32	8	3	1½	
		40	10	3	2	
		50	12	3	2¼	
		63	15	3	2½	

（8）给水用硬聚氯乙烯（PVC-U）90°弯头和 90°异径三通的外形和尺寸（表 8-70）

表 8-70　给水用硬聚氯乙烯（PVC-U）90°弯头和 90°异径三通的外形及尺寸

品种	示意图	d_e/mm	d_1/in	Z_1/mm	Z_2/mm	用途
90°弯头		20	Rc1/2	11	14	与给水硬聚氯乙烯管材配套使用，用于建筑工程、自来水供水工程、水处理工程等
		25	Rc3/4	13.5	17	
		32	Rc1	17	22	
90°异径三通		40	Rc1½	21	28	
		50	Rc1½	26	38	
		63	Rc2	32.5	47	

（9）给水用硬聚氯乙烯（PVC-U）粘接和内螺纹变接头的外形及尺寸（表 8-71）

表 8-71　给水用硬聚氯乙烯（PVC-U）粘接和内螺纹变接头的外形及尺寸

品种	示意图	D_1/mm	D_2/in	Z/mm	用途
粘接和内螺纹变接头		20	Rc1/2	5	与给水硬聚氯乙烯管材配套使用，用于建筑工程、自来水供水工程、水处理工程等
		25	Rc3/4	5	
		32	Rc1	5	
		40	Rc1½	5	
		50	Rc1½	7	
		63	Rc2	7	

（续）

品种	示意图	D_1/mm	D_2/in	Z/mm	用途
粘接和内螺纹变接头	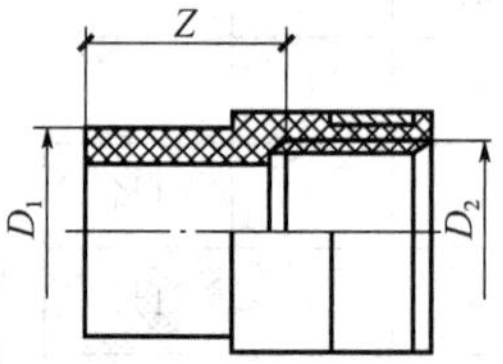	20	Rc3/8	24	与给水硬聚氯乙烯管材配套使用，用于建筑工程、自来水供水工程、水处理工程等
		25	Rc1/2	27	
		32	Rc3/4	32	
		40	Rc1	38	
		50	Rc1¼	46	
		63	Rc1½	57	

（10）给水用硬聚氯乙烯（PVC-U）粘接和外螺纹变接头的外形及尺寸（表 8-72）

表 8-72　给水用硬聚氯乙烯（PVC-U）粘接和外螺纹变接头的外形及尺寸

品种	示意图	D_1/mm	D_2/in	Z/mm	用途
给水用硬聚氯乙烯（PVC-U）粘接和外螺纹变接头	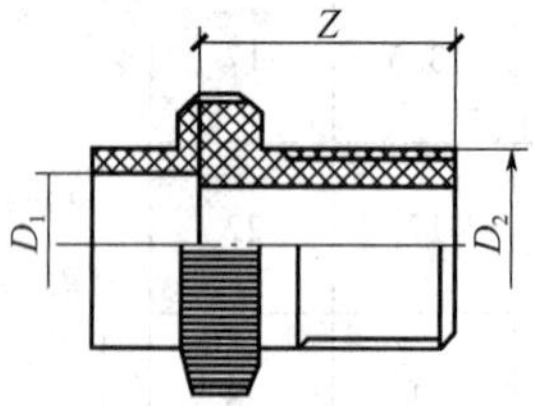	20	R1/2	23	与给水硬聚氯乙烯管材配套使用，用于建筑工程、自来水供水工程、水处理工程等
		20	R3/4	22	
		25	R3/4	25	
		25	R1	27	
		32	R1	28	
		32	R1¾	29	
		40	R1¼	31	
		40	R1½	29	
		50	R1½	32	
		50	R2	34	
		63	R2	38	
	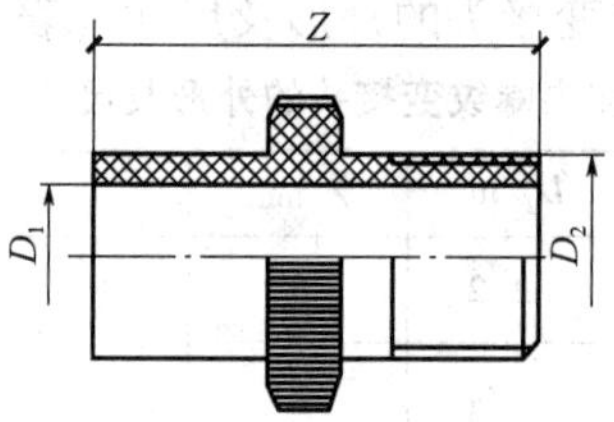	20	R1/2	42	
		25	R3/4	47	
		32	R1	54	
		40	R1¼	60	
		50	R1½	66	
		63	R2	78	

（11）给水用硬聚氯乙烯（PVC-U）接头端和金属件接头的外形及尺寸（表 8-73）

表 8-73　给水用硬聚氯乙烯（PVC-U）接头端和金属件接头的外形及尺寸

品种	示意图	D/mm	Z/mm	M/mm	G/in	用途
PVC 接头端和金属件接头	1—PVC接头端　2—垫圈　3—接头螺母　4、5—接头套	20	3	39×2	1/2	与给水硬聚氯乙烯管材配套使用，用于建筑工程、自来水供水工程、水处理工程等
		25	3	42×2	3/4	
		32	3	52×2	1	
		40	3	62×2	1¼	
		50	3	72×2	1½	
		63	3	82×2	3	

（12）给水用硬聚氯乙烯（PVC-U）接头端和活动金属螺母的外形及尺寸（表 8-74）

表 8-74　给水用硬聚氯乙烯（PVC-U）接头和活动金属螺母的外形及尺寸

（单位：mm）

品种	示意图	D_1	D_2	Z	Z_1	Z_2	G/in	用途
PVC 接头和活动金属螺母	1—PVC接头端　2—接头螺母　3—垫圈	20	—	3	—	—	1	与给水硬聚氯乙烯管材配套使用，用于建筑工程、自来水供水工程、水处理工程等
		25	—	3	—	—	1¼	
		32	—	3	—	—	1½	
		40	—	3	—	—	2	
		50	—	3	—	—	2¼	
		63	—	3	—	—	2¾	
	1—PVC接头端　2—接头螺母　3—垫圈	—	20	—	—	22	3/4	
		20	25	—	26	23	1	
		25	32	—	29	26	1¼	
		32	40	—	32	28	1½	
		40	50	—	36	31	2	

（13）给水用硬聚氯乙烯（PVC-U）法兰和承口接头、法兰和插口接头的外形和尺寸（表 8-75）

表 8-75　硬聚氯乙烯（PVC-U）法兰和承口接头、法兰和插口接头的外形及尺寸

（单位：mm）

品种	示意图	D	Z_{min} 承口	Z_{min} 插口	D min	D max	用途
法兰和承口接头		63	3	33	76	91	与给水硬聚氯乙烯管材配套使用，用于建筑工程、自来水供水工程、水处理工程等
		75	3	34	82	97	
		90	5	35	89	104	
		10	5	37	98	113	
		125	5	39	104	119	
法兰和插口接头		140	5	40	111	126	
		160	5	42	121	136	
		200	6	46	139	155	
		225	6	49	151	166	

（14）硬聚氯乙烯（PVC-U）法兰转换接头、活套法兰外形及尺寸（表 8-76）

表 8-76　给水用硬聚氯乙烯（PVC-U）法兰转换接头、活套法兰外形及尺寸

（单位：mm）

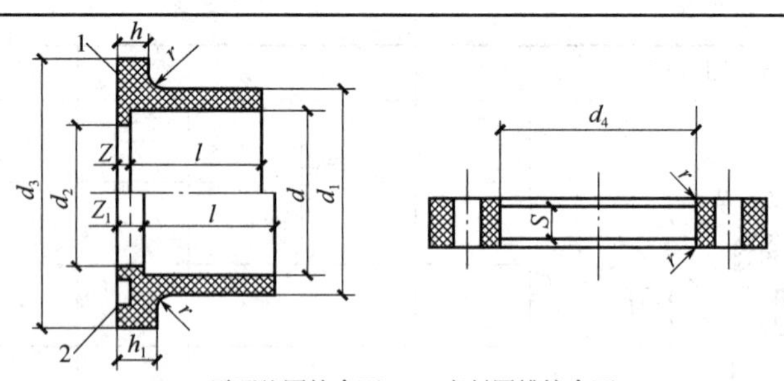

1—平面垫圈接合面　2—密封圈槽接合面

承口公称直径 d	法兰转换接头 d_1	d_2	d_3	l	r_{max}	h	Z	h_1	Z_1	活套法兰 d_4	r_{max}	S	用途
20	27 ±0.15	16	34	16	1	6	3	9	6	$28_{-0.5}^{0}$	1	根据材质而定	适用于公称压力为 1MPa 法兰转换接头与活套法兰尺寸，常用于自来水供水工程、水处理工程和农田灌溉工程
25	33 ±0.15	21	41	19	1.5	7	3	10	6	$34_{-0.5}^{0}$	1.5		
32	41 ±0.2	28	50	22	1.5	7	3	19	6	$42_{-0.5}^{0}$	1.5		
40	50 ±0.2	36	61	26	2	8	3	13	8	$51_{-0.5}^{0}$	2		
50	61 ±0.3	45	73	31	2	8	3	13	8	$62_{-0.5}^{0}$	2		
63	76 ±0.3	57	90	38	2.5	9	3	14	8	78_{-1}^{0}	2.5		
75	90 ±0.3	69	106	44	2.5	10	3	15	8	92_{-1}^{0}	2.5		
90	108 ±0.3	82	125	51	3	11	5	16	10	110_{-1}^{0}	3		
110	131 ±0.4	102	150	61	3	12	5	18	11	133_{-1}^{0}	3		
125	148 ±0.4	17	170	69	3	13	5	19	11	150_{-1}^{0}	3		
140	165 ±0.4	132	188	76	4	14	5	20	11	167_{-1}^{0}	4		
160	188 ±0.2	152	213	86	4	16	5	22	11	190_{-1}^{0}	4		
200	224 ±0.4	188	245	106	4	24	6	30	12	226_{-1}^{0}	4		
225	248 ±0.4	217	274	119	4	25	6	31	12	250_{-1}^{0}	4		

注：法兰外径螺旋孔直径及孔数按照 GB/T 9065.3 标准的规定。

（15）给水用硬聚氯乙烯（PVC-U）弯头的外形及尺寸（表8-77）

表8-77　给水用硬聚氯乙烯（PVC-U）弯头的外形及尺寸　（单位：mm）

品种	示意图	d_e	R	11°15′	20°30′	30°	45°	90°	用途
				Z_{min}					
弯头	Ⅰ型　双承弯头　Ⅱ型　单承弯头	20	50	25	30	34	41	70	与给水硬聚氯乙烯管材配套使用，用于建筑工程、自来水供水工程、水处理工程等
		25	63	32	38	42	51	88	
		32	80	40	48	54	66	112	
		40	100	50	60	67	82	140	
		50	125	63	75	84	102	175	
		63	221	160	182	198	230	359	
		75	263	171	198	216	254	408	
		90	315	185	217	239	285	469	
		110	385	204	243	270	326	551	
		140	490	233	282	316	387	674	
		160	560	252	308	346	428	756	
		225	788	313	392	446	562	1023	
		250	875	337	424	485	613	1125	
		280	980	365	463	531	674	1248	
		315	1103	398	509	585	746	1392	

2. 建筑排水用硬聚氯乙烯管件（GB/T 5836.2—2018）

建筑排水用硬聚氯乙烯管件与建筑排水用硬聚氯乙烯管材配合使用，广泛用于工业与民用建筑室内外排水管道工程及无腐蚀性作用的工业废水管道。

（1）建筑排水用硬聚氯乙烯承口和插口

1）胶黏剂连接型管件承口和插口的尺寸见表8-78。

表8-78　胶黏剂连接型管件承口和插口的尺寸　（单位：mm）

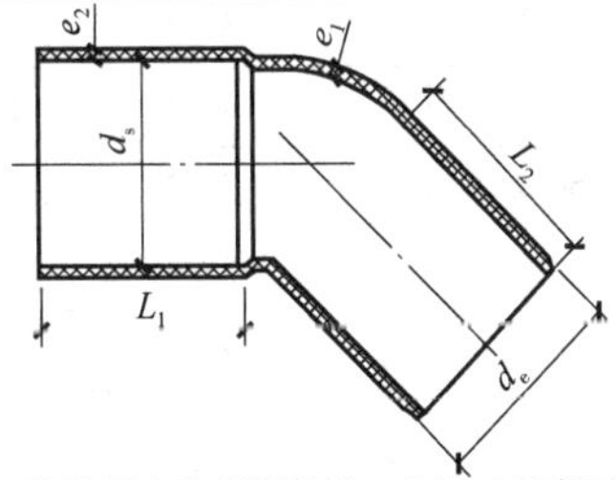

胶粘剂连接型管件承口和插口示意图

公称外径① d_n	插口的平均外径		承口平均内径		最小承口深度 $L_{1,min}$	最小插口长度 $L_{2,min}$
	最小平均外径 $d_{em,min}$	最大平均外径 $d_{em,max}$	最小平均内径 $d_{sm,min}$	最大平均内径 $d_{sm,max}$		
32	32.0	32.2	32.1	32.4	22	22
40	40.0	40.2	40.1	40.4	25	25
50	50.0	50.2	50.1	50.4	25	25

（续）

公称外径① d_n	插口的平均外径		承口平均内径		最小承口深度 $L_{1,min}$	最小插口长度 $L_{2,min}$
	最小平均外径 $d_{em,min}$	最大平均外径 $d_{em,max}$	最小平均内径 $d_{sm,min}$	最大平均内径 $d_{sm,max}$		
75	75.0	75.3	75.2	75.5	40	40
90	90.0	90.3	90.2	90.5	46	46
110	110.0	110.3	110.2	110.6	48	48
125	125.0	125.3	125.2	125.7	51	51
160	160.0	160.4	160.3	160.8	58	58
200	200.0	200.5	200.4	200.9	60	60
250	250.0	250.5	250.4	250.9	60	60
315	315.0	315.6	315.5	316.0	60	60

注：沿承口深度方向允许有不大于30脱模所必需的斜度。

①此处的公称外径 d_n 指与管件相连的管材的公称外径。

2）弹性密封圈连接型管件承口和插口的尺寸见表8-79。

表8-79　弹性密封圈连接型管件承口和插口的尺寸　（单位：mm）

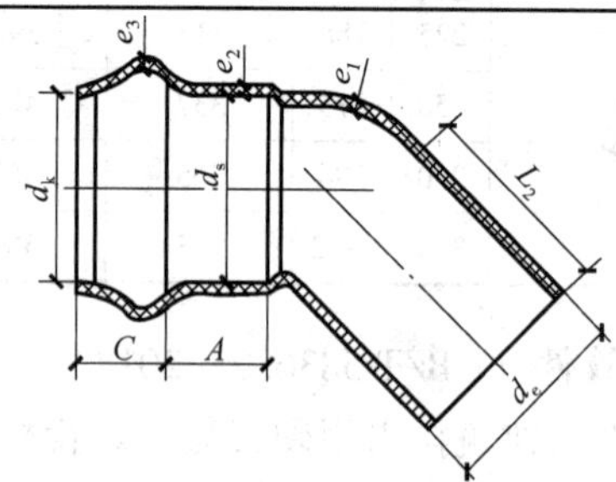

弹性密封圈连接型管件承口和插口示意图

公称外径① d_n	插口的平均外径		最小平均内径 $d_{sm,min}$	最小接合长度② A_{min}	最小插口长度 $L_{2,min}$
	最小平均外径 $d_{em,min}$	最大平均外径 $d_{em,max}$			
32	32.0	32.2	32.3	16	42
40	40.0	40.2	40.3	18	44
50	50.0	50.2	50.3	20	46
75	75.0	75.3	75.4	25	51
90	90.0	90.3	90.4	28	56
110	110.0	110.3	110.4	32	60
125	125.0	125.3	125.4	35	67
160	160.0	160.4	160.5	42	81
200	200.0	200.5	200.6	50	99
250	250.0	250.5	250.8	55	125
315	315.0	315.6	316.0	62	132

①此处的公称外径 d_n 指与管件相连的管材的公称外径。

②接合长度应不大于承口深度。

（2）建筑排水用硬聚氯乙烯 45°弯头和 90°弯头的尺寸（表 8-80）

表 8-80　建筑排水用硬聚氯乙烯 45°弯头和 90°弯头的尺寸　　（单位：mm）

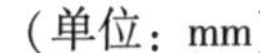

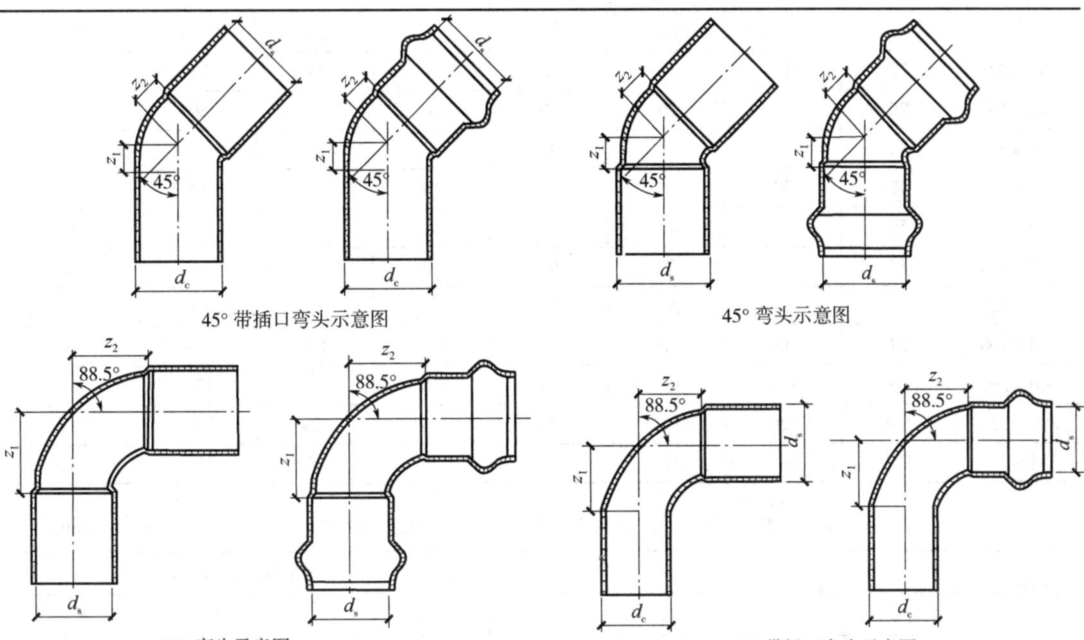

45° 带插口弯头示意图　　45° 弯头示意图

90° 弯头示意图　　90° 带插口弯头示意图

公称外径	45°弯头	45°带插口弯头		90°弯头	90°带插口弯头	
d_n	$z_{1,min}$ 和 $z_{2,min}$	$z_{1,min}$	$z_{2,min}$	$z_{1,min}$ 和 $z_{2,min}$	$z_{1,min}$	$z_{2,min}$
32	8	8	12	23	19	23
40	10	10	14	27	23	27
50	12	12	16	40	28	32
75	17	17	22	50	41	45
90	22	22	27	52	50	55
110	25	25	31	70	60	66
125	29	29	35	72	67	73
160	36	36	44	90	86	93
200	45	45	55	116	107	116
250	57	57	68	145	134	145
315	72	72	86	183	168	183

（3）建筑排水用硬聚氯乙烯 90°顺水三通的尺寸（表 8-81a、b）

表 8-81a　胶粘剂连接型 90°三通的 z-长度　　（单位：mm）

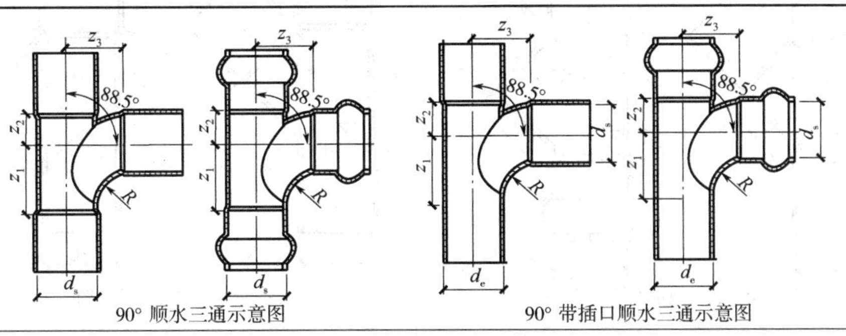

90° 顺水三通示意图　　90° 带插口顺水三通示意图

（续）

公称外径 d_n	90°顺水三通				90°带插口顺水三通			
	$z_{1,min}$	$z_{2,min}$	$z_{3,min}$	R_{min}	$z_{1,min}$	$z_{2,min}$	$z_{3,min}$	R_{min}
32×32	20	17	23	25	21	17	23	25
40×40	26	21	29	30	26	21	29	30
50×50	30	26	3S	31	33	26	35	35
75×75	47	39	54	49	49	39	52	48
90×90	56	47	64	59	58	46	63	56
110×110	68	55	77	63	70	57	76	62
125×125	77	65	88	72	79	64	86	68
160×160	97	83	110	82	99	82	110	81
200×200	119	103	138	92	121	103	138	92
250×250	144	129	173	104	147	129	173	104
315×315	177	162	217	118	181	162	217	118

表 8-81b　弹性密封圈连接型 90°三通的 z-长度　（单位：mm）

公称外径 d_n	90°顺水三通				90°带插口顺水三通			
	$z_{1,min}$	$z_{2,min}$	$z_{3,min}$	R_{min}	$z_{1,min}$	$z_{2,min}$	$z_{3,min}$	R_{min}
32×32	23	23	17	34	24	23	17	34
40×40	28	29	21	37	29	29	21	37
50×50	34	35	26	40	35	35	26	40
75×75	49	52	39	51	50	52	39	51
90×90	58	63	46	59	59	63	46	59
110×110	70	76	57	68	72	76	57	68
125×125	80	86	64	75	81	86	64	75
160×160	101	110	82	93	103	110	82	93
200×200	126	138	103	114	128	138	103	114
250×250	161	173	129	152	163	173	129	152
315×315	196	217	162	172	200	217	162	172

（4）建筑排水用硬聚氯乙烯 45°斜三通的尺寸（表 8-82）

表 8-82　建筑排水用硬聚氯乙烯 45°斜三通的尺寸　（单位：mm）

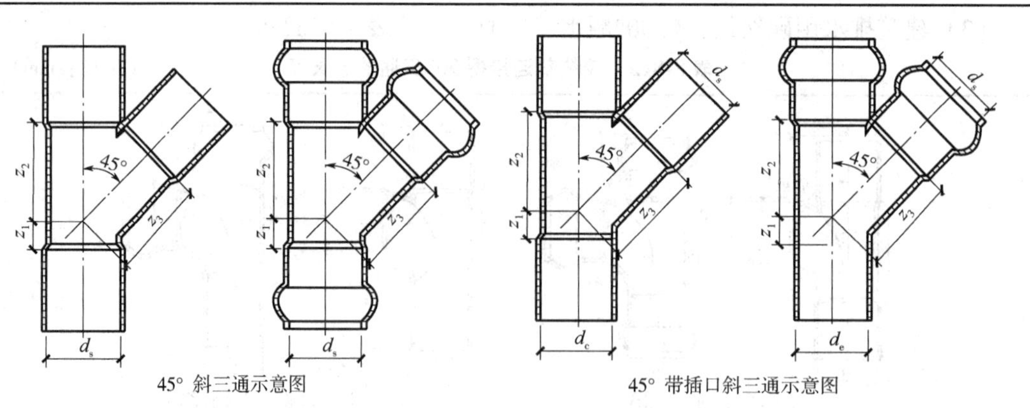

45° 斜三通示意图　　45° 带插口斜三通示意图

（续）

公称外径 d_n	45°斜三通			45°带插口斜三通		
	$z_{1,min}$	$z_{2,min}$	$z_{3,min}$	$z_{1,min}$	$z_{2,min}$	$z_{3,min}$
50×50	13	64	64	12	61	61
75×50	-1	75	80	0	79	74
75×75	18	94	94	17	91	91
90×50	-8	87	95	-6	88	82
90×90	19	115	115	21	109	109
110×50	-16	94	110	-15	102	92
110×75	-1	113	121	2	115	110
110×110	25	138	138	25	133	133
125×50	-26	104	120	-23	113	100
125×75	-9	122	132	-6	125	117
125×110	16	147	150	18	144	141
125×125	27	157	157	29	151	151
160×75	-26	140	158	-21	149	135
160×90	-16	151	165	-12	157	145
160×110	-1	165	175	2	167	159
160×125	9	176	183	13	175	169
160×160	34	199	199	36	193	193
200×75	-34	176	156	-39	176	156
200×90	-25	184	166	-30	184	166
200×110	-11	194	179	-16	194	179
200×125	0	202	190	-5	202	190
200×160	24	220	214	18	220	214
200×200	51	241	241	45	241	241
250×75	-55	210	182	-61	210	182
250×90	-46	218	192	-52	218	192
250×110	-32	228	206	-38	228	206
250×125	-21	235	216	-27	235	216
250×160	2	253	240	-4	253	240
250×200	29	274	267	23	274	267
250×250	63	300	300	57	300	300
315×75	-84	253	216	-90	253	216
315×90	-74	261	226	-81	261	226
315×110	-60	272	239	-67	272	239
315×125	-50	279	250	-56	279	250
315×160	-26	297	274	-33	297	274
315×200	1	318	301	-6	318	301
315×250	35	344	334	28	344	334
315×315	78	378	378	72	378	378

（5）建筑排水用硬聚氯乙烯异径管的尺寸（表8-83）

表8-83　建筑排水用硬聚氯乙烯异径管的尺寸　（单位：mm）

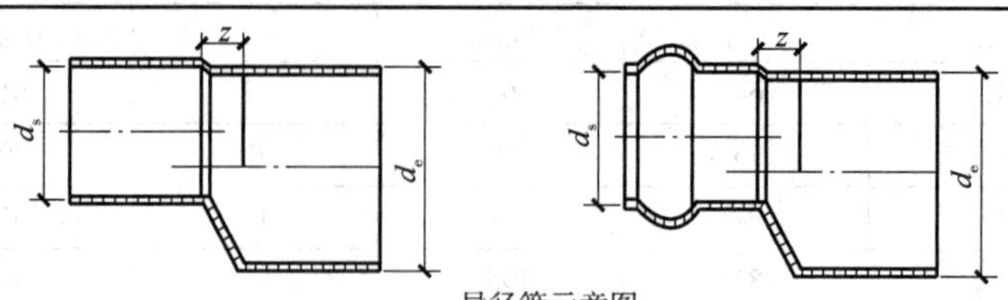

异径管示意图

公称外径 d_n	z_{min}	公称外径 d_n	z_{min}
75×50	20	200×110	58
90×50	28	200×125	49
90×75	14	200×160	32
110×50	39	250×50	116
110×75	25	250×75	103
110×90	19	250×90	96
125×50	48	250×110	85
125×75	34	250×125	77
125×90	28	250×160	59
125×110	17	250×200	39
160×50	67	315×50	152
160×75	53	315×75	139
160×90	47	315×90	132
160×110	36	315×110	121
160×125	27	315×125	112
200×50	89	315×160	95
200×75	75	315×200	74
200×90	69	315×250	49

8.3　阀门

阀门在流体系统中，是用来控制流体的方向、压力、流量、温度的机械装置，使设备内的介质（液体、气体、粉末）流动或停止，具有导流、截止、调节、节流、止回、分流或溢流卸压等功能，是管道系统中基本的部件。阀门可用手动、手轮、手柄或踏板操作，可以通过控制来改变流体介质的压力、温度和流量变化进行连续或重复的操作。在更复杂的控制系统根据外部输入（即调节流经管道不断变化的设置点）的需要采用自动控制阀门，使阀门准确控制流体介质的各项要求。在工农业生产、建筑工程和市政建设工程中有非常广泛的运用。

8.3.1　阀门的分类

《工业阀门　标志》（GB/T 12220—2015）采用国际标准（ISO 5209）的标准，在分类和标注方法上已与国际通用阀门的标准基本类似。

1. 阀门的分类方法（表8-84）

表8-84 阀门的分类方法

分类方法	内容
按作用和用途分类	1）截断阀：截断阀又称闭路阀，其作用是接通或截断管路中的介质。包括闸阀、截止阀、旋塞阀、球阀、蝶阀和隔膜阀等 2）止回阀：止回阀又称单向阀或逆止阀，其作用是防止管路中的介质倒流。水泵吸水管的底阀也属于止回阀类 3）安全阀：安全阀的作用是防止管路或装置中的介质压力超过规定数值，从而达到安全保护的目的 4）调节阀：调节阀类包括调节阀、节流阀和减压阀，其作用是调节介质的压力、流量等参数 5）分流阀：分流阀包括各种分配阀和疏水阀等，其作用是分配、分离或混合管路中的介质 6）排气阀：排气阀是管道系统中必不可少的辅助元件，广泛应用于锅炉、空调、石油天然气、给水排水管道中。往往安装在制高点或弯头等处，排除管道中多余气体、提高管道路使用效率及降低能耗
按公称压力分类	1）真空阀：是指工作压力低于标准大气压的阀门 2）低压阀：是指公称压力 PN≤1.6MPa 的阀门 3）中压阀：是指公称压力 PN 为 2.5MPa、4.0MPa、6.4MPa 的阀门 4）高压阀：是指公称压力 PN 为 10～80MPa 的阀门 5）超高压阀：是指公称压力 PN≥100MPa 的阀门
按工作温度分类	1）超低温阀：介质工作温度 $t<-100℃$ 的阀门 2）低温阀：介质工作温度 $-100℃\leq t\leq -40℃$ 的阀门 3）常温阀：介质工作温度 $-40℃\leq t\leq 120℃$ 的阀门 4）中温阀：介质工作温度 120℃ 5）高温阀：介质工作温度 $t>450℃$ 的阀门
按驱动方式分类	1）自动阀：是指不需要外力驱动，而是依靠介质自身的能量来使阀门动作的阀门。如安全阀、减压阀、疏水阀、止回阀、自动调节阀等 2）动力驱动阀：动力驱动阀是可以利用各种动力源进行驱动的阀门。如电动阀：借助电力驱动的阀门；气动阀：借助压缩空气驱动的阀门；液动阀：借助油等液体压力驱动的阀门。此外还有以上几种驱动方式的组合，如气动、电动阀等 3）手动阀：手动阀借助手轮、手柄、杠杆、链轮，由人力来操纵阀门动作。当阀门启闭力矩较大时，可在手轮和阀杆之间设置齿轮或蜗轮减速器。必要时，也可以利用万向接头及传动轴进行远距离操作
按公称通径分类	1）小通径阀门：公称通径 DN≤40mm 的阀门 2）中通径阀门：公称通径 DN 为 50～300mm 的阀门 3）大通径阀门：公称通径 DN 为 350～1200mm 的阀门 4）特大通径阀门：公称通径 DN≥1400mm 的阀门
按结构特征分类	1）截门阀：关闭件沿着阀座中心移动 2）旋塞阀：关闭件是柱塞或球，围绕本身的中心线旋转 3）闸门阀：关闭件沿着垂直阀座中心移动 4）旋启阀：关闭件围绕阀座外的轴旋转 5）蝶阀：关闭件的圆盘，围绕阀座内的轴旋转 6）滑阀：关闭件在垂直于通道的方向滑动

（续）

分类方法	内容
按连接方法分类	1）螺纹连接阀门：阀体带有内螺纹或外螺纹，与管道螺纹连接 2）法兰连接阀门：阀体带有法兰，与管道法兰连接 3）焊接连接阀门：阀体带有焊接坡口，与管道焊接连接 4）卡箍连接阀门：阀体带有夹口，与管道卡箍连接 5）卡套连接阀门：与管道采用卡套连接 6）对夹连接阀门：用螺栓直接将阀门及两头管道穿夹在一起的连接形式
按阀体材料分类	1）金属材料阀门：其阀体等零件由金属材料制成。如铸铁阀、碳钢阀、合金钢阀、不锈钢阀、铬钼钢阀、铬钼钒钢阀、双相钢阀、铜合金阀、铝合金阀、铅合金阀、钛合金阀、蒙乃尔合金阀等 2）非金属材料阀门：阀体为非金属材料。如塑料阀、陶瓷阀、搪瓷阀、玻璃钢阀 3）金属阀体衬里阀门：阀体外为金属，内部凡与介质接触的主要表面均为衬里，如衬胶阀、衬塑料阀、衬陶阀等

2. 阀门型号的编制方法

阀门的型号编制通常应表示阀门产品类别、驱动方式、连接形式、结构特点、公称压力、密封面材料、制造材料和表面处理技术等要素。

（1）阀门的类别代号（表8-85）

表8-85　阀门的类别代号

类别	代号	类别	代号
闸阀	Z	旋塞阀	X
截止阀	J	止回阀和底阀	H
节流阀	L	安全阀	A
球阀	Q	减压阀	Y
蝶阀	D	疏水阀	S
隔膜阀	G		

注：低温（低于-40℃）、保温（带加热套）和带波纹管的阀门，在类别代号前分别加“D”“B”“W”。

（2）阀门的驱动方式代号（表8-86）

表8-86　阀门的驱动方式代号

驱动方式	代号	驱动方式	代号
手动	—	伞齿轮	5
电磁动	0	气动	6
电磁-液动	1	液动	7
电-液动	2	气-液动	8
蜗轮	3	电动	9
正齿轮	4		

注：1. 手轮、手柄和扳手传动以及安全阀、减压阀、疏水阀省略代号。
2. 对于气动或液动阀门，常开式用6K、7K表示；常闭式用6B、7B表示；气动带手动用6S表示；防爆电动用9B表示。

(3) 阀门的结构形式代号（表 8-87）

表 8-87　阀门的结构形式代号

结构形式	代号	结构形式	代号
闸阀		活塞式	3
弹性闸板	0	波纹管式	4
刚性明杆楔式、单阀板	1	杠杆式	5
刚性明杆楔式、双阀板	2	蝶阀	
刚性明杆平行式、单阀板	3	杠杆式	0
刚性明杆平行式、双阀板	4	垂直板式	1
刚性暗杆楔式、单阀板	5	斜板式	3
刚性暗杆楔式、双阀板	6	疏水阀	
球阀		浮球式	1
浮动直通式	1	钟形浮子式	5
浮动三通式　L 形	4	脉冲式	8
浮动三通式　T 形	5	热动力式	9
固定直通式	7	隔膜式	
减压阀		屋脊式	1
薄膜式	1	截止式	3
弹簧薄膜式	2	闸板式	7

(4) 阀门的连接形式及代号（表 8-88）

表 8-88　阀门的连接形式及代号

连接形式	代号	连接形式	代号
内螺纹	1	对夹	7
外螺纹	2	卡箍	8
法兰	3	卡套	9
焊接	6		

(5) 截止阀、节流阀、旋塞阀、止回阀和底阀的结构形式及代号（表 8-89）

表 8-89　截止阀、节流阀、旋塞阀、止回阀和底阀的结构形式及代号

结构形式	代号	结构形式	代号
截止阀和节流阀		填料四通式	5
直通式	1	填料直通式	6
角式	4	油封 T 形三通式	8
直流式	5	止回阀和底阀	
平衡直通式	6	升降直通式	1
平衡角式	7	升降立式	2
旋塞式		旋启单瓣式	4
填料直通式	3	旋启多瓣式	5
填料 T 形三通式	4	旋启双瓣式	6

（6）安全阀的结构形式及代号（表 8-90）

表 8-90　安全阀的结构形式及代号

<table>
<tr><th colspan="4">安全阀结构形式</th><th>代号</th></tr>
<tr><td rowspan="8">弹簧</td><td rowspan="4">封闭</td><td>带散热片</td><td>全启式</td><td>0</td></tr>
<tr><td colspan="2">微启式</td><td>1</td></tr>
<tr><td colspan="2">全启式</td><td>2</td></tr>
<tr><td rowspan="4">带扳手</td><td>全启式</td><td>4</td></tr>
<tr><td rowspan="4">不封闭</td><td>双弹簧微启式</td><td>3</td></tr>
<tr><td>微启式</td><td>7</td></tr>
<tr><td>全启式</td><td>8</td></tr>
<tr><td>带控制机构</td><td>全启式</td><td>6</td></tr>
<tr><td colspan="4">脉冲式</td><td>9</td></tr>
</table>

注：杠杆式安全阀在类别代号前加“G”。

（7）阀座密封面或衬里材料代号（表 8-91）

表 8-91　阀座密封面或衬里材料代号

阀座密封面或衬里材料	代号	阀座密封面或衬里材料	代号
铜合金	T	渗氮钢	D
橡胶	X	硬质合金	Y
尼龙塑料	N	衬胶	J
废塑料	F	衬铅	Q
锡基轴承合金（巴士合金）	B	搪瓷	C
合金钢	H	渗硼钢	P

注：由阀体直接加工的阀座密封面材料代号用“W”表示；当阀体和阀瓣（闸板）密封面材料不同时，用低硬度材料代号表示（隔膜阀除外）。

（8）阀体材料代号（表 8-92）

表 8-92　阀体材料代号

阀体材料	代号	阀体材料	代号
HT25-47	Z	Cr5Mo	L
KT30-6	K	1Cr18Ni9Ti	P
QT40-15	Q	Cr18Ni12Mo2Ti	R
H62	T	12Cr1MoV	V
ZG25 Ⅱ	C		

注：公称压力（PN）<1.6MPa 的灰铸铁阀体和公称压力（PN）≥2.5MPa 的碳素钢阀体省略本代号。

8.3.2　主要阀门

1. 闸阀

闸阀（gate valve）是用闸板作为启闭件并沿阀座轴线垂直方向移动，以实现启闭动作的阀门。闸阀只能全开和全关，启闭件是闸板，运动方向与流体方向相垂直，方形工字闸阀两个密封面形成楔形、楔形角随阀门参数而异，通常为5°，介质温度不高时为2°52′。楔式闸阀的闸板可以做成一个整体，称为刚性闸板；可以做成能产生微量变形的闸板，以改善其工艺性，弥补密封面角度在加工过程中产生的偏差，称为弹性闸板，其型号及主要参数见表 8-93。

表 8-93　闸阀的型号及主要参数

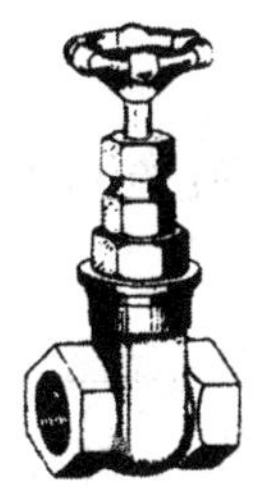
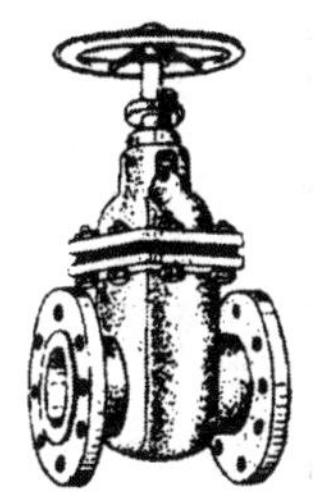

暗杆楔式
单闸板闸阀

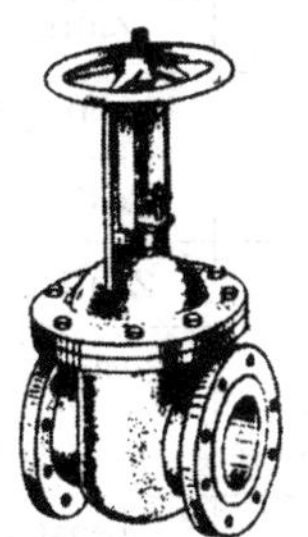

明杆平行式
双闸板闸阀

名称	型号	公称压力 PN/MPa	适用介质	适用温度 /℃≤	公称通径 DN/mm
楔式双闸板闸阀	Z42W-1	0.1	煤气	100	300～500
锥齿轮传动楔式双闸板闸阀	Z542W-1				600～1000
电动楔式双闸板闸阀	Z942W-1				600～1400
电动暗杆楔式双闸板闸阀	Z946T-2.5	0.25	水	100	1600、1800
电动暗杆楔式闸阀	Z945T-6	0.6			1300、1400
楔式闸阀	Z41T-10	1.0	蒸气、水	200	50～450
楔式闸阀	Z41W-10		油品	100	50～450
电动楔式闸阀	Z941T-10		蒸气、水	200	100～450
平行式双闸板闸阀	Z44T-10				50～400
平行式双闸板闸阀	Z44W-10	1.0	油品	100	50～400
滚动楔式闸阀	Z741T-10		水		100～600
电动平行式双闸板闸阀	Z944T-10		蒸气、水	200	100～400
电动平行式双闸板闸阀	Z944W-10		油品	100	100～400
暗杆楔式闸阀	Z45T-10		水		50～700
暗杆楔式闸阀	Z45W-10		油品		50～450
直齿圆柱齿轮传动暗杆楔式闸阀	Z445T-10		水		800～1000
电动暗杆楔式闸阀	Z945T-10				100～1000
电动暗杆楔式闸阀	Z945W-10		油品		100～450
楔式闸阀	Z40H-16C	1.6	油品、蒸气、水	350	200～400
电动楔式闸阀	Z940H-16C				200～400
气动楔式闸阀	Z640H-16C				200～200
楔式闸阀	Z40H-16Q				65～200
电动楔式闸阀	Z940H-16Q				65～200
楔式闸阀	Z40W-16F	1.6	硝酸类	100	200～300
楔式闸阀	Z40W-16R		醋酸类		200～300
楔式闸阀	Z40Y-16I		油品	550	200～400

（续）

名称	型号	公称压力 PN/MPa	适用介质	适用温度 /℃ ≤	公称通径 DN/mm
楔式闸阀	Z40H-25	2.5	油品、蒸气、水	350	50 ~ 400
电动楔式闸阀	Z940H-25				50 ~ 400
气动楔式闸阀	Z640H-25				50 ~ 400
楔式闸阀	Z40H-25Q				50 ~ 200
电动楔式闸阀	Z940H-25Q				50 ~ 200
锥齿轮传动楔式双闸板闸阀	Z542H-25		蒸气、水	300	300 ~ 500
电动楔式双闸板闸阀	Z942H-25				300 ~ 800
承插焊楔式闸阀	Z61Y-40	4.0	油品、蒸气、水	425	15 ~ 40
楔式闸阀	Z41H-40				15 ~ 40
楔式闸阀	Z40H-40				50 ~ 250
直齿圆柱齿轮传动楔式闸阀	Z440H-40				300 ~ 400
电动楔式闸阀	Z940H-40				50 ~ 400
气动楔式闸阀	Z640H-40				50 ~ 400
楔式闸阀	Z40H-40Q			350	50 ~ 200
电动楔式闸阀	Z940H-40Q				50 ~ 200
楔式闸阀	Z40Y-40P		硝酸类	100	200 ~ 250
直齿圆柱齿轮传动楔式闸阀	Z440Y-40P				300 ~ 500
楔式闸阀	Z40H-40I		油品	550	50 ~ 250
楔式闸阀	Z40H-64	6.4	油品、蒸气、水	425	50 ~ 250
直齿圆柱齿轮传动楔式闸阀	Z440H-64				300 ~ 400
电动楔式闸阀	Z940H-64				50 ~ 800
电动楔式闸阀	Z940Y-64I		油品	550	300 ~ 500
楔式闸阀	Z40Y-64I				50 ~ 250
楔式闸阀	Z40Y-100	10.0	油品、蒸气、水	450	50 ~ 200
直齿圆柱齿轮传动楔式闸阀	Z440Y-100				250 ~ 300
电动楔式闸阀	Z940Y-100				50 ~ 300
承插焊楔式闸阀	Z61Y-160	16.0	油品		15 ~ 400
楔式闸阀	Z41H-160				15 ~ 40
楔式闸阀	Z40Y-160				50 ~ 200
电动楔式闸阀	Z940Y-160				50 ~ 200
楔式闸阀	Z40Y-160I			550	50 ~ 200
电动楔式闸阀	Z940Y-160I				50 ~ 200

2. 截止阀

截止阀（stop valve）又称截门阀，属于强制密封式阀门，所以在阀门关闭时，必须向阀瓣施加压力，以强制密封面不泄漏。按连接方式分为三种：法兰连接、螺纹连接、焊接连接。阀的介质流向一般由阀瓣上方进入阀腔，在介质的压力作用下，关阀门的力小，阀门也较严密。阀开启由阀瓣的行程来决定，为公称直径的 25% ~30% 时流量最大，表示阀门已达全开位置。可用于控制空气、水、蒸气、各种腐蚀性介质、泥浆、油品、液态金属和放射性介质等类型流体的流动。具有可靠的切断功能，非常适合于对流量的调节，其型号及主要参数见表 8-94。

表 8-94　截止阀的型号及主要参数

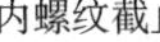
内螺纹截止阀

DN≤50

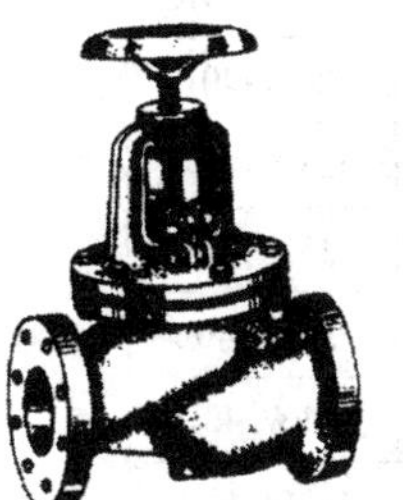
DN≥65

截止阀（法兰连接）

名称	型号	公称压力 PN/MPa	适用介质	适用温度/℃≤	公称通径 DN/mm
衬胶直流式截止阀	J45J-6	0.6	酸、碱类	50	40 ~ 150
衬铅直流式截止阀	J45Q-6		硫酸类	100	25 ~ 150
焊接波纹管式截止阀	WJ61W-6P		硝酸类		10 ~ 25
波纹管式截止阀	WJ41W-6P				32 ~ 50
内螺纹截止阀	J11W-16	1.6	油品	100	15 ~ 65
内螺纹截止阀	J11T-16		蒸气、水	200	15 ~ 65
截止阀	J41W-16		油品	100	25 ~ 150
截止阀	J41T-16		蒸气、水	200	25 ~ 150
截止阀	J41W-16P		硝酸类	100	80 ~ 150
截止阀	J41W-16R		醋酸类		80 ~ 150
外螺纹截止阀	J21W-25K	2.5	氨、氨液	-40 ~ +150	6
外螺纹角式截止阀	J24W-25K				6
外螺纹截止阀	J21B-25K				10 ~ 25
外螺纹角式截止阀	J24B-24K				10 ~ 25
截止阀	J41B-25Z				32 ~ 200
角式截止阀	J44B-25Z				32 ~ 50
波纹管式截止阀	WJ41W 25P	2.5	硝酸类	100	25 ~ 150
直流式截止阀	J45W-25P				25 ~ 100
外螺纹截止阀	J21W-40	4.0	油品	200	6、10
卡套截止阀	J91W-40				6、10
卡套截止阀	J91H-40		油品、蒸气、水	425	15 ~ 25
卡套角式截止阀	J94W-40		油品	200	6、10
卡套角式截止阀	J94H-40		油品、蒸气、水	425	15 ~ 25
外螺纹截止阀	J21H-40		油品、蒸气、水	425	15 ~ 25

（续）

名称	型号	公称压力 PN/MPa	适用介质	适用温度/℃≤	公称通径 DN/mm
外螺纹角式截止阀	J24W-40	4.0	油品	200	6、10
外螺纹角式截止阀	J41H-40		油品、蒸气、水	425	15~25
外螺纹截止阀	J21W-40P		硝酸类	100	6~25
外螺纹截止阀	J21W-40R		醋酸类		6~25
外螺纹角式截止阀	J24W-40P		硝酸类		6~25
外螺纹角式截止阀	J24W-40R		醋酸类		6~25
承插焊截止阀	J61Y-40		油品、蒸气、水		10~25
截止阀	J41H-40				10~150
截止阀	J41W-40P		硝酸类		32~150
截止阀	J41W-40R		醋酸类		32~150
电动截止阀	J941H-40		油品、蒸气、水	425	50~150
截止阀	J41H-40Q			350	32~150
角式截止阀	J44H-40	4.0		425	32~50
截止阀	J41H-64	6.4			50~100
电动截止阀	J941H-64	6.4	油品、蒸气、水	425	50~100
截止阀	J41H-100	10.0		450	10~150
电动截止阀	J941H-100				50~100
角式截止阀	J44H-100				32~50
承插焊截止阀	J61Y-160	16.0	油品		15~40
截止阀	J41H-160				15~40
截止阀	J41Y-160I			550	15~40
外螺纹截止阀	J21W-160			200	6、10

3. 旋塞阀

旋塞阀（plug valve）为一种快速开关的直通阀，通过旋转90°使阀塞上的通道口与阀体上的通道口相通或分开，实现开启或关闭。阀塞的形状可成圆柱形或圆锥形，与阀体的圆锥孔面配合组成密封副。在圆柱形阀塞中，通道一般呈矩形；而在锥形阀塞中，通道呈梯形。这些形状使旋塞阀的结构变得轻巧，但同时也产生了一定的损失。由于在全开时可完全防止与流动介质的接触，易于适应多通道结构，一个阀可以获得2~4个不同的流道。这样可以简化管道系统的设计、减少阀门用量以及设备中需要的一些连接配件的数量。通常应用于油田开采、石油化工、天然气和住宅暖通行业中，其型号及主要参数见表8-95。

表8-95　旋塞阀的型号及主要参数

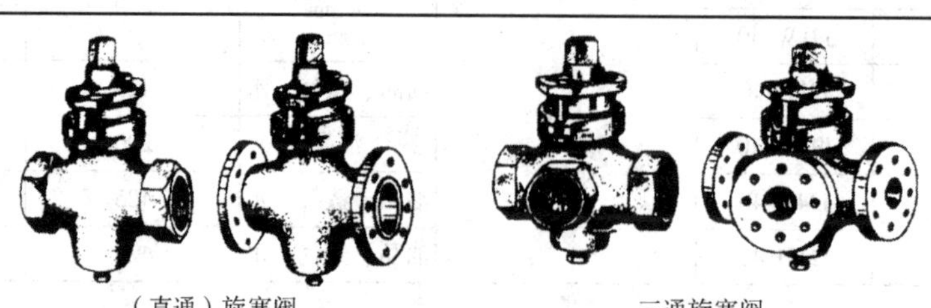

（直通）旋塞阀　　三通旋塞阀

（续）

名称	型号	公称压力 PN/MPa	适用介质	适用温度/℃≤	公称通径 DN/mm
旋塞阀	X43W-6	0.6	油品	100	100～150
T 形三通式旋塞阀	X44W-6				25～100
内螺纹旋塞阀	X13W-10T	1.0	水		15～50
内螺纹旋塞阀	X13W-10		油品		15～50
内螺纹旋塞阀	X13T-10		水		15～50
旋塞阀	X43W-10		油品		25～80
旋塞阀	X43T-10		水		25～80
油封 T 形三通式旋塞阀	X48W-10		油品		25～100
油封旋塞阀	X47W-16	1.6			25～150
旋塞阀	X43W-16I		含砂油品	580	50～125

4. 球阀

球阀（ball valve）为用带圆形通孔的球体作启闭件，球体随阀杆可旋转 90°以实现启闭动作的阀门。主要用于管路中做切断、分配和改变介质的流动方向，最适宜做开关、切断阀使用；也可用于流体的调节与控制，其中硬密封 V 型球阀的球芯与堆焊硬质合金阀座间具有很强的剪切力，适用于含纤维、微小固体颗粒介质通道；多通球阀在管道上可灵活控制介质的合流、分流及流向的切换，可关闭任一通道而使另外两个通道相连。常用阀分为气动球阀、电动球阀、手动球阀三类，阀门在管道中一般为水平安装，其型号及主要参数见表 8-96。

表 8-96　球阀的型号及主要参数

内螺纹连接（Q11F-16）

法兰连接（Q41F-16）

名称	型号	公称压力 PN/MPa	适用介质	适用温度 /℃≤	公称通径 DN/mm
内螺纹球阀	Q11F-16	1.6	油品、水	100	15～65
球阀	Q41F-16				32～150
电动球阀	Q941F-16				50～150
球阀	Q41F-16P		硝酸类		100～150
球阀	Q41F-16R		醋酸类		100～150
L 形三通式球阀	Q44F-16Q		油品、水		15～150
T 形三通式球阀	Q45F-16Q				15～150
蜗轮转动固定式球阀	Q347F-25	2.5		150	200～500
气动固定式球阀	Q647F-25				200～500
电动固定式球阀	Q947F-25				200～500
外螺纹球阀	Q21F-40	4.0			10～25
外螺纹球阀	Q21F-40P		硝酸类	100	10～25
外螺纹球阀	Q21F-40R		醋酸类		10～25

（续）

名称	型号	公称压力 PN/MPa	适用介质	适用温度 /℃ ≤	公称通径 DN/mm
球阀	Q41F-40Q	4.0	油品、水	150	32～100
球阀	Q41F-40P		硝酸类	100	32～200
球阀	Q41F-40R		醋酸类		32～200
气动球阀	Q641F-40Q		油品、水	150	50～100
电动球阀	Q941F-40Q				50～100
球阀	Q41N-64	6.4	油品、天然气	80	50～100
气动球阀	Q641N-64				50～100
电动球阀	Q941N-64				50～100
气动固定式球阀	Q647F-64				125～200
电动固定式球阀	Q947F-64				125～500
电-液动固定式球阀	Q247F-64				125～500
气-液动固定式球阀	Q847F-64				125～500
气-液动焊接固定式球阀	Q867F-64				400～700
电-液动焊接固定式球阀	Q267F-64				400～700

5. 止回阀

止回阀（check valve）又称止逆阀、单流阀、单向阀或逆止阀。用于保证管路中的介质定向流动而不致倒流。水泵吸水管的底阀也属于止回阀类。止回阀属于自动阀门，公称压力为1.6～25MPa，工作温度为－29～＋550℃，材质通常有：铸钢WCB，铸铁HT200、HT250、QT350、QT450，合金钢WC6、WC9、CN7M，不锈钢CF8（M）、CF3（M），锻钢A105、F304（L）、F316L等。主要用于石油、化工、电力、住宅管路、市政水网控制管道内介质单向流向的管路阀门，适用介质为水、油品、蒸汽、酸性介质等，其型号及主要参数见表8-97。

表8-97　止回阀的型号及主要参数

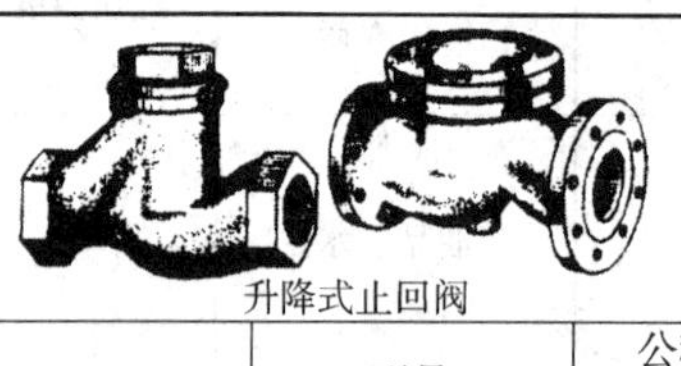
升降式止回阀

旋启式止回阀

名称	型号	公称压力 PN/MPa	适用介质	适用温度 /℃ ≤	公称通径 DN/mm
内螺纹升降式底阀	H12X-2.5	0.25	水	50	50～80
升降式底阀	H42X-2.5				50～300
旋启双瓣式底阀	H46X-2.5				350～500
旋启多瓣式底阀	H45X-2.5				1600～1800
旋启多瓣式底阀	H45X-6				1200～1400
旋启多瓣式底阀	H45X-10	1.0			700～1000
旋启式止回阀	H44X-10				50～600
旋启式止回阀	H44Y-10		蒸汽、水	200	50～600
旋启式止回阀	H44W-10		油类	100	50～450

（续）

名称	型号	公称压力 PN/MPa	适用介质	适用温度 /℃≤	公称通径 DN/mm
内螺纹升降式止回阀	H11T-16	1.6	蒸汽、水	200	15~65
内螺纹升降式止回阀	H11W-16		油类	100	15~65
升降式止回阀	H41T-16		蒸汽、水	200	25~150
升降式止回阀	H41W-16		油类	100	25~150
升降式止回阀	H41W-16P		硝酸类	100	80~150
升降式止回阀	H41W-16R		醋酸类	100	80~150
外螺纹升降式止回阀	H21B-25K	2.5	氨、氨液	-40~+150	15~25
升降式止回阀	H41B-25Z				32~50
旋启式止回阀	H44H-25		油类、蒸汽、水	350	200~500
升降式止回阀	H41H-40	4.0		425	10~150
升降式止回阀	H41H-40Q			350	32~150
旋启式止回阀	H44H-40			425	50~400
旋启式止回阀	H44Y-40I		油类	550	50~250
旋启式止回阀	H44W-40P		硝酸类	100	200~400
外螺纹升降式止回阀	H21W-40P				15~25
升降式止回阀	H41W-40P				32~150
升降式止回阀	H41W-40R		醋酸类		32~150
升降式止回阀	H41H-64	6.4	油类、蒸汽、水	425	50~100
旋启式止回阀	H44H-64		油类		50~500
旋启式止回阀	H44Y-64I			550	
升降式止回阀	H41H-100	10.0	油类、蒸汽、水	450	10~100
旋启式止回阀	H44H-100				50~200
旋启式止回阀	H44H-160	16.0	油类、水		50~300
旋启式止回阀	H44Y-160I		油类	550	50~200
升降式止回阀	H41H-160			450	15~40
承插焊升降式止回阀	H61Y-160				15~40

6. 减压阀

减压阀（reduction valve）是通过调节而将进口压力减至某一需要的出口压力，并依靠介质本身的能量，使出口压力自动保持稳定的阀门。从流体力学的观点看，主要通过改变节流元件的局部节流面积，使流速及流体的动能改变，造成不同的压力损失，从而达到减压目的，并依靠控制与调节系统的调节，使阀后压力的波动与弹簧力相平衡，并在一定的范围内保持恒定，其型号及主要参数见表 8-98。

表 8-98　减压阀的型号及主要参数

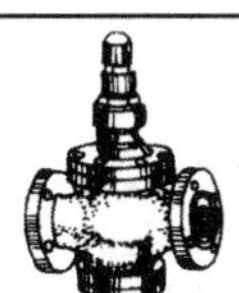

（续）

型号	公称压力 PN/MPa	适用介质	适用温度 /℃ ≤	出口压力 /MPa	公称通径 DN/mm
Y44T-10	1.0	蒸汽、空气	180	0.05～0.4	20～50
Y43X-16	1.6	空气、水	70	0.05～1.0	25～300
Y43H-16		蒸汽	200		20～300
Y43H-25	2.5	蒸汽	350	0.1～1.6	25～300
Y42X-25		空气、水	70		25～100
Y43X-25		水			25～200
Y43H-40	4.0	蒸汽	400	0.1～2.5	25～200
Y42X-40		空气、水	70		25～80
Y43X-40		水			20～80
Y43H-64	6.4	蒸汽	450	0.1～3.0	25～100
Y42X-64		空气、水	70		25～50

7. 安全阀（GB/T 12241—2021）

安全阀（safety valve）属于自动阀类，为受压设备（如：容器、管道）上的超压保护装置。安全阀的启闭件受外力作用下处于常闭状态。当设备压力升高达到预定值时，会自动开启泄压，防止设备压力继续升高；当压力降低到规定值时，会及时自动关闭，防止设备内介质大量流失。为锅炉、压力容器和其他受压力设备上重要的安全附件。其动作可靠性和性能好坏直接关系到设备和人身的安全，并与节能和环境保护紧密相关，因此，应特别注意型号的选择，其型号及主要参数见表 8-99。

表 8-99　安全阀的型号及主要参数

型号	公称压力 PN/MPa	密封压力范围 /MPa	适用介质	适用温度 /℃ ≤	公称通径 DN/mm
A27W-10T	1.0	0.4～1.0	空气	120	15～20
A27H-10k		0.1～1.0	空气、蒸汽、水	200	10～40
A47H-16	1.6	0.1～1.6			40～100
A21H-16C			空气、蒸汽、水、氨液		10～25
A21W-16P			硝酸类		10～25
A41H-16C			空气、氨汽、水、氨液、油	300	31～80
A41W-16P			硝酸类	200	32～80
A47H-16C			空气、蒸汽、水	350	40～80
A43H-16C			空气、蒸汽		80～100
A40H-16C			油类、空气	450	50～150
A40Y-16I				550	50～150
A42H-16C		0.06～1.6		300	40～200
A42W-16P			硝酸	200	40～200

（续）

型号	公称压力 PN/MPa	密封压力范围 /MPa	适用介质	适用温度 /℃ ≤	公称通径 DN/mm
A44H-16C	4.0	0.1~1.6	油类、空气	300	50~150
A48H-16C			空气、蒸汽	350	50~150
A21H-40		1.6~4.0	空气、氨气、水、氨液	200	15~25
A21W-40P			硝酸		15~25
A41H-40		1.3~4.0	空气、氨气、水、氨液、油	300	32~80
A41W-40P		1.6~4.0	硝酸	200	32~80
A47H-40		1.3~4.0	空气、蒸汽	350	40~80
A43H-40					80~100
A40H-40		0.6~4.0	油类、空气	450	50~150
A40Y-40I				550	50~150
A42H-40		1.3~4.0		300	40~150
A41W-40P		1.6~4.0	硝酸	200	40~150
A44H-40		1.3~4.0	油类、空气	300	50~150
A48H-40			空气、蒸汽	350	50~150
A41H-100	10.0	3.2~10.0	空气、水、油类	300	32~50
A40H-100		1.6~8.0	油类、空气	450	50~100
A40Y-100I				550	50~100
A40Y-100P				600	50~100
A42H-100		3.2~10.0	氮氢气、油类、空气	300	40！00
A44H-100			油类、空气		50~100
A48H-100			空气、蒸汽	350	50~100
A41H-160	16.0	10.0~16.0	空气、氮氢气、水、油类	200	15~32
A40H-160			油类、空气	450	50~80
A40Y-160I				550	50~80
A40Y-160P				600	50~80
A42H-160		16.0~32.0	氮氢气、油类、空气	200	15、31~80
A41H-320	32.0		空气、氮氢气、水、油类	200	15、32
A42H-320			氮氢气、油类、空气	200	32~50

8.3.3　常用阀门

1. 水暖用内螺纹连接阀门

水暖用内螺纹连接阀门适用于公称压力（PN）≤1.6MPa、公称通径（DN）≤100mm、工作温度（t）≤200℃的铁制或铜制闸阀、截止阀、球阀、止回阀等。

（1）内螺纹连接闸阀的基本尺寸参数（表8-100）

表8-100　内螺纹连接闸阀的基本尺寸参数　（单位：mm）

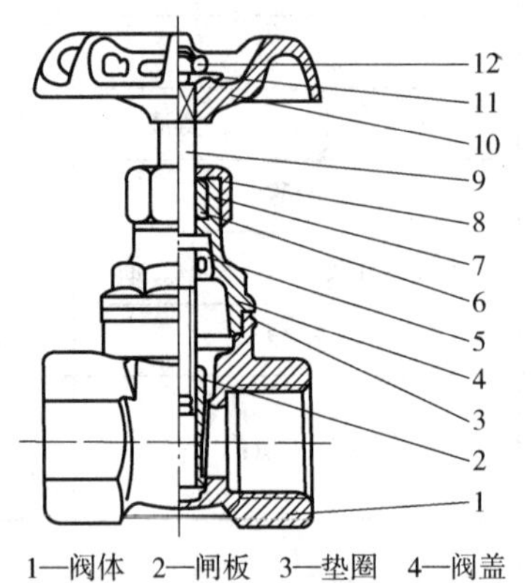

1—阀体　2—闸板　3—垫圈　4—阀盖　5—紧圈　6—填料　7—压圈　8—压紧螺母　9—阀杆　10—手轮　11—铭牌　12—螺母

内螺纹连接闸阀

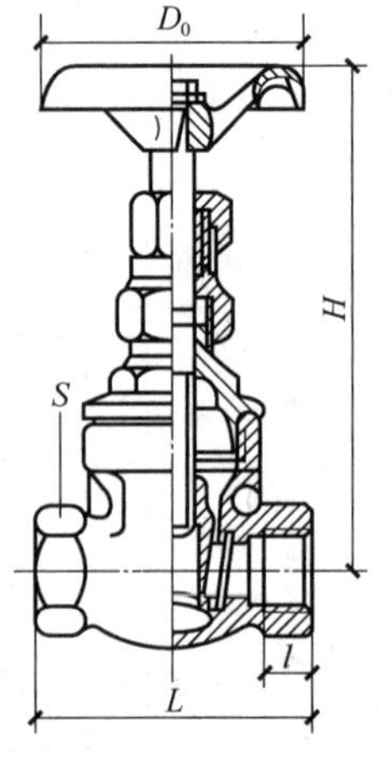

内螺纹连接闸阀

PN1MPa 铁制闸阀

DN	$l_{有效}$ ≥	L		δ	H	D_0	S
		A	B				
15	11	60	65	2	110	60	30
20	13	65	70		120	60	36
25	15	75	80		145	80	46
32	17	85	90		155	90	55
40	18	95	100		180	100	62
50	20	110	110		205	100	75
65	23	120	130		235	100	92

PN1MPa 铜制闸阀

DN	$l_{有效}$ ≥	L		δ	H		D_0		S
		L_1	L_2		H_1	H_2	D_{01}	D_{02}	
15	9.2	50	42	2	131	75	55	55	27
20	10.0	60	45		143	80	55	55	33
25	11.4	65	52		157	90	65	65	40
32	11.5	75	55		162	110	75	65	50
40	11.7	85	60		166	120	100	70	55
50	13.2	95	70		205	140	115	80	70
65	14.6	115	82		236	170	135	100	90
80	15.1	130	90		298	200	210	110	100
100	17.1	145	110		320	240	240	130	125

（续）

PN1.6MPa 铜制闸阀						
DN	$l_{有效}\geqslant$	L	δ	H	D_0	S
8	8.5	40	2	60	45	18
10	9.0	42		60	45	21
15	9.2	50		80	55	27
20	10.0	60		90	65	33
25	11.4	65		110	65	40
32	11.5	75		120	70	50
40	11.7	85		140	80	55
50	13.2	95		170	100	70
65	14.6	115		200	110	90
80	15.1	130		240	130	100
100	17.1	145		240	130	124

注：1. 如用户需要，L 数可适当调整，但必须在合同中注明。

2. D_0、H、S 为参考尺寸。

（2）内螺纹连接截止阀的基本尺寸参数（表 8-101）

表 8-101　内螺纹连接截止阀的基本尺寸参数　（单位：mm）

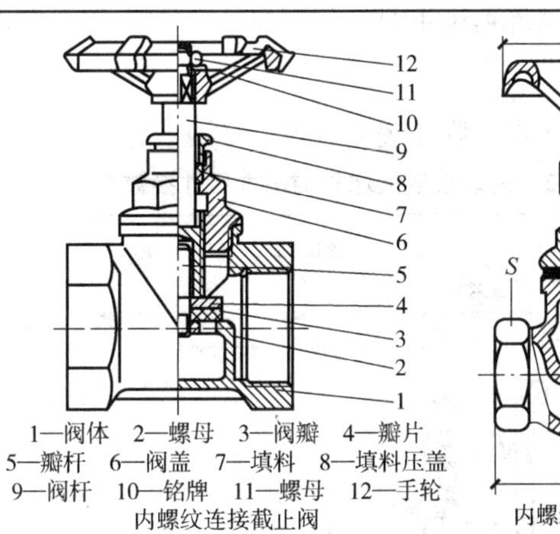

1—阀体　2—螺母　3—阀瓣　4—瓣片
5—瓣杆　6—阀盖　7—填料　8—填料压盖
9—阀杆　10—铭牌　11—螺母　12—手轮
内螺纹连接截止阀

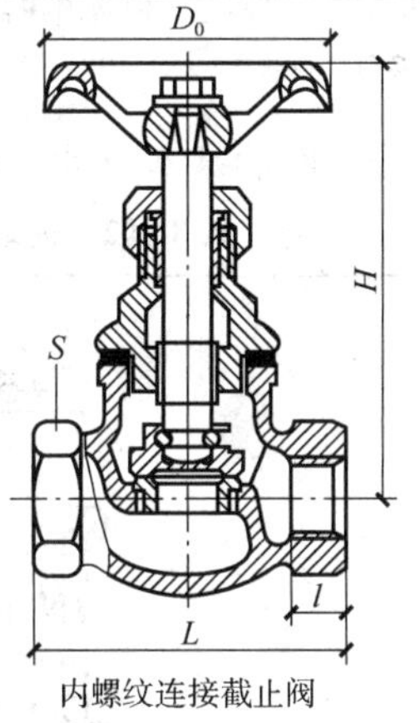

内螺纹连接截止阀

PN1MPa 铁制截止阀							
DN	$l_{有效}\geqslant$	L		δ	H	S	D_0
		A	B				
15	11	65	90	2	86	30	60
20	13	75	100		104	36	60
25	15	90	120		120	46	80
32	17	105	140		130	55	90
40	18	120	170		150	62	100
50	20	140	200		165	75	100
65	23	165	260		200	90	120

（续）

PN1MPa 铜制截止阀							
DN	$l_{有效}$ ≥	L		δ	H		D_0	S
		L_1	L_2		H_1	H_2		
15	9.5	52	50	2	76	80	55	27
20	10.5	60	60		80	88	55	33
25	12	70	65		87	98	65	40
32	13.5	80	75		101	110	65	50
40	13.5	88	85		127	140	70	55
50	17	104	95		148	152	80	70

PN1.6MPa 铜制截止阀						
DN	$l_{有效}$ ≥	L	δ	H	D_0	S
15	9.5	56	2	88	55	27
20	11.0	67		98	65	33
25	13.7	78		110	65	40
32	14.0	88		140	70	50
40	14.6	104		155	80	55
50	19.0	120		170	100	70

注：1. 如用户需要 L 数可适当调整，但必须在合同中注明。

2. D_0、H、S 为参考尺寸。

（3）内螺纹连接球阀的基本尺寸参数（表 8-102）

表 8-102　内螺纹连接球阀的基本尺寸参数　（单位：mm）

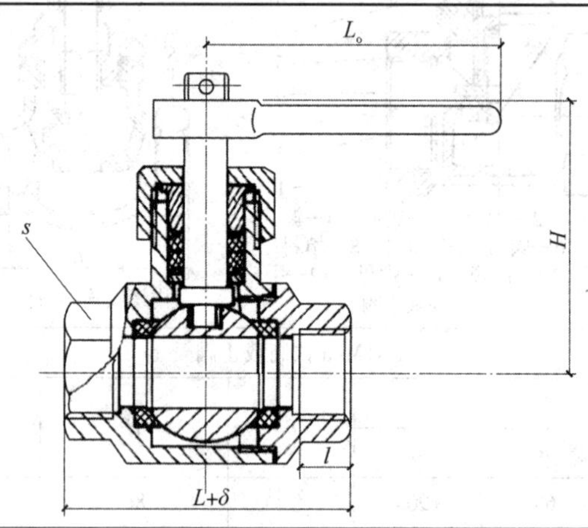

PN1MPa 铁制球阀							
DN	$l_{有效}$ ≥	L		δ	H	S	L_0
		A	B				
15	11	65	90	2	65	30	110
20	13	75	100		74	36	110
25	15	90	115		87	46	130

（续）

PN1MPa 铁制球阀							
DN	$l_{有效}$ ≥	L		δ	H	S	L_0
		A	B				
32	17	105	130	2	92	55	130
40	18	120	150		108	62	180
50	20	140	180		114	75	180

PN1MPa 铜制球阀						
DN	$l_{有效}$ ≥	L	δ	H	S	L_0
6	7	46	2	38	18	90
8	7.5	48		38	22	90
15	9.5	60		44	27	100
20	10.5	65		48	33	100
25	12	75		54	40	120
32	13.5	85		58	50	120
40	13.5	95		75	55	160
50	17	110		82	70	160

PN1.6MPa 铜制球阀						
DN	$l_{有效}$ ≥	L	δ	H	S	L_0
6	8.4	48	2	38	18	90
8	8.4	48		42	18	90
10	9.0	56		44	22	90
15	11.2	68		48	27	100
20	11.2	78		54	33	100
25	13.9	86		58	40	120
32	15.1	100		75	50	120
40	16.0	106		82	55	160
50	18.0	130		90	70	160

注：1. 如用户需要 L 数可适当调整，但必须在合同中注明。

2. D_0、H、S 为参考尺寸。

（4）内螺纹连接止回阀的基本尺寸参数（表 8-103）

表 8-103　内螺纹连接止回阀的基本尺寸参数　（单位：mm）

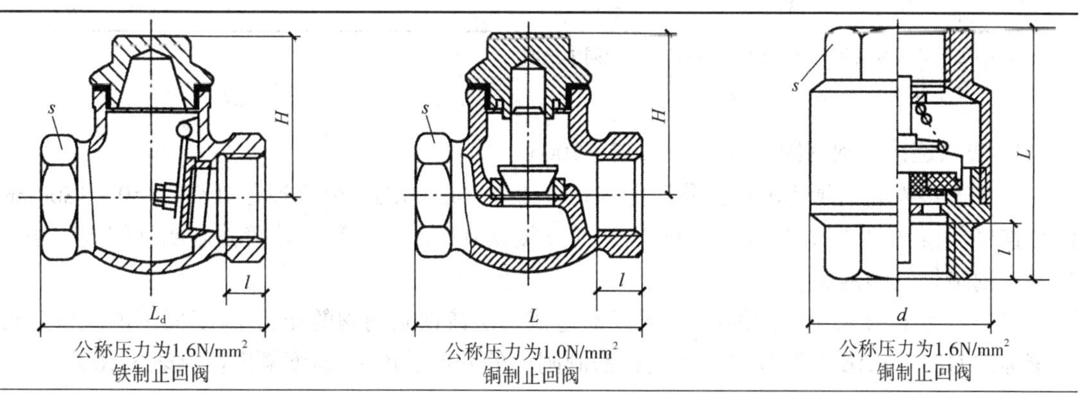

公称压力为1.6N/mm² 铁制止回阀　　公称压力为1.0N/mm² 铜制止回阀　　公称压力为1.6N/mm² 铜制止回阀

（续）

PN1MPa 铁制止回阀							
DN	$l_{有效}$ ≥	L		δ	H_c	H_d	S
		A	B				
15	11	65	90	2	42	46	30
20	13	75	100		48	52	36
25	15	90	120		58	60	46
32	17	105	140		68	70	55
40	18	120	170		75	78	62
50	20	140	200		82	86	75

PN1MPa 铜制止回阀							
DN	$l_{有效}$ ≥	L		δ	H_d	H_c	S
		L_d	L_c				
15	9.5	60	52	2	35	30	27
20	10.5	65	60		40	38	33
25	12	75	70		47	46	40
32	13.5	85	80		53	52	50
40	13.5	95	86		60	60	55
50	17	110	104		70	70	70

PN1.6MPa 铜制止回阀								
DN	$l_{有效}$ ≥	L			δ	H_d	H_c	S
		L_d	L_c	L_e				
15	11.4	68	56	50	2	40	40	27
20	12.7	78	67	60		48	48	33
25	14.5	86	78	65		54	54	40
32	16.8	100	88	—		60	60	50
40	16.8	106	104	—		70	70	55
50	21.1	130	120	—		80	80	70

注：1. 如用户需要 L 数可适当调整，但必须在合同中注明。

2. H_c、H_d、S、δ 为参考尺寸。

2. 法兰连接铁制闸阀（GB/T 12232—2005）

法兰连接铁制闸阀适用于公称压力（PN）0.1～4.0MPa，公称通径（DN）50～1800mm 法兰连接灰铸铁闸阀和球墨铸铁闸阀。法兰连接铁制闸阀分为法兰连接铁制明杆闸阀和法兰连接铁制暗杆闸阀两类。

（1）法兰连接铁制闸阀的压力-温度额定值　灰铸铁制闸阀的压力-温度额定值应按现行国家标准 GB/T 4216.1 的规定，球墨铸铁制闸阀的外形及压力-温度额定值见表 8-104。

表 8-104 球墨铸铁制闸阀的外形及压力-温度额定值

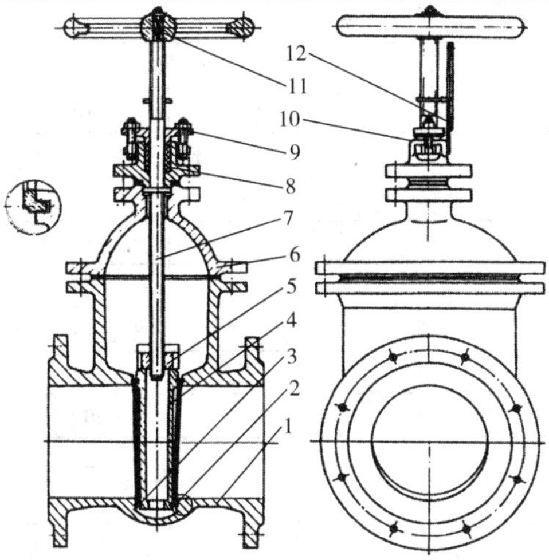

1—阀体 2—阀体密封圈（阀座） 3—闸板密封圈
4—闸板 5—阀杆螺母 6—阀盖 7—阀杆 8—填料
9— 填料压盖 10—填料箱 11—手轮 12—指示牌

法兰连接暗杆闸阀

公称压力 PN/MPa	最高温度/℃					
	-30～120	150	200	250	300	350
	最大工作压力/MPa					
1.6	1.6	1.52	1.44	1.28	1.12	0.88
2.5	2.5	2.38	2.25	2.00	1.75	1.38
4.0	4.0	3.80	3.60	3.20	2.80	2.20

（2）法兰连接铁制闸阀阀体的最小壁厚 法兰连接铁制闸阀的最小壁厚，主要是指灰铸铁（HT200）和球墨铸铁（QT450—10）为制造材料的铁制闸阀的最小壁厚，对其他材料需另行计算；闸阀的公称通径＞450mm 的闸阀应有增强壳体刚度的加强筋，其最小壁厚见表 8-105。

表 8-105 阀体的最小壁厚 （单位：mm）

壳体材料	灰铸铁				球墨铸铁	
公称通径 DN	公称压力 PN					
	1	2.5	6	10	16	25
	最小壁厚					
50	—	—	—	7	7	8
65	—	—	—	7	7	8
80	—	—	—	8	8	9
100	—	—	—	9	9	10
125	—	—	—	10	10	12
150	—	—	—	11	11	12
200	—	—	—	12	12	14
250	—	—	—	13	13	—
300	13	—	—	14	14	—

（续）

壳体材料	灰铸铁				球墨铸铁	
公称通径 DN	公称压力 PN					
	1	2.5	6	10	16	25
	最小壁厚					
350	14	—	—	14	15	—
400	15	—	—	15	16	—
450	15	—	—	16	17	—
500	16	16	—	16	18	—
600	18	18	—	18	18	—
700	20	20	—	20*	20	—
800	20	22	—	22*	22	—
900	20	22	—	24*	24	—
1000	20	24	—	26*	26	—
1200	22	26*	26*	28*	28	—
1400	25	26*	28*	30*	—	—
1600	—	30*	32*	35*	—	—
1800	—	32*	—	—	—	—
2000	—	34*				

注：1. 公称通径大于250mm的闸阀应有增强壳体刚度的加强筋。

2. 表中壁厚数值仅适用于灰铸铁HT200（带*为HT250）和球墨铸铁QT450-10，对其他牌号的材料需另行计算。

3. 铁制截止阀与升降式止回阀（GB/T 12233—2006）

铁制截止阀与升降式止回阀适用于公称压力（PN）10～16MPa，公称通径DN15～200mm，适用温度不大于200℃的内螺纹连接和法兰连接的铁制截止阀和升降式止回阀使用场合。

（1）铁制截止阀与升降式止回阀的外形及长度（表8-106）

表8-106　铁制截止阀与升降式止回阀的外形及长度　（单位：mm）

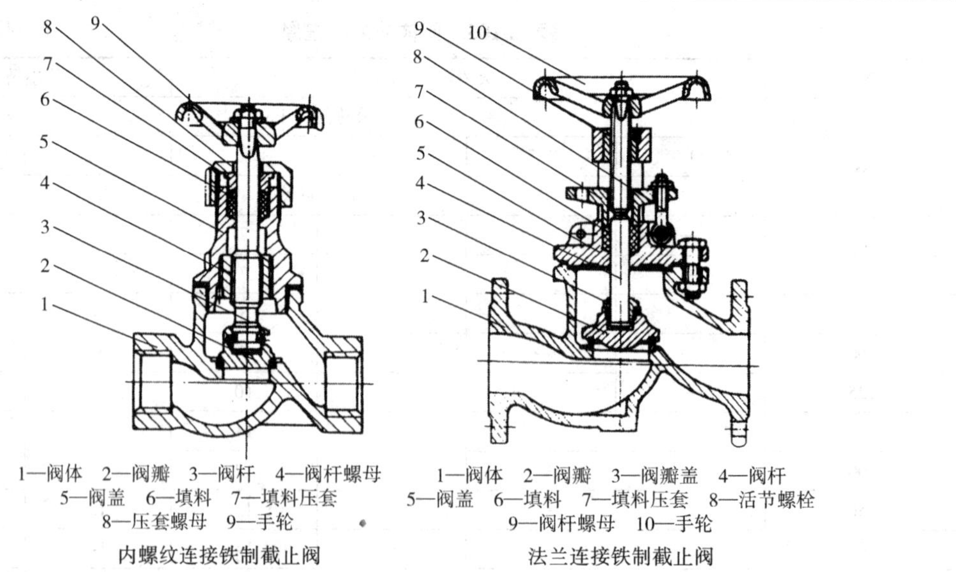

1—阀体　2—阀瓣　3—阀杆　4—阀杆螺母
5—阀盖　6—填料　7—填料压套
8—压套螺母　9—手轮
内螺纹连接铁制截止阀

1—阀体　2—阀瓣　3—阀瓣盖　4—阀杆
5—阀盖　6—填料　7—填料压套　8—活节螺栓
9—阀杆螺母　10—手轮
法兰连接铁制截止阀

（续）

公称通径/DN	结构长度		允许偏差
	短系列	长系列	
15	65	90	+1.0 −1.5
20	75	100	
25	90	120	+1.0 −1.5
32	105	140	
40	120	170	
50	140	200	+1.0 −2.0
65	165	260	

（2）铁制截止阀与升降式止回阀阀体的最小壁厚（表 8-107）

表 8-107　铁制截止阀与升降式止回阀阀体的最小壁厚　（单位：mm）

公称尺寸 DN	公称压力				
	PN10	PN16	PN10	PN16	PN16
	阀体材料				
	灰铸铁		可锻铸铁		球墨铸铁
15	5	5	5	5	5
20	6	6	6	6	6
25	6	6	6	6	6
32	6	7	6	7	7
10	7	7	7	7	7
50	7	8	7	8	8
65	8	8	8	8	8
80	8	9	—	—	9
100	9	10	—	—	10
125	10	12	—	—	12
150	11	12	—	—	12
200	12	14	—	—	14

4. 螺柱连接阀盖的钢制闸阀（GB/T 12234—2019）

螺柱连接阀盖的钢制闸阀适用于公称压力（PN）16 ~ 420MPa，公称通径 DN25 ~ 1050mm 的螺柱连接阀盖的钢制闸阀的场合。

（1）阀体和阀盖的外形及基本尺寸参数（表 8-108）

表 8-108　阀体和阀盖的外形及基本尺寸参数

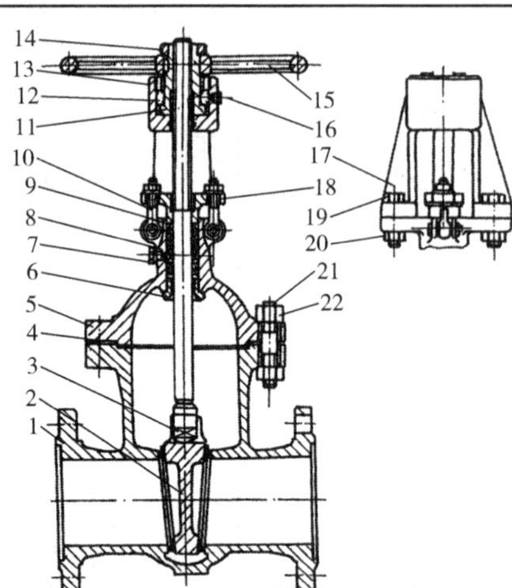

1—阀体　2—阀板　3—阀杆　4—垫片　5—阀盖
6—上密封座　7—螺塞　8—带孔填料垫　9—填料
10—活节螺栓　11—阀杆螺母　12—轴承
13—轴承压盖　14—锁紧螺母　15—手轮
16—油杯　17—支架　18—填料压盖
19—螺栓　20、22—螺母　21—螺栓

公称尺寸 DN	公称压力/压力级										公称尺寸 NPS
	PN16	PN20/Class150	PN25	PN40	PN50/Class300	PN63	PN100/Class600	PN150/Class900	PN260/Class1500	PN420/Class2500	
	最小壁厚 t_m/mm										
25	6.4	6.4	6.4	6.4	6.4	7.4	7.9	12.7	12.7	15.0	1
32	6.4	6.4	6.4	6.4	6.4	7.9	8.6	14.2	14.2	17.5	1¼
40	6.4	6.4	6.7	7.1	7.9	8.2	9.4	15.0	15.0	19.1	1½
50	7.9	8.6	8.8	9.3	9.7	10.0	11.2	15.8	19.1	22.4	2
65	8.7	9.7	10.0	10.7	11.2	11.4	11.9	18.0	22.4	25.4	2½
80	9.4	10.4	10.7	11.4	11.9	12.1	12.7	19.1	23.9	30.2	3
100	10.3	11.2	11.5	12.2	12.7	13.4	16.0	21.3	28.7	35.8	4
150	11.9	11.9	12.6	14.6	16.0	16.7	19.1	26.2	38.1	48.5	6
200	12.7	12.7	13.5	15.9	17.5	19.2	25.4	31.8	47.8	62.0	8
250	14.2	14.2	15.0	17.5	19.1	21.2	28.7	36.6	57.2	67.6	10
300	15.3	16.0	16.8	19.1	20.6	23.0	31.8	42.2	66.8	86.6	12
350	15.9	16.8	17.7	20.5	22.4	25.2	35.1	46.0	69.9	—	14
400	16.4	17.5	18.6	21.8	23.9	27.0	38.1	52.3	79.5	—	16
450	16.9	18.3	19.5	23.0	25.4	28.9	41.4	57.2	88.9	—	18
500	17.6	19.1	20.4	24.3	26.9	30.7	44.5	63.5	98.6	—	20
600	19.6	20.6	22.2	27.0	30.2	34.7	50.8	73.2	114.3	—	24
650	20.6	21.4	23.1	28.2	31.6	—	—	—	—	—	26
700	21.4	22.2	24.1	29.6	33.3	—	—	—	—	—	28
750	22.2	23.0	25.0	31.0	34.9	—	—	—	—	—	30
800	23.0	23.8	25.9	32.0	36.0	—	—	—	—	—	32
850	23.8	24.6	26.9	33.6	38.1	—	—	—	—	—	34
900	24.6	25.3	27.9	34.8	39.6	—	—	—	—	—	36

（续）

公称尺寸 DN	公称压力/压力级										公称尺寸 NPS
	PN16	PN20/Class150	PN25	PN40	PN50/Class300	PN63	PN100/Class600	PN150/Class900	PN260/Class1500	PN420/Class2500	
	最小壁厚 t_m/mm										
950	25.3	26.1	28.6	36.2	41.3	—	—	—	—	—	38
1000	26.1	27.0	29.7	37.7	43.0	—	—	—	—	—	40
1050	27.0	27.7	30.5	38.9	44.4	—	—	—	—	—	42

（2）阀体密封座的最小内径（表 8-109）

表 8-109　阀体密封座的最小内径

公称尺寸 DN	公称压力/压力级						公称尺寸 NPS
	PN16、PN20/Class150	PN25、PN40、PN50/Class300	PN63、PN100/Class600	PN150/Class900	PN260/Class1500	PN420/Class2500	
	阀体密封座的最小内径/mm						
25	25	25	25	22	22	19	1
32	31	31	31	28	28	25	1¼
40	38	38	38	34	34	28	1½
50	50	50	50	47	47	38	2
65	63	63	63	57	57	47	2½
80	76	76	76	72	69	57	3
100	100	100	100	98	92	72	4
150	150	150	150	146	136	111	6
200	200	200	199	190	177	146	8
250	250	250	247	238	222	184	10
300	300	300	298	282	263	218	12
350	336	336	326	311	288	241	14
400	387	387	374	355	330	276	16
450	438	431	419	400	371	311	18
500	488	482	463	444	415	342	20
600	590	584	558	533	498	412	24
650	641	635	—	—	—	—	26
700	692	686	—	—	—	—	28
750	743	737	—	—	—	—	30
800	779	779	—	—	—	—	32
850	830	830	—	—	—	—	34
900	874	874	—	—	—	—	36
950	925	925	—	—	—	—	38
1000	976	976	—	—	—	—	40
1050	1020	1020	—	—	—	—	42

5. 钢制截止阀和升降式止回阀（GB/T 12235—2007）

钢制截止阀和升降式止回阀适用于公称压力（PN）16～420MPa，公称尺寸 DN15～400 的石油、石化及相关工业用钢制截止阀和升降式止回阀的使用场合。节流阀也可参照使用。

1）钢制截止阀和升降式止回阀的外形及主要技术参数见表 8-110。

表 8-110　钢制截止阀和升降式止回阀的外形及主要技术参数

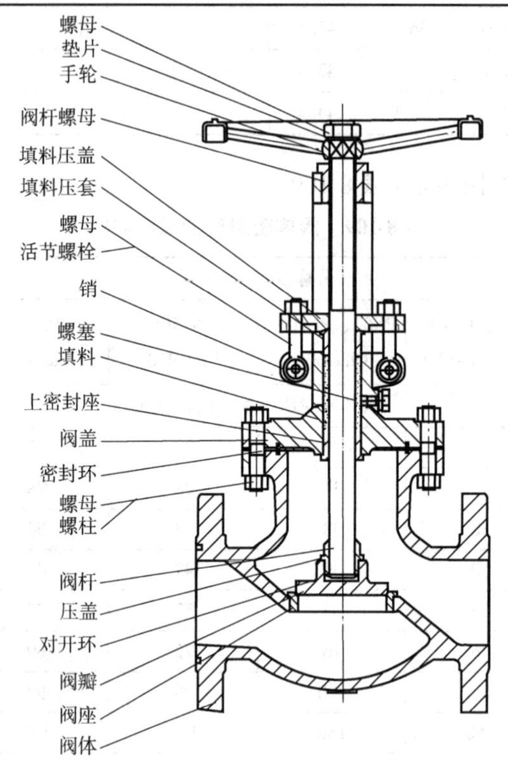

公称尺寸 DN	公称压力 PN/MPa									
	16	20	25	40	50	63、64	100、110	150、160	250、260	420
	阀体最小壁厚/mm									
15	6.3	6.3	6.3	6.3	6.3	6.3	6.3	7.7	9.5	11.1
20	6.3	6.3	6.3	6.3	6.3	6.5	7.1	8.9	11.1	13.5
25	6.3	6.3	6.3	6.3	6.3	6.7	7.9	9.5	12.7	15.1
32	6.3	6.3	6.3	6.3	6.3	7.0	8.7	10.5	14.2	17.5
40	6.3	6.3	6.7	7.4	7.9	8.4	9.5	11.3	15.0	19.0
50	7.9	8.7	8.8	9.2	9.5	10.0	11.1	13.8	19.0	22.2
65	8.7	9.5	9.8	10.6	11.1	11.4	11.9	15.4	22.2	25.4
80	9.4	10.3	10.6	11.4	11.9	12.2	12.7	19.0	23.8	30.2
100	10.3	11.1	11.4	12.2	12.7	12.7	15.9	21.4	28.6	35.7
150	11.9	11.9	12.6	14.6	15.9	16.7	19.0	25.4	38.1	48.4
200	12.7	12.7	13.4	15.9	17.4	19.0	25.4	31.8	47.6	61.9
250	13.5	13.5	14.5	17.2	19.0	21.4	28.6	36.5	57.2	67.5
300	15.9	15.9	16.8	19.3	21.0	23.8	31.8	42.1	66.7	86.5
350	16.7	16.7	—	—	—	—	—	46.0	69.8	—
400	17.5	17.5	—	—	—	—	—	—	—	—

2）阀盖填料箱部分的最小壁厚见表 8-111。

表 8-111　阀盖填料箱部分的最小壁厚

填料箱装填料入口处的直径/mm	公称压力 PN/MPa					
	16、20	25～50	63～110	150、160	250、260	420
	最小壁厚/mm					
15	2.8	3.0	3.6	4.2	5.3	7.6
16	2.8	3.1	3.6	4.4	5.6	7.9
17	2.8	3.2	3.7	4.5	5.8	8.2
18	2.9	3.5	3.9	4.6	5.9	8.5
19	3.0	3.8	4.1	5.1	6.1	8.9
20	3.3	4.0	4.2	5.2	6.3	9.2
25	4.0	4.8	4.8	6.3	7.1	11.0
30	4.5	4.8	4.8	6.5	8.2	13.1
35	4.8	4.8	5.1	7.1	9.7	14.5
40	4.9	5.0	5.7	7.5	10.2	16.4
50	5.5	6.2	6.3	7.9	11.6	19.8
60	5.6	6.4	6.8	8.9	13.4	23.2
70	5.6	6.9	7.4	9.9	15.8	26.5
80	5.8	7.2	8.1	11.0	17.4	30.1
90	6.4	7.4	8.8	12.0	19.1	33.2
100	6.4	7.7	9.5	12.8	20.8	36.7
110	6.4	8.1	10.3	14.1	22.9	40.1
120	6.6	8.6	10.9	14.9	24.8	43.5
130	7.1	8.8	11.3	16.2	26.5	46.9
140	7.1	9.2	12.0	17.3	28.3	50.2

注：中间尺寸的壁厚可以用插入法计算。

6. 钢制旋启式止回阀（GB/T 12236—2008）

《石油、化工及相关工业用的钢制旋启式止回阀》（GB/T 12236—2008）适用于公称压力（PN）16～420MPa、公称尺寸 DN50～600 的钢制旋转启式止回阀。

1）钢制旋启式止回阀阀体的外形及技术参数（表 8-112）。

表 8-112　钢制旋启式止回阀阀体的外形及技术参数　（单位：mm）

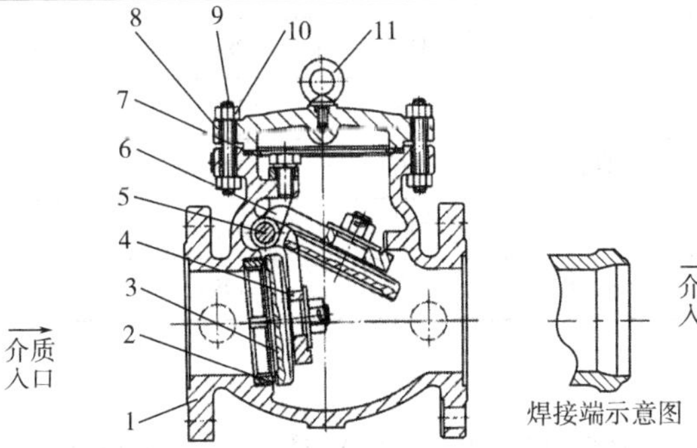

1—阀体　2—阀座　3—阀瓣　4—摇杆
5—销轴　6—支架　7—垫片　8—阀盖
9—螺柱　10—螺母　11—吊环螺钉

法兰连接旋启式止回阀典型结构示意图

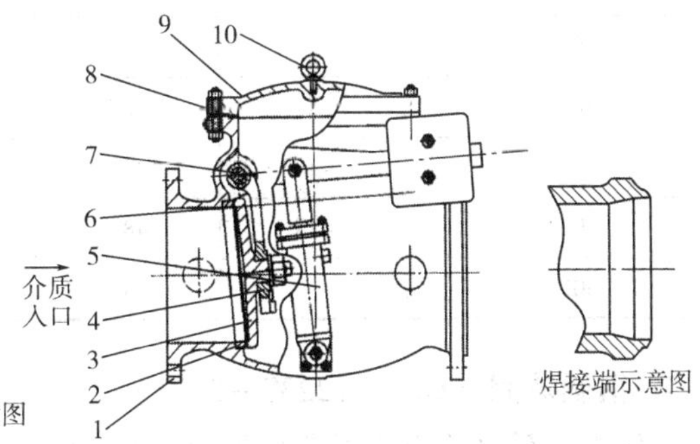

1—阀体　2—阀座　3—阀瓣　4—摇杆
5—油缸　6—垂锤　7—销　8—垫片
9—阀盖　10—吊环螺钉

法兰连接旋启缓闭式止回阀典型结构示意图

（续）

公称尺寸 DN	公称压力 PN/MPa									
	16	20	25	40	50	63	100、110	150、160	250、260	420
50	7.9	8.6	8.8	9.3	9.7	10.0	11.2	15.8	19.1	22.4
65	8.7	9.7	10.0	10.7	11.2	11.4	11.9	18.0	22.4	25.4
80	9.4	10.4	10.7	11.4	11.9	12.1	12.7	19.1	23.9	30.2
100	10.3	11.2	11.5	12.2	12.7	13.4	16.0	21.3	28.7	35.8
150	11.9	11.9	12.6	14.6	16.0	16.7	19.1	26.2	38.1	48.5
200	12.7	12.7	13.5	15.9	17.5	19.2	25.4	31.8	47.8	62.0
250	14.2	14.2	15.0	17.5	19.1	21.2	28.7	36.6	57.2	67.6
300	15.3	16.0	16.8	19.1	20.6	23.0	31.8	42.2	66.8	86.6
350	15.9	16.8	17.7	20.5	22.4	25.2	35.1	46.0	69.9	—
400	16.4	17.5	18.6	21.8	23.9	27.0	38.1	52.3	79.5	—
450	16.9	18.3	19.5	23.0	25.4	28.9	41.4	57.2	88.9	—
500	17.6	19.1	20.4	24.3	26.9	30.7	44.5	63.5	98.6	—
600	19.6	20.6	22.2	27.0	30.2	34.7	50.8	73.2	114.3	—

2）钢制旋启式止回阀阀体密封座的最小直径（表 8-113）。

表 8-113　钢制旋启式止回阀阀体密封座的最小直径　（单位：mm）

公称尺寸 DN	公称压力 PN/MPa					
	16、20	25 ~ 50	63 ~ 110	150、160	250、260	420
50	50	50	50	47	47	38
65	63	63	63	57	57	47
80	76	76	76	72	69	57
100	100	100	100	98	92	72
150	150	150	150	146	136	111
200	200	200	199	190	177	146
250	250	250	247	238	222	184
300	300	300	298	282	263	218
350	336	336	326	311	288	—
400	387	387	374	355	330	—
450	438	431	419	400	371	—
500	488	482	463	444	415	—
600	590	584	558	533	498	—

7. 钢制球阀（GB/T 12237—2021）

《石油、石化及相关工业用的钢制球阀》（GB/T 12237—2021）适用于公称压力（PN）16 ~ 100MPa，公称尺寸 DN15 ~ 600mm 的工业管道和设备用法兰和对焊连接的钢制球阀。

固定球球阀典型结构及阀体流道最小直径（表 8-114）。

表 8-114　固定球球阀典型结构及阀体流道最小直径

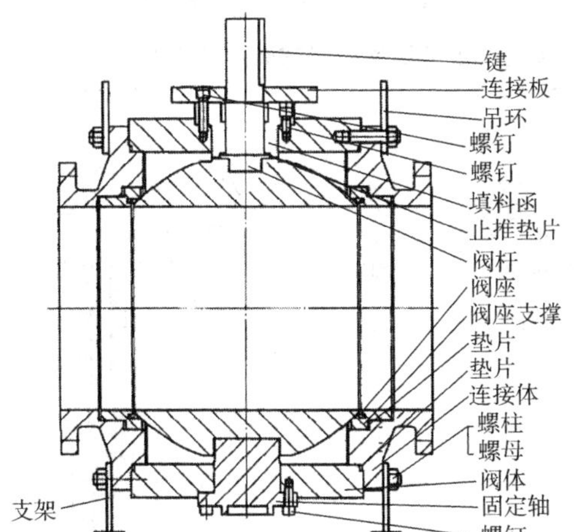

公称尺寸 DN	球阀流道类型			
	通径		标准缩径	缩径
	PN16 ~ PN50	PN63 ~ PN100	PN16 ~ PN140	PN16 ~ PN140
	阀体通道最小直径/mm			
8	6	6	6	不适用
10	9	9	6	不适用
15	11	11	8	不适用
20	17	17	11	不适用
25	24	24	17	14
32	30	30	23	18
40	37	37	27	23
50	49	49	36	30
65	62	62	49	41
80	75	75	55	49
100	98	98	74	62
125	123	123	88	—
150	148	148	98	74
200	198	194	144	100
250	245	241	186	151
300	295	291	227	202
350	325	318	266	230
400	375	365	305	250
450	430	421	335	305
500	475	453	375	335

8. 法兰和对夹连接弹性密封蝶阀（GB/T 12238—2008）

《法兰和对夹连接弹性密封蝶阀》（GB/T 12238—2008）适用于公称压力不大于 PN25，

公称尺寸 DN50～4000mm 的法兰连接弹性密封蝶阀。

（1）法兰和对夹连接弹性密封蝶阀的结构形式及阀座流道的最小尺寸（表 8-115）

表 8-115 法兰和对夹连接弹性密封蝶阀的结构形式及阀座流道的最小尺寸

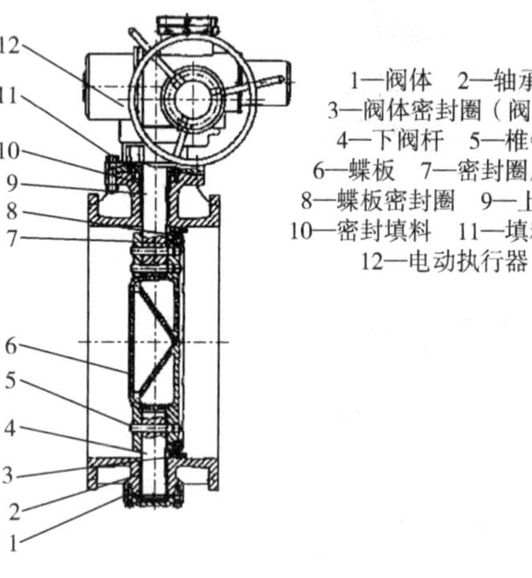

双法兰连接蝶阀

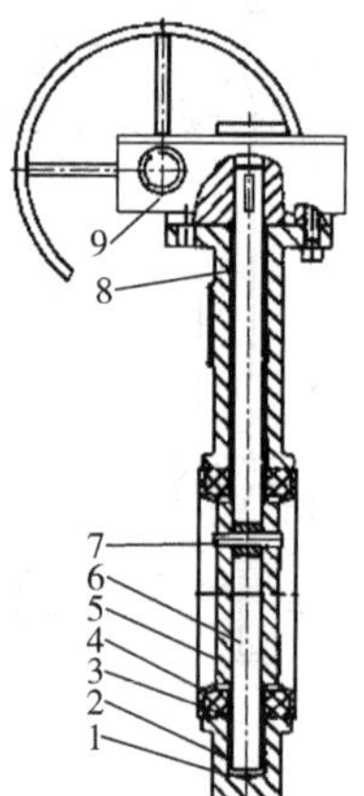

对夹式连接蝶阀

公称尺寸 DN	阀座流道的最小尺寸/mm	公称尺寸 DN	阀座流道的最小尺寸/mm
50	44	1000	970
65	55	1200	1160
80	69	1400	1360
100	88	1600	1560
125	117	1800	1760
150	138	2000	1950
200	185	2200	2140
250	230	2400	2340
300	275	2600	2540
350	321	2800	2740
400	371	3000	2940
450	422	3200	3120
500	472	3400	3320
600	575	3600	3520
700	670	3800	3720
800	770	4000	3920
900	870		

（2）法兰和对夹连接蝶阀阀体的最小壁厚（表 8-116）

表 8-116 法兰和对夹连接蝶阀阀体的最小壁厚 （单位：mm）

公称尺寸 DN	公称压力			公称尺寸 DN	公称压力		
	PN2.5	PN6	PN10		PN2.5	PN6	PN10
50	7	7.5	8	500	13	16	17

（续）

<table>
<tr><th rowspan="2">公称尺寸 DN</th><th colspan="3">公称压力</th><th rowspan="2">公称尺寸 DN</th><th colspan="3">公称压力</th></tr>
<tr><th>PN2.5</th><th>PN6</th><th>PN10</th><th>PN2.5</th><th>PN6</th><th>PN10</th></tr>
<tr><td>65</td><td rowspan="3">8</td><td rowspan="3">8.5</td><td rowspan="3">9</td><td>600</td><td>14</td><td>17</td><td>18</td></tr>
<tr><td>80</td><td>700</td><td>15</td><td>18</td><td>19</td></tr>
<tr><td>100</td><td>800</td><td>16</td><td>19</td><td>20</td></tr>
<tr><td>125</td><td rowspan="2">9</td><td rowspan="2">9.5</td><td rowspan="2">10</td><td>900</td><td>18</td><td>20</td><td>22</td></tr>
<tr><td>150</td><td>1000</td><td>20</td><td>21</td><td>23</td></tr>
<tr><td>200</td><td rowspan="2">10</td><td rowspan="2">11</td><td rowspan="2">12</td><td>1200</td><td>21</td><td>23</td><td>26</td></tr>
<tr><td>250</td><td>1400</td><td>22</td><td>25</td><td>30</td></tr>
<tr><td>300</td><td rowspan="2">11</td><td>12</td><td>14</td><td>1600</td><td>24</td><td>28</td><td>34</td></tr>
<tr><td>350</td><td>13</td><td rowspan="2">15</td><td>1800</td><td>26</td><td>31</td><td>38</td></tr>
<tr><td>400</td><td>12</td><td>14</td><td>2000</td><td>28</td><td>34</td><td>42</td></tr>
<tr><td>450</td><td>12</td><td>15</td><td>16</td><td>—</td><td>—</td><td>—</td><td>—</td></tr>
</table>

9. 金属隔膜阀（GB/T 12239—2008）

金属隔膜阀包括堰式隔膜阀、直通式隔膜阀、角式隔膜阀、直流式隔膜阀，适用于公称压力（PN）6～25MPa（灰铸铁制不大于 PN16MPa）、公称尺寸（DN）10～400mm，端部连接形式为法兰的金属隔膜阀；公称压力（PN）6～16MPa、公称尺寸（DN）8～80mm，端部连接形式为螺纹的金属隔膜阀；公称压力（PN）6～20MPa、公称尺寸（DN）8～300mm，端部连接形式为焊接的金属隔膜阀。

（1）隔膜阀的结构形式及阀体的最小壁厚（表 8-117）

表 8-117　隔膜阀的结构形式及阀体的最小壁厚　（单位：mm）

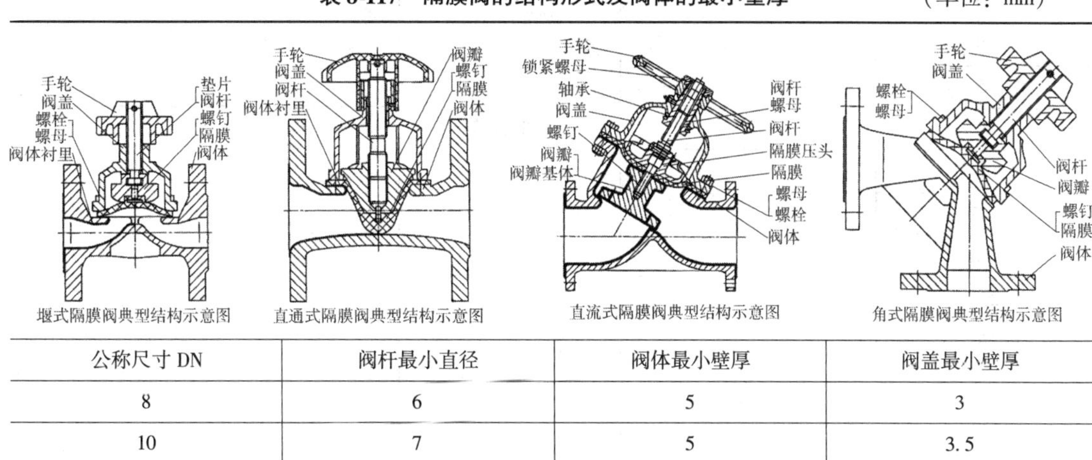

堰式隔膜阀典型结构示意图　直通式隔膜阀典型结构示意图　直流式隔膜阀典型结构示意图　角式隔膜阀典型结构示意图

公称尺寸 DN	阀杆最小直径	阀体最小壁厚	阀盖最小壁厚
8	6	5	3
10	7	5	3.5
15	7	5	3.5
20	9	5	4
25	10	5	4
32	10	6	5
40	11	7	6
50	11	8	6

（续）

公称尺寸 DN	阀杆最小直径	阀体最小壁厚	阀盖最小壁厚
65	15	8	7
80	15	9	7
100	17	10	8
125	21	11	9
150	21	12	10
200	24	13	11
250	28	15	12
300	32	16	13
350	34	17	14
400	34	18	15

（2）隔膜阀阀体的衬里厚度（表 8-118）

表 8-118　隔膜阀阀体的衬里厚度　（单位：mm）

<table>
<tr><th>公称通径 DN</th><th>衬橡胶厚度</th><th>衬搪瓷厚度</th><th>衬氟塑料（或树脂）厚度</th></tr>
<tr><td>8</td><td>—</td><td>—</td><td>—</td></tr>
<tr><td>10</td><td rowspan="5">2. 5</td><td rowspan="17">0. 8 ~ 1. 5</td><td rowspan="4">2. 5</td></tr>
<tr><td>15</td></tr>
<tr><td>20</td></tr>
<tr><td>25</td></tr>
<tr><td>32</td><td rowspan="4">3</td></tr>
<tr><td>40</td><td rowspan="4">3</td></tr>
<tr><td>50</td></tr>
<tr><td>65</td></tr>
<tr><td>80</td><td rowspan="3">4</td></tr>
<tr><td>100</td><td rowspan="3">4</td></tr>
<tr><td>125</td></tr>
<tr><td>150</td><td rowspan="6">—</td></tr>
<tr><td>200</td><td rowspan="5">5</td></tr>
<tr><td>250</td></tr>
<tr><td>300</td></tr>
<tr><td>350</td></tr>
<tr><td>400</td></tr>
</table>

10. 铁制旋塞阀（GB/T 12240—2008）

《铁制旋塞阀》（GB/T 12240—2008）包括螺纹连接和法兰连接的无油润滑式和油润滑式两种。适用于公称压力（PN）2. 5 ~ 25MPa，公称尺寸（DN）15 ~ 600mm，形式为短型、常规型、文丘里型和圆孔全通径型的旋塞阀。

（1）铁制旋塞阀的结构形式及长度（表 8-119）

表 8-119　铁制旋塞阀的结构形式及长度　　（单位：mm）

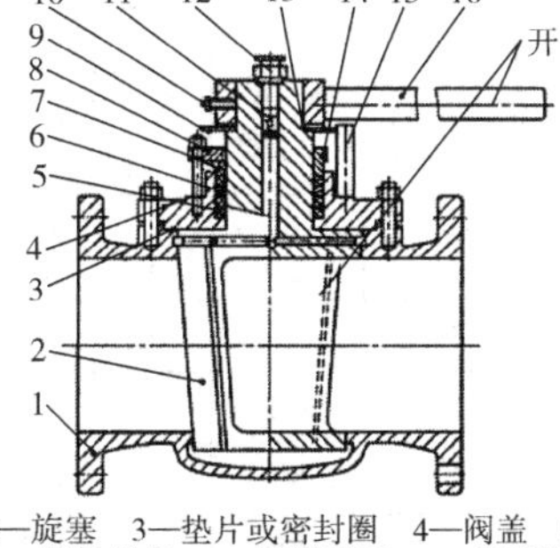

1—阀体　2—旋塞　3—垫片或密封圈　4—阀盖　5—填料垫
6—填料　7—填料压套　8—填料压板　9—指示板和限位板
10—紧定螺栓（钉）　11—止回阀　12—注入油嘴　13—卡圈
14—填料压盖　15—限位块　16—手柄

油封/润滑型旋塞阀

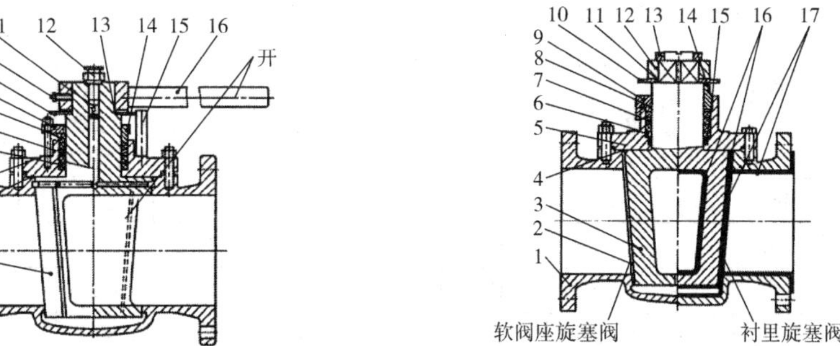

软阀座旋塞阀　　衬里旋塞阀

1—阀体　2—软阀座　3—旋塞　4—垫片或密封圈
5—阀盖　6—填料垫　7—填料　8—填料压套
9—填料压板　10—指示板和限位板　11—卡圈
12—手柄　13—螺母　14—填料压套　15—导电弹性环
16—旋塞衬层　17—阀体衬里

软阀座旋塞阀-衬里旋塞阀

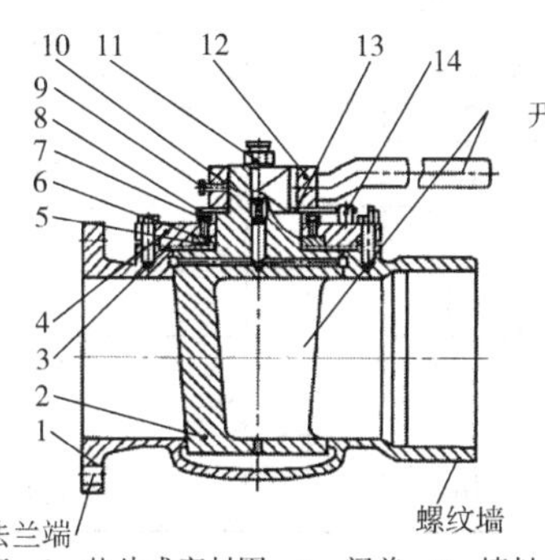

1—阀体　2—旋塞　3—垫片或密封圈　4—阀盖　5—填料　6—填料垫板
7—填料压紧螺钉　8—指示板和限位板　9—紧定螺栓（钉）　10—止回阀
11—注入油嘴　12—手柄　13—卡圈　14—限位块

油封/润滑型旋塞阀（无填料压盖式）

1—阀体　2—旋塞
3—填料　4—填料压盖

金属密封旋塞阀

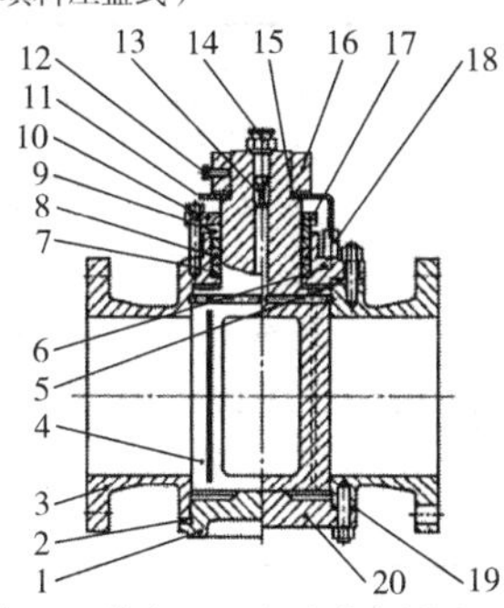

1—阀盖　2—垫片　3—阀体　4—旋塞　5—垫片或密封圈　6—阀盖　7—填料垫　8—填料
9　填料压套　10—填料压板　11—指示板和限位板　12—紧定螺栓（钉）13—止回阀
14—注入油嘴　15—卡圈　16—手柄　17—填料压盖　18—限位块　19—垫片　20—阀盖

柱形塞油封/润滑型旋塞阀

公称尺寸 DN	PN2.5、PN6、PN10				PN16、PN20				PN25			
	短型	常规型	文丘里型	圆口全通径	短型	常规型	文丘里型	圆口全通径	短型	常规型	文丘里型	圆口全通径
15	108	—	—	—	—	—	—	—	—	—	—	—
20	117	—	—	—	—	—	—	—	—	—	—	—
25	127	140	—	140	140	—	—	176	165	—	—	190

（续）

公称尺寸DN	PN2.5、PN6、PN10				PN16、PN20				PN25			
	短型	常规型	文丘里型	圆口全通径	短型	常规型	文丘里型	圆口全通径	短型	常规型	文丘里型	圆口全通径
32	140	165	—	152	—	—	—	—	—	—	—	—
40	165	165	—	165	165	—	—	222	190	—	—	241
50	178	203	—	191	178	—	178	267	216	—	216	283
65	191	222	—	210	191	—	—	298	241	—	241	330
80	203	241	—	229	203	—	203	343	283	—	283	387
100	229	305	—	305	229	305	229	432	305	—	305	457
125	245	356	—	381	254	356	—	—	—	—	—	—
150	267	394	394	457	267	394	394	546	403	403	403	559
200	292	457	457	559	292	457	457	622	419	502	419	686
250	330	533	533	660	330	533	533	660	457	568	457	826
300	356	610	610	762	356	610	610	762	502	648	502	965
350	—	686	686	—	—	686	686	—	—	762	762	—
400	—	762	762	—	—	762	762	—	—	838	838	—
450	—	864	864	—	—	864	864	—	—	914	914	—
500	—	914	914	—	—	914	914	—	—	991	991	—
550	—	—	—	—	—	—	—	—	—	1092	1092	—
600	—	—	1067	—	—	1067	1067	—	—	1143	1143	—

（2）承压壳体的最小壁厚（表8-120）

表8-120　承压壳体的最小壁厚　（单位：mm）

公称通径DN	公称压力PN/MPa	
	1.0	1.6
	最小壁厚	
≤25	6	8
32	7	9.5
40	8	11
50	9	12
65	10	13
80	11	15
100	13	16
150	16	18
200	20	22

11. 弹簧直接载荷式安全阀（GB/T 12243—2021）

弹簧直接载荷式安全阀适用于公称压力（PN）0.1～42.0MPa，流道直径≥8mm的蒸汽锅炉、压力容器和管道用安全阀。

（1）安全阀阀体的结构长度及进出口法兰端面垂直度极限偏差（表8-121）

表 8-121　安全阀阀体的结构长度及进出口法兰端面垂直度极限偏差

公称通径 DN/mm	结构长度极限偏差/mm		垂直度极限偏差
	ΔL	ΔL_1	$\Delta\alpha$
≤100	±1.5	±1.6	±30′
>100	±3.0	±3.0	±20′

（2）安全阀的技术参数（表 8-122）

表 8-122　安全阀的技术参数

内容	技术参数
一般规定	按照 GB/T 12220 标准的规定，名牌上应标注制造厂家和出厂日期；产品名称、型号、制造编号及生产许可证号；公称通径和流通直径
基本参数	整定压力大于 3.0MPa 的蒸汽用安全阀或介质温度大于 235℃的空气或其他气体用安全阀，应能防止排出的介质宜接冲蚀弹簧。设计应保证安全阀即使有部分损坏仍能达到额定排量。当弹簧破损时，阀瓣等零件不会飞出阀体外。为防止调整弹簧压缩量的机构松动，必须设有防松装置。全启式和中启式安全阀应设有限制开启高度的机构。蒸汽用安全阀应带有扳手。当介质压力达到整定压力的 75% 以上时，能利用扳手将阀瓣提升。该扳手对阀门动作不应造成阻碍。有毒或可燃性介质用安全阀应为封闭式安全阀。对有附加背压力的安全阀，应根据其背压力的大小和变动情况，考虑设置背压平衡机构

12. 先导式减压阀（GB/T 12246—2006）

先导式减压阀分为先导活塞式减压阀和先导薄膜式减压阀，本标准适用于公称压力（PN）16～63MPa，公称尺寸（DN）20～300mm，工作介质为气体或液体的管道用先导式减压阀。先导式减压阀的结构形式及主要参数见表 8-123。

表 8-123　先导式减压阀的结构形式及主要参数

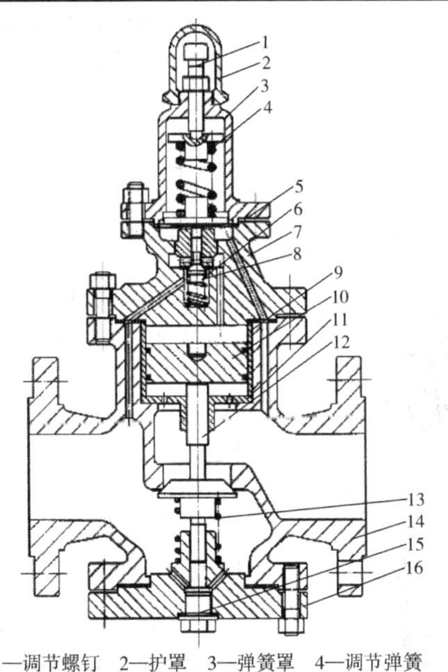

1—调节螺钉　2—护罩　3—弹簧罩　4—调节弹簧　5—膜片　6—弹簧　7—阀盖　8—副阀瓣　9—衬套　10—活塞　11—导套　12—主阀瓣组件　13—主弹簧　14—阀体　15—螺塞　16—下阀盖

先导活塞式减压阀的典型结构

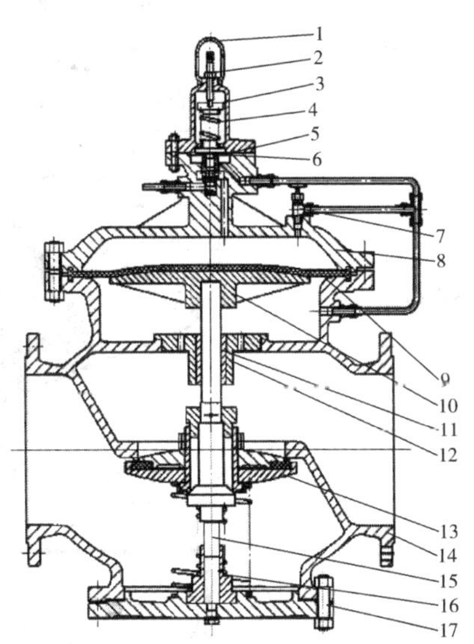

1—护罩　2—调节螺钉　3—弹簧罩　4—调节弹簧　5—副阀瓣　6—膜片　7—截止阀　8—阀盖　9—薄片　10—薄片盘　11—衬套　12—衬套座　13—主阀瓣组件　14—阀体　15—阀杆　16—主弹簧　17—下阀盖

先导薄膜式减压阀的典型结构

（续）

基本参数	先导式减压阀生产必须按经批准的图样和技术文件进行制造；壳体强度要求按现行国家标准 GB/T 13927 的有关规定；可借助手轮或调节螺钉对压力进行调节，并设有防松动装置；在给定的弹簧压力级范围内，出口压力能在最大值与最小值之间连续调整，不允许有卡滞或异常振动；密封性能应符合现行国家标准 GB/T 12246 的规定	
公称压力 PN	出口压力 P_2/MPa	弹簧压力级/MPa
16	0.1～1.0	0.05～0.5 0.5～1.0
25	0.1～1.6	0.1～1.0 1.0～1.6
40	0.1～2.5	0.1～1.0 1.0～2.5
63	0.1～3.0	0.1～1.0 1.0～3.0

13. 蒸汽疏水阀（GB/T 12247—2015）

蒸汽疏水阀可将蒸汽系统中的凝结水、空气和二氧化碳气体尽快排出，最大限度地自动防止蒸汽的泄露。蒸汽疏水阀的品种很多，各有不同的性能。按启闭件的工作原理和动作方式，可分为三大类：机械型蒸汽疏水阀、热静力型蒸汽疏水阀和热动型蒸汽疏水阀。

（1）机械型蒸汽疏水阀常见产品的典型结构原理图和动作原理（表 8-124）

表 8-124　机械型蒸汽疏水阀典型结构原理图和动作原理

产品名称	典型结构原理图	动作原理
自由浮球式蒸汽疏水阀	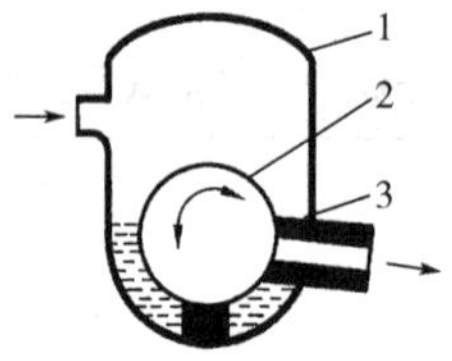 1—壳体　2—浮球　3—阀座	由壳体内凝结水的液位变化驱动浮球的启闭动作
先导活塞式蒸汽疏水阀	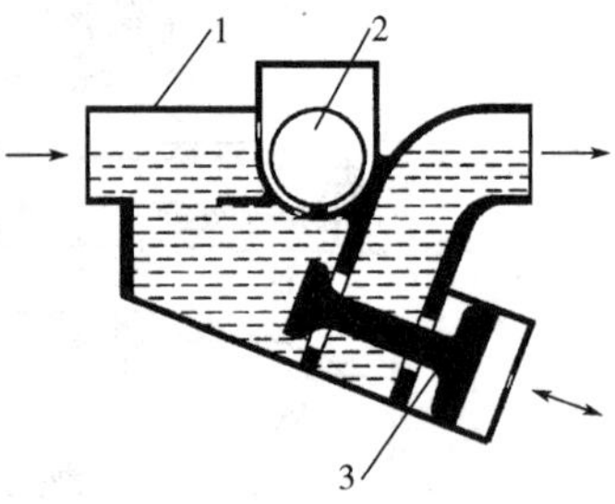 1—壳体　2—先导阀　3—活塞、阀芯组件	由壳体内凝结水的液位变化驱动先导阀带动活塞，引导主阀芯的启闭动作
单阀座杠杆浮球式蒸汽疏水阀	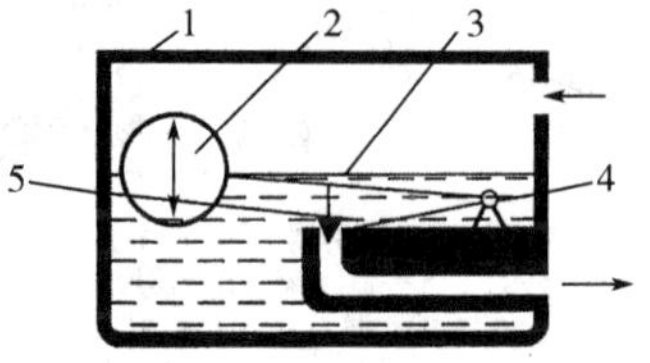 1—壳体　2—浮球　3—杠杆　4—单阀座　5—阀芯	由壳体内凝结水的液位变化驱动浮球带动单阀芯的启闭动作

（续）

产品名称	典型结构原理图	动作原理
双阀座杠杆浮球式蒸汽疏水阀	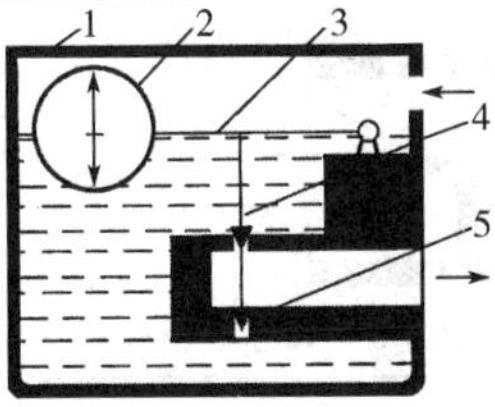 1—壳体　2—浮球　3—杠杆　4—双阀芯　5—双阀座	由壳体内凝结水的液位变化驱动浮球带动双阀芯的启闭动作

（2）热静力型蒸汽疏水阀常见产品典型结构原理图和动作原理（表 8-125）

表 8-125　热静力型蒸汽疏水阀典型结构原理图和动作原理

产品名称	典型结构原理图	动作原理
反密封双金属片式蒸汽疏水阀	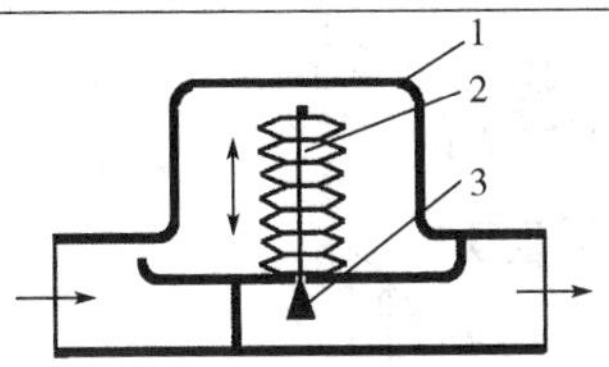 1—壳体　2—双金属片　3—阀芯	由壳体内凝结水的温度变化引起双金属片变形驱动阀芯的启闭动作
正密封双金属片式蒸汽疏水阀	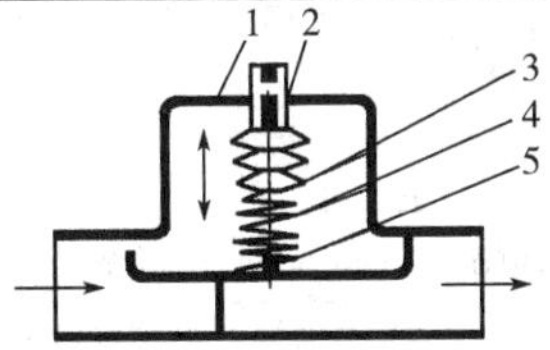 1—壳体　2—调整螺栓　3—双金属片　4—弹簧　5—阀芯	由壳体内凝结水的温度变化引起双金属片变形驱动阀芯的启闭动作
压力平衡式蒸汽疏水阀	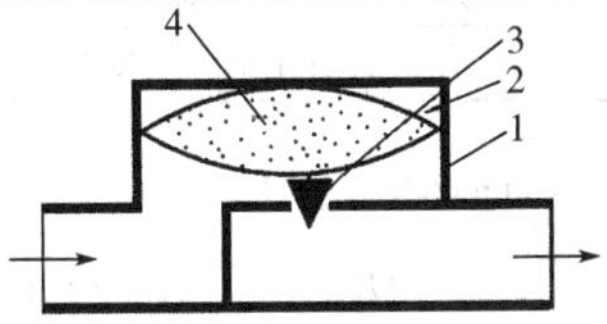 1—壳体　2—膜盒　3—阀芯　4—热敏感温液体	由壳体内凝结水的压力与可变形元件内感温液体与蒸汽压力之间的不平衡驱动启闭件的启闭动作
液体或固体膨胀式蒸汽疏水阀	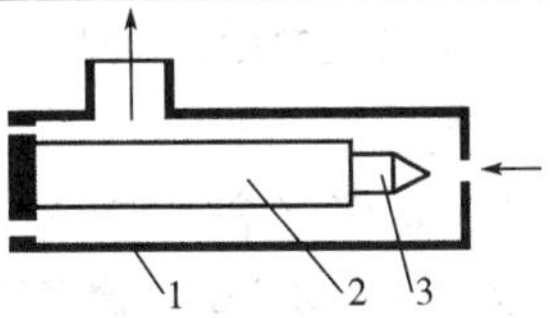 1—壳体　2—可膨胀元件　3—阀芯	由壳体内凝结水的温度变化而作用于热膨胀系数较大的元件上，以驱动阀芯的启闭动作

（3）热动力型蒸汽疏水阀常见产品典型结构原理图和动作原理（表 8-126）

表 8-126　热动力型蒸汽疏水阀典型结构原理图和动作原理

产品名称	典型结构原理图	动作原理
保温型盘式蒸汽疏水阀	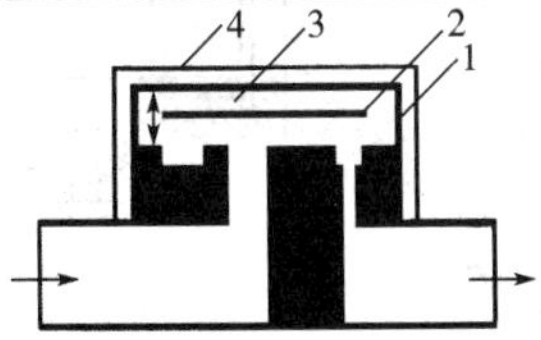 1—壳体　2—圆盘　3—压力室　4—保温罩	由壳体内进口与压力室之间的压差变化驱动圆盘的启闭动作

（续）

产品名称	典型结构原理图	动作原理
迷宫或孔板式蒸汽疏水阀	1—壳体 2—节流孔 3—阀芯	由节流孔控制凝结水排放量，利用热凝结水的汽化阻止蒸汽的流出

14. 液氯瓶阀

液氯瓶阀适用于正常环境工作温度为 -40℃ ~60℃，公称压力（PN）≤2MPa 的液氯瓶上的阀门。不适用其他液氨瓶设备，其结构及技术参数见表 8-127。

表 8-127 液氯瓶阀的结构及技术参数

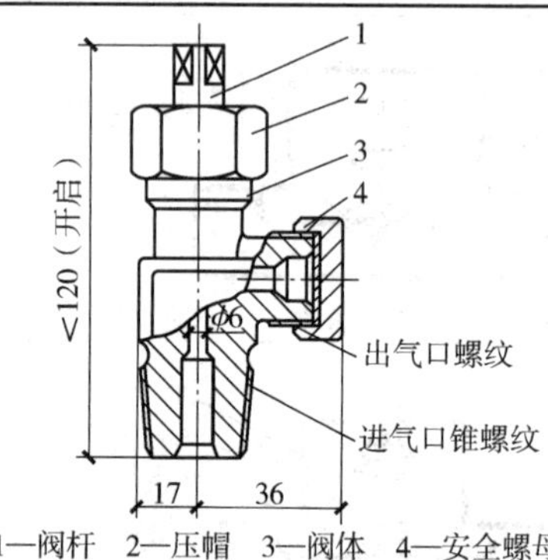

1—阀杆 2—压帽 3—阀体 4—安全螺母

主要参数	阀的进气口锥螺纹：PZ7.8	出气口连接螺纹 G3/4	公称通径：6mm
技术要求	材料	阀体：铸造铝青铜、铝黄铜；阀杆：优质碳索钢、不锈钢；阀帽：铅黄铜	
	加工	零件表面无裂纹、气孔夹杂或填充不满等缺陷	

15. 法兰连接铁制和铜制球阀（GB/T 15185—2016）

法兰连接铁制和铜制球阀适用于公称尺寸（DN）50 ~300mm，工作温度 -10 ~200℃，公称压力不大于 10MPa 的灰铸铁球阀；工作温度 -10 ~100℃，公称压力不大于 16MPa 的灰铸铁球阀；工作温度 -10 ~300℃，公称压力不大于 25MPa 的球墨铸铁球阀，工作温度 -40 ~180℃，公称压力不大于 25MPa 的铜合金球阀。

（1）球阀的结构形式及材料压力-温度额定值（表 8-128）

表 8-128 球阀的结构形式及材料压力-温度额定值

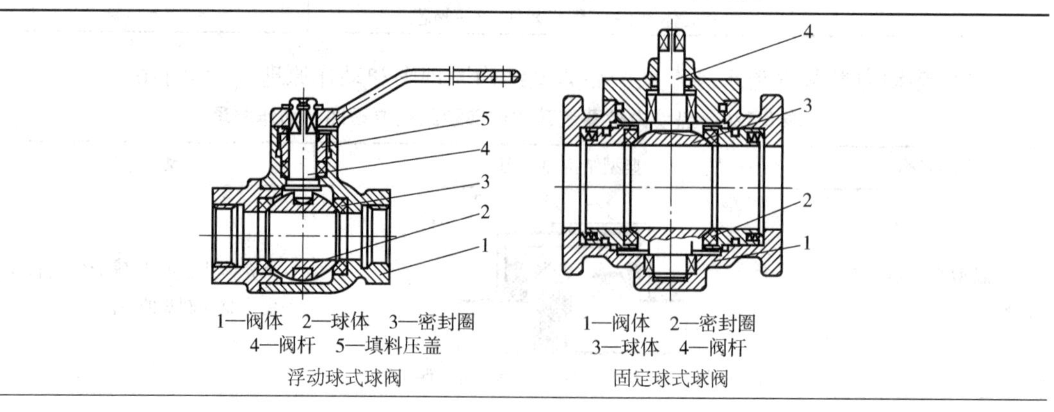

1—阀体 2—球体 3—密封圈 4—阀杆 5—填料压盖

浮动球式球阀

1—阀体 2—密封圈 3—球体 4—阀杆

固定球式球阀

（续）

阀体通道最小直径/mm	工作温度/℃								
	-30~40	50	75	90	100	125	150	175	200
	最大允许工作压力/MPa								
>50~150	4.2	4.2	4.2	4.2	3.9	3.2	2.4	1.7	0.9
>150~250	3.1	3.1	3.1	3.1	2.9	2.3	1.8	1.2	0.7
>250	2.1	2.1	2.1	2.1	2.0	1.6	1.2	0.8	0.5

（2）泄放孔的螺纹尺寸（表8-129）

表8-129　泄放孔的螺纹尺寸　（单位：mm）

公称尺寸DN	50~100	125~200	≥250
螺孔尺寸	M16	M20	M24

（3）阀体通道的最小直径（表8-130）

表8-130　阀体通道的最小直径　（单位：mm）

公称尺寸DN	阀体通道最小直径	
	缩径	通径
50	36	49
65	49	62
80	55	75
100	74	98
125	88	123
150	98	148
200	144	198
250	186	245
300	227	295

16. 管线用钢制平板闸阀（JB/T 5298—2016）

管线用钢制平板闸阀分为单闸板、双闸板及带导流孔和无导流孔四种形式。适用于公称压力（PN）16~420MPa，公称尺寸（DN）50~1200mm，介质温度-46~180℃，石油、天然气管线（不包括海底管线）用钢制平板闸阀。

（1）管线用钢制平板闸阀的结构形式及长度参数（表8-131）

表8-131　管线用钢制平板闸阀的结构形式及长度参数　（单位：mm）

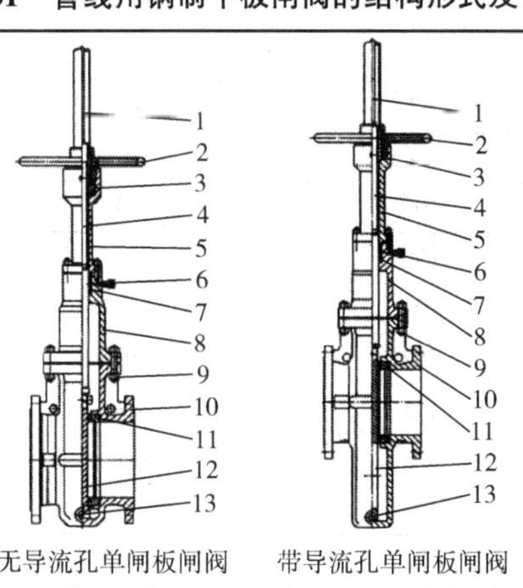

无导流孔单闸板闸阀　带导流孔单闸板闸阀

（续）

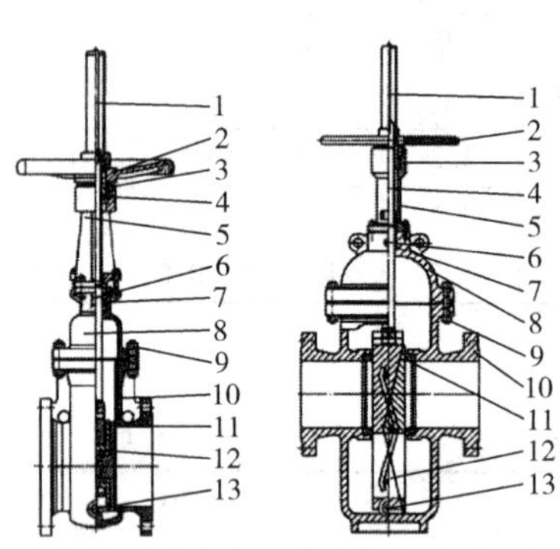

无导流孔双闸板闸阀　带导流孔双闸板闸阀

1—开度指示器　2—手轮　3—阀杆螺母　4—阀杆　5—支架　6—注脂阀　7—填料　8—阀盖　9—螺柱螺母　10—阀体　11—阀座　12—闸板　13—排污螺塞

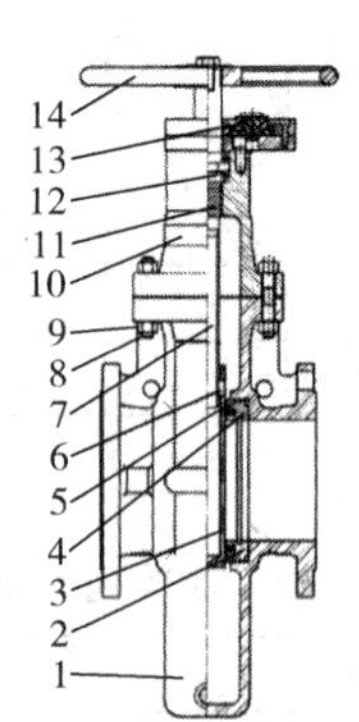

1—阀体　2—阀座　3—闸板　4—密封圈　5—O形圈　6—阀杆螺母　7—阀杆　8—螺栓　9—螺母　10—阀盖　11—填料　12—轴承　13—指示机构　14—手轮

暗杆平板闸阀

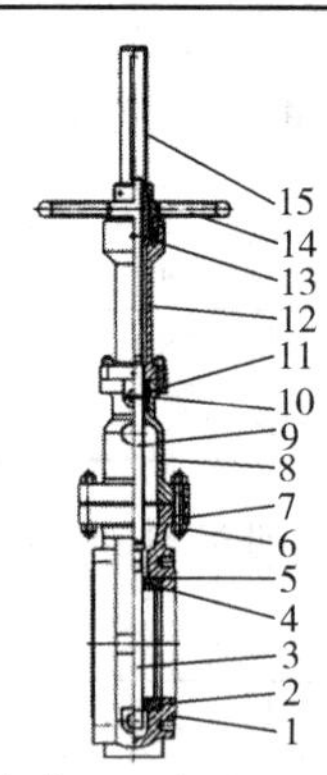

1—阀体　2—阀座　3—闸板　4—密封圈　5—O形圈　6—螺母　7—螺栓　8—阀盖　9—阀杆　10—注脂阀　11—填料　12—支架　13—阀杆螺母　14—手轮　15—指示杆

轻型平板闸阀

公称尺寸		结构长度	公称尺寸		结构长度
DN	NPS		DN	NPS	
50	2	108	350	14	190
65	2½	112	400	16	216
80	3	114	450	18	222
100	4	127	500	20	229
125	5	130	600	24	267
150	6	140	700	28	292
200	8	152	800	32	318
250	10	165	900	36	330
300	12	178	1000	40	460

（2）全径阀门的最小流道直径（表8-132）

表8-132　全径阀门的最小流道直径　　（单位：mm）

公称尺寸 DN	最小通道直径				公称管径 NPS
	PN16～PN100 Class150～Class600	PN150 Class900	PN250 Class1500	PN420 Class2500	
50	49	49	49	42	2
65	62	62	62	52	2½
80	74	74	74	62	3
100	100	100	100	87	4
150	150	150	144	131	6
200	201	201	192	179	8
250	252	252	239	223	10
300	303	303	287	265	12
350	334	322	315	292	14
400	385	373	360	333	16
450	436	423	406	374	18

（续）

公称尺寸 DN	最小通道直径				公称管径 NPS
	PN16 ~ PN100 Class150 ~ Class600	PN150 Class900	PN250 Class1500	PN420 Class2500	
500	487	471	454	419	20
550	538	522	500	—	22
600	589	570	546		24
650	633	617	594		26
700	684	665	641		28
750	735	712	686		30
800	779	760	730		32
850	830	808	775		34
900	874	855	819		36
950	925	904	—		38
1000	976	956			40
1050	1020	1006			42
1200	1166	1149			48

（3）阀盖填料箱的最小壁厚（表8-133）

表8-133 阀盖填料箱的最小壁厚 （单位：mm）

填料箱装填料入口处的直径①	公称压力 PN（Class）					
	16（150）	25、40（300）	63、100（400、600）	160（900）	260（1500）	420（2500）
	填料箱最小壁厚					
15	2.8	3	3.6	4.2	5.3	7.6
16	2.8	3.1	3.6	4.4	5.6	7.9
17	2.8	3.2	3.7	4.5	5.8	8.2
18	2.9	3.5	3.9	4.7	5.9	8.5
19	3	3.8	4.1	5.1	6.1	8.9
20	3.3	4	4.2	5.2	6.3	9.2
25	4	4.8	4.8	6.3	7.1	11
30	4.6	4.8	4.8	6.5	8.2	13.1
35	4.8	4.8	5.1	7.1	9.7	14.6
40	4.9	5	5.7	7.5	10.2	16.4
50	5.5	6.2	6.3	7.9	11.6	19.8
60	5.6	6.4	6.8	8.9	13.4	23.2
70	5.6	6.9	7.4	9.9	15.8	26.5
80	5.8	7.2	8.1	11	17.4	30.1
90	6.4	7.4	8.8	12	19.1	33.2
100	6.4	7.7	9.5	12.8	20.8	36.7
110	6.4	8.1	10.3	14.1	22.9	40.1
120	6.6	8.6	10.9	14.9	24.8	43.5
130	7.1	8.8	11.3	16.2	26.5	46.9
140	7.1	9.2	12	17.3	28.3	50.2

①中间直径的壁厚按插值法计算。

17. 排污阀（JB/T 26145—2010）

排污阀分为P41H、P62H、P646、P48四种牌号，液面连续式和液底间断式两种形式。适用于锅炉、压力容器等设备，公称压力PN≤32MPa，公称通径DN≤80mm的钢制、铁制排污阀。

（1）排污阀的结构形式及代号（表8-134）

表8-134 排污阀的结构形式及代号

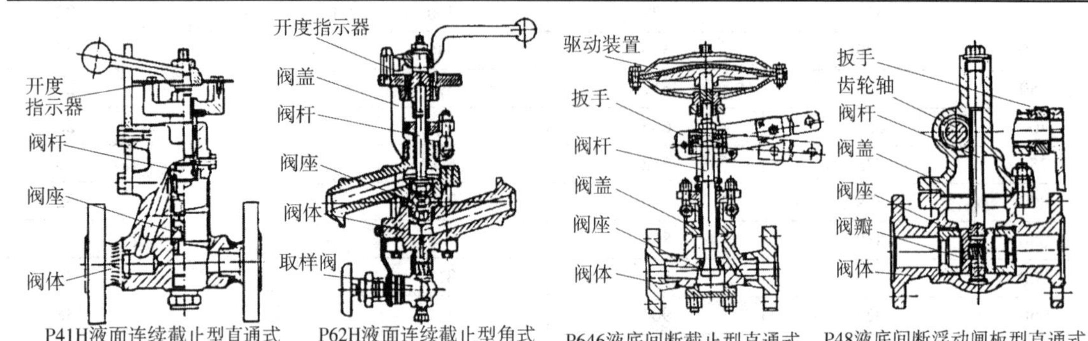

P41H液面连续截止型直通式　P62H液面连续截止型角式　P646液底间断截止型直通式　P48液底间断浮动闸板型直通式

<table>
<tr><th colspan="2">结构形式</th><th>代号</th></tr>
<tr><td rowspan="2">液面连续</td><td>截止型直通式</td><td>1</td></tr>
<tr><td>截止型角式</td><td>2</td></tr>
<tr><td rowspan="4">液底间断</td><td>截止型直流式</td><td>5</td></tr>
<tr><td>截止型直通式</td><td>6</td></tr>
<tr><td>截止型角式</td><td>7</td></tr>
<tr><td>浮动闸板型直通式</td><td>8</td></tr>
</table>

（2）排污阀的结构参数

1）球墨铸铁制排污阀的压力-温度等级见表8-135。

表8-135 球墨铸铁制排污阀的压力-温度等级　（单位：MPa）

<table>
<tr><th rowspan="3">公称压力
PN</th><th colspan="6">使用温度/℃</th></tr>
<tr><th>-30～120</th><th>150</th><th>200</th><th>250</th><th>300</th><th>350</th></tr>
<tr><th colspan="6">最高工作压力</th></tr>
<tr><td>1.6</td><td>1.60</td><td>1.52</td><td>1.44</td><td>1.28</td><td>1.12</td><td>0.88</td></tr>
<tr><td>2.5</td><td>2.50</td><td>2.38</td><td>2.25</td><td>2.00</td><td>1.75</td><td>1.38</td></tr>
<tr><td>4.0</td><td>4.00</td><td>3.80</td><td>3.60</td><td>3.20</td><td>2.80</td><td>2.20</td></tr>
</table>

2）铁制排污阀阀体和阀盖的最小厚度见表8-136。

表8-136 铁制排污阀阀体和阀盖的最小厚度　（单位：mm）

<table>
<tr><th rowspan="3">公称通径
DN</th><th colspan="5">公称压力 PN/MPa</th></tr>
<tr><th>1.0</th><th>1.6</th><th>1.6</th><th>2.5</th><th>4.0</th></tr>
<tr><th colspan="5">最高工作压力</th></tr>
<tr><td>15</td><td>5</td><td>5</td><td>5</td><td rowspan="2">6</td><td rowspan="2">7</td></tr>
<tr><td>20</td><td rowspan="3">6</td><td rowspan="2">6</td><td rowspan="2">6</td></tr>
<tr><td>25</td><td rowspan="2">7</td><td rowspan="3">8</td></tr>
<tr><td>32</td><td rowspan="2">7</td><td rowspan="2">7</td></tr>
<tr><td>40</td><td rowspan="2">7</td><td rowspan="2">8</td></tr>
<tr><td>50</td><td>8</td><td>8</td><td>9</td></tr>
</table>

注：1.6MPa用灰铸铁材料不应低于HT250。

3）法兰连接排污阀阀体的结构长度见表 8-137。

表 8-137　法兰连接排污阀阀体的结构长度　（单位：mm）

<table>
<tr><td rowspan="2">公称通径
DN</td><td colspan="4">公称压力　PN/MPa</td><td rowspan="2">极限偏差</td></tr>
<tr><td>1.0</td><td>1.6</td><td>1.6</td><td>4.0</td></tr>
<tr><td>15</td><td rowspan="2">150</td><td rowspan="2">150</td><td rowspan="2">150</td><td rowspan="2">150</td><td rowspan="8">±2</td></tr>
<tr><td>20</td></tr>
<tr><td>25</td><td>160</td><td>160</td><td>160</td><td>160</td></tr>
<tr><td>32</td><td>200</td><td>200</td><td>200</td><td>200</td></tr>
<tr><td>40</td><td>230</td><td>230</td><td>230</td><td>230</td></tr>
<tr><td>50</td><td rowspan="2">250</td><td rowspan="2">250</td><td rowspan="3">250</td><td rowspan="3">250</td></tr>
<tr><td>65</td></tr>
<tr><td>80</td><td>—</td><td>—</td></tr>
</table>

4）焊接连接排污阀阀体的结构长度见表 8-138。

表 8-138　焊接连接排污阀阀体的结构长度　（单位：mm）

<table>
<tr><td rowspan="2">公称通径
DN</td><td colspan="5">公称压力　PN/MPa</td><td rowspan="2">极限偏差</td></tr>
<tr><td>6.4</td><td>10.0</td><td>16.0</td><td>25.0</td><td>32.0</td></tr>
<tr><td>15</td><td rowspan="5">190</td><td>—</td><td>—</td><td>—</td><td>—</td><td rowspan="5">±3</td></tr>
<tr><td>20</td><td rowspan="2">300</td><td rowspan="2">300</td><td rowspan="2">300</td><td rowspan="2">300</td></tr>
<tr><td>25</td></tr>
<tr><td>32</td><td rowspan="2">—</td><td rowspan="2">—</td><td rowspan="2">—</td><td rowspan="2">—</td></tr>
<tr><td>40</td></tr>
</table>

18. 眼镜阀（GB/T 24917—2010）

眼镜阀适用于公称尺寸（DN）100～3600mm，公称压力不大于（PN）6MPa，工作温度不大于 350℃，煤气管线用法兰连接眼镜阀。

（1）封闭式眼镜阀的结构形式及法兰连接尺寸（表 8-139）

表 8-139　封闭式眼镜阀的结构形式及法兰连接尺寸　（单位：mm）

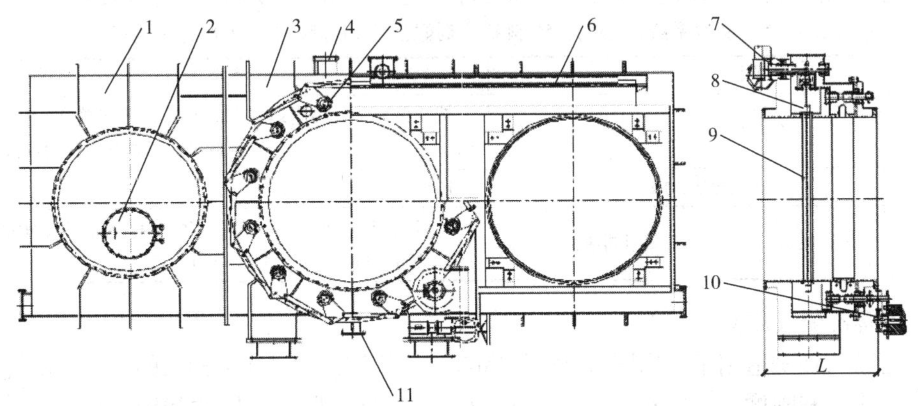

1—侧阀体　2—检修孔　3—阀体　4—放散口　5—松开夹紧机构　6—阀板支撑机构　7—行走驱动装置　8—密封圈　9—阀板机构　10—松开夹紧驱动装置　11—排污口

（续）

公称尺寸 DN	法兰外径 *D* PN2.5/PN6	螺栓孔中心圆直径 *K* PN2.5/PN6	螺栓孔直径 *L* PN2.5/PN6	螺栓数量 *n*	法兰厚度 PN2.5/PN6
2200	2405/2475	2340/2390	33/42	52	28/42
2400	2605/2685	2540/2600	33/42	56	28/44
2600	2805/2905	2740/2810	33/48	60	28/46
2800	3030/3115	2960/3020	36/48	64	30/48
3000	3230/3315	3160/3220	36/48	68	30/50
3200	3430/3525	3360/3430	36/48	72	30/54
3400	3630/3725	3560/3640	36/48	76	32/56
3600	3840/3970	3770/3860	36/56	80	32/60

（2）封闭式眼镜阀、敞开式眼镜阀的结构长度及极限偏差（表 8-140）

表 8-140　封闭式眼镜阀敞开式眼镜阀的结构长度及极限偏差　（单位：mm）

公称尺寸 DN	结构长度 *L*	极限偏差
500	600	±4
600～900	800	±4
1000～1600	1200	±6
1800～2400	1600	±6
2600～3000	2000	±8
3200～3600	2400	±10

19. 制冷系统用钢制、铁制制冷剂截止阀和升降式止回阀（JB/T 7245—2017）

制冷系统用钢制、铁制制冷剂截止阀和升降式止回阀适用于公称压力 PN≤65MPa，公称通径 DN6～450mm，温度 -60～150℃、以 R22、R717、R744、R404A、R134a、R32、R407C、R410A 等为常用制冷剂的制冷通用管路钢制和铁制截止阀和升降式止回阀。制冷系统用钢制和铁制调节阀、截止止回阀可参照本标准执行。

制冷系统用钢制、铁制制冷剂截止阀和升降式止回阀的主要参数见表 8-141。

表 8-141　制冷系统用钢制、铁制制冷剂截止阀和升降式止回阀的主要参数

项目			主要参数
结构形式			按通路形式分为直通式和直角式；按连接方式分为螺纹、法兰、扩口管、焊接三种；按操作形式分为手轮和阀帽
基本参数	公称压力 PN		10，16，25，40，63
	公称通径 DN	连接钢管用阀通径/mm	6，10，15，20，25，32，40，50，65，80，100，125，150，200，250，300，350，400，450

20. 溶解乙炔气瓶阀

溶解乙炔气瓶阀适用于公称压力 PN 为 3MPa，环境湿度为 -40～60℃的溶解乙炔气瓶。其具有足够的强度和刚度，阀的进气口为锥螺纹，其规格、形式、尺寸和制造必须符合 GB/T 8335 的规定。

（1）溶解乙炔气瓶阀的结构形式及性能要求（表 8-142）

表 8-142 溶解乙炔气瓶阀的结构形式及性能要求

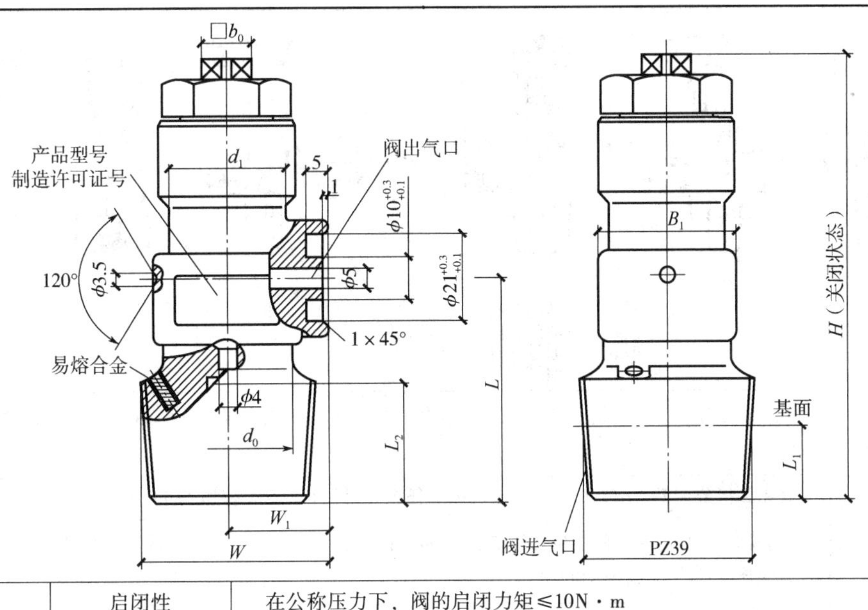

技术参数	启闭性	在公称压力下，阀的启闭力矩≤10N·m
	耐振性	在公称压力下，能承受振幅 2mm，频率 33.3Hz，持续时间为 30min，螺纹连接件应不松动，无泄露
	耐用性	在公称压力下，阀全程开启闭次数为 2500 次，无泄露
	耐温性	在公称压力下，阀在 -40 ~ 65℃范围内无泄露
	阀的组装偏差	阀组装后重量与重量标记允许公差≤5%
技术要求	加工要求	阀体经锻压成形，表面无裂纹、折皱、夹杂物、未充满等缺陷
	性能要求	阀处于开启或关闭的任意状态下，无泄漏；在两倍公称压力下，阀体不得有泄漏并无其他异常现象

(2) 阀的主要零件的金属材料（表 8-143）

表 8-143 阀的主要零件的金属材料

序号	项目	内容		
1	力学性能（GB/T 4423 的规定）	棒材直径或对边距离/mm	抗拉强度 R_m/（N/mm²）	伸长率 A（%）
		5 ~ 20	不小于 420	不小于 12
		>20 ~ 40	不小于 390	不小于 14
2	化学成分（GB/T 5231 的规定）	Cu/%	Pb/%	Fe/%
		57.0 ~ 60.0	0.8 ~ 0.9	0.5

21. 氧气瓶阀

氧气瓶阀适用于环境温度为 -40 ~ 60℃、公称工作压力不大于 30MPa、可搬运、可重复充装的压缩、液化或溶解气体气瓶用阀。

氧气瓶阀的结构形式和主要技术要求见表 8-144。

表 8-144　氧气瓶阀的结构形式和主要技术要求

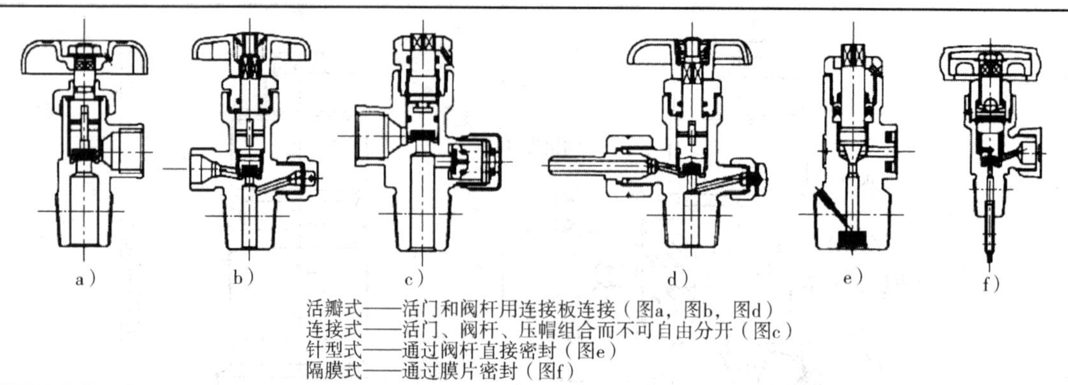

活瓣式——活门和阀杆用连接板连接（图a，图b，图d）
连接式——活门、阀杆、压帽组合而不可自由分开（图c）
针型式——通过阀杆直接密封（图e）
隔膜式——通过膜片密封（图f）

项目	技术要求
启闭力矩	在公称工作压力时，阀的启闭力矩应不大于 7N · m；手轮直径 $D<65$mm 的，启闭力矩应不大于 $7D/65$N · m
气密性	在 1.2 倍公称工作压力时，阀处于关闭和任意开启状态，至少保压 1min 应无泄漏
耐振性	在公称工作压力时，阀在位移幅值为 2mm（P-P），频率为 33.3Hz，沿任一方向振动 30min 后，所有螺纹连接处均应无松动和泄漏
耐温性	在公称工作压力时，阀在 -40℃ ±2℃温度内，保持 3h 应无泄漏； 在公称工作压力时，阀在 +60℃ ±2℃温度内，保持 3h 应无泄漏
耐压性	公称工作压力低于 7MPa 的阀体，应能承受 5 倍公称工作压力，至少保压 5min，无永久变形且无渗漏
耐用性	启闭力矩 7N · m，活瓣式阀全行程启闭 8000 次应无泄漏； 启闭力矩 7N · m，连接式阀全行程启闭 2500 次应无泄漏； 启闭力矩 10N · m，隔膜式阀全行程启闭 2500 次应无泄漏； 启闭力矩 10N · m，针型式阀全行程启闭 1000 次应无泄漏
材料要求	在工作环境下，阀选用的金属和非金属材料应与气瓶内盛装的介质相容，金属材料经过锻压成型和机械加工后的零部件，应保证所必需的力学性能的复现性，铜合金材料应通过残余应力试验

22. 大便冲洗阀（QB/T 5339—2018）

大便冲洗阀为半自动冲洗阀。其水力性能见表 8-145。

表 8-145　水力性能

测试项目		出水量≤L		峰值流量≥ L/s
		节水型	普通型	
单档		4.8	6.0	1.0
双档	大档	4.8	6.0	1.0
双档	小档	3.0		0.12

8.3.4　管法兰、管法兰盖

1. 平面、突面板式平焊钢制管法兰

平面、突面板式平焊钢制管法兰采用平焊的方法将管法兰连接在钢管的两端，与相连接带法兰的钢管或阀门或管件进行连接，其外形及技术参数见表 8-146。

表 8-146　平面、突面板式平焊钢制管法兰的外形及技术参数　　（单位：mm）

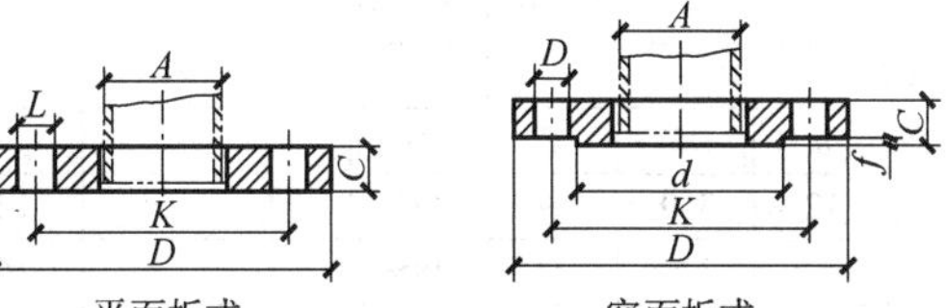
平面板式　　　　突面板式

D—法兰外径　*K*—螺栓孔中心圆直径　*n*—螺栓孔数量　*d*—突出密封面直径
f—密封面高度　*C*—法兰厚度　*A*—适用管子外径　*L*—螺栓孔直径

公称通径 DN	公称压力 PN/MPa												各种 PN	
	≤0.6						1.0							
	D	*K*	*L*	*n*	*d*	*C*	*D*	*K*	*L*	*n*	*d*	*C*	*f*	*A*
10	75	50	11	4	33	12	90	60	14	4	41	14	2	17.2
15	80	55	11	4	38	12	95	65	14	4	46	14	2	21.3
20	90	65	11	4	48	14	105	75	14	4	56	16	2	26.9
25	100	75	11	4	58	14	115	85	14	4	65	16	3	33.7
32	120	90	14	4	69	16	140	100	18	4	76	18	3	42.4
40	130	100	14	4	7	16	150	110	18	4	84	18	3	48.3
50	140	110	14	4	88	16	165	125	18	4	99	20	3	60.3
65	160	130	14	4	108	16	185	145	18	4	118	20	3	76.1
80	190	150	18	4	124	18	200	160	18	8	132	20	3	88.9
100	210	170	18	4	144	18	220	180	18	8	156	22	3	114.3
125	240	200	18	8	174	20	250	210	18	8	184	22	3	139.7
150	265	225	18	8	199	20	285	240	22	8	211	24	3	168.3
200	320	280	18	8	254	22	340	295	22	8	266	24	3	219.1
250	375	335	18	12	309	24	395	350	22	12	319	26	4	273.0
300	440	395	22	12	363	24	445	400	22	12	370	28	4	323.9
350	490	445	22	12	413	26	505	460	22	16	420	30	4	355.6
400	540	495	22	16	463	28	565	515	26	16	480	32	4	406.4
450	595	550	22	16	518	28	615	565	26	20	530	35	4	457.0
500	645	600	22	20	568	30	670	620	26	20	582	38	5	508.0
600	765	705	26	20	667	36	780	725	30	20	682	42		610.0
公称通径 DN	公称压力 PN/MPa												各种 PN	
	≤1.6						2.5							
	D	*K*	*L*	*n*	*d*	*C*	*D*	*K*	*L*	*n*	*d*	*C*	*f*	*A*
10	90	60	14	4	41	14	90	60	14	4	41	14	2	17.2
15	95	65	14	4	46	14	95	65	14	4	46	14	2	21.3
20	105	75	14	4	56	16	105	75	14	4	56	16	2	26.9
25	115	85	14	4	65	16	115	85	14	4	65	16	3	33.7
32	140	100	18	4	76	18	140	100	18	4	76	18	3	42.4
40	150	110	18	4	84	18	150	110	18	4	84	18	3	48.3
50	165	125	18	4	99	20	165	125	18	4	99	20	3	60.3
65	185	145	18	4	118	20	185	145	18	8	118	22	3	76.1
80	200	160	18	8	132	20	200	160	18	8	132	24	3	88.9
100	220	180	18	8	156	22	235	190	22	8	156	26	3	114.3
125	250	210	18	8	184	22	270	220	26	8	184	28	3	139.7
150	285	240	22	8	211	24	300	250	26	8	211	30	3	168.3
200	340	295	22	12	266	26	360	310	26	12	274	32	3	219.1

（续）

公称通径 DN	公称压力 PN/MPa												各种 PN	
	≤1.6						2.5							
	D	K	L	n	d	C	D	K	L	n	d	C	f	A
250	405	355	26	12	319	29	425	370	30	12	330	35	3	273.0
300	460	410	26	12	370	32	485	430	30	16	389	38	4	323.9
350	520	470	26	16	429	35	555	490	33	16	448	42	4	355.6
400	580	525	30	16	480	38	620	550	36	16	503	46	4	406.4
450	640	585	30	20	548	42	670	600	36	20	548	50	4	457.0
500	715	650	33	20	609	46	730	660	36	20	609	56	4	508.0
600	840	770	36	20	720	52	845	770	39	20	720	68	5	610.0

注：1. PN0.25MPa 平焊钢制管法兰的连接及密封面尺寸，与 PN0.6MPa 平焊钢制管法兰相同。

2. 钢制管法兰的连接及密封面尺寸（D、K、L、n、d、f、A），也适用于相同公称压力的其他钢制法兰（如带颈的平焊钢制管法兰、带颈螺纹的钢制管法兰）和钢制管法兰盖。

2. 平面、突面带颈平焊钢制管法兰

平面、突面带颈平焊钢制管法兰采用平焊的方法将法兰连接在钢管两端，以便与其他带法兰的钢管、阀门或管件进行连接，其外形及技术参数见表 8-147。

表 8-147　平面、突面带颈平焊钢制管法兰的外形及技术参数　（单位：mm）

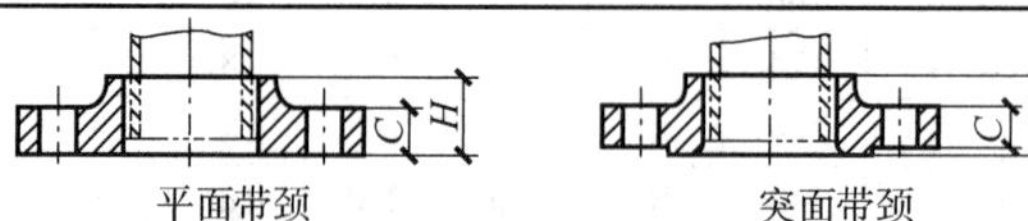

平面带颈　　突面带颈

C—法兰厚度　H—法兰高度

公称通径 DN	公称压力 PN/MPa					
	≤1.6		1.6		2.5	
	C	H	C	H	C	H
10	14	20	14	20	14	22
15	14	20	14	20	14	22
20	16	24	16	24	16	26
25	16	24	16	24	16	28
32	18	26	18	26	18	30
40	18	26	18	26	18	32
50	20	28	20	28	20	34
60	20	32	20	32	22	38
80	20	34	20	34	24	40
100	22	40	22	40	24	44
125	22	44	22	44	26	48
150	24	44	24	44	28	52
200	24	44	24	44	30	52
250	26	46	26	46	32	60
300	26	46	28	46	34	67
350	26	53	30	57	38	72
400	26	57	32	63	40	78
450	28	63	34	68	42	84
500	28	67	36	73	44	90
600	30	75	38	83	46	100

注：平面、凸面带颈平焊钢制管法兰的其他尺寸（D、K、L、n、d、f、A）与相同公称压力的平面、凸面板式平焊钢制管法兰相同。

3. 带颈螺纹铸铁管法兰（GB/T 17241.3—1998）

带颈螺纹铸铁管法兰用于旋在两端带 55°的管理网的钢管上，以便与其他带法兰的钢管或阀门、管件进行连接，其外形及技术参数见表 8-148a、b。

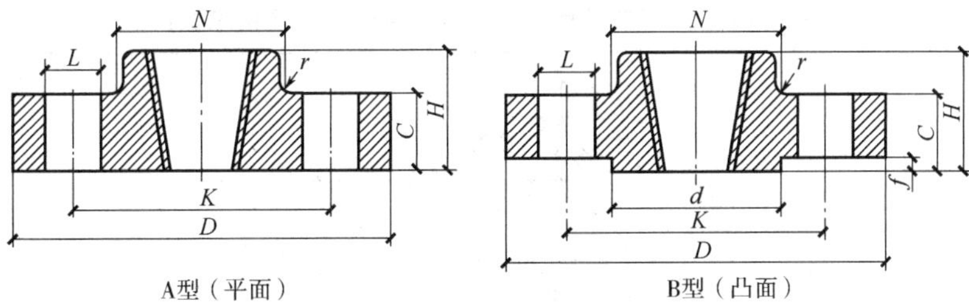

A型（平面）　　B型（凸面）

表 8-148a　PN1.0 和 1.6MPa 的带颈螺纹铸铁管法兰尺寸　（单位：mm）

公称通径 DN	连接尺寸					密封面尺寸		法兰厚度 C			法兰高度 H	颈部直径 N	圆角半径 r
	法兰外径 D	螺栓孔中心圆直径 K	螺栓			外径 d	高度 f	灰铸铁	球墨铸铁	可锻铸铁			
			通孔直径 L	数量 n	螺纹规格								
10	90	60	14	4	M12	41	2	14	—	14	20	28	3
13	95	65	14	4	M12	46	2	14	—	14	22	32	3
20	105	75	14	4	M12	56	2	16	—	16	26	40	4
25	115	85	14	4	M12	65	3	16	—	16	26	50	4
32	140	100	19	4	M16	76	3	18	—	18	28	60	5
40	150	110	19	4	M16	81	3	18	19.0	18	28	70	5
50	165	125	19	4	M16	99	3	20	19.0	20	30	84	5
65	185	145	19	4	M16	118	3	20	19.0	20	34	104	6
80	200	160	19	6	M16	132	3	22	19.0	20	36	120	6
100	220	180	19	8	M16	156	3	24	19.0	22	11	140	6
125	250	210	19	8	M16	184	3	26	19.0	22	48	170	6
150	285	240	23	8	M20	211	3	26	19.0	24	48	190	8

表 8-148b　PN2.5MPa 的带颈螺纹铸铁管法兰尺寸　（单位：mm）

公称通径 DN	连接尺寸					密封面尺寸		法兰厚度 C		法兰高度 H	颈部直径 N	圆角半径 r
	法兰外径 D	螺栓孔中心圆直径 K	螺栓			外径 d	高度 f	球墨铸铁	可锻铸铁			
			通孔直径 L	数量 n	螺纹规格							
10	90	60	14	4	M12	41	2	—	14	22	28	3
15	95	65	14	4	M12	16	2	—	14	22	32	8
20	105	75	14	4	M12	56	2	—	16	26	40	4
25	115	85	14	4	M12	65	3	—	16	28	50	4
32	140	100	19	4	M16	76	3	—	18	30	60	5
40	150	110	19	4	M16	84	3	19.0	18	32	70	5
50	165	125	19	4	M16	99	3	19.0	20	34	84	5
65	185	145	19	8	M16	118	3	19.0	22	38	104	6
80	200	160	19	8	M16	132	3	19.0	24	40	120	6
100	235	190	23	8	M20	156	3	19.0	21	44	142	6
125	270	220	28	8	M24	184	3	19.0	26	48	162	6
150	300	250	28	8	M24	211	3	20.0	28	52	192	8

4. 突面带颈螺纹钢制管法兰

突面带颈螺纹钢制管法兰用于旋在两端带55°的管螺纹的钢管上，以便与其他带法兰的钢管或阀门、管件进行连接，其外形及技术参数见表8-149。

表8-149　突面带颈螺纹钢制管法兰的外形及技术参数

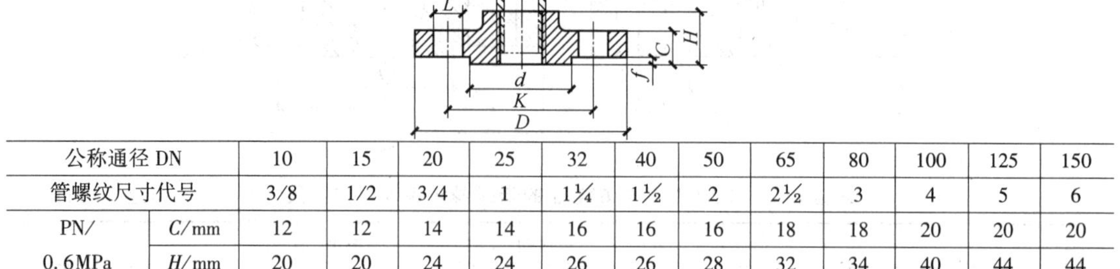

公称通径 DN		10	15	20	25	32	40	50	65	80	100	125	150
管螺纹尺寸代号		3/8	1/2	3/4	1	1¼	1½	2	2½	3	4	5	6
PN/0.6MPa	C/mm	12	12	14	14	16	16	16	18	18	20	20	20
	H/mm	20	20	24	24	26	26	28	32	34	40	44	44

注：1. 突面带颈螺纹钢制管法兰的其他尺寸（D、K、L、n、d、f、A）与相同公称压力的板式平焊钢制管法兰相同。

2. 公称压力PN01.0~2.5MPa的突面带颈螺纹钢制管法兰的C、H尺寸，与相同公称压力的带颈平焊钢制管法兰相同。

3. 管螺纹采用55°锥管螺纹。

5. 平面、突面钢制管法兰盖

平面、突面钢制管法兰盖用于封闭带法兰的钢管或阀门、管件，其外形及技术参数见表8-150。

表8-150　平面、突面钢制管法兰盖的外形及技术参数　　（单位：mm）

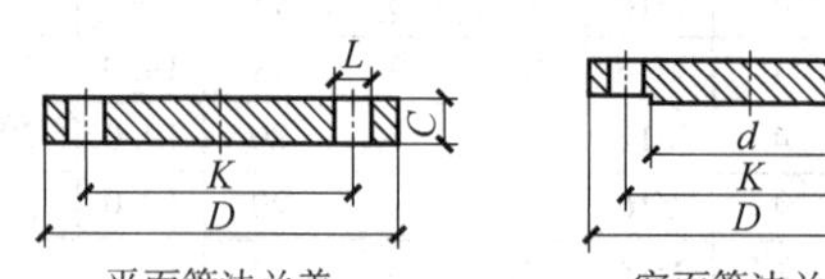

公称通径 DN			10	15	20	25	32	40	50	65	80	100
公称压力 PN/MPa	0.6	法兰厚度 C	12	12	14	14	16	16	16	16	18	18
	1.0		14	14	16	16	18	18	20	20	20	22
	1.6		14	14	16	16	18	18	20	20	20	22
	2.5		14	14	16	16	18	18	20	20	24	26
公称通径 DN			125	150	200	250	300	350	400	450	500	600
公称压力 PN/MPa	0.6	法兰厚度 C	20	20	22	24	24	26	28	30	32	36
	1.0		22	24	24	26	26	26	28	28	30	34
	1.6		22	24	26	26	28	30	32	36	40	44
	2.5		28	30	32	32	34	38	40	44	46	54

注：平面、突面钢制管法兰的其他尺寸（D、K、L、n、d、f）与相同公称压力的板式平焊钢制管法兰相同。

6. 铸铁管法兰管（GB/T 17241.2—1998）

铸铁管法兰管用于封闭带法兰的钢管或阀门、管件，其外形及技术参数见表8-151a~d。

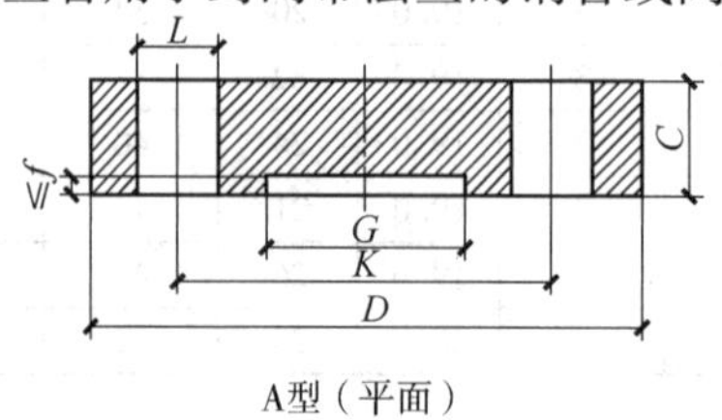

A型（平面）

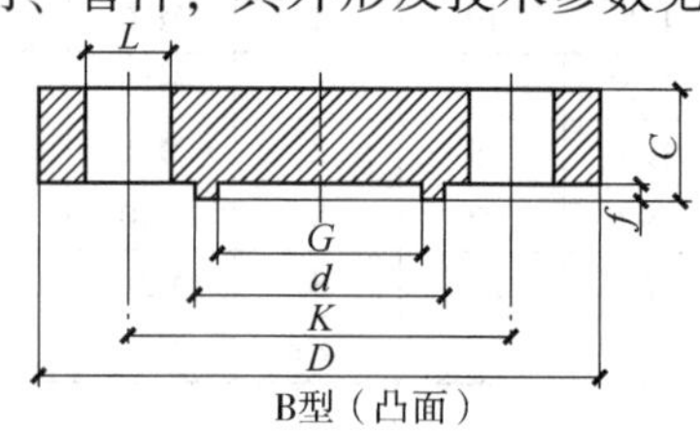

B型（凸面）

表 8-151a　PN0. 25MPa 的铸铁管法兰盖尺寸　（单位：mm）

公称通径 DN	连接尺寸					密封面尺寸		法兰厚度 C	最大凹槽直径 G
	法兰外径 D	螺栓孔中心圈直径 K	螺栓			外径 d	高度 f	灰铸铁	
			通孔直径 L	数量 n	螺纹规格				
10	75	50	11	4	M10	33	2	12	—
15	80	55	11	4	M10	38	2	12	—
20	90	65	11	4	M10	48	2	14	—
25	100	75	11	4	M10	58	2	14	—
32	120	90	14	4	M12	69	3	16	—
40	130	100	14	4	M12	78	3	16	—
50	140	110	14	4	M12	88	3	16	—
65	160	130	14	4	M12	108	3	16	—
80	190	150	19	4	M16	124	3	18	—
100	210	170	19	4	M16	144	3	18	—
125	240	200	19	8	M16	174	3	20	—
150	265	225	19	8	M16	199	3	20	—
200	320	280	19	8	M16	254	3	22	—
250	375	335	19	12	M16	309	3	24	—
300	440	395	23	12	M20	363	4	24	—
350	490	445	23	12	M20	413	4	26	325
400	540	495	23	16	M20	463	4	28	375
450	595	550	23	16	M20	518	4	28	425
500	645	600	23	20	M20	568	4	30	475
600	755	705	26	20	M24	667	5	30	575

表 8-151b　PN0. 6MPa 的铸铁管法兰盖尺寸　（单位：mm）

公称通径 DN	连接尺寸					密封面尺寸		法兰厚度 C		最大凹槽直径 G
	法兰外径 D	螺栓孔中心圆直径 K	螺栓			外径 d	高度 f	灰铸铁	可锻铸铁	
			通孔直径 L	数量 n	螺纹规格					
10	75	50	11	4	M10	33	2	12	12	—
15	80	55	11	4	M10	38	2	12	12	—
20	90	65	11	4	M10	48	2	14	14	—
25	100	75	11	4	M10	58	2	14	14	—
32	120	90	14	4	M12	69	3	16	16	—
40	130	100	14	4	M12	78	3	16	16	—
50	140	110	14	4	M12	88	3	16	16	—
65	160	130	14	4	M12	108	3	16	16	—
80	190	150	19	4	M16	124	3	18	18	—
100	210	170	19	4	M16	144	3	18	18	—

（续）

公称通径 DN	连接尺寸					密封面尺寸		法兰厚度 *C*		最大凹槽直径 *G*
	法兰外径 *D*	螺栓孔中心圆直径 *K*	螺栓			外径 *d*	高度 *f*	灰铸铁	可锻铸铁	
			通孔直径 *L*	数量 *n*	螺纹规格					
125	240	200	19	8	M16	174	3	20	20	—
150	265	225	19	8	M16	199	3	20	20	—
200	320	280	19	8	M16	254	3	22	22	—
250	375	335	19	12	M16	309	3	24	24	—
300	440	395	23	12	M20	363	4	24	24	—
350	490	445	23	12	M20	413	4	26	—	325
400	540	495	23	16	M20	463	4	28	—	375
450	595	550	23	16	M20	518	4	28	—	425
500	645	600	23	20	M20	568	4	30	—	475
600	755	705	26	20	M24	667	5	30	—	575

表 8-151c　PN1. 0MPa 的铸铁管法兰盖尺寸　　（单位：mm）

公称通径 DN	连接尺寸					密封面尺寸		法兰厚度 *C*			最大凹槽直径 *G*
	法兰外径 *D*	螺栓孔中心圆直径 *K*	螺栓			外径 *d*	高度 *f*	灰铸铁	球墨铸铁	可锻铸铁	
			通孔直径 *L*	数量 *n*	螺纹规格						
10	90	60	14	4	M12	41	2	14	—	14	—
15	95	65	14	4	M12	46	2	14	—	14	—
20	105	75	14	4	M12	56	2	16	—	16	—
25	115	85	14	4	M12	65	3	16	—	16	—
32	140	100	19	4	M16	76	3	18	—	18	—
40	150	110	19	4	M16	84	3	18	19. 0	18	—
50	165	125	19	4	M16	99	3	20	19. 0	20	—
65	185	145	19	4	M16	118	3	20	19. 0	20	—
80	200	160	19	8	M16	132	3	22	19. 0	20	—
100	220	180	19	8	M16	156	3	24	19. 0	20	—
125	250	210	19	8	M16	184	3	26	19. 0	20	—
150	285	240	23	8	M20	211	3	26	19. 0	24	—
200	340	295	23	8	M20	266	3	26	20. 0	24	—
250	395	350	23	12	M20	319	3	28	22. 0	26	—
300	445	400	23	12	M20	370	4	28	24. 5	26	—
350	505	460	23	16	M20	429	4	30	24. 5	—	325
400	565	515	28	16	M24	480	4	32	24. 5	—	375
450	615	565	28	20	M24	530	4	32	25. 5	—	425
500	670	620	28	20	M24	582	4	34	26. 5	—	475
600	780	725	31	20	M27	682	5	36	30. 0	—	575

表 8-151d　PN2.5MPa 的铸铁管法兰盖尺寸　（单位：mm）

公称通径 DN	连接尺寸					密封面尺寸		法兰厚度 C			最大凹槽直径 G
	法兰外径 D	螺栓孔中心圆直径 K	螺栓			外径 d	高度 f	灰铸铁	球墨铸铁	可锻铸铁	
			通孔直径 L	数量 n	螺纹规格						
10	90	60	14	4	M12	41	2	16	—	16	—
15	95	65	14	4	M12	46	2	16	—	16	—
20	105	75	14	4	M12	56	2	18	—	16	
25	115	85	14	4	M12	65	3	18	—	16	—
32	140	100	19	4	M16	76	3	20	—	18	—
40	150	110	19	4	M16	84	3	20	19.0	18	—
50	165	125	19	4	M16	99	3	22	19.0	20	—
65	185	145	19	8	M16	118	3	24	19.0	22	—
80	200	160	19	8	M16	132	3	26	19.0	24	—
100	235	190	23	8	M20	156	3	28	19.0	24	—
125	270	220	28	8	M24	184	3	30	19.0	26	—
150	300	250	28	8	M24	211	3	34	20.0	28	—
200	360	310	28	12	M24	274	3	34	22.0	30	—
250	425	370	31	12	M27	330	3	36	24.5	32	—
300	485	430	31	16	M27	389	4	40	27.5	34	—
350	555	490	34	16	M30	448	4	44	30.0	—	325
400	620	550	37	16	M33	503	4	48	32.0	—	375
450	670	600	37	20	M33	548	4	50	34.5	—	425
500	730	660	37	20	M33	609	4	52	36.5	—	475
600	845	770	40	20	M36	720	5	56	42.0	—	575

第9章　建筑电气五金

9.1　通用型电线电缆

9.1.1　聚氯乙烯绝缘电线

1. BV、BLV、BVR 型电线

BV、BLV 型电线分别为铜芯、铝芯聚氯乙烯绝缘电线，BVR 为铜芯聚氯乙烯软电线。适用环境温度为≤70℃。主要用于交流及直流日用电器、电信设备、动力和照明线路的固定敷设，其技术参数见表9-1。

表9-1　BV、BLV、BVR 型电线的技术参数

型号	额定电压（U_0/U）/（V/V）	标称截面面积/mm^2	线芯结构根数（直径/mm）	电线参考数据		适用环境温度/℃
				最大外径/mm	20℃时导体电阻/（Ω/km）≤	
BV	300/500	0.5	1/0.80	2.4	36.0	≤70
		0.75（A）	1/0.97	2.6	24.5	
		0.75（B）	7/0.37	2.8	24.5	
		1.0（A）	1/1.13	2.8	18.1	
		1.0（B）	7/0.43	3.0	18.1	
	450/750	1.5（A）	1/1.38	3.3	12.1	
		1.5（B）	7/0.52	3.5	12.1	
		2.5（A）	1/1.78	3.9	7.41	
		2.5（B）	7/0.68	4.2	7.41	
		4（A）	1/2.25	4.4	4.61	
		4（B）	7/0.85	4.8	4.61	
		6（A）	1/2.76	4.9	3.08	
		6（B）	7/1.04	5.4	3.08	
		10	7/1.35	7.0	1.83	
		16	7/1.70	8.0	1.15	
		25	7/2.14	10.0	0.727	
		35	7/2.52	11.5	0.524	
		50	19/1.78	13.0	0.387	
		70	19/2.14	15.0	0.268	
		95	19/2.52	17.5	0.193	
		120	37/2.03	19.0	0.153	
		150	37/2.25	21.0	0.124	
		185	37/2.52	23.5	0.0991	
		240	61/2.25	26.5	0.0754	
		300	61/2.52	29.5	0.0601	
		400	61/2.85	33.0	0.0470	

（续）

型号	额定电压（U_0/U）/（V/V）	标称截面面积/mm^2	线芯结构根数（直径/mm）	电线参考数据		适用环境温度/℃
				最大外径/mm	20℃时导体电阻/（Ω/km）≤	
BLV	450/750	2.5	1/1.78	3.9	11.80	≤70
		4	1/2.25	4.4	7.39	
		6	1/2.76	4.9	4.91	
		10	7/1.35	7.0	3.08	
		16	7/1.70	8.0	1.91	
		25	7/2.14	10.0	1.20	
		35	1/2.52	11.5	0.866	
		50	19/1.78	13.0	0.641	
		70	19/2.14	15.0	0.443	
		95	19/2.52	17.5	0.320	
		120	37/2.03	19.0	0.253	
		150	37/2.25	21.0	0.206	
		185	37/2.52	23.5	0.164	
		240	61/2.25	26.5	0.125	
		300	61/2.52	29.5	0.100	
		400	61/2.85	33.0	0.0778	
BVR	450/750	2.5	19/0.41	4.2	7.41	≤70
		4	19/0.52	4.8	4.61	
		6	19/0.64	5.6	3.08	
		10	49/0.52	7.6	1.83	
		16	49/0.64	8.8	1.15	
		25	98/0.58	11.0	0.727	
		35	133/0.59	12.5	0.524	
		50	133/0.68	14.5	0.387	
		70	189/0.68	16.5	0.268	

注：BV、BLV分别为铜芯、铝芯聚氯乙烯绝缘电线，BVR为铜芯聚氯乙烯软电线。

2. BVV型电线

BVV型电线为铜芯聚氯乙烯绝缘聚氯乙烯护套圆形电线，适用环境温度为≤70℃。主要用于交流、直流日用电器、电信设备、动力和照明线路的固定敷设，其技术参数见表9-2。

表9-2　BVV型电线的技术参数

型号	额定电压（U_0/U）/（V_0/V）	芯数×标称截面面积/mm^2	线芯结构芯数（直径/mm）	电线参考数据			适用环境温度/℃
				外径/mm		20℃时导体电阻/（Ω/km）≤	
				下限	上限		
BVV	300/500	1×0.75	1×1/0.97	3.6	4.3	24.5	≤70
		1×1.0	1×1/1.13	3.8	4.5	18.1	
		1×1.5（A）	1×1/1.38	4.2	4.9	12.1	
		1×1.5（B）	1×7/0.52	4.3	5.2	12.1	
		1×2.5（A）	1×1/1.78	4.8	5.8	7.41	
		1×2.5（B）	1×7/0.68	4.9	6.0	7.41	
		1×4（A）	1×1/2.25	5.4	6.4	4.61	

（续）

型号	额定电压（U_0/U）/（V_0/V）	芯数×标称截面面积/mm^2	线芯结构芯数（直径/mm）	电线参考数据			适用环境温度/°
				外径/mm		20℃时导体电阻/（Ω/km）≤	
				下限	上限		
BVV	300/500	1×4（B）	1×7/0.85	5.4	6.8	4.61	≤70
		1×6（A）	1×1/2.76	5.8	7.0	3.08	
		1×6（B）	1×7/1.04	6.0	7.4	3.08	
		1×10	1×7/1.35	7.2	8.8	1.83	
		2×1.5（A）	2×1/1.38	8.4	9.8	12.1	
		2×1.5（B）	2×7/0.62	8.6	10.5	12.1	
		2×2.5（A）	2×1/1.78	9.6	11.5	7.41	
		2×2.5（B）	2×7/0.68	9.8	12.0	7.41	
		2×4（A）	2×1/2.25	10.5	12.5	4.61	
		2×4（B）	2×7/0.85	10.5	13.0	4.61	
		2×6（A）	2×1/2.76	11.5	13.5	3.08	
		2×6（B）	2×7/1.04	11.5	14.5	2.08	
		2×10	2×7/1.35	15.0	18.0	1.83	
		3×1.5（A）	3×1/1.38	8.8	10.5	12.1	
		3×1.5（B）	3×7/0.52	9.0	11.0	12.1	
		3×2.5（A）	3×1/1.78	10.0	12.0	7.41	
		3×2.5（B）	3×7/0.68	10.0	12.5	7.41	
		3×4（A）	3×1/2.25	11.0	13.0	4.61	
		3×4（B）	3×7/0.85	11.0	14.0	4.61	
		3×6（A）	3×1/2.76	12.5	14.5	3.08	
		3×6（B）	3×7/1.04	12.5	15.5	3.08	
		3×10	3×7/1.35	15.5	19.0	1.83	
		4×1.5（A）	4×1/1.38	9.6	11.5	12.1	
		4×1.5（B）	4×7/0.52	9.6	12.0	12.1	
		4×2.5（A）	4×1/1.78	11.0	13.0	7.41	
		4×2.5（B）	4×7/0.68	11.0	13.5	7.41	
		4×4（A）	4×1/2.25	12.5	14.5	4.61	
		4×4（B）	4×7/0.85	12.5	15.5	4.61	
		4×6（A）	4×1/2.76	14.0	16.0	3.03	
		4×6（B）	4×7/1.04	14.0	17.5	3.08	
		5×1.5（A）	5×1/1.38	10.0	12.0	12.1	
		5×1.5（B）	5×7/0.52	10.5	12.5	12.1	
		5×2.5（A）	5×1/1.78	11.5	14.0	7.41	
		5×2.5（B）	5×7/0.48	12.8	14.5	7.41	
		5×4（A）	5×1/2.25	13.5	16.0	4.61	
		5×4（B）	5×7/0.85	14.0	17.0	4.61	
		5×6（A）	5×1/2.76	15.0	17.5	3.08	
		5×6（B）	5×7/1.04	15.5	18.5	3.08	

3. BLVV 型电线

BLVV 型电线为铝芯聚氯乙烯绝缘聚氯乙烯护套圆形电线。适用环境温度为≤70℃。

主要用于交流、直流日用电器、电信设备、动力和照明线路的固定敷设，其技术参数见表 9-3。

表 9-3　BLVV 型电线的技术参数

型号	额定电压（U_0/U）/（V_0/V）	芯数×标称截面面积/mm²	线芯结构芯数（直径/mm）	电线参考数据			适用环境温度/℃
				外径/mm		20℃时导体电阻/（Ω/km）≤	
				下限	上限		
BLVV	300/500	2.5	1/1.78	4.8	5.8	11.8	≤70
		4	1/2.25	5.4	6.4	7.39	
		6	1/2.76	5.8	7.0	4.91	
		10	7/1.35	7.2	8.8	3.08	

4. BVVB、BLVVB 型电线

BVVB、BLVVB 型电线分别为铜芯、铝芯聚氯乙烯绝缘及聚氯乙烯护套平型电线。适用环境温度为≤70℃。主要用于交流、直流日用电器、电信设备、动力和照明线路的固定敷设，其技术参数见表 9-4。

表 9-4　BVVB、BLVVB 型电线的技术参数

型号	额定电压（U_0/U）/（V/V）	芯数×标称截面面积/mm²	线芯结构芯数×根数（直径/mm）	电线参考数据			适用环境温度/℃
				外径/mm		20℃时导体电阻/（Ω/km）≤	
				下限	上限		
BVVB	300/500	2×0.75	2×1/0.97	3.8×5.8	4.6×7.0	24.8	≤70
		2×1.0	2×1/1.13	4.0×6.2	4.8×7.4	18.1	
		2×1.5	2×1/1.38	4.4×7.0	5.4×8.4	12.1	
		2×2.5	2×1.78	5.2×8.4	6.2×9.8	7.41	
		2×4	2×7/0.85	5.6×9.6	7.2×11.5	4.61	
		2×6	2×7/1.04	6.4×10.5	8.0×13.0	3.08	
		2×10	2×7/1.35	7.8×13.0	9.6×16.0	1.83	
		3×0.75	3×1/0.97	3.8×8.0	4.6×9.4	24.50	
		3×1.0	3×1/1.13	4.0×8.4	4.8×9.8	18.10	
		3×1.5	3×1/1.38	4.4×9.8	5.4×11.5	12.10	
		3×2.5	3×1/1.78	5.2×11.5	6.2×13.5	7.41	
		3×4	3×7/0.85	5.8×13.5	7.4×16.5	4.61	
		3×6	3×7/1.04	6.4×15.0	8.0×18.0	3.08	
		3×10	3×7/1.35	7.8×19.0	9.6×22.5	1.8	
BLVVB	300/500	2×2.5	2×1/1.78	5.2×8.4	6.2×9.8	11.8	
		2×4	2×1/2.25	5.6×9.4	6.8×11.0	7.39	
		2×6	2×1/2.76	6.2×10.5	7.4×12.0	4.91	
		2×10	2×7/1.35	7.8×13.0	9.6×16.0	3.08	
		3×2.5	3×1/1.78	5.2×11.5	6.2×13.5	11.8	
		3×4	3×1/2.25	5.8×13.0	7.0×15.0	7.39	
		3×6	3×1/2.76	6.2×14.5	7.4×17.0	4.91	
		3×10	3×7/1.35	7.8×19.0	9.6×22.5	3.08	

5. BV-B105 型电线

BV-B105 型系列电线为铜芯耐热 105℃聚氯乙烯绝缘电线。适用环境温度为≤105℃。主要用于交流、直流日用电器、电信设备、动力和照明线路的固定敷设，其技术参数见表 9-5。

表 9-5 BV-B105 型电线的技术参数

型号	额定电压（U_0/U）/(V/V)	标称截面面积/mm²	线芯结构芯数（直径/mm）	电线参考数据		适用环境温度/℃
				最大外径/mm	20℃时导体电阻/(Ω/km) ≤	
BV-B105	450/750	0.5	1/0.80	2.7	36	≤70
		0.75	1/0.97	2.8	24.5	
		1.0	1/1.13	3.0	18.1	
		1.5	1/1.38	3.3	12.1	
		2.5	1/1.78	3.9	7.41	
		4	1/2.25	4.4	4.60	
		6	1/2.76	4.9	3.08	

9.1.2 聚氯乙烯绝缘软电线

1. RV 型软电线

RV 型软电线为铜芯聚氯乙烯绝缘软电线。适用环境温度为≤70℃。主要用于交流、直流移动电器、仪器仪表、电信设备、家用电器、小型电动工具等装置的连接，其技术参数见表 9-6。

表 9-6 RV 型软电线的技术参数

型号	额定电压（U_0/U）/(V/V)	标称截面面积/mm²	线芯结构芯数（直径/mm）	电线参考数据		适用环境温度/℃
				最大外径/mm	20℃时导体电阻/(Ω/km) ≤	
RV	300/500	0.3	16/0.15	2.3	69.2	≤70
		0.4	23/0.15	2.5	48.8	
		0.5	16/0.2	2.6	39.0	
		0.75	24/0.2	2.8	26.0	
		1.0	32/0.2	3.0	19.5	
	450/750	1.5	30/0.25	3.5	13.3	
		2.5	49/0.25	4.2	7.98	
		4	56/0.30	4.8	4.95	
		6	84/0.30	6.4	3.30	
		10	84/0.40	8.0	1.91	

2. RVB、RVS、RVV、RVVB、RV-105 型软电线

RVB、RVS 分别表示铜芯聚氯乙烯绝缘平型、绞型连接软电线；RVV、RVVB 分别表示铜芯聚氯乙烯绝缘聚氯乙烯护套圆形、平形连接软电线；RV-105 表示铜芯耐热 105℃聚氯乙烯绝缘连接软电线。RVB、RVS、RVV、RVVB 型软电线适用环境温度为≤70℃；RV-105 型软电线适用环境温度为≤105℃。主要用于交流、直流移动电器、仪器仪表、电信设备、家用电器、小型电动工具等装置的连接，其技术参数见表 9-7。

表 9-7　RVB、RVS、RVV、RVVB、RV-105 型软电线的技术参数

型号	额定电压（U_0/U）/(V/V)	芯数×标称截面面积/mm²	线芯结构芯数×根数（直径/mm）	电线参考数据			适用环境温度/℃
				外径/mm		20℃时导体电阻/(Ω/km) ≤	
				下限	上限		
RVB	300/300	2×0.3	2×16/0.15	1.8×3.6	2.3×4.3	69.2	≤70
		2×0.4	2×23/0.15	1.9×3.9	2.5×4.6	48.2	
		2×0.5	2×28/0.15	2.4×4.8	3.0×5.8	39.0	
		2×0.75	2×42/0.15	2.6×5.2	3.2×6.2	26.0	
		2×1.0	2×32/0.20	2.8×5.6	3.4×6.6	19.5	
RVS	300/300	2×0.3	2×16/0.15	3.6	4.3	69.2	
		2×0.4	2×23/0.15	3.9	4.6	48.2	
		2×0.5	2×28/0.15	4.8	5.8	39.0	
		2×0.75	2×42/0.15	5.2	6.2	26.0	
RVV	300/300	2×0.5	2×16/0.2	4.8	6.2	39	
		2×0.75	2×24/0.2	5.2	6.6	26	
		3×0.5	3×16/0.2	5.0	6.6	39	
		3×0.75	3×24/0.2	5.6	7.0	26	
	300/500	2×0.75	2×24/0.2	6.0	7.6	26	
		2×1.0	2×32/0.2	6.4	7.8	19.5	
		2×1.5	2×30/0.25	7.2	8.8	13.3	
		2×2.5	2×49/0.25	8.8	11.0	7.98	
		3×0.75	3×24/0.2	6.4	8.0	26.0	
		3×1.0	3×32/0.2	6.8	8.4	19.5	
		3×1.5	3×30/0.25	7.8	9.6	13.3	
		3×2.5	3×49/0.25	9.6	11.5	7.98	
		4×0.75	4×24/0.2	7.0	8.6	26.0	
		4×1.0	4×32/0.2	7.6	9.2	19.5	
		4×1.5	4×30/0.25	8.8	11.0	13.3	
		4×2.5	4×49/0.25	10.5	12.5	7.98	
		5×0.75	5×24/0.2	7.8	9.4	26	
		5×1.0	5×32/0.2	8.2	11.0	19.5	
		5×1.5	5×30/0.25	9.8	12.0	13.3	
		5×2.5	5×49/0.25	11.5	14.0	7.98	
RVVB	300/300	2×0.5	2×16/0.2	3.0×4.8	3.8×6.0	39	≤70
		2×0.75	2×24/0.2	3.2×5.2	3.9×6.4	26	
	300/500	2×0.75	2×24/0.2	3.8×6.0	5.0×7.6	26	
RV-105	450/750	0.5	16/0.2	2.8		39.0	≤105
		0.75	24/0.2	3.0		26.0	
		1.0	32/0.2	3.2		19.5	
		1.5	30/0.25	3.5		13.3	
		2.5	49/0.25	4.2		7.98	
		4	56/0.30	4.8		4.95	
		6	84/0.30	6.4		3.30	

9.1.3 橡皮绝缘固定敷设电线

BXW、BLXW 分别表示铜芯、铝芯橡皮绝缘氯丁护套电线；BXY、BLXY 分别表示铜芯、铝芯橡皮绝缘黑色聚乙烯护套电线。适用环境温度：≤65℃。BXW、BLXW 型适用于户内和户外明敷，特别是寒冷地区；BXY、BLXY 型适用于户内和户外穿管，特别是寒冷地区。其技术参数见表 9-8。

表 9-8 橡皮绝缘固定敷设电线的技术参数

型号	额定电压 (U_0/U) /(V/V)	导体标称截面面积 /mm²	导电线芯根数/单线标称直径 /mm	绝缘与护套厚度之和标称值 /mm	绝缘最薄点厚度 /mm≥	护套最薄点厚度 /mm≥	平均外径上限 /mm	20℃时导体电阻/(Ω/km) ≤		
								铜芯	镀锡铜芯	铝芯
BXW BLXW BXY BLXY	300/500	0.75	1/0.97	1.0	0.4	0.2	3.9	24.5	24.7	
		1.0	1/1.13	1.0	0.4	0.2	4.1	18.1	18.2	
		1.5	1/1.38	1.0	0.4	0.2	4.4	12.1	12.2	
		2.5	1/1.78	1.0	0.6	0.2	5.0	7.41	7.56	11.8
		4	1/2.25	1.0	0.6	0.2	5.6	4.61	4.70	7.39
		6	1/2.76	1.2	0.6	0.25	6.8	3.08	3.11	4.91
		10	1/1.35	1.2	0.75	0.25	8.3	1.83	1.84	3.08
		16	1/1.70	1.4	0.75	0.25	10.1	1.15	1.16	1.91
		25	7/2.14	1.4	0.9	0.30	11.8	0.727	0.734	1.20
		35	7/2.52	1.6	0.9	0.30	13.8	0.524	0.529	0.868
		50	19/1.78	1.6	1.0	0.30	15.4	0.387	0.391	0.641
		70	19/2.14	1.8	1.0	0.35	18.2	0.263	0.270	0.443
		95	19/2.52	1.8	1.1	0.35	20.6	0.193	0.195	0.320
		120	37/2.03	2.0	1.2	0.40	23.0	0.153	0.154	0.253
		150	37/2.25	2.0	1.3	0.40	25.0	0.124	0.126	0.206
		185	37/2.52	2.2	1.3	0.40	27.9	0.0991	0.100	0.164
		240	61/2.25	2.4	1.4	0.40	31.4	0.0754	0.0762	0.125

9.1.4 通用橡胶套软电缆

YQ、YQW 表示轻型橡胶套软电缆；YZ、YZW 表示中型橡胶套软电缆；YC、YCW 表示重型橡胶套软电缆。主要用于交流额定至 450V，直流额定电压至 700V，为家用电器、电动工具及各种移动式电气设备的电力传输线，其技术参数见表 9-9。

表 9-9 通用橡胶套软电缆的技术参数

型号	额定电压 (U_0/U) /(V/V)	标称截面面积 /mm²	线芯结构根数 (直径/mm)	20℃时导体电阻 (Ω/km) ≤	电缆外径/mm					
					单芯	2 芯	3 芯	(3+1) 芯	4 芯	5 芯
YQ YQW	300/300	0.3	16/0.15	66.3	—	6.6	7	—	—	—
		0.5	28/0.15	37.8		7.2	7.6			
		0.75	42/0.15	25		7.8	8.7			

（续）

型号	额定电压（U_0/U）/（V/V）	标称截面面积/mm^2	线芯结构根数（直径/mm）	20℃时导体电阻（Ω/km）≤	电缆外径/mm					
					单芯	2芯	3芯	（3+1）芯	4芯	5芯
YZ YZW	450/750	0.5	28/0.15	37.5	—	8.3	8.7	—	—	—
		0.75	42/0.15	24.8	—	8.8	9.3	—	9.3	10.7
		1	32/0.2	18.3	—	9.1	9.6	—	9.7	11
		1.5	48/0.2	12.2	—	9.7	10.7	12	12	13
		2	64/0.2	9.14	—	10.9	11.5	—	—	—
		2.5	77/0.2	7.59	—	13.2	14	14	13.5	15
		4	77/0.26	4.49	—	15.2	16	16	16	17.5
		6	77/0.32	2.97	—	16.7	18.1	19.5	19.5	22
YC YCW	450/750	1.5	—	—	7.2	11.5	12.5	—	13.5	15
		2.5	49/0.26	6.92	8	13.5	14.5	15.5	15.5	17
		4	49/0.32	4.57	9	15	16	17.5	18	19.5
		6	49/0.39	3.07	11	18.5	20	21	22	24.5
		10	84/0.39	1.8	13	24	25.5	26.5	28	31
		16	84/0.49	1.14	14.5	27.5	29.5	30.5	37.5	41.5
		25	113/0.49	0.718	16.5	31.5	34	35.5	37.5	41.5
		35	113/0.58	0.512	18.5	35.5	38	38.5	42	—
		50	113/0.68	0.373	21	41	43.5	46	48.5	—
		70	189/0.68	0.262	24	46	49.5	51	55	—
		95	250/0.68	0.191	26	50.5	54	55	60.5	—
		120	259/0.76	0.153	28.5	—	59	59	65.5	—
		150	756/0.5	0.129	32	—	66.5	66	74	—
		185	925/0.5	0.106	34.5	—	—	—	—	—
		240	1221/0.5	0.0801	38	—	—	—	—	—
		300	1525/0.5	0.0641	41.5	—	—	—	—	—
		400	2013/0.5	0.0486	46.5	—	—	—	—	—

9.1.5　通信电线电缆

1. 市内电话电缆

（1）HQ03型铅套聚乙烯套市内电话电缆　HQ03型铅套聚乙烯套市内电话电缆主要用于市内电话通信网，其技术参数见表9-10。

表9-10　HQ03型铅套聚乙烯套市内电话电缆的技术参数

标称对数	电缆外径/mm				
	0.4	0.5	0.6	0.7	0.9
5	12.7	12.6	13.2	14.1	15.3
10	13.5	13.5	15.0	16.5	19.1
15	14.4	14.7	16.7	17.9	21.4
20	15.5	15.7	17.4	19.7	22.7
25	16.2	16.9	19.9	21.6	25.7

（续）

标称对数	电缆外径/mm				
	0.4	0.5	0.6	0.7	0.9
30	16.7	17.4	20.4	22.1	26.2
50	19.7	21.1	23.9	26.1	32.0
80	22.5	24.3	27.9	30.6	38.8
100	23.5	25.9	30.2	33.6	42.9
150	27.7	29.5	35.9	40.6	51.5
200	30.2	33.9	39.1	45.0	56.6
300	33.8	39.1	47.5	53.2	68.3
400	38.8	45.1	53.1	60.8	76.1
500	42.3	48.8	58.7	67.7	
600	46.5	52.2	64.0	72.9	
700	50.0	56.0	68.2		
800	52.2	58.7	72.4		
900	55.1	62.7			
1000	57.4	65.3			
1200	62.7	70.6			
1800	75.6				

（2）HQ型裸铅套市内电话电缆　HQ型裸铅套市内电话电缆主要用于市内电话通信网，其技术参数见表9-11。

表9-11　HQ型裸铅套市内电话电缆的技术参数

标称对数	电缆外径/mm				
	0.4	0.5	0.6	0.7	0.9
5	7.3	7.2	7.8	8.9	10.1
10	8.1	8.1	9.8	11.4	13.0
15	9.2	9.5	11.6	12.8	14.3
20	10.3	10.5	12.3	13.6	16.8
25	11.1	11.8	13.8	15.5	19.7
30	11.6	12.3	14.3	16.2	20.2
50	13.6	15.0	18.0	20.1	26.2
80	16.6	18.4	21.9	24.6	32.1
100	17.6	19.9	24.4	27.8	36.2
150	21.7	23.7	29.1	33.9	43.8
200	24.4	27.1	32.4	38.3	48.9
300	28.0	32.4	39.8	45.5	59.7
400	32.1	37.4	45.4	53.0	67.5
500	35.6	41.1	51.0	59.1	
600	38.8	44.9	55.2	64.3	
700	41.9	48.3	59.6		
800	44.5	51.2	63.9		
900	47.4	53.9			
1000	49.7	56.7			

（续）

标称对数	电缆外径/mm				
	0.4	0.5	0.6	0.7	0.9
1200	53.9	62.0			
1800	67.0				

（3）HYQ型聚乙烯绝缘裸铅包套市内电话电缆　HYQ型聚乙烯绝缘裸铅包套市内电话电缆主要用于市内电话通信网，其技术参数见表9-12。

表9-12　HYQ型聚乙烯绝缘裸铅包套市内电话电缆的技术参数

标称对数	电缆外径/mm			
	0.4	0.5	0.6	0.7
5	7.9	8.9	9.8	11.0
10	9.4	10.9	12.1	13.3
15	10.9	12.3	13.8	15.3
20	11.9	13.4	15.2	17.1
25	12.7	14.5	16.6	18.5
30	13.9	16.1	18.3	20.7
50	16.8	19.5	22.3	25.3
80	20.3	23.7	27.5	31.4
100	21.3	24.8	28.9	33.0
150	26.2	31.0	36.1	41.5
200	30.0	35.2	41.4	47.3
300	34.3	40.0	47.5	54.4
400	38.9	45.0	53.9	62.4

（4）HYV型铜芯全塑聚乙烯绝缘聚氯乙烯护套市内电话电缆　HYV型铜芯全塑聚乙烯绝缘聚氯乙烯护套市内电话电缆主要用于市内电话通信网，其技术参数见表9-13。

表9-13　HYV型铜芯全塑聚乙烯绝缘聚氯乙烯护套市内电话电缆的技术参数

标称对数	电缆外径/mm		
	0.5	0.6	0.7
5	9.0	10.0	11.0
10	11.0	12.0	13.0
15	12.0	14.0	15.0
20	13.0	15.0	17.0
25	14.0	16.0	18.0
30	15.0	17.0	20.0
40	17.0	20.0	23.0
50	19.0	22.0	25.0
80	23.0	27.0	31.0
100	25.0	29.0	34.0
150	31.0	35.0	40.0
200	35.0	40.0	45.0
300	41.0	48.0	55.0
400	47.0	55.0	

2. HPVV 型全聚氯乙烯配线电缆

HPVV 型全聚氯乙烯配线电缆敷设的环境温度为≥－5℃。主要用于线路的始端和终端，供连接市内电话电缆至分线箱或配线架之用，也可作短距离配线，其技术参数见表 9-14。

表 9-14　HPVV 型全聚氯乙烯配线电缆的技术参数

对数	规格	近似外径/mm	近似重量/(kg/km)
5	5×2×0.5	8.3	83.4
10	10×2×0.5	10.7	127.8
15	15×2×0.5	13.0	195.1
20	20×2×0.5	13.5	226.0
25	25×2×0.5	15.8	275.1
30	30×2×0.5	16.1	308.2
40	40×2×0.5	17.5	373.7
50	50×2×0.5	19.7	457.0
80	80×2×0.5	24.4	712.4
100	100×2×0.5	27.3	867.2
150	150×2×0.5	30.0	1180.2
200	200×2×0.5	33.0	1510.2
300	300×2×0.5	39.0	2140.2

3. 局用电缆

（1）HJVV 型无屏蔽局用电缆　HJVV 型无屏蔽局用电缆敷设的环境温度为≥－5℃。主要用于配线架至交换机或交换机内部各级机器间的连接（包括农村电话局用），其技术参数见表 9-15。

表 9-15　HJVV 型无屏蔽局用电缆的技术参数

型号	芯数	规格	近似外径/mm	近似重量/(kg/km)
HJVV 型	12	6×2×0.5	7	60
	15	5×3×0.5	8	70
	22	11×2×0.5	9	90
	24	12×2×0.5	9	100
	33	11×3×0.5	11	150
	42	21×2×0.5	12	170
	44	11×4×0.5	13	180
	48	16×3×0.5	13	200
	50	25×2×0.5	13	200
	63	21×3×0.5	15	250
	78	26×3×0.5	16	300
	84	42×2×0.5	16	310
	93	31×3×0.5	17	340
	104	52×2×0.5	17	370
	105	21×3×0.5	18	380
		21×2×0.5		

（2）HJVVP 型有屏蔽局用电缆 HJVVP 型有屏蔽局用电缆敷设的环境温度为≥ -5℃。主要用于配线架至交换机或交换机内部各级机器间的连接（包括农村电话局用），其技术参数见表 9-16。

表 9-16 HJVVP 型有屏蔽局用电缆的技术参数

型号	芯数	规格	近似外径/mm	近似重量/(kg/km)
HJVVP 型	12	6×2×0.5	8	70
	15	5×3×0.5	9	90
	22	11×2×0.5	10	110
	24	12×2×0.5	11	130
	33	11×3×0.5	12	170
	42	21×2×0.5	13	200
	44	11×4×0.5	14	210
	48	16×3×0.5	14	220
	50	25×2×0.5	14	230
	63	21×3×0.5	15	280
	78	26×3×0.5	17	330
	84	42×2×0.5	17	340
	93	31×3×0.5	18	380
	104	52×2×0.5	18	410
	105	21×3×0.5	20	450
		21×2×0.5		

4. HBV、HPV 型铜芯聚氯乙烯绝缘通信线

HBV、HPV 型铜芯聚氯乙烯绝缘通信线主要用于室内、室外电话通信和广播电路，以及电话配线网的分线盒接线等，其技术参数见表 9-17。

表 9-17 HBV、HPV 型铜芯聚氯乙烯绝缘通信线的技术参数

型号	芯数×线径/mm	排列方式	绝缘厚度/mm	外形尺寸/mm
HPV	2×0.5	平行	1.0	2.71×5.42
HBV	2×0.8	平行	1.0	2.8×5.6
	2×1.0		1.2	3.4×6.8
	2×1.2		1.4	4.0×8.0
	4×1.2	星绞	—	8.7

5. 橡皮绝缘电话软线

HR 为橡皮绝缘纤维编织电话软线；HRH 为橡皮绝缘橡皮护套电话软线；HRE 为橡皮绝缘纤维编织耳机软线；HRJ 为橡皮绝缘纤维编织交换机插塞软线，其技术参数见表 9-18。

表 9-18 橡皮绝缘电话软线的技术参数

型号	绝缘厚度/mm	护套厚度/mm	最大外径/mm				用途
			二芯	三芯	四芯	五芯	
HR	0.35	—	5.8	6.1	6.7	7.4	连接电话机机座与电话机手柄或接线盒
HRH	0.35	1.0	7.4	7.8	8.3	—	连接电话机机座与电话机手柄，防水防爆
HRE	0.35	—	5.8	—	6.7	—	连接话务员耳机
HRJ	0.35	—	5.8	6.1	—	—	连接交换机与插塞

6. 聚氯乙烯绝缘电话软线

HRV 为聚氯乙烯绝缘及护套电话软线；HRVB 为聚氯乙烯绝缘及护套扁形电话软线；HRVT 为聚氯乙烯绝缘及护套弹簧形电话软线，其技术参数见表 9-19。

表 9-19 聚氯乙烯绝缘电话软线的技术参数

型号	绝缘厚度/mm	软线外径/mm					用途
		二芯		三芯	四芯	五芯	
		圆形	扁形				
HRV	0.25	4.3	—	4.5	5.1	—	连接电话机与接线盒
HRVB	0.25	—	3.0×4.3	—	—	—	连接电话机与接线盒
HRVT	0.25	—	—	4.5	5.1	5.6	连接电话机与送受话器

9.2 照明装置与装饰灯具

9.2.1 照明装置

1. 白炽灯

白炽灯主要用于室内、室外照明。可根据用户需求生产 110V、120V、130V、230V、240V、250V 的灯泡。白炽灯的外形及技术参数见表 9-20。

表 9-20 白炽灯的外形及技术参数

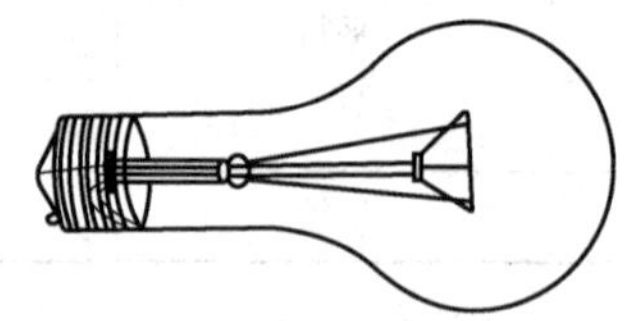

类别	型号	功率/W	电压/V	光通量/lm	灯头型号	直径/mm	全长/mm
透明玻壳	PZ220-15	15	220	110	E27/B22	61	110
	PZ220-25	25	220	220	E27/B22	61	110
	PZ220-40	40	220	350	E27/B22	61	110
	PZ220-60	60	220	630	E27/B22	61	110

（续）

类别	型号	功率/W	电压/V	光通量/lm	灯头型号	直径/mm	全长/mm
透明玻壳	PZ220-100	100	220	1250	E27/B22	61	110
	PZ220-150	150	220	2090	E27/B22	81	166
	PZ220-200	200	220	2920	E27/B22	81	166
	PZ-220-300	300	220	4610	E40	111	240
	PZ220-500	500	220	8300	E40	111	240
磨砂玻壳	PZ220-15	15	220	107	E27/B22	61	110
	PZ220-25	25	220	213	E27/B22	61	110
	PZ220-40	40	220	340	E27/B22	61	110
	PZ220-60	60	220	611	E27/B22	61	110
	PZ220-100	100	220	1210	E27/B22	61	110
	PZ220-150	150	220	2030	E27/B22	81	166
	PZ220-200	220	220	2830	E27/B22	81	166
内涂玻壳	PZ220-15	15	220	105	E27/B22	61	110
	PZ220-25	25	220	209	E27/B22	61	110
	PZ220-40	40	220	333	E27/B22	61	110
	PZ220-60	60	220	599	E27/B22	61	110
	PZ220-100	100	220	1188	E27/B22	61	110
	PZ220-150	150	220	1986	E27/B22	81	166
	PZ220-200	200	220	2774	E27/B22	81	166

2. 荧光灯

荧光灯主要用于需要高显色性灯光之场所。如高级服装店、画廊、产品展示间、花卉店等。荧光灯的外形及技术参数见表 9-21。

表 9-21　荧光灯的外形及技术参数

型号	功率/W	显色性 *Ra*	色温/K	光通量/lm	长度 *L*/mm	直径 *D*/mm
TLD18W/927	18	95	2700	950	604	26
TLD18W/930	18	95	3000	1000	604	26
TLD18W/940	18	95	4000	1000	604	26
TLD18W/950	18	98	5000	1000	604	26
TLD18W/965	18	96	6500	1000	604	26
TLD36W/927	36	95	2700	2300	1213.6	26
TLD36W/930	36	95	3000	2350	1213.6	26

（续）

型号	功率/W	显色性 Ra	色温/K	光通量/lm	长度 L/mm	直径 D/mm
TLD36W/940	36	95	4000	2350	1213.6	26
TLD36W/950	36	98	5000	2350	1213.6	26
TLD36W/965	36	96	6500	2300	1213.6	26
TLD58W/927	58	95	2700	3600	1514.2	26
TLD58W/930	58	95	3000	3700	1514.2	26
TLD58W/940	58	95	4000	3700	1514.2	26
TLD58W/950	58	98	5000	3700	1514.2	26
TLD58W/965	58	96	6500	3700	1514.2	26

3. 环形荧光灯管

环形荧光灯管主要用于卧室、办公室、宿舍等的照明。环形荧光灯的外形及技术参数见表9-22。

表9-22　环形荧光灯的外形及技术参数

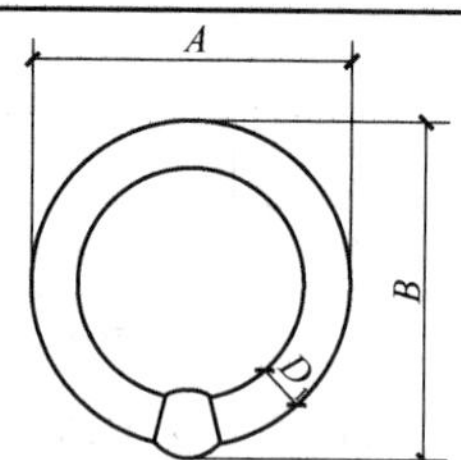

型号	功率/W	电压/V	光通量/lm	发光颜色	最大外形尺寸/mm		
					A	B	D_1
YH20RR YH20RL YH20RN	20	61	890 1005 1005	日光色 冷白色 暖白色	—	151	36
YH30RR YH30RL YH30RN	30	81	1560 1835 1835	日光色 冷白色 暖白色	—	247	33
YH40RR YH40RL YH40RN	40	110	2225 2560 2580	日光色 冷白色 暖白色	247.7	247.7	34.1

4. 节能灯

（1）节能灯Ⅰ　节能灯Ⅰ主要用于宾馆、酒店、商场、居室等照明。节能灯Ⅰ的外形及技术参数见表9-23。

表9-23　节能灯Ⅰ的外形及技术参数

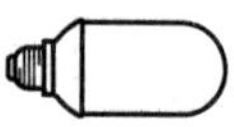
FET9-DL型

SL型

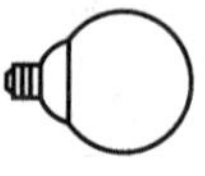
FEG9-DL型

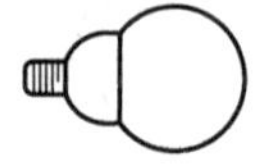
SL-D型

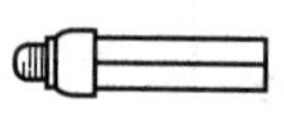
FEDU12-DL型

（续）

灯泡型号	功率/W	电源电压/V	光通量/lm	平均寿命/h	灯头型号	直径/mm	全长/mm
日光色（色温6500K）							
FET9-DL	9	220	360	4000	E27	67	132
晶莹透明圆筒形，暖白色（色温2700K）							
SL-P9W	9	220	400	8000	E27	64.4	155
SL-P13W	13	220	600	8000	E27	64.4	165
SL-P18W	18	220	900	8000	E27	64.4	175
SL-P25W	25	220	1200	8000	E27	64.4	185
晶莹透明圆筒形，日光色（色温5000K）							
SL-P9W	9	220	375	8000	E27	64.4	155
SL-P13W	13	220	575	8000	E27	64.4	165
SL-P18W	18	220	850	8000	E27	64.4	175
SL-P25W	25	220	1100	8000	E27	64.4	185
晶莹透明圆筒形，冷日光色（色温6500K）							
SL-P9W	9	220	350	8000	E27	64.4	155
SL-P13W	13	220	550	8000	E27	64.4	165
SL-P18W	18	220	850	8000	E27	64.4	175
SL-P25W	25	220	1050	8000	E27	64.4	185
乳白色圆筒形，暖白色（色温2700K）							
SL-C9W	9	220	350	8000	E27	64.4	155
SL-C13W	13	220	550	8000	E27	64.4	165
SL-C18W	18	220	900	8000	E27	64.4	175
SL-C25W	25	220	1200	8000	E27	64.4	185
乳白色圆筒形，日光色（色温5000K）							
SL-C9W	9	220	325	8000	E27	64.4	155
SL-C13W	13	220	525	8000	E27	64.4	165
SL-C18W	18	220	750	8000	E27	64.4	175
SL-C25W	25	220	1000	8000	E27	64.4	185
日光色（色温6500K）							
FEG9-DL	9	220	360	4000	E27	87	132
冷日光色（色温6500K）							
SL-D18W	18	220	800	8000	E27	115.7	175.3
日光色（色温6500K）							
FEDU12-DL	12	220	600	5000	E27	48	170

（2）节能灯Ⅱ　节能灯Ⅱ主要用于书写、建筑物轮廓、走廊、装饰、局部照明。节能灯Ⅱ的外形及技术参数见表9-24。

表 9-24 节能灯Ⅱ的外形及技术参数

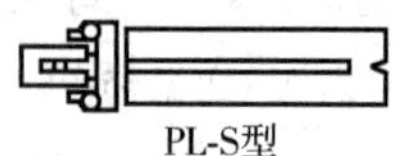
PL-S型

灯泡型号	功率/W	电源电压/V	光通量/lm	平均寿命/h	灯头型号	直径/mm	全长/mm
色温 2700K							
PL-S7W/82	7	220	400	8000	G23	28	135
PL-S9W/82	9	220	570	8000	G23	28	167
PL-S11W/82	11	220	880	8000	G23	28	236
色温 4000K							
PL-S7W/84	7	220	400	8000	G23	28	135
PL-S9W/84	9	220	570	8000	G23	28	167
PL-S11W/84	11	220	880	8000	G23	28	236
色温 5000K							
PL-S7W/85	7	220	400	8000	G23	28	135
PL-S9W/85	9	220	570	8000	G23	28	167
PL-S11W/85	11	220	880	8000	G23	28	236

5. 高压汞灯

高压汞灯 GGY 型和 GYZ 型适用于室内外照明；GYF 型适用于广场、车站、码头、工厂投射照明用。高压汞灯的外形及技术参数见表 9-25。

表 9-25 高压汞灯的外形及技术参数

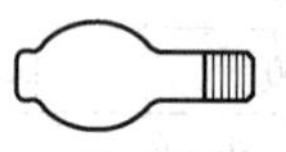
GGY型

GYZ型

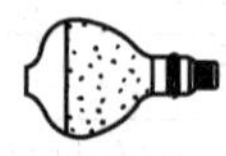
GYF型

灯泡型号	功率/W	电源电压/V	光通量/lm	平均寿命/h	灯头型号	直径/mm	全长/mm
GGY50	50	220	1575	3500	E27	56	145
GGY80	80	220	2940	3500	E27	71	170
GGY125	125	220	4990	6000	E27	81	191
GGY175	175	220	7350	5000	E27	91	222
GGY250	250	220	11025	7000	E27	91	234
GGY400	400	220	21000	7000	E27	122	302
GGY1000	1000	220	52500	5000	E27	182	410
GYZ125	125	220	1500	1600	E27	81	191
GYZ160	160	220	2500	2500	E27	81	191
GYZ250	250	220	4900	3000	E40	91	234
GYZ450	450	220	11000	3000	E40	122	302

（续）

灯泡型号	功率/W	电源电压/V	光通量/lm	平均寿命/h	灯头型号	直径/mm	全长/mm
GYF50	50	220	211①	3000	E27	81	152
GYF80	80	220	497①	3000	E27	101	179
GYF125	125	220	903①	3000	E27	127	198
GYF400	400	220	4000①	6000	E40	182	302

①表示发光强度，单位为 cd。

6. 高压钠灯

高压钠灯 NGT 型、TN 型适用于道路、机场、码头、车站及工矿照明；NGGT 型适用于大型商场、娱乐场所、体育馆、展览中心、宾馆照明；NGTT 型适用于机场、车站、高空照明和不间断照明场所；NGR 型适用于广场、车站及广告牌等聚光照明；SON-T 型和 SON-E 型适用于机场、码头、车站及工矿企业照明。高压钠灯的外形及技术参数见表 9-26。

表 9-26 高压钠灯的外形及技术参数

NG□T、TN型 NGG□T型　　NG□TT型　　SON-T型　　SON-E型　　NG□R型

灯泡型号	功率/W	电源电压/V	光通量/lm	平均寿命/h	灯头型号	直径/mm	全长/mm
NG35T	35	220	2250	16000	E27	39	155
NG50T	50	220	3600	18000	E27	39	155
NG70T	70	220	6000	18000	E27	39	155
NG100T1	100	220	8500	18000	E27	39	180
NG100T2	100	220	8500	18000	E40	49	210
NG110T	110	220	10000	16000	E27	39	180
NG150T1	150	220	16000	18000	E40	49	210
NG150T2	150	220	16000	18000	E27	39	180
NG215T	215	220	23000	16000	E40	49	259
NG250T	250	220	28000	18000	E40	49	259
NG360T	360	220	40000	16000	E40	49	287
NG400T	400	220	48000	18000	E40	49	287
NG1000T1	1000	220	130000	18000	E40	67	385
NG1000T2	1000	380	120000	16000	E40	67	385
NG100TN	100	220	6800	12000	E27	39	180
NG110TN	110	220	8000	12000	E27	39	180
NG150TN	150	220	12800	20000	E27	39	180
NG215TN	215	220	19200	20000	E40	49	252
NG250TN	250	220	23300	20000	E40	49	252
NG360TN	360	220	32600	20000	E40	49	280
NG400TN	400	220	39200	20000	E40	49	280
NG1000TN	1000	220	96200	20000	E40	62	375
NGG150T	150	220	12250	12000	E40	49	211
NGG250T	250	220	21000	12000	E40	49	259
NGG400T	400	220	35000	12000	E40	49	287

（续）

灯泡型号	功率/W	电源电压/V	光通量/lm	平均寿命/h	灯头型号	直径/mm	全长/mm
NG70TT	70	220	5880	32000	E40	47	205
NG100TT	100	220	8300	32000	E40	47	205
NG110TT	110	220	9800	32000	E40	47	205
NG150TT	150	220	15600	48000	E40	47	205
NG215TT	215	220	21800	32000	E40	47	252
NG250TT	250	220	26600	48000	E40	47	252
NG360TT	360	220	38000	32000	E40	47	280
NG400TT	400	220	45600	48000	E40	47	280
NG70R	70	220	4900	9000	E27	125	180
NG100R	100	220	7000	9000	E27	125	180
NG110R	110	220	8000	9000	E27	125	180
NG150R	150	220	12000	16000	E40	180	292
NG215R	215	220	20000	16000	E40	180	292
NG250R	250	220	23000	16000	E40	180	292
SON-T50	50	220	3600	—	E27	38	156
SON-T70	70	220	6000	—	E27	38	156
SON-T150	150	220	16000	—	E40	48	211
SON-T250	250	220	28000	—	E40	48	257
SON-T400	400	220	48000	—	E40	48	283
SON-T1000	1000	220	130000	—	E40	67	390
SON-T100PLUS	100	220	10500	—	E40	48	211
SON-E50	50	220	3500	—	E27	71	156
SON-E70	70	220	5600	—	E27	71	156
SON-E150	150	220	14500	—	E40	91	226
SON-E250	250	220	27000	—	E40	91	226
SON-E400	400	220	48000	—	E40	122	290
SON-E1000	1000	220	130000	—	E40	166	400
SON-E100PLUS	100	220	1000	—	E40	76	186

9.2.2 装饰灯具

1. 吊灯

吊灯适用于宾馆、饭店大厅、宴会厅、会堂、影剧院、机场候机室、贵宾厅、体育馆等的门厅及会议厅里。吊灯的外形及技术参数见表 9-27。

表 9-27 吊灯的外形及技术参数

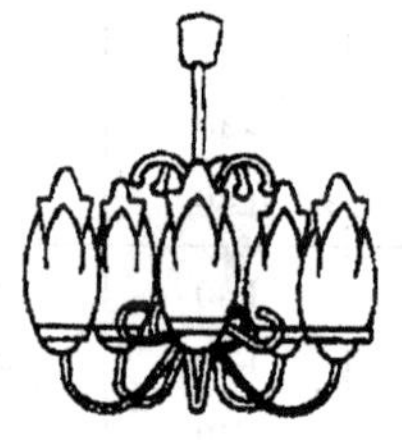

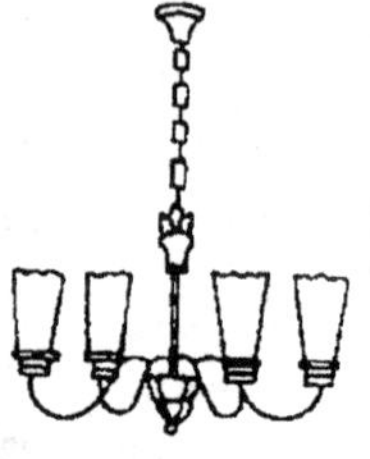

（续）

品名	产品编号	规格/mm	
		高度	直径
五叉玉柱罩吊灯	JDD73-5	760	720
八叉水晶棒直筒吊灯	JDD83-8	975	900
七叉松花罩吊灯	JDD87-7	970	940
四叉金棒纱罩吊灯	JDD423-4	660	800
三叉石榴罩吊灯	JDD145-3	610	885
五叉石榴罩吊灯	JDD145-5	610	885
三叉绣球罩吊灯	JDD147-3	500	520
五叉绣球罩吊灯	JDD147-5	500	615
三叉飞云吊灯	JDD146-3	500	550
直筒罩吊灯	JDD57	800	90
直筒纱罩吊灯	JDD154	800	340
三叉蜡烛吊灯	JDD106	650	340
七叉反射吊灯	JDD197-6	300	570
七叉茶色罩吊灯	JDD72-2	950	925
十二叉皇冠吊灯	JDD133-12	1100	1800
吊链灯明月罩	$\frac{\text{D01A7}}{\text{1-150}}$	240	350
吊链灯花篮罩	$\frac{\text{D01B7}}{\text{1-150}}$	240	355
吊链灯飞鸽罩	$\frac{\text{D01C7}}{\text{1-150}}$	245	355
吊链灯五星罩	$\frac{\text{D01D7}}{\text{1-150}}$	220	360
吊链灯水晶罩	$\frac{\text{D01E7}}{\text{1-150}}$	174	360
透明波型吊灯	$\frac{\text{D03B6}}{\text{1-100}}$	800	300
橄榄罩吊灯	$\frac{\text{9D08A}}{\text{9-60}}$	1000	840
玉兰花吊灯	$\frac{\text{5D09A6}}{\text{5-60}}$	1500	520
	$\frac{\text{7D09A6}}{\text{7-60}}$	2000	690
	$\frac{\text{9D09A6}}{\text{9-60}}$	2000	800

2. 吸顶灯

吸顶灯多用于门厅、走廊、会议室、办公室、厨房、浴室、影剧院、体育馆等处。吸顶灯的外形及技术参数见表9-28。

表9-28 吸顶灯的外形及技术参数

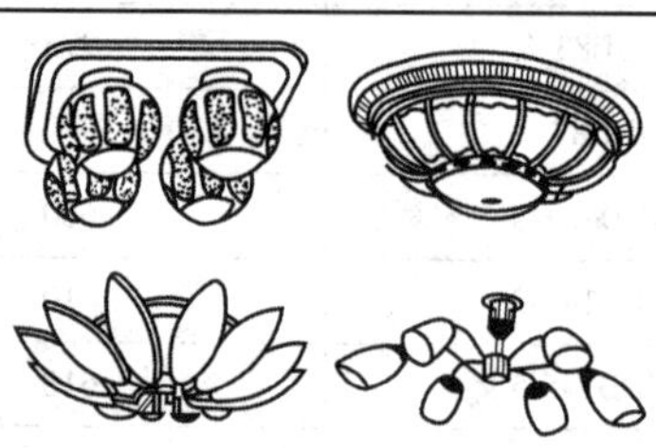

品名	产品编号	规格/mm			
		宽度	长度	高度	直径
玻璃瓶吸顶灯	XD97	180（方）	250	—	—
水晶珠组合吸顶灯	XD81-5	320（方）	300	—	—
水晶珠吸顶灯	XD81-4	320（方）	1800	—	—
水晶珠螺旋吸顶灯	XD77-25	630（方）	1800	—	—
钻石罩吸顶灯	XD83-5	—	—	500	1000
玻璃珠（水晶珠）吸顶灯	XD52	500	500	600	—
喷砂玻璃片吸顶灯	XD107-5	370（方）	300	—	—
照明吸顶灯	XD10-9	180（方）	280	—	—
茶色玻璃片吸顶灯	XD37-9	450（方）	350	—	—
玻璃条组合吸顶灯	XD20-5	500（方）	290	—	—
晶菱罩吸顶灯	XD82-4	450（方）	290	—	—
喷砂圆球罩吸顶灯	XD13-4	440（方）	210	—	—
龙珠泡吸顶灯	XD23-3	460	220	—	—
九联闪光吸顶灯	JXD406-9	600	600	205	—
单联闪光吸顶灯	JXD401-1	170	170	205	—
ϕ350 圆盘吸顶灯	JXD225	350	—	90	—
瓜纹盆形吸顶灯	JXD92	370	—	145	—
反射型吸顶灯	JXD135	500	—	175	—
半隐藏式吸顶灯（全铜）	JXD510	250	250	180	—
单联刻花玻璃塑方吸顶灯	JXD86-1	270	270	115	—
双联刻花玻璃塑方吸顶灯	JXD86-2	300	600	120	—
四联刻花玻璃塑方吸顶灯	JXD86-4	600	600	120	—
荧光组合吸顶灯（1×3×6）	JXD44-1	258	498	116	—
圆球吸顶灯（4×8）	JXD1-1	204	—	240	—
圆球吸顶灯（5×10）	JXD1-2	254	—	295	—
茶色圆球吸顶灯	JXD138-2	200	—	280	—

3. 壁灯

壁灯一般用于影剧院、会议室、展览馆、体育馆等公共场所及门厅、卧室、浴室、厨房等处。壁灯的外形及技术参数见表9-29。

表9-29　壁灯的外形及技术参数

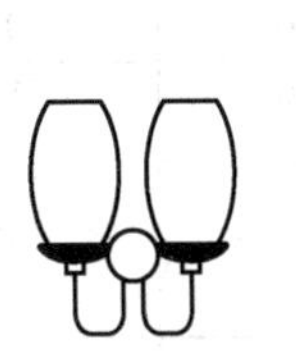
双头长杯壁灯

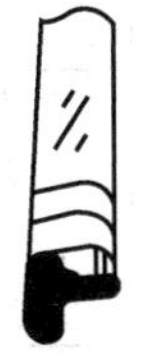
玉柱壁灯

亭式壁灯

单手壁灯

双头切口球壁灯

品名	产品编号	规格/mm		
		宽度	高度	距墙距离
挂片壁灯（双叉）	JXB97-2	484	340	242
单节摇臂壁灯（双叉）	JXB515-2	100	320	370
摇臂床头壁灯（单叉）	JXB308-A	560	300	460
摇臂床头壁灯（全铜）（单叉）	JXB308-B	460	300	460
水晶棒直筒壁灯（单叉）	JXB113-1	180	460	245
水晶棒直筒壁灯（双叉）	JXB113-2	455	460	275
单臂管灯	JXB4-1	73	335	103
双管壁灯	JXB4-2	154	335	103
玉柱罩壁灯（单叉）	JXB98-1	175	220	278
玉柱罩壁灯（双叉）	JXB98-2	440	220	245
单联闪光壁灯	JXB340-1	125	250	190
管状壁灯（单节）	JXB302-1	400	95	170
管状镜前灯	JXB312	1200	80	120
圆球床头灯	JXB135	140	140	180
走道壁灯	JXB304	100	125	55
喜庆艺术摇臂壁灯（单叉）	JXB439-1	400	370	520
喜庆艺术壁灯（双头）	JXB439-2	400	370	210
双叉金棒纱罩壁灯	JXB307	595	270	245

4. 投光灯

小功率投光灯常用于展览厅、博物馆、商店等处用作室内照明，以突出展品、陈设品和商品；大功率投光灯一般用于对广场、体育场、车站、码头、建筑物的照射，其外形及技术参数见表9-30。

表9-30　投光灯的外形及技术参数

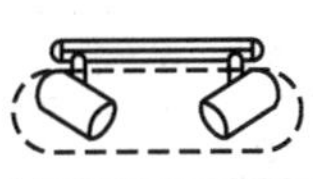

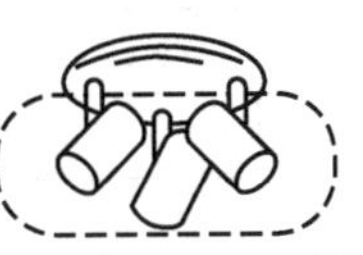

（续）

品名	产品编号	光源	外形及安装尺寸/mm		
			高度	长度	宽度
714 投光灯	TBB714 1/300 TBB714 1/500 TBB714 1/1000	JB220-300 JG220-500 JG220-1000	451 660 600	336 441 503	346 475 505
715 高汞投光灯 716 高汞投光灯 717 金属卤素投光灯	TKG715 1/400 TBG716 1/400 TBJ717 1/250	GFY-400 GFY-400 NTY-400 DDG-250	366 370 590	455 373 435	265 ϕ220 ϕ437
718 金属卤素投光灯 719 卤钨投光灯 720 墙壁投光灯 721 局部照明灯	TBJ718 1/400-1000 TBL719 1/1000 TBB720 1/150 GKB721 1/60	NTY-400 DDG-1000 LZG320-1000 PZ220-150 PZ220-60	732 600 250	560 200	ϕ544 ϕ160

5. 庭院灯

柱式庭院灯多装在庭院、公园、大型建筑物周围；亭式庭院灯主要用于憩座边、草坪、亭台楼阁旁，其外形及技术参数见表 9-31。

表 9-31　庭院灯的外形及技术参数

波纹型罩柱灯　五叉蘑菇罩柱灯　圆球柱灯　草坪灯　六角庭院灯

品名	产品编号	规格/mm
伞式庭院灯	ZBN442	ϕ600、h325、250W × 1
蘑菇庭院灯	ZBN443	ϕ450、h400、150W × 1
单火方罩柱灯	ZBB452a	ϕ350、h400、100W × 1
五火茶色柱灯	ZBB4101	ϕ900、h900、H6000、60W × 5
草坪灯	ZKB418a	ϕ200、h240、H260、60W × 1
三火筒形柱灯	ZKB456	ϕ1000、h200、H6000、100W × 3
单火筒形柱灯	ZKB461-1	ϕ390、h520、H5000、100W
圆球庭院灯	MJ701-1	600 × ϕ500，100W × 1. 5kg
	MJ702-1	600 × ϕ500，100W × 1. 5kg
	MJ703-3	300 × ϕ800，40W × 3. 4kg
	MJ704-1	350 × ϕ310，40W × 3. 3kg
六角庭院灯	LD2	520 × 500 × 2500
两头大奶白球罩庭院灯	LD3-2	550 × 300 × 2300
三头圆球庭院灯	LD4-2	550 × 300 × 2300
双头庭院灯	LD6-2	300 × 320 × 2400
方罩庭院灯	LD9	190 × 190 × 2200

9.3 照明开关与插座

9.3.1 开关

1. AP86系列开关

AP86系列开关主要用于各类民用住宅、高级宾馆、公共建筑、工矿企业、办公楼、实验室以及文化体育设施、教学楼、医院手术室和美容理发店等场合，其外形及技术参数见表9-32。

表9-32 AP86系列开关的外形及技术参数

名称	图例	型号	规格
单位单极开关		AP86K11-10	250V 10A
单位双联开关		AP86K12-10	
两位单极开关		AP86K21-10	250V 10A
两位双联开关		AP86K22-10	
三位单极开关		AP86K31-10	250V 10A
三位双联开关		AP86K32-10	
四位单极开关		AP86K41-10	250V 10A
四位双联开关		AP86K42-10	
带指示器单位单极开关		AP86K11D10	250V 10A
带指示器单位双联开关		AP86K12D10	
带指示器两位单极开关		AP86K21D10	250V 10A
带指示器两位双联开关		AP86K22D10	
电铃开关		AP86KL-10	250V 10A
带指示器电铃开关		AP86KLD10	250V 10A
电铃开关带“请勿打扰”显示板	请勿打扰	AP86KQ-10	250V 10A
调光开关①		AP86KT-1	250V 100W
调光开关①		AP86KT-2	250V 400W
调光开关①		AP86KT-3	250V 600W
调光开关①		AP86KT-6	250V 1000W

（续）

名称	图例	型号	规格
带指示器调速开关②		AP86KTSD100	250V 100W
带指示器延时开关③		AP86KYD60	250V 60W
触摸延时开关③		AP86KYC60	250V 60W
单位单极拉线开关		AP86K11-6L	250V 6A
单位双联拉线开关		AP96K12-6L	
两位单极拉线开关		AP86K21-6L	250V 6A
两位双联拉线开关		AP86K22-6L	

①表示适用于白炽灯。

②表示适用于吊扇无级调速。

③ 表示适用于额定功率为 15 ~60W 的白炽灯。

2. H86 系列开关

H86 系列开关主要用于各类民用住宅、高级宾馆、办公楼、实验室、教学楼、医院手术室和美容理发店等场所，其外形及技术参数见表 9-33。

表 9-33　H86 系列开关的外形及技术参数

名称	图例	型号	规格
单位单极开关		K86K11-10	10A 250V
单位双联开关		H86K12-10	
两位单极开关		H86K21-10	10A 250V
两位双联开关		H86K22-10	
三位单极开关		H86K31-10	10A 250V
三位双联开关		H86K41-10	
四位单极开关		H86K41-10	10A 250V
四位双联开关		H86K42-10	
五位单极开关		H86K51-10	10A 250V
五位双联开关		H86K52-10	
六位单极开关		H146K61-10	10A 250V
六位双联开关		H146K62-10	
八位单极开关		H172K81-10	10A 250V
八位双联开关		H172K82-10	

（续）

名称	图例	型号	规格
带指示器单位单极开关		H86K11D10	10A 250V
带指示器单位双联开关		H86K12D10	
带指示器两位单极开关		H86K21D10	10A 250V
带指示器两位双联开关		H86K22D10	
带指示器三位单极开关		H86K31D10	10A 250V
带指示器三位双联开关		H86K32D10	
带指示器四位单极开关		H86K41D10	10A 250V
带指示器四位双联开关		H86K42D10	
带指示器五位单极开关	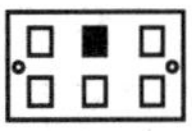	H146K51D10	10A 250V
带指示器五位双联开关		H146K52D10	
带指示器七位单极开关	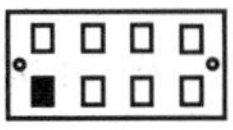	H172K71D10	10A 250V
带指示器七位双联开关		H172K72D10	
电铃开关		H86KL1-6	6A 250V
带指示器电铃开关		H86KL1D6	6A 250V
带指示器延时开关①		H86KYD100	100A 250V
带指示器延时开关②		H86KYD500 主单元	500A 250V
带指示器延时开关③		H86KYD500 副单元	
调光开关		H86KT150	250V 150VA
		H86KT250	250V 150VA
调速开关		H86KTS150	250V 150VA
		H86KTS250	250V 150VA
带开关调光开关		H86KT11K150	250V 150VA
		H86KT11K250	250V 150VA
带开关调速开关		H86KTS11K150	250V 150VA
		H86KTS11K250	250V 150VA
带指示器光电节能钥匙开关③		H86KJYD20 Ⅰ	20A 250V

（续）

名称	图例	型号	规格
两位调速开关		H146K2TS150	250V 2×150VA
		H146K2TS250	250V 2×150VA
双音门铃		H146YML	250V
电铃开关带“请勿打扰”显示板		H86KQ-6 Ⅰ	电铃 250V 6A 显示 250V
		H86KQ-6 Ⅱ	电铃 250V 6A 显示 12V
带“请勿打扰请即清理”的显示板		H86QC Ⅰ	显示 250V 显示 12V
		H86QC Ⅱ	
电铃开关带“请勿打扰请即清理”的显示板		H146KQC6 Ⅰ	电铃 250V 6A 显示 250V
		H146KQC6 Ⅱ	电铃 250V 6A 显示 12V

①表示可控硅式 3～5min。

②表示继电器式 3～5min。

③表示继电器式。

3. TCL 国际电工及松本电工普通型开关

TCL 国际电工及松本电工普通型开关主要用于各类民用住宅、高级宾馆、办公楼、实验室、教学楼、医院手术室和美容理发店等场所，其外形及技术参数见表 9-34。

表 9-34　TCL 国际电工及松本电工普通型开关的外形及技术参数

名称	图例	TCL 型号	松本型号	规格
单联单控开关		T31/1/2A	B31/1	10A　25V
单联双控开关		T31/2/3A	B31/2	10A　250V
双联单控开关		T32/1/2A	B32/1	10A　250V
双联双控开关		T32/2/3A	B32/2	10A　250V
三联单控开关		T33/1/2A	B33/1	10A　250V
三联双控开关		T33/2/3A	B33/2	10A　250V
四联单控开关		T34/1/2A	B34/1	10A　250V
四联双控开关		T34/2/3A	B34/2	10A　250V
五联单控开关		T35/1/2A	B35/1	10A　250V
五联双控开关		T35/2/3A	B35/2	10A　250V

（续）

名称	图例	TCL 型号	松本型号	规格
电铃开关		T31BPA2	B31BP	10A　250V
电铃开关带廊灯或厅灯控制开关		T32BPA/10	B32BP	10A　250V
双极开关	T32D20NA	T31D20A	B3120	20A　250V
双极带指示灯开关		T32D20NA	B320N	20A　250V
单联单控开关带指示灯		T32/10NA	B32/10N	10A　250V
双联单控开关带指示灯		T33/10NA	B33/10N	10A　250V
双联单控开关带双指示灯		T34/10NA	B34/10N	10A　250V
四联单控开关带指示灯		T35/10NA	B35/10N	10A　250V
单联单控带熔丝管开关	FUSE	T32FD	B32FD	10A　250V
单联双控带熔丝管开关		T32FD/3	B32FD/3	10A　250V
双联单控带熔丝管开关	FUSE	T33FD	B33FD	10A　250V
双联双控带熔丝管开关		T33FD/3	B33FD/3	10A　250V
双联单控带双熔丝管开关	FUSE	T34FD	B34FD	10A　250V
双联双控带双熔丝管开关		T34FD/3	B34FD/3	10A　250V
四联单控带熔丝管开关	FUSE	T35FD	B35FD	10A　250V
四联双控带熔丝管开关		T35FD/3	B35FD/3	10A　250V
防弹胶面调光开关	ON OFF	TM2	BM2	250W 250V
防弹胶面调速开关		TM3	BM3	250W 250V
触摸延时开关		TP31TS	B318	100W 250V

9.3.2　插座

1. AP86 系列插座

AP86 系列插座主要适用于各类民用住宅、高级宾馆、办公楼、实验室、教学楼、医院手术室和美容理发店等，其外形及技术参数见表 9-35。

表 9-35　AP86 系列插座的外形及技术参数

名称	图例	型号	规格
两极双用插座		AP86Z12T10	250V　10A
带保护门两极双用插座		AP86Z12AT10	
两位两极双用插座		AP86Z22T10	250V　10A
带保护门两位两极双用插座		AP86Z22AT10	
两极带接地插座		AP86Z13-10	250V　10A
带保护门两极带接地插座		AP86Z13A10	
两位两极双用两极带接地插座		AP86Z223-10	250V　10A
带保护门两位两极双用两极带接地插座		AP86Z223A10	
三位两极双用两极带接地插座		AP86Z332-10	250V　10A
带保护门三位两极双用两极带接地插座		AP86Z332A10	
带开关两极双用插座①		AP86Z12KT10	250V　10A
带开关、保护门两极双用插座①		AP86Z12KAT10	
两位带开关两级双用插座①		AP86Z22KT10	250V　10A
两位带开关、保护门两极双用插座①		AP86Z22KAT10	
带开关两极带接地插座①		AP86Z13K10	250V　10A
带开关、保护门两极带接地插座①		AP86Z13K10	
带开关两位两极双用两极带接地插座①		AP86Z223K10	250V　10A
带开关、保护门两位两极双用两极带接地插座①		AP86Z223AK10	
带指示器两极双用插座		AP86Z12TD10	250V　10A
带指示器、保护门两极双用插座		AP86Z12ATD10	
带指示器两位两极双用插座		AP86Z22TD10	250V　10A
带指示器、保护门两位两极双用插座		AP86Z22ATD10	
带指示器两极带接地插座		AP8613AD10	250V　10A
带指示器、保护门两极带接地插座		AP86Z13AD10	
带指示器两位两极双用两极带接地插座		AP86Z223D10	250V　10A
带指示器、保护门两位两极双用两极带接地插座		AP86Z223AD10	
两位两极带接地插座		AP146Z23-10	250V　10A
带保护门两位两极带接地插座		AP146Z23A10	

（续）

名称	图例	型号	规格
三位两极双用两极带接地插座	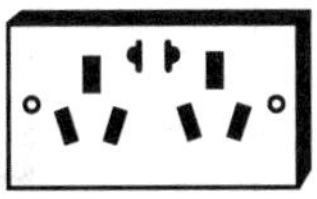	AP146Z323-10	250V　10A
带保护门三位二级双用二极带接地插座		AP146Z323A10	
三位两极带接地两极双用插座	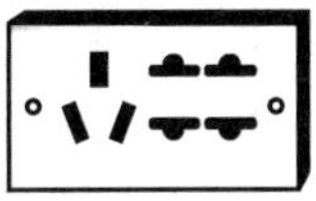	AP146Z332-10	250V　10A
三位带保护门两极带接地两极双用插座		AP146Z332A10	
四位两极双用两极带接地插座	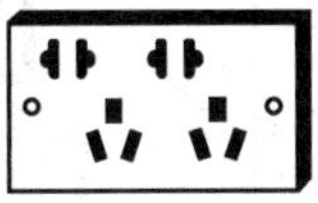	AP146Z423-10	250V　10A
四位带保护门两极双用带接地插座		AP146Z423A10	
三位带拉线开关两极双用带接地插座①	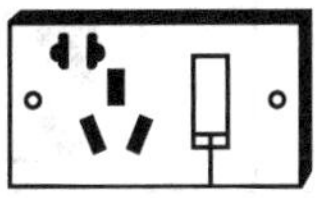	AP146Z223K6L	250V　10A
二位带保护门、带拉线开关，两极双用两极带接地插座①		AP146Z223AK6L	
二位带开关二极双用二极带接地插座①	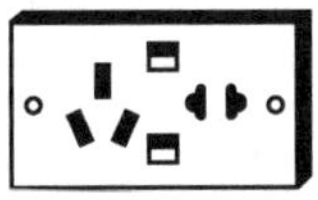	AP146Z223K10	250V　10A
二位带开关、保护门两两级双用两极带接地插座①		AP146Z223AK10	
三位三极带接地两极双用两极带接地插座	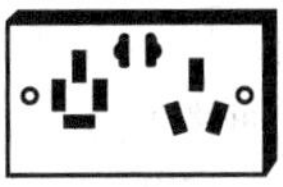	AP146Z423-$\frac{10}{16}$	250V　10A 380V　16A
两极带接地插座		AP86Z13-16	250V　16A
带保护门两级带接地插座		AP86Z13A16	
二位两极带接地插座		AP146Z23-16	250V　16A
二位带保护门两极带接地插座		AP146Z23A16	
两极带接地插座		AP86Z13-32	250V　30A
三极带接地插座		AP86Z14-16	380V　16A
		AP86Z14-25	380V　25A
电视插座		AP86ZTV	75Ω
两位电视插座		AP86Z2TV	75Ω

（续）

名称	图例	型号	规格
电话出线座[①]		AP86ZD	
刮须插座		AP146ZX22D	220V 110V 输出功率 20W
方形安装面板		AP86ZB	—
长方形安装面板		AP146ZB	—
高级“叮咚”双音门铃		AP146YML	250V
四芯电话插座[②]		AP86ZDTN4	—
带拉线开关二极带接地插座[③]		AP86Z13K6L	250V 6A
带拉线开关、保护门两极带接地插座[③]		AP86Z13AK6L	

①表示电话线从孔中软护套进出，背面设有压片，固定电话线不易拉脱。

②表示采用国际通用形式，使用方便，话机可移动使用，插座板带有防尘盖。

③表示开关与插座分体，可连接使用也可单独使用。

2. H86系列插座

H86系列插座主要适用于各类住宅、高级宾馆、公共建筑、办公楼、教学楼、实验室等场合，其外形及技术参数见表9-36。

表9-36　H86系列插座的外形及技术参数

名称	图例	型号	规格
两极双用插座		H86Z12T10	10A 250V
带保护门两极双用插座		H86Z12TA10	
带开关两极双用插座		H86Z12TK10	10A 250V
带开关、保护门两极双用插座		H86Z12TAK10	
带开关两极双用插座[①]		H86Z12TK12-10	
带开关、保护门两极双用插座[①]		H86Z12TAK12-10	
带指示器两极双用插座		H86Z12TD10	10A 250V
带指示器、保护门两极双用插座		H86Z12TAD10	

（续）

名称	图例	型号	规格
带开关、指示器两极双用插座		H86Z12TKD10	10A 250V
带开关、指示器、保护门两极双用插座		H86Z12TAKD10	
带开关、指示器两极双用插座①		H86Z12TK12D10	
带开关、指示器、保护门两极双用插座①		H86Z12TAK12D10	
两位两极双用插座		H86Z22T10	10A 250V
两极带保护门两极双用插座		H86Z22TA10	
两位带开关两极双用插座		H86Z22TK10	10A 250V
两位带开关、保护门两极双用插座		H86Z22TAK10	
两位带开关两极双用插座①		H86Z22TK12-10	
两位带开关、保护门两极双用插座①		H86Z22TAK12-10	
两位带指示器两极双用插座		H86Z22TD10	10A 250V
两位带指示器保护门两极双用插座		H86Z22TAD10	
两位带开关两极双用插座②	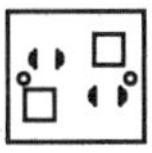	H86Z22TK21-10	10A 250V
两位带开关、保护门两极双用插座②		H86Z22TAK21-10	
两位带开关两极双用插座③		H86Z22TK12-10	
两位带开关、保护门两极双用插座③		H86Z22TAK12-10	
两位带开关、指示器两极双用插座		H86Z22TKD10	10A 250V
两位带开关、指示器两极双用插座		H86Z22TAKD10	
两极带接地插座		H86Z13-10	10A 250V
带保护门两极带接地插座		H86Z13A10	
两极带接地插座		H86Z13-16	16A 250V
带保护门两极带接地插座		H86Z13A16	
两级带接地插座		H86Z13-20	20A 250V
		H86Z13-32	32A 250V
带开关两极带接地插座		H86Z13K10	10A 250V
带开关、保护门两极带接地插座		H86Z13AK10	
带开关两极带接地插座①		H86Z13K12-10	
带开关、保护门两极带接地插座①		H86Z13AK12-10	
带指示器两极带接地插座		H86Z13D10	10A 250V
带指示器、保护门两极带接地插座		H86Z13AD10	

（续）

名称	图例	型号	规格
带开关、指示器两极带接地插座		H86Z13KD10	10A 250V
带开关、指示器、保护门两极带接地插座		H86Z13KAD10	
带开关、指示器两级带接地插座[①]		H86Z13K12D10	
带开关、指示器、保护门两级带接地插座[①]		H86Z13AK12D10	
两位两极双用两极带接地插座		H86Z223-10	10A 250V
两位带保护门两极双用两极带接地插座		H86Z223A10	
两位带开关两极双用两极带接地插座		H86Z223K10	10A 250V
两位带开关、保护门两极双用两极带接地插座		H86Z223AK10	
两位带开关两极双用两极带接地插座[①]		H86Z223K12-10	
两位带开关、保护门两极双用两极带接地插座[①]		H86Z223AK12-10	
三极带接地插座		H86Z14-16	16A 380V
		H86Z14-25	25A 380V
两位两极带接地插座		H146Z23-10	10A 250V
两位带保护门两级带接地插座		H146Z23A10	
三位带保护门两极双用两极带接地插座		H146Z23-10	10A 250V
		H146Z332A10	
三位两极带接地两极双用插座	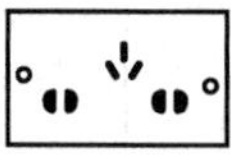	H146Z332-10	10A 250V
三位带保护门两极带接地两极双用插座		H146Z323A10	
四位两极双用两级带接地插座	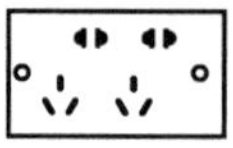	H146Z423-10	10A 250V
四位带保护门两极双用两级带接地插座		H146Z423A10	
两位带开关、两极双用两极带接地插座	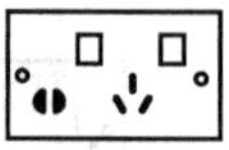	H146Z223K10	10A 250V
两位带开关、保护门两极双用两极带接地插座		H146Z223AK10	
两位带开关两极带接地插座		H146Z23K21-10	10A 250V
两位带开关、保护门两极带接地插座		H146Z23AK21-10	

（续）

名称	图例	型号	规格
两位带开关、指示器两极带接地插座		H146Z23K21D10	10A 250V
两位带开关、指示器、保护门两极带接地插座		H146Z23AK21D10	
刮须电源插座		H146Z22X	输出 100 ~ 240V 20W
带熔断器两级带接地插座		H86Z13R10	10A 250V
带熔断器、保护门两级带接地插座		H86Z13AR10	
带熔断器两极带接地插座		H86Z13R16	16A 250V
带熔断器、保护门两极带接地插座		H86Z13AR16	
两位带熔断器两极带接地插座		H146Z23R16	16A 250V
两位带熔断器、保护门两极带接地插座		H146Z23AR16	
两位带熔断器两极双用两极带接地插座		H146Z223R10/16	16A④ 250V
两位带熔断器、保护门两极双用两极带接地插座		H146Z223AR10/16	
带保护门两极带接地插座		H86Z13A5B⑤	5A 250V
		H86Z13A15B⑤	15A 250V
两极带接地插座		H86Z13-15B⑤	15A 250V
带开关两极带接地插座		H86Z13K15B⑤	15A 250V
		H86Z13AK15B⑤	
电视插座		H86ZT Ⅱ	—
电视串接插座		H86Z1TVF7	
		H86Z1TVF12/16	

①表示带单位双联开关。

②表示带两位单极开关。

③表示带两位双联开关。

④表示两极双用插座为 10A，两极带接地插座为 16A。

⑤表示外贸出口产品，可作为进口家电配用，符合 BS 标准。

3. TCL 国际电工及松本电工普通型插座

TCL 国际电工及松本电工普通型插座除注明外，均带安全门。主要用于各类民用住宅、高级宾馆、办公楼、教学楼、实验室等场合，其外形及技术参数见表 9-37。

表 9-37　TCL 国际电工及松本电工普通型插座的外形及技术参数

名称	图例	TCL 型号	松本型号	规格
单相两极扁圆两用插座		T426U	B4U	10A　250V
单相两极带开关插座	T15U	T15U	B15U	10A　250V

（续）

名称	图例	TCL 型号	松本型号	规格
单相两极扁圆两用插座		T426U2	B4U2	10A　250V
单相三极插座（不带保护门）	 T15/10S	T426/10	B4/10	10A　250V
单相三极插座		T426/10S	B4/10S	10A　250V
带开关扁脚插座（不带保护门）		T15/10	—	10A　250V
带开关扁脚插座		T15/10S	—	10A　250V
单相三极插座		T426/15CS	B4/15CS	16A　250V
单相三极带开关插座		T15/15CS	B15/15C	16A　250V
单相三极带灯带开关插座		T15/15CN	B15/15CN	16A　250V
单相双联两极及三极插座（不带保护门）		T426/10U	B4/15CS	10A　250V
单相双联二、三极插座		T426/10US	B4/10US	10A　250V
二、三极带开关插座（不带保护门）		T426/10U3	B4/10US4	10A　250V
二、三极带开关插座		T426/10US3	B426	10A　250V
方、圆两用插座	 T15/13/5N	T426/13/5	B15	13A　250V
带开关方圆两用插座		T15/13/5	B15N	13A　250V
带开关带灯方圆两用插座		T15/13/5N	B426/15	13A　250V
圆脚插座	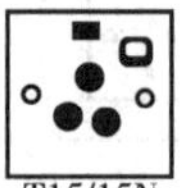 T15/15N	T426/15	B15/15	16A　250V
带开关圆脚插座		T15/15	B15/15N	16A　250V
带开关带灯圆脚插座		T15/15N	B32TU	16A　250V
单联普通型电视插座	 T31VTV75	T31VTV75	B31TV	—
双联普通型电视插座		T32A75M	B32TV	—
双联带电子线路板电视插座		T32VTV75FW	B32TV/FM	—
电话插座（美国式）		TT01	BT01	—
防雷保密电话插座（美国式）		TT02	BT02	—
单相示极扁圆带指灯插座		T426UN	B4UN	10A　250V
单相三极带灯插座		T426/10SN	B4/10N	10A　250V
二、三极带灯插座		T426/10USN	B4/10UN	10A　250V

（续）

名称	图例	TCL 型号	松本型号	规格
单相两极扁圆插座	FUSE	T426UF	B4UF	10A　250V
单相三极带熔丝插座		T426/10SF	B4/2FD	10A　250V
单相二、三极带熔丝插座		T426/10USF	B4/10UF	10A　250V
单相三极带熔丝插座		T15/15CF	B4/10F	15A　250V
塑料门铃开关及指示“请勿打扰”（须配合变压器或电池使用）	请勿打扰	TH8	BH8	8V
塑料门铃开关及指示“请勿打扰”		TH250	BH3	250V
双极带指示灯节能开关及钥匙牌	T32KT	T31KT + TKT	B31KT + BKT	15A　250V
双极电磁式节能开关及钥匙牌		T32KT + TKT	B32K + BKT	15A
刮须插座（内附变压器及过流保护）	T727	T727	B727	110/240V
装饰电器精品供浴室使用（住宅用）		T737	—	10A　250V
空白盖板		T31X	B31X	—
单联明装胶盒		T238/20	B238	下沿带 20mm 出线孔
单联暗装胶盒		T157	B157	深 38mm
暗装胶盒		T257	—	80mm × 80mm × 38mm
双联暗装铁盒		TL157D	BT157DE	供 T727 或 T727X/C 用

9.4　按钮与开关

9.4.1　按钮

1. LA101 系列控制按钮

LA101 系列控制按钮的外形及技术参数见表 9-38。

表 9-38　LA101 系列控制按钮的外形及技术参数

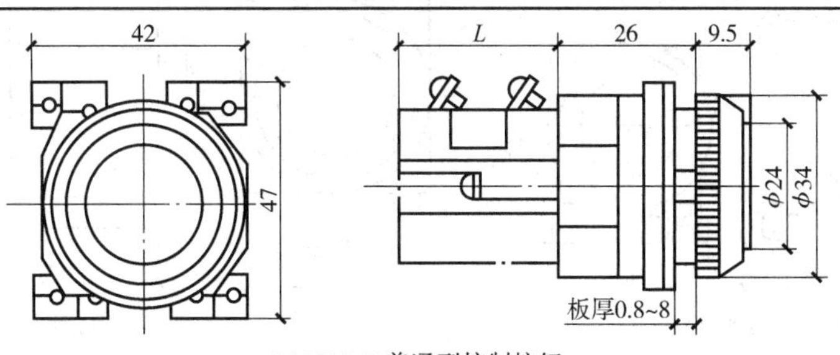

LA101P-P 普通型控制按钮

（续）

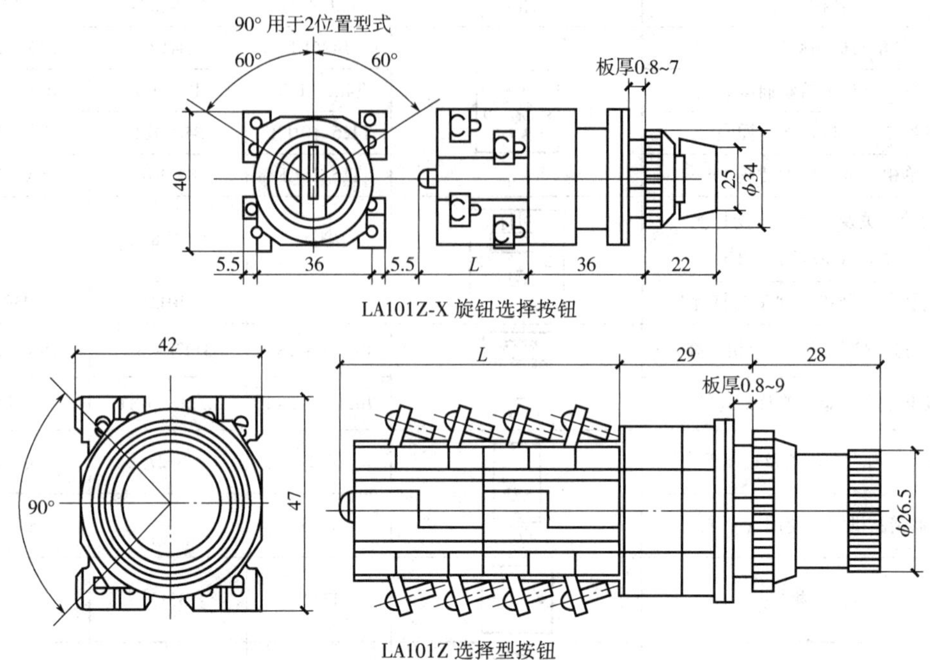

LA101Z-X 旋钮选择按钮

LA101Z 选择型按钮

额定电压/V		通断能力/A	额定工作电流/A	额定发热电流/A	额定控制容量/(V·A)	外形尺寸 L/mm			
						触头对数	LA101P-P	LA101-Z	LA101Z-X
交流	220	14	1.36	5	300	1	30	30	30
	380	8.8	0.8	5	300	2	33	33	33
	660	5.0	0.45	5	300	3	60	60	60
直流	110	0.61	0.55	5	60	4	63	63	66
	220	0.33	0.3	5	60	5	90	—	90
	440	0.17	0.15	5	60	6	93	—	93

2. LA19 系列控制按钮

LA19 系列控制按钮工作条件：环境温度为 -20 ~ 55℃，相对湿度≤90%，海拔≤2000m，其外形及技术参数见表 9-39。

表 9-39 LA19 系列控制按钮的外形及技术参数

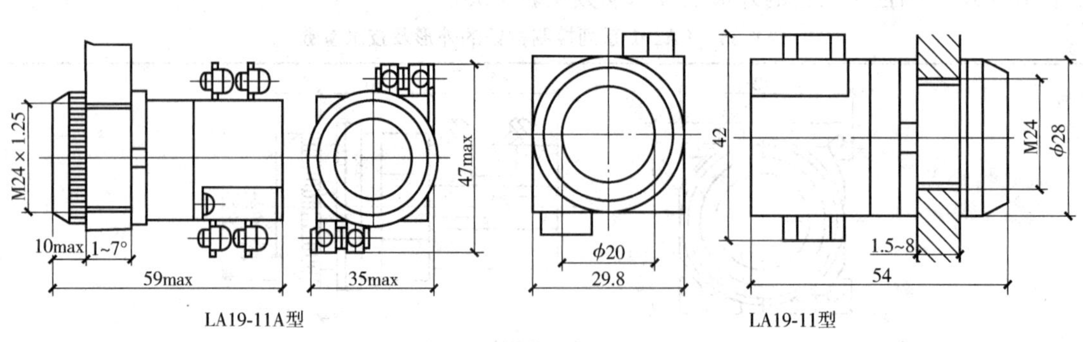

LA19-11A型

LA19-11型

（续）

<table>
<tr><th rowspan="2">型号</th><th rowspan="2">额定电压/V</th><th rowspan="2">额定电流/A</th><th rowspan="2">结构形式</th><th colspan="2">触头数量</th><th colspan="2">信号灯</th><th rowspan="2">按钮数量</th><th rowspan="2">控制容量</th></tr>
<tr><th>常开</th><th>常闭</th><th>电压/V</th><th>功率/W</th></tr>
<tr><td>LA19-11、
LA19-11A</td><td rowspan="8">AC380
DC220</td><td rowspan="8">5</td><td>揿压式
单触桥</td><td>1</td><td>1</td><td>—</td><td>—</td><td>1</td><td rowspan="8">AC380V、
300VA
DC220V、
60W</td></tr>
<tr><td>LA19-11J、
LA19-11A/J</td><td>紧急式
单触桥</td><td>1</td><td>1</td><td>—</td><td>—</td><td>1</td></tr>
<tr><td>LA19-11D、
LA19-11A/D</td><td>带信号灯
单触桥</td><td>1</td><td>1</td><td>6</td><td>1</td><td>1</td></tr>
<tr><td>LA19-11DJ、
LA19-11A/DJ</td><td>带灯紧急式
单触桥</td><td>1</td><td>1</td><td>6</td><td>1</td><td>1</td></tr>
<tr><td>LA19-11B</td><td>揿压式
双触桥</td><td>1</td><td>1</td><td>—</td><td>—</td><td>1</td></tr>
<tr><td>LA19-11B/J</td><td>紧急式
双触桥</td><td>1</td><td>1</td><td>—</td><td>—</td><td>1</td></tr>
<tr><td>LA19-11B/D</td><td>带信号灯
双触桥</td><td>1</td><td>1</td><td>6</td><td>1</td><td>1</td></tr>
<tr><td>LA19-11B/DJ</td><td>带灯紧急式
双触桥</td><td>1</td><td>1</td><td>6</td><td>1</td><td>1</td></tr>
</table>

9.4.2　转换开关

1. LW5 系列万能转换开关

LW5 系列万能转换开关工作条件：环境温度为 -25 ~ 40℃，相对湿度≤90%，海拔≤2000m，其外形及技术参数见表 9-40。

表 9-40　LW5 系列万能转换开关的外形及技术参数

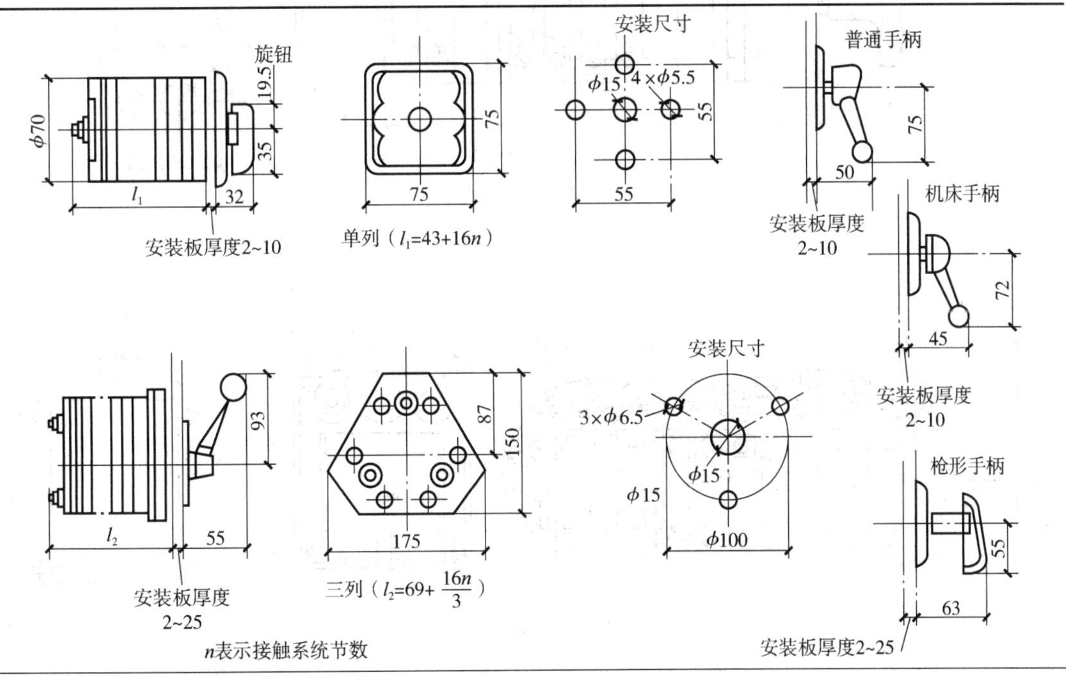

（续）

电流种类	使用类别	可控线圈功率	接通				分断				寿命/万次	操作频率次/h
			U/V	I/A	$\cos\varphi$	T/ms	U/V	I/A	$\cos\varphi$	T/ms		
交流	AC-11	1000 VA	500	20	0.7	—	500	2.0	0.4	—	20	300
			380	26			380	2.6				
			220	46			220	4.6				
直流	DC-11	60W 双断点	440	0.14	—	300	440	0.14	—	300	20	300
			220	0.27			220	0.27				
			110	0.55			110	0.55				
直流	DC-11	90W 四断点	440	0.20	—	300	440	0.20	—	300	20	300
			220	0.14			220	0.41				
			110	0.82			110	0.82				

2. LW12-16系列万能转换开关

LW12-16系列万能转换开关工作条件：环境温度为-25～40℃，相对湿度≤90%，海拔≤2000m，其外形及技术参数见表9-41。

表9-41　LW12-16系列万能转换开关的外形及技术参数

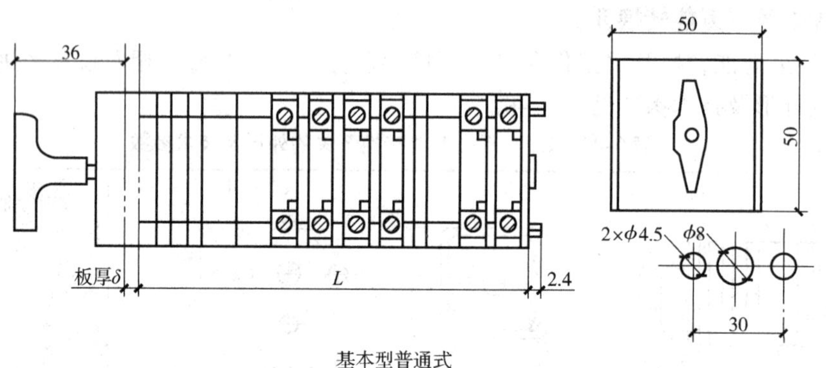

基本型普通式

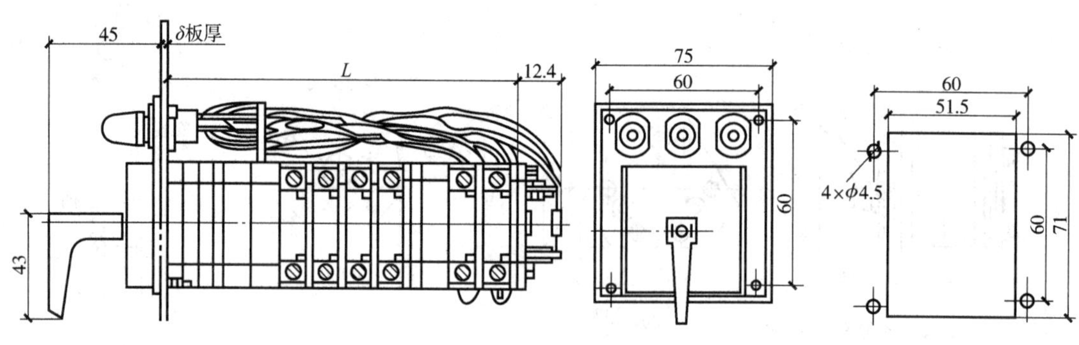

开启型组合式

（续）

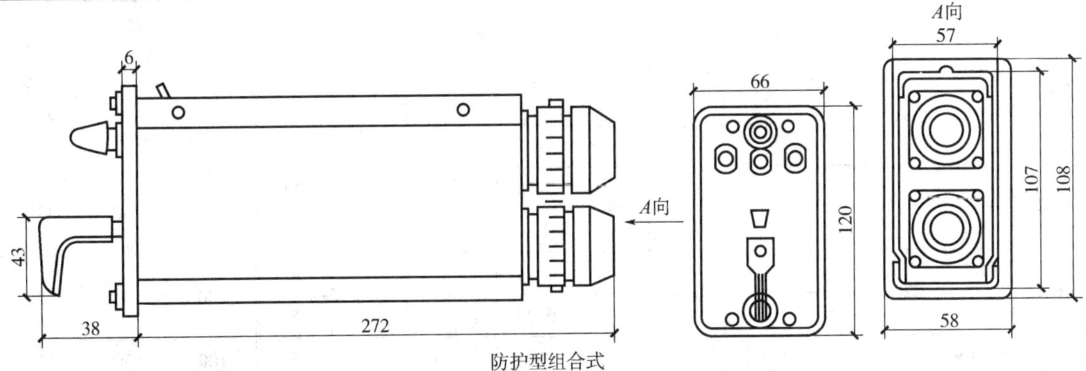

防护型组合式

1. $L=22+a+b+13.3n$（n为接触系统节数，a为自厚机构厚度15.8cm，b为控制锁机构厚度21.5cm）。
2. δ由用户选定。

电流种类	使用类别	控制容量	接通				分断				机械寿命/万次	电寿命/万次	操作频率次/h
			U/V	I/A	cosφ	T/ms	U/V	I/A	cosφ	T/ms			
交流	AC-11	10VA	380	26	0.7	—	380	2.6	0.4	—	—	20	—
			220	46			220	4.6					
直流	DC-11	60W双断点	220	0.27	—	300	220	0.27	—	300	100	20	300
			110	0.55			110	0.55					
		90W四断点	220	0.41	—	—	220	0.41	—				
			110	0.82			110	0.82					

3. LW8系列万能转换开关

LW8系列万能转换开关工作条件：环境温度为-25～40℃，相对湿度≤90%，海拔≤2000m，其外形及技术参数见表9-42。

表9-42 LW8系列万能转换开关的外形及技术参数

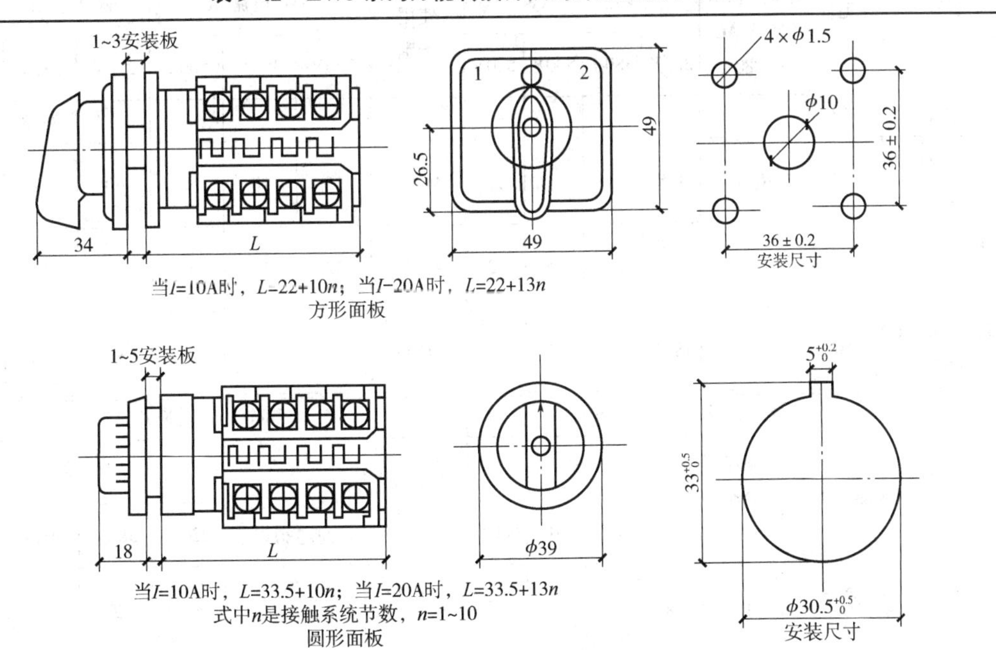

当I=10A时，L=22+10n；当I=20A时，L=22+13n

方形面板

当I=10A时，L=33.5+10n；当I=20A时，L=33.5+13n

式中n是接触系统节数，n=1~10

圆形面板

（续）

使用类别	控制容量VA	接通				分断				电寿命/万次	机械寿命/万次		操作频率次/h
		U/V	I/A	cosφ	T/ms	U/V	I/A	cosφ	T/ms		三个位置以下	三个位置以上	
AC-11	360	380	9.5	0.7	—	380	0.95	0.4	—	20	100	30	120
	720		9				1.9			10			
DC-11	28	220	0.14	—	0.3	220	0.14	—	0.3	10	100	30	120
	56		0.28			—	0.28			5			
AC-21	3.8kW	380	10	0.95	—	380	10	0.95	—	5	100	30	120
AC-3	2.2kW	380	30	0.65	—	64.6	5	0.65	—	5	100	30	120

9.4.3 组合开关

1. 3LB、3ST（HZW1）系列组合开关

3LB、3ST（HZW1）系列组合开关用于50Hz或60Hz、额定电压220～660V、额定电流至63A、控制电动机功率至22kW，以及直流24～600V控制电流至15A的电路中，用作三相异步电动机负载起动、变速、换向，以及主电路和辅助电路的转换用。工作条件：环境温度为-25～40℃，最大相对湿度≤50%（40℃）或≤90%，海拔≤2000m。其技术参数见表9-43。

（1）3LB、3ST（HZW1）系列组合开关主要技术参数

表9-43　3LB、3ST（HZW1）系列组合开关主要技术参数

型号	额定绝缘电压/V	用于控制50Hz三相交流电动机					用于辅助电流开关						
		额定电流A（AC-3/AC-23、380V）	额定功率/kW				使用类别	额定电流/A			额定通断能力/kA		
			220V	380V	500V	660V		220V	380V	500V	220V	380V	500V
3ST1	380	8.5	2.2	4	—	—	AC-11	7	6	—	15.4	22.8	—
3LB（HZW1）-25	660	16.5	4.5	8	11	11	AC-11	25	10	4	60	42	22
3LB4（HZW1）-40	660	30	11	15	15	12	AC-11	32	14	6	77	58	33
3LB5（HZW1）-63	660	45	18.5	22	22	13	AC-11	—	—	—	—	—	—

型号	用作控制开关（交流50Hz）						用作Y/Δ转换开关					
	使用类别	额定电流A	额定功率/kW				使用①类别	额定电流/A（AC-3/AC-23/380V）	额定功率/kW			
			220V	380V	500V	660V			220V	380V	500V	660V
3ST1	AC-1 AC-21	10	38	6.5	—	—	AC-3 AC-23	8.5	2.2	4	—	—

（续）

型号	用作控制开关（交流 50Hz）						用作 Y/Δ 转换开关					
	使用类别	额定电流 A	额定功率/kW				使用①类别	额定电流/A (AC-3/AC-23/380V)	额定功率/kW			
			220V	380V	500V	660V			220V	380V	500V	660V
3LB3（HZW1）-25	AC-1 AC-21	25	9	15.5	20	27	AC-3 AC-23	25	5.5	11	15	11
3LB4（HZW1）-40	AC-1 AC-21	40	11.5	20	26	35	AC-3 AC-23	35	11	15	18.5	12
3LB5（HZW1）-63	AC-1 AC-21	63	19	31.5	43	17	AC-3 AC-23	45	18.5	22	22	13

型号	用作单相 50Hz 负荷开关				用作直流开关							机械寿命/次	电寿命/次	操作频率次/h
	使用类别	额定电流 A	额定功率/kW		使用类别	额定电流/A								
			220V	380V		24V	60V	110V	220V	440V	600V			
3ST1	AC-1 AC-21	10	2.2	3.8	DC-11	6	3	0.2	0.1	0.04	—	—	3×10^6	500
3LB3（HZW1）-25	AC-1 AC-21	25	5.2	9	DC-11	15	4.5	1.95	0.6	0.3	0.21	—	3×10^6	500
3LB4（HZW1）-40	AC-1 AC-21	40	8.5	15	DC-11	15	4.5	1.95	0.6	0.3	0.21	—	1×10^6	100
3LB5（HZW1）-63	AC-1 AC-21	63	13	22	DC-11	—	—	—	—	—	—	—	1×10	100

①在使用类别 AC-3、AC-23 情况下。

（2）3ST1、3LB3、3LB4、3LB5 系列组合开关 23 型的外形及安装尺寸（表 9-44）

表 9-44　3ST1、3LB3、3LB4、3LB5 系列组合开关 23 型的外形及安装尺寸

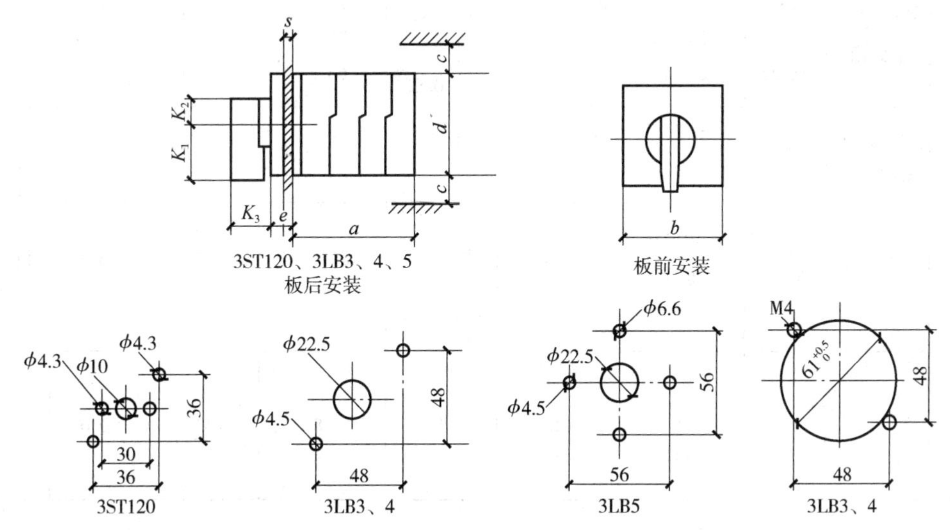

（续）

<table>
<tr><th rowspan="4">型号①</th><th colspan="18">外形及安装尺寸/mm</th></tr>
<tr><th colspan="10">a</th><th rowspan="3">K_1</th><th rowspan="3">K_2</th><th rowspan="3">K_3</th><th rowspan="3">b</th><th rowspan="3">c</th><th rowspan="3">d</th><th rowspan="3">e</th><th rowspan="3">s</th></tr>
<tr><th colspan="10">层数</th></tr>
<tr><th>1</th><th>2</th><th>3</th><th>4</th><th>5</th><th>6</th><th>7</th><th>8</th><th>9</th><th>10</th></tr>
<tr><td>3ST120</td><td>30</td><td>51</td><td>72</td><td>92</td><td>112</td><td>132</td><td>152</td><td>172</td><td>192</td><td>212</td><td>12</td><td>12</td><td>17</td><td>48</td><td>6</td><td>43</td><td>8</td><td>1 ~ 6</td></tr>
<tr><td>3LB3237</td><td>52</td><td>66</td><td>81</td><td>95</td><td rowspan="2">117</td><td rowspan="2">131</td><td rowspan="2">146</td><td rowspan="2">176</td><td rowspan="2">191</td><td rowspan="2">205</td><td>30</td><td>15</td><td>26</td><td>72</td><td>16</td><td>ϕ56</td><td>11</td><td>1 ~ 6</td></tr>
<tr><td>3LB323</td><td>60</td><td>74</td><td>89</td><td>103</td><td>30</td><td>15</td><td>26</td><td>72</td><td>16</td><td>ϕ56</td><td>11</td><td>1 ~ 6</td></tr>
<tr><td>3LB4327</td><td rowspan="2">67</td><td>78</td><td>99</td><td>119</td><td rowspan="2">148</td><td rowspan="2">168</td><td rowspan="2">189</td><td rowspan="2">225</td><td rowspan="2">—</td><td rowspan="2">—</td><td>30</td><td>15</td><td>26</td><td>72</td><td>14</td><td>ϕ60</td><td>11</td><td>1 ~ 6</td></tr>
<tr><td>3LB423</td><td>87</td><td>108</td><td>128</td><td>30</td><td>15</td><td>26</td><td>72</td><td>14</td><td>ϕ60</td><td>11</td><td>1 ~ 6</td></tr>
<tr><td>3LB523</td><td>67</td><td>87</td><td>107</td><td>127</td><td>147</td><td>167</td><td>—</td><td>—</td><td>—</td><td>—</td><td>40</td><td>16</td><td>28</td><td>72</td><td>25</td><td>72</td><td>11</td><td>1 ~ 10</td></tr>
</table>

2. HZ15 系列组合开关

HZ15 系列组合开关额定工作电压：直流 220V、交流 380V；额定工作电流：10A（HZ15-10）、25A（HZ15-25）、63A（HZ15-63）。HZ15 系列组合开关与 RL6-25、63 型熔断器配合使用时，其额定熔断短路电流为 1000A（开关额定电流为 10A、25A）及 3000A（开关额定电流为 63A）。工作条件：环境温度为 -30 ~ 40℃，相对湿度≤80%（20℃ ±5℃时），海拔≤1000m。适用于交流 50Hz、额定工作电压 380V 及以下、直流额定工作电压 220V 及以下的线路中，作为手动不频繁地接通或分断电路、转换电路的设备使用，也可作为直接开闭小容量交流电动机的设备使用。

（1）HZ15 系列组合开关时外形及技术参数（表 9-45）

表 9-45　HZ15 系列组合开关的外形及技术参数

<table>
<tr><th rowspan="2">电流种类</th><th rowspan="2" colspan="2">使用类别</th><th rowspan="2">约定发热电流/A</th><th colspan="3">接通</th><th colspan="3">断开</th><th rowspan="2">电寿命/次</th><th rowspan="2">机械寿命/次</th></tr>
<tr><th>试验电流/A</th><th>试验电压/V</th><th>功率因数</th><th>试验电流/A</th><th>试验电压/V</th><th>功率因数</th></tr>
<tr><td rowspan="2">交流</td><td>作为配电电器用</td><td>AC-20
AC-21
AC-22</td><td>10
25
63</td><td>10
25
63</td><td rowspan="2">380</td><td rowspan="2">0.65</td><td>10
25
63</td><td>380</td><td rowspan="2">0.65</td><td>1000</td><td>30000</td></tr>
<tr><td>作为控制电动机用</td><td>AC-3</td><td>10
25</td><td>18
13</td><td>3
5.5</td><td>65</td><td>5000</td><td>30000</td></tr>
<tr><th>电流种类</th><th colspan="2">使用类别</th><th>约定发热电流/A</th><th>试验电流/A</th><th colspan="2">试验电压/V</th><th>试验电流/A</th><th>试验电压/V</th><th>电寿命/次</th><th colspan="2">机械寿命/次</th></tr>
<tr><td>直流</td><td colspan="2">DC-20
DC-21</td><td>10
25
63</td><td>15
38
95</td><td colspan="2">242</td><td>15
38
95</td><td>242</td><td>10000</td><td colspan="2">30000</td></tr>
</table>

（2）HZ15 系列组合开关的外形及安装尺寸（表 9-46）

表 9-46 HZ15 系列组合开关的外形及安装尺寸

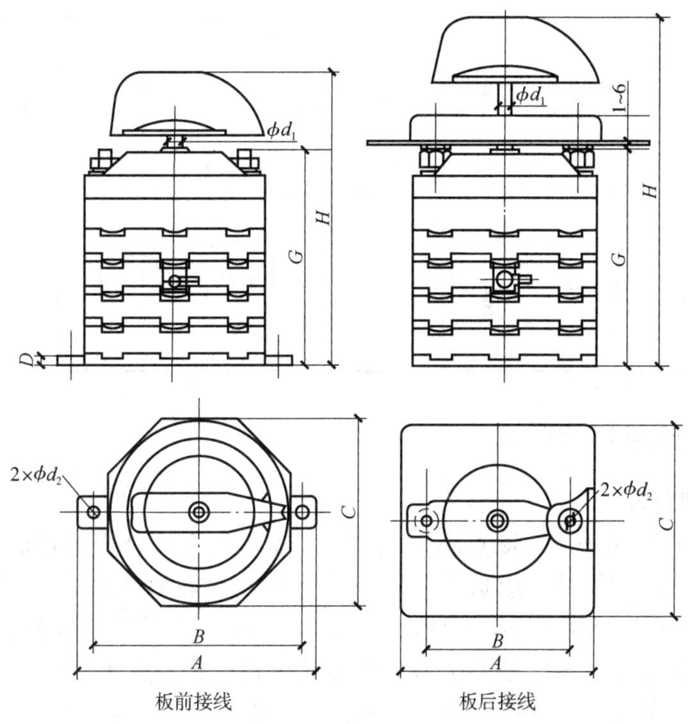

型号	接线方式	极数	安装尺寸/mm							
			A	*B*	*C*	*D*	ϕd_1	ϕd_2	*G*	*H*
HZ15-10/101、10/112 HZ15-10/201、10/212 HZ15-10/301、10/312 HZ15-10/401、10/412	板前接线	1 2 3 4	85	75	65	3	6	4.5	40 52 64 76	68 80 92 104
HZ15-10/101、10/112 HZ15-10/201、10/212 HZ15-10/301、10/312 HZ15-10/401、10/412	板后接线	1 2 3 4	68	52	68	—	6	4.5	43 55 67 79	90 102 114 126
HZ15-25/101、25/112 HZ15-25/201、25/212 HZ15-25/301、25/312 HZ15-25/401、25/412	板前接线	1 2 3 4	110	95	85	4	8	5.5	50 66 81 97	90 105 121 136
HZ15-25/101、25/112 HZ15-25/201、25/212 HZ15-25/301、25/312 HZ15-25/401、25/412	板后接线	1 2 3 4	88	67	88	—	8	5.5	56 72 87 103	120 135 151 166

（续）

型号	接线方式	极数	安装尺寸/mm							
			A	*B*	*C*	*D*	ϕd_1	ϕd_2	*G*	*H*
HZ15-63、101、63/112 HZ15-63/201、63/212 HZ15-63/301、63/312 HZ15-63/401、63/412	板前接线	1 2 3 4	134	118	102	5	8	6.5	65 83 101 119	102 120 138 156
HZ15-63、101、63/112 HZ15-63/201、63/212 HZ15-63/301、63/312 HZ15-63/401、63/412	板后接线	1 2 3 4	106	80	106	—	8	9	71 89 107 125	143 161 179 197

9.4.4 行程开关与微动开关

1. LX19 系列行程开关

LX19 系列行程开关采用双断点瞬动式结构，安装在金属外壳内构成防护式，在外壳上配有各种方式的机械部件，组成单轮、双轮转动及无轮直线移动等形式的行程开关。该系列行程开关适用于交流 50Hz 或 60Hz、电压至 380V 或直流电压至 220V 的控制电路中，将机械信号转换为电气信号，作为控制运动机构行程和变换运动方向或速度用。工作条件：环境温度为 -25 ~40℃，最大相对湿度≤90%，海拔≤2500m，其外形及技术参数见表 9-47。

表 9-47　LX19 系列行程开关的外形及技术参数

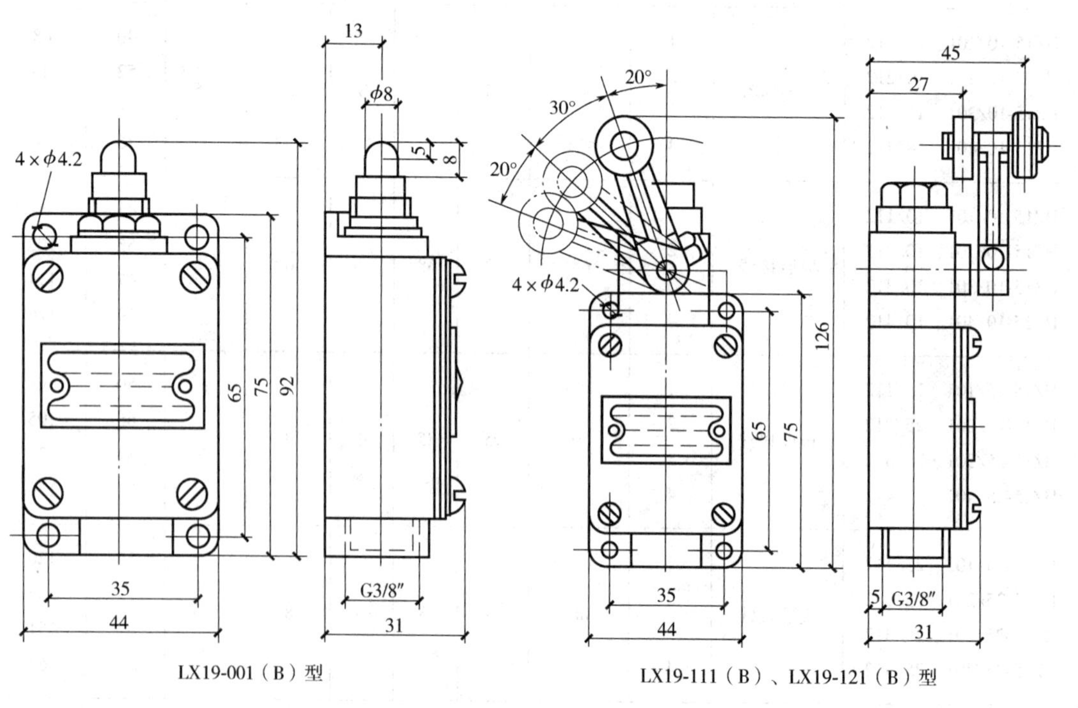

LX19-001（B）型

LX19-111（B）、LX19-121（B）型

（续）

型号	触头数量		额定电压/V		额定工作电流/A		约定发热电流/A	触头接触时间/s	动作力/N	动作行程/mm（或角度）
	常开	常闭	交流	直流	交流	直流				
LX19K（-B）	1	1	380	220	0.8	0.1	5	0.04	<9.8	1.5~3.5
LX19-001（B）									<1.5	1.5~4
LX19-111（B）									<20	30°
LX19-121（B）										
LX19-131（B）										
LX19-212（B）										60°
LX19-222（B）										
LX19-232（B）										

2. LXZ1系列精密组合行程开关

LXZ1系列精密组合行程开关适用于交流50Hz或60Hz、额定电压至220V及直流额定电压至220V的控制电路中，作为控制、限位、定位、信号及程序转换之用。本系列组合行程开关具有较高的重复定位精度，特别适用于要求定位准确的场合，其外形及参数见表9-48。

表9-48 LXZ1系列精密组合行程开关的外形及技术参数

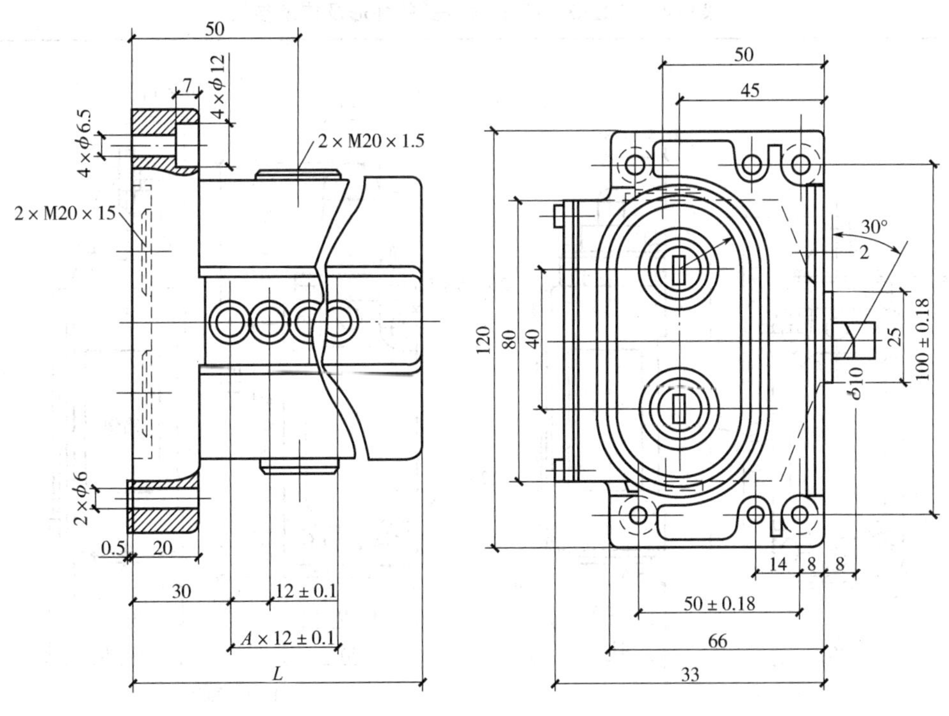

（续）

型号	额定绝缘电压/V	AC-11 时额定工作电流/A			DC-11 时额定工作电流/A			重复精度/mm	操作频率/(次/h)	机械寿命/万次	电寿命/万次		防护等级	外形及安装尺寸/mm	
		24V	110V	220V	24V	110V	220V				AC	DC		*A*	*L*
LXZ1-02L	220	3	1.4	0.7	0.5	0.14	0.07	精密型不大于0.005，普通型不大于0.02	1200	1000	220	60	IP65	1	68
LXZ1-03L														2	80
LXZ1-04L														3	92
LXZ1-05L														4	104
LXZ1-06L														5	116
LXZ1-08L														7	140

注：工作条件：环境温度为 -5 ~ 40℃，最大相对湿度≤90%（25℃时）或≤50%（40℃时），海拔≤2000m。

3. LXK3 系列行程开关

LXK3 系列行程开关适用于交流 50Hz 或 60Hz、额定电压至 380V，直流额定电压至 220V 同极使用的控制电路及辅助电路中，用作操纵、控制、限位、联锁等用途的行程开关。工作条件：环境温度为 -5 ~ 40℃，相对湿度≤50%（40℃时）或≤90%（25℃时），海拔≤2000m，其外形及技术参数见表 9-49。

表 9-49　LXK3 系列行程开关的外形及技术参数

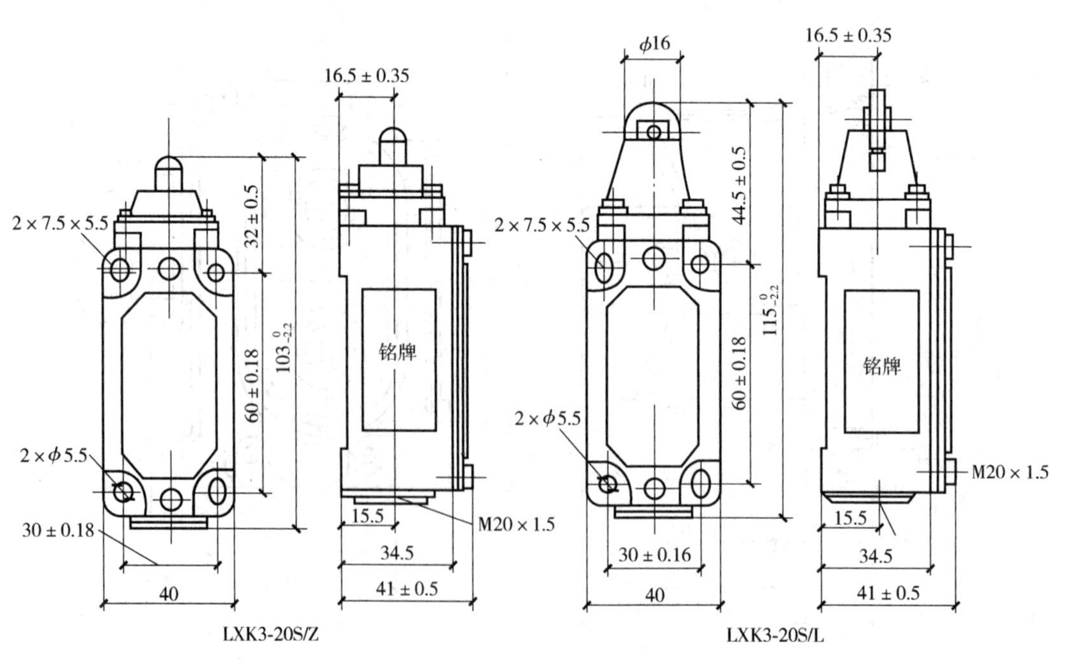

（续）

额定绝缘电压/V	额定工作电流/A					动作重复精度/mm	操作频率/(次/h)		机械寿命/万次	电寿命/万次		防护等级
	AC-15			DC-13								
	110V	220V	380V	110V	220V		交流	直流		交流	直流	
380	2.8	1.4	0.8	0.3	0.15	≤0.05	2400	1200	>650	150	30	IP65

型号①	动作行程	差程	全行程	动作力	恢复力	最大操动力	释放力
LXK3-20S/Z LXK3-20S/L	1.7～2.2mm	≤1.2mm	≥6mm	10N±1.5N	≥15N	<30N	—
LXK3-20S/B LXK3-20S/T LXK3-20S/J	18°～24°	≤15°	≥60°	0.15N·m ±0.034N·m	>0.06N·m	<0.24N·m	—
LXK3-20S/D	18°～22°	≤15°	≥60°	0.1N·m ±0.025N·m	>0.03N·m	<0.22N·m	—
LXK3-20S/H_1 LXK3-20S/H_2 LXK3-20S/H_3	70°～80°	40°～60°	90°±8°	0.2N·m ±0.03N·m	—	—	0.2N·m ±0.03N·m
LXK3-20S/W	12°～20°	8°±2°	—	0.038N·m ±0.08N·m	>0.015N·m	—	—

①操作形式代号：Z为柱塞式；L为滚轮柱塞式；B为滚轮转臂式；T为可调滚轮转臂式；J为可调金属摆杆式；D为弹性摆杆式；H_1为叉式，两轮在同一方向；H_2为叉式。左轮在前右轮在后；H_3为叉式，右轮在前左轮在后；W为万向式。

4. LXW6系列微动开关

LXW6系列微动开关适用于交流50Hz、额定工作电压380V以下的控制电路中，作为行程控制或限位保护用。该系列微动开关都具有一常开、一常闭触头，结构强度高，密封性好，安全可靠。开关的出线方向可作180°变化，传动机构形式多样，可满足各种场合的需要。工作条件：环境温度为-25～40℃；相对湿度≤50%（40℃时）或≤90%（25℃时），海拔≤2000m，其外形及技术参数见表9-50。

表9-50　LXW6系列微动开关的外形及技术参数

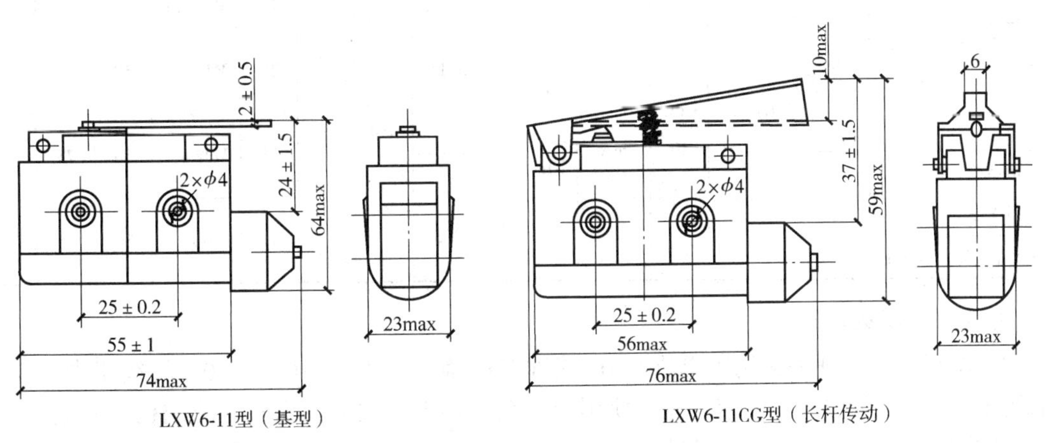

LXW6-11型（基型）

LXW6-11CG型（长杆传动）

（续）

额定工作电压/V	约定发热电流/A	额定控制容量/VA	触头对数	动作力/N	复位力/N	动作行程/mm	误差/mm	推杆超行程/mm	机械寿命/万次	电气寿命/万次
AC≤380	3	100	一常开 一常闭	3.92 ±1.96	>0.49	0.5±0.2	≤0.3	>0.2	100	100

9.4.5 接近开关与光电开关

1. LXJ6 系列接近开关

LXJ6 系列接近开关适用于交流 50Hz 或 60Hz，额定工作电压 100～250V 的线路中作为机床及自动线的定位或检测信号元件使用。当运动的金属体靠近接近开关并达到动作距离之内时，接近开关无接触无压力地发出检测信号，供驱动小容量的接触器或中间继电器以及控制程序转换用。该系列开关安装调整方便，具有防振防潮性，外壳采用增强尼龙材料，安全可靠。工作条件：环境温度为 -25～40℃；相对湿度≤90%（25℃时），海拔≤2000m，其外形及技术参数见表 9-51。

表 9-51　LXJ6 系列接近开关的外形及技术参数

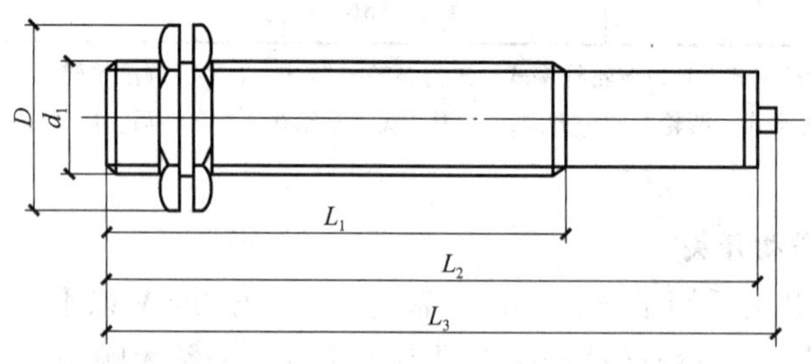

型号	动作距离/mm	复位行程差/mm	额定工作电压/V		输出能力		重复定位精度/mm	开关压降/V		安装尺寸/mm				
			AD	DC	长期	瞬时		AC	DC	D	d_1	L_1	L_2	L_3
LXJ6-2/12	2±1	≤1	100～250	10～30	30～200mA	1A（t≤20ms）	±0.15	<9	<4.5	20	M12×1	50	58	62
LXJ6-2/18	2±1									28	M18×1	50	75	79
LXJ6-4/18	4±1													
LXJ6-4/22	4±1									35	M22×1	50	75	79
LXJ6-6/22	6±1	≤2					±0.3							
LXJ6-8/30	8±1									42	M30×1.5	50	75	79
LXJ6-10/30	10±1													

2. LXJ7 系列接近开关

LXJ7 系列接近开关适用于交流 50Hz 或 60Hz、额定电压为 100～250V 的线路中，作为机床及自动线的定位或检测信号元件使用。该系列接近开关采用盒式方形结构，安装方便。开关为支流二线制，负载可直接串接在线路中，使用方便。此外，开关还具有体积小、重量轻、精度高、寿命长以及耐振、防潮等特点。工作条件：环境温度为 -5～40℃；相对湿度≤50%（40℃时）或≤90%（25℃时）；海拔≤2000m，其外形及技术参数见表 9-52。

表 9-52 LXJ7 系列接近开关的外形及技术参数

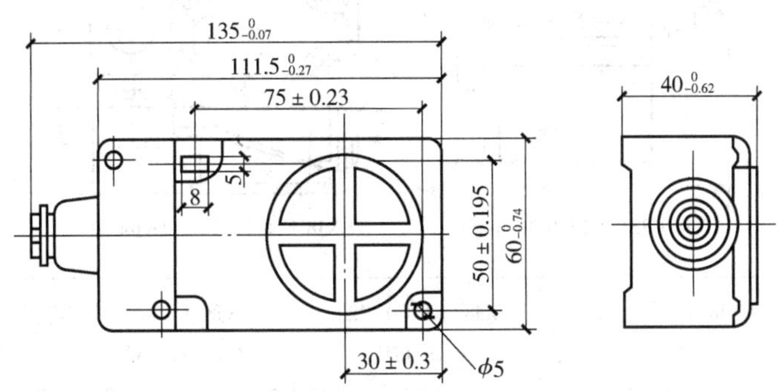

型号	作用距离/mm	复位行程差/mm	额定工作电压/V	输出能力		重复精度/mm	开关压降/V
				长期	瞬时		
LXJ7-10 LXJ7-15 LXJ7-20	10 ±2.5 15 ±2.5 20 ±2.5	≤0.2 ≤0.3 ≤0.4	AC100～250	30～200mA	1A（t≤20ms）	0.5	≤9

3. LXJ8（3SG）系列接近开关

LXJ8（3SG）系列接近开关是引进德国西门子技术生产，适用于交流 40～60Hz、额定电压 30～250V、电流 300～500mA 及直流额定电压 6～30V、电流 10～300mA 的控制线路中，作为机床限位、检测、计数、测速元件使用。该系列接近开关品种规格齐全，外形结构多样，电压范围宽，输出形式多，且具有重复定位精度高、频率响应快、抗干扰性强及使用寿命长等优点。开关内充以树脂，封闭良好，可耐振、耐蚀性及防水防尘。此外，开关还具有短路、极性、过载保护及脉冲控制等功能。工作条件：环境温度为 -25～40℃；相对湿度≤90%（25℃时）；海拔≤2000m，其外形及技术参数见表 9-53。

表 9-53 LXJ8（3SG）系列接近开关的外形及技术参数

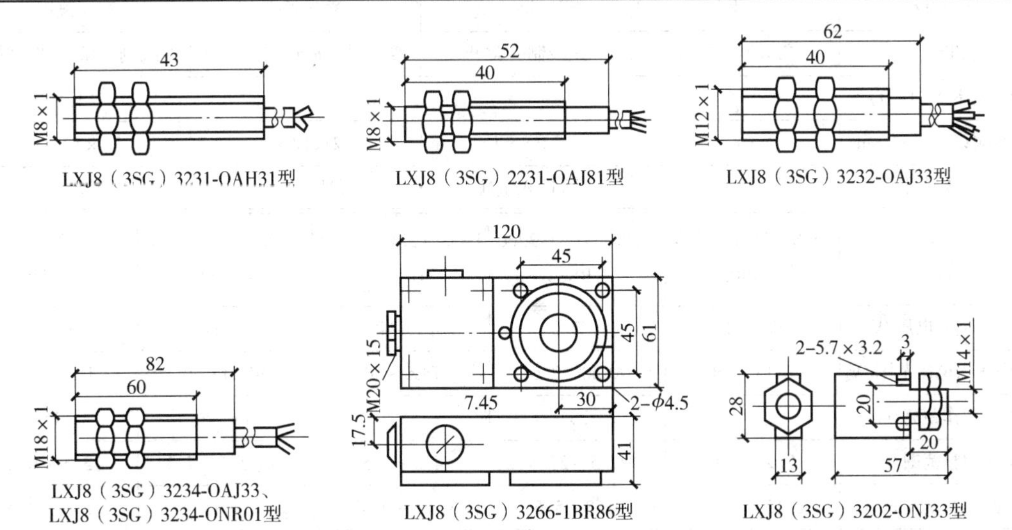

（续）

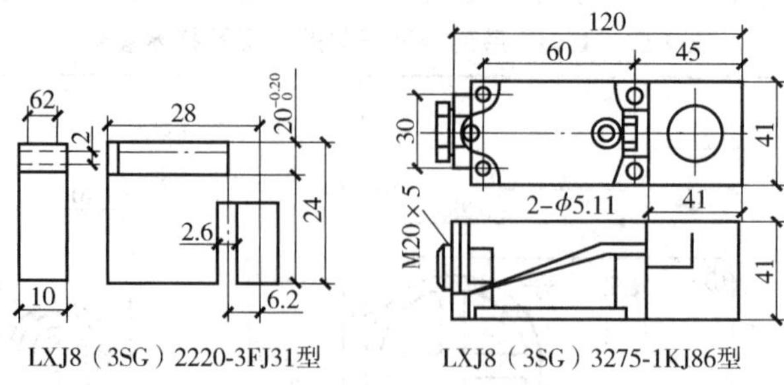

LXJ8（3SG）2220-3FJ31型　　LXJ8（3SG）3275-1KJ86型

型号	LXJ8（3SG）3231-OAH31	LXJ8（3SG）2231-OAJ81	LXJ8（3SG）3232-OAJ33	LXJ8（3SG）3234-OAJ33
额定电源电压/V	DC24	DC24	DC24	DC24
允许输入电压范围/V	DC10～30	DC20～30	DC6～30	DC6～30
额定动作距离/mm	1	1	2	5
允许调整范围/mm	0.9～1.1	0.9～1.1	1.8～2.2	4.5～5.5
回环宽度/mm	0.03～0.22	0.01～0.17	0.02～0.33	0.05～0.83
重复定位精度/mm	±0.02	±0.02	±0.06	±0.15
输出电流/mA	5～50	300	（a）2×10；（b）2×50	（a）2×10；（b）2×50
动作频率/Hz	800	3000	500	180
电压降/V	≤8	≤3.5	≤4.5	≤4.5
误脉冲抑制	—	—	—	有
短路保护	—	—	有	有
极性保护	—	有	有	有
过载保护	—	有	有	有
防护等级	IP67	IP67	IP67	IP67
外壳材料	钢	钢	黄铜镀镍	黄铜镀镍
输出形式	二线制一常开	三线制一常开	四线制一常开和一常闭	四线制一常开和一常闭
动作指示（LED）				有
标准测试片尺寸/mm	8×8×1	8×8×1	12×12×1	18×18×1
安装形式	可埋入金属	可埋入金属	可埋入金属	可埋入金属

型号	LXJ8（3SG）3234-ONR01	LXJ8（3SG）3266-1BR86	LXJ8（3SG）3202-ONJ33	LXJ8（3SG）2220-3FJ31	LXJ8（3SG）3275-1KJ86
额定电源电压/V	AC220	AC220	DC24	DC24	DC24
允许输入电压范围/V	AC30～250	AC30～250	DC6～30	DC20～30	DC10～30
额定动作距离/mm	8	25	5	深：5	15
允许调整范围/mm	7.2～8.8	22.5～27.5	4.5～5.5	深：5.0～7.5	13.5～16.5
回环宽度/mm	0.15～1.76	0.68～5.5	0.05～0.83	—	0.41～3.3

（续）

型号	LXJ8（3SG）3234-ONR01	LXJ8（3SG）3266-1BR86	LXJ8（3SG）3202-ONJ33	LXJ8（3SG）2220-3FJ31	LXJ8（3SG）3275-1KJ86
重复定位精度/mm	±0.20	±0.50	±0.15	±0.10	±0.75
输出电流/mA	20～300	20～500	(a) 2×10； (b) 2×50	50	300
动作频率/Hz	10	10	100	100	60
电压降/V	≤10	≤10	≤4.5	≤3.5	≤3.5
误脉冲抑制	有	有	有	—	有
短路保护	—	—	有	有	有
极性保护	—	—	有	有	有
过载保护	有	有	有	有	有
防护等级	IP67	IP65	IP67	IP67	IP65
外壳材料	塑料	塑料	塑料	塑料	塑料
输出形式	二线制一常开	二线制一常开或一常闭	四线制一常开或一常闭	三线制一常开	三线制一常开或一常闭
动作指示（LED）	有	有	有	—	有
标准测试片尺寸/mm	18×18×1	60×60×1	14×14×1	5×35×0.3 （铝或钢）	40×40×1
安装形式	不可埋入金属	可埋入金属	不可埋入金属	—	可埋入金属

4. GDK8系列光电开关

GDK8系列光电开关采用集成电路，适用于交流频率50Hz或60Hz、额定电压至220V、直流电压至24V的控制电路中，作为无接触式的操纵、控制、计数、检测、限位、信号输出元件用。GDK8系列光电开关有检测距离远、检出物体范围广、可对微小物体进行较精确检测等优点，且具有功能多、寿命长、功耗低、响应速度快及抗干扰性能好等优点，应用广泛。工作条件：环境温度为－10～50℃；相对湿度≤50%（40℃时）或≤90%（25℃时）；海拔≤2000m，其外形及技术参数见表9-54。

表9-54 GDK8系列光电开关的外形及技术参数

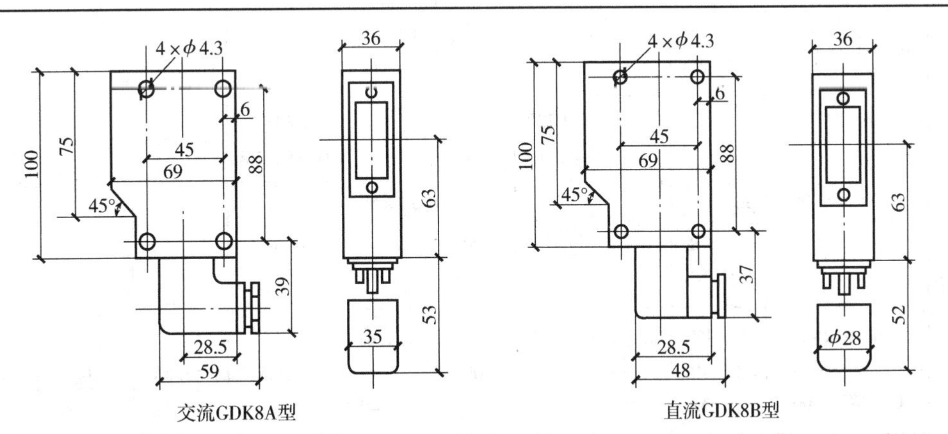

（续）

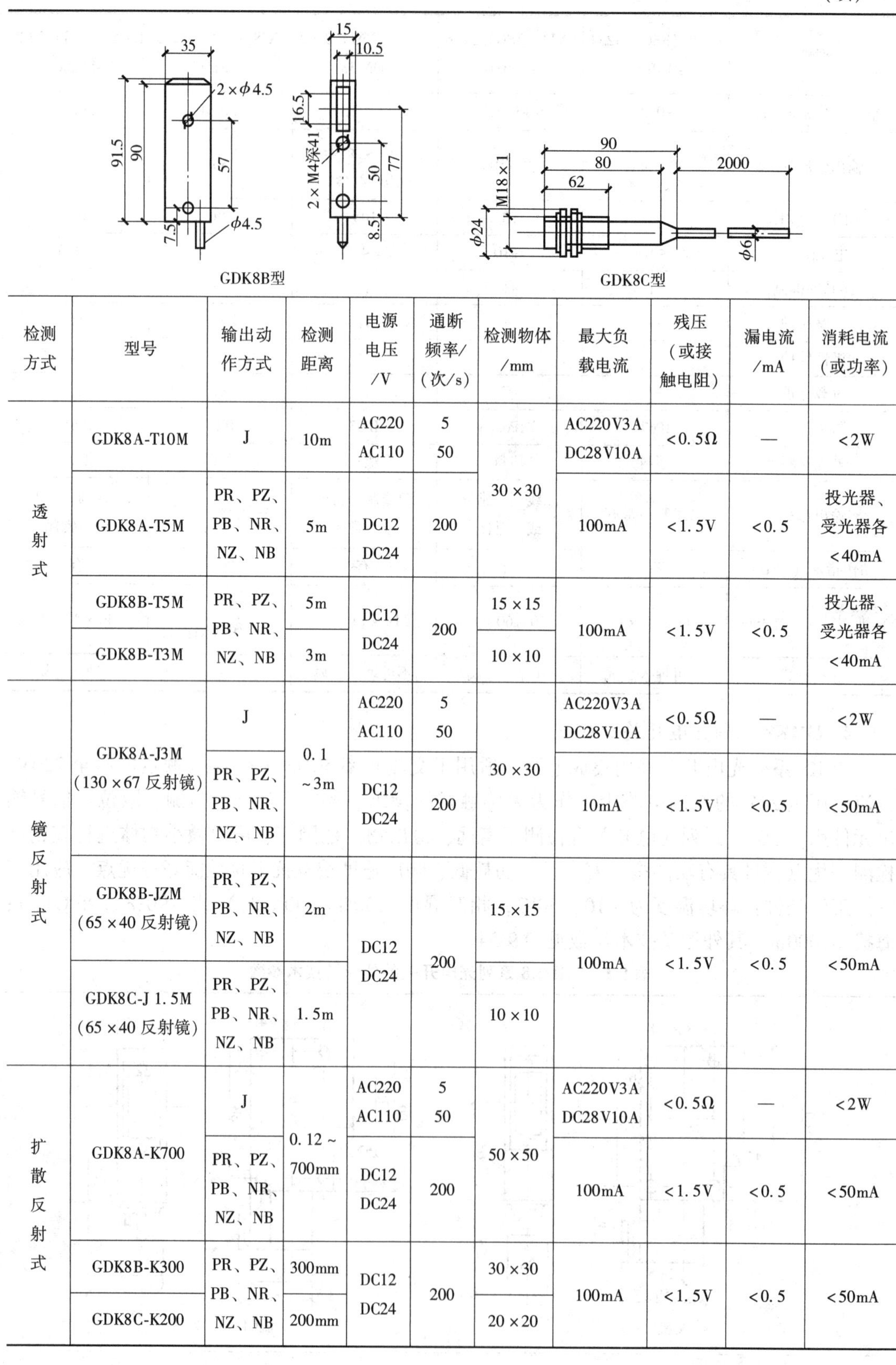

GDK8B型　　GDK8C型

检测方式	型号	输出动作方式	检测距离	电源电压/V	通断频率/(次/s)	检测物体/mm	最大负载电流	残压(或接触电阻)	漏电流/mA	消耗电流(或功率)
透射式	GDK8A-T10M	J	10m	AC220 AC110	5 50	30×30	AC220V3A DC28V10A	<0.5Ω	—	<2W
	GDK8A-T5M	PR、PZ、PB、NR、NZ、NB	5m	DC12 DC24	200		100mA	<1.5V	<0.5	投光器、受光器各<40mA
	GDK8B-T5M	PR、PZ、PB、NR、NZ、NB	5m	DC12 DC24	200	15×15	100mA	<1.5V	<0.5	投光器、受光器各<40mA
	GDK8B-T3M		3m			10×10				
镜反射式	GDK8A-J3M(130×67反射镜)	J	0.1~3m	AC220 AC110	5 50	30×30	AC220V3A DC28V10A	<0.5Ω	—	<2W
		PR、PZ、PB、NR、NZ、NB		DC12 DC24	200		10mA	<1.5V	<0.5	<50mA
	GDK8B-JZM(65×40反射镜)	PR、PZ、PB、NR、NZ、NB	2m	DC12 DC24	200	15×15	100mA	<1.5V	<0.5	<50mA
	GDK8C-J 1.5M(65×40反射镜)	PR、PZ、PB、NR、NZ、NB	1.5m			10×10				
扩散反射式	GDK8A-K700	J	0.12~700mm	AC220 AC110	5 50	50×50	AC220V3A DC28V10A	<0.5Ω	—	<2W
		PR、PZ、PB、NR、NZ、NB		DC12 DC24	200		100mA	<1.5V	<0.5	<50mA
	GDK8B-K300	PR、PZ、PB、NR、NZ、NB	300mm	DC12 DC24	200	30×30	100mA	<1.5V	<0.5	<50mA
	GDK8C-K200		200mm			20×20				

9.5 继电器

9.5.1 中间继电器

1. 3TH系列接触式继电器

3TH系列接触式继电器是引进德国西门子公司技术而生产的产品，适用于50Hz或60Hz，额定电压至660V以下的控制电路中，主要用于控制系统中传递、放大控制信号以及控制各种电磁线圈等。工作条件：环境温度为-25~55℃；空气湿度≤95%（25℃时）；海拔≤2000m，其外形及技术参数见表9-55。

表9-55 3TH系列接触式继电器的外形及技术参数

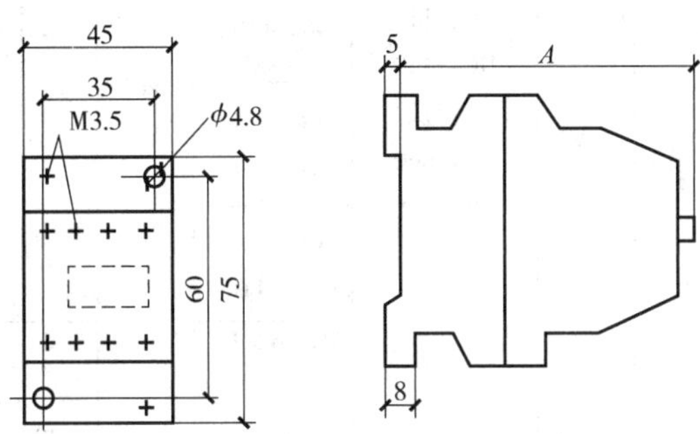

型号	额定绝缘电压/V	额定工作电流/A	控制交流电磁铁AC-11负载时额定电流/A				控制直流电磁铁DC-11负载时额定电流/A			
			220V	380V	500V	660V	110V	220V	440V	600V
3TH80	660	6	10	6	4	2	0.9	0.45	0.25	0.2
3TH82										

型号	操作频率/(次/h)	机械寿命/万次	线圈吸持功率		吸合时间/ms	断开时间/ms	重量/kg		高度尺寸A/mm	
			交流/VA	直流/W			AC	DC	AC	DC
3TH80	3000	1000	68/10	6.5	8~35	5~30	0.37	0.58	85	120
3TH82							0.43		100	135

2. JZX5（HH5）系列小型中间继电器

JZX5系列小型中间继电器适用于交流50Hz或60Hz，电压至240V及直流电压至110V的控制电路中，供电子设备、通信设备、电子计算机控制设备、自动化控制装置等作切换电路及扩大控制范围用。工作条件：环境温度为-10~40℃；相对湿度≤50%（40℃时）或≤90%（25℃时）；海拔≤2000m，其技术参数见表9-56。

表 9-56　JZX5（HH5）系列小型中间继电器的技术参数

<table>
<tr><th rowspan="2">型号①</th><th colspan="2">额定电压/V</th><th rowspan="2">额定电流/A</th><th rowspan="2">转换触头数量</th><th rowspan="2">静态接触电阻/mΩ</th><th colspan="2">额定控制功率</th><th rowspan="2">线圈电压/V</th><th rowspan="2">操作频率/(次/h)</th><th colspan="2">动作时间/ms</th><th rowspan="2">线圈功耗</th><th rowspan="2">外形尺寸/mm</th><th rowspan="2">安装方式②</th></tr>
<tr><th>交流</th><th>直流</th><th>交流/VA</th><th>直流/W</th><th>吸合</th><th>断开</th></tr>
<tr><td>JZX5
□□</td><td rowspan="5">220</td><td rowspan="5">110</td><td rowspan="5">（2、3 转换）5、（4 转换）3</td><td rowspan="5">2
3
4</td><td rowspan="5"><50</td><td colspan="2" rowspan="5">（2、3 转换）
AC：110
DC：120
（4 转换）
AC：660
DC：72</td><td rowspan="2">AC：6、12、24、48、110、220
DC：6、12、24、48、110</td><td rowspan="5">1800</td><td rowspan="4"><20</td><td rowspan="4"><20</td><td rowspan="5">AC：
1.9VA
（50Hz）
1.7VA
（60Hz）
DC：
1.2W</td><td rowspan="5">P：27.8×20.7×34.9
B：27.8×20.7×34.9
S：12×43×35
E：27.8×20.7×34.9</td><td>P，B，S，E</td></tr>
<tr><td>JZX5
□□-L</td><td>P，B，E</td></tr>
<tr><td>JZX5
□□-F</td><td>AC：24、48、110、220
DC：24、48、110</td><td rowspan="2">P，B，S，E</td></tr>
<tr><td>JZX5
□□-FL</td><td>DC：24、48、110</td></tr>
<tr><td>JZX5
□□-R</td><td>AC：6、12、24、48、110
DC：6、12、24、48</td><td><30</td><td><30</td><td>P，B，E
P，B，S</td></tr>
</table>

①型式特点：无标志—标准型；F—带浪涌抑制回路；L—带发光二极管；R—磁保持型。

②安装方式代号：P—插拔式；B—印制电路板焊装式；S—法兰式；E—螺栓固定式。

3. JZ7、JDZ 系列中间继电器

JZ7、JDZ 系列中间继电器适用于交流 50Hz 或 60Hz、电压至 380V 及直流电压至 220V 的控制电路中，作为电磁电器线圈的中间控制继电器，其技术参数见表 9-57。

表 9-57　JZ7、JDZ 系列中间继电器的技术参数

型号①	额定电压/V		额定电流/A	触头数量		操作频率/(次/h)	通电率(%)	线圈电压/V（50Hz 或 60Hz）	外形尺寸/mm	安装尺寸/mm
	交流	直流		常开	常闭					
JZ7-44 JZ7-62 JZ7-80	380	220	5	4 6 8	4 2 0	1200	40	12、36、110、127、220、380、420、440	66×52×90	54×36 2ϕ5
JDZ1-44 JDZ1-62 JDZ1-80	380	220	5	4 6 8	4 2 0	2000	40	12、36、110、127、220、380	59×50×90	32×38 2ϕ3.5
JDZ2-22 JDZ2-40 JDZ2-44 JDZ2-62 JDZ2-80	380	220	5	2 4 4 6 8	2 0 4 2 0	1200	40	24、48、110、127、220、380	56×46×85 65×46×85 65×46×98 65×46×98 65×46×98	54×35 两长圆孔： 5×6

①触头组合方式代号：22—2 常开+2 常闭；40—4 常开；44—4 常开+4 常闭；62—6 常开+2 常闭；80—8 常开。

4. JZC3 系列中间继电器

JZC3 系列中间继电器的环境温度：-5～40℃（0.8～11U_S）或-25～70℃（U_S），其外形及技术参数见表9-58。

表9-58　JZC3 系列中间继电器的外形及技术参数

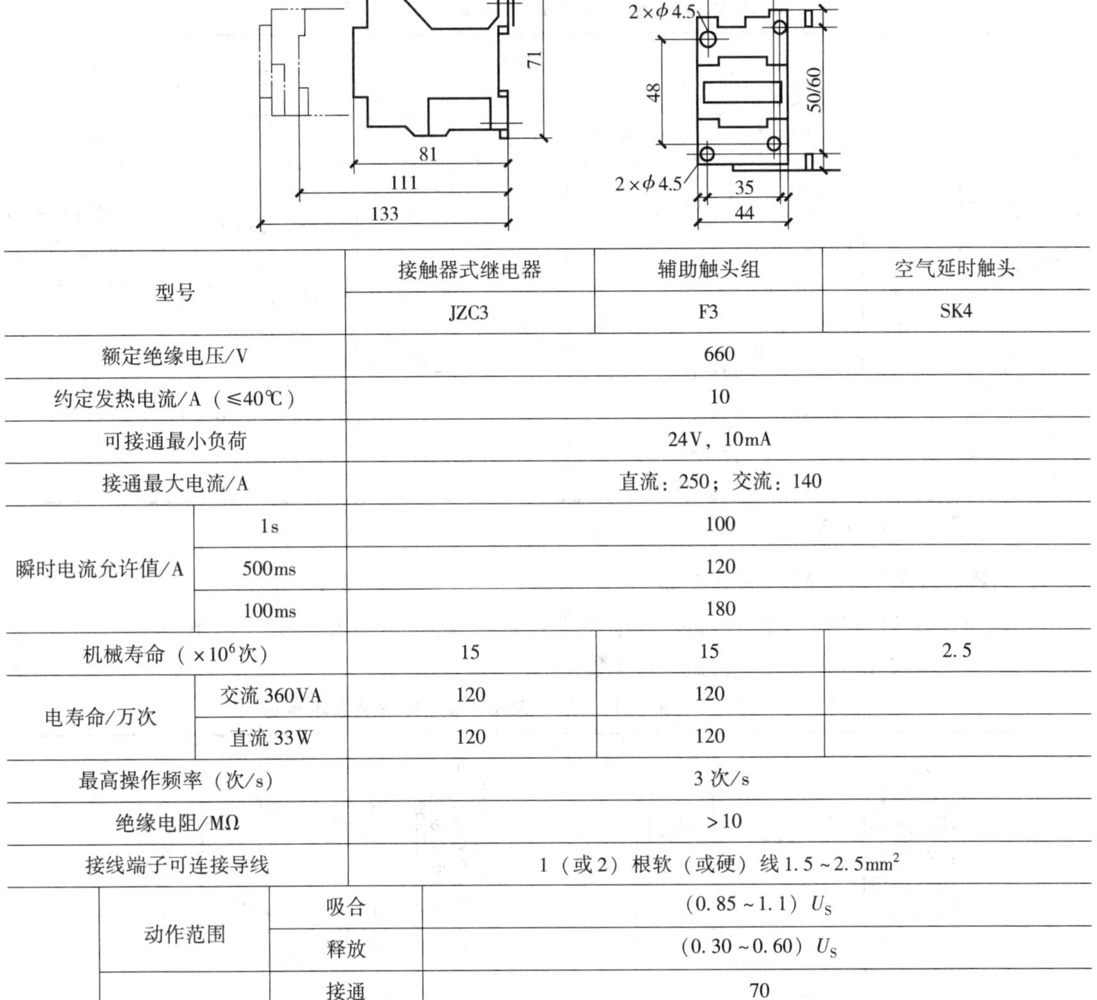

<table>
<tr><td colspan="3" rowspan="2">型号</td><td colspan="2">接触器式继电器</td><td colspan="2">辅助触头组</td><td colspan="2">空气延时触头</td></tr>
<tr><td colspan="2">JZC3</td><td colspan="2">F3</td><td colspan="2">SK4</td></tr>
<tr><td colspan="3">额定绝缘电压/V</td><td colspan="6">660</td></tr>
<tr><td colspan="3">约定发热电流/A（≤40℃）</td><td colspan="6">10</td></tr>
<tr><td colspan="3">可接通最小负荷</td><td colspan="6">24V，10mA</td></tr>
<tr><td colspan="3">接通最大电流/A</td><td colspan="6">直流：250；交流：140</td></tr>
<tr><td colspan="2" rowspan="3">瞬时电流允许值/A</td><td>1s</td><td colspan="6">100</td></tr>
<tr><td>500ms</td><td colspan="6">120</td></tr>
<tr><td>100ms</td><td colspan="6">180</td></tr>
<tr><td colspan="3">机械寿命（$\times10^6$次）</td><td colspan="2">15</td><td colspan="2">15</td><td colspan="2">2.5</td></tr>
<tr><td colspan="2" rowspan="2">电寿命/万次</td><td>交流 360VA</td><td colspan="2">120</td><td colspan="2">120</td><td colspan="2"></td></tr>
<tr><td>直流 33W</td><td colspan="2">120</td><td colspan="2">120</td><td colspan="2"></td></tr>
<tr><td colspan="3">最高操作频率（次/s）</td><td colspan="6">3 次/s</td></tr>
<tr><td colspan="3">绝缘电阻/MΩ</td><td colspan="6">>10</td></tr>
<tr><td colspan="3">接线端子可连接导线</td><td colspan="6">1（或2）根软（或硬）线 1.5～2.5mm^2</td></tr>
<tr><td rowspan="7">线圈</td><td rowspan="2">动作范围</td><td>吸合</td><td colspan="6">（0.85～1.1）U_S</td></tr>
<tr><td>释放</td><td colspan="6">（0.30～0.60）U_S</td></tr>
<tr><td rowspan="3">线圈功率/VA</td><td>接通</td><td colspan="6">70</td></tr>
<tr><td>吸持</td><td colspan="6">8</td></tr>
<tr><td>功耗/W</td><td colspan="6">1.8～2.7</td></tr>
<tr><td colspan="2" rowspan="2">动作时间/ms</td><td>NO</td><td>通</td><td>15～22</td><td>NO</td><td>通</td><td>5～15</td></tr>
<tr><td>NO</td><td>断</td><td>7～20</td><td>NO</td><td>断</td><td>9～20</td></tr>
</table>

9.5.2 热继电器

1. JRS1 系列热继电器

JRS1 系列热继电器适用于交流50Hz或60Hz，额定电压至660V，额定工作电流至63A的电路中，作为交流电动机的过载或断相保护，或与交流接触器组成电磁起动器。该产品为双金属片式热继电器，具有过载及断相保护、温度补偿、整定电流可调、手动脱扣、手动断开常闭触头、手动复位、动作信号指示等功能。除保留传统的分离式结构外，还设计了通过导电杆及挂钩直接插接在交流接触器上的组合式结构。该产品可与多种接触器 3TB（CJX3）、3TF、CJX2 等组合使用，连接可靠，安装方便迅速。工作条件：环境温度为 -25 ~ 55℃；空气湿度 ≤50%（40℃ 时）或 90%（25℃ 时）；海拔 ≤2000m，其技术参数见表 9-59。

表 9-59　JRS1 系列热继电器的技术参数

型号①	额定工作电压/V	额定工作电流/A	热元件编号	控制触头数量和控制功率			外形尺寸/mm	安装方式及尺寸/mm
				常开	常闭	控制功率		
JRS1-12/Z	660	12	1 ~ 13	1	1	550V2A 380V3A 220V4A	组合式： 44×64×92 分立式： 44×67×92	组合插接安装 分立式：30 2×ϕ4.5
JRS1-12/F								
JRS1-25/Z		25	14 ~ 16					
JRS1-25/F								
JRS1-32/Z		32	17、18				45×90×110	35×77 2×ϕ5.5
JRS1-32/F								
JRS1-63/Z		63	17 ~ 21					
JRS1-63/F								

①安装方式代号：F—分离式；Z—组合式。

2. JRS2（3UA5）系列热继电器

JRS2（3UA5）系列热继电器的工作条件：环境温度为 -25 ~ 55℃；相对湿度 ≤95%（25℃）；海拔 ≤2000m，其外形及技术参数见表 9-60。

表 9-60　JRS2（3UA5）系列热继电器的外形及技术参数

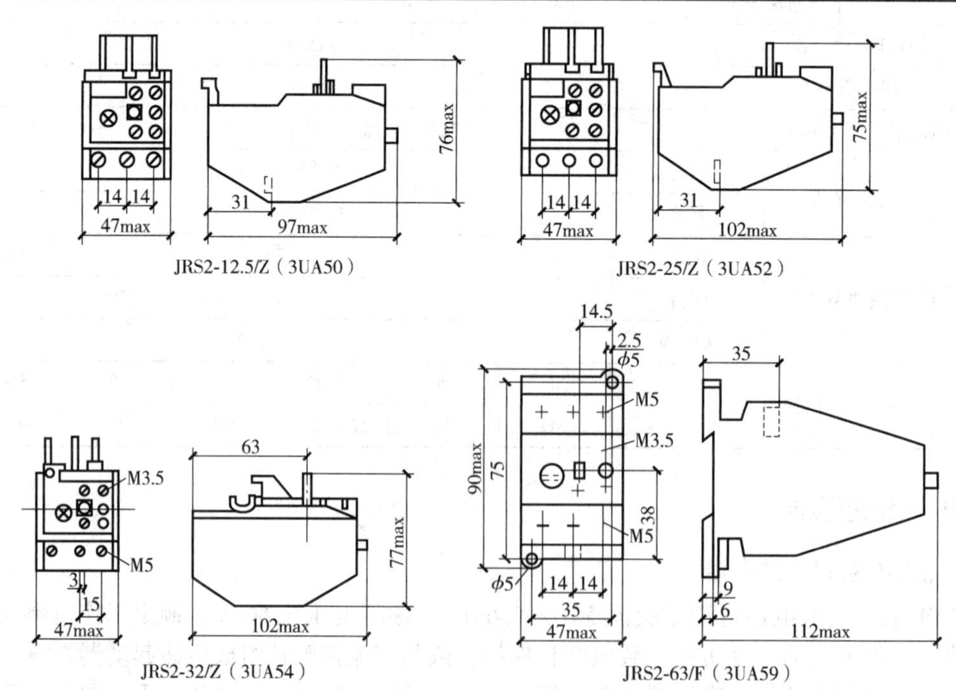

JRS2-12.5/Z（3UA50）　JRS2-25/Z（3UA52）

JRS2-32/Z（3UA54）　JRS2-63/F（3UA59）

（续）

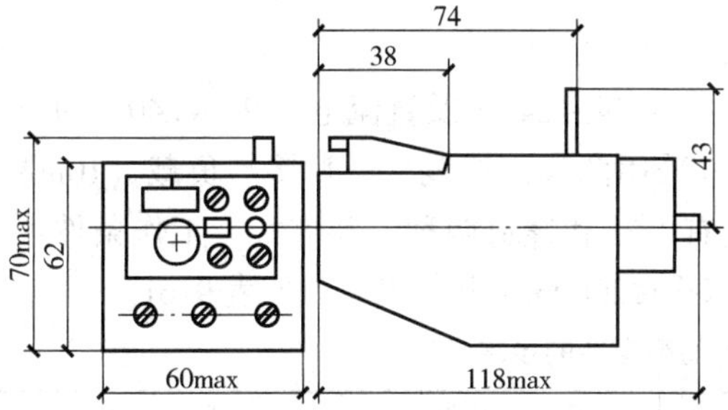

JRS2-80/Z（3UA58） 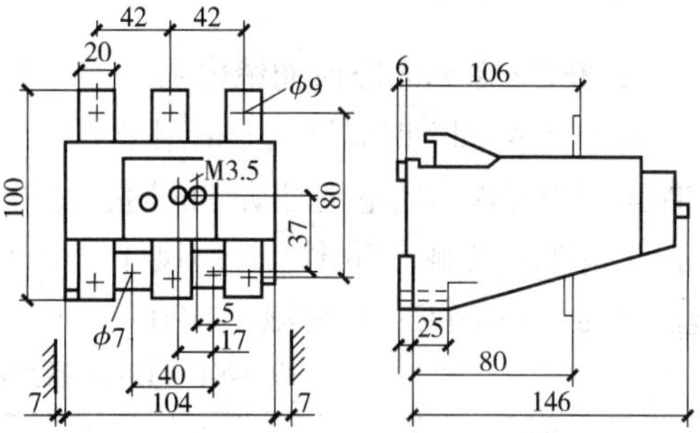　　JRS2-180/F（3UA62）

型号①	JRS2-12.5/Z（3UA50）	JRS2-25/Z（3UA52）	JRS2-32/Z（3UA54）	JRS2-63/F（3UA59）	JRS2-80/Z（3UA58）	JRS2-180/F（3UA62）
额定工作电流/A	12.5	25	32	63	80	180
额定电流范围/A	0.1~0.16	0.1~0.16	0.63~1	0.1~0.16	16~25	55~80
	0.16~0.25	0.16~0.25	4~6.3	0.16~0.25	20~32	63~90
	0.25~0.4	0.25~0.4	6.3~10	0.25~0.4	25~40	80~110
	0.32~0.5	0.4~0.63	10~16	0.4~0.63	32~50	90~120
	0.4~0.63	0.63~1	12.5~20	0.8~1.25	40~57	110~135
	0.63~1	0.8~1.25	16~25	1~1.6	50~63	120~150
	0.8~1.25	1~1.6	20~32	1.25~2	57~70	135~160
	1~1.6	1.25~2	25~36	1.6~2.5	63~80	150~180
	1.25~2	1.5~2.5		1.6~2.5		
	1.6~2.5	2~3.2		2.5~4		
	2.5~4	3.2~5		4~6.3		
	3.2~5	4~6.3		5~8		
	4~6.3	5~8		6.3~10		
	6.3~10	6.3~0		8~12.5		
	8~12.5	8~12.5		10~16		
	10~14.5	10~6		16~25		
		1.25~20		16~25		
		16~25		20~32		
				25~40		
				32~45		
				40~57		
				50~63		
相配接触器型号	3TB40/41	3TB42/43	3TW15	3TF40~47	3TF46~49	3TB52/53
	3TF30/31	3TF32/33	3B44	3TD40~47	3TD46	3TF52/53
	3TF40/41	3TF42/43	3TD44	3TE40~44	3TD48	3TD52
	3TD40/41	3TE42	CJX3-32	CJX3-45/63	3TE46~48	CJX3-170
	3TW10、12、40、41	3TW13、42、43			CJX3-75/85	
	CJX3-9/12	CJX3-16/22				

①安装方式代号：Z—组合式；F—分立式。

9.5.3 时间继电器

1. JSG4系列固态时间继电器

JSG4系列固态时间继电器适用于交流50Hz、电压24～240V及直流电压24～240V的自动控制电路中，作为通电延时动作的固态开关元件。采用两线式接线，可直接与负载（10mA～0.7A）串联，无触点输出。外形尺寸模数化，具有卡轨和螺钉两种安装方式。工作条件：环境温度为-5～40℃；相对湿度≤90%（25℃）；海拔≤2000m，其技术参数见表9-61。

表9-61 JSG4系列固态时间继电器的技术参数

<table>
<tr><th rowspan="2">型号</th><th rowspan="2">额定工作电压/V</th><th rowspan="2">额定工作电/mA</th><th colspan="3">输出方式及端子数量</th><th rowspan="2">电寿命/万次</th><th rowspan="2">重复误差(%)</th><th rowspan="2">电源电压/V</th><th rowspan="2">功能</th><th rowspan="2">外形尺寸/mm</th><th rowspan="2">安装方法及尺寸/mm</th></tr>
<tr><th>方式</th><th>常开</th><th>常闭</th></tr>
<tr><td>JSG4</td><td>AC、DC
24～240</td><td>10～700</td><td>晶闸管</td><td>1</td><td>1</td><td>100</td><td>1</td><td>AC、DC
24～240</td><td>通电延时</td><td>22.5×76×103</td><td>36卡轨或60
2×M4</td></tr>
</table>

2. JS7系列空气式时间继电器

JS7系列空气式时间继电器适用于交流50Hz、电压至380V的控制电路中，可按预定的时间使被控制元件动作。该系列产品采用全内循环气室结构，对环境的适应性好，动作机构为直接传动，提高了产品的动作精度和稳定性。瞬时动作辅助触头可由用户根据需要组合成常开或常闭。工作条件：环境温度为-10～40℃；相对湿度≤90%（25℃）；海拔≤2000m，其技术参数见表9-62。

表9-62 JS7系列空气式时间继电器的技术参数

<table>
<tr><th rowspan="3">型号</th><th colspan="2" rowspan="2">不延时触头数量</th><th colspan="4">延时触头数量</th><th rowspan="3">额定电压/V</th><th rowspan="3">额定电流/A</th><th rowspan="3">延时范围/s</th><th rowspan="3">重复误差(%)</th><th rowspan="3">线圈电压/V（50Hz或60Hz）</th><th rowspan="3">外形尺寸/mm</th><th rowspan="3">安装尺寸/mm</th></tr>
<tr><th colspan="2">通电延时</th><th colspan="2">断电延时</th></tr>
<tr><th>常开</th><th>常闭</th><th>常开</th><th>常闭</th><th>常开</th><th>常闭</th></tr>
<tr><td>JS7-1N
JS7-1A</td><td>—</td><td>—</td><td rowspan="2">1</td><td rowspan="2">1</td><td rowspan="2">—</td><td rowspan="2">—</td><td rowspan="2">380</td><td rowspan="2">3</td><td rowspan="2">0.4～60
0.4～180</td><td rowspan="2">±15</td><td rowspan="2">24、36、110、127、220、380</td><td rowspan="2">JS7-A：107×57×87
JS7-N：110×60×95</td><td rowspan="2">55×40
3×φ4.5</td></tr>
<tr><td>JS7-2N
JS7-2A</td><td>1</td><td>1</td></tr>
<tr><td>JS7-3N
JS7-3A</td><td>—</td><td>—</td><td rowspan="2">—</td><td rowspan="2">—</td><td rowspan="2">1</td><td rowspan="2">1</td><td rowspan="2">380</td><td rowspan="2">3</td><td rowspan="2">0.4～60
0.4～180</td><td rowspan="2">±15</td><td rowspan="2">24、36、110、127、220、380</td><td rowspan="2">JS7-A：107×57×87
JS7-N：110×60×95</td><td rowspan="2">55×40
3×φ4.5</td></tr>
<tr><td>JS7-4N
JS7-4A</td><td>1</td><td>1</td></tr>
</table>

3. JS20系列晶体管时间继电器

JS20系列晶体管时间继电器适用于交流50Hz、电压至380V和直流电压至220V的自动控制电路中，起时间控制作用。该系列时间继电器可广泛地应用在电力拖动、自动顺序控制以及各种生产过程的控制系统中。该系列继电器具有装置式与面板式两种结构形式，装置式配有带接线端子的胶木底座，面板式配有通用电子管大八脚的插座。工作条件：环境温度为-10～40℃；相对湿度≤50%（40℃）或≤90%（25℃）；海拔≤2000m，其技术参数见表9-63。

表 9-63　JS20 系列晶体管时间继电器的技术参数

<table>
<tr><th rowspan="2">型号</th><th rowspan="2">额定工作电压/V</th><th rowspan="2">额定控制电流/A</th><th rowspan="2">瞬动触头对数</th><th colspan="2">延时触头对数</th><th rowspan="2">延时范围/s</th><th rowspan="2">重复误差(%)</th><th rowspan="2">外形尺寸/mm</th><th rowspan="2">安装方式及尺寸/mm</th></tr>
<tr><th>通电延时</th><th>断电延时</th></tr>
<tr><td>JS20-□/00</td><td rowspan="13">AC：380
DC：220</td><td rowspan="13">AC：2/380V
5/220V
DC：1、
220V
3/24V</td><td rowspan="3">—</td><td rowspan="2">2 转换</td><td rowspan="10">—</td><td rowspan="3">1～900
分 11 段</td><td rowspan="13"><3</td><td>47×84×125</td><td>56　2－φ4.5</td></tr>
<tr><td>JS20-□/01</td><td>54×106×129</td><td>开孔 78×46
90　2－φ4.5</td></tr>
<tr><td>JS20-□/02</td><td>1 常用
1 常闭</td><td>47×84×110</td><td>铭牌 34×66
4－φ4.5</td></tr>
<tr><td>JS20-□/03</td><td rowspan="2">1 转换</td><td rowspan="2">1 转换</td><td rowspan="3">1～600
分 10 段</td><td>47×84×125</td><td>56　2φ4.5</td></tr>
<tr><td>JS20-□/04</td><td>54×106×129</td><td>开孔　78×46
90　2－φ4.5</td></tr>
<tr><td>JS20-□/05</td><td>1 常开</td><td>1 常开</td><td>47×84×110</td><td>铭牌　34×66
4－φ3.4</td></tr>
<tr><td>JS20-□/10</td><td rowspan="2">—</td><td rowspan="2">2 转换</td><td rowspan="2">1～900
分 11 段</td><td>4×84×125</td><td>56　2－φ4.5</td></tr>
<tr><td>JS20-□/11</td><td>54×106×129</td><td>开孔　78×46
90　2－φ4.5</td></tr>
<tr><td>JS20-□/13</td><td rowspan="2">1 转换</td><td rowspan="2">1 转换</td><td rowspan="2">1～600
分 10 段</td><td>47×84×125</td><td>56　2－φ4.5</td></tr>
<tr><td>JS20-□/14</td><td>54×106×129</td><td>开孔　78×46
90　2－φ4.5</td></tr>
<tr><td>JS20-□D/00</td><td rowspan="3">—</td><td rowspan="3">—</td><td rowspan="3">1 转换</td><td rowspan="3">1～180
分 7 段</td><td>47×84×125</td><td>56　2－φ4.5</td></tr>
<tr><td>JS20-□D/01</td><td>54×106×129</td><td>开孔　78×46
90　2－φ4.5</td></tr>
<tr><td>JS20-□D/02</td><td>47×84×110</td><td>铭牌　34×66
4－φ3.4</td></tr>
</table>

4. JS11S 系列电子式时间继电器

JS11S 系列电子式时间继电器是 JS11 电动式时间继电器的更新换代产品。该系列产品适用于交流 50Hz、电压至 380V 及直流电压 24V 的自动控制电路中，用来发送延时信号。该系列产品采用大规模集成电路和 LED 数字显示，具有精度高、延时范围广、输出容量大、功耗低、重量轻及寿命长等特点，其技术参数见表 9-64。

表 9-64　JS11S 系列电子式时间继电器的技术参数

<table>
<tr><th colspan="2">额定工作电压/V</th><th rowspan="2">延时触头数量与容量</th><th rowspan="2">触头寿命/次</th><th rowspan="2">延时控制精度/S</th><th rowspan="2">外形尺寸/mm</th><th rowspan="2">安装尺寸/mm</th></tr>
<tr><th>AC（50Hz）</th><th>DC</th></tr>
<tr><td>36、110、
127、220、
380</td><td>24</td><td>瞬时转换 1 组：
AC220V3A（阻性）
延时转换 2 组：
AC220V3A（阻性）
DC28V6A（阻性）</td><td>电寿命≥10^5
机械寿命≥10^7</td><td>交流：电源频率精度
+0.05
直流：±0.3%＋0.05</td><td>96×96
×128</td><td>70
4-M4</td></tr>
</table>

注：工作条件：环境温度为－10～50℃；相对湿度≤90%（25℃）；海拔≤2000m。

5. JS14A 系列电子式时间继电器

JS14A 系列电子式时间继电器适用于交流 50Hz 或 60Hz，电压至 380V 和直流电压至 220V 的自动控制电路中，可按预定时间接通或分断电路。继电器采用插座式结构。该系列时间继电器可广泛应用于电力拖动、自动顺序控制等各种控制系统中，具有延时精度高、延时范围广、寿命长等特点，其技术参数见表 9-65。

表 9-65　JS14A 系列电子式时间继电器的技术参数

型号①	额定工作电压/V	额定工作电流/A	延时触头数量				延时范围/s	重复误差(%)	电源电压/V	外形尺寸/mm	安装方式及尺寸/mm
			通电延时		延时转换						
			常开	常闭	常开	常闭					
JS14A-□/□	AC：380 DC：220	AC：3/380V 5/220V DC：1/220V 3/24V			2	2	0.1～900 分 11 段	3	AC：36、110、127、220、380、DC：24、48、110、220	47×84×125	装置式 56 2×ϕ4.5
JS14A-□/□M										54×106×129	面板式开孔 78×46 90　2×ϕ4.5
JS14A-□/□Y	AC：380 DC：220	AC：3/380V 5/220V DC：1/220V 3/24V	1	1			0.1～900 分 11 段	3	AC：36、110、127、220、380 DC：24、48、110、220	47×84×109	电位器 外接式：56 2×ϕ4.5 铭牌 34×66 4×ϕ4.5

注：工作条件：环境温度为 -5～40℃；相对湿度≤90%（25℃）；海拔≤2500m。

6. JS14S 系列数显时间继电器

JS14S 系列数显时间继电器是 JS14P、JS20P 的更新换代产品，可广泛应用于电力拖动，自动顺序控制系统及各工艺过程的自动控制系统中。具有延时范围广、延时精度高、产品寿命长等特点。工作条件：环境温度为 -10～50℃；相对湿度≤90%（25℃）；海拔≤2000m，其技术参数见表 9-66。

表 9-66　JS14S 系列数显时间继电器的技术参数

电源	电源适用范围	延时精度	触头	触点容量	功耗/VA	显示器件	触头寿命/次	外形尺寸/mm	安装尺寸/mm
AC：36、110、127、220、380V，50Hz（60Hz 可定制） DC：24V	（80%～110%）U_e	AC：电源频率精度 +0.05s DC：±0.3%+0.05%	两组延时或一组延时一组瞬动	AC：220V 2.5A（阻性） DC：28V 5A（阻性）	<4	LED 数字显示屏	触头电寿命 $\geqslant 10^5$ 触头机械寿命 $\geqslant 10^7$	52×104×95	90 2×M4

9.6　接触器

1. CJX3 系列交流接触器

CJX3 系列交流接触器适用于交流 50Hz 或 60Hz，电压至 660V、电流至 400A（380V、AC3 使用类别）的电力线路中供远距离接通或分断电路用，可频繁地起动及控制交流电动机。CJX3-□A、CJX3-□B 系列交流接触器是引进 3TB 交流接触器的更新换代产品，与 3TB 系列产品相比，具有控制容量大、防护等级高、使用寿命长等特点，可与 3TB 产品互换。工作条件：环境温度为 -25 ~ 55℃；相对湿度≤50%（40℃）；海拔≤2000m，其外形及技术参数见表 9-67。

表 9-67　CJX3 系列交流接触器的外形及技术参数

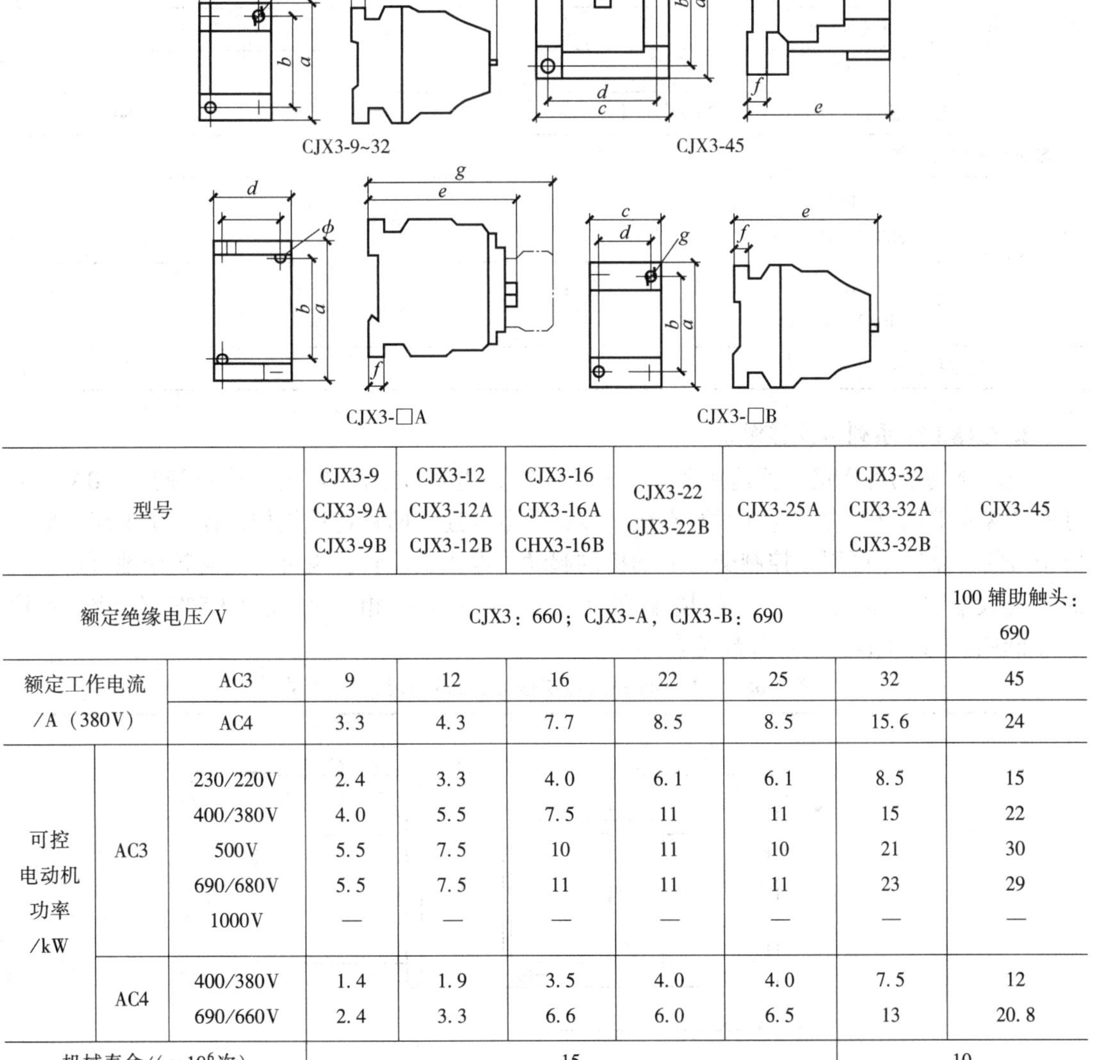

CJX3-9~32　CJX3-45

CJX3-□A　CJX3-□B

型号			CJX3-9 CJX3-9A CJX3-9B	CJX3-12 CJX3-12A CJX3-12B	CJX3-16 CJX3-16A CHX3-16B	CJX3-22 CJX3-22B	CJX3-25A	CJX3-32 CJX3-32A CJX3-32B	CJX3-45
额定绝缘电压/V			CJX3：660；CJX3-A，CJX3-B：690						100 辅助触头：690
额定工作电流/A（380V）	AC3		9	12	16	22	25	32	45
	AC4		3.3	4.3	7.7	8.5	8.5	15.6	24
可控电动机功率/kW	AC3	230/220V	2.4	3.3	4.0	6.1	6.1	8.5	15
		400/380V	4.0	5.5	7.5	11	11	15	22
		500V	5.5	7.5	10	11	10	21	30
		690/680V	5.5	7.5	11	11	11	23	29
		1000V	—	—	—	—	—	—	—
	AC4	400/380V	1.4	1.9	3.5	4.0	4.0	7.5	12
		690/660V	2.4	3.3	6.6	6.0	6.5	13	20.8
机械寿命/($\times 10^6$ 次)			15					10	

（续）

项目						
电寿命/(×10⁶次)	AC3		1.2			1.0
	AC4		0.2			
操作频率/（次/h）	AC3		1000	750		1200
	AC4		250			400
吸引线圈工作电压范围（AC）			(0.8～1.1) U_c			
线圈控制电压/V	交流		50Hz：20、24、36、42、48、92、100、110、127、183、200、220、367、380、415、500 60Hz：24、29、42、50、58、110、120、132、152、220、240、264、440、460、500、600 50/60Hz：24、42、110、120、220、240、440			
	直流		12、21.5、24、30、36、42、48、60、110、123、180、220、230			
吸引线圈功率消耗	交流	吸合/VA	10		12.1	17
		起动/VA	68		101	183
	直流	吸合/W	6.5			
		起动/W	6.5			
约定发热电流/A			20	30	55	80
辅助触头约定发热电流/A			10			
辅助触头额定工作电流/A	AC-15 380/220V		6			
	DC-13 110/220V		0.2			
飞弧距离/mm			—			<10

2. CJX3-N 系列可逆接触器

CJX3-N 系列可逆接触器适用于 50Hz 或 60Hz，电压 660V，额定工作电流至 140A 的有可逆换接要求的电路中。它同时装有机械连锁及电气连锁两种连锁机构，保证了电路在频繁换相时的可靠性。可用于控制交流电动机的起动、停止及反转，也可用在需频繁地可逆换接的电气设备上。工作条件：环境温度为 -25 ~ 55℃；相对湿度 ≤95%（25℃）；海拔≤2000m，其外形及技术参数见表 9-68。

表 9-68 CJX3-N 系列可逆接触器的外形及技术参数

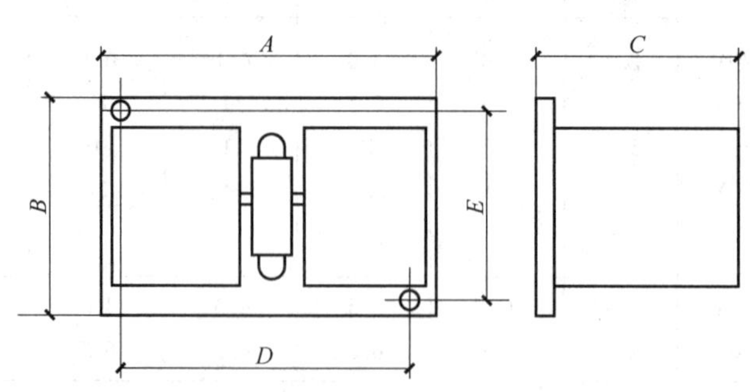

（续）

型号	额定绝缘电压/V	额定控制电压 U_s/V	线圈工作电压范围	辅助触头数量	AC3 使用类别下 380V 时			AC4 使用类别下 380V 时			安装尺寸/mm				
					I_e/A	P_e/kW	操作频率次/h	I_e/A	P_e/kW	操作频率次/h	A	B	C	D	E
CJX3-9N	660	24、36、42、48、110、127、220、380	(0.8 ~ 1.1) U_s	常开 Z 常闭 Z	9	4	300	3、3	1、4	120	106	87	85	106	60
CJX3-12N					12	5.5		4.3	1.9		106	87	85	106	60
CJX3-16N					16	7.5		8	3.5		127	112	120	100	95
CJX3-22N					22	11		8.5	4		127	112	120	100	95
CJX3-32N	—				32	15		15.5	7.5		170	110	120	145	95
CJX3-45N					45	22		24	12		215	165	145	180	145
CJX3-63N					63	30		28	14		215	165	145	180	145
CJX3-75N					75	37		34	17		250	175	158	200	155
CJX3-85N					85	45		43	21		250	175	158	200	155
CJX3-110N					110	55		54	27		300	210	190	240	183
CJX3-140N					140	75		68	35		300	210	190	240	183

3. CJX1 系列交流接触器

CJX1 系列交流接触器适用于交流 50Hz 或 60Hz，电压至 660V 的电力线路中，供远距离接通和分断电路及频繁地起动和停止交流电动机用，并可与热继电器组成电磁继电器。本系列产品采用整体结构，可拆成上、下两部分。上部分是触头系统，下部分是磁系统，用螺钉可将两部分组成一个整体。工作条件：环境温度为 -25 ~ 40℃；相对湿度≤50%（40℃）或≤90%（25℃）；海拔≤2000m，其技术参数见表 9-69。

表 9-69　CJX1 系列交流接触器的技术参数

型号	额定绝缘电压/V	额定发热电流/A	AC 使用类别时，可控三相感应电动机的最大功率/kW			线圈电压等级/V	操作频率/(次/h)		通电持续率(%)	外形尺寸/mm	安装尺寸/mm
			220V	380V	660V		AC3	AC4			
CJX1-9	660	20	2.2	4	5.5	50Hz：24、	1200	300	40	75×45×102	60×35 2×ϕ5
CJX1-12		20	3	5.5	7.5	36、42、48、	1200	300			
CJX1-16		31.5	4	7.5	11	110、127、	600	300		85×46×113	75×35 2×ϕ5
CJX1-22		31.5	5.5	11	11	220、380、	600	300			
CJX1-32		45		15	15	415、500	600	300		70×85×105	50×75
CJX1-45	1000	80	15	22	37	60Hz：24、	600	300			
CJX1-63		90	18.5	30	55	42、110、220、	1000	300		117×90×123	110×70 2×ϕ5
CJX1-75		100	22	37	67	440、460、	1000	300			
CJX1-85		100	26	45	67	500、600	850	250		132×100×140	110×80 2×ϕ5.5
CJX1-110		160	37	55	100	50/60Hz：24、	1000	300			
CJX1-140		160	43	75	100	42、110、	700	200		150×120×140	130×100 2×6.5
CJX1-170		210	55	90	156	120、220、	700	200		180×135×185	160×110 2×ϕ7
CJX1-205		220	64	110	156	240、440	500	130			

4. CJ20系列交流接触器

CJ20系列交流接触器主要用于交流50Hz、额定电压至660V（个别等级至1140V）、电流至630A的电力线路中供远距离频繁接通和分断电路以及控制交流电动机，并适宜于与热继电器或交流电动机可能发生的过载及断相，其外形及技术参数见表9-70。

表9-70　CJ20系列交流接触器的外形及技术参数

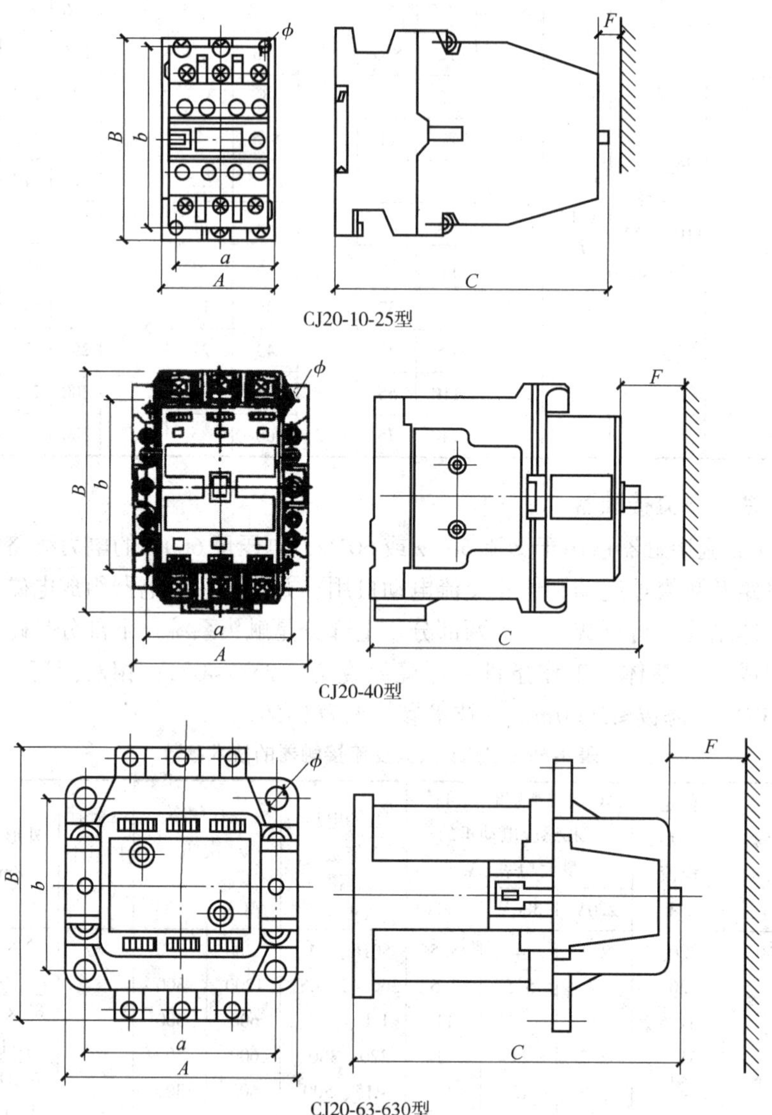

CJ20-10-25型

CJ20-40型

CJ20-63-630型

型号	额定绝缘电压/V	额定工作电压 U/V	约定发热电流 I_{th}/A	额定工作电流（AC-3）/A	额定控制电流/kW	额定操作频率（AC-3）/（次/h）	与SCPD的协调配合①	动作特性	线圈控制功率/(VA或W)	
									起动	吸持
CJ20-10	660	220	10	10	2.2	1200	NT00-20/660	吸合电压范围(0.8~1.1) U_s② 释放电压范围(0.2~0.7) U_s	65/47.6	8.3/2.5
		380		10	4	1200				
		660		5.8	4	600				

（续）

型号	额定绝缘电压/V	额定工作电压 U/V	约定发热电流 I_{th}/A	额定工作电流（AC-3）/A	额定控制电流/kW	额定操作频率（AC-3）/（次/h）	与SCPD的协调配合①	动作特性	线圈控制功率/(VA或W) 起动	线圈控制功率/(VA或W) 吸持
CJ20-16	660	220	16	16	4.5	1200	NT00-32/660	吸合电压范围（0.8～1.1）U_s② 释放电压范围（0.2～0.7）U_s	62/47.8	8.5/2.6
		380		16	7.5	1200				
		660		13	11	600				
CJ20-25		220	32	25	5.5	1200	NT00-50/660		93.1/60	13.9/4.1
		380		25	11	1200				
		660		14.5	13	600				
CJ20-40		220	55	40	11	1200	NT00-80/660		175/82.3	19/5.7
		380		40	22	1200				
		660		25	22	600				
CJ20-63		220	80	63	18	1200	NT1-160/660		480/153	57/16.5
		380		63	30	1200				
		660		40	35	600				
CJ20-100		220	125	100	28	1200	NT1-250/660		570/175	61/215
		380		100	50	1200				
		660		63	50	600				
CJ20-160		220	200	160	48	1200	NT2-315-660		855－325	855－325
		380		160	85	1200				
		660		100	85	600				
CJ20-160/11	1140	1140	200	80	—	300				
CJ20-250	660	220	315	250	80	600	NT2-440/660	吸合电压范围（0.85～1.1）U_s 释放电压范围（0.2～0.75）U_s	570/175	152/65
		380		250	132	600				
CJ20-250/06		660		200	190	300			1710/565	3578/790
CJ20-300		220	400	400	115	600	NT2-500/660		3578/790	250/118
		380		400	200	600				
CJ20-400/06		660		250	220	300				
CJ20-630		220	630	630	175	600	NT3-630/660		3578/790	3578/790
		380		630	300	600				
CJ20-630/06		660	400	400	350	300				
CJ20-630/11	1140	1140		400	—	300				

型号	外形及安装尺寸/mm							重量/kg
	A_{max}	B_{max}	C_{max}	a	b	ϕ	F_{min}	
CJ20-10	44.5	67.5	107	35	55	5	10	—

（续）

型号	外形及安装尺寸/mm							重量/kg
	A_{max}	B_{max}	C_{max}	a	b	ϕ	F_{min}	
CJ20-16	44.5	73	116.5	35	60	5	10	—
CJ20-25	52.5	90.5	122	40	80	5	10	0.67
CJ20-40	87	111.5	118	70	80	5	30	—
CJ20-63	116	142	146	100	90	5.8	60	2.9
CJ20-100	122	147	154	108	92	7	70	3
CJ20-160	146	187	178	130	130	9	80	5.5
CJ20-160/11	146	197	190	130	130	9	80	6.3
CJ20-250	190	235	230	160	150	9	100	10.5
CJ20-250/06	190	235	230	160	150	9	100	10.5
CJ20-400 CJ20-400/06	190	235	230	160	150	9	110	11.7
CJ20-630	245	294	272	210	180	11	120	21.5
CJ20-630/11	245	294	287	210	180	11	120	21.5

注：工作条件：环境温度为 -5 ~40℃；相对湿度≤90%（25℃）；海拔≤2000m。

①与表中熔断器配用，熔断器在分断 50kA 短路电流时触头不熔焊。

②U_s线圈电压：AC：50Hz、36V、127V、220V、380V；DC：48V、11V、220V。

5. B 系列交流接触器

B 系列交流接触器和直流操作的 BE（叠片式铁芯）、BC（整块式铁芯）型交流接触器主要用于交流 50Hz、60Hz，额定电压至 660V，额定电流至 475A 的电力线路中，供远距离接通与分断电力线路或频繁地控制交流电动机之用，具有失压保护作用。常与 T 系列热继电器组成电磁起动器，此时，具有过载及断相保护作用，其外形及技术参数见表 9-71。

表 9-71　B 系列交流接触器的外形及技术参数

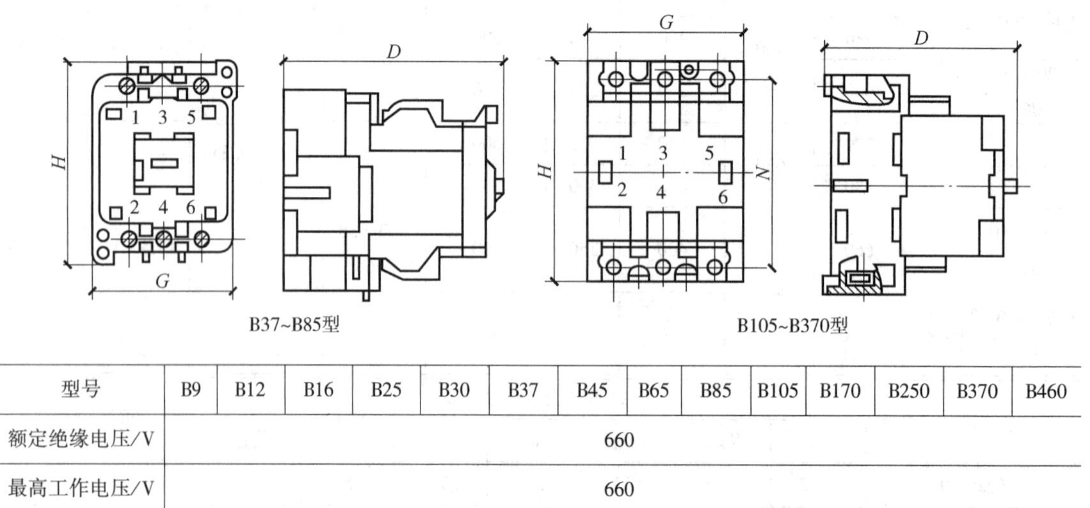

型号	B9	B12	B16	B25	B30	B37	B45	B65	B85	B105	B170	B250	B370	B460
额定绝缘电压/V	660													
最高工作电压/V	660													

（续）

型号		B9	B12	B16	B25	B30	B37	B45	B65	B85	B105	B170	B250	B370	B460
AC-3、AC-4时额定工作电流/A	380V	8.5	11.5	15.5	22	30	37	45	65	85	105	170	250	370	475
	660V	3.5	4.9	6.7	13	17.5	21	25	44	53	82	118	170	268	337
AC-3时控制功率/kW		4	5.5	7.54	11	15	18.5	22	33	45	55	90	132	200	250
电寿命		1×10^6 次													
机械寿命		1×10^7 次													
操作频率AC-3、AC-2/（次/h）		600										400		300	
外形尺寸 $H\times G\times D$ /mm		68×16×84			82×55×90	92×55×96	114×83×128		134×94×134		154×118×137	165×134×152	207×167×193	252×202×221	260×245×338

9.7 电磁起动器

1. QC25系列电磁起动器

QC25系列电磁起动器适用于交流50Hz或60Hz、额定工作电压660V及以下、额定工作电流150A及以下的电路中，供交流电动机的直接起动、停止与正反向运转的控制，对电动机具有过负载、断相和失压保护等功能，其外形及技术参数见表9-72。

表9-72 QC25系列电磁起动器的外形及技术参数

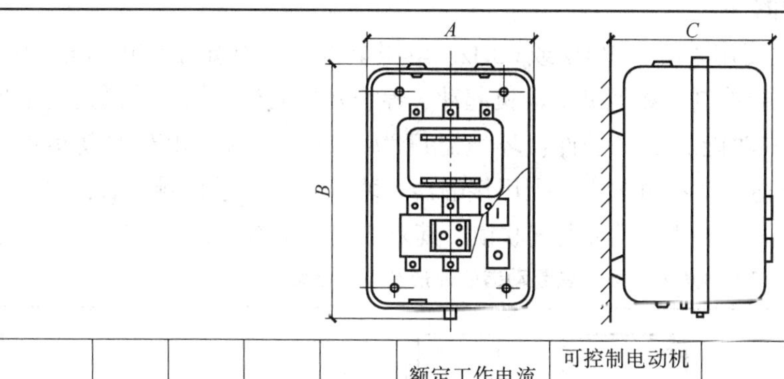

型号	额定频率/Hz	额定绝缘电压/V	约定发热电流/A	额定工作电压/V	额定工作电流/A		可控制电动机的最大功率/kW		接触器型号	热继电器型号	热继电器整定电流范围/A	外形尺寸 $A\times B\times C$ /mm
					IP00	IP40、IP55	IP00	IP40、IP55				
QC25-4	50（60）	660	10	660	5.2	5.2	4	4	CJ20-10	JR20-10	1.2～11.6	117×208×136
				380	8	8	4	4				
				220	9	9	2.2	2.2				

（续）

型号	额定频率/Hz	额定绝缘电压/V	约定发热电流/A	额定工作电压/V	额定工作电流/A		可控制电动机的最大功率/kW		接触器型号	热继电器型号	热继电器整定电流范围/A	外形尺寸 $A \times B \times C$ /mm
					IP00	IP40、IP55	IP00	IP40、IP55				
QC25-7.5	50(60)	660	16	660	9	9	7.5	7.5	CJ20-16	JR20-16	3.6～18	123×234×159
				380	16	16	7.5	7.5				
				220	16	16	4.5	4.5				
QC25-11			25	660	14.5	14.5	13	13	CJ20-25	JR20-25	7.8～29	123×234×159
				380	25	25	11	11				
				220	25	25	5.5	5.5				
QC25-22			45	660	25	25	22	22	CJ20-40	JR20-63	16～55	148×284×182
				380	45	45	22	22				
				220	45	45	11	11				
QC25-30			63	660	40	25	35	22	CJ20-63		16～71	198×353×206
				380	60	60	30	30				
				220	60	60	17	17				
QC25-50			100	660	60	40	50	36	CJ20-100	JR20-160	33～115	228×414×214
				380	100	100	50	50				
				220	100	100	28	28				
QC25-75			160	660	100	60	85	50	CJ20-160		33～176	278×478×260
				380	150	150	75	75				
				220	150	150	43	43				

2. QCX 系列电磁起动器

QCX 系列电磁起动器主要用于交流 50Hz 或 60Hz、电压至 380V、额定工作电流至 110A 的电力线路中，供远距离直接控制三相笼型电动机起动、停止及反向运转用。该系列起动器具有过载、断相与失压保护功能。工作条件：环境温度为 -25～40℃；相对湿度≤90%（25℃）；海拔≤2000m。可逆起动器由按表中配用接触器组装成 3TD 可逆接触器后，再装入起动器中；0 级起动器不带机械连锁，只带电气联锁，其外形及技术参数见表 9-73。

表 9-73　QCX 系列电磁起动器的外形及技术参数

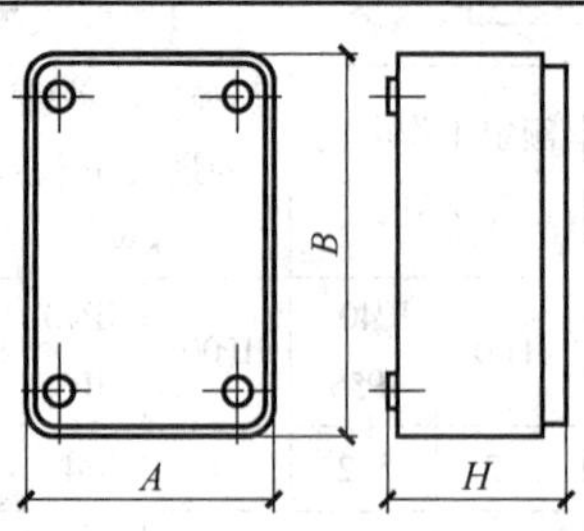

（续）

起动器型号				起动器级别	380V时额定工作电流/A	380V配用电动机额定功率/kW	配用接触器型	配用热继电器型号	外形尺寸 $A \times B \times H$/mm	
不可逆		可逆								
带钢板外壳	带钢板外壳及起动、停止按钮	带钢板外壳	带钢板外壳及正向、停止、反向按钮						不可逆	可逆
QCX-4C	QCX-4PC	QCX-4RC	QCX-4RPC	0	9	4	3TB40	3UA 5000-1K	200×300×140 330×300×140	250×350×167 400×350×167
QCX-5.5C	QCX-5.5PC	QCX-5.5RC	QCX-5.5RPC		12	5.5	3TB41	3UA 5000-2S	200×300×140 330×300×140	250×350×167 400×350×167
QCX-7.5C	QCX-7.5PC	QCX-7.5RC	QCX-7.5RPC	1	16	7.5	3TB42	3UA 5200-2B	200×300×140 330×300×140	250×350×167 400×350×167
QCX-11C	QCX-11PC	QCX-11RC	QCX-11RPC		22	11	3TB43	3UA 5200-2C	200×300×140 330×300×140	250×350×167 400×350×167
QCX-15C	QCX-15PC	QCX-15RC	QCX-15RPC	2	32	15	3TB44	3UA 5400-2Q	200×300×140 330×300×167	250×350×167 400×350×167
QCX-22C	QCX-22PC	QCX-22RC	QCX-22RPC	3	45	22	3TB46	3UA 5800-2F	200×300×140 330×300×140	250×350×167 400×350×167
QCX-30C	QCX-30PC	QCX-30RC	QCX-30RPC	4	63	30	3TB47	3UA 5800-2P	220×300×140 380×300×140	300×350×167 450×350×167
QCX-37C	QCX-37PC	QCX-37RC	QCX-37RPC		75	37	3TB48	3UA 6200-2U	220×300×140 380×300×140	300×350×167 450×350×167
QCX-55C	QCX-55PC	QCX-55RC	QCX-55RPC	6	110	55	3TB50	3UA 6200-2X	220×300×140 380×300×140	300×350×167 450×350×167

9.8　电磁铁

1. MQ3系列交流牵引电磁铁

MQ3系列交流牵引电磁铁适用于交流50Hz，额定电压至380V的电路中，作为各种机械及自动化系统中多种操作机构的远距离控制用。该系列电磁铁为交流螺管式“T”形衔铁结构，采用有骨架线圈，橡胶缓冲垫及不锈钢导轨，具有体积小、重量轻、使用方便等特点。工作条件：环境温度为－5～40℃；相对湿度≤50%（40℃）或≤90%（25℃）；海拔≤2000m，其技术参数见表9-74。

表 9-74　MQ3 系列交流牵引电磁铁的技术参数

型号	额定吸力/N	额定行程/mm	操作频率/(次/h)	通电率(%)	线圈电压/V	外形尺寸/mm	安装尺寸/mm	结构形式
MQ3-6.2	6.2	10	1200	60	36、110、220、380	82.5×50×46.5	30×32.5　4×4.5×5	推拉两用式，拉动式
MQ3-7.8	7.8	10	1200		36、110、220、380	82.5×50×48.5	30×34.5　4×4.5×5	
MQ3-9.8	9.8	10	1200		36、110、220、380	82.5×50×51.5	30×37　4×4.5×5	
MQ3-12.3	12.3	10	1200		36、110、220、380	82.5×50×54.5	30×40　4×4.5×5	
MQ3-15.7	15.7	20	600		110、220、380	122×62×65	46×49　4×6×8	
MQ3-19.5	19.5	20	600		110、220、380	122×62×67	46×51　4×6×8	
MQ3-24.5	24.5	20	600		110、220、380	122×62×70.5	46×54　4×6×8	
MQ3-31	31	20	600		110、220、380	122×62×76	46×59.5　4×6×8	
MQ3-39	39	20	600		110、220、380	122×62×81.5	46×68　4×6×8	
MQ3-5.0	50	30	600		110、220、380	166×94×81	73×61　4×7×9	
MQ3-6.3	63	30	600		110、220、380	166×94×87	73×67　4×7×9	
MQ3-8.0	80	30	600		110、220、380	166×94×95	73×75　4×7×9	
MQ3-10.0	100	30	600		110、220、380	166×94×104	73×84　4×7×9	
MQ3-12.5	125	40	300		220、380	199×132×102	108×80　4×9×13	拉动式
MQ3-16	160	40	300		220、380	199×132×111	108×89　4×9×13	
MQ3-20	200	40	300		220、380	199×132×121	108×99　4×9×13	
MQ3-25	250	40	300		220、380	199×132×133	108×111　4×9×13	

2. MF 系列阀用电磁铁

MF 系列阀用电磁铁适用于直流或交流控制电路中，作为液压、气动系统中各种电磁换向阀的远距离控制用。MFZ1 系列用于电磁阀的控制；MFZ1-Y 系列用于湿式阀；MFB1 系列适用于交流操作；MFJ1 系列适用于交流 50Hz，额定电压至 380V 的控制电路中。工作条件：环境温度为 -5～40℃；相对湿度≤50%（40℃）或≤90%（25℃）；海拔≤2000m，其技术参数见表 9-75。

表 9-75　MF 系列阀用电磁铁的技术参数

型号	额定吸力/N	额定行程/mm	操作频率/(次/h)	通电率(%)	线圈电压/V	外形尺寸/mm	安装尺寸/mm
MFZ1-0.7	7	4	3000	60	DC12、24、36、48、110、220	36.5×36.5×65	29×29　4-ϕ3.5
MFZ1-1.5	15	4				42.5×42.5×65	34×34　4-ϕ4.5
MFZ1-2	20	5				47.5×47.5×70	38×38　4-ϕ4.5
MFZ1-2.5	25	4 (5)				47.5×47.5×70	38×38　4-ϕ4.5
MFZ1-4D	38	7				55.6×55.6×80	45×45　4-ϕ4.5
MFZ1-4C	40	8				52×52×90	42×42　4-ϕ4.5
MFZ1-4.5	45	6				55.6×55.6×80	45×45　4-ϕ4.5
MFZ1-5.5	55	4				55.6×55.6×80	45×45　4-ϕ4.5
MFZ1-7	70	7 (8)				72.6×72.6×100	60×60　4-ϕ4.5
MFZ1-10	100	4				72.6×72.6×100	60×60　4-ϕ4.5
MFZ1-1.5YC	15	3	3000	60	DC24、110	36×84×76	28×28　4-ϕ4.5
MFZ1-2.5YC	25	3				47×95×76	38×38　4-ϕ4.5
MFZ1-3YC	30	5				50×100×92	41×41　4-ϕ4.5
MFZ1-4YC	40	6				55×103×95	45×45　4-ϕ5.5
MFZ1-5.5YC	55	4				55×103×101	45×45　4-ϕ5.5
MFZ1-7YC	70	7				72×120×106	60×60　4-ϕ6.5

（续）

型号	额定吸力/N	额定行程/mm	操作频率/（次/h）	通电率（%）	线圈电压/V	外形尺寸/mm	安装尺寸/mm
MFB1-1.5C	15	4	3000	60	AC110、220、380	42.5×90×65	34×34　4－ϕ4.5
MFB1-2C	20	5				47.5×90×70	38×38　4－ϕ4.5
MFB1-4.5C	45	6				55.6×100×88	45×45　4－ϕ4.5
MFB1-7C	70	7				72.6×120×100	60×60　4－ϕ6.5
MFB1-10C	100	4				72.6×120×100	60×60　4－ϕ6.5
MFB1-1.5YC	15	3	3000	60	AC110、220、380	36×84×76	28×28　4－ϕ4.5
MFB1-2.5YC	25	3				47×95×76	38×38　4－ϕ4.5
MFB1-3YC	30	5				50×100×92	41×41　4－ϕ4.5
MFB1-4YC	40	6				55×100×95	45×45　4－ϕ5.5
MFB1-5.5YC	55	4				55×103×101	45×45　4－ϕ5.5
MFB1-7YC	70	7				72×120×106	60×60　4－ϕ6.5
MFJ1-0.7	7	5	2000	60	AC110、220、380	48×48×80	40×40　4－ϕ3.6
MFJ1-1.5	15	6		60		57×57×88	48×48　4－ϕ4.5
MFJ1-3	30	5		100		61×61×97	50×50　4－ϕ4.5
MFJ1-4	40	6		60		71×71×103	60×60　4－ϕ5.5
MFJ1-4.5	45	7		100		71×71×105	60×60　4－ϕ5.5
MFJ1-5.5	55	8		60		71×71×105	60×60　4－ϕ5.5
MFJ1-7	70	7		60		81×81×109	68×68　4－ϕ6.0

9.9　熔断器

1. RL6系列螺旋式熔断器

RL6系列螺旋式熔断器适用于交流45～62Hz、额定电压至500V及以下、额定电流至200A的电路中，作输配电设备、线路及系统的过载和短路保护用。

工作条件：环境温度为－5～40℃；相对湿度≤50%（40℃）或≤90%（25℃）；海拔≤2000m，其外形及技术参数见表9-76。

表9-76　RL6系列螺旋式熔断器的外形及技术参数

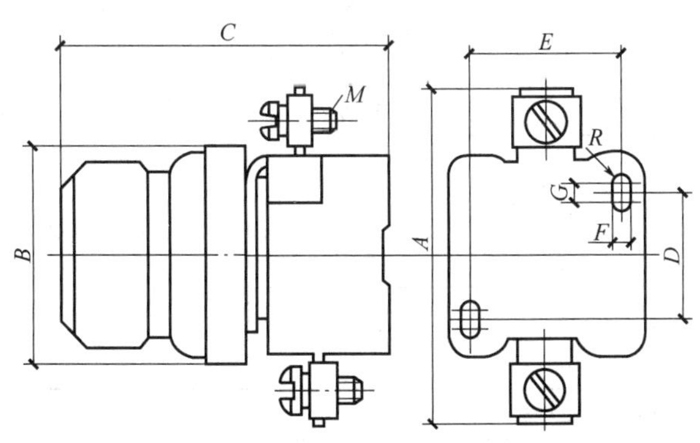

（续）

型号	熔断器支持件额定电流/A	额定工作电压/V	熔断体额定电流/A	额定功率/W	额定分断能力
RL6.25	25	500	2，4，6，10，16，20，25	4	50kA cosϕ = 0.1 ~ 0.2
RL6.63	63		25，50，63	7	
RL6.100	100		80，100	9	
RL6.200	200		125，160，200	19	

型号	外形安装尺寸/mm								
	A	*B*	*C*	*D*	*E*	*M*	*R*	*F*	*G*
RL6.25	66	$43^{+1.5}_{0}$	80	30 ± 1	27.5 ± 1	M5	3	4.5	6
RL6.63	89	$54^{+2.5}_{0}$	82	32.5 ± 1	37.5 ± 1	M6		5	
RL6.100	121	27 ± 2.4	115	55 ± 1.2	45 ± 1	M8	4.5	7	9
RL6.200	158	82 ± 2.8	121	65 ± 1.2	60 ± 1	M10			

2. NT（RT16）系列熔断器

NT（RT16）系列熔断器是引进德国AEG公司技术的国内同类产品。该系列熔断器适用于交流工频额定电压至500V（个别型号为380V或660V）的配电系统中，作为线路的过负载及系统的短路保护用。工作条件：环境温度为 -5 ~ 40℃；相对湿度≤50%（40℃）或≤90%（25℃）；海拔≤2000m。

（1）NT（RT16）系列熔断器的技术参数见表9-77。

表9-77 NT（RT16）系列熔断器的技术参数

型号	熔断器参数				底座参数	
	额定电压/V	额定电流/A	额定损耗功率/W	额定分断能力	型号	额定电流/A
NT00（RT16-00）	500 600	4	0.67	500V：120kA 660V 50kA	Sist160	160
		6	0.89			
		10	1.14			
		16	1.65			
		20	1.94			
		25	2.5			
		32	3.32			
		36	3.56			
		40	4.3			
		50	4.5			
		63	4.6			
		80	6			
		100	7.3			
	500	125	7.8	50kA		
		160	9.6			

（续）

型号	熔断器参数				底座参数	
	额定电压/V	额定电流/A	额定损耗功率/W	额定分断能力	型号	额定电流/A
NT0（RT16-0）	500 600	6	1.03	500V：120kA 660V 50kA	Sist160	160
		10	1.42			
		16	2.45			
		20	2.36			
		25	2.7			
		32	3.74			
		36	4.3			
		40	4.7			
		50	5.5			
		63	6.9			
		80	7.6			
		100	8.9			
	500	125	10.1	50kA		
		160	15.2			
NT1（RT16-1）	500 660	80	6.2	500V：120kA 660V 50kA	Sist201	250
		100	7.5			
		125	10.2			
		160	13			
		200	15.2			
	500	224	16.8	50kA		
		250	18.3			
NT2（RT16-2）	500 660	125	9	500V：120kA 660V 50kA	Sist401	400
		160	11.5			
		200	15			
		224	16.6			
		250	18.4			
		300	21			
		315	19.2			
	500	355	24.5	50kA		
		400	26			
NT3（RT16-3）	500 660	315	21.7	500V：120kA 660V 50kA	Sist601	630
		355	22.7			
		400	26.8			
		425	28.9			
	500	500	32	50kA		
		630	40.3			
NT4	380	800	62	100kA	Sist1001	1000
		1000	75			

（2）NT（RT16）系列熔断器的外形及安装尺寸见表 9-78。

表 9-78　NT（RT16）系列熔断器的外形及安装尺寸

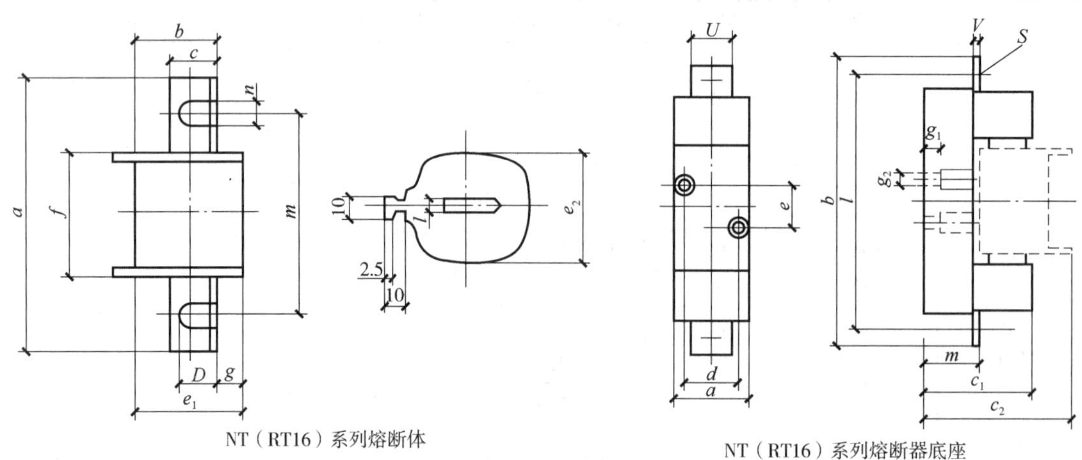

NT（RT16）系列熔断体　　NT（RT16）系列熔断器底座

NT 系列型号		NT（RT16）系列熔断器体安装尺寸/mm										
		a	b	c	e_1	e_2	D	f	g	m	n	o
NT00C	000	78.5	30	15	36	205	6	49	6.5	—	—	—
NT00	00	78.5	35	15	45	29	6	49	11.5	—	—	—
NT0	0	126	35	15	45	29	6	68	11.5	—	—	—
NT1	1	135	40	21	48	48	6	68	12	—	—	—
NT2	2	150	48	27	58	58	6	68	13	—	—	—
NT3	3	150	60	33	67	67	6	68	14	—	—	—
		200	83	50	96	88	8	68	20	150	16	32

NT 系列型号	RT16 系列尺寸代号	NT（RT16）系列熔断器底座安装尺寸/mm												
		a	b	c_1	c_2	d	e	g_1	g_2	l	m	S	U	V
Sist101	00	30	120	60	85	0	25	8	7.5	100	25	M8	25	2
Sist160	0	30	170	73	93	0	25	16	7.5	150	38	M8	25	3
Sist201	1	58	200	82	96	30	25	15	10.5	175	38	M10	25	3
Sist401	2	64	225	98	112	30	25	17	10.5	200	40	M10	30	3
Sist1601	3	64	250	105	120	30	25	17	10.5	210	40.5	M12	40	5.5
Sist1001	—	96	304	145	165	45	30	4	13	200	47.5	M16	45	8.5

3. RS3 系列有填料快速熔断器

MS3 系列有填料快速熔断器适用于交流 50Hz，额定电压至 500V、额定电流 500A 的电路中，作为晶闸管元件及其所组成的成套装置的短路和过载保护用。该系列熔断器具有分断能力高，限流特性好等特点。RS3 系列有填料快速熔断器在 110% 额定电压、功率因数小于或等于 0.25 时，能分断二倍额定电流至额定分断能力之间的任何电流，分断后 3min 内测量的绝缘电阻值不小于 0.5MΩ。RS3 系列有填料快速熔断器分割时的最大电弧电压不超过电源峰值的 2.5 倍。工作条件：环境温度为 -25 ~ 40℃，24h 平均值≤35℃；相对湿度≤50%（40℃）或≤90%（25℃）；海拔≤2000m，其外形及技术参数见表 9-79。

表 9-79　RS3 系列有填料快速熔断器的外形及技术参数

$I_n<50\text{A}$　　$I_n>50\text{A}$

型号	额定工作电压/V	熔断器额定电流/A	熔断体额定电流/A	额定分断能力/kA	最大功耗/W	外形及安装尺寸/mm				
						A	B	C	D	E
RS3-500/50	500	50	10	50	20	135	120	25	45	φ7
			15							
			30							
			50							
RS3-500/100		100	80		50	140	120	40	43	7×10.5
			100							
RS3-500/150		150	150		60	145	120	46	50	9×13.5
RS3-500/200		200	200		70	150	120	55	60	9×13.5
RS3-500/300		300	250		85	155	120	66	72	9×13.5
			300			172	145	66	66	φ13
RS3-500/500		500	500		10	173	136	85	91	φ17

9.10　断路器

1. 3VE 系列塑料外壳式断路器

3VE 系列塑料外壳式断路器是引进德国西门子公司技术，国内同类产品为 DZS3。该系列熔断器适用于交流 50Hz 或 80Hz、额定电压至 660V 以下的电路中，作为电动机的过载和短路保护用。可以在 AC-3 负载下作为起动和分断电动机的全电压起动器，还可在配电网络中作线路和电源设备的过载和线路保护用。该系列断路器具有温度补偿装置，使保护特性不受环境温度的影响。工作条件：环境温度为 -25 ~ 55℃；相对湿度≤50%（40℃）或≤90%（25℃）；海拔≤2000m，其外形及技术参数见表 9-80。

表 9-80　3VE 系列塑料外壳式断路器的外形及技术参数

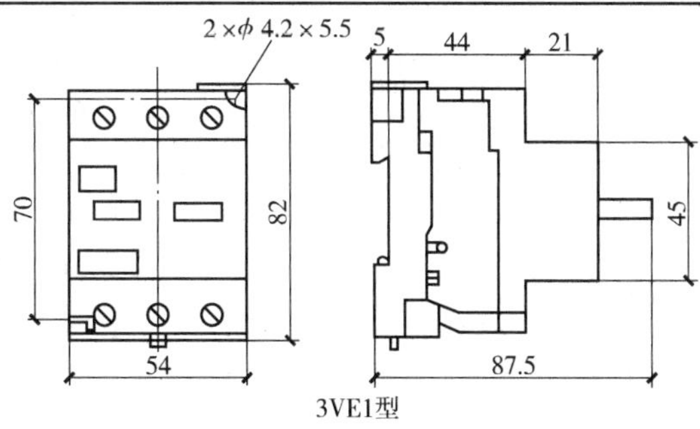

3VE1型

（续）

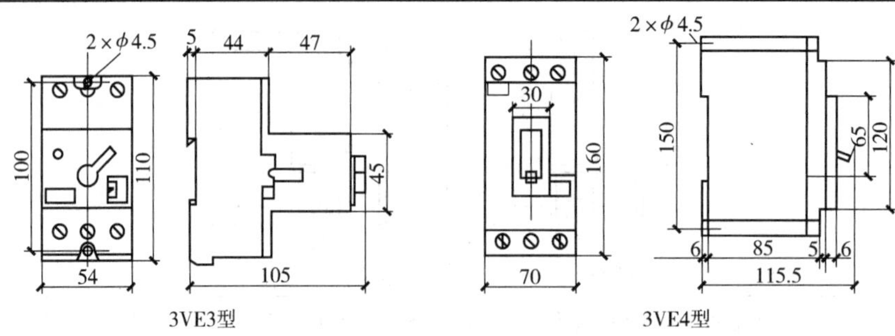

<table>
<tr><th rowspan="2">型号</th><th colspan="3">控制电动机功率/kW</th><th colspan="2">通断能力/kW</th><th rowspan="2">机械寿命/次</th><th colspan="3" rowspan="2">脱扣器保护特性</th></tr>
<tr><th>220V</th><th>380V</th><th>600V</th><th>220V　380V</th><th>660V</th></tr>
<tr><td rowspan="2">3VE1</td><td rowspan="2">5.5</td><td rowspan="2">10</td><td rowspan="2">13</td><td rowspan="2">1.5</td><td rowspan="2">1.0</td><td rowspan="2">100000</td><td colspan="3">保护电动机用</td></tr>
<tr><td>$1.05I_n$</td><td>$1.2I_n$</td><td>$12I_n$</td></tr>
<tr><td rowspan="2">3VE3</td><td rowspan="2">9</td><td rowspan="2">16</td><td rowspan="2">26</td><td rowspan="2">10</td><td rowspan="2">3.0</td><td rowspan="2">10000</td><td>2h 不动作</td><td>≤2h 动作</td><td>瞬动</td></tr>
<tr><td colspan="3">配电用</td></tr>
<tr><td rowspan="2">3VE4</td><td rowspan="2">18</td><td rowspan="2">32</td><td rowspan="2">58</td><td rowspan="2">22</td><td rowspan="2">7.5</td><td rowspan="2">30000</td><td>$1.05I_n$</td><td>$1.3I_n$</td><td>$10I_n$</td></tr>
<tr><td>2h 不动作</td><td>≤2h 动作</td><td>瞬动</td></tr>
</table>

2. DZ20 系列塑料外壳式断路器

DZ20 系列塑料外壳式断路器适用于交流 50Hz 或 60Hz、额定电压至 380V 及直流额定电压至 220V、额定电流 1250A 的电路中，作配电和保护电动机用。配电用断路器在配电网络中用来分配电能，且作为线路和电源设备的过载、欠电压和短路保护用。保护电动机用断路器在电路中用于保护电动机过载、欠电压和短路。在正常情况下，断路器可分别作为线路的不频繁转换及电动机的不频繁起动用，元件及其所组成的成套装置的短路和过载保护用。该系列断路器具有分断能力高，限流特性好等特点。工作条件：环境温度为 -5 ~ 40℃；相对湿度≤50%（40℃）或≤90%（25℃）；海拔≤2000m。

（1）DZ20 系列塑料外壳式断路器的技术参数见表 9-81。

表 9-81　DZ20 系列塑料外壳式断路器的技术参数

<table>
<tr><th rowspan="2">型号</th><th rowspan="2">壳架等级额定电流/A</th><th rowspan="2">额定电流lnm/A</th><th rowspan="2">极数</th><th rowspan="2">额定极限短路分断能力AC380V/kA</th><th rowspan="2">额定运行短路分断能力AC380V/kA</th><th colspan="2">额定脱扣器整定电流</th><th rowspan="2">电寿命/次</th><th rowspan="2">机械寿命/次</th></tr>
<tr><th>配电用</th><th>保护电动机用</th></tr>
<tr><td>DZ20Y-100</td><td rowspan="4">100</td><td rowspan="4">16、20、32、40、50、63、80、100</td><td>2、3</td><td>18</td><td>14</td><td rowspan="4">$10I_n$
≤40A 为 600A</td><td rowspan="4">$12I_n$</td><td rowspan="4">4000</td><td rowspan="4">4000</td></tr>
<tr><td>DZ20J-100</td><td>2、3、4</td><td>35</td><td>18</td></tr>
<tr><td>DZ20G-100</td><td>2、3</td><td>100</td><td>50</td></tr>
<tr><td>DZ20H-100</td><td>2、3</td><td>35</td><td>18</td></tr>
<tr><td>DZ20C-160</td><td>160</td><td>16、20、32、40、50、63、80、100、125、160</td><td>3</td><td>12</td><td>—</td><td>$10I_n$</td><td>—</td><td>2000</td><td>6000</td></tr>
</table>

（续）

型号	壳架等级额定电流/A	额定电流 Inm/A	极数	额定极限短路分断能力 AC380V/kA	额定运行短路分断能力 AC380V/kA	额定脱扣器整定电流 配电用	额定脱扣器整定电流 保护电动机用	电寿命/次	机械寿命/次
DZ20Y-200	200	63①、80①、100、125、160、180、200、225	2、3	25	18	$5I_n$ $10I_n$	$8I_n$ $12I_n$	2000	6000
DZ20J-200			2、3、4	42	25				
DZ20G-200			2、3	100	50				
DZ20H-225			3	35	18				
DZ20C-250	250	100、125、160、180、200、225、250	3	15	—	$10I_n$	—	2000	6000
DZ20C-400	400	100、125、160、180、200、250、315、350、400	3	20	—	$10I_n$	—	1000	4000
DZ20Y-400	400	200（Y）、250、315、350、400	2、3	30	23	$10I_n$	$12I_n$	1000	4000
DZ20J-400				50	25	$5I_n$	—		
DZ20G-400				100	50	$10I_n$	—		
DZ20C-630	630	250①、315①、350①、400、500、630	3	20	—	$5I_n$ $10I_n$	—	1000	4000
DZ20Y-630			2、3	30	23				
DZ20J-630			2、3、4	50	25				
DZ20H-630			3	50	25				
DZ20Y-1250	1250	630、700、800、1000、1250	2、3	50	38	$4I_n$	—	500	2500
DZ20J-1250				65	38	$7I_n$			

①DZJ-200、600 型 4 极断路器有此规格。

（2）DZ20 系列塑料外壳式断路器的外形及安装尺寸见表 9-82。

表 9-82　DZ20 系列塑料外壳式断路器的外形及安装尺寸

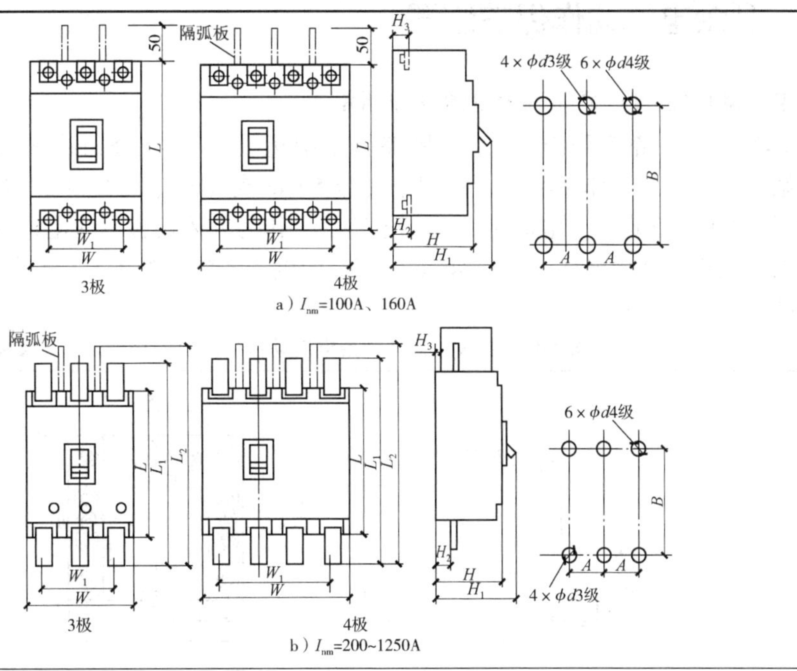

a）I_{nm}=100A、160A

b）I_{nm}=200~1250A

（续）

型号	极数	外形尺寸/mm									安装尺寸/mm		
		W	L	H	W_1	L_1	L_2	H_1	H_2	H_3	A	B	ϕd
DZ20Y-100	2.3	105	165	86.5	70	—	—	103	26.5	26.5	35	126	5
DZ20J、H-100													
DZ20G-160				140				156.5		81.5			
DZ20C-160	2.3	108	155	84	70	—	—	106.5	17	17	35	135	5
DZ20Y-200	2.3	109	256.3	105	70	326.5	—	142	20.5	20.5	35	196.5	4.5
DZ20J-200													
DZ20C-200				187.5				227	38	103.5			
DZ20C-250	2.3	109	208	103.5	70	298	—	141	20.5	20.5	35	172	4.5
DZ20C-400	2.3	155	276	116	102	391	—	149.5	16	16	51	240	7
DZ20Y-400													
DZ20J-400		210	268	108	140	367	377	147	21.5	21.5	70	200	7
DZ20G-400				208			394	247	81	107.5			
DZ20C-630	2.3	210	268	108	140	367	377	147	21.5	215	70	200	7
DZ20Y-630													
DZ20J、H-630													
DZ20Y-1250	2.3	210	406	122	140	542	—	176	26	26	70	175	10
DZ20J-1250													
DZ20J-100	4	140	165	86.5	105	—	—	103	26.5	26.5	35	126	5
DZ20J-200		144	256.5	105	105	326.5	352	142	20.5	20.5	35	196.5	4.5
DZ20J-630		280	268	108	210	367	377	147	21.5	21.5	70	200	7

9.11 剩余电流动作保护装置

1. DZL43（FIN）系列剩余电流动作断路器

DZL43（FIN）系列剩余电流动作断路器是引进德国 F&G 公司技术国内生产的同类产品。该系列剩余电流动作断路器，适用于交流 50Hz 或 60Hz、额定工作电压单相 220V、三相 380V 及以下，额定工作电流至 63A 的电路中，作为人体接触电或电网漏电时的保护设备使用。工作条件：环境温度为 -5～40℃；相对湿度≤90%（25℃）；海拔≤2000m，其外形尺寸及技术参数见表 9-83。

表 9-83　DZL43（FIN）系列剩余电流动作断路器的外形及技术参数

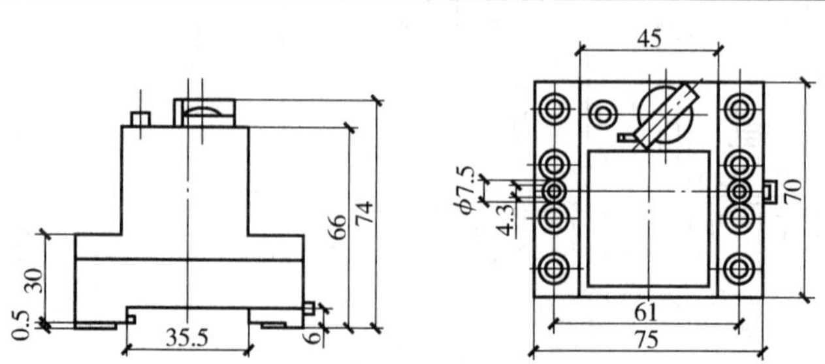

（续）

型号		DZL43（FIN25）25	DZL43（FIN40）40	DZL43（FIN63）63
额定工作电压/V		单相240/220 三相400/380		
额定工作电流/A		25	40	63
剩余动作电流 $I_{\Delta n}$/mA		300、1000、3000、5000		
剩余不动作电流/mA		$0.5I_{\Delta n}$		
极数		2、3、4		
平衡负载或不平衡负载的不动作电流极限值		$2I_{\Delta n}$		
额定接通和分断能力最小值/A		500		1000
额定有条件短路电流/A		3000		5000
寿命/次		极限：8000；电气：4000		
开关动作时间/s	$I_{\Delta n}$	0.2		
	$2I_{\Delta n}$	0.1		
	$5I_{\Delta n}$	0.04		

2. JD2系列剩余电流动作断路继电器

JD2系列剩余电流动作断路继电器适用于交流50Hz、额定工作电压至380V的电路中，作为剩余电流及触电保护用，与同样电压等级的断路器或交流接触器配合，可组成剩余电流动作保护装置。采用该系列剩余电流动作继电器，当被保护线路上有剩余电流或人身触电时，只要剩余电流或触电电流达到剩余动作电流值，则剩余电流动作继电器动作，进而使与其组合的低压断路器的分励脱扣器或交流接触器动作，从而切断电源达到剩余电流触电保护的目的。工作条件：环境温度为-5~40℃；相对湿度≤90%（25℃）；海拔≤2000m，其外形及技术参数见表9-84。

表9-84 JD2系列剩余电流动作继电器的外形及技术参数

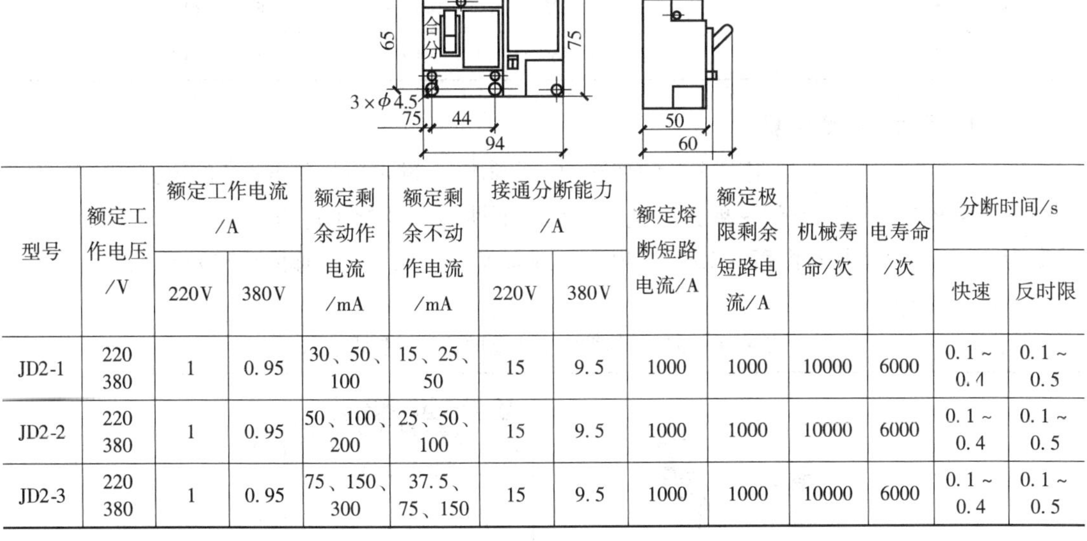

型号	额定工作电压/V	额定工作电流/A		额定剩余动作电流/mA	额定剩余不动作电流/mA	接通分断能力/A		额定熔断短路电流/A	额定极限剩余短路电流/A	机械寿命/次	电寿命/次	分断时间/s	
		220V	380V			220V	380V					快速	反时限
JD2-1	220 380	1	0.95	30、50、100	15、25、50	15	9.5	1000	1000	10000	6000	0.1~0.4	0.1~0.5
JD2-2	220 380	1	0.95	50、100、200	25、50、100	15	9.5	1000	1000	10000	6000	0.1~0.4	0.1~0.5
JD2-3	220 380	1	0.95	75、150、300	37.5、75、150	15	9.5	1000	1000	10000	6000	0.1~0.4	0.1~0.5

9.12 控制变压器

1. JBK4系列控制变压器

JBK4系列控制变压器适用于交流频率50Hz或60Hz、额定电压不大于500V的电路中，作为各类机械设备控制电气线路的一般控制电源、局部照明电源及指示灯电源用。工作条件：环境温度为 -5～40℃；相对湿度≤90%（25℃）；海拔≤2000m，其外形及技术参数见表 9-85。

表 9-85　JBK4 系列控制变压器的外形及技术参数

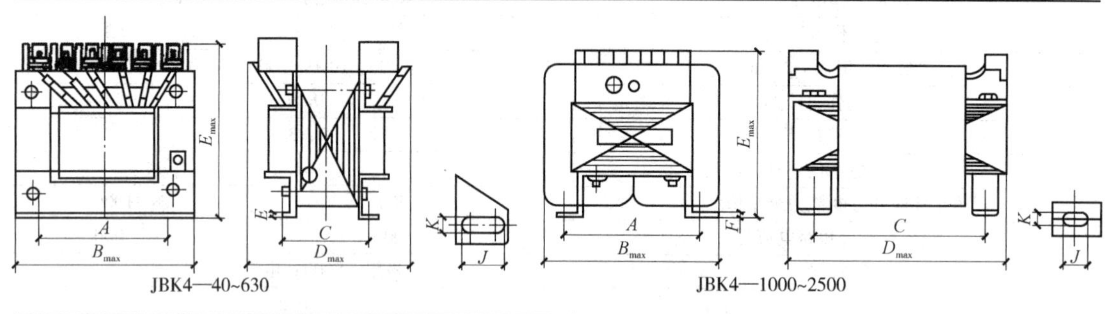

型号	额定容量/VA	一次额定电压/V	二次额定电压/V	外形尺寸及安装尺寸							接线端子数
				B_{max}	D_{max}	E_{max}	A	C	$K \times J$	F	
JBK4-40	40	220、380、420、440、220±5%、380±5%	220、127、110、48、42、36、24、12、6	83	85	89	56±0.4	46±2.5	4.8×9	1	8
JBK4-63	63			83	85	89	86±0.4	46±2.5	4.8×9	1	8
JBK4-100	100			86	105	94	64±0.4	62±2.5	4.8×9	1	8
JBK4-160	160			98	105	109	84±0.4	71±3	5.8×11	1.5	10
JBK4-250	250			98	120	109	84±0.4	85±3	5.8×11	1.5	10
JBK4-400	400			122	102	125	90±0.4	85±3	5.8×11	2	14
JBK4-630	630			152	112	150	122±0.4	90±3.5	7×12	2	18
JBK4-1000	1000			160	210	151	126±2	152±3.5	7×12	3	14
JBK4-1600	1600			184	235	163	146±3.5	176±3.5	7×12	3	18
JBK4-2500	2500			210	265	171	174±3.5	200±3.5	7×12	4	18

2. BK 系列控制变压器

BK 系列控制变压器适用于交流频率 50Hz 或 60Hz、额定电压至 660V 的电路中，作为各类机械设备控制电气线路的一般控制电源和局部照明电源及指示灯电源用。工作条件：环境温度为 -5～40℃；相对湿度≤50%（40℃）或≤90%（25℃）；海拔≤2000m，其外形及技术参数见表 9-86。

表 9-86　BK 系列控制变压器的外形及技术参数

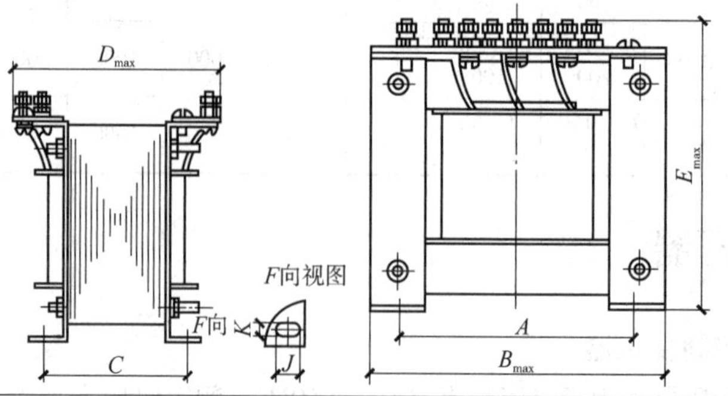

（续）

型号	额定容量/VA	一次额定电压/V	二次额定电压/V	外形尺寸及安装尺寸					
				A	C	$K\times J$	B_{max}	D_{max}	E_{max}
BK-25	25	220、380	6、(6.3)、12、24、36、48 (110)、127 220/(380) (127－36－6.3) (127－6.3) (36－6.3)	63.5±0.7	50.8±1.5	5×7	76.5	72	85
BK-50	50	220、380		73±0.7	56±1.5	6×10	88	84	97
BK-100	100	220、380		82±0.7	64±1.5	6×10	110	110	110
BK-150	150	220、380		86±0.7	72±1.5	7×9	116	110	130
BK-200	200	220、380、420		112±0.7	80±1.5	7×9	116	108	130
BK-250	250	220、380		112±0.7	88±1.5	7×9	116	126	130
BK-300	300	220、380		112±0.7	87±1.5	7×9	145	120	158
BK-400	400	220、380		124±0.7	97±1.5	7×9	145	130	158
BK-500	500	220、380		134±0.7	105±1.5	7×9	145	140	158
BK-1000	1000	220、380		134±0.7	128±1.5	8×10	202	198	202
BK-1500	1500	220、380		134±0.7	158±1.5	8×10	202	205	202
BK-2000	2000	220、380		134±0.7	188±1.5	8×10	202	228	202

9.13　交流电动机

1. Y系列（IP44）三相异步电动机

Y系列（IP44）三相异步电动机，额定电压为380V，额定频率为50Hz，3kW及以下为“Y”接法，4kW及以上为“Δ”接法。Y系列三相异步电动机应用于一般无特殊要求的机械设备，如风机、水泵、搅拌机、空气压缩机、机床、农业机械、食品机械等。具有高效、节能、起动转矩高、噪声小、可靠性高、寿命长等优点。安装尺寸和功率等级完全符合IEC标准。采用B级绝缘，外壳防护等级为IP44，冷却方式为IC411。

（1）Y系列（IP44）三相异步电动机的技术参数（表9-87）

表9-87　Y系列（IP44）三相异步电动机的技术参数

型号	额定功率/kW	满载时				堵转电流/额定电流	堵转转矩/额定转矩	最大转矩/额定转矩	重量/kg
		转速/(r/min)	电流/A	效率(%)	功率因数(COSϕ)				
Y801-2	0.75	2825	1.8	75.0	0.84	6.5	2.2	2.3	16
Y802-2	1.1	2825	2.5	77.0	0.86	7.0	2.2	2.3	17
Y90S-2	1.5	2840	3.4	78.0	0.85	7.0	2.2	2.3	22
Y90L-2	2.2	2840	4.8	80.5	0.86	7.0	2.2	2.3	25
Y100L-2	3	2880	6.4	82.0	0.87	7.0	2.2	2.3	33
Y112M-2	4	2890	8.2	85.5	0.87	7.0	2.2	2.3	45
Y132SI-2	5.5	2900	11.1	85.5	0.88	7.0	2.2	2.3	64
Y132S2-2	7.5	2900	15.0	86.2	0.88	7.0	2.2	2.3	70
Y160M1-2	11	2930	22	87.2	0.88	7.0	2.2	2.3	117
Y160M2-2	15	2930	29.4	88.2	0.88	7.0	2.2	2.3	125
Y160L-2	18.5	2930	35.9	89.0	0.89	7.0	2.0	—	142
Y180M-2	22	2940	42.2	89.0	0.89	7.0	2.0	—	173

（续）

型号	额定功率/kW	满载时				堵转电流/额定电流	堵转转矩/额定转矩	最大转矩/额定转矩	重量/kg
		转速/（r/min）	电流/A	效率（%）	功率因数（COSϕ）				
Y200L1-2	30	2950	56.9	90.0	0.89	7.0	2.0	—	240
Y200L2-2	37	2950	69.8	90.5	0.89	7.0	2.0	—	255
Y225M-2	45	2970	84.0	91.5	0.89	7.0	2.0	—	325
Y250M-2	55	2970	102.6	91.5	0.89	7.0	2.0	—	399
Y280S-2	75	2970	139.9	92.0	0.89	7.0	2.0	2.2	540
Y280M-2	90	2970	166.1	92.5	0.89	70	2.0	2.2	580
Y315S-2	110	2980	203	92.5	0.89	6.8	2.0	2.2	900
Y315M-2	132	2980	242.3	93.0	0.89	6.8	2.0	2.2	1000
Y315L1-2	160	2980	292.1	93.5	0.89	6.8	2.0	2.2	1200
Y315L2-2	200	2980	365.2	93.5	0.89	6.8	2.0	2.2	1250
Y801-4	0.55	1390	1.5	73.0	0.76	6.0	1.8	2.2	17
Y802-4	0.75	1390	2.0	74.5	0.76	6.0	1.8	2.2	18
Y90S-4	1.1	1400	2.7	78.0	0.78	6.5	1.8	2.2	22
Y90L-4	1.5	1400	3.7	79.0	0.79	6.5	1.8	2.2	24
Y100L1-4	2.2	1420	5.0	81.0	0.82	7.0	2.4	2.3	34
Y100L2-4	3	1420	6.8	82.5	0.81	7.0	2.3	2.3	38
Y112M-4	4	1440	8.8	84.5	0.82	7.0	2.3	2.3	49
Y132S-4	5.5	1440	11.6	85.5	0.84	7.0	2.3	2.3	68
Y132M-4	7.5	1440	15.4	87.0	0.85	7.0	2.2	2.3	81
Y160M-4	11	1460	22.6	88.0	0.84	7.0	2.2	2.3	123
Y160L-4	15	1460	30.3	88.5	0.85	7.0	2.2	2.3	141
Y180M-4	18.5	1470	35.9	91.0	0.86	7.0	2.0	2.3	172
Y180L-4	22	1470	42.5	91.5	0.86	7.0	2.0	2.2	195
Y200L-4	30	1470	56.8	92.2	0.87	7.0	2.0	2.2	255
Y225S-4	37	1480	70.4	91.8	0.87	7.0	1.9	2.2	305
Y225M-4	45	1480	84.2	92.3	0.88	7.0	1.9	2.2	330
Y250M-4	55	1480	102.5	92.6	0.88	7.0	2.0	2.2	410
Y280S-4	75	1480	139.7	92.7	0.88	7.0	1.9	2.2	560
Y280M-4	90	1480	164.3	93.5	0.89	7.0	1.9	2.2	660
Y315S-4	110	1485	200.8	93.5	0.89	6.8	1.8	2.2	890
Y315M-4	132	1485	239.7	94.0	0.89	6.8	1.8	2.2	1020
Y315L1-4	160	1485	289	94.5	0.89	6.8	1.8	2.2	1200
Y315L2-4	200	1485	361.3	94.5	0.89	6.8	1.8	2.2	1210
Y90S-6	0.75	910	2.2	72.5	0.70	5.5	2.0	2.2	21
Y90L-6	1.1	910	3.2	73.5	0.72	5.5	2.0	2.2	24
Y100L-6	1.5	940	4.0	77.5	0.74	6.0	2.0	2.2	32
Y112M-6	2.2	940	5.6	80.5	0.74	6.0	2.0	2.2	45
Y132S-6	3	960	7.2	83.0	0.76	6.5	2.0	2.2	65
Y132M1-6	4	960	9.4	84.0	0.77	6.5	2.0	2.2	76
Y132M2-6	5.5	960	12.6	85.3	0.78	6.5	2.0	2.2	84
Y160M-6	7.5	970	17	86.0	0.78	6.5	2.0	2.0	116
Y160L-6	11	970	24.6	87.0	0.78	6.5	2.0	2.0	140
Y180L-6	15	970	31.4	89.5	0.81	6.5	1.8	2.0	180
Y200L1-6	18.5	970	37.7	89.8	0.83	6.5	1.8	2.0	230

（续）

型号	额定功率/kW	满载时				堵转电流/额定电流	堵转转矩/额定转矩	最大转矩/额定转矩	重量/kg
		转速/（r/min）	电流/A	效率（%）	功率因数（COSϕ）				
Y200L2-6	22	970	44.6	90.2	0.83	6.5	1.7	2.0	250
Y225M-6	30	980	59.4	90.2	0.85	6.5	1.8	2.0	310
Y250M-6	37	980	72	90.8	0.86	6.5	1.8	2.0	395
Y280S-6	45	980	85.4	92.0	0.87	6.5	1.8	2.0	516
Y280M-6	55	980	104.4	92.0	0.87	6.5	1.8	2.0	575
Y315S-6	75	988	141.1	92.8	0.87	6.5	1.6	2.0	850
Y315M-6	90	988	168.6	93.2	0.87	6.5	1.6	2.0	1050
Y315L1-6	110	988	205.5	93.5	0.87	6.5	1.6	2.0	1110
Y315L2-6	132	989	245.8	93.8	0.87	6.5	1.6	2.0	1120
Y132S-8	2.2	710	5.8	80.5	0.71	5.5	2.0	2.0	63
Y132M-8	3	710	7.7	82.0	0.72	5.5	2.0	2.0	75
Y160M1-8	4	720	9.9	84.0	0.73	6.0	2.0	2.0	108
Y160M2-8	5.5	720	13.3	85.0	0.74	6.0	2.0	2.0	119
Y160L-8	7.5	730	17.7	86.0	0.75	5.5	2.0	2.0	140
Y180L-8	11	730	24.8	87.5	0.77	6.0	1.7	2.0	175
Y200L-8	15	730	34.1	88.0	0.76	6.0	1.8	2.0	255
Y225S-8	18.5	730	41.3	89.5	0.76	6.0	1.7	2.0	280
Y225M-8	22	730	47.6	90.0	0.78	6.0	1.8	2.0	306
Y260M-8	30	730	63	90.5	0.80	6.0	1.8	2.0	399
Y280S-8	37	740	78.2	91.0	0.79	6.0	1.8	2.0	515
Y280M-8	45	740	93.2	91.7	0.80	6.0	1.8	2.0	5700
Y315S-8	55	740	114	92.0	0.80	6.5	1.6	2.0	830
Y315M-8	75	740	152	92.5	0.81	6.5	1.6	2.0	930
Y315L1-8	90	740	179	93.0	0.82	6.5	1.6	2.0	1030
Y315L2-8	110	740	218	93.3	0.82	6.3	1.6	2.0	1120
Y315S-10	45	592	101	91.5	0.74	6.0	1.4	2.0	900
Y315M-10	55	592	123	92.0	0.74	6.0	1.4	2.0	1050
Y315L2-10	75	592	164	92.5	0.75	6.0	1.4	2.0	1110

（2）Y系列（IP44）三相异步电动机的外形及安装尺寸（表9-88）

表9-88　Y系列（IP44）三相异步电动机的外形及安装尺寸

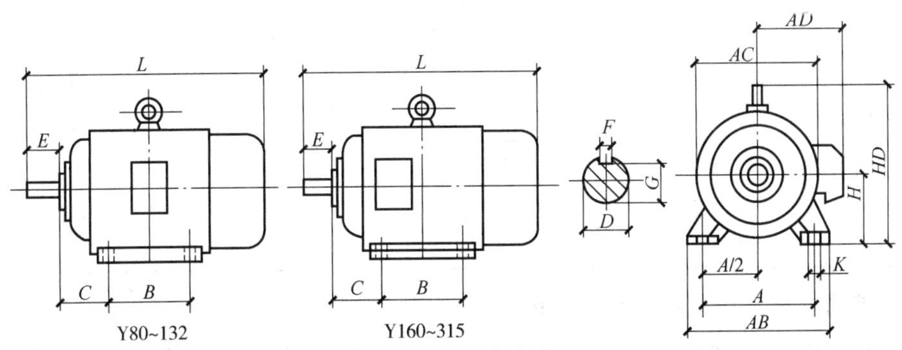

（续）

机座号	极数	安装尺寸/mm										外形尺寸/mm				
		A	*A*/2	*B*	*C*	*D*	*E*	*F*	*G*	*H*	*K*	*AB*	*AC*	*AD*	*HD*	*L*
80	2、4	125	62.5	100	50	19	40	6	15.5	80	10	165	175	150	175	290
90S	2、4、6	140	70	100		24	50	8	20	90		180	195	160	195	315
90L				125												340
100L		160	80	140	63	28	60		24	100	12	205	215	180	245	380
112M		190	95	140	70					112		245	240	190	265	400
132S	2、4、6、8	216	108	140	89	38	80	10	33	132		280	275	210	315	475
132M				178												515
160M		254	127	210	108	42	110	12	37	160	14.5	330	335	265	385	605
160L				254												650
180M		279	139.5	241	121	48		14	42.5	180		355	380	285	430	670
180L				279												710
200L		318	159	305	133	55		16	49	200	18.5	395	420	315	475	775
225S	4、8	256	178	286	149	60	140	18	53	225	18.5	435	475	345	530	820
225M	2			311		55	140	16	49							815
	4、6、8					60		18	53							845
250M	2	406	203	349	168	65			58	250	24	490	515	385	575	930
	4、6、8															
280S	2	457	228.5	368	190	75		20	67.5	280	—	550	580	410	640	1000
	4、6、8															
280M	2			419		65		18	58							1050
	4、6、8					75		20	67.5							
315S	2	508	254	406	216	65		18	58	315	28	635	645	576	865	1240
	4、6、8、10					80	170	22	71							1270
315M	2			457		65	140	18	58							1310
	4、6、8、10					80	170	22	71							1340
315L	2			508		65	140	18	58							1310
	4、6、8、10					80	170	22	71							1340

2. Y 系列（IP23）三相异步电动机

Y 系列（IP23）三相异步电动机是防护式、自扇冷三相笼型一般用途的电动机。具有高效、节能、起动力矩高、噪声低、振动小、可靠性高等特点。安装尺寸符合 IEC 标准，功率与机座号的配置关系符合 DIN 标准，外壳防护等级 IP23。使用场所：不可含易燃、易爆或腐蚀性气体，其外形及技术参数见表 9-89。

表 9-89　Y 系列（IP23）三相异步电动机的外形及主要技术参数　（单位：mm）

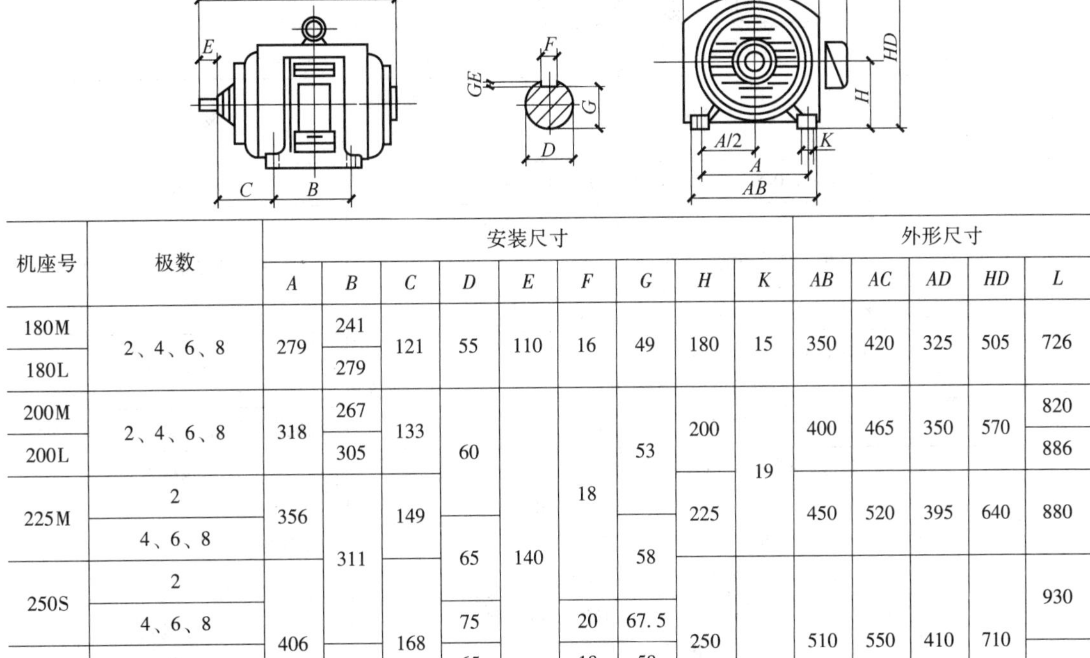

<table>
<tr><th rowspan="2">机座号</th><th rowspan="2">极数</th><th colspan="9">安装尺寸</th><th colspan="5">外形尺寸</th></tr>
<tr><th>A</th><th>B</th><th>C</th><th>D</th><th>E</th><th>F</th><th>G</th><th>H</th><th>K</th><th>AB</th><th>AC</th><th>AD</th><th>HD</th><th>L</th></tr>
<tr><td>180M</td><td rowspan="2">2、4、6、8</td><td rowspan="2">279</td><td>241</td><td rowspan="2">121</td><td rowspan="2">55</td><td rowspan="2">110</td><td rowspan="2">16</td><td rowspan="2">49</td><td rowspan="2">180</td><td rowspan="2">15</td><td rowspan="2">350</td><td rowspan="2">420</td><td rowspan="2">325</td><td rowspan="2">505</td><td rowspan="2">726</td></tr>
<tr><td>180L</td><td>279</td></tr>
<tr><td>200M</td><td rowspan="2">2、4、6、8</td><td rowspan="2">318</td><td>267</td><td rowspan="2">133</td><td rowspan="3">60</td><td rowspan="8">140</td><td rowspan="5">18</td><td rowspan="3">53</td><td rowspan="2">200</td><td rowspan="4">19</td><td rowspan="2">400</td><td rowspan="2">465</td><td rowspan="2">350</td><td rowspan="2">570</td><td>820</td></tr>
<tr><td>200L</td><td>305</td><td>886</td></tr>
<tr><td rowspan="2">225M</td><td>2</td><td rowspan="2">356</td><td rowspan="4">311</td><td rowspan="2">149</td><td rowspan="2">225</td><td rowspan="2">450</td><td rowspan="2">520</td><td rowspan="2">395</td><td rowspan="2">640</td><td rowspan="2">880</td></tr>
<tr><td>4、6、8</td><td rowspan="2">65</td><td rowspan="2">58</td></tr>
<tr><td rowspan="2">250S</td><td>2</td><td rowspan="4">406</td><td rowspan="4">168</td><td rowspan="4">250</td><td rowspan="7">24</td><td rowspan="4">510</td><td rowspan="4">550</td><td rowspan="4">410</td><td rowspan="4">710</td><td rowspan="2">930</td></tr>
<tr><td>4、6、8</td><td>75</td><td>20</td><td>67.5</td></tr>
<tr><td rowspan="2">250M</td><td>2</td><td rowspan="2">349</td><td>65</td><td>18</td><td>58</td><td rowspan="2"></td></tr>
<tr><td>4、6、8</td><td>75</td><td>20</td><td>67.5</td></tr>
<tr><td>280S</td><td>4、6、8</td><td rowspan="4">457</td><td>368</td><td rowspan="3">190</td><td>80</td><td>170</td><td>22</td><td>71</td><td rowspan="3">280</td><td rowspan="3">570</td><td rowspan="3">610</td><td rowspan="3">485</td><td rowspan="3">785</td><td rowspan="3">960</td></tr>
<tr><td rowspan="2">280M</td><td>2</td><td rowspan="2">419</td><td>65</td><td>140</td><td>18</td><td>58</td></tr>
<tr><td>4、6、8</td><td>80</td><td>170</td><td>22</td><td>71</td></tr>
<tr><td rowspan="2">315S</td><td>2</td><td rowspan="2">406</td><td rowspan="4">216</td><td>70</td><td>140</td><td>20</td><td>62.5</td><td rowspan="4">315</td><td rowspan="4">28</td><td rowspan="4">600</td><td rowspan="4">792</td><td rowspan="4">586</td><td rowspan="4">928</td><td>1130</td></tr>
<tr><td>4、6、8、10</td><td rowspan="3">508</td><td>90</td><td>170</td><td>25</td><td>81</td><td>1160</td></tr>
<tr><td rowspan="2">315M</td><td>2</td><td rowspan="2">457</td><td>70</td><td>140</td><td>20</td><td>62.5</td><td>1240</td></tr>
<tr><td>4、6、8、10</td><td>90</td><td>170</td><td>25</td><td>81</td><td>1270</td></tr>
</table>

9.14　电工仪表

9.14.1　电流表与电压表

1. 安装式电流表与电压表

安装式电流表与电压表适于固定安装在控制盘、控制屏、开关板及电气设备面板上，用来测量交、直流电路中的电流与电压，其外形及技术参数见表 9-90。

表 9-90　安装式电流表与电压表的外形及技术参数

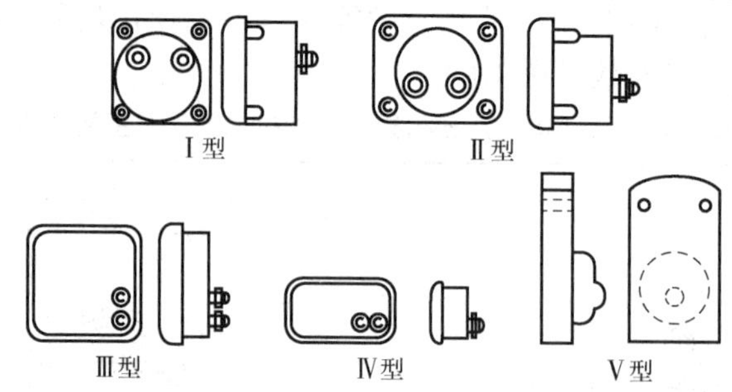

型号	名称	量程范围	准确度（%）	接入方式
42L9-A	交流电流表	（单位：A）0.5、1、2、3、5、10、20、30、50	±1.5	直接接入
		（单位：A）5、10、15、20、30、50、75、100、150、200、300、400、500、600、750		经电流互感器接通次级电流 5A
		（单位：kA）1、1.5、2、3、4、5、6、7.5、10		
42L9-V	交流电压表	（单位：V）15、30、50、75、100、150、250、300、450、500、600	±1.5	直接接入
		（单位：kV）3、7.5、12、15、150、300、450		经电压互感器接通次级电压 100V
42L20-A	交流电流表	（单位：A）0.5、1、2、3、5、10、15、30	±1.5	直接接入
		（单位：A）5、10、15、30、50、75、100、150、300、450、500、750 （单位：kA）1、2、3、5、7.5、10		配用电流互感器二次侧电流 5A
42L20-V	交流电压表	（单位：V）30、50、75、100、150、250、300、500、600	±1.5	直接接入
		（单位：kV）3.6、7.2、12、18、42、72、150、300、450		配用电压互感器二次侧电压 100V
44L1-A	交流电流表	（单位：A）0.5、1、2、3、5、10、20	±1.5	直接接入
		（单位：A）5、10、15、20、30、50、75、100、150、200、300、400、600、750 （单位：kA）1.5、2、3、4、5、6、7.5、10		经电流互感器接通次级电流 5A
44L1-V	交流电压表	（单位：V）3、5、7.5、10、15、20、30、50、75、100、150、250、300、450、500、600	±1.5	直接接入
		（单位：kV）1、3、6、10、15、35、60、100、220、380		互感器接通次级电压 100V
44L13-A	交流电流表	（单位：A）0.5、1、2.5、5、10	±1.5	直接接入
		（单位：A）15、20、30、50、75、100、150、250、300、450、600、750		经电流互感器
		（单位：kA）1、1.5		
44L13-V	交流电压表	（单位：V）10、15、30、50、75、100、150、250、300、450	±1.5	直接接入
		（单位：V）450、600、750		经电压互感器
		（单位：kV）1、1.5		

（续）

<table>
<tr><th>型号</th><th>名称</th><th>量程范围</th><th>准确度（%）</th><th>接入方式</th></tr>
<tr><td>16C14-A</td><td>直流电流表</td><td>（单位：μA）50、100、150、200、300、500
（单位：μA）±25、±50、±100、±150、±250、±300、±500
（单位：μA）1、2、3、5、10、15、20、30、40、50、75、100、150、200、300、500
（单位：A）1、2、3、5、7.5、10</td><td>±1.5</td><td>直接接入</td></tr>
<tr><td>16C14-A</td><td>直流电压表</td><td>（单位：A）15、20、30、40、50、75、100、150、200、300、500、750
（单位：kA）1、2、3、5、7.5、10</td><td>±1.5</td><td>外附 FLZ 型分流器</td></tr>
<tr><td rowspan="2">16C14-V</td><td rowspan="2">直流电压表</td><td>（单位：V）1.5、3、5、7.5、10、15、20、30、50、75、100、150、200、250、300、450、500、600</td><td rowspan="2">±1.5</td><td>直接接入</td></tr>
<tr><td>（单位：V）750、1000、1500</td><td>外附 FJ17 型定值电阻器</td></tr>
<tr><td rowspan="4">42C6-A</td><td rowspan="4">直流电流表</td><td>（单位：mA）1、2、3、5、7.5、10、15、20、30、50、75、100、150、200、300、500</td><td rowspan="4">±1.5</td><td rowspan="2">直接接入</td></tr>
<tr><td>（单位：A）1、2、3、5、7.5、10、15、20、30</td></tr>
<tr><td>（单位：mA）75、100、150、200、300、500、750</td><td rowspan="2">外附定值分流器</td></tr>
<tr><td>（单位：kA）1、1.5、2、3、4、5、6、7.5、10</td></tr>
<tr><td rowspan="2">42C6-V</td><td rowspan="2">直流电压表</td><td>（单位：V）3、7.5、10、15、20、30、50、75、150、200、250、300、450、500、600</td><td rowspan="2">±1.5</td><td>直接接入</td></tr>
<tr><td>（单位：kV）0.75、1、1.5</td><td>外附定值分流器</td></tr>
<tr><td rowspan="2">42C20-A</td><td rowspan="2">直流电流表</td><td>（单位：μA）100、200、300、500
（单位：mA）1、2、3、5、10、20、30、50、75、100、150、200、250、300、500、750
（单位：A）1、2、3、5、7.5、10、15、20、30、50</td><td rowspan="4">±1.5</td><td>直接接入</td></tr>
<tr><td>（单位：A）75、100、150、200、300、500、750
（单位：kA）1、1.5、2、3、4、5、6、10</td><td>外附分流器</td></tr>
<tr><td rowspan="2">42C20-V</td><td rowspan="2">直流电压表</td><td>（单位：V）1.5、3、7.5、10、15、20、30、50、75、100、150、200、250、300、450、500、600</td><td>直接接入</td></tr>
<tr><td>750V、1kV、1.5kV</td><td>外附定值电阻器</td></tr>
</table>

2. PZ52B 型数字电表

PZ52B 型数字电表为实验室精密测量仪表，用于测量 0～1000V 的直流电压、0～2A 的直流电流以及 0～600V 的交流电压（频率范围为 40Hz～15kHz）。也可以作为标准表，校验等级较低的数字电压表、数字面板表及指针式仪表等。采样速率：4 次/s。外形尺寸：250mm×80mm×329mm，其技术参数见表 9-91。

表 9-91　PZ52B 型数字电表的技术参数

	量程	分辨力	误差 8h（20±1)℃ ±（读数%+字）	误差 6 个月（20±5)℃ ±（读数%+字）	温度系数/℃ ±（读数%+字）
直流电压测量	19.999mV	1μV	0.02　4	0.03　6	0.0025　2
	199.99mV	10μV	0.01　1	0.02　2	0.0025　0.2
	1.9999V	100μV	0.01　1	0.02　1	0.0025—
	19.999V	1mV	0.02　1	0.03　1	0.003　0.2
	199.99V	10mV	0.02　1	0.03　1	0.003—
	1000V	100mV	0.02　1	0.03　1	0.003—
直流电流测量	量程	分辨力	输入电阻	误差 6 个月 (20±5)℃±（读数%+字）	温度系数/℃ ±（读数%+字）
	19.999μA	1nA	1kΩ	0.2　8	0.005　2
	199.99	10nA	1kΩ	0.2　4	0.005　0.2
	1.9999mA	100nA	10Ω	0.2　8	0.005　2
	19.999mA	1μA	10Ω	0.2　4	0.005　0.2
	199.99mA	10μA	0.1Ω	0.4　8	0.005　2
	1.9999A	100μA	0.1Ω	0.4　4	0.005　0.2
交流电压测量（平均值测量、有效值刻度）	量程	分辨力	误差 8h（20±1)℃ 40Hz～15kHz±（读数%+字）	误差 6 个月（20±5)℃ 40Hz～15kHz±（读数%+字）	温度系数/℃ ±（读数%+字）
	199.99mV	10μV	0.15　10	0.2　10	0.015
	1.9999V	100μV	0.15　10	0.2　10	0.015
	19.999V	1mV	0.2　10	0.3　10	0.02
	199.99V	10mV	0.2　10	0.3　10	0.02
	600.0V	100mV	0.2　10	0.3　10	0.02
交流电流测量（40Hz～10kHz）	量程	分辨力	输入电阻	误差 6 个月±5℃ ±（读数%+字）	温度系数/℃ ±（读数%+字）
	19.99μA	10nA	1kΩ	0.3　10	0.01　0.1
	199.9μA	100nA	1kΩ	0.3　1	0.01　0.1
	1.999mA	1μA	10Ω	0.3　10	0.01　0.1
	19.99mA	10μA	10Ω	0.3　1	0.01　0.1
	199.9mA	100μA	0.1Ω	0.5　10	0.01　0.1
	1.999A	1mA	0.1Ω	0.5　1	0.01　0.1

3. PZ90 型交流数字电压表

PZ90 型交流数字电压表用于测量频率为 50Hz～1kHz 范围内 0～400V 的交流电压，仪表显示位数四位，其技术参数见表 9-92。

表9-92　PZ90型交流数字电压表的技术参数

型号	对应量程	测量范围	灵敏度	输入阻抗	过载电压/V	采样速率/(次/s)	平均无故障时间/h	功耗/W	外形尺寸/mm
PZ90/1	200mV	0～199.9mV	100μV	≥10MΩ	2	2～3	>1000	3.5	48×110×112
PZ90/2	2V	0～1.999V	1mV	≥100kΩ	20				
PZ90/3	20V	0～19.99V	10mV	≥100kΩ	200				
PZ90/4	200V	0～199.9V	100mV	≥1MΩ	400	2～3	>1000	3.5	48×110×112
PZ90/5	400V	0～400V	1V	≥1kΩ	600				

4. 钳形电表

钳形电表是一种携带式整流系多量程的指针式仪表，它可以在不断开被测线路的情况下，对电气参数进行测量，使用和携带都很方便，是电路检修中常用的一种指示仪表，其技术参数见表9-93。

表9-93　钳形电表的技术参数

名称	型号	量程范围	精度（%）	外形尺寸/mm
钳形交流电流表	MG3-1（T301）	10、25、50、100、250A；10、25、100、300、600A 10、30、100、300、1000A	±2.5	385×110×75
钳形交流电流电压表	MG3-2（T302）	10、50、250、1000A 300、600V	±2.5	385×110×75
	MG4	10、30、100、300、1000A 150、300、600V	±2.5	315×90×60
	MG24	5、25、50A；300、600V 5、50、250A；300、600V		160×82×36
钳形交、直流电流表	MG20	200、400、600A	±2.5	308×107×70
	MG21	750、1000、1500A		308×107×70
多用钳形表	MG31	AC：5、25、50A、450V Ω：50kΩ AC；50/125/250A/450V Ω：50kΩ	±5.0	184×80×35
	MG33	AC：5、50A；25、100A；50、250A AC：150、300、600V Ω：300Ω		195×80×38
	MG41	AC：10、30、100、300、1000A； 150、300、600V W：1、3、30、100kW		315×90×60
	MG310	AC：6、15、60、150、300A AC：150、300、760V Ω：1、100Ω		315×90×60

（续）

名称	型号	量程范围	精度（%）	外形尺寸/mm
$3^{1/2}$数字式钳形表	MGS2	DC：200，100V AC：200，100V DC：200、1000A AC：200、1000A 频率：40～500Hz	±（0.5%读数+0.1%满度） ±（1%读数+0.2%满度） ±（1.5%读数+0.2%满度） ±（2%读数+0.3%满度）	350×69×33

9.14.2 电能表

1. DD862型、DD862a型单相电能表

DD862型、DD862a型单相电能表是全国联合设计的感应式电能表，该表用来测量额定频率为50Hz的单向交流有功电能，其外形及技术参数见表9-94。

表9-94 DD862型单相电能表的外形及技术参数

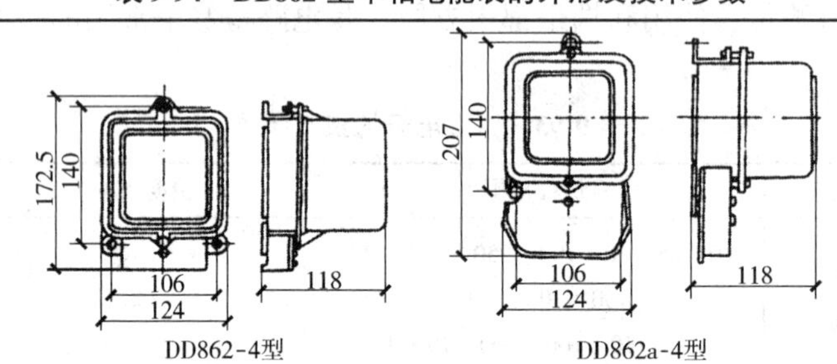

型号	名称	准确度/级	额定电压/V	标定电流（最大电流）/A
DD862-4	单相电能表	2.0	220	2.5（10），5（20），10（40），15（60），30（100）
DD862a-4				1.5（6），2.5（10），5（20），10（40），15（60）
DD962a				3（6），5（10），10（20），20（40），30（60） 3（9），5（15），10（30），15（45），20（60） 1.5（6），2.5（10），5（20），10（40），15（60），20（80）

2. 三相电能表

三相电能表分为三相有功电能表和三相无功电能表，分别用来计量额定频率为50Hz的三相电路的有功和无功电能。AN31R、AS31、DS35型电能表是引进日本大崎电气工业株式会社技术和设备生产的产品。FL246、ML246（国内型号分别为DS246、DT246）型电能表是哈尔滨电表仪器厂引进瑞士兰迪斯·盖尔公司的技术和设备生产的产品。DS38、DX246b型电能表则是在引进技术的基础上开发派生的产品，其外形及技术参数见表9-95。

表9-95 三相电能表的外形及技术参数

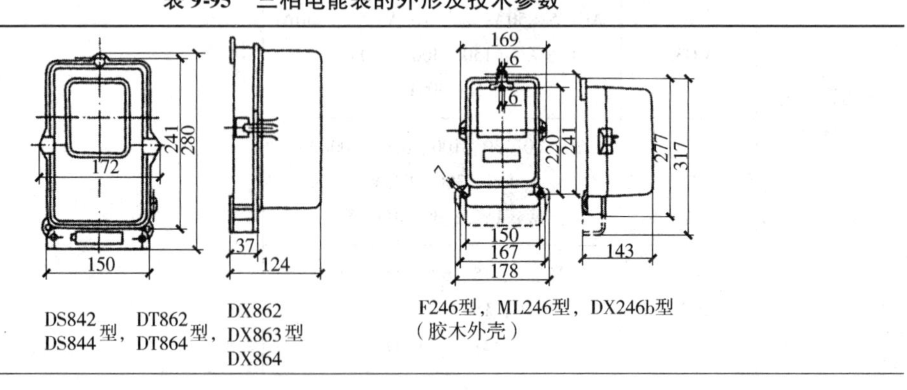

（续）

型号	名称	准确度/级	额定电压/V	标定电流（最大电流）/A
DS864-2	三相三线 有功电能表	1.0	100	3 (6)
DS864-4				1.5 (6)
DS864a		1.0	100	3 (6), 1.5 (6)
DS862-2		2.0	100 380	3 (6)
DS862-4			380	5 (20), 10 (40), 1.5 (60), 30 (100)
DS862a				5 (10), 10 (20), 15 (30), 20 (40), 30 (60), 40 (80), 60 (120) 5 (15), 10 (30), 15 (45), 20 (60), 30 (90), 40 (120) 1.5 (6), 5 (20), 10 (40), 15 (60), 20 (80), 30 (120)
DS35		0.5	100	5
DS38		0.5	100	5 (6)
FL246 (DS246)		1.0	100 220 380	0.3 (1.2), 5 (6), 0.5 (2), 2.5 (10)
AN31R	三相三线 有功电能表	0.5 1.0	100	5 (6)
AS31	三相三线 无功电能表	2.0	100	5 (6)
DX863-2	三相三线 无功电能表	2.0	100 380	3 (6)
DX865-2		3.0		
DT864-2	三相四线 有功电能表	1.0	380/ 220	3 (6)
DT864-4				1.5 (6)
DT862-2		2.0		3 (6)
DT862-4				5 (20), 10 (40), 15 (60), 30 (100)
DT862a				5 (10), 10 (20), 15 (30), 20 (40), 30 (60), 40 (80), 60 (120) 5 (15), 10 (30), 15 (45), 20 (60), 30 (90), 40 (20) 1.5 (6), 5 (20), 10 (40), 15 (60), 20 (80), 30 (120)
ML246 (DT246)	三相四线 有功电能表	1.0	100/57.7 200/127 380/220	0.3 (1.2), 1.5 (6) 0.5 (2), 2.5 (10)
DX246b	三相 无功电能表	2.0	100 220 380	0.3 (1.2), 0.5 (2), 0.6 (2.4), 1.5 (6), 2.5 (10)
DX864-2	三相四线 有功电能表	2.0	380	3 (6)
DX862-2		3.0		

9.14.3 万用表

1. 指针式万用表

指针式万用表是磁电系整流结构仪表，具有高灵敏度、多量限等特点，可用来测量直流电流、直流电压、交流电流、交流电压、直流电阻以及音频电平、电容、电感等。使用条件：温度0～40℃，相对湿度<80%，其技术参数见表9-96。

表9-96 指针式万用表的技术参数

型号	测量范围	灵敏度	准确度（%）	外形尺寸/mm
MF64	直流电压：0～0.5～2～10～50～200～500～1000V	2kΩ/V	±2.5	171×122×59
	直流电流：0～5μA～0.25～2.5～1.25～25～125～500mA～2.5A			
	交流电压 0～10V 0～50～250V 0～500～1000V　频率范围 45Hz20kHz50kHz 45～1000Hz 45～65HZ	4kΩ/V	±5.0	
	交流电流：0～0.5～5～25～50～250mA～1A 频率范围：45～500Hz	—		
	电阻：0～2～20～200kΩ～2MΩ～20MΩ			
	h_{FE}：Si Ge 三极管0～400			
	电平：0～+56dB			
	V_{BATT}：0～1.5V			
MF82	直流电流：0.1～0.5～5～25～50～250mA～2.5A	10.75V	±2.5	149×100×41
	直流电压：150mV（不考核）2～5～20～50～100～500V	10kΩ/V 4KΩ/V	±2.5	
	交流电流：0.5mA（不考核）1～10～50～100～500mA	1.5V	±5.0	
	交流电压：750mV（不考核）10～25～50～100～500V	2kΩ/V	±5.0	
	电阻：R×1Ω，R×100Ω，R×1kΩ，R×10kΩ	—	±2.5	
	h_{FE}：Si（硅）0～380　Ge（锗）0～230	—	—	
	音频电平：-10～+22dB	—	—	
	音频功率：0～12W	—	—	
MF92	直流电流：0～0.05～1～10～100～500mA	0.5V	±2.5	150×100×46
	直流电压：0～0.5～2.5～10～50～250～1000V	±20.000Ω/V	±2.5	
	交流电压：0～2.5～10～250～500～1000V	5.000Ω/V	±5.0	
	直流电阻：R×1Ω，R×10Ω，R×100Ω，R×1kΩ，R×10kΩ	—	±2.5	
	音频电平：-10～+@2dB	—	—	
	h_{FE}：0～250	—	参考值	
	信号源输出：1kHz，150mV，465kHz（已调波）		参考值	

（续）

型号	测量范围	灵敏度	准确度（%）	外形尺寸/mm
MF368	直流电压：0～0.15～0.5～2.5～10～50～250～500～1500V 直流电流：0～50μA～2.5～25～250mA～2.5A 交流电压：0～2.5～10～50～250～500～1500V 电阻：R×1Ω，R×10Ω，R×100Ω，R×1kΩ，R×10kΩ	20kΩ/V 9kΩ/V	±2.5 ±5.0	150×100×46
MF105	直流电压：0～0.1V	20kΩ/V	±5	223×149×73
	直流电压：0～0.5～2.5～10～25～100～250～500V		±2.5	
	直流电压：0～1000V		±5	
	直流电流：0～50μA～50mA～5mA～500mA～5A	≤1255mV	±2.5	
	交流电压：0～2.5～10～25～100～250～500V	4kΩ/V	±5	
	交流电流：0～0.5mA～5mA～50mA～500mA～5A	≤1255mV	±5	
	电阻量程：R×1Ω，R×10Ω，R×100Ω，R×1000Ω	—	—	
	电容量程：μF×1，μF×10，μF×100，μF×1000	—	—	

2. 数字式万用表

数字式万用表是采用运算放大器和大规模集成电路，通过模数转换将被测量用数字形式显示出来。它具有读数直观、准确度高、性能稳定等特点，不但可广泛用作多种用途的数字测量，还可作为较低级数字电压表、数字面板表等校验用仪表，其技术参数见表9-97。

表9-97　数字式万用表的技术参数

型号	量程范围	准确度	频率范围/Hz	外形尺寸/mm
PF33	直流电压：200mV、2V、20V、200V、1000V	（±0.25～0.35）±1字		51×83×191
	交流电压：2000mV、2V、20V、200V	±1%读数	40～1000	
	交流电压：750V	±1%读数	40～400	
	交流电压：2000mV、2V、20V、200V、750V	±（0.5～0.6）%+3字	50或60	
	直流电流：2、20、200、2000mA	±0.75%读数+1字		
	交流电流：2、20、200、2000mA	1.5%读数+3字		
	电阻：200Ω；2、20、200、2000kΩ；20MΩ	0.25%读数+1字		
PF24A	直流电压：0.2～1000V	±0.2%读数 ±0.1%满度		117×178×49
	直流电流：0.2～2000mA	±0.5%读数 ±0.2%满度		
	交流电流：0.2～750V	±0.1%读数 ±0.5%满度		
	交流电流：0.2～2000kΩ	±0.5%读数 ±0.2%满度		

（续）

型号	量程范围	准确度	频率范围/Hz	外形尺寸/mm
DT830	DC：200mV～1000V　200μA～10A AC：200mV～750V　200μA～10A R：200Ω～20MΩ h_{FE}：0～1000	±0.8% ±2字 ±1% ±2字 ±1% ±5字 ±1.2% ±5字 ±2% ±3字		160×84×26
DT890	DC：200mV～1000V　200μA～10A AC：200mV～700V　2mA～10A R：200Ω～20MΩ h_{FE}：0～1000	±0.5% ±1字 ±1.2% ±1字 ±1.2% ±3字 ±1.8% ±3字 ±1% ±2字		162×88×36
PF5b	直流电压：1000mV 10V 100V 1000V	±（0.05%读数+0.02%满度） ±（0.03%读数+0.02%满度） ±（0.05%读数+0.02%满度） ±（0.05%读数+0.02%满度）		78×200×240
	直流电流：1000μA 10mA 100mA 200mA	±（0.1%读数+0。02%满度） ±（0.1%读数+0.02%满度） ±（0.1%读数+0.02%满度） ±（0.1%读数+0.1%满度）		
PF5b	交流电压：1000mV 10V 100V 600V	±（0.1%读数+0.1%满度） ±（0.2%读数+0.15%满度） ±（0.3%读数+0.2%满度） ±（0.5%读数+0.3%满度）	100～1000 45～100 1～10000 100～1000 45～100 1～5000 45～1000	78×200×240
	交流电流：1000μA 10mA 1000mA	±（0.3%读数+0.2%满度） ±（0.5%读数+0.2%满度） ±（0.2%读数+0.1%满度） ±（0.3%读数+0.2%满度）	100～1000 45～100 1～5000 100～1000 45～100 1～5000	
PF5b	交流电流：200mA	±（0.5%读数+0.3%满度） ±（0.7%读数+0.5%满度）	100～1000 45～100 1～5000	78×200×240
	电阻：1000Ω 10kΩ 100kΩ 1000kΩ 10MΩ 20MΩ	±（0.05%读数+0.02%满度） ±（0.05%读数+0.02%满度） ±（0.05%读数+0.02%满度） ±（0.05%读数+0.02%满度） ±（0.05%读数+0.05%满度） ±（1%读数+0.2%满度）		

第 10 章　建筑用五金工具

10.1　土石方工具

10.1.1　土石方常用工具

1. 钢锹（QB/T 2095—1995）

钢锹用于开挖沟渠、平整地基、搅拌灰浆、铲砂石等，其外形及主要技术参数见表 10-1。

表 10-1　钢锹的外形及主要技术参数　　（单位：mm）

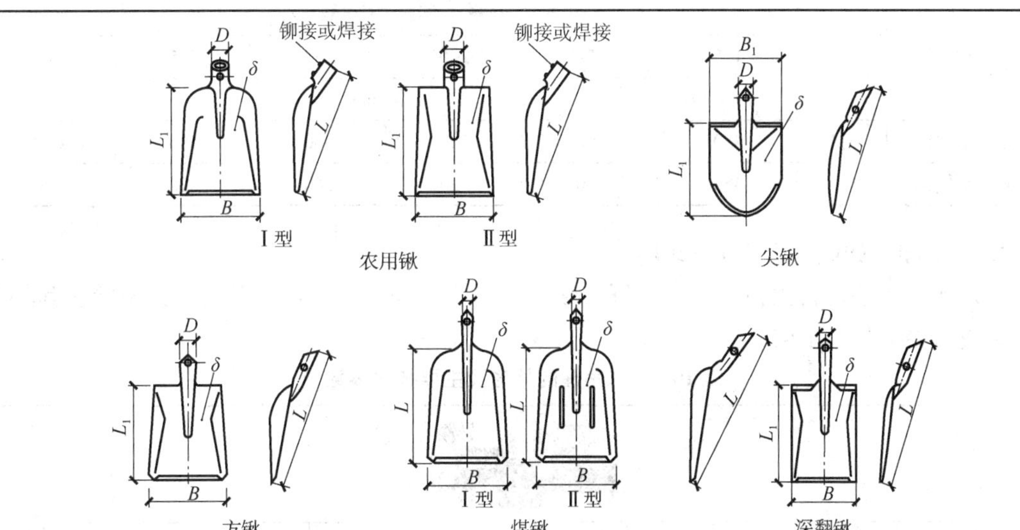

分类	型式代号	规格代号	基本尺寸					
			全长 L	身长 L_1	前幅宽 B	后幅宽 B_1	锹裤外径 D	厚度 δ
农用锹	Ⅰ Ⅱ	—	345 ± 10	290 ± 5	230 ± 5	—	42 ± 1	1.7 ± 0.15
尖锹	—	1 号	460 ± 10	320 ± 5	—	260 ± 5	37 ± 1	1.6 ± 0.15
		2 号	425 ± 10	295 ± 5		235 ± 15		
		3 号	380 ± 10	265 ± 5		220 ± 5		
方锹	—	1 号	420 ± 10	295 ± 5	250 ± 5	—	37 ± 1	1.6 ± 0.15
		2 号	380 ± 10	280 ± 5	230 ± 5			
		3 号	340 ± 10	235 ± 5	190 ± 5			
煤锹	Ⅰ Ⅱ	1 号	550 ± 12	400 ± 6	285 ± 5	—	38 ± 1	1.6 ± 0.15
		2 号	510 ± 12	380 ± 6	275 ± 5			
		3 号	490 ± 12	360 ± 6	250 ± 5			

（续）

分类	型式代号	规格代号	基本尺寸					
			全长 L	身长 L_1	前幅宽 B	后幅宽 B_1	锹裤外径 D	厚度 δ
深翻锹	—	1 号	450 ± 10	300 ± 5	190 ± 5	—	37 ± 1	1.7 ± 0.15
		2 号	400 ± 10	265 ± 5	170 ± 5			
		3 号	350 ± 10	225 ± 5	150 ± 5			

2. 钢镐（QB/T 2290—1997）

钢镐用于开挖沟渠、平整地基等。双尖型钢镐多用于开凿岩石、混凝土等硬质场合；尖扁型钢镐多用于挖掘黏、韧性的土质，其外形及主要技术参数见表 10-2。

表 10-2 钢镐的外形及主要技术参数

双尖型　　尖扁型

品种	代号	规格、质量（不连柄）/kg					
		1.5	2	2.5	3	3.5	4
		总长/mm					
双尖 A 形钢镐	SJA	450	500	520	560	580	600
尖扁 A 形钢镐	JBA	450	500	520	560	600	620

3. 八角锤（QB/T 1290.1—2010）

八角锤用于手工自由锻、锤击钢钎、铆钉、凿岩、碎石、打炮眼及安装设备等，其外形及主要技术参数见表 10-3。

表 10-3 八角锤的外形及主要技术参数

锤重(不连柄)/kg	0.9	1.4	1.8	2.7	3.6	4.5	5.4	6.3	7.2	8.1	9	10	11
全长/mm	105	115	130	152	165	180	190	198	208	216	224	230	236

4. 钢钎与撬棍

钢钎与撬棍主要用于开山、筑路、打井勘探时凿钻岩层等，其外形及主要技术参数见表 10-4。

表 10-4 钢钎与撬棍的外形及主要技术参数

钢钎　　撬棍

品名	尺寸规格/mm	
八角形钢钎	直径	25、30、32
	长度	1200、1400、1600、1800
撬棍	直径	20、25、30、38
	长度	500、1000、1200、1500

10.1.2　土石方电动工具

1. 电镐

电镐用于冲击破碎混凝土、砖墙、石材等脆性非金属材料的工具，其外形及主要技术参数见表 10-5。

表 10-5　电镐的外形及主要技术参数

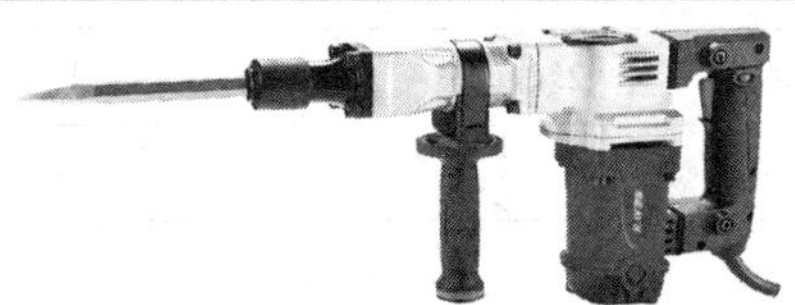

型号	额定电压/V	额定功率/Hz	输入功率/W	冲击次数/(次/min)	质量/kg
ZIGSD01-6	110/220	50/60	900	2900	6.8

2. 电锤（GB/T 7443—2007）

电锤用于在岩石、砖墙、混凝土等脆性材料上钻孔、开槽等作业，其外形及主要技术参数见表 10-6。

表 10-6　电锤的外形及主要技术参数

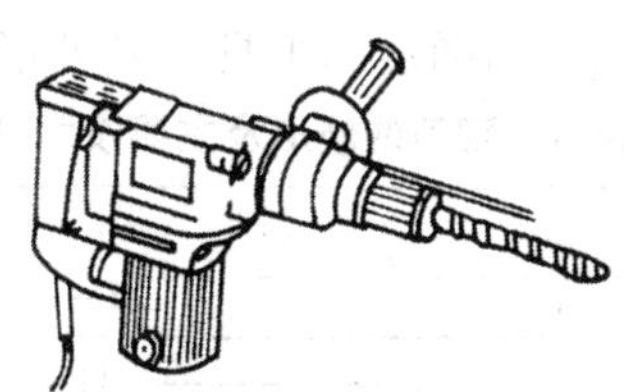

电锤规格/mm	16	18	20	22	26	32	38	50
钻削率/(cm^3/min)	15	18	21	24	30	40	50	70

注：电锤规格是指在 C30 混凝土（抗压强度 30～35MPa）上作业的最大钻孔直径（mm）。

3. 夯实机

夯实机用于建筑、水利、筑路等土方工程施工中夯实素土或灰土，其外形及主要技术参数见表 10-7。

表 10-7　夯实机的外形及主要技术参数

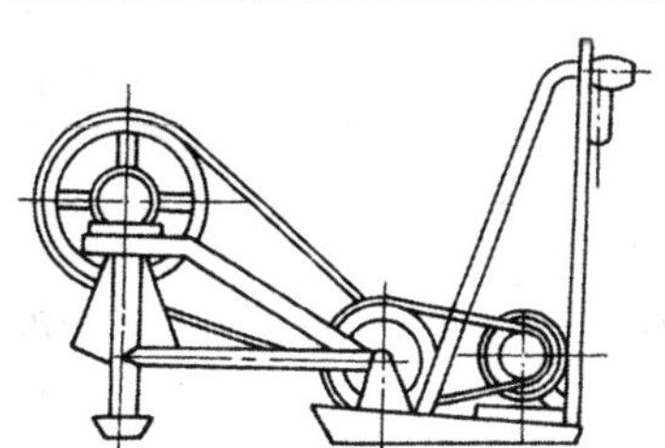

项目	HM-60	WS-125	HW-20
夯击能量/(N·m)	—	—	200

（续）

项目	HM-60	WS-125	HW-20
夯头抬高/mm	—	—	100～170
前进速度/(m/min)	8	6	6～8
夯击次数（次/min）	—	—	140～142
夯击力/N	600	250	—
功率/kW	2.2	1.1	1.1
转速/(r/min)	—	—	1400
夯板尺寸/mm	—	—	500×120
质量/kg	200	150	143

10.2 泥工工具

10.2.1 泥工手工工具

1. 砌刀（QB/T 2212.5—2011）

砌刀用于砌筑操作时砍砖、挖灰和铺灰的工具，其外形及主要技术参数见表10-8。

表10-8 砌刀的外形及主要技术参数（单位：mm）

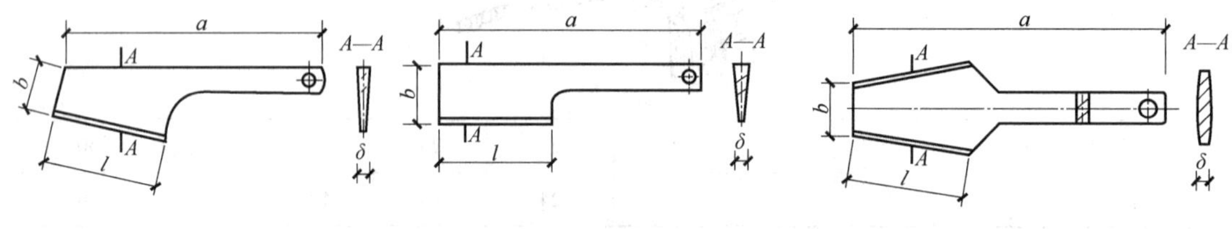

单刃砌刀　　　　双刃砌刀

规格 l	偏差	b	偏差	a	偏差	δ
135	±2.0	50	±1.5	335	±3.0	≥4.0
140		50		340		
145		50		345		
150		50		350		
155		55		355		
160		55		360		≥6.0
165		55		365		
170		60		370		
175		60		375		
180		60		380		

注：1. 刃口厚度不小于1.0mm。

2. 特殊形式和其他规格可不受本表限制。

2. 砌铲（QB/T 2212.4—2011）

砌铲用于砌筑操作时和（拌）灰、铲灰、铺灰和刮灰工具，其外形及主要技术参数见表10-9a～c。

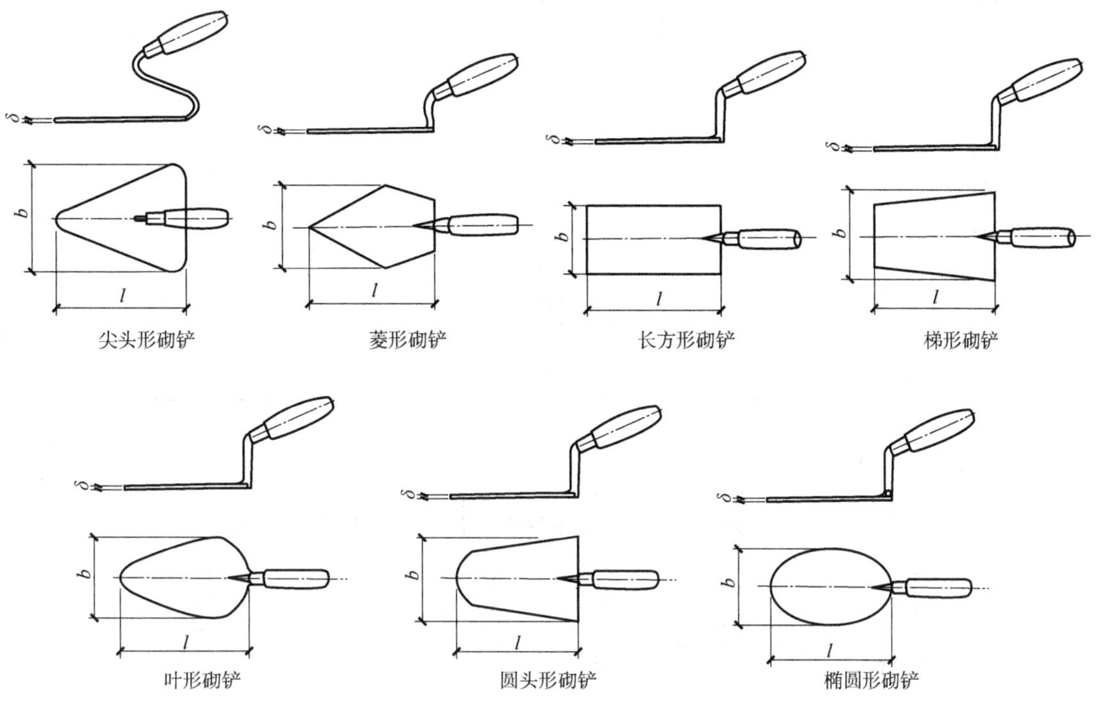

表10-9a　尖头形砌铲的基本尺寸　（单位：mm）

规格 l	偏差	b	偏差	δ
140	±2.0	170	±2.0	≥1.0
145		175		
150	±2.0	180	±2.0	≥1.0
155		185		
160		190		
165		195		
170		200		
175		205		
180		210		
185		215		

表10-9b　菱形砌铲的基本尺寸　（单位：mm）

规格 l	偏差	b	偏差	a	δ
180	±2.0	125	±2.0	63	≥1.0
200		140		70	
230		160		80	
250		175		87	

表 10-9c　长方形砌铲、梯形砌铲、叶形砌铲、圆头形砌铲、椭圆形砌铲的基本尺寸

（单位：mm）

规格 l	偏差	b	偏差	δ
125	±2.0	60	±2.0	≥1.0
140		70		
150		75		
165		80		
180		90		
190		95		
200		100		
215		105		
230		115		
240		120		
250		125		

注：特殊形式和其他规格可不受本表限制。

3. 打砖工具（QB/T 2212.6—2011）

打砖刀和打砖斧是一种切断或修削砖瓦的专用工具，其外形及主要技术参数见表 10-10。

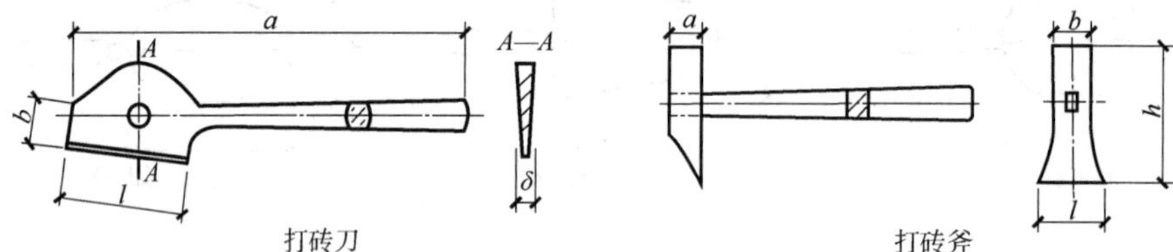

打砖刀　　打砖斧

表 10-10a　打砖刀的基本尺寸　（单位：mm）

规格 l	偏差	b	偏差	a	偏差	δ
110	±2.0	75	±1.5	300	±2.5	≥6.0

表 10-10b　打砖斧的基本尺寸　（单位：mm）

规格 l	偏差	a	偏差	b	偏差	h	偏差
50	±1.5	20	±1.5	25	±1.5	110	±2.0
55		25		30		120	

注：特殊形式和其他规格可不受本表限制。

4. 平抹子（QB/T 2212.2—2011）

平抹子是在砌墙时用于水泥面刮平和抹平灰砂的工具，其外形及主要技术参数见表 10-11。

表 10-11　平抹子的外形及主要技术参数　（单位：mm）

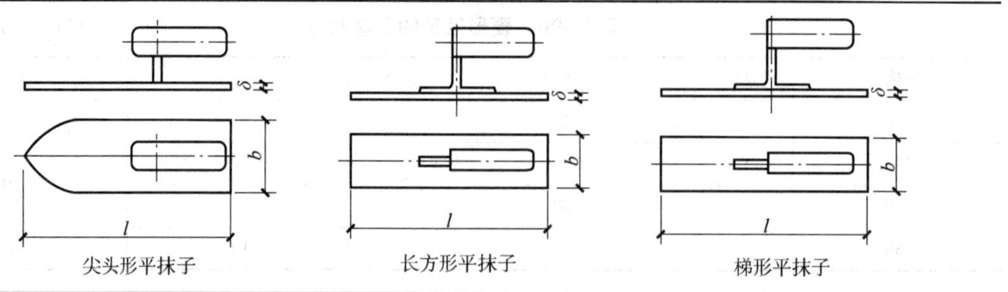

尖头形平抹子　　长方形平抹子　　梯形平抹子

（续）

尖头形平抹子、长方形平抹子和梯形平抹子的技术参数				
规格 l	偏差	b	偏差	δ
220	±2.0	80	±2.0	≥0.7
230		85		
240		90		
250		90		
260		95		
280		100		
300		100		
320		110		

注：特殊形式和其他规格可不受本表限制。

5. 阳角抹子、阴角抹子（QB/T 2212.2—2011）

阳角抹子、阴角抹子是在砌墙时用于抹墙体角部灰面的工具，其外形及主要技术参数见表10-12。

表10-12 阳角抹子的外形及规格主要技术参数 （单位：mm）

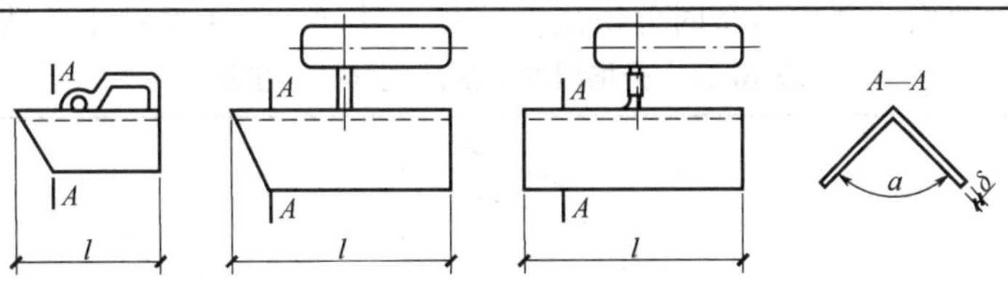

阳角抹子

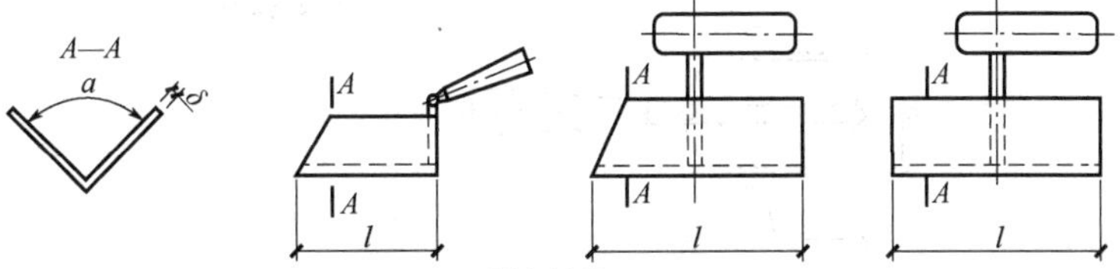

阴角抹子

阳角抹子和阴角抹子的技术参数				
规格 l/mm	偏差/mm	δ/mm	α	
			阳角抹子	阴角抹子
100	±2.0	≥1.0	92°±1°	88°±1°
110				
120				
130				
140				
150				
160				
170				
180				

注：特殊形式和其他规格可不受本表限制。

6. 泥压子（QB/T 2212.3—2011）

泥压子是用于灰面整平抹光的工具，其外形及主要技术参数见表10-13。

表 10-13　泥压子的外形及主要技术参数　（单位：mm）

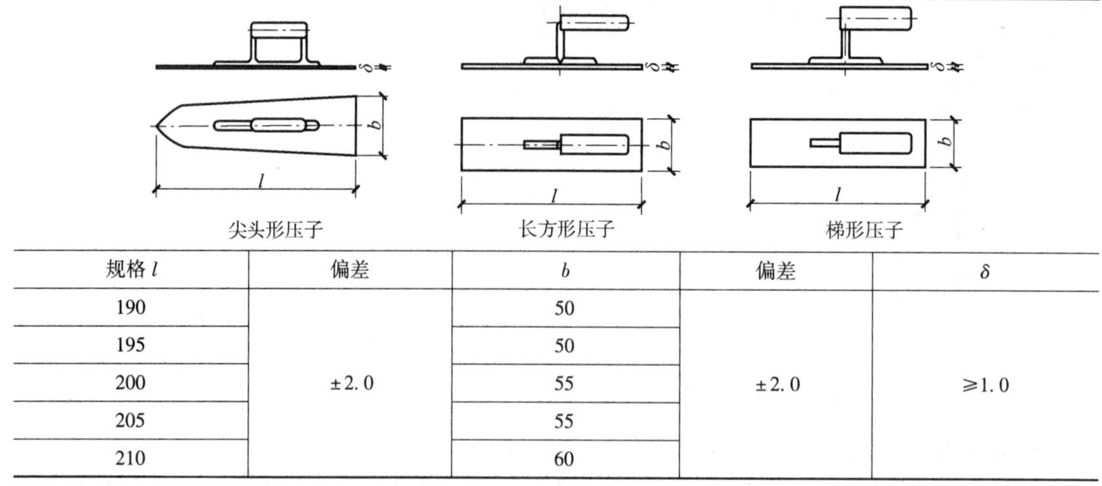

规格 l	偏差	b	偏差	δ
190	±2.0	50	±2.0	≥1.0
195		50		
200		55		
205		55		
210		60		

注：特殊形式和其他规格可不受本表限制。

7. 分格器（QB/T 2212.7—2011）

分格器是用于地面、墙面抹灰时分格用的工具，其外形及主要技术参数见表 10-14。

表 10-14　分格器的外形及主要技术参数　（单位：mm）

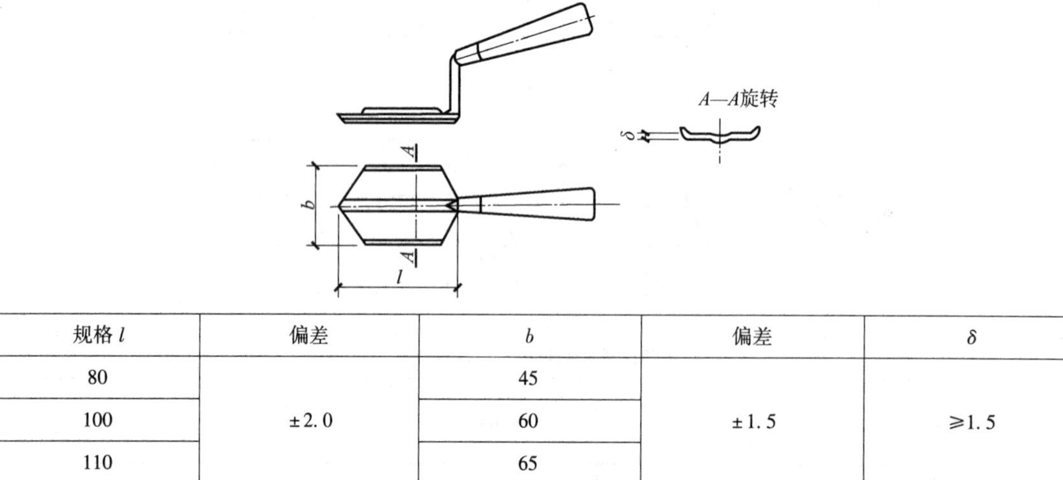

规格 l	偏差	b	偏差	δ
80	±2.0	45	±1.5	≥1.5
100		60		
110		65		

注：特殊形式和其他规格可不受本表限制。

8. 缝溜子（QB/T 2212.7—2011）

缝溜子是用于砌筑操作时溜光外砖墙灰缝的工具，其外形及主要技术参数见表 10-15。

表 10-15　缝溜子的外形及主要技术参数　（单位：mm）

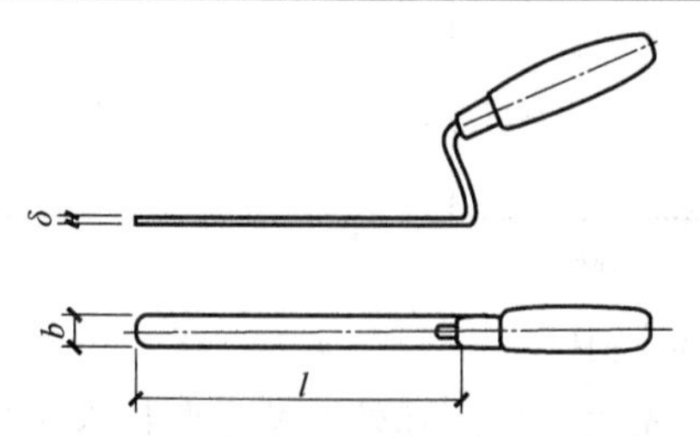

（续）

规格 l	偏差	b	偏差	δ
100	±1.5	10	±1.0	≥2.5
110				
120				
130				
140				
150				
160				

注：特殊形式和其他规格可不受本表限制。

9. 缝扎子（QB/T 2212.7—2011）

缝扎子是用于溜光外墙体灰缝的工具，其外形及主要技术参数见表 10-16。

表 10-16　缝扎子的外形及主要技术参数　　（单位：mm）

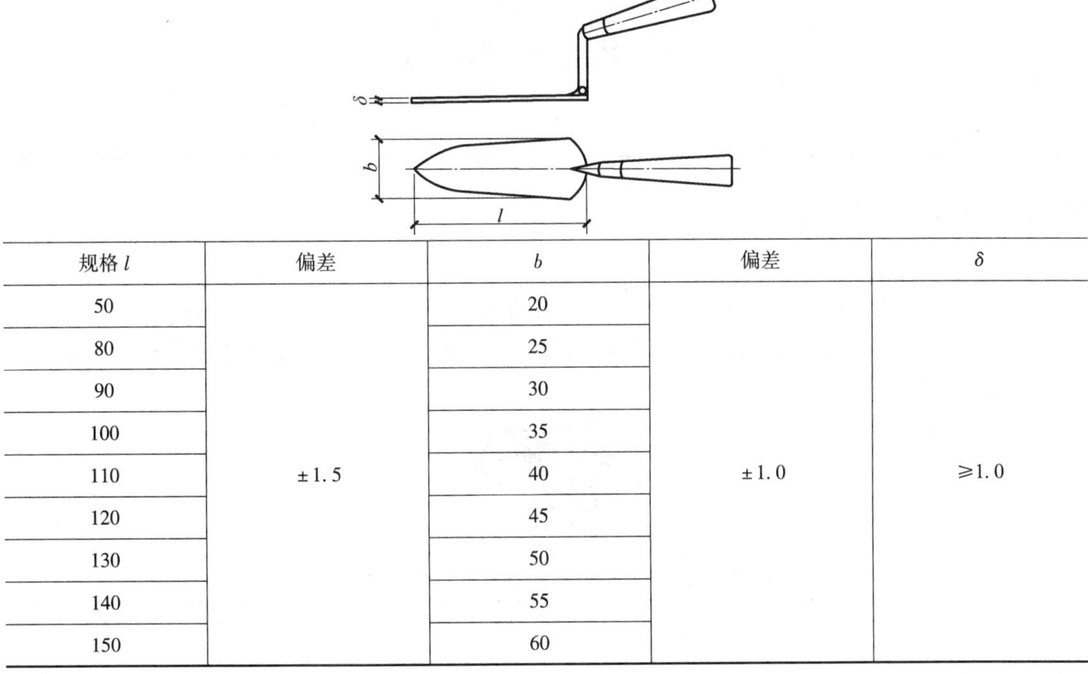

规格 l	偏差	b	偏差	δ
50	±1.5	20	±1.0	≥1.0
80		25		
90		30		
100		35		
110		40		
120		45		
130		50		
140		55		
150		60		

注：特殊形式和其他规格可不受本表限制。

10. 线锤

线锤是用于建筑测量中检查墙体垂直平整或设备安装时水平垂直度的工具，其外形及主要技术参数见表 10-17。

表 10-17　线锤的外形及主要技术参数

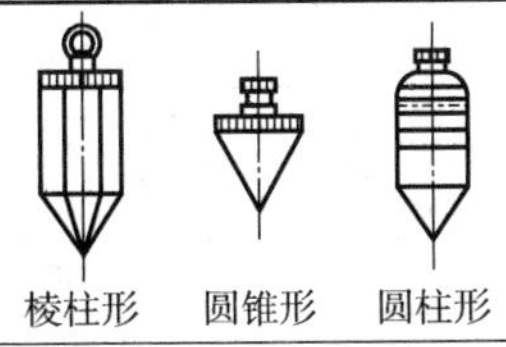

（续）

材料	质量/kg
铜质	0.0125、0.025、0.05、0.10、0.15、0.2、0.25、0.3、0.4、0.5、0.6、0.75、1、1.5
钢质	0.1、0.15、0.2、0.25、0.3、0.4、0.5、0.75、1、1.25、2、2.5

11. 瓷砖刀

瓷砖刀是在房屋装饰工程中用于划割瓷砖的工具，其外形及主要技术参数见表10-18。

表10-18 瓷砖刀的外形及主要技术参数

刀杆	由45钢制成
刀头	由YG6硬质合金制成

12. 铁水平

铁水平用于土木建筑中检查建筑物或在机械安装中检查设备的水平位置误差，其外形及主要技术参数见表10-19。

表10-19 铁水平的外形及主要技术参数

长度/mm	150	200、250、300、350、400、450、500、550、600
主水准刻度尺/(mm/m)	0.5	2

10.2.2 泥工电动工具

1. 混凝土振动器

混凝土振动器用于建筑工程施工中密实干硬和塑性混凝土的振捣。常用的有电动软轴行星插入式混凝土振动器与电动机内装插入式混凝土振动器。混凝土振动器的外形及主要技术参数见表10-20a、b。

表10-20a 电动软轴行星插入式混凝土振动器

项目	ZM25	ZM30	ZM35	ZM42	ZM50	ZM60	ZM70
	基本参数						
振动棒直径/mm	25	30	35	42	50	60	70
空载振动频率/Hz≥	230	215	200	183			
空载最大振幅/mm≥	0.5	0.6	0.8	0.9	1	1.1	1.2
电动机功率/kW	0.37			1.1 0.75		1.5	
混凝土坍落度为3～4mm时生产率/(m^3/h)≥	2.5	3.5	5	7.5	10	15	20
振动棒质量/kg≤	1.5	2.5	3.0	4.2	5.0	6.5	8.0
软轴直径/mm	8		10		13		
软管外径/mm	24		30		36		

（续）

项目		ZM25	ZM30	ZM35	ZM42	ZM50	ZM60	ZM70
		基本参数						
接口尺寸/mm	电动机与软管连接头	40			48			
	防逆套（转子轴）内孔与软轴插头	8			12			
	机头端面与防逆套端面距离	4						

表 10-20b　电动机内装插入式混凝土振动器

项目		型号						
		ZDN42	ZDN50	ZDN60	ZDN85	ZDN100	ZDN125	ZDN150
振动棒直径/mm		42	50	60	85	100	125	150
振动频率名义值/Hz		200			150		125	
空载最大振幅/mm≥		0.9	1	1.1	1.2		1.6	
混凝土坍落度为 3～4mm 时生产率/(m^3/h) ≥		7.0	10	15	35	50	70	120
振动棒质量/kg≤		5	7	8	17	22	35	90
电动机	额定电压/V	42						
	额定输出功率/kW	0.37	0.55	0.75	1.1	1.5	2.2	4
电缆线	截面面积/mm^2	2.5		4	6		10	
	长度/m	30			50		机械操作自定	

注：1. 电动机电压可以采用其他电压等级，但安全要求应符合相应安全标准。

2. 振动棒质量不包括软管接头（和电缆线）。

3. 振幅为全振幅的一半。

2. 手持式振动抹光机

手持式振动抹光机是专供振实、抹光混凝土表层的便携式电动工具，适用于混凝土地面施工。如狭窄场所通道、室内外地面及一般混凝土薄壁构件的光面，其外形及主要技术参数见表 10-21。

表 10-21　手持式振动抹光机的外形及主要技术参数

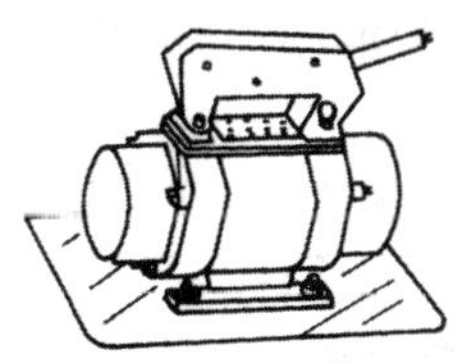

型号	功率/W	振动频率/Hz	激振力调节范围/kN	振幅/mm	净重/kg
ZW2	120	2800	120～170	2～3	7
ZW07	90	3000	150～740	0.3～1.3	5.5
ZW07B-2	90	2800	76.9	0.3～1.3	5.5

3. 瓷砖切割机

瓷砖切割机用于切割瓷砖、地板砖、玻璃等，其外形及主要技术参数见表 10-22。

表 10-22 瓷砖切割机的外形及主要技术参数

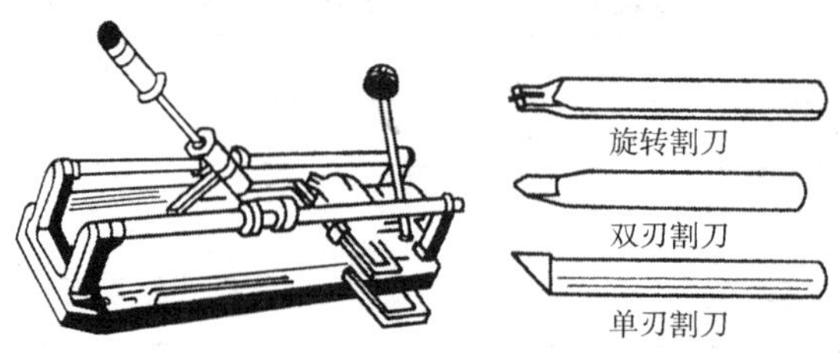

最大切割长度/mm	最大切割厚度/mm	质量/kg
36	12	6.5
切割刀具	ϕ5mm 旋转割刀：切割瓷砖、玻璃 硬质合金单刃割刀：切割瓷砖、铺地细砖	

4. 墙地砖切割机

（1）墙地砖切割机　墙地砖切割机用于切割墙砖、地砖、陶瓷板、玻璃装饰砖等，其外形及主要技术参数见表 10-23。

表 10-23 墙地砖切割机的外形及主要技术参数

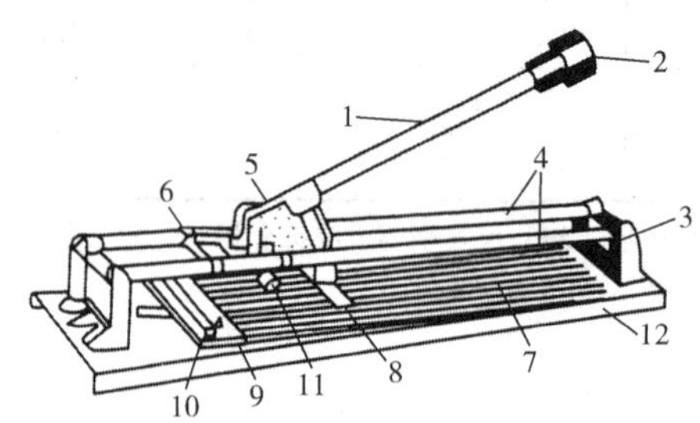

1—手柄　2—手球　3—支架　4—导轨　5—刀座
6—滑体　7—橡皮　8—压板　9—刻度表　10—角尺　11—刀片　12—底盘

切割厚度/mm	切割宽度/mm	质量/kg
5 ~ 12	300 ~ 400	6.5

（2）QA-300 型墙地砖切割机　QA-300 型墙地砖切割机用于切割墙砖、地砖等，其外形及主要技术参数见表 10-24。

表 10-24 QA-300 型墙地砖切割机的外形及主要技术参数

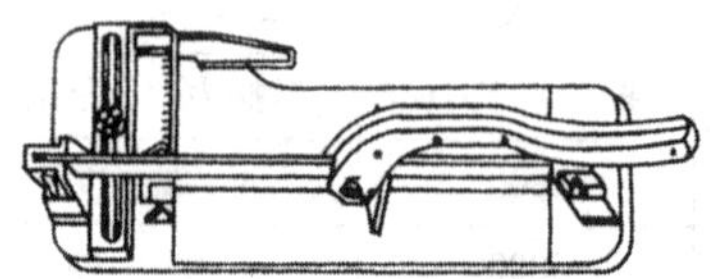

切割厚度/mm	切割宽度/mm	刀片使用寿命/m
300	5 ~ 10	累计 1000 ~ 2000

5. 手持式混凝土切割机

手持式混凝土切割机用于对混凝土及其结构件的切割，也可以切割大理石、耐火砖、陶瓷等硬脆性材料，其外形及主要技术参数见表 10-25。

表 10-25　手持式混凝土切割机的外形及主要技术参数

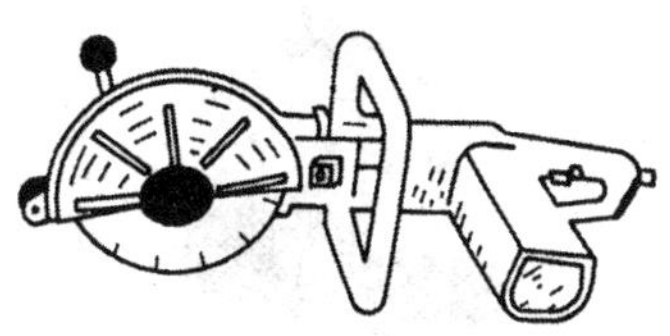

型号	刀片转速/(r/min)	切割深度/mm	外形尺寸/mm	净重/kg
ZIHQ-250	2100	70	878 × 292 × 300	13

6. 混凝土钻孔机

混凝土钻孔机用于混凝土墙壁及楼板、砖墙、瓷砖、岩石、玻璃等硬脆性非金属材料的钻孔，其外形及主要技术参数见表 10-26。

表 10-26　混凝土钻孔机的外形及主要技术参数

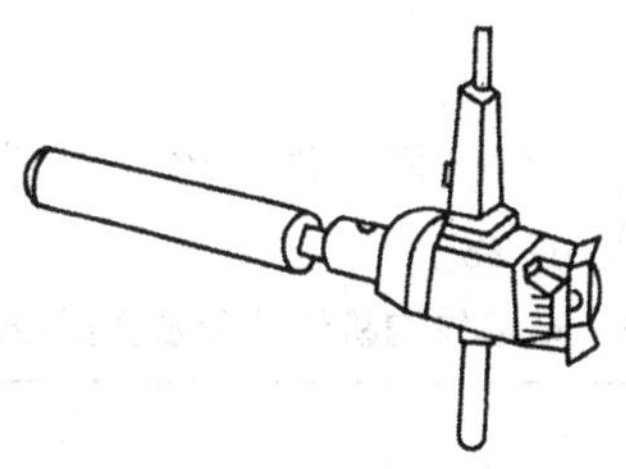

型号	钻孔直径/mm	最大钻孔深度/mm	转速/(r/min)	净重/kg	生产厂家
HZ-100	37.5 ~ 118	370	850	103	天津建筑仪器厂
HZ-100	30 ~ 100	500	875	105	沈阳建筑施工机械厂
ZIZS-100①	< 100	300	710 ~ 2200	85	沈阳电动工具厂
ZIJZ-80	10 ~ 80	350	600 ~ 1500	50	沈阳第二微电机厂
HZ_1-100	< 107	250	900	12	济南钢铁厂
HZ_1-200	< 280	500	450 ~ 900	28	
ZIZ-36	< 36	400	1500	—	青海电动工具厂
ZIZ-56	< 56	400	1200	—	
ZIZ-110	< 110	400	900	—	

①表示双层绝缘。

7. 混凝土开槽机

混凝土开槽机用于混凝土墙面、砖墙、水泥制品、轻质材料上机械开槽埋设暗管、暗线或切割大理石、地板砖等，其外形及主要技术参数见表 10-27。

表 10-27 混凝土开槽机的外形及主要技术参数

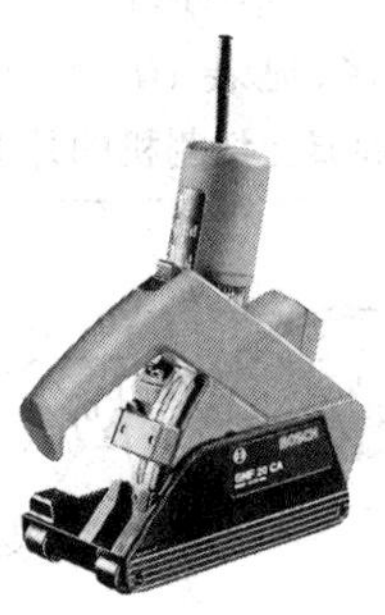

型号	开槽深度/mm	开槽宽度/mm	输入功率/W	额定转速/(r/min)	工作方式	质量/kg	生产厂
SKH-5	20~50（可调）	30~50（可调）	2000	3800	平切、湿切	10	天津工具厂
SKH-25A	0~25（可调）	25	2000	3100	平切、湿切	8	
CNF20CA	0~20	3~23	900	9300	平切、湿切	28	

注：单相串励电动机驱动，电源电压为220V，软电缆长度为2.5m。

8. 砖墙铣沟机

砖墙铣沟机配用硬质合金铣刀，对砖墙、泥夹墙、石膏和木材等材料表面进行铣切沟槽作业，其外形及主要技术参数见表10-28。

表 10-28 砖墙铣沟机的外形及主要技术参数

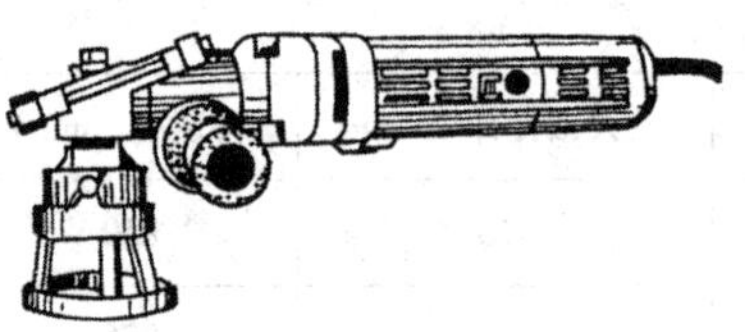

型号	输入功率/W	负载转速/(r/min)	额定转矩/(N·m)	铣沟能力/mm≤	质量/kg
ZIR-16	400	800	2	20×16	3.1

9. 角向磨光机

角向磨光机配用金刚石片砂轮，可切割砖石；配用专用砂轮可磨玻璃。用纤维增强钹形砂轮修磨金属件、切割型材、焊前开坡口、清除毛刺与飞边，其外形及主要技术参数见表10-29。

表 10-29 角向磨光机的外形及主要技术参数

（续）

型号	砂轮片直径/mm	空载转速/(r/min)	输入功率/W	质量/kg
WS122N（AG125）	125	10000	710	1.6
2808	100	11000	600	1.5
2810	180	7700	2000	4.9
2817	125	11000	850	1.6
D28110	100	10000	680	1.8
DW830	150	10000	1400	2.6
GWS5-100	100	11000	580	1.4
GWS8-125CE	125	2800～10000	850	1.5
W6-100	100	11000	650	1.5
W14-150Ergo	150	10000	1400	2.8
ZC8100	100	11000	860	1.9
ZC8180	180	8500	2300	4.8
SIM-ZPI-100/118/125	100/115/125	11000	500/600	—
SIM-ZPI-10-180/230	180/230	8000	2300	—
09-10　SIM-WH-100	100	10500	480	—
6125-01　SIM-WH-125A	125	7000	780	—
100-02　ZIM-WHL-100	100	10500	540	—

10. 地板磨光机

地板磨光机是用于地板磨平、抛光、旧地板去漆翻新、水泥地面打毛磨平的设备，其外形及主要技术参数见表10-30。

表10-30　地板磨光机的外形及主要技术参数

型号	适配电源		功率/kW	滚筒宽度/mm	备注
	电压/V	频率/Hz			
SD300A	220	50	2.2	300	均带有吸尘袋
SD300B	380	50	3		
SD300C	110	50	2.2		

11. 水磨石机

水磨石机配用碳化硅砂轮，是用于大面积水磨石面、台阶磨光的设备。分为单盘、双盘两种，若盘中加入一定量的人造金刚石，使磨盘更加坚固耐用，也称为金刚石水磨石机，其外形及主要技术参数见表10-31。

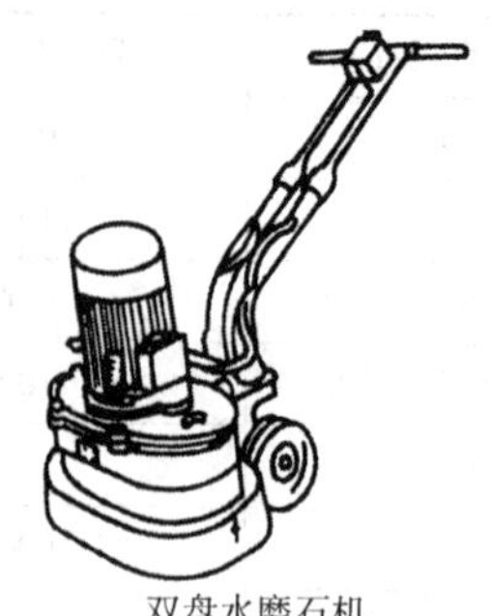

双盘水磨石机

表10-31a 单盘水磨石机

型号	磨盘直径/mm	磨盘转速/(r/min)	砂轮规格尺寸/mm	电动机功率/kW	湿磨生产率/(m^2/h)	质量/kg
SHM-Ⅰ	—	279	—	3	3.5~4.5	160
SF-D	—	282	75×75	2.3	3.5~4.5	150
SMS-Ⅰ	—	360	75×75	2.2	4	—
MS200	200	375	50×65	0.37	4	40
MS340A	340	373	75×75	2.2	6	110
MS1-200	200	350	45×65	0.37	4	40
SM3-340	340	375	75×75	2.2	6	110
MD-350	350	320	75×75	1.5	3.5~4.5	150
MD340	340	340	75×75	1.5	3.5~4.5	—
HM4	—	280	75×75	2.5	4.5	155
HM-4	—	294	75×75	2.2	4.5	160
HM4	—	294	75×75	2.2	3.5~4.5	160
HM4	—	284	75×75	—	3.5~4.5	155

表10-31b 双盘水磨石机

型号	磨盘直径/mm	磨盘转速/(r/min)	砂轮规格尺寸/mm	电动机功率/kW	湿磨生产率/(m^2/h)	质量/kg
SF-S	—	345	75×75	4	10	210
SFS-2	—	360	75×75	2.2	—	194
2MD-340	340×2	286	75×75	3	12~16	—
HM-15	360×2	340	75×75	4	10~15	210
SM2-1	360×2	340	—	4	14~15	210
HM-2	360×2	340	—	4	14~15	210
2MD-300	300×2	392	75×75	3	7~10	180
MS-2	—	340	75×75	4	14~15	210
SM2-B	360×2	336	75×75	4	14~15	280
2MS-B	—	280	—	3	7~9	270
MS2-2	350×2	310	—	3	6~8	210

表 10-31c　金刚石水磨石机

型号	磨盘直径/mm	磨盘转速/(r/min)	磨削效率/(m^2/h)	电动机功率/kW	质量/kg
SM240	240	2800	粗磨 12～14 细磨 30	2.2	66
SM240	240	2000	粗磨 10～14 细磨 25～35	3	95
JMD350	350	1800	粗磨 28 细磨 65	4	150
DMS240A	240	1755	粗磨 8～12 细磨 25～35	2.2	80
JSM240	240	1800	粗磨 8～12	2.2	92
SM340	340	1450	6～7.5	3	160
HMJ10-1	240	1450	10～15	3	100
JM-20	245	2000	粗磨 6～12 细磨 22～32	3	90
DMS300	300	1420	15～20	3	100

12. 电动湿式磨光机（JB/T 5333—2013）

电动湿式磨光机是用于水磨石板、混凝土表面注水磨削的设备，其外形及主要技术参数见表 10-32。

表 10-32　电动湿式磨光机的外形及主要技术参数

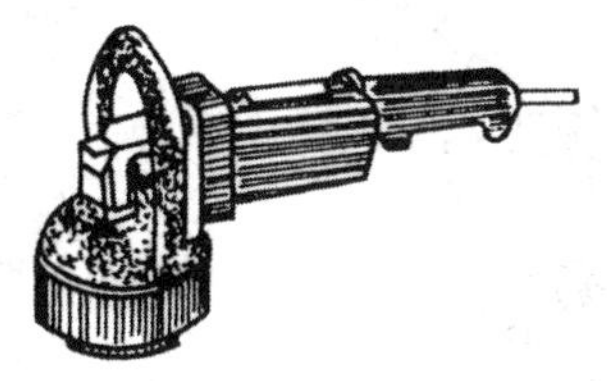

规格/mm		额定输出功率/W	额定转矩/(N·m)	最高空载转速/(r/min)	
				陶瓷结合剂	树脂结合剂
80	A	≥200	≥0.4	≤7150	≤8350
	B	≥250	≥1.1	≤7150	≤8350
100	A	≥340	≥1	≤5700	≤6600
	B	≥500	≥2.4	≤5700	≤6600
125	A	≥450	≥1.5	≤4500	≤5300
	B	≥500	≥2.5	≤4500	≤5300
150	A	≥850	≥5.2	≤3800	≤4400
	B	≥1000	≥6.1	≤3800	≤4400

注：A——标准型，B——重型。

13. 电动石材切割机

电动石材切割机配用金刚石切割片，用于切割花岗石、大理石、云石、瓷砖等脆性材料，其外形及主要技术参数见表 10-33。

表 10-33　电动石材切割机的外形及主要技术参数

型号	切削片尺寸/mm 外径×内径	额定输出功率/W	额定转矩/(N·m)	最大切割深度/mm	质量/kg
ZIE-110C	110×20	≥200	≥0.3	≥20	2.6
ZIE-110	110×20	≥450	≥0.5	≥30	2.7
ZIE-125	125×20	≥450	≥0.7	≥40	3.2
ZIE-150	125×20	≥550	≥1.0	≥50	3.3
ZIE-180	180×25	≥550	≥1.6	≥60	6.8
ZIE-200	200×25	≥650	≥2.0	≥70	—
ZIE-250	250×25	≥730	≥2.8	≥75	9.0

14. 型材切割机（JG/T 9608—1999）

型材切割机是用于切割圆形或异型钢管的设备，其外形及主要技术参数见表 10-34。

表 10-34　型材切割机的外形及主要技术参数

可移式型材切割机

箱座式型材切割机

型号	切片直径/mm	切片中心孔直径/mm	输入功率/kW	空载速度/(r/min)	电压/V	切割直径/mm	质量/kg
JIG-FF02-355	355	25.4	1.8	3800	220	—	16
GS23-355	355		2.3	4000	220	—	17
J3G-SL2-400	400	3.2	2.2	2840	380	—	50
JIG-SL11-400	400			2800	220	—	55
01-355 JIG-WHL-355	355	—	2.3	4000	220	115	—
355-01 JIG-WHL-35	355	—	2.0	3800	220	115	—
355-04 JIG-WHL-35	355	—	2.8	3800	220	115	—

15. 斜切机

斜切机是用于切割金属管材、角钢、圆钢的设备，其外形及主要技术参数见表10-35。

表10-35 斜切机的外形及主要技术参数

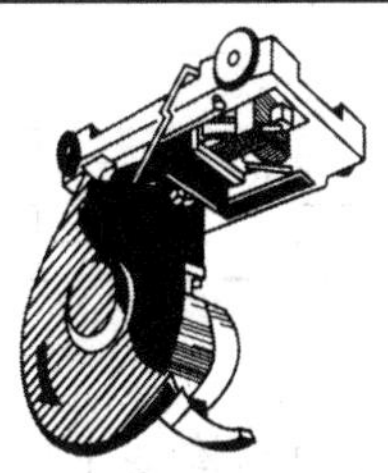

<table>
<tr><th rowspan="2">型号</th><th rowspan="2">输入功率
/W</th><th rowspan="2">锯片直径
/mm</th><th rowspan="2">空载转速
/(r/min)</th><th colspan="2">切割能力/mm</th><th rowspan="2">长度/mm</th><th rowspan="2">质量/kg</th></tr>
<tr><th>90°</th><th>45°</th></tr>
<tr><td>255-01
JIG-WHL-255</td><td>1680</td><td>255</td><td>4800</td><td>70×126</td><td>70×89</td><td>510</td><td>—</td></tr>
<tr><td>01-255
JIG-WHL-255</td><td>1850</td><td>255</td><td>5000</td><td>70×126</td><td>70×89</td><td>510</td><td>—</td></tr>
<tr><td>LS1013</td><td>1430</td><td rowspan="3">255～260</td><td>3700</td><td>91×310</td><td>91×215</td><td>760</td><td>21</td></tr>
<tr><td>LS1013N</td><td rowspan="3">1650</td><td rowspan="2">4600</td><td rowspan="2">90.5×95</td><td rowspan="2">90.5×67</td><td>476</td><td rowspan="2">11</td></tr>
<tr><td>LS1040</td><td>530</td></tr>
<tr><td>LS1212</td><td>305</td><td>3200</td><td>98×310</td><td>98×220</td><td>800</td><td>22</td></tr>
<tr><td>RSAP18LI
（充电式）</td><td>裸电池：
2.2Ah</td><td>165</td><td>2500</td><td>53.5</td><td>42</td><td>—</td><td>4.3</td></tr>
</table>

16. 钢筋切断机

钢筋切断机用于施工现场或混凝土预制构件工厂钢筋剪断工作，是建筑施工企业的常用设备，台式钢筋切断机也可以供其他行业作为圆钢、方钢的下料使用，其外形及主要技术参数见表10-36。

表10-36 钢筋切断机的外形及主要技术参数

GJ-40型钢筋切断机

<table>
<tr><th colspan="2">项目</th><th>QJ-40</th><th>GJ-40</th><th>GQ-40</th><th>DYT-40</th></tr>
<tr><td colspan="2">切断钢筋直径/mm</td><td>6～40</td><td>6～40</td><td>6～40</td><td>6～32</td></tr>
<tr><td colspan="2">冲切次数/次</td><td>32</td><td>32</td><td>40</td><td>—</td></tr>
<tr><td rowspan="3">电动机</td><td>型号</td><td>JO_2-51-4</td><td>JO_2-42-4</td><td>Y100L-2-B3</td><td>JO_2-32-4</td></tr>
<tr><td>功率/kW</td><td>7.5</td><td>5.5</td><td>3</td><td>—</td></tr>
<tr><td>转速/(r/min)</td><td>—</td><td>1440</td><td>2880</td><td>—</td></tr>
</table>

（续）

项目		QJ-40	GJ-40	GQ-40	DYT-40
液压泵额定压力/MPa		—	—	—	45
外形尺寸/mm	长	1770	1770	1485	—
	宽	650	695	548	—
	高	850	828	837	—
整机质量/kg		950	850	720	155

17. 钢筋弯曲机

钢筋弯曲机用于施工现场或混凝土预制构件工厂弯曲钢筋，是建筑施工企业的常用设备，其外形及主要技术参数见表10-37。

表10-37　钢筋弯曲机的外形及主要技术参数

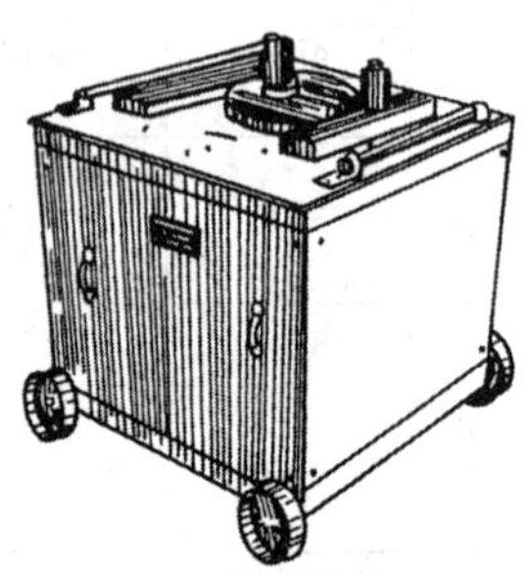

WJ40-1型钢筋弯曲机

项目		WJ40-1	GW6-40	GJB7-40
弯曲钢筋直径/mm		6～40	—	—
工作盘直径/mm		350	—	—
工作盘转速/(r/min)		3.7，7.2，14	—	—
电动机	型号	JO2-32-4	JO2-32-4	JO3-100L-4
	功率/kW	3	3	3
	转速/(r/min)	1430	1430	1430
外形尺寸/mm	长	774	912	912
	宽	898	780	780
	高	728	671	736
整机质量/kg		448	425	435

18. 锥形反转出料混凝土搅拌机

锥形反转出料混凝土搅拌机是用于建筑施工现场或混凝土预制构件工厂搅拌混凝土的设备，除了能拌制塑性混凝土以外，还能拌制低流动性混凝土，其外形及主要技术参数见表10-38。

表10-38　锥形反转出料混凝土搅拌机的外形及主要技术参数

（续）

项目	JZ-150	JZ200	JZ250	JZ350
出料容量/m^3	0.15	0.20	0.25	0.35
进料容量/L	240	300	400	560
生产率/(m^3/h)	4.5～6	6～7.5	7.5～10	11～13
搅拌筒转速/(r/min)	18.5	18.5	16	17.5
允许骨料粒径/mm	60	60	60	60
搅拌电动机功率/kW	3	4	4	5.5
提升电动机功率/kW	2.2	2.2	3	4
水泵型号	$1\frac{1}{2}$ WZ9.5	$1\frac{1}{2}$ WZ9.5	JZ7112	—
供水方式	时间继电器	时间继电器	水箱	定量水表
料斗提升速度/(r/min)	19.4	19.4	19	18
整机质量/kg	1500	1550	2110	2500

10.3　木工工具

10.3.1　木工常用工具

1. 木工锯条（QB/T 2094.1—2015）

木工锯条是安装在木制工字形锯架上，用于锯切木材的工具零件，其外形及主要技术参数见表10-39。

表10-39　木工锯条的外形及主要技术参数　　（单位：mm）

<table>
<tr><th rowspan="2">规格</th><th colspan="2">长度 l</th><th colspan="2">厚度 b</th><th colspan="2">宽度 a</th></tr>
<tr><th>基本尺寸</th><th>公差</th><th>基本尺寸</th><th>公差</th><th>基本尺寸</th><th>公差</th></tr>
<tr><td>400</td><td>400</td><td rowspan="16">±2</td><td rowspan="4">0.5</td><td rowspan="16">+0.02
-0.08</td><td rowspan="2">22
25</td><td rowspan="16">±1.0</td></tr>
<tr><td>450</td><td>450</td></tr>
<tr><td>500</td><td>500</td><td rowspan="2">25
32</td></tr>
<tr><td>550</td><td>550</td></tr>
<tr><td>600</td><td>600</td><td rowspan="2">0.6</td><td rowspan="2">32
38</td></tr>
<tr><td>650</td><td>650</td></tr>
<tr><td>700</td><td>700</td><td rowspan="5">0.7</td><td rowspan="5">38
44</td></tr>
<tr><td>750</td><td>750</td></tr>
<tr><td>800</td><td>800</td></tr>
<tr><td>850</td><td>850</td></tr>
<tr><td>900</td><td>900</td></tr>
<tr><td>950</td><td>950</td><td rowspan="5">0.8
0.9</td><td rowspan="5">44
50</td></tr>
<tr><td>1000</td><td>1000</td></tr>
<tr><td>1050</td><td>1050</td></tr>
<tr><td>1100</td><td>1100</td></tr>
<tr><td>1150</td><td>1150</td></tr>
</table>

注：特殊规格锯条的基本尺寸可不受本标准的限制。

2. 木工绕锯条（QB/T 2094.4—2015）

木工绕锯条是用于锯切木制品的圆弧、曲线、凹凸面专用的工具零件，其外形及主要技术参数见表 10-40。

表 10-40 木工绕锯条的外形及主要技术参数 （单位：mm）

	A型	B型
长度 L	400、450、500	500、600、650、750、800
宽度 b	10	
厚度 S	0.50	0.60、0.70

3. 手板锯（QB/T 2094.3—2015）

手板锯是用于锯切较宽幅或较薄的三合板等木材的工具，其外形及主要技术参数见表 10-41a ~ d。

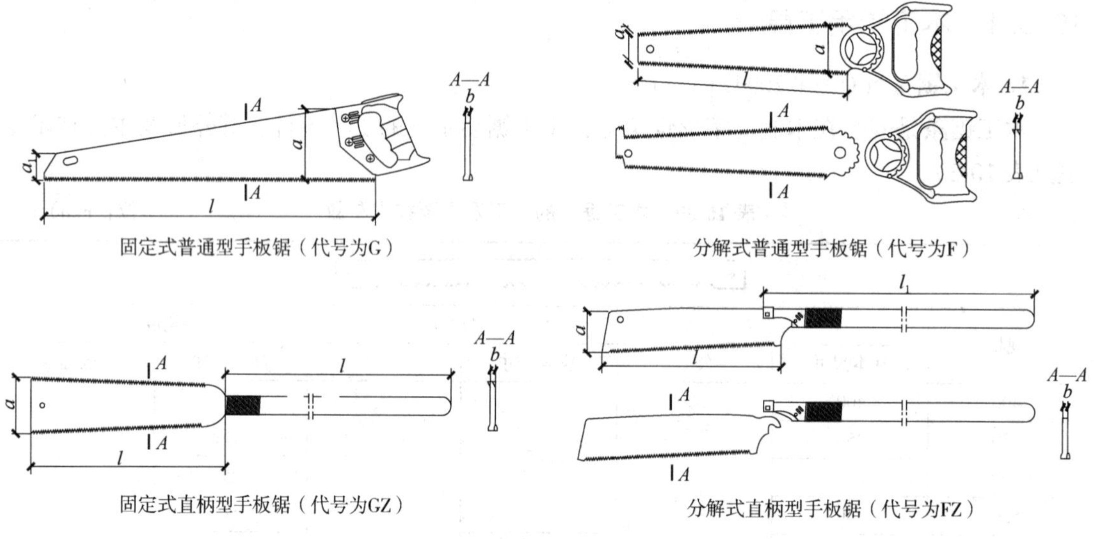

固定式普通型手板锯（代号为G） 分解式普通型手板锯（代号为F）

固定式直柄型手板锯（代号为GZ） 分解式直柄型手板锯（代号为FZ）

表 10-41a 固定式普通型手板锯的基本尺寸 （单位：mm）

<table>
<tr><th rowspan="2">规格</th><th colspan="2">长度 l</th><th colspan="2">锯片厚度 b</th><th rowspan="2">锯片大端宽 a</th><th rowspan="2">锯片小端宽 a_1</th></tr>
<tr><th>基本尺寸</th><th>公差</th><th>基本尺寸</th><th>公差</th></tr>
<tr><td>300</td><td>300</td><td rowspan="7">±2</td><td rowspan="3">0.80
0.85
0.90</td><td rowspan="7">+0.02
-0.08</td><td rowspan="7">90 ~ 130</td><td rowspan="7">25 ~ 50</td></tr>
<tr><td>350</td><td>350</td></tr>
<tr><td>400</td><td>400</td></tr>
<tr><td>450</td><td>450</td><td rowspan="4">0.85
0.90
0.95
1.00</td></tr>
<tr><td>500</td><td>500</td></tr>
<tr><td>550</td><td>550</td></tr>
<tr><td>600</td><td>600</td></tr>
</table>

表10-41b　固定式直柄型手板锯的基本尺寸　（单位：mm）

规格	长度 l		锯片厚度 b		锯片大端宽 a	直柄长度 l_1
	基本尺寸	公差	基本尺寸	公差		
300	300	±2	0.8 0.9	+0.02 -0.08	80～100	300～500
350	350					
400	400					
450	450					

表10-41c　分解式普通型手板锯的基本尺寸　（单位：mm）

规格	长度 l		锯片厚度 b		锯片大端宽 a	锯片小端宽 a_1
	基本尺寸	公差	基本尺寸	公差		
300	300	±2	0.80 0.85 0.90	+0.02 -0.08	50～100	25～50
350	350					
400	400					
450	450					

表10-41d　分解式直柄型手板锯的基本尺寸　（单位：mm）

规格	长度 l		锯片厚度 b		锯片大端宽 a	直柄长度 l_1
	基本尺寸	公差	基本尺寸	公差		
265	265	±2	0.6 0.8	+0.02 -0.08	50～80	300～500
300	300					
350	350					

4. 杠圆锯片（GB/T 13573—1992）

杠圆锯片是安装在木工锯床或手持电锯上，由电动机驱动高速旋转锯片，用于纵向或横向锯切木材或木条的设备零件，其外形及主要技术参数见表10-42。

表10-42　杠圆锯片的外形及主要技术参数　（单位：mm）

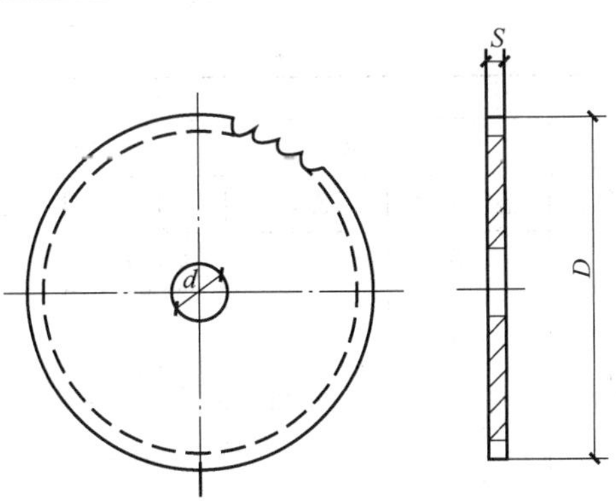

（续）

外径 D		孔径 d		厚度 S						齿数（个）
基本尺寸	极限偏差	基本尺寸	极限偏差	1	2	3	4	5	极限偏差	
160	±1.5	20（30）	H11（H9）	0.8	1.0	1.2	1.6	—	±0.05	80 或 100
（180）		30或60		0.8	1.0	1.2	1.6	2.0		
200	±2.0			0.8	1.0	1.2	1.6	2.0		
（225）				0.8	1.0	1.2	1.6	2.0		
250				0.8	1.0	1.2	1.6	2.0		
（280）				0.8	1.0	1.2	1.6	2.0		
315				1.0	1.2	1.6	2.0	2.5	±0.07	
（355）				1.0	1.2	1.6	2.0	2.5		
400		30或85		1.0	1.2	1.6	2.0	2.5		
（450）	±3.0			1.2	1.6	2.0	2.5	3.2		
500				1.2	1.6	2.0	2.5	3.2	±0.10	
（560）				1.2	1.6	2.0	2.5	3.2		
630				1.6	2.0	2.5	3.2	4.0		
（710）		40或（50）		1.6	2.0	2.5	3.2	4.0		
800	±4.0			1.6	2.0	2.5	3.2	4.0		
（900）				2.0	2.5	3.2	4.0	5.0		
1000				2.0	2.5	3.2	4.0	5.0		
1250	±5.0	60		—	3.2	3.6	4.0	5.0	±0.30	
1600				—	3.2	4.5	5.0	6.0		
2000				—	3.6	5.0	7	—		

5. 伐木锯（QB/T 2094.2—2015）

伐木锯是装上木手柄，由两人推拉，用于锯切圆木或成材等大料木材的工具，其外形及主要技术参数见表10-43。

表10-43　伐木锯的外形及主要技术参数　（单位：mm）

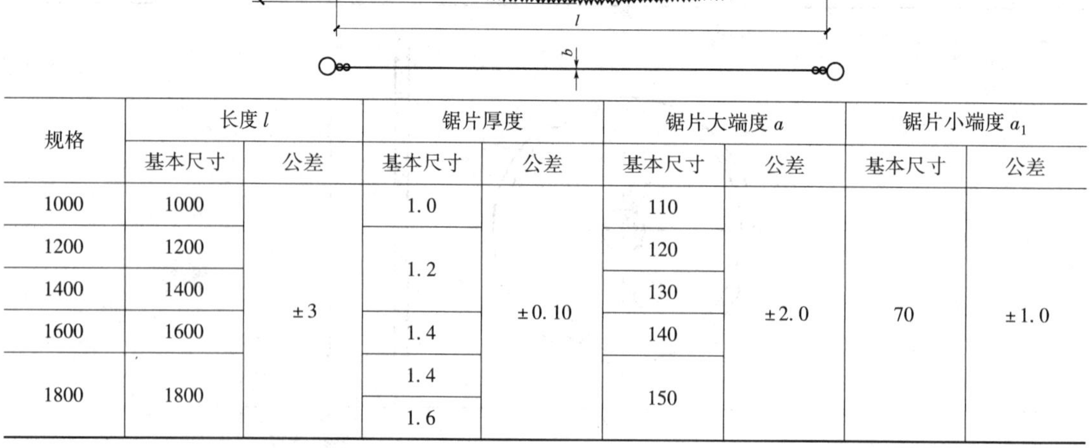

规格	长度 l		锯片厚度		锯片大端度 a		锯片小端度 a_1	
	基本尺寸	公差	基本尺寸	公差	基本尺寸	公差	基本尺寸	公差
1000	1000	±3	1.0	±0.10	110	±2.0	70	±1.0
1200	1200		1.2		120			
1400	1400				130			
1600	1600		1.4		140			
1800	1800		1.4		150			
			1.6					

注：特殊规格锯片的基本尺寸可不受本标准的限制。

6. 带锯条（JB/T 8087—1999）

带锯条为带锯机设备上重要部件，用于锯切大型圆木，其外形及主要技术参数见表10-44。

表10-44　带锯条的外形及主要技术参数　　（单位：mm）

宽度 b 基本尺寸	宽度 b 极限偏差	厚度	最小长度 l
6.3	±10	0.4，0.5	7500
10		0.4，0.5，0.6	
12.5		0.4，0.5，0.6	
16		0.4，0.5，0.6	
20		0.4，0.5，0.6，0.7	
25		0.4，0.5，0.6，0.7	
32		0.4，0.5，0.6，0.7	
40		0.6，0.7，0.8	
50		0.6，0.7，0.8，0.9	
63		0.6，0.7，0.8，0.9	
75	+1.0 −2.0	0.7，0.8，0.9	
90		0.8，0.9，0.95	
100		0.8，0.9，0.95，1.00	8500
125		0.9，0.95，1.00，1.10	
150		0.95，1.00，1.10，1.25，1.30	
180		1.25，1.30，1.40	12500
200		1.30，1.40	

7. 夹背锯（QB/T 2094.6—2015）

夹背锯是用于锯切贵重木材或锯切精细工件上凹槽的工具，其外形及主要技术参数见表10-45。

表10-45　夹背锯的外形及主要技术参数　　（单位：mm）

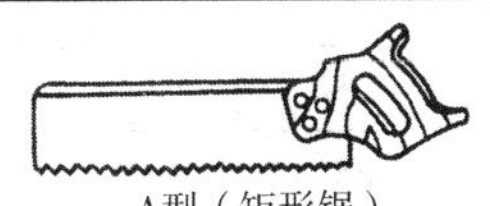
A型（矩形锯）

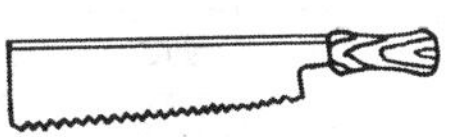
B型（梯形锯）

规格	长度	宽度 A型	宽度 B型	厚度
250	250	80～100	70～100	0.8
300	300			
350	350			

8. 鸡尾锯（QB/T 2094.5—2015）

鸡尾锯是用于锯切狭小孔槽或体积较小件等木材的工具，其外形及主要技术参数见表 10-46。

表 10-46　鸡尾锯的外形及主要技术参数　（单位：mm）

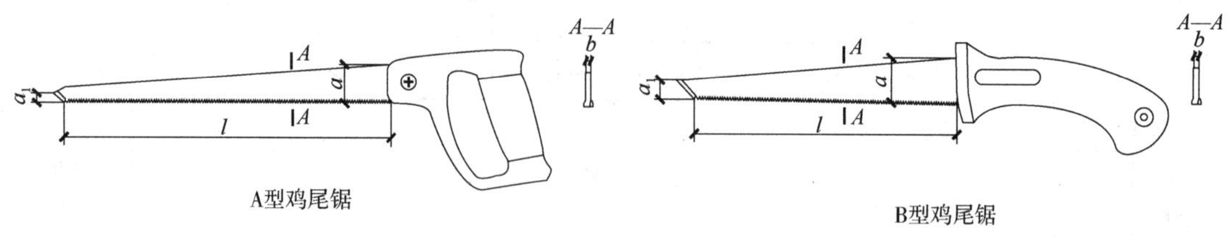

A型鸡尾锯　　B型鸡尾锯

A 型鸡尾锯的基本尺寸

规格	长度 l		锯片密度 b		锯片大端宽 a	锯片小端宽 a_1
	基本尺寸	公差	基本尺寸	公差		
250	250	±2	0.85 0.90 1.00 1.20	+0.02 -0.08	25～40	5～10
300	300					
350	350					
400	400					

B 型鸡尾锯的基本尺寸

规格	长度 l		锯片厚度 b		锯片大端宽 a	锯片小端宽 a_1
	基本尺寸	公差	基本尺寸	公差		
125	125	±2	1.2 1.5 2.0 2.5	+0.02 -0.08	20～30	6～12
150	150					
175	175					
200	200					

9. 双刃刀锯

双刃刀锯用于锯割木材面比较宽的木材及胶合板等，其外形及主要技术参数见表 10-47。

表 10-47　双刃刀锯的外形及主要技术参数　（单位：mm）

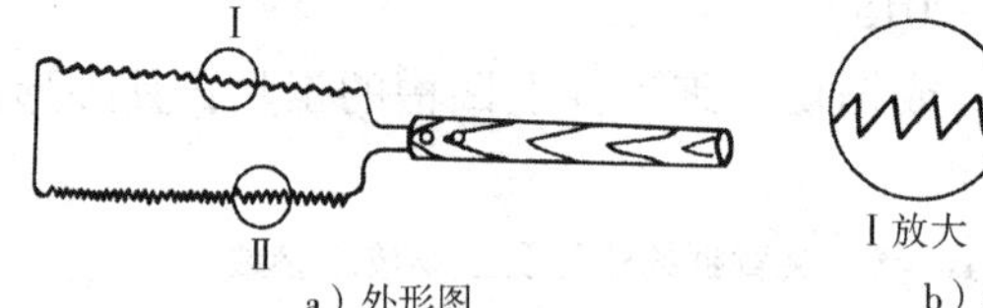

a）外形图　　b）刃部放大图

长度	宽度	厚度	长度	宽度	厚度
225	100	0.85	400	140	1.1
250	110	0.85	450	150	1.25
300	120	0.90	500	160	1.40
350	130	1.05	—	—	—

10. 木工手用刨刀（QB/T 2082—2017）

木工手用刨刀是用于手工刨削各种木材平面用的工具，其外形及主要技术参数见表 10-48。

表 10-48　木工手用刨刀的外形及主要技术参数　（单位：mm）

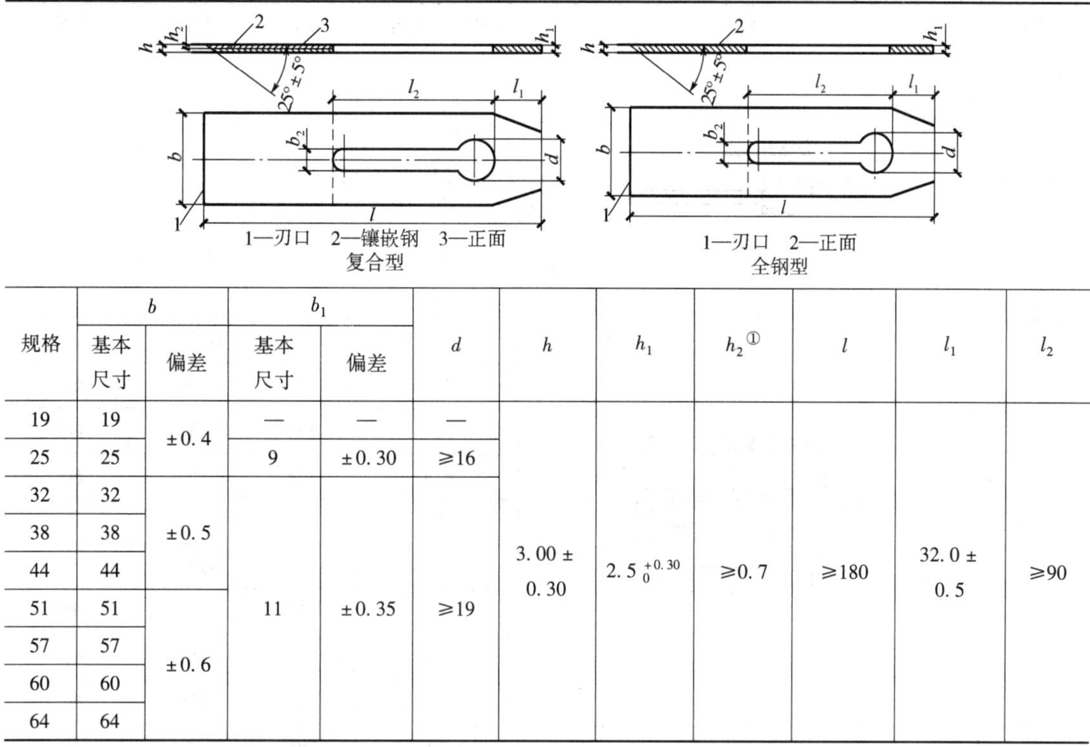

规格	b 基本尺寸	b 偏差	b_1 基本尺寸	b_1 偏差	d	h	h_1	$h_2$①	l	l_1	l_2
19	19	±0.4	—	—	—	3.00±0.30	$2.5^{+0.30}_{0}$	≥0.7	≥180	32.0±0.5	≥90
25	25		9	±0.30	≥16						
32	32	±0.5	11	±0.35	≥19						
38	38										
44	44										
51	51	±0.6									
57	57										
60	60										
64	64										

①h_2 为镶嵌钢厚度，应在与本体分离后测量。

11. 木工机用异型刨刀

木工机用异型刨刀的结构多种，如拉刨刀、斜刃刨刀、扳刨刀、槽刨刀、圆线刨刀、套刨刀、曲面刨刀、菱形刨刀及修光刀等，其外形及主要技术参数见表 10-49。

表 10-49　木工机用异型刨刀的外形及主要技术参数　（单位：mm）

名称	外形	宽度 B（规格）	长度 L	厚度 H	镶钢长度
木工手用拉刨刀	$L\pm2$　$B\pm0.5$	38	80	—	50
		44	100		60
		51	105		65
		57	110		70
		62	115		70
		64	120		70
		68	125		70
		70	130		70
斜刃刨刀	$L\pm2$　$B\pm0.5$	38	96	$\theta=20°$	50
		44	108		55
		51	115		60
		57	120		60
		62	125		65
		64	125		65
		68	130		65
		70	130		65

（续）

名称	外形	宽度 B（规格）	长度 L	厚度 H	镶钢长度
板刨刀		13	—	—	—
		16			
		19			
		22			
		25			
		32			
槽刨刀			A 型长	B 型长	
		3. 2	124	150	60
		5	124	150	60
		6. 5	124	150	60
		8	124	150	60
		9. 5	124	150	60
		13	124	150	60
		16	124	150	60
		19	124	150	60
铁柄刨刀		40	40	2	7
		42	42	2	7
		44	43	2	7
		45	45	2	7
		50	50	2	7
		52	52	2	7
		54	58	2	7

12. 绕刨

绕刨是用于加工木材曲面用的刨刀，其外形及主要技术参数见表 10-50。

表 10-50　绕刨的外形及主要技术参数　（单位：mm）

刨刀刃宽	刨刀长度	刨刀厚度
40、42、43、44、45、50、51、52、54	40、42、43、45、50、52、54	2

13. 木工机用直刃刨刀（JB/T 3377—2018）

木工机用直刃刨刀用于刨削木材平面，其结构分为三种形式：Ⅰ型薄刨刀；Ⅱ型双金属薄刨刀；Ⅲ型带紧固槽的双金属厚刨刀，其外形及主要技术参数见表 10-51。

表 10-51　木工机用直刃刨刀的外形及主要技术参数　　（单位：mm）

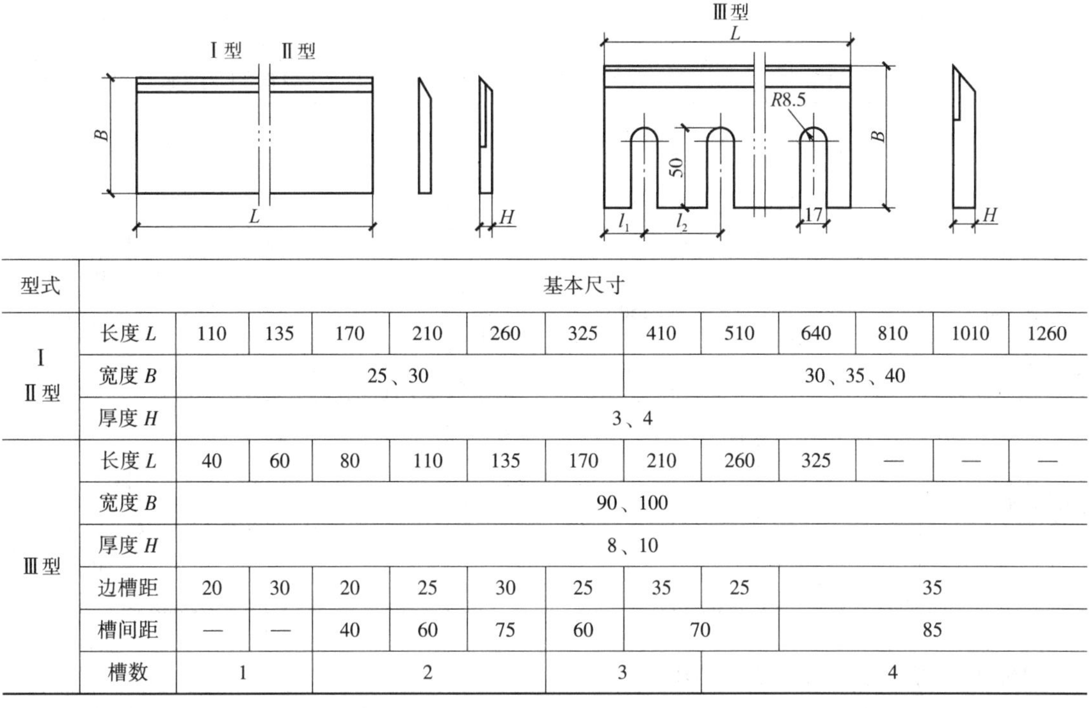

型式		基本尺寸											
Ⅰ Ⅱ型	长度 L	110	135	170	210	260	325	410	510	640	810	1010	1260
	宽度 B	25、30						30、35、40					
	厚度 H	3、4											
Ⅲ型	长度 L	40	60	80	110	135	170	210	260	325	—	—	—
	宽度 B	90、100											
	厚度 H	8、10											
	边槽距	20	30	20	25	30	25	35	25	35			
	槽间距	—	—	40	60	75	60	70		85			
	槽数	1		2			3		4				

14. 木工钻

木工钻用于钻削木材的孔。长柄木工钻要安装木柄当执手，用于手工操作；短柄木工钻安装于弓摇钻或其他机械上进行操作，其外形及主要技术参数见表 10-52。

表 10-52　木工钻的外形及主要技术参数　　（单位：mm）

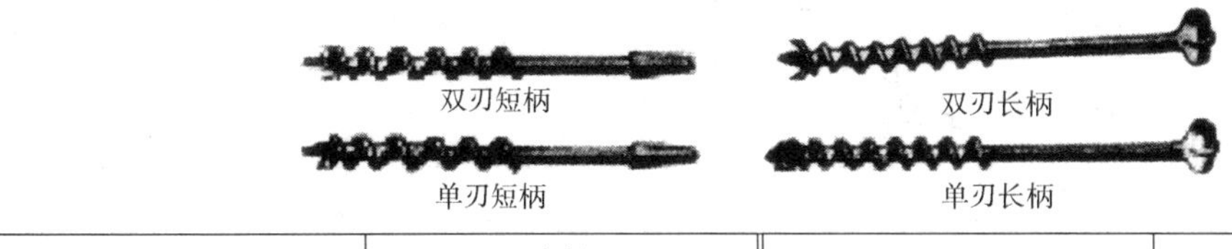

钻头直径	全长		钻头直径	全长	
	短柄	长柄		短柄	长柄
5	150	250	14、16、19、20	230	500
6、6.5、8	170	380	22、24、25、28、30	250	560
9.5、10、11、12、13	200	420	32、38	280	610

15. 木工方凿钻（JB/T 3872—2010）

木工方凿钻是装置于木工机床上，用于钻凿木制品的榫槽（方孔）工具，其外形及主要技术参数见表 10-53。

表 10-53　木工方凿钻的外形及主要技术参数　　（单位：mm）

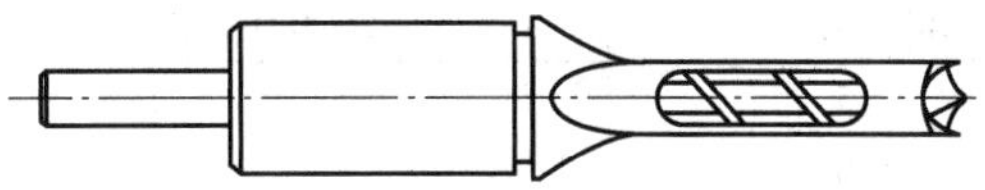

（续）

方凿钻	空心凿刀								钻头							
规格	A		D		L_1		L		d		d_1		l_1		l	
	尺寸	偏差	尺寸	偏差	尺寸	偏差	尺寸	偏差	尺寸	偏差	尺寸	偏差	尺寸	偏差	尺寸	偏差
6.3	6	+0.10 0	19	0 -0.052	40	±1.25	100～150	±1.25	6	0 -0.09	7～10	0 -0.15	50～80	±1.2	160～250	±1.85
8	8								7.8							
9.5	9.5								9.2							
10	10								9.8							
11	11								10.8	0 -0.11						
12	12								11.8							
12.5	12.5								12.3							
14	14								13.8		11～16	0 -0.18				
16	16								15.8				90～180	±1.6		
20	20		28.5		50		200～220	±1.45	19.8	0 -0.13					225～315	±2.10
22	22								21.8		18～22	0 -0.21				
25	25								24.8							

16. 弓摇钻（QB/T 2510—2001）

弓摇钻是采用手工摇弓形钻柄为木工件钻孔的工具，其外形及主要技术参数见表10-54。

表10-54 弓摇钻的外形及主要技术参数（单位：mm）

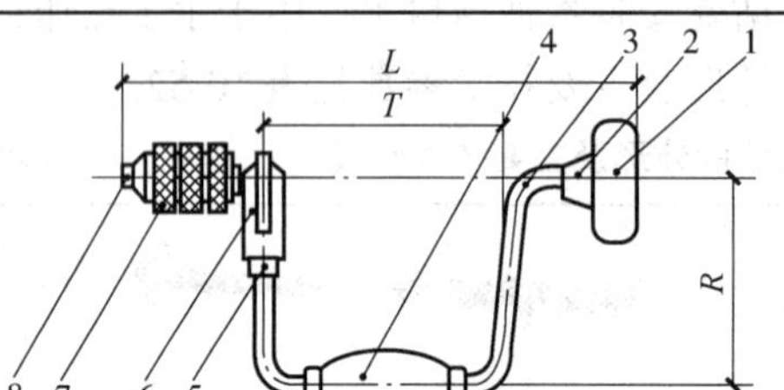

1—顶盘 2—法兰盘 3—弓架 4—手柄 5—换向机构 6—接头 7—夹头 8—夹爪

规格	最大夹持尺寸	L	T	R
250	22	320～360	150±3	125
300	28.5	340～380		150
350	38	360～400	160±3	175

注：弓摇钻的规格是根据其回转直径确定的。

17. 活动木工钻

活动木工钻又称扩孔钻，用于安装门锁、抽屉锁时钻孔用，其外形及主要技术参数见表10-55。

表10-55 活动木工钻的外形及主要技术参数（单位：mm）

形式	规格（总长）	配备刀杆长度	钻孔直径
手动式	225	21，40	22～36
机动式	130		22～60

18. 手用木工凿

手用木工凿是在木料上凿制榫头、沟槽、打眼、刻印的工具，其外形及主要技术参数见表10-56。

表10-56 手用木工凿的外形及主要技术参数 （单位：mm）

平凿 扁凿 半圆凿

品种	宽度	长度	品种	宽度	长度
圆凿、平凿	6、4、8、10	≥150	扁凿	12、16、19	≥180
	13、16、19、22、25	≥150		22、25、32、38	≥200

19. 木锉（钢锉）（QB/T 2569.6—2002）

木锉（钢锉）是用于锉削或修整木制品的内外表面工具，其外形及主要技术参数见表10-57。

表10-57 木锉的外形及主要技术参数 （单位：mm）

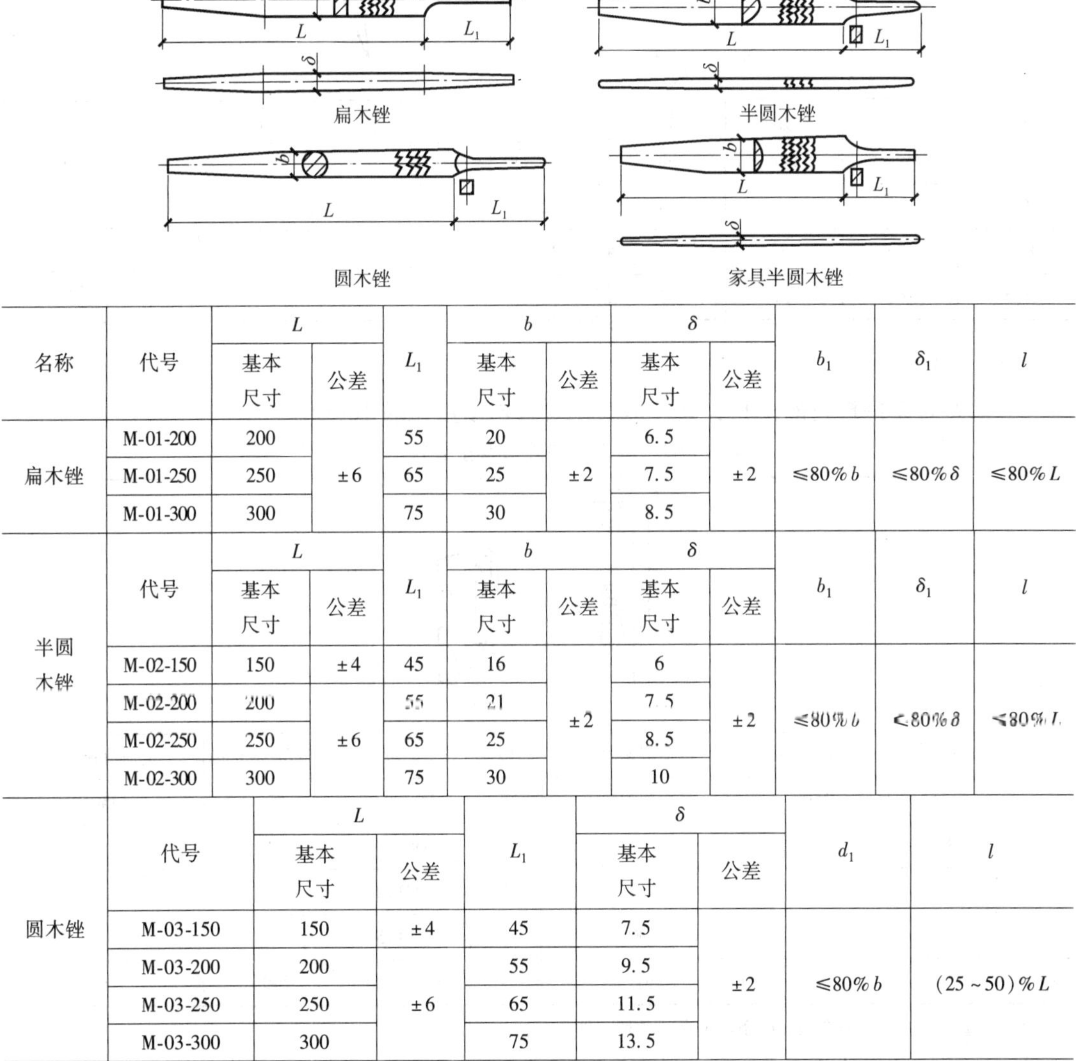

扁木锉 半圆木锉 圆木锉 家具半圆木锉

名称	代号	L 基本尺寸	L 公差	L_1	b 基本尺寸	b 公差	δ 基本尺寸	δ 公差	b_1	δ_1	l
扁木锉	M-01-200	200	±6	55	20	±2	6.5	±2	≤80%b	≤80%δ	≤80%L
	M-01-250	250		65	25		7.5				
	M-01-300	300		75	30		8.5				
半圆木锉	代号	L 基本尺寸	L 公差	L_1	b 基本尺寸	b 公差	δ 基本尺寸	δ 公差	b_1	δ_1	l
	M-02-150	150	±4	45	16	±2	6	±2	≤80%b	≤80%δ	≤80%L
	M-02-200	200	±6	55	21		7.5				
	M-02-250	250		65	25		8.5				
	M-02-300	300		75	30		10				
圆木锉	代号	L 基本尺寸	L 公差	L_1	δ 基本尺寸	δ 公差	d_1	l			
	M-03-150	150	±4	45	7.5	±2	≤80%b	(25~50)%L			
	M-03-200	200	±6	55	9.5						
	M-03-250	250		65	11.5						
	M-03-300	300		75	13.5						

（续）

名称	代号	L		L_1	b		δ		b_1	δ_1	l
		基本尺寸	公差		基本尺寸	公差	基本尺寸	公差			
家具半圆木锉	M-04-150	150	±6	45	18	±2	4	±2	≤80%b	≤80%δ	(25～50)%L
	M-04-200	200		55	25		6				
	M-04-250	250		65	29		7				
	M-04-300	300		75	34		8				

20. 木工斧（钢斧）（QB/T 2565.5—2002）

木工斧（钢斧）为劈削木材的工具，其外形及主要技术参数见表10-58。

表10-58　木工斧的外形及主要技术参数　（单位：mm）

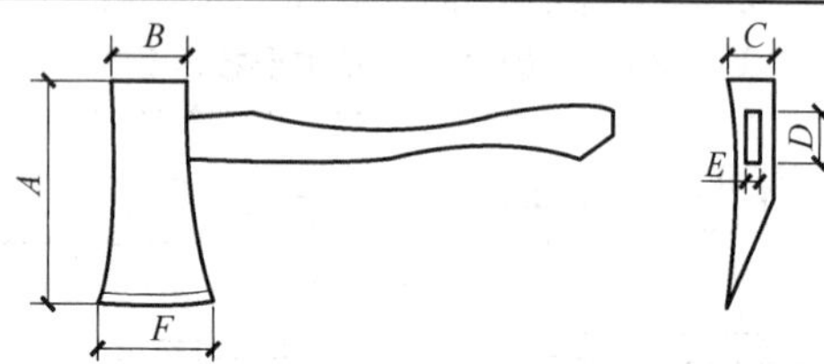

规格/kg	A min	B min	C min	D 基本尺寸	D 公差	E 基本尺寸	E 公差	F min
1.0	120	34	26	32	0 -2.0	14	0 -1.0	78
1.25	135	36	28	32		14		78
1.5	160	48	35	32		14		78

21. 木工夹

木工夹为夹持板料的工具，其外形及主要技术参数见表10-59。

表10-59　木工夹的外形及主要技术参数

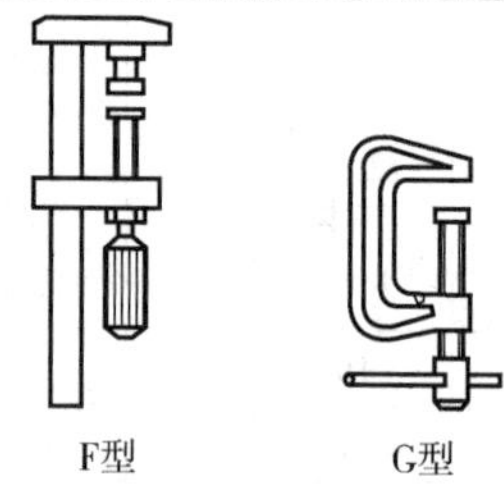

型式	型号	夹持范围/mm	负荷界限/kg	型式	型号	夹持范围/mm	负荷界限/kg
F型	FS150	150	180	G型	GQ8175	75	350
	FS200	200	160		GQ81100	100	350
	Fs250	250	140		GQ81125	125	450
	FS300	300	100		GQ81150	150	500
G型	GQ8150	50	300		GQ81200	200	1000

注：F型：专用于夹胶合板；G型：可夹持各种工件。

22. 羊角锤（QB/T 1290.8—2010）

羊角锤是常与手用木工凿配套使用或用于敲击其他物品的工具，其外形及主要参数见表10-60。

表10-60 羊角锤的外形及主要技术参数

规格/kg	l/mm max	a/mm max	b/mm max
0.25	305	105	7
0.35	320	120	7
0.45	340	130	8
0.50	340	130	8
0.55	340	135	8
0.65	350	140	9
0.75	350	140	9

注：1. 本表不包括特殊型式的羊角锤。

2. 锤孔的尺寸参照GB/T 13473的附录。

23. 木工台虎钳

木工台虎钳是用于对木制品进行加工时，固定工件的设备，其外形及主要技术参数见表10-61。

表10-61 木工台虎钳的外形及主要技术参数

型号分类方法		虎钳口长度/mm
以虎钳口尺寸分类	150型	150
	200型	200

24. 水平尺（QB/T 4621—2013）

水平尺是用于土木建筑中测量建筑物或安装设备的水平度的工具，其外形及主要技术参数见表10-62。

表10-62 水平尺的外形及主要技术参数

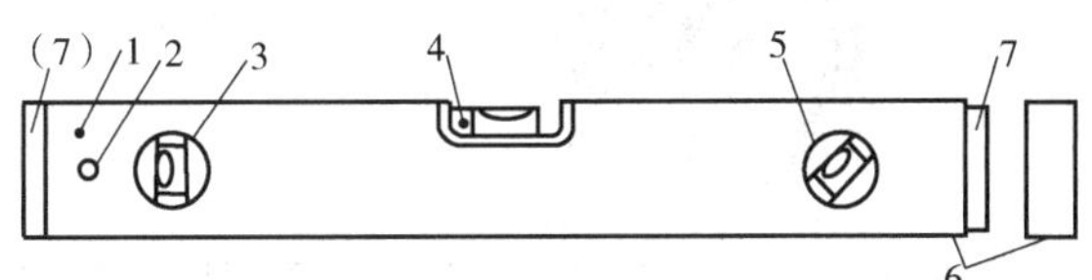

1—尺体 2—挂持孔 3—铅垂水准泡 4—水平水准泡 5—45°倾斜水准泡 6—工作面 7—端盖

矩形（型式代号为PJ）

（续）

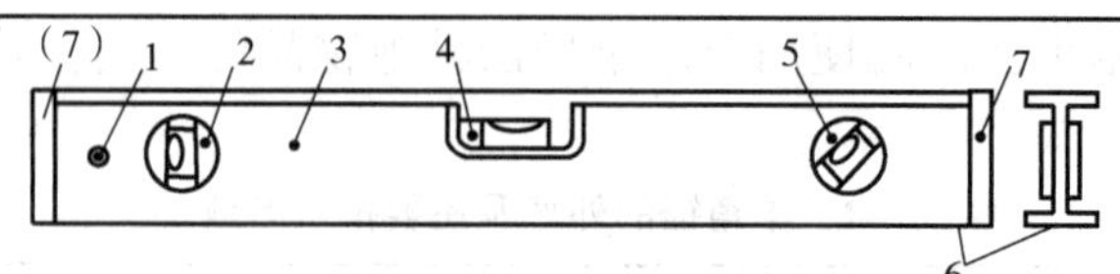

1—挂持孔　2—铅垂水准泡　3—尺体　4—水平水准泡　5—45°倾斜水准泡　6—工作面　7—端盖

工字形（型式代号为PG）

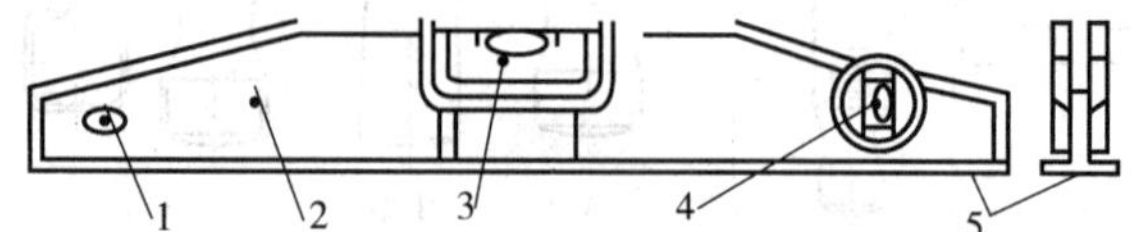

1—挂持孔　2—尺体　3—水平水准泡　4—铅垂水准泡　5—工作面

桥形（型式代号为PQ）

水平尺长度 l	允许偏差	水平尺长度 l	允许偏差
150	±2.5	800	±2.5
230		1000	±5.0
300		1200	
400		1500	
500		1800	
600		2000	

注：特殊规格水平尺长度不受此限制。

25. 整容器

整容器是用于校正锯齿，使锯齿向两侧倾斜一个角度形成一条锯路的工具，其外形及主要技术参数见表10-63。

表10-63　整容器外形及主要技术参数

	长度/mm×宽度/mm	105×33
	锯条厚度/mm	1～5

10.3.2　木工电动工具

1. 电圆锯

电圆锯是用于锯割木材、纤维板和塑料制品等材料的工具，其外形及主要技术参数见表10-64。

表10-64　电圆锯的外形及主要技术参数

型号	规格/mm	额定输出功率/W	额定转矩/(N·m)	最大锯割深/mm	最大调节角度	质量/kg
M1Y-160	160×30	≥450	≥2.00	≥50	≥45°	3.3
M1Y-180	180×30	≥510	≥2.20	≥55	≥45°	3.9

（续）

型号	规格/mm	额定输出功率/W	额定转矩/(N·m)	最大锯割深/mm	最大调节角度	质量/kg
M1Y-200	200×30	≥560	≥2.50	≥65	≥45°	5.3
M1Y-250	250×30	≥710	≥3.20	≥85	≥45°	8
M1Y-315	315×30	≥900	≥5.00	≥105	≥45°	9.5

注：规格是指可使用的最大锯片外径×孔径。

2. 电动曲线锯

电动曲线锯是用于对木材、金属、皮革及塑料的直线和曲线锯割的设备，其外形及主要技术参数见表10-65。

表10-65 电动曲线锯的外形及主要技术参数

型号	锯割厚度/mm≤		电动机额定输出功率/W	钢制轴每分钟额定往复次数	往复行程/mm	质量/kg
	硬木	钢板[①]				
M1Q-40	40	3	≥140	≥1600	18	—
M1Q-55	55	6	≥200	≥1500	18	2.5
M1Q-65	65	8	≥270	≥1400	18	2.5

①锯割抗拉强度为390MPa钢材时的最大厚度。

3. 马刀锯

马刀锯借助固定式挡块锯割木材、塑料、金属和一般建材，具有直线割锯和曲线割锯功能；安装双金属锯片后，能够锯割非常平整的锯口且无残片凸出的工作面，其外形及主要技术参数见表10-66。

表10-66 马刀锯的外形及主要技术参数

型号	锯割深度/mm		电动机额定输出功率/W	空载每分钟额定往复次数	往复行程/mm	质量/kg
	钢材	木材				
GFZ600E	20	165	600	500～2600	—	3.1
GSA900	20	250	900	0～2700	—	3.3
DW304Pk	100	280	1000	2800	28	3.5
JIF-FF-30	90	90	590	2300	30	3.2
JR3050T	90	90	1010	2800	28	3.2

4. 电链锯

电链锯是利用链状锯条锯切木材和伐断树木的工具，其外形及主要技术参数见表10-67。

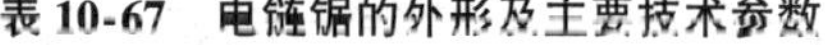

表10-67 电链锯的外形及主要技术参数

规格/mm	额定输出功率/W	额定转矩/(N·m)	链条线速度/(m/s)	净重/kg
305（12°）	≥420	≥1.5	6～10	≤3.5
355（14°）	≥650	≥1.8	8～14	≤4.5
405（16°）	≥850	≥2.5	10～15	≤5

5. 电刨

电刨是用于刨削各种木材平面、倒棱和裁口的设备。适用于装修和移动性较强的工作场所，其外形及主要技术参数见表 10-68。

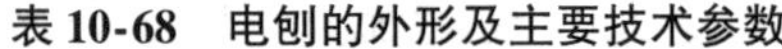

表 10-68　电刨的外形及主要技术参数

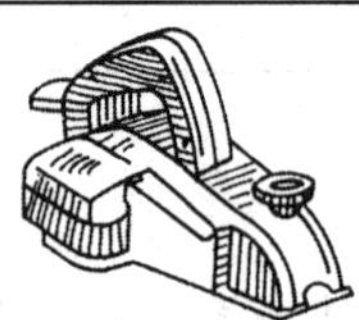

型号	(刨削宽度×刨削深度)/(mm×mm)	额定输出功率/W	额定转矩/(N·m)	质量/kg
MB-60/1	60×1	≥250	≥0.23	2.2
MB-80/1	82（80）×1	≥300	≥0.28	2.5
MB-80/2	82（80）×2	≥350	≥0.33	4.2
MB-80/3	82（80）×3	≥400	≥0.38	5
MB-90/2	90×2	≥450	≥0.44	5.5
MB-100/2	100×2	≥500	≥0.50	4.2

6. 手提电钻（GB/T 5580—2007）

手提电钻配置麻花钻可钻金属材料钻孔，配置木工钻可钻木材、塑料钻孔，其外形及主要技术参数见表 10-69。

表 10-69　手提电钻的外形及主要技术参数

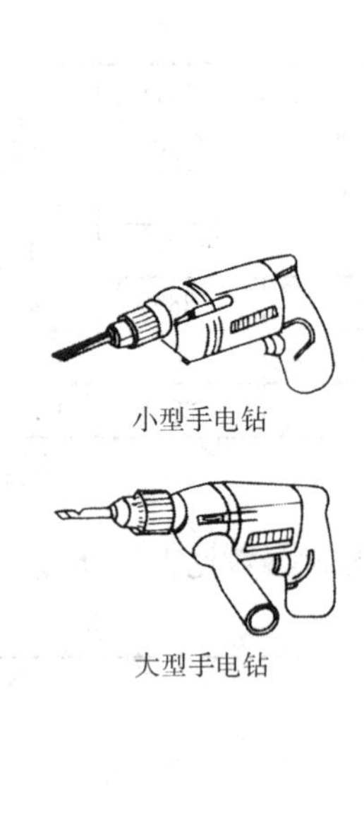

小型手电钻

大型手电钻

电钻规格/mm		额定输出功率/W	额定转矩/(N·m)
4	A	≥80	≥0.35
6	C	≥90	≥0.50
	A	≥120	≥0.85
	B	≥160	≥1.20
8	C	≥120	≥1.00
	A	≥160	≥1.60
	B	≥200	≥2.20
10	C	≥140	≥1.50
	A	≥180	≥2.20
	B	≥230	≥3.00
13	C	≥200	≥2.50
	A	≥230	≥4.00
	B	≥320	≥6.00
16	A	≥320	≥7.00
	B	≥400	≥9.00
19	A	≥400	≥12.00
23	A	≥400	≥16.00
32	A	≥500	≥32.00

注：电钻规格指电钻钻削抗拉强度为 390MPa 钢材时所允许使用的最大钻头直径。

7. 木材用电钻

木材用电钻用于钻削木材及其制品中各种规格孔，其外形及主要技术参数见表10-70。

表10-70　木材用电钻的外形及主要技术参数

型号	钻孔直径/mm	钻孔深度/mm	钻轴转速/(r/min)	额定电压/V	额定功率/W	质量/kg
M2Z-26	≤26	800	480	350	600	10.5

8. 冲击电钻

冲击电钻有两种运动方式，当调至第一种状态时，用麻花钻头可为金属件和木材钻孔；调至旋转加冲击状态时，配用硬质合金冲击钻头，可供砖、混凝土、陶瓷钻孔，其外形及主要技术参数见表10-71。

表10-71　冲击电钻的外形及主要技术参数

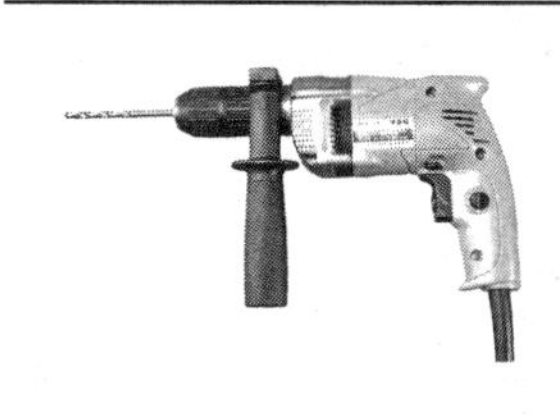

规格/mm	额定输出功率/W	额定转矩/(N·m)	额定冲击次数/(次/min)
10	≥220	≥1.2	≥46400
13	≥280	≥1.7	≥43200
16	≥350	≥2.1	≥41600
20	≥430	≥2.8	≥38400

9. 电动凿眼机

电动凿眼机配上方眼钻头，可在木材上凿方孔，去掉方孔钻头的壳后可以钻圆孔，其外形及主要技术参数见表10-72。

表10-72　电动凿眼机的外形及主要技术参数

型号	凿眼宽度/mm	凿孔深度/mm	夹持工件尺寸/mm≤	电动机功率/W	质量/kg
ZMK-16	8～16	≤100	100×100	550	74

10. 电动雕刻机

电动雕刻机配用各种铣刀，可以在木料上铣出各种不同形状的沟槽，雕刻出各种不同花纹图案，其外形及主要技术参数见表10-73。

表10-73　电动雕刻机的外形及主要技术参数

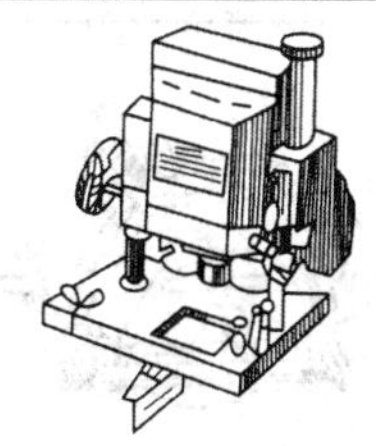

（续）

铣刀直径/mm	主轴转速/(r/min)	输入功率/W	套爪夹头/mm	整机高度/min	电缆长度/m	电源/V	质量/kg
8	10000～25000	800	8	255	2.5	220 50Hz	2.8
12	22000	1600	12	280	2.5		5.2
12	8000～20000	1850	12	300	2.5		5.3

11. 木工多用机

木工多用机是可对木材进行锯、刨、钻孔等加工的设备，其外形及主要技术参数见表10-74。

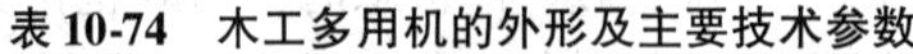

表10-74　木工多用机的外形及主要技术参数

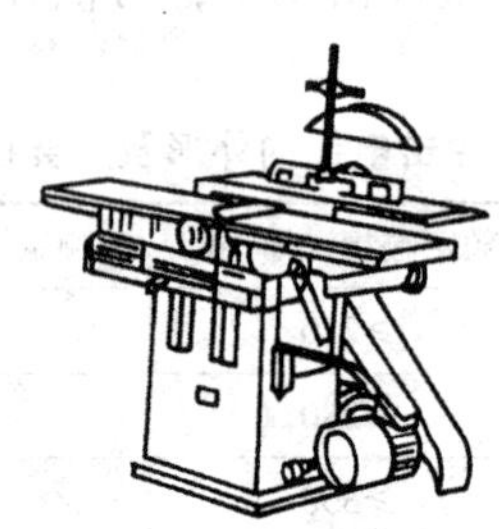

型号	刀轴转速/(r/min)	刨削宽度	锯割厚度≤	锯片直径	工作台升降范围 刨削	工作台升降范围 锯削	电动机功率/W	质量/kg
		/mm						
MQ421	3000	160	50	200	5	65	1100	60
MQ422	3000	200	90	300	5	95	1500	125
MQ422A	3160	250	100	300	5	100	2200	3000
MQ433A/1	3960	320	—	350	5～120	140	3000	350
MQ472	3960	200	—	350	5～100	90	2200	270
MJB180	5500	180	60	200	—	—	1100	80
MDJB180-2	5500	180	60	200	—	—	1100	80

注：1. MQ421、MJB180、MDJB180-2型为单相异步电动机，电源电压为220V；其余型号为三相异步电动机，电源电压为380V，频率为50Hz。

2. 各型号木工多用机的加工能力略有差别，以使用说明书为准。

12. 电动木工开槽机

电动木工开槽机装置磁性刀具，可进行成形刨削，为木工开槽和刨边用的设备，其外形及主要技术参数见表10-75。

表10-75　电动木工开槽机的外形及主要技术参数

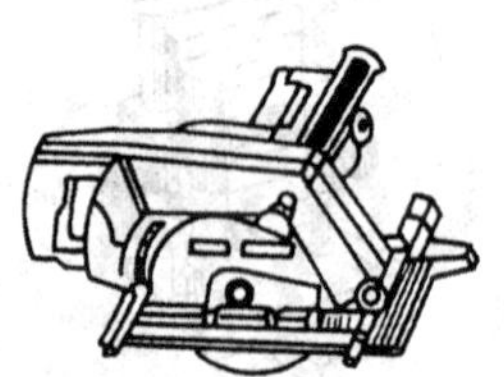

（续）

最大刀口/mm	可刨槽深/mm	额定电压/V	输入功率/W	空载转速/(r/min)
25	20	220	810	11000
3 ~ 36	23 ~ 64	220	1140	5500

13. 电动木工修边机

电动木工修边机配置各种成形铣刀，用于修整各种木质工件的边棱，进行平整、斜面加工或图形切割、开槽等，其外形及主要技术参数见表 10-76。

表 10-76　电动木工修边机的外形及主要技术参数

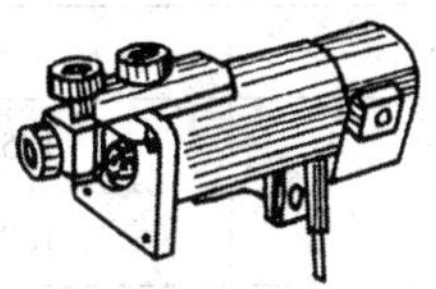

铣刀直径/mm	主轴转速/(r/min)	输入功率/W	底板尺寸/mm	整机高度/mm	质量/kg
6	30000	440	82 × 90	220	4

14. 电动木工斜断机

电动木工斜断机配置旋转工作台，用于木材的直口或斜口的锯割，其外形及主要技术参数见表 10-77。

表 10-77　电动木工斜断机的外形及主要技术参数

锯片直径/mm	额定电压/V	输入功率/W	空载转速/(r/min)	质量/kg
255	220	1380	4100	22
255	220	1640	4500	20
380	220	1640	3400	25

15. 电木铣

电木铣加装附件可作平整、倒圆、倒角、修边开燕尾榫和其他特定作业，其外形及主要技术参数见表 10-78。

表 10-78　电木铣的外形及主要技术参数

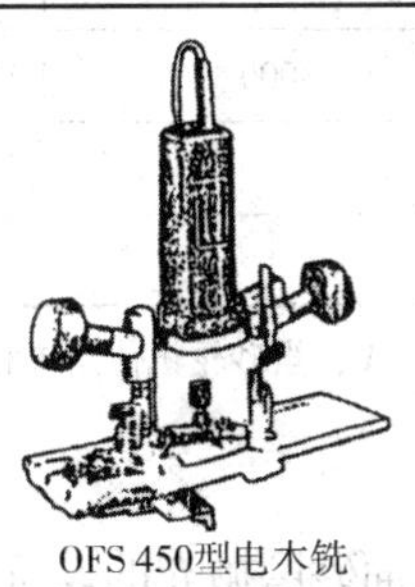

OFS 450型电木铣

（续）

型号	刀头直径/mm	额定转矩/(N·m)	输入功率/W	空载转速/(r/min)	质量/kg
MIR-KA-8	8	0.28	850	260000	3.8
MIR-KA2-8-8	8	0.32	910	260000	3.8
MIR-8TH	8	1.06	700	160000-280000	3.75
MIR-SF1-12	12	0.75	1650	230000	6.0
MIR-SF2-12	12	0.75	1850	9000-230000	6.0
MIR-ZN01-12	12	0.70	1600	230000	6.0
MIR-HU-12	12	0.55	1050	220000	6.2
MIR-KP01-12	12	—	1850	220000	6.0
MIR-DS2-12	12	—	1600	230000	5.7
MIR-KA4-12	12	0.85	1600	230000	4.0
MIR-KA5-12	12	0.60	1200	230000	4.0

16. 台式砂轮机

台式砂轮机固定在工作台上，用于修磨刀具刃具，也可清除金属表面锈迹，其外形及主要技术参数见表10-79。

表10-79　台式砂轮机的外形及主要技术参数

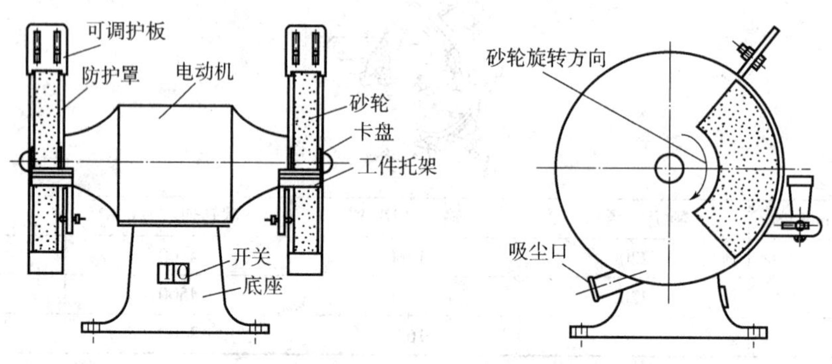

最大砂轮直径/mm	150	200	250
砂轮厚度/mm	20	25	25
砂轮孔径/mm	32	32	32
额定输出功率/kW	0.25	0.50	0.75
同步转速/(r/min)	3000	3000	3000
电动机额定电压/V	380 (220)①		
额定频率/Hz	50		

①当砂轮机使用三相电动机时额定电压为380 V，当砂轮机使用单相电动机时额定电压为220 V。

17. 盘式砂光机

盘式砂光机是用于对金属和木质表面砂磨抛光的设备，其外形及主要技术参数见表10-80。

表 10-80　盘式砂光机的外形及主要技术参数

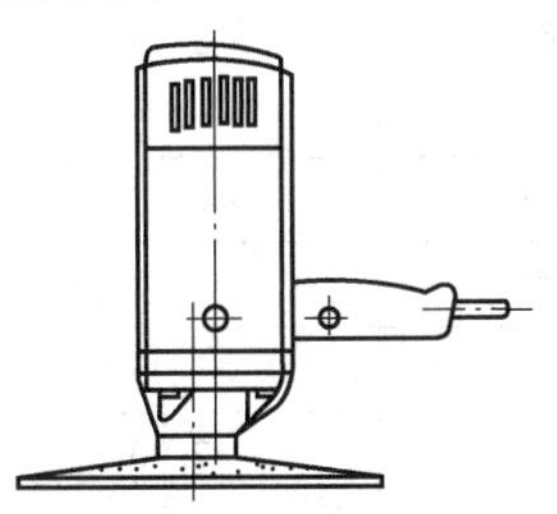

型号	输入功率/W	空载转速/(r/min)	垫子尺寸/mm	质量/kg
SlA-180	570	4000	180	2.3
01-93 SIB-WH-93×185	220	12000	93×185	—
45-01 SIB-WH-110×100	150	12000	110×100	—
693-01 SIB-WH-93×185	220	12000	93×185	—
ESA180180	180	12000	110×103	1.1
SIB-FF-93×185	180	10000	93×185	1.7
SXE325	250	11000	ϕ125	1.7
SXE425TurboTec	320	—	ϕ125	2
GV5000	400	4500	ϕ125	1.2
GV6010	400	4800	ϕ125	1.1
D26451	240	12000	ϕ125	1.6

18. 直向砂轮机（GB/T 22682—2008）

直向砂轮机用于对不易搬动大型件进行磨削加工，清除毛边、金属焊疖和割口等。换上抛光轮，可以抛光金属表面、清除构件上的锈层，其外形及主要技术参数见表 10-81。

表 10-81　直向砂轮机的外形及主要技术参数

单相串励和三相中频砂轮机的基本参数					
规格/mm		额定输出功率/W	额定转矩/(N·m)	空载转速/(r/min)	许用砂轮安全线速度/(m/s)
ϕ80×20×20（13）	A	≥200	≥0.36	≤11900	≥50
	B	≥280	≥0.40		
ϕ100×20×20（16）	A	≥300	≥0.50	≤9500	
	B	≥350	≥0.60		

（续）

规格/mm		额定输出功率/W	额定转矩/(N·m)	空载转速/(r/min)	许用砂轮安全线速度/(m/s)
φ125×20×20（16）	A	≥380	≥0.80	≤7600	≥50
	B	≥500	≥1.10		
φ150×20×32（16）	A	≥520	≥1.35	≤6300	
	B	≥750	≥2.00		
φ175×20×32（20）	A	≥800	≥2.40	≤5400	
	B	≥1000	≥3.15		

三相工频砂轮机的基本参数

规格/mm		额定输出功率/W	额定转矩/(N·m)	空载转速/(r/min)	许用砂轮安全线速度/(m/s)
φ125×20×20（16）	A	≥250	≥0.85	<3000	≥35
	B	≥350	≥1.20		
φ150×20×32（16）	A				
	B	≥500	≥1.70		
φ175×20×32（20）	A				
	B	≥750	≥2.40		

注：括号内数值为ISO 603的内孔值。

19. 带式砂光机

带式砂光机是用于砂磨地板、木板，或用于清除涂料及金属表面锈迹的设备，其外形及主要技术参数见表10-82。

表10-82 带式砂光机的外形及主要技术参数

外形	类型	规格尺寸/mm	砂带尺寸(宽×长)/mm	砂带速度(双速)m/min	输入功率/W	质量/kg
	手持式	76	76×533	450/360	950	4.4
	手持式	110	110×620	350/300	950	7.3
	台式	150	150×1200	640	750	60

注：规格尺寸是指砂带宽度。

10.4 其他工具

10.4.1 电工工具

1. 电工钳类工具（表10-83）

表10-83 电工钳类工具的外形及主要技术参数

	外形	特点及使用场合
电工钳（QB/T 2442.2—2007）	不带塑料管电工钳	分为不带塑料管和带塑料管两种，规格：长度（mm）分为165、190、215、250

（续）

	外形	特点及使用场合
冷轧线钳		除具有一般钢丝钳的用途外，还可以轧接电话线、小型导线的接头或封端。规格长度（mm）200；轧接导线断面面积范围（mm^2）：2.5～6
剥线钳（QB/T 2207—2017）	可调式端面剥线钳　自动剥线钳 多功能剥线钳　压接剥线钳	分为可调式端面剥线钳、自动剥线钳、多功能剥线钳和压接剥线钳，电工在不带电的条件下，可剥离线芯直径0.5～2.5mm的各种导线外部绝缘层；多功能剥线钳可剥离带状电缆
紧线钳	平口式　虎头式	外线电工架设空中线路
冷压接钳		冷压连接铝、铜导线的接头封端利用压模使线端紧密连接。长度（mm）：400；压接导线断面面积范围（mm^2）：10、16、25、35
压线钳	JYJ-V型 JYJ-1A型	用于冷轧压接（围压、点压、叠压）铜铝导线，起中间连接或封端作用

2. 电工刀（QB/T 2208—1996）

电工刀是用于电工装修工作中割剥电线绝缘层、缆索、木桩及软性金属的工具，其外形及主要技术参数见表10-84。

表10-84　电工刀的外形及主要技术参数　　（单位：mm）

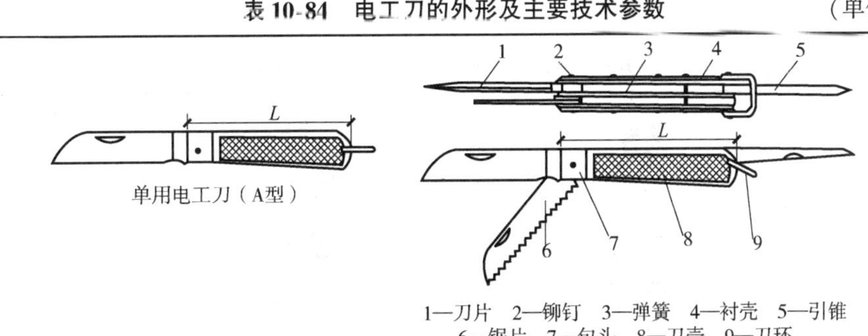

单用电工刀（A型）

1—刀片　2—铆钉　3—弹簧　4—衬壳　5—引锥　6—锯片　7—包头　8—刀壳　9—刀环

多用电工刀（B型）

（续）

型式代号	产品规格代号	刀柄长度 L
A	1 号	115
	2 号	105
	3 号	95
B	1 号	115
	2 号	105
	3 号	95

3. 电工锤

电工锤供电工维修线路用，其外形及主要技术参数见表 10-85。

表 10-85　电工锤的外形及主要技术参数

	型号	规格尺寸/mm	净重/kg
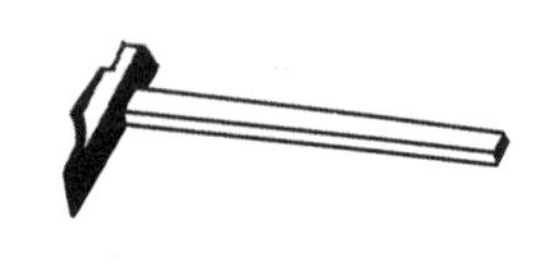	10510	54 × 24 × 24	不带柄 0.300
	10530	62 × 31 × 24	不带柄 0.330
	10550	74 × 33 × 24	不带柄 0.500

4. 电烙铁（GB/T 7157—2019）

电烙铁用于电器元件、线路接头的锡焊，分为内烙式电烙铁与外烙式电烙铁，其外形及主要技术参数见表 10-86。

表 10-86　电烙铁的外形及主要技术参数

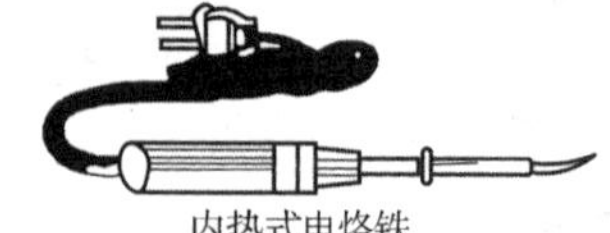

内热式电烙铁

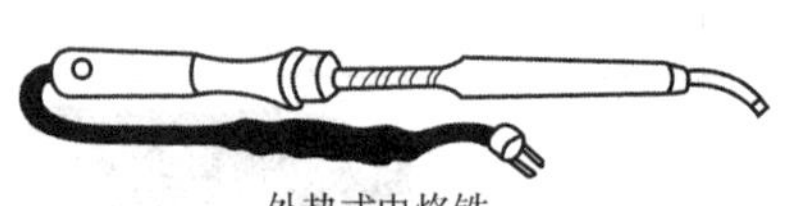
外热式电烙铁

功率/W									
功率/W	外热式	30	50	75	100	150	200	300	500
	内热式	20	35	50	70	100	150	200	300
圆柱型锡柱（工业纯锡）	直径/mm	3	4.2	6.5	7.5	9	12	12	12
	长度/mm	130	130	125	125	130	120	120	140
锡柱熔化质量/g		5	10	20	25	40	60	80	100

5. 线缆剪

线缆剪用于切断铜线、铝导线、电缆、钢绞线、钢丝绳等，并能保持断面基本呈圆形，不散开，其外形及主要技术参数见表 10-87。

表 10-87　线缆剪的外形及主要技术参数

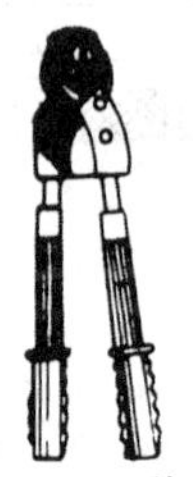

XLJ-S-1型

XLJ-D-300型

XLJ-2型

（续）

型号	手柄长度/mm（缩/伸）	质量/kg	适应范围
XLJ-S-1	400/550	2.5	切断截面面积 $240mm^2$ 的铜、铝导线及直径为8mm以下的低碳圆钢
XLJ-D-300	230	1	切断直径为45mm以下电缆及截面面积 $300mm^2$ 以下的铜导线
XLJ-2	450/600	3.5	切断直径为95mm以下电缆

6. 电线管螺纹铰板及板牙

电线管螺纹铰板及板牙用于手工铰制电线套管上的外螺纹，为电工的常用工具，其外形及主要技术参数见表10-88。

表10-88　电线管螺纹铰板及板牙的外形及主要技术参数

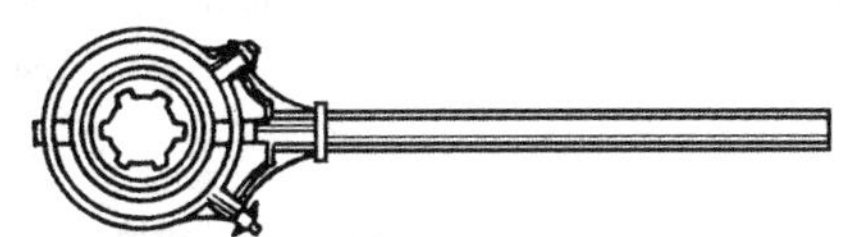

型号	铰制钢管外径/mm	圆板牙外径尺寸/mm
SHD-25	12.70，15.88，19.05，25.40	41.2
SHD-50	31.75，38.10，50.80	76.2

7. 测电笔

测电笔分为高压（测电器）和低压（试电笔）两种，用来检测电路上是否有电，其外形及主要技术参数见表10-89。

表10-89　测电笔的外形及主要技术参数

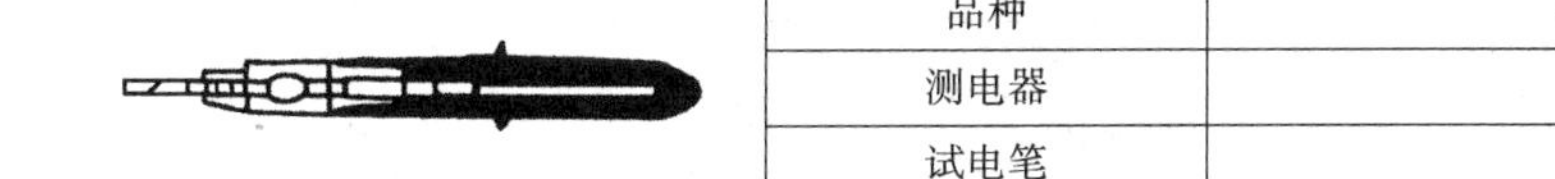

品种	检测电压范围/V
测电器	10000
试电笔	500

10.4.2　水暖工具

1. 管子钳（QB/T 2508—2016）

管子钳用于紧固或拆卸金属管和其他圆柱形零件，为管路安装和维修工作常用工具，其外形及主要技术参数见表10-90。

表10-90　管子钳的外形及主要技术参数　（单位：mm）

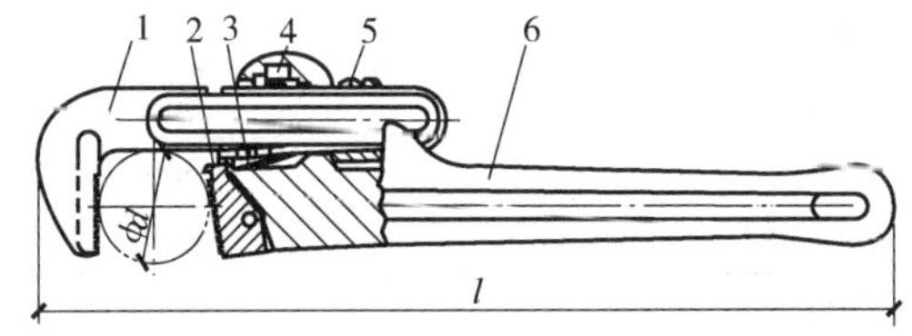

1—活动钳口　2—固定钳口　3—片弹簧
4—圆柱弹簧　5—调节螺母　6—钳柄体

规格	全长①$l$min	最大有效夹持直径 d	规格	全长①$l$min	最大有效夹持直径 d
150	150	21	450	450	60
200	200	27	600	600	73
250	250	33	900	900	102
300	300	42	1200	1200	141
350	350	48	1300	1300	210

①夹持最大有效夹持直径 d 时。

2. 链条管子钳（QB/T 1200—2017）

链条管子钳用于紧固或拆卸较大金属管和其他圆柱形零件，其外形及主要技术参数见表 10-91a ~ c。

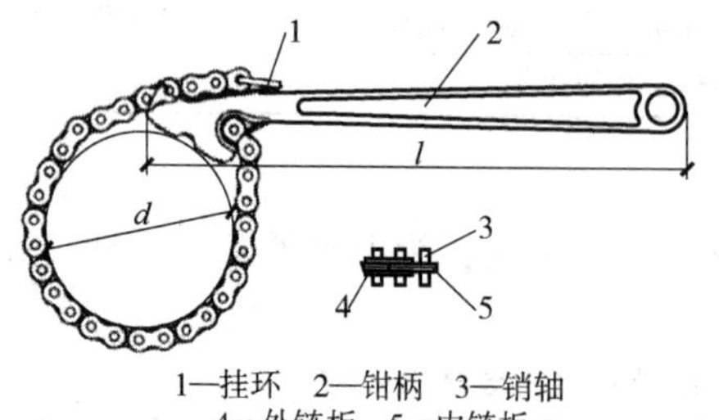

1—挂环　2—钳柄　3—销轴
4—外链板　5—内链板

A型链条管子钳

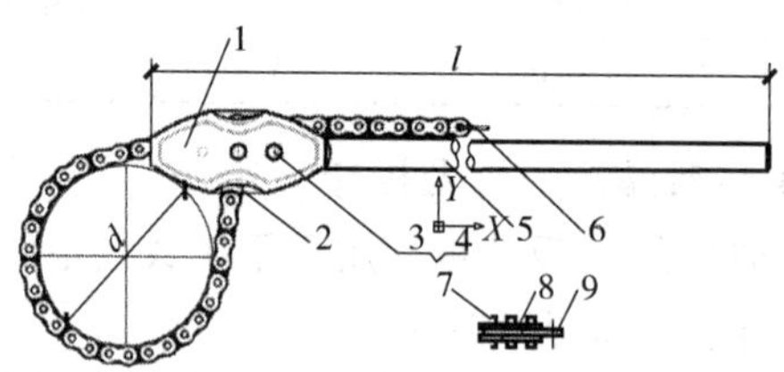

1—钳口　2—链条连接体　3—螺栓　4—螺母
5—钳柄　6—挂环　7—销轴　8—外链板　9—内链板

B型链条管子钳

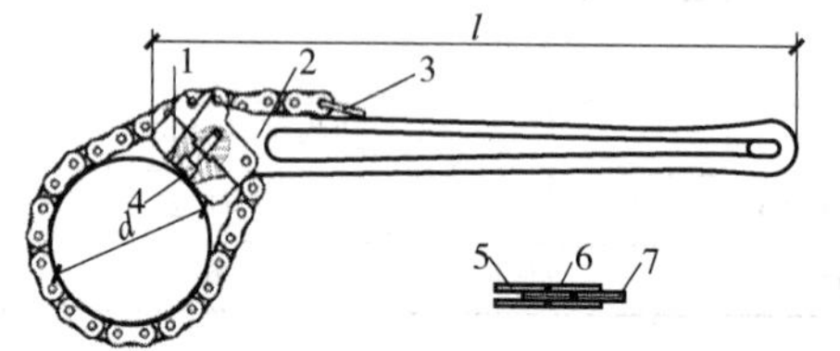

1—钳口　2—钳柄　3—挂环　4—内六角圆柱头螺钉
5—外链板　6—销轴　7—内链板

C型链条管子钳

表 10-91a　A 型链条管子钳的基本尺寸　　（单位：mm）

规格	l	有效夹持管径 d
150	150 ±8	30 ~ 105
225	225 ±8	30 ~ 110
300	300 ±10	55 ~ 110
375	375 ±10	60 ~ 140
600	600 ±15	70 ~ 170

表 10-91b　B 型链条管子钳的基本尺寸　　（单位：mm）

规格	l	有效夹持管径 d
350	350 ±10	13 ~ 49
700	700 ±15	13 ~ 73
900	900 ±15	26 ~ 114
1000	1000 ±15	33 ~ 168
1200	1200 ±20	48 ~ 219
1300	1300 ±20	50 ~ 250
1400	1400 ±20	50 ~ 300
1600	1600 ±25	60 ~ 323
2200	2200 ±30	114 ~ 457

表 10-91c　C 型链条管子钳的基本尺寸　　（单位：mm）

规格	l	有效夹持管径 d
350	350 ±10	50 ~ 125
450	450 ±15	60 ~ 125
600	600 +15	75 ~ 125
730	730 ±15	110 ~ 185

3. 管子台虎钳（QB/T 2211—2017）

管子台虎钳安装在工作台上，用于夹紧管子进行铰制螺纹或切断及连接管子等，为管工必备工具，其外形及主要技术参数见表 10-92。

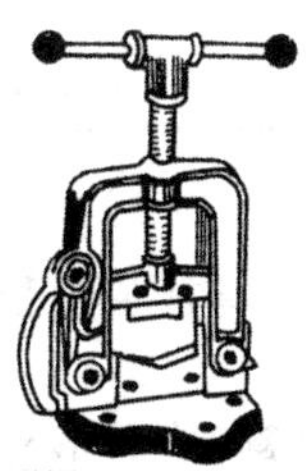

表 10-92a　管子台虎钳规格和有效夹持范围　　（单位：mm）

规格	40	60	75	90	100	115	165	220	325
有效夹持范围	10 ~ 40	10 ~ 60	10 ~ 75	15 ~ 90	15 ~ 100	15 ~ 115	30 ~ 165	30 ~ 220	30 ~ 325

表 10-92b　管子台虎钳的夹紧强度

规格/mm	施加于扳杠的最小扭矩/(N·m)	施加于试棒的最小扭矩/(N·m)	规格/mm	施加于扳杠的最小扭矩/(N·m)	施加于试棒的最小扭矩/(N·m)
40	40	119	115	140	360
60	70	122	165	210	392
75	140	190	220	210	420
90	140	250	325	210	420
100	140	300	—	—	—

4. 手动弯管钳

手动弯管钳用于手动冷弯金属管，其外形及主要技术参数见表 10-93。

表 10-93　手动弯管钳的外形及主要技术参数

钢管规格/mm	外径	8	10	12	14	16	19	22
	型号	2. 25				2. 75		
冷弯角度/(°)		180						
弯曲半径/mm		40	50	60	70	80	90	110

5. 液压弯管机

液压弯管机可以把管子弯成一定弧度，多用于水、蒸气、煤气等管路的安装和维修，其外形及主要技术参数见表 10-94。

表 10-94　液压弯管机的外形及主要技术参数

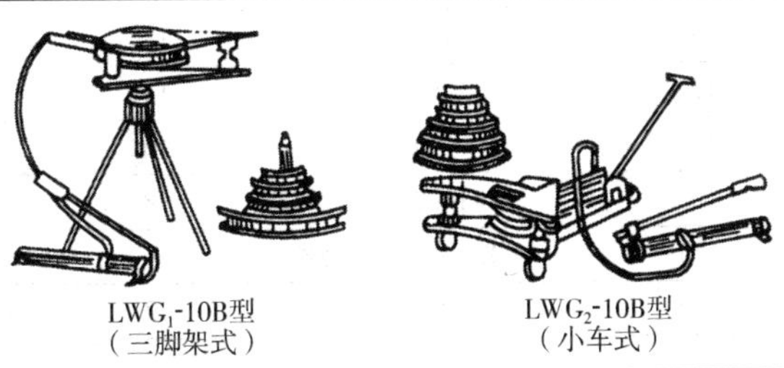

LWG$_1$-10B型（三脚架式）　　LWG$_2$-10B型（小车式）

（续）

型式	型号	最大推力/kN	弯管直径/mm	弯曲角度/(°)	弯曲半径/mm	质量/kg
组合小车	YW2A	90	12～50	90～180	65～295	—
分离三脚架	LWG1-10B	100	10～50	90	60～300	75
分离小车	LWG2-10B	100	12～38	120	36～120	75

6. 管子割刀（QB/T 2350—1997）

管子割刀用于切割各种金属管、软金属管及硬塑料管等管材分为通用型和轻型两种，其外形及主要技术参数见表 10-95。

表 10-95 管子割刀的外形及主要技术参数 （单位：mm）

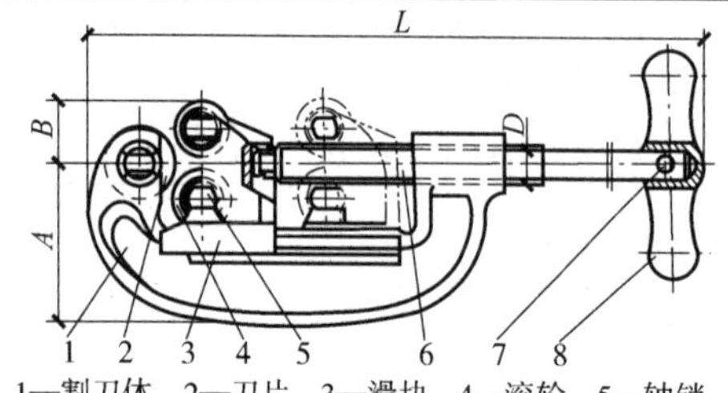

1—割刀体 2—刀片 3—滑块 4—滚轮 5—轴销 6—螺杆 7—手柄销 8—手柄

通用型割刀

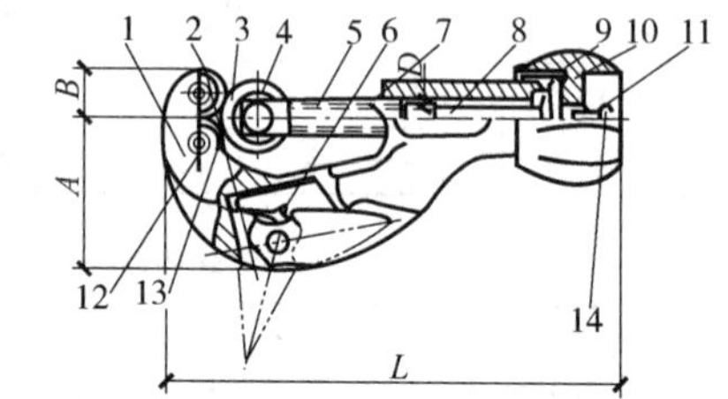

1—割刀体 2—刮刀片 3—刀片 4—刀片螺钉 5—刀杆 6—撑簧 7—刮刀销 8—螺杆 9—螺母 10—手轮 11—垫圈 12—滚轮轴 13—滚轮 14—半圆头螺钉

轻型割刀

型式	规格代号	基本尺寸				可切断管子的最大外径和壁厚
		A	*B*	*L*	*D*	
GQ	1	41	12.7	124	左 M8×1	25×1
GT	1	60	22	260	M12×17.5	33.50×3.25
	2	76	31	375	M16×2	60×3.50
	3	111	44	540	M20×2.5	88.50×4
	4	143	63	665	M20×2.5	114×4

7. 扩管器

扩管器是以轧制方式扩张管端的工具，主要用于扩大管子端部的内外径，以便于与其他管子及管路连接部位紧密结合，其外形及主要技术参数见表 10-96。

表 10-96 扩管器的外形及主要技术参数 （单位：mm）

公称规格	全长	适用管子范围		
		内径		胀管长度
		最小	最大	
01 型直通胀管器				
10	114	9	10	20
12	195	11.5	13	20
14	122	12.5	14	20
16	150	14	16	20
18	133	16.2	18	20
02 型直通胀管器				
22	145	19.5	22	20

（续）

公称规格	全长	适用管子范围		
		内径		胀管长度
		最小	最大	
02 型直通胀管器				
40	240	35	40	25
51	274	45	51	28
70	326	63	70	32
102	477	91	102	44
03 型直通胀管器				
25	170	20	23	38
28	180	22	25	50
32	194	27	31	48
38	201	33	36	52
04 型直通胀管器				
51	290	42.5	48	54
57	380	48.5	55	50
64	360	54	61	55
70	380	61	69	50
76	340	65	72	61

8. 丝锥扳手与管螺纹铰板

丝锥扳手用于装夹丝锥攻制机件的内螺纹；管螺纹铰板用于手工铰制低压流体输送用钢管上的管螺纹，其外形及主要技术参数见表10-97。

表10-97 丝锥扳手的外形及主要技术参数 （单位：mm）

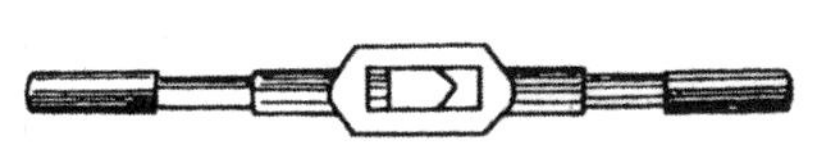

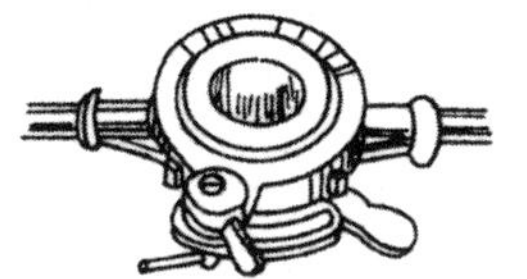

丝锥扳手							
扳手长度	130	180	230	280	380	480	600
适用丝锥公称直径	2 ~ 3	3 ~ 6	3 ~ 10	6 ~ 14	8 ~ 18	12 ~ 24	16 ~ 27

管螺纹铰板			
型号	铰管螺纹范围		结构特性
	管螺纹尺寸代号	管子外径	
60	½ ~ ¼	21.3 ~ 26.8	无间协机构
60W	1 ~ 1¼	33.5 ~ 42.3	有间协机构其使用具有万能性
	1½ ~ -2	48.0 ~ 60.0	
114W	2¼ ~ 3	66.5 ~ 68.5	
	3½ ~ 4	101.0 ~ 114.0	

9. 60°圆锥管螺纹圆板牙与60°圆锥管螺纹丝锥（JB/T 8364. 1—2010）

60°圆锥管螺纹圆板牙安装在圆板牙架上，用于铰制60°圆锥管螺纹的外螺纹；60°圆锥管螺纹丝锥用于铰制管路附件和一般机件上的内螺纹，其外形及主要技术参数见表10-98。

表10-98a 60°圆锥管螺纹圆板牙的基本尺寸 （单位：mm）

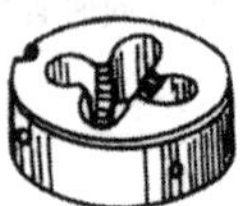

<table>
<tr><th>名称</th><th>代号 NPT</th><th>每25.4mm内的牙数</th><th>螺距 P</th><th>外径 D</th><th>厚度</th></tr>
<tr><td rowspan="10">60°圆锥管螺纹圆板牙
（JB/T 8364. 1—2010）</td><td>1/16</td><td rowspan="2">27</td><td rowspan="2">0.941</td><td rowspan="2">30</td><td rowspan="2">12</td></tr>
<tr><td>1/8</td></tr>
<tr><td>1/4</td><td rowspan="2">18</td><td rowspan="2">1.411</td><td>38</td><td>16</td></tr>
<tr><td>3/8</td><td>45</td><td>18</td></tr>
<tr><td>1/2</td><td rowspan="2">14</td><td rowspan="2">1.814</td><td>45</td><td rowspan="2">22</td></tr>
<tr><td>3/4</td><td>55</td></tr>
<tr><td>1</td><td rowspan="4">11.5</td><td rowspan="4">2.209</td><td>65</td><td>26</td></tr>
<tr><td>11/4</td><td>75</td><td rowspan="2">28</td></tr>
<tr><td>11/2</td><td>90</td></tr>
<tr><td>2</td><td>105</td><td>30</td></tr>
</table>

表10-98b 60°圆锥管螺纹圆板牙的基本尺寸 （单位：mm）

<table>
<tr><th>名称</th><th>代号 NPT</th><th>每25.4mm内的牙数</th><th>螺距 P</th><th>基面到端部距离</th><th>刃部刀长</th><th>全长 L</th></tr>
<tr><td rowspan="10">60°圆锥管螺纹锥
（JB/T 8364. 2—2010）</td><td>1/16</td><td rowspan="2">27</td><td rowspan="2">0.941</td><td rowspan="2">11</td><td>17</td><td rowspan="2">54</td></tr>
<tr><td>1/8</td><td>19</td></tr>
<tr><td>1/4</td><td rowspan="2">18</td><td rowspan="2">1.411</td><td rowspan="2">16</td><td rowspan="2">27</td><td>62</td></tr>
<tr><td>3/8</td><td>65</td></tr>
<tr><td>1/2</td><td rowspan="2">14</td><td rowspan="2">1.814</td><td rowspan="2">21</td><td rowspan="2">35</td><td>79</td></tr>
<tr><td>3/4</td><td>83</td></tr>
<tr><td>1</td><td rowspan="4">11.5</td><td rowspan="4">2.209</td><td>26</td><td rowspan="4">44</td><td>95</td></tr>
<tr><td>11/4</td><td rowspan="2">27</td><td>102</td></tr>
<tr><td>11/2</td><td>108</td></tr>
<tr><td>2</td><td>28</td><td>108</td></tr>
</table>

10. 电动套丝机（JB/T 5334—2013）

电动套丝机用于钢管、铸铁管、铜管、铝合金管上铰制圆锥或螺距管螺纹、切断钢管、管子内口倒角等作业，为多功能电动工具。适用于水暖、建筑等行业流动性大的管道现场施工中，其外形及主要技术参数见表10-99。

表 10-99 电动套丝机的外形及主要技术参数

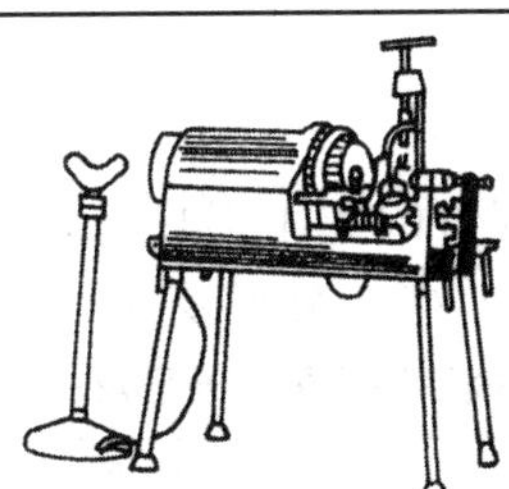

型号	铰切螺纹规格范围/mm	最大切断管子直径/mm	主轴转速/(r/min)	额定功率/W	额定电压/V
ZJ-50	12.5~50	50	18	250	380
ZJ-80	12.5~75	75	16	550	
Q/34	12.5~100	100	17~26	1500	
SG-1	9.5~50	50	8	390	
TQ3A	12.5~75	75	18	1000	
TQ4C	100	100	9~25	750	

注：规格是指能套制符合 GB/T 3091 规定的水、煤气管等的最大公称口径。

11. 电动管道清理机

电动管道清理机配用各种切削刀具，用于清理管道污垢、疏通淤塞，为抽水马桶、自来水管道及其他管道疏通的必备工具。分为手持式和移动式两种，其外形及主要技术参数见表 10-100。

表 10-100 电动管道清理机的外形及主要技术参数

手持式

移动式

型号	疏管直径/mm	软轴长度/m	额定转速/(r/min)	额定电压/V	输入功率/W	质量/kg	特点
手持式电动管道清理机							
QIGRES-19~76	19~76	8	0~500	220	390	6.75	倒、顺无级调试速
QIG-SC-10~50	12.7~50	4	300	220	130	3	倒、顺恒速
GT-2	50~200	2	700	220	350	—	管道疏通和钻孔
GT-15	50~200	15	500	220	430	—	
T15-841	50~200	8	500	220	431	14	下水道疏通
T12-842	25~75	2	—	220	—	3.3	大便器疏通
移动式电动管道清理机							
Z-50	12.7~50	12	400	220	185	—	使用场合
Z-500	50~250	16	400	220	750	—	现场施工
GQ-75	20~100	30	400	220	180	—	
GQ-100	20~100	30	380	220	180	—	
GQ-200	38~200	50	700	200	180	—	

10.4.3 钳工工具

1. 扳手

扳手为一种拆卸螺栓、螺母、螺钉的常用工具。分为呆头扳手、活动扳手、内六角扳手、梅花扳手、专用扳手等。扳手的分类、外形及主要技术参数见表 10-101。

表 10-101 扳手的分类、外形及主要技术参数

分类	规格/mm	外形	特点及使用场合
单头呆板手 (QB/T 3001—2008)	5.5 ~70		用于紧固或拆卸一种规格的六角或方头螺栓、螺母、螺钉
双头呆板手 (QB/T 3001—2008)	对边尺寸组配 3.2 ×4 ~55 ×60		
活动扳手 (GB/T 4440—2008)	开口宽度 13 ~62		

2. 钢丝钳

钢丝钳为各种钳子的统称，在工业和生活中是常用工具。由钳头和钳柄组成，用来夹持弯曲或剪断物件。一般钢丝钳用铬钒钢、镍铬钢、高碳钢和球墨铸铁等材料制造。铬钒钢和镍铬钢的硬度高、强度大。钢丝钳品种很多，其常用类型及外形与规格技术参数见表 10-102。

表 10-102 钢丝钳的常用类型及外形与规格技术参数

分类	规格（长度）/mm	外形	使用场合
钢丝钳 (QB/T 2442.1—2007)	140、160、180、 200、220、250	带塑料管钢丝钳 不带塑料管钢丝钳	用于夹持或弯折薄片形、圆柱形金属零件及切断金属丝，是应用最广泛的工具。分为柄部不带塑料套管和带塑料套管两种，钳子的绝缘塑料管耐压 500V 以上，可以带电剪切电线
鲤鱼钳 (QB/T 2442.4—2007)	125、160、180、 200、250		用于夹持扁形或圆柱形零件。钳口的开口尺寸有两档调节位置，可以夹持尺度较大的零件，刃口可以剪断金属丝，也可代替扳手拆卸螺栓、螺母
水泵钳 (QB/T 2440.4—2007)	100、125、160、 200、250、315、 350、400、500		用于夹持变形或圆柱形金属零件。钳口的宽度有三至四档调节位置，以适用夹持不同尺寸的零件
断线钳 (QB/T 2206—2011)	305、365、460、 620、765、910、 1070	普通式（铁柄） 管柄式	用于切断较粗的、硬度≤30HRC 的金属线材及电线等。分为管柄式、可锻铸铁柄式和绝缘柄式三种类型

（续）

分类	规格（长度）/mm	外形	使用场合
通用型大力钳（QB/T 4062—2010）	直口型 140、180、220 曲口型 100、140、180、220 尖嘴型 135、165、220		用于具有夹持、扳拧和夹持锁定，兼有剪切功能。钳口开口尺寸为28.7～69.9mm；钳口头部宽度为40～67mm；钳口宽度为11～14.2mm；钳口顶部厚度为4.5～10mm
十用钳	175		具有普通钢丝钳的功能外，还具有螺钉旋具、撬钉器、圆头锤、羊角锤、呆扳手等用途

3. 旋具

旋具用于拆卸或上紧螺钉紧固件。类型很多、大小不一，在工业上为一种常用工具，也是居家的必备工具。

（1）一字槽螺钉旋具（QB/T 2564.4—2012）　一字槽螺钉旋具用于拆卸或上紧一字槽螺钉。一字槽螺钉旋具分为普通式和穿心式两种规格。穿心式能承受较大的扭矩，并可在尾部柄端用锤子敲击；旋杆设有六角形断面加力部分的螺钉旋具，可用相应的扳手夹住旋杆扳动，以增加扭矩。市场上有木柄旋具和塑料柄旋具两种，其外形及主要技术参数见表10-103。

表10-103　一字槽螺钉旋具的外形及主要技术参数

普通式

穿心式

规格① $a \times b$	旋杆长度$l_1{}^{+5}_{0}$			
	A系列②	B系列	C系列	D系列
0.4×2	—	40	—	—
0.4×2.5	—	50	75	100
0.5×3	—	50	75	100
0.6×3	—	75	100	125
0.6×3.5	25（35）	75	100	125
0.8×4	25（35）	75	100	125
1×4.5	25（35）	100	125	150
1×5.5	25（35）	100	125	150
1.2×6.5	25（35）	100	125	150
1.2×8	25（35）	125	150	175
1.6×8	—	125	150	175
1.6×10	—	150	175	200
2×12	—	150	200	250
2.5×14	—	200	250	300

①规格 $a \times b$ 按QB/T 2564.2的规定。

②括号内的尺寸为非推荐尺寸。

（2）十字槽螺钉旋具（QB/T 2564.5—2012） 十字槽螺钉旋具用于拆卸或紧固十字槽螺钉。木柄和塑料柄螺钉旋具分为普通式与穿心式两种，穿心式能承受较大的扭矩，并可在尾部柄端用锤子敲击；旋杆设有六角形断面加力部分的螺钉旋具，可用相应的扳手夹住旋杆扳动，以增加扭矩，其外形及主要技术参数见表 10-104。

表 10-104 十字槽螺钉旋具的外形及主要技术参数 （单位：mm）

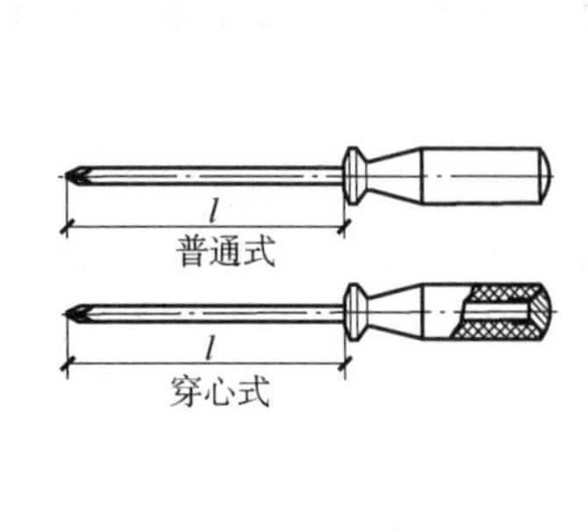

工作端部槽号 PH 和 PZ	旋杆长度 l^{+5}_{0}	
	A 系列	B 系列
0	25（35）	60
1	25（35）	75（80）
2	25（35）	100
3	—	150
4	—	200

注：括号内的尺寸为非推荐尺寸。

4. 普通台虎钳（QB/T 1558.2—2017）

普通台虎钳安装在工作台上，用以夹持工件，使钳工便于进行各种操作。回转式的钳体可以旋转，带工件旋转到合适的工作位置，普通台虎钳的外形与主要技术参数见表 10-105。

表 10-105 普通台虎钳的外形与主要技术参数

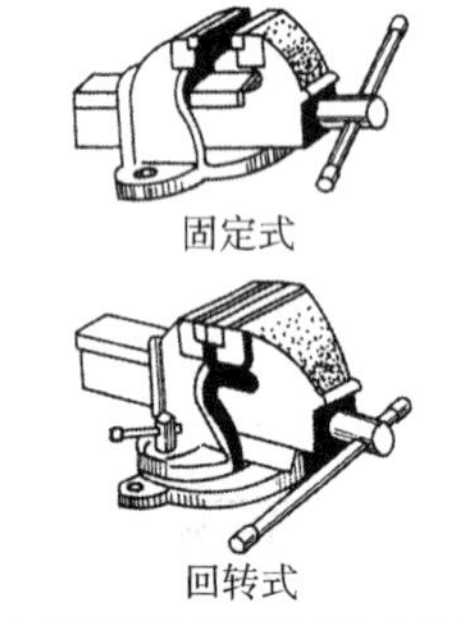

规格		75	90	100	115	125	150	200
钳口宽度/mm		75	90	100	115	125	150	200
开口度/mm		75	90	100	115	125	150	200
外形尺寸/mm	长度	300	340	370	400	430	510	610
	宽度	200	220	230	260	280	330	390
	高度	160	180	200	220	230	260	310
夹紧力/kN	轻级	7.5	9.0	10.0	11.0	12.0	15.0	20.0
	重级	15.0	18.0	20.0	22.0	25.0	30.0	40.0

5. 多用台虎钳（QB/T 1558.3—2017）

多用台虎钳与一般台虎钳相同，但其平钳口下部设有一对带圆弧装置的管钳口及 V 形钳口，专用来夹持小直径的钢管、水管等圆柱形工件，以使紧固时工件不转动，并在其固定体上端铸有铁砧面，便于对小工件进行锤击加工，其外形与主要技术参数见表 10-106。

表 10-106 多用台虎钳的外形与主要技术参数

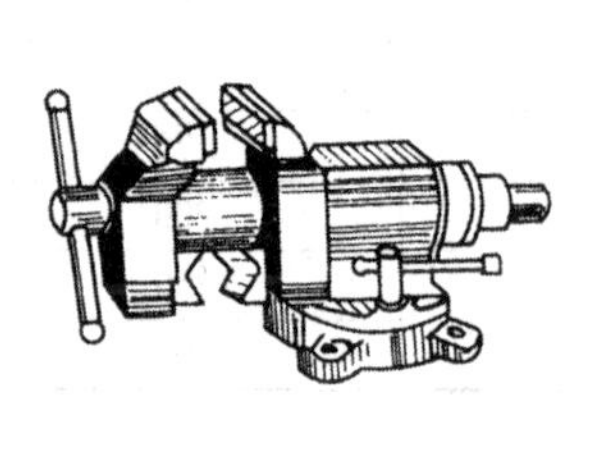

规格		75	100	120	125	150
钳口宽度/mm		75	100	120	125	150
开口度/mm		60	80	100		120
管钳口夹持范围/mm		6~40	10~50	15~60		15~65
夹紧力/kg	轻级	15	20	25		30
	重级	9	20	16		18

6. 钢锯架（QB/T 1108—2015）

钢锯架安装于手用锯条后，用于手工锯割金属等材料，其外形与主要技术参数见表 10-107。

表 10-107　钢锯架的外形与主要技术参数　（单位：mm）

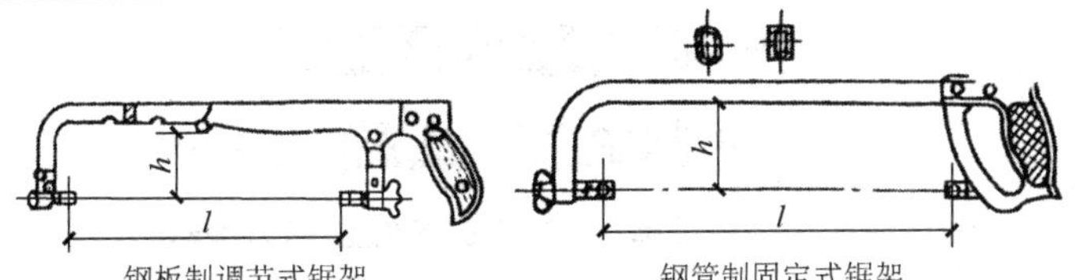

钢板制调节式锯架　　钢管制固定式锯架

产品分类	结构形式	规格 l①		弓深 h
钢板锯架	调节式	300（250）		≥64
	固定式	250	300	
钢管锯架	调节式	300（250）		≥74
	固定式	250	300	
铝合金锯架	调节式	300（250）		≥64
	固定式	250	300	
小型锯架	固定式	150	180	—

注：小型锯架的弓深和特殊规格产品可不受本表限制。

①l 为适用钢锯条长度，括号内数值为可调节使用钢锯条长度。

7. 錾子

錾子用于錾切、凿、铲等作业。常用于錾切金属板或其他硬脆性材料，其外形与主要技术参数见表 10-108。

表 10-108　錾子的外形与主要技术参数　（单位：mm）

八角形錾子　　圆形錾子

规格	16×180	18×180	20×200	27×200	27×250
錾口宽度	16	18	20	27	27
全长	180	180	200	200	250

8. 钳工锤

钳工锤供钳工工作时敲击金属成形。分为钳工锤和圆头锤等多种形式，其外形与主要技术参数见表 10-109。

表 10-109　钳工锤的外形及主要技术参数

分类	规格（质量/kg）	实物外形（图）	使用场合
钳工锤（QB/T 1290.3—2010）	不带柄：0.1，0.2，0.3，0.4，0.5，0.6，0.8，1.0，1.6		供钳工用于敲击金属成形，也可以成为锻工、安装工、冷作工维修装饰工的工作用锤
圆头锤（QB/T 1290.2—2010）	不带柄：0.11，0.22，0.34，0.45，0.68，0.91，1.13，1.36		

9. 钳工锉（QB/T 2569.1—2002）

钳工锉用于锉削或修整金属工件的表面、凹槽及内孔，其外形与主要技术参数见表10-110。

表10-110 钳工锉的外形与主要技术参数 （单位：mm）

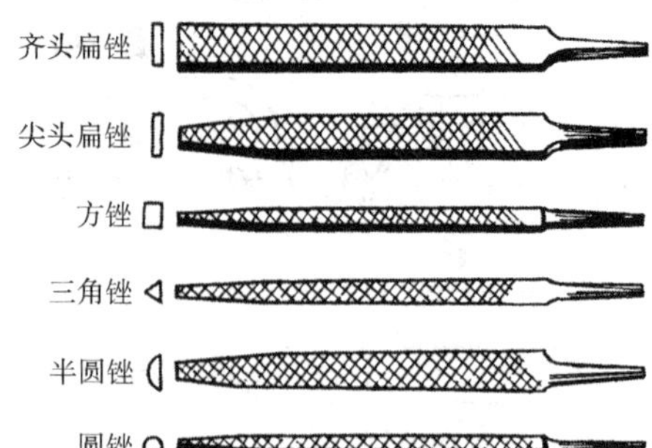

锉身长度	扁锉（齐头、尖头）		半圆锉			三角锉	方锉	圆锉
	宽	厚	宽	厚（薄形）	厚（厚形）	宽	宽	直径
100	12	2.5	12	3.5	4.0	8.0	3.5	3.5
125	14	3	14	4.0	4.5	9.5	4.5	4.5
150	16	3.5	16	5.0	5.5	11.0	5.5	5.5
200	20	4.5	20	5.5	6.5	13.0	7.0	7.0
250	24	5.5	24	7.0	8.0	16.0	9.0	9.0
300	28	6.5	28	8.0	9.0	19.0	11.0	11.0
350	32	7.5	32	9.0	10.0	22.0	14.0	14.0
400	36	8.5	36	10.0	11.5	26.0	18.0	18.0
450	40	9.5	—	—	—	—	22.0	—

锉身长度	三角锯锉（齐头尖头）		
	普通型	窄型	特窄型
	宽	宽	宽
175	12.0	10.0	8.5
200	13.0	12.0	10.0
250	16.0	14.0	—
300	—	—	—
350	—	—	—

10. 内外卡钳

内外卡钳与钢直尺配合使用。内卡钳用于测量工件的内尺寸（内径、槽宽），外卡钳用于测量工件的外尺寸（外径、厚度），其外形与主要技术参数见表10-111。

表10-111 内外卡钳的外形与主要技术参数 （单位：mm）

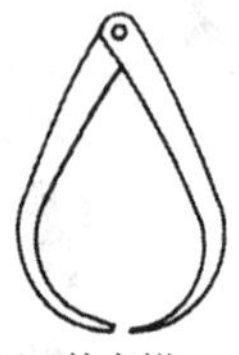

外卡钳

内卡钳

（续）

品种类别	外卡钳，内卡钳
全长	100，125，150，200，250，300，350，400，450，500，600

11. 测量用尺

测量用尺主要测量工件的各种几何尺寸，包括金属尺、钢卷尺、纤维卷尺、木折尺等多种。各种标尺的规格必须符号国际标准，其外形与主要技术参数见表10-112。

表10-112　测量用尺的外形与主要技术参数　（单位：mm）

分类	规格（标称长度）	外形	说明
金属直尺 （GB/T 9056—2004）	150，300，500，600，1000，1500，2000		用于测量一般工件的尺寸
钢卷尺 （QB/T 2443—2011）	1，2，3，3.5，5，10	A型—自卷式 B型—制动式 C型—摇卷盒式 D型—摇卷架式	丈量距离或测量较长的工件
纤维卷尺 （QB/T 1519—2011）	5，10，15，20，30，50		测量较长距离，其准确度差
木标尺		四折木尺 八折木尺	测量较长工件，常用于木工、土建工、装饰工采用

12. 冲子

冲子用于工件冲孔或画线放样定位，为钳工的重要工具，其外形与主要技术参数见表10-113。

表10-113　冲子的外形与主要技术参数　（单位：mm）

名称（示意图）	规格			用途
	冲头直径	外径	全长	
尖冲子 （JB/T 3411.29—1999）	2	8	80	用于金属材料上冲坑
	3	8	80	
	4	10	80	
	6	14	100	

（续）

<table>
<tr><th>名称（示意图）</th><th colspan="4">规格</th><th>用途</th></tr>
<tr><td rowspan="7">圆冲子
（JB/T 3411.30—1999）</td><td colspan="2">圆冲直径</td><td>外径</td><td>全长</td><td rowspan="7">用于装配中的冲击工具</td></tr>
<tr><td colspan="2">3</td><td>8</td><td>80</td></tr>
<tr><td colspan="2">4</td><td>10</td><td>80</td></tr>
<tr><td colspan="2">5</td><td>12</td><td>100</td></tr>
<tr><td colspan="2">6</td><td>14</td><td>100</td></tr>
<tr><td colspan="2">8</td><td>16</td><td>125</td></tr>
<tr><td colspan="2">10</td><td>18</td><td>125</td></tr>
<tr><td rowspan="8">半圆头铆钉冲子
（JB/T 3411.31—1999）</td><td>铆钉直径</td><td>凹球半径</td><td>外径</td><td>全长</td><td rowspan="8">—</td></tr>
<tr><td>2.0</td><td>1.9</td><td>10</td><td>80</td></tr>
<tr><td>2.5</td><td>2.5</td><td>12</td><td>100</td></tr>
<tr><td>3.0</td><td>2.9</td><td>14</td><td>100</td></tr>
<tr><td>4.0</td><td>3.8</td><td>16</td><td>125</td></tr>
<tr><td>5.0</td><td>4.7</td><td>18</td><td>125</td></tr>
<tr><td>6.0</td><td>6.0</td><td>20</td><td>140</td></tr>
<tr><td>8.0</td><td>8.0</td><td>22</td><td>140</td></tr>
<tr><td rowspan="13">四方冲子
（JB/T 3411.33—1999）</td><td colspan="2">四方对边距</td><td>外径</td><td>全长</td><td rowspan="13">用于冲内四方孔</td></tr>
<tr><td colspan="2">2.0，2.24</td><td>8</td><td rowspan="3">80</td></tr>
<tr><td colspan="2">2.5，2.8</td><td>8</td></tr>
<tr><td colspan="2">3.0，3.15，3.35</td><td>14</td></tr>
<tr><td colspan="2">4.0，4.5，5.0</td><td>16</td><td rowspan="3">100</td></tr>
<tr><td colspan="2">5.6，6.0，6.3</td><td>16</td></tr>
<tr><td colspan="2">7.1，8.0</td><td>18</td></tr>
<tr><td colspan="2">9.0，10.0</td><td>20</td><td rowspan="3">125</td></tr>
<tr><td colspan="2">11.2，12.0</td><td>20</td></tr>
<tr><td colspan="2">12.5，14.0，16.0</td><td>25</td></tr>
<tr><td colspan="2">17.0，18.0，20.0</td><td>30</td><td rowspan="3">150</td></tr>
<tr><td colspan="2">22.0，22.4</td><td>35</td></tr>
<tr><td colspan="2">25.0</td><td>40</td></tr>
<tr><td rowspan="4">六方冲子
（JB/T 3411.34—1999）</td><td colspan="2">六方对边距</td><td>外径</td><td>全长</td><td rowspan="4">用于冲子内六方孔</td></tr>
<tr><td colspan="2">3.4</td><td>14</td><td>80</td></tr>
<tr><td colspan="2">5.6</td><td>16</td><td>100</td></tr>
<tr><td colspan="2">5.10</td><td>18</td><td>100</td></tr>
<tr><td rowspan="5">六方冲子
（JB/T 3411.34—1999）</td><td colspan="2">六方对边距</td><td>外径</td><td>全长</td><td rowspan="5">用于冲子内六方孔</td></tr>
<tr><td colspan="2">12.14</td><td>20</td><td>125</td></tr>
<tr><td colspan="2">17.19</td><td>25</td><td>125</td></tr>
<tr><td colspan="2">22.24</td><td>30</td><td>150</td></tr>
<tr><td colspan="2">27</td><td>35</td><td>150</td></tr>
</table>

（续）

名称（示意图）	规格	用途
皮带冲	单支冲头直径：1.5，2.5，3，4，5，5.5，6.5，8，9，11，12.5，14，16，19，21，22，24，25，28，32，35，38 组套：8 支套，10 支套，12 支套，15 支套，16 支套	用于皮革及非金属材料（纸、橡胶扳、石棉制品）上冲制圆形孔

13. 白铁剪

白铁剪用于手工剪切金属板材，其外形与主要技术参数见表 10-114。

表 10-114 白铁剪的外形与主要技术参数 （单位：mm）

全长		200	250	300	350	400	450	500
剪切厚度	镀锌薄钢板	0.3	0.35	0.45	0.55	0.7	0.9	1.2
	薄钢板	0.25	0.3	0.4	0.5	0.6	0.8	1.1

14. 拉铆钳

拉铆钳用于拉铆抽芯铝铆钉，其外形与主要技术参数见表 10-115。

表 10-115 拉铆钳的外形与主要技术参数 （单位：mm）

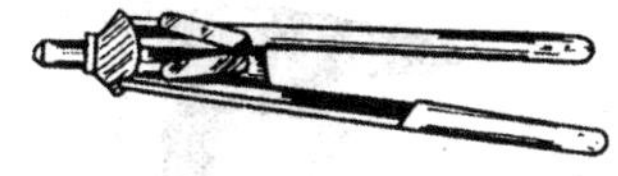

型号	拉铆铆钉直径	拉铆头孔径
SM-2	2，5，3，4，8	与铆钉拉杆配套
SLM-2	3～5	2，2.5，3

15. 手动拉铆枪（QB/T 2292—2017）

手动拉铆枪供单面拉铆抽芯铆钉用单手操作式适用于拉铆力小的场合；双手操作式适用于拉铆力较大的场合，其外形与主要技术参数见表 10-116。

表 10-116 手动拉铆枪的外形与主要技术参数 （单位：mm）

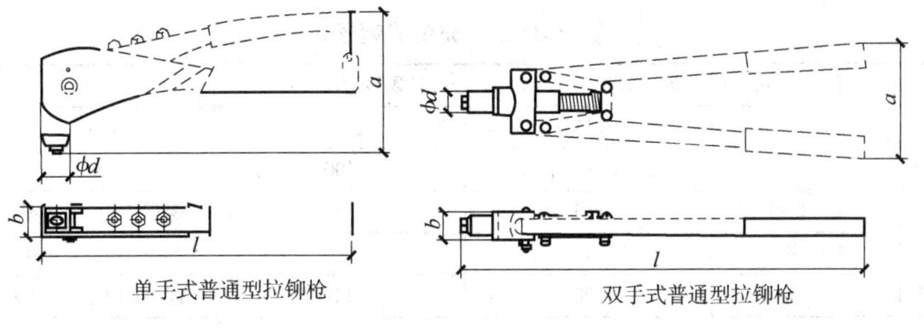

单手式普通型拉铆枪　　双手式普通型拉铆枪

（续）

<table>
<tr><th rowspan="2">型式</th><th rowspan="2">规格</th><th>适用铆钉规格</th><th colspan="4">基本尺寸</th></tr>
<tr><th>≤</th><th>l</th><th>a</th><th>b</th><th>ϕd</th></tr>
<tr><td rowspan="3">单手式</td><td>240</td><td>4.8</td><td>240±5</td><td>90~120</td><td rowspan="2">28~32</td><td>18~19</td></tr>
<tr><td>255</td><td>4.8</td><td>255±5</td><td>100~120</td><td rowspan="2">18~22</td></tr>
<tr><td>265</td><td>4.8</td><td>265±5</td><td>95~120</td><td>28~35</td></tr>
<tr><td rowspan="4">双手式</td><td>430</td><td>6.4</td><td>430±5</td><td rowspan="2">100~120</td><td rowspan="3">32~37</td><td rowspan="4">22~24</td></tr>
<tr><td>460</td><td>6.4</td><td>460±5</td></tr>
<tr><td>530</td><td>6.4</td><td>530±5</td><td>100~130</td></tr>
<tr><td>610</td><td>6.4</td><td>610±5</td><td>100~155</td><td>32~41</td></tr>
</table>

16. 手动铆螺母枪

手动铆螺母枪专供双手操作单面螺母用，其外形与主要技术参数见表10-117。

表10-117　手动铆螺母枪的外形与主要技术参数　（单位：mm）

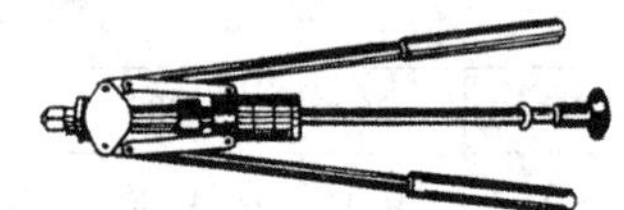

型号	适用铝质铆螺母规格	外形尺寸	质量/kg
SLM-M-1	M5、M6	490×172×50	1.9
SLM-M	M3、M4	345×160×42	0.7

17. 电动及充电式起子机

电动起子机是用于螺栓、螺母的拆装工具，其外形及主要技术参数见表10-118a、b。

表10-118a　电动起子机

<table>
<tr><th>型号</th><th>输入功率/W</th><th>冲击次数/(次/min)</th><th>空载转速/(r/min)</th><th>最大转矩/(N·m)</th><th>质量/kg</th></tr>
<tr><td>6821</td><td>570</td><td>—</td><td>4000</td><td>—</td><td>1.3</td></tr>
<tr><td>6823N</td><td>570</td><td>—</td><td>2500</td><td>—</td><td>1.5</td></tr>
<tr><td>6951</td><td>300</td><td>3000</td><td>2200</td><td>98</td><td>1.3</td></tr>
<tr><td>TD0100</td><td>230</td><td>3200</td><td>3600</td><td>100</td><td>0.96</td></tr>
<tr><td>GSR6-25TE</td><td rowspan="2">500</td><td rowspan="2">—</td><td rowspan="2">1700~2500</td><td rowspan="2">—</td><td rowspan="2">1.5</td></tr>
<tr><td>GSR6-40TE</td></tr>
</table>

表10-118b　充电式起子机

型号	夹头尺寸/mm	最大转矩/(N·m)	空载转速/(r/min)	电池	质量/kg
6980FDWAE	—	125	2600	12V	1.6
6704DW	—	1.9~7.8（五段）	400	9.6V	1.5
DW052K	1~8.35	115	2400	镍镉12V，2.4Ah	1.7
IXO Ⅱ	磁性夹头	4	180	锂3.6V，1.3Ah	—
GDR10.8VLi	6.35	100	1800	锂10.8V，1.3Ah	1

18. 电动旋具

电动旋具用于拧紧或拆卸一字槽或十字槽的机螺钉、木螺钉和自攻螺钉，其外形及主要技术参数见表 10-119。

表 10-119　电动旋具的外形及主要技术参数　　（单位：mm）

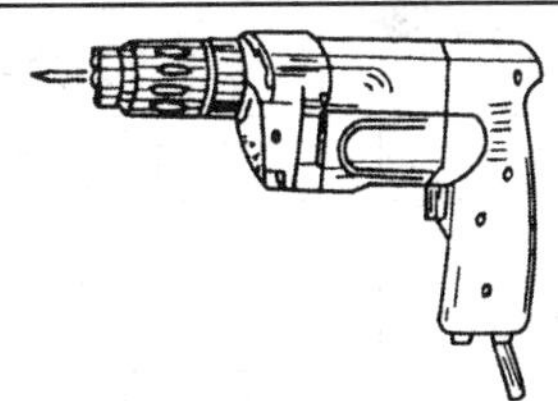

规格	适用范围	额定输出功率/W	拧紧力矩/(N·m)
M6	机螺钉 M4 ~ M6 木螺钉≤4 自攻螺钉 ST3.9 ~ ST4.8	≥85	2.45 ~ 8.0

注：木螺钉≤4 是指在拧入一般木材中的木螺钉规格。

19. 电动扳手

电动扳手是用于螺栓、螺母拆装的工具，其外形及主要技术参数见表 10-120。

表 10-120　电动扳手机外形及主要技术参数

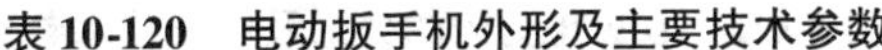

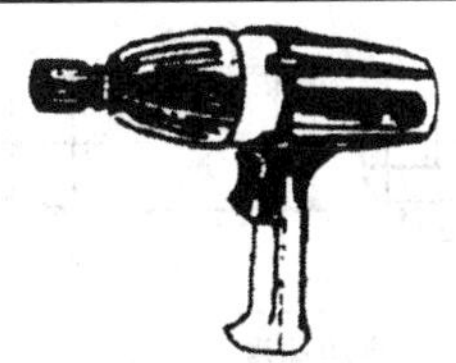

电动扳手

型号	最大转矩/(N·m)	额定冲击次数/(次/min)	空载转速/(r/min)	输入功率/W	螺栓/mm	方头尺寸/mm	质量/kg
PIB-FF-20C	294	2000	1700	340	M12 ~ M20	12.7×2.7	3.2
PIB-FF-12	188	2000	1800	300	M8 ~ M12	12.7×12.7	2.1
GDS18E	70-250	—	全导程 500 ~ 1300	500	M6 ~ M18	12.7×12.7 方形套筒	3.3
6905B	294	2000	1700	340	M12 ~ M20	—	2.7
TW0350	350	2000	2000	400	M12 ~ M22	-	
BTW200WA BTW200SA	高速 200 低速 150	高速 3000 低速 2500	高速 2000 低速 1600	—	M10 ~ M16 方形：12.7	24V	2.8
GDR9.6V	105	3200	2800	6.35	M6 ~ M12	9.8V2A×2	1.7
GDR14.4V	135	3200	2899		M6 ~ M16	14.4V2A×2	1.9
DW053K	160	3000	2400	12.7	最大 M16	镍镉 2.4Ah	1.7

20. 电动刀锯（GB/T 22678—2008）

电动刀锯用于锯割金属板、管、棒等材料以及合成材料、木材等，其外形及主要技术参数见表 10-121。

表 10-121　电动刀锯的外形及主要技术参数

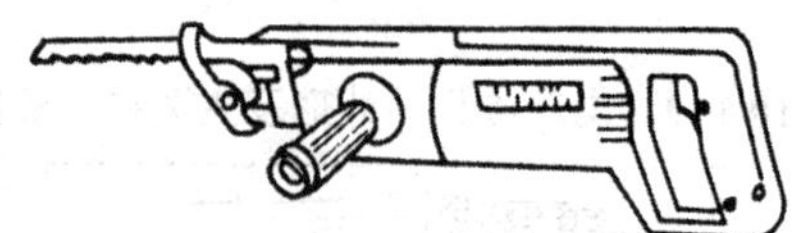

规格/mm	额定输出功率/W	额定转矩/(N·m)	空载往复次数/(次/min)
24	≥430	≥2.3	≥2400
26			
28	≥570	≥2.6	≥2700
30			

注：1. 额定输出功率是指刀锯拆除往复机构后的额定输出功率。
2. 电子调速刀锯的基本参数基于电子装置调节到最大值时的参数。

21. 双刃电剪刀

双刃电剪刀是一种新型手持式的电动工具，采用双刃口剪刀形式，双重绝缘结构，是专为各种薄壁金属型材的剪切而制造的。剪切后的金属薄板具有不产生变形的良好性能，其外形及主要技术参数见表 10-122。

表 10-122　双刃电剪刀的外形及主要技术参数

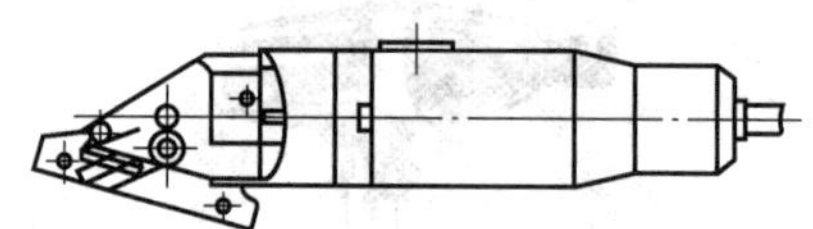

型号	电压/V	功率/W	剪切速度/(m/min)	剪切频率/(次/min)	质量/kg
J_1R-2	220	280	2	1850	1.8

注：1. 额定输出功率是指刀具拆除往复机构后的额定输出功率。
2. 电子调速刀具的基本参数基于电子装置调节到最大值时的参数。

22. 电剪刀（GB/T 22681—2008）

电剪刀是用于直线或曲线切剪金属板材的工具，其外形及主要技术参数见表 10-123。

表 10-123　电剪刀的外形及主要技术参数

型号	割削深度		输入功率/W	空载每分钟额定往复次数	质量/kg
	钢板 6000N/mm²	铝板 200N/mm²			
GSC160	1.2	2.2	500	5000	1.8
GSC2.8	2.2	3.5	500	2400	2.7
QSZ160	1.2	2.0	500	5600	1.6

23. 电钉枪

电钉枪是用于将码钉或直钉钉于木板或纸板上的木工工具，其外形及主要技术参数见表10-124。

表10-124　电钉枪的外形及主要技术参数

钉长/mm		额定电压/V	效率/(个/min)	质量/kg
码钉	直钉			
6～14	46	220	20	1.1

24. 电喷枪

电喷枪是用于喷漆或喷各种药剂的工具，其外形及主要技术参数见表10-125。

表10-125　电喷枪的外形及主要技术参数

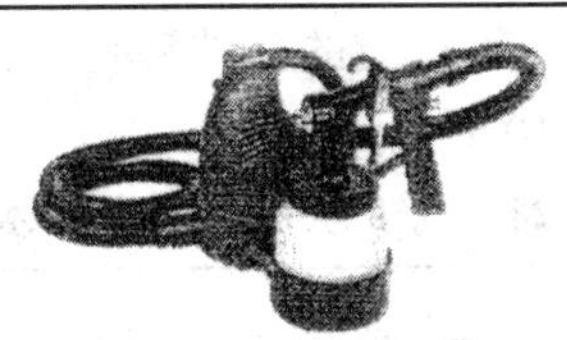

型号	QIP-50	QIP-100	QIP-150	QIP-200	QIP-320
额定流量/(ml/min)	50	100	150	260	320
额定最大输入功率/W	25	40	60	80	100
额定电压及频率	220V，50Hz				
密封泵压/(N/mm^2)	>10				

注：流量与功率并非对应关系。

25. 热风枪

热风枪是用于塑料变形、玻璃变形、胶管熔接、清理墙壁纸的工具，其外形及主要技术参数见表10-126。

表10-126　热风枪的外形及主要技术参数

型号	温度/℃	空气流量/(L/min)	输入功率/kW	降温设置/℃	质量/kg
GHG500-2	300/500	240/450	1.6	—	0.75
GHG600-3	50/400/600	250/350/500	1.8	50	0.8
GHG630CE	50～630	150/300/500	2.0	50	0.9

26. 热熔胶枪

热熔胶枪是用于胶粘贴装饰材料的工具，其外形及主要技术参数见表 10-127。

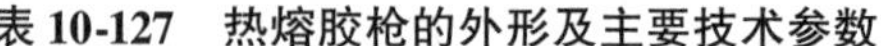

表 10-127 热熔胶枪的外形及主要技术参数

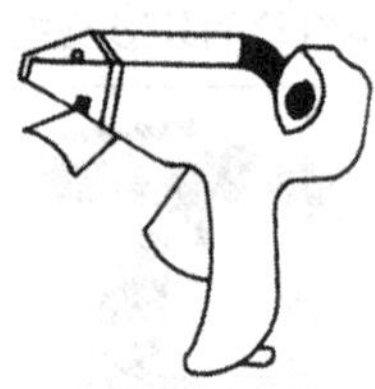

型号	胶水流出量/(g/min)	胶条长度/mm	质量/kg
PKP18E	20	200	0.35
PKP30LE	30	200	0.37

注：预热时间为 4min。

10.5 气动工具

1. 气钻（JB/T 9847—2010）

气钻是用于对金属、木材、塑料等材质的工件钻孔。分为直柄式、侧柄式和枪柄式几种形式，其外形及主要技术参数见表 10-128。

表 10-128 气钻的外形及主要技术参数

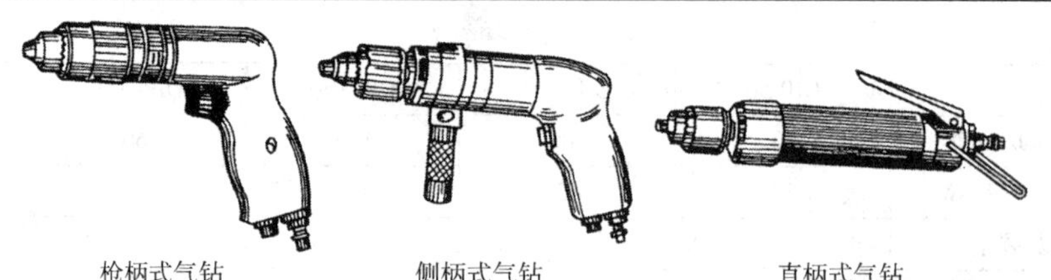

枪柄式气钻　　侧柄式气钻　　直柄式气钻

<table>
<tr><th rowspan="2">基本参数</th><th colspan="9">产品系列</th></tr>
<tr><th>6</th><th>8</th><th>10</th><th>13</th><th>16</th><th>22</th><th>32</th><th>50</th><th>80</th></tr>
<tr><td>功率/kW</td><td colspan="2">≥0.200</td><td colspan="2">≥0.290</td><td>≥0.660</td><td>≥1.07</td><td>≥1.24</td><td colspan="2">≥2.87</td></tr>
<tr><td>空转转速/(r/min)</td><td>≥900</td><td>≥700</td><td>≥600</td><td>≥400</td><td>≥360</td><td>≥260</td><td>≥180</td><td>≥110</td><td>≥70</td></tr>
<tr><td>单位功率耗气量/[L/(s·kw)]</td><td colspan="2">≤44.0</td><td colspan="2">≤36.0</td><td>≤35.0</td><td>≤33.0</td><td>≤27.0</td><td colspan="2">≤26.0</td></tr>
<tr><td>噪声（声动频率）/dB（A）</td><td colspan="2">≤100</td><td colspan="3">≤105</td><td colspan="4">≤120</td></tr>
<tr><td>整机质量/kg</td><td>≤0.9</td><td>≤1.3</td><td>≤1.7</td><td>≤2.6</td><td>≤6.0</td><td>≤9.0</td><td>≤13.0</td><td>≤23.0</td><td>≤35.0</td></tr>
<tr><td>气管内径/mm</td><td colspan="2">≤10</td><td colspan="2">≤12.5</td><td colspan="3">≤16</td><td colspan="2">≤20</td></tr>
</table>

注：验收气压为 0.63MPa；噪声在空转下测量；整机质量不包括钻卡；角式气钻质量可增加 25%。

2. 气动旋具

气动旋具用于建筑安装工程中的各种电器、电子、仪表等的装配或维修工作中螺钉的紧固或拆卸，可减轻劳动强度，提高生产效率，其外形及主要技术参数见表 10-129。

表10-129　气动旋具的外形及主要技术参数

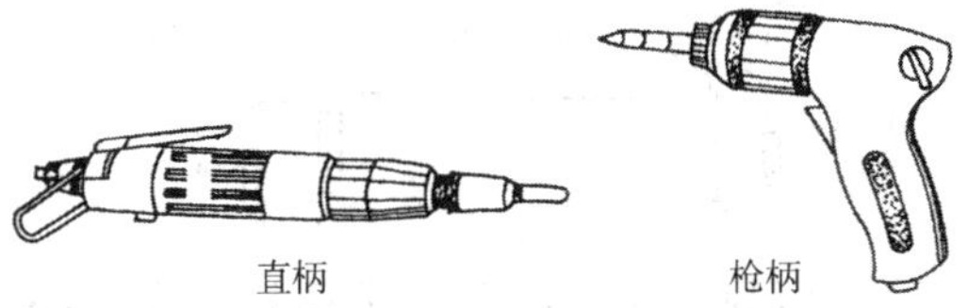

直柄　　枪柄

产品系列	拧螺纹规格	扭矩范围/(N·m)	空载转速/(r/min)	最大空转耗气量/(L/s)	气管内径/mm	质量/kg	
						直柄式	枪柄式
2	M1.6～M2	0.12～0.264	1000	4.00	6.3	0.50	0.55
3	M2～M3	0264～0.935		5.00		0.70	0.77
4	M3～M4	0.93～2.300		7.00		0.80	0.88
5	M14～M5	2.30～4.200	800	8.50		1.00	1.10
6	M15～M6	4.20～7.220	600	10.50			

注：验收气压为0.63MPa。

3. 气剪刀

气剪刀是用于建筑安装工程中剪切金属薄板的工具，其外形及主要技术参数见表10-130。

表10-130　气剪刀的外形及主要技术参数

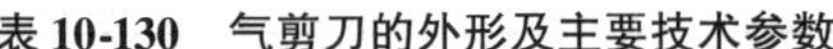

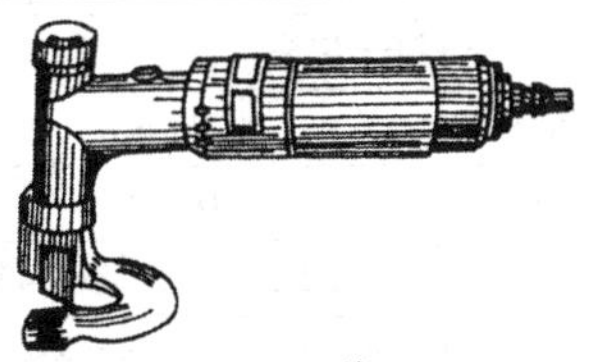

JD2型

型号	工作气压/MPa	剪切厚度/mm	剪切频率/Hz	气管内径/mm	质量/kg
QD2	0.63	≤2.0	30	10	1.6
QD3	0.63	≤2.5	30	10	1.5

4. 气动抛光机

气动抛光机用于建筑安装工程中各种金属构件的抛光，其外形及主要技术参数见表10-131。

表10-131　气动抛光机的外形及主要技术参数

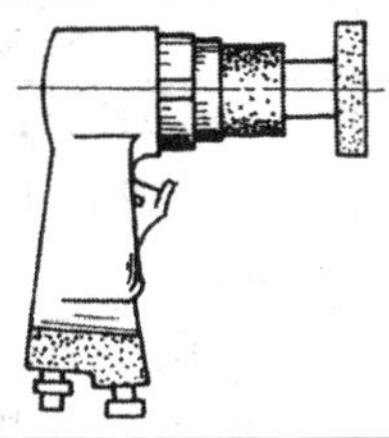

型号	工作气压/MPa	转速/(r/min)	耗气量/(m^3/min)	气管内径/mm	质量/kg
GT125	0.60～0.65	≥1700	0.45	10	1.15

5. 气刮铲

气刮铲适用于建筑安装施工中电焊去渣、去毛边、开坡口等，也可以在钢结构件、铸件上进行铲削，其外形及主要技术参数见表10-132。

表 10-132　气刮铲的外形及主要技术参数

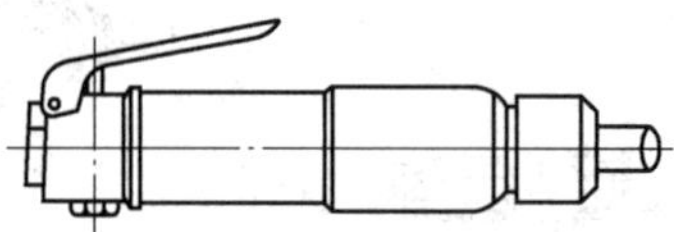

型号	工作气压/MPa	冲击频率/(次/min)	耗气量/(L/min)	气管内径/mm	质量/kg
CZ2	0.5	>5200	<0.2	10	<2

6. 气动打钉枪（JB/T 7739—2017）

气动打钉枪是用于木材、皮革、塑料等材料打钉拼装作业的工具，其外形及主要技术参数见表 10-133。

表 10-133　气动打钉枪的外形及主要技术参数

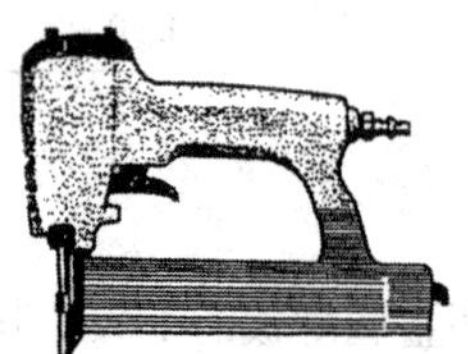

（1）直打钉枪

型号	钉子形式	钉子规格		钉槽容量/枚	工作气压/MPa	质量/kg
		截面尺寸/mm	长度/mm			
AT-3095	直钉	2.87～3.3	50～90	—	0.5～0.7	3.85
AT309031/45	螺旋钉	ϕ3.1	22，25，32，38，45	120	0.5～0.8	3.2
AT308025/64T	直钉	ϕ2.5	16，25，32，38，45，50	—	0.5～0.8	2.7
		ϕ2.55	25，32，38，45，50，57，64			
AT307016/64A	直钉	1.6×1.4	32，38，45，50，57，64	—	0.5～0.8	2.75
AT3020T50	直钉	1.6×1.4	20，25，32，38，45，50	100	0.4～0.7	2.3
AT3010F30	直钉	1.25×1.0	10，15，20，25，30	100	0.35～0.7	1.15

（2）U 形打钉枪

型号	钉子规格			钉槽容量/枚	工作气压/MPa	质量/kg
	截面尺寸/mm	跨度/mm	长度/mm			
16×951	1.6×1.4	12.25	32，35，38，45，50	150	0.5～0.8	2.55
243　8B（S）	1.6×1.4	25.4	19，22，25，32，38	140	0.5～0.8	2.76
90/40	1.25×1	5.8	16，19，22，25，28，32，38，40	100	0.4～0.7	2.3
422J	12×0.58	5.1	10，13，16，19，22	100	0.35～0.7	1.15
413J	12×0.58	5.1	6，8，10，13	100	0.35～0.7	0.96
1022J	12×0.58	11.2	10，13，16，19，22	100	0.35～0.7	1.15
1013J	12×0.58	11.2	6，8，10，13	100	0.35～0.7	0.92

7. 气动射钉枪

气动射钉枪用于将码钉直射于混凝土构件、岩石、砖墙或金属件上以及用来紧固建筑构件等，气动码钉射钉枪、T 形码钉射钉枪可把门形码钉射在建筑构件、包装箱上，或将 T 形钉射在被紧固物上，起到紧固、连接作用，其外形及主要技术参数见表 10-134。

表 10-134　气动射钉枪的外形及主要技术参数

气动圆盘射钉枪

气动圆头钉射钉枪

种类	空气压力/MPa	射钉频率/(枚/s)	装钉容量/枚	质量/kg
气动圆盘射钉枪	0.4～0.7	4	385	2.5
	0.45～0.75	4	300	3.7
	0.4～0.7	4	385/300	3.2
	0.4～0.7	3	300/250	3.5
气动圆头钉射钉枪	0.45～0.75	3	64/70	5.5
	0.4～0.7	3	64/70	3.6
气动码钉射钉枪	0.4～0.7	6	110	1.2
	0.45～0.75	5	165	2.8
气动 T 形钉射钉枪	0.4～0.7	4	120/104	3.2

8. 气动铆钉枪

气动铆钉枪用于建筑安装工程中将铆钉射入金属构件，紧密连接结构件，其外形及主要技术参数见表 10-135。

表 10-135　气动铆钉枪外形及主要技术参数

直柄式　　枪柄式

弯柄式　　环柄式

规格	铆钉直径		窝头尾柄规格/mm	整机质量/kg	验收气压/MPa	冲击能/J	冲击频率/Hz	耗气量/(L/s)	气管内径/mm	噪声/dB(A)
	冷铆硬铝(2A10)	热铆钢(20)								
4	4	—	10×32	≤1.2	0.63	≥2.9	≥35	≤6.0	10	≤114
5	5	—		≤1.5		≥4.3	≥24	≤7.0		
			12×45	≤1.8			≥28		12.5	
6	6	—		≤2.3		≥9.0	≥13	≤9.0		≤116
				≤2.5			≥20	≤10		
12	8	12	17×60	≤4.5		≥16.0	≥15	≤12		
16	—	16	31×70	≤7.5		≥22.0	≥20	≤18	16	≤118
19	—	19		≤8.5		≥26.0	≥18			
22	—	22		≤9.5		≥32.0	≥15	≤19		
28	—	28		≤10.5		≥40.0	≥14			
36	—	36		≤133.0		≥60.0	≥10	≤22		

9. 气动洗涤枪

气动洗涤枪是用于洗涤建筑物墙面的工具，其外形及主要技术参数见表 10-136。

表 10-136　气动洗涤枪的外形及主要技术参数

	型号	工作气压/MPa	质量/kg
	XD	0.3～0.5	2.5

10. 气动磨光机

气动磨光机可根据需要，在打磨地板上粘贴不同粒度的砂纸或抛光布，对金属、木材进行砂磨、除锈、抛光等作业。常用于建筑安装工程中提高装饰档次。在机械制造行业中有广泛应用，其外形及主要技术参数见表 10-137。

表 10-137　气动磨光机的外形及主要技术参数

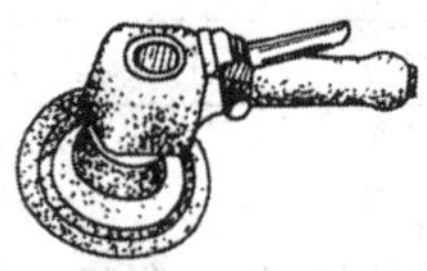

圆盘式（MG型）

平板摆动式（其余型号）

型号	工作气压/MPa	空载转速/(r/min)	功率/W	耗气量/(L/min)	外形尺寸/mm	质量/kg
N3	0.5	7500	150	≤	280×102×130	3
F66	0.5	5500	150	≤	275×102×130	2.5
322	0.4	4000	1.0	≤	225×75×120	1.6
MG	0.49	8500	0.18	≤	250×70×125	1.8

11. 气动水冷抛光机

气动水冷抛光机是用于进行表面光整大理石、花岗石表面抛光的工具，其外形及主要技术参数见表 10-138。

表 10-138　气动水冷抛光机的外形及主要技术参数

型号	最大磨片直径/mm	气管内径/mm	水管内径/mm	空载转速/(r/min)	耗气量/(L/s)	质量/kg
PG100J100S	100	13	8	11000	32	2

12. 气动抛光机

气动抛光机为一种装饰金属结构件的抛光工具，其外形及主要技术参数见表 10-139。

表 10-139　气动抛光机的外形及主要技术参数

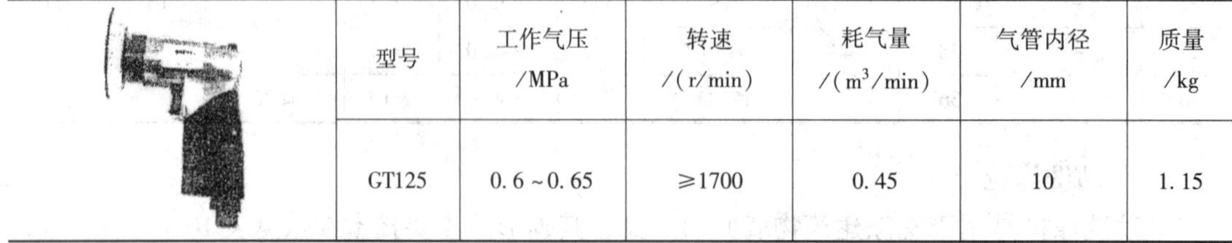

	型号	工作气压/MPa	转速/(r/min)	耗气量/(m^3/min)	气管内径/mm	质量/kg
	GT125	0.6～0.65	≥1700	0.45	10	1.15

13. 风动磨腻子机

风动磨腻子机适用于作木器、电器、仪表设备的外表腻子、涂料磨光作业，特别适宜水磨作业，将绒布代替纱布可进行抛光、打蜡，其外形及主要技术参数见表10-140。

表10-140　风动磨腻子机的外形及主要技术参数

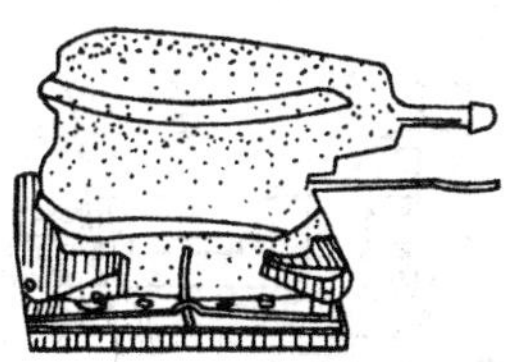

型号	磨削压力/N	使用气压/MPa	空载耗气量/(m^3/min)	气管内径/mm	体积/mm^3（长×宽×高）	整机质量/kg
N07	20～50	0.5	0.24	8	166×110×97	0.7

14. 风动磨石子机

风动磨石子机适用于对水磨石、大理石等材料进行磨光加工，其外形及主要技术参数见表10-141。

表10-141　风动磨石子机的外形及主要技术参数

型号	工作气压/MPa	空载耗气量/(m^3/min)	空载转速/(r/min)	输出功率/W	适应碗型砂轮	气管内径/mm	整机质量/kg
FM-150	0.5～0.6	≤1	1600	294	BW150×50×32	10	3.5

15. 气动圆锯

气动圆锯是用于切割木材以及与木材硬度相接近的胶合板、石棉板、塑料板的工具，其外形及主要技术参数见表10-142。

表10-142　气动圆锯的外形及主要技术参数

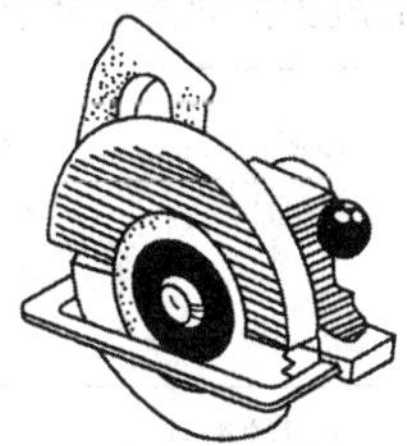

锯片规格/mm	工作气压/MPa	转速/(r/min)	耗气量/(m^3/min)	锯割深度/mm	切割角度
180	0.63	4500	228	60	45°

16. 气动曲线锯

气动曲线锯是用于直线或曲线切割的工具，主要用来锯切塑料板、木板及软钢和有色金属，其外形及主要技术参数见表10-143。

表10-143 气动曲线锯的外形及主要技术参数

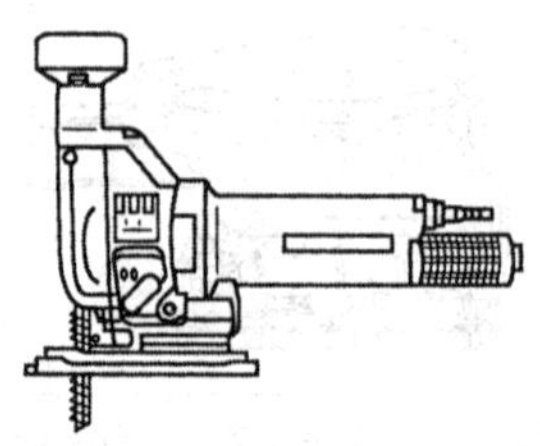

输出功率/W	拉锯率/(r/min)	切割厚度≤/(mm/min)	负载耗气量/(L/s)≤	气管内径/mm	质量/kg
400	2200	塑料30、铝材15、软钢10、木材85	12	10	1.8

17. 气动捣固机（JB/T 9849—2011）

气动捣固机是用于捣实混凝土或砖坯的工具，其外形及主要技术参数见表10-144。

表10-144 气动捣固机的外形及主要技术参数

规格	机重/kg≤	耗气量/(L/s)≥	冲击频率/Hz≥	噪声/dB(A)≤	气管内径/mm
2	3	7	18	105	10
		9.5	16		
4	5	10	15	109	13
6	7	13	14		
9	10	15	10	110	
18	19	19	8		

18. 气动混凝土振动器

气动混凝土振动器是用于捣实混凝土使其密实的工具，其外形及主要技术参数见表10-145。

表10-145 气动混凝土振动器的外形及主要技术参数

	振动棒直径/mm	振动频率/Hz	耗气量/(L/s)	气管内径/mm	质量/kg
	50	200	37	16	22

注：振动棒直径50mm，与电动插入式混凝土振动器的振动棒通用。

19. 气动破碎机

气动破碎机是用于破碎混凝土和其他坚硬物体的工具，其外形及主要技术参数见表10-146。

表 10-146　气动破碎机的外形及主要技术参数

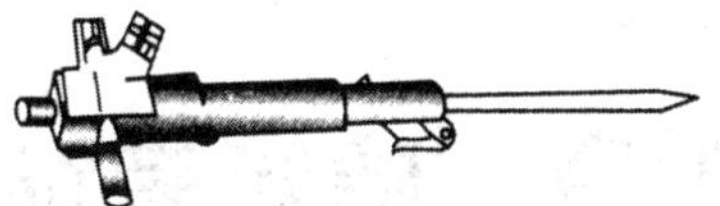

型号	长度/mm	工作气压/MPa	冲击能/J	振动频率/Hz	耗气量 /(L/min)	气管内径 /mm	质量/kg
B87C	686	0.63	100	18	3300	19	39
B67C	615	0.63	40	25	2100	19	30
B37C	550	0.63	26	29	960	16	17

20. 气动凿岩机

气动凿岩机是用于在岩石、砖墙、混凝土等构件上凿孔的工具，其外形及主要技术参数见表 10-147。

表 10-147　气动凿岩机的外形及主要技术参数

	产品系列	空载转速 /(r/min)	冲击频率 /Hz	冲击能/J	凿岩耗气量 /(L/s)	凿孔深度 /m
	轻	≥200	45～60	2.5～15	≤20	1
	中		25～45	15～35	≤40	3
	重		22～40	30～35	≤55	5

21. 气镐（JB/T 9848—2011）

气镐是用于打碎岩石、破碎混凝土路面及在土木工程中凿洞的施工工具，其外形及主要技术参数见表 10-148。

表 10-148　气镐的外形及主要技术参数

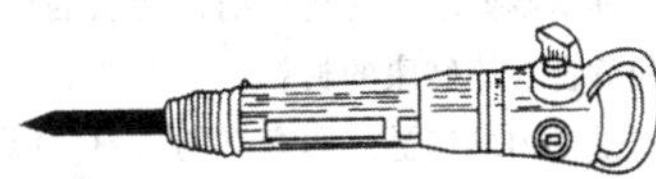

规格	质量/kg	冲击能/J	冲击频率 /Hz	气管内径 /mm	镐柄尾部尺寸/mm	耗气量 /(L/s)	噪声 /dB (A) ≤
8	8	≥30	≥18	16	$\phi25\times75$	20	116
10	10	≥43	≥16			26	118

22. 气动铁锹

气动铁锹是用于筑路、开挖冻土层等作业的工具，其外形及主要技术参数见表 10-149。

表 10-149　气动铁锹的外形及主要技术参数

冲击能 /J	工作气压 /MPa	耗气量 /(L/min)	冲击频率 /Hz	气管内径 /mm	杆尾尺寸/mm	质量 /kg
22	0.63	≤1500	35	15	22.4×8.25	11.2

第 11 章　建筑装饰材料

11.1　建筑金属装饰材料

11.1.1　建筑装饰材料的概念

建筑装饰材料，又称建筑饰面材料，是指铺设或涂装在建筑物表面，起装饰和美化环境作用的材料。集材料、工艺、造型设计、美学于一体，是建筑装饰工程的重要物质基础。装饰材料具有光泽、质地、质感、图案、花纹等装饰特性。

1. 建筑装饰材料的特点

建筑装饰材料根据受众的文化认同、艺术欣赏、生活水平及使用环境条件且经过长期磨合而构建出建筑装饰材料体系，其材料的特点见表 11-1。

表 11-1　建筑装饰材料的特点

特点	内容
部品工业化	住宅部品是由建筑装饰材料、制品、产品、零配件等原材料组合构建，在工厂内生产的产品，通过技术配套和现场组装而成，做到工期短、质量好，促进了产品的系统配套与组合技术的系统集成。部品工业化生产，使现场安装简单易行。住宅部品化，推动了产业化和工业化水平的提高，不仅提高了住宅建造效率，也大幅度提高了住宅的品质
环保绿色化	采用绿色建筑装饰材料是一种基本要求。含有放射性物质的产品，含有甲醛、芳香烃等有机挥发性物质的产品是构成对环境污染和危害人体健康的材料，国家制定了严格的标准，许多产品都纳入“3C”认证。抗菌材料、空气净化材料是室内环境健康所必需的材料。以纳米技术为代表的光催化技术是解决室内空气污染的关键技术。目前具有空气净化作用的涂料、地板、壁纸等开始在市场上出现。它们代表了建筑装饰材料的发展方向，不仅解决甲醛、VOC 等空气污染，而且解决人体自身的排泄和分泌物带来的室内环境问题
复合型材料	复合建筑装饰材料就是由两种以上在物理和化学上不同的材料复合起来的一种多相建筑装饰材料。把两种单体材料的突出优点统一在复合材料上，具有多功能的作用。例如，“大理石陶瓷复合板”是将厚度 3～5mm 的天然大理石薄板，通过高强抗渗黏结剂与厚 5～8mm 的高强陶瓷基材板复合而成。其抗折强度大大高于大理石，具有强度高、重量轻、易安装等特点，且保持天然大理石典雅、高贵的装饰效果，能有效利用天然石材，减少石材开采，保护资源，保护环境等。又如，复合丽晶石产品是由高强度透明玻璃作面层，高分子材料作底层，经复合而成。目前有钻石、珍珠、金龙、银龙、富贵竹、水波纹、甲骨文、树皮、浮雕面等 10 个系列、100 多个花色品种。丽晶石具有立体感强、装饰效果独特、不吸水、抗污、抑菌、易于清洁等特点，适用于室内墙面、地面装饰，也可用于建筑门窗及屏风
装饰智能化	将材料和产品的加工制造同以微电子技术为主体的高科技嫁接，从而实现对材料及产品的各种功能的可控与可调，有可能成为装饰装修材料及产品的新的发展方向。如今“智能家居”产品，可涉及照明控制系统、家居安防系统、电器控制系统、互联网远程监控、电话远程控制、网络视频监控、室内无线遥控等多个方面

2. 建筑装饰材料的分类

现代建筑装饰材料的发展速度异常迅猛，材料品种更新换代很快，新材料、新品种层出不穷，其用途不同，性能也千差万别。建筑装饰材料的分类方法很多，最常见的材料分类方法见表11-2。

表11-2 建筑装饰材料的分类方法

分类方法		主要装饰材料
按照材料的品质分类		按照材料的品质及价格分类可以分为低档、中档、高档
按材料的材质分类	金属材料	如不锈钢、轻钢龙骨、铝合金、铜制品等
	复合材料	如铝塑板、真石漆、人造大理石等
	有机高分子材料	有机高分子材料：如有机涂料、木材、塑料等
	无机非金属材料	无机非金属材料：如大理石、花岗石、瓷砖、水泥、玻璃等
按材料的燃烧性能情况分类	不燃性材料	在空气中遇到火或高温作用下不起火、不碳化、不微燃的材料。如石膏板、钢、铝、花岗石、大理石、铜、黏土制品、防火阻燃板、玻璃、锦砖、瓷砖等
	难燃性材料	在空气中受到火烧或高温高热作用时难起火、难微燃、难碳化，当火源移走后，已燃烧或微燃立即停止的材料。如岩棉装饰板、阻燃壁纸、水泥刨花板、装饰防火板、矿棉吸声板、纸面石膏板等
	可燃性材料	在空气中受到火烧或高温作用时随即起火或微燃，且火源移走后仍然继续燃烧的材料。如墙布、地毯、人造革、胶合板、木工板、木地板等
	易燃性材料	在空气中受到火烧或高温作用时立即起火，并迅速燃烧，且离开火源后仍继续燃烧的材料。如二甲苯、纤维织物、油漆、酒精等
按材料在室内装饰中的部位分类	地面材料	如地毯、地面涂料、陶瓷地砖、塑料地板、木地板等
	内墙材料	如壁纸、内墙涂料、釉面内墙砖等
	吊顶材料	如顶棚装饰板、吊顶龙骨等
	其他材料	如灯具、门窗、卫生洁具等
按装饰材料的材质分类	无机胶凝材料类	如白色与彩色水泥、装饰砂浆、石膏、装饰混凝土等
	陶瓷装饰材料类	如墙地砖、陶瓷锦砖、琉璃制品、釉面内墙砖等
	玻璃装饰材料类	如普通平板玻璃，特种玻璃（吸热、热反射、中空等）、玻璃马赛克、其他装饰玻璃（彩色、压花、磨砂等）
	饰面石材类	如天然花岗石、人造石材、天然大理石、建筑水磨石等
	金属装饰材料类	如铝合金（门窗、吊顶龙骨等）、装饰板、装饰薄钢制品（不锈钢板、轻钢龙骨等）
	建筑装饰涂料类	如内墙涂料、外墙涂料、顶棚涂料等
	装饰壁纸、墙布类	如塑料纸、纸基织物壁纸、玻璃纤维印花贴墙布、无纺贴墙布、化纤装饰贴墙布等
	塑料装饰材料类	如塑料装饰板材（贴面板、覆塑装饰板、PVC塑料板、有机玻璃等）、塑料地板、塑料门窗等
	隔热、吸声材料类	如硅钙板、钙塑泡沫装饰板、珍珠岩吸声板、石膏吸声板、矿棉板等
	各类建筑专用材料	如聚醋酸乙烯酯类胶粘剂、氯丁橡胶类胶粘剂等

3. 建筑装饰材料的选择

按照建筑物及使用环境条件，合理选用建筑装饰材料，才能材尽其能、物尽其用，更好地体现建筑装饰材料的装饰性、经济性，其选材原则见表11-3。

表11-3 建筑装饰材料的选材原则

选材原则	内容
注意装饰材料的健康环保	有的装饰材料会给室内空气造成污染，有的会散发出让人恶心的气味，有些高分子材料的挥发会使人的神经系统受到损害。如涂料的稀释剂（稀料）易挥发，对空气有污染；油漆的气味会损害神经系统；某些环氧树脂腻子对皮肤有腐蚀性。在选择装修材料时，应特别注意，购买前要了解材料性能，有说明书的要仔细阅读
重视防火安全	装修时，必须注意装修材料的防火问题。许多家庭失火就是由装修材料的可燃性不过关引发的。选购材料时应加倍注意，特别是吊顶材料及厨房材料更应仔细选择。当前市场上对装饰材料的可燃性尚没有统一的要求，您在选择时就得了解其可燃性，以保证安全。墙面内装修当附加构造骨架和保温层时，应采用非燃烧体或难燃烧体的材料
不要盲目追求高贵的装饰材料	有的家庭以为装修，就应选用高档材料，一步到位，却忽略了“功能价格比”，忽略了档次、色调、线条等诸多方面的协调。大理石地砖档次高，但老人、儿童易打滑。只在某一处采用了高档材料，可能与其他采用普通材料的地方不协调，既达不到所追求的艺术效果，又显得杂乱无章。购买时，最好货比三家，注意“质量价格比”，选择既经济又美观实用的材料

11.1.2 金属装饰材料

金属材料在建筑装饰上的应用，具有悠久的历史。金属材料品种繁多，例如钢、铁、铝、镁等。金属及其合金装饰材料，耐久、轻盈、易加工，具有精美、高雅的特质，因而被广泛地采用，使装饰材料具有独特的光泽和颜色、丰富的装饰图案、表现力强、庄重华贵。

1. 不锈钢装饰材料

不锈钢以铬为主加元素，形成钝化状态不锈特性的钢材。不锈钢用于建筑装饰是近年来国际上流行的一种建筑装饰方法，推广迅速，已经形成取代铝合金装饰材料的趋势。

（1）不锈钢装饰材料的特点 不锈钢装饰材料借助不锈钢板的表面特征来达到装饰目的，如表面的平滑性和光泽性等。还可通过表面着色处理，制造褐、蓝、黄、红、绿等各种彩色不锈钢，既保持了不锈钢原有的优异的耐蚀性能，又进一步提高了它的装饰效果，其特点见表11-4。

表11-4 不锈钢装饰材料的特点

特点	装饰效果
独特的金属质感	不锈钢装饰材料具有独特的金属质感，丰富多变的色彩与图案及美满的造型效果。抛光不锈钢件用于建筑装饰中，因其镜面的反射折射作用，可与周围环境中的各种色彩、景物交相辉映，形成有趣的空间环境
化学性能稳定	化学性能稳定，不易锈蚀，可较长时间地保持初始的装饰效果；具有强度和硬度较大的优点，在施工和使用过程中不易发生变形；抗燃烧性能高，属于难燃、非燃性建筑装饰材料
可实现结构材料与装饰效果合一	作为建筑装饰材料，既可用于室内，也可用于室外；既可作非承重的纯粹装饰、装修制品，也可作承重构件。如美国纽约市中心的克拉斯大厦的楼顶全部采用不锈钢作为外墙饰面，闪闪发光，迄今半个世纪，效果仍然良好，美国匹兹堡5号门的网格形不锈钢的承重墙，无论从结构上或从装饰上都别具一格，富有吸引力

(2) 不锈钢装饰材料的应用（表11-5）

表11-5　不锈钢装饰材料的应用

主要类型	应用
不锈钢板材和管材	不锈钢板材有亮光板、亚光板、砂光板之分。板材规格为：1219mm×2438mm、1219mm×3048mm等；不锈钢制品材料应用在装饰工程中主要为板材，其厚度一般在0.6~2.0mm之间。其装饰配件有：门拉手、合页、门吸、滑轮、毛巾架、玻璃幕墙的点支式配件等，或在墙柱面、扶手、栏杆等部位的装饰。不锈钢板材包圆形、折角都基本上在加工厂里按设计尺寸定型，再到施工现场定位、焊接、磨光。不锈钢管材主要运用于制造不锈钢电动门、推拉门、栏杆、扶手、五金件等
彩色不锈钢板材	常用到板材厚度为：0.5~2.0mm等，规格为1219mm×2438mm、1219mm×3048mm等；彩色不锈钢板的材料颜色可以通过定制加工制造，是在不锈钢表面进行着色处理，使其成为橙、红、黄、绿、蓝等不同色彩材料。常用的彩色不锈钢板有钛金板、蚀刻板、钛黑色镜面板等，不锈钢镀膜着色工艺的新技术让原本单调的不锈钢拥有绚丽多彩的装饰效果。尤其是彩色不锈钢钛金板装饰效果与黄金的外观相似，用于酒店会所等高档场所比较多

(3) 不锈钢装饰材料的品种规格

1）不锈钢装饰板。不锈钢装饰板具有各种花色和图案，装饰效果高贵豪华，适用于高级宾馆、饭店、剧院、会堂、艺术馆等室内外墙面、柱面、顶棚的装饰，其品种规格见表11-6。

表11-6　不锈钢装饰板的品种规格

品种	规格尺寸/mm
8K镜钢板（华美）	0.6×1220×2440
	0.6×1220×3048
	0.7×1220×2440
	0.7×1220×3048
8K镜面板	0.8×1200×2440
	0.8×1220×3048
	0.9×1220×2440
	0.9×1220×3048
	1.0×1220×2440
	1.0×1220×3048
	1.0×1220×4000
	1.2×1220×2440
	1.2×1220×3048
	1.5×1220×2440
	1.5×1220×3048
	1.5×1220×4000
彩色不锈钢板	SUS304彩色板
	1210×2438×0.8
	1210×3048×0.8
	1210×4880×0.8
	1210×2438×1.0
	1210×3048×1.0
	1210×4880×1.0
彩色不锈钢板	SUS304碎石型板
	1210×2438×0.6
	1210×3048×0.6
	1210×4880×0.6
	1210×2438×0.8
	1210×3048×0.8
	1210×4880×0.8
	1210×2438×1.0
	1210×3048×1.0
	1210×4880×1.0
	SUS304墙砖型板
	1210×2438×0.6
	1210×3048×0.6
	1210×4880×0.6
	1210×2438×0.8
	1210×3048×0.8
	1210×4880×0.8
	1210×2438×1.0
	1210×3048×1.0
	1210×4880×1.0
	SUS304花纹板
	1210×2438×0.6
	1210×2438×0.8
	1210×2438×1.0
	SUS304彩色装饰板
	380×380×0.5
	380×380×0.6

（续）

品种	规格尺寸/mm
太空技术装饰板	2440×1220×3.3
彩色护墙板	1220×2440
蚀刻拉丝本色板	1219×2438×0.8
	1219×2438×1.0
	1219×2438×1.2
	1219×3040×0.8
	1219×3040×1.0
	1219×3040×1.2
不锈钢镜面板	1200×2440×0.6
	1220×2440×0.7
	1220×2440×0.8
	1220×2440×0.9
	1220×2440×1.0
	1220×2440×1.2
	1220×3048×0.6
	1220×3048×0.7
	1220×3048×0.8
	1220×3048×0.9
	1220×3048×1.0
	1220×3048×1.2
8K镜钢刻花板	0.6×1220×2440
	0.7×1220×2440
	0.8×1220×2440
	1.0×1220×2440
	1.2×1220×2440
	1.5×1220×2440
不锈钢刻花板	0.6×1220×2440
	0.7×1220×2440
	0.8×1220×2440
	1.0×1220×2440
	1.2×1220×2440
	1.5×1220×2440
	1.0×1220×2440
	1.0×1220×3048
	1.2×1220×2440
	1.2×1220×3048
	1.5×1220×2440
	1.5×1220×3048
	2.0×1220×915

品种	规格尺寸/mm
8K镜钢板（中外合资）	0.8×1220×2440
	0.8×1220×3048
	0.9×1220×2440
	0.9×1220×3048
	1.0×1220×2440
	1.0×1220×3048
	1.2×1220×2440
	1.2×1220×3048
	1.5×1220×2440
	1.5×1220×3048
着色雕花板	1.0×1220×2440
新艺镜钢装饰板	0.7×1220×2440
	0.7×1220×3048
	0.8×1220×2440
	0.8×1220×3048
	1.0×1220×2440
	1.0×1220×3048
	1.2×1220×2440
	1.2×1220×3048
	1.5×1220×2440
	1.5×1220×3048
不锈钢镜面板（钛金）	1.0×1220×3048
	0.8×1220×3048
不锈钢发纹板	0.6×1220×2440
	0.6×1220×3048
	0.7×1220×2440
	0.7×1220×3048
	0.8×1220×2440
	0.8×1220×3048
	0.9×1220×2440
	0.9×1220×3048
	1.0×1220×2440
	1.0×1220×3048
	1.2×1220×2440
	1.2×1220×3048
	1.5×1220×2440
	1.5×1220×3048
	2.0×1220×915
不锈钢饰面板	8K镜面板
	1220×2440×0.8
	1220×2440×1.0
	1220×2440×1.2
	1220×3048×0.8

（续）

品种	规格尺寸/mm	品种	规格尺寸/mm
不锈钢饰面板	1220×3048×1.0	不锈钢饰面板	1220×3048×1.0
	1220×3048×1.2		1220×3048×1.2
	发纹板		亚光板
	1220×2440×0.8		1220×2440×0.8
	1220×2440×1.0		1220×2440×1.0
	1220×2440×1.2		1220×2440×1.2
	1220×3048×0.8		

2）钛金不锈钢装饰板。钛金不锈钢装饰板具有颜色鲜明、豪华富丽、钛金镀膜永不褪色的特点，材料可弯可折，可塑性强。多用于高档宾馆、艺术馆、商场、电梯间的室内外墙面、柱面、顶棚装饰，其品种规格见表 11-7。

表 11-7　钛金不锈钢装饰板的品种规格

品种	规格尺寸/mm	品种	规格尺寸/mm
镀钛镜面板	1220×2440×1.0	8KT 钛金板	1220×3048×0.8
	1220×3048×1.0		1220×2440×0.9
钛金雕花板	1220×2440×1.0		1220×3048×0.9
仿金七彩钛金板	1210×2438×0.8		1220×2440×1.0
	1219×2438×1.0		1220×3048×1.0
	1219×2438×1.2		1220×2440×1.2
	1219×3040×0.8		1220×3048×1.2
	1219×3040×1.0		1220×2440×1.5
	1219×3040×1.2		1220×3048×1.5
蚀刻拉丝钛金板	1219×2438×0.8	8KT 钛金刻花板	1220×2440×0.6
	1219×2438×1.0		1220×2440×0.7
	1219×2438×1.2		1220×2440×0.8
	1219×3040×0.8		1220×2440×0.9
	1219×3040×1.0		1220×2440×1.0
	1219×3040×1.2		1220×2440×1.2
新艺钛金板	1220×2440×0.8		1220×2440×1.5
	1220×3048×0.8	钛合金不锈钢镜面板	1220×2440×0.8
	1220×2440×1.0		1220×3048×0.8
	1220×3048×1.0		1220×2440×1.0
	1220×2440×1.2		1220×3048×1.0
	1220×3048×1.2		1220×2440×1.2
钛金板	1220×2440×0.8		1220×3048×1.2
	1220×3048×0.8	钛镜版	1220×2440×1.2
	1220×2440×1.0		1220×2440×1.0
	1220×3048×1.0		1220×3048×1.2
	1220×2440×0.6		1220×3048×1.0
	1220×3048×0.6		
	1220×2440×0.7		
	1220×3048×0.7		
	1220×2440×0.8		

2. 铝合金装饰材料

（1）铝合金装饰材料的特点　铝合金是在铝中加入镁、锰、铜、锌、硅等元素而组成的合金。其种类很多，用于建筑装饰的铝合金是变形铝合金中的锻铝合金（简称锻铝，代号 LD），其特点见表 11-8。

表 11-8　铝合金装饰材料的特点

主要特点	内容
强度适中，冲击韧性好	锻铝合金是铝镁硅合金（Al-Mg-Si 合金），其中的 LD31 具有中等强度，冲击韧性高，热塑性极好，可以高速挤压成结构复杂、薄壁、中空的各种型材或锻造成结构复杂的锻件
焊接性能和耐蚀性优良	LD31 的焊接性能和耐蚀性优良，加工后表面十分光洁，并且容易着色，是 Al-Mg-Si 系合金中应用最为广泛的合金品种。其装饰制品有：铝合金门窗、铝合金百叶窗帘、铝合金装饰板、铝箔、镁铝饰板、镁铝曲板、铝合金吊顶材料以及铝合金栏杆、扶手、屏幕、格栅等
装饰效果好	铝箔是纯铝或铝合金加工成 0.2mm 的薄片制品，具有很好的防潮性能和绝热性能，所以铝箔以全新的多功能保温隔热材料和防潮材料广泛用于建筑工业；如卷材铝箔可用作保温隔热窗帘，板材铝箔（如铝箔波形板、铝箔泡沫塑料板等）常用在室内，通过选择适当色调图案，可同时起很好装饰作用

（2）铝合金装饰材料的品种规格

1）铝合金花纹板。铝合金花纹板具有花纹美观大方、筋高适当、不易磨损、防滑性能好的特点，适用于现代建筑物墙面和楼梯间踏步的装饰，其品种规格见表 11-9。

表 11-9　铝合金花纹板的品种规格

品名	规格/mm	花纹图案
针状花纹板	厚 1.5～7.0 宽 1000～1600 长 2000～10000	针状花纹，筋高≥0.5mm
五条筋扁担形花纹板		五条筋扁担形花纹筋高≥0.5mm
方格形花纹板		方格形花纹筋高≥0.5mm

2）铝质浅花纹板。铝质浅花纹板具有花纹精巧别致、色泽美观大方、抗污垢、抗划伤、抗擦伤的特点，有良好的耐蚀性。适用于建筑物的墙面或墙裙的装饰，其品种规格见表 11-10。

表 11-10　铝质浅花纹板的品种规格

品种	规格/mm			
	厚	宽	平片长	筋高
小橘皮	0.30～1.20	200～400	1500	0.05～0.12
大菱形	0.30～1.50	200～400	1500	0.10～0.20
小都点	0.25～0.90	200～400	1500	0.10～0.15
小菱形	0.25～1.20	200～400	1500	0.05～0.12
蜂窝形	0.20～0.60	150～350	1500	0.20～0.70
月季花	0.30～0.90	200～400	2000	0.05～0.12
飞天	0.30～1.20	200～400	2000	0.10～0.25

3）华铝板。华铝板具有良好的耐蚀性，表面光洁，强度适中，可防振、防火、防水、消声等。适用于影剧院、计算机房、控制室等有声音要求的建筑物顶棚及墙壁，作为消声和装饰材料，其品种规格见表11-11。

表11-11 华铝板的品种规格

品种	规格/mm	色彩
华铝板（单面铝）	1220×2440×3	草绿、天蓝、深红、银灰、乳白、象牙、银绿、橘黄
华铝板（双面铝）	1220×2440×（3、4、5）	
花纹板（单面铝）	1220×2440×3	
花纹板（双面铝）	1220×2440×3	
镁合板（单面铝）	1220×2440×3	
镁铝板（单面铝）	1220×2440×3	

4）铝锌钢板及铝锌彩色钢板。铝锌钢板及铝锌彩色钢板表面光亮如镜，具有轻质、高强度以及优异的隔热与耐腐蚀性等特点，色彩有灰白、海蓝等多种颜色。适用于各种建筑物的墙面、屋面、檐口等处的装饰，其品种规格见表11-12。

表11-12 铝锌钢板及铝锌彩色钢板的品种规格

品种	规格
铝锌钢板	厚：0.45mm、0.60mm；宽：（有效）975mm；长：任意长度~12m
铝锌彩色钢板	厚：0.45mm、0.60mm；宽：（有效）975mm；长：任意长度~12m
色彩钢板金属幕墙板	厚：25mm；宽：1150mm；长：任意长度~12m

5）铝合金及铝合金冲孔平板。铝合金及铝合金冲孔平板具有良好的耐蚀性，表面光洁，强度适中，防水、防火、防振、消声，有多种颜色，色彩高雅，富有立体感。适用于影剧院、计算机房等有消声要求的建筑物的顶棚及墙壁，作为消声与装饰材料，其品种规格见表11-13。

表11-13 铝合金及铝合金冲孔平板的品种规格

材料代号	规格尺寸/mm
1060、1050A 1035、1200、 5A02、3A21	厚度：1.0~1.2 宽度：492~592 长度：492~1250 孔径：ϕ6 孔距：12、14

6）铝合金装饰板。铝合金装饰板具有质轻、颜色均匀、表面光滑的特点，可作为建筑隔断、柱面、台面的装饰，其品种规格见表11-14。

表11-14 铝合金装饰板的品种规格

品种	型号	规格/mm
铝合金外墙扣板	150F型	1000×150×0.6 配套龙骨（珐琅搪瓷烘漆铝合金龙骨）34.5（宽）×0.95
	200F型	1000×150×0.6 配套龙骨（珐琅搪瓷烘漆铝合金龙骨）34.5（宽）×1.2

（续）

品种	型号	规格/mm
弧形铝合金板	84R 弧形铝合金板	宽：84 长：6000 最大弯曲角度：90° 转弯半径：约 320
铝合金镜面板	—	1220×2440（双面） 1220×2440（单面） 1220×2440×3.3
优可丽彩虹纹板	200F 型	2400×1220×2 2400×1220×3
单层成型铝板	2.0 2.5 3.0	2.0 2.5 3.0
单层铝合金装饰板	—	厚度：2~6 最大幅度：1500 最大长度：3000

7）铝合金幕墙板。铝合金幕墙板具有质轻、颜色均匀、表面光滑、不褪色、使用寿命长等特点。可用作金属幕墙挂板或作为建筑隔断、柱面、台面的装饰，其品种规格见表 11-15。

表 11-15　铝合金幕墙板的品种规格

<table>
<tr><th>品种</th><th>型号</th><th colspan="2">规格/mm</th></tr>
<tr><td>单层铝内外幕墙板</td><td>1.0，1.5，2.0，2.5，3.0</td><td colspan="2">厚度：1.0，1.5，2.0，2.5，3.0
幅面：非标准规格</td></tr>
<tr><td rowspan="2">铝合金外墙幕墙板</td><td>2.0</td><td colspan="2">1200×600×2.0</td></tr>
<tr><td>2.5</td><td colspan="2">1200×600×2.5</td></tr>
<tr><td rowspan="2">铝合金金属外墙幕墙板</td><td rowspan="2">KYNAR-500</td><td>铝板型号</td><td>3003、5005</td></tr>
<tr><td>平板规格</td><td>1000×2000×(2.0，2.5，3.0)
1000×3000×(2.5，3.0)
1220×2440×(2.0，2.5，3.0)</td></tr>
<tr><td rowspan="3">喷涂铝材幕墙板</td><td rowspan="3">KYNAR-500</td><td colspan="2">1000×2000×(1.5~6.0)</td></tr>
<tr><td colspan="2">1220×2440×(1.5~6.0)</td></tr>
<tr><td colspan="2">1500×3000×(1.5~6.0)</td></tr>
</table>

8）镁铝曲板。镁铝曲板平直、光亮，有金属光泽，美观华丽，可锯、可钉、可刨、可沿纵向弯曲粘贴在弧形面上，施工方便。可用壁纸刀分条切割，适用于不同装饰部位，常用于各种室内墙面、柱面、曲面和局部顶棚的装饰，其品种规格见表 11-16。

表 11-16 镁铝曲板的品种规格

品种	规格/mm	技术参数/mm
镁铝曲板	2440×1220×3	条宽（即槽宽）：25 中宽条：15~20 细条：10~15 颜色：银白、乳白、金色、古铜、绿色，青绿色
镁装饰板	2440×1220×3 2440×1220×4	板面不变形，不翘曲，耐湿、耐潮、耐擦洗；产品平直光洁，分为平面板、镜面板、刻花图案板、电化学着色板

3. 铜及铜合金装饰材料

纯铜是紫红色的重金属，铜和锌的合金称作黄铜。其颜色随含锌量的增加由黄红色变为淡黄色，其力学性能比纯铜高，价格比纯铜低，也不易锈蚀，易于加工制成各种建筑五金、建筑配件等，是一种高档的建筑装饰材料。

（1）铜及铜合金装饰材料的特点（表 11-17）

表 11-17 铜及铜合金装饰材料的特点

特点	用途
力学性能高	纯铜强度低，不宜直接用作结构材料。在铜中掺加锌、锡等元素可制成铜合金，称黄铜、白铜和青铜，其强度、硬度等力学性能得到提高，且价格比纯铜低。普通黄铜呈金黄色或黄色，色泽随含锌量的增加而逐渐变化，具有较好的装饰效果，常用于具有力学性能要求的装饰材料。也可用于主体结构材料，例如纽约世贸大厦（已毁）为主体结构材料+表面装饰
装饰古朴华贵	在现代建筑装饰方面，铜材集古朴和华贵于一身。可用于外墙板、执手或把手、门锁、纱窗（纯铜纱窗）、西式高级建筑的壁炉。在卫生器具、五金配件方面，铜材具有广泛的用途。洗面器配件、浴盆配件、妇洗器配件、坐便器配件、蹲便器配件、小便器配件、洗涤盆配件、淋浴器配件等一般都选用铜材
耐腐蚀抗氧化性强，色泽光亮	经铸造、机械加工成型，表面处理用镀镍、镀铬工艺，具有耐腐蚀、色泽光亮、抗氧化性强的特点，可用于宾馆、旅馆、学校、机关、医院等多种民用建筑中，铜材还可用于楼梯扶手栏杆、楼梯防滑条等。有的西方建筑用铜包柱，光彩照人，美观雅致，光亮耐久，多在本色基础上抛光。高级宾馆、饭店、古建筑、楼、堂、殿、阁中采用此装饰方式，可体现出一种华丽、高雅的气氛
延展性好，易于加工成各种建筑五金装饰制品	具有良好的延展性、易加工性，可压延成薄片（纯铜片）和线材。选用纯铜编织成网，网孔为方形，幅面宽度一致，数目不同，可用作纱门、纱窗、防护罩等。黄铜不易生锈腐蚀，易于加工成各种建筑五金，装饰制品、水暖器材。黄铜粉俗称“金粉”，常用于调制装饰涂料，代替“贴金”工艺
高导电性、导热性、耐蚀性	具有高的导电性、导热性、耐蚀性，是良好的导电材料

（2）铜及铜合金装饰材料的分类及用途（表 11-18）

表 11-18　铜及铜合金装饰材料的分类及用途

分类	用途
铜合金材料	铜合金力学性能高，不易锈蚀，性价比高，且易于加工制成各种建筑五金、建筑配件等。铜和铜合金装饰制品有：铜板、黄铜薄壁管、黄铜板、铜管、铜棒、黄铜管等。可作柱面、墙面装饰，也可制造成栏杆、扶手等装饰配件
铜箔材料	1）铜箔是一种阴质性电解材料，沉淀于电路板基底层上的一层薄的、连续的金属箔，一般有 90 箔和 88 箔两种，即为含铜量为 90% 和 88%，尺寸为 16cm × 16cm 2）铜箔是用途最广泛的装饰材料。如：宾馆酒店、寺院佛像、金字招牌、瓷砖马赛克、工艺品等，具有十分的装饰效果，豪华名贵 3）铜箔具有低表面氧化特性，可以附着于各种不同的基材，如金属、绝缘材料等，拥有较宽的温度使用范围。常应用于电磁屏蔽及抗静电，将导电铜箔置于衬底面，结合金属基材，具有优良的导通性，并提供电磁屏蔽的效果 4）可分为自粘铜箔、双导铜箔、单导铜箔等。电子级铜箔（纯度 99.7% 以上，厚度 5～105μm）是电子工业的基础材料之一。产品广泛应用于工业用计算器、通信设备、QA 设备、锂离子蓄电池等

4. 金箔技术与金箔装饰材料

（1）金箔技术　金箔是以黄金为颜料而制成的一种极薄的饰面材料，厚度仅为 0.1pm 左右。目前多用于国家重点文物和高级建筑物的局部装饰润色，效果豪华名贵。

（2）金箔装饰材料　金箔壁纸成为金箔技术的借鉴与发展，并在建筑装饰上得到广泛应用。金箔壁纸具有金碧辉煌、庄重华贵的装饰效果；具有耐水、耐磨、不生锈斑、不褪色等特点。已成为高级宾馆、豪华饭店、酒家、商场等建筑物的客厅、门面、顶棚、墙面、包柱的装饰材料，其品种规格见表 11-19。

表 11-19　金箔壁纸的品种规格

品种	规格/mm	技术参数
金狮金属箔壁纸	500 × 10000	褪色性≥4 级 耐摩擦色牢度 干：≥4 级 湿：≥4 级 遮蔽性：4 级 湿润拉伸负荷：≥20/mm 可洗涮性：可洗涮
金属壁纸	530 × 7000	—

5. 钒钛装饰材料

钒钛装饰板具有轻质、高强度以及优异的隔热与耐蚀性等特点，色彩有灰白、海蓝等多种颜色。适用于各种建筑物的墙面、屋面、檐口等处的装饰，其品种规格见表 11-20。

表 11-20　钒钛装饰板的品种规格

品种	规格尺寸/mm	技术参数
钒钛装饰板	300×300×7	密度：2.9g/cm³ 抗压强度：≥300MPa 抗折强度：≥40MPa 硬度：莫氏：8 吸水率：≤0.5% 光泽度：70°~100° 热稳定性：20~100℃，三次，无变化 耐酸性：在1∶1的盐酸中泡1h，表面光泽无变化
	400×40×7	
	500×500×10	
	500×200×10	
	400×200×7	
	400×600×9	
	400×800×10	
	500×700×10	
	700×700×10	
	600×600×10	
	400×150×7	
	800×800×7	

11.1.3　金属复合装饰材料

1. 金属岩棉夹芯板

金属岩棉夹芯板具有质轻、刚度大、保温、隔热、防潮、防火、使用寿命长、施工方便等特点，适用于建筑大型工厂、仓库、民用建筑、公共建筑、冷库、大跨度高层建筑及船舶、车辆活动房屋等装饰，其品种规格见表 11-21。

表 11-21　金属岩棉夹芯板的品种规格

品种	规格/mm	技术参数
金属岩棉夹芯板	墙板：≤10000×900×（50、80、100、120、150、200、250） 屋面板：≤10000×900×（50、80、100、120、150、200、250）	表层用0.6mm彩色钢板 线密度（厚50mm）：17.4kg/m 传热系数（厚50mm）：0.758W/(m²·K) 隔声性能（厚50mm）：平均隔声量29.67dB 芯材热导率：0.032~0.040W/(m·K) 不燃级：A1级
	3000×900×（80~250）	
铝夹芯板 (芯层可以为聚苯乙烯)	2400×600×35	芯层也可以为聚氯乙烯
铝合金夹芯墙板	厚：35、50、60、75、100 宽：200、300、600、900、1200 长：≤10000 内外铝板厚度：0.7、0.95、1.2	面密度（厚50mm、100mm）：10.2、16.6kg/m² 总传热系数（厚50mm、100mm）：0.72、0.38W/(m²·K)

2. 金属泡沫塑料夹芯板

金属泡沫塑料夹芯板是将金属薄板压型后装入模具中，注入塑料发泡体加工而成。具有质轻、绝热、保温、防潮、防火等特点。适用于建筑大型工厂、仓库、民用建筑、公共建筑、大跨度高层建筑及船舶、车辆活动房屋等建筑物墙体覆盖及吊顶的装饰，其品种规格见表 11-22。

表 11-22　金属泡沫塑料夹芯板的品种规格

品种		规格/mm	技术参数
聚苯乙烯泡沫塑料夹芯板		厚度：50、60、70、80、90、100、110、120、130、140 宽：以 75、85、96 为模数 长：根据需求加工	面密度：14 ~ 23kg/m² 热导率（夹心）：0.029W/(m·K) 隔声性能：平均 40dB
泡沫夹芯板	万力	宽（模数）：750、850、700 ~ 860、930	热导率（泡沫体）0.029W/(m·K)
	中巴	SP-2、SP-4≤8500 × 875 × (40、60) SP-6、SP-8≤8500 × 920 × (40、60) SP-9、SP-10≤4000 × 1160 × 50 SP-11　2400 × (600、1200) × 50	面密度：18.6 ~ 19.4kg/m² 芯材隔声性能：平均 24dB
都菱彩光夹芯板		厚度：50、75、100、150、200、250 宽：820	面密度（50 ~ 200mm）：10 ~ 13kg/m² 热导率（厚 50mm）：0.6629W/(m·K) 隔声性能：平均 33dB
赤晓板		长：8630、6150、6070、4315 宽：1220 厚：100	面密度：8.5 ~ 14kg/m² 热导率：0.037 ~ 0.041W/(m·K)
超轻隔热夹芯板		宽：1220 厚：50、75、100、150、200、250 长：根据需求加工	面密度：10kg/m² 热导率（板厚 50mm）：0.6629W/(m·K)
彩色夹芯保温板		厚度：50、75、100、150、200、250	面密度：10.36 ~ 14.36kg/m² 热导率：0.683 ~ 0.133W/(m·K)
聚苯乙烯泡沫夹芯板		宽：1000、1200 厚：50 ~ 300（每 10mm 一个规格，共 27 个规格） 长：根据需求加工	面密度：11.73 ~ 14.93kg/m² 热导率：0.558 ~ 0.128W/(m·K) （面层钢板具有优良的耐火性能，芯层采用阻燃型聚苯乙烯泡沫塑料）
轻质隔热夹芯板		宽：1200 厚：40、50、75、100、150、290、250 长：根据需求加工	面密度：10 ~ 14kg/m² 热导率：0.032 ~ 0.035W/(m·K) （面层钢板为镀层钢板、不锈钢钢板、铝合金板、木质装饰板、红泥塑料板等）

3. 覆塑金属板

覆塑金属板为不溶燃性材料，具有良好的耐蚀性、防锈性能及优良的加工成形性能，无环境污染，颜色多种，色彩高雅，富有立体感。适用于建筑外墙、吊顶板、隔板、电梯间等的装饰，其品种规格见表 11-23。

表 11-23　覆塑金属板的品种规格

基本类型	产品规格/mm		技术要求
钢板	宽度：914 ~ 1250 厚度：0.25 ~ 1.5	0.5	埃里克森试验：无剥落、破裂 折弯性试验：无剥落、碎裂、裂纹 低温试验（0 ± 1℃，h 以上）：无剥落、碎裂、裂纹 煮沸试验：沸水 1h，冷却、干燥，无收缩、无锈蚀、裂纹 自熄性试验：离火后自动熄灭 耐候性试验：试样（70mm × 150mm）封边 5mm，1.5h，试件中央 30mm × 80mm，无锈蚀，无裂纹，无褪色
		0.8	
		1.0	
		1.2	
		1.5	
铝合金		0.5	
		0.8	
		1.0	
		1.5	
		1.8	

4. 聚氨酯泡沫塑料夹芯板

聚氨酯泡沫塑料夹芯板是将金属薄板压型后装入模具中，注入塑料发泡体加工而成。具有质轻、隔热、防潮、防火等特点。适用于建筑大型工厂、仓库、民用建筑、公共建筑、冷库、大跨度高层建筑及船舶、车辆活动房屋等建筑物吊顶的装饰，其品种规格见表11-24。

表11-24 聚氨酯泡沫塑料夹芯板的品种规格

品种	规格/mm	技术参数
泡沫塑料夹芯板	分为屋顶板和墙壁板两种： 6000×1000×(60~200) 贴面材料：0.7镀锌钢板及附有涂料镀锌钢板	夹芯板综合面密度：12~25kg/m² 热导率：0.407~0.465W/(m·K) 泡沫体热导率：0.023~0.026W/(m·K) 夹芯板表观密度：40~50kg/m³
彩板夹芯板①	镀锌彩色钢板面层 长：1500~12000 宽：1000 厚：40、60、100、120、140、160、180、200 上面层沥青纸，下面层镀锌彩色钢板 长：1500~12000 宽：1000 厚：40、60、80、100 牛皮纸面层 长：600~3000 宽：200~1200 厚：20、40、60、80、100、120、140、160、180、200	面密度：15~25kg/m² 芯材热导率：0.22W/(m·K) 芯材密度：40kg/m³ 隔声性（芯材厚度40mm)：平均25dB 耐火极限：0.5h 温度适用范围-50~120℃
中巴泡沫夹芯板	SP-1，SP-3≤8500×875×（40、60) SP-5，SP-7≤8500×920×（40、60)	面密度：12.0~18.6kg/m² 芯材热导率：0.017~0.020W/(m·K) 芯材密度：40kg/m³ 隔声性（芯材厚度4mm)：平均25dB
铝合金夹芯板②	长：≤10000 宽：200、300、600、900、1200 厚：35、50、60、75、100 (内外铝板厚度有0.7、0.95、1.2等)	面密度（厚50mm、100mm)：7.3kg/m²、10.5kg/m² 热导率（厚50mm、100mm)：0.42W/(m·K)、0.21W/(m·K)
硬聚氨酯夹芯板	壁板：≤6000×1000×（40~180) 顶板：≤6000×1000×（40~140)	热导率：00.022W/(m·K) 密度：(50±5) kg/m³ 抗压强度>0.15MPa 抗弯强度>0.40MPa 使用温度：-20~120℃ 噪声性能：25dB
万力泡沫夹芯板	宽度（模数)：750、850、700~860、935	芯材热导率：0.019W/(m·K)

①彩板夹芯板分为墙板和顶板，面层涂料分为高级彩色聚酯型、硅酸性聚酯型、氟氯乙烯塑料型，具有极强的耐候性。

②铝板表面滚涂高级饰面漆，具有加工灵活性，可加工曲面板，折面板等多种形状，并可与各种门窗灵活配合，墙壁采用独创的隐蔽式固定方式，以增加美观效果，并可避免冷桥效应。

5. 铝蜂窝幕墙板

铝蜂窝幕墙板具有强度高、隔声隔热性能好，但成本高，重量大，加工成型困难。是适用于高层建筑外墙的高级装饰材料，其品种规格见表11-25。

表 11-25　铝蜂窝幕墙板的品种规格

品种	规格/mm	技术参数
蜂窝结构铝合金幕墙板	长度：2400～4000 宽度：500～1200 厚度：8～50	面密度：4～7kg/m^2 抗压强度：0.3～1.2MPa 风荷载：300kg/m^2变形≤跨度的% 夹芯蜂窝巢材料：铝蜂巢、玻璃钢蜂巢、PLN 纸蜂巢 铝板罩面：KYNAR-500 氟碳涂料
	宽度：1200～2400 长度：1500～3000 厚度：6、9、12、15、24	面密度：5.5～8.7kg/m^2 传热性能：5.05W/(m^2·K) 阻燃性：不燃 耐蚀性：3000h 表面不变色 防潮性：不透气，不透水 表面涂层性能：氟碳涂料符合美国 AAMA605-2 标准

6. 铝塑板

铝塑板具有防火、隔声、轻质、耐酸的特点，可弯曲、可刨钉、施工性能好。适用于大楼外墙、包柱、吊顶板、电梯间、隔声间、走廊墙面、隧道工程及家具、柜台、屏风的装饰，其品种规格见表 11-26。

表 11-26　铝塑板的品种规格

品种	规格/mm	特点
雅高铝复合板	1250×2440×3 1250×2440×3 1250×2440×3	有 14 种颜色
ALUCOBOND 铝复合板	双面磨光或无色阳极处理 1000(宽)×(3、4、6、8) 1250(宽)×(3、4、6、8) 1500(宽)×(4、6) 表面烤漆，背面磨光处理 1000(宽)×4 1250(宽)×4 1500(宽)×4 表面纯白，背面磨光处理 1500(宽)×(3、4)	有 20 种标准色
勤丰铝塑板	银灰系列 2440×1220×4 3400×1220×4 3650×1220×4 彩色系列 2440×1220×4 特殊规格：(协议)	色彩多样，除标准尺寸外，用户所需尺寸可合同协商规定
佳能铝塑板	2440×1220×3 3440×1220×4 3650×1220×6	

（续）

品种	规格/mm	特点
铝塑复合板	2440×1220×3 2440×1220×4 2440×1220×5	色彩多样，除标准尺寸外，用户所需尺寸可合同协商规定
优佳丽铝塑板	1200×2440×3 1000×2000×4 800×1000×3	单色有银白、乳白、黄、蓝、绿等颜色 21 种；彩色有花岗石、大纹、闪光、猫眼、珠光幻彩等
WLLTES 铝塑复合板	宽度：1220、1250 长度：2440、3050、3200 厚度：3、4、6	色彩多样
国美铝塑板	2440×1220×3 2440×1220×3.3	单色：银白、乳白、黄、蓝、绿等颜色 彩色：大理石、花岗石、大纹、闪光、猫眼、珠光幻彩等
三菱铝塑板	3099×1270×4 3099×1575×4	色彩多样
保利卡乐铝塑板	3600×1230×4	
大明铝塑板	2440×1250×4	
雅利泰铝塑复合板	2440×1250×3	
华天铝塑复合板	2440×1220×3 2440×1220×4	
铝塑板	4ft×8ft（双面） 4ft×8ft（单面）	
吉祥雅幕多铝塑复合板	标准尺寸：2440×1220×4 宽度：1220、1250、1500 厚度：3、4、6 长度：2440（可按用户要求）	色彩达 9 种

7. 铝木复合装饰板

铝木复合装饰板具有防火、隔声、轻质等特点，可刨钉、施工简便、加工性能好。适用于室内装饰、电梯、隔声、壁材等，其品种规格见表 11-27。

表 11-27　铝木复合装饰板的品种规格

品种	规格/mm	特点与用途
铝木复合装饰板	3×1220×2440	具有防火、隔声、质轻、可刨、可钉，加工性能好，适用于室内和电梯装饰

11.1.4　金属装饰板

金属装饰板具有质轻、强度高、耐蚀性、防潮、防火、构造简单、组装施工方便等特点。适用于中高档建筑，如宾馆饭店、剧院、会堂、艺术馆等公共建筑和高级民用建筑的室内外顶棚的装饰。

1. 金属装饰吊顶板的品种规格（表 11-28）

表 11-28　金属装饰吊顶板材的品种规格

品种	构造	规格/mm
金属条板	条板材料为 0.5mm 厚铝板、普通冷轧钢板、彩色钢板。表面处理采用阳极氧化、喷塑、镀锌三种。条板分为开放型（冲孔、不冲孔）、封闭型（冲孔、不冲孔、增设镶条龙骨）、与龙骨可组成条板顶棚	宽：44、64、88、106、136、186
金属花形条板	条板以冷轧板或铝板、不锈钢板加工而成，分为矩形、菱形和锯齿形多种	宽：90、120、150、200
金属吊顶格片	格片由铝合金制成，分为 GD1 和 GD2 型，表面处理——喷塑、阳极氧化。颜色——白色、古铜、金黄，也可根据需要加工	高：100
金属方板	方板以冷轧钢板或铝板、不锈钢板冲压加工而成，分为冲孔型和不冲孔型两种。冲孔板的冲孔效率为 9%。表面处理为喷塑和阳极氧化两种，颜色任选	600×600
		500×500
		400×400
		300×600
金属挂片	由铝合金板制成，分为 GD1 和 GD2 型两种，表面以喷塑、阳极氧化处理。颜色任选	各种规格
	挂片有 6 种外形。用小弹簧轻卡子吊挂于龙骨上而构成金属挂片顶棚。具有颜色别致，重量轻，便于拆卸，挂片可自由旋转、任意组合花样等特点，在顶部天然采光和人工照明条件下，可营造出柔和的光线效果	
金属筒形吊顶板	圆筒以 Q235 钢板加工而成，表面喷塑处理，有多种颜色，可以任意组合而构成筒形顶棚。其装饰效果新颖别致，艺术性高，装饰性强	圆筒： 高：60～100 宽：150～200 厚：0.5
金属花片格栅	在普通格栅基础上发展，外观鲜颖，可得到最佳的装饰效果	X 系列Ⅰ L-170，L_1-80；B-170，B_1-80；H-50，H_1-25；M-1
		系列Ⅱ L-100，B-100，H-50，M-1
金属花片格栅	在普通格栅基础上发展，外观鲜颖，可得到最佳的装饰效果	系列Ⅲ L-100，B-100，H-50，M-1
金属微孔吸声吊顶板	是以铝合金板、镀锌板、PVC 复合板加工而成。板材穿微孔，具有吸声功能，尺寸和颜色可随需要加工	600×6600×0.6
金属吊顶板	采用冷轧钢板、铝合金板、镜面不锈钢板冲压而成。分为平面型和带孔型两大类。板块表面处理有喷塑和阳极氧化，颜色任选，具有多种花色	600×600　厚：0.5 500×500 300×300

（续）

<table>
<tr><th colspan="2">品种</th><th>构造</th><th>规格/mm</th></tr>
<tr><td colspan="2">方形吊顶板</td><td>由铝合金板、镀锌钢板或不锈钢板加工而成，四边有45°斜角，分为平面和冲孔两大类，有多种不同的花色图案</td><td>600×600　厚：0.7（铝合金板）
0.6（镀锌钢板和不锈钢板）
300×300
300×600</td></tr>
<tr><td colspan="2">长条形插入式扣板</td><td>为铝质方角C形扣板，分为平面、冲孔两类，色彩多种</td><td>宽：100、200、300</td></tr>
<tr><td colspan="2">格栅吊顶板</td><td>造型新颖，拆装简便，透光通风性能好，冷气口、排风口、音响、烟感器、灯具等均可装置在顶棚上，整体装饰效果好</td><td>75×75，100×100，125×125
150×150，175×175，200×200
250×250</td></tr>
<tr><td colspan="2">铝合金空腹格栅吊顶板</td><td rowspan="3">表面烤漆处理，有各种颜色</td><td>150×150×45，150×150×50
150×150×60，125×125×45
125×125×50，125×125×60
100×100×45，100×100×50
100×100×60</td></tr>
<tr><td colspan="2">花片格栅吊顶板</td><td>100×100×50
(170+80)×(170+80)×50</td></tr>
<tr><td colspan="2">圆筒格栅吊顶板</td><td>ϕ150×60，ϕ200×100</td></tr>
<tr><td colspan="2">铝合金挂片吊顶板</td><td>—</td><td>2000×100×0.6，2000×100×0.7
2000×100×0.8</td></tr>
<tr><td colspan="2">铝合金快板吊顶板（方形吊顶板）</td><td>—</td><td>500×500×0.6，500×500×0.8
600×600×0.6，600×600×0.8</td></tr>
<tr><td colspan="2">铝合金条板（封闭式）</td><td>—</td><td>2000×1000×0.5
2000×1000×0.6</td></tr>
<tr><td colspan="2">铝合金条板（开放式）</td><td>—</td><td>2000×84×0.5
2000×84×0.6</td></tr>
<tr><td rowspan="4">铝暗骨吊顶方吊顶板</td><td>平板</td><td rowspan="5">冲压铝合金、不锈钢、钛合金板等材料加工而成。板面喷塑、冲孔、内贴无纺纸</td><td>600×600×0.6，500×500×0.6</td></tr>
<tr><td>冲孔板
ϕ6mm、
ϕ10mm</td><td>600×600×0.6
500×500×0.6</td></tr>
<tr><td>冲孔板
ϕ3mm</td><td>600×600×0.6
500×500×0.6</td></tr>
<tr><td>微孔板
ϕ1.6mm</td><td>600×600×0.6
500×500×0.6</td></tr>
<tr><td>铝明骨跌级吊顶方板</td><td>平板
冲孔板
ϕ6mm、
ϕ10mm
冲孔板
ϕ3mm
冲孔板
ϕ1.8mm</td><td>606×606×0.6</td></tr>
</table>

（续）

品种		构造	规格/mm
铝窗页式吊顶板	V100 V150 G150	—	页片长：2000 厚：0.6 间距：100 150 150
铝方角G型扣板	平板 冲孔板 ϕ3mm 冲孔板 ϕ1.8mm	—	宽：100、200
B型扣板		—	100×6000×0.55
不锈钢扣板			110×6000×0.4
不锈钢G型方角扣板	304BA 304亚光 8K	—	200×0.6
不锈钢G型方角扣板	304BA 304亚光 8K	—	100×0.6
不锈钢吊顶方板	304BA 亚光0.5 304BA 亚光0.6 304BA 亚光0.8 8K	—	600×600 5600×500
铝吊顶格栅		常用铝合金、不锈钢、钛合金板等材料加工而成。板面喷塑、冲孔、内贴无纺纸	200×200，150×150，125×125 110×110，75×75
条形扣板	C85，C100	C85，C100直条形扣及双边扣	厚：0.4、0.5、0.6
	双边扣		厚：0.5、0.6
	明T钢龙骨		配套用
	暗T钢龙骨		
方形跌级吊顶板		铝合金加工而成，分为平板、冲孔两类	500×500，600×600
方形立体吊顶板		铝合金加工而成，分为A型、B型两类	600×600
格子吊顶板		铝合金加工而成	20×20，17.5×17.5 15×15，12.5×12.5
铝质网络吊顶板		—	厚：0.6、0.55、0.5、0.45、0.4 高：45 格子尺寸：75×75，100×100 125×125，150×150
明骨跌级方块铝板			600×600×20（平板） 600×600×20（ϕ3半孔板） 600×600×20（ϕ3全孔板） 600×600×20（ϕ1.8全孔板）
暗骨长方吊顶铝板			400×900，400×600 300×900，300×600 高20

（续）

品种	构造	规格/mm
跌级吊顶板	—	500×500
平级吊顶板 全冲孔吊顶板 斜冲孔吊顶板 立体型吊顶板	暗龙骨	600×600
铝合金吊顶板	—	100×2000×(0.5~0.8) 500×500×0.8，600×600×0.8
铝合金格栅	—	120×120×45，150×150×60
铝合金吸声板	—	100×2000×0.5，100×500×0.8
格子吊顶板	—	100×100，125×125 150×150，200×200
铝质暗骨方形吊顶板	ϕ1.8mm 全冲孔 ϕ3.0mm 全冲孔 ϕ2.2mm 直排孔 ϕ3.0mm 对角冲孔 ϕ2.0mm 大方格 ϕ1.5mm 小方格	600×600×0.6
	立体方形、圆形、菱形 平面	600×600×0.6
	ϕ1.8mm 全冲孔	300×300×0.6，300×600×0.6
	平面	300×300×0.6
铝质明骨（跌级）吊顶板	ϕ1.8mm 全冲孔 ϕ3.0mm 全冲孔 ϕ3.0mm 对角 ϕ2.0mm 大方格 平面	600×600×0.6
插入式扣板	G200 平面 G300 平面 G100ϕ1.8mm 孔 G200ϕ1.8mm 孔 G300ϕ1.8mm 孔 G200 小方格 G300 小方格	厚：0.6 （含龙骨吊件）
铝格栅吊顶板	每平方米参考指数	
	3	75×75
	20	100×100
	8	125×125
	6.5	150×150
	5.5	175×175
	5	200×200
	4	250×250

（续）

品种	构造	规格/mm
金属吊顶板	彩铝平面方板	500×500×0.6，500×500×0.7
	彩钢平面方板	500×500×0.6，500×500×0.7
	彩铝明骨跌级方板（平面）	600×600×0.6，600×600×0.7
	304#8K 镜钢方板（平面）	500×500×0.7
	304#BA 不锈钢方板（平面） 430#BA 不锈钢方板（平面）	500×500×0.5
	彩铝冲大孔方板（孔径 ϕ8mm） 彩铝冲中孔方板（孔径 ϕ3mm） 彩铝冲微孔方板（孔径 ϕ1.5mm）	500×500×0.6 500×500×0.7
	彩铝四方对角方板（孔径 ϕ8mm） 彩铝三角花方板（孔径 ϕ4mm） 彩铝 49 格花方板（孔径 ϕ3mm）	500×500×0.6 500×500×0.7 600×600×0.6 600×600×0.7
	彩铝 25 格花方板（孔径 ϕ1.5mm）	600×600×0.6，600×600×0.7
	彩铝菱形花方板（孔径 ϕ3mm）	600×600×0.6，600×600×0.7
	彩铝压井形方板（立体型） 彩铝压圆形方板（立体型）	600×600×0.6 600×600×0.7
	彩铝碎花格方板（孔径 ϕ3mm）	600×600×0.6，600×600×0.7
金属吊顶板	彩铝平面方板（平面）	600×600×0.6，600×600×0.7 600×1200×0.7
	彩铝冲孔方板（孔径 ϕ3mm） 彩铝冲孔方板（孔径 ϕ1.5mm）	600×300×0.6，600×300×0.7 300×300×0.6，300×300×0.7
彩铝吊顶板系列	彩铝平面方板	500×500×0.5，600×600×0.5
彩铝吊顶板系列	彩铝冲大孔方板 彩铝四方对角方板	500×500×0.5（孔径 ϕ8）
	彩铝冲中孔方板 彩铝冲 49 孔方板 彩铝冲菱孔方板 彩铝碎花格方板 彩铝冲孔方板（孔径均为 ϕ3mm） 彩铝冲微孔方板 彩铝 25 格花方板 彩铝冲孔方板（孔径均为 ϕ1.5mm）	500×500×0.5 600×600×0.5 600×600×0.5 600×600×0.5 500×500×0.6 500×500×0.5 600×600×0.5 300×300×0.5
	彩铝三角花方板（孔径 ϕ4mm）	600×600×0.5
	彩铝压井形方板 彩铝压圆形方板	600×600×0.5

（续）

品种	构造	规格/mm
NG-1 平面暗架 NG-2ϕ1.8mm 全孔 NG-3ϕ3mm 全孔 NG-4ϕ3mm 对角孔 NG-5ϕ3mm 四角孔 NG-6ϕ2.2mm 直角孔 NG-7ϕ1.5mm 全孔 NG-8ϕ4mm 对角孔 NG-9ϕ4mm 全孔	材料为方形板 厚度：$\delta=0.6$mm 每平方米配 UM-C 三角龙骨 1.8m，配 FA 或 FB 吊件 2 个	600×600
NF-1 平面暗架 NF-2ϕ1.8mm 全孔 NF-3ϕ3mm 全孔	材料为方形板 厚度：$\delta=0.6$mm 每平方米配 UM-C 三角龙骨 2m，配 FA 或 FB 吊件 2 个	500×500
NF-4 平面暗架 NF-5ϕ1.8mm 全孔 NF-6ϕ3mm 全孔	材料为方形板 厚度：$\delta=0.6$mm 每平方米配 UM-C 三角龙骨 3.4m，配 FA 或 FB 吊件 3.4 个	300×300
NF-7 平面暗架 NF-8ϕ1.8mm 全孔 NF-9ϕ3mm 全孔	材料为方形板 厚度：$\delta=0.6$mm 每平方米配 UM-C 三角龙骨 3.4m，配 FA 或 FB 吊件 3.4 个。其余同 NG 系列	300×600
LT-A 立体菱形 LT-B 立体圆形 LT-C 立体方形 LT-D 立体八角形	同 NG 系列	600×600
DG1 平面跌级 DG2ϕ1.8mm 全孔 DG3ϕ3mm 全孔 DG4ϕ4mm 对角孔 DG5ϕ5mm 对角孔 DG6ϕ4mm 全孔	为方形板，明架直边跌级，高 20mm，材料厚度0.6mm	600×600
DA1 平面跌级 DA2ϕ1.8mm 全孔 DA3ϕ3mm 全孔 DA4ϕ3mm 对角孔 DA5ϕ4mm 对角孔 DA6ϕ4mm 全孔	为方形板，明架直边跌级，高 10mm，材料厚度 0.6mm	600×600
DA7-平面 DA8ϕ8mm 全孔 DA9ϕ2.2mm 直排孔	为方形板，明架直边跌级，高 25mm，材料厚度0.8mm	300×300
JP100J 型垂帘 JP150J 型垂帘	J 型帘片有 A 型、B 型，A 型高 120mm，B 型高 100mm	3000

（续）

品种		构造	规格/mm
TS-A 梯形大型板		—	800×800
TS-B 六角形大型板		—	边长 400
吊顶格栅	CA75 CA100 CA125 CA150 CA175 CA200 CA250	格栅主副格板的高度为 48mm，宽度 10mm，材料厚度 0.5mm	75×75 100×100 125×125 150×150 175×175 200×200 250×250
吊顶格栅	GB75 GB100 GB125 GB150 GB175 GB200 GB250 GB300	主副格板的高度为 60mm，宽度 12mm，材料厚度 0.6mm	75×75 100×100 125×125 150×150 175×175 200×200 250×250 300×300
吊顶格栅	GB100 GB150 GB2000 GB250 GB300 GB350 GB400	主副格板的高度为 85mm，宽度 15mm，材料厚度 0.7mm	100×100 150×150 200×200 250×250 300×300 350×350 400×400
吊顶扣板	KC100（平面型） KC200（平面型） KC300（平面型）	为封闭式，每平方米配 UM-D 龙骨 1m，FD 吊件 1 个	6000×0.6 3000×0.6 3000×0.6
吊顶扣板	KD100(ϕ1.8mm 冲孔) KD200(ϕ1.8mm 冲孔) KD300(ϕ1.8mm 冲孔)	同 KC 系列	6000×0.6 3000×0.6 3000×0.6
吊顶扣板	KD100(ϕ3mm 冲孔) KD200(ϕ3mm 冲孔) KD300(ϕ3mm 冲孔)	同 KC 系列	6000×0.6 3000×0.6 3000×0.6
吊顶扣板	KF100(ϕ1.0mm 冲孔) KF00(ϕ1.0mm 冲孔) KF300(ϕ1.0mm 冲孔)	同 KC 系列	6000×0.6 3000×0.6 3000×0.6
吊顶扣板	UA150 平面型 UB200 平面型	为开放式，每平方米配 UM-F 龙骨 1m，FD 吊件 1 个	135×6000×0.6 185×6000×0.6
吊顶扣板	UC150(ϕ1.5mm 冲孔) UD150(ϕ1.5mm 冲孔)	为开放式，每平方米配 UM-F 龙骨 1m，FD 吊件 1 个	135×6000×0.6 185×6000×0.6
吊顶扣板	UE15（黑色）	配 UA、UB、UC、UD 系列扣板	15×6000×0.3

（续）

<table>
<tr><th colspan="2">品种</th><th>构造</th><th>规格/mm</th></tr>
<tr><td rowspan="6">配套用UM系列吊顶龙骨</td><td>槽型龙骨 UM-A</td><td>—</td><td>宽：80、100、300</td></tr>
<tr><td>方形龙骨 UM-B</td><td>—</td><td>80×80
100×100
300×300</td></tr>
<tr><td>三角龙骨 UM-C</td><td>—</td><td>厚度：0.5</td></tr>
<tr><td>扣板龙骨 UM-D</td><td>配 KC、KD、KE、KF 系列</td><td>—</td></tr>
<tr><td>垂帘龙骨 UM-E</td><td>配 JP 系列</td><td>—</td></tr>
<tr><td>U 型扣板龙骨 UM-F</td><td>配 UA、UB、UC、UD 系列</td><td>—</td></tr>
<tr><td rowspan="2">开放式金属条形吊顶板</td><td>TB1-1
TB1-2
TB1-3</td><td rowspan="2">产品以铝合金制成，共有9种板型，表面处理有烤漆和阳极氧化两种，颜色多样，每种板型分为穿孔及不穿孔两类，有各种孔径、孔距可供选择</td><td>2000×（100、120、150、200、250、300）×（0.5、0.8）</td></tr>
<tr><td>TB1-4
TB1-5
TB1-6</td><td>2000×（100、120、150、200、250、300）×0.8</td></tr>
<tr><td rowspan="7">开放式金属条形吊顶板</td><td>TB2-1
TB2-2
TB2-3
TB2-4</td><td rowspan="6">产品以铝合金制成，共有9种板型，表面处理有烤漆和阳极氧化两种，颜色多样，每种板型分为穿孔及不穿孔两类，有各种孔径、孔距可供选择</td><td>2000×（50、100、120、150）×（0.5、0.8）</td></tr>
<tr><td>TB2-5</td><td>2000×200×0.8</td></tr>
<tr><td>TB3-1
TB3-2
TB3-3</td><td>2000×（100、120、150）×（0.5、0.8）</td></tr>
<tr><td>TB3-4</td><td>2000×200×0.8</td></tr>
<tr><td>TB9-1
TB9-2
TB9-3</td><td>2000×（100、120、150）×1.0</td></tr>
<tr><td></td><td></td></tr>
<tr><td>TB9-4</td><td>—</td><td>2000×200×1.2</td></tr>
<tr><td>封闭式金属条形板</td><td>TB4-1
TB4-2
TB4-3</td><td>—</td><td>2000×100×（0.5、0.8）
2000×120×0.8
2000×300×0.8</td></tr>
<tr><td rowspan="4">金属方形板</td><td>FB1
FB5
FB6
FB10</td><td rowspan="4">方形板共有11种板型，每种板型分为穿孔及不穿孔两类，表面处理有烤漆和阳极氧化两种，FB1、FB2、FB3、FB4、FB5、FB7、FB9 为暗龙骨板，FB6、FB8 为明龙骨板，FB10 为明、暗龙骨板</td><td>500×600
600×600</td></tr>
<tr><td>FB2
FB3
FB4
FB9</td><td>500×500</td></tr>
<tr><td>FB7
FB8</td><td>500×1000
600×1200</td></tr>
<tr><td>FB11</td><td>500×500</td></tr>
</table>

（续）

品种		构造	规格/mm
金属吊顶格栅	GD1-1 GD1-2 GD1-3 GD1-4	—	长×宽×高（遮光角度） 1200×60×90（3°～37°） 600×60×90（5°～37°） 1260×60×126（3°～37°） 630×60×126（5°～27°）
金属吊顶格栅	GD2-1 GD2-2	—	25×25×25，45 分格 40×40×40，45 分格 600×600
	GD3-1 GD3-2 GD3-3		26×30×26 48×50×48 62×60×62
	GD4-1 GD4-2 GD4-3		90×60×90（37） 125×60×125（27） 158×60×158（22）
金属挂片、格片	GD5-1 GD5-2 GD5-3	为铝合金条形片，因组装成顶棚时的结构形式不同，有挂片、格片之称	长 2000、间距 100 长 2000、间距 150 长 2000、间距 200
	GD-7A		长 2000、高 120
	GD-7B		500×500×120
	GD-7C		边长 500×120
	GD8		1260×1980×220
金属块状挂片	CD-9A CD-9B CD-9C CD-9D	为垂直式合金小挂片，挂于龙骨上即制成块状挂片天棚	150×75
圆筒形装饰吊顶板	GD60	以金属圆筒任意组成装饰天棚	φ200、高 100
藻井式吊顶板	HGD202 （有机面板）	分为有机面板带灯管式和镜面板无灯式两种	2000×2000（4 管） 1800×1800（4 管） 1500×1500（4 管） 1200×1200（4 管） 1000×1000（4 管）
	HGD202 （无灯） 镜面板		2000×2000，1800×1800 1500×1500，1200×1200 1000×1000

2. 铝合金空调口装饰材料

铝合金空调口装饰材料是由铝合金型材制成，表面进行氧化处理，显得光亮美观。具有重量轻、强度高、耐蚀性、防潮、防火、组装施工方便等特点。适用于中高档建筑，如宾馆饭店、剧院、会堂、艺术馆等的通风末端装置，其品种规格见表 11-29。

表 11-29　铝合金空调口装饰材料的品种规格

名称	品种
铝合金空调口①	FK-1 双层百叶式风口，FK-2 单层百叶式风口 FK-3 方形散流器，FK-4 侧壁格栏式风口 FK-5 过滤器，FK-6 方形简易调节器 FK-7 方形散流器，FK-8 圆小直片散流器 FK-9 圆形散流器，FK-11 方形多叶对开调节器 FK-12 可开式侧壁格栅式风口，FK-13 圆形对开调节器
铝合金空调风口②	SC4 型散流器，GS 型格栅双层送风口 GR 型格栅回风口，GR 型 450 百叶回风口 GT 型 2500 地（侧）面送风口，LD 型顶面条形风口

①除了各系列规格外，并可根据用户要求协商规格尺寸。

②除了 SC 型各种散热器为定型规格外，其他各种型号产品除系列规格外，尚可自行设计尺寸。

3. 钢丝网节能墙板

钢丝网节能墙板是由两片预先焊好的钢丝网中间夹预先预制成型的聚氯乙烯发泡板，先后用钢丝从两侧插入聚氯乙烯发泡板，最后将斜插定位钢丝焊在钢丝网的径向丝上，可防止夹芯的聚氯乙烯发泡桁条错位，这样完成一个组合。具有隔声、保温、质轻、造价低等优点。适用于高层建筑的内外墙板，其规格尺寸参数见表 11-30。

表 11-30　钢丝网节能墙板的规格尺寸参数　　（单位：mm）

图示	长度	宽度	厚度	钢丝直径
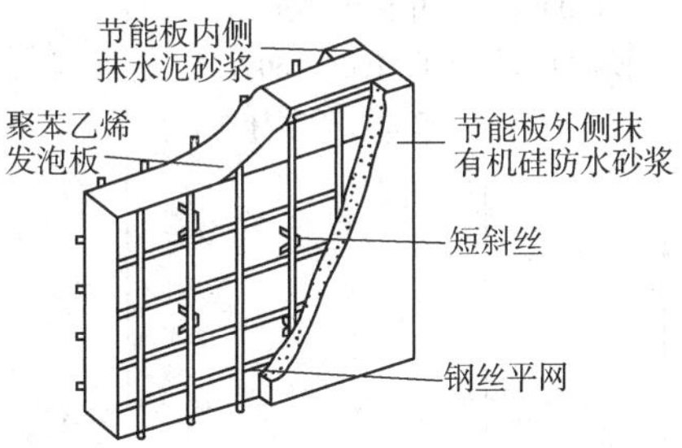 节能板内侧抹水泥砂浆 聚苯乙烯发泡板 节能板外侧抹有机硅防水砂浆 短斜丝 钢丝平网	2400、2700、3300、3600	1200、1440	77（55）	ϕ2.8
	2400、2700、3300、3600	1200	77 （喷抹水泥砂浆后理论厚度为 110）	ϕ2.8

4. KT 板

KT 板由平面钢丝网片、波形聚氯乙烯发泡板及平面单格条网组成。产品由 5 条宽 240mm 的波形聚氯乙烯板沿竖向以 6 条条网叠制，两侧用钢丝平网、条网横向焊接而成。KT 板芯为正弦曲线波板，具有质轻、防水、防火的特点适用于框架承重内外隔墙、屋面板、浴室、厕所、实验室，其主要规格尺寸参数见表 11-31。

表 11-31　KT 板的规格尺寸参数　　（单位：mm）

图示	长度	宽度	厚度	钢丝直径
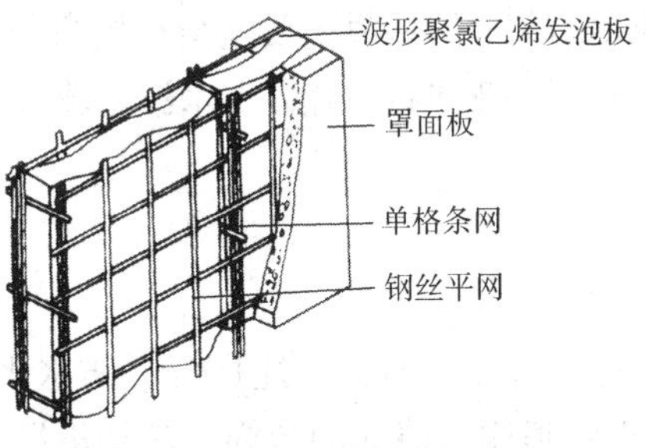 波形聚氯乙烯发泡板 罩面板 单格条网 钢丝平网	2400、2700、3300、3600	1200	100 （砂浆抹面）	ϕ2.8

5. UBS（万力）板

UBS（万力）板的基本构成是万力板，UBS板分为单层、双层两种，单层UBS板是钢丝网中心夹以聚氯乙烯发泡板，然后在两面加水泥砂浆或其他面层材料构成的单元，可以做各种非承重的内隔墙、围护墙；双层UBS板是两侧钢丝网夹聚氯乙烯发泡板，在其网层中心浇筑钢筋混凝土或其他材料，再在两层外侧用水泥砂浆或其他面层构成的单元，可以做各种承重墙、梁、柱、屋面等。UBS板质轻、强度高、防火、抗震、隔声、隔热，易于剪裁和拼装，并可预先埋设导线管开关盒，然后浇筑混凝土及表面喷抹水泥砂浆，形成完整的万力墙体，并可作为墙面装饰，其规格尺寸参数见表11-32。

表11-32　UBS板的规格尺寸参数　（单位：mm）

图示	最大长度	最大宽度	最大厚度	钢丝直径
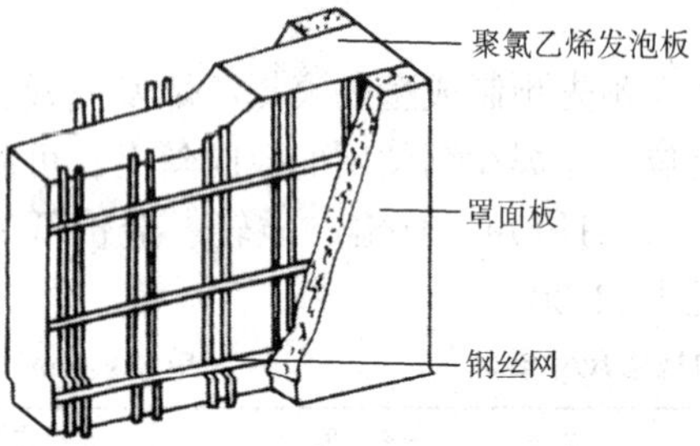 聚氯乙烯发泡板 罩面板 钢丝网 单层USB板构造示意图 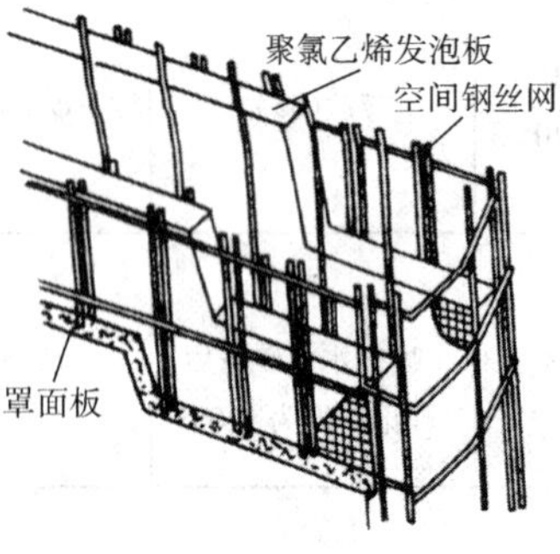 聚氯乙烯发泡板 空间钢丝网片 罩面板 双层USB板构造示意图	3600 模数200	1200 模数100	100 （中间混凝土厚度为60、100、160、250、300、砂浆抹面）	ϕ2.8

注：UBS板可以在工厂制造，现场拼装和浇筑混凝土。

11.2　非金属装饰材料

随着社会的进步和材料工业的发展，非金属装饰材料已成为建筑装饰的重要装饰材料。由于非金属材料具有质轻、价廉的特点，色彩与艺术手法使用灵活，装饰效果高雅华丽，因而获得广泛应用，并有取代某些传统装饰材料之势。目前使用的非金属材料主要是指有机高分子材料和无机非金属材料，如塑料、有机涂料、木材等及大理石、花岗石、瓷砖、水泥、玻璃等。

11.2.1　塑料装饰材料

1. 塑料装饰扣板

塑料装饰扣板具有色彩鲜艳、表面光洁、高雅华丽、质轻隔声、节能保温、防水阻燃、耐蚀性高等特点。适用于酒店、写字楼、会议室和住宅的顶棚与墙面的装饰，其规格尺寸参数见表 11-33。

表 11-33　塑料装饰扣板的规格尺寸参数

名称	花色品种	规格/mm
塑料装饰扣板（卫生）	奶白、咖啡、古铜、天蓝、米黄、大红、墨绿、玉色等品种	宽度：120 厚度：10
塑料装饰扣板（雅居）	薄型双线、薄型平面、厚型双线、薄型平面、厚型三线等	宽度：100、150、200
塑料装饰扣板（仙湖）	有多种花色品种	3000×250×2.5
		3000×100×2.5
低播焰塑料扣板	木纹、奶黄、奶白、翠绿等多种	1000×114×7
PVC 阻燃装饰扣板（华美）	多种花色	宽度：180±1.0
塑料装饰扣板（胜蓝）	彩色	宽度：100±2.0 型材截面厚度：1.14～1.20

2. 聚氯乙烯泡沫塑料装饰吸声板

聚氯乙烯泡沫塑料装饰吸声板具有轻质、隔声、防潮、隔热、保冷等特点。适用于宾馆、剧院等建筑物的室内吊顶和墙面的装饰，其规格尺寸参数见表 11-34。

表 11-34　聚氯乙烯泡沫塑料装饰吸声板的规格尺寸参数

名称	花色品种	规格/mm
聚氯乙烯泡沫塑料装饰吸声板	多种图案	500×500×20
	凸形花、凹形花、十字花、四方花、圆角花等	300×300×15
		500×500×15
		600×600×20
	凸形花、凹形花等多种图案	500×500×15
	多种花纹图案及钻孔图案	500×500×15
	多种图案	500×500×（15～20）
	多种花色品种	500×500×3

3.　塑钢雕花吊顶板

塑钢雕花吊顶板具有表面光滑、硬度高、防水、防火、防腐、隔声、色彩绚丽、富有真实感等特点。适用于酒店、写字楼、会议室和住宅的室内吊顶的装饰，其规格尺寸参数见表 11-35。

表 11-35　塑钢雕花吊顶板的规格尺寸参数

名称	品种	规格/mm
塑钢雕花吊顶板	豪华波纹装饰板 木纹板	2100×900×（3～10） 2100×900×（3～10） 2100×900×（3～10）

4. 聚氯乙烯塑料吊顶板

聚氯乙烯塑料吊顶板具有轻质、防潮、隔热、阻燃、不吸尘、可涂饰、易安装等特点。

适用于剧院、会议室、商店、公共设施及住宅建筑的室内吊顶和墙面的装饰，其规格尺寸参数见表 11-36。

表 11-36　聚氯乙烯塑料吊顶板的规格尺寸参数

品种	花色	规格/mm
聚氯乙烯塑料吊顶板	花色：乳白、米黄、湖蓝 图案：昙花、云龙、格花、拼花	500×500×0.5
		500×500×0.4
		500×500×(0.5~0.6) (聚乙烯)
		500×500×16 (PVC 与 PS 复合材料)

5. 钙塑泡沫装饰吸声板

钙塑泡沫装饰吸声板具有轻质、防潮、隔热、阻燃、吸声、耐水及易安装等特点。适用于剧院、会议室、商店、电视台、广播室等建筑物的室内吊顶和墙面的装饰，其规格尺寸参数见表 11-37。

表 11-37　钙塑泡沫装饰吸声板的规格尺寸参数

名称	品种	规格/mm
钙塑泡沫装饰吸声板	一般板与难燃板	500×500×6
		500×500×6
		500×500×(6、8、10)，333×333×(6、8、10)
		500×500×6，600×600×6
		500×500×6
		500×500×(5.5±1.5)
		500×500×7
		500×500×5
钙塑泡沫装饰吸声板	一般板与难燃板	500×500×6（难燃板）
		300×300×6，500×500×6
		305×305×7，400×400×7，500×500×7，610×610×7
		496×496×4（一般板）
		600×600×7，500×500×7，400×400×7，450×450×7 350×350×7，600×500×7
		500×500×6，500×500×5

6. 复合豪华装饰墙板

复合豪华装饰墙板具有流行的装潢色彩，适用于现代风格的住宅、商店、办公室的室内装饰，其规格尺寸参数见表 11-38。

表 11-38　复合豪华装饰墙板的规格尺寸参数

品种	规格/mm
豪华护墙板、顶棚	2600×150×10

（续）

品种		规格/mm
圣像墙板配件系统	特种卡	—
	阴阳角线 盖板条	22×22×2700 60×22×2500
	踢脚板、挂镜线	22×40×2400
豪华护墙板、顶棚		2600×200×10
配件系统	特种卡、抓钩	—
	阴阳角线 盖板条	22×22×2700 60×22×2500
	装饰线条	2595×24×3
	踢脚板、挂镜线	—
大理石纹豪华壁板		4000×3000
木纹系列壁板		2700×3300

11.2.2 纤维装饰材料

1. 硬质纤维装饰吸声板

硬质纤维装饰吸声板具有质轻、坚硬、防火、吸声、装饰性良好。适用于各种建筑物的室内顶棚、墙面的装饰，其规格尺寸参数见表11-39。

表11-39 硬质纤维装饰吸声板的规格尺寸参数

型号	规格/mm				性能指标
	尺寸	孔径	孔距	穿孔率（%）	
100-1 100-2 100-3 100-4	1000×1000×4	$\phi8$	20	3.86 3.69 4.10 4.18	表面密度：≥0.9g/m^3 静曲强度：≥40MPa 吸收率：≤20% 热导率：0.093～0.116W/(m·K) 含水率：约8%
50-1 50-2 50-3 50-4 50-5 50-6 50-7 50-8 50-9 50-10	500×500×4	$\phi8$	20	6.11 8.04 10.64 5.62 4.75 6.76 6.37 4.44 5.57 3.57	

注：板材在进行装饰施工前，应进行加湿处理。其方法是将装饰板没入60℃的热水中30min，或用冷水浸24h，然后取出堆垛起来，使水吸干再行施工。

2. 软质纤维装饰吸声板

软质纤维装饰吸声板具有质轻、吸声、保温、隔热等特点，适用于各种建筑物的室内顶棚和墙面的装饰，其规格尺寸参数见表 11-40。

表 11-40　软质纤维装饰吸声板的规格尺寸参数

品种	规格/mm	性能指标
软质纤维装饰吸声板	305×305×13 (孔径 φ6、孔距 15、孔深 8) 货号：301~308	密度：0.23~026g/cm^3 抗弯强度：1.6~1.8MPa 吸水率：≤50% 热导率：0.046~0.058W/(m·K) 频率(Hz)/吸声系数：125/0.05，125/0.10，500/0.14，1000/0.25，2000/0.45
	305×305×13 (孔径 φ6、孔距 25、孔深 8) 货号：501~508	
钻孔软质纤维装饰吸声板	610×610×12.5	密度：0.38g/cm^3 抗弯强度：1.5MPa 吸水率：≤100% 热导率：0.035~0.045W/(m·K) 含水量：≤15%
	305×305×13 500×500×13	密度：0.23g/cm^3 抗弯强度：2.16MPa 吸水率：≤310% 热导率：0.058W/(m·K)
	500×500×500×13 (面贴钛白粉纸) 货号：201~208	密度：0.3g/cm^3 抗弯强度：≥1.8MPa 吸水率：(20℃，2h) ≤100% 热导率：0.041~0.052W/(m·K) 频率(Hz)/吸声系数：125/0.08、125/0.09、500/0.13、1000/0.30、1500/0.35、2000/0.40
	305×305×13(面贴钛白粉纸) 货号：301~308	—
纯白无孔软质纤维板	500×500×13 305×305×13	密度：0.3g/cm^3 抗弯强度：≥2.0MPa 吸水率：≤50% 热导率：0.041~0.052W/(m·K) 频率(Hz)/吸声系数：125/0.65、125/0.75、500/0.09、1000/0.14、1500/0.16、2000/0.20
软质纤维板	2420×1050×13 2440×1220×13	密度：0.3g/cm^3 抗弯强度：≥2.0MPa 吸水率：(20℃，2h) ≤300% 热导率：0.041~0.052W/(m·K) 频率(Hz)/吸声系数：125/0.65、125/0.75、500/0.09、1000/0.14、1500/0.16、2000/0.20

3. NT 纤维水泥装饰板

NT 纤维水泥装饰板具有质轻、强度高，防火、防水、隔声、隔热，可锯、可钻孔及刷涂印花，装饰效果好的特点。适用于工业与民用建筑物的室内吊顶和墙面的装饰，其规格尺寸参数见表 11-41。

表 11-41　NT 纤维水泥装饰板的规格尺寸参数

品种	规格/mm	性能指标
NT 不燃装饰板	610×610×4.5 1220×1220×4.5 2440×1220×6 2440×1200×8 2440×1220×10 2440×1220×12	横向抗折强度：≥16MPa 纵向抗折强度：≥13MPa 密度：≥1.2g/cm^3 吸收率：≤40% 防火性：耐火极限 1.2～2.0h 抗冻性：冰冻环境温度 25 次连续冰融循环无起层破坏现象

4. 纤维板

纤维板分为普通型纤维板和特种纤维板等。成品中的游离甲醛释放必须符合（GB 18580—2017）的规定。主要用于建筑基材或做面板使用，其规格尺寸参数见表 11-42。

表 11-42　纤维板的规格尺寸参数

品种		规格/mm	特点与用途
普通纤维板	硬质纤维板	610×1220 915×1830 915×2135 1000×2000 1220×2440 厚度：2.5、3.0、3.2、4.6、5.0	强度高，再加工性好，易弯曲和打孔，用于建筑装饰及车船、家具、包装等
	半硬质和中密度纤维板		密度适中，强度较高，结构均匀，易加工，用于建筑装饰及家用电器等
	软质纤维板		密度低，具有一定强度，有良好的绝缘和吸声性，用于绝热隔声材料
特种功能纤维板	油处理纤维板		采用干性油等处理的硬质纤维板，强度高，具有良好的防潮、防湿性能
	防火纤维板		经防火剂处理的纤维板，使其有良好的阻燃性能，多用于建筑防火装饰材料
	防水纤维板		经防水剂处理的纤维板，使其有良好的防水、防潮性能，多用于建筑防水装饰材料
	防腐防霉纤维板		经防腐剂处理的纤维板，使其有良好的防水、防腐、防霉、防虫性能
	表面装饰纤维板		纤维板经表面涂饰、贴面处理，使其有表面美观和提高强度等性能，常为建筑内饰材料
压模纤维板		幅面 610×1220 915×1830 915×2135 1000×2000 1220×2440 厚度：2.5、3.0、3.2、4.6、5.0	压模成仿形板（如瓦楞形），用途广泛
浮雕纤维板			压制成凹凸图具有立体感花纹，外形美观的浮雕纤维板，用于建筑内外装饰
无机质复合纤维板			木质纤维和无机质复合制成的纤维板（如石膏纤维板、粉煤灰纤维板、水泥纤维板），具有强度高，隔热性、阻燃性好的特点，广泛用于建筑材料

5. TK 纤维增强水泥装饰板

TK 纤维增强水泥装饰板具有强度高、防水、隔热、隔声、防潮、抗弯，可锯、可刨、可钻孔及刷涂印花，装饰效果好的特点。适用于工业和民用建筑物的室内吊顶和内隔墙，其规格尺寸参数见表 11-43。

表 11-43　FK 纤维增强水泥装饰板的规格尺寸参数

品种	规格/mm			性能指标
	长	宽	高	
FK 纤维增强水泥装饰板	1220 （毛边板）	820	5.6	抗折强度：≥15MPa 抗冲击强度：≥2.5kJ/m² 密度：1.75g/cm³ 吸水率：≤28%
	1200 （光边板）	800	5.6	
FK 纤维增强水泥装饰板	1600	900	4	静力抗弯强度：≥15MPa 抗冲击强度：≥1.96kJ/m² 干密度：1.66g/cm³ 吸水率：≤28% 耐火极限（6mm 板双面复合板）：47min
	2400		5	
	2800		6	
	3000		8	

6. FC 纤维水泥加压装饰板

FC 纤维水泥加压装饰板具有强度高、防火、隔声、不变形、不老化，可锯、可割、可钻孔及刷涂印花，装饰效果好的特点。适用于各种建筑物的室内吊顶和墙面的装饰，其规格尺寸参数见表 11-44。

表 11-44　FC 纤维水泥加压装饰板的规格尺寸参数

品种	型号	规格/mm	性能指标
NAFC 穿孔板	P4-1　P4-2 P4-3　P4-4 P5-1　P5-3 P5-2 P6-1　P6-2 P6-3　P6-4 P6-5　P6-6 P6-7 P8-1　P8-3 P8-4 P8-2 P10-1 P10-2 P10-3	600×600 1200×600 600×600 1200×600 1200×600 600×600 600×600 600×600 600×600 600×600 1200×600 985×985 500×500 600×600	平均抗折强度：≥13MPa 平均抗冲击强度：≥2.75kJ/m² 吸水率：≤19% 密度：1.7～2.0g/cm³ 不透水性：经 24h 底面无水滴出现 防火性：不燃性合格 抗冻性：冰冻环境温度 25 次连续冰融循环无起层破坏现象
NAL 穿孔板	P4-1　P4-2 P4-3　P4-4 P5-1　P5-3 P5-2 P6-1　P6-2 P6-3　P6-4 P6-5　P6-6 P6-7 P8-1　P8-3 P8-4 P8-2 P10-1 P10-2 P10-3	600×600 1200×600 600×600 1200×600 1200×600 600×600 600×600 600×600 600×600 600×600 1200×600 985×985 500×500 600×600	平均抗折强度：≥8MPa 平均抗冲击强度：≥3kJ/m² 吸水率：≤17% 密度：0.9～1.2g/cm³ 不透水性：经 24h 底面无水滴出现 耐火极限：不燃性合格

（续）

品种	型号	规格/mm	性能指标
FC 穿孔板	P4-1　P4-2 P4-3　P4-4 P5-1 P5-3 P5-2 P6-1 P6-2	600×600 1200×600 600×600 1200×600 1200×600 600×600 600×600	横向抗折强度：28MPa 纵向抗折强度：28MPa 平均抗冲击强度：≥2.45kJ/m² 吸水率：≤17% 密度：1.8g/cm³ 不透水性：经24h底面无水滴出现 防火性（6mm板厚复合墙体）：77 隔声指数（6mm板厚复合墙体）：50dB
	P6-3　P6-4 P6-5　P6-6 P6-7 P8-1　P8-3 P8-4	600×600	
	P8-2 P10-1 P10-2 P10-3	1200×600 985×985 500×500 600×600	
FC 吸声板	FS#101N	450×450×6 595×595×6	抗折强度：≥10MPa 抗冲击强度：≥2kJ/m² 密度：0.9～1.2g/cm³ 含水率：≤12%
	FS#101	450×450×6 595×595×6	
	FS#102	300×600×6 450×450×6 595×595×6	
	FS#103	595×595×6	
	FS#104	450×450×6 595×595×6 595×1195×6	
	FS#107 FS#107N	595×595×6 595×595×6	
	FS#108 FS#108N	595×595×6 595×595×6	
	FS#109 FS#110	595×595×6 595×595×6	

7. 石棉水泥装饰吊顶板

石棉水泥装饰吊顶板具有质轻、高强度、耐蚀性高、耐水、耐热、抗冻、绝缘等性能，可锯、可钻、可钉，施工简便。适用于建筑物的室内吊顶和内外墙板，其规格尺寸参数见表11-45。

表 11-45　石棉水泥装饰吊顶板的规格尺寸参数

品种	规格/mm			性能指标
	长	宽	高	
石棉水泥装饰吊顶板	1200 950	800 985	3、4、5、6 3、4、5、6	密度：1.8g/cm³ 抗折强度：20～30MPa 抗冲击强度：1.96kJ/m² 吸水率：≤24% 含水率：≤10%
	1800 3000	900 900	6 6	密度：1.8g/cm³ 横向抗折强度：>30MPa 纵向抗折强度：>20MPa 横向抗冲击强度：>1.96kJ/m² 纵向抗冲击强度：>1.44kJ/m² 吸水率：≤22% 浸水线膨胀率：≤0.068%～0.173%
	1220	820	4～6	密度：1.8g/cm³ 抗折强度：25.0MPa 抗冲击强度：1.96kJ/m² 吸水率：≤25%
石棉水泥装饰吊顶板	1500～3000	900～1000	5～8	密度：1.8g/cm³ 纵横向平均抗折强度：19MPa 抗冲击强度：>2.88kJ/m² 抗拉强度：11.9kJ/m² 吸水率：≤15% 含水率：≤10% 浸水线膨胀率：≤0.133%
	2400	1200	3～10	密度：1.7g/cm³ 抗折强度：（横向）≥28MPa 抗折强度：（纵向）≥20MPa 抗冲击强度：≥2.5kJ/m²
穿孔吸声石棉水泥板	长度：985 宽度：985 厚度：4、5、6 孔距：18.7 孔径：10 开孔率：19.2%			密度：1.8g/cm³ 抗折力：≥250N 含水率：≤15% 吸水率：≤24% 吸声系数：>0.70

8. 新丽板

新丽板具有不氧化、不脱落、不爆裂、不变色等特点，而且花色图案多，外观高雅华丽，特别适用于高档次建筑物装饰及家具装饰，其规格尺寸参数见表 11-46。

表 11-46　新丽板的规格尺寸参数

品种	型号	规格/mm	性能指标
A 系直板	A-M（金纹效果）	1220×2440×3	高密度或中密度纤维板
	A-W（木纹效果）		
	A-S（石纹效果）		
	A-F（彩花效果）		
	A-H（激光效果）		
	A-W	1220×2440×9	
		1220×2440×12	
		1220×2440×15	
		1220×2440×18	
Z 系曲板	Z-M（金纹效果）	1220×2440×3	中密度纤维板
	Z-W（木纹效果）		
	Z-S（石纹效果）		
	Z-F（彩花效果）		
	Z-H（激光效果）		
C 系直板	CP 净色	1220×2440×3	中密度纤维板
		1220×2440×15	
		1220×2440×18	
	CC 花色	1220×2440×3	
		1220×2440×15	
		1220×2440×18	
	CE 底油	1220×2440×15	
		1220×2440×18	

11.2.3　木质装饰材料

1. 胶合板

胶合板分为普通型胶合板和特种胶合板等。成品中的游离甲醛释放必须符合（GB 18580—2017）的规定。主要用于歌舞厅、餐厅等防火要求较高场合的装饰，其规格尺寸参数见表 11-47。

表 11-47　胶合板的规格尺寸参数

品种		规格/mm	用途
普通胶合板	耐候胶合板（Ⅰ）	915×（915、1220、1830、2135） 1220×（1220、1830、2135、2440） 厚度：3、3.5、5、6、7、8、10、12、14、15、16、20、25、30	室外工程
	耐水胶合板（Ⅱ）		
	耐潮胶合板（Ⅲ）		室内工程
	不耐潮胶合板（Ⅳ）		
阻燃胶合板			防火要求较高的工程
特种胶合板			防辐射要求的工程

2. 细木工板

细木工板分为优等品、一等品、合格品三等。成品中的游离甲醛释放必须符合（GB 18580—2017）的规定。主要用于建筑物内外的装饰、装修，其规格尺寸参数见表 11-48。

表 11-48　细木工板的规格尺寸参数

品种		规格/mm	特点与用途
按板芯结构分类	实心细木工板	915×（915、1830、2135） 1220×（1220、1830、2440） 厚度：12、14、16、19、22、25	用于面积大，承载力相对较大的装饰、装修
	空心细木工板		
按胶黏剂性能分类	室外用细木工板		适用室外装饰、装修
	室内用细木工板		

3. 刨花板

刨花板具有多种品牌型号，成品中的游离甲醛释放必须符合（GB 18580—2017）的规定，释放总量≤9mg/100g，其规格尺寸参数见表 11-49。

表 11-49　刨花板的规格尺寸参数

品种	规格/mm	特点与用途
单层刨花板	幅面：915×1830 1000×2000 1220×1220 1220×2440 厚度：13～20	建筑构件，包装箱和集装箱
多层刨花板		建筑物的构件、壁板、仪表箱等
渐变结构刨花板		建筑、家具和车、船、包装箱
定向结构刨花板		用于门框、窗框、门芯板、窗帘盒、踢脚板、橱柜及地板基材等
华夫板	幅面：915×1830 1000×2000 1220×1220 1220×2440 厚度：13～20	在建筑上带代替胶合板用于墙板、地板、屋面板和混凝土模板
水泥刨花板		新型建筑板材。可作内外墙板、地板、屋面板、顶棚及建筑构件
矿渣刨花板		新型建筑板材。可作内外墙板、地板、屋面板、顶棚及建筑构件
石膏刨花板		主要用于内墙板和顶棚。将板面做防水处理，可做外墙板
阻燃刨花板		刨花板做防火处理，用于有防火要求的场合

注：连接时不能使用普通木螺钉，应使用人造板专用螺钉。

4. 印刷木纹装饰板

印刷木纹装饰板具有多种花纹品种类型，美观逼真，色泽新颖鲜艳，层次丰富清晰，耐磨、抗水、耐高温。适用于高级建筑及高级家具的装饰，其规格尺寸参数见表 11-50。

表 11-50　印刷木纹装饰板的规格尺寸参数

品种	规格/mm	性能指标
直接印刷硬质纤维板	1000×2000×（3～4）	密度：0.8g/cm³ 抗弯强度：30MPa 吸水率：≤30% 漆膜附着力：0.3MPa 耐磨性：400r（磨损后仍有 50% 的花纹）

（续）

品种	规格/mm	性能指标
印刷木纹刨花板 （素色木纹板）	19×1200×2480 3.9×1200×2480	—

5. 薄木贴面装饰板

薄木贴面装饰板具有多种花纹，具真实感和立体感。适用于高级建筑及高级家具的装饰，其规格尺寸参数见表11-51。

表11-51　薄木贴面装饰板的规格尺寸参数

品种	规格/mm	性能指标
薄木贴面装饰板	幅面：（长×宽） 183×915 2135×915 2135×1220 1830×1220 厚度：3～6	胶合强度：1MPa 缝隙宽度：≤0.2mm 孔洞直径：≤2mm 透胶污染：≤1% 自然开裂：≤0.5%（面积）

6. 竹编胶合板

竹编胶合板具有幅面大、平整美观、重量轻、强度高、刚性好、耐蚀性高、耐磨损、耐水浸泡的特点。适用于建筑内墙、顶棚或家具面板，其规格尺寸参数见表11-52。

表11-52　竹编胶合板的规格尺寸参数

品种	规格/mm	厚度范围/mm
二层板	1980×980　2400×1200　2000×1000	1.5～2.5
三层板	1980×980　2400×1200　2000×1000	2.5～3.5
四层板	1980×980　2400×1200　2000×1000	3.5～4.5
五层板	1980×980　2400×1200　2000×1000	4.4～5.6
六层板	1980×980　2400×1200　2000×1000	5.4～6.6
七层板	1980×980　2400×1200　2000×1000	6.4～7.6
二层贴面板	1950×950　2000×1000	2.5～3.5
三层贴面板	1950×950　2000×1000	3.5～4.5
四层贴面板	1950×950　2000×1000	4.4～5.6
五层贴面板	1950×950　2000×1000	5.4～6.6
二十层加强型厚板 二十五层板	1980×980　2400×1200　2000×1000	11.5～12.5
	1980×980　2400×1200　2000×1000	11.5～2.5
	1980×980　2400×1200　2000×1000	14.5～15.5

7. 波音板、皮纹板与木纹板

波音板、皮纹板与木纹板具有色泽美丽、光滑耐磨、阻燃自熄、防火防腐等特点。适用于室内装饰及门板材料，其规格尺寸参数见表11-53。

表 11-53　波音板、皮纹板与木纹板的规格尺寸参数

品种	规格/mm	性能指标
波音板 皮纹板 木纹板	1220×2440×3	三种板均为印尼夹板，中国台湾生产
波音平面板	3×1220×2440 3×1220×1830	游离甲醛释放必须符合（GB 18580—2017）的规定
波音刻沟板	3×1220×2440	

8. 花式贴面板

花式贴面板具有纹理逼真、表面平整、厚度误差小、美观大方等特点。适用于室内墙面、墙裙、柱面的装饰，其规格尺寸参数见表 11-54。

表 11-54　花式贴面板的规格尺寸参数

品种	规格/mm	性能指标
三花花式贴面夹板	3×1220×2440 4×1220×2440	面板材料种类有榉木、栓木、樱桃木、橡木、沙笔力木、珍珠木等
三 A 高级树根贴面夹板		面板材料种类有栓木树根、白杨树根、麦当娜树根、桦木树根、榆木树根、红木树根等
复合装饰板	19×1220×2440 （22～25）×1220×2440	—

9. 宝丽板和富丽板

宝丽板和富丽板具有表面光亮美观、色彩丰富、图案花纹多样、耐热、耐烫等特点，对酸碱有相当的耐浸蚀性能。适用于室内墙面、墙裙、柱面的装饰，其规格尺寸参数见表 11-55。

表 11-55　宝丽板和富丽板的规格尺寸参数

品种	规格/mm	性能指标
白宝丽板	1220×2440	—
防火宝丽板	1220×2440	—
普通白宝丽板	1220×2440×3	高密度底部
纯白宝丽板	1220×2440×3	—
宝丽板	1220×2440×3	宝丽纸 1220mm×2440mm 性能指标
亚光富丽板（富丽坑板）	1220×2440	—
中纤宝丽板	2440×1220×3	—

10. 模压木饰面板

模压木饰面板具有防火、防毒、耐水、耐热、耐寒、耐酸碱，表面光滑、色彩鲜艳等特点。适用于宾馆、饭店、图书馆、计算机房等建筑的室内装饰，其规格尺寸参数见表 11-56。

表 11-56　模压木饰面板的规格尺寸参数

品种	规格/mm
台面板	605×5500×(17～26)，405×5500×(17～26)
平板	600×5500×10，400×5500×10
新型条板	605×5500×(11.5～18)，205×5500×(11.5～18) 145×5500×(11.5～18)，85×5500×(11.5～18)

11. 软木装饰墙板

软木装饰墙板可保持天然软木本色，具有无毒、耐蚀性高、保温隔热、消声减振、耐水、耐油等特点。适用于宾馆、饭店、图书馆、计算机房等建筑的室内装饰，其规格尺寸参数见表11-57。

表11-57　软木装饰墙板的规格尺寸参数

品种		规格/mm
天然软木复合弹性木墙裙板（纸）	自拆装式	（1000~1200）×200×10
	粘贴式	900×600×（1.0，1.2，1.5，2.0，3.0，4.0）
软木壁纸（板）		950×640×（0.8，1.0）
软木壁纸		915×610×（0.8~3）
IPOCORK 软木墙板	白/ST	600×600×3
	49/ST	
	峡湾红	
进口软木墙面板	408/ST、白/ST、（B+W）/ST 382/D、466/D、486/D	600×600×3
	448/ST、449/ST、450/ST	
	峡湾自然色 峡湾黑、红、绿	
	峡湾白	
	富士、DC-71 滂沛自然色	
	DC-70、DC-80 滂沛白	

12. 水泥木屑装饰顶棚

水泥木屑装饰顶棚具有强度高、防水、防火、隔热、隔声的效果，可锯、可钉、可钻孔及刷涂，装饰效果好。适用于工业和民用建筑物的室内顶棚和非承重内外墙的装饰，其规格尺寸参数见表11-58。

表11-58　水泥木屑装饰顶棚的规格尺寸参数

品种	规格/mm	性能指标
水泥木屑（刨花）装饰顶棚	1800~3000×900×8	绝干密度：1~1.3g/cm^3 含水率：0.148%~7.81% 平面抗拉强度：0.765~1.091MPa 抗拉强度：2.94~4.337MPa 静曲强度：9.845~10.65MPa 抗压强度：16.55~16.79MPa 握钉力：4.664~5.021MPa 热导率：0.14~0.16W/(m·K) 耐火极限：1.67h
水泥木屑顶棚	1000×500×8	静曲强度：7~12MPa 密度：7~8g/cm^3 握钉力：4.0~5.5MPa 吸水膨胀（24h）：<2% 耐火极限：0.5h

（续）

品种	规格/mm	性能指标
水泥木屑（刨花）装饰板	3300×1250×8	密度：1.1～1.4g/cm^3 含水率：9%～14% 平面抗拉强度：≥0.35MPa 静曲强度：>9MPa 浸水线膨胀率（24h）：≤2% 热导率：0.167～0.23W/(m·K)

11.3 建筑装修用龙骨

11.3.1 建筑用轻钢龙骨

建筑用墙体轻钢龙骨是以冷轧钢板（带）、镀锌钢板（带）或彩色涂层钢板（带）为原料，采用工艺生产的薄壁型钢。用于墙体的横向、竖向与建筑构件相连接固定。具有自重轻、刚度大、防火、防振、加工安装简便等特点，适用于工业与民用建筑等室内隔墙、吊顶的骨架。

1. 建筑用轻钢龙骨的分类

建筑用轻钢龙骨按用途可分为墙体龙骨（Q）和吊顶龙骨（D）。墙体龙骨多作为室内隔断墙骨架，两面覆以金属板或石膏板、石棉水泥板、塑料板、纤维板为墙面，表面用墙布或粘墙布及内墙涂料等进行装饰，组成完整的隔断墙；吊顶龙骨用于室内吊顶骨架，面层采用各种吸声材料，组成新颖、美观的室内顶棚。按断面形状可分为 U 型、C 型、CH 型、T 型、H 型、Y 型、V 型和 L 型等八种形式。建筑用轻钢龙骨的分类见表 11-59。

表 11-59 建筑用轻钢龙骨的分类

类别	品种		断面形状（示意图）	规格/mm
墙体龙骨 Q	CH 型	竖龙骨	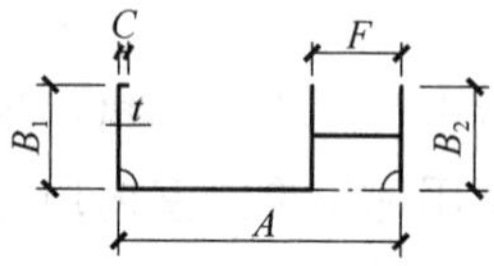	$A \times B_1 \times B_2 \times t$ 75（73.5）×B_1×B×0.8 100（98.5）×B_1×B×0.8 150（）148.5×B_1×B×0.8 B_1≥35；B_2≥35
	C 型	横龙骨	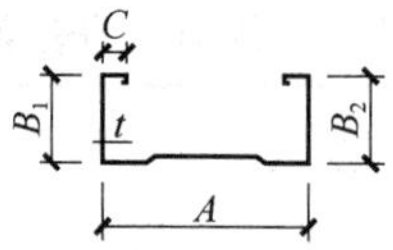	$A \times B_1 \times B_2 \times t$ 50（48.5）×B_1×B×0.6 75（73.5）×B_1×B×0.6 100（98.5）×B_1×B×0.7 150（）148.5×B_1×B×0.7 B_1≥45；B_2≥45
	U 型	横龙骨	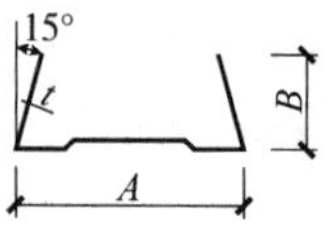	$A \times B \times t$ 52（50）×B×0.6 77（75）×B×0.6 102（100）$_2$×B×0.7 152（150）×B×0.7 B≥35
		通贯龙骨	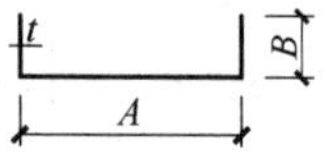	$A \times B \times t$ 38×12×1.0
吊顶龙骨 D	U 型	承载龙骨	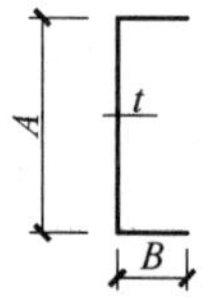	$A \times B \times t$ 38×12×1.0 50×15×1.2 60×B×1.2

（续）

类别	品种		断面形状（示意图）	规格/mm
吊顶龙骨D	C型	承载龙骨	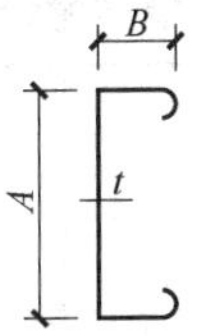	$A\times B\times t$ $38\times12\times1.0$ $50\times15\times1.2$ $60\times B\times1.2$
		覆面龙骨	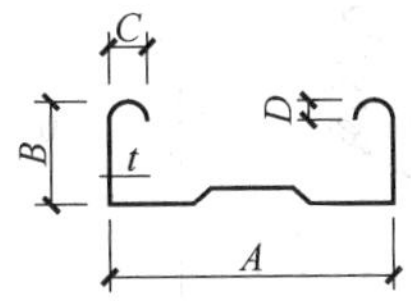	$A\times B\times t$ $50\times19\times0.5$ $60\times32\times0.6$
	T型	主龙骨	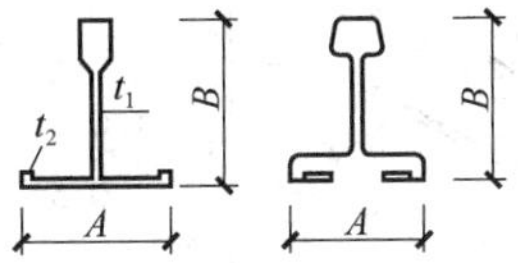	$A\times B\times t_1\times t_2$ $24\times28\times0.27\times0.27$ $24\times32\times0.27\times0.27$ $14\times32\times0.27\times0.27$
		次龙骨	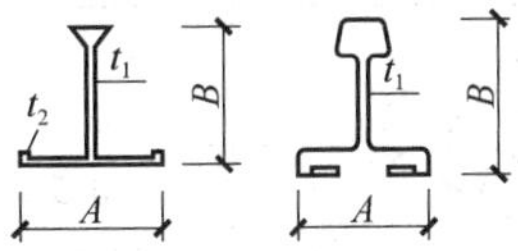	$A\times B\times t_1\times t_2$ $24\times28\times0.27\times0.27$ $24\times25\times0.27\times0.27$ $14\times25\times0.27\times0.27$
	H型龙骨		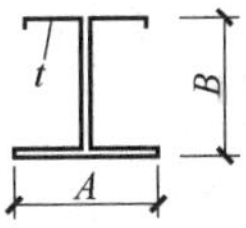	$A\times B\times t$ $20\times20\times0.3$
	V型龙骨	承载龙骨	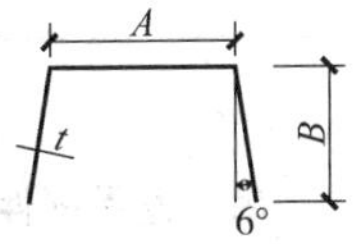	$A\times B\times t$ $20\times37\times0.8$
		覆面龙骨	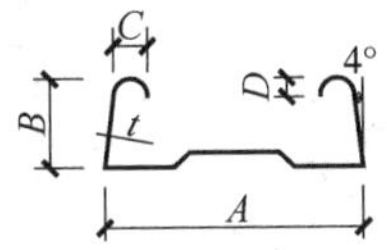	$A\times B\times t$ $40\times19\times0.5$
	L型龙骨	承载龙骨	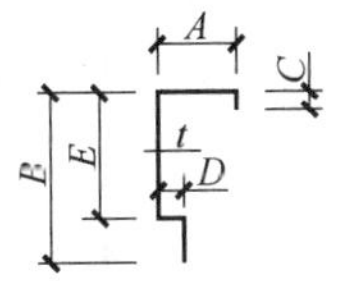	$A\times B\times t$ $20\times43\times0.8$
		收边龙骨	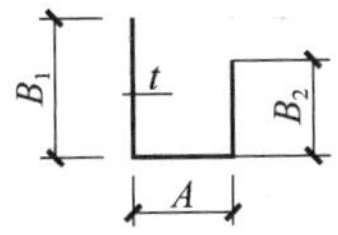	$A\times B_1\times B_2\times t$ $A\times B_1\times B_2\times0.4$ $A\geqslant20$、$B_1\geqslant25$、$B_2\geqslant20$
		边龙骨	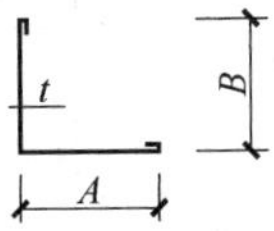	$A\times B\times t$ $A\times B\times0.4$ $A\geqslant14$、$B_1\geqslant20$

2. 建筑用轻钢龙骨配件

(1) 墙体龙骨配件（表11-60）

表11-60 墙体龙骨配件 （单位：mm）

品种	代号	图示	允许偏差		材料最小公称厚度
			A	*B*	
支撑卡	ZC	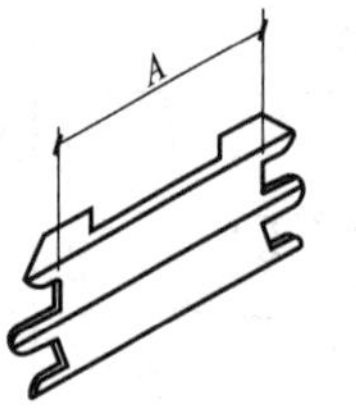	0 -0.5	—	0.7
卡托	KT	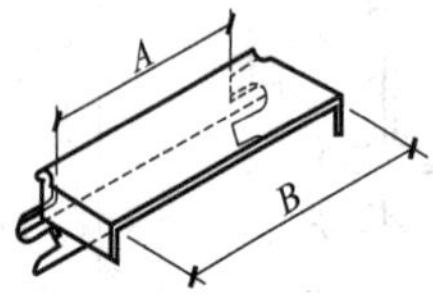	0 -0.5	0 -0.5	0.7
角托	JT	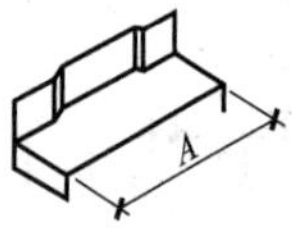	0 -0.5	—	0.8
通贯龙骨连接件	TL	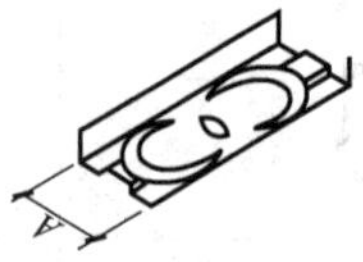	0 -0.5	—	1.0

(2) 吊顶龙骨配件（表11-61）

表11-61 吊顶龙骨配件 （单位：mm）

品种	代号/规格	图示	允许偏差			材料宽度 *F*	材料公称厚度
			A	*B*	*C*		
普通吊杆	PD/D38	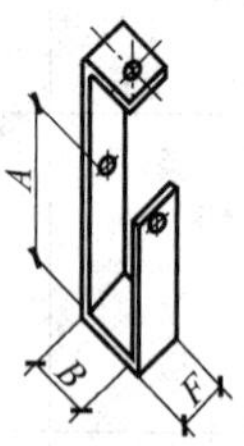	+0.2	+0.2 +1.0	—	≥18	2.0
	PD/D50	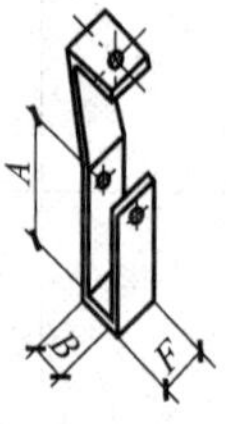	+0.2	+0.2 +1.0	—	≥18	2.0
	PD/D60				—	≥20	2.5

（续）

品种	代号/规格	图示	允许偏差 A	允许偏差 B	允许偏差 C	材料宽度 F	材料公称厚度
框式吊杆	KD/D60	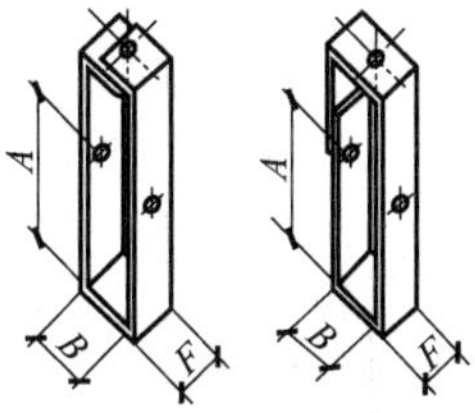 A B F	+0.2	+0.2 +1.0	—	≥18	2.0
弹簧卡吊杆	TD	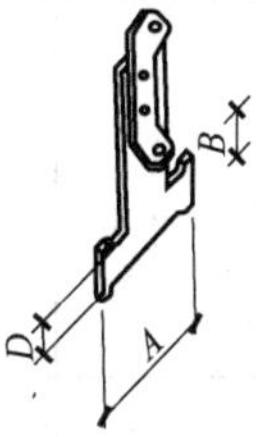 B D A	0 -0.4	0 -0.3	—	—	1.5
T 型龙骨吊杆	TTD	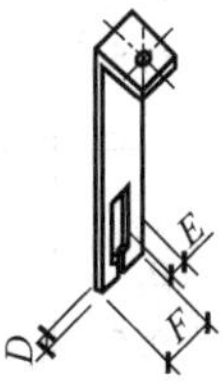 E D F D≥5.0；F≥7.0	—	—	—	≥22	1.0
压筋式挂杆	YG	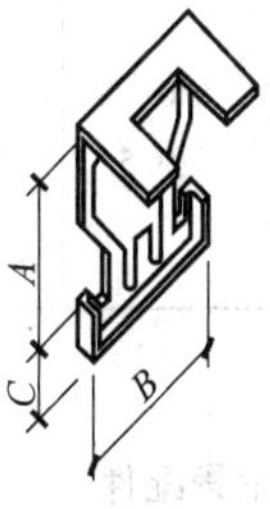 A C B	+0.5 -0	0 -0.5	0 -0.3	—	0.7
平板式挂杆	PG	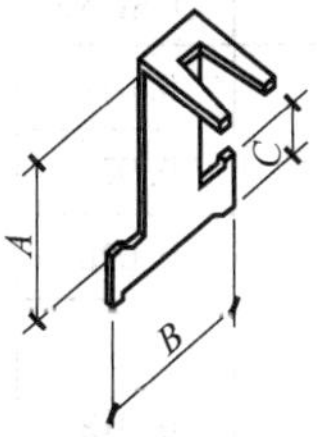 C A B	+0.5 -0	0 -0.5	0 -0.3	—	1.0
T 型龙骨挂杆	TG	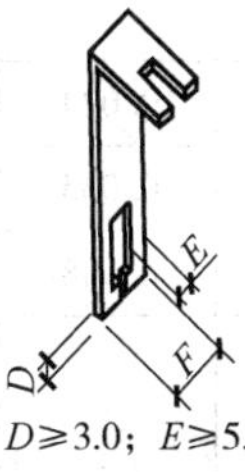 E D F D≥3.0；E≥5.5	—	—	—	≥18	0.75

（续）

品种	代号/规格	图示	允许偏差			材料宽度 F	材料公称厚度
			A	B	C		
H 型龙骨挂杆	HG	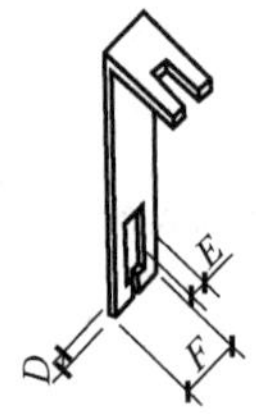 $D\geqslant3.5$；$E\geqslant6.0$	—	—	—	≥29	0.8
承载龙骨连接杆	CL	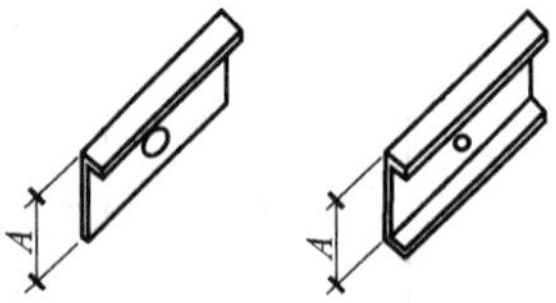	0 -0.5	—	—	—	1.2
		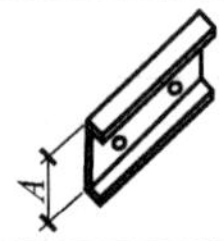	0 -0.5	—	—	—	1.5
覆面龙骨连接杆	FL	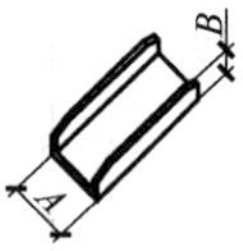	0 -0.5	0 -0.5	—	—	0.5
挂插件	GC	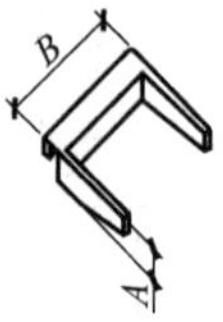	0 -0.5	0 -0.5	—	—	0.5

3. 墙体轻钢龙骨配件（表 11-62）

表 11-62　墙体轻钢龙骨配件

名称	代号	图示	重量/kg	用途
支撑卡	C50-4	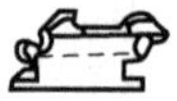	0.041	竖龙骨加强卡覆面板材与龙骨固定时起辅助支撑作用
	C75-4		0.021	
	C100-4		0.026	
	QC50-1	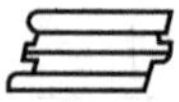	0.013	
	QC70-1			
	QC75-1			
卡托	C50-5		0.024	竖龙骨开口面与横撑连接
	C75-5		0.035	
	C100-5		0.048	
	QC70-3		—	

（续）

名称	代号	图示	重量/kg	用途
角托	C50-6		0.017	竖龙骨背面与横撑连接
	C75-6		0.031	
	C100-6		0.048	
	QC70-2		—	
通贯横撑连接件	C50-6		0.016	通贯横撑连接
	C50-7		—	
	C100-7		0.049	
	QC-2		0.025	
			—	
加强龙骨固定件	C50-8		0.037	加强龙骨与主体结构连接
	C75-8		0.106	
	C100-8		0.108	
竖龙骨接插件	QC70-4	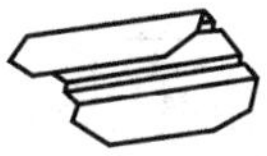	—	在局部情况下有些龙骨长度不够，可用于接长
金属护角	—	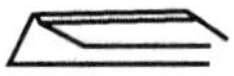	—	保护石膏板墙柱易磨损的边角
	QC-4	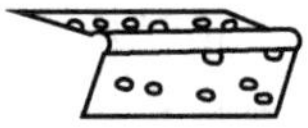	-0.12	
金属包边（镶边条）	QC-5	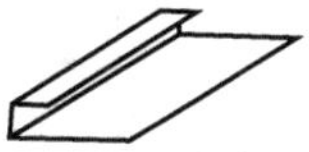	—	固定于石膏板的侧边和端部，使石膏板的交界处整齐
		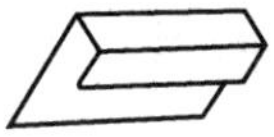	0.25	
减震条	QC-3		0.05	—
嵌缝条	QC-6		0.15	—
踢脚板卡	QU-1		0.91	—

4. 轻钢吊顶龙骨配件（表 11-63）

表 11-63　轻钢吊顶龙骨配件

名称	图示	重量/kg	厚度/mm	适用规格及尺寸/mm
吊杆（主龙骨吊件）	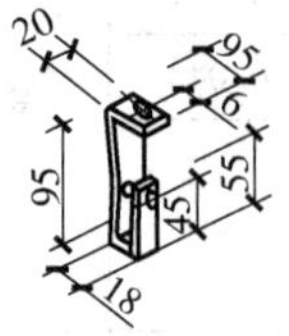	0.062	2	D38（UC38）
	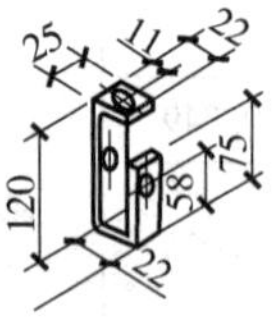	0.138	3	D50（UC50） D60（UC60）
挂件（龙骨吊件）	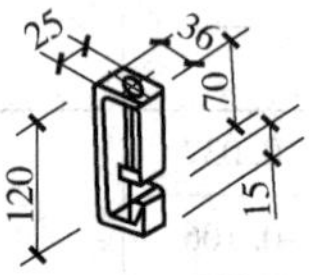	0.091	2	D60（UC60）
	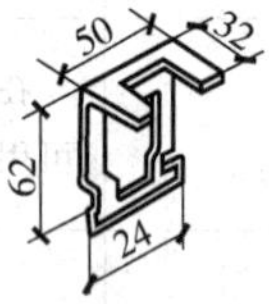	0.04	0.75	D60（UC60）
		0.024		D50（UC50）
		0.02		D38（UC38）
	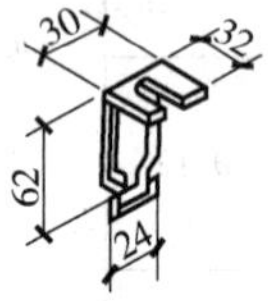	0.025	0.75	D60（UC60）
		0.015		D50（UC50）
		0.013		D38（UC38）
挂插件（龙骨支托）	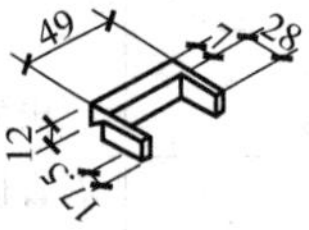	0.0135	0.075	通用
	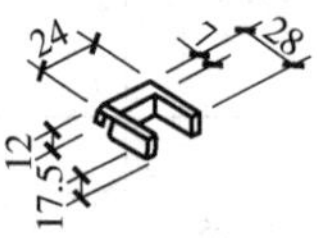	0.009	0.75	通用
覆面龙骨连接件（连接件）	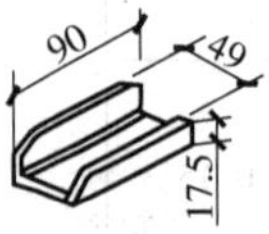	0.008	0.5	通用
	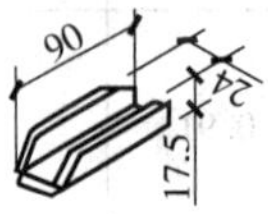	0.02	0.5	通用

（续）

名称	图示	重量/kg	厚度/mm	适用规格及尺寸/mm
承载龙骨连接件（龙骨连接件）		0.019	1.2	L：100 H：60
		0.06		L：100 H：50
		0.03		L：82 H：39
		0.101	—	L：100 H：56
		0.067		L：100 H：47
		0.041		L：82 H：35.6

5. T 型吊顶铝合金龙骨

（1）T 型吊顶铝合金龙骨（表 11-64）

表 11-64　T 型吊顶铝合金龙骨　　（单位：mm）

名称	图示	质量/kg	厚度	用途
T 型龙骨（纵向）	32 23	0.2	1.2	纵向通常使用搭装或嵌装吊顶板
T 型龙骨（横向）	23	0.135	1.2	横向搭置于纵向 T 型龙骨的两翼上，用来搭装或嵌装吊顶板
L 型边龙骨	32 18	0.15	1.2	用于吊顶的四周边沿与墙壁接触处，用来搭装或嵌装吊顶板
T 型异形龙骨	32 20　18	0.25	1.2	用于吊顶有变标高处，其不同标高的两翼，用来搭装或嵌装吊顶板

型号	名称	代号	断面尺寸 $A \times B$	质量/kg	厚度	使用范围
LT 型	承载龙骨（主龙骨）	TC-38 TC50 TC60	38×12 50×15 60×30	0.56 0.92 1.53	1.2 1.5 1.5	TC-38 用于吊点距离 900～1200mm 不上人顶棚；TC50 用于吊点距离 900～1200mm 上人顶棚，承载龙骨可承受 800N 检修载荷；TC60 用于距离 1500mm 上人大顶棚，承载龙骨可承受 1000N 检修载荷
	龙骨	LT23	23×32	0.2	1.2	
	横龙骨撑	LT23	23	0.135	1.2	
	边龙骨	LT	18×32	0.15	1.2	
	异形龙骨	LT	20×18×32	0.25	1.2	

（续）

型号	名称	代号	断面尺寸 $A \times B$	质量/kg	厚度	使用范围
T型	承载龙骨（大龙骨）	BD	45×15	—	1.2	吊点间距 900～1200mm 不上人顶棚，中距＜1200mm
	中龙骨	TZL	22×32	—	1.3	
	小龙骨	TXL	22.5×25	—		
	边墙龙骨	TIL	22×22	—	1	
	承载龙骨（大龙骨）	SD	60×30	—	1.6	吊点间距 1200～1500mm 上人顶棚，中距＜1200mm 上人检修，承载龙骨可承受 800～4000N 集中活载荷
	中龙骨	TZL	22×32	—	2.3	
	小龙骨	TXL	22.5×25	—	1.3	
	边墙龙骨	TIL	22×32	—	2.0	

（2）T 型吊顶铝合金承载龙骨配件（表 11-65）

表 11-65　T 型吊顶铝合金承载龙骨配件

名称	图示	用途
连接件 1	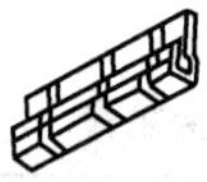	用于 T 型龙骨或 T 型异形龙骨的加长连接
挂钩	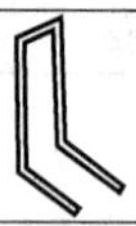	用于 T 型龙骨与承载龙骨（U 型）的连接固定
连接件 2	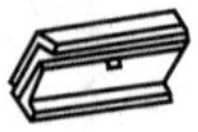	用于轻钢承载龙骨（U 型）的加长连接
吊挂件		用于 T 型龙骨（纵向）和吊杆的连接，只适用于无承载龙骨的无附加载荷的吊顶

（3）LT 铝合金吊顶龙骨配件（表 11-66）

表 11-66　LT 铝合金吊顶龙骨配件

名称	图示	质量/kg	厚度/mm	适用规格尺寸
主龙骨吊件		0.138	3	TG60
		0.169		TG50
		0.062	2	TG38
主龙骨连接件		—	—	TG60 L：100，H：60 TG50 L：100，H：50 TG38 L：82，H：39

（续）

名称	图示	质量/kg	厚度/mm	适用规格尺寸
LT-23 龙骨 LT 异形龙骨吊钩		0.014 0.012	ϕ3.5 ϕ3.5	TG60 A：31，B：75 TG50 A：16，B：60 TG38 A：13，B：48
LT-异形 龙骨吊挂钩		0.019 0.017	ϕ3.5	TG60 A：31，B：75 TG50 A：16，B：65 TG38 A：13，B：55
LT-23 龙骨 LT 异形龙骨 连接件		0.025	0.8	适用
LT-23 横撑 龙骨连接钩		0.007	0.8	

6. Ω 型吊顶铝合金龙骨配件

（1）Ω 型吊顶铝合金龙骨配件（表 11-67）

表 11-67　Ω 型吊顶铝合金龙骨配件

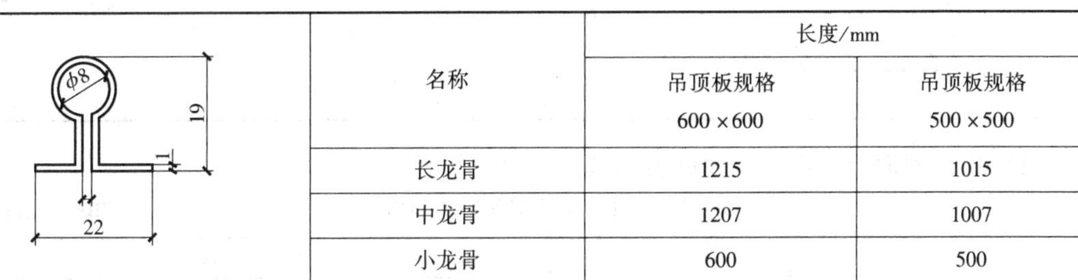

名称	长度/mm	
	吊顶板规格 600×600	吊顶板规格 500×500
长龙骨	1215	1015
中龙骨	1207	1007
小龙骨	600	500

注：长、中、小龙骨横切面积形状、尺寸均相同。

（2）Ω 型吊顶铝合金龙骨配件（表 11-68）

表 11-68　Ω 型吊顶铝合金龙骨配件

名称	图示	用途
D 型龙骨		用于吊挂龙骨骨架的纵向和横向吊顶龙骨
十字吊挂件及吊杆		用于插接 Ω 型龙骨及吊点的连接

注：吊杆和十字吊挂件是分离的，两者均为钢质材料。

11.3.2 吊顶

1. 金属吊顶

（1）金属吊顶的分类（表11-69）

表11-69 金属吊顶的分类

名称	代号	图示
条板型	T	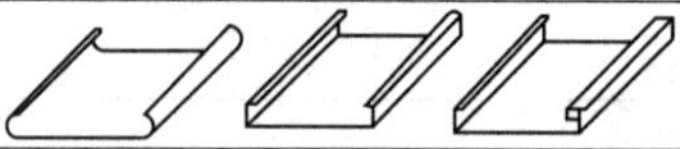
块板型	K	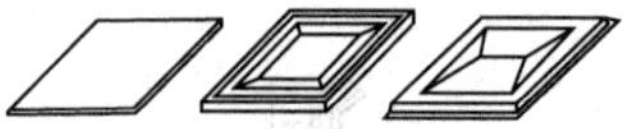
格栅型	G	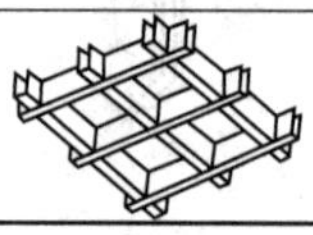

（2）金属吊顶的规格尺寸

1）条板型面板的规格尺寸见表11-70。

表11-70 条板型面板的规格尺寸 （单位：mm）

图示	B			H	L_{max}
	基本尺寸	极限偏差		极限偏差	
		一级品	合格品		
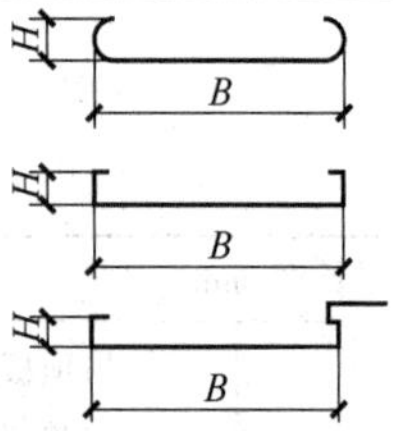	80 82 84 86	±0.7	±1.1	±0.9	6000

2）块板型面板的规格尺寸见表11-71。

表11-71 块板型面板的规格尺寸 （单位：mm）

图示	$B \times A$	
	基本尺寸	极限偏差
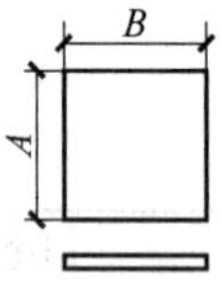	400×400 500×500 600×600	0 −3
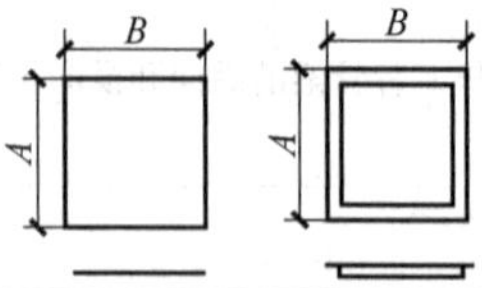		
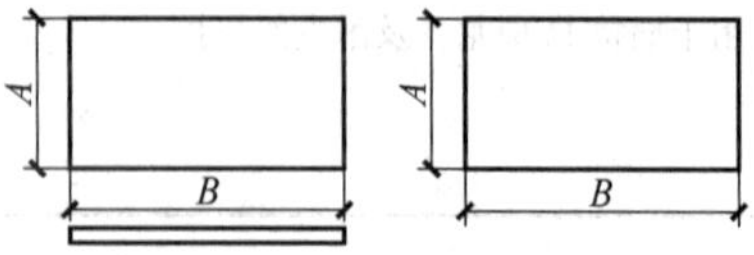	500×1000 600×1200	

2. 条板吊顶板

条板吊顶板是由铝板、冷轧钢板等材料加工成形，用于大型建筑的吊顶装饰，立体感强，新颖别致（表 11-72）。

表 11-72　条板吊顶的类型　（单位：mm）

图示	吊顶安装图示	规格（长度）
≤1500；≤1500；≤1200；条板；主龙骨；次龙骨；吊杆；吊件；吊钩	矩形	90
	菱形	120 150
	锯齿形	200

3. 格栅吊顶

格栅吊顶由铝格栅及 U 型龙骨组成，质轻、便于组装、拆卸、安装方便、通风采光效果好，表面处理喷漆（或喷塑）可获得多种颜色。一般用于大型建筑物，为集艺术色彩与造型工艺于一体的高档金属顶棚（表 11-73）。

表 11-73　格栅吊顶的规格尺寸　（单位：mm）

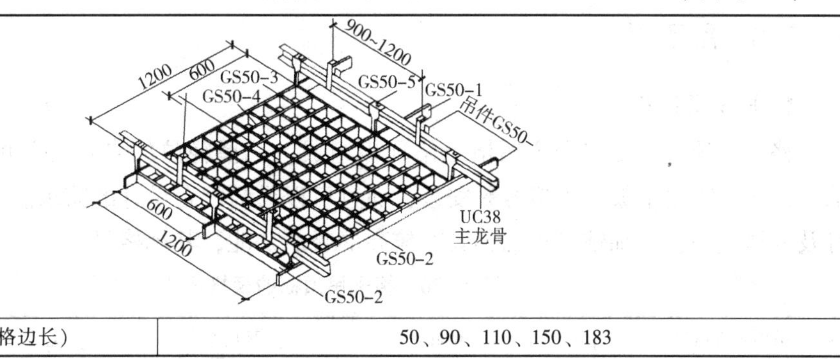

格栅规格（小方格边长）	50、90、110、150、183

4. 筒型吊顶

筒型吊顶的圆筒为 Q235 钢板制成，采用螺栓连接、可任意组合，且稳定性强，表面通过喷涂处理，可获得各种颜色。常用于高档购物中心等大型建筑物高档次顶棚，其规格尺寸见表 11-74。

表 11-74　筒型吊顶的规格尺寸　（单位：mm）

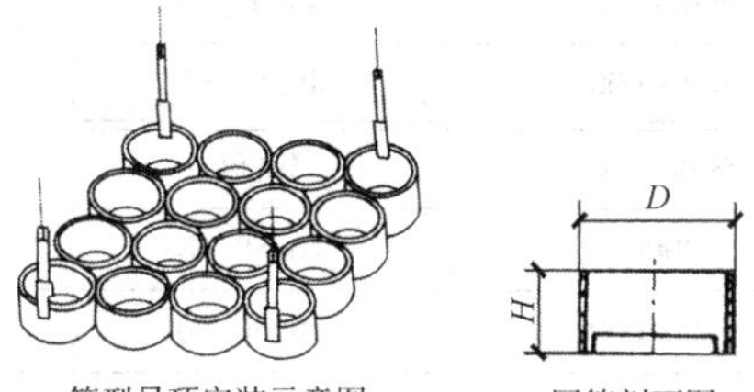

筒型吊顶安装示意图　　圆筒剖面图

项目	高度 H	外径 D	厚度
圆筒规格	60～100	150～200	0.5

5. 挂片吊顶

挂片吊顶是将小挂片挂到龙骨上，挂片表面喷塑、阳极氧化处理，形成多种色彩；挂片重量轻，便于自由旋转，形成各种花形；在顶部天然采光和人工照明的条件下可形成柔和的光学效果；挂片是用小弹簧卡子吊挂，在微风吹动下，形成小型的立体造型，使室内装饰充满生机。常用于公共建筑设施的吊顶装饰，其规格尺寸见表11-75。

表11-75 挂片吊顶的规格尺寸

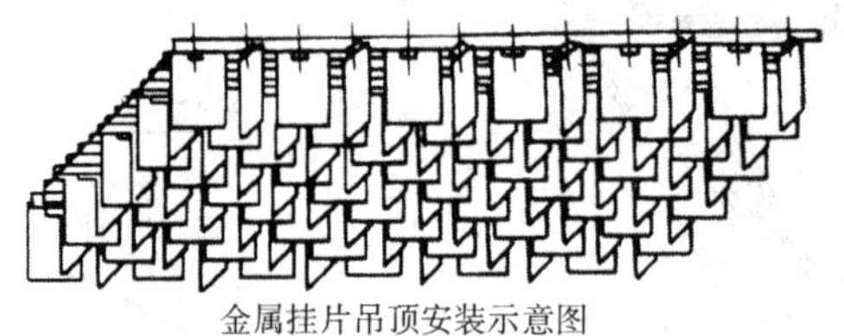

金属挂片吊顶安装示意图

金属挂片外形示意图

挂片质量/kg	0.04、0.024、0.02、0.025、0.015、0.013
挂片厚度/mm	0.75

11.3.3 吊顶板

1. 格子吊顶板

格子吊顶板是由多个金属格子吊顶板组成。选择轻盈的素材，并可隐藏吊码，外观简洁，由于不需要框架，不但容易安装，而且可以灵活配合设计的需求。格子吊顶板可配置射灯及通风设备，可加铺隔声棉，具有较高的吸声功能，其规格尺寸参数见表11-76。

表11-76 格子吊顶板的规格尺寸参数 （单位：mm）

吊顶板方格尺寸	组件尺寸	高度	宽度	厚度
50×50	600×600	40/50	11	0.5
75×75	600×600	40/50	11	0.5
100×100	600×600	40/50/60	11	0.5
125×125	600×600	40/50/60	11	0.5
150×150	600×600	40/50/60	11	0.5
200×200	600×600	40/50/60	11	0.5
300×	600×600	40/50/60	11	0.5
配件尺寸	标准长度	高度	宽度	厚度
龙骨	3000	40/50/60	11	0.5
副龙骨	1200/600	40/50/60	11	0.5
墙身角L型	3000	25	25	0.5
墙身角W型	3000	20/20	20/20	1.2

2. 圆边式条形吊顶板

圆边式条形吊顶板选用超轻巧物料，物料表面做焗漆处理，不会变形生锈；在板片间加上接缝件，可封闭接缝，严防冷气流失；并可配置射灯和通风设备及隔声棉，具有很好的效果。吊顶板片有平面板及孔面板两种，配合需求，可选择不同的装饰图案，效果富贵、华丽，其规格尺寸参数见表 11-77。

表 11-77　圆边式条形吊顶板的规格尺寸参数　　（单位：mm）

型号	宽度	高度	缝隙宽度	厚度	标准长度
85R	85	13	15	0.5	1000 ~ 6000
185R	185	13	15	0.6	1000 ~ 6000
285R	285	13	15	0.7	1000 ~ 6000

配件尺寸	标准长度	高度	宽度	厚度
龙骨	3000	45	29	0.7
接缝件 R 型	1000 ~ 6000	5	15	0.5
接缝件 U 型	1000 ~ 6000	13	15	0.5
龙骨	3000	4.5	5.5	0.7
墙身角 L 型	3000	25	25	0.5
墙身角 W 型	3000	20/20	20/20	1.2

3. 直条密封式条形吊顶板

直条密封式条形吊顶板设计独特，斜边吊顶板片铺砌成完全封合的顶棚，线条流畅，并可配置射灯和通风设备及隔声棉，具有很好的效果。适用于医院、实验室等对环境要求严格的建筑物，其规格尺寸参数见表 11-78。

表 11-78　直条密封式条形吊顶板的规格尺寸参数　　（单位：mm）

型号	宽度	高度	厚度	标准长度
100C	100	15	0.5	1000 ~ 6000
150C	150	15	0.5	1000 ~ 6000
200C	200	15	0.5	1000 ~ 6000
配件尺寸	标准长度	高度	宽度	厚度
龙骨	3000	36	21.5	0.6
墙身角 L 型	3000	25	25	0.6
墙身角 W 型	3000	20/20	20/20	1.2

4. 铝格十字明骨吊顶板

铝格十字明骨吊顶板利用显露的龙骨承托吊顶板片，不但为安装灯具与通风设备提供了自由运动空间，而且根据需要可以重新间隔，并备有附加组件加装射灯和隔声设备，其规格尺寸参数见表 11-79。

表 11-79　铝格十字明骨吊顶板的规格尺寸参数　（单位：mm）

吊顶板片	组件尺寸		高度	厚度
	(300～1400)×300×2300		30～40	0.8～2.0
吊顶板片加配件	标准长度	高度	宽度	厚度
	900×900	450×450	20	1.2～2.0
	1200×1200	600×600	40	1.2～2.0
十字逻辑盒	组件尺寸		高度	厚度
	(10～300)×100×300		80	1.2
配件尺寸	标准长度	高度	宽度	厚度
C 槽	3000	30	100～300	1.2
孔角	3000	25.3	23	2.0
墙身角 L 型	3000	25	25	1.0
墙身角 W 型	3000	20/20	20/20	1.2

5. 直条明骨吊顶板

直条明骨吊顶板采用主龙骨组成明槽，连接吊顶板板片，可按需要制定龙骨的宽度，并利用灯光及通风配件的组合，营造出不同的线条及效果；吊顶板片分为平面板和孔面板两种，孔面板有不同开孔比例及图案，配合不同的需求装饰；系列备有附加组件，可设置吸声、隔声功能，其规格尺寸参数见表 11-80。

表 11-80　直条明骨吊顶板的规格尺寸参数　（单位：mm）

810 型	组件尺寸		高度	厚度
吊顶板片	(300～2300)×(300～1200)		30～40	0.5～2.0
配件尺寸	标准长度	高度	宽度	厚度
A 型主龙骨	3000	30	50～300	1.2
孔角	3000	23	25.3	2.0
墙身角 L 型	3000	25	25	1.0
墙身角 W 型	3000	20/20	20/20	1.2
820	组件尺寸		高度	厚度
吊顶板片	(300～2300)×(300～1200)		30～40	0.5～2.0
配件尺寸	标准长度	高度	宽度	厚度
B 型主龙骨	3000	30	100	1.2
孔角	3000	23	25.3	2.0
墙身角 L 型	3000	25	25	1.0
墙身角 W 型	3000	20/20	20/20	1.2

6. 走廊吊顶板

走廊吊顶板属于自承式体系。以墙身角承托吊顶板片，不需要框架，特别适合走道空间等狭小空间。吊顶板片分为平面板和孔面板两种。孔面板有不同开孔比例及图案，并可配置吊顶板射灯、通风、隔声等设备，其规格尺寸参数见表 11-81。

表 11-81　走廊吊顶板的规格尺寸参数　　　（单位：mm）

<table>
<tr><td>型号</td><td>宽度</td><td>高度</td><td>厚度</td><td>标准长度</td></tr>
<tr><td rowspan="2">310/320 型</td><td>200～400</td><td>30</td><td>0.7～0.8</td><td>1000～2300</td></tr>
<tr><td>200～400</td><td>30</td><td>0.7～1.0</td><td>>2300</td></tr>
<tr><td rowspan="2">310/320 型</td><td>200～400</td><td>30</td><td>0.7～1.0</td><td>1000～2300</td></tr>
<tr><td>200～400</td><td>40</td><td>0.7～1.0</td><td>>2300</td></tr>
<tr><td>配件尺寸</td><td>标准长度</td><td>高度</td><td>宽度</td><td>厚度</td></tr>
<tr><td>墙身角 L 型</td><td>3000</td><td>25</td><td>25</td><td>1.0</td></tr>
<tr><td>墙身角 W 型</td><td>3000</td><td>20/20</td><td>20/20</td><td>1.2</td></tr>
</table>

7. 暗架夹入式吊顶板

暗架夹入式吊顶板采用夹入悬挂系统。吊顶板片有不同型号，广泛用于多种装饰设计需求。吊顶板片分为平面板和孔面板两种。孔面板有不同开孔比例及图案，系列的附加组件，可配置射灯、通风、隔声等设备，其规格尺寸参数见表 11-82。

表 11-82　暗架夹入式吊顶板的规格尺寸参数　　　（单位：mm）

<table>
<tr><td>610 型</td><td colspan="2">组件尺寸</td><td>高度</td><td>厚度</td></tr>
<tr><td>吊顶板片</td><td colspan="2">600×600</td><td>26</td><td>0.8</td></tr>
<tr><td>配件尺寸</td><td>标准长度</td><td>高度</td><td>宽度</td><td>厚度</td></tr>
<tr><td>龙骨 A</td><td>3000～4000</td><td>38.6</td><td>16.3</td><td>0.5</td></tr>
<tr><td>38 号 C 槽</td><td>3000</td><td>38</td><td>12</td><td>0.8</td></tr>
<tr><td>620 型</td><td colspan="2">组件尺寸</td><td>高度</td><td>厚度</td></tr>
<tr><td>吊顶板片</td><td colspan="2">600×600</td><td>22</td><td>0.7</td></tr>
<tr><td>配件尺寸</td><td>标准长度</td><td>高度</td><td>宽度</td><td>厚度</td></tr>
<tr><td>龙骨 D</td><td>3000</td><td>26</td><td>35</td><td>0.4</td></tr>
<tr><td>38 号 C 槽</td><td>3000</td><td>38</td><td>12</td><td>0.8</td></tr>
</table>

8. 明架平铺式吊顶板

明架平铺式吊顶板属于明架悬挂系列。T 型龙骨使安装简易快捷，可利用不同的龙骨塑造不同的形态，带来不同的立体效果。吊顶板片分为平面板和孔面板两种。孔面板有不同开孔比例及图案，并可配置吊顶板射灯、通风、隔声等设备，其规格尺寸参数见表 11-83。

表 11-83　明架平铺式吊顶板的规格尺寸参数　　　（单位：mm）

<table>
<tr><td rowspan="2">吊顶板片</td><td colspan="2">组件尺寸</td><td>高度</td><td>厚度</td></tr>
<tr><td colspan="2">（300～1400）×300×2300</td><td>30～40</td><td>0.8～2.0</td></tr>
<tr><td rowspan="3">吊顶板片加配件</td><td>标准长度</td><td>高度</td><td>宽度</td><td>厚度</td></tr>
<tr><td>900×900</td><td>450×450</td><td>20</td><td>1.2～2.0</td></tr>
<tr><td>1200×1200</td><td>600×600</td><td>40</td><td>1.2～2.0</td></tr>
<tr><td rowspan="2">十字逻辑盒</td><td colspan="2">组件尺寸</td><td>高度</td><td>厚度</td></tr>
<tr><td colspan="2">（10～300）×100×300</td><td>80</td><td>1.2</td></tr>
</table>

（续）

配件尺寸	标准长度	高度	宽度	厚度
C 槽	3000	30	100～300	1.2
孔角	3000	25.3	23	2.0
墙身角 L 型	3000	25	25	1.0
墙身角 W 型	3000	20/20	20/20	1.2

9. 覆膜吊顶板

覆膜吊顶板以彩涂金属板为基材，选用高档 PVC 高光膜、PET 幻影膜，与板面涂覆专用黏合剂彩涂金属板复合成覆膜复合板。具有抗磨、抗冲击、防水、防火、抗污染的能力，色彩的柔韧性和多样性，适用于大型建筑物的吊顶装饰，其规格尺寸参数见表 11-84。

表 11-84 覆膜吊顶板的规格尺寸参数 （单位：mm）

<table>
<tr><td>名称</td><td colspan="12">规格</td></tr>
<tr><td rowspan="2">方形吊顶板</td><td colspan="6">高边直角</td><td colspan="6">矮边直角</td></tr>
<tr><td colspan="3">600×600</td><td colspan="3">300×300</td><td colspan="3">600×600</td><td colspan="3">300×300</td></tr>
<tr><td rowspan="2">条形吊顶板</td><td colspan="4">直角边 C</td><td colspan="4">直角边 S</td><td colspan="4">直角边 D</td></tr>
<tr><td colspan="4">100～200</td><td colspan="4">100～200</td><td colspan="4">100～200</td></tr>
</table>

10. 扣挂式吊顶板

扣挂式吊顶板平面光滑流畅，吊顶板片平整而稳固，可徒手装卸，不用任何工具。吊顶板片分为平面板和孔面板两种。孔面板有不同开孔比例及图案，并可配置吊顶板射灯、通风、隔声等设备，其规格尺寸参数见表 11-85。

表 11-85 扣挂式吊顶板的规格尺寸参数 （单位：mm）

<table>
<tr><td>700 型</td><td colspan="2">组件尺寸</td><td>高度</td><td>厚度</td></tr>
<tr><td>吊顶板片（斜角型）</td><td colspan="2">600×600</td><td>30</td><td>0.8</td></tr>
<tr><td>吊顶板片（直角型）</td><td colspan="2">（300～1200）×（300～2700）</td><td>30/40</td><td>0.7～3.0</td></tr>
<tr><td>配件尺寸</td><td>标准长度</td><td>高度</td><td>宽度</td><td>厚度</td></tr>
<tr><td>J 槽</td><td>3000</td><td>38</td><td>15</td><td>1.2</td></tr>
<tr><td>孔角</td><td>3000</td><td>25.3</td><td>23</td><td>2.0</td></tr>
<tr><td>墙身角 L 型</td><td>3000</td><td>25</td><td>25</td><td>1.0</td></tr>
<tr><td>墙身角 W 型</td><td>3000</td><td>20/20</td><td>20/20</td><td>1.2</td></tr>
</table>

11. 彩色金属吊顶板

彩色金属吊顶板的孔面图案及开孔比例能创造迥异不同的灯光、空间及视觉效果，调整开口的大小和疏密，能产生不同的美感感受；孔面板可以根据用户要求进行设计，其规格尺寸参数见表 11-86。

表 11-86　彩色金属吊顶板的规格尺寸参数

图示	孔洞直径/mm	孔洞间距/mm	开孔面积
	1.8	5×2.5	20%
	2.3	5×5	17%
	2.5	5×5	20%
	2.5	5×4.33	22.7%
	3	13.5×6.75	8%
	3	8×8	12%
	6	15×15	14%
	10	25×25	13%
	（孔洞面积）4×4	7×7	32.7%

12. 方形吊顶板

方形吊顶板具有结构精巧、拼接无缝、装拆简便的特点，拥有多种图案搭配，大方明快。具有完善隔声、吸声设备和防火、防潮设计，适用于高级写字楼、机场、会所、商场等建筑物的装饰，其规格尺寸参数见表 11-87。

表 11-87　方形吊顶板的规格尺寸参数　　（单位：mm）

品种	主要尺寸（长×宽）
暗架直边	300×300　300×600　300×1200　400×400
	500×500　600×600　600×1200　800×800
暗架高边	500×500　600×600　600×1200　800×800
暗架斜边	300×300　300×600　300×1200　400×400
	500×500　600×600　600×1200　800×800
明架方板	620×620　610×610

13. 拉丝吊顶板

拉丝吊顶板以优质铝板为基材，采用金刚石布轮表面拉纹，经压型、滚涂等多种化学处理精加工而成，具有流畅、典雅、庄重、华贵的质感，吸声、隔热、防火、防潮、防腐的效果。适用于高级写字楼、机场、商场等建筑物的装饰。其规格尺寸与方形吊顶板相同。

14. 聚氯乙烯塑料吊顶板

聚氯乙烯塑料吊顶板以聚氯乙烯树脂为基料，加入适量老化剂、改性剂等助剂，经过混炼、压延等工艺，制成的浮雕型的装饰材料。具有质轻、防潮、隔热、可涂饰、易安装等特点，适用于影剧院、会议室、商店等室内吊顶的装饰，其规格尺寸参数见表 11-88。

表 11-88　聚氯乙烯塑料吊顶板的规格尺寸参数　　（单位：mm）

基本尺寸（长×宽×厚）	500×500×0.5
颜色	乳白、米黄、湖蓝
图案	昙花、蟠桃、大熊竹、云龙、格花、拼花等

第 12 章　建筑消防设备

12.1　消防基本设施

12.1.1　建筑消防器材

1. 集水器

集水器为加大消防供水量，把两个较小直径供水管消防栓与大进口径消防车水口连接起来，集中供水的装置，其外形及技术参数见表 12-1。

表 12-1　集水器的外形及技术参数

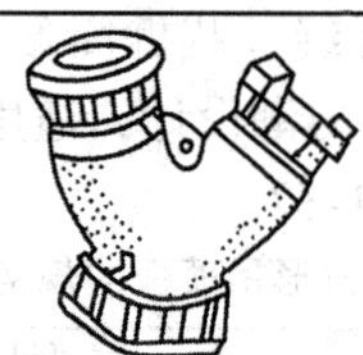

型号	公称口径/mm		螺纹/mm	工作压力/MPa	外形尺寸/mm			质量（铝合金）/kg
	出口（内螺纹式）	进口（内扣式）			长	宽	高	
FJ100	100	65 ×65	M125 ×6	≤1.0	270	243	140	3.4

2. 分水器

分水器是用于连接供水干线与多路出水支线，把一路水流分成两路或三路出水灭火。一般材料为铝合金制造，其外形及技术参数见表 12-2。

表 12-2　分水器的外形及技术参数

二分水器

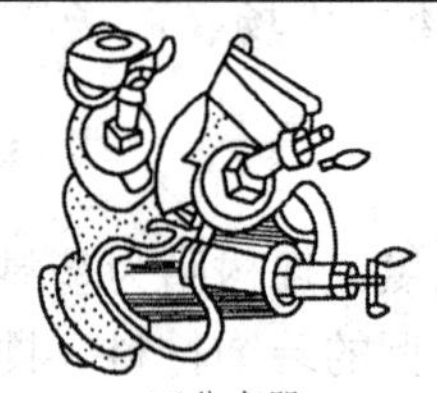

三分水器

型号		公称口径/mm		外形尺寸/mm			工作压力/MPa
		进口	出口	长	宽	高	
二分水器	FF65	65	65 ×65	330	296	300	≤1.0
	FF65A						
三分水器	FFS65	65	65 ×50	362	320	250	
	FFS80	80	65 ×65 ×65	385	322	200	

3. 滤水器

滤水器在进水管底部，主要为防止水源中的杂物吸入水管内，保证水泵正常运转，且其底阀可防止吸水管内水倒流，以免停泵后复用时要重新引水，其外形及技术参数见表 12-3。

表 12-3　滤水器的外形及规格尺寸参数

型号	公称口径/mm	外形尺寸/mm		螺纹/mm	工作压力/MPa	参考质量/kg
		外径	高			
FLF100	100	230	290	M125 ×6	≤0.4	4.25

4. 末端试水装置

末端试水装置为检测管网压力的试验装置，其型号及技术参数见表 12-4。

表 12-4　末端试水装置的型号及技术参数

型号	MDX-XF-XJ 型	ZXJM 型	ZSPP 型
控制方式	手动或自动	手动或自动	手动或自动
规格/mm	DN20、DN25、DN50	DN20、DN25	DN15、DN20
最大工作压力/MPa	1.6	1.6	1.2

5. 水流指示阀

水流指示阀属于视镜类仪表阀门，通过视窗能随时观察液体的流动速度反应情况，起监视水流的作用。连接方式有螺纹式、法兰式、焊接式等，为不可缺少的管道附件之一，其结构及技术参数见表 12-5。

表 12-5　水流指示阀的结构及技术参数

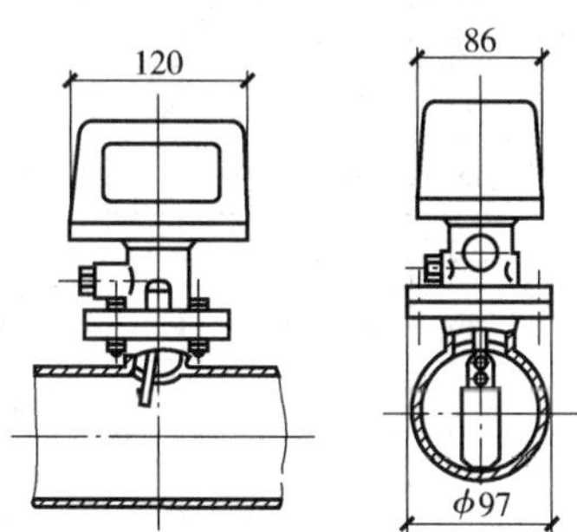

型号	ZSJZ 型浆状水流指示器
规格(公称直径)/mm	DN50、DN65、DN80、DN100、DN125、DN150、DN200
工作压力/MPa	1.2（或 0.14～1.6）
延时/s	20～30、2～90、0.4～60
最低动作流量/(L/min)	15～40（或 17～45）

（续）

型号	ZSIZ 型浆状水流指示器
触点容量	DC20V3A 或 AC220V5A
连接形式	螺纹、法兰、插入焊接、法兰对夹

12.1.2 消火栓

消火栓为一种固定消防设备，在城市中各处都备有消火栓，为消防员在救援过程中提供灭火用水。消火栓系统分为露出地面的地上式、埋入地下的地下式和安装在房间的室内式。室外消火栓系统、室内消火栓系统、灭火器系统和自动喷淋装置有机地组成供水水网，以控制突发火灾事故。

1. 消火栓箱

消火栓箱按安装方式分为：明装式，暗装式，半暗装式。按水带的安置方式：可分为挂置式、盘卷式、卷置式与托架式。消火栓箱的各种形式可根据实际需要选择，配备相应的室内消火栓及配件。常与室内消火栓及消防水枪、消防水带和消防报警按钮配套设置，是建筑物用于消防的基本设施，其外形及技术参数见表 12-6。

表 12-6 消火栓箱的外形及技术参数

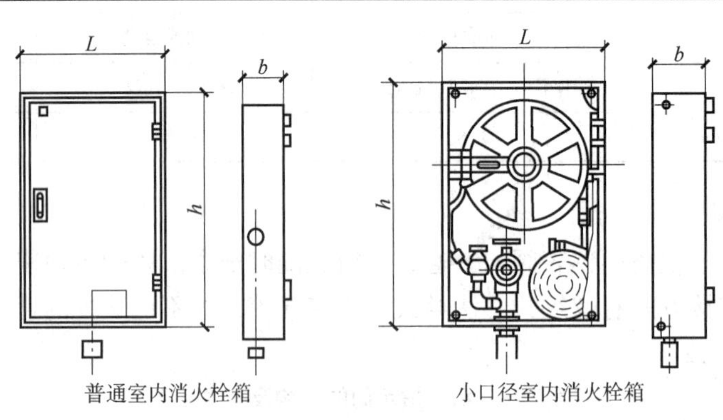

品种	型号	尺寸/mm			室内消火栓		直流水枪		水带	
		L	h	b	型号	个数	型号	个数	每根长度/m	根数
普通室内消火栓箱	SG18/50	650	800	180	SN50	1	Qz16	1	25	1
	SG21/65	650	800	210	SN65	1	Qz19	1	25	1
	SG24/S50	700	1000	240	SNS50	1	Qz16	1	25	2
	SG24/S65	700	1000	240	SNS65	1	Qz19	1	25	2
小口径室内消火栓箱	SG24A	700	1000	240	Sn65 SnA65	1	QZ19 小口径开关水枪	1	25①	1

注：①水带内径 ϕ19mm。

2. 室外消火栓

室外消火栓是设置在建筑物外面消防给水管网上的供水设施，主要供消防车从市政给水管网或室外消防给水管网取水实施灭火，也可以直接连接消防水带、消防水枪出水灭火，是扑救火灾的重要消防设施之一。通常安装在交通便利的公路旁，分为室外地上式（SS 型）

和室外地下式（SA 型），与消防水带和消防车等配套使用，其外形及技术参数见表 12-7。

表 12-7　室外消火栓的外形及技术参数　　（单位：mm）

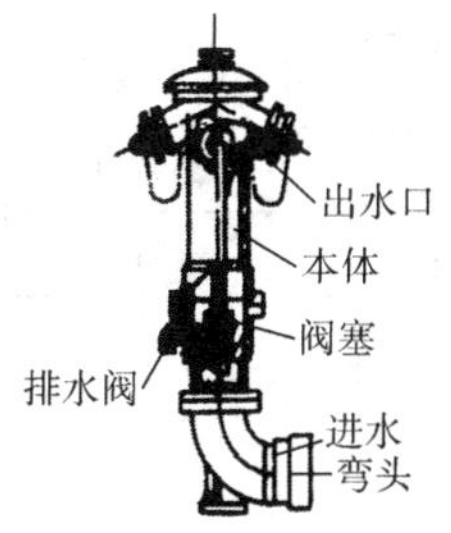

SS型室外地上式

SA型室外地下式

型号		进水口		出水口		公称压力/MPa	外形尺寸		
		接口形式	口径	接口形式	口径		长	宽	高
地上	SS100	法兰式 承插式	100	内扣式	100	1.6	400	340	1515
					65/65				
	SS150		150		150	1.0	450	335	1590
					80/80				
地下	SA100		100		100/65	1.6	476	285	1050
					65/65	1.0	472	285	1040

注：室外消火栓高度分为基本型尺寸与加高型最大尺寸。地上消火栓为 3350mm；地下消火栓为 2250mm，每级差 250mm。

3. 室内消火栓

室内消火栓是室内管网向火场供水带有阀门的接口，通常安装在消火栓箱内，与消防水带和消防水枪等器材配套使用。为工厂、仓库、高层建筑、公共建筑及船舶等的室内固定消防设施，其外形及技术参数见表 12-8。

表 12-8　室内消火栓的外形及技术参数　　（单位：mm）

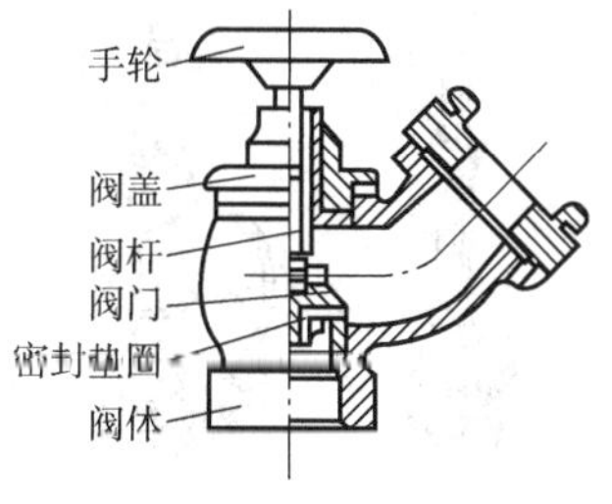

型号	公称尺寸 DN	进水口		基本尺寸			公称压力/MPa
		管螺纹	螺纹深度	关闭后高度≤	出水口中心高度	阀杆中心距接口外沿距离≤	
SN25	25	R_P1	18	135	48	82	1.6
SN50	50	R_P2	22	185	65	110	
SNZ50				205	66～71	115	

（续）

<table>
<tr><th rowspan="2">型号</th><th rowspan="2">公称尺寸
DN</th><th colspan="2">进水口</th><th colspan="3">基本尺寸</th><th rowspan="2">公称压力
/MPa</th></tr>
<tr><th>管螺纹</th><th>螺纹深度</th><th>关闭后高度≤</th><th>出水口
中心高度</th><th>阀杆中心距接
口外沿距离≤</th></tr>
<tr><td>SNS50</td><td rowspan="3">50</td><td>R_P2</td><td>22</td><td>205</td><td>65～71</td><td>110</td><td rowspan="12">1.6</td></tr>
<tr><td rowspan="2">SNSS50</td><td rowspan="2">$R_P2\frac{1}{2}$</td><td rowspan="2">25</td><td>205</td><td>71</td><td>120</td></tr>
<tr><td>230</td><td>100</td><td>112</td></tr>
<tr><td>SN65</td><td rowspan="8">65</td><td rowspan="5">$R_P2\frac{1}{2}$</td><td rowspan="8">25</td><td>205</td><td>71</td><td rowspan="3">120</td></tr>
<tr><td>SNZ65</td><td rowspan="6">225</td><td rowspan="4">71～100</td></tr>
<tr><td>SNZJ65</td></tr>
<tr><td>SNZW65</td><td rowspan="5">126</td></tr>
<tr><td>SNJ65</td></tr>
<tr><td>SNW65</td><td rowspan="3">R_P3</td><td rowspan="2">75</td></tr>
<tr><td>SNS65</td></tr>
<tr><td>SNSS65</td><td>270</td><td>110</td></tr>
<tr><td>SN80</td><td>80</td><td>R_P3</td><td>25</td><td>225</td><td>80</td><td>126</td></tr>
</table>

注：SN型为普通直角出口型，SNA为45°出口型，SNZ为旋转型，SNJ为减压型，SNW为减压稳定型，SNZJ为旋转减压型，SNZW为旋转减压稳定型，SNS为普通直角双出口型SNSS为双阀双出口型。

4. 消防水枪

消防水枪为灭火的喷射工具，将其与水带连接可喷射密集充实的水流，具有射程远、水量大等特点，是扑救火灾的重要消防设施之一。

（1）消防水枪的类型及代号　根据射流形式和特征不同可分为直流水枪、喷雾水枪、多用水枪等。其中常用的为直流水枪、喷雾水枪，其类型及代号见表12-9。

表12-9　消防水枪的类型及代号

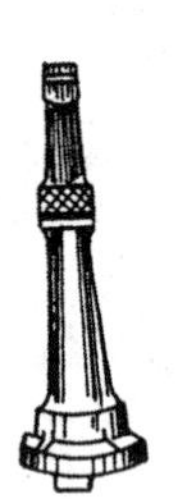
直流水枪

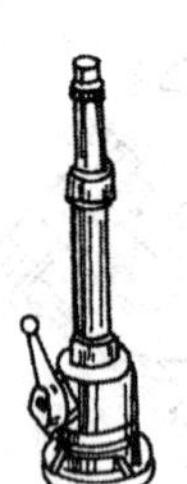
开关水枪

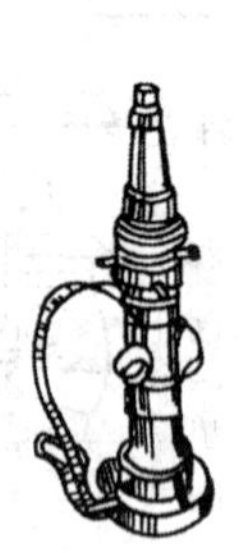
开花水枪

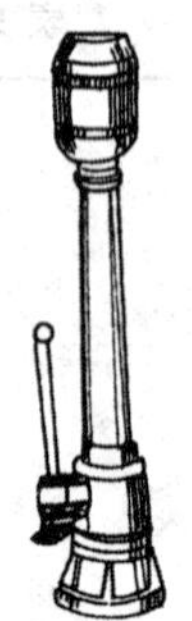
喷雾水枪

类型		特征	水枪代号	
类	组		代号	代号含义
枪Q	直流水枪（Z）	—	QZ	直流水枪
		开关G（关）	QZG	直流开关水枪
		开花（开）	QZK	直流开花水枪

（续）

类型		特征	水枪代号	
类	组		代号	代号含义
枪Q	喷雾水枪（W）	撞击式J（击）	QWJ	撞击式喷雾水枪
		离心式L（离）	QWL	离心式喷雾水枪
		簧片式P（片）	QWP	簧片式喷雾水枪
	直流喷雾水枪（L）	球阀转换式H（换）	QLH	球阀转换式直流喷雾水枪
		导流式D（导）	QLD	导流式直流喷雾水枪
	多用水枪（D）	球阀转换式H（换）	QDH	球阀转换式喷雾水枪

（2）消防水枪的结构及规格　消防水枪在额定喷射压力时，其额定流量和射程按其结构形式不同而有差异，在选配消防水枪时，应根据就近使用环境条件合理配置。

1）消防直流水枪的规格技术参数见表12-10。

表12-10　消防直流水枪的规格技术参数

组别	代号	品种名称	接口公称通径/mm	当量喷嘴直径/mm	额定喷射压力/MPa	额定流量/(L/s)	流量允许偏差	射程/m≥
直流水枪（Z）	QZ	直流开关水枪	50	13	0.35	3.5	±8%	22
				16		5		25
	QZC	直流开花水枪	65	19		7.5		28
				22	0.20	7.5		20

2）消防喷雾水枪的规格技术参数见表12-11。

表12-11　消防喷雾水枪的规格技术参数

组别	代号	品种名称	接口公称通径/mm	额定喷射压力/MPa	额定流量/(L/s)	流量允许偏差	射程/m≥
喷雾水枪（W）	QWJ	撞击式	50	0.60	2.5	±8%	10.5
					4		12.5
	QWL	离心式			5		13.5
					6.5		15.0
	QWP	簧片式	65		8		16.0
					10		17.0
					13		18.5

3）消防直流喷雾水枪的规格技术参数见表12-12。

表12-12　消防直流喷雾水枪的规格技术参数

组别	代号	品种名称	接口公称通径/mm	额定喷射压力/MPa	额定流量/(L/s)	流量允许偏差	射程/m≥
直流喷雾水枪（L）	QLH	球阀转换式直流喷雾水枪	50	0.60	2.5	±8%	21
					4		25
					5		27

（续）

组别	代号	品种名称	接口公称通径/mm	额定喷射压力/MPa	额定流量/(L/s)	流量允许偏差	射程/m≥
直流喷雾水枪(L)	QLD	导流式直流喷雾水枪	65	0.60	6.5	±8%	30
					8		32
					10		34
					13		37

4）消防多用水枪的规格技术参数见表12-13。

表12-13 消防多用水枪的规格技术参数

组别	代号	品种名称	接口公称通径/mm	额定喷射压力/MPa	额定流量/(L/s)	流量允许偏差	射程/m≥
多用水枪(D)	QDH	球阀转换式直流多用水枪	50	0.60	2.5	±8%	21
					4		25
					5		27
			65		6.5		30
					8		32
					10		34
					13		37

5）消防中压水枪的规格技术参数见表12-14。

表12-14 消防中压水枪的规格技术参数

进口连接		额定喷射压力/MPa	额定直流流量/(L/s)	流量允差	流量射程/m
接口公称通径/mm	进口外螺纹规格尺寸/mm				
40	M39×2	2.0	3	≤±8%	≥17

6）消防高压水枪的规格技术参数见表12-15。

表12-15 消防高压水枪的规格技术参数

进口外螺纹规格尺寸/mm	额定喷射压力/MPa	额定直流流量/(L/s)	流量允差	流量射程/m
M39×2	3.5	3	±8%	≥17

5. 消防水带（GB 6246—2011）

消防水带以供灭火时输送水用，水带两端需装上接口，以便连接。按其结构类型可分为有衬里消防水带、无衬里的消防水带，其外形及技术参数见表12-16。

表12-16 消防水带的外形及技术参数

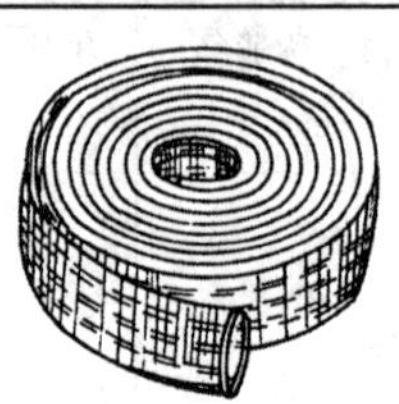

（续）

品种	消防水带（包括有衬里和无衬里）						
公称口径/mm	25	40	50	65	80	90	100
基本尺寸/m	25	38	51	63.5	76	89	102
折幅/mm	42	64	84	103	124	144	164
工作压力/MPa	0.8	0.8	1.0	1.0	1.3	1.3	1.3
最小爆破压力/MPa	2.4	2.4	3.0	3.0	3.0	3.9	3.9
单位质量/(g/m)	180	280	380	480	600	630	700

注：折幅是指水带压扁后的大约宽度。

6. 消防水带接口

消防水带接口由本体、橡胶密封圈、密闭的圈套和挡圈等部件组合而成。而其中的密封圈套是主要部件，一般为铝合金制造。

（1）水带接口　水带接口（KD）安装于水带两端，用于连接水带与消火栓或消防水枪及消防水带间的连接，接口为内扣式，其外形及技术参数见表12-17。

表12-17　水带接口的外形及技术参数

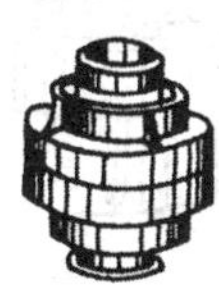

型号	工作压力/MPa	公称口径/mm	外形尺寸/mm		强度试验压力/MPa	密封试验压力/MPa	质量/kg	
			外径	总长			铝合金制	带钢制
KD25 KD25	≤1.6	25	55	59 64	2.4	1.6	0.20 0.25	—
KD40 KD50		40 50	83 98	67.5			0.50 0.65	0.9
KD65 KD80		65 80	111 126	82.5			0.80 1.25	1.1

注：1. KD：为外箍式连接水带接口；KDN：为内扩张式连接水带接口。

2. 内扣式消防水带接口的工作压力为1.6MPa和2.5MPa。其中，2.5MPa内扣式消防水带接口需在型号后加注“Z”字。例如，KDN25Z。

（2）异径接口　异径接口（KJ）用于连接不同直径的消防水带、消防水枪或消火栓，其外形及技术参数见表12-18。

表12-18　异径接口的外形及技术参数

（续）

型号	工作压力/MPa	公称口径/mm		外形尺寸/mm		强度试验压力/MPa	密封试验压力/MPa	质量/kg（铝合金制）
		小端	大端					
KJ25/40	≤1.6	25	40	83	67.5	2.4	1.6	0.25
KJ25/50		25	50					0.30
KJ40/50		40	50	98				0.38
KJ40/65		40	65					0.45
KJ50/65		50	65	111	82.5			0.50
KJ50/80		50	80					0.57
KJ65/80		65	80	126				0.62

（3）管牙接口　管牙接口（KY）安装在消火栓、消防泵的出口端和消防水枪的进口端。一端为内扣式（水带端），另一端为管螺纹，其外形及技术参数见表12-19。

表12-19　管牙接口的外形及技术参数

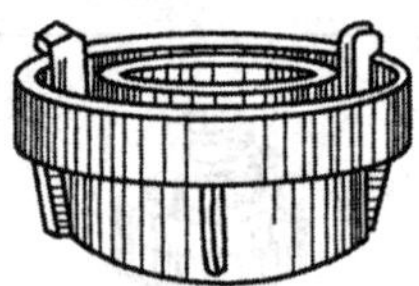

型号	工作压力/MPa	公称口径/mm	外形尺寸/mm		螺纹管/in	强度试验压力/MPa	密封试验压力/MPa	质量/kg	
			外径	全长				铝合金制	带钢制
KY25	≤1.6	25	55	43	G1	2.4	1.6	0.10	0.45 0.60
KY40		40	83	55	G1½			0.24	
KY50		50	98	55	G2			0.26	
KY65		65	111	57	G2½			0.35	
KY80		80	126	57	G3			0.42	

（4）吸水管接口　吸水管接口（KT、KG）分别安装在消防泵吸水管两端，接口为螺纹式。每副有内外螺纹接口各一个。外螺纹接口用于连接滤水器，内螺纹接口用于连接水泵进水口或消火栓，其外形及技术参数见表12-20。

表12-20　吸水管接口的外形及技术参数

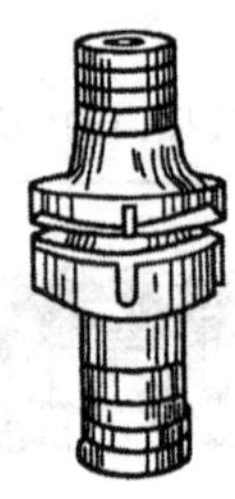

（续）

型号	工作压力/MPa	公称口径/mm	外形尺寸/mm（长×宽×高）	螺纹/mm	强度试验压力/MPa	密封试验压力/MPa	质量/kg
KT100	≤1.6	100	113×140×140	M125×6	2.4	1.6	1.6
KG90		90	311×140×140	M125×6			2.7
KG100		100	315×145×145	M125×6			2.7

7. 扪盖

扪盖分为出水口扪盖和进水口扪盖。出水口扪盖用于封盖消火栓、消防车和消防泵的出水口，接口为内扣式；进水口扪盖用于封盖消防车进水口，接口为内螺纹，其外形及技术参数见表12-21。

表12-21　扪盖的外形及技术参数

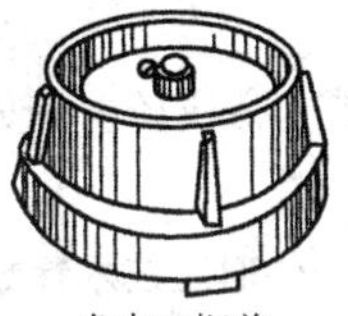
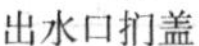
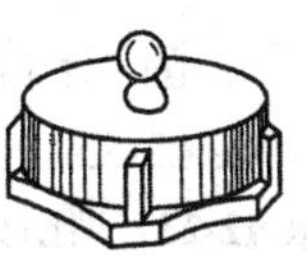

出水口扪盖　　进水口扪盖

品种	型号	公称口径/mm	外形尺寸/mm		接口形式	工作压力/MPa	质量/kg
			外形	长			
出水口扪盖	KM25	25	55	37	内扣式	≤1.6	0.10
	KM40	40	83	54			9.20
	KM50	50	98	54			0.30
	KM60	60	111	55			0.40
	KM80	80	126	55			0.50
进水口扪盖	KA100	100	140	73	螺纹式（M25×6）	≤1	0.77

8. 消防斧

消防斧分为消防平斧、消防尖斧和消防腰斧。扑灭火灾时，拆除障碍物用，其外形及技术参数见表12-22。

表12-22　消防斧的外形及技术参数

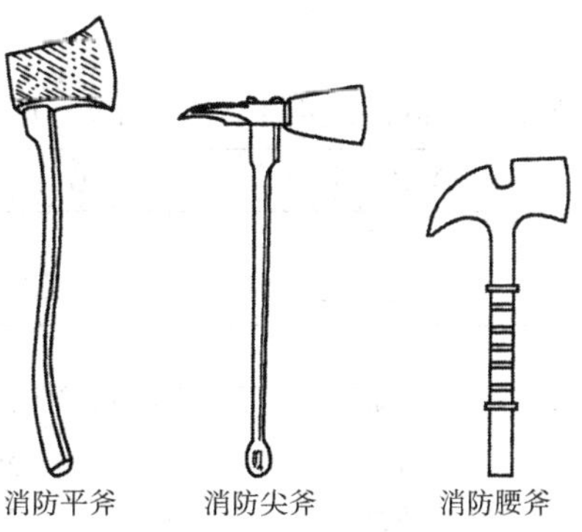

消防平斧　　消防尖斧　　消防腰斧

（续）

品种	型号	外形尺寸	重量/kg
消防平斧	GFP610	610×164×24	1.1～1.8
	GFP710	710×172×25	1.1～1.8
	GFP810	810×180×26	1.1～1.8
	GFP910	910×188×27	2.5～3.5
消防尖斧	GFJ715	715×300×44	1.8～2.0
	GFJ815	815×330×53	2.5～3.5
消防腰斧	RYF265	265×150×10	≤1.0
	RYF265	285×160×10	
	RYF265	305×165×10	
	RYF265	325×175×10	

9. 消防火钩

消防火钩用于在扑灭火时拆除危险建筑物或穿洞通气。按结构形式分为尖型杆钩和爪型杆钩两种，其外形及技术参数见表12-23。

表12-23 消防火钩的外形及技术参数

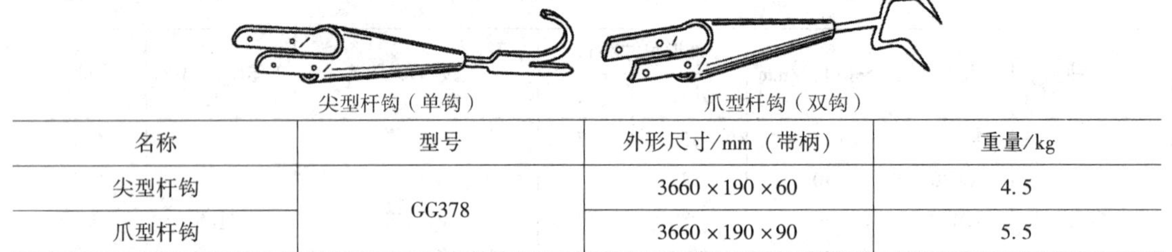

尖型杆钩（单钩）　　爪型杆钩（双钩）

名称	型号	外形尺寸/mm（带柄）	重量/kg
尖型杆钩	GG378	3660×190×60	4.5
爪型杆钩		3660×190×90	5.5

10. 消防用防坠落装备

消防用防坠落装备根据消防用防坠落装备的结构特点和技术特性以及我国消防部队的使用要求制定，主要技术指标参考国外技术先进国家相关标准，并在此基础上经过技术分析而提出，其外形及技术参数见表12-24。

表12-24 消防用防坠落装备的外形及技术参数

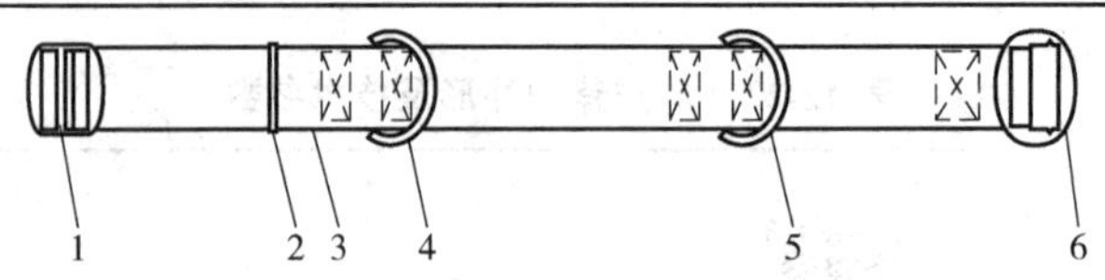

1—内带扣 2—环扣 3—织带 4、5—拉环 6—外带扣

名称	类别代号	类型代号	设计负荷/kN≥	断裂强度/kN
安全绳	S	Q：轻型 T：通用型	—	20 40
安全腰带	YD	—	1.33	—
安全吊带	DD	Ⅰ型 Ⅱ型 Ⅲ型	1.33 2.67 2.67	—

（续）

名称	类别代号	类型代号	设计负荷/kN≥	断裂强度/kN
安全钩	G	Q：轻型 T：通用型	1.33 2.67	—
上升器	SS	Q：轻型 T：通用型	1.33 2.67	—
抓绳器	Z			
下降器	X			
滑轮装置	H			
便携式固定装置	B	Q：轻型 T：通用型	1.33 2.67	—

11. 消防安全带

消防安全带与安全钩、安全绳配合使用，系于消防人员腰部，带上有两个半圆环可以挂一个或两个安全钩，是消防人员登高作业时的可靠保护装备，其外形及技术参数表12-25。

表12-25　消防安全带的外形及技术参数

	型号	拉力/N	外形尺寸/mm			质量/kg
			长度	宽度	厚度	
	FDA	4500	1250	80	3	0.50

12. 消防抢救专用气铲

消防抢救专用气铲适用于消防抢险时冲切防盗铁门、交通突发事故时抢险冲切车门等金属薄壁的制件，其外形及技术参数见表12-26。

表12-26　消防抢救专用气铲的外形及技术参数

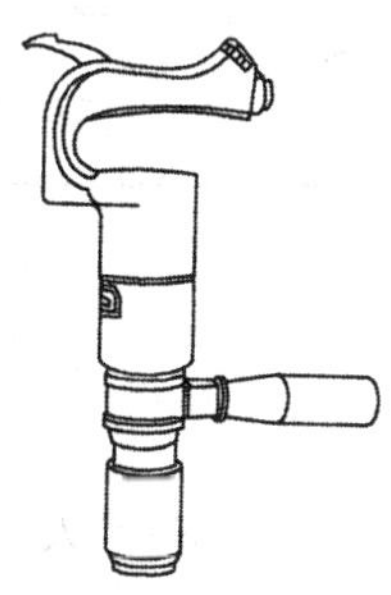

冲击频率/Hz	缸体直径/mm	冲切厚度/mm	耗气量/(L/s)	进气接口/mm	质量/kg
≥45	24	≤2	≤12	9.5	3.5

13. 消防应急灯具

消防应急灯具是指发生火灾时，为人员疏散、消防作业提供标志或照明的灯具，其分类方法见表12-27。

表 12-27　消防应急灯具的分类方法

分类方法	名称
按应急供电形式分类	自带电源型、集中电源型、子母电源型
按用途分类	标志灯、照明灯、照明标志灯
按工作方式分类	持续型、非持续型
按应急实现方式分类	独立型、集中控制型、子母控制型

14. 消防梯

消防梯是消防队员扑救火灾时，登高灭火、救人或翻越障碍的工具，目前常用的有单杠梯、挂钩梯和拉梯三种，结构分为两节、三节等，其外形及规格技术参数见表 12-28。

表 12-28　消防梯的外形及规格技术参数

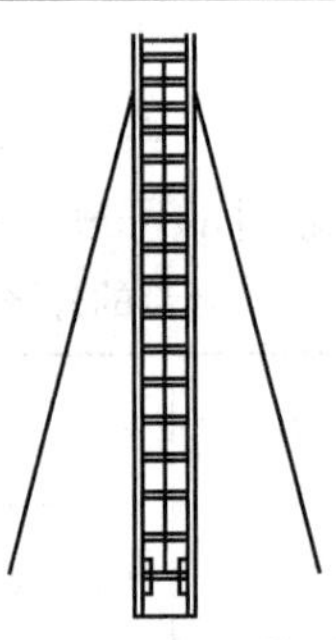

<table>
<tr><th rowspan="2" colspan="2">结构形式</th><th colspan="2">工作长度/m</th><th colspan="2">最小梯宽/mm</th><th colspan="2">整梯质量</th><th colspan="2">梯蹬间距/mm</th></tr>
<tr><th>标称尺寸</th><th>允许偏差</th><th>标称尺寸</th><th>允许偏差</th><th>标称质量/kg</th><th>允许偏差</th><th>标称尺寸</th><th>允许偏差</th></tr>
<tr><td colspan="2">单杠梯</td><td>3</td><td>±0.1</td><td>250</td><td>±2</td><td>≤12</td><td rowspan="7">±5%</td><td rowspan="7">200
300
340</td><td rowspan="7">±2</td></tr>
<tr><td colspan="2">挂钩梯</td><td>4</td><td>±0.1</td><td>250</td><td>±2</td><td>≤12</td></tr>
<tr><td rowspan="4">拉梯</td><td rowspan="2">二节</td><td>6</td><td>±0.2</td><td>300</td><td>±3</td><td>≤35</td></tr>
<tr><td>9</td><td>±0.2</td><td>300</td><td>±3</td><td>≤53</td></tr>
<tr><td rowspan="2">三节</td><td>12</td><td>±0.3</td><td>350</td><td>±4</td><td>≤95</td></tr>
<tr><td>15</td><td>±0.3</td><td>350</td><td>±4</td><td>≤120</td></tr>
<tr><td colspan="2">其他结构</td><td>3~15</td><td>±0.2</td><td>300</td><td>±3</td><td>≤120</td></tr>
</table>

12.1.3　消防灭火器

1. 手提式灭火器

手提式灭火器是借助灭火器容器内压力，将灭火剂喷出扑救火灾用的专用设备。

（1）手提式灭火器的分类（表 12-29）

表 12-29　手提式灭火器的分类

<table>
<tr><th>分类方法</th><th colspan="2">分类名称</th></tr>
<tr><td rowspan="3">按充装的灭火剂分类</td><td>水基型灭火器</td><td>清洁水
带添加剂的水：湿润剂、增稠剂、阻燃剂、发泡剂</td></tr>
<tr><td>干粉型灭火器</td><td>干粉有“BC”或“ABC”型或可以为 D 类火特别配置的</td></tr>
<tr><td colspan="2">二氧化碳灭火器，洁净气体灭火器</td></tr>
</table>

（续）

分类方法	分类名称
按驱动灭火器的压力形式分类	贮气瓶式灭火器，贮压式灭火器
按使用材料不同分类	水基型灭火器，干粉灭火器，二氧化碳灭火器

（2）手提式灭火器的规格（表 12-30）

表 12-30　手提式灭火器的规格

项目	指标			
灭火剂充装量	水基型灭火器	2L、3L、6L、9L		
	干粉灭火器	1kg、2kg、3kg、4kg、5kg、6kg、8kg、9kg、12kg		
	二氧化碳灭火器	2kg、3kg、5kg、7kg		
	洁净气体灭火器	1kg、2kg、4kg、6kg		
有效喷射时间	水基型灭火器	灭火剂量/L	最小有效喷射时间/s	
		2~3	15	
		<3~6	30	
		>6	40	
	灭 A 类火的灭火器（水基型灭火器除外）	灭火级别	最小有效喷射时间/s	
		1A	8	
		>2A	13	
	灭 B 类火的灭火器（水基型灭火器除外）	灭火级别	最小有效喷射时间/s	
		21B~31B	8	
		55B~89B	9	
		（113B）	12	
		>144B	15	
有效喷射距离	灭 A 类火的灭火器	灭火级别	最小喷射距离/m	
		1A~2A	3.0	
		3A	3.5	
		4A	4.5	
		6A	5.0	
	灭 B 类火的灭火器	灭火器类型	灭火剂量	最小喷射距离/m
		水基型	2L	3.0
			3L	3.0
			6L	3.5
			9L	4.0
		洁净气体	1kg	2.0
			2kg	2.0
			4kg	2.5
			6kg	3.0
		二氧化碳	2kg	2.0
			3kg	2.0
			5kg	2.5

（续）

项目	指标			
有效时间距离	灭B类火的灭火器	二氧化碳	7kg	2.5
		干粉	1kg	3.0
			2kg	3.0
			3kg	3.5
			4kg	3.5
			5kg	3.5
			6kg	4.0
			8kg	4.5
			>9kg	5.0
使用温度范围	5～50℃、0～55℃、－10～55℃、－20～55℃、－30～55℃、－40～55℃、－55～55℃			
喷射滞后时间/s	<5			
喷射剩余率（%）	<5			

注：灭火器的总质量不大于20kg，其中二氧化碳灭火器的总质量不大于23kg。

（3）灭A类火、B类火的灭火器的性能　A类火表示固体有机物质燃烧的火，通常燃烧后会形成炽热的余烬；B类火是液体或可熔化固体燃烧的火；C类火是指气体燃烧的火；D类火是指金属燃烧的火；E类火是指燃烧时带电的火。灭A类火、B类火的灭火器的性能见表12-31。

表12-31　灭A类火、B类火的灭火器的性能

分类	级别代号	干粉充装量/kg	水基型充装量/L	洁净气体充装量/kg	二氧化碳充装量/kg
灭火性能（灭A类火）	1A	≤2	≤6	≥6	—
	2A	3～4	>6～9	—	—
	3A	5～6	>9	—	—
	4A	>6～9	—	—	—
	6A	≥9	—	—	—
灭火性能（灭B类火）	21B	1～2	—	1～2	2～3
	34B	3	—	4	5
	55B	4	≤6	6	7
	89B	5～6	>6～9	>6	—
	144B	>6	>9	—	—

注：1. 灭火性能的级别代号：代号中的字母表示扑灭火灾类别；数字表示级别，数字大者表示灭火能力大。

2. 灭火器在20℃灭B类火的性能不应小于表中规定，灭火器在最低使用温度时灭B类火的性能可比20℃时的性能降低2个级别。

（4）灭火剂代号和特定的灭火剂特征代号（表12-32）

表12-32　灭火剂代号和特定的灭火剂特征代号

分类	灭火剂代号		特定的灭火剂特征代号	
	代号	灭火剂代号含义	特征代号	特征代号含义
水基型灭火器	S	清水或带添加剂的水，不具有发泡倍数和25%析液时间要求	AR（不具有此性能不写）	具有扑灭水溶性液体燃料火灾的能力

（续）

分类	灭火剂代号		特定的灭火剂特征代号	
	代号	灭火剂代号含义	特征代号	特征代号含义
干粉灭火器	P	泡沫灭火剂，具有发泡倍数和25%析液时间要求。包括P、FP、S、AR、AFFF和FFFP等灭火剂	AR （不具有此性能，不写）	具有扑灭水溶性液体燃料火灾的能力
二氧化碳灭火器	F	干粉灭火器。包括BC型和ABC型干粉灭火器	ABC （BC干粉灭火剂，不写）	具有扑灭A类火灾的能力
	T	二氧化碳灭火器	—	—
洁净气体灭火器	J	洁净气体灭火剂。包括代烷类气体灭火剂、惰性气体灭火剂和混合气体灭火剂	—	—

（5）手提式灭火器主要型号

1）手提式水基型灭火器的外形及主要技术参数见表12-33。

表12-33 手提式水基型灭火器的外形及主要技术参数

规格（灭火剂量）	20℃时最小有效喷射时间/s	20℃时最小有效喷射距离/m				
		A类火				B类火
		1A～2A	3A	4A	6A	
2L 3L 6L 9L	15 15 30 40	3.0	3.5	4.5	5.0	3.0 3.0 3.5 4.0

2）手提式干粉灭火器的外形及主要技术参数见表12-34。

表12-34 手提式干粉灭火器的外形及主要技术参数

类型	规格（灭火剂量）	20℃时最小有效喷射时间/s						20℃时最小有效喷射距离/m				
		A类火		B类火				A类火				B类火
		1A	≥2A	21B～34B	55B～89B	（113B）	≥144B	1A～2A	3A	4A	6A	
干粉	1kg 2kg 3kg 4kg 5kg 6kg 8kg 9kg 12kg	8	13	8	9	12	15	3.0	3.5	4.5	5.0	3.0 3.0 3.5 3.5 3.5 4.0 4.5 5.0 5.0

3）手提式洁净气体灭火器的外形及主要技术参数见表12-35。

表12-35　手提式洁净气体灭火器的外形及主要技术参数

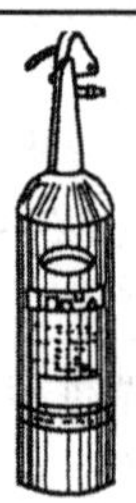

<table>
<tr><th rowspan="3">类型</th><th rowspan="3">规格（灭火剂量）</th><th colspan="6">20℃时最小有效喷射时间/s</th><th colspan="5">20℃时最小有效喷射距离/m</th></tr>
<tr><th colspan="2">A类火</th><th colspan="4">B类火</th><th colspan="4">A类火</th><th rowspan="2">B类火</th></tr>
<tr><th>1A</th><th>≥2A</th><th>21B～34B</th><th>55B～89B</th><th>（113B）</th><th>≥144B</th><th>1A～2A</th><th>3A</th><th>4A</th><th>6A</th></tr>
<tr><td rowspan="4">洁净气体</td><td>1kg</td><td rowspan="4">8</td><td rowspan="4">13</td><td rowspan="4">8</td><td rowspan="4">9</td><td rowspan="4">12</td><td rowspan="4">15</td><td rowspan="4">3.0</td><td rowspan="4">3.5</td><td rowspan="4">4.5</td><td rowspan="4">3.5</td><td>2.0</td></tr>
<tr><td>2kg</td><td>2.0</td></tr>
<tr><td>4kg</td><td>2.5</td></tr>
<tr><td>6kg</td><td>3.0</td></tr>
</table>

4）手提式二氧化碳灭火器的外形及主要技术参数见表12-36。

表12-36　手提式二氧化碳灭火器的外形及主要技术参数

<table>
<tr><th rowspan="3">类型</th><th rowspan="3">规格（灭火剂量）</th><th colspan="6">20℃时最小有效喷射时间/s</th><th colspan="5">20℃时最小有效喷射距离/m</th></tr>
<tr><th colspan="2">A类火</th><th colspan="4">B类火</th><th colspan="4">A类火</th><th rowspan="2">B类火</th></tr>
<tr><th>1A</th><th>≥2A</th><th>21B～34B</th><th>55B～89B</th><th>（113B）</th><th>≥144B</th><th>1A～2A</th><th>3A</th><th>4A</th><th>6A</th></tr>
<tr><td rowspan="4">二氧化碳</td><td>2kg</td><td rowspan="4">8</td><td rowspan="4">13</td><td rowspan="4">8</td><td rowspan="4">9</td><td rowspan="4">12</td><td rowspan="4">15</td><td rowspan="4">3.0</td><td rowspan="4">3.5</td><td rowspan="4">4.5</td><td rowspan="4">5.0</td><td>2.0</td></tr>
<tr><td>3kg</td><td>2.0</td></tr>
<tr><td>5kg</td><td>2.5</td></tr>
<tr><td>7kg</td><td>2.5</td></tr>
</table>

2. 推车式灭火器

推车式灭火器是一种由一人推拉的车型灭火器。工作时借助容器内的压力将灭火剂喷出扑救火的灭火器具。

（1）推车式灭火器的分类　推车式灭火器的分类按其使用灭火材料的不同可分为水基型灭火器、干粉灭火器、洁净气体灭火器和二氧化碳灭火器，其分类方法见表12-37。

表12-37　推车式灭火器的分类方法

分类方法	分类名称
按充装的灭火剂分类	推车式水基型灭火器，推车式干粉灭火器，推车式二氧化碳灭火器，推车式洁净气体灭火器

（续）

分类方法	分类名称
按驱动灭火剂的形式分类	推车贮气瓶式灭火器，推车贮压式灭火器

注：1. 推车式水基型灭火器可以包括清水或带添加剂的水，如润滑剂、增稠剂、阻燃剂或发泡剂等。

2. 推车式干粉灭火器可以是BC型或ABC型。

3. 推车式洁净气体灭火器的生产和使用受蒙特利尔协定或国家法律和法规的控制。

（2）推车式灭火器的规格及性能指标（表12-38）

表12-38 推车式灭火器的规格及性能指标

项目		指标
适用温度范围		5～55℃、－5～55℃、－10～55℃、－20～55℃、－30～55℃、－40～55℃、－55～55℃
有效喷射	时间	有效喷射时间：推车式水基型灭火器的有效喷射时间应不小于40s，不大于210s 除水基型灭火器外的具有扑灭A类火能力的推车式灭火器的有效喷射时间应不小于30s 除水基型灭火器外的不具有扑灭A类火能力的推车式灭火器的有效喷射时间应不小于20s
	喷射距离	具有扑灭A类火能力的推车式灭火器，其喷射距离应不小于6m 对于配有喷雾喷嘴的水基型推车式灭火器，喷射距离不应小于3m
	喷射滞后性能	推车式灭火器在使用温度下应能正常操作，喷射滞后时间不应大于5s；在完全喷射后，喷射剩余率不应大于10%
间歇喷射性能		推车式灭火器喷射时，打开喷射控制阀至灭火剂喷出应＜1s；在关闭喷射控制阀后应在1s内停止喷射；在完全喷射后，喷射剩余率应≤10%
密封性能		由灭火剂蒸汽压力驱动的推车式灭火器和二氧化碳贮气瓶泄漏率≤5%额定充装量的损失率；贮气瓶浸水试验不应有气泡泄漏
灭火性能	灭A类火	推车式灭火器扑灭A类火的最小级别不应小于4A，不大于20A
	灭B类火	推车式灭火器扑灭B类火的最大级别不大于297B；推车式水基型灭火器和推车式干粉灭火器的灭B类火的最小级别不应小于144B；推车式二氧化碳灭火器和推车式洁净气体灭火器的灭B类火的最小级别不小于43B
	灭C类火	在推车式灭火器的标准中，只有推车式干粉灭火器具有扑灭C类火的能力

（3）推车式灭火器的类型和规格（表12-39）

表12-39 推车式灭火器的类型和规格

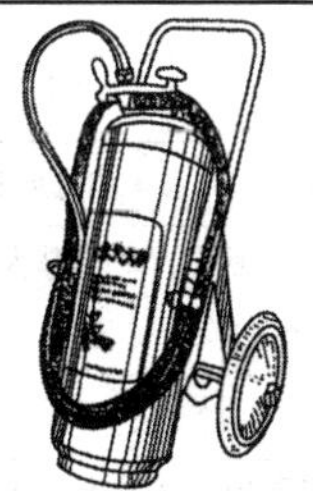

类型	规格（额定充装量）	有效喷射时间/s	喷射距离/m
推车式水基型灭火器	20L、45L、60L、125L	40～210	≥3
推车式干粉灭火器	20kg、50kg、100kg、125kg	≥30	≥6

（续）

类型	规格（额定充装量）	有效喷射时间/s	喷射距离/m
推车式二氧化碳灭火器和推车式洁净气体灭火器	10kg、20kg、30kg、50kg	≥20	≥3

注：1. 推车式水基型灭火器可以包括清水或带添加剂的水，如润湿剂、增稠剂、阻燃剂或发泡剂等。

2. 推车式干粉灭火器可以是AB型或ABC型。

3. 推车式洁净气体灭火器的生产和使用受蒙特利尔协定或国家法律的控制。

3. 干粉灭火装置

干粉灭火装置是指固定安装在保护区域，能通过自动探测驱动或控制手动启动。是由驱动介质（气体或燃气）驱动干粉灭火剂实施灭火的装置。

（1）干粉灭火装置的分类（表12-40）

表12-40　干粉灭火装置的分类

分类方法	分类名称
按干粉灭火剂贮存的形式分类	贮压式干粉灭火装置，非贮压式干粉灭火装置
按干粉灭火剂种类分类	BC干粉灭火装置，ABC干粉灭火装置，其他类干粉灭火装置
按灭火装置的安装方式分类	悬挂式干粉灭火装置，壁挂式干粉灭火装置，其他安装方式干粉灭火装置
按干粉灭火剂的驱动方式分类	惰性气体驱动型干粉灭火装置，燃气驱动型干粉灭火装置
按干粉灭火装置的使用场所分类	普通场所干粉灭火装置
	专用场所干粉灭火装置：发动机舱专用干粉灭火装置、风电机舱专用干粉灭火装置

（2）干粉灭火装置的性能指标（表12-41）

表12-41　干粉灭火装置的性能指标

<table>
<tr><th>分类方法</th><th colspan="2">性能指标</th></tr>
<tr><td rowspan="2">工作环境要求</td><td colspan="2">工作环境温度范围：灭火装置工作环境温度范围为-40～50℃；感温元件为玻璃球的灭火装置工作环境温度范围为-10～50℃</td></tr>
<tr><td colspan="2">工作环境相对湿度：灭火装置工作环境相对湿度应不大于95%</td></tr>
<tr><td>喷射剩余率（%）</td><td colspan="2"><5</td></tr>
<tr><td rowspan="7">有效喷射时间</td><td colspan="2">贮压式干粉灭火装置喷射时间</td></tr>
<tr><td>干粉灭火剂充装量M/kg</td><td>喷射时间/s</td></tr>
<tr><td>$M<5$</td><td><5</td></tr>
<tr><td>$5<M<10$</td><td><10</td></tr>
<tr><td>$10<M<16$</td><td><15</td></tr>
<tr><td>$M>16$</td><td>根据具体质量来确定</td></tr>
<tr><td colspan="2">非贮压式干粉灭火装置喷射时间按生产企业规定，但不得大于贮压式干粉灭火装置的喷射时间</td></tr>
<tr><td rowspan="3">灭火性能</td><td colspan="2">全淹没灭火性能</td></tr>
<tr><td colspan="2">B类火灭火要求：应在灭火装置喷射结束后30s内灭火；A类火灭火要求：应在灭火装置喷射结束后60s内灭火；装置喷射结束继续抑制10min后，开启实验室门进行通风，木屋不得复燃</td></tr>
<tr><td colspan="2">A类火灭火要求：应在装置喷射结束后扑灭明火</td></tr>
</table>

注：标准适用于固定安装的干粉灭火装置，不适用于柜式干粉灭火装置。

（3）ABC 干粉灭火装置　ABC 干粉灭火装置又称为通用干粉灭火器，可分为手提式、手提贮压式和推车式等多种形式。常用于扑救易燃液体和带电设备引发的火灾。也可以与氟蛋白泡沫或轻水泡沫联用，扑灭大面积油类火灾，其外形及性能参数见表 12-42。

表 12-42　ABC 干粉灭火装置的外形及性能参数

手提式

推车式

品种	型号	灭火剂量/kg	有效喷射		电绝缘性能/V	灭火性能级别代号	外形尺寸/mm			质量/kg
			时间/s	距离/m			长	宽	高	
手提式	MF1	1	≥6	≥2.5	≥5	3A，2B	155	105	310	3.1
	MF2	2	≥8	≥2.5	≥5	5A，5B	240	105	430	4.4
	MF3	3	≥8	≥2.5	≥5	5A，7B	260	135	425	6.3
	MF4	4	≥9	≥4	≥5	8A，10B	260	145	450	7.0
	MF5	5	≥9	≥4	≥5	8A，12B	260	145	534	8.8
	MF6	6	≥9	≥4	≥5	13A，14B	340	170	554	12.8
	MF8	8	≥12	≥5	≥5	13A，18B	340	170	579	13.8
	MF10	10	≥15	≥5	≥5	21A，20B	—	—	—	—
手提贮压式	MFZ-1	1	≥6	≥2.5	≥5	2B	93	135	333	2
	MFZ-2	2	≥8	≥2.5	≥5	2A，3B	110	144	410	3.3
	MFZ-4	4	≥9	≥4	≥5	2A，9B	130	159	532	6.2
	MFZ-5	5	≥9	≥4	≥5	3A，14B	280	150	535	8.9
	MFZ-8	8	≥12	≥5	≥5	4A，14B	300	165	620	14.9
推车式	MFT25	25	≥12	≥8	≥50	35B	528	500	1040	90
	MFT25	35	≥15	≥8	≥50	27A，45B	528	520	1040	90
	MFT25	50	≥20	≥9	≥50	34A，65B	645	520	1150	121
	MFT25	70	≥25	≥9	≥50	43A，90B	645	520	1225	145
	MFT25	100	≥32	≥10	≥50	55A，125B	750	520	1225	351

4. 悬挂式气体灭火装置

悬挂式气体灭火装置由灭火剂贮存容器、自动释放组件、悬挂支架（座）等组成，可悬挂或壁挂式安装，是能自动或手动（电气启动或机械应急启动）启动喷放气体灭火剂的灭火装置，其规格见表 12-43。

表 12-43　悬挂式气体灭火装置的规格

装置类型	工作温度/℃	贮存压力/MPa	最大工作压力/MPa	最大充装密度/(kg/m^3)
悬挂式七氟丙烷灭火装置	0～50	1.6	2.5	1150
		2.5	4.2	

（续）

装置类型	工作温度/℃	贮存压力/MPa	最大工作压力/MPa	最大充装密度/(kg/m³)
悬挂式卤代烷1301灭火装置	-20~55	1.6	2.8	1125
		2.0	3.2	
		2.5	4.3	
悬挂式六氟丙烷灭火装置	0~50	0.8	1.3	1202
		1.2	2.6	
		1.6	3.2	
		2.5	4.0	

注：当工作环境温度范围超出上述范围时，应在灭火装置上明显处并用永久性标志标出。

12.2 消防自动控制系统

12.2.1 火灾自动报警装置

火灾报警装置可以将现场火灾信息（烟、温度、光）信号进行处理分析，转换成电气信号传送至自动报警控制器。由触发装置、火灾报警装置、联动输出装置以及其他辅助功能装置组成，能在火灾初期，将现场火灾信息自动报警。

1. 火灾探测器

火灾探测器主要用于当探测器的周围环境起火散发出的烟雾、温度变化达到预定值时，探测器会发出报警信号，适用于大型建筑物的火灾探测与报警，其结构及技术参数见表12-44。

表12-44 火灾探测器的结构及技术参数

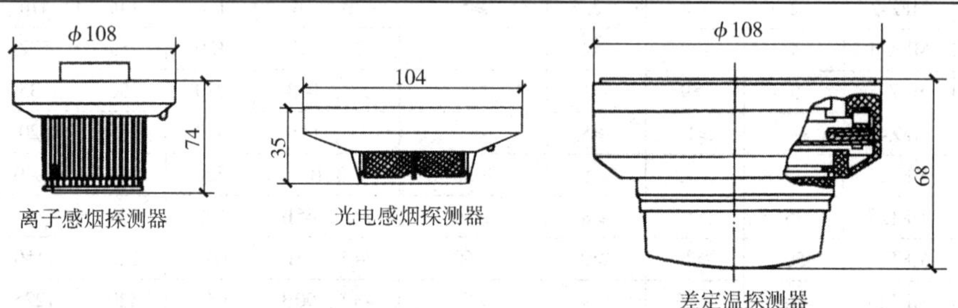

名称	型号	使用环境	灵敏度	工作电压/V
离子感烟火灾探测器	JTY-LZ-101	温度：-20~50℃ 湿度：40℃时达95% 风速：<5m/s	Ⅰ级	直流24
光电感烟火灾探测器	JTY-GD-101			
差定温火灾探测器	JTW-MSCD-101			
离子感烟火灾探测器	JTY-LZ-D	报警电压/V		19、24
光电感烟火灾探测器	JTY-GD	报警电压/V		19
电子感烟火灾探测器	JTW-Z（CD）	报警电压/V		14
红外光感探测器	JTY-HS	工作电压/V		24

2. 火灾报警控制器

火灾报警控制器主要用于当周围环境起火散发出的烟雾、温度变化达到预定值时，会发出报警信号，适用于宾馆、饭店、办公楼、机房、体育场所、医院、学校等室内场所，其结构及技术参数见表 12-45。

表 12-45　火灾报警控制器的结构及技术参数

报警器型号	JB-QT-LD128K（H）^{A}（H）^{B} 智能型中文火灾报警控制器	JB-QT-LD128K（Q） 智能型中文火灾报警控制器				JB-QB/LD128K（M） 区域火灾报警控制器
回路输出电压	DC24V + DC5V 脉冲					
回路数量	探测回路为 4 ~ 32 路	1	1	1	4	1
手动盘 9801 接点数	—	0（纯报警）	0（联动型）	6（联动型）	6（联动型）	—
最大连动地址数	992（每回路报警地址数：31）	—	31	31	31 × 4	—
最大报警地址数	8192（每回路报警地址数：256）	128	128	128	128 × 4	128
最多可控制联动设备数	1984	—	62	62	248	—
安装方式	琴台式、入柜式	壁挂、入柜				壁挂

3. 湿式报警阀

当火灾发生过程中湿式报警阀起着控制消防水流、传送灭火信号和开启消防水泵的作用。适用于室温≥4℃且≤70℃的场所，其结构及技术参数见表 12-46。

表 12-46　湿式报警阀的结构及技术参数

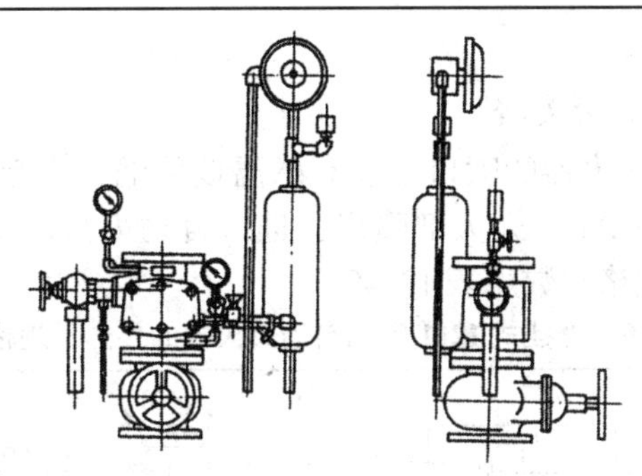

规格（进出口公称通径）/mm	50、65、80、100、125、150、200、250
额定工作压力/MPa	≥1.2

4. 雨淋报警阀

雨淋报警阀在自动灭火系统中，通过电动、机械或其他方法进行开启，使水能够自动单方向流入喷水系统，同时进行报警。适用于室温≥4℃的室内建筑物，其结构及技术参数见表 12-47。

表 12-47　雨淋报警阀的结构及技术参数

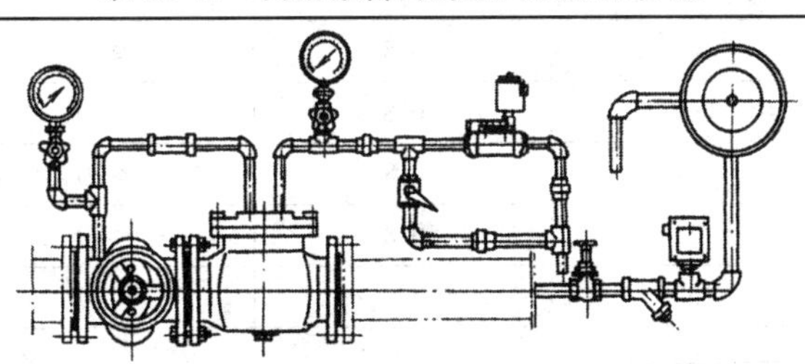

（续）

规格（进出口公称通径）/mm	25、32、40、50、65、80、100、125、150、200、250
额定工作压力/MPa	≥1.2

5. 信号阀

信号阀主要用于通过阀门模块监控阀门灭火管网系统内的工作情况。当阀门处于开或关状态时，信号系统会自动反馈至消防控制系统，以监视阀门的开启状态，其品种及主要技术参数见表12-48。

表12-48 信号阀的品种及主要技术参数

品种	型号	公称直径/mm	工作压/MPa	适用温度/℃	信号触点容量	连接方式
信号蝶阀	XDF型	DN50、65、80、100、125、150	1.6	≤100	DC24V/1A	对夹式
	（A）XD371	DN50、65、80、100、125、150	1.0、1.6、2.5	≤70	DC24V/1A	对夹式
	ZSFD型	DN50、65、80、100、125、150	1.6	≤100	DC24V/0.5A	对夹式
信号闸阀	XZF型	DN50、65、80、100、125、200	1.6	≤100	DC24V/1A	法兰
信号隔膜阀	YXF型	DN80、100、125、150	1.0、1.6	≤100	DC24V/1A	法兰

12.2.2 自动灭火装置

1. 悬挂式1211定温自动灭火器

悬挂式1211定温自动灭火器的喷口处装有感温玻璃泡，当起火时温度升高，玻璃泡内液体膨胀使玻璃泡破碎，“1211”灭火剂喷出，进行自动灭火。适用于工矿企业的变电所、仓库、油库等，其外形及规格参数见表12-49。

表12-49 悬挂式1211定温自动灭火器的外形及规格参数

D φ H φ100 φ74 3×φ9 ⊔φ8↧2EQS H D

拉钩式　法兰式

型号	灭火剂量/kg	内触氮气压力（20℃/MPa）	喷射时间/s	始喷温度/℃
MYZ4B	4	0.8	≤10	57~93
MYZ6B	6	0.8	≤10	57~93
MYZ8B	8	0.8	≤10	57~93
MYZ12B	12	0.8	≤10	57~93
MYZ12B	16	0.8	≤10	57~93

（续）

型号	使用温度/℃	保护范围（5%浓度/m³）	外形尺寸 D×H	
			挂钩式	法兰式
MYZ4B	-20~55	10.7	225×272	225×246
MYZ4B	-20~55	16	254×305	254×279
MYZ4B	-20~55	21.3	275×315	275×289
MYZ4B	-20~55	32	304×340	304×314
MYZ12B	-20~55	42.7	340×355	340×329

注：始喷温度系灭火器开始喷射时，保护区域范围内的温度，即玻璃泡起爆温度。设计有57℃、68℃、79℃、93℃起爆，可根据不同需要选择。

2. 开式雨淋喷头

开式雨淋喷头与湿式自动喷水灭火系统相连，当雨淋阀启动后，喷头喷洒出密集粒状水滴进行灭火，其规格型号及技术参数见表12-50。

表12-50 开式雨淋喷头的规格型号及技术参数

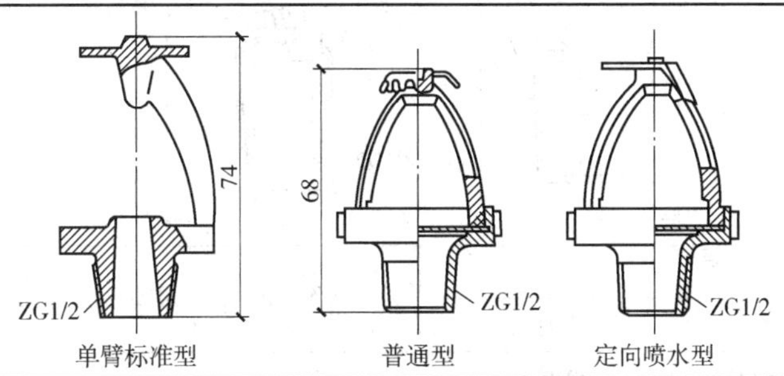

型号	单臂标准型、普通型、定向喷水型
喷孔直径/mm	ϕ10、ϕ15、ϕ20

3. 玻璃球闭式喷头

玻璃球闭式喷头长期与湿式喷水系统相连，遇到火警自动喷水灭火。主要适用于高层宾馆、综合办公大楼、展览厅、地下库房及重点文物保护单位的木结构古建筑群，其规格型号及技术参数见表12-51。

表12-51 玻璃球闭式喷头的规格型号及技术参数

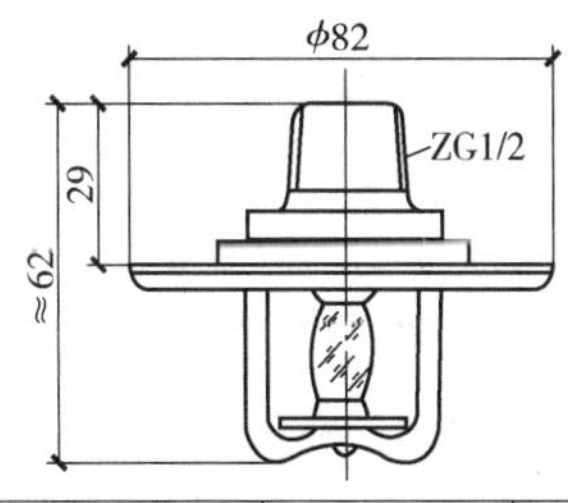

喷头型号				连接螺纹/in	公称动作温度/℃	最高环境温度/℃	工作液色标
普通型	边墙型	直立型	下悬型				
ZSTP15/57	ZSTB15/57	ZSTZ15/57	ZSTX15/57	ZG1/2	57	27	橙
ZSTP15/68	ZSTB15/68	ZSTZ15/68	ZSTX15/68	ZG1/2	68	38	红
ZSTP15/79	ZSTB15/79	ZSTZ15/79	ZSTX15/79	ZG1/2	79	49	黄

（续）

喷头型号				连接螺纹/in	公称动作温度/℃	最高环境温度/℃	工作液色标
普通型	边墙型	直立型	下悬型				
ZSTP15/93	ZSTB15/93	ZSTZ15/93	ZSTX15/93	ZG1/2	93	63	绿
ZSTP15/141	ZSTB15/141	ZSTZ15/141	ZSTX15/141	ZG1/2	141	111	蓝

4. 易熔合金闭式喷头

易熔合金闭式喷头与自动喷水系统相连，主要用于民用建筑的走道、大厅、多功能厅、办公室、客房、仓库、顶棚等，其规格型号及技术参数见表12-52。

表12-52 易熔合金闭式喷头的规格型号及技术参数

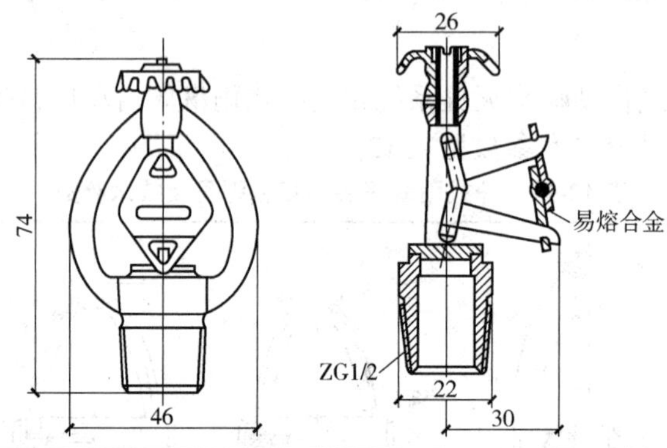

喷头型号			公称动作温度/℃	最高环境温度/℃	工作液色标
直立型	边墙型	下垂型			
ZSTZ15/72T	ZSTB15/72Y	ZSTX15/72Y	72	42	本色
ZSTZ15/98Y	ZSTB15/98Y	ZSTX15/98Y	98	68	白色
ZSTZ15/142	ZSTB15/142Y	ZSTX15/142Y	142	112	蓝色

第 13 章　采暖器材与空调设备

13.1　采暖散热器

采暖散热器是将热媒的热量传导到室内的一种末端设备，已成为生活中不可缺少的组成部分。其质量的优劣，性能的好坏，外观的美丑，直接关系到使用的安全性、经济性和装饰性等问题。

13.1.1　采暖散热器的分类

采暖散热器主要分为钢制散热器、铜铝制散热器、铸铁散热器等类型，其分类见表 13-1。

表 13-1　采暖散热器的分类

品种		执行标准	适应条件	特点
散热器材质	名称			
钢制散热器	钢管柱型散热器	JG/T 148—2018	热水供暖系统	外观设计典雅美观，性能优良，易于清洁，适用于一般民用建筑。其中钢制密闭式串片散热器适用于承压较高的热水散热器及高层建筑的采暖系统
	钢制板型散热器	JG/T 2—2018		
	钢制密闭式串片散热器			
	钢制翘片管对流散热器	JG/T 3012. 2—1998		
铜铝制散热器	铝制柱翼型散热器	JG/T 143—2018	热水供暖系统	外形美观，传热系数高，节能特点显著，性价比较高，耐氧化腐蚀。适用于工业、民用建筑中以热水为热媒的散热器
	铜铝复合柱翼型散热器	JG/T 220—2016		
	铜管铝串片对流散热器			
	铜管铝合金对流散热器			
	铜管对流散热器	JG/T 221—2016		
铸铁散热器	灰铸铁柱型散热器	JG 3—2002	热水或蒸汽供暖系统	铸铁散热器是用灰铁铸造制成，分为异形或柱型两大类，主要用于公共场所或住宅
	灰铸铁翼型散热器	JG 4—2002		
	灰铸铁柱翼型散热器	JG/T 3047—1998		

13.1.2　散热器的型号规格

1. 钢制板型散热器（JG/T 2—2018）

（1）钢制板型散热器的外形及性能参数　钢制板型散热器为民用建筑中以热水为媒的散热器。外形美观、新颖大方、装饰性强，广泛适用于各种建筑内的热水或蒸汽的采暖系统，其外形及性能参数见表 13-2。

表 13-2 钢制板型散热器的外形及性能参数

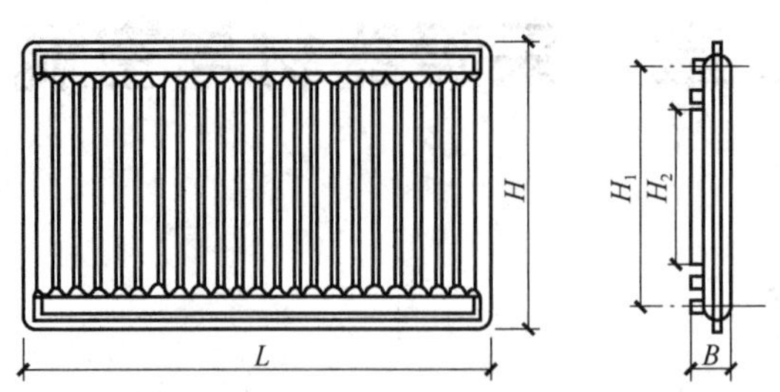

项目	单位	主要参数				
高度	H/mm	380	480	580	680	980
同侧进出口中心距	H_1/mm	300	400	500	600	900
对流片高度	H_2/mm	130	230	330	430	730
宽度	B/mm	50	50	50	50	50
长度	L/mm	600、800、1000、1200、1400、1600、1800				
每片最小散热量（L=1000mm）（ΔT=64.5℃）	Q/W	680	825	970	1113	1532

散热器高度 H/mm		300	600	900
散热量（Q）/W	单板带单对流片	446	806	1160
	双板带双对流片	781	1433	1898

注：按长度 L=1000mm，接管方式为同侧上进下出，过余温度 ΔT=44.5K。

（2）钢制板型散热器的外形尺寸极限偏差（表 13-3）

表 13-3 钢制板型散热器的外形尺寸极限偏差 （单位：mm）

高度 H		同侧进出水口中心距 H_1		长度 L	
基本尺寸	极限偏差	基本尺寸	极限偏差	基本尺寸	极限偏差
200≤H≤600	±2.0	140≤H_1≤550	±1.5	L≤1000	±4.0
600<H≤900	±3.0	640≤H_1≤900	±2.0	L>1000	±0.5%L

（3）钢制板型散热器的形位公差（表 13-4）

表 13-4 钢制板型散热器的形位公差 （单位：mm）

项目	平面度		垂直度	
	L≤1000	L>1 000	L≤1000	L>1 000
形位公差	≤4	≤6	≤3	≤5

2. 钢制柱型散热器（JG/T 148—2018）

（1）钢制柱型散热器的外形及性能参数　钢制柱型散热器为民用建筑中以热水为媒的散热器。外观新颖，结构合理，散热能力强，是适用于豪华住宅、宾馆、办公场所的闭式散热器供暖系统，其外形及性能参数见表 13-5。

表 13-5　钢管散热器的外形及性能参数

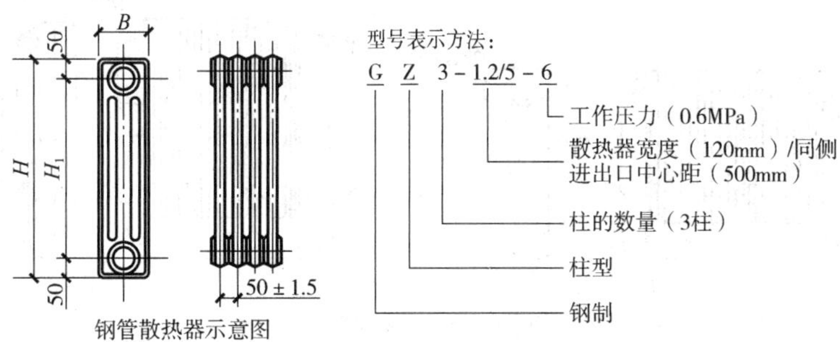

钢管散热器示意图

项目	单位	主要参数											
高度	H/mm	400			600			700			1000		
同侧进出口中心距	H_1/mm	300			500			600			900		
宽度	B/mm	120	140	160	120	140	160	120	140	160	120	140	160
每片最小散热量 $\Delta T = 64.5$℃	Q/W	56	63	71	83	93	103	95	106	118	130	160	180

（2）钢制柱型散热器的外形尺寸极限偏差（表 13-6）

表 13-6　钢制柱型散热器的外形尺寸极限偏差　（单位：mm）

同侧进出水口中心距 H_1		高度/H		宽度 B		组合长度 L	
基本尺寸	极限偏差	基本尺寸	极限偏差	基本尺寸	极限偏差	基本尺寸	极限偏差
$300 \leqslant H_1 < 500$	±2	H_1 +（35 ~ 100）	±3	$B \leqslant 100$	±3	$L \leqslant 1000$	±4
$500 \leqslant H_1 < 900$	±3		±4				
$900 \leqslant H_1 \leqslant 1800$	±4		±5	$B > 100$	±4	$L > 1000$	±5

（3）钢制柱型散热器的形位公差（表 13-7）

表 13-7　钢制柱型散热器的形位公差　（单位：mm）

项目	平面度		垂直度	
	$L \leqslant 1000$	$L > 1000$	$L \leqslant 1000$	$L > 1000$
形位公差	≤4	≤6	≤4	≤6

3. 钢制闭式串片散热器

（1）钢制闭式串片散热器的外形尺寸及性能参数

钢制闭式串片散热器以同侧进出口中心距为系列主参数，每米散热器串片数量为 100 片。设计合理，承压能力强，美观大方，是适用于工业、民用建筑中承压较高的热水散热器和蒸汽为热媒的高层建筑的采暖系统，其外形尺寸及性能参数见表 13-8。

表 13-8 钢制闭式串片散热器的外形尺寸及性能参数

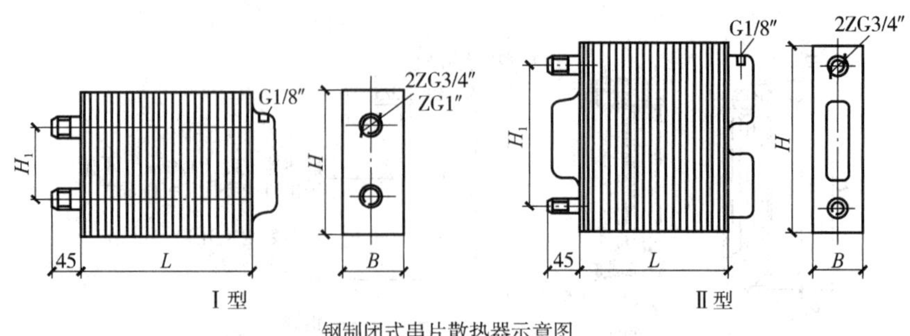

钢制闭式串片散热器示意图

项目	单位	主要参数		
高度	H/mm	150	240	300
同侧进出口中心距	H_1/mm	70	120	220
每米最小散热量	Q/W	697	980	1172
水的阻力系数	ζ	5.0	5.0	16.0
宽度	B/mm	80	100	80
长度	L/mm	400、600、800、1000、1200、1400		
工作压力	MPa	热水热媒	蒸汽热媒	
		1.0	≤0.3	
试验压力	MPa	1.5		

（2）钢制闭式串片散热器的外形尺寸极限偏差（表 13-9）

表 13-9 钢制闭式串片散热器的外形尺寸极限偏差

散热器高度/mm		同侧进口中心距/mm		散热器宽度/mm	
基本尺寸	极限偏差	基本尺寸	极限偏差	基本尺寸	极限偏差
150	±0.80	70	±0.37	80	±0.70
240	±0.93	120	±0.44	100	±0.70
300	±1.05	220	±0.58	80	±0.60

（3）钢制闭式串片散热器的形位公差（表 13-10）

表 13-10 钢制闭式串片散热器的形位公差

项目	平面度		垂直度
	L≤1000mm	L>1000mm	
形位公差/mm	4	6	3

4. 钢制翘片管对流散热器（JG/T 3012.2—1998）

（1）钢制翘片管对流散热器的外形及性能参数　钢制翘片管对流散热器由碳钢框架、钢制翘片管对流散热器管束组成，是适用于工业、民用建筑中以热水或蒸汽为热媒的散热器，其外形及性能参数见表 13-11。

表13-11　钢制翘片管对流散热器的外形及性能参数

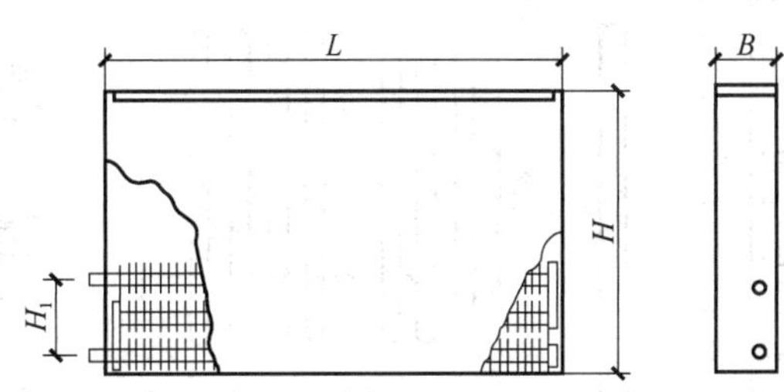

<table>
<tr><td>项目</td><td>单位</td><td colspan="3">主要参数</td></tr>
<tr><td>高度</td><td>H/mm</td><td>480</td><td>500</td><td>600</td></tr>
<tr><td>同侧进出口中心距</td><td>H_1/mm</td><td>180</td><td>200</td><td>300</td></tr>
<tr><td>每米最小散热量（热水）（$\Delta T=64.5$℃）</td><td>Q/W</td><td>1500</td><td>1650</td><td>2100</td></tr>
<tr><td>水的阻力系数</td><td>ζ</td><td>5.0</td><td>5.0</td><td>16.0</td></tr>
<tr><td>宽度</td><td>B/mm</td><td>120</td><td>140</td><td>140</td></tr>
<tr><td>长度</td><td>L/mm</td><td colspan="3">400～2000（以100为一档）</td></tr>
<tr><td rowspan="2">工作压力</td><td rowspan="2">MPa</td><td colspan="2">热水热媒</td><td>蒸汽热媒</td></tr>
<tr><td colspan="2">1.0</td><td>≤0.3</td></tr>
</table>

注：1. 对流散热器以同侧出口中心距为系列主要参数。

2. 型号表示方法：例如，GC4/200—1.0：GC4为翘片管4根管排列；25/200—1.0为钢管直径25mm，同侧进出口中心距200mm，工作压力为1MPa。

（2）钢制翘片管对流散热器的外形尺寸极限偏差（表13-12）

表13-12　钢制翘片管对流散热器的外形尺寸极限偏差

对流散热器高度/mm		同侧进口中心距/mm		对流散热器宽度/mm	
基本尺寸	极限偏差	基本尺寸	极限偏差	基本尺寸	极限偏差
480	±1.15	180	±0.58	120	±0.70
500	±1.25	200	±0.65	140	±0.80
600	±1.40	300	±0.70	140	±0.80

（3）钢制翘片管对流散热器的形位公差（表13-13）

表13-13　钢制翘片管对流散热器的形位公差

项目	平面度		垂直度
	L≤1000mm	L>1000mm	
形位公差/mm	4	6	3

5. 钢制卫浴散热器

（1）钢制卫浴散热器的外形尺寸及性能参数　钢制卫浴散热器是指专门在家庭卫浴间内取暖散热使用的水暖散热器片，已经成了居家必备的设备，其外形及性能参数见表13-14。

表 13-14　钢制卫浴散热器的外形及性能参数　（单位：mm）

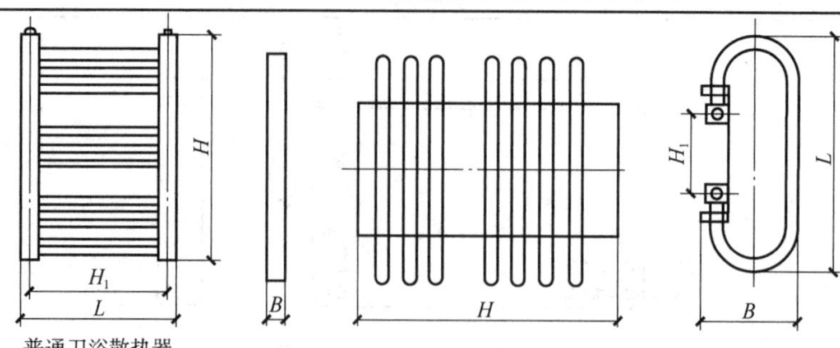

类型		钢制普通卫浴散热器（GWY）					钢制普环型浴散热器（GWYH）			
基本尺寸	高度 H	600	800	1000	1200	1400	600	800	1000	1200
	中心距 H_1	420	420	470	570	670	120			
	宽度 L	450	450	500	600	700	450			500
	厚度 B	30					115			
	接口尺寸	G1/2 或 G3/4（根据使用要求提供）								

（2）钢制卫浴散热器的主要技术性能参数（表 13-15）

表 13-15　钢制卫浴散热器的主要技术性能参数

类型		钢制普通卫浴散热器（GWY）	钢制普环型浴散热器（GWYH）
主要技术性能	散热量/W（ΔT=64.5℃）	670W/m	431W/m
	金属热强度/［W/(kg·℃)］	1.8	0.545
	工作压力/MPa	0.8	
	试验压力/MPa	1.2	
	重量/(kg/m)	10.35	13.6

6. 铝制柱翼型散热器（JG/T 143—2018）

（1）铝制柱翼型散热器的外形及性能参数　铝制柱翼型散热器是适用于工业、民用建筑中以热水为热媒的散热器。以同侧进出口中心距为系列主参数，其外形及性能参数见表 13-16。

表 13-16　铝制柱翼型散热器的外形及性能参数　（单位：mm）

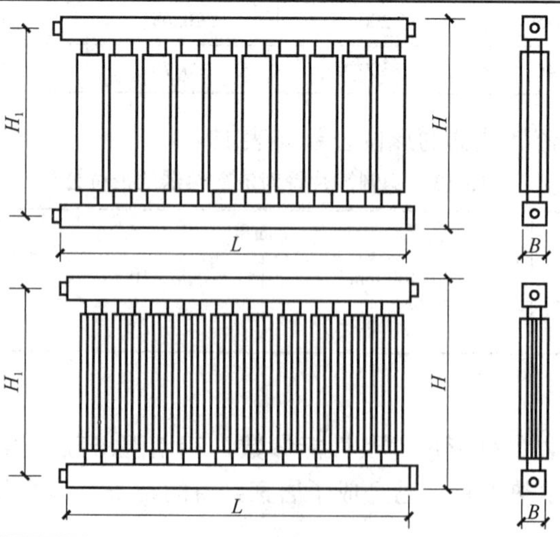

（续）

表 13-16a　外形尺寸

项目	符号	参数值								
同侧进出水口中心距	H_1	300	400	500	600	700	900	1200	1500	1800
高度	H	H_1 +（35～60）								
宽度	B	40、60、80、100								
组合长度	L	200≤L≤1800								

表 13-16b　名义散热量　（单位：W）

同侧进出水口中心距 H_1/mm		300	400	500	600	700	900	1200	1500	1800
宽度 B/mm	40	490	610	765	855	945	1155	1435	1650	1830
	60	550	735	885	975	1100	1345	1650	1890	2075
	80	640	800	960	1055	1185	1410	1726	1985	2240
	100	715	850	1055	1125	1225	1500	1770	2045	2320

注：按单管立柱结构、上下有装饰罩、接管方式为同侧上进下出，过余温度 ΔT = 44.5K。

（2）铝制柱翼型散热器的外形尺寸极限偏差（表 13-17）

表 13-17　铝制柱翼型散热器的外形尺寸极限偏差　（单位：mm）

同侧进出水口中心距		高度		宽度		组合长度		柱间距	
基本尺寸	极限偏差	基本尺寸	极限偏差	基本尺寸	极限偏差	基本尺寸	极限偏差	基本尺寸	极限偏差
300	±1.5	H_1 +（35～60）	±2.0	40 60 80 100	±1.0	<1000	±2.5	60～50	±1.0
400									
500	±2.0		±2.5			≥1000	±3.5		
600									
700									
900	±3.0		±3.0						
1200									
1500									
1800									

（3）铝制柱翼型散热器的形位公差（表 13-18）

表 13-18　铝制柱翼型散热器的形位公差　（单位：mm）

项目	平面度		垂直度	
	L≤1 000	L>1000	L≤1000	L>1000
形位公差	≤4	≤6	≤4	≤6

7. 铜管对流散热器（JG/T 221—2016）

铜管对流散热器是以铜管铝串片为散热元件的对流散热器，是适用于工业与民用建筑中以热水为热媒的对流散热器，其外形及性能参数见表 13-19。

表 13-19　铜管对流散热器的外形及性能参数

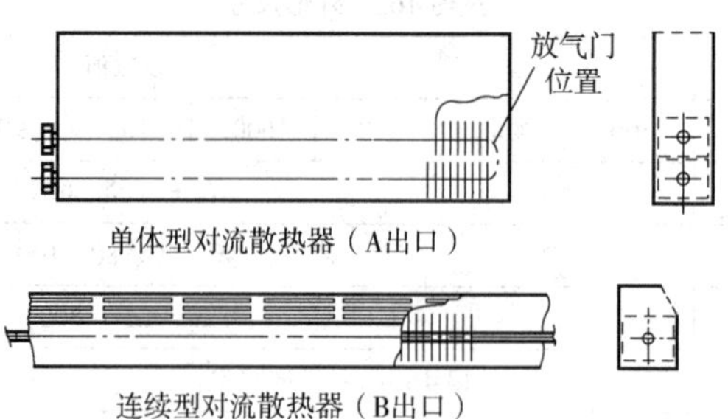

工作压力/MPa	0.1
热媒温度（不高于）/℃	95
热媒酸碱度 pH	7～12
氯离子（Cl^-）、硫酸根（SO_4^{2-}）分别（不大于）mg/L	100

（1）单体型对流散热器的技术参数（表 13-20）

表 13-20　单体型对流散热器的技术参数

项目	单位	参数值		
厚度	mm	80≤B≤100	100＜B≤120	B＞120
高度	mm	500	600	700
长度	mm	400～1600		
标准散热量	W/m	1100	1300	1650

（2）连体型对流散热器的技术参数（表 13-21）

表 13-21　连体型对流散热器的技术参数

项目	单位	参数值			
厚度	mm	100	120	150	200
高度	mm	100～400			
标准散热量	W/m	不应小于产品标称值的 95%			

（3）对流散热器整体的外形尺寸与允许偏差（表 13-22）

表 13-22　对流散热器整体的外形尺寸与允许偏差　　（单位：mm）

高度		厚度	
基本尺寸	允许偏差	基本尺寸	允许偏差
100～400	±3.0	＜120	±2.0
500～700	±4.0	≥120	±3.0

8. 铜铝复合柱翼型散热器（JG/T 220—2016）

（1）铜铝复合柱翼型散热器的外形尺寸　铜铝复合柱翼型散热器是由铜管立柱与铝翼管胀接复合后，再与上下铜管联箱组合焊接成形的钢铝复合柱翼型散热器，是适用于工业与民用建筑中以热水为媒的散热器，其外形及性能参数见表 13-23。

表 13-23　铜铝复合柱翼型散热器的外形及性能参数

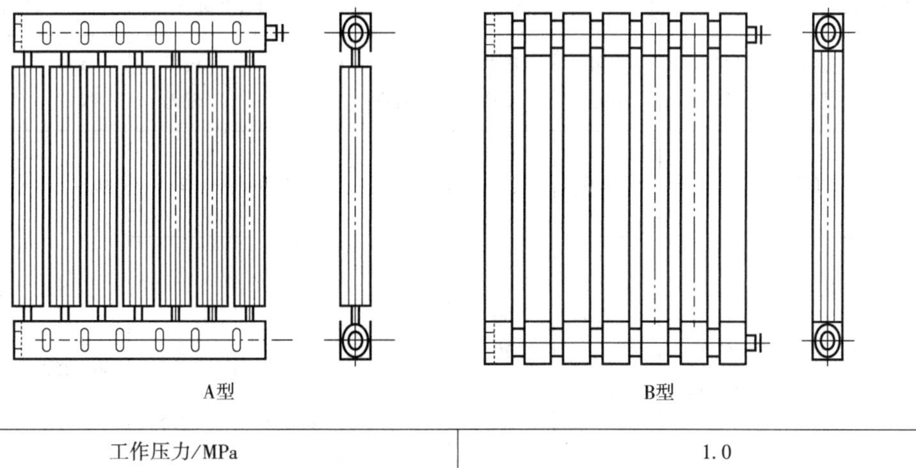

工作压力/MPa	1.0
热媒温度（不高于）/℃	95
热媒酸碱度 pH	7～12
氯离子（Cl^-）、硫酸根（SO_4^{2-}）分别（不大于）mg/L	100

注：其他指标由根据采暖系统的供水情况，分别符合 GB 1576、HG/T 3729 标准中关于供暖系统水嘴的规定。

（2）铜铝复合柱翼型散热器名义散热量（表 13-24）

表 13-24　铜铝复合柱翼型散热器名义散热量

同侧进出水口中心距/mm		名义散热量/(W/m)								
		300	400	500	600	700	900	1200	1500	1800
宽度/mm	60	890	1150	1410	1550	1800	2300	2800	3200	3500
	70	940	1210	1490	1630	1880	2380	2930	3330	3630
	80	1050	1310	1570	1730	1950	2450	3050	3450	3750
	100	1170	1390	1730	1840	2100	2600	3300	3700	4000

注：1. 表中数值为单管立柱结构、外涂非金属涂料、上下有装饰罩、接管方式为同侧上进下出时的散热器名义散热量（$\Delta T=64.5\mathrm{K}$）。

2. 其余宽度散热器的散热量按内插法确定。

（3）铜铝复合柱翼型散热器的外形尺寸（表 13-25）

表 13-25　铜铝复合柱翼型散热器的外形尺寸　　（单位：mm）

项目	参数值								
同侧进出水口中心距	300	400	500	600	700	900	1200	1500	1800
高度	$H_1+(35\sim60)$								
宽度	60、70、80、100								
组合长度	$200\leqslant L\leqslant1800$								
柱间距	$60\leqslant L_1\leqslant100$								

（4）铜铝复合柱翼型散热器的外形尺寸极限偏差（表 13-26）

表 13-26　铜铝复合柱翼型散热器的外形尺寸极限偏差　　（单位：mm）

<table>
<tr><th colspan="2">同侧进出水口中心距</th><th colspan="2">高度</th><th colspan="2">宽度</th><th colspan="2">组合长度</th><th colspan="2">柱间距</th></tr>
<tr><th>基本尺寸</th><th>极限偏差</th><th>基本尺寸</th><th>极限偏差</th><th>基本尺寸</th><th>极限偏差</th><th>基本尺寸</th><th>极限偏差</th><th>基本尺寸</th><th>极限偏差</th></tr>
<tr><td>300</td><td rowspan="2">±1.5</td><td rowspan="9">H_1 +
(35～60)</td><td rowspan="2">±2.0</td><td rowspan="9">60
70
80
100</td><td rowspan="9">±1.0</td><td rowspan="2"><1000</td><td rowspan="2">±2.5</td><td rowspan="9">60～100</td><td rowspan="9">±1.0</td></tr>
<tr><td>400</td></tr>
<tr><td>500</td><td rowspan="3">±2.0</td><td rowspan="3">±2.5</td><td rowspan="7">≥1000</td><td rowspan="7">±3.5</td></tr>
<tr><td>600</td></tr>
<tr><td>700</td></tr>
<tr><td>900</td><td rowspan="4">±3.0</td><td rowspan="4">±3.0</td></tr>
<tr><td>1200</td></tr>
<tr><td>1500</td></tr>
<tr><td>1800</td></tr>
</table>

9. 铜管铝串片对流散热器

（1）铜管铝串片对流散热器的外形及技术参数　铜管铝串片对流散热器的外形及技术参数见表 13-27。

表 13-27　铜管铝串片对流散热器的外形及技术参数　　（单位：mm）

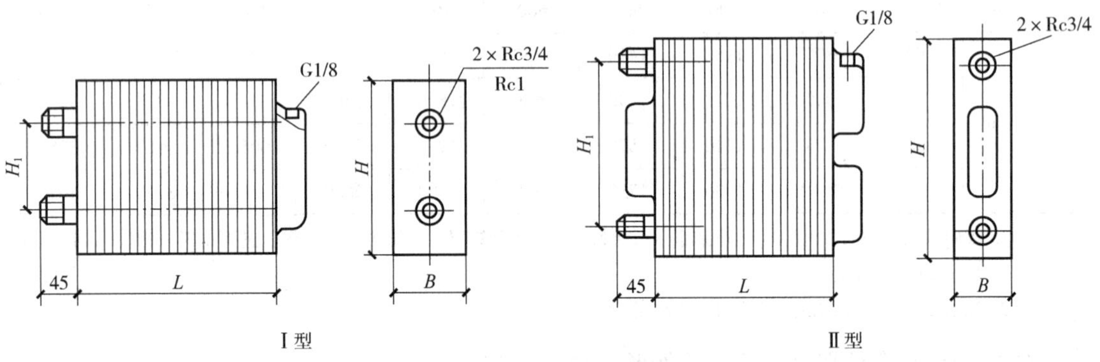

Ⅰ型　　Ⅱ型

类型		TL1-0-1.0-C	TL2-0-180-1.0-C	TL4-430-1.0-C
基本尺寸	高度 H	240	600	800
	中心距 H_1	0（单管）	180	430
	长度 L	1000		
	宽度 B	110		140
	接口尺寸/ln	G3/4，G1（两种规格任选）		
	重量/(kg/m)	5.85	13.2	19.45

（2）铜管铝串片对流散热器的主要技术性能参数（表 13-28）

表 13-28　铜管铝串片对流散热器的主要技术性能参数

类型		TL1-0-1.0-C	TL2-0-180-1.0-C	TL4-430-1.0-C
技术性能	散热量（$\Delta T=64.5$℃）	683W/m	1721W/m	2372W/m
	金属热强度/[W/(kg·℃)]	1.8	2.0	1.891
	工作压力/MPa	1.0		
	试验压力/MPa	1.5		

10. 铜管铝合金对流散热器

（1）铜管铝合金对流散热器的外形及技术参数　铜管铝合金对流散热器其外形及技术参数见表 13-29。

表 13-29　铜管铝合金对流散热器的外形及技术参数　（单位：mm）

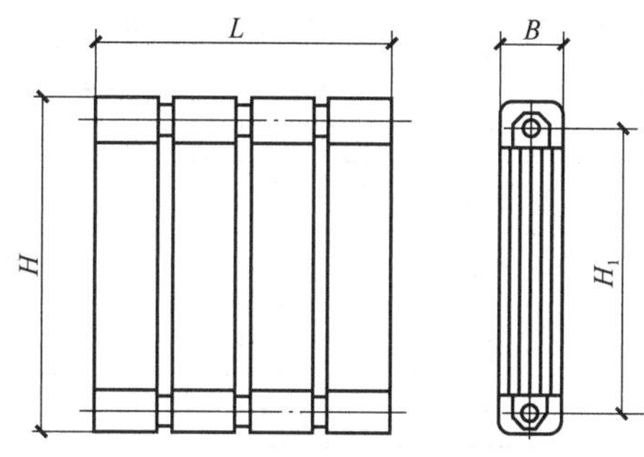

类型		TLF-(A)-400-1.0	TLF-(A)-600-1.0	TLF-(A)-1200-1.0
基本尺寸	高度 H	436	636	1236
	中心距 H_1	400	600	1200
	长度 L	290，4 片		
	厚度 B	52		
	接口尺寸/In	G1/2，G3/4（两种规格任选）		
	重量/(kg/4 片)	3.0	4.08	7.28

（2）铜管铝合金对流散热器的主要技术性能参数（表 13-30）

表 13-30　铜管铝合金对流散热器的主要技术性能参数

类型		TLF-（A）-400-1.0	TLF-（A）-600-1.0	TLF-（A）-1200-1.0
技术性能	散热量（$\Delta T=64.5$℃）	372W/4 片	504W/4 片	984W/4 片
	金属热强度/[W/(kg·℃)]	2.069		
	工作压力/MPa	1.0		
	试验压力/MPa	1.5		

11. 灰铸铁柱型散热器（JG/T 3—2002）

（1）灰铸铁柱型散热器的外形及性能参数　灰铸铁柱型散热器适用于工业、民用建筑中以热水和蒸汽为热媒的散热器，其外形及性能参数见表 13-31a～c。

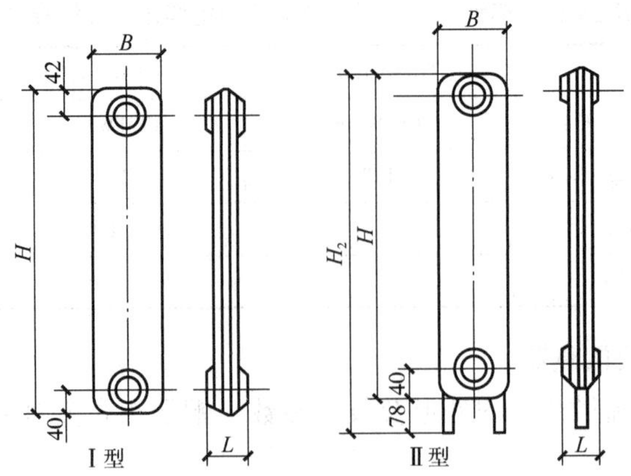

灰铸铁柱型散热器示意图

表 13-31a　灰铸铁柱型散热器尺寸　　（单位：mm）

型号	中片高度 H	足片高度 H_2	长度 L	宽度 B	同侧进出口中心距
TZ2-5-5（8）	582	660	80	132	500
TZ4-3-5（8）	382	460	60	143	300
TZ4-5-5（8）	582	660	60	143	500
TZ4-6-5（8）	682	760	60	143	600
TZ4-9-5（8）	982	1060	60	164	900

表 13-31b　灰铸铁柱型散热器性能参数

<table>
<tr><th rowspan="4">型号</th><th rowspan="4">散热面积
/（m^2/片）</th><th colspan="4">工作压力/MPa</th><th colspan="2" rowspan="2">试验压力/MPa</th></tr>
<tr><th colspan="2">热水</th><th colspan="2">蒸汽</th></tr>
<tr><th colspan="6">制造材料（不低于）</th></tr>
<tr><th>HT100</th><th>HT150</th><th>HT100</th><th>HT150</th><th>HT100</th><th>HT150</th></tr>
<tr><td>TZ2-5-5（8）</td><td>0.24</td><td rowspan="5">0.5</td><td rowspan="5">0.8</td><td colspan="2" rowspan="5">0.2</td><td rowspan="5">0.75</td><td rowspan="5">1.2</td></tr>
<tr><td>TZ4-3-5（8）</td><td>0.13</td></tr>
<tr><td>TZ4-5-5（8）</td><td>0.20</td></tr>
<tr><td>TZ4-6-5（8）</td><td>0.235</td></tr>
<tr><td>TZ4-9-5（8）</td><td>0.44</td></tr>
</table>

表 13-31c　灰铸铁柱型散热器散热量

型号	每片散热量/W（热媒为热水 $\Delta T=64.5$℃）
TZ2-5-5（8）	130
TZ4-3-5（8）	82
TZ4-5-5（8）	115
TZ4-6-5（8）	130
TZ4-9-5（8）	187

注：型号表示方法：例如，Z4-5-5（8）：表示同侧进出口中心距为 500mm，工作压力为 0.5MPa（或 0.8MPa）的灰铸铁四柱型散热器。

（2）灰铸铁柱型散热器的外形尺寸极限偏差（表13-32）

表13-32　灰铸铁柱型散热器的外形尺寸极限偏差　（单位：mm）

型号		TZ2-5-5（8）	TZ4-3-5（8）	TZ4-5-5（8）	TZ4-6-5（8）	TZ4-9-5（8）
中片高度	基本尺寸	582	362	583	682	982
	极限偏差	±2.4	±2.2	±2.4	±2.8	±3.2
足片高度	基本尺寸	660	450	660	760	1060
	极限偏差	±2.4	±2.2	±2.4	±2.8	±3.2
长度	基本尺寸	80	60			60
	极限偏差	±0.6	±0.5			±0.6
宽度	基本尺寸	132	143			164
	极限偏差	±1.3	±1.8			±2.0

（3）灰铸铁柱型散热器同侧进出口中心距极限偏差（13-33）

表13-33　灰铸铁柱型散热器同侧进出口中心距极限偏差　（单位：mm）

型号	极限偏差
TZ2-5-5（8）	500±0.36
TZ4-3-5（8）	300±0.30
TZ4-5-5（8）	500±0.36
TZ4-6-5（8）	600±0.38
TZ4-9-5（8）	900±0.38

（4）灰铸铁柱型散热器单片重量（13-34）

表13-34　灰铸铁柱型散热器单片重量　（单位：kg）

型号	中片	足片
TZ2-5-5（8）	6.2±0.3	6.7±0.3
TZ4-3-5（8）	3.4±0.2	4.1±0.2
TZ4-5-5（8）	4.9±0.3	5.6±0.3
TZ4-6-5（8）	6.0±0.3	6.7±0.3
TZ4-9-5（8）	11.5±0.5	12.2±0.5

12. 灰铸铁翼型散热器（JG 4—2002）

（1）灰铸铁翼型散热器　灰铸铁翼型散热器是适用于工业、民用建筑中以热水和蒸汽为热媒的散热器，其外形及性能参数见表13-35a～c。

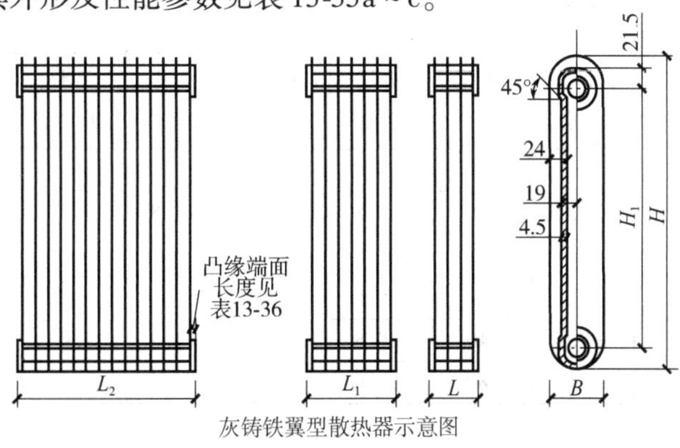

灰铸铁翼型散热器示意图

表 13-35a　灰铸铁翼型散热器尺寸　（单位：mm）

型号	高度 H	长度 L		宽度 B	同侧进出口中心距
TY0.8/3-5（7）	388	L	60	95	300
TY1.4/3-5（7）		L_1	140		
TY2.8/3-5（7）		L_2	280		
TY0.8/5-5（7）	588	L	60	95	500
TY1.4/5-5（7）		L_1	140		
TY2.8/5-5（7）		L_2	280		

表 13-35b　灰铸铁翼型散热器性能参数

型号	每组散热片数/（片）	散热面积/（m^2/片）	工作压力/MPa			试验压力/MPa	
			热水（130℃）	蒸汽			
			制造材料（不低于）				
			HT100	HT150	HT100	HT100	HT150
TY0.8/3-5（7）	10	0.2	≤0.5	0.7	0.2	0.75	1.05
TY1.4/3-5（7）	8	0.34					
TY2.8/3-5（7）	3	0.73					
TY0.8/5-5（7）	10	0.26	≤0.5	≤0.7	≤0.2	0.75	1.05
TY1.4/5-5（7）	6	0.50					
TY2.8/5-5（7）	3	1.00					

表 13-35c　灰铸铁翼型散热器散热量

型号	每片散热量/W（热媒为热水 ΔT=64.5℃）
TY0.8/3-5（7）	88
TY1.4/3-5（7）	144
TY2.8/3-5（7）	296
TY0.8/5-5（7）	127
TY1.4/5-5（7）	216
TY2.8/5-5（7）	430

注：型号表示方法：例如，TY2.8/5-5（7）：表示灰铸铁翼型散热器长度为280mm，同侧进出口中心距为500mm，工作压力为0.5MPa（或0.7MPa）的灰铸铁翼型散热器。

（2）灰铸铁翼型散热器的外形尺寸极限偏差（表 13-36）

表 13-36　灰铸铁翼型散热器的外形尺寸极限偏差　（单位：mm）

型号	片高		片长		片宽		翼翅厚度		凸缘端面长度	
	基本尺寸	极限偏差	基本尺寸	极限偏差	基本尺寸	极限偏差	基本尺寸	极限偏差	基本尺寸	极限偏差
TY0.8/3-5（7）	388	±2.2	80	±0.6	95	±1.8	3.0	±0.3	8.2	≤+2
TY1.4/3-5（7）			140	±0.8					7.9	
TY2.8/3-5（7）			280	±1.0					7.2	
TY0.8/5-5（7）	388	±2.4	80	±0.6	95	±1.8	3.0	±0.3	8.2	
TY1.4/5-5（7）			140	±0.8					7.9	
TY2.8/5-5（7）			280	±1.0					7.2	

(3) 灰铸铁翼型散热器同侧进出口中心距极限偏差（表13-37）

表13-37 灰铸铁翼型散热器同侧进出口中心距极限偏差 （单位：mm）

型号	极限偏差
TY0.8～2.8/3-5（7）系列	300±0.3
TY0.8～2.8/5-5（7）系列	500±0.36

(4) 灰铸铁翼型散热器单片重量（表13-38）

表13-38 灰铸铁翼型散热器单片重量 （单位：kg）

型号	标准重量	最大重量	型号	标准重量	最大重量
TY0.8/3-5（7）	4.3	≤4.8	TY0.8/5-5（7）	6.0	≤6.4
TY1.4/3-5（7）	6.8	≤7.4	TY1.4/5-5（7）	10.0	≤11.0
TY2.8/3-5（7）	13.0	≤14.0	TY2.8/5-5（7）	20.0	≤21.5

13. 灰铸铁柱翼型散热器（JG/T 3047—1998）

(1) 灰铸铁柱翼型散热器的外形尺寸与性能 灰铸铁柱翼型散热器适用于工业、民用建筑中以热水和蒸汽为热媒的散热器，其外形及性能参数见表13-39a～c。

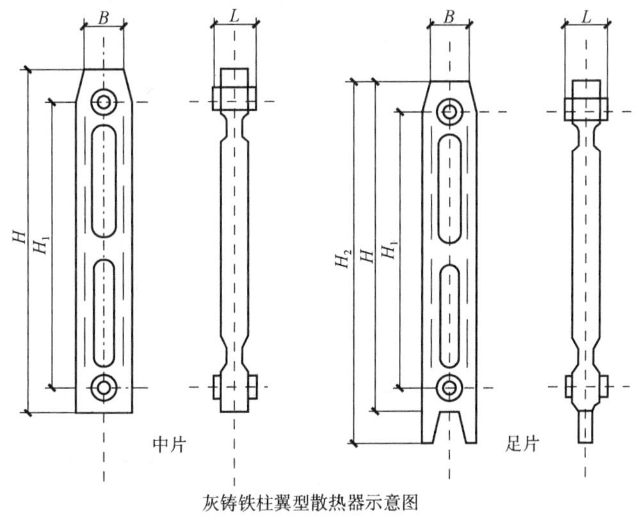

灰铸铁柱翼型散热器示意图

表13-39a 灰铸铁柱翼型散热器尺寸 （单位：mm）

型号	高度 H	长度 L		宽度 B	同侧进出口中心距
TZY1-*B*/3-5（8）	≤400	≤480	70	100、120	300
TZY1-*B*/5-5（8）	≤600	≤680			500
TZY1-*B*/6-5（8）	≤700	≤780			600
TZY1-*B*/9-5（8）	≤1000	≤1080			900
TZY2-*B*/3-5（8）	≤400	≤480			300
TZY2-*B*/5-5（8）	≤600	≤680			500
TZY2-*B*/6-5（8）	≤700	≤780			600
TZY2-*B*/9-5（8）	≤1000	≤1080			900

表 13-39b　灰铸铁柱翼型散热器性能参数

型号	每组散热片数/(片)	散热面积①/(m^2/片)	工作压力/MPa				试验压力/MPa	
			热水（130℃）		蒸汽			
			制造材料（不低于）					
			HT100	HT150	HT100	HT150	HT100	HT150
TZY1-*B*/3-5（8）	10	0.17/0.176	≤0.5	≤0.8	≤0.2		0.75	1.2
TZY1-*B*/5-5（8）		0.26/0.27						
TZY1-*B*/6-5（8）		0.31/0.32						
TZY1-*B*/9-5（8）		0.57/0.59						
TZY2-*B*/3-5（8）		0.18/0.19						
TZY2-*B*/5-5（8）		0.28/0.29						
TZY2-*B*/6-5（8）		0.33/0.34						
TZY2-*B*/9-5（8）		0.62/0.64						

表 13-39c　灰铸铁柱翼型散热器散热量

型号	每片散热量/W（热媒为热水 $\Delta T=64.5$℃）		
	合格品	一等品	优等品
TZY1-*B*/3-5（8）	85/89	88/92	92/95
TZY1-*B*/5-5（8）	120/124	124/129	129/134
TZY1-*B*/6-5（8）	139/145	145/150	150/156
TZY1-*B*/9-5（8）	194/202	202/210	210/218
TZY2-*B*/3-5（8）	87/92	90/95	93/99
TZY2-*B*/5-5（8）	122/129	126/133	131/139
TZY2-*B*/6-5（8）	142/150	147/156	153/161
TZY2-*B*/9-5（8）	198/209	206/217	214/226

①散热面积与散热器宽度 *B* 有关，*B* 一般为 100mm 或 120mm。

（2）灰铸铁柱翼型散热器的外形尺寸极限偏差（表 13-40）

表 13-40　灰铸铁柱翼型散热器的外形尺寸极限偏差　（单位：mm）

型号	中片高		足片		长度		宽度	
	基本尺寸	极限偏差	基本尺寸	极限偏差	基本尺寸	极限偏差	基本尺寸	极限偏差
TZY-*B*/3-5（8）	≤400	±2.2	≤480	±2.2	70	±0.6	100 120	±1.0 ±1.3
TZY-*B*/5-5（8）	≤600	±2.4	≤680	±2.4				
TZY-*B*/6-5（8）	≤700	±2.8	≤780	±2.8				
TZY-*B*/9-5（8）	≤1000	±3.0	≤1080	±3.0				

（3）灰铸铁柱翼型散热器同侧进出口中心距极限偏差（表 13-41）

表 13-41　灰铸铁柱翼型散热器同侧进出口中心距极限偏差　（单位：mm）

型号	极限偏差	型号	极限偏差
TZY2-*B*/3-5（8）	300 ±0.26	TZY2-*B*/6-5（8）	600 ±0.35
TZY2-*B*/5-5（8）	500 ±0.32	TZY2-*B*/9-5（8）	900 ±0.35

（4）灰铸铁柱翼型散热器单片重量（表 13-42）

表 13-42　灰铸铁柱翼型散热器单片重量　（单位：kg）

型号	合格品		一等品		优等品	
	中片	足片	中片	足片	中片	足片
TZY1-*B*/3-5（8）	3.4/3.5	4.0/4.1	3.3/3.4	3.9/4.0	3.2/3.3	3.8/3.9
TZY1-*B*/5-5（8）	5.5/5.9	6.1/6.5	5.1/5.4	5.7/6.0	4.9/5.1	5.5/5.7
TZY1-*B*/6-5（8）	6.3/6.8	6.9/7.4	5.9/6.3	6.5/6.9	5.6/5.9	6.2/6.5
TZY1-*B*/9-5（8）	9.2/10.1	9.8/10.7	8.5/9.2	9.1/9.8	8.0/8.5	8.6/9.1
TZY2-*B*/3-5（8）	3.5/3.6	4.1/4.2	3.4/3.5	4.0/4.1	3.3/3.4	3.9/4.0
TZY2-*B*/5-5（8）	5.7/6.1	6.3/6.7	5.3/5.6	5.9/6.2	5.0/5.3	5.6/5.9
TZY2-*B*/6-5（8）	6.5/7.0	7.1/7.6	6.1/6.5	6.6/7.1	5.8/6.1	6.4/6.7
TZY2-*B*/9-5（8）	9.5/10.4	10.1/11.0	8.8/9.5	9.4/10.1	8.3/8.8	8.9/9.4

注：重量与散热器宽度 *B* 有关，*B* 一般为 100mm 或 120mm。

13.1.3　散热器配件

1. 汽泡对丝

汽泡对丝是用于连接铸铁制的散热器，其外形及规格尺寸见表 13-43。

表 13-43　汽泡对丝的外形及规格尺寸

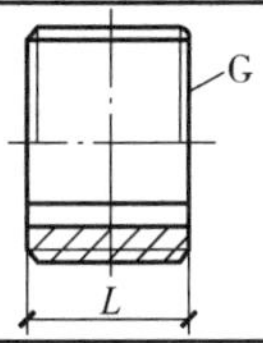

	管螺纹	*L*/mm	
	G1¼	32	36

2. 气泡丝堵

气泡丝堵适用于散热器上不接管路的一端密封，分为正丝堵和反丝堵，其外形及规格尺寸见表 13-44。

表 13-44　汽泡丝堵的外形及规格尺寸

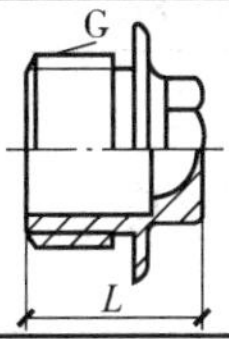

	管螺纹	*L*/mm
	G1¼	33

3. 气泡补芯

气泡补芯适用于连接铸铁散热器与管路，分为正补芯和反补芯两种，其外形及规格尺寸见表 13-45。

表 13-45　汽泡补芯的外形及规格尺寸

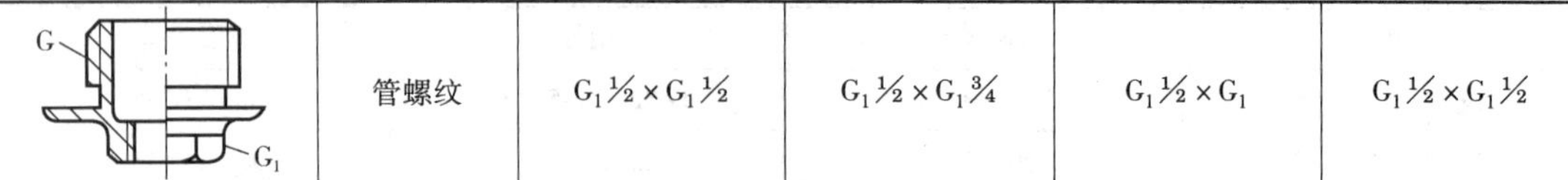

	管螺纹	$G_1\frac{1}{2}\times G_1\frac{1}{2}$	$G_1\frac{1}{2}\times G_1\frac{3}{4}$	$G_1\frac{1}{2}\times G_1$	$G_1\frac{1}{2}\times G_1\frac{1}{2}$

4. 放气旋塞

放气旋塞适用于散热器内的气体排放，其外形及规格尺寸见表 13-46。

表 13-46　放气旋塞的外形及规格尺寸

	管螺纹	G6	G10
	长度/mm	42	45

5. 散热器疏水阀

散热器疏水阀装于散热器上，用来排除设备内部的冷凝水，阻止蒸汽泄露，其外形及规格尺寸见表 13-47。

表 13-47　散热器流水阀的外形及规格尺寸

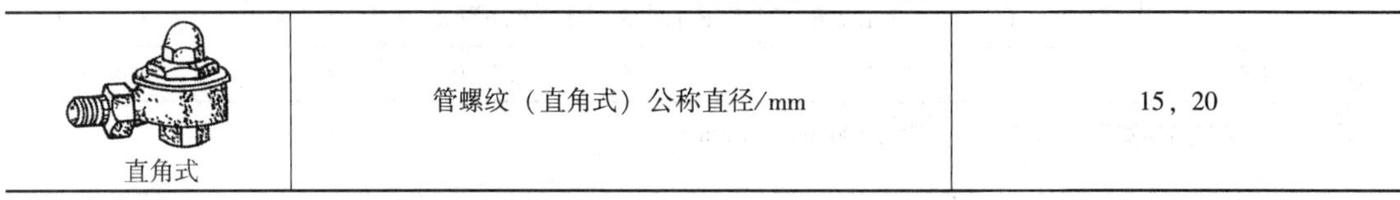

直角式	管螺纹（直角式）公称直径/mm	15，20

6. 散热器直角式截止阀

散热器直角式截止阀装于室内散热器上，作为开关及调节流量设备，其外形及规格尺寸见表 13-48。

表 13-48　散热器直角式截止阀的外形及规格尺寸

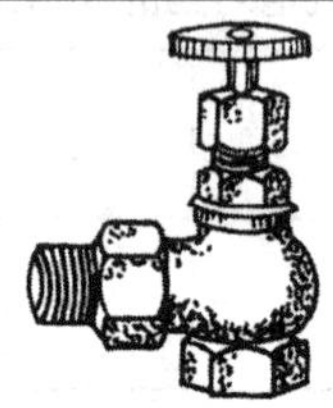

公称压力 PN/MPa	适用温度 /℃ ≤	公称直径 DN/mm	外螺纹	内螺纹	管螺纹
1.0	225	15	Tr12 ×3 ~8C	Tr12 ×3 ~8H	1/2
1.0	225	20	Tr14 ×3 ~8C	Tr14 ×3 ~8H	3/4
1.0	225	25	Tr16 ×4 ~8C	Tr16 ×4 ~8H	1

7. 铸铁散热器托钩

铸铁散热器托钩砌在砖墙内，用于托起并钩住铸铁散热器，其外形及规格尺寸见表 13-49。

表 13-49　铸铁散热器托钩的外形及规格尺寸

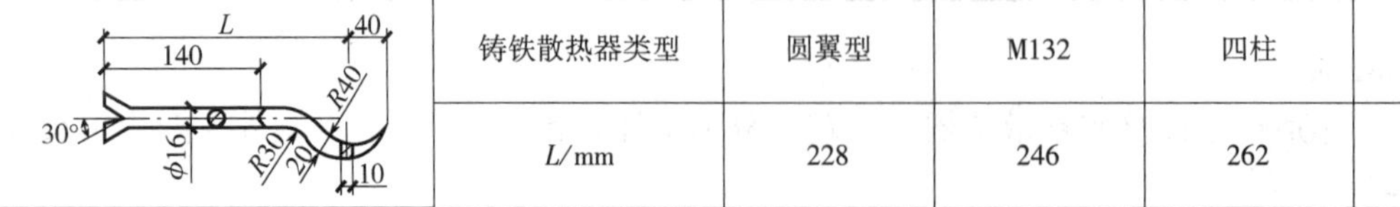

	铸铁散热器类型	圆翼型	M132	四柱	五柱
	L/mm	228	246	262	284

13.2　空调设备

13.2.1　空调设备的类型

空调是空气调节器的简称，空调可以对空气的温度、湿度、纯净度和空气流速等参数进行调节，以满足人体舒适或工艺的要求，其主要作用就是采用技术手段创造并保持满足一定要求的空气环境。空调的种类很多，产品各有特点，根据《2013—2017 年中国制冷、空调设备行业产销需求与投资预测分析报告》定义，空调包括挂壁式空调、立柜式空调、窗式空调和吊顶式空调，其分类见表 13-50。

表 13-50　空调设备的分类

<table>
<tr><th>分类方法</th><th>类型</th><th>特点</th></tr>
<tr><td rowspan="4">按安装形式分类</td><td>挂壁式空调</td><td>具有换气功能和静音、节能设计，保证家里有新鲜空气，防止空调病，使用起来更舒适，更合理。冷暖型的挂壁式空调，要选择制热量大于制冷量的空调，以确保制热效果。如果有电辅热加热功能，就能保证在超低温环境下（最低 -10℃）也能制热（出风口温度 40℃以上）。超小型室外机，可置于室外阳台，可免予噪声</td></tr>
<tr><td>立柜式空调</td><td>可以调节大范围空间的气温，适合于大客厅或商业场所，具有负离子发送空调功能，能清新空气，保障健康；具有模式锁定功能，运行状况由机主掌握，对商业场所或家中有小孩的家庭较为合适；送风范围广，送风的最远距离可大于 15m，再加上广角送风，可兼顾更大的面积</td></tr>
<tr><td>窗式空调</td><td>安装方便，价格便宜，适合小房间。除了传统的窗式空调外，还有新颖的款式，比如专为孩子设计的彩色面板儿童机，并带有语音提示，既活泼又实用安全。但窗式空调通常较分体空调噪声大。</td></tr>
<tr><td>吊顶式空调</td><td>创新的空调设计意念，室内机吊装在顶棚上，四面广角送风，调温迅速，更不会影响室内装修</td></tr>
<tr><td rowspan="2">按功能分类</td><td>单冷式空调</td><td>单冷型：仅用于制冷，不具有制热功能，适用于夏天较热或冬天有充足散热器供应的地区</td></tr>
<tr><td>冷暖式空调</td><td>冷暖型：具有制热，制冷功能，适用于夏季炎热，冬季寒冷地区</td></tr>
<tr><td rowspan="2">按制热方式分类</td><td>热泵型</td><td>热泵型适用于夏季炎热、冬季较冷的地区</td></tr>
<tr><td>电辅助加热</td><td>电辅助加热型因为加了电辅助加热部件，制热强劲，所以适用于夏季炎热，冬季寒冷的地区。电辅助加热功能一般只应用于大功率柜式空调，机身内增加了电辅助加热部件，确保冬季制热强劲</td></tr>
</table>

13.2.2　空调设备的型号与规格

1. 松下组合式空调机组

松下组合式空调机组适用于工业与民用建筑，特别是大型公共建筑的空调系统，其尺寸规格及主要技术参数见表 13-51。

表 13-51　松下组合式空调机组的尺寸规格及主要技术参数

型号			组合式空调机组（UGS、UGA、UGB）	大风量组合式机组（UGE）	变风量卧式机组（UGC）	大风量变风量卧式机组（UGD）		变风量吊顶机组（UGN）	
						全新风	全循环	全新风	全循环
主要技术性能参数	额定风量/(m^3/h)		2870～60820	70000～110000	3000～150000	16000～50000		2000～12000	
	制冷量/kW		15.3～507.9	230.6～966.7	32～244.9	114.3～845.9	45.4～412.5	24.4～206.4	11.4～97.5
	制热量/kW		15.3～526.0	378.3～1325	31.1～215.9	117.2～760	86.8～557.6	24.2～188.4	17.6～137.5
	交换器	材质	铜管铝制片						
		排数	4、6、8 排（2，10 排可选）		4、6、8 排	2、4、6、8 排		4、6、8 排	
		加湿器	气阀式（限 UGS、UGA）高压水喷雾蒸汽	高压水喷雾蒸汽	无（可特别订货）			无	
	送风机功率/kW		0.75～15（UGS、UGA）7.5～30（UGB）	7.5～90	0.55（4P）～2.2（6P）×2	2.2（6P）×2～7.5（6P）×3		0.32（4P）～1.1（6P）×2	
	过滤器		平板式、中效（折板式）		平板式				
	噪声/dB(A)（侧机 L5m）		44～58（UGS、UGA）67～70（UGB）	76～79	49～54	62～72		54～63	
外形尺寸	长/mm		1690～3755	5085～5485	1650	1600		900～1100	
	宽/mm		650～2350	3350～4500	800～1650	1900～3400		860～2030	
	高/mm		1525～2355	3070～3550	900～1200	1350～1810		490～720	
	交换器配管直径 DN/mm		32，40，50，65	65，80	40	65，80		40，50	

2. 小型中央空调机组

小型中央空调机组适用于中小型办公室、商场、别墅及住宅等建筑的空调系统，其尺寸规格及主要技术参数见表 13-52。

表 13-52　小型中央空调机组的尺寸规格及主要技术参数

型号			TZF15-8Q/Y	TZF20-12Q/Y	TZF23-14Q/Y
主要技术性能参数	制冷量/kW		8.1	11.4	13.4
	制热量/kW		15	19.7	23.2
	送风量/(m^3/min)		25	32	43
	热水水量/(L/min)		5		
	加湿量/(L/h)		2.5	3	
	耗电量（冷/暖）/(kW)		3.0/0.64	4.3/0.92	5.1/0.92
	压缩机型式		涡旋式		
	冷媒种类		R22		
	制热燃料消耗量	天然气/(N·m^3/h)	1.7	2.2	2.6
		城市煤气/(N·m^3/h)	3.3	4.5	5.1
		液化气/(N·m^3/h)	0.6	0.8	1
		轻柴油/(kg/h)	1.4	1.95	2.2

（续）

型号			TZF15-8Q/Y	TZF20-12Q/Y	TZF23-14Q/Y
	外形尺寸（高×宽×厚）/mm	室内机	1800×645×465	1800×750×620	
		室外机	828×993×459	1050×1132×535	
接口尺寸	冷媒管尺寸/mm	气侧	ϕ15.88	ϕ19.05	
		液侧	ϕ9.52	ϕ12.7	
	排水管尺寸/mm		ϕ12		
	排烟管尺寸/mm		ϕ75		
重量/kg		室内机	115	130	134
		室外机	87	104	112

3. 户用冷水（热泵）机组

户用冷水（热泵）机组适用于500m^2 以内的中高档别墅或 80～500m^2 的中高档公寓和小型商业、办公楼等建筑的空调系统，其尺寸规格及主要技术参数见表 13-53。

表 13-53　户用冷水（热泵）机组的尺寸规格及主要技术参数

机型		FWR-10B$_1$ FWD-10B$_1$	FWR-20B$_2$ FWD-20B$_2$	FWR-30B$_3$ FWD-30B$_3$	FWR-40B$_3$ FWD-40B$_3$
名义制冷量/kW		9.5	19.8	30.0	40.2
制冷输入功率/kW		3.7	7.9	11.8	15.1
名义制热量/kW		10.5	21.7	32.8	43.7
制热输入功率/kW		3.4	7.2	11.0	13.8
电源		220V/50Hz			
压缩机	型式	柔性涡旋式压缩机			
	数量/个	1	1	1	2
	额定输入功率/kW	2.8	8.4	10.95	6.4×2
风侧换热器	型式	高效换热铜管串套铝翅片			
	数量/个	1	2	1	2
	额定输入功率/kW	0.185	0.175×2	0.88	0.5×2
水侧换热器	型式	焊接板式换热器			
	水流量/(m^3/h)	1.89	3.6	5.16	6.97
	水泵额定输入功率/kW	0.5	0.9	1.25	1.5
最大工作压力/MPa	R22 侧	2.75			
	水侧	0.98			
进出水管管径/mm		DN25	DN32	DN40	DN40
机组噪声/dB（A）		60	64	64	65
机组重量/kg		220	250	300	400
外形尺寸（顶出风）/mm	长	900	1100	1200	1600
	宽	620	800	830	830
	高	980	1250		
外形尺寸（侧出风）/mm	长	800	1200	1600	1800
	宽	500	600	600	630
	高	1300	1850		

4. 风管送风式空调（热泵）机组

风管送风式空调（热泵）机组是适用于中高档公寓、别墅、小型商业和办公楼等建筑的管道式中央空调系统，其尺寸规格及主要技术参数见表 13-54。

表 13-54 风管送风式空调（热泵）机组的尺寸规格及主要技术参数

型号			S-50C SN50 SWR50	S-200 SN200 SWR200	S-520 SN520 SWR520	S-800 SN800 SWR800
空调机性能	制冷量/kW		5	20	52	81
	制热量/kW		5.3	21.5	57	84
	功率/kW		1.92	8.05	23.25	32.6
	安全保护		高低压保护、过载保护、相序保护			
	使用电源		220V/50Hz	380V/50Hz		
	制冷剂	使用工质	R22			
		注入量	1.8	2×4.2	2×8.4	2×11.2
室内机组	蒸发器	形式	亲水铝箔、内螺纹管、机械涨管			
	送风机	形式	低噪声离心机			
		风量/(m^3/h)	1000	4600	10000	16000
		台数×功率/kW	1×0.138	2×0.37	2×1.1	2×1.8
		机外静压/Pa	50	120	250	300
	空气过滤器		锦纶网或铝箔瓦楞网			
	外形尺寸	长/mm	975	1400	1800	2000
		宽/mm	520	760	1000	1100
		高/mm	230	550	990	1300
	重量/kg		1	2	2	2
室外机组	压缩机	形式	旋转式压缩机	涡旋型全封闭压缩机		
		数量/个	1	2	2	2
	冷凝风机	形式	轴流风机			
		台数×功率/kW	1×0.045	1×0.55	2×0.75	2×1.1
	风冷冷凝器	形式	铝箔、内螺纹管、机械涨管			
	外形尺寸	长/mm	900	910	1820	2150
		宽/mm	300	910	910	1100
		高/mm	680	930	980	1390
	重量/kg		40	190	450	680
室内外机组	吸气管	尺寸/mm	ϕ12	ϕ19	ϕ25	ϕ35
		数量/个	1	2	2	2
	供液管	尺寸/mm	ϕ8	ϕ12	ϕ16	ϕ22
		数量/个	1	2	2	2

5. 多联式空调（热泵）机组

多联式空调（热泵）机组是适用于高档公寓、别墅、小型商业和办公楼等建筑的中央空调系统，其尺寸规格及主要技术参数见表 13-55。

表 13-55 多联式空调（热泵）机组的尺寸规格及主要技术参数

类型		一拖二		二拖三		
型号	室外机	HWR-100/2L	HWR-70/2L	HWR-90/3L	HWR-100/3L	HWR-110/3L
	室内机	HND-50AW HND-50AW	HND-35AW HND-35AW	HND-25AW HND-25AW HND-35AW	HND-25AW HND-35AW HND-35AW	HND-25AW HND-35AW HND-50AW

（续）

类型		一拖二		二拖三		
系统	制冷量/kW	5.0 + 5.0	3.7 + 3.7	2.6 + 2.6 + 3.7	2.6 + 3.7 + 3.7	2.6 + 3.7 + 5.0
	制热量/kW	5.4 + 1.5 5.4 + 1.5	3.8 + 1.5 3.8 + 1.5	2.7 + 1.0 2.7 + 1.0 3.8 + 1.5	2.7 + 1.0 3.8 + 1.5 3.8 + 1.5	2.7 + 1.0 3.8 + 1.5 5.4 + 1.5
	制冷输入功率/kW	3.66	2.40	3.01	3.30	3.93
	制热输入功率/kW	3.58 + 3.0	2.26 + 3.0	2.84 + 3.5	3.11 + 4.0	3.77 + 4.0
室外机	电源	220V/50Hz				
	功率/kW	4.04	2.59	3.39	3.68	4.31
	外形尺寸/mm	950 × 350 × 1240	950 × 350 × 840	950 × 350 × 1240		
	重量/kg	108	90	113	117	120
	噪声/dB(A)	≤61	≤58	≤61	≤61	≤62

6. 房间空气调节器（室内机）

房间空气调节器（室内机）是适用于高档别墅、宾馆、写字楼、展示及会议厅等场所的大中型空调系统，其尺寸规格及主要技术参数见表 13-56。

表 13-56 房间空气调节器（室内机）的尺寸规格及主要技术参数

类型		壁挂机				卡式机				
型号		KTR 20G	KTR 36G	KTR 45G	KTR 71G	KTR 22NA	KTR 28NA	KTR 36NA	KTR 56NA	KTR 71N
制冷能力/W		2200	3600	4500	7100	2200	2800	3600	5600	7100
制热能力/W		2600	4000	5000	8000	2600	3400	4000	6300	8000
功率/W		53	53	90	100	28	31	31	69	145
风量/(m^3/h)		600		1150		520	630		1000	1500
噪声/dB（A）		≤41		≤42		≤36	≤37		≤44	≤46
外形尺寸/mm（长×宽×深）		936 × 265 × 182		1155 × 308 × 224		858 × 225 × 450	1016 × 225 × 450		1310 × 225 × 450	1440 × 225 × 450
配管尺寸/mm	气侧	ϕ12.7			ϕ15.88	ϕ12.7			ϕ15.88	
	液侧	ϕ6.35			ϕ9.52	ϕ6.35			ϕ9.52	
重量/kg		11		15		15	16		21	42

类型	壁挂机					卡式机				
型号	KTR 20G	KTR 36G	KTR 45G	KTR 71G	KTR 22NA	KTR 28NA	KTR 28NA	KTR 36NA	KTR 56NA	KTR 71N
制冷能力/W	3600	4500	7100	9000	140000	5600	7100	9000	11200	14000
制热能力/W	4000	5000	10100	13000	19000	6300	8000	10000	12500	16000
功率/W	53		100	200		230		300	320	360
风量/(m^3/h)	830	870	1200	1920		1500		1560	1600	2100
噪声/dB（A）	≤36		≤39		≤43	≤40				
外形尺寸/mm（长×宽×深）	662 × 660 × 270		840 × 840 × 240	840 × 1230 × 280		820 × 360 ×（高）830		1200 × 360 ×（高）830		

（续）

类型		壁挂机					卡式机				
型号		KTR 20G	KTR 36G	KTR 45G	KTR 71G	KTR 22NA	KTR 28NA	KTR 28NA	KTR 36NA	KTR 56NA	KTR 71N
配管尺寸 /mm	气侧	φ12.7		φ15.88		φ19.05	φ15.88		φ19.05		
	液侧	φ6.35		φ9.52		φ9.52	φ9.52		φ9.52		
重量/kg		31		36	57		48		62		

7. 房间空气调节器（室外机）

房间空气调节器（室外机）是适用于高档别墅、宾馆、写字楼、展示及会议厅等场所的大中型空调系统，其尺寸规格及主要技术参数见表13-57。

表13-57　房间空气调节器（室外机）的尺寸规格及主要技术参数

型号			KTR280W/A（BP）	KTR160W/A（BP）
主要技术性能参数	制冷量/W		28000	
	制冷消耗功率/W		12000	
	制热量/W		31500	
	制热消耗功率/W		10000	
	压缩机形式		全封闭型	
	冷却形式		风冷式	
	循环风量/(m^3/h)		10000	5000
	冷媒种类		R22	
	噪声/dB（A）		≤60	≤58
基本尺寸	室内机最大连入台数		16	
	外形尺寸（长×宽×高）/mm		1290×750×1580	640×750×1580
	配管尺寸	气侧/mm	φ28.58	φ22.2
		液侧/mm	φ12.7	φ9.52
重量/kg			304	181
保护装置			压缩机排气、回气温度传感器，高、低压力开关，过电流传感器，过载保护器，可溶栓/安全阀，热敏开关	

13.2.3　空气风幕设备

1. RML(W)-B型热空风幕

RML(W)-B型热空风幕是利用特制的空气分布器，喷出一定速度和温度的幕状气流，借助幕状气流封闭大门、门庭等以减少或隔绝外界气流的侵入，维持室内或工作区的环境条件，阻止灰尘或有害气体等的侵入。

（1）RML(W)-B型热空风幕的外形及规格（表13-58）

表 13-58 RM_{w}^{L}-B 型热空风幕的外形及规格

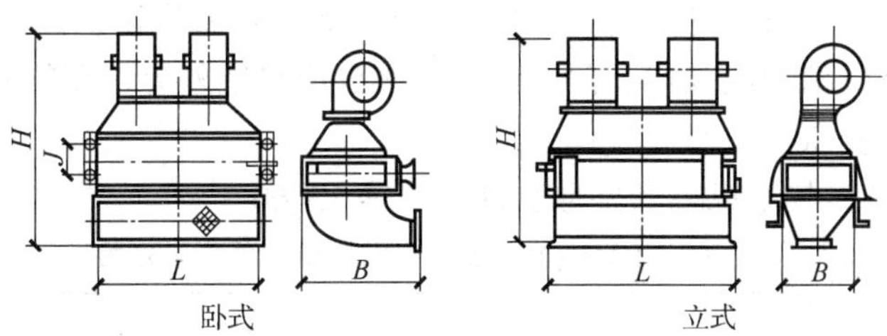

规格	RML-B			RMW-B			管螺纹
	L	B	H	L	B	H	
2×8/2	870	655	1060	870	645	1155	GI¼
2×8/3	870	655	1030	870	645	1125	
2×10/2	1070	655	1060	1070	645	1155	
2×10/3	1070	655	1030	1070	645	1125	
2×12/2	1270	745	1060	1270	735	1155	GI½
2×12/3	1270	745	1030	1270	735	1125	
2×15/2	1570	745	1060	1570	735	1155	
2×15/3	1570	745	1030	1570	735	1125	

注：规格中2×8/2是指出风口截面尺寸为200mm，加热器管子为二排。

(2) RML(W)-B型热空风幕的技术性能（表13-59）

表 13-59 RML(W)-B 型热空风幕的技术性能

型号	规格	电动机功率/kW	风机数量/台	排管数量/根	空气初温/℃	空气流量/(m^3/h)	出口风速/(m/s)	质量/kg
RML-B	2×8/2	0.4	1	2	15	2750	4.8	108
	2×8/3			3		2600	4.5	125
	2×10/2			2		3250	4.5	120
	2×10/3			3		3050	4.2	140
	2×12/2	0.8	2	2		5400	6.3	173
	2×12/3			3		5100	5.9	200
	2×15/2			2		6400	5.9	192
	2×15/3			3		6000	5.6	225
RMW-B	2×8/2	0.4	1	2	15	2700	4.7	112
	2×8/3			3		2500	4.4	129
	2×10/2			2		3200	4.4	125
	2×10/3			3		3000	4.2	144
	2×12/2	0.8	2	2		5350	6.2	180
	2×12/3			3		5020	5.8	208
	2×15/2			2		6300	5.8	202
	2×15/3			3		5980	5.5	235

2. RML(W)-S 型热空风幕

RML(W)-S 型热空风幕具有节能、热效率高，空气射流稳定，送风噪声低，安装简便等。其作用是用幕状气流封闭大门、门庭等，以减少或隔绝外界气流的侵入，维持室内或工作区的环境条件，阻止灰尘或有害气体等的侵入。

（1）RML(W)-S 型热空风幕的外形及规格（表 13-60）

表 13-60　RML(W)-S 型热空风幕的外形及规格　（单位：mm）

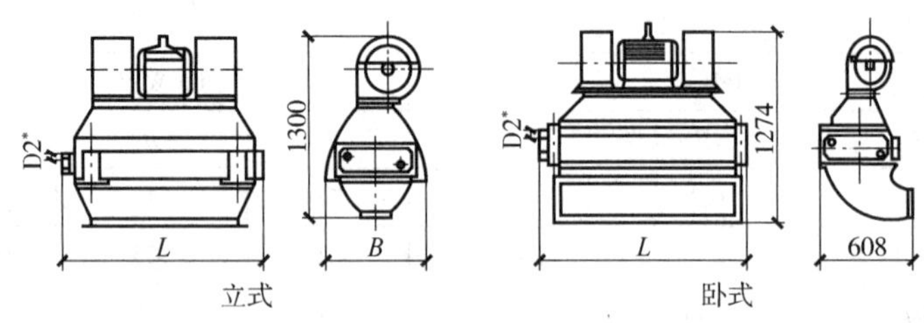

型号	规格	L	B
RML-S-2-50	1×15/4	1660	495
RML-S-2-50	1×12/4	1360	495
RML-S-2	1×15/4	1660	562
RML-S-2	1×12/4	1360	562
RML-S-1	1×10/4	1160	562
RML-S-1	1×8/4	960	562
RML-S-2-50	1×15/4	1675	—
RML-S-2-50	1×12/4	1375	—
RML-S-2	1×15/4	1660	—
RML-S-2-S-2	1×12/4	1360	—
RML-S-1	1×10/4	1164	—
RML-S-1	1×8/4	964	—

（2）RML(W)-S 型热空风幕的技术性能（表 13-61）

表 13-61　RML(W)-S 型热空风幕的技术性能

型号	电动机功率/kW	出口风速/(m/s)	风量/(m^3/h)	进风温度/℃	出风温度/℃
RML(W)-S-2-50	1.5	10.2	5508	15	43、46、52、54
RML(W)-S-2-50	1.5	11.9	5170	15	42、46、51、56
RML(W)-S-2	1.1	9.9	5346	15	46、50、55、61
RML(W)-S-2	1.1	11.7	5060	15	47、52、60、64
RML(W)-S-1	0.55	6.89	2480	15	52、57、62、65
RML(W)-S-1	0.55	8	2304	15	47、57、54、56

3. GF 型贯流式风幕

GF 型贯流式风幕具有风速适当、风量分布均匀、结构简单、体积小、安装方便等特点。适用于民用建筑、商店、宾馆、冷库等场所，其外形及规格技术参数见表 13-62。

表 13-62　GF 型贯流式风幕的外形及技术参数

型号	机长 L/cm	电源频率/Hz	功率/W	电流/A	最大风速/(m/s)		空气流量/(m^3/h)		质量/kg
					高档	低档	高档	低档	
GF1206A	60	单相 50	140	0.6	≥9	≥8	12	10	18.5
GF1509A	60	单相 50	240	1.2	≥9	≥8	19	16	26
GF1512A	120	单相 50	350	1.6	≥9	≥8	29	22	31

13.2.4　空气湿度调节设备

1. 加湿器

加湿器用于增加空气中水蒸气的含量，适用于需要调节湿度的室内建筑或场所，其尺寸规格及主要技术参数见表 13-63。

表 13-63　加湿器的尺寸规格及主要技术参数

类别	品种	空气状态变化过程	加湿能力	耗电量	特点
气化式	湿膜气化加湿器	等焓加湿	容量大小可设定	依容量确定	构造简单，耗电量低，加湿量有限，易产生微生物污染
	板面蒸发加湿器	等焓加湿	容量小	依容量确定	运行费用低，加湿量小，易产生微生物污染
蒸汽式	电极式加湿器	等焓加湿	4~20kg/h	780W/(kg·h)	加湿迅速，不带细菌，运行费用低，必须有气源，使用寿命短
	电热式加湿器	等焓加湿	容量大小可设定	依容量确定	
	干蒸汽加湿器	等焓加湿	6~800kg/h	依容量确定	加湿迅速，不带细菌，控制性能好，必须有气源
	间接式加湿器	等焓加湿	10~200kg/h	0	
	红外线加湿器	等焓加湿	2~20kg/h	依容量确定	设备简单，加湿迅速，不带细菌，耗电量大，设备贵，使用寿命短
水喷雾式	公寓喷雾加湿器	等焓加湿	6~250kg/h	89W/(kg·h)	加湿量大，细雾时效率高，可能带菌，喷嘴易堵
	超声波加湿器	等焓加湿	1.2~20kg/h	20W/(kg·h)	体积小，加湿强度大，耗电量小，控制性能好
	离心式加湿器	等焓加湿	40~50kg/h	50W/(kg·h)	安装方便，使用寿命长，水滴颗粒大，耗水量大

注：用电电源：220V，50Hz。

2. 除湿机

除湿机适用于坑道、地下工程、精密仪器、药品食品生产及储备等需要除湿和调温除湿的场所，其尺寸规格及主要技术参数见表 13-64。

表 13-64　除湿机的尺寸规格及主要技术参数

型号			CFZ-8	CFZ-10	CFZ-15	CFZ-20	CFZ-40	CFZ-60	CFZ-80
电源			3 相 380V 50Hz						
除湿量		kg/h	8	10	15	20	40	60	80
压缩机	型式		全封闭活塞式						
	功率	kW	3.8	4.17	6.5	7.02	16.77	25.30	16.77×2
制冷剂			R22						
风机	型式		离心式						
	风量	m^3/h	2800	3000	4500	6000	13000	18000	25000
	功率	kW	0.7	0.7	1.5	1.5	1.5×2	3×2	4.5×2
凝结水出口		Dg	8	8	8	8	10	13	13
噪声		dB（A）	69	69	70	70	73	76	78
机组重量		kg	240	260	400	460	760	1250	1500
外形尺寸	长	mm	1100	1100	1300	1300	1700	1800	2200
	宽		700	700	750	800	1000	1300	1500
	高		1500	1500	1600	1700	1900	1900	2100

13.2.5　吊扇与壁扇

1. 吊扇

吊扇主要用于商场、超市、大中型办公楼、教学楼、实验室等场所，其尺寸规格及主要技术参数见表 13-65。

表 13-65　吊扇的尺寸规格及主要技术参数

型号	规格/mm	功率/W	风量（m^3/min）	调试级	总重量/kg
FC_3-1	1000	55	170	—	7
FC_3-2	1200	65	220	—	9
FC_3-3	1400	80	230	—	10
FC_3-1	900	50	140	5～7	11
FC_3-2	1200	70	215	5～7	14
FC_3-3	1400	80	270	5～7	15
FC_3-1	900	50	>140	—	6
FC_3-2	1200	70	>215	—	—
FC_3-2	1200	80	210	7	10.5
FC_3-3	1400	85	270	7	11.5
FC_3-20	1200	75	215	5	10
FC_3-30	1400	82	270	5	10.08
FC_3-400	1500	—	300	—	—
FC-10	900	45	145	5	6
	1050	56	196	5	8

（续）

型号	规格/mm	功率/W	风量（m^3/min）	调试级	总重量/kg
FC-20	1200	62	215	5	9
FC-30	1400	78	285	5	10
C-5601	1400	75	250	5	12
FC_{3}-10	900	50	140	—	6
FC_3-30	1400	80	270	—	12
FC-10	900	50	140	5	5.2
FC-15	1050	58	170	5	5.8
FC-20	1200	70	215	5	6.8

注：用电电压：220V，50Hz。

2. 壁扇

壁扇主要用于办公楼、会议室、教学楼、实验室等场所，其尺寸规格及主要技术参数见表 13-66。

表 13-66　壁扇的尺寸规格及主要技术参数

型号	规格/mm	电源/V	功率/W	风量（m^3/min）	总重量/kg
FT-40	400	—	60	60	7.5
FB_2-9	750	单相 220	120	130	24
FTB_2-9	750	三相 380	350	270	25

第 14 章　家用厨房用品

14.1　家用厨房家具

1. 不锈钢厨房洗涮台（QB/T 2139.2—1995）

不锈钢厨房洗涮台是用于洗碗、洗菜的台柜，其外形及尺寸参数见表 14-1。

表 14-1　不锈钢厨房洗涮台的外形及尺寸参数　　（单位：mm）

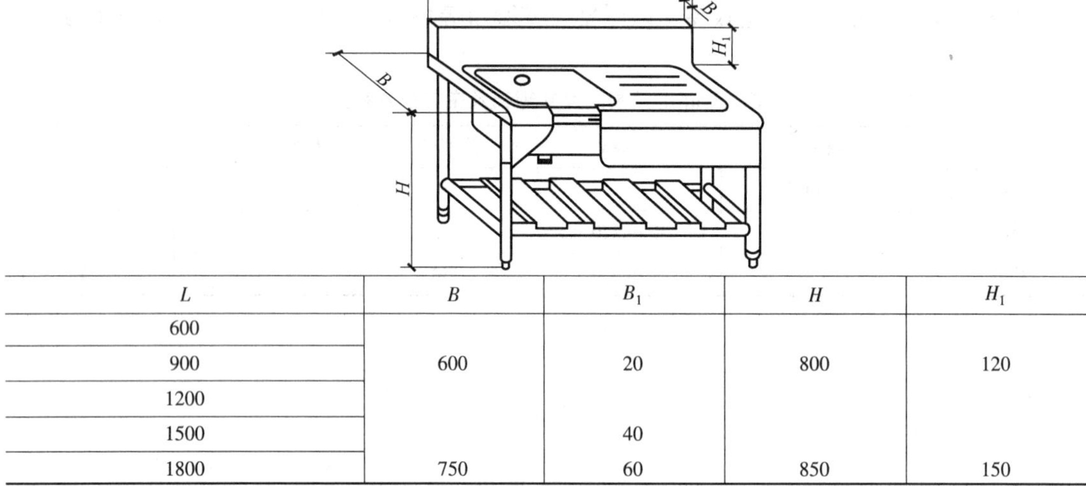

L	B	B_1	H	H_1
600				
900	600	20	800	120
1200				
1500		40		
1800	750	60	850	150

注：特殊规格可由供需双方协商约定。

2. 不锈钢厨房调料柜（车）（QB/T 2139.6—1995）

不锈钢厨房调料柜（车）是用于加工食材的台柜，其外形及尺寸参数见表 14-2。

表 14-2　不锈钢厨房调料柜（车）的外形及尺寸参数　　（单位：mm）

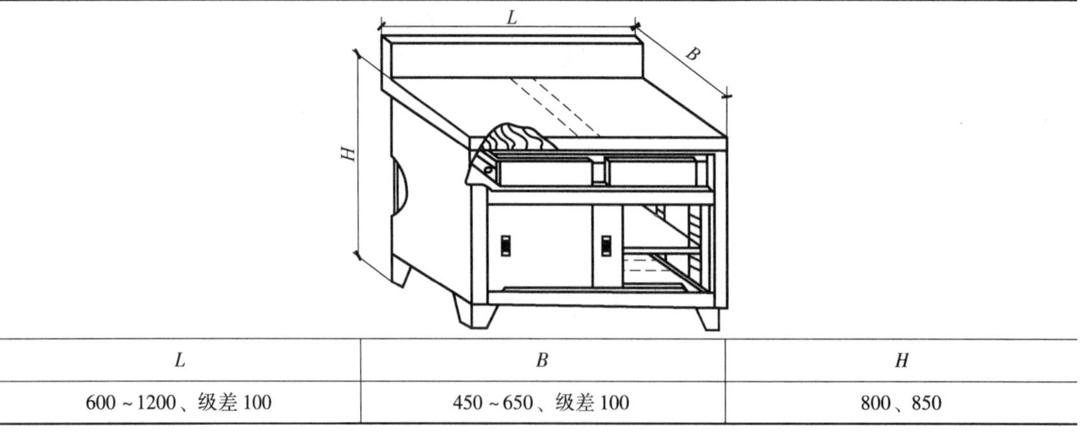

L	B	H
600～1200、级差 100	450～650、级差 100	800、850

注：特殊规格可由供需双方协商约定。

3. 不锈钢厨房贮藏柜和吊柜（QB/T 2139.4—1995）

不锈钢厨房贮藏柜和吊柜是用于加工食材和贮藏餐具的厨房用品，其外形及尺寸参数见表 14-3。

表 14-3　不锈钢厨房贮藏柜和吊柜的外形及尺寸参数　　（单位：mm）

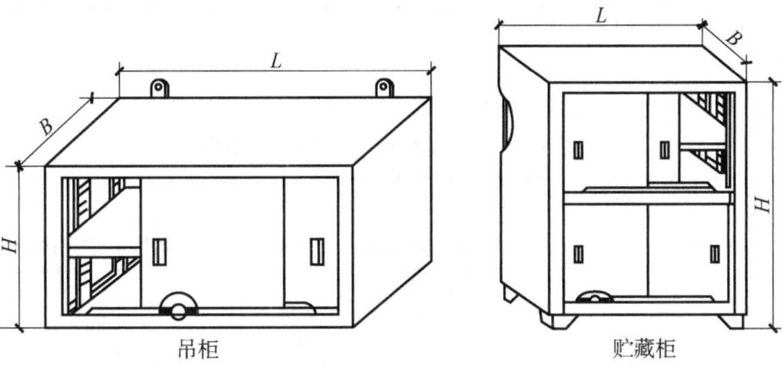

品种	L	B	H
吊柜	900	300、350	500、600、级差 50
	1200		
	1500		
贮藏柜	900	450、600	1500、1800
	1200		
	1500		
	1800		

注：特殊规格可由供需双方协商约定。

4. 整体橱柜

整体橱柜也称“集成厨房”，是由橱柜、电器、燃气具、厨房功能用具四位一体组成的厨柜组合。将橱柜、操作台以及厨房电器和各种功能部件有机结合在一起，并按照消费者住宅中的厨房结构、面积以及个性化需求，通过整体配置、整体设计、整体施工，最终构成成套整体厨房设备，其主要技术参数见表 14-4。

表 14-4　整体橱柜的主要技术参数

组件	规格/mm		
	宽度	深度	高度
地柜	300、450、600、750、900	570、330	820（无顶板）
吊柜	300、450、600、750、900	330	500、720
高柜	450、600、800	595	1300、1500、2200

14.2　家用厨房用具

1. 不锈钢炒锅

不锈钢炒锅的主要技术参数见表 14-5。

表 14-5　不锈钢炒锅的主要技术参数　（单位：mm）

锅口内径	310	320	340	360	380	400	420
锅深	80	82	90	97	102	107	112
制造材料	0Cr17、Cr13、2Cr13、0Cr18Ni9Ti						

2. 铸铁炒锅

铸铁炒锅的主要技术参数见表 14-6。

表 14-6　铸铁炒锅的主要技术参数　（单位：mm）

名称	代号	小锅			中锅			大锅		
		锅口内径	锅深	每档累进	锅口内径	锅深	每档累进	锅口内径	锅深	每档累进
耳锅	KG-1	280～600	0.26*D*	20	—	—	—	—	—	—
	KG-2		0.30*D*		620～980	0.30*D*	20			
	KG-3		0.30*D*		—	—	—			
	KG-4		0.35*D*		—	—	—			
	KG-5		0.40*D*		—	—	—			
单边锅	KG-6	400～600	0.28*D*	20	620～980	0.32*D*	20	—	—	—
	KG-7		0.32*D*			0.32*D*				
双边锅	KG-8	300～600	0.34*D*	20	620～980	0.34*D*	20	1000	0.36*D*	50
	KG-9		0.35*D*			0.35*D*		1300	0.36*D*	
宽边锅	KG-10	300～600	分级	20	620～980	0.38*D*	20	—	—	—
	KG-11	340～600	0.36*D*			0.36*D*				
桶锅	KG-12	300～600	0.40*D*	20	—	—	—	—	—	—
把锅	KG-13	240～300	分级	10	—	—	—	—	—	—
平底锅	KG-14	300～600	分级	40	620	—	—	—	—	—
	KG-15	340～540	分级	40						

注：*D* 为锅口内径。

3. 压力锅

压力锅主要技术参数见表 14-7。

表 14-7　压力锅主要技术参数

品种	技术项目		主要技术参数
铝压力锅	制造要求		制造材料应符合国家标准（GB 13623—2003）及相关规定；压力锅的实际容积不应小于额定容积的95%；组件应完整，其中限压阀、安全阀和泄压阀应注明商标和压力值；压力锅上永久性标志应齐全、清晰；压力锅表面光滑，色泽均匀，表面应通过常规氧化或硬质氧化、涂层和抛光
	表面处理要求	常规氧化膜	氧化膜耐蚀性应不小于30s，氧化膜厚应不小于5μm，锅外表氧化膜应不小于7μm
		硬质氧化膜	氧化膜耐蚀性应不小于60s；锅内氧化膜厚应不小于30μm，氧化膜硬度应不小于350HV

（续）

<table>
<tr><th>品种</th><th colspan="2">技术项目</th><th>主要技术参数</th></tr>
<tr><td rowspan="2">铝压力锅</td><td rowspan="2">表面处理要求</td><td>涂层</td><td>压力锅涂层应符合QB/T 2421的规定</td></tr>
<tr><td>抛光</td><td>压力锅抛光表面应光亮一致，表面粗糙度 Ra 应不大于0.4μm</td></tr>
<tr><td rowspan="3">不锈钢压力锅</td><td colspan="2">制造材料</td><td>制造材料应符合国家标准及相关规定，锅身和锅盖采用1Cr18Ni9或0Cr18Ni9Ti材料制造；单复底技术采用工业纯铝板材或其他导热性良好的金属板材，复合层厚度不低于2.5mm；多层复底金属板里层采用单复底材料，外层应采用有防护作用的金属板，复合层厚度（不含锅身）不小于2.5mm</td></tr>
<tr><td colspan="2">制造要求</td><td>压力锅的实际容积不应小于额定容积的95%；组件应完整，其中限压阀、安全阀和泄压阀应注明商标和压力值；压力锅上永久性标志应齐全、清晰；经合盖试验，锅身与锅盖的锅牙扣合有效长度不大于85%时，锅内压力不超过5MPa；压力锅手柄按规范要求试验后，手柄不变形、无裂纹、不松动</td></tr>
<tr><td colspan="2">表面质量</td><td>压力锅抛光表面应光亮一致，表面粗糙度 Ra 应不大于0.8μm</td></tr>
</table>

4. 铝锅（QB T 1957—1994）

铝锅的主要技术参数见表14-8。

表14-8　铝锅的主要技术参数　　（单位：mm）

类型	尺寸	规格系列														
		12	14	16	18	20	22	24	26	28	30	32	34	36	38	40
浅锅、柿形锅、煮奶锅、单箅蒸锅	锅口内径	120	140	160	180	200	220	240	260	280	—	—	—	—	—	—
	锅底中心厚度	0.40	0.40	0.40	0.40	0.43	0.43	0.48	0.48	0.53	—	—	—	—	—	—
深锅、双箅蒸锅、多箅蒸锅	锅口内径	120	140	160	180	200	220	240	260	280	300	320	340	360	380	400
	锅底中心厚度	0.55	0.55	0.55	0.60	0.65	0.65	0.70	0.70	0.80	0.80	0.90	0.90	1.0	1.0	1.1

14.3　家用厨房设备

1. 洗碗机

（1）海尔洗碗机　海尔洗碗机是以电为动力对餐具进行自动洗涤与干燥的设备，其外形及主要技术参数见表14-9。

表 14-9　海尔洗碗机的外形及主要技术参数

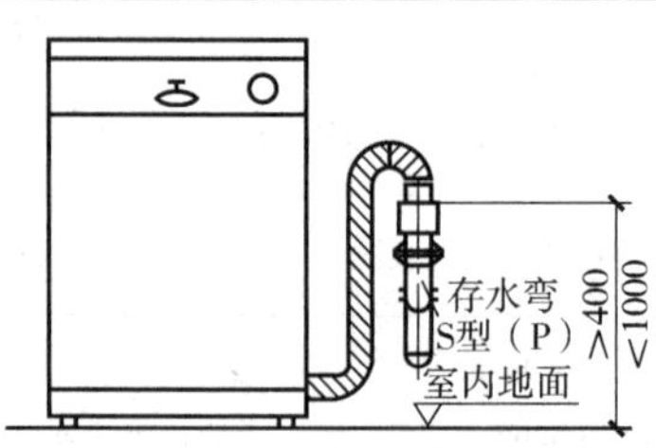

型号	WQP4		WQP5		WQP12		
	—2000A	—3	—2	—3	—AFM	—ABM	—CBE
安装方式	台式		独立式		独立式	半嵌式	全嵌式
放置餐具/套	4		6		12		
电源	220V/50Hz						
洗涤泵功率/W	120		150				
加热器功率/W	1100		1500		1800		
耗水量/L	16		12	14	18		
干燥方式	自然风干		自然风干		自然风干	自然风干	风机风干
外形尺寸/mm（宽×深×高）	495×440×540		495×500×800		600×600×850	600×570×820	
净重/kg	19		35		43	39	

（2）小天鹅全自动洗碗机　小天鹅全自动洗碗机自动化程度高，是对各类餐具及其他各类盛具器皿进行自动洗涤与干燥、除菌处理的厨用设备，其外形及主要技术参数见表 14-10。

表 14-10　小天鹅全自动洗碗机的外形及主要技术参数

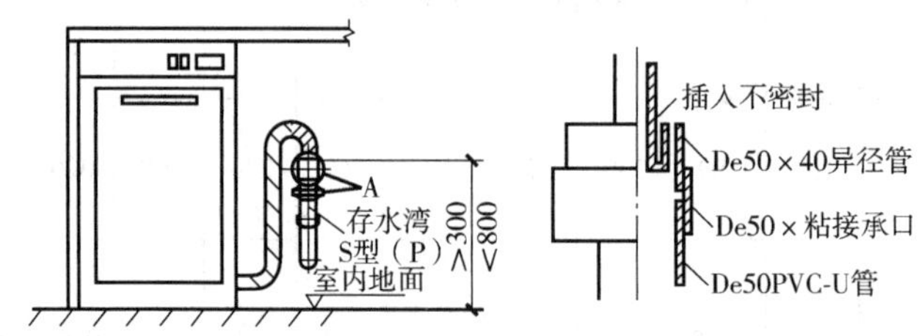

形式	柜式			台式	
型号	45 系列	80 系列	60 系列	41 系列	42 系列
外形尺寸/mm（宽×深×高）	850×450×600	800×450×600	850×600×600	477×409×455	460×415×460
电源	220V/50Hz				
洗涤泵功率/W	110				
加热器功率/W	1800	2000		900	
耗电量（标准程序）/(kW·h/次)	1.2	1.4		0.68	1.04
耗水量（标准程序）/L/次	16	18		12	14
放置餐具/套	8	12		4	
净重/kg	41	46		18	23

2. 消毒柜

消毒柜分为普通型（机电控制）和计算机型（程序控制）；按消毒方式分为电热消毒型（R）、臭氧消毒型（Y）和电热、臭氧、紫外线组合消毒型（Z），适用于家庭厨房，其主要技术参数见表14-11。

表14-11　消毒柜的主要技术参数

型号	TZD-72A	ZLD-58	GX-45A	GX-45B	GX36A	GX36B
安装方式	台地式	壁挂与台地两用式				
有效容积/L	72	58（左、右各29）	46		36	
高温消毒温度/℃	120～160		烘干（60～90）			
臭氧消毒浓度（mg/m^3）	≥40					
电源	220V/50Hz					
额定功率/W	700	1000（左、右各500）	300			
外形尺寸（宽×深×高）/mm	450×398×800	900×325×400	750×325×400		600×325×400	
净重/kg	19	24	20		17	

3. 家用燃气灶（GB 16410—2020）

家用燃气灶采用内旋上升火焰，具有双层火力调节功能。适用于家庭厨房烹调，其外形及主要技术参数见表14-12。

表14-12　家用燃气灶的外形及主要技术参数

型号	GE211GCB/M/L/W GE-211FCB/S	GE-311GCB/M/L	GE-212GCB/L/W GE-211SCS/B GE-211FCB	GT-2PIC GT-2PIFC	GT-2D8C GT-2D8FC	GTD6F CB-2D6FCB GT-2D6FCS
	JZ20Y·2-11 JZR·2-11 JZT·2-11	JZ20Y·2-11 JZR·3-11 JZT·3-11	JZ20Y·2-11 JZR·2-12 JZT·2-12	JZ20Y·2-P1 JZR·2-P1 JZT·2-P1	JZ20Y·2-D8 JZR·2-D8 JZT·2-D8	JZ20Y·2-D4 JZR·2-D4 JZT·2-D4
灶眼个数	2	3	2	2	2	2
燃气消耗量/kW	左：3.5 右：3.5	左：3.5 右：3.5 中：0.88 左：3.5 右：3.5		左：4.2 右：4.2 左：3.5 右：3.5		左：3.4 右：4.2
热效率	≥50%			≥55%		

（续）

进风方式	上进风			—		
安装方式	嵌入式			台式		
点火方式	脉冲式点火				压电陶瓷点火	
电源	1号干电池				—	
灶面材料	钢化玻璃、氟素	钢化玻璃	钢化玻璃、不锈钢、氟素	不锈钢、氟素		
灶面颜色	黑、石纹、条纹、白、银					
安全装置	热电偶熄火安全保护装置					
火盖	不锈钢			钢		
火力调节	双重火力调节（双喷嘴）					单喷嘴
外形尺寸/mm	750×450×150		750×410×150	700×412×152	720×390×140	680×403×122
台面开孔尺寸/mm	695×410		695×350	无		

4. 家用燃气快速热水器（GB 6932—2015）

家用燃气快速热水器适用于通风好的住宅厨房，其外形及主要技术参数见表14-13。

表14-13 家用燃气快速热水器的外形及主要技术参数

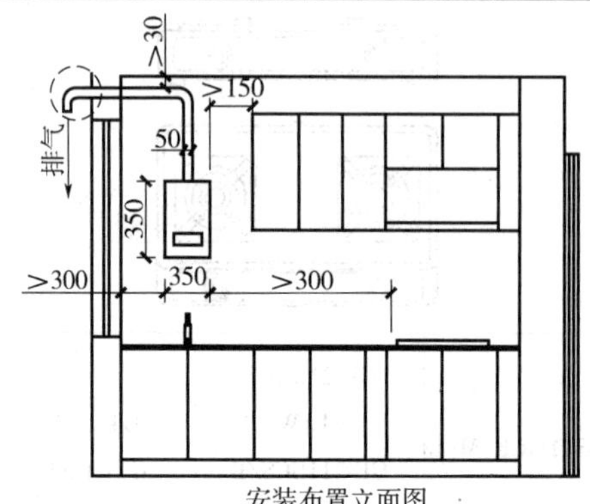

安装布置立面图

型号	JSQ21-QFM1011Q	JSQ21-QFM1002Q
使用燃气种类	天然气（12T）	液化石油气（20Y）
额定供气压力	2000Pa	2800Pa
燃气消耗	2.2m^2/h	1.8kg/h
热负荷/kW	21.2	
热水产率（Δt=25℃）L/min	10	
热效率（%）	≥80	
起动水流量/(L/min)	3±0.5	
适用水压/MPa	0.05~0.5	
最低起动水压/MPa	0.015	

（续）

电源		(220±10%)V(50±5)Hz；30W
外形尺寸/mm		530×350×135
质量/kg		12
排气筒直径、墙距 a/mm		ϕ50、ϕ140
接头规格/in	燃气管	1/2
	冷水管	1/2
	热水管	1/2

5. 室外式家用燃气快速热水器

室外式家用燃气快速热水器适宜于在住宅室外敞开式走廊和不封闭的厨房外阳台。适用环境温度为-15～40℃，其外形及主要技术参数见表14-14。

表14-14　室外式家用燃气快速热水器的外形及主要技术参数

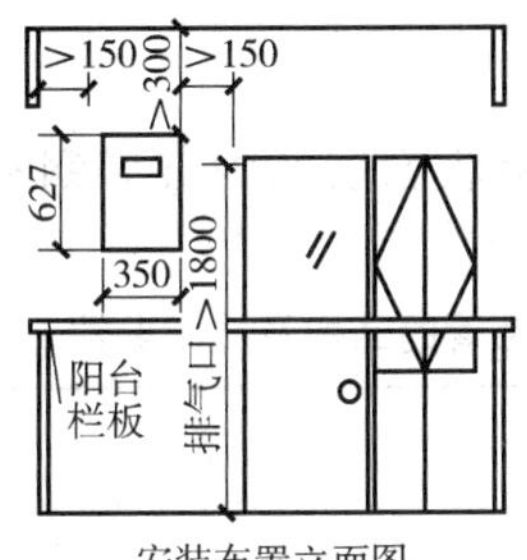

安装布置立面图

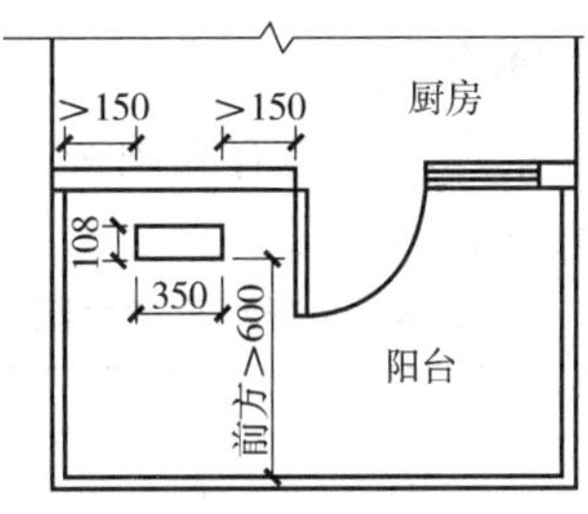

安装布置平面图

项目	指标	项目		指标
热负荷	34kW	排气方式		室外式
热水产率	10L/min	点火方式		自动连续电脉冲点火
热效率	≥80%	控制方式		燃气比例控制方式
适用水压	0.05～0.5MPa	电源		220±10%、(50±5)Hz 22W(防冻100W)
起动水压	≤0.03MPa	熄火自动保护	闭阀时间	≤20s
起动水流量	3±0.5L/min		开阀时间	≤3s
适用环境温度	45～40℃	燃气低热值		34.4～35.6MJ/m^3
使用燃气种类	天然气（12T）	接头规格	燃气管	½
额定供气压力	2000Pa		冷水管	½
燃气消耗量	3.5m^3/h		热水管	½
烟气（CO）含量（a=1）	≤0.06%	质量/kg		15

6. 燃气容积式热水器

燃气容积式热水器的主要技术参数见表14-15。

表14-15　燃气容积式热水器的主要技术参数

项目	指标
额定容量/L	75～380

（续）

项目		指标
额定热负荷/MPa		21.8～79.0
水温调节范围/℃		50～70（生活热水）
最大给水压力/MPa		0.68
安全阀设定压力/MPa		0.85
电源		220V/50Hz/100W
热效率（%）		≥75～85
储水箱	筒径/mm	ϕ360～ϕ670
	筒高/mm	1270～1900
排气筒直径/mm		ϕ80～ϕ129
燃气管直径/mm		½
冷水管、热水管直径/in		¾，1¼

7. 全玻璃真空太阳能集热管

全玻璃真空太阳能集热管由具有太阳选择性吸收涂层的内玻璃钢和同轴的罩玻璃管构成，其结构及技术参数见表 14-16。

表 14-16　全玻璃真空太阳能集热管的结构及技术参数　（单位：mm）

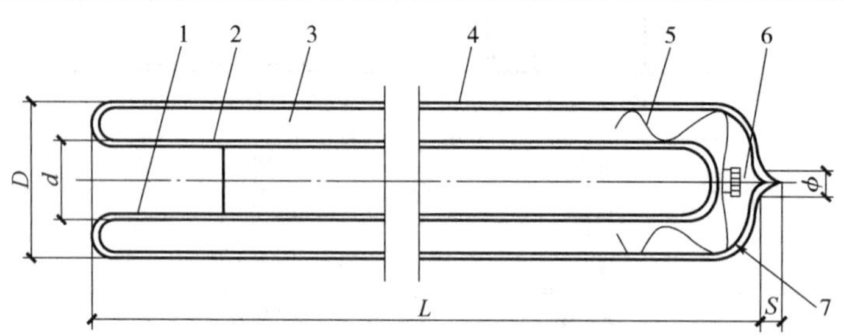

内玻璃管外径 d	罩玻璃管外径 D	长度 L	封离部分长度 S
37	47	1200、1500、1800	≤15
47	58	1500、1800、2100	≤15

8. 吸油烟机

吸油烟机用于厨房、烹饪区域排除油烟气和燃气灶燃烧过程中散发的有害气体，保持厨房内空气清新，其外形及主要技术参数见表 14-17。

表 14-17　吸油烟机的外形及主要技术参数

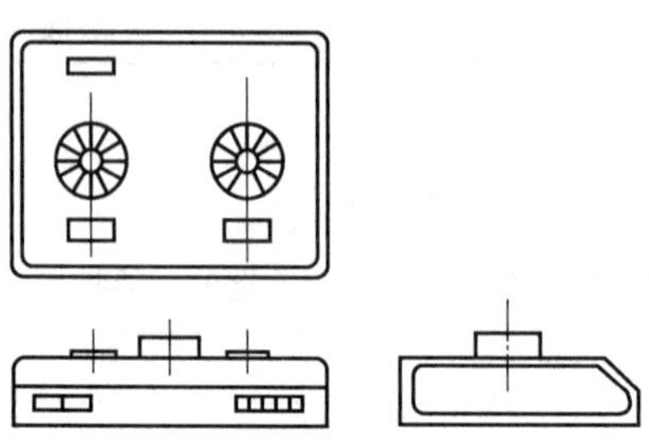

（续）

型号	尺寸/mm	速度	功率/W	排气量/（m^3/h）	噪声/dB	净重/kg	烟管直径/mm
FV-75HDT1C 全自动不锈钢	750×530×400	快档	150+40（照明）	1000	48	28.3	ϕ170
		中档	86+40（照明）	650	38		
		慢档	41+40（照明）	450	31		
FV-75HDS1C 不锈钢型	750×530×400	快档	142+40（照明）	1000	48	27.4	ϕ170
		中档	80+40（照明）	650	38		
		慢档	43+40（照明）	450	31		
FV-75HD1C 金属喷涂	750×530×400	快档	142+40（照明）	1000	48	28.0	ϕ170
		中档	80+40（照明）	650	38		
		慢档	43+40（照明）	450	31		
FV-75HG1C 金属喷涂	750×530×400	快档	136+40（照明）	780	52	18.4	ϕ150
		慢档	105+40（照明）	540	45		
FV-75HG2C 金属喷涂	750×530×400	快档	136+40（照明）	780	52	18.4	ϕ150
		慢档	105+40（照明）	540	45		
FV-75HG3C 金属喷涂	750×530×400	快档	120+40（照明）	850	49	22.0	ϕ170
		慢档	72+40（照明）	580	39		
FV-70HQ1C 金属喷涂	750×530×400	快档	135+40（照明）	720	53	14.4	ϕ150
		慢档	98+40（照明）	520	47		
FV-75HU1C 金属喷涂	750×530×400	快档	135+40（照明）	720	53	14.2	ϕ150
		慢档	98+40（照明）	520	47		

9. 洗涮槽

洗涮槽主要用于家庭或公寓厨房洗涮餐具、炊具或清洗蔬菜，其中外洗涮槽产品的外形及性能参数见表 14-18。

表 14-18　中外洗涮槽产品的外形及性能参数

产品		型号	尺寸/mm	特性
苏黎世系列	840；470；420；380；380 开孔尺寸：828mm×458mm	ZRX620B/20F（中国产）	840×470×200	丝光面盆体，大双槽，直边设计，深度220mm，有溢水口
	795；430；340；380；300；420 开孔尺寸：723mm×418mm	ZRX620F（中国产）	735×430×180	丝光面盆体，大小双槽，直边设计，深度180mm，有溢水口

（续）

产品		型号	尺寸/mm	特性
日内瓦系列	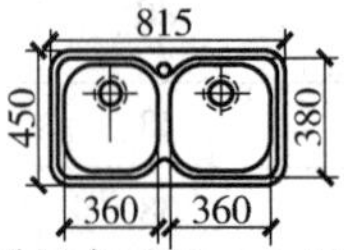 开孔尺寸：800mm×435mm	GEX620B（中国产）	815×450×180	丝光面盆体，双槽，纤薄的挡水边设计，让台面与盆体严密合缝，深度180mm，有溢水口
	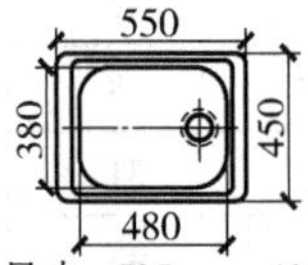 开孔尺寸：535mm×435mm	GEX610（中国产）	550×450×180	丝光面盆体，单槽，纤薄的挡水边设计，让台面与盆体严密合缝，深度180mm，有溢水口
	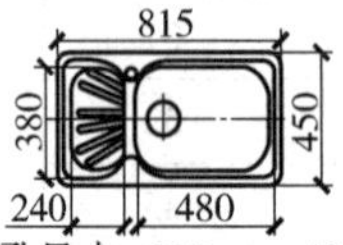 开孔尺寸：800mm×435mm	GEX611C（中国产）	815×450×180	丝光面盆体，单槽带翼，纤薄的挡水边设计，让台面与盆体严密合缝，深度180mm，有溢水口
压纹日内瓦系列	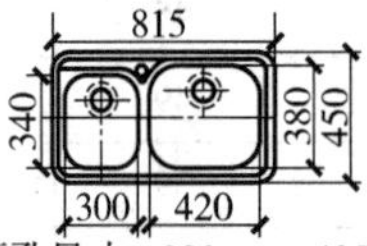 开孔尺寸：800mm×435mm	GEL620A（中国产）	815×450×180	丝光面盆体，大小槽，全新压纹不锈钢板材，深度180mm，有溢水口
	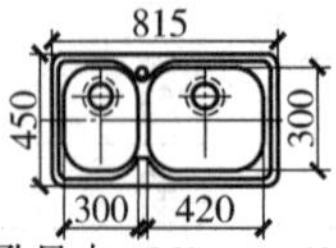 开孔尺寸：760mm×480mm	GEL620D（中国产）	815×450×180	丝光面盆体，大小槽，全新压纹不锈钢板材，深度180mm，有溢水口
埃非特系列	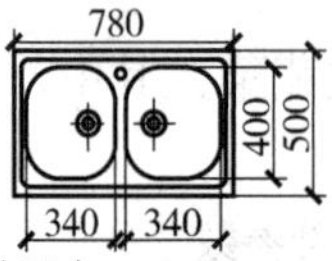 开孔尺寸：760mm×480mm	AIX620（意大利产）	780×500×145	亚光面盆体双槽，深度145mm，有溢水口
	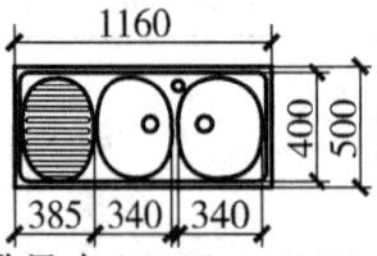 开孔尺寸：1140mm×480mm	AIX621（意大利产）	1160×500×145	亚光面盆体，双槽带翼，深度145mm，有溢水口
巴比伦系列	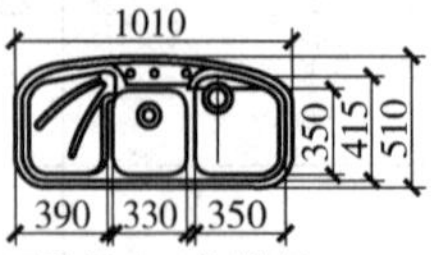 开孔尺寸：按模板	PAX624（瑞士产）	1010×510×180	亚光面盆体，大小槽带翼，蝴蝶造型，充满大自然生气，深度180mm，有溢水口
	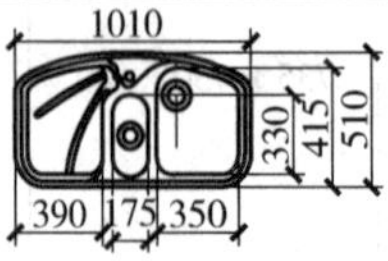 开孔尺寸：按模板	PAX654（瑞士产）	1010×510×180	亚光面盆体，字母槽带翼，蝴蝶造型，充满大自然生气，深度180mm，有溢水口

（续）

产品		型号	尺寸/mm	特性
石材系列	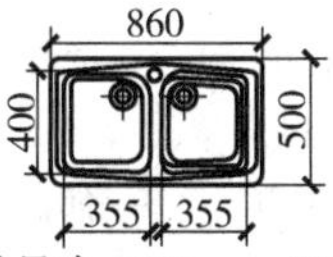 开孔尺寸：835mm×475mm	ATG620 （英国产）	860×500×180	如花岗石保温抗烫，色彩丰富，双槽，深度 180mm，有溢水口
	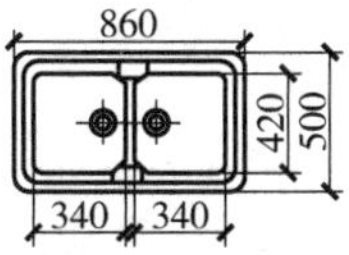 开孔尺寸：835mm×475mm	COG620 （英国产）	860×500×180	如花岗石保温抗烫，色彩丰富，双槽，深度 180mm，有溢水口
转角系列	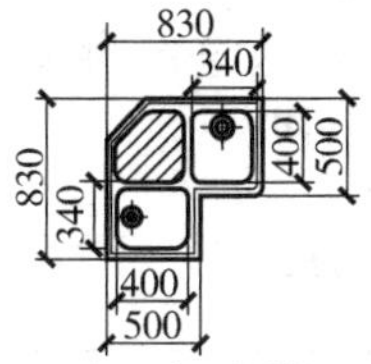 开孔尺寸：按模板	PNX621-E PNL621-E （意大利产）	830×830×180	丝光面盆体，纹面盆体转角槽，双盆带翼，深度 180mm，有溢水口
	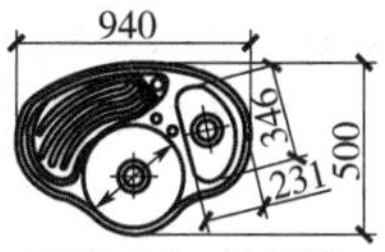 开孔尺寸：按模板	PNX654-E （瑞士产）	840×710×175	丝光面盆体，水滚形、转角形，大小槽带翼，深度 175mm，有溢水口
	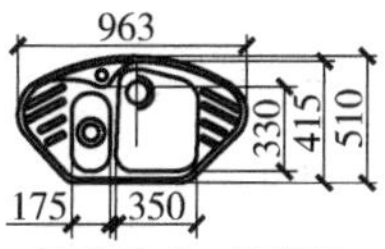 开孔尺寸：按模板	PAX652-E （瑞士产）	965×510×180	丝光面盆体，子母槽带翼，深度 180mm，有溢水口
米多斯时保捷	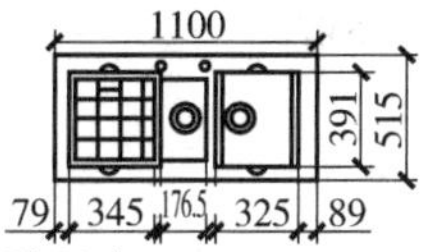 开孔尺寸：1080mm×495mm	MTG651 （英国产）	1100×515×180	子母槽带翼，深度 180mm，有溢水口

10. 厨房用给水嘴

厨房用给水嘴是用于厨房的给水嘴，对其使用性能和制造材质均有一定的要求。各种厨房用给水嘴的外形及技术参数见表 14-19。

表 14-19　给水嘴的外形及技术参数

品种	图示	技术参数	特点
普通弯把给水嘴	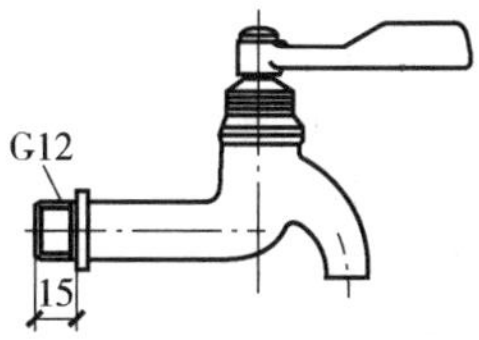 G12 15	型号：TS-1-A-PT 特点：陶瓷密封 款式：碧莹、红钗、兰亭、郁金 公称压力：0.6MPa 流量：0.12L/s 耐久性：20 万次	具有密封性好、操作简便、装饰效果好、使用寿命长的特点。主要用于洗涮台、灶台、墩布池等给水

（续）

品种	图示	技术参数	特点
普通晶球给水嘴	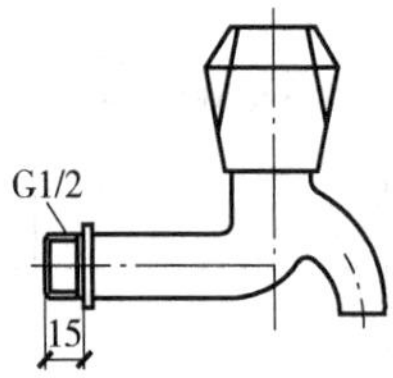 G1/2 15	型号：TS-1-B-PT 特点：陶瓷密封 款式：碧莹、雪珂、兰亭、郁金 公称压力：0.6MPa 流量：0.12L/s 耐久性：20 万次	具有密封性好、操作简便、装饰效果好、使用寿命长的特点。主要用于洗涮台、灶台、墩布池等给水
接管弯把给水嘴	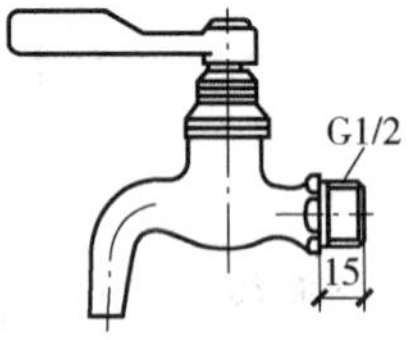 G1/2 15	型号：TS-1-A-JG 特点：陶瓷密封 款式：碧莹、红钗、兰亭、郁金 公称压力：0.6MPa 流量：0.12L/s 耐久性：20 万次	
接管晶球给水嘴	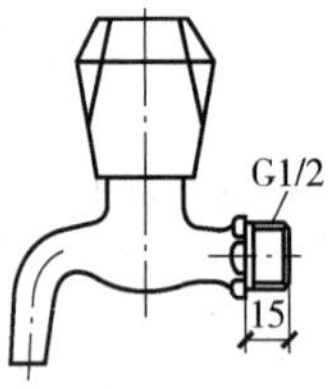 G1/2 15	型号：TS-1-B-JG 特点：陶瓷密封 款式：碧莹、雪珂、兰亭、红钗 公称压力：0.6MPa 流量：0.12L/s 耐久性：20 万次	
方嘴弯把给水嘴	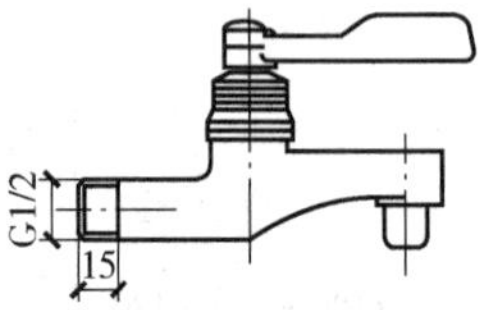 G1/2 15	型号：TS-Ⅱ-A-CB 特点：陶瓷密封 款式：金蛇、银龙、郁金 公称压力：0.6MPa 流量：0.12L/s 耐久性：20 万次	
方嘴晶球给水嘴	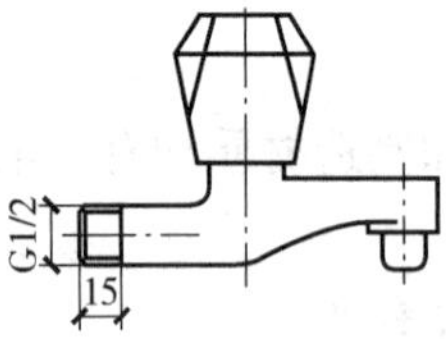 G1/2 15	型号：TS-Ⅱ-B-CB 特点：陶瓷密封 款式：金蛇、银龙、郁金 公称压力：0.6MPa 流量：0.12L/s 耐久性：20 万次	
方嘴直把给水嘴	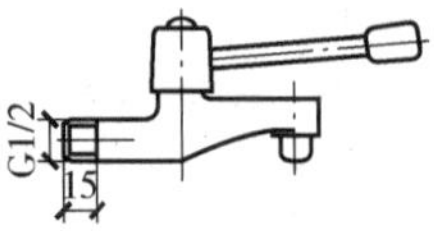 G1/2 15	型号：TS-Ⅱ-C-CB 特点：陶瓷密封 款式：金蛇、银龙、郁金 公称压力：0.6MPa 流量：0.12L/s 耐久性：20 万次	

（续）

品种	图示	技术参数	特点
秀郎弯把给水嘴	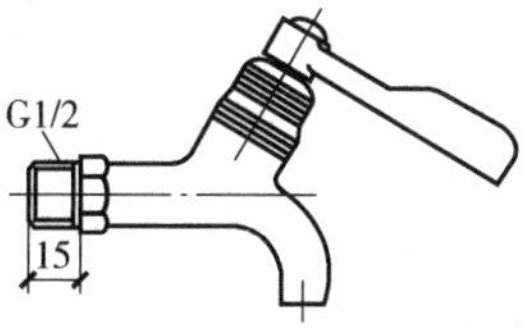	型号：TS-Ⅲ-A-ZB 特点：陶瓷密封 款式：金蛇、银龙、郁金 公称压力：0.6MPa 流量：0.12L/s 耐久性：20万次	
秀郎晶球给水嘴	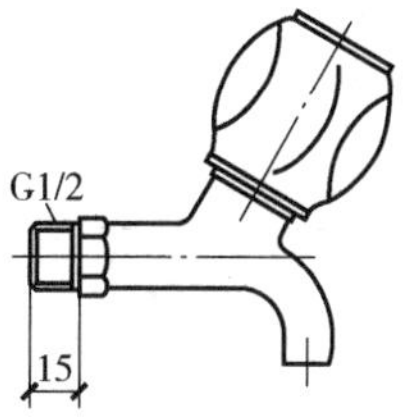	型号：TS-Ⅲ-A-ZB 特点：陶瓷密封 款式：金蛇、银龙 公称压力：0.6MPa 流量：0.12L/s 耐久性：20万次	具有密封性好、操作简便、装饰效果好、使用寿命长的特点。主要用于洗涮台、灶台、墩布池等给水
立式弯把给水嘴	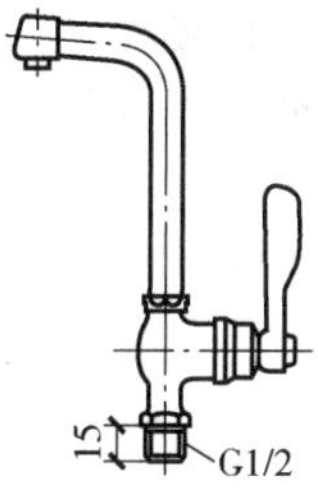	型号：TS-Ⅳ 特点：陶瓷密封 款式：碧莹、红钗、兰亭、郁金 公称压力：0.6MPa 流量：0.12L/s 耐久性：20万次	
立式晶球给水嘴	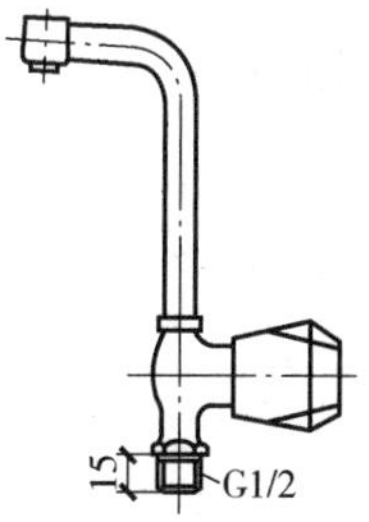	型号：TS-Ⅳ 特点：陶瓷密封 款式：碧莹、红钗、兰亭、郁金 公称压力：0.6MPa 流量：0.12L/s 耐久性：20万次	
转嘴式给水嘴	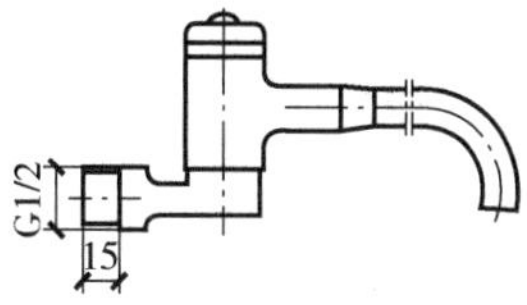	型号：TS-Ⅴ 特点：陶瓷密封 款式：碧莹、红钗、兰亭、郁金 公称压力：0.6MPa 流量：0.12L/s 耐久性：20万次	具有密封性好、操作简便、装饰效果好、使用寿命长的特点。主要用于洗涮台、灶台、墩布池等给水
螺旋升降式给水嘴	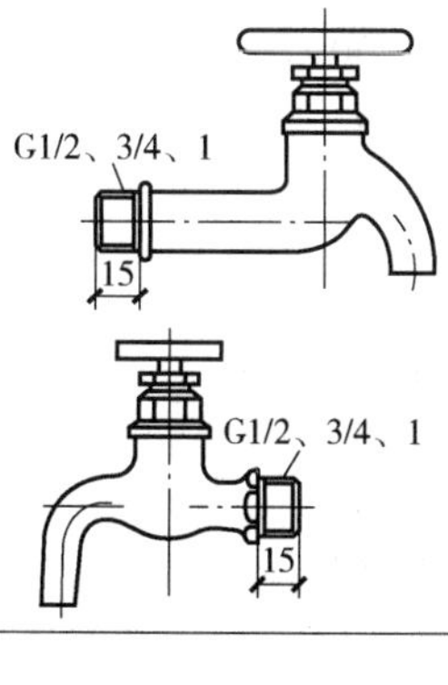	特点：螺旋密封 公称压力：0.6MPa 流量：0.12L/s 耐久性：20万次	

（续）

品种	图示	技术参数	特点
肘控给水嘴	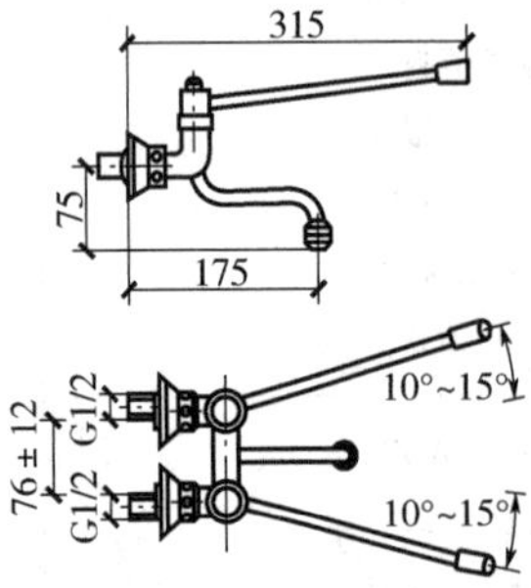	公称通径：15mm（G½） 公称压力：0.6MPa 特点：陶瓷密封 使用温度：0～100℃	具有密封性好、操作简便、装饰效果好、使用寿命长的特点。主要用于洗涮台、灶台、墩布池等给水
肘控混合给水嘴	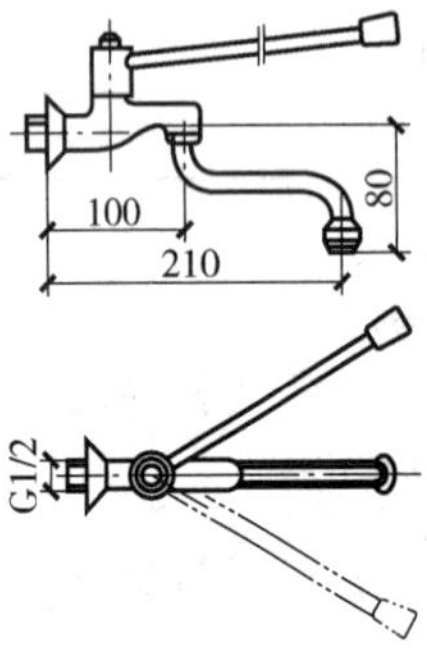	公称通径：15mm（G½） 公称压力：0.6MPa 特点：陶瓷密封 使用温度：0～100℃	
摆拨给水嘴	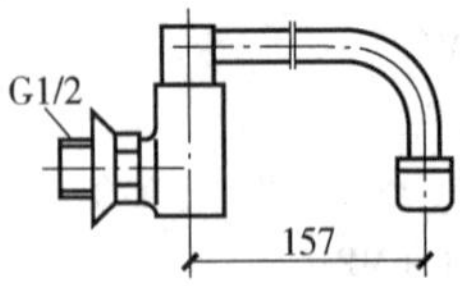	公称通径：15mm（G½） 公称压力：0.6MPa 特点：陶瓷密封 使用温度：0～100℃	
台式混合给水嘴	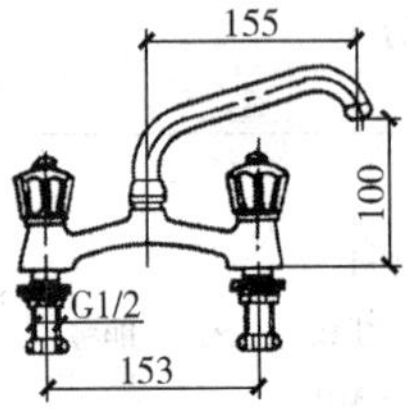	公称通径：15mm（G½） 公称压力：0.6MPa 特点：橡胶密封 使用温度：0～80℃	具有密封性好、操作简便、装饰效果好、使用寿命长的特点。主要用于洗涮台、灶台、墩布池等给水
墙式混合给水嘴	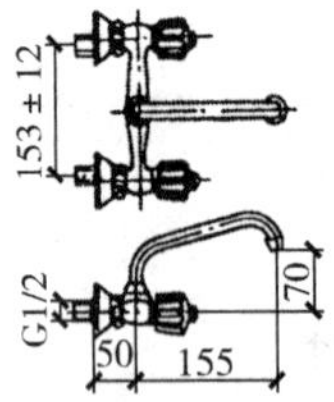	公称通径：15mm（G½） 公称压力：0.6MPa 特点：橡胶密封 使用温度：0～80℃	
烹调给水嘴	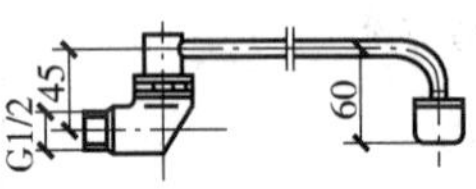	公称通径：15mm（G½） 公称压力：0.6MPa 特点：橡胶密封 使用温度：0～80℃	

（续）

品种	图示	技术参数	特点
洗涮盆给水嘴	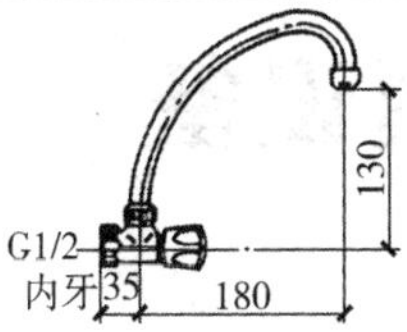 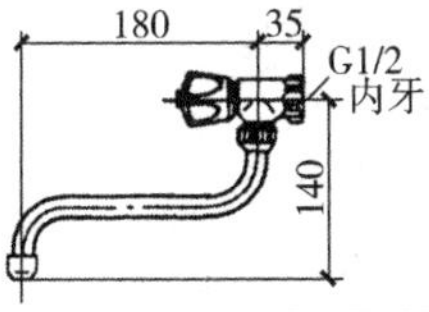	公称通径：15mm（$G\frac{1}{2}$） 公称压力：0.6MPa 特点：橡胶密封 使用温度：0～80℃	具有密封性好、操作简便、装饰效果好、使用寿命长的特点。主要用于洗涮台、灶台、墩布池等给水
转动给水嘴	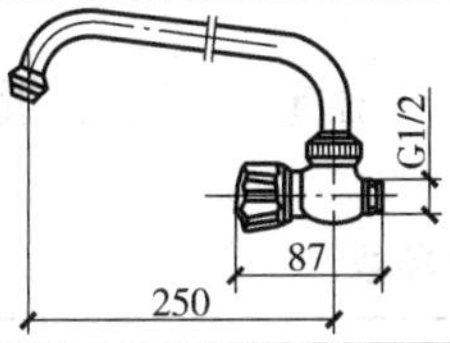	公称通径：15mm（$G\frac{1}{2}$） 公称压力：0.6MPa 特点：橡胶密封 使用温度：0～80℃	

11. 厨房用排水器

厨房用排水器对其使用性能和制造材料的耐水性、耐蚀性和耐酸性均有一定的要求。各种厨房用排水器的外形及技术参数见表14-20。

表14-20　厨房用排水器的外形及技术参数

品种	图示	技术参数	特点
S形存水弯	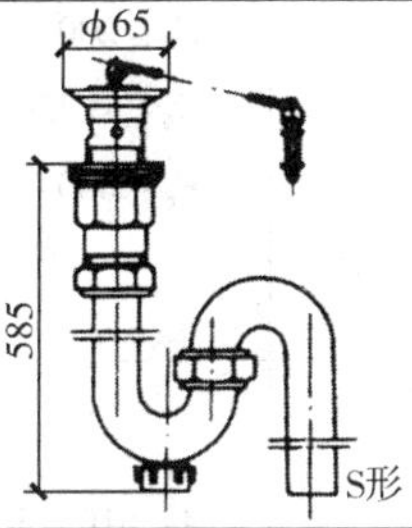	规格：$1\frac{1}{4}$，$1\frac{1}{2}$，2in 材料：铜、塑料、铸铁、陶瓷	具有密封性好、排水通畅、耐蚀性强、沾菌率低、容易清洗的特点。用于排除厨房洗涮用过的污水，改善厨房环境
P形存水弯	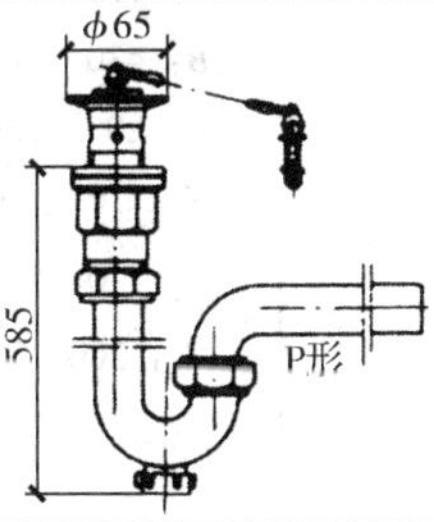	规格：$1\frac{1}{4}$，$1\frac{1}{2}$，2in 材料：铜、塑料	
钟式排水器	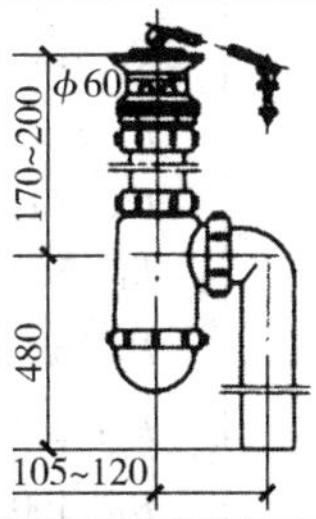	规格：$1\frac{1}{2}$，2in	

第 15 章　卫生洁具设备

15.1　洗面器及五金配件

15.1.1　洗面器

洗面器一般安装于卫生间，从供洗手、洗面用。适用于住宅、宾馆、饭店，其外形及技术参数见表 15-1。

表 15-1　洗面器的外形及技术参数

品种	示意图	规格尺寸/mm
立柱式洗面器	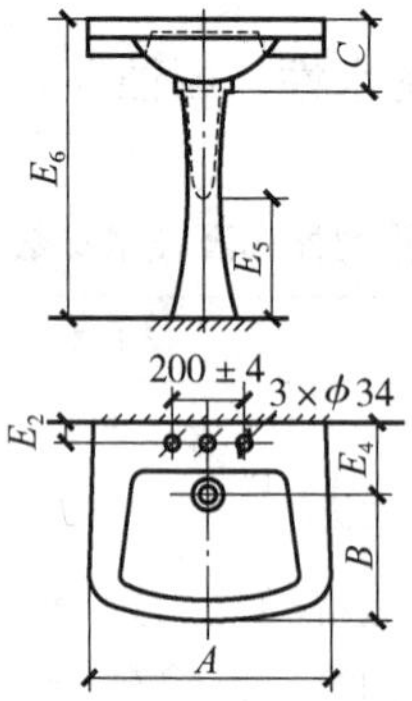	A：560、610、660、710 B：460、510、560、610 C：220、230 E_2：65 E_4：200 E_5：≤350 E_6：800
台式洗面器	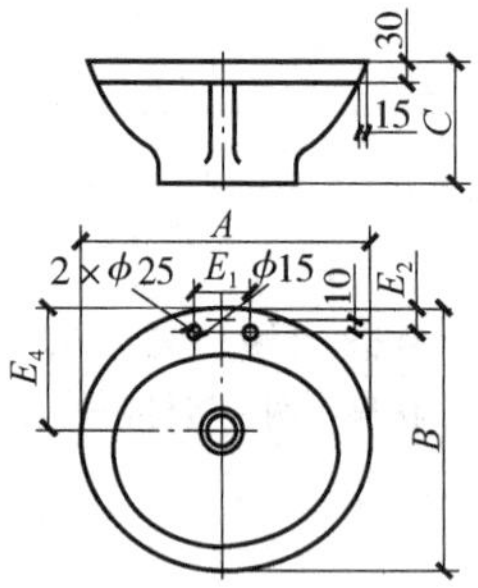	A：510、560、650 B：430、480、570 C：200、260 E_1：100、200 E_2：40、65 E_4：200、210
托架式洗面器	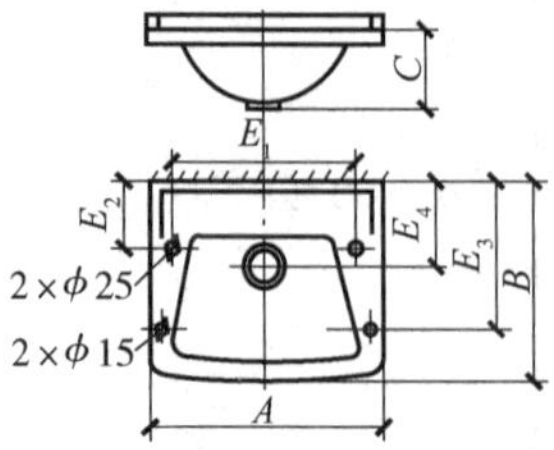	A：510、560 B：310、560、410 C：180、190、200 E_1：360、380、400、420 E_2：65、120、140 E_3：250、300 E_4：100、175、200

15.1.2　洗面器五金配件

1. 洗面器给水阀

洗面器给水阀是与洗面器配套提供冷热水的五金件，其外形及技术参数见表15-2。

表15-2　洗面器给水阀的外形及技术参数

品种	示意图	技术参数	特点
单手柄洗面器给水阀	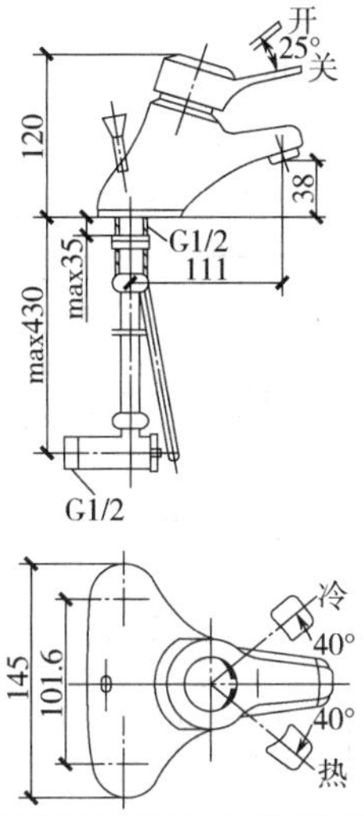	型号：AC202T i 规格：G½in[⊖] DN：15mm 公称压力：0.6MPa 适用温度：≤100℃ 使用介质：水 材质：铜 表面处理：镀钛	由阀体、密封件、冷热水混合及开关部分、进水管、放水嘴、节水消音器组成。适用于卫生间与陶瓷洗面器配套的水源开关
三孔双手轮洗面器给水阀	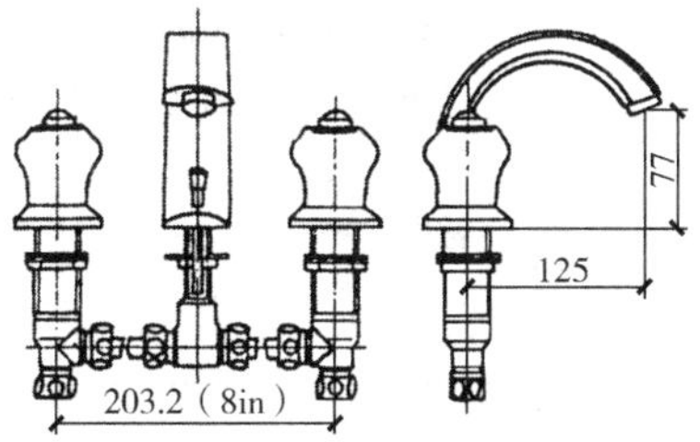	型号：AB203Cr 规格：G½in DN：15mm 公称压力：0.6MPa 适用温度：≤100℃ 使用介质：水 材质：铜 表面处理：镀铬	由冷热水放水阀、护盘、混合水嘴、三通节水消音器组成。产品暗装，由橡胶密封，适用于卫生间与陶瓷洗面器配套水源开关
双孔双手轮洗面器给水阀	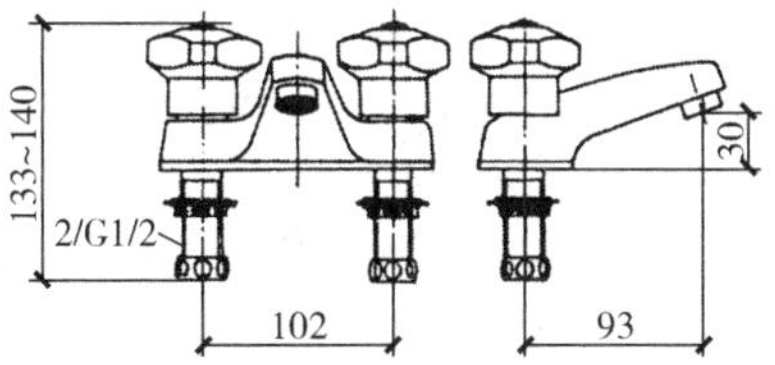	型号：AB202Cr 规格：G½in DN：15mm 公称压力：0.6MPa 适用温度：≤100℃ 使用介质：水 材质：铜 表面处理：镀铬	由放水阀体、护罩、放水嘴、节水消音器组成，适用于卫生间与陶瓷洗面器配套水源开关
单孔双手轮洗面器给水阀	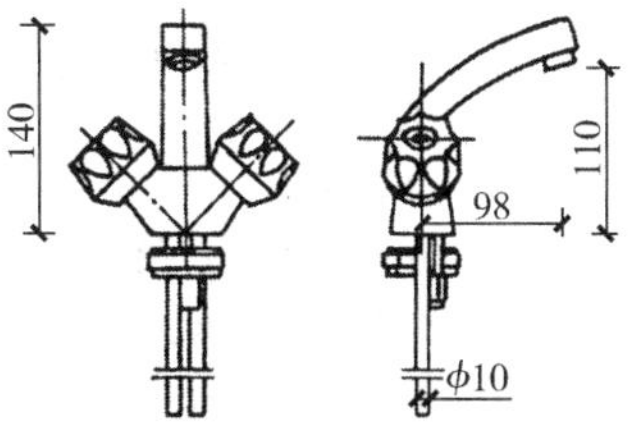	型号：M2203 规格：G½in DN：15mm 公称压力：0.6MPa 适用温度：≤100℃ 使用介质：水 材质：铜 表面处理：镀铬	阀体为连体式，放水嘴可作360°回转，出水嘴处设有节水消音器，适用于卫生间与陶瓷洗面器配套使用

⊖ 1in = 0.0254m。

（续）

品种	示意图	技术参数	特点
普通洗面器给水阀	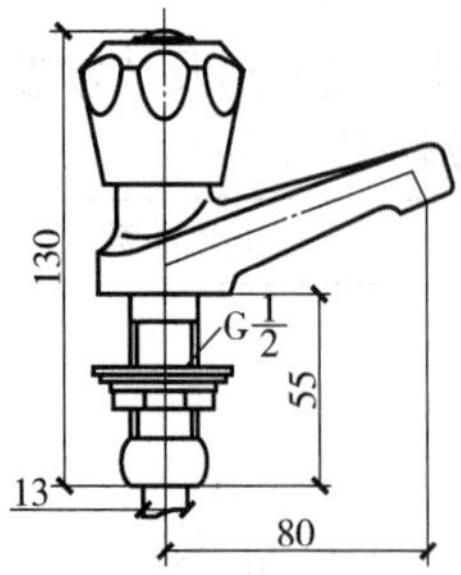	型号：MGI 规格：G½in DN：15mm 公称压力：0.6MPa 适用温度：≤100℃ 使用介质：水 材质：铜 表面处理：镀铬	由阀体、手轮、阀杆、阀瓣、盖母组成，适用于卫生间与陶瓷洗面器配套使用水源开关

2. 洗面器进水阀

洗面器进水阀用于卫生间，与水管配套安装在洗面器阀门的前面，靠近水源管，用来调节阀门流量，其外形及技术参数见表15-3。

表15-3　洗面器进水阀的外形及技术参数

品种	示意图	技术参数	特点
洗面器进水阀	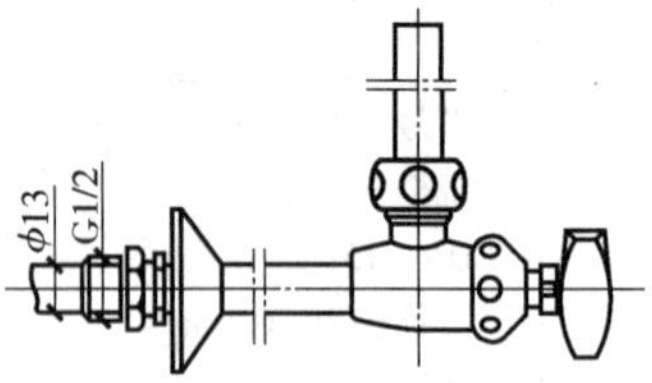	型号：JI003 规格：G½in DN：15mm 公称压力：0.6MPa 适用温度：≤100℃ 使用介质：水 材质：铜 表面处理：镀铬	主要由阀体、阀杆、阀瓣、盖母、手轮、护盘、进水管及橡胶圈组成。用于调节水嘴流量。适用于卫生间与陶瓷洗面器配套使用
	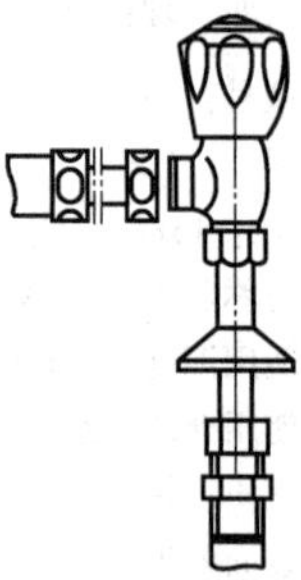	型号：J202 规格：G½in DN：15mm 公称压力：0.6MPa 适用温度：≤100℃ 使用介质：水 材质：铜 表面处理：镀铬	
	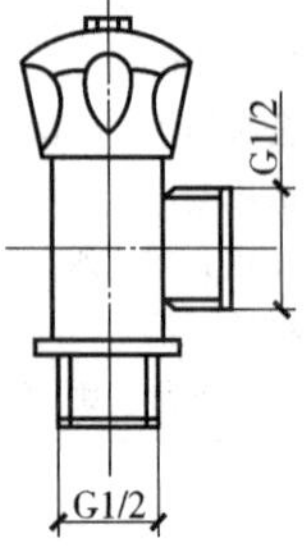	型号：SMHJ02a 规格：G½in DN：15mm 公称压力：0.6MPa 适用温度：≤100℃ 使用介质：水 材质：铜 表面处理：镀铬	

3. 洗面器排水阀

洗面器排水阀为排放洗面器与水斗内存水用管路系统，其外形及技术参数见表 15-4。

表 15-4　洗面器排水阀的外形及技术参数

品种	示意图	技术参数	特点
堵链式排水阀 （P 型横式）	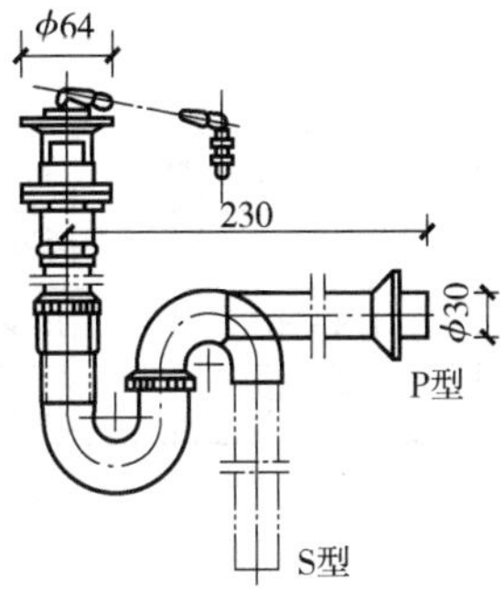	型号：P1201 PI202 规格：DN32mm 密封：橡胶密封 材质：铜 表面处理：镀铬	由排水口、返水弯、排水阀、排水管、阀瓣组成。与各种陶瓷洗面器配套排放污水，并可防止污水管中臭气上返
堵链式排水阀 （P 型）	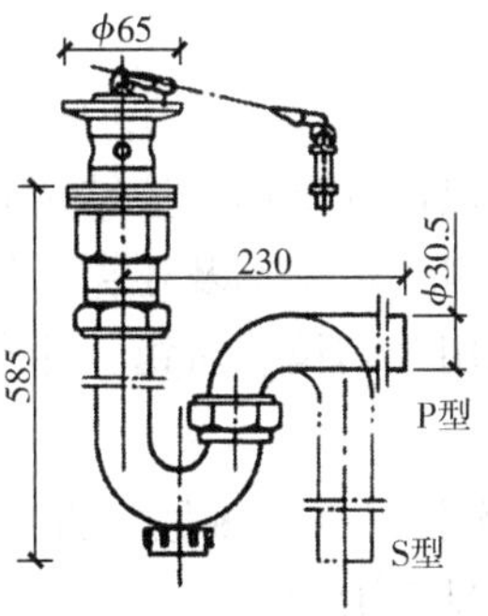	型号：P1204 P1205 规格：DN32mm 密封：橡胶密封 材质：塑料	由排水口、返水弯、排水阀、排水管、阀瓣组成。与各种陶瓷洗面器配套排放污水，并可防止污水管中臭气上返
提拉式排水阀 （P 型）	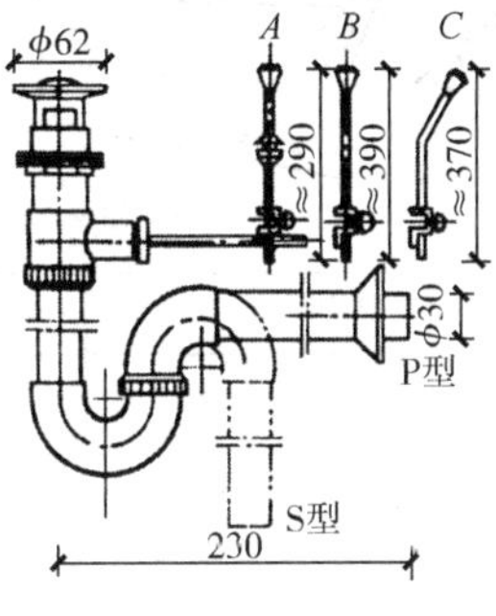	型号：P1101 P1102 规格：DN32mm 密封：铜密封 材质：铜	

4. 直角式截止阀

直角式截止阀安装于通向洗面器水嘴的管路上，用于控制水嘴的给水。以利设备维修。平时直角式截止阀处于开启状态，若水嘴或洗面器处于维修时，阀门则处于关闭状态，其外形及技术参数见表 15-5。

表 15-5　直角式截止阀的外形及技术参数

名称	公称压力 PN/MPa	公称直径 DN/mm	传动螺纹		普通螺纹
			外螺纹	内螺纹	
钢质截止阀	0.6	15	Tr18×8C	Tr18×8H	1/2
可锻铸铁截止阀	0.6	15	Tr12×8C	Tr12×8H	1/2

15.2　浴缸及五金配件

15.2.1　浴缸

浴缸安装于卫生间内，配上浴缸水嘴等附件，以供洗澡用。按结构分为普通式、扶手式或裙板式；按制造材料分为陶瓷、铸铁、钢板、塑料、玻璃钢及亚克力等浴缸。色彩有白色或彩色两类，彩色有青、蓝、杏、紫、灰等色。适用于宾馆、旅馆、住宅等场所的卫生间。

1. 陶瓷浴缸

陶瓷浴缸质地洁白，色泽柔和，结构致密，吸水率小，热稳定性好。适用于住宅、宾馆、旅馆等场所的卫生间，其品种及规格尺寸参数见表 15-6。

表 15-6　陶瓷浴缸品种及规格尺寸参数　　（单位：mm）

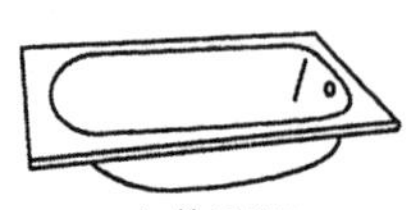

a）普通浴缸

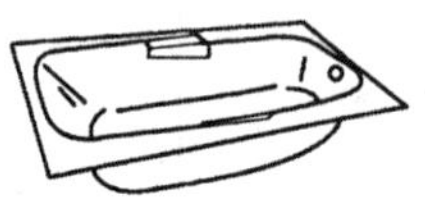

b）扶手浴缸

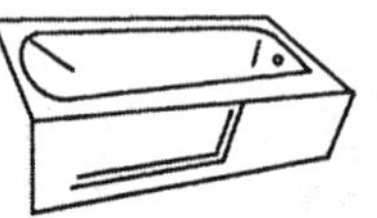

c）裙板浴缸

品种	规格尺寸	品种	规格尺寸
普通浴缸	1210×705×370	裙板浴缸	1480×700×560
	1210×700×370		1480×700×420
	1335×730×385		1490×740×510
	1340×730×360		1700×800×530
	1480×740×370		1680×780×520
	1495×745×385		1700×850×575
	1480×710×365		1680×740×530
	1700×800×390	船型浴缸	1505×740×520
扶手浴缸	1520×780×350		1505×740×530
			1690×780×520
			1690×780×540

2. 钢板搪瓷浴缸

钢板搪瓷浴缸具有表面光洁明亮、瓷质细腻、强度高等特点，颜色有白色、金黄、淡奶、桃红、天蓝、湖蓝、果绿、翠绿等。适用于宾馆、饭店和民用住宅等场所，其品种及规格尺寸参数见表15-7。

表15-7 钢板搪瓷浴缸的品种及规格尺寸参数 （单位：mm）

品种	规格尺寸	品种	规格尺寸
豪华型整体钢板冲压搪瓷浴缸	1540×790×350	钢板冲压搪瓷浴盆	1180×700×320
	1540×760×350		1250×700×380
	1200×650×360		1500×700×375
	1100×650×360		1500×710×400
	1520×740×360		1600×700×400
	1680×740×360		1680×700×350
钢板拉伸搪瓷浴盆	1150×680×360		1700×700×400
	1530×700×350	整体钢板冲压搪瓷浴盆	1200×700×380（普通型）
松花江钢板冲压搪瓷浴盆	1100×680×350		1530×680×350（普通型）
	1180×700×320		1680×700×350（普通型）
	1200×700×350		1200×700×380（防滑型）
	1400×700×350		1530×680×350（防滑型）
	1500×700×350		1680×700×350（防滑型）
	1600×700×375		
	1700×700×350		

3. 铸铁搪瓷浴缸

铸铁搪瓷浴缸外形美观华丽，色彩优雅，耐水蚀，保温好。适用于住宅、宾馆、饭店等场所，其品种及规格尺寸参数见表15-8。

表15-8 铸铁搪瓷浴缸的品种及规格尺寸参数 （单位：mm）

品种	规格尺寸	品种	规格尺寸
铸铁搪瓷浴缸	1100×650×340	双狮牌搪瓷浴盆	1830×310×440
	1100×650×350		1680×750×380
	1100×650×360		1580×740×350
	1150×650×370		1400×700×330
	1200×680×340		1200×650×330
	1200×650×370		1100×620×300
	1400×680×360		1000×600×300
	1400×710×380	双狮牌带坐式搪瓷浴盆	1000×640×320
	1500×720×360		1200×680×360
	1600×720×360		1400×720×370
双狮牌铸铁搪瓷浴缸	1100×650×340		1500×750×380
	1200×650×340		1660×760×400
	1400×700×360		1800×760×420
	1500×700×360		1200×680×360
	1700×750×380		

（续）

品种	规格尺寸	品种	规格尺寸
双立牌普通浴盆	1100×670×340	春水牌铸铁搪瓷浴缸	1500×720×340
	1250×670×340		1650×730×340
	1400×720×340		1080×510×340
	1500×720×340		1160×500×340
	1650×720×340	清泉牌浴缸（有多种颜色）	1820×800×450
	1860×840×425		1200×650×380
	1830×860×420		1660×740×400
双立牌中档浴盆	1200×670×340		1150×650×380
	1400×720×390		1500×740×400
	1500×750×390		1100×650×380
	1650×780×390		1400×740×400
双立高档带裙浴盆	1500×810×390		1000×650×340
	1650×810×390	金庸牌豪华型浴缸	1525×745×463
铸铁搪瓷浴缸 高级按摩浴缸	1500×750×400		1525×780×447
	1600×760×400		1500×800×425
	1800×750×400	金钱牌搪瓷浴缸	1800×800×425
	1500×750×385		1700×750×405
飞凤牌铸铁搪瓷浴缸	1820×800×440		1600×750×385
	1680×750×430		1500×750×385
	1500×720×410		1400×750×365
	1400×730×380		1300×650×345
	1200×650×360		1200×650×345
	1150×650×360		1100×650×275
	1100×600×350		1100×650×375
	1000×600×350	扶手裙板彩色浴缸	1500×780×385
古坛牌浅型 普通铸铁搪瓷浴缸	1400×720×340		1500×750×385
	1500×720×340		1500×780×385
	1650×720×340		1500×750×385
	1100×670×340		1400×730×365
古坛牌浅型 中档铸铁搪瓷浴缸	1200×670×340		1400×730×365
	1250×670×340	三桃牌铸铁陶瓷浴盆	1250×670×340
	1400×670×340		1500×720×390
春水牌铸铁搪瓷浴缸	1680×680×340		1680×780×420
	1080×600×340	铸铁搪瓷浴盆	1100×650×350
	1160×600×340		1100×650×360
	1250×630×340		1150×650×370
	1200×630×340		1200×650×370
	1400×720×340		1400×710×380

4. 玻璃钢浴缸

玻璃钢浴缸造型雅致，色泽鲜艳，质轻、强度高，耐蚀性好，适用于宾馆、饭店、活动房屋或住宅卫生间，其品种及规格尺寸参数见表15-9。

表15-9　玻璃钢浴缸的品种及规格尺寸参数　（单位：mm）

品种	规格尺寸	品种	规格尺寸
玻璃钢浴盆	1080×680×370	玻璃钢浴缸（对称长方形平边）	1200×680×340
	1080×480×370		1200×730×450
	1160×680×340		1300×680×410
	1160×480×340		1400×680×410
	1120×680×430		1500×730×435
	1120×480×430		1700×770×435
	1680×680×400		1500×750×435（内扶手）
	1680×480×400	水晶玻璃钢浴缸	1200×660×350
玻璃钢浴缸	1050×650×330		1400×750×340
	1500×730×350		1400×750×340（附裙边）
	1700×800×370		1500×750×340
			1500×750×340（附裙边）
			1700×800×360
			1700×800×360（附裙边）

5. 亚克力浴缸

亚克力浴缸具有式样新颖，造型美观，曲线光滑亮丽，耐高温、耐污，经久耐用等特点，其品种及规格尺寸参数见表15-10。

表15-10　亚克力浴缸的品种及规格尺寸参数　（单位：mm）

品种	规格尺寸	品种	规格尺寸
亚克力普通浴缸	1100×680×310	普通浴缸	1100×680×350
	1200×685×330		1300×680×350
	1340×750×350		1500×780×350
	1500×780×380		1100×680×350（透明）
	1700×800×400		1365×700×500
冲浪按摩浴缸	1700×800×500		1365×700×530
	1700×800×520		1365×700×470
亚克力按摩浴缸	1810×1070×530		1365×700×560
	1510×750×510	海鸥复合浴缸	1100×700×340（Ⅱ型）
	1650×1520×600		1120×666×370（Ⅲ型）
	1620×975×550		1210×745×410（Ⅳ型）
	1520×1520×600		1700×750×410（Ⅴ型）

6. 人造大理石浴缸

人造大理石浴缸具有美观大方、强度高、密度小、耐蚀性好等特点，适用于宾馆，旅店、高级公寓及住宅的卫生间，其品种及规格尺寸参数见表15-11。

表 15-11　人造大理石浴缸的品种及规格尺寸参数　（单位：mm）

品种	规格尺寸	品种	规格尺寸
华丽牌浴缸	1540×787×400	带裙板浴缸	1500×720×360
	1520×787×400		1500×720×340
	1550×787×400		1300×700×360
鸳鸯池	1220×762×419		1200×700×380
	1689×921×432	长城牌浴缸	1500×790×377
	1829×1379×49		1665×790×425
浴盆	1861×914×483		1685×750×430
	1850×910×470		1500×790×377
	1800×800×370	豪华型浴缸	1880×980×510
	1680×750×430		1500×720×400
	1556×780×394		1855×910×470
	1530×794×416	碧玉浴缸	1800×810×380
	1550×785×390		1650×795×385
	1530×790×410		1530×780×400
	1500×730×410		1480×750×360
	1060×660×340		1400×720×320
	800×800×170		1200×650×350
淋浴盆	920×920		
角用淋浴盆	920×920		

7. 彩色瓷釉浴缸

彩色瓷釉浴缸表面光洁，色泽鲜艳，易于除污垢，分带座和不带座两种，是适用于各类卫生间的配套洁具，其品种及规格尺寸参数见表 15-12。

表 15-12　彩色瓷釉浴缸的品种规格及尺寸参数　（单位：mm）

品种	规格尺寸
彩色瓷釉浴缸（半躺式、坐式、搁手式）	Ⅰ型：1050×650×350（带座和不带座两种）
	Ⅱ型：1110×650×350（带座和不带座两种）
	Ⅲ型：1150×650×350
	Ⅳ型：1200×650×350
	Ⅴ型：1660×760×400
彩色瓷釉浴缸	Ⅰ型：1050×650×350（带座和不带座两种）
	Ⅱ型：1110×650×350（带座和不带座两种）
	Ⅲ型：1150×650×350（带座和不带座两种）
	Ⅳ型：1200×650×350

8. 轻质琉璃浴缸

轻质琉璃浴缸质地坚韧，色泽鲜艳，造型美观，价格低廉，是适用于各类卫生间的配套洁具，其品种及规格尺寸参数见表15-13。

表15-13　轻质琉璃浴缸的品种规格及尺寸参数　　（单位：mm）

品种	规格尺寸
轻质琉璃浴缸（船形、鹅蛋形）	1660×700×350　重：45kg
	1500×700×350　重：40kg
	1200×650×350　重：30kg
轻质琉璃浴缸	座式：900×600×650　1050×680×400　1200×600×400
	卧式：1200×700×400　1500×700×400　1700×700×400

9. 人造玛瑙浴缸

人造玛瑙浴缸具有光泽美观，质地如玉，耐酸碱，抗腐蚀，耐温度变化，且加工简单，适用于宾馆、饭店、住宅的卫生间，其品种及规格尺寸参数见表15-14。

表15-14　人造玛瑙浴缸的品种及规格尺寸参数　　（单位：mm）

品种	规格尺寸	品种	规格尺寸
马克型浴缸 B120	1200×700×340	浴缸 RMN Y1700	1700×800×445
B136	1360×700×340	RMN Y1500	1500×800×445
B150	1500×780×360	RMN Y1450	1450×760×380
B166	1660×900×430	RMN Y1200	1200×680×320
小安枕浴缸	1530×790×420	浴盆	1500×740×390（B-1500异型）
浴盆 C120	1800×810×4000		1500×740×390（B-1500型）
C120	1200×650×360		1680×750×430（B-1680型）
C120	1400×700×360		1800×800×390（B-1800型）
C120	1500×720×360	淋浴盆 SP-J	920×920
碧玉牌浴缸	1800×810×380	角型淋浴盆 SP-2	920×920
	1650×795×385	浴盆	1060×660×340
	1530×770×380		1200×680×340（薄壁）
	1480×750×380		1200×680×340（厚壁）
	1400×720×320		1530×790×410（带扶手、防滑板）
	1200×650×350		1690×921×432
沐浴盘 RMNL800 RMNL800	805×805×115		1860×914×483
	705×705×100		

15.2.2　浴缸五金配件

1. 浴缸给水阀

浴缸给水阀为与浴缸配套提供冷、热水的五金件。其外形及技术参数见表15-15。

表 15-15　浴缸给水阀的外形及技术参数

品种	示意图	技术参数	特点
单柄暗装给水阀	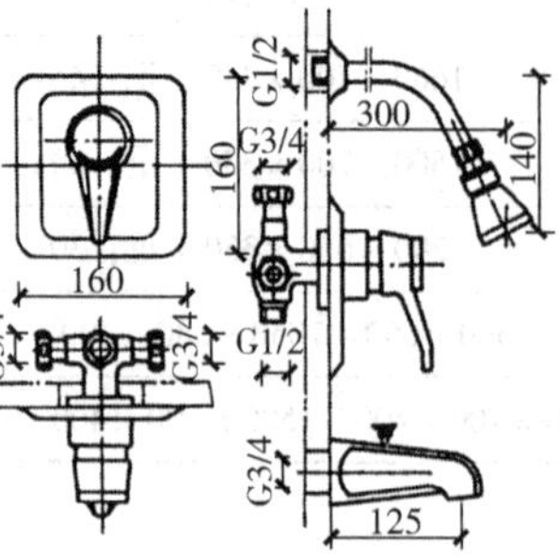 G1/2 300 G3/4 160 140 160 G3/4 G3/4 G1/2 G3/4 125	型号：Y2203 规格：G¾in DN：20mm 公称压力：0.6MPa 适用温度：≤100℃ 使用介质：水	进水管和冷热水混合阀暗装于墙体内。适用于卫生间与浴盆配套，作为洗浴水源开关
单柄明装给水阀	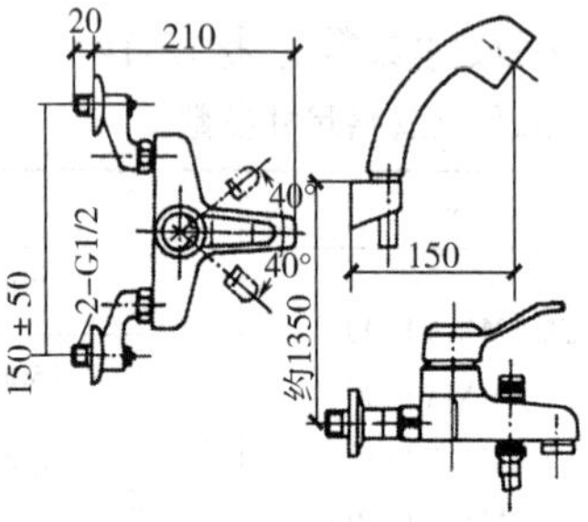 20 210 40° 40° 150 2-G1/2 150±50 约1350	型号：AC101Cr 规格：G½in DN：15mm 公称压力：0.6MPa 适用温度：≤100℃ 使用介质：水	产品可以明装，冷热水进水锁管与墙体内进水管箍连接。适用于卫生间与浴盆配套，作为洗浴水源开关
双轮给水阀	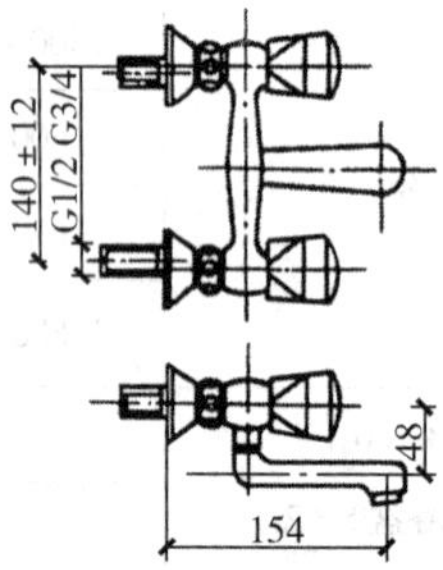 140±12 G1/2 G3/4 48 154	型号：Y2102 规格：G½in G¾in DN：15mm DN：20mm 公称压力：0.6MPa 适用温度：≤100℃ 使用介质：水	由进水锁管、护盘、阀体、冷热水放水部分、混合水分配部分、放水嘴及手拿喷头、挂架组成。适用于卫生间与浴盆配套，作为洗浴水源开关

2. 浴缸排水阀

浴缸排水阀是用以排出浴缸内存水的管路系统。分为普通式和提拉式两种，其外形及技术参数见表 15-16。

表 15-16　浴缸排水阀的外形及技术参数

品种	示意图	技术参数	特点
扳把式排水阀	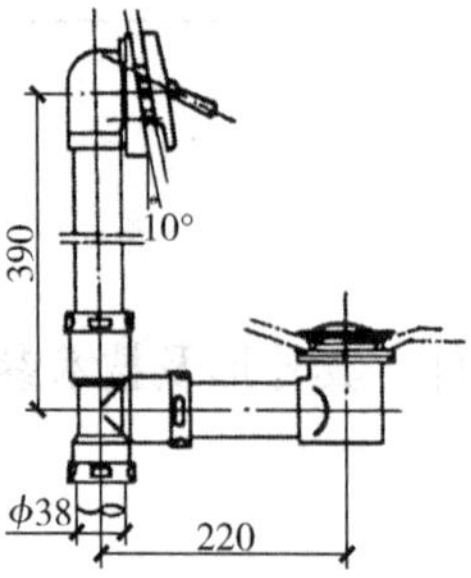 10° 390 ϕ38 220	型号：P2101 DN：40mm 材质：铜 表面处理：镀铬	由排水开关件、溢水口盖、弯头、排水三通、排水阀、阀瓣、排水管组成。适用于与浴盆配套，作为洗浴后污水排放装置

（续）

品种	示意图	技术参数	特点
转轮式排水阀	305~360 255~335	型号：P2102 DN：40mm 材质：铜 表面处理：镀铬	由排水开关件、溢水口盖、弯头、排水三通、排水阀、阀瓣、排水管组成。适用于与浴盆配套，作为洗浴后污水排放装置
堵链式排水阀	max375 10° ϕ30 max237	型号：P2201 DN：40mm 材质：铜 表面处理：镀铬	由溢水花盘、胶堵、排水口、弯头、三通、排水管组成。适用于与浴盆配套，作为洗浴后污水排放装置

3. 浴缸排水栓

浴缸排水栓安装在浴缸的底部，用于排放浴缸内的存水，是通常所说的下水口。排水口低于浴缸，材质一般为铜或不锈钢，其外形及技术参数见表 15-17。

表 15-17　铜制排水栓的外形及技术参数　　（单位：mm）

外形	β	A	B	D	L	d	d_1
β、D、d、B、L、A、d_1	10°	150 ~ 350	250 ~ 400	ϕ60 ~ 70	≥50	≤ϕ50	ϕ30 ~ 38

4. 浴缸自动控制混合水嘴

浴缸自动控制混合水嘴安装于浴缸上，采用热敏元件作为温度自动控制装置，水温能保持所调定的温度，由换向手柄接通水嘴或淋浴喷头，其外形及规格技术参数见表 15-18。

表 15-18　浴缸自动控制混合水嘴的外形及技术参数

外形	项目	技术参数
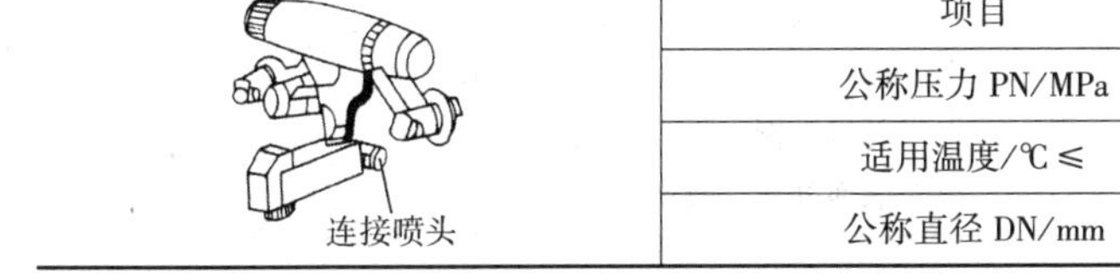	公称压力 PN/MPa	0.6
	适用温度/℃ ≤	100
	公称直径 DN/mm	15，20

5. 浴缸长落水

浴缸长落水安装在浴缸的底部，用于排放浴缸内的存水，也就是通常所说的下水道。材质一般为不锈钢或铜材，其外形及技术参数见表15-19。

表15-19 浴缸长落水的外形及技术参数

	形式	公称直径/mm
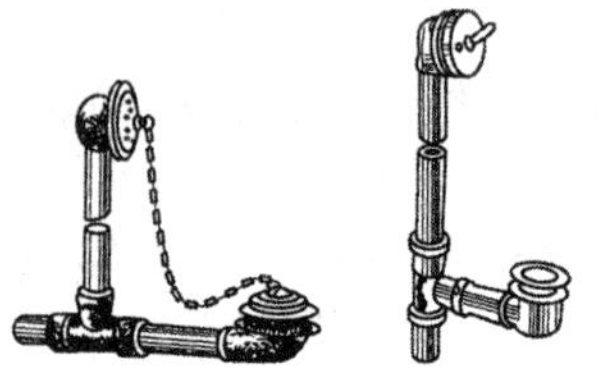 a）普通式 b）提拉式	普通式	32，40
	提拉式	40

15.2.3 浴室淋浴器

1. 淋浴器

淋浴器按控制方式分为机械式淋浴器、非接触式淋浴器。按照对水质的影响分为普通淋浴器、功能淋浴器，其外形及技术参数见表15-20。

表15-20 淋浴器的外形及技术参数

品种	示意图	技术参数	特点
单手柄淋浴器	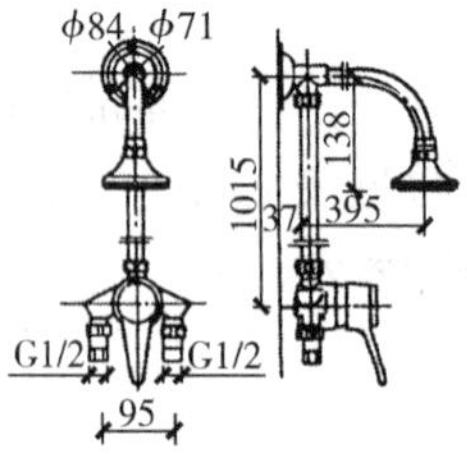	型号：L2201 规格：G½in DN：15mm 公称压力：0.6MPa 适用温度：≤100℃ 使用介质：水 材质：铜 表面处理：镀铬	由阀体、密封件、冷热水混合及开关部分、进水锁管、锁母、出水管、喷头组成。用于浴室淋浴的水源开关
升降式淋浴器	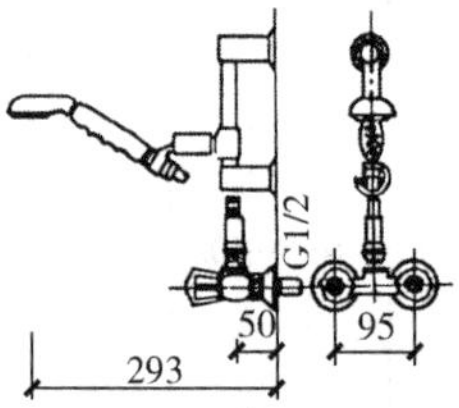	型号：L2103 规格：G½in DN：15mm 公称压力：0.6MPa 适用温度：≤100℃ 使用介质：水 材质：铜 表面处理：镀铬	由阀体、冷热水部分、护盘、金属软管、手拿喷头、升降杆、喷头固定架组成。用于浴室淋浴的水源开关
双手轮淋浴器	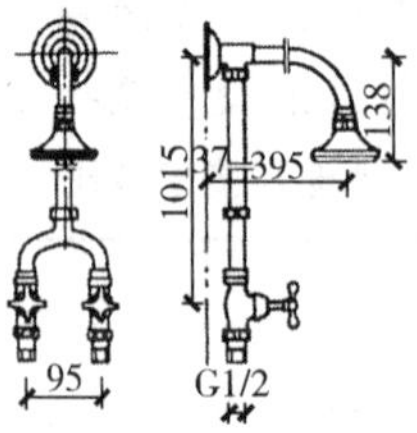	型号：Y2101 规格：G½in DN：15mm DN：20mm 公称压力：0.6MPa 适用温度：≤100℃ 使用介质：水 材料：铜 表面处理：镀铬	由放水阀部分、混合U形弯、出水管、护盘、弯头、喷头组成。适用于洗浴水源开关

（续）

品种	示意图	技术参数	特点
万向淋浴喷头		型号：L302 规格：G½in DN：15mm 公称压力：0.6MPa 适用温度：≤100℃ 使用介质：水 材质：铜 表面处理：镀铬	产品设有万向节头和水量调节手柄，可满足不同淋浴水量及淋浴方位要求

2. 莲蓬头

莲蓬头即淋浴喷头，用于淋浴器淋浴喷水。按结构形式分为活络式和固定式两种，莲蓬头为易损件，达到一定使用寿命必须更换，其外形及技术参数见表15-21。

表15-21　莲蓬头的外形及技术参数　（单位：mm）

a）活络式　b）固定式

莲蓬头结构	类型	活络式
		固定式
	规格（公称直径×莲蓬直径）	15×40，15×60，15×75，15×80，15×85
莲蓬头管路	供水阀	明阀
		暗阀
	供水铜管直径	15

3. 地漏

地漏安装于浴室地面上，用于排出地面积水，其外形及技术参数见表15-22。

表15-22　地漏的外形及技术参数

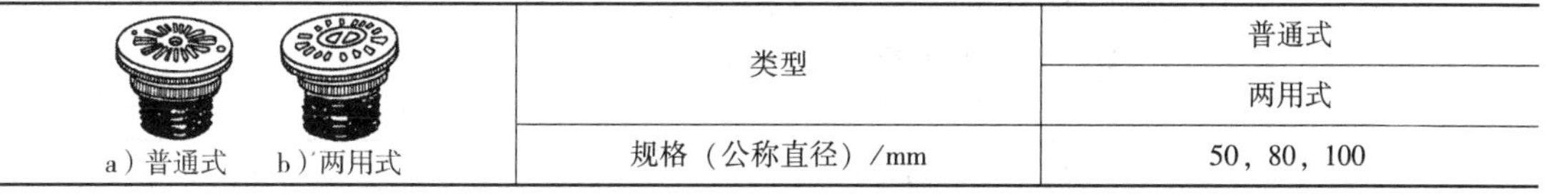

a）普通式　b）两用式	类型	普通式
		两用式
	规格（公称直径）/mm	50，80，100

4. 莲蓬头管路部件

莲蓬头管路部件包括供水铜管（直径为15mm）和供水阀。供水阀分为明阀和暗阀两种结构形式，主要用于提供冷、热用水及控制供水温度与水量的大小，其部件外形及技术参数见表15-23。

表15-23　莲蓬头部件的外形及技术参数

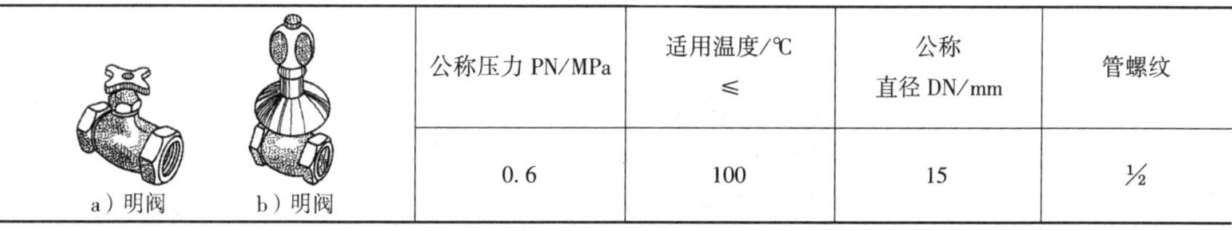

a）明阀　b）明阀	公称压力PN/MPa	适用温度/℃ ≤	公称直径DN/mm	管螺纹
	0.6	100	15	½

5. 淋浴器用脚踏阀

淋浴器用脚踏阀安装于淋浴间的给水管路上，用于启闭淋浴喷头的水。淋浴器用脚踏阀的种类很多，常用的有分体式和一体式两类，其外形及技术参数见表15-24。

表15-24 淋浴器用脚踏阀的外形及技术参数

型号	图示	公称直径DN /mm	公称压力PN /MPa	额定流量 /(L/s)
TF-1型脚踏阀	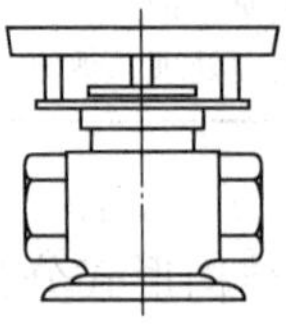	15，20	0.05	0.15~0.10
分体式液压复位脚踏阀	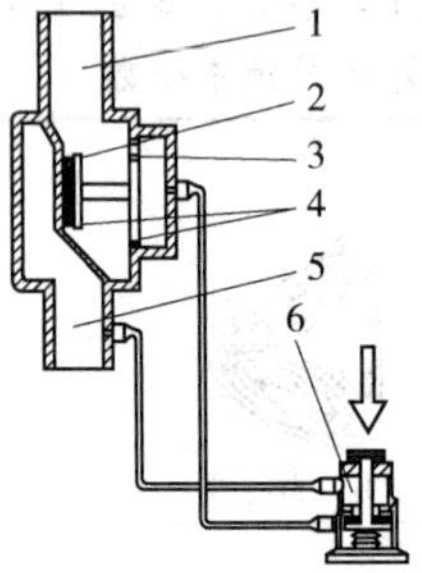 1—进水口 2—阀座 3—压力平衡孔 4—密封垫（圈） 5—出水口 6—泄压踏钮（脚踏开关）	15	0.05	0.15~0.10
一体式液压复位脚踏阀	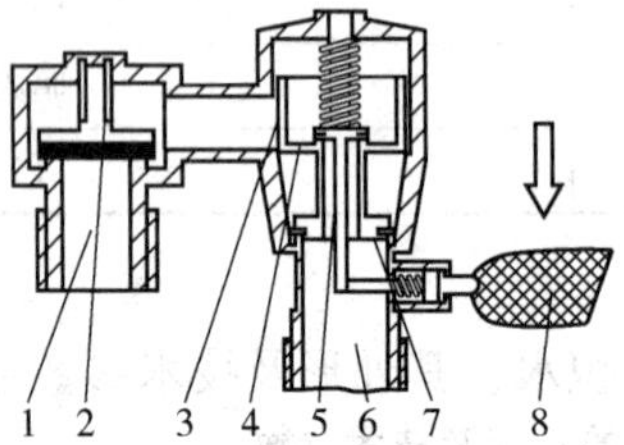 1—进水口 2—压力调节阀 3—压力平衡孔 4—阀瓣 5—泄压阀瓣 6—出水口 7—阀座 8—踏板	15	0.05	0.15~0.10
分体式弹簧复位脚踏阀	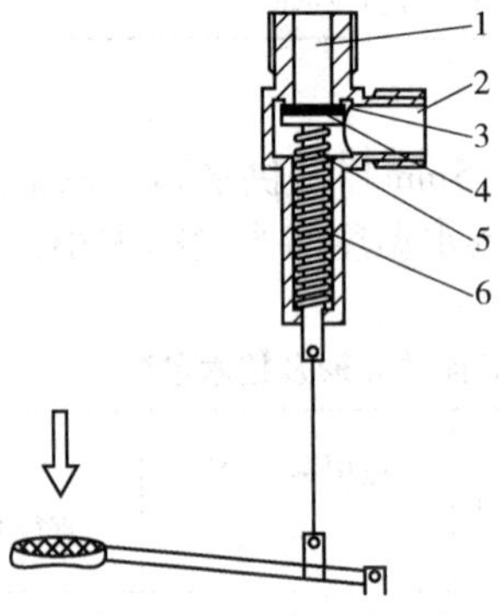 1—进水口 2—出水口 3—阀座 4—密封垫 5—阀杆 6—复位弹簧	15	0.05	0.15~0.10

（续）

型号	图示	公称直径 DN /mm	公称压力 PN /MPa	额定流量 /(L/s)
一体式弹簧复位脚踏阀	1—进水口　2—阀杆　3—出水口 4—阀座　5—密封垫　6—复位弹簧	15	0.05	0.15～0.10

6. 双管淋浴器

双管淋浴器是安装于工矿企业的公共浴室中的淋浴设备，其外形及技术参数见表15-25。

表15-25　双管淋浴器的外形及技术参数

	公称直径/mm	适用温度/℃	公称压力 PN/MPa
	15	≤100	0.6

7. 桑拿浴设备

桑拿浴设备采用全自动微计算机控制，是可自动恒温、定时、自动加水、停水、水源电源自动保护及防剩余电流保护的自动装置，其外形及技术参数见表15-26。

表15-26　桑拿浴设备的外形及技术参数

	型号	规格（长×宽×高）/mm
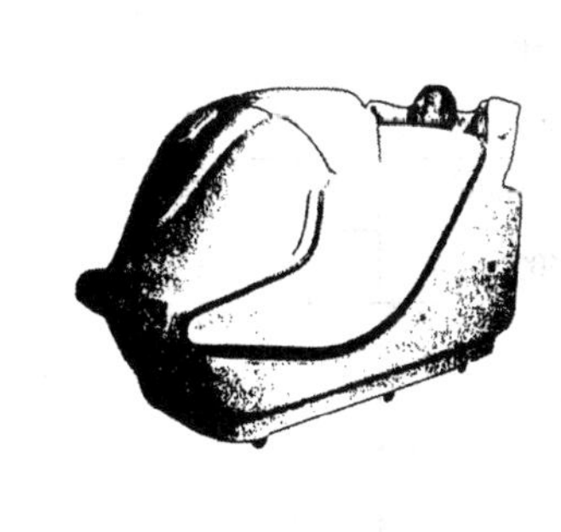	SH-A05（单人躺式）	195×80×100
	SH-A06.1（单人座式）	130×70×133
	SH-A06.2（单人座式）	120×66×122
	SH-A07（单人座式）	130×72×132
	SH-A08（单人躺式）	198×115×92
	SH-A09（单人座式）	132×75×132
	SH-A010（单人平躺式）	162×72×122
	SH-AA（单人座式）	190×76×122

注：HS型系列产品电压220V，频率50Hz，功率1500～2000W，仓内温度35～50℃，仓内自动清洁、消毒。质量为60～100kg。

15.3 便器及五金配件

15.3.1 陶瓷坐便器

陶瓷坐便器固定安装在卫生间内供大小便用，便后可放水冲洗，其外形及技术参数见表 15-27。

表 15-27 陶瓷坐便器的外形及技术参数

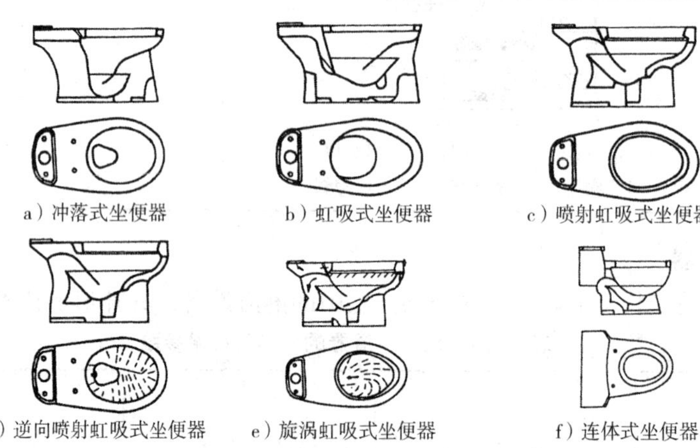

a）冲落式坐便器 b）虹吸式坐便器 c）喷射虹吸式坐便器

d）逆向喷射虹吸式坐便器 e）旋涡虹吸式坐便器 f）连体式坐便器

形式		型号	冲水量/L	外形尺寸/mm	排污口中心距墙/mm	排污口中心距地/mm
连体式	旋涡虹吸式	HDC109	6	760×430×555	300、380	—
		HD3	6	710×440×505	300、370	80
	喷射虹吸式	HDC101①	6	730×465×645	290、370	—
		HDC102①	6	710×420×630	305、380	—
		HDC103①	6 或 3/6	700×380×650	305、308	80、180
	冲落式	HD16W	3/6	700×380×615	220、305、370	—
		HDC107	6	730×420×610	220、300、380	—
		HDC110	3/6	695×395×655	220、305、380	—
		HDC113	6	685×410×645	220、305、380、580	—
	虹吸式	HDC104①	6	7200×440×645	290、360	—
		HDC119①	6	715×450×685	305、400	—
坐箱式	喷射虹吸式	HD11①	6	770×440×775	295、400、480	—
		HDC202①	6	740×440×775	300、400	—
		HDC212①	6	750×405×760	305、380	—
		HDC213①	6	740×415×780	300	—
		HDC226①	6	710×490×820	305	—
		HDC231①	6	760×490×820	305、380	—
		HDC231①	6	760×430×555	305、380	—
		HDC303①	6	730×460×750	300、400	—

（续）

形式		型号	冲水量/L	外形尺寸/mm	排污口中心距墙/mm	排污口中心距地/mm
坐箱式	冲落式	HD6	6	690×435×790	170	190
		HD9	6 或 3/6	740×400×740	100、210、290、390、580	180
		HD15	6 或 3/6	730×390×755	220、280、360	85、180
		HDC201	6 或 3/6	730×405×790	220、300、390	180
		HDC203	6	660×360×815	210、300、390	185
		HDC209	6	695×395×770		190
		HDC215	6	675×365×810		180
		HDC220	6	660×360×785	220、300、380	190
		HD6B	6	645×380×810		190
	虹吸式	HD2①	6	700×390×730	220、300、	80
		HD14①	6	670×380×760	390、370、580	—
		HDC208①	6	680×415×715	305、380	—
		HDC210①	6	685×460×725	305、380	—
		HDC216②	6	730×415×810	305	—
		HDC221	6	699×440×745	305	—
		HDC222	6	685×440×730	305	—
		HDC228①	6	730×415×810	305	—

注：便器排水口尺寸：50mm≤ϕ≤100mm。

①为 ϕ50mm 全瓷通釉大水道。

②为残疾人士设计。

15.3.2　陶瓷坐便器配件

1. 水箱

水箱为各种便器的配套设施，分高水箱和低水箱两种。高水箱挂于蹲便器上部，低水箱位于坐便器后上部。水箱内经常储备一定容量的清水，以供冲洗便器使用。安装时水箱应与各种便器同步安装连接，其外形及技术参数见表 15-28。

表 15-28　水箱的外形及技术参数

品种	示意图	技术参数/mm
壁挂式低位水箱	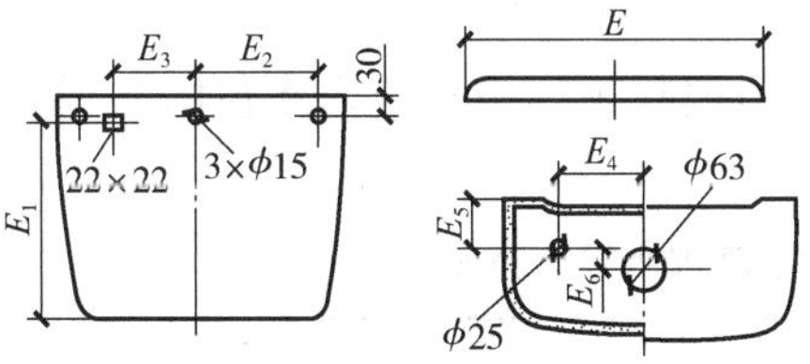 E_3 E_2 30 E_1 22×22 3×ϕ15 E E_4 ϕ63 E_5 E_6 ϕ25	E：≤500 E_1：260、290、320 E_2：150、180 E_3：130～200 E_4：130 E_5：60～70 E_6：30
坐装式低位水箱	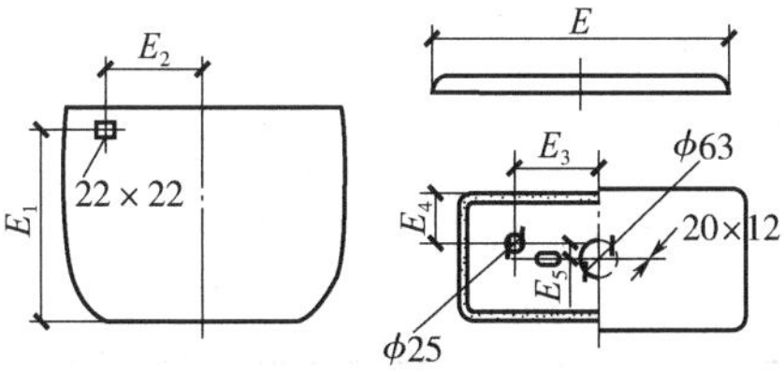 E_2 E_1 22×22 E E_3 ϕ63 E_4 20×12 E_5 ϕ25	E：≤500 E_1：260、290、320 E_2：130～200 E_3：130 E_4：60～70 E_5：30

（续）

品种	示意图	技术参数/mm
高位水箱	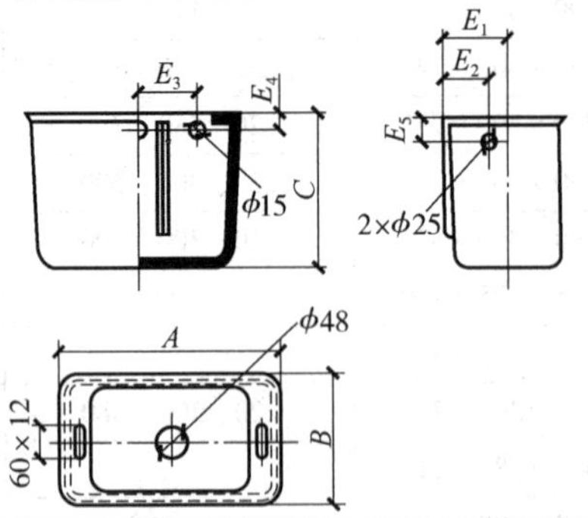	A：420、440 B：240、260 C：280、280 E_1：120、120 E_2：85、85 E_3：115、115 E_4：35、35 E_5：40、40

2. 低水箱及用水管路

低水箱位于坐便器的后上部，是储存水冲洗坐便器的配套水箱。水箱管路系统由多个零部件组成，低水箱的外形及技术参数见表15-29。

表15-29　低水箱的外形及技术参数

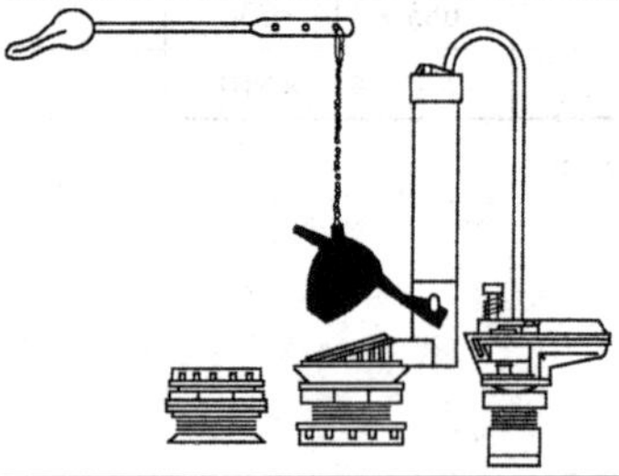

低水箱（坐箱式）		公称压力/MPa	排水管直径/mm	尺寸/mm		
				长度	宽度	高度
		0.6	50	510	250	360
低水箱管件	进出水阀	直径/mm		许用压力/MPa		
	进水阀	15		0.6		
	排水阀	50		—		

3. 低水箱进水阀

低水箱进水阀为低水箱内水量多少的控制阀，按水箱内水位的高低，阀门自动开、关，其外形及技术参数见表15-30。

表15-30　低水箱进水阀的外形及技术参数

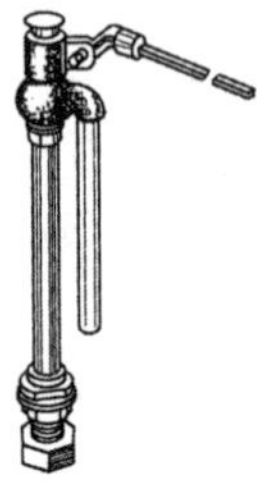	管路直径/mm	15
	允许压力/MPa	0.6

4. 低水箱排水阀

低水箱排水阀为低水箱内的放水阀，应用时，提起便可冲洗大便器，放完水箱的存水后阀门会自动关闭放水通路，其外形及技术参数见表 15-31。

表 15-31　低水箱排水阀的外形及技术参数

外形	管路直径/mm	公称压力/MPa
a）直通式　b）翻板式	50	0.6

5. 大便冲洗阀

大便冲洗阀为一种直接放水冲洗坐便器的用阀，以取代低水箱在坐便器中的应用，其外形及技术参数见表 15-32。

表 15-32　冲洗阀的外形及技术参数

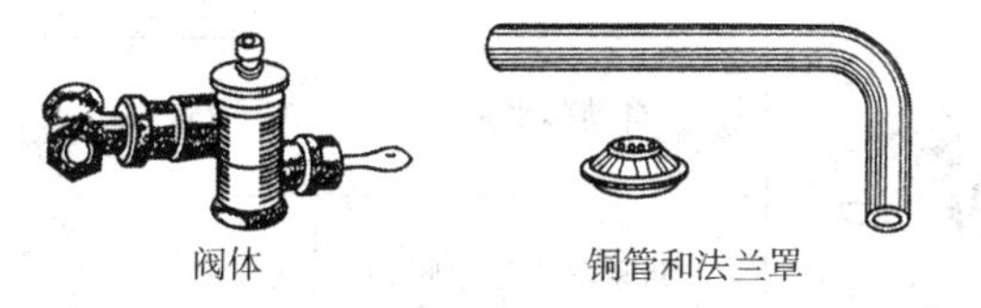

阀体　铜管和法兰罩

阀体公称直径 DN/mm	公称压力/MPa	铜管直径/mm	使用介质
25	0.6	32	水

15.3.3　蹲便器及配件

1. 蹲便器

蹲便器为一种供使用者蹲着进行大小便的便器，其外形及技术参数见表 15-33。

表 15-33　蹲便器外形及技术参数

品种	示意图	技术参数/mm
普通无挡式蹲便器		A：550、640 A_1：540、630 B：320、340 C：275、300 D：ϕ110 E：45、45
带脚踏无挡式蹲便器		A：600 B：430 C：285 D：ϕ110 E：45

（续）

品种	示意图	技术参数/mm
有挡式蹲便器	存水深8~12	A：610 A_1：590 B：280、260 C：200 D：ϕ120 E：430 E_1：60

2. 自动落水芯子和自动落水进水阀

自动落水芯子和自动落水进水阀安装在自动落水高位水箱中，利用虹吸原理来实现自动放水或自动关闭通路，其外形及技术参数见表 15-34。

表 15-34　自动落水芯子和自动落水进水阀的外形及技术参数

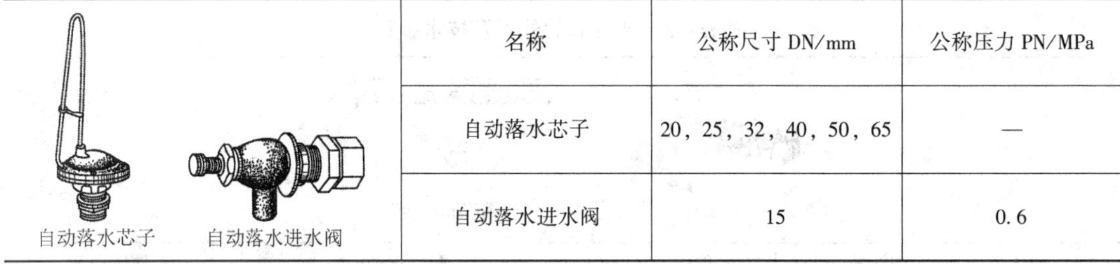

示意图	名称	公称尺寸 DN/mm	公称压力 PN/MPa
自动落水芯子　自动落水进水阀	自动落水芯子	20，25，32，40，50，65	—
	自动落水进水阀	15	0.6

3. 虹吸式高水箱附件

虹吸式高水箱用于蹲便器的自动进水和手动放水，由拉手、浮球阀、浮球、冲洗管和里套等组成，其外形及技术参数见表 15-35。

表 15-35　虹吸式高水箱附件的外形及技术参数　（单位：mm）

虹吸式高水箱配件　拉手结构	拉手	
	拉杆长度	280
	链条长度	530

浮球									
球阀直径	100	150	200	225	250	300	375	450	600
适用球阀规格 DN	15	20	25	32	40	50	65	80	100

4. 高水箱排水阀

高水箱排水阀用于控制高水箱中放水通路的启闭。当向上提起时，可立即打开通路放水冲洗蹲便器；水箱的存水放完后，阀门会自动关闭放水通路，其外形及技术参数见表 15-36。

表 15-36　高水箱排水阀的外形及技术参数

公称尺寸 DN/mm	公称压力 PN/MPa
32	0.6

5. 脚踏阀

脚踏阀安装在自来水管路上，或装于蹲便器、坐便器的给水通路上。用于放水冲洗蹲、坐便器，其外形及技术参数见表 15-37。

表 15-37　脚踏阀的外形及技术参数

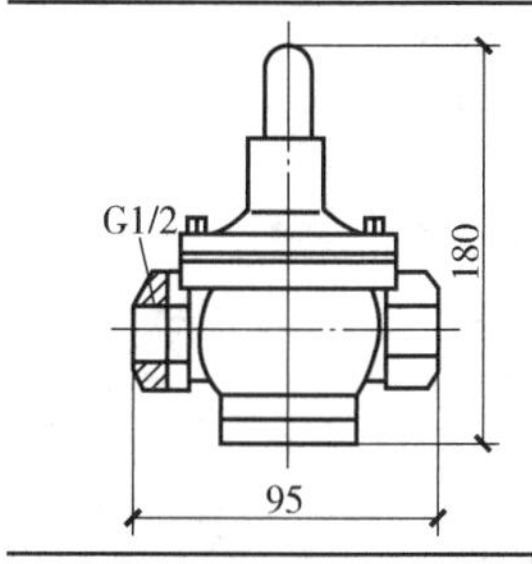

型号	公称直径/mm	公称压力 PN/MPa	工作温度/℃ ≤
可锻铸铁踏阀	15	0.6	50
TF-Ⅱ型踏阀	15，20，25	0.6	50
踏阀	15	0.6	50
全铜踏阀	15	0.6	50

6. 自动冲洗器

自动冲洗器是应用红外感应技术，自动冲洗便器的装置。集光、电、机于一体，设计独特，分为挂式、立式、槽式等，主要适用于工矿、机关、学校、宾馆、公厕等公共卫生场所的自动冲洗，其外形结构及技术参数见表 15-38。

表 15-38　自动冲洗器的外形及技术参数

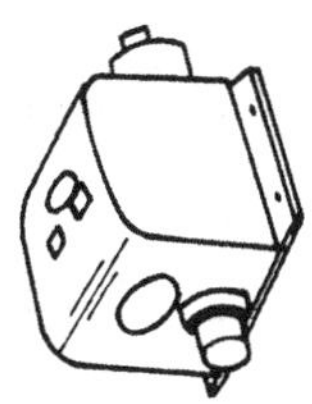
TLX-02L挂式、立式自动冲洗器

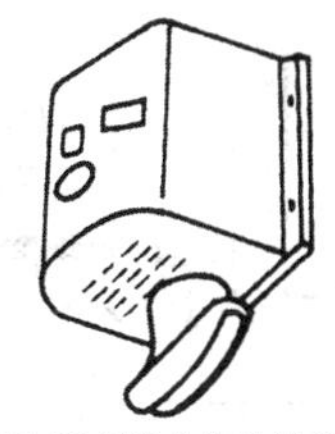
TLX-02C槽式自动冲洗器

型号	进水口外径/mm	工作灵敏度/s	控制距离/mm	工作电压/V	工作水压/MPa
TLX-02L	26.75（G3/4）	1/4	350～400	AC170～253	0.02～0.8
TLX-02C	26.75（G3/4）	1/10	500～550	AC170～253	0.02～0.8

15.3.4　小便器及五金配件

1. 小便器

小便器通常安装于公共厕所男用卫生间或家庭卫生间内，其外形及技术参数见表 15-39。

表 15-39　小便器的外形及技术参数

品种	示意图	技术参数/mm
斗式小便器		A：340 B：270 C：490 D_1：ϕ35 D_2：ϕ50 E_1：38 E_2：70 F_1：25 F_2：30 G：42
壁挂式小便器		A：330 B：310 C：615 D：ϕ55 E_1：490 E_2：490 E_3：200 E_4：65 E_5：50 F_1：13 F_2：25 G：100
落地式小便器		A：410、330 B：360、375 C：1000、900 D：ϕ100、 d：ϕ70 E_1：60 E_2：150

2. 小便器鸭嘴与小便器落水

小便器鸭嘴安装于立式小便器下部，用于冲洗落地式小便器；小便器落水安装在斗式小便器下部，用于排泄污水并防止废气回升，其外形及技术参数见表 15-40。

表 15-40　小便器鸭嘴与小便器落水的外形及技术参数

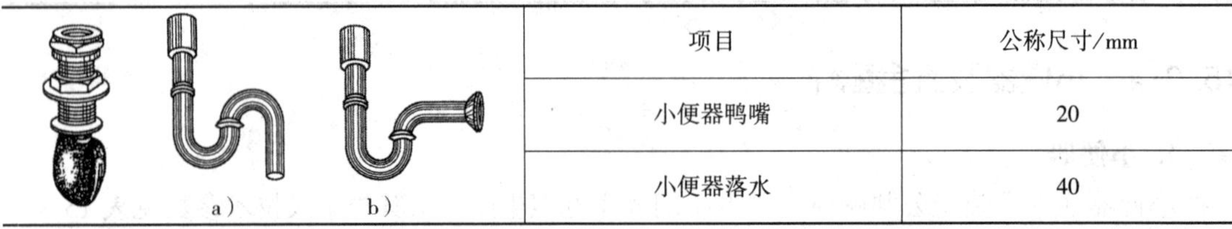

项目	公称尺寸/mm
小便器鸭嘴	20
小便器落水	40

3. 小便器附件

小便器附件安装在小便器上方，是用于冲洗小便池的配件，其外形及技术参数见表15-41。

表15-41　小便器附件的外形及技术参数

a)　b)		
	结构类型	手揿式
		手开式
	公称直径/mm	20

4. 小便器自动冲洗阀

小便器自动冲洗阀采用红外感应技术，分为人到冲水和人离冲水两种，性能稳定可靠，具有卫生、节水、方便等特点，其外形及技术参数见表15-42。

表15-42　小便器自动冲洗阀的外形及技术参数

水源接头 电源接线 小便器	型号	放水阀		排水阀	公称压力/MPa	使用介质	工作距离/m
		G	DN/mm	DN/mm			
	G-7021	G½	15	50	0.5	冷水	0.6

5. 小便器自动冲洗器

小便器自动冲洗器安装于冲洗管与自动冲洗水箱之内，自动定时排水冲洗小便器，其外形及技术参数见表15-43。

表15-43　小便器自动冲洗器的外形及技术参数

H H_1	型号	公称直径DN/mm	D	d/mm	H/mm	H_1/mm
	0201-32	32	G1½	32	205	40
	0201 50	50	C2	50	294	50

15.4　卫生洁具其他配件

15.4.1　卫生洁具排水配件

卫生洁具排水配件按材质分为铜材质、塑料材质和不锈钢材质三类；按用途分为洗面器排水配件、普通洗涤槽排水配件、浴盆排水配件、小便器排水配件和净身器排水配件；存水弯管的结构分为 P 型和 S 型。卫生洁具排水配件的结构形式不作统一规定。

1. 洗面器排水配件的结构及技术参数（表 15-44）。

表 15-44 洗面器排水配件的结构及技术参数

图示	技术参数	
	代号	尺寸/mm
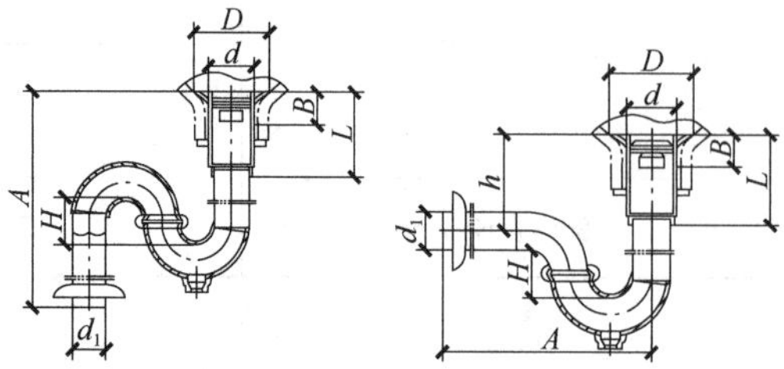 S型　P型	A	150～250（P 型） ≤550（S 型）
	B	≤35
	D	ϕ58～65
	d	ϕ32～45
	L	≥65
	H	≥50
	d_1	ϕ30～33
	h	120～200

2. 浴盆排水配件的结构及技术参数（表 15-45）

表 15-45 浴盆排水配件的结构及技术参数

图示	技术参数	
	代号	尺寸/mm
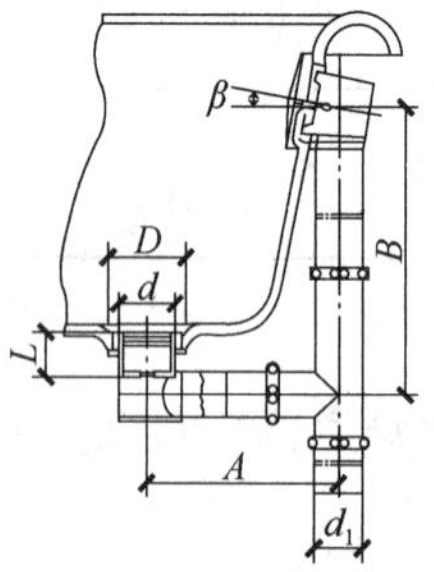	A	150～350
	B	250～450
	D	ϕ60～70
	d	≤50
	d_1	ϕ30～38
	L	≥30
	β	10°

3. 小便器排水配件的结构及技术参数（表 15-46）

表 15-46 小便器排水配件的结构及技术参数

形式	图示	技术参数	
		代号	尺寸/mm
斗式配件	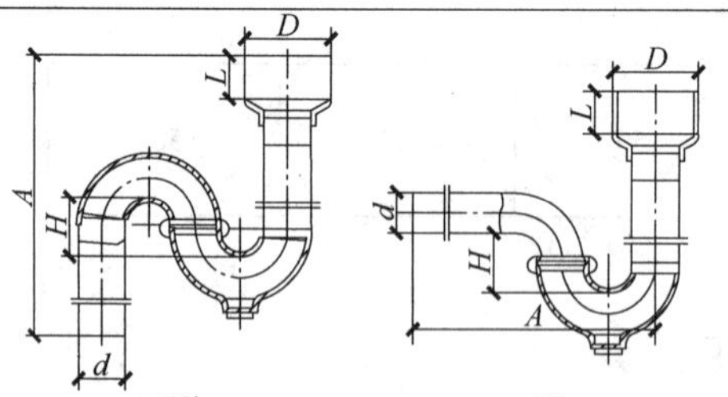 S型　P型	A	≥120（P 型） ≥500（S 型）
		D	≥ϕ55
		d	ϕ30～33
		L	28～45
		B	≥120
		H	≥50
落地式配件	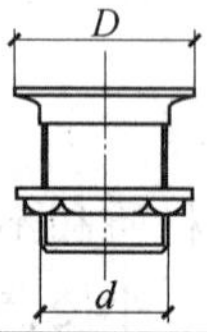	D	G2
		d	≤ϕ100

（续）

形式	图示	技术参数	
		代号	尺寸/mm
壁挂式配件		*A*	≥100
		B	≥435
		C	G2

4. 洗涤槽排水配件的结构及技术参数（表 15-47）

表 15-47 洗涤槽排水配件的结构及技术参数

图示	技术参数	
	代号	尺寸/mm
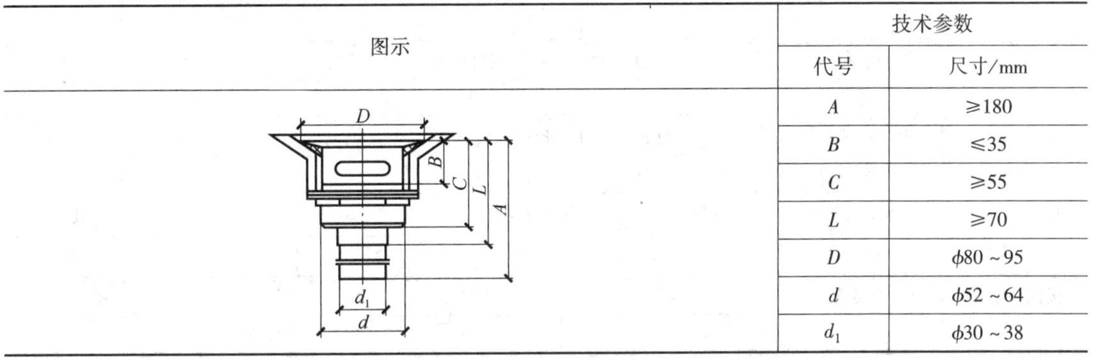	*A*	≥180
	B	≤35
	C	≥55
	L	≥70
	D	ϕ80～95
	d	ϕ52～64
	d_1	ϕ30～38

5. 净身器排水配件的结构及技术参数（表 15-48）

表 15-48 净身器排水配件的结构及技术参数

图示	技术参数	
	代号	尺寸/mm
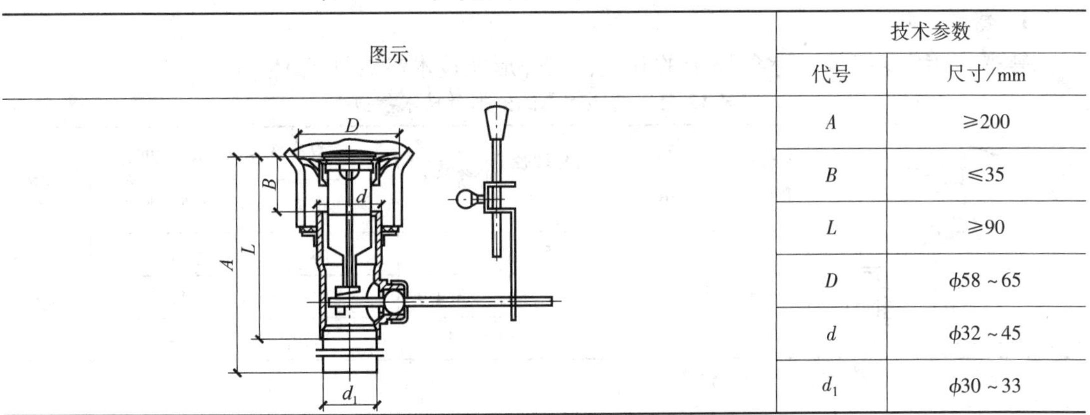	*A*	≥200
	B	≤35
	L	≥90
	D	ϕ58～65
	d	ϕ32～45
	d_1	ϕ30～33

15.4.2 水槽

水槽一般安装于卫生间内或公共场所，用于洗手或洗涤物件，其外形及技术参数见表 15-49。

表 15-49 水槽的外形及技术参数 （单位：mm）

外形	型号	1#	2#	3#	4#	5#	6#	7#	8#
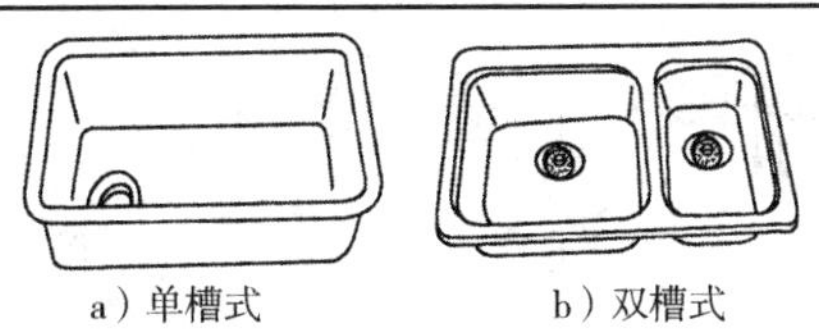a）单槽式 b）双槽式	长度	610	610	510	610	410	610	510	410
	宽度	460	410	360	410	310	460	360	310
	高度	200	200	200	150	200	150	150	150

15.4.3 水嘴

水嘴又称水龙头，是在以水为介质，公称压力不大于1MPa，水温不大于90℃的条件下，实现启、闭及控制出水流量和水温度的一种装置。适用于建筑物和厨房的冷、热水管路上的水流控制。水嘴的类型很多，按控制方式分为：单柄单控、单柄双控、双柄双控；按阀体材料分为：铜合金、不锈钢、塑料及其他；按适用设施分为：普通水嘴、洗涤水嘴、放水水嘴等；按公称通径为：DN15、DN20、DN25；按冷、热水联体阀的档距为：100mm、150mm、200mm。水嘴的类型及代号（QB/T 1334—2004）见表15-50。

表15-50　水嘴的类型与代号

按控制方式分类	控制方式	单柄控制	双柄控制	肘控制	脚踏控制	感应控制	手揿控制	电子控制
	代号	1	2	3	4	5	6	7

按密封件材料分类	材料名称	橡胶	工程塑料	铜合金	陶瓷	不锈钢	其他
	代号	J	S	T	C	B	Q

按启闭结构分类	启闭结构	螺旋升降式	柱塞式	弹簧式	平面式	圆球式	铰链式	其他
	代号	L	S	T	P	Y	J	Q

按阀体安装形式分类	阀体安装形式	台式明装	台式暗装	壁式明装	壁式暗装	其他
	代号	1	2	3	4	5

按阀体材料分类	阀体材料	铜合金	不锈钢	塑料	其他
	代号	T	B	S	Q

按适用设施分类	适用设施	普通水嘴	洗面器	浴缸	洗涤	便池	净身	沐浴	洗衣机	其他
	代号	P	M	Y	D	B	C	L	F	Q

1. 普通水嘴

普通水嘴安装于自来水管路上的开关，其外形及技术参数见表15-51。

表15-51　普通水嘴的外形及技术参数

公称压力 PN/MPa	使用温度/℃	公称通径 DN/mm	管螺纹/in	螺纹有效长度 L_{emin}/mm 圆柱管螺纹	螺纹有效长度 L_{emin}/mm 圆锥管螺纹	L_{min}/mm
0.6	50	15	1/2	10	11.4	55
		20	3/4	12	12.7	70
		25	1	14	14.5	80

注：阀体材料为可锻铸铁、灰铸铁、铜合金。

2. 接管水嘴

接管水嘴是安装于自来水管路上的开关，可连接输送胶管将水输送到较远的地方，其外形及技术参数见表15-52。

表15-52　接管水嘴的外形及技术参数

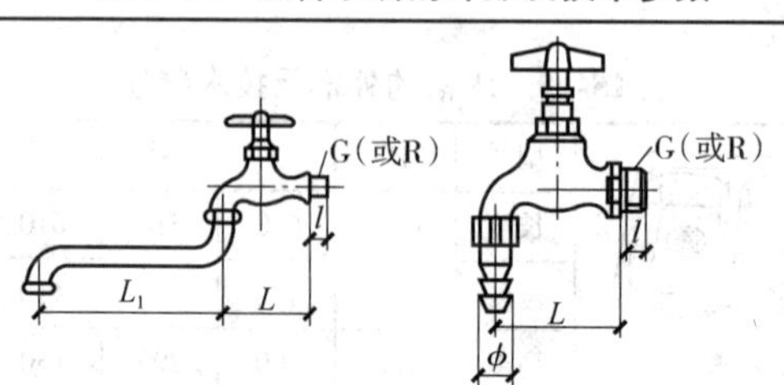

（续）

公称压力 PN /MPa	使用温度 /℃	公称通径 DN /mm	管螺纹 /in	螺纹有效长度 L_{emin}/mm		L_{1min}/mm	L_{emin}/mm	ϕ/mm
				圆柱管螺纹	圆锥管螺纹			
0.6	50	15	1/2	10	11.4	170	55	15
		20	3/4	12	12.7		70	21
		25	1	14	14.5		80	28

3. 洗面器水嘴

洗面器水嘴安装于洗面器管路上控制冷、热水的开关，其外形及技术参数见表 15-53。

表 15-53　洗面器水嘴的外形及技术参数　（单位：mm）

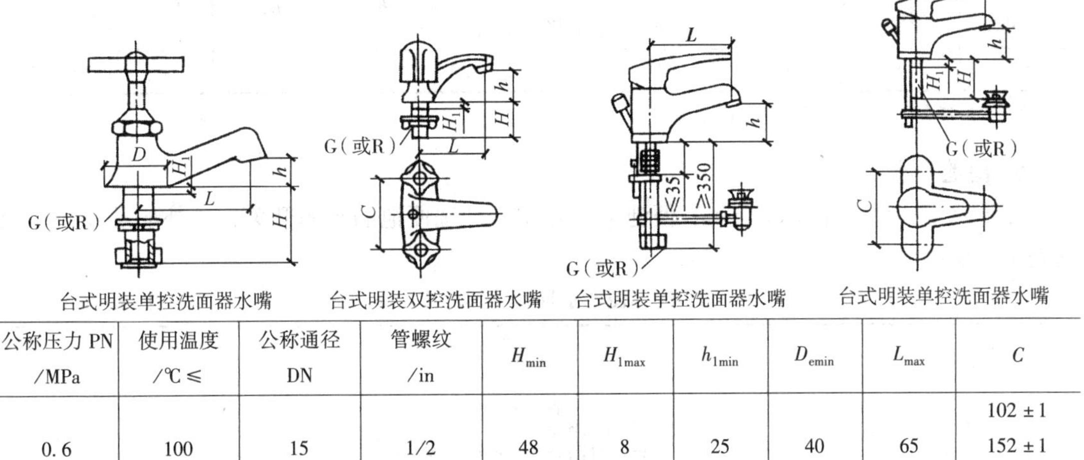

公称压力 PN /MPa	使用温度 /℃ ≤	公称通径 DN	管螺纹 /in	H_{min}	H_{1max}	h_{1min}	D_{emin}	L_{max}	C
0.6	100	15	1/2	48	8	25	40	65	102 ±1 152 ±1 204 ±1

4. 浴缸水嘴

浴缸水嘴为浴缸配套件，是冷、热水源的开关。分为壁式明装和壁式暗装，其外形及技术参数见表 15-54。

表 15-54　浴缸水嘴的外形及技术参数　（单位：mm）

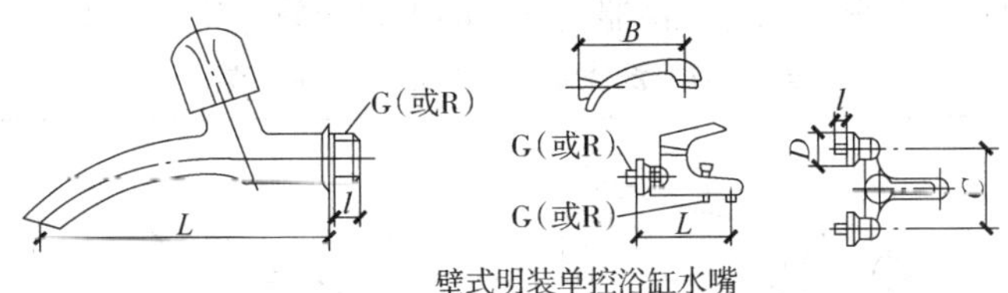

壁式明装单控浴缸水嘴

公称压力 PN /MPa	使用温度 /℃ ≤	公称通径 DN	管螺纹 /in	螺纹 $l_{有效长度}$			B_{min}		D_{max}	L_{max}	C
				混合	非混合		壁式明装	壁式暗装			
					圆柱螺纹	锥螺纹					
0.6	100	15	1/2	3	3	3	120	150	45	120	150 ±30
		20	3/4	15	12.7	14.5	120	150	50	120	

注：沐浴喷头软管长度不小于 1350mm。

5. 淋浴水嘴

淋浴水嘴安装于公共浴室或各类卫生间淋浴器管路上用于开关冷、热水，其外形及技术参数见表 15-55。

表 15-55　淋浴水嘴的外形及技术参数　（单位：mm）

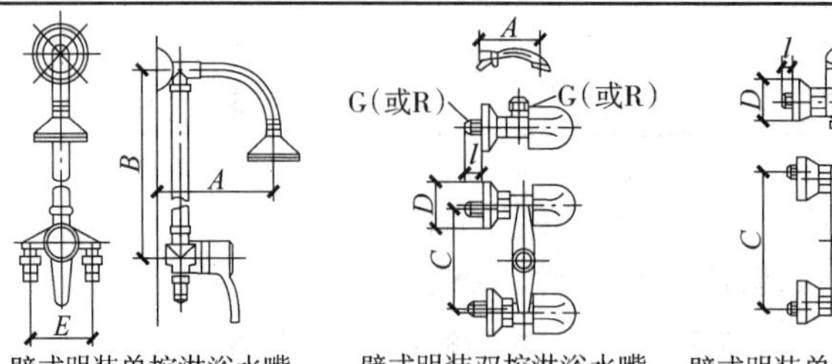

壁式明装单控淋浴水嘴　壁式明装双控淋浴水嘴　壁式明装单控淋浴水嘴

公称压力 PN /MPa	使用温度 /℃	公称通径 DN	螺纹尺寸 /in	A_{min}		B_{1max}	E_{min}	D_{emin}	C
				非移动	移动				
0.6	100	15	1/2	395	120	1015	95	45	150 ± 30

注：沐浴喷头软管长度不小于 1350mm。

6. 便池水嘴

便池水嘴安装于卫生间与陶瓷便池上，是用于冲洗便池的水源开关，其外形及技术参数见表 15-56。

表 15-56　便池水嘴的外形及技术参数　（单位：mm）

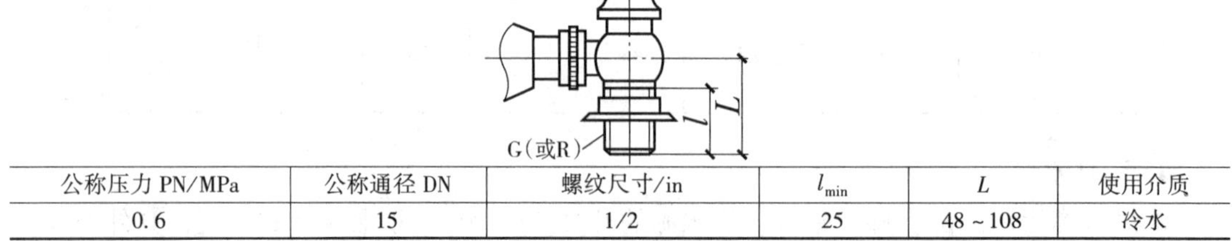

公称压力 PN/MPa	公称通径 DN	螺纹尺寸/in	l_{min}	L	使用介质
0.6	15	1/2	25	48 ~ 108	冷水

注：制造材料为铜合金，表面镀铬。

7. 洗涤水嘴

洗涤水嘴是安装于卫生间与陶瓷洗涤器配套件的水源开关，其外形及技术参数见表 15-57。

表 15-57　洗涤水嘴的外形及技术参数　（单位：mm）

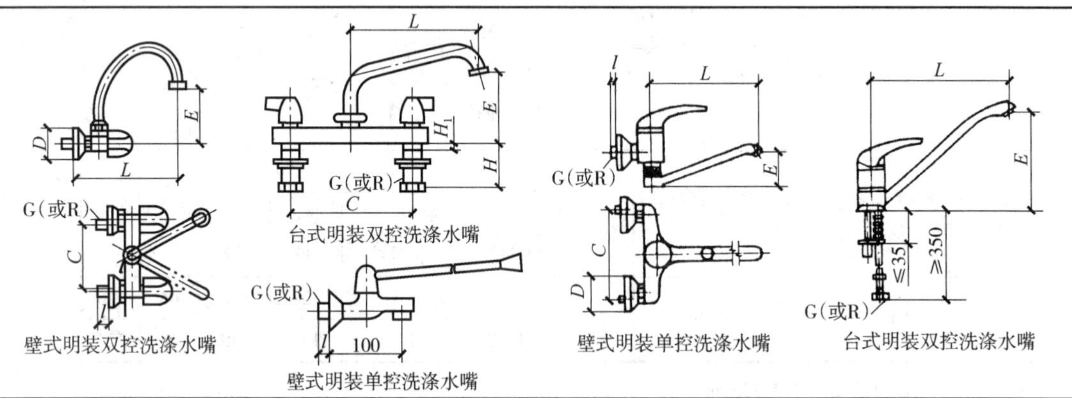

壁式明装双控洗涤水嘴　台式明装双控洗涤水嘴　壁式明装单控洗涤水嘴　壁式明装单控洗涤水嘴　台式明装双控洗涤水嘴

（续）

公称压力 PN/MPa	使用温度/℃ ≤	公称通径 DN	螺纹尺寸/in	H_{min}	H_{1max}	E_{min}	D_{emin}	L_{max}	C	L_{min}		
										混合水嘴	非混合水嘴	
											圆柱	圆锥
0.6	100	15	1/2	48	8	25	45	170	102 ±1 152 ±1 204 ±1	15	12.7	14.5

注：制造材料为铜合金，表面镀铬。

8. 洗衣机水嘴

洗衣机水嘴安装于放置洗衣机的墙壁上。水嘴的端部有管接头，是可与洗衣机配套连接的水源开关，其外形及技术参数见表15-58。

表15-58　洗衣机水嘴的外形及技术参数　（单位：mm）

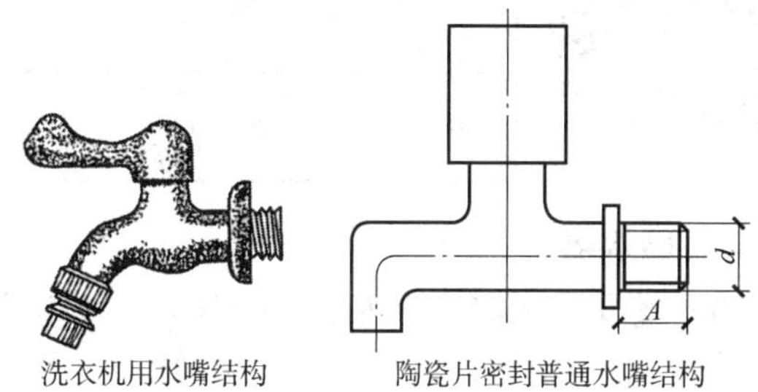

洗衣机用水嘴结构　　陶瓷片密封普通水嘴结构

公称压力 PN/MPa	公称通径 DN	使用介质
0.6	15	冷水

9. 水质化验水嘴

水质化验水嘴为化验水盆或水槽瓶的水源开关，套上胶管可以冲洗药瓶、试管等，其外形及技术参数见表15-59。

表15-59　化验水嘴的外形及技术参数　（单位：mm）

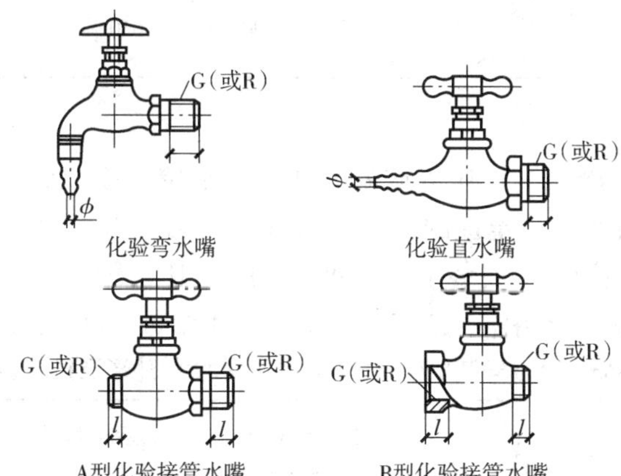

化验弯水嘴　　化验直水嘴

A型化验接管水嘴　　B型化验接管水嘴

公称压力 PN/MPa	公称通径 DN	螺纹尺寸/in	螺纹 $l_{有效}$		接管水嘴内径 ϕ
			圆柱管螺纹	圆锥管螺纹	
0.6	15	1/2	10	11.4	12

注：制造材料为铜合金，表面镀铬。

10. 铜热水嘴

铜热水嘴可以安装于锅炉或热水桶上作为放水铜热开关，其外形及技术参数见表15-60。

表15-60 铜热水嘴的外形及技术参数 （单位：mm）

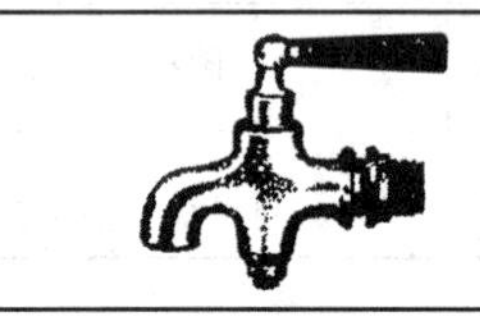

公称压力 PN/MPa	公称通径 DN	适用温度/℃
0.6	15 20 25	50

注：制造材料为铜合金。

11. 回转式水嘴

回转式水嘴是安装在家具槽自来水管路上的放水开关，其外形及技术参数见表15-61。

表15-61 回转式水嘴的外形及技术参数

型号	公称直径 DN/mm	公称压力 PN/MPa	工作温度/℃
G-0851	15，20	0.59	≤50

12. 单联、双联、三联化验水嘴

单联、双联、三联化验水嘴安装在实验室内的化验盆上，作为放水的开关设备，其外形及技术参数见表15-62。

表15-62 单联、双联、三联化验水嘴的外形及技术参数

型号	总高度/mm	公称直径/mm	公称压力/MPa
单联	>450	15	0.6
双联、三联	650		

单联 双联 三联

13. 温控水嘴

温控水嘴是当进水（冷、热）压力或温度在一定范围内变化时，其出水温度自动受预选温度控制仍保持某种程度的稳定性的水嘴。适宜在公称压力不大于0.5MPa，热水温度不大于85℃的技术条件下使用，常安装于洗手间或厨房等卫生设施上。

（1）外墙安装双柄双控淋浴温控水嘴的外形及技术参数（表15-63）

表15-63 外墙安装双柄双控淋浴温控水嘴的外形及技术参数 （单位：mm）

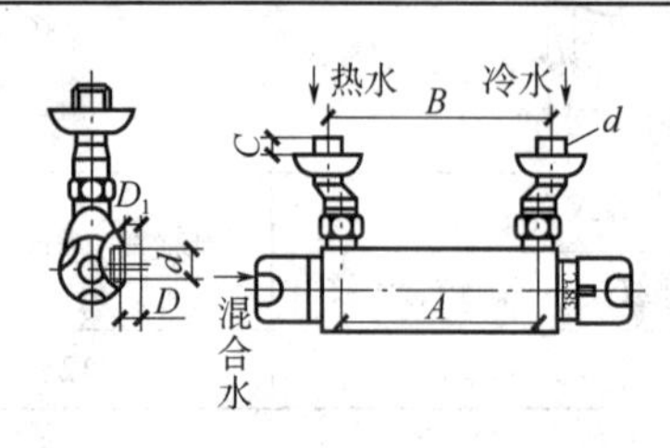

DN	螺纹尺寸代号	A	B
15	G1/2B	150	120～180

C	D	D_1
≥14	≥9.5	≥7.5

（2）外墙安装双柄双控浴缸、淋浴温控水嘴的外形及技术参数（表15-64）

表15-64　外墙安装双柄双控浴缸、淋浴温控水嘴的外形及技术参数　（单位：mm）

DN	螺纹尺寸代号	A	B
15	G1/2B	150	120～180
C	D	D_1	A_1
≥14	≥9.5	≥7.5	≥110

（3）双柄双控温控洗涤水嘴的外形及技术参数（表15-65）

表15-65　双柄双控温控洗涤水嘴的外形及技术参数　（单位：mm）

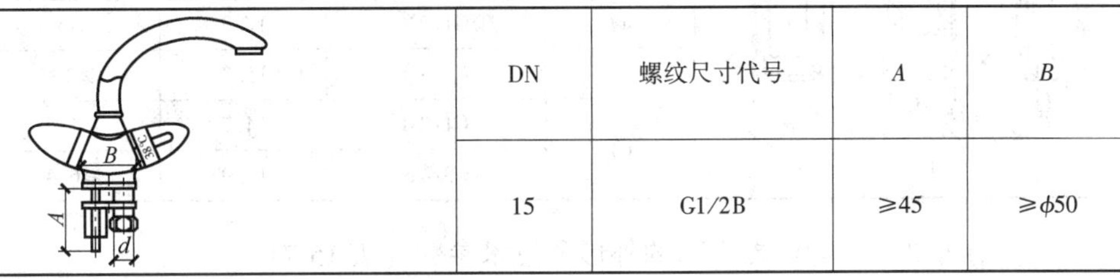

DN	螺纹尺寸代号	A	B
15	G1/2B	≥45	≥ϕ50

（4）单柄双控温控面盆水嘴的外形及技术参数（表15-66～表15-68）

表15-66　单柄双控温控面盆水嘴的外形及技术参数（一）　（单位：mm）

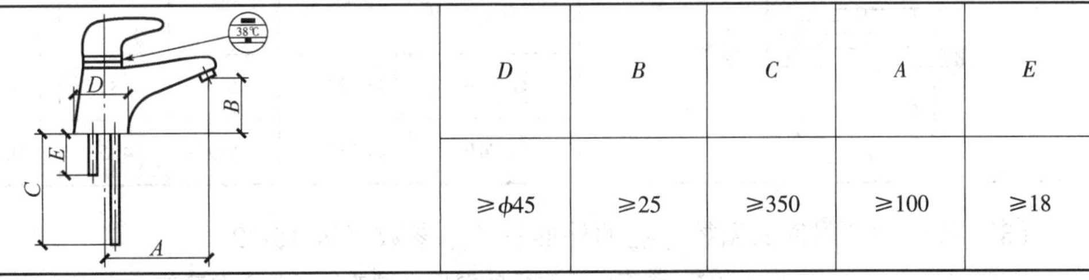

D	B	C	A	E
≥ϕ45	≥25	≥350	≥100	≥18

表15-67　单柄双控温控面盆水嘴的外形及技术参数（二）　（单位：mm）

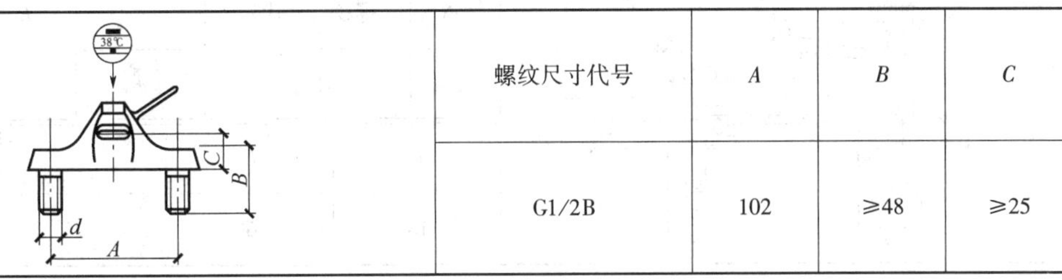

螺纹尺寸代号	A	B	C
G1/2B	102	≥48	≥25

表15-68　单柄双控温控面盆水嘴的外形及技术参数（三）　（单位：mm）

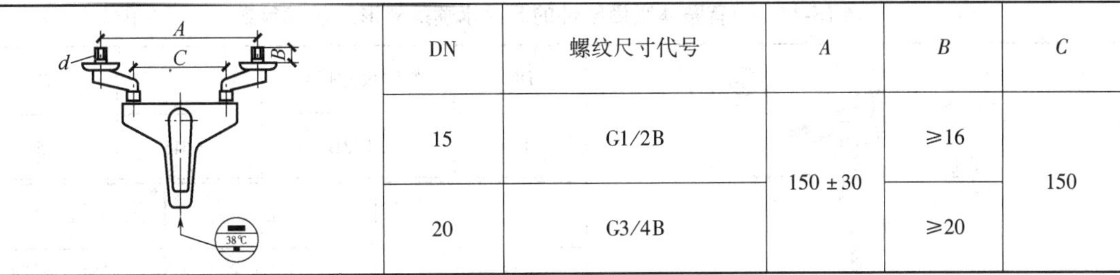

DN	螺纹尺寸代号	A	B	C
15	G1/2B	150±30	≥16	150
20	G3/4B		≥20	

（5）单柄双控温控洁身器水嘴的外形及技术参数（表15-69）

表 15-69　单柄双控温控洁身器水嘴的外形及技术参数　　（单位：mm）

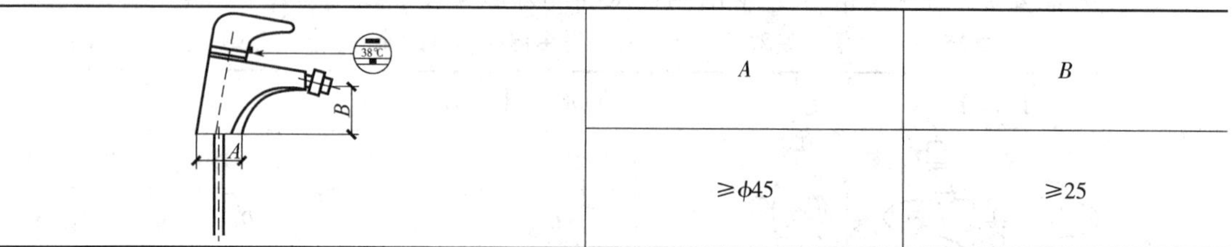

A	B
≥ϕ45	≥25

（6）连接末端尺寸的外形及技术参数（表 15-70）

表 15-70　连接末端尺寸的外形及技术参数　　（单位：mm）

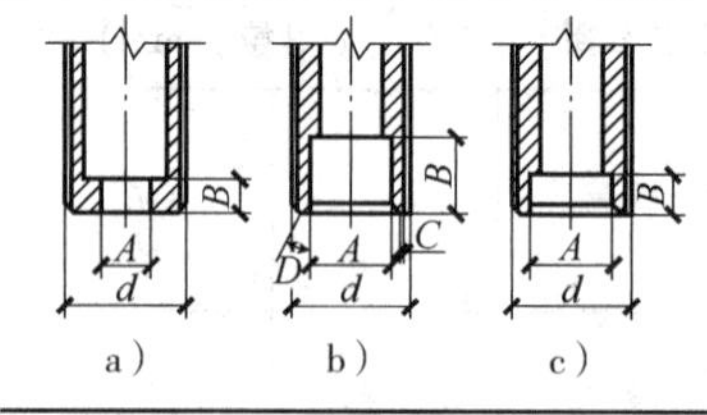

图序号	螺纹尺寸代号	A	B	C
a）	G1/2B	12.3	≥5	—
b）	G1/2B	15.2	≥13	≥0.3
c）	G1/2B	14.7	≥6.4	—
	G3/4B	19.9	≥6.4	

（7）有外螺纹的起泡器水嘴的外形及技术参数（表 15-71）

表 15-71　有外螺纹的起泡器水嘴的外形及技术参数　　（单位：mm）

图	螺纹尺寸代号	P	X	Y	S	R
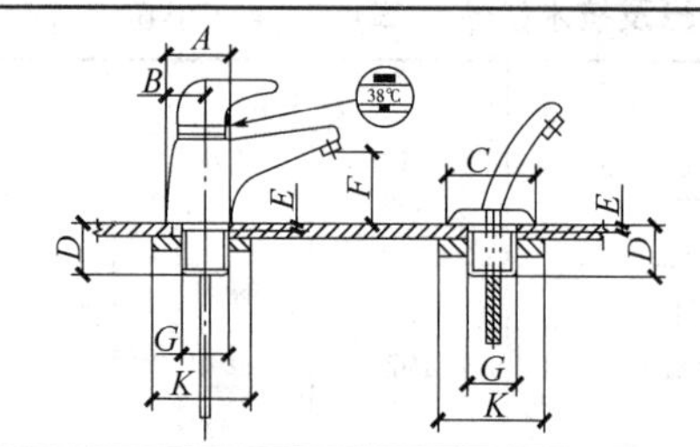	G1/2B	≥ϕ24.2	ϕ17	3	4.5	4.5
	G3/4B	≥ϕ24.3	ϕ19	4.5	9.5	6

（8）带有喷洒附件的温控水嘴的外形及技术参数（表 15-72）

表 15-72　带有喷洒附件的温控水嘴的外形及技术参数　　（单位：mm）

DN	螺纹尺寸代号	A	B	C
15	G1/2B	≥ϕ45	25	≥ϕ42

D	E	F	K
18	6	≥25	50

（9）带有整体喷洒附件的温控水嘴的外形及技术参数（表 15-73）

表 15-73　带有整体喷洒附件的温控水嘴的外形及技术参数　　（单位：mm）

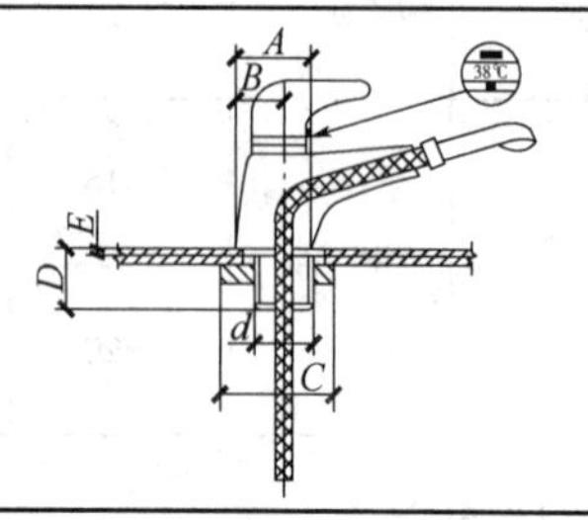

DN	螺纹尺寸代号	A	B
15	G1/2B	≥ϕ45	25

C	D	E
≥ϕ45	18	6

（10）带喷枪附件长距离出水口的温控水嘴的外形及技术参数（表 15-74）

表 15-74　带喷枪附件长距离出水口的温控水嘴的外形及技术参数　（单位：mm）

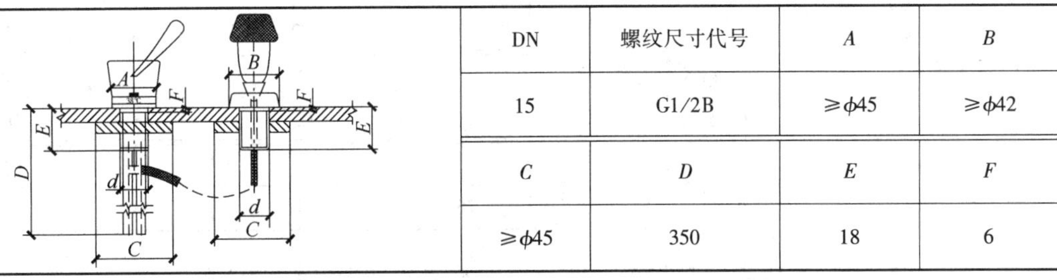

DN	螺纹尺寸代号	*A*	*B*
15	G1/2B	≥ϕ45	≥ϕ42
C	*D*	*E*	*F*
≥ϕ45	350	18	6

（11）分离式长距离出水口的温控水嘴的外形及技术参数（表 15-75）

表 15-75　分离式长距离出水口的温控水嘴的外形及技术参数　（单位：mm）

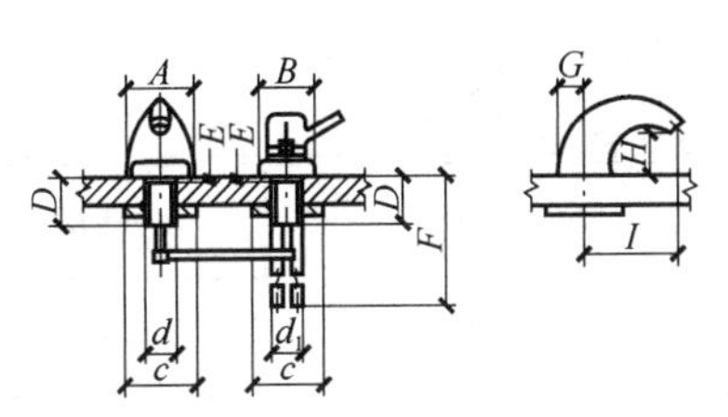

DN	螺纹尺寸代号	*A*	*B*
15	G1/2B	≥ϕ45	≥ϕ45
C	*D*	*E*	*F*
≥ϕ50	15	6	350
G	*H*	*I*	
32	≥25	33	

（12）没有流量控制装置的管路安装温控阀的外形及技术参数（表 15-76）

表 15-76　没有流量控制装置的管路安装温控阀的外形及技术参数　（单位：mm）

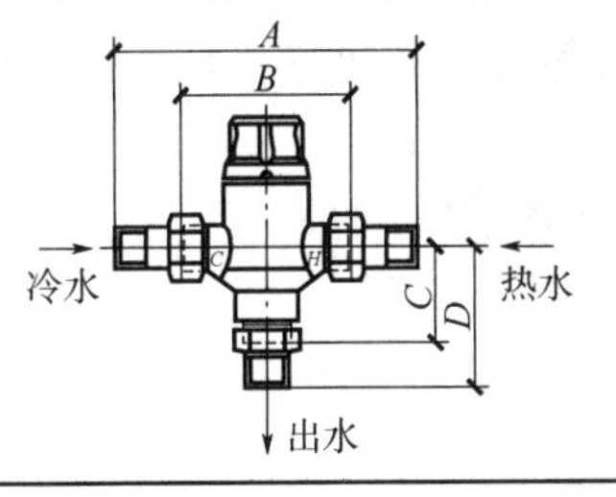

DN	*A*	*B*	*C*	*D*
15	160	77	51	69
20	180	77	51	80

（13）墙内安装淋浴温控水嘴的外形及技术参数（表 15-77）

表 15-77　墙内安装淋浴温控水嘴的外形及技术参数　（单位：mm）

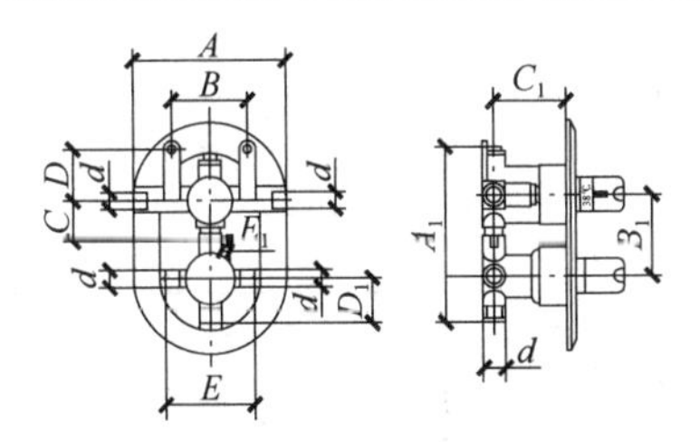

DN	螺纹尺寸代号	*A*	*B*
15	G1/2B	150	70
C	*D*	*E*	*F*
40	32	100	25
A_1	B_1	C_1	D_1、E_1
165	76	75	50

（14）墙内安装浴缸、淋浴两用温控水嘴的外形及技术参数（表 15-78）

表 15-78　墙内安装浴缸、淋浴两用温控水嘴的外形及技术参数　（单位：mm）

DN	螺纹尺寸代号	A	B
15	G1/2B	156	70
C	D	E	A_1
50	32	88	158
B_1	C_1	D_1	E_1
76	75	44	19

（15）暗装集温控和流量调节于一体的温控水嘴的外形及技术参数（表 15-79）

表 15-79　暗装集温控和流量调节于一体的温控水嘴的外形及技术参数（单位：mm）

DN	螺纹尺寸代号	A
15	G1/2B	150
B	C	D
29	ϕ150	ϕ15

14. 人体感应晶体管自动水龙头

人体感应晶体管自动水龙头的自动装置是利用晶体管元件组成，可以控制水龙头（即电磁阀）自动开关。当洗手时，只要把水伸向水龙头，水就会自动流出，当人体或手离开水龙头时，水就会自动停止。适用于医院、饭店、旅馆及各类公共建筑，其外形及技术参数见表 15-80。

表 15-80　人体感应晶体管自动水龙头的外形及技术参数

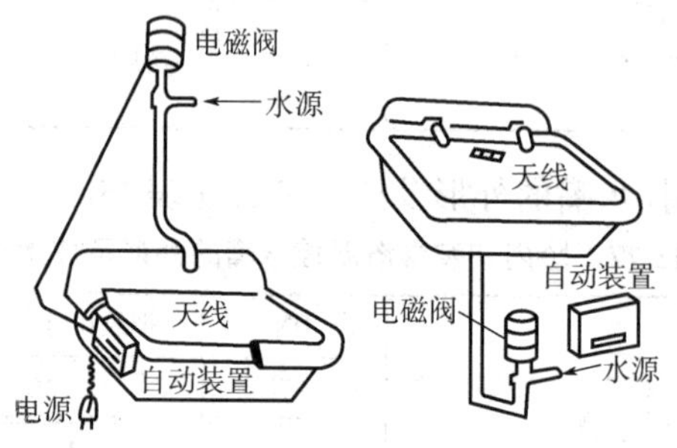

型号	电压/V	静态耗电/W	水管管径/in	电磁阀吸力/N
JZS-1	220	1.5	1	≥50
JZS-¾	220	1.5	¾	≥40
JZS-½	220	1.5	½	≥40

15. 感应温控水嘴（QB/T 4000—2010）

感应温控水嘴适宜在公称压力不大于 0.45MPa，热水温度不大于 85℃的条件下使用，安装在盥洗室（洗手间、浴室）、厨房、医院、宾馆等场所的卫生设施上，采用感应开关控制，以电动阀控制水流通断。出水口温度自动受预选温度控制，其外形及分类方法见表 15-81。

表 15-81　感应温控水嘴的外形及分类方法

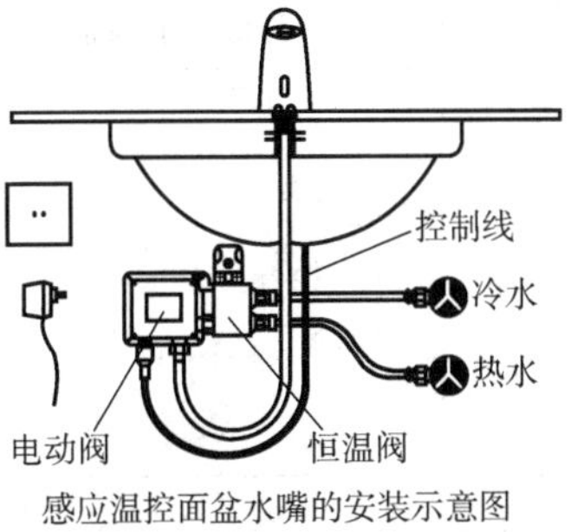

控制线 冷水 热水 电动阀 恒温阀 感应温控面盆水嘴的安装示意图	分类方法	形式
	按控制温度类型分类	恒温式、衡压式、恒温衡压式
	按使用场合分类	淋浴、洗涤、面盆、净水器、其他
	按结构形式分类	分体式、一体式
	按使用压力分类	普通水压、低水压

注：控制器由传感器智能化逻辑处理驱动电源等电子电路组成，是能控制电动阀通断的封闭整件。

16. 全自动洗手器

全自动洗手器采用了红外线技术，集光、电、机于一体。当手靠近水嘴时，通过自动红外线控制探头，可自动出水。适用于宾馆、厂矿、学校、医院、公厕等场所，其外形及技术参数见表 15-82。

表 15-82　全自动洗手器的外形及技术参数

TLX-01型	进水口外径/mm	工作灵敏度/s	控制距离/mm	工作电压/V	工作水压/MPa
	26.75（G3/4）	1/10	≤120	170～253	0.02～0.80

17. 电热烘手器

电热烘手器安装于卫生间或公共场所，用于洗手后烘干。使用时，将手置于烘干器出风口，烘手器立即起动，自动执行烘干任务。适用于家庭、宾馆、厂矿、学校、医院、公厕等场所，其外形及技术参数见表 15-83。

表 15-83　电热烘手器的外形及技术参数

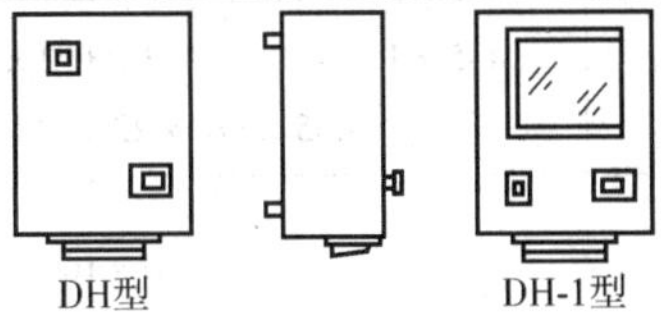

DH型　DH-1型

功率/W	电压/V	出风口温度/℃
200	220	50～70

15.4.4　卫生间配件

1. 陶瓷卫生间配件

陶瓷卫生间配件具有造型新颖、釉面光滑、经济适用等特点，适用于住宅、宾馆卫生间等装配，其外形及技术参数见表 15-84。

表 15-84　陶瓷卫生间配件的外形及技术参数

品种	示意图	规格尺寸/mm
手纸盒	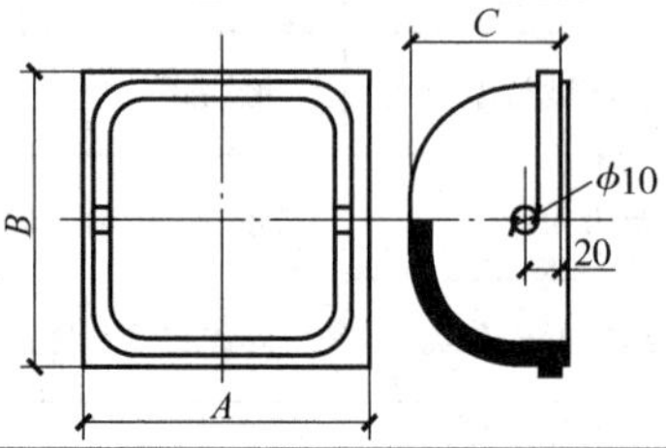	A：152 B：152 C：80
肥皂盒	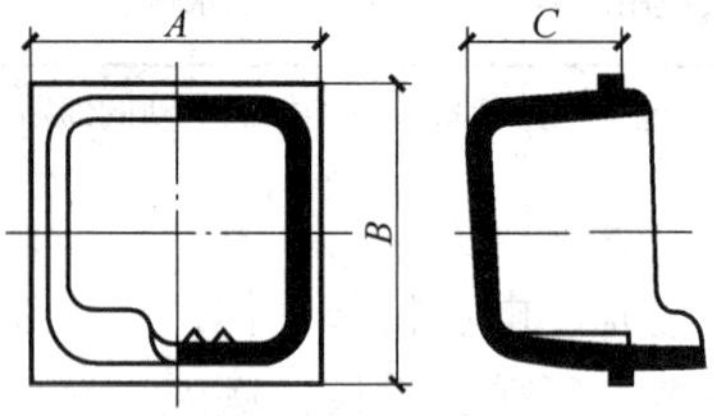	A：512，305 B：152，152 C：80，80
毛巾架托	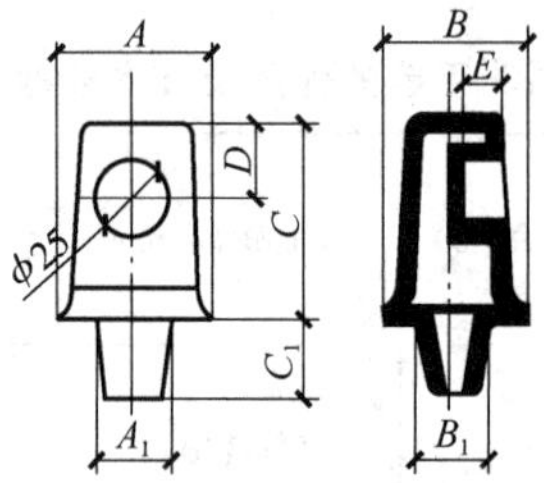	A：65 A_1：31 B：55 B_1：28 C：85 C_1：30 D：30 E：15

2. 陶瓷存水弯

陶瓷存水弯具有造型新颖、釉面光滑、性能良好等特点，适用于各种高级卫生间配套装配，其外形及技术参数见表 15-85。

表 15-85　陶瓷存水弯的外形及技术参数

品种	示意图	规格尺寸/mm
S 型存水弯	 S型存水弯	435×170×225，446×104×227，400×100×230，390×140×200 435×110×215，417×160×210，430×110×212，435×170×225 435×170×220，410×170×210，430×170×215
P 型水弯	 P型水弯	340×160×180，340×150×210 335×150×210，340×160×180

附录A 常用国内外钢材牌号标准对照

附表A 常用国内外钢材牌号标准对照

钢种	中国	美国	日本	德国	英国	法国	俄罗斯 （苏联）	国际标准化 组织
	GB	ASI	JIS	DIN、 DINEN	BS BSEN	NF NFEN	ГОСТ	ISO 630
普通碳素结构钢	Q195	CrB	SS330	S185	040A10	S185	СТ1КП	—
			SPHC		S18		СТ1СП	
			SPHD				СТ1СП	
	Q215A	CrC	SS330	—	040A12	—	СТ2КП-2	—
		Cr58	SPHC				СТСП-2	
							СТ2ПС-2	
	Q235A	Cr. D	SS400	—	080A15	—	СТ3КП-2	E235B
			SM400A				СТ3СП-2	
							СТ3ПС-2	
	Q235B	Cr. D	SS400	S235JR	S235JR	S235JR	СТ3КП-3	E235B
			SM400A	S235JRG1	S235JRG1	S235JRG1	СТ3КП-3	
				S235JRG2	S235JRG2	S235JRG2	СТ3КП-3	
	Q255A	—	SS400	—	—	—	СТ4КП-2	—
			SM400A				СТ4СП-2	
							СТ4ПС-2	
	Q275	—	SS490	—	—	—	СТ5П-2	E275A
							СТ5ПС-2	
优质碳素结构钢	08F	1008 1010	SPHD SPHE	—	040A10	—	80КП	—
	10	1010	S10C S12C	CK10	040A12	XC10	10	C101
	15	1015	S10C S12C	CK15 Fe360B	08M15	XC12 Fe306B	15	C15E4
	20	1020	S20C S25C	C22	IC22	C22	20	—
	25	1025	S25C S78C	C25	IC25	C25	25	C25E4
	40	1040	S40C S43C	C40	IC40 080M40	C40	40	C40E4

（续）

钢种	中国	美国	日本	德国	英国	法国	俄罗斯（苏联）	国际标准化组织
	GB	ASI	JIS	DIN、DINEN	BS BSEN	NF NFEN	ГОСТ	ISO 630
优质碳素结构钢	45	1045	S45C S48C	C45	IC45 080A47	C45	45	C45E4
	50	1050	S50C S53C	C50	IC50 080M50	C50	50	C50E4
	15Mn	1019	—	—	080A15	—	15r	—
碳素工具钢	T7（A）	—	SK7	C70W2	060A67 060A72	C70E2U	Y7	TC70
	T8（A）	T7230 W1A-8	SK5 SK6	C80W1	060A78 060A81	C80E2U	Y8	TC80
	T8Mn（A）	T7230 W1A-91/2	SK5	C85W	060A81	Y75	Y8r	—
	T10（A）	—	SK3 SK4	C105W1	1407	C105E2U	Y10	TC105
	T11（A）	T7230 W1A-101/2	SK3	C105W1	1407	C105E2U	Y11	TC105
	T12（A）	T7230 W1A-111/2	SK2	—	1407	C120E3U	Y12	TC120
合金工具钢	Cr12	T3040（UNS）（D3）	SKD1	X210Cr12	BD3	X210Cr12	X12	210Cr12
	Cr12Mo1V1	T30403（UNS）（D3）	SKD11	X155CrVMo121	BD2	—	—	160CrMoV2
	5CrNiMo	—	—	—	—	—	5XrM	—
	5CrNiMo	T61206（UNS）（16）	SKT4	55NiCrMoV6	BH224/2	55nICrMoV7	5XHM	—
	3Cr2W8V	T20821（UNS）（D3）	SKT5	—	BH21	X30WCrV9	3X2B8ф	30WCrV9
高速工具钢	W18Cr4V	T12001（UNS）（T1）	SKH2	—	BT1	HS18-0-1	P18	HS18-0-1（S7）

（续）

钢种	中国	美国	日本	德国	英国	法国	俄罗斯（苏联）	国际标准化组织
	GB	ASI	JIS	DIN、DINEN	BS BSEN	NF NFEN	ГОСТ	ISO 630
高速工具钢	W18Cr 4VCo5	T11204（UNS）（T4）	SKH51	S18-1-2-5	BT4	HS18-1-1-5	—	HS18-1-1-5（S7）
	W6Mo5 Cr4V2	T11302V（UNS）（M2）	SKH51	S6-5-2	BM2	HS6-5-2	p6M5	HS6-5-2（S4）
不锈钢	1Cr18 Ni9Ti	S3210 0（UNS）321	SUS321	X6CrNiTi	X6CrNiTi	X6CrNiTi	12X18H10T	X6CrNi Ti181011
	2Cr13	S4210 0（UNS）420	SUS32 0J1	X20Cr13	420S37 X20Cr13	X20Cr13	20X13	4
	40Mn	1043	SWRH42B	C40	080M401C40	C40	40Г	SL SM
	60Mn	1046	SWRH47B	C45	080M47 2C45	C45	45Г	SL SM
	65Mn	1065	—	—	—	—	65Г A	SLSMTypeSC TypDC
易切削结构钢	Y12	1211G12110（UNS）	SUM12 SUM21	10S20	S10M15	13MF4	A12	10S20
	Y12Pb	12L13	SUM22	10SPb20	—	—	—	10SPb20 11SMnPb28
	Y20	1117G1117 0（UNS）	SUM32	C22	C22 S10M15	C22	A20	—
	Y40Mn	1114G1114 0（UNS）	SUM43	—	226M44	45MF6. 3	A40Г	44Mn28

附录 B　常用金属材料牌号国内外对照

（仅供参考）

附表 B　常用金属材料牌号国内外对照（仅供参考）

中国 GB	德国		法国 NF	国际标准化组织 ISO	日本 JIS	俄罗斯 ГОСТ	英国 BS	美国	
	DIN	W-Nr						ASTM/AISI	UNS
Q215A	USt34-2	1. 0028	A34	HR1	SS330 （SS34）	СТ2КП. ПС. СП-2	040A12	A283M	GrC
Q235A	S235JR	1. 0037	S235JR	Fe360A	SS440 （SS41）	СТ3КП. ПС. СП-2	S235JR	A570Gr. A	Gr58
Q235B	S235JRG1	1. 0036	S235JRG1	Fe360D	SS41	СТ3КП. ПС. СП-3	S235JRG1	A570Gr. D	—
20	C22E CK22	1. 1151	C22E XC18	—	S20C	20	C22E 070M20	1020	G10200
45	C45E CK45	1. 1191	C45E XC48	C45E4	S45C	45	C45E 080M46	1045	G10450
60	C60E CK60	1. 1221	C60E XC60	C60E4	S58C	60	C60E 070M60	1060	G10600
60Mn	60Mn3	1. 0642	—	SL、SM	S85C SWRH62B	60Г	080A62	1062	—
35SiMn	37MnSi5	1. 5122	38MS5	—	—	35СГ	En46	—	—
20Cr	20Cr4	1. 7027	18C3	20Cr4	SCr420	20X	527A20	5120	G51200
40Cr	41Cr4	1. 7035	42C4	41Cr4	SCr440	40X	530A40	5140	G51400
12CrMoV	13CrMo	1. 7335	12CD4	—	—	12XMΦ	Cr27	4119	—
20CrMo	20CrMo5	1. 7264	18CD4	18CrMo4	SCM420	20XM	CDS12	4118	G41180
35CrMoV	34CrMo4	1. 7220	35CD4	34CrMo4	SCM435	34XMΦ	CDS13	4135	G41350
38CrMoAl	41CrAlMo7	1. 8509	40CAD 6. 12	41Cr AlMo74	—	38X-ZMЮA	905M39	—	—
40CrMnMo	42CrMo4	1. 7225	—	42CrMo4	SCM440	40XTM	708A42	4142	G41420
40CrSi	40CrNi6	1. 5711	—	—	SNC236	40XH	640M40	3140	G31400
40CrNiMoA	36CrNiMo4	1. 6511	40NCD3	—	SNCM439	40XHM-ΦA	816M40	4340	G43400
65	CK67	1. 1231	XC65	TypeDC	SUP2	65	060A67	1065	G10650
GCr15	100Cr6	1. 3505	100C6	—	SUJ2	ЩX15	535A99	E52100	G52986
12Cr13	X10Cr13	1. 4006	Z12C13	3	SUS410	12×13	410S21	410	S41000

（续）

中国 GB	德国		法国 NF	国际标准化组织 ISO	日本 JIS	俄罗斯 ГОСТ	英国 BS	美国	
	DIN	W-Nr						ASTM/AISI	UNS
20Cr13	X20Cr13	1.4021	Z20C13	4	SUS420J1	12×13	420S37	420	S42000
T8	C80W2	1.1625	C80E	TC480	SK6	Y8	—	W1A18	T72301
T10	C105W2	1.1645	C150E2C	—	SK3、SK4	Y10	BW/B	W1-A9½	T72301
HT250	GG25	0.6025	FGL250	250	FC25	СЦ24	Grade260	No35、No40	F12801
KmTBCr9Ni5	G-X300CrNiSi9-5-2	0.9630	FBCr9Ni5	—	—	—	Grade2D Grade2E	10Ni-HiCr	F45003
QSn6.5-0.1	CuSn%	1.020	CuSn6P	—	C5191	Br0F6.5-0.15	—	—	—
ZQSnD-5-5-5	GB-CuSn5ZnPb	2.1097	CuPb5Sn5Zn5	—	BC6	Br05Ts5S5	LG2	—	C83600
ZCuSn10Pb1	GB-CuSn $\frac{10}{2}$	1.051	CuPb5Sn5Zn5	—	—	Br010F1	PB1、PB4	—	—
ZCuAl10Fe3	GB-CuAl10Fe	2.0941	U-A9Fe3Y200 U-A9Fe3Y300	—	A1BC1	—	AB1	—	C95200
AlSi10Mg	G-AlSi10Mg	3.2381	A-S9U3-Y4	—	C4AS	AL4	LM9	—	360.2
ZG230-450	GS-45	1.0446	CE30	230-450	SC450	2511	A1	450-240	J03101
ZG310-570	GS-60	1.0558	CE320	—	SCC5	45Л	—	80-40	J05002
ZG35SiMn	GS-37MnSi5	1.5122	—	—	SCSSiMn2	35ГСЛ	—	—	J13048

注：KmTBCr9Ni5 为抗磨铸铁。

附录C　工程材料常用词汇中英文对照

附表C　工程材料常用词汇中英文对照

A

奥氏体 austenite

奥氏体本质晶粒度 austenite inhorent grain size

奥氏体化 austenitization，austenitii zing

B

白口铸铁 white cast iron

白铜 white brass，copper-nickel alloy

板条马氏体 lath martensite

棒材 bar

包晶反应 peritectic reaction

薄板 thin sheet

薄膜技术 thin film technique

贝氏体 bainite

本质晶粒度 inherent grain size

比强度 strength-to-weight ratic

变质处理 inoculation，modification

变质剂 modifying agent，modificator

表面处理 surface treatment

表面粗糙度 surface roughness

表面淬火 surface quenching

表面腐蚀 surface corrosion

表面硬化 surface hardening

玻璃 glass

玻璃态 vitreous state，glass state

玻璃钢 glass fiber reinforced plastics

玻璃纤维 glass fiber

不可热处理的 non-heat-treatable

不锈钢 stainless steel

布氏硬度 Brinell hardness

C

材料强度 strength ofmaterial

残余奥氏体 residual austenite

残余变形 residual deformation

残余应力 residual stress

层状珠光体 lamellar pearlite

超导金属 superconducting metal

成核 nucleate，nucleation

成形 forming，shaping

成长 growth，growing

磁材料 magnetic materials

冲击韧性 impact toughness

纯铁 pure iron

粗晶粒 coarse grain

脆性 brittleness

脆性断裂 brittle fracture

淬火 quenching，quench

淬透性 hardenability

淬硬性 hardenability

D

带材 band，strip

单晶 single crystal，unit crystal

单体 monomer，element

氮化层 nitration case

氮化物 nitride

刀具 cutting tool

导磁性 magnetic conductivity

导电性 electric conductivity

导热性 heat conductivity，thermal conductivity

导体 conductor

等离子堆焊 plasma surfacing

等离子弧喷涂 plasma spraying

等离子增强化学气相沉积 Plasma chemical vapour deposition (PCVD)

等温转变曲线 isothermal transformation curve

低合金钢 low alloy steel

低碳钢 low-carbon steel

低碳马氏体 low-carbon martensite

低温回火 low tempering

点阵常数 grating constant，lattice constant

电镀 electroplating，galvanize

电弧喷涂 electric arc spraying

电子显微镜 electron microscope

定向结晶 directional solidification S

端淬试验 end quenching test
断口分析 fracture analysis
断裂强度 breaking strength, fracture strength
断裂韧性 fracture toughness
断面收缩率 contraction of cross sectional area,
锻造 forge, forging, smithing
多晶体 polycrystal

E

二次硬化 secondaryhardening
二元合金 binary alloy, two-component alloy

F

防锈的 rust-proot, rust resistant
非金属 non-metal, nonmetal
非晶态 amorphous stats
分子键 molecular bond
分子结构 molecular structure
分子量 molecular weight
酚醛树脂 bakelite, phenolic resin
粉末冶金 powder metallurgy
粉末复合材料 particulate composite
腐蚀 corrosion, corrode, etch, etching
腐蚀剂 corrodent, corrosive, etchant
复合材料 composite material

G

感应淬火 inductionquenching
刚度 rigidity, stiffness
钢 steel
钢板 steel plate
钢棒 steel bar
钢锭 steel ingot
钢管 steel tube, steel pipe
钢丝 steel wire
钢球 steel ball
杠杆定理 lever rule, lever principle
高分子聚合物 high polymer, superpolymer
高合金钢 high alloy steel
高锰钢 high manganess steel
高频淬火 high frequency quenching
高速钢 high speed steel, quick-cutting steel
高碳钢 high-carbon steel
高碳马氏体 high carbon martensite
高弹态 elastomer
高温回火 high tempering
各向同性 isotropy
各向异性 anisotropy, anisotropism
工程材料 engineering material
工具钢 tool steel
工业纯铁 industrial pure iron
工艺 technology
共价键 covalent bond
共晶体 eutectic
共晶反应 eutectic reaction
共析体 eutectoid
共析钢 eatectoid steel
功能材料 functional materials
固溶处理 solid solution treatment
固溶强化 solution strengthening
固溶体 solid solution
固相 solid phase
光亮热处理 bright heat treatment
滚珠轴承钢 ball bearing steel
过饱和固溶体 supersaturated solid solution
过共晶合金 hypereutectic alloy
过共析钢 hypereutectoid steel
过冷 over-cooling, supercooling
过冷奥氏体 supercooled austenite
过冷度 degree of supercooling
过热 overheat, superheat

H

焊接 welding, weld
航空材料 aerial material
合成纤维 synthetic fiber
合金钢 alloy steel
合金化 alloying
合金结构钢 structural alloy steel
黑色金属 ferrous metal
红硬性 red hardness
滑移 slip, glide
滑移方向 glide direction, slip direction
滑移面 glide plane, slip plane
滑移系 slip system
化合物 compound
化学气相沉积 chemical vapour eposition (CVD)
化学热处理 chemical heat treatment

J

基体 matrix
机械混合物 mechanical mixture
机械性能 mechanical property
激光热处理 heat treatment with a laser beam

激光 laser
激光熔凝 laser melting and consolidation
激光表面硬化 surface hardening by laser beam
加工硬化 work hardening
加热 heating
胶粘剂 adhesive
结构材料 structural material
结晶 crystallize, crystallization
结晶度 crystallinity
金属材料 metal material
金属化合物 metallic compound
金属键 metallic bond
金属组织 metal structure
金属结构 metallic framework
金属塑料复合材料 plastimets
金属塑性加工 metal plastic? working
金属陶瓷 metal ceramic
金相显微镜 metallographic microscope, metalloscope
金相照片 metallograph
晶胞 cell
晶格 crystal lattice
晶格常数 lattice constant
晶格空位 lattice vacancy
晶粒 crystal grain
晶粒度 grain size
晶粒细化 grain refining
晶体结构 crystal structure
聚四氟乙烯 polytetrafluoroethy lene (PTFE)
聚合度 degree of polymerization
聚合反应 polymerization
绝热材料 heat-insulating material
绝缘材料 insulating material

K

抗拉强度 tensile strength
抗压强度 compression strength
颗粒复合材料 particle composite
扩散 diffusion, diffuse

L

老化 aging
莱氏体 ledeburite
冷变形 cold deformation
冷加工 cold work, cold working
冷却 cool, cooling
冷作硬化 cold hardening
离子 ion
粒状珠光体 granular pearlite
连续转变曲线 continuous cooling transformation (CCT) curve
孪晶 twin crystal
孪生 twinning, twin
螺旋位错 helical dislocation
洛氏硬度 Rockwell hardness

M

马氏体 martensite (M)
密排六方晶格 close-packed xagonal lattice (C. P. H.)
面心立方晶格 face-centred cubic lattice (F. C. C.)
摩擦 friction
磨损 wear, abrade, abrasion
模具钢 die steel
Mf 点 martensite finishing point
Ms 点 martensite starting point

N

纳米材料 nanostructuredmaterials
耐磨钢 wear-resisting steel
耐磨性 wearability, wear resistance
耐热钢 heat resistant steel, high temperature steel
内耗 internal friction
内应力 internal stress
尼龙 nylon
粘弹性 viscoelasticity
凝固 solidify, solidification
扭转强度 torsional strength
扭转疲劳强度 torsional fatigue strength

P

泡沫塑料 foamplastics, expanded plastics
配位数 coordination number
喷丸硬化 shot-peening
疲劳强度 fatigue strength
疲劳寿命 fatigue life
片状马氏体 lamellar martensite, plate type martensite
普通碳钢 ordinary steel, plain carbon steel

Q

气体渗碳 gas carburizing
切变 shear
切削 cut, cutting
切应力 shearing stress
球化退火 spheroidizing annealing
球墨铸铁 nodular graphite cast iron, spheroidal graphitecast iron
球状珠光体 globular pearlite

屈服强度 yielding strength, yield strength
屈强比 yielding-to-tensile ratio
屈氏体 troolstite (T)
去应力退火 relief annealing

R

热处理 heat treatment
热加工 hot work, hot working
热喷涂 thermal spraying
热固性 thermosetting
热塑性 hot plasticity
热硬性 thermohardening
柔顺性 flexibility
人工时效 artificial ageing
刃具 cutting tool
刃型位错 edge dislacation, blade dislocation
韧性 toughness
溶质 solute
溶剂 solvent
蠕变 creep
蠕墨铸铁 quasiflake graphite cast iron
软氮化 soft nitriding

S

扫描电镜 scanning electronmicroscope (SEM)
上贝氏体 upper bainite
渗氮 nitriding
渗硫 sulfurizing
渗碳 carburizing, carburization
渗碳体 cementite (Cm)
失效 failure
石墨 graphite (G)
时间-温度转变曲线 time temperaturetransformation (TTT) curve
时效硬化 age-hardening
实际晶粒度 actual grain size
使用寿命 service life
使用性能 usability
树枝状晶 dendrite
树脂 resin
双金属 bimetal, duplex metal
水淬 water quenching, water hardening, water quench
松弛 relax, relaxation
塑料 plastics
塑性 plasticity, ductility
塑性变形 plastic deformation
索氏体 sorbite (S)

T

弹簧钢 spring steel
弹性 elasticity, spring
弹性变形 elastic deformation
弹性极限 elastic limit
弹性模量 elastic modulus
碳素钢 carbon steel
碳含量 carbon content
碳化物 carbide
碳素工具钢 carbon tool steel
陶瓷 ceramic
陶瓷材料 ceramic material
体心立方晶格 body-centered cubic lattice (B. C. C.)
体型聚合物 three-dimensional polymer
调质处理 quenching and tempering
调质钢 quenched and tempered steel
铁碳平衡图 iron-carbon equilibrium diagram
透明（结晶）陶瓷 crystalline ceramics
同素异构转变 allotropic transformation
涂层 coat, coating
退火 anneal, annealing
托氏体 troostite (T)

W

弯曲 bend, bending
完全退火 full annealing
微观组织 microstructure
维氏硬度 Vickers hardness
未经变质处理的 uninoculated
温度 temperature
无定形的 amorphous
物理气相沉积 physical vapour deposition (PVD)

X

下贝氏体 lower bainite
线型聚合物 linear polymer
纤维 fibre, fiber
纤维增强复合材料 filament reinforced composite
显微照片 metallograph, microphotograph, micrograph
显微组织 microscopic structure, microstructure
橡胶 rubber
相 phase
相变 phase transition
相图 phase diagram
消除应力退火 stress relief annealing
形状记忆合金 Shape memory alloys
形变 deformation

性能 performance, property
X 射线结构分析 X-ray structural analysis

Y

压力加工 press work
亚共晶铸铁 hypoeutectic cast iron
亚共析钢 hypoeutectoid steel
氧化物陶瓷 oxide ceramics
延伸率 elongation percentage
盐溶淬火 salt both quenching
液相 liquid phase
应变 strain
应力 stress
应力场强度因子 stress intensity factror
应力松弛 relaxation of stress
硬质合金 carbide alloy, hard alloy
油淬 oil quenching, oil hardening
有机玻璃 methyl-methacrylate, plexiglass
有色金属 nonferrous metal
匀晶 uniform grain
孕育处理 inoculation, modification

Z

再结晶退火 recrystallization annealing
载荷 load
增强塑料 reinforced plastics
针状马氏体 acicular martensite
正火 normalize, normalization
致密度 tightness
支化型聚合物 branched polymer
智能材料 intelligent materials
中合金钢 medium alloy steel
轴承钢 bearing steel
轴承合金 bearing alloy
珠光体 pearlite (P)
柱状晶体 columnar crystal
铸造 cast, foundry
自然时效 natural ageing
自由能 free energy
组元 component, constituent
组织 structure
α 钛合金 α-titanium alloy

参 考 文 献

［1］张邦维，廖树帜．实用金属材料手册［M］．长沙：湖南科学技术出版社，2010.

［2］曾正明．实用钢铁材料手册［M］．北京：机械工业出版社，2004.

［3］孙玉福，孟迪．金属材料速查速算手册［M］．北京：机械工业出版社，2011.

［4］高宗仁．新编五金材料手册［M］．太原：山西科学技术出版社，1994.

［5］宋伟．新编常用建筑五金材料简明手册［M］．北京：中国建材工业出版社，2010.

［6］李维斌，等．国内外建筑五金装饰材料手册［M］．南京：江苏科学技术出版社，2008.

［7］曾正明．建筑五金速查手册［M］．2版．北京：机械工业出版社，2012.

［8］杨立平．简明建筑装饰五金材料手册［M］．福州：福建科学技术出版社，2010.

［9］简光沂．建筑五金·装饰五金便查手册［M］．北京：中国电力出版社，2006.

［10］周殿明．新编建筑五金手册［M］．北京：机械工业出版社，2013.

［11］刘新佳．建筑工程材料手册［M］．北京：化学工业出版社，2010.